Utilize este código QR para se cadastrar de forma mais rápida:

Ou, se preferir, entre em:
www.moderna.com.br/ac/livroportal
e siga as instruções para ter acesso aos conteúdos exclusivos do
Portal e Livro Digital

CÓDIGO DE ACESSO:

A 00097 VERDBIO5E 1 67871

Faça apenas um cadastro. Ele será válido para:

12107161 VEREDA DIG Fund BIO MOD ED5_493

Da semente ao livro,
sustentabilidade por todo o caminho
Plantar florestas
A madeira que serve de matéria-prima para nosso papel vem de plantio renovável, ou seja, não é fruto de desmatamento. Essa prática gera milhares de empregos para agricultores e ajuda a recuperar áreas ambientais degradadas.
Fabricar papel e imprimir livros
Toda a cadeia produtiva do papel, desde a produção de celulose até a encadernação do livro, é certificada, cumprindo padrões internacionais de processamento sustentável e boas práticas ambientais.
Criar conteúdos
Os profissionais envolvidos na elaboração de nossas soluções educacionais buscam uma educação para a vida pautada por curadoria editorial, diversidade de olhares e responsabilidade socioambiental.
Construir projetos de vida
Oferecer uma solução educacional Moderna é um ato de comprometimento com o futuro das novas gerações, possibilitando uma relação de parceria entre escolas e famílias na missão de educar!
Taciro Comunicação, Alexandre Santana e Estúdio Pingado

MODERNA

Apoio:
TWO SIDES
www.twosides.org.br

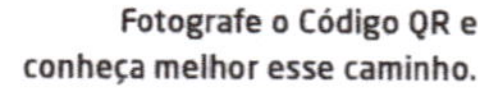
Fotografe o Código QR e
conheça melhor esse caminho.

Saiba mais em moderna.com.br/sustentavel

José Mariano Amabis
Licenciado em Ciências Biológicas pelo Instituto de Biociências –
Faculdade de Educação da Universidade de São Paulo. Doutor e Mestre em Ciências,
na área de Biologia (Genética) pelo Instituto de Biociências da Universidade de São Paulo.
Professor do Instituto de Biociências da Universidade de São Paulo (1972-2004).
Coordenador de Atividades Educacionais e de Difusão do Centro de Estudos
do Genoma Humano da Universidade de São Paulo (2000-2004).

Gilberto Rodrigues Martho
Licenciado em Ciências Biológicas pelo Instituto de
Biociências – Faculdade de Educação da Universidade de São Paulo.
Lecionou Biologia em escolas de ensino médio e cursos pré-vestibulares.

FUNDAMENTOS DA BIOLOGIA MODERNA

VOLUME ÚNICO

5ª edição

Coordenação editorial: Rita Helena Bröckelmann
Edição de texto: Vanessa Shimabukuro (coord.), Márcia Maria Laguna de Carvalho, Patrícia Araújo dos Santos, João Messias Júnior, Bruna Quintino de Morais, Nathália Fernandes de Azevedo, Lídia Toshie Tamazato, Edna Emiko Nomura, Angélica Alves dos Santos, Tathyana Cristina Tumulo Ribeiro, Thalita Beatriz Carrara da Encarnação
Preparação de texto: Lídia Toshie Tamazato, Silvana Cobucci
Gerência de *design* e produção gráfica: Sandra Botelho de Carvalho Homma
Coordenação de produção: Everson de Paula
Suporte administrativo editorial: Maria de Lourdes Rodrigues (coord.)
Coordenação de *design* e projetos visuais: Marta Cerqueira Leite
Projeto gráfico: Daniel Messias, Otávio dos Santos
Capa: Otávio dos Santos
Ícone 3D da capa: Diego Loza
Coordenação de arte: Wilson Gazzoni Agostinho
Edição de arte: Jordana de Lima Chaves
Editoração eletrônica: Grapho Editoração
Ilustrações de ícones-medida: Paulo Manzi
Coordenação de revisão: Elaine C. del Nero
Revisão: Débora Tamayose, Denise Ceron, Flávia Schiavo, Nancy H. Dias
Coordenação de pesquisa iconográfica: Luciano Baneza Gabarron
Pesquisa iconográfica: Flávia Aline de Morais, Luciana Vieira
Coordenação de *bureau*: Rubens M. Rodrigues
Tratamento de imagens: Denise Feitoza Maciel, Joel Aparecido, Luiz Carlos Costa, Marina M. Buzzinaro
Pré-impressão: Alexandre Petreca, Denise Feitoza Maciel, Everton L. de Oliveira, Marcio H. Kamoto, Vitória Sousa
Coordenação de produção industrial: Wendell Monteiro
Impressão e acabamento: Forma Certa Gráfica Digital
Lote: 781415
Código: 12107161

Dados Internacionais de Catalogação na Publicação (CIP)
(Câmara Brasileira do Livro, SP, Brasil)

Amabis, José Mariano,
Fundamentos da Biologia Moderna : Amabis & Martho: volume único — 5. ed. — São Paulo : Moderna 2017.

Bibliografia

1. Biologia (Ensino médio) I. Martho, Gilberto Rodrigues. II. Título.

17-02415 CDD-570.7

Índices para catálogo sistemático:
1. Biologia : Estudo e ensino 570.7

ISBN 978-85-16-10716-1 (LA)
ISBN 978-85-16-10717-8 (LP)

EDITORA MODERNA LTDA.
Rua Padre Adelino, 758 – Belenzinho
São Paulo – SP – Brasil – CEP 03303-904
Vendas e Atendimento: Tel. (0_ _11) 2602-5510
Fax (0_ _11) 2790-1501
www.moderna.com.br
2023
Impresso no Brasil

1 3 5 7 9 10 8 6 4 2

APRESENTAÇÃO

Prezado estudante

Chegamos à 5ª edição do ***Fundamentos da Biologia Moderna*** renovando nosso compromisso da 1ª edição: produzir uma obra equilibrada entre o conciso e o completo, bem ilustrada e que realmente facilite a aprendizagem.

A Biologia é hoje uma ciência destacada e com influência crescente na Medicina, na produção agrícola e tecnológica, na ética e em muitos outros aspectos da vida contemporânea. Por isso, estudar Biologia é importante para a formação de pessoas conscientes dos desafios que a humanidade terá de enfrentar neste século XXI.

Além de um texto claro, estruturado e bem ilustrado, chamamos sua atenção para alguns destaques didáticos da obra: em primeiro lugar, cada capítulo apresenta os principais objetivos que julgamos importantes. Há objetivos gerais, que integram o capítulo a aspectos mais amplos e globais do conhecimento e da vida humana, e objetivos didáticos, que delimitam temas mais específicos.

Chamamos sua atenção para a seção *Ciência e cidadania* presente ao final de cada capítulo; nela apresentamos textos de diferentes autores publicados em livros, revistas científicas, jornais, na internet etc., acompanhados de um guia de leitura. Sugerimos que você elabore guias como esses quando precisar analisar textos difíceis e desafiadores.

Nos capítulos referentes à Genética, há quadros denominados *Resolvendo problemas de Genética*, que trazem, passo a passo, o tipo de organização e raciocínio utilizado na resolução de problemas sobre herança genética. Acompanhe as soluções apresentadas e tente aplicar a mesma estrutura na solução dos problemas propostos nas atividades.

Por fim, cada capítulo traz também, antes das atividades, um mapa de conceitos, diagrama que relaciona conceitos e facilita sua compreensão; acostume-se a utilizá-lo como resumo temático e elabore seus próprios mapas enquanto estuda.

Teste seus conhecimentos na seção de *Atividades*. No primeiro elenco, são propostas questões objetivas para você repassar os conceitos, fatos e processos importantes que foram tratados no Capítulo; no segundo elenco, questões mais aprofundadas são propostas em *Questões para exercitar o pensamento*; já em *A Biologia no vestibular*, você pode conhecer os tipos de questões propostas nos vestibulares de diversos estados do Brasil e a seção *Enem*.

Esperamos que este livro possa contribuir positivamente para sua formação em Biologia e o estimule a buscar novos conhecimentos. Se tiver sugestões para melhorar este trabalho, elas serão muito bem-vindas e desde já agradecemos.

José Mariano Amabis e
Gilberto Rodrigues Martho

ALBERTO GHIZZI PANIZZA/SCIENCE PHOTO LIBRARY/LATINSTOCK

ORGANIZAÇÃO DO LIVRO

Na obra *Vereda Digital – Fundamentos da Biologia Moderna*, o conteúdo de cada ano letivo é encadernado em três partes separadas. Assim, você pode levar para a sala de aula apenas a *Parte* na qual está o conteúdo estudado no momento.

Abertura de Parte
Cada Parte está organizada em Unidades, com seus respectivos capítulos.

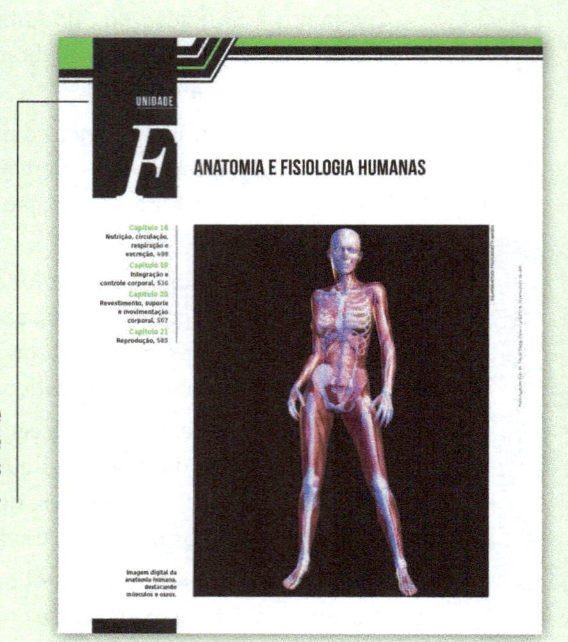

Abertura de Unidade
Cada Unidade reúne capítulos, subordinados a um tema mais amplo.

Objetivos
No início de cada capítulo são apresentados os objetivos gerais e didáticos.

Abertura de capítulo
Na página de abertura do capítulo é apresentado o assunto em pauta na seção *De que trata este capítulo.*

Competências e habilidades do Enem
São indicadas diferentes competências e habilidades do Enem que serão desenvolvidas ao longo de cada capítulo.

Textos e imagens

O texto do capítulo é dividido em itens e subitens que organizam os assuntos tratados. As imagens complementam e ilustram o texto. Em seus estudos, explore o "diálogo" entre textos, imagens e legendas explicativas.

Os conceitos mais relevantes estão destacados em **azul** (seus significados estão no Glossário localizado no final de cada Parte), e outros conceitos importantes estão destacados em **negrito**.

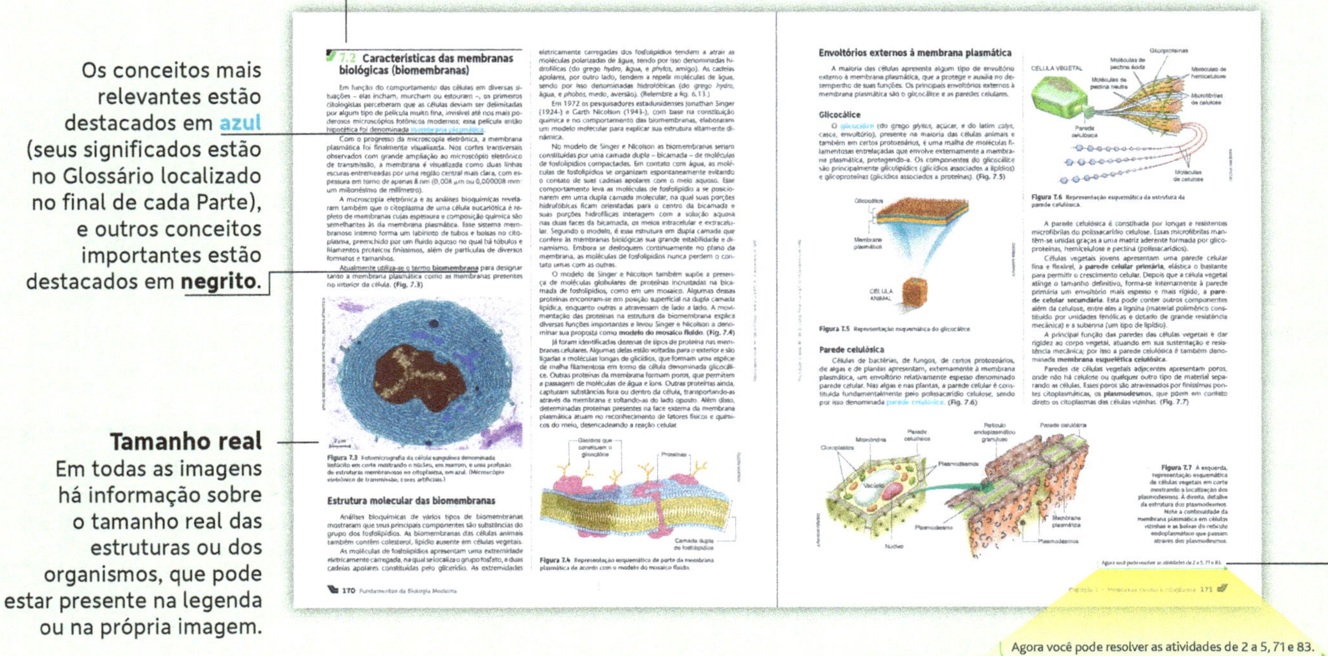

Tamanho real
Em todas as imagens há informação sobre o tamanho real das estruturas ou dos organismos, que pode estar presente na legenda ou na própria imagem.

Agora você pode resolver as atividades de 2 a 5, 71 e 83.

Ao término de cada tópico, você encontra sugestões de atividades que já podem ser respondidas.

Ciência e cidadania

Textos que destacam a presença da Ciência em nosso cotidiano e relacionam-se ao exercício da cidadania. Contém um *Guia de leitura*.

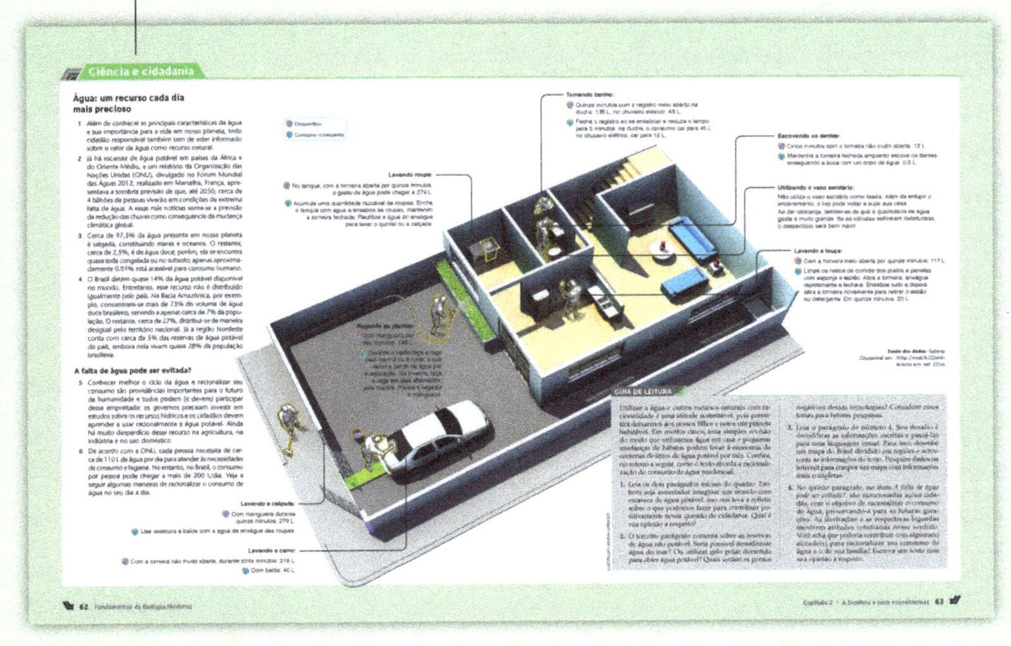

Glossário

Localizado no final de cada Parte, com os conceitos dos termos destacados em **azul** nos capítulos.

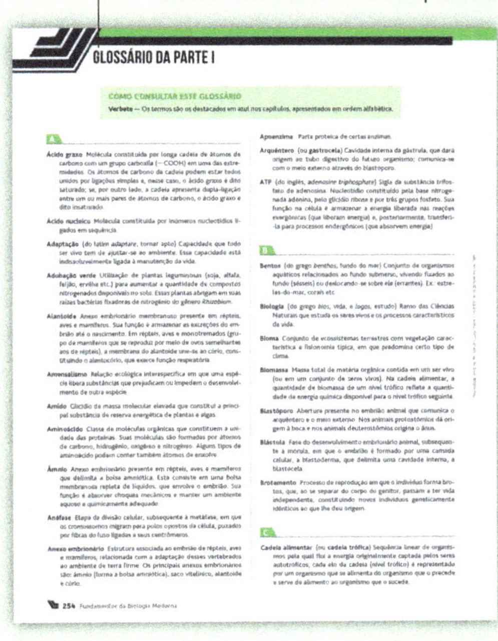

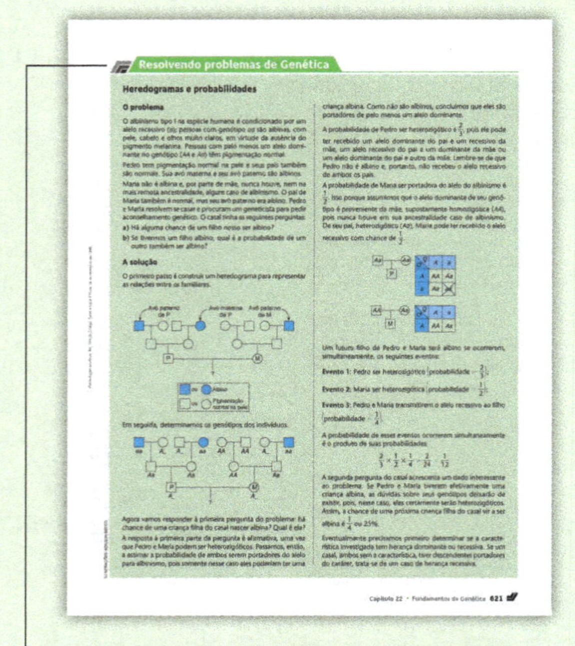

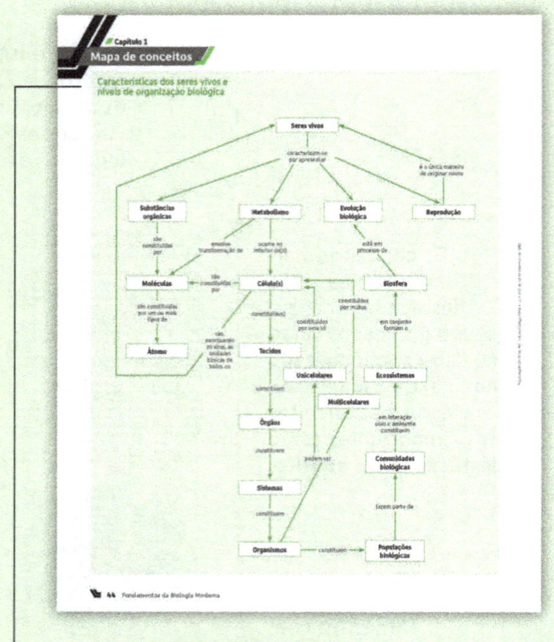

Resolvendo problemas de Genética
Textos que complementam os temas de Genética, auxiliando na compreensão e resolução de problemas.

Mapa de conceitos
Apresentação da relação entre os conceitos do capítulo, dispostos em um diagrama.

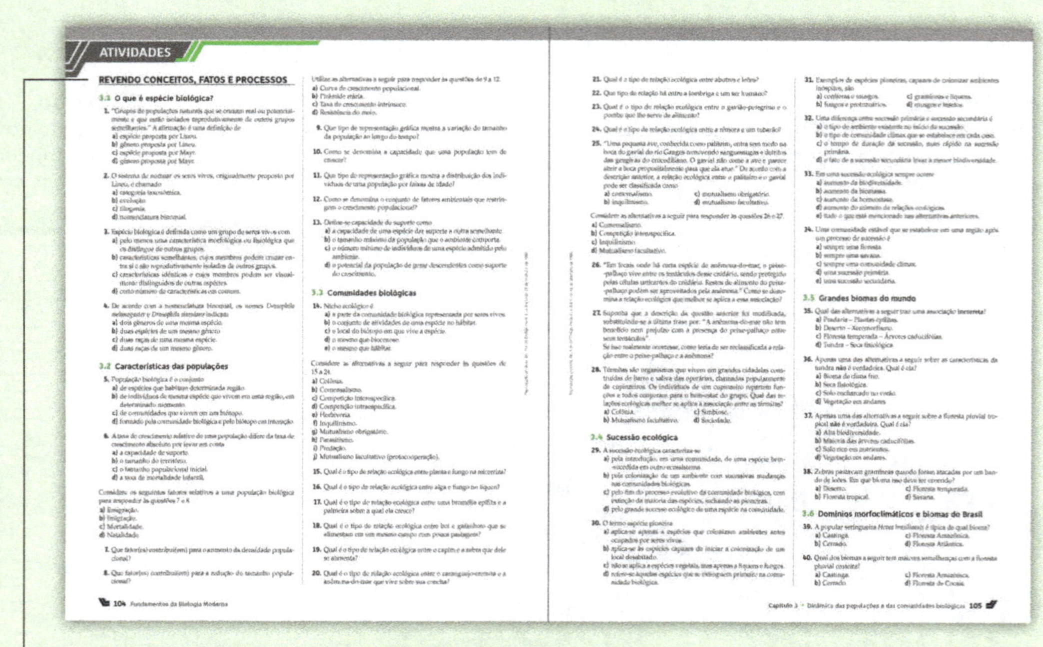

Revendo conceitos, fatos e processos
Nesse elenco de atividades, os conceitos fundamentais do capítulo são repassados e relacionados a diferentes fatos e situações que ampliam seus significados.

Questões para exercitar o pensamento

Esse elenco de atividades traz desafios e orientações para aplicar em situações-problema os conhecimentos aprendidos no capítulo.

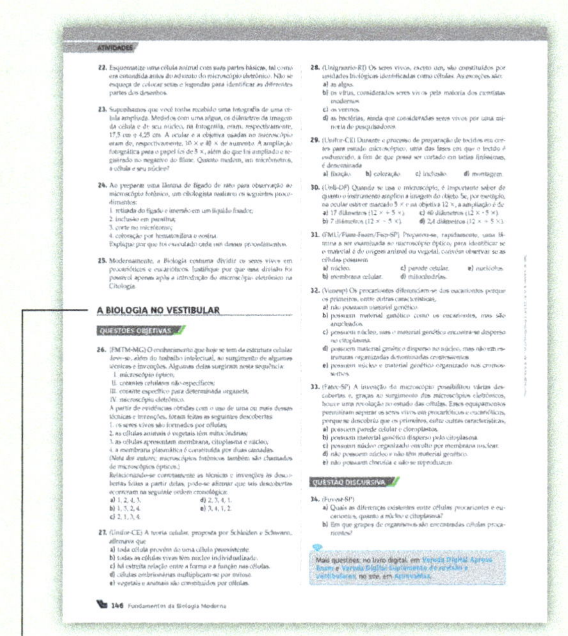

A Biologia no vestibular

Questões objetivas e discursivas selecionadas de exames de ingresso em universidades de diversos estados brasileiros e relacionadas aos temas do capítulo.

Enem

Questões do Exame Nacional do Ensino Médio relacionadas aos temas do capítulo.

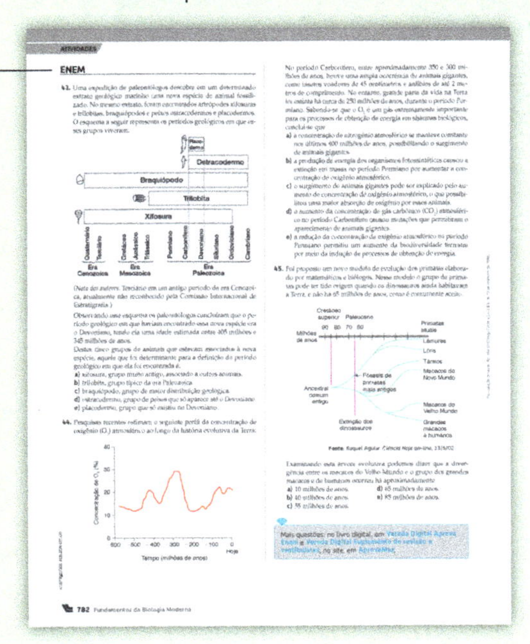

Veja como estão indicados os materiais digitais no seu livro:

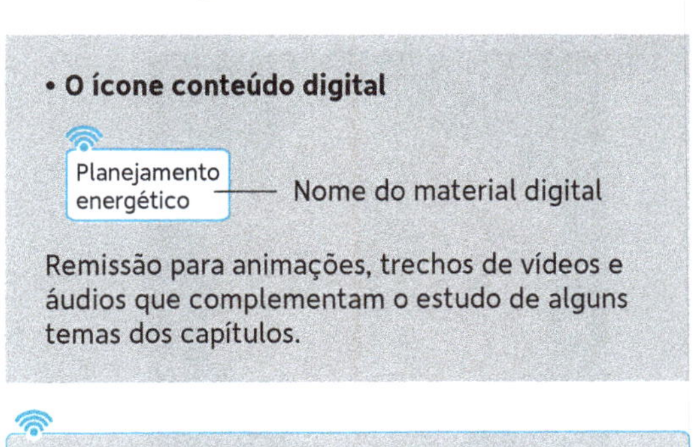

Mais questões: no livro digital, em **Vereda Digital Aprova Enem** e **Vereda Digital Suplemento de revisão e vestibulares**; no *site*, em **AprovaMax**.

ORGANIZAÇÃO DOS MATERIAIS DIGITAIS

A Coleção *Vereda Digital* apresenta um *site* exclusivo com ferramentas diferenciadas e motivadoras para seu estudo. Tudo integrado com o livro-texto para tornar a experiência de aprendizagem mais intensa e significativa.

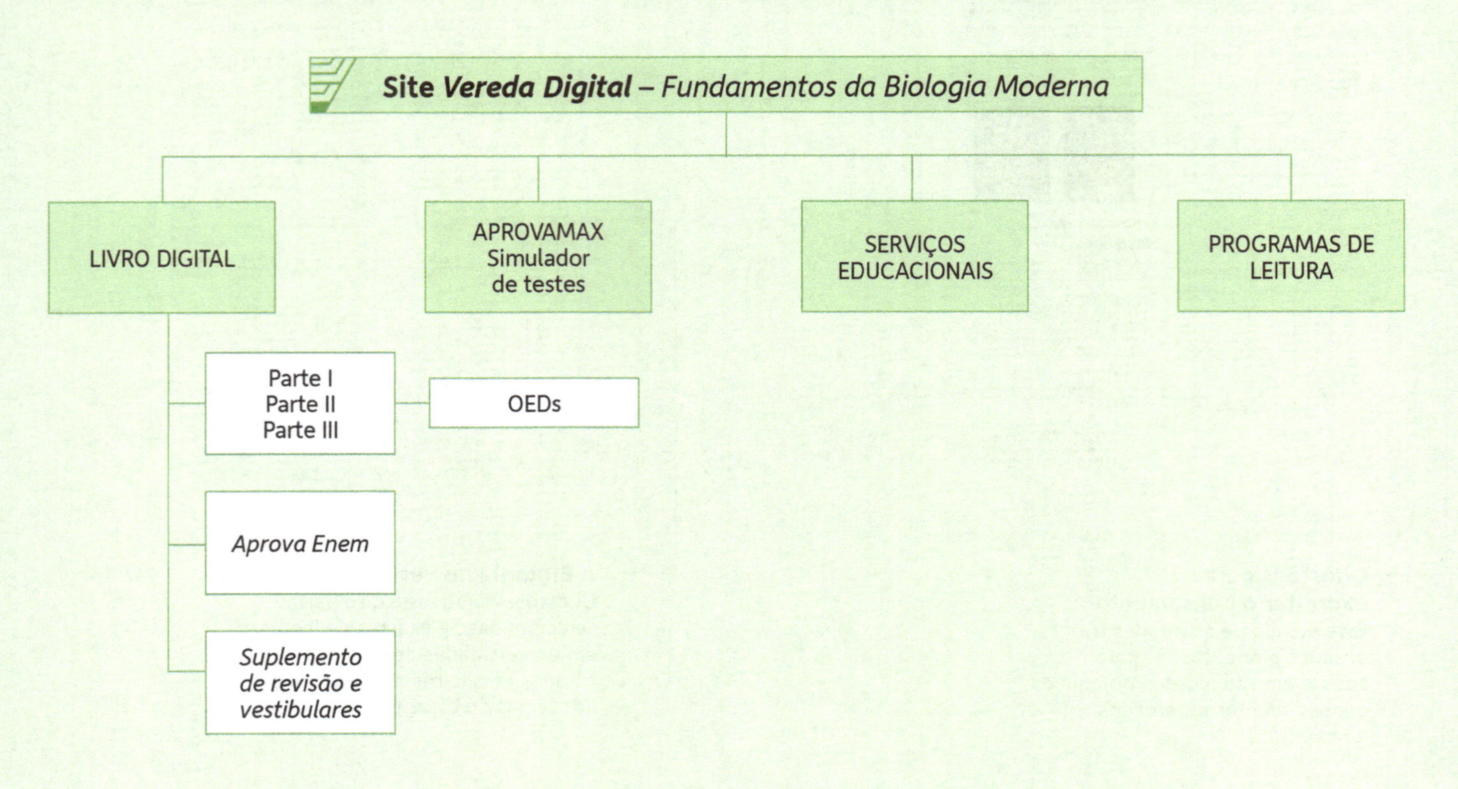

Livro digital com a tecnologia HTML5 para garantir melhor usabilidade, enriquecido com objetos educacionais digitais que consolidam ou ampliam o aprendizado; ferramentas que possibilitam buscar termos, destacar trechos e fazer anotações para posterior consulta. No livro digital você encontra o livro com OEDs, o *Aprova Enem* e o *Suplemento de revisão e vestibulares*. Você pode acessá-lo de diversas maneiras: no seu *tablet* (Android ou iOS), no Desktop (Windows, MAC ou Linux) e *on-line* no *site* www.moderna.com.br/veredadigital

OEDs – objetos educacionais digitais que consolidam ou ampliam o aprendizado.

AprovaMax – simulador de testes com os dois módulos de prática de estudo – atividade e simulado –, você se torna o protagonista de sua vida escolar. Você pode gerar testes customizados para acompanhar seu desempenho e autoavaliar seu entendimento.

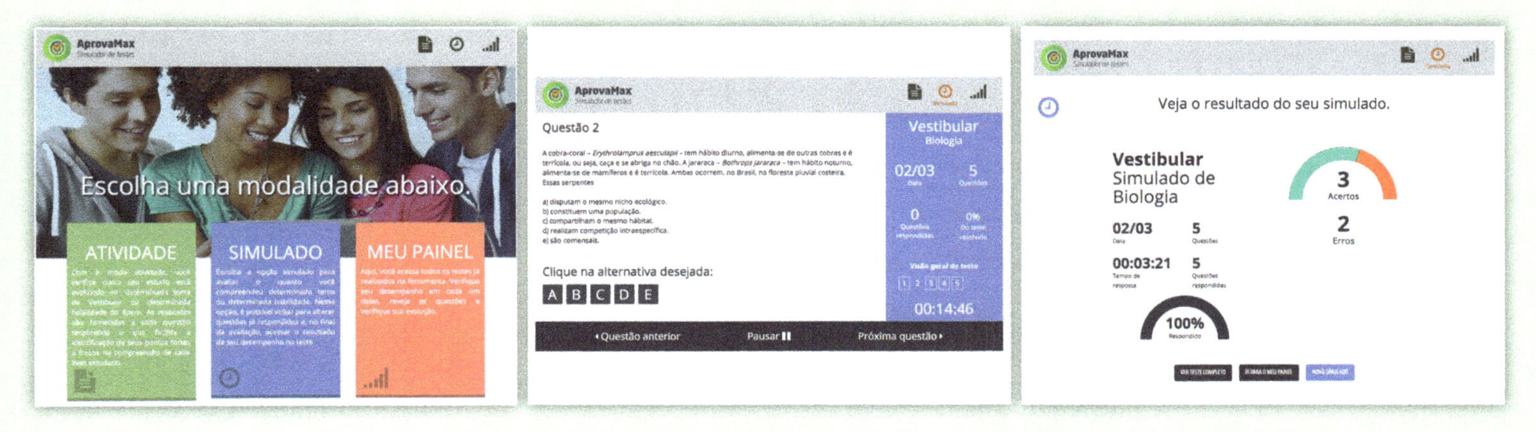

Aprova Enem – caderno digital com questões comentadas do Enem e outras questões elaboradas de acordo com as especificações desse exame de avaliação. Nosso foco é que você se sinta preparado para os maiores desafios acadêmicos e para a continuidade dos estudos.

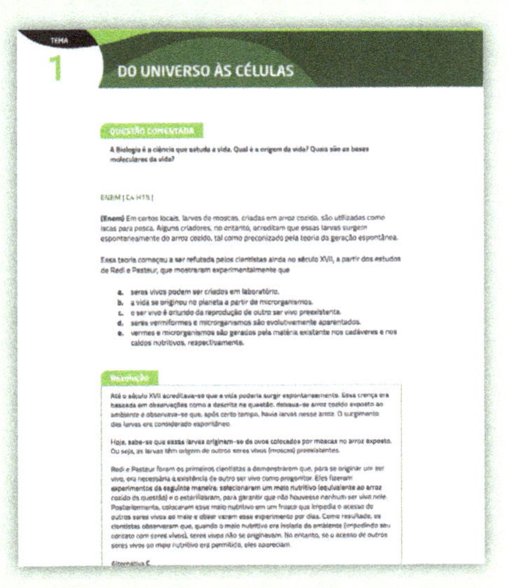
TEMA 1

DO UNIVERSO ÀS CÉLULAS

Suplemento de revisão e vestibulares – síntese dos principais temas do curso, com questões de vestibulares de todo o país.

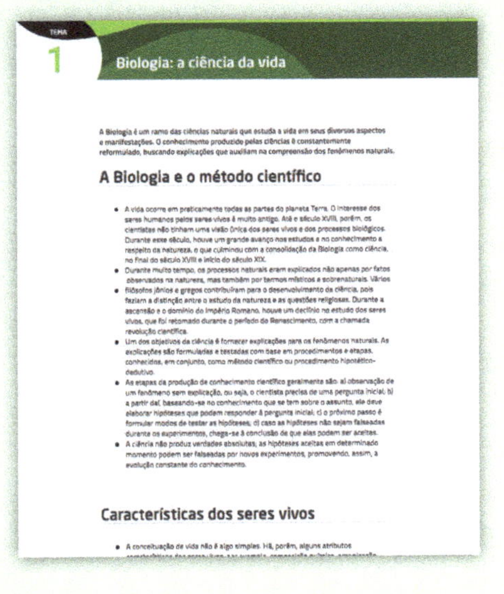
TEMA 1

Biologia: a ciência da vida

A Biologia e o método científico

Características dos seres vivos

CONTEÚDO DOS MATERIAIS DIGITAIS

Lista de OEDs

Parte	Capítulo	Título do OED	Tipo
	2	Ciclo dos elementos	Animação
	4	Planejamento energético	Animação interativa
	5	Microscópios	Animação interativa
I	6	Energia e exercício	Animação interativa
	7	Estruturas da célula animal e suas funções	Animação interativa
	8	Meiose	Animação
	9	Desenvolvimento embrionário humano	Vídeo interativo
	11	Reprodução das bactérias	Animação interativa
	15	Fisiologia das angiospermas	Animação interativa
	17	Animais e o ambiente	Animação interativa
II	18	Os alimentos e o corpo	Animação interativa
	18	Sistema imunitário	Jogo
	19	Neurônios e impulso nervoso	Animação
	23	Simulação de cruzamento de ervilhas	Simulador
	24	A evolução da genética	Linha do tempo interativa
	24	Genética na atualidade	Animação interativa
III	24	Transcrição e tradução	Simulador
	25	Teorias da evolução	Audiovisual
	25	Camuflagem e adaptação	Jogo
	25	Especiação	Animação

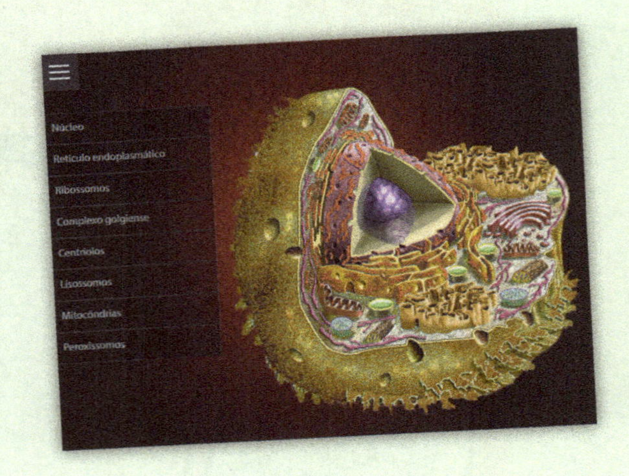

Aprova Enem

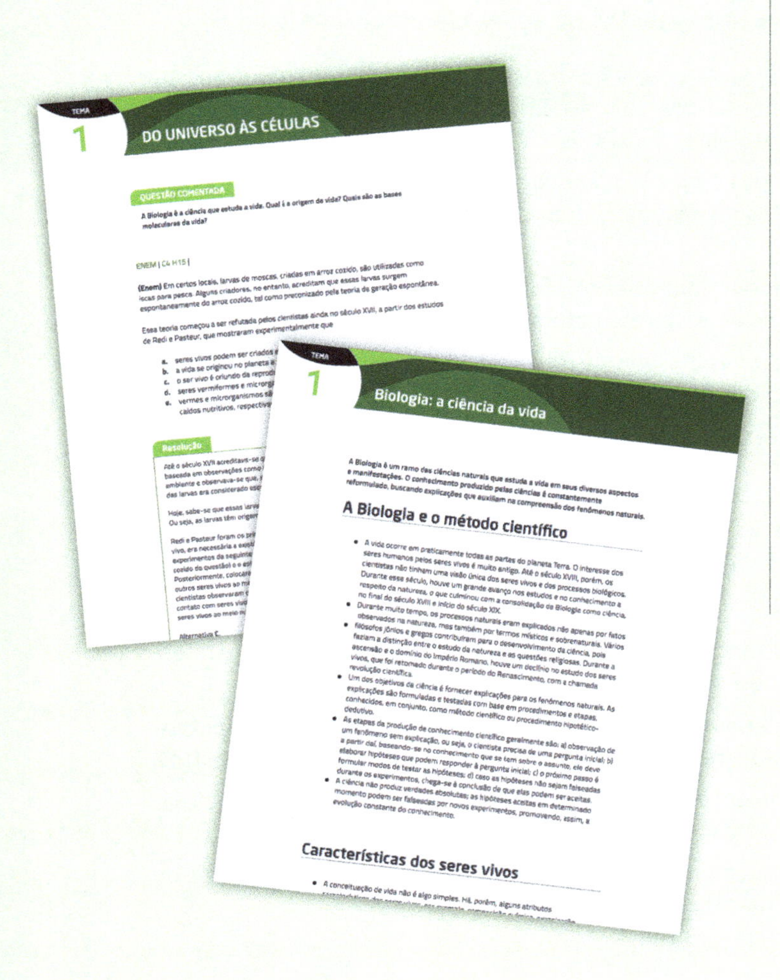

Suplemento de revisão e vestibulares

MATRIZ DE REFERÊNCIA DE CIÊNCIAS DA NATUREZA E SUAS TECNOLOGIAS

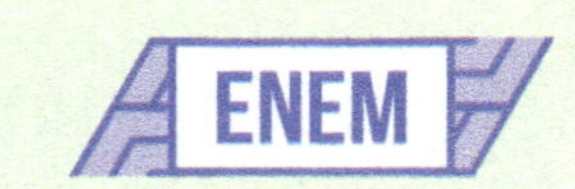

C1
Competência de área 1

Compreender as ciências naturais e as tecnologias a elas associadas como construções humanas, percebendo seus papéis nos processos de produção e no desenvolvimento econômico e social da humanidade.

H1 Reconhecer características ou propriedades de fenômenos ondulatórios ou oscilatórios, relacionando-os a seus usos em diferentes contextos.

H2 Associar a solução de problemas de comunicação, transporte, saúde ou outro, com o correspondente desenvolvimento científico e tecnológico.

H3 Confrontar interpretações científicas com interpretações baseadas no senso comum, ao longo do tempo ou em diferentes culturas.

H4 Avaliar propostas de intervenção no ambiente, considerando a qualidade da vida humana ou medidas de conservação, recuperação ou utilização sustentável da biodiversidade.

C2
Competência de área 2

Identificar a presença e aplicar as tecnologias associadas às ciências naturais em diferentes contextos.

H5 Dimensionar circuitos ou dispositivos elétricos de uso cotidiano.

H6 Relacionar informações para compreender manuais de instalação ou utilização de aparelhos, ou sistemas tecnológicos de uso comum.

H7 Selecionar testes de controle, parâmetros ou critérios para a comparação de materiais e produtos, tendo em vista a defesa do consumidor, a saúde do trabalhador ou a qualidade de vida.

C3
Competência de área 3

Associar intervenções que resultam em degradação ou conservação ambiental a processos produtivos e sociais e a instrumentos ou ações científico-tecnológicos.

H8 Identificar etapas em processos de obtenção, transformação, utilização ou reciclagem de recursos naturais, energéticos ou matérias-primas, considerando processos biológicos, químicos ou físicos neles envolvidos.

H9 Compreender a importância dos ciclos biogeoquímicos ou do fluxo de energia para a vida, ou da ação de agentes ou fenômenos que podem causar alterações nesses processos.

H10 Analisar perturbações ambientais, identificando fontes, transporte e(ou) destino dos poluentes ou prevendo efeitos em sistemas naturais, produtivos ou sociais.

H11 Reconhecer benefícios, limitações e aspectos éticos da biotecnologia, considerando estruturas e processos biológicos envolvidos em produtos biotecnológicos.

H12 Avaliar impactos em ambientes naturais decorrentes de atividades sociais ou econômicas, considerando interesses contraditórios.

C4
Competência de área 4

Compreender interações entre organismos e ambiente, em particular aquelas relacionadas à saúde humana, relacionando conhecimentos científicos, aspectos culturais e características individuais.

H13 Reconhecer mecanismos de transmissão da vida, prevendo ou explicando a manifestação de características dos seres vivos.

H14 Identificar padrões em fenômenos e processos vitais dos organismos, como manutenção do equilíbrio interno, defesa, relações com o ambiente, sexualidade, entre outros.

H15 Interpretar modelos e experimentos para explicar fenômenos ou processos biológicos em qualquer nível de organização dos sistemas biológicos.

H16 Compreender o papel da evolução na produção de padrões, processos biológicos ou na organização taxonômica dos seres vivos.

C5

Competência de área 5

Entender métodos e procedimentos próprios das ciências naturais e aplicá-los em diferentes contextos.

H17 Relacionar informações apresentadas em diferentes formas de linguagem e representação usadas nas ciências físicas, químicas ou biológicas, como texto discursivo, gráficos, tabelas, relações matemáticas ou linguagem simbólica.

H18 Relacionar propriedades físicas, químicas ou biológicas de produtos, sistemas ou procedimentos tecnológicos às finalidades a que se destinam.

H19 Avaliar métodos, processos ou procedimentos das ciências naturais que contribuam para diagnosticar ou solucionar problemas de ordem social, econômica ou ambiental.

C6

Competência de área 6

Apropriar-se de conhecimentos da física para, em situações-problema, interpretar, avaliar ou planejar intervenções científico-tecnológicas.

H20 Caracterizar causas ou efeitos dos movimentos de partículas, substâncias, objetos ou corpos celestes.

H21 Utilizar leis físicas e/ou químicas para interpretar processos naturais ou tecnológicos inseridos no contexto da termodinâmica e(ou) do eletromagnetismo.

H22 Compreender fenômenos decorrentes da interação entre a radiação e a matéria em suas manifestações em processos naturais ou tecnológicos, ou em suas implicações biológicas, sociais, econômicas ou ambientais.

H23 Avaliar possibilidades de geração, uso ou transformação de energia em ambientes específicos, considerando implicações éticas, ambientais, sociais e/ou econômicas.

C7

Competência de área 7

Apropriar-se de conhecimentos da química para, em situações-problema, interpretar, avaliar ou planejar intervenções científico-tecnológicas.

H24 Utilizar códigos e nomenclatura da química para caracterizar materiais, substâncias ou transformações químicas.

H25 Caracterizar materiais ou substâncias, identificando etapas, rendimentos ou implicações biológicas, sociais, econômicas ou ambientais de sua obtenção ou produção.

H26 Avaliar implicações sociais, ambientais e/ou econômicas na produção ou no consumo de recursos energéticos ou minerais, identificando transformações químicas ou de energia envolvidas nesses processos.

H27 Avaliar propostas de intervenção no meio ambiente aplicando conhecimentos químicos, observando riscos ou benefícios.

C8

Competência de área 8

Apropriar-se de conhecimentos da biologia para, em situações-problema, interpretar, avaliar ou planejar intervenções científico-tecnológicas.

H28 Associar características adaptativas dos organismos com seu modo de vida ou com seus limites de distribuição em diferentes ambientes, em especial em ambientes brasileiros.

H29 Interpretar experimentos ou técnicas que utilizam seres vivos, analisando implicações para o ambiente, a saúde, a produção de alimentos, matérias-primas ou produtos industriais.

H30 Avaliar propostas de alcance individual ou coletivo, identificando aquelas que visam à preservação e à implementação da saúde individual, coletiva ou do ambiente.

Fonte: BRASIL. Matriz de referência Enem. Brasília: MEC; Inep, 2011. Disponível em: <http://download.inep.gov.br/educacao_basica/enem/downloads/2012/matriz_referencia_enem.pdf>. Acesso em: jul. 2017.

SUMÁRIO DO LIVRO

PARTE I

UNIDADE A
ECOLOGIA

UNIDADE *B*

CITOLOGIA E EMBRIOLOGIA

PARTE *II*

UNIDADE *C*

CLASSIFICAÇÃO BIOLÓGICA E OS SERES MAIS SIMPLES

UNIDADE *D*

O REINO PLANTAE

O REINO ANIMALIA

PARTE III

 F

ANATOMIA E FISIOLOGIA HUMANAS

UNIDADE G

GENÉTICA

UNIDADE H

EVOLUÇÃO

UNIDADE A

Ecologia

UNIDADE B

Citologia e Embriologia

UNIDADE

A

ECOLOGIA

MARK MOFFETT/MINDEN PICTURES/FOTOARENA

A interação entre animais e plantas é um exemplo da variedade de relações entre os seres vivos da biosfera.

CAPÍTULO

1

VIDA E BIOSFERA

WESTEND61 GMBH/ALAMY/GLOW IMAGES

Vista aérea de um lago termal localizado no Parque de Yellowstone, Estados Unidos. A água do lago é aquecida quase até ferver pela atividade vulcânica. Nas margens vivem colônias de bactérias termófilas, capazes de suportar temperaturas da ordem de 80 °C. A vida pode ter surgido na Terra em ambientes como esses.

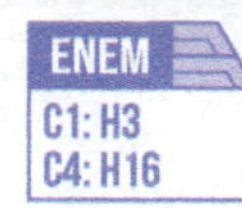

De que trata este capítulo

De onde viemos? Com certeza, a maioria de nós já fez essa pergunta, em diferentes idades e de diversas maneiras. Somos curiosos e queremos saber como surgiram nossa espécie, os outros seres vivos, a Terra e o Universo.

Até pouco mais de trezentos anos atrás as principais explicações para a origem de tudo eram de caráter religioso: o Universo teria sido criado por divindades supremas. Nos três últimos séculos, porém, o desenvolvimento da ciência tem trazido novos dados para essa antiga discussão.

Os avanços da Cosmologia e da Física permitiram elaborar uma teoria científica para explicar a origem do Universo. Segundo ela, conhecida como teoria da grande explosão ou do *big bang*, tudo o que existe em nosso Universo, inclusive o tempo, teria começado com a monumental explosão de uma desconhecida "semente primordial" ocorrida cerca de 13,7 bilhões de anos atrás. Desde então o Universo evolui com suas galáxias, estrelas e diversos outros corpos celestes, entre eles o planeta em que vivemos, a Terra.

De acordo com as modernas explicações científicas, a vida na Terra surgiu há mais de 3,5 bilhões de anos, quando nosso planeta tinha menos de 1 bilhão de anos de idade. Os primeiros seres vivos deviam ser extremamente simples, constituídos por uma só célula. Ao longo desses mais de 3,5 bilhões de anos de evolução, os descendentes daqueles primeiros seres colonizaram todos os ambientes do planeta, originando a imensa variedade de espécies atuais, entre elas a espécie humana. Portanto, somos parentes distantes dos mais antigos seres que habitaram a Terra.

Na visão da maioria das religiões, a espécie humana é o foco da criação. Na visão científica, entretanto, o aparecimento de nossa espécie é um dos muitos eventos no grande panorama da evolução cósmica. Para a ciência há uma continuidade evolutiva desde o momento da grande explosão até os dias de hoje. Vale a pena pesquisar e discutir esse assunto, para avaliar os diferentes pontos de vista sobre questões importantes como essa.

Neste capítulo apresentamos, de maneira resumida, as principais características da vida, os níveis de organização biológica e o que pensam os cientistas sobre a origem da vida em nosso planeta. Ainda há muito debate sobre este último tema. Para se ter uma ideia, recentemente alguns cientistas resgataram uma antiga hipótese de que a vida na Terra poderia ter sido semeada por cometas e asteroides que atingiram nosso planeta logo após sua formação.

Dúvidas como essas mostram o dinamismo do conhecimento científico. Novas descobertas e novas interpretações dos fatos fazem com que explicações científicas sejam continuamente reelaboradas, ampliando e refinando cada vez mais nosso conhecimento sobre a natureza. Informe-se e participe das fascinantes discussões que vêm sendo travadas, ao longo da história, sobre a origem e a evolução da vida na Terra.

Objetivos

Objetivos gerais

- Compreender a visão científica atual sobre as origens do Universo, do Sistema Solar, da Terra e dos seres vivos, de modo a acrescentar opções para a reflexão sobre si mesmo perante o mundo.
- Compreender as polêmicas entre os cientistas quanto à origem dos seres vivos, relacionando-as ao contexto histórico em que ocorreram; reconhecer que o embate de ideias entre os cientistas costuma levar a novos conhecimentos.

Objetivos didáticos

- Caracterizar ciência, reconhecendo os papéis da observação, da formulação de hipóteses e da experimentação na produção do conhecimento científico.
- Identificar e explicar os principais atributos dos seres vivos e os diferentes níveis hierárquicos de organização do mundo vivo.
- Compreender a visão científica atual sobre as origens do Universo, do Sistema Solar, da Terra e dos seres vivos.
- Conhecer os principais passos que teriam levado à origem dos primeiros seres vivos: formação de substâncias orgânicas precursoras, organização em sistemas isolados e aparecimento da reprodução.
- Comparar as hipóteses heterotrófica e autotrófica sobre a origem da vida, identificando suas diferenças e compreendendo por que as evidências atuais apontam para a aceitação da hipótese autotrófica.

1.1 Fundamentos do pensamento científico

Você é dessas pessoas curiosas que observam o mundo atentamente, procurando compreendê-lo? Leva sempre em conta o que já se conhece sobre um assunto antes de tirar suas conclusões? Em caso afirmativo, você segue alguns dos princípios do procedimento empregado pelos cientistas para fazer ciência. Mas o que é ciência, afinal?

Em linhas gerais, pode-se definir **ciência** como um método rigoroso de investigação da natureza cujo objetivo é fornecer explicações para fenômenos naturais. Nessa empreitada, o cientista utiliza determinados procedimentos que se assemelham aos empregados pelos detetives em suas investigações. A ciência procura explicar a natureza pela observação sistemática e controlada dos fenômenos naturais, embasada no raciocínio lógico. Além disso, o procedimento científico assume que toda explicação para um fenômeno natural deve ser sempre submetida a testes e críticas.

Os cientistas observam cuidadosamente os fatos e tentam explicá-los à luz de um contexto. **Fato** é um objeto ou um processo do mundo natural que podemos perceber objetivamente com nossos sentidos ou com o auxílio de instrumentos que os expandem, como microscópios e telescópios. Com base na observação controlada de fatos, os cientistas procuram entender se há relação entre eles e como ou por que certos fenômenos ocorrem. Pode-se dizer que o método que os cientistas utilizam na atividade científica é uma extensão sofisticada de procedimentos lógicos a que recorremos na vida cotidiana para descobrir como as coisas funcionam ou por que elas acontecem. Por exemplo, quando observamos um acontecimento e temos um "palpite" do motivo pelo qual ele está ocorrendo, estamos elaborando o que os cientistas chamam de **hipótese**.

Você liga o aparelho de TV e ele não funciona. Seu primeiro palpite talvez seja o de que a televisão não está ligada à tomada. Para testar essa hipótese, basta verificar se o cabo de alimentação de energia está ligado à tomada; se estiver, você rejeitará essa hipótese e formulará outra: por exemplo, falta energia elétrica. Para testar essa nova hipótese, você pode, por exemplo, tentar acender uma lâmpada ou ligar outro aparelho elétrico. Em nosso dia a dia, essas atitudes ajudam a tomar decisões. O procedimento científico é uma ferramenta poderosa à nossa disposição que nos auxilia a melhorar nossa compreensão do mundo.

Cotidianamente, o termo "hipótese" é muitas vezes usado como sinônimo de "teoria", mas há uma grande diferença entre eles. Hipótese é uma tentativa de explicação para um determinado fenômeno isolado, enquanto **teoria** é uma ideia ampla, uma espécie de modelo que explica coerentemente um conjunto de observações e fatos abrangentes da natureza. Teorias são visões amplas de como o mundo funciona; elas dão sentido ao que vemos e é com base nelas que elaboramos hipóteses sobre fatos observados. A teoria celular, por exemplo, procura explicar a vida com base em informações sobre a estrutura e o funcionamento das células. A teoria da gravitação universal de Newton procurava explicar os movimentos dos corpos celestes com base na força de atração gravitacional. **(Fig. 1.1)**

WALLY MCNAMEE/CORBIS VIA GETTY IMAGES

Figura 1.1 O paleontólogo estadunidense Stephen J. Gould (1941-2002) foi reconhecido internacionalmente como um dos maiores divulgadores de ciência dos últimos tempos. O humor refinado e a ironia de Gould transparecem no texto sobre fatos e teorias, publicado em 1981: "[...] E fatos e teorias são coisas diferentes e não degraus de uma hierarquia de certeza crescente. Os fatos são os dados do mundo. As teorias são estruturas de ideias que explicam e interpretam os fatos. Os fatos não se afastam enquanto os cientistas debatem teorias rivais. A teoria da gravitação de Einstein tomou o lugar da de Newton, mas as maçãs não ficaram suspensas no ar, aguardando o resultado [...]"[1].

Agora você pode resolver as atividades de 1 a 4, 46 e 53.

1.2 Procedimentos em ciência

O procedimento hipotético-dedutivo

O conhecimento científico em geral começa com uma pergunta: "por que tal fenômeno ocorre?" ou "que relação determinado fenômeno tem com outro?". Quando formulam essas perguntas, os cientistas normalmente já têm uma hipótese sobre elas, apoiando-se nas informações existentes sobre o assunto e em teorias científicas, que são ideias e modelos de como o mundo funciona. Para formular uma hipótese, o cientista primeiramente analisa, interpreta e reúne o maior número possível de informações disponíveis sobre o assunto em estudo.

Para ser válida, uma hipótese científica tem que ser testável, ou seja, tem que possibilitar um teste lógico ou experimental. O teste da hipótese consiste em imaginar uma situação em que determinados fatos e consequências somente ocorrerão se a hipótese testada for verdadeira. Em outras palavras, a partir da hipótese o cientista faz deduções, prevendo o que ocorreria na situação imaginada caso a hipótese seja verdadeira. Essa metodologia, denominada **hipotético-dedutiva**, é a base da maioria dos procedimentos científicos.

Em certos casos, os cientistas elaboram situações especiais para testar suas hipóteses, o que se denomina **experimentação**. As situações experimentais, ou experimentos, permitem confirmar ou refutar as deduções elaboradas com base nas hipóteses. Se os resultados de experimentos, de observações controladas e mesmo de simulações matemáticas mostrarem que as deduções são incorretas, o cientista retrocede um passo e modifica ou substitui a hipótese inicial. Se as deduções se confirmarem, a hipótese ganha credibilidade e é aceita, enquanto não houver motivos para duvidar dela.

De forma resumida e simplificada, o procedimento adotado pelos cientistas para investigar a natureza geralmente segue estes passos lógicos:

1. proposição de uma pergunta sobre determinado assunto;
2. formulação de uma hipótese;
3. levantamento de deduções com base na hipótese;
4. teste das deduções por meio de novas observações ou de experimentos;
5. conclusões sobre a validade ou não da hipótese.

Um exemplo ilustrativo de procedimento científico é o experimento realizado por Charles Darwin (1809-1882) e seu filho Francis Darwin (1848-1925), há mais de 100 anos. Eles investigaram um fato corriqueiro que você pode já ter notado, de as plantas curvarem-se em direção à luz. **(Fig. 1.2)**

CATHLYN MELLOAN/GETTY IMAGES

Figura 1.2 Vaso com trevos do gênero *Oxalis* curvando-se para um dos lados. É um fato facilmente observável que as plantas percebem a fonte de luz e crescem em direção a ela. O que aconteceria, após alguns dias, se girássemos o vaso da fotografia em 180°?

Com base em suas observações, Charles e Francis Darwin formularam a hipótese de que a luz é percebida pela extremidade do caule das plantas. A partir dessa hipótese, eles fizeram a seguinte dedução: se é realmente a extremidade da planta que percebe a luz, plantas que tiverem suas extremidades eliminadas ou cobertas com uma proteção à prova de luz deixarão de se curvar em direção à fonte luminosa. Para testar essa hipótese os pesquisadores cortaram as extremidades de algumas plantas jovens de alpiste e as colocaram perto de uma fonte de luz; ao lado, plantas intactas serviam de comparação. Alguns dias depois, os cientistas verificaram que as plantas intactas haviam se curvado em direção à luz, enquanto as plantas sem as extremidades continuavam eretas, sem se curvar.

Em outra experiência os dois cientistas cobriram as extremidades das plantas com papel preto à prova de luz e compararam o comportamento delas com o das plantas que tiveram o papel preto colocado sobre outras partes que não as extremidades. As plantas com extremidades cobertas, assim como as sem extremidades, mantiveram-se eretas, enquanto as plantas com outras regiões cobertas se curvaram em direção à fonte de luz. Como o resultado das experiências confirmou a previsão, a hipótese adquiriu validade. **(Fig. 1.3)**

1 Tradução dos autores. O texto pode ser lido na íntegra em: GOULD, S. J., 1981. Disponível em: <http://mod.lk/b1pxm>. Acesso em: out. 2016.

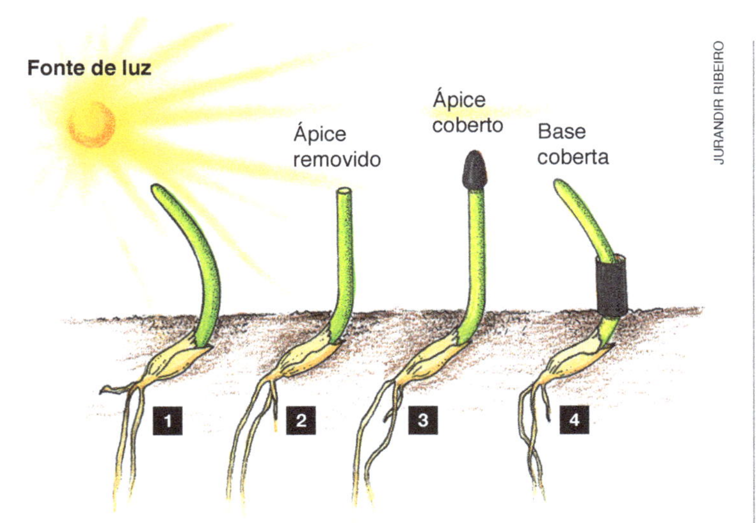

Figura 1.3 Representação esquemática dos experimentos de Charles e Francis Darwin: o desenho 1 representa o ocorrido com o grupo de plantas que foram mantidas intactas: elas curvaram-se em direção à fonte de luz. O desenho 2 representa as plantas que tiveram as extremidades removidas e permaneceram eretas. O desenho 3 representa o grupo de plantas que tiveram suas extremidades cobertas por papel à prova de luz e que também se mantiveram eretas, tal qual as plantas sem extremidade. O desenho 4 representa as plantas que tiveram outras partes do caule que não a extremidade, no caso a base, coberta por papel à prova de luz e que se curvaram como as plantas do grupo 1.

Quando uma hipótese é testada por meio da experimentação comparam-se os resultados obtidos em grupos experimentais – aqueles em que se provoca a alteração – com os obtidos em grupos de controle, nos quais não há intervenção. Nos experimentos de Charles e Francis Darwin, por exemplo, os grupos experimentais eram as plantas sem extremidade e as com extremidade coberta com papel à prova de luz. As plantas intactas e aquelas em que a cobertura de papel preto não estava nas extremidades constituíam os grupos de controle, que permitiram aos pesquisadores avaliar os resultados da intervenção experimental e validar ou não as hipóteses.

Diversas outras perguntas podem ter ocorrido a Francis e Charles Darwin durante o experimento, por exemplo: "De que modo a planta percebe a luz?" ou "Que mecanismo faz a planta se curvar?". Questões como essas ilustram algo que ocorre com frequência em ciência: os experimentos, além de testar hipóteses, acabam por levantar novas questões, para as quais serão elaboradas outras hipóteses, acompanhadas de novos experimentos para testá-las; é assim que o conhecimento científico progride.

Um exemplo corriqueiro de procedimento científico pode ser encontrado na prática de proteger frutos em desenvolvimento com saquinhos para evitar a infestação por larvas. Acompanhe na ilustração a seguir as etapas do procedimento científico nessa atividade comum em fruticultura. **(Fig. 1.4)**

Figura 1.4 Representação de um experimento para testar a hipótese de que os "bichos da goiaba" são larvas que eclodiram dos ovos colocados pelas moscas nos frutos.

A comunicação científica

Uma das exigências da ciência é que as ideias e as conclusões científicas se tornem públicas, de modo que possam ser criticadas por qualquer pessoa. Teorias, hipóteses e leis só passam a fazer parte integrante do corpo da ciência se forem publicadas, na forma de artigo, em uma revista especializada, credenciada pela comunidade científica. Esse tipo de publicação é imprescindível, pois dá credibilidade às informações levantadas, permitindo consultas e críticas.

As revistas científicas são publicações periódicas, geralmente vinculadas e subvencionadas por sociedades científicas ou instituições de pesquisa. Os editores de revistas científicas são pesquisadores renomados em sua área de atuação, cuja função é avaliar se os artigos preenchem os requisitos mínimos para a publicação. Nesse trabalho eles são auxiliados por outros cientistas que atuam como revisores, em geral anonimamente, com a incumbência de analisar os trabalhos apresentados e recomendar a aceitação com eventuais correções, ou mesmo sugerir sua rejeição. Essa avaliação prévia dos artigos científicos tem por objetivo excluir temas sem importância e verificar o ineditismo, a relevância, a qualidade e a adequação da investigação apresentada. Esse procedimento, conhecido como julgamento por pares, evita que a autoridade e a fama de um pesquisador sejam, por si sós, suficientes para a aceitação de uma ideia dentro da ciência. Qualquer pesquisador, seja iniciante ou cientista consagrado, passará pelo mesmo processo de julgamento sempre que quiser publicar seus trabalhos e ideias em uma revista científica. **(Fig. 1.5)**

Figura 1.5 Capas da revista estadunidense *Science*, publicada pela *American Association for the Advance of Science*, e da revista brasileira *Genetics and Molecular Biology*, publicada pela Sociedade Brasileira de Genética. *Science* é uma das mais conceituadas revistas científicas do mundo e publica artigos em diversas áreas das Ciências Naturais; *Genetics and Molecular Biology* é especializada na publicação de artigos na área da Genética.

Um **artigo científico** geralmente apresenta a seguinte estruturação: introdução, material e métodos, resultados, discussão e referências bibliográficas. A introdução tem a finalidade de situar o tema em estudo, apresentando os objetivos da investigação realizada, as hipóteses a serem testadas e os estudos relacionados já publicados em revistas científicas. O item relativo a material e métodos descreve em detalhes os procedimentos utilizados na investigação, de modo que, em uma eventual repetição, possam ser obtidos os mesmos resultados. No item referente aos resultados relata-se minuciosamente o que foi observado durante os estudos. A discussão visa analisar criticamente o trabalho realizado e as hipóteses testadas, confrontando os resultados obtidos com o conhecimento vigente apresentado em outras publicações e avaliando a contribuição do estudo em questão ao panorama científico. O tópico de referências bibliográficas relaciona todos os artigos e livros consultados durante o trabalho, com indicação dos respectivos autores, nome da revista, volume, páginas e data de publicação.

Convém destacar que artigos veiculados em jornais, em revistas de divulgação científica ou em livros não são comparáveis aos publicados em revistas científicas, uma vez que não são submetidos a julgamento por especialistas credenciados pela comunidade científica. Publicações em jornais e revistas, assim como programas de televisão sobre ciência, desempenham papel importante na popularização do conhecimento científico, mas não trazem novos conhecimentos à ciência. Essas publicações são muitas vezes redigidas por jornalistas especializados, que se empenham em interpretar artigos de revistas científicas para os leitores leigos. Livros didáticos de Ciências, como este, também não têm por objetivo agregar ideias originais ao conhecimento científico. Seu papel é apresentar, de forma organizada e coerente, as ideias centrais vigentes em determinada área do conhecimento para ajudar os estudantes a compreender e a integrar conceitos fundamentais que lhes permitirão desenvolver uma visão científica do mundo.

Agora você pode resolver as atividades de 5 a 7, 41, 42 e 47 a 50.

1.3 A Biologia como ciência

Até o século XVIII os cientistas ainda não tinham uma visão unificada dos seres vivos e dos processos biológicos, classificando as entidades da natureza em três grandes reinos: animal, vegetal e mineral. Essa separação indica que os vegetais eram considerados tão diferentes dos animais quanto estes são diferentes dos minerais.

O grande avanço do conhecimento sobre a natureza, ao longo do século XVIII, mostrou que animais e vegetais compartilham características que os distinguem completamente dos minerais. Essas características são, principalmente, a organização corporal complexa e a capacidade de crescer, de se reproduzir e de morrer. Com base nesses parâmetros, o naturalista francês Lamarck propôs, em 1778, a divisão da natureza em dois grandes grupos: o dos minerais, que ele chamou de seres inorgânicos (sem organização), e o dos animais e vegetais, denominados seres orgânicos (com organização corporal). Assim surgia a Biologia como ciência. **(Fig. 1.6)**

A partir do século XIX a **Biologia** tornou-se um campo de pesquisa reconhecido e independente dentro das Ciências Naturais, passando a empregar os procedimentos que caracterizam a ciência moderna. No século XXI a Biologia tem ocupado um papel de destaque entre as áreas da ciência na busca de soluções para grandes desafios da humanidade. O principal deles é, sem dúvida, o desenvolvimento sustentável, ou seja, a capacidade de manter a harmonia entre a nossa espécie e os outros seres e os recursos do planeta, de modo a garantir a sobrevivência e o bem-estar das gerações futuras.

COLEÇÃO PARTICULAR

REPRODUÇÃO - COLLECTION OF PORTRAITS/MUSEUM FÜR NATURKUNDE, BERLIN

LORENZ OKEN - COLEÇÃO PARTICULAR

Figura 1.6 A. Retrato de Jean-Baptiste de Lamarck (1744-1829). B. Retrato de Gottfried Reinhold Treviranus (1776-1837). C. Retrato de Lorenz Oken (1779-1851). Esses estudiosos, além de outros, utilizaram, de modo independente e quase simultaneamente, o termo Biologia (do grego *bios*, vida, e *logos*, estudo) para designar a nova área da ciência que surgia na virada do século XVIII para o XIX e que tinha como objetivo o estudo dos seres vivos. Lamarck, em particular, também elaborou uma teoria sobre a evolução dos seres vivos que influenciou o naturalista Charles Darwin.

Conhecer a trama da vida é fundamental para que possamos atuar, como cidadãos conscientes, na busca de soluções para a preservação dos ambientes naturais da Terra. Novos campos de pesquisa biológica, como a Biotecnologia e a Engenharia Genética, têm proporcionado à humanidade certo poder de modificar a natureza. Hoje é possível, por exemplo, criar variedades de organismos antes inexistentes, produzir cópias idênticas de um organismo adulto ou mesmo prever doenças antes que elas se manifestem. Cabe à sociedade decidir se esses conhecimentos devem ser utilizados ou não, e esse é um dos motivos pelos quais você, como cidadão, precisa conhecer os fundamentos das Ciências Biológicas. Além disso, ao estudar Biologia, entramos em contato com o modo científico de pensar e de proceder, o que pode trazer mudanças positivas em nossa vida.

O que é vida?

Muitos biólogos têm se empenhado no desafio de definir "vida"; entretanto, nenhuma das definições formuladas até hoje é plenamente satisfatória. Entre as diversas tentativas de caracterizar e definir vida, podemos citar algumas que consideramos mais elucidativas. Por exemplo, em 1959, o geneticista estadunidense Norman Horowitz (1915-2005) sugeriu que a vida "caracteriza-se por autorreplicação, mutabilidade e troca de matéria e energia com o meio ambiente". Em 1986, o biólogo evolucionista inglês John Maynard Smith (1920-2004) considerou que "[...] entidades com propriedades de multiplicação, variação e hereditariedade são vivas, e entidades que não apresentam uma ou mais dessas propriedades não o são". O bioquímico evolucionista Jeffrey S. Wicken (1942-2002), em 1987, definiu vida como "uma hierarquia de unidades funcionais que, por meio da evolução, têm adquirido a habilidade de armazenar e processar a informação necessária para sua própria reprodução".

A dificuldade em definir "vida" de maneira sintética deve-se à própria complexidade do fenômeno vida, que se manifesta de muitas formas, na enorme diversidade de espécies biológicas da natureza. Como a vida não tem um traço distintivo único, e sim vários, em diferentes níveis, isso acaba criando definições longas e complexas, que tentam abranger todas, ou a maioria, das características fundamentais da vida.

Há cientistas eminentes que consideram impossível definir claramente o fenômeno vida. Entre estes últimos destaca-se o zoólogo alemão naturalizado estadunidense, Ernst Mayr (1904-2005) que, em 1982, escreveu: "Tentativas foram feitas repetidamente para definir 'vida'. Esses esforços são um tanto fúteis, visto que agora está inteiramente claro que não há uma substância, um objeto ou uma força especial que possa ser identificada à vida". Apesar de não achar possível definir vida, Ernst Mayr admite a possibilidade de definir o que ele chama de "processo da vida". Diz ele: "O processo da vida, contudo, pode ser definido. Não há dúvida de que os organismos vivos possuem certos atributos que não são encontrados [...] em objetos inanimados". **(Fig. 1.7)**

RICK FRIEDMAN/CORBIS VIA GETTY IMAGES

Figura 1.7 Ernst Walter Mayr foi um dos mais importantes biólogos do século XX. Ornitólogo e historiador da ciência, ele foi um dos artífices de uma das mais difundidas definições de espécie biológica e da importante revolução conceitual que ficou conhecida como teoria sintética da evolução. Entre sua extensa produção científica destacam-se inúmeros livros que tratam de questões cruciais da Biologia.

Entre os atributos mais típicos dos seres vivos destacam-se: composição química, organização celular, metabolismo, reação e movimento, crescimento e reprodução, hereditariedade, variabilidade genética, seleção natural e adaptação. A seguir vamos analisar cada um desses atributos da vida.

Níveis de organização biológica

Ao estudar a vida podemos distinguir diversos níveis hierárquicos de organização biológica, que vão desde o nível submicroscópico até o planetário, como mostra a imagem nesta e na próxima página. **(Fig. 1.8)**

Começando no nível submicroscópico, a matéria viva é constituída de **átomos**, que se unem por ligações químicas, formando as **moléculas** das diversas substâncias orgânicas. O DNA que constitui nossos genes, por exemplo, é uma substância cujas moléculas são compostas principalmente de átomos dos elementos químicos carbono (C), hidrogênio (H), oxigênio (O), nitrogênio (N) e fósforo (P).

Continuando a sequência da hierarquia de organização biológica, constatamos que as moléculas orgânicas formam membranas e diversos tipos de componentes das **células**, as unidades básicas de todos os seres vivos (exceto vírus). A célula dos seres eucarióticos compõe-se de diversos tipos de **organelas** (ou organoides), muitas delas de constituição membranosa, especializadas em diversas funções, como transporte e armazenamento de substâncias, obtenção de energia, digestão intracelular etc. Por exemplo, as mitocôndrias são as organelas das células eucarióticas onde ocorre a respiração celular, responsável pela obtenção de energia para os processos metabólicos.

Do nível celular passamos ao nível seguinte, que ocorre apenas em organismos multicelulares: animais e plantas. As células desses organismos se especializam e se congregam em conjuntos celulares funcionais denominados **tecidos**. O tecido muscular, por exemplo, é formado por células especializadas em se contrair e produzir movimentos.

Diversos tipos de tecido podem se organizar formando os **órgãos**, unidades anatômicas e funcionais presentes em seres multicelulares complexos. Por exemplo, o coração, cuja função é bombear sangue pelo corpo, é um órgão constituído por diversos tecidos, entre eles o tecido muscular, responsável por sua contração.

Os órgãos atuam de forma integrada no desempenho de funções corporais específicas. Um conjunto de órgãos funcionalmente integrados constitui um **sistema de órgãos**. Um exemplo de sistema de órgãos é o sistema digestivo, formado por órgãos como boca, esôfago, estômago, intestino e diversas glândulas que atuam na digestão. Os sistemas de órgãos, em seu conjunto, compõem o nível do **organismo**.

ILUSTRAÇÕES: NELSON COSENTINO

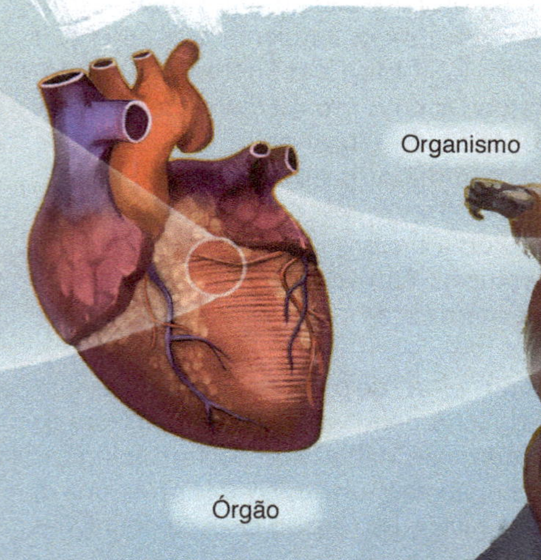

Figura 1.8 Representação esquemática dos principais níveis de organização da vida.

A hierarquia da organização biológica não para no nível do organismo. Os indivíduos não vivem isolados, mas geralmente interagem entre si e com o ambiente. O conjunto de indivíduos de mesma espécie que habita determinada região geográfica em dado período de tempo constitui uma **população biológica**. Exemplos são as populações humanas dos diversos países ou uma população de macacos.

Membros de uma população geralmente interagem com indivíduos de populações de outras espécies que habitam a mesma região geográfica. Ao conjunto de populações diferentes que coexistem em determinada região, interagindo direta ou indiretamente, dá-se o nome **comunidade biológica** (ou biocenose). Por exemplo, a comunidade da qual faz parte uma população de macacos inclui as populações de plantas e de animais com as quais eles coabitam.

Os membros de uma comunidade biológica, além de interagir entre si, interagem com o ambiente em que vivem, o qual é denominado biótopo. Aspectos do biótopo são temperatura, umidade, luminosidade e componentes químicos, entre outros. Por exemplo, os organismos são influenciados pela composição química e pela temperatura da água dos rios, pela umidade do ar e por diversos outros fatores climáticos.

Os seres vivos da comunidade também influenciam os fatores ambientais. As plantas de uma comunidade biológica, por exemplo, criam um microclima mais úmido que o proporcionado pelo clima regional. Com o decorrer do tempo, plantas e animais modificam a composição química do solo, enriquecendo-o em matéria orgânica. Ao grande conjunto formado pela interação da comunidade e do biótopo dá-se o nome de **ecossistema**. O conceito de ecossistema pode ser aplicado tanto a um aquário com plantas, animais e decompositores, como a um grande lago ou a uma floresta, com suas inúmeras cadeias alimentares e relações ecológicas.

O nível mais alto da hierarquia biológica é o que reúne todos os ecossistemas da Terra: a **biosfera**. Esse termo foi introduzido na literatura científica em 1875 pelo geólogo austríaco Eduard Suess (1831-1914). Seu emprego se generalizou a partir da década de 1920, por analogia a outros conceitos utilizados para designar partes do planeta, como litosfera, a camada rochosa que constitui a superfície terrestre, e atmosfera, a camada de ar que circunda o planeta. A biosfera é constituída pelos seres vivos da Terra e pelos ambientes onde eles vivem, reunindo todos os ecossistemas do planeta.

Características dos seres vivos

Composição química dos seres vivos

A matéria componente dos seres vivos é constituída de átomos, assim como a matéria que constitui as entidades não vivas. Isso significa que a matéria viva está sujeita às mesmas leis naturais que regem o Universo conhecido. Na matéria viva, porém, certos tipos de elemento químico sempre estão presentes. São eles: **carbono** (C), **hidrogênio** (H), **oxigênio** (O) e **nitrogênio** (N); em menor proporção, **fósforo** (P) e **enxofre** (S).

Dezenas, centenas e mesmo milhões de átomos desses e de outros elementos químicos, unidos por meio de ligações químicas, formam as moléculas constituintes dos seres vivos, genericamente chamadas de **moléculas orgânicas**. Essas moléculas são geralmente constituídas por longas sequências de átomos de carbono interligados, aos quais estão ligados átomos de outros elementos químicos. Os principais tipos de molécula orgânica são as **proteínas**, os **glicídios**, os **lipídios** e os **ácidos nucleicos**.

Organização celular

Os seres vivos possivelmente são as entidades mais complexas do Universo. Basta dizer que, no espaço microscópico de uma célula viva, podem estar reunidos até 35 elementos químicos dos 118 elementos químicos conhecidos atualmente, ou seja, quase 30%. Tal porcentagem e organização de elementos químicos não ocorrem em objetos não vivos. Além disso, os elementos químicos que compõem os seres vivos estão organizados em milhares de substâncias orgânicas diferentes. Essas substâncias, distribuídas e combinadas de forma também altamente organizada, constituem as células, consideradas as unidades fundamentais da vida.

Há dois tipos básicos de células: procarióticas e eucarióticas. A **célula procariótica** é relativamente mais simples que a eucariótica e em seu interior geralmente não há compartimentos membranosos. A **célula eucariótica** apresenta inúmeros compartimentos e estruturas membranosas internas, que desempenham funções específicas, como degradação, transporte e armazenamento de substâncias. Além disso, a célula eucariótica tem um compartimento especial, o núcleo, no qual se localiza o material genético; nas células procarióticas, por sua vez, o material hereditário encontra-se livre no conteúdo celular. Apenas bactérias e arqueas têm células procarióticas; todos os demais seres vivos – protozoários, algas, fungos, plantas e animais – têm células eucarióticas.

A figura a seguir mostra cortes de uma bactéria e de um linfócito de camundongo (célula do sangue também conhecida como glóbulo branco) ao microscópio eletrônico de transmissão. Nas imagens é possível notar a diferença entre a organização interna de células procarióticas e eucarióticas. Para obter fotografias como estas, os pesquisadores mergulham as células em um líquido especial, denominado fixador, que as mata rapidamente preservando sua estrutura interna, como se fosse uma espécie de mumificação. Em seguida, as células fixadas são embebidas em uma resina que, ao endurecer, permite cortá-las em fatias finíssimas; para isso, é utilizado um aparelho especial de corte denominado micrótomo. As fatias do material biológico são, então, observadas e fotografadas no microscópio eletrônico. Detalhes do procedimento de preparação de células para a observação microscópica, assim como do funcionamento dos microscópios, serão tratados no Capítulo 5 deste livro. **(Fig. 1.9)**

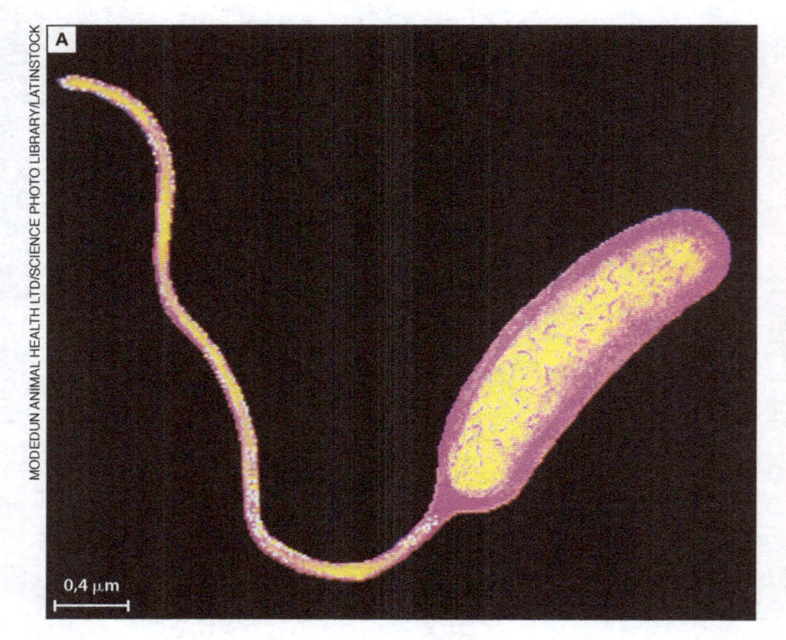

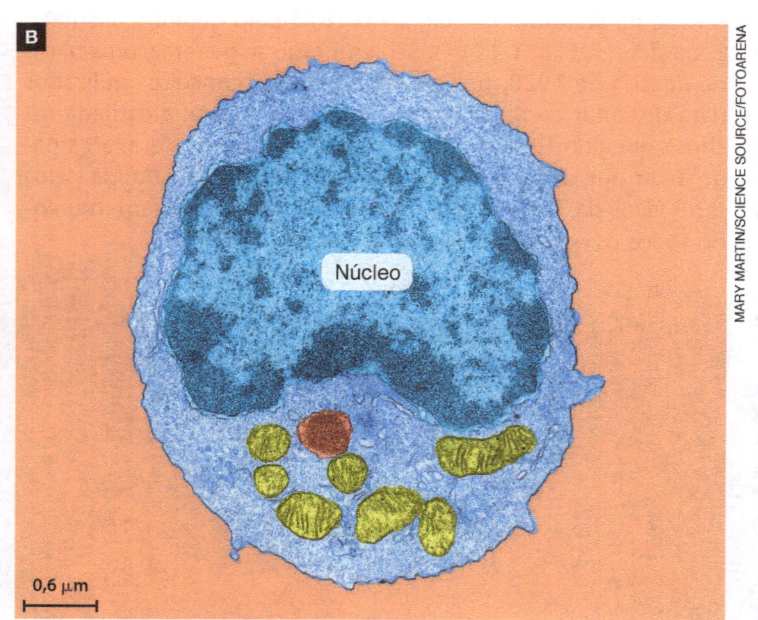

Figura 1.9 **A.** Fotomicrografia de bactéria *Vibrio cholerae*, uma célula procariótica. (Microscópio eletrônico de transmissão; cores artificiais.) **B.** Fotomicrografia de linfócito de camundongo, uma célula eucariótica. (Microscópio eletrônico de transmissão; cores artificiais.) Note a diferença de escala de ampliação das imagens; observe a maior complexidade da célula eucariótica, na qual se destacam o núcleo e outras estruturas membranosas no interior celular; a célula procariótica não apresenta estruturas membranosas internas.

Metabolismo

A maioria das substâncias presentes nas células é constantemente degradada e substituída por substâncias recém-fabricadas. Essa incessante atividade intracelular de montagem e desmontagem de substâncias requer energia, que a célula obtém pela degradação de certos tipos de molécula orgânica, genericamente chamados de nutrientes energéticos. Além de fornecer a energia necessária à manutenção da vida, esses nutrientes fornecem matéria-prima para a célula produzir novas moléculas. Todas essas atividades de transformação química que ocorrem no interior de uma célula constituem o **metabolismo**, palavra de origem grega (*metabole*) que significa mudança ou transformação. **(Fig. 1.10)**

MB IMAGES/SHUTTERSTOCK

Figura 1.10 A manutenção da vida de um ser vivo, assim como todas as atividades que ele realiza – por exemplo, prática de esportes –, depende das transformações químicas que ocorrem em suas células e que constituem o metabolismo.

Reação e movimento

Os animais são capazes de perceber o que se passa ao seu redor e de reagir a diferentes tipos de estímulo. A reação animal quase sempre envolve a realização de movimentos. Por exemplo, o cheiro de um leão levado pelo vento é captado pelo apurado olfato dos antílopes e provoca sua fuga imediata. A capacidade de se movimentar rápida e ativamente, correndo, voando ou nadando, permite à maioria dos animais explorar o ambiente à procura de alimento, de abrigo e de condições adequadas à sobrevivência.

Plantas também reagem a estímulos. Porém, as reações vegetais são mais lentas que as dos animais. Por exemplo, a maioria das plantas altera a posição das folhas no decorrer do dia e, em certas espécies, as folhas chegam mesmo a acompanhar a trajetória aparente do Sol, o que lhes possibilita aproveitar melhor a luminosidade. Poucas espécies de plantas apresentam reações relativamente rápidas, como ocorre na sensitiva (*Mimosa pudica*) e em certas plantas "carnívoras", cujas folhas se fecham rapidamente ao serem tocadas. **(Fig. 1.11)**

FOTOS: MARTIN SHIELDS/SCIENCE SOURCE/FOTOARENA

Figura 1.11 A reação das folhas da planta sensitiva (*Mimosa pudica*) ao toque é um exemplo extremo da resposta das plantas a estímulos. **A.** e **B.** As folhas, ao serem tocadas, fecham-se em fração de segundos.

Entre os seres microscópicos, muitos são capazes de perceber as condições ambientais, movimentando-se ativamente em resposta a determinados estímulos. Certas algas, protozoários e bactérias apresentam filamentos móveis (flagelos ou cílios) que atuam como nadadeiras microscópicas e permitem deslocamento em meio líquido.

Embora a reação a estímulos e a movimentação ativa sejam características da maioria dos seres vivos, sobretudo dos animais, há formas de vida que não reagem a estímulos nem são capazes de se movimentar ativamente. É o caso de certos tipos de bactéria que somente se deslocam passivamente quando transportados pela água, pelo ar ou por outros seres vivos.

Crescimento e reprodução

Todo ser vivo cresce. Alguns minerais também podem crescer, mas por processos completamente diferentes dos que ocorrem nos seres vivos; certos cristais, por exemplo, podem aumentar de tamanho pela simples agregação de matéria. O crescimento de um ser vivo, por sua vez, ocorre sempre pela produção organizada de substâncias por meio do metabolismo celular.

Seres vivos constituídos por uma única célula – bactérias, protozoários, algumas algas e uns poucos fungos –, chamados de **unicelulares**, crescem pelo aumento do tamanho de sua única célula. Esta cresce até atingir determinado tamanho, podendo eventualmente se dividir em duas células menores, semelhantes à original. Nesse caso, a divisão da célula em duas corresponde ao próprio processo de reprodução.

Os seres vivos constituídos por mais de uma célula, desde poucas dezenas até bilhões ou trilhões, são chamados de seres **multicelulares** ou pluricelulares; eles surgem a partir de uma única célula que se multiplica ou a partir de um grupo de células que se desprende do corpo de um indivíduo preexistente, crescendo principalmente pelo aumento do número de células do corpo.

Os biólogos costumam distinguir dois modos básicos de reprodução: assexuada e sexuada. **Reprodução assexuada** é aquela em que um novo ser surge a partir de uma célula ou de um grupo de células produzido por um único indivíduo genitor. Nesse caso, os organismos filhos recebem as mesmas instruções genéticas presentes no genitor e geralmente são idênticos a ele.

Reprodução sexuada é aquela em que um novo ser surge a partir de uma única célula, o zigoto, originado pela união de duas células sexuais, os gametas, produzidas pelos organismos genitores. O processo de união dos gametas é denominado **fecundação**. Se os dois gametas que se fundem são provenientes do mesmo genitor, fala-se em **autofecundação**. Quando os gametas que se fundem provêm de dois indivíduos genitores diferentes, fala-se em **fecundação cruzada**.

A reprodução é uma das características essenciais da vida. É por meio dela que a vida vem se perpetuando ininterruptamente desde que surgiu, há mais de 3,5 bilhões de anos.

Hereditariedade

A **hereditariedade** é outra característica importante da vida, intimamente ligada à reprodução. Um ser vivo, ao se reproduzir, transmite a seus descendentes um conjunto de instruções em código, inscritas nas moléculas de seu material genético (ácido nucleico), além de uma estrutura celular básica a partir da qual o novo ser desenvolverá sua organização típica. Herdamos de nossos pais todas as instruções genéticas e a organização celular para desenvolver nosso corpo conforme os padrões típicos de nossa espécie. Uma bactéria, uma samambaia, um cachorro ou um ser humano desenvolvem as características típicas de sua espécie a partir das instruções genéticas e da base celular que receberam pela reprodução de seus progenitores.

As instruções genéticas estão presentes em moléculas de uma substância química denominada ácido desoxirribonucleico ou DNA. Apenas uns poucos tipos de vírus apresentam RNA (ácido ribonucleico), e não DNA, como material genético. O material genético controla o metabolismo celular e define as características típicas de cada espécie de ser vivo. **(Fig. 1.12)**

LILIYA KULIANIONAK/SHUTTERSTOCK

Figura 1.12 Cadela da raça dachshund com seu filhote. A semelhança entre progenitores e descendentes deve-se à transmissão de instruções genéticas inscritas em moléculas de DNA.

Variabilidade genética, seleção natural e adaptação

O material genético varia ligeiramente entre os membros de uma mesma espécie com reprodução sexuada, o que se denomina **variabilidade genética**. Graças a essa capacidade de variação os indivíduos que nascem a cada geração são ligeiramente diferentes uns dos outros; alguns deles podem ter mais chance de sobreviver e de se reproduzir e, assim, transmitir suas características à descendência. Essa ideia de que os indivíduos de uma população com reprodução sexuada têm diferentes chances de sobreviver e de deixar descendentes foi proposta em meados do século XIX, pelos naturalistas ingleses Charles Darwin e Alfred Wallace (1823-1913), e denominada **seleção natural**.

A seleção natural é a base da teoria evolucionista, segundo a qual os seres vivos se modificam ao longo do tempo, adaptando-se aos ambientes em que vivem. A **adaptação** é explicada pela teoria evolucionista da seguinte maneira: entre os indivíduos de uma geração de organismos vivos, graças à variabilidade genética, há aqueles que se ajustam melhor ao meio em que vivem; esses têm mais chance de sobreviver e de se reproduzir, transmitindo aos descendentes suas características, entre elas aquelas responsáveis pela adaptação. Em decorrência dessa seleção operada pela natureza, geração após geração, as espécies vivas vão se tornando cada vez mais bem ajustadas ao meio, isto é, cada vez mais adaptadas.

Segundo a teoria evolucionista, as diferentes formas de adaptação levaram à diversificação da vida e ao surgimento da grande variedade de espécies biológicas hoje existentes, cada uma adaptada a um modo de vida particular.

Agora você pode resolver as atividades de 8 a 16, 51, 52, 59 e 60.

1.4 A origem do Universo e do Sistema Solar

A teoria do *big bang* ou teoria da grande explosão

Os avanços da Cosmologia e da Física no início do século XX levaram à formulação de uma nova explicação científica para a origem do Universo: a **teoria do *big bang*** ou, traduzindo a expressão em inglês, **teoria da grande explosão**. Atualmente bastante aceita pela comunidade científica, essa teoria propõe que o Universo tenha se originado de um ponto extremamente compacto, de densidade infinita, que, por razões ainda desconhecidas, explodiu há cerca de 13,7 bilhões de anos e se expandiu de modo violento. Segundo essa teoria, o Universo continua em expansão até hoje. Nessa explosão primordial, denominada *big bang*, teriam surgido simultaneamente o espaço, o tempo, a energia e a matéria que compõem o Universo.

Tudo indica que imediatamente após o *big bang* a temperatura era tão elevada que impossibilitava a existência da matéria como hoje a conhecemos. Entretanto, a rápida expansão do Universo fez a temperatura diminuir; ao fim do primeiro minuto teriam surgido núcleos atômicos do elemento químico mais simples, o hidrogênio, além de núcleos de hélio e pequenas quantidades de núcleos de lítio. Átomos propriamente ditos só se formariam mais tarde, quase 400 mil anos depois do *big bang*.

Quando o Universo completou algumas centenas de milhões de anos começaram a surgir as primeiras estrelas, corpos celestes de grandes dimensões formadas basicamente por átomos de hidrogênio e de hélio. Ao mesmo tempo a atração gravitacional levou à formação de conjuntos de estrelas e de matéria cósmica, as primeiras galáxias.

A origem do Sistema Solar

Os cientistas estimam que o **Sistema Solar**, conjunto formado pelo Sol, planetas, satélites, cometas e outros corpos celestes, surgiu há cerca de 4,6 bilhões de anos a partir de uma nebulosa – aglomeração de gases e de poeira interestelar – presente na galáxia denominada Via Láctea. Acredita-se que os gases da nebulosa que originou o Sistema Solar eram predominantemente hidrogênio (H_2) e hélio (He). A poeira interestelar era constituída principalmente por grânulos de carbono e de silicatos.

A atração gravitacional entre as partículas da nebulosa fez com que ela se tornasse cada vez mais compacta. Após alguns milhões de anos de compactação devido à gravidade, a temperatura no centro da nebulosa teria atingido cerca de 10 milhões de graus Celsius (10.000.000 °C), ocasionando reações de fusão nuclear em cadeia, com liberação de muita energia e elevação da temperatura. Nesse ponto, a massa central compactada da nebulosa passou a emitir luz, constituindo uma estrela amarela – o **Sol** –, uma entre os mais de 100 milhões de estrelas presentes na Via Láctea.

Os cientistas acreditam que, ao mesmo tempo que o Sol se formava no centro da nebulosa, também ocorreram condensações em pontos periféricos do disco de matéria que girava em torno do centro, originando planetas e outros corpos celestes do Sistema Solar, como satélites, asteroides e cometas. **(Fig. 1.13)**

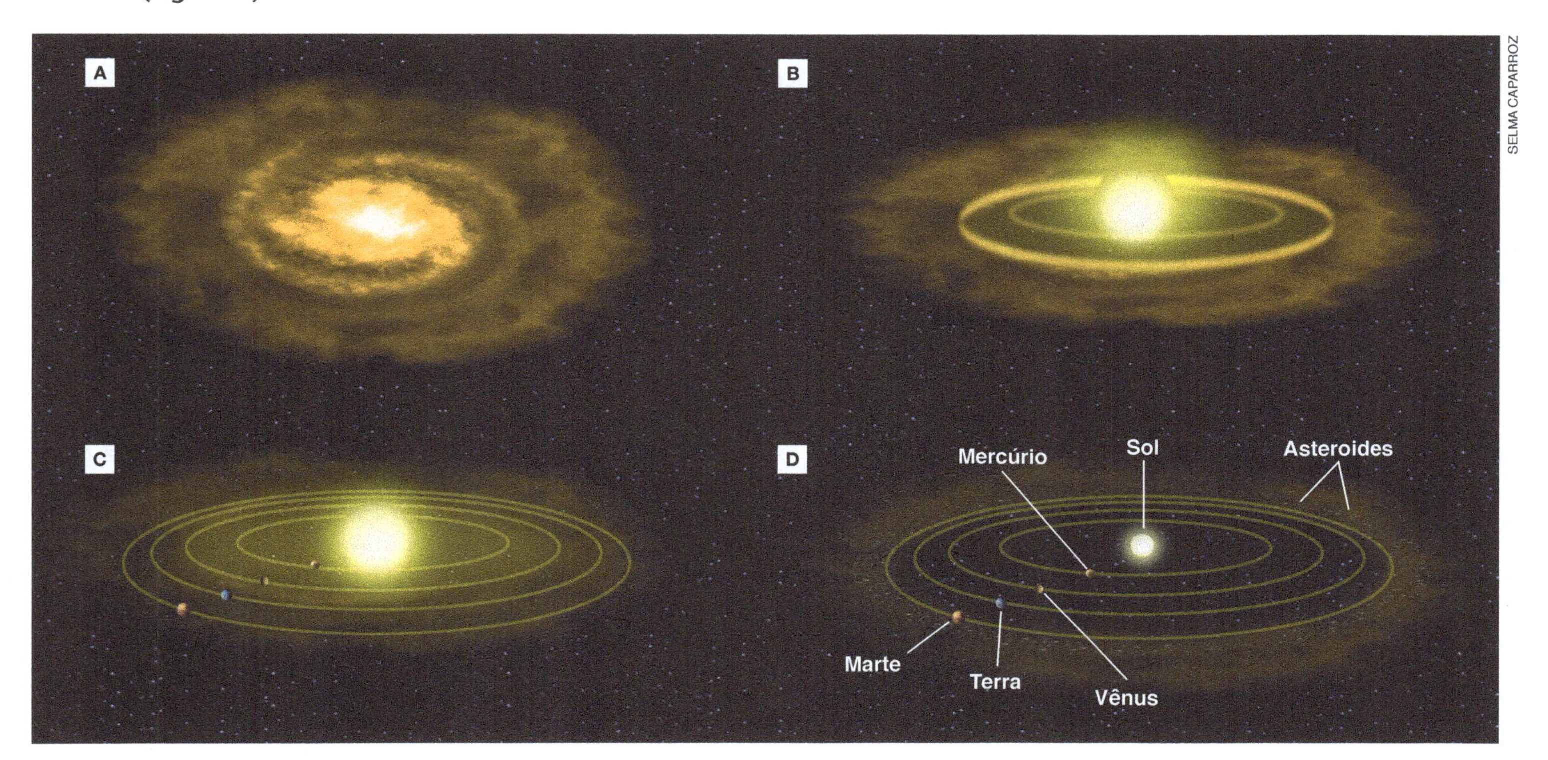

Figura 1.13 Concepção artística da formação do Sistema Solar. **A.** Nebulosa primordial. **B.** Condensação da matéria no centro, originando o Sol, e formação do disco de matéria girando ao seu redor. **C.** Condensações em pontos periféricos do disco giratório, que resultaria nos demais astros do Sistema Solar. **D.** Parte mais interna do Sistema Solar mostrando o Sol com os planetas mais próximos, satélites, asteroides e cometas que orbitam ao seu redor.

A formação da Terra

Evidências científicas sugerem que o planeta **Terra** formou-se entre 4,6 bilhões e 4,5 bilhões de anos atrás, com a aglomeração de minerais, poeira cósmica e gases presentes no disco de matéria que orbitava o Sol. A agregação progressiva desse material gerou grande pressão no interior da Terra em formação, com aumento da temperatura e derretimento dos materiais rochosos mais internos, que escapavam para a superfície terrestre na forma de lava incandescente. Além dessa intensa atividade interna, a jovem Terra também era continuamente bombardeada por asteroides vindos do espaço, que se chocavam com a superfície terrestre em eventos catastróficos, contribuindo para o aumento da temperatura e da massa planetárias. Admite-se que nenhum tipo de vida como a que conhecemos hoje poderia ter existido em condições tão adversas quanto as reinantes na Terra em seus primeiros 700 milhões de anos de existência.

A Terra em formação estava envolta por uma atmosfera constituída principalmente de gás carbônico (CO_2), gás metano (CH_4), monóxido de carbono (CO) e gás nitrogênio (N_2), além de vapor-d'água (H_2O). A maioria dos cientistas concorda com essa suposta composição da atmosfera da Terra primitiva, ainda que haja discordância sobre a origem desses gases. Uma corrente científica defende a hipótese de que a água e os gases da atmosfera terrestre originaram-se no interior do próprio planeta. Outros, com base em recentes descobertas na pesquisa espacial, defendem a ideia de que a maior parte da água e dos gases atmosféricos teria chegado a bordo de cometas e asteroides.

Independentemente da origem dos gases atmosféricos terrestres, com o passar do tempo a superfície da Terra primitiva foi esfriando devido à contínua perda de calor para o espaço. O resfriamento possibilitou a formação de uma camada de material rochoso sólido em torno do planeta, a crosta terrestre. Entretanto, a crosta era quente demais para permitir que se acumulasse água líquida sobre ela. Nas camadas superiores da atmosfera, mais frias, o vapor-d'água se condensava, produzindo nuvens que se precipitavam em forma de chuva. Na superfície, por causa das altas temperaturas, toda a água voltava a evaporar, e o processo se repetia. Passou muito tempo até que esse quadro mudasse. Acredita-se que, na Terra de pouco mais de 500 milhões de anos de idade, tempestades torrenciais caíram sem intervalos durante milhões de anos seguidos.

A partir de determinado momento, a superfície da Terra já havia esfriado o suficiente para que água líquida pudesse se acumular em depressões da crosta terrestre, formando imensas áreas alagadas precursoras dos oceanos. Provavelmente foi em um cenário como esse que surgiram os primeiros seres vivos, dos quais descendem todas as formas de vida. **(Fig. 1.14)**

MARK GARLICK/SCIENCE PHOTO LIBRARY/LATINSTOCK

HENNING DALHOFF/SCIENCE PHOTO LIBRARY/LATINSTOCK

HENNING DALHOFF/SCIENCE PHOTO LIBRARY/LATINSTOCK

Figura 1.14 Representações artísticas das mudanças que teriam ocorrido gradualmente no ambiente da Terra primitiva. **A.** Resfriamento superficial suficiente para o início da formação da crosta terrestre, intensa atividade vulcânica e bombardeamento por corpos celestes. **B.** O resfriamento da crosta progride, mas ainda não permite acúmulo de água líquida. **C.** As condições da crosta terrestre permitem a formação dos primeiros mares.

Agora você pode resolver as atividades de 17 a 21 e 55.

1.5 Como surgiu a vida na Terra?

A queda da teoria da geração espontânea

Até meados do século XVII era muito difundida a crença de que os seres vivos haviam sido criados por divindades, doutrina denominada criacionismo. Admitia-se também que alguns tipos de ser vivo podiam ser gerados espontaneamente a partir da matéria sem vida, ou mesmo pela transformação de outros seres vivos. Essa era a base da **teoria da geração espontânea**, também chamada de **teoria da abiogênese**.

A teoria da abiogênese, entretanto, não resistiu à expansão do conhecimento científico e aos rigorosos testes realizados por cientistas criteriosos, como Redi, Spallanzani e Pasteur, entre outros. Como veremos a seguir, esses pesquisadores forneceram as primeiras evidências científicas de que os seres vivos surgem somente pela reprodução de seres da própria espécie, ideia que ficou conhecida como **teoria da biogênese**.

O experimento de Redi

Um dos primeiros experimentos científicos sobre a origem de seres vivos foi realizado em meados do século XVII pelo médico italiano Francesco Redi (1626-1697). Na época, muitos acreditavam que os seres vermiformes sempre vistos em cadáveres de seres humanos e de outros animais surgiam por transformação espontânea da carne em putrefação. Redi não concordava com essa ideia e formulou a hipótese de que tais "vermes" eram estágios imaturos, ou larvas, do ciclo de vida de moscas. Redi acreditava que as larvas nasciam dos ovos colocados por moscas na carne e não por geração espontânea.

Em seu livro intitulado *Experimentos sobre a geração de insetos* (em latim, *Experimenta circa generationem insectorum*), Redi conta como teve a ideia de que os seres vermiformes presentes nos cadáveres eram parte do ciclo de vida de moscas. Ao ler o poema épico *Ilíada*, datado do século IX ou VIII a.C. e cuja autoria é atribuída ao grego Homero, Redi se perguntou por que Aquiles teme que o corpo de Pátrocles se torne presa das moscas. Por que Aquiles pede a Tétis que proteja o corpo contra os insetos que poderiam dar origem a vermes e corromper a carne do morto? Redi concluiu que os antigos gregos já sabiam que as larvas encontradas nos cadáveres se originavam de moscas que pousavam sobre eles e ali colocavam seus ovos. **(Fig. 1.15)**

GIOVANNI ANTONIO PELLEGRINI – MUSÉE MUNICIPAL, SOISSONS, FRANCE

Figura 1.15 A cena retrata uma passagem do poema *Ilíada*, atribuído a Homero, que serviu de inspiração para Redi idealizar seu experimento. (PELLEGRINI, Giovanni Antonio. *Aquiles contemplando o corpo de Pátrocles*. c. 1700. Óleo sobre tela, 152,5 cm × 195,5 cm.)

Seguindo os procedimentos da ciência moderna, Redi raciocinou que se os seres vermiformes da carne em putrefação realmente surgem a partir de ovos colocados por moscas – essa é a hipótese –, então eles não aparecerão se impedirmos que moscas pousem na carne – essa é uma dedução a partir da hipótese. Para testar sua hipótese Redi realizou o seguinte experimento: distribuiu animais mortos em diversos frascos de boca larga, vedando alguns deles com uma gaze muito fina e deixando outros abertos. Nestes últimos, nos quais as moscas podiam entrar e sair livremente, logo surgiram seres vermiformes. Nos frascos tapados com gaze, que impedia a entrada das moscas, não apareceu nenhum "verme", mesmo passados muitos dias. Desse modo, a dedução a partir da hipótese foi confirmada e esta foi aceita. **(Fig. 1.16)**

Figura 1.16 Representação esquemática do experimento de Redi, que descartou a hipótese da geração espontânea dos "vermes" (larvas) que surgem na carne em putrefação. No frasco à esquerda, tapado com gaze, não surgiram larvas. No frasco à direita, no qual as moscas puderam entrar, apareceram larvas, que se alimentavam da carne.

Needham contra Spallanzani

A teoria da geração espontânea perdeu credibilidade com os experimentos de Redi, mas voltou a ser utilizada para explicar a origem dos seres microscópicos, ou microrganismos, descobertos em meados do século XVII pelo holandês Antonie van Leeuwenhoek (1632-1723). **(Fig. 1.17)**

Em 1745 o inglês John Needham (1713-1781) realizou o seguinte experimento: distribuiu caldo nutritivo em diversos frascos, que foram fervidos por 30 minutos e imediatamente fechados com rolhas de cortiça. Depois de alguns dias, os caldos estavam repletos de seres microscópicos. Assumindo que a fervura eliminara todos os seres eventualmente existentes no caldo original e que nenhum ser vivo poderia ter penetrado através das rolhas, Needham argumentou que só havia uma explicação para a presença de microrganismos nos frascos: eles haviam surgido por geração espontânea.

Com o conhecimento da época essa teoria parecia realmente adequada para explicar a origem dos microrganismos, pois era difícil imaginar que seres aparentemente tão simples, presentes em quase todos os lugares, pudessem surgir por meio da reprodução. Muitos estudiosos, porém, estavam convencidos de que a geração espontânea não ocorria nem para seres grandes nem para seres microscópicos.

O padre e pesquisador italiano Lazzaro Spallanzani (1729-1799) refez os experimentos de Needham preparando oito frascos com caldos nutritivos previamente fervidos: quatro deles foram fechados com rolhas de cortiça, como fizera Needham, e os outros quatro tiveram os gargalos derretidos no fogo, de forma a adquirirem uma vedação hermética. Além disso, os frascos foram fervidos durante longo tempo. Após alguns dias, microrganismos haviam surgido nos frascos arrolhados com cortiça, mas não nos frascos cujos gargalos tinham sido hermeticamente fechados no fogo. Spallanzani concluiu que a vedação ou o tempo curto de fervura utilizados por Needham, ou ambos, haviam sido incapazes de impedir a contaminação do caldo.

Em resposta a Spallanzani, Needham alegou que, devido à fervura prolongada, o caldo havia perdido sua "força vital", um princípio imaterial que seria indispensável ao surgimento de vida. Spallanzani, então, quebrou os gargalos fundidos de alguns frascos, que ainda se mantinham livres de microrganismos, expondo seu conteúdo ao ar. Em pouco tempo eles ficaram repletos de microrganismos, mostrando que a fervura prolongada não havia destruído a "força vital" do caldo. Needham contra-argumentou mais uma vez, sugerindo a hipótese de que o princípio ativo, embora deteriorado pelo longo tempo de fervura, restabeleceu-se com a entrada de ar fresco, permitindo que os microrganismos surgissem espontaneamente. Dessa vez Spallanzani não conseguiu elaborar um experimento para descartar o contra-argumento de Needham, e a controvérsia persistiu.

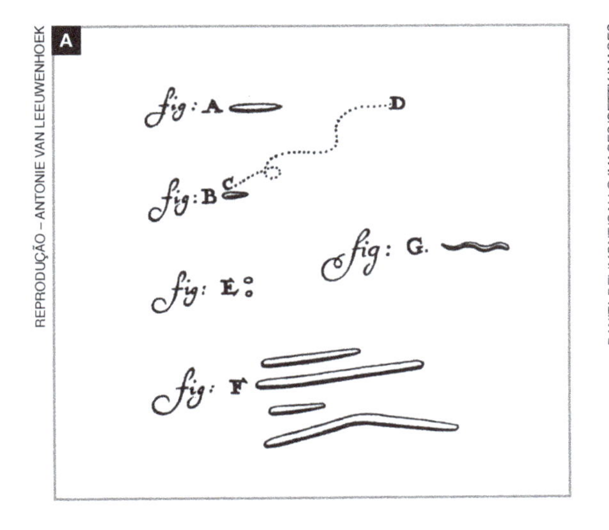

Figura 1.17 **A.** Desenhos de microrganismos, popularmente chamados de micróbios, realizados por Leeuwenhoek em 1683. **B.** Retrato de Antonie van Leeuwenhoek.

A contribuição de Pasteur

No início da década de 1860 a Academia Francesa de Ciências ofereceu um prêmio em dinheiro para quem realizasse um experimento definitivo sobre a origem dos microrganismos. Estimulado pelo desafio, o pesquisador francês Louis Pasteur (1822-1895) começou a trabalhar no assunto.

Em um de seus experimentos, Pasteur distribuiu caldo nutritivo em quatro frascos de vidro, cujos gargalos foram amolecidos ao fogo, esticados e curvados na forma de um pescoço de cisne. Na sequência o cientista francês aqueceu o caldo até que saísse vapor pelas extremidades dos gargalos curvos, deixando depois que o caldo resfriasse lentamente. O objetivo de Pasteur, ao curvar os gargalos dos frascos, era manter livre a entrada de ar, mas fazer com que as partículas em suspensão ficassem retidas nas paredes do gargalo curvo, que assim funcionaria como um filtro.

Apesar de o caldo estar em contato direto com o ar não surgiram microrganismos em nenhum dos quatro frascos preparados por Pasteur em seu experimento. Microrganismos presentes no ar ficavam retidos nas curvas do gargalo e não conseguiam chegar ao líquido do frasco.

Para confirmar sua hipótese, Pasteur quebrou o gargalo de alguns frascos, verificando que em poucos dias seus conteúdos ficaram repletos de microrganismos. O experimento trouxe mais evidências de que o surgimento de microrganismos em caldos nutritivos ocorria pela contaminação por seres microscópicos provenientes do ambiente externo, e não por geração espontânea. **(Fig. 1.18)**

Pesquisas sobre geração espontânea levaram a novas tecnologias

É interessante pensar que os experimentos pioneiros de Spallanzani sobre geração espontânea abriram caminho para o desenvolvimento da indústria de alimentos enlatados. Ao saber das pesquisas e das controvérsias sobre a origem dos microrganismos, o confeiteiro francês Nicholas Appert (1749-1841) suspeitou que eles poderiam ser responsáveis pela deterioração dos alimentos, problema então enfrentado pelos fabricantes de produtos alimentícios. Partindo do princípio de que caldos nutritivos previamente fervidos poderiam ser guardados sob vedação hermética sem estragar, como Spallanzani havia demonstrado, Appert desenvolveu uma tecnologia para produzir alimentos em conserva que pudessem ser armazenados por longo tempo sem sofrer deterioração.

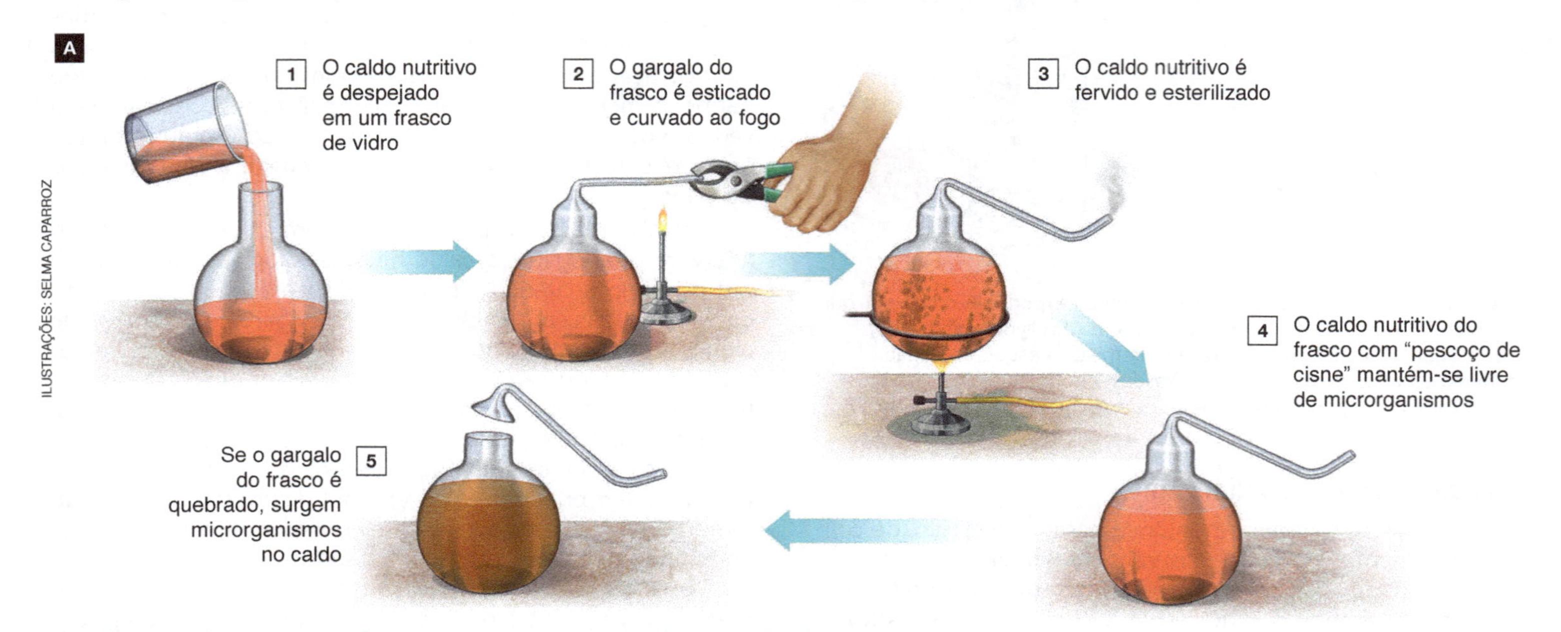

Figura 1.18 A. Representação esquemática das etapas do experimento realizado por Pasteur, que buscava evidências contrárias à teoria da geração espontânea. B. Frascos usados por Pasteur em seus experimentos são mantidos até hoje no Museu do Instituto Pasteur, em Paris, França.

A história da fermentação remonta à década de 1850. Naquela época, Louis Pasteur, já famoso por seus estudos sobre microrganismos, interessou-se por um problema de deterioração do vinho que afetava a indústria vinícola de Arbois (França), sua terra natal. Em experimentos anteriores, ele próprio já demonstrara que a transformação do suco de uvas em vinho resulta da atividade de microrganismos denominados leveduras ou fermentos. Sua hipótese, agora, era que a deterioração do vinho decorria da contaminação por outro tipo de microrganismo.

Ao observar ao microscópio amostras de vinhos estragados Pasteur encontrou outros microrganismos além das leveduras, o que reforçava sua hipótese. A questão era: como se livrar desses invasores indesejáveis sem alterar o sabor do vinho? Este não podia ser fervido, pois perderia totalmente suas qualidades. Pasteur descobriu então que o aquecimento do vinho por apenas alguns minutos a 57 °C era suficiente para eliminar os microrganismos indesejáveis sem alterar o sabor da bebida; com isso, Pasteur inventou o processo que, em sua homenagem, recebeu o nome de pasteurização.

A **pasteurização**, tecnologia para a eliminação seletiva de microrganismos pelo aquecimento brando, é largamente empregada na indústria de alimentos nos dias atuais. Em diversos países, incluindo o Brasil, é obrigatório pasteurizar o leite e seus derivados antes de comercializá-los. Nesse processo o leite é mantido a 62 °C por 30 minutos, o que elimina a bactéria *Mycobacterium tuberculosis*, um microrganismo frequentemente presente no gado bovino e que pode causar tuberculose em pessoas. A pasteurização elimina também outros microrganismos responsáveis pela deterioração do leite, prolongando sua vida útil.

Agora você pode resolver as atividades de 22 a 26, 43, 44, 57 e 63.

1.6 Ideias modernas sobre a origem da vida

A origem dos precursores da vida

Com o descrédito da teoria da geração espontânea e a consolidação da teoria da biogênese, uma nova questão se colocava: se os seres vivos não provêm da matéria inanimada, mas apenas por reprodução de outros seres vivos, como eles surgiram na Terra pela primeira vez? De onde teriam vindo as moléculas orgânicas que originaram os primeiros seres vivos?

Ainda não há resposta definitiva para essa questão. Uma das possibilidades, embasada em descobertas recentes, é que substâncias precursoras da vida tenham vindo do espaço sideral, trazidas por cometas e asteroides. Há experiências, no entanto, que demonstram que a combinação química de substâncias inorgânicas gasosas presentes na Terra primitiva poderia ter originado moléculas orgânicas.

A primeira experiência nessa direção foi idealizada pelo químico estadunidense Stanley Lloyd Miller (1930-2007) e estabeleceu as bases experimentais da evolução molecular na origem da vida. Em 1953, Stanley Miller, um jovem aluno do eminente químico Harold C. Urey (1893-1981), construiu um aparelho que simulava as condições supostamente existentes na Terra primitiva. Nesse simulador, formado por tubos e balões de vidro interligados, Miller colocou uma mistura contendo gás metano (CH_4), amônia (NH_3), gás hidrogênio (H_2) e vapor-d'água (H_2O), substâncias que, supunha-se na época, constituíam a atmosfera da primitiva Terra quando a vida surgiu.

A mistura foi submetida ao calor e a fortes descargas elétricas por alguns dias. Segundo Miller, essas deviam ser as condições atmosféricas no início da existência de nosso planeta. No simulador havia também um condensador no qual a mistura era resfriada. O vapor-d'água presente na mistura se condensava e escorria para a parte inferior do aparelho, onde se acumulava. Com isso Miller simulava as chuvas e o acúmulo de água nos mares e lagos da Terra primitiva. Por fim, um aquecedor fazia ferver a água acumulada, que voltava a se transformar em vapor, simulando a evaporação da água na superfície quentíssima da jovem Terra. Após deixar o simulador funcionando por cerca de uma semana, Miller realizou testes químicos no líquido avermelhado que se acumulara na parte inferior do aparelho e encontrou várias substâncias ausentes no início do experimento, entre elas os aminoácidos alanina e glicina, além de outras substâncias orgânicas mais simples. **(Fig. 1.19)**

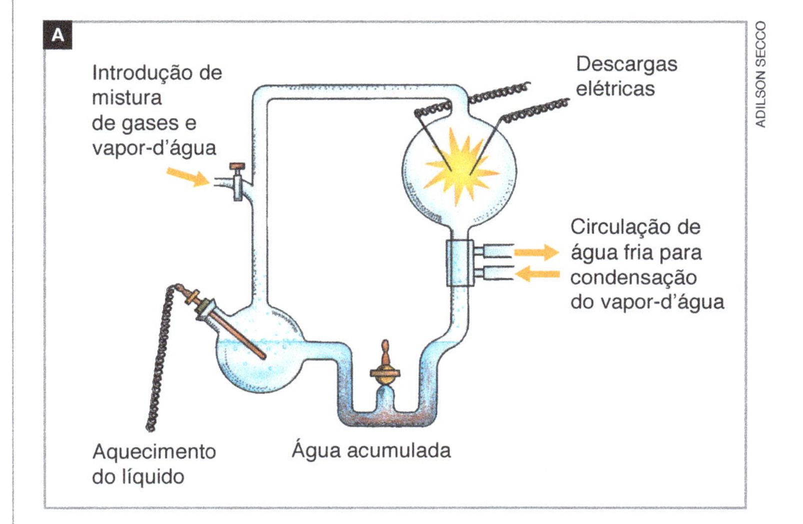

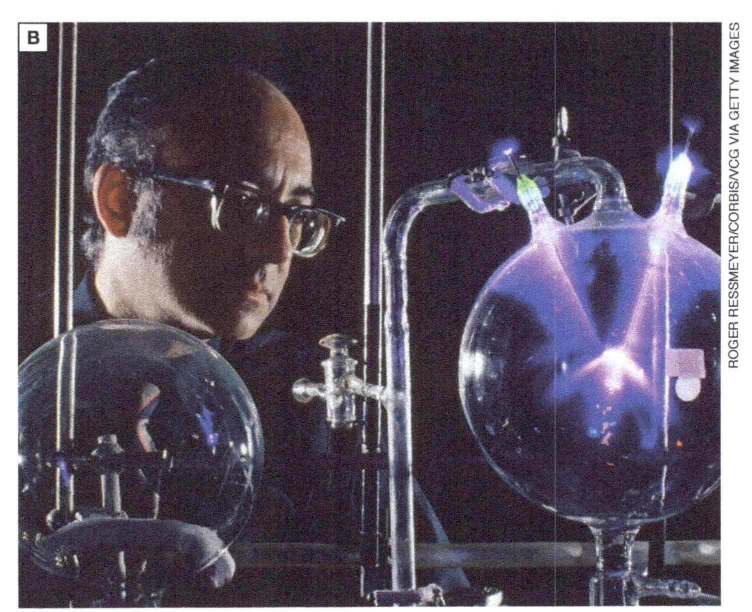

Figura 1.19 A. Representação esquemática do simulador utilizado por Miller em seu experimento sobre a origem da vida. B. Stanley Miller usando os equipamentos de seu laboratório original para recriar seu experimento da década de 1950.

Esse experimento tem hoje significado apenas histórico, pois novos dados sugerem que a composição atmosférica da Terra primitiva era diferente da mistura empregada no simulador de Miller. Evidências recentes indicam que a atmosfera terrestre, entre 4 e 3,5 bilhões de anos atrás, era provavelmente constituída por 80% de gás carbônico (CO_2), 10% de metano (CH_4), 5% de monóxido de carbono (CO) e 5% de gás nitrogênio (N_2), além de vapor-d'água.

Seguindo os passos de Miller, diversos outros experimentos simularam as condições supostamente existentes na Terra primitiva, com produção de diversas substâncias orgânicas encontradas nos seres vivos. Isso dá sustentação à hipótese de que, nas condições reinantes nos primórdios do nosso planeta, a matéria precursora da vida poderia ter surgido por um processo abiogênico.

Teoria da evolução molecular

Uma questão que ainda desafia os cientistas é: como os ingredientes precursores puderam originar complexos moleculares dotados de metabolismo e de reprodução, ou seja, seres vivos?

Atualmente, a maioria dos cientistas defende a ideia de que a vida surgiu por um longo processo de **evolução molecular**, em que, inicialmente, compostos inorgânicos presentes na Terra primitiva reagiram entre si, originando moléculas orgânicas, como aminoácidos, pequenos glicídios, bases nitrogenadas, ácidos graxos etc. Na sequência, ao encontrar condições adequadas, essas primeiras moléculas orgânicas teriam se recombinado de várias maneiras, produzindo moléculas mais complexas, como proteínas, lipídios e ácidos nucleicos. Finalmente, essas moléculas orgânicas teriam originado estruturas capazes de controlar as próprias reações químicas e de se autoduplicar. Tais atributos seriam os primeiros esboços do metabolismo e da reprodução, duas características fundamentais dos seres vivos.

Há cientistas, porém, que defendem a ideia de que a vida na Terra surgiu pela colonização do planeta por substâncias precursoras de vida (ou mesmo seres vivos) provenientes de outros locais do cosmo. Essa é a base da **hipótese da panspermia**, que voltou a ganhar força nos últimos anos com a descoberta de substâncias orgânicas em meteoritos, asteroides e cometas. **(Fig. 1.20)**

VOLKER STEGER/SCIENCE PHOTO LIBRARY/LATINSTOCK

Figura 1.20 A astrobióloga Lynn Rothschild coletando amostras de microrganismos em um lago. Essa pesquisadora estuda bactérias que sobrevivem em condições extremas de salinidade e temperatura. Suas descobertas sugerem a existência de vida em outros lugares do cosmo, apoiando a hipótese da panspermia.

Os estudos da origem da vida enfrentam uma grande dificuldade: a falta de vestígios dos primeiros seres vivos, quase totalmente destruídos pelas drásticas transformações ocorridas na crosta terrestre nos primeiros milhões de anos de sua existência. Já foram encontrados vestígios de atividade biológica em rochas datadas de 3,5 bilhões de anos, na Austrália, provavelmente deixados por ancestrais de bactérias fotossintetizantes. Acredita-se, entretanto, que a vida na Terra teve início muito antes. De acordo com estudos de algumas descobertas recentes, a vida na Terra teria surgido há aproximadamente 4 bilhões de anos. **(Fig. 1.21)**

AUSCAPE/UNIVERSAL IMAGES GROUP/GETTY IMAGES

Figura 1.21 O fóssil do mais antigo ser vivo conhecido até o momento, encontrado na Austrália, é datado em 3,5 bilhões de anos. Entretanto, a recente descoberta de outros estromatólitos, como os da Groenlândia, em 2016, indica que a vida tenha surgido há cerca de 4 bilhões de anos.

A origem das primeiras células

Nos seres vivos atuais os processos químicos que caracterizam a vida ocorrem no interior de células, compartimentos isolados do ambiente externo por uma finíssima película envolvente, a **membrana plasmática**. Esse envoltório permite a manutenção de um ambiente celular interno diferenciado e adequado aos processos e às reações químicas essenciais à vida. A ruptura da membrana leva à desorganização da estrutura celular e à morte da célula.

A importância da membrana para a célula viva levou os cientistas a imaginar que uma etapa fundamental na origem da vida foi o aparecimento de sistemas químicos delimitados por membranas que os separavam do meio externo. Tais sistemas podem ter surgido em charcos, lagos e oceanos primitivos, seja a partir de aglomerados de moléculas orgânicas originadas na própria Terra, como acreditam os defensores da hipótese da evolução molecular, seja a partir de moléculas vindas do espaço em corpos celestes que atingiram a Terra, como pensam os defensores da panspermia.

Experimentos de laboratório dão pistas sobre o que pode ter ocorrido com as moléculas precursoras da vida acumuladas na Terra primitiva. Quando se adicionam experimentalmente proteínas em soluções aquosas com certo grau de acidez e salinidade, podem ser obtidos aglomerados proteicos microscópicos, em alguns casos relativamente estáveis, graças à formação de uma película de moléculas de água ao redor das proteínas. **(Fig. 1.22)**

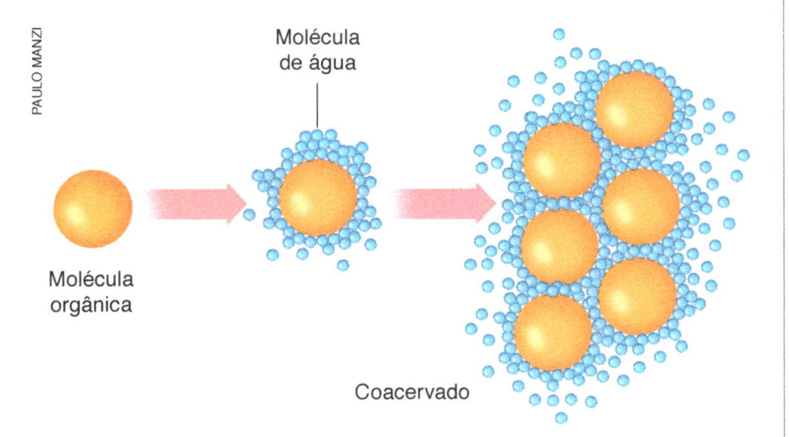

Figura 1.22 Representação esquemática da formação de um coacervado, como é chamado o aglomerado microscópico de moléculas orgânicas que são mantidas juntas por películas de água ao redor. O processo de coacervação ganhou destaque ao ser proposto como um passo importante no surgimento da vida pelo pesquisador Alexander Oparin (1894-1980).

Também se observou que, em certas condições especiais, proteínas podem se organizar formando películas ao redor de aglomerados de moléculas orgânicas. Esses fatos levaram os cientistas a pensar que, nas condições da Terra primitiva, moléculas orgânicas podem ter se isolado e se organizado, formando glóbulos microscópicos estáveis precursores da vida.

O salto definitivo rumo aos seres vivos teria ocorrido há pelo menos 3,5 bilhões de anos, no momento em que esses glóbulos microscópicos adquiriram estabilidade e capacidade de produzir os próprios componentes, podendo crescer e se reproduzir. Como teria se dado esse passo crucial na evolução da vida? Essa é uma pergunta para a qual os pesquisadores ainda não têm resposta.

Evolução dos processos energéticos

Embora não haja um retrato exato dos seres vivos mais antigos, pode-se imaginar que eles eram microscópicos e delimitados por uma membrana. Em seu interior, reações químicas ordenadas e controladas transformavam moléculas de alimento em componentes da própria estrutura, o que permitia o crescimento e a reprodução.

De onde vinham a energia e a matéria-prima utilizadas pelos primeiros seres vivos? Os seres vivos atuais têm duas estratégias principais para obter alimento, fonte de energia e matéria-prima para o metabolismo: ou eles mesmos o produzem ou o obtêm pela ingestão de organismos ou partes deles. No primeiro caso, fala-se em **seres autotróficos** (do grego *autós*, próprio, e *trophos*, alimento), capazes de produzir as substâncias orgânicas que lhes servem de alimento a partir de gás carbônico (CO_2) e de energia obtidos do ambiente. No segundo caso, fala-se em **seres heterotróficos** (do grego *hetero*, diferente), incapazes de produzir o próprio alimento, tendo de obtê-lo do meio externo na forma de moléculas orgânicas. São autotróficos alguns tipos de bactérias, as algas e as plantas; são heterotróficos certas bactérias, a quase totalidade dos protozoários e todos os fungos e os animais.

A hipótese autotrófica

A hipótese de que os primeiros seres vivos eram autotróficos, conhecida como **hipótese autotrófica**, é a mais aceita atualmente. Seus defensores argumentam que na Terra primitiva não havia moléculas orgânicas em quantidade suficiente para sustentar a multiplicação dos primeiros seres vivos até o aparecimento da fotossíntese. Segundo eles, os primeiros seres vivos eram **quimiolitoautotróficos** (do grego *litós*, rocha), isto é, produziam o próprio alimento a partir da energia liberada por reações químicas entre componentes inorgânicos da crosta terrestre. Uma possibilidade é que eles utilizassem compostos de ferro e de enxofre (por exemplo, FeS e H_2S), provavelmente abundantes na Terra primitiva. Essa ideia tem se consolidado graças à descoberta de microrganismos que vivem em ambientes inóspitos como fontes de água quente e vulcões submarinos, obtendo energia a partir de reações químicas. Uma dessas reações é esquematizada a seguir:

$$FeS + H_2S \longrightarrow FeS_2 + H_2 + \text{Energia}$$

Sulfeto de ferro(II) | Sulfeto de hidrogênio (gás sulfídrico) | Dissulfeto de ferro | Gás hidrogênio

Nossos hipotéticos ancestrais poderiam viver, como certos microrganismos quimiolitoautotróficos atuais, ao redor de fendas vulcânicas submersas, onde há liberação contínua de gás sulfídrico (H_2S). Segundo a hipótese autotrófica, a partir dos primeiros seres quimiolitoautotróficos teriam se originado os outros tipos de ser vivo, inicialmente os que realizavam fermentação, depois os fotossintetizantes e, finalmente, os que respiram gás oxigênio (aeróbicos). **(Fig. 1.23)**

Figura 1.23 Fonte termal submarina. A descoberta, em meados da década de 1970, de comunidades biológicas vivendo em total escuridão nas profundezas oceânicas, a mais de 2.500 m de profundidade, e alimentadas por bactérias quimiolitoautotróficas dá força à hipótese de que seres como esses, que obtinham energia de reações químicas inorgânicas como as que ocorrem em fontes termais, podem ter sido as primeiras formas de vida na Terra.

A origem da fotossíntese

Um passo importante na história da vida na Terra foi o aparecimento da fotossíntese. Esse processo celular, realizado atualmente por algas, plantas e certas bactérias, consiste em produzir substâncias energéticas alimentares (geralmente glicídios) a partir de gás carbônico (CO_2) e energia luminosa. Além de glicídios, a maioria dos seres autotróficos atuais também produz gás oxigênio (O_2), liberado no ambiente.

Acredita-se que no início da evolução da fotossíntese os reagentes eram o gás carbônico (CO_2) e o sulfeto de hidrogênio (H_2S). Esse tipo de fotossíntese, realizada ainda hoje por algumas espécies de bactéria conhecidas como sulfobactérias, pode ser representado pela seguinte equação global:

$$CO_2 + H_2S + \text{Energia} \longrightarrow \text{Glicídio} + S + H_2O$$

Há pouco menos de 3 bilhões de anos surgiram bactérias fotossintetizantes capazes de utilizar água (H_2O) em vez de gás sulfídrico (H_2S). Graças à grande disponibilidade de água na Terra, essas bactérias puderam se espalhar por todo o planeta. Acredita-se que essas primeiras bactérias fotossintetizantes foram as ancestrais das bactérias autotróficas atuais. A reação de fotossíntese realizada por esses seres pode ser representada pela seguinte equação global:

$$CO_2 + H_2O + \text{Energia} \longrightarrow \text{Glicídio} + O_2$$

A capacidade de utilizar substâncias simples obtidas do meio e energia da luz solar garantiu a enorme propagação das bactérias fotossintetizantes primitivas; elas invadiram os mares e todos os ambientes úmidos do planeta. A proliferação dos seres fotossintetizantes foi tal que o gás oxigênio (O_2) liberado alterou significativamente a composição da atmosfera terrestre. A partir de 2,5 bilhões de anos atrás, a concentração de gás oxigênio, praticamente inexistente até então, aumentou progressivamente até atingir a porcentagem atual, em torno de 21%.

O gás oxigênio liberado na atmosfera teve grande impacto ambiental. A maioria dos seres que habitava o planeta há aproximadamente 2 bilhões de anos ainda não havia desenvolvido processos de proteção contra os efeitos nocivos desse gás e por isso se extinguiu. As células de todos os seres vivos atuais (exceto bactérias anaeróbicas obrigatórias) apresentam eficientes mecanismos químicos de proteção contra os efeitos oxidantes do gás oxigênio.

A origem da respiração aeróbica

Os ancestrais das bactérias fotossintetizantes atuais, além de desenvolver sistemas químicos antioxidação, conseguiram aproveitar o poder oxidante do gás oxigênio para quebrar moléculas orgânicas que elas mesmas produziam pela fotossíntese. A oxidação controlada dessas substâncias orgânicas, empregadas como alimento, garantia alta eficiência na obtenção de energia; surgia, assim, a **respiração aeróbica**, processo que consiste na oxidação de substâncias orgânicas do alimento (por exemplo, glicídios) para a obtenção de energia. Esse processo pode ser representado pela seguinte equação global:

$$\text{Glicídio} + O_2 \longrightarrow CO_2 + H_2O + \text{Energia}$$

Note que, embora sejam distintos, o processo da respiração aeróbica, quanto a reagentes e produtos, é o inverso da fotossíntese. Isso significa que, há cerca de 2 bilhões de anos, começou a se estabelecer na Terra um equilíbrio dinâmico entre esses dois processos energéticos. Esse equilíbrio perdura até hoje. **(Fig. 1.24)**

Outra consequência da presença de gás oxigênio na atmosfera terrestre foi a formação de uma camada de gás ozônio (O_3) na estratosfera, entre 12 e 50 quilômetros de altitude. Esse gás, formado a partir do gás oxigênio (O_2), impede a passagem da maior parte da radiação ultravioleta proveniente do Sol, cujos efeitos são prejudiciais aos seres vivos. Antes do surgimento da camada de ozônio a vida restringia-se aos ambientes protegidos de lagos e mares. A filtragem do excesso de radiação ultravioleta pela camada de ozônio atmosférica permitiu que os seres vivos colonizassem ambientes de terra firme expostos à luz solar.

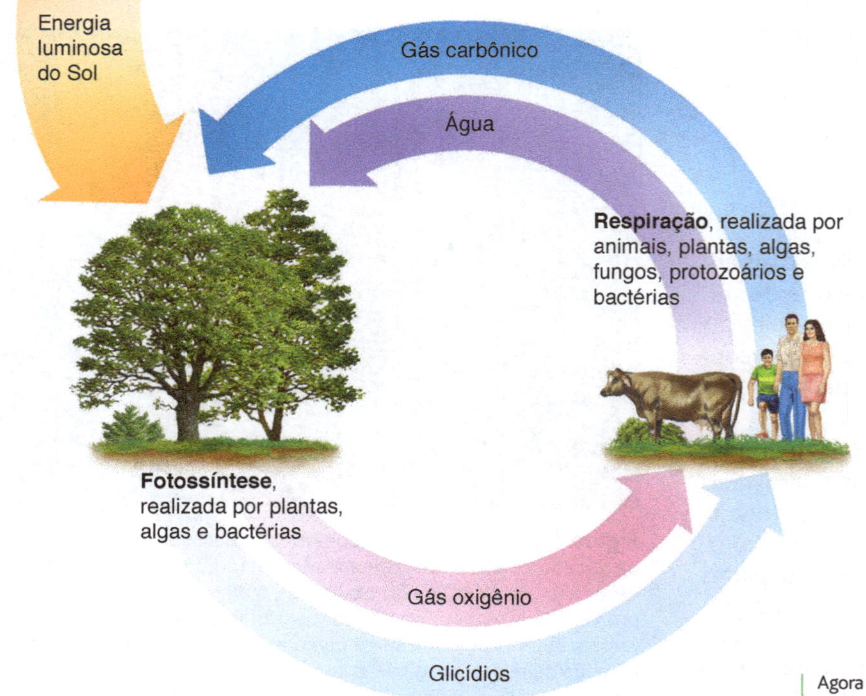

Figura 1.24 Representação esquemática do equilíbrio dinâmico entre a fotossíntese e a respiração aeróbica. Na fotossíntese, os reagentes gás carbônico (CO_2) e água (H_2O) originam glicídios e gás oxigênio (O_2) como produtos. Na respiração aeróbica, ocorre o inverso: os reagentes são gás oxigênio (O_2) e substâncias orgânicas e os produtos são gás carbônico (CO_2) e água (H_2O).

Agora você pode resolver as atividades de 27 a 40, 45, 54, 56, 58, 61 e 62.

Ciência e cidadania

O significado biológico da morte

1 Uma reflexão profunda sobre a vida tem necessariamente de levar em conta a morte; afinal, todo ser vivo está sujeito a morrer. A qualquer instante, pelos mais diferentes motivos, o processo vital pode ser interrompido.

2 O que é vida? O que é morte? Do ponto de vista biológico, vida é sinônimo de alta organização, mantida à custa de dispêndio de energia, e a morte é o processo irreversível de perda da atividade altamente organizada que caracteriza a vida.

3 Vamos imaginar os primórdios de nosso planeta, na época em que a vida surgiu na Terra. Podemos dizer que a vida realmente nasceu com o aparecimento da reprodução; foi essa capacidade que garantiu sua perpetuação, contrapondo-se à inevitabilidade da morte. Graças à reprodução, a vida tem vencido a morte, pelo menos por enquanto. Indivíduos morrem, espécies se extinguem, mas a vida, como fenômeno planetário, continua a existir ininterruptamente desde sua origem, graças à reprodução.

4 Há seres vivos que, salvo acidente, não morrem, embora deixem de existir como entes individuais. Por exemplo, uma célula que se reproduz por divisão binária não morre; apesar de desaparecer, sua existência adquire nova forma, perpetuando-se em suas células-filhas. Certos seres multicelulares, como as esponjas e alguns cnidários e vermes, são capazes de se reproduzir por fragmentação, continuando a viver em seus descendentes. Apenas seres multicelulares relativamente simples, todavia, têm essa capacidade.

5 Os seres mais complexos desenvolveram uma maneira peculiar de vencer a morte: a reprodução sexuada. Dois indivíduos de sexos diferentes, ou mesmo um indivíduo com os dois sexos, produzem células especializadas, os gametas, que se unem para originar o zigoto, a primeira célula do novo ser, na qual se misturam as instruções genéticas de cada genitor.

6 Ao longo do desenvolvimento embrionário, as instruções genéticas dos pais – os genes – vão sendo duplicadas e transmitidas a cada nova célula que surge. Assim, de certa forma, os pais permanecem vivos no novo ser que geraram.

7 Os seres humanos talvez sejam os únicos seres que têm consciência de que sua vida individual chegará ao fim. E poucas pessoas conseguem encarar com naturalidade o fenômeno absolutamente inevitável que porá fim à sua existência individual. A humanidade tem enfrentado inúmeras causas de morte: moléstias na infância, acidentes na adolescência, infecções virais e bacterianas na idade adulta e doenças degenerativas na velhice.

8 Apesar das dificuldades, seria bom se conseguíssemos nos preparar para a morte. Um dia, toda a incrível organização que nos faz viver será desfeita. O interior de nossas células, outrora formado por um monumental aparato molecular funcionante, se transformará gradualmente em uma sopa de moléculas orgânicas caoticamente reunidas. Muitos outros seres vivos – vermes, larvas, bactérias e fungos decompositores – irão se banquetear com nossas substâncias orgânicas, para eles altamente nutritivas. E a vida continuará a existir. Resta-nos pelo menos um consolo: nossa morte, com certeza, criará vida.

RENATO SOARES/IMAGENS DO BRASIL

Entre os episódios que marcam o ciclo de vida dos Bororo, a morte é um dos mais importantes e é encarado com cerimônias fúnebres, que envolvem toda a aldeia. Na foto, Terra Indígena Meruri, aldeia Garças, município de General Carneiro.

GUIA DE LEITURA

Apesar de a morte realmente dar sentido à vida, não é fácil pensar muito sobre ela. O texto destaca que, embora a morte biológica individual seja inevitável, a vida se perpetua ininterruptamente desde sua origem por meio da reprodução, evoluindo sempre. Utilize o roteiro a seguir como guia para refletir sobre o importante tema abordado no texto.

1. Com base na definição de vida apresentada nos parágrafos iniciais, comente, em um texto curto, a quais características dos seres vivos ela está relacionada. Verifique se há conceitos importantes a serem destacados e elabore uma lista com os conceitos-chave.
2. No terceiro parágrafo, destacamos uma característica considerada um "divisor de águas" na origem da vida. Que característica é essa? Que conceito importante está presente no parágrafo?
3. Comente em um texto curto a ideia de que por meio da reprodução "a vida tem vencido a morte" tanto em seres unicelulares e multicelulares simples como em seres multicelulares complexos.
4. Nos dois parágrafos finais, são feitas as considerações sobre algumas causas de morte e uma importante consideração sobre a vida: "O interior de nossas células, outrora formado por um monumental aparato molecular funcionante, se transformará gradualmente em uma sopa de moléculas orgânicas caoticamente reunidas". Qual é a ideia central dessa frase? Que característica importante dos seres vivos ela ressalta?
5. O último parágrafo se encerra com a frase: "[...] nossa morte, com certeza, criará vida". O que isso quer dizer no contexto do parágrafo?

Mapa de conceitos

Características dos seres vivos e níveis de organização biológica

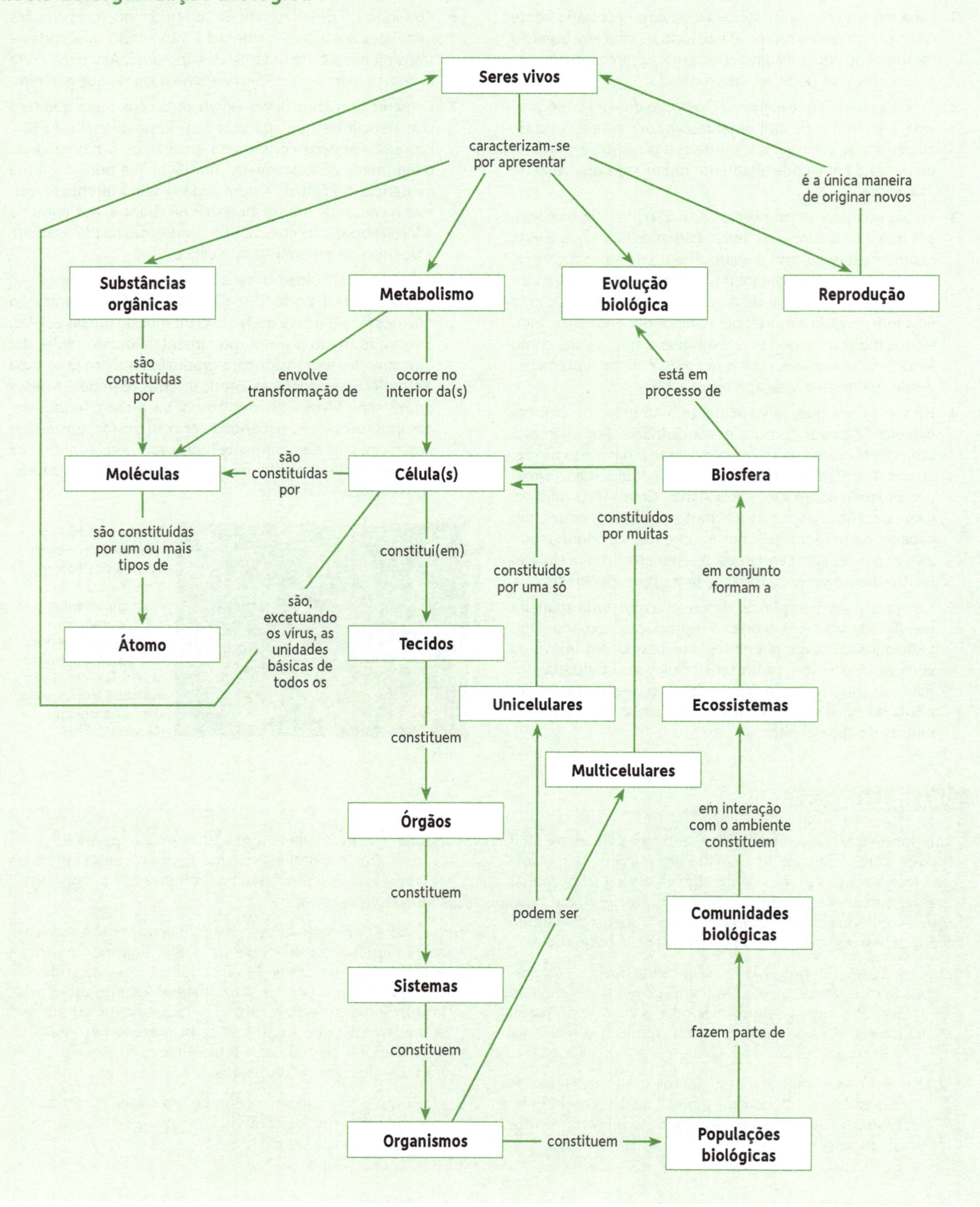

ATIVIDADES

REVENDO CONCEITOS, FATOS E PROCESSOS

1.1 Fundamentos do pensamento científico

Identifique o termo abaixo que preenche corretamente os parênteses das frases de 1 a 4.

a) Ciência natural.
b) Fato.
c) Hipótese.
d) Teoria científica.

1. ( ) é um fenômeno natural, que pode ser observado com ou sem o auxílio de instrumentos.

2. Uma explicação abrangente sobre a natureza que engloba fatos e hipóteses e constitui um modelo de como o mundo funciona é um(a) ( ).

3. O principal objetivo do(a) ( ) é encontrar explicações para os fenômenos da natureza.

4. Uma possível explicação para a ocorrência de um fenômeno, que possa ser testada por métodos empíricos, é um(a) ( ).

1.2 Procedimentos em ciência

5. Com o objetivo de testar a eficácia de uma nova vacina contra a doença chamada febre aftosa, vacinou-se um lote de 20 vacas, deixando outras 20 sem vacinar. Após algum tempo, injetou-se em todas as vacas o vírus causador da febre aftosa. O lote não vacinado constitui
   a) o grupo de controle.
   b) o grupo experimental.
   c) a hipótese.
   d) a observação.

O mapa de conceitos a seguir relaciona pares de conceitos (caixas retangulares) por meio de frases de ligação, constituindo proposições. Dois conceitos foram omitidos e substituídos pelos números 1 e 2. Com base no mapa de conceitos e nas alternativas a seguir, responda às questões 6 e 7.

a) Dedução(ões).
b) Hipótese(s).
c) Experimentação(ões).
d) Observação(ões).

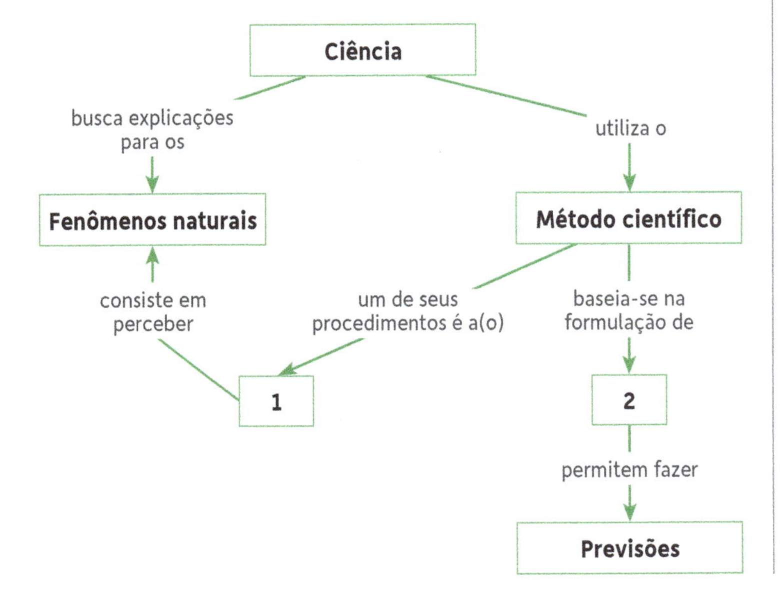

6. O conceito representado pelo número 1 é fundamental à obtenção dos dados sobre os quais os cientistas trabalham. Pense sobre ele e escolha, entre as alternativas, a que melhor ilustra o conceito 1 do diagrama.

7. Qual das alternativas ilustra corretamente o conceito representado pelo número 2?

1.3 A Biologia como ciência

8. O que garante a continuidade da vida em nosso planeta é a capacidade que os seres vivos têm de
   a) crescimento.
   b) metabolização.
   c) movimentação.
   d) reagir a estímulos.
   e) reprodução.

9. Venenos como o cianureto matam porque bloqueiam reações químicas intracelulares. Pode-se dizer, assim, que o cianureto atua diretamente sobre o(a)
   a) reprodução.
   b) evolução.
   c) metabolismo.
   d) crescimento.
   e) reação a estímulos.

Considere as alternativas a seguir para responder às questões de 10 a 12.

a) Conjunto de indivíduos de diferentes espécies que habita determinada região.
b) Conjunto de indivíduos de mesma espécie que vive em determinada região.
c) Conjunto formado por fatores químicos e físicos de uma região habitada por seres vivos.
d) Conjunto formado pelos seres vivos de determinada região e pelo ambiente em interação.

10. Qual das alternativas define população biológica?

11. Qual das alternativas define comunidade biológica?

12. Qual das alternativas define ecossistema?

13. O conjunto de regiões do planeta Terra em que há seres vivos é denominado
    a) atmosfera.
    b) biosfera.
    c) litosfera.
    d) nebulosa.

Identifique o termo abaixo que completa corretamente os parênteses das frases de 14 a 16.

a) comunidade biológica
b) ecossistema
c) organismo
d) população biológica

14. Os micos-leões-dourados que habitam a Reserva Biológica Poço das Antas no Rio de Janeiro constituem um(a) ( ).

15. Um lago com seus habitantes em interação com os fatores físicos e químicos ambientais é um exemplo de ( ).

16. O conjunto de seres vivos que habita um lago constitui um(a) ( ).

1.4 A origem do Universo e do Sistema Solar

Considere as alternativas a seguir para responder às questões 17 e 18.

a) Estrela.
b) Galáxia.
c) Nebulosa.
d) Planeta.

17. Como se denomina um grupo de bilhões de estrelas e matéria cósmica que se mantém unido por atração gravitacional?

18. Que corpo celeste libera, em forma de luz e calor, energia produzida por reações de fusão nuclear em seu interior?

19. A teoria da grande explosão, ou *big bang*, explica como
a) surgiu a vida na Terra.
b) se formam as estrelas.
c) surgiu a Terra.
d) se originou o Universo.

Considere as alternativas a seguir para responder às questões 20 e 21.

a) 5 milhões de anos.
b) 13,7 milhões de anos.
c) 5 bilhões de anos.
d) 13,7 bilhões de anos.

20. Qual é a idade estimada do Universo?

21. Qual é a idade estimada do Sol?

1.5 Como surgiu a vida na Terra?

Considere as alternativas a seguir para responder às questões 22 e 23.

a) Biogênese.
b) Evolução molecular.
c) Força vital.
d) Geração espontânea.

22. Como se denomina a teoria segundo a qual um ser vivo somente se origina a partir de organismos semelhantes?

23. Como se denomina a teoria segundo a qual a vida pode surgir a partir da matéria inanimada?

Considere as alternativas a seguir para responder às questões de 24 a 26.

a) Antonie van Leeuwenhoek.
b) Francesco Redi.
c) Louis Joblot.
d) Louis Pasteur.

24. A quem se atribui a descoberta dos microrganismos?

25. A tecnologia para a eliminação seletiva de microrganismos pelo aquecimento brando deve-se aos trabalhos de qual cientista?

26. Qual pesquisador demonstrou, pela primeira vez, que os seres vermiformes presentes na carne podre originam-se de ovos depositados por moscas?

1.6 Ideias modernas sobre a origem da vida

27. A importância do trabalho de Miller foi ter demonstrado, pela primeira vez, que
a) os primeiros seres vivos vieram do espaço.
b) a vida surgiu nos mares primitivos.
c) moléculas orgânicas poderiam ter se formado a partir de gases supostamente presentes na atmosfera primitiva.
d) os primeiros seres vivos eram heterotróficos.

28. Os cientistas acreditam que a vida na Terra surgiu aproximadamente há
a) 10 mil anos.
b) 5 milhões de anos.
c) 65 milhões de anos.
d) 3,5 bilhões de anos.

Indique o termo abaixo que completa corretamente os parênteses das frases de 29 a 34.

a) célula
b) hipótese autotrófica
c) hipótese da panspermia
d) hipótese heterotrófica
e) quimiolitoautotrófico
f) teoria da evolução molecular

29. A denominação ( ) aplica-se a organismos capazes de obter energia a partir de reações químicas entre componentes inorgânicos.

30. ( ) é considerada a unidade dos seres vivos, onde ocorrem as reações químicas essenciais à vida.

31. A frase "A Terra foi colonizada por vida proveniente do espaço" resume o(a) ( ).

32. A descoberta de bactérias, capazes de obter energia a partir de componentes inorgânicos da crosta terrestre, reforça o(a) ( ).

33. A ideia de que substâncias originalmente presentes na Terra primitiva formaram substâncias precursoras da vida e os primeiros seres vivos resume o(a) ( ).

34. Os primeiros seres vivos obtinham alimento a partir de substâncias orgânicas presentes no meio em que tinham surgido. Essa frase resume o(a) ( ).

35. Qual é a denominação de um aglomerado de moléculas orgânicas, revestido por uma película de moléculas de água e que, na opinião de alguns cientistas, pode ter sido um dos primeiros passos rumo à origem da vida?
a) Aminoácido.
b) Coacervado.
c) Microrganismo.
d) Ribozima.

36. Os cientistas consideram um marco para o aparecimento da vida na Terra a formação
a) dos aminoácidos.
b) das proteínas.
c) dos ácidos nucleicos.
d) de sistemas moleculares com capacidade de metabolizar e de se reproduzir.

Considere as alternativas a seguir para responder às questões 37 a 39.

a) Autotrófico.
b) Coacervado.
c) Heterotrófico.
d) Quimiolitoautotrófico.

37. Como se denomina o organismo que utiliza energia liberada por reações químicas entre componentes inorgânicos da crosta terrestre para sintetizar seu próprio alimento?

38. Como se denomina o organismo que precisa obter substâncias orgânicas do ambiente para usá-las como fonte de energia e de matéria-prima para se manter vivo?

39. Qual é a denominação dada a um organismo capaz de sintetizar o próprio alimento a partir de substâncias inorgânicas e de energia obtidas do ambiente?

40. A descoberta de microrganismos quimiossintetizantes capazes de viver em locais inóspitos, obtendo energia das rochas, constitui uma evidência a favor da
a) hipótese autotrófica.
b) hipótese da panspermia.
c) hipótese heterotrófica.
d) teoria da evolução molecular.
e) teoria do *big bang*.

QUESTÕES PARA EXERCITAR O PENSAMENTO

41. O médico inglês Edward Jenner desenvolveu um método de prevenção contra a varíola que mais tarde foi denominado vacinação. O interesse de Jenner pela varíola parece ter surgido quando ele ouviu uma ordenhadora de vacas vangloriar-se de ser imune à varíola humana, segundo ela porque já havia contraído anteriormente varíola bovina. Ele teve, então, a ideia de transmitir varíola bovina a pessoas, para verificar se elas se tornariam imunes à varíola humana, doença muito mais perigosa que a varíola bovina. Em maio de 1796, Jenner injetou, em um menino de oito anos, material retirado das erupções cutâneas das mãos de uma ordenhadora atacada pela varíola bovina. Dois meses depois, ele injetou no menino material retirado de erupções cutâneas de uma pessoa atacada por varíola humana. Como se imaginava, o menino não desenvolveu a forma grave da doença. O método foi testado diversas vezes por Jenner e por outros médicos, confirmando a eficácia do tratamento, que logo se difundiu por toda a Europa.
a) Enuncie a hipótese testada por Jenner.
b) Como Jenner testou sua hipótese?

42. Dois cientistas realizaram o seguinte experimento: alimentaram larvas de uma espécie de mosca com dietas que diferiam quanto à presença de aminoácidos, que são os componentes das proteínas. Um grupo de larvas foi alimentado com uma dieta completa, com todos os 20 tipos de aminoácidos naturais, além de água, sais minerais, glicídios e vitaminas. Cinco outros grupos de larvas, semelhantes ao primeiro, foram alimentados com dietas nas quais faltava somente um dos aminoácidos. Os resultados obtidos estão representados no gráfico a seguir.

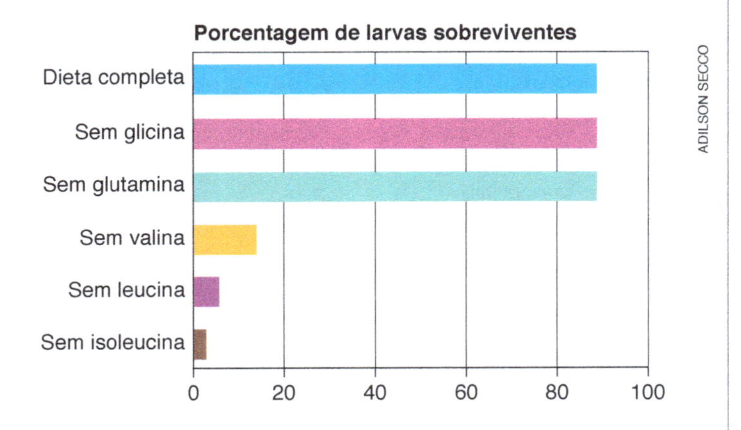

Com base nessas informações, responda:
a) qual era a provável hipótese testada pelos cientistas?
b) qual grupo de larvas representa o grupo de controle e qual é sua importância para o experimento?
c) qual foi a variável testada nos grupos experimentais?
d) que conclusões é possível tirar com base nos resultados do experimento?

43. O médico belga Jan Baptista van Helmont escreveu:

> "[...] colocam-se, num canto sossegado e pouco iluminado, camisas sujas. Sobre elas espalham-se grãos de trigo, e o resultado será que, em vinte e um dias, surgirão ratos [...]".

a) Qual era a hipótese de van Helmont?
b) Planeje um experimento para testar essa hipótese.
c) Considerando os conhecimentos atuais sobre a origem dos seres vivos, que resultados deveríamos esperar desse experimento?

44. Alimentos preparados adequadamente e guardados em frascos hermeticamente fechados conservam-se inalterados por muito tempo. Um exemplo é o leite longa vida, que se conserva fora da geladeira por vários meses. Na embalagem de algumas marcas de leite, podem ser lidos os seguintes avisos: "Após a abertura da embalagem, deve ser conservado sob refrigeração"; "Tratado pelo processo UHT (*ultra high temperature*) à temperatura de 150 °C por 2-4 segundos, tornando-se estéril". Responda:
a) o que significa dizer que o processo UHT torna o leite estéril?
b) qual é a razão da recomendação do fabricante para conservar o leite longa vida sob refrigeração depois de abrir a embalagem?
c) neste capítulo, foram explicados os princípios da técnica de pasteurização, que também é utilizada para conservar o leite. Em que a pasteurização difere do processo UHT?

45. Que hipótese Miller testou em seu experimento? Que dedução ele fez a partir dessa hipótese?

A BIOLOGIA NO VESTIBULAR

QUESTÕES OBJETIVAS

46. (UGF-RJ) Ao criar uma hipótese científica, o cientista procura
a) levantar uma questão ou problema.
b) explicar um fato e prever outros.
c) testar variantes.
d) comprovar teorias estabelecidas.
e) confirmar observações.

47. (Uerj) Até o século XVII, o papel dos espermatozoides na fertilização do óvulo não era reconhecido. O cientista italiano Lazzaro Spallanzani, em 1785, questionou se seria o próprio sêmen, ou simplesmente o vapor dele derivado, a causa do desenvolvimento do ovo. Do relatório que escreveu a partir de seus estudos sobre a fertilização, foi retirado o seguinte trecho:

> "[...] para decidir a questão, é importante empregar um meio conveniente que permita separar o vapor da parte figurada do sêmen e fazê-lo de tal modo que os embriões sejam mais ou menos envolvidos pelo vapor".

Entre as etapas que constituem o método científico, esse trecho do relatório é um exemplo de
a) análise de dados.
b) coleta de material.
c) elaboração da hipótese.
d) planejamento do experimento.

48. (Fuvest-SP) Observando plantas de milho com folhas amareladas, um estudante de Agronomia considerou que essa aparência poderia ser devida à deficiência mineral do solo. Sabendo que a clorofila contém magnésio, ele formulou a seguinte hipótese: as folhas amareladas aparecem quando há deficiência de sais de magnésio no solo. Qual das alternativas descreve um experimento correto para testar tal hipótese?

a) Fornecimento de sais de magnésio ao solo em que as plantas estão crescendo e observação dos resultados alguns dias depois.
b) Fornecimento de uma mistura de diversos sais minerais, inclusive sais de magnésio, ao solo em que as plantas estão crescendo e observação dos resultados dias depois.
c) Cultivo de um novo lote de plantas em solo suplementado com uma mistura completa de sais minerais, incluindo sais de magnésio.
d) Cultivo de novos lotes de plantas, fornecendo à metade deles mistura completa de sais minerais, inclusive sais de magnésio, e, à outra metade, apenas sais de magnésio.
e) Cultivo de novos lotes de plantas, fornecendo à metade deles mistura completa de sais minerais, inclusive sais de magnésio, e, à outra metade, uma mistura com os mesmos sais, menos os de magnésio.

49. (UFRGS-RS) Numa experiência controlada o grupo controle tem por objetivo

a) testar outras variantes do resultado previsto.
b) confirmar as conclusões obtidas com o grupo experimental.
c) desmentir as conclusões obtidas com o grupo experimental.
d) servir de referência padrão em face dos resultados fornecidos pelo grupo experimental.
e) testar a eficiência dos equipamentos usados na experiência.

50. (UFMG) Um estudante decidiu testar os resultados da falta de determinada vitamina na alimentação de um grupo de ratos. Colocou então cinco ratos em uma gaiola e retirou de sua dieta os alimentos ricos na vitamina em questão. Após alguns dias, os pelos dos ratos começaram a cair. Concluiu então que esta vitamina desempenha algum papel no crescimento e na manutenção dos pelos. Sobre essa experiência podemos afirmar:

a) a experiência obedeceu aos princípios do método científico, mas a conclusão do estudante pode não ser verdadeira.
b) a experiência foi correta e a conclusão também. O estudante seguiu as normas do método científico adequadamente.
c) a experiência não foi realizada corretamente porque o estudante não usou um grupo controle.
d) o estudante não fez a experiência de forma correta, pois não utilizou instrumentos especializados.
e) a experiência não foi correta porque a hipótese do estudante não era uma hipótese passível de ser testada experimentalmente.

51. (Vunesp) A sequência indica os crescentes níveis de organização biológica:

célula → I → II → III → população → IV → V → biosfera

Os níveis I, III e IV correspondem, respectivamente, a

a) órgão, organismo e comunidade.
b) tecido, organismo e comunidade.
c) órgão, tecido e ecossistema.
d) tecido, órgão e bioma.
e) tecido, comunidade e ecossistema.

52. (UFPB) Em nosso planeta, o que distingue a matéria viva da não viva é a presença de elementos químicos (C, H, O, N) que, junto com outros, formam as substâncias orgânicas. Os seres vivos são formados a partir de níveis bem simples e específicos até os mais complexos e gerais. Numa ordem crescente de complexidade, estes níveis têm a seguinte sequência:

a) biosfera, ecossistema, comunidade, população, organismo, sistema, órgão, tecido, célula, molécula.
b) molécula, célula, tecido, organismo, órgão, população, comunidade, ecossistema, sistema, biosfera.
c) molécula, célula, tecido, órgão, organismo, população, comunidade, sistema, ecossistema, biosfera.
d) molécula, célula, tecido, órgão, sistema, organismo, população, comunidade, ecossistema, biosfera.
e) biosfera, comunidade, população, ecossistema, sistema, órgão, organismo, tecido, célula, molécula.

53. (UFSC) Ao examinar um fenômeno biológico, o cientista sugere uma explicação para o seu mecanismo, baseando-se na causa e no efeito observados. Esse procedimento

01) faz parte do método científico.
02) é denominado formulação de hipóteses.
04) poderá ser seguido de uma experimentação.
08) deve ser precedido de uma conclusão.

Dê como resposta a soma dos números associados às alternativas corretas.

54. (Unifal-MG) Do início da vida na Terra até o aparecimento dos seres vivos atuais, aconteceram vários eventos, como, por exemplo:

I. formação das primeiras células;
II. formação de moléculas orgânicas complexas;
III. aparecimento de organismos capazes de produzir alimentos pela fotossíntese;
IV. surgimento dos primeiros organismos aeróbicos.

Determine a alternativa que indica a ordem mais aceita atualmente para o acontecimento desses eventos.

a) I; II; IV; III.
b) II; III; IV; I.
c) I; IV; III; II.
d) II; I; III; IV.

55. (UFMG) Recentes pesquisas espaciais constataram a existência, na Via Láctea, de sistemas solares com planetas cuja atmosfera é semelhante à atmosfera primitiva da Terra. Essa atmosfera primitiva caracteriza-se pela ausência de

a) amônia.
b) gás carbônico.
c) metano.
d) oxigênio.
e) vapor-d'água.

56. (UFRGS-RS) A primeira coluna apresenta o nome de teorias sobre a evolução da vida na Terra; a segunda, afirmações relacionadas a três dessas teorias.

1 – Abiogênese
2 – Biogênese
3 – Panspermia
4 – Evolução química
5 – Hipótese autotrófica

( ) Os primeiros seres vivos utilizaram compostos inorgânicos da crosta terrestre para produzir suas substâncias alimentares.
( ) A vida na Terra surgiu a partir de matéria proveniente do espaço cósmico.
( ) Um ser vivo só se origina de outro ser vivo.

A sequência correta de preenchimento dos parênteses, de cima para baixo, é

a) 4 – 2 – 1.
b) 4 – 3 – 2.
c) 1 – 2 – 4.
d) 5 – 1 – 3.
e) 5 – 3 – 2.

57. (UPE) Observe as frases a seguir.

I. No canto XIX do poema épico *Ilíada* (Homero VIII-IX a.C.), Aquiles pede a Tétis que proteja o corpo de Pátrocles contra os insetos, que poderiam dar origem a vermes e assim comer a carne do cadáver.

II. A geração espontânea foi aceita por muitos cientistas, dentre estes, pelo filósofo grego Aristóteles (384-322 a.C.).

III. "...colocam-se, num canto sossegado e pouco iluminado, camisas sujas. Sobre elas, espalham-se grãos de trigo, e o resultado será que, em vinte e um dias, surgirão ratos..." (Jan Baptista van Helmont – 1577-1644).

IV. Pasteur (1861) demonstrou que os microrganismos surgem em caldos nutritivos, através da contaminação por germes, vindos do ambiente externo.

Assinale a alternativa que correlaciona adequadamente os exemplos com as teorias relativas à origem dos seres vivos.

a) I – abiogênese, II – biogênese, III – abiogênese e IV – biogênese.
b) I – abiogênese, II – biogênese, III – biogênese e IV – abiogênese.
c) I – abiogênese, II – abiogênese, III – biogênese e IV – biogênese.
d) I – biogênese, II – abiogênese, III – biogênese e IV – abiogênese.
e) I – biogênese, II – abiogênese, III – abiogênese e IV – biogênese.

58. (UEL-PR) Charles Darwin, além de postular que os organismos vivos evoluíam pela ação da seleção natural, também considerou a possibilidade de as primeiras formas de vida terem surgido em algum lago tépido do nosso planeta. Entretanto, existem outras teorias que tentam explicar como e onde a vida surgiu. Uma delas, a panspermia, sustenta que

a) as primeiras formas de vida podem ter surgido nas regiões mais inóspitas da Terra, como as fontes hidrotermais do fundo dos oceanos.
b) compostos orgânicos simples, como os aminoácidos, podem ter sido produzidos de maneira abiótica em vários pontos do planeta Terra.
c) bactérias ancestrais podem ter surgido por toda a Terra, em função dos requisitos mínimos necessários para a sua formação e subsistência.
d) a capacidade de replicação das primeiras moléculas orgânicas foi o que permitiu que elas se difundissem pelos oceanos primitivos da Terra.
e) a vida se originou fora do planeta Terra, tendo sido trazida por meteoritos, cometas ou então pela poeira espacial.

QUESTÕES DISCURSIVAS

59. (Vunesp) Considere a afirmação: "As populações daquele ambiente pertencem a diferentes espécies de animais e vegetais". Que conceitos estão implícitos nessa frase, se levarmos em consideração:

a) somente o conjunto de populações?
b) o conjunto de populações mais o ambiente abiótico?

60. (Unicamp-SP) Sobre uma mesa há dois ratinhos semelhantes, em tamanho, forma e cor. Um deles goteja um pouco de líquido, desloca-se em linha reta até cair da mesa e emite um ruído como de engrenagens, que logo cessa. O outro ratinho percorre a mesa em linha sinuosa, vai até a borda e volta. Anda para lá e para cá, parecendo indeciso, como à procura de algo. De repente, dirige-se para um punhado de grãos, dos quais alguns são mordiscados e ingeridos. Em seguida esse ratinho urina e defeca e, depois disso, volta para junto de seus filhotes numa caixinha em cima da mesa. Descreva pelo menos três características, percebidas a partir da descrição acima, que permitam concluir que um dos ratinhos é um ser vivo.

61. (Uerj) A procura de formas de vida em nosso Sistema Solar tem dirigido o interesse de cientistas para Io, um dos satélites de Júpiter, que é coberto por grandes oceanos congelados. As condições na superfície são extremamente agressivas, mas supõe-se que, em grandes profundidades, a água esteja em estado líquido e a atividade vulcânica submarina seja frequente. Considerando que tais condições são similares às do bioma abissal da Terra, aponte o tipo de bactéria que poderia ter se desenvolvido em Io e indique como esse tipo de bactéria obtém energia para a síntese de matéria orgânica.

62. (Unicamp-SP) Em 1953, Miller e Urey realizaram experimentos simulando as condições da Terra primitiva: supostamente altas temperaturas e atmosfera composta pelos gases metano, amônia, hidrogênio e vapor-d'água, sujeita a descargas elétricas intensas. A figura a seguir representa o aparato utilizado por Miller e Urey em seus experimentos.

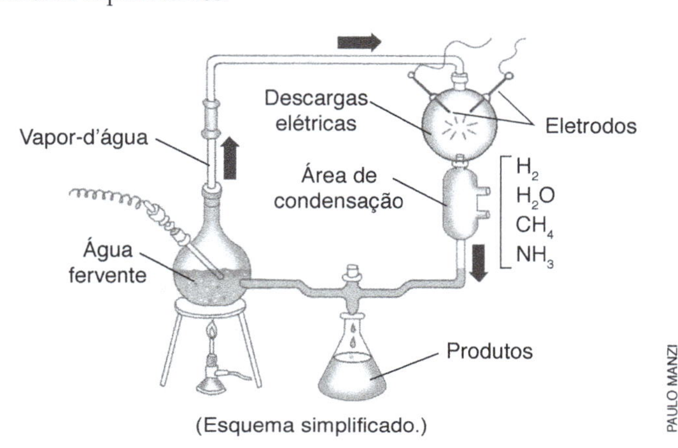

(Esquema simplificado.)

a) Qual a hipótese testada por Miller e Urey nesse experimento?
b) Cite um produto obtido que confirmou a hipótese.
c) Como se explica que o O_2 tenha surgido posteriormente na atmosfera?

ENEM

63. Em certos locais, larvas de moscas, criadas em arroz cozido, são utilizadas como iscas para pesca. Alguns criadores, no entanto, acreditam que essas larvas surgem espontaneamente do arroz cozido, tal como preconizado pela teoria da geração espontânea. Essa teoria começou a ser refutada pelos cientistas ainda no século XVII, a partir dos estudos de Redi e Pasteur, que mostraram experimentalmente que

a) seres vivos podem ser criados em laboratório.
b) a vida se originou no planeta a partir de microrganismos.
c) o ser vivo é oriundo da reprodução de outro ser vivo pré-existente.
d) seres vermiformes e microrganismos são evolutivamente aparentados.
e) vermes e microrganismos são gerados pela matéria existente nos cadáveres e nos caldos nutritivos, respectivamente.

Mais questões: no livro digital, em **Vereda Digital Aprova Enem** e **Vereda Digital Suplemento de revisão e vestibulares**; no *site*, em **AprovaMax**.

CAPÍTULO

2

A BIOSFERA E SEUS ECOSSISTEMAS

EDSON GRANDISOLI/PULSAR IMAGENS

Ecossistema do pantanal mato-grossense, uma das regiões do mundo com maior biodiversidade. Na foto, tuiuiú (*Jabiru mycteria*) e jacarés-do-pantanal (*Caiman yacare*) aquecendo-se ao sol (Poconé, MT, 2015).

ENEM
C1: H4
C3: H8, H9
C5: H19
C8: H28, H30

De que trata este capítulo

Diversas evidências sugerem que os seres vivos contribuíram decisivamente para que as condições ambientais da Terra chegassem às que são hoje. Por exemplo, o gás oxigênio (O_2), que constitui atualmente cerca de 21% do volume atmosférico, formou-se e se mantém graças aos seres fotossintetizantes: algas, plantas e bactérias autotróficas. Como vimos no capítulo anterior, a fotossíntese realizada por esses seres é um processo que ocorre na presença de luz e produz substâncias orgânicas a partir de gás carbônico e água, com liberação de gás oxigênio para o ambiente. A partir do surgimento da fotossíntese, há cerca de 2 bilhões de anos, a atmosfera terrestre começou a acumular quantidades crescentes de O_2, até atingir os níveis atuais. A presença de O_2 na atmosfera possibilitou a sobrevivência e a diversificação de seres capazes de executar a respiração aeróbica, processo altamente eficiente de extrair energia de substâncias orgânicas e que nos dias de hoje é realizado por animais, plantas, protozoários, algas, a maioria dos fungos e diversas bactérias.

Além de influenciar fortemente a composição atmosférica, os seres vivos também interferem no ciclo das chuvas e na manutenção das temperaturas amenas que reinam na maior parte do planeta. Alguns cientistas imaginam que, se a vida desaparecesse na Terra, o planeta se tornaria árido, quente e sua composição atmosférica sofreria mudanças drásticas, possivelmente assemelhando-se à atmosfera de Vênus, constituída por quase 97% de gás carbônico.

Atualmente, o equilíbrio entre o ambiente e os seres vivos, que demorou um longo tempo para ser construído, encontra-se ameaçado; lamentavelmente, as ameaças partem da própria espécie humana. A humanidade tem crescido em ritmo acelerado, ou, no dizer dos matemáticos, em progressão exponencial. Isso significa que o tempo necessário para que a população humana duplique tem se tornado cada vez menor. Em decorrência do aumento do número de pessoas, os problemas ambientais crescem: necessita-se de mais alimento, o espaço disponível é cada vez menor, esgotam-se as fontes de água potável, diminuem progressivamente os locais para se depositar o lixo produzido e assim por diante. É mais ou menos como morar em uma casa em que o número de pessoas da família sempre aumenta.

Em meio aos problemas, a esperança é que as diversas áreas do conhecimento humano possam se aliar para ajudar a resolver, ou pelo menos minimizar, o grande desafio de preservar o ambiente. Felizmente, nas últimas décadas, a humanidade parece ter despertado a atenção para os problemas ambientais. A Ecologia — o estudo das relações entre os seres vivos e o ambiente — é uma área do conhecimento que atrai cada vez mais o interesse das pessoas e das instituições. Estamos tomando consciência de que precisamos fazer algo para evitar a degradação do ambiente favorável à vida em nosso planeta.

Talvez ainda não seja tarde para reverter alguns dos graves problemas ambientais que nós mesmos provocamos. A primeira atitude para proteger o ambiente é compreender a intrincada rede que interliga os seres vivos e o meio. Você certamente estará dando um passo nesse sentido ao estudar conceitos e processos fundamentais da Ecologia.

Objetivos

Objetivos gerais

- Compreender a complexidade das relações entre os seres vivos e o ambiente nos ecossistemas, reconhecendo o alto grau de interdependência entre os componentes da biosfera.
- Conhecer de que forma ocorre o fluxo de energia e de matéria na natureza, o que permite refletir sobre a utilização de recursos renováveis e não renováveis necessários à sobrevivência da humanidade.

Objetivos didáticos

- Reconhecer o ecossistema como resultante da interação entre componentes bióticos (seres vivos) e componentes abióticos (fatores físicos e químicos).
- Identificar os níveis tróficos de um ecossistema (produtores, consumidores e decompositores) e compreender as relações entre eles, que constituem as cadeias e as teias alimentares.
- Compreender que o fluxo de energia nas cadeias alimentares é unidirecional, o que permite construir e interpretar esquemas denominados pirâmides ecológicas.
- Reconhecer o comportamento cíclico dos elementos químicos que constituem as substâncias orgânicas, representando por meio de esquemas as etapas fundamentais dos ciclos da água, do carbono, do nitrogênio, do fósforo e do oxigênio.

2.1 Níveis tróficos nos ecossistemas

Teias e cadeias alimentares

Em uma comunidade biológica, os seres vivos mantêm diversos tipos de relações quanto à alimentação. Por exemplo, certos tipos de plantas servem de alimento a várias espécies de animais. Determinado tipo de ave alimenta-se de diversos animais, como insetos, vermes, aranhas etc. Outra espécie de ave só come sementes de capim, e assim por diante. Essa multiplicidade de relações alimentares constitui a **teia alimentar**, ou **teia trófica** (do grego *trophé*, alimentar, nutrir). **(Fig. 2.1)**

Para facilitar o entendimento, costuma-se destacar, nas teias alimentares, determinadas sequências lineares de organismos, as **cadeias alimentares**, ou **cadeias tróficas**. Vejamos um exemplo de cadeia alimentar: capim, gafanhotos que se alimentam do capim, aves que se alimentam dos gafanhotos e serpentes que se alimentam das aves.

JURANDIR RIBEIRO

Figura 2.1 Representação esquemática de uma teia alimentar em um ecossistema hipotético. Os decompositores não foram representados. Note a multiplicidade das relações alimentares indicadas pelas setas azuis.

Os primeiros componentes da cadeia alimentar são os **produtores**, seres autotróficos fotossintetizantes ou quimiossintetizantes que produzem, a partir de substâncias inorgânicas, a matéria orgânica que alimenta os demais componentes da cadeia.

Seres heterotróficos, ou seja, aqueles que se alimentam de outros seres vivos, são os **consumidores**. Os que se alimentam diretamente dos produtores são **consumidores primários** (**herbívoros**); os que se alimentam dos consumidores primários são **consumidores secundários**; e assim por diante. Os consumidores que se alimentam exclusivamente de outros animais são denominados **carnívoros**.

Após a morte dos produtores e dos consumidores, a matéria orgânica de seus corpos serve de alimento para certos tipos de fungo e de bactéria, que obtêm nutrientes e energia por meio da decomposição da matéria de cadáveres e também de resíduos orgânicos, como fezes e excreções; por isso, eles são chamados de **decompositores**. **(Fig. 2.2)**

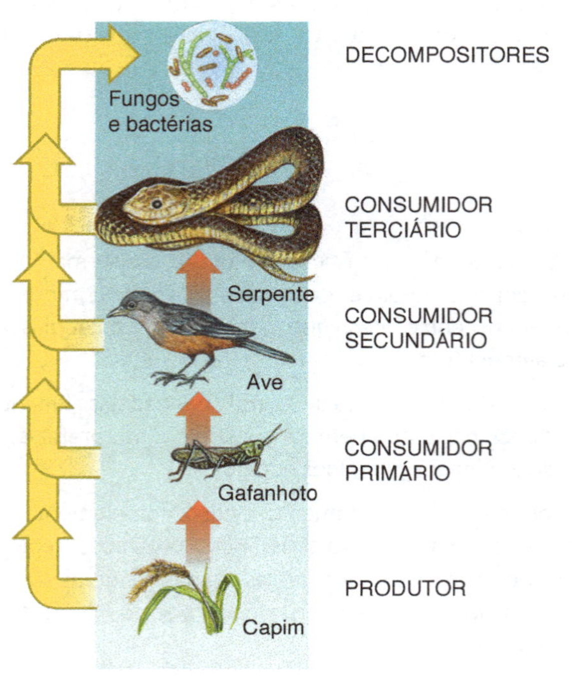

Figura 2.2 Representação de uma cadeia alimentar terrestre; as setas amarelas indicam que os decompositores atuam em todos os níveis tróficos e as setas vermelhas indicam a transferência de energia.

Cada um dos elos componentes de uma cadeia alimentar constitui um **nível trófico**. Na cadeia alimentar de nosso exemplo, distinguimos quatro níveis tróficos: o primeiro – produtores – é representado pelo capim; o segundo – consumidores primários – é representado pelos gafanhotos; o terceiro – consumidores secundários – corresponde às aves insetívoras; o quarto – consumidores terciários – é representado pelas serpentes.

Em uma comunidade biológica, um organismo pode ocupar mais de um nível trófico. Por exemplo, um animal cuja alimentação é variada, constituída por plantas e por animais, desempenha simultaneamente o papel de consumidor primário e de consumidor secundário ou terciário. Organismos com alimentação desse tipo são chamados **onívoros** (do latim *omnis*, tudo, e *vorare*, comer, devorar). Diversas espécies de animais são onívoras, inclusive a nossa.

A decomposição é extremamente importante na natureza porque permite a reutilização dos átomos dos diversos elementos químicos que compõem as moléculas orgânicas. Por meio desse processo, os elementos químicos tornam-se novamente disponíveis no ambiente e podem voltar a fazer parte de outros seres vivos. A reutilização de elementos químicos será estudada em *Os ciclos biogeoquímicos*, neste capítulo. **(Fig. 2.3)**

NITO/SHUTTERSTOCK

Figura 2.3 Frutos em processo de decomposição. A ação dos decompositores, responsável pela deterioração dos alimentos, por exemplo, permite o retorno dos componentes dos seres vivos ao ambiente não vivo.

Em ambientes aquáticos, os produtores são principalmente seres microscópicos, bactérias autotróficas e algas que flutuam próximo à superfície, constituindo o **fitoplâncton** (do grego *phyton*, planta, e *plankton*, errante), ou **plâncton fotossintetizante**. Os consumidores primários são principalmente protozoários, pequenos crustáceos, vermes, moluscos e larvas de diversas espécies, que constituem o **zooplâncton** (do grego *zoon*, animal), ou **plâncton não fotossintetizante**. Os consumidores secundários e terciários são principalmente peixes. **(Fig. 2.4)**

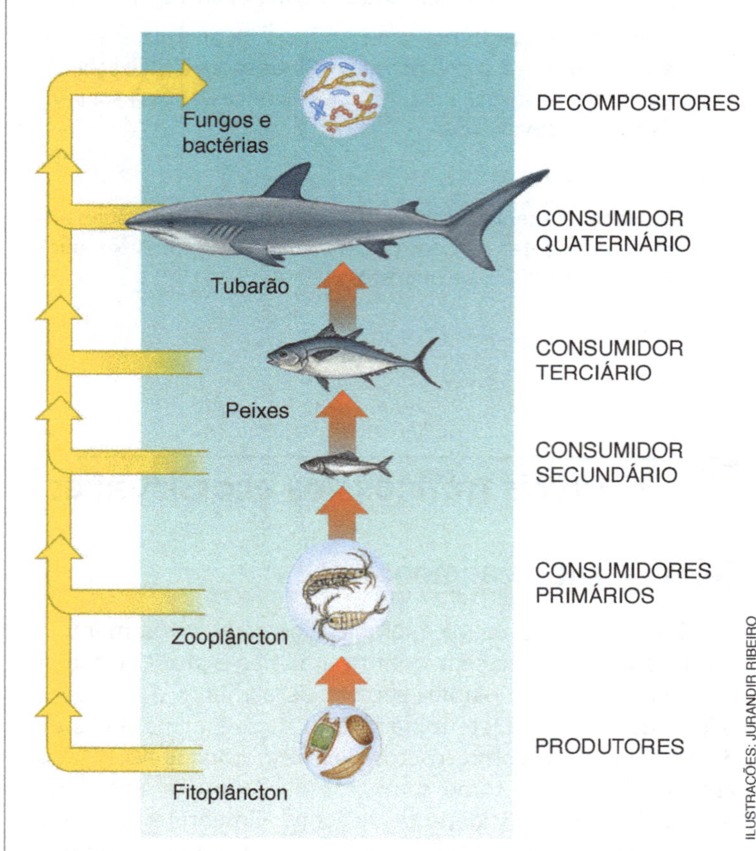

ILUSTRAÇÕES: JURANDIR RIBEIRO

Figura 2.4 Representação esquemática de uma cadeia alimentar marinha. Nos ecossistemas marinhos, os produtores são representados principalmente pelo fitoplâncton. Há peixes em diferentes níveis tróficos, dependendo de seu tipo de alimentação. As setas amarelas representam a atuação dos decompositores em todos os níveis tróficos da cadeia e as setas vermelhas indicam a transferência de energia.

Agora você pode resolver as atividades de 1 a 11, 21 a 24, 31 a 37, 50 e 51.

2.2 Fluxo de energia nos níveis tróficos

O Sol é o principal responsável pela existência de vida na Terra. Em primeiro lugar, porque as radiações solares aquecem o solo, as massas de água e o ar, proporcionando um ambiente em que as temperaturas são amenas na maior parte do planeta. Em segundo lugar, porque a energia em forma de luz solar é captada pelos seres fotossintetizantes e transferida ao longo das cadeias alimentares, o que permite a existência de quase todos os ecossistemas da Terra. Constituem exceções os ecossistemas de certas regiões profundas dos oceanos, em que os produtores são bactérias quimiossintetizantes.

A energia luminosa captada pelos produtores (algas, plantas e bactérias fotossintetizantes) fica armazenada nas substâncias orgânicas produzidas. Estas podem ser utilizadas na obtenção de energia ou participar da constituição estrutural do organismo autotrófico, possibilitando o seu crescimento. A massa total de matéria orgânica de um organismo ou de um conjunto de organismos constitui sua biomassa.

Ao se alimentar de seres fotossintetizantes, os consumidores primários aproveitam a energia contida nas moléculas orgânicas ingeridas, empregando-a em seus processos vitais, inclusive na síntese de suas próprias substâncias orgânicas. Os consumidores secundários, por sua vez, ao ingerir consumidores primários, utilizam as substâncias deles como fonte de energia, e assim por diante. Em cada nível trófico, parte da energia armazenada na biomassa é utilizada na realização de trabalho e liberada na forma de calor.

A transferência de energia nas cadeias alimentares é **unidirecional**; ela tem início com a captação da energia luminosa pelos produtores e termina com a ação dos decompositores.

Não é difícil perceber que, em uma cadeia alimentar, a quantidade de energia presente na biomassa de um nível trófico é sempre maior que a quantidade de energia transferida para o nível seguinte. Isso porque os seres vivos utilizam parte da energia do alimento para a manutenção de sua própria vida e essa parcela não é transferida para o nível trófico seguinte. Por exemplo, do total de matéria orgânica produzida por uma planta, cerca de 15% são degradados na respiração celular, produzindo a energia necessária à manutenção dos processos vitais. Desse modo, quando se alimentam de plantas, os herbívoros têm à sua disposição não mais do que 85% da energia originalmente armazenada nas substâncias orgânicas originadas pela fotossíntese. Além disso, quando um animal ingere uma planta ou outro animal, parte das moléculas orgânicas contida no alimento não é aproveitada, sendo eliminada nas fezes. Um herbívoro aproveita apenas 10% da energia contida no alimento que ingere; o restante, cerca de 90%, é eliminado nas substâncias que compõem suas fezes. Tais proporções se explicam porque o alimento de origem vegetal contém muitas fibras celulósicas, que a grande maioria dos animais não consegue digerir. Da energia efetivamente aproveitada, entre 15% e 20% são empregados na manutenção do metabolismo, o que sobra fica armazenado nas substâncias que compõem os tecidos corporais.

Um carnívoro aproveita aproximadamente 50% da energia disponível no alimento que ingere; o restante é eliminado nas fezes. Da metade aproveitada, de 15% a 20% são utilizados na manutenção do metabolismo. O mesmo ocorre nos níveis tróficos seguintes.

Assim, parte da energia captada originalmente do Sol se dissipa na forma de calor ao longo dos níveis tróficos dos ecossistemas. Consequentemente, a manutenção dos ecossistemas depende da absorção constante de energia, que na maioria dos casos é a luz solar. **(Fig. 2.5)**

Figura 2.5 Representação esquemática da transferência unidirecional de energia que ocorre nas cadeias alimentares. A cada nível trófico, parte da energia é dissipada como calor nas atividades metabólicas e parte é eliminada nas fezes. O restante poderá ser transferido ao nível trófico seguinte.

Pirâmides ecológicas

Em uma teia alimentar, a quantidade de energia disponível em cada nível trófico costuma ser representada por retângulos horizontais sobrepostos, resultando em um diagrama denominado pirâmide ecológica, ou **pirâmide trófica**. Nesse tipo de diagrama, a base corresponde ao nível trófico dos produtores e, em sequência rumo ao ápice, são representados os níveis dos consumidores primários, dos consumidores secundários e assim por diante. A largura de cada nível no diagrama representa a quantidade de energia (geralmente expressa em quilocalorias) ou de biomassa (em gramas) disponível em cada nível trófico. **(Fig. 2.6)**

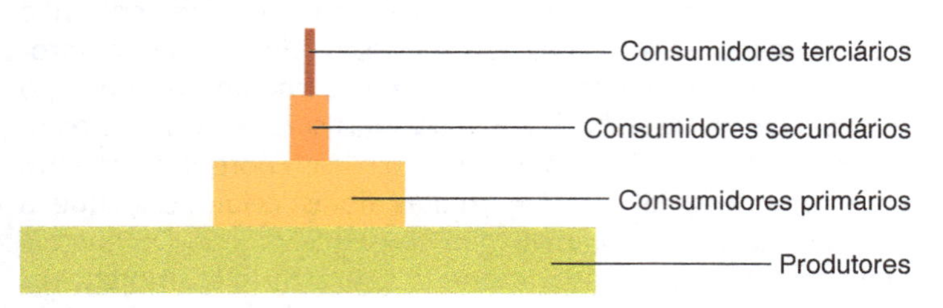

Figura 2.6 Exemplo de pirâmide ecológica. Diagramas desse tipo são utilizados para representar a quantidade de energia ou de biomassa disponível em cada nível trófico.

Pirâmides de biomassa e de energia

As **pirâmides de biomassa** representam a massa de matéria orgânica, por área ou volume, disponível em cada nível trófico de uma comunidade biológica. Nas pirâmides de biomassa geralmente se utiliza a unidade grama por metro quadrado (g/m^2).

Em comunidades terrestres, nas quais os produtores são geralmente plantas de ciclo relativamente longo, a pirâmide de biomassa tem base larga e ápice estreito. Na pirâmide da figura 2.6, por exemplo, a biomassa total dos produtores é maior que a dos consumidores primários, que é maior que a dos consumidores secundários, e assim por diante.

Em comunidades aquáticas, entretanto, a biomassa dos produtores, representados por bactérias autotróficas e algas unicelulares, é menor que a dos consumidores primários, representados pelo zooplâncton e por pequenos peixes. A base da pirâmide, portanto, é mais estreita que o retângulo correspondente ao nível trófico superior.

Essa aparente contradição é explicada pelo fato de os produtores do fitoplâncton (algas e bactérias autotróficas) terem reprodução bem mais rápida e taxa de mortalidade mais alta que os consumidores primários (os constituintes do zooplâncton). Por isso, quando analisada em um momento específico, a biomassa do zooplâncton é geralmente maior que a do fitoplâncton. **(Fig. 2.7)**

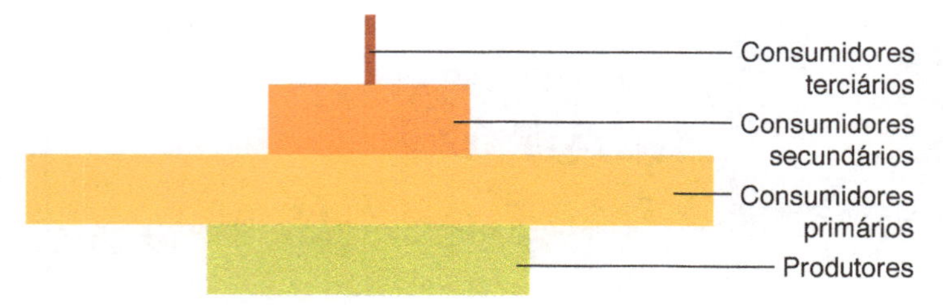

Figura 2.7 Pirâmides de biomassa como essa ocorrem geralmente em comunidades aquáticas: os produtores – fitoplâncton – retêm pouca biomassa, reciclando-a rapidamente.

As **pirâmides de energia** representam a energia presente em cada nível trófico, por área ou volume, em determinado intervalo de tempo. A unidade utilizada é geralmente quilocaloria por metro quadrado por ano ($kcal/m^2/ano$). O objetivo das pirâmides de energia é registrar com realismo a quantidade de energia nos níveis tróficos de uma comunidade ao longo do tempo. As pirâmides de energia sempre têm aspecto convencional, revelando o fluxo unidirecional de energia e sua progressiva dissipação ao longo das cadeias alimentares. **(Fig. 2.8)**

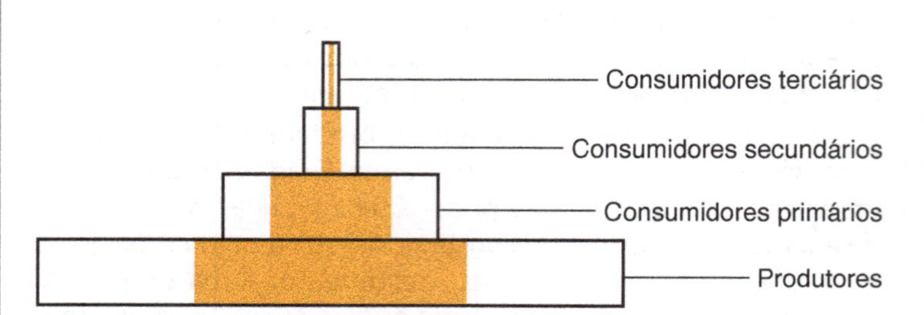

Figura 2.8 Pirâmide de energia hipotética que representa a energia disponível ($kcal/m^2/ano$) em cada nível trófico (largura das barras) e a energia transferida para o nível trófico seguinte (porção da barra indicada em laranja).

Pirâmides de números

Também se costuma representar em pirâmides o número de indivíduos de cada nível trófico necessários para sustentar o nível seguinte. São as **pirâmides de números**.

Por exemplo, são necessárias 10.000 algas microscópicas do fitoplâncton – produtores – para alimentar 1.000 microcrustáceos do zooplâncton – consumidores primários –, que servem de alimento para 50 pequenos peixes – consumidores secundários –, que, por fim, alimentam um grande peixe carnívoro.

As pirâmides de números podem assumir forma invertida quando o produtor é uma grande árvore, por exemplo, cujas folhas são devoradas por 300 lagartas de borboleta, as quais fornecem alimento a 20 aves. **(Fig. 2.9)**

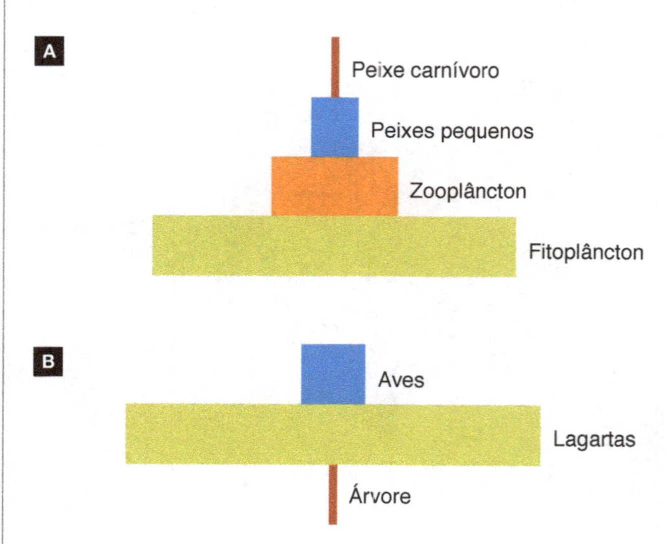

Figura 2.9 **A.** Exemplo de pirâmide de números em um ecossistema aquático. **B.** Exemplo de pirâmide de números em uma árvore.

O conceito de produtividade

A capacidade que os organismos de um nível trófico têm de aproveitar a energia recebida na produção de biomassa denomina-se **produtividade**. Esta é geralmente expressa em quilocaloria de biomassa produzida por metro quadrado por ano (kcal/m^2/ano).

No nível dos produtores, fala-se em **produtividade primária bruta** (**PPB**) como a quantidade de matéria orgânica que um organismo autotrófico consegue produzir na fotossíntese por unidade de tempo.

Como vimos, parte da matéria orgânica sintetizada pelo organismo autotrófico é consumida por ele mesmo na respiração celular para suprir suas necessidades energéticas básicas de sobrevivência. Apenas o que sobra pode ser efetivamente armazenado em forma de biomassa.

Quando se desconta da produtividade primária bruta o gasto com a respiração (R), obtém-se a **produtividade primária líquida** (PPB − R = **PPL**). A energia correspondente à PPL é a que está realmente disponível para o nível trófico seguinte.

No nível dos consumidores, fala-se em **produtividade secundária bruta** (**PSB**) como a quantidade total de biomassa que um herbívoro efetivamente consegue absorver dos alimentos que ingere. Um animal elimina nas fezes muito material orgânico potencialmente energético que não foi aproveitado por ele.

Quando se desconta da produtividade secundária bruta o gasto com a respiração (R), obtém-se a **produtividade secundária líquida** (PSB − R = **PSL**). A PSL corresponde ao que o herbívoro acumula efetivamente de biomassa em determinado intervalo de tempo e representa a energia que realmente pode ser transferida para o nível trófico seguinte.

Quanto menos níveis tróficos uma cadeia alimentar tem, menor é a dissipação energética que ocorre nela, uma vez que as maiores perdas de energia ocorrem quando a matéria orgânica é transferida de um nível trófico para outro. Por essa razão, alguns conservacionistas sugerem que as pessoas consumam mais alimentos vegetais, pois assim se reduziria a perda energética na transferência para o nível trófico dos herbívoros. Isso ocorre quando o gado, do qual usamos a carne, é alimentado com vegetais.

Agora você pode resolver as atividades de 12 a 15, 25 a 29, 38 a 42, 52 e 53.

2.3 Os ciclos biogeoquímicos

Com a morte dos organismos ou a perda de partes de seu corpo (por exemplo, plantas que perdem folhas e frutos), sua matéria orgânica é degradada por ação dos decompositores e os átomos que a constituíam retornam ao ambiente na forma de outras substâncias, e poderão ser incorporados por outros seres vivos. Essa circulação de átomos de diversos elementos químicos entre os seres vivos (biosfera) e a parte não viva do planeta (atmosfera, hidrosfera e litosfera) recebe a denominação de ciclo biogeoquímico (do grego *bios*, vida, e *geo*, Terra). Se não houvesse reaproveitamento dos componentes da matéria dos cadáveres, os átomos de alguns dos elementos químicos fundamentais para a constituição de novos seres vivos poderiam tornar-se indisponíveis para a continuidade da vida.

O processo de reciclagem dos nutrientes na natureza é realizado principalmente por seres comedores de detritos (seres detritívoros) e por bactérias e fungos (agentes decompositores). Ao nutrir-se dos cadáveres, das partes mortas e das fezes dos mais diversos seres vivos, os detritívoros e os decompositores promovem sua degradação, transformando as moléculas orgânicas de cadáveres e resíduos em substâncias mais simples, que retornam ao ambiente e podem ser reutilizadas por outros seres na produção de suas substâncias orgânicas. **(Fig. 2.10)**

A

EGMONT STRIGL/IMAGEBROKER/GLOW IMAGES

B

FABIO COLOMBINI

Figura 2.10 **A.** Cadáver de animal em processo de decomposição. Cadáveres são rapidamente degradados pela ação de seres detritívoros e decompositores. **B.** Fragmento de floresta densa em região tropical (Tapiraí, SP, 2015). A existência de florestas desse tipo é garantida por uma eficiente reciclagem de nutrientes, realizada por animais detritívoros, como minhocas e certos insetos, e por agentes decompositores.

Ciclo dos elementos

Ciclo da água

A água (H_2O) é a única substância que, nas condições normais de nosso planeta, se apresenta em três fases: líquida, cobrindo cerca de três quartos da superfície terrestre; gasosa, na forma de vapor-d'água atmosférico; e sólida, na forma de gelo, nas regiões próximas aos polos e no topo das altas montanhas.

Pela evaporação, a água de oceanos, lagos, rios, geleiras e mesmo a embebida no solo passa à fase gasosa, acumulando-se na atmosfera. Nas grandes altitudes, o vapor-d'água condensa-se e volta à fase líquida, originando as nuvens e precipitando-se como chuvas sobre a superfície terrestre. Esse processo contínuo de evaporação e condensação, conhecido como **ciclo da água**, ou **ciclo hidrológico**, contribui decisivamente para tornar o ambiente da Terra favorável à existência de seres vivos.

Parte do ciclo da água na natureza passa pelos seres vivos, uma vez que a água é essencial à vida. As moléculas de água fazem parte do citoplasma das células e dos diversos fluidos corporais dos seres vivos (sangue, seiva, urina etc.). Nas células vivas, as moléculas de água participam de diversos processos vitais.

A maioria das plantas absorve água do ambiente pelas raízes. Os animais obtêm água ingerindo-a líquida ou comendo alimentos ricos em água. A água presente em plantas e animais retorna continuamente ao ambiente por meio da transpiração, processo que consiste na transformação do suor presente na superfície corporal em vapor-d'água. Muitos animais também eliminam água na urina e nas fezes. Finalmente, com a morte dos organismos, a água que estava em seus corpos acaba sendo devolvida ao ambiente, processo que conta com a participação dos decompositores.

Como já comentamos, praticamente toda a matéria orgânica terrestre provém, originalmente, de moléculas produzidas na **fotossíntese**, processo metabólico cujos reagentes básicos são água e gás carbônico. Na fotossíntese, os átomos de hidrogênio das moléculas de água, junto com átomos de carbono e de oxigênio do gás carbônico (CO_2), são utilizados na produção de moléculas orgânicas. Os átomos de oxigênio da água utilizada na fotossíntese são eliminados para o ambiente na forma de gás oxigênio (O_2).

Parte da água absorvida por um organismo é utilizada na síntese dos diversos tipos de molécula orgânica característicos de cada espécie.

Moléculas de água e de gás carbônico são produzidas durante a **respiração celular**. Nesse processo, moléculas orgânicas nutritivas são degradadas na presença de gás oxigênio, para obtenção de energia metabólica. Note a multiplicidade de processos e as associações e reassociações de que a água participa na natureza. **(Fig. 2.11)**

Ciclo do carbono

O **ciclo do carbono** consiste, basicamente, na passagem dos átomos de carbono (C) componentes do **gás carbônico (CO_2)** do ar ou dos carbonatos (CO_3^{2-}) e dos hidrogenocarbonatos (HCO_3^-) dissolvidos na água para moléculas orgânicas dos seres vivos (proteínas, glicídios, lipídios etc.) e vice-versa. Como já mencionamos no capítulo anterior, parte das moléculas orgânicas produzidas na fotossíntese é degradada pelo próprio organismo fotossintetizante em sua respiração celular, processo do qual obtém a energia necessária ao metabolismo. Nesse processo, o carbono é devolvido ao ambiente na forma de CO_2. O restante da matéria orgânica produzida na fotossíntese passa a constituir a biomassa dos produtores.

O carbono constituinte da biomassa pode ter dois destinos: ser transferido aos animais herbívoros ou ser restituído ao ambiente na forma de CO_2 e de metano (CH_4), após a morte do organismo e a degradação de sua matéria orgânica por agentes decompositores.

Nos herbívoros, como vimos anteriormente, a maior parte da energia contida no alimento ingerido não é aproveitada, sendo eliminada nas fezes, as quais sofrem ação dos decompositores. Das substâncias orgânicas incorporadas pelas células do herbívoro, grande parte é degradada na respiração aeróbica, processo do qual obtém energia metabólica; nessa degradação, o carbono é liberado na forma de CO_2. Outra parte das substâncias alimentares originalmente obtida dos produtores é utilizada na síntese das substâncias orgânicas do herbívoro e passa a constituir sua biomassa. Esta poderá ser transferida a um carnívoro ou decomposta por agentes decompositores.

Assim, o carbono captado na fotossíntese passa de um nível trófico para outro e, ao mesmo tempo, retorna pouco a pouco à atmosfera, como resultado da respiração dos próprios organismos e da ação dos decompositores, que atuam em todos os níveis tróficos. **(Fig. 2.12)**

SELMA CAPARROZ

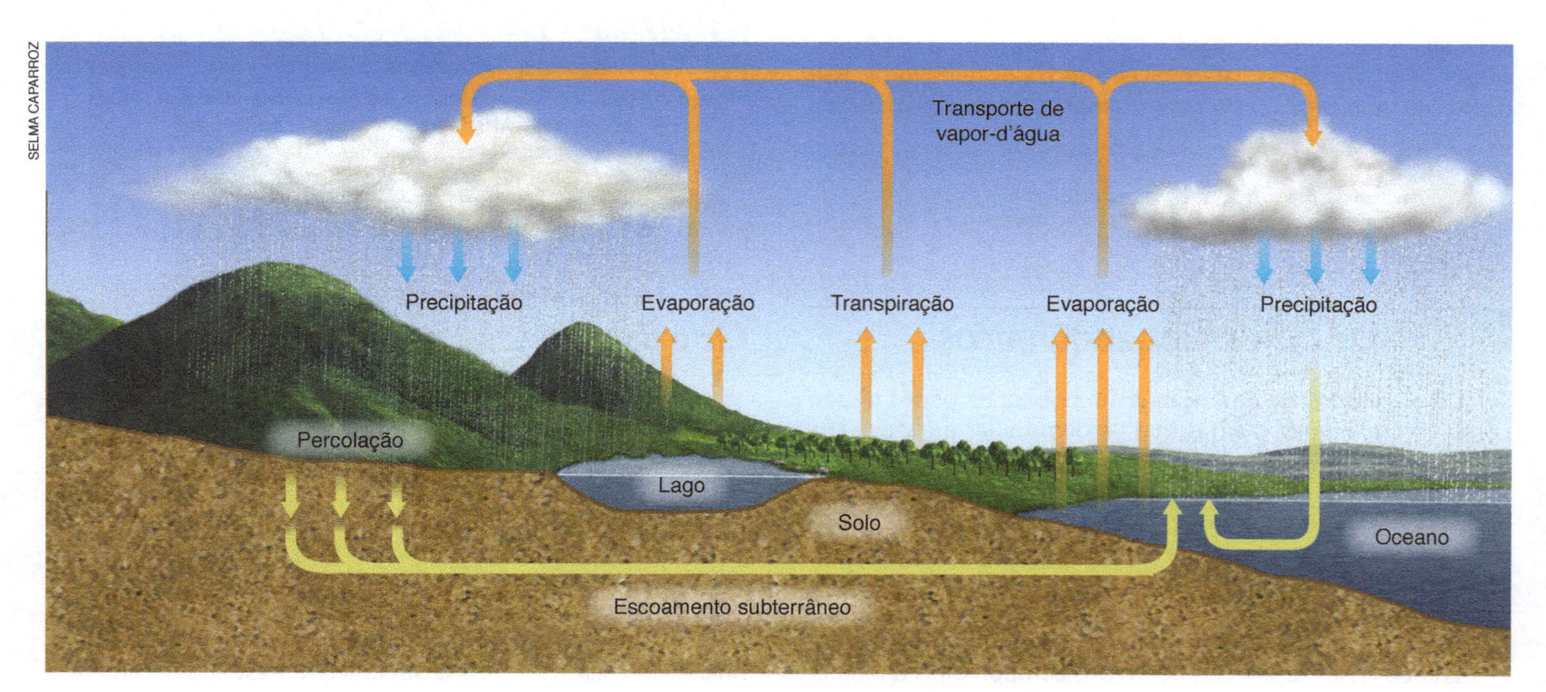

Figura 2.11 O ciclo hidrológico é composto das transferências e transformações da água em nosso planeta. Os seres vivos participam desse ciclo. Note que no esquema aparece o termo "percolação". Essa etapa se relaciona com a passagem da água do solo para os aquíferos (reservatórios subterrâneos).

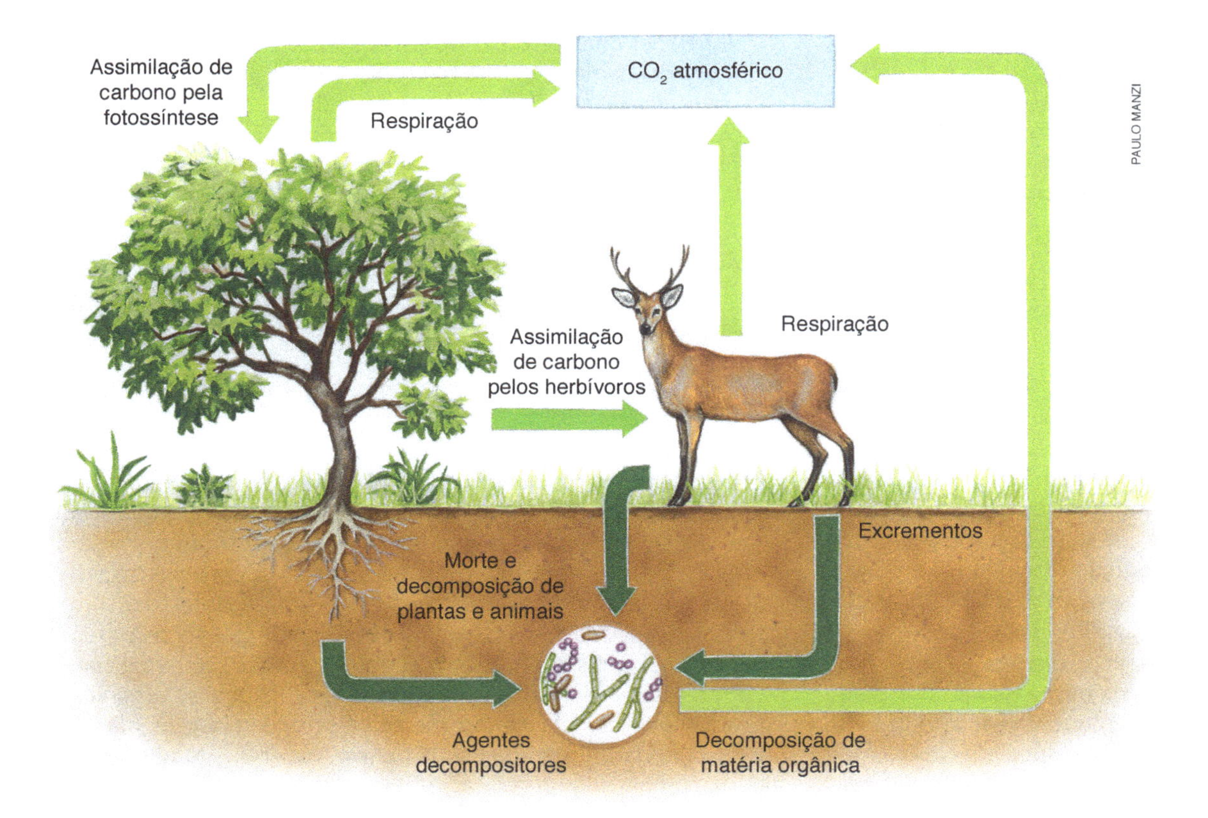

Figura 2.12 Representação esquemática do ciclo do carbono. Estão representados apenas os níveis dos produtores, dos herbívoros e dos decompositores. A passagem do carbono para os demais níveis tróficos é semelhante.

Combustíveis fósseis

Em certas condições ocorridas no passado, restos e cadáveres de grande quantidade de organismos de diversos níveis tróficos (microrganismos, plâncton, animais etc.) ficaram a salvo da ação dos decompositores e suas moléculas preservaram parte da energia química originalmente captada do Sol pela fotossíntese. Em geral, a preservação ocorreu porque os cadáveres foram rapidamente sepultados no fundo de mares e lagos, sob depósitos de sedimentos que depois se tornaram rochas.

Nessas condições especiais, as substâncias orgânicas soterradas sofreram lentas transformações e deram origem aos **combustíveis fósseis**, como o carvão mineral, o gás natural e o petróleo.

A energia contida nas moléculas das substâncias que formam esses combustíveis foi, portanto, originalmente captada da luz solar, por meio da fotossíntese, milhões de anos atrás. **(Fig. 2.13)**

A

B

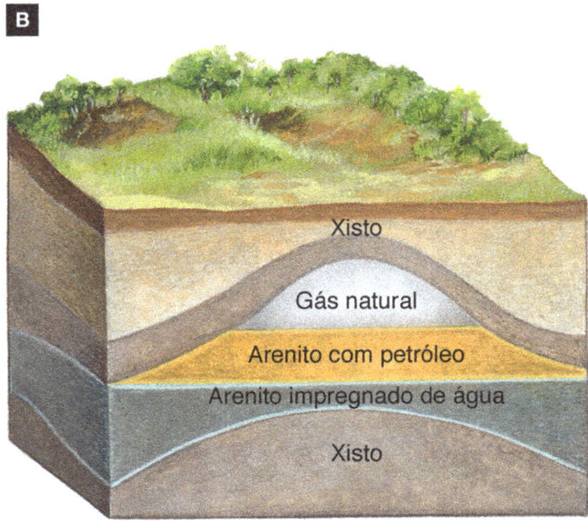

Figura 2.13 Representação esquemática da formação de combustíveis fósseis. **A.** Esses combustíveis formaram-se de restos orgânicos de seres que viveram no passado e não sofreram ação dos decompositores. **B.** Após permanecerem milhões de anos entre as camadas de rocha metamórfica (xistos), sob altas pressão e temperatura na ausência de gás oxigênio, os restos orgânicos originaram as substâncias constituintes do petróleo e do gás natural.

A utilização de combustíveis fósseis pela espécie humana tem restituído à atmosfera, na forma de CO_2, átomos de carbono que tinham ficado fora de circulação durante milhões de anos. Devido à queima desses combustíveis, a concentração de gás carbônico na atmosfera aumentou, nos últimos 100 anos, de 0,029% para cerca de 0,04%. Esse aumento representa, em termos proporcionais, quase 40%. De acordo com muitos cientistas, o aumento do teor de CO_2 na atmosfera está provocando a elevação da temperatura média da Terra em decorrência do aumento do efeito estufa. Esse assunto será estudado no Capítulo 4.

Ciclo do nitrogênio

O **ciclo do nitrogênio** consiste na incorporação de átomos de nitrogênio (N) de substâncias inorgânicas do ambiente em moléculas orgânicas de seres vivos, e sua posterior devolução ao meio não vivo. Átomos de nitrogênio fazem parte de diversas substâncias orgânicas, entre elas as proteínas e os ácidos nucleicos, como será estudado no Capítulo 6.

O maior reservatório de nitrogênio do planeta é a atmosfera, onde esse elemento químico ocorre na forma de gás nitrogênio (N_2), perfazendo cerca de 79% do volume do ar atmosférico. A grande maioria dos seres vivos, nossa espécie inclusive, não consegue utilizar nitrogênio na forma molecular (N_2). Por isso, todos dependem de umas poucas espécies de bactéria, conhecidas genericamente como **bactérias fixadoras de nitrogênio**, capazes de utilizar diretamente o N_2 pela incorporação de átomos de nitrogênio em suas moléculas orgânicas. A incorporação de N_2 em compostos orgânicos nitrogenados é denominada **fixação do nitrogênio**.

Fixação do nitrogênio

As bactérias fixadoras de nitrogênio podem ter vida livre ou viver no interior de células de organismos eucarióticos, como ocorre com os rizóbios (gênero *Rhizobium*), bactérias que vivem associadas principalmente às raízes de leguminosas (feijão, soja, ervilha etc.).

As bactérias do gênero *Rhizobium* invadem as raízes de plantas leguminosas jovens, instalando-se e reproduzindo-se no interior de suas células. As invasoras estimulam a multiplicação das células infectadas, o que leva à formação de tumores conhecidos como **nódulos**. Graças à associação com os rizóbios, as plantas leguminosas podem viver em solos pobres em compostos nitrogenados, nos quais outras plantas não se desenvolvem bem. Os rizóbios, por sua vez, também se beneficiam com a associação, pois alimentam-se de substâncias orgânicas produzidas pela planta. Ao morrer e se decompor, as plantas leguminosas liberam, na forma de **amônia** (NH_3), o nitrogênio de suas moléculas orgânicas, fertilizando o solo. **(Fig. 2.14)**

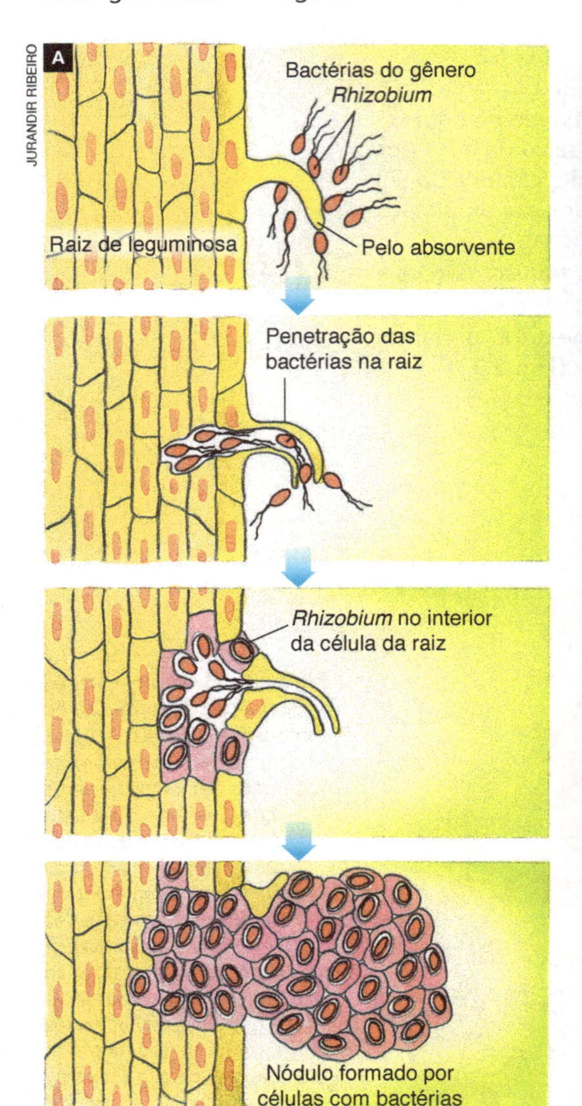

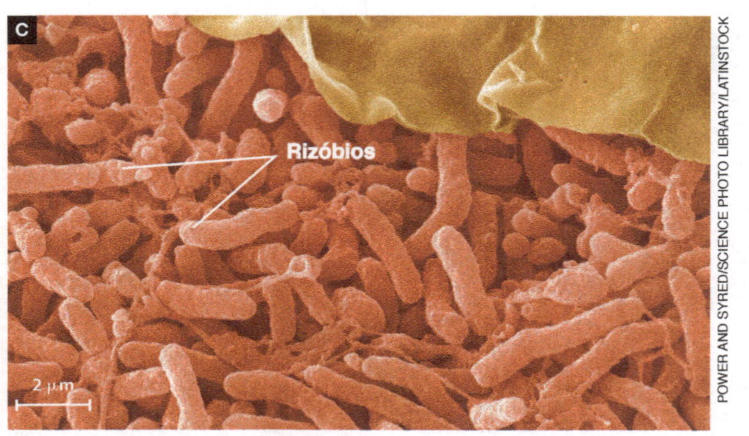

Figura 2.14 A. Representação esquemática de uma raiz de leguminosa sendo infectada por bactérias do gênero *Rhizobium*. Os rizóbios penetram nas raízes da planta por pelos absorventes. Nas células mais internas das raízes, os invasores induzem a multiplicação celular, o que leva à formação de nódulos. B. Nódulos na raiz de uma espécie de feijão. C. Fotomicrografia de bactérias *Rhizobium leguminosarum*. (Microscópio eletrônico de varredura; cores artificiais.)

Nitrificação

O principal produto da degradação de substâncias orgânicas nitrogenadas é a amônia. Embora alguns tipos de plantas consigam aproveitar diretamente essa substância, o composto nitrogenado mais facilmente assimilado pelas plantas é o **nitrato** (NO_3^-). O processo de formação de nitratos no solo a partir da amônia é denominado **nitrificação** e sua ocorrência dá-se pela ação conjunta de dois grupos de bactérias quimiossintetizantes, conhecidas genericamente como **bactérias nitrificantes**.

As primeiras bactérias a atuar na nitrificação pertencem ao gênero *Nitrosomonas*. Elas realizam a oxidação da amônia, processo em que essa substância se combina com gás oxigênio, produzindo o **nitrito** (NO_2^-). Essa reação libera energia, utilizada pela bactéria em seu metabolismo.

Reação realizada pelas bactérias *Nitrosomonas* sp.

$$\underset{\text{Amônia}}{2\,NH_3} + \underset{\text{Gás oxigênio}}{3\,O_2} \longrightarrow \underset{\text{Nitrito}}{2\,NO_2^-} + \underset{\text{Água}}{2\,H_2O} + 2\,H^+ + \text{energia}$$

O nitrito é tóxico para a maioria das plantas, mas raramente se acumula no solo por muito tempo, pois é imediatamente oxidado por bactérias do gênero *Nitrobacter*, que o transformam em nitrato. Essa reação também libera energia, utilizada pelas bactérias em seu metabolismo.

Reação realizada pelas bactérias *Nitrobacter* sp.

$$\underset{\text{Nitrito}}{2\,NO_2^-} + \underset{\text{Gás oxigênio}}{O_2} \longrightarrow \underset{\text{Nitrato}}{2\,NO_3^-} + \text{energia}$$

Os nitratos são altamente solúveis em água, de modo que as plantas os absorvem principalmente através dos pelos absorventes das raízes.

No interior das células vegetais, o nitrogênio é utilizado na síntese de moléculas orgânicas, principalmente aminoácidos (que formam as proteínas) e bases nitrogenadas (que entram na composição dos ácidos nucleicos).

Quando são ingeridas por herbívoros, as substâncias orgânicas nitrogenadas das plantas fornecem matéria-prima para a produção das moléculas constituintes das células animais. O mesmo ocorre nos demais níveis tróficos das cadeias alimentares.

A degradação de proteínas e de ácidos nucleicos no metabolismo animal produz compostos nitrogenados denominados genericamente **excreções**, ou **excretas**, principalmente nas formas de amônia, ureia e ácido úrico, eliminadas no ambiente. Pela ação de decompositores, o nitrogênio constituinte das moléculas orgânicas retorna ao solo na forma de amônia e pode passar novamente por processos de nitrificação.

Desnitrificação

Enquanto parte dos compostos nitrogenados presentes no solo passa por processo de **nitrificação**, outra parte passa por **desnitrificação**, ou **denitrificação**, processo realizado por bactérias do solo denominadas genericamente **bactérias desnitrificantes**. Para obter energia, essas bactérias degradam compostos nitrogenados, liberando gás nitrogênio (N_2), que retorna à atmosfera. **(Fig. 2.15)**

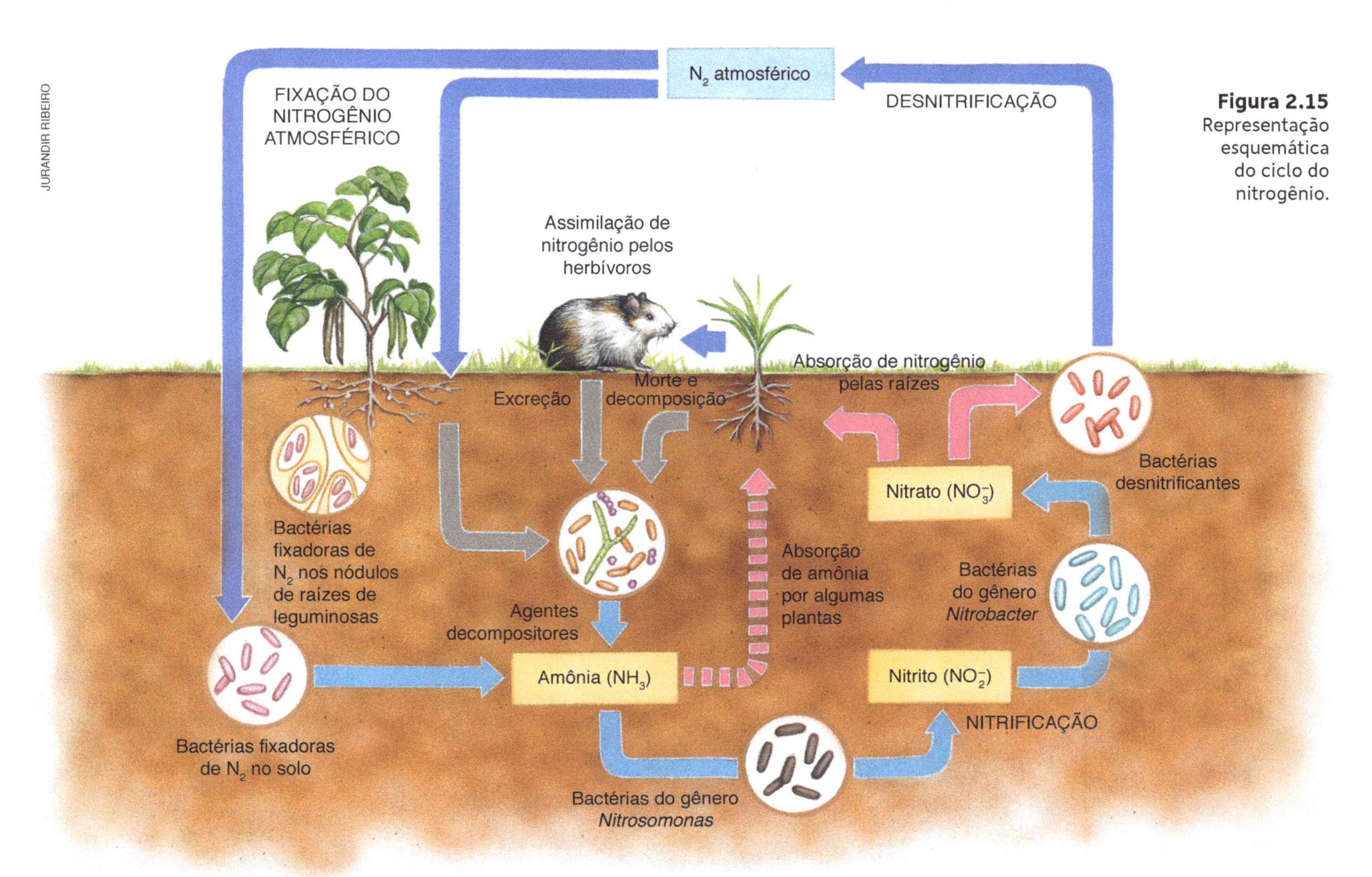

Figura 2.15 Representação esquemática do ciclo do nitrogênio.

Adubação verde

Os agricultores interferem deliberadamente no ciclo do nitrogênio com o objetivo de tornar suas culturas mais produtivas. Uma das maneiras de modificar o ciclo do nitrogênio é a fixação industrial desse elemento químico abundante na atmosfera pela fabricação de adubos químicos. Esses compostos nitrogenados são empregados como fertilizantes do solo.

Outra maneira de aumentar a quantidade de compostos nitrogenados disponíveis no solo é por meio do cultivo de plantas leguminosas, como soja, alfafa, feijão, ervilha, entre outras, que abrigam em suas raízes bactérias fixadoras de nitrogênio do gênero *Rhizobium*. As leguminosas podem ser plantadas ao lado de plantas não leguminosas, nas chamadas **plantações consorciadas**, ou em períodos alternados com o cultivo de outras plantas, processo denominado **rotação de culturas**. (**Fig. 2.16**)

Em campos experimentais plantados com leguminosas (alfafa e soja) verificou-se aumento de até 100 vezes na quantidade de nitrogênio fixado, em relação a um ecossistema natural. A utilização das leguminosas como método de fertilização do solo é conhecida como adubação verde.

Ciclo do oxigênio

O **ciclo do oxigênio** consiste na passagem de átomos de oxigênio (O) de compostos inorgânicos para substâncias orgânicas dos seres vivos, e vice-versa. Trata-se de um ciclo complexo, pois o oxigênio é utilizado e liberado pelos seres vivos na forma de diferentes substâncias, como **gás carbônico** (**CO_2**), **gás oxigênio** (**O_2**) e **água** (**H_2O**). O principal reservatório de oxigênio para os seres vivos é a atmosfera, onde esse elemento se encontra principalmente na forma de gás oxigênio e de gás carbônico. (**Fig. 2.17**)

O gás oxigênio é utilizado na respiração aeróbica de plantas e animais. Nesse processo, átomos de oxigênio combinam-se a átomos de hidrogênio, formando moléculas de água. Estas podem ser utilizadas na síntese de outras substâncias, que assim incorporam átomos de oxigênio originalmente provenientes do gás oxigênio atmosférico.

Figura 2.16 A humanidade interfere no ciclo do nitrogênio visando a aumentar a produção agrícola. **A.** Consórcio de culturas de milho e feijão (Barreiras, BA, 2013). **B.** Agricultores espalhando adubos químicos sobre o solo previamente arado (Munhoz, MG, 2015). Esses adubos contêm, entre outros elementos químicos, nitrogênio na forma de nitratos.

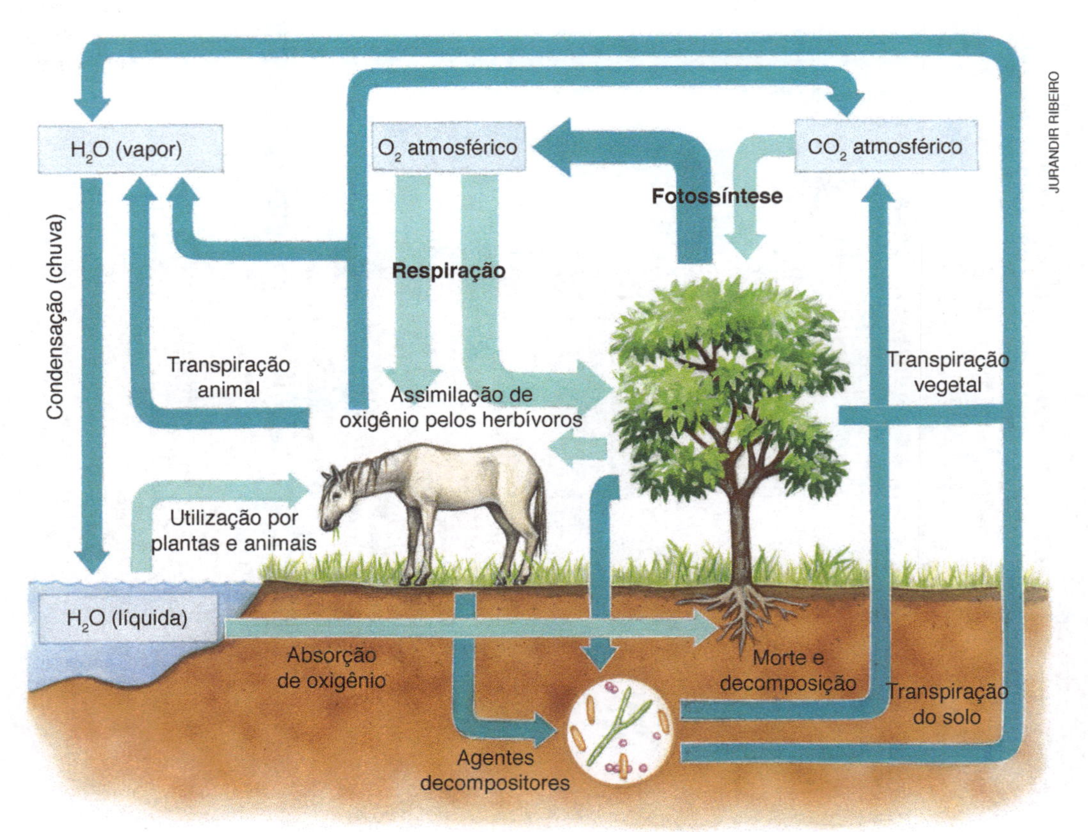

Figura 2.17 Representação esquemática do ciclo do oxigênio. Foram representadas apenas algumas das mais importantes vias de utilização e liberação desse elemento químico.

O gás carbônico atmosférico é utilizado no processo de fotossíntese e seus átomos de oxigênio passam a fazer parte da matéria orgânica das plantas. Pela respiração celular e pela decomposição, o oxigênio é restituído à atmosfera, na forma de moléculas de água e de gás carbônico.

O gás oxigênio, o gás carbônico e a água, principais fontes inorgânicas de átomos de oxigênio para os seres vivos, estão constantemente trocando átomos entre si durante os processos metabólicos da biosfera.

Ciclo do fósforo

Além da água, do carbono (C), do nitrogênio (N) e do oxigênio (O), também o fósforo (P) é importante para os seres vivos. Átomos desse elemento fazem parte, por exemplo, do material hereditário e das moléculas energéticas de trifosfato de adenosina (ATP, do inglês ***a**denosine **t**ri**p**hosphate*).

Em certos aspectos, o **ciclo do fósforo** é mais simples que os ciclos do carbono e do nitrogênio; como são poucos os compostos gasosos de fósforo, não há passagem de átomos desse elemento pela atmosfera. Outra razão para a simplicidade do ciclo do fósforo é que apenas uma forma química é realmente importante para os seres vivos: o **íon fosfato** (**PO_4^{3-}**).

Plantas obtêm fósforo do ambiente ao absorver fosfatos dissolvidos na água e no solo. Animais obtêm fosfatos na água e no alimento de origem vegetal ou animal. Pela decomposição da matéria orgânica, o fósforo retorna ao solo ou à água. Parte dele pode ser aproveitada por seres vivos e parte é levada pelas chuvas para os lagos e mares, onde acaba se incorporando às rochas. Nesse caso, o fósforo só retornará aos ecossistemas bem mais tarde, quando essas rochas se elevarem em consequência de processos geológicos, sendo decompostas e transformadas em solo.

Assim, no ciclo do fósforo distinguem-se dois aspectos relacionados a escalas de tempo bem diferentes. Parte dos átomos do fósforo é reutilizada localmente, entre o solo, plantas, consumidores e agentes decompositores em um intervalo de tempo relativamente curto, que podemos chamar de **ciclo de tempo ecológico**. Parte do fósforo ambiental é sedimentada e incorporada às rochas; seu ciclo requer um intervalo de tempo muito mais longo, sendo por isso chamado de **ciclo de tempo geológico**. **(Fig. 2.18)**

Agora você pode resolver as atividades de 16 a 20, 30, 43 a 49, 54 a 62.

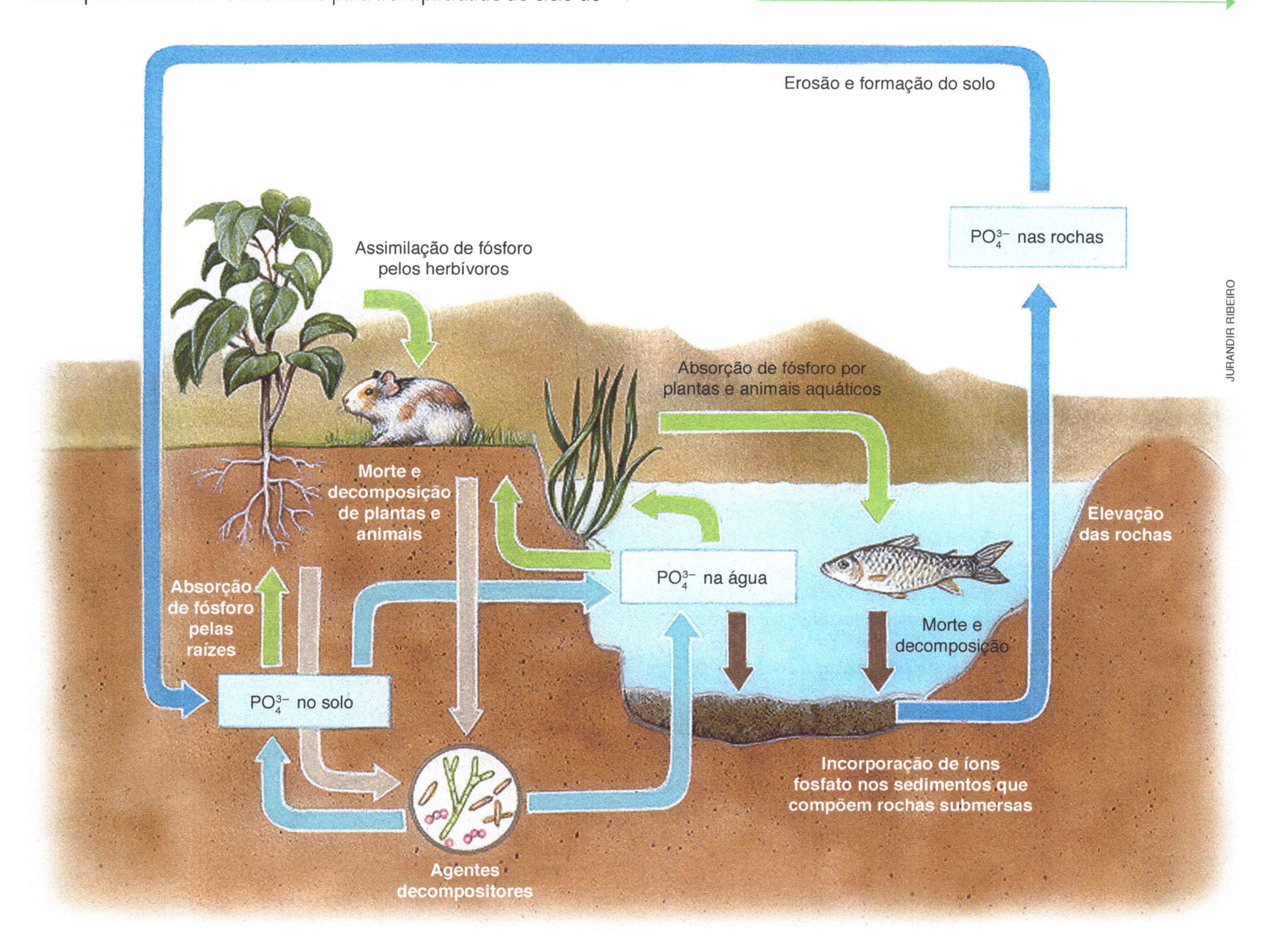

Figura 2.18 Representação esquemática do ciclo do fósforo.

Água: um recurso cada dia mais precioso

1 Além de conhecer as principais características da água e sua importância para a vida em nosso planeta, todo cidadão responsável também tem de estar informado sobre o valor da água como recurso natural.

2 Já há escassez de água potável em países da África e do Oriente Médio, e um relatório da Organização das Nações Unidas (ONU), divulgado no Fórum Mundial das Águas 2012, realizado em Marselha, França, apresentava a sombria previsão de que, até 2050, cerca de 4 bilhões de pessoas viverão em condições de extrema falta de água. A essas más notícias soma-se a previsão da redução das chuvas como consequência da mudança climática global.

3 Cerca de 97,5% da água presente em nosso planeta é salgada, constituindo mares e oceanos. O restante, cerca de 2,5%, é de água doce; porém, ela se encontra quase toda congelada ou no subsolo; apenas aproximadamente 0,01% está acessível para consumo humano.

4 O Brasil detém quase 14% da água potável disponível no mundo. Entretanto, esse recurso não é distribuído igualmente pelo país. Na Bacia Amazônica, por exemplo, concentram-se mais de 73% do volume de água doce brasileiro, servindo a apenas cerca de 7% da população. O restante, cerca de 27%, distribui-se de maneira desigual pelo território nacional. Já a região Nordeste conta com cerca de 5% das reservas de água potável do país, embora nela vivam quase 28% da população brasileira.

A falta de água pode ser evitada?

5 Conhecer melhor o ciclo da água e racionalizar seu consumo são providências importantes para o futuro da humanidade e todos podem (e devem) participar dessa empreitada: os governos precisam investir em estudos sobre os recursos hídricos e os cidadãos devem aprender a usar racionalmente a água potável. Ainda há muito desperdício desse recurso na agricultura, na indústria e no uso doméstico.

6 De acordo com a ONU, cada pessoa necessita de cerca de 110 L de água por dia para atender às necessidades de consumo e higiene. No entanto, no Brasil, o consumo por pessoa pode chegar a mais de 200 L/dia. Veja a seguir algumas maneiras de racionalizar o consumo de água no seu dia a dia.

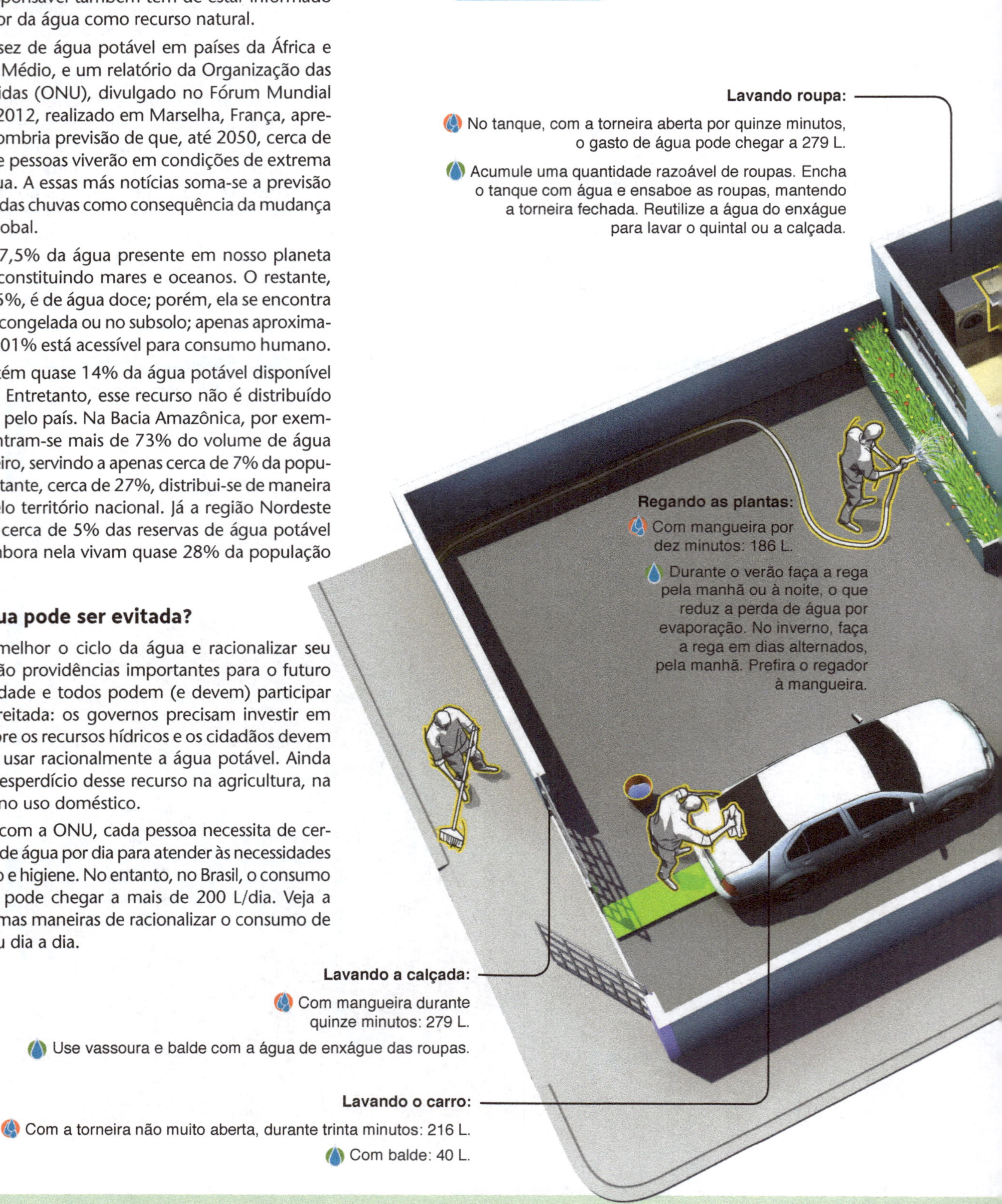

Tomando banho:

Quinze minutos com o registro meio aberto na ducha: 135 L; no chuveiro elétrico: 45 L.

Feche o registro ao se ensaboar e reduza o tempo para 5 minutos; na ducha, o consumo cai para 45 L; no chuveiro elétrico, cai para 15 L.

Escovando os dentes:

Cinco minutos com a torneira não muito aberta: 12 L.

Mantenha a torneira fechada enquanto escova os dentes, enxaguando a boca com um copo de água: 0,5 L.

Utilizando o vaso sanitário:

Não utilize o vaso sanitário como lixeira. Além de entupir o encanamento, o lixo pode voltar e sujar sua casa.

Ao dar descarga, lembre-se de que a quantidade de água gasta é muito grande. Se as válvulas estiverem defeituosas, o desperdício será bem maior.

Lavando a louça:

Com a torneira meio aberta por quinze minutos: 117 L.

Limpe os restos de comida dos pratos e panelas com esponja e sabão. Abra a torneira, enxágue rapidamente e feche-a. Ensaboe tudo e depois abra a torneira novamente para retirar o sabão ou detergente. Em quinze minutos: 20 L.

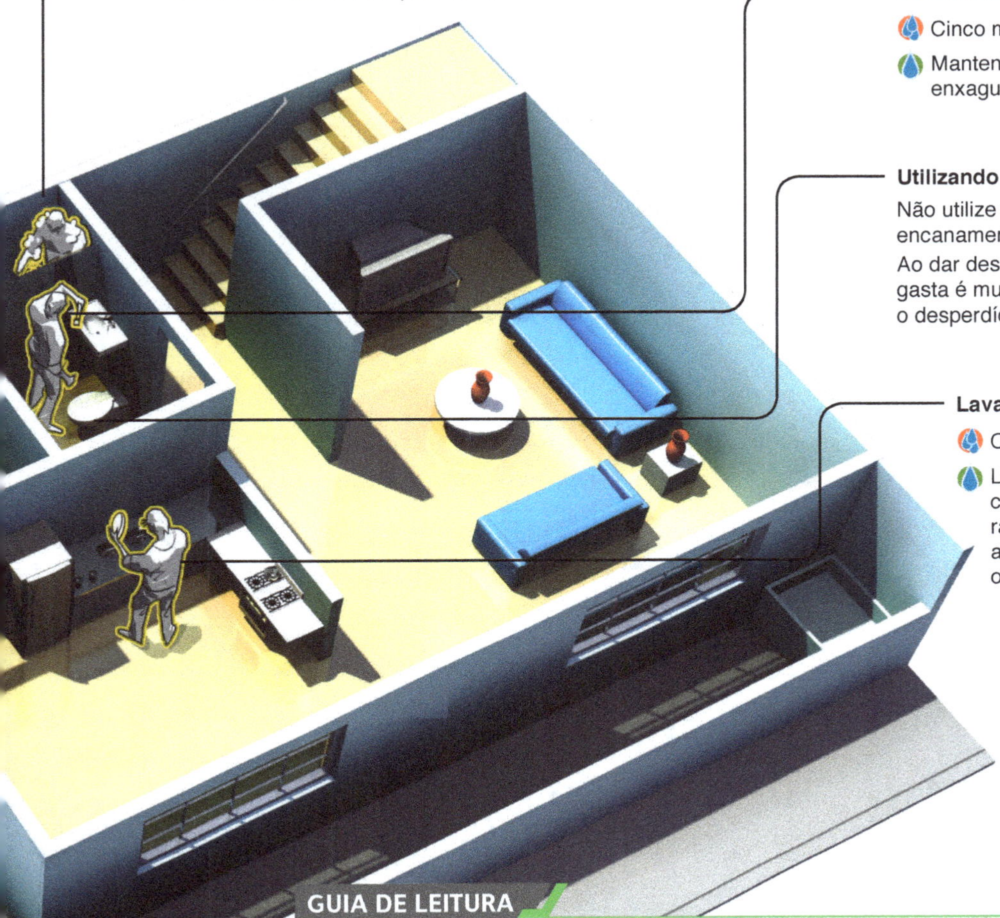

Fonte dos dados: Sabesp.
Disponível em: <http://mod.lk/ZZohf>.
Acesso em: set. 2016.

ILUSTRAÇÃO: NILSON CARDOSO

GUIA DE LEITURA

Utilizar a água e outros recursos naturais com racionalidade é uma atitude sustentável, pois permitirá deixarmos aos nossos filhos e netos um planeta habitável. Em muitos casos, uma simples revisão do modo que utilizamos água em casa e pequenas mudanças de hábitos podem levar à economia de centenas de litros de água potável por mês. Confira, no roteiro a seguir, como o texto aborda a racionalização do consumo de água residencial.

1. Leia os dois parágrafos iniciais do quadro. Embora seja assustador imaginar um mundo com escassez de água potável, isso nos leva a refletir sobre o que podemos fazer para contribuir positivamente nessa questão de cidadania. Qual é sua opinião a respeito?
2. O terceiro parágrafo comenta sobre as reservas de água não potável. Seria possível dessalinizar água do mar? Ou utilizar gelo polar derretido para obter água potável? Quais seriam os pontos negativos dessas tecnologias? Considere esses temas para futuras pesquisas.
3. Leia o parágrafo de número 4. Seu desafio é decodificar as informações escritas e passá-las para uma linguagem visual. Para isso, desenhe um mapa do Brasil dividido em regiões e acrescente as informações do texto. Pesquise dados na internet para compor um mapa com informações mais completas.
4. No quinto parágrafo, no item *A falta de água pode ser evitada?*, são mencionadas ações cidadãs, com o objetivo de racionalizar o consumo de água, preservando-a para as futuras gerações. As ilustrações e as respectivas legendas mostram atitudes cotidianas nesse sentido. Você acha que poderia contribuir com alguma(s) atitude(s) para racionalizar seu consumo de água e o de sua família? Escreva um texto com sua opinião a respeito.

Mapa de conceitos

Teias e cadeias alimentares

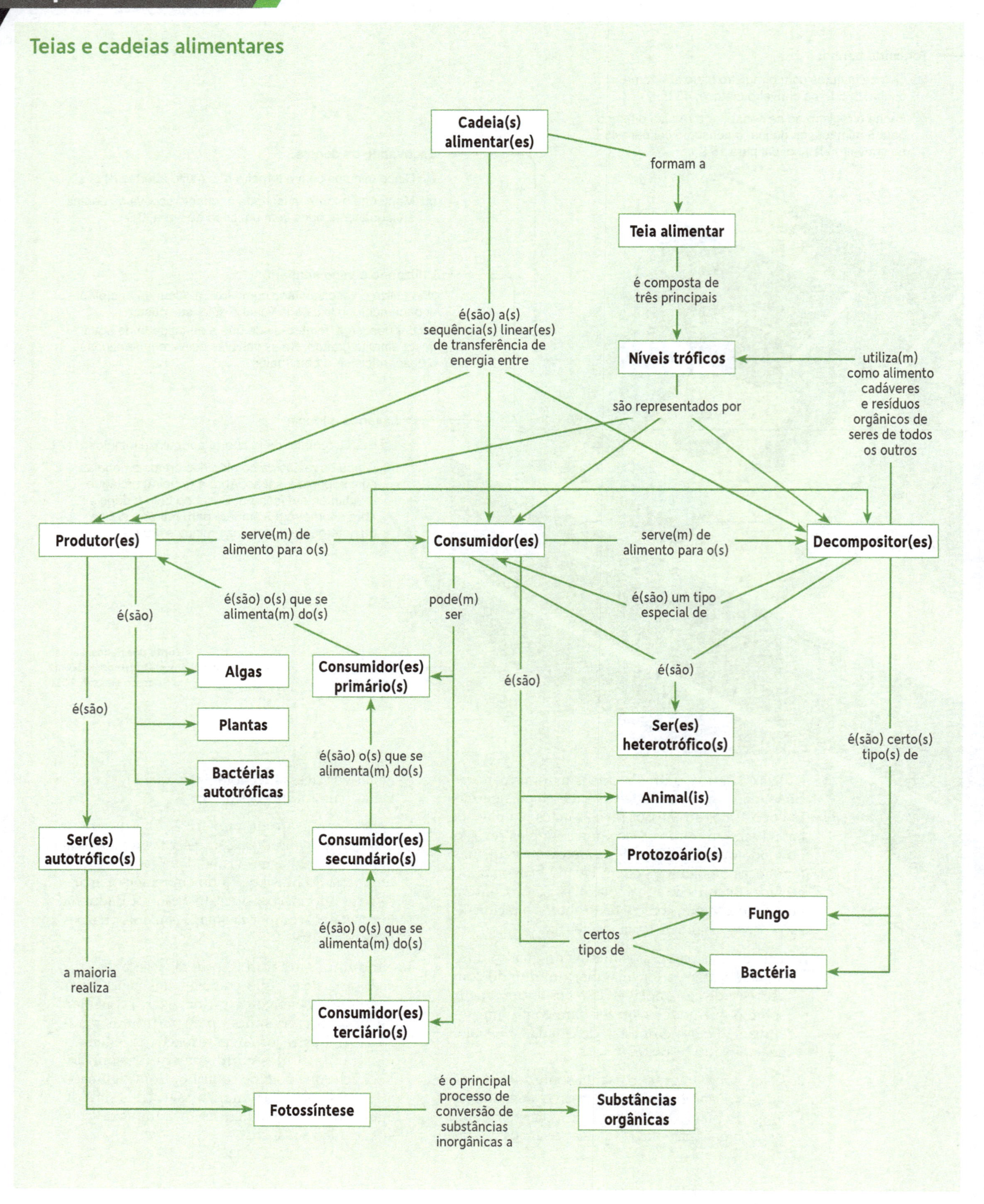

ATIVIDADES

REVENDO CONCEITOS, FATOS E PROCESSOS

2.1 Níveis tróficos nos ecossistemas

Considere as alternativas a seguir para responder às questões 1 e 2.

a) Conjunto das interações alimentares entre os diversos componentes de uma comunidade biológica.
b) Série linear de organismos pela qual flui a energia originalmente captada pelos seres autotróficos.
c) Conjunto das relações entre os componentes vivos e o biótopo, em um ecossistema.
d) Conjunto das diferentes espécies de seres autotróficos e heterotróficos de uma comunidade biológica.

1. Qual das alternativas refere-se à cadeia alimentar?

2. Qual das alternativas refere-se à teia alimentar?

Considere as alternativas a seguir para responder às questões de 3 a 6.

a) Consumidores primários.
b) Consumidores secundários.
c) Decompositores.
d) Produtores.

3. Os organismos autotróficos são incluídos em qual das categorias mencionadas?

4. Bactérias e fungos que degradam substâncias orgânicas de restos de outros seres pertencem a qual das categorias mencionadas?

5. Em qual das categorias mencionadas são incluídos os herbívoros?

6. Fitoplâncton e bactérias quimiossintetizantes são incluídas em qual das categorias mencionadas?

7. Nível trófico refere-se
a) a cada um dos elos que compõem uma cadeia alimentar.
b) à relação entre uma comunidade biológica e seu biótopo.
c) à quantidade de alimento de um ecossistema disponível para os herbívoros.
d) ao modo de vida de determinada espécie em seu ambiente.

8. Uma teia alimentar constituída por árvores frutíferas, bactérias e fungos do solo, preás, capim, serpentes, gafanhotos, gaviões e insetos frutívoros (isto é, que comem frutos) tem como consumidores secundários
a) bactérias e fungos.
b) preás, serpentes e gaviões.
c) serpentes e gaviões.
d) insetos frutívoros e gafanhotos.

9. Pernilongos machos sugam seiva de plantas, enquanto pernilongos fêmeas sugam sangue de animais. Pode-se dizer que eles são, respectivamente,
a) consumidores primários, ambos.
b) consumidores secundários, ambos.
c) consumidor primário; consumidor secundário ou superior.
d) consumidor secundário; consumidor quaternário.

10. Onívora é
a) qualquer espécie animal que tenha alimentação diferente da alimentação humana.
b) a denominação dos organismos que ocupam mais de um nível trófico na cadeia alimentar.
c) a espécie que ocupa sempre o mesmo nível trófico na cadeia alimentar.
d) outra denominação dada ao nível trófico dos decompositores.

11. Imaginemos, a título de exercício, que uma classe especial de consumidor, os decompositores, deixasse de atuar na natureza. Qual seria uma consequência plausível desse evento imaginário?
a) A curto prazo, deixaria de ocorrer fotossíntese.
b) A longo prazo, os herbívoros deixariam de comer plantas e se tornariam carnívoros.
c) A longo prazo, elementos químicos essenciais à vida deixariam de estar disponíveis.
d) As consequências seriam mínimas, uma vez que os decompositores ocupam o fim da cadeia alimentar.

2.2 Fluxo de energia nos níveis tróficos

Considere as alternativas a seguir para responder às questões 12 e 13.

a) Representação gráfica que relaciona os níveis tróficos de um ecossistema quanto à quantidade de energia.
b) Representação gráfica que mostra as relações alimentares entre os diversos componentes de uma comunidade biológica.
c) Totalidade da matéria orgânica de um organismo ou de um nível trófico.
d) Totalidade de matéria orgânica e inorgânica de um ecossistema.

12. Qual das alternativas refere-se à biomassa?

13. Pirâmide de energia está caracterizada em qual das alternativas?

14. O desenho representa uma pirâmide ecológica, em que P = produtor, C1 = consumidor primário e C2 = consumidor secundário. Com certeza, essa é uma

a) pirâmide de biomassa.
b) pirâmide de energia.
c) pirâmide de números.
d) representação errada, pois não tem forma de pirâmide.

15. Ao avaliar os custos de engorda de duas espécies de herbívoro, um fazendeiro descobriu que, com os mesmos tipos e quantidades de alimento, os representantes de uma das espécies ganhavam mais biomassa no mesmo tempo. Os parâmetros em questão referem-se a que conceito?
a) Produtividade primária bruta (PPB).
b) Produtividade primária líquida (PPL).
c) Produtividade secundária bruta (PSB).
d) Produtividade secundária líquida (PSL).

2.3 Os ciclos biogeoquímicos

Considere as alternativas a seguir para responder às questões de 16 a 18.

a) Água.
b) Carbono.
c) Nitrogênio.
d) Oxigênio.

16. A formação de combustíveis fósseis, como o petróleo e o carvão mineral, está diretamente relacionada ao ciclo de qual elemento químico?

17. Bactérias quimiossintetizantes capazes de transformar amônia em nitratos participam do ciclo de qual elemento químico?

18. A rotação de culturas e a plantação consorciada com leguminosas são processos relacionados diretamente ao ciclo de qual elemento químico?

19. A capacidade que as leguminosas têm de enriquecer o solo com nitrogênio deve-se a bactérias
a) desnitrificantes que vivem no solo.
b) fixadoras de N_2 que vivem em suas raízes.
c) nitrificantes que vivem em suas folhas.
d) nitrificantes que vivem no solo.

20. Combustíveis fósseis são
a) moléculas inorgânicas ricas em energia, formadas no fundo dos mares primitivos.
b) moléculas orgânicas ricas em energia, formadas a partir de seres que viveram no passado.
c) moléculas orgânicas ricas em energia, formadas a partir da fotossíntese de seres atuais.
d) misturas de diversos tipos de moléculas inorgânicas ricas em energia, extraídas de rochas fósseis submersas.

QUESTÕES PARA EXERCITAR O PENSAMENTO

21. Esquematize uma teia alimentar considerando os seguintes habitantes de um lago
- algas do fitoplâncton;
- crustáceos do zooplâncton;
- peixes (herbívoros) que se alimentam do fitoplâncton;
- peixes (carnívoros) que se alimentam de outros peixes;
- bactérias e fungos;
- plantas lacustres;
- peixes (herbívoros) que se alimentam de plantas.

22. Represente graficamente as relações alimentares existentes entre os seguintes seres vivos:
- plantas de alfafa;
- gafanhotos;
- corruíras (aves insetívoras);
- piolhos;
- víboras;
- corujas;
- mosquitos hematófagos;
- coelhos;
- fungos e bactérias do solo.

23. Qual dos dois aquários se assemelha mais a um ecossistema? Justifique sua resposta.

A
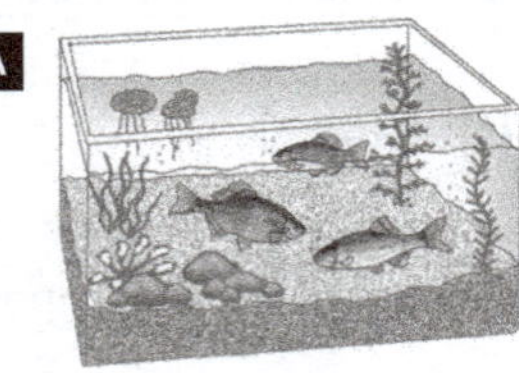
B

PAULO MANZI

24. Um animal ruminante, como um boi, consome muito alimento vegetal, porém não produz enzimas que digerem celulose, principal constituinte do capim e outras plantas. Além disso, o capim é pobre em proteínas. Entretanto, nos compartimentos estomacais do ruminante desenvolvem-se grandes quantidades de microrganismos que o animal digere de tempos em tempos; é deles que vem a maior parte das moléculas orgânicas que alimentam o boi. Assim, o estômago de um ruminante é uma verdadeira câmara de cultivo de micróbios nutritivos. Considerando esse fato, o que você poderia discutir sobre a posição do boi na teia alimentar?

Analise o gráfico a seguir, que representa uma pirâmide de energia.

ADILSON SECCO

P é o produtor, exemplificado como capim; C1 é um consumidor primário, representado pelo coelho. O desafio, nas questões 25 a 27, é identificar o significado das cores do gráfico e refazer a pirâmide no caderno, aplicando legendas para cada cor.

25. A base da pirâmide representa o nível dos produtores (P). Ela tem uma área em verde-escuro, que corresponde à energia que pode efetivamente ser transmitida ao nível trófico seguinte. Tendo em mente essa afirmação, responda:
a) O que representam as áreas da base da pirâmide em verde-claro? Justifique sua resposta.
b) Analisando a pirâmide do ponto de vista da produtividade, o que representariam, respectivamente, as áreas em verde-escuro e em verde-claro? Por quê?

26. No retângulo superior da pirâmide, correspondente ao nível dos consumidores primários (C1), há duas áreas coloridas em azul-claro e outra em azul-escuro. Por analogia ao que se discutiu para o nível trófico dos produtores, responda:
a) Se o coelho se exercitasse muito, que parte do gráfico aumentaria: as azul-claras ou a azul-escura? Por quê?
b) Analisando a pirâmide do ponto de vista da produtividade, o que representariam, respectivamente, as áreas em azul-claro e aquela em azul-escuro? Por quê?

27. Note as partes do gráfico coloridas em amarelo. Tendo em vista o que foi discutido nas questões anteriores, o que elas representam? Explique.

28. Em 1 m² de floresta, foram encontrados os seguintes valores de biomassa para o conjunto de componentes de cada nível trófico:
a) nível primário (produtores) – 800 g
b) nível secundário (consumidores primários) – 37 g
c) nível terciário (consumidores secundários) – 11 g
d) nível quaternário (consumidores terciários) – 1,5 g
Esquematize uma pirâmide da biomassa para essa comunidade, representando os valores em escala apropriada.

29. Foram calculados os valores de biomassa dos componentes de três níveis tróficos de dois ecossistemas, um de terra firme e um aquático. Os resultados obtidos são apresentados a seguir.

Níveis tróficos	Ecossistema	
	Terra firme	Aquático
Biomassa dos produtores (seres fotossintetizantes)	520 g/m^2	680 g/m^2
Biomassa dos consumidores primários (herbívoros)	0,07 g/m^2	120 g/m^2
Biomassa dos consumidores secundários (carnívoros)	0,01 g/m^2	9 g/m^2

Esquematize uma pirâmide da biomassa para esses dois ecossistemas, representando os valores em escala apropriada.

30. É importante refletir sobre a questão dos combustíveis fósseis, originados a partir de organismos que viveram há centenas de milhões de anos. É o caso do petróleo e do carvão mineral, que movimentam praticamente toda a indústria e os veículos do mundo. Esses combustíveis não são renováveis; suas reservas estão diminuindo rapidamente e terminarão por se esgotar. Imagine o mundo desprovido de petróleo ou carvão mineral. Quais seriam as alternativas energéticas da humanidade? Troque ideias com outras pessoas. Tente avaliar o grau de informação e de interesse das pessoas sobre esse tema. Pesquise mais sobre o assunto, que certamente terá importância cada vez maior no futuro.

A BIOLOGIA NO VESTIBULAR

QUESTÕES OBJETIVAS

31. (Fuvest-SP) Os organismos que desempenham em um ecossistema terrestre o mesmo papel do fitoplâncton em um ecossistema aquático são

a) gramíneas.
b) bactérias do solo.
c) fungos.
d) gafanhotos.
e) protozoários ciliados.

32. (Vunesp) "Depois de mortos, somos todos comidos pelo bicho da terra." Essa é uma expressão popular que você já deve ter ouvido. O termo "bicho da terra" corresponde a

a) decompositores.
b) consumidores primários.
c) consumidores secundários.
d) consumidores terciários.
e) consumidores quaternários.

33. (Fuvest-SP) "O tico-tico tá comendo meu fubá / Se o tico-tico pensa / em se alimentar / que vá comer / umas minhocas no pomar [...] / Botei alpiste para ver se ele comia / Botei um gato, um espantalho e um alçapão [...]." ZEQUINHA DE ABREU. *Tico-tico no fubá.*
No contexto da música, na teia alimentar da qual fazem parte tico-tico, fubá, minhoca, alpiste e gato,

a) a minhoca aparece como produtor e o tico-tico como consumidor primário.
b) o fubá aparece como produtor e o tico-tico como consumidor primário e secundário.
c) o fubá aparece como produtor e o gato como consumidor primário.
d) o tico-tico e o gato aparecem como consumidores primários.
e) o alpiste aparece como produtor, o gato como consumidor primário e a minhoca como decompositor.

34. (Vunesp) Uma determinada espécie de camarão foi introduzida em um lago. A figura representa a variação nos tamanhos populacionais do camarão, de uma espécie de peixe e de uma espécie de aves que vivem no lago, observada nos anos seguintes, como consequência da introdução do camarão.

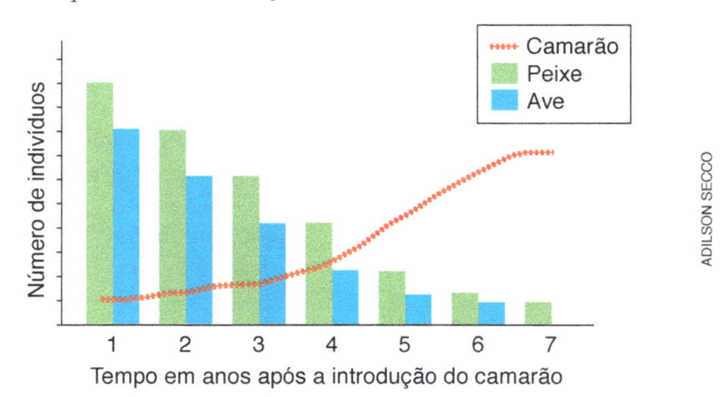

O esquema que melhor representa a inclusão da espécie de camarão na estrutura trófica desse lago é

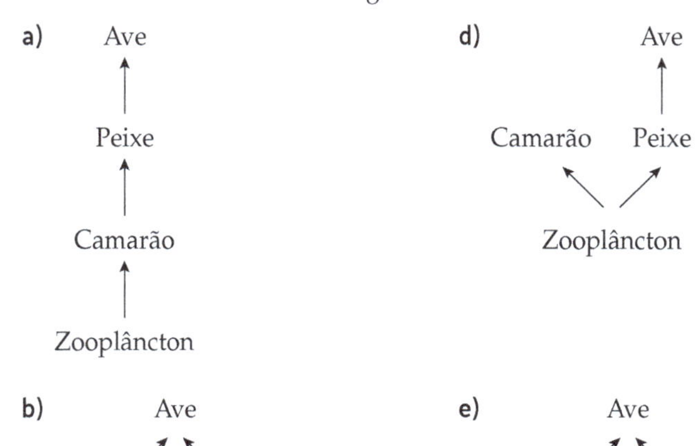

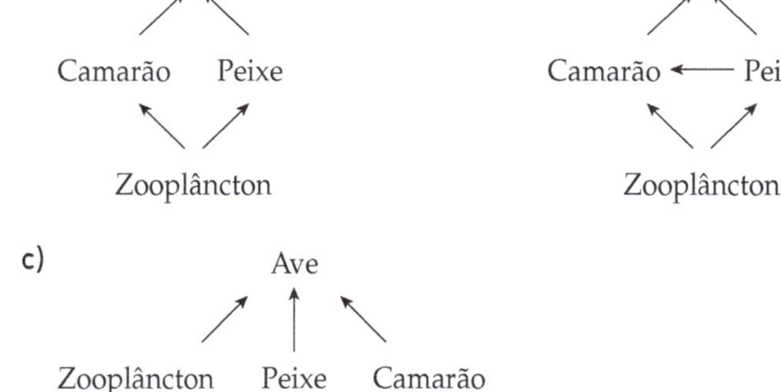

c) Ave

Zooplâncton Peixe Camarão

35. (UFSCar-SP) No aparelho digestório de um boi, o estômago é dividido em 4 compartimentos. Os dois primeiros, rúmen e barrete (ou retículo), contêm rica quantidade de bactérias e protozoários que secretam enzimas que decompõem a celulose do material vegetal ingerido pelo animal. O alimento semidigerido volta à boca onde é remastigado (ruminação) e novamente deglutido. Os dois outros compartimentos, omaso e abomaso, recebem o alimento ruminado e secretam enzimas que quebram as proteínas das bactérias e dos protozoários que chegam continuamente dos compartimentos anteriores. Considerando apenas o aproveitamento das proteínas bacterianas na nutrição do boi, é correto afirmar que o boi e os microrganismos são, respectivamente,

a) consumidor primário e decompositores.
b) consumidor secundário e decompositores.
c) consumidor primário e produtores.
d) consumidor primário e consumidores secundários.
e) consumidor secundário e consumidores primários.

36. (UFSM-RS) A decomposição da matéria orgânica é promovida por certos tipos de bactérias e fungos. Assinale a alternativa que indica a característica que esses organismos chamados decompositores têm em comum.

a) Realizam fotossíntese.
b) Formam hifas.
c) São eucariontes.
d) São simbiontes.
e) São heterótrofos.

37. (Fuvest-SP) O cogumelo *shiitake* é cultivado em troncos, onde suas hifas nutrem-se das moléculas orgânicas componentes da madeira. Uma pessoa, ao comer cogumelos *shiitake*, está se comportando como

a) produtor.
b) consumidor primário.
c) consumidor secundário.
d) consumidor terciário.
e) decompositor.

38. (PUC-Campinas-SP) Considerando a quantidade total de matéria orgânica presente em diferentes seres vivos de uma floresta, a sequência decrescente correta é a indicada por

a) carnívoros, plantas e decompositores.
b) herbívoros, plantas e decompositores.
c) plantas, carnívoros e herbívoros.
d) herbívoros, carnívoros e plantas.
e) plantas, herbívoros e carnívoros.

39. (Fuvest-SP) Uma lagarta de mariposa absorve apenas metade das substâncias orgânicas que ingere, sendo a outra metade eliminada na forma de fezes. Cerca de $\frac{2}{3}$ do material absorvido é utilizado como combustível na respiração celular, enquanto o $\frac{1}{3}$ restante é convertido em matéria orgânica da lagarta.
Considerando que uma lagarta tenha ingerido uma quantidade de folhas com matéria orgânica equivalente a 600 calorias, quanto dessa energia estará disponível para um predador da lagarta?

a) 100 calorias.
b) 200 calorias.
c) 300 calorias.
d) 400 calorias.
e) 600 calorias.

40. (Vunesp) Biomassa é um termo que expressa a quantidade de matéria viva acumulada em cada nível trófico da cadeia alimentar. Assinale a alternativa correta.

a) Numa comunidade em equilíbrio ecológico, os diferentes níveis tróficos apresentam a mesma biomassa.
b) A biomassa dos consumidores primários é maior que a biomassa dos produtores.
c) A biomassa dos predadores é maior que a biomassa das presas.
d) Quanto menor o nível trófico, maior a biomassa.
e) Quanto maior o nível trófico, maior a biomassa.

41. (Uerj) O gráfico a seguir é uma pirâmide ecológica e demonstra as relações tróficas em uma comunidade:

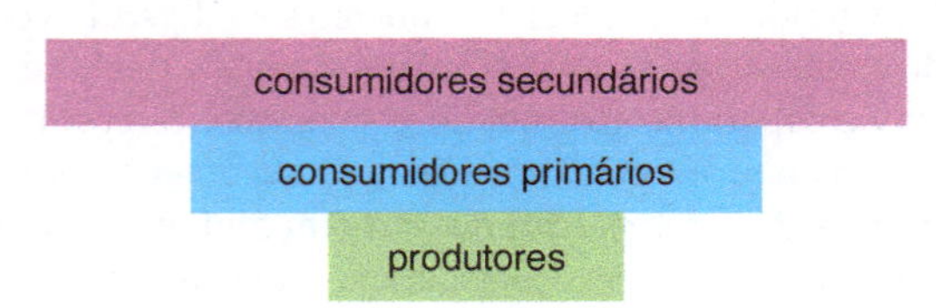

A alternativa que indica, respectivamente, o tipo de pirâmide e o aumento que ela representa, é

a) de biomassa – do peso seco em função do tamanho dos organismos.
b) de energia – do teor de calorias, pela maior velocidade de ciclagem.
c) de energia – das populações de consumidores primários e secundários.
d) de números – da quantidade de organismos, sem considerar a biomassa.

42. (UFSM-RS) Indique se é verdadeira (V) ou falsa (F) cada uma das afirmativas a seguir.

( ) Produtores realizam fotossíntese ou quimiossíntese.
( ) Numa pirâmide de energia, o nível dos consumidores é sempre maior que o dos produtores.
( ) Decompositores formam o primeiro nível trófico da cadeia alimentar pois, sem eles, o fluxo de energia não pode se processar.

A sequência correta é:

a) V – F – F.
b) F – V – V.
c) V – F – V.
d) V – V – V.
e) F – F – F.

43. (Vunesp) O ciclo do carbono na natureza pode ser representado, simplificadamente, da seguinte maneira.

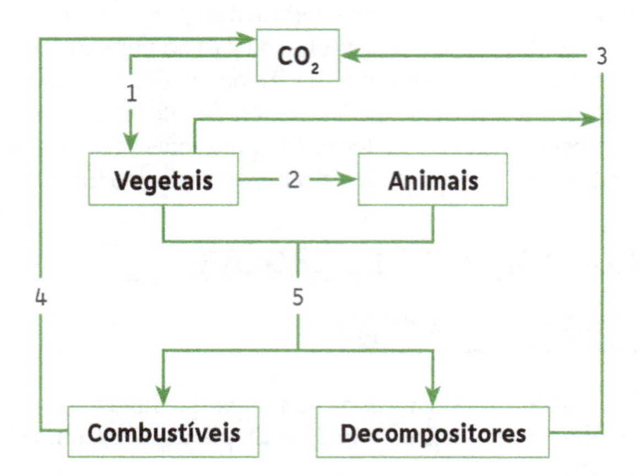

Os números de 1 a 5 indicam, respectivamente,

a) fotossíntese, nutrição, respiração, combustão e morte.
b) respiração, nutrição, fotossíntese, morte e combustão.
c) nutrição, combustão, fotossíntese, morte e respiração.
d) fotossíntese, combustão, respiração, morte e nutrição.
e) fotossíntese, respiração, nutrição, combustão e morte.

44. (Fuvest-SP) O esquema a seguir representa o ciclo do carbono.

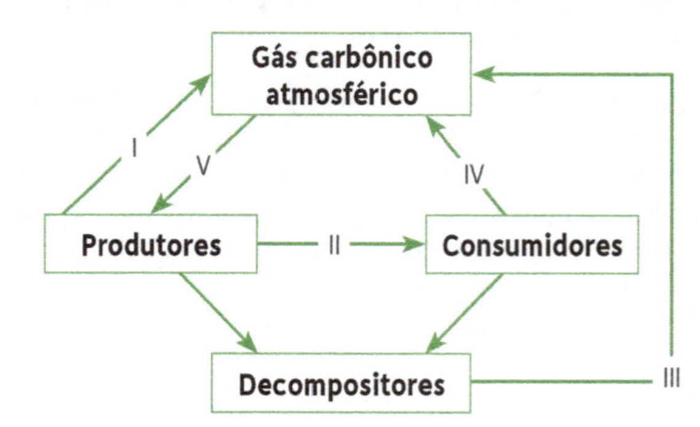

A utilização do álcool como combustível de automóveis intensifica, principalmente, a passagem representada por

a) I.
b) II.
c) III.
d) IV.
e) V.

45. (PUC-RJ) Apesar de a atmosfera terrestre ser constituída em sua maior parte por nitrogênio, este não pode ser diretamente absorvido pelas plantas. As plantas podem obter do solo e da água, sob a forma de nitratos, o nitrogênio utilizado pelos organismos. Os nitratos são produzidos por

a) decomposição das rochas por ação das intempéries.
b) bactérias fixadoras.
c) decompositores em geral.
d) plantas em putrefação.
e) animais em decomposição.

46. (UFBA) No ciclo do nitrogênio abaixo esquematizado, as etapas de **nitrificação**, **fixação** e **desnitrificação** estão, respectivamente, indicadas por

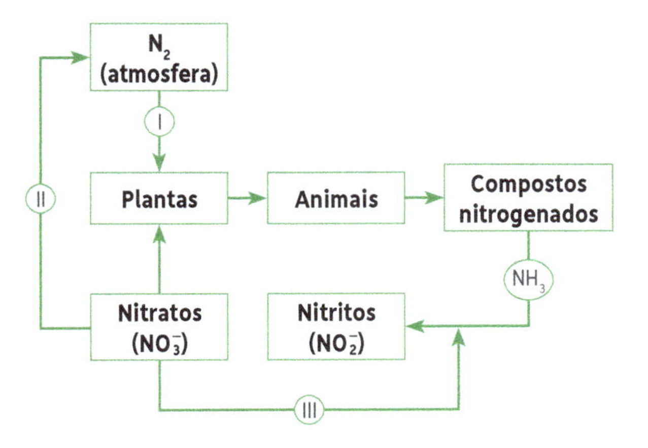

a) III, I e II.
b) I, II e III.
c) I, III e II.
d) II, III e I.
e) II, I e III.

47. (Unifesp) Considere um organismo que esteja posicionado numa teia alimentar exclusivamente como consumidor secundário. Para sua sobrevivência, necessita de água, carbono, oxigênio e nitrogênio. O número mínimo de organismos pelos quais esses elementos passam antes de se tornarem disponíveis, da forma em que se encontram em sua fonte na natureza, para esse consumidor secundário, será

	água	carbono	oxigênio	nitrogênio
a)	0	1	1	3
b)	0	2	0	3
c)	0	3	1	4
d)	1	2	0	4
e)	1	3	1	3

48. (PUC-RS) A associação entre plantas leguminosas e bactérias do gênero *Rhizobium* é um exemplo de mutualismo envolvendo membros de reinos distintos. Por tratar-se de um mutualismo, ambos os organismos são beneficiados. O papel das bactérias do gênero *Rhizobium* nessa associação contribui significativamente para o ciclo global

a) do carbono.
b) do nitrogênio.
c) da água.
d) do fósforo.
e) do enxofre.

49. (UFF-RJ) Certas atividades humanas vêm provocando alteração no nível de nitrogênio do solo. Uma dessas atividades consiste na substituição da vegetação natural por monoculturas de leguminosas como, por exemplo, a soja.
As leguminosas alteram o nível de nitrogênio do solo porque possuem, em suas raízes, bactérias com capacidade de

a) sintetizar amônia, utilizando o nitrogênio atmosférico.
b) transformar ureia em amônia.
c) decompor substâncias nitrogenadas das excretas.
d) eliminar nitrito do solo.
e) transformar amônia em nitrato.

QUESTÕES DISCURSIVAS

50. (UFSCar-SP) O esquema mostra as relações tróficas entre as espécies A, B, C e D de um ecossistema aquático.

a) Identifique as espécies de decompositores, de herbívoros, de carnívoros e de produtores.
b) Se a espécie representada pela letra C for totalmente dizimada, quais serão as consequências imediatas para as populações A e D, respectivamente?

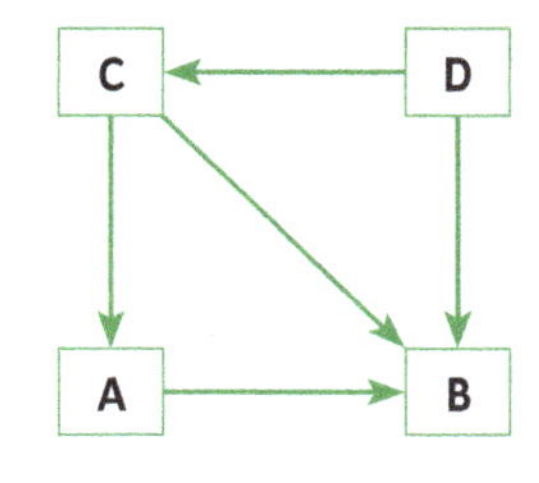

51. (Uerj) Em um lago, três populações formam um sistema estável: microcrustáceos que comem fitoplâncton e são alimento para pequenos peixes. O número de indivíduos desse sistema não varia significativamente ao longo dos anos, mas, em um determinado momento, foi introduzido no lago um grande número de predadores dos peixes pequenos.
Identifique os níveis tróficos de cada população do sistema estável inicial e apresente as consequências da introdução do predador para a população de fitoplâncton.

52. (Unicamp-SP) No esquema abaixo, estão representados os níveis tróficos (A — D) de uma cadeia alimentar.

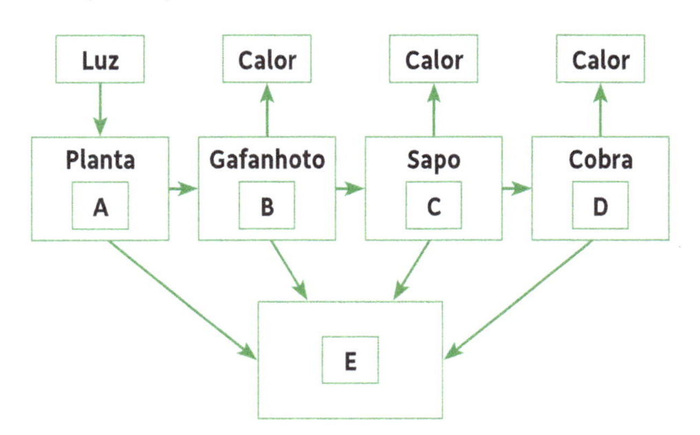

a) Explique o que acontece com a energia transferida a partir do produtor em cada nível trófico e o que representa o calor indicado no esquema.
b) Explique o que E representa e qual a sua função.

53. (UFRRJ) Em Ecologia, são feitas representações sob a forma de pirâmides ecológicas. As pirâmides de energia representam o fluxo de energia; as de biomassa retratam o acúmulo de biomassa, e as pirâmides de números representam o número de indivíduos em cada nível trófico. As pirâmides de energia podem apresentar-se sob a forma invertida? Justifique sua resposta.

ILUSTRAÇÕES: ADILSON SECCO

54. (UFRRJ)

> Os sul-africanos estão atravessando uma grave crise na alimentação, causada pelo esgotamento do solo na região. Para minimizar o problema, a Universidade da Califórnia desenvolveu uma técnica para recuperar os solos esgotados, que consiste em plantar árvores de leguminosas em meio a lavouras de alimentos.
>
> • Adap. de *Ciência Hoje*, SBPC, v. 33, n. 193, maio de 2003, p. 51.

De que maneira essa técnica ajuda na recuperação do solo?

55. (Fuvest-SP) Num ambiente aquático, vivem algas do fitoplâncton, moluscos filtradores, peixes carnívoros e microrganismos decompositores. Considerando um átomo de carbono, desde sua captura como substância inorgânica até sua liberação na mesma forma, depois de passar por forma orgânica, indique:

a) a substância inorgânica que é capturada do ambiente, a maior sequência de organismos nessa comunidade pela qual esse átomo passa e a substância inorgânica que é liberada no ambiente;

b) os processos que um único ser vivo, dessa comunidade, pode realizar para capturar e eliminar esse átomo.

56. (Fuvest-SP) Num campo, vivem gafanhotos que se alimentam de plantas e servem de alimento para passarinhos. Estes são predados por gaviões. Essas quatro populações se mantiveram em números estáveis nas últimas gerações.

a) Qual é o nível trófico de cada uma dessas populações?

b) Explique de que modo a população de plantas poderá ser afetada se muitos gaviões imigrarem para esse campo.

c) Qual é a trajetória dos átomos de carbono que constituem as proteínas dos gaviões desde sua origem inorgânica?

d) Qual é o papel das bactérias na introdução do nitrogênio nessa cadeia alimentar?

57. (Vunesp) A fixação biológica de nitrogênio vem sendo estudada há 50 anos. Neste período, muitos conhecimentos em relação a esse processo foram produzidos.

a) Quais são os organismos responsáveis pela fixação biológica de nitrogênio?

b) Por que a presença desses organismos no solo contribui para sua fertilização?

58. (Fuvest-SP)

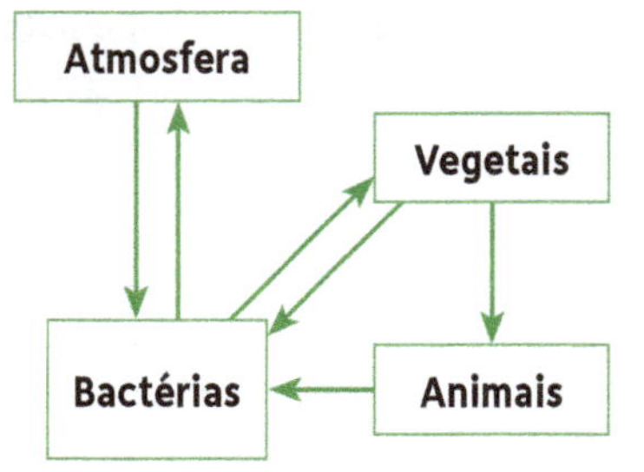

a) O esquema mostra, de maneira simplificada, o ciclo de que elemento químico?

b) Que informação, dada pelo esquema, permite identificar esse elemento químico?

c) Cite duas classes de macromoléculas presentes nos seres vivos que contenham esse elemento químico.

59. (Fuvest-SP) Após alguns meses de monitoramento de uma região de floresta temperada (de julho a dezembro de 1965), a vegetação de uma área foi derrubada e impediu-se o crescimento de novas plantas.

Tanto a área de floresta intacta quanto a área desmatada continuaram a ser monitoradas durante os dois anos e meio seguintes (de janeiro de 1966 a junho de 1968). O gráfico a seguir mostra as concentrações de nitratos presentes nas águas de chuva drenadas das duas áreas para córregos próximos.

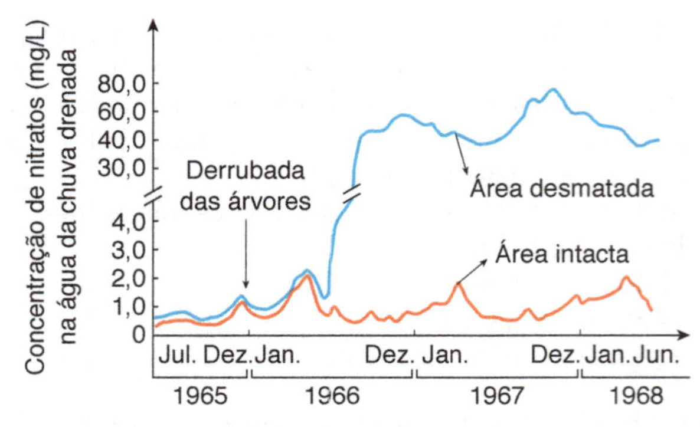

a) Se, em 1968, a vegetação da área intacta tivesse sido removida e ambas as áreas tivessem sido imediatamente usadas para cultivo de cereais, era de esperar que houvesse maior produtividade de grãos em uma delas? Por quê?

b) Qual elemento químico do nitrato é fundamental para a manutenção de um ecossistema? Por quê?

60. (UFRJ) A descarga de esgoto e de fertilizantes agrícolas leva a um aporte de grandes quantidades de fósforo e nitrogênio nos oceanos. A abundância destes nutrientes favorece a multiplicação do fitoplâncton (algas) existente nas águas superficiais. Os organismos do fitoplâncton têm vida curta e, depois de mortos, acumulam-se no fundo dos oceanos, onde são lentamente decompostos. As regiões profundas dos oceanos apresentam, em geral, uma baixa disponibilidade de oxigênio dissolvido. Se houver acúmulo de grandes quantidades de restos de fitoplâncton, o teor de oxigênio dissolvido torna-se ainda mais baixo nestas regiões, que passam a ser denominadas de "zonas mortas".

Explique por que o acúmulo de matéria orgânica contribui para a redução dos níveis de oxigênio dissolvido nas "zonas mortas".

61. (Fuvest-SP) Resultados de uma pesquisa publicada na revista *Nature*, em 29 de julho de 2010, mostram que a quantidade média de fitoplâncton dos oceanos diminuiu cerca de 1% ao ano, nos últimos 100 anos. Explique como a redução do fitoplâncton afeta:

a) os níveis de carbono na atmosfera;

b) a biomassa de decompositores do ecossistema marinho.

ENEM

62. Do ponto de vista ambiental, uma distinção importante que se faz entre os combustíveis é serem provenientes ou não de fontes renováveis. No caso dos derivados de petróleo e do álcool de cana, essa distinção se caracteriza

a) pela diferença nas escalas de tempo de formação das fontes, período geológico no caso do petróleo e anual no da cana.

b) pelo maior ou menor tempo para se reciclar o combustível utilizado, tempo muito maior no caso do álcool.

c) pelo maior ou menor tempo para se reciclar o combustível utilizado, tempo muito maior no caso dos derivados do petróleo.

d) pelo tempo de combustão de uma mesma quantidade de combustível, tempo muito maior para os derivados do petróleo do que do álcool.

e) pelo tempo de produção de combustível, pois o refino do petróleo leva dez vezes mais tempo do que a destilação do fermento de cana.

Mais questões: no livro digital, em **Vereda Digital Aprova Enem** e **Vereda Digital Suplemento de revisão e vestibulares**; no *site*, em **AprovaMax**.

ILUSTRAÇÕES: ADILSON SECCO

CAPÍTULO 3

DINÂMICA DAS POPULAÇÕES E DAS COMUNIDADES BIOLÓGICAS

GARY MESZAROS GARY MESZAROS/VISUALS UNLIMITED, INC./GLOW IMAGES

A lagarta da borboleta *Papilio troilus* apresenta manchas corporais que têm incrível semelhança com dois grandes olhos. A cabeça dela localiza-se na extremidade amarela e preta, na parte inferior da fotografia. Supõe-se que a ilusão de uma grande cabeça com olhos contribua para afastar predadores.

De que trata este capítulo

As comunidades de seres vivos são constituídas por populações de diferentes espécies, que se relacionam de diversas maneiras. Certas espécies alimentam-se de outras; outras competem entre si; há também aquelas que convivem harmoniosamente, trocando benefícios. A vida e a evolução das espécies biológicas, inclusive da nossa, dependem precisamente da variedade dessas relações.

O aumento das populações humanas e a superexploração dos recursos naturais têm causado alterações significativas nos ambientes e nas comunidades biológicas. O futuro de nossa espécie depende da compreensão de que somos parte integrante da biosfera e não seus simples hóspedes. Felizmente a humanidade começa a se conscientizar da existência de uma complexa rede de relações entre espécies de seres vivos, entre os indivíduos de uma mesma espécie, entre indivíduos de espécies distintas e entre os seres vivos e o ambiente.

Neste capítulo trataremos de alguns aspectos do crescimento das populações, com destaque para as populações humanas. Veremos também os variados tipos de relação entre os seres vivos e as características dos principais biomas do mundo e do Brasil. Conhecer a distribuição das populações de seres vivos no planeta e as relações que elas mantêm entre si e com o ambiente é dar um passo importante para preservar os ecossistemas e as espécies de seres vivos atuais.

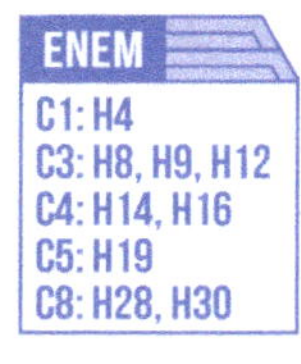

Objetivos

Objetivos gerais

- Conhecer e compreender os fatores que afetam as populações, com destaque para as populações humanas, de modo a poder refletir sobre temas atuais de cidadania, tais como explosão demográfica, controle da natalidade, planejamento familiar etc.
- Reconhecer a importância dos conhecimentos sobre relações ecológicas e sobre tipos e distribuição das comunidades biológicas para a compreensão do equilíbrio ecológico global.

Objetivos didáticos

- Conhecer e conceituar algumas características gerais das populações (densidade demográfica, taxa de crescimento, taxa de natalidade e taxa de mortalidade) e aplicar esses conhecimentos na interpretação de curvas de crescimento populacional e em pirâmides etárias.
- Conhecer e compreender os principais tipos de relação intraespecífica (competição intraespecífica, colônia e sociedade) e de relação interespecífica (mutualismo facultativo, herbivoria, inquilinismo, predação, competição interespecífica, comensalismo, mutualismo obrigatório e parasitismo).
- Conceituar sucessão ecológica e distinguir sucessão primária de sucessão secundária; explicar as principais tendências observadas no decorrer da sucessão (aumentos da biomassa, da estabilidade, da biodiversidade etc.).
- Conceituar bioma e domínios morfoclimáticos, caracterizando e localizando geograficamente os principais biomas do mundo (tundra; taiga; floresta temperada; floresta pluvial tropical; estepe; savana; deserto) e os domínios, biomas e ecossistemas das áreas de transição do Brasil (Domínio Amazônico, Domínio dos Mares de Morros, Domínio dos Cerrados, Domínio das Caatingas, Domínio das Araucárias, Domínio das Pradarias, Floresta de Cocais, Pantanal Mato-Grossense e manguezais).

3.1 O que é espécie biológica?

Desde a infância desenvolvemos um conceito informal de espécie. Quando uma criança identifica um gato ou um cavalo, ela está reconhecendo nesses animais uma série de características típicas das espécies às quais eles pertencem.

Curiosamente, logo após a publicação de seu livro *A origem das espécies*, em 1859, o naturalista inglês Charles Darwin (1809-1882) foi questionado por Thomas Henry Huxley, também naturalista, quanto ao título da obra: o que seria uma espécie? Darwin respondeu que, embora ainda não houvesse uma definição de espécie que satisfizesse plenamente aos naturalistas, todos eles tinham certa noção do que se queria dizer quando se falava em espécie.

A resposta evasiva de Darwin continua válida, mesmo tendo se passado mais de 150 anos. Até hoje não há consenso sobre a definição mais adequada para espécie biológica. Alguns chegam a questionar se realmente há espécies na natureza ou se elas não seriam apenas convenções arbitrárias dos biólogos, em sua desafiadora tarefa de conceituar e organizar o conhecimento.

A maioria dos estudiosos admite que o conceito de espécie é importante para a Biologia. Entretanto, ainda não há um conceito realmente operacional que permita distinguir inequivocamente cada uma das espécies biológicas.

O conceito de espécie ganhou destaque a partir dos trabalhos do botânico sueco Lineu (Carl von Linné, 1707-1778), que lançou as bases da moderna classificação biológica. Na primeira edição de seu livro *Systema Naturae* (*Sistema da natureza*), de 1735, Lineu conceituou espécie como um grupo de indivíduos com grandes semelhanças estruturais e fisiológicas, considerando-a a categoria básica da classificação.

Nas décadas de 1930 e 1940, dois eminentes biólogos e divulgadores da teoria evolucionista, Theodosius Dobzhansky (1900-1975) e Ernst Mayr (1904-2005), propuseram uma definição para **espécie biológica** que ficou conhecida como conceito biológico de espécie. Segundo esse conceito, utilizado até hoje, espécies são grupos de populações naturais que cruzam entre si e que estão reprodutivamente isoladas de outros grupos semelhantes. **(Fig. 3.1)**

A

AMERICAN PHILOSOPHICAL SOCIETY/SCIENCE PHOTO LIBRARY/LATINSTOCK

B

RICK FRIEDMAN/CORBIS/GETTY IMAGES

Figura 3.1
A. Theodosius Dobzhansky, geneticista ucraniano.
B. Ernst W. Mayr, zoólogo alemão.
Esses dois cientistas foram importantes elaboradores da teoria sintética da evolução, na qual conhecimentos genéticos modernos foram integrados e articulados à teoria darwinista da seleção natural.

O conceito biológico de espécie não menciona diretamente a semelhança estrutural dos indivíduos, e sim sua capacidade de cruzar com indivíduos da mesma espécie. Ainda que pertençam a populações geograficamente separadas, os membros de uma espécie são capazes de cruzar entre si e produzir descendência fértil, se puderem se reunir em condições naturais.

Embora teoricamente bem fundamentado, o conceito biológico de espécie tem algumas limitações: primeira, ele não se aplica a espécies sem reprodução sexuada, como bactérias e arqueas; segunda, o conceito biológico de espécie é pouco operacional: é difícil testar se os membros de duas supostas espécies cruzam ou não entre si em condições naturais; cruzamentos em cativeiro não constituem prova válida, uma vez que essa condição altera o comportamento natural dos indivíduos.

Na prática, os biólogos continuam a utilizar como critério de classificação diversas características criteriosamente escolhidas entre aspectos morfológicos, fisiológicos, bioquímicos e genéticos. Acredita-se que, ao longo do processo evolutivo, características típicas selecionadas para cada espécie deixaram de ser compartilhadas com outras espécies em razão do isolamento reprodutivo. Portanto, uma novidade evolutiva surgida em uma espécie permanece como exclusividade dessa espécie e das espécies que eventualmente dela se originarem. Assim, a utilização de características exclusivas torna a classificação mais coerente com a história evolutiva dos seres vivos.

Um nome para cada espécie

Há mais de três séculos, Lineu elaborou um sistema revolucionário de denominação para as espécies – a **nomenclatura binomial** –, segundo a qual o nome científico de uma espécie deve ser composto por duas palavras escritas em latim ou devidamente latinizadas. Se você conhece nomes como *Homo sapiens*, *Canis familiaris*, *Equus caballus* etc., já teve contato com o sistema binomial de Lineu.

A primeira palavra do nome científico corresponde ao nome genérico – o gênero –, que reúne espécies com características semelhantes. A segunda palavra corresponde ao nome específico, que define a espécie. Por exemplo, o nome científico do lobo é *Canis lupus* e o do coiote é *Canis latrans*; lobo e coiote compartilham o gênero *Canis*, mas são de espécies diferentes (respectivamente *C. lupus* e *C. latrans*). Além de uniformizar a grafia, o nome científico fornece informações sobre a semelhança de uma espécie com outras. Sabemos que um coiote tem muitas semelhanças com um lobo pela simples leitura de seus nomes científicos. **(Fig. 3.2)**

Agora você pode resolver as atividades de 1 a 4.

3.2 Características das populações

O conceito de população

Uma **população biológica** pode ser definida como um conjunto de indivíduos de mesma espécie que convivem em determinada área em dado momento.

Aplicando esse critério à espécie humana, pode-se dizer que a humanidade constitui um conjunto de populações biológicas que se distribuem pelos diversos continentes, países, estados e municípios. Embora seja composta por diferentes populações, cada uma localizada preferencialmente em uma área geográfica, a humanidade se transformou em uma verdadeira "aldeia global" em razão das migrações e do deslocamento temporário de pessoas entre as diferentes regiões do planeta, facilitados principalmente pela revolução nos transportes.

Densidade populacional

Uma informação importante a respeito de qualquer população é sua **densidade populacional**, que pode ser definida como a relação entre o número de indivíduos da espécie e a área ou o volume (no caso de ambientes aquáticos) que eles habitam. Essa definição está representada a seguir:

$$\text{Densidade populacional} = \frac{\text{Número de indivíduos}}{\text{Área ou volume}}$$

Nas populações humanas, o estudo estatístico do tamanho populacional e de sua composição em idade e sexo, entre outros aspectos, constitui a **demografia** (do grego *demos*, povo, e *graphe*, descrição).

A densidade de uma população humana é denominada **densidade demográfica** e calculada com base em levantamentos periódicos, conhecidos como **censos demográficos**.

PATRICK PLEUL/PICTURE-ALLIANCE/DPA/AP PHOTO/GLOW IMAGES

JAMES HAGER/ROBERT HARDING/GLOW IMAGES

Figura 3.2 Representantes do gênero *Canis*. **A.** Lobo, pertencente à espécie *Canis lupus*. **B.** Coiote, pertencente à espécie *Canis latrans*. A semelhança entre as espécies justifica classificá-las no mesmo gênero.

Por exemplo, o censo realizado em 1990 estimou a população brasileira em aproximadamente 150 milhões de pessoas, distribuídas pelos 8,5 milhões de quilômetros quadrados de superfície do território nacional. Assim, a densidade demográfica do Brasil em 1990 era de aproximadamente 17,6 hab./km² (habitantes por quilômetro quadrado).

Em 2000, o censo mostrou que a população brasileira tinha aumentado para 169 milhões de pessoas; como o território permaneceu o mesmo, a densidade demográfica brasileira cresceu para 19,8 hab./km². Em 2010, o IBGE estimou a população brasileira em 190.732.694 pessoas, o que indica uma densidade demográfica de aproximadamente 22,4 hab./km². Em outras palavras, na área hipotética de um quilômetro quadrado, em que havia aproximadamente 20 pessoas (19,8 hab./km²) em 2000, passaram a viver duas pessoas a mais em 2010 (22,4 hab./km²). **(Fig. 3.3)**

Figura 3.3 No Brasil, há desde centros urbanos superpovoados até áreas rurais pouco ocupadas. **A.** Rua 25 de Março, na cidade de São Paulo (SP, 2016). **B.** Moradias na região da Chapada Diamantina (Jussiape, BA, 2016).

Taxas populacionais

Nos estudos populacionais é importante saber como uma população cresce. Para isso estima-se a **taxa de crescimento populacional**, que é a variação (aumento ou diminuição) do número de indivíduos em determinado intervalo de tempo. Vamos concretizar essa definição analisando os dados abaixo, relativos a duas populações hipotéticas de bactérias. **(Tab. 3.1)**

Tabela 3.1 Tamanho de duas populações hipotéticas ao longo do tempo

Tempo	Número de bactérias/mL de meio de cultura	
	População A	População B
Início	10.000	200.000
Após 3 h	40.000	500.000

Para determinar a taxa de crescimento, primeiro calculamos a variação do número de indivíduos no intervalo de tempo considerado. Para isso tomamos o número de indivíduos da população no tempo final (*Nf*) e dele subtraímos o número de indivíduos no tempo inicial (*Ni*). Essa variação bruta é então dividida pelo número de indivíduos que havia na população no tempo inicial (*Ni*). Finalmente, esse número é dividido pela duração do período considerado (*t*). Veja a fórmula empregada no cálculo:

$$\text{Taxa de crescimento} = \frac{\frac{Nf - Ni}{Ni}}{t}$$

Você pode estar se perguntando o porquê de todos esses cálculos. Note que, ao dividirmos a variação bruta pelo tamanho inicial da população, estamos relativizando-a. Isso é necessário porque, em números brutos, a população A teve um acréscimo de apenas 30 mil indivíduos, enquanto a população B teve um acréscimo de 300 mil indivíduos no tempo considerado.

Isso indica que a população B cresceu mais que a A? Levando em conta o tamanho inicial da população, concluímos que não; pelo contrário, a população A teve o dobro da taxa de crescimento da população B. Pela variação bruta não é possível saber se o tamanho inicial da população A era muito menor que o da população B.

Por considerar o tamanho inicial da população, a taxa de crescimento é também chamada de **taxa de crescimento relativo (TCR)** da população.

Aplicando a fórmula, as taxas de crescimento relativo (TCR) para as duas populações de bactérias são:

- $\text{TCR de A} = \frac{\frac{40.000 - 10.000}{10.000}}{3} = 1 \text{ população por hora}$
- $\text{TCR de B} = \frac{\frac{500.000 - 200.000}{10.000}}{3} = 0{,}5 \text{ população por hora}$

As taxas mostram que a população A cresce em ritmo mais acelerado que a população B. Em A, uma população de tamanho igual à inicial foi acrescentada à antiga a cada hora, considerando um crescimento constante ao longo do tempo. Em B, a taxa de crescimento foi metade da ocorrida em A, ou seja, a população acrescida a cada hora corresponde a 50% da população inicial.

Taxas de natalidade e de mortalidade

O crescimento de uma população é determinado basicamente por dois fenômenos de efeitos opostos: a **natalidade**, que é o número de indivíduos que nascem, e a **mortalidade**, que é o número de indivíduos que morrem.

Outros fatores que afetam o tamanho de uma população são a **imigração**, que é a chegada de novos indivíduos, e a **emigração**, que é a saída de indivíduos da população. **(Fig. 3.4)**

ADILSON SECCO

Figura 3.4 O crescimento de uma população resulta da interação de quatro fatores: natalidade, mortalidade, imigração e emigração.

Na espécie humana costuma-se expressar a **taxa de natalidade** como o número de crianças nascidas no período de um ano para cada 1.000 habitantes da população. Analogamente, a **taxa de mortalidade** é o número de óbitos (mortes) ocorridos no período de um ano para cada 1.000 habitantes da população.

Por que expressar o número de nascimentos para cada 1.000 habitantes, isto é, dividido por 1.000? Pelo mesmo motivo que dividimos um número por 100 ao expressar porcentagens: relativizamos os números brutos, ou seja, fazemos com que se tornem comparáveis aos de outras populações.

$$\text{Taxa de natalidade} = \frac{\text{Número de nascimentos no ano}}{\text{1.000 pessoas}}$$

$$\text{Taxa de mortalidade} = \frac{\text{Número de mortes no ano}}{\text{1.000 pessoas}}$$

As taxas de mortalidade também podem ser detalhadas por faixa de idade. Quando se fala em **taxa de mortalidade infantil**, por exemplo, divide-se o número de óbitos de crianças com menos de 1 ano por 1.000 nascidos vivos no período de 1 ano.

Crescimento populacional

Em princípio, toda população tem potencial para crescer. Se a mortalidade fosse zero, uma única bactéria, reproduzindo-se a cada 20 minutos, produziria descendência suficiente para cobrir a Terra em apenas 36 horas! Um único paramécio poderia gerar, em alguns dias, uma massa de indivíduos correspondente a 10 mil vezes a massa planetária. Um único casal de aves e seus descendentes, chocando de 5 a 6 ovos por ano, produziria 10 milhões de descendentes em 15 anos. Essa capacidade teórica de crescimento de uma população biológica denomina-se taxa de crescimento intrínseco ou **potencial biótico. (Fig. 3.5)**

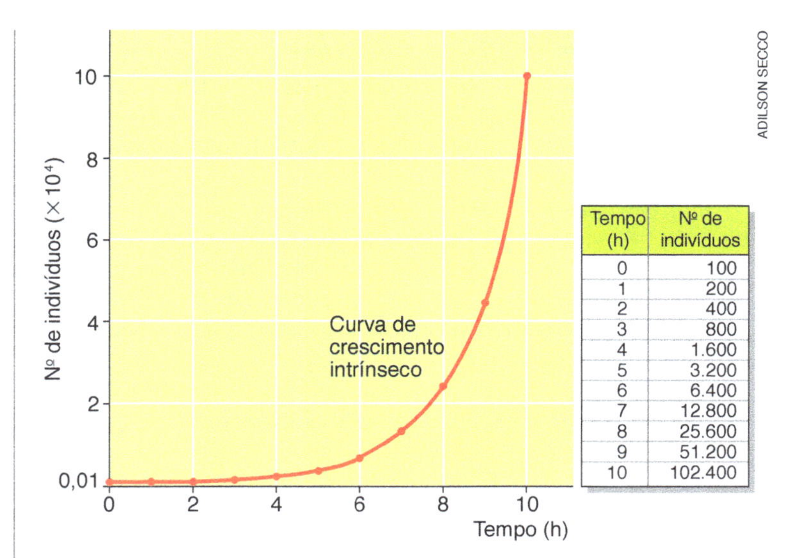

Tempo (h)	Nº de indivíduos
0	100
1	200
2	400
3	800
4	1.600
5	3.200
6	6.400
7	12.800
8	25.600
9	51.200
10	102.400

ADILSON SECCO

Figura 3.5 Gráfico que mostra a taxa de crescimento intrínseco para uma população de microrganismos com índice de mortalidade zero e que duplica a cada hora. Gráficos semelhantes são esperados para qualquer população biológica. Esse tipo de curva é característico do crescimento em progressão geométrica, em que, a intervalos iguais de tempo, o número de indivíduos da população dobra.

Em condições naturais, o potencial de crescimento de uma população é limitado pela disponibilidade de recursos do meio, tais como alimento, espaço, abrigo etc., e pela ação de predadores, parasitas e populações competidoras. A ação desses fatores, que em conjunto formam a chamada resistência do meio, aumenta proporcionalmente a densidade populacional, de forma que, após atingir determinado tamanho populacional, as taxas de natalidade e de mortalidade tendem a se equivaler e o número de indivíduos da população tende a permanecer mais ou menos constante ao longo do tempo. O limite máximo de indivíduos de uma população que o ambiente consegue suportar é a capacidade de suporte ou **carga biótica máxima** do meio.

Em uma representação gráfica, o crescimento de uma população a partir de uns poucos indivíduos descreve uma curva ascendente em forma da letra S, estabilizando-se em determinado ponto, quando é atingida a capacidade de suporte do meio. O aspecto da **curva de crescimento populacional** resulta da interação entre a taxa de crescimento intrínseco – o potencial para crescer – e a resistência do meio – o conjunto de fatores ambientais que limitam o crescimento da população. **(Fig. 3.6)**

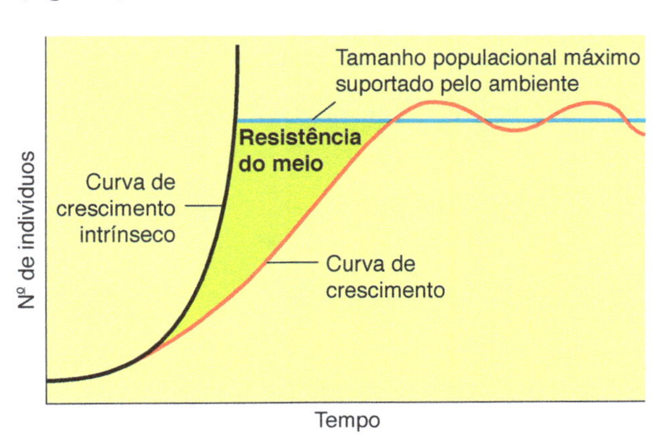

Figura 3.6 Representação esquemática da curva de crescimento de uma população a partir de um pequeno número de indivíduos.

Índice de fertilidade

Uma informação importante sobre certos tipos de população é seu **índice de fertilidade**, definido como o número médio de descendentes produzidos por uma fêmea durante seu período reprodutivo.

No caso das populações humanas, se um país tem índice de fertilidade igual a 2, ou seja, se o número médio de filhos por mulher é 2, então se espera que os filhos de cada geração substituam seus pais. Isso sugere que a população tende a manter seu tamanho estável. Se o índice de fertilidade é superior a 2, há uma tendência ao crescimento populacional; se é inferior a 2, há uma tendência à diminuição do tamanho da população, o que às vezes é chamado de crescimento negativo.

Agora você pode resolver as atividades de 5 a 13, 48, 49, 61 a 66 e 88.

3.3 Comunidades biológicas

Hábitat e nicho ecológico

O local em que vive determinada espécie ou comunidade biológica, incluindo as condições ambientais, constitui o **hábitat** daquela espécie ou comunidade. Por exemplo, quando dizemos que certa espécie de peixe vive em riachos de água fria e bem oxigenada, ou que uma espécie de macaco vive na copa das árvores de uma floresta tropical, estamos nos referindo aos hábitats dessas espécies.

Cada espécie de ser vivo tem um modo de vida único e peculiar no seu hábitat, caracterizado pelos tipos de alimento utilizados e pelas condições de reprodução, moradia, hábitos, inimigos naturais, estratégias de sobrevivência etc. Esse conjunto de atividades que a espécie desempenha no hábitat constitui seu **nicho ecológico**. **(Fig. 3.7)**

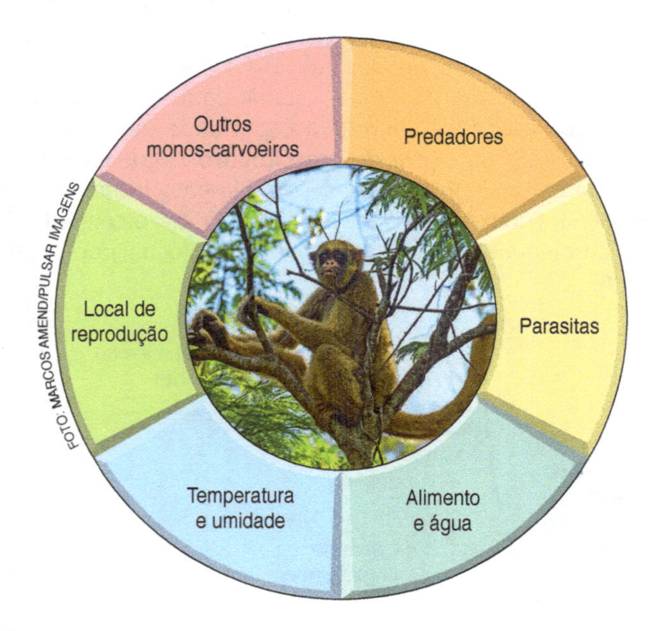

Figura 3.7 O nicho ecológico relaciona-se à posição funcional de um organismo em seu ambiente, compreendendo suas atividades e os recursos que ele obtém, ou seja, todas as ações típicas de uma espécie no ambiente em que vive. Na fotografia, um macaco mono-carvoeiro (*Brachyteles hypoxanthus*), que pode chegar a 1,5 m de comprimento.

Tipos de relação ecológica

As interações dos diversos organismos que constituem uma comunidade biológica são genericamente denominadas **relações ecológicas** e costumam ser classificadas pelos biólogos em intraespecíficas e interespecíficas. **Relações intraespecíficas** são as que se estabelecem entre indivíduos de mesma espécie, enquanto **relações interespecíficas** são as que se estabelecem entre indivíduos de espécies diferentes. A Tabela 3.2 apresenta um resumo das relações ecológicas que estudaremos neste capítulo. **(Tab. 3.2)**

Tabela 3.2 Principais tipos de relação ecológica

Relações intraespecíficas	**Competição intraespecífica:** indivíduos concorrem pelos mesmos recursos do meio. Esse tipo de relação ocorre em praticamente todas as espécies.
	Colônia: indivíduos unidos, atuando em conjunto; às vezes repartem funções. Ex.: corais.
	Sociedade: indivíduos independentes, organizados cooperativamente. Ex.: abelhas.
Relações interespecíficas	**Herbivoria:** animais (herbívoros) comem plantas inteiras ou parte delas. Ex.: gado, que se alimenta de capim.
	Predação: animais (carnívoros) matam e comem outros animais. Ex.: gavião, que devora outras aves e roedores.
	Competição interespecífica: indivíduos com nichos ecológicos similares competem por recursos do meio. Ex.: animais que se alimentam do mesmo tipo de planta.
	Inquilinismo: indivíduo usa outro como moradia, sem prejudicá-lo. Ex.: plantas epífitas sobre árvores.
	Comensalismo: indivíduo usa restos da alimentação de outro, sem prejudicá-lo. Ex.: abutres, que aproveitam restos das presas dos leões.
	Mutualismo facultativo: indivíduos associados se beneficiam e a associação não é obrigatória. Ex.: caranguejo-eremita e anêmona-do-mar.
	Mutualismo obrigatório: indivíduos associados se beneficiam e a associação é fundamental à sobrevivência de ambos. Ex.: algas e fungos que formam liquens.
	Parasitismo: indivíduo vive à custa de outro, causando prejuízos, geralmente sem levar à morte. Ex.: lombrigas que parasitam o intestino humano.

Relações intraespecíficas

Organismos de mesma espécie quase sempre disputam recursos do meio; há situações, entretanto, em que eles se auxiliam mutuamente, trocando benefícios. No primeiro caso, fala-se em **competição intraespecífica** e, no segundo, em **cooperação intraespecífica**.

• *Competição intraespecífica*

Competição intraespecífica é a disputa entre indivíduos de mesma espécie por um ou mais recursos do ambiente. Dependendo da espécie, pode ocorrer competição por água, alimento, sais minerais, luz, locais para construir os ninhos, parceiros para reprodução etc.

Um experimento que mostra o efeito da competição intraespecífica na regulação do tamanho populacional foi realizado, na década de 1930, pelo cientista russo G. F. Gause (1910-1986). Nesse experimento, Gause colocou alguns exemplares do besouro *Tribolium confusum* em uma caixa com 16 g de alimento (farinha) e contou periodicamente o número de indivíduos, ao longo de 150 dias de experimentação. Em outra caixa, ele colocou o mesmo número de besouros, mas adicionou 64 g de farinha, quatro vezes mais alimento do que na primeira caixa. Na primeira caixa, o tamanho máximo atingido pela população foi bem menor (650 besouros) do que na segunda caixa (1.750 besouros).

O experimento de Gause permitiu chegar a uma conclusão simples, mas importante: cada tipo de ambiente pode suportar uma quantidade máxima de indivíduos. No experimento, os ambientes diferiam apenas quanto à quantidade de alimento disponível; este foi, portanto, o fator responsável pela diferença no crescimento das duas populações de *T. confusum*. Na natureza, além do aspecto alimentar, há diversos outros fatores que limitam o crescimento. Em conjunto esses fatores determinam a capacidade de suporte, que, como já vimos, é o tamanho máximo de determinada população que um ambiente pode suportar. **(Fig. 3.8)**

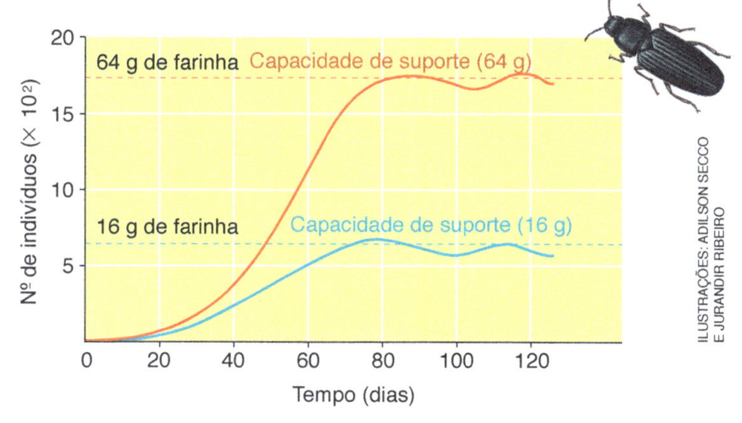

ILUSTRAÇÕES: ADILSON SECCO E JURANDIR RIBEIRO

Figura 3.8 Gráfico que representa o experimento realizado por Gause na década de 1930 sobre o crescimento de duas populações do besouro *Tribolium confusum*. Uma delas foi alimentada com 16 g de farinha (curva em azul); a outra foi alimentada com 64 g de farinha (curva em vermelho).

• *Cooperação intraespecífica: colônias e sociedades*

Do ponto de vista biológico, **colônias** são grupos de indivíduos de mesma espécie, fisicamente unidos, que interagem de forma mutuamente vantajosa dividindo funções ou tarefas. As colônias podem variar em níveis de complexidade e no grau de divisão de tarefas entre os indivíduos. Quando os indivíduos de uma colônia são semelhantes, fala-se em **colônia isomorfa** (do grego *isos*, igual, semelhante, e *morpho*, forma); quando a colônia é constituída por indivíduos diferentes entre si, fala-se em **colônia heteromorfa** (do grego *heteros*, diferente). **(Fig. 3.9 A e B**, nesta página, e **Fig. 3.9 C e D** na página seguinte)

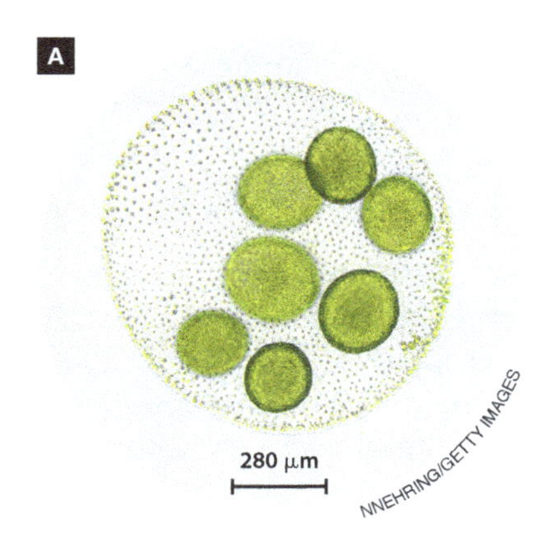

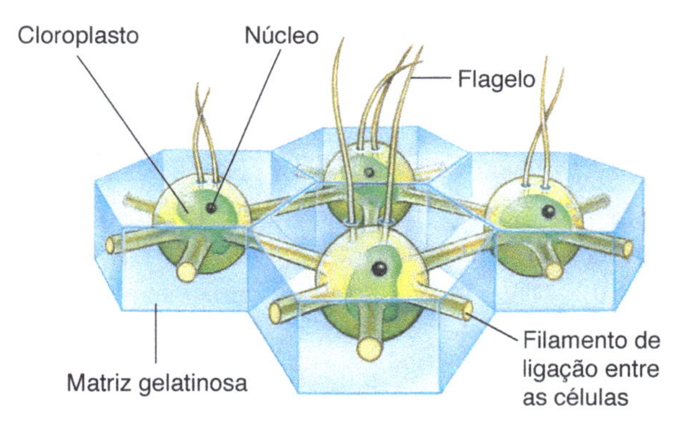

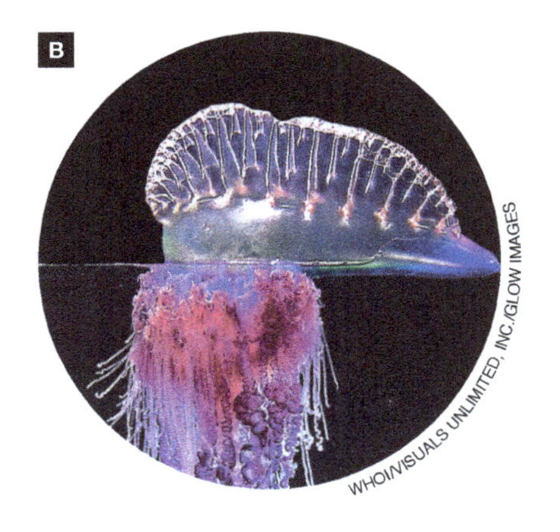

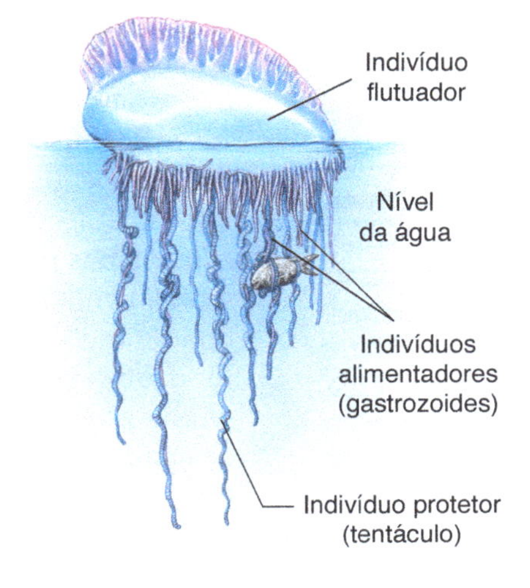

Figura 3.9 A e B Exemplos de organismos coloniais. **A.** Fotomicrografia de colônias isomórficas da alga verde *Volvox globator*. (Microscópico fotônico.) À direita, representação esquemática dos indivíduos biflagelados que formam a porção periférica da colônia da alga. **B.** O cnidário colonial *Physalia physalis* é constituído por indivíduos altamente integrados, como mostra sua ilustração à direita. O flutuador do animal da foto mede cerca de 12 cm de diâmetro.

C

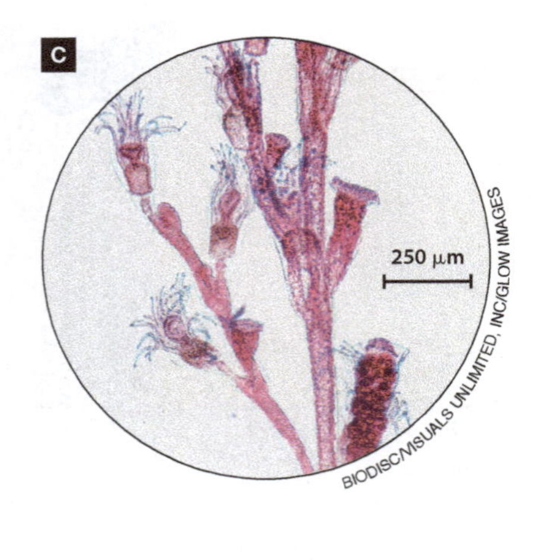

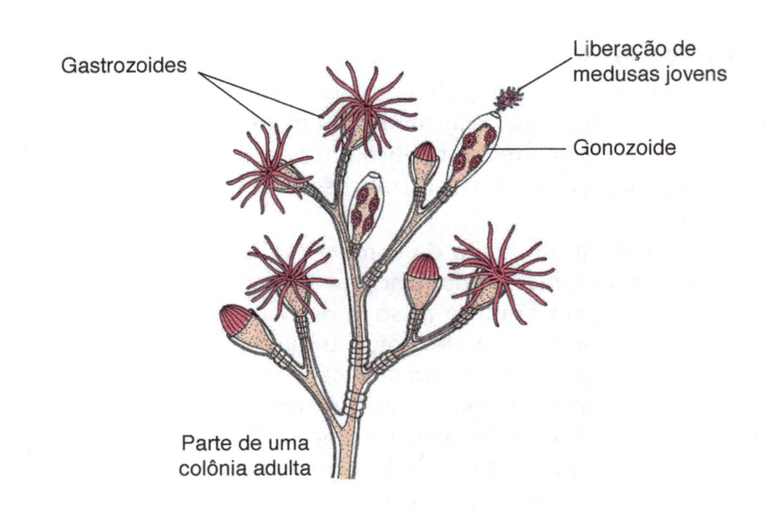

D

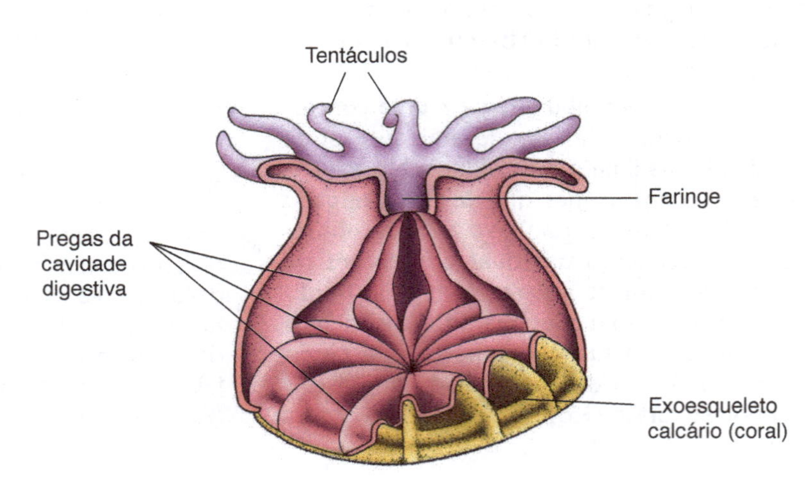

Figura 3.9 C e D C. Fotomicrografia e representação esquemática de colônia heteromórfica do cnidário do gênero *Obelia* (classe Hydrozoa), com indivíduos alimentadores (gastrozoides) e reprodutores (gonozoides). (Microscópio fotônico.) D. Pólipos vivos formadores de um coral (classe Anthozoa). À direita, representação esquemática de um pólipo coralíneo cortado para mostrar seu interior. Pólipos de espécies coloniais medem tipicamente menos de 5 mm, embora as colônias possam ser bastante grandes.

Sociedades são agrupamentos de organismos de mesma espécie em que os indivíduos apresentam algum grau de cooperação, comunicação e divisão de trabalho, conservando relativa independência e mobilidade. Estas últimas características distinguem sociedade de colônia, na qual os indivíduos são fisicamente unidos. Diversas espécies, inclusive a nossa, vivem em sociedade.

Exemplos de sociedades altamente organizadas são os insetos sociais das ordens Hymenoptera (abelhas, formigas e vespas) e Isoptera (cupins). Uma colmeia de abelhas, por exemplo, é uma sociedade que pode reunir entre 50 mil e 100 mil indivíduos, capazes de sobreviver apenas no grupo social.

Em colmeias de abelhas as funções dos indivíduos são muito bem definidas, com três castas sociais: rainha, zangão e operária. A rainha é uma fêmea fértil, diploide (suas células possuem dois conjuntos de cromossomos, um paterno e outro materno), cuja função é procriar e originar todos os indivíduos da colmeia. Zangões são machos de constituição haploide (suas células têm apenas um conjunto de cromossomos de origem materna), não apresentam ferrão e têm como única função fecundar rainhas virgens. Operárias são fêmeas diploides estéreis, que exercem diversas funções, como produzir os favos de cera e o mel, limpar e guardar a colmeia, recolher néctar e pólen das flores etc.

Uma abelha-rainha, ao se tornar sexualmente madura, voa e se acasala no ar com diversos zangões, armazenando os espermatozoides em seus receptáculos seminais. A seguir, a rainha retorna à colmeia e começa a pôr ovos, depositando cada um dentro de uma célula hexagonal de cera construída pelas operárias. A abelha-rainha põe dois tipos de ovo: não fecundado e fecundado. Ovos não fecundados desenvolvem-se por um fenômeno conhecido como **partenogênese** (do grego *partenós*, virgem, não fecundado, e *genesis*, origem), originando machos haploides, com um lote de cromossomos exclusivamente materno. Os ovos fecundados desenvolvem-se em fêmeas diploides. Estas podem ser operárias ou rainhas, dependendo do tipo de alimentação que recebem na fase larval. Enquanto as larvas de operárias e de zangões são alimentadas principalmente com mel, certas larvas diploides são alimentadas com uma substância especial, a geleia real, que estimula sua transformação em rainhas. Ao atingir a maturidade sexual, as jovens rainhas abandonam a colmeia, seguidas por um pequeno séquito de operárias e zangões, no chamado voo nupcial. Depois de fecundada, cada rainha e as operárias acompanhantes podem fundar uma nova colmeia, enquanto os zangões morrem após a cópula. **(Fig. 3.10)**

Figura 3.10 A abelha *Apis mellifera* forma sociedades complexas, em que as tarefas são repartidas com extrema organização entre os indivíduos, a ponto de alguns cientistas considerarem a colmeia um "superorganismo". **A.** A seta aponta uma rainha, cercada de operárias, as quais medem, em média, 10 mm. **B.** A seta aponta um zangão cercado de operárias.

Outro exemplo de insetos sociais são os cupins, ou térmitas (ordem Isoptera), que vivem em túneis no interior do solo ou de madeira, alimentando-se basicamente de celulose. Entre as várias espécies que ocorrem no Brasil, uma das mais conhecidas é *Cryptotermes brevis*, o cupim-de-madeira-seca, típico habitante das construções humanas. Esses cupins comem a madeira, formando nela galerias e buracos por onde saem as formas aladas (siriris) para o acasalamento. O pó fino que sai da madeira atacada por cupins é constituído principalmente pelas minúsculas bolas de fezes dos insetos. **(Fig. 3.11)**

Figura 3.11 **A.** Representante da casta reprodutora da espécie do cupim arborícola *Nasutitermes corniger* em seu ninho na madeira. Nesses cupins, a rainha apresenta o abdômen extremamente desenvolvido e repleto de ovos (note os enormes segmentos abdominais esbranquiçados com uma faixa marrom). **B.** Operários e soldados da espécie *N. corniger* em madeira em decomposição. Os operários medem em torno de 5 mm. **C.** Cupim-soldado de *N. corniger* em detalhe. **D.** Cupinzeiro de uma espécie de cupim-de-solo no cerrado. **E.** Representação esquemática do ciclo reprodutivo e das castas no cupim de madeira.

As sociedades de certos cupins compõem-se de milhares de indivíduos, diferenciados em pelo menos três castas sociais. Uma delas é constituída por rainhas e reis, organismos férteis cuja função é originar todos os membros do cupinzeiro; outra casta é a dos operários, indivíduos estéreis que exercem diversas funções, como cavar túneis, coletar alimento, cuidar das ninfas (estágios jovens) etc. Há ainda a casta dos soldados, indivíduos dotados de grandes mandíbulas, especializados na defesa do cupinzeiro contra inimigos. Pode haver, também, uma casta de reprodutores suplementares, que podem se tornar sexualmente maduros e substituir rainhas e reis que eventualmente morram.

Na época da reprodução, nos meses mais quentes e úmidos, emergem dos cupinzeiros formas aladas, os reis e as rainhas, originados do desenvolvimento de ninfas férteis. As formas aladas, conhecidas popularmente como aleluias ou siriris, são atraídas por luz e calor e, depois da revoada, retornam ao solo e perdem as asas. Machos e fêmeas formam casais e constroem ninhos, onde serão os reis e as rainhas. O abdômen da rainha desenvolve-se e se torna repleto de ovos, atingindo grande tamanho. Uma rainha é capaz de pôr um ovo a cada 28 segundos, gerando até 3 milhões deles por ano, durante 25 a 50 anos. O rei permanece no ninho junto à rainha.

Relações interespecíficas

Em uma comunidade de seres vivos há diversos tipos de relações ecológicas interespecíficas, isto é, que ocorrem entre espécies diferentes. Há desde relações em que uma espécie utiliza outra ou outras como alimento até aquelas em que os indivíduos de duas espécies trocam benefícios e dependem uns dos outros para sobreviver.

Um critério utilizado para categorizar as relações ecológicas interespecíficas leva em conta se há benefício ou prejuízo para os indivíduos das espécies relacionadas. **Relações ecológicas positivas** são aquelas em que há benefício para pelo menos uma das espécies relacionadas, sem haver prejuízo para nenhuma delas. **Relações ecológicas negativas** são aquelas em que há prejuízo para uma ou para ambas as espécies relacionadas. Em função dessas possibilidades, a Tabela 3.3 resume as relações ecológicas entre duas espécies: A e B. **(Tab. 3.3)**

Tabela 3.3 Benefícios ou prejuízos nas relações ecológicas interespecíficas

Relação ecológica	Efeito sobre as espécies	
	A	B
Herbivoria (A é herbívoro, B é planta)	+	–
Predação (A é o predador)	+	–
Competição interespecífica	–	–
Inquilinismo (A inquilino de B)	+	0
Comensalismo (A comensal de B)	+	0
Mutualismo facultativo	+	+
Mutualismo obrigatório	+	+
Parasitismo (A é o parasita)	+	–

O sinal (+) indica benefício para a espécie da associação; o sinal (–) indica prejuízo; o sinal (0) indica que não há benefício nem prejuízo para a espécie associada.

• ***Herbivoria***

Herbivoria é a relação ecológica em que herbívoros se alimentam de partes vivas de plantas. Do ponto de vista individual há prejuízo para as plantas e benefício para os animais que se alimentam delas. Essa relação, entretanto, é uma das mais importantes na natureza: é principalmente por meio da herbivoria que a energia captada da luz solar pelos produtores passa para os demais níveis tróficos das cadeias alimentares. **(Fig. 3.12)**

1000 WORDS/SHUTTERSTOCK

LEROY SIMON/VISUALS UNLIMITED, INC./GLOW IMAGES

Figura 3.12 Exemplo de herbivoria. **A.** Ovelha alimentando-se de capim. **B.** Lagarta de mariposa (*Citheronia aroa*) devorando folhas.

• ***Predação***

Predação ou **predatismo** é a relação em que uma espécie **predadora** mata e come indivíduos de outra espécie, suas **presas**. Do ponto de vista individual a espécie predadora beneficia-se, enquanto a espécie predada é prejudicada. Do ponto de vista ecológico, entretanto, a predação é um importante mecanismo regulador da densidade populacional, tanto de presas como de predadores. A estreita correlação entre as flutuações no tamanho das populações de espécies predadoras e de presas mostra a importância da predação para a sobrevivência de ambas.

Um exemplo clássico de regulação de tamanho populacional por meio da predação é o de populações de linces e lebres que vivem na região ártica do Canadá. Os dados referentes ao comportamento dessas duas populações foram coletados durante 80 anos (de 1855 a 1935) pela Companhia da Baía de Hudson, que registrava o número de peles comercializadas pelos caçadores da região. Como o número de caçadores era conhecido e mudava pouco de ano para ano, pode-se supor que as variações da quantidade de peles correspondam às variações do tamanho relativo das populações das espécies caçadas.

Traçando em um gráfico as curvas de densidade das populações de lebres e linces, verifica-se que a população de linces sempre alcançava seu desenvolvimento máximo 1 ou 2 anos após a população de lebres ter atingido o seu máximo. A interpretação mais plausível é que os tamanhos das populações de lebres e linces dependem da relação de predação existente entre essas espécies. Quando a população de lebres aumenta, a de linces também aumenta graças à maior disponibilidade de alimento para os predadores. Por outro lado, o crescimento da população de linces intensifica a predação, causando diminuição da população de lebres; a menor disponibilidade de alimento faz a população de linces diminuir, o que possibilita novo período de crescimento da população de lebres. **(Fig. 3.13)**

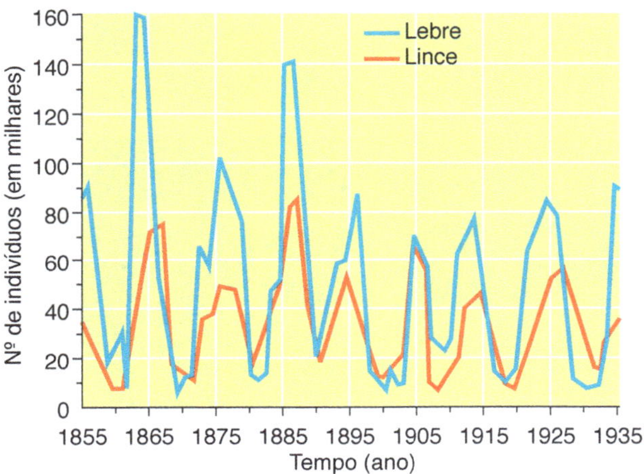

Figura 3.13 Acima, lince caçando uma lebre. O gráfico (abaixo) mostra as flutuações de tamanho das populações de lebres e de linces no Canadá entre 1855 e 1935. (Elaborado com base em dados de Maclulish, 1937, citados em Dajoz, R., 1978.)

Apesar da comodidade dessa explicação, outras hipóteses podem ser propostas. Por exemplo, em condições de alta densidade populacional, o alimento disponível para as lebres pode ser insuficiente e as doenças podem se espalhar com maior rapidez, o que também pode causar a diminuição correlata da população de linces.

Outro exemplo de flutuação no tamanho populacional decorrente da predação foi obtido pelo russo G. F. Gause em experimentos realizados com os protozoários ciliados *Paramecium* sp. (paramécio) e seu predador *Didinium* sp. (didínio). Ao colocar alguns exemplares de didínios em uma cultura de paramécios, a população destes últimos diminuía por causa da predação, enquanto a população de didínios aumentava; após algum tempo, todos os paramécios haviam desaparecido e, logo depois, os didínios também morriam. Gause imaginou que, se os paramécios pudessem se esconder dos predadores, pelo menos alguns deles poderiam sobreviver. Para testar essa hipótese ele utilizou tubos de cultura com partículas e resíduos no fundo, onde os paramécios podiam se abrigar.

A previsão de Gause se confirmou: nos tubos em que havia esconderijos, a população de paramécios sobreviveu. A população de didínios, porém, se extinguiu após apresentar crescimento expressivo no início do experimento. A explicação mais plausível para a extinção dos didínios é que, na fase inicial, eles dispunham de paramécios em abundância e sua população pôde crescer. Mais tarde, os paramécios tornaram-se escassos, restando apenas aqueles que conseguiam se esconder. Com a extinção dos predadores, a população de paramécios pôde novamente aumentar, até atingir o tamanho máximo permitido pelas condições do meio, no caso, a quantidade de bactérias com que Gause alimentava os paramécios. **(Fig. 3.14)**

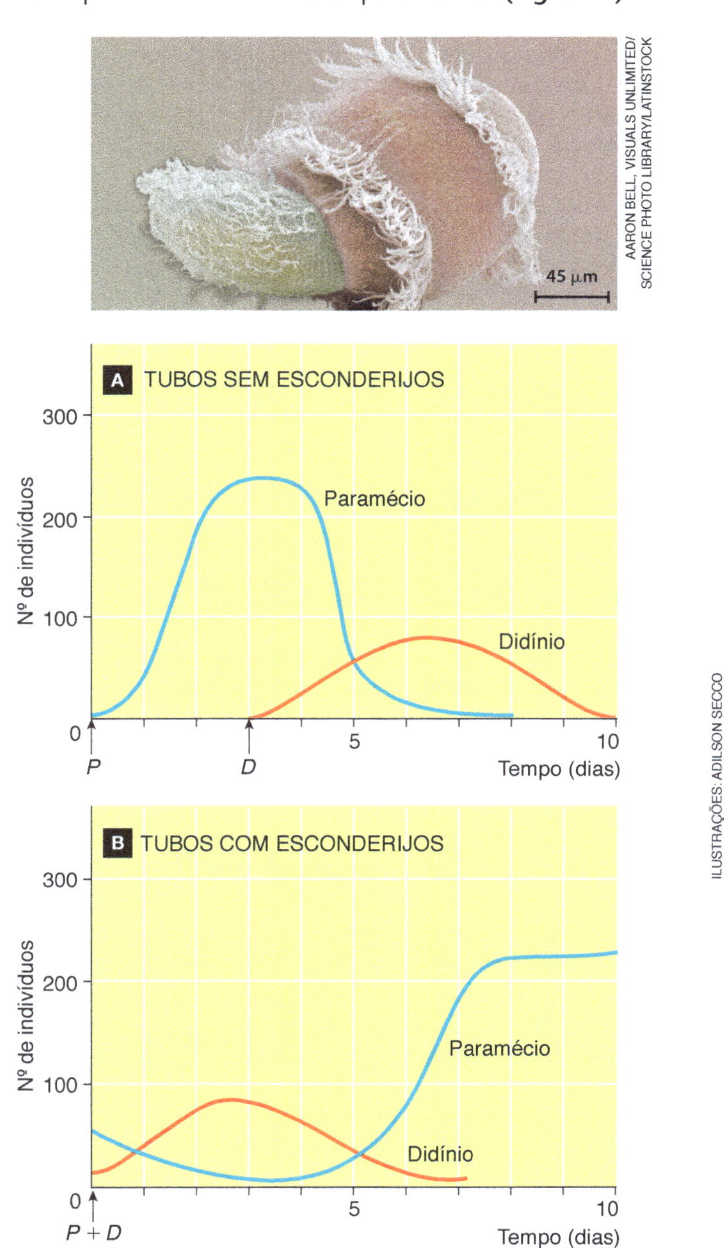

Figura 3.14 Acima, fotomicrografia do protozoário ciliado *Didinium nasutum* (em rosa) atacando um paramécio (em cinza). (Microscópio eletrônico de varredura; cores artificiais.) Os gráficos mostram as curvas de crescimento de populações de paramécio (em azul) e de didínio (em vermelho), cultivadas no mesmo tubo de cultura. O gráfico A refere-se a tubos sem esconderijos para os paramécios. O gráfico B refere-se a tubos com detritos no fundo, onde os paramécios podiam se esconder. As setas indicam os momentos em que foram introduzidos os paramécios (*P*) e os didínios (*D*) nas culturas. (Elaborado com base em dados de Gause, 1934, citados em Dajoz, R., 1978.)

Apesar das condições ecológicas muito simplificadas do tubo de cultura, o experimento de Gause mostrou a existência de relações de interdependência entre populações de presas e predadores. A extinção dos didínios só ocorreu porque não havia outro tipo de presa para substituir os paramécios. Em condições naturais, com diferentes tipos de presa para os didínios e com mais opções de esconderijos para os paramécios, pode-se imaginar que as duas populações apresentariam flutuações uma em relação à outra, mas não se extinguiriam.

A importância da predação como mecanismo regulador das populações naturais foi bem observada no início do século XX, quando se proibiu a caça ao veado *Odocoileos hemionus* no Planalto de Kaibab, nos Estados Unidos, ao mesmo tempo que se estimulou a perseguição aos seus predadores naturais – pumas, lobos e coiotes. Como consequência dessas medidas, a população de veados aumentou rapidamente: em apenas 21 anos passou de 4 mil para 100 mil animais. Os campos de pastagem, porém, não eram capazes de suportar mais que 30 mil animais. Assim, quando essa capacidade de suporte do meio foi ultrapassada, os veados começaram a morrer de fome e a população diminuiu rapidamente. Quinze anos depois de atingir o recorde de 100 mil indivíduos, a população de veados reduziu-se a menos de 10 mil animais. O pisoteamento do solo e o fato de os veados famintos comerem as plantas de capim até as raízes afetaram a capacidade de recuperação das pastagens; por isso, o capim não voltou a brotar como antes, mesmo depois da redução drástica da população de veados. **(Fig. 3.15)**

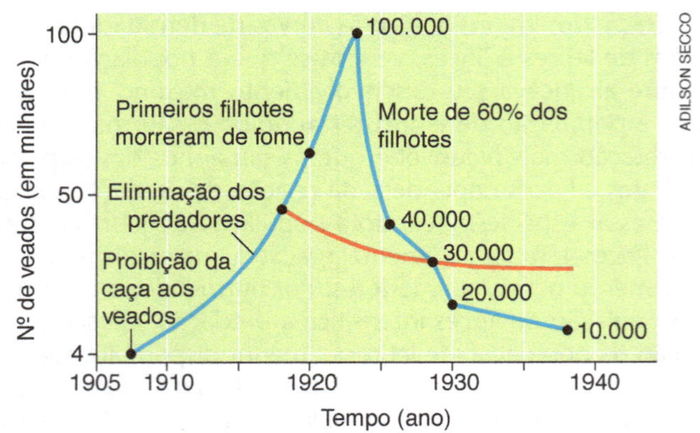

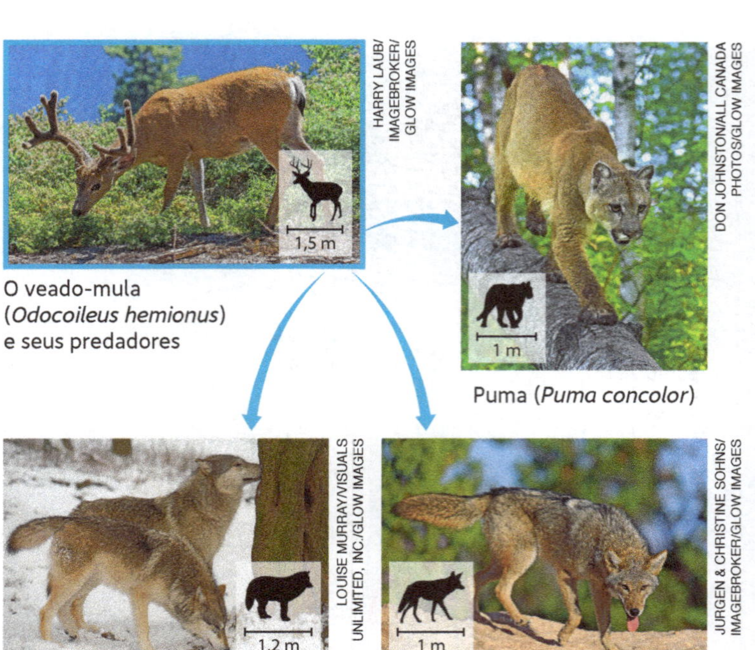

O veado-mula (*Odocoileus hemionus*) e seus predadores

Puma (*Puma concolor*)

Lobo (*Canis lupus*)

Coiote (*Canis latrans*)

Figura 3.15 A linha azul do gráfico mostra o crescimento real da população do veado-mula *Odocoileus hemionus* no Planalto de Kaibab, no Arizona (Estados Unidos), após a proibição da caça e uma campanha de combate a seus predadores naturais (abaixo). Se estes não tivessem sido eliminados, a expectativa era de que o tamanho da população seguisse a linha vermelha do gráfico. (Elaborado com base em dados de Leopold, 1943, citados em Dajoz, R., 1978.)

- ***Competição interespecífica***

Competição interespecífica é a relação ecológica em que duas espécies de uma comunidade disputam os mesmos recursos do ambiente. Por exemplo, espécies que comem capim, como os gafanhotos e o gado, competem por alimento. Plantas cujas raízes estão na mesma profundidade do solo competem por água e por nutrientes minerais. Quanto mais os nichos ecológicos de duas espécies se assemelham, mais intensa é a competição entre elas. Assim, espécies que exploram um mesmo recurso no hábitat têm seus nichos ecológicos sobrepostos quanto a esse recurso. Em decorrência da competição interespecífica, a população de uma das espécies pode diminuir, ou até se extinguir, ou ainda ser obrigada a migrar em busca de uma área disponível em que a competição seja menos acirrada.

Um caso particular de competição é o **amensalismo**, em que indivíduos de uma espécie liberam substâncias que prejudicam ou impedem o desenvolvimento de outras espécies competidoras. Um exemplo de amensalismo é o de fungos produtores de antibióticos que matam bactérias, as quais poderiam competir com eles por recursos do ambiente; outro é o de plantas que liberam no solo substâncias inibidoras que impedem a germinação de sementes tanto de sua espécie quanto de outras.

- ***Inquilinismo***

Inquilinismo é a relação ecológica em que uma espécie, chamada de inquilina, vive sobre uma espécie hospedeira ou em seu interior, sem prejudicá-la. O principal recurso buscado pelo inquilino, como o próprio nome indica, é abrigo e moradia. Por exemplo, certas bromélias, orquídeas e samambaias vivem como inquilinas sobre árvores que lhes servem de suporte, sendo por isso denominadas **epífitas** (do grego *epi*, sobre, e *phytos*, planta). A vantagem de crescer sobre árvores de grande porte é obter maior suprimento de luz para a fotossíntese, principalmente no ambiente pouco iluminado do interior das florestas. **(Fig. 3.16)**

Figura 3.16 Na relação de inquilinismo entre plantas epífitas (na foto, bromélias) e árvores hospedeiras, as primeiras obtêm vantagens, mas as árvores não são prejudicadas. (Parque do Zizo, Tapiraí, SP, 2015.)

• ***Comensalismo***

Comensalismo é a relação ecológica em que uma das espécies é beneficiada pela associação, enquanto a outra aparentemente não obtém nenhum benefício, embora não sofra prejuízo. O principal recurso buscado pelo comensal, como o próprio nome indica, é alimento.

Um exemplo conhecido de comensalismo é a associação entre a rêmora (ou peixe-piloto) e o tubarão. A rêmora possui uma estrutura dorsal aderente na cabeça comparável a uma ventosa, com a qual se prende ao corpo do tubarão; este transporta a rêmora e parece não se importar com sua presença. As rêmoras beneficiam-se com a associação porque se alimentam dos restos das presas caçadas pelos tubarões.

A relação entre abutres e animais carnívoros também é comensalismo. Os abutres acompanham os carnívoros a distância, servindo-se dos restos da caça abandonados por eles.

Em certos casos pode ser difícil estabelecer a diferença entre inquilinismo e comensalismo. Por exemplo, diversas espécies de peixe-palhaço encontram abrigo e proteção entre os tentáculos de certas anêmonas-do-mar. Diríamos, então, que se trata de uma relação de inquilinismo. Entretanto, se os peixes-palhaço aproveitarem restos da alimentação da anêmona, além de utilizá-la como abrigo, será mais apropriado classificar a relação como comensalismo. **(Fig. 3.17)**

Figura 3.17 Exemplos de comensalismo. **A.** Rêmoras deslocam-se aderidas a um tubarão. **B.** Abutres (ao fundo) são comensais habituais de felinos como os leões e outros carnívoros africanos. **C.** Peixe-palhaço busca abrigo junto às anêmonas-do-mar. Se esses cnidários favorecessem o peixe com facilidades alimentares, além de abrigá-lo, como classificaríamos essa relação?

• ***Mutualismo***

Mutualismo é uma relação ecológica em que ambas as espécies em interação obtêm benefícios. Os biólogos distinguem dois tipos de mutualismo: o facultativo e o obrigatório.

O **mutualismo facultativo**, também chamado de **protocooperação**, é uma relação ecológica em que as espécies associadas trocam benefícios, mas também podem viver sozinhas. Um exemplo é a relação entre crustáceos do gênero *Pagurus*, os caranguejos-eremitas, e algumas espécies de anêmona-do-mar (cnidários). Esses animais não vivem necessariamente juntos, mas é frequente encontrá-los em associação, o que é vantajoso para ambos.

O caranguejo-eremita ocupa conchas vazias de caramujos, nas quais protege seu abdômen delicado; ao contrário de outros caranguejos, o eremita não tem carapaça rígida nessa região do corpo. Uma vez instalado em sua concha-moradia, o caranguejo-eremita a arrasta consigo aonde quer que vá, abandonando-a apenas para trocá-la por outra maior. Sobre as conchas ocupadas por certas espécies de caranguejos-eremitas é frequente encontrar uma ou mais anêmonas-do-mar; esses cnidários beneficiam-se da associação com o caranguejo por ganharem mobilidade e aproveitarem suas eventuais sobras de alimento. O caranguejo, por sua vez, beneficia-se da capacidade defensiva das anêmonas-do-mar, cujos tentáculos têm células urticantes, capazes de provocar queimaduras em eventuais inimigos.

Outro exemplo de mutualismo facultativo é a relação entre alguns mamíferos – capivaras, búfalos, rinocerontes etc. – e aves que comem os carrapatos que vivem na pele deles. Há vantagens tanto para o mamífero, que se livra dos incômodos parasitas, quanto para a ave, que obtém alimento com relativa facilidade. Crocodilos também convivem cooperativamente com aves que entram em sua boca, removendo detritos e sanguessugas de suas gengivas. **(Fig. 3.18)**

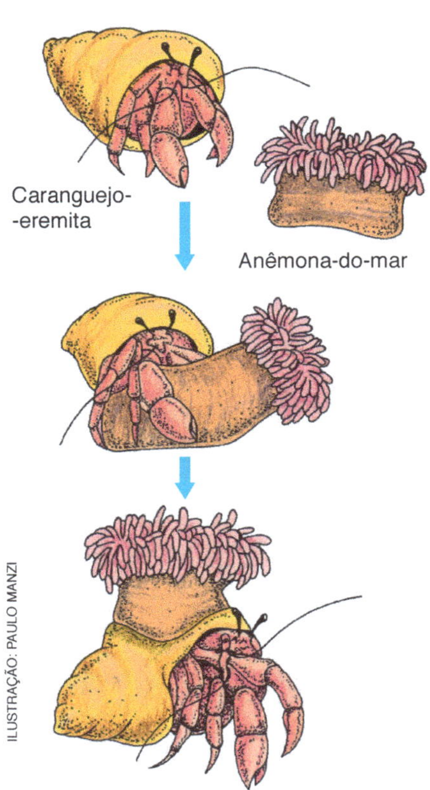

Figura 3.18 Exemplos de mutualismo facultativo. **A.** Caranguejo-eremita (*Dardanus pedunculatus*) dentro da concha que lhe serve de abrigo, sobre a qual vivem anêmonas-do-mar. O caranguejo e a anêmona medem cerca de 12 cm e 10 cm, respectivamente. Ao lado, representação esquemática de um eremita colocando uma anêmona sobre a concha que ocupa. **B.** Capivara (*Hydrochoerus hydrochaeris*) tendo nas costas a ave suiriri-cavaleiro (*Machetornis roxisus*), que se alimenta de carrapatos. A capivara adulta pode chegar a 1,4 m de comprimento; o suiriri-cavaleiro mede cerca de 18 cm de comprimento.

Mutualismo obrigatório é uma relação permanente e indispensável à sobrevivência dos indivíduos associados. Um exemplo de mutualismo obrigatório é a interação de certas espécies de cupim com microrganismos – bactérias e protozoários – que habitam o intestino desses insetos. Os cupins alimentam-se de madeira, mas são incapazes de digerir seu principal componente, a celulose. A digestão de celulose é realizada por microrganismos que vivem exclusivamente no tubo digestivo dos cupins.

Outro exemplo de mutualismo obrigatório são os **liquens**, formados pela associação de certas espécies de algas verdes ou de bactérias fotossintetizantes com determinadas espécies de fungos.

Por meio da fotossíntese, a alga ou a bactéria produz matéria orgânica, também aproveitada pelo fungo; este, por sua vez, é capaz de absorver do ambiente água e nutrientes, que seus parceiros fotossintetizantes aproveitam. O líquen sobrevive em locais onde nenhuma das duas espécies que o formam poderia sobreviver isoladamente.

Um terceiro exemplo de mutualismo obrigatório é a **micorriza** (do grego, *mycos*, fungo, e *rhizos*, raiz), associação entre determinados fungos e raízes de plantas. As hifas dos fungos penetram nas raízes, das quais obtêm glicídios como a glicose e a sacarose. A planta, por sua vez, beneficia-se da grande capacidade do fungo de absorver água e nutrientes minerais do solo. **(Fig. 3.19)**

• *Parasitismo*

Parasitismo é a relação ecológica em que uma espécie **parasita** se associa a outra, a espécie **hospedeira**, causando-lhe prejuízos. Em geral, espécies parasitas e hospedeiras estão bem adaptadas umas às outras de modo que a relação causa prejuízos relativamente pequenos ao organismo parasitado. Basta lembrar que se um parasita matar seu hospedeiro, ele também morrerá; portanto, a tendência é que a relação parasitária se torne equilibrada ao longo das gerações, com o parasita adaptando-se ao hospedeiro e vice-versa, fenômeno denominado **coadaptação**.

Organismos parasitas podem viver na superfície externa do hospedeiro, sendo nesse caso chamados de **ectoparasitas** (do grego *ectos*, fora), ou no interior do corpo do hospedeiro, sendo chamados de **endoparasitas** (do grego *endos*, dentro). Exemplos de ectoparasitas da espécie humana são piolhos e carrapatos, e de endoparasitas são as lombrigas, solitárias, bactérias e vírus, entre outros. Há animais ectoparasitas de plantas, como os pulgões, por exemplo, que utilizam seu aparelho bucal para sugar seiva orgânica dos caules.

Também há plantas que parasitam outras plantas. O cipó-chumbo, por exemplo, é uma planta de cor amarela, sem folhas nem clorofila, que cresce sobre outras plantas, parasitando-as. O cipó-chumbo tem raízes especializadas, denominadas **haustórios**, ou **raízes sugadoras**, que penetram na planta hospedeira até o floema, de onde extraem seiva orgânica.

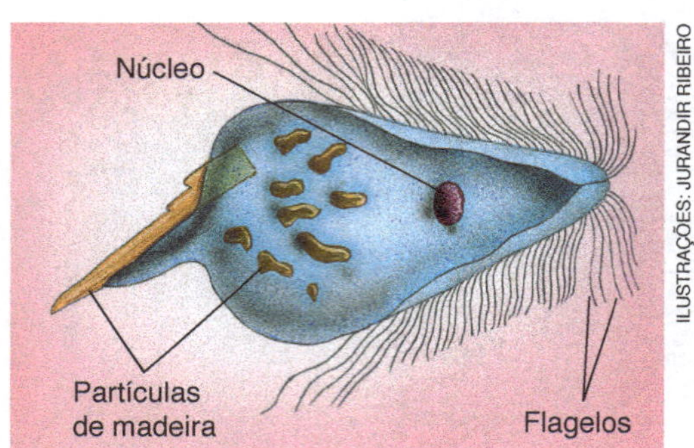

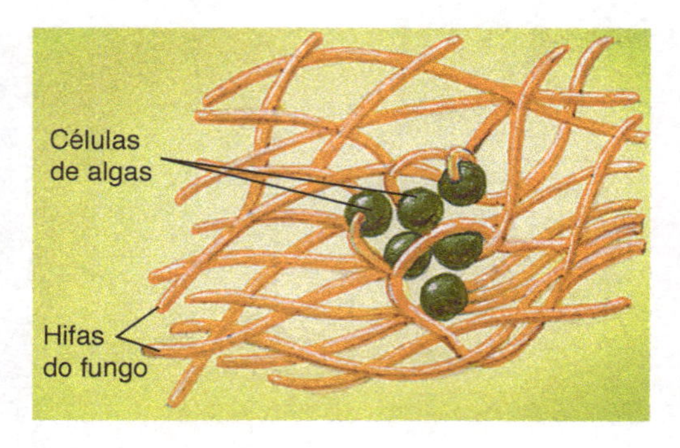

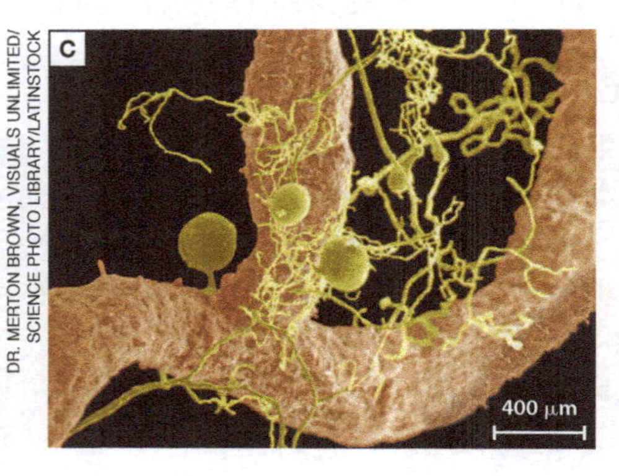

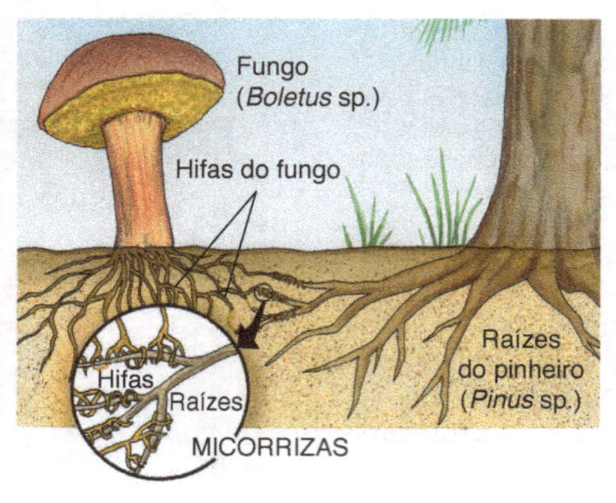

Figura 3.19 Exemplos de mutualismo obrigatório. **A.** Certas espécies de cupim, como os da foto (*Incisitermes minor*), abrigam em seu tubo digestivo bactérias e protozoários flagelados. Ao lado, representação esquemática de protozoário do gênero *Trichonympha*, que vive no intestino do cupim-de-madeira-seca. **B.** Liquens da espécie *Parmotrema austrosinense* sobre uma árvore. Ao lado, representação esquemática da relação entre a alga verde e o fungo no líquen. **C.** Fotomicrografia de raízes de soja envoltas por fungos formando micorrizas. (Microscópio eletrônico de varredura; cores artificiais.) Ao lado, representação esquemática da associação de um fungo com as raízes de uma planta. A planta recebe água e sais minerais que o fungo extrai do solo; o fungo utiliza substâncias orgânicas produzidas pela planta.

Uma planta parasita comumente encontrada sobre árvores de grande porte é a erva-de-passarinho, cujas folhas são clorofiladas e fazem fotossíntese. As raízes especializadas da erva-de-passarinho penetram no xilema da árvore hospedeira, de onde extraem seiva mineral (água e sais minerais), utilizada na produção de sua própria matéria orgânica. Por isso, os botânicos costumam dizer que a erva-de-passarinho é uma planta hemiparasita (do grego *hemi*, metade), pois extrai das plantas hospedeiras apenas substâncias inorgânicas.

Um caso particular de parasitismo é o **parasitoidismo**, termo utilizado para designar a relação em que um organismo vive boa parte de sua vida em um hospedeiro, parasitando-o. Em determinado momento, o hospedeiro é morto e consumido, como na predação.

Um exemplo bem conhecido de parasitoide são as vespas que põem os ovos dentro de hospedeiros como aranhas e larvas de insetos. Após a eclosão dos ovos, as larvas da vespa passam a devorar lentamente os tecidos corporais vivos do hospedeiro, até que ele seja consumido totalmente. Ao final do processo, a larva transforma-se em uma vespa adulta. **(Fig. 3.20)**

• *O conceito de simbiose*

Em 1879 o biólogo alemão Heinrich Anton de Bary (1831-1888) criou o conceito de simbiose (do grego *syn*, juntos, e *bios*, vida) para designar a relação ecológica próxima e interdependente de certas espécies de uma comunidade, com consequências vantajosas ou desvantajosas para pelo menos uma das partes. Das relações ecológicas que acabamos de estudar, são considerados tipos de simbiose: inquilinismo, comensalismo, mutualismo e parasitismo.

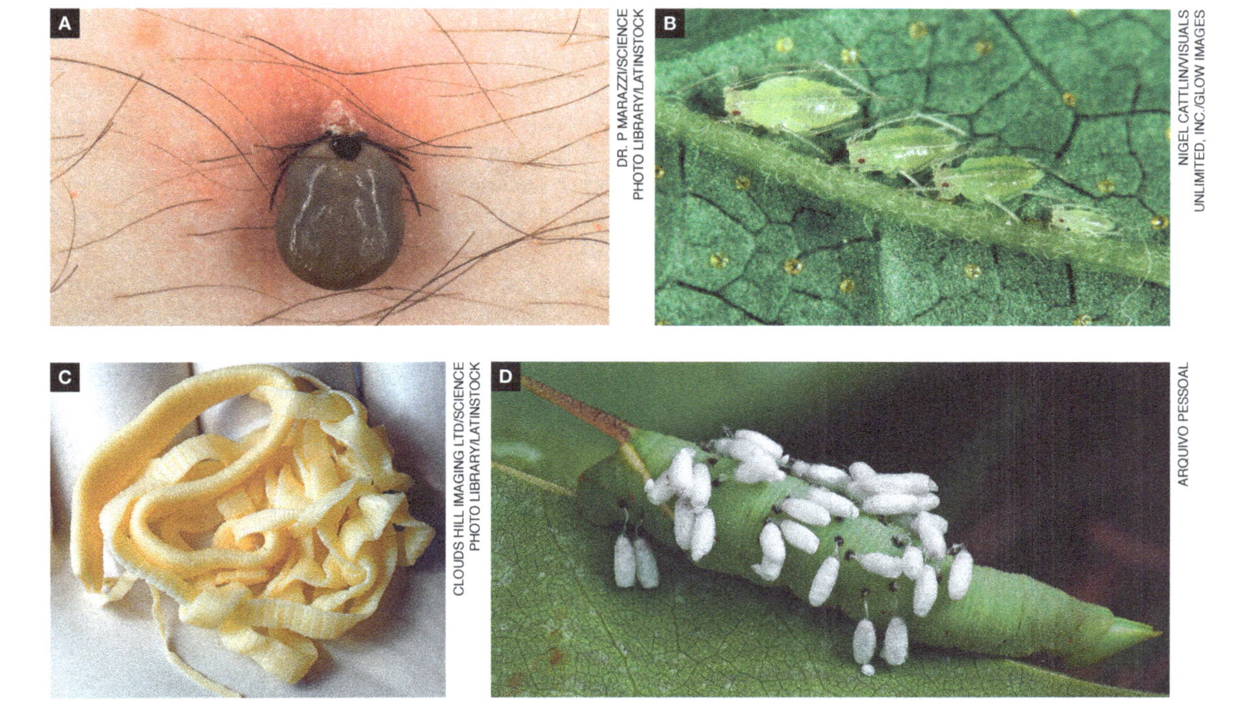

Figura 3.20 Exemplos de parasitismo. **A.** Carrapatos são ectoparasitas de animais; na foto, um desses parasitas sobre a pele humana. **B.** Pulgões são ectoparasitas de plantas, das quais sugam a seiva orgânica; na foto, alguns desses parasitas na folha de uma groselha negra. **C.** A solitária (gênero *Taenia*) é um verme endoparasita do intestino humano que pode atingir alguns metros de comprimento. **D.** As larvas de vespa são parasitoides de lagartas; após se desenvolverem no interior do hospedeiro e consumirem grande parte de seus tecidos, perfuram a cutícula e formam pupas na superfície do corpo da lagarta. **E.** O cipó-chumbo (gênero *Cuscuta*) é uma planta parasita de outras plantas. A seta indica os pontos em que as raízes do cipó-chumbo penetram na planta hospedeira. **F.** A erva-de-passarinho é uma planta hemiparasita, identificada na foto por suas folhas ovais e de coloração mais escura em relação às folhas de um jacarandá-mimoso, do qual extrai seiva mineral.

Agora você pode resolver as atividades de 14 a 28, 50 a 55, 67 a 77, 87, 89 a 91 e 94.

3.4 Sucessão ecológica

Espécies pioneiras

Há regiões da Terra em que o clima e o solo apresentam condições pouco favoráveis ao desenvolvimento de seres vivos, é o caso, por exemplo, de lavas vulcânicas recém-solidificadas, superfícies de rochas, dunas de areia etc. Entretanto, certas espécies – denominadas **espécies pioneiras** – conseguem se instalar nesses locais inóspitos, suportando condições ambientais severas e adversas à vida.

Dunas de areia, por exemplo, podem ser colonizadas por certas espécies de gramínea cujas sementes chegam trazidas pelo vento. Essas plantas conseguem suportar o calor, a escassez de água e o solo pouco estável, iniciando a colonização do local. Os liquens também são importantes na colonização de locais inicialmente desfavoráveis à existência de seres vivos, como a superfície de rochas. **(Fig. 3.21)**

A colonização pelas espécies pioneiras modifica as características originais do lugar, reduzindo as bruscas variações de temperatura do solo, o que contribui para a manutenção de certo grau de umidade. O material orgânico proveniente da decomposição dos organismos pioneiros acumula-se no solo, aumentando a quantidade de nutrientes disponíveis e a retenção de água. No caso das dunas, por exemplo, as raízes das plantas pioneiras ajudam na estabilização do solo, evitando que o vento carregue as partículas de areia com facilidade. Nessas novas condições, outras plantas e animais podem chegar e se estabelecer. As espécies recém-chegadas geralmente competem com as pioneiras e gradualmente as substituem.

As sucessivas gerações de plantas e animais que nascem, crescem, morrem e se decompõem vão tornando o solo cada vez mais rico em matéria orgânica e umidade. O local, antes desabitado, passa a abrigar uma nova comunidade biológica, cuja complexidade depende do tempo que se passou desde o início da colonização, das condições climáticas locais e das espécies colonizadoras. Esse processo gradativo de colonização de um hábitat, em que a composição das comunidades vai se alterando ao longo do tempo, é denominado **sucessão ecológica**.

Sucessão primária e sucessão secundária

No processo de sucessão que ocorre nas dunas, a área antes desabitada apresentava condições iniciais altamente desfavoráveis à vida; nesse caso, fala-se em **sucessão primária**.

Em rochas nuas e em lavas solidificadas de vulcões também ocorre sucessão primária; ali, os principais organismos pioneiros são alguns tipos de líquen, que podem crescer absorvendo a pouca umidade disponível. A decomposição superficial da rocha, provocada pelo crescimento dos liquens, assim como a morte e decomposição destes, criam sobre a rocha uma fina camada de solo, que permite o crescimento de outros organismos, como musgos e gramíneas. Dessa forma, as comunidades vão se sucedendo e modificando cada vez mais o lugar. O processo de sucessão primária é geralmente lento: pode levar dezenas ou centenas de anos para que um solo rochoso passe a abrigar uma vegetação rala de arbustos e de gramíneas.

Outro tipo de sucessão, denominado **sucessão secundária**, ocorre em locais desabitados, mas que já foram anteriormente ocupados por comunidades biológicas; por isso, as condições iniciais são mais favoráveis ao estabelecimento de seres vivos. É o caso de campos de cultivo abandonados, de florestas derrubadas, de áreas destruídas por queimadas ou de lagos recém-formados. Em um campo de cultivo abandonado, por exemplo, o solo já está formado e contém nutrientes disponíveis. Por esses motivos, as mudanças nas sucessões secundárias são geralmente mais rápidas do que as verificadas em uma sucessão primária. **(Fig. 3.22)**

ANDRE DIB/PULSAR IMAGENS

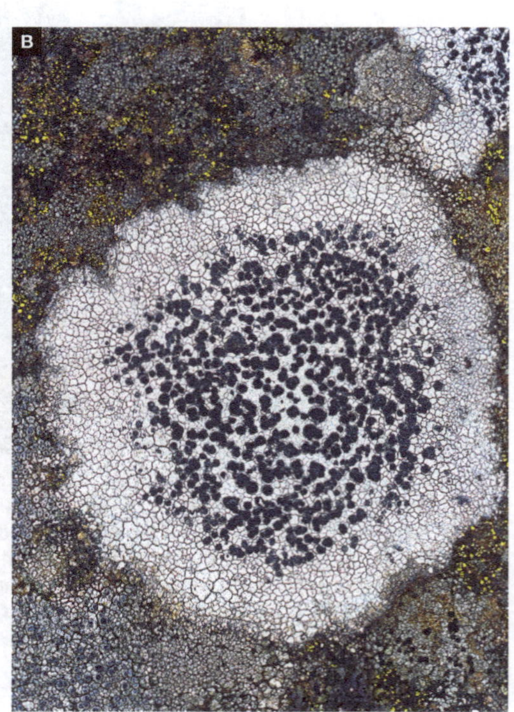

DOUG SOKELL/VISUALS UNLIMITED, INC./GLOW IMAGES

Figura 3.21 Exemplos de espécies pioneiras em hábitats inóspitos. **A.** Gramíneas em dunas de areia. **B.** Liquens em rochas nuas.

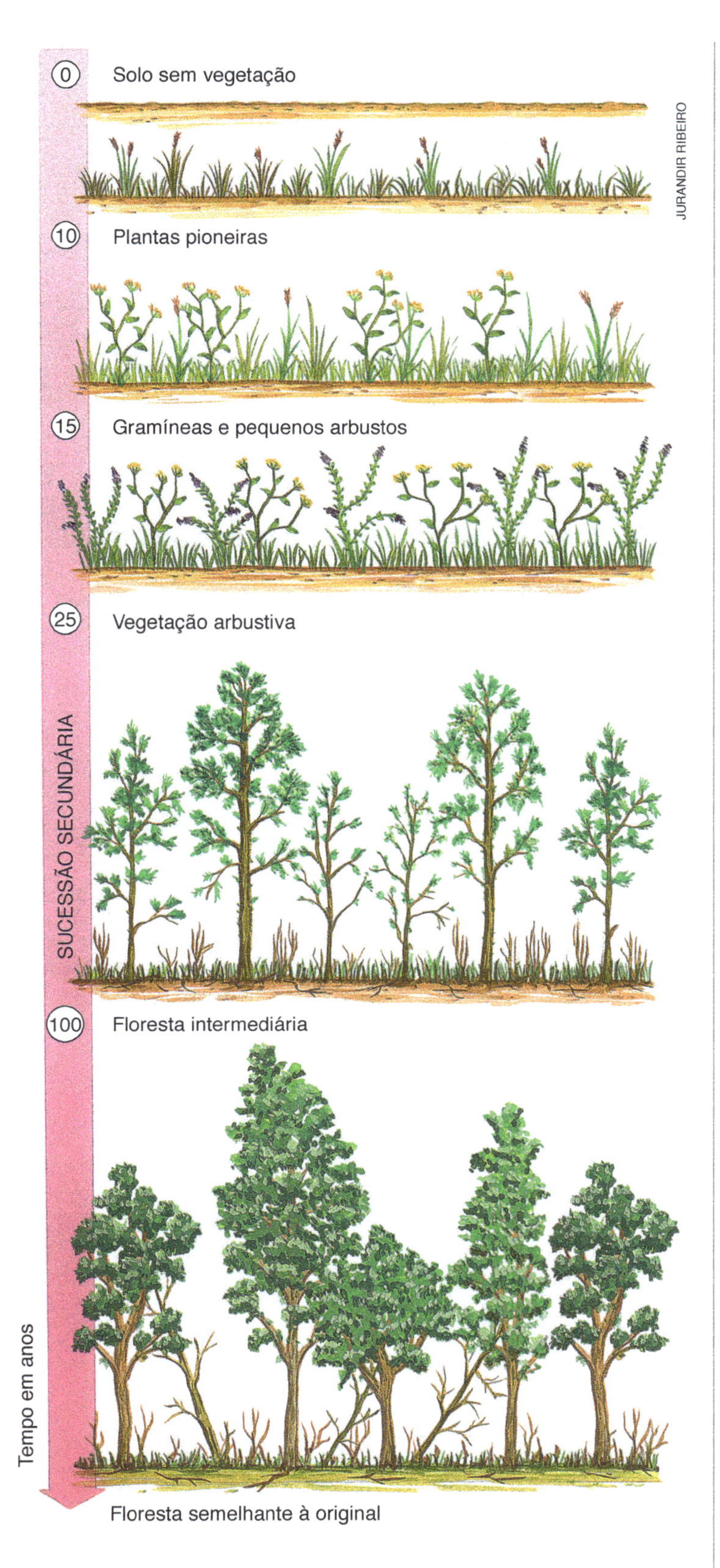

Figura 3.22 Representação esquemática de sucessão secundária em um campo de cultivo abandonado na América do Norte. Nos primeiros 10 anos de abandono, a vegetação típica foi de campo aberto, com predomínio de gramíneas. Entre os 10 anos e 25 anos seguintes, surgiu uma vegetação em que predominavam arbustos. Entre os 25 anos e 100 anos, surgiu uma floresta dominada por pinheiros (floresta intermediária). Após 100 anos de sucessão, estabeleceu-se uma floresta típica da região, idêntica à existente antes da derrubada que originou os campos de cultivo.

Evolução das comunidades durante a sucessão

Às vezes é possível prever o tipo de sucessão que ocorrerá em determinado local, pois a comunidade biológica ali presente tende a evoluir até atingir um clímax, condicionado pelas características físicas e climáticas do local.

Por exemplo, a sucessão em um campo de cultivo abandonado onde anteriormente existia uma floresta tenderá a atingir esse mesmo tipo de comunidade final, passando por uma sucessão de comunidades intermediárias: campos ⟶ arbustos ⟶ floresta intermediária ⟶ floresta semelhante à original.

A cada estágio do processo de sucessão, a comunidade modifica a estrutura física do hábitat e as condições climáticas locais, originando nichos ecológicos novos, que favorecem a chegada de novas espécies. Com isso, as espécies mais antigas vão sendo gradualmente substituídas pelas novas que se estabelecem no local.

Por exemplo, plantas suculentas criam o nicho ideal para pulgões e para outros insetos herbívoros. Estes, por sua vez, servem de alimento a insetos predadores, que servirão de alimento a aves insetívoras, e assim por diante.

Durante a sucessão o ecossistema em geral se torna cada vez mais complexo, com maior quantidade de nichos ecológicos e, consequentemente, de espécies.

Os biólogos utilizam o termo **microclima** para se referir às condições ambientais particulares do hábitat ao qual estão adaptadas determinadas espécies.

Por exemplo, no interior de uma floresta há um microclima caracterizado pelas condições de umidade e de temperatura especialmente favorável à vida de uma pequena variedade de organismos.

Durante o processo de sucessão estabelecem-se novos microclimas que permitem a chegada e o estabelecimento de novas espécies.

O aparecimento de novos nichos ecológicos durante a sucessão leva ao aumento da diversidade de espécies na comunidade, ou seja, ao aumento da **biodiversidade**. Com isso, aumenta o número total de indivíduos capazes de viver no local e, portanto, a biomassa do ecossistema em sucessão.

O aumento de complexidade na teia de relações entre os seres vivos permite à comunidade ajustar-se cada vez mais ao ambiente, aumentando sua **homeostase** (do grego *homoios*, de mesma natureza, igual, e *stasis*, estabilidade), isto é, sua capacidade de se manter estável apesar das variações ambientais.

O máximo de homeostase ocorre quando a comunidade atinge um estado de estabilidade compatível com as condições da região. Essa comunidade estável é denominada **comunidade clímax** e constitui o final da sucessão ecológica.

Na comunidade clímax, a biodiversidade, a biomassa e as condições microclimáticas tendem a se manter constantes.

Agora você pode resolver as atividades de 29 a 34, 56 a 58 e 78 a 80.

3.5 Grandes biomas do mundo

O desenvolvimento de uma comunidade depende de um conjunto de características do ambiente. As mais importantes são os diversos fatores atmosféricos que influenciam o clima – que incluem temperatura, luminosidade, pressão, ventos, umidade e precipitação – e o tipo de solo presente na região.

A temperatura ambiental é uma condição ecológica decisiva na distribuição dos seres vivos pelo planeta; poucas espécies conseguem viver em lugares extremamente quentes ou frios. A temperatura, por sua vez, influi em outros fatores climáticos, como os ventos, a umidade relativa do ar e a pluviosidade (índice de chuvas) de uma região.

O conceito de bioma

Bioma é um conjunto de ecossistemas terrestres com vegetação característica e fisionomia típica, em que predomina certo tipo de clima.

Regiões da Terra com latitudes coincidentes, em que ocorrem condições climáticas parecidas, apresentam os mesmos tipos de bioma, com ecossistemas semelhantes, apesar de constituídos por espécies diferentes. **(Fig. 3.23)**

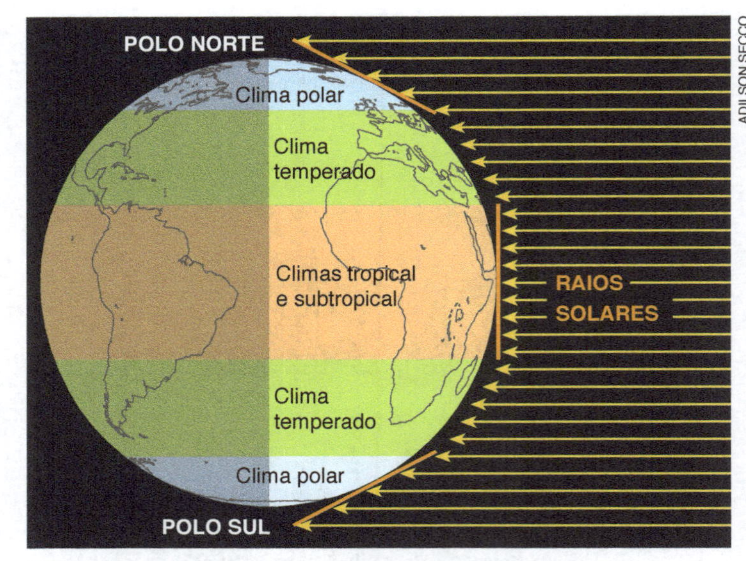

Figura 3.23 Representação esquemática da distribuição da radiação solar na superfície terrestre. As regiões localizadas na faixa equatorial recebem maior quantidade de radiação solar do que as situadas próximo dos polos. A latitude, portanto, é uma das variáveis determinantes das condições climáticas da região.

Por exemplo, o bioma floresta tropical pluvial ocorre na faixa equatorial, tanto no continente americano como na África, no sudeste da Ásia e na Oceania. **(Fig. 3.24)**

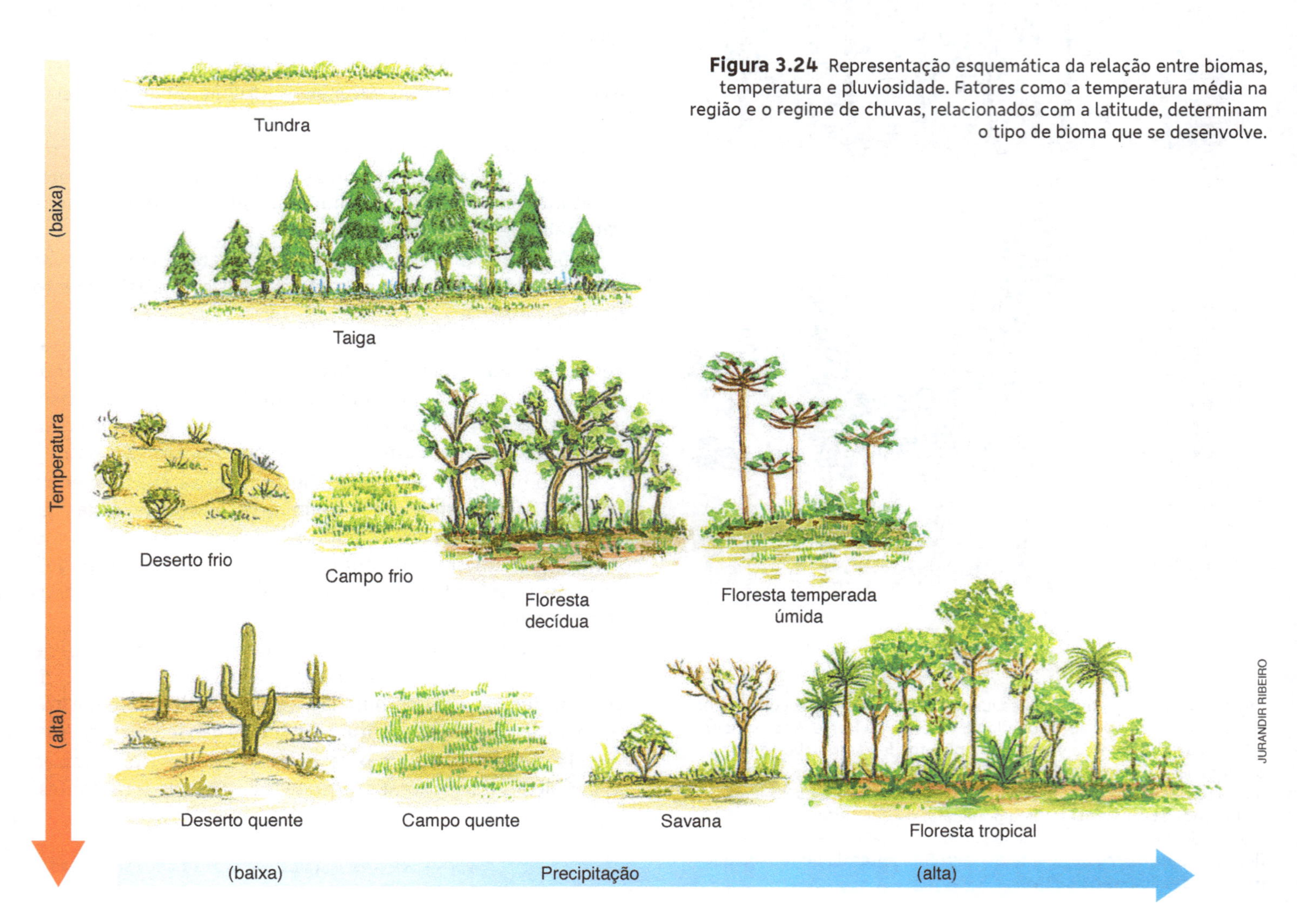

Figura 3.24 Representação esquemática da relação entre biomas, temperatura e pluviosidade. Fatores como a temperatura média na região e o regime de chuvas, relacionados com a latitude, determinam o tipo de bioma que se desenvolve.

Principais biomas do mundo

Os principais biomas do mundo são: tundra, taiga (floresta de coníferas), floresta temperada, floresta tropical, savana, pradaria e deserto. **(Fig. 3.25)**

Figura 3.25 Distribuição mundial dos principais biomas. (Elaborado com base em Campbell, N. e cols., 1999.)

Tundra

As tundras situam-se nas regiões próximas ao polo Ártico, no norte do Canadá, da Europa e da Ásia. Nesses locais, a neve cobre o solo durante quase todo o ano, exceto nos três meses de verão, quando a temperatura chega, no máximo, a 10 °C. No verão, apenas uma fina camada superficial do solo se descongela; poucos centímetros abaixo da superfície, o solo permanece congelado, impedindo a drenagem da água do degelo, o que leva à formação de vastos pântanos.

Embora não falte água nas tundras, as plantas não conseguem absorvê-la eficientemente do solo porque a temperatura é muito baixa. Assim, mesmo estando em solo encharcado, os vegetais sofrem de falta de água, o que os biólogos denominam **seca fisiológica**.

Nas tundras situadas mais ao norte, a vegetação é constituída basicamente por musgos e liquens; mais ao sul, onde a temperatura média é um pouco mais elevada, há também gramíneas e pequenos arbustos.

Com relação à fauna, os mamíferos mais típicos das tundras são a rena, o caribu e o boi-almiscarado. Esses animais apresentam pelagem densa e podem sobreviver comendo apenas liquens, que procuram revolvendo a neve com os cascos. As aves das tundras, em sua maioria aves aquáticas pernaltas, migram para regiões mais quentes durante os meses de inverno. Há também algumas espécies de inseto, que hibernam no inverno como forma de resistir às baixas temperaturas e entram em atividade logo que se inicia o degelo.

Taiga (floresta de coníferas)

As taigas situam-se no hemisfério norte, ao sul da tundra ártica, onde o clima é frio, com invernos quase tão rigorosos quanto os das tundras, embora a estação quente seja um pouco mais longa e amena.

As taigas são também conhecidas como **florestas de coníferas**, por serem constituídas basicamente por árvores desse grupo de gimnospermas, como pinheiros e abetos, além de apresentar musgos e liquens.

Em contraste com as árvores das florestas tropicais e temperadas, as coníferas apresentam folhas estreitas e afiladas — **folhas aciculadas** — adaptadas para resistir às baixas temperaturas.

A fauna das taigas é composta por mamíferos típicos, como alces, ursos, lobos, raposas, visons, martas e esquilos. Assim como nas tundras, a maioria das aves das taigas migra para o sul no inverno.

Floresta temperada

As florestas temperadas são típicas de certas regiões da Europa e da América do Norte, onde o clima é temperado e as quatro estações do ano são bem definidas.

Nas florestas temperadas predominam árvores que perdem as folhas no fim do outono e as readquirem na primavera, sendo por isso chamadas **plantas decíduas** (do latim *deciduus*, que cai) ou **caducifólias** (do latim *caducus*, que cai). A perda das folhas é uma adaptação ao inverno rigoroso, pois possibilita que a planta reduza sua atividade metabólica e suporte as baixas temperaturas.

Na Europa as árvores mais características das florestas temperadas são os carvalhos e as faias. Na América do Norte predominam os bordos e também algumas espécies de carvalhos e faias. Além dessas árvores, tanto na Europa quanto na América do Norte estão presentes arbustos, plantas herbáceas e musgos.

Com relação à fauna, as florestas temperadas abrigam muitas espécies de mamíferos, entre eles javalis, veados, raposas e doninhas, além de pequenos mamíferos arborícolas, como esquilos. Há também vários tipos de aves, assim como várias espécies de inseto.

Floresta tropical

As florestas tropicais, também chamadas de **florestas pluviais tropicais**, localizam-se em regiões de clima quente e com alto índice pluviométrico, na faixa equatorial da Terra. Há florestas tropicais no norte da América do Sul (Bacia Amazônica), na América Central, na África, na Austrália e na Ásia.

A vegetação das florestas tropicais é exuberante e com árvores de grande porte, cujas folhas não caem periodicamente, como ocorre com árvores das florestas temperadas; por isso, as plantas das florestas pluviais tropicais são denominadas **perenifólias** (do latim *perennis*, perpétuo, duradouro). Essas plantas têm, em geral, folhas largas e delicadas, sendo por isso denominadas **latifoliadas** (do latim *latus*, largo, amplo, e *folia*, folha).

Nas florestas tropicais as copas das árvores mais altas formam um teto de vegetação, sob o qual existe um estrato (do latim *stratus*, camada ou andar) interno, formado pelas copas de árvores mais baixas. Pode haver andares gradativamente menores, até chegar aos arbustos e às plantas rasteiras.

A estratificação resultante dos vários andares de vegetação origina diversos microclimas, com diferentes graus de luminosidade e umidade. Sobre os troncos das árvores, disputando condições melhores de luminosidade, há muitas plantas epífitas, como bromélias e samambaias.

Nas florestas tropicais a reciclagem da matéria orgânica é muita rápida; folhas que caem e plantas e animais que morrem são rapidamente decompostos, tendo seus elementos químicos reciclados. Forma-se no solo uma camada fértil, de cor escura, o **húmus**, que resulta da decomposição da matéria orgânica.

Se a floresta é derrubada, o solo empobrece rapidamente em nutrientes pois, sem a cobertura vegetal e a constante reciclagem de elementos químicos, os nutrientes minerais do solo são carregados pelas chuvas, em um processo denominado **lixiviação**.

As florestas pluviais tropicais apresentam fauna rica e variada. Há muitos vertebrados nas árvores, como mamíferos (macacos e esquilos), répteis (serpentes e lagartos) e anfíbios (sapos e pererecas). No solo também vivem anfíbios, répteis, mamíferos herbívoros (veados, antas etc.) e mamíferos carnívoros (onças, gatos-do-mato etc.); há também muitos invertebrados, principalmente insetos (mosquitos, besouros, formigas etc.).

Savana

As savanas caracterizam-se por apresentar arbustos e árvores de pequeno porte, além de gramíneas. Esse tipo de bioma é encontrado na África, na Ásia, na Austrália e nas Américas.

Nas savanas africanas a fauna compõe-se de variados herbívoros de grande porte, como antílopes, zebras, girafas, elefantes e rinocerontes, e de grandes carnívoros, como leões, leopardos, hienas e guepardos. Há diversas espécies de ave, algumas corredoras, entre elas o avestruz. No Brasil, um tipo de savana é o Cerrado, que será estudado adiante.

Pradaria

As pradarias, ou **campos**, apresentam vegetação constituída predominantemente por gramíneas. Esse bioma é encontrado em regiões com períodos marcados de seca, como certas áreas da América do Norte e da América do Sul. Os Pampas gaúchos são um tipo de pradaria.

A fauna das pradarias é constituída por roedores (pequenos mamíferos como *hamsters* e marmotas) e carnívoros (lobos, coiotes e raposas). Também são abundantes os insetos.

Deserto

Os desertos localizam-se em regiões de pouca umidade e baixa precipitação. Sua vegetação é constituída por gramíneas e por pequenos arbustos, sendo rala e espaçada, presente apenas nos locais em que a pouca água existente pode se acumular, como fendas do solo ou embaixo de rochas. Os maiores desertos quentes do planeta situam-se na África (deserto do Saara) e na Ásia (deserto de Gobi).

A fauna predominante nos desertos é composta por animais roedores (ratos-cangurus e marmotas), por répteis (serpentes e lagartos) e por insetos.

Animais e plantas do deserto têm marcantes adaptações à falta de água. Os cactos, por exemplo, têm espinhos em vez de folhas, o que reduz a área da planta que perderia água por transpiração. Muitos animais saem das tocas somente à noite e outros podem passar a vida inteira sem beber água, extraindo-a totalmente do alimento que consomem.

Agora você pode resolver as atividades de 35 a 38, 60, 81 a 83 e 92.

3.6 Domínios morfoclimáticos e biomas do Brasil

A grande extensão territorial do Brasil e sua localização no continente americano proporcionam diversas condições climáticas e formações de vegetações bastante distintas em suas diferentes regiões.

Considerando características climáticas, botânicas, hidrológicas, fitogeográficas e edáficas (relativas ao solo), o geógrafo brasileiro Aziz Ab'Sáber (1924-2012) propôs a existência de seis grandes **domínios morfoclimáticos** em nosso país. Cada um desses domínios é caracterizado por um bioma típico, podendo apresentar outros tipos de bioma em áreas específicas. **(Fig. 3.26)**

ANDRÉ LESSA/ESTADÃO CONTEÚDO

Figura 3.26 Geógrafo e ambientalista brasileiro Aziz Ab'Sáber. Seu trabalho foi fundamental para o conhecimento dos aspectos naturais do país.

Os seis domínios morfoclimáticos propostos por Ab'Sáber são:

- **Domínio Amazônico**, no qual encontramos o bioma de floresta tropical de terra firme, um dos mais típicos, bem como os biomas de floresta de igapó inundável e das caatingas do rio Negro, entre outros;
- **Domínio dos Mares de Morros** (ou Domínio Atlântico), cujo bioma mais típico é a floresta pluvial costeira; nesse domínio também estão incluídos os ambientes de restinga e os manguezais;
- **Domínio das Araucárias**, em que predominam as florestas subtropicais;
- **Domínio dos Cerrados**, em que predomina um bioma de savana, cujas fisionomias variam de campos limpos a formações mais densas;
- **Domínio das Pradarias**, em que predominam as pradarias;
- **Domínio das Caatingas**, em que predomina um bioma de savana semiárido, incluindo os carnaubais.

Além desses seis domínios, há áreas de transição, que apresentam características intermediárias ou que não se enquadram em nenhum dos seis domínios. Esse é o caso do Pantanal Mato-Grossense, uma região de transição constituída por um conjunto de diferentes ecossistemas, entre os quais se destacam vastas planícies inundáveis. Outros exemplos de ambientes localizados em áreas de transição são as Florestas de Cocais e os manguezais.

O território do Brasil, que se estende de pouco acima do Equador até abaixo do Trópico de Capricórnio, propicia a existência de diversos biomas, que estão distribuídos nos seus seis domínios morfoclimáticos e nas suas áreas de transição.

Os biomas e ecossistemas mais importantes, tanto pela área que ocupam quanto pela biodiversidade, são: Floresta Amazônica, Floresta Atlântica, Floresta de Araucárias, Cerrado, Pampa, Caatinga, Floresta de Cocais (Babaçual), manguezal e Pantanal Mato-Grossense. **(Fig. 3.27)**

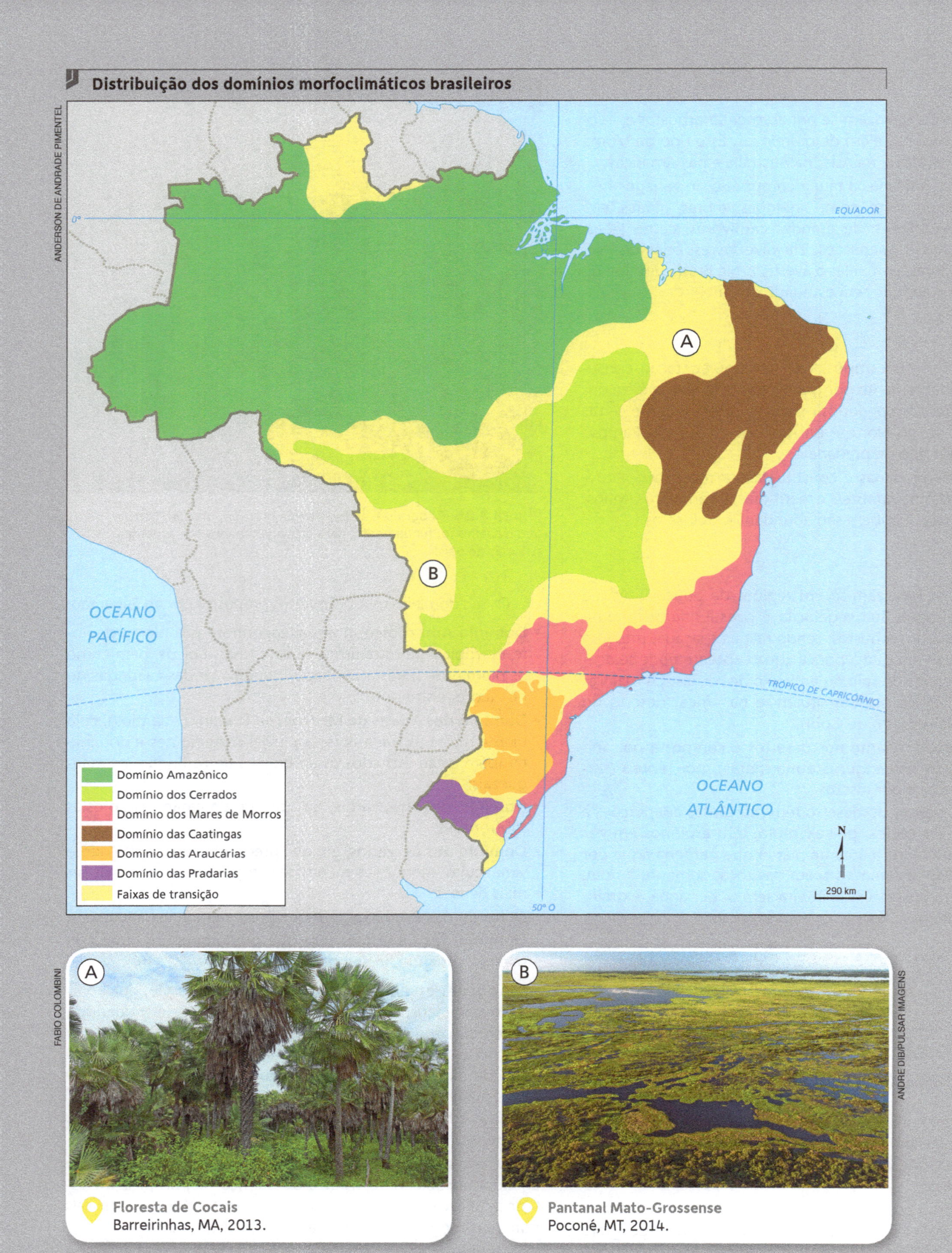

A **Floresta de Cocais**
Barreirinhas, MA, 2013.

B **Pantanal Mato-Grossense**
Poconé, MT, 2014.

Figura 3.27 O mapa apresenta a distribuição dos domínios morfoclimáticos brasileiros e das faixas de transição. Nas fotografias, pode-se ver a fisionomia do principal bioma de cada domínio. A distribuição geográfica dos domínios é apresentada em mapas individuais no decorrer do capítulo. As faixas de transição são áreas de encontro entre domínios, nas quais as mudanças nas características do ambiente ocorrem de maneira gradual. No mapa estão indicados: A. Floresta de Cocais e B. Pantanal Mato-Grossense. (Elaborado com base em Ab'Sáber, A. N., 2003.)

FABIO COLOMBINI

Domínio Amazônico
Manaus, AM, 2014.

ANDRE DIB/PULSAR IMAGENS

Domínio das Araucárias
Ponte Serrada, SC, 2016.

ZIG KOCH/PULSAR IMAGENS

Domínio das Pradarias
São José dos Ausentes, RS, 2016.

ANDRE DIB/PULSAR IMAGENS

Domínio dos Cerrados
Delfinópolis, MG, 2016.

FABIO COLOMBINI

Domínio das Caatingas
São Lourenço do Piauí, PI, 2014.

GERALDO GOMES/OPÇÃO BRASIL IMAGENS

Domínio dos Mares de Morros
Ubatuba, SP, 2013.

Domínio Amazônico

A **Floresta Amazônica**, também conhecida por **Hileia Amazônica**, é o principal bioma do Domínio Amazônico, segundo a classificação de Aziz Ab'Sáber. Esse domínio se localiza na região Norte do Brasil, nos estados do Acre, Amazonas, Pará, Rondônia, Tocantins, Amapá e Roraima, além da parte norte de Mato Grosso e da parte oeste do Maranhão. A qual bioma mundial o Domínio Amazônico pode ser relacionado? Confira nas páginas anteriores.

O clima da região amazônica reúne condições propícias ao desenvolvimento de um exuberante bioma do tipo floresta pluvial tropical, em que as precipitações pluviométricas anuais geralmente ultrapassam 1.800 mm, e a temperatura é estável no decorrer do ano, situando-se entre 25 °C e 28 °C. Sua fauna e sua flora são bastante diversificadas. **(Fig. 3.28)**

Figura 3.28
A. Localização do Domínio Amazônico no território brasileiro. (Elaborado com base em Ab'Sáber, A. N., 2003.) **B.** Lago com vitórias-régias (*Victoria amazonica*), cujas folhas flutuantes podem atingir 2,5 m de diâmetro (Belém do Pará, PA, 2015). **C.** Macaco-barrigudo da espécie *Lagothrix lagothricha*, que atinge cerca de 50 cm de comprimento.

Na Floresta Amazônica há diversos estratos ou andares formados pelas copas das árvores; o teto, ou dossel, localiza-se entre 30 m e 40 m acima do solo. Entre as árvores de grande porte da Hileia Amazônica destaca-se a castanheira-do-pará (*Bertholletia excelsa*), cujo tronco pode atingir até 4 m de diâmetro e 45 m de altura. Muitos gêneros de árvores, como *Virola* e *Pterocapus*, têm raízes tabulares, capazes de fornecer maior apoio aos seus troncos gigantescos.

Uma das árvores mais típicas da região amazônica é a seringueira (*Hevea brasiliensis*), que pode atingir até 30 m de altura, com tronco de mais de 1 m de diâmetro. É da seringueira que se extrai o látex, do qual é fabricada a borracha natural. Embora a borracha sintética venha sendo cada vez mais utilizada, a exploração da borracha natural ainda é importante para a economia da região amazônica.

A Floresta Amazônica é rica em plantas epífitas, entre as quais se destacam grandes bromeliáceas. Nela vivem também epífitas das famílias das aráceas e begoniáceas, cujas raízes aéreas descem das árvores até o solo, constituindo densas cortinas de cipós.

Domínio dos Mares de Morros (ou Domínio Atlântico)

A **floresta pluvial costeira**, ou **Floresta Atlântica** (ou ainda **Mata Atlântica**), é o principal bioma dentro do domínio que Ab'Sáber classifica como Domínio dos Mares de Morros (ou Domínio Atlântico). Esse domínio situa-se nas montanhas e planícies costeiras desde o Rio Grande do Norte até o Rio Grande do Sul. A região sul do Espírito Santo e de Cabo Frio, no Rio de Janeiro, são as únicas áreas onde esse bioma não se desenvolveu originalmente.

A floresta pluvial costeira tem árvores com folhas largas (latifoliadas) e perenes (perenifólias), como as da Floresta Amazônica. A altura média do andar superior oscila entre 30 m e 35 m, mas a vegetação é mais densa no andar arbustivo. Há grande diversidade de epífitas, como bromélias e orquídeas. **(Fig. 3.29)**

A floresta pluvial costeira é um dos biomas mais devastados pela exploração humana; calcula-se que restem apenas 5% da floresta original existente na ocasião da chegada dos primeiros colonizadores europeus. Extensas áreas de florestas pluviais costeiras foram totalmente destruídas, em muitos casos para dar lugar a plantações de cana-de-açúcar, cacau e banana.

Figura 3.29
A. Localização do Domínio dos Mares de Morros no território brasileiro. (Elaborado com base em Ab'Sáber, A. N., 2003.) **B.** Área de floresta pluvial costeira da Reserva Natural Vale (Linhares, ES, 2008).

Domínio das Araucárias

A **Floresta de Araucárias**, ou **Mata de Araucárias**, é o principal bioma do Domínio das Araucárias. Esse domínio situa-se principalmente nos estados do Rio Grande do Sul, Santa Catarina e Paraná, em regiões com índices pluviométricos em torno de 1.400 mm anuais e temperaturas moderadas, com baixas significativas no inverno. Alguns autores classificam a Mata de Araucárias como floresta subtropical.

A Floresta de Araucárias apresenta três andares vegetais bem definidos. O andar arbóreo é constituído principalmente pelas copas do pinheiro-do-paraná, também chamado de pinheiro-brasileiro (*Araucaria angustifolia*), e de pinheiros do gênero *Podocarpus*. O pinheiro-do-paraná, a araucária, é a árvore mais característica desse bioma e chega a atingir 25 m de altura, com tronco de até 1,5 m de diâmetro. **(Fig. 3.30)**

O andar arbustivo é muito denso, com diversos tipos de arbusto e samambaias arborescentes do gênero *Dicksonia*. As raízes dessas samambaias formam uma estrutura seca e compacta parecida com um tronco e constituem o xaxim, antes muito usado na fabricação de vasos. Apesar de ilegal, a exploração de xaxim ainda continua.

No andar herbáceo há epífitas, como orquídeas e bromélias, bem como gramíneas que formam uma vegetação rasteira.

ANDERSON DE ANDRADE PIMENTEL

ZIG KOCHOPÇÃO BRASIL IMAGENS

ANDRE DIB/PULSAR IMAGENS

Figura 3.30 **A.** Localização do Domínio das Araucárias, situado principalmente em parte da região Sul do Brasil. (Elaborado com base em Ab'Sáber, A. N., 2003.) **B.** Vista geral com araucárias que podem atingir entre 10 m e 25 m de altura e entre 0,5 m e 1,5 m de diâmetro (Passos Maia, SC, 2016). **C.** Pinha (estróbilo feminino das araucárias) parcialmente rompida; os pinhões soltos, que medem aproximadamente 4 cm, são as sementes, que são comestíveis e muito consumidas no sudeste e sul do Brasil.

Domínio dos Cerrados

O **Cerrado** é o principal bioma dentro do que se denomina Domínio dos Cerrados. Esse domínio se situa nos estados de Minas Gerais, Goiás, Tocantins, Mato Grosso, Mato Grosso do Sul, Bahia, Piauí, Maranhão, São Paulo e Paraná. Há também algumas "ilhas" de Cerrado na região amazônica.

Cobrindo uma área de aproximadamente 2 milhões de km^2, o Cerrado é o segundo maior bioma brasileiro. Sua fisionomia varia nas diferentes regiões, apresentando desde formas campestres bem abertas, como os campos limpos, até formas relativamente densas, florestais, como os cerradões, havendo entre esses dois extremos uma variedade de aspectos fisionômicos.

O Cerrado também é um dos biomas brasileiros bastante ameaçados pela ação humana (antrópica); quase 40% de sua área original foi desmatada para exploração de recursos naturais, principalmente na segunda metade do século XX. A vegetação típica do Cerrado deu lugar a pastagens para a criação de gado bovino e a culturas agrícolas, sobretudo de soja. **(Fig. 3.31)**

ANDERSON DE ANDRADE PIMENTEL

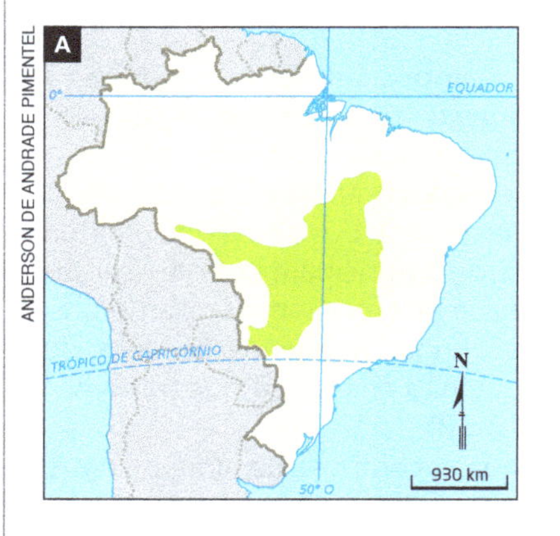

Figura 3.31 **A.** Localização do Domínio dos Cerrados no território brasileiro. (Elaborado com base em Ab'Sáber, A. N., 2003.) **B.** Vegetação típica do Cerrado, fotografada no Parque Nacional da Chapada dos Guimarães (MT, 2014).

ED VIGGIANI/PULSAR IMAGENS

O Cerrado é um tipo de savana, com vegetação arbórea formada por pequenas árvores e arbustos, muitos deles com troncos retorcidos e cascas espessas. O clima desse bioma é relativamente quente, com temperatura média anual por volta de 26 °C e índices pluviométricos entre 1.100 mm e 2.000 mm por ano, com chuvas concentradas no verão. Reveja, nas páginas anteriores, a distribuição do bioma savana em nosso planeta.

Na estação das chuvas o solo do Cerrado torna-se relativamente rico em gramíneas, que desaparecem na época de estiagem. As árvores mais comuns são o ipê (*Tabebuia* sp.), a peroba-do-campo (*Aspidosperma tomentosum*) e a caviúna (*Dalbergia* sp.).

Diversos estudos indicam que a fisionomia típica da vegetação do Cerrado parece ser fortemente influenciada pelas características minerais do solo e por incêndios naturais periódicos. Estes explicam o fato de diversas espécies de plantas do Cerrado apresentarem adaptações ao fogo, como gemas subterrâneas, troncos revestidos por grossa periderme, sementes com germinação induzida pelo calor etc.

Domínio das Pradarias

Segundo Aziz Ab'Sáber, os **Campos Sulinos** — o **Pampa** — compõem o Domínio das Pradarias. Confira, nas páginas anteriores, a distribuição do bioma pradaria em nosso planeta. A palavra pampa significa planície na língua indígena quíchua, ainda falada por povos da Cordilheira dos Andes. O Pampa ocupa áreas de planície, localiza-se principalmente no sul do Rio Grande do Sul e caracteriza-se pela predominância de gramíneas. Eventualmente, pode abrigar pequenos bosques de arbustos, formações isoladas que não chegam a quebrar a homogeneidade do bioma. **(Fig. 3.32)**

O índice de chuvas no Pampa encontra-se geralmente entre 500 mm e 1.000 mm anuais. A temperatura varia de acordo com a estação: no inverno situa-se entre 10 °C e 14 °C; no verão, entre 20 °C e 23 °C. A maior parte da vegetação original do Pampa foi destruída para dar lugar a áreas cultiváveis.

ANDERSON DE ANDRADE PIMENTEL

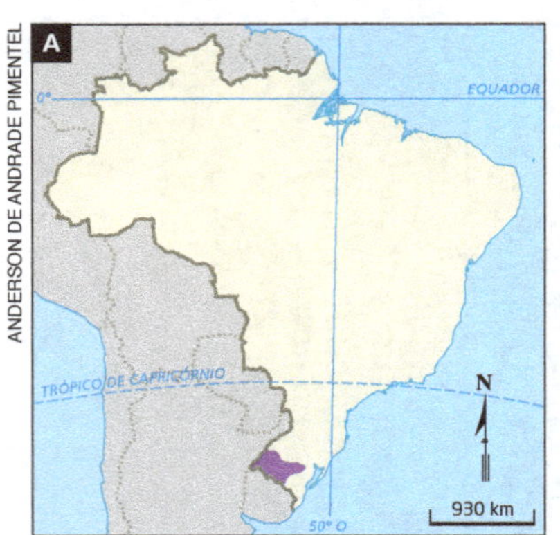

GERSON GERLOFF/ PULSAR IMAGENS

Figura 3.32
A. Localização do Domínio das Pradarias no território brasileiro. (Elaborado com base em Ab'Sáber, A. N., 2003.) **B.** Relevo ondulado e vegetação típica das pradarias na região dos Campos de Cima da Serra (São Francisco de Paula, RS, 2015).

Domínio das Caatingas

A **Caatinga** é o principal bioma do Domínio das Caatingas. Esse domínio ocupa cerca de 10% do território brasileiro, estendendo-se pelos estados de Piauí, Ceará, Rio Grande do Norte, Paraíba, Pernambuco, Sergipe, Alagoas, Bahia e pelo norte de Minas Gerais.

Os índices pluviométricos da Caatinga são baixos, em torno de 500 mm a 700 mm anuais. Em certas regiões do Ceará, por exemplo, a média para os anos chuvosos é de 1.000 mm, mas pode chegar a chover apenas 200 mm nos anos mais secos. A temperatura situa-se entre 24 °C e 26 °C, variando pouco ao longo do ano. Além das condições climáticas rigorosas, a região da Caatinga apresenta ventos fortes e secos, que contribuem para a aridez da paisagem nos meses de seca.

A vegetação da Caatinga é composta de plantas com adaptações marcantes ao clima seco, como folhas modificadas em espinhos, revestimentos altamente impermeáveis, caules que armazenam água etc. Essas adaptações compõem o aspecto característico das plantas da Caatinga, o que se denomina **xeromorfismo** (do grego *xeros*, seco, e *morphos*, forma, aspecto).

Entre as plantas cactáceas, as mais expressivas são o mandacaru (*Cereus* sp.) e o xiquexique (*Pilocereus* sp.). Há também arbustos e árvores baixas como mimosas, acácias e amburanas (leguminosas); a maioria delas perde as folhas na estação das secas (são caducifólias), o que confere à Caatinga seu aspecto típico, espinhoso e agreste. Entre as poucas espécies da Caatinga que não perdem as folhas na época da seca destaca-se o juazeiro (*Zizyphus joazeiro*), uma das plantas mais típicas desse bioma. **(Fig. 3.33)**

ANDERSON DE ANDRADE PIMENTEL

Figura 3.33
A. Localização do Domínio das Caatingas no território brasileiro. (Elaborado com base em Ab'Sáber, A. N., 2003.) **B.** Vegetação da caatinga (Oeiras, PI, 2015).

CÂNDIDO NETO/OPÇÃO BRASIL IMAGENS

Principais ecossistemas das áreas de transição

Floresta de Cocais

A **Floresta de Cocais**, ou **Mata de Cocais**, ou, ainda, **Babaçual**, localiza-se principalmente em certas áreas dos estados do Maranhão e Piauí; sua espécie vegetal típica é a palmeira *Orbignya martiana*, o babaçu. **(Fig. 3.34)**

A região onde ocorre a Mata de Cocais tem índice elevado de chuvas, entre 1.500 e 2.200 mm por ano, e temperatura média anual de 26 °C. Um aspecto interessante desse bioma é que o solo permanece úmido o ano todo porque o lençol freático é pouco profundo.

O babaçu tem importância econômica relevante para as populações locais; das sementes da palmeira extrai-se óleo, e as folhas são utilizadas para a cobertura de casas e para a fabricação de utensílios domésticos.

ANDERSON DE ANDRADE PIMENTEL

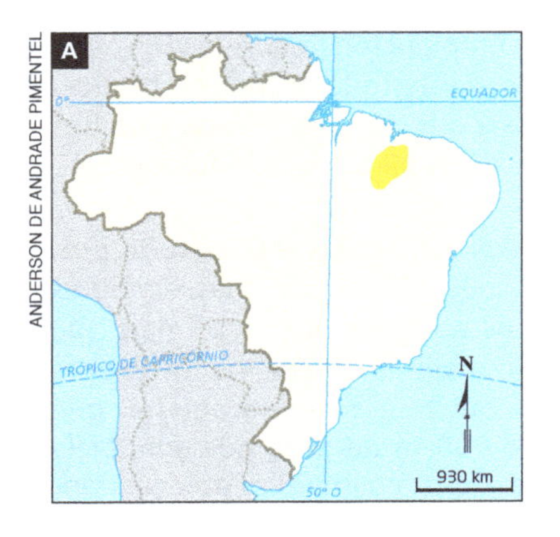

Figura 3.34 **A.** Principal localização da Floresta de Cocais (ou Babaçual). (Elaborado com base em Ab'Sáber, A. N., 2003.) **B.** Babaçus em trecho de Floresta de Cocais (Nazária, PI, 2015).

DELFIM MARTINS/PULSAR IMAGENS

Manguezal

O **manguezal**, ou **mangue**, é um ambiente litorâneo presente em regiões de solo lodoso e salgado. É encontrado nas desembocaduras de rios e em áreas protegidas da ação direta do mar, como baías de águas paradas ou litorais guarnecidos por diques de areia. Durante a maré cheia, o solo do mangue fica coberto por água salobra.

Os manguezais estendem-se por toda a costa brasileira, exceto nas regiões de litoral rochoso. Há mangues bem desenvolvidos no Pará, Amazonas, Maranhão, Bahia, Rio de Janeiro, São Paulo e Paraná.

Na maioria dos mangues, há três tipos de vegetação arbórea: *Rhizophora mangle*, popularmente conhecida como mangue-bravo, *Laguncularia racemosa*, popularmente chamada mangue-manso, e espécies do gênero *Avicennia*. **(Fig. 3.35)**

Manguezais são regiões altamente produtivas e economicamente importantes para as populações caiçaras que vivem em suas proximidades. A alta disponibilidade de nutrientes minerais e de matéria orgânica faz do mangue um local para alimentação de diversas espécies de animais marinhos e para a espécie humana. Grande número de peixes, moluscos e crustáceos, além de aves, obtém alimento, direta ou indiretamente, dos manguezais.

MAURICIO SIMONETTI/PULSAR IMAGENS

INGO SCHULZ/IMAGEBROKER/GLOW IMAGES

Figura 3.35 **A.** Mangue-bravo (*Rhizophora mangle*) com rizóforos, ramos que funcionam como escoras (rio Preguiças, MA, 2013). **B.** Plantas da espécie *Avicennia marina* com raízes especiais denominadas pneumatóforos, que crescem eretas e emergem do solo alagado, garantindo a obtenção do gás oxigênio necessário à respiração celular das raízes.

Pantanal Mato-Grossense

O **Pantanal Mato-Grossense**, ou **Complexo do Pantanal**, é um mosaico de diferentes ecossistemas, sendo considerado uma das principais áreas de transição entre os domínios morfoclimáticos brasileiros. É uma grande planície com partes mais elevadas denominadas impropriamente "cordilheiras". As partes mais baixas são inundadas durante as cheias periódicas dos rios que cortam a região. Na estação entre as cheias restam lagoas de água doce, onde se concentram jacarés, diversas espécies de peixes e outros animais de hábitos aquáticos. **(Fig. 3.36)**

Poucos locais no mundo têm uma comunidade biológica tão exuberante quanto a do Pantanal Mato-Grossense. Essa vasta planície inundável abriga uma das mais ricas reservas de vida selvagem do planeta. A fauna aquática é muito variada, com moluscos, crustáceos e centenas de espécies de peixes, entre eles o dourado, o pacu, o jaú, o pintado, o surubim, os lambaris e as piranhas.

Em território brasileiro, o Pantanal ocupa a parte oeste dos estados de Mato Grosso e Mato Grosso do Sul, estendendo-se pelo Paraguai, Bolívia e Argentina.

A caça e a pesca predatórias colocam em risco os ecossistemas do Pantanal. O mercado de peles, especialmente de jacarés, onças, jaguatiricas, ariranhas e lontras, além da captura de aves raras, coloca diversas espécies em risco de extinção. Além da destruição causada pelo garimpo ilegal, há também grande pressão econômica para transformar regiões florestais do Pantanal em propriedades agrícolas.

ANDERSON DE ANDRADE PIMENTEL

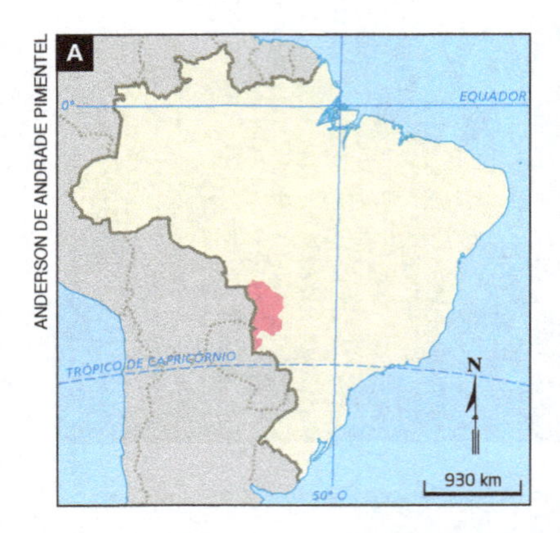

FABIO COLOMBINI

Figura 3.36
A. Localização do Pantanal Mato-Grossense no território brasileiro. (Elaborado com base em Ab'Sáber, A. N., 2003.)
B. Área alagada do Pantanal (Poconé, MT, 2014).

Agora você pode resolver as atividades de 39 a 43, 59, 84 a 86 e 93.

3.7 Ecossistemas aquáticos

Ecossistemas marinhos

Os mares e oceanos cobrem mais de 75% da superfície da Terra, com profundidades que variam de alguns metros, nas regiões litorâneas, a mais de 11 km, nas zonas mais profundas. Um dos aspectos mais importantes dos ecossistemas marinhos é sua grande estabilidade e homogeneidade no que se refere à composição química e temperatura. A salinidade dos mares é de cerca de 3,5 g/L de sais, com predominância de cloreto de sódio (NaCl).

Podem-se distinguir dois grandes domínios marinhos: um relativo ao fundo, o **domínio bentônico**, e outro relativo às massas de água, o **domínio pelágico**.

A luz consegue penetrar na água do mar até a profundidade máxima de 200 m, estabelecendo o que se denomina **zona fótica** (do grego *photos*, luz). Na metade superior dessa zona iluminada vive o fitoplâncton marinho, formado por algas e bactérias fotossintetizantes que produzem praticamente todo o alimento necessário à manutenção da vida nos mares. Essa zona também é rica em plâncton não fotossintetizante e em grandes cardumes de peixes.

A região que se estende dos 200 m aos 2.000 m de profundidade é a **região batial**. Suas águas são frias e pobres em fauna. Os peixes, moluscos e alguns outros animais que aí vivem são sustentados por matéria orgânica proveniente da superfície. Mais abaixo encontra-se a **região abissal**, que se estende dos 2.000 m aos 6.000 m de profundidade. Nela encontram-se poucas espécies, que chamam a atenção por suas características exóticas, como peixes bioluminescentes e lulas gigantes. A região mais profunda dos oceanos, abaixo de 6.000 m, é conhecida como **região hadal**. Sua fauna, ainda pouco conhecida, é constituída principalmente por esponjas e moluscos. **(Fig. 3.37)**

Os organismos que habitam os ecossistemas marinhos podem ser classificados em três grandes grupos: plâncton, nécton e bentos.

O **plâncton** (do grego *plankton*, errante) é constituído de seres flutuantes que não conseguem superar a força das correntes, sendo carregados por elas. Seus constituintes dividem-se em duas categorias: o plâncton fotossintetizante, ou **fitoplâncton**, e o plâncton não fotossintetizante, ou **zooplâncton**. O fitoplâncton é representado por algas microscópicas, como diatomáceas e dinoflagelados, e por bactérias fotossintetizantes, constituindo os principais produtores das cadeias alimentares marinhas. O zooplâncton é representado por organismos consumidores, como foraminíferos (protozoários), crustáceos, cnidários, larvas de moluscos, de equinodermos, de anelídeos e de peixes.

O **nécton** (do grego *nektos*, apto a nadar) é constituído de organismos que se deslocam ativamente na água, sem ficar à mercê das correntezas. Fazem parte desse grupo a maioria dos peixes, as baleias, os golfinhos, certos crustáceos (camarões) e alguns moluscos (lulas e sépias). Os peixes herbívoros e as baleias são os consumidores secundários mais importantes da comunidade nectônica. Tubarões, peixes, lulas e outros animais carnívoros estão situados em níveis tróficos superiores das cadeias alimentares.

Regiões marinhas

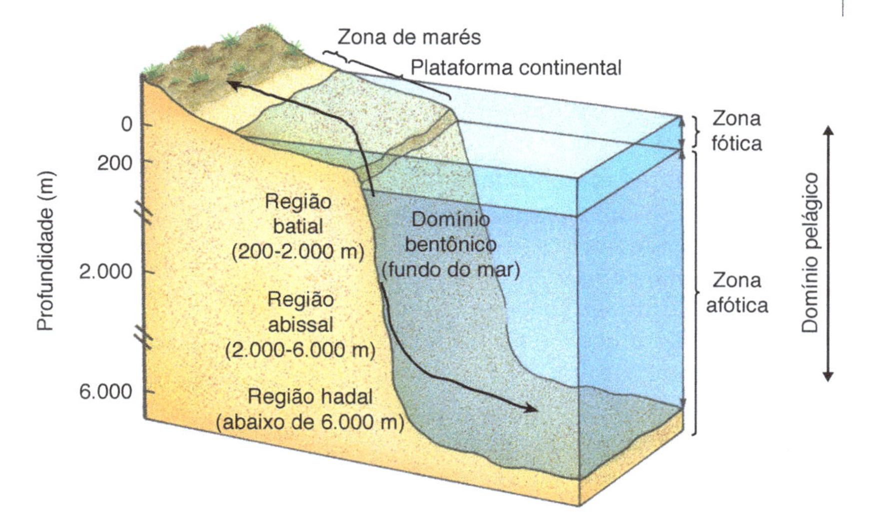

JURANDIR RIBEIRO

Figura 3.37 Representação esquemática das principais regiões marinhas.

O **bentos** (do grego *benthos*, fundo do mar) é constituído de organismos relacionados ao fundo do mar. Esses organismos podem ser **sésseis** (fixados ao fundo) ou **errantes** (deslocam-se sobre o fundo). O bentos séssil é representado por algas macroscópicas e por animais como cnidários e vermes. O bentos errante, por sua vez, é representado principalmente por crustáceos (camarões, caranguejos e lagostas), equinodermos (ouriços-do-mar, holotúrias e estrelas-do-mar) e moluscos (caramujos e polvos). Os animais bentônicos geralmente alimentam-se de cadáveres e detritos orgânicos, embora existam representantes carnívoros que caçam ativamente suas presas. **(Fig. 3.38)**

Ecossistemas de água doce

Uma característica importante que distingue os dois tipos de ecossistema de água doce é se a água é parada, como ocorre nos lagos, lagoas e charcos, ou se está em movimento, como nos rios, riachos e corredeiras.

Lagos, lagoas e charcos geralmente apresentam maior biodiversidade que os ecossistemas de águas em movimento. Nas águas paradas, os produtores são organismos fotossintetizantes representados tanto por plantas, que vivem parcialmente ou totalmente submersas, quanto pelo fitoplâncton, ou plâncton fotossintetizante, constituído por uma infinidade de seres microscópicos, como algas verdes, cianobactérias e diatomáceas, que flutuam próximo à superfície. O fitoplâncton serve de alimento ao zooplâncton, ou plâncton não fotossintetizante, formado por microcrustáceos, protozoários e larvas de diversos organismos. Os habitantes de maior porte dos ecossistemas de águas paradas são os peixes. Os maiores ecossistemas lacustres do mundo são o lago Baikal, localizado na Sibéria, e o lago Tanganica, na África.

Os ecossistemas de águas em movimento são pobres em plâncton. Seus habitantes são principalmente algas fixadas às rochas e também moluscos, insetos e peixes, que dependem de alimento proveniente das margens.

DR. D. P. WILSON/SCIENCE SOURCE/FOTOARENA

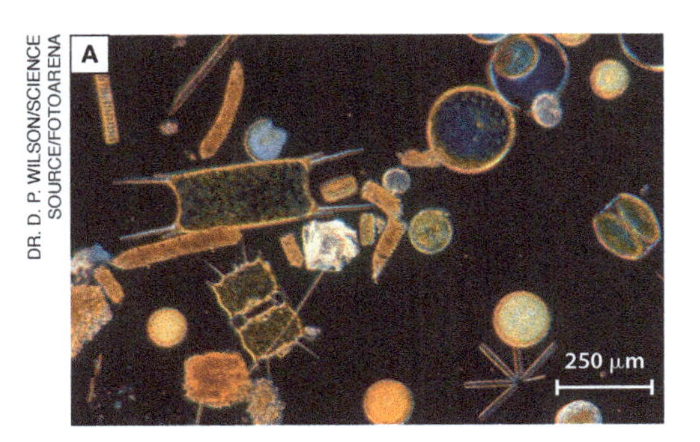

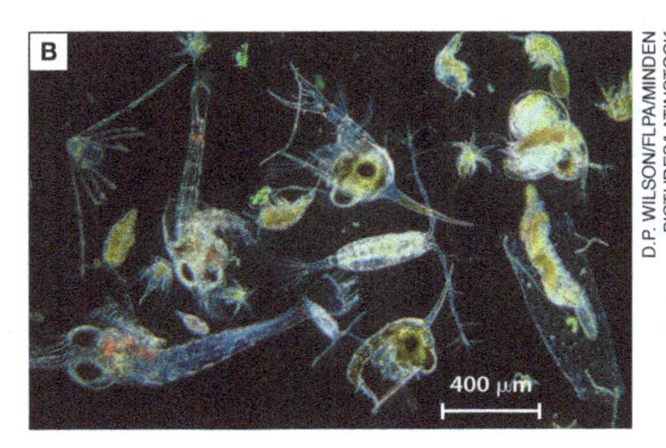

D.P. WILSON/FLPA/MINDEN PICTURES/LATINSTOCK

FRISCHKNECHT PATRICK/PRISMA/GLOW IMAGES

RODRIGO FRISCIONE/IMAGE SOURCE/GLOW IMAGES

Figura 3.38 **A.** Fotomicrografia de campo escuro de seres do fitoplâncton, ou plâncton fotossintetizante. (Microscópio fotônico.) **B.** Fotomicrografia de campo escuro de seres do zooplâncton, ou plâncton não fotossintetizante. (Microscópio fotônico.) **C.** O bentos é composto de animais relacionados com o fundo do mar, como as estrelas-do-mar e as anêmonas. **D.** O nécton é constituído por animais que se deslocam ativamente na água, dos quais os peixes são os representantes mais típicos. Na foto, peixes-barbeiros (*Johnrandallia nigrirostris*), que medem cerca de 15 cm.

Agora você pode resolver as atividades de 44 a 47.

Ciência e cidadania

A população humana

O crescimento explosivo da população humana

1 Uma população humana é semelhante a qualquer população biológica e está sujeita aos mesmos fatores gerais que regulam e limitam o crescimento populacional de outras espécies. Entretanto, a humanidade tem conseguido controlar alguns fatores ambientais, o que lhe permitiu um formidável ritmo de crescimento.

2 O crescimento acelerado da população humana deve-se principalmente à diminuição da taxa de mortalidade, decorrente tanto dos avanços agrícolas e tecnológicos que aumentaram a produção de alimentos, como dos progressos médicos e sanitários que prolongaram a expectativa de vida.

3 Um problema da expansão demográfica é a necessidade de produzir cada vez mais alimentos. Como alimentar um número sempre crescente de pessoas? Não é possível ampliar indefinidamente as áreas de terra cultivada. A maioria das terras férteis já está sendo cultivada e muitas delas já tiveram seus recursos esgotados; certas áreas demandariam tanto esforço e despesas para se tornarem produtivas que, pelo menos por enquanto, não há interesse em explorá-las.

4 Além disso os ecossistemas naturais que ainda restam, como os da Amazônia, dos Cerrados e do Pantanal Mato-Grossense, não devem ser explorados de forma predatória. É preciso manter áreas preservadas para não se perder a diversidade biológica (biodiversidade) produzida ao longo de bilhões de anos de evolução.

5 Novas tecnologias agrícolas têm permitido aumentar a produtividade dos campos cultivados; excedentes de safras poderiam ser transferidos para países onde há falta de alimentos; é possível recuperar solos desgastados ou impróprios para o cultivo e promover o uso mais racional e eficiente das fontes de energia.

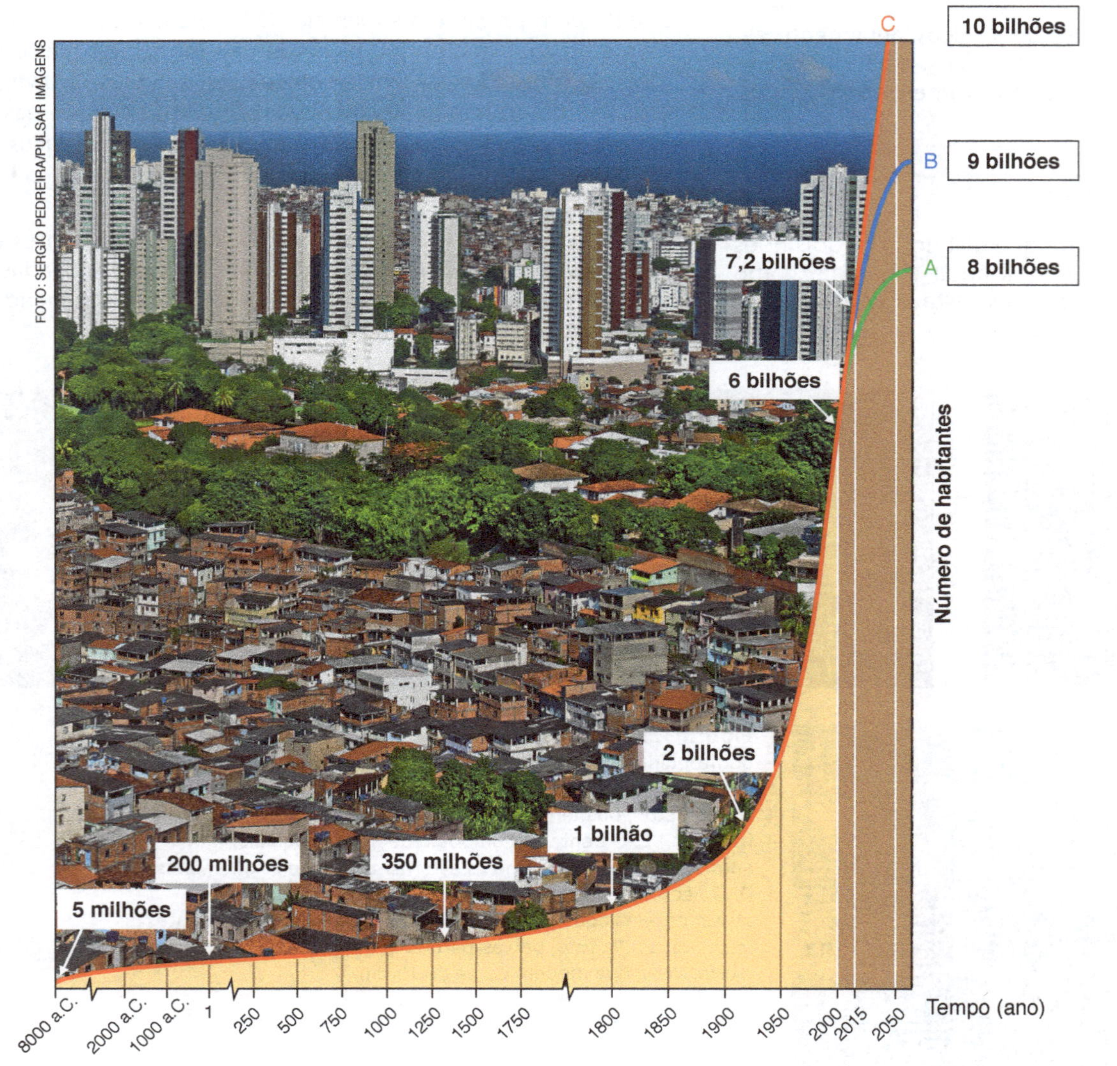

O crescimento da população humana tem se acelerado nas últimas décadas e os cientistas têm feito projeções sobre suas possíveis curvas de crescimento (A, B ou C, mostradas no gráfico). (Elaborado com base em dados de *The New Encyclopaedia Britannica*. 15. ed. Chicago: Encyclopaedia Britannica, 1993. v. 25, p. 1.041.) Na fotografia, cidade de Salvador (BA, 2015).

6 Entretanto, além de preservar o ambiente terrestre a curtíssimo prazo, é preciso reduzir o crescimento da população humana por meio do planejamento familiar e do controle deliberado da natalidade.

Planejamento familiar e controle da natalidade

7 Até a década de 1970, em certos países considerava-se o controle de nascimentos uma tese racista, reacionária ou imperialista. Hoje os cidadãos da maioria das nações consideram importante realizar o controle da natalidade e o planejamento familiar, para manter a qualidade de vida da população.

8 A maioria dos países desenvolvidos já conseguiu frear seu crescimento populacional. O mesmo tem ocorrido em alguns países em desenvolvimento, como a Tailândia, a Colômbia e a Costa Rica, que já alcançaram reduções substanciais de suas taxas de natalidade. Outros, porém, apesar das tentativas, ainda não alcançaram o sucesso desejado.

9 Embora os problemas da humanidade sejam decorrentes de vários fatores, imagina-se que se o crescimento da população for freado será possível ganhar tempo para resolver problemas como a fome, as desigualdades econômicas, a degradação ambiental e várias doenças, que seriam agravados em um quadro de superpopulação.

10 O escritor Lester R. Brown iniciou um de seus livros, *O vigésimo nono dia*, publicado em 1980 (Editora da FGV), com uma pequena história: "Para ensinar às crianças a noção de crescimento exponencial, os professores franceses se valem de uma charada. Em uma lagoa flutua uma folha de árvore. A cada dia que passa, o número de folhas dobra: duas folhas no segundo dia, quatro no terceiro, oito no quarto, e assim por diante. Se a lagoa ficar inteiramente coberta de folhas no trigésimo dia, quando ela ficou coberta pela metade? Resposta: No vigésimo nono dia".

11 A lagoa corresponde ao nosso planeta, e as folhas, às pessoas da população. Talvez o planeta já esteja coberto pela metade e logo se tornará repleto de gente. O risco maior é ignorar os sinais da iminente saturação ou interpretá-los de modo errôneo. Como o trigésimo dia não oferece possibilidades de sobrevivência, é importante não chegar a ele; um dos caminhos para isso é limitar o crescimento demográfico.

12 Paradoxalmente, o aumento demográfico também está ligado ao grau de desenvolvimento no campo da saúde pública. A população cresce não apenas porque há mais nascimentos, mas também porque a duração média da vida humana tem aumentado. A expectativa de vida em 1650 era de 30 anos; atualmente, a média mundial é de mais de 50 anos e, em países desenvolvidos, ultrapassa os 70 anos. De acordo com dados coletados em 2015 pelo IBGE, a expectativa de vida média no Brasil já passa dos 75 anos.

Pirâmides de idade

13 Uma análise importante da população humana refere-se à sua composição em idades, ou seja, o número de pessoas em cada faixa etária. Nos gráficos a seguir consideramos faixas 0 a 14 anos, de 15 a 39, de 40 a 64 e acima de 65 anos.

14 A distribuição dos indivíduos de uma população por faixas de idade é expressa em gráficos conhecidos como pirâmides de idade ou pirâmides etárias.

15 Populações jovens, com alta taxa de crescimento, têm gráficos realmente com forma de pirâmide, com a base mais larga que o ápice, o que indica elevada taxa de natalidade. Em populações que controlam a natalidade, o gráfico pode perder a forma de pirâmide e a base, em certos casos, pode ser mais estreita que as faixas superiores. Se as baixas taxas de natalidade são mantidas, com o tempo a forma do gráfico por idades volta a ser de pirâmide, com a base mais larga que o ápice.

16 A análise das pirâmides de idade revela tendências do crescimento da população. Por exemplo, em uma população com muitas pessoas na faixa etária entre 0 e 14 anos (pirâmide com base larga) haverá, nos anos seguintes, grande número de pessoas na idade reprodutiva. Isso permite prever o crescimento mais acelerado da população em um futuro próximo.

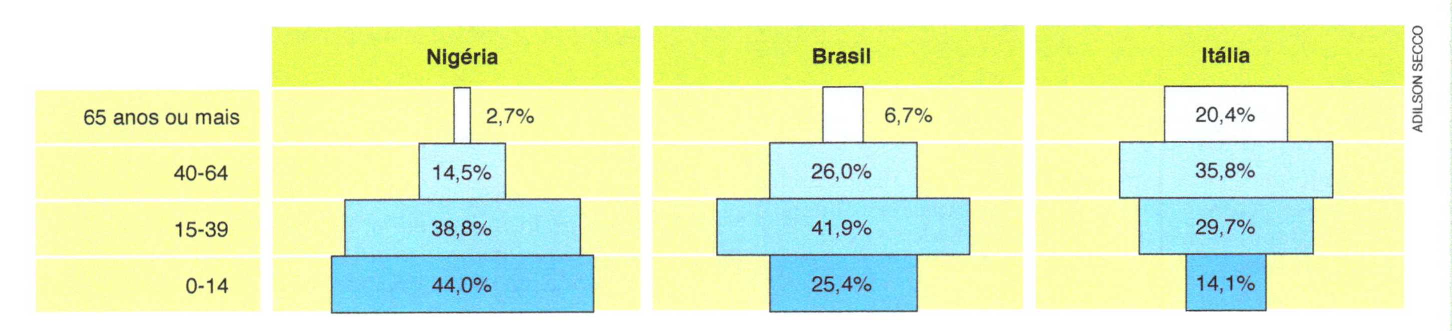

Parte A. Pirâmides de idade da Nigéria, do Brasil e da Itália para dados de 2010. (Elaboradas com base em dados das Nações Unidas, disponível em: <http://populationpyramid.net/pt/>. Acesso em: jan. 2017.) A base larga e o ápice estreito da pirâmide da Nigéria indicam, respectivamente, alta taxa de natalidade e, provavelmente, alta taxa de mortalidade nas idades mais avançadas, o que dá um aspecto bem triangular ao gráfico. Na pirâmide da Itália, típica de países desenvolvidos, o gráfico tem base mais estreita e ápice mais largo, indicando, respectivamente, controle da natalidade e expectativa de vida elevada.

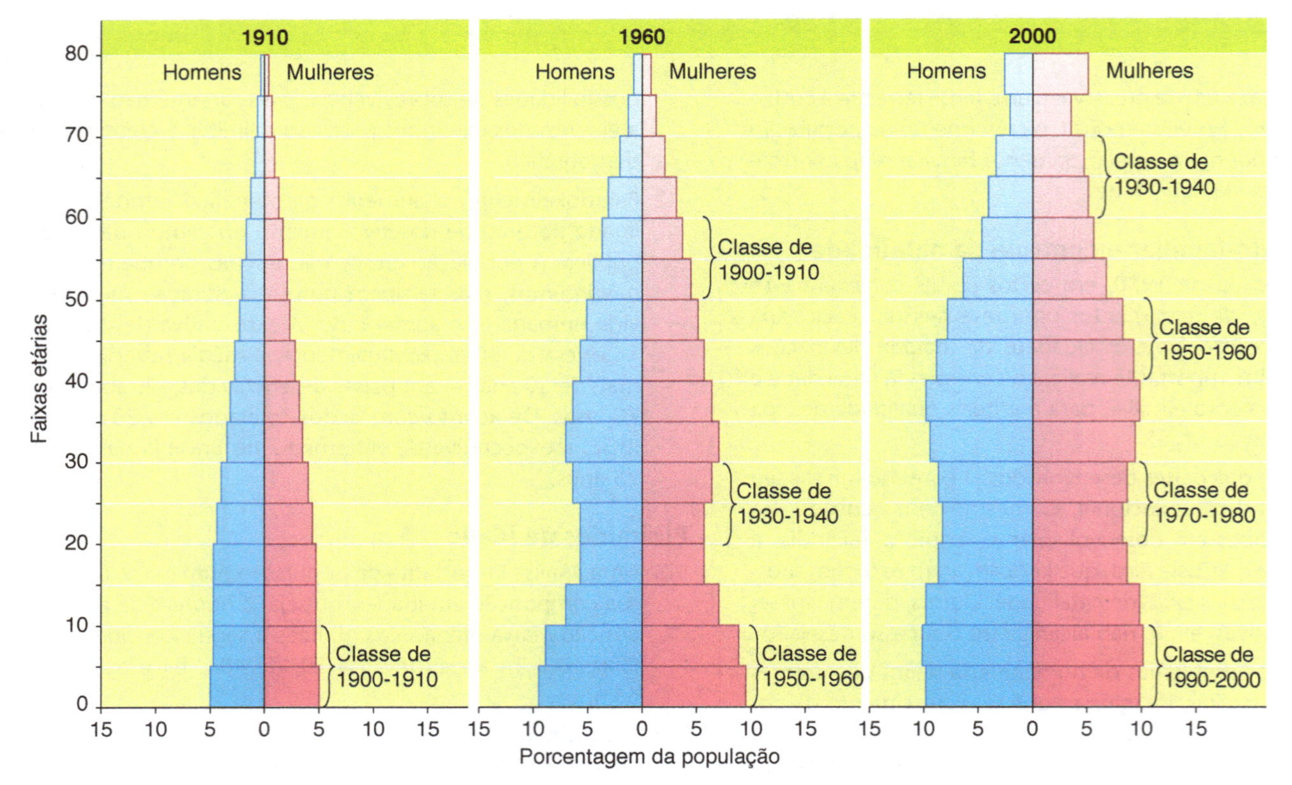

Parte B. Pirâmides de idade dos Estados Unidos nos anos 1910, 1960 e 2000. (Elaboradas com base em dados de Mader, S. S., 1998.) Além de diversas classes de idade, a pirâmide também representa o número de homens e o de mulheres. Observe que as classes mais antigas deslocam-se para cima na pirâmide (acompanhe as classes de idade marcadas nos três casos). A análise dessas pirâmides permite fazer projeções sobre o crescimento das populações.

GUIA DE LEITURA

O tema escolhido para este quadro – o crescimento da população humana – é do interesse de todo cidadão consciente. Isso porque a superpopulação agrava inúmeros outros problemas com os quais a humanidade tem de lidar: fome, saneamento básico, esgotamentos de recursos naturais, epidemias etc. O assunto exige concentração e método para ser compreendido; para ajudá-lo nessa tarefa elaboramos o Guia de leitura a seguir.

1. Leia o primeiro parágrafo, que compara determinados aspectos da população humana aos de outras populações. A última frase revela fatores responsáveis pela expansão populacional da humanidade. Você consegue imaginar que fatores seriam esses? Confira, ao longo do texto, se esses pontos são esclarecidos. Para não esquecer, anote esses fatores em seu caderno.
2. Leia o segundo parágrafo: ele responde pelo menos à parte da questão proposta no item 1?
3. Informe-se, nos parágrafos 3 e 4, sobre alguns problemas decorrentes da expansão populacional humana. Faça um resumo dos aspectos que considerar mais importantes.
4. Nos parágrafos 5 e 6 comentam-se alternativas para minimizar o problema da superpopulação humana. Quais são elas?
5. Leia o parágrafo 7 e certifique-se de ter compreendido suas afirmações. Se possível, converse sobre o assunto com os professores de História, Geografia ou Sociologia. Anote ou grave os pontos mais importantes da conversa.
6. Informe-se, no parágrafo 8, sobre alguns países que já conseguiram reduzir suas taxas de natalidade. Considere esse tema para uma futura pesquisa.
7. Leia o parágrafo 9 e responda: qual é a importância, segundo o texto, de reduzir o crescimento da população humana?
8. O parágrafo 12 menciona outro fator, além do aumento da natalidade, para explicar a expansão demográfica. Qual é ele?
9. Leia os parágrafos 13 e 14 e responda: o que são pirâmides de idade (ou pirâmides etárias)?
10. Leia o parágrafo 15, que aborda diferentes formatos das pirâmides de idade. Analise também a parte A das pirâmides de idade acompanhando com a leitura da legenda correspondente. Responda: que aspectos populacionais estão correlacionados com o formato das pirâmides etárias?
11. O parágrafo 16, que encerra o quadro, menciona a importância da análise das pirâmides de idade para prever o crescimento de uma população. Analise a parte B das pirâmides de idade e leia a legenda. Perceba que, nas pirâmides de anos posteriores, as classes etárias mais antigas deslocam-se para cima. Responda: por que uma pirâmide de base larga indica uma tendência ao crescimento da população?

Mapa de conceitos

Sucessão ecológica

Sucessão ecológica

- pode ser classificada em **Sucessão primária** e **Sucessão secundária**
  - **Sucessão primária**
    - inicia-se pela colonização de uma área desértica por **Espécies pioneiras**
      - são, por exemplo, **Liquens**, **Gramíneas**
    - ocorre em locais inóspitos onde, praticamente, não há **Seres vivos**
    - ocorre, por exemplo, em **Dunas de areia**, **Rochas nuas**, etc.
  - **Sucessão secundária**
    - ocorre em locais anteriormente habitados por **Seres vivos**
    - ocorre, por exemplo, em **Lavouras abandonadas**, **Lagos secos**, etc.
- ocasiona mudanças quanto à(s) **Biomassa**, **Relações ecológicas**, **Homeostase**, **Biodiversidade**
  - **Biomassa**, **Relações ecológicas**, **Homeostase**, **Biodiversidade** aumenta(m) durante a **Sucessão ecológica**
  - **Biodiversidade** é a variedade, em uma área, de **Comunidade(s) biológica(s)**, **Populações biológicas**, **Espécie(s) biológica(s)**
- é a mudança temporal ordenada da(s) **Comunidade(s) biológica(s)**
  - **Comunidade(s) biológica(s)** é (são) um conjunto de **Populações biológicas**
  - **Populações biológicas** são conjuntos de indivíduos de mesma **Espécie(s) biológica(s)**
- pode levar ao estabelecimento de **Comunidades clímax**
  - **Comunidades clímax** são **Comunidade(s) biológica(s)**
  - **Comunidades clímax** podem constituir **Biomas**
  - **Biomas** podem ser **Floresta Amazônica**, **Floresta Atlântica**, **Cerrado**, etc.

ATIVIDADES

REVENDO CONCEITOS, FATOS E PROCESSOS

3.1 O que é espécie biológica?

1. "Grupos de populações naturais que se cruzam real ou potencialmente e que estão isolados reprodutivamente de outros grupos semelhantes." A afirmação é uma definição de
- **a)** espécie proposta por Lineu.
- **b)** gênero proposta por Lineu.
- **c)** espécie proposta por Mayr.
- **d)** gênero proposta por Mayr.

2. O sistema de nomear os seres vivos, originalmente proposto por Lineu, é chamado
- **a)** categoria taxonômica.
- **b)** evolução.
- **c)** filogenia.
- **d)** nomenclatura binomial.

3. Espécie biológica é definida como um grupo de seres vivos com
- **a)** pelo menos uma característica morfológica ou fisiológica que os distingue de outros grupos.
- **b)** características semelhantes, cujos membros podem cruzar entre si e são reprodutivamente isolados de outros grupos.
- **c)** características idênticas e cujos membros podem ser visualmente distinguidos de outras espécies.
- **d)** certo número de características em comum.

4. De acordo com a nomenclatura binomial, os nomes *Drosophila melanogaster* e *Drosophila simulans* indicam
- **a)** dois gêneros de uma mesma espécie.
- **b)** duas espécies de um mesmo gênero
- **c)** duas raças de uma mesma espécie.
- **d)** duas raças de um mesmo gênero.

3.2 Características das populações

5. População biológica é o conjunto
- **a)** de espécies que habitam determinada região.
- **b)** de indivíduos de mesma espécie que vivem em uma região, em determinado momento.
- **c)** de comunidades que vivem em um biótopo.
- **d)** formado pela comunidade biológica e pelo biótopo em interação.

6. A taxa de crescimento relativo de uma população difere da taxa de crescimento absoluto por levar em conta
- **a)** a capacidade de suporte.
- **b)** o tamanho do território.
- **c)** o tamanho populacional inicial.
- **d)** a taxa de mortalidade infantil.

Considere os seguintes fatores relativos a uma população biológica para responder às questões 7 e 8.
- **a)** Emigração.
- **b)** Imigração.
- **c)** Mortalidade.
- **d)** Natalidade.

7. Que fator(es) contribui(em) para o aumento da densidade populacional?

8. Que fator(es) contribui(em) para a redução do tamanho populacional?

Utilize as alternativas a seguir para responder às questões de 9 a 12.
- **a)** Curva de crescimento populacional.
- **b)** Pirâmide etária.
- **c)** Taxa de crescimento intrínseco.
- **d)** Resistência do meio.

9. Que tipo de representação gráfica mostra a variação do tamanho da população ao longo do tempo?

10. Como se denomina a capacidade que uma população tem de crescer?

11. Que tipo de representação gráfica mostra a distribuição dos indivíduos de uma população por faixas de idade?

12. Como se denomina o conjunto de fatores ambientais que restringem o crescimento populacional?

13. Define-se capacidade de suporte como
- **a)** a capacidade de uma espécie dar suporte a outra semelhante.
- **b)** o tamanho máximo da população que o ambiente comporta.
- **c)** o número mínimo de indivíduos de uma espécie admitido pelo ambiente.
- **d)** o potencial da população de gerar descendentes como suporte do crescimento.

3.3 Comunidades biológicas

14. Nicho ecológico é
- **a)** a parte da comunidade biológica representada por seres vivos.
- **b)** o conjunto de atividades de uma espécie no hábitat.
- **c)** o local do biótopo em que vive a espécie.
- **d)** o mesmo que biocenose.
- **e)** o mesmo que hábitat.

Considere as alternativas a seguir para responder às questões de 15 a 24.
- **a)** Colônia.
- **b)** Comensalismo.
- **c)** Competição interespecífica.
- **d)** Competição intraespecífica.
- **e)** Herbivoria.
- **f)** Inquilinismo.
- **g)** Mutualismo obrigatório.
- **h)** Parasitismo.
- **i)** Predação.
- **j)** Mutualismo facultativo (protocooperação).

15. Qual é o tipo de relação ecológica entre planta e fungo na micorriza?

16. Qual é o tipo de relação ecológica entre alga e fungo no líquen?

17. Qual é o tipo de relação ecológica entre uma bromélia epífita e a palmeira sobre a qual ela cresce?

18. Qual é o tipo de relação ecológica entre boi e gafanhoto que se alimentam em um mesmo campo com pouca pastagem?

19. Qual é o tipo de relação ecológica entre o capim e a zebra que dele se alimenta?

20. Qual é o tipo de relação ecológica entre o caranguejo-eremita e a anêmona-do-mar que vive sobre sua concha?

21. Qual é o tipo de relação ecológica entre abutres e leões?

22. Que tipo de relação há entre a lombriga e um ser humano?

23. Qual é o tipo de relação ecológica entre o gavião-peregrino e o pombo que lhe serve de alimento?

24. Qual é o tipo de relação ecológica entre a rêmora e um tubarão?

25. "Uma pequena ave, conhecida como paliteiro, entra sem medo na boca do gavial do rio Ganges removendo sanguessugas e detritos das gengivas do crocodiliano. O gavial não come a ave e parece abrir a boca propositalmente para que ela atue." De acordo com a descrição anterior, a relação ecológica entre o paliteiro e o gavial pode ser classificada como

a) comensalismo.
b) inquilinismo.
c) mutualismo obrigatório.
d) mutualismo facultativo.

Considere as alternativas a seguir para responder às questões 26 e 27.

a) Comensalismo.
b) Competição interespecífica.
c) Inquilinismo.
d) Mutualismo facultativo.

26. "Em locais onde há certa espécie de anêmona-do-mar, o peixe-palhaço vive entre os tentáculos desse cnidário, sendo protegido pelas células urticantes do cnidário. Restos de alimento do peixe-palhaço podem ser aproveitados pela anêmona." Como se denomina a relação ecológica que melhor se aplica a essa associação?

27. Suponha que a descrição da questão anterior foi modificada, substituindo-se a última frase por: "A anêmona-do-mar não tem benefício nem prejuízo com a presença do peixe-palhaço entre seus tentáculos".
Se isso realmente ocorresse, como teria de ser reclassificada a relação entre o peixe-palhaço e a anêmona?

28. Térmitas são organismos que vivem em grandes cidadelas construídas de barro e saliva das operárias, chamadas popularmente de cupinzeiros. Os indivíduos de um cupinzeiro repartem funções e todos cooperam para o bem-estar do grupo. Qual das relações ecológicas melhor se aplica à associação entre as térmitas?

a) Colônia.
b) Mutualismo facultativo.
c) Simbiose.
d) Sociedade.

3.4 Sucessão ecológica

29. A sucessão ecológica caracteriza-se

a) pela introdução, em uma comunidade, de uma espécie bem-sucedida em outro ecossistema.
b) pela colonização de um ambiente com sucessivas mudanças nas comunidades biológicas.
c) pelo fim do processo evolutivo da comunidade biológica, com extinção da maioria das espécies, incluindo as pioneiras.
d) pelo grande sucesso ecológico de uma espécie na comunidade.

30. O termo espécie pioneira

a) aplica-se apenas a espécies que colonizam ambientes antes ocupados por seres vivos.
b) aplica-se às espécies capazes de iniciar a colonização de um local desabitado.
c) não se aplica a espécies vegetais, mas apenas a liquens e fungos.
d) refere-se àquelas espécies que se extinguem primeiro na comunidade biológica.

31. Exemplos de espécies pioneiras, capazes de colonizar ambientes inóspitos, são

a) coníferas e musgos.
b) fungos e protozoários.
c) gramíneas e liquens.
d) musgos e insetos.

32. Uma diferença entre sucessão primária e sucessão secundária é

a) o tipo de ambiente existente no início da sucessão.
b) o tipo de comunidade clímax que se estabelece em cada caso.
c) o tempo de duração da sucessão, mais rápido na sucessão primária.
d) o fato de a sucessão secundária levar a menor biodiversidade.

33. Em uma sucessão ecológica sempre ocorre

a) aumento da biodiversidade.
b) aumento da biomassa.
c) aumento da homeostase.
d) aumento do número de relações ecológicas.
e) tudo o que está mencionado nas alternativas anteriores.

34. Uma comunidade estável que se estabelece em uma região após um processo de sucessão é

a) sempre uma floresta.
b) sempre uma savana.
c) sempre uma comunidade clímax.
d) uma sucessão primária.
e) uma sucessão secundária.

3.5 Grandes biomas do mundo

35. Qual das alternativas a seguir traz uma associação **incorreta**?

a) Pradaria – Plantas epífitas.
b) Deserto – Xeromorfismo.
c) Floresta temperada – Árvores caducifólias.
d) Tundra – Seca fisiológica.

36. Apenas uma das alternativas a seguir sobre as características da tundra **não** é verdadeira. Qual é ela?

a) Bioma de clima frio.
b) Seca fisiológica.
c) Solo encharcado no verão.
d) Vegetação em andares.

37. Apenas uma das alternativas a seguir sobre a floresta pluvial tropical **não** é verdadeira. Qual é ela?

a) Alta biodiversidade.
b) Maioria das árvores caducifólias.
c) Solo rico em nutrientes.
d) Vegetação em andares.

38. Zebras pastavam gramíneas quando foram atacadas por um bando de leões. Em que bioma isso deve ter ocorrido?

a) Deserto.
b) Floresta tropical.
c) Floresta temperada.
d) Savana.

3.6 Domínios morfoclimáticos e biomas do Brasil

39. A popular seringueira *Hevea brasiliensis* é típica de qual bioma?

a) Caatinga.
b) Cerrado.
c) Floresta Amazônica.
d) Floresta Atlântica.

40. Qual dos biomas a seguir tem maiores semelhanças com a floresta pluvial costeira?

a) Caatinga.
b) Cerrado.
c) Floresta Amazônica.
d) Floresta de Cocais.

41. Um bioma brasileiro com arbustos e pequenas árvores retorcidos, cujas características são mais influenciadas pela composição do solo do que pela falta de chuvas, é

a) Caatinga.
b) Cerrado.
c) Floresta Amazônica.
d) Floresta Atlântica.

42. O xeromorfismo constitui-se em uma série de adaptações das plantas à seca. Plantas xeromórficas são encontradas no bioma denominado

a) Caatinga.
b) Floresta Amazônica.
c) Floresta Atlântica.
d) Floresta de Cocais.

43. Rizóforos e pneumatóforos são adaptações ao solo encharcado, salgado e pouco consistente do ecossistema conhecido como

a) Caatinga.
b) Cerrado.
c) Floresta Atlântica.
d) manguezal.

3.7 Ecossistemas aquáticos

Associe cada uma das alternativas a seguir com uma das questões de 44 a 47.

a) Bentos.
b) Nécton.
c) Fitoplâncton.
d) Zooplâncton.

44. A que grupo pertencem larvas de ostras e microcrustáceos que flutuam na água dos mares?

45. A que grupo pertencem seres fotossintetizantes como diatomáceas, dinoflagelados e algas verdes?

46. A que grupo pertencem animais que nadam ativamente no mar, como peixes e baleias?

47. A que grupo pertencem animais que vivem no fundo marinho, como estrelas-do-mar e vermes poliquetos?

QUESTÕES PARA EXERCITAR O PENSAMENTO

48. A tabela a seguir refere-se a uma população experimental inicialmente constituída por 100 indivíduos, machos e fêmeas, analisada por um período de seis anos. Utilize os dados da tabela para responder às questões.

	Tempo (em anos)					
Variação do nº de indivíduos causada por	1	2	3	4	5	6
Nascimento	48	65	102	149	128	110
Imigração	4	19	21	10	2	1
Morte	10	12	20	35	65	75
Emigração	2	1	2	3	45	40

a) Calcule, ano a ano, o tamanho da população, considerando os dados de nascimento, morte, imigração e emigração (lembre-se de que a população inicial era de 100 indivíduos). No caderno, construa uma quinta linha da tabela, totalizando o número de indivíduos em cada ano. Em seguida, construa um gráfico para representar o crescimento da população, relacionando o número de indivíduos (no eixo das ordenadas) e o tempo decorrido (no eixo das abscissas).

b) Considere que a população ocupe uma área de um quilômetro quadrado (1 km^2). Calcule, ano a ano, a densidade populacional. A seguir, construa um gráfico de barras verticais, em que o comprimento de cada barra represente o valor da densidade populacional. Consulte sua professora ou seu professor sobre a melhor maneira de construir um gráfico como esse.

c) Com base na análise dos dados e dos gráficos construídos, redija um pequeno texto que descreva a dinâmica dessa população em termos dos fatores analisados (natalidade, mortalidade, imigração, emigração, crescimento populacional e densidade).

49. Utilize os dados a seguir para construir as pirâmides de idade de dois países, identificados como **A** e **B**.

País **A**	
Faixa etária	**Porcentagem**
0-14 anos	40,6
15-39 anos	39,2
40-64 anos	16,4
acima de 65 anos	3,8

País **B**	
Faixa etária	**Porcentagem**
0-14 anos	18,8
15-39 anos	33,3
40-64 anos	30,6
acima de 65 anos	17,3

50. Certos insetos, entre os quais se destacam abelhas e vespas, visitam flores coletando pólen e néctar, utilizados como alimento para as colmeias. Ao visitar diversas flores durante seu trabalho, os insetos transportam pólen de uma flor para outra, atuando como agentes polinizadores que auxiliam na reprodução das plantas. Certas espécies de planta são altamente adaptadas a determinadas espécies de inseto polinizador e dependem exclusivamente delas para se reproduzir. Em outras plantas, a polinização pode ser feita por diversas espécies de inseto e até mesmo pelo vento. Como você classificaria o tipo de interação entre os insetos polinizadores e as plantas por eles polinizadas? Considere, em sua análise, tanto os casos em que o agente polinizador é altamente específico para a espécie vegetal, com alta interdependência, como os casos em que não há essa especificidade.

51. As aves conhecidas como pica-paus têm a língua alongada com um gancho na ponta. Para se alimentar, eles introduzem esse órgão nas cavidades de troncos de árvores (essas cavidades são causadas por larvas de insetos brocas), retirando dali larvas que lhes servem de alimento. Sabendo que as brocas são extremamente prejudiciais à saúde das plantas, classifique o tipo de relação que existe entre:

a) as brocas e as árvores onde elas vivem;
b) os pica-paus e as brocas;
c) os pica-paus e as árvores.

52. Certas espécies de formigas cortam folhas, levam-nas para os formigueiros e nelas cultivam fungos específicos, dos quais se alimentam. A relação entre essas formigas e fungos é altamente específica e interdependente: não poderiam viver uns sem os outros. Pesquise sobre essa relação e elabore um resumo com as informações mais relevantes.

53. Algumas espécies de formigas defendem pulgões de seus predadores naturais. Esse comportamento aparentemente inusitado tem uma explicação: se devidamente estimulados, os pulgões produzem gotículas ricas em açúcares extraídos da planta que parasitam, as quais servem de alimento às formigas.
Alguns cientistas denominam essa relação de esclavagismo, argumentando que formigas transformam pulgões em seus "escravos". Analisando essa relação pelo aspecto da reciprocidade, como ela poderia ser classificada? Pesquise a respeito e escreva suas considerações no caderno.

54. Duas espécies diferentes, A e B, foram objeto da seguinte experiência: em um primeiro momento, foram criadas em ambientes separados e para ambas foram fornecidas condições ótimas de sobrevivência, obtendo-se os dados lançados no gráfico 1. Em um segundo momento, as duas espécies foram reunidas em um mesmo ambiente que oferecia condições ótimas para ambas, obtendo-se os dados lançados no gráfico 2. O que se pode concluir com base na análise comparativa dos gráficos 1 e 2?

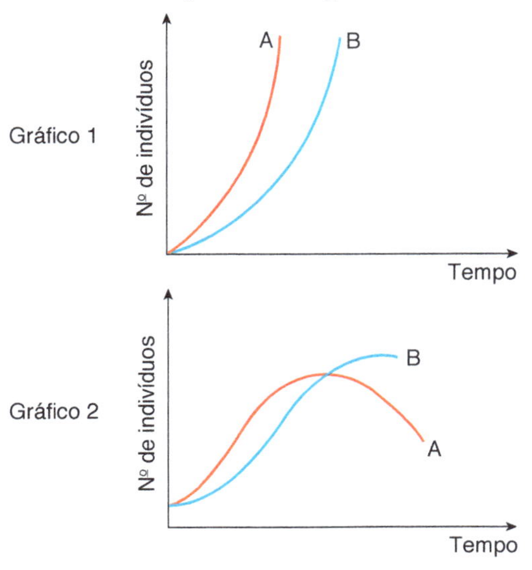

55. No interior de cada quadro apresentado a seguir existem dois gráficos: o da esquerda (1) representa as curvas de crescimento de duas espécies quando separadas e o da direita (2) representa as curvas de crescimento das espécies quando reunidas. Para qualquer dos gráficos as condições do meio são ótimas para as espécies.

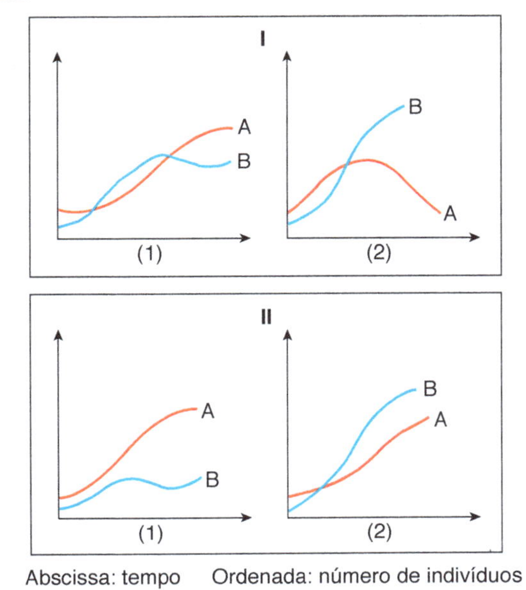

Abscissa: tempo Ordenada: número de indivíduos

Classifique o tipo de relação existente entre as duas espécies em cada uma das duas situações (I e II), segundo as categorias mencionadas a seguir. Justifique sua escolha em cada caso.

a) Comensalismo.
b) Predação.
c) Competição.
d) Mutualismo facultativo.

56. Durante a sucessão ecológica rumo ao clímax, discuta o que ocorre com os seguintes fatores:

a) número de nichos ecológicos disponíveis;
b) diversidade de espécies;
c) biomassa de comunidade;
d) dependência do microclima em relação ao clima regional.

57. Em uma comunidade clímax, pode-se dizer que há grande homeostase. O que isso significa?

58. Enumere alguns fatores que podem determinar as características da comunidade clímax em determinada região. Por exemplo, o que determina a existência de florestas pluviais tropicais na região equatorial da Terra?

59. Como foi mostrado no capítulo, o Brasil apresenta uma das maiores biodiversidades do mundo, distribuída em grande variedade de biomas, incluídos em seis domínios morfoclimáticos principais. Estamos próximos ou fazemos parte de algum bioma natural, visitamos outros ao viajar, mas, na maioria das vezes, nem pensamos nisso. Nesta atividade, a proposta é pensar nos biomas que conhecemos pessoalmente. Por exemplo, você mora em Cuiabá, em Mato Grosso, e visita um primo em Quixeramobim, no Ceará. Com quais biomas naturais tem contato? Repasse os domínios morfoclimáticos brasileiros estudados no capítulo e tente lembrar de algo que já vivenciou em relação a plantas, animais, ambiente etc. em cada local que conhece pessoalmente. Pesquise que tipos de biomas ocorrem no município em que você mora. O bioma original está preservado? Compartilhe com os colegas, por meio de aplicativos de mensagem, fotografias de biomas que você conhece e dos lugares que visitou. Inclua suas impressões pessoais sobre cada imagem.

60. Muitos ecossistemas têm sofrido agressões em função da superexploração econômica e da ignorância a respeito da importância de sua preservação. Preocupadas com esse problema, existem atualmente diversas entidades que se dedicam à educação ambiental e à recuperação de ecossistemas ameaçados, como é o caso dos manguezais. Pesquise a importância dos mangues para organismos diversos e a relação das populações humanas com esses ecossistemas, levantando os impactos causados e as ações que têm sido adotadas para sua preservação e ocupação sustentável. Resuma as informações coletadas e apresente-as para a classe na forma de um cartaz ilustrado, de forma a evidenciar a importância da preservação dos mangues.

A BIOLOGIA NO VESTIBULAR

QUESTÕES OBJETIVAS

61. (UFSM-RS) O conjunto de indivíduos da mesma espécie que habita determinada região geográfica é chamado

a) comunidade.
b) nicho ecológico.
c) ecossistema.
d) população.
e) bioma.

62. (UFSM-RS) Escolha a alternativa que completa a frase a seguir:
( ) e ( ) aumentam o tamanho de uma população.

a) Natalidade — emigração
b) Mortalidade — emigração
c) Mortalidade — imigração
d) Emigração — imigração
e) Natalidade — imigração

63. (UFPE) Analise a figura adiante, relativa ao tema crescimento das populações biológicas, correlacionando-a com as proposições dadas e classificando-as em Verdadeira (V) ou Falsa (F).

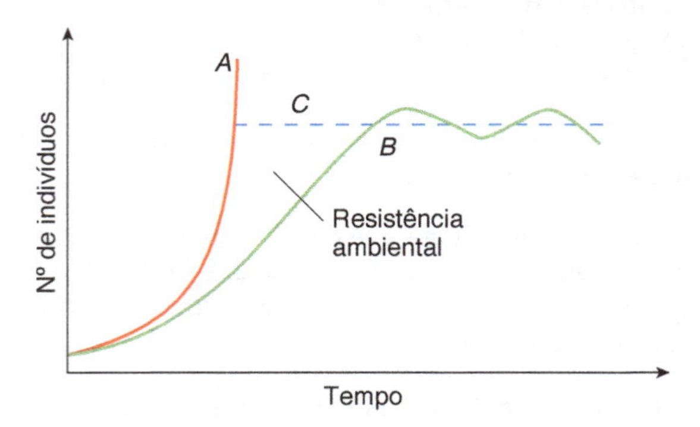

( ) A curva *A* ilustra o crescimento de uma população biológica avaliado em ambiente que impõe restrições ao desenvolvimento da mesma.
( ) A curva sigmoide, mostrada em *B*, ilustra a taxa de crescimento intrínseco de uma população biológica.
( ) *C* indica o tamanho populacional que o ambiente suporta.
( ) A curva *B* ilustra o crescimento real de uma população biológica, considerando a resistência ambiental.
( ) A curva *A* ilustra a taxa de crescimento intrínseco de uma população. Fatores como disponibilidade de alimento, parasitismo, predatismo etc. não influenciam.

64. (PUC-Campinas-SP) Nos gráficos a seguir, a variável tempo está indicada no eixo *x* e o número de drosófilas, no eixo *y*. Qual das alternativas corresponde ao gráfico que representa corretamente o crescimento de uma população de drosófilas mantidas em meio de cultura adequado, sem restrições de nutrição, aeração e espaço?

a) 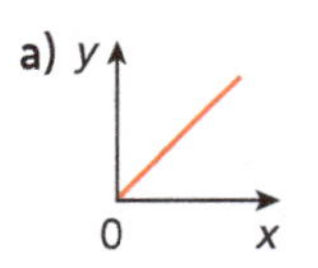

c) 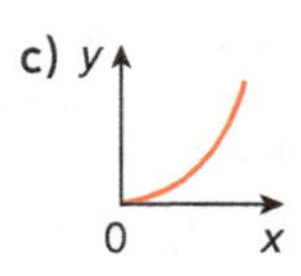

e) 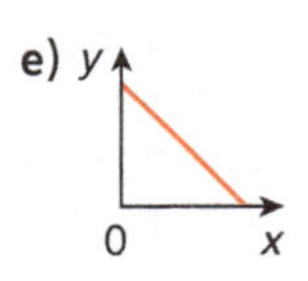

b) 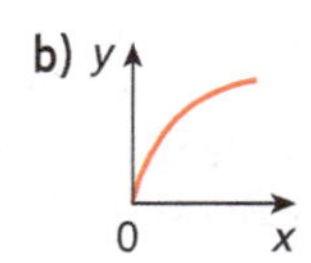

d) 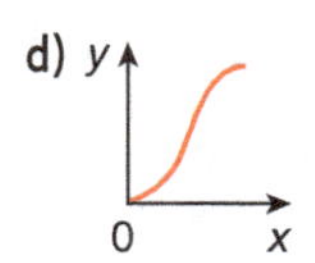

65. (Fuvest-SP) Os gráficos a seguir representam diferentes estruturas etárias de populações humanas. O eixo vertical indica idade e o eixo horizontal, número de indivíduos.

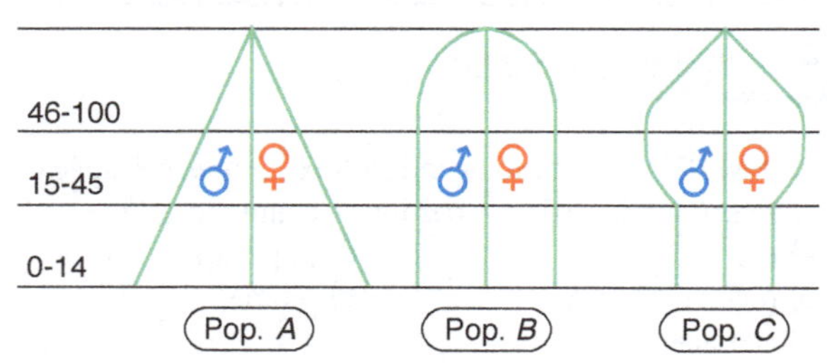

A população em expansão é

a) *A*, já que os adultos em idade reprodutiva e os idosos são mais numerosos do que as crianças.
b) *A*, já que o número de crianças é maior do que o de adultos em idade reprodutiva.
c) *B*, já que o número de adultos em idade reprodutiva e de crianças é praticamente igual.
d) *C*, já que os adultos em idade reprodutiva são mais numerosos do que as crianças.
e) *C*, já que o número de pessoas idosas é maior do que o de adultos em idade reprodutiva.

66. (Unifor-CE) Analise os quatro diagramas, a seguir representados, mostrando a estrutura etária das populações humanas de quatro países diferentes.

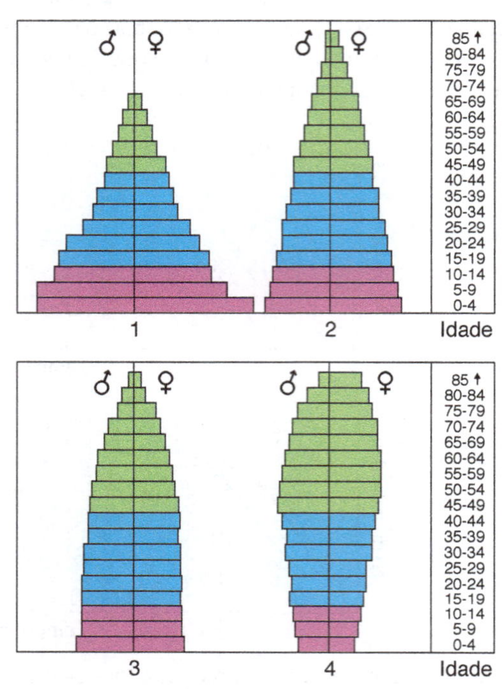

(Adaptado de C. F. Starr, R. Taggart. *Biology*. 11. ed. Austrália: Thomson, 2006. p. 815.)

Sobre eles fizeram-se as seguintes afirmações:

I. Os diagramas apresentam exemplos de disparidade demográfica nos diferentes países.
II. As taxas de crescimento populacional nos países 1, 2, 3 e 4 são, respectivamente, rápida, lenta, zero e negativa.
III. Se cada casal em idade reprodutiva da população 1 decidir ter apenas um filho, a taxa de crescimento populacional será imediatamente revertida.

Está correto o que se afirmou em

a) I somente.
b) II somente.
c) III somente.
d) I e II somente.
e) I, II e III.

67. (UFSM-RS) Na região da Quarta Colônia Italiana, no estado do RS, encontram-se fragmentos de mata atlântica, o que levou essa região a ser incorporada à Reserva da Biosfera da Mata Atlântica, reconhecida pela Unesco em 1993. A importância dessa Reserva reside na grande biodiversidade presente e no impedimento de sua extinção. Qual dos conceitos ecológicos a seguir abrange mais elementos da biodiversidade?

a) Espécie.
b) População.
c) Nicho.
d) Comunidade.
e) Hábitat.

68. (Fuvest-SP) Uma pequena quantidade da levedura *Saccharomyces cerevisae* foi inoculada em um tubo de ensaio, contendo meio apropriado. O desenvolvimento dessa cultura está representado no gráfico.

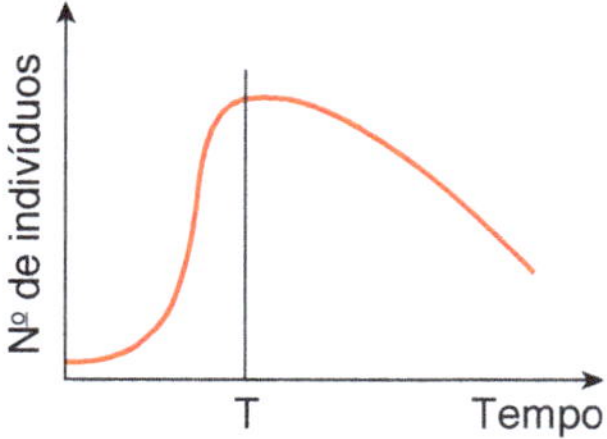

Para explicar o comportamento da população de leveduras, após o tempo *T*, foram levantadas três hipóteses:

1. A cultura foi contaminada por outro tipo de microrganismo, originando competição, pois o esperado seria o crescimento contínuo da população de leveduras.
2. O aumento no número de indivíduos provocou diminuição do alimento disponível, afetando a sobrevivência.
3. O acúmulo dos produtos excretados alterou a composição química do meio, causando a morte das leveduras.

Entre as três hipóteses, podemos considerar plausível(eis) apenas

a) 1.
b) 2.
c) 3.
d) 1 e 2.
e) 2 e 3.

69. (UFPE) Ao dizer onde uma espécie pode ser encontrada e o que faz no lugar onde vive, estamos informando, respectivamente,

a) nicho ecológico e hábitat.
b) hábitat e nicho ecológico.
c) hábitat e biótopo.
d) nicho ecológico e ecossistema.
e) hábitat e ecossistema.

70. (UFSCar-SP) As figuras 1 e 2 mostram curvas de crescimento de duas espécies de protozoários, *A* e *B*. Em 1, as espécies foram cultivadas em tubos de ensaio distintos e, em 2, elas foram cultivadas juntas, em um mesmo tubo de ensaio.

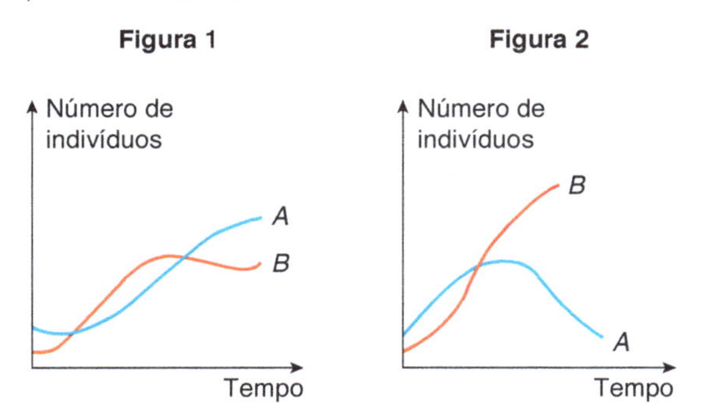

Considerando que as condições do meio foram as mesmas em todos os casos, a explicação mais plausível para os resultados mostrados é:

a) a espécie *A* é predadora de *B*.
b) a espécie *B* é predadora de *A*.
c) a espécie *A* é comensal de *B*.
d) a espécie *B* é comensal de *A*.
e) as espécies *A* e *B* apresentam mutualismo.

71. (UFPE) Um exemplo clássico de relação ecológica harmônica interespecífica pode ser observado em pastagens, onde pássaros pousam em vacas e bois e comem carrapatos que estão parasitando o gado, deixando-o livre desses desconfortáveis parasitas. Essa relação é conhecida como

a) predatismo.
b) inquilinismo.
c) protocooperação.
d) mutualismo.
e) amensalismo.

72. (PUC-MG)

> Na década de 50, uma espécie inofensiva de capim foi importada da África para ser usada como pastagem, e o capim annoni veio como contaminante e apareceu no meio da pastagem. Sem saber do potencial invasor da planta, o fazendeiro Ernesto José Annoni passou a multiplicar e vender as sementes do capim, que batizou com o seu sobrenome. "É um verdadeiro desastre ecológico", afirma o engenheiro florestal José Carlos dos Reis. O capim annoni destrói e toma o lugar das pastagens naturais e, o que é pior, não serve para alimentar o gado. Com raízes desenvolvidas, essa planta exótica puxa mais água e nutrientes do solo que as nativas e ainda produz um herbicida que mata as outras plantas.
>
> • **Fonte:** Reportagem Espécies invasoras, de *Galileu*. n. 145, agosto de 2003.

Analisando-se o texto dado, é CORRETO afirmar:

a) O capim annoni destrói a espécie inofensiva de capim importada da África.
b) O texto apresenta um exemplo de amensalismo e de competição interespecífica.
c) Na África, o capim annoni é mais eficiente na obtenção de água e nutrientes que as espécies nativas.
d) Esse capim contamina as pastagens naturais, infectando-as e causando doenças.

73. (Mackenzie-SP) Certas árvores de urbanização de São Paulo estão ameaçadas de cair devido à ação de cupins que se alimentam do seu corpo vegetativo, que é rico em celulose. A digestão dessa substância no intestino do cupim é realizada por protozoários que têm a enzima celulase e, assim, os dois se satisfazem. Sobre os galhos daquelas árvores, vive um tipo de samambaia que obtém um aproveitamento melhor da luz para sua fotossíntese. Existem, portanto, três tipos de relacionamentos entre os indivíduos citados:

I. cupim e árvore
II. samambaia e árvore
III. protozoário e cupim

I, II e III correspondem, respectivamente, aos relacionamentos

a) parasitismo, parasitismo e mutualismo.
b) predatismo, parasitismo e mutualismo.
c) predatismo, mutualismo e comensalismo.
d) predatismo, epifitismo e mutualismo.
e) parasitismo, epifitismo e mutualismo.

74. (Unifesp) A raflésia é uma planta asiática que não possui clorofila e apresenta a maior flor conhecida, chegando a 1,5 m de diâmetro. O caule e a raiz, no entanto, são muito pequenos e ficam ocultos no interior de outra planta em que a raflésia se instala, absorvendo a água e os nutrientes de que necessita. Quando suas flores se abrem, exalam um forte odor de carne em decomposição, que atrai muitas moscas em busca de alimento. As moscas, ao detectarem o engano, saem da flor, mas logo pousam em outra, transportando e depositando no estigma desta os grãos de pólen trazidos da primeira flor. O texto descreve duas interações biológicas e um processo, que podem ser identificados, respectivamente, como

a) inquilinismo, mutualismo e polinização.
b) inquilinismo, comensalismo e fecundação.
c) parasitismo, mutualismo e polinização.
d) parasitismo, comensalismo e fecundação.
e) parasitismo, comensalismo e polinização.

75. (UFPE) Entre as relações ecológicas em uma comunidade biológica, há aquelas em que os indivíduos de uma espécie usam os de outra espécie como alimento até aquelas em que os indivíduos de duas espécies trocam benefícios. Analise a tabela a seguir e assinale a alternativa que mostra, de forma INCORRETA, o tipo de relação ecológica e o respectivo efeito sobre, pelo menos, uma espécie.

	Tipo de relação	Efeito sobre as espécies	
		Espécie *X*	Espécie *Y*
a)	Comensalismo (*X* comensal de *Y*)	+	0
b)	Parasitismo (*X* é o parasita)	+	−
c)	Predatismo (*X* é o predador)	+	−
d)	Inquilinismo (*X* é inquilino de *Y*)	+	+
e)	Protocooperação	+	+

(+) indica que os indivíduos da espécie são beneficiados com a associação
(−) indica prejuízo para os indivíduos da espécie
(0) indica que não há benefício nem prejuízo para os indivíduos da espécie

76. (UFRRJ)

INSETOS HERBÍVOROS E PLANTAS — de inimigos a parceiros? Acreditava-se, há algum tempo, que uma planta atacada por herbívoros seria prejudicada. Entretanto, estudos científicos vêm mudando essa ideia nas últimas décadas. Eles revelam que a herbivoria, em muitos casos, pode trazer benefícios para supostas vítimas, como maiores defesas contra futuros ataques e até crescimento mais rápido. [...].

Fonte: *Ciência Hoje*, SBPC, v. 32, n. 192, p. 24, abril de 2003.

A análise proposta no texto acima permite repensar a herbivoria, nessas condições, como sendo uma relação

a) benéfica do tipo (+, +).
b) benéfica do tipo (+, 0).
c) benéfica do tipo (0, 0).
d) maléfica do tipo (+, −).
e) maléfica do tipo (−, −).

77. (UFG-GO) Algumas plantas desenvolvem-se bem em terrenos ricos em bactérias do gênero *Rhizobium*, que se associam às suas raízes, formando nódulos macroscópicos. Determinados mamíferos herbívoros abrigam, em seu tubo digestivo, bactérias que digerem a celulose, transformando-a em carboidratos aproveitáveis. As associações descritas são harmônicas, por meio das quais

a) as espécies envolvidas são beneficiadas, estabelecendo uma interdependência fisiológica entre si.
b) um dos indivíduos é beneficiado, utilizando os restos alimentares do outro, e este não é prejudicado.
c) ambos são beneficiados, mas podem viver de modo independente, sem prejuízo para qualquer um deles.
d) uma das espécies é beneficiada, sendo abrigada pela espécie hospedeira, e esta não é prejudicada.
e) dois indivíduos da mesma espécie mostram-se fortemente ligados uns aos outros, e não conseguem viver isoladamente.

78. (UFJF-MG) As queimadas, comuns na estação seca em diversas regiões brasileiras, podem provocar a destruição da vegetação natural. Após a ocorrência de queimadas em uma floresta, é CORRETO afirmar que

a) com o passar do tempo, ocorrerá sucessão primária.
b) após o estabelecimento dos liquens, ocorrerá a instalação de novas espécies.
c) a comunidade clímax será a primeira a se restabelecer.
d) somente após o retorno dos animais é que as plantas voltarão a se instalar na área queimada.
e) a colonização por espécies pioneiras facilitará o estabelecimento de outras espécies.

79. (Fatec-SP) Vários eventos caracterizam a evolução de uma comunidade biológica durante uma sucessão ecológica. Qual das alternativas contém o conjunto correto desses eventos?

a) Modificações no microclima de uma comunidade em sucessão causam diminuição da diversidade biológica e aumento da biomassa.
b) O aumento da diversidade biológica de uma comunidade em sucessão leva ao aumento da biomassa e, à medida que as novas comunidades se sucedem, ocorrem modificações no microclima.
c) O aumento da biomassa da comunidade em sucessão leva ao aumento da diversidade biológica e à estabilização do microclima.
d) O aumento da diversidade biológica causa modificações no microclima de uma comunidade em sucessão, o que determina a diminuição da sua biomassa.
e) A estabilização do microclima e da biomassa determina o aumento da diversidade biológica de uma comunidade em sucessão.

80. (UFSCar-SP) A substituição ordenada e gradual de uma comunidade por outra, até que se chegue a uma comunidade estável, é chamada sucessão ecológica. Nesse processo, pode-se dizer que o que ocorre é

a) a constância de biomassa e de espécies.
b) a redução de biomassa e maior diversificação de espécies.
c) a redução de biomassa e menor diversificação de espécies.
d) o aumento de biomassa e menor diversificação de espécies.
e) o aumento de biomassa e maior diversificação de espécies.

81. (UFRGS-RS) A figura a seguir representa gráficos climáticos que relacionam a temperatura média anual e a precipitação média anual dos principais biomas terrestres, numerados de 1 a 6:

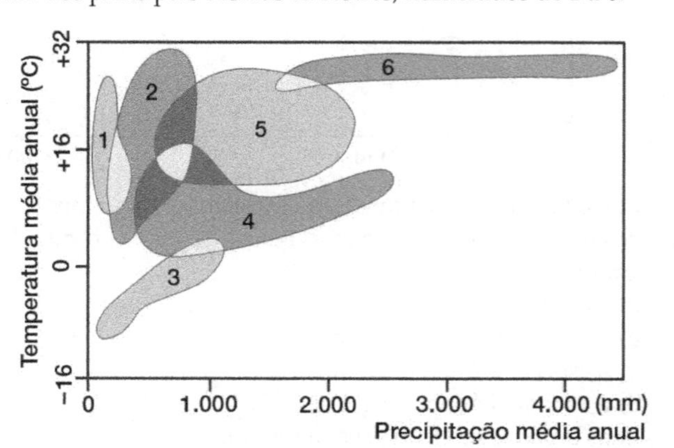

(Adaptado de: ODUM, E. P. *Ecologia*. Rio de Janeiro: Guanabara, 1988.)

Os biomas assinalados com os números 3 e 6 correspondem, respectivamente, a

a) campo e taiga.
b) floresta tropical e deserto.
c) deserto e tundra.
d) taiga e floresta decídua temperada.
e) tundra e floresta tropical.

82. (Fuvest-SP) Qual das alternativas indica corretamente o tipo de bioma que prevalece nas regiões assinaladas?

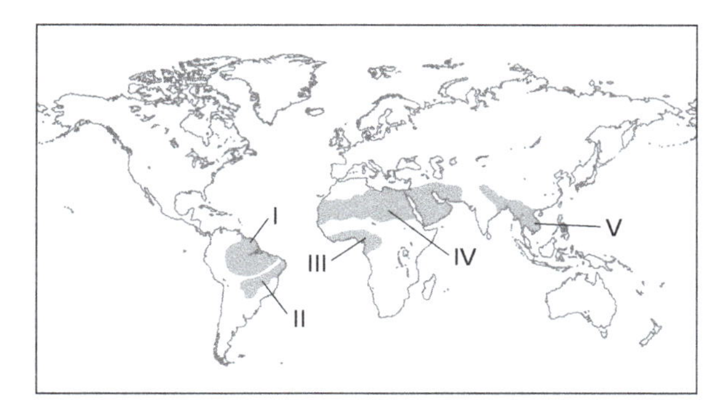

a) Floresta tropical em I, III e IV.
b) Floresta tropical em I, III e V.
c) Savana em I, III e IV.
d) Savana em II, III e IV.
e) Savana em II, IV e V.

83. (PUC-PR) Os animais e vegetais apresentam, geralmente, adaptações morfofisiológicas, a fim de sobreviverem num determinado Biociclo Terrestre (Epinociclo). Analise as características abaixo enunciadas:

– Dos vegetais: redução da superfície foliar, estômatos com ação mais rápida e capacidade de armazenamento de água.
– Dos animais: formação de urina e fezes concentradas, escassez ou ausência de glândulas sudoríparas e capacidade de utilização de água metabólica.

As adaptações acima descritas são características dos vegetais e animais que habitam

a) as florestas temperadas decíduas.
b) a taiga.
c) as florestas tropicais.
d) os desertos.
e) as tundras.

84. (UFSM-RS) As plantações das cerejas-vacina foram feitas em uma região do sul do Brasil, cuja vegetação original foi destruída para dar lugar à agricultura. Essa vegetação se caracterizava pela predominância de plantas herbáceas da família das gramíneas, com a presença eventual de pequenos bosques de arbustos. O índice de chuvas fica entre 500 e 1.000 mm por ano e a temperatura, normalmente, varia de 10 a 14 °C no inverno e de 20 a 23 °C no verão. Essa descrição corresponde a qual dos biomas a seguir?

a) Caatinga.
b) Campos Sulinos.
c) Campos cerrados.
d) Matas de Araucárias.
e) Pantanal Mato-Grossense.

85. (UFPI) A costa brasileira apresenta, numa superfície de cerca de 20 mil quilômetros quadrados, desde o Amapá até Santa Catarina, uma estreita faixa de floresta, composta de pequeno número de espécies arbóreas, que se desenvolvem principalmente nos estuários e na foz dos rios, onde há água salobra, com fauna composta por crustáceos, moluscos e peixes. Esta paisagem descreve o(a)

a) Floresta Atlântica.
b) Cerrado.
c) Pantanal Mato-Grossense.
d) manguezal.
e) Floresta Amazônica.

86. (UFG-GO) O Brasil, devido à enorme dimensão territorial, apresenta uma grande variação climática entre as regiões, o que propicia uma diversidade muito grande de ecossistemas e, consequentemente, da fauna e flora.

Considerando os biomas brasileiros, analise os itens a seguir, classificando as afirmativas em Verdadeira (V) ou Falsa (F).

( ) O Cerrado, localizado no Brasil Central, apresenta arbustos com caules tortuosos e de casca grossa; o clima seco torna a região frequentemente sujeita a incêndios ocasionais; a fauna é rica em animais como o lobo-guará, a ema e a capivara.
( ) O Pantanal Mato-Grossense ocupa a região oeste de Mato Grosso e Mato Grosso do Sul, onde se encontram grandes áreas alagadas com vegetação típica do cerrado, intercalada com vegetação aquática e grande diversidade de aves e peixes.
( ) O manguezal, encontrado na região de Roraima e Tocantins, apresenta árvores de grande porte formando matas densas, onde se encontram predominantemente lobos, tatus e veados-campeiros.
( ) A floresta tropical, encontrada no interior dos estados do Ceará e Piauí, é caracterizada por uma vegetação com folhas pequenas e pontiagudas e com raízes com pneumatóforos; a fauna nela existente é pobre em espécies.

87. (UEM-PR) A Caatinga ocorre no Nordeste, ocupando cerca de 11% do território brasileiro. Nessa região, as chuvas são irregulares, as secas prolongadas e as temperaturas elevadas. Esse tipo de formação caracteriza-se por uma vegetação constituída de árvores baixas e arbustos, que perdem as folhas na estação seca. Entre as plantas, encontram-se a barriguda, o umbuzeiro, a oiticica e o juazeiro, além de algumas cactáceas, como o xiquexique e o mandacaru. A fauna da Caatinga inclui animais como a cascavel, a jiboia, o gavião-carcará, a gralha-cancã, a cutia, o gambá, o tatupeba, o veado-catingueiro e a ararinha-azul. Sobre esse ecossistema, baseando-se em conceitos ecológicos, assinale o que for correto. [Dê como resposta a soma da alternativas corretas.]

(01) As plantas de mandacaru, pertencentes à mesma espécie, constituem uma população.
(02) As populações de cactáceas e de animais fazem parte de uma comunidade.
(04) A ararinha-azul e o gavião-carcará possuem o mesmo nicho ecológico.
(08) As espécies vegetais presentes na caatinga ocupam o mesmo hábitat e o mesmo nicho ecológico.
(16) A oiticica e o juazeiro são organismos produtores, e a cascavel e o veado-catingueiro são organismos consumidores.
(32) Vários fatores do ambiente, como a luz, a umidade e a temperatura, denominados fatores abióticos, atuam permanentemente sobre os animais e os vegetais.
(64) Considerando que as chuvas são irregulares, verifica-se, na Caatinga, a competição entre animais e plantas pela pouca água disponível no solo.

QUESTÕES DISCURSIVAS

88. (UFSCar-SP) Um estudante anotou as alterações ocorridas em uma população de camundongos, no período de maio de um ano a abril do ano seguinte, numa área rural, e obteve o gráfico seguinte.

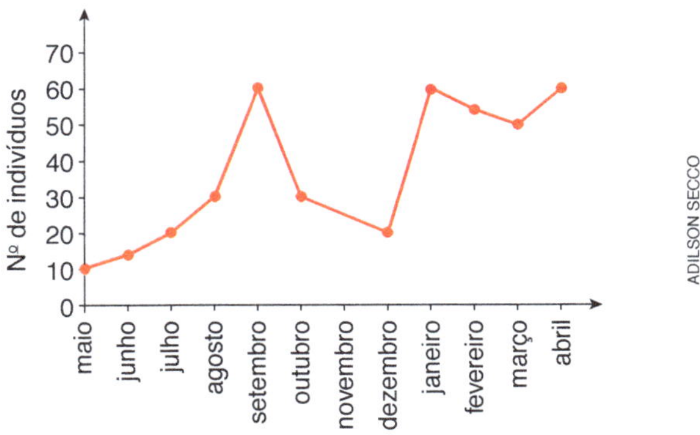

a) Qual período indica taxa de natalidade maior que a taxa de mortalidade? O que está acontecendo com a população nesse período?
b) Cite dois prováveis fatores que podem ter causado a diminuição da densidade nessa população de camundongos, no período de setembro a dezembro.

89. (UFRJ) As principais interações bióticas (relações ecológicas) entre indivíduos das diferentes espécies que compõem um ecossistema são: predação, mutualismo, competição e comensalismo.
Nessas interações, cada indivíduo pode receber benefícios (+), prejuízos (−) ou nenhum dos dois (0).
No quadro a seguir, as interações entre pares de espécies estão identificadas pelas letras *A*, *B*, *C* e *D*.

	1ª espécie	2ª espécie
A	+	+
B	+	−
C	+	0
D	−	−

Identifique as interações *A*, *B*, *C* e *D*.

90. (Vunesp) As curvas da figura representam, uma, a relação existente entre a probabilidade de encontro de uma planta jovem em diferentes distâncias a partir da árvore-mãe e, outra, a probabilidade de sobrevivência dessas plantas jovens.

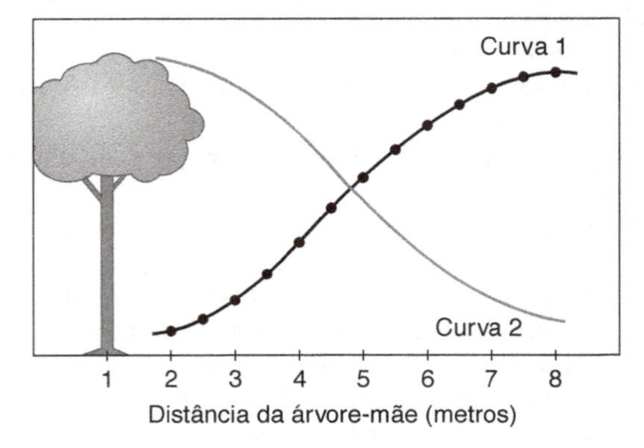

Considerando esta figura, responda:
a) Que curva deve representar a probabilidade de sobrevivência das plantas jovens em relação à distância da árvore-mãe? Cite duas relações interespecíficas que podem ser responsáveis pela tendência observada nessa curva.
b) Cite um exemplo de mutualismo entre a árvore-mãe e animais que pode contribuir para o estabelecimento de plantas jovens em pontos distantes dessa árvore.

91. (Fuvest-SP) O gráfico a seguir representa o crescimento de uma população de herbívoros e da população de seus predadores:

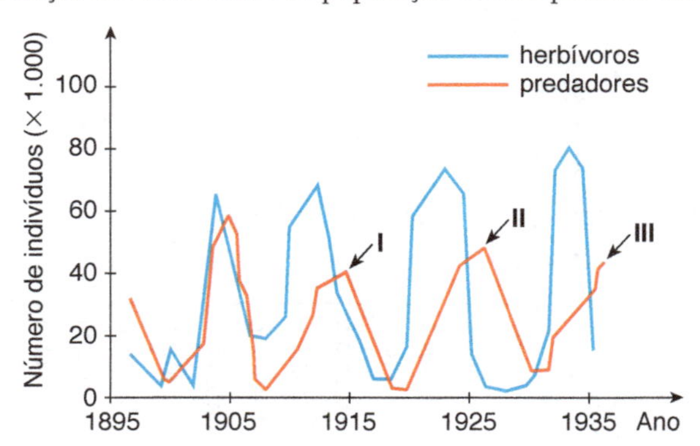

ILUSTRAÇÕES: ADILSON SECCO

a) Pela análise do gráfico, como se explica o elevado número de predadores nos pontos I, II e III? Justifique sua resposta.
b) Se, a partir de 1935, os predadores tivessem sido retirados da região, o que se esperaria que acontecesse com a população de herbívoros? Justifique sua resposta.

92. (UFRJ) A soma da área superficial de todas as folhas encontradas em 1 m² de terreno é denominada SF. O gráfico a seguir apresenta a SF de 3 ecossistemas distintos (*A*, *B* e *C*). Nesses três ambientes, a disponibilidade de luz não é um fator limitante para a fotossíntese.

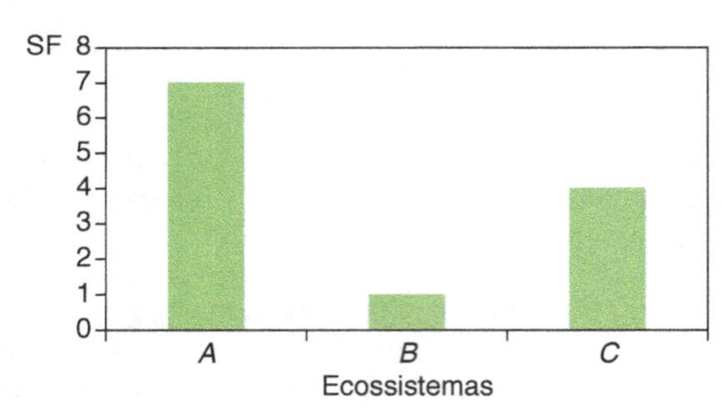

Identifique qual dos três ecossistemas corresponde a um deserto, explicando a relação entre a SF e as características ambientais deste ecossistema.

93. (Unicamp-SP) Um botânico estudou intensivamente a vegetação nativa do Nordeste brasileiro e descobriu duas espécies novas (*W* e *Z*). A espécie *W* é uma árvore perenifólia, com pouco mais de 25 m de altura, tronco com casca lisa e folhas com ápice longo e agudo. A espécie *Z* tem caule achatado e verde (clorofilado), folhas reduzidas a espinhos e altura máxima de 3 m.
a) Com base nessas informações, indique em que tipo de formação vegetal o botânico encontrou cada uma das espécies novas.
b) Indique uma característica ambiental específica de cada uma das formações vegetais onde ocorrem as espécies *W* e *Z*.

ENEM

94. Os parasitoides são insetos diminutos, que têm hábitos bastante peculiares: suas larvas se desenvolvem dentro do corpo de outros animais. Em geral, cada parasitoide ataca hospedeiros de determinada espécie e, por isso, esses organismos vêm sendo amplamente usados para o controle biológico de pragas agrícolas.

SANTO, M. M. E. et al. Parasitoides: insetos benéficos e cruéis. Ciência Hoje, n. 291, abr. 2012 (adaptado).

O uso desses insetos na agricultura traz benefícios ambientais, pois diminui o(a)
a) tempo de produção agrícola.
b) diversidade de insetos-praga.
c) aplicação de inseticidas tóxicos.
d) emprego de fertilizantes agrícolas.
e) necessidade de combate a ervas daninhas.

Mais questões: no livro digital, em **Vereda Digital Aprova Enem** e **Vereda Digital Suplemento de revisão e vestibulares**; no *site*, em **AprovaMax**.

CAPÍTULO

4 HUMANIDADE E AMBIENTE

O curral flutuante, chamado de maromba, é utilizado para salvar animais nas enchentes. Na foto, maromba construída no período da cheia do rio Solimões (Manacapuru, AM, 2009).

De que trata este capítulo

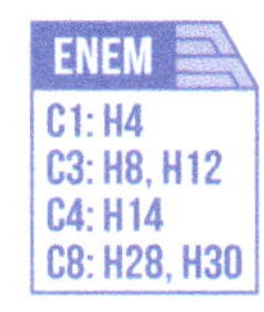

Muitas ações antrópicas, isto é, praticadas pelos seres humanos, impactam negativamente na natureza; serão esses danos irreversíveis? Nos meios de comunicação as opiniões a esse respeito são diversas. A maioria dos estudiosos consultados acredita que nossa espécie tem causado danos irreparáveis ao planeta. Entretanto, para alguns (geralmente ligados a interesses econômicos), os alertas dos ambientalistas são exagerados e a humanidade saberá solucionar os problemas que surgirem. Quem tem razão? Haverá riscos reais de catástrofes provocadas pelas alterações ambientais produzidas pelos seres humanos?

Vamos aos fatos: nos dois últimos séculos, o desenvolvimento industrial e tecnológico, associados ao crescimento da população humana, tem causado impactos ambientais sem precedentes. Algumas das principais ameaças ao planeta são: poluição; aumento da temperatura global; destruição da camada de ozônio; esgotamento de fontes de energia e de outros recursos naturais; extinção de espécies.

Devemos lembrar que nossa espécie, assim como os demais seres vivos, necessita explorar os recursos do ambiente. Nós, por exemplo, nos alimentamos de outros organismos, que fornecem energia e matérias-primas sem as quais não sobreviveríamos. Além disso, precisamos combater as espécies que nos causam doenças (bactérias, fungos, vermes, insetos etc.) e também as que disputam conosco o alimento, como parasitas e pragas que atingem nossas lavouras.

O grande desafio do século XXI é considerar os limites da capacidade de suporte do ambiente (relembre esse conceito no Capítulo 3) e ter consciência de nossa relação com a natureza, principalmente no que diz respeito aos recursos que utilizamos e ao destino que damos aos resíduos que produzimos. A humanidade precisa urgentemente encontrar formas equilibradas de convívio com a natureza e de exploração dos recursos naturais. Só assim poderemos amenizar o impacto sobre o ambiente e garantir um mundo habitável para as próximas gerações. Esse é o princípio básico do desenvolvimento sustentável, que estudaremos neste capítulo.

Objetivos

Objetivo geral

- Conhecer as principais consequências decorrentes da exploração dos recursos naturais e do desenvolvimento tecnológico, de modo a poder formar opinião e participar das discussões sobre as maneiras de melhorar a qualidade de vida das gerações futuras.

Objetivos didáticos

- Conhecer as principais formas de poluição ambiental (poluição do ar, das águas e do solo) e discutir maneiras de minimizar seus efeitos sobre o ambiente.
- Compreender que a interferência humana em comunidades naturais (desmatamentos, introdução de espécies exóticas, extinção de espécies etc.) pode causar desequilíbrios ecológicos e aplicar esses conhecimentos na discussão de maneiras para evitar ou minimizar os efeitos prejudiciais dessas interferências no ambiente.
- Conhecer os princípios do desenvolvimento sustentável, relacionando-os com a conservação e a preservação dos recursos naturais.

4.1 O conceito de desenvolvimento sustentável

A constatação dos danos ambientais resultantes do crescimento populacional e do desenvolvimento industrial e tecnológico tem levado a humanidade a repensar seu modo de vida. Como veremos ao abordar as *Alternativas para o futuro*, no final deste capítulo, autoridades de muitos países têm se reunido em fóruns mundiais dedicados a tratar globalmente dos problemas ambientais e suas possíveis soluções.

Em 1987 uma comissão de estudos ambientais enfatizou um conceito que amadureceu ao longo da década de 1970: o **desenvolvimento sustentável**. Segundo a comissão, desenvolvimento sustentável é um modelo que prevê integração da economia, da sociedade e do ambiente. Isso quer dizer que o crescimento econômico deve levar em consideração o desenvolvimento social e garantir a preservação do ambiente para as gerações atuais e futuras. Em outras palavras, cada geração teria como compromisso deixar para as gerações futuras um ambiente equivalente ou melhor do que o recebido de seus antecessores. Esse deveria ser o princípio norteador das ações e das atividades humanas em relação ao ambiente.

O princípio do desenvolvimento sustentável pode e deve ser aplicado a diversos aspectos do relacionamento da humanidade com o ambiente. Por exemplo, ao explorar os recursos de florestas e de outros ambientes naturais, é preciso garantir o replantio das espécies nativas para permitir sua perpetuação. Outra ação importante para o desenvolvimento sustentável é investir no estudo de fontes de energia renováveis – biocombustíveis, energia eólica, energia solar, energia hidroelétrica etc. –, substituindo gradativamente combustíveis fósseis como o petróleo e o carvão mineral. Medidas individuais como evitar o desperdício de água e reutilizá-la sempre que possível também são atitudes coerentes com os princípios do desenvolvimento sustentável, uma vez que ajudam a garantir a disponibilidade desse precioso recurso natural a nossos filhos e netos.

A ideia central do desenvolvimento sustentável é simples, mas sua aplicação é complexa e requer a parceria ativa de diversos setores da sociedade: governo, iniciativa privada, instituições de ensino e de pesquisa, mídia (TV, internet, imprensa), educadores, estudantes e população em geral.

Uma sociedade sustentável, segundo o Programa das Nações Unidas para o Meio Ambiente (Pnuma), é aquela que vive em harmonia com nove princípios interligados apresentados a seguir. Reflita sobre eles antes de iniciar a leitura do próximo assunto.

- **Respeitar e cuidar da comunidade dos seres vivos** [...]. Trata-se de um princípio ético que "reflete o dever de nos preocuparmos com as outras pessoas e outras formas de vida, agora e no futuro".
- **Melhorar a qualidade da vida humana** [...]. Esse é o verdadeiro objetivo do desenvolvimento, ao qual o crescimento econômico deve estar sujeito: permitir aos seres humanos "perceber o seu potencial, obter autoconfiança e uma vida plena de dignidade e satisfação".
- **Conservar a vitalidade e a diversidade do planeta Terra** [...]. O desenvolvimento deve ser tal que garanta a proteção "da estrutura, das funções e da diversidade dos sistemas naturais do planeta, dos quais temos absoluta dependência".
- **Minimizar o esgotamento de recursos não renováveis** [...]. São recursos como os minérios, petróleo, gás [natural], carvão mineral. Não podem ser usados de maneira "sustentável" porque não são renováveis, pelo menos na escala de tempo humana. Mas podem ser retirados de modo a reduzir perdas e principalmente minimizar o impacto ambiental. Devem ser usados de modo a "ter sua vida prolongada como, por exemplo, por meio de reciclagem, pela utilização de menor quantidade na obtenção de produtos ou pela substituição por recursos renováveis, quando possível".
- **Permanecer nos limites de capacidade de suporte do planeta Terra** [...]. Não se pode ter uma definição exata, por enquanto, mas sem dúvida há limites para os impactos que os ecossistemas e a biosfera como um todo podem suportar sem provocar uma destruição arriscada. Isso varia de região para região. Poucas pessoas consumindo muito podem causar tanta destruição quanto muitas pessoas consumindo pouco. Devem-se adotar políticas que desenvolvam técnicas adequadas e tragam equilíbrio entre a capacidade da natureza e as necessidades de uso pelas pessoas.
- **Modificar atitudes e práticas pessoais** [...]. "Para adotar a ética de se viver sustentavelmente, as pessoas devem reexaminar os seus valores e alterar o seu comportamento. A sociedade deve promover atitudes que apoiem a nova ética e desfavoreçam aqueles que não se coadunem com o modo de vida sustentável."
- **Permitir que as comunidades cuidem de seu próprio ambiente** [...]. É nas comunidades que os indivíduos desenvolvem a maioria das atividades produtivas e criativas. E constituem o meio mais acessível para a manifestação de opiniões e tomada de decisões sobre iniciativas e situações que as afetam.
- **Gerar uma estrutura nacional para a integração de desenvolvimento e conservação** [...]. A estrutura deve garantir "uma base de informação e de conhecimento, leis e instituições, políticas econômicas e sociais coerentes". A estrutura deve ser flexível e regionalizável, considerando cada região de modo integrado, centrado nas pessoas e nos fatores sociais, econômicos, técnicos e políticos que influem na sustentabilidade dos processos de geração e distribuição de riqueza e bem-estar.
- **Constituir uma aliança global** [...]. Hoje, mais do que antes, a sustentabilidade do planeta depende da confluência das ações de todos os países, de todos os povos. As grandes desigualdades entre ricos e pobres são prejudiciais a todos. "A ética do cuidado com a Terra aplica-se em todos os níveis, internacional, nacional e individual. Todas as nações só têm a ganhar com a sustentabilidade mundial e todas estão ameaçadas caso não consigamos essa sustentabilidade."

Fonte: BRASIL. Secretaria de Educação Fundamental. *Parâmetros Curriculares Nacionais*: terceiro e quarto ciclos do Ensino Fundamental – Temas transversais: meio ambiente. Brasília: Ministério da Educação e do Desporto/Secretaria de Educação Fundamental, 1998. p. 239-241.

Agora você pode resolver a atividade 1.

4.2 Poluição e desequilíbrios ambientais

Poluição ambiental

O termo **poluição** (do latim *poluere*, manchar, poluir) refere-se à presença concentrada no ambiente de determinadas substâncias ou agentes físicos que afetam negativamente os ecossistemas. Essas substâncias ou agentes são genericamente denominados **poluentes**.

As atividades humanas, principalmente nas sociedades industrializadas modernas, geram diversos tipos de poluente: lixo, fumaça e resíduos industriais, gases emitidos por veículos motorizados etc., além de grande quantidade de resíduos orgânicos como excrementos e urina.

A poluição afeta diretamente a saúde humana, além de modificar o equilíbrio dos ecossistemas naturais. Ao poluir o ambiente, a espécie humana põe em risco sua própria saúde e sobrevivência. O controle da poluição e a conservação do ambiente dependem fundamentalmente do esclarecimento e da educação da população. Somente uma sociedade civil bem informada e organizada será capaz de exercer uma fiscalização ambiental sistemática, exigindo a criação e o cumprimento de leis ambientais.

Poluição atmosférica

As principais fontes geradoras da poluição atmosférica são os motores de veículos, as indústrias (siderurgias, fábricas de cimento e papel, refinarias de petróleo etc.), a incineração de lixo doméstico e as queimadas de campos e florestas. As queimadas, por exemplo, liberam anualmente na atmosfera milhões de toneladas de gases tóxicos, como monóxido de carbono, óxidos de enxofre e de nitrogênio, hidrocarbonetos e material particulado, que fica em suspensão no ar.

Um dos poluentes mais perigosos para os habitantes das grandes metrópoles é o **monóxido de carbono** (CO), gás incolor, inodoro, um pouco menos denso que o ar e altamente tóxico. Esse gás é produzido durante a queima incompleta de moléculas orgânicas e sua principal fonte de emissão, nas cidades, são os motores a combustão de veículos como automóveis, motocicletas, ônibus, caminhões etc. **(Fig. 4.1)**

O monóxido de carbono tem a capacidade de se combinar irreversivelmente com a hemoglobina do sangue, inutilizando-a para o transporte de gás oxigênio. A exposição prolongada ao monóxido de carbono pode levar à perda de consciência e à morte; o indivíduo intoxicado por esse gás tem sintomas de asfixia, com aumento dos ritmos respiratório e cardíaco.

Outro poluente atmosférico perigoso é o **dióxido de enxofre** (SO_2), um gás tóxico proveniente da queima industrial de combustíveis como o carvão mineral e o óleo diesel, que contêm como impureza compostos de enxofre.

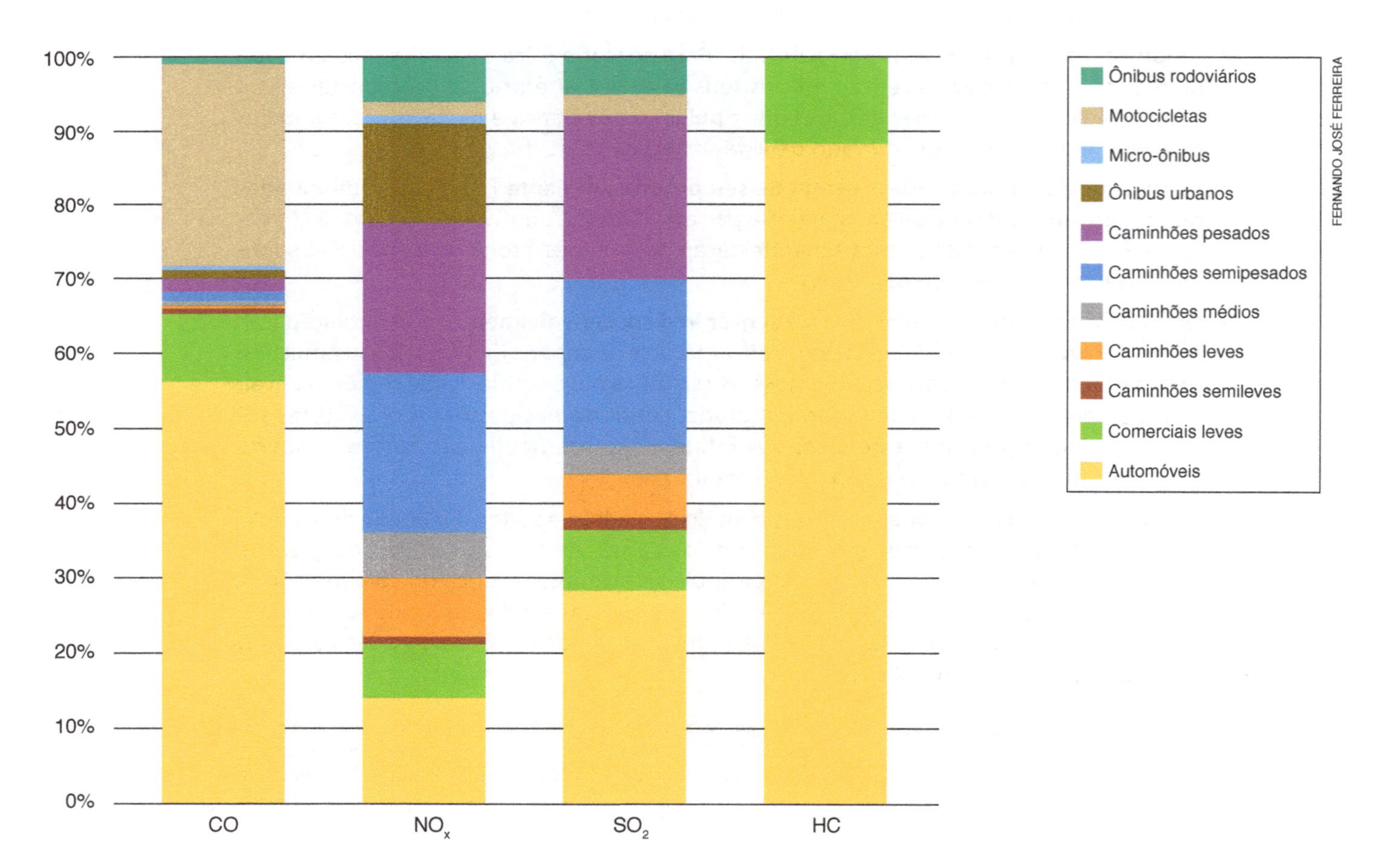

Figura 4.1 Gráfico que mostra a contribuição relativa de quatro poluentes do ar (CO = monóxido de carbono; NO_x = óxidos de nitrogênio; SO_2 = dióxido de enxofre; HC = hidrocarbonetos) para diversos tipos de veículo automotor que circularam na cidade de São Paulo em 2013. (Elaborado com base em dados da Companhia Ambiental do Estado de São Paulo – Cetesb.)

O dióxido de enxofre, assim como o **dióxido de nitrogênio** (NO_2), também liberado pela atividade industrial, provoca bronquite, asma e enfisema pulmonar. Além disso, esses óxidos reagem com o gás oxigênio e com o vapor-d'água da atmosfera e formam ácido sulfúrico (H_2SO_4) e ácido nítrico (HNO_3), que intensificam o fenômeno da chuva ácida. Em certos países europeus e regiões dos Estados Unidos em que a geração de energia é baseada na queima de carvão e óleo diesel, as chuvas ácidas têm provocado grandes danos à vegetação, além de corroerem construções e monumentos. **(Fig. 4.2)**

Figura 4.2 Floresta danificada por chuva ácida em monte Mitchell (Estados Unidos).

O material particulado poluente suspenso no ar, presente em grande quantidade nas cidades modernas, é produzido principalmente pelo desgaste de pneus e de freios de automóveis e pela combustão de óleo diesel. Outras fontes de material particulado são as usinas siderúrgicas e as fábricas de cimento, estas últimas também responsáveis pela liberação de sílica. A sílica e o amianto, quando estão na forma de partículas em suspensão no ar, podem causar doenças pulmonares, como fibrose e enfisema.

- ***Inversão térmica***

Em condições normais as camadas mais baixas da atmosfera são mais quentes, pelo fato de absorverem calor irradiado pela superfície terrestre. Como o ar quente é menos denso, sua tendência é subir para as camadas mais altas da atmosfera carregando consigo os poluentes eventualmente em suspensão. O ar quente que sobe é substituído por ar frio que desce, o qual, ao se aquecer, volta a subir. Esse movimento ascendente e descendente de ar, denominado **convecção**, é responsável pela dispersão dos poluentes atmosféricos que são continuamente produzidos em uma cidade.

Nos meses de inverno, em consequência do resfriamento do solo, a camada inferior de ar atmosférico pode tornar-se mais fria do que a imediatamente acima dela, fenômeno denominado inversão térmica. Com isso, a convecção é interrompida e os poluentes deixam de se dispersar para as camadas mais altas da atmosfera, concentrando-se na camada de ar frio aprisionada entre a superfície e o ar quente. Nessas ocasiões é comum ocorrer o aumento dos casos de irritação das mucosas e de problemas respiratórios nos habitantes dos grandes centros urbanos. **(Fig. 4.3)**

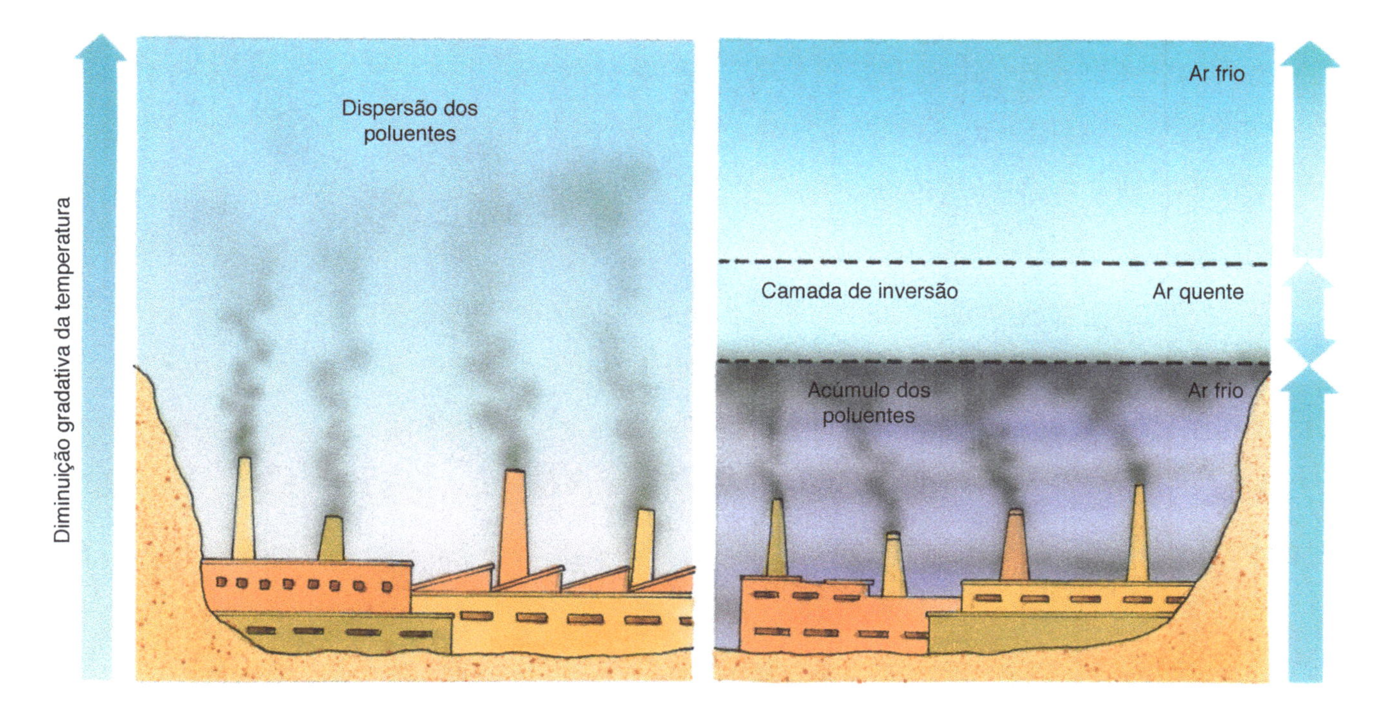

Figura 4.3 Representação esquemática da dispersão de poluentes do ar, em situação normal (à esquerda) e em situação de inversão térmica (à direita).

- ***Intensificação do efeito estufa***

Parte da radiação solar que chega à Terra é refletida pelas nuvens e pela superfície terrestre e parte é absorvida. Da energia absorvida pela superfície, uma parcela é irradiada na forma de radiação infravermelha para a atmosfera e convertida em calor ao interagir com a matéria. As nuvens e certos gases atmosféricos, como o dióxido de carbono (CO_2), o metano (CH_4) e o dióxido de nitrogênio (NO_2), reirradiam essa radiação infravermelha de volta para a superfície terrestre, aquecendo-a.

Esse fenômeno natural, denominado **efeito estufa**, tem sido importante para manter a superfície terrestre aquecida, impedindo a perda rápida de calor para o espaço. Em razão do efeito estufa, a temperatura média terrestre é mantida dentro de limites compatíveis com a existência de vida. Muitos cientistas acreditam que está ocorrendo uma intensificação do efeito estufa devido à interferência humana e estimam que, nos próximos anos, a temperatura média na superfície terrestre sofrerá elevação significativa. **(Fig. 4.4)**

Um dos responsáveis pela intensificação do efeito estufa é o gás carbônico, cuja concentração na atmosfera vem aumentando significativamente desde a revolução industrial, quando a humanidade passou a empregar a queima de combustíveis fósseis em larga escala para gerar energia. Em 2016, a concentração de gás carbônico no ar atingiu 0,04% da composição atmosférica (400 partes por milhão ou ppm), um aumento superior a 40% em relação ao período pré-industrial.

A elevação da quantidade de gás metano na atmosfera também contribui para a intensificação do efeito estufa. Estima-se que a concentração desse gás tenha aumentado mais de 150% no mesmo período. O gás metano resulta principalmente da decomposição da matéria orgânica. Dessa forma, o aumento da população humana, o aumento da produção de lixo e esgotos e o incremento das áreas alagadas para o cultivo de arroz (onde ocorre intensa decomposição de matéria orgânica) estão diretamente relacionados com a elevação da concentração de gás metano na atmosfera. Outras fontes emissoras de gás metano são os rebanhos de gado bovino e caprino, pois no tubo digestivo desses animais ruminantes há grande quantidade de microrganismos produtores desse gás.

O ano de 2016 foi o mais quente da história (o segundo ano mais quente foi 2015 e o terceiro, 2010), desde que as temperaturas médias anuais no globo terrestre começaram a ser registradas em 1861.

Durante o século XX a temperatura global da superfície terrestre aumentou mais de 0,6 °C e, de acordo com estudos da ONU, a temperatura do planeta deverá estar cerca de 2 °C mais quente até o ano de 2100. Alguns cientistas consideram conservadoras essas estimativas da ONU e acreditam que, se os gases responsáveis pelo efeito estufa continuarem a se acumular na atmosfera, devemos esperar uma elevação de até 4 °C na temperatura média mundial nos próximos 50 anos.

O aumento significativo da temperatura global pode trazer grandes mudanças no clima da Terra, algumas presumivelmente de efeitos catastróficos. Nas regiões tropicais ocorreriam tempestades torrenciais; nas regiões temperadas o clima ficaria mais quente e mais seco; nas regiões polares parte do gelo derreteria (o que parece já estar acontecendo), causando a elevação do nível dos mares e a inundação de cidades litorâneas e de planícies.

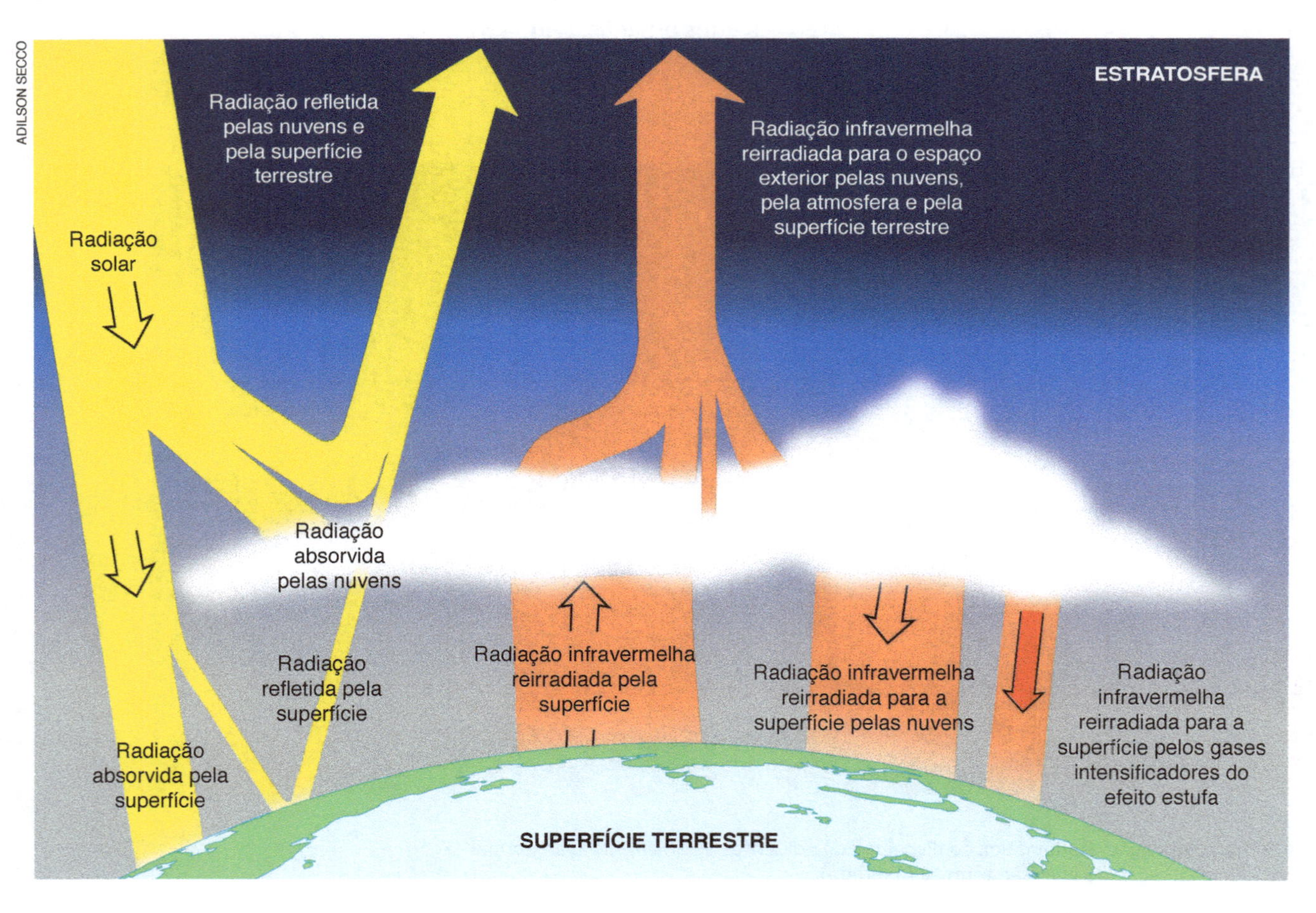

Figura 4.4 Representação esquemática do efeito estufa atmosférico. Analise a figura acompanhando as explicações no texto.

Poluição das águas e do solo

A forma mais comum e talvez a mais antiga de poluir as águas é pelo lançamento de dejetos humanos e de animais domésticos em rios, lagos e mares. Por serem constituídos de matéria orgânica, esses dejetos aumentam a quantidade de nutrientes disponíveis no ambiente aquático, fenômeno denominado **eutrofização** ou **eutroficação** (do grego *eu*, boa, e *trofos*, nutrição). A eutrofização geralmente leva à multiplicação intensa de bactérias aeróbicas, que utilizam gás oxigênio em sua respiração. A proliferação dessas bactérias acaba por consumir rapidamente todo o gás oxigênio dissolvido na água, ocasionando a morte da maioria das formas de vida aquáticas, inclusive das próprias bactérias. **(Fig. 4.5)**

A eutrofização de ambientes marinhos pode levar à grande proliferação de certos dinoflagelados (protoctistas fotossintetizantes), provocando o fenômeno conhecido por **maré vermelha**, em virtude da coloração que esses organismos conferem à água. As marés vermelhas causam grande mortandade de peixes, principalmente porque, além de liberar substâncias tóxicas na água, os dinoflagelados competem com eles pelo gás oxigênio.

Por causa da eutrofização decorrente do despejo de dejetos humanos, muitos rios que banham grandes cidades pelo mundo tiveram a flora e a fauna destruídas, tornando-se esgotos a céu aberto. O lançamento de esgotos nos rios acarreta ainda a propagação de doenças causadas por vermes, bactérias anaeróbicas e vírus. A melhor solução para o problema é o tratamento e o reaproveitamento dos esgotos. Atualmente há tecnologias para purificar a água proveniente de esgotos e utilizar os resíduos semissólidos na produção de fertilizantes e gás metano, o qual pode ser empregado como combustível.

As águas utilizadas para diversos fins nas casas e depois descartadas – conhecidas como águas servidas – e os resíduos industriais também podem trazer graves problemas ambientais. Substâncias poluentes, como detergentes, ácido sulfúrico e amônia, envenenam os rios e causam a morte de muitas espécies da comunidade aquática.

O desenvolvimento da agricultura também tem contribuído para a poluição do solo e das águas. Fertilizantes sintéticos e agrotóxicos (inseticidas, fungicidas e herbicidas), utilizados em quantidades abusivas nas lavouras, poluem o solo e as águas dos rios, eventualmente intoxicando o próprio agricultor e sua família e matando diversos seres vivos dos ecossistemas.

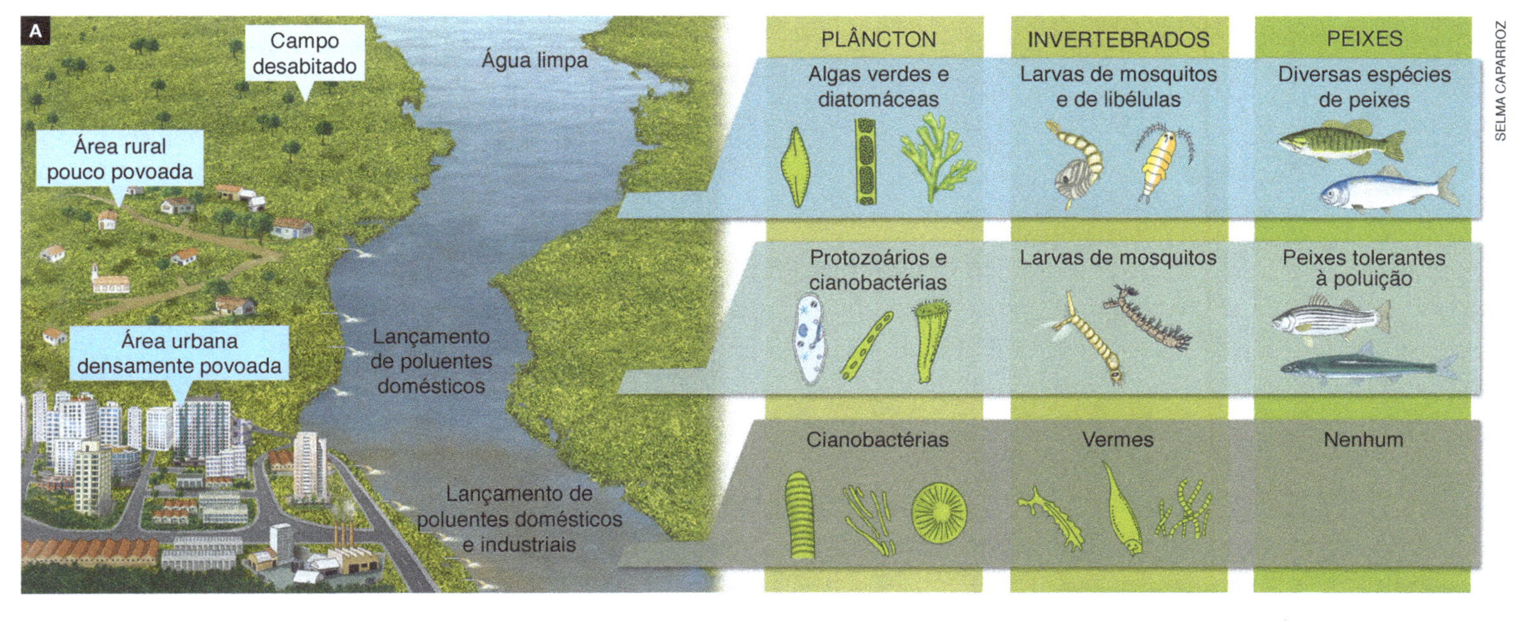

Figura 4.5 **A.** Representação esquemática da poluição de um rio ao longo de seu curso; os esgotos e os resíduos industriais lançados nele são alguns dos principais agentes poluidores. O aumento da concentração de poluentes causa alteração da comunidade biológica que habita o rio, o que pode levar à sua eliminação. **B.** Esgoto doméstico lançado em córrego da Comunidade de Varginha (Rio de Janeiro, RJ, 2013). **C.** Rio Tietê poluído com espuma (Pirapora do Bom Jesus, SP, 2015).

- ***Concentração de poluentes ao longo das cadeias alimentares***

Desde a década de 1940 inseticidas do grupo dos organoclorados, principalmente o DDT (**d**icloro**d**ifenil**t**ricloroetano), são utilizados nas lavouras por sua alta eficiência contra diversos insetos. Entretanto, se absorvido pela pele ou se contaminar alimentos, o DDT pode causar doenças do fígado, como cirrose e câncer, tanto em seres humanos quanto em outros animais. Por ser muito nocivo, o DDT teve sua utilização proibida em diversos países, inclusive no Brasil.

O DDT, como ocorre com outros inseticidas e poluentes, concentra-se no corpo dos organismos que o absorvem. Animais como os moluscos bivalves, por exemplo, que obtêm alimento filtrando a água circundante, podem acumular grandes quantidades do inseticida no corpo, em concentração até 70 mil vezes maior que a da água contaminada. Se consumidos por pessoas ou por outros animais como alimento, esses moluscos podem provocar graves intoxicações. Poluentes como o DDT são absorvidos pelos produtores e passam sucessivamente para os consumidores primários, os consumidores secundários e assim por diante. Como cada organismo de um nível trófico superior alimenta-se, proporcionalmente, de grande quantidade de material do nível inferior, esses poluentes tendem a se concentrar em níveis tróficos superiores. **(Fig. 4.6)**

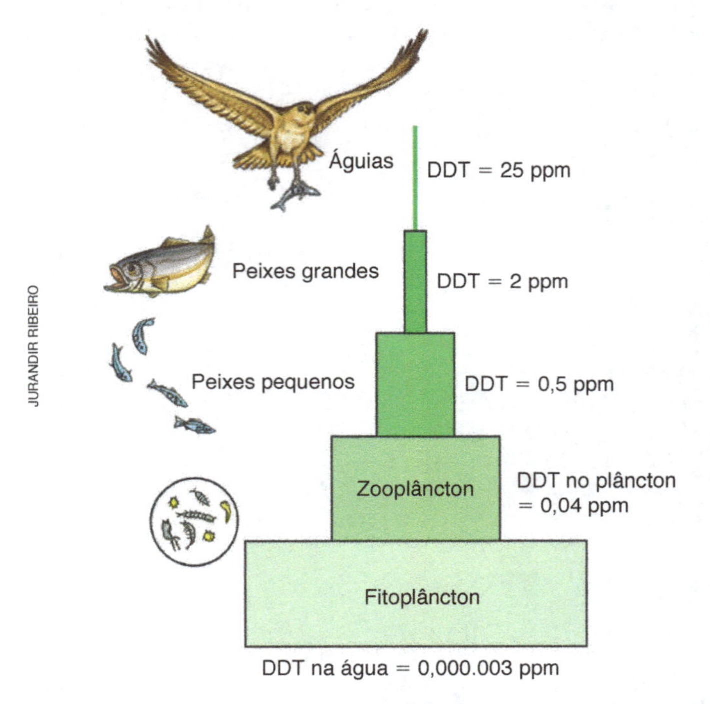

Figura 4.6 Representação esquemática das etapas de aumento de concentração do inseticida DDT, em partes por milhão (ppm), nos diversos níveis de uma cadeia alimentar. Outros poluentes, como inseticidas e metais, concentram-se de modo semelhante nos níveis tróficos superiores das cadeias alimentares.

Para minimizar a poluição provocada por resíduos industriais e agrícolas é preciso recorrer simultaneamente a várias ações, como exigir maior controle governamental sobre as indústrias que produzem fertilizantes e agrotóxicos, proibir a comercialização de produtos comprovadamente tóxicos e perigosos, como o DDT, e realizar campanhas educativas junto aos agricultores sobre o emprego correto e não abusivo de defensivos agrícolas e fertilizantes.

A biotecnologia pode contribuir para a redução do emprego de agrotóxicos ao desenvolver variedades de plantas resistentes a pragas. Outra solução alternativa aos inseticidas é o controle biológico, em que certas espécies podem ser utilizadas para combater pragas. Pulgões de plantas, por exemplo, responsáveis por grandes prejuízos a determinadas lavouras, podem ser combatidos pela introdução controlada de joaninhas, que se alimentam deles e de outros insetos, sem causar desequilíbrios à teia alimentar.

- ***O problema do lixo urbano***

Nos países desenvolvidos uma pessoa produz, em média, cerca de 2,5 kg de lixo por dia. Com o crescimento demográfico nas cidades, em breve não haverá mais áreas para depositar tanto lixo. Enterrá-lo não é solução, pois pode haver contaminação de reservatórios de água subterrânea que suprem os mananciais utilizados pela própria população produtora de lixo. Queimar lixo contribui para agravar ainda mais a poluição atmosférica, além de representar um grande desperdício de recursos, tendo em vista que grande parte do material descartado poderia ser reaproveitada.

Soluções para o problema dos resíduos sólidos envolvem a redução do desperdício de materiais e a **reciclagem do lixo**, isto é, o reaproveitamento dos componentes dos resíduos. Para isso, é fundamental separar seus diversos componentes, processo conhecido como triagem do lixo. Latas, por exemplo, podem ter seu metal reaproveitado; o Brasil é um dos maiores recicladores de latas de alumínio do mundo. Plásticos e papel também podem ser reciclados. Calcula-se que, se reciclassem 50% do papel que utilizam, em vez dos 20% que reciclam atualmente, os Estados Unidos poderiam deixar de cortar cerca de 100 milhões de árvores por ano. **(Fig. 4.7)**

Figura 4.7 A separação dos diferentes tipos de lixo é fundamental para a reciclagem. **A.** Recipientes para coleta seletiva de lixo. **B.** Usina de reciclagem de lixo (São Paulo, SP, 2016).

Atualmente a reciclagem ainda é um processo caro, sendo mais fácil e barato utilizar matéria-prima natural do que matéria reciclada. Nesse cálculo, contudo, não se considera a degradação ambiental, que poderá significar um custo altíssimo para as gerações futuras. Com o progressivo esgotamento dos recursos naturais e o avanço das tecnologias de reciclagem, o reaproveitamento do lixo logo deverá ser superior a 50%.

Após a separação, a parte orgânica do lixo pode ser degradada por microrganismos em tanques chamados biodigestores. Na **biodigestão** forma-se o gás metano (CH_4), que pode ser aproveitado como combustível residencial, industrial ou em veículos motorizados. Os resíduos sólidos da biodigestão podem ser usados como fertilizantes do solo.

É cada vez mais urgente educar a população acerca do problema do lixo. Mais cedo ou mais tarde o poder público e a população terão de conjugar esforços para resolvê-lo, não só por meios tecnológicos de reciclagem, mas também pela intensificação de ações educativas e de campanhas de conscientização, estimulando as pessoas a desperdiçar menos materiais e a produzir menos lixo em suas residências.

Desmatamento, introdução de espécies exóticas e extinção de espécies

Além de interferir nos ambientes naturais e produzir resíduos e poluentes, a humanidade altera o equilíbrio dos ecossistemas pelo desmatamento, pela introdução de espécies exóticas e pela extinção de espécies nativas. A interferência em comunidades equilibradas pode pôr em risco toda a intrincada trama de relações que levou milhares ou milhões de anos para se estabelecer.

Desmatamento

A expansão das terras cultivadas e o crescimento das cidades têm causado a destruição de ambientes naturais pela derrubada e queimada de florestas. Essa remoção indiscriminada da vegetação nativa, popularmente chamada **desmatamento**, além de levar comunidades biológicas e espécies à extinção, acarreta erosão, empobrecimento do solo e, nos casos de desmatamento por queimada, também agrava a poluição atmosférica.

A erosão é causada principalmente pelas chuvas e pelo vento. Sem a proteção da cobertura vegetal, o solo perde suas camadas férteis e tem muito de seus componentes levados pelas chuvas, tornando-se pobre e acidentado. **(Fig. 4.8)**

Introdução de espécies exóticas

A **introdução de espécies exóticas** tem causado desequilíbrios ambientais em diversas regiões, afetando os ecossistemas nativos. Em seus deslocamentos pelas diversas regiões da Terra os viajantes humanos transportam, deliberadamente ou não, espécies biológicas de um local para outro. Dessa forma, espécies nativas de uma região podem ser introduzidas em locais onde não existiam anteriormente. A seguir apresentamos alguns exemplos de transferência de espécies que causaram problemas aos ecossistemas hospedeiros.

- ***O figo-da-índia na Austrália***

Em 1839 foi introduzido na Austrália um único exemplar de *Opuntia stricta*, cactácea popularmente conhecida como figo-da-índia. Essa espécie é originária da América do Sul e não existia anteriormente no continente australiano. O figo-da-índia adaptou-se tão bem às condições da Austrália que, no final do século XIX, os descendentes da primeira planta já cobriam cerca de 4 milhões de hectares da superfície do país. Em 1920 o figo-da-índia ocupava quase 25 milhões de hectares e sua tendência era aumentar a área ocupada em cerca de 4 milhões de hectares por ano. Terras utilizáveis para criação de gado foram cobertas por essa planta, tornando-se inúteis para a pecuária.

Foram realizadas várias tentativas de controlar a propagação da cactácea; em todas elas, porém, o resultado foi inexpressivo. Finalmente, em 1925 surgiu a ideia de introduzir na Austrália a pequena mariposa *Cactoblastis cactorum*, cujas larvas se alimentam da cactácea: em pouco tempo a população de figo-da-índia foi praticamente eliminada, tão rapidamente quanto havia se proliferado. **(Fig. 4.9)**

GERSON SOBREIRA/TERRASTOCK

Figura 4.8 Os desmatamentos indiscriminados têm como consequências a erosão e o empobrecimento do solo. Na foto, solo erodido (Aral Moreira, MS, 2016).

MIRCEA MIHAI PUŞCA/ALAMY/GLOW IMAGES

Figura 4.9 A planta *Opuntia stricta* pode atingir 2 m de altura e seus frutos medem cerca de 6 cm. Ao ser introduzida na Austrália, a cactácea tornou-se uma praga.

• ***O escaravelho na Austrália***

Em 1788, quando o gado bovino foi introduzido na Austrália, parte das pastagens tornou-se inutilizável devido ao acúmulo de fezes bovinas não degradadas. As placas de esterco endureciam, permanecendo longo tempo no pasto e matando o capim embaixo delas. Isso não ocorria em pastagens de outros países. Por quê?

O problema foi resolvido quando se descobriu que na Austrália não havia insetos decompositores das fezes do gado, como coleópteros da espécie *Garreta nitens*. Os escaravelhos machos dessa espécie transformam as grandes massas de esterco do gado em pequenas bolas, onde as fêmeas põem ovos e as larvas se desenvolvem. Os criadores de gado australianos importaram escaravelhos e conseguiram recuperar as pastagens. Alguns anos depois, o gado passou a viver na Austrália como em qualquer outra região do mundo, graças à presença do escaravelho. **(Fig. 4.10)**

Figura 4.10 Escaravelho da espécie *Garreta nitens* empurrando com as patas traseiras uma pequena bola de esterco fresco. As fêmeas põem ovos dentro da bola e a enterram. Isso causa a rápida degradação e a reciclagem do esterco.

• ***O coelho na Austrália***

O coelho europeu *Oryctolagus cuniculus* é originário das regiões mediterrâneas. Em 1859 duas dúzias de coelhos dessa espécie foram levados à Austrália e soltos na natureza, encontrando um ambiente extremamente favorável, com comida farta e praticamente nenhum parasita ou predador que regulasse o tamanho de suas populações. Dezoito anos após sua introdução, em 1877, a população de coelhos havia atingido um tamanho tão expressivo que os australianos promoveram grandes caçadas para eliminá-los. Nessa ocasião foram abatidos cerca de 20 milhões de animais, o que não freou o crescimento da população de coelhos. Eles devastaram as pastagens, deixando as ovelhas, principal riqueza da região, praticamente sem alimento e causando prejuízos incalculáveis à economia do país. Uma segunda tentativa de controlar os coelhos foi a construção de uma gigantesca cerca para evitar que certas áreas fossem invadidas. **(Fig. 4.11)**

Em 1950 foi feita uma terceira tentativa de controlar a praga de coelhos na Austrália, pela introdução de um vírus nativo da América do Sul causador de uma doença letal para os coelhos, a **mixomatose**. O vírus, transmitido por mosquitos sugadores de sangue, não representava perigo para as espécies nativas, visto que atacava somente coelhos e umas poucas espécies de lebres.

Figura 4.11 Coelhos da espécie *Oryctolagus cuniculus*, na Austrália, ao lado da cerca construída para impedir que os animais invadissem outras regiões.

Embora a população de coelhos fosse enorme, o vírus disseminou-se rapidamente, causando a morte de 99% dos animais existentes. Alguns coelhos sobreviventes, no entanto, mostraram-se resistentes ao vírus, condição que foi transmitida à descendência.

O vírus originalmente introduzido era tão fatal que os coelhos infectados morriam rapidamente, muitas vezes antes de transmitirem a doença. Com isso, os vírus mais violentos eram eliminados junto com seus hospedeiros, antes de se espalhar na população; enquanto isso, linhagens virais menos letais, causadoras de uma forma mais branda da doença, passaram a ser beneficiadas pelas condições ambientais. Assim, ao mesmo tempo em que coelhos com maior resistência ao vírus foram selecionados, também ocorreu seleção de vírus menos letais, e a população de coelhos voltou a crescer descontroladamente. O problema continua até hoje e causa grandes prejuízos financeiros e ambientais ao país.

Extinção de espécies

A **extinção de espécies** pode causar sérios distúrbios ao equilíbrio de um ecossistema. Grande número de espécies está ameaçado de extinção em virtude da destruição dos hábitats de plantas e de animais, principalmente devido à expansão das fronteiras agrícolas, além da caça e da pesca excessivas – ou "predatórias". Além disso, o comércio ilegal de animais silvestres reduz a população de determinadas espécies e causa a morte de muitos animais para que apenas alguns consigam chegar às mãos dos compradores. A expansão da população humana e ações inconsequentes têm colocado em perigo inúmeras espécies de seres vivos.

O tamanho mínimo que uma população pode atingir sem se extinguir varia de espécie para espécie, dependendo da capacidade reprodutiva, da vulnerabilidade às influências do meio e da duração de seu ciclo vital, entre outros aspectos. Atualmente muitas das espécies ameaçadas de extinção estão atingindo o limite mínimo de tamanho necessário à sua manutenção. Mesmo que as ações que impactam negativamente essas espécies sejam interrompidas, muitas delas já perderam a capacidade de se recuperar naturalmente e poderão se extinguir.

Agora você pode resolver as atividades de 2 a 30, 32, 33, 35, 37 e 38.

4.3 Alternativas para o futuro

Quem se interessa por Ecologia e conservação da natureza pode se desanimar diante da extensa lista de ameaças ambientais, muitas das quais foram apresentadas neste capítulo. Por isso é importante ter em mente perspectivas e ações positivas que nos permitam construir um futuro melhor para o ambiente em que vivemos.

O desenvolvimento e a aplicação da ideia de sustentabilidade ambiental são importantes para uma visão comprometida e atuante da Ecologia. Como vimos, a noção de desenvolvimento sustentável baseia-se no fato de que nossa sobrevivência e bem-estar dependem, direta ou indiretamente, do ambiente natural. Este, portanto, tem de ser conservado; cada geração tem obrigação de garantir para as gerações seguintes um ambiente que atenda a todas as necessidades humanas básicas. A aceitação e a implementação desse princípio por um número cada vez maior de países é o que poderá garantir que interesses econômicos imediatistas não se sobreponham às expectativas sociais de um mundo melhor para as gerações vindouras.

A seguir apresentamos um breve histórico da evolução das ideias de conservação dos ambientes e dos recursos naturais.

Décadas de 1960 e 1970

Na década de 1960, começaram a surgir ações governamentais em diversos países visando proteger e conservar os ambientes e os recursos naturais.

A primeira lei ambiental para o controle da poluição foi promulgada em 1967 no Japão. Em decorrência do grande desenvolvimento econômico japonês no período pós-guerra, nas décadas de 1950 e 1960, a poluição atingiu níveis recordes, obrigando o governo a punir as empresas poluidoras.

Em 1970 foram promulgadas leis específicas de controle da poluição das águas e do lançamento de resíduos no ambiente. Nesse mesmo ano, os Estados Unidos criaram sua Agência de Proteção Ambiental (EPA, Environmental Protection Agency).

Em 1972 ocorreu a Conferência das Nações Unidas para o Ambiente Humano, em Estocolmo (Suécia). Ela contou com a participação de 113 países, com reuniões preparatórias entre diversos especialistas desde o ano anterior. O ponto alto do encontro foi o reconhecimento da natureza global dos problemas ambientais e da necessidade de todos os países buscarem uma solução conjunta para eles.

Em 1973 e em 1979 ocorreram delicados momentos de crise internacional, envolvendo os principais países exportadores de petróleo (Arábia Saudita, Irã, Iraque, Kuwait e Venezuela) e as grandes empresas petrolíferas controladas pelos grandes consumidores, os Estados Unidos e a Europa. A crise do petróleo expôs ao mundo uma realidade já conhecida, mas ainda pouco enfatizada na época: as reservas de combustíveis fósseis, um dia chegarão ao fim. Quando isso ocorrerá? A resposta é: depende de quanto economizarmos. Entre os resultados positivos da crise do petróleo estão a racionalização do consumo de combustíveis e a busca por fontes alternativas de energia.

Década de 1980

Na década de 1980 houve avanços significativos na proteção ambiental. As observações e as análises científicas mostraram que a camada de ozônio, faixa da atmosfera terrestre que concentra gás ozônio e filtra a radiação ultravioleta proveniente do Sol, estava sendo destruída pela liberação industrial de certos gases, principalmente os CFCs.

Em resposta a esse novo desafio, em 1985 realizou-se em Viena (Áustria) um fórum em que foi criada a Convenção de Proteção à Camada de Ozônio; em 1987, em Montreal (Canadá), uma comissão publicou a lista das substâncias responsáveis pela diminuição (ou depleção, como dizem os cientistas) da camada de ozônio. Essas substâncias passaram a ser proibidas por diversos governos e, hoje, segundo dados da Nasa, a depleção da camada de ozônio está sob controle.

Outro avanço significativo ocorrido em 1987 foi a publicação de um relatório pela Comissão Mundial sobre Meio Ambiente e Desenvolvimento (Comissão Brundtland), em que se apresentou o conceito de **desenvolvimento sustentável**, popularmente chamado de **sustentabilidade** (mais informações podem ser obtidas com a leitura de *Desafios e perspectivas para as próximas décadas*, adiante neste capítulo). A principal conclusão da comissão foi que os antigos conceitos de desenvolvimento e progresso deviam ser repensados, agora sob o ponto de vista da conservação dos ambientes naturais.

A visão da Comissão Brundtland era muito otimista, pois vislumbrava um crescimento econômico com base em políticas que garantissem a conservação e a expansão dos recursos ambientais.

Década de 1990

Em 1992, após dois anos de preparação, ocorreu no Rio de Janeiro uma nova Conferência das Nações Unidas sobre Meio Ambiente e Desenvolvimento, conhecida como **ECO-92** ou **Rio-92**. Esse encontro ampliou ideias e resoluções da Conferência de Estocolmo, realizada 20 anos antes.

A ECO-92 lançou a chamada "Convenção-Quadro sobre Mudança do Clima", que entrou em vigor em 1994 e até 1997 foi ratificada por 165 países. Seu objetivo era estabilizar as concentrações de gases causadores da intensificação do efeito estufa, de modo a impedir alterações no sistema climático planetário. Segundo o compromisso acertado, que ficou conhecido como **Agenda 21**, os países desenvolvidos teriam de reduzir, até o ano 2000, suas emissões de gases intensificadores do efeito estufa aos níveis de 1990.

Em 1997 foi aprovado um documento chamado **Protocolo de Kyoto**. De acordo com esse protocolo, até o período entre 2008 e 2012, os países industrializados se comprometiam a reduzir em pelo menos 5% as emissões de gases intensificadores do efeito estufa (em relação aos níveis de 1990). Se a meta fosse atingida, haveria uma reversão da tendência histórica de crescimento das emissões, iniciada há cerca de 150 anos, como resultado da revolução industrial. O Protocolo de Kyoto contém orientações para que os governos dos países industrializados possam colaborar para garantir um planeta saudável para as futuras gerações.

Década de 2000

Em 2001 e 2002 foram feitos complementos ao Protocolo de Kyoto e ele foi ratificado por muitos países. Cumpre lembrar que um dos maiores emissores de gases intensificadores do efeito estufa, os Estados Unidos, até hoje ainda não assinou o protocolo.

Também em 2002 ocorreu, em Joanesburgo, ou Johannesburg (em inglês) (África do Sul), a Conferência das Nações Unidas sobre Ambiente e Desenvolvimento Sustentável, encontro que ficou conhecido como **Rio+10**. Seu principal objetivo foi tentar acelerar a aplicação da agenda ecológica mundial (Agenda 21) definida na ECO-92, ocorrida dez anos antes no Rio de Janeiro.

Em 2005 o Protocolo de Kyoto tentou adquirir força de lei internacional. Ao longo de toda a década, a agenda ambiental tornou-se mais extensa, o que indica a preocupação cada vez maior dos governos com a conservação do ambiente terrestre. Entre os diversos projetos, em 2009 foi inaugurada em Osaka (Japão) a Eco Ideas House (Casa das Ecoideias), com o objetivo de demonstrar que é possível adotar um estilo de vida em que a emissão de gás carbônico seja próxima de zero. Logo depois, diversos países da Ásia, da África e das Américas adotaram iniciativas semelhantes.

Desafios e perspectivas para as próximas décadas

Para as próximas décadas espera-se que ocorram avanços na compreensão de muitos problemas ambientais e em suas soluções. A poluição do ar, relacionada principalmente à queima de combustíveis fósseis, tende a diminuir à medida que a humanidade desenvolve fontes de energia limpa. Entre elas, a energia geotérmica (obtida do calor da Terra), a energia solar e a energia eólica são alternativas bastante promissoras.

Em dezembro de 2015 ocorreu, em Paris, a 21ª Conferência das Partes (COP21) da Convenção-Quadro das Nações Unidas sobre Mudança do Clima. O principal objetivo desse encontro foi obter um acordo mais consistente entre os países para diminuir a emissão de gases intensificadores do efeito estufa, que causam aquecimento atmosférico e aumento da temperatura global. **(Fig. 4.12)**

O controle das emissões de gases intensificadores do efeito estufa é um dos importantes desafios desta década e das próximas. Se a temperatura na superfície da Terra se elevar acima dos limites razoáveis, o que parece estar acontecendo, podem-se esperar mudanças climáticas consideráveis e possíveis transtornos aos ecossistemas, não apenas em cidades litorâneas.

De 2011 a 2020, o panorama não é otimista em relação às consequências do efeito estufa e ao aumento da temperatura média global. O Protocolo de Kyoto não foi assinado pelos Estados Unidos, perdeu força e importância e é cada vez menos respeitado pelos signatários. Esse protocolo deve ser substituído até 2020 pelo Acordo de Paris, aprovado por aclamação por representantes de 195 países na COP21 (cúpula do clima de Paris), em dezembro de 2015. Um total de 92 países, entre eles os Estados Unidos e a China, já haviam ratificado o acordo quando de sua entrada em vigor às vésperas da 22ª Conferência da ONU sobre o Clima (COP22), que ocorreu de 7 a 18 de novembro de 2016, em Marrakesh (Marrocos).

Um relatório das Nações Unidas prevê que, na melhor das hipóteses, em 2020 o planeta terá 6 bilhões de toneladas de gás carbônico além do limite para evitar um aquecimento atmosférico menor que 2 °C.

O problema do aquecimento atmosférico preocupa; embora ainda haja otimismo, terá de haver muito empenho para que a Terra não chegue em 2100 com 5 °C a mais na temperatura média global, o que certamente traria grandes transtornos aos ecossistemas.

Outro desafio a ser enfrentado é a conservação dos ecossistemas naturais e dos mananciais de água potável. A conservação da água depende, entre outros fatores, de não poluir e não desmatar áreas de mananciais, além de tratar e reaproveitar a água utilizada por pessoas e indústrias. A própria mentora do conceito de desenvolvimento sustentável, a norueguesa Gro H. Brundtland (1939-), em entrevista[1] ao jornal *Folha de S.Paulo* em 2012, comentou que o desenvolvimento sustentável ainda não foi implantado em nenhum lugar do mundo e criticou o abuso da noção de sustentabilidade. Entretanto, afirmou que isso não é motivo para abandonar os ideais da sustentabilidade ambiental.

MARTIN BUREAU/AFP

Figura 4.12 Diversas pessoas em protesto durante a COP21. O protesto era favorável à obtenção de 100% da energia mundial de fontes renováveis (França, 2015).

Alternativas energéticas

Planejamento energético

A civilização contemporânea tem como base um alto consumo de energia. Pense nas indústrias, nos transportes, nos eletrodomésticos e nas telecomunicações, que dependem de processos e de equipamentos em que se utilizam várias formas de energia. Atualmente a maior parte da energia empregada nas sociedades industrializadas provém de combustíveis fósseis como o carvão e o petróleo. **(Fig. 4.13)**

1 Entrevista disponível em: <http://mod.lk/S8w2z>. Acesso em: nov. 2016.

Fontes de energia no mundo

Nuclear 4,76%
Hidroelétrica 2,40%
Gás natural 21,40%
Biocombustíveis e resíduos sólidos 10,12%
Geotérmica/solar/eólica 1,19%
Carvão/turfa 29,12%
Petróleo 31,01%

ADILSON SECCO

Figura 4.13 Gráfico que mostra o percentual das várias fontes de energia utilizadas no mundo em 2013. (Elaborado com base em dados da International Energy Agency – IEA.)

Os combustíveis fósseis são **recursos não renováveis** e se esgotarão em um futuro relativamente próximo; sua duração depende do uso responsável que se fizer deles. Além disso, o uso desses combustíveis causa diversos problemas ambientais. Assim, é de grande importância a pesquisa de formas alternativas de geração de energia.

A hidroeletricidade é obtida pela passagem de água por turbinas, que convertem a energia cinética da água em energia elétrica. Embora seja uma das formas menos poluentes de obtenção de energia, a usina hidroelétrica não deixa de causar impacto negativo sobre o ambiente, pois sua construção requer o desvio de cursos de rios e alagamento de extensas regiões, o que pode provocar alterações no clima e acarretar o desaparecimento de comunidades biológicas que habitam a área que será alagada.

A energia nuclear é obtida pelo emprego de substâncias denominadas "combustíveis nucleares", cujos núcleos atômicos são desintegrados no interior de reatores de fissão nuclear nas usinas nucleares. Esse tipo de tecnologia para a geração de energia tem se mostrado arriscado: diversos acidentes já ocorreram e não se encontrou uma solução definitiva para o "lixo radioativo", extremamente perigoso, produzido pelas usinas nucleares. Os altos riscos têm levado inúmeros países a deixar de investir nesse tipo de alternativa energética.

Combustíveis renováveis como o álcool etílico (etanol), o biodiesel e o gás natural produzido por biodigestão constituem alternativas viáveis para suprir parte da demanda energética. O Brasil foi o primeiro país a utilizar em larga escala o etanol obtido a partir da fermentação da cana-de-açúcar como combustível de automóveis; atualmente incentiva-se o uso do biodiesel produzido principalmente a partir do óleo de certas sementes como substituto do diesel obtido do petróleo.

Nesse sentido, é importante o desenvolvimento de formas mais eficientes para a produção desses combustíveis que evitem o desmatamento e a redução da produção de alimento. Uma das alternativas energéticas é o aproveitamento de energia solar, que pode ser convertida em energia elétrica e acumulada ou mesmo utilizada diretamente para o aquecimento de água.

Ainda em fase inicial no Brasil, mas amplamente utilizado em países como Estados Unidos, Alemanha e Dinamarca, seguidos por Índia e Espanha, está o aproveitamento da energia eólica (energia dos ventos), uma promissora perspectiva para o nosso país substituir fontes de energia que causam impactos negativos sobre o ambiente. **(Fig. 4.14)**

A
CHRISTIAN RIZZI/FOTOARENA

B
ROGERIO REIS/TYBA

C
ALEX LARBAC/TYBA

Figura 4.14 A. Usina hidroelétrica de Itaipu (Foz do Iguaçu, PR, 2015). As usinas hidroelétricas têm sido alternativas energéticas para países como o Brasil, onde há muitos rios. **B.** Painel que capta a energia do Sol e a converte em energia elétrica (Macaé, RJ, 2011). A energia solar é uma alternativa promissora em médio prazo. **C.** Usinas nucleares Angra I e Angra II (Angra dos Reis, RJ, 2013). Usinas nucleares têm se mostrado perigosas, como atestam os acidentes ocorridos em diversas partes do mundo.

Agora você pode resolver as atividades 31, 34 e 36.

A camada gasosa que protege a Terra

1 Novos conhecimentos revelaram que a atmosfera terrestre não é um simples invólucro gasoso, mas parte integrante da biosfera, contribuindo para a manutenção da vida e sendo por ela influenciada. Por sua capacidade de reter calor, fenômeno denominado efeito estufa, a atmosfera consegue manter a temperatura na superfície terrestre favorável à existência de seres vivos. Além disso, a atmosfera filtra a maior parte das radiações solares nocivas aos organismos, principalmente radiações ultravioleta (UV) de alta energia. Os sistemas de ventos e as correntes atmosféricas atuam na distribuição de calor e umidade, influenciando o clima do planeta.

2 Os cientistas acreditam que, entre 4 e 3,5 bilhões de anos atrás, a atmosfera terrestre era constituída por 80% de gás carbônico (CO_2), 10% de metano (CH_4), 5% de monóxido de carbono (CO) e 5% de gás nitrogênio (N_2). Hoje ela é composta de 78% de N_2, 21% de gás oxigênio (O_2), 0,9% de argônio (Ar) e 0,04% de gás carbônico (CO_2), além de pequenas quantidades de outros gases.

3 O que teria levado a uma alteração tão grande na composição atmosférica, do passado até hoje? Tudo indica que o aparecimento e a proliferação dos seres fotossintetizantes, entre 2,5 e 2 bilhões de anos atrás, foram os responsáveis por essa alteração. O processo de fotossíntese, como sabemos, libera O_2 para o ambiente. A capacidade de utilizar substâncias simples, como CO_2 e H_2O, além de energia da luz solar, permitiu que bactérias fotossintetizantes primitivas invadissem os mares e os ambientes úmidos do planeta. A quantidade de O_2 liberado por essas bactérias foi tal que alterou significativamente a composição da atmosfera terrestre: a concentração de O_2, de quase zero, aumentou progressivamente até atingir a porcentagem atual, em torno de 21%.

4 Há cerca de 2 bilhões de anos surgiram seres vivos capazes de utilizar o O_2 na respiração aeróbica, liberando CO_2 e H_2O como produtos. Desse modo, começou a se estabelecer na Terra um equilíbrio dinâmico entre fotossíntese e respiração aeróbica, equilíbrio que perdura até hoje. Na fotossíntese, CO_2 e H_2O são reagentes, originando moléculas orgânicas (principalmente glicídios) e O_2 como produtos; na respiração aeróbica moléculas orgânicas reagem com moléculas de O_2 e originam H_2O e CO_2 como produtos.

5 Uma consequência da presença maciça de O_2 na atmosfera terrestre foi a formação de uma camada de gás ozônio (O_3) entre 12 e 50 quilômetros de altitude. O ozônio origina-se do próprio gás oxigênio (O_2) e impede a passagem de boa parte da radiação ultravioleta (UV) proveniente do Sol, que teria efeito letal sobre os seres vivos. Antes do surgimento da camada de ozônio, a vida devia estar restrita ao fundo de lagos e mares, onde a penetração do UV é menor. Acredita-se que a filtração de radiação ultravioleta pela camada de ozônio tenha permitido aos seres vivos a possibilidade de colonizar ambientes de terra firme expostos à luz solar.

6 Quando radiação ultravioleta curta proveniente do Sol atinge a atmosfera rica em O_2, causa a degradação de certa quantidade de moléculas desse gás, com liberação de átomos de oxigênio isolados altamente reativos (O). Parte deles volta a formar O_2 e parte reage com moléculas de O_2, formando gás ozônio (O_3). Além de O_2 e de oxigênio atômico (O), a reação necessita de um terceiro participante, genericamente denominado "terceiro corpo" (T), que permite liberar a energia da reação na forma de calor. Esse papel é desempenhado principalmente pelas moléculas de N_2, abundantes na atmosfera. Parte do O_3 formado logo se decompõe em decorrência da radiação UV, gerando componentes reativos que podem originar tanto O_2 como O_3. Assim, a camada de ozônio mantém-se em equilíbrio dinâmico. Observe na figura a seguir uma representação gráfica da atmosfera terrestre, com destaque para a camada de ozônio.

7 Dados obtidos por satélites em órbita da Terra mostraram, ao longo da década de 1980, uma diminuição significativa (mais de 50%) na camada de ozônio sobre o continente antártico, no polo Sul. Nessa região, em certas épocas do ano, a camada de ozônio torna-se fina e rarefeita, permitindo maior passagem de radiação ultravioleta e gerando maiores riscos para os seres vivos do local. Em 2000 a destruição da camada de ozônio chegou a formar sobre a Antártida um "buraco" com uma área de quase 25 milhões de km².

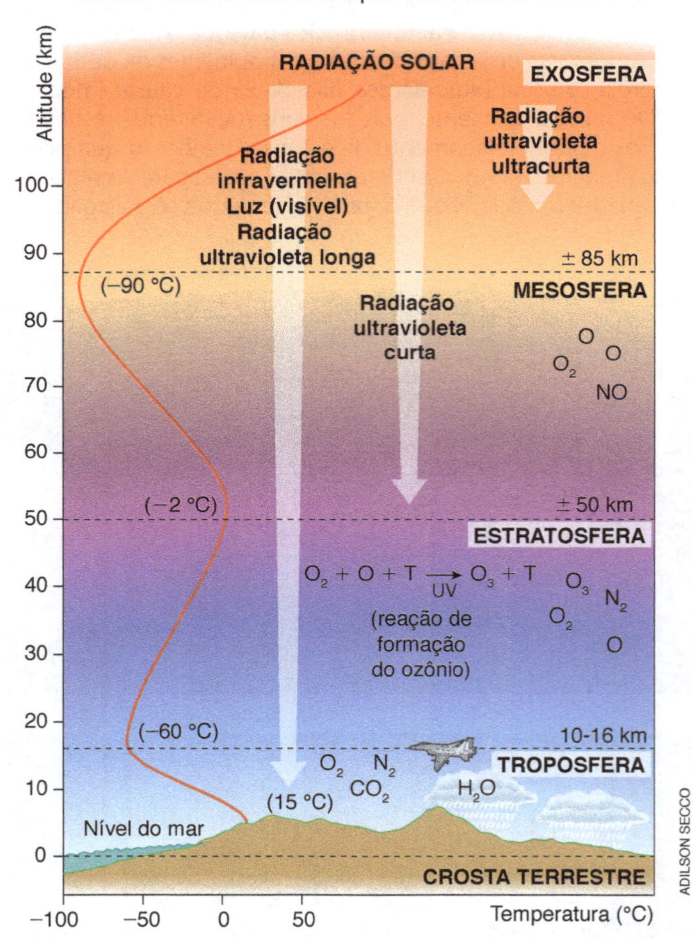

Gráfico que representa as camadas componentes da atmosfera terrestre. Na curva representada em vermelho, na parte esquerda do gráfico, é possível notar que a temperatura atmosférica varia de acordo com a altitude, o que levou à divisão da atmosfera em faixas: troposfera, estratosfera, mesosfera e exosfera. A formação de ozônio libera calor e é responsável pela temperatura relativamente mais elevada na estratosfera.

8 Descobriu-se que a principal causa da destruição da camada de ozônio é a liberação na atmosfera de gases do grupo dos clorofluorcarbonos, abreviadamente chamados de CFCs. Esses são gases sintéticos, produzidos em laboratórios e indústrias, utilizados em aerossóis e em compressores de geladeiras, sendo também liberados durante a fabricação de certos tipos de plástico de embalagens. Os CFCs acumulam-se nas altas camadas da atmosfera, onde o cloro de suas moléculas reage com moléculas de ozônio, degradando-as.

9 Os alertas de cientistas e ambientalistas levaram os governos a proibir a liberação industrial de uma lista de substâncias, entre elas os CFCs, capazes de causar a destruição do ozônio estratosférico. Relatórios da Agência Espacial dos Estados Unidos, a Nasa, de 2006, sugerem que o problema está sendo controlado. Para os mais pessimistas, porém, mesmo com a recuperação, os danos causados são irreversíveis.

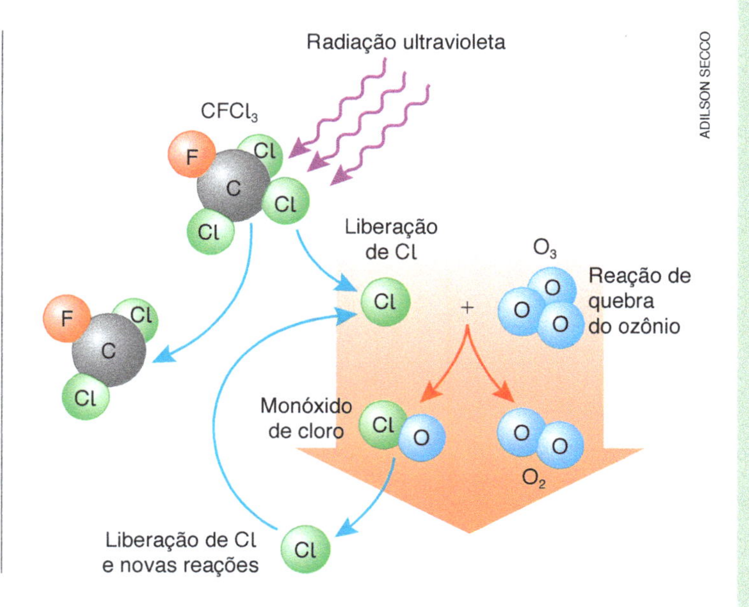

Representação esquemática da degradação do ozônio. A radiação ultravioleta, responsável pela produção de ozônio, também pode destruir esse gás se houver CFCs na atmosfera. Sob a ação da radiação ultravioleta, as moléculas de CFC decompõem-se e liberam átomos de cloro, que se combinam com o ozônio, formando gás oxigênio e monóxido de cloro. Como este último composto é instável, ele libera átomos de cloro e a reação de destruição do ozônio se amplia. Calcula-se que uma única molécula de CFC pode destruir 100 mil moléculas de ozônio.

GUIA DE LEITURA

Em quase todos os lugares do mundo há uma crescente preocupação das pessoas em se proteger da radiação solar, principalmente nos locais mais ensolarados e nas horas mais quentes do dia. A emissão solar contém, além de luz e calor, radiação ultravioleta (UV), que pode ser prejudicial aos seres vivos. Entretanto, a radiação UV que atinge a superfície de nosso planeta seria maior se não houvesse uma proteção contra ela: a camada de ozônio; esse é o assunto central do quadro. As questões a seguir chamam a atenção para os pontos mais importantes tratados no texto. Acompanhe nossas sugestões para a leitura.

1. Leia o primeiro parágrafo do texto, que comenta a importância da atmosfera para a biosfera terrestre. Os defensores da chamada hipótese Gaia sugerem que a Terra deve ser considerada um grande ser vivo de dimensões planetárias. Nesse contexto alegórico a atmosfera seria a "pele" de Gaia (a Terra); no caso humano a pele também retém calor e filtra radiação UV, entre tantas outras funções. Em sua opinião, comparações desse tipo podem ajudar a compreender conceitos em Ecologia? Escreva um texto sobre isso.
2. Leia os parágrafos 2, 3 e 4 referentes à variação de gás oxigênio na atmosfera e ao equilíbrio atual entre fotossíntese e respiração aeróbica em relação aos gases O_2 e CO_2. Escreva um texto que exponha essas ideias com palavras e frases simples, como se as estivesse explicando a uma criança. Atente para que os conceitos sejam apresentados de forma simples, mas correta.
3. Leia o parágrafo 5. Ele relaciona os seguintes conceitos: radiação ultravioleta (UV), gás oxigênio (O_2) e gás ozônio (O_3). Elabore um pequeno mapa conceitual unindo esses três conceitos por meio de proposições e outras poucas palavras. O desafio seguinte é acrescentar no diagrama o conceito **fotossíntese**. Como você faria essa relação?
4. O sexto parágrafo deve ser lido mais de uma vez, com diversas consultas e comparações com o gráfico que representa as camadas componentes da atmosfera terrestre. Leia a legenda, utilizando-a para compreender e complementar informações. Observe que esse gráfico representa a altitude a partir do nível do mar, no eixo das ordenadas, e a temperatura, no eixo das abscissas. Note como a temperatura varia nas diferentes faixas atmosféricas. Na estratosfera a temperatura aumenta devido à formação de ozônio. Localize o trecho que permite deduzir essa informação. Certifique-se de que compreendeu como o ozônio se forma e o que significa dizer que a camada de ozônio é dinâmica. Explique esta última ideia em uma frase curta.
5. Leia os parágrafos 7, 8 e 9, que se referem às ameaças à camada de ozônio. Quais são os principais causadores da sua destruição? Acompanhe, na representação esquemática da degradação do ozônio, como agem esses "inimigos" do ozônio atmosférico. Para os seres vivos, qual seria a consequência da destruição da camada de ozônio? Retome as reflexões sobre esse assunto ao ler *Alternativas para o futuro*, neste capítulo, que cita algumas das providências mundiais para conter a destruição da camada de ozônio. E, sempre que possível, acompanhe na imprensa a situação da camada de ozônio.

Mapa de conceitos

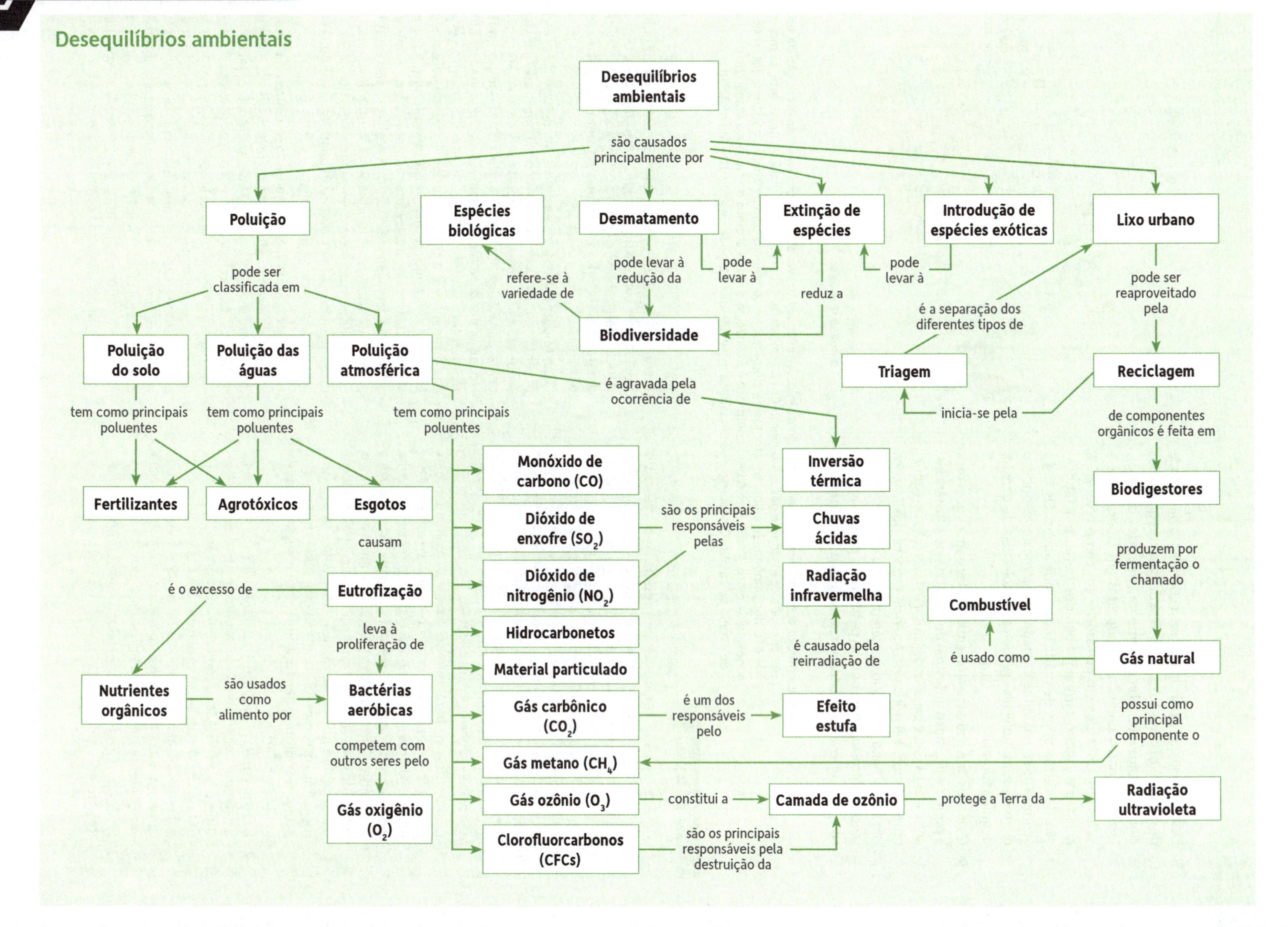

ATIVIDADES

REVENDO CONCEITOS, FATOS E PROCESSOS

4.1 O conceito de desenvolvimento sustentável

1. A noção de desenvolvimento sustentável refere-se à
a) capacidade inesgotável dos recursos que sustentam a humanidade.
b) utilização dos recursos do ambiente tendo em mente sua preservação para gerações futuras.
c) reivindicação dos países em desenvolvimento de serem sustentados pelos países ricos.
d) ideia de que países ricos vêm sendo sustentados pelos recursos obtidos dos países pobres.

4.2 Poluição e desequilíbrios ambientais

2. Lançar no ambiente substâncias ou agentes físicos perigosos à saúde humana e de outros organismos é o que se denomina
a) efeito estufa.
b) eutrofização.
c) inversão térmica.
d) poluição.

3. Que fenômeno é responsável pelo aquecimento da superfície terrestre devido à retenção de radiação infravermelha por certos gases atmosféricos?
a) "Buraco" na camada de ozônio.
b) Chuva ácida.
c) Efeito estufa.
d) Inversão térmica.

4. Um dos principais poluentes atmosféricos nas metrópoles, que afeta a afinidade entre o gás oxigênio e a hemoglobina do sangue e cuja principal fonte emissora são os automóveis, é o
a) dióxido de carbono (CO_2).
b) dióxido de enxofre (SO_2).
c) gás metano (CH_4).
d) monóxido de carbono (CO).

Considere as alternativas a seguir para responder às questões de 5 a 10.
a) Chuva ácida.
b) Efeito estufa.
c) Eutrofização.
d) Inversão térmica.

5. Que fenômeno é provocado por poluentes atmosféricos produzidos na queima de carvão mineral e diesel, que reagem com o gás oxigênio e o vapor-d'água da atmosfera, originando ácido sulfúrico?

6. Como se denomina o fenômeno provocado pelo acúmulo de matéria orgânica na água de rios e lagos, decorrente do lançamento de esgotos?

7. Que fenômeno, no inverno, provoca a retenção de poluentes atmosféricos próximo à superfície do solo, principalmente nas grandes cidades?

8. Que fenômeno leva à proliferação de bactérias aeróbicas, aquelas que consomem o gás oxigênio (O_2) da água, causando a morte de peixes e outros organismos aquáticos?

9. A intensificação de que fenômeno natural pode causar mudanças climáticas globais e a elevação do nível dos mares?

10. Que fenômeno é acentuado pelo acúmulo, na atmosfera, de gases como o dióxido de carbono (CO_2) e o metano (CH_4), capazes de absorver energia da luz solar e reirradiá-la na forma de radiação infravermelha?

11. Qual das atividades humanas mencionadas a seguir mais contribui para o efeito estufa?
a) Construção de usinas hidroelétricas.
b) Construção de usinas nucleares.
c) Liberação de clorofluorcarbonos (CFCs).
d) Queima de combustíveis fósseis.

12. Das alternativas a seguir, apenas uma **não** corresponde a uma consequência direta do desmatamento. Qual é ela?
a) Chuva ácida.
b) Diminuição da biodiversidade.
c) Empobrecimento do solo em minerais.
d) Erosão.

13. Um lago, com uma cadeia alimentar constituída de plâncton, plantas aquáticas, caramujos, pequenos peixes e aves aquáticas carnívoras, teve suas águas contaminadas pelo inseticida DDT, poluente que se acumula no corpo dos seres vivos que o absorvem. Em qual dos constituintes da cadeia alimentar espera-se encontrar a maior concentração do inseticida?
a) Aves aquáticas.
b) Caramujos.
c) Peixes.
d) Plâncton.

QUESTÕES PARA EXERCITAR O PENSAMENTO

14. Escreva um texto que correlacione: **sociedade industrial**, **superpopulação** e **intensificação do efeito estufa**. Tente desenvolver uma argumentação lógica, que mostre relações de causa e efeito. Por exemplo, sociedade industrializada implica aumento no uso de combustíveis? Se sim, de que tipo? De que maneira esse fato se correlaciona com o efeito estufa? Por quê? E assim por diante. Procure neste livro ou em outras fontes dados para justificar sua análise.

15. A emissão de poluentes por automóveis e por indústrias é mais ou menos constante ao longo do ano; entretanto, nos grandes centros industriais brasileiros, têm-se verificado níveis alarmantes de poluentes atmosféricos junto ao solo, principalmente nos meses mais frios. Explique a razão disso.

16. Suponha que um lago receba grande volume de esgoto doméstico, constituído basicamente por resíduos orgânicos. Que efeito positivo para esse ambiente teria um grande motor de pás que movimentasse a água, causando sua oxigenação? Discuta.

A BIOLOGIA NO VESTIBULAR

QUESTÕES OBJETIVAS

17. (Mackenzie-SP) O CO é produzido pela queima
a) incompleta de compostos orgânicos e sua maior fonte de emissão são os motores dos automóveis.
b) incompleta de compostos orgânicos e sua maior fonte de emissão são as indústrias e fábricas.
c) incompleta de compostos orgânicos e sua maior fonte de emissão são as queimadas que têm ocorrido ultimamente.
d) completa da matéria orgânica e sua maior fonte de emissão são as indústrias e fábricas.
e) completa da gasolina e sua maior fonte de emissão são os motores dos automóveis.

18. (Fatec-SP) Na cidade de São Paulo, nos meses de inverno, há um aumento muito grande de poluentes do ar. Normalmente, as camadas inferiores do ar são mais quentes do que as superiores; o ar quente, menos denso, sobe, carregando os poluentes e é substituído por ar frio. Nos meses de junho, julho e agosto, geralmente as camadas inferiores ficam muito frias e densas; logo, o ar não sobe com facilidade e a concentração de poluentes cresce.
O texto, ao estabelecer um paralelo entre a densidade do ar e a temperatura, pretende mostrar o fenômeno
a) do aumento da população, determinando a poluição.
b) da poluição química por produtos não biodegradáveis.
c) das chuvas ácidas.
d) do efeito estufa.
e) da inversão térmica.

19. (Ufal) O dióxido de enxofre (SO_2), produto tóxico liberado na atmosfera a partir da queima industrial de combustíveis, está relacionado diretamente com
a) a destruição da camada de ozônio.
b) a formação da chuva ácida.
c) a inversão térmica.
d) o efeito estufa.
e) a eutrofização.

20. (PUC-Campinas-SP) O aumento dos rebanhos de ruminantes tem causado preocupação devido à liberação excessiva de metano e seu possível efeito na
a) destruição da camada de ozônio.
b) eutrofização dos lagos.
c) temperatura da Terra.
d) degradação dos solos.
e) poluição das águas.

21. (UFSCar-SP) Uma tubulação de esgoto passava ao lado de um lago no parque central da cidade. Embora em área urbana, esse lago era povoado por várias espécies de peixes. Um vazamento na tubulação despejou grande quantidade de resíduos nesse lago, trazendo por consequência, não necessariamente nessa ordem,
I. morte dos peixes;
II. proliferação de microrganismos anaeróbios;
III. proliferação de organismos decompositores;
IV. aumento da matéria orgânica;
V. diminuição da quantidade de oxigênio disponível na água;
VI. liberação de gases malcheirosos, como o ácido sulfídrico.
Pode-se dizer que a ordem esperada para a ocorrência desses eventos é:
a) I, IV, III, V, II e VI.
b) I, VI, III, IV, V e II.
c) IV, III, V, I, II e VI.
d) IV, VI, V, III, II e I.
e) VI, V, I, III, IV e II.

22. (PUC-RJ) Um dos grandes problemas ambientais conhecidos é o excesso de descargas de efluentes ricos em nutrientes, que influenciam o crescimento de algas, aumentando a demanda bioquímica de oxigênio e causando mortandade de peixes e animais bentônicos. Esse fenômeno é chamado de
a) nitrificação.
b) eutrofização.
c) magnificação trófica.
d) carbonificação.
e) respiração.

23. (Uerj) Na região de um rio próxima a um garimpo de ouro, em atividade há mais de dez anos, foram coletados quatro tipos de amostras: sedimento, água, peixes carnívoros e pequenos crustáceos.
As amostras foram numeradas aleatoriamente de 1 a 4 e o somatório de suas concentrações de mercúrio foi considerado igual a 100. A distribuição desse somatório, por amostra, está mostrada no gráfico a seguir:

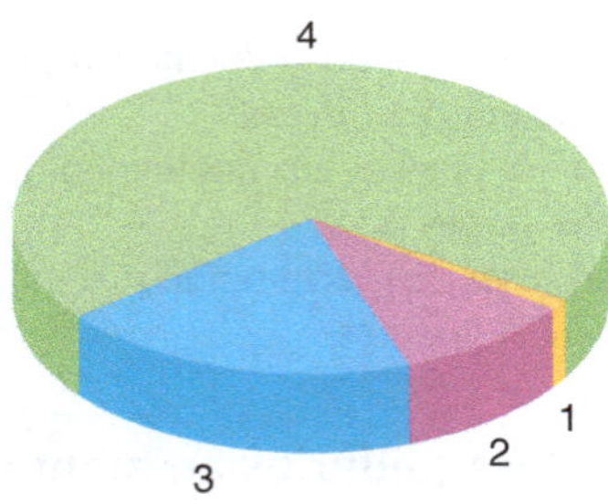

As amostras de peixes carnívoros e de água são, respectivamente, as de número
a) 1 e 4.
b) 2 e 3.
c) 3 e 2.
d) 4 e 1.

24. (UFC-CE) A poluição industrial tem causado anomalias sexuais em animais selvagens, em várias partes do mundo, mas em nenhum lugar em proporções tão altas quanto no Ártico, causando hermafroditismo em ursos-polares. Esses animais tornam-se particularmente vulneráveis porque
a) sua cadeia alimentar se inicia com o plâncton.
b) estão no topo da cadeia alimentar.
c) são exclusivamente consumidores primários.
d) sua cadeia alimentar tem apenas dois níveis tróficos.
e) são exclusivamente consumidores secundários.

25. (PUC-RS) Para reduzir o impacto negativo das fontes de poluição sobre o ambiente aquático, devemos:
I. evitar a liberação de esgotos sem tratamento nos cursos de água.
II. incentivar a construção de aterros sanitários para a deposição de lixo.
III. exigir apenas a liberação de lixo biodegradável nos mananciais de água.
IV. estimular as indústrias a instalarem equipamentos que diminuam o grau de toxicidade de seus efluentes líquidos.
Pela análise das afirmativas, conclui-se que estão corretas
a) somente I, II e III.
b) somente I, II e IV.
c) somente I, III e IV.
d) somente II, III e IV.
e) I, II, III e IV.

26. (UFPE) No Brasil, parte do lixo domiciliar é enviado para lixões, o que compromete bastante o meio ambiente. Entre os fatores que justificam esse comprometimento, estão:
1. a infiltração de materiais nos lençóis de água subterrânea.
2. a liberação de gases tóxicos.
3. a proliferação de roedores e de insetos.
Está(ão) correta(s):
a) 1 apenas.
b) 1 e 2 apenas.
c) 1 e 3 apenas.
d) 2 e 3 apenas.
e) 1, 2 e 3.

27. (Vunesp) Leia o texto, que apresenta quatro lacunas:

Os esgotos são formados, em grande parte, por matéria orgânica, água e energia. Há processos muito antigos de tratamento que permitem o aproveitamento da energia dos compostos orgânicos presentes nos esgotos. São processos de _____, onde ocorre a fermentação por atividade de bactérias _____, organismos que dispensam a presença de _____. Quando fermentada por estas bactérias, a matéria orgânica dá origem a um subproduto, o _____, inflamável, explosivo e dotado de grande quantidade de energia, que pode ser utilizado em motores a explosão ou até como gás combustível.

As lacunas do texto se referem, pela ordem, aos termos:

a) eutrofização, anaeróbias, CO_2, gás sulfídrico.
b) biodigestão, anaeróbias, O_2, gás metano.
c) biodigestão, aeróbias, O_2, gás metano.
d) decomposição, anaeróbias, CO_2, gás hélio.
e) biodigestão, aeróbias, nitrogênio, gás metano.

28. (UFMG) Com frequência, agricultores têm utilizado queimadas como recurso na preparação do solo para o plantio.
É CORRETO afirmar que o uso sistemático dessa conduta não é indicado, principalmente porque

a) retira a água do solo.
b) destrói microrganismos do solo.
c) impermeabiliza o solo.
d) dificulta a aeração do solo.

29. (PUC-PR) Um dos principais temas discutidos em conferências e seminários mundiais sobre Meio Ambiente é a destruição da biodiversidade do nosso planeta.

Sobre este tema, é INCORRETO afirmar:

a) Ao longo do processo de sucessão ecológica, observa-se uma diminuição progressiva na diversidade de espécies e na biomassa total.
b) O desmatamento das florestas tropicais causa não somente a destruição desse ecossistema, também causa grande perda da biodiversidade do planeta.
c) A criação de áreas protegidas como parques e reservas é uma das medidas a serem tomadas para salvaguardar a biodiversidade.
d) Além da riqueza de espécies ser fonte potencial de produtos que podem ajudar a espécie humana, a diversidade é importante também para garantir a estabilidade do planeta.
e) Projetos de reflorestamento com poucas espécies de árvores são inúteis para a recomposição do equilíbrio original do meio ambiente.

30. (FGV-SP) O aquecimento global é resultado, em parte, do lançamento excessivo de gases de efeito estufa na atmosfera, originados principalmente da queima de combustíveis fósseis, como petróleo e carvão. Sobre este assunto, pode-se afirmar que

a) o efeito estufa é um fenômeno de origem antrópica e necessário para a manutenção da vida na Terra.
b) alguns gases atmosféricos absorvem parte das radiações ultravioletas emitidas pela superfície terrestre, retendo-as e aquecendo mais o planeta.
c) o aumento na concentração de gases que promovem o efeito estufa tem contribuído para elevar a temperatura do planeta, fenômeno chamado de mudança climática.
d) a queima de combustíveis fósseis tem contribuído para a destruição da camada de ozônio, expondo a superfície terrestre à elevada incidência de raios ultravioletas, aumentando a temperatura global.
e) os efeitos dos principais gases estufas, como o NO_2, CO_2 e CH_4, podem ser minimizados com o reflorestamento, pois estes gases são retirados da atmosfera por meio dos estômatos presentes, principalmente, nas folhas.

31. (Uece) Analise as afirmativas a seguir, classificando-as como verdadeiras (V) ou falsas (F).

( ) Reciclagem é o termo genericamente utilizado para designar o reaproveitamento de materiais beneficiados como matéria-prima para um novo produto. As principais vantagens do processo são a diminuição da utilização dos recursos naturais não renováveis e, consequentemente, a diminuição dos resíduos que necessitam de tratamento final, como aterramento ou incineração.
( ) A Agenda 21 foi um dos principais resultados da Primeira Conferência das Nações Unidas sobre Meio Ambiente e Desenvolvimento (Estocolmo, 1972). Consiste em um documento que estabelece a importância de cada país em se comprometer a refletir, global e localmente, sobre a forma pela qual governos, empresas, organizações não governamentais e todos os setores da sociedade poderiam cooperar no estudo de soluções para os problemas socioambientais.
( ) O conceito sistêmico de sustentabilidade relaciona aspectos econômicos, sociais, culturais e ambientais da sociedade humana e baseia-se em quatro premissas fundamentais: ser ecologicamente correto; economicamente viável; socialmente justo e culturalmente aceito.

Assinale a opção que apresenta a sequência correta, de cima para baixo.

a) V, V, F
b) F, V, V
c) V, F, V
d) F, F, V

QUESTÕES DISCURSIVAS

32. (UFRJ) Os coliformes fecais são utilizados como indicadores da qualidade da água. Para isso, mede-se o número aproximado de coliformes por unidade de volume. Se o número de coliformes por unidade de volume encontra-se acima de um determinado limite, a água é considerada imprópria para o consumo ou para o banho. Explique por que a quantidade de coliformes pode ser utilizada como indicador da qualidade da água.

33. (UFRJ) Os salmões do Pacífico (*Oncorhynchus nerka*) são peixes carnívoros. Estudos demonstram que as concentrações de bifenilas policloradas (BPC — compostos organoclorados utilizados em diversos processos industriais) nos tecidos desses peixes são maiores do que as encontradas nos oceanos.
Explique por que a concentração de BPC nos salmões é maior do que a verificada nos oceanos.

34. (Unesp) Pesquisas recentes indicam que alguns dos efeitos mais visíveis do desaparecimento da floresta amazônica seriam as alterações no regime de chuvas, com impactos na produção agrícola e na matriz energética do país. Justifique por que haveria alterações no regime de chuvas e qual a relação destas com o sistema energético do país.

35. (Unicamp-SP) O aquecimento global é assunto polêmico e tem sido associado à intensificação do efeito estufa. Diversos pesquisadores relacionam a intensificação desse efeito a várias atividades humanas, entre elas a queima de combustíveis fósseis pelos meios de transporte nos grandes centros urbanos.

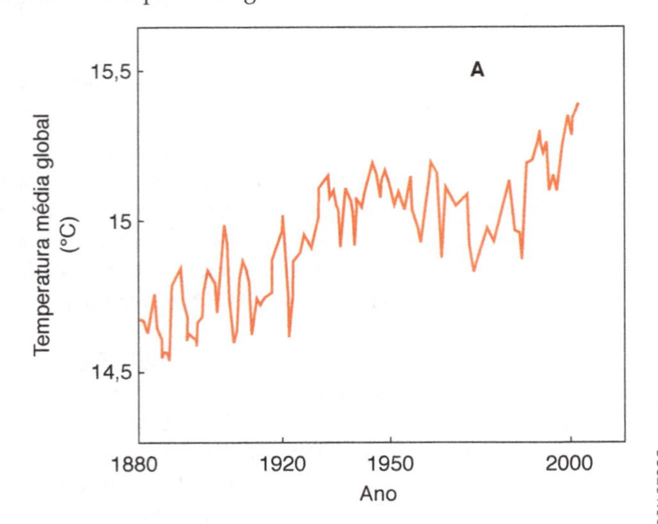

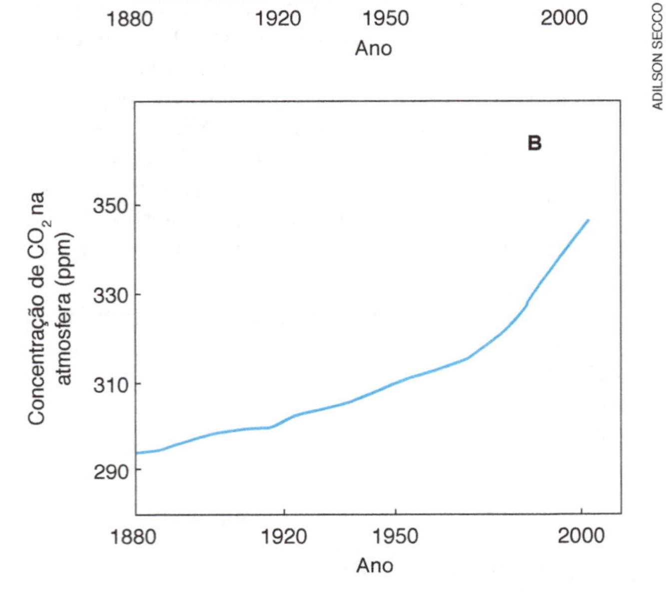

ADILSON SECCO

Figuras adaptadas de Karen & Pamela S. Camp. *Biology*. Sanders College Publishing, 1995, p. 1.108.

a) Explique que relação existe entre as figuras **A** e **B** e como elas estariam relacionadas com a intensificação do efeito estufa.
b) Por que a intensificação do efeito estufa é considerada prejudicial para a Terra?
c) Indique uma outra atividade humana que também pode contribuir para a intensificação do efeito estufa. Justifique.

36. (UFC-CE) Leia o texto a seguir:

> Quente, seco e perigoso do ponto de vista ambiental. A onda de calor que causou milhares de mortes na Europa em 2003 teve consequências também terríveis para o crescimento das formações vegetais [...].
> Os cientistas constataram que o crescimento das vegetações temperadas europeias foi 30% menor do que em anos anteriores. Pior do que isso. Em vez de funcionar como sorvedouros de carbono, as plantas viraram fonte. Isso, se repetido, poderá potencializar ainda mais o aquecimento global em termos regionais [...]. A expectativa é que novas ondas de calor, como as de 2003, ocorram novamente na Europa, na mesma intensidade, até 2025 [...]. Episódios quentes e secos, como o de 2003, podem impedir que o continente consiga cumprir as exigências do Protocolo de Kyoto [...].
>
> *Boletim da Agência FAPESP*, set. 2005, 11-30 (baseado em artigo publicado na revista *Nature*).

Considere o texto e responda:

I. Qual o nome do fenômeno relacionado ao aquecimento global?
II. Como as atividades humanas podem contribuir para agravar esse fenômeno?
III. De acordo com o texto, explique como a vegetação poderia atenuar e acentuar o fenômeno de aquecimento global.
IV. Cite uma das exigências do Protocolo de Kyoto.

ENEM

37. A indústria têxtil utiliza grande quantidade de corantes no processo de tingimento dos tecidos. O escurecimento das águas dos rios causado pelo despejo desses corantes pode desencadear uma série de problemas no ecossistema aquático.
Considerando esse escurecimento das águas, o impacto negativo inicial que ocorre é o(a)

a) eutrofização.
b) proliferação de algas.
c) inibição da fotossíntese.
d) fotodegradação da matéria orgânica.
e) aumento da quantidade de gases dissolvidos.

38.

> Apesar de belos e impressionantes, corais exóticos encontrados na Ilha Grande podem ser uma ameaça ao equilíbrio dos ecossistemas do litoral do Rio de Janeiro. Originários do Oceano Pacífico, esses organismos foram trazidos por plataformas de petróleo e outras embarcações, provavelmente na década de 1980, e disputam com as espécies nativas elementos primordiais para a sobrevivência, como espaço e alimento. Organismos invasores são a segunda maior causa de perda de biodiversidade, superados somente pela destruição direta de hábitats pela ação do homem. As populações de espécies invasoras crescem indefinidamente e ocupam o espaço de organismos nativos.
>
> LEVY, I. Disponível em: http://cienciahoje.uol.com.br. Acesso em: 5 dez. 2011 (adaptado).

As populações de espécies invasoras crescem bastante por terem a vantagem de

a) não apresentarem genes deletérios no seu *pool* gênico.
b) não possuírem parasitas e predadores naturais presentes no ambiente exótico.
c) apresentarem características genéticas para se adaptarem a qualquer clima ou condição ambiental.
d) apresentarem capacidade de consumir toda a variedade de alimentos disponibilizados no ambiente exótico.
e) apresentarem características fisiológicas que lhes conferem maior tamanho corporal que o das espécies nativas.

Mais questões: no livro digital, em **Vereda Digital Aprova Enem** e **Vereda Digital Suplemento de revisão e vestibulares**; no *site*, em **AprovaMax**.

UNIDADE

B CITOLOGIA E EMBRIOLOGIA

DR YORGOS NIKAS/SCIENCE PHOTO LIBRARY/LATINSTOCK

5,5 μm

Fotomicrografia de embrião humano quatro dias após a fertilização. (Microscópio eletrônico de varredura; cores artificiais.)

CAPÍTULO

5 A DESCOBERTA DA CÉLULA

MAURO FERMARIELLO/GETTY IMAGES

De que trata este capítulo

Há menos de 400 anos a humanidade descobriu um vasto mundo novo — o mundo microscópico. Cientistas pioneiros chegaram a ele através dos primeiros microscópios, instrumentos então capazes de ampliar imagens de pequenos objetos algumas centenas de vezes. Hoje, microscópios modernos e sofisticados fornecem ampliações da ordem de muitos milhares e até milhões de vezes, possibilitando visualizar detalhadamente o interior das células e sua intrincada estrutura.

Os avanços da microscopia permitiram aos estudiosos concluir que as células são componentes básicos de todos os seres vivos. Isso revolucionou não só a Biologia, mas também nossa visão de mundo: se somos constituídos por células semelhantes às das amebas e dos tomates, seria essa semelhança mera coincidência? Ou ela reforçaria as evidências de que todos os seres vivos descendem de ancestrais comuns, que viveram na Terra há bilhões de anos?

Pesquisas biológicas e médicas progrediram extraordinariamente com o desenvolvimento dos microscópios e das técnicas de estudo das células. Atualmente, um simples exame microscópico do sangue permite saber, entre outras coisas, se estamos anêmicos ou se há alguma infecção em nosso corpo. Exames periódicos de células da mucosa vaginal permitem detectar a formação de tumores no útero.

A descoberta do mundo microscópico abriu uma porta para entrarmos em nós mesmos. Descobrimos que o fenômeno vida ocorre no interior de cada uma das células de nosso organismo, onde as substâncias do alimento ingerido se transformam, liberando energia e fornecendo matéria-prima para produzir nossas próprias substâncias.

Neste capítulo estudaremos os instrumentos e as técnicas utilizados pelos cientistas para viajar ao mundo das células vivas. Com esses conhecimentos, teremos condições de explorar, nos capítulos seguintes, os intrincados labirintos intracelulares e as reações vitais que neles ocorrem.

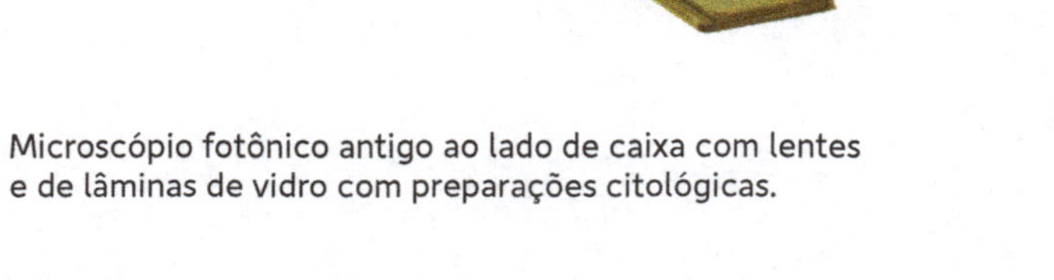
Microscópio fotônico antigo ao lado de caixa com lentes e de lâminas de vidro com preparações citológicas.

Objetivos

Objetivos gerais

- Reconhecer a existência de uma realidade invisível a olho nu, o mundo microscópico, que pode ser investigado cientificamente e incorporado às nossas visões e explicações do mundo.
- Compreender como o desenvolvimento das técnicas citológicas contribuiu para o avanço do conhecimento sobre as células.

Objetivos didáticos

- Conhecer alguns fatos históricos sobre a teoria celular e compreender sua importância como unificadora de conhecimentos em Biologia.
- Estar informado de que os vírus são os únicos seres acelulares, compreendendo por que esse fato não enfraquece a teoria celular nem se opõe a ela.
- Conhecer os princípios básicos de funcionamento dos microscópios fotônicos e dos microscópios eletrônicos, comparando esses instrumentos quanto ao aumento, à resolução e à possibilidade de fazer ou não observações vitais.
- Conhecer os fundamentos das principais técnicas citológicas utilizadas na preparação de materiais biológicos para observação microscópica: observação vital, fixação, coloração, inclusão, corte, esfregaço e esmagamento.
- Conhecer as unidades de medida utilizadas em microscopia (micrômetro e nanômetro), comparando-as entre si e com o metro.
- Identificar as partes fundamentais das células eucarióticas, distinguindo-as das células procarióticas.

5.1 O mundo microscópico

Primórdios da Citologia

A invenção do microscópio, instrumento capaz de ampliar imagens, possibilitou a descoberta das células. Acredita-se que o microscópio tenha sido inventado em 1591 por Hans Janssen e seu filho Zacharias, dois holandeses fabricantes de óculos. Entretanto, os primeiros registros de observações microscópicas sistemáticas de materiais biológicos foram realizados pelo comerciante holandês Antonie van Leeuwenhoek (1632-1723).

Leeuwenhoek fabricou dezenas de microscópios dotados de uma única lente de vidro polido e forma quase esférica. Com eles observou diversos tipos de material biológico, como embriões de plantas, glóbulos vermelhos do sangue e espermatozoides do sêmen de animais. Leeuwenhoek é considerado o descobridor dos "micróbios", como eram antigamente chamados os seres microscópicos, hoje conhecidos por **microrganismos**. (Fig. 5.1)

Influenciado pelas descobertas de Leeuwenhoek, o inglês Robert Hooke (1635-1703) construiu um microscópio com duas lentes ajustadas às extremidades de um tubo de metal. Uma das lentes ficava próxima ao olho do observador, sendo por isso chamada de **ocular**; a outra lente ficava próxima ao objeto observado, sendo chamada de **objetiva**. Instrumentos como esse, com dois sistemas de lentes, são denominados **microscópios compostos**. Os microscópios de Leeuwenhoek, dotados de uma só lente, são chamados de **microscópios simples**.

BIOPHOTO ASSOCIATES/GETTY IMAGES

MUSEUM BOERHAAVE, LEIDEN, NETHERLANDS

Figura 5.1 **A.** Os microscópios construídos por Leeuwenhoek consistiam em uma pequena lente de vidro polido inserida em uma placa de metal, na qual estava preso um suporte para o material observado, conectado a parafusos reguláveis. O observador mantinha a lente próxima ao olho, de modo a examinar através dela objetos mantidos na ponta do suporte. **B.** Retrato de Antonie van Leeuwenhoek. (VERKOLIE, Jan. *Antonie van Leeuwenhoek*. 1680. Óleo sobre tela, 56 cm × 47,5 cm.)

Entre os diversos materiais pesquisados, Hooke observou finas fatias de cortiça extraída da casca de certas árvores, constatando que a baixa densidade desse material deve-se ao fato de ele ser constituído de caixas microscópicas vazias. Hooke chamou cada caixinha de *cell*, termo inglês que significa cela ou cavidade. Daí surgiu, mais tarde, o termo **célula**, diminutivo de cela. **(Fig. 5.2)**

Figura 5.2 Réplica do microscópio de Hooke. No círculo (acima, à esquerda), desenho das fatias de cortiça, cujas cavidades foram denominadas células.

O interesse pelo mundo microscópico levou muitos pesquisadores a investigar a constituição microscópica de grande variedade de plantas e animais. Descobriu-se que as partes internas e suculentas das plantas também eram constituídas por estruturas microscópicas semelhantes às células descritas por Hooke na cortiça. Entretanto, células internas de plantas vivas eram preenchidas por um fluido gelatinoso semitransparente, posteriormente denominado **citoplasma**. Logo se descobriu que os animais também são constituídos por células semelhantes às das plantas, porém destituídas da parede espessa que delimita a maioria das células vegetais.

Em 1833 o botânico escocês Robert Brown (1773-1858) descobriu que a maioria das células, tanto animais como vegetais, apresenta uma estrutura interna esférica ou ovoide, que ele chamou de **núcleo celular**.

A partir das observações do comportamento das células em diversos ambientes os cientistas concluíram que tanto células animais como vegetais apresentam uma finíssima película delimitando o citoplasma: a **membrana plasmática**. No caso das células vegetais ainda há, externamente à membrana plasmática, mais um envoltório, em geral espesso e resistente, a **parede celular**. É exatamente essa parede que dá a rigidez típica dos tecidos vegetais.

No início do século XIX já eram conhecidas três partes fundamentais das células vivas: membrana plasmática, citoplasma e núcleo celular. Estudos posteriores mostraram que o citoplasma continha ainda diversas estruturas e granulações, depois identificadas como pequenos "órgãos" da célula e por isso denominadas **organelas celulares**, ou **organelas citoplasmáticas**. O núcleo celular, por sua vez, geralmente apresentava em seu interior uma ou mais estruturas denominadas **nucléolos**. **(Fig. 5.3)**

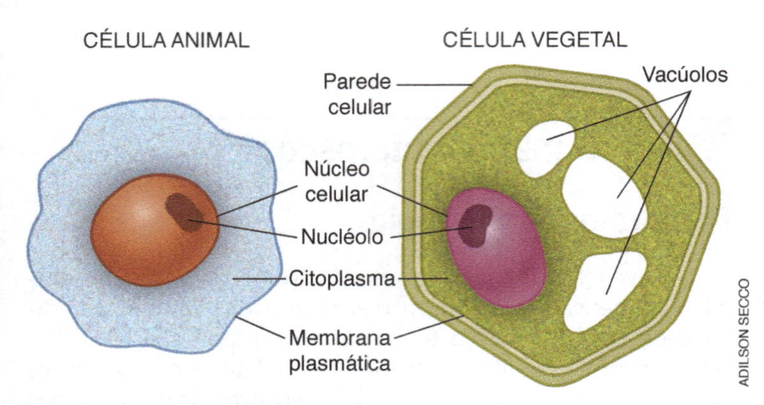

Figura 5.3 Representação esquemática de células animal e vegetal, na concepção dos citologistas do século XIX.

Teoria celular

Em 1838, reunindo estudos próprios e de diversos outros pesquisadores sobre a estrutura celular dos vegetais, o botânico alemão Mathias Schleiden (1804-1881) lançou a ideia de que todas as plantas são constituídas por células. Em 1839 o zoólogo alemão Theodor Schwann (1810-1882) chegou à mesma conclusão para os animais. Começava a se estruturar, assim, a **teoria celular**, segundo a qual as células são as unidades constituintes de todos os seres vivos.

As três premissas fundamentais da teoria celular são:

1. Todos os seres vivos são formados por células e por estruturas que elas produzem; as células são, portanto, as **unidades morfológicas** dos seres vivos.
2. As atividades essenciais que caracterizam a vida ocorrem no interior das células; estas são, portanto, as **unidades funcionais** ou **fisiológicas** dos seres vivos.
3. Novas células formam-se apenas pela reprodução de células preexistentes, por meio de um processo denominado **divisão celular**.

A formulação da teoria celular teve importância decisiva para o desenvolvimento da Biologia por reconhecer que seres tão diversos como uma ameba e um ser humano têm grande semelhança no nível microscópico. Ambos são constituídos por células bastante parecidas, embora a ameba seja **unicelular**, isto é, formada por uma única célula, e os seres humanos sejam **multicelulares**, ou **pluricelulares**, denominação dos seres constituídos por muitas células (no caso da espécie humana, dezenas de trilhões).

A teoria celular é uma das mais importantes generalizações da história da Biologia. Ela admite que, apesar das diferenças quanto à forma e à função, todos os seres vivos têm em comum o fato de serem constituídos por células. Assim, para compreender plenamente o fenômeno vida, é preciso conhecer as células.

Os vírus e a teoria celular

Estudos detalhados da estrutura dos **vírus**, a partir da década de 1950, mostraram que eles não apresentam células em sua constituição, ou seja, são **acelulares**. Por isso, alguns cientistas não consideram os vírus seres vivos.

Todos concordam, todavia, que os vírus são estruturas biológicas, pois precisam necessariamente invadir células vivas para se reproduzir. Eles são **parasitas intracelulares obrigatórios**; se não encontrarem células vivas dentro das quais possam se reproduzir, permanecem inertes, sem realizar nenhuma atividade vital. O fato de os vírus serem acelulares não enfraquece os princípios da teoria celular, uma vez que todas as atividades essenciais à vida, inclusive a própria reprodução dos vírus, ocorrem exclusivamente dentro de células vivas. Aprenda mais sobre os vírus no Capítulo 11.

A descoberta da célula e o desenvolvimento da teoria celular abriram um novo campo de estudo na área da Biologia: a **Citologia** (do grego *kytos*, célula, e *logos*, estudo), que investiga a estrutura e o funcionamento das células vivas.

Agora você pode resolver as atividades de 1 a 11, 21, 27 e 28.

5.2 O microscópio fotônico

Como funciona o microscópio fotônico

Os **microscópios fotônicos** (do grego *photos*, luz), também chamados de **microscópios ópticos**, possuem três conjuntos principais de lentes ópticas, fabricadas em vidro ou quartzo: lentes condensadoras, lentes objetivas e lentes oculares.

As lentes que compõem o **condensador** do microscópio têm por função condensar a luz que incide no objeto em observação. As **lentes objetivas**, consideradas as mais importantes do aparelho, são responsáveis pela formação da imagem. As **lentes oculares**, que ficam próximas ao olho do observador, projetam a imagem no órgão visual.

Em seu trajeto pelo microscópio, a luz que atravessa o material observado passa pelas lentes objetivas e pela ocular e chega ao olho do observador, onde é percebida como uma imagem ampliada.

Se multiplicarmos o aumento nominal fornecido pela lente ocular pelo aumento nominal da lente objetiva obteremos o valor final da ampliação. Por exemplo, se utilizarmos uma ocular de 10 vezes e uma objetiva de 50 vezes, o valor final da ampliação será 500 vezes. Microscópios fotônicos modernos fornecem aumentos médios entre 100 e 2 mil vezes. Isso significa que, se um material de 0,01 mm de diâmetro (invisível a olho nu) for ampliado mil vezes, sua imagem ampliada terá 10 mm (1 cm) e poderá ser visualizada. **(Fig. 5.4)**

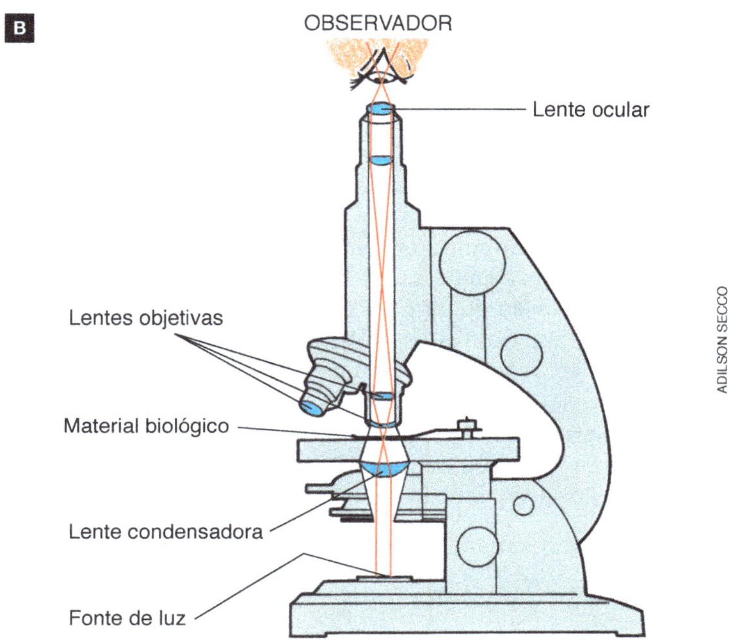

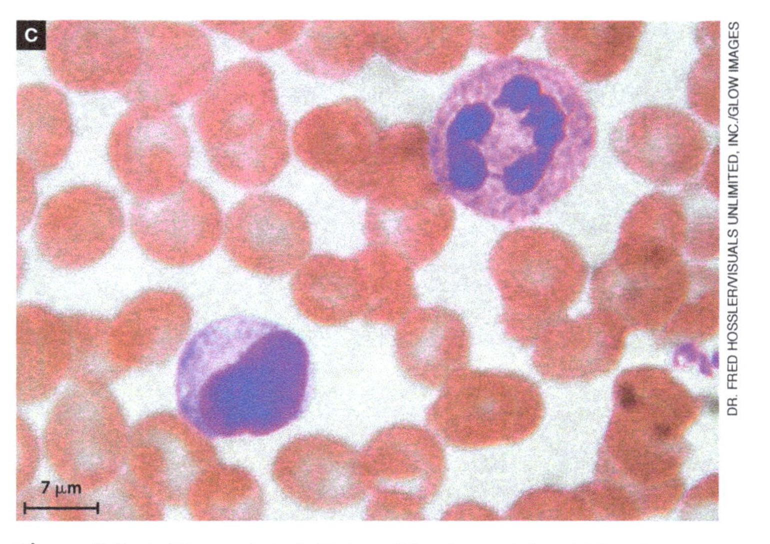

Figura 5.4 A. Microscópio fotônico utilizado nos laboratórios de Citologia. B. Representação esquemática das partes fundamentais de um microscópio fotônico, mostrando o caminho percorrido pela luz (em vermelho) no interior do aparelho. C. Fotomicrografia de esfregaço de sangue humano, em que se veem hemácias (glóbulos vermelhos) e, na região central, dois glóbulos brancos com os núcleos corados em roxo. (Microscópio fotônico; cores artificiais.)

Poder de resolução e limite de resolução

A qualidade de um microscópio não depende apenas de sua capacidade de ampliação, mas principalmente da boa qualidade óptica das lentes, o que permite obter imagens nítidas e bem detalhadas. O exemplo a seguir nos ajudará a entender melhor essa questão.

Quando observamos fotos coloridas impressas com uma lente de aumento, percebemos que as imagens são compostas de pequenos pontos de três cores primárias (amarelo, azul e vermelho), além de pontinhos pretos. Como esses pontos são muito pequenos e próximos, a olho nu não discriminamos suas cores e temos a sensação visual das diversas cores secundárias das fotos. Por exemplo, a área verde-escura de uma foto é formada predominantemente por pontinhos azuis, amarelos e pretos quando observada com uma lente de aumento. A lente "resolve" os pontos da imagem, o que nos permite vê-los como pontos separados.

O termo "resolver" vem do latim e significa "separar". Assim, podemos enunciar o conceito de poder de resolução como a capacidade de distinguir pontos muito próximos em um objeto, no processo de formação da imagem.

A olho nu conseguimos distinguir (isto é, resolver) pontos que estejam, no máximo, a um décimo de milímetro (0,1 mm ou 100 μm) de distância um do outro. Pontos mais próximos que essa distância-limite são vistos sem distinção. Portanto, o limite de resolução do olho humano "desarmado" é da ordem de 0,1 mm. Essa é a menor distância entre dois pontos em que eles ainda são percebidos como pontos separados a olho nu.

Microscópios fotônicos de boa qualidade têm limite de resolução bem menor que o do olho nu, da ordem de 0,25 μm (0,00025 mm), o que permite distinguir pontos separados até 0,25 μm. Portanto, o limite de resolução do microscópio é cerca de 400 vezes menor que o do olho nu $\left(\frac{100\ \mu m}{0{,}25\ \mu m} = 400\right)$. Consequentemente, sua capacidade de mostrar detalhes de pequenos objetos, ou seja, seu poder de resolução, é cerca de 400 vezes maior.

Técnicas para observação ao microscópio fotônico

Observação vital, fixação e coloração de células

Uma técnica citológica relativamente simples para observação ao microscópio fotônico é a observação vital, também conhecida como **exame a fresco**.

Nesse caso, o material biológico vivo é colocado sobre uma lâmina retangular de vidro e coberto com uma lamínula, também de vidro. Esse tipo de exame é utilizado, por exemplo, para observar protozoários, algas e alguns tipos de células vegetais. **(Fig. 5.5)**

A observação vital permite distinguir poucas estruturas intracelulares. Para evidenciar os detalhes internos das células, o material biológico tem de passar por diferentes tratamentos antes de ser observado.

Geralmente o primeiro tratamento empregado em preparações citológicas é a fixação, que consiste em matar rapidamente as células, preservando ao máximo sua estrutura interna, como se fosse uma espécie de mumificação.

A fixação é obtida mergulhando-se as células em líquidos **fixadores** (formol, ácido acético, álcool etílico etc.), que têm a propriedade de coagular as proteínas do material biológico, preservando o aspecto geral da célula e das estruturas celulares.

Mesmo depois de fixadas as estruturas celulares apresentam pouco contraste e pouca distinção entre si. Para superar essa dificuldade os cientistas desenvolveram técnicas de **coloração**, que permitem colorir diferencialmente as diversas estruturas celulares, realçando-as.

ARQUIVO PESSOAL

MIKE DANSON/SCIENCE PHOTO LIBRARY/LATINSTOCK

JASON EDWARDS/GETTY IMAGES

ARQUIVO PESSOAL
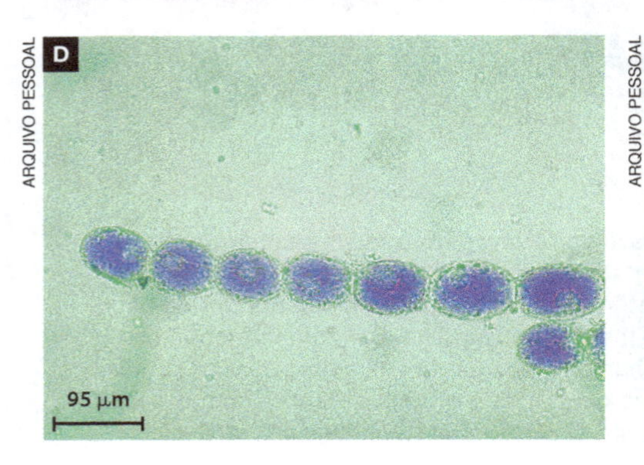

ARQUIVO PESSOAL
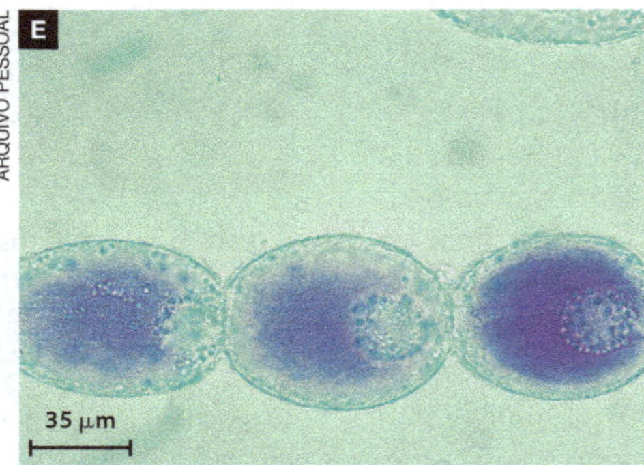

Figura 5.5 Observação vital das células do pelo estaminal da trapoeraba-roxa (*Tradescantia pallida*), uma planta comum de jardim que atinge cerca de 20 cm de altura. Acompanhe as fotos tendo em vista os diferentes níveis de aproximação de nosso alvo, as células. **A.** Aspecto geral da planta em um canteiro, entre folhas de samambaia. **B.** Folhas e flores de trapoeraba-roxa. **C.** Detalhe de uma flor mostrando os estames e os pelos estaminais (seta). **D** e **E.** Fotomicrografia de pelo estaminal com células vivas em diferentes aumentos. (Microscópio fotônico.)

As técnicas de coloração consistem em mergulhar preparações de células previamente fixadas em soluções de substâncias **corantes**. Certos corantes têm afinidade apenas por determinadas estruturas da célula, associando-se especificamente a elas. Assim, depois que a preparação é retirada de determinado corante, lavada e observada ao microscópio, certas estruturas apresentam-se coloridas e destacam-se entre as outras.

Uma técnica comum de coloração citológica emprega dois corantes: a hematoxilina e a eosina. A hematoxilina é um corante azul-arroxeado com grande afinidade pelo núcleo celular, mas com pouca afinidade pelo citoplasma. A eosina é um corante alaranjado com grande afinidade pelo citoplasma celular, mas que não colore o núcleo. Células coradas simultaneamente com esses dois corantes aparecem ao microscópio com o núcleo arroxeado e o citoplasma rosa-alaranjado.

Técnica de esfregaço

Se o material biológico é constituído por células isoladas ou fracamente unidas entre si, pode-se simplesmente espalhá-lo sobre a lâmina de vidro, processo conhecido por **esfregaço**. Por exemplo, para preparar lâminas de sangue, pinga-se uma gota desse material sobre a lâmina e espalha-se de modo a formar uma camada fina. O espalhamento pode ser feito deslizando sobre a lâmina com o material uma outra lâmina colocada em ângulo inclinado sobre a gota de sangue. Isso evita que as células fiquem empilhadas e permite observá-las isoladamente.

A técnica de esfregaço pode também ser utilizada para observar células de revestimentos mucosos, as quais se soltam com certa facilidade. Por exemplo, para obter células do revestimento interno da boca, raspa-se levemente a superfície da mucosa bucal com um instrumento adequado (por exemplo, cotonete) espalhando as células coletadas sobre uma lâmina de microscopia de modo a obter o esfregaço. **(Fig. 5.6)**

Técnica de esmagamento

No caso de células frouxamente associadas, como as de partes moles de animais ou de vegetais, pode-se utilizar a técnica denominada **esmagamento**. O material, previamente fixado e corado, é colocado entre uma lâmina e uma lamínula de vidro e esmagado pela pressão suave do dedo polegar. Em alguns casos, o material pode ser aquecido previamente para que suas células se separem com mais facilidade. **(Fig. 5.7)**

FOTOS: ARQUIVO PESSOAL

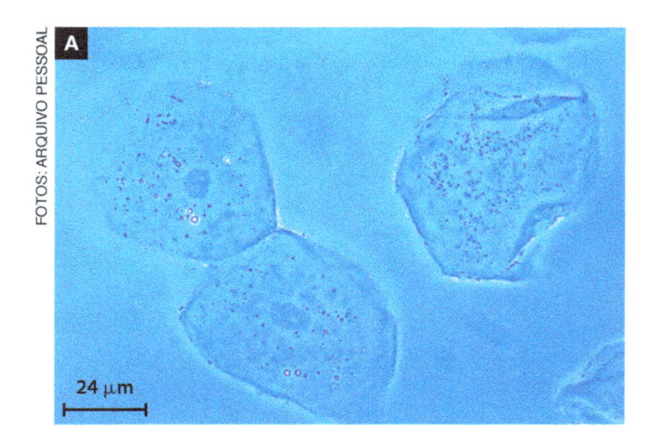

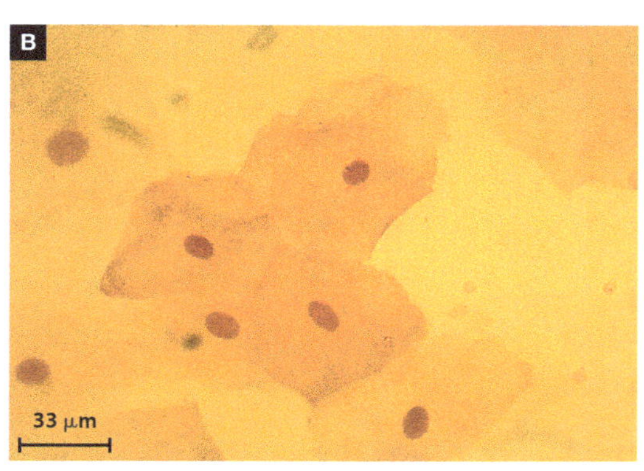

Figura 5.6 Fotomicrografias de células da mucosa bucal humana. (Microscópio fotônico.) **A.** Sem coloração, com o recurso de contraste de fase. **B.** Com dupla coloração, por hematoxilina (colore o núcleo) e eosina (colore o citoplasma).

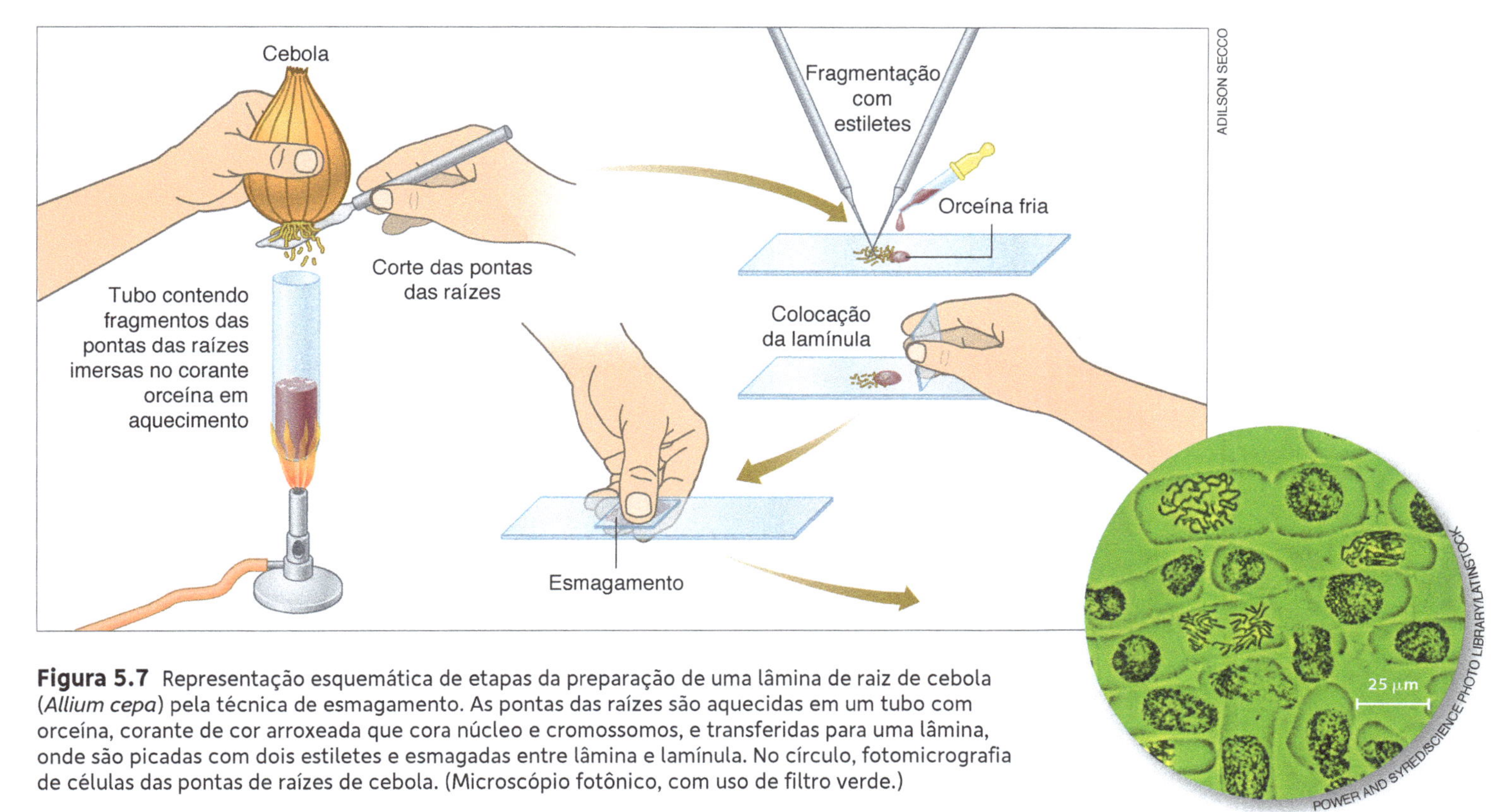

Figura 5.7 Representação esquemática de etapas da preparação de uma lâmina de raiz de cebola (*Allium cepa*) pela técnica de esmagamento. As pontas das raízes são aquecidas em um tubo com orceína, corante de cor arroxeada que cora núcleo e cromossomos, e transferidas para uma lâmina, onde são picadas com dois estiletes e esmagadas entre lâmina e lamínula. No círculo, fotomicrografia de células das pontas de raízes de cebola. (Microscópio fotônico, com uso de filtro verde.)

Técnica de corte manual

Quando o material biológico tem células firmemente unidas entre si, é necessário cortá-lo em fatias finas, denominadas cortes histológicos. A técnica de corte empregada dependerá do tipo de material biológico em estudo.

Com uma lâmina bem afiada é possível utilizar a técnica do **corte manual** em certos materiais vegetais não muito rígidos (caules, raízes, folhas etc.) e observá-los a fresco, com uma pequena gota de água entre a lâmina e a lamínula.

As estruturas vegetais são geralmente mais rígidas que as animais, possibilitando cortes manuais finos o suficiente para uma observação vital satisfatória.

Técnica de inclusão e corte com micrótomo

O estudo microscópio detalhado da maioria das células requer que o material biológico seja submetido a tratamentos que endurecem as células, facilitando o corte. O método comumente utilizado é chamado **inclusão** e consiste em mergulhar o material em um líquido que se difunde para o interior das células e endurece depois de algum tempo.

Em preparações destinadas ao microscópio fotônico, mergulha-se o material previamente fixado em parafina derretida. Após a solidificação, o material pode ser cortado com um aparelho chamado **micrótomo** em fatias com cerca de 5 μm (0,005 mm) de espessura. **(Fig. 5.8)**

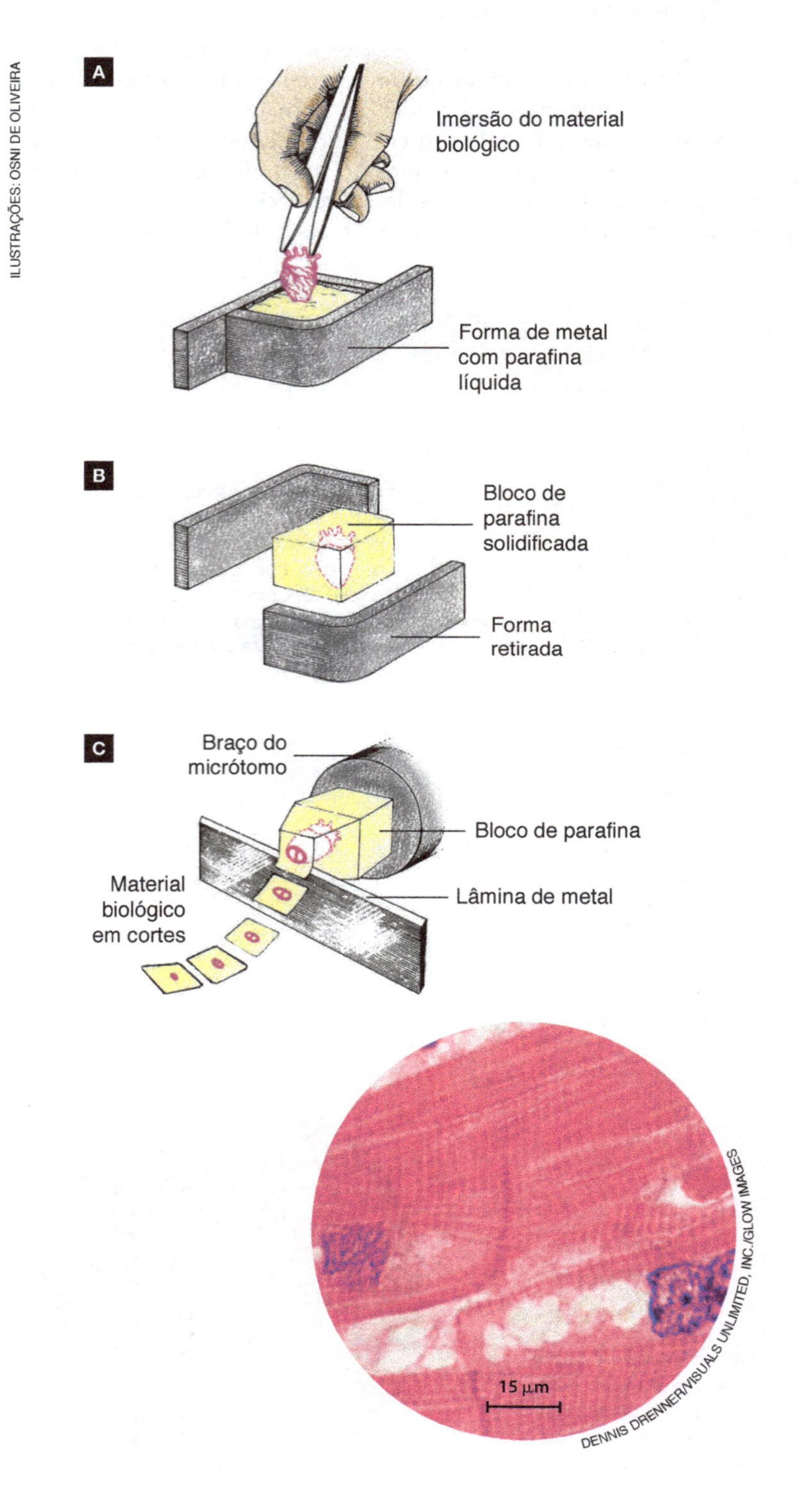

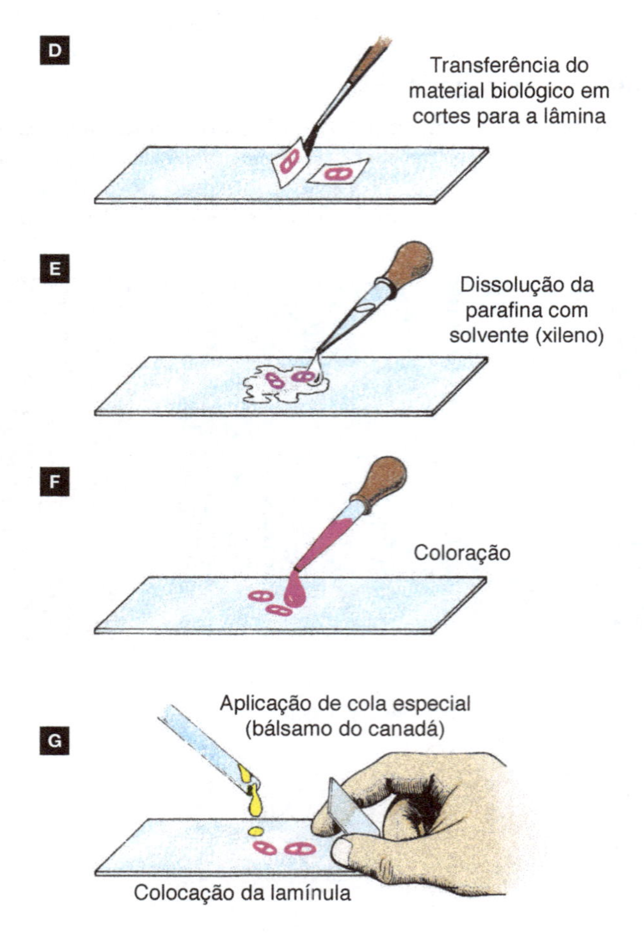

Figura 5.8 Representação esquemática das técnicas de inclusão em parafina e corte. **A.** Antes de ser mergulhado na parafina liquefeita pelo calor de uma estufa, a cerca de 65 °C, o material biológico é fixado, desidratado e impregnado de um solvente orgânico, o xileno. **B** e **C.** Depois que a parafina se solidifica, a peça que contém o material incluído é cortada no micrótomo. **D, E** e **F.** Os cortes são colocados sobre lâminas de vidro, a parafina é removida com um solvente e o material é colorizado. **G.** Finalmente, pingam-se gotas de uma cola especial sobre o material cortado, cobrindo-o com uma lamínula. No círculo, fotomicrografia de um corte de tecido muscular cardíaco humano. (Microscópio fotônico; cores artificiais.)

Agora você pode resolver as atividades de 12 a 17, 23, 24 e 29 a 31.

5.3 O microscópio eletrônico

Como funcionam os microscópios eletrônicos

O primeiro microscópio eletrônico foi construído no início da década de 1930, mas seu emprego no estudo das células começou mais tarde, nos anos 1950. Nesse meio-tempo, os citologistas desenvolveram diversas técnicas de fixação, de coloração e de corte apropriadas à microscopia eletrônica.

O microscópio eletrônico revolucionou a Citologia, pois possibilitou estudos detalhados da estrutura interna das células. Para se ter uma ideia, enquanto microscópios fotônicos fornecem aumentos máximos de 1.500 vezes, microscópios eletrônicos operam com aumentos entre 5 mil e 100 mil vezes ou mais.

Mais importante que o aumento é o alto poder de resolução dos microscópios eletrônicos, com seu limite de resolução da ordem de 1 nanômetro (0,001 μm ou 0,000001 mm). Nesses instrumentos, pontos separados por até 1 nm são vistos como pontos distintos, o que possibilita observações bem mais detalhadas que ao microscópio fotônico. Como o limite de resolução do microscópio eletrônico é cerca de 250 vezes menor que o do microscópio fotônico $\left(\frac{0{,}25\ \mu m}{0{,}001\ \mu m} = 250\right)$, concluímos que seu poder de resolução é cerca de 250 vezes maior. Em relação ao olho nu, o poder de resolução do microscópio eletrônico é cerca de 100 mil vezes maior $\left(\frac{100\ \mu m}{0{,}001\ \mu m} = 100.000\right)$.

Microscópio eletrônico de transmissão

O **microscópio eletrônico de transmissão** é assim chamado porque o material biológico é atravessado por um feixe de elétrons para produzir a imagem. Esse instrumento é constituído por um tubo de metal de mais ou menos 1 m de altura por 20 cm de diâmetro, conectado a uma bomba de vácuo, que extrai o ar de seu interior. Na parte superior do tubo há um filamento de tungstênio que é submetido a uma tensão elétrica de aproximadamente 60 mil volts, o que o faz emitir elétrons. Estes se propagam como um feixe em direção à parte inferior do tubo do microscópio, atravessando o material biológico e passando através de "lentes eletrônicas", bobinas elétricas especiais capazes de criar fortes campos eletromagnéticos.

Ao atingir o material biológico, o feixe eletrônico encontra algumas estruturas que permitem a passagem de elétrons mais facilmente que outras. Assim, depois de atravessar o material biológico, o feixe de elétrons deixa de ser homogêneo, passando a representar uma "imagem eletrônica" das estruturas que atravessou. Lentes eletrônicas interagem com o feixe de elétrons produzindo uma imagem ampliada, que é projetada sobre uma placa fluorescente e pode ser registrada fotograficamente. **(Fig. 5.9)**

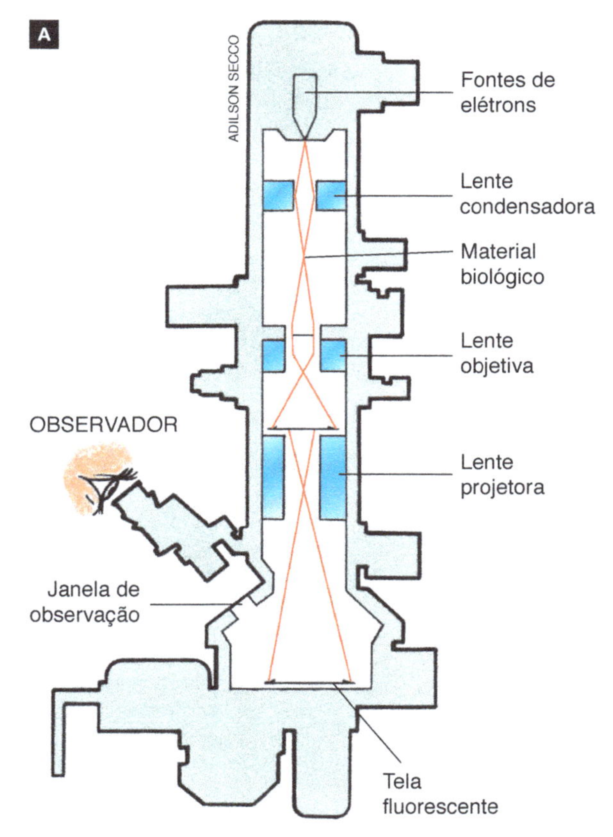

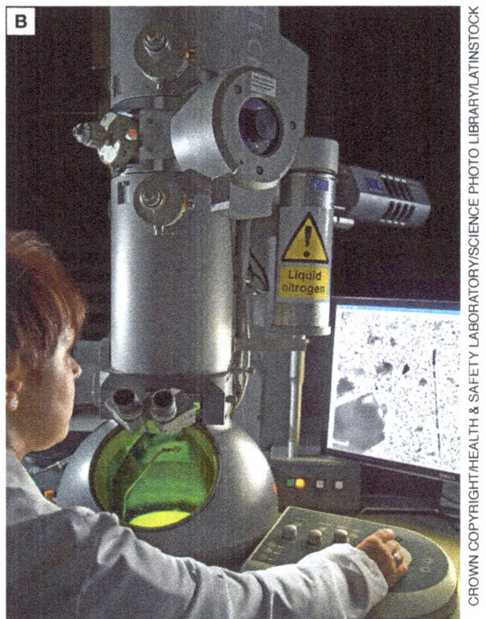

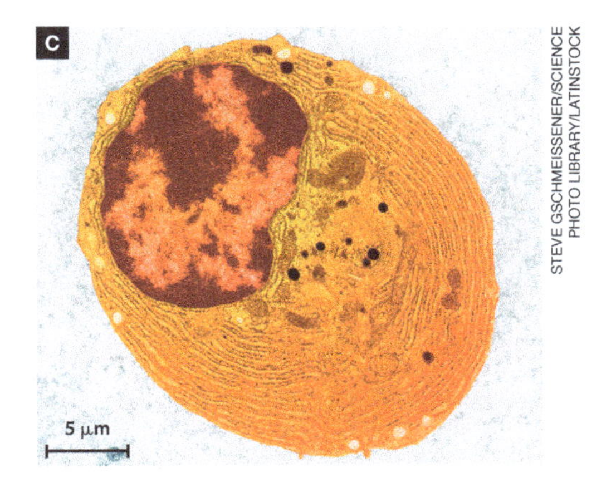

Figura 5.9 A. Representação esquemática das principais partes de um microscópio eletrônico de transmissão. O caminho do feixe de elétrons é indicado em vermelho. B. Microscópio eletrônico de transmissão e monitor para visualizar a imagem. C. Fotomicrografia de um corte de célula animal em que o citoplasma foi colorizado artificialmente em laranja e o núcleo, em vermelho. (Microscópio eletrônico de transmissão.)

Microscópio eletrônico de varredura

O **microscópio eletrônico de varredura** é utilizado para estudar detalhes da superfície de objetos sólidos. Esse instrumento projeta um feixe de elétrons extremamente condensado sobre o material biológico previamente fixado e coberto com uma finíssima película metálica. O projetor do feixe de elétrons move-se para a frente e para trás, "varrendo" a superfície do objeto observado. Durante a varredura, a superfície do material emite elétrons, que são captados por um sensor. A interpretação computadorizada dos elétrons emitidos pela superfície permite compor imagens tridimensionais, que são reproduzidas em um monitor e podem ser impressas como fotomicrografias. (Fig. 5.10)

INGA SPENCE/VISUALS UNLIMITED, INC./GLOW IMAGES

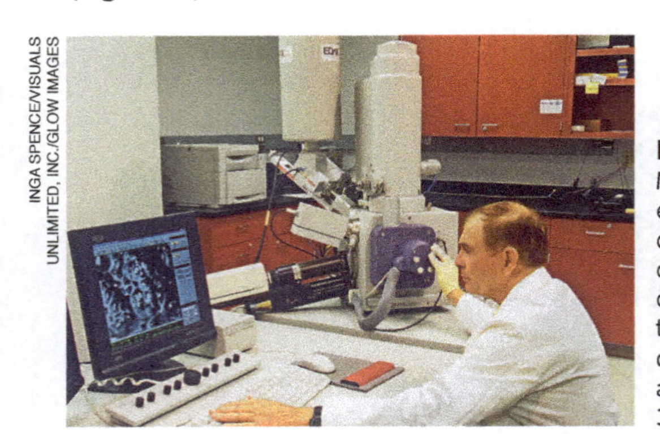

Figura 5.10 Microscópio eletrônico de varredura, que permite obter imagens tridimensionais de objetos com ampliações de até 300 mil vezes.

Técnicas para observação ao microscópio eletrônico

Apesar de o microscópio eletrônico de transmissão ter sido inventado na década de 1930, ele só começou a ser empregado mais amplamente em Biologia por volta de 1950, quando se desenvolveram técnicas de fixação, coloração, inclusão e corte adequadas a esse novo instrumento.

Técnicas de fixação, inclusão, corte e coloração em microscopia eletrônica

O primeiro procedimento na preparação do material para microscopia eletrônica é a **fixação**, geralmente feita com uma substância chamada glutaraldeído ($C_5H_8O_2$), que atua principalmente sobre as proteínas celulares. Em seguida, o material é tratado com tetróxido de ósmio (OsO_4), que fixa lipídios. No microscópio eletrônico não é possível observar materiais vivos, pois estes têm de ser colocados no vácuo e atravessados ou varridos por um feixe de elétrons.

Depois de fixado, o material biológico é desidratado, isto é, tem sua água removida, o que garante a preservação. O próximo passo é cortar o material em fatias com espessura em torno de 0,05 μm. Para obter cortes tão finos é necessário endurecer previamente o material biológico, incluindo-o em resinas sintéticas. O bloco de resina solidificada, com o material incluso em seu interior, é cortado por um tipo especial de micrótomo, o **ultramicrótomo**, equipado com navalhas de vidro ou de diamante. Esses procedimentos são necessários para que o feixe de elétrons, que tem pequeno poder de penetração, consiga atravessar os cortes.

As finas fatias de material biológico obtidas no ultramicrótomo passam pelo processo de **coloração**, que realça os contrastes entre as partes celulares. Para isso utilizam-se **corantes eletrônicos**, geralmente constituídos por sais metálicos de urânio ou de chumbo. As estruturas celulares incorporam os corantes eletrônicos em diferentes quantidades; regiões com mais afinidade por eles tornam-se mais eletrodensas e, portanto, menos permeáveis ao feixe de elétrons; consequentemente, elas aparecem em tons escuros de cinza ao microscópio. As regiões que incorporam menos corante eletrônico aparecem em tons de cinza mais claro. As fotomicrografias eletrônicas podem ainda ser colorizadas artificialmente, recurso gráfico que facilita a distinção das estruturas celulares. Você verá esse recurso aplicado a muitas imagens, neste capítulo e em vários outros. (Fig. 5.11)

ILUSTRAÇÕES: OSNI DE OLIVEIRA

PROF ALBERTO RIBEIRO

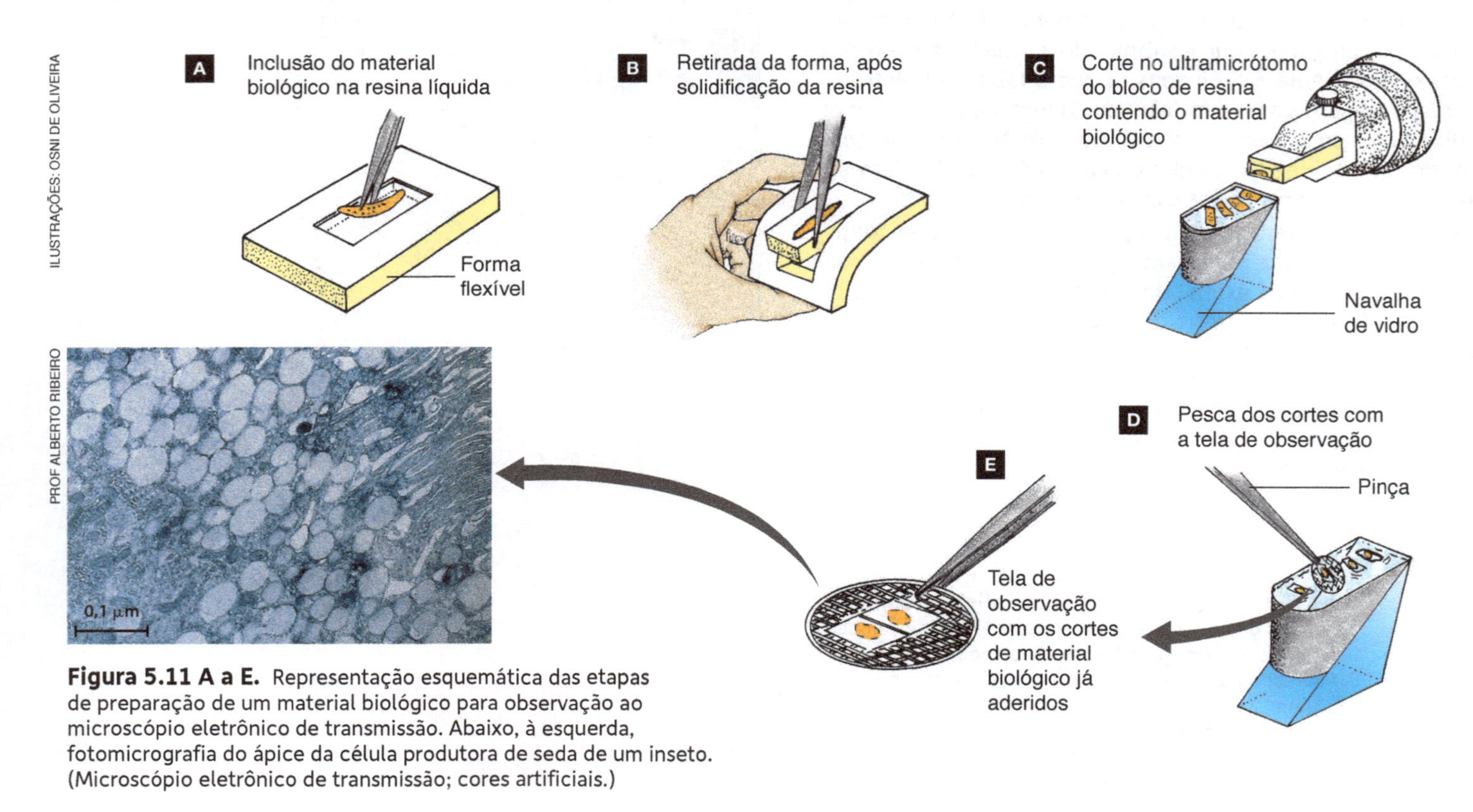

Figura 5.11 A a E. Representação esquemática das etapas de preparação de um material biológico para observação ao microscópio eletrônico de transmissão. Abaixo, à esquerda, fotomicrografia do ápice da célula produtora de seda de um inseto. (Microscópio eletrônico de transmissão; cores artificiais.)

A microscopia eletrônica revolucionou o estudo das células. A membrana plasmática, invisível ao microscópio fotônico, foi visualizada no microscópio eletrônico. O citoplasma das células de animais e de plantas, que parecia homogêneo ao microscópio fotônico, revelou-se um complexo labirinto membranoso, com tubos, bolsas, grânulos e filamentos banhados por um fluido viscoso. Atualmente os microscópios eletrônicos mais modernos permitem visualizar até mesmo moléculas de grande tamanho, como as de proteína e de DNA.

O microscópio eletrônico revelou também que existem dois tipos básicos de células: eucarióticas, presentes em protozoários, fungos, algas, plantas e animais, e procarióticas, presentes apenas em bactérias e arqueas. **Células eucarióticas** (do grego *eu*, verdadeiro, e *karyon*, núcleo) têm o citoplasma repleto de canais, bolsas e outras estruturas membranosas, sendo uma delas o **núcleo**, onde se localizam os cromossomos. **Células procarióticas** (do grego *protos*, primitivo, e *karyon*, núcleo) não têm estruturas membranosas em seu citoplasma nem núcleo; o material genético concentra-se em uma região da célula denominada **nucleoide**.

Agora você pode resolver as atividades de 18 a 20, 22, 25, 26 e 32 a 34.

Ciência e cidadania

Uma história de 400 anos

Revelando o mundo invisível do "muito pequeno"

1 O essencial é invisível aos olhos, disse a raposa ao Pequeno Príncipe, na belíssima fábula de Antoine de Saint-Exupéry. Mesmo que a raposa estivesse se referindo aos nossos sentimentos, essa frase descreve, liricamente, o quanto do mundo à nossa volta permanece invisível aos nossos olhos, inacessível aos nossos sentidos.

2 A história da ciência pode ser lida como uma aventura de exploração desses mundos invisíveis, revelados por meio do desenvolvimento de técnicas e tecnologias de observação. Mesmo que o uso de lentes para ampliar imagens já fosse explorado desde tempos antigos, o microscópio em sua forma moderna foi inventado provavelmente entre 1590 e 1610 pelos holandeses Hans e Zacharias Janssen, pai e filho. Em torno de 1600, eles construíram um instrumento com duas lentes arranjadas em um tubo móvel. O grande astrônomo Johannes Kepler descreve, em 1611, um sistema semelhante ao dos Janssen, mas com uma lente convexa na extremidade ocular do instrumento.

3 A invenção do microscópio revelou novos e estranhos mundos, invisíveis aos nossos olhos. No final do século XVII, cientistas já haviam descoberto células, capilares, corpúsculos sanguíneos, protozoários e bactérias. O biólogo holandês Antonie van Leeuwenhoek, considerado o fundador da microbiologia, baseou suas incríveis descobertas em lentes de altíssima qualidade que ele mesmo produzia, obtendo ampliações de 275 vezes. Hoje, é possível obtermos ampliações de até mil vezes com microscópios ópticos, baseados na luz visível [...].

4 Ondas de luz visível têm comprimentos de onda entre 400 e 700 nanômetros [...]. Com técnicas sofisticadas de visualização, é possível ver objetos com 200 nm. A visualização de objetos ainda menores tem de ser feita por intermédio de outros tipos de microscópio.

5 Em 1924, o físico francês Louis de Broglie sugeriu que, tal como a luz, o elétron e outras partículas subatômicas também podem ser interpretados como ondas. Essa estranha propriedade do elétron, conhecida como a dualidade partícula-onda, possibilitou o desenvolvimento de microscópios eletrônicos.

6 Do mesmo modo que microscópios ópticos usam ondas de luz focadas por meio de lentes, o microscópio eletrônico usa ondas eletrônicas focadas por meio de campos eletromagnéticos. Devido ao curtíssimo comprimento de onda do elétron em movimento, microscópios eletrônicos podem chegar a ampliações mil vezes maiores do que microscópios ópticos, revelando estruturas com dimensões de 0,2 nm.

7 Em 1986, Gerd K. Binnig e Heinrich Rohrer dividiram o prêmio Nobel de Física pela invenção do microscópio de escaneamento por tunelamento. Esse instrumento pode revelar imagens tridimensionais da superfície de materiais em nível atômico, possibilitando a visualização e a manipulação individual de átomos! Nada mau para uma história de apenas 400 anos.

Fonte: GLEISER, M. Uma história de 400 anos: revelando o mundo invisível do "muito pequeno". *Folha de S.Paulo*, São Paulo, 17 jan. 1999.

GUIA DE LEITURA

No artigo publicado no jornal *Folha de S.Paulo*, que escolhemos para esta seção, o físico e divulgador de ciência Marcelo Gleiser comenta o progresso da microscopia em seus 400 anos de existência.

Para auxiliá-lo a se aprofundar no texto do artigo e relacioná-lo ao que foi estudado no capítulo, elaboramos as sugestões a seguir.

1. Leia inicialmente os três primeiros parágrafos do texto. A seguir, localize no capítulo o item *Primórdios da Citologia* e releia os três primeiros parágrafos. Como, em sua opinião, os textos do capítulo e deste quadro se complementam?
2. No quarto parágrafo o artigo aborda o tamanho mínimo de objetos que podem ser visualizados no microscópio fotônico. Qual é esse tamanho? No parágrafo, a unidade de medida utilizada é o nanômetro. Reescreva os valores mencionados utilizando como unidade de medida o micrômetro e, em seguida, o metro.
3. Com base nas informações contidas no quinto e sexto parágrafos, responda: que característica dos microscópios eletrônicos permite observar objetos não visíveis ao microscópio fotônico?
4. O sétimo e último parágrafo do artigo menciona um tipo especial de microscópio eletrônico que, por ter aplicação ainda restrita em Biologia, não foi tratado no capítulo. Segundo o texto, quais são as possibilidades de aplicação desse novo tipo de microscópio?

Mapa de conceitos

Microscópios

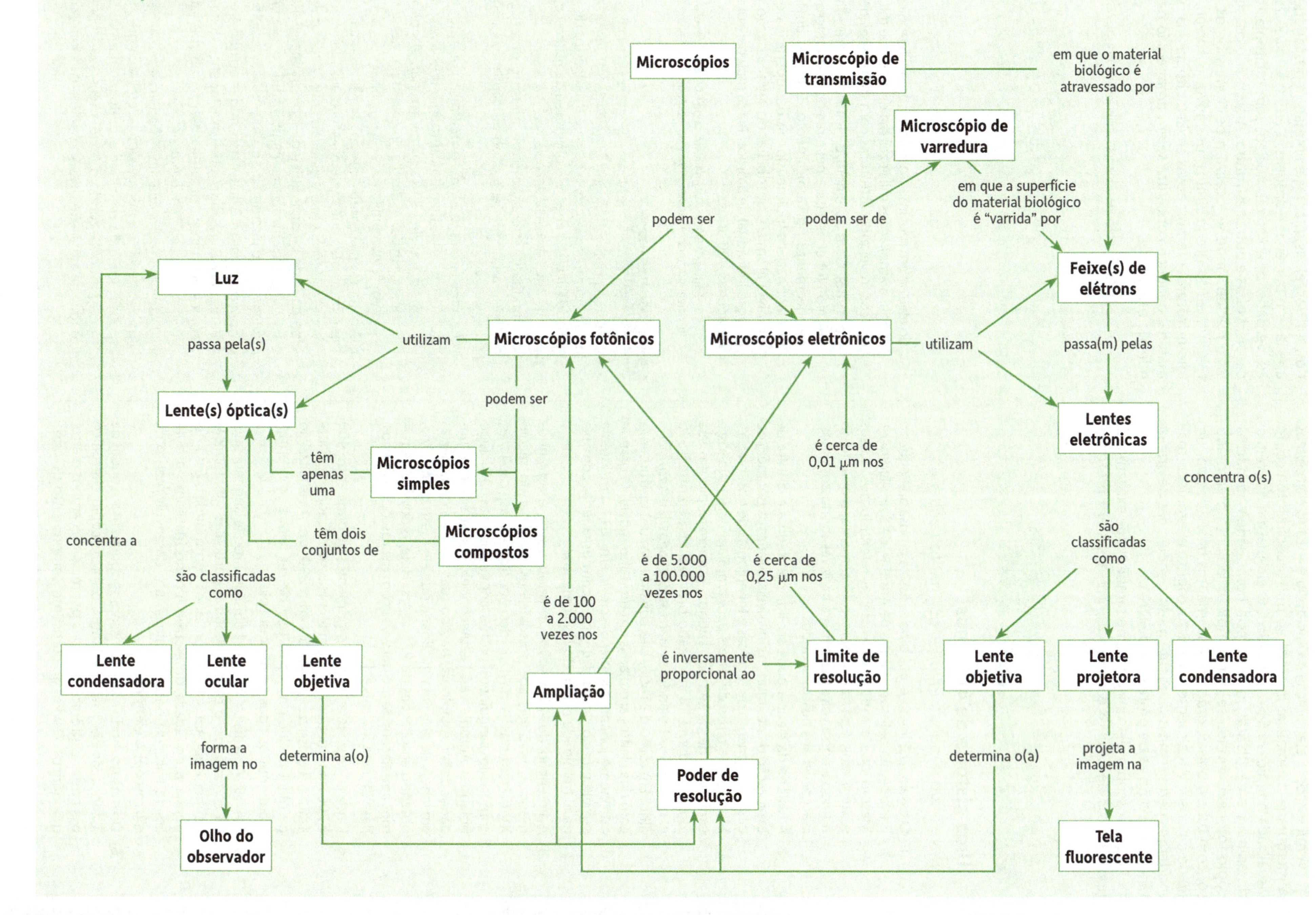

ATIVIDADES

REVENDO CONCEITOS, FATOS E PROCESSOS

5.1 O mundo microscópico

Considere as alternativas a seguir para responder às questões de 1 a 3.

a) Citoplasma.
b) Membrana plasmática.
c) Núcleo celular.
d) Parede celular.

1. Qual é a denominação da película invisível ao microscópio fotônico que envolve uma célula?

2. Como se denomina a estrutura geralmente esférica presente no interior das células animais e vegetais e ausente em células de bactérias?

3. Como os biólogos denominam a região interna das células, ocupada por um líquido viscoso?

Considere as alternativas a seguir para responder às questões de 4 a 6.

a) Antonie van Leeuwenhoek.
b) Robert Hooke.
c) Theodor Schwann.
d) Robert Brown.

4. Qual pesquisador foi um dos formuladores da teoria celular?

5. Quem introduziu o termo célula na literatura biológica?

6. A quem se atribui a descoberta do mundo microscópico?

7. De acordo com a teoria celular, apesar de serem diferentes no nível macroscópico, todos os seres vivos são semelhantes em sua constituição fundamental, uma vez que
   a) são capazes de se reproduzir sexualmente.
   b) são constituídos por células.
   c) contêm moléculas orgânicas.
   d) originam-se de gametas.

8. A maioria dos biólogos não considera os vírus exceções à teoria celular porque eles
   a) são formados por células.
   b) formam gametas.
   c) são organismos vivos.
   d) reproduzem-se somente no interior de células vivas.

9. A Citologia, ramo da Biologia que estuda as células, surgiu após a invenção do
   a) microscópio fotônico.
   b) microscópio eletrônico de transmissão.
   c) microscópio eletrônico de varredura.
   d) micrótomo.

10. Ao microscópio fotônico pode-se observar
   a) apenas a parede celular.
   b) apenas o citoplasma.
   c) citoplasma, núcleo e parede celular.
   d) citoplasma, núcleo e membrana plasmática.

11. Uma diferença entre o microscópio simples e o microscópio composto é que o primeiro
   a) utiliza luz e, o segundo, feixes de elétrons.
   b) utiliza feixes de elétrons e, o segundo, luz.
   c) possui apenas uma lente e, o segundo, duas lentes ou dois conjuntos de lentes.
   d) possui duas lentes simples e, o segundo, apenas um conjunto de lentes.

5.2 O microscópio fotônico

Considere as alternativas a seguir para responder às questões de 12 a 14.

a) Coloração.
b) Fixação.
c) Limite de resolução.
d) Poder de resolução.

12. Como se denomina a capacidade de fornecer imagens nítidas e detalhadas da estrutura de objetos muito pequenos?

13. Que termo denomina a distância-limite entre dois pontos, abaixo da qual eles são vistos como um ponto único?

14. Qual é o nome do processo em que células são mortas rapidamente, de modo a manter sua estrutura para observação ao microscópio?

15. A técnica de esfregaço é utilizada no estudo microscópico do sangue porque as células sanguíneas
   a) estão firmemente unidas entre si.
   b) estão separadas umas das outras.
   c) possuem uma parede rígida, difícil de ser cortada.
   d) possuem núcleos muito grandes e fáceis de se romper.

16. Para a observação de células firmemente unidas entre si, a técnica recomendada é o (a)
   a) esfregaço.
   b) esmagamento.
   c) exame a fresco.
   d) inclusão e corte.

17. Uma célula com diâmetro de 10 µm (ou 0,01 mm) foi fotografada ao microscópio fotônico. Qual é o diâmetro dessa célula em uma fotomicrografia ampliada mil vezes?
   a) 0,1 cm.
   b) 1 cm.
   c) 10 cm.
   d) 100 cm.

5.3 O microscópio eletrônico

18. A membrana das células, pelo fato de ter cerca de 5 µm de espessura, pode ser observada apenas
   a) ao microscópio fotônico.
   b) ao microscópio eletrônico de transmissão.
   c) ao microscópio simples.
   d) a olho nu.

19. Em uma fotomicrografia obtida com um microscópio eletrônico de transmissão, o núcleo de uma célula mede 5,5 cm de diâmetro. Sabendo-se que a ampliação da imagem é de 11 mil vezes, qual é o diâmetro real desse núcleo?
   a) 5 cm.
   b) 5 mm.
   c) 5 µm (ou 0,005 mm).
   d) 5 µm (ou 0,000005 mm).

20. A observação detalhada de estruturas internas membranosas de uma célula pode ser realizada
   a) a olho nu.
   b) ao microscópio fotônico.
   c) ao microscópio eletrônico de transmissão.
   d) ao microscópio eletrônico de varredura.

QUESTÕES PARA EXERCITAR O PENSAMENTO

21. Construa uma tabela que inclua os cientistas pioneiros citados a seguir e que indique a época em que eles atuaram, assim como o principal aspecto de seus trabalhos.
   a) Antonie van Leeuwenhoek.
   b) Robert Hooke.
   c) Robert Brown.
   d) Mathias Schleiden.
   e) Theodor Schwann.

22. Esquematize uma célula animal com suas partes básicas, tal como era entendida antes do advento do microscópio eletrônico. Não se esqueça de colocar setas e legendas para identificar as diferentes partes dos desenhos.

23. Suponhamos que você tenha recebido uma fotografia de uma célula ampliada. Medidos com uma régua, os diâmetros da imagem da célula e de seu núcleo, na fotografia, eram, respectivamente, 17,5 cm e 4,25 cm. A ocular e a objetiva usadas no microscópio eram de, respectivamente, 10 × e 40 × de aumento. A ampliação fotográfica para o papel foi de 5 ×, além do que foi ampliado e registrado no negativo do filme. Quanto medem, em micrômetros, a célula e seu núcleo?

24. Ao preparar uma lâmina de fígado de rato para observação ao microscópio fotônico, um citologista realizou os seguintes procedimentos:

1. retirada do fígado e imersão em um líquido fixador;
2. inclusão em parafina;
3. corte no micrótomo;
4. coloração por hematoxilina e eosina.

Explique por que foi executado cada um desses procedimentos.

25. Modernamente, a Biologia costuma dividir os seres vivos em procarióticos e eucarióticos. Justifique por que essa divisão foi possível apenas após a introdução do microscópio eletrônico na Citologia.

A BIOLOGIA NO VESTIBULAR

QUESTÕES OBJETIVAS

26. (FMTM-MG) O conhecimento que hoje se tem da estrutura celular deve-se, além do trabalho intelectual, ao surgimento de algumas técnicas e invenções. Algumas delas surgiram nesta sequência:

I. microscópio óptico;
II. corantes celulares não específicos;
III. corante específico para determinada organela;
IV. microscópio eletrônico.

A partir de evidências obtidas com o uso de uma ou mais dessas técnicas e invenções, foram feitas as seguintes descobertas:

1. os seres vivos são formados por células;
2. as células animais e vegetais têm mitocôndrias;
3. as células apresentam membrana, citoplasma e núcleo;
4. a membrana plasmática é constituída por duas camadas.

(*Nota dos autores*: microscópios fotônicos também são chamados de microscópios ópticos.)

Relacionando-se corretamente as técnicas e invenções às descobertas feitas a partir delas, pode-se afirmar que tais descobertas ocorreram na seguinte ordem cronológica:

a) 1, 2, 4, 3.
b) 1, 3, 2, 4.
c) 2, 1, 3, 4.
d) 2, 3, 4, 1.
e) 3, 4, 1, 2.

27. (Unifor-CE) A teoria celular, proposta por Schleiden e Schwann, afirmava que

a) toda célula provém de uma célula preexistente.
b) todas as células vivas têm núcleo individualizado.
c) há estreita relação entre a forma e a função nas células.
d) células embrionárias multiplicam-se por mitose.
e) vegetais e animais são constituídos por células.

28. (Unigranrio-RJ) Os seres vivos, exceto um, são constituídos por unidades biológicas identificadas como células. As exceções são:

a) as algas.
b) os vírus, considerados seres vivos pela maioria dos cientistas modernos.
c) os vermes.
d) as bactérias, ainda que consideradas seres vivos por uma minoria de pesquisadores.

29. (Unifor-CE) Durante o processo de preparação de tecidos em cortes para estudo microscópico, uma das fases em que o tecido é endurecido, a fim de que possa ser cortado em fatias finíssimas, é denominada

a) fixação. b) coloração. c) inclusão. d) montagem.

30. (UnB-DF) Quando se usa o microscópio, é importante saber de quanto o instrumento ampliou a imagem do objeto. Se, por exemplo, na ocular estiver marcado 5 × e na objetiva 12 ×, a ampliação é de

a) 17 diâmetros (12 × + 5 ×).
b) 7 diâmetros (12 × − 5 ×).
c) 60 diâmetros (12 × · 5 ×).
d) 2,4 diâmetros (12 × ÷ 5 ×).

31. (FMU/Fiam-Faam/Fisp-SP) Preparou-se, rapidamente, uma lâmina a ser examinada ao microscópio óptico; para identificar se o material é de origem animal ou vegetal, convém observar se as células possuem

a) núcleo.
b) membrana celular.
c) parede celular.
d) mitocôndrias.
e) nucléolos.

32. (Vunesp) Os procariontes diferenciam-se dos eucariontes porque os primeiros, entre outras características,

a) não possuem material genético.
b) possuem material genético como os eucariontes, mas são anucleados.
c) possuem núcleo, mas o material genético encontra-se disperso no citoplasma.
d) possuem material genético disperso no núcleo, mas não em estruturas organizadas denominadas cromossomos.
e) possuem núcleo e material genético organizado nos cromossomos.

33. (Fatec-SP) A invenção do microscópio possibilitou várias descobertas e, graças ao surgimento dos microscópios eletrônicos, houve uma revolução no estudo das células. Esses equipamentos permitiram separar os seres vivos em procarióticos e eucarióticos, porque se descobriu que os primeiros, entre outras características,

a) possuem parede celular e cloroplastos.
b) possuem material genético disperso pelo citoplasma.
c) possuem núcleo organizado envolto por membrana nuclear.
d) não possuem núcleo e não têm material genético.
e) não possuem clorofila e não se reproduzem.

QUESTÃO DISCURSIVA

34. (Fuvest-SP)

a) Quais as diferenças existentes entre células procariontes e eucariontes, quanto a núcleo e citoplasma?
b) Em que grupos de organismos são encontradas células procariontes?

Mais questões: no livro digital, em **Vereda Digital Aprova Enem** e **Vereda Digital Suplemento de revisão e vestibulares**; no *site*, em **AprovaMax**.

CAPÍTULO

6

BASES MOLECULARES DA VIDA

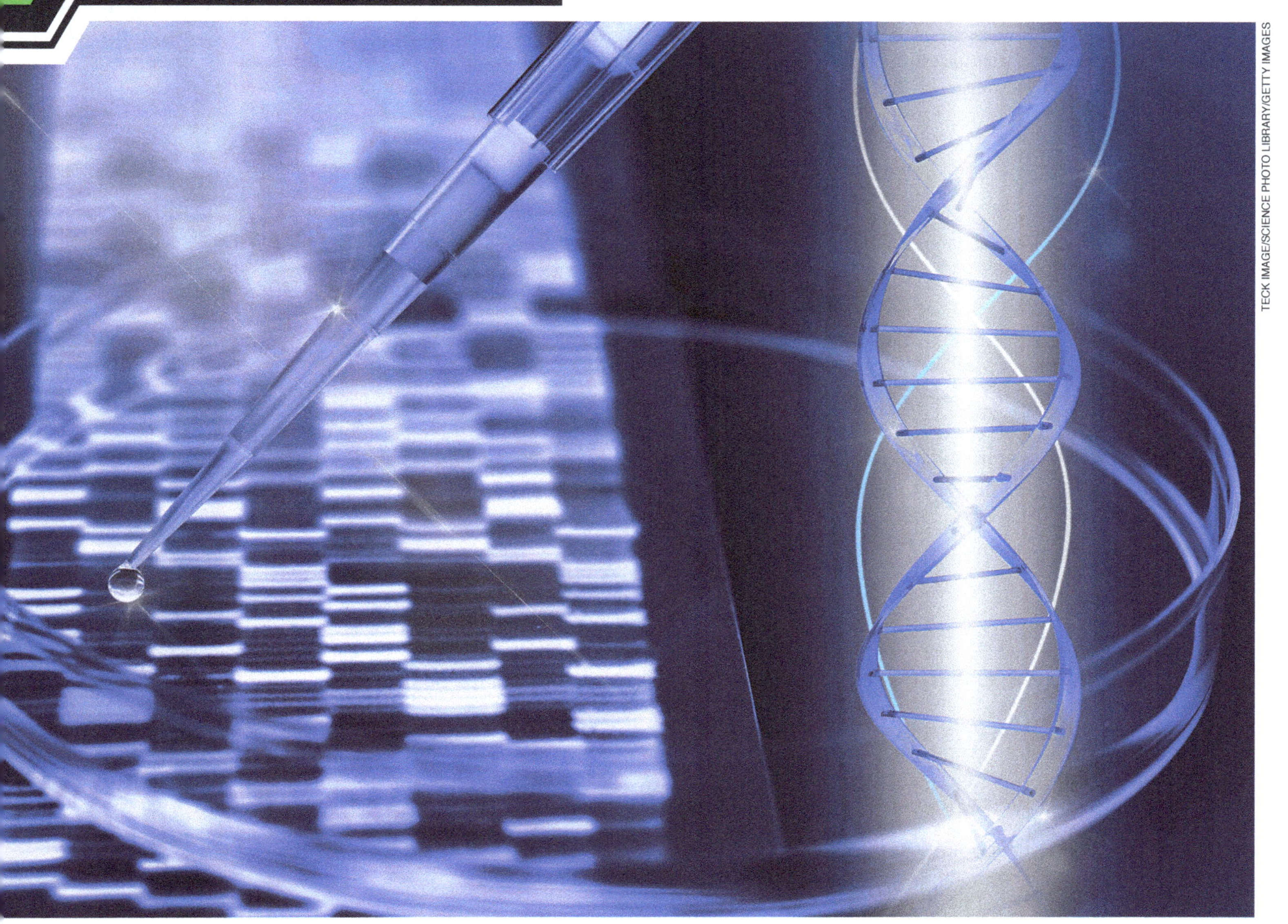

TECK IMAGE/SCIENCE PHOTO LIBRARY/GETTY IMAGES

O desenvolvimento da Química tornou possível elaborar modelos de moléculas biológicas complexas, como o do DNA mostrado à direita na foto.

De que trata este capítulo

O desenvolvimento da Química Orgânica nos séculos XIX e XX foi fundamental para o progresso da Biologia. Sem a base proporcionada pela Química seria impossível penetrar no mundo submicroscópico e descobrir como funcionam as células e os organismos vivos no nível molecular.

Até as primeiras décadas do século XIX, o estudo experimental das substâncias orgânicas, hoje definidas como as que apresentam, entre outras características, o elemento químico carbono (C) em sua composição, não progrediu muito, principalmente porque se acreditava que substâncias orgânicas somente poderiam ser produzidas no interior de organismos vivos. Alguns adeptos dessa doutrina, denominada vitalismo defendiam que, para produzir substâncias orgânicas, era necessária uma essência imaterial, a força vital, presente apenas em seres vivos.

Os progressos da Química mostraram que substâncias presentes nos seres vivos podem ser fabricadas em laboratório por métodos semelhantes aos utilizados pelos químicos experimentais na produção de substâncias inorgânicas.

Desde então, a aplicação de princípios e métodos da Química ao estudo das substâncias orgânicas tem sido proveitosa para químicos e para biólogos. Para os químicos abriu-se um novo e vasto campo de estudo, a Química Orgânica; para os biólogos desenvolveu-se um novo ramo das Ciências Naturais, a Bioquímica, que estuda a química da vida.

Com base nos conhecimentos e nas técnicas de análise da Química tornou-se possível decompor em laboratório qualquer substância orgânica, identificando os átomos que a compõem e a maneira como eles se organizam nas moléculas. Também se tornou possível produzir em laboratório praticamente qualquer substância orgânica conhecida (proteínas, glicídios, lipídios, ácidos nucleicos etc.) e até mesmo criar substâncias antes inexistentes na natureza. Atualmente existem diversas substâncias orgânicas sintéticas, isto é, fabricadas em laboratório, que servem de matéria-prima para a indústria de plásticos, fibras, borrachas, solventes e inúmeros outros compostos. Laboratórios farmacêuticos produzem vitaminas, nutrientes e vários tipos de medicamentos que curam e previnem doenças. Tudo isso nos dá uma ideia de como a Química é importante.

Objetivos

Objetivo geral

- Reconhecer a existência de uma realidade invisível aos olhos – o mundo dos átomos e das moléculas – que pode ser investigada cientificamente e utilizada para explicar fatos e processos da natureza.

Objetivos didáticos

- Compreender que na matéria orgânica predominam certos elementos químicos (C, H, O, N, P, S), que compõem diversos tipos de substância orgânica, principalmente glicídios, lipídios, proteínas e ácidos nucleicos.
- Reconhecer o carbono como elemento químico fundamental das substâncias orgânicas, bem como a importância da água para a vida.
- Conhecer algumas características químicas (tipos de componente, estrutura molecular etc.) e as funções gerais de cada uma das seguintes substâncias presentes nos seres vivos: água, glicídios, lipídios, proteínas, ácidos nucleicos e sais minerais.
- Reconhecer o papel das enzimas como catalisadores biológicos, moléculas cujas quantidades e atividades controlam a rapidez de reações químicas fundamentais à vida.
- Conhecer a estrutura química do ATP e seu papel como intermediador dos processos energéticos celulares.

6.1 A Química e a vida

Componentes da matéria viva

A matéria que forma os seres vivos, genericamente denominada **matéria orgânica**, caracteriza-se pela presença de certos elementos químicos, entre os quais se destacam: **carbono** (C), **hidrogênio** (H), **oxigênio** (O), **nitrogênio** (N), **fósforo** (P) e **enxofre** (S). Esses seis elementos químicos constituem cerca de 98% da massa corporal da maioria dos seres vivos. Os 2% restantes são de outros elementos químicos necessários ao funcionamento celular.

Tipos de ligação química

Na natureza os átomos dos elementos químicos raramente encontram-se isolados; em geral eles estão unidos por meio de **ligações químicas** formando **substâncias**. Para o estudo das substâncias que constituem os seres vivos, as **substâncias orgânicas**, são importantes dois tipos de ligação química: a covalente e a iônica.

Na **ligação covalente** os átomos unem-se pelo compartilhamento de pares de elétrons, formando moléculas. Por exemplo, sempre que dois átomos do elemento químico hidrogênio (H) se combinam com um átomo do elemento químico oxigênio (O) forma-se uma molécula de água (H_2O). A combinação de dois átomos de hidrogênio com um átomo de enxofre (S), no entanto, dá origem a um gás malcheiroso, o gás sulfídrico (H_2S). As moléculas de todas as substâncias orgânicas apresentam ligações covalentes. **(Fig. 6.1)**

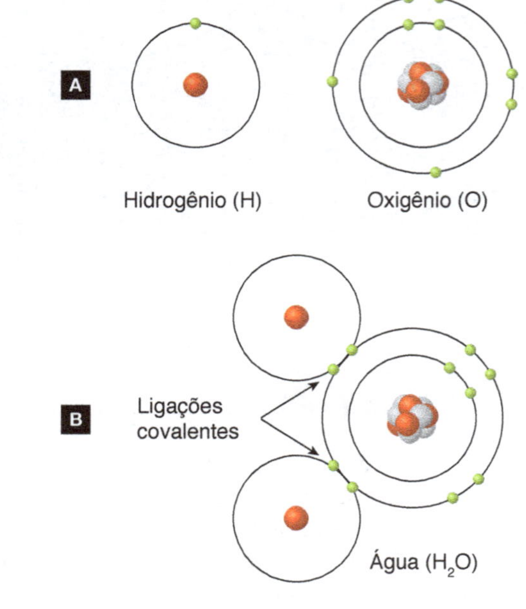

Figura 6.1 **A.** Representação esquemática de modelos de átomos de hidrogênio e de oxigênio: prótons (esferas vermelhas) e nêutrons (esferas cinza) formam o núcleo atômico, ao redor do qual ficam elétrons (esferas verdes). **B.** Representação esquemática de modelo da molécula de água em que um átomo de oxigênio e dois átomos de hidrogênio compartilham elétrons em duas ligações covalentes.

A **ligação iônica** resulta da transferência de um ou mais elétrons de um átomo para outro. O átomo que cede elétrons fica com carga elétrica positiva e é chamado de **cátion**; o átomo que recebe elétrons fica com carga elétrica negativa e é chamado de **ânion**. Cátions e ânions são genericamente denominados **íons**. A atração entre íons de cargas elétricas opostas forma a ligação iônica. Esse tipo de ligação ocorre, por exemplo, no cloreto de sódio (NaCl), o popular sal de cozinha, em que um átomo de sódio (Na) cede um elétron para um átomo de cloro (Cl); com isso, eles se transformam, respectivamente, no cátion Na^+ e no ânion Cl^-, cuja atração forma a ligação iônica. Diversos tipos de íon são fundamentais ao funcionamento dos seres vivos. Por exemplo, a transmissão dos impulsos nervosos depende da passagem de íons sódio (Na^+) e potássio (K^+) através da membrana de células nervosas. **(Fig. 6.2)**

Substâncias orgânicas

A maioria das substâncias orgânicas é constituída por átomos de carbono unidos em sequência, formando cadeias carbônicas com dezenas, centenas ou mesmo milhares de átomos. A **cadeia carbônica** constitui a estrutura básica da molécula orgânica, à qual se ligam átomos de outros elementos químicos, principalmente hidrogênio, oxigênio e nitrogênio. É a versatilidade do carbono, cujos átomos se ligam uns aos outros e com átomos de diversos elementos químicos, que torna possível a existência da variedade de moléculas orgânicas e da vida em nosso planeta.

As substâncias orgânicas constituem cerca de 15% a 25% da massa de qualquer ser vivo; o restante é água (75% a 85%) e sais minerais (cerca de 1%). Dentre as substâncias orgânicas destacam-se as proteínas (10% a 15%), os lipídios (2% a 3%), os glicídios (1%) e os ácidos nucleicos (1%). Uma pessoa de 60 kg completamente desidratada seria reduzida a cerca de 12 kg de substâncias orgânicas, assim distribuídas: 8,5 kg de proteínas, 1,8 kg de lipídios, 0,5 kg de glicídios e 0,5 kg de ácidos nucleicos. Além disso, haveria aproximadamente 0,5 kg de outras substâncias e minerais diversos. **(Fig. 6.3)**

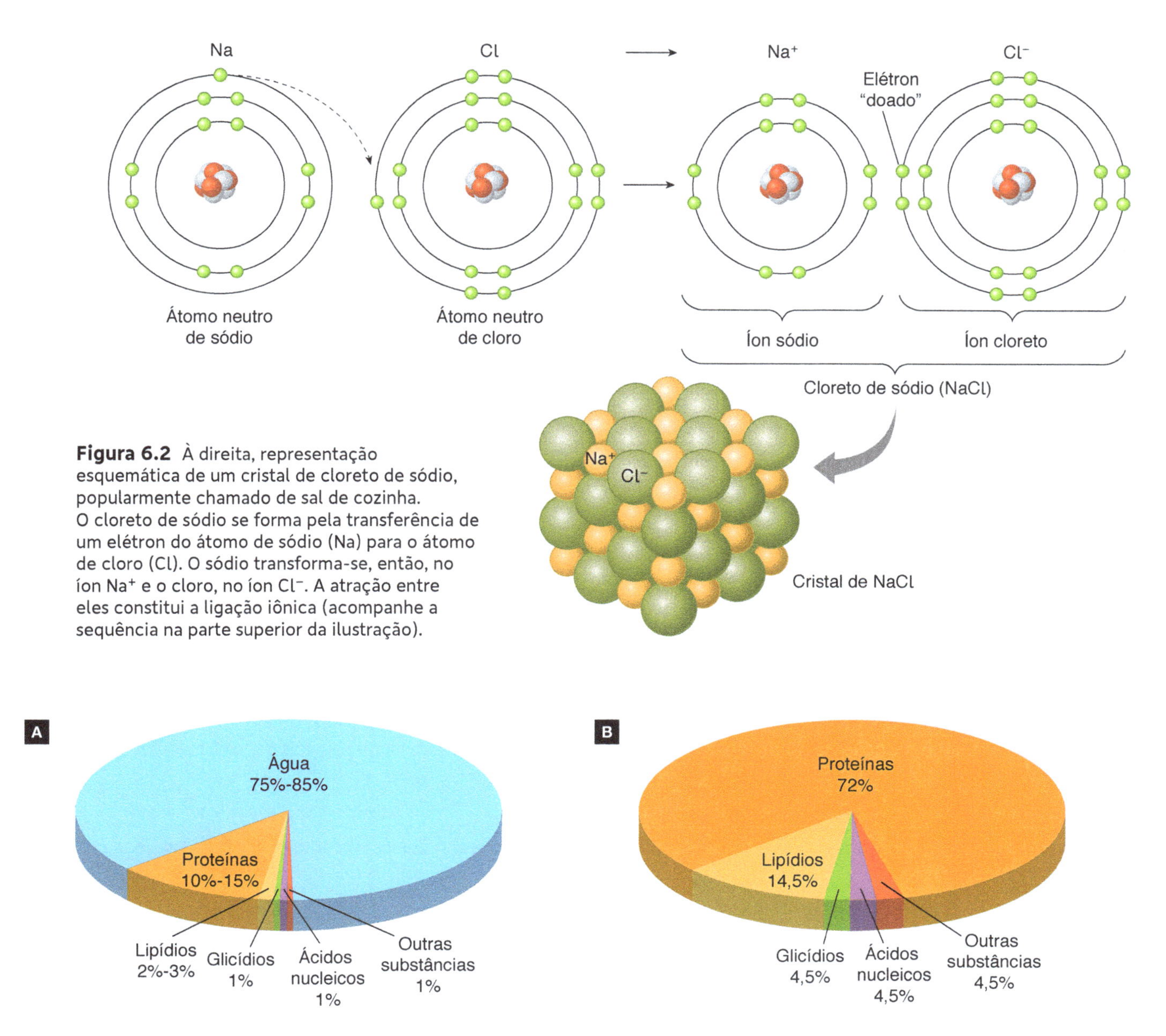

Figura 6.2 À direita, representação esquemática de um cristal de cloreto de sódio, popularmente chamado de sal de cozinha. O cloreto de sódio se forma pela transferência de um elétron do átomo de sódio (Na) para o átomo de cloro (Cl). O sódio transforma-se, então, no íon Na^+ e o cloro, no íon Cl^-. A atração entre eles constitui a ligação iônica (acompanhe a sequência na parte superior da ilustração).

Figura 6.3 Gráficos das porcentagens em massa das principais substâncias presentes na matéria viva. A. Cálculos considerando a água. B. Cálculos desconsiderando a água.

Sais minerais

Sais minerais são substâncias inorgânicas formadas por **íons**. Diversos tipos de íons são necessários para o bom funcionamento dos organismos vivos. Na espécie humana, por exemplo, os íons cálcio (Ca^{2+}) participam das reações de coagulação do sangue e da contração muscular, além de serem componentes fundamentais dos ossos e dos dentes. Os íons magnésio (Mg^{2+}), manganês (Mn^{2+}) e zinco (Zn^{2+}), entre outros, participam de reações químicas vitais às células. Os íons sódio (Na^{+}) e potássio (K^{+}) são responsáveis, entre outras funções, pelo funcionamento das células nervosas. **(Tab. 6.1)**

Os ânions $H_2PO_4^-$ e HPO_4^{2-}, assim como HCO_3^- e CO_3^{2-} são importantes no controle da concentração de íons hidrogênio (H^+) no meio celular. Manter a concentração relativa de íons H^+, denominada **potencial hidrogeniônico**, ou pH, em determinados níveis é extremamente importante para o funcionamento dos seres vivos. Muitas reações químicas essenciais à vida só ocorrem se as condições de pH, isto é, a concentração relativa de íons H^+ no meio, são favoráveis. Os pares de ânions citados regulam o pH porque reagem reversivelmente com os íons H^+ presentes em excesso no meio interno dos seres vivos.

O pH corresponde ao nível de acidez de um meio expresso em uma escala logarítmica que vai de 0 a 14. O valor 7 representa um meio neutro (pH fisiológico), nem ácido nem básico; valores abaixo de 7 indicam meios progressivamente mais ácidos e os acima de 7, meios progressivamente mais básicos (alcalinos).

Tabela 6.1 Elementos químicos importantes no organismo humano e alimentos em que são encontrados

Elemento	Funções	Fontes principais de obtenção
Cálcio (Ca)	Componente importante dos ossos e dos dentes. Essencial à coagulação do sangue; necessário para o bom funcionamento de nervos e músculos.	Vegetais de folhas escuras (brócolis, couve, repolho etc.), leite e laticínios
Cloro (Cl)	Principal ânion no líquido extracelular. Importante no balanço de líquidos do corpo.	Sal de cozinha, peixes e frutos do mar, escarola, espinafre, cenoura etc.
Cobalto (Co)	Componente da vitamina B_{12}. Essencial para a produção das hemácias.	Carnes vermelhas, vísceras e laticínios
Cobre (Cu)	Componente de muitas enzimas. Essencial para a síntese da hemoglobina.	Fígado, ovos, peixe, trigo integral e feijão
Crômio (Cr)	Importante para o metabolismo energético.	Carnes vermelhas, brócolis, maçã, cenoura e levedo de cerveja
Enxofre (S)	Componente de muitas proteínas. Essencial para a atividade metabólica.	Carnes vermelhas, aves, peixes, laticínios e vegetais de folhas escuras (brócolis, couve, repolho etc.)
Ferro (Fe)	Componente da hemoglobina, mioglobina e enzimas respiratórias. Fundamental para a respiração celular.	Fígado, carnes, gema de ovo, legumes e vegetais de folhas escuras (brócolis, couve, espinafre etc.)
Flúor (F)	Componente dos ossos e dos dentes. Protege os dentes contra cáries.	Água fluorada
Fósforo (P)	Componente importante dos ossos e dos dentes. Essencial para o armazenamento e a transferência de energia no interior das células (componente do ATP); componente do DNA e do RNA.	Leite e laticínios, salmão, carnes vermelhas e cereais (sementes)
Iodo (I)	Componente dos hormônios da glândula tireóidea, que estimulam o metabolismo.	Peixes e frutos do mar, sal de cozinha iodado e laticínios
Magnésio (Mg)	Componente de muitas coenzimas. Necessário para o bom funcionamento de nervos e músculos.	Cereais integrais, sementes (de abóbora, de amendoim, de noz, de avelã etc.) e vegetais de folhas escuras (brócolis, espinafre, alcachofra etc.)
Manganês (Mn)	Necessário para a ativação de diversas enzimas.	Germe de trigo, feijão, abacaxi, peixes e frutos do mar e vegetais de folhas escuras (brócolis, couve, espinafre etc.)
Molibdênio (Mo)	Importante para a ação de algumas enzimas, atuando como cofator.	Cereais integrais, leite e leguminosas
Potássio (K)	Principal cátion no interior das células. Influencia a contração muscular e a atividade dos nervos.	Carnes vermelhas, leite, abacate, banana, lentilhas etc.
Selênio (Se)	Importante para enzimas que previnem câncer.	Farinha de trigo, castanha-do-pará, feijão etc.
Sódio (Na)	Principal cátion no líquido extracelular. Importante no balanço de líquidos do corpo; essencial para a condução dos impulsos nervosos.	Sal de cozinha e alimentos processados (presuntos, queijos etc.), peixes e frutos do mar
Zinco (Zn)	Componente de dezenas de enzimas, como as envolvidas na digestão.	Carnes vermelhas, ostras, soja e amendoim

Agora você pode resolver as atividades 1, 2 e 32.

6.2 A água e os seres vivos

A água como solvente

A água é um excelente solvente, capaz de dissolver uma variedade de substâncias químicas, tais como sais, gases, glicídios, aminoácidos, proteínas e ácidos nucleicos; por isso, a água é chamada de solvente universal.

A capacidade de dissolver certas substâncias deve-se ao fato de as moléculas de água serem eletricamente polarizadas, cada uma delas apresentando um polo positivo e outro negativo. Substâncias que se dissolvem bem na água são as que apresentam moléculas eletricamente polarizadas; tais substâncias são genericamente chamadas de **hidrofílicas** (do grego *hydro*, água, e *philos*, amigo). **(Fig. 6.4)**

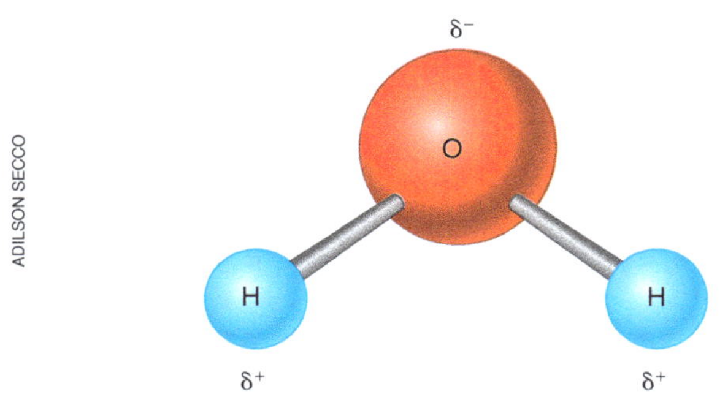

Figura 6.4 Representação esquemática do modelo de esferas e bastões de uma molécula de água. O oxigênio atrai mais fortemente os elétrons da ligação covalente que o hidrogênio. Assim, o polo negativo δ^- encontra-se na região do átomo de oxigênio (O) e o polo positivo δ^+, na região dos átomos de hidrogênio (H).

Do ponto de vista químico, dissolver consiste em separar, por meio de um solvente, os agregados ou cristais que formam determinada substância. Por exemplo, quando colocamos açúcar ou sal de cozinha em um copo com água, moléculas de água interagem com as partículas na superfície dos cristais de açúcar ou de sal, separando-as do aglomerado, que se desfaz progressivamente. A água e as substâncias nela dissolvidas passam a constituir uma **solução** aquosa, na qual a água é o **solvente** e as substâncias dissolvidas, os **solutos**.

O líquido que preenche as células vivas, denominado citosol, é composto majoritariamente por água, na qual estão dispersas substâncias como glicídios, aminoácidos, proteínas e sais minerais. O plasma sanguíneo e outros líquidos corporais dos seres multicelulares também são soluções aquosas.

Triglicerídios e outras substâncias cujas moléculas não são eletricamente polarizadas, portanto apolares, não se dissolvem apreciavelmente em água. Tais substâncias são **hidrofóbicas** (do grego *hydro*, água, e *phobos*, medo, aversão). A razão de sua insolubilidade é que as interações solvente-soluto são menos favorecidas que as interações solvente-solvente e soluto-soluto. Assim, as moléculas de soluto apolares tendem a ficar agregadas e não se formam soluções.

A água nas reações químicas dos seres vivos

Reação química é o processo de transformação de uma ou mais substâncias, genericamente chamadas de **reagentes**, em outra ou outras substâncias, chamadas de **produtos**. Nos seres vivos ocorre ininterruptamente um número muito grande de reações químicas, a partir das quais as células obtêm energia e produzem as substâncias necessárias à sua vida. Em muitas dessas reações, a água participa como reagente; em outras, ela surge como produto.

A água participa como reagente em reações de hidrólise (do grego *hydro*, água, e *lysis*, quebra, significando "quebra pela água"). As reações de digestão que ocorrem em nosso tubo digestório, por exemplo, são hidrólises.

A água surge como produto em certas reações de união entre moléculas, as chamadas reações de condensação. Por exemplo, as ligações entre os aminoácidos que compõem uma proteína resultam de reações de condensação. **(Fig. 6.5)**

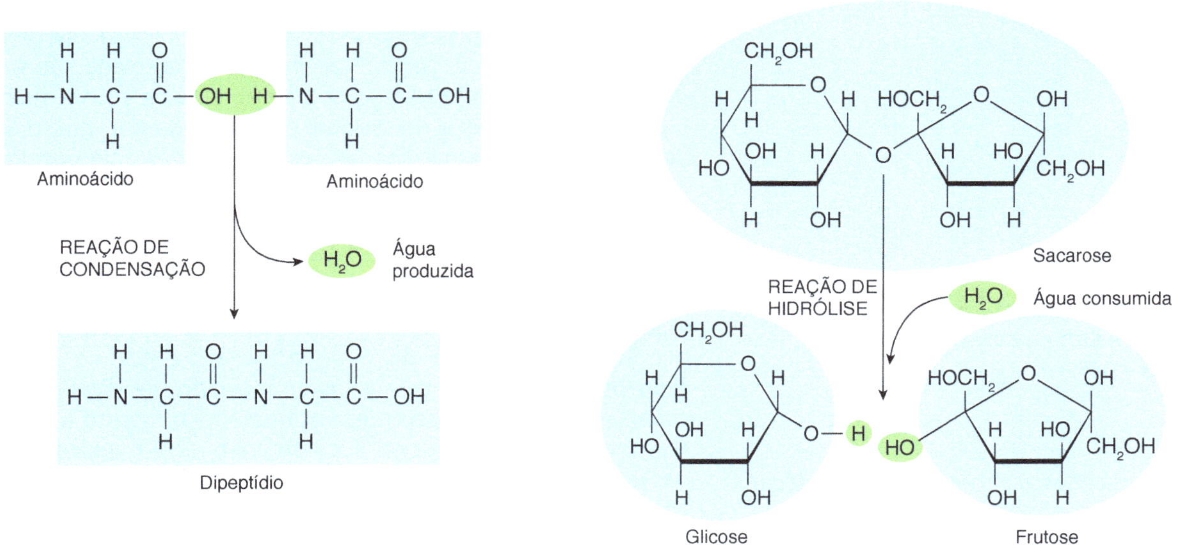

Figura 6.5 Representação esquemática mostrando exemplos de reações químicas em que a água participa: à esquerda, reação de condensação, em que água é produzida; à direita, reação de hidrólise, em que a água é um dos reagentes.

Agora você pode resolver as atividades de 3 a 7.

6.3 Proteínas

Composição química das proteínas

Proteínas são componentes fundamentais de todos os seres vivos, inclusive dos vírus. Moléculas de proteína são relativamente grandes por serem formadas pela união sequencial de dezenas, ou mesmo centenas, de moléculas menores, os aminoácidos. Uma proteína pode ser definida como uma sequência de aminoácidos encadeados, ou seja, uma **cadeia de aminoácidos**.

Aminoácidos

Aminoácido é uma molécula orgânica formada por átomos de carbono, hidrogênio, oxigênio e nitrogênio, unidos de maneira característica. Alguns tipos de aminoácido podem conter também átomos de enxofre.

Todos os vinte tipos de aminoácido que entram na composição das proteínas apresentam um átomo de carbono denominado carbono alfa (α), ao qual se ligam um grupo **amina** ($-NH_2$), um grupo **carboxila** ($-COOH$), um átomo de **hidrogênio** ($-H$) e um grupo genericamente denominado **radical** ($-R$). É o grupo R que varia nos diferentes aminoácidos e os caracteriza. **(Fig. 6.6)**

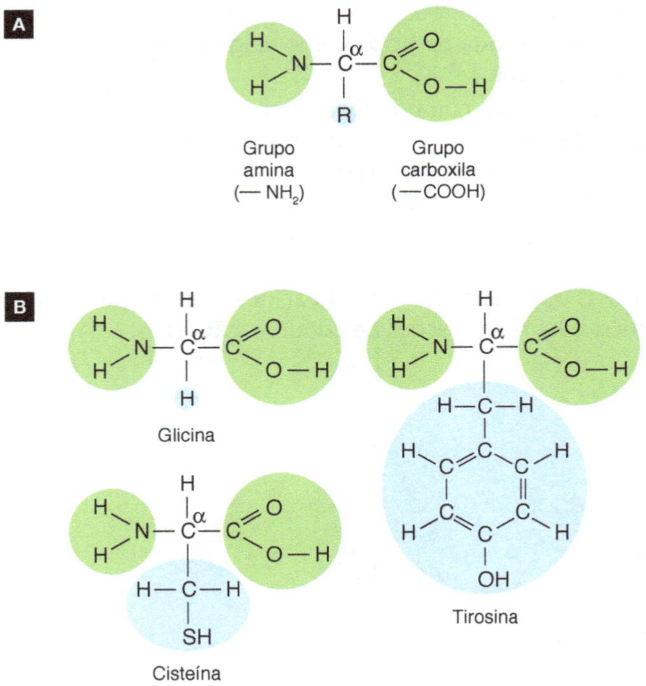

A

Grupo amina ($-NH_2$)

Grupo carboxila ($-COOH$)

B

Glicina

Cisteína

Tirosina

Figura 6.6 A. Fórmula geral de um aminoácido. **B.** Fórmulas de três aminoácidos: glicina, cisteína e tirosina. Note que eles diferem quanto ao grupo —R, destacado em azul.

Ligação peptídica

A ligação entre dois aminoácidos vizinhos em uma molécula de proteína, denominada **ligação peptídica**, resulta de uma reação de condensação. Ela ocorre entre o grupo amina de um aminoácido e o grupo carboxila do outro. Durante a formação da ligação peptídica, quando a proteína está sendo produzida, o grupo carboxila de um dos aminoácidos perde um grupo hidroxila ($-OH$), ficando com uma ligação livre, ao mesmo tempo que o grupo amina do outro aminoácido perde um hidrogênio ($-H$), ficando igualmente com uma ligação livre. Os aminoácidos unem-se por essas ligações livres, estabelecendo a ligação peptídica. Simultaneamente, a hidroxila liberada do grupo carboxila de um dos aminoácidos une-se ao hidrogênio liberado do grupo amina do outro, formando uma molécula de água. **(Fig. 6.7)**

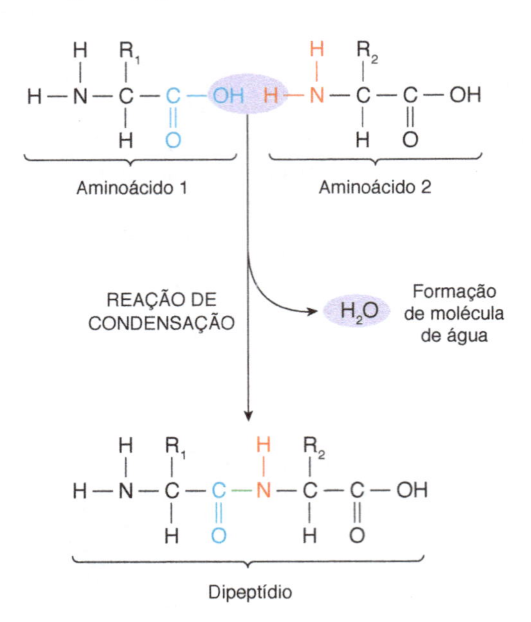

Figura 6.7 Representação esquemática da formação da ligação peptídica (representada em verde) entre dois aminoácidos. Note que se trata de uma condensação, com formação de uma molécula de água.

Moléculas resultantes da união de aminoácidos são genericamente chamadas de **peptídios**. Dois aminoácidos unidos formam um **di**peptídio, três formam um **tri**peptídio, quatro formam um tetrapeptídio e assim por diante. Os termos **oligopeptídio** (do grego *oligo*, pouco) e **polipeptídio** (do grego *poli*, muito) são também usados para denominar as moléculas formadas, respectivamente, por poucos e por muitos aminoácidos.

Moléculas de proteína são sempre formadas por um ou mais polipeptídios. Por exemplo, as moléculas de albumina do plasma humano são formadas por uma única cadeia polipeptídica constituída por 609 aminoácidos, enrolada sobre si mesma. Por sua vez, a hemoglobina, proteína de cor vermelha presente nas hemácias do sangue, é constituída por quatro cadeias polipeptídicas interligadas, totalizando 574 aminoácidos.

Estrutura das proteínas

Proteínas podem diferir umas das outras nos seguintes aspectos: pela quantidade de aminoácidos na cadeia polipeptídica; pelos tipos de aminoácido presentes na cadeia e/ou pela sequência em que os aminoácidos se dispõem na cadeia. Mesmo que apresentem exatamente o mesmo número e as mesmas proporções de tipos de aminoácido, duas proteínas podem ser diferentes, dependendo da sequência em que os aminoácidos estão unidos.

Teoricamente há um número imenso de combinações possíveis entre os vinte tipos de aminoácido nas proteínas. De fato, já foram identificados milhares de tipos de proteína nos organismos vivos; calcula-se que no corpo de uma pessoa existam entre 100 mil e 200 mil tipos diferentes de proteína.

Os tipos de aminoácido e sua sequência na cadeia polipeptídica definem a **estrutura primária** da proteína, a qual tem importância fundamental na função que a proteína irá desempenhar. A substituição de um único aminoácido na estrutura primária de certas proteínas pode alterar totalmente seu funcionamento. Por exemplo, a anemia falciforme, ou siclemia, uma forma hereditária grave de anemia humana, deve-se ao fato de existir, na pessoa afetada pela doença, moléculas de hemoglobina alteradas (siclêmicas), que diferem das moléculas de hemoglobina normal por um único aminoácido, em uma cadeia formada por mais de uma centena de aminoácidos.

As cadeias polipeptídicas geralmente enrolam-se em forma de hélice ou em outra configuração regular, produzindo a chamada **estrutura secundária** da proteína. O enrolamento decorre da interação entre determinados aminoácidos da cadeia polipeptídica e depende diretamente da estrutura primária.

Algumas proteínas, além da estrutura secundária, apresentam um segundo nível de enrolamento, conhecido como **estrutura terciária**. Nesse nível de organização tridimensional, diferentes partes da molécula já enrolada em estrutura secundária interagem pela atração e/ou pela repulsão que se estabelece entre os aminoácidos da cadeia polipeptídica e a água circundante.

Em algumas proteínas, cadeias polipeptídicas em estrutura terciária podem se associar e originar o que se denomina **estrutura quaternária**. **(Fig. 6.8)**

A estrutura tridimensional das proteínas pode ser afetada por fatores como temperatura, acidez do meio, concentração de sais etc. Variações anormais dessas condições podem fazer as proteínas perderem a conformação original e, consequentemente, suas funções. Esse processo é denominado desnaturação.

Funções das proteínas

Proteínas são substâncias de importância fundamental tanto na estrutura quanto no funcionamento das células. Do ponto de vista estrutural, a forma das células, assim como os movimentos que elas realizam, deve-se à presença de um esqueleto interno constituído por filamentos proteicos, o citoesqueleto. Além disso, as proteínas fazem parte da estrutura de todas as membranas celulares e dão consistência ao citoplasma. Do ponto de vista funcional, praticamente todas as reações químicas vitais dependem de proteínas especiais, denominadas enzimas, que estudaremos a seguir.

Enzimas

Enzimas são proteínas que atuam como **catalisadores biológicos**. Na definição dos químicos, um catalisador participa de uma reação química, aumentando sua rapidez, porém é recuperado intacto ao final da reação, podendo ser reutilizado.

A estrutura tridimensional da proteína enzimática se adapta às estruturas das moléculas sobre as quais ela atua, denominadas genericamente **substratos enzimáticos**. A parte da enzima em que ocorre o encaixe com o substrato é chamada de **centro ativo**.

Algumas enzimas atuam catalisando reações de quebra de moléculas; é o caso, por exemplo, da amilase salivar (ou ptialina), que quebra moléculas de amido, transformando-as em moléculas de maltose. Outras enzimas catalisam a união entre moléculas de substrato e, outras, ainda, atuam modificando certas ligações químicas em uma molécula, transformando-a em outra substância.

Para denominar as enzimas é comum utilizar o nome do substrato enzimático (proteína, lipídio etc.) acrescido do sufixo **ase**. Por exemplo, para designar as enzimas que catalisam reações de hidrólise de proteínas, utilizamos o termo **protease**; enzimas que hidrolisam lipídios são **lipases**, e assim por diante. O sufixo **ase** também é empregado para denominações mais específicas; por exemplo, a enzima que quebra lactose em galactose e glicose é chamada de **lactase**.

As enzimas são altamente específicas, isto é, uma determinada enzima catalisa geralmente um único tipo de reação. A grande especificidade das enzimas é explicada pelo fato de elas se encaixarem perfeitamente aos seus substratos, como uma chave se encaixa à sua fechadura. O encaixe com a enzima facilita a modificação dos substratos, originando os produtos da reação.

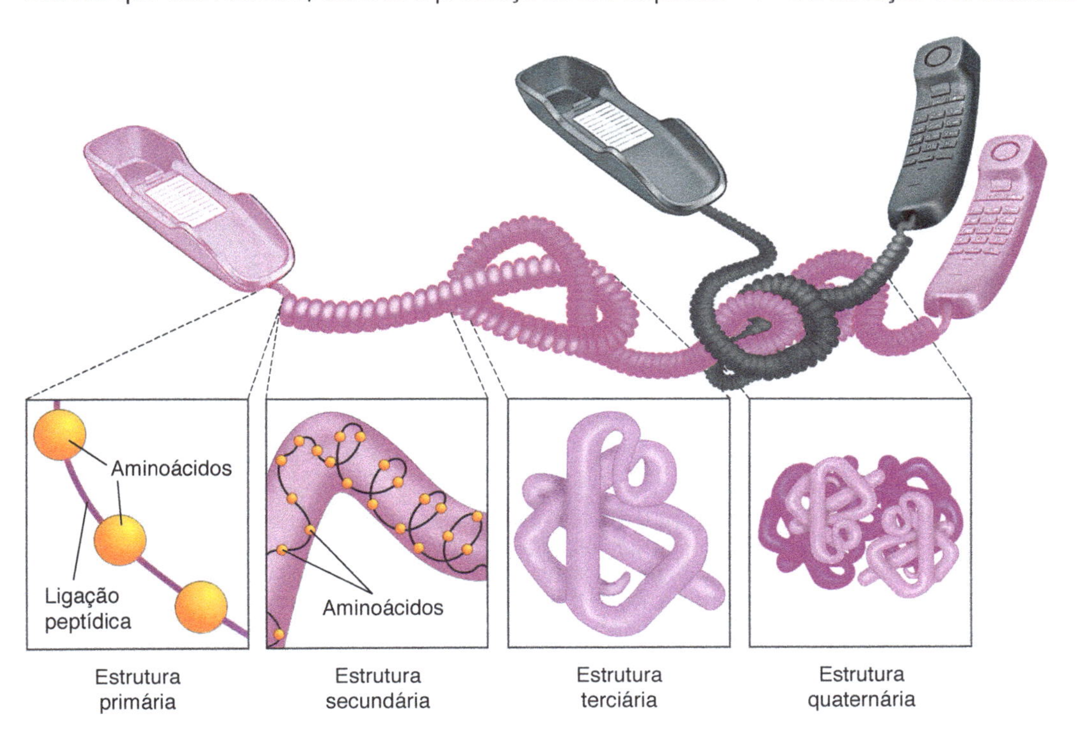

Figura 6.8 Representação esquemática da estrutura de uma proteína e analogia entre seus níveis de enrolamento e os de um fio de telefone.

Estes se libertam da enzima, deixando-a pronta para atuar novamente. Assim, as enzimas catalisam as reações químicas sem ser efetivamente consumidas no processo, justificando plenamente sua denominação de catalisadores biológicos. **(Fig. 6.9)**

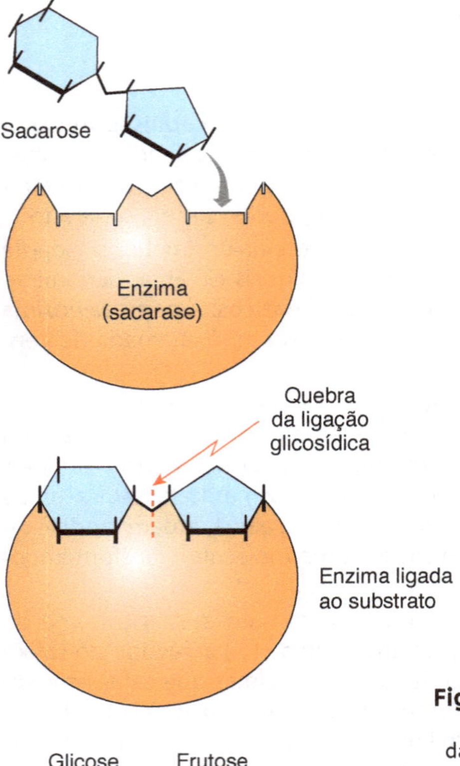

Figura 6.9 Representação esquemática do modelo da chave-fechadura para a especificidade enzimática. Ao se ligar à molécula de sacarose, a enzima sacarase (também chamada de invertase) facilita a quebra da ligação entre as unidades que a compõem, as moléculas de glicose e de frutose. A enzima é recuperada intacta ao final da reação, pronta para se associar a outras moléculas de substratos.

Cofatores e coenzimas

Certas enzimas são constituídas apenas por cadeias polipeptídicas, sendo por isso denominadas **proteínas simples**. Outras, além da parte proteica formada por uma ou mais cadeias polipeptídicas (a apoenzima), apresentam uma parte não proteica, o cofator. Enzimas desse tipo são **proteínas conjugadas**. Várias enzimas humanas são proteínas conjugadas, tendo como cofatores íons cobre (Cu^{2+}), zinco (Zn^{2+}) e manganês (Mn^{2+}); por isso necessitamos de pequenas quantidades desses e de outros tipos de íon em nossa dieta.

A apoenzima e o cofator atuam em conjunto formando a holoenzima (do grego *holos*, total), denominação da enzima ativa.

APOENZIMA + COFATOR = HOLOENZIMA (ativa)

Os cofatores de certas enzimas são substâncias orgânicas e, nesse caso, denominados coenzimas. A maioria das vitaminas de que nosso organismo necessita atua como coenzima.

Fatores que afetam a atividade das enzimas

A **temperatura** é um fator importante na atividade das enzimas. Dentro de certos limites, a elevação da temperatura causa aumento na rapidez de uma reação catalisada enzimaticamente. Entretanto, a partir de determinada temperatura, a rapidez da reação vai diminuindo acentuadamente, em consequência da desnaturação da enzima.

A atividade de cada enzima é maior em uma faixa de temperatura característica, chamada **temperatura ótima**, em que a rapidez da reação catalisada é máxima, sem que ocorra desnaturação. A maioria das enzimas humanas tem sua temperatura ótima na faixa de temperatura normal de nosso corpo, ao redor de 37 °C. Bactérias que vivem em fontes de água termais têm enzimas cuja temperatura ótima situa-se ao redor de 80 °C ou mais. **(Fig. 6.10A)**

Outro fator que afeta a atividade das enzimas é o grau de **acidez do meio**, medido na escala de pH. Cada enzima tem seu **pH ótimo** de atuação, no qual sua atividade é máxima. O pH ótimo para a maioria das enzimas situa-se ao redor de 7, próximo ao neutro. Mas há exceções: a enzima pepsina produzida em nosso estômago, por exemplo, atua mais eficientemente em um meio bastante ácido, com valor de pH em torno de 2, condição em que a maioria das outras enzimas deixa de funcionar. A tripsina, por sua vez, enzima digestiva que atua no ambiente alcalino do intestino, tem seu pH ótimo em torno de 8. **(Fig. 6.10B)**

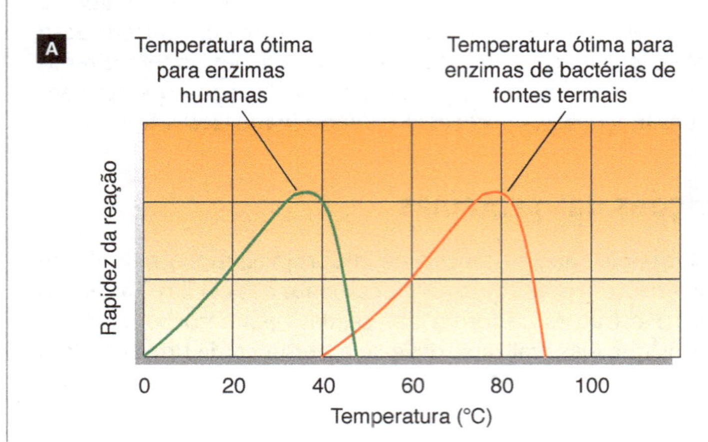

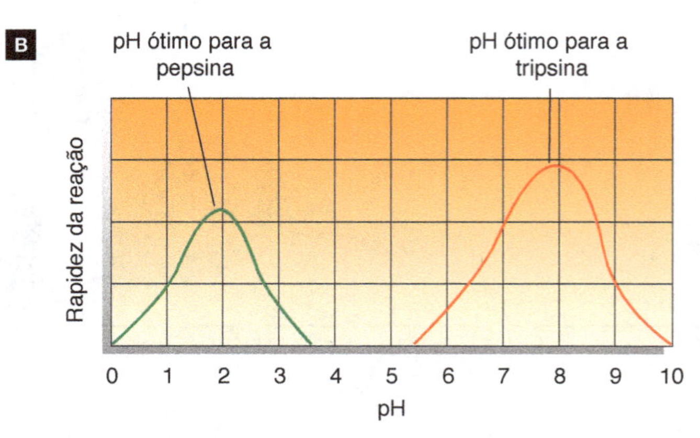

Figura 6.10 **A.** Curvas de atividade de algumas enzimas em diferentes temperaturas. **B.** Curvas de atividade de algumas enzimas em diferentes valores de pH. Note que a atividade máxima de cada enzima ocorre a uma temperatura e a um grau de acidez (pH) ótimos. (Elaborado com base em Campbell, N. e cols., 1999.)

Agora você pode resolver as atividades de 8 a 16, 27, 28, 30, 31, 33, 34, 38 e 44.

6.4 Lipídios

O termo lipídio designa alguns tipos de substância orgânica cuja principal característica é a insolubilidade em água e a solubilidade em certos solventes orgânicos. A razão dessa insolubilidade é que as moléculas de lipídio são apolares e por isso interagem pouco com as moléculas polarizadas da água.

Classificação dos lipídios

Os principais tipos de lipídio são os glicerídios, as ceras, os esteroides, os fosfolipídios e os carotenoides.

Glicerídios

Glicerídios são constituídos por uma molécula do álcool glicerol ligada a uma, duas ou três moléculas de ácidos graxos; neste último caso, os glicerídios são chamados de **triglicerídios** ou **triglicérides**. O glicerol ($C_3H_8O_3$) é um álcool cujas moléculas apresentam três átomos de carbono, aos quais estão ligados grupos hidroxila (—OH).

Ácidos graxos são longas cadeias carbônicas com um grupo carboxila (—COOH) em uma das extremidades. Os átomos de carbono da cadeia podem estar todos unidos por ligações simples e, nesse caso, diz-se que o ácido graxo é **saturado**. Se a cadeia apresentar dupla-ligação entre um ou mais pares de átomos de carbono, diz-se que o ácido graxo é **insaturado**. Glicerídios com ácidos graxos saturados têm consistência sólida à temperatura ambiente, sendo denominados **gorduras**. Glicerídios com uma ou mais cadeias de ácidos graxos insaturados têm consistência líquida à temperatura ambiente, sendo denominados **óleos**. **(Fig. 6.11)**

Muitos seres vivos utilizam glicerídios como reserva de energia. Certas plantas, por exemplo, armazenam grande quantidade de óleo em suas sementes. A soja, o girassol e o milho, entre outras plantas, têm sementes oleaginosas, de onde se extraem óleos de uso culinário. Aves e mamíferos armazenam gordura em células localizadas sob a pele. Além de servir de reserva energética, a camada de células gordurosas atua como isolante térmico, ajudando na manutenção da temperatura corporal.

Pesquisas científicas têm mostrado que o consumo excessivo de alimentos gordurosos, principalmente os de origem animal, pode levar ao desenvolvimento de aterosclerose (deposição de lipídios na parede das artérias com perda de elasticidade), o que pode resultar em doenças cardiovasculares, infarto do miocárdio e acidentes vasculares cerebrais (AVCs).

Uma dieta saudável, no entanto, deve conter certa quantidade de gorduras e óleos, pois, entre outras funções, eles são necessários para o organismo absorver as chamadas vitaminas lipossolúveis (vitaminas A, D, E e K), que só se dissolvem em lipídios. Além disso, precisamos de certos ácidos graxos que não conseguimos produzir, os chamados **lipídios essenciais**, presentes em vegetais e em peixes marinhos (como o óleo de fígado de bacalhau). Lipídios essenciais são importantes na construção das membranas celulares e na síntese das prostaglandinas, substâncias que regulam diversos processos biológicos, como a contração da musculatura lisa, a agregação de plaquetas do sangue, a inflamação etc.

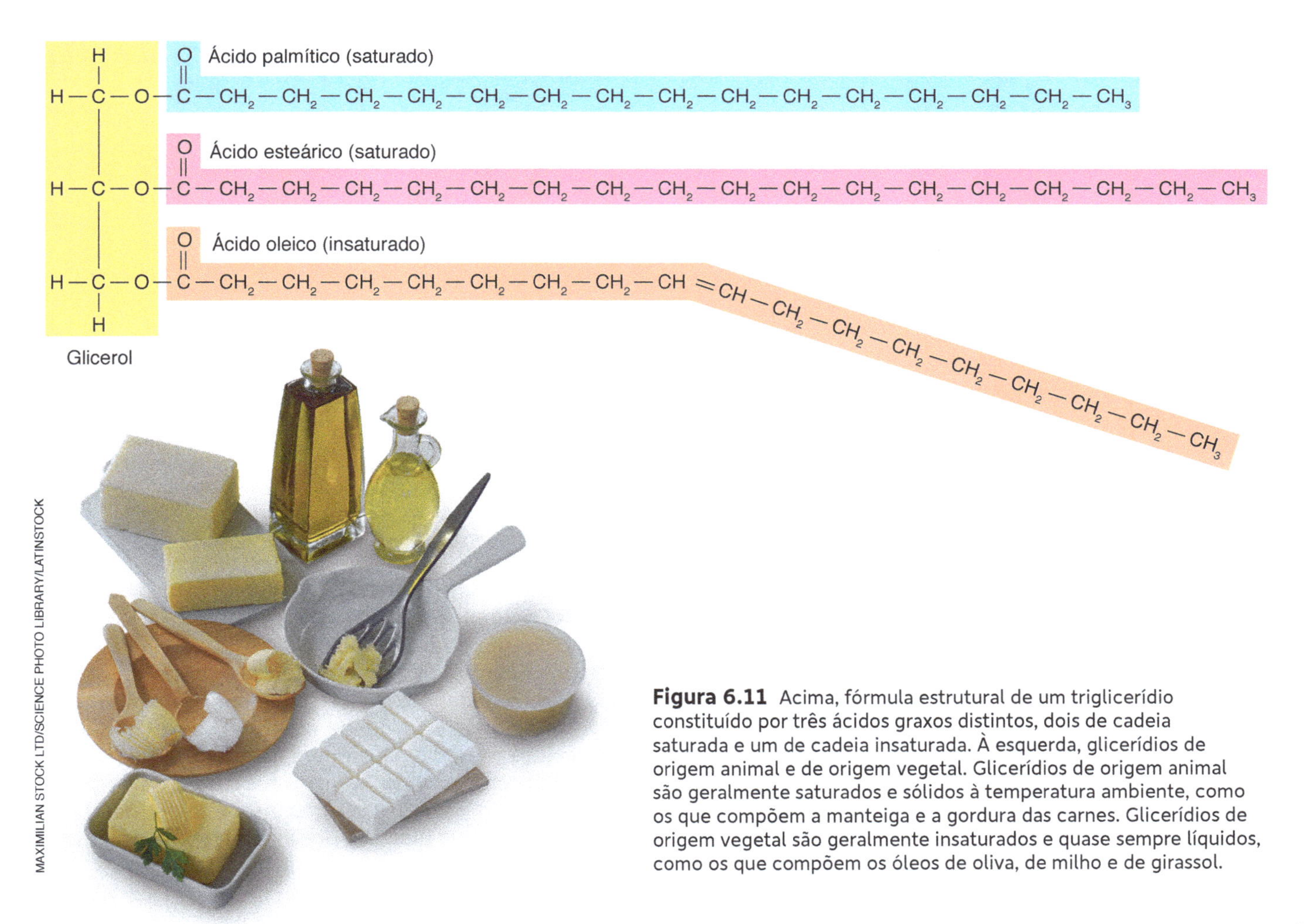

Figura 6.11 Acima, fórmula estrutural de um triglicerídio constituído por três ácidos graxos distintos, dois de cadeia saturada e um de cadeia insaturada. À esquerda, glicerídios de origem animal e de origem vegetal. Glicerídios de origem animal são geralmente saturados e sólidos à temperatura ambiente, como os que compõem a manteiga e a gordura das carnes. Glicerídios de origem vegetal são geralmente insaturados e quase sempre líquidos, como os que compõem os óleos de oliva, de milho e de girassol.

Ceras

Ceras são constituídas por uma molécula de álcool (diferente do glicerol) unida a uma ou mais moléculas de ácidos graxos. Por serem insolúveis em água, as ceras são úteis a plantas e a animais. As folhas de muitas plantas têm a superfície recoberta de cera, o que as impermeabiliza, reduzindo a perda de água por transpiração. O revestimento corporal de certos insetos apresenta cera impermeabilizante. As abelhas produzem cera em grande quantidade, utilizando-a como material de construção das colmeias.

Esteroides

Do ponto de vista da estrutura molecular, os esteroides diferem significativamente dos glicerídios e das ceras. Moléculas de esteroides são compostas de átomos de carbono interligados, formando quatro anéis, aos quais se ligam cadeias carbônicas, grupos hidroxila ou átomos de oxigênio. Exemplos de esteroides são o colesterol e diversos hormônios, entre eles os chamados **hormônios sexuais**, como a testosterona, a progesterona e o estrógeno. **(Fig. 6.12)**

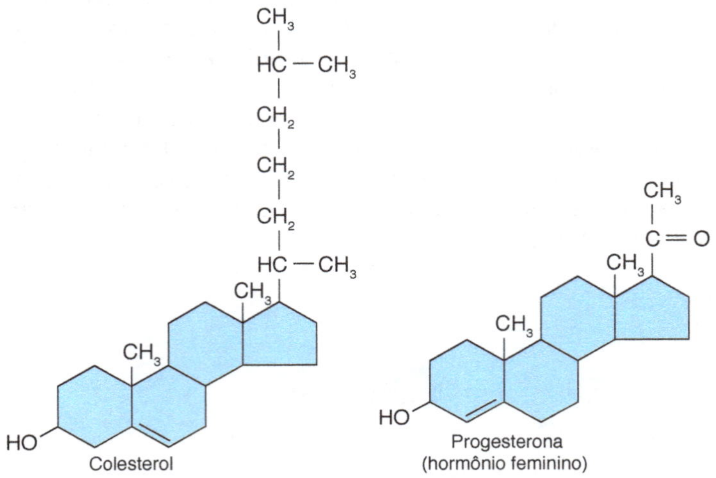

Colesterol

Progesterona (hormônio feminino)

Figura 6.12 Fórmulas estruturais de dois esteroides, o colesterol e a progesterona. Em cada vértice dos hexágonos e dos pentágonos representados nas fórmulas, há um átomo de carbono ligado a átomos de hidrogênio, que não aparecem na representação. Note que esses dois esteroides têm o mesmo esqueleto carbônico, formado por quatro anéis interligados.

O **colesterol** é um esteroide bem conhecido, principalmente porque o seu consumo sem controle está associado ao infarto do miocárdio e a outras doenças do sistema cardiovascular. É consenso entre os médicos que a ingestão exagerada de colesterol, na forma de gorduras de origem animal, pode trazer distúrbios à saúde. Entretanto, o organismo humano necessita de colesterol em níveis controlados, entre outras razões porque essa substância é um importante componente das membranas de nossas células, assim como das células de outros animais. As membranas das células de plantas e de bactérias não apresentam colesterol.

Fosfolipídios

Uma classe especial de lipídios é a dos fosfolipídios; estes são os principais componentes das membranas celulares, como veremos no Capítulo 7. Do ponto de vista químico, um fosfolipídio é um glicerídio combinado a um grupo fosfato. **(Fig. 6.13)**

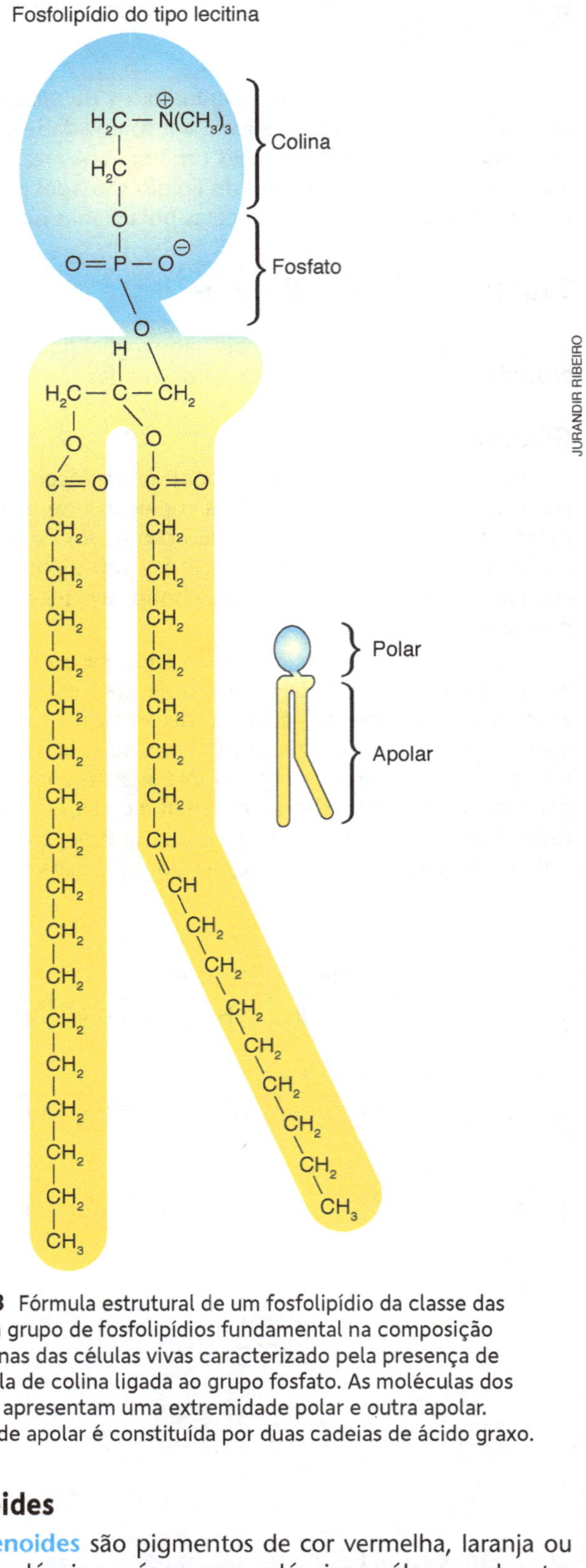

Fosfolipídio do tipo lecitina

Colina

Fosfato

Polar

Apolar

JURANDIR RIBEIRO

Figura 6.13 Fórmula estrutural de um fosfolipídio da classe das lecitinas, um grupo de fosfolipídios fundamental na composição das membranas das células vivas caracterizado pela presença de uma molécula de colina ligada ao grupo fosfato. As moléculas dos fosfolipídios apresentam uma extremidade polar e outra apolar. A extremidade apolar é constituída por duas cadeias de ácido graxo.

Carotenoides

Carotenoides são pigmentos de cor vermelha, laranja ou amarela, insolúveis em água, mas solúveis em óleos e solventes orgânicos. Estão presentes nas células de todas as plantas, nas quais desempenham papel importante no processo de fotossíntese. Os carotenoides são importantes também para os animais. Por exemplo, a molécula de **caroteno**, uma substância de cor alaranjada presente na cenoura e em outros vegetais, é matéria-prima para a produção da **vitamina A**. Essa vitamina é importante para a visão por ser precursora do **retinal**, uma substância sensível à luz que está presente na retina de nossos olhos. **(Fig. 6.14)**

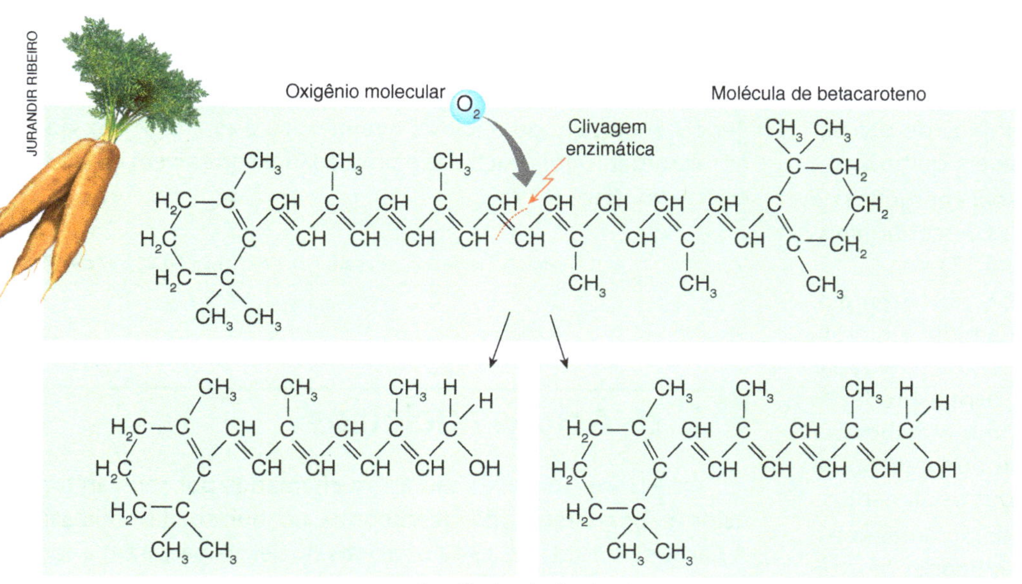

Figura 6.14 A molécula de betacaroteno, presente em diversas plantas, é oxidada enzimaticamente, produzindo em nosso organismo duas moléculas de vitamina A.

Agora você pode resolver as atividades 17, 18, 39 e 43.

6.5 Glicídios

Glicídios, também chamados de **carboidratos** ou **hidratos de carbono**, são moléculas orgânicas constituídas fundamentalmente por átomos de carbono, hidrogênio e oxigênio. As denominações hidrato de carbono e carboidrato, hoje em desuso, devem-se ao fato de muitos glicídios apresentarem átomos de hidrogênio e de oxigênio na proporção de 2 : 1, tendo fórmula geral $C_n(H_2O)_n$.

Os glicídios constituem a principal fonte de energia para os seres vivos e estão presentes em diversos tipos de alimento. O mel, por exemplo, contém o glicídio glicose; a cana-de-açúcar é rica em sacarose; o leite contém lactose; frutos adocicados contêm frutose e glicose.

Além da função energética, os glicídios também participam da arquitetura corporal dos seres vivos. A celulose que forma a parede das células vegetais e dá sustentação ao corpo das plantas é um exemplo de glicídio. Outro exemplo é a quitina, que apresenta átomos de nitrogênio na molécula e constitui a parede celular dos fungos e o exoesqueleto dos artrópodes (insetos, aranhas, camarões etc.).

Outro papel importante dos glicídios é participar da estrutura dos ácidos nucleicos, tanto do RNA quanto do DNA. O trifosfato de adenosina (ATP), a principal substância envolvida nos processos energéticos celulares, também apresenta um glicídio – a ribose – em sua composição.

Classificação dos glicídios

Os glicídios costumam ser classificados, de acordo com o tamanho e a organização de suas moléculas, em três grupos: monossacarídios, dissacarídios e polissacarídios.

Monossacarídios são os glicídios mais simples; apresentam entre 3 e 7 átomos de carbono na molécula e fórmula geral $C_n(H_2O)_n$. Monossacarídios de três carbonos são chamados de trioses; os de quatro, cinco, seis e sete carbonos são denominados, respectivamente: tetroses, pentoses, hexoses e heptoses. **(Fig. 6.15)**

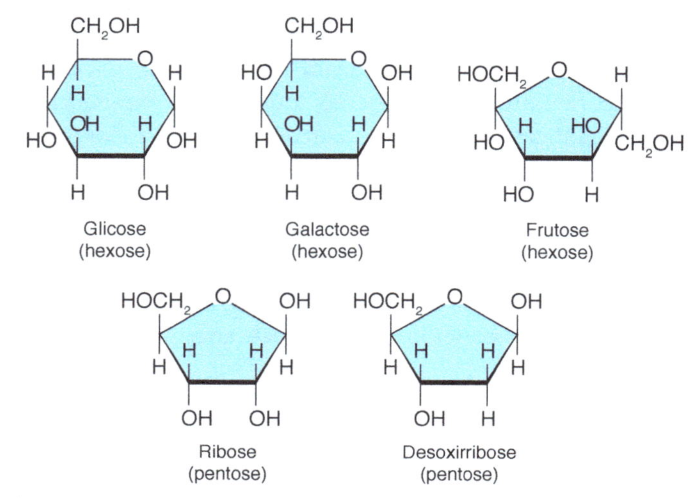

Figura 6.15 Fórmulas estruturais de alguns monossacarídios; os átomos de carbono nos vértices dos anéis não aparecem na representação. A desoxirribose é um monossacarídio modificado e, por isso, sua estrutura não obedece à fórmula geral $C_n(H_2O)_n$.

Dissacarídios são glicídios constituídos pela união de dois monossacarídios. A sacarose, por exemplo, é um dissacarídio formado pela união de uma molécula de glicose e uma de frutose; a lactose resulta da união de uma glicose e uma galactose. **(Fig. 6.16)**

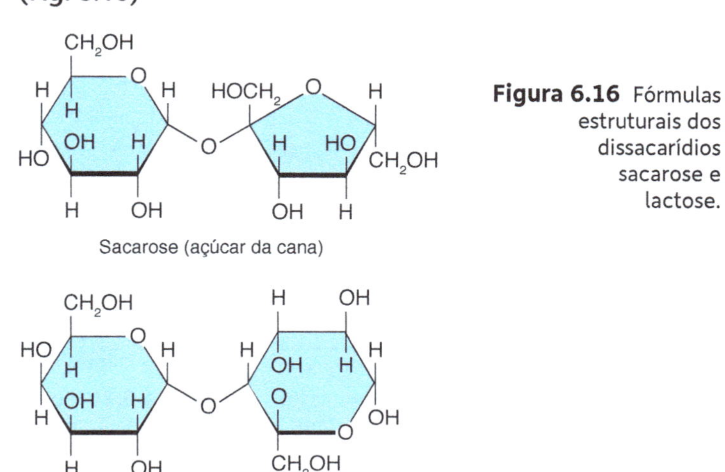

Figura 6.16 Fórmulas estruturais dos dissacarídios sacarose e lactose.

Polissacarídios são formados por centenas ou mesmo milhares de monossacarídios interligados. Exemplos de polissacarídios são o amido, o glicogênio, a celulose e a quitina.

O **amido** é a principal substância de reserva energética de plantas e algas. Ao fazer fotossíntese, as células desses organismos produzem amido e o armazenam. **(Fig. 6.17)**

Em momentos de necessidade (à noite, por exemplo, quando não há luz para a fotossíntese), o amido é hidrolisado, transformando-se em moléculas de glicose, utilizadas como fonte de energia e de matéria-prima para a produção das substâncias celulares. Grãos como o trigo e o milho, por exemplo, são ricos em amido, o principal componente das farinhas empregadas na fabricação de pães e outros alimentos.

Certos tipos de caule e de raiz, como a batata-inglesa e a mandioca, também armazenam grandes quantidades de amido e são bastante presentes na alimentação humana.

O **glicogênio** tem estrutura química similar ao amido e desempenha, nos animais, função equivalente à do amido nas plantas. Por exemplo, depois de uma refeição rica em glicídios, as células do fígado utilizam moléculas de glicose do sangue para sintetizar glicogênio, que fica armazenado nas células hepáticas. Quando a taxa de glicose no sangue diminui, nos períodos entre as refeições, as células hepáticas hidrolisam o glicogênio armazenado, reconvertendo-o em moléculas de glicose; estas são liberadas no sangue e levadas a todas as células do corpo. **(Fig. 6.18)**

Células musculares também podem armazenar grande quantidade de glicogênio, que fornece energia à contração dos músculos.

A **celulose**, principal componente das paredes celulares das células vegetais, também resulta da união de milhares de moléculas de glicose. A celulose é importante fonte de alimento para muitos herbívoros, como os ruminantes (vacas, cabras etc.). Paradoxalmente, porém, esses animais não são capazes de digerir as moléculas de celulose; quem executa essa digestão são os microrganismos (bactérias e protozoários) que vivem em seu estômago. **(Fig. 6.19)**

Agora você pode resolver as atividades de 19 a 21, 26, 35 a 37 e 42.

6.6 Ácidos nucleicos

Os **ácidos nucleicos** são assim chamados por seu caráter ácido e por terem sido descobertos no núcleo das células. A partir da década de 1940 os ácidos nucleicos passaram a ser intensivamente estudados, pois descobriu-se que eles formam os **genes**, responsáveis pela herança biológica.

Ácidos nucleicos são constituídos por três tipos de componentes: **fosfato**, **glicídios** do grupo das pentoses e **bases nitrogenadas**. Esses componentes, unidos por ligações covalentes, formam os conjugados moleculares denominados **nucleotídios**, que se encadeiam às centenas ou aos milhares para formar a molécula de ácido nucleico.

Há dois tipos de ácido nucleico: o **ácido desoxirribonucleico**, conhecido pela sigla **DNA** (do inglês *deoxyribonucleic acid*), e o **ácido ribonucleico**, conhecido pela sigla **RNA** (do inglês *ribonucleic acid*). Essas substâncias apresentam, respectivamente, desoxirribose e ribose em suas moléculas.

Dos cinco tipos de base nitrogenada presentes nos ácidos nucleicos, três ocorrem tanto no DNA quanto no RNA: **adenina** (A), **citosina** (C) e **guanina** (G). A base nitrogenada **timina** (T) ocorre exclusivamente no DNA, enquanto a base **uracila** (U) ocorre exclusivamente no RNA. **(Fig. 6.20)**

DR JEREMY BURGESS/SCIENCE PHOTO LIBRARY/LATINSTOCK

Figura 6.17 Fotomicrografia de cloroplasto de musgo da espécie *Physcomitrella patens*. As áreas claras no interior do cloroplasto são grãos de amido. (Microscópio eletrônico de transmissão; cores artificiais.)

BIOPHOTO ASSOCIATES/SCIENCE SOURCE/FOTOARENA

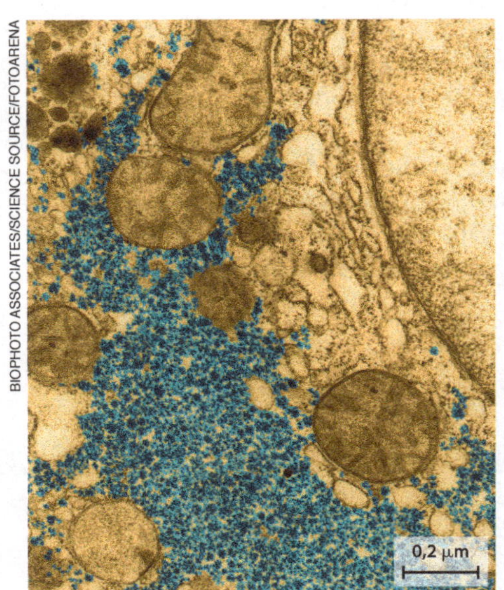

Figura 6.18 Fotomicrografia de fígado de rato com glicogênio armazenado (em azul). (Microscópio eletrônico de transmissão; cores artificiais.)

SCIENCE VU/J. LITVAY/VISUALS UNLIMITED, INC./GLOW IMAGES

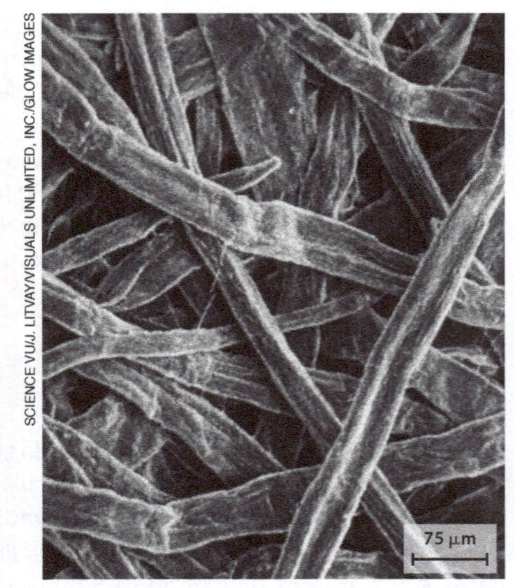

Figura 6.19 Fotomicrografia de fibras de celulose em pinheiro da espécie *Pinus ponderosa*. (Microscópio eletrônico de varredura.)

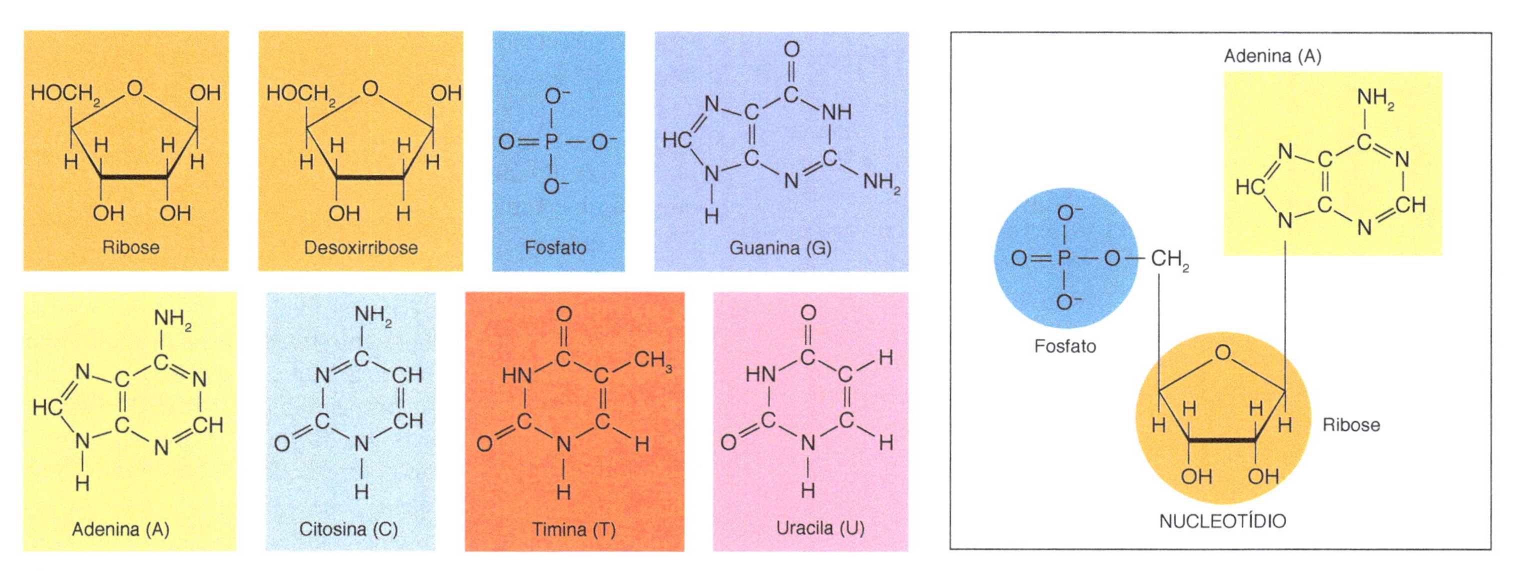

Figura 6.20 Componentes dos ácidos nucleicos. No quadro, à direita, unidade constituinte do ácido nucleico, o nucleotídio.

Estrutura dos ácidos nucleicos

Moléculas de DNA são constituídas por duas cadeias de nucleotídios enroladas, lembrando uma escada helicoidal.

As duas cadeias mantêm-se unidas entre si por meio de interações intermoleculares do tipo **ligação de hidrogênio** entre pares de bases específicos: adenina emparelha-se e forma ligações de hidrogênio com timina; guanina emparelha-se e forma ligações de hidrogênio com citosina. **(Fig. 6.21)**

Moléculas de RNA são geralmente formadas por uma cadeia única enrolada sobre si mesma. Alguns vírus, no entanto, como o do mosaico do tabaco, apresentam RNA de dupla cadeia.

O estudo dos ácidos nucleicos será retomado com maiores detalhes no Capítulo 24 deste livro.

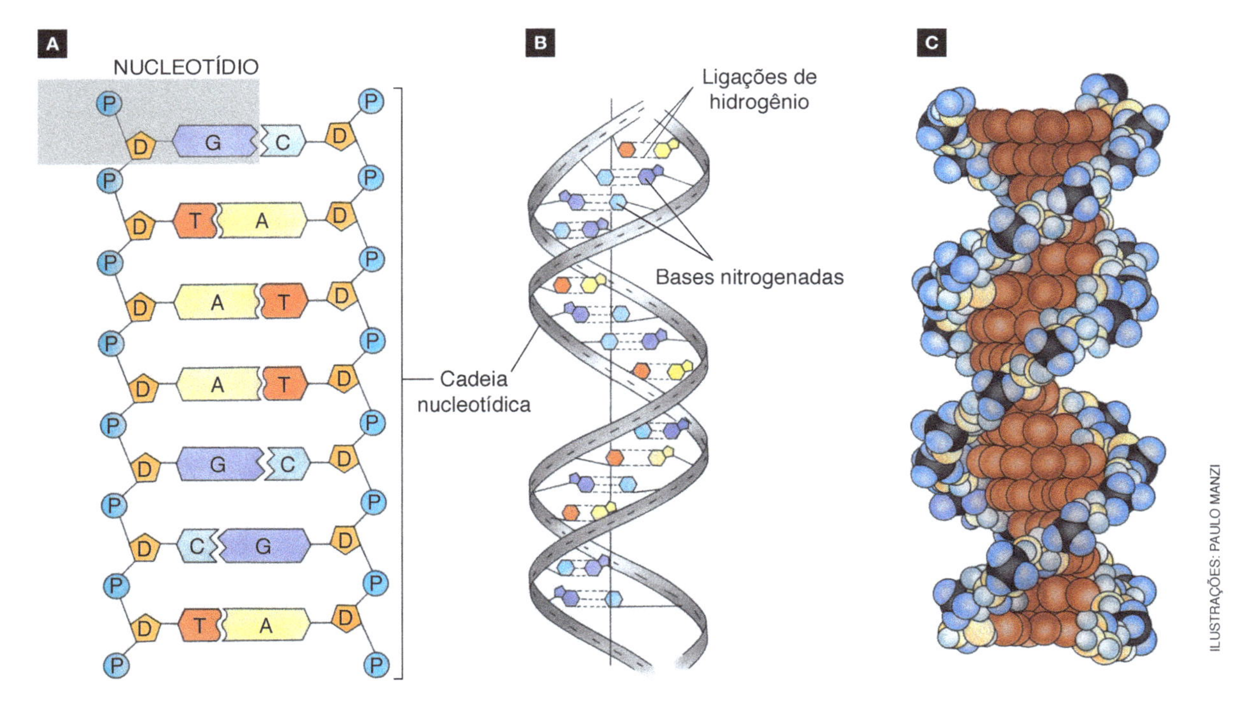

Figura 6.21 Diferentes formas de representar uma molécula de DNA. **A.** Representação plana, mostrando as duas cadeias unidas por suas bases nitrogenadas; o grupo fosfato é representado pela letra P e a pentose pela letra D; em destaque no quadro cinza, um nucleotídio. **B.** Representação da dupla-hélice no espaço, mostrando as ligações de hidrogênio entre as bases nitrogenadas. **C.** Representação dos átomos por modelos de espaço preenchido.

Agora você pode resolver as atividades 22 a 24, 29 e 41.

6.7 Trifosfato de adenosina (ATP)

As células necessitam de suprimento contínuo de energia para manter sua organização e seu funcionamento. A energia, que provém primariamente da degradação de moléculas orgânicas do alimento, encontra-se armazenada em moléculas de uma substância chamada **trifosfato de adenosina**. Essa substância, abreviadamente denominada ATP (do inglês *adenosine triphosphate*), tem por função: a) armazenar a energia liberada nas reações exergônicas (ou seja, aquelas que liberam energia) da degradação de alimento na forma de ligações covalentes de alta energia; b) transferir energia para processos endergônicos (isto é, que absorvem energia).

Estrutura química do ATP

Do ponto de vista químico, o ATP é um nucleotídio constituído pela base nitrogenada adenina, unida ao glicídio ribose, que, por sua vez, é unido a três grupos fosfato encadeados. As ligações químicas entre dois dos fosfatos do ATP são ligações de alta energia, representadas graficamente pelo símbolo ~.

O ATP é normalmente sintetizado a partir de uma molécula precursora com dois fosfatos, o **ADP** (difosfato de adenosina). A síntese de ATP ocorre pela adição ao ADP de um grupo ortofosfato (PO_4^{3-}) simbolizado por $\mathbf{P_i}$. Essa reação demanda quantidade considerável de energia, aproximadamente 7,3 kcal/mol*. A quebra dessa ligação, com transformação do ATP em ADP e P_i, libera quantidade equivalente de energia (7,3 kcal/mol), que pode ser aproveitada para as atividades celulares. **(Fig. 6.22)**

O mecanismo mais comum de fornecimento de energia para os processos celulares é a transferência de fosfato do ATP para outras moléculas. Por exemplo, na síntese de diversas substâncias, a conversão direta entre reagentes e produtos não é espontânea. Para contornar essa situação, as células realizam a síntese em duas etapas. Na primeira, o fosfato do ATP é transferido para um dos reagentes. Na segunda, o grupo fosfato é deslocado pelo outro reagente, formando o produto desejado.

Nos movimentos celulares a energia obtida do ATP faz com que moléculas da proteína miosina adquiram uma configuração instável, de alta energia potencial. Nessa condição, elas deslizam sobre as fibras da proteína actina com as quais estão em contato, realizando trabalho. No caso específico dos músculos, esse deslizamento faz com que as células encurtem, promovendo a contração muscular. A contração muscular é um dos poucos casos em que a hidrólise do ATP, não acompanhada pela transferência do grupo fosfato, é a fonte de energia química para um processo celular.

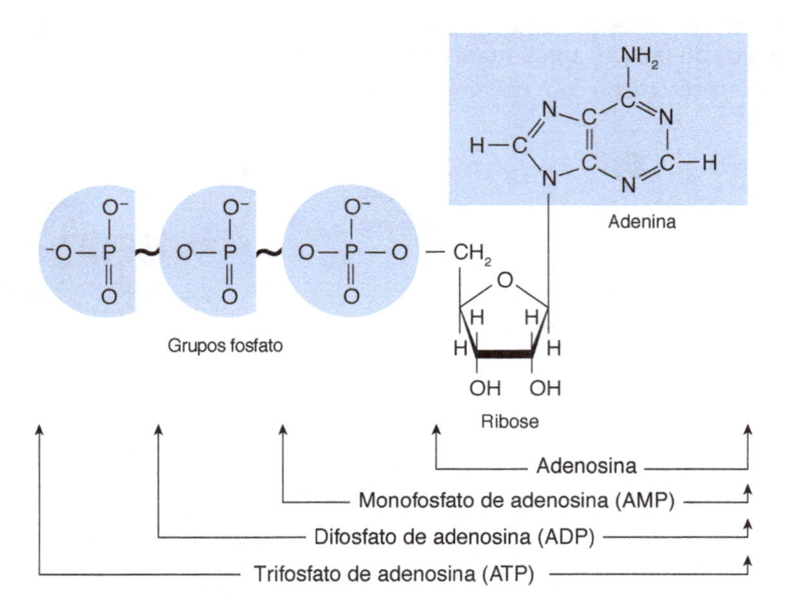

Figura 6.22 Fórmula estrutural do ATP. A parte da molécula formada pela adenina e pela ribose é chamada de adenosina. A adição de um fosfato à adenosina origina o monofosfato de adenosina (AMP); a adição de um segundo fosfato dá origem ao difosfato de adenosina (ADP); e a de um terceiro fosfato origina o trifosfato de adenosina (ATP).

* Um kcal é igual a 1.000 calorias (cal). Caloria é uma unidade de medida de energia que corresponde ao calor requerido para elevar de 14,5 °C para 15,5 °C a temperatura de 1 g de água. Uma caloria (cal) é igual a 4,1868 joules (J), a unidade de medida de energia adotada no Sistema Internacional de Unidades (SI).

Agora você pode resolver as atividades 25 e 40.

Ciência e cidadania

Colesterol e saúde

1 Talvez você já tenha ouvido falar em "colesterol bom" e "colesterol ruim". Essas expressões não se referem propriamente ao colesterol, mas a proteínas sanguíneas que o transportam, entre outros lipídios. As proteínas transportadoras associam-se a lipídios, originando duas categorias de lipoproteínas conhecidas pelas siglas LDL (do inglês *low density lipoprotein*, lipoproteína de baixa densidade) e HDL (do inglês *high density lipoprotein*, lipoproteína de alta densidade).

2 As LDL transportam principalmente colesterol, enquanto as HDL transportam principalmente fosfolipídios, mas ambas podem transportar esses dois tipos de lipídio.

3 O colesterol é sintetizado no fígado ou absorvido de alimentos de origem animal; alimentos de origem vegetal não têm colesterol. No sangue o colesterol viaja associado às LDL. Ao atingir os tecidos do corpo, o complexo colesterol-LDL é englobado pelas células; o colesterol desassocia-se das proteínas transportadoras e é utilizado como matéria-prima para a síntese das membranas celulares.

4 Concentrações muito elevadas de colesterol no sangue, além do que as células necessitam levam o complexo colesterol-LDL em excesso no sangue a oxidar-se, podendo se acumular na parede das artérias e formar placas ateroscleróticas. O crescimento dessas placas pode levar ao entupimento total de uma artéria e bloqueio do fluxo sanguíneo. Em artérias do coração ou do cérebro, o resultado desse bloqueio é uma isquemia, ou redução da circulação do sangue. No coração a isquemia do músculo cardíaco pode levar a um infarto do miocárdio. Uma isquemia cerebral, por sua vez, pode levar a lesões irreversíveis de atividades nervosas importantes, com prejuízos sensoriais, motores ou de pensamentos e emoções. Por isso o excesso do complexo colesterol-LDL foi chamado "colesterol ruim".

5 Entretanto, as lipoproteínas HDL captam moléculas de colesterol do sangue e as transportam até o fígado, de onde elas são eliminadas na bile, armazenada na vesícula biliar e secretada no intestino. Portanto, as proteínas HDL contribuem para eliminar colesterol do sangue. Por isso o complexo colesterol-HDL foi chamado de "colesterol bom". Acredita-se que a ingestão de óleos de origem vegetal insaturados, como os presentes no azeite de oliva, por exemplo, contribua para manter níveis normais de colesterol no sangue e para estimular a produção de HDL. O azeite de oliva também estimula a secreção de bile pelo fígado, o que facilita a digestão e a absorção de gorduras e vitaminas lipossolúveis.

6 Estudos populacionais mostram relação positiva entre o nível de colesterol no sangue e o risco de doenças cardiovasculares. Segundo a Associação Americana do Coração, a relação entre os níveis de colesterol sanguíneo total de uma pessoa em jejum e o risco para doenças cardiovasculares é a seguinte:

Nível de colesterol sanguíneo (mg/dL)	Risco de doença cardiovascular
<200	Nível desejável: menor risco de doença cardiovascular
200-240	Limiar de alto risco
>240	Nível não desejável: alto risco

7 Atualmente há exames laboratoriais que permitem avaliar os níveis dos complexos colesterol-HDL e colesterol-LDL no sangue. Esses exames tendem a substituir aqueles em que se avaliava apenas o colesterol total. De acordo com a Sociedade Brasileira de Cardiologia, é desejável que o nível de colesterol-HDL ("bom") seja maior do que 60 mg/dL de sangue e que o de colesterol-LDL ("ruim") seja menor do que 100 mg/dL de sangue para as pessoas em que há risco baixo de doenças cardiovasculares. Pessoas que apresentam alto risco devem ingerir pouco colesterol nos alimentos, tentando manter índices de colesterol-LDL menores que 70 mg/dL.

GUIA DE LEITURA

Neste texto abordamos um assunto de interesse da população em geral: a importância de manter níveis sanguíneos adequados de colesterol para o bem de nossa saúde. O texto também contribui para esclarecer uma confusão: será que realmente existe um colesterol "bom" e um colesterol "ruim"? Após ler o texto, responda às questões propostas a seguir.

1. Leia os dois parágrafos iniciais do quadro. Como você responderia a alguém que afirmasse: "há dois tipos de molécula de colesterol: um bom e outro ruim para o organismo".
2. O terceiro parágrafo apresenta a função normal do transporte de colesterol pelo LDL sanguíneo. Certifique-se de ter compreendido por que o colesterol, em níveis normais, é necessário ao nosso organismo.
3. Leia o quarto parágrafo do quadro e responda resumidamente ou por meio de um esquema: qual é a relação entre o excesso de colesterol sanguíneo e a formação de placas ateroscleróticas? Qual é a consequência disso para a saúde?
4. Pela leitura do quarto e do quinto parágrafos podemos reunir informações para definir o que é "colesterol ruim" e "colesterol bom". Certifique-se de ter compreendido a diferença entre eles. Segundo o texto, que providências podemos adotar em nossa dieta para diminuir o "colesterol ruim" e aumentar o "colesterol bom"?
5. Os dois últimos parágrafos (6 e 7) do quadro relacionam o nível de colesterol sanguíneo ao risco de doenças cardiovasculares. Com base no que foi discutido no texto, você acha que os exames individualizados dos níveis de LDL e HDL fornecem mais ou menos informações sobre o metabolismo de uma pessoa do que o exame do colesterol total no sangue? Por quê?

Mapa de conceitos

Proteínas

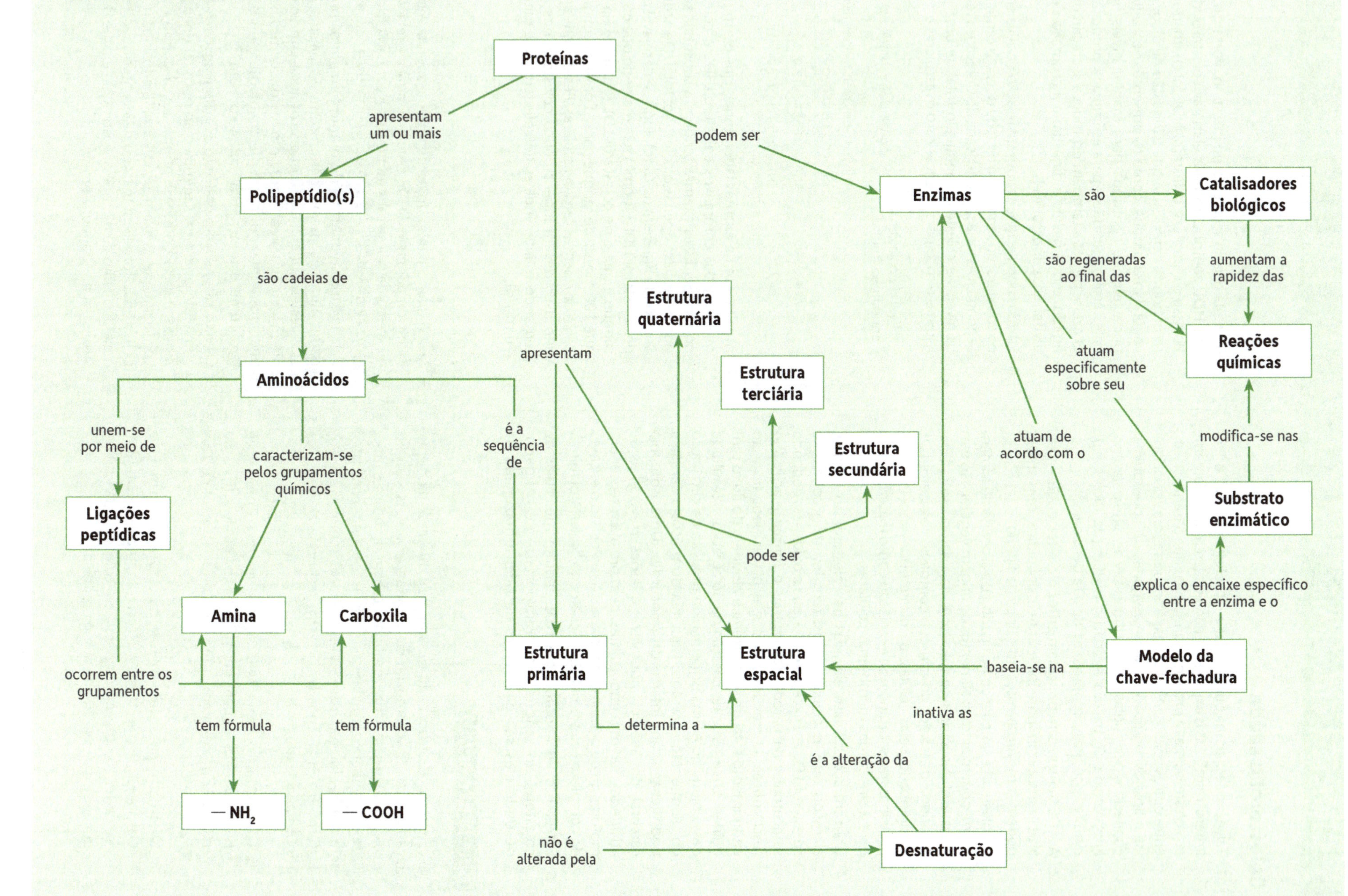

ATIVIDADES

REVENDO CONCEITOS, FATOS E PROCESSOS

6.1 A Química e a vida

1. Os elementos químicos que compõem a maioria dos compostos orgânicos presentes na matéria viva são
- **a)** carbono, hidrogênio, oxigênio e cloro.
- **b)** carbono, hidrogênio, fósforo e enxofre.
- **c)** carbono, hidrogênio, oxigênio e nitrogênio.
- **d)** carbono, hidrogênio, cloro e sódio.

2. Que alternativa apresenta, em ordem decrescente de abundância, as substâncias orgânicas que compõem um ser vivo?
- **a)** Ácidos nucleicos > proteínas > glicídios > lipídios.
- **b)** Lipídios > glicídios > proteínas > ácidos nucleicos.
- **c)** Proteínas > glicídios > ácidos nucleicos > lipídios.
- **d)** Proteínas > lipídios > glicídios > ácidos nucleicos.

6.2 A água e os seres vivos

3. A substância química mais abundante em um ser vivo é
- **a)** água.
- **b)** açúcar.
- **c)** DNA.
- **d)** lipídio.
- **e)** proteína.

Considere as alternativas a seguir para responder às questões de 4 a 7.
- **a)** Hidrólise.
- **b)** Condensação.
- **c)** Hidrofílica.
- **d)** Hidrofóbica.

4. Como é chamada a substância cujas moléculas não interagem apreciavelmente com as moléculas de água?

5. Como é chamada a substância cujas moléculas interagem fortemente com as moléculas de água?

6. Qual é o nome da reação química em que ocorre união de moléculas reagentes com formação de água como um dos produtos finais?

7. Qual é o nome da reação química em que ocorre quebra de moléculas com participação da água como um dos reagentes?

6.3 Proteínas

8. Para degradarmos uma proteína a seus aminoácidos constituintes precisamos quebrar
- **a)** ligações peptídicas, o que consome água como reagente.
- **b)** ligações peptídicas, o que consome gás oxigênio como reagente.
- **c)** ligações de hidrogênio, o que consome água como reagente.
- **d)** ligações de hidrogênio, o que não consome reagentes.

9. Quando uma proteína se desnatura, ela
- **a)** tem sua estrutura primária modificada.
- **b)** tem sua estrutura espacial modificada.
- **c)** sofre hidrólise.
- **d)** tem suas ligações peptídicas quebradas.

10. Se fosse possível separar as quatro cadeias polipeptídicas que constituem uma molécula de hemoglobina, porém sem alterar a estrutura espacial de cada uma delas, estaríamos modificando qual estrutura da proteína?
- **a)** Primária.
- **b)** Secundária.
- **c)** Terciária.
- **d)** Quaternária.

Considere as alternativas a seguir para responder às questões de 11 a 14.
- **a)** Desnaturação.
- **b)** Estrutura primária.
- **c)** Ligação peptídica.
- **d)** Modelo chave-fechadura.

11. Que tipo de ligação une dois aminoácidos adjacentes em uma proteína?

12. Qual dos termos se refere à sequência de aminoácidos em uma proteína?

13. Qual dos termos se refere à ideia de que a especificidade das enzimas depende de um encaixe entre a estrutura delas e a dos substratos?

14. Como se denomina a alteração na estrutura espacial de uma proteína?

Considere as alternativas a seguir para responder às questões 15 e 16.
- **a)** Fosfolipídio.
- **b)** Enzima.
- **c)** Colesterol.
- **d)** Substrato.

15. Que denominação recebe uma proteína que aumenta a rapidez de uma reação química, sendo regenerada ao final do processo?

16. Qual é o nome genérico de substâncias que sofrem transformações químicas em uma reação enzimática?

6.4 Lipídios

Considere as alternativas a seguir para responder às questões 17 e 18.
- **a)** fosfolipídios.
- **b)** enzimas.
- **c)** lipídios.
- **d)** triglicerídios.

17. A hidrólise de determinada molécula produziu glicerol e ácidos graxos; isso indica que ela pertence ao grupo dos(das)

18. Óleos, gorduras, ceras e carotenoides são exemplos de

6.5 Glicídios

Considere as alternativas a seguir para responder às questões 19 e 20.
- **a)** Dissolução.
- **b)** Hidrólise.
- **c)** Ionização.
- **d)** Condensação.

19. A produção de um dissacarídio ocorre pela união de dois monossacarídios com perda de uma molécula de água. Qual é o nome desse processo?

20. A reação de degradação de uma molécula de amido produz moléculas de glicose, consumindo moléculas de água. Qual é o nome desse processo?

21. Glicose, amido e lactose são exemplos, respectivamente, de
- **a)** monossacarídio, dissacarídio, polissacarídio.
- **b)** monossacarídio, polissacarídio, dissacarídio.
- **c)** dissacarídio, monossacarídio, polissacarídio.
- **d)** dissacarídio, polissacarídio, monossacarídio.

6.6 Ácidos nucleicos

Considere as alternativas a seguir para responder às questões 22 e 23.
- **a)** Ácido nucleico.
- **b)** Base nitrogenada.
- **c)** Nucleotídio.
- **d)** Adenosina.

22. Qual das alternativas refere-se a uma substância formada por nucleotídios ligados em sequência?

23. Qual das alternativas refere-se a uma molécula formada pela união de uma base nitrogenada, um glicídio (pentose) e um grupo fosfato?

24. Qual a alternativa correta sobre os ácidos nucleicos (I e II) cujos resultados de análise química estão mostrados na tabela a seguir?

	Ácidos nucleicos	
	I	II
Tipo de glicídio	Desoxirribose	Ribose
Tipo de base nitrogenada	Adenina Timina Citosina Guanina	Adenina Uracila Citosina Guanina

a) Trata-se de DNA em ambos os casos.
b) Trata-se de RNA em ambos os casos.
c) O ácido nucleico I é DNA e o II, RNA.
d) O ácido nucleico I é RNA e o II, DNA.

6.7 Trifosfato de adenosina (ATP)

25. O trifosfato de adenosina (ATP) é um
a) ácido nucleico.
b) lipídio.
c) monossacarídio.
d) nucleotídio.

QUESTÕES PARA EXERCITAR O PENSAMENTO

26. Observe as fórmulas moleculares de dois glicídios, representadas a seguir; um deles é um monossacarídio, e o outro, um dissacarídio:

$$C_7H_{14}O_7 \quad e \quad C_6H_{10}O_5$$

a) O que permite caracterizar essas duas substâncias como glicídios?
b) Qual deles é o monossacarídio? Por quê?
c) Quanto ao número de átomos de carbono, como eram classificadas as moléculas que originaram o dissacarídio?

27. Observe a fórmula do aminoácido valina, encontrado nas proteínas dos seres vivos. Note que há partes da molécula destacadas e numeradas.

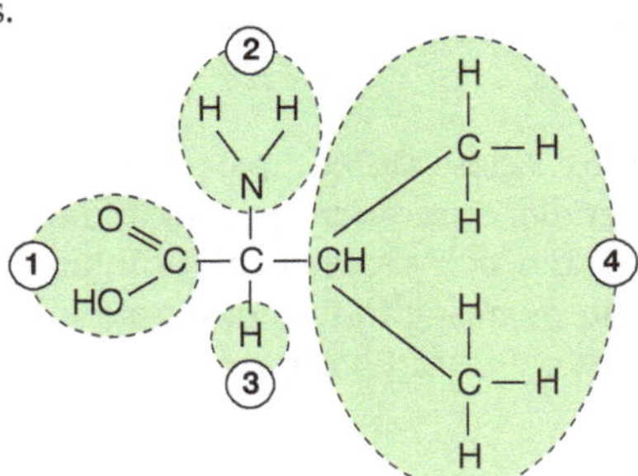

Sobre esses destaques responda:
a) o que representam os números 1, 2, 3 e 4?
b) qual desses grupos destacados varia de acordo com o aminoácido?

28. Observe o gráfico a seguir, que ilustra a ação da enzima estomacal pepsina, em diferentes faixas de acidez (pH). Com base nos dados apresentados no gráfico, responda:
a) qual é a faixa de pH mais favorável à ação dessa enzima?
b) a partir de que valores de pH a pepsina para de atuar?

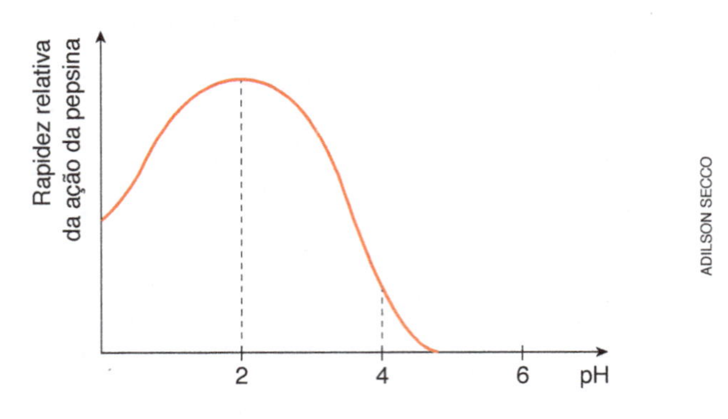

29. Os dados a seguir mostram os resultados de análises químicas a que foram submetidas quatro amostras de ácidos nucleicos (I a IV). Determine, para cada amostra, se o ácido nucleico é DNA ou RNA, justificando a resposta.

Amostra	Resultado da análise química
I	Presença de ribose
II	Presença de timina
III	Presença de uracila
IV	Presença de desoxirribose

A BIOLOGIA NO VESTIBULAR

QUESTÕES OBJETIVAS

30. (Fuvest-SP)

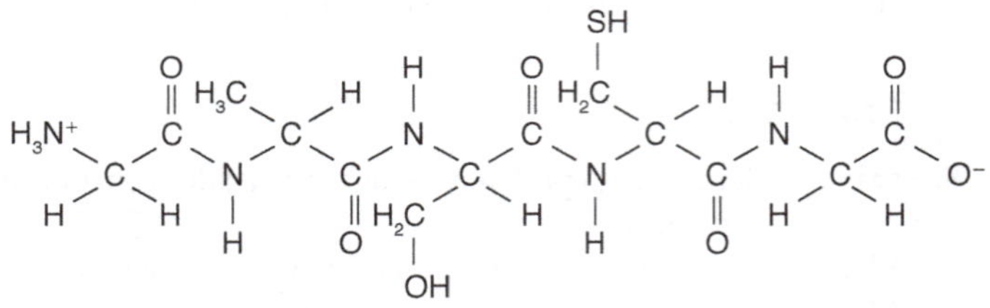

A hidrólise de um peptídio rompe a ligação peptídica, originando aminoácidos. Quantos aminoácidos *diferentes* se formam na hidrólise total do peptídio representado acima?
a) 2.
b) 3.
c) 4.
d) 5.
e) 6.

31. (UFMA) As enzimas biocatalisadoras da indução de reações químicas reconhecem seus substratos através da
a) temperatura do meio.
b) forma tridimensional das moléculas.
c) energia de ativação.
d) concentração de minerais.
e) reversibilidade da reação.

32. (PUC-RS)

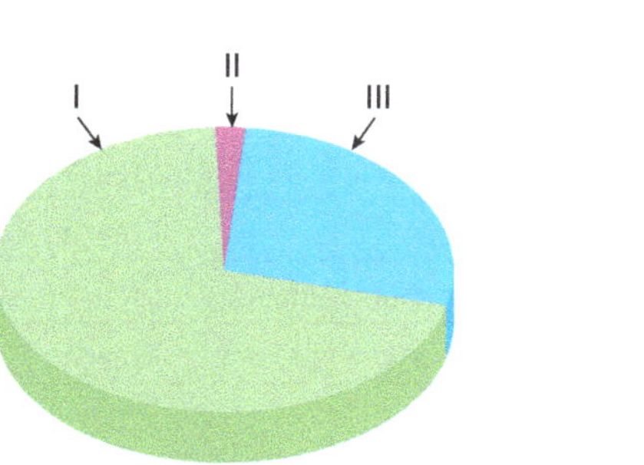

ADILSON SECCO

As substâncias indicadas no gráfico acima constituem os componentes não minerais dos tecidos vivos.
A maioria dos tecidos vivos tem ao menos 70% de I, cerca de 2% de II e, no restante, III.
Considerando a correta composição dos tecidos vivos, os números I, II e III devem ser, respectivamente, assim substituídos:

a) I. Água.
II. Íons, pequenas moléculas e proteínas.
III. Carboidratos, ácidos nucleicos e lipídios.

b) I. Água.
II. Íons e pequenas moléculas.
III. Proteínas, carboidratos, ácidos nucleicos e lipídios.

c) I. Proteínas, carboidratos, ácidos nucleicos e lipídios.
II. Pequenas moléculas.
III. Água e íons.

d) I. Carboidratos, ácidos nucleicos e lipídios.
II. Água.
III. Íons, pequenas moléculas e proteínas.

e) I. Carboidratos, ácidos nucleicos e lipídios.
II. Proteínas.
III. Água, íons e pequenas moléculas.

(*Nota dos autores*: O termo carboidrato, hoje em desuso, ainda é encontrado em exercícios de vestibular e é sinônimo de glicídio.)

33. (FMTM-MG) Leia com atenção a charge:

Níquel Náusea – Fernando Gonsales

FERNANDO GONSALES

(Folha de S.Paulo)

Sabendo-se que triptofano e fenilalanina são dois aminoácidos essenciais, assinale a alternativa correta.

a) O predador precisa comer o rato para ingerir dois aminoácidos essenciais que, dentre outros, irão garantir a síntese de suas proteínas.
b) Se o predador não comer o rato, não terá proteínas de alto teor calórico, pois os compostos citados são moléculas altamente energéticas.
c) Ao comer o rato, o predador estará ingerindo dois compostos fundamentais para a síntese de fosfolipídios e, com isso, garantindo a estabilidade das membranas celulares.
d) O predador não necessita dos compostos citados, pois ele já é capaz de sintetizar aqueles aminoácidos denominados naturais.
e) Ao comer o rato, o predador estará ingerindo dois compostos fundamentais para a síntese dos carboidratos de reserva.

34. (Fuvest-SP) Leia o texto a seguir, escrito por Jacob Berzelius em 1828.

> "Existem razões para supor que, nos animais e nas plantas, ocorrem milhares de processos catalíticos nos líquidos do corpo e nos tecidos. Tudo indica que, no futuro, descobriremos que a capacidade de os organismos vivos produzirem os mais variados tipos de compostos químicos reside no poder catalítico de seus tecidos."

A previsão de Berzelius estava correta, e hoje sabemos que o "poder catalítico" mencionado no texto deve-se

a) aos ácidos nucleicos.
b) aos carboidratos.
c) aos lipídios.
d) às proteínas.
e) às vitaminas.

35. (UFSC) Considere os compostos, apresentados na coluna superior, e as características, apresentadas na coluna inferior e, após, assinale com V (verdadeiro) ou F (falso) as proposições adiante.

I. Água.
II. Sal mineral.
III. Monossacarídio.
IV. Lipídio.
V. Enzima.

A. Biocatalisador de origem proteica.
B. Molécula mais abundante na matéria viva.
C. Composto orgânico.
D. Composto inorgânico.
E. Tipo de carboidrato.

( ) III — E
( ) II — B
( ) III — C
( ) I — C
( ) IV — C
( ) V — D
( ) V — A

36. (Unifesp) No tubo 1 existe uma solução contendo células de fígado de boi. Em 2, há uma solução de células extraídas de folhas de bananeira.

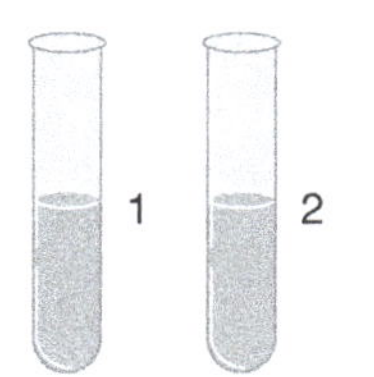

PAULO MANZI

Você deseja eliminar completamente todos os constituintes dos envoltórios celulares presentes em ambos os tubos. Para isso, dispõe de três enzimas digestivas diferentes:
C: digere carboidratos em geral.
L: digere lipídios.
P: digere proteínas.
Para atingir seu objetivo gastando o menor número possível de enzimas, você deve adicionar a 1 e 2, respectivamente:

a) 1 = C; 2 = P.
b) 1 = L; 2 = C.
c) 1 = C e P; 2 = C e L.
d) 1 = C e P; 2 = C, L e P.
e) 1 = L e P; 2 = C, L e P.

37. (Uerj) O papel comum é formado, basicamente, pelo polissacarídio mais abundante no planeta. Este carboidrato, nas células vegetais, tem a seguinte função:

a) revestir as organelas.
b) formar a membrana plasmática.
c) compor a estrutura da parede celular.
d) acumular reserva energética no hialoplasma.

38. (PUC-RJ) A gota é um distúrbio fisiológico que causa dor e inchaço nas articulações, por acúmulo de ácido úrico, um resíduo metabólico nitrogenado. Considerando-se a composição química dos diferentes nutrientes, que tipo de alimento um indivíduo com gota deve evitar?

a) O rico em gordura.
b) O pobre em gordura.
c) O pobre em proteínas.
d) O rico em sais de sódio.
e) O rico em proteínas.

39. (PUC-MG) Os lipídios compreendem um grupo quimicamente variado de moléculas orgânicas tipicamente hidrofóbicas. Diferentes lipídios podem cumprir funções específicas em animais e vegetais. Assinale a alternativa INCORRETA.

a) Os carotenoides são pigmentos acessórios capazes de captar energia solar.
b) Os esteroides podem desempenhar papéis regulatórios como, por exemplo, os hormônios sexuais.
c) Os triglicerídios podem atuar como isolantes térmicos ou reserva energética em animais.
d) O colesterol é uma das principais fontes de energia para o fígado.

40. (Cesgranrio-RJ) Considere um planeta em cuja litosfera houvesse ausência de fósforo, mas em que os demais elementos estivessem presentes como no início da vida na Terra. Neste planeta formas diferentes de vida irão surgir. Dentre as macromoléculas biológicas citadas abaixo, tais como conhecemos, a que NÃO teria que ser reinventada é a do

a) ATP.
b) DNA.
c) RNA.
d) fosfolipídio.
e) glicídio.

41. (Fuvest-SP) Observe a figura abaixo, que representa o emparelhamento de duas bases nitrogenadas.

Açúcar — Açúcar

Adenina — Timina

Indique a alternativa que relaciona corretamente a(s) molécula(s) que se encontra(m) parcialmente representada(s) e o tipo de ligação química apontada pela seta.

	Molécula(s)	Tipo de ligação química
a)	Exclusivamente DNA	Ligação de hidrogênio
b)	Exclusivamente RNA	Ligação covalente apolar
c)	DNA ou RNA	Ligação de hidrogênio
d)	Exclusivamente DNA	Ligação covalente apolar
e)	Exclusivamente RNA	Ligação iônica

42. (Ufac) Os carboidratos são compostos orgânicos geralmente constituídos de carbono, hidrogênio e oxigênio, os quais podem ser divididos em três grupos:

a) monossacarídios, oligossacarídios e polissacarídios.
b) monossacarídios, oligossacarídios e glicogênio.
c) oligossacarídios, polissacarídios e celulose.
d) oligossacarídios, polissacarídios e glicose.
e) polissacarídios, monossacarídios e amido.

QUESTÕES DISCURSIVAS

43. (Unicamp-SP) Os lipídios têm papel importante na estocagem de energia, estrutura de membranas celulares, visão, controle hormonal, entre outros. São exemplos de lipídios: fosfolipídios, esteroides e carotenoides.

a) Como o organismo humano obtém os carotenoides? Que relação têm com a visão?
b) A quais das funções citadas no texto os esteroides estão relacionados? Cite um esteroide importante para uma dessas funções.
c) Cite um local de estocagem de lipídios em animais e um em vegetais.

ENEM

44.

Recentemente um estudo feito em campos de trigo mostrou que níveis elevados de dióxido de carbono na atmosfera prejudicam a absorção de nitrato pelas plantas. Consequentemente, a qualidade nutricional desses alimentos pode diminuir à medida que os níveis de dióxido de carbono na atmosfera atingirem as estimativas para as próximas décadas.

• BLOOM, A. J. et al. Nitrate assimilation is inhibited by elevated CO_2 in field-grown wheat. *Nature Climate Change*, n. 4, abr. 2014 (adaptado).

Nesse contexto, a qualidade nutricional do grão de trigo será modificada primariamente pela redução de

a) amido.
b) frutose.
c) lipídios.
d) celulose.
e) proteínas.

Mais questões: no livro digital, em **Vereda Digital Aprova Enem** e **Vereda Digital Suplemento de revisão e vestibulares**; no *site*, em **AprovaMax**.

CAPÍTULO

7

MEMBRANA CELULAR E CITOPLASMA

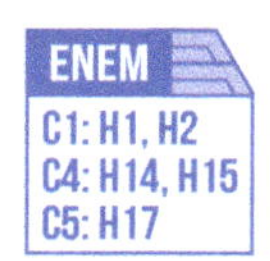

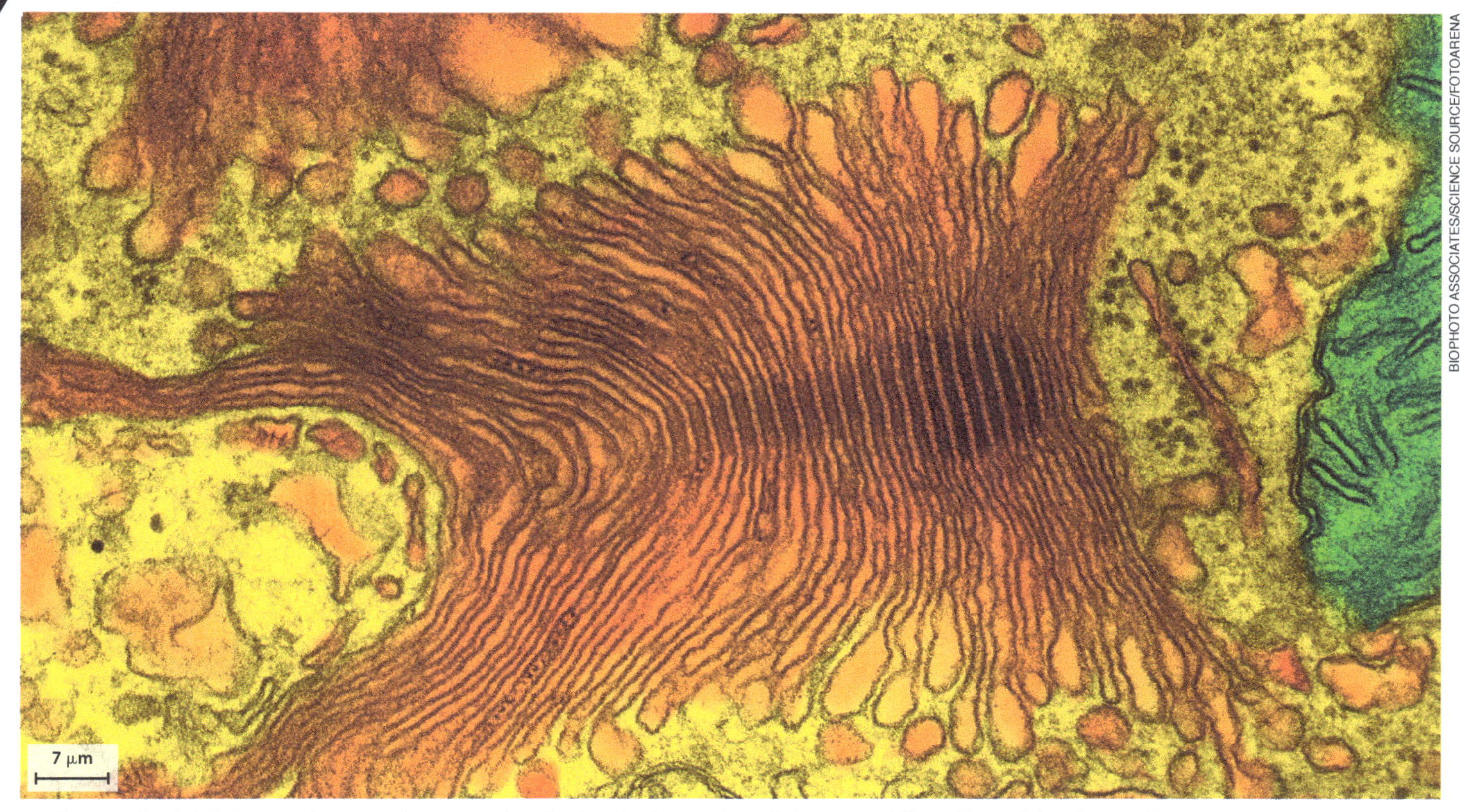

BIOPHOTO ASSOCIATES/SCIENCE SOURCE/FOTOARENA

A microscopia eletrônica revela a complexa organização do citoplasma das células eucarióticas. Nessa fotomicrografia, obtida a partir do corte ultrafino do organismo unicelular *Khawkinea quartana*, pode-se observar o conjunto de bolsas membranosas empilhadas que constituem o complexo golgiense. Mais à direita, corada em verde, parte de uma mitocôndria. (Microscópio eletrônico de transmissão; cores artificiais.)

De que trata este capítulo

Os cientistas acreditam que um dos passos fundamentais na origem da vida foi o aparecimento de uma membrana que isolou do ambiente externo um pequeno volume de solução aquosa. A membrana celular limita o que é dentro e o que é fora, e o que pode ou não entrar ou sair da célula. Essa capacidade de selecionar o que entra e o que sai – a permeabilidade seletiva da membrana – é o que dá às células a condição de manter seus meios internos diferenciados do meio exterior.

Apesar de extremamente fina, visível apenas ao microscópio eletrônico, a membrana celular é incrivelmente complexa e desempenha inúmeras funções. Veja que exemplo curioso: alguns estudos sugerem que pigmeus africanos, apesar de produzirem quantidades normais de hormônio de crescimento, têm baixa estatura devido a uma característica peculiar da membrana de suas células: nela faltam moléculas de proteína capazes de se combinar a esse hormônio, o que resulta em menor crescimento do organismo.

O grande desenvolvimento da pesquisa científica tem permitido investigar cada vez mais a fundo as características das células vivas. O citoplasma, por exemplo, que se imaginava ser apenas um fluido gelatinoso, revelou-se ao microscópio eletrônico um complexo labirinto repleto de tubos e bolsas membranosos, filamentos e túbulos proteicos, granulações etc., comparável a uma rede intracelular de fabricação e distribuição de substâncias. O conjunto formado por filamentos e túbulos proteicos citoplasmáticos, além de fornecer sustentação e resistência mecânica à célula, tem grande dinamismo, o que permite às células se movimentar. No citoplasma há ainda estruturas membranosas denominadas mitocôndrias, que atuam como verdadeiras usinas intracelulares, fornecendo a energia necessária à manutenção da vida.

Neste capítulo estudaremos os principais componentes das células vivas, as entidades microscópicas que nos compõem e onde ocorrem os processos vitais.

Objetivos

Objetivos gerais

- Compreender a célula viva como um microambiente complexo e funcionante, reconhecendo que no nível celular de organização ocorrem processos bioquímicos essenciais à vida.
- Valorizar os estudos detalhados sobre a célula viva, reconhecendo-os como possíveis geradores de conhecimentos e tecnologias úteis à humanidade, entre eles os relacionados à saúde humana.
- Valorizar o estudo dos processos energéticos celulares como forma de compreender as relações de interdependência entre os seres vivos e a composição físico-química do ambiente.

Objetivos didáticos

- Conhecer as características básicas, quanto à estrutura, à função e aos organismos em que ocorrem, dos seguintes envoltórios celulares: membrana plasmática, glicocálice (ou glicocálix) e parede celulósica.
- Compreender como processos de difusão, transporte ativo, endocitose e exocitose contribuem para a entrada ou saída de substâncias na célula.
- Compreender a célula como uma entidade tridimensional no interior da qual há diferentes organelas, que funcionam integradamente no metabolismo celular.
- Conhecer as diferentes partes das células eucarióticas e associar corretamente a estrutura e a função principal de cada uma delas.
- Conceituar respiração celular e fermentação e compreender as principais etapas desses processos, identificando os locais da célula onde ocorrem.
- Compreender os aspectos gerais da formação das moléculas de ATP, identificando-as como intermediadoras dos processos energéticos celulares.
- Conhecer as etapas fundamentais do processo da fotossíntese, localizando as regiões do cloroplasto onde ocorrem, e explicar o papel da água como reagente nesse processo.

7.1 Construindo o modelo atual de célula

A elaboração de explicações ou de modelos para os fenômenos naturais depende do contexto histórico e é realizada com base em hipóteses e/ou dados experimentais. O modelo de célula como unidade básica da vida começou a ser construído pouco antes da década de 1840, quando os fundamentos da teoria celular foram aceitos.

A teoria celular parece-nos hoje tão óbvia que às vezes, subestimamos sua importância para a Biologia. Pessoas, minhocas, cogumelos, alfaces e bactérias são todos constituídos pela mesma unidade estrutural e funcional – a célula.

É verdade que há diferenças entre as células dos diversos organismos e mesmo entre células de um organismo. As maiores diferenças são encontradas entre as bactérias, que apresentam célula procariótica, destituída de núcleo e de organelas membranosas, e os demais seres vivos, que têm células eucarióticas. Entre as células eucarióticas, a presença de plastos no citoplasma das células vegetais as diferencia das células animais, nas quais não há essas organelas. As células vegetais também são dotadas de uma parede celular, ausente nas células animais.

Apesar das diferenças, uma análise dos aspectos celulares essenciais mostra que todas as células eucarióticas partilham a mesma estrutura básica e funcionam de modo muito parecido. Neste e no próximo capítulo estudaremos esses aspectos fundamentais da estrutura e do metabolismo dessas células. **(Fig. 7.1)**

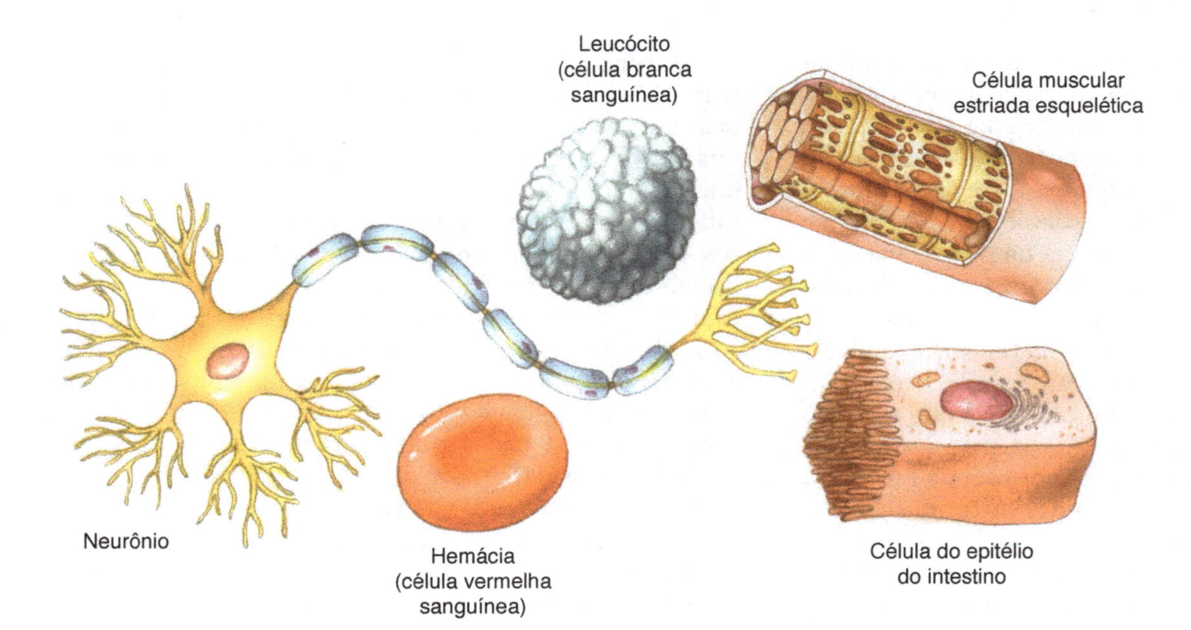

Figura 7.1 Representação esquemática de alguns tipos de células humanas. Note a diversidade de tipos celulares existentes em um mesmo organismo.

A tridimensionalidade da célula viva

Quem já teve oportunidade de observar cortes de células ao microscópio fotônico pode ter ficado um pouco decepcionado. O que se vê na lâmina de microscopia está bem distante das belas ilustrações coloridas e tridimensionais das células dos livros didáticos. Por quê?

Em primeiro lugar, essa diferença ocorre por limitações das técnicas e dos aparelhos de observação microscópica. Como vimos no Capítulo 5, antes de observar as células temos de matá-las e fixá-las, tentando preservar ao máximo suas estruturas. Em seguida, precisamos obter fatias celulares muito finas – os **cortes histológicos** – que permitam a passagem da luz através delas, nos microscópios fotônicos, ou de feixes de elétrons, nos microscópios eletrônicos. Em muitos casos, antes ou depois do corte, o material a ser observado passa por tratamentos com substâncias corantes, que aumentam os contrastes entre as partes celulares, permitindo distingui-las. Com tantos tratamentos e intervenções, não é de admirar que a reconstituição da imagem do que seria a célula viva e funcionante exija muita imaginação. Utilize-a para estudar este capítulo. **(Fig. 7.2)**

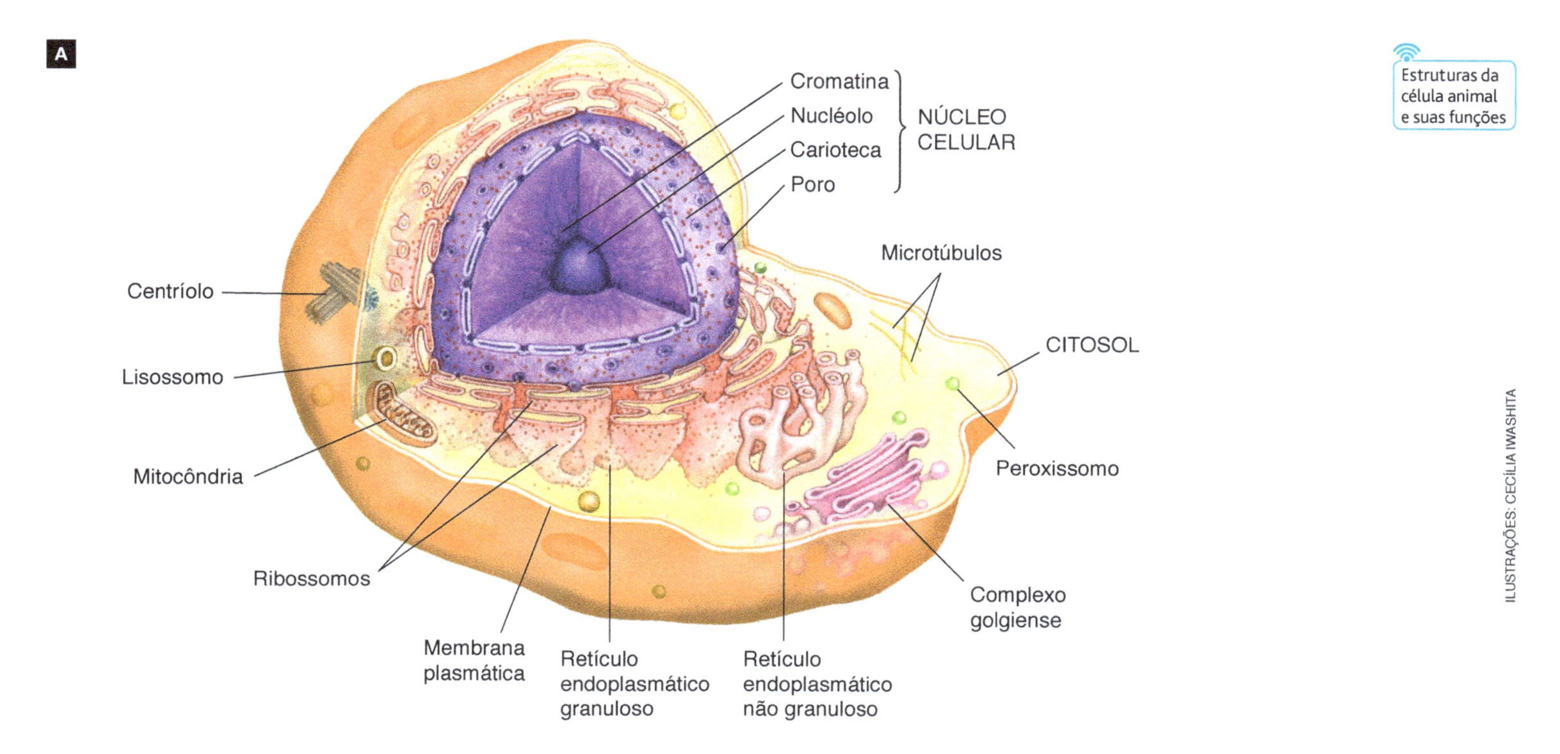

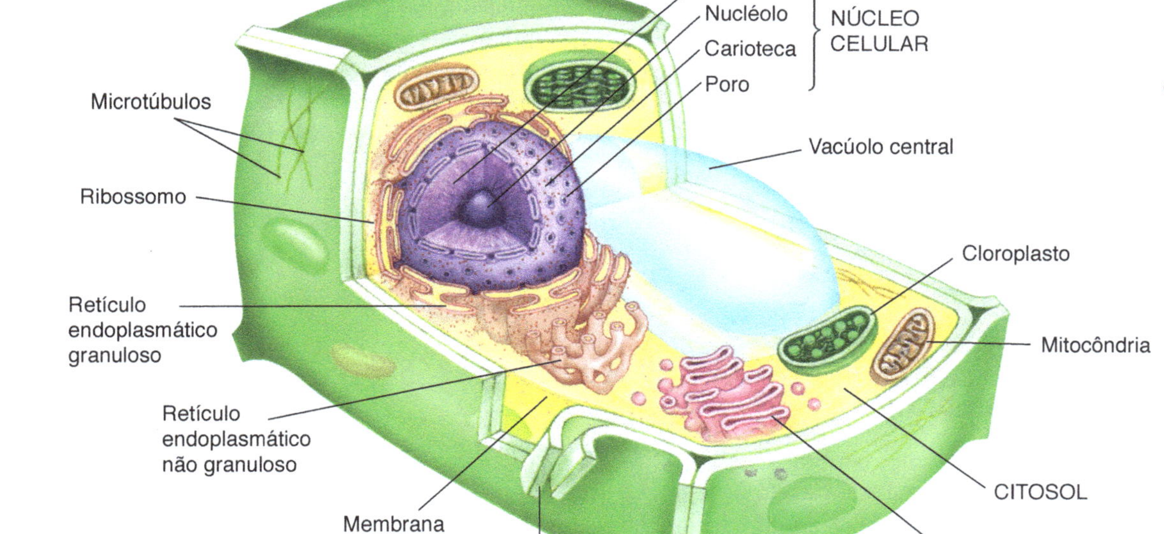

Figura 7.2 **A.** Representação esquemática de célula animal parcialmente cortada. **B.** Representação esquemática de célula vegetal parcialmente cortada.

Agora você pode resolver a atividade 1.

7.2 Características das membranas biológicas (biomembranas)

Em função do comportamento das células em diversas situações – elas incham, murcham ou estouram –, os primeiros citologistas perceberam que as células deviam ser delimitadas por algum tipo de película muito fina, invisível até nos mais poderosos microscópios fotônicos modernos; essa película então hipotética foi denominada membrana plasmática.

Com o progresso da microscopia eletrônica, a membrana plasmática foi finalmente visualizada. Nos cortes transversais observados com grande ampliação ao microscópio eletrônico de transmissão, a membrana é visualizada como duas linhas escuras entremeadas por uma região central mais clara, com espessura em torno de apenas 8 nm (0,008 μm ou 0,000008 mm: um milionésimo de milímetro).

A microscopia eletrônica e as análises bioquímicas revelaram também que o citoplasma de uma célula eucariótica é repleto de membranas cujas espessura e composição química são semelhantes às da membrana plasmática. Esse sistema membranoso interno forma um labirinto de tubos e bolsas no citoplasma, preenchido por um fluido aquoso no qual há túbulos e filamentos proteicos finíssimos, além de partículas de diversos formatos e tamanhos.

Atualmente utiliza-se o termo **biomembrana** para designar tanto a membrana plasmática como as membranas presentes no interior da célula. **(Fig. 7.3)**

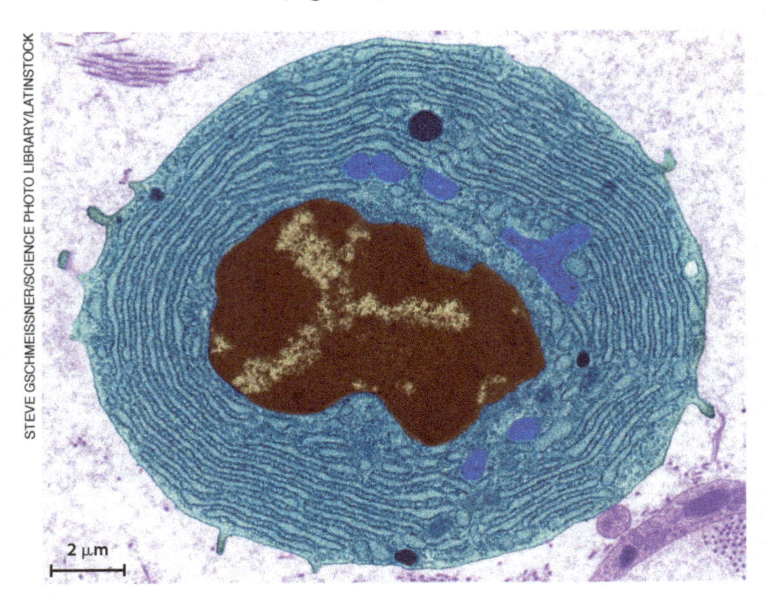

Figura 7.3 Fotomicrografia da célula sanguínea denominada linfócito em corte mostrando o núcleo, em marrom, e uma profusão de estruturas membranosas no citoplasma, em azul. (Microscópio eletrônico de transmissão; cores artificiais.)

Estrutura molecular das biomembranas

Análises bioquímicas de vários tipos de biomembranas mostraram que seus principais componentes são substâncias do grupo dos fosfolipídios. As biomembranas das células animais também contêm colesterol, lipídio ausente em células vegetais.

As moléculas de fosfolipídios apresentam uma extremidade eletricamente carregada, na qual se localiza o grupo fosfato, e duas cadeias apolares constituídas pelo glicerídio. As extremidades eletricamente carregadas dos fosfolipídios tendem a atrair as moléculas polarizadas de água, sendo por isso denominadas hidrofílicas (do grego *hydro*, água, e *phylos*, amigo). As cadeias apolares, por outro lado, tendem a repelir moléculas de água, sendo por isso denominadas hidrofóbicas (do grego *hydro*, água, e *phobos*, medo, aversão). (Relembre a fig. 6.13.)

Em 1972 os pesquisadores estadunidenses Jonathan Singer (1924-) e Garth Nicolson (1943-), com base na constituição química e no comportamento das biomembranas, elaboraram um modelo molecular para explicar sua estrutura altamente dinâmica.

No modelo de Singer e Nicolson as biomembranas seriam constituídas por uma camada dupla – bicamada – de moléculas de fosfolipídios compactadas. Em contato com água, as moléculas de fosfolipídios se organizam espontaneamente evitando o contato de suas cadeias apolares com o meio aquoso. Esse comportamento leva as moléculas de fosfolipídio a se posicionarem em uma dupla camada molecular, na qual suas porções hidrofóbicas ficam orientadas para o centro da bicamada e suas porções hidrofílicas interagem com a solução aquosa nas duas faces da bicamada, os meios intracelular e extracelular. Segundo o modelo, é essa estrutura em dupla camada que confere às membranas biológicas sua grande estabilidade e dinamismo. Embora se desloquem continuamente no plano da membrana, as moléculas de fosfolipídios nunca perdem o contato umas com as outras.

O modelo de Singer e Nicolson também supõe a presença de moléculas globulares de proteínas incrustadas na bicamada de fosfolipídios, como em um mosaico. Algumas dessas proteínas encontram-se em posição superficial na dupla camada lipídica, enquanto outras a atravessam de lado a lado. A movimentação das proteínas na estrutura da biomembrana explica diversas funções importantes e levou Singer e Nicolson a denominar sua proposta como **modelo do mosaico fluido**. **(Fig. 7.4)**

Já foram identificadas dezenas de tipos de proteína nas membranas celulares. Algumas delas estão voltadas para o exterior e são ligadas a moléculas longas de glicídios, que formam uma espécie de malha filamentosa em torno da célula denominada glicocálice. Outras proteínas da membrana formam poros, que permitem a passagem de moléculas de água e íons. Outras proteínas ainda, capturam substâncias fora ou dentro da célula, transportando-as através da membrana e soltando-as do lado oposto. Além disso, determinadas proteínas presentes na face externa da membrana plasmática atuam no reconhecimento de fatores físicos e químicos do meio, desencadeando a reação celular.

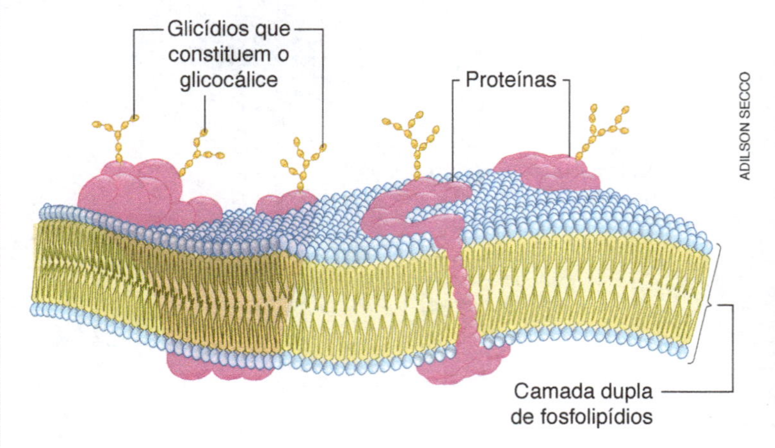

Figura 7.4 Representação esquemática de parte da membrana plasmática de acordo com o modelo do mosaico fluido.

Envoltórios externos à membrana plasmática

A maioria das células apresenta algum tipo de envoltório externo à membrana plasmática, que a protege e auxilia no desempenho de suas funções. Os principais envoltórios externos à membrana plasmática são o glicocálice e as paredes celulares.

Glicocálice

O **glicocálice** (do grego *glykos*, açúcar, e do latim *calyx*, casca, envoltório), presente na maioria das células animais e também em certos protozoários, é uma malha de moléculas filamentosas entrelaçadas que envolve externamente a membrana plasmática, protegendo-a. Os componentes do glicocálice são principalmente glicolipídios (glicídios associados a lipídios) e glicoproteínas (glicídios associados a proteínas). **(Fig. 7.5)**

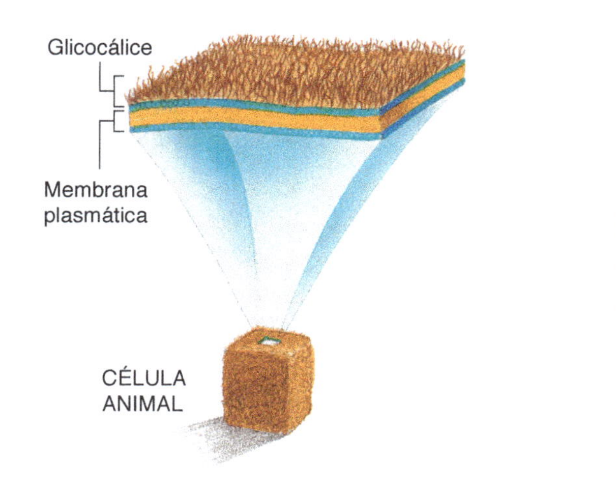

Figura 7.5 Representação esquemática do glicocálice.

Parede celulósica

Células de bactérias, de fungos, de certos protozoários, de algas e de plantas apresentam, externamente à membrana plasmática, um envoltório relativamente espesso denominado parede celular. Nas algas e nas plantas, a parede celular é constituída fundamentalmente pelo polissacarídio celulose, sendo por isso denominada **parede celulósica**. **(Fig. 7.6)**

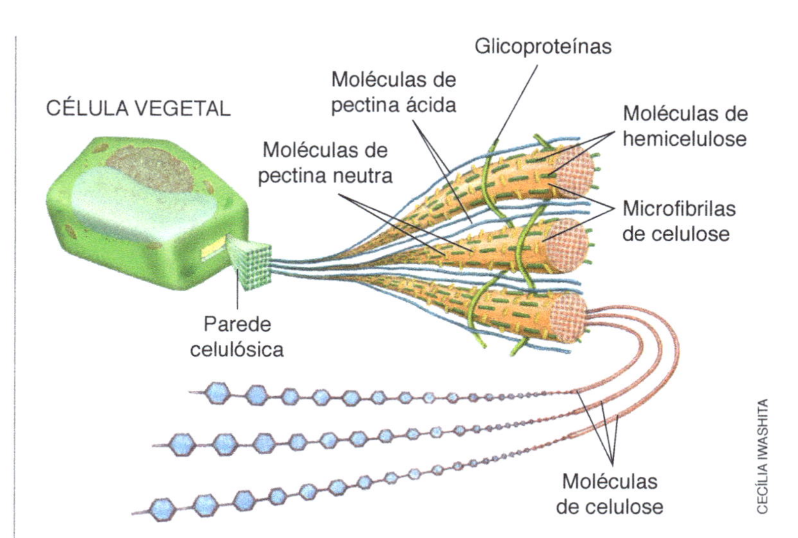

Figura 7.6 Representação esquemática da estrutura da parede celulósica.

A parede celulósica é constituída por longas e resistentes microfibrilas do polissacarídio celulose. Essas microfibrilas mantêm-se unidas graças a uma matriz aderente formada por glicoproteínas, hemicelulose e pectina (polissacarídios).

Células vegetais jovens apresentam uma parede celular fina e flexível, a **parede celular primária**, elástica o bastante para permitir o crescimento celular. Depois que a célula vegetal atinge o tamanho definitivo, forma-se internamente à parede primária um envoltório mais espesso e mais rígido, a **parede celular secundária**. Esta pode conter outros componentes além da celulose, entre eles a lignina (material polimérico constituído por unidades fenólicas e dotado de grande resistência mecânica) e a suberina (um tipo de lipídio).

A principal função das paredes das células vegetais é dar rigidez ao corpo vegetal, atuando em sua sustentação e resistência mecânica; por isso a parede celulósica é também denominada **membrana esquelética celulósica**.

Paredes de células vegetais adjacentes apresentam poros, onde não há celulose ou qualquer outro tipo de material separando as células. Esses poros são atravessados por finíssimas pontes citoplasmáticas, os **plasmodesmos**, que põem em contato direto os citoplasmas das células vizinhas. **(Fig. 7.7)**

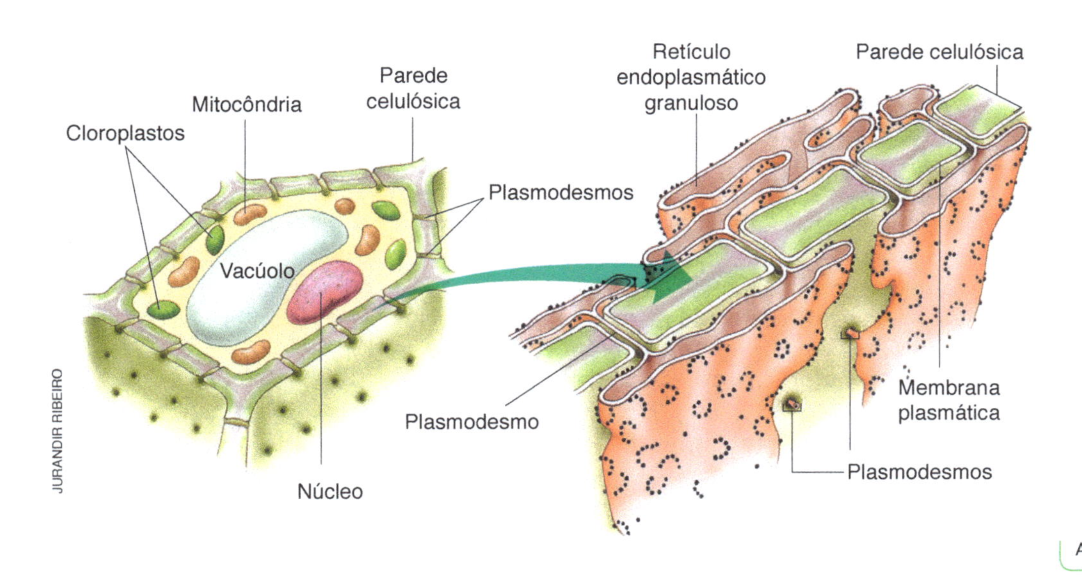

Figura 7.7 À esquerda, representação esquemática de células vegetais em corte mostrando a localização dos plasmodesmos. À direita, detalhe da estrutura dos plasmodesmos. Note a continuidade da membrana plasmática em células vizinhas e as bolsas do retículo endoplasmático que passam através dos plasmodesmos.

Agora você pode resolver as atividades de 2 a 5, 71 e 83.

7.3 Permeabilidade celular

A célula é um compartimento aquoso que geralmente está mergulhado em ambientes também aquosos; a separação entre os ambientes intracelular e extracelular é feita pela membrana plasmática.

As células de nosso corpo, com exceção das presentes nas camadas mais externas da pele, são banhadas por líquidos provenientes do sangue. O tronco de uma árvore é revestido externamente pelas células mortas da casca, mas nas partes internas as células vivas estão em contato com soluções aquosas provenientes da seiva absorvida pelas raízes.

As células são altamente dependentes de ambientes aquosos porque as biomembranas somente conseguem manter sua organização molecular quando estão em contato direto com a água.

A manutenção da vida depende do contínuo intercâmbio de substâncias entre o meio extracelular e o citoplasma através da membrana plasmática. Esse intercâmbio é a permeabilidade celular, também conhecida como **permeabilidade seletiva** das células.

Certas substâncias atravessam a membrana plasmática espontaneamente, sem gasto de energia da célula na forma de ATP, caracterizando um processo de **transporte passivo**. Outras substâncias, porém, precisam ser impulsionadas para dentro ou para fora da célula, o que consome energia na forma de ATP, caracterizando processos de **transporte ativo**.

Transporte passivo

Difusão

Muitas substâncias entram e saem da célula espontaneamente por um processo chamado difusão. A difusão é uma consequência da movimentação contínua e casual das partículas materiais (átomos, moléculas, íons etc.) em solução; estas tendem sempre a se espalhar, isto é, a se difundir. Na difusão, o deslocamento de uma substância ocorre predominantemente da região em que suas partículas estão mais concentradas para a região em que a concentração é menor. Assim, se uma substância capaz de atravessar a membrana encontra-se mais concentrada fora da célula, ela tenderá a entrar espontaneamente em maior quantidade do que sai. **(Fig. 7.8)**

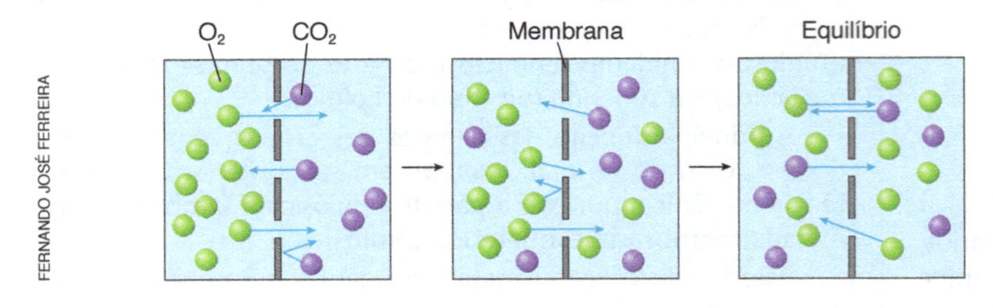

Figura 7.8 Representação esquemática das trocas gasosas entre a célula e o meio extracelular, que ocorrem por difusão.

Osmose

Osmose é um caso especial de difusão em que apenas o solvente, a água, se difunde através de uma membrana semipermeável que separa soluções de diferentes concentrações em solutos. A difusão das moléculas de água da região de maior concentração para a região de menor concentração de água produz **pressão osmótica**. Vejamos como isso ocorre em uma célula viva.

O citoplasma é uma solução aquosa em que a água é o solvente e as substâncias dissolvidas (glicídios, proteínas, sais minerais etc.) são os solutos. Quando uma célula é colocada em água pura, a quantidade desse solvente do lado exterior é sempre maior do que no interior da célula, em que a água divide o espaço com as moléculas de soluto. Consequentemente, a água tende a se difundir em maior quantidade para o interior celular do que no sentido inverso, fazendo a célula inchar. Na osmose somente a água se difunde, uma vez que a membrana plasmática é semipermeável, impedindo ou dificultando a passagem de solutos.

Pelo contrário, se uma célula for colocada em uma solução com concentração de solutos maior que a do citoplasma, a tendência é haver maior difusão de água de dentro para fora da célula, fazendo-a murchar. A explicação é que neste caso o meio externo, por ser altamente concentrado em solutos, apresenta quantidade relativamente menor de água, a qual tende a sair da célula em maior quantidade do que entra.

Quando se comparam duas soluções quanto à concentração em solutos, diz-se que a solução mais concentrada é **hipertônica** (do grego *hyper*, superior) em relação à outra, que, por sua vez, é denominada **hipotônica** (do grego *hypo*, inferior) em relação à primeira. Quando duas soluções apresentam a mesma concentração de solutos elas são consideradas **isotônicas** (do grego *iso*, igual, semelhante). Para que ocorra osmose deve haver sempre uma solução hipotônica e outra hipertônica em contato por uma membrana semipermeável. **(Fig. 7.9)**

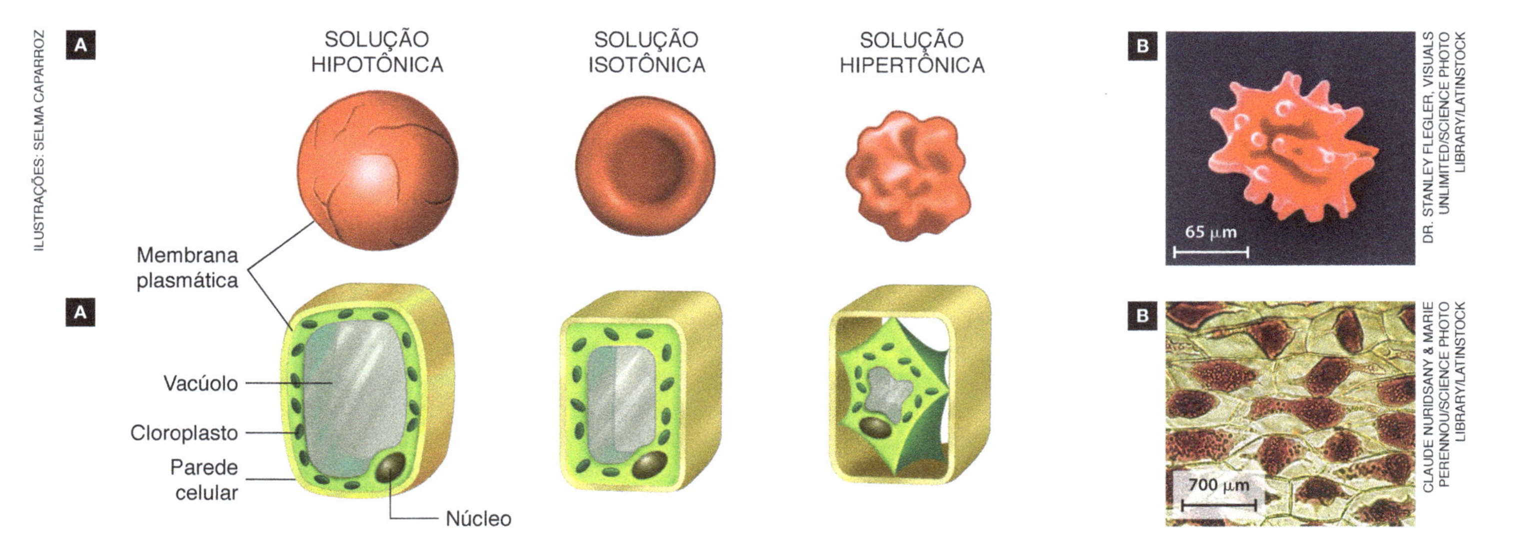

Figura 7.9 **A.** Representação esquemática do comportamento de uma célula animal (em cima) e de uma célula vegetal (embaixo) em soluções de diferentes concentrações. Em solução isotônica (coluna central) não ocorre alteração de volume. Em solução hipertônica (coluna da direita) as células perdem água e murcham. Em células vegetais o processo pode levar ao descolamento da membrana plasmática, o que é chamado de plasmólise. Em solução hipotônica (coluna da esquerda), as células absorvem água e incham, podendo se romper se não houver a proteção da parede celular.
B. Fotomicrografias de uma célula animal (em cima; microscópio eletrônico de varredura, cores artificiais) e de uma célula vegetal (embaixo; microscópio fotônico, cores artificiais) após exposição a uma solução hipertônica.

Transporte ativo

Bomba de sódio-potássio

As células vivas mantêm em seu interior moléculas e íons em concentrações diferentes das encontradas no meio externo. Por exemplo, as células humanas mantêm uma concentração interna de íons potássio (K^+) cerca de 20 a 40 vezes maior que a concentração existente no meio extracelular. O íon K^+ é essencial a diversos processos celulares, participando, por exemplo, da síntese de proteínas e da respiração celular. Por outro lado, a concentração de íons sódio (Na^+) no interior de nossas células mantém-se cerca de 8 a 12 vezes menor que a do exterior.

Para manter as diferenças entre as concentrações interna e externa de íons a célula gasta energia na forma de ATP; proteínas da membrana que hidrolisam ATP, conhecidas como bombas de sódio-potássio ou ATPase para Na^+ e K^+, agem nesse processo, capturando ininterruptamente íons sódio (Na^+) no citoplasma e transportando-os para fora da célula. Na face externa da membrana, essas proteínas capturam íons potássio (K^+) do meio e os transportam para o citoplasma. Esse bombeamento contínuo compensa a incessante passagem desses íons por difusão de modo a manter constantes suas concentrações dentro e fora da célula. O bombeamento ativo de íons consome energia da célula na forma de ATP e por isso é denominado **transporte ativo**. **(Fig. 7.10)**

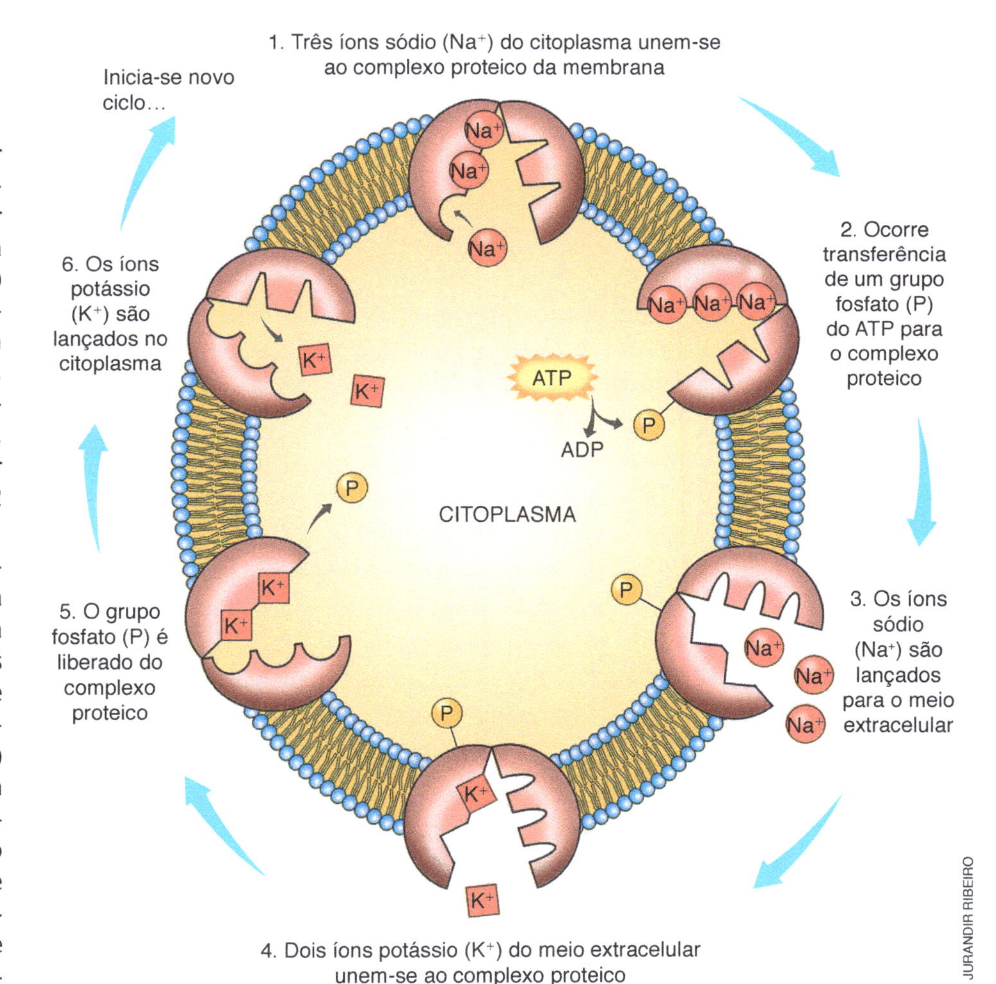

Figura 7.10 Representação esquemática do funcionamento da bomba de sódio-potássio, um processo de transporte ativo. Um complexo proteico incrustado na membrana transporta, em cada ciclo de atividade, três íons sódio (Na^+) para fora da célula e dois íons potássio (K^+) para o citoplasma. A energia para o processo provém do ATP.

Endocitose e exocitose

Além do transporte passivo e do transporte ativo, certas substâncias entram e saem das células transportadas por bolsas membranosas. Por exemplo, partículas podem ser capturadas por invaginações da membrana plasmática e englobadas em bolsas que passam a integrar o citoplasma. Fala-se, nesse caso, em **endocitose** (do grego *endon*, dentro, e *kytos*, célula).

Muitas células são capazes de eliminar substâncias previamente armazenadas em bolsas citoplasmáticas membranosas. Esse processo de eliminação é denominado **exocitose** (do grego *eksos*, fora). As bolsas que contêm substâncias a serem eliminadas aproximam-se da membrana plasmática e fundem-se a ela, expelindo seu conteúdo. É por meio da exocitose que certas células eliminam os restos da digestão intracelular; é também por exocitose que células glandulares secretam produtos úteis ao organismo.

Fagocitose e pinocitose

Os citologistas costumam distinguir dois tipos de endocitose: fagocitose e pinocitose.

Fagocitose (do grego *phagein*, comer) é o processo em que uma célula emite expansões citoplasmáticas denominadas **pseudópodes**, que envolvem a partícula, circundando-a totalmente por uma bolsa membranosa. Essa bolsa se desprende da membrana e passa a circular no citoplasma, recebendo então o nome de **fagossomo** (do grego *phagein*, comer, e *soma*, corpo), termo que significa corpo ingerido.

Não são muitas as células que realizam fagocitose; entre elas destacam-se os protozoários, que utilizam esse processo em sua alimentação. Alguns tipos de células animais também fazem fagocitose, não para se alimentar, mas para defender o corpo da invasão por microrganismos e para eliminar estruturas corporais desgastadas pelo uso. Por exemplo, quando nosso corpo é invadido por bactérias que se instalam nos espaços intercelulares, a primeira defesa corporal é a fagocitose. Determinados tipos de célula do sangue, os macrófagos e os neutrófilos, saem dos vasos sanguíneos (processo chamado diapedese) e se deslocam até o local da infecção, onde passam a fagocitar ativamente os invasores, digerindo-os e eliminando-os. **(Fig. 7.11)**

Pinocitose (do grego *pinein*, beber) é um processo de englobamento de líquidos e de pequenas partículas que ocorre em praticamente todas as células. Nesse processo a membrana plasmática aprofunda-se no citoplasma e forma um canal, que se estrangula nas bordas e libera pequenas vesículas membranosas no citoplasma. Essas bolsas que contêm o material englobado por pinocitose são chamadas de **pinossomos** (do grego *pinein*, beber, e *soma*, corpo). É por pinocitose, por exemplo, que as células do revestimento intestinal capturam gotículas de lipídios do alimento digerido. **(Fig. 7.12)**

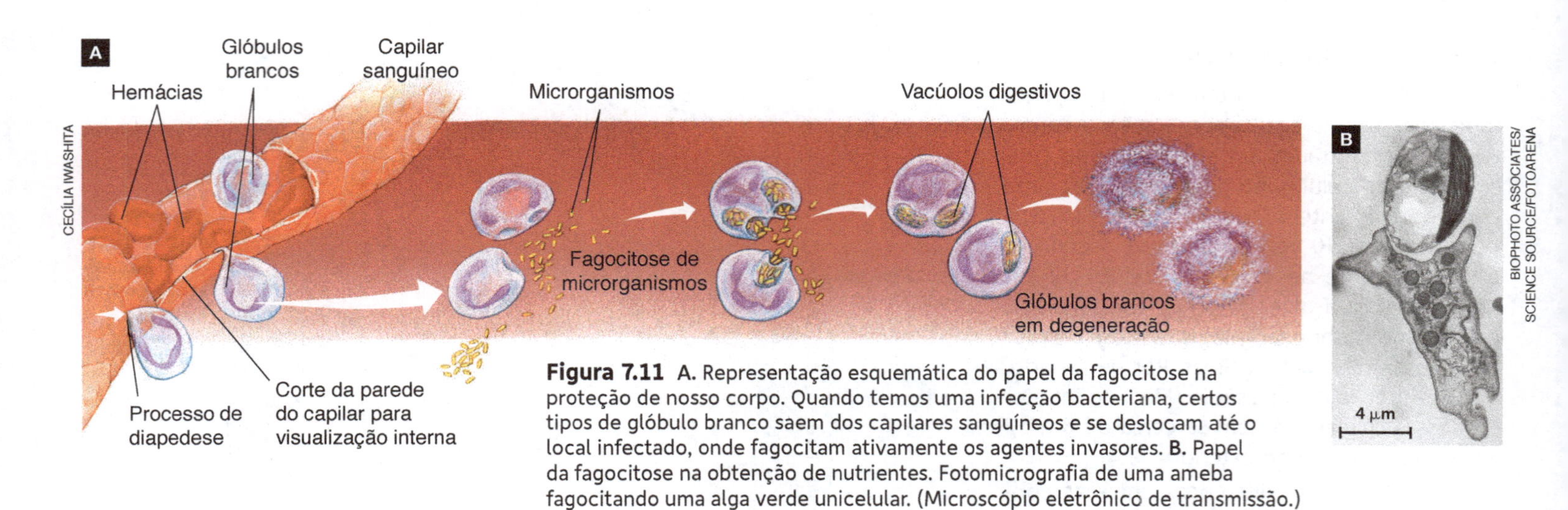

Figura 7.11 A. Representação esquemática do papel da fagocitose na proteção de nosso corpo. Quando temos uma infecção bacteriana, certos tipos de glóbulo branco saem dos capilares sanguíneos e se deslocam até o local infectado, onde fagocitam ativamente os agentes invasores. **B.** Papel da fagocitose na obtenção de nutrientes. Fotomicrografia de uma ameba fagocitando uma alga verde unicelular. (Microscópio eletrônico de transmissão.)

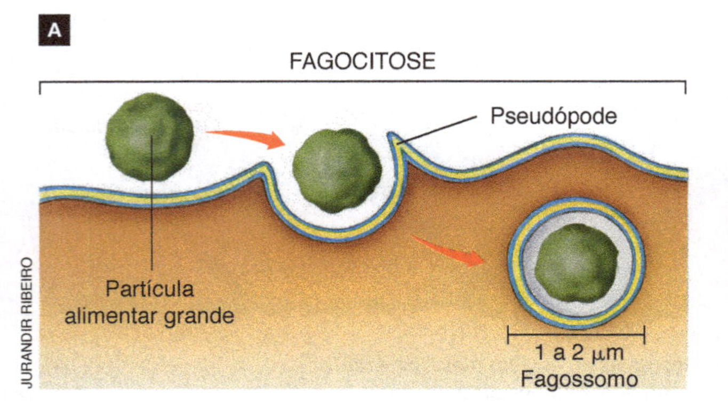

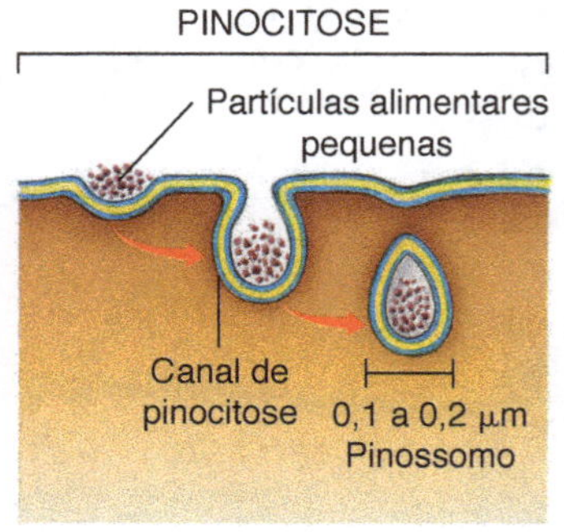

B
Núcleo
0,7 μm
Canais de pinocitose
DONALD FAWCETT/VISUALS UNLIMITED, INC./GLOW IMAGES

Figura 7.12 A. Representação esquemática da fagocitose e da pinocitose, processos pelos quais as células capturam substâncias e partículas do meio externo. **B.** Canais de pinocitose em um capilar sanguíneo. (Microscópio eletrônico de transmissão.)

Agora você pode resolver as atividades de 6 a 24, 72 a 74, 84, 85 e 100.

7.4 A organização do citoplasma

Os primeiros citologistas acreditavam que o interior da célula viva era preenchido por um fluido viscoso, no qual o núcleo celular estava mergulhado. Esse fluido recebeu o nome de **citoplasma** (do grego *kytos*, célula, e *plasma*, líquido). Hoje sabemos que além da parte fluida, atualmente denominada **citosol**, o citoplasma também contém diversos tipos de estrutura, cada qual com funções específicas.

O citoplasma das células procarióticas de bactérias e arqueas apresenta organização relativamente simples, sem sistemas de membranas nem estruturas membranosas. Essas células não têm núcleo e seu material genético, representado por uma ou mais moléculas de DNA, encontra-se mergulhado diretamente no citosol. Aí também estão presentes milhares de ribossomos – grânulos constituídos por proteínas associadas a RNA –, cuja função é produzir proteínas.

O citoplasma das células eucarióticas (animais, vegetais, protoctistas e fungos) é bem mais complexo que o das células procarióticas. O espaço citoplasmático é preenchido pelo citosol e apresenta diversas estruturas membranosas, as **organelas citoplasmáticas**, além de uma complexa rede de tubos e filamentos de proteína, o **citoesqueleto**, que define a forma da célula e permite que ela realize movimentos.

Retículo endoplasmático

Retículo endoplasmático é uma vasta rede de bolsas e tubos membranosos que preenche grande parte do citoplasma das células eucarióticas. Ele pode ser de dois tipos: retículo endoplasmático granuloso (ou retículo endoplasmático rugoso) e retículo endoplasmático não granuloso (ou retículo endoplasmático liso). **(Fig. 7.13)**

O **retículo endoplasmático granuloso**, assim chamado por apresentar ribossomos aderidos às suas membranas, atua na produção de certas proteínas celulares e em seu transporte pelo citoplasma. Proteínas produzidas no retículo granuloso têm destino definido: algumas serão secretadas e atuarão fora da célula; outras farão parte das membranas celulares; e outras, ainda, serão enzimas lisossômicas, responsáveis pela digestão intracelular. Proteínas como as que constituem o citoesqueleto e as que atuam no citosol e no núcleo são produzidas por ribossomos livres, não aderidos às membranas do retículo.

O **retículo endoplasmático não granuloso**, assim chamado por não possuir ribossomos aderidos às suas membranas, é responsável pela síntese de ácidos graxos, de fosfolipídios e de esteroides. A maioria das células apresenta pouco retículo endoplasmático liso; entretanto, ele é abundante nas células do fígado que atuam na inativação de toxinas, álcool e outras drogas, facilitando sua eliminação.

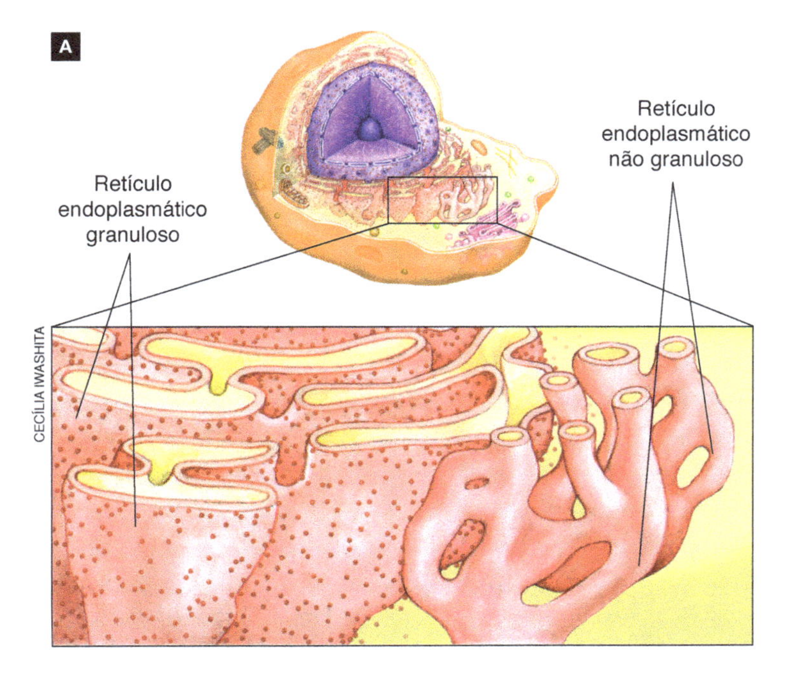

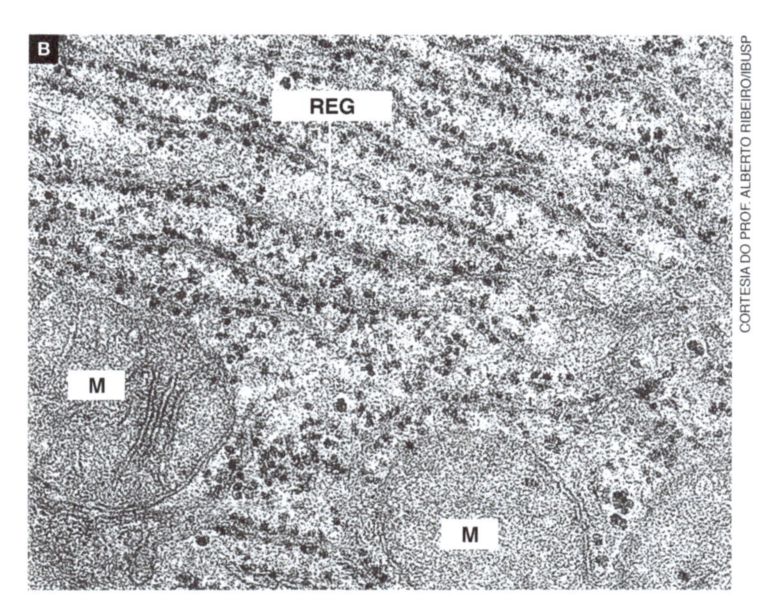

Figura 7.13 A. Representação esquemática do retículo endoplasmático granuloso, cujas bolsas membranosas apresentam ribossomos aderidos, e do retículo endoplasmático não granuloso, constituído por tubos membranosos sem ribossomos. B. Fotomicrografia de um corte de célula mostrando retículo endoplasmático granuloso (REG) e mitocôndrias (M). (Microscópio eletrônico de transmissão; aumento $\simeq$ 47.500 ×.)

Complexo golgiense

Muitas das proteínas produzidas pelos ribossomos do retículo granuloso são enviadas para outra estrutura citoplasmática, o complexo golgiense, ou **complexo de Golgi** (ou ainda **aparelho de Golgi**). Esse componente citoplasmático é constituído por 6 a 20 bolsas membranosas achatadas (cisternas) empilhadas umas sobre as outras. A transferência das proteínas produzidas no retículo granuloso para as cisternas do complexo golgiense ocorre por meio de vesículas de transição, que brotam do retículo e se fundem às membranas das cisternas do complexo golgiense, nelas liberando seu conteúdo proteico. **(Fig. 7.14)**

Nas cisternas do complexo golgiense as proteínas são modificadas pela adição de glicídios, separadas e empacotadas em bolsas membranosas, responsáveis por seu transporte.

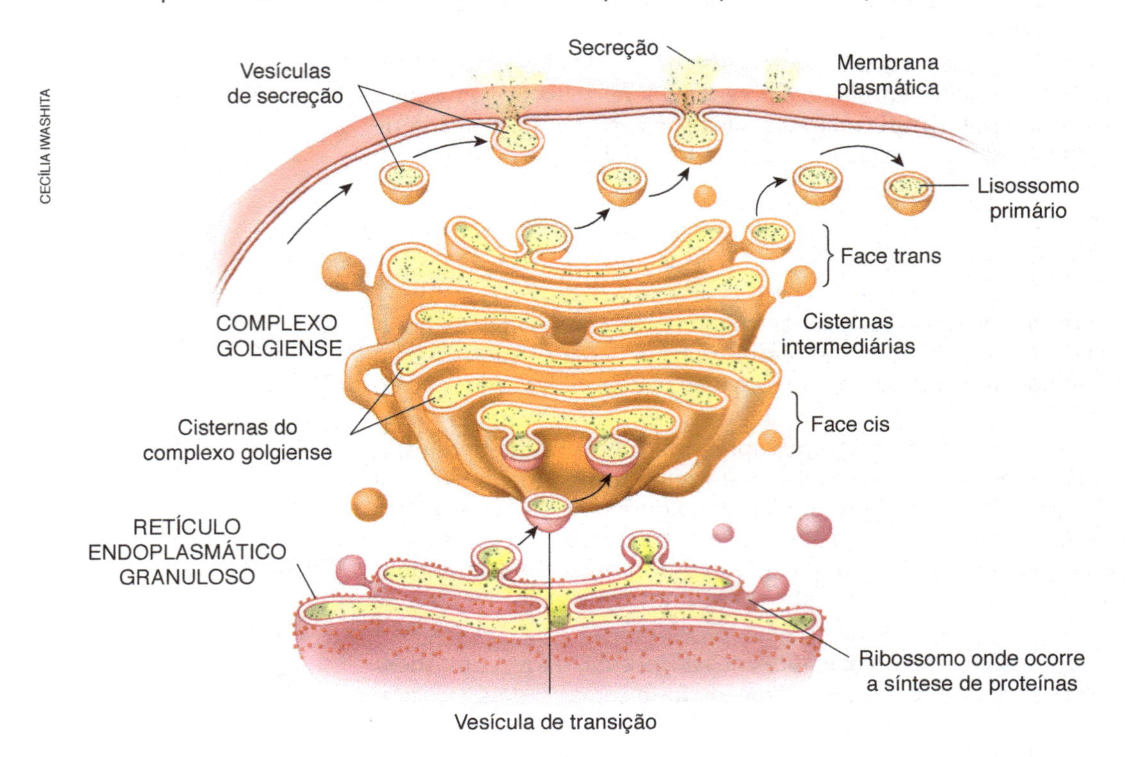

Figura 7.14 Representação esquemática da estrutura do complexo golgiense parcialmente cortado para mostrar sua organização. Note a face cis, por onde proteínas provenientes do retículo endoplasmático penetram no complexo golgiense, e a face trans, por onde as proteínas modificadas e empacotadas deixam o complexo. A ilustração mostra um instante congelado do processo; vesículas são continuamente liberadas pelo retículo e se fundem à face cis do complexo; as cisternas, por sua vez, liberam continuamente mais vesículas de transição.

Muitas substâncias que passam pelo complexo golgiense saem da célula e vão atuar em diferentes locais do corpo do organismo multicelular. É o que ocorre, por exemplo, com enzimas digestivas produzidas e secretadas pelas células do pâncreas, que irão atuar no intestino. Além de enzimas, outras substâncias de natureza proteica, como hormônios e muco, também são secretadas pelo complexo golgiense. Os processos de produção e de eliminação dessas substâncias constituem a **secreção celular**. **(Fig. 7.15)**

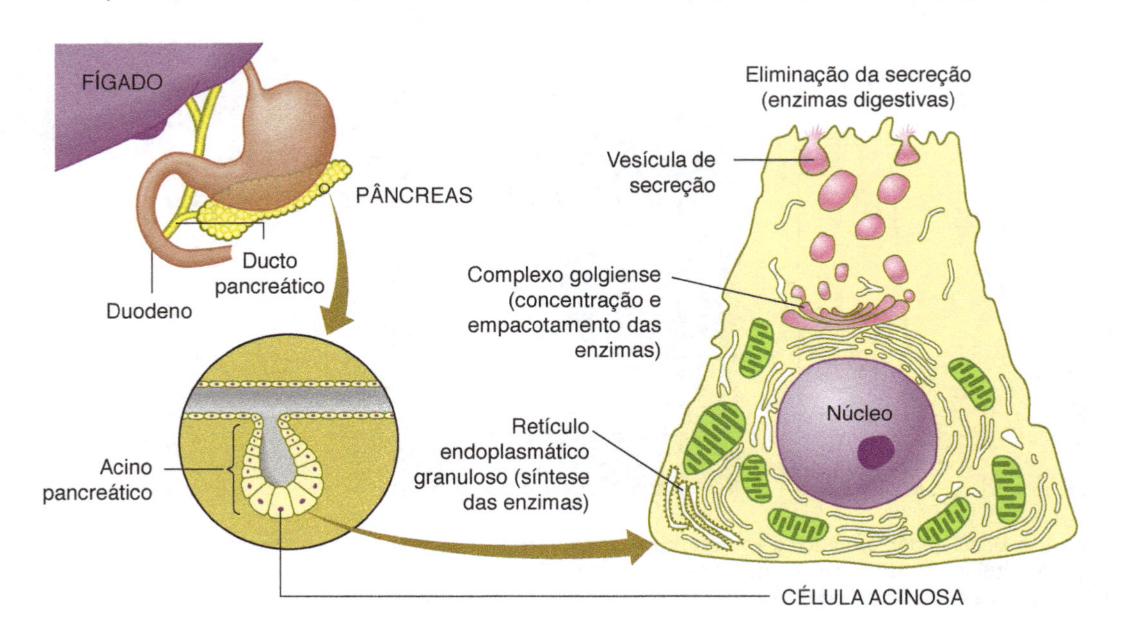

Figura 7.15 Representação esquemática do papel do complexo golgiense na secreção das enzimas digestivas liberadas pelo pâncreas.

O complexo golgiense também desempenha papel importante na formação dos espermatozoides, originando o **acrossomo** (do grego *acros*, alto, topo, e *soma*, corpo), uma grande vesícula repleta de enzimas digestivas que ocupa o topo da cabeça do gameta. As enzimas digestivas contidas na vesícula acrossômica têm por função perfurar as membranas do óvulo por ocasião da fecundação. **(Fig. 7.16)**

Entre suas diversas funções, o complexo golgiense também é responsável pela produção dos lisossomos, como veremos a seguir.

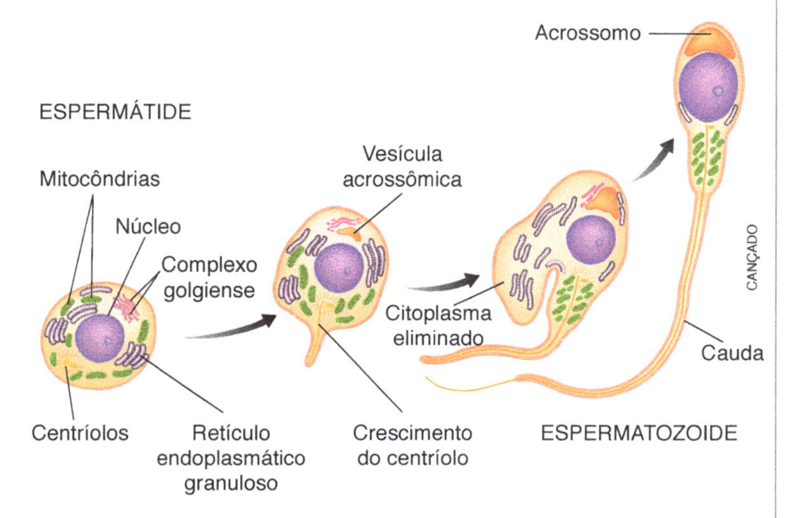

Figura 7.16 Representação esquemática da diferenciação de um espermatozoide. À medida que a espermátide se transforma em espermatozoide, as enzimas se acumulam nas bolsas do complexo golgiense; estas se fundem e originam a vesícula acrossômica, localizada na extremidade da cabeça do gameta masculino.

Lisossomos

Lisossomos (do grego *lysis*, quebra) são bolsas membranosas que contêm enzimas hidrolíticas capazes de degradar grande variedade de substâncias orgânicas. Uma célula animal pode conter centenas de lisossomos. Essas organelas possuem mais de 80 tipos de enzima, tais como nucleases (hidrolisam DNA e RNA), proteases (hidrolisam proteínas), polissacarases (hidrolisam polissacarídios), lipases (hidrolisam lipídios), fosfatases (removem fosfatos de nucleotídios, de fosfolipídios e de outros compostos) etc.

Os lisossomos são produzidos a partir de bolsas que brotam e se soltam do complexo golgiense. Assim que se desprendem eles são denominados **lisossomos primários**, por não terem ainda iniciado sua atividade de digestão intracelular. Ao se fundirem com fagossomos e pinossomos, iniciando então o processo de digestão, eles passam a ser chamados de **lisossomos secundários**, ou **vacúolos digestivos**.

No processo de digestão intracelular as enzimas lisossômicas atuam sobre as substâncias capturadas, reduzindo-as a moléculas de menor tamanho; estas são capazes de atravessar a membrana do vacúolo digestivo e sair para o citosol, onde serão utilizadas como matéria-prima ou fonte de energia para os processos celulares. Materiais eventualmente não digeridos permanecem dentro do vacúolo até o momento em que este se funde à membrana celular, eliminando os resíduos. Esse processo é chamado de **clasmocitose**, ou **defecação celular**.

Funções heterofágica e autofágica dos lisossomos

Os lisossomos podem atuar de duas maneiras: a) digerindo material capturado do exterior por fagocitose ou por pinocitose, o que é denominado função heterofágica; b) digerindo partes desgastadas da própria célula, o que se denomina função autofágica. **(Fig. 7.17)**

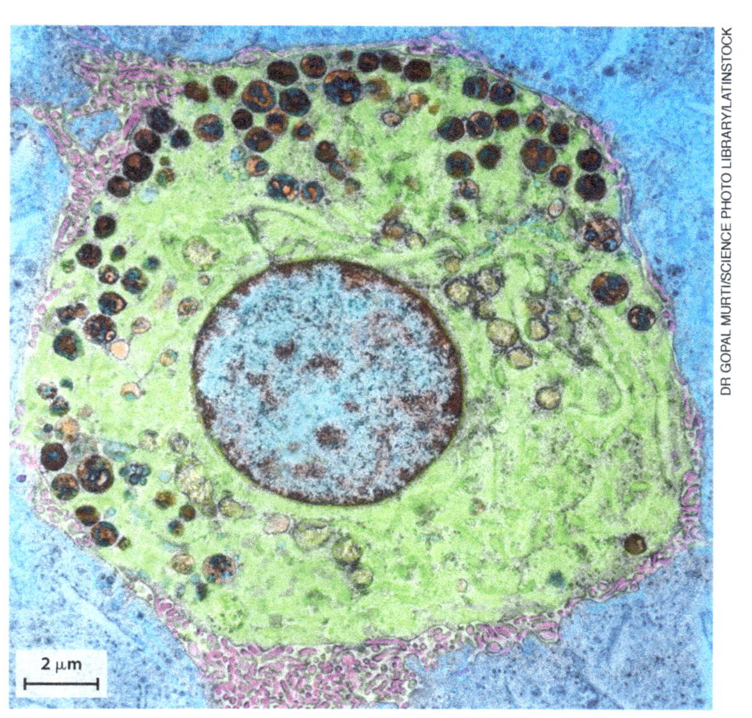

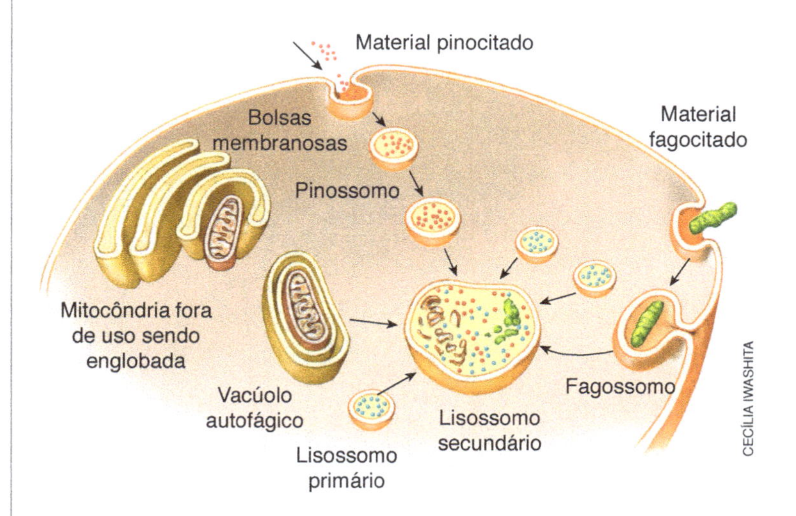

Figura 7.17 Abaixo, representação esquemática das funções heterofágica e autofágica dos lisossomos. Acima, fotomicrografia de célula animal em corte, mostrando lisossomos secundários (círculos escuros), alguns deles digerindo partes da própria célula. (Microscópio eletrônico de transmissão; cores artificiais.)

A **função heterofágica** (do grego *hetero*, diferente, e *phagein*, comer) dos lisossomos refere-se à hidrólise de substâncias provenientes de fora da célula, capturadas por fagocitose ou por pinocitose. Nesse caso lisossomos primários fundem-se a fagossomos ou a pinossomos, originando lisossomos secundários (ou vacúolos digestivos), nos quais ocorre a hidrólise das substâncias capturadas.

A **função autofágica** (do grego *autos*, próprio, e *phagein*, comer) dos lisossomos refere-se à digestão de materiais ou partes da própria célula. No processo de digestão autofágica, uma estrutura celular desgastada pelo uso é envolvida por membranas do retículo e acaba contida em uma bolsa membranosa que a isola do citosol. Essa bolsa, o **autofagossomo**, une-se a lisossomos primários, originando lisossomos secundários, neste caso chamados de **vacúolos autofágicos**.

Uma célula recorre à autofagia quando é privada de alimento ou como forma de eliminar partes desgastadas pelo uso, com reaproveitamento de alguns componentes. Células nervosas do cérebro, por exemplo, formam-se na fase embrionária e não são substituídas; entretanto, todos os seus componentes (exceto os genes) são reciclados a cada mês. Em uma célula do fígado, ocorre reciclagem completa dos componentes não genéticos a cada semana. A autofagia é um processo importante, por meio do qual as células mantêm sua vitalidade.

Peroxissomos

Peroxissomos são organelas membranosas com cerca de 0,2 μm a 1 μm de diâmetro, presentes no citoplasma de células animais e de muitas células vegetais. Essas organelas contêm diversos tipos de oxidases, enzimas que utilizam gás oxigênio (O_2) para oxidar substâncias orgânicas, processo que produz como subproduto peróxido de hidrogênio (H_2O_2). Essa substância é tóxica para as células, mas os peroxissomos contêm também a enzima catalase, que decompõe o peróxido de hidrogênio em água e gás oxigênio.

A principal função dos peroxissomos é a oxidação de ácidos graxos, que serão utilizados para a síntese de colesterol e de outros compostos importantes, além de servir de matéria-prima para a respiração celular, cuja função é a obtenção de energia.

Peroxissomos são particularmente abundantes em células do rim e do fígado, chegando a constituir até 2% do volume das células hepáticas. Nesses órgãos os peroxissomos oxidam substâncias tóxicas absorvidas do sangue (como o álcool etílico, por exemplo), transformando-as em produtos não tóxicos. Peroxissomos participam também na produção dos ácidos biliares no fígado.

Mitocôndrias

Mitocôndrias estão presentes em praticamente todas as células eucarióticas. São organelas alongadas, com forma de bastonete e cerca de 2 μm de comprimento por 0,5 μm de diâmetro. Seu número na célula varia de dezenas a centenas, dependendo do tipo celular. É no interior das mitocôndrias que ocorre a respiração celular, o principal processo de obtenção de energia dos seres vivos.

As mitocôndrias são delimitadas por duas membranas lipoproteicas. A membrana externa é lisa e semelhante às demais membranas celulares, enquanto a membrana interna, além de apresentar uma composição química diferenciada, tem dobras e pregas denominadas **cristas mitocondriais**, que se projetam para o interior da organela. O espaço interno da mitocôndria é preenchido por um líquido viscoso, a **matriz mitocondrial**, que contém DNA, RNA, diversas enzimas e ribossomos. Estes, porém, são menores que os ribossomos citoplasmáticos, assemelhando-se mais a ribossomos de células procarióticas. **(Fig. 7.18)**

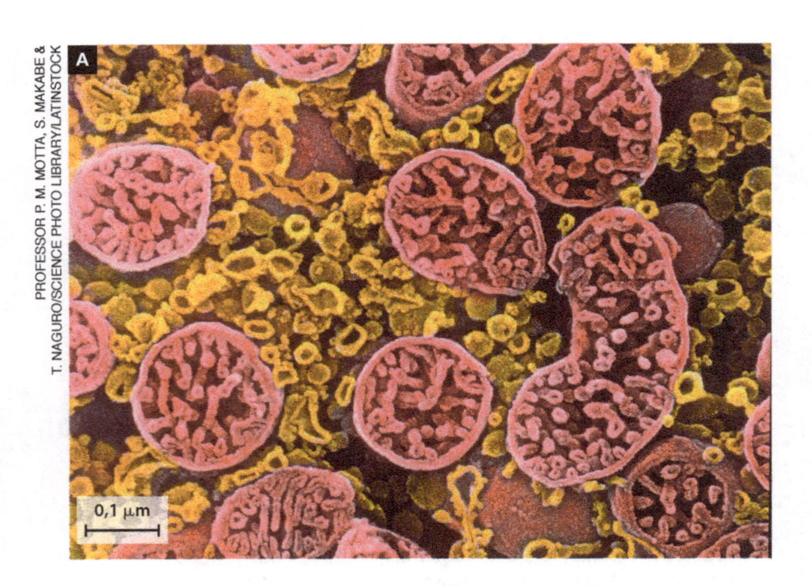

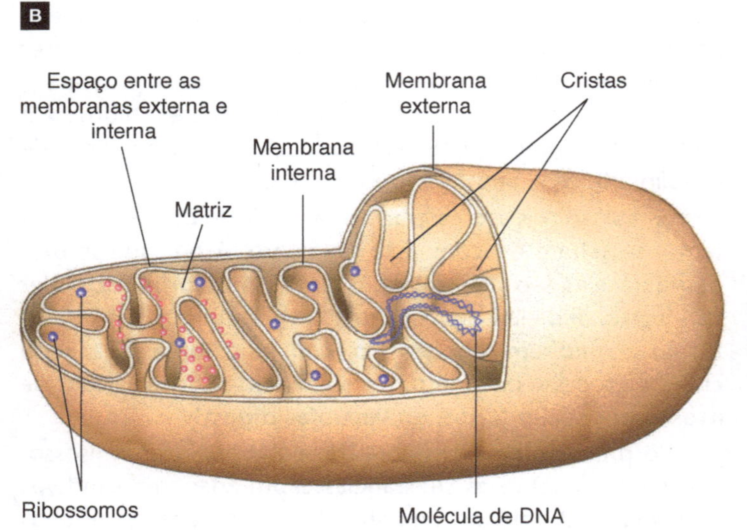

Figura 7.18 A. Fotomicrografia de mitocôndrias (rosa) parcialmente cortadas e membranas do retículo endoplasmático (amarelo). (Microscópio eletrônico de varredura; cores artificiais.) B. Representação esquemática de uma mitocôndria com uma parte cortada e retirada, para visualizar seus componentes internos.

Novas mitocôndrias surgem exclusivamente por autoduplicação de mitocôndrias preexistentes. Quando uma célula se divide em duas células-filhas, cada uma delas recebe aproximadamente metade do número de mitocôndrias da célula-mãe. À medida que as células-filhas crescem suas mitocôndrias se autoduplicam, restabelecendo o número original.

A complexidade das mitocôndrias, o fato de elas possuírem DNA, sua capacidade de autoduplicação e a semelhança genética e bioquímica com certas bactérias sugerem que elas possam ser descendentes de antigos seres procarióticos que um dia se instalaram no citoplasma de células eucarióticas primitivas. Essa explicação para a origem evolutiva das mitocôndrias (e também dos plastos) é conhecida como **teoria endossimbiótica** ou **endossimbiogênese**.

Um fato interessante sobre as mitocôndrias é que, em animais e em plantas com reprodução sexuada, essas organelas têm sempre origem materna. Apesar de os gametas masculinos possuírem mitocôndrias, estas degeneram logo após a fecundação, de modo que todas as mitocôndrias do zigoto, e consequentemente de todas as células do novo indivíduo, são descendentes das que estavam presentes no gameta feminino.

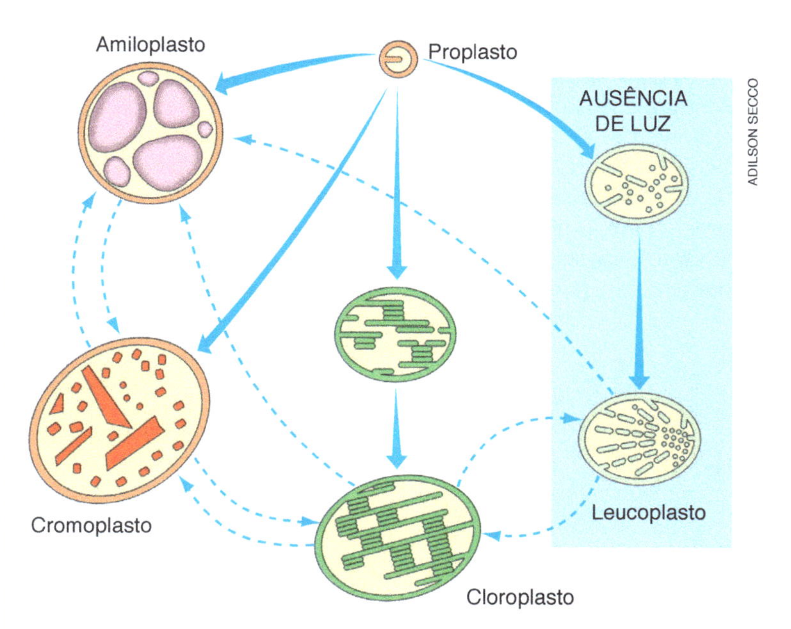

Figura 7.19 Representação esquemática de diferentes tipos de plasto. Todos os tipos desenvolvem-se a partir de proplastos presentes originalmente no gameta feminino. Além de se autoduplicar, plastos de um tipo podem se transformar em outro (indicado pelas linhas tracejadas).

Plastos

Plastos são organelas citoplasmáticas presentes apenas em células de plantas e de algas. Podem ser de três tipos: leucoplastos (incolores), cromoplastos (amarelos ou vermelhos) e cloroplastos (verdes).

Leucoplastos estão presentes em certas raízes e caules tuberosos e sua função é o armazenamento de substâncias. Um tipo comum de leucoplastos são os amiloplastos, os quais armazenam amido.

Cromoplastos são responsáveis pelas cores de certos frutos, de certas flores, das folhas que se tornam amareladas ou avermelhadas no outono e de algumas raízes, como a cenoura. Sua função em algumas espécies de plantas ainda não é bem conhecida.

Cloroplastos ocorrem em células das partes iluminadas dos vegetais e são responsáveis pelo processo de fotossíntese. Sua cor verde deve-se à presença do pigmento **clorofila**.

Os plastos originam-se de pequenas bolsas incolores, os proplastos, presentes nas células embrionárias das plantas. Tanto os proplastos quanto certos tipos de plastos já maduros são capazes de se autoduplicar. Além disso, um tipo de plasto pode transformar-se em outro; leucoplastos, por exemplo, podem transformar-se em cloroplastos e vice-versa, e ambos podem se transformar em cromoplastos, dependendo das condições ambientais. **(Fig. 7.19)**

Cloroplastos

A forma e o tamanho dos cloroplastos variam conforme o tipo de organismo e da célula em que se encontram. Em algumas algas e em certas briófitas, cada célula possui apenas um ou poucos cloroplastos de grande tamanho e forma característica. Em células de outras algas e plantas os cloroplastos são menores e estão presentes em grande número; por exemplo, uma célula da folha de uma planta pode conter entre 40 e 50 cloroplastos. **(Fig. 7.20)**

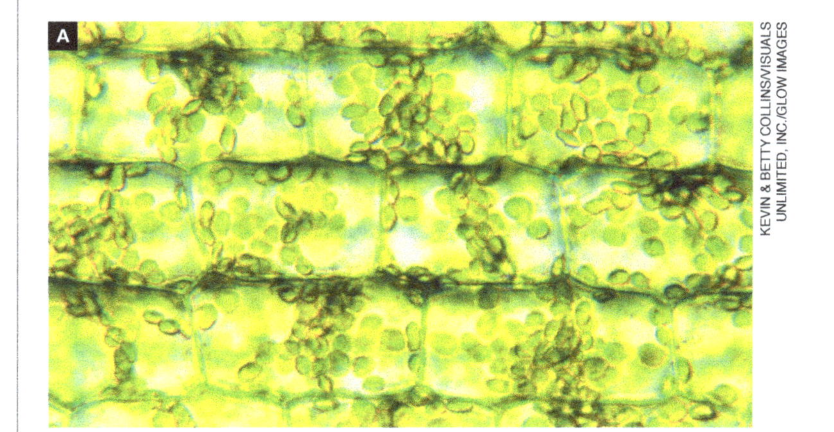

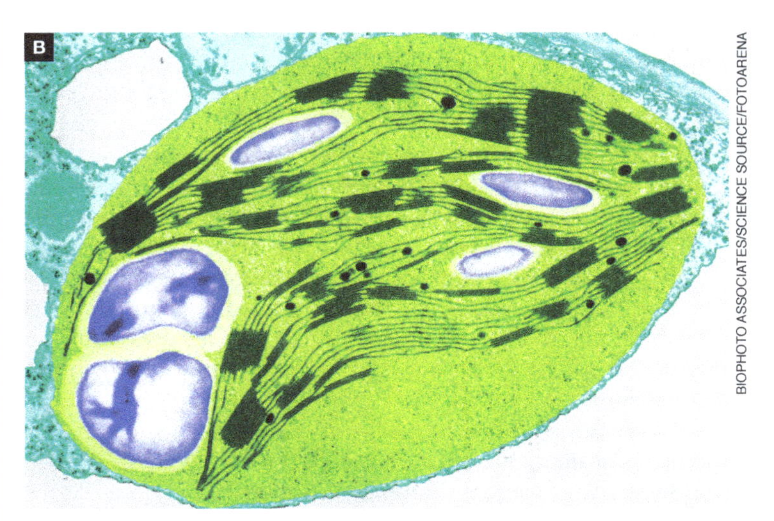

Figura 7.20 A. Fotomicrografia de células vegetais mostrando os cloroplastos (grânulos verdes). (Microscópio fotônico; aumento ≃ 160 ×.) B. Fotomicrografia de um cloroplasto em corte mostrando tilacoides e grãos de amido (regiões arroxeadas). (Microscópio eletrônico de transmissão; aumento ≃ 41.000 ×; cores artificiais.)

Um cloroplasto típico tem forma de lentilha alongada, com cerca de 4 μm de comprimento por 1 μm a 2 μm de espessura. A maioria dos cloroplastos tem duas membranas lipoproteicas envolventes e um complexo membranoso interno formado por pequenas bolsas discoidais achatadas, empilhadas e interligadas, os **tilacoides**. O espaço entre as membranas tilacoides é preenchido por um fluido, o **estroma**, em que há enzimas, DNA e RNA, além de ribossomos semelhantes aos das células bacterianas. **(Fig. 7.21)**

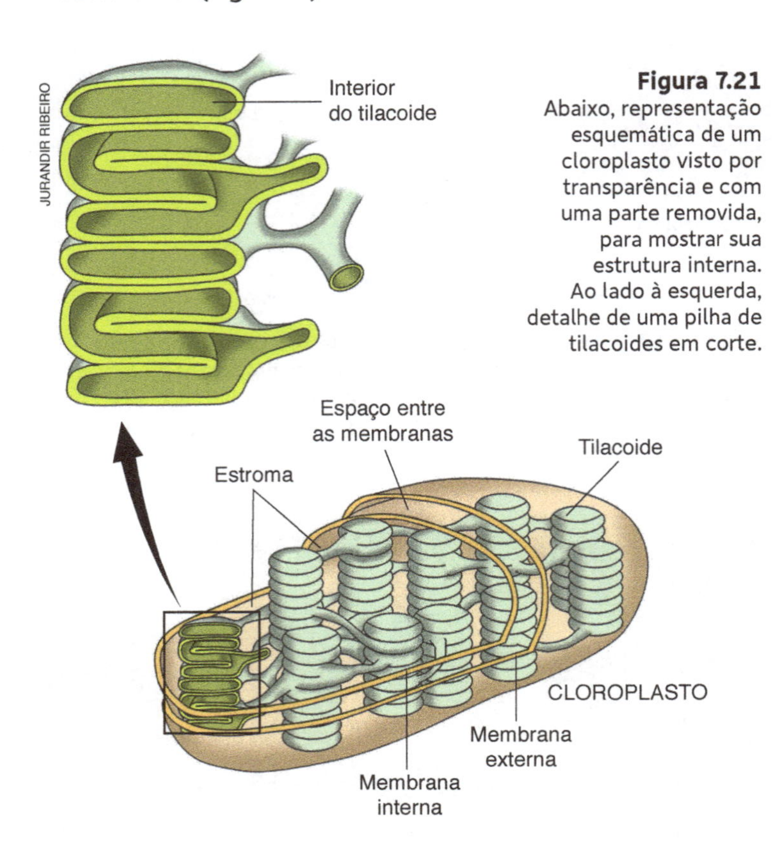

Figura 7.21
Abaixo, representação esquemática de um cloroplasto visto por transparência e com uma parte removida, para mostrar sua estrutura interna. Ao lado à esquerda, detalhe de uma pilha de tilacoides em corte.

Citoesqueleto

Uma diferença marcante entre células procarióticas e eucarióticas é que as últimas são dotadas de **citoesqueleto**, uma complexa estrutura intracelular constituída por finíssimos tubos e filamentos proteicos.

O citoesqueleto desempenha diversas funções: define a forma da célula e organiza sua estrutura interna; permite a adesão da célula a células vizinhas e a superfícies extracelulares; e possibilita o deslocamento de materiais no interior da célula. Além disso, o citoesqueleto é responsável por diversos tipos de movimento que uma célula eucariótica é capaz de realizar, como o movimento ameboide, a contração muscular, a movimentação dos cromossomos durante as divisões celulares e os movimentos de cílios e flagelos.

Os finíssimos tubos proteicos do citoesqueleto, chamados de **microtúbulos**, medem cerca de 28 nm de diâmetro externo por 14 nm de diâmetro interno, e podem atingir até alguns micrômetros de comprimento. Suas paredes são constituídas por moléculas da proteína **tubulina**. Outros importantes componentes do citoesqueleto são finíssimos fios da proteína queratina, a mesma substância que forma nossas unhas e cabelos, e das proteínas actina e miosina, principais constituintes das células musculares. **(Fig. 7.22)**

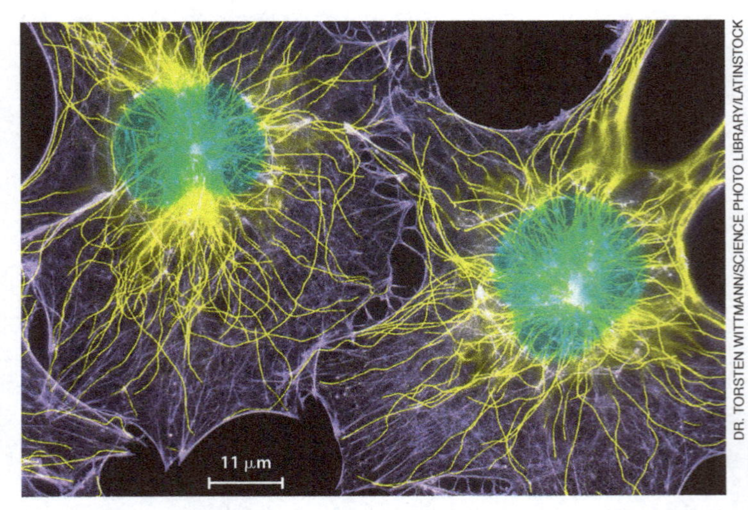

Figura 7.22 Fotomicrografia de dois fibroblastos mostrando os núcleos (verde) e parte dos citoesqueletos, formados por filamentos da proteína actina (roxo) e por microtúbulos (amarelo). (Microscópio fotônico iluminado com luz ultravioleta; cores artificiais.)

O citoesqueleto é uma estrutura dinâmica. Microtúbulos, por exemplo, se desfazem constantemente por desagregação das moléculas de tubulina e se refazem por agregação dessas mesmas moléculas. O deslizamento de filamentos da proteína miosina sobre filamentos da proteína actina é responsável por grande parte dos movimentos celulares, que levam a célula a mudar de forma, a formar pseudópodes e a expulsar as secreções. Os movimentos que executamos são decorrentes do deslizamento de miosina sobre actina nas células musculares.

Centríolos, cílios e flagelos

Centríolo é um pequeno cilindro oco constituído por nove conjuntos de três microtúbulos mantidos juntos por proteínas adesivas. A maioria das células eucarióticas, com exceção dos fungos e das plantas, contém um par de centríolos, orientados perpendicularmente um ao outro. Eles se localizam no **centrossomo** (ou **centro celular**), local de onde partem os microtúbulos do citoesqueleto. **(Fig. 7.23)**

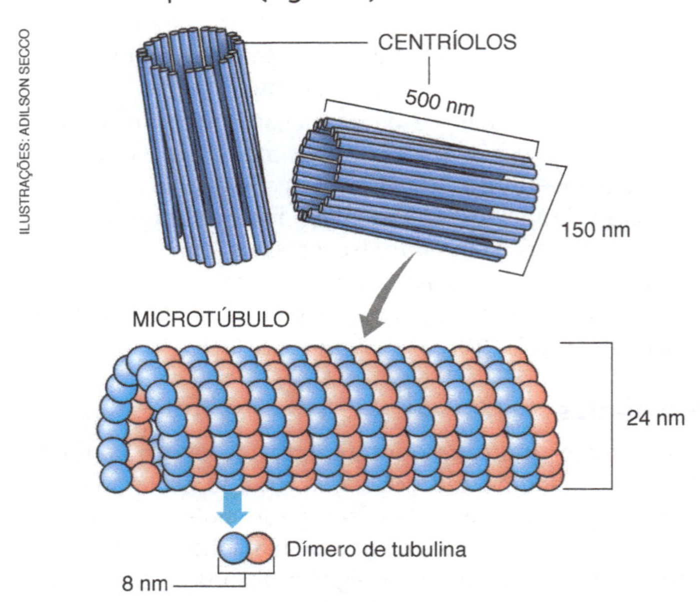

Figura 7.23 Representação esquemática de um par de centríolos e detalhe de um pedaço de microtúbulo, mostrando as moléculas de tubulina que o constituem.

Centríolos têm capacidade de autoduplicação, o que ocorre pouco antes de a célula iniciar o processo de divisão. Ao lado de cada centríolo do par original forma-se um novo centríolo, por agregação de moléculas de tubulina dispersas no citosol. Quando a célula inicia a divisão propriamente dita, o centrossomo divide-se em dois, cada um com um par de centríolos.

Cílios e **flagelos** são estruturas filamentosas móveis que se projetam da superfície celular como pelos microscópicos. Os flagelos são geralmente longos e pouco numerosos, enquanto os cílios são curtos e ocorrem em grande número na célula. Os cílios executam movimentos semelhantes aos de um chicote, com frequência de 10 a 40 batimentos por segundo. Mais longos, os flagelos executam ondulações que se propagam da base em direção à extremidade livre.

Os cílios e flagelos originam-se a partir de centríolos que migram para a periferia da célula e crescem pelo alongamento de seus microtúbulos. Estes se projetam da superfície da célula e empurram a membrana plasmática, que passa a envolvê-los como o dedo de uma luva. Tanto cílios quanto flagelos apresentam nove duplas de microtúbulos periféricos e dois microtúbulos centrais. **(Fig. 7.24)**

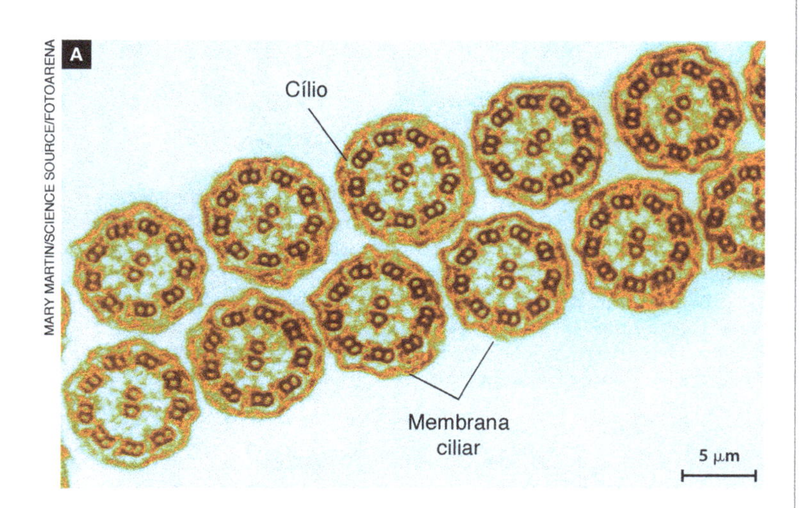

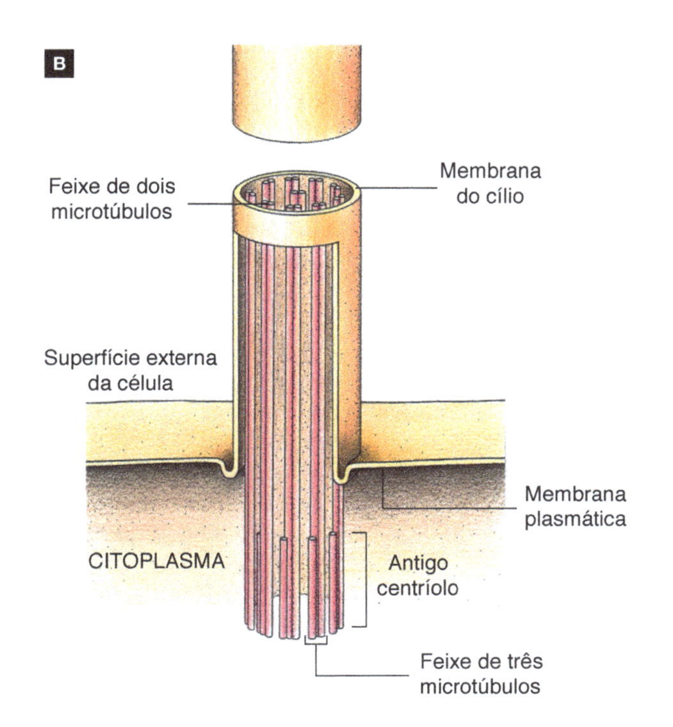

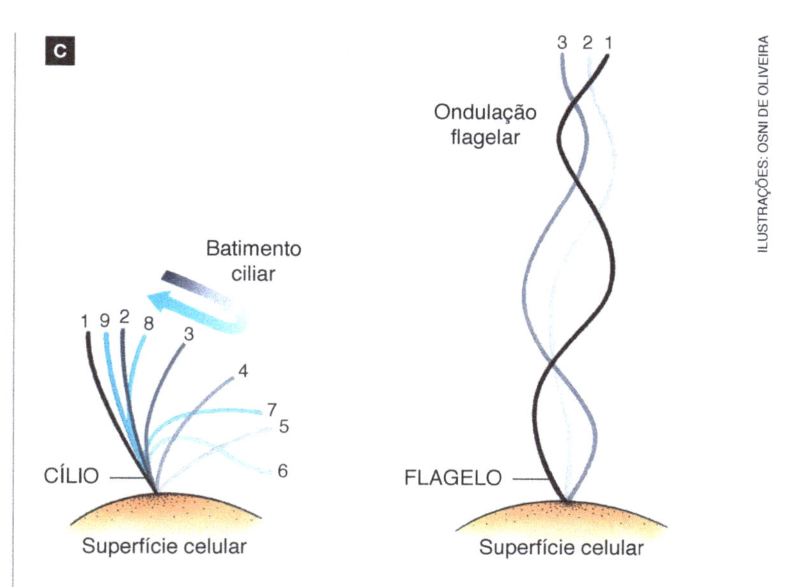

Figura 7.24 A. Fotomicrografia de cílios em corte transversal. (Microscópio eletrônico de transmissão; cores artificiais.) B. Representação esquemática de um cílio parcialmente cortado para mostrar sua organização interna. C. Representação esquemática da movimentação de um cílio e de um flagelo, como seriam vistos em uma fotografia de múltipla exposição.

A principal função de cílios e flagelos é a locomoção celular. É por meio do movimento ciliar ou flagelar que a maioria dos protozoários e dos gametas masculinos de algas, de animais e de certas plantas consegue nadar. Com o batimento de seus cílios, certos protozoários e moluscos criam correntes na água, fazendo com que partículas alimentares sejam arrastadas até eles. A traqueia humana é revestida internamente por células ciliadas, que estão sempre varrendo para fora o muco que lubrifica as vias respiratórias. Nesse muco ficam presas bactérias e partículas inaladas junto com o ar.

Agora você pode resolver as atividades de 25 a 45, 75 a 79, 86 a 92, 101 a 104, 107 e 108.

7.5 Processos energéticos celulares

Praticamente toda a energia presente nas moléculas orgânicas dos seres vivos provém primariamente da luz solar.

Os seres fotossintetizantes (a maioria das plantas, algas e certas espécies de bactérias) produzem moléculas orgânicas utilizando energia luminosa. Essas moléculas armazenam energia nas ligações químicas estabelecidas entre seus átomos.

A respiração celular e a fermentação são processos que permitem transferir para moléculas de ADP a energia contida nas moléculas de alimento, tornando-a disponível para as atividades vitais pela formação de moléculas de ATP.

Respiração celular

A maioria dos seres vivos produz ATP por meio da **respiração celular**, processo de oxidação em que gás oxigênio atua como agente oxidante de moléculas orgânicas. Nesse processo, também conhecido como respiração aeróbica, moléculas de ácidos graxos ou de glicídios, principalmente glicose, são degradadas, formando moléculas de gás carbônico (CO_2) e de água (H_2O); ocorre também liberação de energia, utilizada na produção de moléculas de ATP a partir de ADP e P_i.

Teoricamente uma molécula de glicose degradada na respiração celular fornece energia para produzir 38 moléculas de ATP a partir de ADP e P_i. Em condições normais, no entanto, o rendimento é menor, formando até um máximo de 30 moléculas de ATP por molécula de glicose degradada. Essa eficiência é bem superior à dos melhores motores que os engenheiros humanos conseguem construir.

A equação geral da respiração aeróbica da glicose em condições normais é:

$$C_6H_{12}O_6 + 6\,O_2 + 30\,ADP + 30\,P_i \longrightarrow$$
$$\longrightarrow 6\,CO_2 + 6\,H_2O + 30\,ATP$$

A respiração aeróbica da glicose ocorre em três etapas metabólicas: glicólise, ciclo de Krebs e fosforilação oxidativa. Nas células eucarióticas a glicólise ocorre no citosol, enquanto o ciclo de Krebs e a fosforilação oxidativa ocorrem no interior das mitocôndrias.

Glicólise

Glicólise (do grego *glykos*, açúcar, e *lysis*, quebra) é uma sequência de dez reações químicas catalisadas por enzimas livres no citosol, em que uma molécula de glicose é transformada em duas moléculas de **ácido pirúvico** ($C_3H_4O_3$), com saldo líquido positivo de duas moléculas de ATP. Além das duas moléculas de ácido pirúvico, em uma das etapas da glicólise ocorre a transferência de quatro elétrons (e^-), caracterizando um processo de oxirredução.

Os quatro elétrons (e dois dos quatro íons H^+ produzidos no processo) são capturados por duas moléculas de **NAD^+** (sigla do inglês ***n**icotinamide **a**denine **d**inucleotide*, dinucleotídio de nicotinamida-adenina) produzindo duas moléculas de NADH, a forma reduzida da coenzima. A capacidade de receber elétrons e íons H^+ faz do NAD^+ um **aceptor de elétrons** ou **aceptor de hidreto. (Fig. 7.25)**

A glicólise é uma etapa anaeróbica do processo de degradação da glicose, uma vez que não necessita de gás oxigênio para ocorrer. As etapas seguintes são aeróbicas e só ocorrem se houver gás oxigênio disponível. Na falta desse gás as moléculas de ácido pirúvico produzidas na glicólise são transformadas, ainda no citosol, em ácido láctico ou em etanol, dependendo do tipo de organismo, em um processo denominado fermentação, como veremos mais adiante.

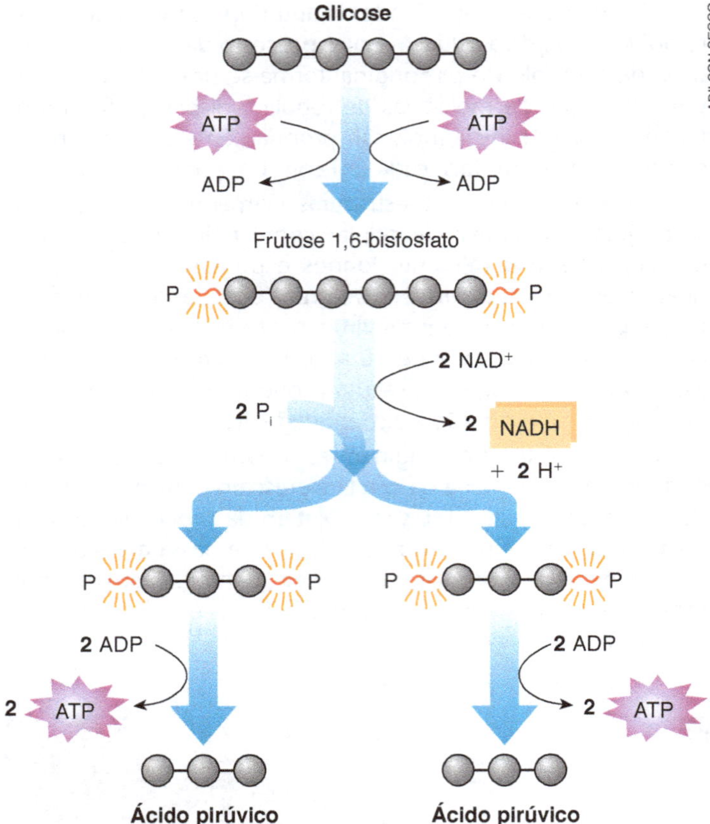

Figura 7.25 Representação esquemática das etapas da glicólise. Para iniciar o processo são consumidas duas moléculas de ATP; ao final do processo formam-se quatro moléculas de ATP, o que significa um rendimento líquido de dois ATP por molécula de glicose metabolizada. No processo também participam duas moléculas de NAD^+; cada uma delas captura dois elétrons e um íon H^+ provenientes da glicose, formando-se duas moléculas de NADH. Além disso, são produzidos mais dois íons H^+, liberados para o citosol.

Ciclo de Krebs

O ácido pirúvico produzido na glicólise é transportado para dentro da mitocôndria e, na matriz mitocondrial, reage imediatamente com uma substância denominada **coenzima A** (CoA). Nessa reação é produzida uma molécula de acetilcoenzima A (**acetilCoA**) e uma molécula de gás carbônico (CO_2). Dela também participa uma molécula de NAD^+, que se transforma em NADH ao capturar dois elétrons e um dos dois íons H^+ liberados na reação:

$$\text{Ácido pirúvico} + CoA + NAD^+ \longrightarrow AcetilCoA + NADH + CO_2 + H^+$$

O **ciclo de Krebs**, conhecido também como **ciclo do ácido cítrico**, ou **ciclo do ácido tricarboxílico**, tem início com uma reação entre a acetilCoA e o ácido oxalacético disponível em que é liberada a molécula de coenzima A e se forma uma molécula de **ácido cítrico**. Ao longo de oito reações subsequentes são liberadas duas moléculas de gás carbônico, elétrons na forma de coenzimas reduzidas e íons H^+. O ácido oxalacético é recuperado intacto ao final do processo e pode se combinar a outra molécula de acetilCoA, reiniciando outro ciclo.

Os elétrons e os íons H^+ são capturados por moléculas de NAD^+ e estas se transformam em NADH; outro aceptor de elétrons é o dinucleotídio de flavina-adenina ou **FAD** (do inglês ***f**lavine **a**denine **d**inucleotide*), que ao receber elétrons e os íons H^+ se transforma em **$FADH_2$**. Ao longo de cada ciclo de Krebs formam-se três NADH e um $FADH_2$.

Em uma das etapas do ciclo a energia liberada permite a formação de uma molécula de trifosfato de guanosina, ou **GTP** (do inglês ***g**uanosine **t**ri**p**hosphate*), a partir de GDP (difosfato de guanosina) e P_i. O GTP é muito semelhante ao ATP, diferindo deste apenas por apresentar a base nitrogenada guanina em vez de adenina. O GTP fornece energia para processos celulares como a síntese de proteínas, por exemplo. O GTP também pode ser convertido em ATP pela transferência de seu fosfato energético para um ADP; de forma similar, GTP pode ser gerado pela transferência do fosfato do ATP para um GDP. Em resumo, no ciclo de Krebs formam-se: **2 CO_2 + 3 NADH + + 1 $FADH_2$ + 1 GTP** (equivalente a um ATP). **(Fig. 7.26)**

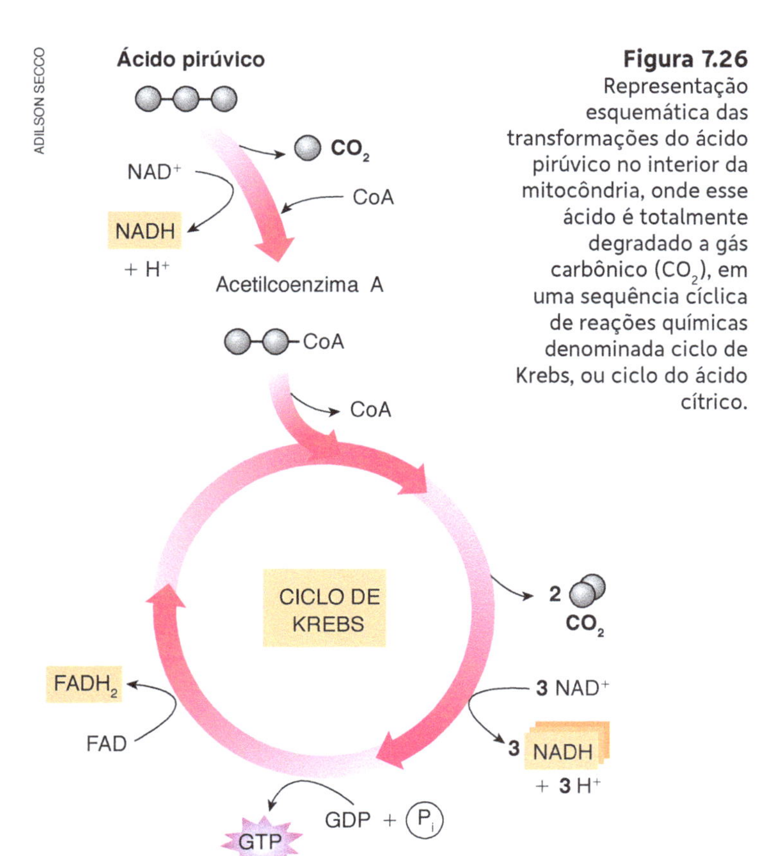

Figura 7.26 Representação esquemática das transformações do ácido pirúvico no interior da mitocôndria, onde esse ácido é totalmente degradado a gás carbônico (CO_2), em uma sequência cíclica de reações químicas denominada ciclo de Krebs, ou ciclo do ácido cítrico.

Fosforilação oxidativa

A síntese da maior parte do ATP gerado na respiração celular ocorre durante a reoxidação das moléculas de NADH e $FADH_2$, que se transformam novamente em NAD^+ e FAD, respectivamente. Simultaneamente a essa reoxidação ocorre a redução em série de um conjunto de proteínas na membrana mitocondrial interna, denominadas transportadores de elétrons, até que os pares de elétrons e íons H^+ sejam finalmente transferidos para moléculas de gás oxigênio, levando à formação de moléculas de água. Confira o que ocorre nas equações globais a seguir:

$$2\,NADH + 2\,H^+ + O_2 \longrightarrow 2\,NAD^+ + 2\,H_2O$$

$$2\,FADH_2 + O_2 \longrightarrow 2\,FAD + 2\,H_2O$$

O fluxo de elétrons do NADH e do $FADH_2$ através dos transportadores de elétrons é acompanhado do bombeamento de íons H^+ para fora da matriz mitocondrial. A energia liberada durante o retorno dos íons H^+ à matriz – onde reagirão com o gás oxigênio – é utilizada para produzir ATP. O termo **fosforilação oxidativa** refere-se justamente à produção de ATP, pois a adição de fosfato ao ADP para formar ATP é uma reação de fosforilação. Esta é chamada oxidativa porque ocorre por meio de diversas oxidações sequenciais, nas quais o último agente oxidante é o gás oxigênio (O_2).

- ***Cadeia transportadora de elétrons***

O processo de transferência de elétrons do NADH e do $FADH_2$ até o gás oxigênio é realizado por quatro grandes complexos de proteína dispostos em sequência na membrana interna da mitocôndria. Entre os componentes desses complexos destacam-se os **citocromos**, que são proteínas transferidoras de elétrons com ferro ou cobre em sua composição. Cada conjunto sequencial de transferidores de elétrons recebe o nome de **cadeia transportadora de elétrons**, ou **cadeia respiratória**. Essas denominações são utilizadas para ressaltar o fato de as substâncias transferidoras de elétrons estarem rigorosamente ordenadas em fila na membrana interna da mitocôndria, em função de seus potenciais de redução, criando um fluxo espontâneo de elétrons até o gás oxigênio. **(Fig. 7.27)**

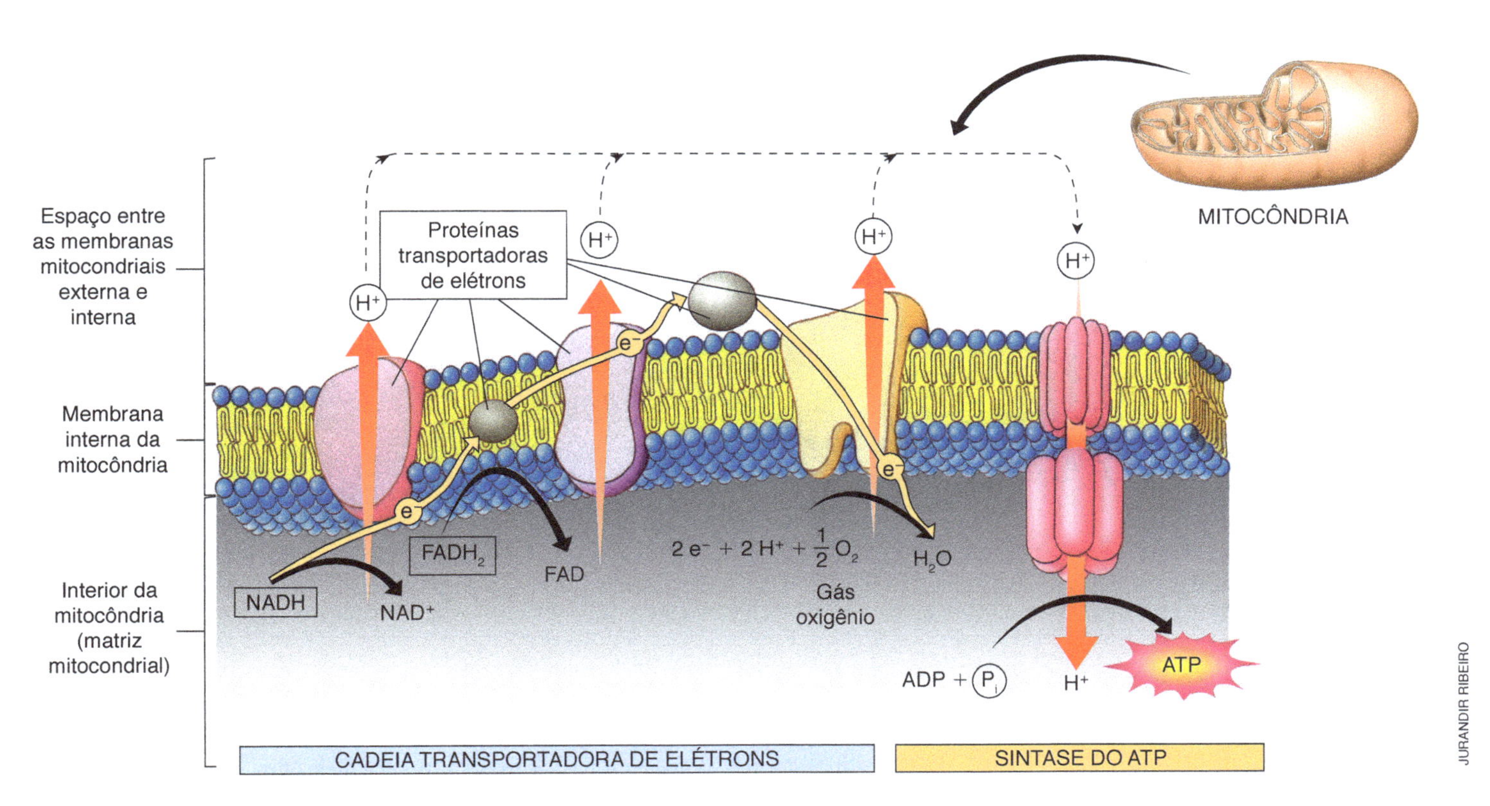

Figura 7.27 Representação esquemática dos complexos transportadores da cadeia respiratória e da sintase do ATP.

A transferência de elétrons ao longo da cadeia respiratória libera energia, que é inicialmente utilizada para forçar a transferência de íons H^+ (prótons) do interior da mitocôndria para o espaço existente entre as duas membranas envolventes. Esses íons H^+ acumulados de forma não espontânea no espaço entre as membranas mitocondriais tendem a se difundir de volta para a matriz mitocondrial, mas só podem fazê-lo passando através de um determinado complexo de proteínas presente na membrana interna da mitocôndria.

Essa estrutura proteica, denominada **sintase do ATP**, é comparável à turbina de uma usina hidroelétrica: ela possui um rotor interno que gira com a passagem dos íons H^+, fornecendo energia utilizada para unir grupos fosfato às moléculas de ADP, produzindo ATP.

Ao retornarem ao interior da mitocôndria os íons H^+ combinam-se a elétrons transportados pela cadeia respiratória e a átomos de O provenientes do gás oxigênio, formando moléculas de água (H_2O).

Esse mecanismo de produção de ATP também ocorre nos cloroplastos e foi comprovado em diversos experimentos, tornando-se conhecido como **teoria quimiosmótica** para a produção de ATP. **(Fig. 7.28)**

A energia liberada durante a passagem dos elétrons pela cadeia respiratória é suficiente para formar até 26 moléculas de ATP por molécula de glicose. Somando-se essas 26 moléculas aos dois ATP formados na glicólise e aos dois formados no ciclo de Krebs (um GTP para cada acetilCoA), obtém-se o rendimento estimado da respiração celular, que é de até 30 moléculas de ATP por molécula de glicose. **(Fig. 7.29)**

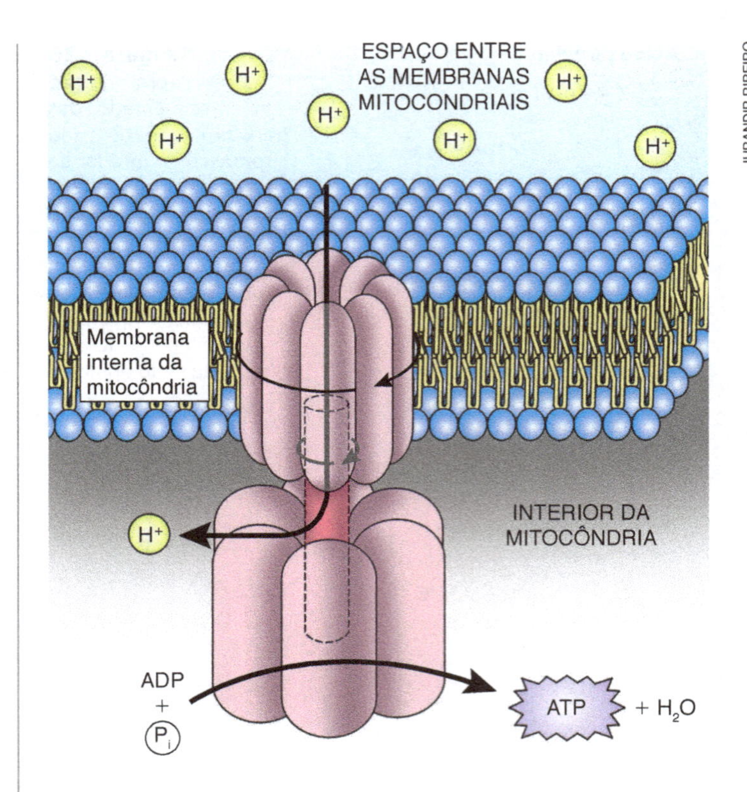

Figura 7.28 Representação esquemática da enzima sintase do ATP de acordo com a teoria quimiosmótica. Essa enzima utiliza o potencial de difusão dos íons H^+ que haviam sido bombeados para o espaço entre as membranas mitocondriais utilizando-o para produzir ATP.

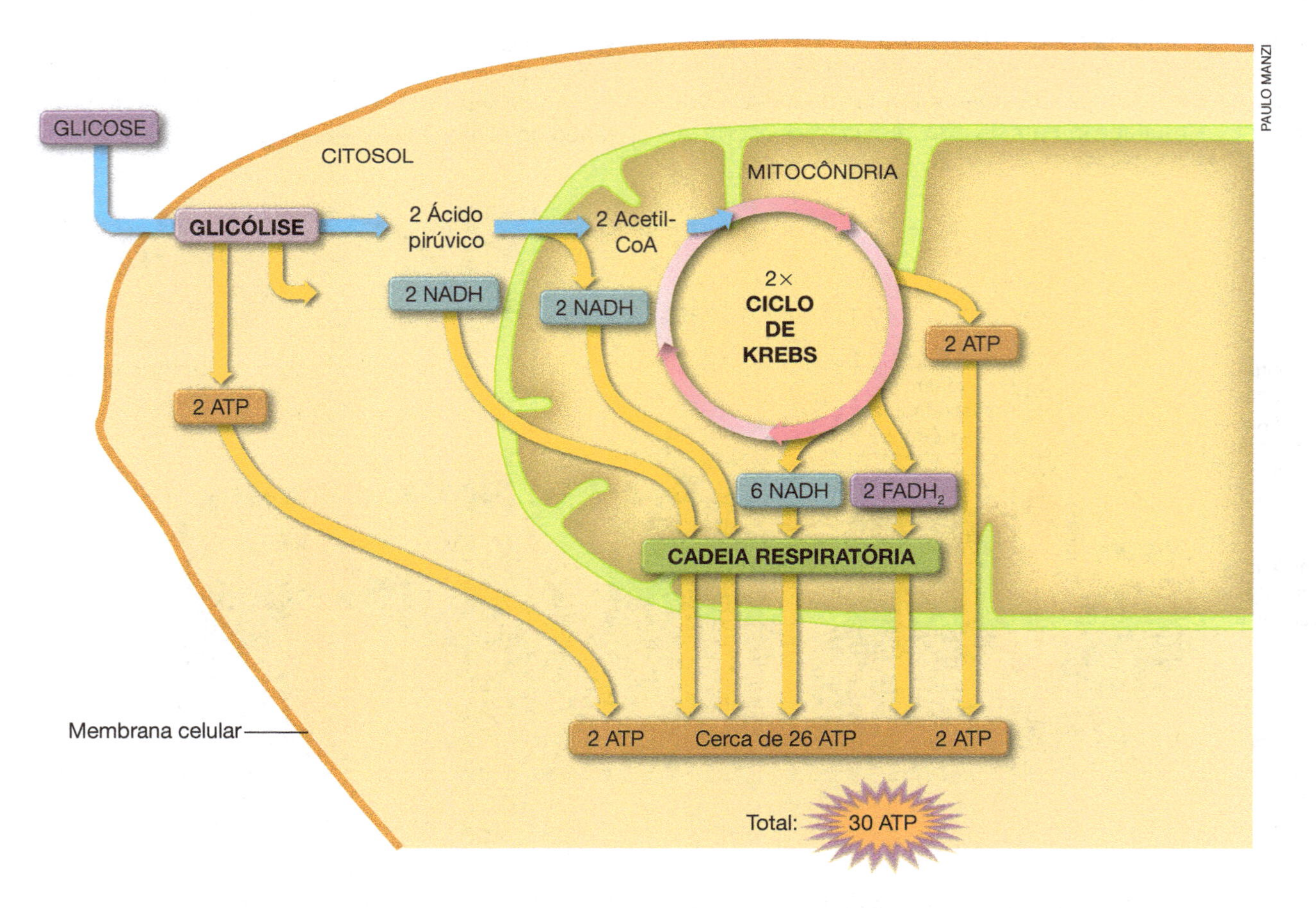

Figura 7.29 Representação esquemática do metabolismo aeróbico da glicose e produção de ATP. A glicólise ocorre no citosol, enquanto o ciclo de Krebs e a cadeia respiratória ocorrem no interior da mitocôndria. Cada molécula de glicose metabolizada pode fornecer energia para a produção de até 30 ATP.

Fermentação

Fermentação é um processo de obtenção de energia em que substâncias orgânicas do alimento são degradadas apenas parcialmente, originando moléculas menores. A fermentação é utilizada por muitos fungos e bactérias que vivem em ambientes pobres em gás oxigênio. Até mesmo algumas de nossas próprias células executam fermentação se faltar gás oxigênio para a respiração celular.

A fermentação é basicamente semelhante à glicólise: uma molécula de glicose é degradada a duas moléculas de ácido pirúvico, liberando energia suficiente para um rendimento líquido de dois ATP. Na sequência do processo, o ácido pirúvico recebe elétrons e H^+ do NADH, transformando-se em ácido láctico ou em etanol e gás carbônico, dependendo do tipo de organismo que realiza o processo.

Tipos de fermentação

Na **fermentação láctica** o ácido pirúvico transforma-se em ácido láctico. Esse tipo de fermentação ocorre, por exemplo, em bactérias que fermentam o leite; o sabor azedo das coalhadas e dos iogurtes deve-se exatamente ao acúmulo de ácido láctico; este causa abaixamento do pH do leite (maior acidez), o que leva à coagulação das proteínas e formação de um coalho, sólido também utilizado na fabricação de queijos.

Na **fermentação alcoólica** o ácido pirúvico transforma-se em etanol (álcool etílico) e gás carbônico. Esse tipo de fermentação é realizado pelo fungo *Saccharomyces cerevisiae*, uma levedura conhecida popularmente como fermento de padaria ou levedo de cerveja. Há milênios a humanidade emprega essas leveduras na fabricação de bebidas alcoólicas (vinhos, cervejas, aguardentes etc.) e na fabricação de pão; nesta o gás carbônico liberado origina pequenas bolhas que inflam a massa e tornam o pão macio. **(Fig. 7.30)**

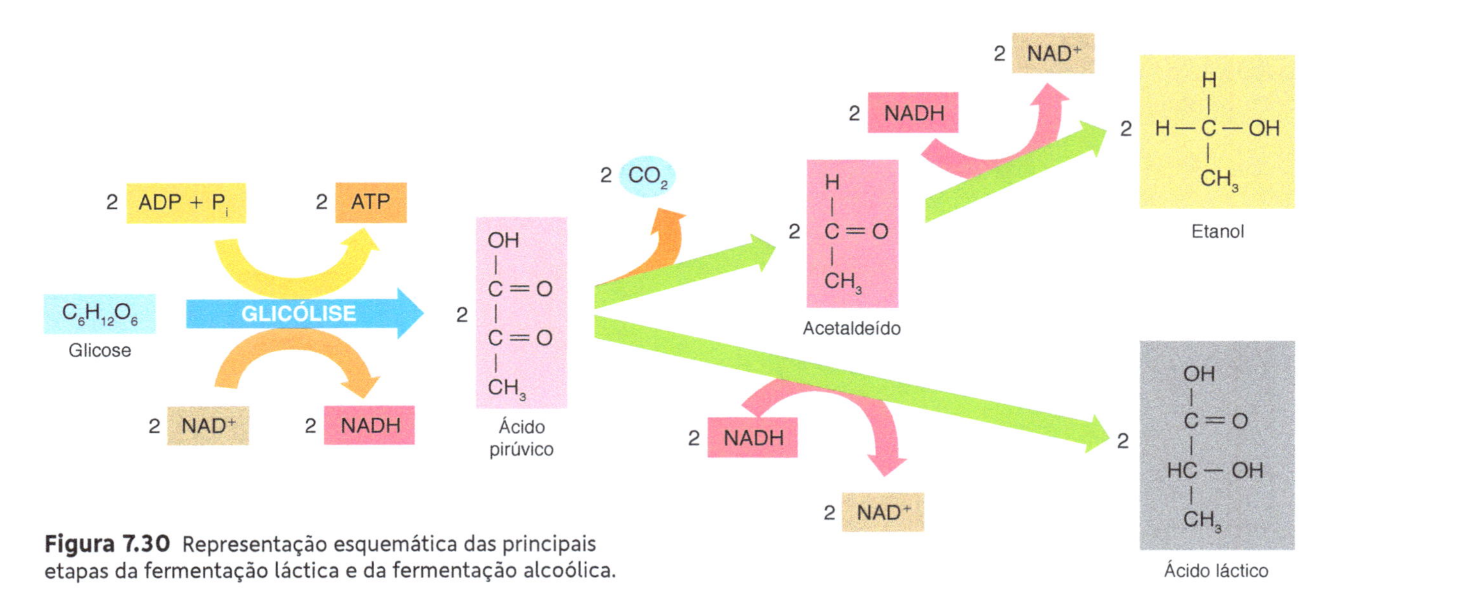

Figura 7.30 Representação esquemática das principais etapas da fermentação láctica e da fermentação alcoólica.

Fotossíntese

Fotossíntese (do grego *photos*, luz, e *syntithenai*, juntar, produzir) é um processo celular pelo qual seres autotróficos produzem substâncias orgânicas. A energia necessária a esse processo provém da luz solar e é transferida para moléculas de glicídios, nas quais fica armazenada nas ligações químicas entre os átomos. O tipo mais comum de fotossíntese, realizado pelas plantas, pelas algas e por certas bactérias (cianobactérias e bactérias autotróficas), utiliza como reagentes o gás carbônico (CO_2) e a água (H_2O) e produz glicídios e gás oxigênio (O_2). **(Fig. 7.31)**

Praticamente todo gás oxigênio existente na atmosfera atual da Terra – cerca de 21% do volume do ar atmosférico – é resultante da fotossíntese. De acordo com os cálculos dos cientistas, a cada 2 mil anos todo o gás oxigênio da atmosfera terrestre é renovado pela atividade fotossintética realizada por plantas, algas, bactérias autotróficas e cianobactérias.

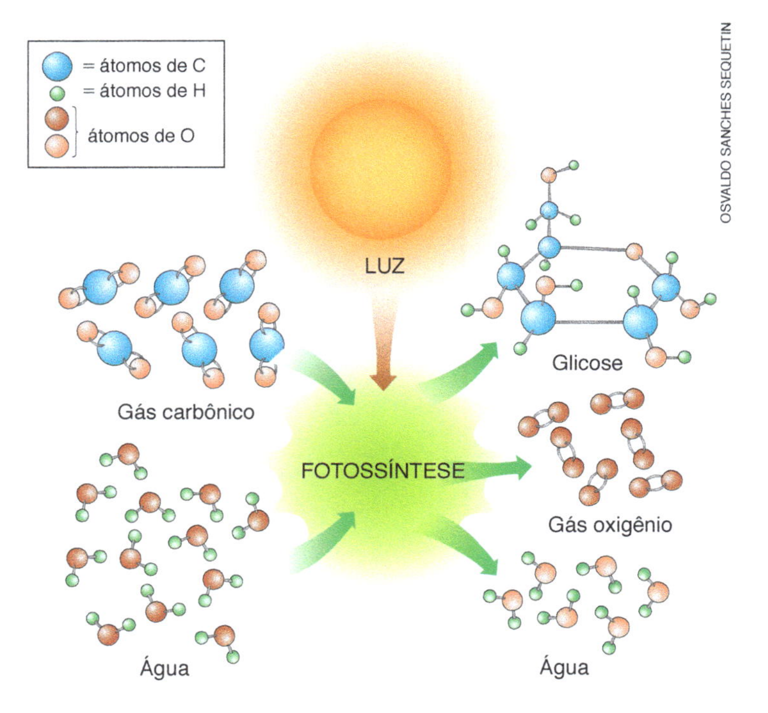

Figura 7.31 Representação esquemática muito geral da fotossíntese. Os átomos de oxigênio (O) estão representados em duas tonalidades diferentes de vermelho para indicar que os átomos presentes no gás oxigênio (O_2) são todos provenientes da água (H_2O). Foram omitidas as dezenas de reações intermediárias que levam dos reagentes aos produtos finais.

A fotossíntese consiste de dezenas de reações químicas que podem ser reunidas em duas etapas básicas: a etapa fotoquímica (reações de claro) e a etapa puramente química (reações de escuro). A **etapa fotoquímica** compõe-se da fotofosforilação e da fotólise da água; a **etapa puramente química** é constituída pelo ciclo das pentoses.

Fotofosforilação e produção de ATP

Fotofosforilação é um processo de produção de ATP com energia proveniente da luz solar. A energia luminosa é captada primeiramente pelas moléculas de clorofila e de carotenoides, que estão organizadas nas membranas internas do cloroplasto formando os chamados **complexos de antena**.

Os elétrons das moléculas de clorofila, ao serem excitados pela absorção de luz, passam para um nível de energia mais alto e são transferidos a moléculas de substâncias aceptoras, as quais formam cadeias transportadoras de elétrons semelhantes às existentes nas mitocôndrias. Nessas cadeias os elétrons são transferidos sequencialmente de uma substância aceptora à seguinte, liberando nessa transferência parte da energia captada da luz solar.

O último aceptor de elétrons das cadeias transportadoras do cloroplasto é o **NADP$^+$** (sigla do inglês ***n**icotinamide **a**denine **d**inucleotide **p**hosphate*, fosfato de dinucleotídio de nicotinamida-adenina). Essa substância difere do NAD$^+$ da mitocôndria por apresentar um grupo fosfato a mais.

A energia liberada pela passagem dos elétrons pelas cadeias transportadoras de elétrons é utilizada para impulsionar a passagem de íons H$^+$ através das membranas tilacoides. Os íons H$^+$ se deslocam do estroma para o interior dos tilacoides, onde se acumulam.

À medida que os íons H$^+$ se concentram dentro dos tilacoides, aumenta a tendência de se difundirem de volta ao estroma; para isso, a única maneira é atravessar os complexos de sintases do ATP presentes na membrana tilacoide. Esses complexos são como motores moleculares rotatórios que giram com a passagem dos íons H$^+$, levando à produção de ATP. Esse fenômeno, que também ocorre na respiração celular, é denominado **quimiosmose. (Fig. 7.32)**

Fotólise da água

A clorofila perde elétrons pela excitação luminosa, mas os recupera retirando-os de moléculas de água. Ao ter seus elétrons removidos as moléculas de água decompõem-se em íons H$^+$ (prótons) e átomos livres de oxigênio. Estes últimos unem-se imediatamente dois a dois produzindo moléculas de gás oxigênio (O_2).

Essa reação de decomposição da água, denominada **fotólise da água** (do grego *photos*, luz, e *lysis*, quebra), ou **reação de Hill**, pode ser escrita, em termos químicos, da seguinte maneira:

$$\underset{\text{Água}}{2\,H_2O} \xrightarrow{\text{Luz}} \underset{\text{Gás oxigênio}}{O_2} + \underset{\text{Íons hidrogênio}}{4\,H^+} + \underset{\text{Elétrons}}{4\,e^-}$$

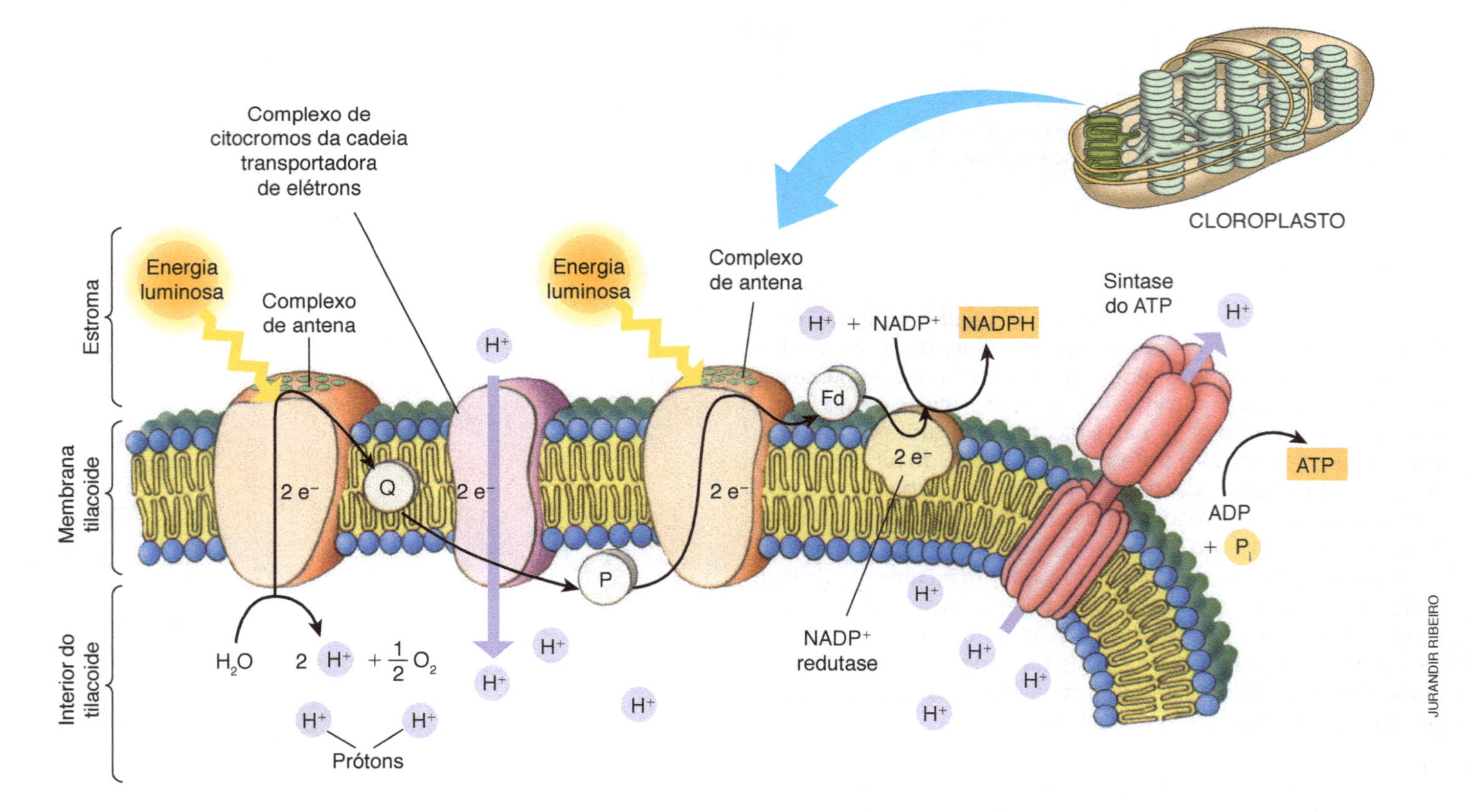

Figura 7.32 Acima, à direita, representação esquemática de um cloroplasto parcialmente cortado para mostrar o sistema de membranas interno. Abaixo, representação esquemática detalhada da organização das cadeias transportadoras de elétrons e da sintase do ATP na membrana do tilacoide. Q e Fd são siglas das substâncias quinona e ferredoxina, que, como a plastocianina (P), são proteínas transportadoras de elétrons.

Ciclo das pentoses

O ciclo das pentoses, ou **ciclo de Calvin-Benson**, é um conjunto de reações da fotossíntese responsável pela produção de glicídios a partir de moléculas de CO_2, de hidrogênios transportados pelo NADPH e de energia fornecida pelo ATP. O CO_2 é proveniente do ar; os hidrogênios são provenientes da água quebrada na fotólise; o ATP formou-se na fotofosforilação. **(Fig. 7.33)**

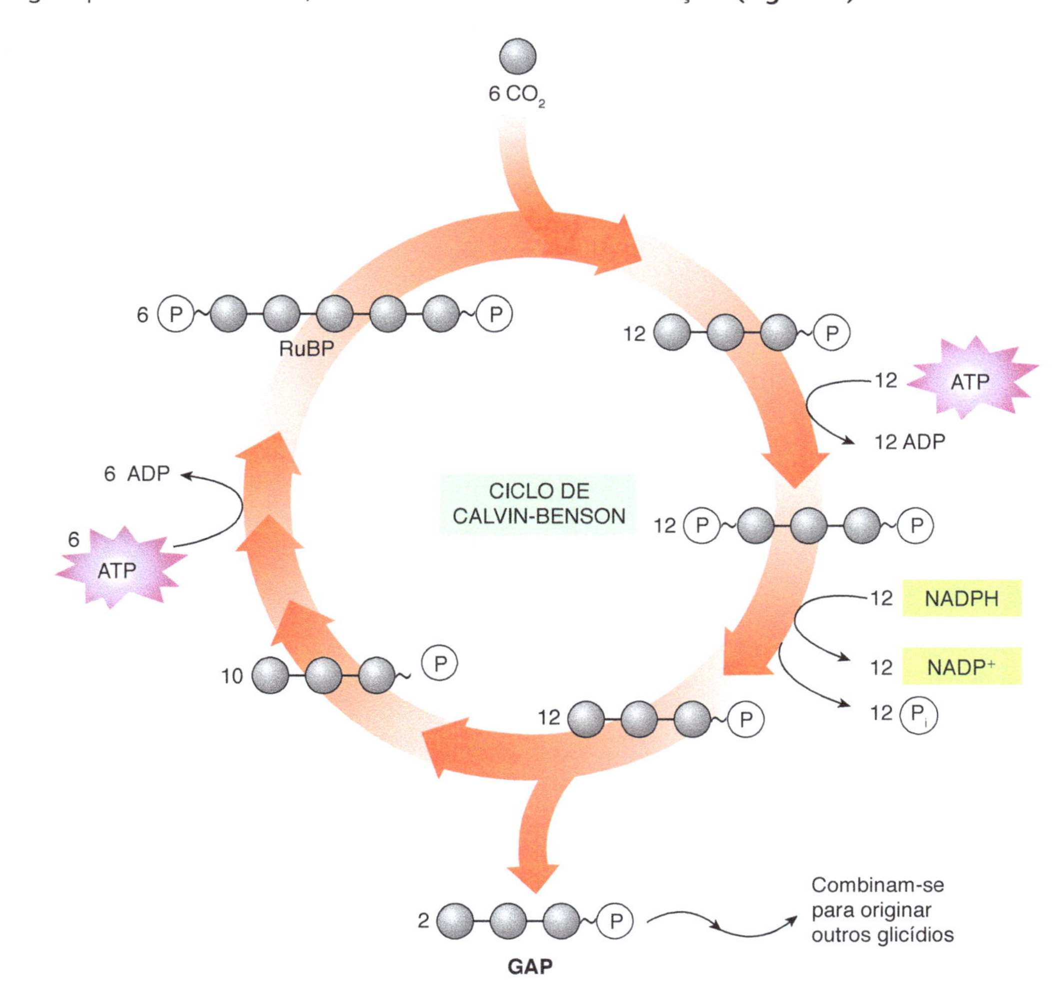

Figura 7.33 Representação esquemática do ciclo das pentoses, também conhecido como ciclo de Calvin-Benson. O ciclo tem início com a incorporação de 6 moléculas de gás carbônico a 6 moléculas de RuBP (sigla do inglês *ribulose* 1,5-*bisphosphate*, ribulose 1,5-bisfosfato) e finaliza produzindo 2 moléculas de glicídio com 3 átomos de carbono (GAP) e regenerando as 6 moléculas de RuBP.

Apesar de o glicídio formado na fotossíntese ser tradicionalmente representado pela fórmula molecular $C_6H_{12}O_6$, correspondente à glicose, hoje se sabe que o produto direto é o gliceraldeído 3-fosfato (GAP), que apresenta três átomos de carbono na molécula.

A maior parte das moléculas de GAP formadas no ciclo das pentoses sai do cloroplasto e transforma-se em sacarose no citosol. As que permanecem no cloroplasto são convertidas diretamente em amido e armazenadas temporariamente (durante o dia) na forma de grãos de amido. Durante a noite o amido é transformado novamente em sacarose e sai para o citosol, de onde é exportado por meio do floema para as diversas partes da planta.

Parte dos glicídios produzidos na fotossíntese é utilizada imediatamente nas mitocôndrias da célula vegetal no processo de respiração celular, fornecendo energia aos processos vitais. Outra parte é transformada nas diversas substâncias orgânicas de que a planta necessita, como aminoácidos, vários tipos de glícidios, lipídios etc. Outra parte, ainda, é armazenada na forma de grãos de amido em células especiais do caule e da raiz, servindo como reserva para momentos de necessidade.

A fotossíntese garante a algas, plantas e a algumas bactérias a independência em relação a outros organismos vivos, no que se refere à obtenção de nutrientes orgânicos. Por outro lado, praticamente todos os seres heterotróficos da Terra dependem desses seres autotróficos fotossintetizantes para viver.

Quimiossíntese

Certas espécies de bactérias e de arqueas (estas últimas antigamente chamadas de arqueobactérias) são autotróficas e produzem substâncias orgânicas por meio da **quimiossíntese**, processo que utiliza energia liberada por reações de oxirredução envolvendo substâncias inorgânicas simples. Arqueas metanogênicas, por exemplo, obtêm energia a partir da reação entre gás hidrogênio (H_2) e gás carbônico (CO_2), com produção de gás metano (CH_4). Essas arqueas vivem em ambientes pobres em gás oxigênio (anaeróbicos), tais como depósitos de lixo, fundos de pântanos e tubos digestivos de animais. A equação que resume esse processo é:

$$CO_2 + 4\,H_2 \longrightarrow CH_4 + 2\,H_2O + \text{Energia}$$

Outros exemplos de bactérias quimiossintetizantes são as dos gêneros *Nitrosomonas* e *Nitrobacter*, que vivem no solo e têm importância fundamental no ciclo biogeoquímico do elemento nitrogênio. As nitrosomonas obtêm energia por meio da oxidação da amônia (NH_3) presente no solo, transformando-a em nitrito (NO_2^-).

As nitrobactérias, por sua vez, utilizam o íon nitrito (NO_2^-), oxidando-o a íon nitrato (NO_3^-).

As bactérias quimiossintetizantes conseguem viver em ambientes desprovidos de luz e de matéria orgânica, obtendo a energia necessária ao seu desenvolvimento pela oxidação de substâncias inorgânicas. Além de um agente oxidante, essas bactérias necessitam apenas de gás carbônico e água, que constituem as matérias-primas para a produção de glicídios. **(Fig. 7.34)**

Agora você pode resolver as atividades de 46 a 70, 80 a 82, 93 a 99, 105, 106, 109 e 110.

SCIENCE SOURCE/FOTOARENA

Figura 7.34 O anelídeo *Riftia pachyptila*, que pode chegar a 2 m de comprimento, é encontrado no assoalho oceânico, em ambientes frios e sem luz. Em seu interior vivem bactérias quimiossintetizantes capazes de metabolizar compostos de enxofre e produzir alimento para o anelídeo e para outros seres que habitam essa região.

Ciência e cidadania

Os pequenos lisossomos e seus grandes efeitos

1 O estudo aprofundado das células tem permitido entender os intrincados caminhos que levam a determinadas doenças humanas, possibilitando eventualmente sua cura, tratamento e prevenção. Você sabia, por exemplo, que já se conhecem mais de 25 doenças resultantes de distúrbios digestivos das células?

Doença de Tay-Sachs

2 A **doença de Tay-Sachs** (DTS) resulta de um defeito na enzima que atua em uma das etapas da digestão intracelular de um gangliosídio, substância normalmente presente nas membranas das células nervosas, mas que precisa ser continuamente reciclada por meio da digestão dos lisossomos. As autópsias mostram que as células nervosas dos doentes estão aumentadas devido ao inchaço dos lisossomos, que ficam repletos de gangliosídios não digeridos. Os sintomas da DTS começam a se manifestar no primeiro ano de vida; por volta dos dois anos, a criança já apresenta sinais de demência e geralmente morre antes de completar três anos de idade.

Silicose e asbestose

3 Duas outras doenças relacionadas aos lisossomos são a silicose e a asbestose, que afetam os pulmões.

4 A **silicose** é comum em pessoas constantemente expostas a pó de sílica, como os trabalhadores de marmorarias e os ceramistas, entre outros. Os minúsculos cristais dessa substância ficam em suspensão no ar inalado e atingem os pulmões, nos quais são ingeridos por fagocitose pelos macrófagos, células de defesa que monitoram os alvéolos pulmonares. As partículas de sílica acumulam-se nos lisossomos dos macrófagos e acabam por perfurá-los, levando ao derrame de enzimas ativas com prejuízos às células pulmonares.

5 A **asbestose** é uma doença relacionada à inalação prolongada de poeira com alta concentração de fibras de amianto. À semelhança do que ocorre com a sílica, o amianto inalado acumula-se nos lisossomos de células pulmonares e altera seu funcionamento.

6 O amianto, ou asbesto, pertence ao grupo dos silicatos cristalinos hidratados. Ambas as denominações referem-se ao fato de esse material ser incombustível, o que difundiu seu emprego na produção de materiais antichamas. Além da incombustibilidade, a estrutura fibrosa do amianto possui alta resistência mecânica, durabilidade e flexibilidade. Por isso, esse material é empregado na indústria, principalmente para a fabricação de telhas e caixas-d'água, de autopeças de veículos, entre outras aplicações. O amianto já foi largamente utilizado como isolante térmico e proteção antichama nas décadas de 1940 e 1950.

7 O uso do amianto vem sendo proibido em vários países. De acordo com dados da Organização Mundial da Saúde (OMS), um terço dos cânceres ocupacionais – ou seja, aqueles originados por agentes carcinogênicos presentes no ambiente de trabalho – é causado pela inalação de fibras de amianto[1].

8 Embora para muitas pessoas essas precauções pareçam exageradas, autoridades da área da saúde sugerem aos que têm um telhado de amianto que procurem instalar um forro ou alguma proteção para evitar o contato com o farelo das telhas, que se desprende principalmente com a umidade e o bolor. Recomendam-se também cuidados com a caixa-d'água, evitando o uso de escova de aço na limpeza e principalmente produtos agressivos, como a água sanitária. O ideal, com o tempo, é substituí-la por uma feita de outro material.

1 Mais informações em: <http://mod.lk/STZtY>. Acesso em: jan. 2017.

SOUTHERN ILLINOIS UNIVERSITY/ SCIENCE SOURCE/FOTOARENA

LADA/SCIENCE SOURCE/FOTOARENA

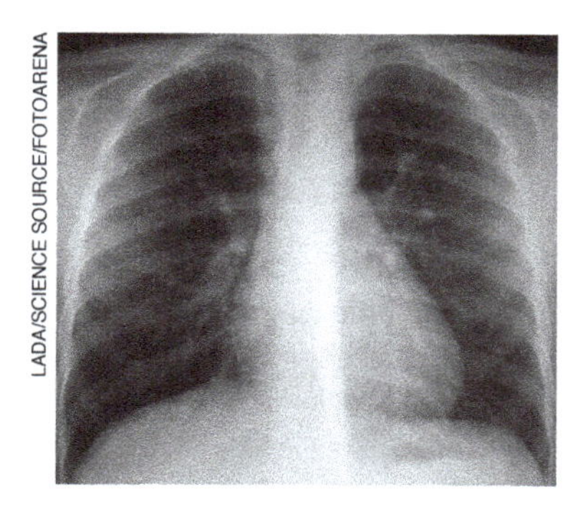

À esquerda, radiografia da caixa torácica de uma pessoa cujos pulmões estão fibrosados em decorrência da asbestose. À direita, radiografia mostrando pulmões sadios.

Encefalopatias espongiformes transmissíveis

9 Os lisossomos estão implicados em uma série de doenças conhecidas como encefalopatias espongiformes transmissíveis, ou TSE (do inglês *transmissible spongiform encephalopathies*). A mais conhecida delas é a **doença da vaca louca**, ou BSE (sigla do inglês *bovine spongiform encephalopathy*); sua correspondente humana é a nova variante da doença de Creutzfeldt-Jakob, mais conhecida pela sigla nvCJD.

10 Essas doenças caracterizam-se por uma degeneração lenta do sistema nervoso central decorrente do acúmulo de uma proteína fibrosa infectante conhecida como **príon**, geralmente adquirida pela ingestão de carne contaminada. O aspecto esponjoso do cérebro dos doentes deve-se ao acúmulo de fibras dessa proteína.

11 Os surtos da doença da vaca louca no gado bovino da Inglaterra e de alguns outros países, nas décadas de 1980 e 1990, foram provavelmente causados pela prática de enriquecer a ração dos rebanhos com proteína animal derivada de carcaças. Animais eventualmente contaminados por príons tiveram suas carcaças reduzidas a pó e serviram de alimento a animais sadios, contaminando-os. Casos de nvCJD, principalmente em pessoas na Inglaterra, foram relacionados à ingestão de carne proveniente de animais infectados por príons. O Brasil está aparentemente livre da doença porque em nossa pecuária o gado é alimentado quase exclusivamente com produtos de origem vegetal.

12 O **kuru** é uma doença neurológica causada por príon, endêmica entre nativos da Nova Guiné e cuja transmissão está ligada a rituais de canibalismo. Nessas populações, costuma-se macerar o cérebro do cadáver e utilizá-lo no preparo de uma sopa, ingerida pelos familiares do morto. Se este era portador da encefalopatia transmissível, os familiares correm o risco de contrair a doença. Como os sintomas levam anos para se manifestar, foi difícil estabelecer a relação entre os rituais e a aquisição da enfermidade.

13 Supõe-se que quando uma pessoa ou um animal ingerem carne contaminada por príons, estes não são digeridos e penetram intactos na circulação sanguínea. Pelo sangue, os príons chegam aos nervos e aos corpos celulares dos neurônios, nos quais começam a fazer com que proteínas normais similares a eles se transformem em novos príons. Sendo resistentes à digestão, os novos príons formados acumulam-se nos lisossomos e acabam por causar a morte das células nervosas. A lenta destruição dos neurônios afeta o funcionamento do sistema nervoso, levando ao aparecimento dos sintomas típicos da doença: perda gradativa da memória recente e de orientação espacial, incontinência urinária e demência.

GUIA DE LEITURA

Não é incrível que problemas de má digestão celular possam causar doenças humanas, algumas delas bastante graves? O texto que escolhemos para este quadro aborda o importante papel dos lisossomos, organelas celulares responsáveis pela digestão intracelular, na manutenção de nossa saúde. Acompanhe o assunto em detalhes no roteiro que apresentamos no Guia de leitura a seguir.

1. Leia o primeiro parágrafo do quadro. Como você explicaria a alguém que é importante conhecer os distúrbios digestivos das células?
2. O segundo parágrafo apresenta a doença de Tay-Sachs. Qual é a relação dessa doença com os lisossomos?
3. Leia os parágrafos 3, 4 e 5 do quadro, que descrevem duas outras doenças: a silicose e a asbestose. Qual é a relação de cada uma delas com os lisossomos?
4. Nos parágrafos 6, 7 e 8 fala-se do uso de materiais que contêm amianto (caixas-d'água, telhas etc.), das recomendações para o seu uso e da proibição desse produto em alguns países. Você já ouviu falar nesse assunto? Pesquise a situação do uso do amianto no Brasil e informe-se sobre os riscos do uso desse material para a saúde das pessoas.
5. Com base na leitura do nono e do décimo parágrafos do quadro, responda: o que é a doença da vaca louca?
6. Leia o parágrafo de número 11, que comenta sobre a disseminação da doença da vaca louca na Inglaterra. Por que, segundo o texto, o Brasil está aparentemente livre da doença?
7. No décimo segundo parágrafo é apresentado o kuru, doença também causada por um príon. De acordo com o texto, como se dá a disseminação dessa doença?
8. No último parágrafo do quadro (13º) é estabelecida a relação entre doenças causadas por príons (doença da vaca louca e kuru) e os lisossomos. Qual é ela?

Mapa de conceitos

Citoplasma

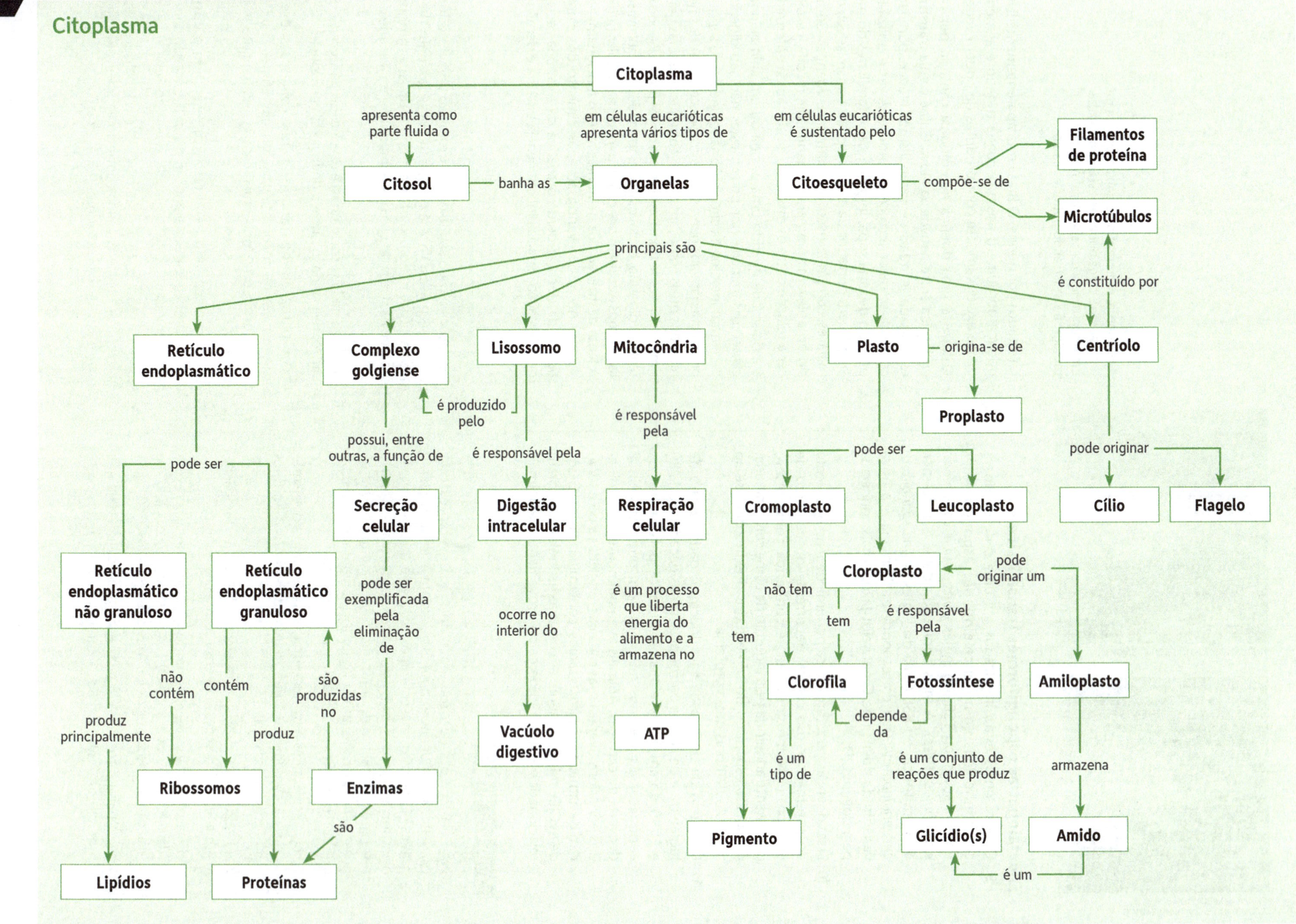

ATIVIDADES

REVENDO CONCEITOS, FATOS E PROCESSOS

7.1 Construindo o modelo atual de célula

1. Analise a figura 7.2 e cite o nome das estruturas celulares que estão presentes em uma célula vegetal e não são encontradas em células animais.

7.2 Características das membranas biológicas (biomembranas)

2. As duas principais substâncias orgânicas constituintes das biomembranas são
   a) glicídios e ácidos nucleicos.
   b) lipídios e proteínas.
   c) glicídios (polissacarídios) e proteínas.
   d) lipídios e ácidos nucleicos.

3. A explicação para o arranjo das moléculas de fosfolipídios e proteínas na membrana plasmática ficou conhecida como modelo
   a) da dupla-hélice.
   b) da endossimbiose.
   c) do mosaico fluido.
   d) da osmose.

Considere os termos a seguir para responder às questões 4 e 5.
a) Glicocálice.
b) Membrana plasmática.
c) Parede celulósica.
d) Parede bacteriana.

4. Como se denomina o envoltório constituído basicamente por celulose, presente em células de plantas e de algas?

5. Como se denomina o envoltório semelhante a uma malha entrelaçada, formada por glicoproteínas e por glicolipídios, presente em células animais?

7.3 Permeabilidade celular

6. No caso de a membrana plasmática ser permeável a determinada substância, esta se difundirá para o interior da célula quando
   a) sua concentração no ambiente externo for menor que no citoplasma.
   b) sua concentração no ambiente externo for maior que no citoplasma.
   c) sua concentração no ambiente externo for igual à do citoplasma.
   d) houver ATP disponível para fornecer energia ao transporte.

Utilize os termos a seguir para responder às questões de 7 a 9.
a) Difusão.
b) Osmose.
c) Permeabilidade seletiva.

7. Como se denomina a propriedade da membrana plasmática em deixar passar certas substâncias e impedir a passagem de outras?

8. Como se denomina a passagem espontânea de substâncias através da membrana plasmática, sem necessidade de gasto de energia?

9. Como se denomina a passagem apenas de água através de uma membrana semipermeável em direção ao local de maior concentração em solutos?

10. Durante a osmose a água passa através da membrana semipermeável da solução menos concentrada em soluto para a solução
    a) hipertônica.
    b) hipotônica.
    c) isotônica.
    d) osmótica.

11. Uma condição necessária para que ocorra osmose em uma célula é que
    a) as concentrações de soluto dentro e fora da célula sejam iguais.
    b) as concentrações de soluto dentro e fora da célula sejam diferentes.
    c) haja ATP disponível para fornecer energia para o transporte de água.
    d) haja no interior da célula um vacúolo onde o excesso de água será acumulado.

12. Uma célula vegetal mergulhada em solução (I) não estoura devido à presença de (II). Qual alternativa completa corretamente a questão?
    a) (I) = hipotônica; (II) = parede celulósica.
    b) (I) = hipotônica; (II) = vacúolo.
    c) (I) = hipertônica; (II) = parede celulósica.
    d) (I) = hipertônica; (II) = vacúolo.

13. O fornecedor de energia para o transporte ativo de substâncias através da membrana plasmática é o
    a) ácido desoxirribonucleico (DNA).
    b) colesterol.
    c) fagossomo.
    d) trifosfato de adenosina (ATP).

Considere os termos a seguir para responder às questões de 14 a 17.
a) Hipertônica.
b) Hipotônica.
c) Isotônica.
d) Transporte ativo.
e) Transporte passivo.

14. Como se denomina o processo de passagem de substâncias através da membrana plasmática quando não há gasto de energia por parte da célula?

15. Qual é a denominação do processo de passagem de substâncias através da membrana plasmática quando há gasto de energia por parte da célula?

16. Ao comparar duas soluções, como se denomina a menos concentrada em solutos? E a mais concentrada?

17. Como é chamada uma solução que possui a mesma concentração em solutos que outra?

18. O mecanismo de transporte ativo de íons Na^+ e K^+ através da membrana plasmática, com gasto de energia, é chamado de
    a) bomba de sódio-potássio.
    b) difusão.
    c) fagocitose.
    d) osmose.

19. Quando a produção de energia em uma célula é inibida experimentalmente, a concentração de íons no citoplasma pouco a pouco se iguala à do ambiente externo. Qual dos mecanismos a seguir é o responsável pela manutenção da diferença de concentração de íons dentro e fora da célula?
a) Difusão.
b) Osmose.
c) Transporte ativo.

20. Como não necessitam de energia para ocorrer, osmose e difusão são considerados tipos de
a) fagocitose.
b) pinocitose.
c) transporte ativo.
d) transporte passivo.

Considere os termos a seguir para responder às questões 21 e 22.
a) Transporte passivo.
b) Fagocitose.
c) Pinocitose.
d) Osmose.

21. Como se denomina o ato da célula englobar partículas relativamente grandes, com auxílio de pseudópodes?

22. Qual é a denominação para o ato da célula englobar pequenas gotas de líquido extracelular por meio de canais membranosos que se aprofundam no citoplasma?

23. Bolsas membranosas que contêm substâncias capturadas por fagocitose e por pinocitose são chamadas, respectivamente, de
a) pseudópode e canal pinocitótico.
b) fagossomo e pinossomo.
c) pinossomo e fagossomo.
d) canal fagocitótico e pseudópode.

24. Neutrófilos e macrófagos combatem bactérias e outros invasores que penetram em nosso corpo, englobando-os com projeções de suas membranas plasmáticas (pseudópodes). Esse processo de ingestão de partículas é chamado de
a) difusão.
b) fagocitose.
c) osmose.
d) pinocitose.

7.4 A organização do citoplasma

Considere as alternativas a seguir para responder às questões de 25 a 28.
a) Complexo golgiense.
b) Cloroplasto.
c) Mitocôndria.
d) Ribossomo.

25. Em que organela ocorre um processo no qual substâncias provenientes do alimento reagem com gás oxigênio, liberando energia, que é armazenada em moléculas de ATP?

26. Qual é a organela celular que capta energia luminosa e a utiliza para produzir glicídios a partir de gás carbônico e água?

27. Qual estrutura celular é diretamente responsável pela produção de proteínas?

28. Qual é a estrutura celular responsável pelo empacotamento e pela secreção de substâncias?

29. O processo de eliminação de substâncias úteis pelas células, a cargo do complexo golgiense, é a
a) digestão intracelular.
b) fotossíntese.
c) respiração celular.
d) secreção celular.

30. O processo de hidrólise enzimática de substâncias orgânicas que ocorre no interior dos lisossomos secundários é a
a) digestão intracelular.
b) fotossíntese.
c) respiração celular.
d) secreção celular.

Considere as alternativas a seguir para responder às questões de 31 a 34.
a) Fotossíntese.
b) Digestão intracelular.
c) Respiração celular.
d) Síntese de proteínas.

31. Qual é a principal função do retículo endoplasmático granuloso?

32. Qual é a principal função do lisossomo?

33. Qual é a principal função da mitocôndria?

34. Qual é a principal função do cloroplasto?

35. Empacotamento de substâncias, secreção celular e produção de lisossomos são funções do
a) complexo golgiense.
b) centríolo.
c) retículo granuloso.
d) cloroplasto.

36. A síntese de lipídios na célula ocorre no
a) retículo não granuloso.
b) retículo granuloso.
c) complexo golgiense.
d) lisossomo.

37. A vesícula acrossômica presente na extremidade dos espermatozoides forma-se diretamente a partir
a) das mitocôndrias.
b) do centríolo.
c) do retículo granuloso.
d) do complexo golgiense.

38. Qual das estruturas celulares abaixo está presente em praticamente todas as células animais e vegetais?
a) Cloroplastos.
b) Mitocôndrias.
c) Centríolos.
d) Cílios.

39. Qual das alternativas abaixo indica o caminho de uma enzima que irá atuar fora da célula, desde o local de sua produção até o local de atuação?
a) Complexo golgiense → retículo endoplasmático granuloso → meio extracelular.
b) Complexo golgiense → lisossomo → meio extracelular.
c) Retículo endoplasmático granuloso → complexo golgiense → meio extracelular.
d) Retículo endoplasmático granuloso → lisossomo → meio extracelular.

40. Quando um organismo é privado de alimento e as reservas de seu corpo se esgotam, como estratégia de sobrevivência no momento de crise, as células passam a digerir partes de si mesmas. As estruturas celulares diretamente responsáveis por esse processo de autofagia são
a) cílios.
b) lisossomos.
c) mitocôndrias.
d) ribossomos.

41. Certas células que revestem internamente nossa traqueia produzem e eliminam pacotes de substâncias mucosas, que lubrificam e protegem a superfície traqueal. Qual é a organela citoplasmática diretamente responsável por essa eliminação de muco?
a) Complexo golgiense.
b) Mitocôndria.
c) Ribossomo.
d) Vacúolo digestivo.

As questões de 42 a 45 referem-se ao diagrama que relaciona os quatro conceitos apresentados a seguir.

a) Complexo golgiense.
b) Lipídios.
c) Lisossomos.
d) Proteínas.

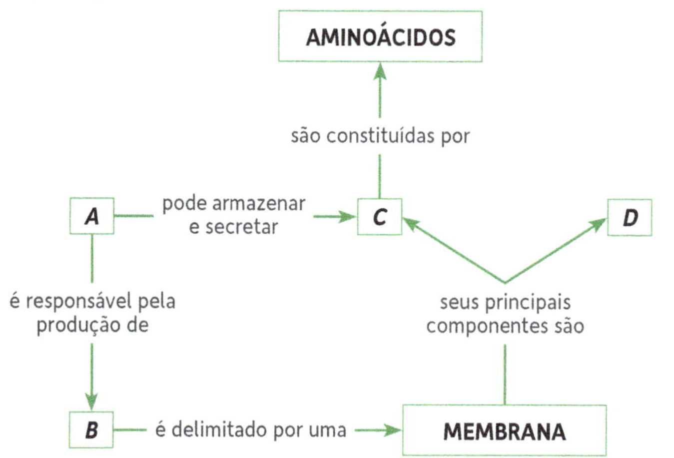

42. Qual dos conceitos corresponde a *A*?

43. Qual dos conceitos corresponde a *B*?

44. Qual dos conceitos corresponde a *C*?

45. Qual dos conceitos corresponde a *D*?

7.5 Processos energéticos celulares

46. Qual das alternativas indica corretamente os compartimentos de uma célula eucariótica onde ocorrem as etapas da respiração celular: glicólise, ciclo de Krebs e fosforilação oxidativa?
a) Citosol; citosol; citosol.
b) Citosol; mitocôndria; citosol.
c) Citosol; mitocôndria; mitocôndria.
d) Mitocôndria; mitocôndria; mitocôndria.

Identifique o termo abaixo que preenche corretamente os parênteses das frases de 47 a 53.

a) Cadeia respiratória.
b) Ciclo de Krebs.
c) Fermentação.
d) Fosforilação oxidativa.
e) Fotossíntese.
f) Glicólise.
g) Respiração aeróbica.

47. ( ) é o processo de síntese de substâncias orgânicas a partir de água, gás carbônico e energia luminosa.

48. ( ) é um processo de obtenção de energia em que as moléculas orgânicas são parcialmente degradadas, com rendimento energético relativamente baixo.

49. ( ) é um conjunto de reações sequenciais que ocorrem nas mitocôndrias e cujo primeiro participante é o ácido cítrico.

50. O processo de produção de ATP na mitocôndria, denominado ( ), utiliza energia proveniente da degradação de moléculas orgânicas.

51. ( ) corresponde a um conjunto de substâncias presentes na membrana interna das mitocôndrias, por onde passam sequencialmente elétrons provenientes das moléculas orgânicas degradadas.

52. Realizado(a) pela ampla maioria dos seres vivos, o(a) ( ) é um processo de obtenção de energia em que moléculas orgânicas ricas em energia são totalmente degradadas em gás carbônico e água.

53. O(A) ( ) é um conjunto sequencial de reações que ocorrem no citosol, em que uma molécula de glicose é degradada em duas moléculas de ácido pirúvico.

54. A fonte imediata de energia que permite a síntese do ATP na fosforilação oxidativa é
a) a oxidação da glicose e de outras substâncias orgânicas.
b) a passagem de elétrons pela cadeia respiratória.
c) a diferença de concentração de íons H^+ entre os ambientes separados pela membrana mitocondrial interna.
d) a transferência de grupos fosfato provenientes de ligações de alta energia do ciclo de Krebs para moléculas de ADP.

55. Que etapa metabólica ocorre tanto na respiração celular quanto na fermentação?
a) Transformação do ácido pirúvico em ácido láctico.
b) Produção de ATP por fosforilação oxidativa.
c) Ciclo de Krebs.
d) Glicólise.

56. Fisiologistas esportivos em um centro de treinamento olímpico desejam monitorar os atletas para determinar a partir de que ponto seus músculos passam a trabalhar anaerobicamente. Eles podem fazer isso investigando o aumento, nos músculos, de
a) ATP.
b) ADP.
c) gás carbônico.
d) ácido láctico.

Considere as alternativas a seguir para responder às questões de 57 a 60.

a) Ciclo de Calvin-Benson.
b) Etapa fotoquímica da fotossíntese.
c) Etapa puramente química da fotossíntese.
d) Fotofosforilação.
e) Fotólise da água.

57. Como é chamado o conjunto de reações químicas que ocorre no estroma do cloroplasto, em que o gás carbônico se combina com hidrogênios doados pelo NADPH, produzindo glicídios?

58. Qual é o nome da reação em que moléculas de água produzem gás oxigênio, prótons e elétrons, sendo estes últimos devolvidos à clorofila excitada pela luz?

59. Como se denomina o conjunto de reações químicas que ocorre no interior dos cloroplastos e que depende diretamente de luz?

60. Qual é o processo diretamente envolvido na produção de ATP nos cloroplastos?

61. Os átomos do gás oxigênio liberado na fotossíntese provêm
a) da água, apenas.
b) do gás carbônico, apenas.
c) da água e do gás carbônico, apenas.
d) da água, do gás carbônico e do ATP.

62. A molécula de clorofila, ao absorver luz, perde elétrons, os quais são repostos pela
a) degradação de moléculas de ATP.
b) fixação de moléculas de gás carbônico.
c) quebra de moléculas de água.
d) degradação de moléculas de glicose.

63. Qual das seguintes sequências indica corretamente o fluxo de elétrons durante a fotossíntese?
a) $H_2O \rightarrow$ NADPH $\rightarrow$ glicídio.
b) $H_2O \rightarrow O_2 \rightarrow$ glicídio.
c) NADPH $\rightarrow$ ATP $\rightarrow$ glicídio.
d) $O_2 \rightarrow$ NADPH $\rightarrow$ glicídio.

64. A energia fornecida pelas reações de transferência de elétrons ao longo da cadeia transportadora de elétrons do cloroplasto é utilizada primariamente para bombear íons H^+
a) do citosol para o interior dos tilacoides.
b) do interior dos tilacoides para o citosol.
c) do interior dos tilacoides para o estroma do cloroplasto.
d) do estroma do cloroplasto para o interior dos tilacoides.

65. A fonte imediata de energia que permite a síntese do ATP na fotofosforilação é
a) a quebra das moléculas de água.
b) a passagem de elétrons através da cadeia transportadora de elétrons.
c) a diferença de concentração de íons H^+ entre o interior dos tilacoides e o estroma.
d) a transferência de grupos fosfato provenientes de ligações de alta energia do ciclo de Calvin-Benson para moléculas de ADP.

66. As reações da etapa fotoquímica da fotossíntese (reações de claro) suprem o ciclo de Calvin-Benson com
a) energia luminosa.
b) CO_2 e ATP.
c) H_2O e CO_2.
d) NADPH e ATP.

As questões de 67 a 70 referem-se ao diagrama que relaciona os quatro conceitos apresentados a seguir.
a) Mitocôndria.
b) Respiração celular.
c) Cloroplasto.
d) Fotossíntese.

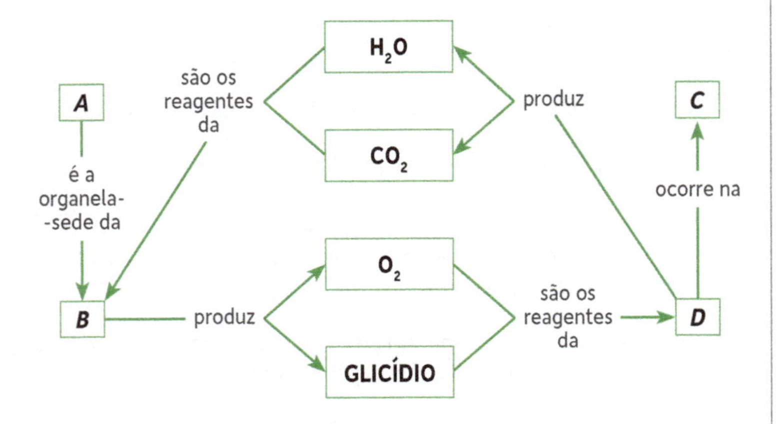

67. Qual dos conceitos corresponde a *A*?

68. Qual dos conceitos corresponde a *B*?

69. Qual dos conceitos corresponde a *C*?

70. Qual dos conceitos corresponde a *D*?

QUESTÕES PARA EXERCITAR O PENSAMENTO

71. "As células são altamente dependentes de ambientes aquosos porque as biomembranas somente conseguem manter sua organização molecular em contato direto com a água, como podemos deduzir do modelo de Singer e Nicolson". Elabore um texto que explique claramente essa relação.

72. Entre as diversas maneiras de verificar a difusão, mencionamos a seguir uma que pode ser realizada sem materiais ou instrumentos especiais. Ponha água em um recipiente largo de vidro transparente (uma placa de Petri ou um pirex, desses utilizados na cozinha) e coloque-o sobre uma superfície branca, em um local bem iluminado. Espere até que a água pare de se agitar, e então pingue uma gota de tinta nanquim preta (ou tinta à base de látex) bem perto da superfície da água. Observe a difusão das partículas de tinta. Teste o efeito da temperatura da água sobre a velocidade com que a difusão ocorre, colocando em um recipiente água bem gelada e, em outro, água bem quente. Em qual deles você espera que a difusão ocorra mais rapidamente? Por quê?

73. Três tubos de vidro têm, na extremidade inferior, membranas semipermeáveis (isto é, permeáveis à água, mas impermeáveis à sacarose) e foram mergulhados em um recipiente contendo uma solução aquosa de sacarose de concentração C = 10 g/L. Os tubos apresentavam, inicialmente, volumes iguais de soluções de sacarose de diferentes concentrações: C_1 = 20 g/L (tubo 1); C_2 = 10 g/L (tubo 2); C_3 = 5 g/L (tubo 3). O que se espera que ocorra com o nível de líquido, em cada um dos tubos, após algum tempo? Por quê?

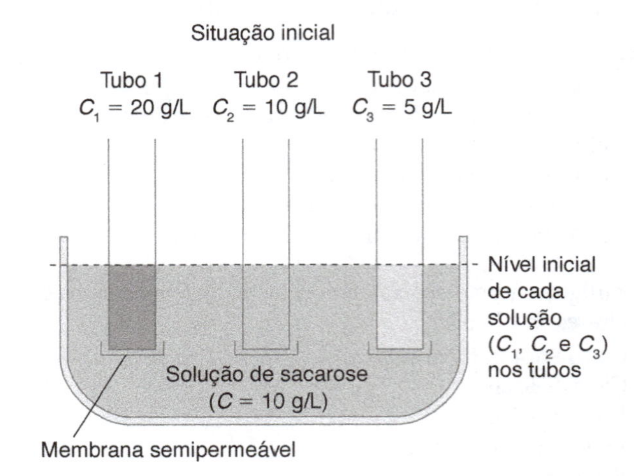

74. Um pesquisador verificou que a concentração de certa substância dentro da célula era vinte vezes maior do que fora dela. Sabendo-se que a substância em questão é capaz de se difundir facilmente através da membrana plasmática, como pode ser explicado o fato de não ser atingido o equilíbrio entre as concentrações interna e externa?

75. Espera-se encontrar maior quantidade de mitocôndrias em uma célula de pele ou de músculo? Por quê?

76. Em uma planta, espera-se encontrar maior quantidade de cloroplastos nas células das raízes ou nas células das folhas? Por quê?

77. Qual é a relação entre o retículo endoplasmático e o complexo golgiense na secreção de uma enzima por uma célula animal?

78. Observe as representações de uma célula animal (em cima) e de uma célula vegetal (embaixo), feitas a partir de observações ao microscópio eletrônico.

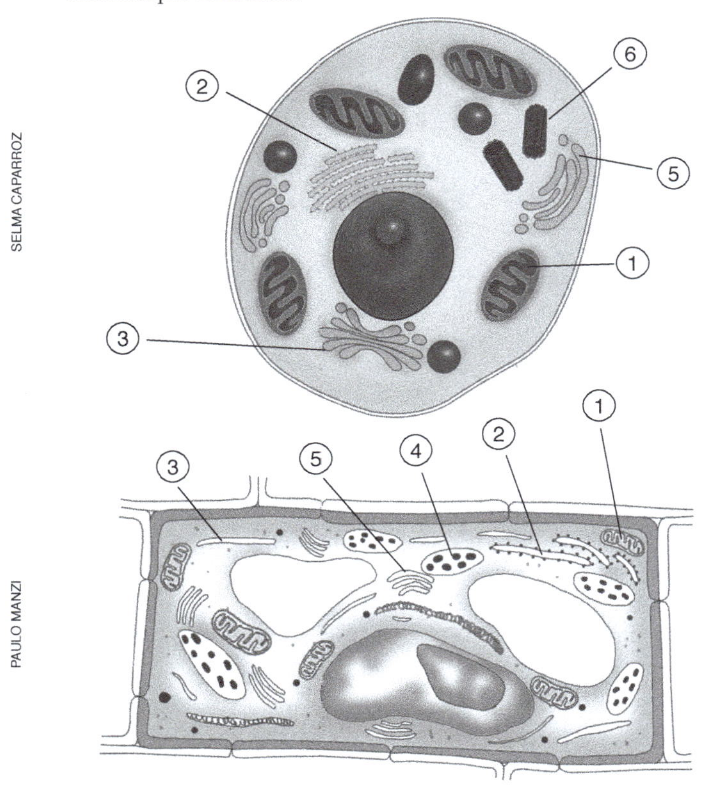

a) Quais partes dessas células são indicadas pelas setas numeradas?
b) Quais são as diferenças mais marcantes entre essas duas células?

79. Sistematizar informações, de modo a poder compará-las com facilidade e rapidez, é uma atividade importante no estudo de qualquer assunto. Nossa sugestão é que você sistematize as informações do capítulo sobre as organelas celulares construindo uma **tabela**. Consultando o texto, as figuras e as legendas, organize as seguintes informações sobre cada uma das organelas: a) breve descrição da forma; b) breve descrição da função; c) tipos de organismo em que ocorre (por exemplo, em células eucarióticas ou apenas em células vegetais etc.). Utilize as informações para compor uma tabela (se tiver dificuldades para isso, peça ajuda ao professor). Acrescente à tabela, se você considerar necessário, alguma outra informação que julgar importante.

80. Na década de 1940, alguns médicos passaram a prescrever doses baixas de uma droga chamada 2,4-dinitrofenol (DNP) para ajudar pacientes a emagrecer. Esse tratamento foi abandonado após a morte de alguns pacientes. Hoje sabemos que o DNP torna a membrana interna da mitocôndria permeável à passagem de íons H^+. Com base no que você aprendeu sobre metabolismo energético, explique que consequências o uso de DNP acarreta.

81. Que argumentos você usaria para tentar convencer uma amiga ou amigo de que os seres humanos dependem da luz solar para viver?

82. Há dois compartimentos internos nos cloroplastos cuja separação por uma membrana lipoproteica (membrana tilacoide) é de fundamental importância na produção de energia na fotossíntese. Quais são esses compartimentos e por que é importante que eles estejam separados por essa membrana?

A BIOLOGIA NO VESTIBULAR

QUESTÕES OBJETIVAS

83. (UEL-PR) A imagem a seguir representa a estrutura molecular da membrana plasmática de uma célula animal:

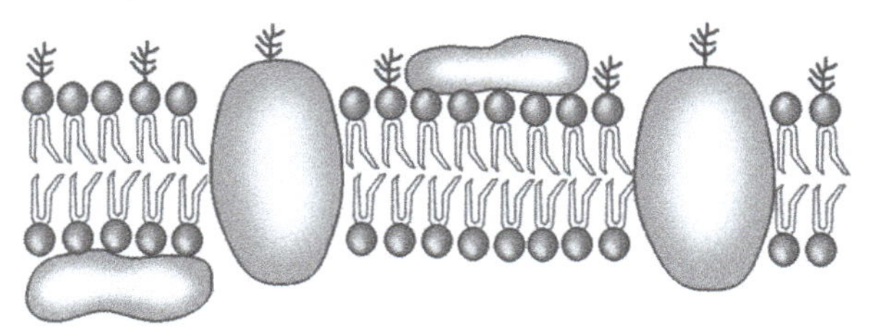

Com base na imagem e nos conhecimentos sobre o tema, considere as afirmativas a seguir.

I. Os fosfolipídios têm um comportamento peculiar em relação à água: uma parte da sua molécula é hidrofílica e a outra, hidrofóbica, favorecendo a sua organização em dupla camada.
II. A fluidez atribuída às membranas celulares é decorrente da presença de fosfolipídios.
III. Na bicamada lipídica da membrana, os fosfolipídios têm a sua porção hidrofílica voltada para o interior dessa bicamada e sua porção hidrofóbica voltada para o exterior.
IV. Os fosfolipídios formam uma barreira ao redor das células, impedindo a passagem de moléculas e íons solúveis em água, que são transportados através das proteínas intrínsecas à membrana.

Estão corretas apenas as afirmativas:

a) I e II.
b) I e III.
c) III e IV.
d) I, II e IV.
e) II, III e IV.

84. (FMTM-MG) De um pimentão, retiraram-se 4 fatias, as quais foram pesadas e mergulhadas em 4 soluções *A*, *B*, *C* e *D*, de diferentes concentrações de glicose. Assim, cada fatia permaneceu mergulhada em sua respectiva solução por cerca de 30 minutos. Após esse período, as fatias foram novamente pesadas. O gráfico representa as variações na massa das fatias do pimentão:

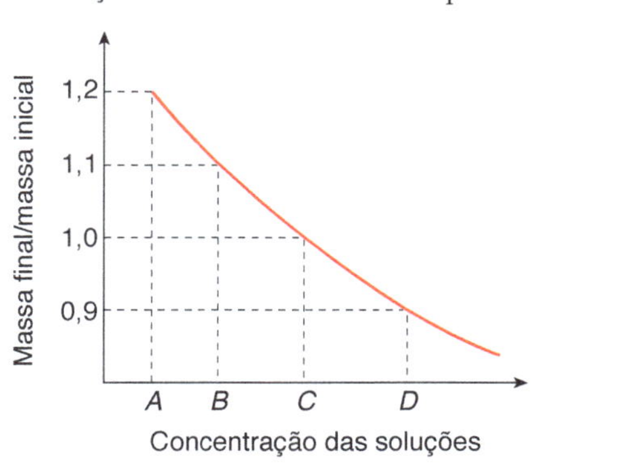

Conclui-se, a partir dos resultados do experimento, que

a) as soluções *A* e *B* são hipertônicas em relação ao meio interno das células do pimentão.
b) as soluções *A* e *C* fazem com que as células do pimentão percam água.
c) as soluções *B* e *D* são hipotônicas em relação ao meio interno das células do pimentão.
d) a solução *C* apresenta concentração igual à das células do pimentão.
e) a solução *C* é uma solução isotônica e faz com que o pimentão perca água.

85. (Fuvest-SP) Uma célula animal foi mergulhada em uma solução aquosa de concentração desconhecida. Duas alterações ocorridas na célula encontram-se registradas no gráfico.

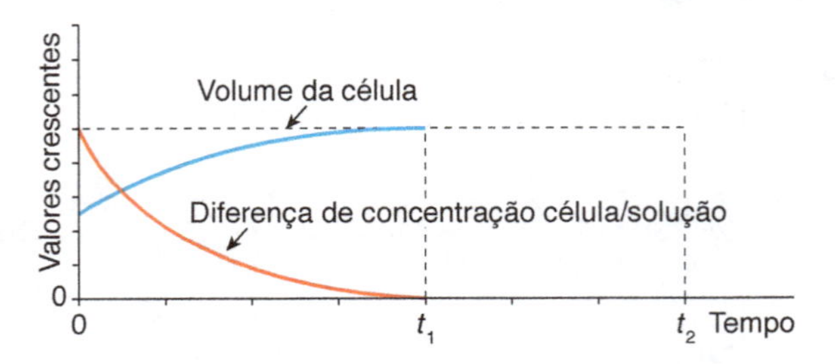

ADILSON SECCO

1. Qual a tonicidade relativa da solução em que a célula foi mergulhada?
2. Qual o nome do fenômeno que explica os resultados apresentados no gráfico?

a) Hipotônica, osmose.
b) Hipotônica, difusão.
c) Hipertônica, osmose.
d) Hipertônica, difusão.
e) Isotônica, osmose.

86. (Uece) Verificou-se que determinada substância, marcada radiativamente, se apresenta por último numa organela que, além disso, forma lisossomos, age no empacotamento de substâncias e na secreção celular. A opção que identifica outra função da organela é

a) produzir o capuz acrossômico do espermatozoide.
b) produzir energia para a célula.
c) posicionar-se nos polos celulares durante a movimentação dos cromossomos na divisão celular.
d) receber e transportar proteínas produzidas na face externa da sua membrana.

87. (UFF-RJ) O acrossomo, presente nos espermatozoides maduros, é essencial para a fecundação. A formação do acrossomo ocorre a partir do

a) peroxissomo.
b) lisossomo.
c) complexo de Golgi.
d) centríolo.
e) retículo endoplasmático liso.

88. (Vunesp) No homem, o revestimento interno da traqueia apresenta células secretoras de muco que a lubrificam e a umedecem. A informação sobre a natureza secretora destas células permite inferir que elas são especialmente ricas em estruturas citoplasmáticas do tipo

a) mitocôndrias e retículo endoplasmático liso.
b) retículo endoplasmático granular e aparelho de Golgi.
c) mitocôndrias e aparelho de Golgi.
d) lisossomos e aparelho de Golgi.
e) retículo endoplasmático granular e mitocôndrias.

89. (Unifesp) Numa célula animal, a sequência temporal da participação das organelas citoplasmáticas, desde a tomada do alimento até a disponibilização da energia, é

a) lisossomos → mitocôndrias → plastos.
b) plastos → peroxissomos → mitocôndrias.
c) complexo golgiense → lisossomos → mitocôndrias.
d) mitocôndrias → lisossomos → complexo golgiense.
e) lisossomos → complexo golgiense → mitocôndrias.

90. (UFSM-RS) Analise a figura a seguir, que esquematiza o processo de endocitose ocorrido nos linfócitos:

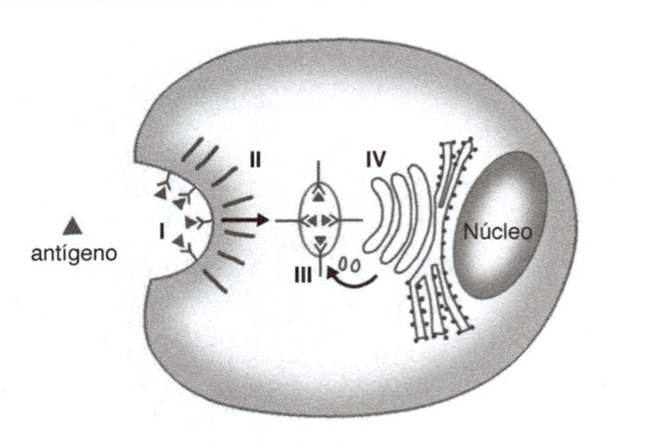

PAULO MANZI

Na organela representada por III, enzimas HIDROLÍTICAS fazem a digestão parcial do material que sofreu endocitose. Essa organela é um(a)

a) lisossomo.
b) peroxissomo.
c) centríolo.
d) complexo de Golgi.
e) mitocôndria.

91. (PUC-MG) A figura representa esquema de processos biológicos que podem ocorrer em nossas células. Um dos processos biológicos representados no esquema é a

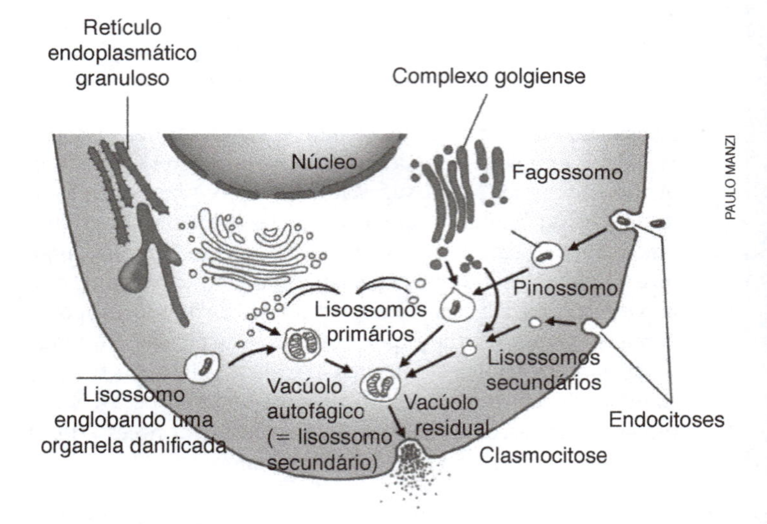

PAULO MANZI

a) diapedese.
b) heterofagia.
c) autólise.
d) silicose.

92. (PUC-RJ) De acordo com a hipótese endossimbionte, as células dos animais e plantas superiores se originaram de microrganismos que entraram em simbiose obrigatória com seres unicelulares primitivos. Qual das seguintes organelas celulares tem sua origem baseada nessa hipótese?

a) Complexo golgiense.
b) Ribossomo.
c) Lisossomo.
d) Retículo endoplasmático.
e) Mitocôndria.

93. (Emescam-ES) As leveduras utilizadas para produzir álcool etílico a partir do caldo de cana, rico em sacarose, realizam um processo no qual a glicose é transformada em etanol (álcool etílico). Esse processo

a) é uma fermentação realizada nas mitocôndrias e gasta oxigênio.
b) é uma fermentação realizada no citoplasma e gasta oxigênio.
c) é uma fermentação realizada no citoplasma, não gasta oxigênio e, portanto, não libera gás carbônico.
d) é uma fermentação realizada no citoplasma, sem gasto de O_2, mas com liberação de CO_2.
e) é uma fermentação, um processo que não consome O_2, mas que se passa no interior de mitocôndrias.

94. (UFSC) Se um músculo da perna de uma rã for dissecado e mantido em uma solução isotônica em recipiente hermeticamente fechado, o músculo é capaz de se contrair algumas vezes quando estimulado, mas logo deixa de responder aos estímulos. No entanto, se a solução for arejada, o músculo readquire a capacidade de se contrair quando estimulado. A explicação para o fenômeno é que o ar fornece o gás

a) nitrogênio, necessário à transmissão do impulso nervoso ao músculo.
b) nitrogênio, necessário à síntese dos aminoácidos componentes da miosina.
c) oxigênio, necessário à oxidação da miosina e da actina que se unem na contração.
d) oxigênio, necessário à respiração celular da qual provém a energia para a contração.
e) carbônico, necessário à oxidação do ácido láctico acumulado nas fibras musculares.

95. (PUC-PR) Durante uma prova de maratona, o suprimento de oxigênio torna-se gradualmente insuficiente durante o exercício muscular intenso realizado pelos atletas, a liberação de energia pelas células musculares esqueléticas processa-se cada vez mais em condições relativas de anaerobiose, a partir da glicose. O principal produto acumulado nestas condições é o

a) ácido pirúvico.
b) ácido acetoacético.
c) ácido láctico.
d) ácido cítrico.
e) etanol.

96. (PUC-SP)

A propriedade de "captar a vida na luz" que as plantas apresentam se deve à capacidade de utilizar a energia luminosa para a síntese de alimento. A organela (I), onde ocorre esse processo (II), contém um pigmento (III) capaz de captar a energia luminosa, que é posteriormente transformada em energia química. As indicações I, II e III referem-se, respectivamente a

a) mitocôndria, respiração, citocromo.
b) cloroplasto, fotossíntese, citocromo.
c) cloroplasto, respiração, clorofila.
d) mitocôndria, fotossíntese, citocromo.
e) cloroplasto, fotossíntese, clorofila.

97. (UFTO) A aplicação de CO_2 no cultivo de vegetais vem sendo utilizada desde o final do século passado. Analise este gráfico, em que estão representados resultados da aplicação e da não aplicação desse método numa determinada plantação:

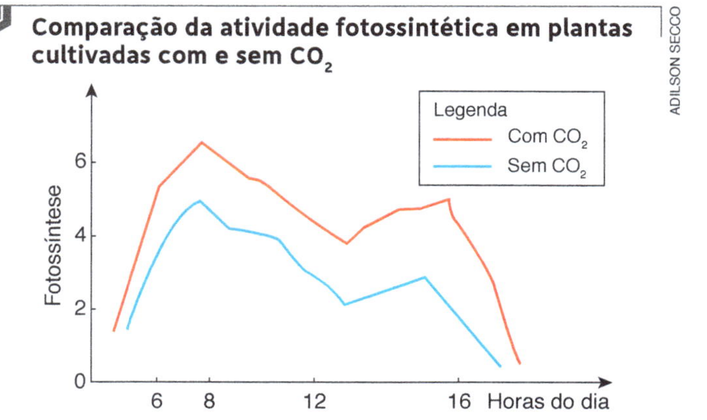

Considerando-se as informações desse gráfico e outros conhecimentos sobre o assunto, é CORRETO afirmar que

a) a aplicação de CO_2 aumenta a produção de matéria orgânica.
b) a aplicação de CO_2 retarda o crescimento e o desenvolvimento das plantas.
c) a atividade fotossintética independe da concentração de CO_2 e da temperatura.
d) a maior atividade fotossintética ocorre nas horas mais quentes do dia.

98. (UFPI) Analise as duas reações a seguir:

Reação I $CO_2^{18} + H_2O \xrightarrow[\text{Clorofila}]{\text{Luz}} (CH_2O)n + O_2^{18}$

Reação II $CO_2 + H_2O^{18} \xrightarrow[\text{Clorofila}]{\text{Luz}} (CH_2O)n + O_2^{18}$

Por meio da análise das reações mostradas podemos afirmar que

a) a reação I está correta, confirmando que o O_2 é proveniente do CO_2.
b) a reação II está correta, confirmando que o O_2 é proveniente de H_2O.
c) as reações I e II estão corretas, pois o O_2 provém tanto do CO_2 como de H_2O.
d) as reações I e II não fornecem informações suficientes para se concluir a origem do O_2 liberado.
e) as reações I e II estão erradas, pois o O_2 liberado é proveniente da molécula de clorofila.

99. (Fuvest-SP) Dois importantes processos metabólicos são

I. "ciclo de Krebs", ou ciclo do ácido cítrico, no qual moléculas orgânicas são degradadas e seus carbonos, liberados como gás carbônico (CO_2);
II. "ciclo de Calvin-Benson", ou ciclo das pentoses, no qual os carbonos do gás carbônico são incorporados em moléculas orgânicas.

Que alternativa indica corretamente os ciclos presentes nos organismos citados?

	Humanos	Plantas	Algas	Lêvedo
a)	I e II	I e II	I e II	apenas I
b)	I e II	apenas II	apenas II	I e II
c)	I e II	I e II	I e II	I e II
d)	apenas I	I e II	I e II	apenas I
e)	apenas I	apenas II	apenas II	apenas I

QUESTÕES DISCURSIVAS

100. (Unifesp) O esquema representa parte da membrana plasmática de uma célula eucariótica.

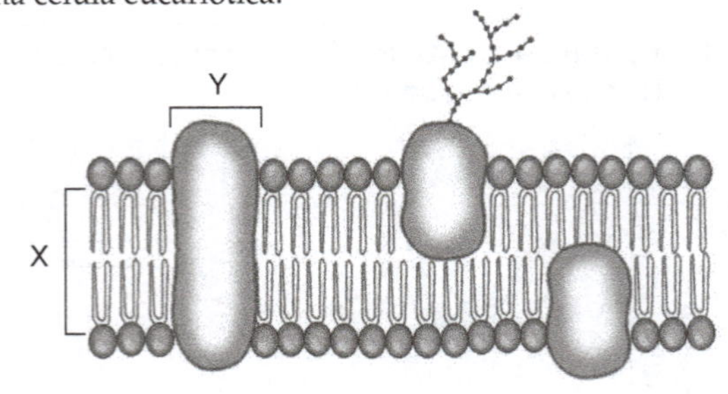

a) A que correspondem X e Y?
b) Explique, usando o modelo do "mosaico fluido" para a membrana plasmática, como se dá a secreção de produtos do meio intracelular para o meio extracelular.

101. (Unicamp-SP) É comum, nos dias de hoje, ouvirmos dizer: "estou com o colesterol alto no sangue". A presença de colesterol no sangue, em concentração adequada, não é problema, pois é um componente importante ao organismo. Porém, o aumento das partículas LDL (lipoproteína de baixa densidade), que transportam o colesterol no plasma sanguíneo, leva à formação de placas ateroscleróticas nos vasos, causa frequente de infarto do miocárdio. Nos indivíduos normais, a LDL circulante é internalizada nas células através de pinocitose e chega aos lisossomos. O colesterol é liberado da partícula LDL e passa para o citosol para ser utilizado pela célula.
a) O colesterol é liberado da partícula LDL no lisossomo. Que função essa organela exerce na célula?
b) A pinocitose é um processo celular de internalização de substâncias. Indique outro processo de internalização encontrado nos organismos e explique no que difere da pinocitose.
c) Cite um processo no qual o colesterol é utilizado.

102. (Fuvest-SP) Certas doenças hereditárias decorrem da falta de enzimas lisossômicas. Nesses casos, substâncias orgânicas complexas acumulam-se no interior dos lisossomos e formam grandes inclusões que prejudicam o funcionamento das células.
a) O que são lisossomos e como eles contribuem para o bom funcionamento de nossas células?
b) Como se explica que as doenças lisossômicas sejam hereditárias se os lisossomos não são estruturas transmissíveis de pais para filhos?

103. (Unifesp) Os espermatozoides estão entre as células humanas que possuem maior número de mitocôndrias.
a) Como se explica a presença do alto número dessas organelas no espermatozoide?
b) Explique por que, mesmo havendo tantas mitocôndrias no espermatozoide, dizemos que a herança mitocondrial é materna.

104. (UFF-RJ) A célula possui diversas organelas com funções próprias e que, muitas vezes, estão relacionadas entre si. Dos processos como digestão intracelular, difusão e transporte ativo, em qual deles a mitocôndria tem participação imprescindível? Explique.

105. (UFU-MG) Existem seres vivos, ou mesmo células de um organismo, que são chamados de anaeróbicos facultativos. Estes respiram aerobicamente enquanto há oxigênio disponível. No entanto, se o oxigênio faltar, esses seres ou essas células podem degradar a glicose anaerobicamente, realizando a fermentação.

Pergunta-se:
a) Na fermentação, o consumo de glicose é maior ou menor do que o usado no processo aeróbico?
b) Justifique sua resposta.

106. (Unicamp-SP) As macromoléculas (polissacarídios, proteínas ou lipídios) ingeridas na alimentação não podem ser diretamente usadas na produção de energia pela célula. Essas macromoléculas devem sofrer digestão (quebra), produzindo moléculas menores, para serem utilizadas no processo de respiração celular.
a) Quais são as moléculas menores que se originam da digestão das macromoléculas citadas no texto?
b) Como ocorre a "quebra" química das macromoléculas ingeridas?
c) Respiração é um termo aplicado a dois processos distintos, porém intimamente relacionados, que ocorrem no organismo em nível pulmonar e celular. Explique que relação existe entre os dois processos.

ENEM

107. Muitos estudos de síntese e endereçamento de proteínas utilizam aminoácidos marcados radioativamente para acompanhar as proteínas, desde fases iniciais de sua produção até seu destino final. Esses ensaios foram muito empregados para estudo e caracterização de células secretoras.
Após esses ensaios de radioatividade, qual gráfico representa a evolução temporal da produção de proteínas e sua localização em uma célula secretora?

a)

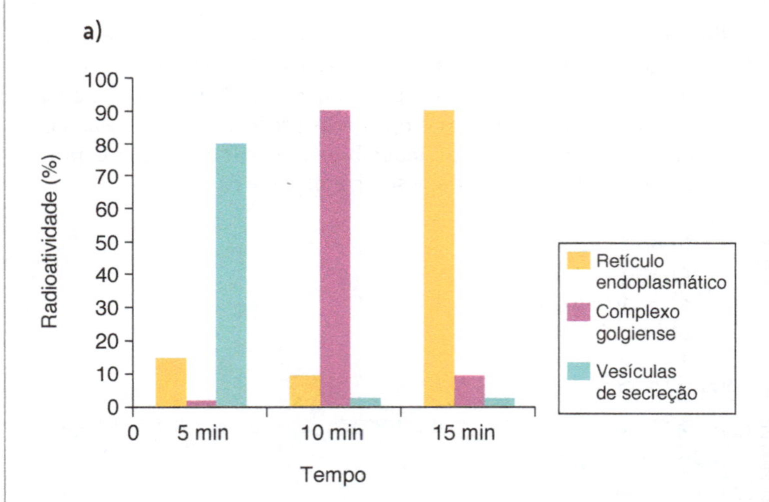

b)

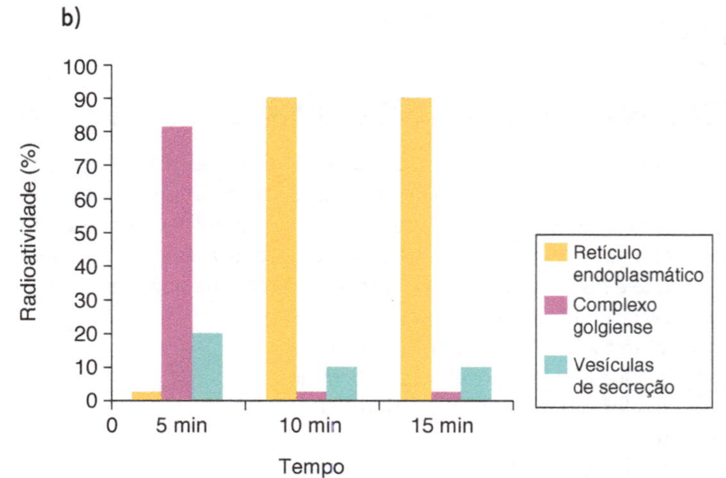

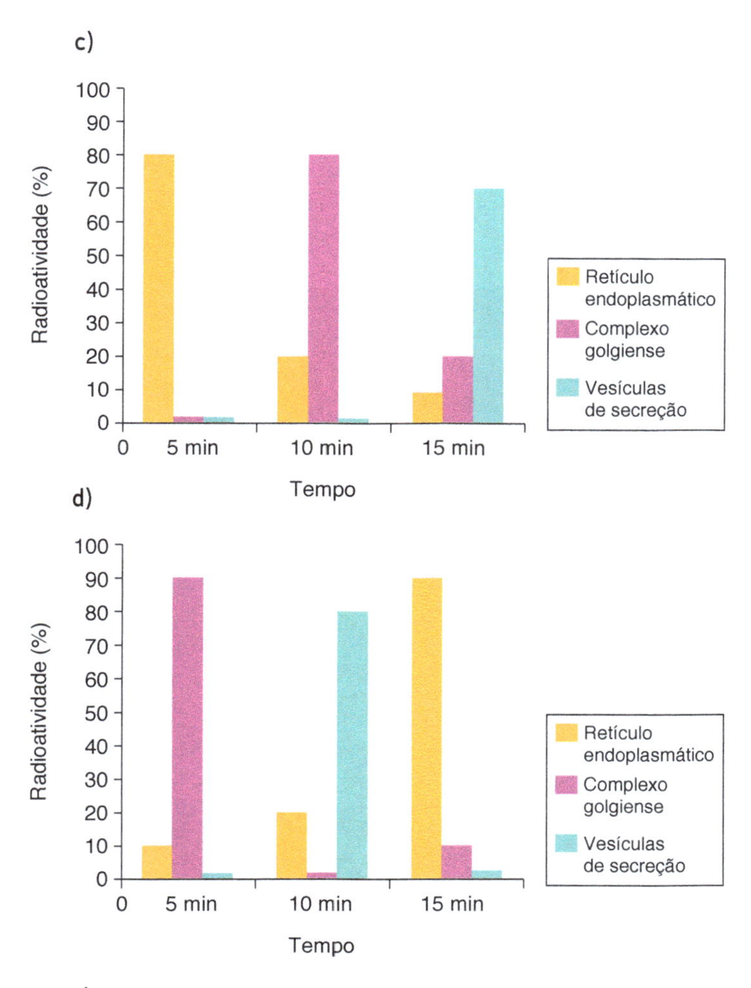

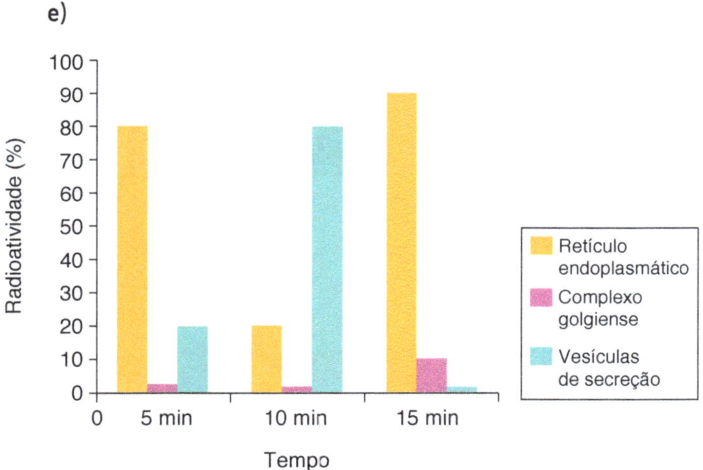

108. Segundo a teoria evolutiva mais aceita hoje, as mitocôndrias, organelas celulares responsáveis pela produção de ATP em células eucariotas, assim como os cloroplastos, teriam sido originados de procariontes ancestrais que foram incorporados por células mais complexas.

Uma característica da mitocôndria que sustenta essa teoria é a

a) capacidade de produzir moléculas de ATP.

b) presença de parede celular semelhante à de procariontes.

c) presença de membranas envolvendo e separando a matriz mitocondrial do citoplasma.

d) capacidade de autoduplicação dada por DNA circular próprio semelhante ao bacteriano.

e) presença de um sistema enzimático eficiente às reações químicas do metabolismo aeróbio.

109. Normalmente, as células do organismo humano realizam a respiração aeróbica, na qual o consumo de uma molécula de glicose gera 38 moléculas de ATP. Contudo, em condições anaeróbicas, o consumo de uma molécula de glicose pelas células é capaz de gerar apenas duas moléculas de ATP.

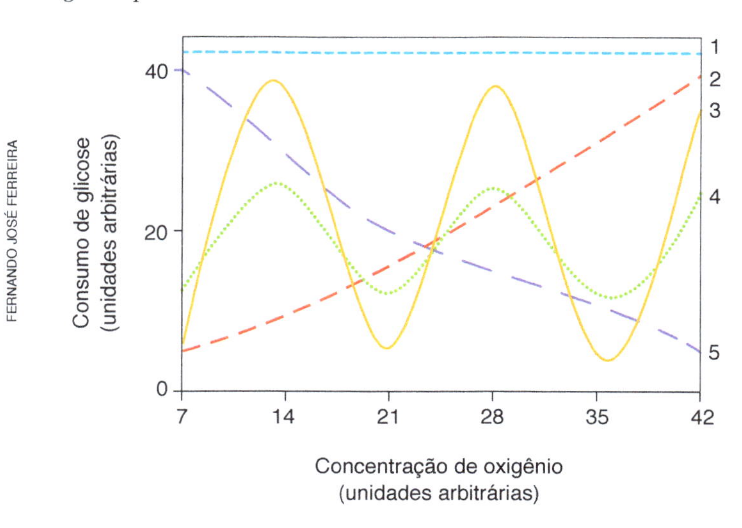

Qual curva representa o perfil de consumo de glicose, para manutenção da homeostase de uma célula que inicialmente está em uma condição anaeróbica e é submetida a um aumento gradual da concentração de oxigênio?

a) 1 **b)** 2 **c)** 3 **d)** 4 **e)** 5

110. Há milhares de anos o homem faz uso da biotecnologia para a produção de alimentos como pães, cervejas e vinhos. Na fabricação de pães, por exemplo, são usados fungos unicelulares, chamados de leveduras, que são comercializados como fermento biológico. Eles são usados para promover o crescimento da massa, deixando-a leve e macia.

O crescimento da massa do pão pelo processo citado é resultante da

a) liberação de gás carbônico.

b) formação de ácido lático.

c) formação de água.

d) produção de ATP.

e) liberação de calor.

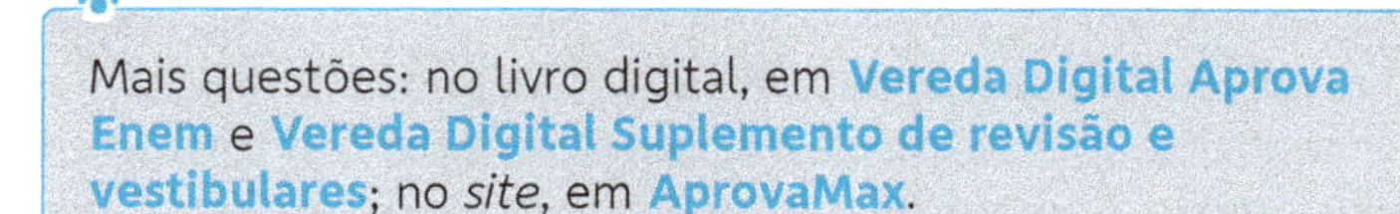

CAPÍTULO

8 NÚCLEO E DIVISÃO CELULAR

MAURICE MCDONALD/PA WIRE/ZUMA PRESS/GLOW IMAGES

A ovelha Dolly – o primeiro mamífero clonado com sucesso – ao lado do biólogo Ian Wilmut, líder da equipe responsável pela clonagem (Escócia, 2003).

De que trata este capítulo

Belinda era uma ovelha de 6 anos de idade da raça Finnish-Dorset, de cor clara e uniforme. Em um experimento inédito, ela foi a doadora do núcleo de uma célula de sua glândula mamária. Fluffy, ovelha da raça Scottish Blackface (cara-preta), foi a doadora de um óvulo cujo núcleo foi eliminado e substituído pelo núcleo da célula da glândula mamária de Belinda. Após um pequeno choque elétrico, o núcleo transplantado incorporou-se ao citoplasma do óvulo de Fluffy e iniciou-se o desenvolvimento embrionário. O embrião assim produzido foi implantado no útero de uma terceira ovelha Scottish Blackface – Lassie – e nele se desenvolveu. Em 5 de julho de 1996 nasceu Dolly, um clone (isto é, uma "cópia") de Belinda.

Esse incrível feito científico foi realizado pela equipe liderada pelo biólogo escocês Ian Wilmut, do Instituto Rosling, na Escócia. Como era de esperar, a experiência suscitou grande polêmica. Abriam-se as portas para a clonagem humana, defendida por uns e criticada por outros.

Bastou um único núcleo celular de Belinda, convenientemente instalado no citoplasma do óvulo de Fluffy, para originar Dolly, uma réplica de Belinda. A experiência confirmou o que se esperava: o núcleo de uma célula somática contém todas as informações necessárias para originar um organismo completo, no caso, uma ovelha Finnish-Dorset muito semelhante a Belinda.

Em média, um núcleo celular mede entre 5 e 15 μm de diâmetro, algo em torno de 0,01 mm. Não é formidável pensar que um único núcleo de uma célula qualquer de nosso corpo, com seu tamanho microscópico, possui todas as informações necessárias para originar um organismo completo? E que os núcleos de todas as nossas células têm informações idênticas por serem a reprodução fiel do núcleo da célula-ovo que nos originou?

Objetivos

Objetivos gerais

- Reconhecer a importância dos estudos aprofundados sobre cromossomos e genes para o diagnóstico e a prevenção de síndromes cromossômicas, o que permite relacionar a ciência com a melhora das condições de vida da humanidade.
- Compreender a importância da divisão celular na origem, no crescimento e desenvolvimento de qualquer ser vivo e, portanto, na perpetuação da vida.

Objetivos didáticos

- Reconhecer o núcleo das células eucarióticas como centro de controle das atividades celulares e compreender os níveis de organização cromossômica.
- Conhecer o número normal de cromossomos na espécie humana, conceituando autossomos e cromossomos sexuais.
- Reconhecer que a alteração do número de cromossomos nas células de uma pessoa pode levar a distúrbios genéticos, tais como as síndromes de Down, de Turner e de Klinefelter.
- Conhecer as principais subdivisões do ciclo celular, relacionando-as com a duplicação do DNA cromossômico.
- Identificar os principais eventos da mitose compreendendo o papel desse tipo de divisão celular na reprodução assexuada de organismos unicelulares e no crescimento e desenvolvimento dos organismos multicelulares.
- Conhecer os principais eventos da meiose e o papel desse tipo de divisão celular na reprodução sexuada.

8.1 Componentes do núcleo celular

O núcleo celular, estrutura exclusiva de células eucarióticas, é onde se encontram os **cromossomos**, filamentos constituídos por DNA e proteínas em que estão gravadas instruções que comandam todo o funcionamento celular. A maioria das células apresenta apenas um núcleo, mas há exceções; nossas hemácias perdem o núcleo durante a especialização, enquanto nossas fibras musculares estriadas são multinucleadas, com dezenas ou centenas de núcleos. Protozoários ciliados têm dois núcleos, um pequeno, o micronúcleo, e outro maior, o macronúcleo. **(Fig. 8.1)**

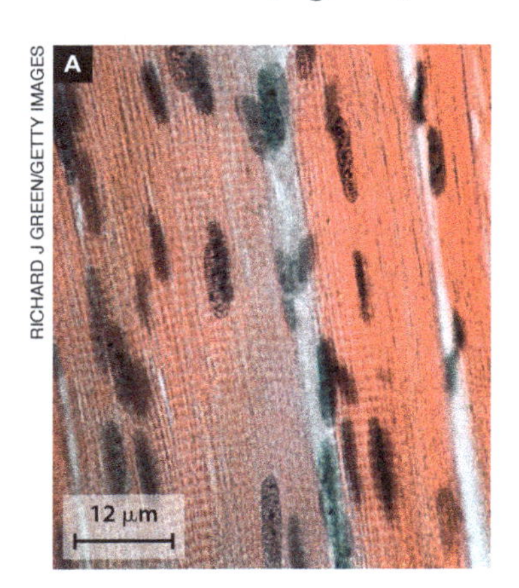

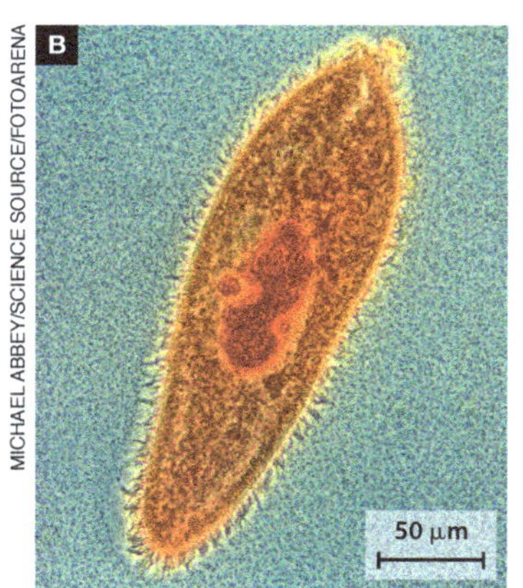

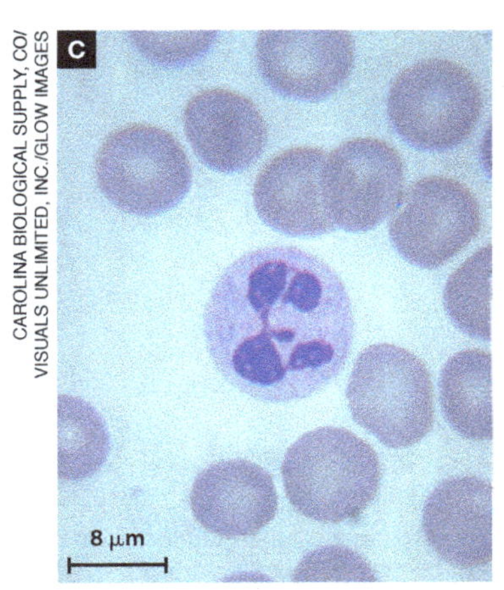

Figura 8.1 Variedade celular no que diz respeito ao núcleo. **A.** Célula muscular estriada esquelética, que atinge milímetros de comprimento e apresenta centenas de núcleos. **B.** Paramécio (protozoário), organismo cuja célula apresenta dois núcleos: macronúcleo (estrutura oval de maior tamanho na região central) e micronúcleo (estrutura esférica menor à esquerda). **C.** Neutrófilo, glóbulo branco do sangue humano que apresenta um núcleo lobulado.

Envelope nuclear ou carioteca

O núcleo é delimitado pelo **envelope nuclear** ou carioteca, constituído por duas membranas lipoproteicas muito bem ajustadas uma à outra. A face interna da membrana, voltada para o interior do núcleo, é reforçada por uma camada de filamentos proteicos que constitui a lâmina nuclear. Em diversos pontos do envelope nuclear, as membranas externa e interna fundem-se em torno de um orifício, ou poro, através do qual ocorre troca de substâncias entre o núcleo e o citoplasma.

Os poros do envelope nuclear atuam como válvulas, abrindo-se para dar passagem a determinados materiais e fechando-se em seguida. No poro há uma estrutura conhecida como complexo do poro, formada por dezenas de tipos diferentes de proteína. O complexo do poro controla ativamente o trânsito de partículas e de substâncias entre o núcleo e o citoplasma. **(Fig. 8.2)**

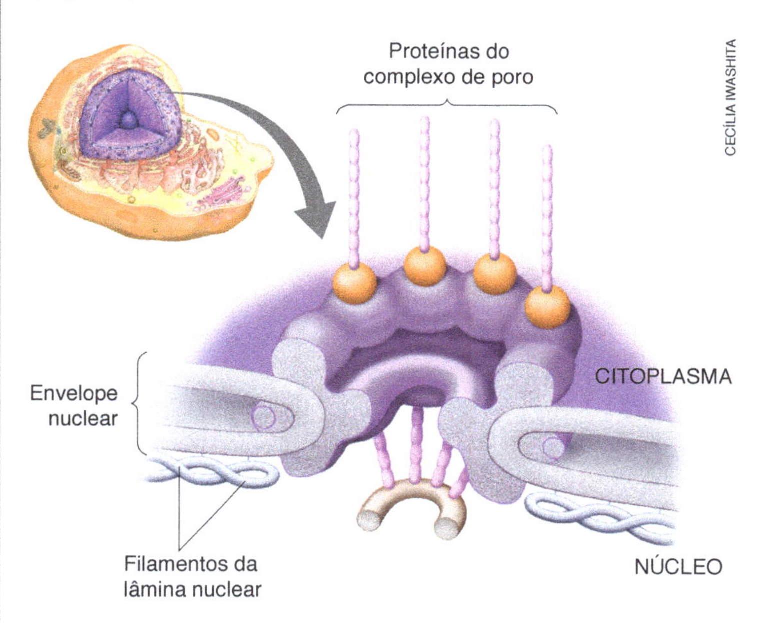

Figura 8.2 Representação esquemática, elaborada com base em estudos ao microscópio eletrônico, de uma célula animal em corte, mostrando os principais componentes do núcleo celular.

Cromatina e nucléolos

O termo cromatina (do grego *chromatos*, cor), que significa material corável, começou a ser empregado em meados do século XIX. Nessa época, ao tratar células com certos corantes, os citologistas descobriram que o material contido no núcleo celular corava-se intensamente, destacando-se das outras partes da célula. Hoje sabemos que esse material é formado por um conjunto de fios finíssimos, os cromossomos. Assim, a **cromatina** corresponde ao conjunto de cromossomos presente no núcleo das células em interfase, isto é, que não estão em processo de divisão.

Nucléolos são massas densas presentes no interior do núcleo; eles não têm membrana envolvente, sendo constituídos pela aglomeração de ribossomos em processo de amadurecimento e que logo migrarão para o citoplasma, onde atuarão na síntese das proteínas. A principal substância constituinte dos ribossomos é um tipo especial de RNA, o **RNA ribossômico,** produzido por determinadas regiões cromossômicas, denominadas **regiões organizadoras do nucléolo**. Geralmente há um ou dois nucléolos por núcleo.

A cromatina e os nucléolos estão mergulhados numa solução aquosa, o **nucleoplasma**, ou **cariolinfa**, em que também estão presentes diversos tipos de íon, moléculas de ATP, nucleotídios e diversos tipos de enzima. **(Fig. 8.3)**

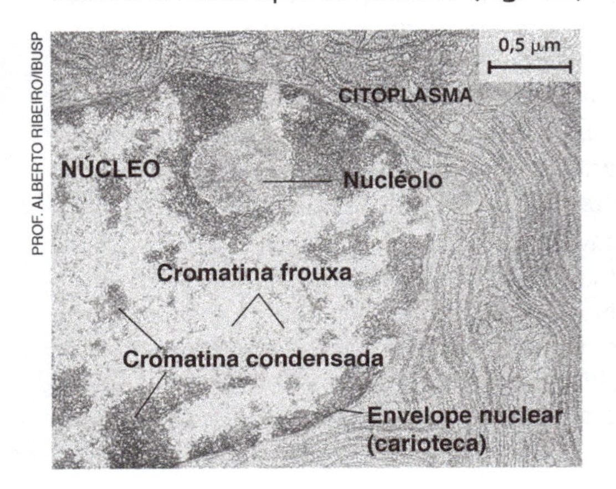

Figura 8.3 Fotomicrografia de um corte de célula animal mostrando os principais constituintes do núcleo. (Microscópio eletrônico de transmissão.)

Agora você pode resolver as atividades de 1 a 6, 60, 64, 65 e 88.

8.2 Características gerais dos cromossomos

Cromossomo é uma estrutura filamentosa constituída por uma longa molécula de DNA, na qual há instruções – os **genes** – que comandam o funcionamento celular. No núcleo das células eucarióticas há geralmente vários cromossomos, que diferem quanto aos genes que possuem. Cada cromossomo eucariótico é um filamento longo, não circular, constituído por uma única molécula de DNA associada a proteínas.

O número de cromossomos no núcleo celular varia entre as espécies. Na espécie humana, por exemplo, as células somáticas têm 46 cromossomos no núcleo. No chimpanzé as células somáticas apresentam 48 cromossomos e na mosca *Drosophila melanogaster* esse número é de apenas 8.

Estrutura do cromossomo eucariótico

Um cromossomo de uma célula eucariótica tem sempre a mesma estrutura básica: uma longa molécula de DNA que, a espaços regulares, dá duas voltas sobre um grânulo constituído por oito moléculas de proteínas chamadas **histonas**. Os grânulos de histona com DNA enrolado constituem unidades estruturais, os **nucleossomos**, que se repetem ao longo do cromossomo.

Nucleossomos vizinhos associam-se de tal modo que o fio cromossômico se enrola como uma mola helicoidal altamente compacta. Esse fio tem cerca de 30 nm de espessura e é denominado **fibra cromossômica**, ou **solenoide**. Ao longo de seu comprimento, a fibra cromossômica apresenta regiões associadas a proteínas que dão sustentação "esquelética" ao cromossomo. A fibra cromossômica associada a esse esqueleto proteico tem cerca de 300 nm de espessura e constitui o **cromonema**. Quando a célula está em processo de divisão para originar duas células-filhas, o cromonema enrola-se sobre si mesmo, assumindo um estado altamente condensado, com cerca de 700 nm de espessura. **(Fig. 8.4)**

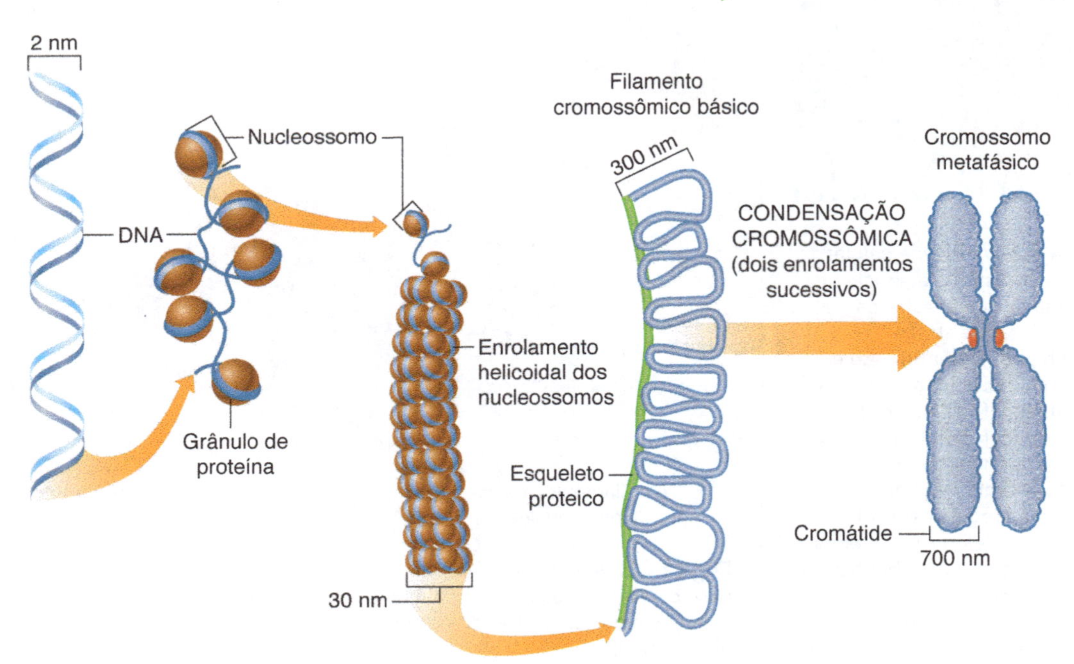

Figura 8.4 Representação esquemática dos níveis de organização do cromossomo em organismos eucarióticos.

Um dos principais preparativos para a reprodução celular consiste em duplicar cada um dos cromossomos, que serão repartidos equitativamente entre as duas células-filhas. Nesse processo cada filamento cromossômico produz outro idêntico e os dois permanecem unidos por uma região cromossômica denominada **centrômero**. Os filamentos de um cromossomo duplicado e unidos pelo centrômero são denominados **cromátides-irmãs**.

No início da divisão celular as cromátides-irmãs começam a se condensar independentemente, mas se mantêm unidas. Com a condensação o cromossomo encurta e torna-se mais grosso, assumindo o aspecto de um bastão duplo, constituído pelo par de cromátides condensadas. **(Fig. 8.5)**

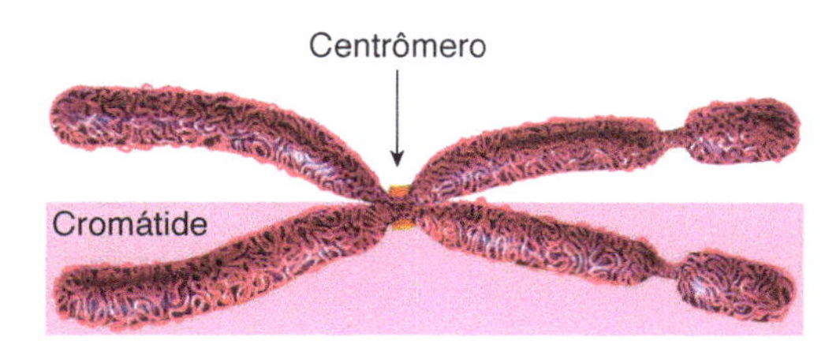

Figura 8.5 Representação esquemática de um cromossomo condensado, constituído por duas cromátides unidas pelo centrômero.

Centrômero e classificação dos cromossomos

O centrômero mantém as cromátides-irmãs unidas da duplicação cromossômica até sua separação para as células-filhas, além de prender cada cromátide aos microtúbulos encarregados de separá-las durante a divisão celular.

O centrômero divide o cromossomo em duas partes, que os citologistas denominam **braços cromossômicos**. O tamanho relativo dos braços cromossômicos serve de critério para classificar os cromossomos em quatro tipos: a) **metacêntrico**: o centrômero está no meio e os dois braços têm o mesmo tamanho; b) **submetacêntrico**: o centrômero é um pouco deslocado da região mediana e os braços têm tamanho desigual; c) **acrocêntrico**: o centrômero localiza-se perto de uma das extremidades e um braço é bem maior que o outro; d) **telocêntrico**: o centrômero localiza-se junto a uma das extremidades do cromossomo e há praticamente um só braço. **(Fig. 8.6)**

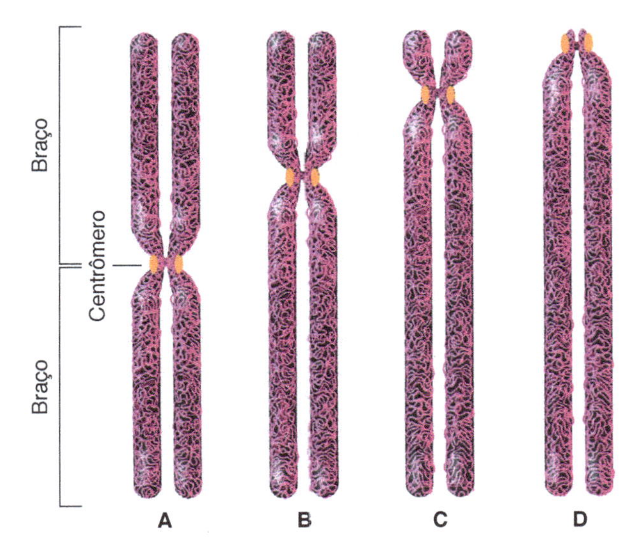

ILUSTRAÇÕES: OSVALDO SANCHES SEQUETIN

Figura 8.6 Representação esquemática dos quatro tipos de cromossomos, classificados de acordo com a posição do centrômero. **A.** Metacêntrico. **B.** Submetacêntrico. **C.** Acrocêntrico. **D.** Telocêntrico.

Seja qual for o tipo cromossômico, suas extremidades apresentam organização especial e são denominadas **telômeros**.

Conceito de genoma

O conjunto de moléculas de DNA de uma espécie é denominado **genoma**. Além de todos os genes característicos da espécie, o genoma apresenta também segmentos de DNA que não têm informação genética codificada. Na espécie humana o genoma é constituído por 24 moléculas de DNA, que formam os 24 tipos de cromossomo humano; 22 desses são denominados **autossomos** e identificados por números de 1 a 22; os outros dois tipos, chamados de **cromossomos sexuais**, são identificados pelas letras **X** e **Y**.

Um dos maiores empreendimentos científicos das últimas décadas foi o Projeto Genoma Humano, iniciado formalmente em 1990 com o objetivo de determinar a sequência dos cerca de 3,2 bilhões de pares de nucleotídios que formam os 24 tipos de cromossomos humanos, além de identificar e mapear todos os genes de nossa espécie. Concluído formalmente em 2003, o projeto revelou a existência de cerca de 20.500 genes humanos.

Uma consequência do projeto Genoma Humano foi a criação de novas ferramentas de pesquisa que têm permitido o refinamento dos estudos genômicos com a caracterização de genomas individuais de diversas espécies, inclusive de restos fossilizados. Já foram sequenciados, isto é, tiveram sua sequência de bases identificada, os genomas da mosca da banana (*Drosophila melanogaster*), do fermento de padaria (*Saccharomyces cerevisiae*), do camundongo (*Mus musculus*) e de inúmeras bactérias, entre elas a *Xyllela fastidiosa*, o primeiro organismo a ter seu genoma totalmente sequenciado no Brasil.

Cromossomos homólogos

Cada célula do corpo de uma pessoa tem 46 cromossomos. Homens têm 22 pares de autossomos, um cromossomo X e um cromossomo Y. Mulheres têm 22 pares de autossomos e dois cromossomos X. Óvulos humanos têm 23 cromossomos, sendo 22 autossomos (um de cada tipo) e um cromossomo X. Espermatozoides humanos também têm 23 cromossomos, sendo 22 autossomos e um cromossomo sexual que pode ser o X ou o Y. Teoricamente metade dos espermatozoides produzidos por um homem tem o cromossomo X e metade tem o cromossomo Y.

Quando um espermatozoide se funde ao óvulo, na fecundação, dois conjuntos de cromossomos reúnem-se no núcleo da primeira célula do novo ser, denominada **zigoto**; esse termo vem do grego *zygos*, que significa união (no caso dos gametas feminino e masculino). Na espécie humana o zigoto contém 23 cromossomos provenientes da mãe e 23 provenientes do pai. A determinação do sexo biológico ocorre precisamente no momento da fecundação; se o espermatozoide fecundante tiver o cromossomo X, o zigoto originará uma pessoa do sexo feminino; se o espermatozoide tiver o cromossomo Y, a pessoa será do sexo masculino.

Pouco antes de se dividir, o zigoto duplica todos os seus cromossomos; ao fim da primeira divisão celular cada célula-filha terá réplicas exatas dos 46 cromossomos recebidos dos genitores. A cada divisão celular esse processo se repete, de modo que todas as células do corpo de um indivíduo têm cópias idênticas dos cromossomos originalmente presentes no zigoto.

Os dois representantes de cada par cromossômico originalmente herdados nos gametas são chamados de **cromossomos homólogos** (do grego *homoios*, igual, semelhante).

Células que apresentam pares de cromossomos homólogos são chamadas de **células diploides**, ou **2*n*** (do grego *diploos*, duplo, dois). Todas as células de nosso corpo, com exceção dos gametas, são diploides. Células que apresentam apenas um lote de cromossomos são chamadas de **células haploides**, ou ***n*** (do grego *haploos*, único, simples). Óvulos e espermatozoides são células haploides.

Os cromossomos de um par de homólogos são praticamente indistinguíveis: eles têm mesmo tamanho, mesma forma e genes equivalentes localizados nas mesmas posições relativas do filamento cromossômico. Por exemplo, se em determinado local de um cromossomo houver um gene com a instrução para produzir determinada proteína, em seu homólogo, no local correspondente, haverá um gene com instrução idêntica ou muito semelhante. **(Fig. 8.7)**

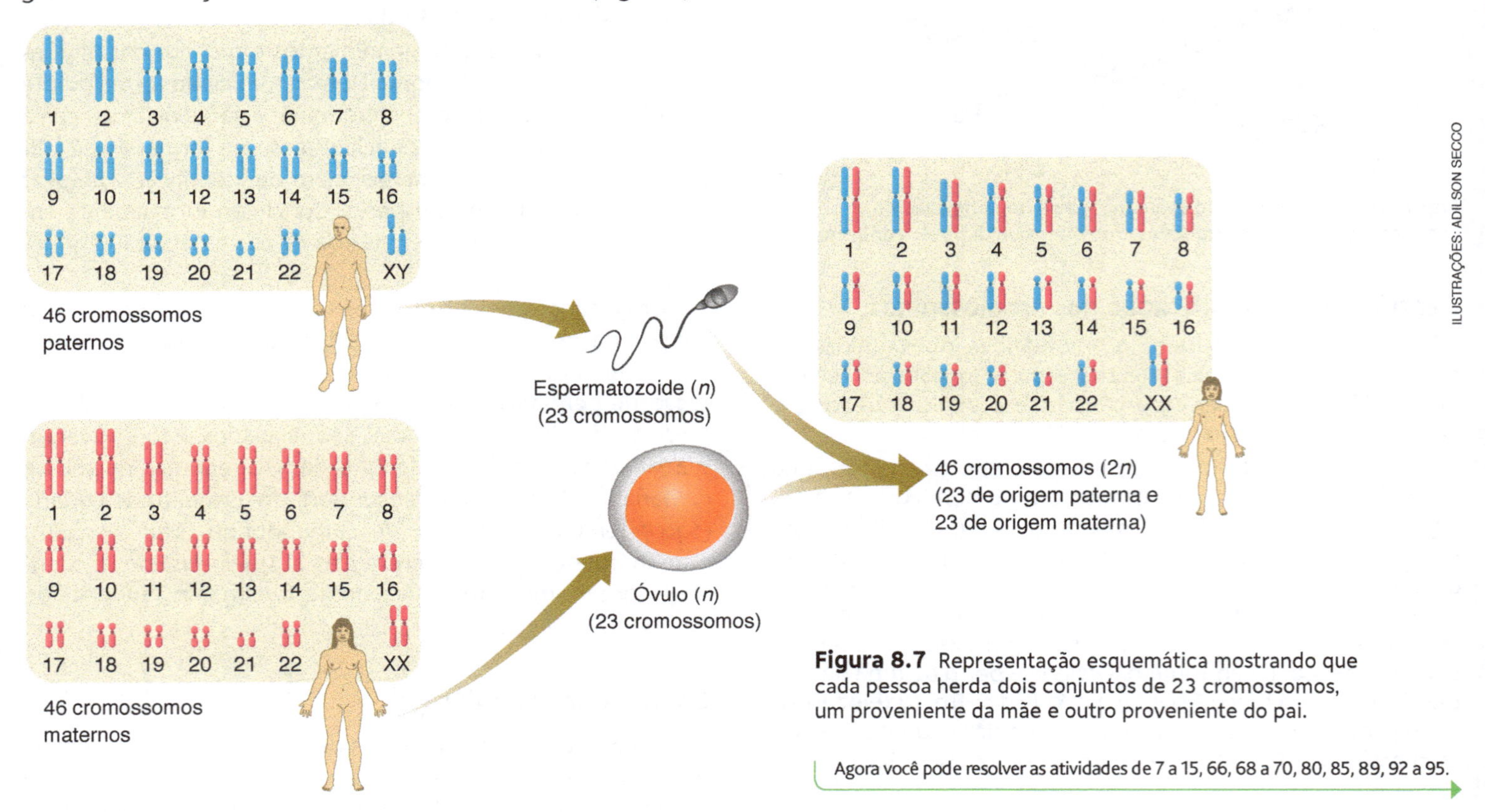

Figura 8.7 Representação esquemática mostrando que cada pessoa herda dois conjuntos de 23 cromossomos, um proveniente da mãe e outro proveniente do pai.

Agora você pode resolver as atividades de 7 a 15, 66, 68 a 70, 80, 85, 89, 92 a 95.

8.3 Citogenética humana

A Citogenética humana, ramo da Biologia que estuda os cromossomos humanos, é uma especialidade relativamente nova. Para se ter ideia, apenas em 1956 ficou definitivamente demonstrado que homens e mulheres têm 46 cromossomos nas células. Atualmente os cientistas têm condições de identificar pessoas com problemas cromossômicos e prever o risco de seus filhos virem a ser afetados por certas doenças hereditárias. Esses procedimentos fazem parte de um ramo da Genética denominado **aconselhamento genético**.

A técnica mais empregada para o estudo dos cromossomos humanos baseia-se no cultivo, em tubo de ensaio, de um tipo de glóbulo branco do sangue, o linfócito. Nesse procedimento, retira-se um pouco de sangue da pessoa, colocando-o em um frasco com solução nutritiva para as células. Acrescenta-se ao frasco fitoemaglutinina, substância de origem vegetal que induz os linfócitos a se dividir. Depois de alguns dias, adiciona-se ao frasco uma substância também de origem vegetal denominada colchicina, que bloqueia a divisão celular exatamente no estágio em que os cromossomos estão bem condensados, o que facilita sua observação. Algumas horas depois de colocar colchicina adiciona-se ao frasco uma solução hipotônica, o que faz as células incharem.

O passo seguinte é a preparação das lâminas para observação microscópica. Quando se deixam cair gotas da suspensão da cultura de células sobre lâminas de vidro para microscopia, os glóbulos brancos inchados arrebentam e liberam os cromossomos, que aderem à lâmina e podem ser corados e examinados ao microscópio fotônico.

Ao observar a lâmina ao microscópio, o pesquisador escolhe um conjunto completo de cromossomos e o fotografa. Os cromossomos são separados na fotografia por processos de computação gráfica e organizados por ordem decrescente de tamanho e de acordo com a posição dos centrômeros. Essa montagem fotográfica é chamada de **cariograma**. **(Fig. 8.8)**

ILUSTRAÇÕES: ADILSON SECCO

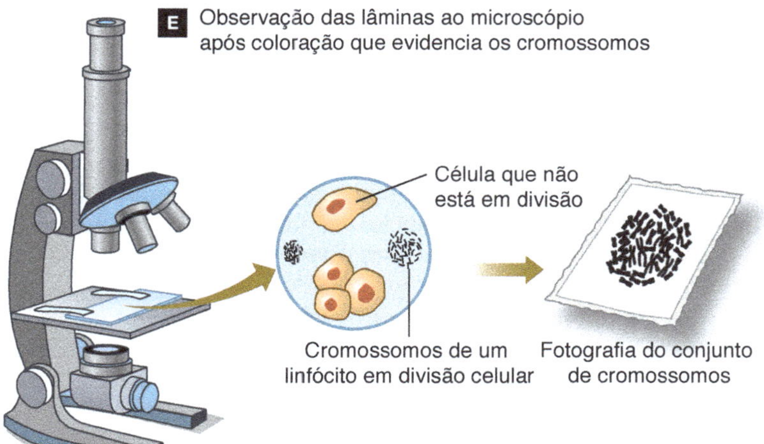

Figura 8.8 Representação esquemática da técnica de preparação de um cariograma humano.

Cariótipo humano

O conjunto de características morfológicas dos cromossomos de uma célula constitui seu **cariótipo** (do grego *karyon*, núcleo). O cariótipo normal de uma mulher apresenta 22 pares de autossomos e um par de cromossomos sexuais X (22AA + XX, ou 46 XX), enquanto o cariótipo normal de um homem apresenta 22 pares de autossomos, um cromossomo X e um cromossomo Y (22AA + XY, ou 46 XY).

Alguns cromossomos humanos têm forma e tamanho típicos, que facilitam sua identificação; outros são muito parecidos entre si, sendo praticamente indistinguíveis quanto à morfologia. Entretanto, quando preparações citológicas de cromossomos são submetidas a certos tratamentos especiais surgem faixas transversais típicas de cada cromossomo. Depois de submeter uma preparação citológica a esses tratamentos pode-se identificar, pelas faixas, cada um dos 23 pares cromossômicos do cariótipo humano. **(Fig. 8.9)**

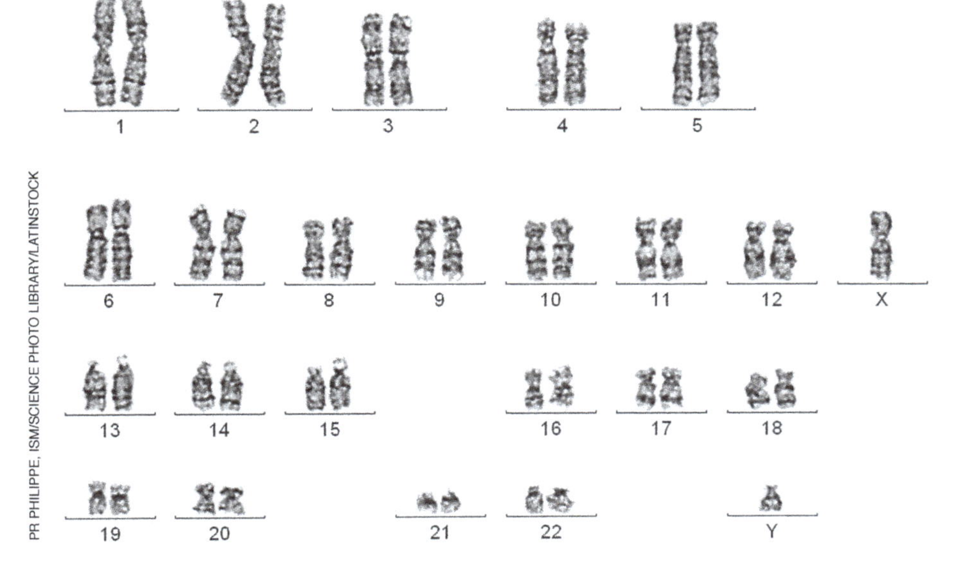

PR PHILIPPE, ISM/SCIENCE PHOTO LIBRARY/LATINSTOCK

Figura 8.9 Cariograma obtido de fotomicrografia de cariótipo humano normal masculino. (Microscópio fotônico; cores artificiais; aumento ≃ 1.700 ×.) As faixas transversais, típicas de cada cromossomo, revelam-se por tratamento químico especial. O padrão de faixas permite identificar os diferentes tipos cromossômicos.

Alterações cromossômicas na espécie humana

O tamanho, a forma e o número dos cromossomos são os mesmos em indivíduos de mesma espécie. Desvios em relação ao cariótipo normal são conhecidos como **alterações cromossômicas** e geralmente causam transtornos ao funcionamento celular, produzindo doenças graves ou mesmo a morte das pessoas portadoras.

As alterações cromossômicas são classificadas em **numéricas**, quando afetam o número de cromossomos da célula, e **estruturais**, quando afetam a estrutura de um ou mais cromossomos do cariótipo.

Síndrome de Down

Um exemplo de alteração numérica é a **trissomia do cromossomo 21**, assim chamada porque as células da pessoa afetada têm 47 cromossomos, com três exemplares do cromossomo de número 21, em vez de apenas dois. **(Fig. 8.10)**

Pessoas com essa alteração cromossômica apresentam um conjunto de características que compõem a **síndrome de Down**. Entre as características dessa síndrome destacam-se os olhos dotados de uma prega sobre o canto interno, assemelhando-se a olhos de etnias mongólicas. Por isso a síndrome foi chamada, no passado, de mongolismo. Geralmente há algum retardo na inteligência formal, mas a educação adequada e as novas posturas de aceitação social vêm possibilitando às pessoas com síndrome de Down cada vez mais integração social e qualidade de vida.

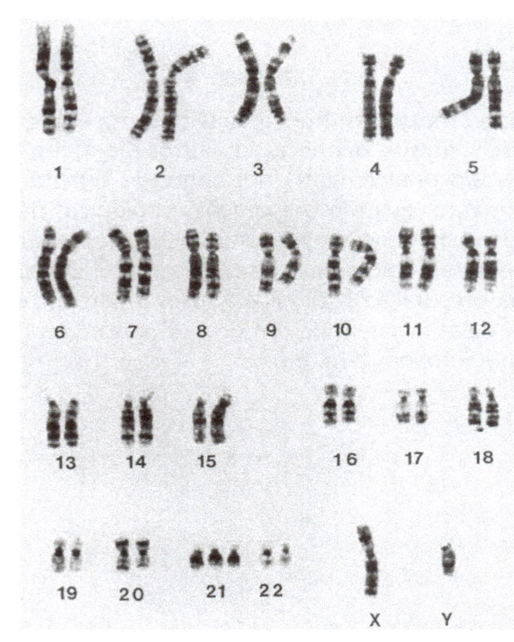

Figura 8.10 Idiograma de homem com síndrome de Down. Note, no conjunto de cromossomos 21, a presença de um cromossomo extra. (Microscópio fotônico; cores artificiais; aumento ≃ 1.600 ×.)

Síndromes de Turner e de Klinefelter

Outros exemplos de alteração no número de cromossomos na espécie humana são as síndromes de Turner e de Klinefelter. Pessoas afetadas pela **síndrome de Turner** têm número normal de autossomos, mas apenas um cromossomo sexual X, e são sempre do sexo feminino. As principais características dessa síndrome são problemas no desenvolvimento e na maturação dos órgãos genitais, infertilidade e, em alguns casos, retardo mental leve e desenvolvimento de pregas de pele nos lados do pescoço (pescoço alado).

Pessoas afetadas pela **síndrome de Klinefelter** têm 47 cromossomos em suas células, 22 pares de autossomos e três cromossomos sexuais, dois X e um Y, sendo sempre do sexo masculino. As principais características dessa síndrome são problemas no desenvolvimento dos órgãos genitais, geralmente acompanhados de infertilidade e retardo mental leve.

Agora você pode resolver as atividades de 16 a 20, 61, 71 a 73 e 83.

8.4 Ciclo celular e mitose

No momento em que você lê este texto milhões de células de seu corpo estão se reproduzindo. Células de sua epiderme, por exemplo, multiplicam-se continuamente para repor as que vão morrendo e se descamando; as pequenas "escamas" microscópicas que se soltam da pele são células epidérmicas superficiais mortas, substituídas por células produzidas mais internamente. Nossos cabelos e unhas crescem graças à incessante multiplicação de células presentes no folículo piloso e na base ungueal.

No interior de alguns ossos há células em contínua duplicação, originando os glóbulos brancos e vermelhos do sangue. A intensa atividade de duplicação celular na medula óssea é explicada pelo fato de as células do sangue apresentarem vida relativamente curta: uma hemácia, por exemplo, dura em média quatro meses, até ser destruída e ter parte de seus componentes reaproveitada.

Quando analisada ao microscópio, a reprodução celular é um empreendimento rigorosamente ordenado e preciso. O núcleo de cada uma de nossas células tem 46 cromossomos enovelados, totalizando mais de dois metros de finíssimos fios, que têm de ser corretamente duplicados e distribuídos para as células-filhas. Eventuais erros nesse processo de distribuição dos cromossomos quase sempre causam problemas, uma vez que os cromossomos são portadores dos genes, que determinam nossas características hereditárias.

Ciclo celular

O período que vai do surgimento de uma célula pela divisão de outra até sua própria divisão constitui o ciclo celular. Este é dividido em duas etapas: interfase e divisão celular.

Interfase é o período compreendido entre duas divisões celulares consecutivas e é subdividida em três fases ou períodos: **G_1**, **S**, e **G_2**. A sigla S deriva da palavra inglesa *synthesis*, em referência à síntese de DNA, que ocorre quando os cromossomos são duplicados. As siglas G_1 e G_2 derivam da palavra inglesa *gap* (intervalo) e indicam os momentos anterior (G_1) e posterior (G_2) à síntese de DNA. Em G_2 o cromossomo é constituído por duas cromátides-irmãs, cada uma contendo uma molécula de DNA, que se separam na mitose. **(Fig. 8.11)**

A **divisão celular** compreende dois processos: **mitose** (divisão do núcleo) e **citocinese** (divisão do citoplasma). Em geral, a mitose e a citocinese duram menos de 1 hora, o que corresponde a cerca de 5% da duração total do ciclo celular. Os outros 95% do tempo a célula passa em interfase.

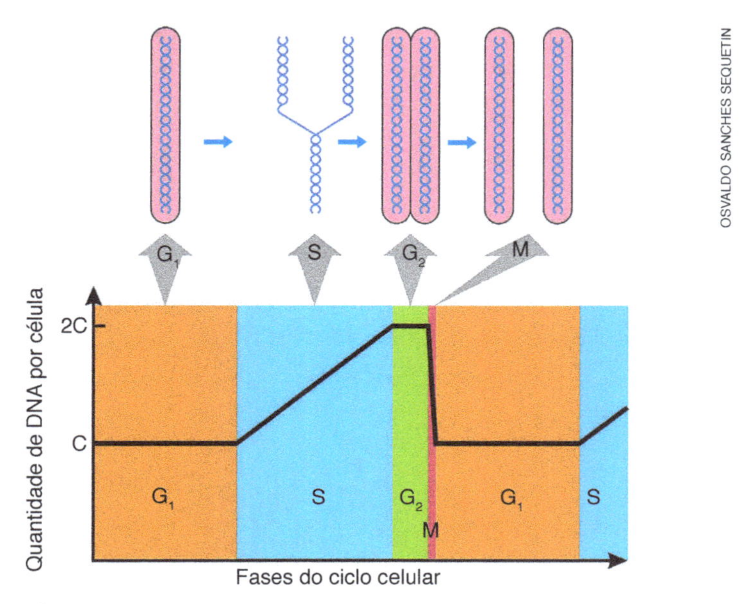

Figura 8.11 Acima, representação esquemática da relação entre DNA e cromossomos nas diversas fases do ciclo celular. Em S ocorre a duplicação da molécula de DNA; na mitose (M), as cromátides-irmãs do cromossomo separam-se. Mais abaixo, gráfico da variação da quantidade de DNA em uma célula durante o ciclo celular.

Mitose

O termo **mitose** deriva da palavra grega *mitos*, que significa filamentos e refere-se ao fato de os fios cromossômicos tornarem-se cada vez mais visíveis ao microscópio fotônico no decorrer da divisão celular, atingindo o máximo de condensação durante a metáfase.

Na interfase os cromossomos estão descondensados e são tão finos que não podem ser visualizados individualmente, mesmo com os mais potentes microscópios fotônicos. Foi exatamente por isso que se empregou originalmente o termo cromatina para designar o conjunto filamentoso do núcleo interfásico; não se sabia, na época, que a cromatina correspondia a um conjunto de filamentos individualizados, os cromossomos.

A duração da mitose é de 30 a 60 minutos, desde o início da condensação cromossômica até a divisão em duas células-filhas. Ao longo do processo ocorrem eventos marcantes, escolhidos pelos cientistas para caracterizar quatro fases. As fases da mitose são, em sequência: **prófase**, **metáfase**, **anáfase** e **telófase**. (Fig. 8.12)

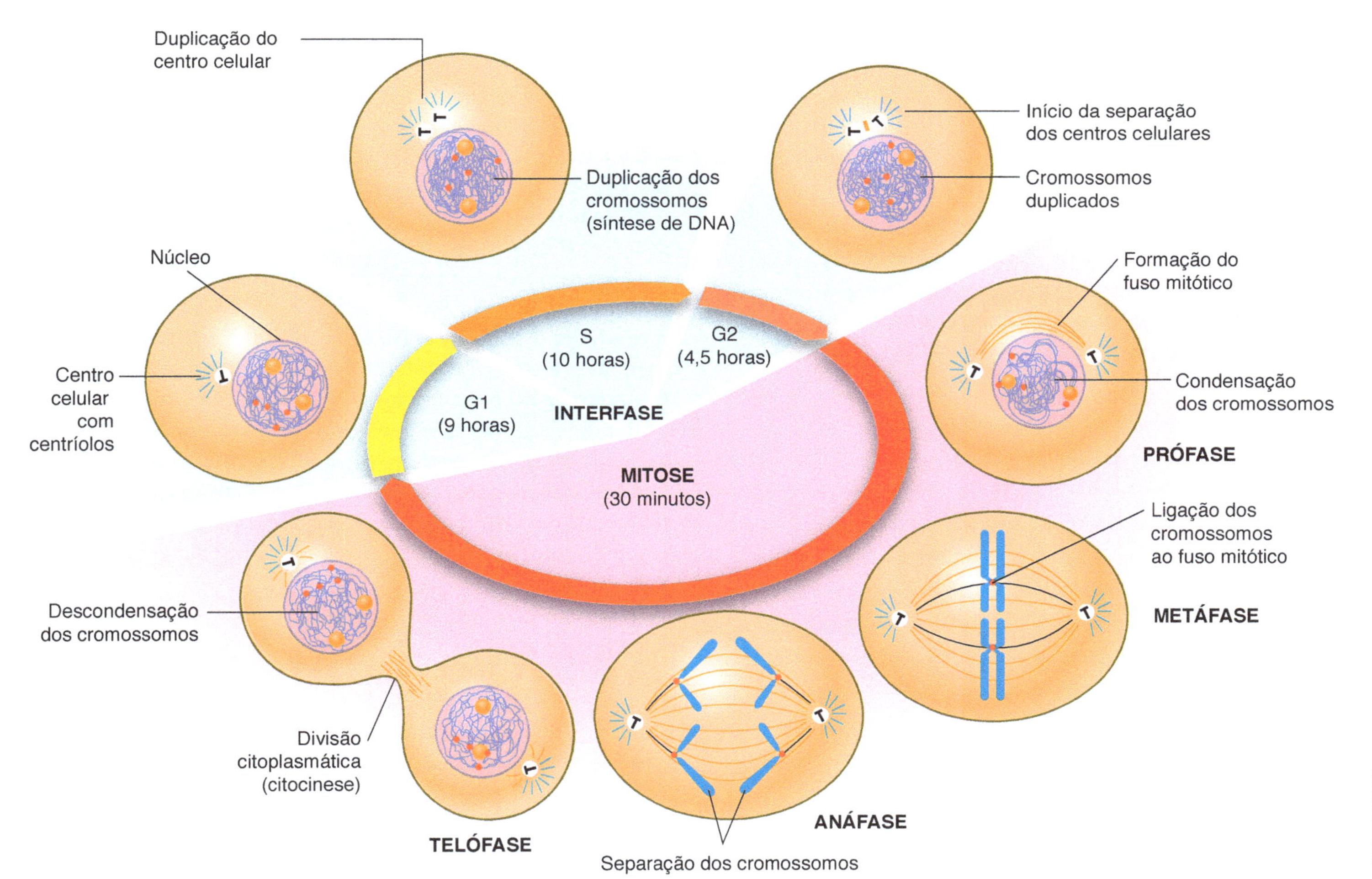

Figura 8.12 Representação esquemática do ciclo celular. No círculo central, as áreas de cada fase do ciclo celular não correspondem aos tempos de duração mostrados entre parênteses. Em um ciclo celular de 24 horas, a mitose representa pouco mais de 30 minutos.

Prófase

O início da prófase é marcado pela condensação dos cromossomos, que se tornam cada vez mais curtos e espessos, podendo ser visualizados individualmente ao microscópio fotônico. Embora ainda não se conheça totalmente o mecanismo de condensação, sabe-se que a fibra cromossômica enrola-se sobre si mesma devido à ação de uma proteína denominada **condensina**. A condensação dos cromossomos leva-os a diminuir de tamanho, o que facilita sua separação e distribuição para as células-filhas, sem embaraçamento ou quebras. **(Fig. 8.13)**

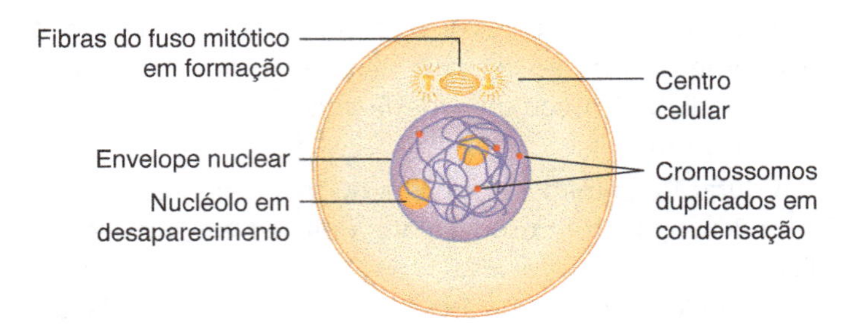

Figura 8.13 Representação esquemática da prófase.

Ao se condensar o cromossomo torna-se inativo, pois a compactação impede o DNA de produzir moléculas de RNA. É por isso que os nucléolos desaparecem durante a prófase: a região cromossômica que organiza o nucléolo, ao se condensar, deixa de produzir RNA ribossômico, principal componente do nucléolo.

Outro evento característico da prófase é o início da formação do fuso acromático ou **fuso mitótico**, um conjunto de microtúbulos orientados de um polo a outro da célula e cuja função é conduzir os cromossomos para os polos celulares durante a anáfase. A formação do fuso mitótico tem início com a separação dos centrossomos duplicados na fase S da interfase para polos opostos da célula. Em sua migração os centrossomos orientam os microtúbulos a se organizar entre os dois polos celulares, formando fibras. Nas células animais os microtúbulos se organizam também ao redor de cada centrossomo, formando uma estrutura radiada denominada **áster**. **(Fig. 8.14)**

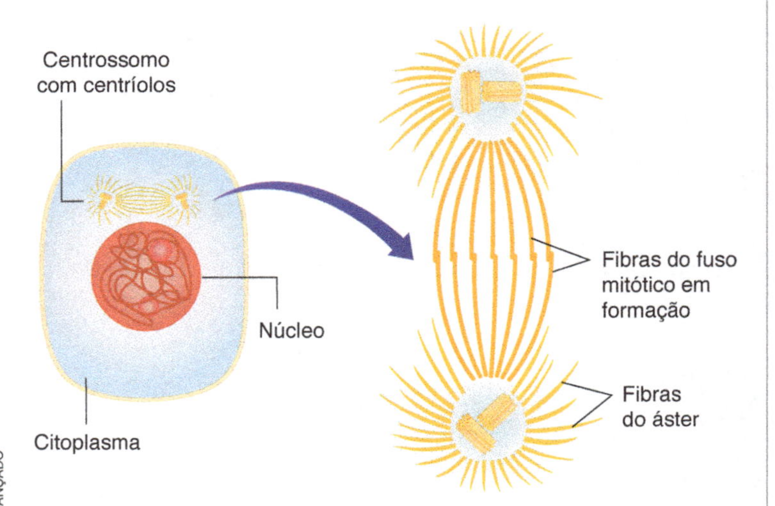

Figura 8.14 À esquerda, representação esquemática de uma célula animal em início de prófase, com o fuso mitótico em formação.
À direita, detalhe do fuso mitótico em formação, com fibras localizadas entre os centros celulares e fibras do áster.

ILUSTRAÇÕES: CANÇADO

O evento que marca o final da prófase é a fragmentação do envelope nuclear (carioteca) em pequenas vesículas e espalhamento dos cromossomos condensados pelo citoplasma.

Metáfase

A **metáfase** (do grego *meta*, meio) sucede a prófase e é marcada pelo posicionamento dos cromossomos na região equatorial do fuso mitótico. **(Fig. 8.15)**

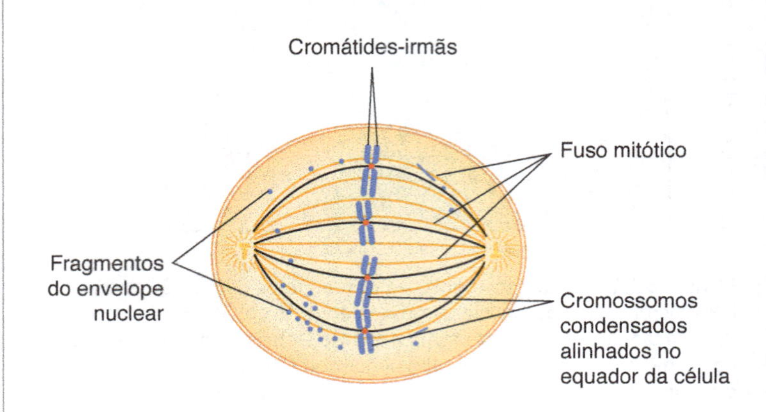

Figura 8.15 Representação esquemática da metáfase.

Certos microtúbulos que partem dos centrossomos ligam-se aos **cinetócoros** (regiões do centrômero) dos cromossomos. Quando o cinetócoro de uma cromátide é capturado por microtúbulos ligados a um dos polos, o cinetócoro da cromátide-irmã volta-se para o polo oposto, sendo capturado por microtúbulos provenientes desse polo. Assim, as cromátides-irmãs de cada cromossomo se prendem a polos celulares opostos. **(Fig. 8.16)**

Os cromossomos presos às fibras do fuso vão progressivamente se alinhando na região mediana da célula, formando a chamada **placa metafásica**, ou **placa equatorial**. O termo metáfase refere-se justamente ao fato de os cromossomos distribuírem-se no meio (*meta*) da célula (ver **Fig. 8.16C**).

Alguns autores denominam **prometáfase** o período que vai da ruptura do envelope nuclear à formação da placa metafásica. Nesse caso, o termo metáfase indicaria apenas o período em que os cromossomos se encontram alinhados no plano equatorial, prontos para iniciar a migração em direção aos polos.

Descobriu-se que algumas substâncias extraídas de plantas, como a colchicina e o colcemide, ligam-se às moléculas de tubulina e impedem que elas permaneçam unidas, levando os microtúbulos a se desfazer. Essas substâncias têm sido empregadas no estudo do cariótipo; em sua presença a mitose prossegue normalmente até a metáfase, sendo interrompida porque não se formam os microtúbulos que puxam os cromossomos para os polos. Após algum tempo, os cromossomos se descondensam e a carioteca se reconstitui a partir dos fragmentos do envelope celular. O novo núcleo que se forma na presença desses inibidores de mitose tem o dobro de moléculas de DNA existente originalmente na célula, pois não houve separação das cromátides-irmãs.

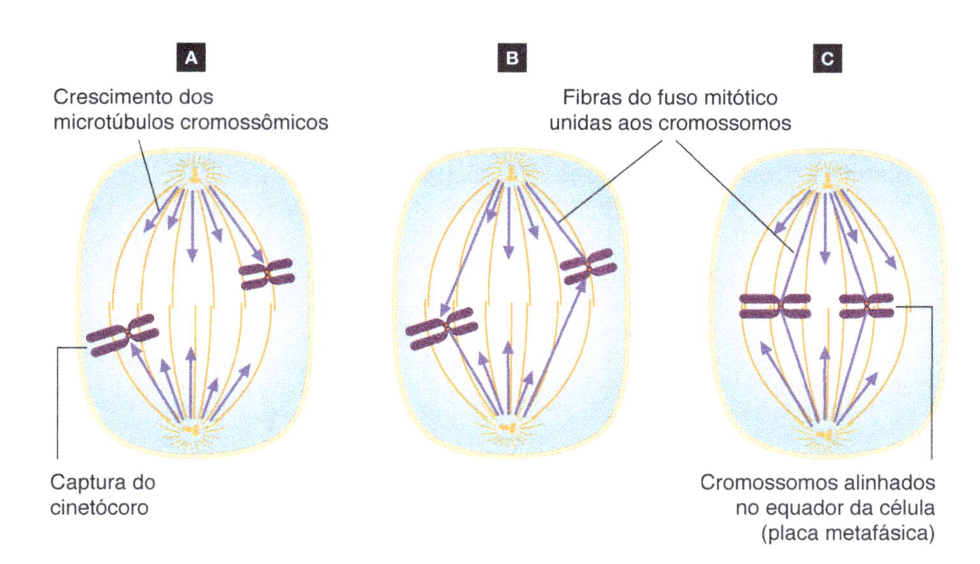

Figura 8.16 Representação esquemática da união dos cromossomos ao fuso mitótico e formação da placa metafásica. **A.** Captura dos cromossomos por microtúbulos de um dos polos. **B.** Ligação de microtúbulos do outro polo ao cinetócoro da cromátide-irmã. **C.** Alinhamento dos cromossomos, formando a placa metafásica.

Anáfase

Anáfase (do grego *ana*, separação) é a fase da mitose em que as cromátides-irmãs se separam, puxadas para polos opostos pelo encurtamento dos microtúbulos do fuso mitótico. Esse encurtamento ocorre por uma desagregação progressiva das moléculas de tubulina nas extremidades dos microtúbulos associadas aos cinetócoros. Quando as cromátides-irmãs, chamadas de cromossomos-irmãos após a separação, chegam aos polos da célula, termina a anáfase. **(Fig. 8.17).**

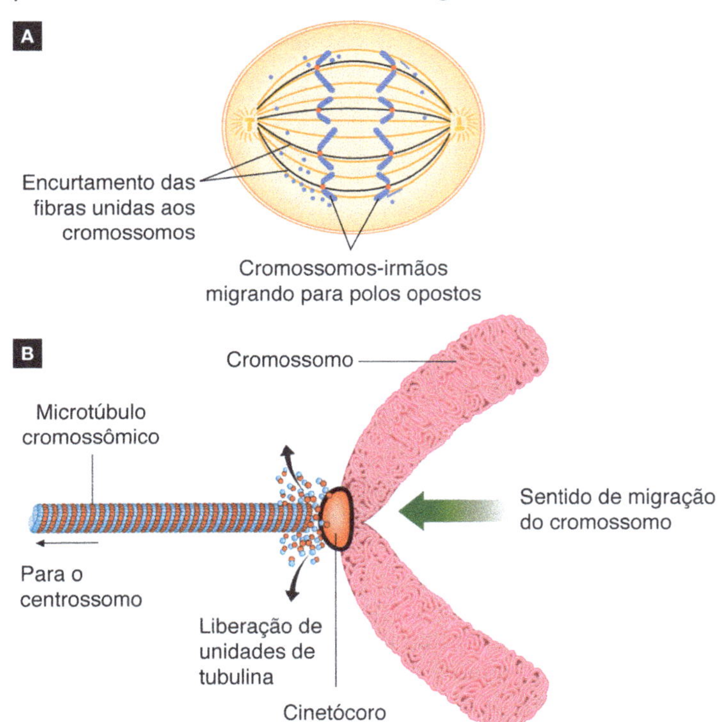

Figura 8.17 **A.** Representação esquemática da anáfase. **B.** Representação esquemática do encurtamento dos microtúbulos que faz os cromossomos serem puxados para os polos. Está representado apenas um microtúbulo, em ampliação bem maior que a do cromossomo.

Eventualmente as duas cromátides de um cromossomo duplicado podem ligar-se a microtúbulos de um mesmo polo e migrar juntas. Esse fenômeno raro, conhecido como **não disjunção cromossômica**, acarreta um erro na distribuição dos cromossomos e uma das células-filhas fica com um cromossomo a mais e a outra, com um cromossomo a menos.

Telófase

A **telófase** (do grego *telos*, fim), última fase da mitose, caracteriza-se pela descondensação dos cromossomos e reorganização de um novo envelope nuclear ao redor de cada conjunto cromossômico, reconstituindo novos núcleos em cada célula-filha. À medida que os cromossomos se descondensam, eles são envolvidos pelas vesículas membranosas resultantes da fragmentação do antigo envelope. Essas vesículas se fundem umas às outras, reconstituindo um novo envelope nuclear em cada célula-filha. Com a descondensação cromossômica, os cromossomos voltam à atividade, com restabelecimento da produção de RNA, inclusive de RNA ribossômico, de modo que os nucléolos reaparecem.

Durante a reorganização dos núcleos-filhos os microtúbulos do fuso mitótico desagregam-se e inicia-se a citocinese, que levará à formação de duas novas células. Na mitose originam-se duas células-filhas com mesmo número e mesmos tipos de cromossomo da célula-mãe. Portanto, quando uma célula diploide ($2n$) sofre mitose, formam-se duas células diploides. Quando a célula-mãe é haploide (n), a mitose originará duas células-filhas haploides. **(Fig. 8.18)**

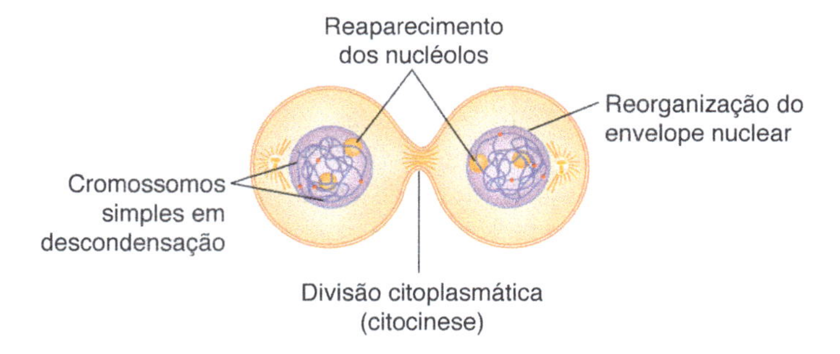

Figura 8.18 Representação esquemática da telófase.

Citocinese

O processo de divisão do citoplasma que ocorre no final da mitose é chamado de **citocinese**. Nas células animais e de protozoários a citocinese ocorre pelo estrangulamento da célula na região equatorial, causado por um anel de filamentos contráteis constituídos por moléculas de actina e miosina. Por se iniciar na periferia e avançar para o centro da célula, esse tipo de divisão citoplasmática é chamado de **citocinese centrípeta**.

ILUSTRAÇÕES: CANÇADO

Nas células das plantas, ao final da telófase, começa a ocorrer deposição de bolsas membranosas repletas do polissacarídio pectina na região equatorial da célula. Essas bolsas fundem-se umas às outras, formando uma placa, o **fragmoplasto**, que cresce do centro para a periferia, até encostar na parede celulósica, isolando as duas células-filhas. A divisão do citoplasma das células vegetais, por ocorrer do centro para a periferia da célula, recebe o nome de **citocinese centrífuga. (Fig. 8.19)**

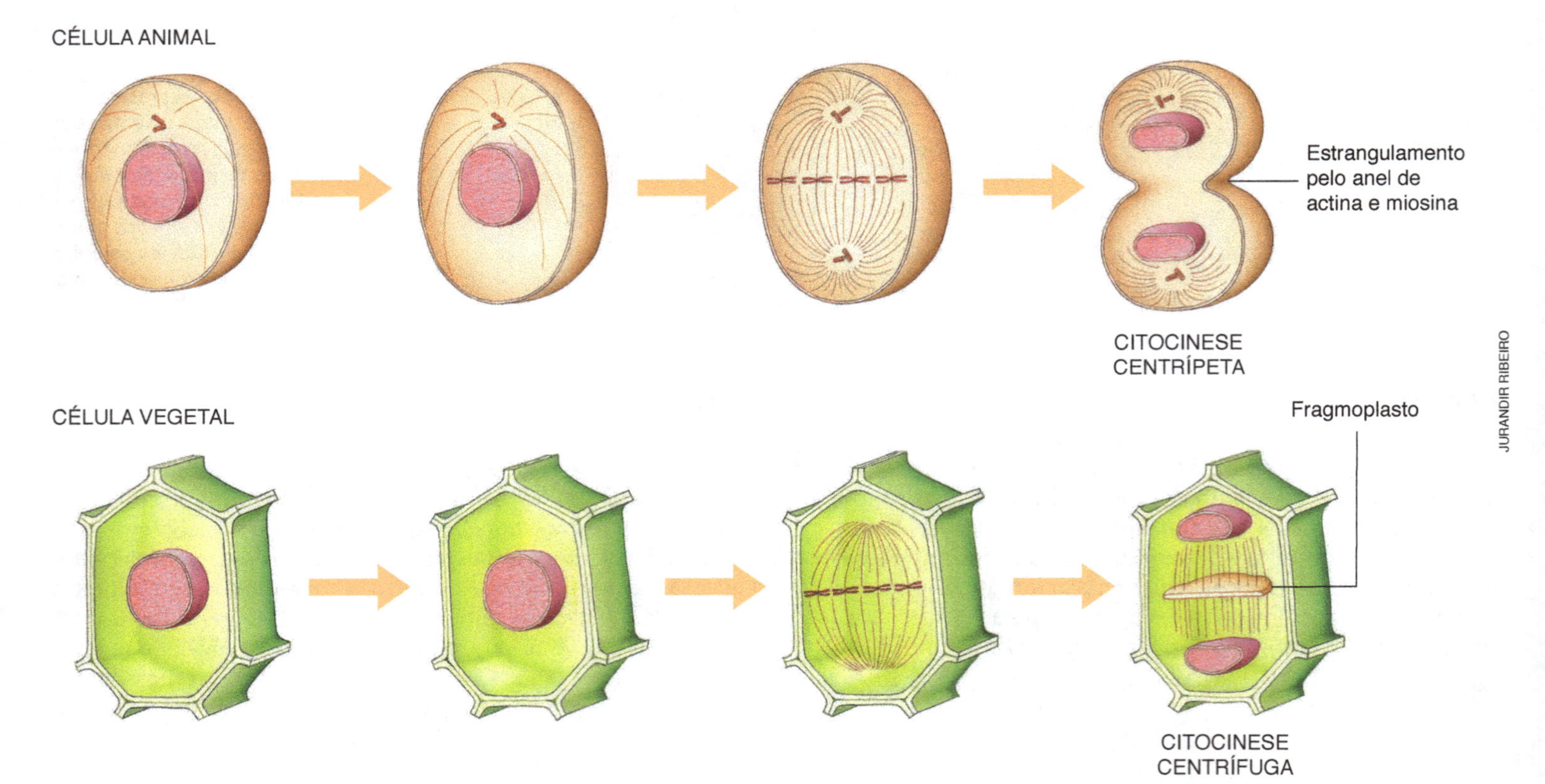

Figura 8.19 Representação esquemática em que se compara a divisão de uma célula animal com a de uma célula vegetal.

Agora você pode resolver as atividades de 21 a 43, 62, 67, 74 a 79, 86 e 96.

8.5 Meiose

O termo meiose deriva da palavra grega *meiosis*, que significa diminuição. Isso porque a meiose é um tipo de divisão celular em que o número de cromossomos é diminuído pela metade nas células-filhas. A redução do número cromossômico ocorre porque há uma única duplicação cromossômica seguida de duas divisões nucleares consecutivas: a **meiose I** e a **meiose II**. Na meiose formam-se quatro células-filhas, cada uma com metade do número de cromossomos originalmente presente na célula-mãe. **(Fig. 8.20)**

Tanto a meiose I quanto a meiose II são divididas em quatro fases, nas quais ocorrem eventos semelhantes aos da mitose; por isso elas recebem os mesmos nomes. A meiose I é dividida em prófase I, metáfase I, anáfase I e telófase I. A meiose II é dividida em prófase II, metáfase II, anáfase II e telófase II.

Em linhas gerais, nas prófases I e II tem início a condensação dos cromossomos; nas metáfases I e II eles se ligam aos microtúbulos do fuso e se dispõem na região equatorial da célula; nas anáfases I e II os cromossomos migram para polos opostos da célula; nas telófases I e II os cromossomos se descondensam e formam-se núcleos-filhos nos polos da célula em divisão. **(Fig. 8.21)**

Meiose I

Por ser longa e complexa, a **prófase I** é subdividida em cinco etapas, ou subfases: leptóteno, zigóteno, paquíteno, diplóteno e diacinese.

O início da meiose é marcado pela condensação de certos pontos ao longo dos cromossomos já duplicados, o que caracteriza o **leptóteno**.

Os cromossomos se tornam visíveis ao microscópio fotônico como fios longos e finos, pontilhados de grânulos denominados **cromômeros**, nos quais o grau de condensação é maior do que em outras regiões cromossômicas.

À medida que se condensam os cromossomos homólogos duplicados colocam-se lado a lado, emparelhando-se perfeitamente ao longo de todo seu comprimento, como se fossem as duas partes de um zíper sendo fechado; essa etapa de emparelhamento cromossômico é denominada **zigóteno** e é de extrema importância para a divisão celular por manter os cromossomos homólogos juntos, favorecendo a divisão igualitária entre as células-filhas.

Na etapa seguinte, o **paquíteno**, cada par de cromossomos homólogos fica tão condensado e tão perfeitamente emparelhado que aparece ao microscópio como uma entidade única, denominada **bivalente**, ou **tétrade**. **(Fig. 8.21E)**

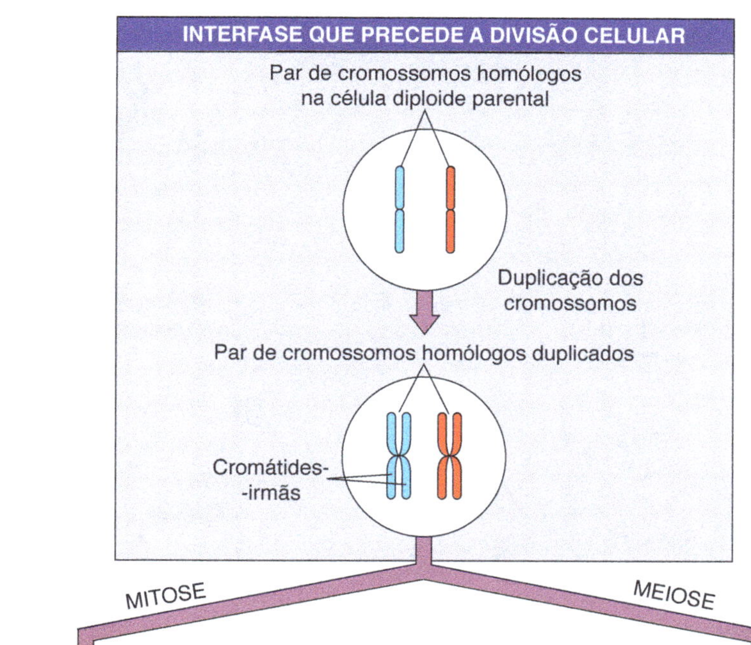

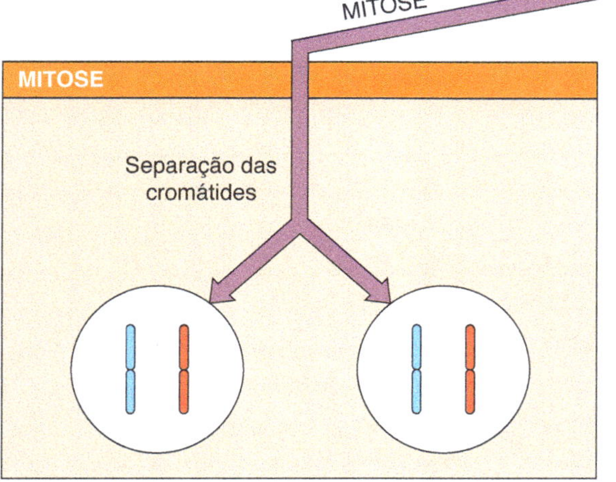

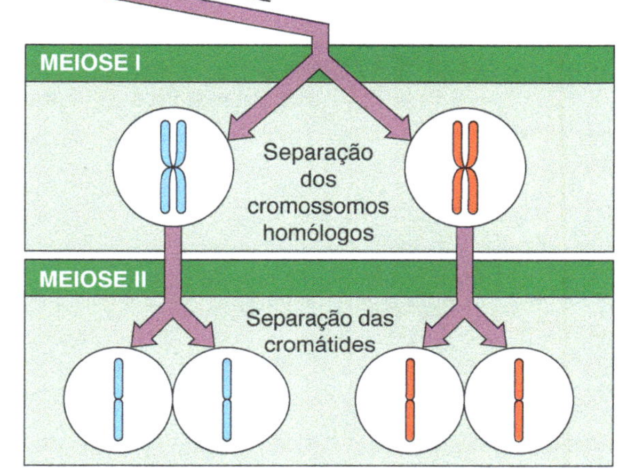

Figura 8.20 Representação esquemática da distribuição de um par de cromossomos homólogos para as células-filhas, na mitose e na meiose. A mitose é um processo equacional de divisão celular: o número de cromossomos conserva-se igual nas células-filhas. A meiose é um processo reducional de divisão: após as duas divisões sucessivas, a meiose I e a meiose II, surgem quatro células-filhas, cada uma com metade do número de cromossomos originalmente presente na célula-mãe. Embora representados como bastonetes curtos por conveniência didática, lembre-se de que, na interfase, os cromossomos são filamentos muito longos e finos.

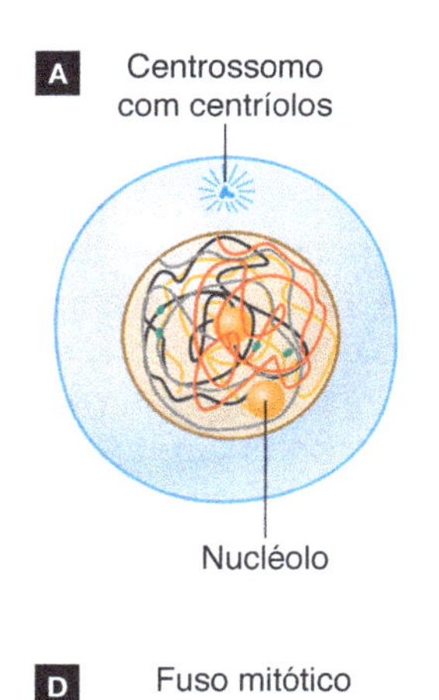

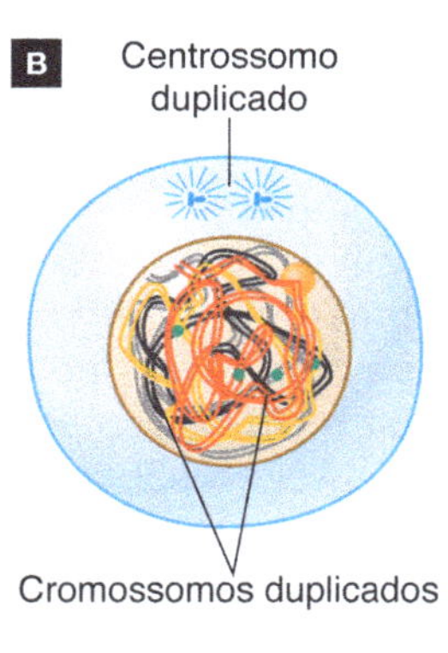

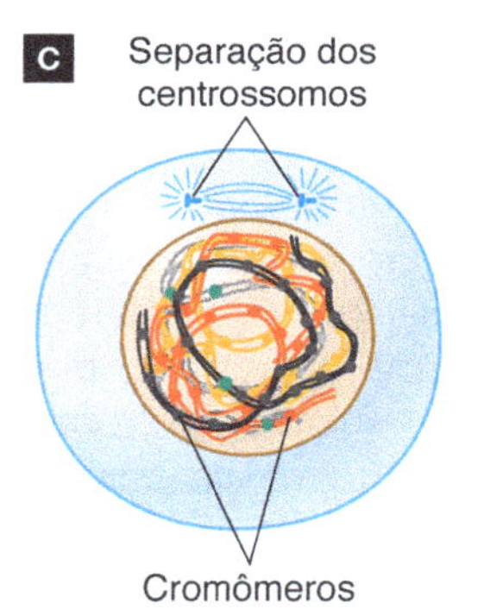

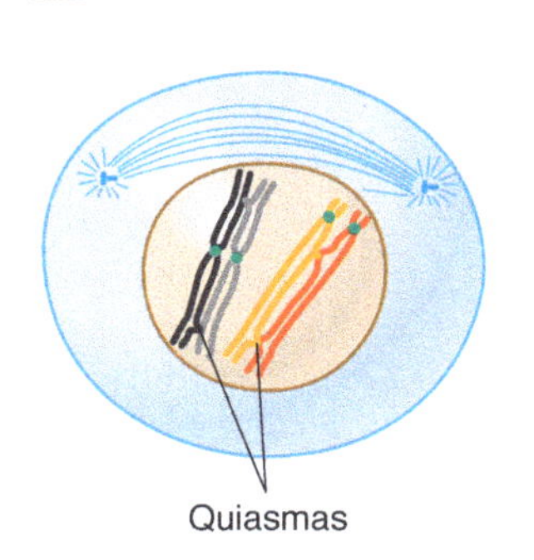

Figura 8.21 Representação esquemática das fases da meiose. **A.** Interfase (G_1). **B.** Interfase (G_2). **C.** Prófase I (leptóteno). **D.** Prófase I (zigóteno). **E.** Prófase I (paquíteno). **F.** Prófase I (diplóteno).

ILUSTRAÇÕES: ADILSON SECCO

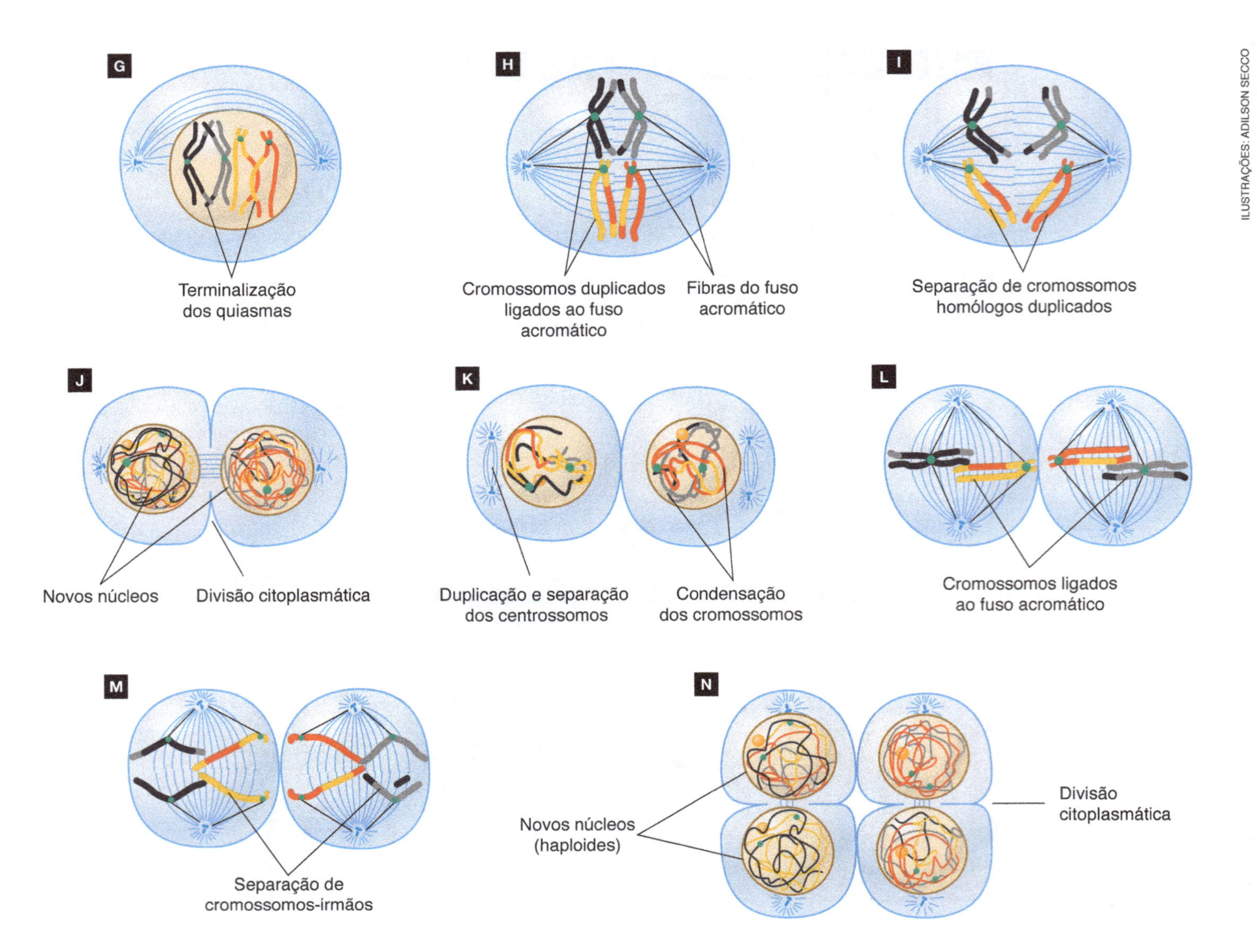

Figura 8.21 Representação esquemática das fases da meiose. **G.** Prófase I (diacinese). **H.** Metáfase I. **I.** Anáfase I. **J.** Telófase I. **K.** Prófase II. **L.** Metáfase II. **M.** Anáfase II. **N.** Telófase II.

No **diplóteno** os cromossomos homólogos começam a se separar. Torna-se visível que cada um dos homólogos é constituído por duas cromátides, que se cruzam em determinados pontos formando figuras em forma de letra X, denominadas **quiasmas** (do grego *chiasma*, cruzado, em forma de X). Os quiasmas surgem nos locais em que as cromátides de cromossomos homólogos trocaram pedaços enquanto estiveram emparelhadas, fenômeno denominado **permutação cromossômica**, ou ***crossing-over***. A permutação cromossômica permite reunir, no mesmo cromossomo, genes provenientes da mãe, presentes em um dos homólogos, e genes provenientes do pai, presentes no outro homólogo. **(Fig. 8.22)**

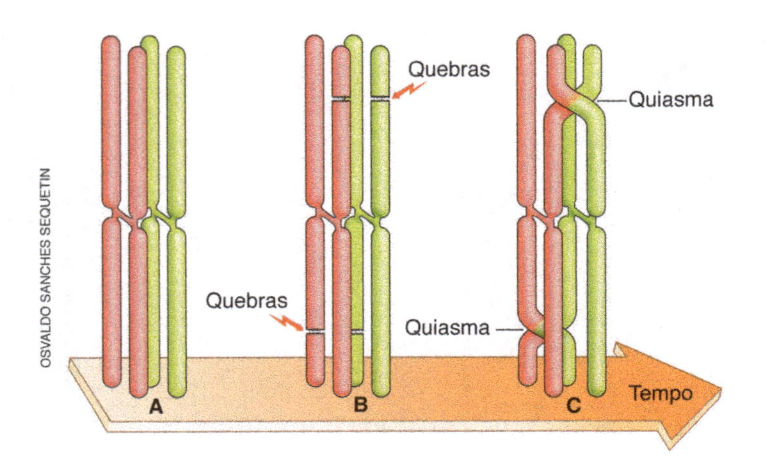

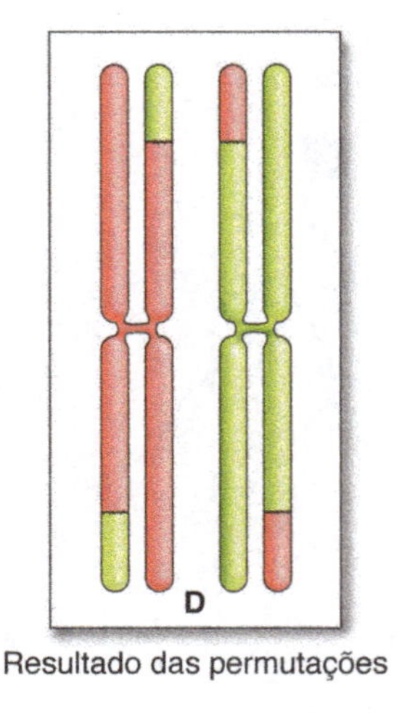

Figura 8.22
Representação esquemática de duas permutações que ocorrem no mesmo par de cromossomos homólogos. De **A** a **C**, etapas do processo; em **D**, esquema do par de cromossomos que mostra o resultado dessas permutações.

Na **diacinese**, última etapa da prófase I, os cromossomos homólogos permanecem unidos apenas pelos quiasmas, que deslizam progressivamente para as extremidades cromossômicas, fenômeno conhecido como **terminalização dos quiasmas**. Nessa fase, que marca o final da prófase I, o envelope nuclear se desintegra e os pares de cromossomos homólogos, ainda associados pelos quiasmas, espalham-se no citoplasma.

Na **metáfase I** os pares de cromossomos homólogos prendem-se ao fuso acromático que se formou durante a longa prófase I, dispondo-se na região equatorial da célula. Um dos homólogos prende-se a microtúbulos de um dos polos e o outro homólogo prende-se a microtúbulos do polo oposto. Na metáfase da mitose, como vimos, cada cromossomo prende-se a microtúbulos de ambos os polos. **(Fig. 8.23)**

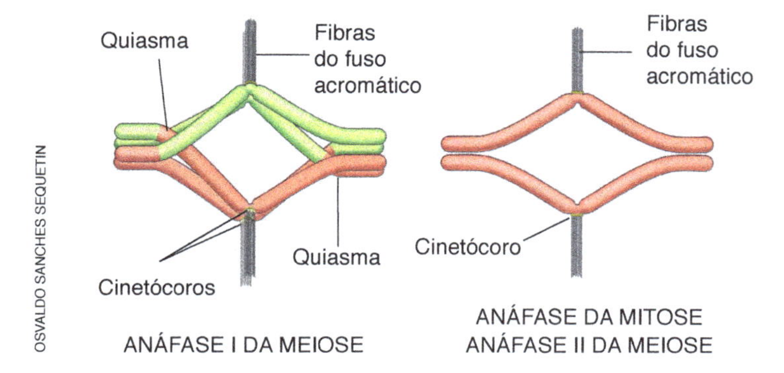

Figura 8.23 Representação esquemática da união dos microtúbulos do fuso acromático aos cromossomos. Na anáfase I da meiose ocorre separação de cromossomos homólogos, duplicados. Na anáfase da mitose e na anáfase II da meiose ocorre separação de cromátides-irmãs.

Na **anáfase I** cada cromossomo de um par de homólogos, constituído por duas cromátides unidas pelo centrômero, é puxado para um dos polos da célula e os quiasmas desaparecem.

Na **telófase I** os cromossomos já estão separados em dois lotes, um em cada polo da célula. O fuso se desfaz, os cromossomos se descondensam, os envelopes nucleares (cariotecas) se reorganizam e os nucléolos reaparecem. Surgem assim dois novos núcleos, cada um com metade do número de cromossomos presente no núcleo original. Os cromossomos, entretanto, ainda são constituídos por duas cromátides unidas pelo centrômero.

Geralmente, logo após a primeira divisão meiótica se completar ocorre a **citocinese I**, com separação de duas células-filhas. Estas iniciam prontamente a meiose II.

Meiose II

A segunda divisão da meiose é muito semelhante à mitose. As duas células resultantes da meiose I entram simultaneamente em **prófase II**. Os cromossomos, constituídos por duas cromátides, se condensam, os nucléolos desaparecem e o envelope nuclear fragmenta-se.

Na **metáfase II** os cromossomos associam-se ao fuso acromático formado durante a prófase II, alinhando-se no plano equatorial da célula. Os microtúbulos do fuso puxam as cromátides-irmãs para polos opostos, marcando o início da **anáfase II**.

Quando os cromossomos-irmãos chegam aos polos da célula termina a anáfase e tem início a **telófase II**. Nesta fase os cromossomos se descondensam, os nucléolos reaparecem e os envelopes nucleares se reorganizam. Em seguida, o citoplasma se divide (citocinese II) e surgem duas células-filhas a partir de cada célula que iniciou a segunda divisão meiótica. **(Fig. 8.21N)**

Não disjunção cromossômica na meiose

Na meiose, assim como na mitose, eventualmente pode haver distribuição incorreta de um ou mais cromossomos, fenômeno denominado **não disjunção cromossômica**. Se ocorrer não disjunção na meiose I, uma das células recebe dois cromossomos homólogos que não se separaram. Se ocorrer não disjunção na meiose II, uma das células recebe dois cromossomos-irmãos que não se separaram.

A ocorrência de não disjunções na meiose leva à produção de gametas com falta ou excesso de cromossomos. Quando um gameta com um cromossomo a mais ou a menos une-se a um gameta normal, o zigoto formado apresenta uma alteração cromossômica numérica. A maioria dessas alterações é letal, causando a morte precoce do embrião. Entretanto, há certas alterações numéricas compatíveis com a vida, como ocorre nas síndromes de Down, de Turner e de Klinefelter anteriormente mencionadas.

A frequência de não disjunções cromossômicas durante a formação dos gametas femininos aumenta drasticamente em mulheres com mais de 35 anos de idade, aumentando o risco de serem geradas crianças com anomalias cromossômicas. Por isso é aconselhável que mulheres com mais de 35 anos procurem um serviço de aconselhamento genético se quiserem engravidar, inteirando-se dos riscos de ter crianças com síndromes decorrentes de não disjunções cromossômicas. **(Fig. 8.24)**

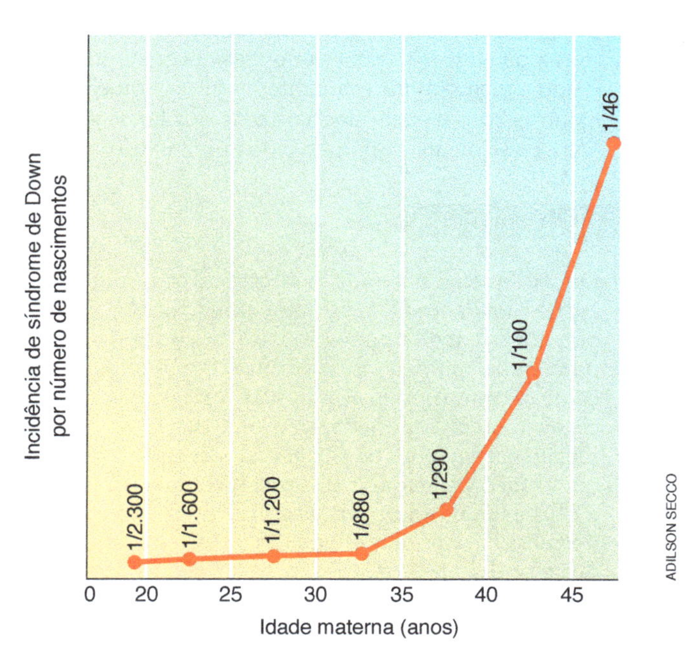

Figura 8.24 Gráfico que mostra a relação entre a idade materna e a geração de crianças com síndrome de Down. (Elaborado com base em Peronse, L. S. e col., 1966.)

Agora você pode resolver as atividades de 44 a 59, 63, 81, 82, 84 a 87, 90, 91, 95 e 97.

Ciência e cidadania

Situação da síndrome de Down no Brasil

1 As pessoas com síndrome de Down no Brasil têm apresentado avanços impressionantes e rompido muitas barreiras nos últimos anos. Muitos destes avanços se deveram à luta pela educação para todos como um direito humano, o que provocou uma onda inclusiva que vem varrendo o Brasil e, esperamos, acabe com a institucionalização e a segregação, pelo menos das crianças com síndrome de Down, em pouco tempo.

2 Diversos grupos, ONGs, associações e pessoas físicas têm contribuído para este movimento positivo.

3 As facilidades da internet têm contribuído enormemente para o acesso e disseminação da informação. [...]

4 A participação do jogador de futebol Romário na visibilidade que a síndrome de Down ganhou a partir do nascimento de sua filha Ivy, em 2005, também é inegável. Provavelmente o fato de uma pessoa pública como ele ter assumido a filha desde o primeiro momento foi o que desencadeou a onda de sensibilização que levou Joana Mocarzel a ser a primeira atriz com deficiência protagonista de uma novela na TV [...].

5 A novela contribuiu positivamente em termos de imagem e redução do preconceito, mas a visão que passou é distante da realidade da maioria das pessoas com síndrome de Down. Para essa maioria há rejeição desde a hora da notícia (médicos e profissionais de saúde), há rejeição de pais e familiares desinformados, há rejeição na escola que não se esforça pela educação da criança que aprende diferente, há rejeição no mercado de trabalho etc. [...]

6 Seguindo os preceitos constitucionais de que toda criança tem direito inalienável à educação, a tônica da política na área da educação pública no Brasil nos últimos anos tem sido a inclusão dos estudantes com síndrome de Down e outros tipos de deficiência na rede regular de ensino, com um crescimento significativo do número de matrículas nos últimos anos. Nem sempre esta inclusão se dá de maneira satisfatória, geralmente faltam recursos humanos e pedagógicos para atender às necessidades educacionais especiais dos alunos. [...]

7 No mundo do trabalho, o Brasil dispõe de legislação que garante cotas de postos de trabalho para pessoas com deficiência. Infelizmente, historicamente as pessoas com deficiência, e em especial as que têm alguma deficiência intelectual, não tiveram acesso à educação e capacitação profissional e muitos trabalhadores não dispõem da qualificação necessária para ocupar estes postos. Já surgem, contudo, empresas que, buscando preencher esta lacuna, contratam o empregado, responsabilizando-se por sua qualificação. [...]

8 Nossa expectativa é que os progressos alcançados pelas pessoas com síndrome de Down se multipliquem e que, cada vez mais, elas sejam reconhecidas e respeitadas enquanto cidadãos que podem contribuir para o desenvolvimento de nosso país.

Fonte: MOVIMENTO DOWN. Situação no Brasil. Disponível em: <http://mod.lk/dupr8>. Acesso em: nov. 2016.

Cartaz do filme *O filho eterno* que se passa na década de 1980 e conta a história de um pai que precisa aprender a lidar com as incertezas e a falta de informação para criar seu filho, portador da síndrome de Down.

GUIA DE LEITURA

O texto que escolhemos para este quadro foi extraído do portal Movimento Down, autodefinido como "organização não governamental que produz conteúdos diversificados para ajudar famílias, profissionais e o público em geral a combater preconceitos e a buscar condições efetivas de inclusão de indivíduos com síndrome de Down e deficiência intelectual em todos os espaços da sociedade". Vale lembrar que já foi constatada uma correlação entre a idade materna e o nascimento de crianças com Down, entre outras síndromes. Para mulheres com 25 anos, o risco estatístico é de cerca de uma criança com síndrome de Down em cada 1.300 crianças nascidas vivas, enquanto que para mulheres de 45 anos o risco aumenta para uma em 30*. Isso não quer dizer que uma mãe jovem não possa ter um filho com síndrome de Down nem que mulheres mais velhas necessariamente o terão. Crianças com síndrome de Down precisam de muita atenção dos educadores para que possam expressar plenamente seu potencial. Caso você se interesse pelo assunto, após a leitura do texto consulte o portal acima citado, que traz boas informações a respeito.

1. O texto apresenta duas situações expostas ao público que auxiliaram na redução do preconceito às pessoas com síndrome de Down. De que forma você acredita que essas situações foram favoráveis?
2. Na sua opinião, o que pode ser feito para melhorar a inclusão e a integração das pessoas com síndrome de Down nos aspectos da saúde, da educação e do trabalho? Você conhece alguma iniciativa que faça isso? Pesquise a respeito.

* **Fonte:** SNIJDERS, R. J. M. et al. Maternal age and gestation-specific risk for trisomy 21. *Ultrasound Obstet Gynecol*, 13: 167-70, 1999.

Mapa de conceitos

Divisão celular

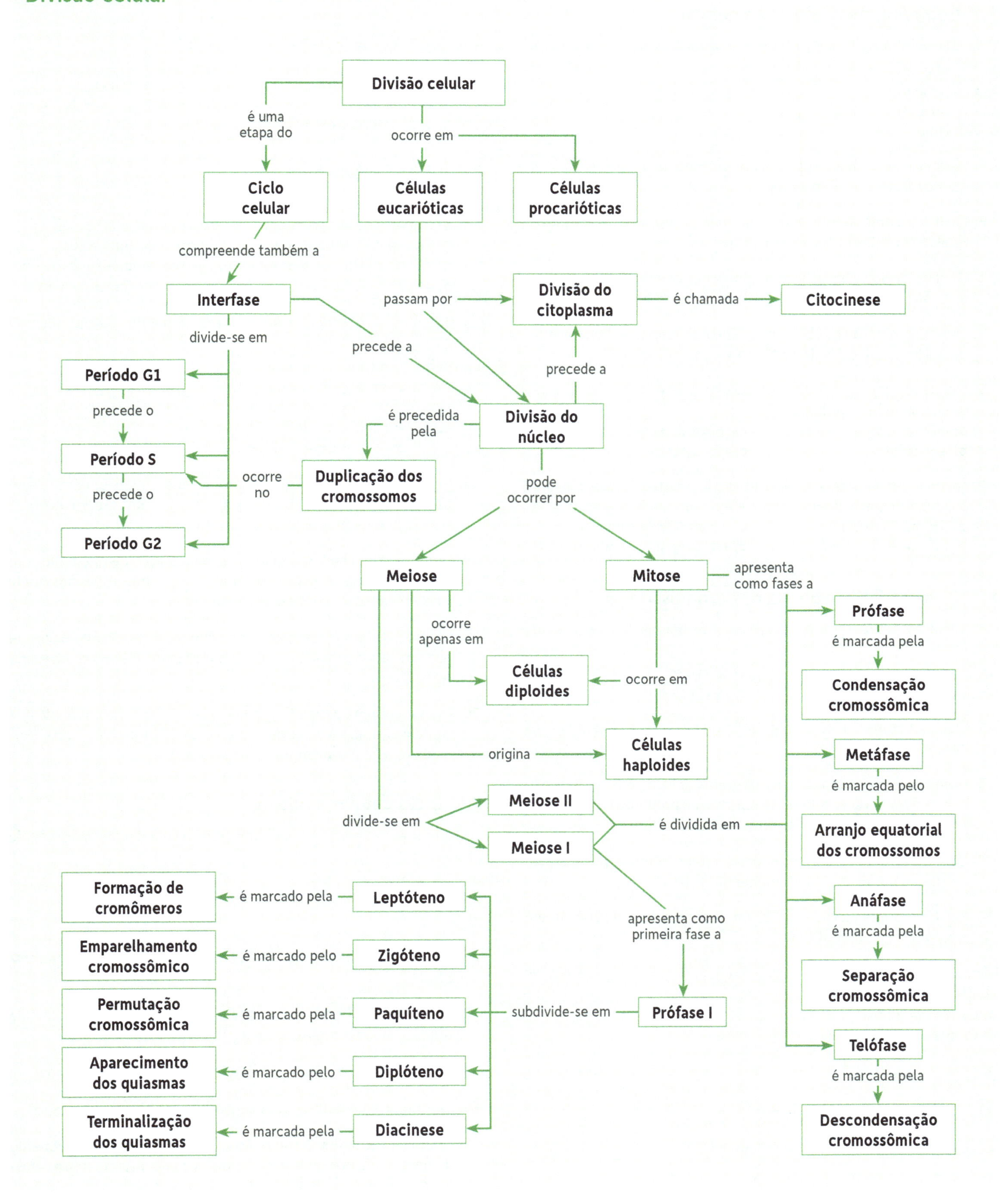

ATIVIDADES

REVENDO CONCEITOS, FATOS E PROCESSOS

8.1 Componentes do núcleo celular

Considere as alternativas a seguir para responder às questões de 1 a 4.

a) Envelope nuclear (carioteca).
b) Cromatina.
c) Cromossomo.
d) Nucléolo.

1. Como se denomina o corpo denso presente no núcleo celular em que se formam os ribossomos?

2. Qual é o nome de um filamento presente no interior do núcleo celular, constituído por DNA e proteínas?

3. Qual é a denominação do conjunto de fios cromossômicos presente no núcleo interfásico?

4. Que denominação recebe o envoltório que separa os componentes do núcleo celular dos demais componentes da célula?

5. No intercâmbio de substâncias entre o núcleo e o citoplasma estão diretamente implicados os
a) cromossomos.
b) nucléolos.
c) poros do envelope nuclear.
d) ribossomos.

6. Se uma célula perdesse a capacidade de produzir o nucléolo, qual das seguintes atividades celulares seria diretamente prejudicada?
a) Produção de ATP.
b) Síntese de lipídios.
c) Síntese de proteínas.
d) Digestão intracelular.

8.2 Características gerais dos cromossomos

Considere as alternativas a seguir para responder às questões de 7 a 10.

a) Centrômero.
b) Cromátide.
c) Interfase.
d) Nucleossomo.

7. Que denominação recebe o período de vida da célula em que ela não está se dividindo?

8. Como se denomina cada um dos grânulos formados por um segmento de DNA enrolado sobre um grão de proteínas histonas, que se repetem ao longo da estrutura cromossômica?

9. Que denominação recebe a região cromossômica que mantém unidos os fios de um cromossomo duplicado?

10. Qual é o nome de cada um dos dois filamentos que constituem um cromossomo duplicado?

Considere as alternativas a seguir para responder às questões de 11 a 14.

a) Célula haploide.
b) Célula diploide.
c) Célula anucleada.
d) Célula procariótica.

11. Que tipo de célula é um óvulo?

12. Que tipo de célula é um espermatozoide?

13. Que tipo de célula é um zigoto?

14. Um citologista estudou o cariótipo de uma célula, verificando a presença de pares de cromossomos homólogos. Trata-se de que tipo de célula?

15. Células diploides caracterizam-se por possuir
a) centrômeros.
b) cromátides-irmãs.
c) cromatina.
d) cromossomos homólogos.

8.3 Citogenética humana

16. O cariótipo humano normal apresenta
a) 23 pares de autossomos e 1 par de cromossomos sexuais.
b) 22 pares de autossomos e 1 par de cromossomos sexuais.
c) 45 pares de autossomos e 1 par de cromossomos sexuais.
d) 44 pares de autossomos e 2 pares de cromossomos sexuais.

Considere as alternativas a seguir para responder às questões de 17 a 20.

a) Mulher com cariótipo normal.
b) Homem com cariótipo normal.
c) Pessoa com síndrome de Down.
d) Pessoa com síndrome de Klinefelter.
e) Pessoa com síndrome de Turner.

17. Como será a pessoa originada pela fecundação de um óvulo com 22 autossomos e 1 cromossomo X por um espermatozoide com 22 autossomos e 1 cromossomo Y?

18. Como será a pessoa originada pela fecundação de um óvulo com 22 autossomos e 1 cromossomo X por um espermatozoide com 22 autossomos e 1 cromossomo X?

19. Como será a pessoa originada na fecundação de um óvulo normal por um espermatozoide com 22 autossomos e sem cromossomo sexual?

20. Como será uma pessoa originada na fecundação de um óvulo que contém 22 autossomos e um par de cromossomos X por um espermatozoide que contém um cromossomo Y?

8.4 Ciclo celular e mitose

Considere as alternativas a seguir para responder às questões de 21 a 25.

a) Ciclo celular.
b) Interfase.
c) G_1.
d) G_2.
e) S.

21. Que período da vida da célula antecede a duplicação dos cromossomos?

22. Qual é o período da vida da célula compreendida entre o final da duplicação dos cromossomos e o início da divisão celular?

23. Em qual período a célula está duplicando seus cromossomos?

24. Que nome recebe a fase em que a célula não está se dividindo?

25. Como se denomina o intervalo que se inicia com o surgimento de uma célula por divisão e se encerra com a divisão dessa célula formando duas células-filhas?

O gráfico a seguir representa a variação do conteúdo de DNA por núcleo no decorrer do ciclo celular de um organismo. Utilize as siglas T1, T2, T3 e T4, que designam intervalos do ciclo celular, para responder às questões de 26 a 32.

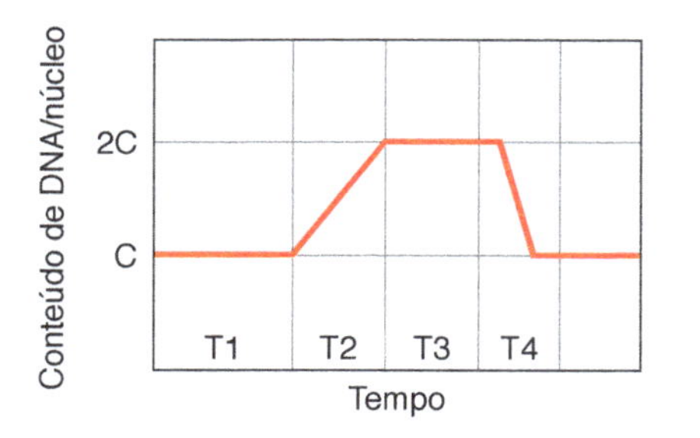

26. Quando ocorre a migração dos cromossomos para polos opostos da célula?

27. Quando ocorre a duplicação dos cromossomos?

28. Em que momento do ciclo os cromossomos estão constituídos por duas cromátides totalmente formadas?

29. Qual momento do ciclo celular corresponde a G_1?

30. Qual momento do ciclo celular corresponde a S?

31. Qual momento do ciclo celular corresponde a G_2?

32. No gráfico, a que intervalo de tempo corresponde o período denominado interfase?
a) T1 apenas.
b) T1 e T2, apenas.
c) T1, T2 e T3, apenas.
d) T1, T2, T3 e T4.

Considere as alternativas a seguir para responder às questões de 33 a 39.

a) Anáfase.
b) Citocinese.
c) Colchicina.
d) Metáfase.
e) Placa metafásica.
f) Prófase.
g) Telófase.

33. Em qual etapa da divisão celular os cromossomos iniciam a condensação?

34. Em qual etapa da divisão celular os cromossomos estão sendo puxados para os polos da célula?

35. Qual das alternativas refere-se a uma substância utilizada para bloquear a divisão celular e que permite observar cromossomos e determinar o cariótipo?

36. Qual é o nome dado ao conjunto de cromossomos dispostos na região equatorial da célula?

37. Como se denomina a etapa da divisão celular em que os cromossomos estão arranjados na região equatorial da célula?

38. Qual é a etapa final da divisão celular na qual os núcleos se reorganizam?

39. Como se chama o processo que ocorre após a divisão do núcleo celular e que divide a célula em duas?

40. Qual das fases da mitose pode ser vista como o oposto da prófase, considerando as alterações pelas quais passa o núcleo celular?
a) Anáfase.
b) Interfase.
c) Metáfase.
d) Telófase.

41. O medicamento vinblastina é um quimioterápico usado no tratamento de pacientes com câncer. Tendo em vista que esse medicamento impede a formação de microtúbulos, sua interferência no processo de multiplicação celular será na
a) condensação dos cromossomos.
b) descondensação dos cromossomos.
c) duplicação dos cromossomos.
d) migração dos cromossomos.

42. A divisão mitótica de uma célula humana ($2n = 46$) produz
a) duas células com 23 cromossomos cada.
b) duas células com 46 cromossomos cada.
c) quatro células com 23 cromossomos cada.
d) quatro células com 46 cromossomos cada.

43. Quantas cromátides estarão presentes em cada núcleo de células humanas, na prófase e na telófase da mitose, respectivamente?
a) 46 cromátides; 23 cromátides.
b) 46 cromátides; 46 cromátides.
c) 92 cromátides; 46 cromátides.
d) 92 cromátides; 92 cromátides.

8.5 Meiose

Considere as alternativas a seguir para responder às questões de 44 a 46.

a) Bivalente, ou tétrade.
b) Colchicina.
c) Quiasma.
d) Permutação cromossômica, ou *crossing-over*.

44. Como se denomina a estrutura em forma de X, observada nos cromossomos homólogos durante o início da meiose e que resulta da troca de pedaços entre cromátides?

45. Que nome recebe a troca de pedaços entre cromátides homólogas que ocorre na meiose?

46. Na meiose, como se denomina um par de cromossomos homólogos perfeitamente emparelhados?

Considere as alternativas a seguir, que apresenta fases da meiose, para responder às questões de 47 a 50.

a) Diacinese.
b) Diplóteno.
c) Leptóteno.
d) Paquíteno.
e) Zigóteno.

47. Em que fase os cromossomos começam a se condensar?

48. Em que fase ocorre o emparelhamento dos cromossomos homólogos?

49. Que fase é caracterizada pela visualização dos quiasmas?

50. Em que fase os quiasmas deslizam para as extremidades cromossômicas?

Considere as alternativas a seguir para responder às questões 51 e 52.

a) Mitose, apenas.
b) Meiose I, apenas.
c) Meiose I e meiose II, apenas.
d) Mitose e meiose II.

51. Em que processo os cromossomos homólogos migram para polos opostos da célula?

52. Em que processo as cromátides-irmãs migram para polos opostos da célula?

Considere as alternativas a seguir para responder às questões 53 e 54.

a) Células haploides, apenas.
b) Células diploides, apenas.
c) Células haploides e células diploides.
d) Células procarióticas e células eucarióticas.

53. Em que tipo de célula ocorre mitose?

54. Em que tipo de célula ocorre meiose?

Considere as alternativas a seguir para responder às questões de 55 a 59.

a) Cromossomos emparelhados dentro do núcleo mostrando cruzamento entre cromátides homólogas.
b) Cromossomos constituídos por duas cromátides sendo puxados para os polos da célula.
c) Cromossomos constituídos por uma única cromátide sendo puxados para os polos da célula.
d) Cromossomos homólogos presos por quiasmas dispostos na região mediana do fuso acromático.

55. Qual das alternativas refere-se a um evento que ocorre na prófase I da meiose?

56. Qual das alternativas refere-se a um evento que ocorre na metáfase I da meiose?

57. Qual das alternativas refere-se a um evento que ocorre na anáfase I da meiose?

58. Qual das alternativas refere-se a um evento que ocorre na anáfase II da meiose?

59. Qual das alternativas refere-se a um evento que ocorre na mitose e na meiose?

QUESTÕES PARA EXERCITAR O PENSAMENTO

60. Conteste ou justifique a seguinte afirmação: "Células procarióticas não têm núcleo. As hemácias humanas não têm núcleo, portanto elas são células procarióticas".

61. Hoje é possível retirar amostras de células de um feto em desenvolvimento no útero da mãe e determinar seu cariótipo. Que informações importantes a análise desse cariótipo pode fornecer?

62. Considerando que uma hemácia humana vive cerca de 120 dias e que uma pessoa adulta tem, em média, cerca de 5 milhões de hemácias por mm^3 de sangue e cerca de 5 L de sangue no corpo, calcule: quantas hemácias devem ser produzidas a cada segundo para substituir as que são constantemente perdidas?

63. Um pesquisador desenhou células de um animal em diversas fases do processo de meiose. A partir desses desenhos, mostrados a seguir, identifique a fase em que se encontra cada uma das células (1 a 5) e explique como chegou à conclusão.

A BIOLOGIA NO VESTIBULAR

QUESTÕES OBJETIVAS

64. (Unir-RO) Qual das seguintes estruturas celulares é responsável pela formação dos ribossomos?

a) Retículo endoplasmático.
b) Complexo de Golgi.
c) Centríolo.
d) Nucléolo.
e) Lisossomo.

65. (Fuvest-SP) Quando afirmamos que o metabolismo da célula é controlado pelo núcleo celular, isso significa que

a) todas as reações metabólicas são catalisadas por moléculas e componentes nucleares.
b) o núcleo produz moléculas que, no citoplasma, promovem a síntese de enzimas catalisadoras das reações metabólicas.
c) o núcleo produz e envia, para todas as partes da célula, moléculas que catalisam as reações metabólicas.
d) dentro do núcleo, moléculas sintetizam enzimas catalisadoras das reações metabólicas.
e) o conteúdo do núcleo passa para o citoplasma e atua diretamente nas funções celulares, catalisando as reações metabólicas.

66. (Fuvest-SP) Qual das alternativas se refere a um cromossomo?

a) Um conjunto de moléculas de DNA com todas as informações genéticas da espécie.
b) Uma única molécula de DNA com informação genética para algumas proteínas.
c) Um segmento de molécula de DNA com informação para uma cadeia polipeptídica.
d) Uma única molécula de RNA com informação para uma cadeia polipeptídica.
e) Uma sequência de três bases nitrogenadas do RNA mensageiro correspondente a um aminoácido na cadeia polipeptídica.

67. (FCC-BA) Nas células em interfase, o material genético aparece na forma de

a) carioteca.
b) fuso acromático.
c) nucléolo.
d) cromatina.
e) cariolinfa.

68. (PUC-SP) Encontra-se ao lado esquematizado o cromossomo 21 humano. O desenho foi feito com base na observação ao microscópio de um linfócito (glóbulo branco) em divisão.

A partir da análise do desenho, assinale a alternativa INCORRETA.

A A'

FERNANDO JOSÉ FERREIRA

a) O cromossomo encontra-se duplicado e bem condensado.
b) Ele pode ser observado durante a metáfase da divisão celular.
c) As cromátides, indicadas por A e A', são constituídas por moléculas de DNA diferentes.
d) O centrômero localiza-se próximo a uma das extremidades desse cromossomo e este apresenta um de seus braços bem maior que o outro.
e) A trissomia desse cromossomo é responsável pela síndrome de Down.

69. (UFPA) Célula diploide é aquela em que
a) existem dois cromossomos não homólogos.
b) o cariótipo é formado por dois conjuntos haploides.
c) o cariótipo é formado por dois conjuntos diploides.
d) cada cromossomo apresenta dois centrômeros.
e) não existe tal célula.

70. (Fuvest-SP) Em determinada espécie animal, o número diploide de cromossomos é 22. Nos espermatozoides, nos óvulos e nas células epidérmicas dessa espécie serão encontrados, respectivamente,
a) 22, 22 e 44 cromossomos.
b) 22, 22 e 22 cromossomos.
c) 11, 11 e 22 cromossomos.
d) 44, 44 e 22 cromossomos.
e) 11, 22 e 22 cromossomos.

71. (Fuvest-SP) Um homem com cariótipo 47, XYY pode originar-se da união de dois gametas, um com 24 cromossomos e outro com 23. O gameta anormal
a) é um óvulo.
b) é um espermatozoide.
c) pode ser um óvulo ou um espermatozoide.
d) é uma ovogônia.
e) é uma espermatogônia.

72. (PUC-SP) A constituição genética do indivíduo com síndrome de Klinefelter é
a) 44 A XY.
b) 44 A XXY.
c) 44 A XO.
d) 44 A XXX.
e) 45 A XX.

73. (UFV-MG) Como reconhecimento de seus trabalhos pioneiros relacionados ao ciclo celular, Leland H. Hartwell, Tim Hunt e Paul Nurse receberam o Prêmio Nobel de Medicina e Fisiologia em 2001. Com relação ao ciclo celular em eucariotos, assinale a afirmativa CORRETA.
a) A célula em G_1 perde as suas atividades metabólicas.
b) A síntese de DNA e RNA é mais intensa durante a fase G_2.
c) A fase S caracteriza-se principalmente por intensa atividade nucleolar.
d) Em células totalmente diferenciadas o ciclo é suspenso em S.
e) A célula em G_1 possui metade da quantidade de DNA comparada a G_2.

74. (PUC-SP) Um cientista, examinando ao microscópio células somáticas de um organismo diploide $2n = 14$, observa nos núcleos que se encontram na fase G_1 da interfase um emaranhado de fios, a cromatina. Se fosse possível desemaranhar os fios de um desses núcleos, o cientista encontraria quantas moléculas de DNA?
a) 14.
b) 7.
c) 1.
d) 28.
e) 2.

75. (Fuvest-SP) No processo de divisão celular por mitose, chamamos de célula-mãe aquela que entra em divisão e de células-filhas, as que se formam como resultado do processo. Ao final da mitose de uma célula, têm-se
a) duas células, cada uma portadora de metade do material genético que a célula-mãe recebeu de sua genitora e a outra metade, recém-sintetizada.
b) duas células, uma delas com o material genético que a célula-mãe recebeu de sua genitora e a outra célula com o material genético recém-sintetizado.
c) três células, ou seja, a célula-mãe e duas células-filhas, estas últimas com metade do material genético que a célula-mãe recebeu de sua genitora e a outra metade, recém-sintetizada.
d) três células, ou seja, a célula-mãe e duas células-filhas, estas últimas contendo material genético recém-sintetizado.
e) quatro células, duas com material genético recém-sintetizado e duas com o material genético que a célula-mãe recebeu de sua genitora.

76. (PUC-Campinas-SP) Uma plântula de *Vicia faba* foi colocada para crescer em meio de cultura onde a única fonte de timidina (nucleotídio com a base timina) era radioativa. Após um único ciclo de divisão celular foram feitas preparações citológicas de células da ponta da raiz para a análise da radioatividade incorporada (autorradiografia). A radioatividade será observada em
a) ambas as cromátides dos cromossomos metafásicos.
b) apenas uma das cromátides de cada cromossomo metafásico.
c) todas as organelas da célula.
d) todas as proteínas da célula.
e) todos os ácidos nucleicos da célula.

77. (UFSCar-SP) Células eucarióticas diploides em interfase foram colocadas para se dividir em um tubo de ensaio contendo meio de cultura, no qual os nucleotídios estavam marcados radiativamente. Essas células completaram todo um ciclo mitótico, ou seja, cada uma delas originou duas células-filhas. As células-filhas foram transferidas para um novo meio de cultura, no qual os nucleotídios não apresentavam marcação radiativa, porém o meio de cultura continha colchicina, que interrompe as divisões celulares na fase de metáfase.

Desconsiderando eventuais trocas entre segmentos de cromátides de um mesmo cromossomo ou de cromossomos homólogos, a marcação radiativa nessas células poderia ser encontrada
a) em apenas uma das cromátides de apenas um cromossomo de cada par de homólogos.
b) em apenas uma das cromátides de ambos cromossomos de cada par de homólogos.
c) em ambas as cromátides de apenas um cromossomo de cada par de homólogos.
d) em ambas as cromátides de ambos cromossomos de cada par de homólogos.
e) em ambas as cromátides de ambos cromossomos de cada par de homólogos, porém em apenas 50% das células em metáfase.

78. (UEL-PR) Considerando que uma espécie de ave apresenta $2n = 78$ cromossomos é correto afirmar

a) Um gameta tem 39 cromossomos autossomos e 2 cromossomos sexuais.

b) Um gameta tem 38 cromossomos autossomos e 2 cromossomos sexuais.

c) Um gameta tem 38 cromossomos autossomos e 1 cromossomo sexual.

d) Uma célula somática tem 77 cromossomos autossomos e 1 cromossomo sexual.

e) Uma célula somática tem 78 cromossomos autossomos e 2 cromossomos sexuais.

79. (UFBA) A ilustração a seguir reproduz esquematicamente um momento num processo de meiose.

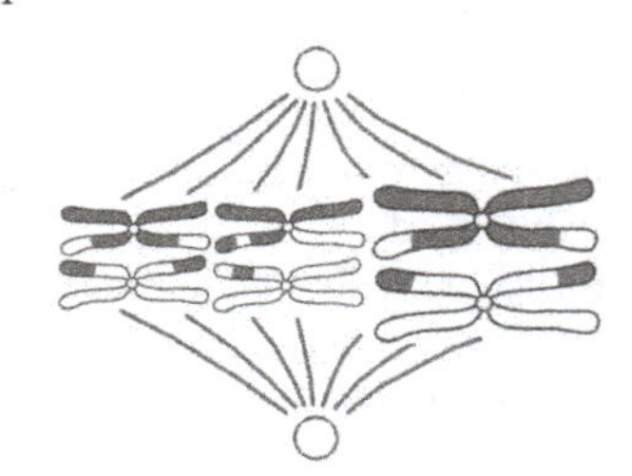

PAULO MANZI

Espera-se que, a seguir, ocorra

a) duplicação dos centríolos.

b) desaparecimento da carioteca.

c) pareamento dos cromossomos homólogos.

d) permuta entre cromátides.

e) separação dos cromossomos homólogos.

80. (Fuvest-SP) A égua, o jumento e a zebra pertencem a espécies biológicas distintas que podem cruzar entre si e gerar híbridos estéreis. Destes, o mais conhecido é a mula, que resulta do cruzamento entre o jumento e a égua. Suponha que o seguinte experimento de clonagem foi realizado com sucesso: o núcleo de uma célula somática de um jumento foi transplantado para um óvulo anucleado da égua e o embrião foi implantado no útero de uma zebra, onde ocorreu a gestação. O animal (clone) produzido em tal experimento terá, essencialmente, características genéticas

a) de égua.

b) de zebra.

c) de mula.

d) de jumento.

e) das três espécies.

81. (Uerj) A partir de um ovo fertilizado de sapo, até a formação do girino, ocorre uma série de divisões celulares. A distribuição percentual dos tipos de divisão celular, nesta situação, é a seguinte

a) 100% mitose.

b) 100% meiose.

c) 50% meiose – 50% mitose.

d) 75% mitose – 25% meiose.

82. (Unifesp) Assinale o gráfico que representa corretamente a quantidade de DNA no núcleo de uma célula de mamífero durante as fases da meiose. Considere MI = 1ª divisão e MII = 2ª divisão.

a)

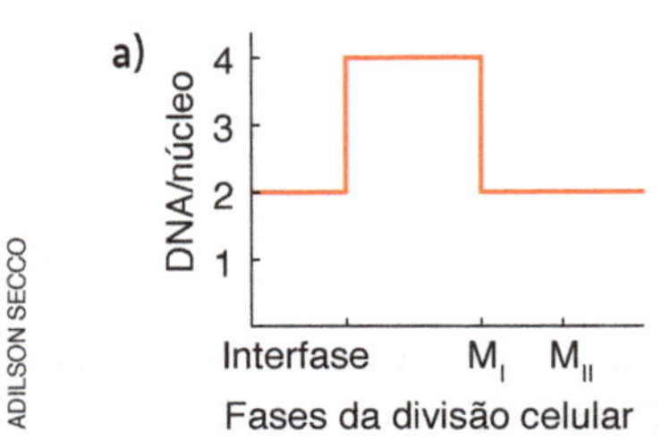

b)

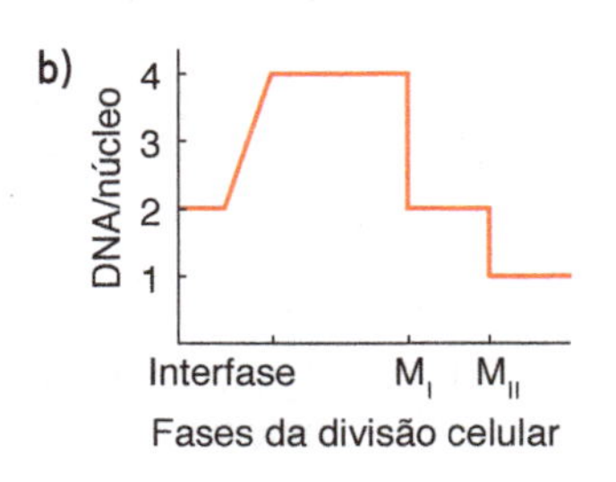

c)

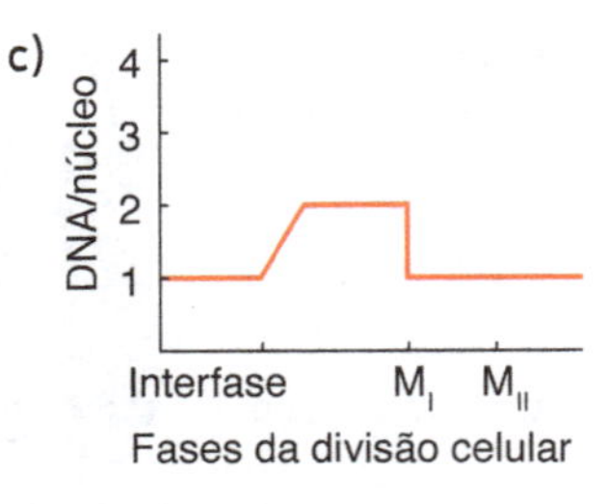

d)

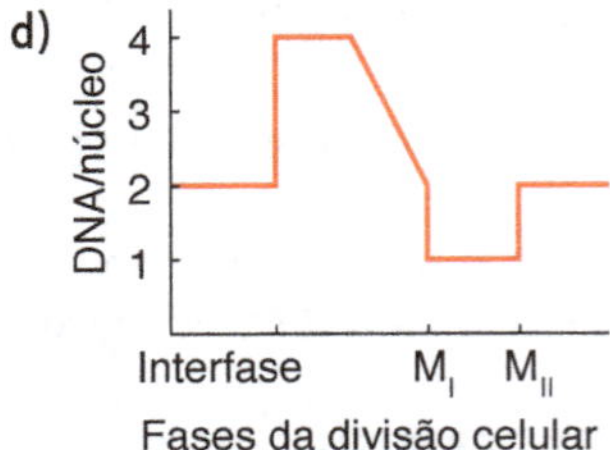

e)

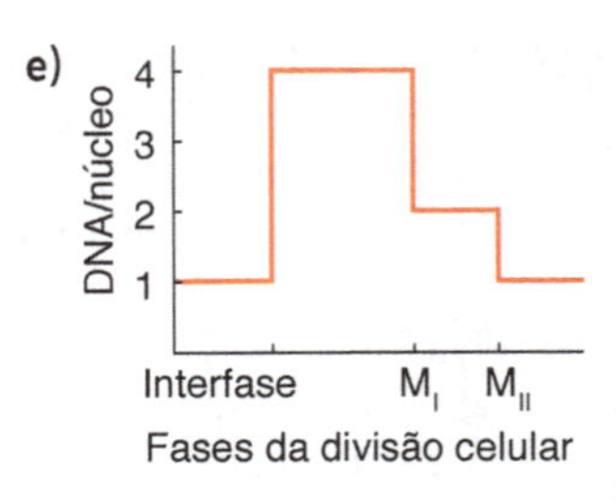

ADILSON SECCO

83. (Vunesp) O gráfico representa as mudanças (quantitativas) no conteúdo do DNA nuclear durante eventos envolvendo divisão celular e fecundação em camundongos:

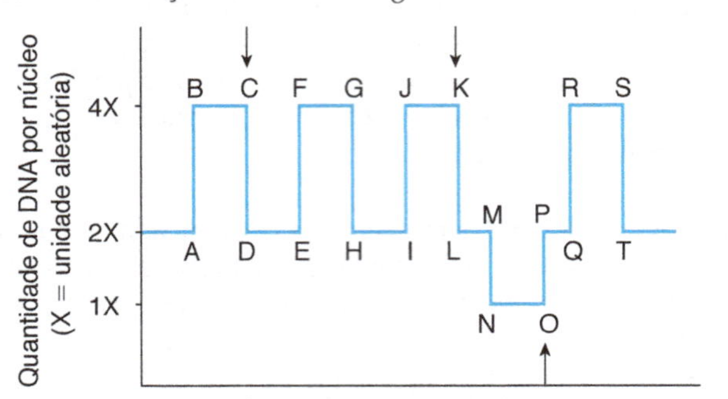

ADILSON SECCO

Os intervalos C–D, K–L e O–P correspondem, respectivamente, a fases em que ocorrem a

a) replicação, meiose II e mitose.

b) meiose I, meiose II e replicação.

c) mitose, meiose I e fecundação.

d) mitose, meiose I e meiose II.

e) mitose, meiose II e fecundação.

84. (Vunesp) Em relação ao esquema seguinte, relacionado com o ciclo de vida de um animal de reprodução sexuada, são feitas as seguintes afirmações:

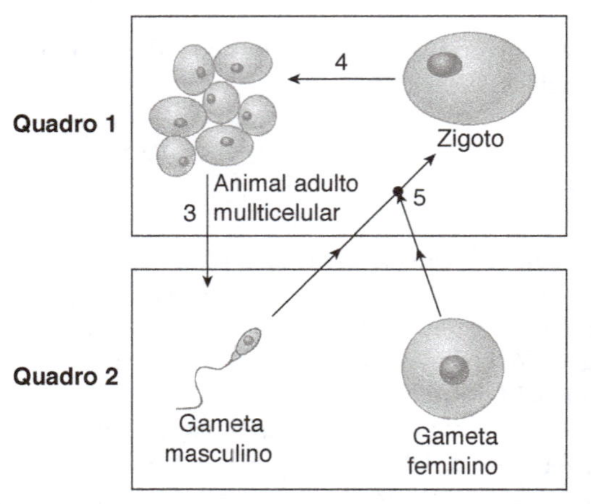

PAULO MANZI

I. Os quadros 1 e 2 correspondem, respectivamente, aos estágios haploide e diploide.

II. O número 3 corresponde à meiose e esta favorece um aumento da variabilidade genética.

III. O número 4 corresponde à mitose e esta ocorre somente em células germinativas.
IV. O número 5 corresponde à fertilização, onde ocorre a combinação dos genes provenientes dos pais.

Estão corretas as afirmações

a) I e II, apenas.
b) I e IV, apenas.
c) II e IV, apenas.
d) I, II e III, apenas.
e) II, III e IV, apenas.

85. (UFSM-RS) Qual a alternativa que apresenta a associação correta entre os itens A, B e C e os itens 1, 2, 3 e 4?

1. Genoma.
2. Gene.
3. Cromossomo.
4. Cariótipo.

A. Segmento de DNA que contém instrução para a formação de uma proteína.
B. Estrutura formada por uma única molécula de DNA, muito longa, associada a proteínas, visível durante a divisão celular.
C. Conjunto de genes de uma espécie.

a) A – 1; B – 2; C – 3.
b) A – 2; B – 3; C – 1.
c) A – 2; B – 4; C – 1.
d) A – 3; B – 2; C – 4.
e) A – 3; B – 4; C – 1.

86. (Fazu-MG) Entre as frases abaixo em relação à divisão celular por mitose, qual é a frase INCORRETA?

a) Na metáfase, todos os cromossomos, cada um com duas cromátides, encontram-se no equador da célula em maior grau de condensação.
b) A célula-mãe dá origem a duas células-filhas com metade do número de cromossomos.
c) As células filhas são idênticas à célula-mãe.
d) Ocorre nas células somáticas tanto de animais como de vegetais.
e) É um processo muito importante para o crescimento dos organismos.

87. (Faee-GO) "Uma célula em divisão apresenta cromossomos homólogos pareados no equador da célula, com quiasmas visíveis. A próxima fase será a I, caracterizada pela II." Qual é a alternativa que preenche correta e respectivamente os espaços I e II?

a) Anáfase I; separação de cromossomos homólogos.
b) Telófase I; divisão do citoplasma.
c) Metáfase II; duplicação de centrômeros.
d) Prófase II; desintegração da carioteca.
e) Prófase I; ocorrência de *crossing-over*.

QUESTÕES DISCURSIVAS

88. (UFG-GO) Sobre o núcleo de uma célula eucariota cite:

a) os componentes;
b) a composição química dos componentes;
c) as funções dos componentes.

89. (UFRJ) O Projeto do Genoma Humano pretende obter a sequência completa do DNA dos cromossomos. As células somáticas humanas possuem 46 cromossomos. Qual o número mínimo de cromossomos que deve ser sequenciado para que se obtenha essa informação? Justifique sua resposta.

90. (Fuvest-SP) Os cromossomos humanos podem ser estudados em células do sangue. Essa análise pode ser feita tanto em linfócitos quanto em hemácias? Por quê?

91. (UFPR) Quantos pares de cromossomos homólogos existem na fase haploide de células, cuja constante cromossomial nas células somáticas é $2n = 20$?

92. (Faap-SP) Em função da posição do centrômero, como podem ser classificados os cromossomos?

93. (Unicamp-SP) A colchicina é uma substância de origem vegetal, muito utilizada em preparações citogenéticas para interromper as divisões celulares. Sua atuação consiste em impedir a organização dos microtúbulos.

a) Em que fase a divisão celular é interrompida com a colchicina? Explique.
b) Se, em lugar de colchicina, fosse aplicado um inibidor de síntese de DNA, em que fase ocorreria a interrupção?

94. (Fuvest-SP) Uma célula somática, em início de interfase, com quantidade de DNA nuclear igual a X, foi colocada em cultura para multiplicar-se. Considere que todas as células resultantes se duplicaram sincronicamente e que não houve morte celular.

a) Indique a quantidade total de DNA nuclear ao final da 1ª, da 2ª e da 3ª divisões mitóticas.
b) Indique a quantidade de DNA por célula na fase inicial de cada mitose.

95. (Fuvest-SP) Considere os processos de mitose e meiose.

a) Qual o número de cromossomos das células originadas, respectivamente, pelos dois processos na espécie humana?
b) Qual a importância biológica da meiose?

96. (Unicamp-SP) Os esquemas A, B e C a seguir representam fases do ciclo de uma célula que possui $2n = 4$ cromossomos.

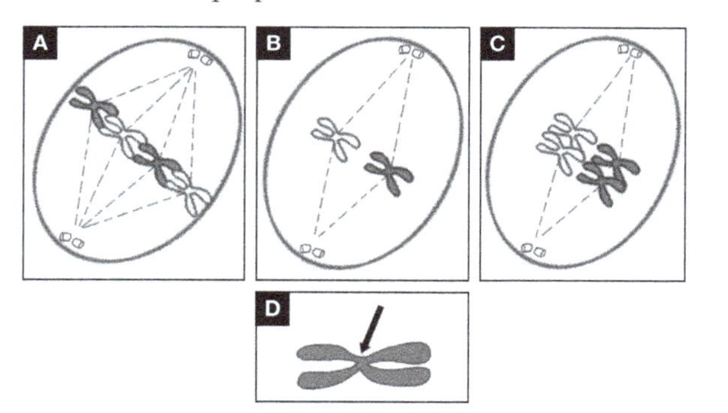

a) A que fases correspondem as figuras A, B e C? Justifique.
b) Qual é a função da estrutura cromossômica indicada pela seta na figura D?

97. (Vunesp) Criadores e sitiantes sabem que a mula (exemplar fêmea) e o burro (exemplar macho) são híbridos estéreis que apresentam grande força e resistência. São o produto do acasalamento do jumento (*Equus asinus*, $2n = 62$ cromossomos) com a égua (*Equus caballus*, $2n = 64$ cromossomos).

a) Quantos cromossomos têm o burro ou a mula? Justifique sua resposta.
b) Considerando os eventos da meiose I para a produção de gametas, explique por que o burro e a mula são estéreis.

Mais questões: no livro digital, em **Vereda Digital Aprova Enem** e **Vereda Digital Suplemento de revisão e vestibulares**; no *site*, em **AprovaMax**.

CAPÍTULO

9 REPRODUÇÃO E DESENVOLVIMENTO DOS ANIMAIS

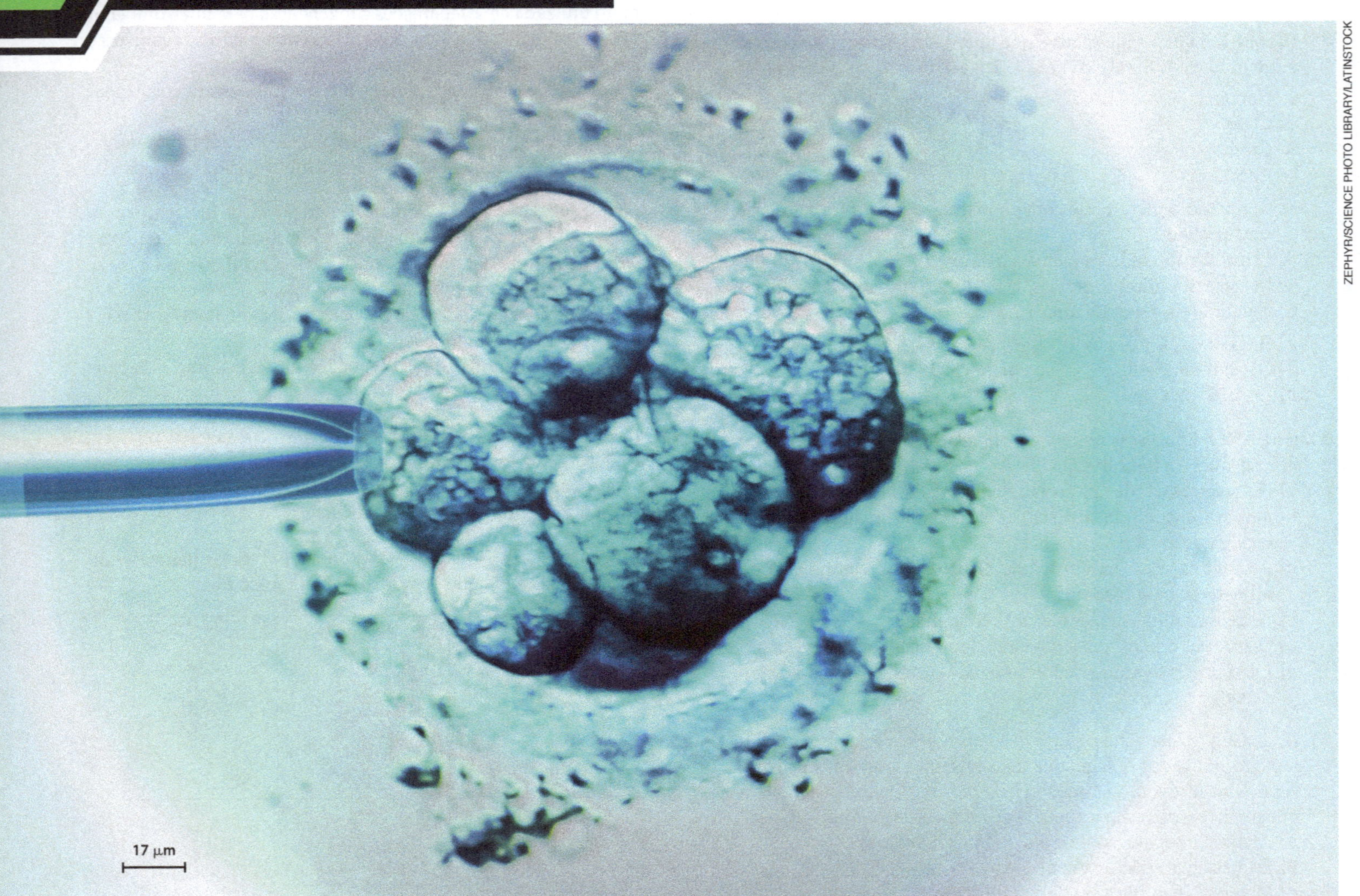

No centro da foto, embrião humano com apenas oito células, resultante de fecundação *in vitro*. Por meio da aspiração com uma micropipeta (à esquerda), o pesquisador retira uma célula do embrião para exame, antes de implantá-lo no útero da mãe.

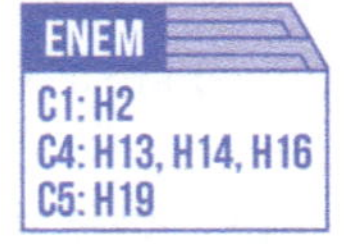

De que trata este capítulo

A reprodução é a principal característica dos seres vivos; é por meio dela que a vida tem se perpetuado em nosso planeta desde sua origem. Se retrocedêssemos no tempo, em busca de nossos ancestrais mais remotos, chegaríamos aos primeiros seres vivos e ao momento em que foi criado o modo mais elementar de reprodução: a capacidade de um ser dividir-se em dois, crescer e novamente se dividir, perpetuando a vida.

Um passo importante na história da vida em nosso planeta foi o aparecimento da reprodução sexuada, processo em que ocorre união de duas células e mistura do material hereditário de cada uma delas. O novo ser que surge nesse tipo de reprodução é geneticamente diferente dos pais, uma vez que as características de duas células parentais se combinam no novo organismo.

Neste capítulo estudaremos alguns processos assexuados de reprodução e os principais aspectos da reprodução sexuada e do desenvolvimento embrionário dos animais, terminando pelo estudo dos tecidos que compõem o corpo humano. Conhecer os fundamentos da reprodução e do desenvolvimento animal permitirá compreender melhor a reprodução de nossa própria espécie e também a das plantas, que serão estudadas nos Capítulos 21 e 13, respectivamente.

Objetivos

Objetivo geral

- Reconhecer a reprodução como a característica mais fundamental dos seres vivos e que garante a continuidade da vida em nosso planeta, e valorizar o conhecimento sistemático sobre o desenvolvimento embrionário.

Objetivos didáticos

- Caracterizar os principais tipos de reprodução.
- Conhecer os processos básicos de espermatogênese e de oogênese, e caracterizar as principais células precursoras do espermatozoide (espermatogônia, espermatócito I, espermatócito II e espermátide) e do óvulo (ovogônia, ovócito I e ovócito II).
- Conhecer os principais estágios do desenvolvimento embrionário dos animais – mórula, blástula, gástrula e nêurula –, compreendendo seu significado na formação dos tecidos e dos órgãos do embrião e do adulto.
- Identificar, em esquemas e ilustrações, partes básicas de embriões de animais, tais como: blastômeros (micrômeros e macrômeros), blastoderma, blastocela, arquêntero, folhetos germinativos, tubo nervoso, notocorda, somitos e celoma.
- Compreender a estrutura geral dos principais tipos de tecido de animais vertebrados e suas funções no corpo.

9.1 Tipos de reprodução

Reprodução é o processo pelo qual os seres vivos originam novos indivíduos de sua espécie. É a reprodução que garante a perpetuação das espécies.

Os biólogos distinguem duas formas básicas de reprodução: assexuada e sexuada. Na **reprodução assexuada** um único genitor dá origem a descendentes geneticamente idênticos a si mesmo. Na **reprodução sexuada** um novo indivíduo origina-se a partir da união de duas células (gametas), que na maioria dos casos provêm de indivíduos diferentes. O processo de fusão de dois gametas com formação de um zigoto diploide, que se desenvolve em um novo ser, é a fecundação. Quando os dois gametas que se unem são provenientes de indivíduos distintos, fala-se em **fecundação cruzada**. Quando os dois gametas que se unem são produzidos pelo mesmo indivíduo, fala-se em **autofecundação**.

Processos assexuados de reprodução

A maioria dos organismos unicelulares reproduz-se por meio da divisão binária, ou **cissiparidade**, processo que consiste na divisão mitótica da célula única que constitui o indivíduo em duas células-filhas, dois novos indivíduos. Bactérias, protozoários e algas unicelulares reproduzem-se dessa maneira.

Alguns organismos multicelulares como algas e fungos reproduzem-se assexuadamente por meio de esporos, processo genericamente chamado de esporulação.

Esporo é uma célula haploide dotada de paredes resistentes que se liberta do corpo do organismo genitor e, ao encontrar um ambiente favorável, multiplica-se, originando um novo organismo.

Diversas algas e plantas, certos fungos e alguns animais invertebrados podem se reproduzir por meio do brotamento. Nesse processo o indivíduo forma **brotos** que, ao se separarem do corpo do genitor, passam a ter vida independente, constituindo novos indivíduos geneticamente idênticos ao que lhes deu origem.

Uma forma comum de propagação de plantas, muito utilizada por agricultores e jardineiros, é a estaquia, ou propagação por estacas. **Estaca** é um pedaço de caule retirado de uma planta adulta que, em certos casos, pode ser plantado diretamente no solo ou deixado por um período mergulhado em água, até formar raízes. Roseiras, por exemplo, são geralmente multiplicadas por meio de estacas. Em certas plantas até mesmo uma folha separada da planta original, encontrando condições adequadas, pode formar raízes e originar assexuadamente novos indivíduos. Esse tipo de propagação é muito utilizado na agricultura e na produção de plantas ornamentais.

Certas espécies de algas, de plantas e de animais invertebrados podem se reproduzir assexuadamente por fragmentação. Nesse processo, fragmentos que se destacam do corpo do indivíduo regeneram as partes que faltam, originando novos indivíduos geneticamente idênticos ao genitor.

Certas plantas, certos animais invertebrados e algumas espécies de vertebrados reproduzem-se por meio da partenogênese, processo em que o gameta feminino desenvolve-se sem ocorrer fecundação. Como não há fusão de gametas, alguns cientistas consideram a partenogênese um tipo de reprodução assexuada. Um exemplo bem conhecido de partenogênese ocorre na abelha melífera, em que as fêmeas se desenvolvem a partir de óvulos (gametas femininos) fecundados e os machos se originam por partenogênese de óvulos não fecundados. **(Fig. 9.1)**

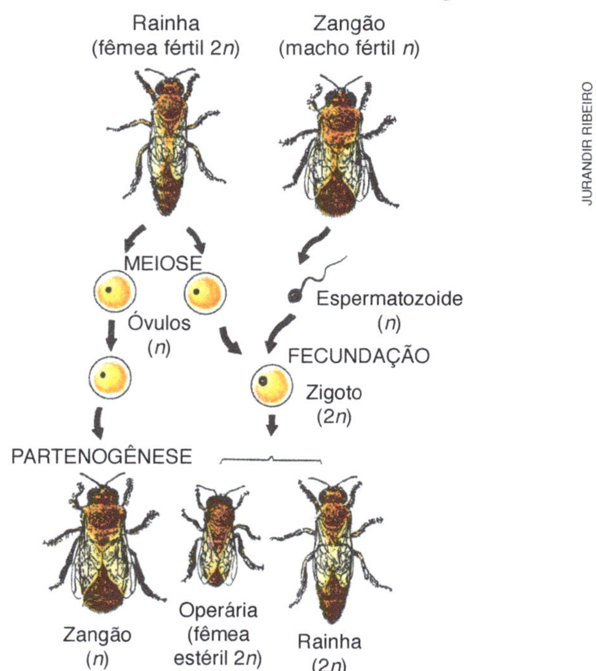

Figura 9.1 Representação esquemática de partenogênese em abelhas do gênero *Apis*. A rainha, única fêmea fértil da colmeia, é capaz de controlar a fecundação dos óvulos que produz: depois de copular com diversos zangões e armazenar seu sêmen, ela pode pôr ovos (fecundados) e óvulos (não fecundados). Os ovos são diploides e originam fêmeas, que poderão ser rainhas ou operárias, dependendo da alimentação que a larva recebe. Os óvulos, haploides, desenvolvem-se por partenogênese e originam machos, os zangões.

Reprodução sexuada

A **reprodução sexuada** envolve fusão e mistura de material genético de duas células haploides — os gametas —, originando uma célula diploide, o zigoto, ou **célula-ovo**. Ao se desenvolver, o zigoto origina um indivíduo que combina características dos pais.

A reprodução sexuada ocorre em quase todos os organismos eucarióticos, tanto nos unicelulares como nos multicelulares. Além da perpetuação da espécie, a reprodução sexuada é importante porque promove a **variabilidade genética** da descendência. Enquanto os descendentes produzidos de modo assexuado são geneticamente idênticos entre si e ao genitor, os originados por reprodução sexuada são variados do ponto de vista genético. Produzir descendência variada constitui uma vantagem, pois aumenta a chance de haver indivíduos capazes de sobreviver e de se adaptar às diferentes condições, transmitindo suas características adaptativas aos descendentes. Essa é a base da evolução biológica.

Ciclos de vida

Em organismos com reprodução sexuada, **ciclo de vida** é a sequência que vai desde a origem de um indivíduo diploide, pela união de dois gametas, até o momento em que esse indivíduo forma gametas e se reproduz, fechando o ciclo. Na espécie humana, por exemplo, o ciclo de vida tem início com a união do gameta feminino ao gameta masculino, originando o zigoto diploide, a primeira célula de cada pessoa; esta, quando adulta, formará gametas haploides.

Ciclos de vida como o da espécie humana, em que existe apenas um tipo de indivíduo quanto à ploidia (no caso, 2*n*), são chamados de **haplobiontes** (do grego *haplos*, simples, *bios*, vida, e *onte*, ser). Se o indivíduo é diploide, como em nossa espécie, o ciclo haplobionte é chamado de **diplonte**. Se o indivíduo é haploide, o ciclo haplobionte é chamado de **haplonte**, como ocorre em certas algas unicelulares e em certos fungos.

Em certas espécies de algas e nas plantas o indivíduo diploide que surge pela união dos gametas não é o que completará o ciclo. Esse indivíduo origina assexuadamente indivíduos haploides; estes formam gametas e completam o ciclo. Nas samambaias, por exemplo, o indivíduo diploide originado do zigoto é a planta com folhagem exuberante que utilizamos na ornamentação. Entretanto, essa planta não produz gametas, e sim esporos; estes, ao cair em locais adequados, originam pequenas plantas de formato achatado, os prótalos, que produzem gametas e fecham o ciclo de vida. Ciclos como esse são denominados **diplobiontes** (do grego *diplos*, duplo, dois), ou alternantes, pois alternam-se organismos haploides, produtores de gametas, e organismos diploides, produtores de esporos.

O ponto do ciclo em que ocorre meiose varia nos diversos tipos de ciclo de vida. No **ciclo haplobionte diplonte**, por exemplo, a meiose ocorre no indivíduo diploide e dá origem a gametas, sendo por isso denominada meiose gamética. No **ciclo haplobionte haplonte**, a meiose ocorre imediatamente após a formação do zigoto e dá origem a células haploides que se desenvolvem em indivíduos formadores de gametas, fechando o ciclo; fala-se, nesse caso, em meiose zigótica. No **ciclo diplobionte** a meiose ocorre nos indivíduos diploides, originando esporos que se desenvolvem em indivíduos haploides; estes formam gametas, fechando o ciclo; fala-se, nesse caso, em meiose espórica. **(Fig. 9.2)**

ILUSTRAÇÕES: PAULO MANZI

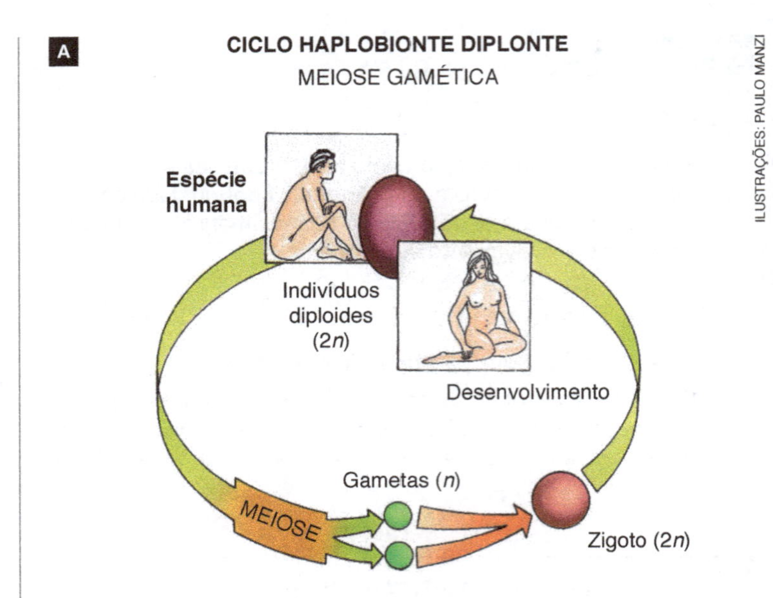

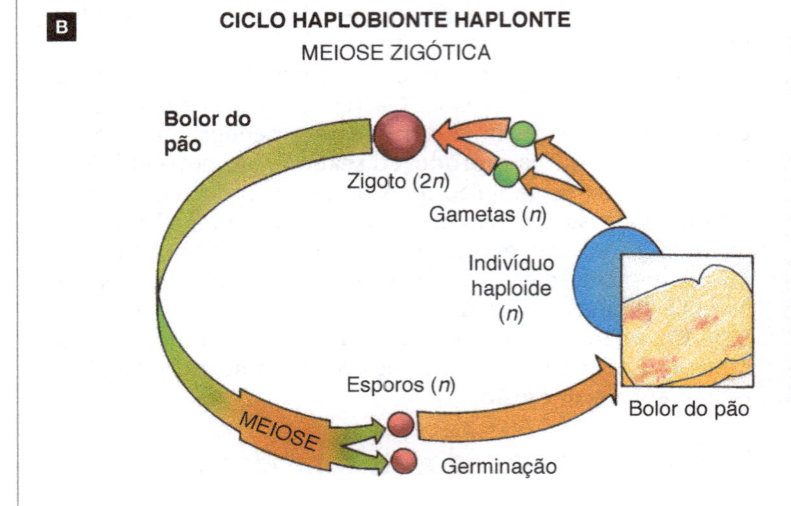

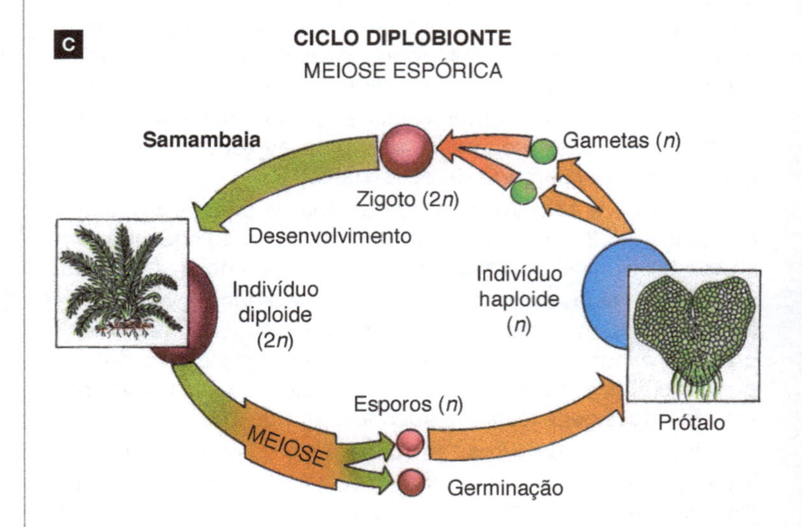

Figura 9.2 Representação esquemática de tipos de ciclo de vida, mostrando em qual fase ocorre a meiose.

Agora você pode resolver as atividades de 1 a 16, 66 e 67.

9.2 Gametogênese e fecundação

Organismos que se reproduzem sexuadamente podem ser classificados em dioicos e monoicos. **Organismos dioicos** (do grego *di*, dois, e *oikos*, casa, aqui no sentido de indivíduo) são os que apresentam sexos separados, com machos produtores de gametas masculinos e fêmeas produtoras de gametas femininos. A espécie humana, por exemplo, é dioica. **Organismos monoicos** (do grego *mono*, um, e *oikos*, casa), ou hermafroditas, são os que apresentam os dois sexos reunidos no mesmo indivíduo, que produz tanto gametas masculinos como femininos. Diversos organismos, apesar de monoicos, têm fecundação cruzada; esse é o caso da maioria das plantas e de alguns animais, como os caramujos. Outros, no entanto, reproduzem-se normalmente por autofecundação, como o feijão, a ervilha e a solitária (tênia).

Gametogênese

Nos animais os gametas formam-se a partir de células especializadas denominadas **células germinativas**, predestinadas a essa função desde as fases iniciais do desenvolvimento embrionário. Nos machos essas células localizam-se nos testículos e são chamadas de **espermatogônias**. Nas fêmeas as células germinativas localizam-se nos ovários e são denominadas **ovogônias**.

Tanto as espermatogônias como as ovogônias são células diploides ($2n$) e multiplicam-se por mitose. Nos machos de mamíferos a multiplicação das espermatogônias ocorre praticamente ao longo de toda a vida, embora seja mais intensa após a maturidade sexual e decline na velhice. Nas fêmeas de mamíferos o período de multiplicação das ovogônias geralmente se restringe à vida intrauterina ou à juventude.

O processo de formação de gametas a partir das células germinativas é genericamente chamado de **gametogênese**. A gametogênese masculina é a **espermatogênese** e a gametogênese feminina é a **oogênese** (ou **ovogênese**, ou **ovulogênese**).

Espermatogênese

Nos machos de diversos animais, enquanto certas espermatogônias continuam a se multiplicar, outras crescem e se transformam em **espermatócitos primários** (ou **espermatócitos I**). Estes iniciam a primeira divisão da meiose, originando duas células-filhas de tamanho equivalente, os **espermatócitos secundários** (ou **espermatócitos II**). Cada espermatócito secundário, por sua vez, inicia a segunda divisão da meiose, originando duas células de tamanho equivalente, as **espermátides**.

Cada espermátide passa por um processo de especialização durante o qual desenvolve cauda e perde parte do citoplasma, conforme visto no Capítulo 7, transformando-se no **espermatozoide**, o gameta masculino; este é muito ativo e se movimenta graças ao batimento de um longo flagelo.

Oogênese

Na gametogênese feminina, as ovogônias deixam de se multiplicar e crescem devido ao acúmulo intracelular de substâncias nutritivas (vitelo), transformando-se em **ovócitos primários** (ou **ovócitos I**). Estes realizam a primeira divisão da meiose e originam duas células de tamanho bastante desigual; uma delas, o **ovócito secundário** (ou **ovócito II**), fica com praticamente todo o citoplasma e vitelo. A outra célula, quase sem citoplasma, reduz-se a um pequeno glóbulo aderido a um dos polos do ovócito secundário, sendo por isso denominada **glóbulo polar I** ou **primeiro corpúsculo polar**. Embora algumas vezes o glóbulo polar prossiga em sua meiose, ele não desempenha nenhum papel na reprodução e logo degenera.

O ovócito secundário inicia a segunda divisão da meiose, que novamente resultará em duas células-filhas de tamanho desigual. A célula grande, com praticamente todo o citoplasma e vitelo, é denominada **óvulo**. A célula pequena, praticamente sem citoplasma, é o **segundo corpúsculo polar**, ou **glóbulo polar II**. No caso dos mamíferos, a meiose feminina estaciona em metáfase II e só continua se houver penetração de um espermatozoide no citoplasma ovular, como veremos mais adiante. **(Fig. 9.3)**

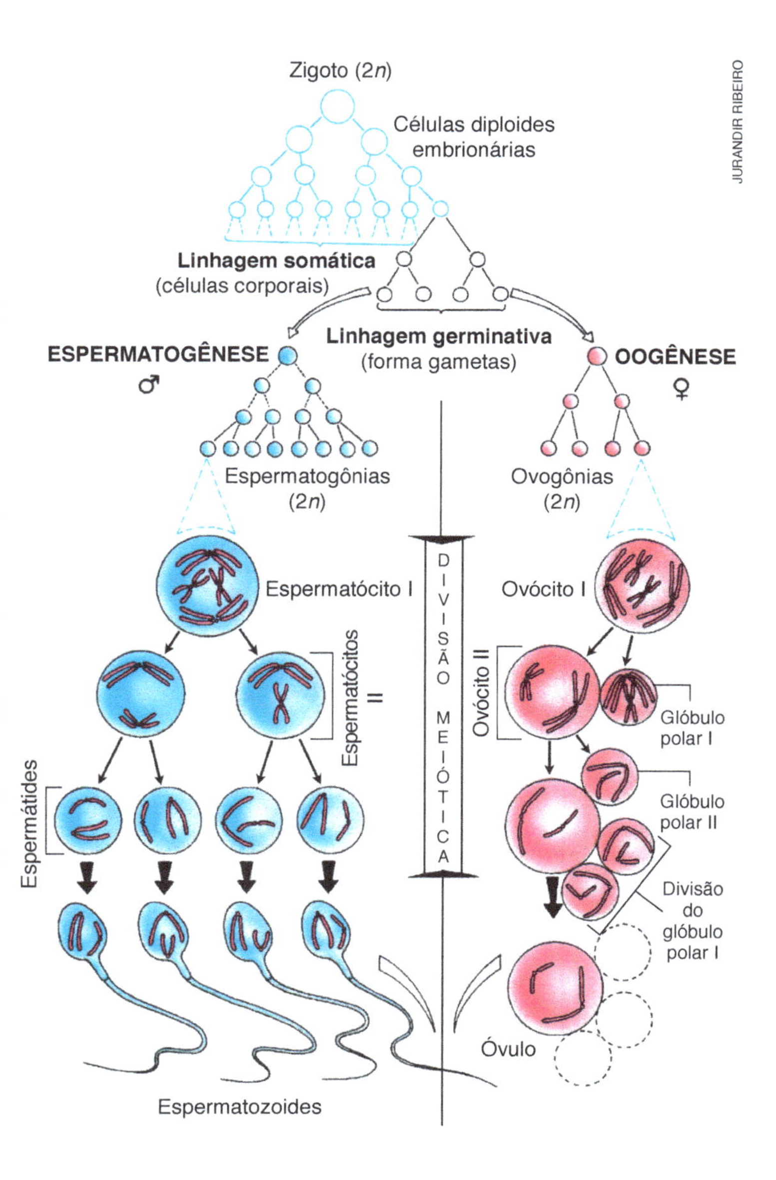

Figura 9.3 Representação esquemática em que se compara a espermatogênese (à esquerda) e a oogênese (à direita) nos animais vertebrados.

A fecundação nos animais

O processo de fusão de dois gametas e formação de um zigoto diploide é denominado **fecundação** (ou **fertilização**). Quando os gametas que se unem provêm de dois indivíduos distintos fala-se em **fecundação cruzada**. Quando os gametas que se unem foram produzidos pelo mesmo indivíduo fala-se em **autofecundação**. Nos animais, o encontro dos gametas masculino e feminino pode ocorrer no ambiente externo ou dentro do corpo da fêmea. No primeiro caso fala-se em **fecundação externa**; no segundo, em **fecundação interna**.

Experiências com diversos animais mostram que os gametas femininos liberam substâncias capazes de atrair os espermatozoides. Ao se aproximar do óvulo e tocar nele, os espermatozoides são imediatamente estimulados a liberar as enzimas contidas no acrossomo, que digerem os envoltórios ovulares e permitem a penetração de apenas um deles no citoplasma ovular.

O primeiro espermatozoide a tocar a superfície exposta do óvulo, após a digestão dos envoltórios ovulares, provoca a formação de uma barreira físico-química em torno de todo o citoplasma ovular, a chamada **membrana de fecundação**. Esta impede a penetração de outros espermatozoides e garante que a fecundação seja realizada pelo único gameta masculino pioneiro.

A membrana plasmática do óvulo funde-se então à membrana do espermatozoide e o conteúdo deste – núcleo, mitocôndrias e flagelo – é praticamente sugado para o gameta feminino. No citoplasma ovular os centríolos que formam a base do flagelo do espermatozoide originam os centríolos do zigoto, que orientam a formação do fuso de microtúbulos para a mitose do zigoto; restos da cauda e mitocôndrias masculinas degeneram.

Nos mamíferos a penetração do espermatozoide induz o gameta feminino, então estacionado em fase de ovócito II, a completar a segunda divisão meiótica, formando o segundo glóbulo polar e o óvulo propriamente dito. Com isso o cenário intraovular está preparado para o ápice dos acontecimentos da fecundação: a cariogamia.

O núcleo do óvulo, haploide e pronto para se encontrar com o núcleo do espermatozoide, é o **pronúcleo feminino**. O núcleo também haploide do espermatozoide fecundante aumenta de volume e passa a ser chamado de **pronúcleo masculino**.

Algumas horas após a penetração do espermatozoide no óvulo, os pronúcleos masculino e feminino aproximam-se; seus cromossomos duplicam-se e iniciam a condensação, preparando-se para a primeira divisão mitótica do zigoto. Os pronúcleos feminino e masculino geralmente não se fundem: eles permanecem próximos e, em determinado momento, seus envoltórios degeneram, liberando os cromossomos maternos e paternos, já duplicados e condensados, no citoplasma ovular.

A união do conteúdo dos pronúcleos é a cariogamia (do grego *karyon*, núcleo, e *gamos*, casamento, união) ou **anfimixia** (do grego *anfi*, dois, e *mixos*, misturar); trata-se do ponto alto da fecundação, marcando a formação do zigoto, primeira célula de um novo ser.

Os cromossomos maternos e paternos duplicados ligam-se às fibras do fuso mitótico e inicia-se a separação das cromátides-irmãs para polos opostos, ou seja, a anáfase da primeira mitose do zigoto. Cada polo celular recebe um lote de cromossomos maternos e um lote de cromossomos paternos. Formam-se dois novos núcleos e a citocinese origina as duas primeiras células diploides do novo indivíduo, genética e cromossomicamente idênticas ao zigoto. **(Fig. 9.4)**

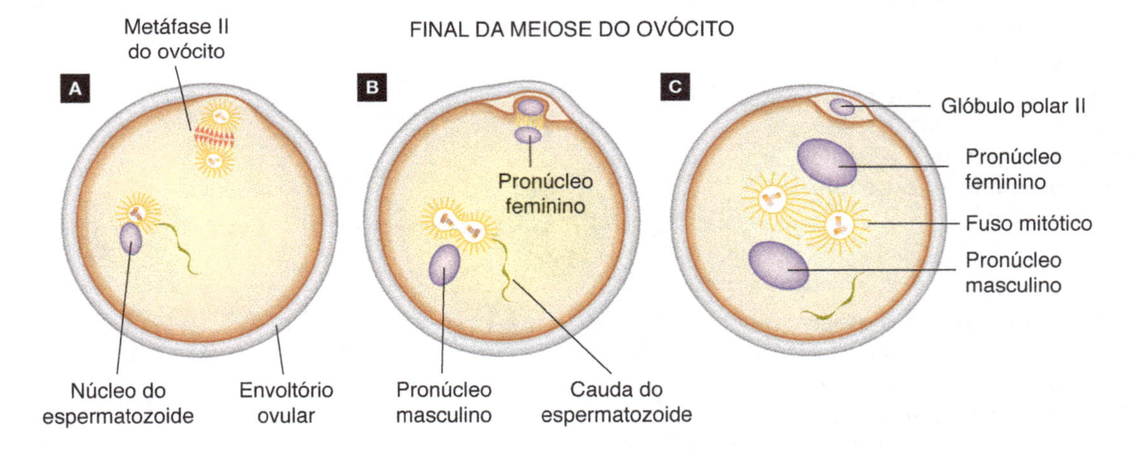

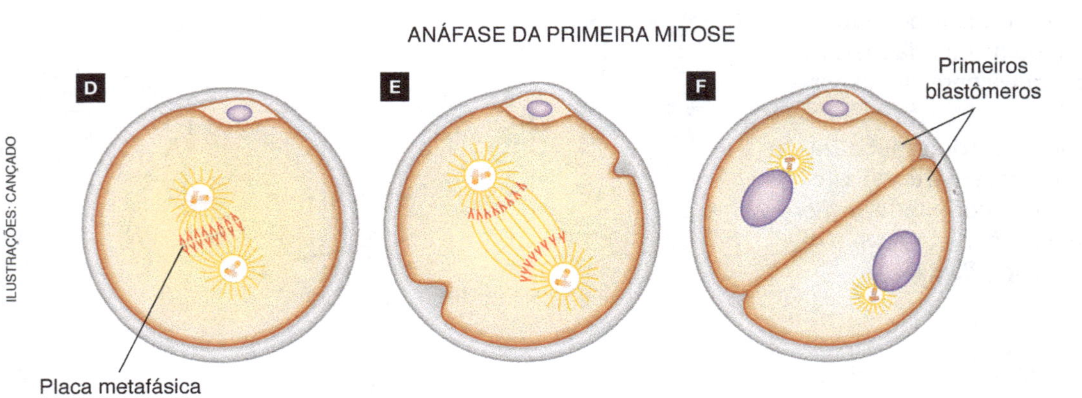

Figura 9.4 Representação esquemática das etapas da formação de um zigoto humano e de sua primeira mitose. **A.** Espermatozoide no interior do ovócito secundário. **B.** Fim da meiose do ovócito, com formação do segundo glóbulo polar e do pronúcleo feminino. **C.** Os pronúcleos masculino e feminino dispõem-se próximos ao fuso mitótico. **D.** Os envelopes nucleares (cariotecas) dos dois pronúcleos se desfazem e os cromossomos condensados espalham-se nas proximidades do fuso mitótico, unindo-se às fibras. **E.** Separação de cromátides-irmãs para polos opostos do fuso mitótico, nos quais se originam dois núcleos-filhos, cada um com cromossomos maternos e paternos. **F.** Citocinese e formação das duas primeiras células, ou blastômeros, do embrião.

Agora você pode resolver as atividades de 17 a 24, 68 a 72, 84 a 86.

9.3 Desenvolvimento embrionário animal

Desenvolvimento embrionário humano

Na reprodução sexuada dos animais multicelulares, a partir da fusão dos gametas forma-se a primeira célula do novo ser, o **zigoto**. Imediatamente após a fecundação o zigoto inicia o desenvolvimento e origina o **embrião**, um conjunto celular que se transforma gradualmente em um novo organismo. O processo de desenvolvimento embrionário é chamado **embriogênese** (do grego *genese*, origem, criação). Embora o tipo de desenvolvimento embrionário varie entre as espécies animais, em todas elas é possível distinguir três etapas principais: segmentação (ou clivagem), gastrulação e organogênese.

Segmentação e formação da blástula

Na etapa de **segmentação**, como o próprio nome sugere, o zigoto divide-se rápida e seguidamente por mitose, originando um aglomerado maciço de dezenas de células conhecidas como **blastômeros**. Esse aglomerado de blastômeros, pouco maior que o zigoto, lembra uma amora microscópica, sendo por isso chamado **mórula** (do latim *morula*, amora).

À medida que o desenvolvimento prossegue ocorre acúmulo de líquido entre as células embrionárias, o que leva ao aparecimento de uma cavidade central. Nesse estágio o embrião é chamado **blástula**; sua cavidade cheia de líquido é a **blastocela** (do latim *cella*, cavidade) e a camada de células que a envolve é a blastoderma.

Na fase inicial do desenvolvimento, que vai do zigoto até a blástula plenamente formada, as divisões celulares sucedem-se com grande rapidez; na mosca drosófila, por exemplo, apenas 12 horas após a primeira segmentação o embrião tem mais de 50 mil células; um embrião de rã com apenas 43 horas de vida é constituído por nada menos que 37 mil células.

Tipos de ovos e segmentação

Durante o desenvolvimento as células embrionárias nutrem-se exclusivamente das substâncias que se acumularam no citoplasma do gameta feminino, enquanto ele se desenvolvia no organismo materno. Nos ovos de galinha, por exemplo, a gema é uma célula-ovo extremamente desenvolvida, repleta de material nutritivo que será utilizado durante o desenvolvimento do futuro pintinho.

As substâncias nutritivas, constituídas predominantemente por gorduras e proteínas, são armazenadas no citoplasma dos ovos na forma de grânulos de **vitelo**. Dependendo da espécie, a quantidade e a distribuição dos grânulos de vitelo no ovo variam. Quanto a esses dois critérios, os ovos costumam ser classificados em quatro tipos básicos: oligolécitos, mesolécitos, megalécitos e centrolécitos. Os estudos embriológicos mostram que há uma nítida relação entre o tipo de ovo e o que ocorre na segmentação, como veremos adiante.

Ovos oligolécitos (do grego *oligos*, pouco, e *lekithos*, gema de ovo, vitelo), também chamados isolécitos (do grego *isos*, igual), têm quantidade relativamente pequena de vitelo, distribuída de forma mais ou menos homogênea no citoplasma. Esse tipo de ovo está presente em cordados, equinodermos, moluscos, anelídeos, nematódeos e platelmintos. Em muitos mamíferos, entre eles a espécie humana, a quantidade de vitelo nos ovos é tão pequena que eles são chamados **alécitos** (do grego *a*, negação, isto é, sem vitelo).

Ovos mesolécitos (do grego *mesos*, intermediário), também chamados ovos heterolécitos (do grego *heteros*, diferente, desigual), têm quantidade relativamente grande de vitelo, distribuída de forma desigual no citoplasma. Um dos polos do ovo, no qual se localiza o núcleo, tem menos vitelo e é denominado **polo animal**. O polo oposto tem maior quantidade de grânulos de vitelo e é denominado **polo vegetativo**. Esse tipo de ovo é característico dos anfíbios.

Ovos megalécitos (do grego *mega*, grande), também chamados ovos telolécitos (do grego *telos*, extremidade), têm muito vitelo acumulado no citoplasma. O vitelo ocupa quase toda a célula-ovo, que em algumas espécies chega a medir alguns centímetros de diâmetro. Esse tipo de ovo está presente em aves, répteis, certos peixes e nos moluscos cefalópodes (polvos e lulas).

Ovos centrolécitos (do grego *centro*, meio, centro) têm quantidade relativamente grande de vitelo, concentrada na região central. Esse tipo de ovo ocorre na maioria dos artrópodes. **(Fig. 9.5)**

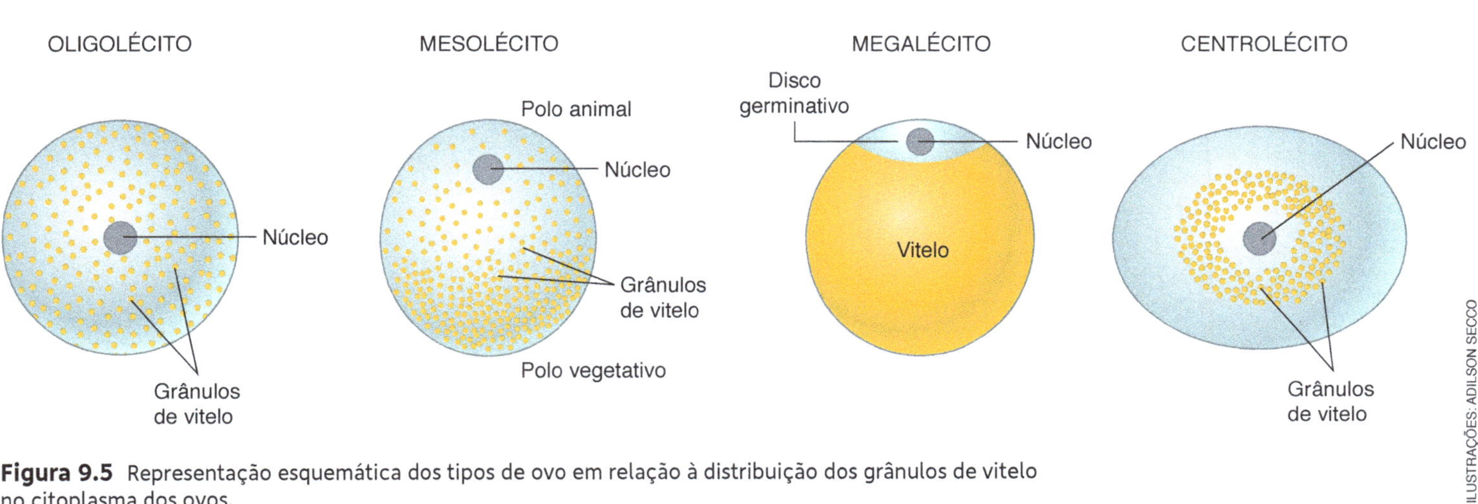

Figura 9.5 Representação esquemática dos tipos de ovo em relação à distribuição dos grânulos de vitelo no citoplasma dos ovos.

Como mencionamos, há relação entre a quantidade e a distribuição de vitelo no ovo e o que ocorre na segmentação, uma vez que a presença de vitelo interfere na citocinese, isto é, na divisão citoplasmática ao final da mitose. Em geral, em ovos com pouco vitelo, as duas primeiras segmentações dividem totalmente o citoplasma; ovos com muito vitelo têm segmentações incompletas, que não chegam a separá-lo totalmente.

A segmentação dos ovos, portanto, pode ser de dois tipos: holoblástica (ou total) e meroblástica (ou parcial). A segmentação **holoblástica** (do grego *holos*, inteiro) ou **total** ocorre quando os blastômeros se separam completamente; a segmentação **meroblástica** (do grego *meros*, parte) ou **parcial** ocorre quando as células-filhas se separam de forma incompleta na citocinese.

Dependendo da distribuição de vitelo no ovo, as segmentações podem resultar em blastômeros aproximadamente do mesmo tamanho ou em blastômeros de tamanho desigual. Ovos alécitos e oligolécitos, que têm pouco vitelo distribuído homogeneamente no citoplasma, apresentam geralmente segmentação holoblástica com blastômeros aproximadamente do mesmo tamanho.

Ovos mesolécitos, apesar de apresentar quantidade razoável de vitelo, também têm segmentação holoblástica. Entretanto, o vitelo acumulado no polo vegetativo determina a segmentação desigual do ovo: os blastômeros do polo vegetativo são maiores e mais ricos em vitelo que os formados no polo animal. Os blastômeros maiores são denominados **macrômeros** e os menores, **micrômeros**.

Ovos megalécitos, por sua vez, têm quantidade tão grande de vitelo que as estruturas citoplasmáticas e o núcleo limitam-se a uma pequena área do polo animal, formando um disco superficial de 2 a 3 milímetros de diâmetro, o **disco germinativo**. Nesse tipo de ovo as segmentações ocorrem apenas na região do disco germinativo, enquanto a parte do ovo repleta de vitelo não se divide. Fala-se por isso que a segmentação é meroblástica discoidal.

Nos ovos centrolécitos inicialmente apenas os núcleos se dividem e não se formam células individualizadas. Após certo número de mitoses os núcleos migram para a periferia do ovo e dispõem-se junto à membrana ovular. A seguir formam-se membranas entre os núcleos individualizando células, as quais se dispõem em uma camada no embrião. Nesse caso, a segmentação é denominada superficial. **(Fig. 9.6)**

A blástula originada de ovos oligolécitos é, em geral, um conjunto de células dispostas em formato esférico delimitando uma grande cavidade central cheia de líquido. Na blástula proveniente de ovos mesolécitos, a blastocela é relativamente pequena e restrita à região do polo animal. Por sua vez, a blástula que se origina de ovos megalécitos resume-se a uma pequena calota de células, o **blastodisco**, composto de duas camadas celulares, o epiblasto e o hipoblasto. A blastocela é um espaço cheio de líquido que surge entre essas duas camadas celulares. **(Fig. 9.7)**

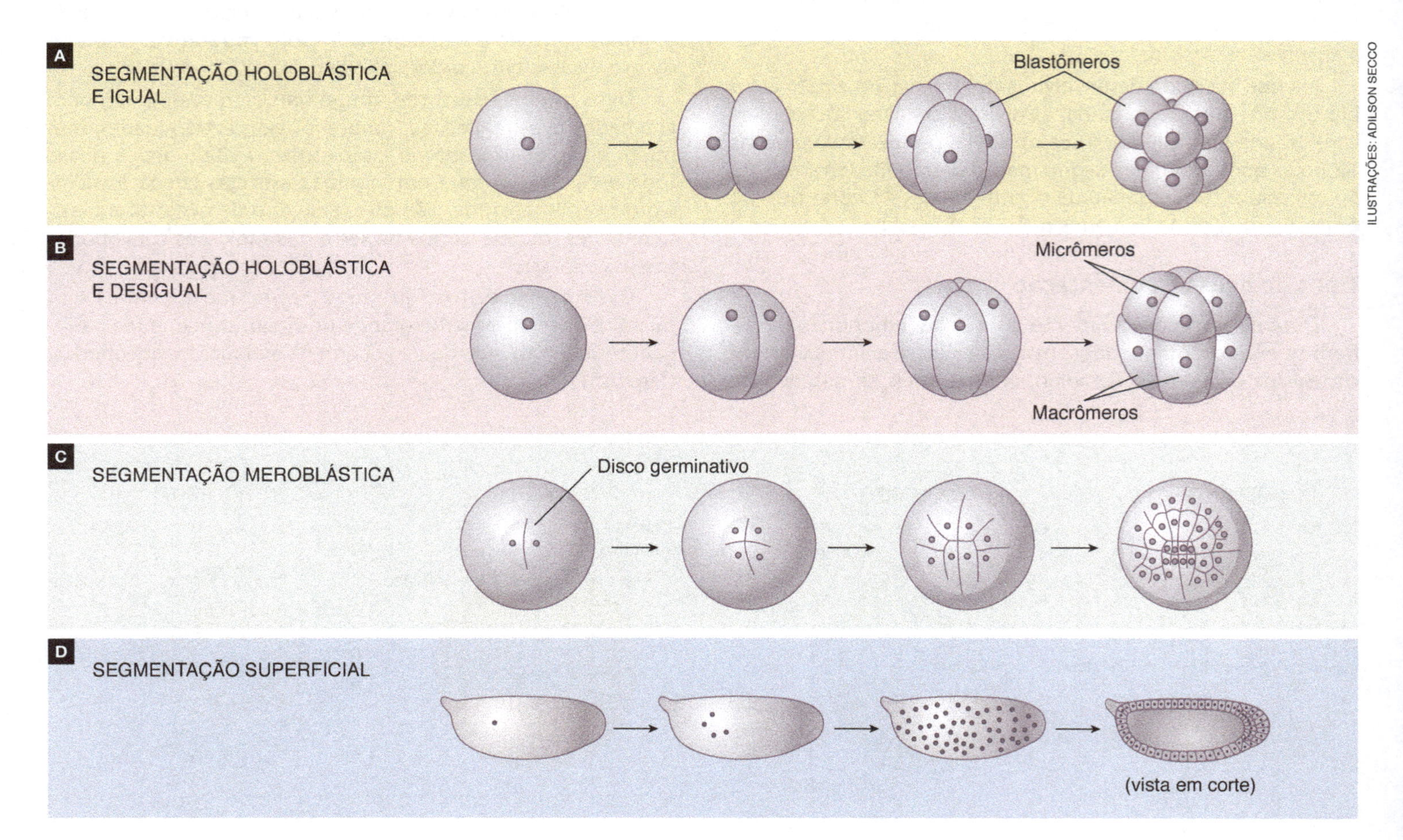

Figura 9.6 Representação esquemática de alguns tipos de segmentação de ovos. **A.** Segmentação holoblástica e igual (anfioxo). **B.** Segmentação holoblástica e desigual (anfíbios). **C.** Segmentação meroblástica e discoidal (répteis e aves). **D.** Segmentação superficial (insetos).

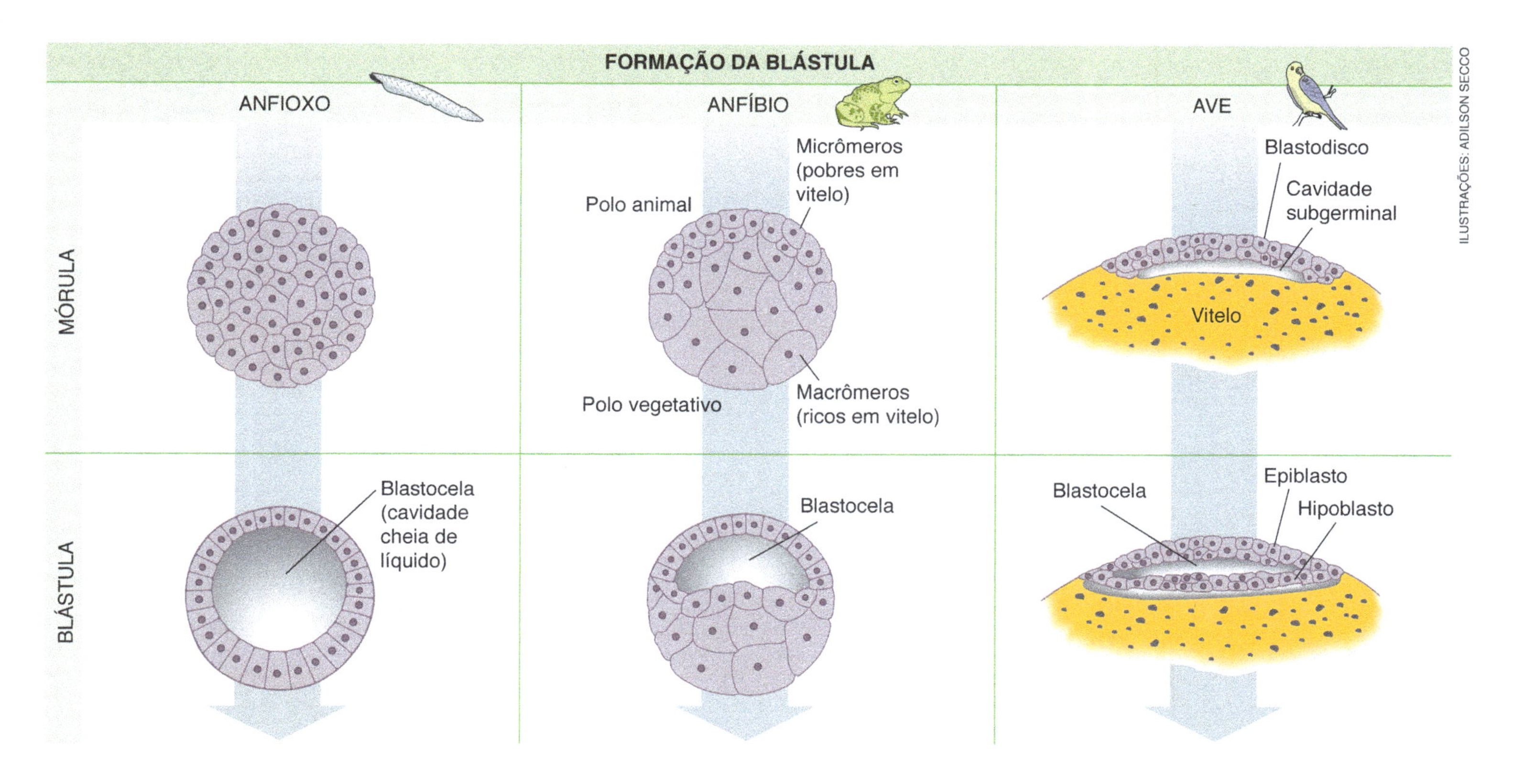

Figura 9.7 Representação esquemática, em corte, de tipos de blástula. No anfioxo (ovo oligolécito e segmentação holoblástica e igual) a blástula apresenta uma blastocela grande e central. Nos anfíbios (ovo mesolécito e segmentação holoblástica e desigual) a blástula é mais maciça, com a blastocela deslocada para o polo animal. Nas aves (ovo megalécito) a segmentação é meroblástica e discoidal, e a blastocela surge entre o epiblasto e o hipoblasto.

Gastrulação

O estágio embrionário que se sucede à blástula é chamado gástrula e seu processo de formação é a gastrulação.

Durante essa etapa da embriogênese as células embrionárias passam por grandes alterações, que definem o plano corporal básico (organização anatômica) do futuro animal.

Na gastrulação, células que darão origem a músculos e órgãos internos migram para o interior do embrião, enquanto células precursoras da pele e do sistema nervoso dispõem-se na superfície.

A migração de células para dentro do embrião faz com que a blastocela dê lugar a uma nova cavidade, o arquêntero (do grego *archeos*, primitivo, e *enteron*, intestino) ou **gastrocela** (do grego *gastros*, estômago, e do latim *cella*, cavidade). Esses nomes indicam que a cavidade interna da gástrula é o precursor do tubo digestivo do futuro organismo.

O arquêntero comunica-se com o meio externo através de uma abertura denominada blastóporo.

Nos cordados (grupo ao qual pertencem os vertebrados) e nos equinodermos (ouriços-do-mar e estrelas-do-mar), o blastóporo origina o ânus do futuro animal. A boca forma-se em momento posterior do desenvolvimento, no lado oposto ao do blastóporo. Por isso esses animais são chamados **deuterostômios** (do grego *deuteros*, segundo, e *stoma*, boca).

Em todos os outros grupos de animais que apresentam tubo digestivo completo (nematódeos, moluscos, anelídeos e artrópodes), o blastóporo origina a boca e o ânus surge posteriormente. Por isso esses animais são chamados **protostômios** (do grego *protos*, primeiro, e *stoma*, boca).

Formação dos folhetos germinativos

Na maioria das espécies animais, durante o estágio de gástrula originam-se três conjuntos de células, dos quais derivam todos os tecidos corporais: os folhetos germinativos.

O folheto germinativo mais externo, que reveste o embrião, é denominado ectoderma (do grego *ektos*, fora). Dele se originam a epiderme – a camada externa da pele – e diversas estruturas associadas a ela, como pelos, unhas, garras, glândulas sebáceas e glândulas sudoríparas. Do ectoderma surge também o sistema nervoso, composto pelo encéfalo, medula espinal, nervos e gânglios nervosos.

O folheto germinativo mais interno, que delimita a cavidade do arquêntero, é o endoderma (do grego *endon*, dentro). Ele origina o revestimento interno do tubo digestivo e forma as diversas estruturas glandulares associadas à digestão, tais como glândulas salivares, pâncreas, fígado e glândulas gástricas secretoras de ácido clorídrico. O endoderma também origina o sistema respiratório (brânquias ou pulmões).

O folheto germinativo situado entre o ectoderma e o endoderma é o mesoderma (do grego *meso*, meio). Ele origina músculos, ossos, sistema circulatório (coração, vasos sanguíneos e sangue), sistema excretor (rins, bexiga e vias urinárias) e sistema reprodutor. **(Fig. 9.8)**

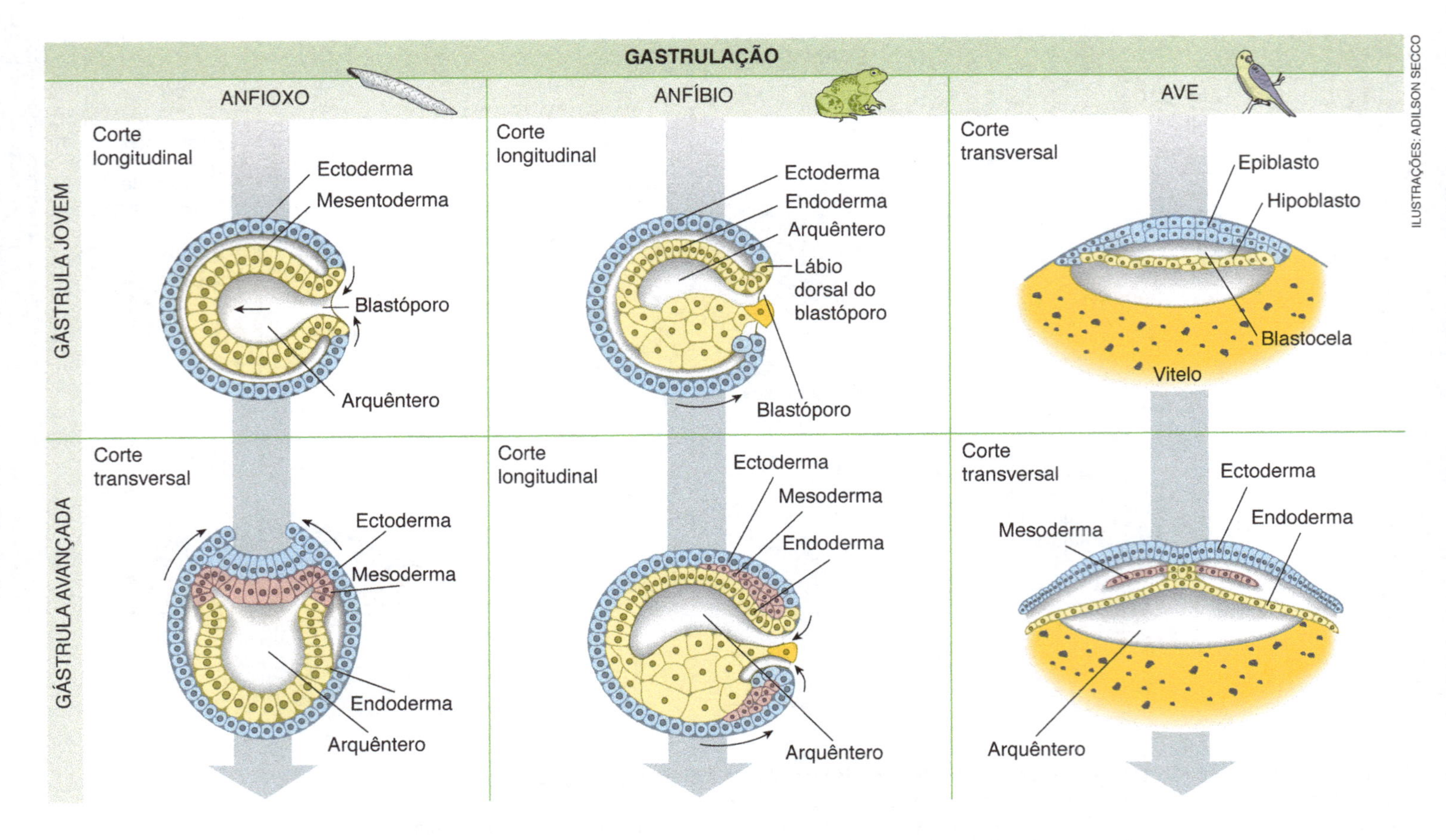

Figura 9.8 Representação esquemática, em corte, na qual se comparam os processos de gastrulação de anfioxos, anfíbios e aves. No anfioxo, as células de um polo da blástula parecem ser empurradas para dentro da blastocela. Mesentoderma é a camada celular que dará origem ao mesoderma e ao endoderma. Nos anfíbios, a gastrulação ocorre pela migração de células do lábio dorsal do blastóporo para o interior da blastocela e, também, pelo crescimento de células da camada externa, que penetram pelo lábio inferior. Nas aves, formam-se lâminas transversais de células, que originam os três tecidos embrionários básicos.

No início do desenvolvimento embrionário diferencia-se uma linhagem celular especial, denominada **linhagem germinativa,** cujas células migram para os primórdios das gônadas (sistema reprodutor) e originarão os gametas nos animais adultos. Todas as demais células do embrião constituem a chamada **linhagem somática. (Fig. 9.9)**

Figura 9.9 Os folhetos germinativos formam todos os tecidos corporais. A figura mostra alguns tipos de células originadas de cada folheto.

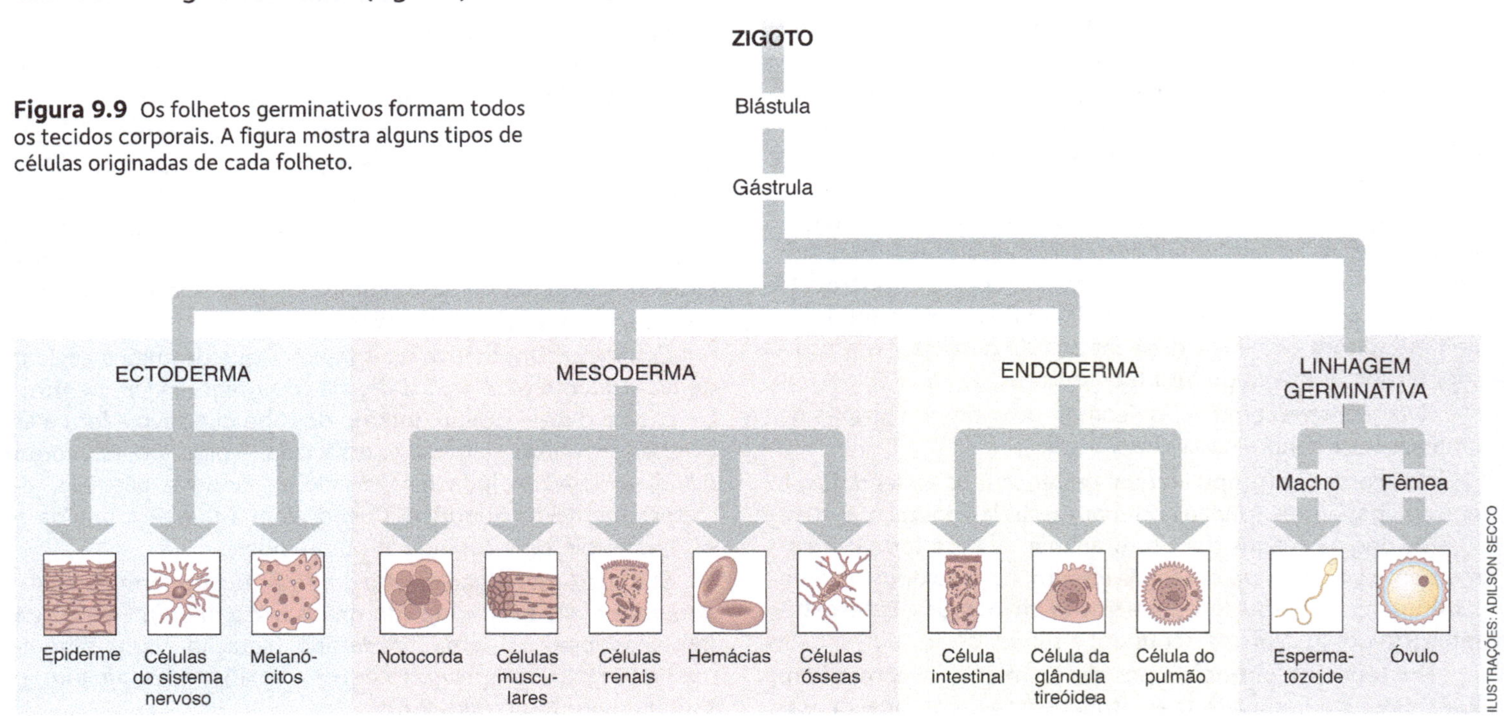

Entre os animais as esponjas são os únicos que não apresentam folhetos germinativos em seus embriões.

Nos cnidários (águas-vivas, anêmonas e corais), os embriões têm apenas dois folhetos germinativos, o ectoderma e o endoderma, e por isso são chamados de animais **diblásticos**.

Em todos os outros grupos de animais os embriões desenvolvem três folhetos germinativos, sendo denominados animais **triblásticos**.

Organogênese

O estágio de nêurula

Durante o desenvolvimento dos animais cordados, ao final do estágio de gástrula, células embrionárias localizadas ao longo do dorso do embrião começam a se diferenciar, originando uma estrutura tubular oca, o **tubo nervoso** ou **tubo neural**, e um cordão maciço de células, a **notocorda**. Nesse estágio de desenvolvimento embrionário o embrião é denominado **nêurula** (do grego *neuron*, nervo), uma vez que aí começa a ser esboçado o sistema nervoso.

- ***Tubo nervoso***

A formação do **tubo nervoso** é induzida por substâncias liberadas por células do mesoderma e da região anterior do endoderma. A diferenciação das células ectodérmicas dorsais leva à formação de uma placa achatada no dorso embrionário, a **placa neural**.

A placa neural desenvolve-se a partir da região anterior, diferenciando-se em direção à extremidade posterior do embrião. No decorrer de sua formação a placa neural se dobra e assume progressivamente o aspecto de uma calha (sulco ou goteira neural) ao longo do dorso do embrião.

O dobramento da placa neural prossegue até que suas bordas laterais se fundem, isolando um tubo de células ao longo do dorso do embrião – o tubo nervoso. O revestimento ectodérmico dorsal regenera-se sobre esse tubo. **(Fig. 9.10)**

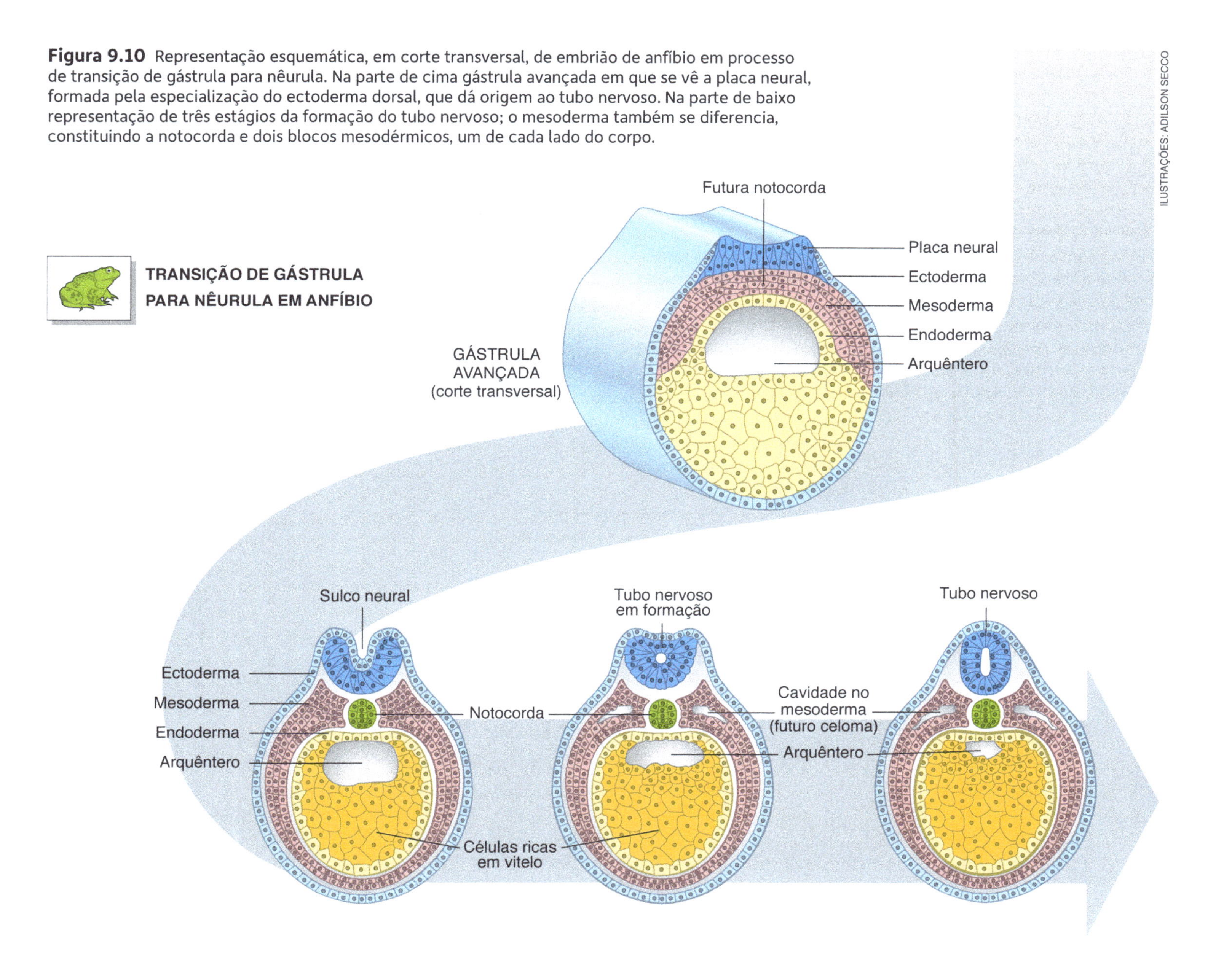

Figura 9.10 Representação esquemática, em corte transversal, de embrião de anfíbio em processo de transição de gástrula para nêurula. Na parte de cima gástrula avançada em que se vê a placa neural, formada pela especialização do ectoderma dorsal, que dá origem ao tubo nervoso. Na parte de baixo representação de três estágios da formação do tubo nervoso; o mesoderma também se diferencia, constituindo a notocorda e dois blocos mesodérmicos, um de cada lado do corpo.

A formação do tubo nervoso ocorre de maneira diferente nos diversos grupos de animais. Nas aves, por exemplo, o fechamento do tubo nervoso progride da cabeça em direção à cauda. Nos mamíferos o fechamento inicia-se simultaneamente em diversos pontos ao longo da placa neural. Alguns tipos de malformação congênita neurológica devem-se exatamente a falhas no fechamento de uma ou de outra parte do tubo nervoso que dará origem ao sistema nervoso central, composto pelo encéfalo e pela medula espinal.

Na espécie humana uma falha do fechamento na região anterior do tubo nervoso causa a anencefalia, que leva à morte. Uma condição patológica conhecida como espinha bífida, cuja gravidade depende do local e do grau de comprometimento da medula espinal, é decorrente de uma falha de fechamento na região posterior do tubo nervoso, em torno do 27º dia de vida do embrião. Defeitos de formação do tubo nervoso na espécie humana, quando considerados em conjunto, são relativamente frequentes, da ordem de 1 caso para cada 500 nascimentos.

- ***Notocorda***

Ao mesmo tempo que o tubo nervoso se diferencia, um conjunto de células situado embaixo dele se isola do mesoderma e forma um bastão sólido ao longo da região dorsal: a **notocorda** (do grego *notos*, dorso, costas), também chamada **corda dorsal**.

A notocorda é uma estrutura exclusiva de animais cordados. Embora presente no desenvolvimento embrionário de todos eles, desaparece na fase adulta da maioria das espécies. Hoje se sabe que, além de dar suporte estrutural ao tubo nervoso, a notocorda libera substâncias que induzem a diferenciação do tubo nervoso.

- ***Mesoderma e endoderma***

Enquanto o tubo nervoso se forma o mesoderma desenvolve-se e passa a preencher os espaços entre o ectoderma e o endoderma embrionários.

O mesoderma situado ao longo do dorso do embrião (mesoderma paraxial) divide-se em blocos transversais denominados **somitos**. A partir deles formam-se a derme, a coluna vertebral, as costelas e os músculos estriados esqueléticos.

As regiões laterais do mesoderma (mesoderma intermediário) originam o sistema urogenital, constituído pelos rins, a parte não germinativa das gônadas e seus respectivos canais (ductos).

A região ventral do mesoderma separa-se em duas lâminas celulares, uma mais externa e em contato com o ectoderma – a **somatopleura** ou mesoderma parietal – e outra mais interna – a **esplancnopleura** ou mesoderma visceral –, em contato com o endoderma. O espaço entre essas duas camadas mesodérmicas é preenchido por líquido e denominado **celoma**. A partir dessas lâminas mesodérmicas surgem o sistema circulatório (coração e vasos sanguíneos), a musculatura lisa e o esqueleto dos membros, entre outras estruturas corporais. **(Fig. 9.11)**

O endoderma origina o revestimento interno do tubo digestivo, além das estruturas que se formam a partir dele: glândulas salivares, pâncreas, fígado e vesícula biliar. O endoderma também origina o revestimento das brânquias de peixes e anfíbios jovens e o revestimento dos condutos respiratórios e dos pulmões em anfíbios, répteis, aves e mamíferos.

Anexos embrionários

As células de um embrião têm as mesmas necessidades básicas de qualquer célula: precisam obter alimento e gás oxigênio para manter o metabolismo; têm de eliminar resíduos e substâncias de excreção formados nas atividades metabólicas. De que maneira as células embrionárias conseguem suprir essas necessidades?

Como vimos, as substâncias nutritivas utilizadas por embriões de muitas espécies animais provêm do vitelo. Um ovo mesolécito de rã, por exemplo, tem vitelo suficiente para nutrir o embrião por alguns dias, até a fase em que o girino começa a se alimentar; um ovo de galinha tem substâncias nutritivas suficientes para os 21 dias de desenvolvimento embrionário, até a eclosão do pintinho. **(Fig. 9.12)**

Em algumas espécies, incluindo a nossa, os ovos têm pouquíssimo vitelo acumulado. Surge então uma questão a ser respondida mais adiante: como se alimentam as células de um embrião de mamífero durante o período de desenvolvimento embrionário, que é geralmente longo?

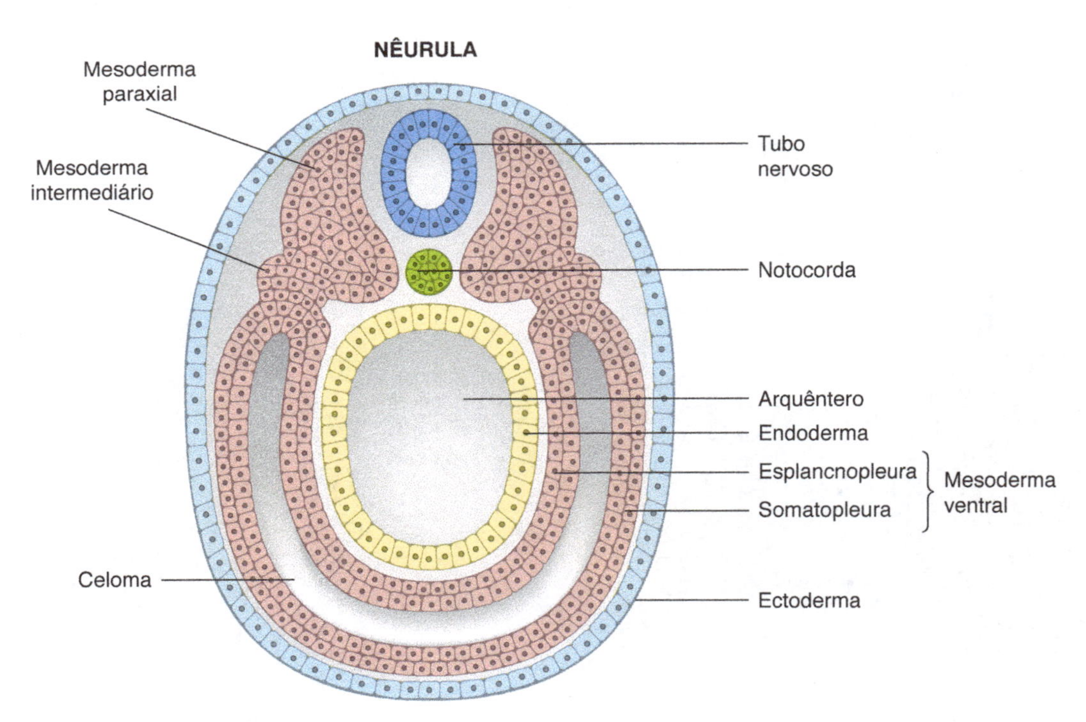

Figura 9.11 Representação esquemática, em corte transversal, de um embrião de cordado em estágio de nêurula. Note o celoma, cavidade intra-mesodérmica que surge nesse estágio.

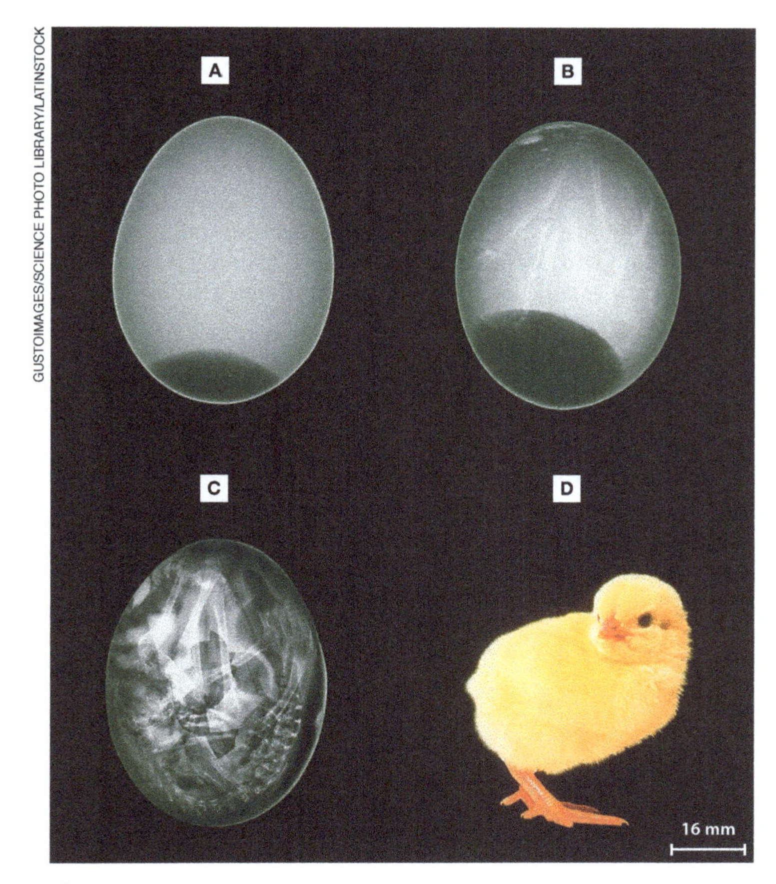

Figura 9.12 Radiografias de ovo de galinha em desenvolvimento (A, B e C) e fotografia de um pinto recém-nascido (D). A. Ovo com 6 dias de incubação. B. Ovo com 12 dias de incubação, mostrando o início da formação dos ossos. C. Ovo com 18 dias de incubação, faltando 3 dias para o nascimento.

Primeiro vamos analisar de que maneira os embriões obtêm gás oxigênio para respirar e como se livram do gás carbônico que surge como subproduto da respiração. O embrião de rã, que completa seu desenvolvimento na água, utiliza-se da difusão para realizar todas as trocas gasosas necessárias à sua vida. Um embrião de ave, que se desenvolve no ambiente seco em um ovo com casca, enfrenta uma situação diferente. Será que ocorre difusão de gases do ar através da casca do ovo? E um embrião de mamífero, cujo desenvolvimento ocorre no útero materno, como respira? Essas questões também serão respondidas mais adiante.

Um último ponto a considerar é o que fazer com as excreções produzidas pelas células embrionárias. O embrião de rã, para eliminar suas excreções nitrogenadas, não tem muitos problemas: as substâncias a serem excretadas saem das células embrionárias para a água circundante por difusão. Mas o problema é bem diferente para um embrião de ave ou de réptil, que completa o desenvolvimento confinado em um ovo com casca e que se desenvolve em terra firme. Como as aves e os répteis conseguem manter as excreções potencialmente tóxicas longe do embrião, se ele se encontra confinado no ovo? As respostas a todas essas questões envolvem os chamados anexos embrionários.

Em répteis, aves e mamíferos, paralelamente ao desenvolvimento dos tecidos e órgãos, formam-se estruturas externas ao embrião denominadas anexos embrionários, encarregadas de obter nutrientes, armazenar excreções, manter um ambiente aquoso e protegido para o embrião e realizar trocas gasosas. Os anexos embrionários são o saco vitelínico, o alantoide, o âmnio e o cório. **(Fig. 9.13)**

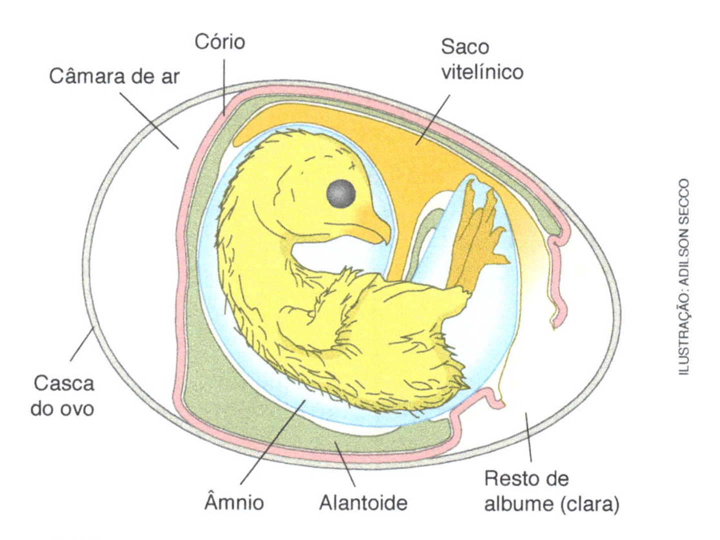

Figura 9.13 Representação esquemática de embrião de galinha com 13 dias de incubação (a 8 dias do nascimento), mostrando a localização dos anexos embrionários em corte.

Finalmente, uma última pergunta, entre tantas: por que os anexos embrionários estão presentes apenas em répteis, aves e mamíferos, essencialmente animais de terra firme? A resposta está no passado, quando ancestrais dos répteis estavam conquistando os ambientes de terra firme, há mais de 360 milhões de anos. Antes disso, não havia animais vertebrados nesses ambientes.

Entre as diversas adaptações dos ancestrais dos répteis ao ambiente de terra firme, uma das mais importantes foi o desenvolvimento de um ovo dotado de casca impermeável à dessecação. Entretanto, tal desenvolvimento exigiu novas adaptações, entre elas o surgimento e a evolução dos anexos embrionários.

Saco vitelínico

O saco vitelínico surge pelo crescimento conjunto do endoderma e da esplancnopleura (mesoderma) sobre o vitelo. Trata-se de uma bolsa membranosa que envolve completamente a massa vitelínica. Assim, o embrião passa a ter o saco de vitelo estrategicamente ligado ao seu futuro intestino.

A parte mesodérmica do saco vitelínico desenvolve vasos sanguíneos e torna-se ricamente vascularizada. Enzimas produzidas por células endodérmicas digerem os grânulos de vitelo, cujos nutrientes passam para os vasos sanguíneos e são distribuídos para todas as células do embrião.

Alantoide

O alantoide é uma projeção da parede do arquêntero, formada pelo crescimento conjunto do endoderma e da esplancnopleura. Esse anexo embrionário tem, portanto, a mesma constituição do saco vitelínico. A principal função do alantoide é armazenar substâncias ricas em nitrogênio excretadas pelos rins do embrião, basicamente o ácido úrico.

Excretar nitrogênio na forma de ácido úrico, substância pouco solúvel em água, é uma importante adaptação de aves e de répteis. Graças à sua baixa solubilidade, as excreções acumuladas no alantoide não se difundem pelo ovo e o embrião não corre o risco de se intoxicar.

Outra função do alantoide é participar da respiração do embrião, em parceria com outro anexo embrionário, o cório, como veremos a seguir.

Âmnio

O **âmnio** é formado pelo crescimento conjunto do ectoderma e da somatopleura (mesoderma) ao redor do embrião, constituindo uma bolsa membranosa que o envolve totalmente: a **bolsa amniótica**. Esta é repleta de líquido e tem a função de manter o embrião em um ambiente aquoso, prevenindo a dessecação e amortecendo eventuais choques mecânicos.

Cório

O **cório** é formado pelo crescimento conjunto da somatopleura e do ectoderma, constituindo uma membrana que envolve todos os outros anexos embrionários, incluindo a bolsa amniótica que contém o embrião.

Nos ovos de répteis e de aves, o cório se desenvolve bem embaixo da casca. O alantoide também se desenvolve e sua face externa encosta-se no cório, junto à casca. O conjunto formado pela associação entre o cório e o alantoide, denominado **alantocório**, ou corioalantoide, é ricamente vascularizado, o que permite uma eficiente troca de gases entre os tecidos embrionários e o ar ao redor da casca. **(Fig. 9.14)**

A presença de anexos embrionários em mamíferos

Na maioria dos mamíferos os embriões se desenvolvem no interior do útero materno. Nesses animais o embrião e a mãe desenvolvem, em conjunto, uma estrutura denominada **placenta**, pela qual estabelecem o intercâmbio de nutrientes, gases e excreções.

Embriões de mamíferos placentários também apresentam os mesmos anexos embrionários que répteis e aves – saco vitelínico, alantoide, âmnio e cório –, embora sua função original tenha sido substituída pela placenta.

A presença dos anexos embrionários nos mamíferos placentários pode ser explicada como um vestígio evolutivo do grupo: os mamíferos evoluíram a partir de um grupo antigo de répteis. Mesmo com a evolução da placenta os anexos embrionários persistiram como uma herança de nossa ancestralidade reptiliana.

Agora você pode resolver as atividades de 25 a 42, 63, 64, 73, 87 e 88.

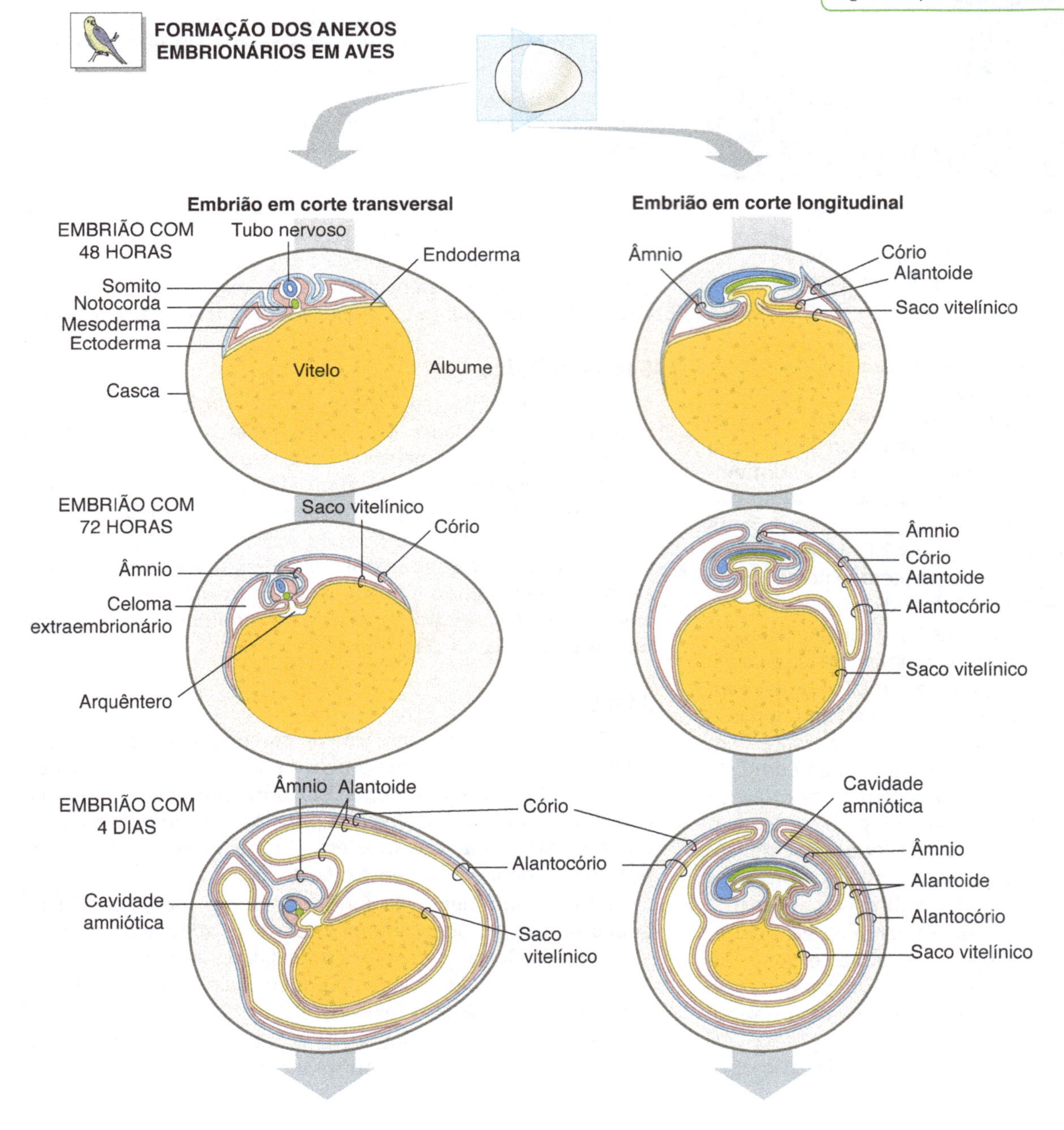

Figura 9.14 Representação esquemática do desenvolvimento dos anexos embrionários em ave. À esquerda, de cima para baixo, três estágios do desenvolvimento de um embrião em corte transversal. À direita, estágios correspondentes do embrião em corte longitudinal.

9.4 Diversidade celular dos vertebrados

Animais e plantas são organismos **multicelulares**, ou seja, constituídos por muitas células, cujo número varia de dezenas a trilhões, dependendo da espécie. Os biólogos consideram a passagem evolutiva da estratégia unicelular para a multicelular um passo muito importante na história da vida. Na estratégia multicelular, células resultantes da multiplicação do zigoto permanecem juntas e especializam-se, passando a dividir as tarefas vitais.

Durante o desenvolvimento embrionário de um ser multicelular as células adquirem características particulares e diferenciam-se umas das outras, de acordo com a posição que ocupam no embrião. Esse processo, denominado **diferenciação celular**, é responsável pela formação dos mais de duzentos tipos de tecido constituintes do corpo humano.

A diversidade dos tecidos vivos

Tecidos são conjuntos de células que atuam de modo integrado no organismo multicelular, constituindo **órgãos** corporais. Um órgão é geralmente formado por diferentes tecidos. Por exemplo, o estômago, órgão que faz parte do sistema digestivo dos vertebrados, apresenta-se constituído pelos tecidos epitelial, muscular, glandular e conjuntivo. Um osso, parte do sistema esquelético, compõe-se principalmente de tecido ósseo e de tecido conjuntivo, entre outros.

Há algumas décadas descobriu-se a existência, em seres humanos e em outras espécies animais, das **células-tronco**, capazes de se multiplicar e de se diferenciar em qualquer tipo de célula do organismo. Elas desempenham papel nos processos de regeneração corporal e sua descoberta abre novas possibilidades terapêuticas, como será comentado no *Ciência e cidadania*, ao final deste capítulo.

Apesar da grande variedade de tecidos dos animais vertebrados os biólogos costumam agrupá-los em quatro grandes categorias: tecido epitelial, tecido conjuntivo, tecido muscular e tecido nervoso.

Tecido epitelial

Epitélios de revestimento

O corpo dos vertebrados mantém-se isolado do meio externo por um tecido especializado em revestir, o **tecido epitelial de revestimento** ou **epitélio de revestimento**. A principal característica desse tecido é ser formado por células firmemente unidas entre si e bem ajustadas umas às outras (células justapostas, como dizem os histologistas). Nos tecidos epiteliais não há vasos sanguíneos e as células recebem gás oxigênio e nutrientes por difusão a partir de tecidos conjuntivos próximos. Os epitélios de revestimento estão presentes na superfície externa do corpo, nas superfícies externa e interna de órgãos e em diversas cavidades corporais. A coesão das células epiteliais, que não deixa espaços entre si, faz dos epitélios barreiras eficientes contra agentes invasores e impedem a perda de líquidos corporais.

Os tecidos epiteliais podem apresentar células de diversos formatos (prismáticas, achatadas etc.) e uma ou mais camadas celulares, características usadas pelos biólogos como critério para sua classificação. **(Fig. 9.15)**

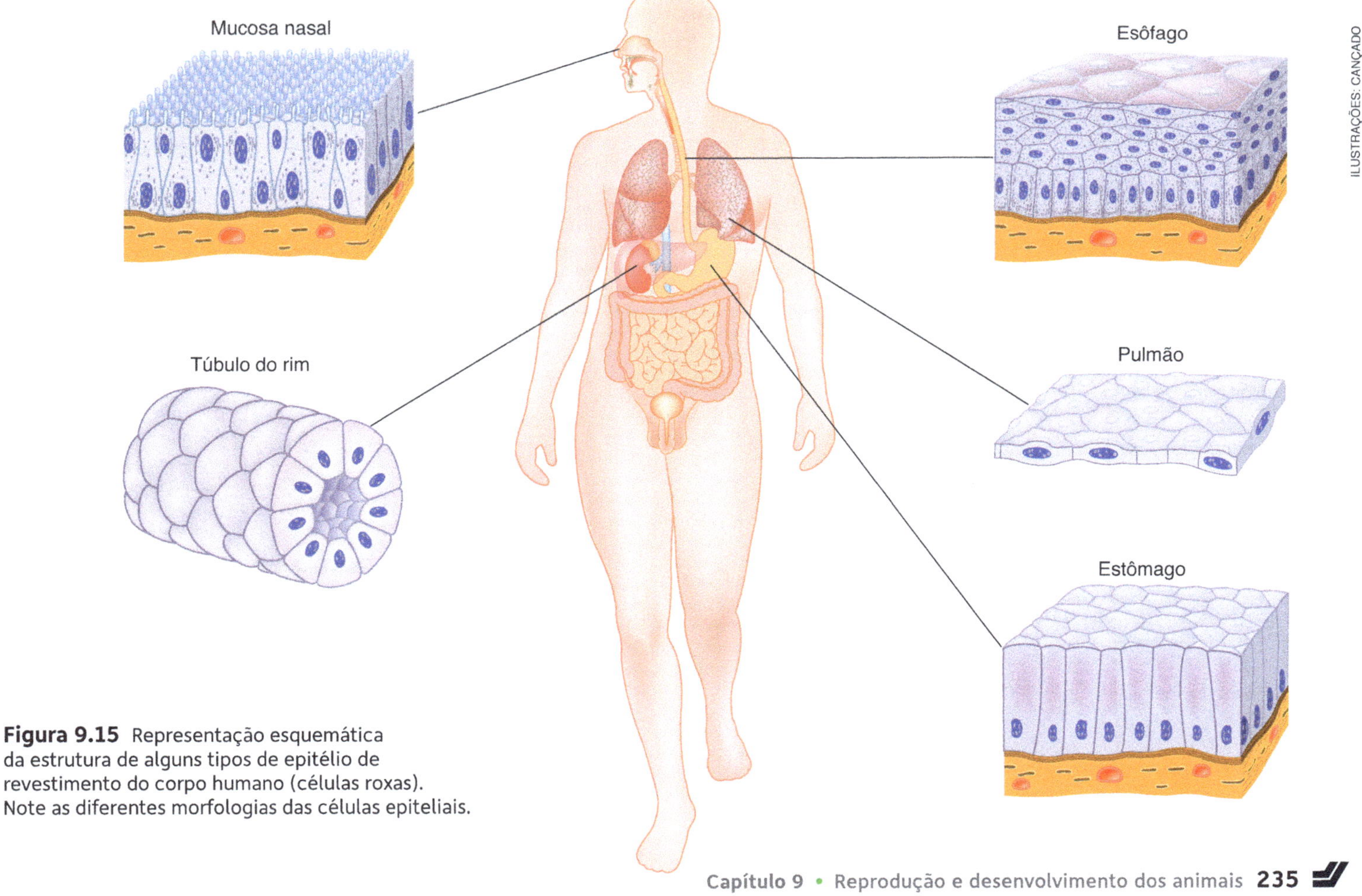

Figura 9.15 Representação esquemática da estrutura de alguns tipos de epitélio de revestimento do corpo humano (células roxas). Note as diferentes morfologias das células epiteliais.

Epitélios glandulares

O **epitélio glandular** constitui as glândulas, cujas células são especializadas na **secreção** – a eliminação de substâncias úteis ao organismo.

Quanto à forma de secretar as glândulas são classificadas em dois tipos básicos: exócrinas e endócrinas.

Glândulas exócrinas (do grego *ekso*, fora, e *krinos*, secretar) apresentam **ductos**, ou seja, canais pelos quais eliminam as secreções para fora do corpo ou para cavidades de órgãos. Exemplos de glândulas exócrinas são as glândulas sudoríparas, que eliminam o suor na superfície da pele, e as glândulas salivares, que eliminam a saliva na cavidade bucal. **(Fig. 9.16)**

Glândulas endócrinas (do grego *endon*, dentro) não apresentam ductos, eliminando suas secreções, denominadas **hormônios**, diretamente no sangue. A glândula tireóidea, por exemplo, localizada na região do pescoço, produz e libera no sangue os hormônios tiroxina (T4) e tri-iodotironina (T3). A glândula hipófise, situada embaixo do encéfalo, secreta no sangue diversos hormônios, entre eles o hormônio de crescimento e os que regulam o ciclo menstrual.

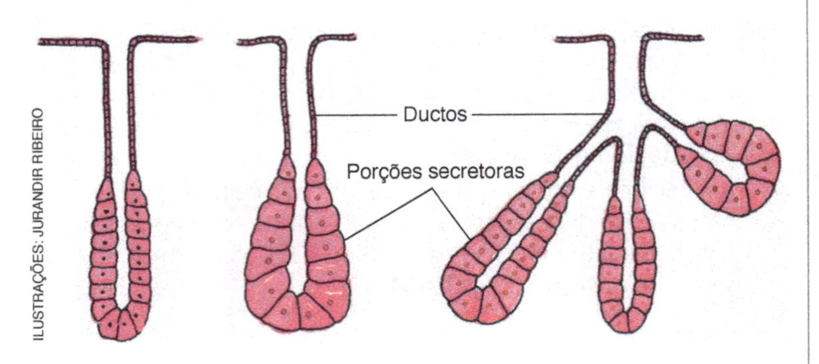

Figura 9.16 Representação esquemática de três tipos de glândulas exócrinas.

Tecido conjuntivo

Há tecidos cuja função é unir e sustentar outros tecidos, daí sua denominação de tecidos conjuntivos. Neles as células não estão justapostas como no tecido epitelial, mas distribuem-se em um material de consistência gelatinosa e rico em fibras – a **matriz intercelular** – secretado pelas próprias células do tecido conjuntivo.

O principal componente das fibras da matriz intercelular é a classe de proteínas conhecidas como **colágeno**, que constitui cerca de 30% das proteínas presentes no corpo humano. Os tipos de células e a composição da matriz intercelular caracterizam os diversos tipos de tecido conjuntivo.

Ao contrário dos epitélios os tecidos conjuntivos são quase sempre vascularizados, isto é, contêm vasos sanguíneos. O sangue que circula nesses vasos fornece nutrientes e gás oxigênio às células do tecido conjuntivo e às células epiteliais vizinhas. O único tecido conjuntivo sem vascularização interna é o cartilaginoso, como veremos a seguir.

Os tecidos conjuntivos costumam ser classificados em dois grandes grupos: tecidos conjuntivos propriamente ditos e tecidos conjuntivos especiais. **(Tab. 9.1 e Fig. 9.17)**

Tabela 9.1 Classificação dos tecidos conjuntivos

Tecidos conjuntivos propriamente ditos	Frouxo	
	Denso	Denso modelado (ou tendinoso)
		Denso não modelado (ou fibroso)
Tecidos conjuntivos especiais	Adiposo	
	Cartilaginoso	
	Ósseo	
	Hematopoiético (ou hematocitopoiético)	

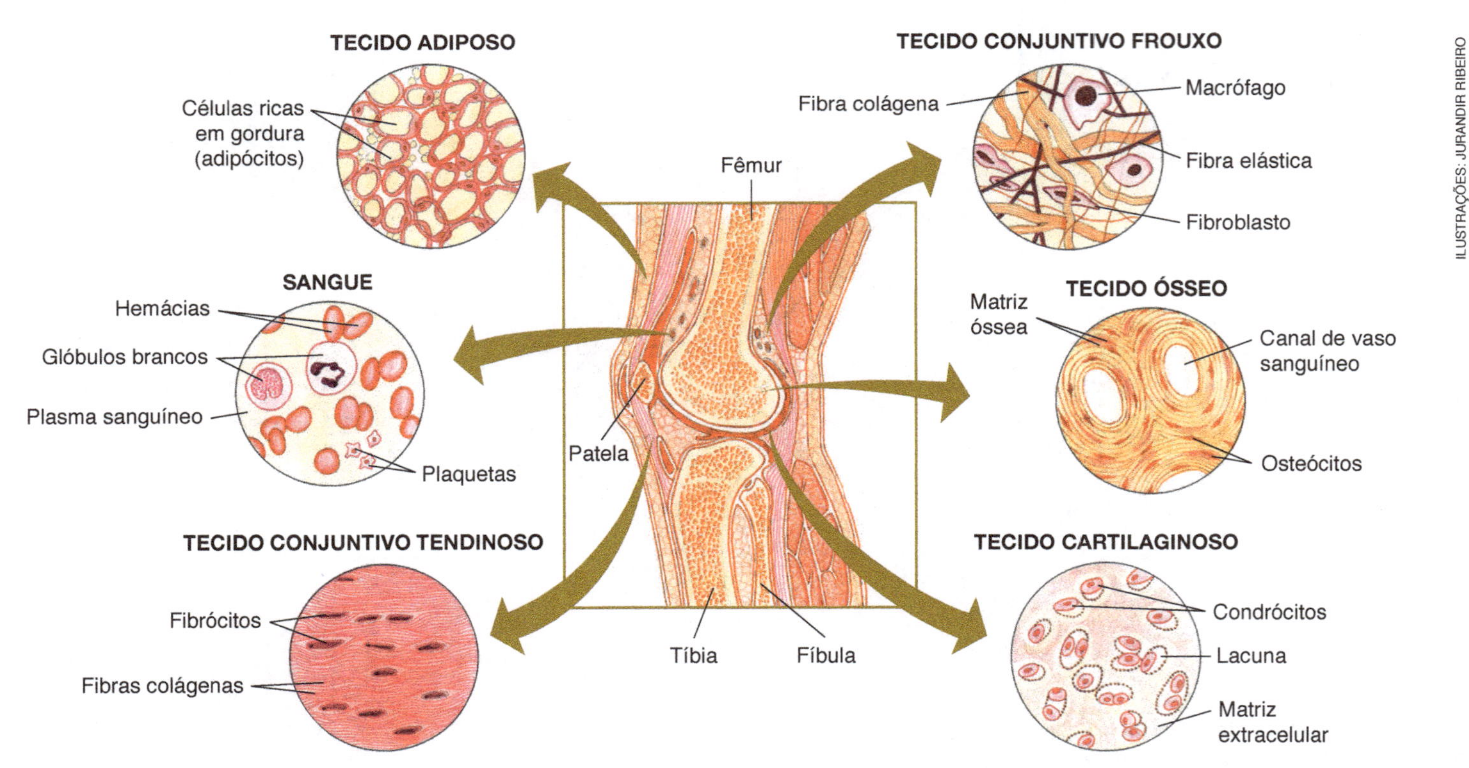

Figura 9.17 Representação esquemática do joelho humano em corte longitudinal mostrando a localização de diversos tipos de tecido conjuntivo.

Tecidos conjuntivos propriamente ditos

Os **tecidos conjuntivos propriamente ditos** apresentam-se amplamente distribuídos no corpo humano. Suas principais células são os **fibroblastos**, responsáveis pela produção de fibras e substâncias intercelulares, e os **macrófagos**, células grandes e móveis que se deslocam continuamente pela matriz intercelular, fagocitando bactérias e resíduos (relembre a fagocitose no Capítulo 7).

Esses tecidos costumam ser divididos em dois tipos: frouxo e denso; este último é subdividido em não modelado e modelado.

O tecido conjuntivo frouxo, presente em várias partes do corpo, caracteriza-se por apresentar fibras frouxamente entrelaçadas. Sua função é sustentar tecidos epiteliais vizinhos e preencher espaços entre tecidos e órgãos. Um exemplo desse tecido é a camada papilar da derme, localizada imediatamente sob a epiderme.

O tecido conjuntivo denso não modelado, também chamado de **tecido conjuntivo denso fibroso**, tem grande quantidade de fibras proteicas entrelaçadas, que lhe dão resistência e elasticidade, embora sem forma definida. Ele está presente na camada reticular da derme e em cápsulas envoltórias de diversos órgãos internos, como os rins, o baço, o fígado e os testículos, entre outros. **(Fig. 9.18 A)**

O tecido conjuntivo denso modelado, também denominado **tecido conjuntivo denso tendinoso**, tem grande quantidade de fibras colágenas orientadas paralelamente, o que o torna muito resistente e pouco elástico. Esse tecido constitui os **tendões**, que ligam os músculos aos ossos, e os **ligamentos**, que ligam ossos entre si. **(Fig. 9.18 B)**

Tecidos conjuntivos especiais

Alguns tecidos conjuntivos desempenham funções altamente especializadas, sendo por isso chamados de **tecidos conjuntivos especiais**. Exemplos são o tecido adiposo, que armazena gordura, o tecido cartilaginoso, que constitui as cartilagens, o tecido ósseo, que constitui os ossos, e o tecido hematopoiético, que origina as células do sangue. O próprio sangue é considerado um tecido conjuntivo, cujas células estão imersas em uma matriz intercelular líquida, o plasma sanguíneo.

• *Tecido adiposo*

O tecido adiposo é um tipo especial de tecido conjuntivo frouxo cujas células, os **adipócitos**, especializam-se no armazenamento de gordura. Ele se localiza principalmente sob a pele, constituindo a **tela subcutânea** ou hipoderme.

A principal função do tecido adiposo é reservar energia para momentos de necessidade. Se faltar alimento, as reservas de gordura das células adiposas serão metabolizadas no interior das mitocôndrias, produzindo energia para os processos vitais. Nos mamíferos, principalmente nos que vivem em regiões frias, a camada adiposa constitui um eficiente isolante térmico corporal, que diminui a perda de calor para o ambiente.

• *Tecido cartilaginoso*

O tecido cartilaginoso caracteriza-se pela resistência aliada à flexibilidade. Essas características se devem à matriz intercelular rica em fibras colágenas e outras proteínas, produzidas e secretadas por células denominadas **condroblastos** (do grego *chondros*, cartilagem, e *blastos*, com sentido de célula jovem).

Nas cartilagens completamente formadas, os condroblastos amadurecem e diminuem de tamanho, passando a ser chamados de **condrócitos**. Cada condrócito está confinado a uma lacuna ligeiramente maior que ele, modelada durante a formação da matriz intercelular. Reveja a figura 9.17.

O tecido cartilaginoso é avascular, sem vasos sanguíneos em seu interior, e os condroblastos e os condrócitos recebem nutrientes e gás oxigênio de vasos sanguíneos localizados no tecido conjuntivo propriamente dito que envolve a cartilagem, o chamado **pericôndrio** (do grego *peri*, ao redor).

No pericôndrio também há células-tronco cartilaginosas, que podem se transformar em condroblastos e permitir o crescimento e a regeneração do tecido cartilaginoso.

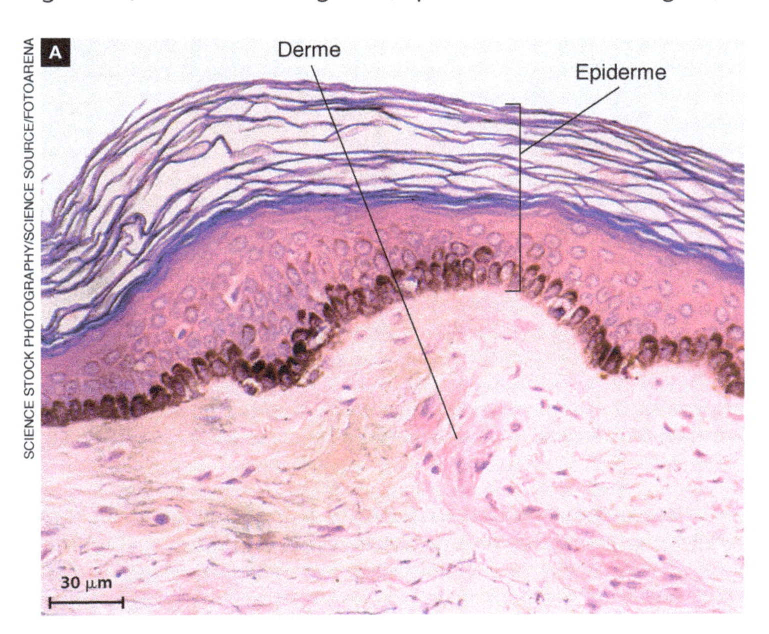

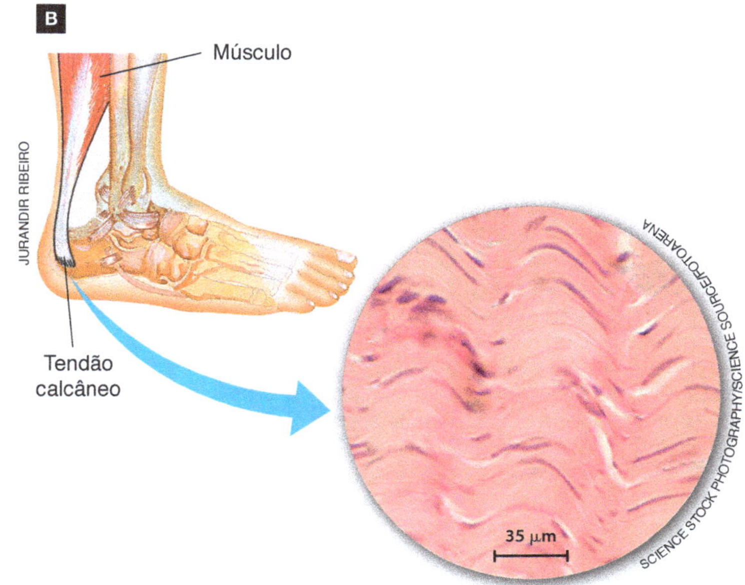

Figura 9.18 A. Fotomicrografia da pele humana em corte. (Microscópio fotônico; cores artificiais.) A epiderme apresenta células mortas que descamam da superfície epitelial (coradas em roxo) e uma camada germinativa em sua base com intensa proliferação de células; sob ela situa-se um tecido conjuntivo denso não modelado, que constitui a derme. **B.** Representação esquemática de um pé humano em corte, mostrando a localização do tendão calcâneo, constituído por tecido conjuntivo denso modelado (tendinoso). No círculo, fotomicrografia do tecido tendinoso em corte; note as fibras altamente compactadas. (Microscópio fotônico; cores artificiais.)

O esqueleto de cações, de tubarões e de arraias é constituído basicamente por tecido cartilaginoso; por isso, esses organismos são denominados peixes cartilaginosos. Nos outros vertebrados, incluindo a espécie humana, a maioria das cartilagens presentes no estágio embrionário é substituída por ossos. Nos animais adultos, há cartilagens na traqueia, nos brônquios, na laringe, no nariz e nas orelhas, dando sustentação mecânica a esses órgãos. Também há tecido cartilaginoso nas extremidades de certos ossos, o que permite o deslizamento suave de um osso sobre outro nas articulações. Entre as vértebras também há um tipo de tecido cartilaginoso fibroso, que forma os discos intervertebrais, responsáveis pela absorção de impactos sobre a coluna vertebral. **(Fig. 9.19)**

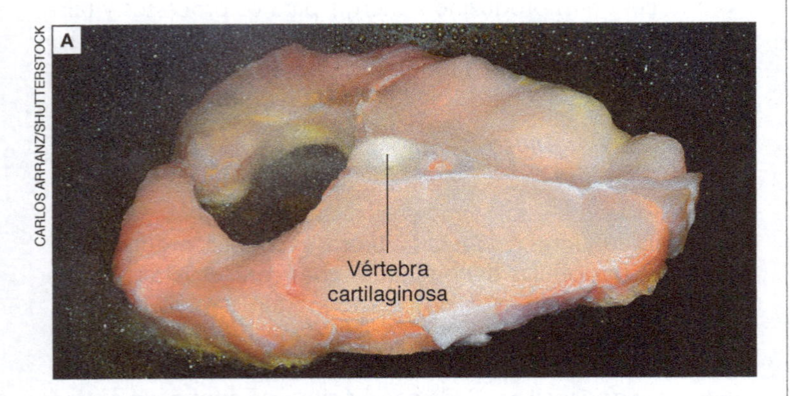

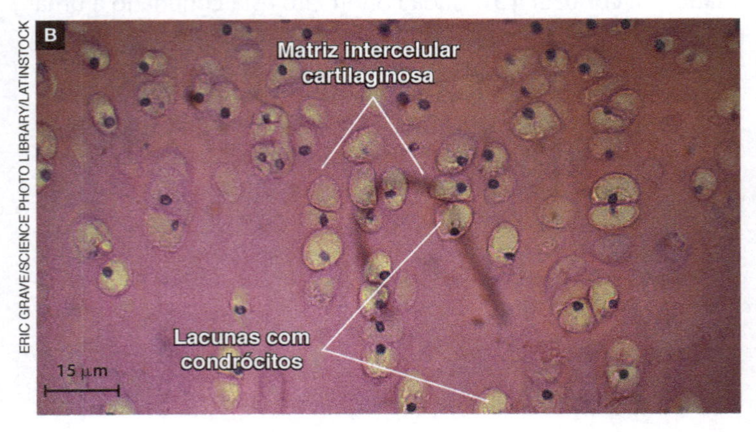

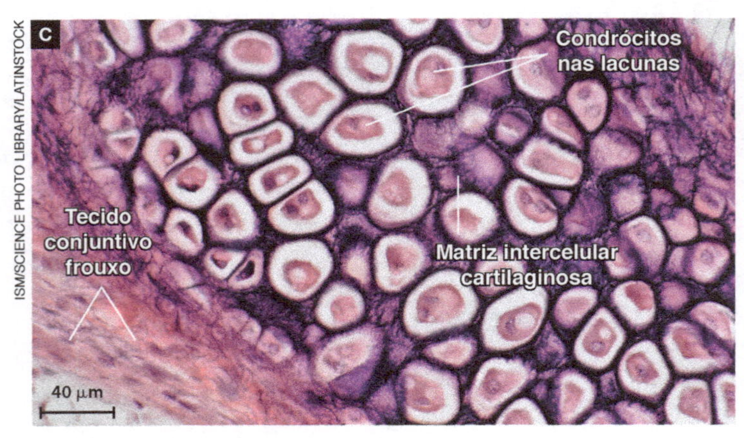

Figura 9.19 **A.** Posta de cação, em que se vê a vértebra, constituída por cartilagem. **B.** Fotomicrografia de cartilagem presente na traqueia humana em corte. Note as lacunas na matriz intercelular cartilaginosa, nas quais se localizam os condrócitos. (Microscópio fotônico; cores artificiais.) **C.** Fotomicrografia de cartilagem presente no pavilhão auricular em corte. Na parte esquerda da foto, pode-se ver parte do tecido conjuntivo frouxo que compõe a pele da orelha. (Microscópio fotônico; cores artificiais.)

- ***Tecido ósseo***

O tecido ósseo constitui os ossos, responsáveis pela sustentação mecânica do corpo. A principal característica desse tecido é a matriz intercelular rígida, rica em fibras colágenas e em fosfato de cálcio ($Ca_3(PO_4)_2$), além de íons minerais como magnésio (Mg^{2+}), potássio (K^+) e sódio (Na^+). Os cristais de fosfato de cálcio, juntamente com as fibras colágenas, são os responsáveis pela rigidez e resistência dos ossos.

As células que produzem a matriz óssea são chamadas de **osteoblastos** (do grego *osteon*, osso, e *blastos*, com sentido de célula jovem). Cada osteoblasto tem longos prolongamentos citoplasmáticos que tocam os prolongamentos dos osteoblastos vizinhos. Ao secretar a matriz intercelular ao seu redor, cada osteoblasto acaba confinado em uma pequena câmara individual, ligada a outras pelos canais que circundam seus prolongamentos celulares.

Quando o osteoblasto amadurece e se transforma em **osteócito**, os prolongamentos celulares se retraem e a célula passa a ocupar apenas a lacuna central, deixando vazios os canalículos modelados quando a matriz óssea se formou. Pelos canalículos ósseos circulam fluidos provenientes do sangue, trazendo nutrientes e gás oxigênio para as células ósseas.

Em certos ossos os osteócitos dispõem-se em camadas concêntricas ao redor de um canal central, o canal haversiano, no qual há vasos sanguíneos e nervos. Um conjunto concêntrico de osteócitos e de matriz óssea é o **osteônio**, também chamado de **sistema haversiano**. **(Fig. 9.20)**

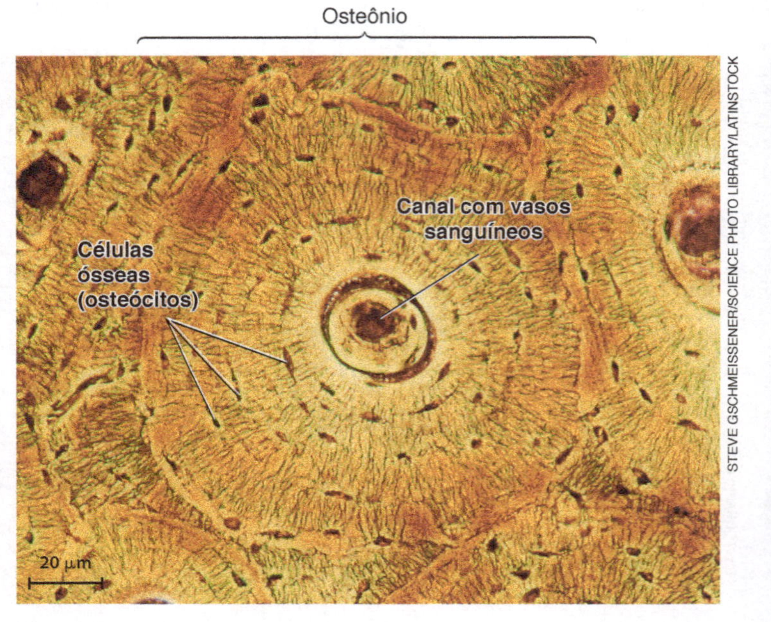

Figura 9.20 Fotomicrografia de um osso em corte transversal, mostrando osteônios. (Microscópio fotônico; cores artificiais.)

Além de osteoblastos e osteócitos o tecido ósseo apresenta células denominadas **osteoclastos** (do grego *klastos*, quebrar, destruir). Trata-se de células gigantes e multinucleadas (podem ter de 6 a 50 núcleos), originadas pela fusão de células sanguíneas chamadas monócitos. Os osteoclastos deslocam-se sobre as superfícies ósseas desmineralizando áreas lesadas ou envelhecidas do osso, possibilitando sua regeneração pelos osteoblastos. A atividade conjunta de osteoblastos e osteoclastos permite aos ossos sua constante remodelação.

- ***Tecido hematopoiético e sangue***

O tecido hematopoiético ou **hematocitopoiético** (do grego *hematos*, sangue, *citos*, célula, e *poiese*, origem, formação) está presente na medula óssea vermelha dos ossos e em certos órgãos corporais como o timo, o baço e os linfonodos. Sua função é originar as células do **sangue**, que ficam imersas em uma matriz líquida, o **plasma sanguíneo**, constituída de água, sais minerais e diferentes proteínas. O plasma constitui cerca de 55% do volume do sangue; os 45% restantes devem-se aos elementos figurados: células sanguíneas – **eritrócitos** e **leucócitos** – e fragmentos celulares conhecidos como **plaquetas**, importantes na coagulação do sangue.

No corpo de uma pessoa de 70 kg há pouco mais de 5,5 L de sangue, com aproximadamente 30 trilhões de eritrócitos (também chamados de hemácias ou glóbulos vermelhos), 45 bilhões de leucócitos (glóbulos brancos) e 1,5 trilhão de plaquetas. **(Fig. 9.21)**

O sangue desempenha importantes funções no organismo dos animais vertebrados: transporta gás oxigênio (O_2) e nutrientes para todas as células do corpo e recolhe gás carbônico (CO_2) e excreções produzidos por elas. Transporta também os hormônios produzidos pelas glândulas endócrinas e protege o corpo contra a invasão de agentes infecciosos, combatendo-os por meio da ação dos glóbulos brancos. **(Tab. 9.2)**

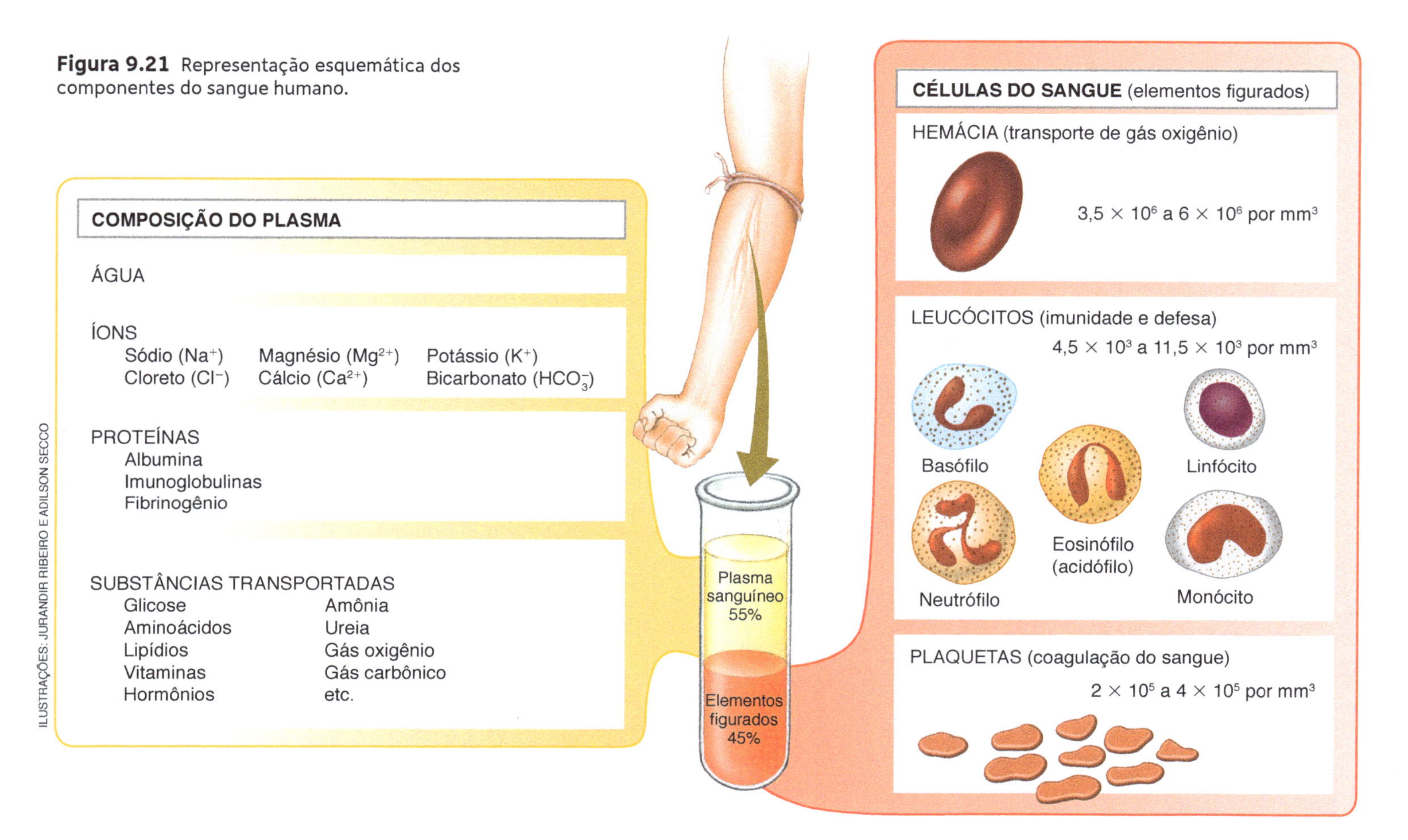

Figura 9.21 Representação esquemática dos componentes do sangue humano.

Tabela 9.2 Principais tipos de elementos figurados do sangue

Nome		Características
Hemácias ou eritrócitos (células vermelhas)		Forma discoidal; sem núcleo; repletas da proteína hemoglobina; transportam gás oxigênio para os tecidos.
Leucócitos (glóbulos brancos)	Neutrófilos	Forma esférica; núcleo trilobado; fagocitam bactérias e corpos estranhos.
	Eosinófilos	Forma esférica; núcleo bilobado; participam das reações alérgicas, produzindo histamina ($C_5H_9N_3$).
	Basófilos	Forma esférica; núcleo irregular; acredita-se que também participem de processos alérgicos; produzem histamina e o polissacarídio heparina (anticoagulante).
	Linfócitos (B e T)	Forma esférica; núcleo também esférico; participam dos processos de defesa imunitária, produzindo e regulando a síntese de anticorpos.
	Monócitos	Forma esférica; núcleo oval ou riniforme; originam macrófagos e osteoclastos, células especializadas na fagocitose.
Plaquetas (trombócitos)		Forma irregular; sem núcleo; participam dos processos de coagulação do sangue.

Tecido muscular

A principal característica do tecido muscular é a presença de células alongadas e dotadas de alta capacidade de contração, os **miócitos** ou **fibras musculares**. A fibra muscular contrai-se graças ao deslizamento de filamentos das proteínas **actina** e **miosina** presentes no citoplasma.

Há três tipos de tecido muscular: estriado esquelético, estriado cardíaco e não estriado (ou liso). Cada um tem características próprias, adequadas ao papel que desempenha no organismo, como veremos a seguir.

O tecido muscular estriado esquelético constitui a maior parte da musculatura corporal dos vertebrados, formando o que chamamos popularmente de carne. Os músculos estriados esqueléticos ligam-se aos ossos do esqueleto, daí seu nome. A musculatura esquelética é responsável pela ampla gama de movimentos corporais dos animais.

Nesse tecido as fibras musculares surgem por fusão de inúmeras células precursoras embrionárias, os mioblastos. Cada fibra é **multinucleada** e pode atingir entre 50 μm e 150 μm de diâmetro, com um comprimento que vai de alguns milímetros a 30 cm.

Os núcleos celulares dispõem-se na periferia da fibra muscular, cuja região central é totalmente ocupada por um conjunto organizado de filamentos de actina e miosina. É a alta organização dessas proteínas que confere às fibras musculares esqueléticas seu aspecto estriado típico, com faixas transversais claras e escuras. A contração muscular, como já mencionamos, deve-se ao deslizamento dos filamentos de actina sobre os de miosina, o que faz a fibra encurtar. **(Fig. 9.22)**

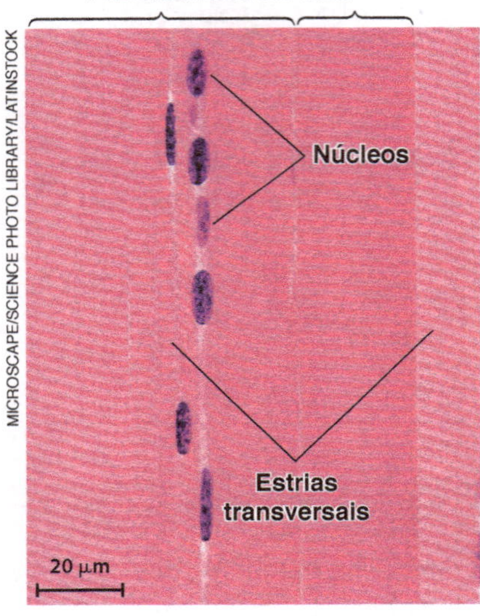

Figura 9.22
Fotomicrografia de fibras musculares estriadas esqueléticas em corte, nas quais se podem ver faixas (estrias) transversais. (Microscópio fotônico; cores artificiais.)

As fibras musculares esqueléticas compõem entre 75% e 90% do volume total dos músculos, sendo o restante formado por tecidos conjuntivos, nervos e vasos sanguíneos.

A contração da musculatura estriada esquelética é voluntária; por exemplo, se você decidir revisar algum assunto neste livro, seu sistema nervoso dará ordens aos músculos da mão e do braço para voltar as páginas.

O tecido muscular estriado cardíaco está presente apenas no coração. As células do tecido muscular cardíaco, também chamadas de fibras musculares cardíacas, são **uninucleadas**, no que diferem das fibras estriadas esqueléticas (multinucleadas). As fibras musculares cardíacas têm estriação transversal semelhante à das fibras musculares esqueléticas, mas sua contração é involuntária, independente de nossa vontade. **(Fig. 9.23)**

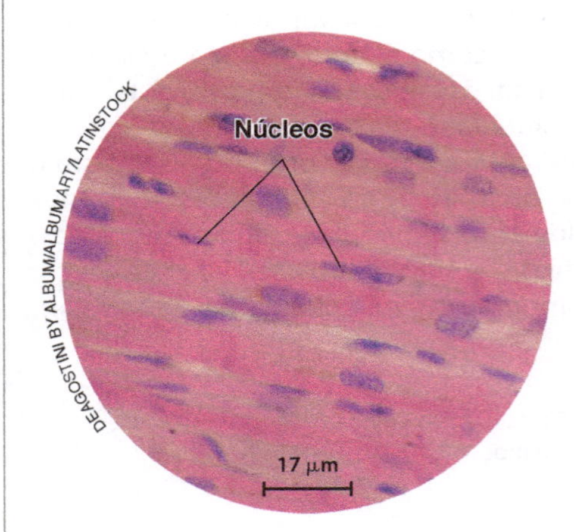

Figura 9.23
Fotomicrografia de tecido muscular estriado cardíaco em corte longitudinal, em que se podem ver fibras com estrias transversais e núcleos celulares. (Microscópio fotônico; cores artificiais.)

O tecido muscular não estriado, também conhecido como **tecido muscular liso**, está presente em órgãos internos como o estômago, o intestino e o útero, em ductos de diversas glândulas e nas paredes de artérias e veias. Nos órgãos do sistema digestório humano, por exemplo, a contração da musculatura lisa é responsável pelos movimentos peristálticos, que impulsionam os alimentos em seu trajeto. Nas artérias e nas veias a musculatura lisa contribui para a circulação do sangue e a manutenção da pressão arterial.

O tecido muscular liso é constituído por células alongadas, uninucleadas e sem estriação transversal. Nas fibras musculares lisas os filamentos de actina e miosina não se organizam no padrão de faixas transversais típico dos tecidos musculares estriados. A contração da musculatura lisa é involuntária, nisso se assemelhando à musculatura cardíaca. **(Fig. 9.24)**

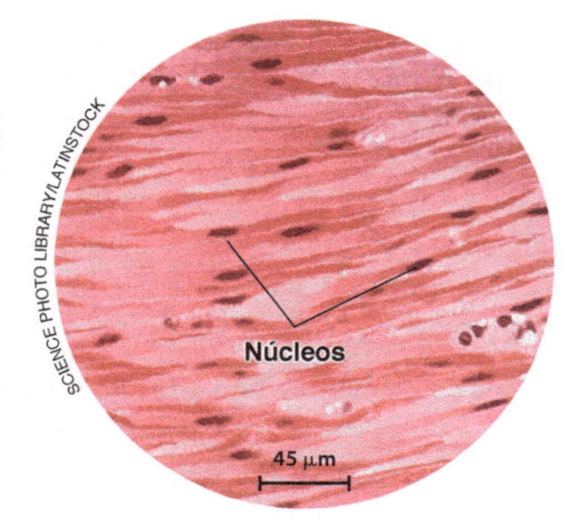

Figura 9.24
Fotomicrografia de tecido muscular não estriado em corte; note a forma das células, com as pontas afiladas. (Microscópio fotônico; cores artificiais.)

Tecido nervoso

Nos animais vertebrados o tecido nervoso constitui os diversos componentes do sistema nervoso: encéfalo, medula espinal, nervos e gânglios nervosos. As funções do sistema nervoso, entre tantas outras, são: perceber as condições externas e internas ao organismo, elaborando respostas adequadas por meio dos músculos ou das glândulas; coordenar os movimentos corporais; comandar as funções do coração e dos órgãos internos; nos mamíferos, particularmente na espécie humana, coordenar atividades nervosas superiores como a memória, os sentimentos e os pensamentos.

As células componentes do tecido nervoso são os neurônios e os gliócitos. Enquanto os neurônios representam cerca de 10% das células que constituem o tecido nervoso, os gliócitos formam os outros 90%. Os neurônios são células nervosas especializadas na condução de impulsos nervosos. Eles apresentam uma parte mais volumosa, o **corpo celular**, na qual se localizam o núcleo e a maior parte do citoplasma. Do corpo celular partem prolongamentos citoplasmáticos, genericamente chamados **neurofibras**.

Há dois tipos de neurofibra: o **axônio**, geralmente mais longo, e os **dendritos**, mais curtos e ramificados. A função das neurofibras é conduzir impulsos nervosos, permitindo ao sistema nervoso integrar e coordenar diversas funções corporais. **(Fig. 9.25)**

Os gliócitos ou **células gliais** são células nervosas cuja função é envolver, proteger e nutrir os neurônios. O termo *glia* (em grego, cola) refere-se às funções de união e de sustentação desempenhadas por essas células.

Estudos recentes mostram que os gliócitos desempenham outras importantes funções além da sustentação neuronal. Acredita-se, por exemplo, que eles sejam fundamentais para a comunicação entre os neurônios. Nos primeiros anos de vida o tamanho do encéfalo humano aumenta basicamente pela multiplicação dos gliócitos, enquanto o número de neurônios permanece praticamente o mesmo (cerca de 86 bilhões) desde o nascimento. Há diversos tipos de células gliais, entre os quais os principais são os oligodendrócitos, as células de Schwann, os astrócitos e as micróglias. Os oligodendrócitos e as células de Schwann formam um revestimento em torno das neurofibras que constituem os nervos, a chamada **bainha de mielina**, ou estrato mielínico, que protege e auxilia o funcionamento dos neurônios. **(Fig. 9.26)**

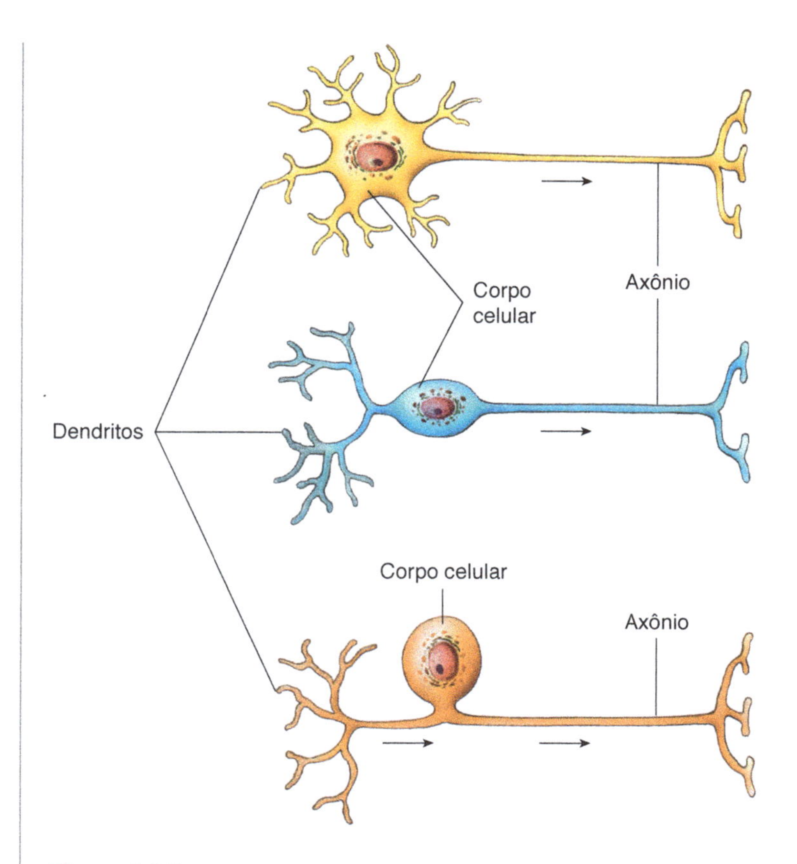

Figura 9.25 Representação esquemática de tipos de neurônio (as setas indicam o sentido do impulso nervoso).

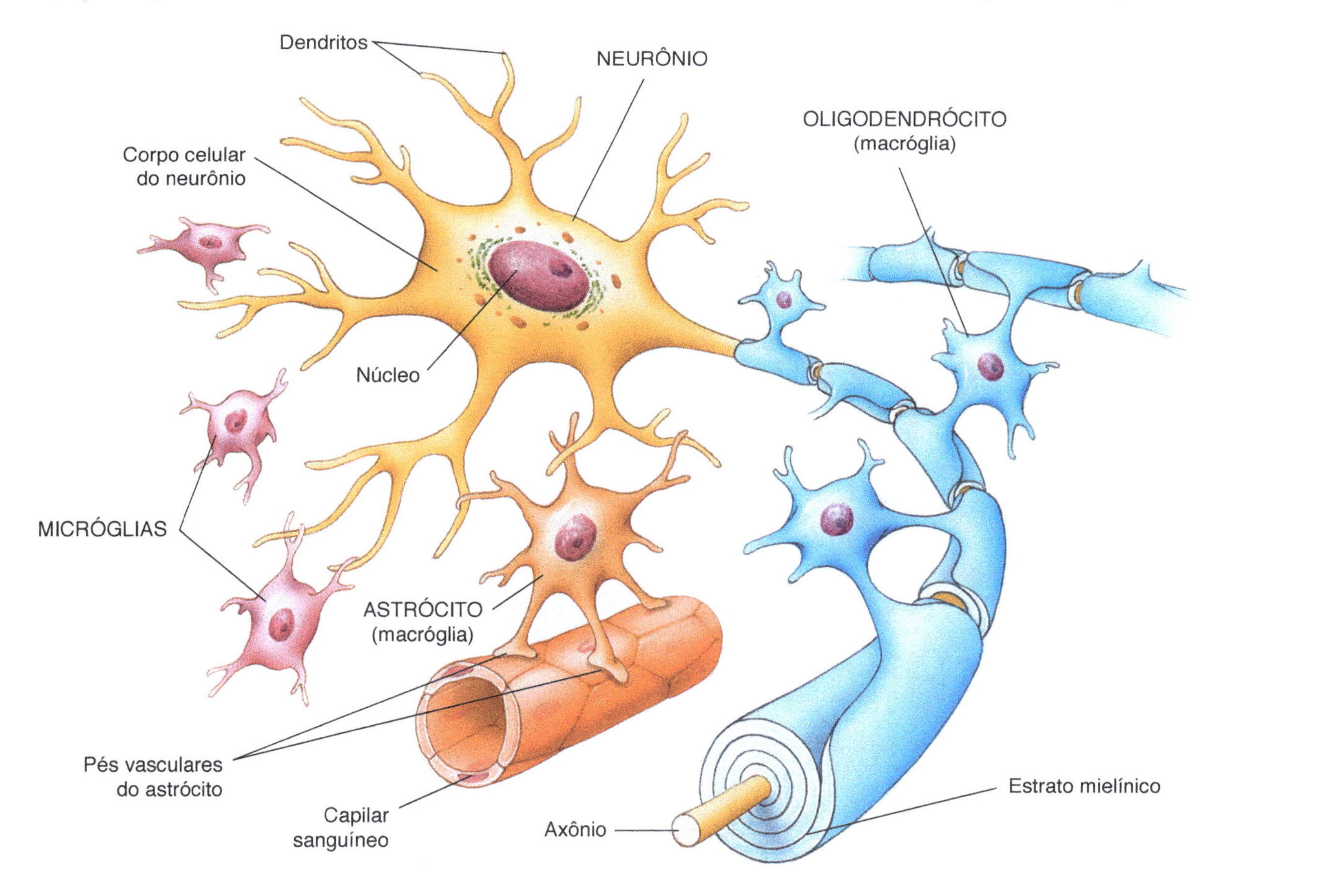

Figura 9.26 Representação esquemática de alguns tipos de gliócitos presentes no sistema nervoso central e sua relação com o neurônio.

Agora você pode resolver as atividades de 43 a 62, 65, 74 a 83 e 89.

Ciência e cidadania

A importância das células-tronco

1 Em 1908 o histologista russo Alexander Maksimov (1874--1928) formulou a hipótese de que todas as células do sangue surgiam por diferenciação de células precursoras, que ele denominou células-tronco hematopoiéticas. O termo "célula-tronco" foi utilizado por Maksimov para enfatizar a suposta capacidade dessas células de gerar vários tipos celulares, assim como um tronco de uma árvore gera diversos ramos.

2 Em 1963 os pesquisadores canadenses James E. Till (1931-) e Ernest A. McCulloch (1926-2011) demonstraram pioneiramente a existência de células-tronco hematopoiéticas na medula óssea de camundongos. Desde então inúmeras descobertas sugerem que as células-tronco, por sua capacidade de gerar diferentes tipos de células do corpo, podem ter grande potencial terapêutico na recuperação de órgãos e de partes corporais doentes.

3 O que são células-tronco e como elas surgem em nosso organismo? Para responder a essas questões vamos voltar ao sexto dia de nossa vida embrionária, quando nos encontrávamos no estágio de blastocisto, fase em que o embrião humano se implanta na parede uterina. O blastocisto contém um conjunto de células – o embrioblasto – que origina todas as células do futuro organismo. As células do embrioblasto são hoje reconhecidas como as verdadeiras células-tronco embrionárias. Elas são totipotentes, o que significa dizer que elas têm a capacidade de se diferenciar em qualquer tipo de célula do organismo.

4 À medida que o embrião se desenvolve, as células-tronco embrionárias diferenciam-se em células que originam tecidos e órgãos do animal adulto. Entretanto, em certos locais do corpo, algumas linhagens celulares continuam a manter características embrionárias, sendo capazes de se multiplicar e se diferenciar em células de vários tipos. Essas são as células-tronco adultas, cuja função é a regeneração do organismo; elas dão origem a novas células e têm a capacidade de reconstituir tecidos e órgãos eventualmente danificados.

5 As pesquisas têm revelado que há diferentes tipos de células-tronco adultas. No cordão umbilical, por exemplo, há linhagens de células-tronco capazes de originar diversos tipos celulares, o que levou os cientistas a denominá-las de células-tronco pluripotentes.

6 A maioria das células-tronco encontradas no organismo adulto pertence a linhagens capazes de originar um ou poucos tipos celulares, sendo, por isso, denominadas células-tronco multipotentes.

7 O tratamento bem-sucedido de alguns tipos de leucemia pelo transplante de medula óssea tem estimulado os cientistas a pesquisar novas possibilidades terapêuticas das células-tronco – a medula óssea sadia transplantada coloniza o organismo doente com células-tronco hematopoiéticas.

8 Alguns pesquisadores defendem que as células-tronco embrionárias de embriões descartados da fertilização *in vitro* sejam utilizadas em experimentos e em tratamentos médicos. Essa questão ainda desperta muitas polêmicas e esbarra em questões éticas e morais.

AMELIE-BENOIST/BSIP/AFP

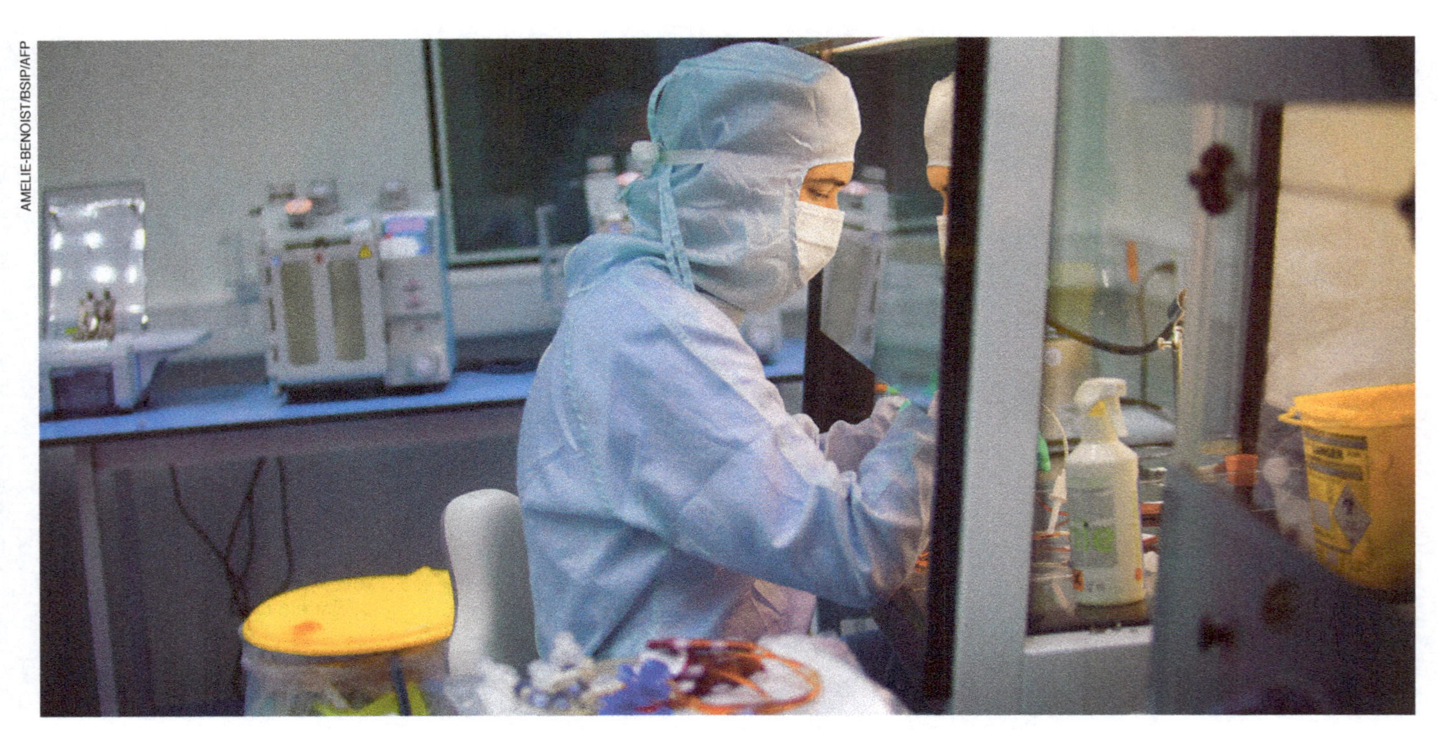

Pesquisador recolhendo células-tronco de cordão-umbilical para armazenamento em nitrogênio líquido.

Cientistas reforçam promessas de terapias baseadas em células-tronco

Para pesquisador americano, é uma "questão de tempo" até a cura de doenças como a aids e a cegueira; cerca de 2 mil testes clínicos estão sendo realizados no mundo e brasileiros são convidados para parcerias com a Califórnia

1 Diferentemente de políticos, cientistas costumam ser muito cautelosos com suas promessas de pesquisa. Especialmente em um campo visado e polêmico como o das células-tronco, em que as expectativas da população e a pressão por resultados são altíssimas. Porém, com um orçamento de US$ 3 bilhões e alguns dos mais avançados laboratórios de biologia e terapia celular a sua disposição, o presidente do Instituto de Medicina Regenerativa da Califórnia (Cirm, em inglês), Alan Trounson, não hesita em dizer: "Vamos fazer coisas incríveis com as células-tronco".

2 Entre as "promessas", nada menos que a cura da aids, da cegueira e de várias doenças genéticas, autoimunes e degenerativas, entre outras façanhas. "É uma questão de tempo", disse Trounson, em entrevista exclusiva ao *Estado*, durante uma visita a São Paulo para conversar com cientistas brasileiros e participar do Congresso Brasileiro de Células-Tronco e Terapia Celular, que terminou ontem [6 de outubro de 2012]. "Vai levar mais alguns anos, mas a cavalaria está chegando."

3 Trounson lembra que a primeira linhagem de células-tronco embrionárias humanas – marco científico que impulsionou as pesquisas na área – foi criada em 1998, menos de 15 anos atrás. Período que parece uma eternidade para aqueles que esperam desesperadamente por uma cura, mas relativamente curto diante dos inúmeros desafios científicos, tecnológicos, éticos e regulatórios que precisam ser superados para transformar o potencial terapêutico das células-tronco em terapias de fato, comprovadamente eficientes e seguras para uso em seres humanos.

4 Atualmente, há cerca de 2 mil ensaios clínicos com células-tronco em andamento no mundo, envolvendo uma grande variedade de tipos celulares, traumas e doenças. E mais alguns milhares de ensaios pré-clínicos com animais – etapa obrigatória para a iniciação de pesquisas com seres humanos.

5 Assim como ocorre na pesquisa de novas drogas, é certo que a grande maioria desses projetos não terá sucesso, no sentido de colocar uma nova terapia no mercado. Mas isso faz parte do processo. Basta ter paciência, diz Trounson, que os resultados práticos das células-tronco virão. "Os testes clínicos 'de verdade' estão só começando. O que está por vir será fantástico."

Parcerias

6 Pesquisadores brasileiros compartilharam do otimismo de Trounson – apesar de não compartilharem do seu "poder de fogo" tecnológico e financeiro. "Em ciência nunca dá para garantir nada, mas as luzes no fim do túnel são muito promissoras", disse Lygia Pereira, chefe do Laboratório Nacional de Células-Tronco Embrionárias da Universidade de São Paulo, que presidiu o congresso. "O potencial dessas células é real."

7 Trounson veio ao Brasil em busca de parcerias. O Cirm só pode financiar pesquisas dentro da Califórnia; porém, cientistas de outros países podem submeter projetos para serem realizados em colaboração com instituições californianas financiadas por ele. Com a condição de que cada um pague pela sua parte.

8 O instituto assinou um acordo de cooperação com o Conselho Nacional de Desenvolvimento Científico e Tecnológico (CNPq) em março [de 2012]. "O Brasil tem cientistas muito bons", disse Trounson. "Só espero que a colaboração não esbarre em falta de dinheiro."

Fonte: ESCOBAR, H. Cientistas reforçam promessas de terapias baseadas em células-tronco. *O Estado de S. Paulo*, São Paulo, 7 out. 2012.

GUIA DE LEITURA

A recente compreensão das funções das células-tronco no organismo humano tem trazido novas esperanças no tratamento de doenças e na regeneração de funções corporais perdidas. Escolhemos dois textos para este quadro: o primeiro, de nossa autoria, apresenta conceitos importantes relacionados às células-tronco; o segundo é uma matéria jornalística que reforça as promessas terapêuticas das células-tronco, a maioria delas ainda por se realizar.

No primeiro texto, como nos capítulos anteriores, os parágrafos são numerados e há um *Guia de leitura* que conduz a atenção para os pontos mais importantes. Para o segundo texto, nossa proposta é que você, estudante, descubra a ideia central de cada um dos parágrafos numerados e as escreva resumidamente. As atividades de 1 a 6 referem-se ao primeiro texto e a atividade 7, ao segundo.

1. Leia os dois parágrafos iniciais e responda: por que as células-tronco receberam esse nome? Explique o que significa o potencial terapêutico das células-tronco.
2. O terceiro parágrafo aborda as células-tronco embrionárias. Por que essas células são consideradas totipotentes?
3. O quarto parágrafo trata das células-tronco adultas. Como elas surgem em nosso corpo e qual é sua função?
4. Leia os parágrafos 5 e 6 do quadro e responda: qual é a diferença entre células-tronco adultas? Compare-as com as chamadas células-tronco totipotentes.
5. O parágrafo 7 refere-se ao tratamento da leucemia pelo transplante de medula óssea. Pesquise sobre esse tipo de tratamento e escreva um resumo a respeito.
6. No oitavo parágrafo comenta-se o uso de embriões descartados em procedimentos de fertilização *in vitro* em pesquisas científicas. O que você conhece sobre o assunto? Qual é sua opinião a respeito?
7. Escreva resumidamente a ideia principal de cada um dos parágrafos do segundo texto.

Mapa de conceitos

Fecundação e desenvolvimento embrionário

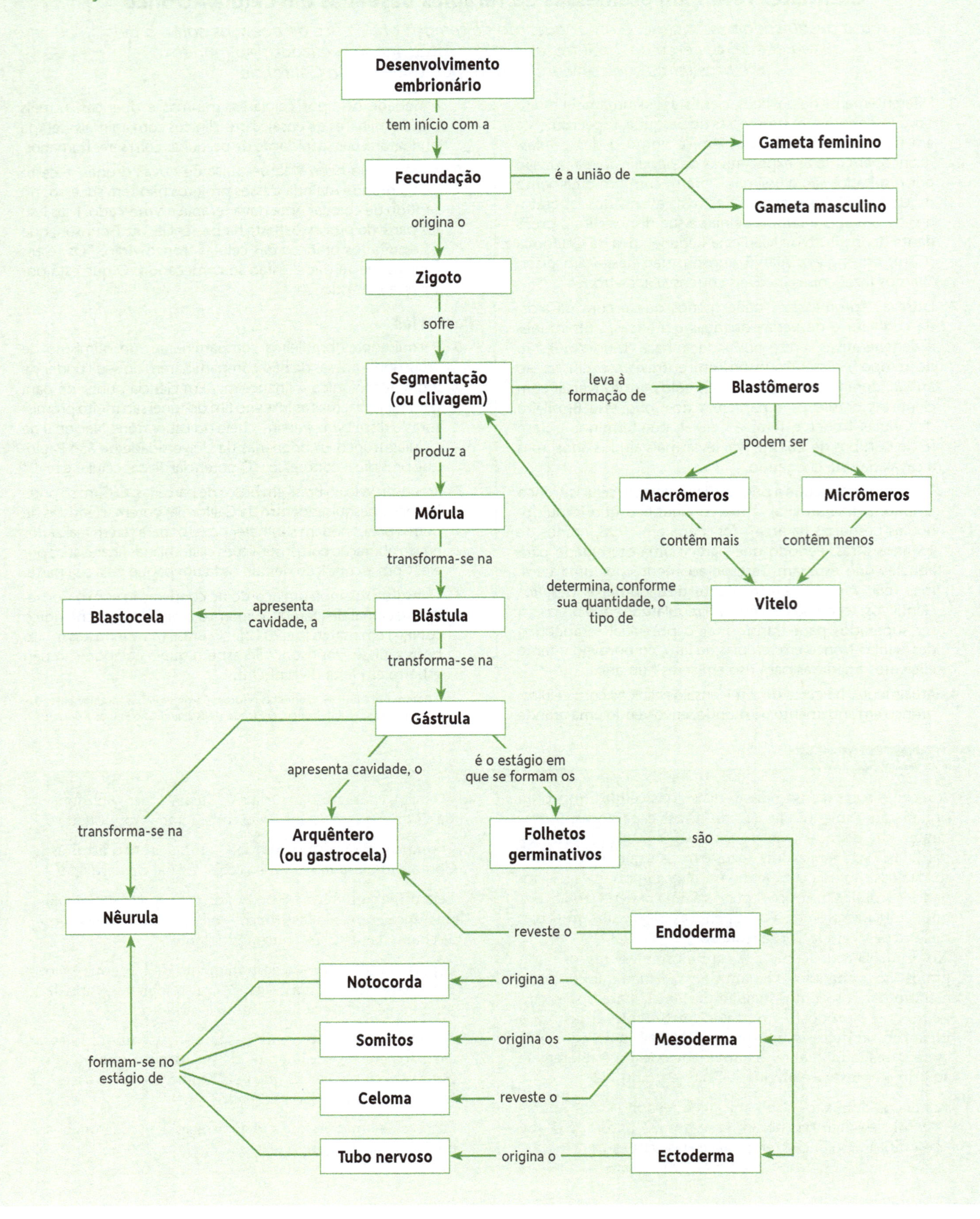

ATIVIDADES

REVENDO CONCEITOS, FATOS E PROCESSOS

9.1 Tipos de reprodução

1. A capacidade de deixar descendentes, característica essencial à vida, é denominada
a) autotrofismo.
b) gametogênese.
c) homeostase.
d) reprodução.

2. Qual das alternativas a seguir caracteriza melhor a reprodução assexuada?
a) Envolve um único genitor.
b) Envolve dois ou mais genitores.
c) Envolve fusão de gametas.
d) Produz descendência geneticamente diferente do genitor.

3. O processo de perpetuação da espécie em que ocorre fusão de duas células haploides dos pais é chamado
a) cariogamia.
b) reprodução assexuada.
c) reprodução sexuada.
d) gametogênese.

Considere as alternativas a seguir para responder às questões de 4 a 8.
a) Brotamento.
b) Divisão binária.
c) Esporulação.
d) Fragmentação.
e) Partenogênese.

4. Como se denomina o tipo de reprodução em que ocorre desenvolvimento do gameta feminino sem que haja fecundação?

5. Como se denomina a formação de novos indivíduos a partir de pedaços de um indivíduo genitor?

6. Como se denomina a formação de células especializadas, muitas vezes resistentes a condições adversas do meio, que germinam e produzem assexuadamente novos indivíduos?

7. Em que tipo de reprodução um indivíduo desenvolve-se a partir de brotos que se diferenciam e se desprendem de um genitor?

8. Qual é o processo assexuado de reprodução em que um indivíduo unicelular se divide e origina dois novos indivíduos idênticos entre si?

9. Machos de abelha são haploides e originam-se do desenvolvimento de ovos sem fecundação, processo denominado
a) brotamento.
b) divisão binária.
c) esporulação.
d) fragmentação.
e) partenogênese.

10. O encontro de dois gametas, que resulta na primeira célula de um novo ser, é chamado
a) cariogamia.
b) fecundação.
c) gametogênese.
d) partenogênese.
e) zigoto.

11. O resultado imediato da fecundação é a
a) liberação do gameta feminino do ovário.
b) formação do óvulo.
c) formação do zigoto.
d) formação do espermatozoide.

Considere as alternativas a seguir para responder às questões de 12 a 16.
a) Haplobionte.
b) Gameta.
c) Diplobionte.
d) Zigoto.

12. Qual é o ciclo de vida em que se alternam organismos haploides produtores de gametas e organismos diploides produtores de esporos?

13. Como se denomina a célula resultante da união de duas células sexuais?

14. Que denominação recebe cada uma das células especializadas que se unem duas a duas para originar um novo indivíduo?

15. Como se denomina o ciclo de vida das samambaias?

16. Como se denomina o ciclo de vida da espécie humana?

9.2 Gametogênese e fecundação

Considere as alternativas a seguir para responder às questões de 17 a 20.
a) Espermátides.
b) Espermatócitos I.
c) Espermatócitos II.
d) Espermatogônias.

17. Como se denominam as células originadas pela primeira divisão da meiose masculina?

18. Como se denominam as células testiculares que se multiplicam ativamente por mitose, antes de iniciar a meiose?

19. Como se denominam as células em que ocorre a primeira divisão da meiose?

20. Como se denominam as células formadas ao fim da meiose e que se diferenciam em espermatozoides?

21. O acúmulo de vitelo no citoplasma das células germinativas femininas ocorre durante qual fase da gametogênese?
a) Crescimento das ovogônias.
b) Divisão I da meiose do ovócito primário.
c) Divisão II da meiose do ovócito secundário.
d) Multiplicação das ovogônias.
e) Somente após ocorrer fecundação.

22. "O óvulo humano estaciona na (1) da meiose e somente dá continuidade a esse processo de divisão se ocorrer (2)." Qual é a alternativa que substitui corretamente os números 1 e 2 entre parênteses?
a) 1 = prófase I; 2 = ovulação.
b) 1 = metáfase II; 2 = ovulação.
c) 1 = prófase I; 2 = fecundação.
d) 1 = metáfase II; 2 = fecundação.

23. Durante a oogênese, a sequência de células que leva à formação do óvulo é:
a) ovócito I ⟶ ovócito II ⟶ ovogônia.
b) primeiro glóbulo polar ⟶ ovócito I ⟶ ovócito II ⟶ ovogônia.
c) ovogônia ⟶ primeiro glóbulo polar ⟶ ovócito II.
d) ovogônia ⟶ ovócito I ⟶ ovócito II.

24. O fato de apenas um espermatozoide penetrar e fecundar o óvulo, embora este geralmente esteja cercado por dezenas de espermatozoides, pode ser explicado pelo papel desempenhado pela(o)
- a) acrossomo.
- b) anfimixia.
- c) heterogamia.
- d) membrana de fecundação.

9.3 Desenvolvimento embrionário animal

Considere as alternativas a seguir para responder às questões de 25 a 30.

- a) Arquêntero.
- b) Blastômero.
- c) Blástula.
- d) Segmentação.
- e) Gastrulação.
- f) Mórula.

25. Como se denomina cada uma das primeiras células embrionárias?

26. Que denominação recebe cada uma das divisões celulares, no início do desenvolvimento?

27. Qual é o nome da cavidade interna da gástrula, a partir da qual se formará o tubo digestivo do animal?

28. Em que estágio inicial do desenvolvimento o embrião é constituído por uma massa de células que delimitam uma cavidade interna?

29. Como se denomina o processo em que se formam o futuro tubo digestivo e os folhetos germinativos, devido à migração de células para o interior do embrião?

30. Em que estágio inicial do desenvolvimento animal o embrião é uma massa compacta formada por algumas dezenas de células?

31. Os três folhetos germinativos característicos dos embriões de animais triblásticos são
- a) mórula, blástula e gástrula.
- b) ectoderma, mesoderma e endoderma.
- c) micrômero, blastômero e macrômero.
- d) blastocela, arquêntero e celoma.

Considere as alternativas a seguir para responder às questões de 32 a 35.

- a) Ectoderma.
- b) Endoderma.
- c) Mesoderma.
- d) Nêurula.

32. Qual é a camada celular que reveste internamente a cavidade da gástrula?

33. Ao final da gastrulação, o embrião encontra-se revestido externamente por qual camada celular?

34. Em que estágio do desenvolvimento embrionário se forma o tubo nervoso?

35. Qual é a camada celular embrionária situada entre a camada externa e a camada interna que reveste o arquêntero?

36. Qual é o nome da cavidade totalmente revestida por mesoderma, presente no corpo de animais triblásticos e cuja função é acomodar os órgãos internos?
- a) Arquêntero.
- b) Blastocela.
- c) Blastóporo.
- d) Celoma.

Considere as alternativas a seguir para responder às questões de 37 a 41.

- a) Celoma.
- b) Folheto germinativo.
- c) Notocorda.
- d) Somito.
- e) Tubo nervoso.

37. Que denominação recebe cada um dos blocos maciços de mesoderma localizados ao longo da região dorsal do embrião?

38. Como se chama a cavidade existente entre as lâminas mesodérmicas do embrião?

39. Qual é o nome do bastão celular semirrígido que atua como eixo de sustentação do corpo dos embriões de vertebrados?

40. Que denominação recebe o tubo de origem ectodérmica que se forma ao longo do dorso do embrião?

41. Como é chamado cada um dos tecidos embrionários básicos formados durante a gastrulação?

42. Um embrião de vertebrado em fase de nêurula apresenta, do dorso para o ventre, as seguintes estruturas:
- a) tubo nervoso, tubo digestivo e notocorda.
- b) tubo nervoso, notocorda e tubo digestivo.
- c) notocorda, tubo nervoso e tubo digestivo.
- d) notocorda, tubo digestivo e tubo nervoso.

9.4 Diversidade celular dos vertebrados

43. Um conjunto de células semelhantes, que desempenham uma função específica no organismo, é denominado
- a) gástrula.
- b) órgão.
- c) somito.
- d) tecido.

44. Qual das seguintes afirmações é VERDADEIRA?
- a) Glândulas são conjuntos de células musculares especializadas na secreção de substâncias úteis.
- b) Glândulas exócrinas produzem hormônios e os secretam diretamente no sangue.
- c) Glândulas endócrinas são aquelas que lançam suas secreções nas cavidades internas do corpo.
- d) Glândulas exócrinas têm ductos para eliminar sua secreção; glândulas endócrinas não têm ductos.

Considere as alternativas a seguir para responder às questões de 45 a 48.

- a) Tecido conjuntivo.
- b) Tecido epitelial.
- c) Tecido muscular.
- d) Tecido nervoso.

45. Que tecido é constituído por células alongadas com grande capacidade de contração?

46. Qual é o tecido constituído por camadas de células intimamente unidas entre si, que revestem superfícies externas do corpo e cavidades de órgãos internos?

47. A presença de células especializadas em transmitir impulsos elétricos através do corpo caracteriza qual tecido?

48. Qual tecido se caracteriza por apresentar grande quantidade de material intercelular e tem por função unir e sustentar outros tecidos do corpo dos animais?

Considere as alternativas a seguir para responder às questões de 49 a 51.

a) Tecido cartilaginoso.
b) Tecido muscular.
c) Tecido ósseo.
d) Tecido hematopoiético.

49. Que tecido apresenta material intercelular bastante rígido devido à presença de minerais e tem a função de constituir o esqueleto de certos animais?

50. Apresentar células dispersas em material intercelular líquido é característica de qual tecido?

51. O material intercelular de qual tecido caracteriza-se pela resistência e flexibilidade, sendo constituído por fibras colágenas e outras proteínas?

52. Quais células têm por função promover a reabsorção óssea?
a) Adipócitos.
b) Osteoblastos.
c) Osteoclastos.
d) Osteócitos.

53. Qual dos tecidos a seguir NÃO É vascularizado?
a) Cartilaginoso.
b) Conjuntivo frouxo.
c) Conjuntivo denso fibroso.
d) Ósseo.

Considere as alternativas a seguir para responder às questões de 54 a 57.

a) Hemácia.
b) Leucócito.
c) Plaqueta.
d) Plasma sanguíneo.

54. Qual é o nome de um fragmento celular que participa do processo de coagulação do sangue?

55. Qual é o nome do fluido em que estão mergulhadas as células sanguíneas?

56. Como se denomina a célula de forma discoide, sem núcleo e de cor vermelha devido à presença de hemoglobina?

57. Que célula sanguínea tem forma esférica, núcleo bem desenvolvido e atua na defesa do corpo contra infecções?

58. As estrias transversais presentes nas fibras musculares estriadas esqueléticas e cardíacas resultam da disposição
a) lado a lado das terminações nervosas que inervam cada célula muscular.
b) lado a lado das diversas células que formam cada fibra muscular.
c) ordenada de proteínas ao redor da membrana de cada célula muscular.
d) ordenada de proteínas no interior de cada célula muscular.

59. Os principais componentes da célula muscular, diretamente envolvidos na sua contração, são as proteínas
a) actina e miosina.
b) actina e queratina.
c) miosina e melanina.
d) miosina e queratina.

60. A célula responsável pela condução dos impulsos nervosos no corpo é o
a) gliócito.
b) axônio.
c) dendrito.
d) neurônio.

61. Considerando que a ilustração abaixo representa um neurônio típico, as setas 1, 2 e 3 indicam quais partes da célula nervosa? Responda analisando o significado dos números no quadro.

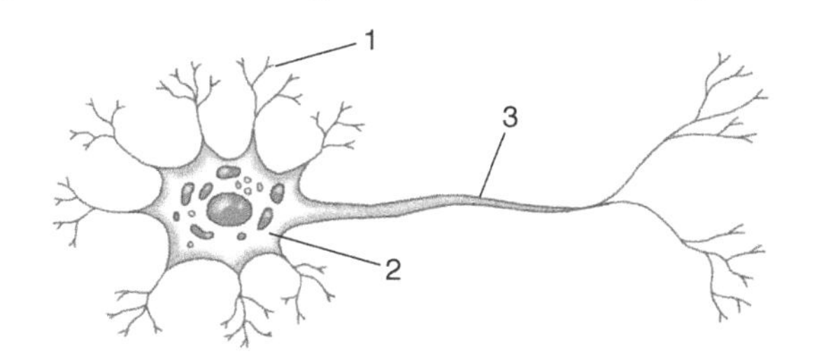

	1	2	3
a)	axônio	gânglio nervoso	dendrito
b)	axônio	corpo celular	dendrito
c)	dendrito	gânglio nervoso	axônio
d)	dendrito	corpo celular	axônio

62. Qual das alternativas contém uma associação INCORRETA entre o tipo celular e o tecido?
a) Fibroblasto — tecido conjuntivo.
b) Neurônio — tecido muscular.
c) Condrócito — tecido cartilaginoso.
d) Leucócito — tecido hematopoiético.

QUESTÕES PARA EXERCITAR O PENSAMENTO

63. As sequências de figuras representam estágios do desenvolvimento inicial de anfioxo (*A*) e anfíbio (*B*).

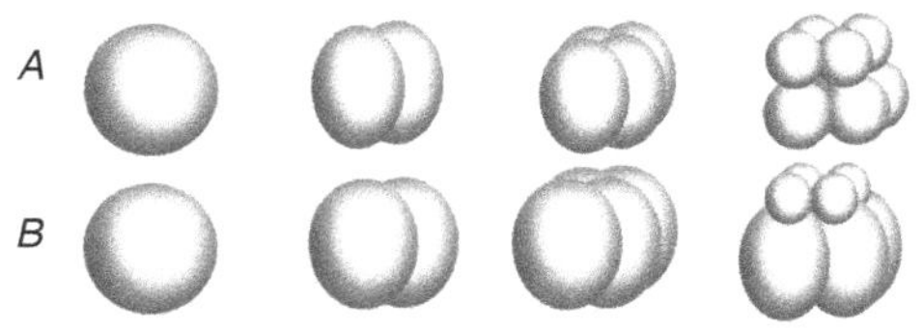

Qual é a diferença entre os processos que estão ocorrendo em *A* e *B*, e qual a explicação para tal diferença?

64. Os esquemas a seguir representam dois momentos de embriogênese do anfioxo (*A* em corte longitudinal e *B* em corte transversal).

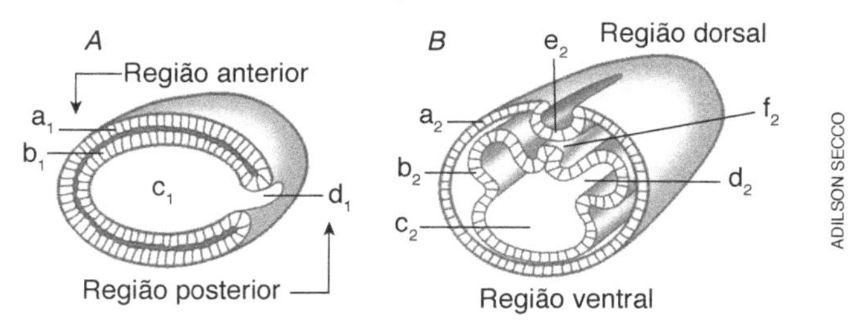

Com relação ao esquema *A*, responda:
a) Em que fase de desenvolvimento se encontra o embrião representado?
b) Qual é o nome das partes indicadas?

Com relação ao esquema *B*, responda:
a) Que estágio de desenvolvimento está se iniciando?
b) Qual é o nome das partes indicadas?
c) No embrião do esquema *B*, há uma série de processos se iniciando. Usando o mesmo tipo de desenho, represente o embrião em um estágio um pouco mais avançado, ou seja, onde os processos que estão se iniciando em *B* tenham atingido seu final. Coloque todas as legendas necessárias.

65. Complete o mapa de conceitos a seguir, substituindo cada uma das letras por um dos seguintes conceitos: células ósseas; células sanguíneas; matriz intercelular; medula óssea; sais minerais.

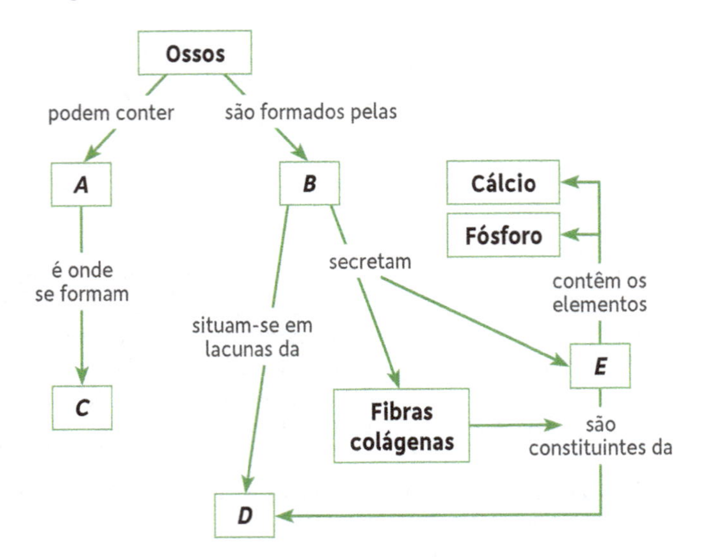

A BIOLOGIA NO VESTIBULAR

QUESTÕES OBJETIVAS

66. (UFPI) No ciclo de vida das abelhas, os zangões originam-se a partir de ovos não fecundados, sendo, portanto, indivíduos haploides. O tipo de reprodução que origina o zangão denomina-se

a) bipartição.
b) partenogênese.
c) cissiparidade.
d) *crossing-over.*
e) esporulação.

67. (Uerj) Considere que um óvulo de abelha possui $5 \cdot 10^{-14}$ g de DNA. Nesse inseto, embora as fêmeas se originem de reprodução sexuada, os machos originam-se de óvulos não fecundados, por partenogênese. A quantidade de DNA encontrada em uma célula somática de zangão, no período correspondente à prófase da mitose, é, em mg, igual a

a) $1{,}0 \cdot 10^{-10}$.
b) $2{,}5 \cdot 10^{-9}$.
c) $5{,}0 \cdot 10^{-11}$.
d) $5{,}0 \cdot 10^{-17}$.

68. (PUC-PR) Nos seres vivos pode ocorrer reprodução sexuada ou assexuada. Assim sendo, pode-se afirmar:

a) O brotamento é um tipo de reprodução assexuada, em que os descendentes são formados por sucessivas mitoses.
b) A reprodução assexuada permite uma evolução mais rápida das espécies.
c) A reprodução sexuada, exceto quando ocorrem mutações, produz indivíduos geneticamente iguais.
d) A reprodução assexuada promove maior variabilidade genética e produz grande quantidade de descendentes.
e) A reprodução assexuada se caracteriza pela presença de meiose, formação de gametas e fecundação.

69. (UEG-GO) A reprodução, processo necessário a todos os seres vivos por levar à preservação da espécie, acontece desde a forma mais simples até a mais complexa. Quanto a esse processo, marque a alternativa INCORRETA.

a) A reprodução assexuada aumenta a variabilidade genética numa população de determinada espécie, porque os descendentes assim originados diferem geneticamente de seus pais.
b) Nos organismos sexuados ocorrem dois tipos de divisão celular: mitose e meiose.
c) A mitose é o mecanismo mais comum de reprodução dos organismos unicelulares eucariontes.
d) Uma vantagem evolutiva da reprodução sexuada está no fato de ela poder conferir proteção contra parasitas; alguns descendentes, por exemplo, podem apresentar combinações genéticas que os tornam mais adaptados aos parasitas do que seus pais.
e) Durante a meiose e a fecundação podem ocorrer eventos que criam variabilidade genética nos seres que se reproduzem sexuadamente.

70. (UFRRJ) Da fusão dos gametas masculino e feminino, ambos haploides, surge a célula-ovo ou zigoto, em que se restabelece o número diploide. Comparando-se a quantidade de DNA encontrada no núcleo das células somáticas de um camundongo, podemos afirmar que é igual

a) à quantidade de DNA encontrada no núcleo dos espermatozoides desse animal.
b) a duas vezes a quantidade de DNA encontrada no núcleo dos espermatozoides desse animal.
c) à metade da quantidade de DNA encontrada no núcleo dos espermatozoides desse animal.
d) a quatro vezes a quantidade de DNA encontrada no núcleo dos espermatozoides desse animal.
e) à quarta parte da quantidade de DNA encontrada no núcleo dos espermatozoides desse animal.

71. (UFV-MG) Considere a ovulogênese de uma mulher normal. Analise o conteúdo cromossômico e de DNA nas células durante a divisão e assinale a afirmativa CORRETA.

a) A ovogônia tem a metade do conteúdo de DNA do ovócito I.
b) Os ovócitos I e II têm o mesmo número de cromátides.
c) O ovócito II e o óvulo têm o mesmo número de cromossomos.
d) O corpúsculo polar I não difere na quantidade de DNA do ovócito I.
e) O gameta tem valor correspondente a 4C e a ovogônia, a 1C.

72. (UEL-PR) O esquema a seguir representa etapas do processo de gametogênese no homem:

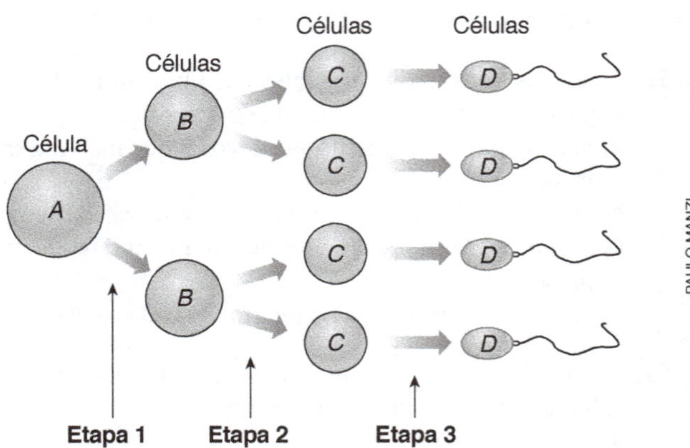

Sobre esse processo, assinale a alternativa CORRETA.

a) A célula *A* é diploide e as células *B*, *C* e *D* são haploides.
b) A separação dos homólogos ocorre durante a etapa 2.
c) As células *A* e *B* são diploides e as células *C* e *D* são haploides.
d) A redução no número de cromossomos ocorre durante a etapa 3.
e) A separação das cromátides-irmãs ocorre durante a etapa 1.

73. (UFPR) Fase do desenvolvimento embrionário caracterizada pelo estabelecimento dos três folhetos germinativos (ectoderma, mesoderma e endoderma) e por intensos movimentos morfogenéticos:

a) Clivagem.
b) Morfogênese.
c) Gastrulação.
d) Fecundação.
e) Apoptose.

74. (UFPI) Uma glândula, independentemente do seu modo de secreção, é constituída pelo tecido

a) muscular.
b) adiposo.
c) cartilaginoso.
d) sanguíneo.
e) epitelial.

75. (PUC-PR) A osteoporose é uma doença caracterizada pela perda de massa óssea devido a um aumento na reabsorção óssea, o que fragiliza o osso, aumentando a probabilidade da ocorrência de fraturas. A causa mais comum na mulher é a diminuição dos níveis de estrógenos após a menopausa.

A célula óssea responsável pelo mecanismo descrito acima é

a) megacariócito.
b) osteócito.
c) esteoblasto.
d) osteoclasto.
e) condrócito.

76. (Ufes) Em relação ao tecido ósseo denso, é CORRETO afirmar que ele

a) possui uma matriz parenquimatosa composta de fibroblastos, megacariócitos e fibrina.
b) é composto por células conhecidas como condroblastos, que se transformam em condrócitos no tecido ósseo maduro.
c) é caracterizado pela presença de tecido mieloide de caráter hematopoiético disperso no fragmoplasto.
d) possui células conhecidas como osteoblastos, que geram o material intercelular, composto principalmente de quitina mineralizada.
e) apresenta lamelas ósseas concêntricas, dispostas em torno de canais centrais através dos quais nervos e vasos penetram o osso.

77. (PUC-PR) Em relação aos elementos figurados do sangue, associe a coluna 2 de acordo com a coluna 1:

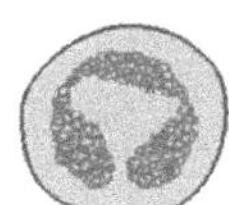
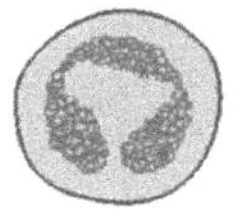
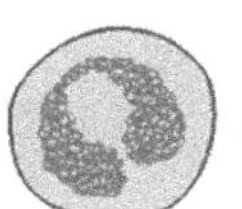
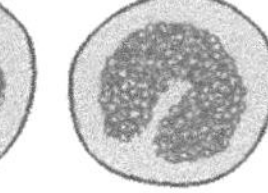
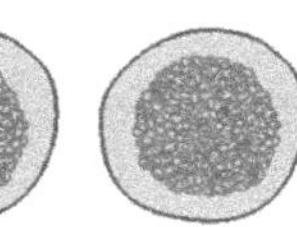
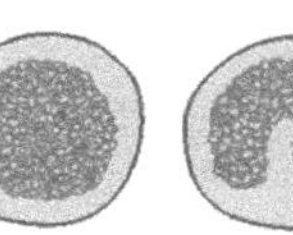
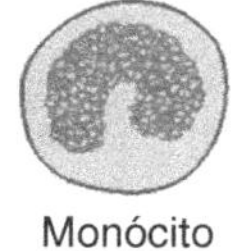

PAULO MANZI

Coluna 1 — Leucócitos

I. Neutrófilos
II. Eosinófilos
III. Linfócitos
IV. Basófilos

Coluna 2 — Característica ou função

a) Constituem de 2 a 4% dos leucócitos e atuam defendendo o corpo, agindo nas alergias.
b) Leucócitos com núcleo volumoso e formato irregular, encontrados em menor frequência no sangue (0 a 1%).
c) Leucócitos encontrados com maior frequência no sangue (cerca de 60 a 70% do total dos leucócitos). São mais ativos na fagocitose e seus grãos ricos em enzimas digestivas.
d) Correspondem de 20 a 30% dos leucócitos, sendo as principais células responsáveis pelo sistema imunitário.

Assinale a opção que apresenta a associação correta.

a) I — c; II — a; III — d; IV — b.
b) I — a; II — c; III — d; IV — b.
c) I — a; II — b; III — d; IV — c.
d) I — b; II — a; III — c; IV — d.
e) I — d; II — c; III — a; IV — b.

78. (PUC-RJ) Dentre os tecidos animais, há um tecido cuja evolução foi fundamental para o sucesso evolutivo dos seres heterotróficos. Aponte a opção que indica corretamente tanto o tipo de tecido em questão como a justificativa de sua importância.

a) Tecido epitelial queratinizado — permitiu facilitar a desidratação ao impermeabilizar a pele dos animais.
b) Tecido conjuntivo ósseo — permitiu a formação de carapaças externas protetoras para todos os animais, por ser um tecido rígido.
c) Tecido muscular — permitiu a locomoção eficiente para a predação e fuga, por ser um tecido contrátil.
d) Tecido nervoso — permitiu coordenar as diferentes partes do corpo dos animais, por ser um tecido de ação lenta.
e) Tecido conjuntivo sanguíneo — permitiu o transporte de substâncias dentro do corpo do animal, por ser um tecido rico em fibras colágenas e elásticas.

79. (UFRN) A extremidade do axônio da célula nervosa apresenta grande atividade metabólica durante a passagem do impulso nervoso para os dendritos da célula seguinte. Essa atividade metabólica elevada é possível devido à presença de um grande número de

a) mitocôndrias.
b) ribossomos.
c) vacúolos.
d) lisossomos.

80. (PUC-MG) A figura a seguir apresenta diferentes tipos de tecido conjuntivo do membro de um mamífero:

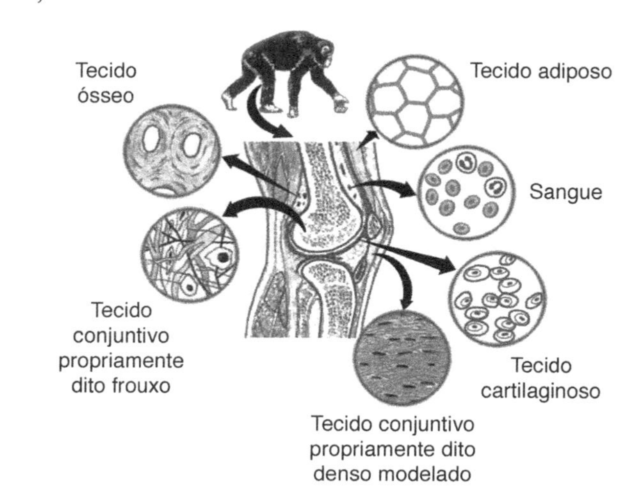

JURANDIR RIBEIRO

Com relação aos tecidos destacados na figura, foram feitas as seguintes afirmações:

I. Todos os tecidos representados são de origem mesodérmica.
II. Alguns genes podem ser expressos por todos os tecidos representados.
III. Colágeno é uma proteína comum a todos os tecidos destacados.
IV. Nem todos os tecidos representados são irrigados por vasos sanguíneos.
V. Macrófagos são constituintes normais em pelo menos quatro dos tecidos mencionados na figura.

São afirmativas CORRETAS:

a) I, II, III, IV e V.
b) II, III e IV apenas.
c) I, II, IV e V apenas.
d) I, III e V apenas.

81. (Fuvest-SP) Têm (ou tem) função hematopoiética:

a) as glândulas parótidas.
b) as cavidades do coração.
c) o fígado e o pâncreas.
d) o cérebro e o cerebelo.
e) a medula vermelha dos ossos.

82. (UFPB) Células especializadas patrulham o nosso corpo circulando pelos vasos sanguíneos e linfáticos. Assim que percebem a presença de microrganismos, estas células atravessam a parede dos vasos e invadem os tecidos, fagocitando estes microrganismos que depois são digeridos pelos seus lisossomos. As células mencionadas são

a) neutrófilos e linfócitos.
b) neutrófilos e plaquetas.
c) macrófagos e linfócitos.
d) macrófagos e plaquetas.
e) neutrófilos e macrófagos.

83. (UFPE) No estudo da histologia animal, é muito importante conhecer as características das células. Assinale a alternativa que indica corretamente os tecidos em que as células descritas em 1, 2 e 3 são encontradas, nesta ordem.

Tecido	Características
1)	células grandes, nucleadas, de formato irregular e que apresentam grande capacidade de fagocitar, sendo importantes no combate a elementos estranhos ao corpo.
2)	células longas, com muitos núcleos dispostos na periferia e que apresentam estrias longitudinais e transversais com disposição regular.
3)	células que permitem ao organismo responder a alterações do meio e que apresentam um corpo celular de onde partem dois tipos de prolongamento.

a) Conjuntivo, muscular estriado esquelético e nervoso.
b) Sanguíneo, muscular liso e ósseo.
c) Epitelial, muscular cardíaco e nervoso.
d) Epitelial glandular, muscular estriado esquelético e hematopoiético.
e) Conjuntivo frouxo, muscular cardíaco e conjuntivo reticular.

QUESTÕES DISCURSIVAS

84. (Unesp) Analise as oito informações seguintes, relacionadas com o processo reprodutivo.

I. A união de duas células haploides para formar um indivíduo diploide caracteriza uma forma de reprodução dos seres vivos.
II. O brotamento é uma forma de reprodução que favorece a diversidade genética dos seres vivos.
III. Alguns organismos unicelulares reproduzem-se por meio de esporos.
IV. Gametas são produzidos pela gametogênese, um processo que envolve a divisão meiótica.
V. Brotamento e regeneração são processos pelos quais novos indivíduos são produzidos por meio de mitoses.
VI. Fertilização é um processo que não ocorre em organismos monoicos.
VII. A regeneração de um pedaço ou secção de um organismo, gerando um indivíduo completo, não pode ser considerada uma forma de reprodução.
VIII. Gametas são produzidos a partir de células somáticas.

a) Elabore um quadro com duas colunas. Relacione, em uma delas, os números, em algarismos romanos, correspondentes às afirmações corretas que dizem respeito à reprodução assexuada; na outra, os números correspondentes às afirmações corretas relacionadas à reprodução sexuada.
b) Qual a maior vantagem evolutiva da reprodução sexuada? Que processo de divisão celular e que eventos que nele ocorrem contribuem para que essa vantagem seja promovida?

85. (Unicamp-SP) Nos animais a meiose é o processo básico para a formação dos gametas. Nos mamíferos há diferenças entre a gametogênese masculina e a feminina.

a) Nos machos, a partir de um espermatócito primário obtêm-se 4 espermatozoides. Que produtos finais são obtidos de um ovócito primário? Em que número?
b) Se um espermatócito primário apresenta 20 cromossomos, quantos cromossomos serão encontrados em cada espermatozoide? Explique.
c) Além do tamanho, os gametas masculinos e femininos apresentam outras diferenças entre si. Cite uma delas.

86. (Fuvest-SP) O esquema abaixo representa um espermatozoide humano e algumas das estruturas que o compõem. Qual é a importância de cada uma das estruturas numeradas de 1 a 4 para a reprodução?

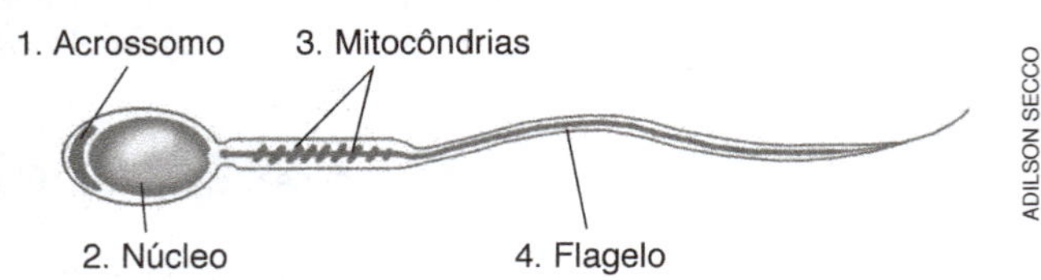

87. (UFG-GO)

"Nada na vida, nem o nascimento, nem o casamento, nem o trabalho, nem..., nada é mais importante que a gastrulação."

• **Fonte**: Lewis Wolpert, citado por GILBERT, S. F. *Biologia do desenvolvimento*. Ribeirão Preto: SBG, 1994. p. 197.

De acordo com a consideração acima,

a) esquematize a fase de gástrula, indicando e nomeando duas estruturas.
b) relacione os seguintes termos: triblásticos e celoma.

88. (UFSCar-SP)

"As mais versáteis são as células-tronco embrionárias (TE), isoladas pela primeira vez em camundongos há mais de 20 anos. As células TE vêm da região de um embrião muito jovem que, no desenvolvimento normal, forma as três camadas germinativas distintas de um embrião mais maduro e, em última análise, todos os diferentes tecidos do corpo."

• **Fonte**: *Scientific American Brasil*, jul. 2004.

a) Quais são as três camadas germinativas a que o texto se refere?
b) Ossos, encéfalo e pulmão têm, respectivamente, origem em quais dessas camadas germinativas?

89. (Vunesp) O que são glândulas endócrinas e glândulas exócrinas? Dê um exemplo de cada tipo.

Mais questões: no livro digital, em **Vereda Digital Aprova Enem** e **Vereda Digital Suplemento de revisão e vestibulares**; no *site*, em **AprovaMax**.

RESPOSTAS DA PARTE I

UNIDADE A

Capítulo 1 Vida e biosfera

Revendo conceitos, fatos e processos

1. b
2. d
3. a
4. c
5. a
6. d
7. b
8. e
9. c
10. b
11. a
12. d
13. b
14. d
15. b
16. a
17. b
18. a
19. d
20. d
21. c
22. a
23. d
24. a
25. d
26. b
27. c
28. d
29. e
30. a
31. c
32. b
33. f
34. d
35. b
36. d
37. d
38. c
39. a
40. a

A Biologia no vestibular

46. b
47. d
48. e
49. d
50. c
51. b
52. d
53. 01 + 02 + 04 = 07
54. d
55. d
56. e
57. e
58. e

Enem

63. c

Capítulo 2 A biosfera e seus ecossistemas

Revendo conceitos, fatos e processos

1. b
2. a
3. d
4. c
5. a
6. d
7. a
8. c
9. c
10. b
11. c
12. c
13. a
14. c
15. d
16. b
17. c
18. c
19. b
20. b

A Biologia no vestibular

31. a
32. a
33. b
34. d
35. e
36. e
37. c
38. e
39. a
40. d
41. d
42. a
43. a
44. a
45. b
46. a
47. b
48. b
49. a

Enem

62. a

Capítulo 3 Dinâmica das populações e das comunidades biológicas

Revendo conceitos, fatos e processos

1. c
2. d
3. b
4. b
5. b
6. c
7. b, d
8. a, c
9. a
10. c
11. b
12. d
13. b
14. b
15. g
16. g
17. f
18. c
19. e
20. j
21. b
22. h
23. i
24. b
25. d
26. d
27. c
28. d
29. b
30. b
31. c
32. a
33. e
34. c
35. a
36. d
37. b
38. d
39. c
40. c
41. b
42. a
43. d
44. d
45. c
46. b
47. a

A Biologia no vestibular

61. d
62. e
63. F — F — V — V — V
64. d
65. b
66. e
67. d
68. e
69. b
70. b
71. c
72. b
73. e
74. e
75. d
76. a
77. a
78. e
79. b
80. e
81. e
82. b
83. d
84. b
85. d
86. V — V — F — F
87. 01 + 02 + 16 + 32 = 51

Enem

94. c

Capítulo 4 Humanidade e ambiente

Revendo conceitos, fatos e processos

1. b
2. d
3. c
4. d
5. a
6. c
7. d
8. c
9. b
10. b
11. d
12. a
13. a

A Biologia no vestibular

17. a
18. e
19. b
20. c
21. c
22. b
23. d
24. b
25. b
26. e
27. b
28. b
29. a
30. c
31. c

Enem

37. c
38. b

UNIDADE B

Capítulo 5 A descoberta da célula

Revendo conceitos, fatos e processos

1. b
2. c
3. a
4. c
5. b
6. a
7. b
8. d
9. a
10. c
11. c
12. d
13. c
14. b
15. b
16. d
17. b
18. b
19. c
20. c

A Biologia no vestibular

26. b
27. e
28. b
29. c
30. c
31. c
32. b
33. b

Capítulo 6 Bases moleculares da vida

Revendo conceitos, fatos e processos

1. c
2. d
3. a
4. d
5. c
6. b
7. a
8. a
9. b
10. d
11. c
12. b
13. d
14. a
15. b
16. d
17. d
18. c
19. d
20. b
21. b
22. a
23. c
24. c
25. d

A Biologia no vestibular

30. c
31. b
32. b
33. a
34. d
35. V — F — V — F — V — F — V
36. e
37. c
38. e
39. d
40. e
41. a
42. a

Enem

44. e

Capítulo 7 Membrana celular e citoplasma

Revendo conceitos, fatos e processos

1. Parede celular, vacúolo central e cloroplastos.
2. b
3. c
4. c
5. a
6. b
7. c
8. a
9. b
10. a
11. b
12. a
13. d
14. e
15. d
16. b, a
17. c
18. a
19. c
20. d
21. b
22. c
23. b
24. b
25. c
26. b
27. d
28. a
29. d
30. a
31. d
32. b
33. c
34. a
35. a
36. a
37. d
38. b
39. c
40. b
41. a
42. a
43. c
44. d
45. b
46. c
47. e
48. c
49. b
50. d
51. a
52. g
53. f
54. c
55. d
56. d
57. a
58. e
59. b
60. d
61. a
62. c
63. a
64. d
65. c
66. d
67. c
68. d
69. a
70. b

A Biologia no vestibular

83. d
84. d
85. a
86. a
87. c
88. b
89. c
90. a
91. b
92. e
93. d
94. d
95. c
96. e
97. a
98. b
99. d

Enem

107. c
108. d
109. e
110. a

Capítulo 8 Núcleo e divisão celular

Revendo conceitos, fatos e processos

1. d
2. c
3. b
4. a
5. c
6. c
7. c
8. d
9. a
10. b
11. a
12. a
13. b
14. b
15. d
16. b
17. b
18. a
19. e
20. d
21. c
22. d
23. e
24. b
25. a
26. T4
27. T2
28. T3
29. T1
30. T2
31. T3
32. c
33. f
34. a
35. c
36. e
37. d
38. g
39. b
40. d
41. d
42. b
43. c
44. c
45. d
46. a
47. c
48. e
49. b
50. a
51. b
52. d
53. c
54. b
55. a
56. d
57. b
58. c
59. c

A Biologia no vestibular

64. d
65. b
66. b
67. c
68. d
69. b
70. c
71. b
72. b
73. e
74. a
75. a
76. a
77. b
78. c
79. e
80. d
81. a
82. b
83. c
84. c
85. b
86. b
87. a

Capítulo 9 Reprodução e desenvolvimento dos animais

Revendo conceitos, fatos e processos

1. d
2. a
3. c
4. e
5. d
6. c
7. a
8. b
9. e
10. b
11. c
12. c
13. d
14. b
15. c
16. a
17. c
18. d
19. b
20. a
21. a
22. d
23. d
24. d
25. b
26. d
27. a
28. c
29. e
30. f
31. b
32. b
33. a
34. d
35. c
36. d
37. d
38. a
39. c
40. e
41. b
42. b
43. d
44. d
45. c
46. b
47. d
48. a
49. c
50. d
51. a
52. c
53. a
54. c
55. d
56. a
57. b
58. d
59. a
60. d
61. d
62. b

A Biologia no vestibular

66. b
67. a
68. a
69. a
70. b
71. c
72. a
73. c
74. e
75. d
76. e
77. a
78. c
79. a
80. c
81. e
82. e
83. a

GLOSSÁRIO DA PARTE I

COMO CONSULTAR ESTE GLOSSÁRIO

Verbete — Os termos são os destacados em azul nos capítulos, apresentados em ordem alfabética.

A

Ácido graxo Molécula constituída por longa cadeia de átomos de carbono com um grupo carboxila (—COOH) em uma das extremidades. Os átomos de carbono da cadeia podem estar todos unidos por ligações simples e, nesse caso, o ácido graxo é dito saturado; se, por outro lado, a cadeia apresenta dupla-ligação entre um ou mais pares de átomos de carbono, o ácido graxo é dito insaturado.

Ácido nucleico Molécula constituída por inúmeros nucleotídios ligados em sequência.

Adaptação (do latim *adaptare*, tornar apto) Capacidade que todo ser vivo tem de ajustar-se ao ambiente. Essa capacidade está indissoluvelmente ligada à manutenção da vida.

Adubação verde Utilização de plantas leguminosas (soja, alfafa, feijão, ervilha etc.) para aumentar a quantidade de compostos nitrogenados disponíveis no solo. Essas plantas abrigam em suas raízes bactérias fixadoras de nitrogênio do gênero *Rhizobium*.

Alantoide Anexo embrionário membranoso presente em répteis, aves e mamíferos. Sua função é armazenar as excreções do embrião até o nascimento. Em répteis, aves e monotremados (grupo de mamíferos que se reproduz por meio de ovos semelhantes aos de répteis), a membrana do alantoide une-se ao cório, constituindo o alantocório, que exerce função respiratória.

Amensalismo Relação ecológica interespecífica em que uma espécie libera substâncias que prejudicam ou impedem o desenvolvimento de outra espécie.

Amido Glicídio de massa molecular elevada que constitui a principal substância de reserva energética de plantas e algas.

Aminoácido Classe de moléculas orgânicas que constituem a unidade das proteínas. Suas moléculas são formadas por átomos de carbono, hidrogênio, oxigênio e nitrogênio. Alguns tipos de aminoácido podem conter também átomos de enxofre.

Âmnio Anexo embrionário presente em répteis, aves e mamíferos que delimita a bolsa amniótica. Esta consiste em uma bolsa membranosa repleta de líquidos, que envolve o embrião. Sua função é absorver choques mecânicos e manter um ambiente aquoso e quimicamente adequado.

Anáfase Etapa da divisão celular, subsequente à metáfase, em que os cromossomos migram para polos opostos da célula, puxados por fibras do fuso ligadas a seus centrômeros.

Anexo embrionário Estrutura associada ao embrião de répteis, aves e mamíferos, relacionada com a adaptação desses vertebrados ao ambiente de terra firme. Os principais anexos embrionários são: âmnio (forma a bolsa amniótica), saco vitelínico, alantoide e cório.

Apoenzima Parte proteica de certas enzimas.

Arquêntero (ou **gastrocela**) Cavidade interna da gástrula, que dará origem ao tubo digestivo do futuro organismo; comunica-se com o meio externo através do blastóporo.

ATP (do inglês, *adenosine triphosphate*) Sigla da substância trifosfato de adenosina. Nucleotídio constituído pela base nitrogenada adenina, pelo glicídio ribose e por três grupos fosfato. Sua função na célula é armazenar a energia liberada nas reações exergônicas (que liberam energia) e, posteriormente, transferi-la para processos endergônicos (que absorvem energia).

B

Bentos (do grego *benthos*, fundo do mar) Conjunto de organismos aquáticos relacionados ao fundo submerso, vivendo fixados ao fundo (sésseis) ou deslocando-se sobre ele (errantes). Ex.: estrelas-do-mar, corais etc.

Biologia (do grego *bios*, vida, e *logos*, estudo) Ramo das Ciências Naturais que estuda os seres vivos e os processos característicos da vida.

Bioma Conjunto de ecossistemas terrestres com vegetação característica e fisionomia típica, em que predomina certo tipo de clima.

Biomassa Massa total de matéria orgânica contida em um ser vivo (ou em um conjunto de seres vivos). Na cadeia alimentar, a quantidade de biomassa de um nivel trófico reflete a quantidade de energia química disponível para o nível trófico seguinte.

Blastóporo Abertura presente no embrião animal que comunica o arquêntero e o meio externo. Nos animais protostômios dá origem à boca e nos animais deuterostômios origina o ânus.

Blástula Fase do desenvolvimento embrionário animal, subsequente à mórula, em que o embrião é formado por uma camada celular, a blastoderma, que delimita uma cavidade interna, a blastocela.

Brotamento Processo de reprodução em que o indivíduo forma brotos, que, ao se separar do corpo do genitor, passam a ter vida independente, constituindo novos indivíduos geneticamente idênticos ao que lhe deu origem.

C

Cadeia alimentar (ou **cadeia trófica**) Sequência linear de organismos pela qual flui a energia originalmente captada pelos seres autotróficos; cada elo da cadeia (nível trófico) é representado por um organismo que se alimenta do organismo que o precede e serve de alimento ao organismo que o sucede.

Cadeia transportadora de elétrons (ou **cadeia respiratória**) Conjunto de proteínas transferidoras de elétrons enfileiradas na membrana interna da mitocôndria. Durante a passagem dos elétrons por eles, há bombeamento de íons H^+ para fora da matriz mitocondrial. Ao retornarem à matriz, há liberação de energia, que é utilizada na síntese de ATP.

Capacidade de suporte (ou **carga biótica máxima**) Número máximo de indivíduos de uma população que um dado ambiente consegue suportar.

Cariogamia (ou **anfimixia**) Processo em que se reúnem os cromossomos do óvulo e do espermatozoide, marcando a formação do zigoto, a primeira célula de um novo ser.

Cariótipo (do grego *karyon*, núcleo) Conjunto de características morfológicas dos cromossomos de uma célula ou de uma espécie.

Carotenoide Pigmento de cor vermelha, laranja ou amarela, insolúvel em água e solúvel em óleos e solventes orgânicos.

Celoma Cavidade corporal de certos animais triblásticos, que se caracteriza por ser totalmente revestida de mesoderma.

Célula Unidade constituinte dos seres vivos, em cujo interior ocorrem os processos químicos que caracterizam o fenômeno vida.

Célula diploide (do grego *diplos*, duplo, dois) Célula que apresenta pares de cromossomos homólogos; é representada pela expressão $2n$.

Célula eucariótica (do grego *eu*, verdadeiro, e *karyon*, núcleo) Tipo celular presente em todos os seres vivos, com exceção de bactérias e arqueas, que se caracteriza por apresentar o citoplasma repleto de canais, bolsas e outras estruturas membranosas, sendo uma delas o núcleo.

Célula germinativa Célula que sofrerá meiose e dará origem a gametas. Nos animais machos, as células germinativas localizam-se no testículo e são chamadas de espermatogônias; nas fêmeas, elas se localizam nos ovários e são denominadas ovogônias.

Célula haploide (do grego *haplos*, simples) Célula que apresenta apenas um representante de cada cromossomo da espécie; é representada pela expressão n.

Célula procariótica (do grego *protos*, primitivo, e *karyon*, núcleo) Tipo celular presente apenas em bactérias e arqueas, que se caracteriza por não apresentar núcleo e ter citoplasma, em geral, destituído de estruturas membranosas.

Celulose Glicídio insolúvel em água, de massa molecular elevada, constituinte da parede celular das células vegetais.

Centríolo Pequeno cilindro oco constituído por nove conjuntos de três microtúbulos, mantidos juntos por proteínas adesivas. Centríolos estão presentes aos pares na maioria das células eucarióticas, com exceção dos fungos e das plantas.

Centrômero Região especial do cromossomo, por meio da qual as cromátides-irmãs se mantêm unidas até sua separação para as células-filhas. É também por meio do centrômero que os cromossomos se prendem aos microtúbulos do fuso encarregados de separar as cromátides para as células-filhas, durante as divisões celulares.

Cera Lipídio constituído por uma molécula de álcool (que não o glicerol), unida a uma ou mais moléculas de ácidos graxos.

Chuva ácida Precipitação atmosférica com alta concentração de substâncias de caráter ácido, como ácido sulfúrico (H_2SO_4) e ácido nítrico (HNO_3), gerados em reações químicas entre o gás oxigênio e o vapor-d'água atmosféricos e os óxidos de enxofre e de nitrogênio liberados na queima de combustíveis fósseis contendo impurezas com esses elementos químicos (S e N).

Ciclo biogeoquímico Descrição da circulação dos átomos de diversos elementos químicos entre as substâncias orgânicas constituintes dos seres vivos (biosfera) e substâncias inorgânicas do planeta (atmosfera, hidrosfera e litosfera).

Ciclo celular Período que se inicia com o surgimento de uma célula, a partir da divisão de outra preexistente, e que termina quando ela se divide em duas células-filhas.

Ciclo das pentoses (ou **ciclo de Calvin-Benson**) Conjunto de reações responsável pela produção de glicídios a partir de moléculas de CO_2 provenientes do ar, de hidrogênios provenientes da água e de energia fornecida pelo ATP formado na fotofosforilação.

Ciclo de Krebs (ou **ciclo do ácido cítrico**, ou **ciclo do ácido tricarboxílico**) Etapa da respiração celular que compreende oito reações químicas sequenciais, em que uma molécula de acetilcoenzima A é degradada a duas moléculas de gás carbônico, elétrons na forma de coenzimas reduzidas, íons H^+ e coenzima A, além de liberar energia suficiente para a síntese de uma molécula de ATP.

Cílio Estrutura filamentosa móvel que se projeta da superfície celular como se fosse um pelo microscópico. É relativamente curto e ocorre em grande número na célula, executando movimentos semelhantes aos de um chicote, com frequências entre 10 e 40 batimentos por segundo.

Citocinese Processo de divisão do citoplasma que ocorre ao final das divisões celulares.

Citoesqueleto Estrutura intracelular complexa constituída por finíssimos tubos e filamentos proteicos. É responsável, entre outras funções, pela sustentação e resistência mecânica da célula e pelos movimentos que ela realiza.

Citoplasma Região da célula compreendida entre a membrana celular e o envelope nuclear, no caso dos seres eucarióticos. Nas células procarióticas, corresponde a todo o interior da célula, onde se situa o nucleoide. Nas células eucarióticas, o citoplasma é constituído por um fluido gelatinoso semitransparente (citosol) e por sistemas e estruturas membranosas (organelas citoplasmáticas).

Citosol Líquido no qual estão dispersas diversas substâncias orgânicas e inorgânicas que compõem o citoplasma das células vivas.

Cloroplasto Tipo de plasto cuja cor verde se deve à presença do pigmento clorofila. Ocorre em células das partes iluminadas dos vegetais e é responsável pelo processo de fotossíntese.

Coenzima Substância orgânica que é cofator de certas enzimas.

Cofator Componente não proteico indispensável para a atividade de certas enzimas.

Colônia Agrupamento de indivíduos de mesma espécie, fisicamente unidos, que interagem de forma mutuamente vantajosa dividindo funções ou tarefas.

Combustível fóssil Material formado a partir de resíduos orgânicos de seres soterrados, cujas moléculas foram preservadas da ação dos decompositores, mantendo grande parte da energia química originalmente captada do Sol pela fotossíntese. São combustíveis fósseis o carvão mineral, o gás natural e o petróleo.

Comensalismo Relação ecológica em que uma espécie comensal se alimenta à custa de outra, sem prejudicá-la ou beneficiá-la.

Competição interespecífica Relação ecológica entre duas espécies de uma comunidade que disputam um mesmo recurso, disponível em quantidades limitadas, em um mesmo hábitat.

Competição intraespecífica Disputa entre indivíduos de mesma espécie por um ou mais recursos do ambiente.

Complexo golgiense (ou **complexo de Golgi**, ou **aparelho de Golgi**) Conjunto de 6 a 20 bolsas membranosas citoplasmáticas achatadas (cisternas), empilhadas umas sobre as outras, no qual proteínas são modificadas pela adição de glicídios (glicosilação de proteínas), separadas e empacotadas em bolsas membranosas para ser enviadas aos locais em que atuarão.

Comunidade clímax Comunidade biológica que se estabelece ao final da sucessão ecológica e que apresenta um estado de estabilidade compatível com as condições da região.

Consumidor Ser heterotrófico que, numa cadeia alimentar, utiliza a energia originalmente captada pelos produtores e armazenada nas moléculas orgânicas produzidas por estes.

Cório Anexo embrionário membranoso que envolve o embrião e os demais anexos embrionários de répteis, aves e mamíferos. Em répteis, aves e monotremados (grupo de mamíferos que se reproduz por meio de ovos semelhantes aos de répteis), une-se à membrana do alantoide, constituindo o alantocório, que exerce função respiratória.

Corte histológico Técnica de preparação citológica em que o material biológico, constituído por células firmemente unidas entre si, é cortado em fatias finas para observação microscópica.

Cromátides-irmãs Cada uma das duas cópias de um cromossomo duplicado, unidas pelo centrômero.

Cromatina Conjunto de cromossomos presentes no núcleo das células em interfase, isto é, que não estão em processo de divisão.

Cromoplasto Tipo de plasto amarelo ou vermelho, responsável pelas cores de certos frutos, de certas flores, das folhas que se tornam amareladas ou avermelhadas no outono e de algumas raízes, como a cenoura. Sua função em algumas espécies de plantas ainda não é bem conhecida.

Cromossomo Longa molécula de DNA associada a proteínas, onde estão inscritas instruções para o funcionamento da célula, os genes.

Cromossomo homólogo (do grego *homoios*, igual, semelhante) Cada um dos cromossomos que apresentam a mesma sequência de genes. Encontram-se aos pares nas células diploides e cada representante do par foi herdado originalmente de um dos gametas.

D

Decompositor Ser heterotrófico que obtém nutrientes e energia por meio da decomposição de matéria orgânica de cadáveres, resíduos e excreções de outros seres. Os principais decompositores são certos tipos de fungos e de bactérias.

Densidade populacional Relação entre o número de indivíduos de uma determinada espécie e determinada área ou volume (no caso de ambientes aquáticos) em que vivem.

Desenvolvimento sustentável Modelo de desenvolvimento que tem como princípio norteador das ações e das atividades humanas a conciliação das necessidades sociais, ambientais e econômicas, que visa promover o crescimento econômico, o desenvolvimento e a inclusão social, garantindo a preservação do meio ambiente para as gerações atuais e futuras.

Deserto Bioma localizado em regiões de pouca umidade e baixa precipitação, sem vegetação ou com vegetação rala e espaçada, constituída por gramíneas e por pequenos arbustos. Os maiores desertos quentes situam-se na África (deserto do Saara) e na Ásia (deserto de Gobi).

Desnaturação Alteração na estrutura espacial de uma proteína que leva a perda de sua atividade ou separação das duas cadeias de uma molécula de DNA.

Difusão Passagem espontânea de substâncias através da membrana plasmática pelo fato de a membrana ser permeável a essas substâncias e de haver diferença na concentração delas dentro e fora da célula.

Divisão binária (ou **cissiparidade**) Processo de reprodução de seres unicelulares que consiste na divisão da única célula do indivíduo, originando duas células-filhas, que são dois novos indivíduos.

DNA (do inglês, *deoxyribonucleic acid*) Sigla da substância ácido desoxirribonucleico. Ácido nucleico constituído por desoxirribose, grupo fosfato e base nitrogenada (adenina, guanina, citosina e timina). A molécula é filamentosa e tem cadeia dupla e arranjo helicoidal (dupla-hélice). No DNA estão os genes com as informações hereditárias.

E

Ectoderma (do grego *ektos*, fora) Folheto germinativo mais externo que reveste o embrião e que dará origem ao sistema nervoso, à epiderme (camada externa da pele) e às estruturas associadas a ela (pelos, unhas, garras, glândulas sebáceas e glândulas sudoríparas).

Efeito estufa Fenômeno natural de manutenção da temperatura causada pela reirradiação, para a superfície terrestre, de parte da radiação infravermelha da luz solar absorvida pelas nuvens e por certos gases atmosféricos, como o dióxido de carbono (CO_2), o metano (CH_4) e o dióxido de nitrogênio (NO_2).

Embrião Estágio inicial de desenvolvimento presente em determinados organismos multicelulares, como animais e plantas, na reprodução sexuada.

Embriogênese (ou **desenvolvimento embrionário**) Processo de desenvolvimento de um novo ser a partir do zigoto. Compreende três etapas principais: segmentação (ou clivagem), gastrulação e organogênese.

Endocitose (do grego *endon*, dentro, e *kytos*, célula) Processo em que a membrana plasmática forma invaginações, englobando partículas do meio, que ficam contidas em bolsas membranosas (genericamente denominadas endossomos).

Endoderma (do grego *endon*, dentro, e *dermatos*, pele) [1]Folheto germinativo que reveste a cavidade digestiva (arquêntero) do embrião dos animais e originará o revestimento interno do tubo digestivo, as estruturas glandulares associadas à digestão (glândulas salivares, pâncreas, fígado e glândulas gástricas secretoras de ácido clorídrico) e o sistema respiratório, representado pelas brânquias ou pulmões. [2]Camada celular situada entre o córtex e o cilindro vascular das raízes. As paredes das células endodérmicas possuem uma cinta de reforço, constituída de suberina e/ou lignina (estria caspariana), que as conecta a suas vizinhas.

Enzima Proteína que atua como catalisador biológico, aumentando a rapidez das reações químicas, sem ser consumida no processo.

Esfregaço Técnica de preparação citológica em que o material biológico, constituído por células isoladas ou fracamente unidas entre si, é espalhado sobre uma lâmina de vidro para observação ao microscópio fotônico.

Esmagamento Técnica de preparação citológica em que o material biológico, constituído por células frouxamente associadas, é colocado entre uma lâmina e uma lamínula de vidro e esmagado pela pressão suave.

Espécie biológica Grupo de populações cujos indivíduos são capazes de se cruzar e produzir descendentes férteis, em condições naturais, estando reprodutivamente isolados de indivíduos de outras espécies.

Espécie pioneira Espécie que consegue se instalar em lugares inóspitos, suportando condições severas; ao modificar as características originais do lugar, permite que outras espécies possam se estabelecer.

Espermatozoide Gameta masculino produzido nos testículos.

Esporo Célula haploide dotada de paredes resistentes que se liberta do corpo do organismo genitor e, ao encontrar um ambiente favorável, multiplica-se, originando um novo organismo. Nas algas, briófitas e pteridófitas, célula haploide que originará um gametófito. Nos fungos, célula haploide que originará as hifas.

Esporulação Processo de reprodução assexuada de alguns organismos multicelulares, como algas e fungos, em que uma célula especializada, o esporo, se liberta do corpo do organismo genitor e, ao encontrar um ambiente favorável, multiplica-se, originando um novo organismo.

Estaquia Forma comum de propagação muito utilizada por agricultores e jardineiros que consiste em plantar um pedaço de caule, a estaca, retirado de uma planta adulta.

Esteroide Lipídio composto de átomos de carbono interligados, formando quatro anéis aos quais estão ligados outras cadeias carbônicas, grupos hidroxila ou átomos de oxigênio.

Eutrofização ou **eutroficação** (do grego *eu*, boa, e *trofos*, nutrição) Aumento da quantidade de nutrientes disponíveis no ambiente aquático, decorrente principalmente do lançamento de dejetos humanos e de animais domésticos em rios, lagos e mares.

Exocitose (do grego *ekso*, fora, e *kytos*, célula) Processo em que bolsas membranosas presentes no interior da célula se fundem à membrana plasmática e eliminam seu conteúdo para o meio externo.

F

Fagocitose (do grego *phagein*, comer, e *kytos*, célula) Processo de endocitose em que a célula emite expansões citoplasmáticas, os pseudópodes, que envolvem a partícula, circundando-a totalmente em uma bolsa membranosa, o fagossomo.

Fecundação (ou **fertilização**) Processo de fusão de dois gametas com formação de um zigoto diploide, que se desenvolve em um novo ser. Pode ser fecundação cruzada, no caso de as células gaméticas que se unem serem produzidas por dois indivíduos, ou autofecundação, no caso de os dois gametas que se unem serem produzidos por um mesmo indivíduo. Pode ser fecundação interna, caso o encontro dos gametas ocorra no interior do corpo da fêmea, ou fecundação externa, caso ocorra no ambiente externo ao corpo.

Fermentação Processo de obtenção de energia em que substâncias orgânicas do alimento são degradadas apenas parcialmente, originando moléculas orgânicas menores.

Fixação Tratamento empregado nas preparações citológicas que consiste em matar rapidamente as células, preservando ao máximo sua estrutura interna.

Fixação do nitrogênio Assimilação do N_2 atmosférico por seres vivos, que incorporam nitrogênio em seus compostos orgânicos nitrogenados. É realizada por algumas espécies de bactéria.

Flagelo Estrutura filamentosa móvel que se projeta da superfície celular como se fosse pelo microscópico. É relativamente longo e ocorre em pequeno número na célula; executa ondulações que se propagam da base em direção à extremidade livre.

Floresta temperada Bioma típico de certas regiões da Europa e da América do Norte, onde o clima é temperado e as quatro estações do ano são bem definidas. Nele predominam plantas decíduas, ou caducifólias, que perdem as folhas no fim do outono e as readquirem na primavera.

Floresta tropical (ou **floresta pluvial tropical**) Bioma localizado na faixa equatorial da Terra, onde o clima é quente e com alto índice pluviométrico. Apresenta vegetação exuberante, com árvores de grande porte, perenifólias.

Folheto germinativo Cada um dos três tecidos embrionários em que se diferenciam os blastômeros na gastrulação.

Fosfolipídio Glicerídio quimicamente combinado a um grupo fosfato; é um dos principais componentes das membranas celulares.

Fosforilação oxidativa Etapa da respiração celular em que ocorrem oxidações sequenciais, com transferência de elétrons, captados na degradação das moléculas orgânicas e concomitante bombeamento de íons H^+ para o espaço entre as membranas mitocondriais, cuja energia é utilizada na fosforilação do ADP, isto é, na adição de um grupo fosfato, formando ATP.

Fotofosforilação Processo de produção de ATP que utiliza a energia proveniente da luz solar, a qual é captada por moléculas de clorofila e de carotenoides.

Fotossíntese (do grego *photos*, luz, e *syntithenai*, juntar, produzir) Processo realizado por plantas, algas e certas bactérias que utiliza como reagentes o gás carbônico (CO_2) e a água (H_2O) e produz glicídios e gás oxigênio (O_2). A fonte de energia para a fotossíntese é a luz solar.

Fragmentação Processo de reprodução em que fragmentos se destacam do corpo do indivíduo e regeneram as partes que faltam, originando indivíduos geneticamente idênticos ao genitor.

Fuso acromático (ou **fuso mitótico**) Conjunto de microtúbulos orientados de um polo a outro da célula em divisão, cuja função é conduzir os cromossomos para os polos celulares durante a anáfase.

G

Gameta (do grego *gamos*, casamento) Cada uma das duas células haploides que se unem na reprodução sexuada, originando a primeira célula do novo indivíduo, o zigoto.

Gametogênese Processo de formação de gametas a partir das células germinativas por meiose. Nos animais, a gametogênese masculina é a espermatogênese, e a gametogênese feminina é a oogênese (ou ovogênese, ou ainda ovulogênese).

Gástrula Fase do desenvolvimento embrionário animal, subsequente à blástula, em que se definem os tecidos embrionários básicos, ou folhetos germinativos, e o plano corporal (organização anatômica) do futuro animal.

Gastrulação Processo do desenvolvimento embrionário em que ocorre intenso rearranjo das células que culmina com a transformação da blástula em gástrula.

Genoma Conjunto de moléculas de DNA de uma espécie, que contém todos os seus genes e inclui, também, as sequências de bases nitrogenadas que não possuem informação para síntese de RNA (DNA não codificante).

Glândula Estrutura originária de tecido epitelial, formada por células especializadas em produzir e em eliminar secreções, isto é, produtos úteis ao organismo. São chamadas de exócrinas (do grego *ekso*, fora, e *krinos*, secretar) quando possuem ductos, ou canais, para a saída das secreções (do corpo ou para cavidades de órgãos), ou de endócrinas (do grego *endon*, dentro), quando não possuem ductos para a saída das secreções, neste caso denominadas hormônios, que são eliminadas diretamente no sangue.

Glicerídio Lipídio constituído por uma molécula de álcool (glicerol) ligada a uma, duas ou três moléculas de ácido graxo; neste último caso, os glicerídios são conhecidos como triglicerídios ou triglicérides.

Glicídio (ou **carboidrato**, ou **hidrato de carbono**) Molécula orgânica constituída fundamentalmente por átomos de carbono, hidrogênio e oxigênio. Os glicídios mais conhecidos são os monossacarídios (glicose, por exemplo), dissacarídios (sacarose, por exemplo) e polissacarídios (amido, por exemplo).

Glicocálice (do grego *glykos*, açúcar, e do latim *calyx*, casca, envoltório) Envoltório constituído por glicídios associados a lipídios (glicolipídios) e a proteínas (glicoproteínas) da membrana plasmática, presente na maioria das células animais e também em certos protozoários.

Glicogênio Glicídio com estrutura química similar à do amido e que é a principal substância de reserva energética dos animais.

Glicólise (do grego *glykos*, açúcar, e *lysis*, quebra) Sequência de dez reações químicas catalisadas por enzimas livres no citosol, em que uma molécula de glicose é degradada a duas moléculas de ácido pirúvico, com saldo líquido de duas moléculas de ATP; ocorre na fase inicial da respiração celular e na fermentação.

Gliócito (ou **célula glial**) Célula componente do tecido nervoso cuja função é envolver, proteger e nutrir os neurônios, entre outras funções.

H

Hábitat Ambiente em que vive determinada espécie ou comunidade, caracterizado por suas propriedades físicas e bióticas.

Herbivoria Relação ecológica em que herbívoros se alimentam de partes vivas de plantas.

Hipótese Explicação plausível para um fenômeno da natureza, elaborada com base no conhecimento vigente.

Hipótese autotrófica Hipótese de que os primeiros seres vivos eram autotróficos; é a mais aceita atualmente.

Hipótese da panspermia Hipótese de que a vida em nosso planeta se originou de seres vivos ou de substâncias precursoras de vida provenientes de outros locais do cosmo.

Holoenzima (do grego *holos*, total) Enzima ativa, formada pelo cofator e pela apoenzima.

Homeostase (do grego *homoios*, igual, e *stasis*, estabilidade) Capacidade de as funções de um organismo, comunidade ou ecossistema se manterem estáveis, apesar das variações ambientais.

I

Inquilinismo Relação ecológica em que uma espécie inquilina se abriga no exterior ou no interior de uma espécie hospedeira, sem prejudicá-la.

Interfase Etapa do ciclo celular em que a célula não se encontra em processo de divisão.

Inversão térmica Fenômeno decorrente do resfriamento do solo nos meses de inverno, em que a camada de ar atmosférico próxima da superfície terrestre se torna mais fria do que a imediatamente superior, impedindo as correntes de convecção e a consequente dispersão dos poluentes atmosféricos.

L

Leucoplasto Tipo de plasto incolor presente em certas raízes e caules tuberoso. Sua função é o armazenamento de amido.

Ligação peptídica Ligação química entre dois aminoácidos vizinhos em um peptídio. Ocorre sempre entre o grupo amina de um aminoácido e o grupo carboxila do outro com eliminação de uma molécula de água.

Lipídio Substância orgânica cuja principal característica é a insolubilidade em água e a solubilidade em certos solventes orgânicos. Os principais tipos são os glicerídios, as ceras, os esteroides, os fosfolipídios e os carotenoides.

Lisossomo (do grego *lysis*, quebra) Bolsa membranosa citoplasmática repleta de enzimas hidrolíticas, capazes de degradar grande variedade de substâncias orgânicas. É responsável pela digestão intracelular.

M

Maré vermelha Proliferação intensa de dinoflagelados (protoctistas unicelulares fotossintetizantes), decorrente da eutrofização das águas, causando morte generalizada de peixes e outros organismos devido ao esgotamento do gás oxigênio dissolvido e à liberação de substâncias tóxicas pelos protoctistas.

Meiose Processo de divisão celular em que uma célula diploide dá origem a quatro células-filhas haploides, cada uma com metade do número de cromossomos originalmente presente na célula-mãe.

Meiose espórica Processo de divisão celular que ocorre em ciclos de vida do tipo diplobionte. Neste, indivíduos diploides sofrem meiose espórica originando esporos, que se desenvolvem em indivíduos haploides. Estes, por sua vez, formam gametas, fechando o ciclo.

Meiose gamética Processo de divisão celular que ocorre em ciclos de vida do tipo haplobionte diplonte. Nestes, indivíduos diploides sofrem meiose gamética originando gametas.

Meiose zigótica Processo de divisão celular que ocorre em ciclos de vida do tipo haplobionte haplonte. Nestes, indivíduos haploides formam gametas também haploides. Pela fecundação, um par de gametas origina o zigoto, que sofre imediatamente meiose zigótica originando células haploides, que originam indivíduos haploides, fechando o ciclo.

Membrana plasmática Película constituída basicamente por uma camada dupla de fosfolipídios com moléculas de proteínas incrustadas, que envolve as células vivas e separa seu conteúdo do meio circundante.

Mesoderma (do grego *meso*, meio) Folheto germinativo presente apenas em animais triblásticos, localizado entre o ectoderma e o endoderma, do qual se originam músculos, ossos, sistema circulatório (coração, vasos sanguíneos e sangue), sistema excretor (rins, bexiga e vias urinárias) e sistema reprodutor.

Metabolismo (do grego *metabole*, transformação) Conjunto de transformações químicas que ocorrem no interior da célula viva.

Microclima Conjunto de condições ambientais particulares do hábitat ao qual estão adaptadas determinadas espécies.

Microscópio Aparelho capaz de aumentar a imagem de objetos pequenos. Pode ser fotônico, quando utiliza luz para produzir as imagens e sistemas de lentes de vidro ou quartzo para aumentá-las, ou eletrônico, quando utiliza feixes de elétrons para produzir as imagens e bobinas elétricas como lentes para aumentá-las.

Mitocôndria Organela citoplasmática presente em praticamente todas as células eucarióticas. Em seu interior ocorre a respiração celular, processo de obtenção de energia utilizado pela maioria dos seres vivos.

Mitose Processo de divisão celular em que uma célula dá origem a duas células-filhas com mesmo número e mesmos tipos de cromossomos da célula-mãe.

Molécula Conjunto de átomos unidos por ligações covalentes, que constituem algumas substâncias.

Mórula (do latim *morula*, amora) Fase inicial do desenvolvimento embrionário animal em que o embrião é um aglomerado compacto de dezenas de células.

Multicelular (ou **pluricelular**) Ser vivo cujo corpo é constituído por mais de uma célula.

Mutualismo Relação ecológica em que ambas as espécies obtêm benefícios. No mutualismo obrigatório, a relação ecológica é permanente e indispensável à sobrevivência das espécies participantes. No caso do mutualismo facultativo ou protocooperação, as espécies podem viver sozinhas.

N

Nécton (do grego *nektos*, apto a nadar) Conjunto de organismos aquáticos que se deslocam ativamente na água e são capazes de nadar, superando as correntezas. Ex.: peixes, golfinhos etc.

Neurônio Célula responsável pela condução de impulsos nervosos, que são alterações elétricas que se propagam pela membrana plasmática. Suas partes são o corpo celular, os dendritos e o axônio.

Nêurula (do grego *neuron*, nervo) Estágio de desenvolvimento embrionário em que ocorre a formação do tubo nervoso.

Nicho ecológico Conjunto de relações e atividades próprias de uma espécie, que definem um modo de vida único e particular que cada espécie explora no hábitat.

Nível trófico Elo componente de uma cadeia alimentar.

Notocorda (ou **corda dorsal**) Bastão maciço de células localizado ao longo da região dorsal do embrião dos animais cordados, abaixo do tubo nervoso. Dá suporte estrutural ao tubo nervoso. Hoje se sabe que a notocorda libera substâncias que induzem à diferenciação do tubo nervoso.

Núcleo celular Estrutura exclusiva de células eucarióticas, constituída pelo conjunto de cromossomos e delimitado pelo envelope nuclear ou carioteca.

Nucléolo Massa densa e arredondada presente no interior do núcleo, constituída por ribossomos em processo de amadurecimento e que logo migrarão para o citoplasma, onde atuarão na síntese das proteínas.

Nucleossomo Unidade estrutural básica que se repete ao longo do cromossomo das células eucarióticas. Compõe-se de um grânulo de oito moléculas de proteínas chamadas histonas, ao redor do qual a molécula de DNA dá duas voltas.

Nucleotídio Molécula constituída pela união de três tipos de componentes: grupo fosfato, glicídio do grupo das pentoses e bases nitrogenadas; é a unidade constituinte dos ácidos nucleicos.

O

Observação vital (ou **exame a fresco**) Procedimento para observação ao microscópio fotônico de material biológico vivo.

Organela celular (ou **organela citoplasmática**) Cada uma das estruturas intracelulares presentes em células eucarióticas responsáveis por diversas funções celulares. Ex.: mitocôndrias, plastos etc.

Organismo dioico (do grego *di*, dois, e *oikos*, casa, aqui no sentido de indivíduo) Organismo pertencente a espécies em que os sexos são separados, com machos que produzem gametas masculinos e fêmeas que produzem gametas femininos.

Organismo monoico (do grego *mono*, um, e *oikos*, casa, aqui no sentido de indivíduo) Organismo pertencente a espécies em que os dois sexos estão reunidos no mesmo indivíduo, o qual produz tanto gametas masculinos como femininos.

Osmose Caso especial de difusão em que apenas a água se difunde através de uma membrana semipermeável (permeável ao solvente e impermeável aos solutos) que separa soluções de concentrações diferentes.

Óvulo [1]Gameta feminino dos animais. Forma-se ao fim do processo de oogênese (ou ovôgenese ou ovulogênese). É haploide e armazena substâncias de reserva. Após a fecundação pelo gameta masculino, o espermatozoide, origina o zigoto (ou ovo).

[2]Estrutura reprodutiva das plantas fanerógamas, constituída por tecido diploide originário do esporófito e pelo gametófito feminino (haploide).

P

Parasitismo Relação ecológica em que uma espécie parasita se associa a outra (hospedeira), causando-lhe prejuízos por se alimentar à sua custa.

Parede celular Envoltório, em geral espesso e resistente, localizado externamente à membrana plasmática de células de algas, de fungos, de plantas e de bactérias.

Parede celulósica Envoltório externo à membrana plasmática, presente em células de plantas e de algas; é constituída por longas e resistentes microfibrilas do polissacarídio celulose, unidas por uma matriz formada por glicoproteínas (proteínas ligadas a glicídios), hemicelulose e pectina (polissacarídios).

Partenogênese (do grego *partenós*, virgem, não fecundado, e *genesis*, origem) Tipo de reprodução assexuada em que o gameta feminino (óvulo) se desenvolve e origina um novo indivíduo sem que haja fecundação.

Peptídio Designação genérica de moléculas resultantes da união de aminoácidos; dois aminoácidos unidos formam um dipeptídio, três formam um tripeptídio, quatro formam um tetrapeptídio, e assim por diante. Os termos oligopeptídio (do grego *oligo*, pouco) e polipeptídio (do grego *poli*, muito) são também usados para denominar as moléculas constituídas, respectivamente, por poucos e por muitos aminoácidos. Os polipeptídios formam as proteínas.

Permeabilidade celular (ou **permeabilidade seletiva**) Propriedade da membrana plasmática de determinar o que entra e o que sai da célula viva.

Peroxissomo Bolsa membranosa citoplasmática que contém diversos tipos de oxidases, enzimas que utilizam gás oxigênio (O_2) para oxidar substâncias orgânicas. Sua principal função é a oxidação de ácidos graxos, que serão utilizados para a síntese de colesterol e de outros compostos importantes.

pH (ou **potencial hidrogeniônico**) Medida de acidez de um meio, correspondendo ao logaritmo decimal negativo da concentração, em mol/L, de íons hidrogênio ($-\log [H^+]$).

Pinocitose (do grego *pinein*, beber) Processo de englobamento de líquidos e de pequenas partículas em que a membrana plasmática se aprofunda no citoplasma e forma um canal que se estrangula nas bordas, liberando no interior da célula pequenas vesículas membranosas, os pinossomos.

Pirâmide ecológica (ou **pirâmide trófica**) Diagrama em forma de pirâmide, em que cada retângulo representa a biomassa ou a energia química contida em cada nível trófico de uma cadeia ou teia alimentar.

Plâncton (do grego, *plankton*, errante) Conjunto de organismos aquáticos flutuantes carregados pelas correntezas. Compõe-se do fitoplâncton (organismos fotossintetizantes) e do zooplâncton (organismos heterotróficos).

Plasto Organela citoplasmática presente apenas em células de plantas e de algas. Os plastos podem ser de três tipos básicos: incolores, chamados leucoplastos; amarelos ou vermelhos, chamados cromoplastos; verdes, conhecidos como cloroplastos.

Poder de resolução Capacidade do olho humano ou de um instrumento óptico ou eletrônico de distinguir pontos muito próximos em um objeto, no processo de formação de uma imagem.

Poluição (do latim *poluere*, manchar, poluir) Presença concentrada no ambiente de determinadas substâncias ou agentes físicos (poluentes) que afetam negativamente os ecossistemas.

População biológica Grupo de indivíduos de mesma espécie que convivem em determinada área geográfica em dado momento.

Pradaria (ou **campo**) Bioma com vegetação constituída predominantemente por gramíneas, encontrado em regiões com períodos marcados de seca, como certas áreas da América do Norte e da América do Sul.

Predação (ou **predatismo**) Relação ecológica em que uma espécie predadora mata e come indivíduos de outra espécie, que constituem suas presas.

Produtor Ser autotrófico que capta energia de uma fonte e a emprega na síntese de matéria orgânica a partir de substâncias inorgânicas, realizando fotossíntese ou quimiossíntese. É o primeiro componente de uma cadeia alimentar.

Prófase Etapa inicial da divisão celular marcada pela condensação dos cromossomos, que se tornam progressivamente mais curtos e grossos. O fim da prófase é marcado pela desintegração do envelope nuclear (carioteca) e espalhamento dos cromossomos condensados pelo citoplasma.

Proplasto Pequena bolsa membranosa incolor, presente nas células embrionárias das plantas e que dá origem aos diversos tipos de plastos.

Proteína Molécula orgânica formada por uma ou mais cadeias de aminoácidos ligados em sequência como os elos de uma corrente. É denominada proteína simples quando constituída apenas por cadeias polipeptídicas (uma ou mais), e proteína conjugada quando apresenta um componente não proteico em sua constituição.

Q

Quimiolitoautotrófico (do grego *litós*, rocha) Ser vivo que produz as substâncias orgânicas que lhe servem de alimento a partir da energia liberada por reações químicas entre componentes inorgânicos da crosta terrestre.

R

Reação de condensação Reação química em que ocorre união entre moléculas de reagentes com eliminação de moléculas de pequena massa molecular, como a água.

Reação de hidrólise (do grego, *hydro*, água, e *lysis*, quebra) Reação química de quebra de moléculas orgânicas em que a água participa como reagente.

Reação química Processo de transformação de uma ou mais substâncias, genericamente chamadas de reagentes, em outra ou outras substâncias, chamadas de produtos.

Relação ecológica Interação que os organismos de uma comunidade biológica mantêm entre si. Predação e formação de colônias são exemplos de relações ecológicas interespecífica e intraespecífica, respectivamente.

Reprodução Processo por meio do qual um ser vivo gera novos indivíduos semelhantes a si. Pode ser assexuada, no caso de um único genitor dar origem a descendentes geneticamente idênticos a si, ou sexuada, em que o novo indivíduo se origina da fusão de duas células (gametas), na maioria dos casos provenientes de indivíduos diferentes.

Reprodução assexuada Tipo de reprodução em que um novo ser surge de uma célula ou de um grupo de células produzido por um único indivíduo genitor. Nesse caso, os organismos filhos recebem as mesmas instruções genéticas presentes no genitor e geralmente são idênticos a ele.

Reprodução sexuada Tipo de reprodução em que um novo ser surge de uma única célula, o zigoto, originado pela união de duas células sexuais, os gametas, produzidas por um ou, mais comumente, por dois organismos genitores.

Resistência do meio Conjunto de fatores que limitam o crescimento de uma população.

Respiração celular Processo bioquímico em que gás oxigênio (O_2) atua como agente oxidante de moléculas orgânicas, originando gás carbônico (CO_2), água (H_2O) e energia. Em organismos eucarióticos, as principais etapas da respiração celular, também conhecida como respiração aeróbica, ocorrem no interior das mitocôndrias das células.

Retículo endoplasmático Vasta rede de tubos e bolsas membranosos que preenche grande parte do citoplasma das células eucarióticas. Divide-se em retículo endoplasmático granuloso, ou retículo endoplasmático rugoso, e retículo endoplasmático não granuloso, ou retículo endoplasmático liso.

Retículo endoplasmático granuloso Rede de tubos e bolsas membranosos, com ribossomos aderidos na face voltada para o citosol, presente no citoplasma das células eucarióticas. Sua função é produzir certas proteínas celulares.

Retículo endoplasmático não granuloso Rede de tubos e bolsas membranosos, sem ribossomos aderidos, presente no citoplasma das células eucarióticas. Sua principal função é a síntese de ácidos graxos, de fosfolipídios e de esteroides.

RNA (do inglês *ribonucleic acid*) Sigla da substância ácido ribonucleico. Ácido nucleico constituído por ribose, grupo fosfato e base nitrogenada (adenina, guanina, citosina e uracila).

S

Saco vitelínico Anexo embrionário presente em peixes, répteis, aves e mamíferos. Consiste em uma bolsa membranosa cheia de vitelo, ligada à região ventral do embrião. Sua função é a nutrição. Nos mamíferos placentários, o saco vitelínico é reduzido, e a nutrição está a cargo da placenta.

Sal mineral Substância inorgânica formada por íons.

Savana Bioma que se caracteriza por apresentar arbustos e árvores de pequeno porte, além de gramíneas. É encontrado na África, na Ásia, na Austrália e nas Américas.

Segmentação Período do desenvolvimento embrionário que vai desde a primeira divisão do zigoto até a formação de um aglomerado de células com uma cavidade interna, a blástula.

Seleção natural Conceito desenvolvido por Charles Darwin e Alfred Wallace para explicar a evolução biológica, segundo o qual nem todos os indivíduos de uma população têm a mesma chance de sobreviver e de se reproduzir: levam vantagem os mais bem adaptados ao ambiente. É a base da teoria evolucionista.

Ser autotrófico (do grego *autós*, próprio, e *trophos*, alimento) Ser vivo capaz de produzir o próprio alimento a partir de substâncias inorgânicas e de energia obtidas do ambiente. São autotróficos alguns tipos de bactérias, as algas e as plantas atuais.

Ser heterotrófico (do grego *hetero*, diferente) Ser vivo incapaz de produzir o próprio alimento, tendo de obtê-lo do meio externo na forma de moléculas orgânicas. São heterotróficos certas bactérias, a quase totalidade dos protozoários e todos os fungos e os animais.

Simbiose (do grego, *syn*, juntos, e *bios*, vida) Qualquer tipo de relação próxima e interdependente de espécies de uma comunidade, com consequências vantajosas ou desvantajosas para pelo menos uma das partes. Distinguem-se quatro tipos principais de simbiose: inquilinismo, comensalismo, mutualismo e parasitismo.

Sintase do ATP Complexo de proteínas presente na membrana interna da mitocôndria, cuja função é catalisar a ligação de grupos fosfato aos ADP, transformando-os em ATP.

Sociedade Grupo de organismos de mesma espécie em que os indivíduos apresentam algum grau de cooperação, comunicação e divisão de trabalho, conservando relativa independência e mobilidade.

Substância orgânica Composto molecular formado por átomos de carbono unidos em sequência, constituindo cadeias carbônicas, às quais se unem átomos de outros elementos químicos como hidrogênio, oxigênio e nitrogênio.

Sucessão ecológica Processo gradativo de colonização de um hábitat, em que a composição das comunidades vai se alterando ao longo do tempo.

T

Taiga Bioma situado no hemisfério norte, ao sul da tundra ártica. É conhecida também como floresta de coníferas, por ser constituída basicamente por árvores desse grupo de gimnospermas, como os pinheiros e abetos, além de apresentar musgos e liquens.

Taxa de crescimento intrínseco (ou **potencial biótico**) Capacidade teórica de crescimento de uma população biológica.

Taxa de crescimento populacional Variação (aumento ou diminuição) do número de indivíduos da população em determinado intervalo de tempo.

Tecido Conjunto de células dos organismos multicelulares que atuam de modo integrado no desempenho de funções definidas. Nos animais vertebrados há quatro grandes grupos de tecido: epitelial, conjuntivo, muscular e nervoso. Diferentes tecidos constituem órgãos corporais. O estudo dos tecidos é a Histologia.

Tecido adiposo Tipo especial de tecido conjuntivo frouxo dotado de células especializadas no armazenamento de gordura, as células adiposas (ou adipócitos). Sua principal localização no corpo é sob a pele, constituindo a tela subcutânea, ou hipoderme.

Tecido cartilaginoso Tipo especial de tecido conjuntivo dotado de grande quantidade de fibras colágenas e outras proteínas imersas em uma matriz intercelular que proporciona resistência mecânica aliada à flexibilidade.

Tecido conjuntivo Conjunto de células geralmente separadas umas das outras por um material gelatinoso e rico em fibras de proteínas (matriz intercelular), que elas mesmas produzem e secretam. Sua função é unir e sustentar outros tecidos. Os tecidos conjuntivos dividem-se em: tecidos conjuntivos propriamente ditos e tecidos conjuntivos especiais.

Tecido conjuntivo denso modelado (ou **tecido conjuntivo denso tendinoso**) Tipo de tecido dotado de fibras colágenas, orientadas paralelamente, o que o torna bastante resistente e pouco elástico. Constitui os tendões (que ligam os músculos aos ossos) e os ligamentos (que ligam os ossos entre si).

Tecido conjuntivo denso não modelado (ou **tecido conjuntivo denso fibroso**) Tipo de tecido dotado de grande quantidade de fibras colágenas entrelaçadas, que lhe dão resistência mecânica e elasticidade. É mais consistente que o tecido conjuntivo frouxo, mas sem forma definida, acompanhando a forma do órgão do qual faz parte.

Tecido conjuntivo frouxo Tipo de tecido dotado de fibras em associação frouxa. Está presente em diversas partes do corpo, dando sustentação a tecidos epiteliais vizinhos e preenchendo espaços entre tecidos e órgãos.

Tecido epitelial de revestimento (ou **epitélio de revestimento**) Conjunto de células firmemente unidas entre si, presentes na superfície externa do corpo, nas superfícies externa e interna dos órgãos e em diversas cavidades corporais.

Tecido hematopoiético (ou **hematocitopoiético**) Tipo especial de tecido conjuntivo responsável pela formação dos diversos tipos de células do sangue. Está presente na medula óssea vermelha e em certos órgãos corporais, como o timo, o baço e os linfonodos.

Tecido muscular Conjunto de células longas, dotadas de alta capacidade de contração, as fibras musculares ou miócitos.

Tecido muscular estriado cardíaco Tipo especial de tecido muscular encontrado apenas no coração. É formado por células dotadas de um único núcleo e com estrias transversais.

Tecido muscular estriado esquelético Tipo especial de tecido muscular formado por células multinucleadas (as fibras musculares ou miócitos), dotadas de estrias transversais, resultantes da fusão de inúmeras células precursoras embrionárias. Está presente nos músculos que se ligam aos ossos.

Tecido muscular não estriado (ou **tecido muscular liso**) Tipo especial de tecido muscular formado por células uninucleadas, alongadas e com as extremidades afiladas sem estriação transversal. Está presente em órgãos viscerais, como o estômago, o intestino e o útero, em ductos de diversas glândulas e nas paredes dos vasos sanguíneos, tanto das artérias quanto das veias.

Tecido nervoso Tipo especial de tecido formado por neurônios, que representam cerca de 10% das células que o constituem, e pelos gliócitos, que formam os outros 90%. Constitui o encéfalo, a medula espinal, os gânglios nervosos e os nervos.

Tecido ósseo Tipo especial de tecido conjuntivo no qual as células ósseas ficam encerradas em uma matriz intercelular rica em fibras colágenas e fosfato de cálcio [$Ca_3(PO_4)_2$], além de íons minerais como o magnésio (Mg^{2+}), o potássio (K^+) e o sódio (Na^+). Esse tecido é responsável pela rigidez e pela resistência dos ossos.

Teia alimentar (ou **teia trófica**) Diagrama representativo das relações alimentares entre os diversos organismos de uma comunidade biológica.

Telófase Etapa final da divisão celular, marcada pela chegada dos cromossomos aos polos da célula e pela reorganização da carioteca ao redor de cada lote de cromossomos em processo de descondensação.

Teoria celular Teoria central da Biologia, segundo a qual as células são as unidades morfológicas e fisiológicas dos seres vivos.

Teoria da abiogênese (ou **teoria da geração espontânea**) Teoria segundo a qual seres vivos podiam surgir por mecanismos como a agregação de matéria inanimada ou a transformação de outros seres vivos.

Teoria da biogênese Teoria de que seres vivos surgem somente pela reprodução de seres da própria espécie.

Teoria do *big bang* (teoria da grande explosão) Teoria mais aceita atualmente para a origem do Universo. Postula que o Universo surgiu há 13,7 bilhões de anos da expansão súbita de um grão primordial ultradenso, originando o espaço e o tempo, bem como toda a matéria e energia existentes.

Transporte ativo Passagem de substâncias através da membrana plasmática com gasto de energia pela célula.

Tubo nervoso (ou **tubo neural**) Tubo originado do ectoderma, situado em posição dorsal nos embriões de cordados. Origina o sistema nervoso central, composto do encéfalo e da medula espinal.

Tundra Bioma situado nas regiões próximas ao polo Ártico, no norte do Canadá, da Europa e da Ásia, com vegetação constituída basicamente por musgos e liquens, ao norte, além de gramíneas e pequenos arbustos, mais ao sul.

U

Unicelular Ser vivo cujo corpo é constituído por uma única célula.

V

Variabilidade genética Diferenças genéticas entre os indivíduos de uma mesma espécie.

Z

Zigoto (ou **célula-ovo**) Primeira célula de um novo indivíduo na reprodução sexuada e que resulta da fusão de dois gametas.

UNIDADE C

Classificação biológica e os seres mais simples

UNIDADE D

O reino Plantae

UNIDADE E

O reino Animalia

UNIDADE

C

CLASSIFICAÇÃO BIOLÓGICA E OS SERES MAIS SIMPLES

DR JEREMY BURGESS/SCIENCE PHOTO LIBRARY/LATINSTOCK

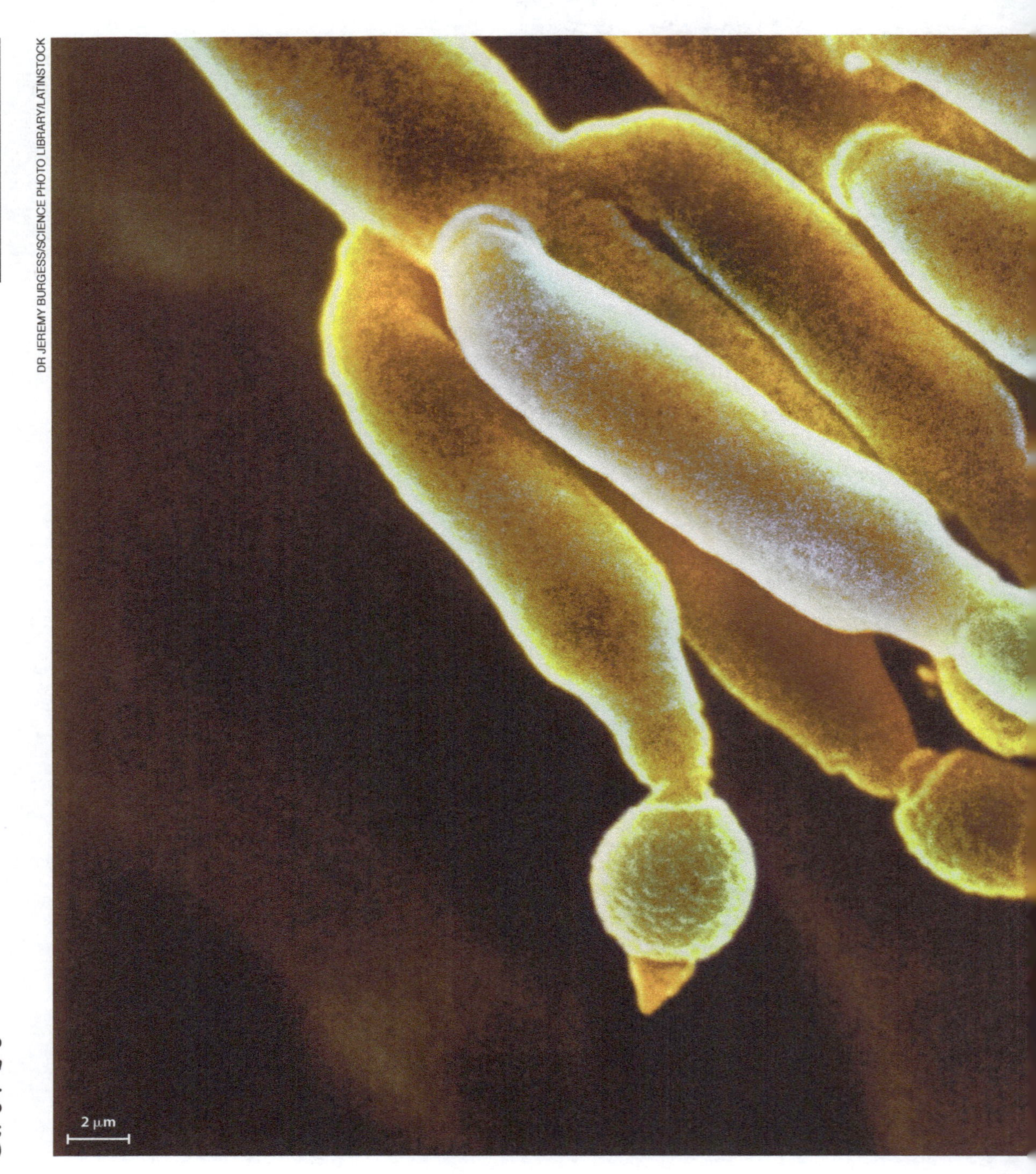

Fotomicrografia do fungo *Penicillium chrysogenum* mostrando os esporos. (Microscópio eletrônico de varredura; cores artificiais.)

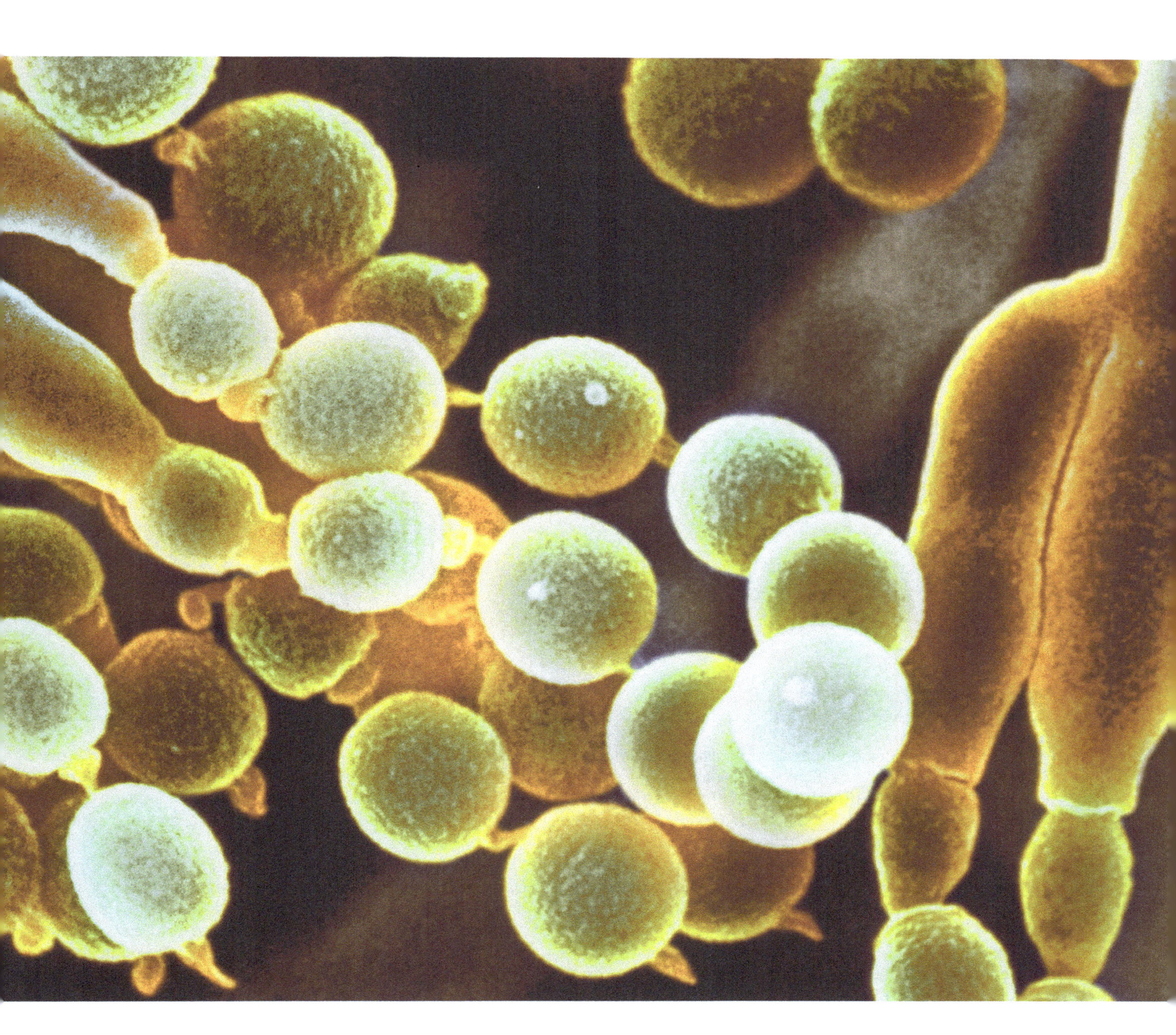

CAPÍTULO

10

SISTEMÁTICA E CLASSIFICAÇÃO BIOLÓGICA

ARCTIC-IMAGES/GETTY IMAGES

Coleção de insetos de um museu de zoologia, com exemplares de várias espécies.

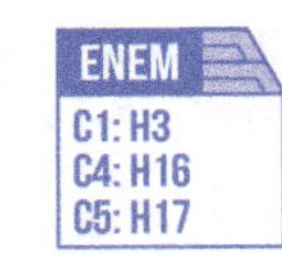

De que trata este capítulo

Quase dois milhões de espécies biológicas já foram catalogadas e milhares de novas espécies são descobertas a cada ano. Segundo alguns estudiosos o número de espécies de seres vivos na natureza pode chegar perto dos 30 milhões! Como organizar e compreender tamanha variedade?

A questão da diversidade da vida já ocupava o pensamento do sábio grego Aristóteles, no século IV a.C., levando-o a elaborar um dos primeiros sistemas de classificação biológica, que ainda influencia a classificação atual.

No século XVIII o naturalista sueco Lineu assumiu o desafio de desenvolver um sistema de classificação que fosse capaz de organizar claramente o grande número de espécies então descobertas, principalmente nas viagens às terras recém-conquistadas pelos europeus. Na visão de Lineu, que era criacionista, um sistema de classificação adequado ajudaria a entender melhor o plano e as intenções do Criador ao conceber o Universo e os seres vivos.

Em meados do século XIX o naturalista inglês Charles Darwin publicou sua teoria evolucionista, segundo a qual todos os seres vivos atuais descendem dos primeiros organismos que surgiram na Terra bilhões de anos atrás. Para Darwin a vida teria surgido uma única vez e se diversificado ao longo do tempo, como os ramos de uma grande árvore; essa diversificação teria levado à enorme variedade de seres atuais.

De acordo com a teoria evolucionista a diversidade de seres vivos é decorrente da evolução biológica, processo que atua incessantemente desde a origem da vida até os dias de hoje. Ao longo do século XX a teoria darwinista foi ampliada e consolidada, sendo atualmente aceita pela maioria dos biólogos.

A aceitação da teoria evolucionista levou os estudiosos a pensar que a classificação moderna deveria levar em conta as relações de parentesco evolutivo entre as espécies, já que as espécies atuais se originaram de outras mais antigas por meio da diversificação. O grande desafio da classificação, portanto, seria estabelecer as relações de origem evolutiva entre os grupos de seres vivos; para um grupo taxonômico ser válido na nova classificação, ele deve reunir apenas organismos que tiveram um ancestral comum.

Objetivos

Objetivos gerais

- Compreender que a classificação biológica organiza a diversidade dos seres vivos e facilita seu estudo, além de mostrar as possíveis relações de parentesco evolutivo entre diferentes grupos de organismos.
- Reconhecer que as polêmicas e a falta de consenso entre os cientistas quanto à classificação dos seres vivos devem-se à variedade de pontos de vista sobre o assunto, um dos indicativos de que a ciência é um processo em contínua construção.

Objetivos didáticos

- Conhecer a hierarquia nas relações de inclusão das seguintes categorias taxonômicas: espécie, gênero, família, ordem, classe, filo e reino.
- Compreender a importância da nomenclatura binomial e reconhecer que a primeira palavra do nome científico designa o gênero e a segunda, a espécie.
- Compreender os princípios básicos da elaboração de árvores filogenéticas e cladogramas, reconhecendo-as como formas de representar as relações de parentesco entre os seres vivos.
- Caracterizar cada um dos reinos de seres vivos (Bacteria, Archaea, Protoctista, Fungi, Plantae e Animalia) quanto a: tipo de célula (procariótica ou eucariótica), quantidade de células (unicelular ou multicelular) e nutrição (autotrófica ou heterotrófica).
- Compreender e explicar por que os vírus não são incluídos em nenhum dos reinos de seres vivos.

10.1 Fundamentos da classificação biológica

Nos três últimos séculos naturalistas e cientistas vêm se empenhando em desenvolver um sistema eficiente para organizar e compreender a grande diversidade das formas de vida. Esse sistema é a **classificação biológica**, ou **taxonomia**, que distribui os seres vivos em agrupamentos genericamente denominados **táxons**, definidos com base nas semelhanças existentes entre eles.

Os táxons são idealizados pelos cientistas em hierarquias, de modo que há grupos mais abrangentes que contêm grupos mais específicos. Por exemplo, um dos táxons mais abrangentes da taxonomia tradicional, o **reino**, é constituído por táxons menores, os **filos**. O reino que reúne os animais – Animalia – contém atualmente 35 filos, entre os quais estudaremos apenas nove, os mais conhecidos dos não especialistas.

Os filos, por sua vez, são também subdivididos em táxons menores, as classes, e estas são subdivididas em ordens e assim por diante, como veremos a seguir.

A classificação biológica de Lineu

Os princípios da classificação biológica moderna foram lançados pelo naturalista sueco Carl von Linné (1707-1778), que ficou conhecido como Carolus Linnaeus, forma latinizada de seu nome (Lineu, em português). As ideias de Lineu sobre classificação foram inicialmente publicadas nas primeiras edições da obra *Species plantarum*, de 1753, e na décima edição do livro *Systema naturae*, de 1766. **(Fig. 10.1)**

Lineu, como seus antecessores, classificou os seres vivos de acordo com as características semelhantes que apresentavam. Sua grande inovação foi a escolha criteriosa das características levadas em conta na classificação.

Na opinião de Lineu certos critérios utilizados em sistemas de classificação anteriores eram inadequados. Para ele o hábitat dos organismos, muito empregado em antigas classificações, não deveria ser usado como critério taxonômico, pois levaria a reunir, na mesma categoria, seres tão distintos como peixes, baleias, estrelas-do-mar, camarões e ostras. Lineu concluiu que as características mais adequadas para agrupar os seres vivos eram as anatômicas; por isso, ele as elegeu como principal critério de seu sistema de classificação.

Figura 10.1 Retrato do botânico sueco Lineu, que lançou as bases da classificação e da nomenclatura biológicas. (ROSLIN, Alexander. *Carl von Linné*. 1775. Óleo sobre tela, 56 cm × 46 cm.)

Os táxons tradicionais

Para Lineu o táxon mais restrito da classificação era a **espécie**, definida por ele como um grupo de indivíduos dotados de características estruturais típicas, ausentes em outros agrupamentos. Espécies que apresentavam semelhanças importantes eram reunidas em um táxon mais abrangente, o **gênero**. Por exemplo, todas as espécies de animais com as características semelhantes aos cães (lobos, coiotes, chacais etc.) eram reunidas no gênero *Canis*.

Seguindo a linha de estabelecer táxons cada vez mais abrangentes, Lineu reuniu gêneros semelhantes em uma categoria maior, a **ordem**; ordens semelhantes eram reunidas em uma **classe**; classes semelhantes, reunidas em um **reino**. Posteriormente seguidores do naturalista sueco criaram outros táxons, como o **filo**, inserido entre o reino e a classe, a **família**, inserida entre a ordem e o gênero, e a **tribo**, inserida entre a família e o gênero. Também foram criadas subdivisões das categorias taxonômicas principais, indicadas pelos prefixos super-, sub- e infra-. **(Fig. 10.2)**

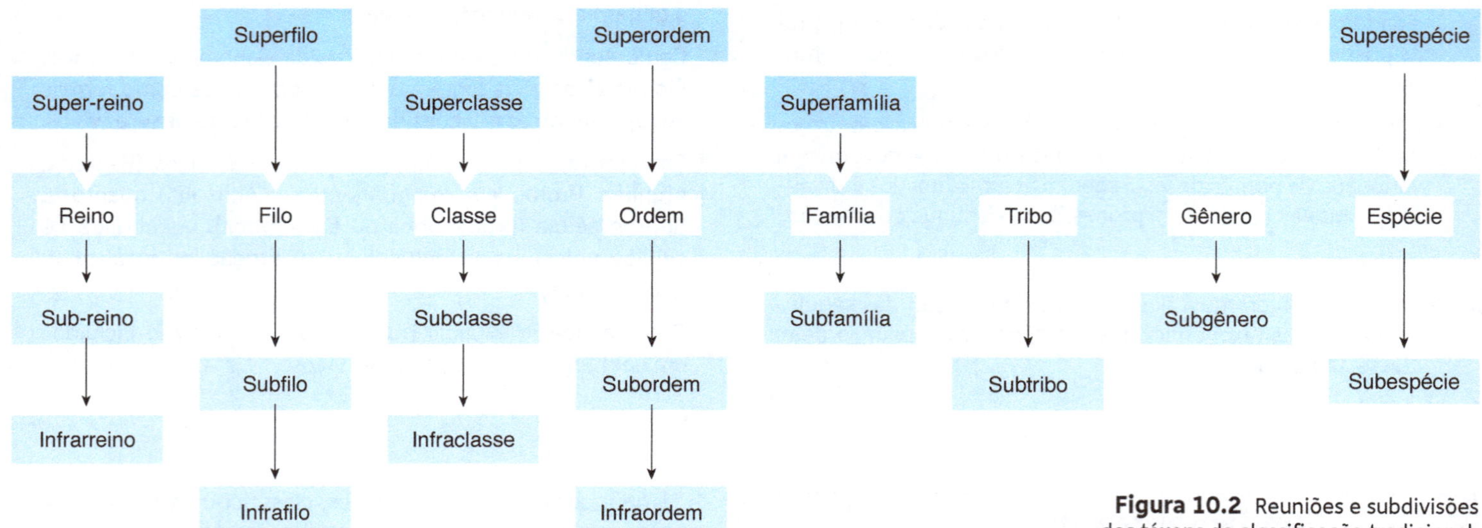

Figura 10.2 Reuniões e subdivisões dos táxons da classificação tradicional.

A nomenclatura binomial

Um dos méritos de Lineu foi associar à classificação biológica um sistema eficiente de nomenclatura. Ele sugeriu que o nome científico de todo ser vivo fosse composto de duas palavras, a primeira referente ao **epíteto genérico**, e a segunda, ao **epíteto específico**. O termo "epíteto" vem do grego e significa um substantivo ou um adjetivo que denomina pessoas, divindades, seres vivos ou objetos, qualificando-os. Por atribuir dois nomes, ou epítetos, para cada espécie, o sistema criado por Lineu ficou conhecido como **nomenclatura binomial**, sendo utilizado até hoje.

Uma das regras da nomenclatura binomial é que os nomes científicos sejam sempre escritos em latim ou em uma forma latinizada. A primeira letra do epíteto genérico deve ser sempre maiúscula e a do epíteto específico, sempre minúscula. Além disso, o nome científico deve ser destacado no texto em que aparece, seja em *itálico* ou sublinhado. Confira esses critérios nos nomes científicos que aparecem no livro.

Na nomenclatura binomial o epíteto genérico é sempre um substantivo e o epíteto específico é geralmente um adjetivo, que qualifica o genérico. De acordo com as regras nomenclaturais, podemos escrever o nome genérico sozinho, desde que seguido de uma abreviatura padronizada. Por exemplo, para nos referir a um animal do gênero *Canis* sem especificar se é lobo, cão, chacal, coiote etc., apenas acrescentamos após o nome do gênero a abreviatura "sp.", que significa "espécie inespecífica". Veja na frase: "A dentição sugere que se trata de um *Canis* sp.". Para nos referirmos simultaneamente a várias espécies do gênero *Canis* acrescentamos após o nome do gênero a abreviatura "spp.", que significa "duas ou mais espécies". Veja na frase: "Todos os *Canis* spp. têm dieta essencialmente carnívora".

Ao contrário do gênero, o epíteto específico não pode ser escrito sozinho. Por exemplo, o nome científico da mosca comum é *Musca domestica*; entretanto, escrever *domestica* isoladamente não identifica essa mosca, pois existem (ou podem existir), em outros gêneros, espécies com esse mesmo epíteto específico. Outras espécies que compartilham o epíteto específico *domestica* são: *Curcuma domestica* (cúrcuma), planta da qual se extrai um corante utilizado em culinária; *Nandina domestica*, um tipo de bambu; *Monodelphis domestica*, pequeno mamífero marsupial encontrado em florestas da América do Sul.

Ao ser utilizado pela primeira vez em um texto, o nome científico deve ser escrito por extenso; nas demais vezes em que é citado, pode-se abreviar a parte genérica. Por exemplo, depois de inserir o nome científico *Canis lupus* uma primeira vez em um texto, podemos passar a escrevê-lo simplesmente *C. lupus*.

Você pode estar se perguntando por que a nomenclatura científica é tão rigorosa. A ideia é que regras bem estabelecidas e aceitas por todos facilitam a comunicação entre os cientistas e mesmo entre os não cientistas. Os nomes populares dos seres vivos variam nos diversos idiomas e até em diferentes regiões de um mesmo país, ao passo que o nome científico é um só: ele designa apenas uma espécie catalogada e descrita detalhadamente pelos taxonomistas, o que evita confusões. Veja um exemplo disso a seguir. **(Fig. 10.3)**

Figura 10.3 **A.** O pássaro da espécie *Paroaria coronata* recebe os nomes populares de cardeal na Região Sul e galo-da-campina na região do Pantanal Mato-Grossense. **B.** O pássaro da espécie *Paroaria capitata* é conhecido popularmente como cardeal no Pantanal Mato-Grossense. **C.** O pássaro da espécie *Paroaria dominicana* recebe o nome popular de galo-da-campina na Região Nordeste. Note como a nomenclatura científica evita eventuais confusões causadas pelas denominações populares regionais. Esses pássaros medem cerca de 17 centímetros.

Agora você pode resolver as atividades de 1 a 14, 20, 22, 23, 30 e 32.

10.2 A Sistemática moderna

A classificação biológica faz parte da **Sistemática**, o ramo da Biologia que estuda comparativamente todos os aspectos da **biodiversidade**, ou **diversidade biológica**. Esse conceito se refere a todos os tipos de variação existentes entre os seres vivos nos diferentes níveis de organização biológica, desde o nível molecular até os ecossistemas.

Os principais objetivos da Sistemática são:

a) compreender os processos responsáveis pela existência da diversidade biológica (esse também é um objetivo do ramo da Biologia conhecido como Evolução);

b) estabelecer critérios para organizar a biodiversidade ou diversidade biológica;

c) catalogar a diversidade biológica, desenvolvendo descrições completas e guias de identificação das características típicas de cada espécie, além de atribuir a ela um nome científico.

Sistemática e evolucionismo

A tendência atual da Sistemática é organizar os táxons com base nas relações de parentesco evolutivo entre os organismos. Segundo o evolucionismo todas as formas de vida são parentes em algum grau, pois necessariamente tiveram ancestrais comuns.

Um dos grandes desafios da Sistemática é escolher características morfológicas, funcionais ou mesmo moleculares que sejam relevantes para classificar os organismos – isto é, que reflitam seu parentesco evolutivo.

É de se esperar que espécies que hoje compartilham aspectos semelhantes provavelmente os herdaram de um ancestral comum que viveu no passado. Essas características herdadas da ancestralidade em comum são chamadas **homologias evolutivas**. A procura por homologias entre os diferentes grupos de organismos é a base para determinar seu grau de parentesco evolutivo; quanto maior o número de homologias entre duas espécies, mais próximas evolutivamente elas são. Esse é um dos primeiros desafios dos sistematas em sua árdua tarefa de classificar os seres vivos.

No plano morfológico as homologias podem ser identificadas nas chamadas **estruturas homólogas**, estruturas corporais que se desenvolvem de modo semelhante em embriões de diferentes espécies que tiveram ancestralidade comum. Apesar de apresentar a mesma origem embrionária, as estruturas homólogas podem se desenvolver em estruturas bastante distintas, como é o caso dos esqueletos das asas das aves, adaptadas ao voo, e das nadadeiras peitorais dos golfinhos, adaptadas à natação.

As diferentes funções desempenhadas por estruturas homólogas decorrem da diversificação das espécies ao longo da evolução. Essa diversificação, denominada **divergência evolutiva**, é resultante da adaptação de cada espécie a modos de vida diferentes. **(Fig. 10.4)**

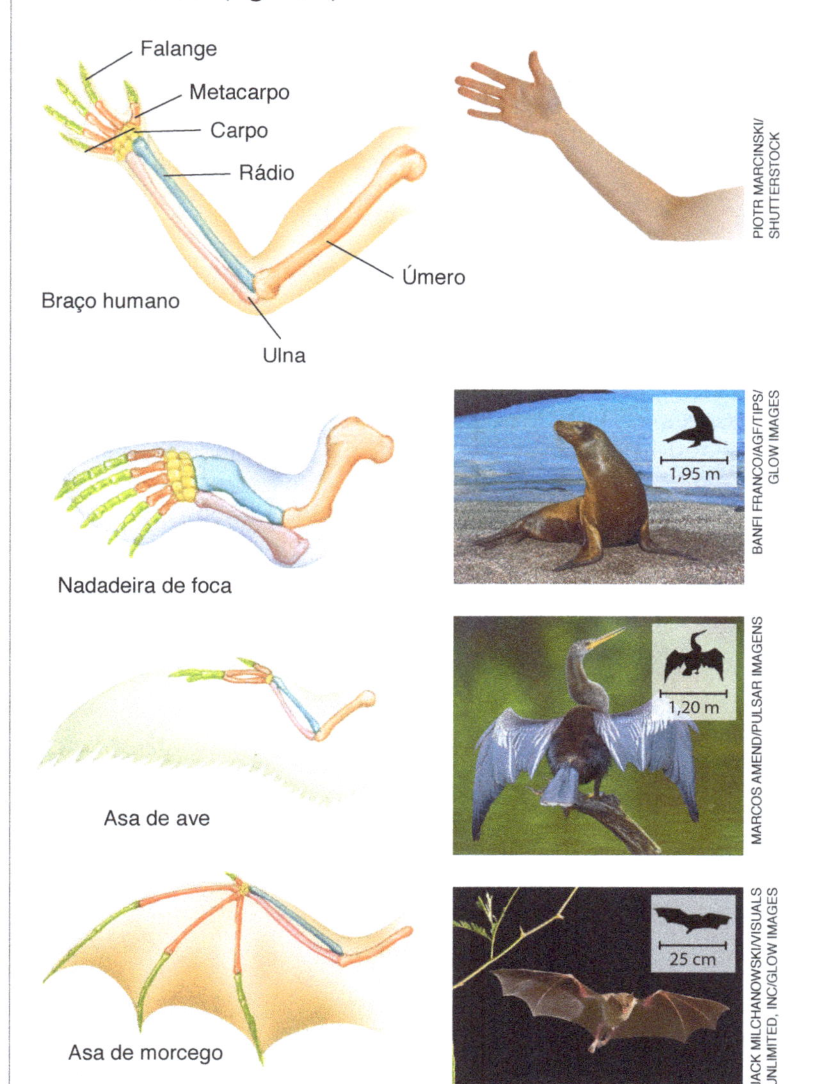

Figura 10.4 As imagens ajudam a compreender as homologias evolutivas. O braço humano, a nadadeira de uma foca e as asas de aves e de morcegos, por apresentar origens embrionárias semelhantes, são estruturas homólogas. Isso se revela na semelhança dos ossos, como pode ser visto pela correspondência de cores nos desenhos. Nos adultos, os membros anteriores dos animais citados têm funções distintas, decorrentes da adaptação a diferentes modos de vida.

Nem sempre a presença de estruturas semelhantes em espécies distintas significa ancestralidade comum. Características parecidas podem evoluir de maneira independente em diferentes linhagens de seres vivos, constituindo adaptações a modos de vida semelhantes. Esse fenômeno é denominado convergência evolutiva. Por exemplo, asas são estruturas adaptadas ao voo e apresentam superfície ampla, que possibilita sustentação no ar. Esse princípio estrutural está presente tanto nas asas dos insetos quanto nas das aves, embora essas estruturas tenham origens embrionárias totalmente distintas nessas espécies. As asas de um inseto derivam embrionariamente da parte externa do corpo, mais precisamente do ectoderma, ao passo que as asas das aves possuem ossos, músculos e derme derivados do mesoderma embrionário, além da epiderme, que provém do ectoderma. Semelhanças desse tipo são chamadas **analogias evolutivas**.

Outros exemplos de convergência evolutiva podem ser encontrados em um marlim-azul (peixe), um pinguim (ave) e um golfinho (mamífero). Esses animais vivem no ambiente aquático e apresentam corpos afilados e hidrodinâmicos, adaptados ao deslocamento em meio líquido. Essa característica é uma analogia evolutiva. Embora as analogias não sejam utilizadas na determinação de parentesco evolutivo, seu estudo é importante porque revela a adaptação dos seres vivos aos diferentes ambientes. **(Fig. 10.5)**

ROBERTHARDING/ALAMY/GLOW IMAGES

GERARD LACZ/VISUALS UNLIMITED, INC./GLOW IMAGES

KIM PETERSEN/IMAGEBROKER/GLOW IMAGES

Figura 10.5 De cima para baixo, fotografias de um marlim-azul (*Maikara nigricans*), um pinguim (*Spheniscus humboldti*) e um golfinho (*Tursiops truncatus*), animais dotados de corpos hidrodinâmicos adaptados à natação, constituindo um exemplo de convergência evolutiva.

Filogenias

Em seu livro *A origem das espécies*, de 1859, Darwin observou que seus diagramas representando as relações de parentesco evolutivo entre espécies se assemelhavam a genealogias (árvores genealógicas), diagramas que expressam as relações de parentesco em uma família. Por analogia, Darwin chamou os diagramas de **filogenias** (do grego *phylon*, grupo, e *genesis*, origem), ou **árvores filogenéticas**.

Em uma árvore filogenética a divisão de um ramo em dois indica que uma espécie ancestral deu origem a duas novas espécies, fenômeno denominado especiação. Cada espécie atual representa a extremidade de um ramo da árvore filogenética; se percorrermos um ramo dessa árvore, encontraremos o ponto em que ele se une ao ramo vizinho – um nó –, que indica o ancestral mais recente que duas espécies têm em comum. **(Fig. 10.6)**

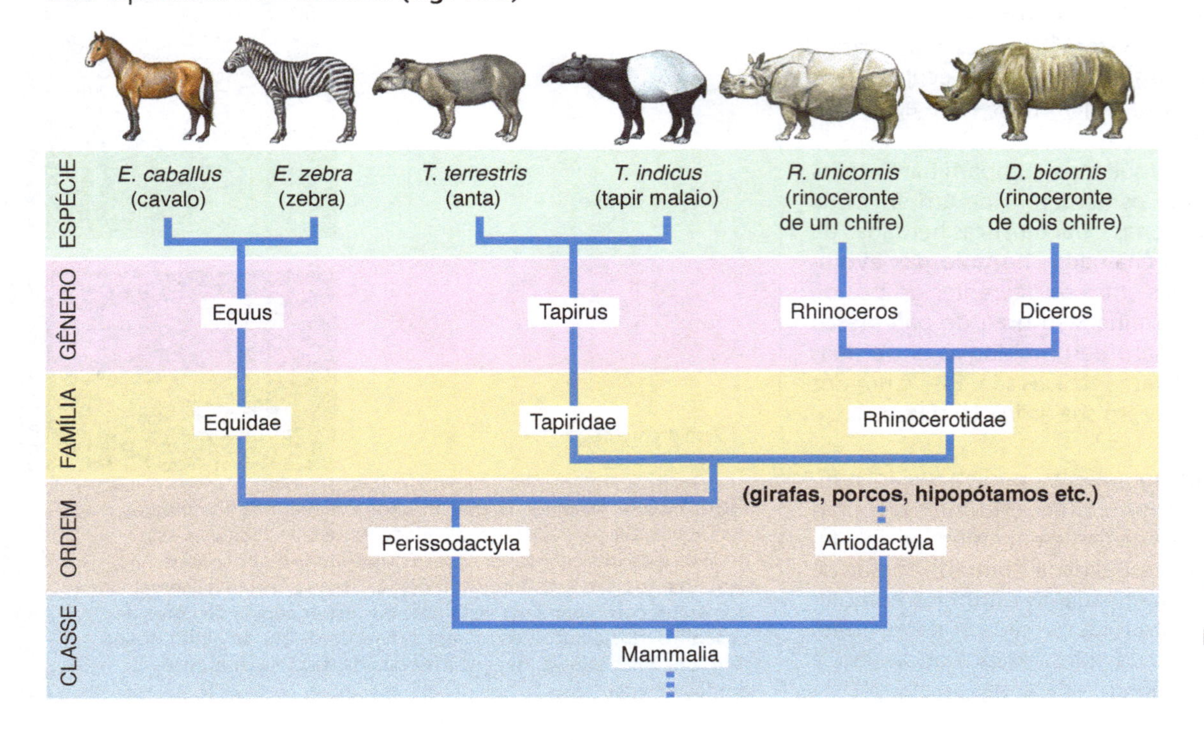

CECÍLIA IWASHITA

Figura 10.6 Relações de parentesco e classificação de alguns animais da ordem Perissodactyla, uma das muitas ordens incluídas na classe dos mamíferos (Mammalia). (Dados taxonômicos elaborados com base em *Tree of life*. Disponíveis em: <http://mod.lk/pvc7v>. Acesso em: nov. 2016.)

A classificação segundo a Cladística

No começo dos anos 1950 o entomologista alemão Willi Hennig (1913-1976) desenvolveu um método de classificação das espécies baseado exclusivamente na ancestralidade evolutiva. Ele deu a essa classificação o nome de Sistemática Filogenética, que mais tarde passou a ser conhecida como Cladística. Em lugar das categorias tradicionais, os sistematas cladistas propõem o uso do termo **clado**, ou **clade**, para designar um grupo de espécies constituído por uma espécie ancestral e todos os seus descendentes.

A proposta básica da Cladística é que uma novidade evolutiva que passa no teste da adaptação e se fixa em uma espécie será transmitida a todas as espécies que dela surgirem no curso da evolução. Essa nova característica, compartilhada por dois ou mais táxons e por seu ancestral comum mais recente, é denominada pelos biólogos cladistas **sinapomorfia**.

Vejamos um exemplo. A maioria dos insetos tem dois pares de asas, mas há espécies com apenas um par, como moscas e mosquitos. Essas espécies de inseto formam o grupo dos dípteros (do grego *di*, duas, e *pteron*, asa). No lugar do segundo par de asas há um par de estruturas em forma de clava, denominadas halteres ou balancins, que funcionam como órgãos de equilíbrio para o voo. Há evidências de que o par de halteres dos dípteros é uma condição modificada do segundo par de asas, presente em quase todos os outros insetos.

Segundo a Cladística os halteres são a novidade evolutiva que surgiu na espécie ancestral de todos os dípteros. A partir daí todas as espécies derivadas daquele ancestral compartilham essa sinapomorfia, constituindo o clado dos dípteros. **(Fig. 10.7)**

De acordo com a Cladística devem ser incluídas no mesmo grupo taxonômico apenas as espécies que compartilham um ancestral comum e exclusivo. Esses grupos são denominados **monofiléticos**. Quando um grupo taxonômico reúne espécies com diferentes ancestralidades, diz-se que ele é **polifilético**. No exemplo que acabamos de ver, todos os insetos dotados de um só par de asas compartilham uma história evolutiva comum, ou seja, descendem da espécie ancestral em que surgiram os halteres. Essa é uma das características que justificam a inclusão de todos os dípteros em um mesmo clado, no caso, a ordem Diptera.

Para os cladistas, muitos grupos da classificação tradicional devem ser revistos, pois não atendem ao critério de possuir um ancestral comum exclusivo.

A Cladística representa suas hipóteses de parentesco evolutivo por meio de cladogramas, esquemas gráficos semelhantes às árvores filogenéticas, porém construídos segundo os princípios cladísticos. Um deles é que novas espécies sempre surgem por cladogênese, processo em que duas novas espécies originam-se de uma espécie ancestral. Assim, no cladograma, cada nó representa o processo de cladogênese que originou dois novos ramos. **(Fig. 10.8)**

Figura 10.7 A. A libélula da espécie *Gomphus vulgatissimus*, que mede cerca de 5 cm de comprimento, apresenta dois pares de asas, como a maioria dos insetos. **B.** Parte anterior do corpo de díptero da família Tipulidae, mostrando parte do primeiro par de asas e os halteres, resultantes da transformação do segundo par de asas. Os representantes dessa família têm comprimento variando entre 2 e 6 cm.

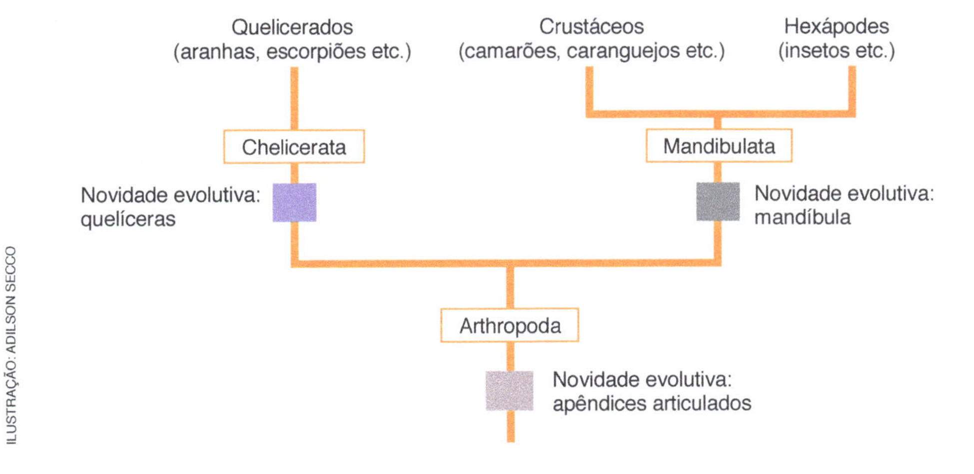

Figura 10.8 No artrópode ancestral os apêndices articulados surgiram como uma novidade evolutiva. A característica compartilhada "apêndices articulados" é a sinapomorfia que une os Mandibulata e os Chelicerata no táxon monofilético Arthropoda. Um ancestral dos Mandibulata desenvolveu a mandíbula, característica compartilhada entre Crustacea e Hexapoda. A mandíbula é a sinapomorfia que os une no táxon monofilético Mandibulata.

A aplicação da Cladística à classificação biológica vem trazendo mudanças significativas nas árvores filogenéticas construídas pelos métodos tradicionais. Por exemplo, para a classificação tradicional, mamíferos, aves e répteis formam três classes distintas. Já para a Cladística, as aves apresentam as mesmas sinapomorfias que os répteis e deveriam, portanto, ser classificadas no mesmo grupo que eles. A presença de penas, que atualmente só ocorre em aves, não é uma característica exclusiva delas, pois ocorria em grupos primitivos extintos com características típicas de répteis. **(Fig. 10.9)**

Os cladistas discutem se as categorias taxonômicas da classificação tradicional não deveriam ser abandonadas, uma vez que não há correspondência evolutiva entre os táxons, quando se consideram diferentes grupos de seres vivos. Para os estudiosos de mamíferos, por exemplo, o táxon família não segue os mesmos critérios adotados por estudiosos de insetos.

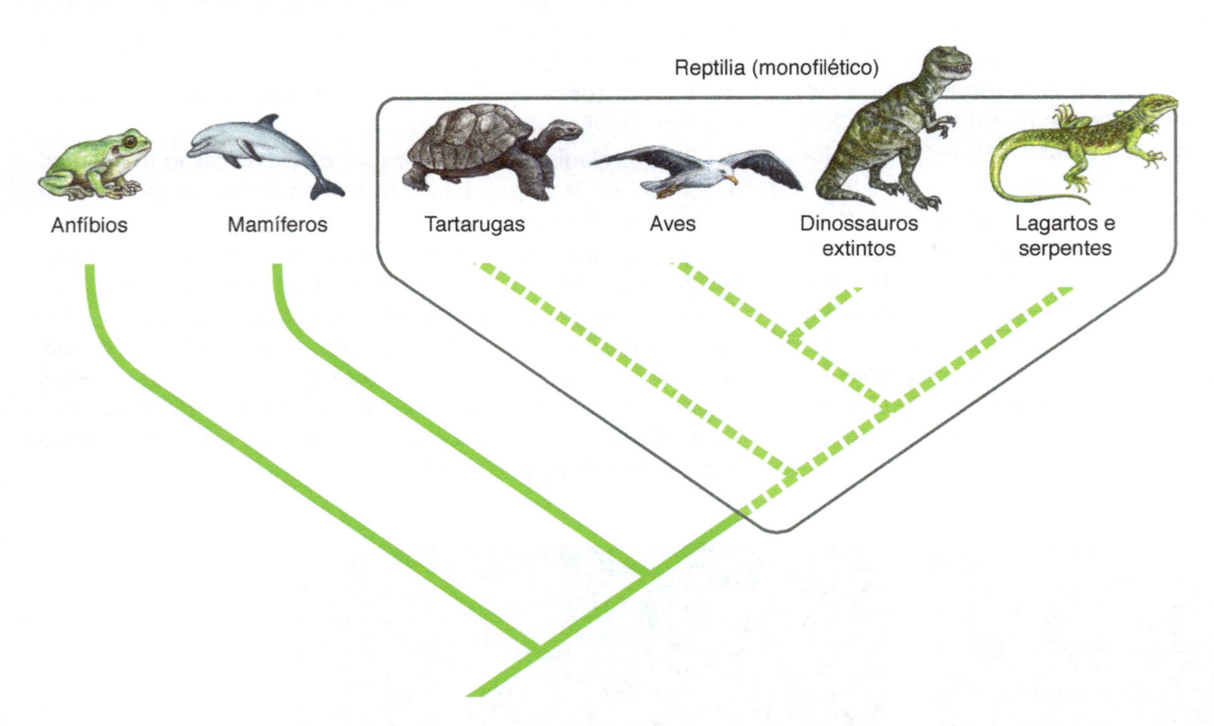

Figura 10.9 A hipótese cladística reúne aves e répteis em um mesmo táxon, o qual também inclui os dinossauros e outros répteis já extintos. O táxon Reptilia é monofilético e equivalente aos táxons Amphibia (anfíbios) e Mammalia (mamíferos). Para os cladistas, grupos monofiléticos têm valor taxonômico mais relevante que grupos polifiléticos porque refletiriam mais fielmente a evolução da vida. A análise do cladograma permite concluir qual grupo de répteis é o mais antigo? Por quê?

Agora você pode resolver as atividades 15, 16, 21, 24, 29 e 31.

10.3 Quantos reinos existem?

Em 1735 Lineu, assim como outros naturalistas que o precederam, classificava os seres vivos em dois grandes reinos: Animalia e Vegetabilia. O reino Animalia incluía os organismos dotados de mobilidade, heterotróficos (que se alimentam de outros seres vivos) e com crescimento até determinado tamanho, típico de cada espécie. O reino Vegetabilia incluía todos os seres vivos sem mobilidade própria, autotróficos (capazes de produzir seu próprio alimento) e que podiam crescer indefinidamente.

Com base nesses critérios organismos unicelulares que se movem ativamente, como os protozoários, eram considerados animais, enquanto algas, fungos e bactérias eram classificados como plantas. Além da aparente ausência de mobilidade, outro critério para incluir bactérias e fungos no reino das plantas era a presença da parede celular.

No século XIX o naturalista alemão Ernst Haeckel propôs a criação de um terceiro reino – Protista – para abrigar os organismos que não se enquadravam nas definições de animal e vegetal. Na primeira metade do século XX, o desenvolvimento da Biologia mostrou que era necessário separar os seres vivos em novos reinos. Em 1925 o biólogo francês Edouard Chatton (1883-1947) chamou a atenção para o fato de as bactérias apresentarem células procarióticas, sem núcleo nem organelas membranosas, diferentemente de todos os outros seres vivos, que são dotados de células eucarióticas. Essa significativa diferença levou alguns biólogos a propor a separação das bactérias em um reino exclusivo, denominado Monera, termo proposto por Haeckel em 1866 e empregado anteriormente para designar uma das divisões do reino Protista.

Em 1938 Herbert F. Copeland (1902-1968), um professor de Biologia da Califórnia (Estados Unidos), sugeriu a divisão dos seres vivos em quatro reinos: Animalia (animais), Plantae (plantas ou vegetais), Protista (protozoários, algas microscópicas e fungos) e Monera (bactérias). Em 1969 o biólogo estadunidense Robert H. Whittaker (1920-1980) ampliou as propostas de Copeland, sugerindo que os fungos fossem retirados do reino Protista e agrupados em um reino próprio, Fungi; assim, subia para cinco o número de reinos.

Na década de 1980 as biólogas estadunidenses Lynn Margulis (1938-2011) e Karlene Schwartz (n. 1936) modificaram a proposta de Whittaker e tentaram definir melhor os limites do reino Protista. Originalmente Whittaker incluía entre os protistas apenas seres unicelulares eucarióticos e algas multicelulares microscópicas; algas macroscópicas eram classificadas junto às plantas. Na proposta de Margulis e Schwartz todas as algas, independentemente de seu tamanho, deveriam ser incluídas no reino dos protozoários, que elas sugeriram denominar Protoctista.

Os progressos na área da Biologia Molecular têm alterado radicalmente a interpretação da história evolutiva dos seres vivos. Em 1990 o biofísico estadunidense Carl Woese (1928-2012) propôs, com base em características moleculares, a divisão dos seres vivos em três domínios, categoria equivalente a um "super-reino". Os domínios são: Bacteria, Archaea e Eukarya.

Apesar de unicelulares e procarióticas, bactérias e arqueas são organismos tão diferentes entre si que foram separadas em domínios distintos: **Bacteria** e **Archaea**. Fazendo uma correspondência com a divisão clássica, o domínio Bacteria conteria um único reino, Bacteria; o domínio Archaea, também um único reino, Archaea; já o domínio **Eukarya** compreenderia todos os seres eucarióticos: protozoários, algas, fungos, plantas e animais. No domínio Eukarya, a quantidade de reinos poderia atingir o incrível número de 70 a 90.

Nesta obra adotamos a divisão dos seres vivos em três domínios (Bacteria, Archaea e Eukarya) e em seis reinos: Bacteria, Archaea, Protoctista, Fungi, Plantae e Animalia. É importante lembrar que nessa área ainda há muitas mudanças ocorrendo. Seja qual for o sistema de classificação adotado, o mais importante é conhecer as principais categorias de seres vivos e as características que levam a incluí-los em um ou em outro reino. **(Tab. 10.1)**

Tabela 10.1 Principais propostas de classificação dos grandes grupos de seres vivos*

Lineu 1735	2 reinos	Vegetabilia Animalia
Haeckel 1866	3 reinos	Plantae Animalia Protista
Chatton 1925	2 impérios	Prokaryota Eukaryota
Copeland 1938	4 reinos	Plantae Animalia Protista Monera
Whittaker 1969	5 reinos	Plantae Animalia Protista Monera Fungi
Woese 1990	3 domínios	Eukarya Bacteria Archaea
Cavallier-Smith 1998	6 reinos	Plantae Animalia Protozoa Chromista Fungi Bacteria
Classificação adotada neste livro	6 reinos	Plantae Animalia Protoctista Fungi Bacteria Archaea

* Confira com as informações apresentadas no texto.

Reinos Bacteria e Archaea

Graças à contribuição da Biologia Molecular atualmente é possível diferenciar dois grupos de organismos procarióticos, **bactérias** e **arqueas**, respectivamente classificadas no reino **Bacteria** e no reino **Archaea**. As características desses dois grupos e as diferenças entre eles serão estudadas no capítulo seguinte. Em alguns sistemas de classificação bactérias e arqueas são reunidas em um mesmo reino, Monera. **(Fig. 10.10)**

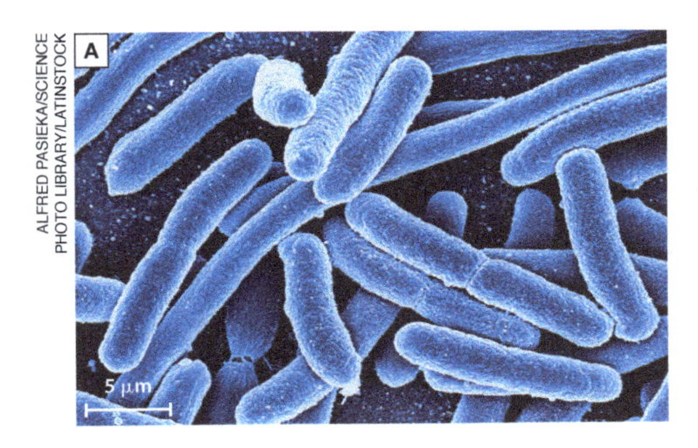

ALFRED PASIEKA/SCIENCE PHOTO LIBRARY/LATINSTOCK

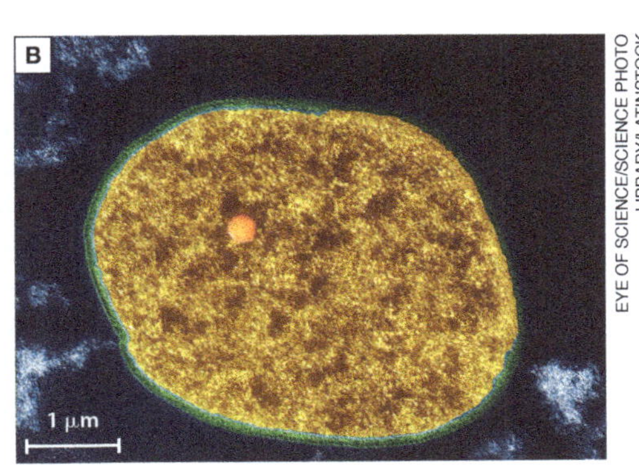

EYE OF SCIENCE/SCIENCE PHOTO LIBRARY/LATINSTOCK

Figura 10.10 A. Fotomicrografia de *Escherichia coli*, do reino Bacteria. (Microscópio eletrônico de varredura; cores artificiais.) B. Fotomicrografia de *Sulfolobus* sp., do reino Archaea. (Microscópio eletrônico de varredura; cores artificiais.)

Reino Protoctista

Muitos sistematas não aprovam o reino **Protoctista** (antigamente chamado Protista), que reúne organismos de origens evolutivas muito distintas; em outras palavras, Protoctista é um grupo polifilético. A solução seria rastrear as origens de cada grupo e separar os protoctistas em diversos reinos, o que também é motivo de controvérsia: enquanto alguns afirmam que quatro reinos seriam suficientes, outros sugerem um número bem maior, que pode chegar a dezenas. Isso mostra que a classificação desse grupo deverá mudar em um futuro próximo.

Por enquanto, neste livro, incluímos no reino Protoctista os **protozoários**, seres eucarióticos, unicelulares e heterotróficos, e as **algas**, seres eucarióticos, unicelulares ou multicelulares e autotróficos fotossintetizantes. **(Fig. 10.11)**

DR KLAUS BOLLER/SCIENCE PHOTO LIBRARY/LATINSTOCK

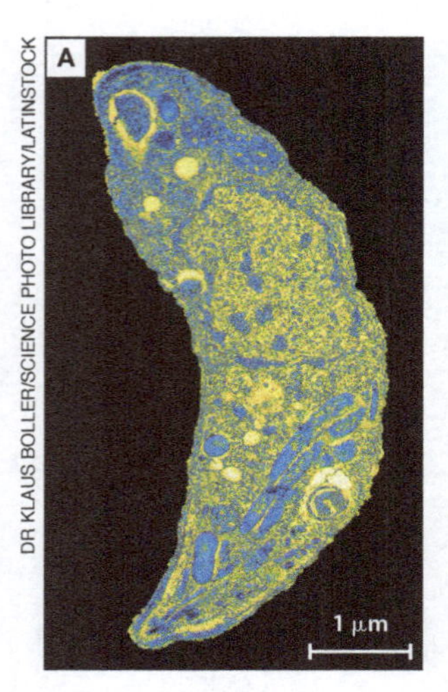

NHPA/PHOTOSHOT/SUPERSTOCK/GLOW IMAGES

Figura 10.11 Representantes do reino Protoctista. **A.** Protozoário da espécie *Toxoplasma gondii*. (Microscópio eletrônico de transmissão; cores artificiais.). **B.** Alga do gênero *Sargassum*. Algumas espécies desse gênero podem ultrapassar 30 cm de altura.

Reino Fungi

O reino **Fungi** inclui os **fungos**, seres eucarióticos, unicelulares ou multicelulares, constituídos por filamentos denominados hifas. Os fungos têm semelhanças com as algas na organização e na reprodução, mas diferem delas por serem heterotróficos. Em termos moleculares eles estão mais próximos dos animais que das plantas.

Em sistemas de classificação mais antigos, os fungos eram incluídos no reino Plantae; depois passaram ao reino Protista e atualmente são classificados em um reino próprio, Fungi. **(Fig. 10.12)**

FREDERIK/IMAGEBROKER/GLOW IMAGES

Figura 10.12 Cogumelos da espécie *Leccinum scabrum*, representantes do reino Fungi que podem medir mais de 10 cm de altura.

Reino Plantae

O reino **Plantae** reúne as **plantas**, seres eucarióticos, multicelulares e autotróficos fotossintetizantes. As plantas têm células diferenciadas, que formam tecidos corporais razoavelmente bem definidos. Musgos, samambaias, pinheiros e plantas frutíferas representam os principais grupos que compõem o reino Plantae. **(Fig. 10.13)**

A sinapomorfia que caracteriza os integrantes desse reino é a presença de embriões multicelulares que, durante o desenvolvimento, retiram alimento diretamente da planta genitora. De acordo com esse critério as algas multicelulares são excluídas do reino das plantas, pois não formam embriões desse tipo.

GERSON GERLOFF/PULSAR IMAGENS

Figura 10.13 Araucária (*Araucaria angustifolia*), representante do reino Plantae. Pode atingir 50 m de altura.

Reino Animalia

O reino **Animalia** reúne os **animais**, seres eucarióticos, multicelulares e heterotróficos. Esse grupo inclui uma grande variedade de organismos, desde os muito simples, como as esponjas, até animais complexos como os cordados, grupo ao qual pertencemos. **(Fig. 10.14)**

A sinapomorfia que caracteriza os animais é o estágio embrionário de blástula, uma esfera celular oca. A blástula origina a gástrula, fase embrionária em que começam a se diferenciar os tecidos do novo ser.

MARCOS AMEND/PULSAR IMAGENS

Figura 10.14 Sapo do gênero *Leptodactylus*, representante do reino Animalia. Mede cerca de 7 cm de comprimento.

Vírus

Os **vírus** não são incluídos em nenhum dos reinos. Eles são seres **acelulares**, ou seja, não são constituídos por células vivas. Os vírus são formados por uma ou poucas moléculas de ácido nucleico, que pode ser o DNA ou o RNA, envoltas por um revestimento de moléculas de proteínas.

Vírus são sempre **parasitas intracelulares**, pois somente conseguem se reproduzir no interior de células. Fora de uma célula hospedeira, eles são completamente inertes e não se reproduzem.

Agora você pode resolver as atividades de 17 a 19, 25 a 28.

Ciência e cidadania

Pequeno passeio gastronômico pelo reino Animalia

1 É interessante notar que, quanto mais complexos os animais, mais comestíveis eles são. Vejamos. Pelo que se sabe, nenhum povo come os representantes do filo Porifera – esponjas –, nem mesmo os das espécies macias e flexíveis (pois muitos têm consistência calcária!). Diz-se que o mais próximo da gastronomia a que chegaram as esponjas foi com os antigos romanos, que as encharcavam de vinho e as espremiam para beber, em um gesto de ostentação.

2 Cnidários, com certeza, estão muito longe de ser bons quitutes; anêmonas-do-mar e águas-vivas, apesar de seu aspecto carnoso ou gelatinoso, são dotadas de células urticantes, que queimam ao menor contato. Também não se tem notícia de nenhum povo do mundo que utilize cnidários, platelmintes ou nematódeos como alimento. Pelo contrário, muitos deles parasitam nosso intestino, fígado e outros órgãos.

3 Com o filo Annelida as coisas começam a mudar. Sabe-se que os povos orientais, famosos por sua culinária exótica, consomem minhocas, combinando-as em receitas de carne para complementar as proteínas da dieta e obter sabores inusitados.

4 Em Samoa, arquipélago do Pacífico Sul, a época de reprodução do anelídeo marinho conhecido como palolo (*Eunice viridis*) é ansiosamente aguardada; conta-se que em noites de luar, na estação reprodutiva do palolo, a superfície do mar fica coalhada de abdomens dos vermes, repletos de ovos. Eles são, então, capturados e consumidos crus ou levemente passados na chapa.

5 No filo Mollusca a qualidade de ser comestível – a comestibilidade – atinge um grau bem mais elevado. Os moluscos não são apenas comestíveis, mas apreciadíssimos nos diversos níveis da gastronomia. Veja se você conhece algum destes: mariscos, ostras, mexilhões e vieiras, representantes dos bivalves; caracóis e *escargots*, representantes dos gastrópodes; lulas, polvos e calamares, representantes dos cefalópodes.

6 E os representantes do filo Arthropoda? Nem todos são comestíveis, é verdade, mas o grupo dos crustáceos reúne alguns dos seres marinhos usados como alimentos mais celebrados na alta gastronomia: camarões e lagostas; poucos não apreciam seu sabor exótico, delicado e peculiar. Aracnídeos, apesar de venenosos e de seu aspecto intimidador, não deixam de ser degustados por alguns povos. No Camboja comem-se tarântulas assadas e escorpiões fritos são uma iguaria em Cingapura.

7 Os insetos são muito apreciados como alimento por diversos povos. Os destaques ficam para as gordas larvas fritas de mariposa, as formigas gigantes cobertas de chocolate, os grilos crocantes recheados de ovos e os besouros gigantes que, segundo degustadores, depois de assados (acredite!) têm o mesmo sabor delicado das vieiras, moluscos apreciados em alta gastronomia. No início do século XX abdomens dilatados de formigas saúvas na época de reprodução (içás), cheios de ovos, eram torrados e salgados, sendo vendidos em frente ao Theatro Municipal de São Paulo. No interior do Brasil ainda hoje a farofa de içá é um prato muito apreciado e consumido; o escritor Monteiro Lobato referia-se a ele como nosso "caviar".

8 Nosso último prato de hoje: o filo Echinodermata. Quem aprecia a culinária japonesa pode já ter provado ovas de ouriço-do-mar em um *sushi*. Na China e no sul da Ásia os equinodermos mais apreciados são as holotúrias, ou pepinos-do-mar. Esses animais são fervidos, desidratados e comercializados secos. Depois de reidratados, são utilizados em sopas e outros pratos; os *experts* da gastronomia oriental recomendam as holotúrias, ou *bêches-du-mer*, por seu sabor exótico e suas supostas propriedades afrodisíacas.

GUIA DE LEITURA

A culinária e a alta gastronomia estão em moda, o que é ótimo para todos os que gostam de experimentar as fortes sensações que as comidas bem preparadas podem proporcionar. Atualmente emissoras de TV proporcionam aos interessados desde programas básicos de culinária até sofisticados conhecimentos gastronômicos. O texto vai pelo segundo caminho, o do exotismo gastronômico. Essa é a maneira pela qual ele aborda as características comestíveis dos principais representantes do reino Animalia. A seguir sugerimos um roteiro para ajudá-lo a extrair o máximo de conhecimento sobre os alimentos apresentados.

1. Leia o parágrafo 1, em que se relaciona um aspecto biológico com a comestibilidade dos animais. Que aspecto biológico é esse? Qual seria a "hipótese" do texto, expressa em suas primeiras linhas? Tome nota dela em seu caderno e verifique, ao fim da leitura, se tal "hipótese" se fortalece.
2. Ainda no primeiro parágrafo você deve ter percebido que as esponjas, mesmo não sendo comestíveis, foram utilizadas como elementos gastronômicos acessórios. Se julgar intessante, amplie esse assunto pela consulta a professores, livros e internet.
3. Os parágrafos de números 3 e 4 referem-se à utilização de anelídeos como alimento. Você já ouviu falar disso? Se você for daqueles aficionados em localizar assuntos na internet, então talvez possa pesquisar mais sobre isso.
4. O quinto parágrafo da leitura aborda um grupo de animais apreciados por muitos, mas também evitados por alguns. Pessoas que moram perto de regiões litorâneas aquáticas geralmente apreciam os moluscos como alimento. Escreva um pequeno texto descrevendo suas experiências gastronômicas (ou a falta delas) com esses animais. Você pretende comer algum molusco em breve? Qual?
5. Leia os parágrafos 6 e 7, que tratam da comestibilidade dos artrópodes. Quais são suas experiências gastronômicas com o grupo? Comente algum aspecto dos parágrafos que lhe chamou atenção especial. Por que Monteiro Lobato teria comparado o abdômen de içás cheias de ovos ao caviar? O que é caviar? Pesquise a semelhança entre esses alimentos.
6. No parágrafo 8 comenta-se sobre a comestibilidade dos equinodermos. Será que você já teve alguma experiência gastronômica com animais desse filo? Comente.

Mapa de conceitos

Sistemática e classificação biológica

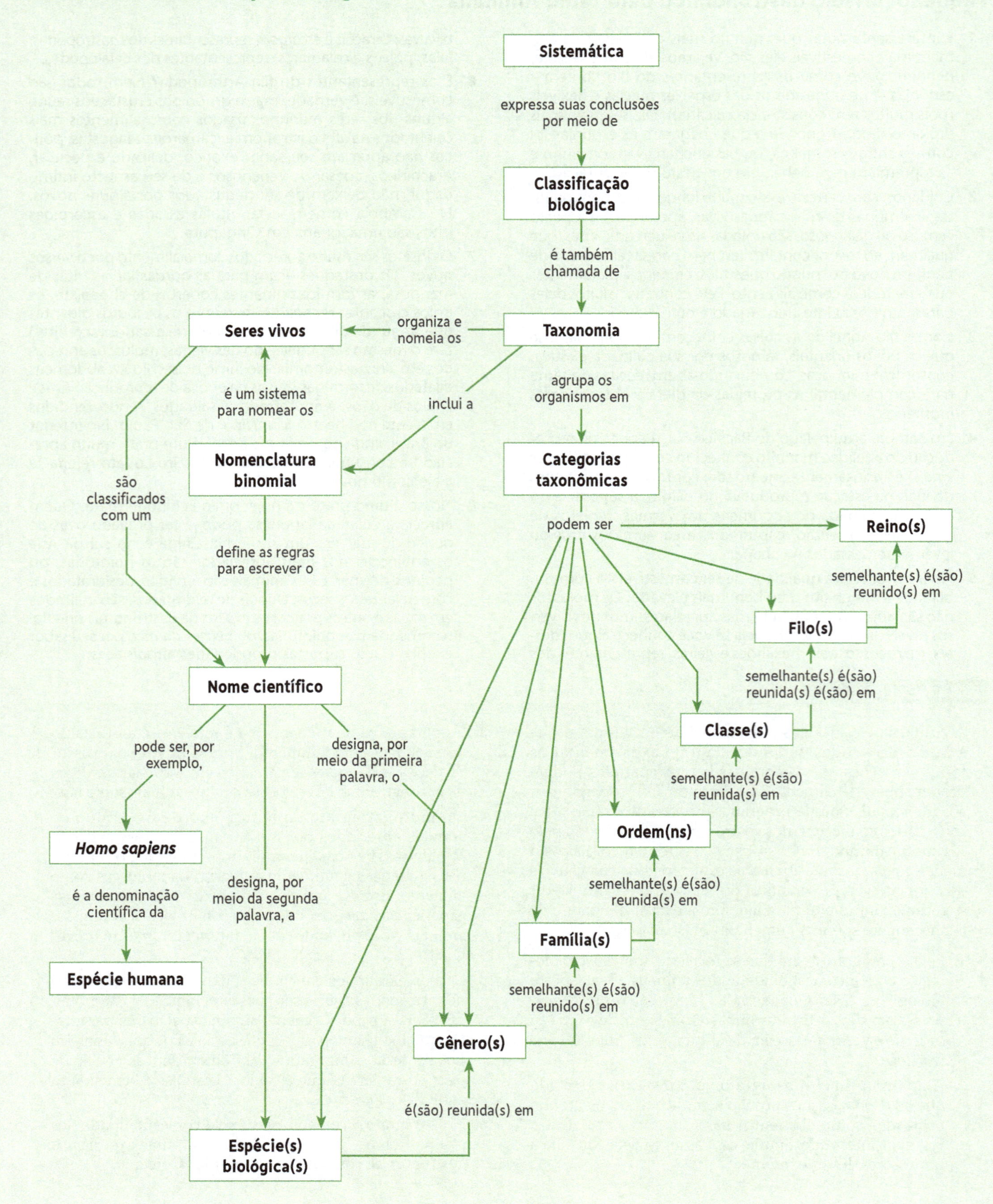

ATIVIDADES

REVENDO CONCEITOS, FATOS E PROCESSOS

10.1 Fundamentos da classificação biológica

1. A divisão dos seres vivos em grupos de acordo com suas semelhanças é a
a) classificação biológica.
b) evolução.
c) filogenia.
d) nomenclatura binomial.

2. A categoria taxonômica correspondente à primeira palavra do nome científico de um ser vivo é
a) classe.
b) família.
c) filo.
d) gênero.

3. O sistema de denominação dos seres vivos, originalmente proposto por Lineu e utilizado até hoje, é chamado de
a) categoria taxonômica.
b) evolução.
c) filogenia.
d) nomenclatura binomial.

4. Qual das alternativas a seguir traz escrito corretamente o nome científico de uma espécie de ser vivo?
a) <u>Canis Familiaris</u>
b) Homo
c) *solanum tuberosum*
d) *Zea mays*

5. O trecho a seguir foi escrito por um estudante de Biologia: "A família Canidae engloba cerca de 34 espécies; uma delas é a do nosso cão doméstico, <u>canis familiaris</u>". O nome científico do cão, no texto do estudante, está escrito
a) corretamente, porque tem de ser destacado por meio de sublinhado ou de itálico (letra inclinada).
b) incorretamente, porque deveria estar escrito em itálico (letra inclinada).
c) incorretamente, porque, além de destacado no texto, o nome do gênero deve ter a inicial maiúscula.
d) incorretamente, porque, além de destacado no texto, gênero e espécie devem ter a inicial maiúscula.

Considere as alternativas a seguir para responder às questões de 6 a 12.
a) Classe.
b) Espécie.
c) Família.
d) Filo.
e) Gênero.
f) Ordem.
g) Reino.

6. Qual categoria taxonômica é constituída por um conjunto de classes assemelhadas?

7. Que denominação recebe a categoria taxonômica constituída por ordens com características semelhantes?

8. Que categoria taxonômica reúne espécies semelhantes?

9. Qual categoria taxonômica é a mais abrangente?

10. Que categoria taxonômica está imediatamente acima de gênero?

11. Que categoria reúne grupos de organismos semelhantes, capazes de produzir descendência fértil?

12. Qual categoria taxonômica reúne famílias semelhantes?

13. Dois organismos que pertencem à mesma ordem também pertencem
a) à mesma classe.
b) à mesma família.
c) ao mesmo gênero.
d) à mesma espécie.

14. Espera-se encontrar maior grau de semelhança entre organismos pertencentes a um(a) mesmo(a)
a) classe.
b) família.
c) filo.
d) gênero.

10.2 Sistemática moderna

15. Diagramas que mostram as possíveis relações de parentesco evolutivo entre os seres vivos são chamados
a) árvores filogenéticas.
b) árvores genealógicas.
c) árvores taxonômicas.
d) diagramas sistemáticos.

16. Um método moderno de representar em diagramas as relações de parentesco evolutivo que tem como critério importante as novidades evolutivas, ou sinapomorfias, de cada grupo é denominado
a) árvore filogenética.
b) cladograma.
c) evolução biológica.
d) Sistemática.

10.3 Quantos reinos existem?

17. Um organismo unicelular, eucariótico e heterotrófico pode ser um(a)
a) alga.
b) bactéria.
c) fungo.
d) planta.

18. Todos os fungos têm em comum o fato de serem
a) acelulares.
b) heterotróficos.
c) procarióticos.
d) unicelulares.

19. Os vírus não são incluídos em nenhum dos seis reinos de seres vivos porque são
a) acelulares.
b) eucarióticos.
c) parasitas.
d) procarióticos.

QUESTÕES PARA EXERCITAR O PENSAMENTO

20. Considere dois animais, *A* e *B*, e dois outros, *C* e *D*. Os animais *A* e *B* pertencem a gêneros diferentes de uma mesma família, enquanto os animais *C* e *D* pertencem à mesma ordem, mas a famílias diferentes. Você espera encontrar maior grau de semelhança entre *A* e *B* ou entre *C* e *D*? Por quê?

21. No cladograma a seguir estão representadas as relações filogenéticas entre as espécies A, B e C. Os quadrados coloridos correspondem aos ancestrais comuns de quais grupos?

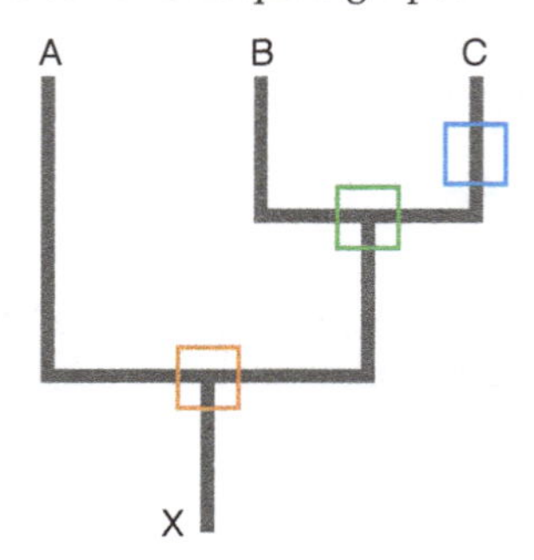

22. Um estudante de Biologia fez a seguinte afirmação: "A categoria fundamental na classificação biológica é a espécie. Ela é a única verdadeiramente definida pela própria natureza, uma vez que espécies distintas, em geral, não produzem descendentes férteis, estando isoladas reprodutivamente umas das outras. Todas as outras categorias – gênero, família etc. – são arbitrariamente definidas pelos cientistas".
a) O que você acha dessa ideia?
b) Qual dos agrupamentos, espécie ou gênero, poderia ser considerado menos "arbitrário"?

A BIOLOGIA NO VESTIBULAR

QUESTÕES OBJETIVAS

23. (Vunesp) No ano de 1500, os portugueses já se referiam ao Brasil como a "Terra dos Papagaios", incluindo nessa designação os papagaios, araras e periquitos. Estas aves pertencem a uma mesma família da ordem Psittaciformes. Dentre elas, pode-se citar:

Araras	Papagaios	Periquitos
Arara-vermelha *Ara chloroptera*	Papagaio-verdadeiro *Amazona aestiva*	Periquito-de-cabeça-azul *Aratinga acuticaudata*
Arara-canga *Ara macau*	Papagaio-de-cara-roxa *Amazona brasiliensis*	Periquito-rei *Aratinga aurea*
Arara-canindé *Ara ararauna*	Papagaio-chauá *Amazona rhodocorytha*	Periquito-da-caatinga *Aratinga cactorum*

O grupo de aves relacionadas compreende
a) 3 espécies e 3 gêneros.
b) 9 espécies e 3 gêneros.
c) 3 espécies de uma única família.
d) 9 espécies de um mesmo gênero.
e) 3 espécies de uma única ordem.

24. (UFPR) Na tabela a seguir, observam-se alguns exemplos de animais que constam da última revisão da lista de animais ameaçados de extinção, divulgada em 2003 (a lista completa pode ser encontrada no *site* do Ministério do Meio Ambiente, na internet). Assinale a(s) alternativa(s) correta(s) referente(s) às informações da tabela [classificando-as como Verdadeira (V) ou Falsa (F)].

Hylomantis granulosa (Cruz, 1988) Nome popular: perereca-verde Categoria de ameaça: criticamente em perigo UF: PE	*Picumnus limae* (Snethlage, 1924) Nome popular: pica-pau-anão-da-caatinga Categoria de ameaça: em perigo UF: CE	*Simopelta minima* (Brandão, 1989) Nome popular: formiga Categoria de ameaça: extinta UF: BA	*Phoneutria bahiensis* (Simó & Brescovit, 2001) Nome popular: aranha-armadeira Categoria de ameaça: vulnerável UF: BA
Megalobulimus parafragilior (Leme & Indrusiak, 1990) Nome popular: caracol-gigante Categoria de ameaça: em perigo UF: SP	*Rhinodrilus fafner* (Michaelsen, 1918) Nome popular: minhocuçu, minhoca-gigante Categoria de ameaça: extinta UF: MG	*Myotis ruber* (E. Geoffroy, 1806) Nome popular: morcego Categoria de ameaça: vulnerável UF: PR, RJ, SC, SP	*Liolaemus lutzae* (Mertens, 1938) Nome popular: lagartixa-da-areia Categoria de ameaça: criticamente em perigo UF: RJ

( ) Pode-se perceber, pelos exemplos, que tanto invertebrados como vertebrados estão correndo risco de extinção no Brasil.
( ) A primeira linha de cada célula na tabela refere-se ao nome científico do animal, no qual a primeira palavra diz respeito à família a que o animal pertence, e a segunda palavra, à espécie.
( ) A perereca-verde, o caracol-gigante e o minhocuçu são, respectivamente, um anfíbio, um molusco e um anelídeo, todos eles animais terrestres que necessitam de ambientes úmidos para sua sobrevivência.
( ) Morcegos são classificados como mamíferos da ordem Chiroptera e apresentam os membros anteriores transformados em asas.
( ) A formiga *Simopelta minima* pertence ao grupo dos crustáceos porque apresenta exoesqueleto de quitina e apêndices articulados.
( ) O pica-pau-anão-da-caatinga é uma ave. Para a maioria das aves, as penas são importantes no voo, contribuem como isolante térmico e suas cores são utilizadas para atrair o sexo oposto durante a corte.

25. (Fuvest-SP) Um pesquisador estudou uma célula ao microscópio eletrônico, verificando a ausência de núcleo e de compartimentos membranosos. Com base nessas observações, ele concluiu que a célula pertence a

a) uma bactéria.
b) uma planta.
c) um animal.
d) um fungo.
e) um vírus.

26. (UFPE) Para estudar e compreender a variedade de organismos, em todos os ambientes, tornou-se necessário classificá-los e agrupá-los de acordo com suas características semelhantes. Sobre este assunto, analise as alternativas abaixo:

1. A estrutura e anatomia dos seres vivos, a composição química das proteínas e dos seus genes são critérios utilizados na sua classificação.
2. A teoria evolucionista estabelece que as diversas espécies de organismos existentes na Terra evoluíram a partir de ancestrais comuns, por modificação.
3. A hierarquia taxonômica é, na sequência: reino, filo, ordem, classe, família, gênero e espécie.
4. **Musca doméstica** é a grafia do nome científico de uma espécie de mosca.
5. Whittaker propôs a classificação dos seres vivos em 5 reinos: Monera, Protista, Fungo, Planta e Animal.

Estão corretas apenas

a) 1, 2, 4 e 5.
b) 1, 3, 4 e 5.
c) 1, 2 e 5.
d) 2, 3, 4 e 5.
e) 2, 4 e 5.

27. (UEA-AM) Sobre a classificação dos seres vivos, é correto afirmar:

a) O reino Monera é representado por seres pluricelulares destituídos de parede celular.
b) O reino Protista é representado por organismos procariontes unicelulares com reprodução assexuada e sexuada.
c) O reino Plantae é representado geralmente por seres procariontes unicelulares e autotróficos fotossintetizantes.
d) O reino Fungi é representado por eucariontes que podem ser unicelulares ou ter o corpo formado por filamentos (hifas).
e) O reino Animalia é representado somente por procariontes pluricelulares.

28. (UFG-GO) As categorias sistemáticas, ou taxas, colocadas ordenadamente, em graus hierárquicos, são

a) reino, divisão, classe, família, ordem, gênero, espécie.
b) reino, classe, divisão, ordem, família, gênero, espécie.
c) reino, divisão, classe, ordem, família, gênero, espécie.
d) reino, classe, divisão, família, ordem, gênero, espécie.
e) reino, divisão, família, classe, ordem, gênero, espécie.

(*Nota dos autores*: a categoria divisão, utilizada em certas classificações botânicas, corresponde a filo.).

29. (UFRGS-RS) Os cinco cladogramas das alternativas ilustram relações filogenéticas entre os táxons hipotéticos 1, 2, 3, 4 e 5. Quatro desses cladogramas apresentam uma mesma hipótese filogenética. Determine a alternativa que contém o cladograma que apresenta hipótese filogenética diferente das demais.

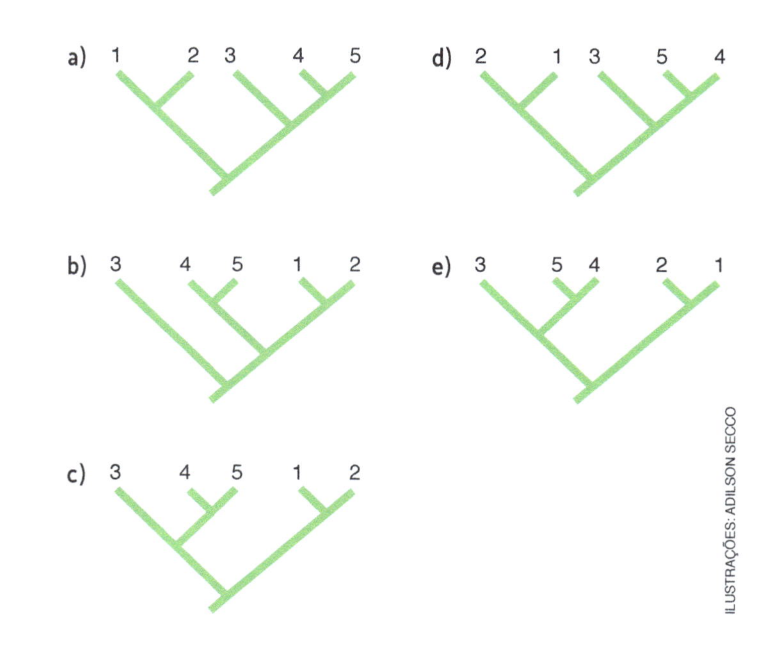

QUESTÕES DISCURSIVAS

30. (Vunesp) Alunos de uma escola, em visita ao zoológico, deveriam escolher uma das espécies em exposição e pesquisar sobre seus hábitos, alimentação, distribuição etc. No setor dos macacos, um dos alunos ficou impressionado com a beleza e agilidade dos macacos-pregos. No recinto desses animais havia uma placa com a identificação:

Nome vulgar: Macaco-prego (em inglês Ring-tail Monkeys ou Weeping capuchins). Ordem Primates. Família Cebidae. Espécie *Cebus apella*.

Esta foi a espécie escolhida por esse aluno. Chegando em casa, procurou informações sobre a espécie em um *site* de busca e pesquisa na internet. O aluno deveria digitar até duas palavras-chaves e iniciar a busca.

a) Que palavras o aluno deve digitar para obter informações apenas sobre a espécie escolhida?
b) Justifique sua sugestão.

31. (Vunesp) Em uma mata, encontramos vários animais pertencentes à classe dos insetos. Dentre esses, temos o grilo e o gafanhoto, da ordem dos ortópteros, a cigarra e o vaga-lume, respectivamente, das ordens dos homópteros e dos coleópteros. Com base nessas informações, em qual dos grupos (grilo/gafanhoto ou cigarra/vaga-lume) você espera encontrar maiores semelhanças? Justifique sua resposta.

32. (UEG-GO) Na atualidade, o sistema utilizado para a classificação taxonômica de todos os organismos vivos existentes é o binomial.

a) O que é a nomenclatura binomial?
b) Por que uma nomenclatura binomial é preferencialmente utilizada ao invés de nomes comuns?

Mais questões: no livro digital, em **Vereda Digital Aprova Enem** e **Vereda Digital Suplemento de revisão e vestibulares**; no *site*, em **AprovaMax**.

CAPÍTULO

11

VÍRUS E BACTÉRIAS

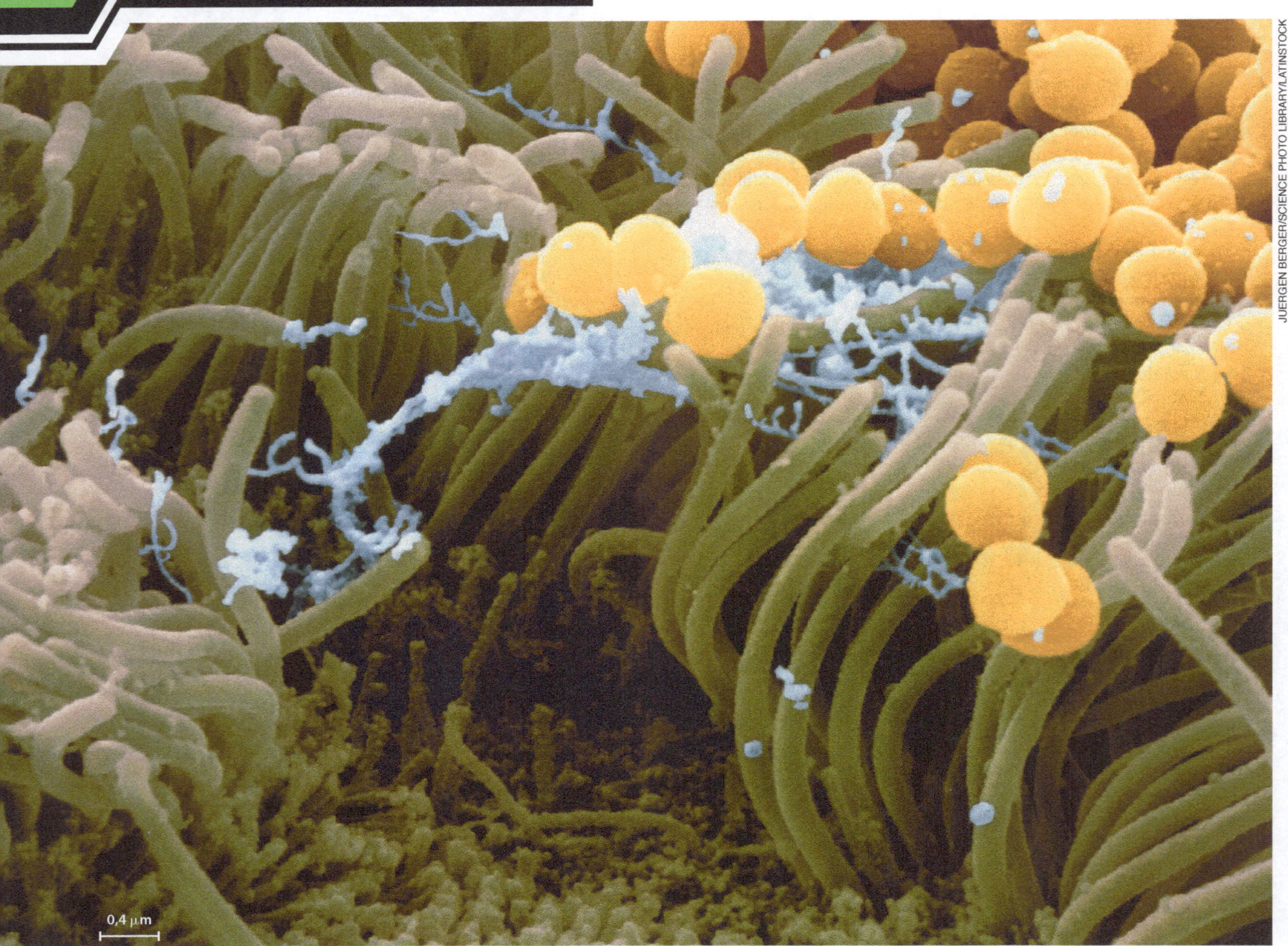

Fotomicrografia de bactérias da espécie *Staphylococcus aureus* (colorizadas artificialmente em amarelo) aderidas aos cílios (filamentos cilíndricos) de células do epitélio nasal humano. (Microscópio eletrônico de varredura; cores artificiais.)

De que trata este capítulo

Bactérias e vírus são conhecidos e temidos pelas doenças que causam. A bactéria causadora da peste bubônica, por exemplo, matou quase metade da população da Inglaterra no século XIV. Na segunda década do século XX, um tipo de vírus de gripe matou cerca de quarenta milhões de pessoas no mundo todo.

Atualmente, apesar de todos os progressos médicos, o vírus causador da aids mata milhares de pessoas por ano. E ainda corre-se o risco de que a gripe aviária venha a atacar seres humanos, produzindo uma pandemia de proporções incalculáveis.

Embora a má fama de algumas bactérias seja justificada, a maioria delas não causa doenças e muitas são empregadas em processos industriais. Queijos, requeijões, iogurtes e vinagres, por exemplo, são fabricados com o emprego de bactérias.

A importância das bactérias não se resume à sua utilização industrial. Praticamente todas as formas de vida do planeta dependem da atividade desses microrganismos. Em nosso corpo, por exemplo, há dez vezes mais bactérias do que células humanas, e não sobreviveríamos sem alguns desses hóspedes microscópicos. As bactérias também são fundamentais para a fertilização do solo e para a reciclagem dos componentes dos seres que morrem.

Quanto aos vírus o benefício pode ser creditado, por enquanto, à sua utilização no controle de certas pragas agrícolas e na pesquisa científica. Muitas descobertas importantes nos campos da Biologia Molecular e da Engenharia Genética foram decorrentes de pesquisas realizadas com vírus. Atualmente já se pensa em aproveitar a capacidade de certos vírus de invadir células humanas para implantar genes sadios em portadores de defeitos genéticos, processo conhecido como terapia gênica.

Uma coisa é certa: quanto maior for nosso conhecimento sobre vírus e bactérias, maior será nossa capacidade de evitar seus malefícios e de aproveitá-los em benefício de nossa espécie.

Objetivos

Objetivo geral

- Valorizar conhecimentos científicos e técnicos sobre vírus e bactérias e reconhecer que, embora alguns desses seres causem doenças, a grande maioria das bactérias é importante na reutilização de elementos químicos na biosfera e na manutenção do equilíbrio ecológico.

Objetivos didáticos

- Conhecer a estrutura geral dos vírus, reconhecendo sua relativa simplicidade estrutural e bioquímica.
- Conhecer, em linhas gerais, em que consiste uma infecção viral e explicar o que ocorre com a célula infectada. Reconhecer que a infecção é a maneira de o vírus se multiplicar.
- Conhecer a estrutura geral da célula bacteriana, reconhecendo-a como procariótica, e identificar, em esquemas, ilustrações e fotografias, suas partes principais (parede, membrana, citoplasma, ribossomos, nucleoide, cromossomo, plasmídio e flagelo bacteriano).
- Conhecer o processo de reprodução assexuada das bactérias por divisão binária.
- Conhecer os processos básicos pelos quais as bactérias podem misturar seus genes: transformação, transdução e conjugação.
- Reconhecer a importância das bactérias para a humanidade (na produção de alimentos, na decomposição, na fertilização do solo etc.).

11.1 Vírus

Simplicidade e sofisticação

O termo **vírus** (do latim *virus*, veneno) designa um grupo bastante variado de seres cujo tamanho se situa entre 15 e 300 nanômetros (nm). Um nanômetro equivale a 1 milésimo do micrômetro (μm), que, por sua vez, equivale a 1 milésimo do milímetro (mm). Para se ter uma ideia de como esses organismos são pequenos, vale lembrar que a menor partícula que percebemos a olho nu tem em torno de 1/10 mm (100 μm ou 100.000 nm) de diâmetro, isto é, milhares de vezes maior que um vírus. Os vírus são invisíveis mesmo nos melhores microscópios fotônicos e somente podem ser visualizados em microscópios eletrônicos, em grandes aumentos e alta resolução.

Os vírus se distinguem de todos os seres biológicos porque são **acelulares**, ou seja, não são formados por compartimentos membranosos denominados células. Vírus têm quase sempre estrutura compacta, constituída por uma ou algumas moléculas de ácido nucleico, que pode ser o DNA ou o RNA, envoltas por moléculas de proteínas.

A relativa simplicidade estrutural dos vírus tem relação com o fato de que todos eles são **parasitas intracelulares obrigatórios**. Quando estão fora das células hospedeiras os vírus não se multiplicam nem manifestam nenhum tipo de atividade metabólica. Entretanto, ao invadir as células adequadas, eles assumem o comando das atividades celulares, levando suas hospedeiras a trabalhar apenas na produção de novos vírus. Quase sempre a infecção viral leva à morte da célula ou afeta gravemente suas funções normais.

Características gerais

Há uma grande variedade de vírus capazes de atacar células de todos os grupos de seres vivos, desde bactérias até plantas e animais, incluindo a espécie humana.

Cada espécie viral é altamente específica, o que significa dizer que só consegue invadir alguns tipos de célula de uma ou de poucas espécies hospedeiras.

A invasão de uma célula hospedeira por um vírus é chamada **infecção viral** e causa profundas alterações no metabolismo celular. Em alguns casos, as células hospedeiras infectadas por vírus passam a se dividir sem controle, originando tumores. Entretanto, o destino de grande parte das células infectadas é a morte, que ocorre quando os novos vírus formados saem delas, provocando sua destruição.

As doenças causadas por vírus são genericamente denominadas **viroses**. Entre as viroses humanas mais conhecidas estão a aids, as gripes, o sarampo, a catapora, a dengue e a poliomielite, entre outras.

A estrutura viral

Os vírus são constituídos por uma ou algumas moléculas de ácido nucleico, que pode ser DNA ou RNA, protegidas por um envoltório proteico denominado **capsídio**. O conjunto dos ácidos nucleicos virais envoltos pelas proteínas do capsídio constituem o **nucleocapsídio**.

Os vírus causadores da catapora e da hepatite B, por exemplo, são vírus portadores de DNA; os causadores da gripe, do sarampo, da poliomielite, da aids (HIV), por sua vez, são vírus portadores de RNA.

Certos tipos de vírus apresentam, além do nucleocapsídio, o **envelope viral**, um envoltório lipoproteico formado por fragmentos da membrana plasmática obtidos da célula hospedeira quando o vírus sai da célula. Uma partícula viral morfologicamente completa é denominada **vírion**; cada tipo de vírus apresenta vírions de formato característico. **(Fig. 11.1)**

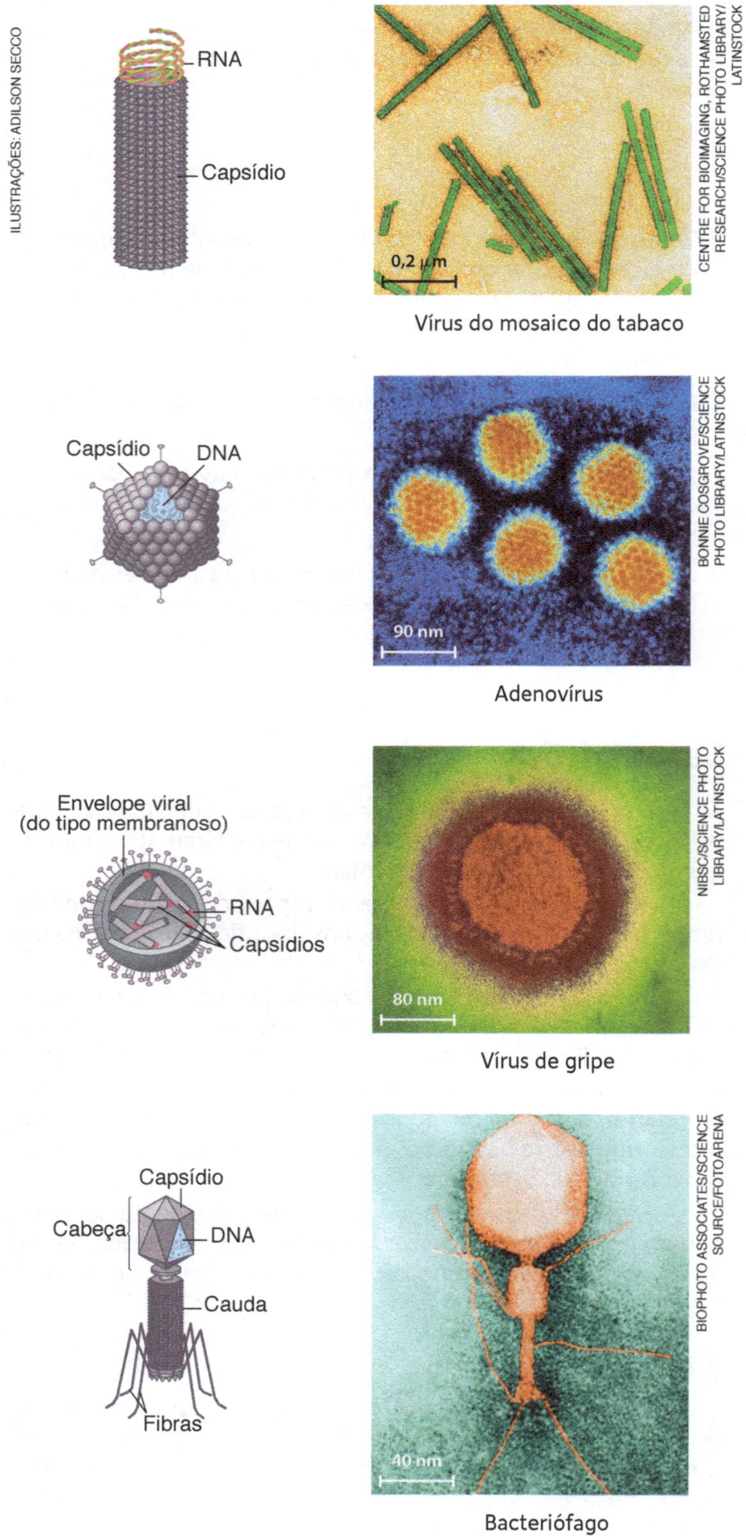

Vírus do mosaico do tabaco

Adenovírus

Vírus de gripe

Bacteriófago

Figura 11.1 Representações esquemáticas de alguns vírus com parte do capsídio removida para mostrar o ácido nucleico em seu interior. À direita, fotomicrografias desses mesmos vírus. (Microscópio eletrônico de transmissão; cores artificiais.)

Na superfície do vírion há **proteínas ligantes** capazes de se unir a componentes específicos da membrana da célula hospedeira, os chamados **receptores virais**. A capacidade de infectar uma célula depende justamente da união entre as proteínas ligantes do vírus e os receptores virais da célula hospedeira, como um encaixe chave-fechadura. É essa associação molecular exata que torna os vírus tão específicos: eles só conseguem infectar células dotadas de receptores compatíveis com suas proteínas ligantes.

Reprodução viral

Embora contenham material genético os vírus não apresentam a complexa maquinaria bioquímica necessária para traduzir suas instruções. Por isso eles necessitam de células que os hospedem, onde a informação presente no material genético viral passa a comandar a maquinaria celular para sua multiplicação. A forma de penetração dos vírus na célula hospedeira e os mecanismos envolvidos em sua multiplicação variam entre os tipos virais, como veremos a seguir com os exemplos de um vírus bacteriófago, um vírus da gripe e o vírus HIV.

Reprodução de um vírus bacteriófago

Os vírus que atacam bactérias são conhecidos como **bacteriófagos** (do grego *phagein*, comer), ou, abreviadamente, **fagos**. Um fago é capaz de aderir à parede celular de uma bactéria hospedeira, perfurando-a e nela injetando seu DNA. O capsídio proteico do fago, formado por uma cabeça e uma cauda, permanece fora da bactéria.

No interior da célula bacteriana o DNA viral multiplica-se e passa a comandar a síntese das proteínas, ao mesmo tempo que a atividade da maioria dos genes bacterianos é bloqueada. As proteínas que constituirão cabeças e caudas unem-se às moléculas de DNA viral recém-sintetizadas, originando novos fagos.

Cerca de 30 minutos após a entrada do material genético de um único bacteriófago invasor, a parede bacteriana se rompe e libera dezenas de novos fagos, que podem infectar imediatamente outras bactérias, reiniciando o ciclo. Esse ciclo reprodutivo de um vírus, em que a bactéria é rompida (ou lisada) liberando novas partículas virais, é chamado de **ciclo lítico**. **(Fig. 11.2)**

O DNA de certos tipos de bacteriófago, em vez de se multiplicar imediatamente após penetrar na bactéria, pode incorporar-se ao cromossomo bacteriano, passando a ser chamado de **profago** (ou, genericamente, **provírus**). O DNA viral em estado de profago não afeta o metabolismo da bactéria, que continua a crescer e a se reproduzir normalmente. O profago duplica-se simultaneamente à duplicação do cromossomo bacteriano, de modo que as células-filhas herdam uma cópia do DNA viral integrada ao cromossomo recebido da célula-mãe. Essa estratégia permite que esse tipo de fago, chamado de fago temperado, possa manter-se inativo na bactéria hospedeira e se disseminar por toda a população bacteriana proveniente da célula infectada. Em determinadas situações, o profago pode libertar-se do cromossomo bacteriano e assumir o controle do metabolismo celular, levando-o à produção de dezenas de novos fagos.

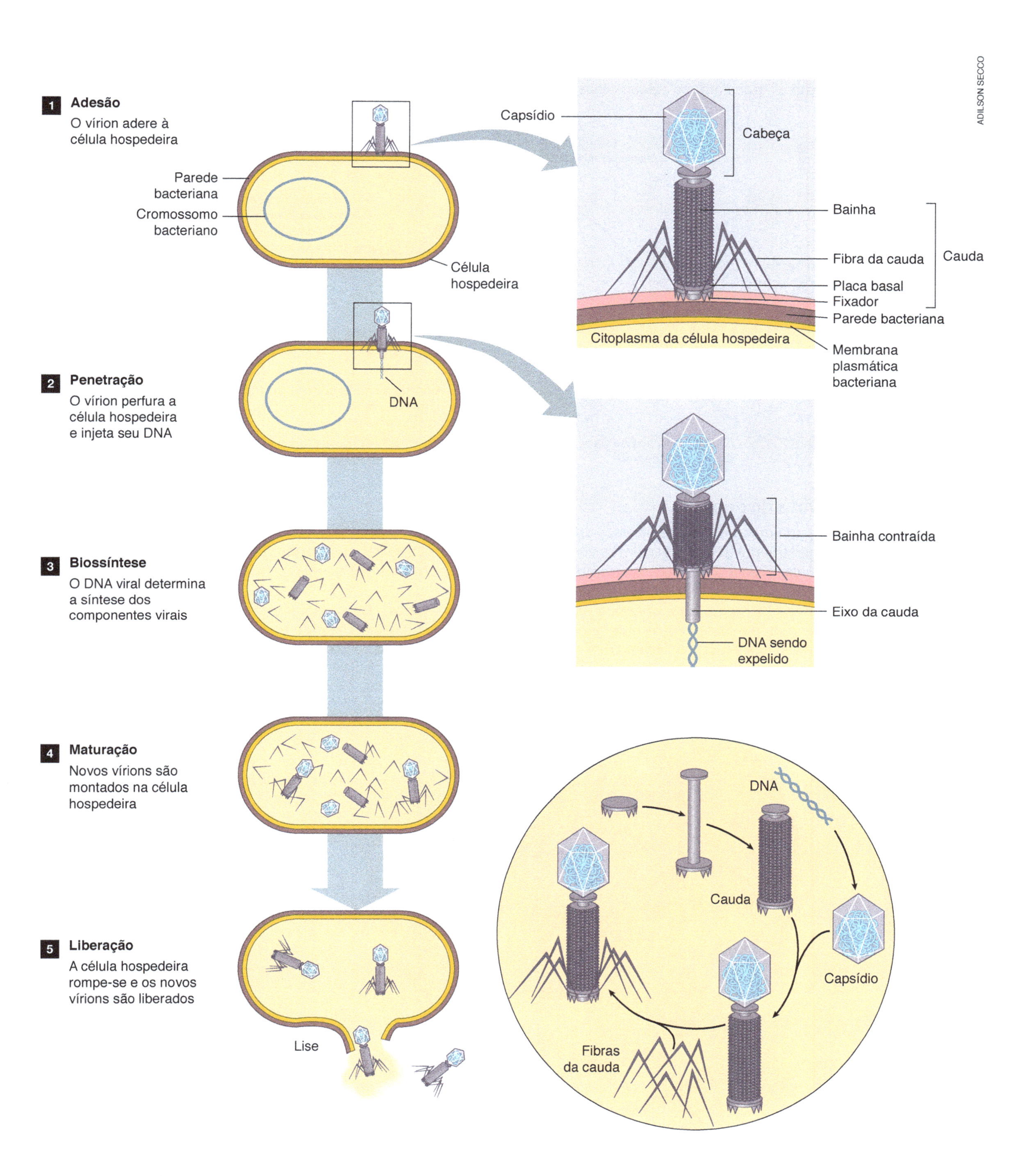

Figura 11.2 Representação esquemática do ciclo lítico de um bacteriófago. No círculo ao lado representação esquemática da sequência das etapas de montagem das partes de um vírion.

A bactéria que transporta um profago é chamada **lisogênica**, termo que significa "capaz de gerar destruição, ou lise", uma vez que a qualquer momento o fago pode libertar-se do cromossomo bacteriano e destruir a célula hospedeira. As sucessivas divisões da bactéria lisogênica, em que o profago integrado ao cromossomo se transmite às células-filhas, compõem o chamado ciclo lisogênico do vírus. **(Fig. 11.3)**

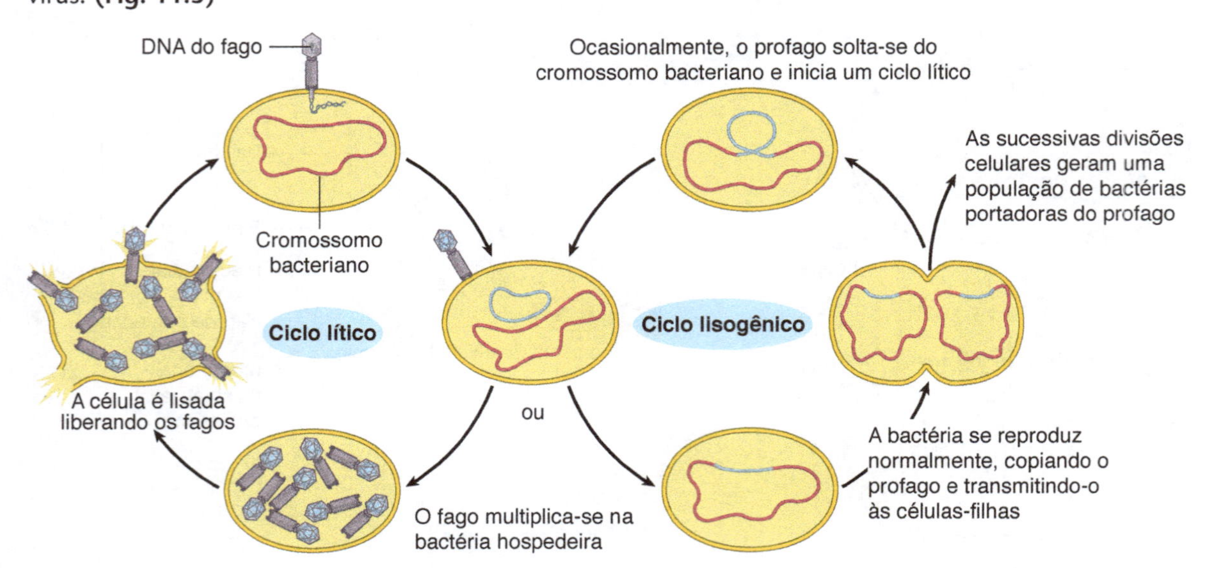

Figura 11.3 Representação esquemática dos ciclos lítico e lisogênico do bacteriófago conhecido como fago lambda.

Reprodução de um vírus de gripe

Uma pessoa fica gripada quando um dos diversos tipos de vírus causadores dessa enfermidade infecta células do corpo, geralmente as que revestem as vias respiratórias. A partícula viral penetra inteira no citoplasma, onde seu capsídio é digerido por enzimas celulares, liberando o material genético, no caso, as moléculas de RNA.

O material genético viral se multiplica e orienta a produção das proteínas virais. Estas originam o capsídio, que se reúne ao material genético, completando a formação da partícula viral. Quando essas partículas são expelidas da célula infectada, levam consigo fragmentos da membrana celular, que passam a constituir seu envelope viral. Na gripe não há, necessariamente, a morte da célula hospedeira, embora isso possa ocorrer, em virtude das complicações decorrentes da infecção. **(Fig. 11.4)**

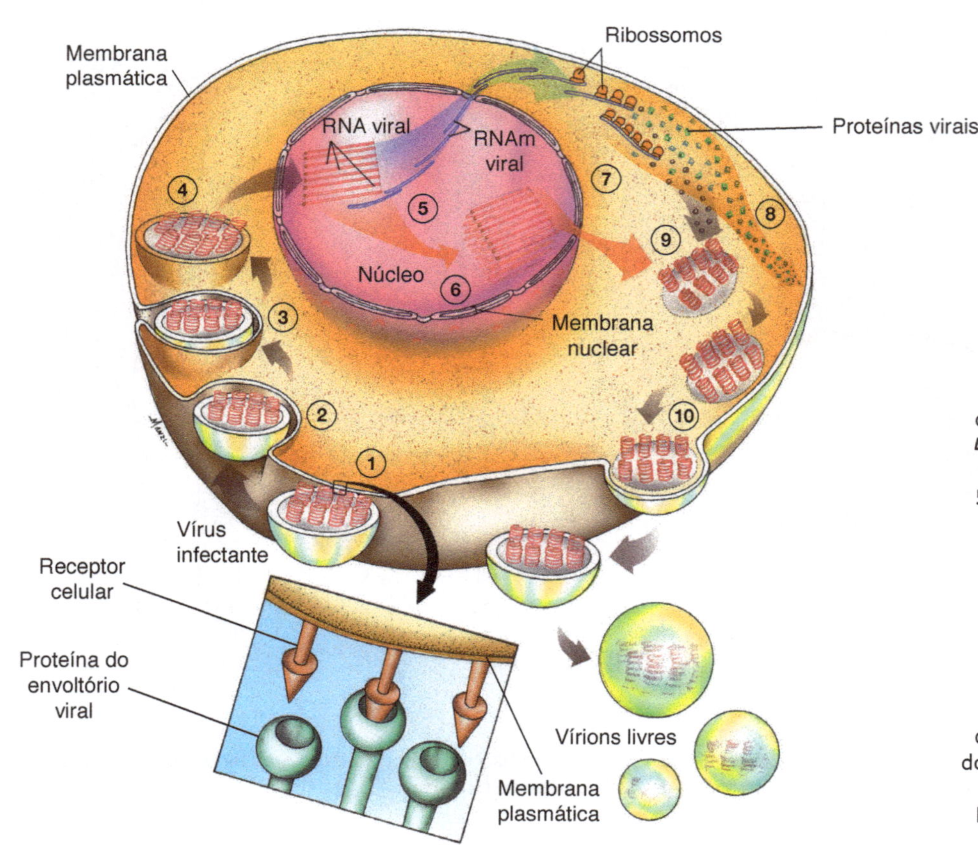

ILUSTRAÇÕES: ADILSON SECCO

Figura 11.4 Representação esquemática das etapas da reprodução de um vírus de gripe em uma célula do sistema respiratório humano. **1.** Fixação da partícula viral à membrana celular. **2.** e **3.** Penetração do vírus. **4.** Destruição dos envoltórios virais e liberação das moléculas de RNA. **5.** e **7.** Produção de proteínas virais a partir de moléculas mensageiras (RNAm viral) copiadas do material genético do vírus (RNA viral). **6.** Multiplicação do material genético do vírus. **8.** Incorporação de proteínas virais à membrana celular. **9.** Empacotamento do material genético viral com parte das proteínas virais. **10.** Eliminação dos vírions, envoltos por pedaços da membrana da célula hospedeira. Eles podem infectar células sadias.

Reprodução do vírus HIV

O **HIV** (sigla de *human immunodeficiency virus* — vírus da imunodeficiência humana) é o agente causador da **aids** (sigla da expressão inglesa *acquired immunodeficiency syndrome* — síndrome de imunodeficiência adquirida).

O anúncio da descoberta e da identificação do HIV como agente causador da aids ocorreu em abril de 1984, pouco menos de três anos após a detecção dos primeiros casos da doença. Na época acreditou-se que a aids estivesse restrita a homossexuais, haitianos, hemofílicos e usuários de drogas injetáveis, pois as 4 mil pessoas que haviam sido infectadas (metade das quais já havia morrido) pertenciam a esses grupos. Hoje sabemos que a aids pode se manifestar em qualquer pessoa infectada pelo HIV.

O HIV tem um envelope formado por lipídios e proteínas que envolve o nucleocapsídio onde há duas moléculas idênticas de RNA e algumas moléculas da enzima **transcriptase reversa**. Essa enzima permite produzir moléculas de DNA a partir das moléculas de RNA, exatamente o contrário do que costuma ocorrer nas células, onde RNA é produzido a partir de DNA. Por possuir essa enzima, que atua ao reverso do costumeiro, o HIV e outros vírus semelhantes são chamados de **retrovírus**.

Ao aderir à célula hospedeira o envoltório do HIV funde-se com a membrana celular. Com isso o capsídio viral penetra no citoplasma, onde se desfaz e libera o RNA e a transcriptase reversa. Esta enzima catalisa a formação de um DNA a partir do RNA viral. O DNA assim produzido penetra no núcleo da célula hospedeira e se integra aos cromossomos, constituindo um provírus. Nesse estágio, o DNA viral passa a produzir moléculas de RNA. Algumas delas irão constituir o material genético dos novos vírus, enquanto outras irão comandar a produção das proteínas do capsídio e de transcriptase reversa. A união de proteínas, enzimas e RNA virais origina nucleocapsídios que, ao serem expelidos da célula, levam consigo fragmentos da membrana celular que formam o envelope viral. A célula infectada, que apresenta o material genético do vírus integrado a seus cromossomos, pode continuar a produzir partículas virais enquanto viver. **(Fig. 11.5)**

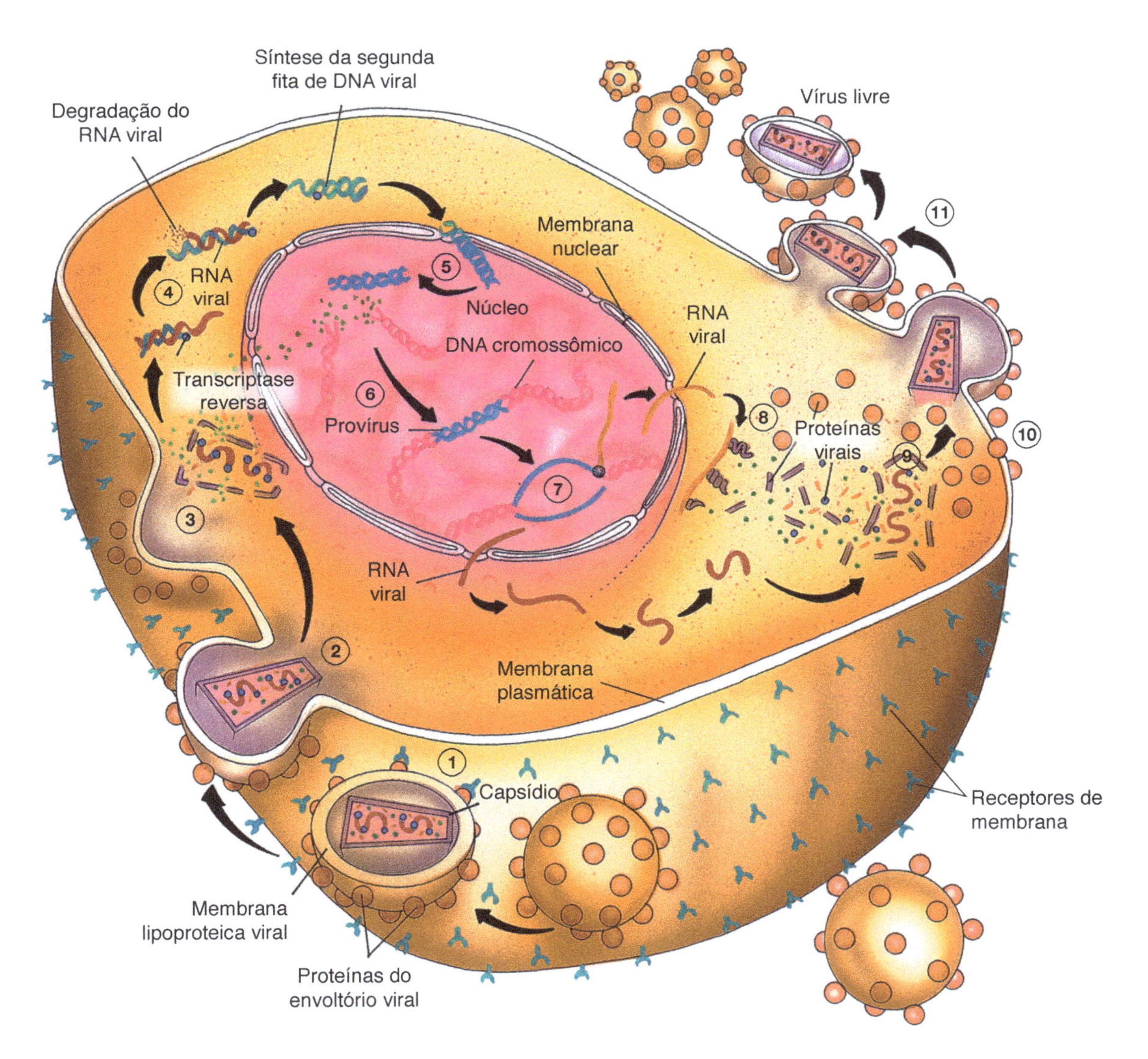

Figura 11.5 Representação esquemática das etapas da reprodução de um vírus HIV em uma célula humana. **1.** Fixação da partícula viral à membrana celular. **2.** Penetração do capsídio (o envelope viral não entra). **3.** Liberação do RNA viral. **4.** Produção de DNA a partir do RNA do vírus. **5.** Penetração do DNA viral no núcleo celular. **6.** Integração do DNA viral ao cromossomo da célula hospedeira. **7.** Produção de RNA viral. **8.** Produção de proteínas virais. **9.** União do RNA e das proteínas do vírus com formação do capsídio. **10.** Incorporação das proteínas virais na membrana celular. **11.** Eliminação de novos vírus.

O HIV ataca principalmente células do sangue denominadas **linfócitos T auxiliadores** (ou **células CD4**), que participam da regulação do sistema de defesa corporal contra as infecções. Linfócitos CD4 atacados pelo HIV perdem a capacidade de defender o organismo, que passa a contrair infecções que não afetariam uma pessoa sadia.

Os sintomas da aids manifestam-se nos estágios mais avançados da infecção pelo HIV. Considera-se que a pessoa tem aids quando apresenta menos de 200 linfócitos CD4 por milímetro cúbico de sangue (uma pessoa sadia apresenta essas células em quantidade cinco vezes maior), além de ser acometida por infecções oportunistas, que normalmente não afetam pessoas sadias. Nos portadores do vírus HIV essas infecções são severas e muitas vezes fatais, pois o sistema imunitário é praticamente inativado pelo HIV e não consegue combater a maioria dos vírus, bactérias, fungos e outros microrganismos com os quais temos contato. Sintomas de infecções oportunistas comuns em portadores do vírus HIV são: tosse e respiração ofegante; dificuldade de engolir; diarreia severa e persistente; febre; perda de visão; náusea, cólicas abdominais e vômitos; confusão mental e esquecimento; perda de massa corporal e fadiga extrema; dores de cabeça fortes; coma. Além disso, as pessoas com aids são propensas a desenvolver alguns tipos de câncer, em particular os causados por vírus, como o sarcoma de Kaposi e o câncer cervical, além de cânceres do sistema imunitário, entre eles, linfomas.

A prevenção da infecção pelo HIV consiste, entre outras medidas, em: a) praticar sexo seguro, com o uso de preservativos (camisinhas); b) usar sempre sangue devidamente testado ao fazer transfusões; c) tratar mulheres portadoras do vírus com medicamentos antivirais, neste caso chamados de antirretrovirais, durante a gravidez; além disso, essas mulheres não devem amamentar o recém-nascido.

Os primeiros medicamentos antirretrovirais usados no combate à infecção pelo HIV eram inibidores da transcriptase reversa, que interrompem o processo de síntese de DNA a partir do RNA viral. Entre os inibidores mais conhecidos da transcriptase reversa pode-se citar o AZT (zidovudina). Esse tipo de medicamento é eficaz em diminuir a velocidade de multiplicação do vírus, retardando o aparecimento das infecções oportunistas. Entretanto, o tratamento prolongado seleciona formas mutantes do vírus e os sintomas reaparecem.

Como as linhagens de vírus podem tornar-se resistentes a qualquer um dos medicamentos, os pesquisadores têm utilizado o chamado **coquetel antiaids**, que combina três antirretrovirais, sendo dois deles de classes diferentes. Atualmente existem cinco classes de medicamentos antirretrovirais: 1) inibidores da transcriptase reversa; eles atuam na enzima transcriptase reversa, incorporando-se à cadeia de DNA que o vírus produz, tornando-a defeituosa e impedindo que o vírus se reproduza; 2) inibidores não nucleosídeos da transcriptase reversa (bloqueiam diretamente a ação da enzima e a multiplicação do vírus); 3) inibidores de protease; bloqueiam a enzima protease, impedindo a produção de novas cópias de células infectadas com HIV; 4) inibidores de fusão; impedem a entrada do vírus na célula; 5) inibidores da integrase; bloqueiam a atividade da enzima integrase, responsável pela inserção do DNA do HIV ao DNA humano.

Apesar de não curar a aids, os coquetéis antirretrovirais contribuem para que o número de mortes em decorrência da doença não seja maior e para a melhora da qualidade de vida dos portadores do vírus HIV, que não devem dispensar orientação médica.

Vírus e doenças humanas

Transmissão de doenças virais

Certos vírus não permanecem viáveis muito tempo fora dos hospedeiros e sua transmissão requer o contato direto entre um portador e um novo hospedeiro. Vírus causadores do herpes, por exemplo, que atacam a pele e as mucosas, podem ser transmitidos pelo simples contato físico entre duas pessoas.

Outros vírus são transmitidos por meio de secreções, como o vírus da raiva, presente na saliva de animais infectados, e o HIV (agente causador da aids), presente em fluidos como esperma e sangue. Vírus de gripe passam de uma pessoa para outra através de gotículas de muco expelidas ao falar, rir ou espirrar.

Certos vírus mantêm sua capacidade infectante por longo tempo, mesmo fora de um hospedeiro. Nesses casos o reservatório viral é o ambiente não vivo. De modo geral vírus que atacam o sistema digestório e são eliminados com as fezes têm como reservatório o solo ou a água contaminados por esgotos. Entre os vírus transmitidos por água e alimentos contaminados estão os causadores de gastrenterites, poliomielite e hepatites A e E.

Alguns tipos de vírus podem atacar tanto células humanas quanto células de outros animais. Assim, uma pessoa pode infectar-se pelo contato com um animal portador do vírus. Doenças humanas causadas por esses tipos de vírus são conhecidas como **zoonoses virais**. As espécies animais em que esses vírus estão presentes são seus reservatórios naturais. A raiva, também chamada hidrofobia, é uma zoonose cujos reservatórios naturais do vírus são os morcegos. Além deles, cães, gatos ou outros mamíferos contaminados também podem transmitir o vírus da raiva aos seres humanos.

Há animais, principalmente insetos, que são vetores (transmissores) de vários tipos de vírus. Eles são genericamente denominados arbovírus (sigla do inglês ***ar**thropod **bo**rne **virus***, que significa "vírus transmitido por artrópode"). Vírus da febre amarela, da dengue e de diversas encefalites são tipos de arbovírus, cujos vetores são mosquitos.

Um mosquito transmissor de doenças virais que tem ganhado destaque no Brasil é o *Aedes aegypti* (pronuncia-se "edes egipti"), pernilongo com cerca de 0,5 cm de comprimento, de cor escura com manchas brancas no corpo e nas pernas. As fêmeas desse inseto podem transmitir diversos tipos de vírus, entre eles os causadores da dengue, da febre amarela urbana e da febre chikungunya. O *A. aegypti* também pode transmitir o Zika vírus, recentemente chegado ao Brasil. Esse vírus causa sintomas semelhantes aos da dengue, mas também tem sido associado a certas doenças neurológicas em adultos e pode provocar microcefalia em bebês humanos quando infecta mulheres grávidas.

A maneira mais eficaz de prevenir essas doenças virais é por meio do combate ao mosquito vetor. Este pode adquirir o vírus ao picar uma pessoa contaminada ou por transmissão vertical, em que uma fêmea infectada do mosquito vetor transmite os vírus para a sua prole. A fêmea do *A. aegypti* deposita os ovos preferencialmente em água limpa e parada e eles podem sobreviver ao dessecamento por mais de um ano, eclodindo quando as condições estiverem favoráveis; por isso a importância de evitar acúmulos de água. **(Fig. 11.6)**

Figura 11.6 Cartaz de campanha de combate à dengue, incentivando a participação ativa da população no combate ao mosquito *Aedes aegypti* (Ministério da Saúde).

Tratamento e prevenção de doenças virais

Até o momento poucos medicamentos mostraram-se efetivos no combate aos vírus. Os antibióticos, altamente eficazes contra bactérias, não atuam contra vírus. Entretanto, já foram descobertos medicamentos capazes de impedir a multiplicação de ácidos nucleicos virais e que tratam com relativo sucesso infecções como o herpes. O HIV tem sido combatido com coquetéis de medicamentos que dificultam tanto a multiplicação do ácido nucleico quanto a produção das proteínas virais.

O combate mais efetivo às doenças virais é a **prevenção**, que deve ser realizada de vários modos: pela vacinação, por medidas de saneamento básico e de conservação do ambiente, pela ação da saúde pública e por cuidados pessoais.

Vacinas antivirais são preparadas com vírus previamente mortos ou atenuados por tratamentos físicos e químicos. Ao entrar em contato com os componentes virais presentes na vacina o organismo reage, produzindo anticorpos específicos contra aquele tipo de vírus. Se a pessoa vacinada é infectada pelo vírus causador de uma doença contra a qual ela foi imunizada, os anticorpos presentes no sangue combatem rapidamente a infecção.

As amplas campanhas de vacinação contra a varíola humana, por exemplo, levaram à sua total erradicação no mundo. Entre as vacinas atualmente utilizadas, as que previnem a poliomielite e o sarampo têm se mostrado bastante eficazes.

Agora você pode resolver as atividades 1 a 13, 22, 24, 26, 27, 30 a 34, 38 e 42.

11.2 Bactérias e arqueas

As bactérias têm sido a forma de vida mais abundante em nosso planeta nos últimos 2,5 bilhões de anos. Bactérias e arqueas provavelmente foram os primeiros organismos a habitar a Terra e transformaram o ambiente, que era inóspito, possibilitando o aparecimento e a evolução das demais espécies.

A estrutura da célula bacteriana

Bactérias são organismos unicelulares constituídos por células **procarióticas**, que se caracterizam por não ter núcleo nem organelas membranosas citoplasmáticas. Os outros organismos vivos (exceto vírus e arqueas) têm células eucarióticas, dotadas de núcleo e organelas citoplasmáticas.

A maioria das bactérias apresenta um envoltório externo rígido, a **parede bacteriana**, responsável pela forma da célula e por sua proteção. Internamente à parede bacteriana encontra-se a membrana plasmática lipoproteica, que delimita o citoplasma, onde há milhares de pequenos grânulos, os ribossomos, responsáveis pela produção das proteínas.

A célula bacteriana apresenta uma longa molécula de DNA cujas extremidades estão unidas. Nessa molécula circular de DNA, que constitui o **cromossomo bacteriano**, há alguns milhares de genes, necessários ao crescimento e à reprodução da bactéria. O cromossomo bacteriano geralmente se localiza na região central da célula, formando um emaranhado – o **nucleoide** –, denominação utilizada pela semelhança, em termos genéticos, com o núcleo das células eucarióticas, onde se situam os cromossomos. Entretanto, o cromossomo bacteriano não é delimitado por um envoltório membranoso, como ocorre nas células eucarióticas.

Além do cromossomo a célula bacteriana pode conter moléculas circulares de DNA menores denominadas **plasmídios**, cuja presença não é essencial à vida da bactéria. No entanto, possuir plasmídios pode ser vantajoso, uma vez que neles geralmente se localizam genes que atuam na destruição de substâncias eventualmente prejudiciais à bactéria.

Na superfície de muitas bactérias há filamentos proteicos móveis, os **flagelos bacterianos**, que atuam na movimentação.

Os flagelos bacterianos são estruturalmente diferentes dos flagelos das células eucarióticas. Flagelos bacterianos têm em sua base um motor molecular microscópico, cujo funcionamento segue princípios semelhantes aos dos motores elétricos, com rotor móvel girando dentro de um anel fixo à incrível velocidade de até 15 mil rotações por minuto. **(Fig. 11.7)**

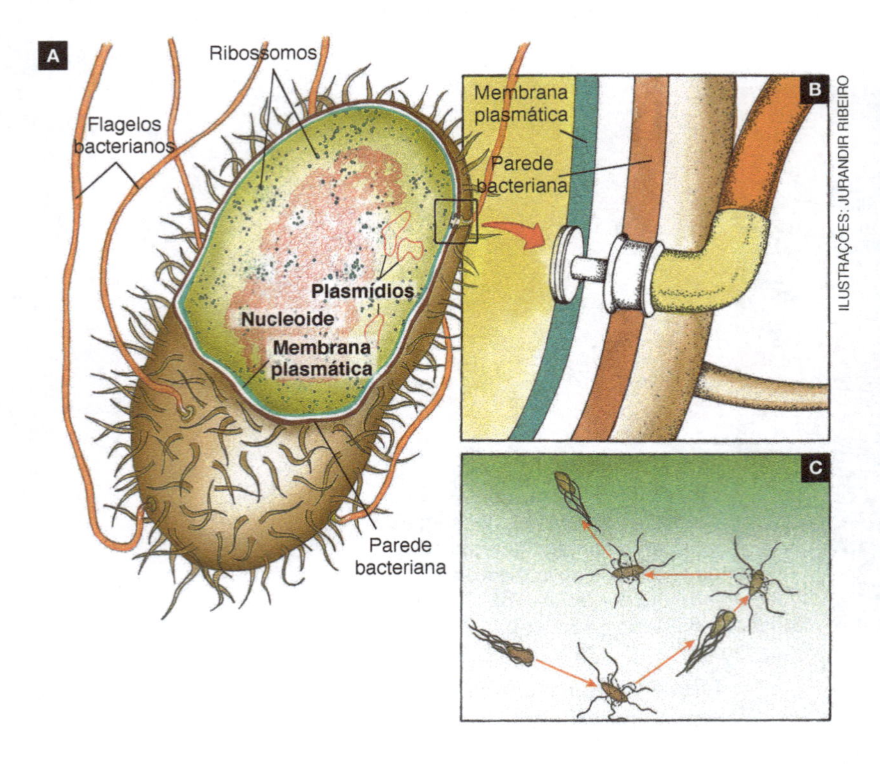

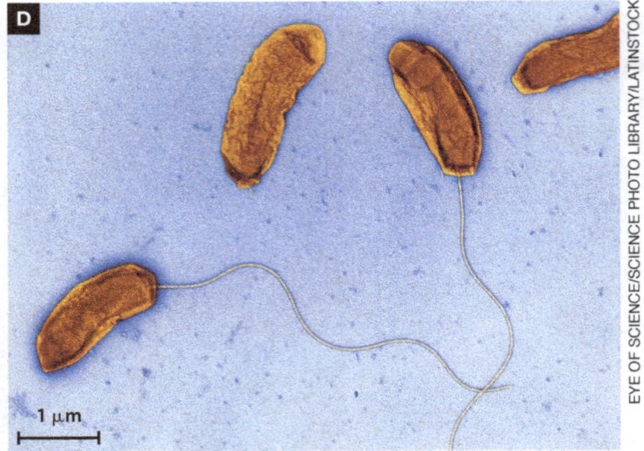

Figura 11.7 A. Representação esquemática de uma célula bacteriana parcialmente cortada para mostrar seu interior. B. Detalhe da base de um flagelo. C. Representação esquemática do deslocamento de uma bactéria impulsionada pelos flagelos. D. Fotomicrografia da bactéria *Escherichia coli*, mostrando seus flagelos. (Microscópio eletrônico de varredura; cores artificiais.)

Certas bactérias apresentam externamente à parede celular uma cobertura de consistência mucosa denominada **cápsula bacteriana**. A composição da cápsula varia nas diferentes espécies de bactéria, podendo ser formada por polissacarídios, por proteínas ou por ambos. Esses componentes são produzidos no interior da célula e secretados, agregando-se à região externa da parede.

As inúmeras espécies de bactéria existentes hoje na Terra diferem quanto ao metabolismo, ao hábitat e à forma da célula. Muitas delas constituem agrupamentos em que os participantes mantêm a individualidade e conseguem sobreviver quando separados do grupo. A forma da célula e o tipo de agrupamento são características importantes na classificação de bactérias. **(Fig. 11.8)**

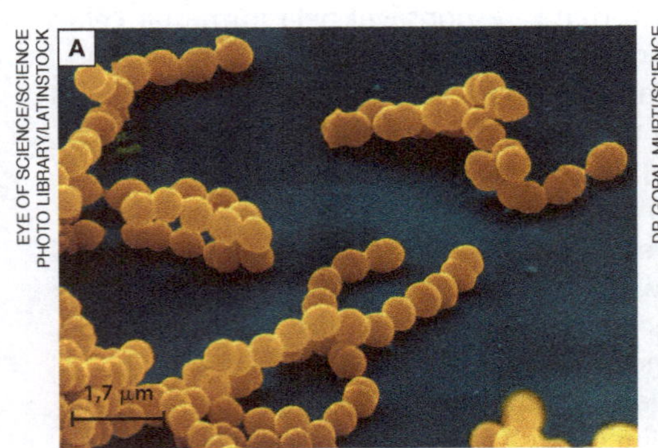

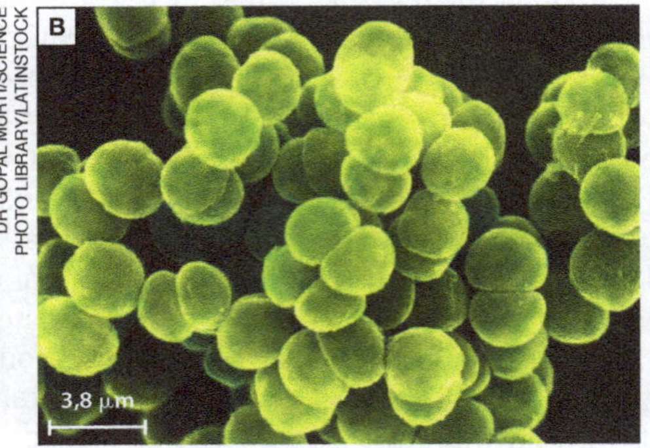

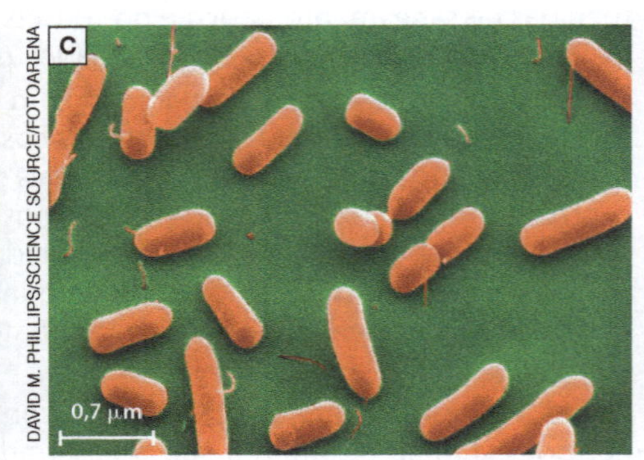

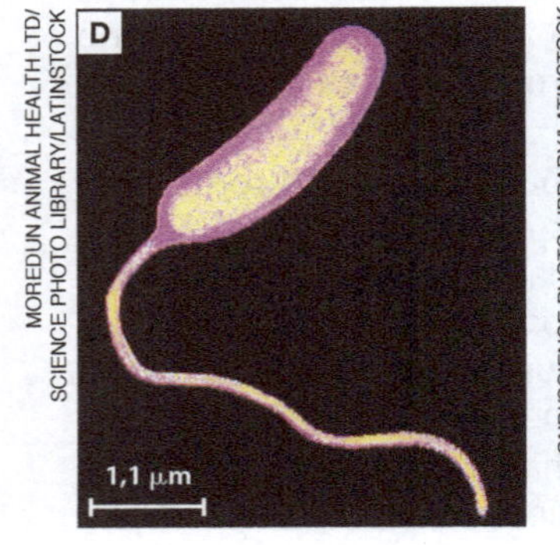

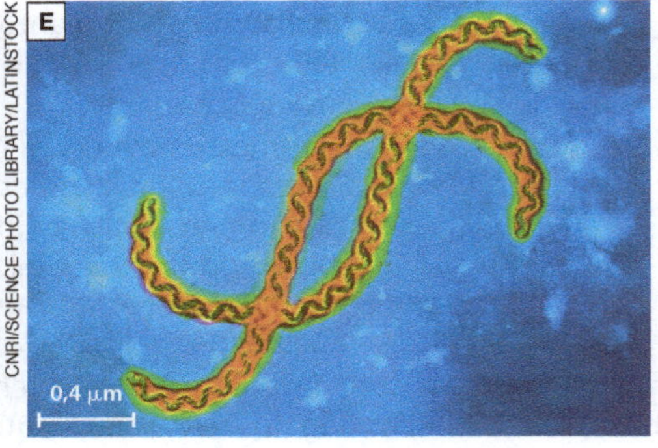

Figura 11.8 A. Fotomicrografia da bactéria *Streptococcus pyogenes*, causadora de doenças como escarlatina e faringite. (Microscópio eletrônico de varredura; cores artificiais.) B. Fotomicrografia da bactéria do gênero *Staphylococcus*, agente causador de doenças como pneumonia e endocardite. (Microscópio eletrônico de varredura; cores artificiais.) C. Fotomicrografia da bactéria *Haemophilus influenzae*, causadora de doenças respiratórias. (Microscópio eletrônico de varredura; cores artificiais.) D. Fotomicrografia da bactéria *Vibrio cholerae*, causadora do cólera. (Microscópio eletrônico de transmissão; cores artificiais.) E. Fotomicrografia da bactéria *Leptospira interrogans*, agente causador da leptospirose. (Microscópio eletrônico de transmissão; cores artificiais.)

Nutrição das bactérias

As bactérias apresentam variadas formas de nutrição. Quanto a essa característica, podem ser separadas em dois grandes grupos: autotróficas e heterotróficas.

As **bactérias autotróficas** obtêm átomos de carbono, matéria-prima básica para a produção de moléculas orgânicas, a partir de moléculas de gás carbônico (CO_2). Essas bactérias podem ser **fotossintetizantes**, quando a fonte de energia para a síntese de moléculas orgânicas é a luz, ou **quimiossintetizantes**, quando utilizam energia liberada em reações químicas inorgânicas.

As **bactérias heterotróficas** obtêm átomos de carbono a partir de moléculas orgânicas e podem, de acordo com a origem do alimento, ser classificadas em saprofágicas ou parasitas. Bactérias saprofágicas (do grego *sapros*, podre, e *phagein*, comer) alimentam-se de cadáveres, fezes ou partes descartadas por seres vivos (folhas caídas, por exemplo). **Bactérias parasitas** alimentam-se de tecidos corporais de seres vivos e geralmente causam doenças.

Alguns tipos de bactérias heterotróficas obtêm energia apenas por meio da respiração aeróbica, necessitando de gás oxigênio (O_2) e, consequentemente, vivendo apenas onde esse gás está disponível; por isso essas bactérias são denominadas **bactérias aeróbicas**. Outras bactérias podem obter energia tanto por meio da respiração aeróbica quanto da fermentação. Por isso elas são denominadas **bactérias anaeróbicas facultativas**. Há também bactérias, como as causadoras do tétano, por exemplo, que não toleram a presença de gás oxigênio, morrendo se expostas a ele. São as **bactérias anaeróbicas obrigatórias**.

A reprodução das bactérias

Reprodução das bactérias

As bactérias reproduzem-se assexuadamente por meio de divisão binária. Nesse processo a célula bacteriana primeiro duplica o cromossomo e em seguida divide-se ao meio, formando duas novas bactérias. Em algumas espécies bacterianas, em condições ideais, o processo se completa em apenas vinte minutos. Por isso, em poucas horas uma única bactéria pode originar uma população bacteriana composta de milhões de células geneticamente idênticas. O conjunto de indivíduos originados a partir de uma única célula por sucessivas reproduções assexuadas constitui o que os cientistas denominam **clone**. **(Fig. 11.9)**

Processos de recombinação gênica em bactérias

Bactérias não apresentam reprodução sexuada. Entretanto, pode haver trocas de genes entre indivíduos da mesma espécie ou mesmo de espécies diferentes. Dessa forma, bactérias podem adquirir novas características genéticas ao captar DNA originário de outra bactéria.

A captação e a incorporação de DNA disperso no ambiente levam ao processo conhecido por **transformação bacteriana**: a célula bacteriana que absorveu o DNA é transformada, passando a apresentar novas características hereditárias condicionadas pelo DNA incorporado.

Os cientistas têm se utilizado da transformação bacteriana para introduzir genes de diferentes espécies em células de bactérias hospedeiras. Essa foi a estratégia empregada para a produção em grande escala da insulina. Os cientistas conseguiram inserir o gene humano responsável por esse hormônio em plasmídios bacterianos que foram absorvidos por bactérias *Escherichia coli*, transformando-as. Os plasmídios multiplicam-se no interior da célula bacteriana e são transmitidos às células-filhas. Dessa forma originam-se linhagens de bactérias que contêm o gene necessário para produzir insulina humana. Grande parte da insulina comercializada atualmente, utilizada no tratamento do diabetes melito, provém de bactérias transgênicas criadas em laboratório por meio da transformação bacteriana.

Certas bactérias podem adquirir novos genes por meio da **conjugação bacteriana**; nesse processo ocorre a transferência de DNA de uma bactéria doadora a uma bactéria receptora por meio de um pelo oco denominado **pelo sexual** ou *pilus* (plural: *pili*), que conecta as duas bactérias conjugantes.

Um terceiro processo de aquisição de novos genes por bactérias é a **transdução bacteriana**, em que a transferência de segmentos de moléculas de DNA de uma bactéria para outra é promovida por vírus bacteriófagos. Nesse caso bacteriófagos que se formam dentro de bactérias infectadas podem incorporar pedaços do DNA bacteriano. Depois da ruptura da bactéria hospedeira, vírus portadores de DNA bacteriano podem infectar outras bactérias e transferir a elas os genes bacterianos que transportavam. A bactéria infectada por esses vírus vetores eventualmente incorpora em seu cromossomo os genes recebidos do fago. Se este não destruir a bactéria, ela passará a se multiplicar, originando uma linhagem com novas características, transmitidas de outras bactérias por meio do fago.

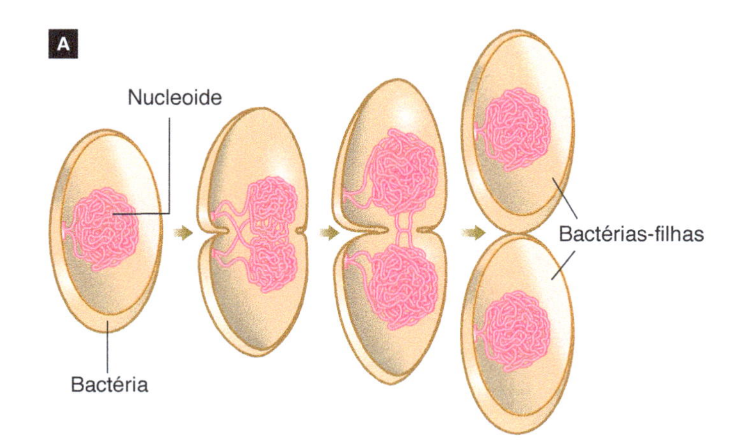

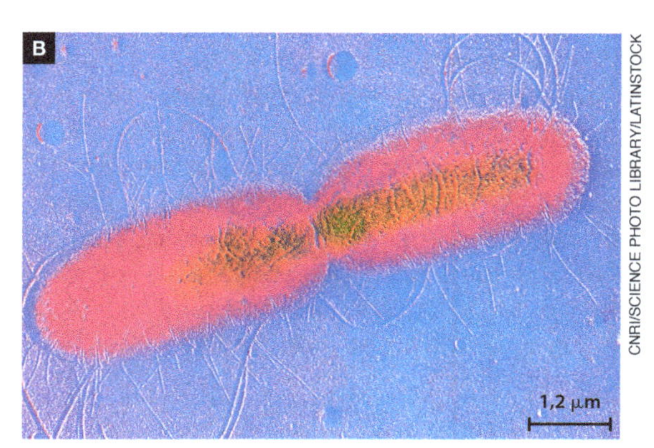

Figura 11.9 A. Representação esquemática do processo de divisão de uma célula bacteriana em corte, para mostrar o nucleoide. B. Fotomicrografia de bactéria *Escherichia coli* em divisão; a região central alaranjada é o nucleoide. (Microscópio eletrônico de transmissão; cores artificiais.)

Bactérias e Biotecnologia

O desenvolvimento científico e tecnológico tem possibilitado o aproveitamento de diversas espécies de seres vivos em tecnologias úteis à humanidade, o que é conhecido como Biotecnologia. Os microrganismos, embora tenham sido descobertos apenas no século XVII, já eram empregados desde a Antiguidade em biotecnologias de produção de alimentos. Bactérias dos gêneros *Lactobacillus* e *Streptococcus*, por exemplo, são imprescindíveis na produção de queijos, iogurtes e requeijões; as do gênero *Acetobacter*, que convertem etanol presente no vinho em ácido acético, participam da produção de vinagre; bactérias do gênero *Corynebacterium* produzem o aminoácido glutamato, substância muito utilizada em temperos por sua propriedade de intensificar o sabor dos alimentos.

Atualmente as bactérias também têm sido empregadas em larga escala na indústria farmacêutica para a produção de antibióticos e vitaminas. O antibiótico neomicina, por exemplo, é produzido por uma bactéria do gênero *Streptomyces*. Na indústria química a produção de substâncias como o metanol, o butanol, a acetona etc. requer o uso de bactérias. Nos grandes centros urbanos bactérias decompositoras ganham cada vez mais destaque, pois têm papel importante na degradação de matéria orgânica dos esgotos domésticos e do lixo. Essa degradação, além de tudo, produz gás metano, utilizado como combustível.

O potencial biotecnológico das bactérias aumentou enormemente nas últimas décadas com o desenvolvimento da técnica do DNA recombinante, também chamada **Engenharia Genética**. Essa técnica permite, entre outras coisas, introduzir genes humanos em bactérias, fazendo-as produzir proteínas tipicamente humanas. O hormônio de crescimento utilizado no tratamento de nanismo e a insulina usada no tratamento de diabetes melito são exemplos de substâncias produzidas por bactérias geneticamente transformadas por meio da Engenharia Genética.

Biorremediação

Biorremediação é a utilização de microrganismos, principalmente bactérias, para limpar áreas ambientais contaminadas por poluentes. O grande interesse por esse tipo de procedimento deve-se ao fato de a biorremediação ser mais simples, mais barata e menos prejudicial ao ambiente que os processos não biológicos utilizados atualmente, como recolher os poluentes e transportá-los para outros locais.

Como exemplo de biorremediação pode-se citar o uso de bactérias do gênero *Pseudomonas* na descontaminação de ambientes poluídos por pesticidas ou por petróleo. *Pseudomonas* spp. e outras bactérias semelhantes oxidam diversos compostos orgânicos nocivos, transformando-os em substâncias inócuas ao ambiente. Atualmente a biorremediação tem se voltado para o estudo genético dessas bactérias, a fim de modificar seus genes e aumentar sua eficiência como despoluidoras.

Arqueas

Alguns sistematas continuam a incluir os seres procarióticos no reino **Monera** (do grego *moneres*, único, solitário). Essa classificação, entretanto, tem sido objeto de críticas pelo fato de haver dois grupos bem distintos de seres procarióticos: as **arqueas** (do grego *archeos*, antigo), anteriormente chamadas de arqueobactérias, e as **eubactérias** (do grego *eu*, verdadeiro), atualmente chamadas simplesmente de **bactérias**. As arqueas só foram diferenciadas das bactérias há poucas décadas graças ao desenvolvimento das técnicas de análise molecular.

Uma diferença importante entre arqueas e bactérias é quanto à constituição química da parede celular. Arqueas não apresentam, em sua parede, o peptidoglicano, constituinte típico das bactérias. Algumas espécies de arqueas apresentam polissacarídios na parede celular, enquanto outras apresentam apenas proteínas. A diferença mais marcante entre bactérias e arqueas está na organização e no funcionamento de seus genes.

As arqueas vivem em ambientes extremos, como lagos de água quente e ácida, lagos salgados, no tubo digestivo de animais ou no lodo do fundo de lagoas. Acredita-se que as arqueas não mudaram muito desde sua origem e que alguns desses hábitats extremos em que vivem hoje seriam semelhantes aos ambientes que existiram na Terra primitiva.

Neste livro adotamos um sistema de classificação biológica em que bactérias e arqueas são incluídas em reinos diferentes, levando em conta as novas ideias sobre a história evolutiva da vida na Terra. Essa proposta considera uma categoria taxonômica acima dos reinos chamada de **domínio**; os seres vivos são separados em três grandes domínios: Bacteria, Archaea e Eukarya. O domínio **Bacteria** agrupa as bactérias; o domínio **Archaea** agrupa as arqueas; o domínio **Eukarya** reúne protoctistas, fungos, plantas e animais, seres constituídos por células eucarióticas.

Novas descobertas mostram que as arqueas são evolutivamente mais relacionadas aos organismos eucarióticos do que às bactérias. Isso sugere que, nos primórdios da vida na Terra, um grupo de organismos primitivos originou dois ramos, um dos quais deu origem às bactérias atuais. Em um segundo momento o outro ramo teria se diversificado em dois: um deles teria originado as arqueas e o outro, os seres eucarióticos. **(Fig. 11.10)**

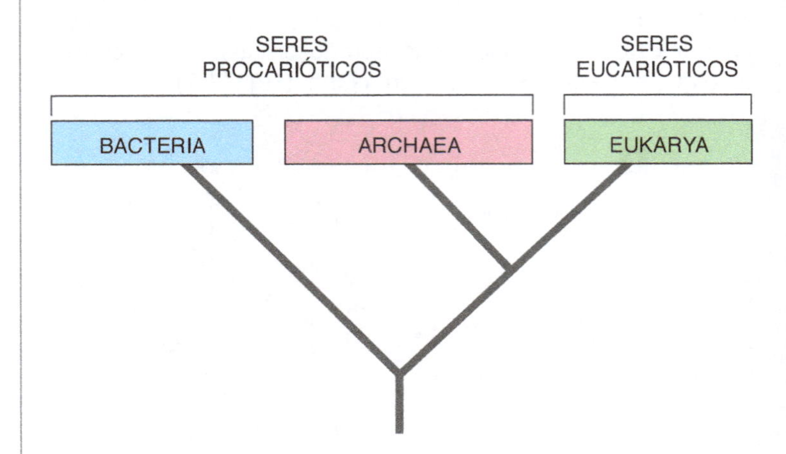

Figura 11.10 Árvore filogenética que mostra as relações de parentesco evolutivo entre seres procarióticos e eucarióticos.

Agora você pode resolver as atividades 14 a 21, 23, 25, 28, 29, 35 a 37, 39 a 41, 43 e 44.

Ciência e cidadania

Um problema mundial de saúde: gripe

Pandemias de gripe

1 Embora seja uma doença corriqueira, milhares de pessoas morrem anualmente em decorrência da infecção pelo vírus de gripe. Na grande pandemia ocorrida em 1918 e 1919 morreram entre 20 e 40 milhões de pessoas em todo o mundo, de todas as idades e classes sociais. Entre as vítimas estava Francisco de Paula Rodrigues Alves, o presidente da República do Brasil na época. Outras grandes pandemias foram a gripe asiática de 1957, que matou mais de 1 milhão de pessoas, e a gripe de Hong Kong de 1968, em que morreram cerca de 700 mil pessoas. A pandemia de gripe pelo vírus H1N1 de 2009 matou entre 151.700 e 575.400 pessoas, principalmente no sudeste asiático e na África, onde o acesso à prevenção e ao tratamento é limitado.

Variedade dos vírus de gripe

2 Há diversas variedades de vírus de gripe, todas incluídas no gênero *Influenzavirus*. Os víríons de gripe têm entre 80 e 120 nm de diâmetro e apresentam um envelope viral externo. Este envolve um nucleocapsídio que contém sete ou oito moléculas diferentes de RNA.

3 O envelope viral tem dois tipos de glicoproteínas características do vírus de gripe: a hemaglutinina, que constitui as espículas H, e a neuraminidase, que constitui as espículas N. As espículas recebem esse nome porque formam saliências pontiagudas no envelope viral. As espículas de hemaglutinina permitem que o vírus se ligue às células hospedeiras. As espículas de neuraminidase são importantes para que os vírus recém-formados sejam liberados da célula hospedeira.

4 As variedades de vírus de gripe são caracterizadas pelos tipos de espículas N e H que apresentam. Já são conhecidos dezesseis tipos de hemaglutininas e nove tipos de neuraminidases, que costumam ser identificados por um índice alfanumérico (H0, H1, H2 etc.; N1, N2 etc.). A gripe asiática que assolou o mundo em 1957, por exemplo, foi causada por uma variedade viral H2N2, que combinava espículas H do tipo 2 e espículas N do tipo 2. O vírus H5N1, por outro lado, que combina espículas H do tipo 5 e espículas N do tipo 1, é responsável por epidemias de gripe em aves que ocorrem na Ásia desde 1997. O vírus H5N1 raramente é transmitido de aves para seres humanos; entretanto, quando isso ocorre, costuma ser fatal. Felizmente, ainda não foi registrado nenhum caso de transmissão desse vírus de uma pessoa para outra.

5 Ao contrair gripe a pessoa geralmente produz anticorpos contra as proteínas do vírus, incluindo as espículas H e N, tornando-se imune àquele tipo de gripe. Por isso, depois de um surto gripal, grande parte da população adquire imunidade contra o tipo de vírus causador. Em algumas pessoas, porém, podem surgir vírus mutantes dotados de espículas H e N ligeiramente diferentes das presentes na linhagem original, o que dificulta a atuação dos anticorpos produzidos. Os vírus mutantes podem provocar um novo surto da doença nos meses de inverno, por exemplo, quando a resistência natural das pessoas diminui em virtude das variações climáticas.

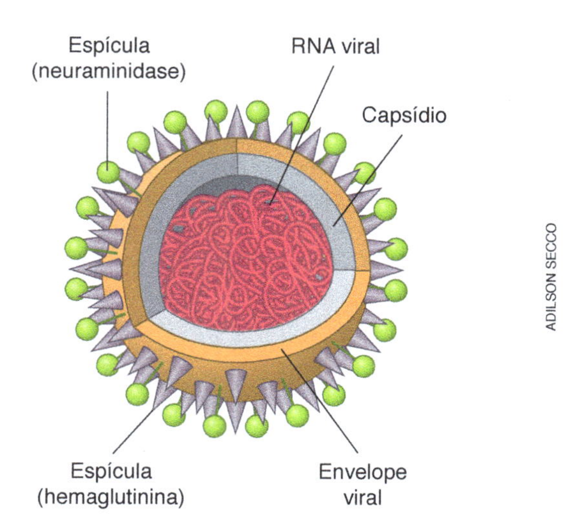

Representação esquemática da estrutura de um vírus de gripe com parte do envelope viral removida para mostrar as moléculas de RNA.

Vírus influenza que causaram grandes epidemias*	
Vírus	Atuação
H1N1	Causou a pandemia de gripe espanhola e é responsável pela pandemia de gripe de 2009.
H2N2	Causou a pandemia de gripe asiática.
H3N2	Causou a pandemia de gripe de Hong Kong.
H5N1	Causou a gripe de aves na Ásia.

* Elaborada com base em Tortora, G. J. e cols., 1995.

6 No Brasil o Ministério da Saúde atua preventivamente contra a gripe, ministrando à população uma vacina antigripal produzida com uma mistura das formas virais mais comuns, em particular das que causaram gripe nos últimos anos, preferencialmente aos maiores de 60 anos, gestantes, crianças de 6 meses a 5 anos, indígenas, mulheres no período de até 45 dias após o parto e trabalhadores da área de saúde.

7 Variedades muito perigosas do vírus da gripe surgem esporadicamente por meio de recombinação genética. Como os vírus têm oito moléculas de RNA diferentes em seu genoma, se uma célula é infectada simultaneamente por dois tipos diferentes de vírus, podem formar-se partículas virais com combinações de moléculas de RNA das duas variedades. Nesses casos o vírus recombinante não é reconhecido pelo sistema imunitário e pode se reproduzir rapidamente, causando pandemias de gripe.

8 A Organização Mundial da Saúde mantém vigilância rigorosa e permanente sobre os surtos de gripe, tentando identificar rapidamente os novos vírus que surgem. Se são identificados logo, é possível produzir vacinas e imunizar grande parte da população antes que a epidemia atinja maiores proporções.

9 Outra preocupação dos órgãos de saúde pública é monitorar criadouros de aves e de porcos, cujos vírus de gripe podem eventualmente infectar seres humanos. Embora os vírus desses animais não sejam transmitidos de uma pessoa para outra, há risco de ocorrerem alterações na hemaglutinina viral, capacitando-os a infectar células humanas. Isso aconteceria tanto por mutação dos genes virais animais quanto por recombinação com o vírus de gripe humano. Por exemplo, uma célula infectada simultaneamente por um vírus de ave e por um vírus humano poderia originar novos tipos de vírus, com misturas dos dois tipos de RNA, eventualmente capazes de infectar células humanas. Esses novos vírus seriam perigosos porque, tendo parte de seus componentes proveniente do vírus de ave, não seriam reconhecidos pelo sistema imunitário humano por não ter tido contato prévio com ele.

10 No sudoeste asiático, foco inicial de várias epidemias de gripe, há regiões em que marrecos são criados com porcos, constituindo um ambiente perigosamente favorável à recombinação entre vírus de animais domésticos e de humanos. Como os porcos podem ser infectados tanto por vírus de aves quanto por vírus humanos, o material genético de ambos os vírus pode recombinar-se em suas células, originando novos tipos virais. O vírus H1N1, responsável pela chamada gripe suína, que teve início no México em 2009, pode ter surgido dessa maneira.

11 Recentes estudos genéticos da hemaglutinina do vírus da gripe aviária asiática mostraram que bastaria uma única mutação para permitir que esse vírus adquirisse a capacidade de se ligar a receptores humanos e assim ser transmitido de uma pessoa para outra.

HOANG DINH NAM/AFP

IMAGINECHINA/AP PHOTO/GLOW IMAGES

A. Criação conjunta de galinhas e porcos em Manila (Filipinas, 2009). **B.** Veterinários aplicam vacina contra gripe aviária em galinhas, na China (2013).

GUIA DE LEITURA

Quem nunca teve gripe? Essa doença infecciosa é causada por certos tipos de vírus e acompanha a humanidade há milênios, de tempos em tempos causando epidemias de grandes proporções. No texto deste quadro apresentamos as características dos vírus causadores de gripe e epidemias causadas por eles ao longo da história. Com o auxílio do Guia de leitura, descubra por que a gripe, embora aparentemente pouco perigosa, desperta grandes preocupações das autoridades de saúde mundiais quanto ao seu futuro.

1. Leia o primeiro parágrafo, que aponta o agente causador da gripe e cita o exemplo de três grandes pandemias dessa doença. Para saber o significado exato do termo "pandemia", consulte o *Glossário*. Anote em seu caderno as épocas dessas pandemias de gripe, deixando um espaço ao lado para adicionar, como será solicitado adiante, a informação sobre os tipos de vírus específicos associados a cada uma.
2. No segundo parágrafo aparece o conceito de "vírion". Relembre-o em *A estrutura viral*, neste capítulo. O que significa dizer que os vírions de gripe são "envelopados"?
3. Leia o terceiro parágrafo, que fala de dois importantes componentes do envelope viral do vírus de gripe. Quais são eles e quais suas funções para o vírus?
4. Leia o quarto parágrafo, que menciona a variedade de vírus quanto às espículas do envelope viral. Analise os dados do texto em conjunto com os da primeira figura deste quadro, que traz a representação esquemática da estrutura de um vírus de gripe. Com base nessa análise complete os dados anotados em seu caderno, como solicitado no item 1 deste guia. A chamada gripe suína, que teve um surto rápido no país em 2009, é causada por qual tipo de vírus?
5. Leia o quinto parágrafo. Ele se refere a dois fenômenos: o desenvolvimento de imunidade na população após um surto de gripe e o aparecimento de novos surtos. Como o texto explica cada um deles?
6. No sexto parágrafo, menciona-se uma importante providência do Ministério da Saúde brasileiro para prevenir a gripe. Que providência é essa? Você já conhecia esse programa governamental? Algum de seus parentes ou conhecidos já foi atendido por ele?
7. Leia os parágrafos 7 e 8 e responda: a) como se explica o aparecimento de novas variedades de gripe causadoras de pandemias?; b) o que tem sido feito para monitorar essas situações?
8. Nos parágrafos 9, 10 e 11 fala-se da preocupação dos órgãos de saúde com o aparecimento de novas linhagens de vírus de gripe potencialmente perigosas. Resuma o mais sucintamente possível as ideias dos parágrafos. Caso tenha informações adicionais, acrescente um comentário pessoal sobre a chamada "gripe suína".

Mapa de conceitos

Vírus

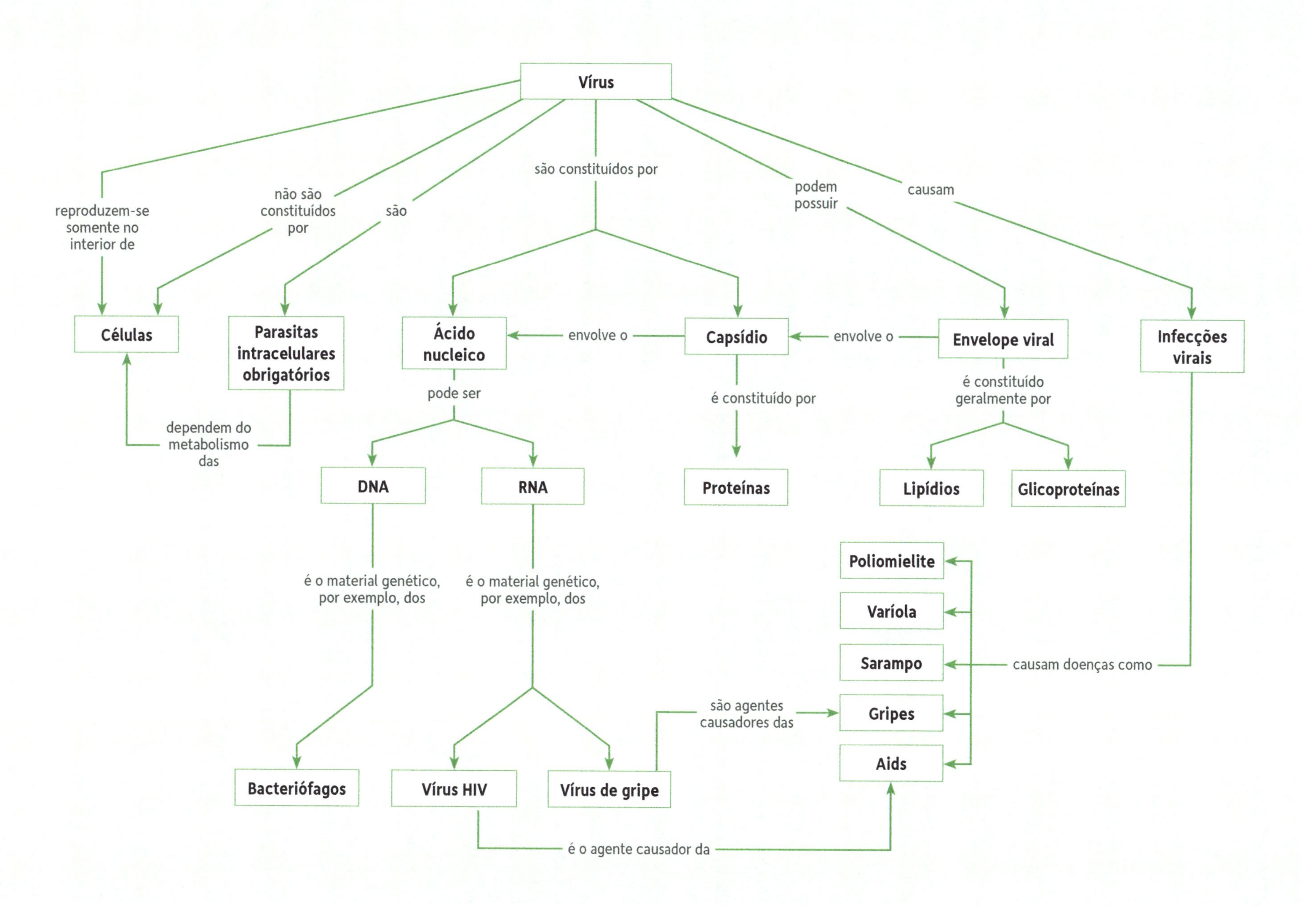

ATIVIDADES

REVENDO CONCEITOS, FATOS E PROCESSOS

11.1 Vírus

1. Os vírus se distinguem de todos os outros seres vivos porque
- **a)** são parasitas intracelulares.
- **b)** têm células procarióticas.
- **c)** não têm proteínas em sua constituição.
- **d)** são acelulares.

2. O material genético de um vírus é
- **a)** sempre DNA.
- **b)** sempre RNA.
- **c)** sempre DNA e RNA.
- **d)** DNA ou RNA.

Considere as alternativas a seguir para responder às questões de 3 a 7.
- **a)** Bacteriófago.
- **b)** Capsídio.
- **c)** Envelope viral.
- **d)** Infecção viral.
- **e)** Vírion.

3. Como se denomina a invasão da célula viva por um vírus e sua subsequente multiplicação?

4. Qual é a denominação dos vírus cujos hospedeiros são bactérias?

5. Como se denomina o envoltório proteico que protege o material genético dos vírus?

6. Como se chama a partícula viral livre, fora de células vivas?

7. Qual é o nome do envoltório externo lipoproteico apresentado por vírus como os de gripe?

Considere as alternativas a seguir para responder às questões de 8 a 11.
- **a)** Ciclo lisogênico.
- **b)** Ciclo lítico.
- **c)** Fago temperado.
- **d)** Profago (provírus).

8. Que denominação recebe o ácido nucleico de um bacteriófago integrado ao cromossomo bacteriano?

9. Como se denomina um tipo de bacteriófago que, após penetrar na bactéria hospedeira, pode integrar-se no cromossomo bacteriano e ser transmitido às bactérias-filhas?

10. Qual é a denominação do processo em que o bacteriófago se multiplica no interior da bactéria hospedeira, destruindo-a?

11. Qual é a denominação do processo em que o bacteriófago integrado no cromossomo bacteriano é transmitido às bactérias-filhas?

Considere as alternativas a seguir para responder às questões 12 e 13.
- **a)** DNA.
- **b)** Proteína.
- **c)** RNA.
- **d)** Transcriptase reversa.

12. Qual das substâncias caracteriza os retrovírus?

13. Qual é o material genético do vírus de gripe?

11.2 Bactérias e arqueas

14. Qual é o nome da região da célula bacteriana em que se localiza a molécula de DNA circular que contém os genes essenciais à vida de uma bactéria?
- **a)** Arquea.
- **b)** Divisão binária.
- **c)** Nucleoide.
- **d)** Plasmídio.

15. Moléculas de DNA circulares que podem ou não estar presentes em células procarióticas e geralmente contêm genes para resistência a antibióticos são denominadas
- **a)** capsídios.
- **b)** cromossomos.
- **c)** nucleoides.
- **d)** plasmídios.

Considere as alternativas a seguir para responder às questões de 16 a 19.
- **a)** Conjugação bacteriana.
- **b)** Divisão binária.
- **c)** Transdução bacteriana.
- **d)** Transformação bacteriana.

16. Qual é o processo pelo qual uma bactéria transfere genes a outra por meio de um tubo de proteína?

17. Qual das alternativas refere-se à passagem de genes bacterianos de uma bactéria para outra tendo um vírus bacteriófago por meio de transporte?

18. Qual o nome do processo de mistura genética em que DNA livre é absorvido do ambiente pela bactéria?

19. Como se denomina o processo de reprodução das bactérias?

20. Uma justificativa para agrupar bactérias e arqueas no mesmo reino – Monera – é que ambas
- **a)** são unicelulares.
- **b)** têm célula procariótica.
- **c)** têm DNA.
- **d)** têm parede com peptidioglicano.

21. Observe o diagrama a seguir, que representa a relação de parentesco evolutivo entre grandes grupos de seres vivos.

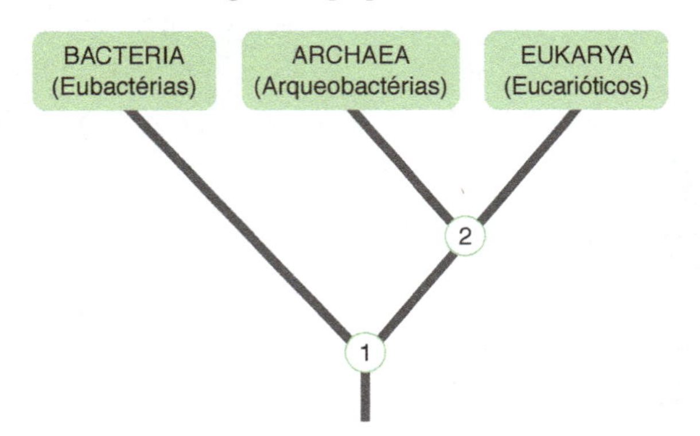

Com base no diagrama pode-se concluir que
- **a)** o organismo 2 é o ancestral de todas as bactérias atuais.
- **b)** as arqueas são mais aparentadas com as bactérias.
- **c)** os seres eucarióticos são mais aparentados com as arqueas.
- **d)** o organismo 2 é mais antigo que o organismo 1.

QUESTÕES PARA EXERCITAR O PENSAMENTO

22. Cientistas israelenses anunciaram uma técnica inovadora de terapia gênica que consiste em introduzir nas células o gene PDX-1, que ativa a produção de insulina em células de fígado. Leia, em um trecho do jornal *Folha de S.Paulo*, de 3 de abril de 2000, como eles fizeram isso: "Para transportar o gene PDX-1 para as células hepáticas, a pesquisadora Sarah Ferber usou um vírus chamado adenovírus, previamente atenuado. Ao infectar a célula hepática, o vírus introduz o gene (humano) no material genético celular".
Com base nessas informações, responda: que analogia pode ser feita entre o processo de introduzir o gene no material genético da célula hepática usado pela pesquisadora e uma etapa do ciclo de infecção pelo HIV? Qual é o papel do adenovírus no processo?

23. Recentemente descobriu-se que um dos principais agentes causadores de úlceras estomacais e duodenais é uma bactéria, *Helicobacter pylori*. Leia, a seguir, as conclusões publicadas na página da internet por uma clínica de Gastrenterologia. Reproduzimos essas conclusões da maneira exata como estavam escritas:
"A infecção pelo Helicobacter Pylori é o processo Crônico mais difundido do Universo.
Existem 3 tipos de Helicobacter Pylori: Bom, Médio e Mau.
Bactéria boa é bactéria morta."

a) O nome científico da bactéria está escrito de acordo com as normas da nomenclatura científica?
b) Levando em conta o que foi apresentado no capítulo, você concorda com a afirmação "Bactéria boa é bactéria morta"? Suponha que você desejasse enviar suas críticas e sugestões aos responsáveis pelo texto da clínica, de modo a contribuir para melhorar a qualidade de seus serviços. Escreva uma carta objetiva aos editores da página da clínica de Gastrenterologia, justificando suas sugestões.

A BIOLOGIA NO VESTIBULAR

QUESTÕES OBJETIVAS

24. (PUC-SP)

> Passadas três semanas do anúncio de que a gripe suína poderia se transformar numa pandemia mortal, o pânico que correu o mundo enfim se dissipou. O vírus influenza A (H1N1), deflagrador da doença, revelou-se bem menos letal do que se previa.
>
> • *Veja*, 20 maio 2009.

A transmissão do H1N1 ocorre por
a) ingestão de carne de porco.
b) ingestão de derivados de carne suína ou bovina.
c) contato com vários animais domésticos, especialmente mamíferos.
d) contato direto com pessoas portadoras do vírus.
e) um mosquito hospedeiro do vírus.

25. (FUA-AM) Além do cromossomo, algumas bactérias contêm um pequeno DNA circular extracromossômico denominado
a) Z DNA.
b) plasmídio.
c) B DNA.
d) DNA linear.
e) P DNA.

26. (UEMS) Componente que faz parte da estrutura dos vírus, formado por proteínas que, além de proteger o ácido nucleico viral, tem a capacidade de se combinar quimicamente com substâncias presentes na superfície das células hospedeiras, permitindo ao vírus reconhecer e atacar o tipo de célula adequado a hospedá-lo:
a) núcleo viral
b) envoltório lipídico
c) capsídio
d) DNA
e) RNA

27. (Fuvest-SP) Os bacteriófagos são constituídos por uma molécula de DNA envolta em uma cápsula de proteína. Existem diversas espécies, que diferem entre si quanto ao DNA e às proteínas constituintes da cápsula. Os cientistas conseguem construir partículas virais ativas com DNA de uma espécie e cápsula de outra. Em um experimento, foi produzido um vírus contendo DNA do bacteriófago T_2 e cápsula do bacteriófago T_4. Pode-se prever que a descendência desse vírus terá
a) cápsula de T_4 e DNA de T_2.
b) cápsula de T_2 e DNA de T_4.
c) cápsula e DNA, ambos de T_2.
d) cápsula e DNA, ambos de T_4.
e) mistura de cápsulas e DNA de T_2 e de T_4.

28. (PUC-SP) O termo "superbactérias" é atribuído às bactérias que desenvolvem resistência a, praticamente, todos os antibióticos. Vários fatores estão envolvidos na disseminação desses microrganismos multirresistentes, incluindo o uso abusivo de antibióticos, procedimentos invasivos (cirurgias, implantação de próteses médicas e outros) e a capacidade das bactérias de transmitir seu material genético. A partir da leitura do texto e de seus conhecimentos de Biologia, é correto afirmar que
a) os antibióticos provocam alterações diretas no RNA, que é o material genético das bactérias.
b) os antibióticos provocam alterações diretas no DNA, que é o material genético das bactérias.
c) os antibióticos provocam alterações diretas nas proteínas bacterianas, uma vez que esses polipeptídios constituem o material genético desses procariontes.
d) bactérias portadoras de mutações provocadas por antibióticos perdem a capacidade de transmitir genes a seus descendentes.
e) na população em geral, e principalmente no ambiente hospitalar, há uma seleção de genes bacterianos que determinam resistência a antibióticos.

29. (UFSCar-SP) Determinado medicamento tem o seguinte modo de ação: suas moléculas interagem com uma determinada proteína desestabilizando-a e impedindo-a de exercer sua função como mediadora da síntese de uma molécula de DNA, a partir de um molde de RNA. Esse medicamento
a) é um fungicida.
b) é um antibiótico com ação sobre alguns tipos de bactérias.
c) impede a reprodução de alguns tipos de vírus.
d) impede a reprodução de alguns tipos de protozoários.
e) inviabiliza a mitose.

30. (Unifesp) Um pesquisador pretende manter uma cultura de células e infectá-las com determinado tipo de vírus, como experimento. Assinale a alternativa que contém a recomendação e a justificativa corretas a serem tomadas como procedimento experimental.

a) É importante garantir que haja partículas virais (vírus) completas. Uma partícula viral completa origina-se diretamente de outra partícula viral preexistente.
b) Deve-se levar em conta a natureza da célula que será infectada pelo vírus: células animais, vegetais ou bactérias. Protistas e fungos não são hospedeiros de vírus.
c) Deve-se garantir o aporte de energia para as células da cultura na qual os vírus serão inseridos. Essa energia será usada tanto pelas células quanto pelos vírus, já que estes não produzem ATP.
d) Na análise dos dados, é preciso atenção para o ácido nucleico em estudo. Um vírus pode conter mais de uma molécula de DNA: a sua própria e a que codifica para a proteína da cápsula.
e) É necessário escolher células que tenham enzimas capazes de digerir a cápsula proteica do vírus. A partir da digestão dessa cápsula, o ácido nucleico viral é liberado.

31. (Uerj) A alternativa que apresenta uma propriedade comum a todos os vírus é:
a) replicam-se independentemente.
b) possuem ácido nucleico e proteínas.
c) são formados por DNA e carboidratos.
d) reproduzem-se de forma similar à das bactérias.

32. (UFC-CE) Assinale a alternativa que traz, na sequência correta, os termos que preenchem as lacunas do texto:
"Os retrovírus, como o HIV, são partículas portadoras de RNA, que possuem a característica especial de ter a enzima (1) e cujo (2) comanda a síntese de (3). Este último, uma vez formado, passa a comandar a síntese de novas moléculas de (4), que irão constituir o material genético de novos retrovírus".
a) 1. transcriptase reversa; 2. DNA; 3. RNA; 4. RNA.
b) 1. transcriptase reversa; 2. RNA; 3. DNA; 4. RNA.
c) 1. RNA polimerase; 2. DNA; 3. RNA; 4. DNA.
d) 1. DNA polimerase; 2. DNA; 3. RNA; 4. RNA.
e) 1. DNA ligase; 2. RNA; 3. DNA; 4. RNA.

33. (PUC-RS) Ao contrário dos organismos compostos por células, os vírus não metabolizam energia, isto é, não produzem ATP nem realizam fermentação, respiração celular ou fotossíntese. Os vírus são parasitas intracelulares obrigatórios e têm como hospedeiras células de animais, de vegetais, de fungos, de protistas ou de bactérias. Com relação à constituição química, os vírus são formados por
a) ácidos nucleicos e proteínas.
b) DNA, RNA e lipídios.
c) carboidratos, DNA e proteínas.
d) carboidratos e ácidos nucleicos.
e) lipídios e aminoácidos.

34. (UFJF-MG) Os vírus não são considerados células porque
a) possuem somente um cromossomo e são muito pequenos.
b) não possuem mitocôndrias e o retículo endoplasmático é pouco desenvolvido.
c) não têm membrana plasmática nem metabolismo próprio.
d) parasitam plantas e animais e dependem de outras células para sobreviver.
e) seu material genético sofre muitas mutações e é constituído apenas por RNA.

35. (UFU-MG) Com relação aos vírus e às bactérias, analise as afirmativas abaixo:
I. Todo vírus é parasita intracelular porque penetra em uma célula e usa do metabolismo dessa célula para produzir novos vírus.
II. O material genético dos vírus é sempre DNA e RNA.
III. As bactérias distinguem-se de todos os seres vivos por serem procarióticas.
IV. Todas as bactérias são seres autotróficos, fotossintetizantes e quimiossintetizantes.
Marque a alternativa que apresenta somente afirmativas corretas:
a) I e IV.
b) II e IV.
c) I e III.
d) II e III.

36. (Fuvest-SP) Qual das alternativas classifica corretamente o vírus HIV, o tronco de uma árvore, a semente de feijão e o plasmódio da malária, quanto à constituição celular?

	Vírus HIV	Tronco de árvore	Semente de feijão	Plasmódio da malária
a)	acelular	acelular	unicelular	unicelular
b)	acelular	multicelular	multicelular	unicelular
c)	acelular	multicelular	unicelular	unicelular
d)	unicelular	acelular	multicelular	acelular
e)	unicelular	acelular	unicelular	acelular

37. (UFC-CE) Analise o texto adiante.
Nas bactérias, o material genético está organizado em uma fita contínua de ( ) que fica localizado em uma área chamada de ( ). A reprodução das bactérias se dá principalmente por ( ), que produz ( ).
Assinale a alternativa que completa corretamente o texto.
a) cromossomos — nucleossomo — brotamento — duas células-filhas idênticas.
b) DNA — nucleossomo — reprodução sexuada — uma célula-filha idêntica à mãe.
c) plasmídio — nucleoide — conjugação — várias células-filhas diferentes entre si.
d) DNA — nucleoide — fissão binária — duas células-filhas idênticas.
e) RNA — núcleo — reprodução sexuada — duas células-filhas diferentes.

QUESTÕES DISCURSIVAS

38. (UFG-GO) A maioria dos pesquisadores da área biológica considera complexa a tarefa de definir se os vírus são seres vivos ou seres não vivos. Apresente dois argumentos a favor e dois contra a inclusão dos vírus na categoria dos seres vivos.

39. (Fuvest-SP) Um estudante escreveu o seguinte em uma prova: "as bactérias não têm núcleo nem DNA". Você concorda com o estudante? Justifique.

40. (UFRJ) Desde a Antiguidade, o salgamento foi usado como recurso para evitar a putrefação dos alimentos. Em algumas regiões tal prática ainda é usada para a preservação da carne de boi, de porco ou de peixe. Explique o mecanismo por meio do qual o salgamento preserva os alimentos.

41. (Fuvest-SP) Duas doenças sexualmente transmissíveis muito comuns são a uretrite não gonocócica que, tudo indica, é causada pela *Chlamydia trachomatis* e o herpes genital, causado pelo *Herpes simplex*. A tabela a seguir compara algumas características desses dois agentes infecciosos.

Características	*Chlamydia trachomatis*	*Herpes simplex*
Parasita intracelular obrigatório	+	+
Presença de membrana plasmática	+	–
Presença de núcleo celular	–	–
Presença de DNA	+	+
Presença de RNA	+	–
Presença de ribossomos	+	–

a) Esses organismos são vírus, bactérias, protozoários, algas, fungos, plantas ou animais? Justifique sua classificação com base nas características mencionadas na tabela.

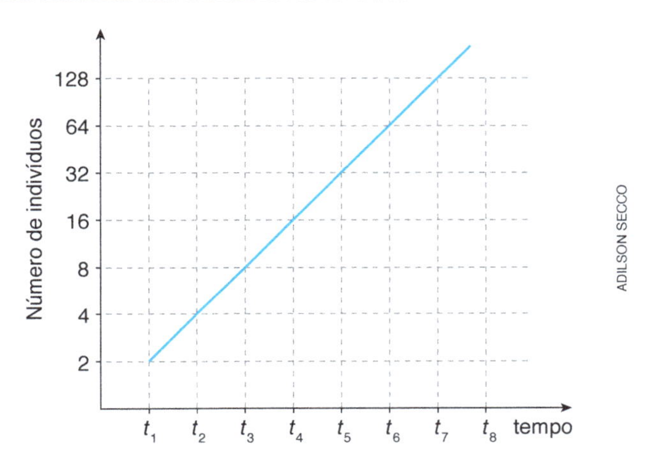

b) Esses dois agentes infecciosos indicados podem ter seu crescimento populacional representado pelo gráfico acima? Justifique sua resposta.

ENEM

42. Um gel vaginal poderá ser um recurso para as mulheres na prevenção contra a aids. Esse produto tem como princípio ativo um composto que inibe a transcriptase reversa viral.
Essa ação inibidora é importante, pois a referida enzima
a) corta a dupla hélice do DNA, produzindo um molde para o RNA viral.
b) produz moléculas de DNA viral que vão infectar células sadias.
c) polimeriza molécula de DNA, tendo como molde o RNA viral.
d) promove a entrada do vírus da aids nos linfócitos T.
e) sintetiza os nucleotídeos que compõem o DNA viral.

43. A remoção de petróleo derramado em ecossistemas marinhos é complexa e muitas vezes envolve a adição de mais sustâncias ao ambiente. Para facilitar o processo de recuperação dessas áreas, pesquisadores têm estudado a bioquímica de bactérias encontradas em locais sujeitos a esse tipo de impacto. Eles verificaram que algumas dessas espécies utilizam as moléculas de hidrocarbonetos como fonte energética, atuando como biorremediadores, removendo o óleo do ambiente.

KREPSKY, N.; SILVA SOBRINHO, F.; CRAPEZ, M. A. C. *Ciência Hoje*, n. 223, jan.-fev. 2006 (adaptado).

Para serem eficientes no processo de biorremediação citado, as espécies escolhidas devem possuir
a) células flageladas, que capturem as partículas de óleo presentes na água.
b) altas taxas de mutação, para se adaptarem ao ambiente impactado pelo óleo.
c) enzimas, que catalisem reações de quebra das moléculas constituintes do óleo.
d) parede celular espessa, que impossibilite que as bactérias se contaminem com o óleo.
e) capacidade de fotossíntese, que possibilite a liberação de oxigênio para a renovação do ambiente poluído.

44. Pesticidas são contaminantes ambientais altamente tóxicos aos seres vivos e, geralmente, com grande persistência ambiental. A busca por novas formas de eliminação dos pesticidas tem aumentado nos últimos anos, uma vez que as técnicas atuais são economicamente dispendiosas e paliativas. A biorremediação de pesticidas utilizando microrganismos tem se mostrado uma técnica muito promissora para essa finalidade, por apresentar vantagens econômicas e ambientais.
Para ser utilizado nesta técnica promissora, um microrganismo deve ser capaz de
a) transferir o contaminante do solo para a água.
b) absorver o contaminante sem alterá-lo quimicamente.
c) apresentar alta taxa de mutação ao longo das gerações.
d) estimular o sistema imunológico do homem contra o contaminante.
e) metabolizar o contaminante, liberando subprodutos menos tóxicos ou atóxicos.

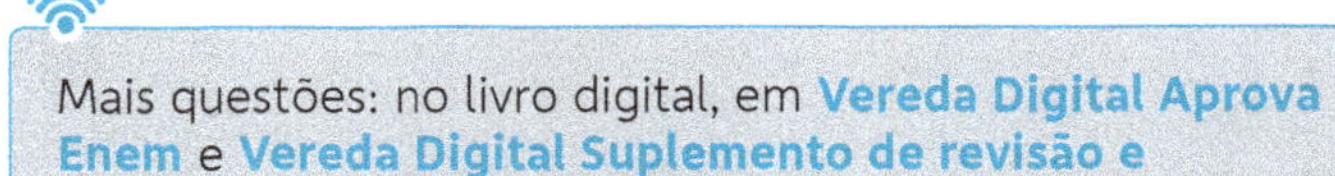

CAPÍTULO

12

ALGAS, PROTOZOÁRIOS E FUNGOS

FREDERIK/IMAGEBROKER/GLOW IMAGES

Corpos de frutificação (cogumelos) de um fungo basidiomiceto do gênero *Mycena*.

De que trata este capítulo

Foi-se o tempo em que se questionava a importância de estudar ciências! Hoje ninguém duvida que a educação científica é fundamental para entender a complexidade do mundo contemporâneo e exercer plenamente a cidadania. Esse fato torna-se evidente em cada tema biológico que abordamos. Este capítulo, por exemplo, trata de algas, protozoários e fungos. Será que esses seres são importantes em nossa vida?

Vamos pensar nas algas. Quem já passeou na praia certamente viu algas que lembram plantas, algumas parecidas com folhas de alface translúcidas. Algas macroscópicas como essas são uma minoria no grupo: a maior parte das algas é invisível a olho nu e vive nas camadas superficiais de mares e lagos. Apesar de seu tamanho microscópico, a importância das algas é enorme. Por meio da fotossíntese, as algas captam energia da luz solar e a transformam em energia química, que permanece armazenada nas substâncias orgânicas sintetizadas por elas. Uma parte da energia originalmente captada da luz solar e armazenada pelas algas é transferida para os seres vivos que delas se alimentam.

Se as algas desaparecessem a maioria dos seres que vivem em ambientes aquáticos também se extinguiria. E não apenas eles. Haveria uma drástica alteração em todo o planeta. Basta lembrar que a concentração de gás oxigênio na atmosfera, em torno de 21%, mantém-se constante devido à fotossíntese realizada principalmente por algas e bactérias do fitoplâncton marinho. Sem elas, o teor de gás oxigênio declinaria, e a atmosfera terrestre deixaria de ser adequada à vida da maioria das espécies, incluindo a nossa.

Todos os protozoários são microscópicos e talvez por isso sejam menos conhecidos que as algas. Muitos deles são inofensivos, mas há espécies responsáveis por doenças como a malária, a doença de Chagas (tripanossomíase) e a doença do sono (tripanossomíase africana), entre outras. Conhecer os hábitos desses pequenos organismos pode ajudar a evitar os problemas que eles podem nos causar.

E os fungos, quem não conhece? Os apreciadores da boa culinária sabem como são saborosos alguns cogumelos, como os *champignons*, por exemplo. Certamente você também já ouviu falar de um grupo de fungos que é aliado da humanidade desde tempos antigos: as leveduras, ou fermentos, fungos microscópicos utilizados na fabricação de bebidas alcoólicas e do pão. E já que estamos falando de culinária, não podemos nos esquecer dos fungos utilizados para produzir os mais variados tipos de queijo, como gorgonzola, *roquefort*, *camembert* etc.

Apesar de tantos aspectos positivos, fungos também causam doenças, algumas delas sérias. As micoses (do grego *mikos*, fungo) mais comuns são as frieiras, geralmente evitáveis com alguns cuidados simples, como enxugar bem os pés depois de lavá-los. Fungos se desenvolvem em ambientes úmidos e podem crescer sobre roupas e acessórios de couro guardados em armários.

Mesmo essa capacidade dos fungos de deteriorar matéria orgânica tem suas vantagens: fungos decompositores, juntamente com certas bactérias, são os principais recicladores da natureza. Eles decompõem organismos mortos, liberando elementos químicos que são reaproveitados por seres vivos. Sem os decompositores a Terra estaria repleta de cadáveres e faltaria matéria-prima para a renovação e a continuidade da vida. Agora pense novamente na pergunta que fizemos no primeiro parágrafo deste texto: será que algas, protozoários e fungos são importantes em nossa vida?

Objetivos

Objetivos gerais

- Valorizar o estudo sistematizado dos seres vivos, entre eles o de protoctistas e fungos, de modo a reconhecer características importantes dos seres com os quais convivemos.
- Reconhecer que o estudo de diferentes grupos de seres vivos permite aproveitar seus benefícios para a espécie humana e ajuda a evitar doenças causadas por alguns de seus representantes.

Objetivos didáticos

- Explicar as principais características das algas quanto a estrutura, nutrição, reprodução e ambientes onde vivem. Compreender, em linhas gerais, o que é a alternância de gerações que ocorre em muitos grupos de algas.
- Explicar as principais características dos protozoários e dos fungos quanto a estrutura, nutrição, reprodução e ambientes onde vivem.
- Reconhecer e explicar a importância dos fungos decompositores (saprofágicos) na reciclagem da matéria orgânica dos cadáveres.
- Conhecer e exemplificar a importância econômica dos fungos (como alimento, na produção de pão e de bebidas alcoólicas, na fabricação de queijos etc.).

12.1 Algas

Características gerais

O termo alga não corresponde a nenhuma categoria taxonômica formal da classificação biológica, como filo, classe etc. **Alga** denomina diversos tipos de organismos eucarióticos, autotróficos fotossintetizantes, unicelulares ou multicelulares. As algas multicelulares são semelhantes às plantas em certos aspectos, no entanto, não apresentam tecidos nem órgãos diferenciados e seus embriões não dependem do organismo materno para se nutrir, como ocorre com as plantas.

As algas são bastante diversificadas e estão atualmente distribuídas em diversos filos. Algumas têm características tão peculiares que, segundo certos sistematas, deveriam constituir não apenas filos, mas reinos distintos. Na classificação adotada neste livro os diversos filos de algas estão incluídos no reino Protoctista.

As algas unicelulares vivem no mar, em água doce e em superfícies úmidas. Elas são parte importante dos ecossistemas aquáticos, produzindo gás oxigênio e substâncias orgânicas que servem de alimento para outros níveis tróficos.

Dependendo da espécie de alga, suas células podem conter um ou vários cloroplastos, organelas citoplasmáticas responsáveis pela fotossíntese. Na maioria das algas as células são revestidas por uma parede celular composta de celulose, em geral combinada a outras substâncias, como o ágar, a carragenina, o carbonato de cálcio ($CaCO_3$), entre outras; algumas dessas substâncias têm importância econômica, como veremos adiante.

Diversidade

Estima-se o número de espécies atuais de algas entre 27 mil e 36 mil, quase um terço em ambientes marinhos. As algas microscópicas, que compõem a maioria das espécies, são abundantes nas camadas mais superficiais dos mares e dos grandes lagos. Nesses locais, juntamente com bactérias, protozoários, larvas de diversos animais, microcrustáceos etc., formam o plâncton (do grego *plankton*, errante). Os seres planctônicos fotossintetizantes, mais especificamente, constituem o **fitoplâncton**.

Nas espécies multicelulares o corpo da alga é chamado **talo** e é formado por filamentos, lâminas ou estruturas compactas, que podem lembrar caules e folhas de plantas. **(Fig. 12.1)**

ARQUIVO PESSOAL

Figura 12.1 Diversidade de algas macroscópicas comuns no litoral brasileiro (Cumuruxatiba, BA, 2005).

Nas classificações tradicionais as algas são distribuídas em mais de uma dezena de filos, que se distinguem pela organização celular, pelo tipo de clorofila e de outros pigmentos, pelas substâncias de reserva e componentes da parede celular, pela reprodução etc. Conheça alguns desses grupos de algas.

As **clorófitas** (do grego *khloros*, verde, e *phykos*, alga), ou **algas verdes** – filo **Chlorophyta** –, vivem no mar, em água doce ou em superfícies úmidas, onde podem formar películas esverdeadas e escorregadias conhecidas por limo.

Algas apresentam grande diversidade quanto à estrutura corporal; há desde espécies unicelulares, várias delas dotadas de flagelos, até espécies coloniais e multicelulares, cujo corpo é filamentoso ou em forma de lâmina. Algumas espécies de algas verdes vivem associadas a fungos, constituindo liquens. Outras vivem dentro de células de animais aquáticos, fornecendo substâncias orgânicas produzidas por fotossíntese e recebendo do animal, em contrapartida, abrigo e nutrientes inorgânicos e orgânicos. Esse tipo de associação mutualística é também chamada de endossimbiose.

As algas verdes recebem atenção especial dos especialistas porque apresentam importantes características em comum com as plantas, entre elas a constituição da parede celular, a semelhança dos pigmentos fotossintetizantes e o uso do amido como substância de reserva energética. Essas e outras evidências sugerem que as plantas tenham surgido a partir de algas verdes de água doce há cerca de 450 milhões de anos. **(Fig. 12.2)**

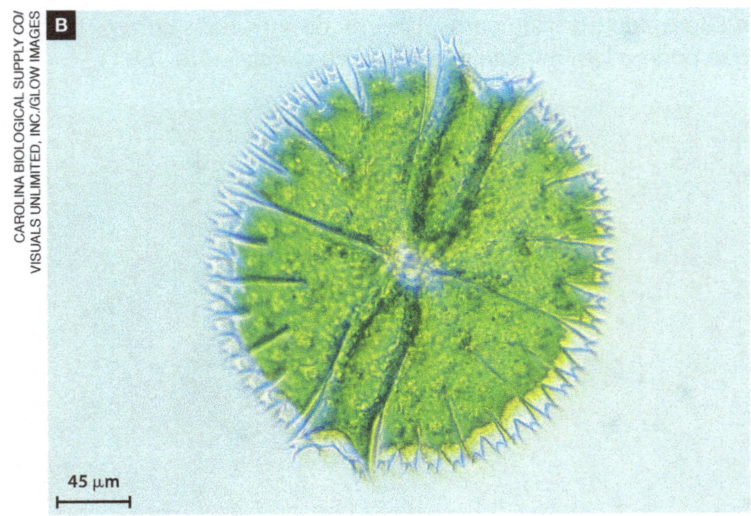

Figura 12.2 Representantes do grupo das clorófitas. **A.** Alga verde da espécie *Codium cuneatum*, que pode chegar a 25 cm de comprimento. **B.** Fotomicrografia de alga verde de água doce do gênero *Micrasterias*. (Microscópio fotônico.)

As **diatomáceas** – filo **Bacillariophyta** – são algas unicelulares ou coloniais, com 20 μm a 200 μm de comprimento, em média, embora possam atingir até 2 milímetros. A maioria vive em mares de regiões temperadas e há algumas espécies de água doce.

As diatomáceas destacam-se pelo grande número de espécies – mais de 10 mil – e por sua importante participação no fitoplâncton. Cerca de 25% da produtividade primária dos ecossistemas marinhos é atribuída a esse grupo de algas.

As células das diatomáceas são revestidas por uma carapaça de sílica hidratada, mineral cujo principal constituinte é o dióxido de silício hidratado ($SiO_2 \cdot n\,H_2O$), curiosamente o mesmo componente da pedra preciosa opala. A carapaça silicosa confere a muitas dessas algas um aspecto brilhante e iridescente. Cada uma das peças que compõem a carapaça é chamada de valva. **(Fig. 12.3)**

Figura 12.3 Fotomicrografia de diatomácea de água doce dotada de carapaça de sílica hidratada. (Microscópio eletrônico de varredura; cores artificiais.)

Em certas regiões do fundo marinho carapaças de diatomáceas acumularam-se ao longo de milhões de anos, formando camadas rochosas compactas conhecidas por **terras de diatomáceas** ou **diatomitos**. Os diatomitos foram empregados no passado como material de construção, geralmente misturados à cal. Exemplos de obras construídas com diatomitos e que se conservam até hoje são os aquedutos de Roma, o porto de Alexandria e o canal de Suez. Por serem constituídos por carapaças vitrificadas microscópicas, os diatomitos têm granulosidade finíssima, sendo utilizados na indústria moderna como matéria-prima para a fabricação de polidores e filtros.

As **crisófitas** (do grego *chrysos*, dourado), ou **algas douradas** – filo **Chrysophyta** –, são algas unicelulares ou coloniais, com algumas espécies filamentosas. Apesar de fotossintetizantes, muitas delas ingerem bactérias e outras partículas orgânicas como forma alternativa de nutrição; algumas espécies não têm parede celular.

As algas douradas são abundantes em ambientes marinhos e de água doce; em certos lagos de regiões temperadas, essas algas podem ser o principal constituinte do fitoplâncton. **(Fig. 12.4)**

Figura 12.4 Fotomicrografia de alga dourada do gênero *Dinobryon*. (Microscópio fotônico.)

As **feófitas** (do grego *phaios*, marrom, escuro), ou **algas pardas** – filo **Phaeophyta** –, são quase todas multicelulares e vivem no mar. Feófitas macroscópicas, cujo talo lembra caules e folhas de plantas, são comumente encontradas nas praias. O tamanho dessas algas varia de poucos centímetros a mais de 40 metros de comprimento.

Uma alga parda típica dos mares tropicais pertence ao gênero *Sargassum*, abundante no oceano Atlântico, perto do arquipélago dos Açores, local que os antigos navegadores portugueses batizaram de mar dos Sargaços. Na costa oeste da América do Norte vivem algas pardas gigantes, os *kelps*, ancoradas no fundo marinho como se fossem extensas florestas submersas, que servem de hábitat a uma grande diversidade de animais. **(Fig. 12.5)**

As **rodófitas** (do grego *rhodos*, vermelho), ou **algas vermelhas** – filo **Rhodophyta** –, são quase todas multicelulares, exceto por algumas poucas espécies unicelulares. A maioria vive em mares tropicais e há cerca de uma centena de espécies de água doce.

Figura 12.5 Mergulhador explora floresta de *kelps* (*Macrocystis pyrifera*), representantes das algas pardas (México, 2014).

As algas vermelhas geralmente vivem aderidas a rochas ou a outras algas, e há algumas espécies flutuantes. Certas rodófitas acumulam carbonato de cálcio nas paredes celulares, adquirindo uma rigidez semelhante ao coral, sendo por isso denominadas algas coralíneas. **(Fig. 12.6)**

Figura 12.6 A. Representantes de rodófita coralínea macroscópica. Os indivíduos mostrados na foto medem cerca de 15 cm de comprimento. B. Fotomicrografia de *Batrachospermum* sp., rodófita microscópica filamentosa. (Microscópio fotônico.)

Os **dinoflagelados** (do grego *dinos*, pião, rodopiar) estão reunidos no filo **Dinophyta** (ou Pyrrophyta) e são todos unicelulares. A maioria das espécies é marinha e, juntamente com diatomáceas e crisófitas, constitui parte importante do fitoplâncton marinho.

A célula dos dinoflagelados é dotada de dois flagelos, utilizados para a locomoção. Muitas espécies apresentam revestimento constituído de placas de celulose dispostas como uma armadura, eventualmente contendo sílica associada. Há espécies sem parede celular que vivem dentro de células de protozoários e de animais marinhos (cnidários, platelmintes e moluscos), mantendo com eles uma relação de troca de benefícios (mutualismo). O dinoflagelado fotossintetizante produz substâncias orgânicas, que a célula hospedeira utiliza como alimento; em contrapartida, o dinoflagelado encontra na célula abrigo e matéria-prima para suas necessidades. O dinoflagelado que participa dessa relação de mutualismo é denominado genericamente **zooxantela**. Certos dinoflagelados não têm cloroplastos e sua nutrição é exclusivamente heterotrófica com espécies predadoras de protozoários.

Em condições adversas, como a escassez de nutrientes, por exemplo, muitos dinoflagelados perdem os flagelos e formam cistos de resistência capazes de sobreviver por anos em estado de dormência.

Dinoflagelados do gênero *Noctiluca* são responsáveis pelo fenômeno de bioluminescência do mar, visível à noite em certas épocas do ano, quando o movimento das ondas faz esses organismos emitirem uma tênue luz azul-esverdeada. **(Fig. 12.7)**

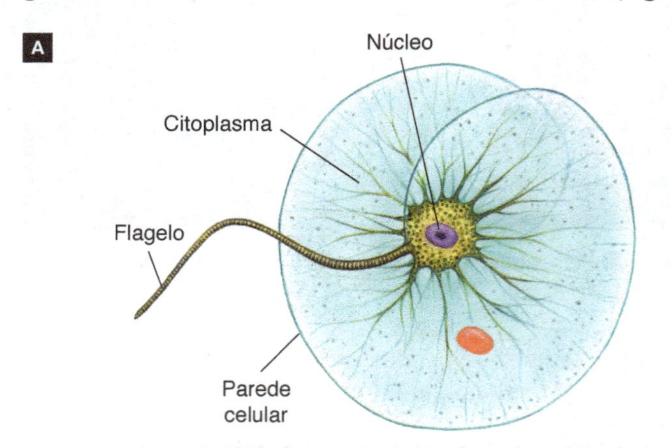

Figura 12.7 A. Representação esquemática de célula de *Noctiluca* sp. B. Bioluminescência causada por dinoflagelados da espécie *Noctiluca scintillans* (China, 2016).

Certas espécies de dinoflagelado são capazes de causar a chamada maré vermelha, fenômeno em que a água do mar torna-se marrom-avermelhada devido à multiplicação intensa de algas perto do litoral, provocada por excesso de nutrientes no ambiente aquático (eutrofização). Além de poder levar ao esgotamento do gás oxigênio dissolvido, as substâncias tóxicas liberadas por esses dinoflagelados, também conhecidos como **pirrófitas** (do grego *pyrrhos*, fogo ou cor de fogo), causam a morte de peixes e outros animais marinhos e eventualmente podem intoxicar pessoas. **(Fig. 12.8)**

Os **euglenoides** – filo **Euglenophyta** – são seres unicelulares revestidos por uma película flexível sob a qual há fibrilas contráteis, que permitem à célula contrair-se rapidamente. São predominantemente de água doce e, em geral, apresentam dois flagelos, um curto, que não chega a emergir da célula, e outro longo, empregado na locomoção. Certas espécies apresentam um **ocelo**, estrutura localizada perto da base do flagelo e capaz de perceber estímulos luminosos. Muitos euglenoides apresentam pigmentos fotossintetizantes e nutrição autotrófica, mas há espécies heterotróficas, que fagocitam suas presas.

Figura 12.8 Fenômeno da maré vermelha decorrente do aumento populacional explosivo de dinoflagelados (Canadá, 2014).

Euglenoides de água doce têm uma bolsa membranosa intracelular bem desenvolvida, o vacúolo contrátil, ou **vacúolo pulsátil**, responsável pela eliminação periódica do excesso de água que entra na célula por osmose. Essa estrutura não existe em protozoários de água salgada, onde a concentração externa equivale à do citoplasma e o organismo não tende a absorver nem perder água. **(Fig. 12.9)**

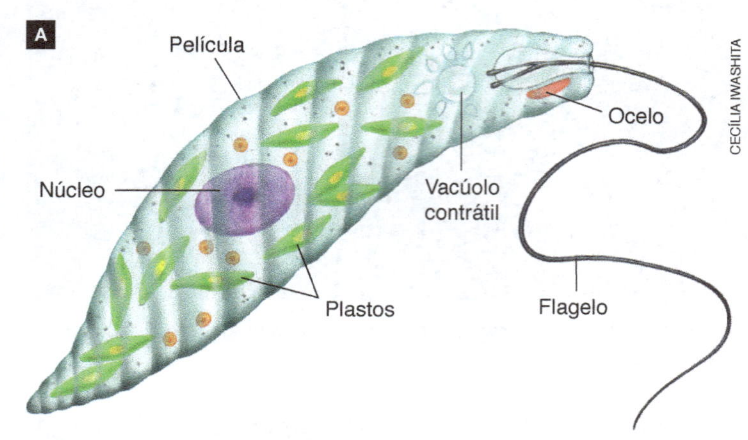

Figura 12.9 A. Representação esquemática do euglenoide *Euglena viridis*. B. Fotomicrografia de *Euglena spirogyra*. A mancha vermelha no alto é o ocelo; abaixo dele, vê-se o vacúolo contrátil. Os dois corpos elípticos grandes são reservas de amido. (Microscópio fotônico.)

Reprodução e ciclo de vida

Algas unicelulares reproduzem-se assexuadamente por **divisão binária**. Por sua vez, algas multicelulares filamentosas podem se reproduzir por **fragmentação**, processo em que o talo simplesmente se parte e origina novos indivíduos. Diversas espécies reproduzem-se por **esporulação**, em que se formam assexuadamente células reprodutivas denominadas **esporos**. **(Fig. 12.10)**

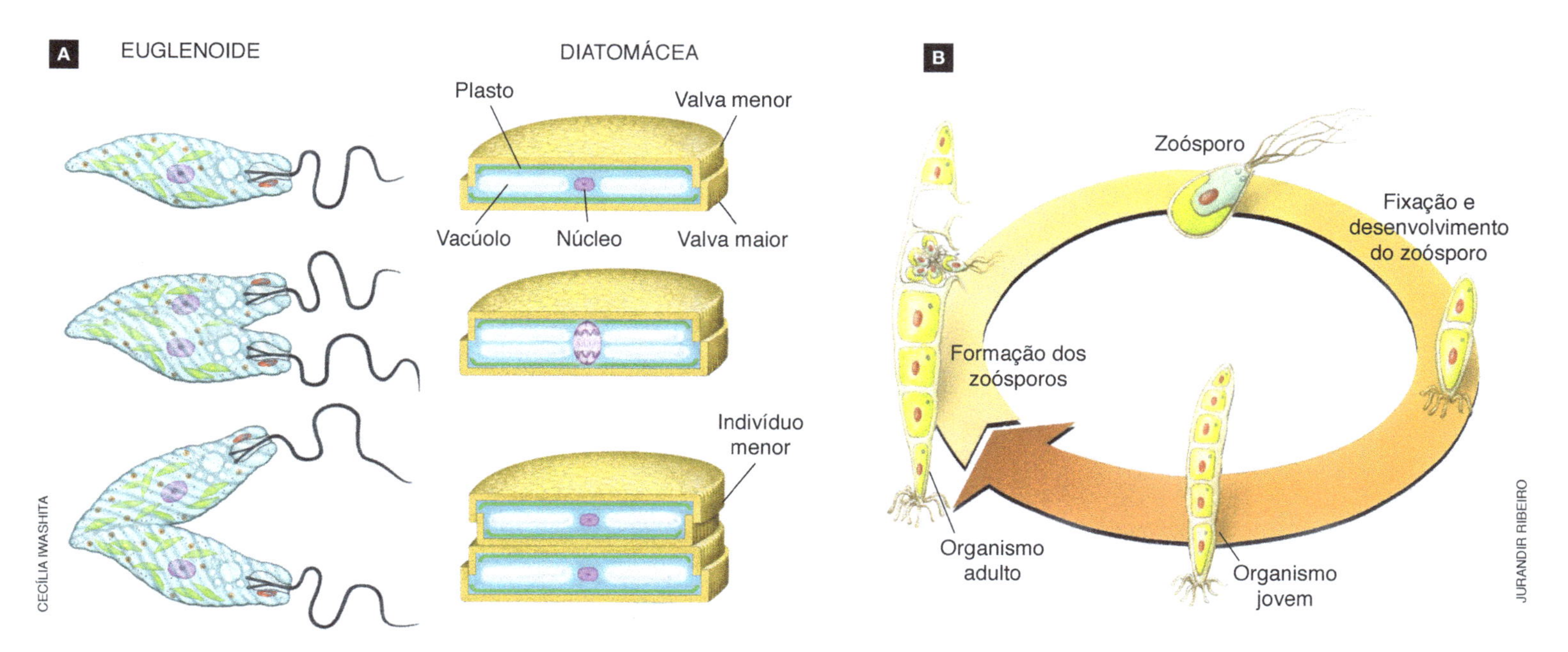

Figura 12.10 **A.** Representação esquemática da divisão binária de um euglenoide e de uma diatomácea. Nesta última, após a divisão sempre há reconstituição da parte menor da carapaça, de modo que uma das diatomáceas-filhas sempre é ligeiramente menor que a outra. **B.** Representação esquemática do ciclo de vida assexuado da alga verde filamentosa *Ulothrix* sp., que forma células flageladas chamadas zoósporos.

O processo sexuado de reprodução das algas envolve fusão de gametas haploides com formação do zigoto diploide. Em algas unicelulares como *Chlamydomonas* sp., cada organismo se comporta como um gameta. Dois indivíduos haploides sexualmente maduros fundem-se e originam um zigoto diploide, que por meiose gera quatro células haploides. Cada uma dessas células é um novo organismo que, na maturidade, pode se reproduzir assexuadamente ou seguir o ciclo sexuado. **(Fig. 12.11)**

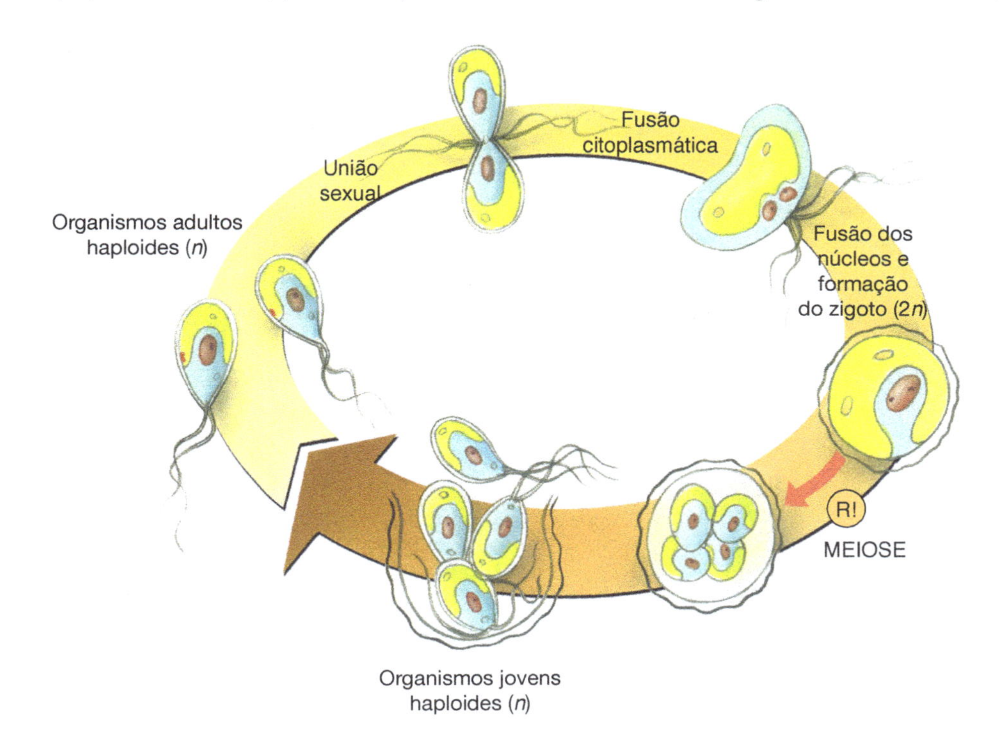

Figura 12.11 Representação esquemática do ciclo sexuado da alga verde unicelular *Chlamydomonas* sp. A meiose está representada por R!, que simboliza a redução cromossômica. Por ocorrer no zigoto, a meiose é denominada zigótica.

No ciclo de vida de muitas algas multicelulares, gerações de indivíduos haploides (n) e diploides ($2n$) alternam-se, fenômeno denominado **alternância de gerações**.

As algas verdes do gênero *Ulva*, cujo ciclo está representado abaixo, apresentam dois tipos de talo de aparência muito semelhante, mas constituídos por células diploides ou por células haploides. Indivíduos de talos diploides, chamados **esporófitos**, apresentam células que, na maturidade, passam por meiose e originam esporos haploides; por isso fala-se que a meiose é espórica. Os esporos libertam-se do talo que os formou e germinam, originando talos haploides.

Os indivíduos de talos haploides, denominados **gametófitos**, apresentam células que se multiplicam por mitose e, na maturidade, se diferenciam em gametas flagelados. Estes se libertam do gametófito e fundem-se dois a dois, produzindo zigotos diploides. O desenvolvimento de um zigoto origina um novo talo diploide (esporófito), que na maturidade repetirá o ciclo. **(Fig. 12.12)**

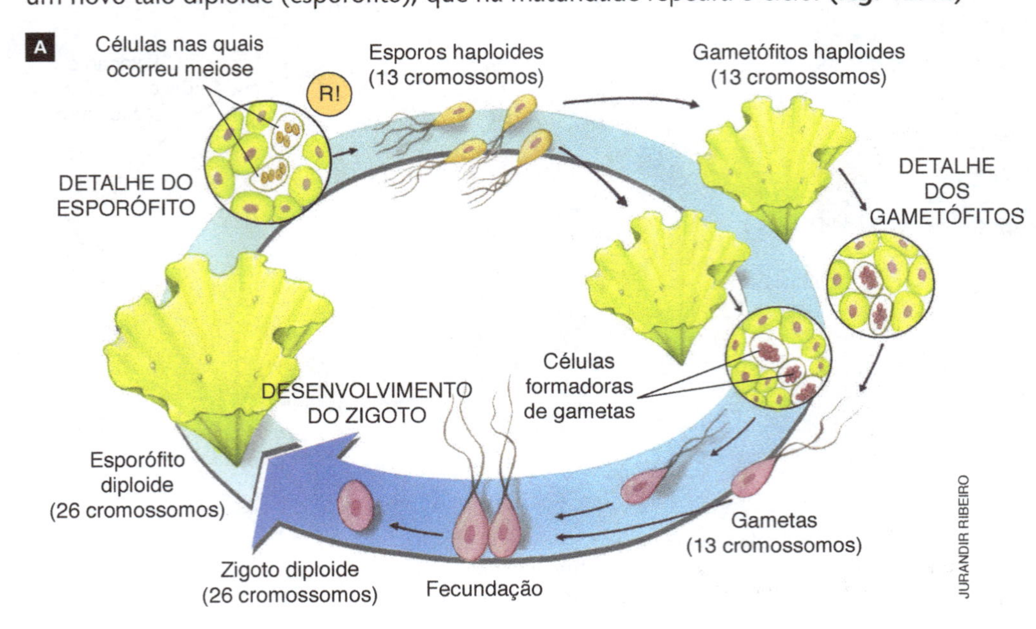

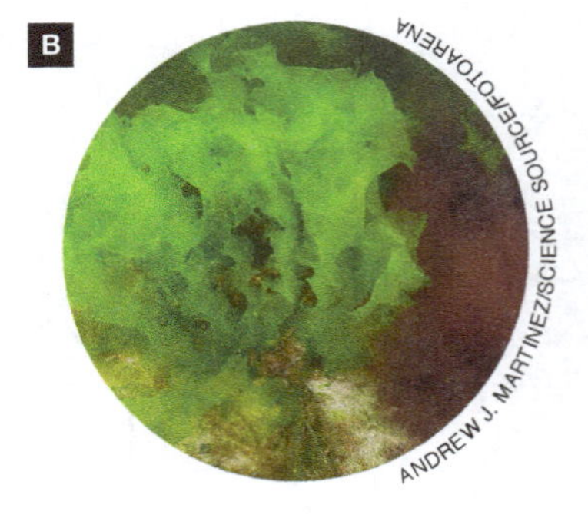

Figura 12.12 A. Representação esquemática do ciclo sexuado da alga verde multicelular *Ulva lactuca*, a alface-do-mar. Nesse organismo há alternância de talos haploides e diploides. B. Talos de *U. lactuca* sobre uma rocha (medem aproximadamente 10 cm de altura).

Importância ecológica e econômica

O **fitoplâncton** é responsável por quase 90% de toda a fotossíntese realizada no planeta. Como praticamente todo o gás oxigênio atmosférico é proveniente da fotossíntese, pode-se dizer que as algas e as bactérias fotossintetizantes planctônicas são as principais responsáveis pela presença desse gás na atmosfera terrestre.

Diversas espécies de algas são comestíveis. As mais utilizadas como alimento são as verdes e as pardas, apreciadas principalmente pelos povos orientais. Um exemplo é a feofícea do gênero *Laminaria*, conhecida pelos japoneses como *kombu*. A alga marinha vermelha do gênero *Porphyra*, chamada de *nori* pelos japoneses, depois de seca e prensada em lâminas finas, é empregada na preparação de *sushis* e de outros pratos da culinária japonesa. **(Fig. 12.13)**

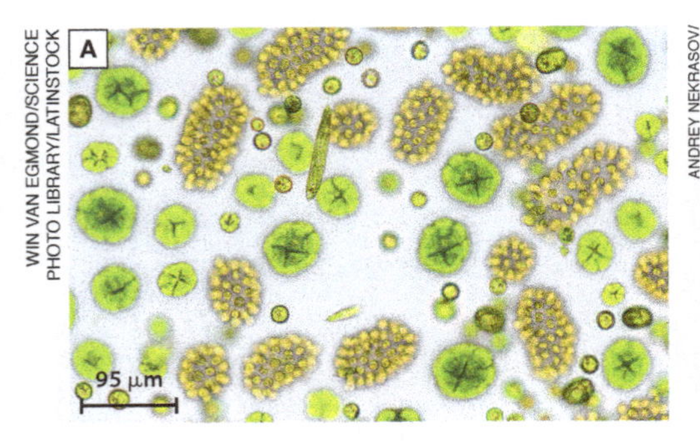

Figura 12.13 A. Fotomicrografia das algas *Synura* sp. e *Pandorina morum*, componentes do fitoplâncton. (Microscópio fotônico.) B. Foto da alga parda *Laminaria hyperborea*, cujo talo apresenta lâminas achatadas que lembram folhas. C. Foto da alga rodofícea *Porphyra perforata*, usada na preparação de *sushis*, pratos típicos da culinária japonesa (D e E).

Certas algas vermelhas são fonte de polissacarídios economicamente importantes, como as carrageninas e o ágar. As **carrageninas** são utilizadas como estabilizantes e clarificantes pela indústria alimentícia. O **ágar**, além de ser empregado como espessante de alimentos, é utilizado em laboratórios de pesquisa na preparação de meio de cultura para microrganismos.

As algas pardas apresentam em suas paredes celulares o **alginato**, substância empregada por indústrias farmacêuticas, têxteis, de cosméticos e também na fabricação de sorvetes, achocolatados, cerveja, creme dental etc. Esses exemplos ilustram a versatilidade das substâncias produzidas pelas algas.

Agora você pode resolver as atividades de 1 a 8, 22 e 26.

12.2 Protozoários

Características gerais

O termo protozoário (do grego *protos*, primitivo, primeiro, e *zoon*, animal) designa organismos eucarióticos, unicelulares e heterotróficos, atualmente distribuídos em diversos filos.

A maioria dos protozoários vive em água doce ou marinha, em regiões lodosas e em terra úmida, alimentando-se tanto da matéria orgânica de cadáveres (hábito saprofágico) como de microrganismos vivos, que podem ser bactérias, algas e outros protozoários. Há espécies de protozoários parasitas que habitam o interior do corpo de animais invertebrados e vertebrados, incluindo a espécie humana, em muitos casos causando doenças. Há também protozoários que trocam benefícios com outros seres vivos em uma relação de mutualismo, como é o caso dos que vivem no intestino dos cupins.

O tamanho da maioria dos protozoários varia entre 10 μm e 50 μm, mas alguns podem atingir até 1 milímetro de comprimento. A organização celular dos protozoários é complexa e há organelas bem desenvolvidas, como o vacúolo digestivo, no qual ocorre a digestão intracelular das partículas de alimento ingeridas por fagocitose.

Certos protozoários apresentam uma região celular especializada na fagocitose, o **citóstoma**, pelo qual são ingeridos fluidos e partículas.

Alguns têm também uma região especializada na eliminação de restos da digestão intracelular, o **citoprocto**. Em espécies de água doce há vacúolos contráteis bem desenvolvidos e ativos. Esses vacúolos garantem a eliminação do excesso de água que penetra na célula por osmose.

Protozoários como as amebas movimentam-se por meio de pseudópodes, enquanto protozoários flagelados e ciliados movimentam-se por flagelos ou cílios, respectivamente. Alguns protozoários, embora desprovidos de estruturas de locomoção, podem executar movimentos lentos por ação de filamentos proteicos localizados internamente à sua membrana plasmática.

Diversidade

A classificação dos protozoários ainda é muito controversa. Esses organismos possivelmente descendem de várias linhagens ancestrais e, segundo a cladística, deveriam ser distribuídos em dezenas de grupos distintos. No sistema de classificação que adotamos os protozoários estão divididos em seis filos do reino Protoctista.

Os **rizópodes** – filo **Rhizopoda**, ou Sarcodina – são protozoários que se locomovem por meio de **pseudópodes**, projeções da célula também empregadas na captura de alimento. Seus representantes mais conhecidos são as amebas. Há espécies de água doce e marinhas, vivendo sobre os fundos e sobre a vegetação submersa. **(Fig. 12.14)**

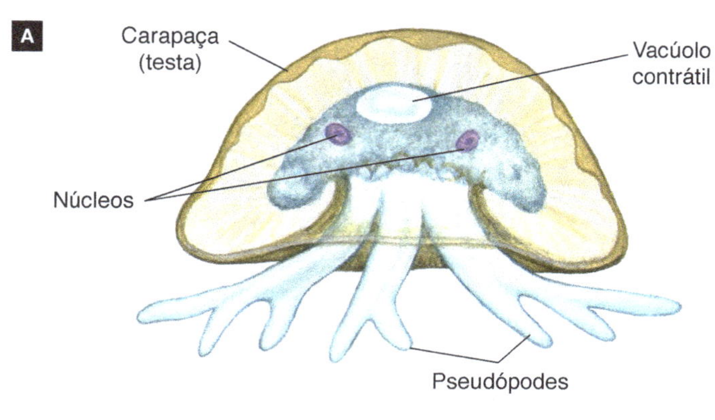

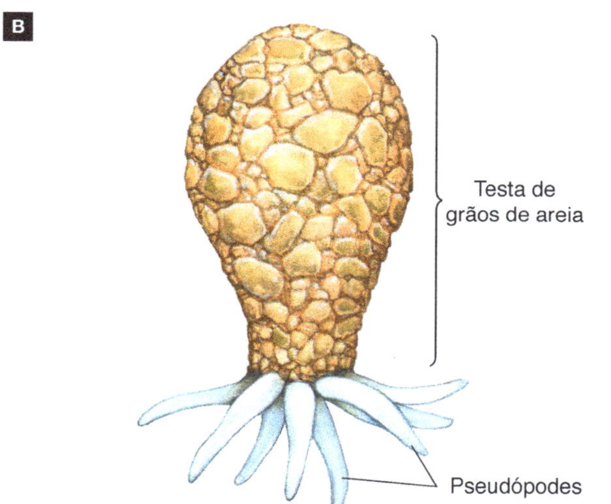

Figura 12.14 Representantes do filo Rhizopoda. **A.** Representação esquemática de *Arcella* sp., cuja carapaça é constituída por uma proteína rígida. **B.** Representação esquemática de *Difflugia* sp., rizópode marinho que agrega e cimenta grãos de areia microscópicos para constituir sua testa. **C.** Fotomicrografia de *Amoeba proteus*. (Microscópio fotônico.)

Certas espécies de ameba vivem no corpo humano sem causar prejuízo, em um tipo de relação chamada **comensalismo**. Exemplos de amebas comensais humanas são *Entamoeba gingivalis*, que vive na boca, e *Entamoeba coli*, que vive no intestino. Por outro lado, *Entamoeba histolytica* é parasita e provoca nas pessoas a doença conhecida por **amebíase**, ou disenteria amebiana.

Os **actinópodes** – filo **Actinopoda** – são protozoários dotados de pseudópodes filamentosos, sustentados por um eixo central, que se projetam como raios em torno da célula, os axópodes. Há dois grupos principais de actinópodes: radiolários e heliozoários.

Os **radiolários** vivem exclusivamente no mar, fazendo parte do zooplâncton. Sua célula apresenta uma cápsula interna central, esférica e perfurada, composta de quitina, ligada a um microesqueleto formado por espículas de sílica ou de sulfato de estrôncio ($SrSO_4$).

Muitos radiolários abrigam em seu citoplasma zooxantelas (algas endossimbióticas), em geral crisófitas e diatomáceas. A abundância de radiolários, hoje e no passado, é evidenciada pelas extensas camadas de microesqueletos desses organismos, acumuladas no fundo oceânico.

A maioria dos **heliozoários** vive na água doce. Eles têm forma esférica e podem apresentar estruturas esqueléticas. Algumas espécies habitam o fundo de lagos de água doce ou a vegetação submersa, capturando ativamente alimento pela fagocitose realizada por seus axópodes. **(Fig. 12.15)**

Figura 12.15 Representantes do filo Actinopoda. **A.** Fotomicrografia do heliozoário de água doce *Actinophrys* sp. (Microscópio fotônico.) **B.** Fotomicrografia de radiolário que faz parte do plâncton marinho. (Microscópio fotônico.)

Os **foraminíferos** – filo **Foraminifera** – são protozoários dotados de uma carapaça externa constituída de carbonato de cálcio, quitina ou mesmo fragmentos calcários ou silicosos selecionados da areia. A carapaça apresenta numerosas perfurações, pelas quais saem pseudópodes finos e delicados, utilizados na captura de alimento.

A maioria dos foraminíferos vive no mar. Muitas espécies são flutuantes, constituindo parte do plâncton, enquanto outras rastejam no fundo ou vivem aderidas a algas e animais.

Os foraminíferos foram muito abundantes nos mares do passado. Suas microcarapaças formaram extensos depósitos no fundo dos oceanos, originando rochas sedimentares calcárias denominadas **vasas**. As grandes pirâmides do Egito foram construídas com vasas formadas por carapaças de foraminíferos do gênero *Nummulites*, hoje extintos, mas muito comuns nos mares de 100 milhões de anos atrás.

A presença de determinados foraminíferos está relacionada a rochas sedimentares que contêm petróleo. Por isso, encontrar certos tipos de carapaça de foraminíferos na prospecção petrolífera é um forte indicador da existência de petróleo no local. **(Fig. 12.16)**

Figura 12.16 Fotomicrografia mostrando a diversidade de carapaças de foraminíferos. (Microscópio fotônico.)

Os **apicomplexos**, ou esporozoários – filo **Apicomplexa** –, são protozoários endoparasitas destituídos de estruturas locomotoras e dotados, em algum estágio do ciclo de vida, de uma estrutura celular proeminente, o complexo apical (daí o nome do grupo). É com o complexo apical que eles conseguem perfurar as células hospedeiras, invadindo-as. A denominação Sporozoa, antigamente empregada para designar o filo, refere-se ao fato de muitos representantes do grupo formarem esporos em algum estágio de seus ciclos de vida.

Diversas espécies de apicomplexos causam doenças em invertebrados (insetos e minhocas), em aves e em mamíferos, inclusive na espécie humana. Dependendo da espécie o protozoário pode viver no interior de células, no sangue, em cavidades ou em outros locais do corpo do hospedeiro.

Representantes conhecidos dos apicomplexos são os do gênero *Plasmodium*, que causa malária, o *Toxoplasma gondii*, que provoca toxoplasmose, e o *Pneumocystis carinii*, que causa pneumonia em pessoas com deficiência no sistema imunitário (imunodeprimidas). O *P. carinii* tornou-se relevante para a saúde humana com o início da epidemia de aids, no começo dos anos 1980.

Os **flagelados** – filo **Zoomastigophora** – são protozoários que se locomovem pela movimentação de estruturas filamentosas em forma de chicote, os **flagelos**. Geralmente a célula apresenta um ou dois flagelos, mas há espécies com dezenas deles.

Os flagelados vivem em meio aquático, tanto no mar como em água doce. Alguns têm vida livre, nadam com o auxílio de flagelos e capturam alimentos por fagocitose; outros protozoários flagelados são sésseis, isto é, vivem fixados a um substrato; nesses casos, a movimentação dos flagelos cria correntes líquidas, que atraem as partículas alimentares para perto do protozoário.

Diversas espécies de flagelados são parasitas e causam doenças em animais, inclusive nos seres humanos. Entre os flagelados parasitas da espécie humana destacam-se *Trypanosoma cruzi*, causador da doença de Chagas, *Leishmania braziliensis*, causador da leishmaniose tegumentar, uma afecção grave da pele, e *Trichomonas vaginalis*, causador de inflamações e corrimentos vaginais.

Flagelados do gênero *Trichonympha* vivem no tubo digestivo de baratas e cupins, em uma relação de mutualismo. **(Fig. 12.17)**

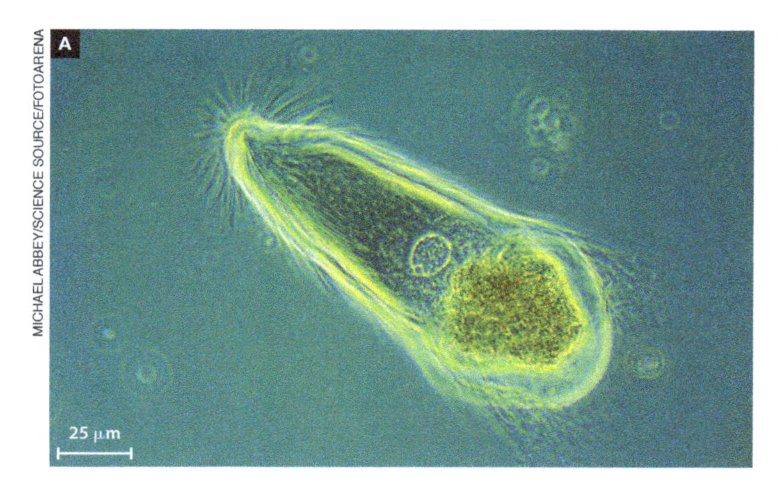

MICHAEL ABBEY/SCIENCE SOURCE/FOTOARENA

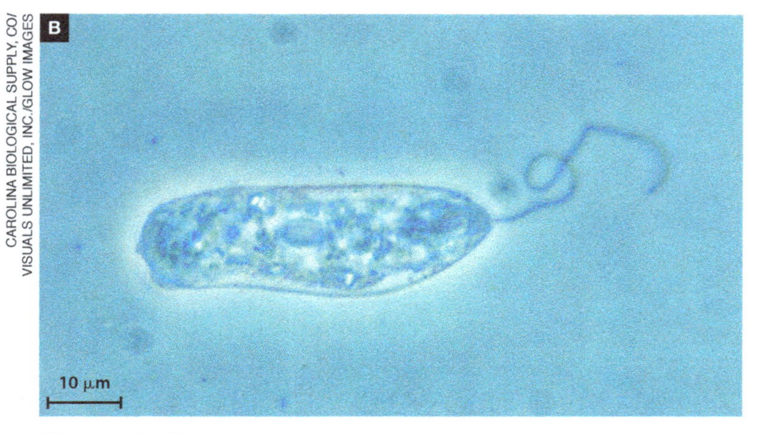

CAROLINA BIOLOGICAL SUPPLY, CO/VISUALS UNLIMITED, INC./GLOW IMAGES

Figura 12.17 Fotomicrografias de representantes do filo Zoomastigophora. **A.** *Trichonympha campanula*, flagelado que vive no intestino dos cupins, auxiliando-os na digestão da madeira. (Microscópio fotônico.) **B.** *Peranema* sp., flagelado de água doce. (Microscópio fotônico.)

Os **ciliados** – filo **Ciliophora** – são protozoários dotados de **cílios**, estruturas locomotoras mais curtas e mais numerosas que os flagelos. Em geral apresentam dois núcleos em sua célula, um deles grande, o **macronúcleo**, responsável direto pelo controle das atividades celulares, e outro menor, o **micronúcleo**, que atua no processo de reprodução sexuada do ciliado. O macronúcleo origina-se de um micronúcleo por poliploidia, processo em que os cromossomos se duplicam diversas vezes sem que ocorra divisão nuclear. A poliploidia está relacionada à maior capacidade de produção de RNAs e proteínas. Entre os mais conhecidos destacam-se os paramécios (gênero *Paramecium*), que vivem em água doce.

A maioria dos ciliados tem vida livre. Entre as poucas espécies parasitas destaca-se *Balantidium coli*, parasita do intestino do porco que pode, eventualmente, provocar um tipo de infecção intestinal em seres humanos. Certos ciliados vivem, juntamente com bactérias e arqueas, no tubo digestivo de animais ruminantes como bois, carneiros, cabras, girafas etc., auxiliando a digestão da matéria vegetal e servindo, eles próprios, de alimento para seus hospedeiros. **(Fig. 12.18)**

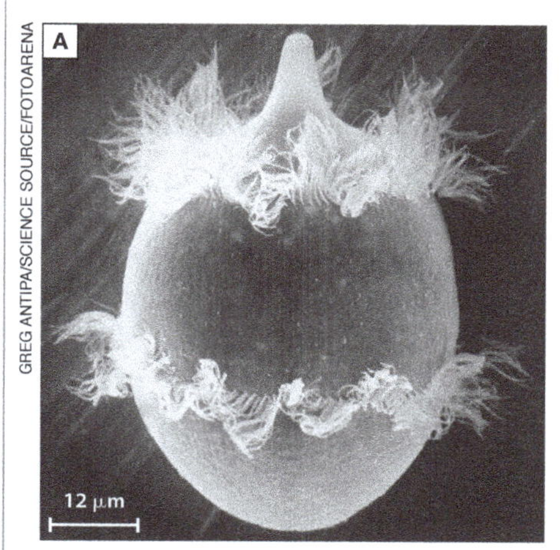

GREG ANTIPA/SCIENCE SOURCE/FOTOARENA

Figura 12.18 Fotomicrografias de representantes do filo Ciliophora. **A.** *Didinium nasutum*, um ciliado de água doce. (Microscópio eletrônico de varredura.) **B.** *Balantidium coli*, um ciliado parasita. (Microscópio fotônico.) **C.** Um paramécio (à direita) sendo atacado por outro ciliado, *Didinium* sp. (Microscópio eletrônico de varredura; cores artificiais.)

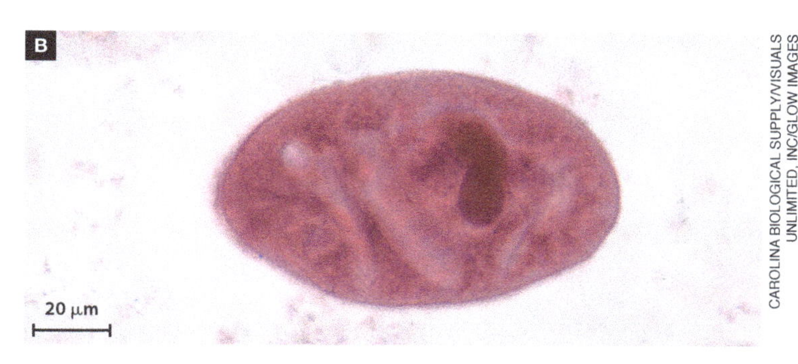

CAROLINA BIOLOGICAL SUPPLY/VISUALS UNLIMITED, INC/GLOW IMAGES

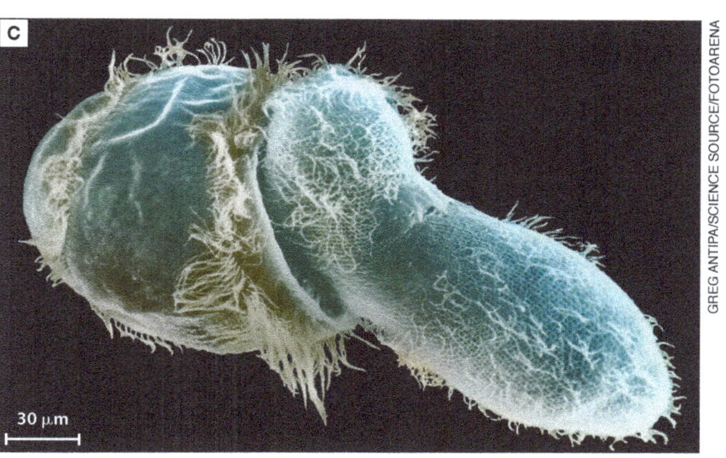

GREG ANTIPA/SCIENCE SOURCE/FOTOARENA

Reprodução e ciclo de vida

A maioria dos protozoários reproduz-se assexuadamente por **divisão binária**. A célula cresce até determinado tamanho e divide-se ao meio, originando dois novos indivíduos. Alguns rizópodes e apicomplexos podem reproduzir-se assexuadamente por divisão múltipla. Nesse caso a célula multiplica seu núcleo diversas vezes por mitose antes de se fragmentar em inúmeras pequenas células. **(Fig. 12.19)**

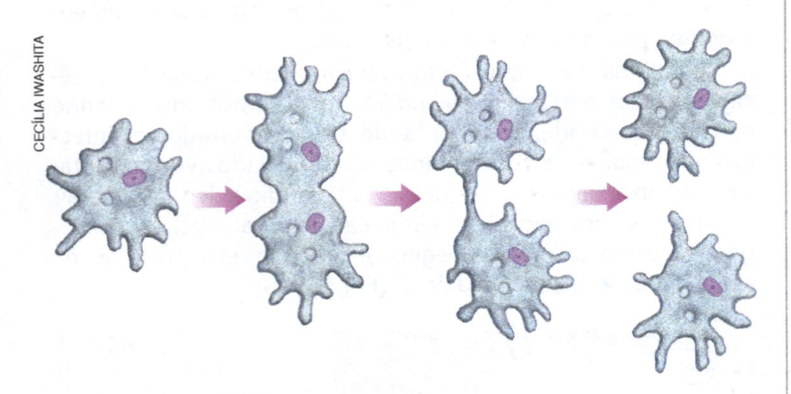

Figura 12.19 Representação esquemática da reprodução assexuada por divisão binária em uma ameba de vida livre.

A maioria dos protozoários apresenta processos sexuais. No tipo mais comum de reprodução sexuada dois indivíduos de sexos diferentes fundem-se e formam um zigoto, que posteriormente passa por meiose e origina indivíduos geneticamente recombinados. Nos apicomplexos geralmente há alternância entre formas sexuada e assexuada de reprodução.

Os ciliados apresentam um processo sexual elaborado denominado **conjugação**, considerado um tipo de reprodução sexuada apesar de não resultar diretamente em aumento do número de indivíduos. Nesse processo dois indivíduos sexualmente compatíveis aproximam-se e estabelecem entre si uma ponte citoplasmática. Em cada indivíduo o micronúcleo divide-se por meiose, originando quatro núcleos haploides, dos quais três degeneram. O micronúcleo restante duplica-se e um deles é transferido ao parceiro pela ponte citoplasmática. Após a troca de micronúcleos, que equivale a uma fertilização recíproca, os conjugantes se separam. Em cada um deles os micronúcleos fundem-se, restabelecendo a condição diploide; em seguida o macronúcleo degenera. Após algumas divisões mitóticas seguidas de degenerações nucleares restam dois micronúcleos, um dos quais passa pela poliploidia já mencionada e se transforma em macronúcleo. Os ciliados, agora com novas combinações genéticas, passam a se multiplicar por divisão binária. **(Fig. 12.20)**

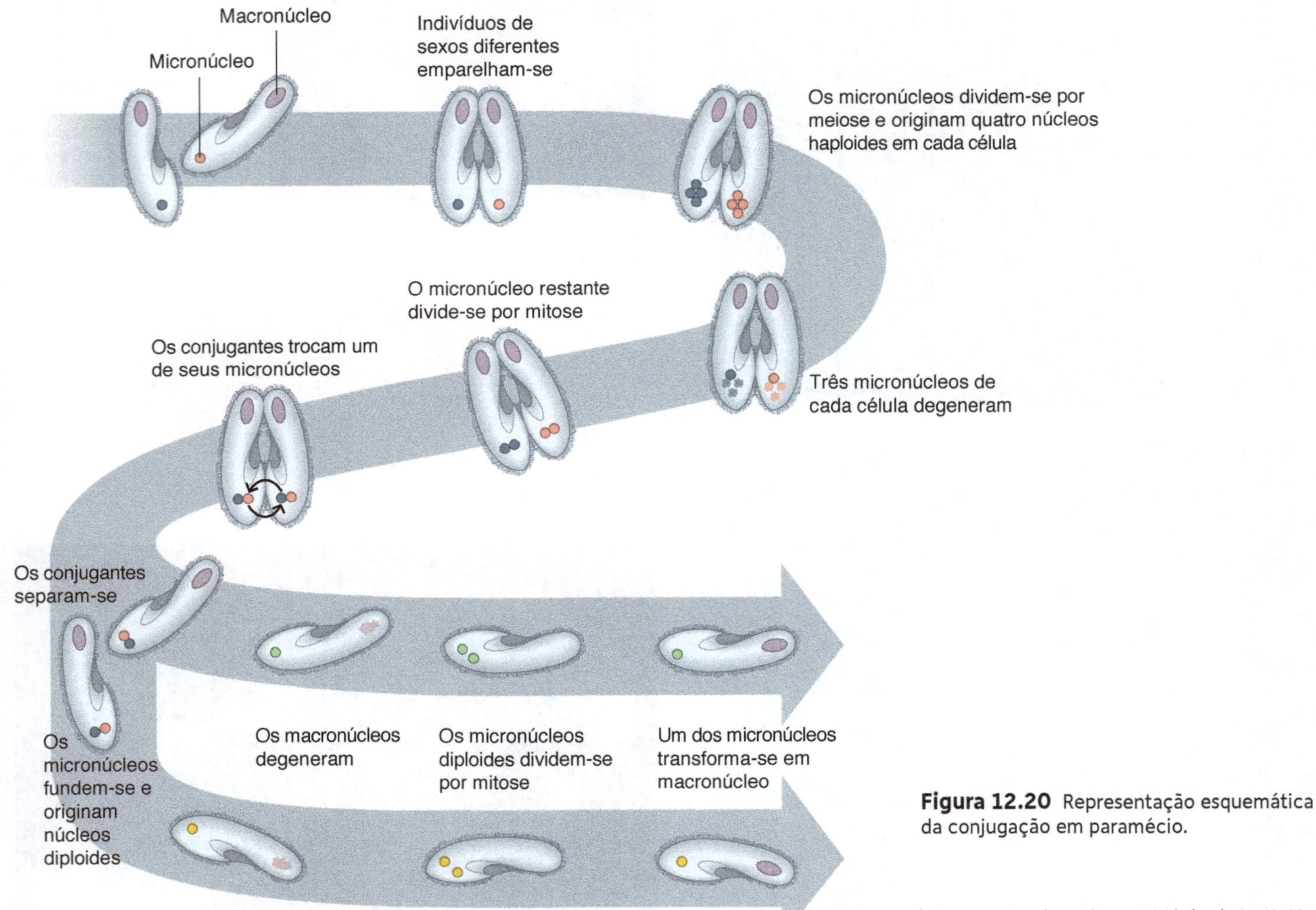

Figura 12.20 Representação esquemática da conjugação em paramécio.

Agora você pode resolver as atividades de 9 a 13, 23 e 27.

12.3 Fungos

Características gerais

Os **fungos** – reino **Fungi** – são organismos eucarióticos heterotróficos cuja parede celular contém quitina, substância também presente no reino Animalia, constituindo o esqueleto dos artrópodes (crustáceos, insetos, aracnídeos, entre outros). Os fungos vivem no solo, na água ou no corpo de outros seres vivos. Seus principais representantes são os bolores, os cogumelos, as orelhas-de-pau e as leveduras, estas últimas também chamadas levedos ou fermentos. **(Fig. 12.21)**

FABIO COLOMBINI

ADELHEID NOTHEGGER/IMAGEBROKER/GLOW IMAGES

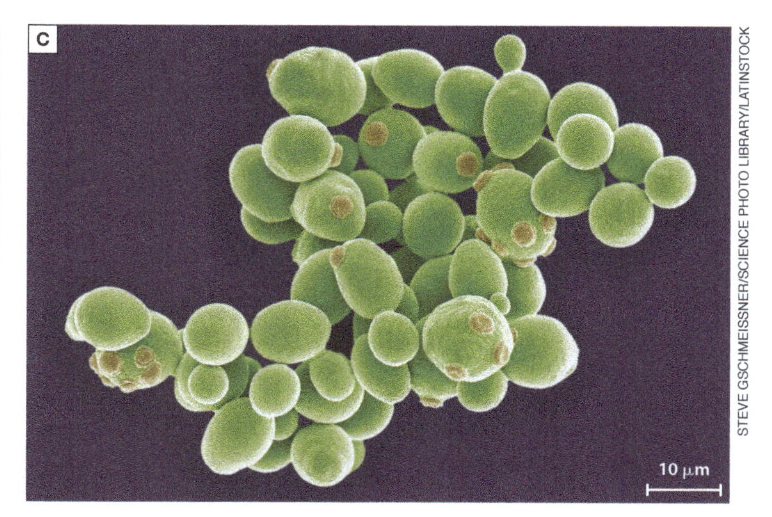

STEVE GSCHMEISSNER/SCIENCE PHOTO LIBRARY/LATINSTOCK

NOBLE PROCTOR/SCIENCE SOURCE/FOTOARENA

EYE OF SCIENCE/SCIENCE PHOTO LIBRARY/LATINSTOCK

DAVID SCHARF/SCIENCE PHOTO LIBRARY/LATINSTOCK

Figura 12.21 Representantes do reino Fungi. **A.** Orelhas-de-pau da espécie *Picnoporus sanguineus*, que vivem em madeira em decomposição (medem aproximadamente 20 cm de diâmetro). **B.** Cogumelos não comestíveis da espécie *Amanita phalloides*, que podem chegar a 40 cm de altura. **C.** Fotomicrografia de células do levedo *Saccharomyces cerevisiae*. (Microscópio eletrônico de varredura; cores artificiais.) **D.** Bolor verde, fungo filamentoso que cresce sobre diversos tipos de alimento (na foto, uma laranja). **E.** Fotomicrografia de *Aspergillus niger*, um bolor negro. (Microscópio eletrônico de varredura; cores artificiais.) **F.** Fotomicrografia do fungo *Candida albicans*, que causa infecções de mucosa em seres humanos. (Microscópio eletrônico de varredura; cores artificiais.)

A maioria dos fungos é multicelular, quase sempre constituídos por longos filamentos ramificados de parede quitinosa, as **hifas**, dentro das quais se encontra o conteúdo celular do fungo. O conjunto de hifas constitui o **micélio**, o corpo do fungo.

Na maioria das espécies as hifas são **septadas**, isto é, apresentam paredes transversais ou septos que delimitam compartimentos celulares, nos quais pode haver um núcleo (hifas septadas monocarióticas) ou dois núcleos (hifas septadas dicarióticas). Os septos não separam completamente as células: eles têm uma perfuração central, o poro septal, pela qual organelas citoplasmáticas e mesmo núcleos podem passar de um compartimento para outro. Certos fungos são constituídos pelas chamadas **hifas cenocíticas**, que não apresentam septos, sendo preenchidas por citoplasma com inúmeros núcleos.

O emaranhado de hifas que forma o micélio pode crescer indefinidamente enquanto houver alimento disponível e condições favoráveis. O crescimento das hifas ocorre apenas nas extremidades; nas regiões mais antigas o conteúdo citoplasmático pode desaparecer, restando apenas as paredes das hifas.

A reprodução dos fungos ocorre por meio de esporos. Quando encontra condições apropriadas, o esporo germina e origina uma hifa, que cresce e se ramifica, produzindo um novo micélio.

Durante o crescimento as hifas do micélio liberam enzimas digestivas que atuam extracelularmente, degradando substâncias orgânicas presentes no substrato. As hifas absorvem os produtos da digestão e os utilizam como fontes de energia e matéria-prima necessárias à sua sobrevivência e ao seu crescimento. Esse modo de vida dos fungos é responsável pelo apodrecimento de diversos materiais orgânicos, como frutas, hortaliças, grãos e uma gama de substratos (madeira, couro etc.).

Durante os processos de reprodução sexuada de muitas espécies de fungo formam-se hifas especiais, que crescem em agrupamentos compactos constituindo os **corpos de frutificação**, dos quais cogumelos e orelhas-de-pau são os exemplos mais conhecidos. **(Fig. 12.22)**

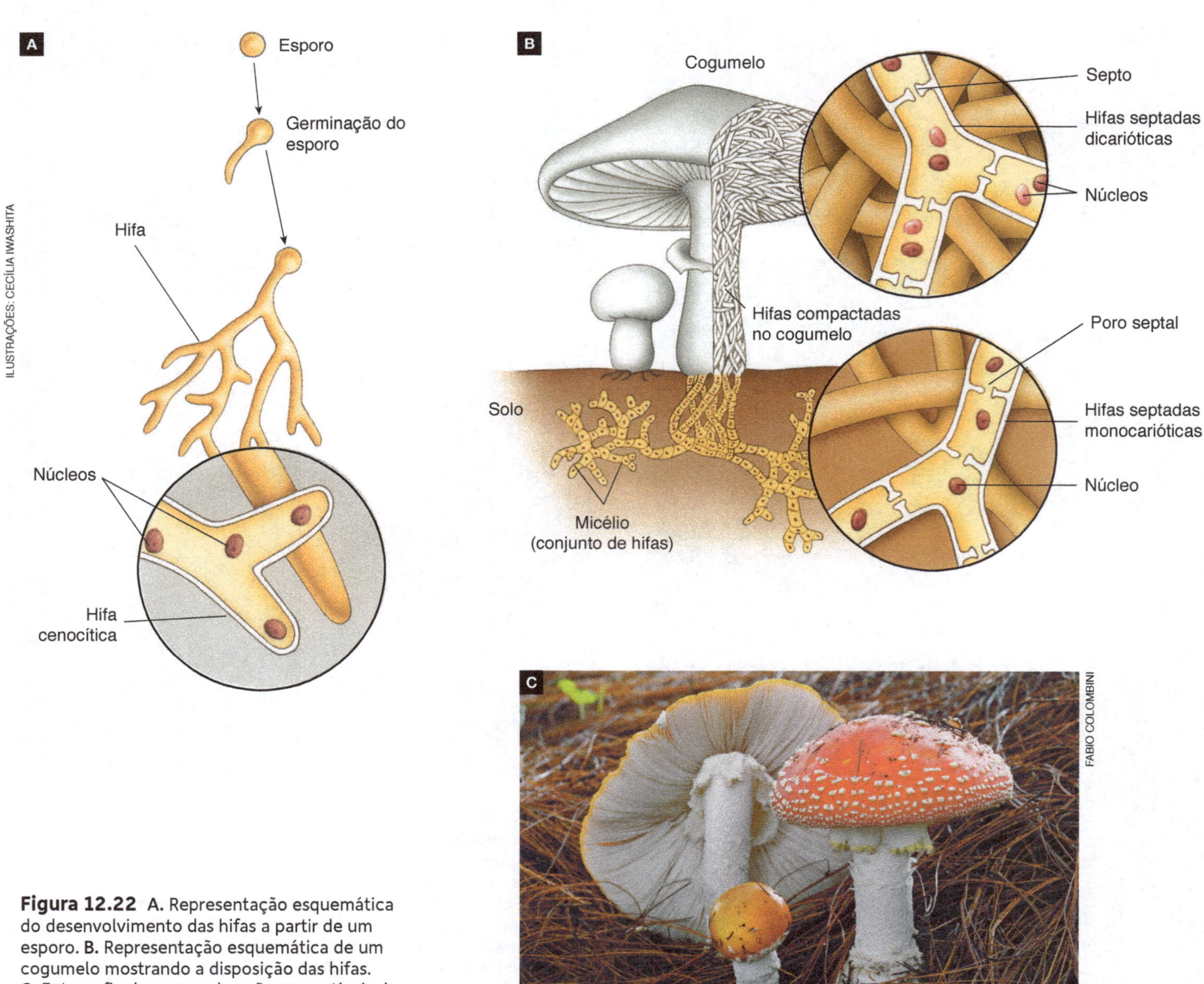

Figura 12.22 A. Representação esquemática do desenvolvimento das hifas a partir de um esporo. B. Representação esquemática de um cogumelo mostrando a disposição das hifas. C. Fotografia de cogumelos não comestíveis da espécie *Amanita muscaria*, que podem medir até 15 cm de altura.

Diversidade

Há cerca de 60 mil espécies de fungo descritas pelos especialistas, mas estima-se que pelo menos 1 milhão de espécies ainda serão descobertas. A classificação de seres vivos que adotamos nesta obra agrupa os fungos em quatro filos: Chytridiomycota, Zygomycota, Ascomycota e Basidiomycota.

Os **quitridiomicetos**, ou quitrídios – filo **Chytridiomycota** –, vivem em ambientes terrestres ou de água doce, com poucas espécies marinhas. Podem ser unicelulares ou multicelulares e sua principal substância de reserva, como nos demais fungos e em animais, é o glicogênio, um polissacarídio.

A maioria dos quitrídios é saprofágica; há espécies parasitas de plantas, de algas, de protozoários e de animais. Um exemplo de quitrídio parasita é *Batrachochytrium dendrobatidis*, apontado como o responsável pela redução de populações de anfíbios em vários continentes e cuja ocorrência já foi relatada no Brasil.

Os **zigomicetos** – filo **Zygomycota** – são fungos dotados de hifas cenocíticas e que não formam corpo de frutificação. Um representante do grupo é *Rhizopus stolonifer*, bolor que cresce sobre superfícies de alimentos ricos em glicídios, como pão, frutas e hortaliças. Certos zigomicetos parasitam plantas, protozoários, vermes e insetos; algumas espécies podem causar infecções em seres humanos. **(Fig. 12.23)**

Os **ascomicetos** – filo **Ascomycota** – caracterizam-se pela presença de ascos (do grego *askos*, bolsa, odre), estruturas especializadas onde se formam esporos sexuados, os ascósporos. Um conhecido ascomiceto, embora não seja o mais típico do grupo, é a levedura *Saccharomyces cerevisiae*, o popular fermento de padaria ou fermento biológico. Os ascomicetos constituem cerca de metade das espécies descritas de fungo.

Em muitas espécies de ascomicetos os ascos localizam-se em corpos de frutificação compactos, os ascocarpos. Em algumas espécies o ascocarpo é comestível e utilizado em culinária.

Certos ascomicetos vivem em associações mutualísticas com algas ou cianobactérias, formando **liquens** (veja mais adiante).

Os **basidiomicetos** – filo **Basidiomycota** – são fungos que apresentam basídios, estruturas especializadas nas quais se formam esporos sexuados, os basidiósporos.

A maioria dos basidiomicetos forma corpos de frutificação denominados **basidiocarpos**, conhecidos popularmente como cogumelos. Há diversas espécies cujos basidiocarpos são comestíveis e alguns são largamente empregados em culinária, entre eles os cogumelos do gênero *Agaricus*, os *champignons*. **(Fig. 12.24)**

Figura 12.23 Fotomicrografia do zigomiceto *Rhizopus stolonifer*, mostrando hifas com esporângios, nas quais se formam os esporos. (Microscópio eletrônico de varredura; cores artificiais.)

Figura 12.24 A. Corpos de frutificação do basidiomiceto comestível *Agaricus campestris* (filo Basidiomycota), conhecido como *champignon*, muito utilizado em culinária (tem aproximadamente 10 cm de diâmetro). **B.** Corpos de frutificação de ascomiceto comestível *Morchella esculenta* (filo Ascomycota), apreciado na alta gastronomia (eles medem cerca de 5 a 10 cm de altura).

Reprodução e ciclo de vida

Os fungos podem se reproduzir assexuadamente por **fragmentação** de seu micélio; os fragmentos crescem e originam novos micélios.

Zigomicetos formam hifas especiais – os esporangióforos – em cujas extremidades diferenciam-se **esporângios**, nos quais se formam esporos assexuados haploides. Ao cair em local e condições adequados o esporo germina e origina um novo micélio.

Ascomicetos formam hifas especializadas nas quais originam-se esporos assexuados denominados **conídios**. O conídio, como os esporos em geral, é revestido por uma parede celular espessa e pode permanecer em estado de dormência por longo tempo, até encontrar ambiente favorável para germinar. Leveduras como *Saccharomyces cerevisiae* reproduzem-se por brotamento da hifa (gemulação). Os brotos ou gêmulas assim formados separam-se da hifa original, embora eventualmente possam permanecer unidos, formando cadeias de células conhecidas como **pseudomicélios. (Fig. 12.25)**

De tempos em tempos a maioria dos fungos passa por um estágio sexuado, em que se formam zigotos diploides. O zigoto sofre meiose e origina células haploides que se diferenciam em esporos sexuados.

Nos fungos a reprodução sexuada inicia-se pela conjugação de duas hifas sexualmente maduras e compatíveis, que se aproximam e se fundem (plasmogamia). A hifa resultante da fusão é uma hifa dicariótica, que tem dois núcleos haploides por célula, um de cada hifa parental. Durante o crescimento e ramificação dessa hifa os núcleos se multiplicam diversas vezes no citoplasma, mantendo-se emparelhados, mas sem se fundir. As hifas dicarióticas originam um micélio, que pode formar corpos de frutificação (ascocarpos nos ascomicetos e basidiocarpos nos basidiomicetos).

Nos ascocarpos, como vimos, surgem estruturas férteis denominadas **ascos**. O asco é uma hifa especializada, na qual o par de núcleos haploides procedentes das duas hifas que se conjugaram finalmente se funde (cariogamia), originando um núcleo zigótico, diploide. Este sofre imediatamente meiose, produzindo esporos sexuados denominados **ascósporos**.

O processo ocorre de maneira semelhante nos basidiocarpos, nos quais se formam estruturas férteis denominadas **basídios**. O basídio é também uma hifa especializada, na qual o par de núcleos haploides se funde (cariogamia) e origina um núcleo zigótico diploide. Por meiose, esse núcleo produz esporos sexuados denominados **basidiósporos**. Em muitos cogumelos os basídios localizam-se nas finas lamelas existentes na face inferior do "chapéu" do basidiocarpo.

Esporos sexuados maduros são liberados do corpo de frutificação e levados pelo vento. Ao cair em local com condições adequadas os esporos germinam e originam novos micélios. Acompanhe, na figura a seguir, os ciclos de vida de um ascomiceto e de um basidiomiceto. **(Fig. 12.26)**

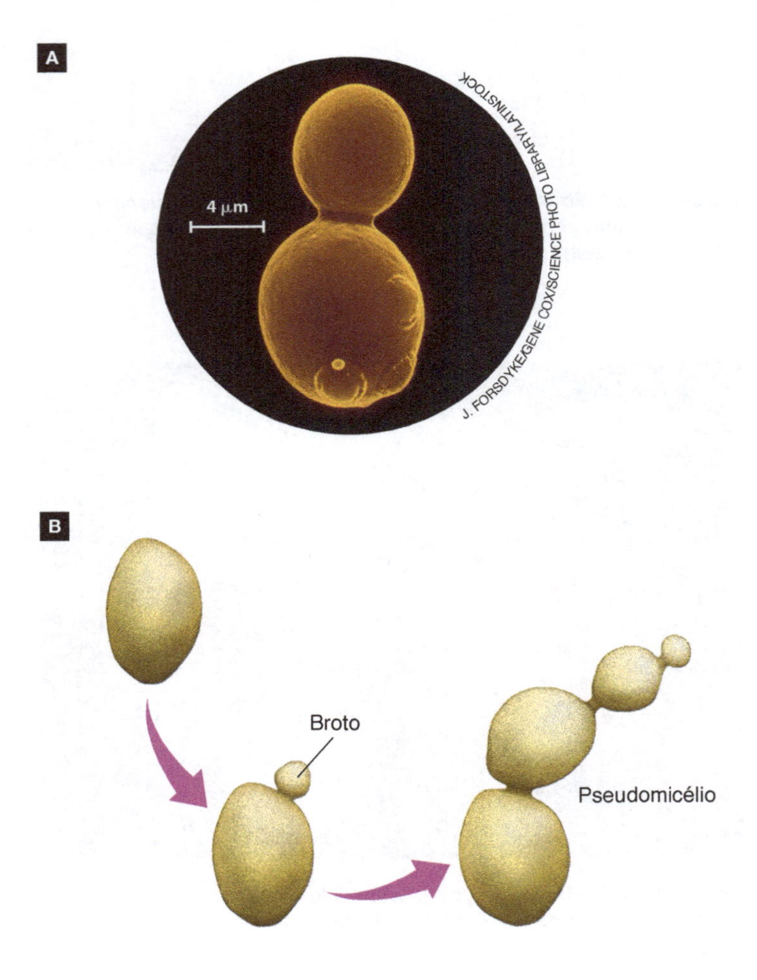

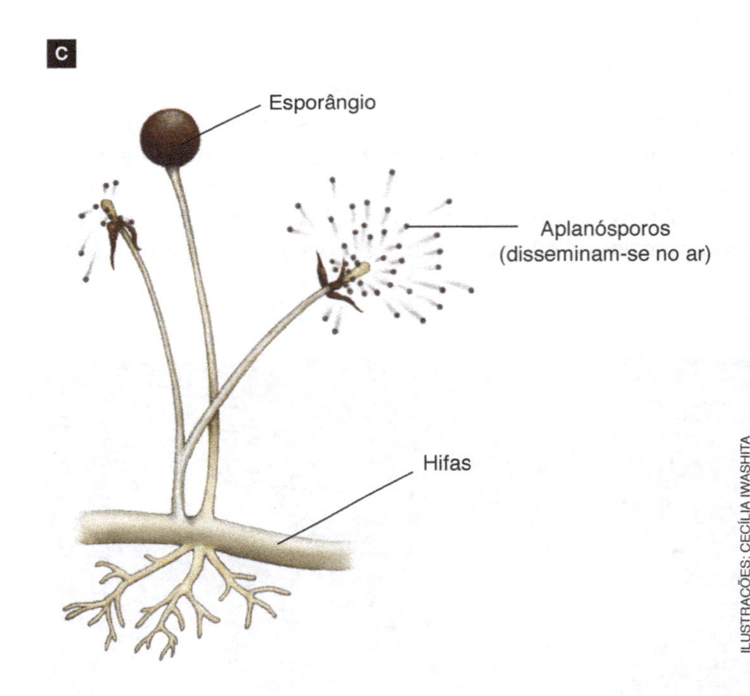

Figura 12.25 A. Fotomicrografia de uma levedura em brotamento. (Microscópio eletrônico de varredura; cores artificiais.) B. Representação de estágios de brotamento de uma levedura em que os brotos não se separam, resultando em cordões de células interligadas, o pseudomicélio. C. Bolor negro do pão, *Rhizopus stolonifer*, que forma esporos denominados aplanósporos, adaptados à disseminação pelo ar.

A

Ascocarpo
(ampliação)
Zigoto
(2*n*)
MEIOSE
ZIGÓTICA
Corpo de
frutificação
(ascocarpo)
Fusão de
núcleos
(cariogamia)
R!
Núcleos
haploides
(*n*)
Mitose e
formação
dos
ascósporos
Asco
Micélio
com hifas mono
e dicarióticas
Ascósporos
Hifa
dicariótica
Fusão de
micélios compatíveis
(plasmogamia)
Liberação e
germinação
dos ascósporos

B

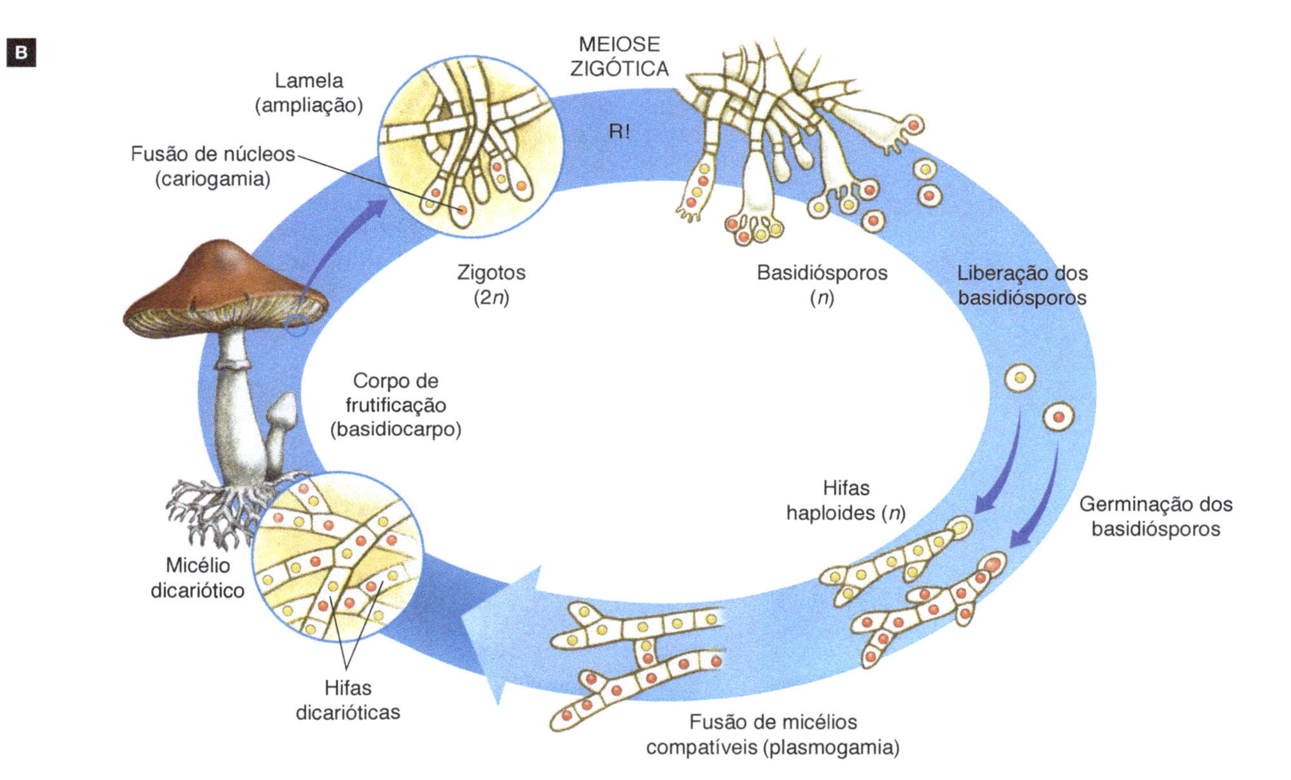

ILUSTRAÇÕES: CECÍLIA IWASHITA

C

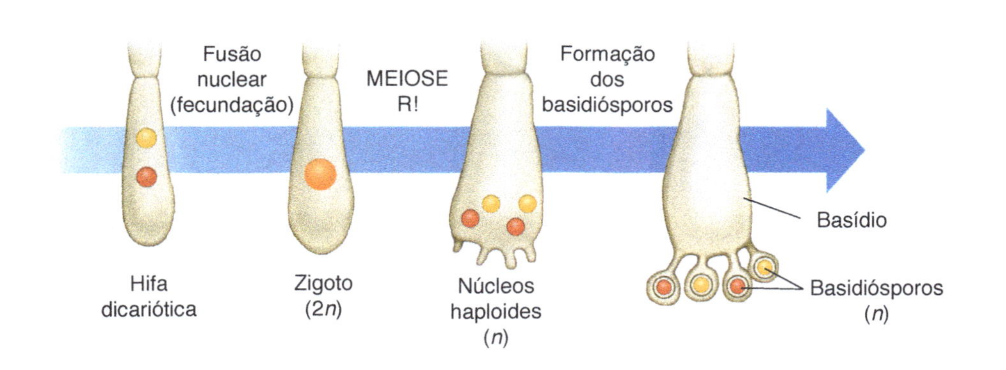

Figura 12.26 **A.** Representação esquemática do estágio sexuado do ciclo de vida de um fungo ascomiceto. **B.** Representação esquemática do estágio sexuado do ciclo de vida de um fungo basidiomiceto. **C.** Representação esquemática da formação do basídio, a hifa especializada em que ocorre a meiose para formação dos basidiósporos. Analise os esquemas acompanhando as explicações no texto.

Importância ecológica e econômica

Os fungos são importantes para o equilíbrio da natureza. As espécies saprofágicas, juntamente com certas bactérias, desempenham o papel de **agentes decompositores** da matéria orgânica de cadáveres e restos de plantas e animais. Ao ser decomposta a matéria orgânica pode ter seus elementos químicos aproveitados por outros seres vivos. Entretanto, essa mesma atividade decompositora pode ter aspecto negativo, já que os fungos causam o apodrecimento de alimentos, roupas, objetos de couro, cercas, dormentes de madeira das estradas de ferro etc.

Quase duzentos tipos de cogumelos são empregados na alimentação humana. Algumas espécies são cultivadas em larga escala como o basidiomiceto *Agaricus campestris*, popularmente conhecido por *champignon* (reveja a fotografia na página 313).

GEORGE MURESAN/SHUTTERSTOCK

SILVESTRE SILVA

GRAFVISION/SHUTTERSTOCK

Figura 12.27 A. O processo de panificação depende do levedo *Saccharomyces cerevisiae*. B. Tanques de fermentação de caldo de cana-de-açúcar por leveduras, para a fabricação de cachaça. C. As estrias esverdeadas do queijo tipo gorgonzola devem-se ao crescimento de um fungo do gênero *Penicillium*.

O levedo *Saccharomyces cerevisiae*, empregado na fabricação de pão e de bebidas alcoólicas, fermenta glicídios e libera como produtos gás carbônico e álcool etílico. Na produção do pão é o gás carbônico que interessa, pois as pequenas bolhas desse gás, eliminadas pelo levedo na massa, contribuem para tornar o pão leve e macio.

A produção dos diferentes tipos de bebidas alcoólicas varia de acordo com o material fermentado, com o tipo de levedura utilizada e com as diferentes técnicas de fabricação. Por exemplo, a fermentação da cevada produz cerveja, enquanto a fermentação da uva produz vinho. Após a fermentação certas bebidas passam por destilação, um processo de separação de misturas. Exemplos de bebidas destiladas são a cachaça (produzida a partir de caldo fermentado de cana-de-açúcar), o uísque (obtido de cereais fermentados) e o saquê (obtido de caldos de arroz fermentados).

Certos fungos são empregados na produção de queijos, dando a eles seus sabores característicos. O fungo *Penicillium roquefortii*, por exemplo, utilizado na fabricação de queijos tipos *roquefort* e gorgonzola, são os responsáveis pelas estrias azuis ou verdes desses queijos e por seus sabores típicos. **(Fig. 12.27)**

Os antibióticos, substâncias que matam bactérias, foram obtidos pioneiramente a partir de ascomicetos do gênero *Penicillium*, em 1928. Desde 1940 os fungos têm sido largamente empregados na produção desses e de outros medicamentos pela indústria farmacêutica.

Diversas espécies de fungos são parasitas e causam doenças em plantas e em animais, inclusive em nossa espécie. Certos fungos são responsáveis por infecções graves, que produzem lesões profundas na pele e em órgãos internos. Nas plantas os fungos causam doenças como a ferrugem, que afeta o cafeeiro e outras plantas economicamente importantes. **(Fig. 12.28)**

NIGEL CATTLIN/SCIENCE SOURCE/FOTOARENA

Figura 12.28 O fungo *Hemileia vastatrix* é responsável pela ferrugem do cafeeiro, que causa lesões nas folhas dessa planta (manchas amarelas e marrons na foto).

Micorrizas e liquens

Certos fungos associam-se a raízes de plantas formando **micorrizas** (do grego *mykos*, fungo, e *rhizos*, raiz). Essa associação é um tipo de mutualismo e beneficia tanto o fungo quanto a planta hospedeira. O fungo obtém das raízes da planta substâncias como glicídios e aminoácidos, dos quais se nutre. Por outro lado, a raiz envolvida pelas hifas do fungo absorve melhor nutrientes minerais escassos no solo, mas fundamentais ao crescimento da planta. **(Fig. 12.29)**

Liquens são associações mutualísticas entre certas espécies de fungo e de alga ou entre fungos e cianobactérias. Os tipos de fungos mais comuns nessas associações são os ascomicetos. A associação possibilita que os liquens vivam em locais onde nem algas nem fungos poderiam viver separadamente.

Os liquens se reproduzem assexuadamente por meio de unidades reprodutivas constituídas por hifas do fungo e células da alga. Essas unidades, chamadas de **sorédios**, destacam-se do líquen e propagam-se carregadas pelo vento. **(Fig. 12.30)**

Agora você pode resolver as atividades de 14 a 21, 24, 25, 28 a 40.

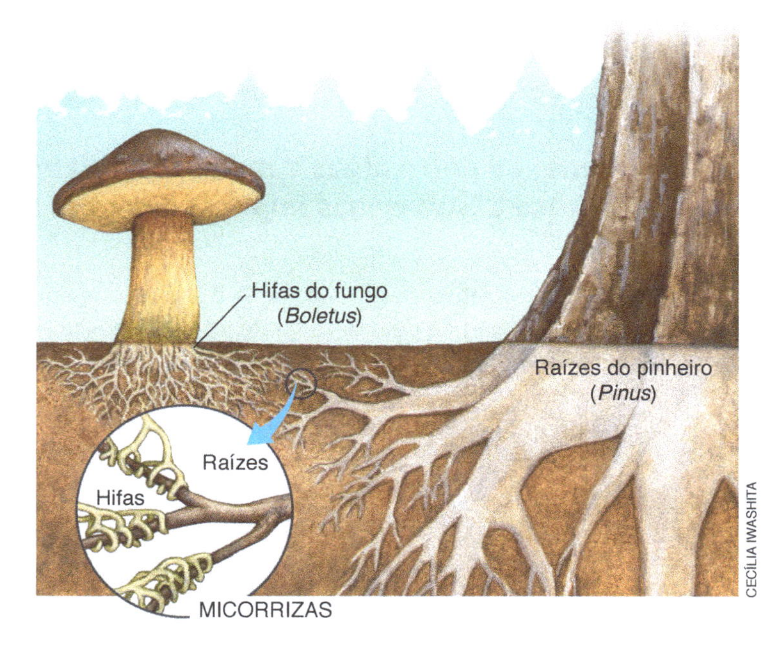

Figura 12.29 Representação esquemática de micorrizas, associações mutualísticas entre raízes de plantas e fungos. As plantas com micorrizas desenvolvem-se melhor do que as que não têm fungos associados.

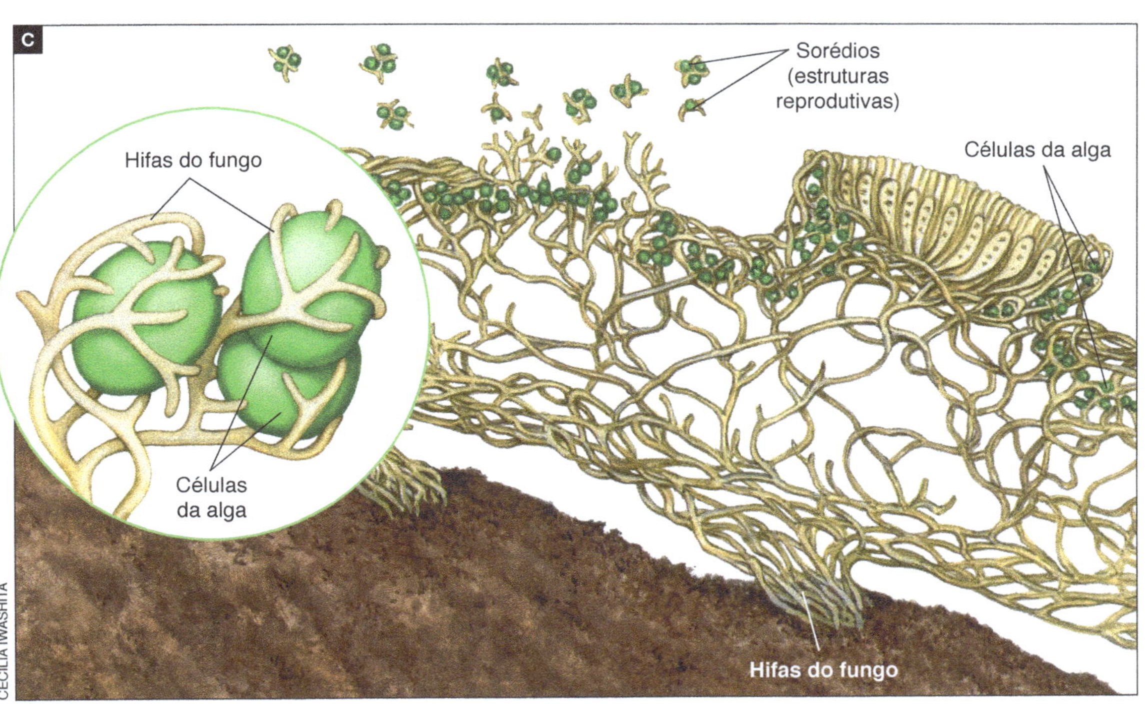

Figura 12.30 A e B. Alguns tipos de líquen formados pela associação de algas e fungos. C. Representações esquemáticas de um líquen mostrando sua estrutura microscópica; no círculo, detalhe ampliado da relação entre as células da alga e as hifas do fungo no líquen.

Ciência e cidadania

Uma conexão entre algas e nuvens: fundamentos teóricos da hipótese CLAW e suas implicações para as mudanças climáticas

1 [...] Nosso objetivo neste trabalho é analisar o desenvolvimento de uma hipótese científica que, com pouco mais de duas décadas de existência, exerceu e vem exercendo grande impacto sobre as pesquisas relacionadas à compreensão da dinâmica planetária do enxofre e das mudanças climáticas na Terra. A hipótese em questão ficou conhecida na literatura científica como "hipótese CLAW", um acrônimo dos nomes de seus quatro cientistas proponentes (Charlson, Lovelock, Andreae e Warren). Ela foi apresentada à comunidade científica em 1987 e propõe, em linhas gerais, um mecanismo de retroalimentação (*feedback*) negativa no qual algas planctônicas exercem influência no clima global pela síntese e exsudação de um composto de enxofre.

2 [...] Até o início da década de 1970, havia muitas dúvidas acerca da dinâmica do ciclo do enxofre. Em particular, uma lacuna importante em nosso conhecimento dizia respeito a qual seria o composto químico estável que atuaria como transportador de enxofre dos oceanos para a terra. [...] Em 1972, apoiando-se num trabalho do químico e bioquímico inglês Frederick Challenger, o qual observou que muitas algas marinhas emitem sulfeto de dimetila (doravante, DMS), Lovelock et al (1972) colocaram em xeque a visão tradicional e propuseram que o "DMS é o composto natural de enxofre que cumpre o papel originalmente atribuído ao H_2S; aquele de transferir o enxofre dos mares através do ar para as superfícies de terra".

3 [...] Kasting e Siefert (2002) e Spiese et al (2009) mostraram que várias espécies de algas marinhas liberam DMS para a atmosfera. O DMS é reconhecidamente a fonte biológica dominante desse composto volátil de enxofre para a atmosfera marinha, originando partículas necessárias à formação de nuvens. [...] Charlson et al (1987) propuseram que a rápida oxidação do DMS na atmosfera produz "partículas aerossol sulfato de sal não marinho" (*non-sea-salt sulphate aerosol particles*) que funcionam como núcleos de condensação de vapor-d'água, contribuindo para a formação de nuvens sobre os oceanos. Esses núcleos são denominados "núcleos de condensação de nuvens" (NCN; em inglês CCN, *cloud condensation nuclei*).

4 De modo muito breve e esquemático, a hipótese CLAW propõe um mecanismo de retroalimentação negativa envolvendo fitoplâncton, DMS, NCN e nuvens, com implicações climáticas em escala global. De acordo com Charlson et al (1987), as regiões oceânicas mais quentes, mais salinas e que são mais intensamente iluminadas têm as maiores taxas de emissão de DMS para a atmosfera. [...] Assim, as porções de água nos oceanos que não estão cobertas por nuvens tendem a ser mais iluminadas e se aquecer mais, já que recebem a radiação solar diretamente. O aumento da temperatura deve levar a um aumento da produção de DMS pelas algas, contribuindo para a formação de mais nuvens sobre os oceanos [...]. As nuvens têm um albedo alto e reduzem a temperatura e a luminosidade da superfície, porque refletem grande fração da radiação solar incidente. Portanto, há uma redução da quantidade de radiação solar que alcança a superfície da água, levando a uma diminuição da temperatura nesta região, com consequente diminuição na produção de DMS e nuvens e, novamente, a um aumento da incidência de raios solares sobre a superfície da água, o que fecha a alça de retroalimentação.

5 [...] Lovelock e Rapley (2007) propuseram recentemente, em carta à [revista científica] *Nature*, um mecanismo de geoengenharia visando mitigar os efeitos do aquecimento global. Esse mecanismo está fundamentado na contribuição do fitoplâncton para a liberação de DMS e captura de CO_2 atmosférico. Os autores propõem a instalação nos oceanos de tubos ou canos verticais, flutuantes ou amarrados, com o objetivo de "aumentar a mistura de águas ricas em nutrientes abaixo da termoclina [região de transição de temperatura entre a superfície oceânica e o oceano profundo] com as águas relativamente estéreis da superfície oceânica". [...] Esses canos deveriam ter de 100 a 200 metros de comprimento e 10 metros de diâmetro e bombeariam água do fundo para a superfície, fornecendo, assim, nutrientes para as algas acima da termoclina. A oferta extra de nutrientes aumentaria a taxa de crescimento das algas planctônicas e, consequentemente, a taxa fotossintética, que está relacionada à taxa de captura de CO_2 da atmosfera. Além disso, as algas aumentariam a emissão de DMS, contribuindo, em última instância, para o resfriamento do planeta, porque os produtos de sua oxidação atuam como NCN.

6 [...] A proposta de Lovelock e Rapley foi comentada por Shepherd et al (2007), em carta publicada na edição seguinte da *Nature*. Esses autores advertem que aquele mecanismo de geoengenharia proposto poderia causar problemas, em vez de curar [...]. Essa opinião contrária encontra apoio em, pelo menos, um trabalho que mostra importantes resultados inesperados: apesar do aumento da biomassa dos produtores, não ocorre sequestro de carbono no oceano profundo, porque as partículas que carregam o carbono fixado são rapidamente degradadas pela respiração dos organismos marinhos e remineralizadas dentro dos limites das águas oceânicas superiores. Assim, é provável [...] que quase todo o CO_2 capturado pelas algas seja devolvido à atmosfera no período de um ano. Além disso, o fato de interferir-se num ecossistema ainda pouco conhecido poderia gerar danos, alterando-se sua estrutura trófica, de modo que os problemas resultantes poderiam superar os possíveis benefícios daquele mecanismo de geoengenharia. [...]

7 [...] Esperamos com este trabalho ter mostrado a importância dos estudos das conexões entre os organismos planctônicos da biota marinha e as nuvens para a compreensão de um importante processo na ciclagem do enxofre e no clima global. A hipótese CLAW e a área de pesquisas por ela gerada apontam para lições importantes a respeito do modo como se faz ciência atualmente, quando se estudam as mudanças climáticas. Essa hipótese oferece uma abordagem integrada dos fenômenos. Diante da crise ambiental contemporânea, uma abordagem desta natureza é imprescindível, uma vez que fenômenos de mudanças climáticas não são espacialmente localizados, mas ocorrem ao nível do sistema Terra como um todo.

Fonte: NUNES-NETO, N. F.; CARMO, R. S.; EL-HANI, C. N. Uma conexão entre algas e nuvens: fundamentos teóricos da hipótese CLAW e suas implicações para as mudanças climáticas. *Oecologia Brasiliensis*. Rio de Janeiro: UFRJ, v. 13, n. 4, p. 596-608, dez. 2009.

GUIA DE LEITURA

O texto foi adaptado de um artigo publicado na revista científica brasileira *Oecologia Brasiliensis*; o artigo aborda os fundamentos de uma polêmica hipótese – CLAW – segundo a qual as algas do plâncton marinho influenciam a formação das nuvens atmosféricas. Será que isso é possível? Acompanhe, no guia de leitura, questões e propostas para auxiliar sua análise do texto sobre essa hipótese e suas implicações para uma visão mais integrada do clima da Terra.

1. Leia o primeiro parágrafo do texto e resuma a chamada "hipótese CLAW". Para compreender melhor o parágrafo, informe-se melhor sobre o que é retroalimentação (*feedback*) negativa. Um exemplo simples desse mecanismo é a regulação da temperatura de uma sala por meio de um termostato acoplado a um aparelho de ar-condicionado. Quando a temperatura aumenta, o termostato liga o ar-condicionado e a temperatura do ambiente diminui. Essa diminuição leva o termostato a desligar o ar-condicionado e a temperatura do ambiente se eleva. E assim por diante. Você compreenderá melhor esse mecanismo proposto na hipótese CLAW ao longo da leitura. Se tiver dúvidas quanto a palavras como "exsudação" procure o significado em um dicionário.
2. No segundo parágrafo o ponto central refere-se ao composto químico envolvido no ciclo do enxofre. O que o parágrafo diz a respeito?
3. O terceiro parágrafo estabelece relação entre algas marinhas, DMS (sulfeto de dimetila), NCN (núcleos de condensação de nuvens) e nuvens. Escreva um texto curto esclarecendo que relações são essas.
4. Seu desafio agora é utilizar as informações contidas no parágrafo 4 para elaborar um esquema-resumo das interações de retroalimentação negativa da "hipótese CLAW". Como fundo de seu esquema represente um oceano (onde se localizam as algas do fitoplâncton) e uma atmosfera com nuvens. Represente também o Sol e outros elementos gráficos, como setas legendadas e siglas, para completar a esquematização. Você acha que este parágrafo esclareceu informações iniciais sobre retroalimentação negativa (*feedback* negativo), apresentada no primeiro parágrafo?
5. Ainda sobre o parágrafo 4, como se poderia definir albedo? Tente inicialmente elaborar sua própria definição a partir do texto, para depois pesquisar, conferir e ampliar o significado do termo.
6. O quinto parágrafo refere-se a uma proposta para combater o aquecimento do planeta pelo efeito estufa. O que os autores propõem para isso? Depois de certificar-se de que entendeu a ideia contida no parágrafo, explique-a na forma de um esquema que contenha itens como oceano, fitoplâncton (algas), canos dotados de bombas, termoclina, atmosfera, DMS e NCN. Utilize setas legendadas e siglas para completar sua esquematização.
7. De que trata, em linhas gerais, o parágrafo 6 do texto?
8. No sétimo e último parágrafo os autores do texto sugerem uma "abordagem integrada" para compreender fenômenos globais. Escreva um comentário sobre essa ideia, incluindo em sua argumentação a relação aparentemente improvável entre algas marinhas e o clima do planeta, que constitui o foco do texto.

Mapa de conceitos

Algas

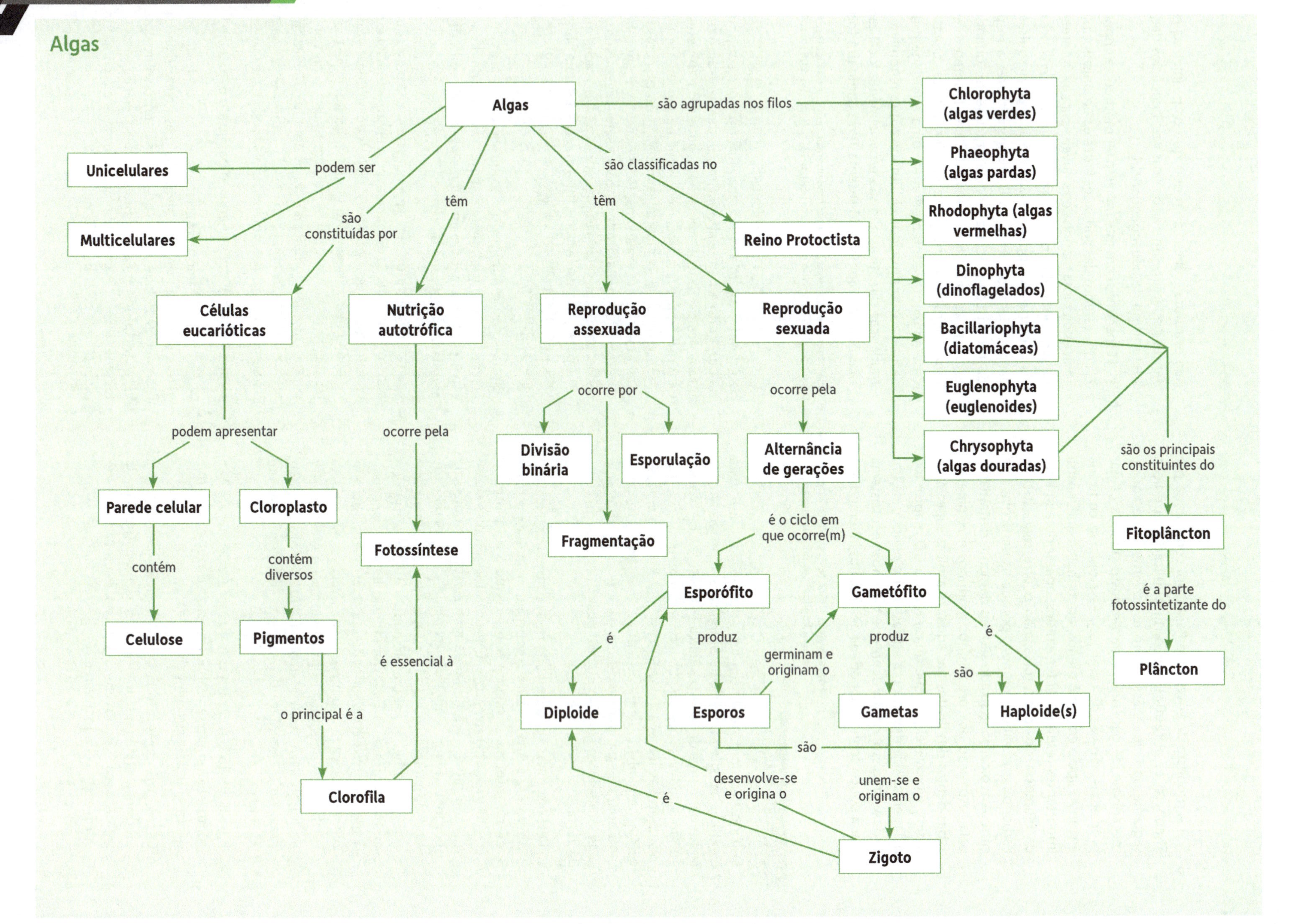

ATIVIDADES

REVENDO CONCEITOS, FATOS E PROCESSOS

12.1 Algas

1. O reino Protoctista é constituído por organismos
- **a)** autotróficos unicelulares.
- **b)** autotróficos e heterotróficos, unicelulares e multicelulares.
- **c)** heterotróficos unicelulares.
- **d)** heterotróficos, unicelulares e multicelulares.

2. "Se o fitoplâncton marinho desaparecesse, haveria diminuição do número de peixes." Essa afirmação está
- **a)** correta, pois a maioria dos peixes nutre-se, direta ou indiretamente, de seres planctônicos.
- **b)** correta, porque as algas do fitoplâncton constituem esconderijos para a maioria dos peixes.
- **c)** incorreta, pois a maioria dos peixes nutre-se de algas que vivem em grandes profundidades marinhas.
- **d)** incorreta, pois os peixes são todos heterotróficos.

Considere as alternativas a seguir para responder às questões de 3 a 8.
- **a)** Alternância de gerações.
- **b)** Divisão binária.
- **c)** Esporófito.
- **d)** Fitoplâncton.
- **e)** Fragmentação.
- **f)** Gametófito.
- **g)** Talo.

3. Como se denomina o corpo de certas algas multicelulares?

4. Qual é a forma de reprodução assexuada em que um organismo unicelular transforma-se em dois novos indivíduos?

5. Qual o nome do processo assexuado de reprodução em que um pedaço separado de um indivíduo origina outro?

6. Como se denomina um organismo diploide que produz esporos no ciclo de certas algas?

7. Que denominação recebe um tipo de ciclo de vida no qual se intercalam gerações haploides e diploides?

8. Como se denomina um organismo haploide do ciclo de certas algas, originado de um esporo e que produz gametas haploides?

12.2 Protozoários

Considere as alternativas para responder às questões de 9 a 11.
- **a)** Cílios.
- **b)** Flagelos.
- **c)** Pseudópodes.

9. Quais são as estruturas locomotoras das amebas?

10. Quais são as estruturas locomotoras presentes nos protozoários do filo Zoomastigophora?

11. Quais são as estruturas locomotoras dos protozoários do filo Ciliophora?

12. Todos os protozoários
- **a)** têm vida livre.
- **b)** são aquáticos.
- **c)** têm parede celular.
- **d)** são unicelulares.

13. Protozoários de água doce estão sujeitos à osmose, absorvendo água continuamente. A estrutura celular responsável pela eliminação do excesso de água é o
- **a)** macronúcleo.
- **b)** micronúcleo.
- **c)** vacúolo digestivo.
- **d)** vacúolo contrátil.

12.3 Fungos

14. O reino Fungi é constituído por organismos
- **a)** autotróficos unicelulares.
- **b)** autotróficos e heterotróficos, unicelulares e multicelulares.
- **c)** heterotróficos unicelulares.
- **d)** heterotróficos, unicelulares e multicelulares.

Considere as alternativas a seguir para responder às questões de 15 a 21.
- **a)** Brotamento.
- **b)** Corpo de frutificação.
- **c)** Esporulação.
- **d)** Hifa.
- **e)** Líquen.
- **f)** Micélio.
- **g)** Micorriza.

15. Qual é o nome da associação entre fungos e raízes de certas plantas que traz vantagens a ambas as espécies associadas?

16. Como se denomina cada um dos filamentos, multinucleados ou septados, que constituem um fungo?

17. O que representa o cogumelo, que se forma durante os processos sexuais de certos fungos?

18. Que denominação recebe o conjunto de filamentos que constitui a maioria dos fungos?

19. Qual é o nome do processo de reprodução das leveduras em que o organismo genitor forma uma protuberância que cresce e pode se destacar, originando assexuadamente um novo indivíduo?

20. Qual é o processo de reprodução assexuada em que certos fungos formam células reprodutivas com paredes resistentes e que podem se disseminar pelo ar?

21. Que denominação recebe a associação entre um fungo e um organismo fotossintetizante, como uma alga ou uma cianobactéria, e que traz benefícios mútuos aos associados?

QUESTÕES PARA EXERCITAR O PENSAMENTO

22. Seu desafio é elaborar uma pequena história de ficção a partir de uma catastrófica (felizmente imaginária) manchete de jornal, publicada semanas antes de a Terra atravessar a cauda de um cometa recém-descoberto: "Gás da cauda de cometa pode exterminar fitoplâncton marinho". Explore as consequências desse possível extermínio na cadeia alimentar marinha e também nas possíveis alterações na atmosfera terrestre.

23. Construa uma tabela que compare algas e protozoários considerando os seguintes aspectos: a) nutrição; b) organização estrutural; c) ambiente onde vivem; d) importância para a humanidade; e) doenças que causam; f) exemplos.

24. Imagine, hipoteticamente, que os fungos decompositores desaparecessem. Quais seriam as consequências disso?

A BIOLOGIA NO VESTIBULAR

QUESTÕES OBJETIVAS

25. (Fuvest-SP) Nos ambientes aquáticos, a fotossíntese é realizada principalmente por

a) algas e bactérias.
b) algas e plantas.
c) algas e fungos.
d) bactérias e fungos.
e) fungos e plantas.

26. (Vunesp)

> Maré vermelha deixa litoral em alerta. Uma mancha escura formada por um fenômeno conhecido como "maré vermelha" cobriu ontem uma parte do canal de São Sebastião [...] e pode provocar a morte em massa de peixes. A Secretaria de Meio Ambiente de São Sebastião entrou em estado de alerta. O risco para o homem está no consumo de ostras e moluscos contaminados.
>
> • Jornal *Vale Paraibano*, 1º fev. 2003.

A maré vermelha é causada por

a) proliferação de algas macroscópicas do grupo das rodófitas, tóxicas para consumo pelo homem ou pela fauna marinha.
b) proliferação de bactérias que apresentam em seu hialoplasma o pigmento vermelho ficoeritrina. As toxinas produzidas por essas bactérias afetam a fauna circunvizinha.
c) crescimento de fungos sobre material orgânico em suspensão, material este proveniente de esgotos lançados ao mar nas regiões das grandes cidades litorâneas.
d) proliferação de liquens, que são associações entre algas unicelulares componentes do fitoplâncton e fungos. O termo maré vermelha decorre da produção de pigmentos pelas algas marinhas associadas ao fungo.
e) explosão populacional de algas unicelulares do grupo das pirróftas, componentes do fitoplâncton. A liberação de toxinas afeta a fauna circunvizinha.

27. (PUC-RJ) Considere as seguintes afirmações referentes aos protozoários.

I. Considerando-se o nível de organização dos protozoários, pode-se afirmar corretamente que são seres acelulares como os vírus.
II. Pode-se afirmar corretamente que os protozoários só se reproduzem assexuadamente.
III. O protozoário causador da malária no homem é o parasita plasmódio.

a) Apenas II está correta.
b) Apenas III está correta.
c) Apenas I e II estão corretas.
d) Apenas II e III estão corretas.
e) Todas estão corretas.

28. (PUC-MG) Os fungos, popularmente conhecidos por bolores, mofos, fermentos, levedos, orelhas-de-pau, trufas e cogumelos-de-chapéu, apresentam grande variedade de vida. É correto afirmar sobre os fungos, EXCETO:

a) São organismos pioneiros na síntese de matéria orgânica para os demais elementos da cadeia alimentar.
b) Os saprófitas são responsáveis por grande parte da degradação da matéria orgânica, propiciando a reciclagem de nutrientes.
c) Podem provocar nos homens micoses na pele, couro cabeludo, barba, unhas e pés.
d) Podem participar de interações mutualísticas como as que ocorrem nas micorrizas e nos liquens.

29. (UFRN) Uma das doenças do algodoeiro é provocada pelo acúmulo de micélios e esporos de um fungo do gênero *Fusarium* no interior dos vasos da planta, prejudicando o fluxo de seiva. Para o fungo, essas estruturas – micélios e esporos – são importantes, pois estão relacionadas, RESPECTIVAMENTE, com

a) fixação e digestão.
b) crescimento e reprodução.
c) dispersão e toxicidade.
d) armazenamento e respiração.

30. (USJ-SC) Os fungos nutrem-se por

a) digestão intracorporal e extracelular em órgãos digestivos.
b) fotossíntese.
c) liberação de matéria orgânica presente em suas hifas.
d) digestão extracorporal e absorção da matéria orgânica digerida do meio.

31. (UFMG) Casacos de lã, sapatos de couro e cintos de algodão guardados por algum tempo em armários podem ficar mofados, pois os fungos necessitam de

a) algas simbióticas para digerir o couro, a lã e o algodão.
b) baixa luminosidade para realizar fotossíntese.
c) baixa umidade para se reproduzirem.
d) substrato orgânico para o desenvolvimento adequado.

32. (PUC-RJ) Liquens são considerados colonizadores de superfícies inóspitas porque são basicamente autossuficientes em termos nutricionais. Isso se deve, entre outros, ao fato de os liquens serem compostos por uma associação entre

a) cianobactérias fotossintetizantes e fungos com grande capacidade de absorção de água e sais minerais.
b) bactérias anaeróbias e fungos filamentosos com grande atividade fotossintetizante.
c) vegetais fotossintetizantes e fungos com grande capacidade de absorção de água e sais minerais.
d) bactérias anaeróbias heterotróficas e cianobactérias que fazem fotossíntese.
e) protistas heterotróficos por absorção e protistas autotróficos por fotossíntese.

33. (Vunesp) Um indivíduo sentou-se à mesa para almoçar e comeu uma fatia de pão, tomou um copo de cerveja e deliciou-se com um prato de *champignon*. Isso tudo foi possível graças à existência e atividade

a) das bactérias.
b) dos fungos.
c) dos liquens.
d) das cianofíceas.
e) das algas verdes.

34. (Vunesp) Reprodução na qual há produção de esporos por meiose e fusão de hifas haploides diferentes, originando micélios diploides, é típica de
a) fungos.
b) algas.
c) bactérias.
d) musgos.
e) samambaias.

35. (UFF-RJ) Pode-se afirmar que os liquens são uma associação entre
a) algas e fungos com reprodução sexuada por meio de sorédios.
b) algas e bactérias com reprodução assexuada por meio de esporos.
c) algas e fungos com reprodução assexuada por meio de sorédios.
d) algas e fungos com reprodução assexuada por meio de esporos.
e) algas e fungos com reprodução sexuada por meio de esporos.

QUESTÕES DISCURSIVAS

36. (UFR-RJ) Um dos armários do laboratório da escola apareceu com pontos e fios brancos em suas portas, do lado interno. Um dos alunos identificou os pontos e os fios brancos como sendo um tipo de mofo. Para eliminá-lo, passou um pano embebido em álcool na porta, até limpá-la totalmente. Na semana seguinte, para surpresa do aluno, os pontos e fios reapareceram.
A partir dos seus conhecimentos a respeito da estrutura e biologia dos fungos, explique por que o mofo reapareceu.

37. (Unicamp-SP)

O impressionante exército de argila de Xian, na China, enfrenta finalmente um inimigo. O oponente é um batalhão composto por mais de quarenta tipos de fungos, que ameaça a integridade dos 6.000 guerreiros e cavalos moldados em tamanho natural. Os fungos que agora os atacam se alimentam da umidade provocada pela respiração das milhares de pessoas que visitam a atração a cada ano.

• Adaptado de *Veja*, 27 set. 2000.

a) Ao contrário do que está escrito no texto, a umidade não é suficiente para alimentar os fungos. Explique como os indivíduos do reino Fungi se alimentam.
b) Os fungos são encontrados em qualquer ambiente. Como se explica essa grande capacidade de disseminação?

38. (Fuvest-SP) Considere uma levedura, que é um fungo unicelular, multiplicando-se num meio nutritivo, onde a única fonte de carbono é a sacarose, açúcar que não atravessa a membrana celular.
a) De que processo inicial depende o aproveitamento da sacarose pela levedura?
b) Que composto de carbono é eliminado pela levedura caso ela utilize os produtos originados da sacarose nas reações de oxidação que ocorrem em suas mitocôndrias?

39. (Fuvest-SP) As bananas mantidas à temperatura ambiente deterioram-se em consequência da proliferação de microrganismos. O mesmo não acontece com a bananada, conserva altamente açucarada, produzida com essas frutas.
a) Explique, com base no transporte de substâncias através da membrana plasmática, por que bactérias e fungos não conseguem proliferar em conservas com alto teor de açúcar.
b) Dê exemplo de outro método de conservação de alimentos que tenha por base o mesmo princípio fisiológico.

ENEM

40. Foram publicados recentemente trabalhos relatando o uso de fungos como controle biológico de mosquitos transmissores da malária. Observou-se o percentual de sobrevivência dos mosquitos *Anopheles* sp. após exposição ou não a superfícies cobertas com fungos sabidamente pesticidas, ao longo de duas semanas. Os dados obtidos estão presentes no gráfico abaixo. No grupo exposto aos fungos, o período em que houve 50% de sobrevivência ocorreu entre os dias
a) 2 e 4.
b) 4 e 6.
c) 6 e 8.
d) 8 e 10.
e) 10 e 12.

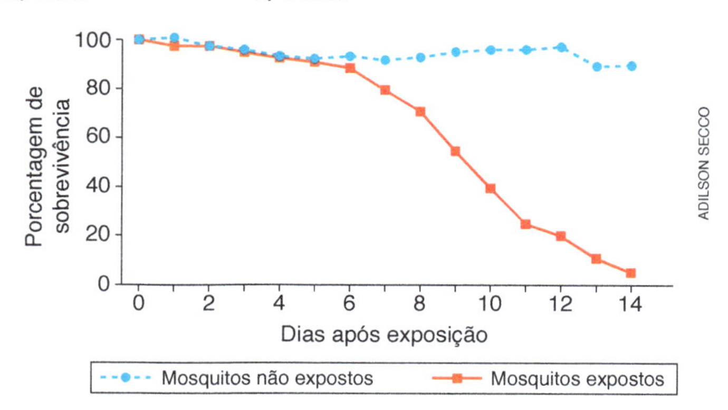

Mais questões: no livro digital, em **Vereda Digital Aprova Enem** e **Vereda Digital Suplemento de revisão e vestibulares**; no *site*, em **AprovaMax**.

UNIDADE

O REINO PLANTAE

ROGÉRIO REIS/PULSAR IMAGENS

Flores da planta aquática vitória-régia (*Victoria amazonica*) no Jardim Botânico do Rio de Janeiro, RJ, 2015.

CAPÍTULO

13

A DIVERSIDADE DAS PLANTAS

A selaginela é uma pteridófita heterosporada. Nas extremidades de certos ramos localizam-se estruturas reprodutivas chamadas estróbilos.

De que trata este capítulo

Se pudéssemos viajar no tempo e visitar a Terra de 500 milhões de anos atrás, encontraríamos continentes desertos de vida. Nessa época os seres vivos habitavam apenas os mares e os lagos. Tudo indica que os primeiros organismos a colonizar a terra firme foram algas verdes multicelulares primitivas, ancestrais das plantas atuais. O ambiente de terra firme, embora mais seco, era um vasto território a ser conquistado, totalmente livre de competidores. As algas ancestrais das plantas, por serem autossuficientes do ponto de vista alimentar (autotróficas fotossintetizantes), não dependeram de nenhum outro tipo de ser vivo para se estabelecer em terra firme. Assim, rapidamente conquistaram esse ambiente, onde evoluíram e se diversificaram.

Logo os continentes emersos tornaram-se altamente convidativos para muitas espécies animais, que passaram a utilizar plantas como alimento. Possivelmente os primeiros animais a se aventurar em ambientes de terra firme foram artrópodes primitivos, ancestrais dos insetos e dos aracnídeos atuais. Em seguida outros grupos de animais invadiriam a terra firme, entre eles os craniados (vertebrados), grupo ao qual pertencemos.

Se as plantas não tivessem ocupado os continentes de terra firme o mundo seria bem diferente do que é hoje: muitas espécies, inclusive a nossa, provavelmente não existiriam. Se as plantas desaparecessem, nossa sobrevivência e a de milhões de espécies animais ficariam seriamente ameaçadas, pois nos alimentamos direta ou indiretamente de plantas. Pão, arroz e batata, os mais tradicionais alimentos da humanidade, contêm nutrientes orgânicos produzidos por plantas pelo processo de fotossíntese. Ao comermos um ovo ou um bife também estamos ingerindo substâncias produzidas com a energia em forma de luz solar originariamente captada pelas plantas. Basta lembrar que os animais, para sintetizar suas substâncias orgânicas, utilizam matéria-prima e energia provenientes dos vegetais que ingerem como alimento.

As plantas, juntamente com bactérias autotróficas e algas, desempenham papel importante na composição da atmosfera terrestre: na fotossíntese elas liberam gás oxigênio, utilizado pelos animais para a respiração.

Neste capítulo iniciamos os estudos de Botânica, denominação genérica do ramo da Biologia dedicado às plantas, seres tão intimamente integrados à nossa civilização que às vezes nem reparamos sua presença em nosso dia a dia. Conhecer melhor as plantas pode ser considerado um exercício de cidadania, haja vista a importância desses seres vivos na nossa vida. Hoje a Botânica e outras áreas da Biologia têm aprofundado os conhecimentos sobre as plantas domesticadas, tornando-as mais produtivas e adequadas às nossas necessidades. Outro desafio é conhecer e compreender como vivem as espécies vegetais nativas em seu ambiente natural, para que possamos preservar a biodiversidade dos ecossistemas da Terra.

Objetivos

Objetivo geral

- Valorizar o conhecimento sistemático das plantas, tanto para compreender sua importância na biosfera como para identificar padrões de semelhança entre elas e outros seres vivos.

Objetivos didáticos

- Conhecer os principais grupos de plantas atuais – briófitas, pteridófitas, gimnospermas e angiospermas –, por meio da identificação de suas características básicas e da exemplificação de pelo menos um representante de cada grupo.
- Comparar os ciclos de vida de briófitas, pteridófitas, gimnospermas e angiospermas, identificando as principais diferenças e semelhanças quanto ao tipo de geração predominante; compreender que a redução da fase gametofítica é uma adaptação que torna a espécie independente da presença de água para a reprodução.
- Conceituar óvulo de fanerógamas, reconhecendo-o como a estrutura multicelular em que se forma o gameta feminino, a oosfera; conceituar grão de pólen de fanerógamas, reconhecendo-o como a estrutura em que se formam os gametas masculinos, as células espermáticas.
- Conceituar semente, identificando a origem de suas partes básicas e reconhecendo sua importância na adaptação das plantas ao ambiente de terra firme.

13.1 Origem e evolução das plantas

Pesquisas científicas sugerem que as plantas surgiram no período Ordoviciano (485 Ma-443 Ma), por volta de 470 milhões de anos atrás, provavelmente a partir de um grupo de algas verdes multicelulares.

Ao longo de sua evolução as plantas desenvolveram diversas adaptações à vida em terra firme, como mecanismos eficientes de absorção de água e de sais minerais do solo, a capacidade de distribuir água e nutrientes pelo corpo vegetal e a proteção contra a perda de água por evaporação, entre outras.

À medida que evoluíram, as plantas tornaram-se cada vez mais independentes da água líquida para os processos de reprodução sexuada; lembremos que as plantas descendem das algas, seres aquáticos que dependem totalmente de água líquida para se reproduzir. Simultameamente ocorreu redução da fase haploide do ciclo de vida e expansão da fase diploide. Com isso as plantas tornaram-se cada vez mais adaptadas aos ambientes de terra firme e baixa umidade, como veremos neste capítulo.

O que caracteriza as plantas

Que característica exclusiva permite reunir todas as plantas em uma mesma categoria taxonômica, o reino Plantae? Em outras palavras, que traço está presente em todas as plantas mas em nenhum outro grupo de seres vivos?

Segundo os sistematas a característica que diferencia as plantas de todos os outros seres vivos é a presença de **embriões maciços** (sem cavidades internas) e cujo desenvolvimento inicial ocorre às custas da planta genitora. Certas algas multicelulares também formam embriões maciços, porém totalmente independentes do organismo genitor em todo seu desenvolvimento.

Todas as plantas apresentam ciclo de vida alternante, ou alternância de gerações haploides (n) e diploides ($2n$). A geração haploide é constituída por indivíduos produtores de gametas, os gametófitos, sendo por isso denominada **geração gametofítica**. Gametas formados pelos gametófitos originam, na união dois a dois, **zigotos** diploides. O zigoto desenvolve-se e origina uma planta diploide, o esporófito, que na maturidade formará esporos, constituindo a **geração esporofítica**. Um esporo, ao germinar, produz um gametófito haploide, fechando o ciclo. **(Fig. 13.1)**

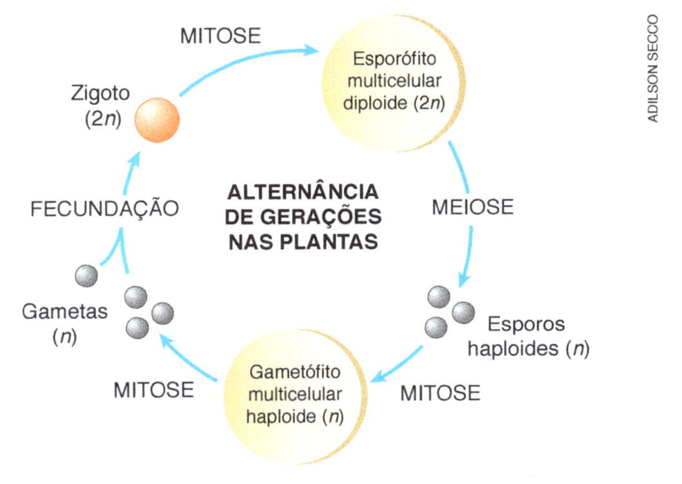

Figura 13.1 Representação esquemática do ciclo de vida alternante das plantas.

Origem dos grandes grupos de plantas

Diversas evidências sugerem que as primeiras plantas a conquistar a terra firme eram semelhantes às briófitas de hoje, que não possuem vasos condutores de seiva, o que levou os botânicos a denominá-las **plantas avasculares** (do grego *a*, prefixo de negação, e do latim *vasculum*, pequeno vaso, túbulo).

Entre as conquistas evolutivas das plantas estão o desenvolvimento de estruturas especializadas na absorção de água e sais minerais do solo – as **raízes** – e de estruturas tubulares internas destinadas ao transporte rápido e eficiente de soluções nutritivas – os **vasos condutores de seiva**. Vegetais dotados de vasos condutores de seiva são denominados **plantas vasculares** ou **traqueófitas**.

As primeiras plantas vasculares aparecem no documentário fóssil em meados do período Siluriano (443 Ma-419 Ma), por volta de 430 Ma, cerca de 40 milhões de anos após a conquista da terra firme. Com exceção das briófitas, todos os outros grupos vegetais atuais – pteridófitas, gimnospermas e angiospermas – são traqueófitas. **(Fig. 13.2)**

As plantas vasculares também desenvolveram sistemas eficientes de proteção contra a perda de água (que serão estudados nos próximos capítulos), o que permitiu a colonização de regiões relativamente secas, distantes das margens de rios e lagos onde viveram seus ancestrais. Nessa etapa do processo evolutivo as plantas assumiram sua organização corporal típica: raízes, caule e folhas.

Com essas novidades evolutivas, as plantas vasculares puderam atingir grandes tamanhos e originaram florestas, ambientes propícios à evolução dos animais de terra firme, que ali encontraram abrigo e alimento.

Figura 13.2 **A.** Rocha com fóssil de um esporófito de *Cooksonia pertoni*; à esquerda, parte de uma agulha de costura serve como referência de tamanho. **B.** Representação artística de esporófitos de plantas do gênero *Cooksonia*, a mais antiga planta conhecida a ter caule com tecido vascular, sendo considerada uma forma de transição entre as briófitas avasculares e as plantas vasculares. Eram plantas pequenas, com poucos centímetros de altura; a espessura do caule nas diversas espécies conhecidas variava entre 0,03 mm e 3 mm.

As plantas vasculares pioneiras dependiam da água líquida para seus processos reprodutivos pois os gametas masculinos, dotados de flagelos locomotores, tinham que nadar para atingir os gametas femininos e fecundá-los. Essa dependência de água líquida para a fecundação ainda ocorre em briófitas e pteridófitas atuais, conhecidas como **criptógamas**.

A estratégia evolutiva que tornou possível a independência de água líquida para a fecundação foi uma mudança radical no ciclo de vida herdado das algas ancestrais. Em vez de ter vida independente, nas plantas o gametófito passou a viver sobre o esporófito, encontrando nele proteção e alimento. Alguns tecidos do gametófito tornaram-se capazes de absorver substâncias nutritivas do esporófito adulto, utilizando-as para o desenvolvimento do embrião, o esporófito jovem, até que este formasse raízes e folhas. O conjunto constituído pelo embrião enclausurado nos tecidos nutritivos do gametófito é a **semente**.

O estudo de fósseis indica que as primeiras plantas com semente surgiram no período Devoniano (419 Ma-359 Ma); elas foram as ancestrais das atuais fanerógamas, que incluem gimnospermas e angiospermas. Antes do período Cretáceo (145 Ma-66 Ma) as florestas eram constituídas por pteridófitas gigantes e por gimnospermas. Em meados do período Cretáceo surgiram as angiospermas, plantas em que há uma ou mais sementes alojadas no interior de um fruto. Além de proteger as sementes o fruto tem papel importante em sua disseminação, garantindo a colonização de novos ambientes.

Após as grandes extinções ocorridas há 66 milhões de anos, quando cerca de 75% das espécies desapareceram, as angiospermas apresentaram grande diversificação, passando a constituir o grupo de plantas dominante do planeta, situação que perdura até os dias de hoje.

Agora você pode resolver as atividades de 1 a 12, 41, 52 e 53.

13.2 Grandes grupos de plantas atuais

No sistema de classificação de seres vivos que adotamos as plantas estão organizadas em 10 filos. Sete deles são de plantas vasculares (traqueófitas) e três são de plantas avasculares, sem vasos condutores de seiva (briófitas). **(Tab. 13.1)**

As plantas vasculares são geralmente separadas em dois grandes grupos tendo por critério a presença ou não de semente. Plantas vasculares sem sementes são chamadas informalmente de **pteridófitas**, entre as quais as mais conhecidas são as samambaias e as avencas, pertencentes ao filo **Pteridophyta**.

As plantas vasculares com sementes são genericamente chamadas **espermatófitas** ou **fanerógamas**. Entre elas há um grupo em que as sementes se localizam externamente ao órgão reprodutivo feminino, o que lhes valeu a denominação de **gimnospermas** (do grego *gymnos*, nu, e *sperma*, semente). Os representantes mais conhecidos das gimnospermas atuais são os pinheiros e os ciprestres. O outro grupo de plantas vasculares apresenta as sementes abrigadas no interior de frutos; são as **angiospermas** (do grego *angio*, vaso, e *sperma*, semente). A maioria das plantas atuais, produtoras de flores e frutos, pertence ao grupo das angiospermas. **(Fig. 13.3)**

Tabela 13.1 Os filos do reino Plantae e suas características

<table>
<tr><th rowspan="2">Filos</th><th colspan="3">Características</th></tr>
<tr><th>Vasos condutores de seiva</th><th>Semente</th><th>Fruto</th></tr>
<tr><td>Bryophyta (musgos)
Hepatophyta (hepáticas)
Anthocerophyta (antóceros)</td><td>Ausentes</td><td>Ausente</td><td>Ausente</td></tr>
<tr><td>Pteridophyta (samambaias, avencas, cavalinhas e psilotos)
Lycopodiophyta (licopódios e selaginelas)</td><td rowspan="3">Presentes</td><td>Ausente</td><td>Ausente</td></tr>
<tr><td>Coniferophyta (coníferas)
Cycadophyta (cicadófitas)
Gnetophyta (gnetófitas)
Ginkgophyta (gincófitas)</td><td rowspan="2">Presente</td><td>Ausente</td></tr>
<tr><td>Magnoliophyta (angiospermas)</td><td>Presente</td></tr>
</table>

Figura 13.3 A. Pinhas do pinheiro-do-paraná (*Araucaria angustifolia*); a pinha intacta (à direita) chega a medir cerca de 20 cm de diâmetro; à esquerda, pinha parcialmente desfeita pela liberação de algumas sementes (pinhões), que medem aproximadamente 7 cm de comprimento. B. Frutos de angiospermas, que contêm sementes em seu interior.

Plantas avasculares: briófitas

Características gerais

As **briófitas** (do grego *brion*, musgos) são plantas pequenas e delicadas, que vivem em ambientes úmidos e sombreados como barrancos e troncos de árvores, no interior das matas; a maioria das espécies de briófita não ultrapassa 5 centímetros de altura.

Entre as briófitas mais conhecidas estão os musgos, capazes de formar densos tapetes verdes sobre pedras, troncos de árvores e barrancos. Há poucas briófitas de água doce e nenhuma espécie marinha. As turfeiras, tipo de vegetação de regiões úmidas que ocupa mais de 1% da superfície dos continentes, são formadas por musgos do gênero *Sphagnum*, as plantas mais abundantes no planeta.

No sistema de classificação de seres vivos que adotamos as briófitas são distribuídas em três filos: **Bryophyta** (musgos), **Hepatophyta** (hepáticas) e **Anthocerophyta** (antóceros). **(Fig. 13.4)**

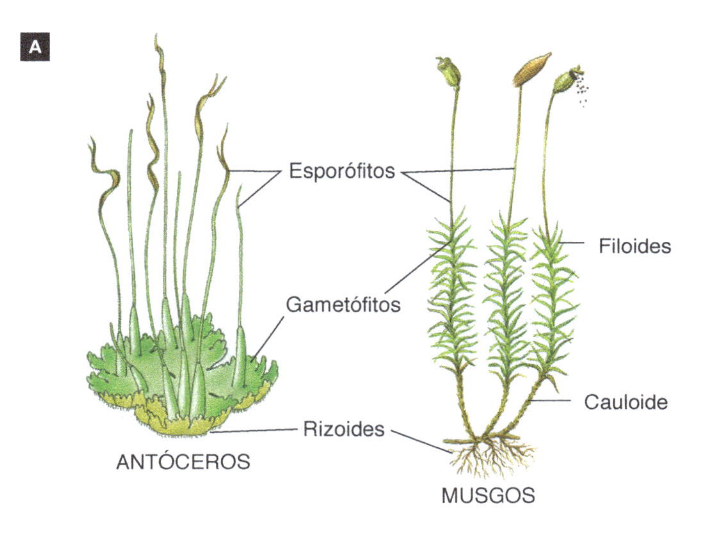

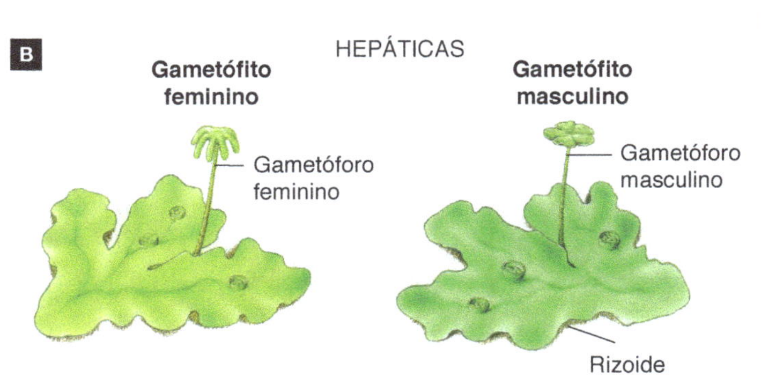

Figura 13.4 A. Representação esquemática de antóceros, à esquerda, e de musgos, à direita. B. Gametófitos de hepáticas, que são plantas dioicas. Rizoides são estruturas filamentosas que fixam a planta ao substrato; filoides são estruturas laminares especializadas na fotossíntese que lembram folhas; eles ficam aderidos ao eixo central da planta, o cauloide. Gametóforos são hastes que contêm estruturas produtoras de gametas.

Reprodução e ciclo de vida

Muitas briófitas reproduzem-se assexuadamente por **fragmentação**, processo em que pedaços de um indivíduo ou de uma colônia separam-se e originam novas plantas.

O gametófito haploide (n) é a geração mais desenvolvida e persistente do ciclo de vida das briófitas. O esporófito diploide ($2n$) tem tamanho reduzido e sempre se desenvolve sobre o gametófito, nutrindo-se deste até atingir a maturidade, quando produz esporos e morre.

Na maioria das espécies os gametófitos são **dioicos** (do grego *di*, duas, e *oikos*, casa), ou unissexuais, ou seja, há gametófitos com estruturas reprodutivas masculinas e gametófitos com estruturas reprodutivas femininas. Há também algumas espécies **monoicas** (do grego *monos*, uma), ou bissexuais (hermafroditas), em que a mesma planta apresenta estruturas reprodutivas masculinas e femininas.

Na maturidade os gametófitos formam estruturas reprodutivas masculinas, os **anterídios**, e femininas, os **arquegônios**. Nos anterídios diferenciam-se gametas masculinos dotados de flagelos, os **anterozoides**; em cada arquegônio diferencia-se um gameta feminino, a **oosfera**.

Os anterozoides libertam-se do anterídio e nadam se houver água acumulada sobre as plantas masculinas. Em espécies dioicas de musgos, respingos de chuva ou de garoa esborrifam a água que carrega anterozoides para musgos femininos próximos. Os anterozoides nadam em direção aos arquegônios, onde penetram e fecundam a oosfera, surgindo assim um zigoto diploide. Este se divide por mitoses sucessivas originando o esporófito, que continua fisicamente ligado ao gametófito feminino. **(Fig. 13.5)**

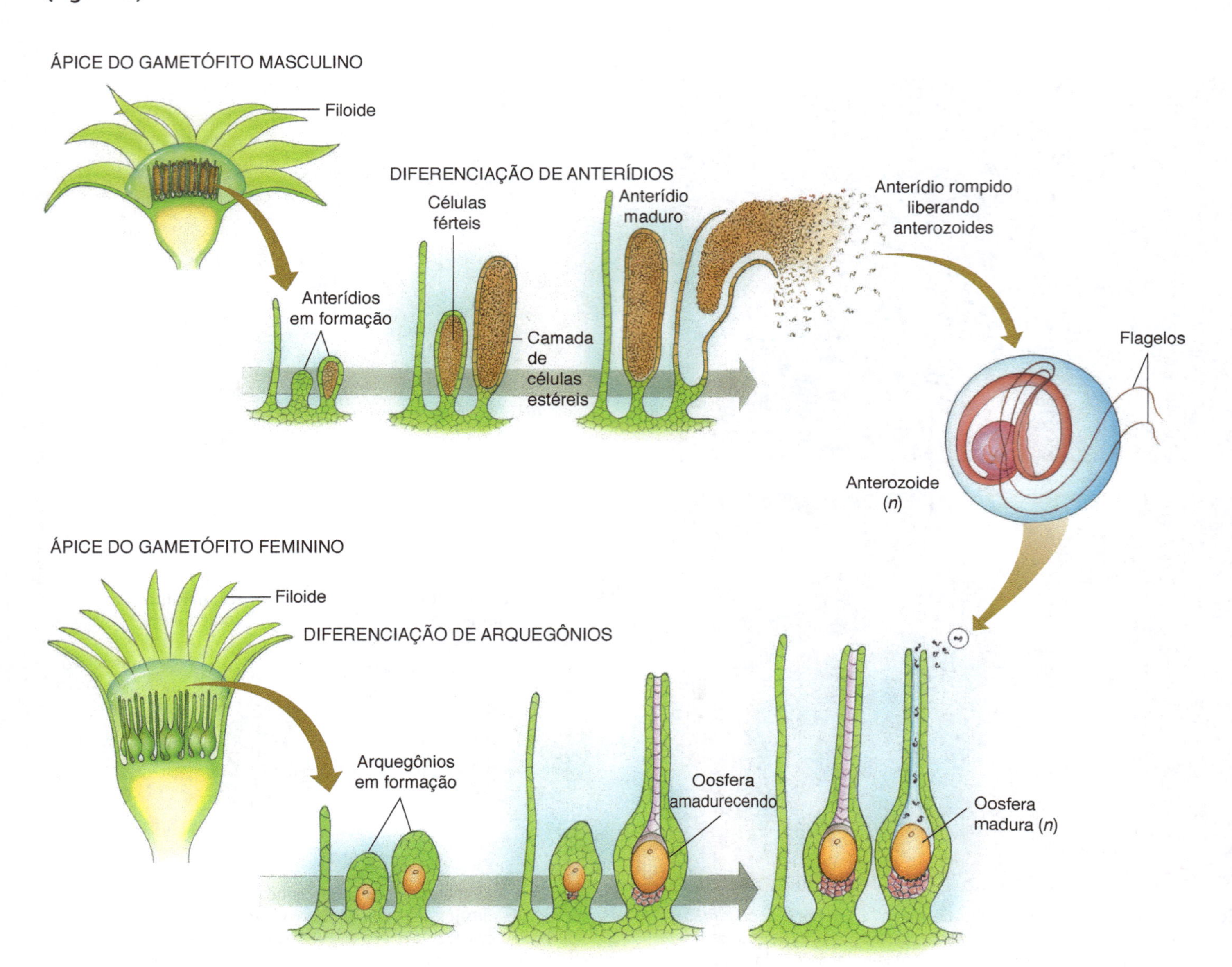

Figura 13.5 Representações esquemáticas de cortes longitudinais de anterídios e de arquegônios de um musgo, no qual os órgãos reprodutivos se formam no ápice das plantas.

O esporófito em desenvolvimento tem sua base mergulhada nos tecidos do gametófito feminino. Na extremidade livre do esporófito forma-se uma dilatação – o **esporângio** –, em cujo interior as células genitoras de esporos (esporócitos) dividem-se por meiose e originam **esporos** haploides. Ao se libertar do esporófito os esporos dispersam-se com o vento. Se atingem um local com condições de umidade, temperatura e luminosidade favoráveis, os esporos germinam. A **germinação** (do latim *germinare*, brotar) consiste em sucessivas divisões mitóticas, originando-se um gametófito que, na maturidade, repetirá o ciclo. **(Fig. 13.6)**

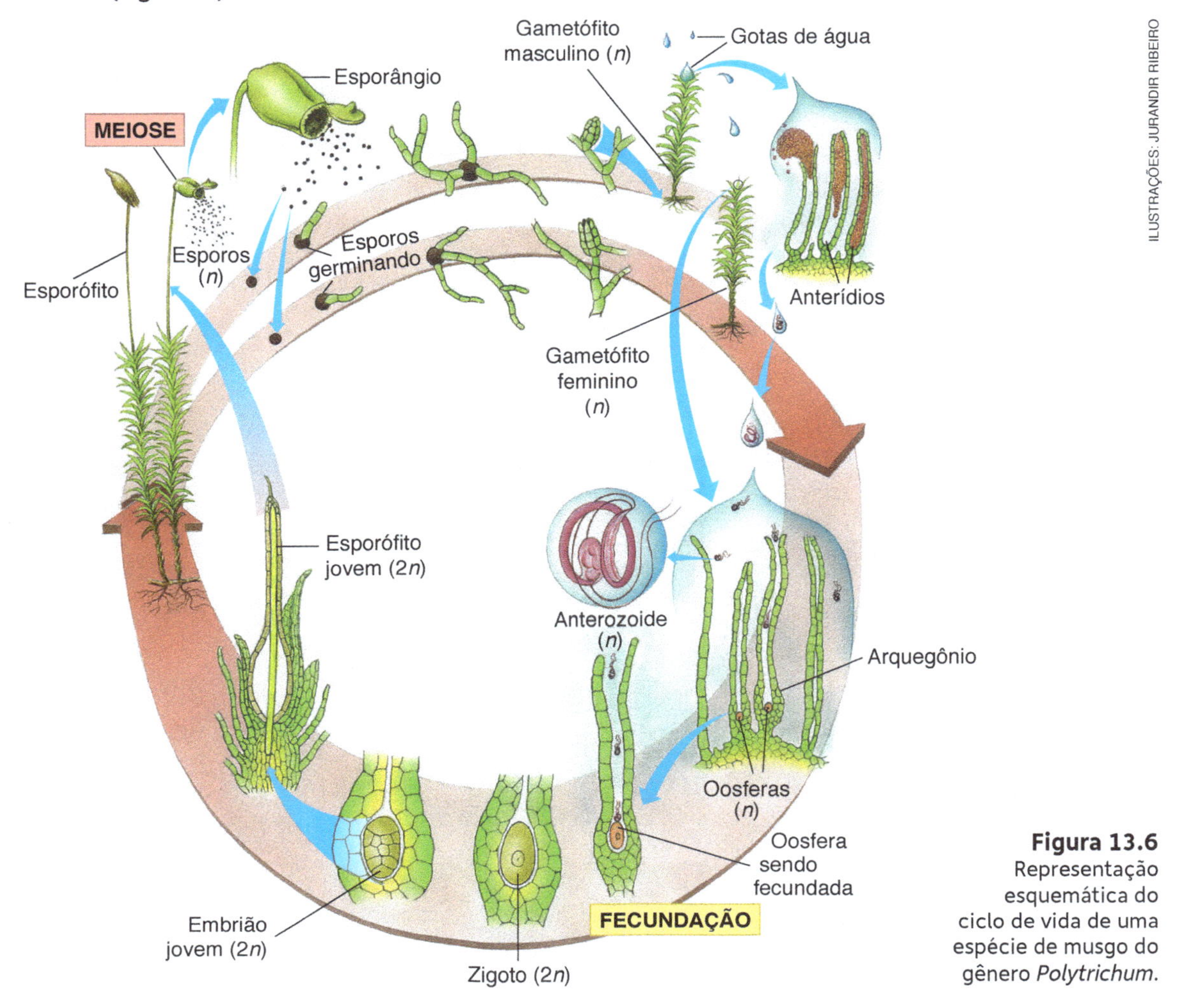

Figura 13.6 Representação esquemática do ciclo de vida de uma espécie de musgo do gênero *Polytrichum*.

Plantas vasculares sem sementes: pteridófitas

Características gerais

As **pteridófitas** são plantas vasculares que não formam sementes. Seus esporófitos constituem a fase predominante do ciclo de vida. Apresentam folhas, caule e raízes e dois tipos de tecido condutor de seiva: o **xilema** (do grego *xylon*, madeira), que transporta água e sais minerais das raízes até as folhas, e o **floema** (do grego *phloos*, casca), que transporta glicídios e outros compostos orgânicos produzidos nas folhas para o restante da planta. A solução aquosa de sais minerais transportada pelo xilema constitui a **seiva mineral**, ou **seiva xilemática**; a solução de substâncias orgânicas transportada pelo floema constitui a **seiva orgânica**, ou **seiva floemática**. **(Fig. 13.7)**

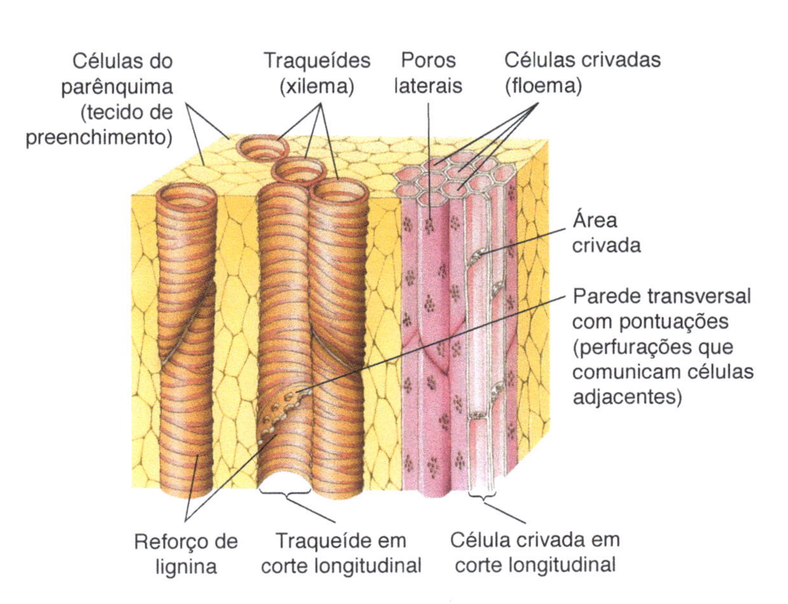

Figura 13.7 Representação esquemática dos componentes dos tecidos condutores de seiva em pteridófitas: traqueídes, que fazem parte do xilema, e células crivadas, que fazem parte do floema.

O gametófito haploide das pteridófitas, denominado **prótalo** (do grego *protos*, primeiro, e *thallos*, corpo vegetativo filamentoso ou laminar), é pouco desenvolvido e nutre o esporófito diploide apenas nas fases iniciais do desenvolvimento. Ao formar raízes e folhas o esporófito torna-se independente do gametófito feminino, que regride.

No sistema de classificação de seres vivos que adotamos, as pteridófitas são distribuídas em dois filos: **Pteridophyta** (samambaias, avencas, cavalinhas e psilotos) e **Lycopodiophyta** (licopódios e selaginelas). **(Fig. 13.8)**

Figura 13.8 A. Representação esquemática de esporófito jovem de pteridófita, com cortes transversais na folha, no caule e na raiz, para mostrar a organização dos tecidos nessas partes. O mesófilo é o tecido vegetal caracterizado pela presença de células ricas em cloroplastos, o parênquima é o tecido de preenchimento, o córtex é a camada de parênquima abaixo da epiderme e os estômatos são estruturas celulares que permitem a troca de gases com o meio externo. Alguns representantes do grupo das pteridófitas: **B.** *Athyrium filix*, samambaia cujas folhas medem cerca de 90 cm de comprimento. **C.** *Adiantum tenerum*, planta conhecida como avenca, cujas folhas atingem 50 cm de comprimento. **D.** *Lycopodium annotinum*, licopódio com aproximadamente 20 cm de altura. **E.** *Selaginella haematodes*, selaginela cujas folhas medem cerca de 15 cm de comprimento. **F.** *Equisetum arvense*, planta conhecida como cavalinha, que chega a medir 50 cm de altura.

Reprodução e ciclo de vida

Muitas espécies de pteridófita apresentam caule do tipo rizoma, com crescimento paralelo ao solo. Esse tipo de caule permite que muitas pteridófitas reproduzam-se assexuadamente por meio de **brotamento**. Nesse processo o rizoma forma pontos vegetativos espaçados, que originam folhas e raízes. A fragmentação ou a decomposição do rizoma entre os pontos vegetativos isola-os uns dos outros, originando plantas independentes.

No ciclo de vida alternante das pteridófitas os esporófitos adultos apresentam folhas férteis, nas quais se formam soros; estes são conjuntos de **esporângios**, no interior dos quais se desenvolvem esporócitos diploides. Estes passam por meiose e originam **esporos** haploides, que se libertam dos esporângios e são transportados pelo vento. **(Fig. 13.9)**

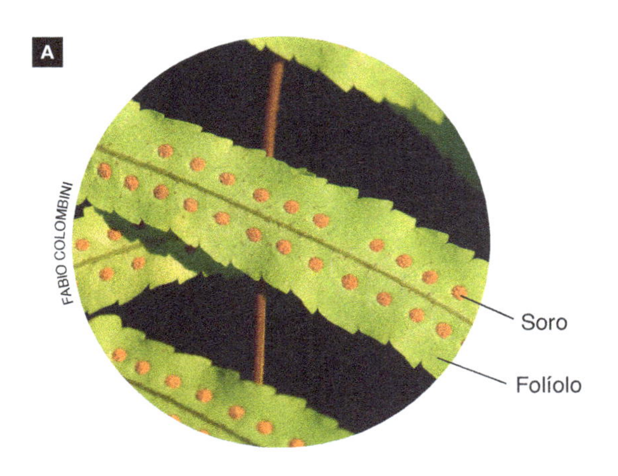

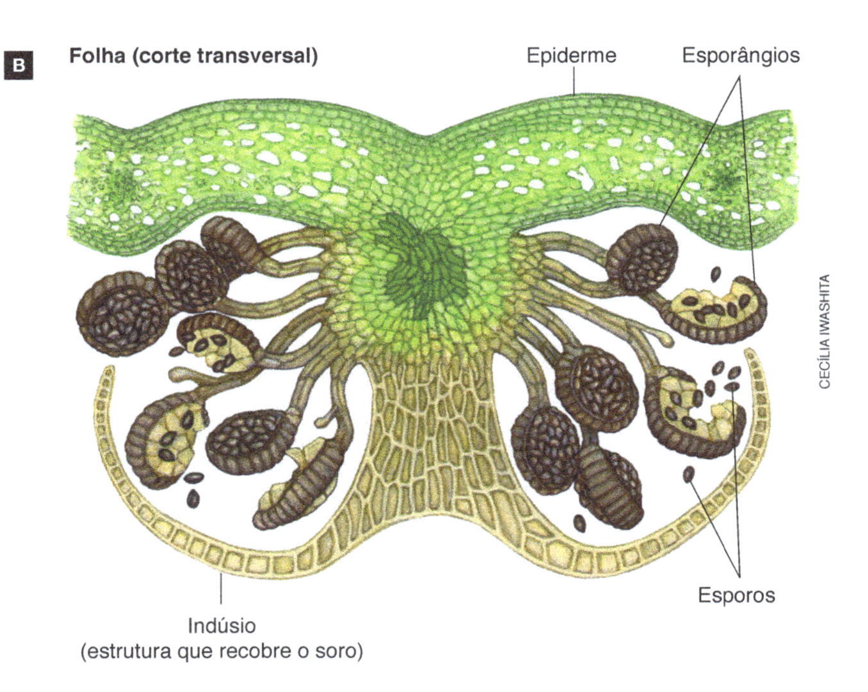

Figura 13.9 A. Face inferior de uma folha fértil de samambaia com soros alinhados ao longo dos folíolos. B. Representação esquemática de um soro, estrutura foliar que contém esporângios, em corte transversal.

Se encontrar condições de umidade, temperatura e luminosidade favoráveis, o esporo germina, originando um gametófito multicelular achatado denominado prótalo. Na maioria das espécies de pteridófita, entre elas as samambaias e as avencas, o prótalo é monoico (bissexuado ou hermafrodita) e produz arquegônios (femininos) e anterídios (masculinos).

Há espécies de pteridófita que formam apenas um único tipo de esporo, como no exemplo anterior, sendo por isso denominadas **homosporadas** (do grego *homos*, igual). Algumas espécies, por outro lado, são **heterosporadas** (do grego *hetero*, diferente), como as dos gêneros *Selaginella*, *Salvinia* e *Marsilea*, produzindo dois tipos de esporo, um grande – o megásporo – e outro pequeno – o micrósporo.

Ao germinar o micrósporo origina o microprótalo, que forma somente anterídios, onde se diferenciam anterozoides. Portanto, o microprótalo corresponde à geração gametofítica masculina. O megásporo, ao germinar, origina o megaprótalo, onde se diferenciam arquegônios com oosferas. Portanto, o megaprótalo corresponde à geração gametofítica feminina.

O **arquegônio** das pteridófitas é uma estrutura em forma de garrafa em cujo interior se diferencia o gameta feminino: a **oosfera** (*n*). Quando o arquegônio amadurece, abre-se nele um canal por onde penetram os gametas masculinos.

O **anterídio** é uma estrutura arredondada em cujo interior se diferenciam gametas masculinos flagelados: os **anterozoides** (*n*). Quando o anterídio amadurece sua parede se rompe e liberta os anterozoides, que nadam até os arquegônios, onde penetram.

Apenas um anterozoide fecunda a oosfera, originando o zigoto diploide. Este se divide por mitoses sucessivas formando o embrião, que no início do seu desenvolvimento será nutrido por substâncias produzidas pelo gametófito.

As células do embrião em desenvolvimento logo se diferenciam em raiz, caule e folhas, definindo a organização básica do corpo da planta. A raiz entra em contato com o substrato, de onde absorve água e nutrientes minerais. Os cloroplastos presentes nas células das primeiras folhas possibilitam ao esporófito jovem realizar fotossíntese, de modo que não necessita mais do gametófito para se nutrir.

Quando as reservas de nutrientes do gametófito se esgotam, ele degenera. Na maturidade, o esporófito desenvolverá folhas férteis, nas quais se formarão esporos, completando o ciclo. **(Fig. 13.10)**

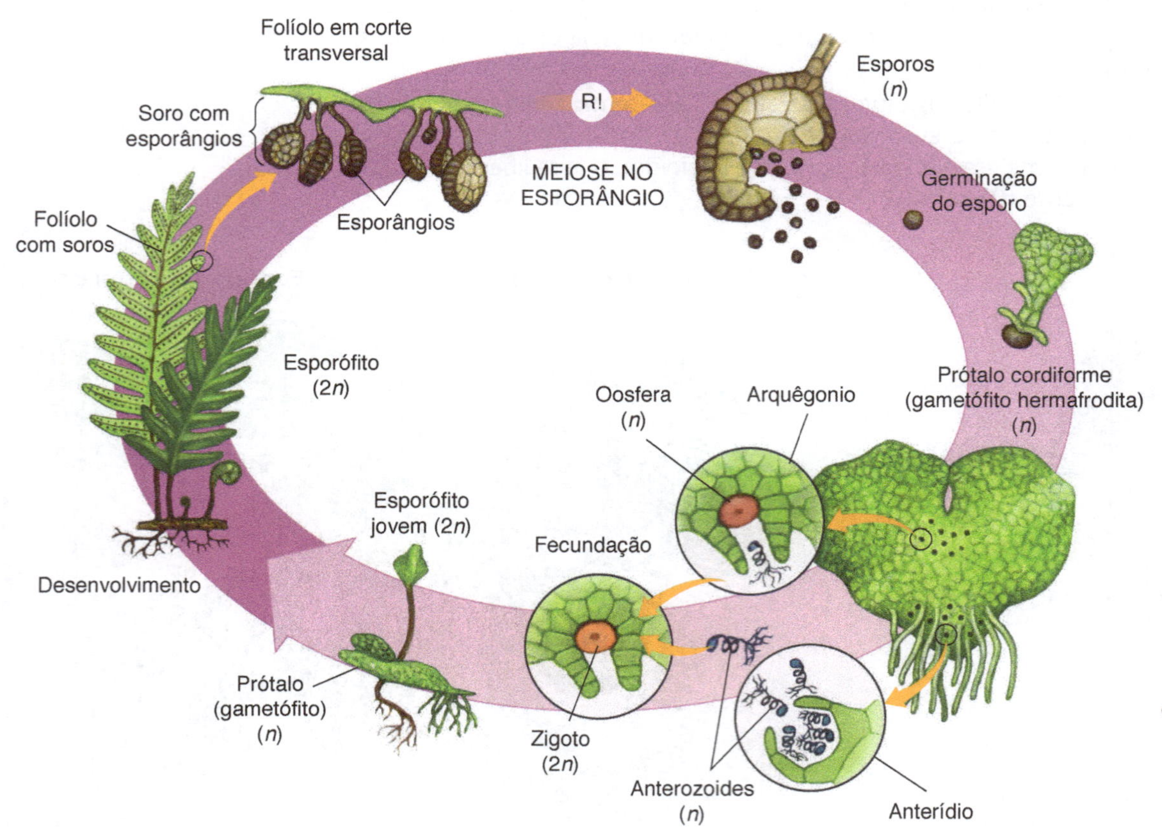

Figura 13.10 Representação esquemática do ciclo de vida de uma samambaia, pteridófita que produz um único tipo de esporo (isosporada), que germina originando um gametófito (prótalo) hermafrodita.

Plantas vasculares com sementes nuas: gimnospermas

Características gerais

O termo gimnosperma é utilizado informalmente para designar alguns grupos de plantas que apresentam sementes não abrigadas em frutos (sementes nuas). No sistema de classificação de seres vivos que adotamos, as gimnospermas são distribuídas em quatro filos: **Coniferophyta** (coníferas), **Cycadophyta** (cicadófitas), **Gnetophyta** (gnetófitas) e **Ginkgophyta** (gincófitas). **(Fig. 13.11)**

A maioria das espécies atuais de gimnosperma é composta pelas **coníferas**, entre as quais estão catalogadas pouco mais de 600 espécies, exemplificadas pelos pinheiros e ciprestes. Adaptadas ao frio e a grandes altitudes, as coníferas habitam principalmente vastas regiões ao norte da América do Norte e da Eurásia, onde formam extensas florestas. No Brasil, uma conífera nativa é a *Araucaria angustifolia*, o pinheiro-do-paraná, principal componente das matas de araucárias do Sul do país, atualmente quase extintas devido à exploração predatória e ilegal da madeira.

O segundo maior grupo de gimnospermas é o das **cicadófitas**, ou cicas, com espécies chegando a 14 metros de altura, algumas delas empregadas na ornamentação de jardins. As cicadófitas foram tão abundantes na era Mesozoica (252 Ma-66 Ma) que essa etapa da história geológica da Terra costuma ser denominada "idade das cicas e dos dinossauros".

Figura 13.11 Alguns representantes do grupo das gimnospermas. **A.** *Araucaria angustifolia*, conífera que pode passar de 35 m de altura. **B.** Cicadófita cujas folhas podem atingir 1,5 m de comprimento.

O terceiro grupo de gimnospermas atuais é o das **gnetófitas**, algumas delas com folhas semelhantes às de angiospermas, com as quais chegam a ser confundidas; há também espécies arbustivas com folhas pequenas em forma de escama.

O quarto grupo de gimnospermas é o das **gincófitas**, com uma única espécie vivente, *Ginkgo biloba*, uma planta arbórea que atinge entre 20 a 35 metros de altura. Ao contrário das outras gimnospermas, o gincgo perde as folhas no inverno; no final do outono, suas folhas, que lembram um pequeno leque, adquirem coloração amarelo-ouro e caem dos ramos. Registros fósseis mostram que os gincgos mudaram pouco nos últimos 150 milhões de anos.

Reprodução e ciclo de vida

O esporófito diploide das gimnospermas, do qual o pinheiro é um exemplo, é a fase predominante do ciclo de vida alternante. O esporófito adulto forma esporos em folhas modificadas denominadas **esporofilos**. Estes geralmente encontram-se agrupados em estruturas denominadas **estróbilos**.

Há estróbilos masculinos e femininos. Os primeiros são chamados de microestróbilos, porque neles se formam os **micrósporos**, que se desenvolvem em gametófitos masculinos (microgametófitos). Os estróbilos femininos formam **megásporos**, que originam gametófitos femininos (megagametófitos).

Nas gimnospermas há espécies monoicas, em que a mesma planta produz micrósporos e megásporos, e espécies dioicas, com plantas masculinas, produtoras de micrósporos, e plantas femininas, que produzem megásporos.

Os micrósporos são produzidos em folhas especiais denominadas **microsporofilos**. Eles se formam por divisão meiótica de microsporócitos no interior de bolsas denominadas **microsporângios**. Cada micrósporo divide-se por mitose e origina uma estrutura dotada de parede espessa, que contém algumas células haploides. Trata-se do **grão de pólen** (do latim *pollen*, poeira fina), que corresponde ao microgametófito ainda imaturo. Em diversas gimnospermas, a parede do grão de pólen apresenta partes expandidas como asas, que constituem uma adaptação ao transporte pelo vento.

Pouco antes da fecundação, uma das células do grão de pólen, a célula do tubo, cresce e forma o **tubo polínico**, que penetrará no óvulo. Outra célula do pólen, a célula geradora, divide-se por mitose e origina uma célula estéril e uma célula espermatogênica. Esta última divide-se originando duas **células espermáticas** ou **núcleos espermáticos**, os gametas masculinos propriamente ditos. O grão de pólen, com o tubo polínico completamente formado e com duas células espermáticas em seu interior, é o microgametófito maduro. **(Fig. 13.12)**

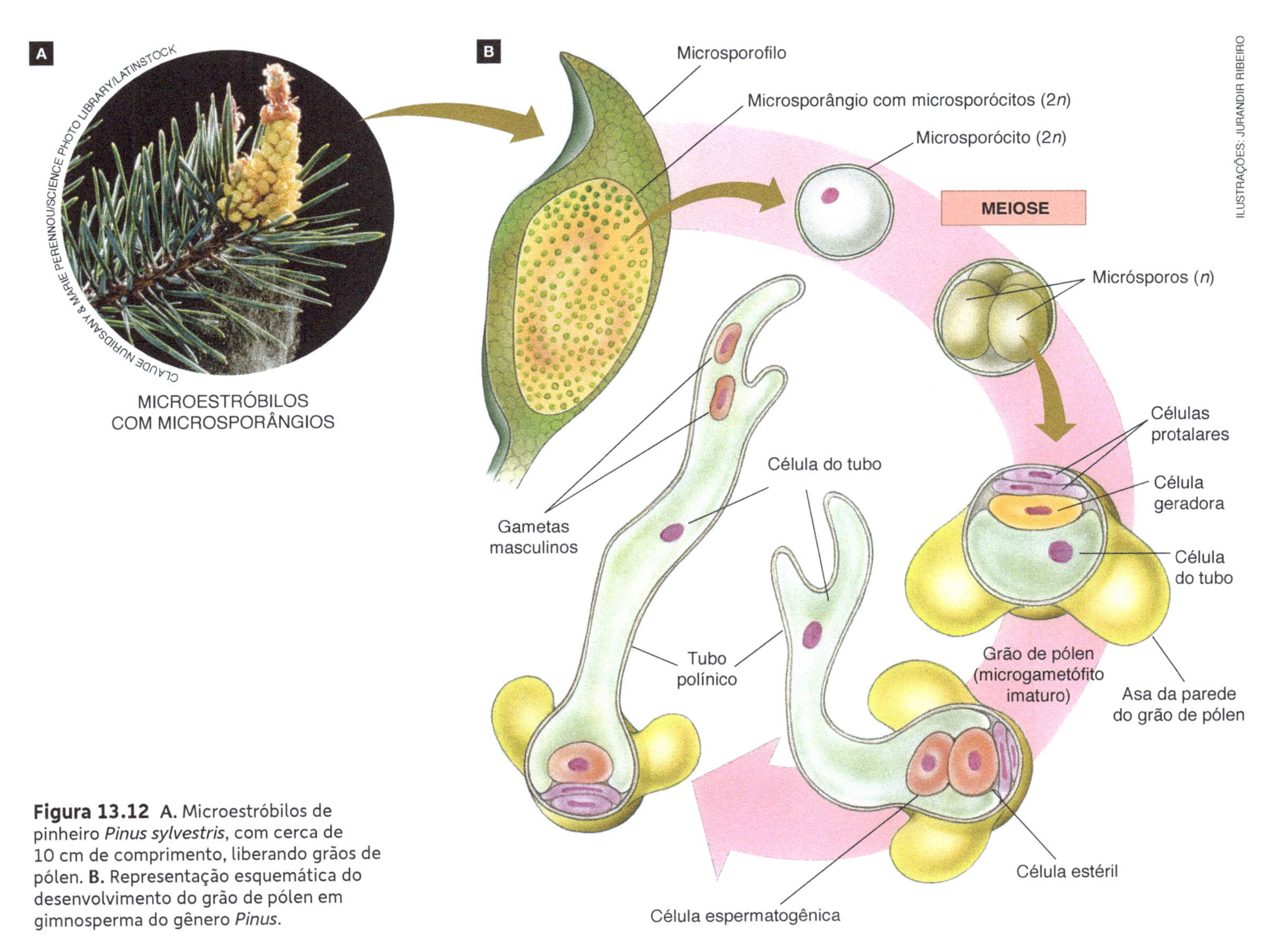

Figura 13.12 **A.** Microestróbilos de pinheiro *Pinus sylvestris*, com cerca de 10 cm de comprimento, liberando grãos de pólen. **B.** Representação esquemática do desenvolvimento do grão de pólen em gimnosperma do gênero *Pinus*.

Os megásporos são produzidos em folhas especiais denominadas **megasporofilos**, que podem ou não estar agrupadas em estróbilos. Na superfície dos megasporofilos formam-se os **megasporângios**, constituídos por camadas de pequenas células em torno de uma grande célula central, a célula genitora do megásporo (megasporócito). Essa célula diploide passa por meiose e origina quatro células haploides, das quais três degeneram; a célula restante é o megásporo.

O megásporo divide-se sucessivamente por mitose e origina um megagametófito, onde se formam um ou mais arquegônios. No interior de cada arquegônio diferencia-se uma **oosfera**, o gameta feminino. A estrutura multicelular constituída por tecido diploide originário do megasporofilo (tegumento) e pelo megagametófito com a oosfera é o óvulo vegetal. Os arquegônios ovulares ficam voltados para uma abertura presente no tegumento do óvulo, a **micrópila**, por onde penetram os tubos polínicos com as células espermáticas. **(Fig. 13.13)**

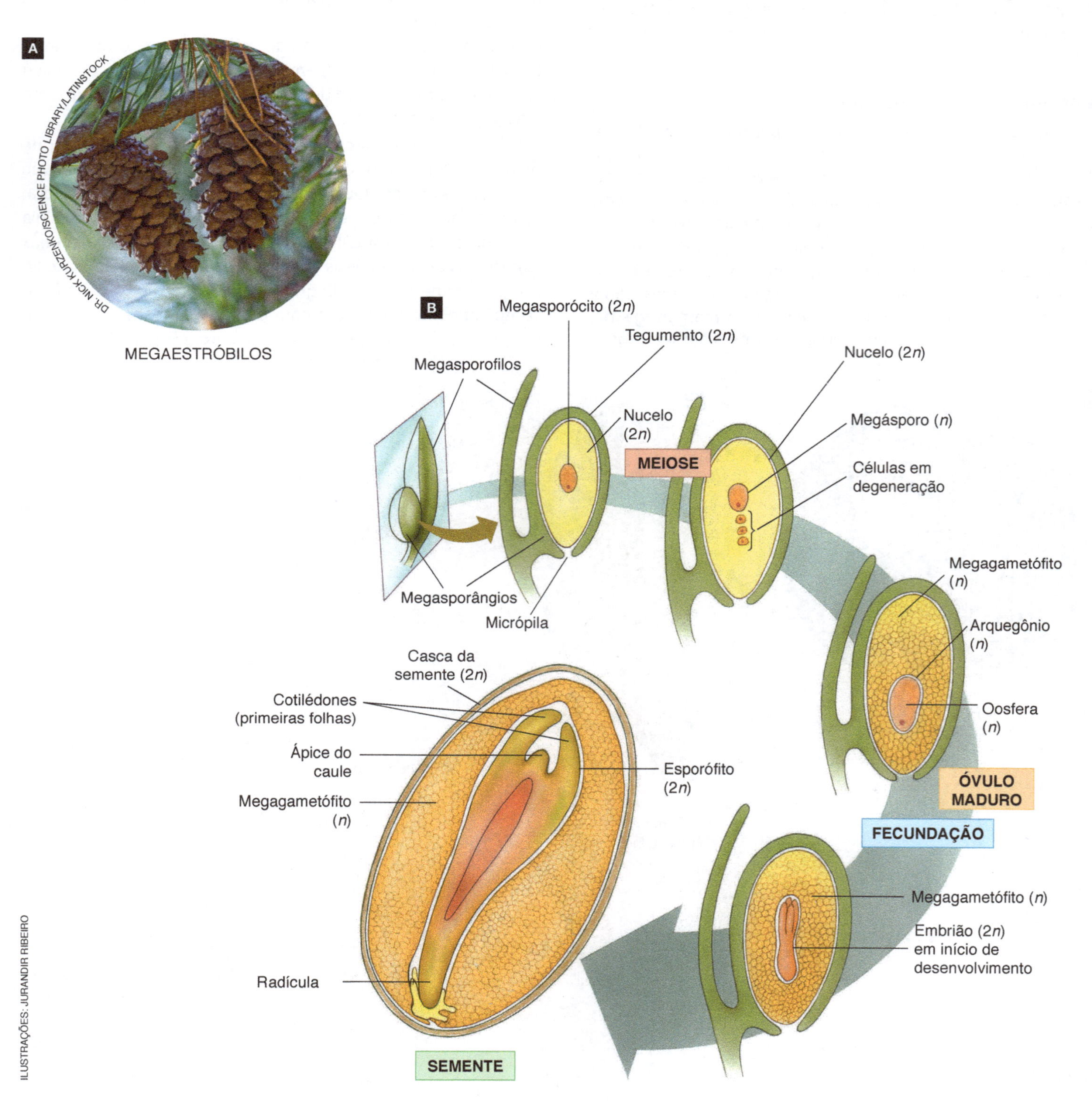

Figura 13.13 A. Megaestróbilos da gimnosperma *Pinus virginiana*, que medem cerca de 15 cm de comprimento. B. Representações esquemáticas de cortes longitudinais de óvulos em formação e da semente de *Pinus* sp.

• *Polinização e formação da semente*

A transferência de grãos de pólen até os óvulos é a **polinização**. Na maioria das gimnospermas ela é realizada pelo vento, o que se denomina **anemofilia** (do grego *ânemos*, vento, e *phylos*, amigo). Em cicadófitas há indícios de que os principais responsáveis pela transferência dos grãos de pólen para os óvulos são certos besouros que se alimentam de pólen. Assim, nessas plantas ocorre o tipo de polinização denominada **entomofilia** (do grego *éntomos*, inseto). É possível também que insetos desempenhem papel importante na polinização de certas gnetófitas.

O zigoto resultante da fecundação da oosfera por um dos gametas do tubo polínico germina, ou seja, desenvolve-se e origina um embrião (o esporófito). O conjunto formado pelo esporófito jovem mergulhado no megagametófito, envolto pelo tegumento, é a **semente**, a grande novidade evolutiva das gimnospermas em relação às pteridófitas. De acordo com os biólogos o aparecimento da semente foi um dos principais fatores responsáveis pela dominância das gimnospermas e angiospermas na flora atual. Acompanhe a seguir as etapas do ciclo de vida de uma gimnosperma monoica. **(Fig. 13.14)**

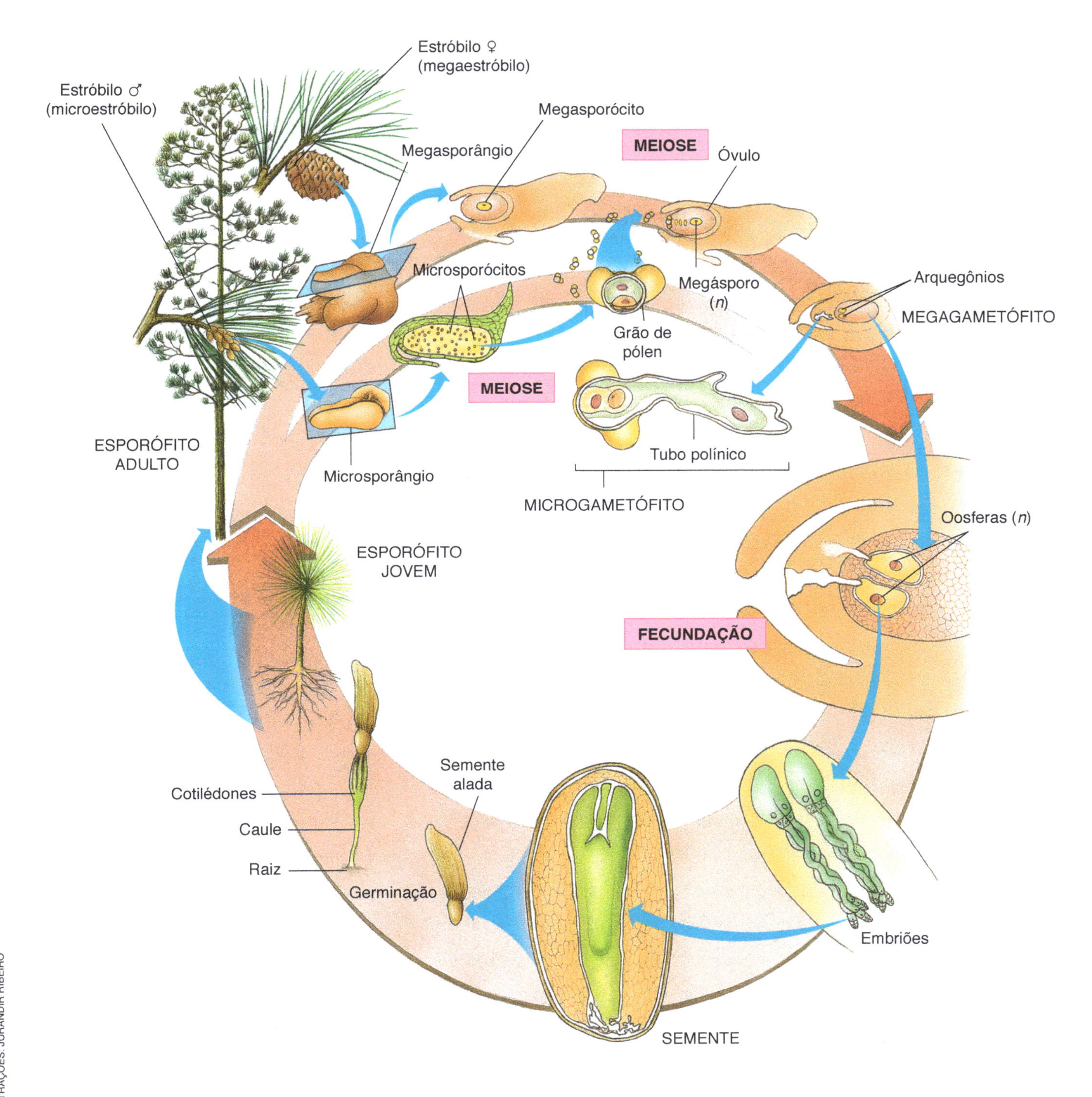

ILUSTRAÇÕES: JURANDIR RIBEIRO

Figura 13.14 Representação esquemática do ciclo de vida de *Pinus* sp.

Plantas vasculares com sementes em frutos: angiospermas

Características gerais

As angiospermas são as plantas dominantes no planeta. Há desde espécies de grande porte, como certos eucaliptos da Austrália, cujos troncos atingem mais de 110 metros de altura e 20 metros de circunferência, até espécies com menos de 1 milímetro de comprimento. Angiospermas podem ser árvores, arbustos, trepadeiras, capins etc. e vivem nos mais diversos ambientes: no solo, na água, sobre outras plantas ou como parasitas.

O filo que engloba as angiospermas é denominado **Magnoliophyta**, termo que tende a substituir **Anthophyta** (do grego *antho*, flor), ainda utilizado por muitos biólogos. Os pesquisadores acreditam que, apesar da grande variedade, todas as angiospermas atuais descendem de um mesmo ancestral e compõem, portanto, o que os sistematas denominam um **grupo monofilético**.

O número de espécies de angiospermas é estimado entre 250 mil e 400 mil, de acordo com diferentes autores. No sistema de classificação de seres vivos que adotamos, as angiospermas são divididas em três grupos: **monocotiledôneas**, que reúne cerca de 23% das espécies, **eudicotiledôneas**, com cerca de 75% das espécies, e **dicotiledôneas basais**, com apenas 2% das espécies. Essa divisão baseia-se na presença de uma ou de duas estruturas denominadas **cotilédones** (do grego *cotyledon*, cavidade em forma de taça), folhas especiais cuja função é nutrir o embrião. **(Fig. 13.15)**

Reprodução e ciclo de vida

O ciclo de vida das angiospermas assemelha-se ao das gimnospermas. Entretanto, enquanto os órgãos reprodutivos das gimnospermas são os estróbilos, nas angiospermas são as **flores**. Outra diferença reside no fato de que as sementes das gimnospermas localizam-se externamente, sobre o esporofilo (sementes nuas), e as das angiospermas desenvolvem-se no interior de uma estrutura denominada **ovário**, que origina o **fruto**. A reprodução e o desenvolvimento das angiospermas serão estudados em detalhes no próximo capítulo.

Tendências evolutivas no ciclo de vida das plantas

Como vimos, no decorrer da evolução das plantas houve redução progressiva da fase haploide do ciclo de vida, a geração gametofítica. Nas briófitas, consideradas as plantas mais semelhantes ao ancestral comum do grupo, a fase predominante do ciclo de vida é o gametófito, do qual o esporófito diploide depende para sobreviver.

Nas pteridófitas, que são posteriores às briófitas na história evolutiva das plantas, a situação se inverte. A fase dominante do ciclo de vida passa a ser a geração esporofítica, e a fase gametofítica torna-se reduzida. O gametófito das pteridófitas é uma planta pequena, com poucos centímetros de tamanho, que abriga e sustenta o esporófito apenas nas fases iniciais de seu desenvolvimento.

Em gimnospermas e angiospermas, grupos de plantas mais recentes na história evolutiva, os gametófitos têm número reduzido de células e dependem dos esporófitos para viver. Nessas plantas, a geração gametofítica deixou de ser independente, como ocorre em briófitas e pteridófitas, e se assemelha mais a um minúsculo órgão reprodutivo do esporófito. **(Fig. 13.16)**

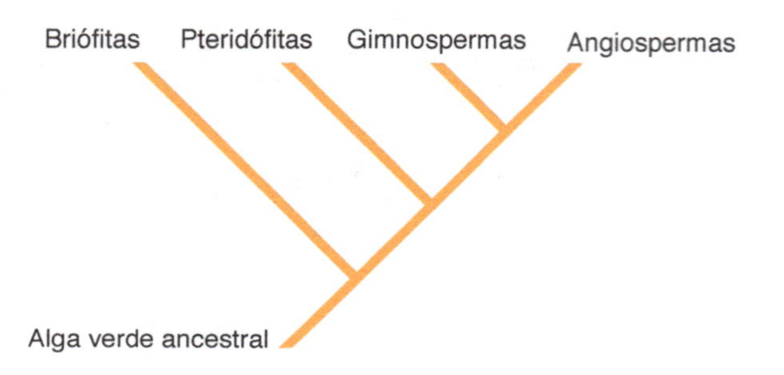

Figura 13.16 Representação da árvore filogenética das espécies vegetais viventes.

Agora você pode resolver as atividades de 13 a 41, 43 a 51 e 54 a 59.

FERNANDO BUENO/PULSAR IMAGENS

MARTIN B. WITHERS/GETTY IMAGES

Figura 13.15 Representantes das dicotiledôneas basais: **A.** *Nymphaea* sp., planta aquática conhecida como ninfeia ou lírio-d'água, cujas flores têm aproximadamente 15 cm de diâmetro; **B.** *Magnolia soulangiana*, magnólia, arbusto que chega a 7 m de altura.

Ciência e cidadania

Plantas antigas e a formação do carvão

1 A sociedade industrial em que vivemos depende de energia obtida de combustíveis fósseis. Um dos mais importantes desses combustíveis é o carvão mineral, utilizado no Hemisfério Norte para obtenção de eletricidade para as moradias. O carvão mineral é usado também na siderurgia, para a produção de ferro e de aço empregados na fabricação de máquinas e outros itens. Embora seja extraído da litosfera, esse tipo de carvão não é um mineral como o ouro, mas um material orgânico formado a partir de restos de plantas antigas.

2 Muito do carvão mineral utilizado hoje formou-se a partir de restos pré-históricos de primitivas plantas terrestres, particularmente daquelas que viveram no período Carbonífero, aproximadamente há 300 milhões de anos. Cinco grupos principais de plantas contribuíram para a formação do carvão mineral. Três deles eram plantas vasculares sem sementes: licopódios, equisetos e samambaias. Os outros dois grupos importantes na formação do carvão mineral foram as pteridospermas, hoje extintas, e as gimnospermas primitivas.

3 É difícil imaginar que plantas hoje pequenas e relativamente raras, como licopódios, equisetos e samambaias, possam ter tido importância na formação dos grandes depósitos de carvão mineral do planeta. Não podemos nos esquecer, porém, que os membros extintos desses grupos, que viveram durante o período Carbonífero, eram plantas de grande porte e que formavam extensas florestas em diversas regiões do planeta.

4 No período Carbonífero, o clima era quente e as plantas podiam crescer durante todo o ano, graças às condições climáticas favoráveis. As florestas dessas plantas ocupavam áreas costeiras baixas que eram inundadas periodicamente, quando o nível do mar se elevava. Quando o nível do mar baixava as plantas voltavam a ocupar essas regiões.

5 Os restos dessas enormes plantas submergiam no terreno pantanoso, sem ser completamente decompostos. A condição anaeróbica das águas dos pântanos evitou a proliferação de fungos decompositores; as bactérias anaeróbicas não decompõem madeira tão eficientemente.

6 Camadas de sedimento cobriam os restos parcialmente decompostos das plantas, quando o nível do mar subia e inundava as regiões baixas e pantanosas. Com o tempo, a temperatura e a pressão nessas camadas de sedimentos aumentaram, convertendo o material vegetal acumulado em carvão mineral e as camadas de sedimentos em rochas sedimentares.

7 Muito mais tarde, movimentos geológicos elevaram as camadas de carvão mineral e de rochas sedimentares. Esta é a origem do carvão mineral encontrado no alto das montanhas Apalaches, nos Estados Unidos. Os diferentes tipos de carvão mineral, como o linhito e o antracito, por exemplo, formaram-se devido às diferentes temperaturas e pressões a que foram submetidos os restos vegetais.

Fonte: VILLEE, C. A. et al. *Biology*. 2. ed. Philadelphia: Saunders College Publishing, 1989. p. 630. (*Tradução dos autores*)

FABIO COLOMBINI – MUSEU DE GEOCIÊNCIAS DA UNIDADE DE SÃO PAULO

Amostra de carvão mineral do tipo linhito.

GUIA DE LEITURA

Neste texto, Claude A. Villee e colaboradores discutem a origem do carvão mineral e as condições do passado que permitiram a formação desse importante combustível fóssil, largamente empregado em países do Hemisfério Norte. Utilize o roteiro a seguir para trabalhar mais aprofundadamente o texto e relacioná-lo às informações do livro.

1. Leia o primeiro parágrafo do texto e responda: o que é carvão mineral e como é utilizado no Hemisfério Norte?
2. Leia o segundo e o terceiro parágrafos. De acordo com o texto, qual é a diferença entre as plantas sem sementes atuais e as que viveram no passado, durante o período Carbonífero?
3. Com base na leitura do quarto, quinto e sexto parágrafos, responda: que condições existentes no período Carbonífero propiciaram a formação do carvão mineral?
4. Leia o sétimo e último parágrafo do texto e responda às questões a seguir. O que explica a formação de tipos diferentes de carvão mineral, como linhito e antracito? Como se explica o fato de o carvão mineral, que se origina de restos de plantas de regiões pantanosas e costeiras, ser encontrado atualmente no alto de montanhas?

Mapa de conceitos

Ciclo de vida das plantas com sementes

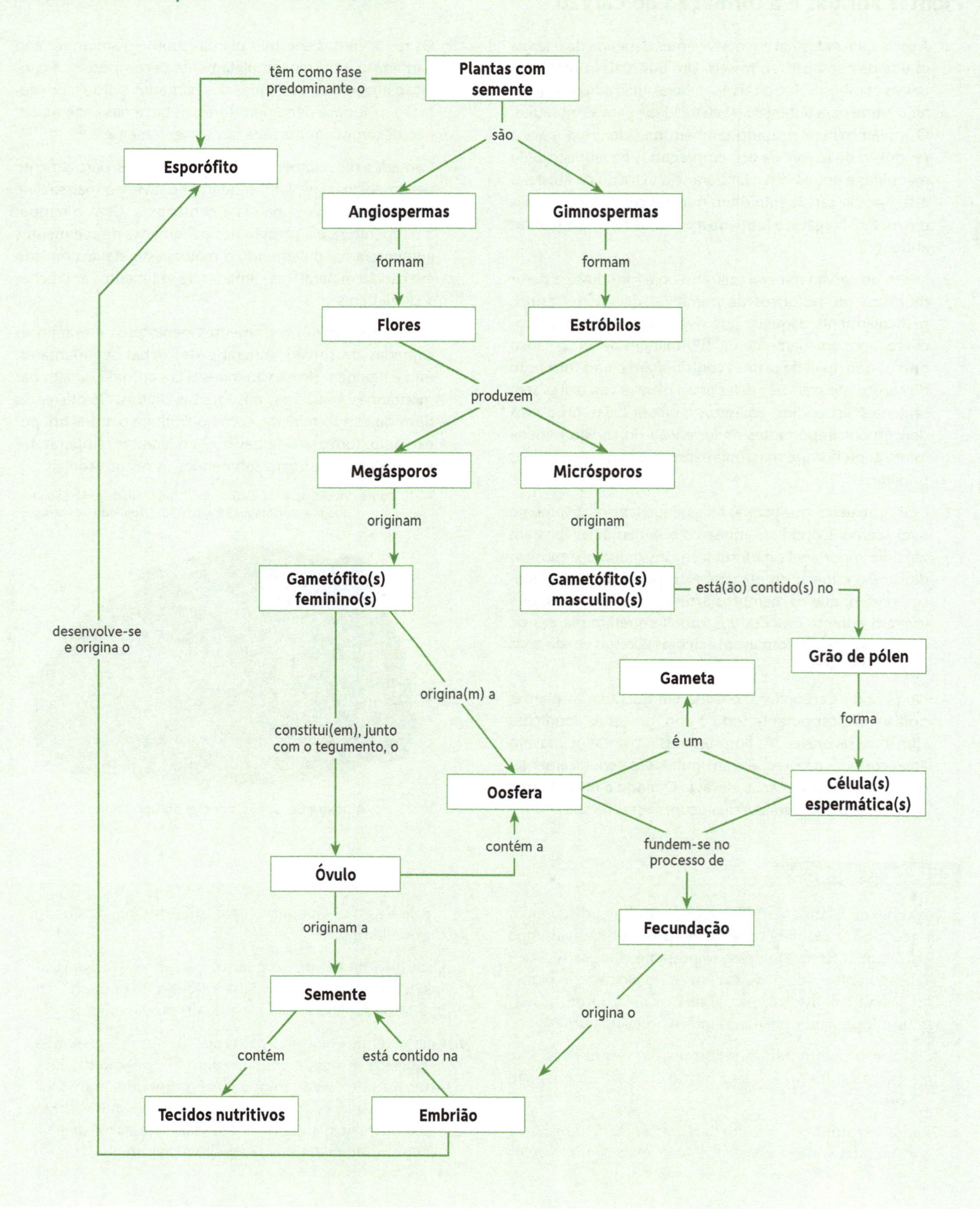

ATIVIDADES

REVENDO CONCEITOS, FATOS E PROCESSOS

13.1 Origem e evolução das plantas

1. No ciclo de vida de qualquer planta, indivíduos haploides formam gametas que, por fecundação, originam indivíduos diploides. Estes formam esporos, que se desenvolvem em indivíduos haploides, fechando o ciclo. Esse tipo de ciclo de vida é conhecido como
a) alternância de gerações.
b) esporogonia.
c) esquizogonia.
d) zoosporia.

2. As células das plantas têm organelas membranosas no citoplasma e núcleo delimitado por membrana nuclear. Por isso, as plantas são organismos
a) eucarióticos.
b) multicelulares.
c) procarióticos.
d) unicelulares.

3. As plantas produzem seu próprio alimento por meio da fotossíntese; portanto, sua nutrição é
a) autotrófica.
b) heterotrófica.
c) quimioautotrófica.
d) onívora.

4. As plantas produzem moléculas orgânicas a partir de gás carbônico, água e energia em forma de luz, em um processo denominado
a) fotossíntese.
b) meiose.
c) quimiossíntese.
d) respiração celular.

Considere as alternativas para responder às questões de 5 a 9.
a) Embrião.
b) Esporo.
c) Esporófito.
d) Gameta.
e) Gametófito.

5. No ciclo de vida das plantas, como se denomina o indivíduo multicelular haploide?

6. No ciclo de vida das plantas, como se denomina o indivíduo diploide que se desenvolve a partir do zigoto?

7. Nas plantas, qual é a célula haploide que se multiplica por mitose e origina o indivíduo multicelular haploide?

8. Como se chama a célula haploide que se funde a outra, originando o zigoto?

9. Como se denomina a fase imatura de uma planta, que se desenvolve na planta genitora e nutre-se de substâncias fornecidas por ela?

Considere as alternativas a seguir para responder às questões 10 e 11.
a) Esporo.
b) Gameta.
c) Propágulo.
d) Zigoto.

10. Um gametófito surge por divisões mitóticas de que célula?

11. Qual célula, ao se dividir por mitoses, dá origem ao esporófito?

12. Quanto à constituição cromossômica de suas células, esporófitos e gametófitos são
a) ambos diploides.
b) ambos haploides.
c) diploides e haploides, respectivamente.
d) haploides e diploides, respectivamente.

13.2 Grandes grupos de plantas atuais

Considere as alternativas a seguir para responder às questões de 13 a 16.
a) Angiospermas.
b) Briófitas.
c) Gimnospermas.
d) Pteridófitas.

13. A que grupo pertencem plantas que produzem frutos com sementes?

14. Que plantas vasculares não formam sementes?

15. A que grupo pertencem as plantas que não possuem tecidos condutores de seiva, isto é, são avasculares?

16. Que grupo de plantas tem sementes nuas, isto é, que ficam diretamente expostas sobre o órgão reprodutivo?

17. Considere as características a seguir.
I. Tecidos formados por células procarióticas.
II. Gametófito como fase predominante do ciclo de vida.
III. Alternância de gerações haploide e diploide no ciclo de vida.
IV. Tecidos condutores de seiva semelhantes aos presentes em outros filos de plantas.
Quais dessas características estão presentes em briófitas?
a) I e IV, apenas.
b) II e III, apenas.
c) II e IV, apenas.
d) III e IV, apenas.

18. Sobre os gametóforos das hepáticas, é correto afirmar que são
a) embriões das espécies desse filo.
b) gametas das espécies desse filo.
c) estruturas do gametófito em que se formam os gametas.
d) estruturas do esporófito em que se formam os gametófitos.

19. A fecundação em briófitas e em pteridófitas consiste na fusão de um
a) anterozoide e um arquegônio.
b) anterozoide e uma oosfera.
c) arquegônio e uma oosfera.
d) grão de pólen e um óvulo.

20. O esporófito é a fase
a) predominante no ciclo de briófitas.
b) predominante no ciclo de pteridófitas.
c) predominante no ciclo de briófitas e de pteridófitas.
d) inexistente no ciclo de pteridófitas.

Considere as alternativas a seguir para responder às questões de 21 a 26.
a) Anterídio.
b) Anterozoide.
c) Arquegônio.
d) Esporângio.
e) Oosfera.
f) Prótalo.

21. Qual é o nome do gameta masculino flagelado capaz de nadar ativamente presente em briófitas e pteridófitas?

22. Como se denomina a estrutura em que se formam os gametas masculinos de briófitas e pteridófitas?

23. Qual é o nome da estrutura presente em gametófitos de briófitas e pteridófitas no interior da qual se forma o gameta feminino?

24. Em qual estrutura se formam os esporos das plantas?

25. Como se denomina o gametófito das pteridófitas?

26. Qual é o nome do gameta feminino das plantas?

Considere as alternativas para responder às questões 27 e 28.
a) Produzir frutos.
b) Produzir sementes.
c) Ter tecidos condutores de seiva.
d) Ter embrião dependente da planta genitora.

27. Qual das alternativas menciona uma característica comum a todas as plantas?

28. Qual das características é típica de angiospermas, mas não de gimnospermas?

29. Qual das alternativas completa corretamente a frase a seguir: "Um grão de pólen surge do desenvolvimento de um (A), enquanto um óvulo origina-se de um (B) com seus tecidos de revestimento"?

	A	B
a)	megásporo	micrósporo
b)	micrósporo	megásporo
c)	estróbilo	endosperma
d)	endosperma	estróbilo

30. Uma planta fanerógama (gimnosperma ou angiosperma) é um esporófito e tem origem da fusão de duas células haploides chamadas, respectivamente, de
a) grão de pólen e óvulo.
b) grão de pólen e oosfera.
c) célula espermática e óvulo.
d) célula espermática e oosfera.

Identifique a alternativa abaixo que preenche corretamente os parênteses das frases de 31 a 36.
a) Célula espermática.
b) Grão de pólen.
c) Megásporo.
d) Micrósporo.
e) Óvulo.
f) Semente.

31. O gametófito masculino imaturo de gimnospermas e angiospermas está contido no interior da(o) ( ).

32. A célula haploide que origina o gametófito masculino das plantas heterosporadas é chamada ( ).

33. A(O) ( ) é uma célula haploide que dá origem ao gametófito feminino nas plantas espermatófitas.

34. O gameta masculino propriamente dito, nas gimnospermas e angiospermas, é a(o) ( ).

35. O conjunto formado pelo esporófito jovem mergulhado no megagametófito envolto pelo tegumento é a(o) ( ).

36. A estrutura multicelular constituída por tecido diploide originário do megasporofilo (tegumento) e pelo megagametófito com a oosfera é a(o) ( ).

Identifique a alternativa abaixo que preenche corretamente os parênteses das frases 37 a 39.
a) Ciclo de vida alternante.
b) Sementes.
c) Frutos.
d) Tecidos condutores de seiva.

37. As gimnospermas diferem das angiospermas, entre outros aspectos, por não apresentar ( ).

38. As pteridófitas diferem das gimnospermas, entre outros aspectos, por não apresentar ( ).

39. As briófitas diferem das pteridófitas, entre outros aspectos, por não apresentar ( ).

40. Qual das alternativas indica a provável sequência temporal de aparecimento dos diversos grupos de plantas, no decorrer do processo evolutivo?
a) Briófitas → gimnospermas → pteridófitas → angiospermas.
b) Briófitas → pteridófitas → gimnospermas → angiospermas.
c) Pteridófitas → briófitas → angiospermas → gimnospermas.
d) Pteridófitas → angiospermas → briófitas → gimnospermas.

41. O que é possível afirmar que aconteceu ao longo da evolução das plantas?
a) Houve crescente predomínio dos gametófitos sobre os esporófitos.
b) No processo reprodutivo, os gametas foram substituídos por esporos.
c) A reprodução assexuada foi substituída pela reprodução sexuada.
d) Ocorreu a redução do gametófito, que se tornou totalmente dependente do esporófito.

QUESTÕES PARA EXERCITAR O PENSAMENTO

42. O petróleo é um combustível fóssil, originado a partir da matéria orgânica de seres mortos e soterrados logo depois, o que evitou a decomposição de seus corpos. O petróleo é encontrado em rochas do Pré-cambriano e do início da era Paleozoica, formadas há mais de 500 milhões de anos. Com base nessas informações, é possível admitir a hipótese de que plantas primitivas tiveram contribuição importante na formação do petróleo?

43. Sistematizar informações, para compará-las com facilidade e rapidez, é uma atividade importante no estudo de qualquer assunto. Nossa sugestão é que você sistematize as informações sobre as plantas estudadas de maneira mais aprofundada neste capítulo, construindo uma tabela. Para isso, consulte o texto, as figuras e as legendas e obtenha as seguintes informações sobre cada um dos três grupos de planta: a) breve caracterização do gametófito; b) breve caracterização do esporófito; c) breve descrição dos órgãos reprodutores; d) breve caracterização dos gametas; e) presença ou ausência de sementes. Em seguida, utilize essas informações para compor a tabela (se tiver dificuldade para isso, peça ajuda ao professor). Você poderá acrescentar à tabela, se for o caso, alguma outra informação que julgar importante.

A BIOLOGIA NO VESTIBULAR

QUESTÕES OBJETIVAS

44. (Fuvest-SP) O esquema abaixo representa a aquisição de estruturas na evolução das plantas. Os ramos correspondem a grupos de plantas representados, respectivamente, por musgos, samambaias, pinheiros e gramíneas. Os números I, II e III indicam a aquisição de uma característica: lendo-se de baixo para cima, os ramos anteriores a um número correspondem a plantas que não possuem essa característica e os ramos posteriores correspondem a plantas que a possuem.

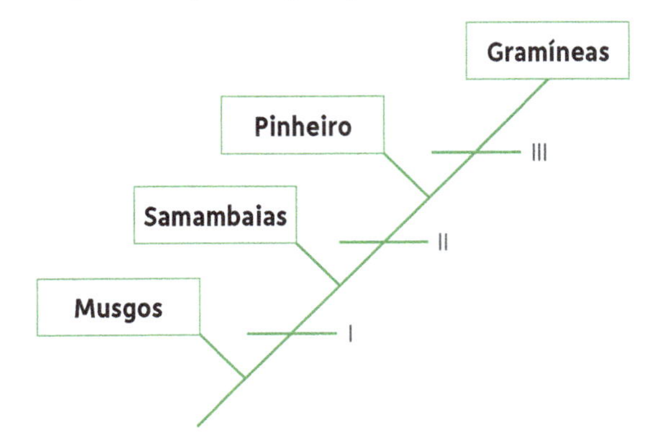

As características correspondentes a cada número estão corretamente indicadas em:

	I	II	III
a)	presença de vasos condutores de seiva	formação de sementes	produção de frutos
b)	presença de vasos condutores de seiva	produção de frutos	formação de sementes
c)	formação de sementes	produção de frutos	presença de vasos condutores de seiva
d)	formação de sementes	presença de vasos condutores de seiva	produção de frutos
e)	produção de frutos	formação de sementes	presença de vasos condutores de seiva

45. (Fuvest-SP) A figura mostra a face inferior de uma folha onde se observam estruturas reprodutivas:

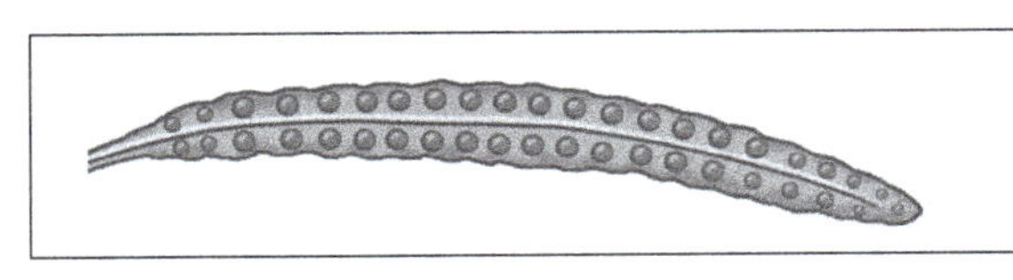

PAULO MANZI

A que grupo de plantas pertence essa folha e o que é produzido em suas estruturas reprodutivas?

a) Angiosperma; grão de pólen.
b) Briófita; esporo.
c) Briófita; grão de pólen.
d) Pteridófita; esporo.
e) Pteridófita; grão de pólen.

46. (UFSM-RS) Analise a citação: "O nadar dos anterozoides é substituído pelo crescer do tubo polínico". Em que grupo vegetal esse fenômeno de substituição se processou, pela primeira vez?

a) Briófitas.
b) Pteridófitas.
c) Gimnospermas.
d) Angiospermas – Monocotiledôneas.
e) Angiospermas – Dicotiledôneas.

47. (Fuvest-SP) Um pesquisador que deseje estudar a divisão meiótica em samambaia deve utilizar em suas preparações microscópicas células de

a) embrião recém-formado.
b) rizoma da samambaia.
c) soros da samambaia.
d) rizoides do prótalo.
e) estruturas reprodutivas do prótalo.

48. (Fatec-SP) A figura a seguir representa um organismo vivo:

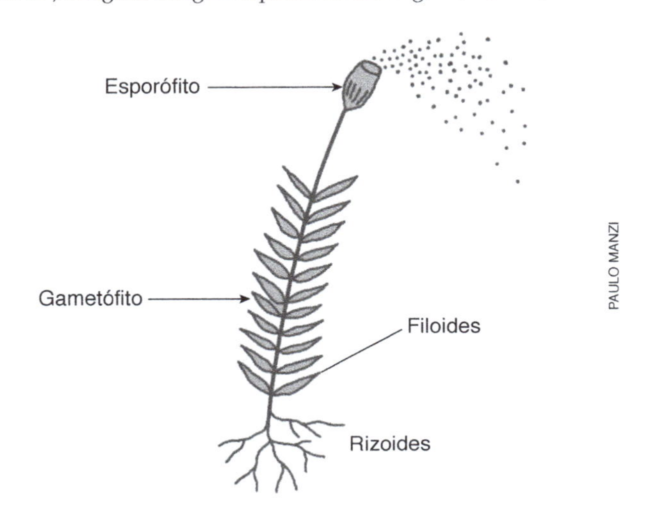

PAULO MANZI

Assinale a alternativa que relaciona correta e respectivamente o reino, a divisão (ou filo) e o elemento reprodutivo derivado do esporófito:

a) Fungi, Bryophyta e esporo.
b) Plantae, Bryophyta e esporo.
c) Plantae, Pteridophyta e esporo.
d) Fungi, Pteridophyta e semente.
e) Protista, Fungi e semente.

49. (UFSC) Qual das alternativas apresenta, corretamente, uma distinção entre pteridófitas e gimnospermas?

	Características	Pteridófitas	Gimnospermas
a)	Meiose	apresentam	não apresentam
b)	Semente	não apresentam	apresentam
c)	Xilema e floema	não apresentam	apresentam
d)	Dominância da geração diploide	não apresentam	apresentam
e)	Alternância de gerações haploide e diploide	apresentam	não apresentam

50. (UEG-GO) Todas as características a seguir pertencem ao grupo dos pinheiros (gimnospermas), EXCETO:
a) As sementes são produzidas em cones ou estróbilos.
b) O esporófito, que pode atingir grande porte, é a geração duradoura.
c) Os gametófitos são reduzidos e de sexos separados.
d) A fecundação não depende de água.
e) Os dois núcleos gaméticos são aproveitados durante a fecundação.

51. (PUC-PR) Considere o seguinte conjunto de características dos vegetais:
I. Feixes condutores
II. Frutos
III. Sementes
IV. Flores
Assinale a opção que representa o grupo vegetal que reúne esses caracteres.
a) Liquens.
b) Gimnospermas.
c) Pteridófitas.
d) Angiospermas.
e) Briófitas.

52. (Ufac) De acordo com a análise comparativa entre plantas dos grupos:
I. briófitas
II. gimnospermas
III. angiospermas
pode-se afirmar o seguinte:
a) Apenas I apresenta sementes.
b) I, II e III apresentam estruturas para transporte de água e nutrientes.
c) Apenas I e II apresentam dispersão por esporos.
d) Apenas II e III apresentam estruturas para transporte de água e nutrientes.
e) Apenas III apresenta esporos.

53. (Unifesp) No ciclo de vida de uma samambaia há duas fases,
a) ambas multicelulares: o esporófito haploide e o gametófito diploide.
b) ambas multicelulares: o esporófito diploide e o gametófito haploide.
c) ambas unicelulares: o esporófito diploide e o gametófito haploide.
d) o esporófito multicelular diploide e o gametófito unicelular haploide.
e) o esporófito unicelular haploide e o gametófito multicelular diploide.

54. (Unifor-CE) No desenvolvimento posterior à fecundação das angiospermas, o zigoto, o óvulo e o ovário originam, respectivamente,
a) fruto, semente e embrião.
b) embrião, fruto e semente.
c) embrião, semente e fruto.
d) semente, fruto e embrião.
e) semente, embrião e fruto.

55. (Fuvest-SP) Na evolução dos vegetais, o grão de pólen surgiu em plantas que correspondem, atualmente, ao grupo dos pinheiros. Isso significa que o grão de pólen surgiu antes
a) dos frutos e depois das flores.
b) das flores e depois dos frutos.
c) das sementes e depois das flores.
d) das sementes e antes dos frutos.
e) das flores e antes dos frutos.

QUESTÕES DISCURSIVAS

56. (UFG-GO) As briófitas e as pteridófitas são vegetais característicos de ambientes úmidos.
a) Explique como ocorre o transporte da água no interior desses organismos.
b) Apresente uma razão para o fato de as briófitas serem consideradas organismos importantes na dinâmica das comunidades.

57. (UFRRJ) Leia o texto a seguir, sobre evolução dos processos reprodutivos das plantas e responda:

> Os cientistas afirmam que as plantas terrestres evoluíram a partir de algas verdes que conquistaram o ambiente terrestre. Basicamente, a tendência manifestada na reprodução foi eliminar sua dependência da água.
>
> • **Fonte**: AMABIS, J. M.; MARTHO, G. R. *Fundamentos da Biologia moderna*. São Paulo: Moderna, 1995.

a) Que estrutura tornou os vegetais superiores independentes da água, para a sua reprodução?
b) De que maneira age a estrutura que torna os vegetais superiores independentes da água?

58. (Unesp) Um turista chega a Curitiba (PR). Já na estrada, ficou encantado com a imponência dos pinheiros-do-paraná (*Araucaria angustifolia*). À beira da estrada, inúmeros ambulantes vendiam sacos de pinhões. Um dos vendedores ensinou-lhe como prepará-los:
– Os frutos devem ser comidos cozidos. Cozinhe os frutos em água e sal e retire a casca, que é amarga e mancha a roupa.
O turista percebeu que, embora os pinheiros estivessem frutificando (eram muitos os ambulantes vendendo seus frutos), não havia árvores com flores. Perguntou ao vendedor como era a flor do pinheiro, a cor de suas pétalas, etc. Obteve por resposta:
– Não sei, não, senhor!
a) O que o turista comprou são frutos do pinheiro-do-paraná? Justifique.
b) Por que o vendedor disse não saber como são as flores do pinheiro?

59. (Unicamp-SP) O projeto "Flora Fanerogâmica do Estado de São Paulo", financiado pela Fapesp (Fundação de Amparo à Pesquisa do Estado de São Paulo), envolveu diversas instituições de pesquisa e ensino. O levantamento realizado no Estado comprovou a existência de cerca de oito mil espécies de fanerógamas.
a) Cite duas características exclusivas das fanerógamas.
b) As fanerógamas englobam dois grupos taxonomicamente distintos, sendo que um deles é muito frequente no Estado e o outro representado por um número muito pequeno de espécies nativas. Qual dos grupos é pouco representado?
c) Que outro grupo de plantas vasculares não foi incluído nesse levantamento?

Mais questões: no livro digital, em **Vereda Digital Aprova Enem** e **Vereda Digital Suplemento de revisão e vestibulares**; no *site*, em **AprovaMax**.

CAPÍTULO

14 REPRODUÇÃO E DESENVOLVIMENTO DAS ANGIOSPERMAS

GERALD & BUFF CORSI/VISUALS UNLIMITED, INC./GLOW IMAGES

Tronco de árvore em corte transversal, evidenciando os anéis de crescimento.

De que trata este capítulo

Será que existe alguma relação entre as manchas solares e os anéis de crescimento presentes nos troncos das árvores aqui da Terra? Ao que tudo indica, a resposta é sim. O primeiro a perceber essa correlação foi o astrônomo estadunidense Andrew Ellicott Douglass (1867-1962), no início do século XX. Ele descobriu que o padrão de manchas solares – regiões da superfície do Sol de temperatura mais baixa e brilho menor – está ligado a mudanças climáticas em nosso planeta e estas, por sua vez, influenciam o padrão de anéis de crescimento das árvores.

Como você pode ver na fotografia acima, o tronco de muitas árvores é constituído por anéis alternados mais claros e mais escuros. Um par de anéis representa mais ou menos 1 ano de crescimento, de modo que se pode calcular a idade de uma árvore tomando cada par de anéis como parâmetro. Com seus métodos Douglass inaugurou o que ele chamou de dendrocronologia, ou seja, a datação de árvores e de madeira com base na análise de características dos anéis de crescimento.

Com uma sonda cilíndrica oca é possível retirar uma amostra do tronco de uma árvore viva sem muito prejuízo para ela. Inserindo a sonda perpendicularmente ao tronco coleta-se um cilindro de madeira desde a periferia até o centro do tronco. Quando se comparam duas árvores diferentes da mesma região, nota-se um padrão de anéis de crescimento muito similar, que registra as variações climáticas ali ocorridas: chuvas, secas, mudanças de temperatura etc. Pode-se encontrar esse padrão até mesmo em madeiras utilizadas em construções, de modo que é possível estimar, por exemplo, a idade de uma casa antiga pelo padrão de anéis de crescimento de suas vigas de madeira quando comparados a um padrão preestabelecido. Douglass empregou essa metodologia para descobrir a diferença de tempo entre duas ocupações humanas nas ruínas astecas de Pueblo Bonito, no Novo México.

Essa história poderia ser encerrada com a famosa fala do poeta inglês William Shakespeare (1564-1616) na peça *Hamlet*: "Há mais coisas entre o céu e a terra, Horácio, do que supõe sua vã filosofia". É verdade. Ainda estamos longe de desvendar os muitos tipos de relação entre os fenômenos do mundo natural. Entretanto, exemplos como o de Douglass indicam que estamos no caminho certo, ao empenhar todos os nossos esforços para conhecer a natureza e sua trama de relações.

A história da dendrocronologia (do grego *dendrós*, árvore, *chrónos*, tempo, e *lógos*, estudo) revela como o conhecimento do mundo natural, em seus diversos aspectos, pode nos ajudar a estabelecer relações inusitadas entre fenômenos, inclusive com aplicações práticas. Esse é mais um motivo para ampliar cada vez mais nosso leque de conhecimentos, pois eles podem nos levar a grandes descobertas.

Neste capítulo vamos estudar as plantas mais abundantes da biosfera: as angiospermas, ou plantas com flores e frutos. Conhecer as plantas é desafiador, mas é um investimento em saber científico. Procure observar sempre as plantas no seu dia a dia e tente aplicar ao mundo ao seu redor o que aprende na escola e nos livros. O exemplo do astrônomo Douglass leva-nos a perceber que, quanto maiores forem os nossos conhecimentos sobre a natureza, mais ampla será nossa visão de mundo.

Objetivos

Objetivo geral

- Valorizar o conhecimento científico sobre a estrutura das plantas, tanto para identificar padrões no mundo natural quanto para conhecer as estratégias peculiares desses seres autotróficos, com os quais a espécie humana tem estreitas relações de dependência.

Objetivos didáticos

- Identificar as partes de uma flor e seu papel na reprodução das angiospermas.
- Conhecer as etapas iniciais do desenvolvimento embrionário e como surgem os principais tecidos e órgãos de uma angiosperma.
- Identificar a estrutura da raiz, do caule e da folha e conhecer a estrutura interna microscópica desses órgãos quanto aos principais tecidos componentes.
- Conhecer a estrutura e a localização na planta dos principais tecidos vegetais: epiderme, periderme, parênquimas, colênquima, esclerênquima, xilema, floema e meristemas.

14.1 Reprodução das angiospermas

As angiospermas representam cerca de 90% das espécies atuais do reino Plantae, com número estimado entre 250 mil e 400 mil, de acordo com diferentes autores. A principal característica que distingue as angiospermas dos outros grupos de plantas é a formação de estruturas reprodutivas denominadas flores.

Após a fecundação as flores originam frutos, dentro dos quais estão as sementes. É daí que vem o nome do grupo: *angio*, em grego, significa vaso, em alusão ao ovário em forma de vaso presente nas flores; *sperma*, por sua vez, significa semente, que se origina do óvulo fecundado e se encontra no interior do fruto, o qual se origina do ovário da flor. **(Fig. 14.1)**

As flores apresentam grande variedade de formas e cores, relacionadas principalmente às adaptações das plantas aos diferentes modos de polinização desenvolvidos ao longo da história evolutiva de cada grupo vegetal.

VALENTYN VOLKOV/SHUTTERSTOCK

Figura 14.1 Ramo com flor e fruto da espécie *Punica granatum*, conhecida popularmente como romã. Seus frutos medem cerca de 10 cm de diâmetro.

Estrutura e função da flor

As flores são o resultado da especialização evolutiva de certos ramos ocorrida a partir do ancestral comum das angiospermas. O ramo evolutivamente modificado tornou-se curto e compacto, passando a assumir funções reprodutivas.

Imagine um ramo com quatro nós terminais, cada um deles com um conjunto de folhas. A partir da extremidade do ramo, o primeiro conjunto de folhas forma esporângios femininos; o segundo forma esporângios masculinos; o terceiro e o quarto conjuntos têm folhas também especializadas, mas que não constituem elementos reprodutivos. Para completar, imagine que as distâncias entre esses nós seja muito reduzida, de modo que os conjuntos de folhas modificadas fiquem muito próximos. Essa seria a visão geral de um ramo floral de angiosperma.

Os conjuntos de folhas modificadas de uma flor são denominados **verticilos florais**. Estes são, a partir da extremidade do ramo floral: gineceu, androceu, corola e cálice. A maioria das flores apresenta esses quatro componentes, sendo por isso chamadas de flores completas; em certas espécies, no entanto, as flores não apresentam um ou mais dos verticilos florais, sendo por isso denominadas incompletas.

As folhas modificadas presentes na base do ramo floral são as **sépalas**, cujo conjunto é chamado de cálice. O conjunto seguinte é formado por folhas modificadas, geralmente delicadas e coloridas, as **pétalas**, que juntas constituem a corola. Tanto o cálice quanto a corola são elementos estéreis, não envolvidos diretamente na reprodução; sua função é proteger as estruturas reprodutivas mais internas e, em muitos casos, atrair agentes polinizadores.

Os verticilos férteis da flor, da base do ramo floral para a extremidade, são o **androceu** (do grego *andros*, homem, e *oikos*, casa) e o **gineceu** (do grego *gyne*, mulher, e *oikos*, casa), estruturas responsáveis pela formação de grãos de pólen e de óvulos, respectivamente. **(Fig. 14.2)**

Androceu é o conjunto de **estames**. O estame (do latim *stamen*, filete) é uma folha modificada fértil que os botânicos denominam microsporofilo, geralmente constituído por uma fina haste, o filete, que sustenta uma estrutura dilatada na extremidade, a **antera**, onde se formam os microsporângios; no interior destes se desenvolvem as células-mãe dos esporos, chamadas de microsporócitos. Os microsporócitos são células diploides que passam por meiose e originam os grãos de pólen, que constituem o microgametófito maduro (relembre no capítulo anterior). **(Fig. 14.3)**

O gineceu é constituído pelos **carpelos**, folhas evolutivamente modificadas denominadas megasporofilos, responsáveis pela formação dos óvulos. Os carpelos, isoladamente ou em grupo, podem estar dobrados e fundidos nas bordas, originando uma estrutura fechada que lembra um pequeno vaso, com a base dilatada e a extremidade afilada. A base dilatada do carpelo é o **ovário**, no interior do qual se formam um ou mais óvulos. A porção afilada do carpelo é o **estilete**. A porção terminal do **estilete**, geralmente alargada e aderente, é o **estigma**, que recebe os grãos de pólen na polinização. **(Fig. 14.4)**

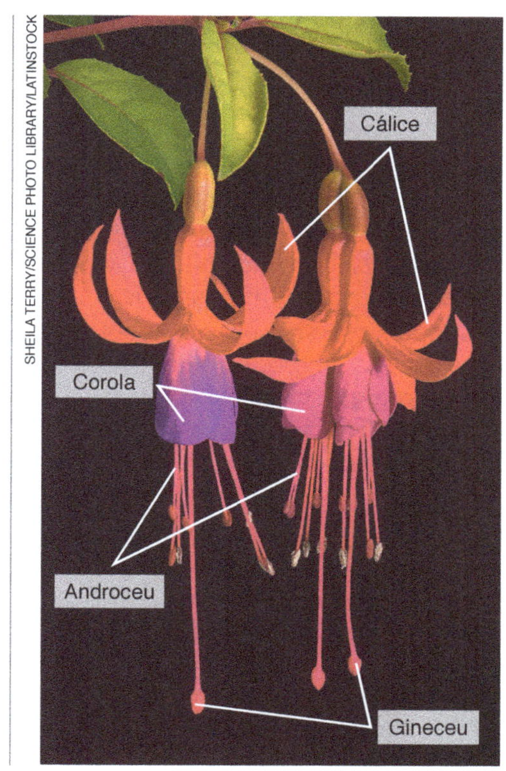

Figura 14.2 Flores completas de *Fuchsia* sp., popularmente chamada de brinco--de-princesa, mostrando seus diversos componentes: cálice (sépalas), corola (pétalas), androceu (estames) e gineceu (carpelos).

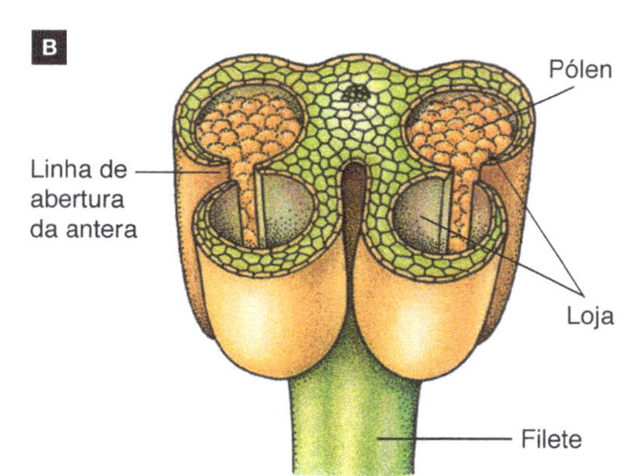

Figura 14.3 A. Flor de lírio (*Lilium* sp.) em que os grandes estames, com aproximadamente 7 cm de comprimento, estão bem visíveis. B. Representação esquemática de uma antera em corte transversal mostrando as lojas, cavidades onde se formam os grãos de pólen. Pode-se ver também as linhas de abertura ao longo das lojas, por onde os grãos de pólen são liberados.

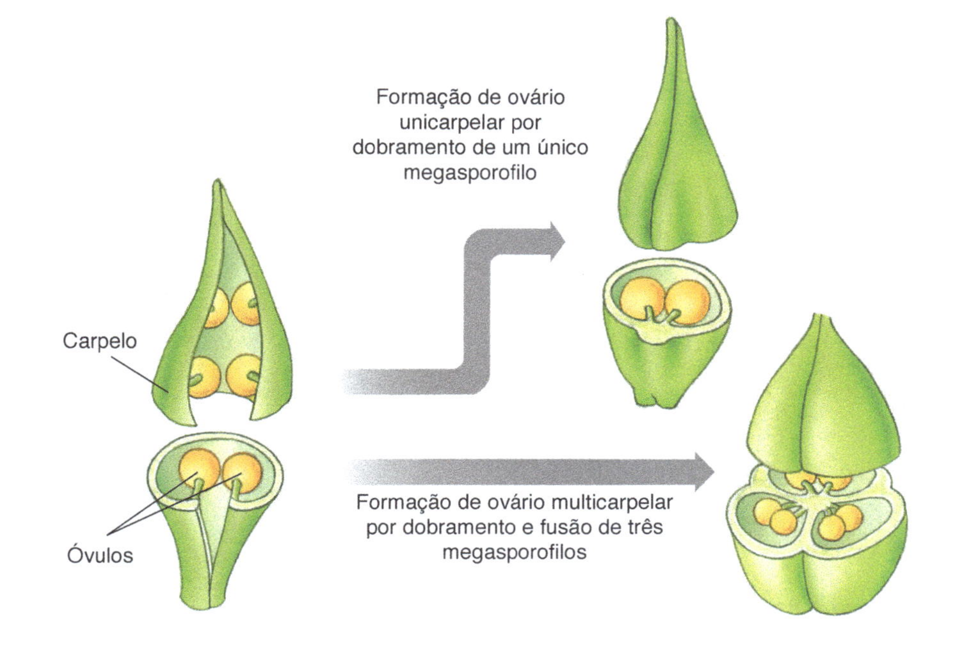

Figura 14.4 Representação esquemática da formação de ovários unicarpelares e multicarpelares por dobramento e fusão do megasporofilo.

Fecundação e origem da semente

Formação do grão de pólen

O processo de formação dos grãos de pólen começa quando a flor ainda está na fase inicial de botão. No interior das anteras diferenciam-se quatro bolsas, os futuros sacos polínicos, correspondentes aos microsporângios. Dentro deles células-mãe de esporos, os **microsporócitos** (diploides), dividem-se por meiose e originam células haploides denominadas **micrósporos**.

Em seguida cada micrósporo divide-se por mitose e forma duas células, uma grande, a célula do tubo, e outra pequena, a célula geradora. Essas duas células, envoltas por uma parede espessa, constituem o grão de pólen, o correspondente evolutivo do microgametófito.

Formação do óvulo

Quando a flor ainda está na fase inicial de botão surgem, na parede do ovário em formação, uma ou mais protuberâncias que darão origem aos óvulos. Na região superficial de cada primórdio de óvulo, logo abaixo da camada celular mais externa, uma célula cresce muito e se diferencia das demais: trata-se do **megasporócito** (diploide), a célula-mãe do megásporo.

O megasporócito divide-se por meiose e origina quatro megásporos haploides; destes, três degeneram. O megásporo restante cresce e passa por três mitoses sucessivas, formando oito núcleos, dos quais quatro se localizam perto de uma pequena abertura na extremidade superior do óvulo, a micrópila; os outros quatro localizam-se no polo oposto. A seguir, um núcleo de cada um desses conjuntos migra para a região central, passando a constituir os **núcleos polares**, assim denominados por serem provenientes dos polos do megásporo.

Com exceção dos núcleos polares, os outros seis núcleos formam membranas ao seu redor, individualizando-se em seis células. O citoplasma do antigo megásporo divide-se entre sete células: três delas se localizam perto da micrópila (duas sinérgides e a oosfera), três no polo oposto (antípodas) e a sétima célula ocupa o espaço restante, contendo os dois núcleos polares.

Esse conjunto de sete células é denominado **megagametófito** ou gametófito feminino, também chamado de **saco embrionário** porque aí será formado o embrião. O gameta feminino presente no interior do saco embrionário é a **oosfera**, célula mais central das três células próximas à micrópila do óvulo. É ela que, ao ser fecundada, origina o zigoto; este por sua vez, se multiplica por mitose e origina o embrião. O tecido diploide que envolve o óvulo é o tegumento. **(Fig. 14.5)**

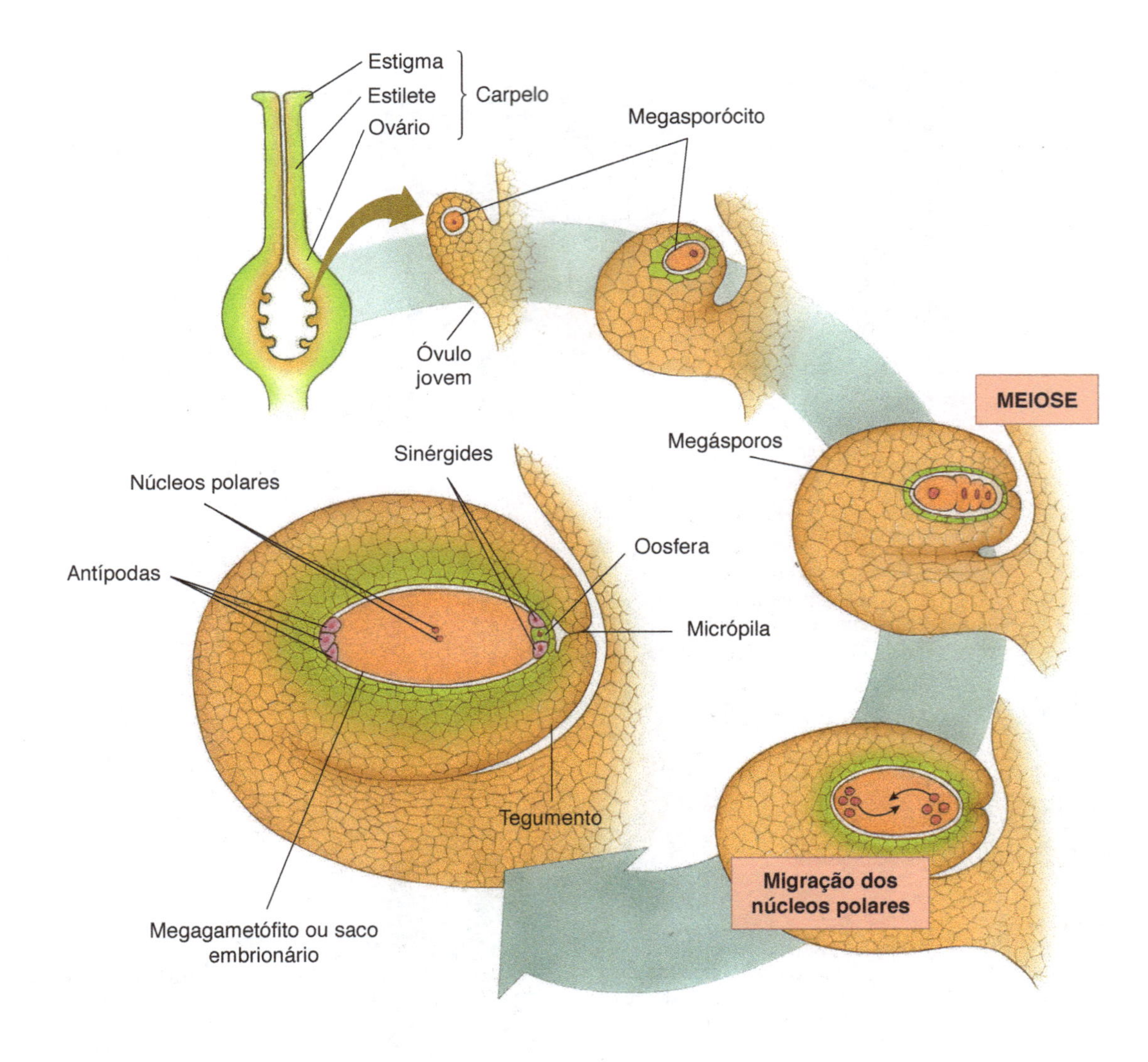

Figura 14.5 Representação esquemática do desenvolvimento do óvulo em angiosperma.

Polinização e dupla fecundação

A chegada dos grãos de pólen ao estigma da flor é a polinização. Como mencionamos no capítulo anterior, o transporte do pólen entre as flores pode ser realizado por diferentes **agentes polinizadores**, como o vento, os insetos e as aves, entre outros.

As plantas angiospermas apresentam diversas características que as tornam adaptadas a diversos agentes polinizadores. Flores de plantas polinizadas pelo vento, como as gramíneas, são pequenas e discretas, sem nenhum tipo de atrativo para os animais; elas produzem grande quantidade de pólen e têm estigmas desenvolvidos, o que propicia capturar muito pólen e aumentar as chances de a polinização ocorrer. Flores polinizadas por animais geralmente apresentam características atraentes para os polinizadores, como corolas coloridas e vistosas, glândulas odoríferas e nectários (glândulas produtoras de substâncias açucaradas). Nessas flores os estigmas geralmente têm tamanho reduzido e a quantidade de pólen produzida nos estames é menor do que em plantas polinizadas pelo vento.

Ao cair sobre o estigma de uma flor de sua espécie, o grão de pólen germina e forma um longo **tubo polínico**, que cresce por dentro do estilete até atingir um óvulo no interior do ovário. Dois núcleos originados por divisão mitótica da célula geradora – os núcleos espermáticos – constituem os gametas masculinos. Eles migram até a extremidade do tubo polínico que penetra na micrópila do óvulo, onde atingem uma das sinérgides.

Um dos núcleos espermáticos passa para a oosfera e funde-se ao núcleo desta, originando o zigoto diploide. O outro núcleo espermático passa para a célula central e funde-se aos dois núcleos polares, formando um núcleo triploide, isto é, com três conjuntos de cromossomos (3*n*). A multiplicação desse núcleo triploide dá origem a um tecido denominado endosperma (do grego *endon*, dentro, e *sperma*, semente), que acumula substâncias para a nutrição do embrião. Esse fenômeno típico das angiospermas, a **dupla fecundação**, implica a formação simultânea do embrião diploide e do tecido triploide que o nutrirá nas fases iniciais de seu desenvolvimento. **(Fig. 14.6)**

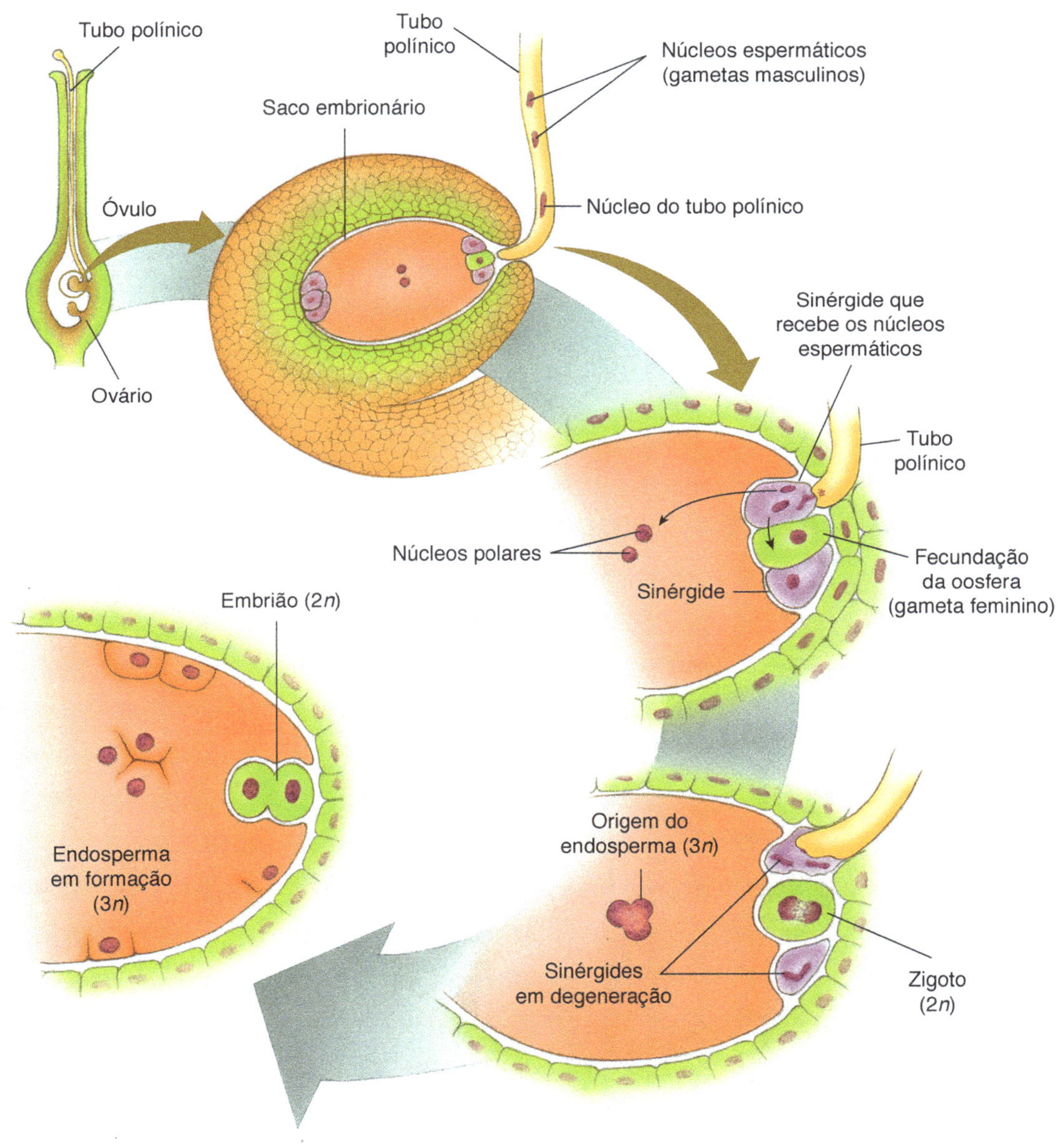

Figura 14.6 Representação esquemática da dupla fecundação em angiospermas. O tubo polínico penetra em uma das sinérgides e lança em seu interior os dois núcleos espermáticos. Um deles passa para a oosfera ao lado da sinérgide e o outro sai da sinérgide para a célula central. Em seguida, as duas sinérgides degeneram.

Desenvolvimento do óvulo fecundado

O desenvolvimento embrionário das plantas começa com a divisão mitótica do zigoto, que produz duas células, estabelecendo regiões distintas no embrião. A célula voltada para a micrópila do óvulo dará origem a uma estrutura denominada **suspensor**, enquanto a outra, voltada para o lado oposto, originará o embrião propriamente dito. **(Fig. 14.7)**

Em pteridófitas e gimnospermas o suspensor parece ter unicamente a função mecânica de empurrar o embrião para o interior do saco embrionário (megagametófito), em alguns casos já totalmente preenchido por endosperma. Nas angiospermas ele possui não apenas essa função, mas também participa da nutrição das células embrionárias e produz hormônios importantes para o desenvolvimento. Após cumprir seu papel o suspensor degenera, em um processo programado de autodestruição de suas células denominado **apoptose**.

Quando o óvulo e o embrião atingem certo grau de desenvolvimento o tegumento ovular diferencia-se em uma casca espessa e resistente e o conjunto passa a ser denominado **semente**.

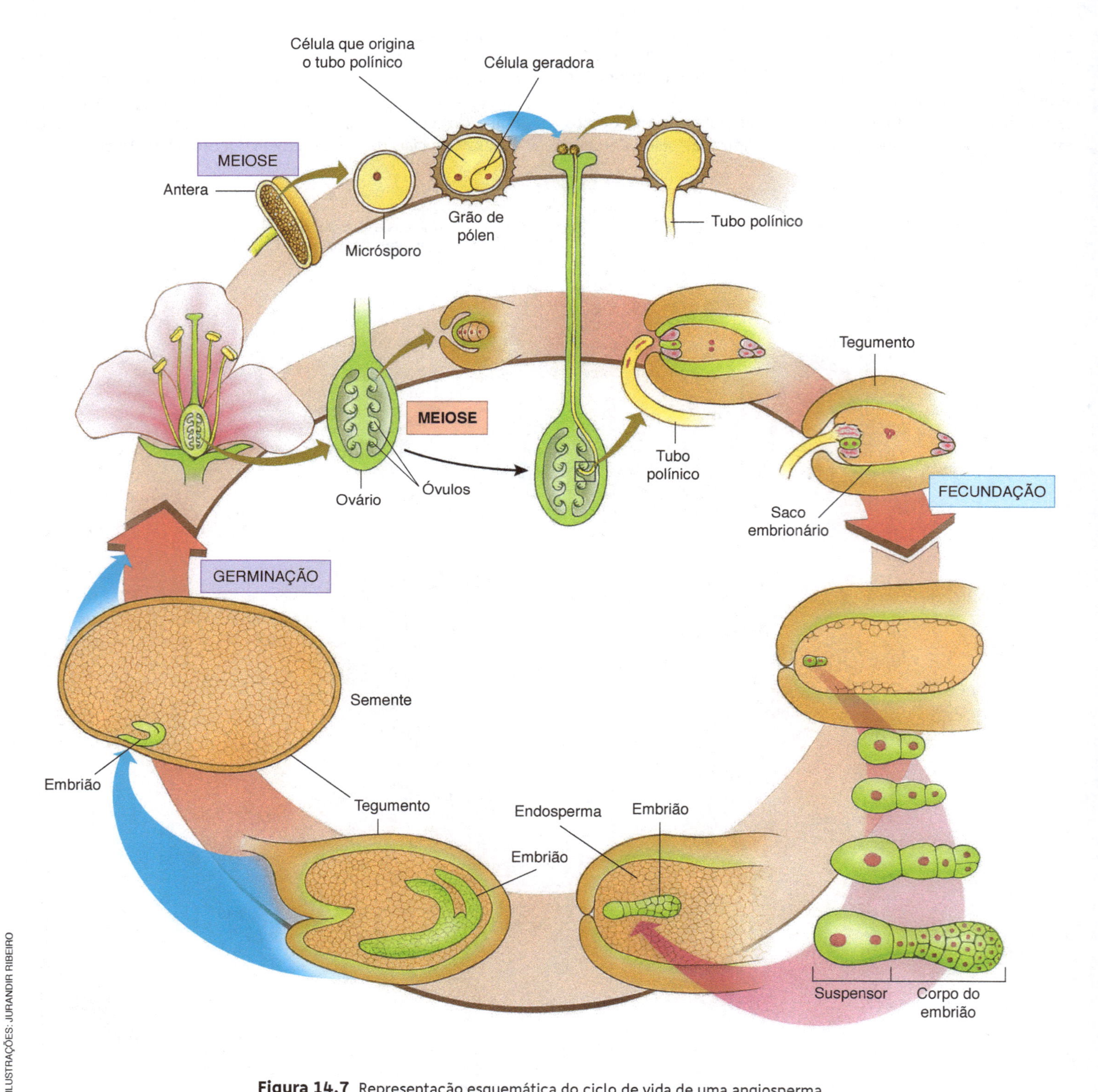

Figura 14.7 Representação esquemática do ciclo de vida de uma angiosperma.

Origem e função do fruto

As sementes em formação liberam hormônios que estimulam o desenvolvimento da parede do ovário, originando o fruto. Por isso, quase sempre os frutos contêm sementes, uma vez que são elas as responsáveis pelo seu desenvolvimento. Exceções são os **frutos partenocárpicos** (do grego *parthenos*, virgem, e *karpos*, fruto), que se desenvolvem sem formação de sementes, como ocorre, por exemplo, nas linhagens cultivadas de banana.

O fruto foi uma importante aquisição evolutiva das angiospermas e contribuiu decisivamente para o sucesso desse grupo vegetal. Supõe-se que o principal papel dos frutos na história evolutiva das plantas tenha sido a proteção das sementes. Indivíduos em que o ovário se transformava em fruto eram beneficiados pois suas sementes, por estarem protegidas, tinham maiores chances de germinar. Adaptações posteriores conferiram ao fruto a capacidade de ajudar a disseminar as sementes, fazendo-as chegar a lugares distantes da planta-mãe. Desse modo as novas plantas não concorriam com a genitora nem com as irmãs e podiam espalhar-se e colonizar novos ambientes, aumentando as chances de sobrevivência da espécie.

Muitos tipos de frutos são coloridos, vistosos e perfumados. Essas características indicam aos animais, entre eles nossa própria espécie, a presença de alimento disponível. Ao comer o fruto o animal descarta as sementes (ou as engole e as elimina com as fezes), levando-as a se dispersar pelo território.

Em certas espécies os frutos ou sementes têm projeções em forma de asa (frutos alados e sementes aladas), o que favorece seu transporte pelo vento. Há frutos adaptados para aderir aos pelos ou às penas de animais, que cumprem o papel de disseminá-los. Outros, como o coco-da-baía, são adaptados à dispersão pela água: a estrutura fibrosa do coco retém ar, possibilitando a flutuação.

Agora você pode resolver as atividades de 1 a 23, 63, 64 e 67 a 69.

14.2 Desenvolvimento e componentes celulares das plantas

Germinação da semente

Uma semente madura abriga em seu interior o embrião e substâncias nutritivas; estas podem estar armazenadas no endosperma, nos cotilédones ou em ambos, dependendo da espécie. Um dos componentes do embrião é a **radícula** (do latim *radix*, raiz) – o primórdio de raiz –, que apresenta na extremidade um conjunto de células indiferenciadas com alta capacidade de multiplicação. Essas células compõem o **meristema apical**, que alguns botânicos denominam meristema subapical, uma vez que ele não está exatamente no ápice, mas é envolvido por um capuz protetor, a coifa, como veremos mais adiante.

Um outro componente do embrião é o **caulículo** – o primórdio de caule –, em cuja extremidade há um meristema apical propriamente dito, de onde germinarão uma ou duas folhas modificadas – os cotilédones –, especializadas na transferência de nutrientes estocados na semente para o corpo do embrião.

Nas plantas monocotiledôneas, como diz o nome, o embrião apresenta apenas um cotilédone, enquanto o das eudicotiledôneas e dicotiledôneas basais apresenta dois cotilédones.

A região inferior do embrião, situada entre a radícula e o ponto de implantação do cotilédone (ou cotilédones), é denominada **hipocótilo** (do grego *hypo*, abaixo, e *kotyledon*, cotilédone). A região superior, situada entre o cotilédone e o meristema apical do caulículo, é o **epicótilo** (do grego *epi*, acima). Nas gramíneas, a extremidade do caulículo é envolta por uma bainha protetora, o **coleóptilo** (do grego *koleos*, lâmina, e *ptilon*, pena). **(Fig. 14.8)**

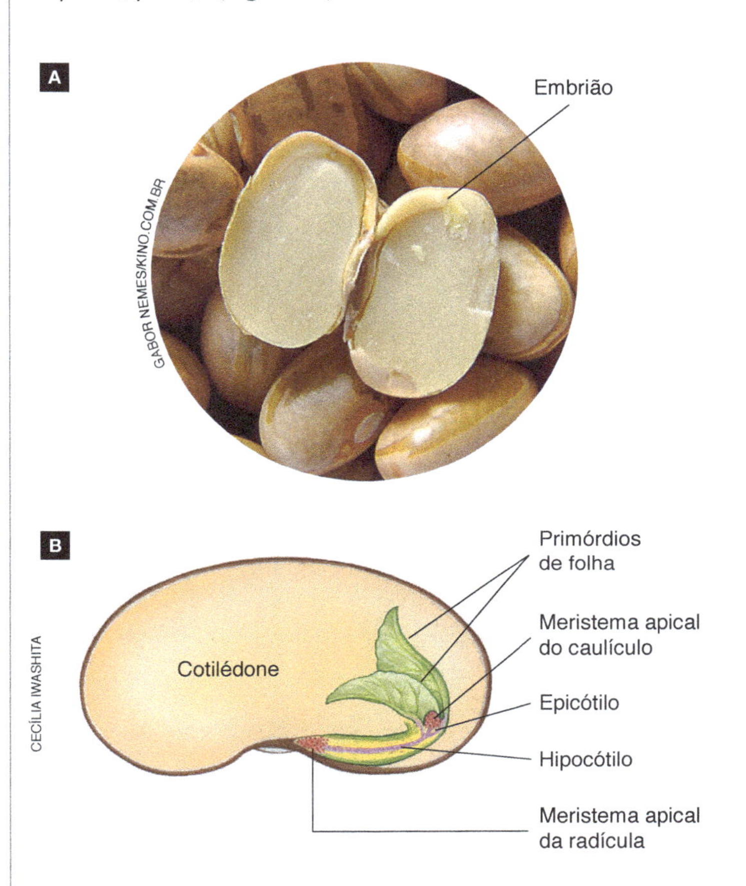

Figura 14.8 **A.** Sementes do feijão *Phaseolus vulgaris*, que medem cerca de 1,5 cm de comprimento. Uma das sementes está aberta para evidenciar o embrião. **B.** Representação esquemática de semente de feijão aberta, mostrando as partes do embrião.

As sementes geralmente amadurecem ainda dentro dos frutos. Em seu interior o embrião encontra-se em estado de dormência. Após serem liberadas do fruto e encontrarem condições adequadas, as sementes iniciam o processo de **germinação**, que é a retomada do crescimento e da diferenciação do embrião.

A germinação da semente depende de diversos fatores, principalmente da presença de água, de gás oxigênio e temperatura adequada. O primeiro passo para a germinação é a absorção de água pela semente, fenômeno denominado embebição. As células necessitam de água para retomar suas atividades metabólicas e mobilizar as reservas nutritivas estocadas nos cotilédones ou no endosperma. Com a embebição a casca da semente se rompe, o que permite o acesso ao gás oxigênio, necessário à respiração das células embrionárias.

A primeira estrutura a emergir da semente após a ruptura da casca é a radícula, que logo se diferencia na raiz primária. Esta cresce em direção ao solo, ancorando a planta e iniciando a absorção de água e sais minerais. **(Fig. 14.9)**

Nas plantas eudicotiledôneas a raiz primária origina raízes laterais, vindo a constituir um sistema radicular ramificado. Na maioria das monocotiledôneas a raiz primária degenera e é substituída por um conjunto de raízes adventícias que se desenvolvem a partir do caule, nos pontos de inserção das primeiras folhas.

A maneira pela qual o caule emerge do interior da semente varia entre as espécies vegetais. No feijão, por exemplo, o hipocótilo alonga-se e curva-se, emergindo do solo em uma estrutura denominada **gancho de germinação**. A formação do gancho de germinação abre caminho entre as partículas de solo, protegendo a extremidade da planta. Com o crescimento do hipocótilo, os cotilédones emergem do solo e se separam, expondo o epicótilo embrionário.

Gramíneas (milho, arroz, aveia e trigo, por exemplo) não formam gancho de germinação. Nessas plantas a extremidade do embrião é protegida pelo **coleóptilo**, uma bainha que permanece fechada até o caule emergir do solo. O coleóptilo protege o tecido meristemático contra possíveis lesões decorrentes do atrito com as partículas de solo. **(Fig. 14.10)**

Figura 14.9 Semente de feijão (*Phaseolus vulgaris*) em germinação mostrando a radícula com pelos absorventes.

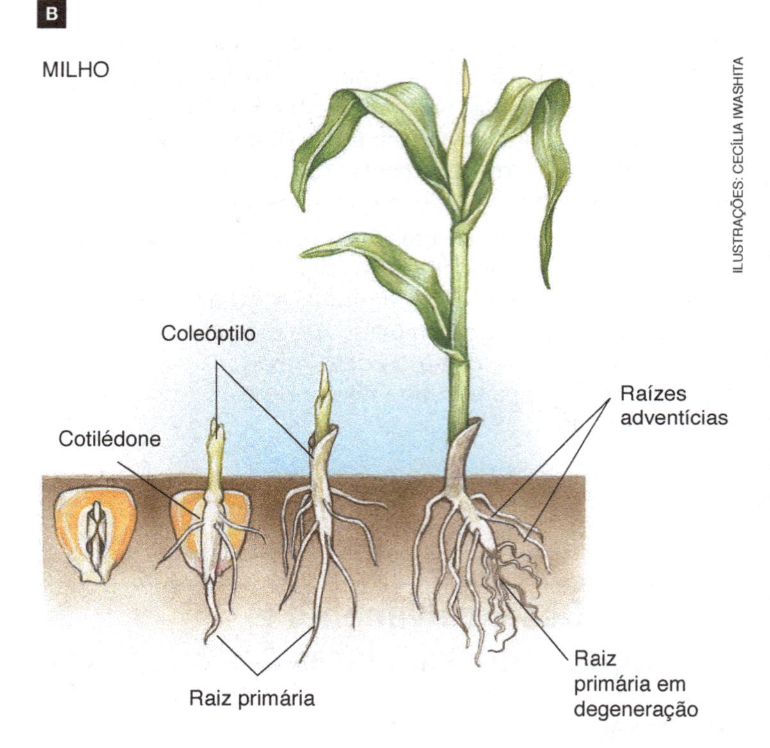

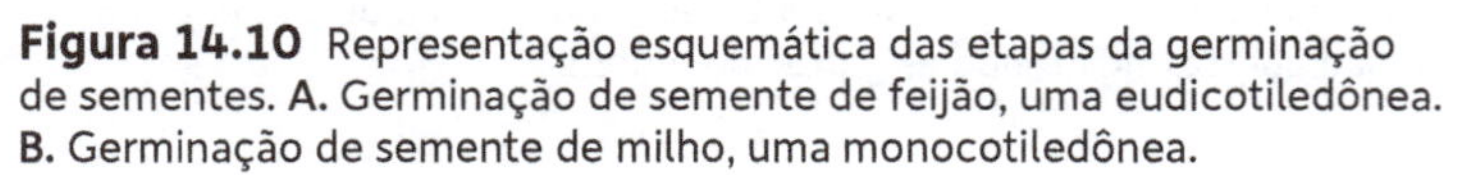

Figura 14.10 Representação esquemática das etapas da germinação de sementes. **A.** Germinação de semente de feijão, uma eudicotiledônea. **B.** Germinação de semente de milho, uma monocotiledônea.

Meristemas

Durante a germinação da semente, bem como nas fases iniciais de desenvolvimento, o crescimento da planta depende da multiplicação de **células meristemáticas** (do grego *merizein*, divisão), que têm forma poliédrica, parede fina e flexível (parede primária), citoplasma denso com pequenos vacúolos, núcleo volumoso e grande capacidade de multiplicação por mitose.

Os tecidos meristemáticos presentes nas extremidades dos caules e das raízes são chamados **meristemas primários** porque suas células nunca antes se diferenciaram, mantendo características meristemáticas desde que surgiram no embrião.

Durante o desenvolvimento da planta, como veremos adiante, células já diferenciadas para o exercício de funções específicas podem se desdiferenciar, readquirindo a capacidade de se dividir e originar meristemas. Estes, por surgirem a partir de tecidos já diferenciados, são denominados **meristemas secundários**.

Diferenciação celular e principais tecidos vegetais

As novas células produzidas pelos meristemas primários, nas extremidades do caule e da raiz, fazem o embrião se alongar. À medida que se distanciam de seus locais de origem as células passam a se especializar na realização de determinadas funções, processo conhecido como **diferenciação celular**. Os primeiros tecidos a se diferenciar no embrião das plantas traqueófitas (pteridófitas, gimnospermas e angiospermas) são a protoderme, o meristema fundamental e o procâmbio.

A **protoderme** (do grego *protos*, primeira, e *dermatos*, pele) é a camada de células que reveste externamente o embrião e que dará origem à epiderme, o primeiro revestimento da planta.

O **meristema fundamental** forma um cilindro sob a protoderme e originará o córtex (do latim *cortex*, casca, invólucro). A região central do embrião, envolvida pelo meristema fundamental, diferencia-se em **procâmbio** (do latim *pro*, antes, e *cambiare*, trocar), que dará origem aos dois tecidos vasculares da planta: o xilema e o floema. **(Fig. 14.11)**

Tecidos de revestimento

As plantas jovens são revestidas por uma camada de células achatadas e bem encaixadas entre si que constituem a **epiderme** (do grego *epi*, superior, e *dermatos*, pele). As células epidérmicas secretam, na superfície da planta exposta ao ambiente, substâncias impermeabilizantes que formam uma película – a **cutícula** –, que evita a perda de água por transpiração.

As células epidérmicas, com exceção das que formam os estômatos, não têm cloroplastos. Como veremos no próximo capítulo, **estômatos** são estruturas epidérmicas que controlam a entrada e a saída de gases na planta e evitam a perda de água por evaporação.

Na epiderme pode haver estruturas filamentosas denominadas **pelos**, ou **tricomas**, que podem ser constituídas por uma ou mais células. A raiz, por exemplo, apresenta grande quantidade de **pelos absorventes**, que aumentam significativamente a área epidérmica radicular capaz de absorver água e sais minerais do solo. Nas folhas também pode haver tricomas, que executam diversas funções; na urtiga, por exemplo, os tricomas produzem substâncias tóxicas e sua função é proteger a planta do ataque de animais herbívoros. As folhas de certas plantas do Cerrado apresentam tricomas em grande quantidade, o que contribui para reduzir a perda de água por transpiração.

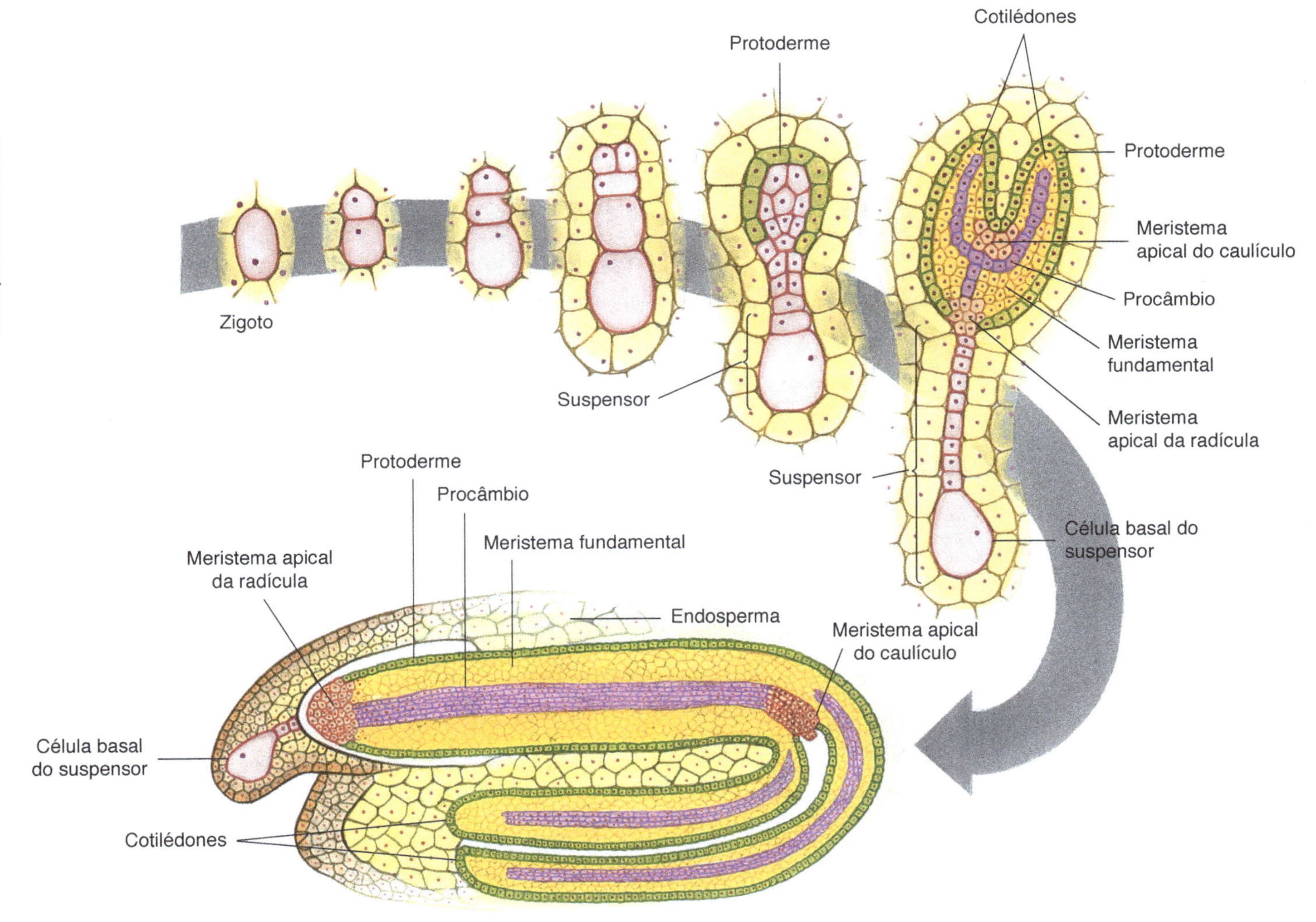

Figura 14.11 Representação esquemática do desenvolvimento embrionário de uma eudicotiledônea.

Algumas plantas, à medida que amadurecem, têm a epiderme de suas raízes e de seus caules substituída por um revestimento mais espesso, resistente e impermeável, que protege as partes internas de traumas e da perda de água. Esse revestimento, denominado **periderme**, forma-se a partir de um cilindro de células meristemáticas – o **felogênio** – gerado pela desdiferenciação de células parenquimáticas. O felogênio é, portanto, um meristema secundário.

As células do felogênio multiplicam-se intensamente, produzindo camadas celulares para o interior da planta, onde originam a feloderma, e para o exterior, onde originam o súber. A **feloderma** é constituída por células vivas, enquanto o **súber** é constituído por células mortas, das quais restaram apenas as paredes celulares impregnadas de **suberina**, uma substância impermeabilizante. Em conjunto, feloderma, felogênio e súber formam a periderme.

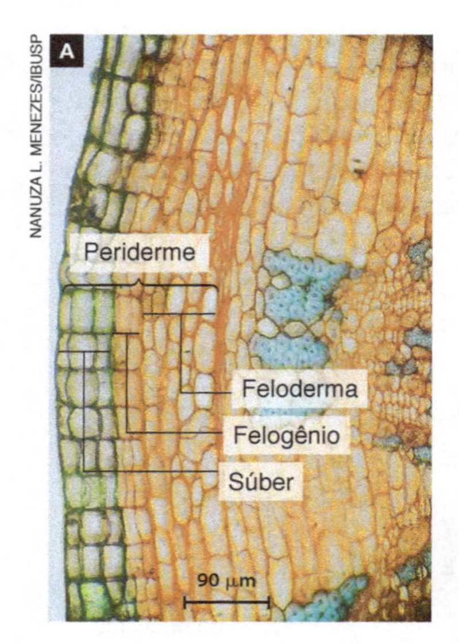

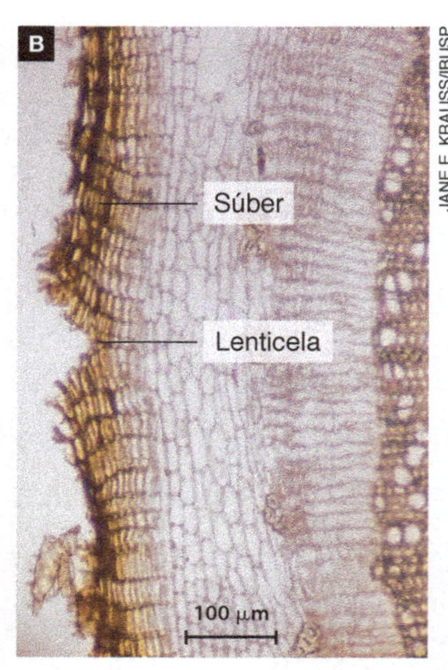

Figura 14.12 A. Fotomicrografia de corte transversal de um caule da baguaçu ou pinha-do-brejo (*Talauma ovata*), evidenciando as três partes da periderme. (Microscópio fotônico; cores artificiais.) B. Fotomicrografia de corte transversal de caule de sabugueiro (*Sambucus* sp.), evidenciando uma lenticela. (Microscópio fotônico; cores artificiais.) C. Corticeira (*Quercus suber*), cujos caules são revestidos por uma espessa camada de súber (cortiça), que é retirado periodicamente e empregado, por exemplo, na fabricação de rolhas. Árvores dessa espécie chegam a medir cerca de 20 m de altura.

Em diversos pontos do caule ou da raiz de uma árvore a periderme costuma apresentar pequenas protuberâncias, muitas vezes visíveis a olho nu, denominadas **lenticelas**. Nesses locais as células do súber são arredondadas e unidas frouxamente, deixando espaços entre si por onde ocorrem trocas gasosas entre o ar atmosférico e os tecidos internos da planta. **(Fig. 14.12)**

Parênquimas

Parênquima é a denominação genérica para tecidos vegetais constituídos por células de paredes finas, compostas basicamente de celulose e denominadas paredes primárias. Grande parte dos tecidos parenquimáticos tem por função preencher espaços entre tecidos de revestimento e tecidos condutores; por isso os parênquimas são também chamados de tecidos de preenchimento. No córtex, as células parenquimáticas deixam entre si espaços intercelulares cheios de ar, o que é essencial para a respiração das células mais internas da planta. Embora diferenciadas as células do parênquima têm capacidade de desdiferenciação, ou seja, podem voltar a se dividir, desempenhando papel importante na regeneração de lesões.

As células de certos tecidos parenquimáticos podem acumular amido e outras substâncias de reserva; esse tipo de tecido é denominado **parênquima de reserva**; no caso de a reserva ser constituída de amido, o parênquima é chamado de amilífero. Plantas que flutuam na água costumam apresentar parênquimas especializados no acúmulo de gases entre as células, sendo por isso denominados **parênquimas aeríferos**, ou aerênquimas. Plantas de regiões áridas têm **parênquimas aquíferos**, especializados em reserva de água. Os espaços internos das folhas são preenchidos por um parênquima especial, cujas células apresentam grande número de cloroplastos, sendo por isso chamado de **parênquima clorofiliano**, cuja função é realizar a fotossíntese.

Tecidos de sustentação

Embora a parede de cada célula vegetal constitua uma espécie de microesqueleto, as plantas vasculares apresentam ainda dois tecidos especializados na sustentação esquelética do corpo vegetal: o colênquima e o esclerênquima.

O **colênquima** é formado por células vivas e alongadas, cujas paredes apresentam reforços de celulose, principalmente nos cantos. As células do colênquima estão organizadas em feixes longitudinais no interior de raízes e caules, principalmente em partes jovens da planta.

O **esclerênquima** é formado por células que morreram em razão do próprio processo de diferenciação. Durante esse processo as paredes celulares tornaram-se impregnadas de um material polimérico constituído por unidades fenólicas, a **lignina**, que faz das células esclerenquimáticas elementos de grande resistência mecânica. Esses elementos esqueléticos podem ser de dois tipos: fibras esclerenquimáticas e esclereídes.

As **fibras esclerenquimáticas** são alongadas e estão presentes em diversas partes da planta: caules, folhas, frutos e sementes. Fibras presentes na juta, no sisal e no linho, utilizadas na indústria têxtil, são células esclerenquimáticas longas e resistentes encontradas em folhas e caules de *Corchorus capsularis*, *Agave sisalana* e *Linum usitatissimum*, respectivamente. O revestimento duro de sementes e de frutos como nozes, avelãs e cocos é constituído principalmente por fibras esclerenquimáticas.

As **esclereídes** têm forma variada, em geral ramificada, e podem se distribuir isoladamente ou em grupo entre as células parenquimáticas. A textura arenosa que percebemos ao comer uma pera é decorrente das esclereídes presentes no fruto. **(Fig. 14.13)**

Tecidos vasculares

Como vimos no capítulo anterior, as pteridófitas, gimnospermas e angiospermas, conhecidas como plantas vasculares ou traqueófitas, caracterizam-se por apresentar tecidos condutores de seiva: o **xilema**, que conduz água e sais minerais – a **seiva mineral** – da raiz para as folhas, e o **floema**, que conduz uma solução de substâncias orgânicas originalmente produzidas nas folhas – a **seiva orgânica** – para as diversas partes da planta.

Nas angiospermas o xilema, também chamado de **lenho** (do latim *lignu*, madeira), é composto basicamente de dois tipos de elementos condutores da seiva mineral: as traqueídes e os elementos de vaso lenhoso. Também fazem parte do xilema elementos não diretamente envolvidos na condução de seiva, como fibras, células parenquimáticas e células secretoras. Traqueídes e elementos de vaso lenhoso são constituídos por células mortas, das quais restaram apenas as paredes celulares espessas, impregnadas de lignina.

Traqueídes são células alongadas, com extremidades afiladas e que conservam as paredes transversais. Nessas paredes há grande número de pequenos orifícios, ou **poros**, que formam canais de comunicação entre traqueídes adjacentes. As paredes transversais com os orifícios lembram crivos de chuveiro.

Elementos de vaso lenhoso são estruturas cilíndricas relativamente mais curtas que as traqueídes, com grandes perfurações nas extremidades, resultantes da desintegração total das paredes transversais. Elementos de vaso enfileirados, com suas perfurações acopladas, formam longos tubos, os **vasos lenhosos**, que transportam a seiva mineral. Elementos de vaso lenhoso como os descritos acima estão presentes apenas em angiospermas; em gimnospermas e pteridófitas há apenas traqueídes. **(Fig. 14.14)**

O floema (do grego *phloos*, casca), também chamado **líber**, é constituído por diversos tipos de célula. Além dos elementos condutores da seiva orgânica – as **células crivadas** e os **elementos de tubo crivado** –, há também fibras e células parenquimáticas.

As células crivadas e os elementos de tubo crivado recebem essa denominação por apresentarem em suas paredes áreas com um grande número de poros, as áreas crivadas e as placas crivadas. Cada poro é atravessado por um plasmodesmo, fina ponte citoplasmática que comunica diretamente os citoplasmas de células vizinhas do floema.

Durante sua formação células crivadas e elementos de tubo crivado perdem o núcleo, o vacúolo central, os ribossomos, o complexo golgiense e o citoesqueleto. Restam no citoplasma apenas retículo endoplasmático não granuloso, mitocôndrias e uns poucos plastos. Mesmo sem essas organelas células crivadas e elementos de tubo crivado mantêm-se vivos, nutridos por um tipo especial de célula parenquimática que lhes fornece proteínas e outras substâncias úteis. Essas células nutritivas, quando estão associadas a células crivadas, são denominadas **células albuminosas**; quando associadas a elementos de tubo crivado denominam-se **células-companheiras**.

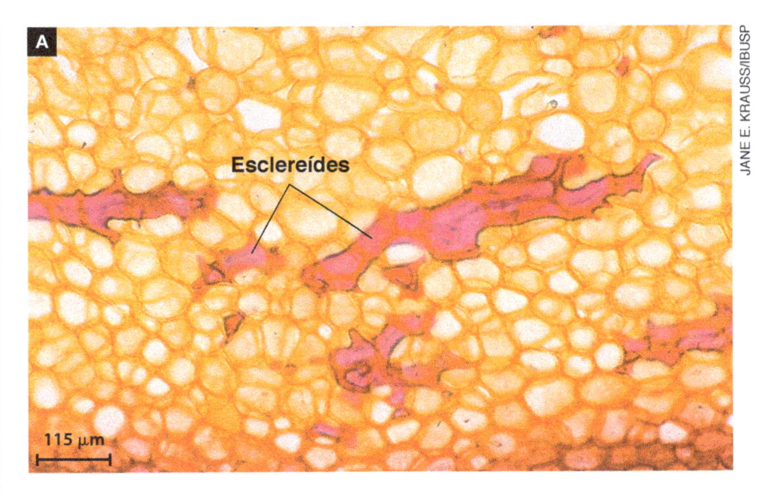

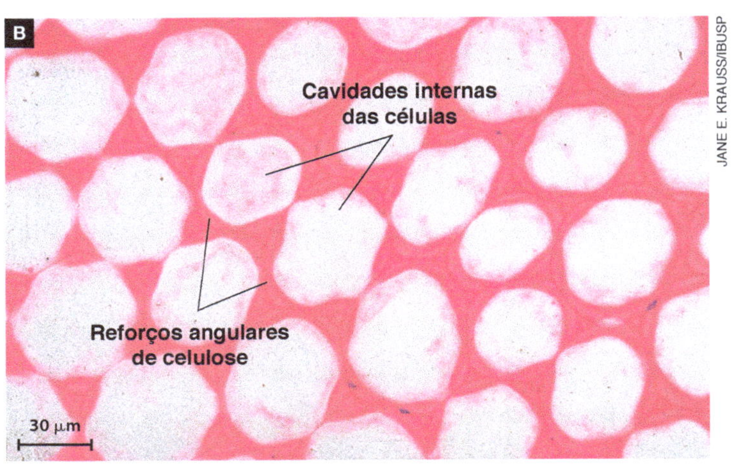

Figura 14.13 A. Fotomicrografia de corte de tecido vegetal mostrando esclereídes. (Microscópio fotônico; cores artificiais.) B. Fotomicrografia de corte de tecido vegetal mostrando colênquima. (Microscópio fotônico; cores artificiais.)

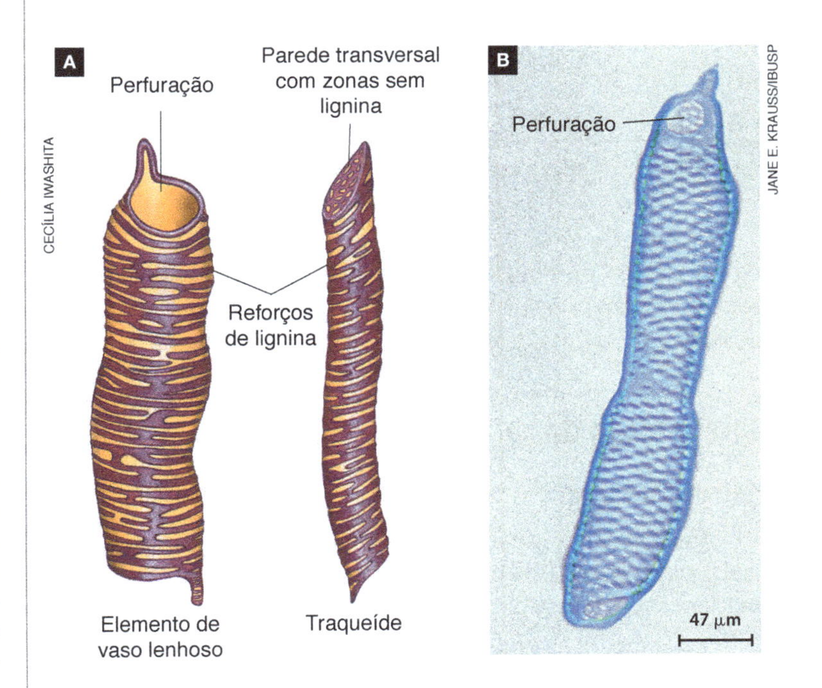

Figura 14.14 A. Representação esquemática de elemento de vaso lenhoso e traqueíde, componentes do xilema. B. Fotomicrografia de um elemento de vaso lenhoso isolado do xilema, mostrando a perfuração. (Microscópio fotônico; cores artificiais.)

Os elementos de tubo crivado dispõem-se formando feixes, os **tubos crivados**. As paredes dos elementos de tubo crivado apresentam áreas de grande concentração de poros, cujo diâmetro é bem maior que o de células crivadas. Essas regiões, chamadas de placas crivadas, são interpretadas como uma evidência da maior especialização dos tubos crivados em relação às células crivadas.

Elementos de tubo crivado estão presentes apenas em angiospermas; no floema de gimnospermas e de pteridófitas há apenas células crivadas. **(Fig. 14.15)**

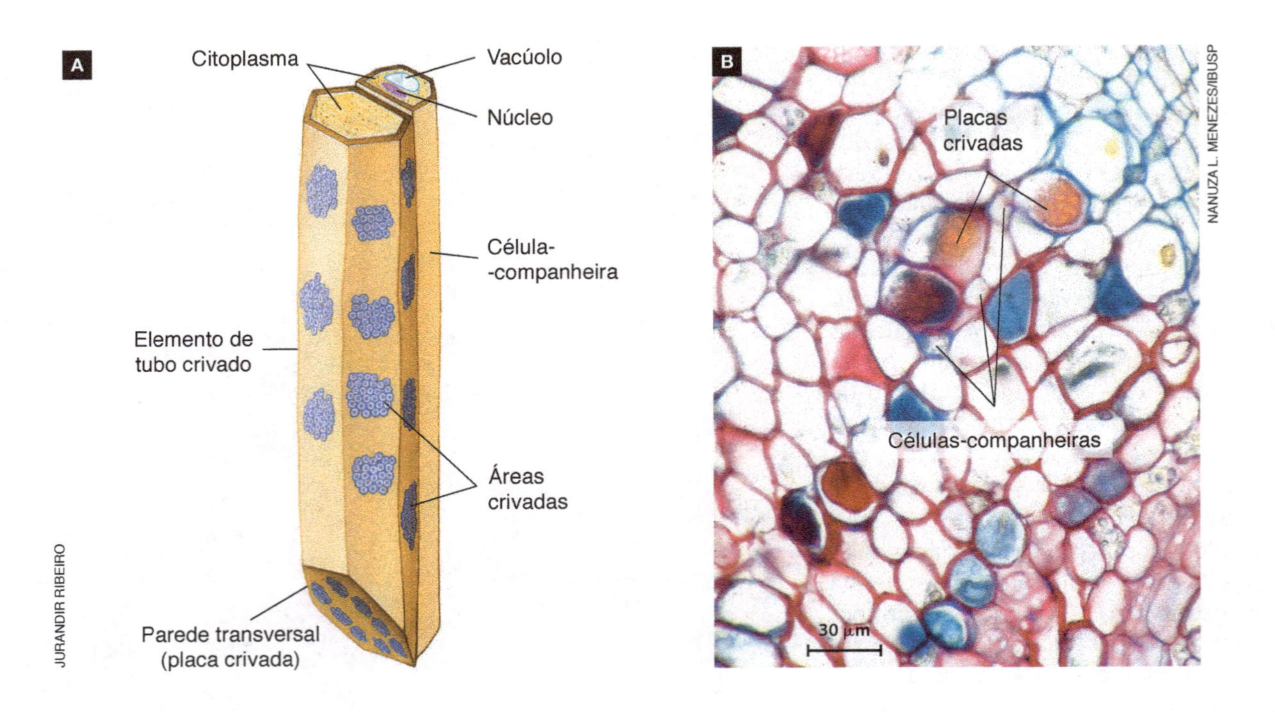

Figura 14.15 A. Representação esquemática de elemento de tubo crivado e célula-companheira. B. Fotomicrografia de floema com tubos crivados e células-companheiras em corte transversal. (Microscópio fotônico; cores artificiais.)

Agora você pode resolver as atividades de 24 a 31 e 55 a 59.

14.3 Organização corporal das angiospermas

O corpo de uma planta angiosperma, assim como o das demais plantas vasculares (gimnospermas e pteridófitas), apresenta três partes básicas: **raiz**, **caule** e **folha**. A estrutura dessas partes varia entre as espécies, refletindo sua adaptação a modos de vida particulares. A seguir estudaremos a organização básica de cada uma dessas partes, assim como algumas de suas variações.

Morfologia da raiz

Estrutura da raiz

A extremidade de uma raiz é envolta por uma estrutura celular em forma de capuz, a coifa (do latim *cofea*, espécie de gorro). Esta protege a **zona de multiplicação celular**, constituída basicamente pelo meristema subapical, do atrito com o solo.

Seguindo-se à zona de multiplicação celular encontra-se a **zona de alongamento celular**, assim chamada porque nesse local as células se distendem e crescem muito em comprimento.

À zona de alongamento segue-se a **zona de maturação celular**, onde começam a se diferenciar a epiderme, o córtex e o cilindro vascular. Na parte externa da planta a zona de maturação pode ser identificada pela presença de grande número de **pelos absorventes**. **(Fig. 14.16)**

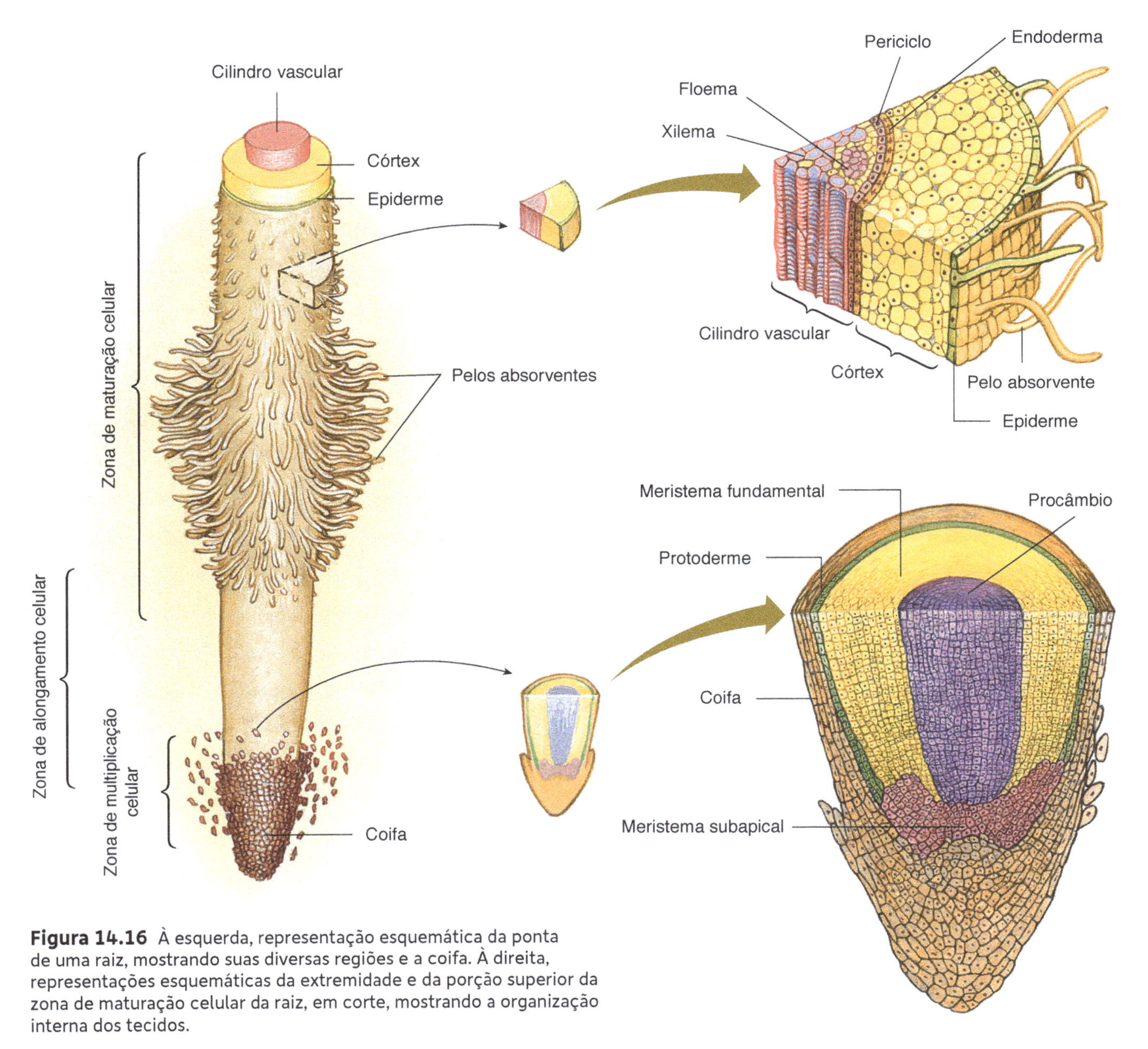

Figura 14.16 À esquerda, representação esquemática da ponta de uma raiz, mostrando suas diversas regiões e a coifa. À direita, representações esquemáticas da extremidade e da porção superior da zona de maturação celular da raiz, em corte, mostrando a organização interna dos tecidos.

Internamente ao córtex da raiz, a partir da zona de maturação, diferencia-se uma camada celular em forma de cilindro, a **endoderma** (do grego *endon*, dentro, e *dermatos*, pele), que delimita a região interna da raiz. A endoderma é constituída por células bem encaixadas entre si e dotadas de reforços em forma de cinta, as chamadas estrias de Caspary.

Imagine a **estria de Caspary** como uma faixa contínua nas paredes laterais da célula endodérmica, em contato com células adjacentes. As estrias de Caspary vedam completamente os espaços entre as células endodérmicas vizinhas, de tal maneira que, para penetrar no cilindro vascular, qualquer substância, mesmo a água, tem necessariamente que atravessar a membrana e o citoplasma das células endodérmicas. Isso possibilita à planta o controle do fluxo de substâncias e da composição da seiva. **(Fig. 14.17)**

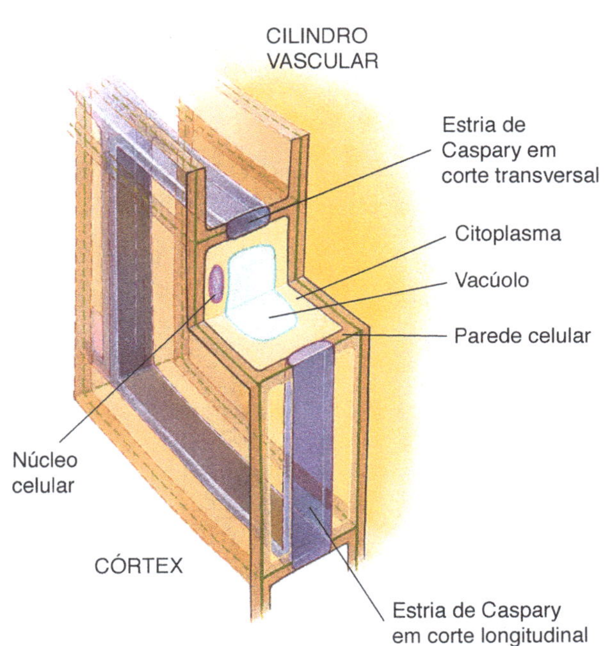

Figura 14.17 Representação esquemática da localização da estria de Caspary nas paredes celulares de contato com células endodérmicas vizinhas.

Internamente à endoderma, ocupando toda a região central da raiz, encontra-se o **cilindro vascular**, também chamado de **cilindro central**, cujos principais componentes são os tecidos condutores de seiva. O xilema localiza-se mais internamente e o floema, em posição mais periférica.

A camada mais externa do cilindro vascular, em contato com a endoderma, é um tecido especializado denominado **periciclo** (do grego *peri*, ao redor, e *kyklos*, círculo). O periciclo constitui-se por uma ou algumas camadas de células que podem readquirir a capacidade de se dividir e assim originar meristemas secundários, entre os quais os responsáveis pela produção de raízes laterais. **(Fig. 14.18)**

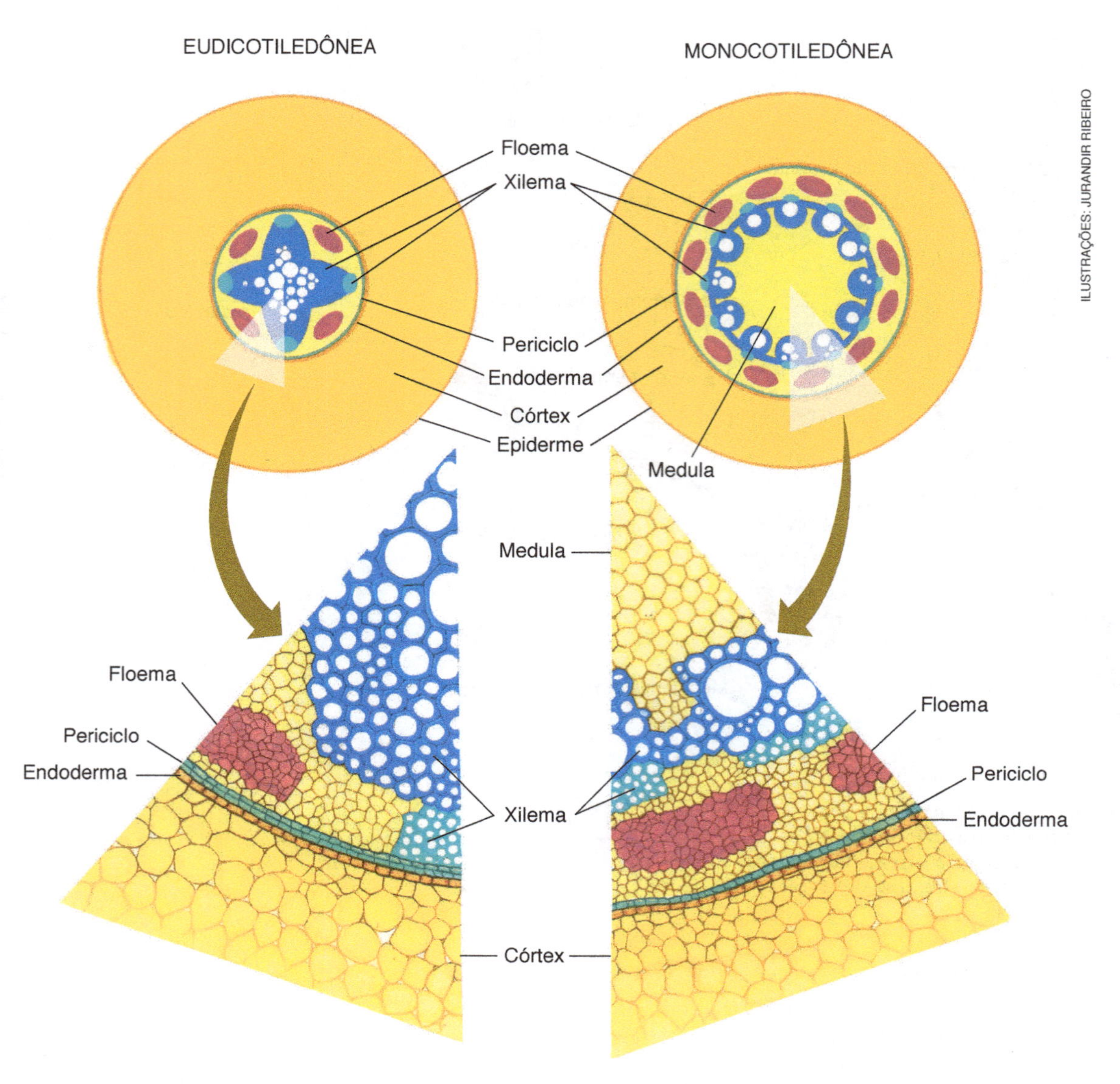

Figura 14.18 Representação esquemática da organização interna de dois tipos de raiz em corte transversal: à esquerda, raiz jovem de eudicotiledônea; à direita, raiz de milho, monocotiledônea.

Tipos de raiz

O conjunto de raízes da planta constitui o **sistema radicular**, que pode se apresentar sob dois tipos básicos: pivotante e fasciculado. O **sistema radicular pivotante**, característico das eudicotiledôneas, de algumas dicotiledôneas basais e de gimnospermas, constitui-se de uma raiz principal que se afina progressivamente até a extremidade. Da raiz principal partem ramificações, as raízes laterais, ou raízes secundárias, cada uma das quais se afina progressivamente até a extremidade.

O **sistema radicular fasciculado**, típico das monocotiledôneas, é formado por raízes finas, com diâmetro constante ao longo de seu comprimento e que se originam diretamente do caule, assemelhando-se a uma cabeleira. Essas raízes são chamadas de **adventícias** (do latim *adventicius*, que vem de outra localidade), pois se formam no caule após a degeneração da raiz principal, que ocorre logo após a germinação da semente.

As raízes de muitas plantas eudicotiledôneas apresentam especializações que permitem classificá-las em diversos tipos. É o caso das **raízes-escoras**, ou **raízes-suporte**, que se desenvolvem a partir de certas regiões do caule e têm por função aumentar a sustentação da planta em solos pouco firmes.

Outro exemplo de especialização são as **raízes respiratórias**, ou **pneumatóforos**, que se projetam para fora do solo e são adaptadas à realização de trocas gasosas com o ambiente: essas raízes são encontradas, por exemplo, em plantas do gênero *Avicennia*, que vivem no solo encharcado e pobre em gás oxigênio dos manguezais. **Raízes aéreas**, como as de diversas orquídeas, crescem expostas ao ar e apresentam um revestimento chamado **velame** (do grego *velumen*, lã), uma epiderme multiestratificada capaz de absorver umidade do ar. **(Fig. 14.19)**

DAVID SIEREN/VISUALS UNLIMITED, INC./GLOW IMAGES

FABIO COLOMBINI

NIGEL CATTLIN/VISUALS UNLIMITED, INC./GLOW IMAGES

FABIO COLOMBINI

Figura 14.19 **A.** Raízes-escoras de *Pandanus odoratissimus*. **B.** Raízes tabulares de sumaúma (*Ceiba pentandra*) e cipós na floresta nacional do Tapajós (Belterra, PA). **C.** Raízes respiratórias de *Avicennia marina* (indicadas pelas setas). **D.** Raízes aéreas de uma orquídea (*Dendrobium* sp.) aderidas ao tronco de uma árvore hospedeira.

Plantas parasitas, como o cipó-chumbo (gênero *Cuscuta*), e hemiparasitas, como a erva-de-passarinho, apresentam raízes sugadoras denominadas **haustórios**, adaptadas à extração de alimento produzido por plantas hospedeiras. Outro exemplo de parasitismo em plantas é o de certas figueiras cujas sementes germinam sobre árvores. Ao desenvolver raízes que crescem em torno do tronco das árvores, a figueira provoca a morte da hospedeira por estrangulamento; por isso esse tipo de raiz é denominado **raiz estranguladora**. **(Fig. 14.20)**

BARRY RICE/VISUALS UNLIMITED, INC./GLOW IMAGES

ARQUIVO PESSOAL

ARQUIVO PESSOAL

Figura 14.20 **A.** Cipó-chumbo (plantas de cor amarela) crescendo sobre folha de uma planta hospedeira, da qual extrai nutrientes orgânicos (seiva orgânica) por meio de suas raízes especializadas (haustórios). **B.** Erva-de-passarinho (folhas grandes e elípticas) crescendo sobre o tronco de uma tipuana, do qual extrai apenas nutrientes inorgânicos (seiva mineral). **C.** Raízes estranguladoras de uma figueira da Floresta Amazônica, sobre o tronco de uma árvore hospedeira.

Raízes tuberosas armazenam grande quantidade de reservas nutritivas, principalmente na forma de grãos de amido, e estão presentes em muitas plantas comestíveis, como mandioca, cenoura, nabo, beterraba e batata-doce (esta última constituída também por tecidos de caule). **(Fig. 14.21)**

CARY BATES/SHUTTERSTOCK

Figura 14.21 Raízes tuberosas: nabos, cenouras e rabanetes.

Morfologia do caule

Estrutura do caule

O caule liga e integra raízes e folhas, tanto do ponto de vista estrutural como funcional. Em outras palavras, além de constituir a estrutura física onde se inserem raízes e folhas, o caule é o responsável pelo transporte de água e de substâncias orgânicas entre esses órgãos.

Na maioria das plantas o caule cresce perpendicularmente para fora do solo. Há espécies, porém, em que ele cresce horizontalmente, na superfície do solo ou mesmo enterrado (caule subterrâneo).

Caules subterrâneos apresentam **gemas**, ou botões vegetativos, a partir dos quais podem se desenvolver ramos e folhas. A presença dessas estruturas permite distingui-los das raízes.

A parte mais jovem do caule é o ápice, onde ocorre a multiplicação das células do meristema apical, responsável pelo crescimento em extensão da planta. À medida que o caule cresce, vão surgindo espaçadamente os primórdios foliares.

Nos **primórdios foliares** há células meristemáticas que se multiplicam e originam folhas. Os locais onde as folhas se inserem no eixo caulinar são denominados **nós**; o espaço entre dois nós vizinhos é o **entrenó**. A unidade constituída por um nó e seus primórdios foliares e pelo entrenó adjacente é conhecida como **fitômero** (do grego *phytos*, planta, e *méros*, parte). Durante o crescimento do caule, novos fitômeros vão sendo produzidos.

Na junção de cada primórdio de folha com o eixo caulinar permanece um grupo de células meristemáticas que constitui a **gema axilar** (do grego *axilla*, axila), ou gema lateral do caule. As gemas permanecem em estado de dormência, podendo entrar em atividade e produzir ramos laterais. **(Fig. 14.22)**

As células geradas pela atividade do meristema apical do caule originam os três tipos básicos de meristema – protoderme, meristema fundamental e procâmbio –, a partir dos quais se diferenciam, respectivamente, a epiderme, o córtex e os tecidos condutores de seiva.

Os tecidos condutores de caules ainda jovens organizam-se em feixes, que contêm floema na região voltada para o exterior da planta e xilema na região voltada para o interior. Esses conjuntos são denominados **feixes liberolenhosos**.

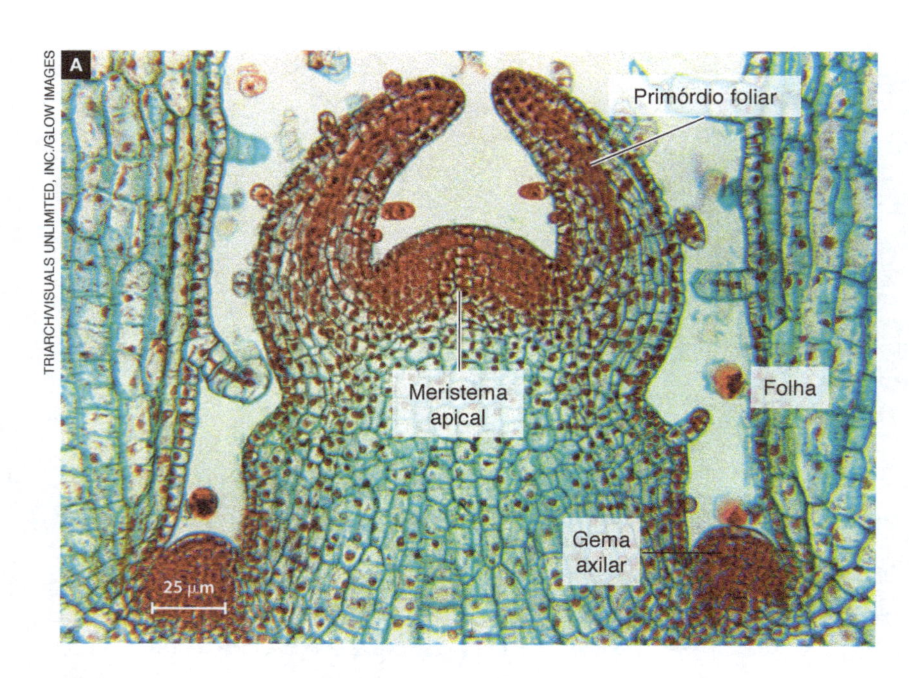

TRIARCH/VISUALS UNLIMITED, INC./GLOW IMAGES

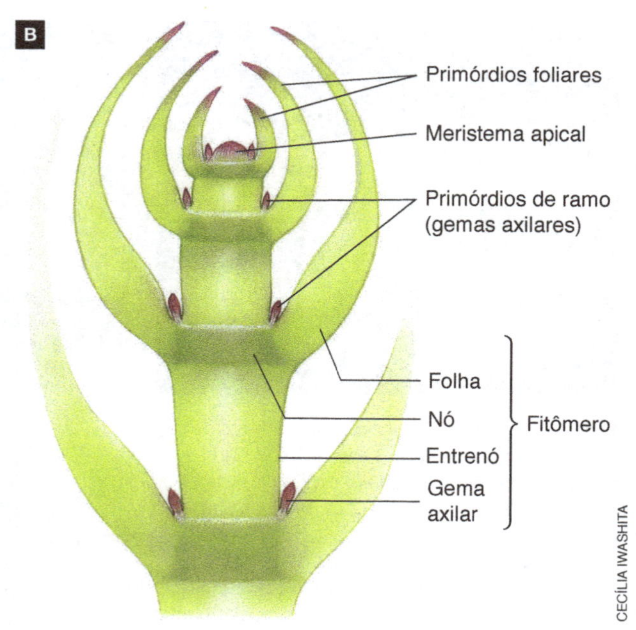

CECÍLIA IWASHITA

Figura 14.22 A. Fotomicrografia do ápice caulinar de *Coleus* sp. em corte longitudinal. (Microscópio fotônico; cores artificiais.) B. Representação esquemática da organização geral de um caule.

Os feixes liberolenhosos diferenciam-se a partir do procâmbio que permanece entre o xilema e o floema formados. A presença de procâmbio no feixe possibilita a contínua formação de novos elementos xilemáticos, voltados para o interior do caule, e de novos elementos floemáticos, voltados para o exterior. **(Fig. 14.23)**

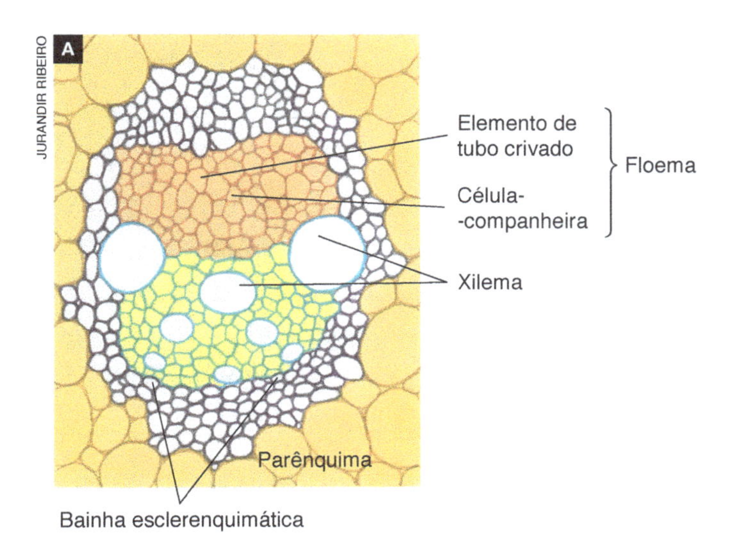

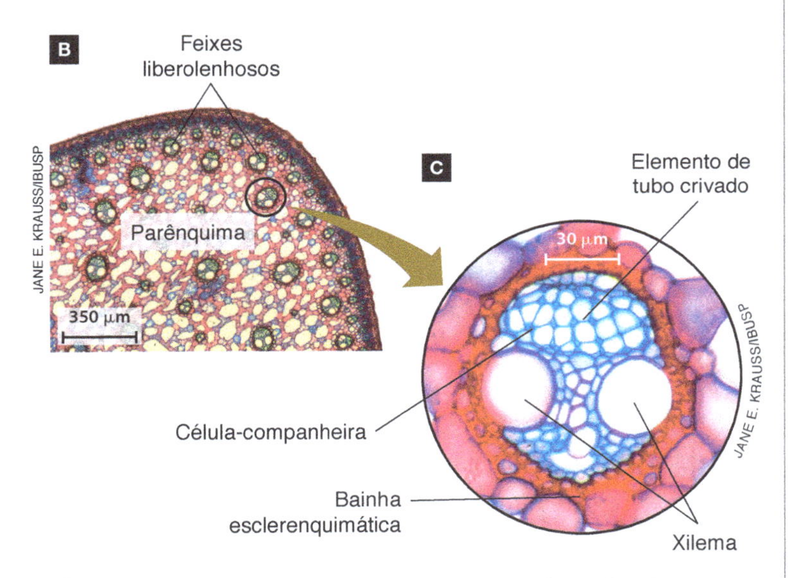

Figura 14.23 A. Representação esquemática de feixe liberolenhoso de uma eudicotiledônea herbácea em corte transversal. B. Fotomicrografia da monocotiledônea *Cyperus papyrus*, o papiro, em corte transversal, mostrando os feixes liberolenhosos distribuídos no caule. (Microscópio fotônico; cores artificiais.) C. Fotomicrografia de um feixe liberolenhoso em detalhe. Os feixes liberolenhosos podem estar envoltos por uma bainha de fibras esclerenquimáticas. (Microscópio fotônico; cores artificiais.)

Tipos de caule

Os caules, assim como as raízes, também são classificados de acordo com a forma e a função que apresentam. **Troncos** são caules robustos, bem desenvolvidos na parte inferior e geralmente ramificados na parte superior, típicos de árvores e arbustos. **Estipes** são caules geralmente não ramificados que apresentam, no ápice, um tufo de folhas; são típicos das palmeiras (monocotiledôneas). **Colmos** são caules não ramificados com divisão nítida em gomos, típicos de gramíneas (monocotiledôneas). A grama e o morangueiro têm caules do tipo **estolho**, ou estolão, que crescem horizontalmente sobre o solo, enquanto a bananeira e o bambu têm caules subterrâneos denominados **rizomas**. A batata-inglesa forma estruturas caulinares arredondadas subterrâneas, denominadas tubérculos, com células ricas em grãos de amido.

Caules relativamente finos e longos são denominados **caules volúveis**; são **caules volúveis trepadores** quando crescem enrolados sobre algum tipo de suporte e **caules volúveis rastejantes** quando crescem sobre o solo. **Rizomas** são caules subterrâneos que acumulam substâncias nutritivas; ocorrem, por exemplo, no gengibre, na bananeira e na batata-inglesa, nesta última formando **tubérculos**. **Bulbos** são estruturas complexas formadas pelo caule e por folhas modificadas; eles ocorrem, por exemplo, na cebola, no alho e na palma. **(Fig. 14.24 A e B**, nesta página, e **Fig. 14.24 C a H** na página seguinte)

Figura 14.24 A e B Tipos de caules. A. Tronco. B. Estipe de coqueiro.

Figura 14.24 C a H C. Colmo oco de bambu. D. Colmo cheio, de cana-de-açúcar. E. Caule trepador. F. Caule rastejante (tipo estolho) de morangueiro. G. Rizoma de batata-inglesa; cada batata é um tubérculo, região caulinar onde ocorre acúmulo de amido. H. Bulbos de cebola inteiros e em corte longitudinal.

Certos caules apresentam partes especializadas na forma de **gavinhas**, como no chuchu e no maracujá, cuja função é fixar a planta a variados tipos de suportes, e na forma de **espinhos**, como nos limoeiros, com função de proteção.

Outro tipo de caule, o **cladódio**, é adaptado à realização de fotossíntese e, em algumas espécies, também ao armazenamento de água. Cladódios ocorrem em plantas cactáceas, que perderam as folhas no curso da evolução como resultado da adaptação a regiões de clima seco. A ausência de folhas está relacionada à redução da perda de água por transpiração. **(Fig. 14.25)**

Figura 14.25 A. Gavinhas de chuchu. B. Espinhos de bergamota (ramo modificado). C. Cladódio de cactos.

Crescimento secundário de raiz e caule

Na maioria das monocotiledôneas e em algumas eudicotiledôneas herbáceas o crescimento em espessura da planta praticamente cessa com o amadurecimento dos primeiros tecidos; por isso diz-se que essas plantas apresentam apenas **crescimento primário**.

Outras plantas, como as gimnospermas e a maioria das angiospermas, continuam a crescer em espessura, de modo que seus caules e raízes podem atingir grandes diâmetros. Esse crescimento em espessura é o que os botânicos denominam **crescimento secundário**.

A organização dos tecidos em uma raiz ou caule que teve apenas crescimento primário é bem distinta daquela encontrada em caules e raízes com crescimento secundário. Essas estruturas típicas de cada estágio do crescimento de caules e raízes são chamadas, respectivamente, de **estrutura primária** e **estrutura secundária**.

O crescimento secundário ocorre pela atividade de dois meristemas secundários: o **câmbio vascular**, assim denominado por originar elementos condutores de seiva, e o **câmbio da casca**, ou **felogênio** (do grego *phellos*, cortiça, e *genos*, que gera), que origina a periderme.

As células do câmbio vascular, que se dispõe como um cilindro entre o floema e o xilema, dividem-se continuamente, formando novas camadas celulares tanto para o interior da planta como na parte voltada para fora. As células que se formam para o interior diferenciam-se em elementos do xilema; as que se formam para o exterior diferenciam-se em elementos do floema. **(Fig. 14.26)**

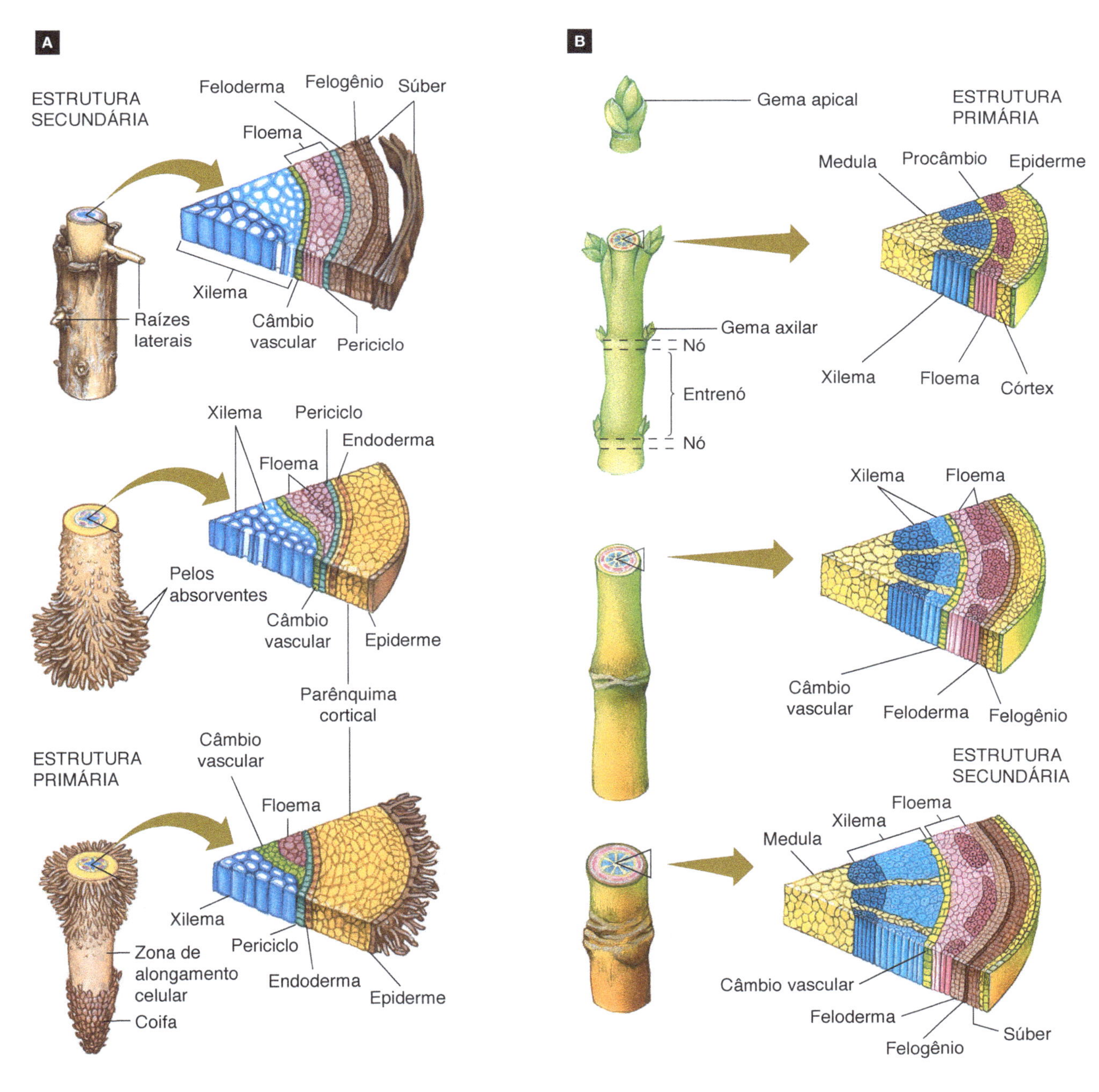

Figura 14.26 A. Representação esquemática das estruturas primária e secundária de uma raiz em cortes transversais em três alturas. B. Representação esquemática das estruturas primária e secundária de um caule em cortes transversais em três alturas.

As células do câmbio da casca originam a periderme, que constitui o revestimento de raízes e caules com crescimento secundário. Com o desenvolvimento da periderme, a epiderme e o córtex isolam-se do restante da raiz e terminam por morrer e se soltar.

Em muitas árvores, depois de um período intenso de atividade, o câmbio da casca deixa de funcionar e surge um novo felogênio, mais interno, que passa a produzir feloderma e súber. A antiga periderme, chamada **ritidoma**, racha-se e solta-se da planta.

O caule das árvores é constituído principalmente por xilema, pois o câmbio vascular produz relativamente muito mais elementos xilemáticos do que elementos floemáticos. O xilema de uma árvore em geral apresenta uma região central mais escura, o cerne, circundada por uma região externa mais clara, o alburno.

O **cerne** é formado por xilema inativo, cujos vasos lenhosos não transportam mais seiva mineral. Suas paredes estão impregnadas de corantes e resinas produzidos pela planta, que impedem a proliferação de microrganismos. Por sua dureza e resistência, o cerne é a madeira preferida para trabalhos de marcenaria. O **alburno**, por sua vez, é constituído por vasos lenhosos ativos no transporte da seiva mineral das raízes para as folhas. **(Fig. 14.27)**

Um tronco de árvore cortado transversalmente mostra, em geral, círculos concêntricos em seu xilema, conhecidos como anéis de crescimento ou anéis de xilema. Eles resultam da variação de atividade do câmbio vascular em resposta a alterações climáticas.

Os anéis de xilema são visíveis porque há uma grande diferença entre os vasos produzidos no final de um ciclo de crescimento e os produzidos no início do ciclo seguinte. Quando está se encerrando um ciclo de atividade, o câmbio produz vasos xilemáticos mais finos e com paredes grossas, que constituem o xilema estival, ou xilema tardio. Ao retomar seu funcionamento depois de uma fase de repouso, o câmbio produz vasos de calibre grosso com paredes relativamente finas, que constituem o xilema primaveril, ou xilema inicial.

Em certas espécies o número de anéis de crescimento corresponde exatamente ao número de anos de existência da árvore, pois, durante cada inverno, a atividade do câmbio é interrompida, sendo retomada na primavera. **(Fig. 14.28)**

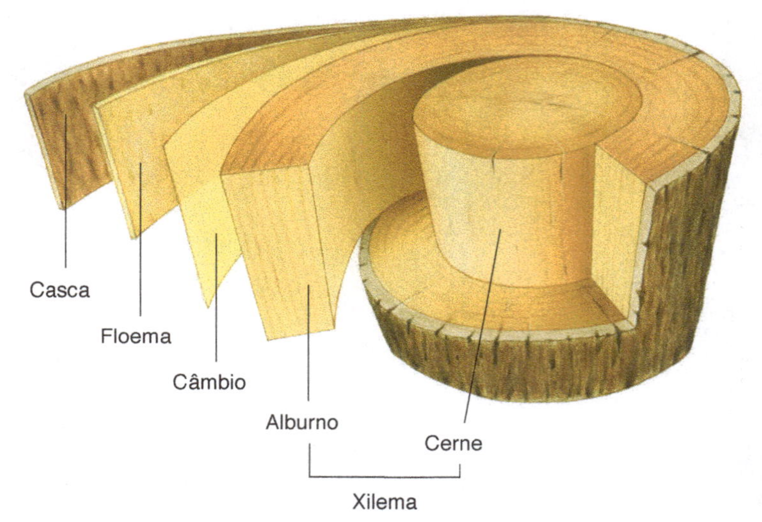

Figura 14.27 Representação esquemática da organização básica dos tecidos no tronco de uma árvore.

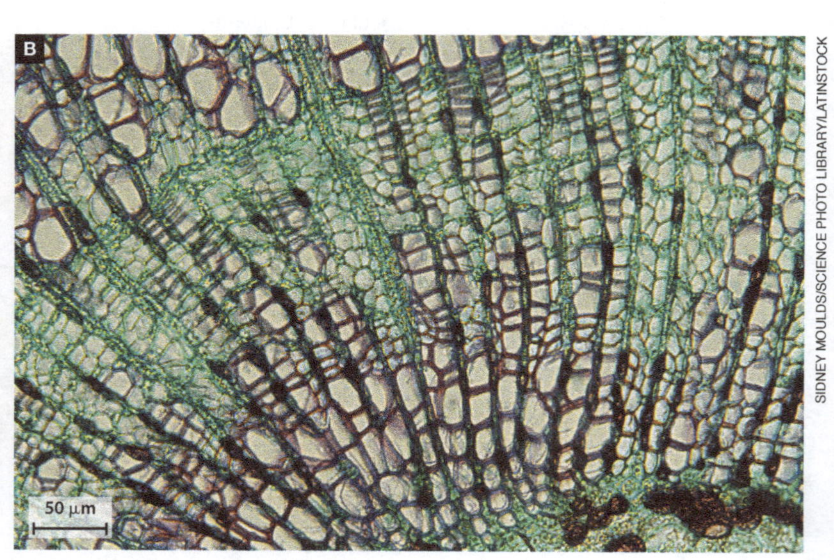

Figura 14.28 A. Tronco de árvore cortado transversalmente, mostrando os anéis anuais concêntricos.
B. Fotomicrografia de um corte de tronco em que se vê a diferença entre o lenho primaveril e o lenho estival. (Microscópio fotônico; cores artificiais.)

Morfologia da folha

Estrutura da folha

As folhas desenvolvem-se a partir dos primórdios foliares e não têm crescimento secundário. À medida que o primórdio foliar se desenvolve, os tecidos se diferenciam e se organizam em uma estrutura laminar altamente adaptada à captação de luz.

A forma das folhas, assim como a disposição interna de seus tecidos, varia entre as espécies, o que reflete adaptações a diferentes ambientes. Os tipos mais comuns de folha têm uma porção laminar expandida, o **limbo**, ou lâmina foliar, e um pedúnculo, o **pecíolo**, pelo qual o limbo se prende ao ramo caulinar. Na maioria das monocotiledôneas e em algumas eudicotiledôneas as folhas apresentam uma expansão na base junto ao caule, a **bainha**. Certas folhas podem apresentar, na base do pecíolo, um par de projeções filamentosas ou laminares denominadas **estípulas**. **(Fig. 14.29)**

A folha é totalmente revestida pela epiderme. Na maioria das plantas ela é uniestratificada, ou seja, constituída por uma única camada de células. Entretanto, plantas adaptadas a regiões secas, as chamadas plantas **xerófitas** (do grego *xeros*, seco, e *phytos*, planta), podem apresentar a epiderme constituída por várias camadas de células, o que confere maior proteção contra a perda de água.

As células epidérmicas secretam cutina, substância de natureza lipídica que forma uma película semipermeável – a **cutícula** – que reveste externamente a folha. As trocas gasosas entre a folha e o ambiente são realizadas por meio de estômatos presentes principalmente na face inferior da folha.

O interior da folha é preenchido por um tecido parenquimático denominado **mesofilo**, cujas células são ricas em cloroplastos; por isso esse tecido é também chamado de **parênquima clorofiliano**, ou clorênquima.

Os tecidos condutores da folha encontram-se agrupados em feixes vasculares que formam as **nervuras foliares**, nas quais também pode haver tecidos de sustentação. Os feixes condutores da folha são prolongamentos dos feixes liberolenhosos do caule e apresentam o xilema voltado para a face adaxial, ou superior, e o floema voltado para a face abaxial, ou inferior.

Figura 14.29 A. Estípulas laminares de ervilha. B. Bainha de folha de milho. C. Pecíolo alado de folha de laranjeira. D. Estípulas filamentosas de hibisco.

Na maioria das monocotiledôneas as nervuras têm aproximadamente a mesma espessura ao longo de todo o seu comprimento, dispondo-se paralelamente entre si. As folhas que apresentam esse tipo de nervura são denominadas **folhas paralelinérveas**. Nas outras angiospermas as nervuras formam um padrão ramificado, com feixes condutores cada vez mais finos. Folhas com esse tipo de arranjo recebem a denominação de **folhas peninérveas**, ou reticuladas. **(Fig. 14.30)**

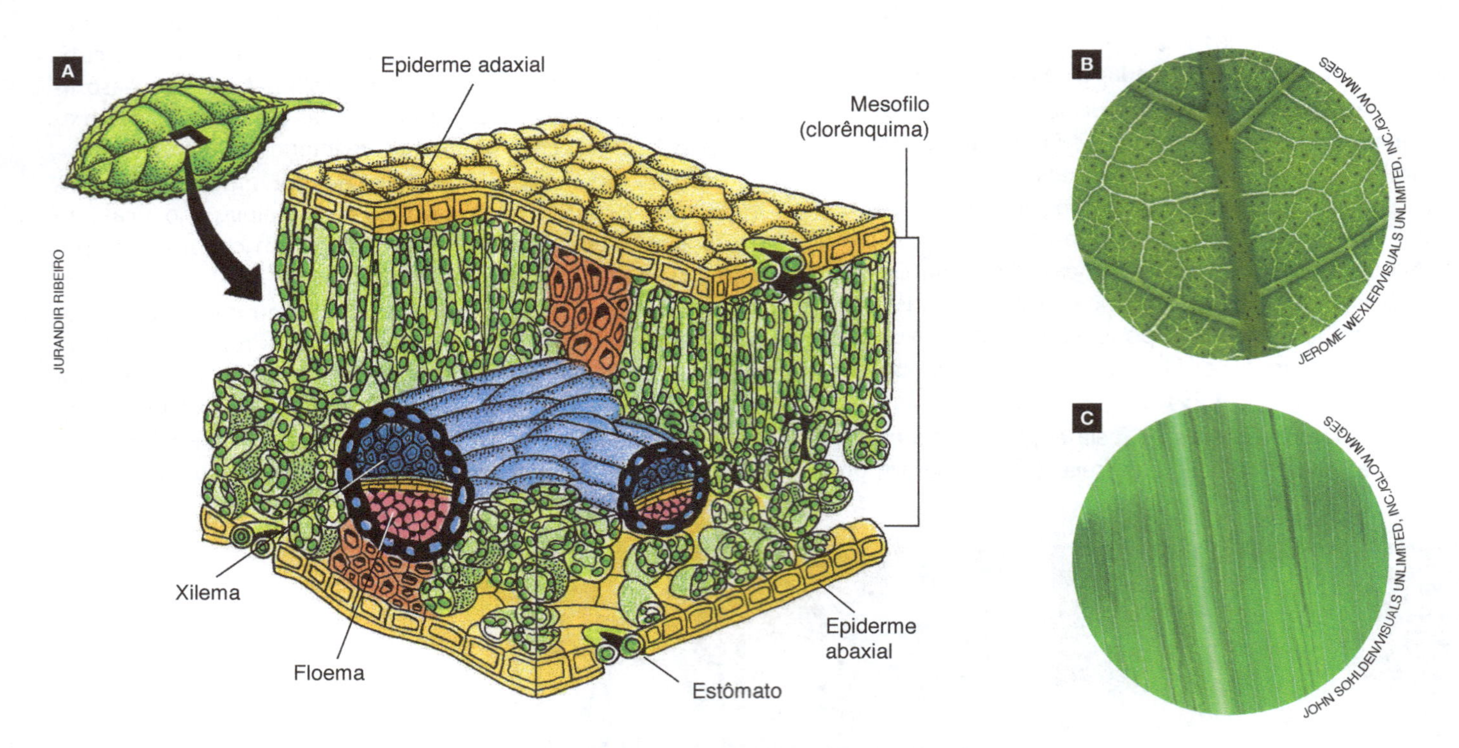

Figura 14.30 A. Representação esquemática tridimensional de uma folha em corte para mostrar a estrutura interna. **B.** Detalhe de folha de algodão (*Gossypium* sp.) com nervuras reticuladas, típicas de eudicotiledôneas. C. Detalhe de folha de milho (*Zea mays*) com nervuras paralelas, típicas de monocotiledôneas.

Filotaxia

A maneira como os primórdios foliares dispõem-se no ramo varia nas diversas espécies vegetais e define a chamada **filotaxia** (do grego *phyllon*, folha, e *taxis*, arranjo). O tipo mais comum de filotaxia é a helicoidal, ou filotaxia alternada, em que os pontos de inserção das folhas dispõem-se helicoidalmente ao redor do ramo.

Outro tipo de filotaxia é a dística, em que há uma única folha por nó; as folhas estão inseridas alternadamente em lados opostos ao longo do caule. Se há duas folhas por nó, inseridas em lados diametralmente opostos, a filotaxia é chamada de oposta. Se há três ou mais folhas por nó, a filotaxia é denominada verticilada. **(Fig. 14.31)**

Figura 14.31 Tipos de filotaxia. **A.** Filotaxia helicoidal. **B.** Filotaxia oposta. **C.** Filotaxia verticilada.

Tipos de limbo e de estrutura foliar

Folhas com limbo não dividido são chamadas de **folhas simples**. Folhas em que o limbo é dividido em folíolos são denominadas **folhas compostas**. Cada um dos **folíolos** tem seu próprio pecíolo e estes se reúnem para formar um pecíolo comum, que liga a folha ao nó caulinar. **(Fig. 14.32)**

SEISEIS/SHUTTERSTOCK

JURANDIR RIBEIRO

Figura 14.32 Acima, fotografia de folhas de diversos tipos. Ao lado, desenhos de alguns tipos de folha: **A.** sagitada, do copo-de-leite; **B.** assimétrica reniforme, da begônia; **C.** partida, da serralha; **D.** orbicular, do aguapé; **E.** trifoliada, do feijão; **F.** digitada, da paineira; **G.** imparipenada, da roseira; **H.** paripenada, da cássia.

Brácteas são folhas modificadas, em geral coloridas, presentes na base do receptáculo floral de uma flor ou de uma inflorescência. Em certas plantas, como nas primaveras e no bico-de-papagaio, em que as pétalas são pequenas ou mesmo inexistentes, as brácteas coloridas e vistosas fazem o papel das pétalas na atração de polinizadores.

Plantas carnívoras apresentam folhas modificadas que funcionam como armadilhas para a captura de animais como insetos e pequenas aranhas. Os animais capturados são digeridos por enzimas liberadas por células especializadas da folha. A digestão origina compostos nitrogenados capazes de ser absorvidos pela folha, contribuindo para suprir a demanda do elemento químico nitrogênio, em geral escasso no hábitat das plantas carnívoras. **(Fig. 14.33)**

NIGEL CATTLIN/VISUALS UNLIMITED, INC./GLOW IMAGES

MARGO HARRISON/SHUTTERSTOCK

DAVID SIEREN/VISUALS UNLIMITED, INC./GLOW IMAGES

Figura 14.33 Exemplos de folhas modificadas. **A.** Flores de primavera (*Bougainvillea glabra*) rodeadas por três brácteas cor-de-rosa. **B.** Flores de bico-de-papagaio (*Euphorbia pulcherrima*) com brácteas vermelhas. **C.** Folha em formato de jarro de planta carnívora (*Nepenthes ventricosa*).

Agora você pode resolver as atividades de 32 a 54, 60 a 62, 65, 66, 70 e 71.

Legumes e verduras

1 "Essas palavras não têm significado botânico preciso com relação a plantas alimentícias, e verificamos que quase todas as partes da planta são usadas como legumes ou verduras: raízes (cenoura e beterraba), caules (batata comum e aspargo), folhas (espinafre e alface), talos das folhas (aipo e acelga), brácteas (alcachofra), talos das flores e botões (brócolos e couve-flor), frutos (tomate e abóbora), sementes (feijão) e até mesmo as pétalas (iúca e abóbora-moranga). Grande número de diferentes famílias vegetais nos fornecem legumes e verduras [...].

2 A família da mostarda, Cruciferae [atualmente chamada de Brassicaceae], é particularmente importante, e uma única espécie, *Brassica oleracea*, fornece-nos grande variedade de verduras que incluem o repolho, a couve comum e belga, a couve-flor, os brócolos e a couve-rábano. Esta última [...] raramente é vista nos mercados. Nesta variedade, o caule engrossa acima do nível do solo, produzindo um tubérculo comestível. O ancestral das couves era nativo da região mediterrânea, e alguns acham que começou a ser usado por causa das sementes oleosas. A seleção com vistas a diferentes partes da planta produziu afinal a diversidade de variedades cultivadas de que hoje o homem dispõe. [...]

3 O rabanete (*Raphanus sativus*) é outro membro da família da mostarda, proveniente do Velho Mundo, e utilizado como alimento. Embora seja em geral usado apenas como ingrediente de salada em muitos lugares, tem papel importante entre os alimentos no Oriente. Variedades japonesas podem chegar a pesar 30 quilos. São usados como legumes cozidos, muitas vezes estocados para uso no inverno; servem também de alimento aos animais. Em partes da Ásia, cultiva-se uma variedade de rabanete especialmente por causa de suas vagens de sementes, que podem atingir mais de meio metro de comprimento e são usadas como legume.

4 De igual ou talvez maior importância por sua contribuição em legumes é a família das cucurbitáceas. Cinco diferentes espécies de abóboras, pertencentes ao gênero *Cucurbita*, foram domesticadas nas Américas. Algumas delas figuram entre os alimentos mais antigos aqui conhecidos, sendo registradas em depósitos arqueológicos do México datados de 7000 a.C. Como as cucurbitáceas nativas possuem pouca ou nenhuma polpa no fruto, propôs-se a hipótese de terem sido cultivadas por causa das sementes comestíveis. As sementes de abóbora ainda são comidas hoje, como se sabe. De acordo com essa teoria, apareceram então tipos resultantes de mutação, com frutos carnosos, e a seleção efetuada pelo homem produziu as variedades de espessa polpa, hoje largamente cultivadas. A abóbora, o milho e o feijão foram levados do México para o norte, tornando-se as principais plantas alimentícias dos índios norte-americanos que praticavam a agricultura. Após a descoberta da América, a abóbora e a abobrinha foram conduzidas para a Europa e Ásia, sendo hoje importantes em muitas partes do mundo, como alimento não somente para o homem, mas também para animais.

5 O Velho Mundo também forneceu plantas alimentícias da família das cucurbitáceas, incluindo-se entre elas o pepino, os melões e a melancia. O pepino e os melões são provenientes de espécies diferentes do gênero *Cucumis*; a melancia pertence ao gênero *Citrullus*. [...]

6 A família das solanáceas, além da batata comum, forneceu-nos diversas outras plantas alimentícias, das quais a mais importante é o tomateiro (*Lycopersicon esculentum*). O tomateiro era já uma planta cultivada, firmemente estabelecida no México, quando chegaram os espanhóis. Chegou à Europa na primeira metade do século dezesseis e, não se sabe como, adquiriu a reputação de ser perigoso como alimento; as razões de tal fama não estão inteiramente esclarecidas. Parece provável que o tomate tenha sido reconhecido como membro das solanáceas, temidas pelos europeus da época como uma família de plantas venenosas, das quais exemplos são o meimendro-venenoso, o meimendro-negro e a mandrágora, tendo, por isso, o povo relutado em usá-lo como alimento. Conhecem-se tomates amarelos, alaranjados, cor-de-rosa, e verdes, além dos tipos vermelhos comuns. Um dos primeiros tipos a chegar à Itália foi uma variedade amarela chamada *pomi d'oro* (maçã dourada), que veio a dar a *poma amoris* (maçã do amor). O nome maçã do amor tornou-se ligado a ele, não devido a qualquer propriedade afrodisíaca real ou imaginária, mas simplesmente devido à tradução do nome italiano alterado. Somente [no século passado] foi que o tomate passou afinal a ser largamente apreciado como o ótimo alimento que é. Resultados notáveis têm sido obtidos pela agricultura experimental na melhoria dos tipos de tomate nos últimos anos. Um desses resultados foi a obtenção de formas com características especiais, possibilitando a colheita mecanizada.

7 Outras plantas alimentícias da família das solanáceas são a berinjela e as pimentas doce e ardida. A berinjela, uma espécie das *Solanum*, ao que parece teve sua origem na Índia e, como ocorreu com o tomate, foi vista com desconfiança ao chegar à Europa. Um dos nomes dados a ela, nessa época, foi maçã da loucura, pois julgava-se que aqueles que a comessem ficariam loucos. Várias espécies diferentes de *Capsicum* foram domesticadas na América tropical por causa de seus frutos ardidos; essas pimentas tornaram-se quase indispensáveis na dieta de muitos índios. Nos tempos pós-colombianos, elas foram largamente espalhadas pelo homem, tornando-se tão importantes em partes do Sudeste da Ásia e África quanto o são em sua terra de origem. A pimenta-doce, variedade de *Capsicum annuum*, que inclui a pimenta-de-caiena e a pimenta-chili, tornou-se, nas zonas temperadas, mais importante que os tipos ardidos. [...]

8 A raiz engrossada da beterraba parece ser resultado de seleção feita pelo homem depois de seu cultivo como verdura de folha; afinal, a raiz deu à planta a sua maior importância – não como verdura, mas como fonte de açúcar. Verificou-se, na última metade do século dezoito, que a beterraba continha açúcar; seguiu-se então o trabalho de seleção e cultivo científico, que aumentou de 2 para 20 por cento o conteúdo de açúcar. Na primeira metade do século dezenove, apesar de objeto de ridículo, Napoleão incentivou a nova indústria do açúcar de beterraba, compreendendo que ela poderia dar à França uma fonte doméstica, libertando-a da dependência da Inglaterra, que mantinha o monopólio da cana-de-açúcar. A partir daí a beterraba tornou-se uma das principais culturas na zona temperada norte. Essa cultura se firmou nos Estados Unidos na última metade do século [retrasado], tornando-se importante em diversos estados do Oeste. A mecanização de quase todas as operações ligadas ao cultivo e à colheita da beterraba permitiu que o seu açúcar competisse favoravelmente com o da cana, cultura tropical cuja produção ainda emprega grande proporção de trabalho braçal barato."

Fonte: HEISER JR., C. B. *Sementes para a civilização*. São Paulo: Nacional/Edusp, 1977. p. 180-188.

ELENA SCHWEITZER/SHUTTERSTOCK

Variedade de plantas cultivadas largamente empregadas na alimentação humana. Identifique, na foto, caules, raízes, folhas, flores e frutos.

GUIA DE LEITURA

O texto reproduzido no quadro foi extraído do livro *Sementes para a civilização*, de Charles B. Heiser Jr. O autor discute o uso popular dos termos legume e verdura e as origens de algumas plantas cultivadas utilizadas como alimento pela humanidade. Para auxiliar uma leitura mais aprofundada do texto apresentamos algumas sugestões a seguir.

1. Leia o primeiro parágrafo. Segundo seu entendimento, por que o autor considera que os termos legume e verdura não têm significado botânico preciso?
2. Leia o segundo parágrafo. De acordo com o texto, como se explica a origem da diversidade de tipos da espécie *Brassica oleracea*? Quais dos tipos citados você conhece?
3. No quarto parágrafo, o que o autor quer dizer com o termo domesticação de espécies? Qual é a hipótese aventada para a origem das variedades comestíveis de abóbora, tendo em vista que as cucurbitáceas nativas praticamente não possuem polpa no fruto?
4. A partir da leitura do quarto, quinto e sexto parágrafos, indique os locais de origem dos seguintes alimentos: abóbora, feijão, milho, pepino, melão, melancia, tomate, berinjela e pimentas do gênero *Capsicum*.
5. Nos parágrafos sexto e sétimo o autor menciona que tanto as plantas do tomate quanto as da berinjela foram vistas com desconfiança ao chegarem à Europa. Qual pode ter sido a causa do medo dos europeus em utilizar os frutos dessas plantas como alimento, na visão apresentada pelo texto? Explique por que o tomate ficou conhecido como *pomi d'oro* entre os italianos.
6. Leia o oitavo e último parágrafo. O que estimulou os franceses a cultivarem variedades melhoradas de beterraba em larga escala, de acordo com o texto?

Mapa de conceitos

Tecidos vegetais

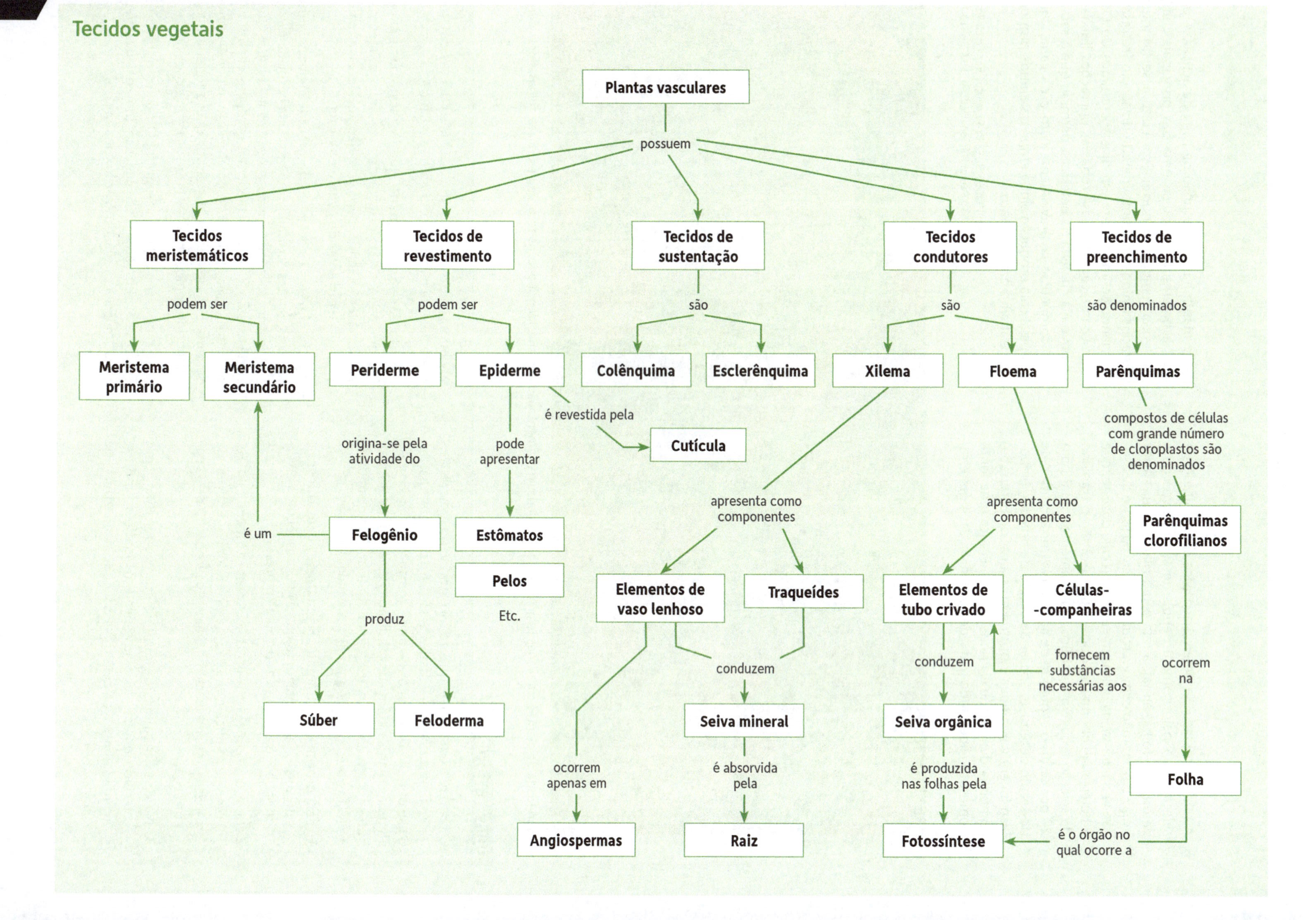

ATIVIDADES

REVENDO CONCEITOS, FATOS E PROCESSOS

14.1 Reprodução das angiospermas

1. Os componentes de uma flor geralmente se dispõem em camadas concêntricas, representadas nos diagramas florais. A sequência desses componentes, da periferia para o centro, é

a) corola, gineceu, cálice e androceu.
b) cálice, gineceu, androceu e corola.
c) cálice, corola, androceu e gineceu.
d) androceu, gineceu, cálice e corola.

Considere as alternativas para responder às questões de 2 a 7.

a) Androceu.
b) Antera.
c) Cálice.
d) Corola.
e) Gineceu.
f) Ovário.

2. Qual é o nome do conjunto de órgãos reprodutores masculinos (estames) de uma flor?

3. Qual é o nome do conjunto de estruturas reprodutivas femininas de uma flor?

4. Qual das estruturas da flor contém os óvulos?

5. Como se denomina a extremidade dilatada do estame, no interior da qual se formam os grãos de pólen?

6. Qual é o nome do conjunto dos componentes mais externos (sépalas) de uma flor?

7. Qual é o nome do conjunto de pétalas de uma flor?

8. A fecundação nas angiospermas ocorre

a) na antera.
b) no estigma.
c) no estilete.
d) no ovário.

9. Na fecundação das angiospermas, os dois gametas que descem pelo tubo polínico fundem-se a células do saco embrionário, em um processo conhecido como dupla fecundação. Nesse processo, um dos gametas funde-se à oosfera, originando

a) o endosperma, enquanto o outro se funde a um núcleo polar, originando o zigoto.
b) o zigoto, enquanto o outro se funde a um núcleo polar, originando o endosperma.
c) o zigoto, enquanto o outro se funde a dois núcleos polares, originando o endosperma.
d) um zigoto, enquanto o outro se funde a um núcleo polar, originando um segundo zigoto.

Considere as alternativas para responder às questões de 10 a 14.

a) Cotilédone.
b) Endosperma.
c) Fruto.
d) Polinização.
e) Saco embrionário.

10. Qual é o tecido de reserva das sementes de angiospermas resultante da fusão de um núcleo espermático com dois núcleos polares do óvulo?

11. Que estrutura resulta do desenvolvimento do megásporo das angiospermas e corresponde ao gametófito feminino?

12. Qual é o nome da folha do embrião de fanerógamas que armazena e/ou transfere reservas alimentares contidas na semente?

13. Que estrutura surge pelo desenvolvimento do ovário, geralmente após a fecundação dos óvulos?

14. Como se denomina o transporte dos grãos de pólen dos locais onde foram formados até as proximidades dos óvulos?

Considere as alternativas para responder às questões de 15 a 21.

a) Núcleo espermático.
b) Flor.
c) Grão de pólen.
d) Megásporo.
e) Micrósporo.
f) Óvulo.
g) Semente.

15. Qual das estruturas contém o gametófito masculino imaturo de uma fanerógama?

16. Como se denomina a célula haploide que origina o gametófito masculino das fanerógamas?

17. Qual é a célula haploide que dá origem ao gametófito feminino de fanerógamas?

18. Qual é o nome do gameta masculino de fanerógamas?

19. Como se denomina o conjunto formado pelo embrião, por restos do gametófito feminino e por tecidos maternos protetores?

20. Como se denomina a estrutura reprodutora de uma fanerógama constituída pelo gametófito feminino e por tecidos da planta genitora?

21. Como se denomina um ramo fértil de angiosperma em que há folhas especializadas na formação de estruturas reprodutivas?

Identifique o termo abaixo que preenche corretamente os parênteses das frases 22 e 23.

a) endosperma
b) flor
c) grão de pólen
d) óvulo
e) tubo polínico

22. A estrutura tubular denominada ( ) resulta do desenvolvimento do gametófito masculino.

23. O tecido triploide que nutre o embrião das angiospermas é o(a) ( ).

14.2 Desenvolvimento e componentes celulares das plantas

Identifique o termo abaixo que preenche corretamente os parênteses das frases 24 a 27.

a) epiderme
b) felogênio
c) periderme
d) súber

24. O tecido que reveste externamente folhas, caules jovens e raízes jovens é o(a) ( ).

25. O tecido de revestimento que surge externamente em raízes e caules com crescimento secundário é chamado(a) ( ).

26. A camada mais externa do tecido de revestimento de raízes e caules com crescimento secundário, formada por células mortas, é chamada ( ).

27. ( ) é um tecido meristemático secundário que origina revestimento de caules e raízes com crescimento secundário.

Identifique o termo abaixo que preenche corretamente os parênteses das frases 28 a 31.

a) célula-companheira
b) floema
c) plasmodesmo
d) xilema

28. O(A) ( ) é um fino filamento citoplasmático que atravessa poros na parede celular e põe em contato os citoplasmas de células vegetais vizinhas.

29. Um tecido vegetal especializado na condução de água e de sais minerais desde as raízes até as folhas é o(a) ( ).

30. O tecido vegetal especializado na condução de substâncias orgânicas desde as folhas até as raízes é chamado ( ).

31. Um elemento de tubo crivado do floema é mantido vivo por um(a) ( ) associado(a) a ele.

14.3 Organização corporal das angiospermas

32. São meristemas primários
    a) felogênio e endoderma.
    b) gema apical do caule e felogênio.
    c) meristema radicular e periciclo.
    d) meristema radicular e gema apical do caule.

Considere as alternativas a seguir para responder às questões de 33 a 37.

a) Caule.
b) Coifa.
c) Meristema radicular.
d) Pelo absorvente.
e) Raiz.

33. Qual é a porção de uma planta que cresce geralmente ereta em relação ao solo e dá sustentação às folhas?

34. Como se denomina o tecido que permite o crescimento em extensão das raízes?

35. Qual é a porção das plantas vasculares, localizada geralmente sob o solo, responsável pela absorção de água e sais minerais?

36. Como se denomina a projeção tubular de uma célula epidérmica de raiz, que aumenta a superfície de contato da planta com o solo?

37. Como é chamado o revestimento de células que protege a ponta de uma raiz como um capuz?

38. As regiões de uma raiz, a partir da extremidade, são
    a) coifa, zona meristemática, zona de alongamento celular e zona pilífera.
    b) coifa, zona meristemática, zona pilífera e zona de alongamento celular.
    c) coifa, zona pilífera, zona meristemática e zona de alongamento celular.
    d) zona meristemática, coifa, zona pilífera e zona de alongamento celular.

39. Que denominações recebem as partes de um caule responsáveis pelo crescimento em extensão e pela formação de novos ramos?
    a) Fitômeros.
    b) Gema apical e gema axilar, respectivamente.
    c) Meristema apical e entrenó, respectivamente.
    d) Nó e entrenó, respectivamente.

Identifique o termo abaixo que preenche corretamente os parênteses das frases 40 a 46.

a) câmbio vascular
b) estrutura primária
c) estrutura secundária
d) feixe liberolenhoso
e) gema apical
f) gema axilar
g) mesofilo

40. Os tecidos internos da folha cujas células são ricas em cloroplastos compõem o(a) ( ).

41. O tecido meristemático presente no ápice de um caule é denominado ( ).

42. O(A) ( ) é um grupo de células meristemáticas, localizado junto ao ponto de inserção das folhas, que pode originar ramos laterais.

43. Um conjunto de elementos condutores de seiva, formado por elementos de xilema e de floema, é chamado ( ).

44. Monocotiledôneas e eudicotiledôneas que não crescem em espessura apresentam em seus caules e raízes um arranjo típico de tecidos conhecido como ( ).

45. Raízes e caules de eudicotiledôneas que cresceram em espessura apresentam uma disposição típica de tecidos conhecida como ( ).

46. O(A) ( ) é um tecido meristemático secundário que origina novos elementos condutores de seiva em plantas que têm crescimento secundário.

47. Caules e raízes que apresentam estrutura secundária são revestidos por
    a) colênquima.
    b) epiderme.
    c) felogênio.
    d) periderme.

48. A sequência de tecidos dérmicos no tronco de uma árvore, de fora para dentro, é
    a) epiderme, periderme e xilema.
    b) epiderme, xilema e floema.
    c) súber, epiderme e periderme.
    d) súber, felogênio e feloderma.

Considere as alternativas a seguir para responder às questões de 49 a 52.

a) Cilindro vascular.
b) Córtex.
c) Endoderma.
d) Periciclo.

49. Que região é formada por parênquima e se localiza sob a epiderme, em raízes e caules jovens?

50. Como se denomina a porção central de uma raiz, onde se localizam os elementos condutores de seiva?

51. Que nome recebe a última camada de células do córtex da raiz, que o separa do cilindro vascular?

52. Qual é o nome da camada de células imediatamente abaixo da endoderma, a partir da qual se formam raízes laterais?

QUESTÕES PARA EXERCITAR O PENSAMENTO

53. Um jovem decidiu construir uma casa, que ele pretende deixar para seus filhos e netos, sobre os ramos mais baixos de uma grande árvore. Uma preocupação, durante a elaboração do projeto, é que a casa poderia ficar cada vez mais alta com o passar dos anos. Qual é sua opinião a respeito? Justifique-a.

54. Represente, por meio de esquemas
a) raízes com estrutura primária e com estrutura secundária;
b) caules com estrutura primária e com estrutura secundária.
Identifique com legendas as estruturas representadas nos esquemas.

A BIOLOGIA NO VESTIBULAR

QUESTÕES OBJETIVAS

55. (Fuvest-SP) Enquanto a clonagem de animais é um evento relativamente recente no mundo científico, a clonagem de plantas vem ocorrendo já há algumas décadas com relativo sucesso. Células são retiradas de uma planta-mãe e, posteriormente, são cultivadas em meio de cultura, dando origem a uma planta inteira, com genoma idêntico ao da planta-mãe. Para que o processo tenha maior chance de êxito, deve-se retirar as células
a) do ápice do caule.
b) da zona de pelos absorventes da raiz.
c) do parênquima dos cotilédones.
d) do tecido condutor em estrutura primária.
e) da parede interna do ovário.

56. (UFRRJ) Tal como acontece com os animais, os vegetais superiores também apresentam células com uma organização estrutural formando tecidos. Existe uma certa analogia entre alguns tecidos vegetais e determinados tecidos animais. Esta analogia existe entre
a) o esclerênquima encontrado nos vegetais e o tecido cartilaginoso dos animais.
b) o tecido suberoso dos vegetais e o tecido sanguíneo dos animais.
c) os vasos liberianos dos vegetais e o tecido ósseo dos animais.
d) os canais laticíferos dos vegetais e a epiderme dos animais.
e) o colênquima dos vegetais e o tecido muscular liso dos animais.

57. (UFMT) As baías pantaneiras são povoadas por muitas macrófitas dentre as quais os "aguapés" (*Eichhornia* sp.), que se destacam por abundante ocorrência. Esse vegetal é adaptado para flutuar em ambiente inundável por possuir
a) esclerênquima.
b) aerênquima.
c) colênquima.
d) parênquima paliçádico.
e) parênquima lacunoso.

58. (UFSM-RS) A textura "arenosa" que se percebe ao saborear uma pera é dada pela presença de células mortas na maturidade, com paredes muito espessas e com reforço de lignina. Pelas características apresentadas, essas células são constituintes do tecido denominado
a) meristema.
b) esclerênquima.
c) floema.
d) parênquima.
e) epiderme.

59. (Vunesp) Nos vegetais, estômatos, xilema, floema e lenticelas têm suas funções relacionadas, respectivamente, a
a) trocas gasosas, transporte de água e sais minerais, transporte de substâncias orgânicas e trocas gasosas.
b) trocas gasosas, transporte de substâncias orgânicas, transporte de água e sais minerais e trocas gasosas.
c) trocas gasosas, transporte de substâncias orgânicas, transporte de água e sais minerais e transporte de sais minerais.
d) absorção de luz, transporte de água, transporte de sais minerais e trocas gasosas.
e) absorção de compostos orgânicos, transporte de água e sais minerais, transporte de substâncias orgânicas e trocas gasosas.

60. (UEPB) Na raiz o periciclo é um tecido que origina
a) o floema.
b) o parênquima cortical.
c) o xilema.
d) as gemas adventícias.
e) as raízes laterais.

61. (UFG-GO) Um estudante observou no microscópio o corte histológico de um órgão vegetal, o qual revelou os seguintes tecidos e estruturas: epiderme com cutícula e estômatos; células parenquimáticas com cloroplastos; tecido condutor constituído por xilema e floema. Pela descrição, o estudante concluiu que este órgão é
a) um estipe.
b) um tubérculo.
c) um bulbo.
d) um tronco.
e) uma folha.

62. (UEL-PR) Geralmente, caules subterrâneos que acumulam substâncias nutritivas, denominados tubérculos, são confundidos como sendo raízes tuberosas que também acumulam reserva de amido. Um caso típico desse equívoco seria o de classificar a batata-inglesa como raiz tuberosa. Qual das alternativas apresenta uma característica que diferencia um tubérculo de uma raiz tuberosa?
a) O tubérculo possui pelos absorventes para a absorção de água.
b) A raiz tuberosa possui gemas axilares para o crescimento de ramos.
c) O tubérculo possui coifa para proteger o meristema de crescimento.
d) A raiz tuberosa possui gemas apicais para desenvolver novas raízes.
e) O tubérculo possui gemas laterais para desenvolver ramos e folhas.

63. (Unifesp) As bananeiras, em geral, são polinizadas por morcegos. Entretanto, as bananas que comemos são produzidas por partenocarpia, que consiste na formação de frutos sem que antes tenha havido a fecundação. Isso significa que

a) essas bananas não são derivadas de um ovário desenvolvido.
b) se as flores fossem fecundadas, comeríamos bananas com sementes.
c) bananeiras partenocárpicas não produzem flores, apenas frutos.
d) podemos identificar as bananas como exemplos de pseudofruto.
e) mesmo sem polinizadores, ocorre a polinização das flores de bananeira.

64. (Uerj) No preparo de uma sopa, foram utilizados 3 kg de tomate, 2 kg de berinjela, 1 kg de abobrinha, 1 kg de pimentão, 3 kg de vagens de ervilha, 1 kg de couve-flor e 1 kg de brócolis. A sobremesa foi preparada com 6 kg de laranja. Considerando o conceito botânico de fruto, a quantidade total, em kg, de frutos usados nesta refeição, foi igual a

a) 6.
b) 9.
c) 13.
d) 16.

65. (Unama-PA) A folha é a principal sede de elaboração de alimentos orgânicos sob ação da luz (fotossíntese) e de eliminação de água na forma de vapor (transpiração). Seus constituintes são na maior parte vivos e respiram. A disposição das folhas no caule é denominada de

a) filotaxia.
b) heterofilia.
c) anisofilia.
d) gamossépala.
e) gamopétala.

QUESTÕES DISCURSIVAS

66. (UFU-MG) A ilustração a seguir representa, com um esquema tridimensional, a morfologia interna de uma folha. Analise-a e responda às questões que seguem:

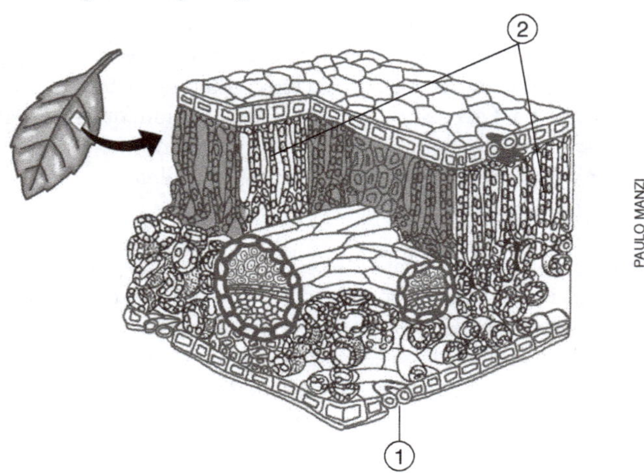

Adaptado de AMABIS, J. M. & MARTHO, G. R. *Fundamentos de Biologia Moderna*. São Paulo: Moderna, 2003 e http://www.ualr.edu/~botany/leafstru

a) qual é o nome da estrutura apontada pelo número 1 e a que tecido ela pertence?
b) qual é o nome do tecido apontado pelo número 2 e qual é a sua função?

67. (UFPel-RS) O registro fóssil mostra que há 250 milhões de anos existiam muitas plantas, mas elas não tinham flores. As plantas terrestres mais antigas, briófitas, pteridófitas e gimnospermas, se reproduziam contando com a ajuda da água e do vento para proporcionar o encontro entre seus gametas, do mesmo modo que os musgos, as samambaias e os pinheiros atuais. Os cientistas discordam sobre quem evoluiu primeiro: se as plantas com flores ou os insetos polinizadores, ou se eles evoluíram juntos, mas o certo é que levou um longo período de tempo para que as primeiras plantas com flores aparecessem na Terra. Cite

a) o nome que recebe o grupo de plantas que apresentam flores.
b) o nome do órgão sexual masculino das flores.
c) o nome do gameta feminino das flores.
d) uma função das flores para as plantas.

68. (UFRJ) As flores que se abrem à noite, como por exemplo a dama-da-noite, em geral exalam um perfume acentuado e não são muito coloridas. As flores diurnas, por sua vez, geralmente apresentam cores mais intensas. Relacione essa adaptação ao processo de reprodução desses vegetais.

69. (Fuvest-SP) Certas substâncias inibem a formação do tubo polínico em angiospermas. Explique como essa inibição afeta a formação do embrião e do endosperma.

70. (Unicamp-SP)

> O calor e a seca do verão de 2003 na França fizeram mais uma vítima fatal: morreu o carvalho que havia sido plantado em 1681 por Maria Antonieta, rainha decapitada na Revolução Francesa. Provavelmente a árvore será cortada mantendo-se apenas a base do seu tronco de 5,5 m de circunferência, o que atesta sua longa vida de 322 anos.
>
> • Adaptado de Reali Júnior, O carvalho de Maria Antonieta em Versalhes morreu. De calor, *O Estado de S. Paulo*, 28 ago. 2003.

a) Se não houvesse registros da data do seu plantio, a idade da árvore poderia ser estimada através do número de anéis de crescimento presentes no seu tronco. Como são formados esses anéis? Quais os fatores que podem influenciar na sua formação?
b) Seria possível utilizar essa análise em monocotiledôneas? Explique.

ENEM

71. Muitas espécies de plantas lenhosas são encontradas no cerrado brasileiro. Para a sobrevivência nas condições de longos períodos de seca e queimadas periódicas, próprias desse ecossistema, essas plantas desenvolveram estruturas muito peculiares.
As estruturas adaptativas mais apropriadas para a sobrevivência desse grupo de plantas nas condições ambientais do referido ecossistema são

a) cascas finas e sem sulcos ou fendas.
b) caules estreitos e retilíneos.
c) folhas estreitas e membranosas.
d) gemas apicais com densa pilosidade.
e) raízes superficiais, em geral, aéreas.

Mais questões: no livro digital, em **Vereda Digital Aprova Enem** e **Vereda Digital Suplemento de revisão e vestibulares**; no *site*, em **AprovaMax**.

CAPÍTULO

15

FISIOLOGIA DAS PLANTAS

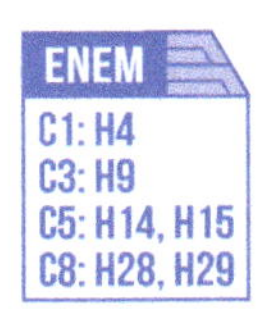

DR JEREMY BURGESS/SCIENCE PHOTO LIBRARY/LATINSTOCK

De que trata este capítulo

Os conhecimentos científicos sobre a fisiologia e a nutrição das plantas são largamente empregados na agricultura. Agrônomos e agricultores podem alterar a composição mineral do solo e recuperar áreas improdutivas, aumentando a produção de alimentos. A descoberta dos hormônios vegetais e dos mecanismos de controle da floração e da formação de frutos tornou possível produzir frutos sem sementes e induzir plantas a florescer e a dar frutos em qualquer época do ano.

Avanços na compreensão da nutrição vegetal também permitiram concluir que as plantas podem se desenvolver perfeitamente na ausência de solo, desde que suas raízes estejam mergulhadas em uma solução aquosa com os nutrientes minerais necessários. A aplicação desses conhecimentos levou ao surgimento de um método de cultivo, a hidroponia, hoje já empregado em larga escala na produção comercial de hortaliças. As plantas são cultivadas em estufas, sem solo, com as raízes mergulhadas em uma solução nutritiva que circula continuamente e as abastece dos nutrientes minerais necessários ao seu desenvolvimento. Com essa técnica, além de se utilizar menos espaço para o cultivo, é possível controlar melhor o crescimento das plantas e o ataque de pragas da lavoura.

Além de todas essas aplicações práticas, o conhecimento sobre a estrutura e a fisiologia das plantas nos permite perceber os padrões de semelhança e de diferença entre os seres vivos, levando-nos a uma compreensão mais ampla do mundo natural.

Neste capítulo estudaremos os aspectos fundamentais da fisiologia vegetal, começando pela nutrição orgânica, que envolve a produção de substâncias pela fotossíntese, e complementando com alguns aspectos da nutrição mineral. Esses conhecimentos têm aplicações práticas, entre elas a hidroponia. Em seguida, analisaremos o transporte de substâncias pelo corpo das plantas realizado pelo xilema e pelo floema. Por fim, focalizaremos os hormônios vegetais, substâncias que regulam o desenvolvimento das plantas e são responsáveis por suas diversas respostas adaptativas. O maior conhecimento do organismo vegetal tem revelado inúmeros aspectos peculiares desse tipo de ser vivo. Nossa história está tão interligada à das plantas que não é exagero afirmar que sem elas não estaríamos aqui.

Fotomicrografia de epiderme foliar de *Nicotiana tabacum* mostrando um estômato, por onde ocorre a troca de gases entre a folha e o ar atmosférico. (Microscópio eletrônico de varredura; cores artificiais.)

Objetivos

Objetivos gerais

- Valorizar o conhecimento científico sobre a fisiologia das plantas, tanto para identificar padrões no mundo natural quanto para conhecer as estratégias peculiares desses seres autotróficos, com os quais a espécie humana tem estreitas relações de dependência.
- Conhecer as necessidades nutricionais básicas das plantas, reconhecendo a importância desses conhecimentos para a conservação do meio ambiente.

Objetivos didáticos

- Conhecer as substâncias inorgânicas de que as plantas necessitam (micronutrientes e macronutrientes) e compreender os princípios da adubação do solo.
- Explicar como a água e os sais minerais absorvidos pelas raízes chegam às folhas (transporte pelo xilema) e como as substâncias orgânicas produzidas nas folhas chegam às diversas partes da planta (transporte pelo floema).
- Reconhecer a fotossíntese como a fonte primária de substâncias orgânicas para as plantas, identificando seus fatores limitantes; compreender o que é ponto de compensação fótico.
- Caracterizar hormônio vegetal e identificar os principais grupos de hormônios, associando-os às suas funções na planta.
- Conceituar fotoperiodismo, explicando o que são plantas de dia longo, plantas de dia curto e plantas neutras; relacionar fotoperiodismo com os fitocromos.

15.1 A nutrição das plantas

Nutrição orgânica das plantas: fotossíntese

Todos os seres vivos necessitam de energia para manter seu metabolismo, crescer e se reproduzir. A energia para os processos vitais vem da degradação de moléculas orgânicas de alto potencial energético, como glicídios, lipídios e proteínas. As plantas utilizam como fonte de energia as moléculas orgânicas que elas próprias sintetizam por meio da fotossíntese. Essa independência de outros seres vivos no aspecto nutricional é o que caracteriza os seres autotróficos.

A fotossíntese é o processo bioquímico que sustenta a vida na Terra. Por meio dela, plantas, algas e bactérias fotossintetizantes convertem gás carbônico (CO_2) e água (H_2O) em moléculas orgânicas, liberando gás oxigênio (O_2) como subproduto. A energia para que essa conversão ocorra é proveniente da radiação solar.

Substâncias essenciais à fotossíntese são as **clorofilas**, presentes em todos os organismos fotossintetizantes. Essas substâncias absorvem energia luminosa, principalmente na faixa correspondente à luz de cores azul e vermelha do espectro de radiações eletromagnéticas provenientes do Sol. A faixa menos absorvida pelas clorofilas e, portanto, a mais refletida é a correspondente à luz verde, daí a cor desse pigmento fotossintetizante. **(Fig. 15.1)**

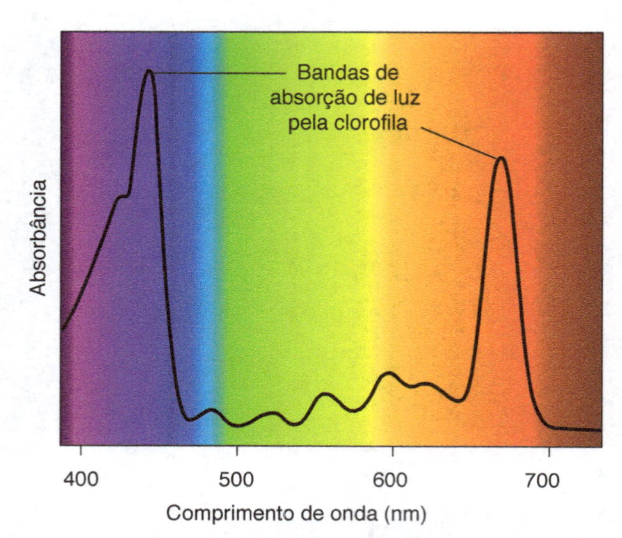

Figura 15.1 Espectro de absorção (gráfico da absorbância em função do comprimento de onda da luz) típico das clorofilas. A absorbância é uma grandeza que relaciona a intensidade da luz que incide no material à intensidade da luz que é transmitida por ele após a absorção. (Elaborado com base em Campbell, N. A. e cols., 2008.)

Fatores que afetam a fotossíntese

A análise da Figura 15.1 (à direita, acima) permite inferir que a eficiência do processo fotossintético varia em função dos comprimentos de onda da radiação que atinge as clorofilas, uma vez que essas moléculas absorvem mais eficientemente luz correspondente às cores azul, violeta e vermelha e praticamente não absorvem luz correspondente à cor verde. A fotossíntese também é afetada por outros fatores, entre os quais se destacam a concentração de gás carbônico, a temperatura e a intensidade da luz.

A concentração de gás carbônico no ar atualmente oscila entre 0,03% e 0,04% do volume atmosférico. Essa concentração está bem abaixo da que uma planta é capaz de utilizar na fotossíntese. Por exemplo, quando uma planta é submetida a concentrações crescentes de gás carbônico, em condições ideais de luminosidade e de temperatura, a taxa de fotossíntese cresce à medida que aumenta a concentração de CO_2. Isso ocorre até aproximadamente 10 vezes a concentração atmosférica normal (cerca de 0,4% em volume). A partir daí o aumento na concentração de CO_2 não acarreta aumento na taxa de fotossíntese. Portanto, no ambiente natural e em condições ideais de luminosidade e de temperatura, a planta só não realiza a taxa máxima de fotossíntese possível porque não há gás carbônico suficiente na atmosfera. Assim, pode-se dizer que o CO_2 atua como um fator limitante da fotossíntese.

Plantas mantidas em condições ideais de luminosidade e concentração de gás carbônico elevam sua taxa de fotossíntese à medida que aumenta a temperatura ambiental até atingir cerca de 35 °C. A partir desse limite o aumento de temperatura causa drástica redução não apenas da fotossíntese, mas também da maioria das reações vitais, uma vez que as enzimas celulares se desnaturam em temperaturas elevadas. **(Fig. 15.2A)**

Em condições ideais de temperatura e concentração de gás carbônico a taxa de fotossíntese aumenta à medida que eleva-se a intensidade de energia luminosa, até certo valor-limite chamado de **ponto de saturação luminosa** (PSL). **(Fig. 15.2B)**

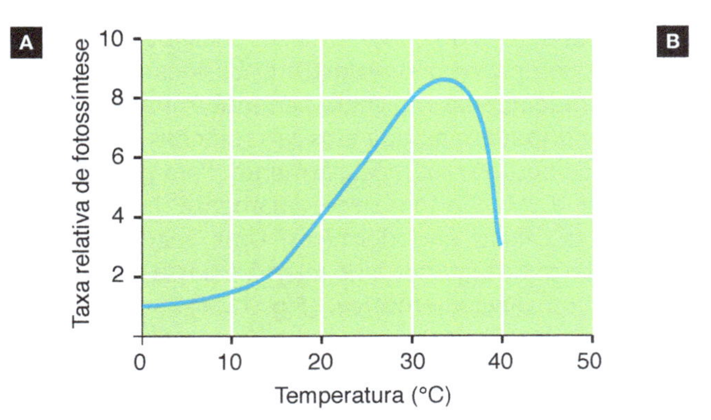

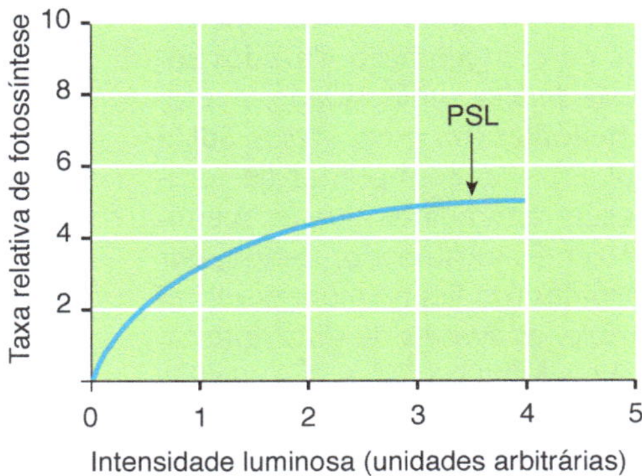

ILUSTRAÇÕES: OSVALDO SEQUETIN

Figura 15.2 A. Efeito do aumento da temperatura sobre a fotossíntese. **B.** Efeito do aumento da intensidade luminosa sobre a fotossíntese. Até o PSL (ponto de saturação luminosa), a intensidade luminosa é um fator limitante da fotossíntese.

Relação entre fotossíntese e respiração celular

A planta utiliza parte dos produtos da fotossíntese como fonte de energia metabólica, o que ocorre pela respiração aeróbica nas mitocôndrias celulares. Nesse processo, moléculas orgânicas e de gás oxigênio interagem em uma complexa série de reações químicas, originando gás carbônico e água. Na respiração aeróbica há liberação de energia, que é armazenada em ligações químicas de moléculas de ATP. As equações gerais da fotossíntese e da respiração aeróbica são inversas, ou seja, os reagentes de uma equação são os produtos da outra, embora os processos e os locais em que são realizados sejam distintos (relembre o Capítulo 7).

Fotossíntese:

$$\underbrace{\underset{\text{Gás carbônico}}{6\,CO_2} + \underset{\text{Água}}{6\,H_2O} + \text{Energia (luz)}}_{\text{Reagentes}} \xrightarrow[\text{pigmentos}]{\text{enzimas}} \underbrace{\underset{\text{Glicídio}}{C_6H_{12}O_6} + \underset{\text{Gás oxigênio}}{6\,O_2}}_{\text{Produtos}}$$

Respiração celular:

$$\underset{\text{Glicídio}}{C_6H_{12}O_6} + \underset{\text{Gás oxigênio}}{6\,O_2} \xrightarrow{\text{enzimas}} \underset{\text{Gás carbônico}}{6\,CO_2} + \underset{\text{Água}}{6\,H_2O} + \text{Energia (ATP)}$$

Na presença de luz a planta realiza fotossíntese, consumindo gás carbônico e produzindo gás oxigênio. A maior parte do gás oxigênio produzida é eliminada para a atmosfera através dos estômatos. Ao mesmo tempo que realiza fotossíntese a planta também respira, utilizando, para isso, parte do gás oxigênio produzido na fotossíntese. Ao respirar a planta libera gás carbônico, que é utilizado na fotossíntese.

Na ausência de luz a planta deixa de fazer fotossíntese, mas não de respirar. Sem luz os estômatos se fecham e a planta utiliza o gás oxigênio acumulado na folha para sua respiração celular. O gás carbônico liberado na respiração acumula-se na folha e será consumido na fotossíntese assim que a planta receber luz.

Sob determinada intensidade luminosa, as taxas de fotossíntese e de respiração se equivalem: todo o gás oxigênio liberado na fotossíntese é utilizado na respiração celular e todo o gás carbônico produzido na respiração celular é utilizado na fotossíntese. A intensidade luminosa em que isso ocorre é o ponto de compensação fótico ou **ponto de compensação luminosa** daquele tipo de planta.

Para que uma planta possa crescer e se desenvolver ela precisa receber, durante algumas horas do dia, luz de intensidade superior à de seu ponto de compensação fótico. Isso possibilita que a taxa de produção de substâncias orgânicas na fotossíntese seja maior do que a taxa de consumo na respiração celular; assim, sobra matéria orgânica para que ocorra o crescimento da planta. **(Fig. 15.3)**

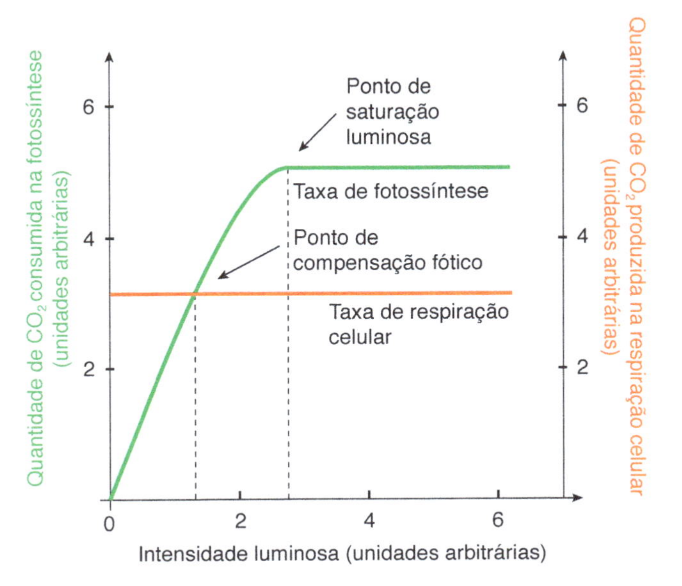

ILUSTRAÇÃO: ADILSON SECCO

Figura 15.3 Efeito da luminosidade sobre a taxa de fotossíntese e sua relação com a respiração celular.

O ponto de compensação fótico varia nas diferentes espécies de planta. Espécies com pontos de compensação elevados somente conseguem viver em locais de alta luminosidade, sendo, por isso, denominadas **plantas heliófilas** (do grego *helios*, Sol, e *philos*, amigo), ou plantas de Sol. Espécies com pontos de compensação fóticos mais baixos necessitam de intensidades menores de luz e podem viver em ambientes sombreados, sendo, por isso, chamadas de **plantas umbrófilas** (do latim *umbra*, sombra) ou plantas de sombra. Por exemplo, as árvores de uma floresta, que só sobrevivem expostas a altas luminosidades, são plantas heliófilas. Por sua vez, samambaias e avencas, que vivem bem no interior sombreado das florestas, são plantas umbrófilas.

Nutrição inorgânica das plantas: macronutrientes e micronutrientes

O gás carbônico obtido do ar e a água retirada do solo fornecem às plantas os elementos químicos básicos para a produção das moléculas orgânicas: carbono, hidrogênio e oxigênio. Entretanto, o organismo vegetal também necessita de diversos outros elementos químicos essenciais ao funcionamento de suas células e que são absorvidos do solo, onde se encontram na forma de sais minerais.

Os elementos químicos necessários à planta em quantidades relativamente grandes são classificados como macronutrientes. Aqueles necessários em quantidades relativamente menores são denominados micronutrientes. Se faltar à planta algum elemento químico essencial, ela poderá apresentar sintomas específicos da deficiência. A falta de magnésio, por exemplo, torna as folhas amareladas em decorrência da diminuição na produção de clorofila. **(Tab. 15.1)**

Tabela 15.1 Elementos químicos essenciais às plantas*

Macronutrientes	Micronutrientes
Hidrogênio (H)	Cloro (Cl)
Carbono (C)	Ferro (Fe)
Oxigênio (O)	Boro (B)
Nitrogênio (N)	Manganês (Mn)
Fósforo (P)	Zinco (Zn)
Cálcio (Ca)	Cobre (Cu)
Magnésio (Mg)	Níquel (Ni)
Potássio (K)	Molibdênio (Mo)
Enxofre (S)	

* A sequência apresentada na tabela ordena, de cima para baixo, os elementos químicos de que as plantas mais necessitam. Por exemplo, H é necessário em quantidade maior que C, e assim por diante.

Agora você pode resolver as atividades de 1 a 15, 42, 43, 47, 48, 63 e 64.

15.2 Absorção e condução da seiva mineral

A água e os sais minerais penetram na planta pelas extremidades das raízes, principalmente através dos pelos absorventes. A solução aquosa absorvida pode deslocar-se tanto pelos espaços existentes entre as células, que os botânicos denominam **apoplasto**, como através do citoplasma das células epidérmicas e corticais, que compõem o **simplasto**. O deslocamento pelo apoplasto é barrado apenas nas células endodérmicas, cujas estrias de Caspary impedem a água e os sais minerais dissolvidos de continuar a se deslocar extracelularmente. Para penetrar no cilindro vascular, a solução tem necessariamente de atravessar o citoplasma das células endodérmicas. Uma vez no cilindro central, a solução aquosa penetra no xilema e passa a constituir a seiva mineral ou **seiva xilemática. (Fig. 15.4)**

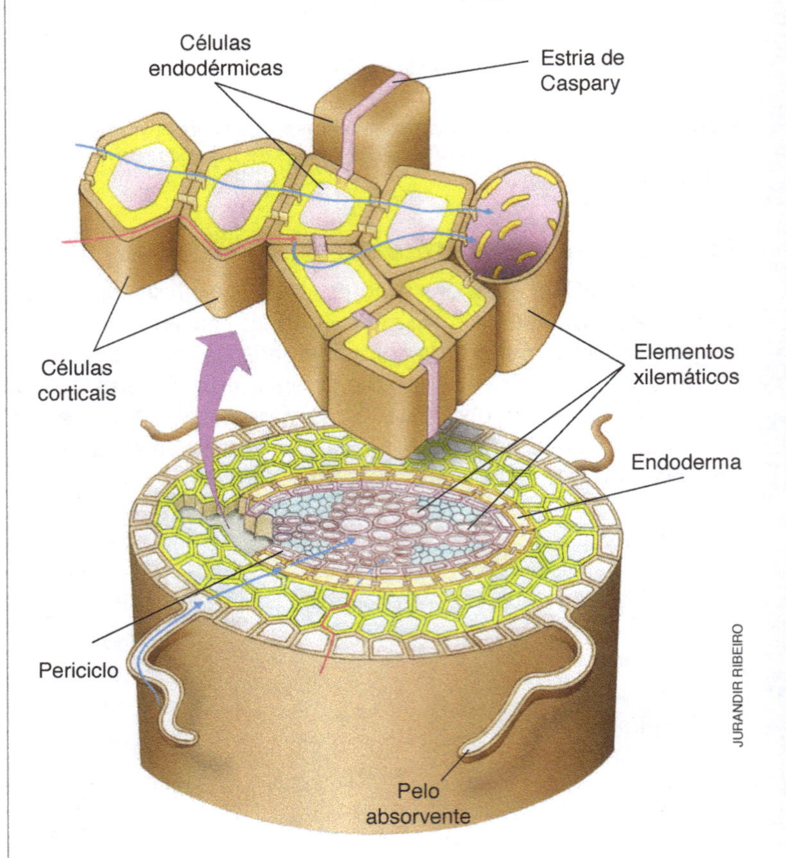

Figura 15.4 Representação esquemática do percurso que a água e os sais minerais realizam do solo até os vasos condutores do cilindro vascular de uma raiz. O deslocamento pelo apoplasto está indicado em vermelho e, pelo simplasto, em azul.

Hipótese da coesão-tensão

O deslocamento da seiva mineral pelo xilema é explicado principalmente pela **hipótese da coesão-tensão** ou **hipótese de Dixon**. De acordo com essa hipótese, a seiva mineral é arrastada desde as raízes até as folhas por forças geradas pela transpiração foliar.

Transpiração é a perda de água na forma de vapor que ocorre pela superfície corporal de um ser vivo. As células das folhas, ao perder água, têm sua pressão osmótica aumentada, o que provoca a retirada de água das células vizinhas. Essa transferência, por sua vez, leva à retirada de seiva do xilema e toda a coluna líquida se eleva pelos elementos xilemáticos (vasos lenhosos e traqueídes), desde a raiz até as folhas. Essa **coesão** é devida, principalmente, às fortes interações intermoleculares da água (ligações de hidrogênio). Calcula-se que a força de tração – **tensão** – criada pela transpiração seja suficiente para elevar as colunas de água nos elementos traqueais a cerca de 160 metros de altura. **(Fig. 15.5)**

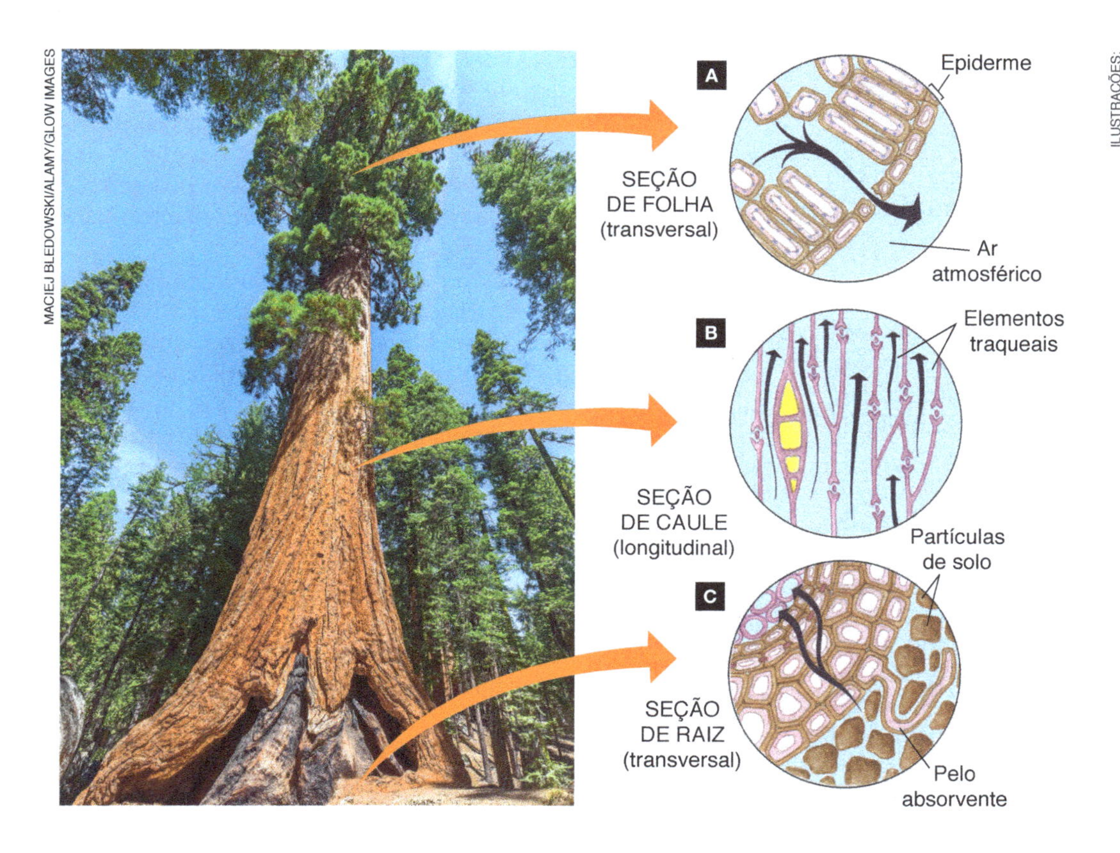

Figura 15.5 Representação esquemática dos movimentos da água (setas pretas) decorrentes da transpiração em uma árvore. **A.** Ao perder água por transpiração, cria-se nas folhas uma tensão que desloca a seiva ao longo dos elementos traqueais. **B.** Devido à coesão das moléculas de água, toda a coluna líquida sobe, como se fosse puxada para cima. **C.** A tensão da coluna chega até as raízes, retirando água de suas células; com isso, elas absorvem água do solo. A fotografia mostra uma sequoia da espécie *Sequoiadendron giganteum*, gimnosperma que pode atingir 100 m de altura (Califórnia, Estados Unidos, 2015).

Nas plantas, a transpiração ocorre principalmente através dos estômatos. Um **estômato** (do grego *stoma*, boca) é formado por duas células epidérmicas principais, ricas em cloroplastos, denominadas **células-guarda**. Entre elas existe um orifício regulável – o **ostíolo** (do latim *ostiolu*, pequena porta) – que permite as trocas gasosas entre a planta e o ambiente. **(Fig. 15.6)**

A abertura e o fechamento do estômato dependem do grau de turgidez das células-guarda. Se elas absorvem água e ficam túrgidas, o ostíolo se abre. Se as células-guarda perdem água, tornando-se flácidas, o ostíolo se fecha. Esse comportamento deve-se à disposição estratégica das fibras de celulose na parede das células-guarda.

Há diversos fatores envolvidos na abertura e no fechamento dos estômatos, entre eles a luminosidade, a concentração de gás carbônico e o suprimento hídrico, isto é, a água disponível no solo para as raízes. **(Tab. 15.2)**

Tabela 15.2 Fatores envolvidos na abertura e no fechamento dos estômatos

Condições ambientais		Comportamento do estômato
Intensidade luminosa	Alta	Abre
	Baixa	Fecha
Concentração de CO_2	Alta	Fecha
	Baixa	Abre
Suprimento de água	Alto	Abre
	Baixo	Fecha

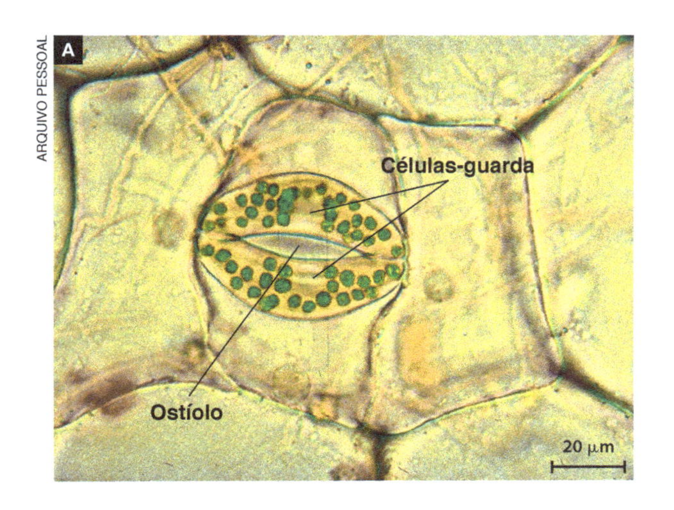

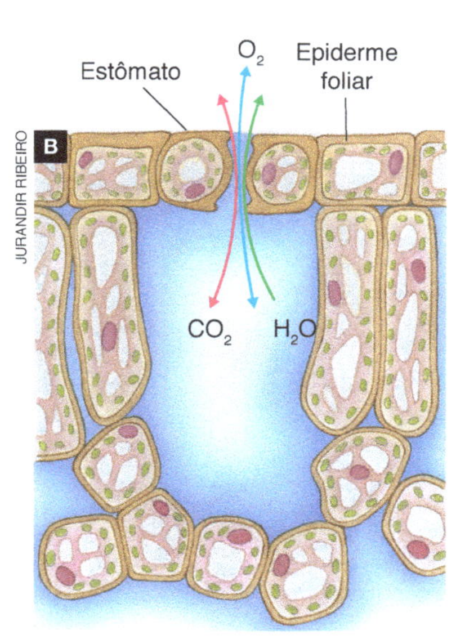

Figura 15.6 **A.** Fotomicrografia de estômato de folha de *Tradescantia* sp., em vista frontal (Microscópio fotônico). **B.** Representação esquemática de corte transversal de um estômato mostrando a câmara subestomática e o intercâmbio de gases (setas).

Agora você pode resolver as atividades de 16 a 22, 44, 49, 50, 65 a 70 e 74.

15.3 A condução da seiva orgânica

Glicídios são produzidos originalmente nas folhas por meio da fotossíntese. Essas substâncias diluem-se numa solução aquosa denominada seiva orgânica ou **seiva floemática**, que é distribuída por toda a planta pelo floema. Relembre a estrutura desse tecido condutor no capítulo anterior.

As substâncias orgânicas que servem de alimento para a planta deslocam-se das células onde são produzidas, ou onde estão armazenadas, para as células onde serão utilizadas. O deslocamento da seiva orgânica pelo floema é explicado pela hipótese do fluxo em massa ou **hipótese do desequilíbrio osmótico**.

Segundo essa hipótese, nas regiões de produção ou de armazenamento de substâncias orgânicas (fontes), células especializadas do floema bombeiam ativamente substâncias orgânicas solúveis, principalmente glicídios, para o interior dos elementos floemáticos. Com isso a pressão osmótica nos vasos floemáticos torna-se maior que nas células adjacentes e eles passam a absorver água. A entrada de água nos elementos floemáticos cria um fluxo que arrasta as moléculas orgânicas em direção a seus destinos, onde elas são ativamente absorvidas e utilizadas pelas células consumidoras (drenos), que não produzem nem armazenam substâncias orgânicas.

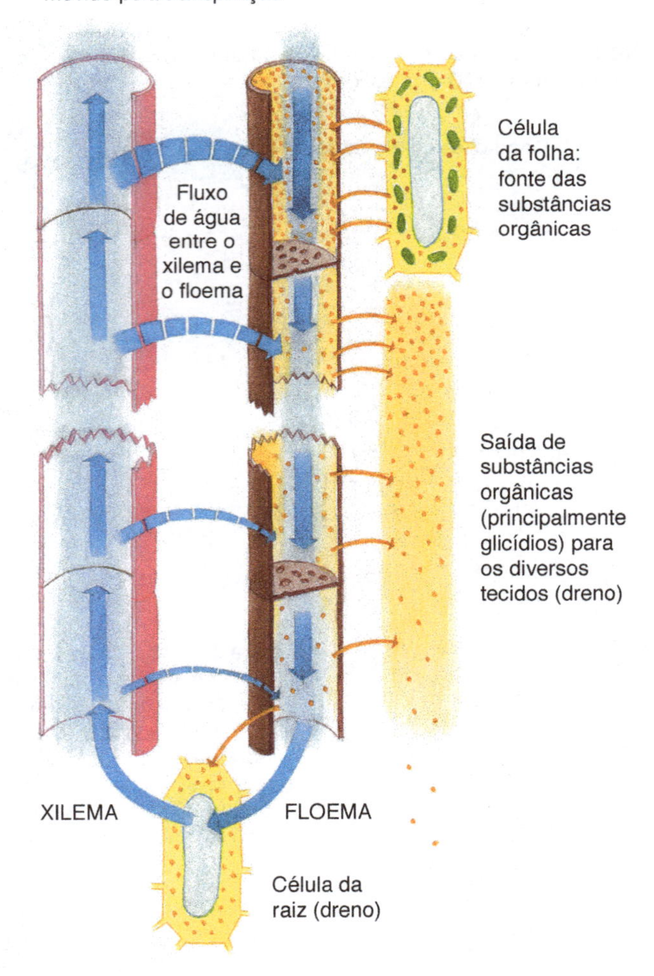

Figura 15.7 Representação esquemática da relação entre o deslocamento da seiva mineral (xilemática) e da seiva orgânica (floemática) em uma planta. As setas indicam o sentido de deslocamento de água e sua quantidade relativa.

A absorção de substâncias orgânicas pelas células consumidoras faz com que a pressão osmótica diminua no interior dos elementos floemáticos próximos, o que mantém o desequilíbrio osmótico e o deslocamento de substâncias orgânicas para as células consumidoras. **(Fig. 15.7)**

A hipótese do fluxo em massa pode ser ilustrada por meio de um modelo físico simplificado. Suponha que um tubo em forma de letra U tenha uma bolsa constituída por uma membrana semipermeável em cada uma das extremidades. A bolsa **A** contém uma solução aquosa de sacarose e a **B**, água pura. Quando o conjunto é mergulhado em um recipiente com água pura, a bolsa **A** retira água do recipiente por osmose. A pressão de entrada de água nessa bolsa força o líquido a fluir pelo tubo em direção à bolsa **B**, arrastando consigo moléculas de sacarose.

Nesse modelo, a bolsa **A** com a solução aquosa de sacarose representa as células fontes, produtoras ou armazenadoras de substâncias orgânicas. A bolsa **B**, inicialmente com água pura, representa as células drenos, consumidoras, como as das raízes, por exemplo. O tubo que liga as bolsas representa os vasos floemáticos.

O fluxo de líquido da bolsa **A** para a **B** se mantém enquanto a concentração de sacarose for diferente nas bolsas, isto é, enquanto existir desequilíbrio osmótico entre a fonte e o dreno. Isso ocorre nas plantas o tempo todo, pois as células consumidoras utilizam continuamente as substâncias orgânicas que chegam até elas, mantendo sua concentração, nessa extremidade do floema, sempre menor que na extremidade em contato com as células produtoras ou armazenadoras. **(Fig. 15.8)**

Fisiologia das Angiospermas

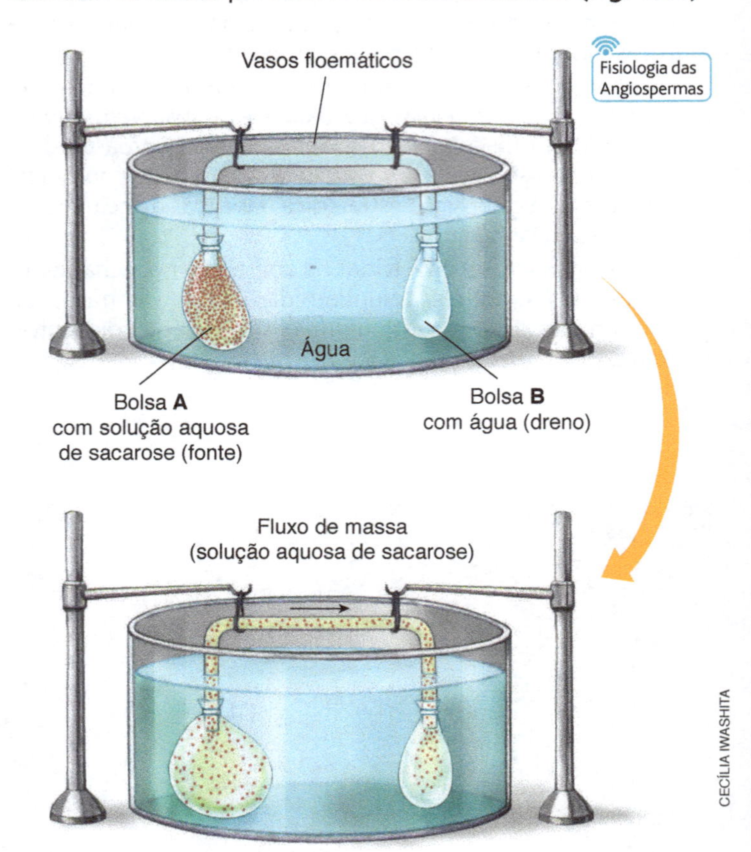

Figura 15.8 Representação esquemática do modelo físico da hipótese do fluxo em massa para explicar o deslocamento da seiva orgânica nos elementos floemáticos.

Um experimento clássico que demonstra a importância do floema na condução de substâncias orgânicas consiste em remover um anel da casca do tronco de uma árvore, procedimento que ficou conhecido como **anel de Malpighi**. A casca contém periderme, parênquima e floema, e se descola exatamente na região do câmbio vascular, um tecido frágil e delicado situado entre o floema, mais externo, e o xilema, que forma a madeira do ramo.

A retirada do anel de Malpighi rompe a continuidade do floema e causa o acúmulo de substâncias orgânicas acima do corte, provocando um inchaço na região, que pode ser notado algumas semanas depois da operação. Uma árvore da qual se retira um anel da casca acaba morrendo por falta de substâncias orgânicas para a nutrição das raízes. **(Fig. 15.9)**

Figura 15.9 A. Aspecto de um anel de Malpighi recente em um ramo. B. O mesmo anel alguns meses mais tarde. Observe que o lado direito do ramo está mais grosso do que na foto A. Você consegue deduzir de qual lado do ramo estão as folhas, esquerdo ou direito?

Agora você pode resolver as atividades 23, 24, 51 a 55.

15.4 Hormônios vegetais e controle do desenvolvimento

Nas plantas, o desenvolvimento é controlado por substâncias orgânicas denominadas **fitormônios** (do grego *horman*, estimular) ou **hormônios vegetais**. Estes são produzidos em determinadas regiões da planta e migram para outros locais onde exercem seus efeitos, que consistem na regulação do desenvolvimento em suas diversas manifestações – crescimento, resposta a estímulos, floração etc.

Os fitormônios atuam em pequenas quantidades e sobre células específicas, denominadas células-alvo do hormônio. Há cinco grupos principais de fitormônios, responsáveis pelo controle da divisão celular, do crescimento celular e da diferenciação das células, entre outras ações. São eles: a) auxinas; b) giberelinas; c) citocininas; d) ácido abscísico; e) etileno (eteno). Além desses fitormônios mais conhecidos, recentemente têm sido identificadas outras substâncias com funções reguladoras. **(Tab. 15.3)**

Tabela 15.3 Principais grupos de hormônios vegetais

Hormônio	Principais funções	Local de produção	Transporte
Auxinas	Estimulam o alongamento celular; atuam no fototropismo, no gravitropismo, na dominância apical e no desenvolvimento dos frutos.	Meristema apical do caule, primórdios foliares, folhas jovens, frutos e sementes em desenvolvimento.	Pelas células parenquimáticas do floema e células parenquimáticas que circundam os tecidos vasculares.
Giberelinas	Promovem a germinação de sementes e o desenvolvimento de brotos; estimulam o alongamento do caule e das folhas, a floração e o desenvolvimento de frutos.	Meristema apical do caule, frutos e sementes em desenvolvimento.	Provavelmente pelo xilema e pelo floema.
Citocininas	Estimulam as divisões celulares e o desenvolvimento das gemas; participam da diferenciação dos tecidos e retardam o envelhecimento dos órgãos.	Ápice da raiz, principalmente.	Pelo xilema.
Ácido abscísico	Promove a dormência de gemas e de sementes; induz o envelhecimento de folhas, flores e frutos; induz o fechamento dos estômatos.	Raízes, folhas e sementes.	Pelo floema nas folhas e pelo xilema nas raízes.
Etileno (eteno)	Estimula o amadurecimento de frutos; atua na queda natural das folhas e dos frutos.	Diversas partes da planta.	Difusão pelos espaços entre as células.

Auxinas

As **auxinas** são um grupo de fitormônios representado principalmente pelo ácido indolacético (AIA). Essas substâncias, produzidas nos ápices caulinares e em folhas jovens, frutos e sementes em desenvolvimento, deslocam-se com gasto de energia pelas células parenquimáticas do floema e pelas células parenquimáticas que circundam os tecidos vasculares. O deslocamento é polarizado, de modo que as auxinas partem sempre dos locais onde são produzidas para regiões inferiores da planta. **(Fig. 15.10A)**

Um dos principais efeitos das auxinas é causar o alongamento de células recém-formadas, promovendo seu crescimento. O efeito depende da concentração desse fitormônio: em concentrações adequadas, as auxinas promovem o crescimento máximo das células; em concentrações excessivas, elas inibem o alongamento celular.

A sensibilidade das células às auxinas varia nas diferentes partes da planta. O caule, por exemplo, é menos sensível a essa classe de fitormônios que a raiz. Por isso a concentração de determinada auxina que induz o crescimento máximo do caule terá efeito fortemente inibidor sobre o crescimento da raiz. Por outro lado, concentrações de auxina ótimas para o crescimento da raiz serão insuficientes para produzir efeitos no caule. **(Fig. 15.10B)**

As auxinas estão envolvidas na resposta adaptativa do caule de crescer em direção à fonte luminosa, fenômeno denominado **fototropismo** positivo. Quando uma planta é iluminada mais intensamente de um lado, as auxinas migram para o lado oposto, menos iluminado, o que faz as células desse lado se alongarem mais, curvando o caule em direção à fonte luminosa. É dessa maneira que as auxinas controlam a resposta adaptativa caulinar de crescer em direção à luz. **(Fig. 15.11)**

As auxinas também são responsáveis pela resposta adaptativa dos caules de crescer em sentido oposto ao da força da gravidade, fenômeno denominado **gravitropismo** negativo, ou **geotropismo** negativo. Quando o caule é colocado em posição horizontal, as auxinas produzidas pela gema apical migram para o lado voltado para o solo. Assim, as células desse lado se alongam mais que as do lado oposto, curvando o caule para cima.

As raízes, ao contrário dos caules, têm gravitropismo positivo, crescendo no sentido da força da gravidade. Quando as auxinas migram para o lado voltado para o centro gravitacional da Terra, ocorre inibição do alongamento celular, e não estimulação, como no caule. Com isso as células do lado oposto ao da concentração do hormônio se alongam mais e a raiz curva-se para baixo. **(Fig. 15.12)**

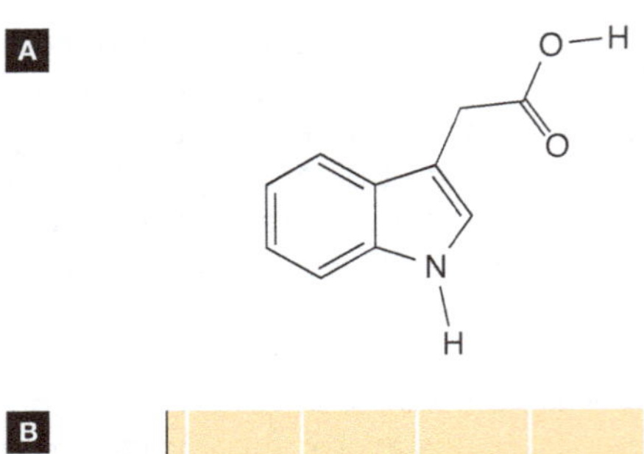

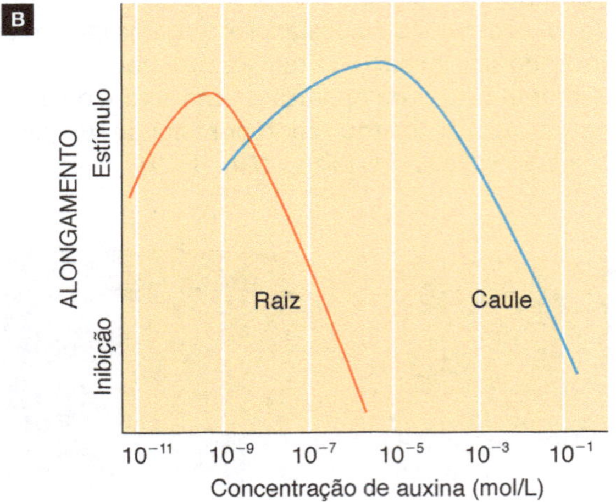

Figura 15.10 A. Fórmula estrutural da molécula do ácido indolacético (AIA). B. Efeito estimado de diferentes concentrações de auxina sobre o crescimento de raízes e caules. (Elaborado com base em Campbell, N. A. e cols., 2008.)

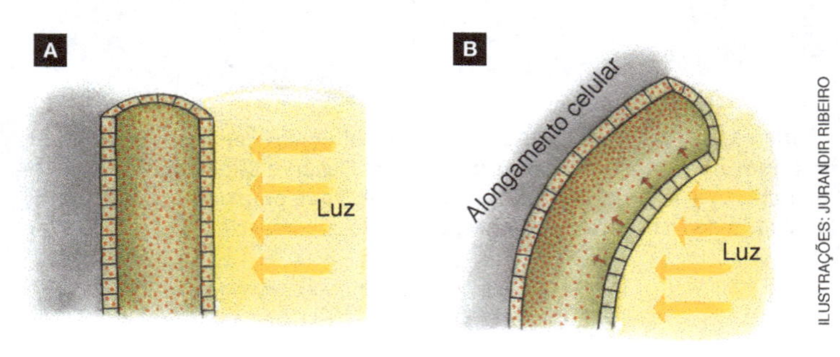

Figura 15.11 A. Representação esquemática de um caule iluminado lateralmente. B. Com o deslocamento das moléculas de auxinas (representadas por esferas vermelhas) para o lado não iluminado, este apresenta maior alongamento celular e a planta se curva em direção à fonte de luz.

Figura 15.12 A. Experimento que mostra o gravitropismo negativo do caule e positivo da raiz em plantas recém-germinadas de milho (*Zea mays*). Independentemente da posição da semente, o caule sempre cresce para cima, e a raiz, para baixo. B. Plantas de tomate (*Solanum lycopersicum*) fotografadas no momento em que os vasos foram deitados, e os caules ficaram em posição horizontal. C. As mesmas plantas um dia depois. Note o dobramento do caule em sentido oposto ao da força da gravidade.

Dominância apical e outros efeitos das auxinas

As auxinas produzidas na gema apical do caule exercem forte inibição sobre as gemas laterais, mantendo-as em estado de dormência. Essa inibição, conhecida como **dominância apical**, é interrompida quando se elimina a gema apical de um ramo. Com isso, as gemas laterais do caule (gemas axilares) entram em desenvolvimento, produzindo ramos laterais.

Se eliminarmos o meristema apical e aplicarmos auxinas na região cortada, o desenvolvimento das gemas laterais não ocorre, demonstrando que esse hormônio é mesmo o responsável pela inibição. A **poda**, técnica usada em jardinagem, consiste em eliminar os meristemas apicais dos ramos; com isso elimina-se a fonte de inibição das gemas e a formação de ramos laterais é estimulada. **(Fig. 15.13)**

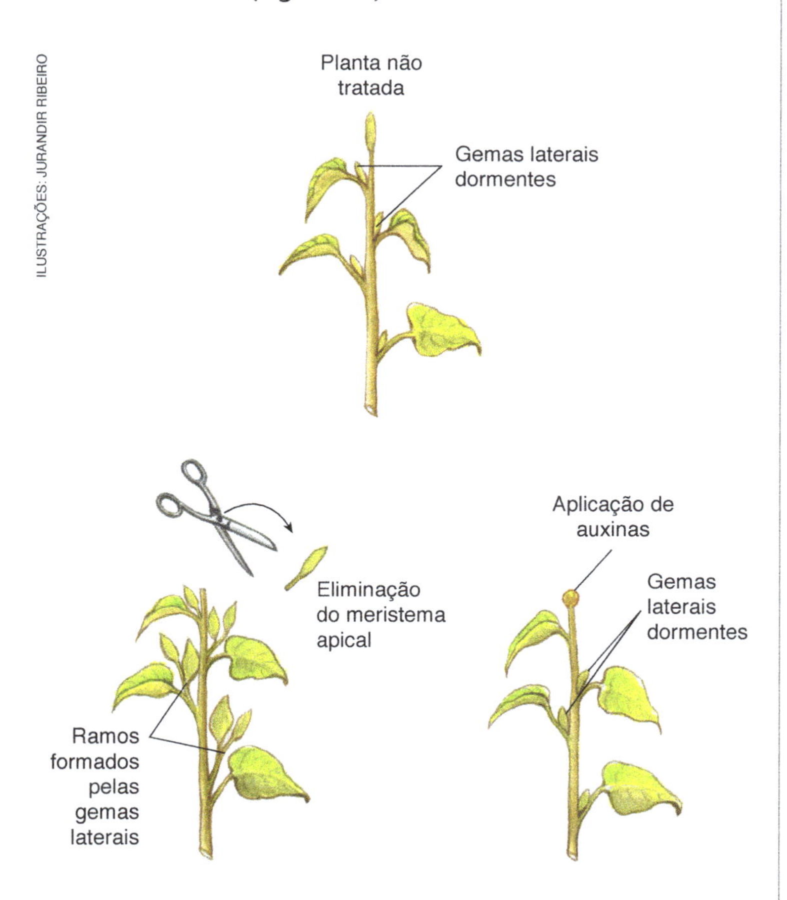

Figura 15.13 Representação esquemática do efeito inibidor das auxinas sobre o desenvolvimento das gemas laterais.

As auxinas também participam da formação dos frutos. Sementes em desenvolvimento liberam auxinas, que atuam sobre a parede do ovário e levam ao desenvolvimento do fruto. Por isso, na maioria das espécies vegetais, se não ocorre a fecundação as sementes não se formam e o fruto não se desenvolve.

A aplicação de auxinas sobre o ovário de certas plantas permite o desenvolvimento do fruto sem fecundação. Essa técnica tem sido utilizada para a produção de frutos partenocárpicos (sem sementes), de grande valor comercial. Há frutos partenocárpicos naturais, como a banana, o limão-taiti e a laranja-baía, que se formam sem a aplicação de auxinas. Nesses casos, a quantidade de hormônios produzida pelas células do ovário estimula o desenvolvimento do fruto, mesmo sem a formação de sementes.

A queda natural de folhas, flores e frutos, fenômeno conhecido como **abscisão**, também está relacionada com as auxinas. Ao envelhecer, folhas, flores e frutos produzem menos auxinas, cuja presença é necessária para evitar a queda.

Giberelinas

As **giberelinas** são produzidas no meristema apical do caule, nas sementes em desenvolvimento e nos frutos, sendo transportadas provavelmente pelo xilema e pelo floema. Seu principal representante é o ácido giberélico. Um de seus principais efeitos é promover o crescimento de caule e de folhas, estimulando tanto as divisões quanto o alongamento celular. Algumas variedades de plantas têm baixa estatura – variedades anãs – porque não produzem giberelinas em quantidade suficiente para promover o mesmo crescimento do caule presente nas variedades de tamanho normal.

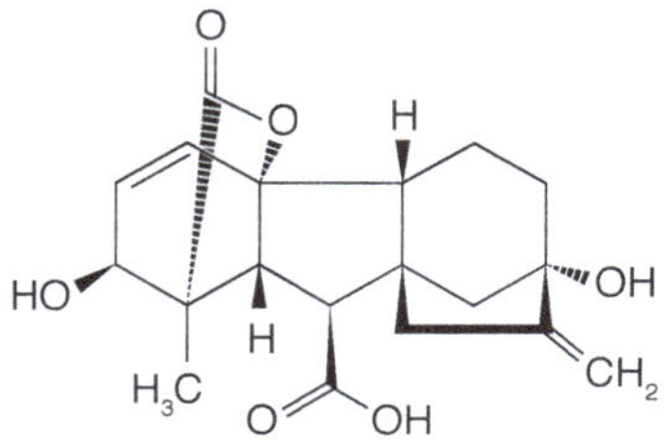

Ácido giberélico

Ao iniciar o desenvolvimento, o embrião vegetal libera giberelinas, que se difundem para todos os tecidos da semente, estimulando a síntese de enzimas hidrolíticas. Estas degradam moléculas orgânicas armazenadas no endosperma e nos cotilédones. Os produtos dessa degradação, principalmente glicídios e aminoácidos, são absorvidos pelas células do embrião e utilizados como matéria-prima para o crescimento.

As giberelinas, assim como as auxinas, levam ao desenvolvimento de frutos partenocárpicos. Em algumas espécies, como tangerinas e uvas, em que auxinas são ineficazes para induzir a produção de frutos sem sementes, a aplicação de giberelinas produz esse efeito.

Citocininas

As **citocininas** são fitormônios que atuam em associação com as auxinas, estimulando a divisão celular. Elas estão presentes em locais da planta onde há grande proliferação celular, como sementes em germinação, frutos, folhas em desenvolvimento e pontas de raízes. Esses fitormônios são produzidos principalmente no ápice da raiz e seu transporte ocorre pelo xilema.

As citocininas atuam em associação com as auxinas no controle da dominância apical, com efeitos antagônicos: enquanto as auxinas inibem o desenvolvimento das gemas laterais, as citocininas provenientes das raízes estimulam as gemas a se desenvolver. Quando a gema apical é removida, a ação das auxinas cessa e a ação das citocininas sobressai, induzindo o desenvolvimento das gemas laterais.

Outro curioso efeito das citocininas é retardar o envelhecimento vegetal. As plantas se mantêm vivas por mais tempo quando se adicionam citocininas à água de vasos ou se pulverizam as flores com solução contendo esses fitormônios.

Citocininas são derivadas da base nitrogenada adenina, presente nos ácidos nucleicos DNA e RNA. O principal membro dessa classe de fitormônios é a zeatina.

Adenina

Zeatina

Ácido abscísico e etileno

O **ácido abscísico** (ABA) é responsável pela interrupção do crescimento das plantas no inverno, atuando também quando a planta é submetida a situações adversas, como falta de água, por exemplo. Nessas condições as raízes da planta aumentam a síntese de ABA que, pelo xilema, chega até as folhas. A presença desse fitormônio leva as células-guarda dos estômatos a eliminar íons potássio (K^+) e a perder água por osmose, fechando o ostíolo.

Outro efeito do ácido abscísico é causar a dormência de sementes, o que impede sua germinação prematura. Embriões de milho geneticamente incapazes de produzir ácido abscísico não apresentam dormência, germinando ainda na espiga. Em regiões áridas, as sementes de muitas plantas só germinam depois de lavadas pela água da chuva, que remove o excesso de ácido abscísico nelas presente.

Ácido abscísico (ABA)

O **etileno** (C_2H_4) é uma substância gasosa em condições ambientais produzida em diversas partes da planta e que provavelmente se distribui por difusão pelos espaços intercelulares. Seu principal efeito é induzir o amadurecimento dos frutos. Por isso, esse fitormônio é um dos que apresentam maior aplicação comercial.

Outro efeito do etileno é participar da abscisão das folhas, junto com as auxinas. Nas regiões de clima temperado, a concentração de auxina nas folhas de certas plantas diminui no outono. Isso leva à produção do etileno, responsável direto pela queda das folhas.

Etileno (eteno)

Agora você pode resolver as atividades de 25 a 35, 56 a 61, 71 e 72.

15.5 Fitocromos e desenvolvimento

Uma classe de substâncias importante no desenvolvimento das plantas é o **fitocromo**, proteína que permite às células vegetais responderem a estímulos luminosos.

As moléculas de fitocromo podem assumir duas formas interconversíveis, chamadas $\mathbf{F_v}$ (fitocromo vermelho) e $\mathbf{F_{vd}}$ (fitocromo vermelho distante). O fitocromo F_v, também conhecido como $\mathbf{P_r}$ (do inglês *phytochrome **r**ed*), transforma-se em fitocromo F_{vd}, também conhecido por P_{fr} (do inglês ***p**hytochrome **f**ar **r**ed*), ao absorver luz vermelha de comprimento de onda na faixa de 660 nm. O fitocromo F_{vd}, por sua vez, transforma-se em fitocromo F_v na escuridão ou se absorver luz correspondente à cor vermelha de maior comprimento de onda, na faixa de 730 nm.

Como a radiação solar contém luz de comprimentos de onda correspondentes tanto ao vermelho quanto ao vermelho distante, durante o dia as plantas apresentam as duas formas de fitocromos, com certa predominância da proteína F_{vd}, a forma fisiologicamente ativa. À noite, o fitocromo F_{vd} converte-se em fitocromo F_v. Dependendo da duração do período de escuridão, essa conversão pode ser total, de forma que a planta, ao fim de uma longa noite de inverno, pode apresentar apenas fitocromo F_v. **(Fig. 15.14)**

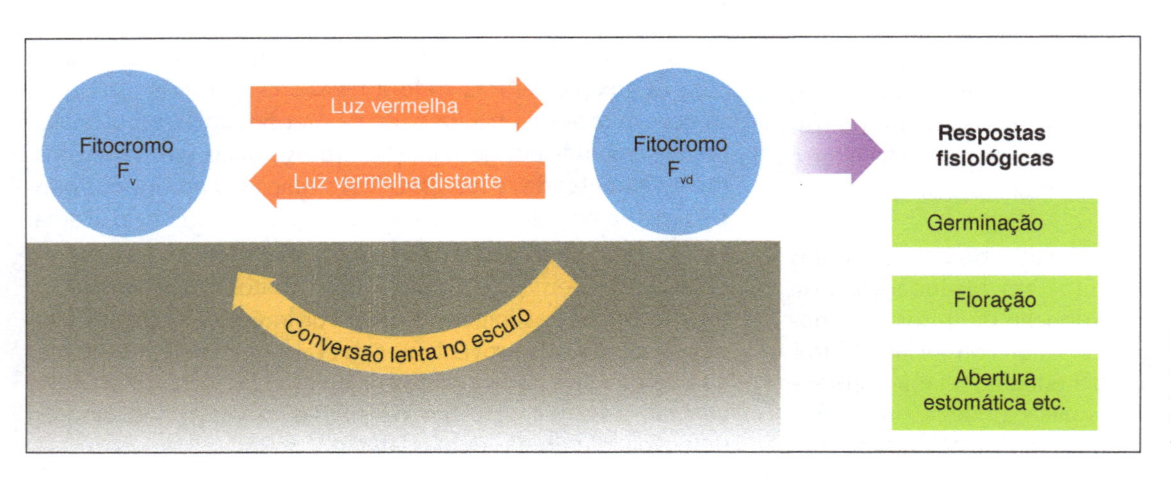

Figura 15.14 Representação esquemática dos fatores que afetam a conversão da forma inativa do fitocromo (F_v) para a forma ativa (F_{vd}) e vice-versa.

Luz e germinação de sementes

Os fitocromos estão envolvidos em diversos processos fisiológicos, entre eles a germinação de sementes de certas espécies vegetais que só ocorre após um estímulo luminoso apropriado. Esse tipo de germinação dependente de luz é uma característica adaptativa de sementes pequenas, como as de alface, por exemplo. Como não têm muitas reservas nutritivas, é conveniente que essas sementes germinem perto da superfície do solo, iniciando o mais rápido possível a produção de seu próprio alimento.

O efeito da luz sobre a germinação é denominado fotoblastismo (do grego *photos*, luz, e *blástos*, broto). Sementes cuja germinação depende de estímulos luminosos são chamadas de **fotoblásticas positivas**. As que não dependem de estímulos luminosos para germinar são denominadas **fotoblásticas negativas**. Sementes fotoblásticas positivas precisam de estímulos luminosos porque nelas o processo de germinação é induzido pelo fitocromo F_{vd}, que se forma durante o período de exposição à luz.

As sementes da maioria das espécies vegetais são fotoblásticas negativas, germinando mesmo quando enterradas profundamente no solo. Nesses casos, o eixo epicótilo-hipocótilo alonga-se rapidamente e a jovem planta emerge do solo como um cotovelo, denominado gancho de germinação (relembre no capítulo anterior).

Luz e estiolamento

O crescimento na ausência de luz, enquanto a planta jovem ainda está enterrada no solo, é chamado de **estiolamento**. Trata-se de um processo adaptativo que faz a planta atingir logo a superfície. O gancho de germinação que se mantém na ausência de luz evita o contato direto da gema apical e das primeiras folhas com as partículas de solo, o que poderia acarretar danos às frágeis estruturas da planta jovem.

O estiolamento pode ser facilmente observado colocando-se sementes para germinar em um substrato úmido (solo, algodão, papel absorvente etc.), parte na claridade e parte na escuridão. Plantas que se desenvolvem no escuro apresentam caule alongado, folhas pequenas, gancho pronunciado e cor amarelada, uma vez que os plastos não produzem clorofila na ausência de luz. Esse conjunto de características, típico do estiolamento, deve-se à ausência de fitocromo F_{vd}. **(Fig. 15.15)**

Figura 15.15 Plantada mais à esquerda no vaso, ervilha (*Pisum sativum*) germinada em condições naturais, ao lado de uma planta de mesma idade que germinou na ausência de luz (à direita).

Luz e floração

A floração de diversas espécies de planta ocorre em épocas específicas do ano. É comum ouvirmos dizer que tal planta floresce em agosto, outra em outubro e assim por diante. Mas o que faz as plantas florescerem em épocas determinadas?

Diversas espécies de plantas têm sua floração regulada pelo fotoperiodismo, ou seja, pela duração relativa entre os períodos de iluminação e de escuridão no ciclo de 24 horas. Quanto ao comportamento de floração, as plantas podem ser classificadas em três tipos básicos: plantas de dia curto, plantas de dia longo e plantas neutras.

Plantas de dia curto são as que florescem quando a duração do período iluminado diário é inferior a determinado número de horas. Esse valor-limite de horas para a floração, que varia de acordo com a espécie, é denominado **fotoperíodo crítico**. Em geral essas plantas florescem no início da primavera ou do outono. Exemplos de plantas de dia curto são o morangueiro e o crisântemo.

Plantas de dia longo florescem quando a duração do período iluminado diário é superior ao fotoperíodo crítico. Em geral, essas plantas florescem no verão. Alguns exemplos são a íris, a alface e o espinafre.

Deve-se notar que não é a duração absoluta do período iluminado que importa, mas se ele é maior ou menor que determinado valor, o fotoperíodo crítico característico da espécie de planta considerada. Por exemplo, a erva-touro (*Xanthium strumarium*) é uma planta de dia curto e o espinafre (*Spinacia oleracea*) é uma planta de dia longo, mas ambas florescem se expostas a períodos de iluminação diários de 14 horas. A erva-touro é classificada como de dia curto porque floresce quando o período de iluminação diário é igual ou inferior a 16 horas, o fotoperíodo crítico dessa espécie. O espinafre é considerado uma planta de dia longo porque floresce quando submetido a um período de iluminação diário igual ou superior a 12 horas, seu fotoperíodo crítico.

Plantas neutras são aquelas cuja floração independe do fotoperíodo. Nesse caso a floração ocorre em resposta a outros tipos de estímulo, como períodos de frio, de chuva ou de calor. O tomate, o dentálio e o feijão-de-corda são exemplos de plantas neutras.

Controle de fotoperiodismo pelos fitocromos

Nas plantas de dia curto, o fitocromo F_{vd} atua como inibidor da floração. Por isso elas florescem apenas nas estações do ano em que as noites são longas. Durante o período prolongado de escuridão, todo fitocromo F_{vd} se converte espontaneamente em fitocromo F_v, deixando de inibir a floração. No entanto, basta que um único lampejo de luz interrompa o período de escuridão para que a floração continue inibida.

Nas plantas de dia longo, o fitocromo F_{vd} atua como indutor da floração e elas só florescem se os períodos de escuridão forem curtos, de modo que não haja conversão total de fitocromo F_{vd} em fitocromo F_v. Basta um único lampejo de luz interrompendo o período de escuridão para induzir a floração. Na época do ano em que as noites são longas, as plantas de dia longo não florescem porque todo o fitocromo F_{vd} é convertido em fitocromo F_v, que não induz a floração. **(Fig. 15.16)**

Figura 15.16 Influência da luz na floração de plantas. **A.** Plantas de dia curto (noite longa), como o crisântemo (*Chrysanthemum camellias*), florescem quando o período de escuridão é **superior** a determinado valor-limite, o fotoperíodo crítico. **B.** Plantas de dia longo (noite curta), como a íris, florescem apenas se a duração do período escuro é **inferior** ao fotoperíodo crítico.

Outros fatores também podem influenciar a floração de plantas que respondem ao fotoperiodismo. Por exemplo, o trigo de inverno, uma planta de dia curto, não florescerá mesmo com o fotoperíodo apropriado, a menos que a planta fique exposta por várias semanas a temperaturas inferiores a 10 °C. Essa necessidade de frio para florescer, ou para uma semente germinar – chamada de **vernalização** –, é comum em plantas de clima temperado. Após a vernalização, se o trigo de inverno for submetido a períodos de iluminação menores que o fotoperíodo crítico, ele florescerá.

Agora você pode resolver as atividades de 36 a 41, 45, 46, 62 e 73.

Ciência e cidadania

Agricultura e solo

1 Conhecimentos derivados do senso comum, aliados às novas descobertas científicas, têm possibilitado à humanidade aumentar significativamente a produtividade do solo e das culturas vegetais. Isso permite produzir mais alimentos e com mais qualidade, demandas importantes para as sociedades humanas, que ainda crescem em ritmo acelerado.

Adubação do solo

2 Nos ambientes naturais, a morte e a decomposição dos seres vivos devolvem ao solo os átomos dos diversos elementos químicos retirados pelas plantas, o que possibilita sua constante reutilização. Em um campo de cultivo, porém, a situação é diferente, pois as plantas são removidas, inteiras ou em parte, e utilizadas como alimento pelas pessoas ou por animais domésticos. Com isso o solo vai gradativamente empobrecendo em elementos químicos essenciais, tornando-se inadequado à agricultura. Assim, os átomos dos elementos químicos perdidos devem ser repostos periodicamente pela adição de substâncias que os contenham. Essa prática é denominada adubação e as substâncias adicionadas, fontes de elementos químicos, são os adubos, que podem ser substâncias orgânicas ou inorgânicas, sintetizadas em indústrias ou obtidas diretamente da natureza.

3 **Adubos naturais** são constituídos por restos ou partes de animais ou de plantas, como fezes e sobras de alimentos. À medida que esses materiais são decompostos pelos microrganismos do solo, eles disponibilizam elementos químicos essenciais ao crescimento das plantas. Essa técnica de adubação, além de fornecer ao solo átomos de elementos químicos essenciais, favorece a retenção de água.

4 Muitos agricultores estimulam a reposição de nitrogênio no solo pelo cultivo de plantas leguminosas, que são deixadas para apodrecer no campo; esse processo é conhecido como **adubação verde**. As leguminosas, por viverem em associação com bactérias que fixam nitrogênio diretamente do ar, incorporam quantidades elevadas desse elemento químico.

5 **Adubos sintéticos** são compostos produzidos de forma industrial e que geralmente contêm sais minerais constituídos de três elementos químicos: nitrogênio (N), fósforo (P) e potássio (K). Essa técnica de adubação possibilita calcular com precisão as quantidades de cada nutriente que deve ser fornecido à planta. Isso é importante, pois a concentração relativa de cada elemento tem influência no tipo de crescimento. Por exemplo, o fornecimento de nitrogênio estimula um crescimento vegetativo vigoroso, com produção de muitas folhas, em detrimento da formação de estruturas reprodutivas, por ser constituinte de proteínas e ácidos nucleicos. Assim, é interessante fornecer a quantidade adequada de nitrogênio para uma cultura de alface, por exemplo, cuja parte de interesse é a folha. Em uma cultura de tomates, entretanto, em que o produto de interesse é o fruto, a quantidade de nitrogênio pode ser menor. O elemento fósforo está presente nos ácidos nucleicos na forma do íon fosfato, e o elemento potássio, por sua vez, atua no equilíbrio osmótico, promovendo, por exemplo, a abertura dos estômatos quando presente em altas concentrações no interior das células-guarda.

SOFIA COLOMBINI

Embalagem de adubo industrializado. O valor de N (no caso, 10) é a porcentagem do elemento químico nitrogênio por massa de fertilizante. Os valores de P e K (também 10, nesse caso) representam as quantidades de P_2O_5 e de K_2O, respectivamente.

Prejuízos da adubação excessiva

6 A utilização de adubos sintéticos sem o devido conhecimento das necessidades das plantas e do tipo de solo pode levar a problemas ambientais. A adubação excessiva, por exemplo, pode acarretar a contaminação dos recursos hídricos (lagos, açudes, rios etc.) com substâncias químicas que podem causar problemas à saúde humana e aos ecossistemas, se forem utilizadas em concentrações excessivas.

Grau de acidez do solo

7 A eficiência da adubação está diretamente ligada ao grau de acidez do solo, medido na escala de pH. Antes de aplicar os fertilizantes o agricultor deve conhecer o pH do solo e corrigi-lo, se necessário. Se o solo é muito ácido pode-se adicionar calcário (formado basicamente de $CaCO_3$) para reduzir a acidez; se o solo é alcalino a correção pode ser feita pela adição de sulfato de sódio (Na_2SO_4) ou sulfato de magnésio ($MgSO_4$).

8 O pH do solo influencia a capacidade das plantas de absorver nutrientes. Mesmo que o solo contenha todos os nutrientes essenciais, uma planta pode não conseguir absorver alguns deles se o pH for inadequado. Por exemplo, em um solo com pH igual a 8, uma planta consegue absorver íons cálcio (Ca^{2+}), mas é incapaz de absorver íons ferro(II) (Fe^{2+}) com eficiência.

Irrigação

9 Outro fator fundamental para o crescimento das plantas é a disponibilidade de água no solo. Muitas regiões desérticas, apesar de terem solo fértil quanto à composição mineral, são pobres em vegetação porque falta água. Isso é evidente em regiões semidesérticas, que se tornam produtivas quando irrigadas artificialmente. Diversas regiões áridas do Nordeste brasileiro, por exemplo, têm produzido frutas e hortaliças de excelente qualidade graças aos processos de irrigação artificial.

MAURICIO SIMONETTI/PULSAR IMAGENS

Sistema de irrigação por gotejamento em plantação de uva no vale do rio São Francisco (Lagoa Grande, PE, 2012).

Cultivo de plantas sem solo: hidroponia

10 Plantas podem se desenvolver na ausência de solo, desde que suas raízes estejam mergulhadas em uma solução aquosa aerada e com os nutrientes minerais necessários ao seu desenvolvimento. Esse método de cultivo, denominado hidroponia, é bastante empregado na produção de hortaliças.

LUCAS LACAZ RUIZ/FOTOARENA/FOLHAPRESS

Cultivo de alface-crespa por hidroponia (Paraibuna, SP, 2014).

GUIA DE LEITURA

A adubação natural, em que se utilizam substâncias orgânicas (provenientes de esterco, partes de seres vivos etc.), é praticada milenarmente pela humanidade. Mais recentemente têm-se empregado substâncias produzidas industrialmente para complementar a nutrição de plantas cultivadas. Descubra, neste quadro, por que a adubação é importante para a humanidade. O **Guia de leitura** traz questionamentos para ajudá-lo a refletir sobre o assunto.

1. Leia o primeiro parágrafo. O que são "conhecimentos derivados do senso comum"? Se necessário, pesquise sobre o tema.
2. Leia o segundo parágrafo e responda: **a)** Por que o solo de um campo de cultivo empobrece em nutrientes quando comparado a ambientes naturais? **b)** Que método é utilizado para evitar que os nutrientes do solo se esgotem, tornando-o impróprio para a agricultura?
3. O terceiro parágrafo refere-se à adubação natural. Você já pensou que os restos de alimentos utilizados em sua casa podem ser destinados à produção de adubo natural? Como isso poderia ser feito? Pesquise a respeito.
4. Leia o quarto parágrafo e responda: em que consiste a adubação verde?
5. O quinto parágrafo refere-se aos adubos sintéticos. Quais seriam algumas das vantagens desse tipo de adubação? Analise a foto de uma embalagem de adubo e sua respectiva legenda. Com base apenas nas informações do texto e da foto, você poderia concluir que o adubo mostrado na imagem seria o mais adequado para uma plantação de alface?
6. O sexto parágrafo aponta possíveis prejuízos ambientais da adubação excessiva. Quais são eles?
7. Leia os parágrafos 7 e 8 e responda: qual é a importância do pH adequado do solo e como se corrigem eventuais desvios?
8. No nono parágrafo, observe a foto de uma plantação com irrigação artificial. Pesquise sobre a irrigação artificial no Brasil. Se necessário, peça ajuda aos professores de Geografia.
9. O décimo e último parágrafo trata da hidroponia. Em que consiste esse método? Compare possíveis vantagens e desvantagens em relação ao cultivo tradicional no solo. Você já viu ou comprou algum produto hidropônico? Qual (ou quais)?

Mapa de conceitos

Nutrição das plantas

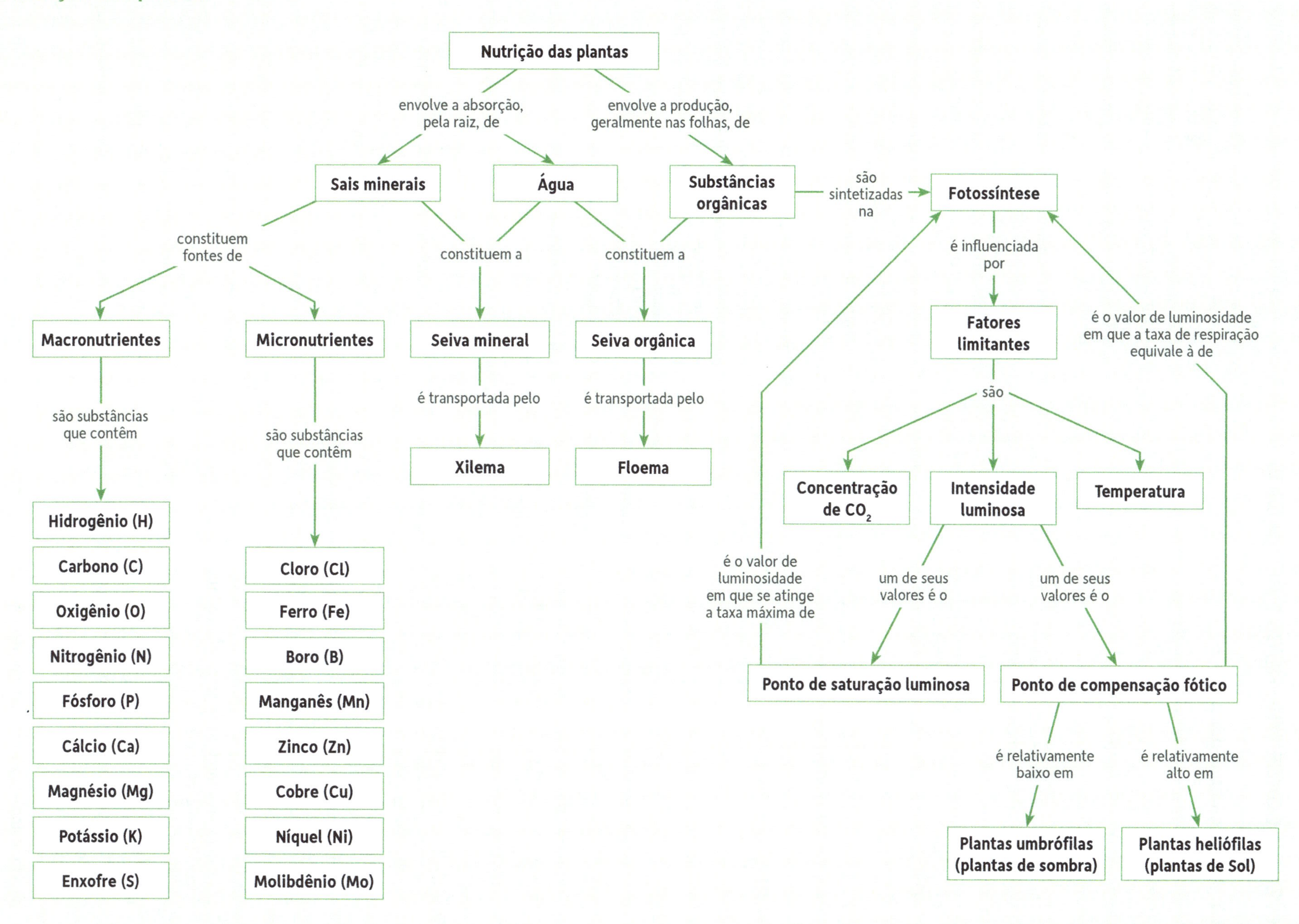

ATIVIDADES

REVENDO CONCEITOS, FATOS E PROCESSOS

15.1 A nutrição das plantas

Considere as alternativas a seguir para responder às questões de 1 a 4.

a) Fotossíntese.
b) Ponto de compensação fótico.
c) Ponto de saturação luminosa.
d) Seiva orgânica.

1. Que nome recebe a produção de substâncias orgânicas a partir de água, gás carbônico e energia luminosa?

2. Como se denomina o valor de intensidade luminosa em que todo gás oxigênio produzido na fotossíntese é utilizado na respiração, e todo gás carbônico produzido na respiração é utilizado na fotossíntese?

3. Como se denomina a solução de substâncias orgânicas produzidas nas folhas pelo processo de fotossíntese?

4. Como se denomina o valor de intensidade luminosa acima do qual a atividade fotossintetizante se mantém constante?

5. As células-guarda dos estômatos são as únicas células da epiderme vegetal com cloroplastos. Isso permite concluir que

a) apenas células-guarda fazem respiração celular.
b) as células epidérmicas, com exceção das células-guarda, não fazem fotossíntese.
c) as células epidérmicas, com exceção das células-guarda, realizam um tipo de fotossíntese sem clorofila.
d) todas as células epidérmicas fazem fotossíntese, utilizando a energia luminosa captada primariamente pelos cloroplastos das células-guarda.

6. Uma planta mantida no escuro

a) morrerá, pois será incapaz de obter energia por meio da respiração celular.
b) morrerá, pois será incapaz de produzir substâncias orgânicas a partir de substâncias inorgânicas.
c) sobreviverá, mas não será verde, pois a luz só é importante para a produção da clorofila.
d) sobreviverá, desde que lhe sejam fornecidos os nutrientes orgânicos de que necessita.

7. Dizer que a concentração de gás carbônico é um fator limitante da fotossíntese significa que

a) quanto maior a concentração de gás carbônico menor é a taxa de fotossíntese.
b) a taxa de fotossíntese só não é maior, em determinadas condições, porque não há gás carbônico suficiente para que isso ocorra.
c) a taxa de fotossíntese independe da concentração de gás carbônico no ambiente.
d) a fotossíntese só ocorre sob uma determinada concentração de gás carbônico.

8. Dizer que a intensidade luminosa é um fator limitante da fotossíntese significa que

a) até um certo limite, a taxa de fotossíntese diminui progressivamente com o aumento da intensidade luminosa.
b) até um certo limite, a taxa de fotossíntese aumenta progressivamente com o aumento da intensidade luminosa.
c) a taxa de fotossíntese não se altera em função da intensidade luminosa.
d) a fotossíntese só ocorre em uma determinada intensidade luminosa.

9. Uma planta submetida a intensidade luminosa inferior ao seu ponto de compensação fótico

a) cresce, porque produz mais matéria orgânica pela fotossíntese que a matéria orgânica consumida na respiração celular.
b) cresce, porque produz menos matéria orgânica pela respiração celular que a matéria orgânica consumida na fotossíntese.
c) não cresce, porque produz menos matéria orgânica pela fotossíntese que a matéria orgânica consumida na respiração celular.
d) não cresce, porque produz menos matéria orgânica pela respiração celular que a matéria orgânica consumida na fotossíntese.

10. Suponha um ambiente de luminosidade intermediária entre os valores correspondentes aos pontos de compensação fóticos de uma planta de sombra e de uma planta de Sol. Se as duas plantas forem mantidas nesse ambiente, pode-se prever que

a) ambas crescerão bem.
b) a planta de Sol crescerá bem, mas a planta de sombra será prejudicada.
c) a planta de sombra crescerá bem, mas a planta de Sol terá seu crescimento prejudicado.
d) ambas terão seu crescimento prejudicado.

Considere as alternativas a seguir para responder às questões de 11 a 14.

a) Adubação.
b) Macronutriente.
c) Micronutriente.
d) Seiva mineral.

11. Como se denomina um elemento químico de que a planta necessita em quantidades relativamente grandes?

12. Como se denomina um elemento químico de que a planta necessita em pequeníssima quantidade?

13. Que denominação recebe a solução de água e de sais minerais que a planta retira do solo?

14. Como se denomina a correção da composição química do solo por meio da adição de nutrientes?

15. As moléculas orgânicas de que uma planta necessita para formar os componentes de suas células são

a) retiradas diretamente do solo, juntamente com a água e os sais minerais.
b) produzidas pela própria planta, a partir de moléculas orgânicas retiradas do solo.
c) produzidas pela própria planta, a partir de substâncias inorgânicas retiradas do solo e do ar.
d) produzidas pela própria planta, a partir de moléculas orgânicas e de substâncias inorgânicas retiradas do solo e do ar.

15.2 Absorção e condução da seiva mineral

16. A absorção de água e de sais minerais por uma planta ocorre principalmente pelos
a) estômatos, presentes na epiderme das folhas.
b) estômatos, presentes na epiderme das raízes.
c) pelos absorventes, presentes na epiderme das folhas.
d) pelos absorventes, presentes na epiderme das raízes.

17. A sequência em que água e sais minerais absorvidos por uma raiz se deslocam na planta é
a) epiderme, córtex, endoderma, periciclo e xilema.
b) epiderme, endoderma, periciclo, córtex e xilema.
c) córtex, epiderme, periciclo, endoderma e xilema.
d) epiderme, córtex, xilema, endoderma e periciclo.

18. A explicação para o deslocamento da seiva mineral através do xilema é conhecida como
a) teoria celular.
b) hipótese da coesão-tensão.
c) hipótese do fluxo em massa.
d) teoria da evolução.

19. A principal força responsável pelo deslocamento da seiva mineral das raízes até as folhas é gerada diretamente pela
a) energia liberada na fotossíntese.
b) energia liberada na respiração celular.
c) energia luminosa captada na fotossíntese.
d) alteração da pressão osmótica causada pela transpiração foliar.

20. As trocas gasosas entre a estrutura interna de uma planta e o ar atmosférico ocorrem principalmente por
a) estômatos, presentes na epiderme das folhas.
b) estômatos, presentes na periderme das folhas.
c) pelos absorventes, presentes na epiderme das folhas.
d) pelos absorventes, presentes na periderme das folhas.

21. Como é chamada a perda de água por evaporação através da cutícula?
a) Coesão.
b) Tensão.
c) Transpiração.
d) Respiração.

22. Os estômatos abrem-se, permitindo a livre passagem de gases e de vapor-d'água, quando as células-guarda
a) absorvem água e tornam-se túrgidas.
b) absorvem água e tornam-se flácidas.
c) perdem água e tornam-se túrgidas.
d) perdem água e tornam-se flácidas.

15.3 A condução da seiva orgânica

23. Uma árvore da qual foi retirado um anel completo de casca do tronco, o chamado anel de Malpighi,
a) morrerá, porque não consegue mais transportar seiva mineral das raízes até as folhas.
b) morrerá, porque não consegue mais transportar seiva orgânica das folhas até as raízes.
c) morrerá, porque não consegue mais transportar seiva mineral nem seiva orgânica.
d) não morrerá, porque seu caule continua a transportar seiva mineral até as folhas, que continuam a fazer fotossíntese normalmente.

24. Como é chamada a explicação mais aceita para o deslocamento da seiva orgânica através do floema?
a) Teoria celular.
b) Hipótese da coesão-tensão.
c) Hipótese do fluxo em massa.
d) Teoria da evolução.

15.4 Hormônios vegetais e controle do desenvolvimento

25. A substância orgânica vegetal que, mesmo em quantidades muito pequenas, é capaz de modificar a atividade celular de toda a planta é denominada
a) fitormônio ou hormônio vegetal.
b) seiva mineral.
c) seiva orgânica.
d) vitamina.

Considere as alternativas a seguir para responder às questões de 26 a 28.
a) Dominância apical.
b) Fotoperiodismo.
c) Fototropismo.
d) Gravitropismo (ou geotropismo).

26. Que denominação recebe o crescimento das plantas em direção à fonte de luz?

27. Como é chamado o crescimento de caules e raízes direcionado pela força gravitacional?

28. Como se denomina o efeito inibidor exercido pela gema do ápice caulinar sobre as gemas laterais?

Para responder às questões 29 e 30 analise o gráfico a seguir, que mostra o efeito de diferentes concentrações de determinada auxina sobre o alongamento de células do caule e de células da raiz.

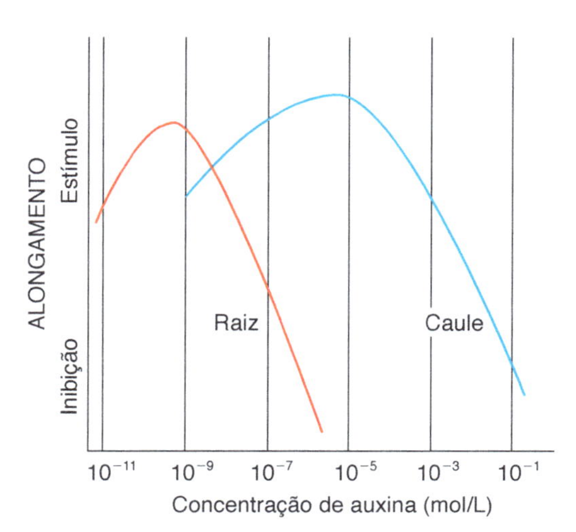

29. Uma concentração de auxina da ordem de 10^{-10} mol/L
a) estimula fortemente o alongamento da raiz, mas quase não produz efeito sobre o caule.
b) estimula fortemente o alongamento da raiz e do caule.
c) inibe o alongamento da raiz e do caule.
d) inibe o alongamento da raiz e estimula o alongamento do caule.

30. Uma concentração de auxina da ordem de 10^{-6} mol/L

a) estimula fortemente o alongamento da raiz, mas quase não produz efeito sobre o caule.
b) estimula fortemente o alongamento da raiz e do caule.
c) inibe o alongamento da raiz e do caule.
d) inibe o alongamento da raiz e estimula o alongamento do caule.

31. Em que alternativa a associação entre o tipo de hormônio vegetal e a respectiva função está INCORRETA?

	Hormônio	Função
a)	Auxina	Inibe o desenvolvimento das gemas laterais do caule.
b)	Citocinina	Promove o crescimento por meio do alongamento das células.
c)	Giberelina	Estimula o crescimento de caules e folhas.
d)	Etileno	Promove o amadurecimento de frutos.

Considere as alternativas a seguir para responder às questões de 32 a 35.

a) Ácido abscísico.
b) Auxina.
c) Citocinina.
d) Etileno.

32. Qual hormônio é responsável pela interrupção do crescimento das plantas submetidas a condições adversas?

33. Um agricultor interessado em obter frutos sem semente deveria pulverizar ( ) sobre as flores.

34. Um comerciante interessado em estimular o amadurecimento de frutos deveria tratá-los com ( ).

35. Um biólogo interessado em estimular a multiplicação de células vegetais em cultura de tecidos deve tratar as células com ( ).

15.5 Fitocromos e desenvolvimento

36. A capacidade de as plantas responderem a estímulos luminosos está relacionada com uma proteína denominada

a) auxina.
b) citocinina.
c) etileno.
d) fitocromo.

Considere as alternativas a seguir para responder às questões 37 e 38.

a) Estiolamento.
b) Fotoperiodismo.
c) Fototropismo.
d) Gravitropismo.

37. As plantas que se desenvolvem no escuro apresentam caule muito alongado, folhas pequenas, persistência do gancho de germinação e cor amarelada. Esse conjunto de características recebe a denominação de ( ).

38. O estímulo para certas plantas florescerem é a duração das noites, fenômeno denominado ( ).

Considere as alternativas a seguir para responder às questões de 39 a 41.

a) Planta de dia curto.
b) Planta de dia longo.
c) Planta neutra.

39. Como é classificada uma planta que requer, para florescer, períodos de iluminação diários com duração igual ou maior que 8 horas?

40. Como é classificada uma planta que requer, para florescer, períodos de iluminação diários com duração igual ou menor que 13 horas?

41. Quanto ao fotoperiodismo, como é classificada uma planta cujo estímulo para florescer é a chuva?

QUESTÕES PARA EXERCITAR O PENSAMENTO

42. Talvez você já tenha notado que certas plantas colocadas dentro de casa, apesar de regadas adequadamente, não se desenvolvem, passando meses sem crescer ou sem produzir folhas. Se essas plantas forem colocadas em locais mais ensolarados, depois de alguns dias o crescimento é retomado. Com base no que aprendeu no capítulo, redija uma explicação para esses fatos. Utilize, em sua explicação, os seguintes conceitos: a) fotossíntese; b) respiração; c) substâncias orgânicas; d) ponto de compensação fótico; e) plantas de Sol; f) plantas de sombra.

43. No século XVII, o médico e fisiologista flamengo Jan Baptista van Helmont (1577-1644) realizou o seguinte experimento: em um vaso, ele colocou 190 kg de terra bem seca, molhando-a em seguida, e nela plantou uma estaca de salgueiro com 2,25 kg.
Colocando uma tampa em cima do vaso, ele impediu que a poeira do ar se depositasse sobre o vaso, que foi regado diariamente, durante cinco anos. Depois desse tempo, a estaca havia se transformado em um arbusto com 76 kg e a terra do vaso, depois de seca, pesou 189,94 kg. Van Helmont concluiu que o aumento de massa da planta se devia quase totalmente à água e que os constituintes do salgueiro, embora diferentes da água, tinham sua origem nela.

a) Com base no que se sabe atualmente sobre a fisiologia das plantas, como podemos explicar os resultados obtidos por Van Helmont?
b) Como se pode explicar o desaparecimento de 60 g da terra original?

44. Duas plantas da mesma espécie são separadas e submetidas a duas situações diferentes: a) a primeira planta é colocada em um ambiente bem iluminado e, a partir de determinado momento, o suprimento de água no solo torna-se insuficiente; b) a segunda é deixada em ambiente de solo bem irrigado com suprimento de água abundante e, a partir de determinado momento, começa a anoitecer. Qual é o comportamento esperado dos estômatos em cada planta, nessas duas situações? Explique por que ocorrem tais comportamentos e qual é sua importância para a planta.

45. O fotoperíodo crítico da aveia é de 9 horas. a) Apenas com essa informação pode-se saber se essa planta é de dia longo ou de dia curto? Justifique sua resposta. b) Plantas de aveia em regime de 7 horas de luminosidade seguidas por 17 horas de escuridão não florescem. Com base nessa nova informação, é possível classificar essas plantas quanto ao fotoperiodismo? Justifique sua resposta.

46. Um agricultor resolveu cultivar crisântemos, uma planta de dia curto com fotoperíodo crítico de 14 horas. a) Que procedimento você poderia sugerir para que ele obtivesse flores no verão, em uma região onde a duração dos dias nessa estação é de cerca de 16 horas? b) Com base no conhecimento que atualmente se tem sobre o papel dos fitocromos no controle da floração dessas plantas, explique o fundamento de sua sugestão.

A BIOLOGIA NO VESTIBULAR

QUESTÕES OBJETIVAS

47. (UFPE) Existem fatores que interferem na taxa de fotossíntese de uma planta. A esse propósito, analise os itens mencionados a seguir.
1. Intensidade de energia luminosa.
2. Concentração de gás carbônico.
3. Temperatura.
4. Concentração de oxigênio.

Interferem na taxa fotossintética:
a) 1, 2, 3 e 4.
b) 1, 2 e 3 apenas.
c) 2 e 3 apenas.
d) 3 e 4 apenas.
e) 1 e 2 apenas.

48. (Fuvest-SP) Os adubos inorgânicos industrializados, conhecidos pela sigla NPK, contêm sais de três elementos químicos: nitrogênio, fósforo e potássio. Qual das alternativas indica as principais razões pelas quais esses elementos são indispensáveis à vida de uma planta?

	Nitrogênio	Fósforo	Potássio
a)	É constituinte de ácidos nucleicos e proteínas.	É constituinte de ácidos nucleicos e proteínas.	É constituinte de ácidos nucleicos, glicídios e proteínas.
b)	Atua no equilíbrio osmótico e na permeabilidade celular.	É constituinte de ácidos nucleicos.	Atua no equilíbrio osmótico e na permeabilidade celular.
c)	É constituinte de ácidos nucleicos e proteínas.	É constituinte de ácidos nucleicos.	Atua no equilíbrio osmótico e na permeabilidade celular.
d)	É constituinte de ácidos nucleicos, glicídios e proteínas.	Atua no equilíbrio osmótico e na permeabilidade celular.	É constituinte de proteínas.
e)	É constituinte de glicídios.	É constituinte de ácidos nucleicos e proteínas.	Atua no equilíbrio osmótico e na permeabilidade celular.

49. (UFSM-RS) Uma vez que não formam sementes, mudas das cerejas-vacina poderão ser obtidas, em laboratório, por cultura de tecidos, por exemplo. Nessa técnica, componentes nutricionais e reguladores de crescimento são adicionados ao meio, controlando o desenvolvimento das futuras plantas. Na natureza, muitos desses nutrientes são encontrados na solução do solo, absorvidos pelas raízes e distribuídos para o corpo vegetal através da atividade do
a) xilema.
b) floema.
c) meristema.
d) parênquima.
e) felogênio.

50. (UFS-SE) Das condições abaixo, a que provoca abertura dos estômatos é a
a) baixa umidade do ar ao redor das folhas.
b) excreção de íons minerais pelas células estomáticas.
c) absorção de água pelas células estomáticas.
d) conversão de glicose em amido nas células estomáticas.
e) diminuição da concentração de CO_2 no ar circundante.

51. (PUC-SP) A água é transportada por vasos lenhosos até a folha e, nas células desse órgão, fornece hidrogênio para a realização de um processo bioquímico, por meio do qual é produzido um gás que poderá ser eliminado para o ambiente e também participar de um outro processo bioquímico naquelas mesmas células.
A estrutura que NÃO tem associação com a descrição é
a) cloroplasto.
b) mitocôndria.
c) floema.
d) xilema.
e) estômato.

52. (UFSCar-SP) Se retirarmos um anel da casca de um ramo lateral de uma planta, de modo a eliminar o floema, mas mantendo o xilema intacto, como mostrado na figura, espera-se que

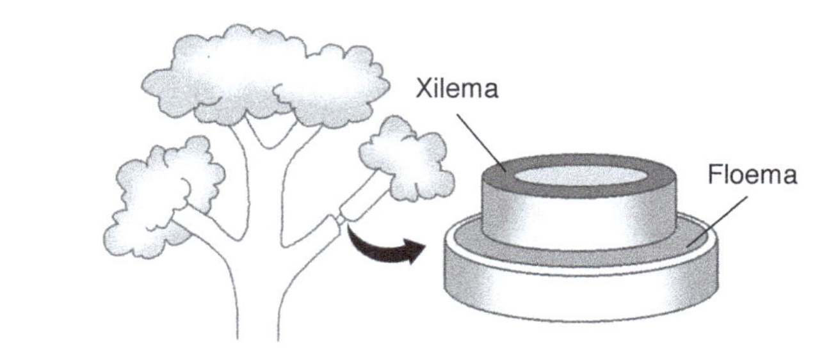

a) o ramo morra, pois os vasos condutores de água e sais minerais são eliminados e suas folhas deixarão de realizar fotossíntese.
b) o ramo morra, pois os vasos condutores de substâncias orgânicas são eliminados e suas folhas deixarão de receber alimento das raízes.
c) o ramo continue vivo, pois os vasos condutores de água e sais minerais não são eliminados e as folhas continuarão a realizar fotossíntese.
d) o ramo continue vivo, pois os vasos condutores de substâncias orgânicas não são eliminados e suas folhas continuarão a receber alimento das raízes.
e) a planta toda morra, pois a eliminação do chamado anel de Malpighi, independentemente do local onde seja realizado, é sempre fatal para a planta.

53. (Fuvest-SP) As substâncias orgânicas de que uma planta necessita para formar os componentes de suas células são
a) sintetizadas a partir de substâncias orgânicas retiradas do solo.
b) sintetizadas a partir de substâncias orgânicas retiradas do solo e de substâncias inorgânicas retiradas do ar.
c) sintetizadas a partir de substâncias inorgânicas retiradas do solo e do ar.
d) extraídas de bactérias e de fungos que vivem em associação com suas raízes.
e) extraídas do solo juntamente com a água e os sais minerais.

54. (Vunesp) Nos vegetais, estômatos, xilema, floema e lenticelas têm suas funções relacionadas, respectivamente, a
a) trocas gasosas, transporte de água e sais minerais, transporte de substâncias orgânicas e trocas gasosas.
b) trocas gasosas, transporte de substâncias orgânicas, transporte de água e sais minerais e trocas gasosas.
c) trocas gasosas, transporte de substâncias orgânicas, transporte de água e sais minerais e transporte de sais.
d) absorção de luz, transporte de água, transporte de sais minerais e trocas gasosas.
e) absorção de compostos orgânicos, transporte de água e sais minerais, transporte de substâncias orgânicas e trocas gasosas.

55. (Fuvest-SP) O gráfico mostra a variação na concentração de gás carbônico atmosférico (CO_2), nos últimos 600 milhões de anos, estimada por diferentes métodos.

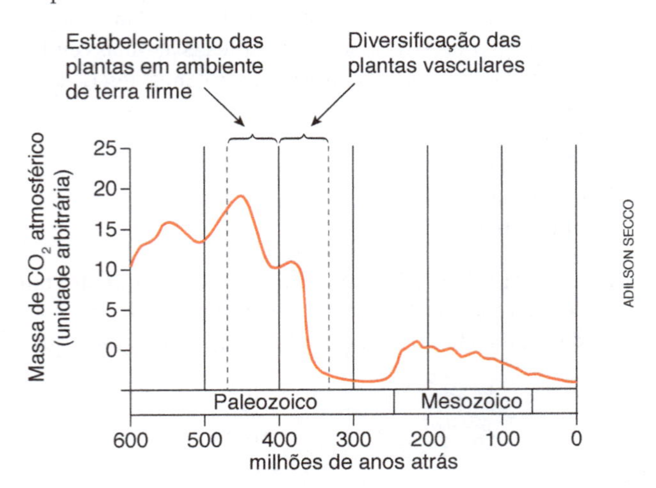

A relação entre o declínio da concentração atmosférica de CO_2 e o estabelecimento e a diversificação das plantas pode ser explicada, pelo menos em parte, pelo fato de as plantas

a) usarem o gás carbônico na respiração celular.
b) transformarem átomos de carbono em átomos de oxigênio.
c) resfriarem a atmosfera evitando o efeito estufa.
d) produzirem gás carbônico na degradação de moléculas de glicose.
e) imobilizarem carbono em polímeros orgânicos, como celulose e lignina.

56. (Fatec-SP) Um pesquisador, a fim de demonstrar a influência de hormônios no crescimento vegetal, realizou uma experiência com plantas de mandioca tratadas com diferentes concentrações de soluções aquosas de auxinas A e B. Os resultados obtidos estão representados na tabela a seguir:

Condições da experiência	Crescimento da raiz	Crescimento do caule
Somente com água	0	0
Concentração baixa de auxina **A**	+	0
Concentração baixa de auxina **B**	0	0
Concentração alta de auxina **A**	–	+
Concentração alta de auxina **B**	0	–

Legenda:

Crescimento	Sinal
acelerado	+
lento	–
normal	0

Observando os resultados, o pesquisador chegou à seguinte conclusão:

a) O efeito das auxinas A e B depende do órgão em que atuam.
b) A ação da auxina é diretamente proporcional à concentração de auxina usada.
c) A ação da auxina depende da espécie vegetal considerada na experiência.
d) Os resultados obtidos independem do tipo de auxina utilizada.
e) Os resultados obtidos com a auxina B são os mesmos que foram obtidos apenas com água.

57. (UFG-GO) O proprietário de um viveiro de plantas deseja incrementar seu lucro com o aumento da produção de mudas provenientes de brotação. Para tanto, solicitou a orientação de um especialista que recomendou o tratamento com o hormônio vegetal

a) ácido abscísico, para propiciar o fechamento estomático.
b) auxina, para promover o enraizamento de estacas.
c) citocinina, para estimular a germinação.
d) etileno, para intensificar a maturação dos frutos.
e) giberelina, para induzir a partenocarpia.

58. (FGV-SP) O esquema apresenta 4 plântulas de trigo em início de germinação, colocadas ao lado de uma fonte luminosa:

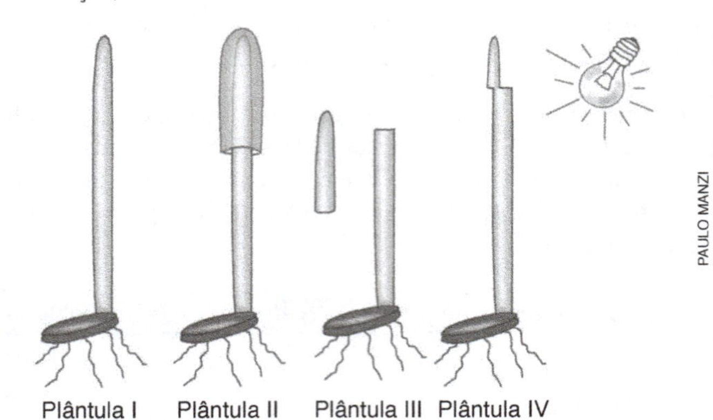

Contudo, cada uma das plântulas recebeu um tratamento:

Plântula I permaneceu intacta.
Plântula II teve o ápice do caule coberto e protegido da luz.
Plântula III teve o ápice do caule removido.
Plântula IV teve o ápice do caule removido e recolocado unilateralmente.

Haverá crescimento em direção da fonte luminosa

a) na plântula I, apenas.
b) na plântula II, apenas.
c) nas plântulas I e IV, apenas.
d) nas plântulas I, III e IV, apenas.
e) nas plântulas I, II, III e IV.

59. (Uece) Em jardinagem o hábito de podar plantas promove o aparecimento de ramos, flores e frutos em virtude do desenvolvimento de gemas laterais. Este processo está relacionado ao fenômeno de

a) dormência, controlado pelo ácido abscísico.
b) abscisão, controlado pelas giberelinas.
c) dominância apical, controlado pelas auxinas.
d) dominância apical, controlado pelas giberelinas.

60. (UFPE) Iluminando-se uma plântula unilateralmente, um determinado hormônio vegetal tende a migrar de modo a ficar mais concentrado no lado menos iluminado da planta, o que estimula o crescimento das células desse lado, provocando o encurvamento do coleóptilo em direção à fonte de luz, como mostrado na figura. Este efeito é denominado de fototropismo positivo e é causado pelo seguinte hormônio:

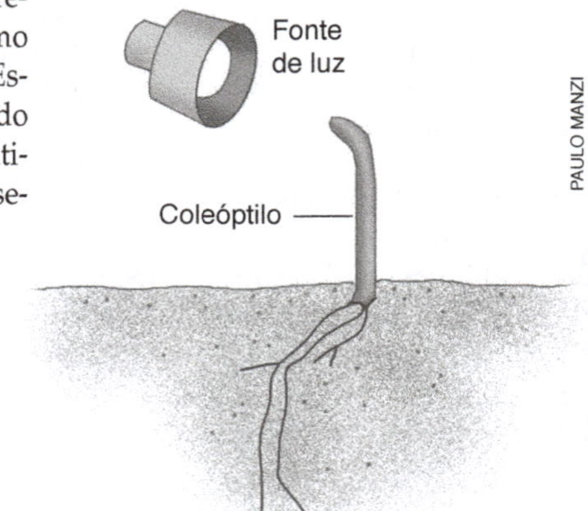

a) auxina.
b) ácido abcísico.
c) giberelina.
d) etileno.
e) citocinina.

61. (PUC-Campinas-SP) Os cachos de bananas destinados à comercialização são colhidos verdes, para que possam resistir ao transporte e à estocagem. Pouco antes de serem vendidos, são submetidos à ação do gás etileno, o que faz com que os frutos amadureçam rapidamente. Esse gás

a) é um fitormônio que normalmente regula a divisão celular.
b) é normalmente produzido pelos vegetais e atua como hormônio.
c) induz também a formação de frutos partenocárpicos, como é o caso da banana.
d) não é produzido pelas plantas, embora tenha ação hormonal.
e) tem efeito semelhante ao das giberelinas, ao induzir o amadurecimento dos frutos.

62. (UFMA) Uma planta que tem fotoperíodo crítico de 10 horas e floresce quando submetida a 8 horas de luz é considerada

a) de dia longo.
b) de dia curto.
c) indiferente à luz.
d) tanto de dia longo quanto de dia curto.
e) indiferente ao tempo de exposição à luz.

QUESTÕES DISCURSIVAS

63. (UFC-CE) Atualmente é comum haver, em muitos supermercados da cidade, verduras que foram cultivadas através da técnica da hidroponia, ou seja, do cultivo em soluções de nutrientes inorgânicos e não no solo. Pergunta-se:

a) como são classificados os nutrientes inorgânicos essenciais, adicionados à solução? Cite 2 (dois) exemplos de cada grupo.
b) por que a solução de nutrientes utilizada na hidroponia deve ser continuamente aerada?

64. (UFRJ) O gráfico a seguir mostra a variação da taxa de respiração das folhas de uma árvore ao longo do ano.

Determine se essa planta está no Hemisfério Norte ou no Hemisfério Sul. Justifique sua resposta.

65. (Unicamp-SP) A transpiração é importante para o vegetal por auxiliar no movimento de ascensão da água através do caule. A transpiração nas folhas cria uma força de sucção sobre a coluna contínua de água do xilema: à medida que esta se eleva, mais água é fornecida à planta.

a) Indique a estrutura que permite a transpiração na folha e a que permite a entrada de água na raiz.
b) Mencione duas maneiras pelas quais as plantas evitam a transpiração.
c) Se a transpiração é importante, por que a planta apresenta mecanismos para evitá-la?

66. (UFF-RJ) Com o objetivo de estudar a absorção de água por vegetais terrestres em condições ambientais, foram avaliadas, em uma planta, as velocidades de transpiração pelas folhas e de absorção de água pela raiz. Realizaram-se dois experimentos:
– Experimento 1 – As velocidades foram medidas a cada duas horas, durante as 24 horas do dia, sendo registradas as variações do nível de insolação, da temperatura e da umidade relativa do ar.
– Experimento 2 – Realizado poucos dias depois, da mesma forma que o anterior e nas mesmas condições de insolação e de temperatura, porém, com a umidade do ar cerca de duas vezes maior do que a registrada no experimento 1.
Os resultados obtidos estão nos gráficos adiante, identificados como W e Z, onde as medidas de velocidade foram expressas em gramas de água, perdidos pela transpiração ou absorvidos pela raiz a cada duas horas:

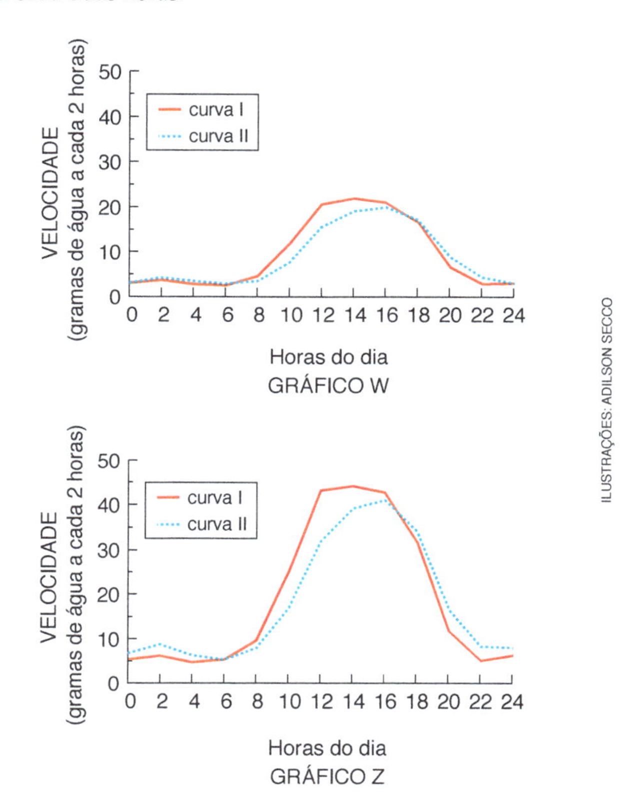

a) Identifique as curvas, em ambos os gráficos, que representam, respectivamente, as velocidades de transpiração pelas folhas e de absorção de água pela raiz. Justifique.
b) Identifique os gráficos que correspondem aos experimentos 1 e 2. Justifique.

67. (UFRJ) O número de estômatos por centímetro quadrado é maior na face inferior do que na face superior das folhas. Há mesmo folhas de algumas espécies de plantas que não têm estômatos na face superior. Essa diferença no número de estômatos nas duas faces das folhas é uma importante adaptação das plantas.
Explique a importância funcional dessa adaptação.

68. (Ufla-MG) Considere uma árvore de 5 m de altura, que cresce 1 m por ano.

a) Se ocorrer uma lesão que deixe uma marca em seu tronco, a 1,5 m do solo, a que altura ela estará aos 5 anos? Explique.
b) Se for retirado um anel da casca do caule, logo acima do nível do solo, provavelmente a árvore morrerá. Por que isso pode acontecer?

69. (UFSCar-SP) O gráfico apresenta o curso diário da transpiração através do estômato (transpiração estomática) de duas plantas de mesmo porte e espécie, mantidas uma ao lado da outra durante um dia ensolarado. Uma das plantas foi mantida permanentemente irrigada e a outra foi submetida a deficiência hídrica:

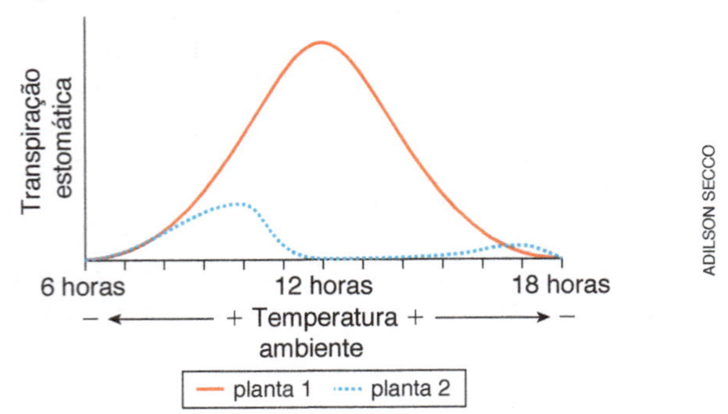

a) Qual das duas plantas, 1 ou 2, foi permanentemente irrigada? Como os estômatos e a temperatura contribuíram para que a curva referente a essa planta assim se apresente?

b) Na planta que sofreu regime de restrição hídrica, em que período os estômatos começaram a se fechar e voltaram a se abrir? Como os estômatos e a temperatura contribuíram para que a curva referente a essa planta assim se apresente?

70. (Fuvest-SP) O gráfico a seguir indica a transpiração de uma árvore, num ambiente em que a temperatura permaneceu em torno dos 20 °C, num ciclo de 24 horas:

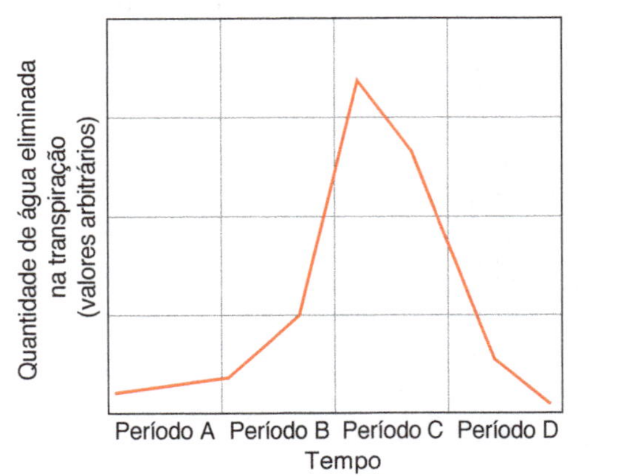

a) Em que período (A, B, C ou D) a absorção de água, pela planta, é a menor?

b) Em que período ocorre a abertura máxima dos estômatos?

c) Como a concentração de gás carbônico afeta a abertura dos estômatos?

d) Como a luminosidade afeta a abertura dos estômatos?

71. (Uerj) Fitormônios são substâncias que desempenham importantes funções na regulação do metabolismo vegetal. Os frutos sem sementes, denominados partenocárpicos, por exemplo, são produzidos artificialmente por meio da aplicação dos fitormônios denominados auxinas.

a) Descreva a atuação das auxinas na produção artificial de frutos sem sementes.

b) Cite um fitormônio que influencie o mecanismo iônico de abertura e fechamento dos estômatos foliares e explique sua atuação nesse mecanismo.

72. (UEG-GO) Os hormônios vegetais controlam o crescimento e o desenvolvimento das plantas ao interferir na divisão, no alongamento e na diferenciação das células. A remoção da gema apical de uma planta promove o desenvolvimento das gemas laterais.

Sobre esse assunto, faça o que se pede:

a) qual o fenômeno responsável pela inibição do desenvolvimento das gemas laterais causada pela presença da gema apical?

b) qual o hormônio vegetal envolvido nessa inibição?

73. (Vunesp) Foram feitos experimentos em laboratório, variando artificialmente os períodos em horas, de exposição à luz e ao escuro, com o objetivo de observar em que condições de luminosidade (luz ou escuro) determinadas plantas floresciam ou não. No experimento I, exemplares de uma planta de dia curto foram submetidos a condições diferentes de exposição à luz e ao escuro. Já no experimento II, plantas de duas outras espécies foram também submetidas a períodos de exposição à luz (ilustrados em branco) e ao escuro (destacados em preto). Em duas situações, houve pequenas interrupções (destacadas por setas) nestes períodos de exposição. Os sinais positivos indicam que houve floração, e os negativos, que não houve, para todos os experimentos:

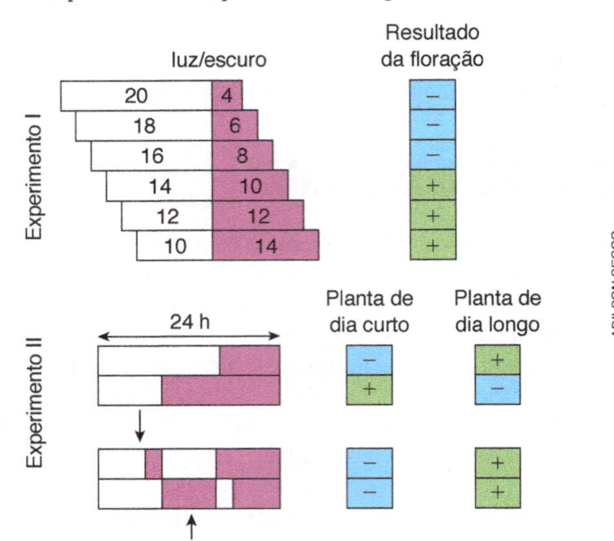

a) Interprete os resultados do experimento I considerando as exigências de exposição à luz e ao escuro para que ocorra a floração desta planta.

b) Considerando o experimento II, qual das interrupções – a que ocorreu durante o período de exposição à luz ou ao escuro – interferiu no processo de floração? Qual é o nome da proteína relacionada à capacidade de as plantas responderem ao fotoperíodo?

ENEM

74. Dentre outras características, uma determinada vegetação apresenta folhas durante três a quatro meses ao ano, com limbo reduzido, mecanismo rápido de abertura e fechamento dos estômatos e caule suculento. Essas são algumas características adaptativas das plantas ao bioma onde se encontram.

Que fator ambiental é o responsável pela ocorrência dessas características adaptativas?

a) Escassez de nutrientes no solo.
b) Estratificação da vegetação.
c) Elevada insolação.
d) Baixo pH do solo.
e) Escassez de água.

Mais questões: no livro digital, em **Vereda Digital Aprova Enem** e **Vereda Digital Suplemento de revisão e vestibulares**; no *site*, em **AprovaMax**.

UNIDADE

E

O REINO ANIMALIA

FABIO COLOMBINI

Suçuarana (*Puma concolor*), no Zoológico de Bauru. Mede cerca de 1 m de comprimento, sem a cauda. (SP, 2015).

CAPÍTULO

16

ANIMAIS INVERTEBRADOS

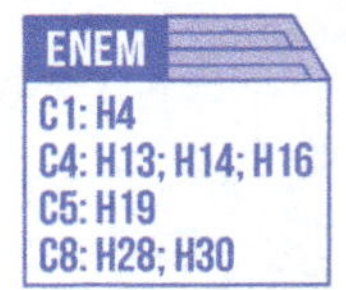

Este caracol de jardim, com cerca de 2 cm de comprimento, é um representante do filo Mollusca, um dos mais diversificados entre os invertebrados.

De que trata este capítulo

O reino Animalia inclui os animais, organismos eucarióticos, cujas células têm o núcleo delimitado por um envelope membranoso, além de apresentar um citoesqueleto de proteínas e organelas membranosas no citoplasma. Nesse aspecto os animais assemelham-se a fungos, protoctistas e plantas e diferem de bactérias e arqueas, que são seres procarióticos.

Os animais são seres multicelulares (ou pluricelulares): cada indivíduo é constituído por grande número de células, desde algumas centenas até trilhões, dependendo da espécie.

Outra característica dos animais é sua nutrição heterotrófica, caracterizada pela obtenção de substâncias nutrientes e energia a partir da matéria orgânica produzida por outros seres vivos. Essa característica, também presente nos fungos e em outros seres vivos, distingue os animais de organismos autotróficos fotossintetizantes, como as plantas e as algas, capazes de produzir seu próprio alimento e substâncias corporais.

Com exceção dos poríferos (esponjas), nos quais não há tecidos diferenciados, todos os outros animais apresentam tecidos corporais de diversos tipos, sendo que dois deles – o tecido muscular e o tecido nervoso – são responsáveis pelo traço mais marcante do grupo animal: a capacidade de se movimentar.

Imagine a história da vida na Terra, desde sua origem até hoje, como uma árdua batalha pela adaptação. Ao longo do tempo evolutivo, os seres vivos vêm se modificando e desenvolvendo as mais diversas estratégias de sobrevivência. Fósseis de animais que viveram no passado e agora estão extintos mostram que certas estratégias desenvolvidas não contribuíram para que se perpetuassem. Todavia, espécies que perduram até hoje apresentam características responsáveis pela sua sobrevivência.

Com base em semelhanças morfológicas e fisiológicas entre os animais, que supostamente refletem o parentesco evolutivo entre eles, os sistematas elaboraram uma classificação que considera 35 filos, nos quais se distribuem as mais de 1 milhão de espécies animais descritas até agora. Neste livro trataremos apenas de nove desses filos, que reúnem as espécies mais conhecidas e importantes para a compreensão básica da Zoologia.

Objetivos

Objetivo geral

- Valorizar os conhecimentos sobre o organismo animal, reconhecendo sua importância tanto para identificar padrões no mundo natural como para adquirir informações úteis a um convívio mais harmonioso com outros seres vivos.

Objetivos didáticos

- Listar e explicar as características gerais dos oito principais filos de animais invertebrados (Porifera, Cnidaria, Platyhelminthes, Nematoda, Mollusca, Annelida, Arthropoda e Echinodermata), exemplificando com pelo menos um representante de cada filo.
- Caracterizar animais diblásticos e triblásticos, assim como animais acelomados, pseudocelomados e celomados, e identificar o filo (ou filos) em que cada uma dessas características ocorre.
- Conceituar metameria, reconhecendo e explicando sua importância para os animais; identificar os filos de animais em que a metameria está presente.
- Conhecer os diferentes tipos de esqueleto (hidrostático, exoesqueleto e endoesqueleto), de sistema digestivo (completo e incompleto), de sistema circulatório (aberto e fechado) e de sistema excretor, identificando os filos animais em que cada tipo está presente.
- Conceituar simetrias radial e bilateral e caracterizar animais protostômios e deuterostômios, reconhecendo os filos em que cada uma dessas características ocorre.

16.1 Reino Animalia

O reino Animalia (animais) reúne organismos **eucarióticos**, **multicelulares**, com **nutrição heterotrófica** e que passam pelo estágio de **blástula** durante o desenvolvimento embrionário (relembre o Capítulo 9).

Principais filos animais

Pouco mais de 1 milhão de espécies animais já foram descritas, mas é possível que ainda haja milhões a identificar. Os zoólogos agrupam atualmente os animais em 35 filos, dos quais apresentamos os nove que contêm os organismos mais conhecidos. (**Fig. 16.1**)

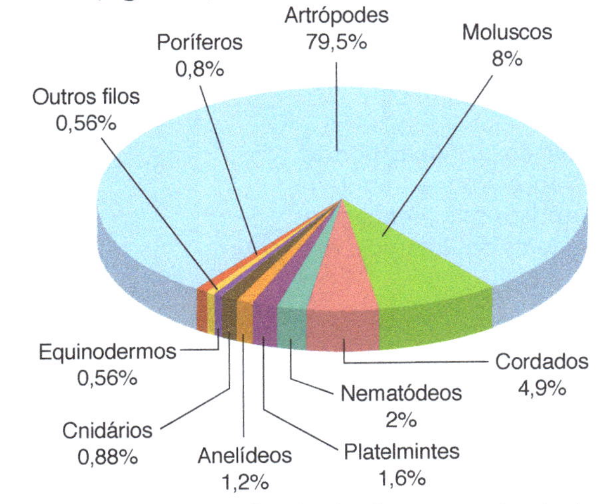

Figura 16.1 Gráfico da distribuição do número aproximado de espécies dos filos animais estudados neste livro, de acordo com diversas fontes. O filo dos artrópodes reúne a grande maioria das espécies, cerca de 1 milhão. O filo a que pertencemos – cordados – contém aproximadamente 62 mil espécies, das quais cerca de 58 mil são de craniados.

O reino Animalia reúne uma grande diversidade de organismos. Por isso, antes de iniciar um estudo mais detalhado dos animais, apresentamos uma visão geral dos nove filos principais estudados neste capítulo e no seguinte.

Poríferos

O filo Porifera reúne os poríferos, ou esponjas, animais aquáticos com organização corporal bastante simples. A maioria das espécies de poríferos é marinha e vive presa a rochas e objetos submersos. Esses animais não apresentam nenhum tipo de tecido ou órgão corporal. (**Fig. 16.2**)

Figura 16.2 Porífero *Leucilla nuttingi*, do filo Porifera, que reúne os representantes mais simples do reino Animalia.

Cnidários

O filo Cnidaria reúne os cnidários, animais aquáticos cujos representantes mais conhecidos são as águas-vivas, os corais e as anêmonas-do-mar. A maioria dos cnidários é marinha; alguns são sésseis, vivendo fixados a objetos submersos, como anêmonas-do-mar e corais, e outros nadam livremente, como as águas-vivas. **(Fig. 16.3)**

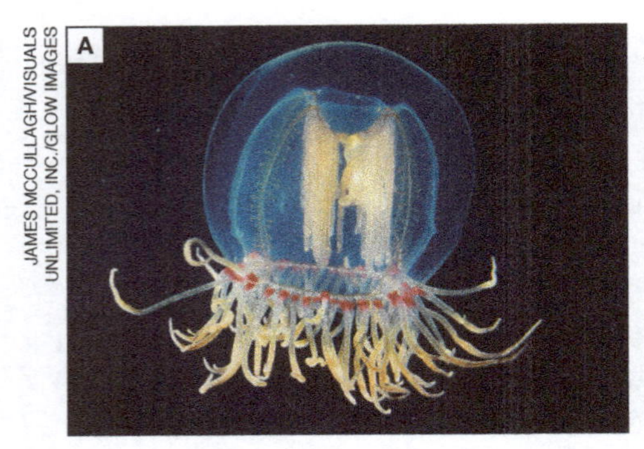

Figura 16.3 A. Água-viva (*Polyorchis* sp.), livre-natante. B. Coral (*Anthomastus ritteri*), séssil.

Platelmintes

O filo Platyhelminthes reúne animais de corpo achatado dorsoventralmente. Platelmintes vivem em ambientes de água doce ou marinhos, em terra firme, em locais úmidos, ou no interior de outros animais como parasitas. As formas de vida livre, aquáticas ou terrestres, são as populares planárias. Os platelmintes parasitas mais conhecidos são tênias e esquistossomos, causadores da teníase e da esquistossomose, respectivamente. **(Fig. 16.4)**

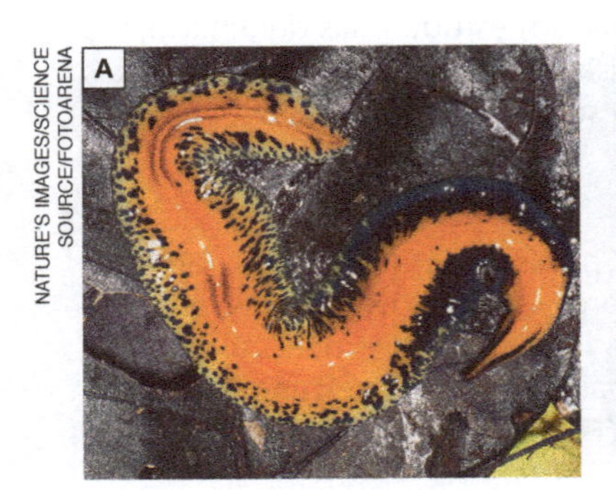

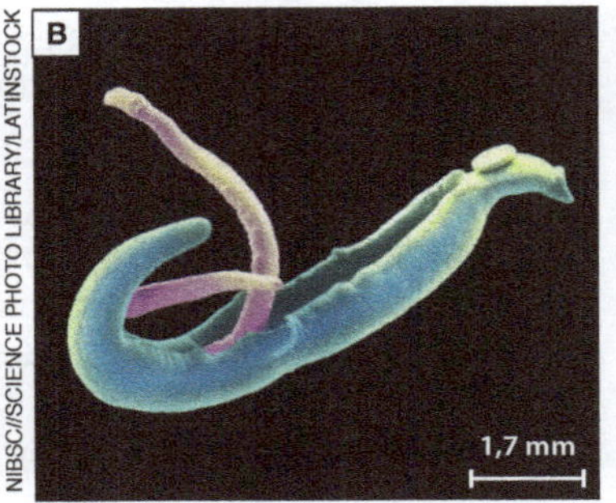

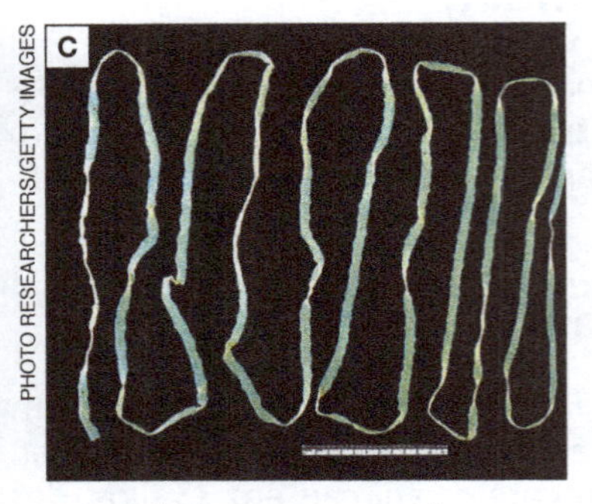

Figura 16.4 A. Planária terrestre de vida livre. B. Fotomicrografia de esquistossomo *Schistosoma mansoni*, parasita do fígado humano. Em azul o macho, cujo corpo apresenta um canal onde a fêmea (em rosa) se abriga. (Microscópio eletrônico de varredura; cores artificiais.) C. Tênia (*Taenia saginata*), a solitária, platelminte que parasita o intestino humano.

Nematódeos

O filo Nematoda reúne os nematódeos, animais de corpo cilíndrico e afilado nas duas pontas. Os representantes do grupo vivem em todos os tipos de ambiente: em água doce, no mar, em terra úmida ou no interior do corpo de animais e plantas como parasitas. Os nematódeos mais conhecidos são as lombrigas intestinais causadoras da ascaridíase, os ancilóstomos causadores do amarelão e as filárias, causadoras da elefantíase. **(Fig. 16.5)**

Figura 16.5 Lombriga (*Ascaris lumbricoides*), nematódeo parasita do intestino humano. À esquerda, está a fêmea e, à direita, o macho.

Moluscos

O filo Mollusca reúne os moluscos, animais de corpo mole, em muitas espécies revestido por concha calcária rígida. Os principais representantes do grupo – caramujos, mexilhões, lesmas, polvos, lulas etc. – vivem em água doce ou marinha e nos mais diversos ambientes de terra firme. **(Fig. 16.6)**

GERARD LACZ/VISUALS UNLIMITED, INC./GLOW IMAGES

PAULO OLIVEIRA/ALAMY/GLOW IMAGES

GERARD LACZ/VISUALS UNLIMITED, INC./GLOW IMAGES

Figura 16.6 A. Caracol (*Helix aspersa*), molusco gastrópode terrestre. **B.** Molusco bivalve de água doce (*Corbicula fluminea*). **C.** Polvo (*Octopus* sp.), molusco cefalópode marinho.

Anelídeos

O filo Annelida reúne os anelídeos, animais de corpo cilíndrico dividido em segmentos transversais. Esses animais vivem em água doce ou marinha e em solo úmido. Os representantes mais conhecidos do grupo são as minhocas, que vivem em terra firme, as sanguessugas, que vivem em ambientes úmidos ou em água doce (a maioria), e os poliquetos, que vivem principalmente no mar, vagando pelo fundo submerso ou dentro de tubos que eles mesmos constroem. **(Fig. 16.7)**

FABIO COLOMBINI

YOSEI MINAGOSHI/NATURE PRODUCTION/MINDEN PICTURES/FOTOARENA

DIMITRIS POURSANIDIS/MINDEN PICTURES/FOTOARENA

Figura 16.7 A. Minhoca--africana (*Eudrilus eugeniae*). **B.** Sanguessuga de ambiente úmido (*Haemadipsa japonica*). **C.** Verme-de-fogo (*Hermodice carunculata*).

Artrópodes

O filo Arthropoda reúne os artrópodes, que se caracterizam por apresentar o corpo protegido por uma armadura rígida, o exoesqueleto de quitina. Seus representantes distribuem-se em quatro grupos principais: crustáceos, quelicerados, miriápodes e hexápodes. Os crustáceos são geralmente aquáticos, como os camarões, as lagostas, os caranguejos e os siris, ou vivem em ambientes terrestres de grande umidade, como os tatuzinhos-de-jardim. Os quelicerados, representados por aranhas, escorpiões, carrapatos e ácaros, são tipicamente de terra firme. Os miriápodes, representados por piolhos-de-cobra e centopeias, e os hexápodes, a maioria dos quais insetos, são animais de terra firme. **(Fig. 16.8)**

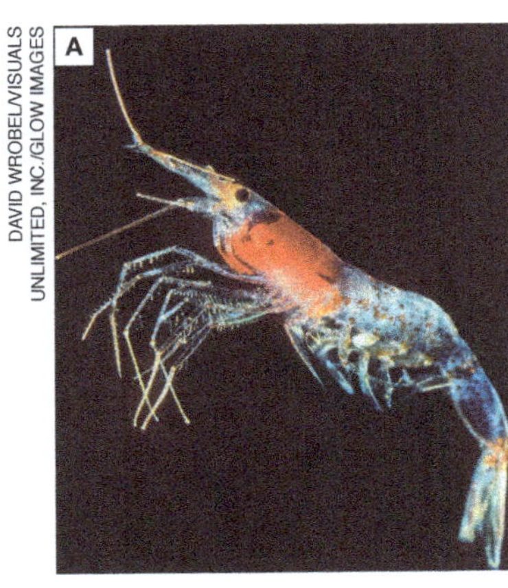

DAVID WROBEL/VISUALS UNLIMITED, INC./GLOW IMAGES

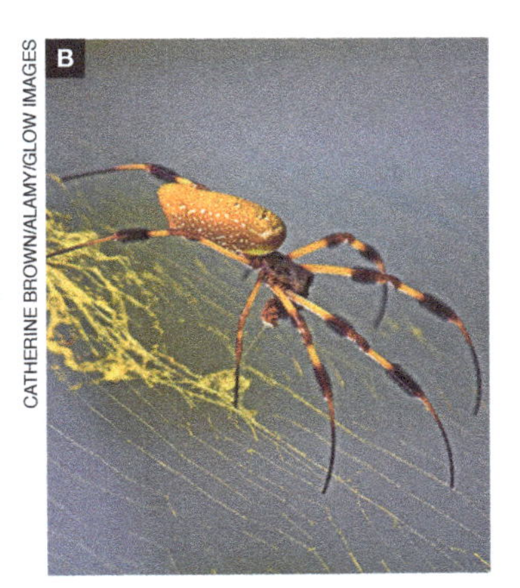

CATHERINE BROWN/ALAMY/GLOW IMAGES

EPHOTOCORP/ALAMY/GLOW IMAGES

FLETCHER & BAYLIS/SCIENCE SOURCE/FOTOARENA

Figura 16.8 A. Camarão (*Sergestes similis*), representante dos crustáceos. **B.** Aranha (*Nephila* sp.), quelicerado. **C.** Lacraia (*Scolopendra* sp.), representante dos miriápodes. **D.** Gafanhoto (*Valanga nigricornis*), hexápode do grupo dos insetos.

Equinodermos

O filo Echinodermata reúne os equinodermos, animais exclusivamente marinhos e considerados os invertebrados mais aparentados aos cordados, grupo ao qual pertencemos. Seus representantes mais conhecidos são as estrelas-do-mar, os ouriços-do-mar, as bolachas-do-mar e os pepinos-do-mar ou holotúrias. **(Fig. 16.9)**

Figura 16.9 A. Estrela-do-mar (*Phataria unifascialis*). **B.** Ouriço-do-mar (*Strongylocentrotus franciscanus*).

Cordados

O filo Chordata reúne os cordados, animais que apresentam na fase embrionária uma estrutura dorsal denominada notocorda. Com exceção de alguns invertebrados aquáticos, como ascídias e anfioxos, os outros cordados apresentam crânio, sendo por isso denominados craniados. Peixes, anfíbios, répteis, aves e mamíferos são cordados craniados. O grupo dos cordados é bem diversificado e reúne animais com tamanhos e formas corporais variados, adaptados aos mais diversos tipos de ambiente. **(Fig. 16.10)**

Figura 16.10 Alguns representantes dos cordados. **A.** A capivara (*Hydrochoerus hydrochaeris*) é um cordado terrestre. **B.** O rabo-de-palha-de-bico-vermelho, também conhecido como grazina (*Phaethon aethereus*), assim como outras aves, é um cordado capaz de voar. **C.** O peixe da espécie *Pygocentrus natterei* é um cordado de água doce. **D.** O tunicado *Pyriformis halocynthia* é um cordado de água marinha.

Características gerais dos animais

Folhetos germinativos

Na maioria dos animais o desenvolvimento da blástula leva à formação da gástrula, estágio embrionário em que se diferenciam os tecidos básicos do embrião, denominados **folhetos germinativos**.

Poríferos (esponjas) são os únicos animais que não formam gástrula nem folhetos germinativos. Cnidários têm apenas dois folhetos germinativos, ectoderma e endoderma, sendo por isso chamados de diblásticos ou **diploblásticos** (do grego *diplos*, duplo, dois, e *blastos*, aquilo que germina). Os animais de todos os outros filos apresentam um terceiro folheto germinativo, o mesoderma, sendo por isso chamados de triblásticos ou **triploblásticos** (do grego *triplos*, triplo, três). **(Fig. 16.11)**

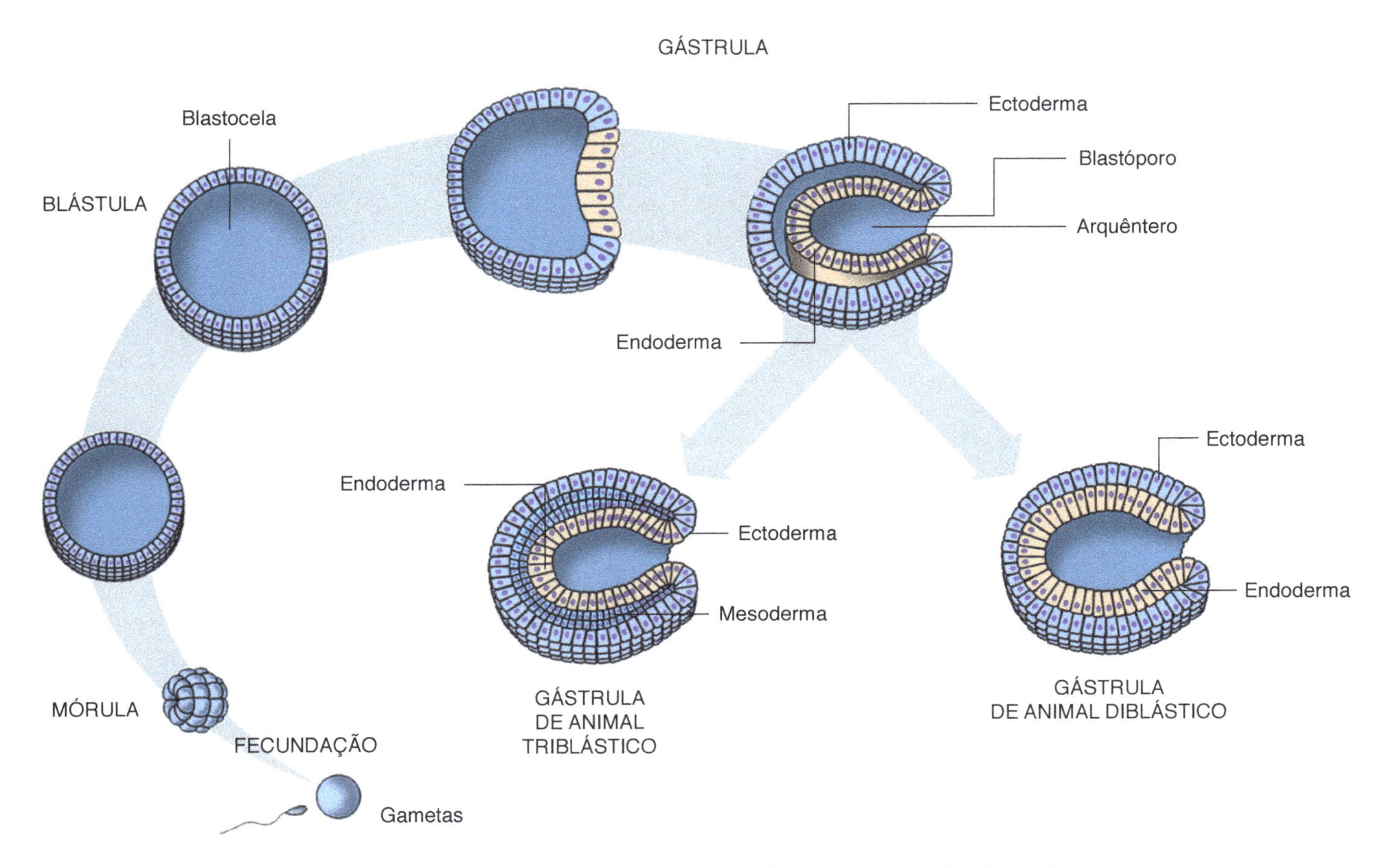

Figura 16.11 Representação esquemática do início do desenvolvimento embrionário mostrando a formação da gástrula em animais diblásticos e triblásticos. O arquêntero é a cavidade da gástrula que dará origem ao sistema digestivo do animal adulto; sua comunicação com o meio externo, o blastóporo, pode dar origem à boca ou ao ânus, dependendo do grupo animal.

Tecidos corporais

A multicelularidade não é característica exclusiva dos animais; muitas algas, a maioria dos fungos e todas as plantas são multicelulares. Entretanto, apenas organismos multicelulares mais complexos, como plantas e animais, apresentam **tecidos**, grupos de células semelhantes especializadas no desempenho de determinada função (relembre o Capítulo 9).

Os poríferos são os únicos animais que não apresentam tecidos verdadeiros. Tampouco apresentam cavidade digestiva, presente em todos os outros animais.

Cavidades corporais e metameria

Muitos grupos animais possuem espaços internos preenchidos por líquido, que desempenham funções como a absorção de choques mecânicos, o favorecimento da distribuição de substâncias pelo corpo, o apoio à ação dos músculos etc. Na maioria dos animais a cavidade corporal é denominada celoma, sendo totalmente revestida por tecido de origem mesodérmica. Nos nematódeos a cavidade interna é revestida em parte por mesoderma e em parte por endoderma, sendo denominada pseudoceloma (do grego *pseudo*, falso).

Com base na presença e no tipo de cavidade corporal, os animais triblásticos podem ser classificados em três grupos: **acelomados**, em que não há nenhuma outra cavidade corporal além da cavidade digestiva; **celomados**, que apresentam celoma; e **pseudocelomados**, que têm pseudoceloma. Os platelmintes são os únicos animais acelomados estudados neste livro; os nematódeos são os únicos pseudocelomados; os demais animais triblásticos – moluscos, anelídeos, artrópodes, equinodermos e cordados – são celomados. **(Fig. 16.12)**

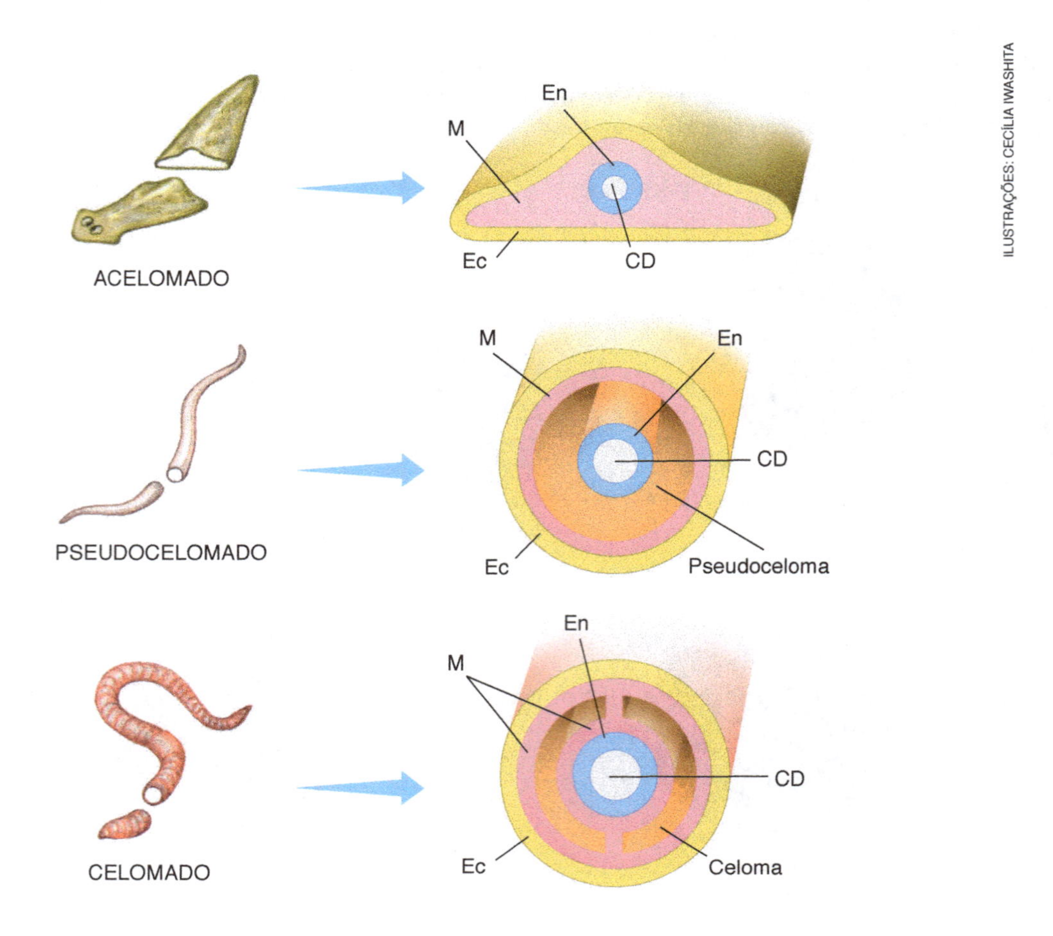

Figura 16.12 Representações esquemáticas de cortes transversais dos três tipos corporais básicos de animais triblásticos. CD = Cavidade digestiva; Ec = Ectoderma; En = Endoderma; M = Mesoderma.

Uma estratégia evolutiva considerada importante pelos sistematas foi o desenvolvimento da metameria, ou segmentação corporal, que consiste em apresentar, pelo menos na fase embrionária, o corpo organizado em segmentos iguais ou semelhantes, os metâmeros. Os cientistas acreditam que uma das principais vantagens da metameria é a organização segmentada da musculatura, que confere ao animal uma versatilidade muito grande na movimentação corporal. Dados recentes sugerem que a metameria deve ter surgido independentemente, por convergência evolutiva, nas linhagens ancestrais de vários grupos que hoje exibem a característica (anelídeos, artrópodes e cordados). Assim, essa característica não reflete o parentesco evolutivo entre esses grupos.

Origem e destino das aberturas do tubo digestivo

Poríferos são animais filtradores que captam partículas alimentares da água por meio de células flageladas; eles não têm sistema digestivo nem tecidos corporais. Os cnidários apresentam dois tecidos embrionários – são diblásticos – e o primeiro tipo de sistema digestivo da escala evolutiva zoológica, com apenas uma abertura, a boca, por onde o alimento entra e por onde saem os resíduos da digestão. Fala-se, nesse caso, em sistema digestivo incompleto.

Uma aquisição evolutiva importante dos animais dotados de simetria bilateral foi o desenvolvimento do sistema digestivo completo, com duas aberturas, a boca e o ânus. No embrião dos animais, na fase de gástrula, há apenas uma abertura de comunicação entre o arquêntero e o meio externo, o blastóporo. A passagem evolutiva para o sistema digestivo completo consistiu no aparecimento de uma segunda abertura no arquêntero.

Curiosamente, uma linha divisória entre duas linhagens ancestrais dos animais foi o destino do blastóporo: em uma delas, ele daria origem à boca, sendo o ânus a segunda abertura a surgir. Na outra linhagem, o blastóporo originaria o ânus, com a boca formando-se depois. Os animais do primeiro grupo são denominados **protostômios** (do grego *protos*, primeiro, e *stoma*, boca) e os do segundo, **deuterostômios** (do grego *deuteros*, segundo). São protostômios os nematódeos, os moluscos, os anelídeos e os artrópodes, além de integrantes de outros filos menores. São deuterostômios os equinodermos e os cordados, grupo ao qual pertencemos.

Simetria corporal

O conceito de simetria é importante no estudo dos animais; a maioria apresenta algum tipo de simetria corporal.

Um corpo apresenta simetria se, cortado real ou imaginariamente por um plano que passe por seu centro (plano de simetria), origina duas metades equivalentes.

Uma bola, por exemplo, apresenta **simetria esférica**: qualquer plano que passe pelo centro a divide em metades simétricas. O mesmo não ocorre com uma maçã; obtemos metades equivalentes apenas se ela for cortada ao longo de seu eixo maior; se a cortarmos transversalmente obteremos duas partes não simétricas. Nesse caso fala-se em **simetria radial**, pois metades simétricas são obtidas apenas por planos de corte longitudinais, orientados como raios de uma circunferência.

Simetria bilateral é aquela em que há apenas um plano capaz de dividir o objeto em metades simétricas. O corpo humano, por exemplo, apresenta um único plano de simetria, que o divide nas metades esquerda e direita. **(Fig. 16.13)**

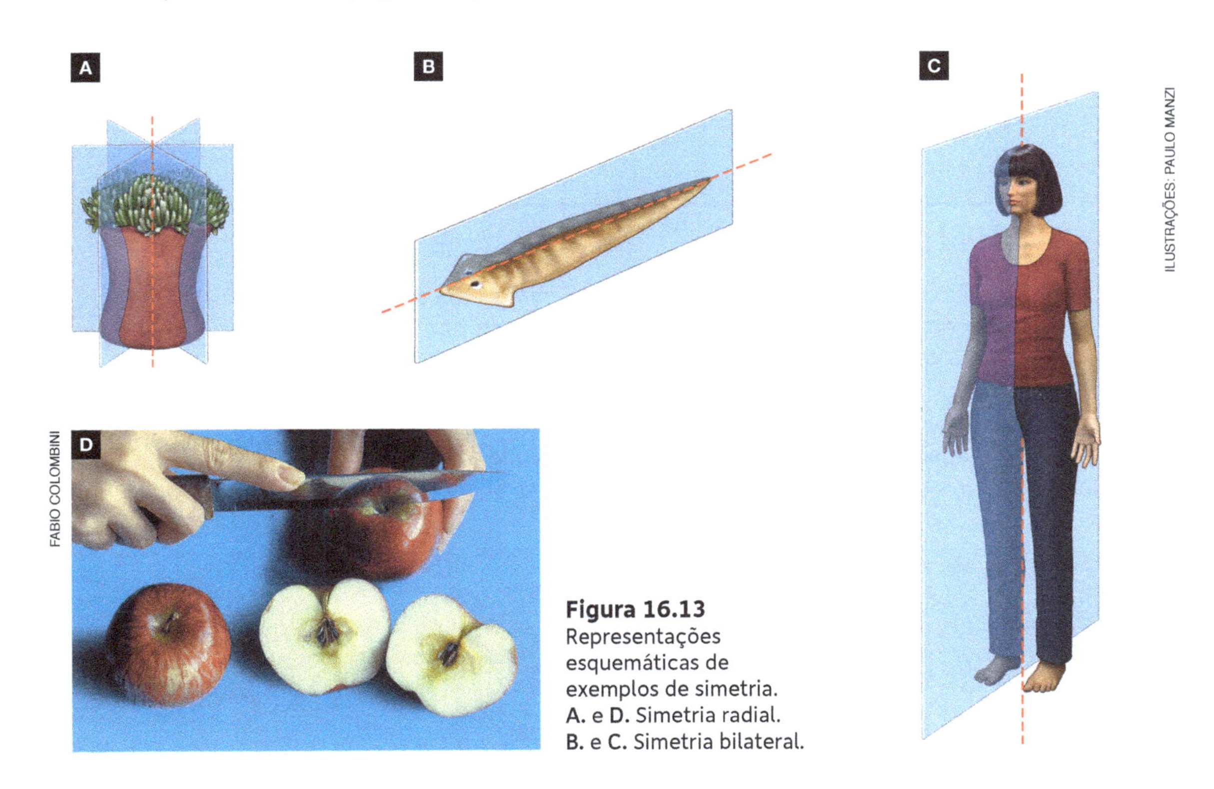

Figura 16.13 Representações esquemáticas de exemplos de simetria. **A.** e **D.** Simetria radial. **B.** e **C.** Simetria bilateral.

Nos animais a simetria radial ocorre em poucos poríferos (a maioria apresenta corpo assimétrico), em cnidários (águas-vivas, anêmonas-do-mar e corais) e também em formas adultas de equinodermos (ouriços-do-mar, estrelas-do-mar etc.). Animais com simetria radial não têm cabeça nem cauda; não têm lado direito nem esquerdo, nem dorso nem ventre. Muitos dos animais que apresentam simetria radial são **sésseis**, vivendo fixados a objetos e, em geral, apresentando movimentos lentos.

Os animais com simetria bilateral apresentam regiões anterior e posterior, lados esquerdo e direito, regiões ventral e dorsal. Por estar associada à movimentação ativa e direcionada, a simetria bilateral é característica de animais que nadam, cavam, rastejam, voam ou andam ativamente.

Os equinodermos, apesar de apresentarem simetria radial na fase adulta, têm formas jovens (larvas) bilateralmente simétricas. Essa e outras características sugerem que os ancestrais dos equinodermos eram animais bilaterais e que a simetria radial das espécies atuais foi resultado de uma adaptação evolutiva.

Filogenia dos principais grupos animais

A seguir, apresentamos uma árvore filogenética que relaciona os nove filos estudados neste livro, elaborada com base em informações anatômicas e genéticas obtidas em diversos estudos recentes. **(Fig. 16.14)**

LUIZ RUBIO

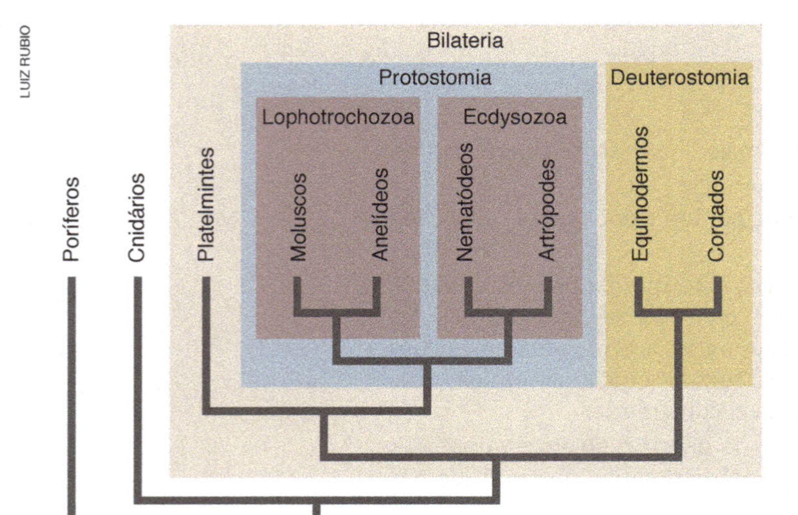

Figura 16.14 Árvore filogenética que mostra possíveis relações evolutivas entre os nove principais filos animais. Moluscos e anelídeos são reunidos em um mesmo clado – Lophotrochozoa –, com base em similaridades genéticas e na presença de um mesmo tipo de larva em certas espécies dos dois filos. Nematódeos e artrópodes, além das similaridades genéticas, apresentam mesmo tipo de muda de exoesqueleto (ecdise), sendo reunidos no clado Ecdysozoa. (Elaborado com base em *Tree of life web project*. Disponível em: <http://mod.lk/ed5dg>. Acesso em: 17 jan. 2017.)

Agora você pode resolver as atividades de 1 a 9, 77, 92, 93 e 95.

16.2 Filo Porifera (poríferos)

O filo **Porifera** (do grego *poris*, poro, e *phoros*, portador) reúne os poríferos, animais aquáticos conhecidos popularmente como esponjas. Já foram descritas cerca de 10 mil espécies de poríferos, a maioria das quais vive no mar; há apenas uma centena de espécies de esponjas que vive em água doce, em rios e lagos de águas limpas.

Poríferos são animais com organização corporal simples, sem tecidos nem órgãos, que vivem fixados a substratos submersos como rochas, madeira, conchas etc. O tamanho da maioria dos poríferos é de poucos centímetros, mas há espécies que atingem entre 1 e 2 metros de altura. **(Fig. 16.15)**

WATERFRAME/ALAMY/GLOW IMAGES

DANITA DELIMONT/ALAMY/GLOW IMAGES

Figura 16.15 Exemplos de poríferos. **A.** *Verongia aerophoba*, esponja colonial de cor amarela intensa. **B.** *Aplysina archeri*, esponja colonial de coloração rosada.

Organização corporal

O corpo das diversas espécies de porífero varia quanto à forma, à cor e ao tamanho. Alguns são arredondados, outros são achatados e outros têm forma de vaso, com a base fixada a objetos submersos. A cor pode variar desde o cinzento e marrom até o vermelho, laranja ou violeta.

Apesar da variedade de formas, muitas delas coloniais, o corpo de um porífero simples pode ser descrito como um cilindro oco, fechado na base e com uma abertura no topo, o **ósculo** (do latim *osculum*, diminutivo de boca).

Externamente o corpo de um porífero é revestido por células achatadas, denominadas **pinacócitos**, entre as quais se distribuem, a espaços regulares, os **porócitos**. Essas células apresentam um poro central que as atravessa de lado a lado, pelo qual a água penetra no corpo da esponja.

Nas espécies de formas mais simples a água que atravessa os porócitos atinge diretamente a cavidade interna, a **espongiocela**, saindo em seguida através do ósculo. Em espécies mais complexas e maciças, a água passa por câmaras internas antes de chegar à espongiocela.

A espongiocela e certas câmaras internas dos poríferos são revestidas por células dotadas de flagelos, os **coanócitos** (do grego *koanos*, funil). O batimento flagelar gera um fluxo contínuo de água pelo corpo do porífero, trazendo partículas nutritivas e gás oxigênio e removendo excreções e gás carbônico produzidos na atividade celular.

Ao passar junto à base do coanócito, as partículas alimentares, principalmente microrganismos e grânulos orgânicos, são capturadas por meio de fagocitose e pinocitose e digeridas intracelularmente; nos poríferos não há cavidade digestiva. Nutrientes obtidos na digestão intracelular são transferidos às demais células do corpo. O fato de se alimentarem de minúsculas partículas em suspensão na água caracteriza os poríferos como **animais filtradores**.

Entre a camada externa, constituída de pinacócitos, e a interna, constituída de coanócitos, há uma fina matriz gelatinosa denominada meso-hilo (do grego *meso*, meio, e *hylo*, material). Nessa camada gelatinosa residem células ameboides – amebócitos e arqueócitos – capazes de originar outros tipos celulares no animal. No meso-hilo há também amebócitos que produzem elementos esqueléticos. **(Fig. 16.16)**

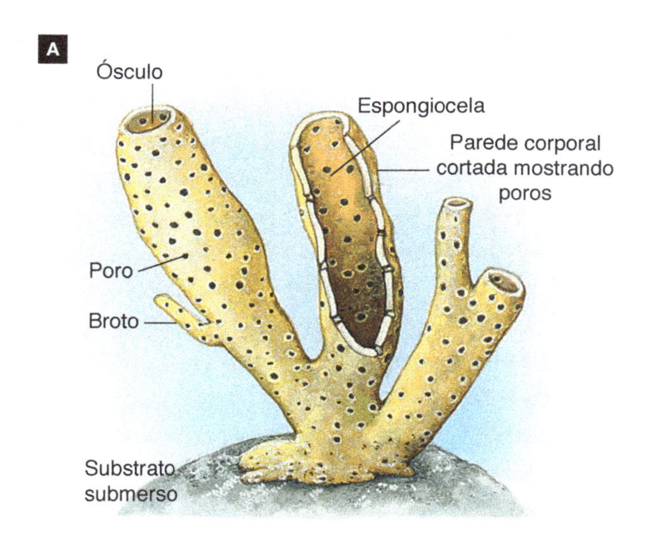

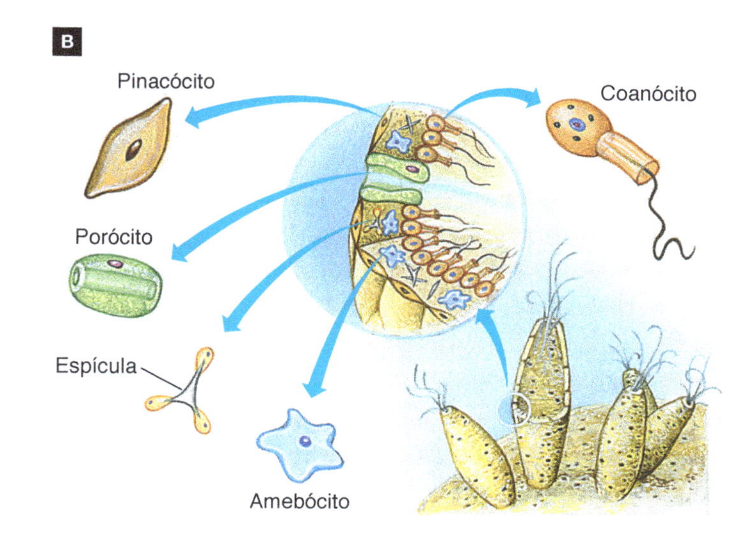

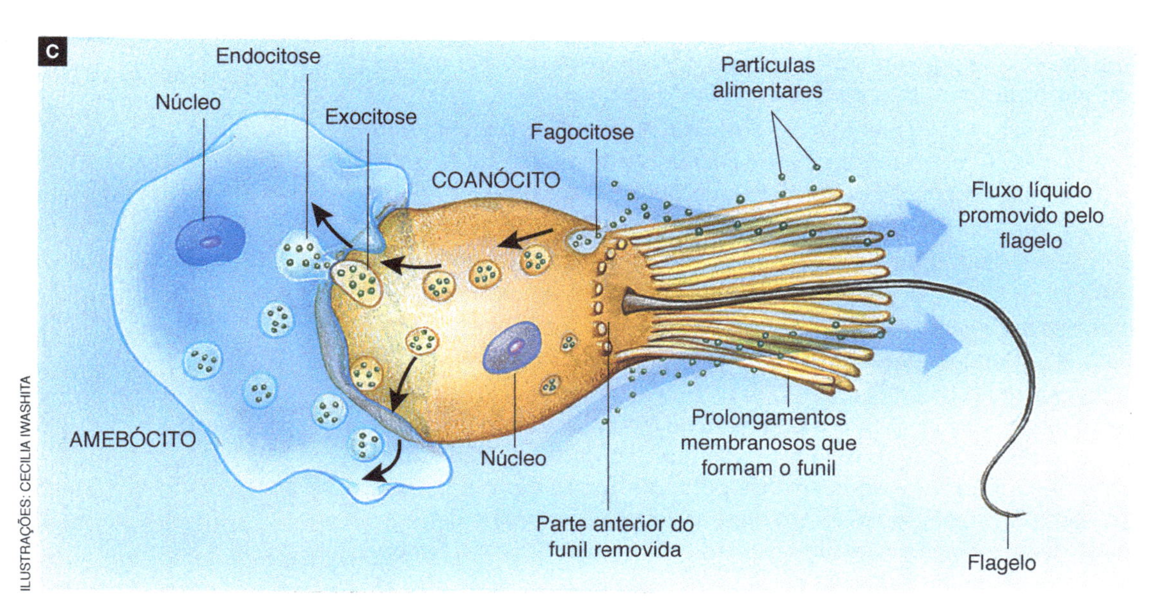

Figura 16.16 A. Representação esquemática da organização geral de um porífero simples, com uma parte removida para mostrar seu interior. **B.** Representação esquemática da organização celular de um porífero mostrando os principais tipos de célula. **C.** Representação esquemática de um detalhe da relação entre um amebócito do meso-hilo e um coanócito que reveste a espongiocela; este último transfere alimentos ao amebócito por meio da exocitose.

No meso-hilo localizam-se os elementos de sustentação esquelética dos poríferos – espículas minerais e fibras proteicas – produzidos por tipos diversos de amebócitos.

Espículas são estruturas microscópicas de carbonato de cálcio ($CaCO_3$) ou de dióxido de silício (SiO_2) com formato de agulha, estrela, halter etc., que se distribuem entre as células. Em certos poríferos, a sustentação corporal está a cargo de fibras de espongina, um conjunto de fibras proteicas ramificadas e flexíveis que formam uma trama entre as células. Esqueletos desse tipo, depois de lavados e aparados, são utilizados como esponja de banho. **(Fig. 16.17)**

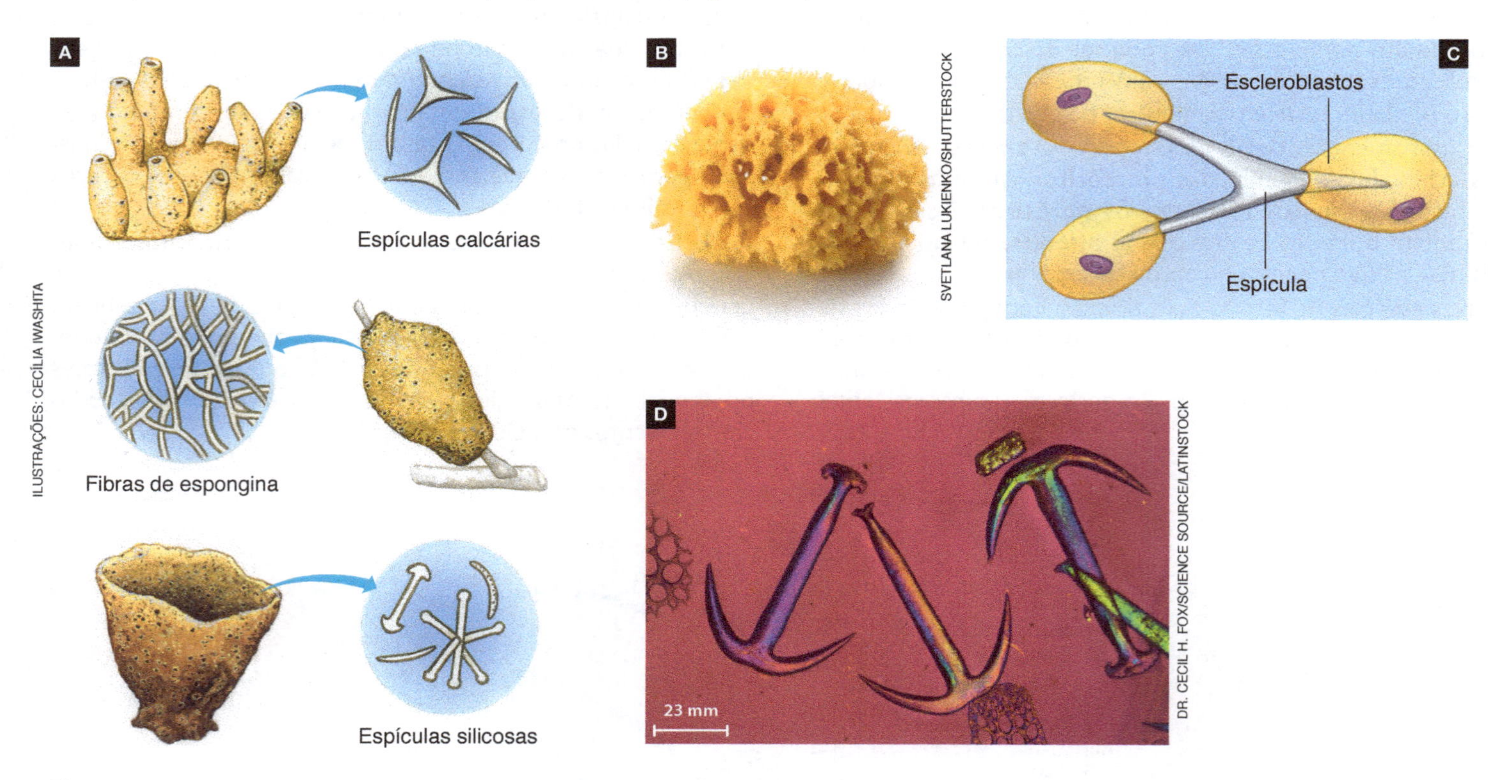

Fig. 16.17 A. Representação esquemática de estruturas de sustentação esquelética dos poríferos. **B.** Foto de um esqueleto de espongina utilizado como esponja de banho. **C.** Representação esquemática de uma espícula com três células (escleroblastos) responsáveis por sua formação. **D.** Fotomicrografia de uma espícula. (Microscópio fotônico; cores artificiais.)

Reprodução

Os poríferos apresentam grande capacidade de regeneração; um simples pedaço destacado do corpo de um porífero pode originar um animal completo.

Alguns poríferos apresentam reprodução assexuada por brotamento. Nesse processo formam-se expansões ou brotos corporais que crescem e se separam do organismo genitor, passando a constituir novos indivíduos. Em muitas espécies os brotos não se separam, originando colônias.

Certos poríferos formam estruturas resistentes denominadas **gêmulas**. A gêmula é um conjunto de arqueócitos envolto por amebócitos que secretam espongina e espículas. As gêmulas são mais comuns em esponjas de água doce e podem se desenvolver e formar um organismo adulto.

A maioria dos poríferos é monoica, ou hermafrodita. Isso significa que o mesmo indivíduo (ou colônia) forma gametas de ambos os sexos. Há também espécies **dioicas**, em que os sexos são separados, com machos e fêmeas.

Os gametas diferenciam-se a partir de arqueócitos ou de coanócitos. Os óvulos geralmente permanecem no meso-hilo onde se formam, enquanto os espermatozoides são liberados na água.

Em muitas espécies a fecundação ocorre no meso-hilo; em outras, que eliminam óvulos e espermatozoides, o encontro dos gametas ocorre na água. O zigoto originado na fecundação desenvolve-se em uma blástula, que se transforma em uma larva. Após algum tempo fazendo parte do plâncton, a larva fixa-se a um objeto submerso e origina um novo porífero. Os poríferos apresentam, portanto, **desenvolvimento indireto**, pois passam por uma fase larval. Em algumas espécies a larva é denominada anfiblástula, sendo oca e dotada de micrômeros flagelados e macrômeros sem flagelos. Em outras espécies é denominada parenquímula e a maioria de suas células apresenta flagelos. **(Fig. 16.18)**

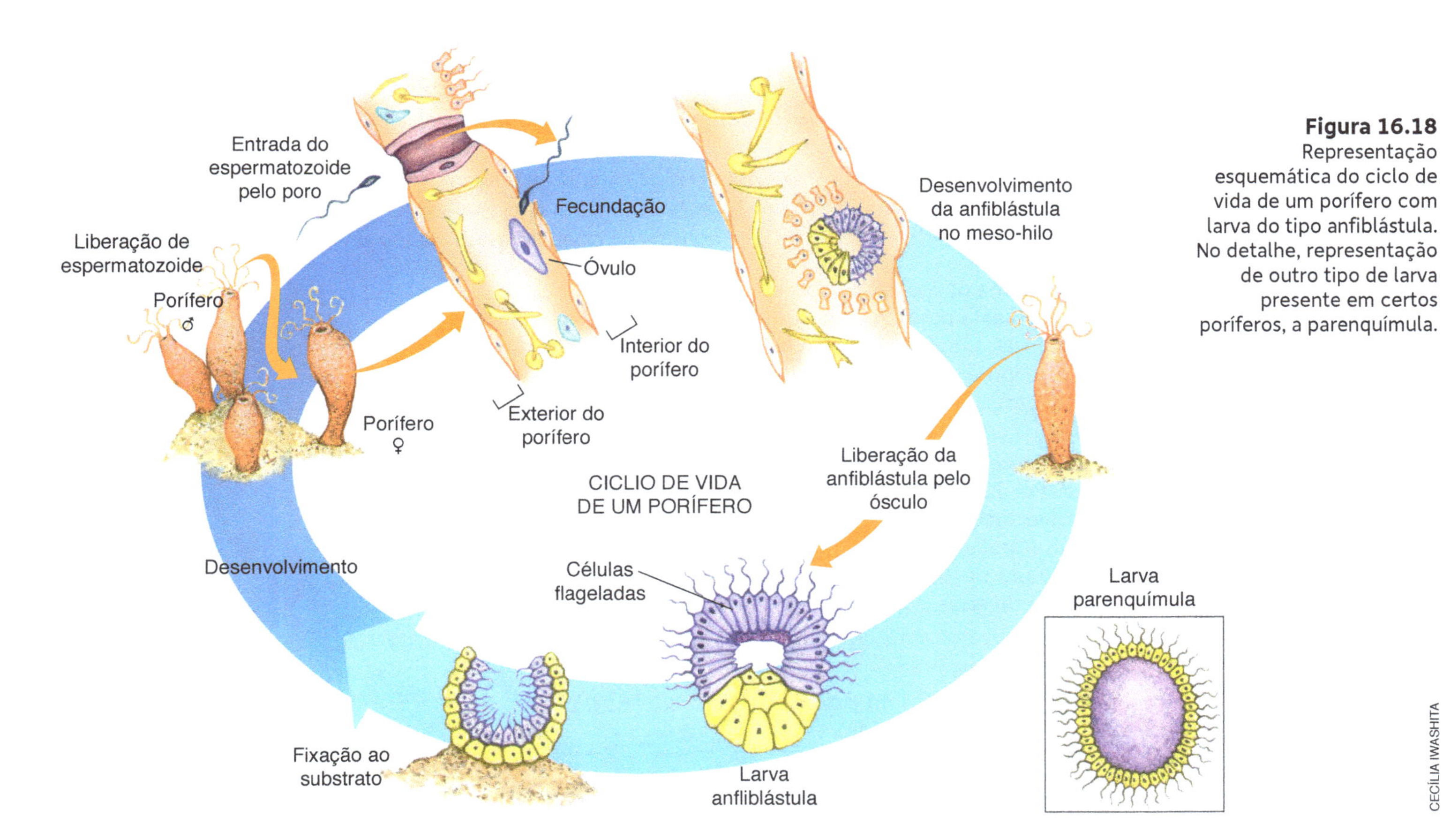

Figura 16.18 Representação esquemática do ciclo de vida de um porífero com larva do tipo anfiblástula. No detalhe, representação de outro tipo de larva presente em certos poríferos, a parenquímula.

RESUMO: PORÍFEROS OU ESPONJAS

Diagnose de um porífero: animal filtrador, desprovido de tecidos, órgãos ou sistemas corporais.
Hábitat: ambiente aquático; a maioria das espécies é marinha.
Exemplo: poríferos usados como esponjas de banho (gênero *Spongia*).
Dados de anatomia e fisiologia:

- sistema digestivo – **ausente**; alimento fagocitado por coanócitos;
- sistema circulatório – **ausente**; distribuição de alimento pelos amebócitos e difusão de substâncias no meso-hilo;
- sistema respiratório – **ausente**; trocas gasosas diretamente entre as células e o ambiente;
- sistema excretor – **ausente**; excreções lançadas diretamente pelas células no ambiente;
- sistema nervoso – **ausente**.

Reprodução: assexuada, por fragmentação e brotamento; reprodução sexuada com desenvolvimento indireto.

Agora você pode resolver as atividades de 15 a 25, 72 e 74.

16.3 Filo Cnidaria (cnidários)

O filo **Cnidaria** reúne os cnidários, animais aquáticos de corpo mole e gelatinoso cujos representantes mais conhecidos são as águas-vivas, as caravelas-portuguesas, as anêmonas-do-mar e os corais. São conhecidas cerca de 11 mil espécies de cnidários, a maioria marinha. Há algumas poucas espécies de cnidários que vivem em lagos e rios de água doce e limpa.

Os cnidários apresentam diferentes modos de vida no ambiente aquático: caravelas-portuguesas, por exemplo, vivem livres na água, flutuando ao sabor das correntezas; águas-vivas nadam ativamente; anêmonas-do-mar e corais são geralmente sésseis, fixados ao fundo ou a substratos submersos. **(Fig. 16.19)**

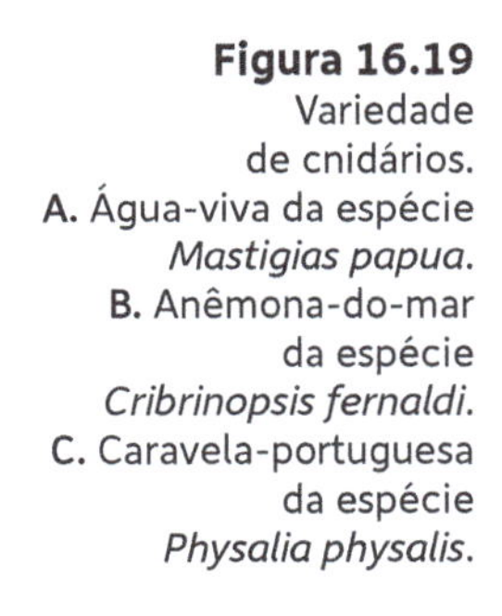

Figura 16.19 Variedade de cnidários. **A.** Água-viva da espécie *Mastigias papua*. **B.** Anêmona-do-mar da espécie *Cribrinopsis fernaldi*. **C.** Caravela-portuguesa da espécie *Physalia physalis*.

Organização corporal

Os cnidários são animais diblásticos, com o corpo revestido externamente pela **epiderme**, originada do ectoderma, e a cavidade digestiva revestida pela **gastroderme**, de origem endodérmica. Esses dois tecidos são unidos pela **mesogleia**, uma camada de consistência gelatinosa de origem endodérmica, que dá sustentação ao corpo.

A cavidade delimitada pela gastroderme ocupa grande parte do corpo do cnidário e, além de sediar a digestão dos alimentos, também distribui nutrientes e gás oxigênio às diversas células do corpo. Essa dupla função levou à denominação de cavidade gastrovascular (do grego *gastrós*, estômago, e do latim *vasculum*, vaso pequeno, relativo à circulação).

A cavidade gastrovascular comunica-se com o exterior através de uma única abertura, a boca. Por isso, diz-se que esses animais apresentam **sistema digestivo incompleto**. A boca é geralmente circundada por estruturas tubulares longas, os **tentáculos**, utilizados na defesa e na captura de alimento, constituído por crustáceos, peixes e larvas de diversas espécies.

Pólipos e medusas

A maioria dos cnidários passa por dois estágios no ciclo de vida: o de pólipo (polipoide) e o de medusa (medusoide).

O pólipo lembra um cilindro, com uma das bases fixada a um objeto submerso e a outra livre, onde se situam a boca e os tentáculos. Os pólipos são geralmente sésseis, mas em certas espécies eles podem deslizar lentamente no substrato.

A medusa lembra um guarda-chuva com a boca situada na posição correspondente à do cabo. Pode haver tentáculos longos ao redor da boca e tentáculos finos nas bordas do corpo. **(Fig. 16.20)**

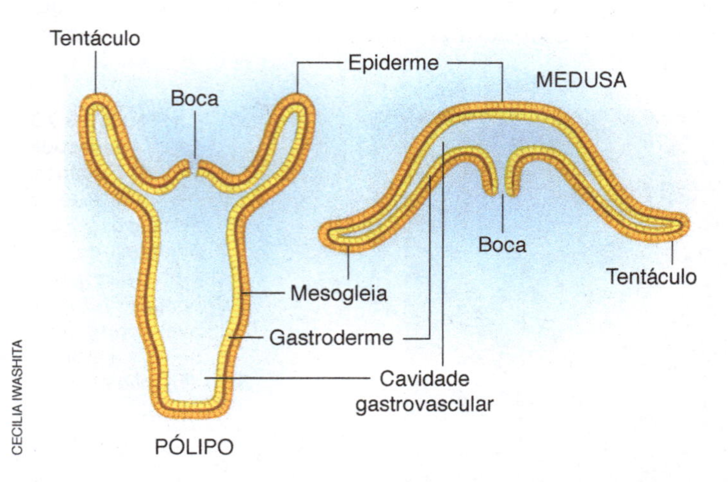

Figura 16.20 Representação esquemática das duas formas corporais dos cnidários, polipoide e medusoide.

Diversidade celular

Os cnidários movimentam-se graças a fibras contráteis localizadas na base de certas células da epiderme e da gastroderme, genericamente chamadas de **células mioepiteliais**. A ação dessas células é controlada por uma rede difusa de células nervosas localizada na mesogleia.

Há grande número de **células intersticiais** totipotentes distribuídas entre as células da epiderme e da gastroderme. As células intersticiais podem originar qualquer outro tipo celular, sendo as responsáveis pelo crescimento e pela elevada capacidade de regeneração dos cnidários.

Na epiderme também há **células glandulares** responsáveis pela secreção de substâncias que lubrificam o corpo. Outros tipos de células glandulares, presentes apenas na gastroderme, secretam enzimas responsáveis pela digestão parcial dos alimentos na cavidade gastrovascular. **(Fig. 16.21)**

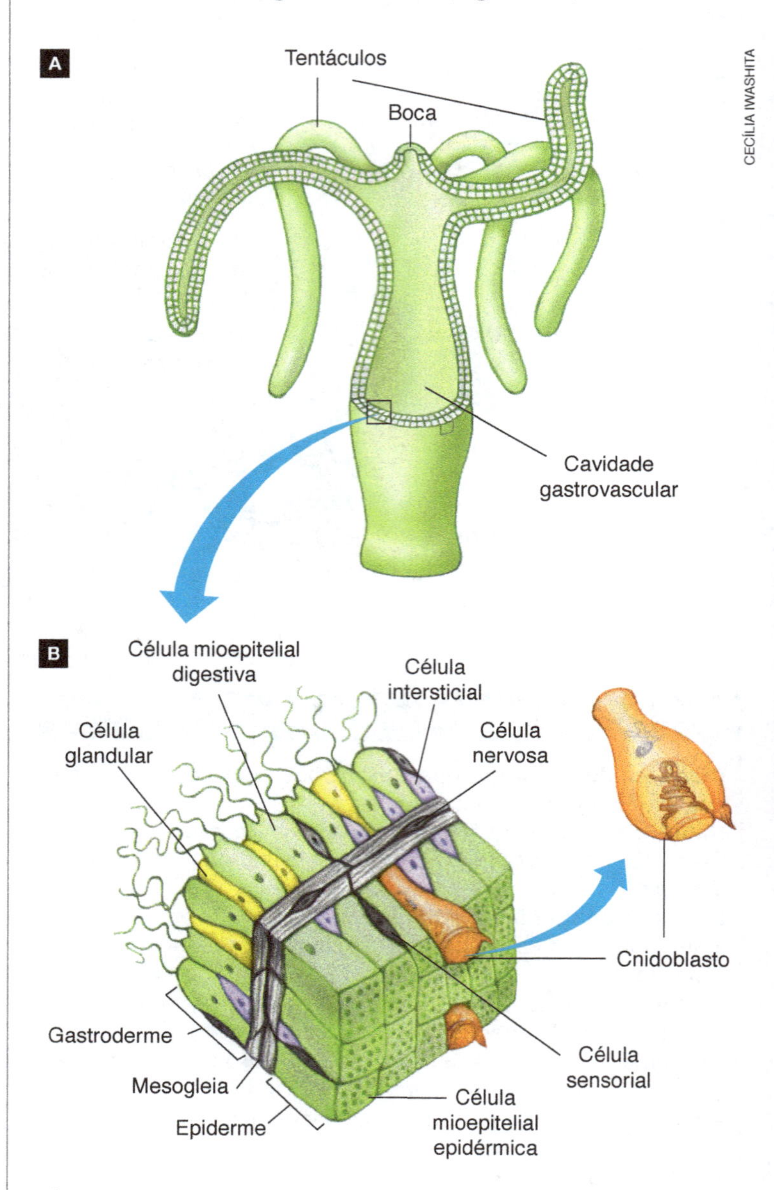

Figura 16.21 Representação esquemática da estrutura celular do pólipo de água doce *Hydra* sp. Note os diversos tipos de célula da epiderme e da gastroderme, unidas pela mesogleia. No detalhe, à direita, um cnidoblasto, ou célula urticante.

Os produtos da digestão extracelular são absorvidos por células mioepiteliais (especificamente chamadas de células mioepiteliais digestivas), no interior das quais a digestão se completa. Cnidários apresentam, portanto, digestão extra e intracelular. Nutrientes resultantes da digestão intracelular difundem-se das células mioepiteliais digestivas para todas as células do corpo.

Os cnidários não apresentam sistema circulatório, sistema respiratório nem sistema excretor. O gás oxigênio dissolvido na água difunde-se pelos tecidos e atinge todas as células; gás carbônico e excreções também são eliminados por difusão.

Os cnidários apresentam células denominadas cnidoblastos (do grego *knide*, urtiga, e *blastos*, aquilo que germina), ou cnidas, localizadas principalmente nos tentáculos e ao redor da boca. Certos cnidoblastos possuem uma bolsa interna, o nematocisto, que contém um filamento longo, oco e às vezes espinhoso, enrolado sobre si mesmo. Quando o cnidoblasto é estimulado ao tocar um animal, por exemplo, o nematocisto expele rapidamente o filamento, que fere a vítima e libera substâncias tóxicas paralisantes contidas em seu interior. É dessa forma que os cnidários se protegem e caçam suas presas.

As substâncias tóxicas liberadas por certos cnidários têm efeito tóxico para as pessoas e podem causar desde queimaduras leves na pele até processos alérgicos graves. **(Fig. 16.22)**

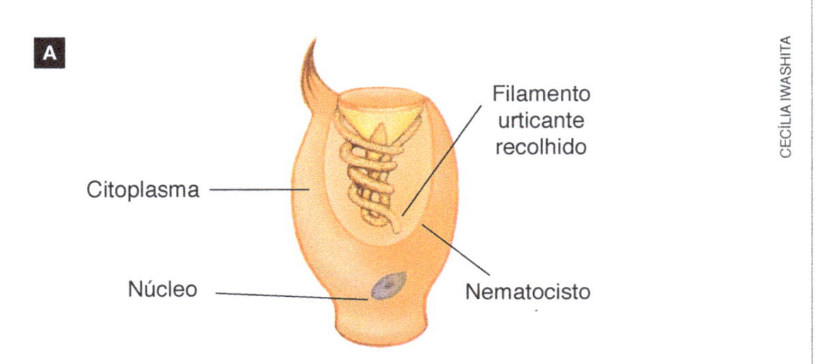

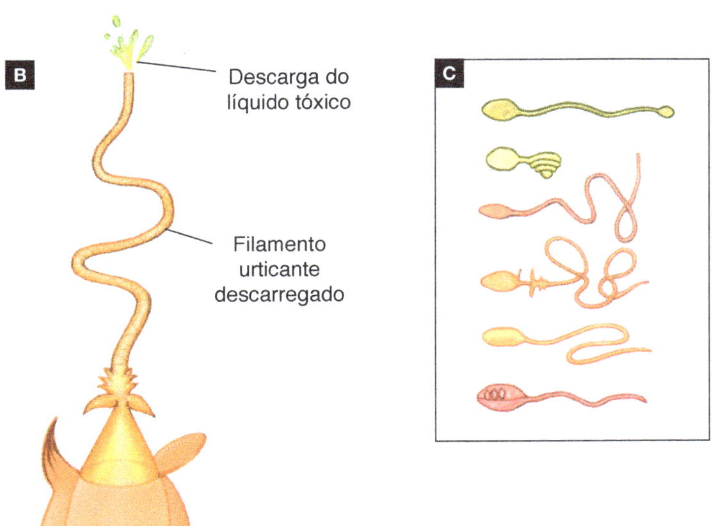

Figura 16.22 **A.** Representação esquemática de um cnidoblasto com o nematocisto intacto. **B.** Representação esquemática do mesmo nematocisto após descarregar o filamento urticante e líquido tóxico. **C.** Representação esquemática de diversos tipos de nematocisto descarregados.

Corais

Corais são cnidários polipoides coloniais dotados de substâncias calcárias que dão sustentação esquelética à base de seu corpo. Ao morrer o pólipo se decompõe, mas o esqueleto calcário permanece intacto, mantendo até mesmo o desenho das dobras e pregas internas da cavidade gastrovascular. Novos pólipos crescem sobre os esqueletos dos que morreram e assim se desenvolve uma estrutura calcária denominada rocha coralínea. **(Fig. 16.23)**

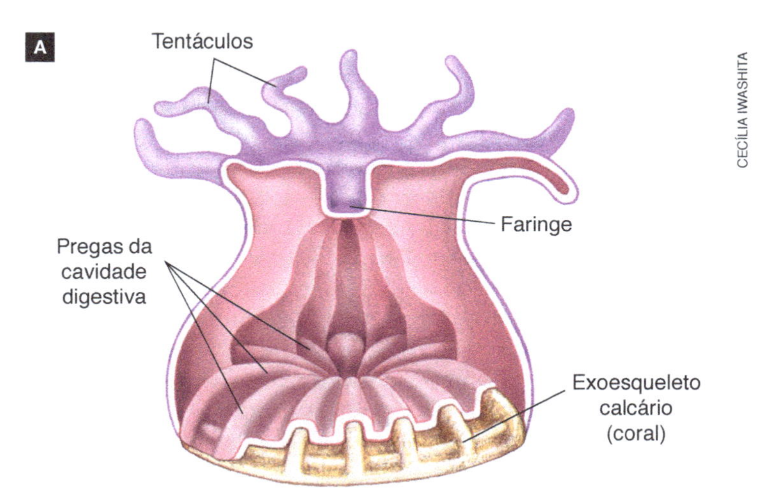

Fig. 16.23 **A.** Representação esquemática de um pólipo coralíneo com a parte anterior removida para mostrar o esqueleto calcário na base do corpo. **B.** Fotografia de pólipos de um coral.

Apesar de carnívoras, muitas espécies de corais abrigam **zooxantelas**. Como vimos no Capítulo 12, zooxantela é uma denominação genérica dada a algas unicelulares (principalmente dinoflagelados) que vivem em relação de mutualismo no interior das células de certos animais. A associação entre zooxantelas e cnidários traz benefícios a ambos os organismos: em troca de moradia e proteção, as algas fornecem ao cnidário parte da matéria orgânica que produzem por fotossíntese.

Os corais preferem águas rasas e quentes, sendo por isso abundantes nos mares tropicais, onde formam **recifes** ou **bancos de corais**. No Brasil os litorais das regiões Norte e Nordeste apresentam grande quantidade e variedade de corais, embora existam corais em toda a costa brasileira. Na região de Abrolhos, no litoral da Bahia, há grandes recifes de corais habitados por uma fauna marinha extremamente diversificada. Nas costas da Austrália, os recifes de corais formam a Grande Barreira de Corais (*Great Barrier Reef*), que atinge mais de 2.000 km de extensão.

Reprodução

Certos pólipos podem formar pequenos brotos que posteriormente se soltam e originam indivíduos independentes por um processo de **brotamento**. Em certas espécies os brotos permanecem unidos, originando colônias.

Os pólipos de algumas espécies reproduzem-se assexuadamente por um processo denominado **estrobilização**, em que divisões transversais ao corpo levam à formação de pequenas medusas (veja mais adiante).

Entre os cnidários há espécies monoicas e espécies dioicas. Muitos cnidários liberam os óvulos e os espermatozoides na água, onde ocorre a fecundação. Há também espécies com fecundação interna, em que os óvulos são retidos dentro do corpo da fêmea, em geral na cavidade gastrovascular, onde são fecundados por espermatozoides que penetram pela boca.

Algumas espécies de cnidário, como as hidras de água doce, por exemplo, apresentam **desenvolvimento direto**, sem estágio larval. O óvulo permanece grudado ao corpo da hidra-mãe, onde é fecundado e se desenvolve em um pequeno embrião revestido por um envoltório protetor. O embrião se liberta do corpo da hidra-mãe e, em condições adequadas, fixa-se a algum objeto submerso, originando uma hidra semelhante aos pais.

Em diversas espécies o ciclo de vida apresenta **alternância de gerações** assexuadas polipoides e sexuadas medusoides, fenômeno chamado de **metagênese**. Medusas-machos libertam seus espermatozoides na água e as medusas-fêmeas, dependendo da espécie, podem liberar os óvulos na água ou retê-los no interior do corpo, onde serão fecundados.

O zigoto desenvolve-se em uma larva ciliada de corpo achatado, a **plânula**. Depois de nadar livremente por algum tempo a plânula fixa-se a um objeto submerso, perde os cílios e transforma-se em um pequeno pólipo, em certos casos denominado **cifístoma**. O pólipo desenvolve-se e origina assexuadamente novas medusas, fechando o ciclo. **(Fig. 16.24)**

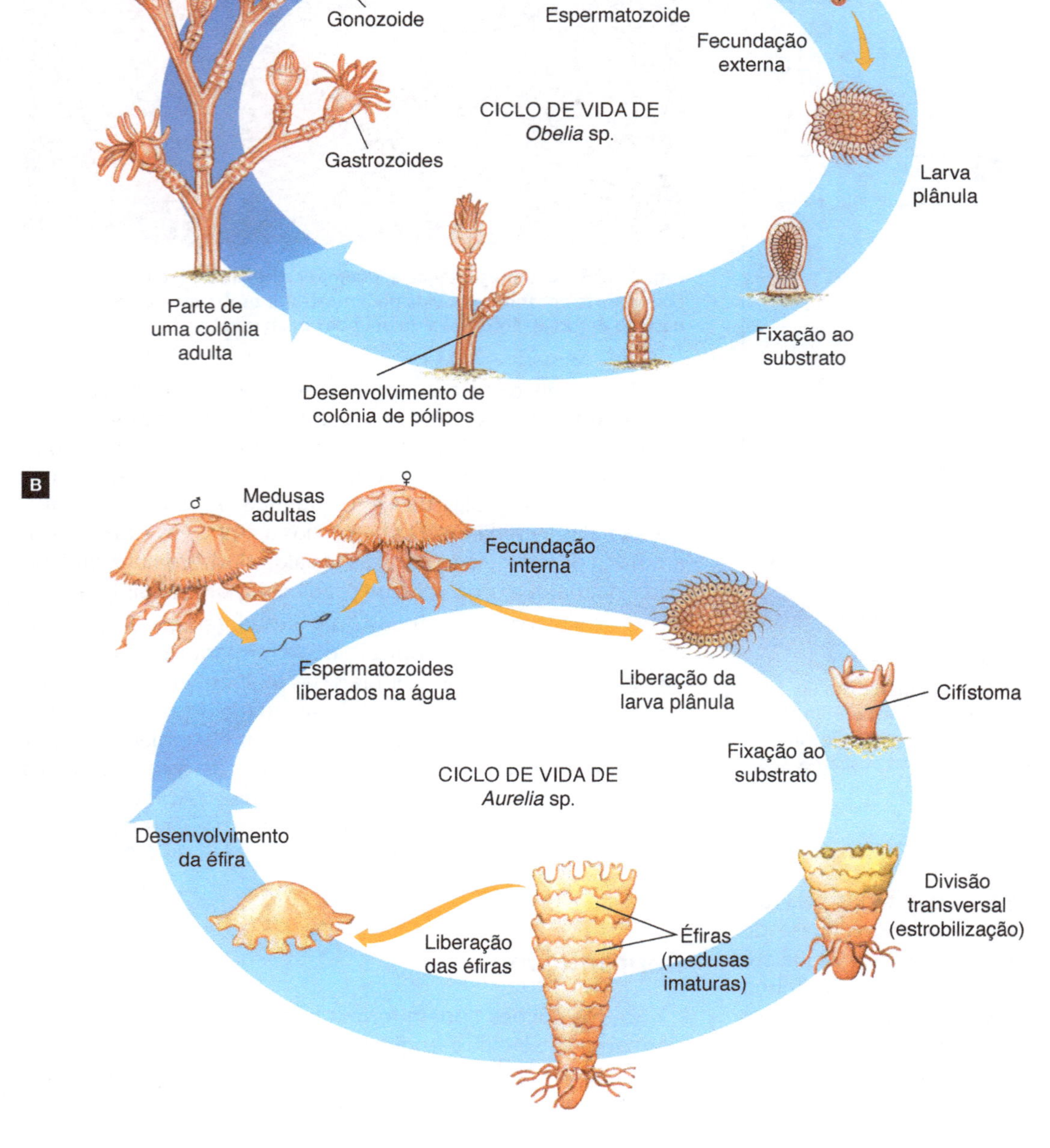

Figura 16.24 Representação esquemática dos ciclos de vida de dois cnidários. **A.** Ciclo de vida do cnidário colonial *Obelia* sp., cuja colônia apresenta pólipos responsáveis pela alimentação – gastrozoides – e pólipos responsáveis pela produção de medusas sexuadas – gonozoides. Os pólipos reprodutores da colônia (gonozoides) originam, por brotamento, medusas-machos e medusas-fêmeas, que, ao amadurecerem, produzem gametas. A fecundação ocorre externamente e os zigotos formados se desenvolvem em larvas ciliadas, as plânulas. Estas originam pólipos, que formam novas colônias. **B.** Ciclo de vida do cnidário *Aurelia* sp., em que a forma medusoide é preponderante. A fecundação ocorre no interior da medusa-fêmea, produzindo um zigoto que origina a plânula. Esta se fixa a um substrato e desenvolve-se em um pólipo denominado cifístoma, que na maturidade origina, por estrobilização, jovens medusas denominadas éfiras, completando o ciclo.

É importante notar que a alternância de gerações dos cnidários difere da que ocorre nas plantas, estudada no Capítulo 13. Nos cnidários ambas as gerações são diploides, enquanto nas plantas uma das gerações é haploide e a outra é diploide. Nos cnidários a meiose sempre leva à formação de gametas (meiose gamética), enquanto nas plantas leva à formação de esporos (meiose espórica).

Cnidários do grupo das anêmonas-do-mar e dos corais não apresentam medusas em seu ciclo de vida. Os gametas são formados pelos pólipos e a fecundação pode ocorrer externa ou internamente. O zigoto origina a larva plânula, que se desenvolve em um pólipo sexuado, fechando o ciclo.

RESUMO: CNIDÁRIOS

Diagnose de um cnidário: animal com forma de pólipo ou de medusa, diblástico, com células urticantes (cnidoblastos).
Hábitat: ambientes aquáticos; maioria das espécies é marinha.
Exemplos: *Physalia physalis* (caravela-portuguesa); *Aurelia aurita* (grande medusa marinha); *Hydra viridis* (pequeno pólipo de água doce).
Dados de anatomia e fisiologia:

- sistema digestivo – **incompleto**; digestão extracelular e intracelular;
- sistema circulatório – **ausente**; o alimento é distribuído diretamente pela cavidade gastrovascular e difunde-se entre as células;
- sistema respiratório – **ausente**; trocas gasosas diretamente entre as células e a água circundante;
- sistema excretor – **ausente**; excreções lançadas diretamente pelas células na água circundante ambiente;
- sistema nervoso – **presente**; rede nervosa difusa no corpo.

Reprodução: alguns pólipos têm reprodução assexuada por brotamento e estrobilização; várias espécies têm ciclos de vida com alternância de gerações sexuada (medusas) e assexuada (pólipos).

Agora você pode resolver as atividades 12, de 26 a 32, 73, 75, 76 e 83.

16.4 Filo Platyhelminthes (platelmintes)

O filo **Platyhelminthes** (do grego *platys*, plano, achatado, e *helminthes*, verme) reúne cerca de 20 mil espécies. Platelmintes são animais acelomados de corpo achatado dorsoventralmente, que podem ser divididos em três grupos: turbelários, trematódeos e cestoides.

A maioria dos **turbelários** tem vida livre e habita ambientes úmidos de terra firme ou ambientes aquáticos, marinhos e de água doce. Os representantes mais conhecidos desse grupo são as planárias.

Os **trematódeos** são platelmintes parasitas dotados de duas ventosas musculosas que permitem sua fixação ao hospedeiro. Os representantes mais conhecidos dos trematódeos são os esquistossomos.

Os **cestoides** são representados pelas **tênias**, endoparasitas do intestino de animais vertebrados. As tênias não apresentam cavidade digestiva e alimentam-se exclusivamente de nutrientes absorvidos diretamente da cavidade intestinal do hospedeiro. **(Fig. 16.25)**

ALEX KERSTITCH/VISUALS UNLIMITED, INC./GLOW IMAGES

ROBERT PICKETT/VISUALS UNLIMITED, INC./GLOW IMAGES

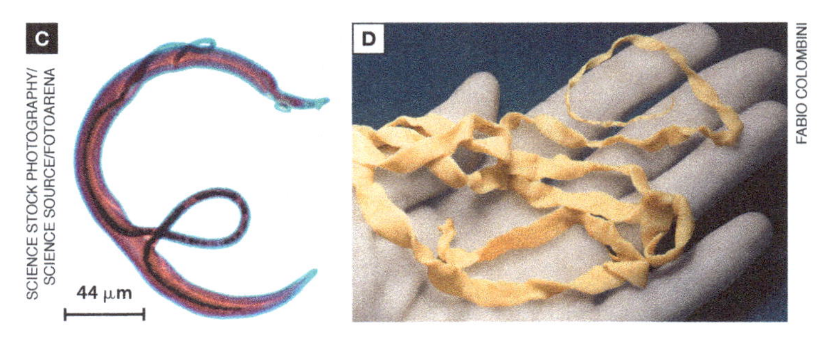

SCIENCE STOCK PHOTOGRAPHY/ SCIENCE SOURCE/FOTOARENA

FABIO COLOMBINI

Figura 16.25 Representantes dos platelmintes. **A.** Planária aquática de vida livre (*Pseudoceros zebra*). **B.** Planária terrestre de vida livre (*Turbellaria* sp.). **C.** Fotomicrografia de casal de esquistossomos (*Schistosoma mansoni*), parasita causador da esquistossomose; o macho tem o corpo mais grosso, com um sulco onde se aloja a fêmea, de corpo mais esguio. (Microscópio fotônico; cores artificiais.) **D.** Tênia, ou solitária, parasita causador da teníase; a região anterior, mais fina, é a que se fixa à parede intestinal do hospedeiro.

Organização corporal

Para ilustrar a estrutura corporal dos platelmintes escolhemos um representante de vida livre, a planária de água doce. Esse animal tem o corpo recoberto por uma epiderme rica em células glandulares, responsáveis pela produção de uma secreção mucosa. As células da face inferior do corpo são dotadas de cílios, cujo batimento coordenado permite o deslizamento do animal sobre um trilho de muco que ele mesmo produz.

O espaço interno do corpo, entre a epiderme e a parede da cavidade digestiva da planária, é preenchido por tecido muscular e por um tecido de consistência frouxa denominado mesênquima. O tecido muscular dispõe-se em diversas direções e sua contração coordenada permite ao animal executar variados tipos de movimento, como alongar-se, encurtar-se ou virar o corpo em qualquer direção. No mesênquima há células totipotentes capazes de se diferenciar nos diversos tipos de células corporais, o que explica a elevada capacidade de regeneração das planárias. **(Fig. 16.26)**

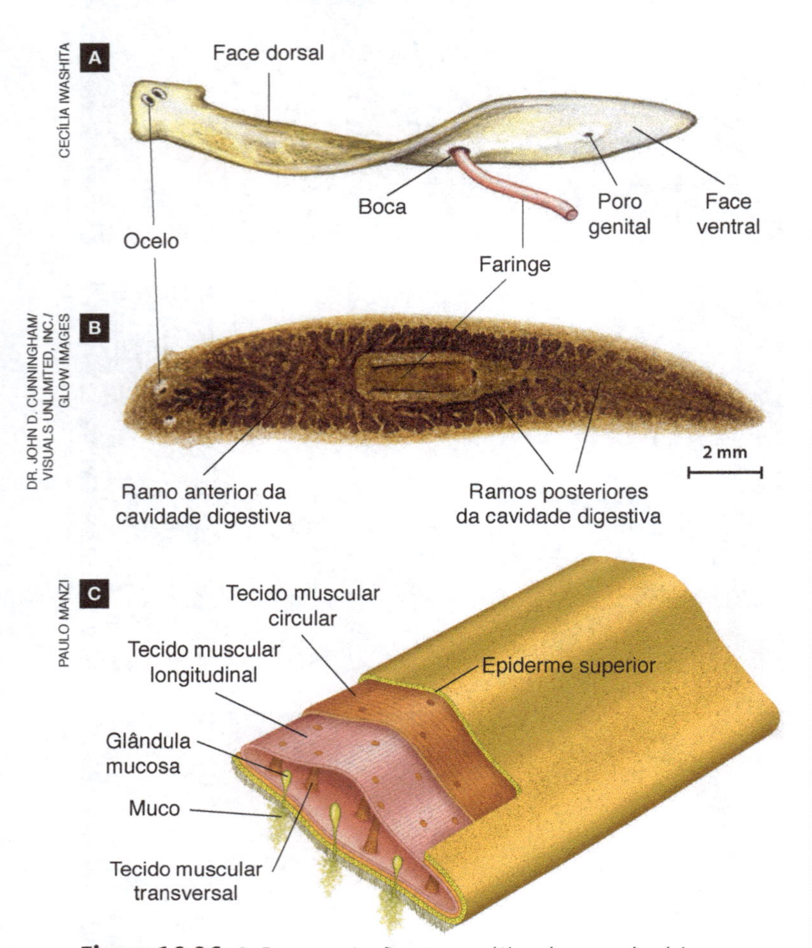

Figura 16.26 **A.** Representação esquemática de uma planária de água doce. Na região anterior há dois ocelos que percebem luminosidade. **B.** Planária (*Dugesia* sp.) fixada e corada para ressaltar a cavidade digestiva muito ramificada. Na ilustração a faringe está distendida, enquanto na fotomicrografia está recolhida em uma bolsa corporal. (Microscópio fotônico; cores artificiais.) **C.** Representação esquemática de um corte transversal ao corpo de uma planária, que mostra os tecidos musculares e glândulas. O espaço interno do corpo é ocupado pelo sistema digestivo e pelo mesênquima, não representados no desenho.

Sistemas corporais das planárias

Sistema digestivo

As planárias apresentam sistema digestivo incompleto e cavidade digestiva, ou gastrovascular, altamente ramificada, que se comunica com o meio externo pela boca, localizada na região mediana ventral do corpo. Embutida na boca há uma faringe musculosa, que pode ser estendida em direção ao alimento, constituído de animais vivos ou mortos, sobre o qual são liberadas enzimas digestivas produzidas por células glandulares localizadas na parede gastrovascular.

A faringe suga alimento parcialmente digerido para dentro da cavidade gastrovascular, onde a digestão prossegue. Células da parede gastrovascular englobam o alimento parcialmente digerido e a digestão se completa intracelularmente.

Produtos utilizáveis da digestão difundem-se para todas as células do corpo, o que é facilitado pela grande ramificação da cavidade gastrovascular. Os restos não digeridos são eliminados pela boca, abertura comum à entrada de alimento e à saída de resíduos da digestão. Esse tipo de sistema digestivo, em que há apenas a boca, denomina-se incompleto, como vimos nos cnidários.

Sistema excretor

O sistema excretor da planária situa-se entre as células do mesênquima, ao longo das laterais do corpo. Constitui-se de protonefrídios, túbulos ramificados dotados de células especializadas na absorção de água e excreções acumuladas nos espaços entre os tecidos. Dependendo da espécie a célula excretora pode apresentar um único flagelo, sendo nesse caso denominada **solenócito**, ou apresentar um tufo de flagelos, recebendo então a denominação de **célula-flama**. **(Fig. 16.27)**

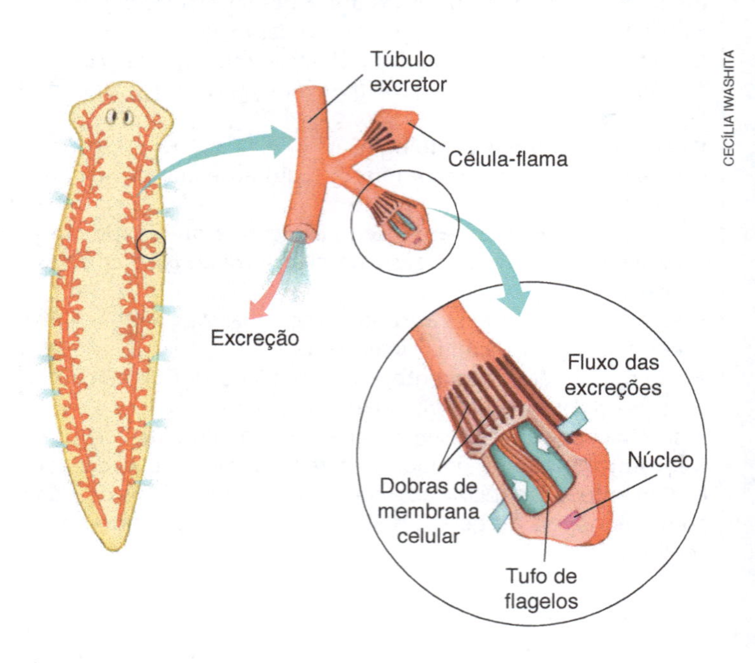

Figura 16.27 Representação esquemática da organização do sistema excretor de uma planária. No detalhe, estrutura de uma célula-flama em corte.

O batimento dos flagelos impulsiona o líquido absorvido pelas células excretoras ao longo dos túbulos excretores. Estes se abrem em **poros excretores** ou **nefridióporos**, situados lateralmente na superfície dorsal do corpo.

Apesar de apresentar sistema excretor, boa parte da excreção dos platelmintes é realizada por simples difusão através da superfície corporal. É também por difusão que ocorrem as trocas gasosas da respiração; por isso se diz que os platelmintes apresentam **respiração cutânea**.

Sistema nervoso

O sistema nervoso das planárias é constituído por dois conjuntos de células nervosas, os **gânglios cerebrais**, localizados na região anterior do corpo. Dos gânglios cerebrais partem dois **cordões nervosos** que percorrem longitudinalmente o corpo da planária. Dos cordões nervosos partem prolongamentos de células nervosas que chegam a todas as regiões corporais, controlando os músculos e recebendo estímulos captados por células sensoriais.

Em algumas planárias os receptores que percebem luminosidade organizam-se em órgãos visuais primitivos, os **ocelos** (do latim *ocellus*, pequeno olho), que informam o sistema nervoso sobre a intensidade e a direção da luz, mas são incapazes de formar imagens. **(Fig. 16.28)**

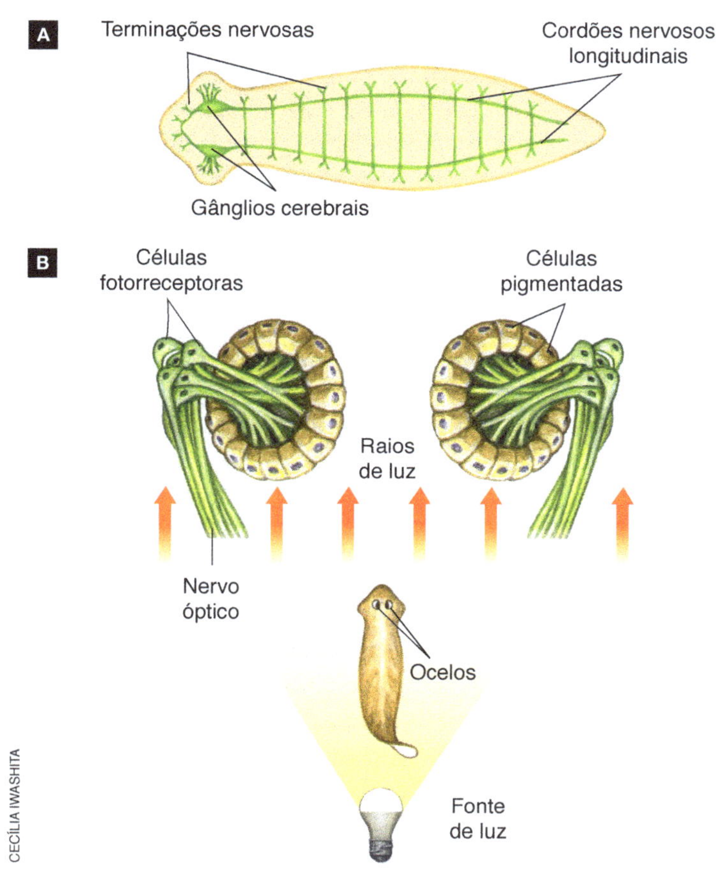

Figura 16.28 **A.** Representação esquemática do sistema nervoso de uma planária. **B.** Estrutura dos ocelos. As células pigmentadas absorvem luz, estimulando as células fotorreceptoras. Os impulsos nervosos são transmitidos aos gânglios cerebrais pelo nervo óptico. Ao comparar impulsos provenientes dos dois ocelos a planária se movimenta em direção oposta à fonte de luz.

Reprodução

A reprodução dos platelmintes é bastante diversificada. Espécies parasitas apresentam ciclos de vida complexos, em que pode haver alternância de fases sexuadas e assexuadas. Alguns aspectos da reprodução de platelmintes parasitas serão estudados no Capítulo 27.

Embora não seja a principal forma de reprodução, algumas espécies de planárias podem reproduzir-se assexuadamente por **fragmentação** do corpo. Graças à sua elevada capacidade de regeneração um fragmento pode originar uma planária completa. Se cortada em pedaços de até um décimo de seu tamanho, cada pedaço pode regenerar as partes que faltam e originar uma nova planária.

Certas formas larvais do esquistossomo podem se reproduzir assexuadamente; a larva denominada rédia, por exemplo, pode originar de modo assexuado dezenas de outras formas larvais chamadas cercárias. Confira esses conceitos no Capítulo 27, no ciclo do esquistossomo.

Platelmintes como planárias e tênias são monoicos. Outros, como os esquistossomos, são dioicos. Na planária de água doce, por exemplo, o sistema reprodutor feminino compõe-se de um par de órgãos produtores de gametas, os **ovários**, ligados a ovidutos por onde deslocam-se os óvulos maduros. Nos ovidutos desembocam glândulas vitelínicas, que produzem substâncias nutritivas para os futuros embriões. O par de ovidutos une-se na vagina, porção terminal do sistema genital feminino que se comunica a uma bolsa comum aos dois sexos, o átrio genital. Alguns platelmintes apresentam útero, uma bolsa especializada em armazenar ovos maduros até o momento de serem eliminados.

O sistema reprodutor masculino é constituído por diversos **testículos**, cada um ligado a um tubo por onde os espermatozoides atingem os ductos deferentes; estes levam os espermatozoides ao pênis, situado no átrio genital comum.

Em planárias e outros platelmintes ocorre **cópula**, processo em que dois indivíduos sexualmente maduros unem-se e justapõem os poros genitais, cada um deles introduzindo o pênis no poro genital do parceiro. Após a troca de espermatozoides os animais separam-se e, em cada um, os espermatozoides recebidos do parceiro percorrem os ovidutos, encontrando-se com os óvulos e fecundando-os.

Nas planárias os zigotos reúnem-se a células nutritivas ricas em vitelo produzidas pelas glândulas vitelínicas. O conjunto é envolto por um casulo de cor marrom-escura. Os casulos são expelidos pela abertura do átrio genital e fixados a substratos submersos, em geral folhas de plantas aquáticas.

No interior do casulo os embriões desenvolvem-se em pequenas planárias semelhantes aos pais, alimentando-se do vitelo acumulado. Planárias apresentam, portanto, fecundação interna e desenvolvimento direto. Nos outros grupos de platelmintes a maioria das espécies apresenta desenvolvimento indireto, com uma ou mais fases larvais.

RESUMO: PLATELMINTES

Diagnose de um platelminte: animal de corpo achatado, triblástico, acelomado e com simetria bilateral.
Hábitat: terrestres ou aquáticos (água doce ou marinha); várias espécies parasitas.
Exemplos: turbelário *Dugesia tigrina*, planária de água doce; *Schistosoma mansoni*, trematódeo causador da esquistossomose; *Taenia solium*, cestoide causador de teníase.
Dados de anatomia e fisiologia:

- sistema digestivo – **incompleto**; cavidade gastrovascular muito ramificada; digestão extracelular e intracelular;
- sistema circulatório – **ausente**; alimento distribuído pela cavidade gastrovascular a todas as células do corpo;
- sistema respiratório – **ausente**; trocas gasosas diretamente entre as células e o ambiente;
- sistema excretor – **presente**; rede de protonefrídios com células-flamas (multiflageladas) ou com solenócitos (uniflagelados); poros excretores localizados na superfície dorsal do corpo;
- sistema nervoso – **presente**; um par de gânglios cerebrais ligados a dois cordões nervosos longitudinais, de onde partem terminações nervosas;
- sistema sensorial – **presente**; órgãos especializados na captação de estímulos luminosos, mecânicos e químicos.

Reprodução: planárias podem reproduzir-se assexuadamente por fragmentação; reprodução sexuada com espécies monoicas e desenvolvimento direto, sem estágio larval; há espécies dioicas, e diversos platelmintes parasitas têm estágios larvais.

Agora você pode resolver as atividades 11 e de 33 a 37.

16.5 Filo Nematoda (nematódeos)

O filo **Nematoda** reúne animais de corpo cilíndrico, alongado e com extremidades afiladas, cujo tamanho pode variar de menos de 1 milímetro de comprimento a mais de 1 metro.

Há cerca de 25 mil espécies descritas na literatura especializada, mas os biólogos acreditam que esse número pode atingir 1 milhão de espécies.

A maioria dos nematódeos tem vida livre e habita ambientes como solos úmidos e ricos em matéria orgânica, rios, lagos e oceanos. Uma colher de solo fértil chega a conter milhões de nematódeos de tamanho quase microscópico. Diversas espécies são endoparasitas de plantas e de animais; nossa própria espécie é parasitada por algumas espécies de nematódeos, entre elas a popular lombriga.

Organização corporal

Os nematódeos são animais triblásticos, pseudocelomados, com simetria bilateral e sistema digestivo completo. Seus corpos podem ser descritos simplificadamente como "um tubo dentro de outro tubo". O tubo interno é o intestino, que começa na boca e termina no ânus. O tubo externo é a parede corporal. Entre os tubos há uma cavidade cheia de líquido, tradicionalmente chamada de pseudoceloma. Entretanto, como essa cavidade é, de fato, a blastocela embrionária que persiste no adulto, atualmente há a tendência de denominá-la blastoceloma. **(Fig. 16.29)**

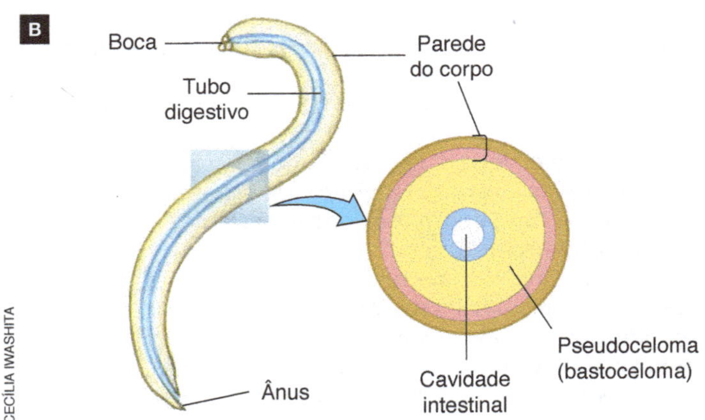

Figura 16.29 **A.** Exemplares do nematódeo *Ascaris lumbricoides*, a popular lombriga. **B.** Representação esquemática da organização geral do corpo de um nematódeo.

Sistemas corporais

Sistema digestivo

A boca dos nematódeos localiza-se na extremidade anterior do corpo. A ela segue-se uma faringe curta e musculosa que impulsiona o alimento para o intestino, um tubo fino que termina no ânus.

Alimentos parcialmente digeridos na cavidade do intestino são absorvidos pelas células da parede, dentro das quais a digestão se completa. Nutrientes resultantes da digestão intracelular passam para o líquido do pseudoceloma e difundem-se para as demais células do corpo. O material não digerido é eliminado pelo ânus.

Sistema nervoso

A parede do corpo de um nematódeo é revestida externamente pela epiderme, a qual é recoberta por uma **cutícula** protetora de constituição proteica. Internamente à epiderme há uma camada de células musculares com fibrilas contráteis. Por estarem orientadas unicamente no sentido longitudinal do corpo, essas fibrilas permitem que o animal realize apenas movimentos simples de flexão corporal.

As células musculares têm prolongamentos que as ligam a dois **cordões nervosos**, um dorsal e um ventral, que percorrem longitudinalmente o corpo do nematódeo. Esses cordões estão ligados a um anel de células nervosas situado em torno da faringe.

Sistema excretor

As excreções resultantes do metabolismo celular, íons em excesso e outras substâncias indesejáveis são lançados no líquido do pseudoceloma. Parte deles, principalmente as excreções nitrogenadas, é eliminada por difusão através da parede do corpo. A parte das excreções constituída por íons é eliminada por meio do **renete**, célula gigante em forma de letra H que percorre todo o corpo do animal, formando dois longos tubos laterais unidos por um canal transversal na porção anterior do corpo. O canal transversal liga-se a um ducto que se abre no poro excretor, pelo qual as excreções são eliminadas para o meio externo.

Os nematódeos não têm órgãos ou sistemas especializados em realizar trocas gasosas. Gás oxigênio e gás carbônico são absorvidos e eliminados por difusão, que ocorre por toda a superfície corporal (respiração cutânea).

Reprodução

A maioria das espécies de nematódeo é dioica e apresenta **dimorfismo sexual** com machos e fêmeas diferindo em algumas características. Os machos são mais curtos do que as fêmeas e apresentam a região posterior curvada formando um gancho, com o qual seguram a fêmea durante a cópula.

As fêmeas de lombrigas têm um par de ovários longos e finos, cada um ligado a um fino oviduto, ao qual se segue um útero de calibre maior. Os dois úteros ligam-se à vagina, que se comunica com o exterior pelo poro genital feminino, situado na região ventral do terço anterior do corpo. Os machos de lombriga têm um único testículo, longo e fino, ligado a um ducto deferente; este desemboca na vesícula seminal, onde os espermatozoides ficam armazenados até o momento da cópula.

A vesícula seminal comunica-se com a **cloaca**, nome da abertura comum aos sistemas reprodutor e digestivo pela qual os espermatozoides são eliminados do corpo do macho. Na cloaca do macho de lombriga há duas formações semelhantes a espinhos, as espículas peniais, que são introduzidas no poro genital feminino durante a cópula, mantendo o casal unido. **(Fig. 16.30)**

Os ovos desenvolvem uma casca resistente e são armazenados no útero até o momento de sua eliminação pelo poro genital. Uma única fêmea da *Ascaris lumbricoides* chega a eliminar até 200 mil ovos por dia. As larvas dos nematódeos sofrem quatro mudas de cutícula – ecdises – até atingirem a fase adulta, daí serem reunidos com os artrópodes no clado Ecdisozoa.

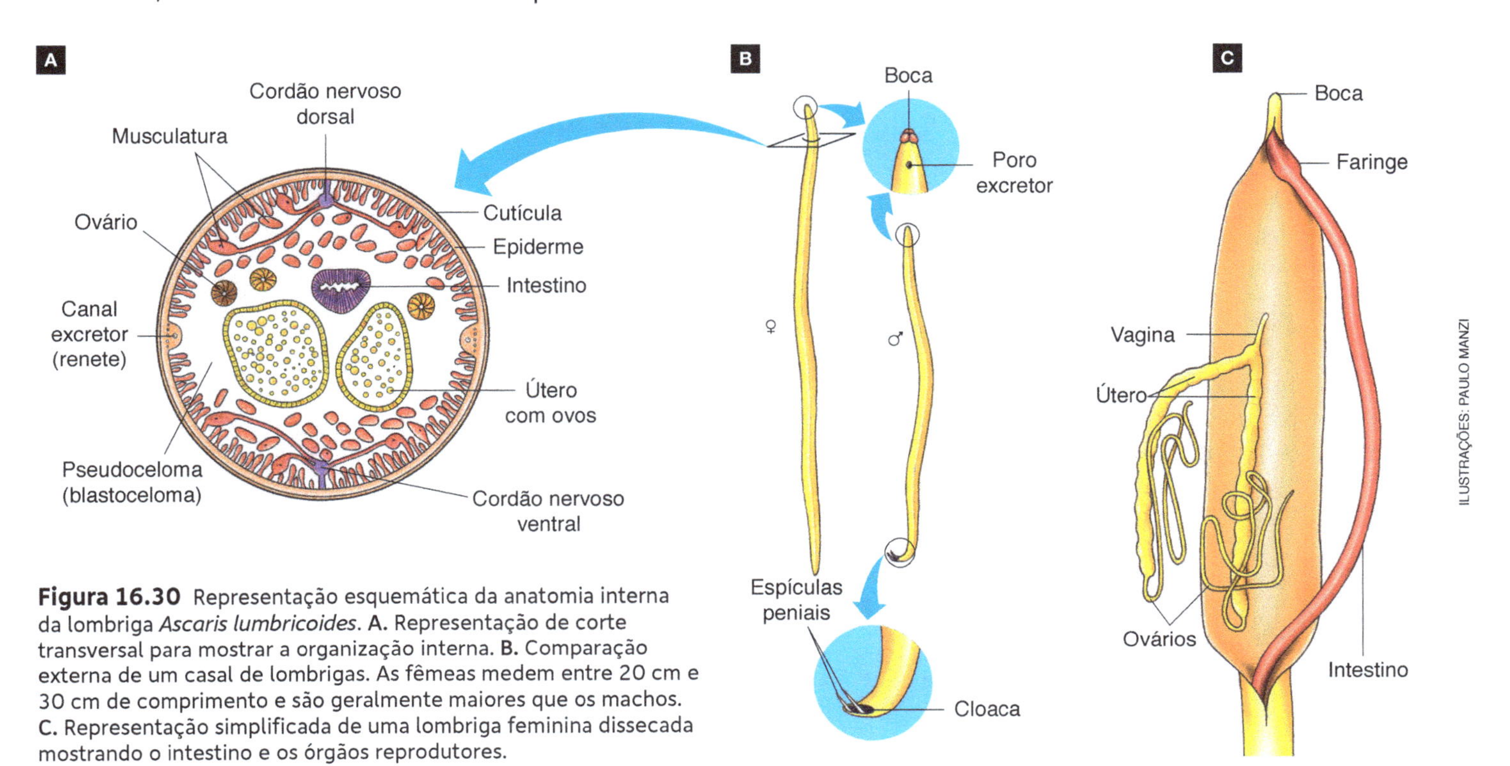

Figura 16.30 Representação esquemática da anatomia interna da lombriga *Ascaris lumbricoides*. **A.** Representação de corte transversal para mostrar a organização interna. **B.** Comparação externa de um casal de lombrigas. As fêmeas medem entre 20 cm e 30 cm de comprimento e são geralmente maiores que os machos. **C.** Representação simplificada de uma lombriga feminina dissecada mostrando o intestino e os órgãos reprodutores.

RESUMO: NEMATÓDEOS

Diagnose de um nematódeo: animal de corpo fino e tubular, triblástico, pseudocelomado e com simetria bilateral.
Hábitat: maioria das espécies de vida livre, terrestres ou aquáticas (água doce ou marinha); espécies parasitas de animais e plantas.
Exemplos: *Ascaris lumbricoides* (lombriga), parasita do intestino humano; *Ancylostoma duodenale* e *Necator americanus*, parasitas intestinais humanos causadores do amarelão.
Dados de anatomia e fisiologia:

- sistema digestivo – **completo**; digestão extracelular e intracelular;
- sistema circulatório – **ausente**; alimento distribuído pelo fluido da cavidade pseudocelômica;
- sistema respiratório – **ausente**; trocas gasosas diretamente entre as células e o ambiente (respiração cutânea);
- sistema excretor – **presente**; a cargo do **renete**, estrutura celular em forma de letra H que forma dois tubos laterais unidos na região anterior; poro excretor abrindo-se perto da boca;
- sistema nervoso – **presente**; anel nervoso em torno da faringe com dois cordões nervosos longitudinais.

Reprodução: sexuada; monoicos ou dioicos; ciclos dos parasitas são complexos, com quatro estágios larvais, entre os quais ocorrem mudas de cutícula que permitem o crescimento.

Agora você pode resolver as atividades de 38 a 41 e 84.

16.6 Filo Mollusca (moluscos)

O filo **Mollusca** (do latim *mollis*, mole) reúne os **moluscos**, animais de corpo mole, em muitas espécies protegido por concha calcária.

Os moluscos mais conhecidos são as ostras, os mexilhões, os caramujos, as lesmas, os caracóis, as lulas e os polvos, entre outros. O tamanho varia muito entre as espécies, existindo desde moluscos com menos de 1 milímetro, como certos caramujos, até os que medem mais de 20 metros, como as lulas gigantes.

Os moluscos vivem em praticamente todos os ambientes, desde as profundezas oceânicas até o topo de árvores. A maioria das espécies é marinha, mas há muitas espécies de água doce e de terra firme.

Embora a absoluta maioria dos moluscos tenha vida livre, há umas poucas espécies parasitas, cujas larvas se desenvolvem em brânquias de peixes de água doce.

O filo Mollusca é o segundo em número de espécies conhecidas – cerca de 100 mil – e também em diversidade de formas corporais, ficando atrás apenas do filo Arthropoda.

Organização corporal

Moluscos são animais triblásticos, celomados, com simetria bilateral e corpo não segmentado, constituído por três partes básicas: cabeça, pé e massa visceral.

Na **cabeça** concentram-se os órgãos dos sentidos. O **pé** é uma estrutura musculosa, cuja função varia nos diversos grupos, servindo para andar, para escavar, para a fixação em objetos submersos etc. A **massa visceral** é a porção do corpo onde se alojam os órgãos internos (vísceras). O celoma é reduzido, restringindo-se a pequenos espaços, como ocorre ao redor do coração (cavidade pericárdica).

O epitélio que reveste a massa visceral, denominado **manto** ou **pálio**, é uma estrutura epidérmica responsável pela produção da **concha**, quase sempre de composição calcária; a concha protege o corpo e fornece sustentação esquelética ao molusco. Em certas espécies o manto forma uma cavidade, a **cavidade do manto** ou **cavidade palial**, onde se abrem o ânus e os poros excretores. **(Fig. 16.31)**

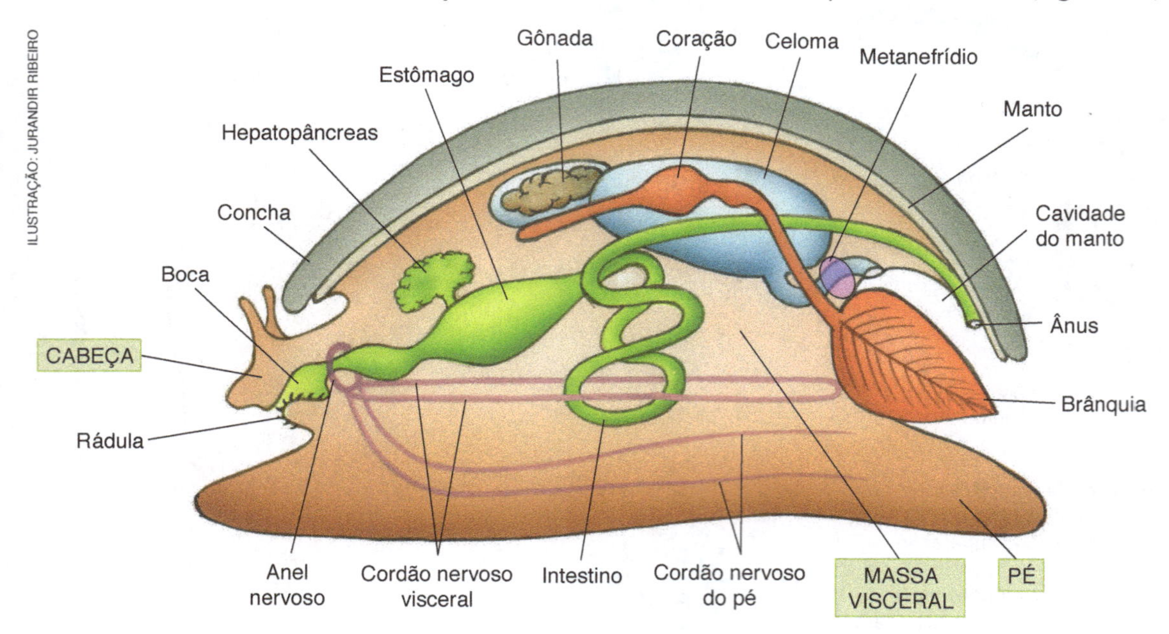

Figura 16.31 Representação esquemática da organização corporal de um molusco.

O desenvolvimento de cada parte corporal varia muito nos diferentes grupos de molusco. Por exemplo, nos polvos a cabeça e o pé são bem desenvolvidos; nas ostras a cabeça é quase inexistente e a parte mais desenvolvida é a massa visceral.

A presença e a forma da concha, bem como o desenvolvimento relativo da cabeça, do pé e da massa visceral caracterizam as diversas classes de moluscos, entre as quais se destacam Bivalvia, Gastropoda e Cephalopoda.

A classe **Bivalvia** reúne moluscos marinhos ou de água doce dotados de concha com duas valvas, que se articulam em uma espécie de dobradiça elástica. Os bivalves têm hábitos variados. Ostras e mexilhões, por exemplo, vivem grudados a rochas e a outros substratos submersos. Mariscos e berbigões vivem enterrados na areia ou no lodo dos fundos aquáticos. Bivalves como *Teredo* sp. escavam túneis em madeira, causando danos ao casco de embarcações. Certas espécies de *Pecten* sp. (popularmente conhecido como vieira e muito apreciado na gastronomia) vivem sobre o fundo do mar e deslocam-se impulsionados por jatos de água produzidos pela rápida abertura e fechamento das valvas da concha. **(Fig. 16.32)**

Figura 16.32 Moluscos representantes da classe Bivalvia. **A.** Bivalve *Unio tumidus*. **B.** Bivalve *Pinctada maxima* (ostra) com pérola.

A classe **Gastropoda** é a que apresenta maior número de espécies e maior diversidade de hábitats entre os moluscos, sendo a única com representantes nos três tipos de ambiente: marinho, água doce e terra firme. Exemplos são os caramujos, que vivem em água doce ou no mar, e lesmas e caracóis, que vivem em ambiente de terra firme. A maioria apresenta concha espiralada, mas há espécies com concha reduzida, interna ao corpo, e espécies desprovidas de concha, como as lesmas.

O pé dos gastrópodes é bem desenvolvido e utilizado na locomoção; uma glândula localizada em posição inferior à boca secreta um muco viscoso, sobre o qual o pé desliza graças a ondas de contração de sua musculatura. O nome da classe, Gastropoda (do grego *gastros*, estômago, e *podos*, pé), refere-se ao fato de a massa visceral (que contém o estômago) localizar-se diretamente sobre o grande pé musculoso. **(Fig. 16.33)**

JOHAN SWANEPOEL/ALAMY/GLOW IMAGES

GERRY BISHOP/VISUALS UNLIMITED, INC./GLOW IMAGES

Figura 16.33 Moluscos representantes da classe Gastropoda. **A.** Caracol terrestre, gastrópode de concha espiralada. **B.** Lesma (*Limax maximus*), gastrópode desprovido de concha.

A classe **Cephalopoda** reúne moluscos que vivem exclusivamente no mar. Alguns têm concha interna, como lulas e sépias. Outros têm concha externa espiralada, dividida em várias câmaras, como os náutilos. Outros, como os polvos, não têm concha.

O nome da classe, Cephalopoda (do grego *kephalos*, cabeça, e *podos*, pé), refere-se ao fato de esses moluscos apresentarem a cabeça diretamente ligada ao pé, que é muito desenvolvido e dividido em tentáculos fortes e musculosos, com ventosas adesivas utilizadas na locomoção e captura de presas.

Cefalópodes como polvos, lulas e sépias são dotados de uma bolsa que contém um pigmento negro, que eles eliminam em situações de perigo. A tinta espalha-se e turva a água, o que impede o predador de visualizar a presa. **(Fig. 16.34)**

DAVID FLEETHAM/VISUALS UNLIMITED, INC./GLOW IMAGES

ROBERTHARDING/ALAMY/GLOW IMAGES

Figura 16.34 Moluscos representantes da classe Cephalopoda. **A.** *Octopus ornatus*, uma espécie de polvo. **B.** *Sepia latimanus*, uma espécie de sépia.

Sistemas corporais

Sistema digestivo

O sistema digestivo dos moluscos compõe-se de boca, faringe, esôfago, estômago, intestino e ânus. Com exceção dos bivalves, os moluscos possuem na boca a **rádula**, uma peça membranosa provida de dentículos quitinosos dispostos em fileiras com a qual o animal raspa o alimento. Em polvos e lulas, além da rádula, há um par de fortes mandíbulas quitinosas curvas que lembram o bico de um papagaio.

Um par de **hepatopâncreas**, ou **glândulas digestivas**, lança secreções enzimáticas dentro do estômago, onde começa a digestão do alimento.

Nos gastrópodes, o alimento parcialmente digerido é absorvido por células da parede intestinal, dentro das quais a digestão se completa. Nos cefalópodes, o alimento passa do estômago para uma grande bolsa denominada **ceco gástrico**, onde a digestão ocorre extracelularmente.

A maioria dos bivalves alimenta-se de partículas orgânicas e organismos microscópicos presentes na água. A água entra no corpo por uma abertura denominada **sifão inalante**, sendo impulsionada pelo batimento de cílios que recobrem a superfície interna do manto e das brânquias. Acima do sifão inalante, há outra abertura, o **sifão exalante**, por onde a água sai da concha.

Sistema circulatório

Os moluscos apresentam uma novidade evolutiva em relação a cnidários, platelmintes e nematódeos: o **sistema circulatório**. Esse sistema é responsável pelo transporte de nutrientes e de gás oxigênio a todas as células do corpo e também pela coleta de gás carbônico e resíduos produzidos no metabolismo celular.

O coração, alojado em uma cavidade cheia de líquido, a **cavidade pericárdica** (do grego *peri*, ao redor, e *kardia*, coração), apresenta movimentos alternados de contração e de relaxamento que bombeiam o fluido circulatório para o interior de artérias. Estas se ramificam e chegam às diversas partes do corpo.

Nos cefalópodes o sistema circulatório é do tipo **fechado**: o fluido circulatório desloca-se sempre pelo interior de vasos sanguíneos, passando das artérias para os capilares sanguíneos e destes para as veias, pelas quais retorna ao coração.

Nas demais classes de moluscos o sistema circulatório é do tipo **aberto**, ou **lacunar**: o fluido circulatório, denominado **hemolinfa**, abandona as artérias e penetra em cavidades presentes entre os tecidos, as hemocelas. Aí a hemolinfa entra em contato direto com as células, abastecendo-as de nutrientes e gás oxigênio e livrando-as de resíduos metabólicos. Das hemocelas a hemolinfa retorna ao coração passando pelos órgãos respiratórios, onde ocorre a captação de gás oxigênio e a eliminação de gás carbônico. **(Fig. 16.35)**

O fluido circulatório de cefalópodes e gastrópodes apresenta **hemocianina**, uma proteína que possui íons cobre (I), Cu^+, em sua estrutura e que, à semelhança da hemoglobina dos vertebrados, realiza o transporte de gás oxigênio pelo corpo.

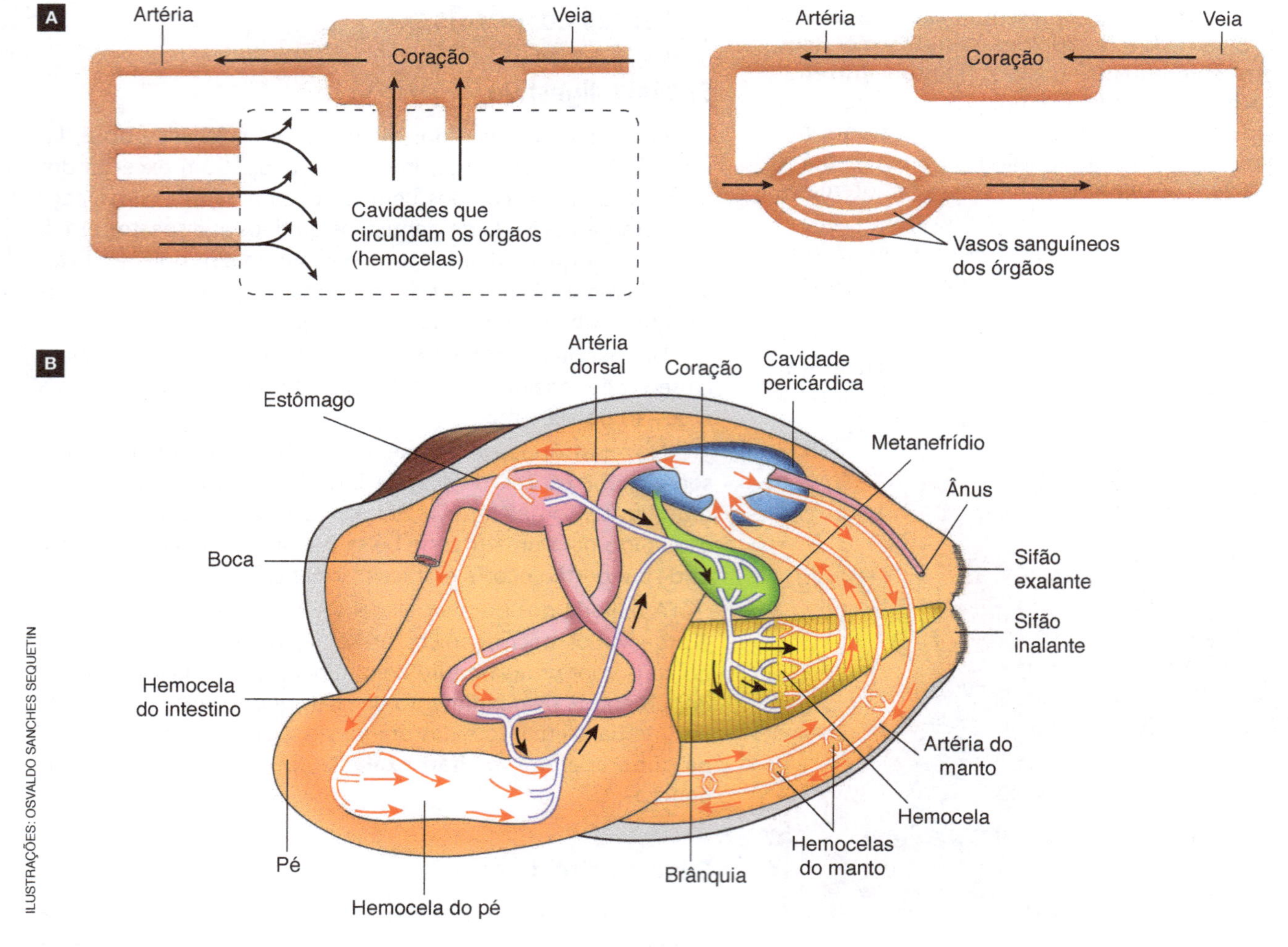

Figura 16.35 **A.** Representação esquemática de um sistema circulatório aberto (lacunar), à esquerda, e de um sistema circulatório fechado, à direita. No primeiro o fluido circulatório, em geral denominado hemolinfa, sai das artérias, cai em lacunas (hemocelas) e retorna ao coração; no segundo o fluido circulatório, em geral denominado sangue, circula sempre dentro de vasos. **B.** Representação esquemática de um bivalve cortado longitudinalmente para mostrar o sistema circulatório aberto.

Sistema respiratório

Moluscos aquáticos como mexilhões, ostras, lulas, polvos etc. respiram por meio de **brânquias**, projeções da superfície corporal altamente irrigadas por vasos sanguíneos. Moluscos terrestres como caracóis e lesmas respiram por meio de **pulmões**, cavidades internas revestidas pelo manto e altamente irrigadas por vasos sanguíneos. O fluido circulatório, ao passar pelos órgãos respiratórios em seu caminho de volta ao coração, absorve gás oxigênio do ambiente e nele elimina gás carbônico recolhido nos tecidos corporais.

Sistema excretor

O sistema excretor dos moluscos é constituído por um par de órgãos denominados **metanefrídios**, especializados em absorver e eliminar os produtos tóxicos gerados pelo metabolismo celular. O metanefrídio é uma espécie de funil longo e dobrado, que remove excreções da **cavidade pericárdica**, a bolsa cheia de fluido circulatório que envolve o coração, e dos vasos próximos. As excreções, ou excretas, são eliminadas por meio dos condutos dos metanefrídios, que se abrem em um poro excretor localizado sob o manto.

Sistema nervoso

O sistema nervoso dos moluscos é constituído por vários gânglios nervosos unidos entre si por cordões nervosos e ligados a terminações nervosas que trazem informações dos órgãos dos sentidos (antenas, olhos e órgãos de equilíbrio etc.), além de levar ordens de ação aos músculos. Mexilhões, caracóis e lesmas têm movimentos relativamente lentos, mas lulas e polvos são animais velozes, capazes de nadar com rapidez e capturar presas com movimentos altamente precisos e coordenados. O gânglio cerebral de lulas e polvos é muito desenvolvido e seus olhos são comparáveis aos dos vertebrados.

Reprodução

Moluscos podem ser dioicos ou monoicos; a fecundação pode ser interna ou externa e o desenvolvimento pode ser direto ou indireto, com uma ou mais fases larvais.

A maioria dos bivalves e alguns gastrópodes são dioicos e liberam seus gametas na água. Neles a fecundação é externa e o zigoto desenvolve-se em uma larva ciliada, denominada **trocófora**, que nada ativamente. Em algumas espécies esse é o único estágio larval. Na maioria, porém, a trocófora transforma-se em uma segunda fase larval, a **véliger**, na qual tem início a formação do pé e da concha. **(Fig. 16.36)**

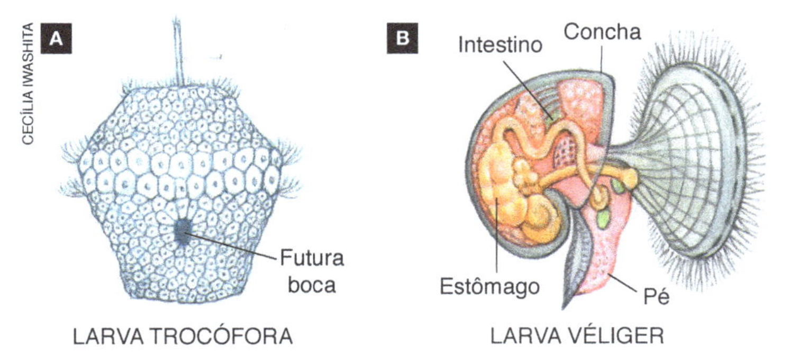

Figura 16.36 Representação esquemática de formas larvais presentes dos moluscos. **A.** Trocófora. **B.** Véliger.

Os caracóis de jardim são monoicos; cada indivíduo apresenta uma única gônada hermafrodita, chamada **ovoteste**, que produz tanto óvulos como espermatozoides. Dois indivíduos sexualmente maduros encostam seus poros genitais e cada um introduz o pênis no poro do parceiro. Após a troca de espermatozoides os parceiros se separam.

Os espermatozoides são armazenados temporariamente em um receptáculo seminal, aguardando o amadurecimento dos óvulos; estes recebem reservas de alimento de uma glândula albuminosa. Após a fecundação os ovos são envolvidos por uma casca gelatinosa ou membranosa, antes de serem eliminados pelo poro genital. De cada ovo emerge um pequeno gastrópode semelhante ao adulto (desenvolvimento direto). **(Fig. 16.37)**

RESUMO: MOLUSCOS

Diagnose de um molusco: animal de corpo mole, com ou sem concha, triblástico, celomado e com simetria bilateral.
Hábitat: animais de vida livre, terrestres ou aquáticos, de água doce ou marinha); raras espécies parasitas, com larvas em brânquias de peixes.
Exemplos: mexilhão (*Mytilus* sp.), lula (*Loligo* sp.), polvo (*Octopus* sp.), caracol de jardim (*Helix* sp.).
Dados de anatomia e fisiologia:

- sistema digestivo – **completo** (tubo digestivo com regiões diferenciadas e glândula digestiva associada); digestão extracelular e intracelular em bivalves e gastrópodes; digestão exclusivamente extracelular em cefalópodes;
- sistema circulatório – **presente**, do tipo **aberto** ou **lacunar** em bivalves e gastrópodes, e do tipo **fechado** em cefalópodes;
- sistema respiratório – **presente**; as trocas gasosas ocorrem em órgãos especializados, brânquias e pulmões; esse sistema está acoplado ao sistema circulatório (gases absorvidos e/ou liberados na respiração são transportados pelo fluido circulatório);
- sistema excretor – **presente**; excreção por meio de metanefrídios, estruturas especializadas na remoção de resíduos nitrogenados gerados no metabolismo;
- sistema nervoso – **presente**; composto por três ou quatro pares de gânglios nervosos, ligados a terminações nervosas que atingem todo o corpo.

Reprodução: sexuada, com espécies monoicas (caracóis, por exemplo) e dioicas (mexilhões, por exemplo); em alguns casos o desenvolvimento é direto, e em outros há estágios larvais (larvas trocófora e véliger).

Figura 16.37 A. Fotografia de gastrópodes terrestres (*Helix aspersa*) em cópula. **B.** Ovos de gastrópode terrestre (*Arion rufus*), que apresenta desenvolvimento direto.

Agora você pode resolver as atividades de 42 a 47.

16.7 Filo Annelida (anelídeos)

O filo **Annelida** (do latim *annellus*, anel) reúne animais triblásticos, celomados, com simetria bilateral, corpo alongado, cilíndrico e **metamerizado**, constituído por anéis transversais; o nome do filo refere-se exatamente a essa característica. Atualmente se conhecem cerca de 15 mil espécies de anelídeos, cujo comprimento varia de 1 milímetro até 6 metros ou mais. Os anelídeos são distribuídos em três grupos principais: **Polychaeta** (poliquetos), **Oligochaeta** (oligoquetos) e **Hirudinea** (hirudíneos).

Poliquetos (do grego *polys*, muito, e *chaite*, pelo, cerda) são anelídeos marinhos caracterizados pela presença de numerosas **cerdas** corporais. Cerdas são filamentos finos e semirrígidos, implantados em expansões laterais do corpo denominadas **parápodes** (do grego *para*, semelhante, e *podos*, pé, perna).

Alguns poliquetos caminham ativamente nos litorais (hábito errante), enquanto outros vivem dentro de tubos que eles mesmos constroem (hábito séssil). Os parápodes e as cerdas auxiliam a locomoção nas espécies errantes e a fixação aos tubos nas espécies sésseis. **(Fig. 16.38)**

JOHN ANDERSON/ALAMY/GLOW IMAGES

Figura 16.38 Poliqueto marinho (*Spirobranchus giganteus*).

Oligoquetos (do grego *oligos*, pouco, e *chaite*, pelo, cerda) são anelídeos com poucas cerdas corporais. Seus representantes típicos são as minhocas, cujas cerdas, invisíveis a olho nu, podem ser percebidas quando passamos os dedos da região posterior para a região anterior de seu corpo.

A maioria dos oligoquetos vive no solo e em água doce, com poucas espécies marinhas. As minhocas alimentam-se de restos vegetais, pequenos animais, bactérias e fungos presentes no solo, auxiliando o processo de decomposição da matéria orgânica e a fertilização do solo. As fezes das minhocas constituem o húmus, fertilizante natural de alta qualidade. Minhocas podem movimentar cerca de 5 toneladas de terra por ano em um único quilômetro quadrado de solo rico em matéria orgânica. **(Fig. 16.39)**

ED RESCHKE/GETTY IMAGES

Figura 16.39 Minhoca *Lumbricus terrestris* (oligoqueto).

Hirudíneos, popularmente conhecidos como sanguessugas, são anelídeos achatados dorsoventralmente e desprovidos de cerdas corporais. A maioria das sanguessugas vive em água doce, mas há espécies marinhas e outras em ambientes úmidos, como brejos e pântanos. O termo sanguessuga refere-se ao hábito alimentar da maioria dos hirudíneos: sugar sangue e fluidos corporais de vertebrados (peixes, anfíbios, répteis e mamíferos).

Sanguessugas têm ventosas nas regiões anterior e posterior do corpo, utilizadas na locomoção e na fixação aos animais de que se alimentam. Certas espécies podem ingerir animais de corpo mole como lesmas, vermes e larvas de insetos. **(Fig. 16.40)**

BLICKWINKEL/ALAMY/GLOW IMAGES

Figura 16.40 Sanguessuga *Erpobdella octoculata* (hirudíneo).

Organização corporal

Os anelídeos têm corpo organizado em compartimentos ou anéis transversais denominados **metâmeros**. Estes são muito semelhantes entre si, exceto o primeiro a partir da região anterior, que, dependendo da espécie, pode ter olhos, antenas e outros órgãos sensoriais.

Cada metâmero tem musculatura própria, com fibras dispostas circular e longitudinalmente. Assim, o animal pode encurtá-lo ou alongá-lo independentemente dos demais, o que possibilita ampla movimentação corporal. Cada metâmero apresenta um par de gânglios nervosos, um par de órgãos excretores e um par de bolsas celômicas cheias de líquido, que fornecem apoio para a contração muscular atuando como **esqueleto hidrostático**. **(Fig. 16.41)**

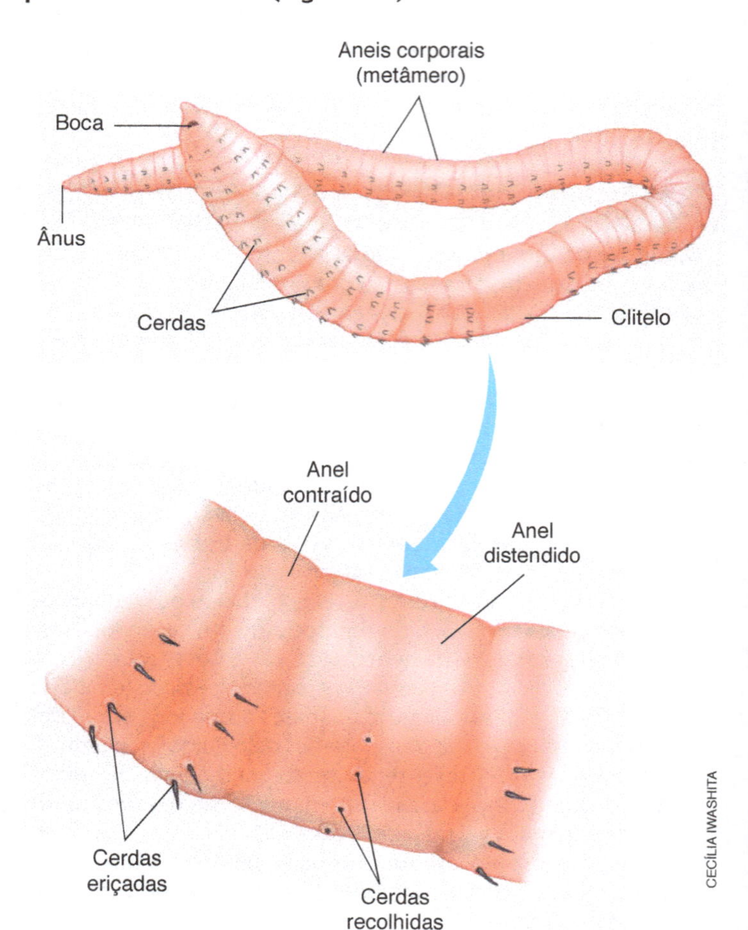

Figura 16.41 Representação esquemática de uma minhoca e de um detalhe dos metâmeros, mostrando as cerdas. Estas se eriçam quando o anel se contrai, apoiando-se nas asperezas do terreno e auxiliando a locomoção.

Sistemas corporais

Sistema digestivo

Os anelídeos têm sistema digestivo completo, com a boca situada no primeiro anel corporal e o ânus localizado no último anel. A boca das minhocas é guarnecida por um lábio carnoso utilizado para cavar o solo; a faringe das sanguessugas apresenta pequenos dentes cortantes que perfuram a pele das vítimas.

Em uma minhoca comum no Brasil, *Pheretima hawayana*, a boca localiza-se sob uma projeção musculosa do primeiro metâmero, o **prostômio**, utilizado para cavar. Segue-se uma faringe curta, ligada a músculos fortes que possibilitam sugar terra e alimento.

Da faringe o material ingerido segue pelo esôfago até o papo, região dilatada do tubo digestivo onde desembocam glândulas que lubrificam e umedecem o alimento. Em seguida o alimento passa para a moela, porção dilatada e de paredes musculosas que atua como triturador de alimento. As contrações da moela esmagam partículas alimentares entre as partículas de terra, tornando o alimento finamente fragmentado e mais fácil de digerir. Da moela o alimento triturado passa ao intestino, onde se mistura a enzimas secretadas por células da parede do tubo digestivo; a digestão ocorre na cavidade intestinal e é exclusivamente extracelular.

Na altura do 30º anel corporal há duas expansões laterais denominadas **cecos intestinais**. Desse ponto em diante o intestino apresenta uma prega longitudinal na parte superior denominada **tiflossole**. Acredita-se que os cecos intestinais e a tiflossole sejam adaptações que ampliam a área de absorção de nutrientes. O material não aproveitado é eliminado pelo ânus, juntamente com a terra ingerida. **(Fig. 16.42)**

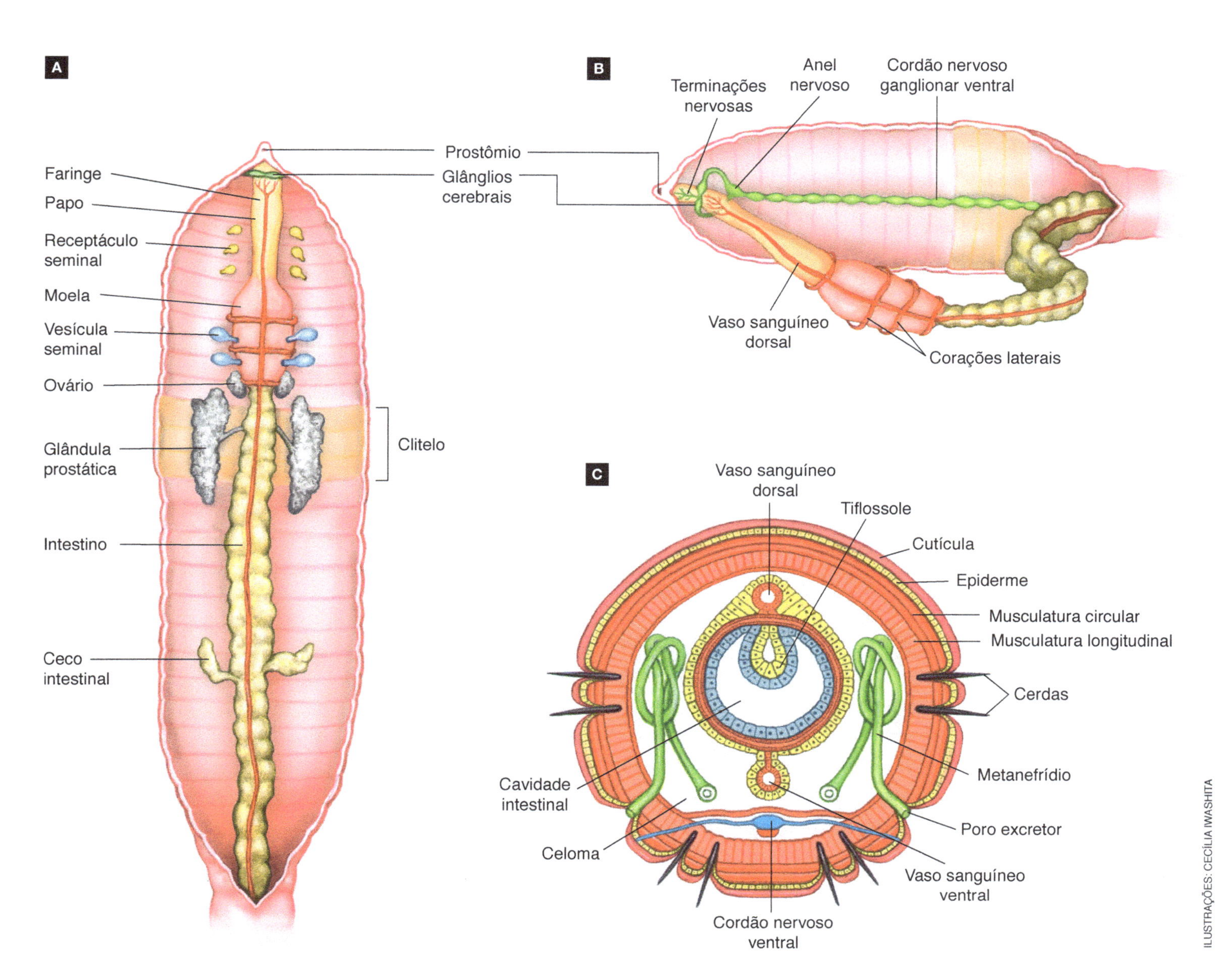

Figura 16.42 **A.** Representação esquemática de uma minhoca dissecada, mostrando seus principais órgãos internos. **B.** Representação esquemática de uma minhoca dissecada com o tubo digestivo parcialmente deslocado para facilitar a visualização do sistema nervoso, localizado na região ventral do corpo. **C.** Representação esquemática de uma minhoca em corte transversal, mostrando músculos, cerdas e outros órgãos corporais.

Sistema circulatório

Os anelídeos têm sistema circulatório fechado, constituído por uma rede de vasos sanguíneos interligados. Minhocas apresentam um grande vaso dorsal que conduz o sangue em direção à região anterior do corpo; dependendo da espécie, há um ou dois vasos ventrais que levam sangue à região posterior. Cada metâmero é dotado de vasos laterais ramificados que conectam o vaso dorsal aos vasos ventrais.

Na região anterior do corpo da minhoca os vasos laterais têm paredes musculosas e desenvolvidas, constituindo **corações laterais**. As contrações rítmicas desses corações bombeiam o líquido sanguíneo para as diversas regiões do corpo. **(Fig. 16.43)**

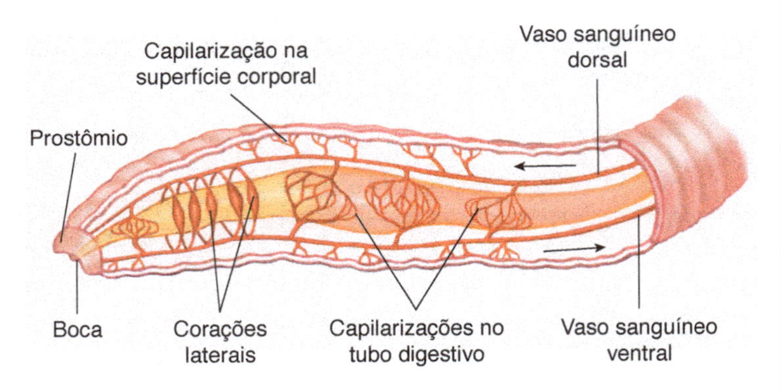

Figura 16.43 Representação esquemática da região anterior de uma minhoca. A parede do corpo foi removida para mostrar os vasos que constituem o sistema circulatório. Essa espécie apresenta cinco pares de corações laterais. As setas pretas indicam o sentido do fluxo sanguíneo.

O sangue de muitos anelídeos apresenta pigmentos respiratórios, substâncias capazes de se combinar com o gás oxigênio, transportando-o até as células. O pigmento respiratório presente em minhocas é a hemoglobina, proteína que possui íons ferro (II), Fe^{2+}, em sua estrutura, semelhante à presente no interior das células vermelhas (hemácias) do sangue humano. Nas minhocas, entretanto, a hemoglobina está dissolvida no líquido sanguíneo e não dentro de células.

Sistema respiratório

Os poliquetos respiram por meio de brânquias. Nas espécies que formam tubos (tubícolas) as brânquias concentram-se na região anterior do corpo, projetando-se como um espanador para fora do tubo. Em outras espécies as brânquias são filamentos finos e delicados ligados às laterais de cada metâmero. As sanguessugas e as minhocas não apresentam órgãos respiratórios especializados e as trocas gasosas com o ambiente ocorrem através de toda a epiderme (**respiração cutânea**).

Sistema excretor

A excreção dos anelídeos é realizada por metanefrídios, semelhantes aos de moluscos, ou por protonefrídios. Em minhocas, o metanefrídio consiste em um túbulo fino e enovelado, com um funil ciliado em uma extremidade, o **nefróstoma**, que remove as excreções presentes no fluido celômico. O túbulo do metanefrídio, por sua vez, remove excreções diretamente do sangue que circula nos capilares próximos.

ILUSTRAÇÕES: CECÍLIA IWASHITA

As excreções são eliminadas para o exterior do corpo pelos **nefridióporos** ou **poros excretores**, presentes aos pares em cada anel corporal. Na minhoca o principal produto nitrogenado excretado é a **amônia**. Essa substância, juntamente com as fezes das minhocas, constitui o **húmus**, que fertiliza o solo. **(Fig. 16.44)**

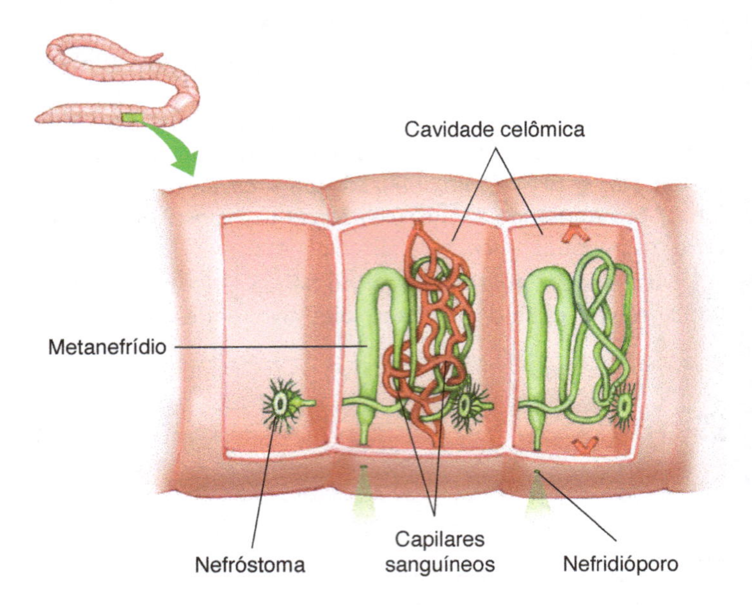

Figura 16.44 Representação esquemática de sistema excretor da minhoca.

Sistema nervoso

O sistema nervoso dos anelídeos é constituído por um par de gânglios cerebrais localizados dorsalmente sobre a faringe e por dois cordões nervosos ventrais, com um par de gânglios por metâmero. Dos gânglios partem terminações nervosas para os músculos e para as células sensoriais. **(Fig. 16.45)**

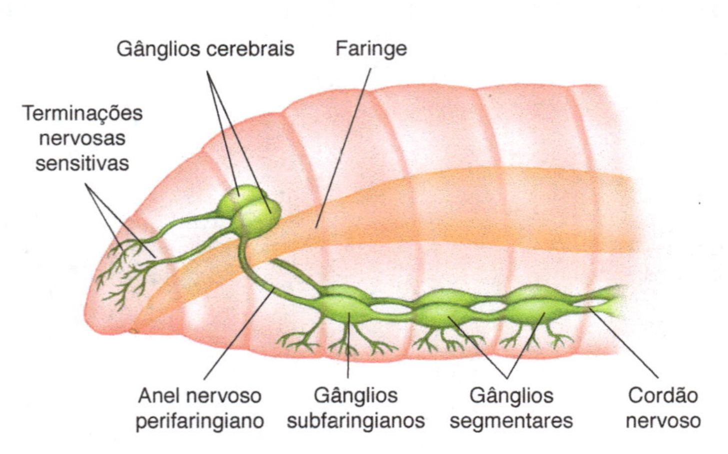

Figura 16.45 Representação esquemática de sistema nervoso da minhoca.

Várias espécies marinhas de anelídeos apresentam órgãos sensoriais bem desenvolvidos, como tentáculos sensitivos, órgãos de equilíbrio e olhos, além de células sensoriais espalhadas por todo o corpo. Outras espécies, como as minhocas, não apresentam órgãos sensoriais diferenciados e percebem o ambiente por meio de células sensoriais distribuídas na epiderme.

Reprodução

Os anelídeos apresentam reprodução sexuada. Umas poucas espécies, porém, podem se reproduzir assexuadamente por fragmentação do corpo seguida de regeneração.

Os poliquetos marinhos são geralmente dioicos, com fecundação externa e desenvolvimento indireto. Os machos e as fêmeas liberam os gametas na água, onde ocorre a fecundação. Os zigotos desenvolvem-se em larvas do tipo **trocófora**, que adquirem progressivamente a forma adulta.

Os oligoquetos e os hirudíneos são monoicos e se reproduzem por fecundação cruzada. Na cópula de hirudíneos cada animal introduz seus espermatozoides diretamente no poro genital feminino do parceiro. Estes percorrem os ovidutos e chegam aos ovários, onde fecundam os óvulos.

Em oligoquetos como a minhoca os poros genitais masculinos de um animal entram em contato com as aberturas dos receptáculos seminais do outro. Há, então, troca de espermatozoides e separação dos parceiros.

O muco secretado por glândulas de uma região dilatada do corpo, o **clitelo**, é utilizado na produção de um casulo, no qual se alojam alguns óvulos.

Contraindo o corpo, a minhoca faz o casulo deslizar em direção aos receptáculos seminais, que se contraem e eliminam espermatozoides armazenados sobre os óvulos. Ao se soltar da minhoca, o casulo fecha-se nas extremidades e, em seu interior, os ovos desenvolvem-se em pequenas minhocas semelhantes aos adultos (desenvolvimento direto). **(Fig. 16.46)**

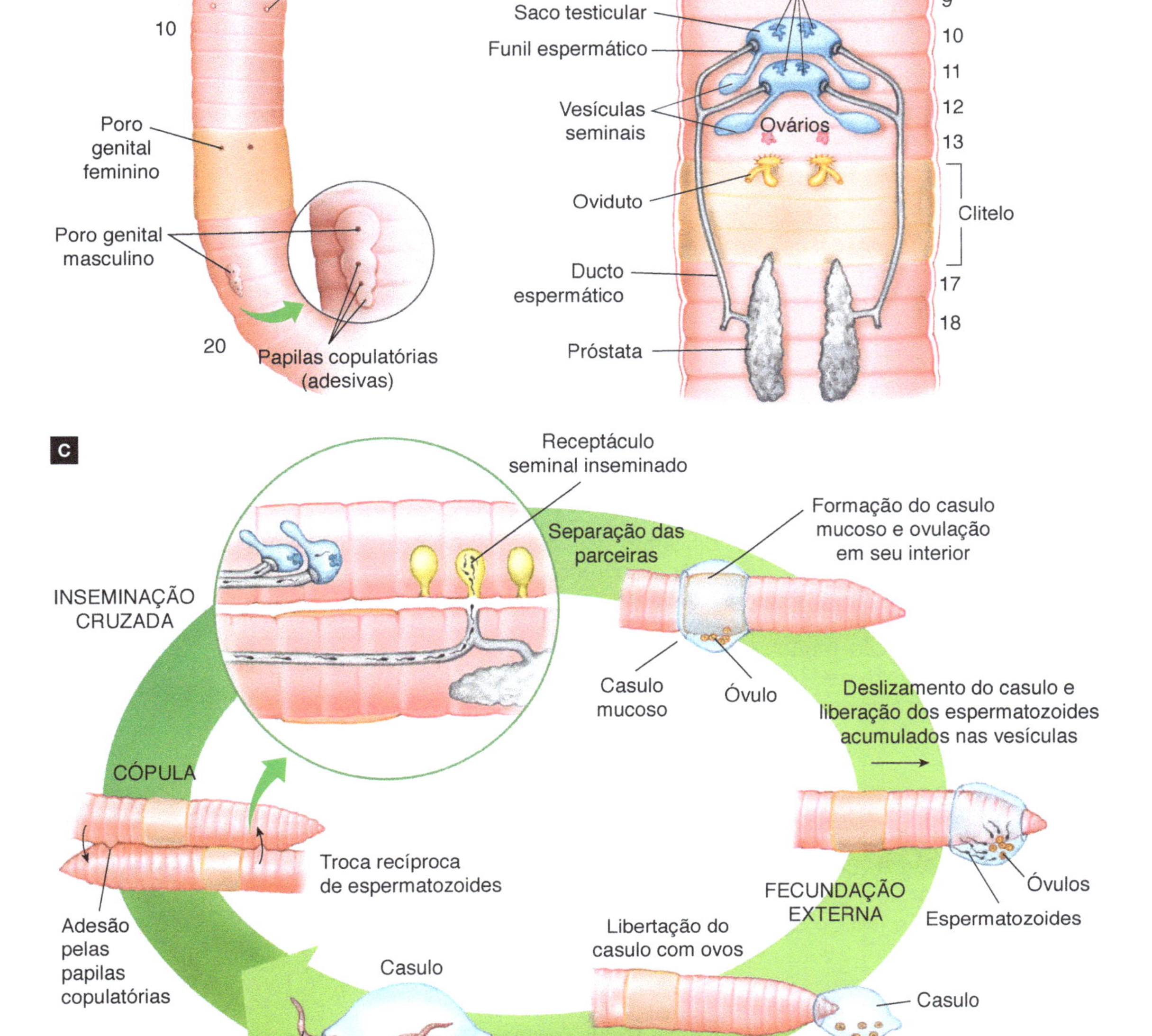

Figura 16.46 Representação esquemática de sistema reprodutor da minhoca. **A.** Vista externa da face ventral da minhoca mostrando a localização das diversas aberturas do sistema reprodutor, com detalhe das papilas copulatórias, estruturas por meio das quais os parceiros se prendem durante a cópula. **B.** Estrutura interna dos órgãos que compõem o sistema reprodutor hermafrodita da minhoca. **C.** Ciclo reprodutivo da minhoca. A fecundação é externa, no interior do casulo, e o desenvolvimento é direto, sem estágio larval.

RESUMO: ANELÍDEOS

Diagnose de um anelídeo: animal de corpo alongado e cilíndrico, metamerizado, triblástico, celomado, com simetria bilateral.

Hábitat: animais de vida livre, terrestres ou aquáticos, de água doce ou marinha.

Exemplos: minhoca-louca (*Pheretima hawayana*), oligoqueto terrestre; *Neanthes virens*, poliqueto marinho; sanguessuga (*Hirudo medicinalis*), hirudíneo de água doce.

Dados de anatomia e fisiologia:

- sistema digestivo – **completo**; intestino com regiões diferenciadas em faringe, papo, moela etc.; digestão extracelular;
- sistema circulatório – **fechado**; presença de vasos pulsáteis, corações laterais; líquido sanguíneo com pigmentos respiratórios (hemoglobina, em oligoquetos);
- sistema respiratório – **branquial**, em certos poliquetos; **respiração cutânea**, em oligoquetos e hirudíneos; trocas gasosas ocorrem pela superfície corporal, irrigada de sangue;
- sistema excretor – **presente**; excreção por meio de metanefrídios ou protonefrídios; amônia é o principal produto nitrogenado excretado;
- sistema nervoso – **presente**; constituído por uma cadeia nervosa ventral, com um par de gânglios por segmento; gânglios cerebrais bem desenvolvidos.

Reprodução: sexuada, com espécies monoicas (minhoca) e dioicas (certos poliquetos marinhos); oligoquetos e hirudíneos têm desenvolvimento direto; a maioria dos poliquetos têm desenvolvimento indireto (larva trocófora).

Agora você pode resolver as atividades de 48 a 51, 79, 80 e 85.

16.8 Filo Arthropoda (artrópodes)

O filo **Arthropoda** (do grego *arthros*, articulação, e *podos*, pé, perna) é o mais diversificado do planeta, com mais de 1 milhão e 50 mil espécies catalogadas, das quais cerca de 900 mil são insetos (baratas, borboletas, moscas etc.). Outros artrópodes bem conhecidos são crustáceos (caranguejos, camarões etc.) e aracnídeos (aranhas, escorpiões etc.).

Um dos principais fatores responsáveis pela dominância dos artrópodes é o esqueleto corporal externo, o **exoesqueleto**, que protege o corpo do animal como uma armadura leve e articulada. Além disso o exoesqueleto fornece pontos de apoio para a ação dos músculos, tornando a movimentação muito eficiente. A respiração aérea e a capacidade de voar presentes em alguns grupos permitiram que artrópodes colonizassem praticamente todos os ambientes de terra firme.

Organização corporal

Artrópodes são animais triblásticos, celomados, com simetria bilateral, sistema digestivo completo e corpo metamerizado. Esta última característica é considerada um indício do parentesco evolutivo entre artrópodes e anelídeos.

Metameria e tagmas

Na maioria dos artrópodes certos metâmeros fundem-se durante a vida embrionária originando as partes do corpo, genericamente denominadas **tagmas**. Nos insetos, por exemplo, os seis metâmeros anteriores fundem-se originando o tagma da cabeça. Os três metâmeros seguintes também se fundem originando o tagma torácico, ou tórax. A maioria dos últimos metâmeros permanece separada, constituindo o tagma do abdômen, onde a metameria dos insetos é mais facilmente visualizada.

Em alguns crustáceos há fusão dos metâmeros anteriores e intermediários originando um tagma denominado **cefalotórax**. Em quilópodes ocorre fusão de metâmeros intermediários e posteriores originando um tagma denominado **tronco**. **(Fig. 16.47)**

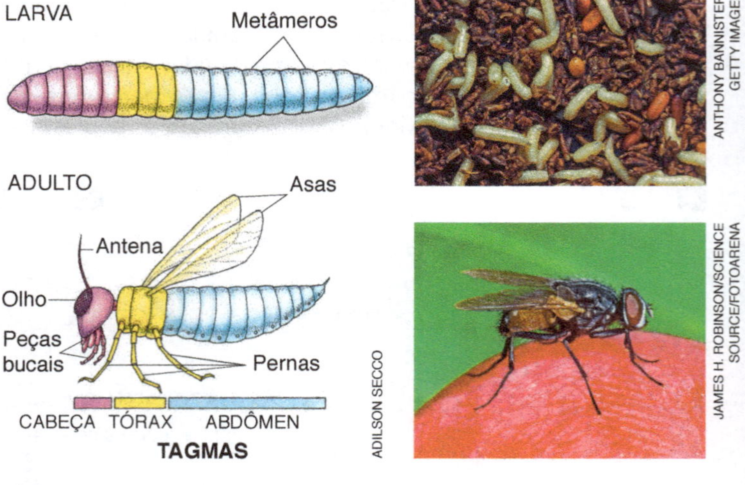

Figura 16.47 Representação esquemática da relação entre os tagmas da cabeça, do tórax e do abdômen de um inseto adulto e os metâmeros da larva, a partir dos quais eles se originam. Nas fotos, larvas da mosca *Musca domestica* (acima) e uma mosca adulta (embaixo).

Apêndices articulados

O nome do filo Arthropoda deriva de outra característica típica desses animais: a presença de **apêndices articulados** especializados em diversas funções, como andar, nadar, obter alimento, perceber estímulos químicos ou mecânicos, copular etc.

Acredita-se que os artrópodes ancestrais possuíam, em cada metâmero, um par de apêndices com dois ramos; um deles era utilizado para nadar e o outro formava uma brânquia, utilizada para respirar. No decorrer da evolução alguns metâmeros deixaram de ter apêndices, enquanto em outros os apêndices modificaram-se, adquirindo novas funções. Por exemplo, alguns apêndices da cabeça adaptaram-se à alimentação, originando diversos tipos de peças bucais (mandíbulas, maxilas, quelíceras etc.); outros originaram antenas com função sensorial. Apêndices das regiões torácica e abdominal originaram pernas ou nadadeiras de diferentes tipos, dependendo do grupo de artrópode. **(Fig. 16.48)**

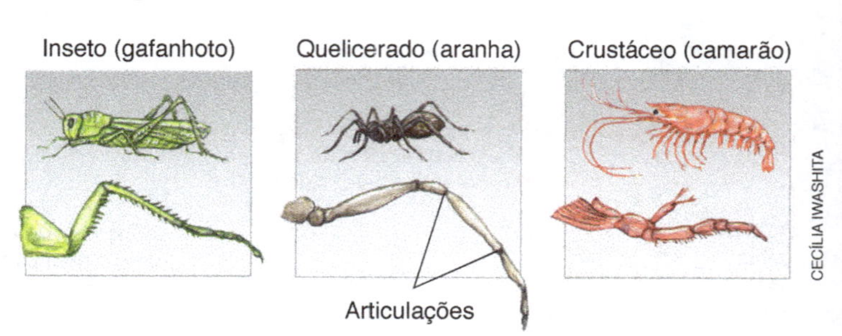

Figura 16.48 Representação esquemática de apêndices corporais de artrópodes. Em insetos e quelicerados os apêndices são unirramosos (um único ramo), enquanto os de crustáceos podem ser birramosos (bifurcados).

Exoesqueleto e ecdise

O exoesqueleto que reveste externamente o corpo dos artrópodes é constituído principalmente por uma substância nitrogenada do grupo dos polissacarídios, a **quitina**. As longas moléculas de quitina formam uma malha rígida na maior parte do corpo e um revestimento mais flexível nas articulações. Em muitos crustáceos a malha quitinosa impregna-se de carbonato de cálcio ($CaCO_3$) constituindo couraças duras e espessas, como as que ocorrem em caranguejos e lagostas. **(Fig. 16.49)**

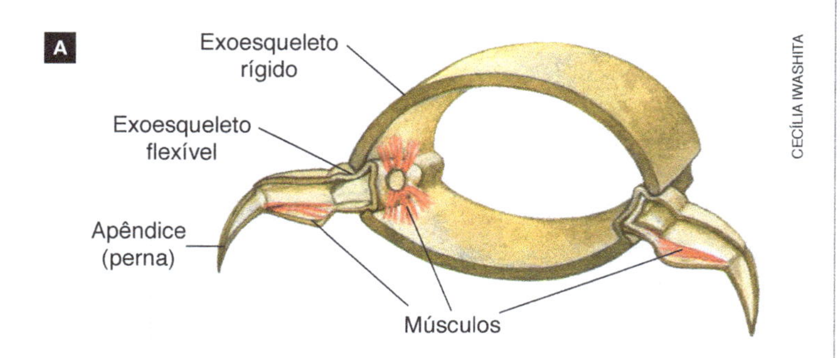

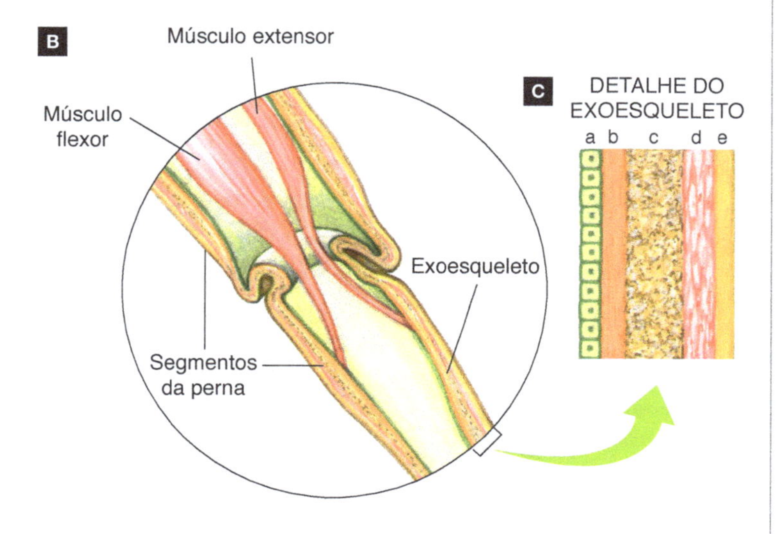

Figura 16.49 A. Representação esquemática do exoesqueleto de um segmento corporal de artrópode. B. Representação esquemática da articulação de uma perna de crustáceo mostrando os músculos responsáveis por sua movimentação. C. Representação esquemática da organização do exoesqueleto: (a) epiderme; (b) quitina não calcificada; (c) quitina calcificada; (d) camada pigmentada; (e) epicutícula.

Devido à sua rigidez o exoesqueleto não permite o crescimento corporal. Por isso os artrópodes precisam trocá-lo periodicamente para poder crescer. Essa troca, denominada **ecdise**, ou **muda**, pode ocorrer várias vezes ao longo da vida do animal.

Durante a muda a epiderme secreta um novo exoesqueleto embaixo do antigo, o qual se abre dorsalmente e permite a saída do artrópode com o novo exoesqueleto já em formação. O exoesqueleto recém-formado é flexível e distende-se à medida que o corpo do animal se dilata, logo após a muda. Depois de alguns minutos ou horas, dependendo da espécie, o novo exoesqueleto endurece e o artrópode para de crescer. Uma nova fase de crescimento somente será possível após a muda seguinte. **(Fig. 16.50)**

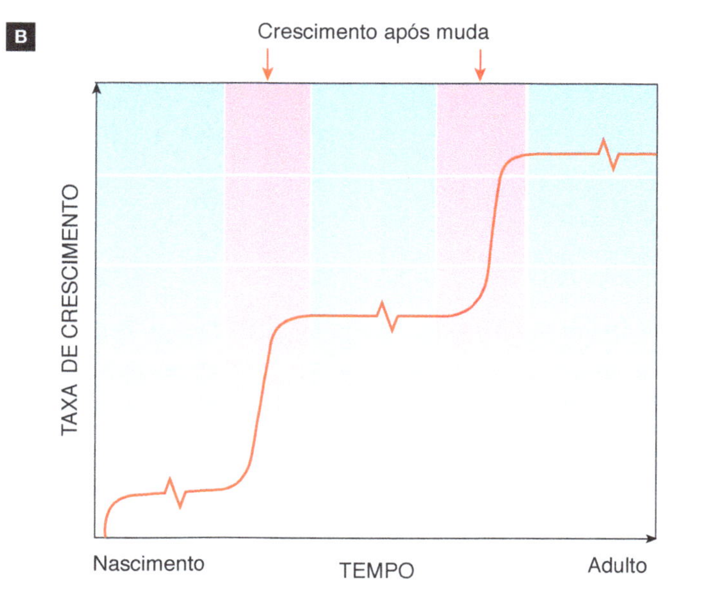

Figura 16.50 A. Ecdise ou muda de um inseto; uma cigarra emerge de seu antigo exoesqueleto. B. Gráfico que mostra o crescimento descontínuo de um artrópode genérico; há fases longas sem crescimento intercaladas com fases curtas logo após as mudas, em que há grande aumento de tamanho corporal.

Diversidade

O filo dos artrópodes é muito diversificado. De acordo com a organização corporal, o número e os tipos de apêndices, a presença e o número de antenas, entre outras características, os artrópodes são divididos em quatro grupos principais: crustáceos (Crustacea), que reúne camarões, siris, lagostas etc.; quelicerados (Chelicerata), que reúne aranhas, escorpiões, ácaros etc.; hexápodes (Hexapoda), que reúne principalmente os insetos; miriápodes (Myriapoda), que reúne lacraias, piolhos-de-cobra etc.

Crustáceos

Os crustáceos têm dois pares de antenas e seu corpo geralmente é dividido em dois tagmas – cefalotórax e abdômen –, ambos dotados de apêndices locomotores. A maioria das cerca de 40 mil espécies de crustáceo vive em ambientes aquáticos, marinhos ou de água doce. Há espécies sésseis, como as cracas, que vivem fixadas a rochas e a outros substratos submersos;

outras são livre-natantes, como certos camarões; outras, ainda, caminham sobre o fundo marinho, como siris, lagostas e camarões. Entre os poucos crustáceos de terra firme destacam-se os tatuzinhos-de-quintal, que vivem sob pedras ou troncos apodrecidos, e as baratas-da-praia, que habitam ambientes rochosos do litoral marinho. **(Fig. 16.51)**

Figura 16.51 Exemplos de crustáceos. **A.** Caranguejo vermelho (*Gecarcoidea natalis*). **B.** Craca (*Semibalanus balanoides*). **C.** Tatuzinho-de-quintal (*Oniscus asellus*). **D.** Fotomicrografia de copépode do gênero *Diaptomus*. (Microscópio fotônico; aumento ≃ 100 ×.)

Os hábitos alimentares dos crustáceos refletem sua diversidade. Cracas, por exemplo, são animais filtradores, retirando partículas alimentares da água do mar. Certos caranguejos são herbívoros, alimentando-se de algas; outros são carnívoros ou alimentam-se de animais mortos. Camarões, siris e alguns caranguejos são detritívoros, alimentando-se de diversos tipos de detrito orgânico que encontram.

Quelicerados

Os **quelicerados**, que reúnem animais como aranhas, escorpiões, carrapatos, ácaros e límulos, têm quatro pares de pernas e não apresentam antenas. Uma característica típica do grupo é um par de **quelíceras**, estruturas afiadas que participam da captura de alimento. A maioria das cerca de 65 mil espécies de quelicerados tem o corpo dividido em dois tagmas: o cefalotórax, ou prossoma, e o abdômen, ou opistossoma. **(Fig. 16.52)**

O maior grupo de quelicerados é o dos **aracnídeos** (Arachnida), que reúne aranhas, opiliões, escorpiões, carrapatos e ácaros, animais adaptados à terra firme. Aranhas vivem em matas, pântanos, desertos e casas. Escorpiões são comuns em regiões áridas, passando o dia escondidos em tocas e saindo à noite para caçar pequenos animais, geralmente insetos. Aracnídeos produzem peçonha, injetada pelas quelíceras, nas aranhas, e pelo aguilhão caudal, nos escorpiões. **(Fig. 16.53)**

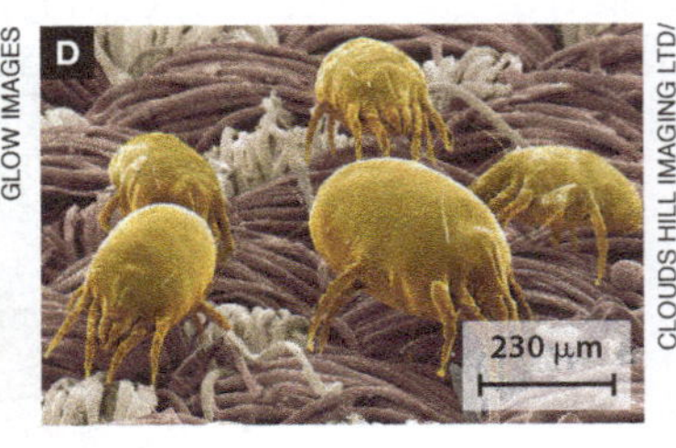

Figura 16.52 Exemplos de quelicerados. **A.** *Vitalius* sp., aranha-caranguejeira (clado Arachnida). **B.** *Limulus polyphemus*, límulo (clado Merostomata). **C.** *Ixodes ricinus*, carrapato (clado Arachnida). **D.** Fotomicrografia de ácaro de poeira do gênero *Dermatophagoides pteronyssinus* (clado Arachnida). (Microscópio eletrônico de varredura; cores artificiais.) **E.** *Hadrurus arizonensis*, escorpião gigante do deserto (clado Arachnida).

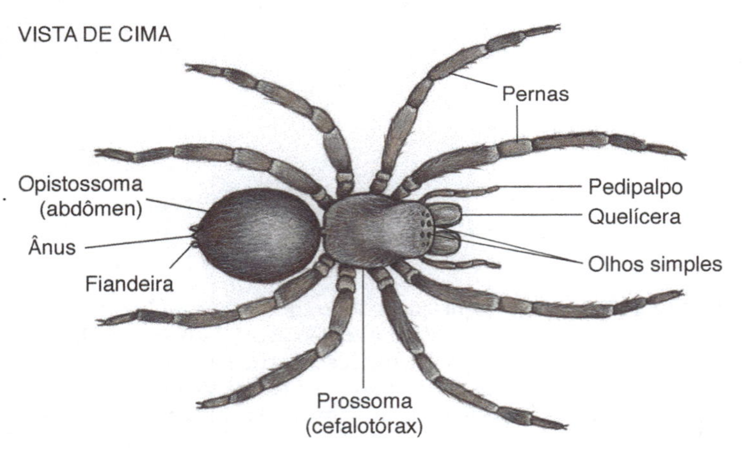

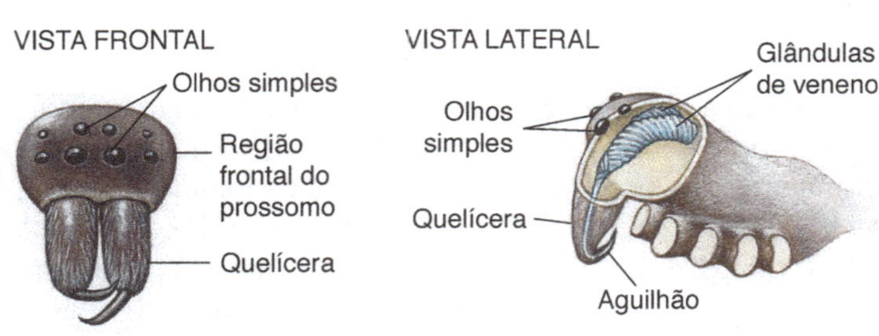

Figura 16.53 Representação esquemática da anatomia externa de uma aranha. Pedipalpos são apêndices especializados em manipular alimentos que ajudam a espremer a presa e também atuam como órgãos gustativos e reprodutivos. Fiandeiras, ou espinaretas, são estruturas nas quais desembocam as glândulas produtoras de seda utilizada na confecção da teia. Abaixo, ilustrações que mostram o prossoma em vista externa frontal e em vista lateral, com parte removida, para mostrar as glândulas de veneno que se abrem nas quelíceras.

ILUSTRAÇÕES: CECÍLIA IWASHITA

TOM ADAMS/VISUALS UNLIMITED, INC./GLOW IMAGES

Miriápodes

Os **miriápodes**, divididos em quilópodes e diplópodes, são artrópodes de corpo alongado, dotados de muitas pernas e um par de antenas.

Quilópodes, com cerca de 3 mil espécies conhecidas, reúnem centopeias e lacraias. Têm corpo formado por dois tagmas: cabeça e tronco, este último constituído por metâmeros torácicos e abdominais. Cada um dos metâmeros, cujo número varia entre 15 e 170, dependendo da espécie, apresenta um par de pernas.

Diplópodes, com cerca de 10 mil espécies descritas, reúnem piolhos-de-cobra ou embuás. São animais com corpo constituído de três tagmas: cabeça, tórax e abdômen. A cabeça, arredondada na parte superior e plana na porção inferior, apresenta um par de grandes mandíbulas, um par de antenas e um par de olhos. O tórax é formado por três metâmeros, cada um com um par de pernas. O abdômen é formado por 25 a 100 metâmeros, dependendo da espécie, cada um resultante da fusão de dois metâmeros embrionários, o que é evidenciado pela presença de dois pares de pernas por segmento abdominal. **(Fig. 16.54)**

Hexápodes

Os **hexápodes** (Hexapoda, do grego *hexa*, seis, e *podos*, pé, perna) reúnem artrópodes que têm três pares de pernas e um par de antenas. A maioria pertence ao grupo dos insetos, o mais diversificado do filo Arthropoda, com mais de 900 mil espécies descritas. Hexápodes bem conhecidos são besouros, moscas, mosquitos, gafanhotos, baratas, traças, formigas, abelhas, libélulas, piolhos e pulgas, entre tantos outros. **(Fig. 16.55)**

Insetos são organismos adaptados a ambientes de terra firme. São os únicos invertebrados capazes de voar, o que possibilitou ao grupo colonizar todas as regiões do planeta.

BLICKWINKEL/ALAMY/GLOW IMAGES

MORLEY READ/ALAMY/GLOW IMAGES

Figura 16.54 A. Lacraia (quilópode) da espécie *Scolopendra cingulata*. B. Piolho-de-cobra, ou embuá (diplópode) do gênero *Diplopoda*.

HIROYA MINAKUCHI/MINDEN PICTURES/FOTOARENA

SCOTT CAMAZINE/ALAMY/GLOW IMAGES

ROBERT PICKETT/VISUALS UNLIMITED, INC./GLOW IMAGES

THOMAS MARENT/VISUALS UNLIMITED, INC./GLOW IMAGES

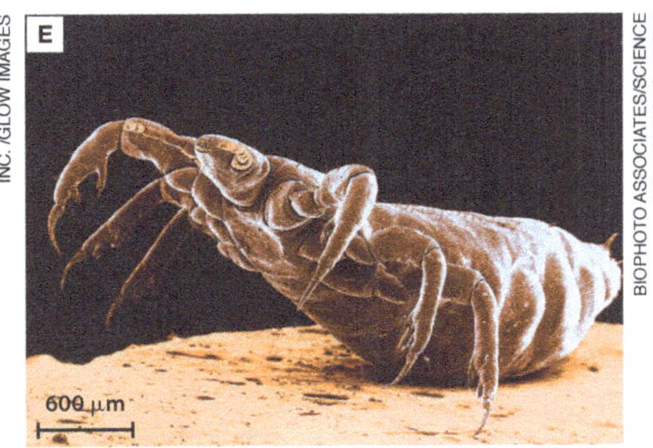

BIOPHOTO ASSOCIATES/SCIENCE SOURCE/FOTO ARENA

SCIENCE SOURCE/FOTOARENA

Figura 16.55 Exemplos de insetos. A. *Xylotrupes gideon*, besouro-rinoceronte. B. *Ceratitis capitata*, mosca de frutas. C. *Orthoptera* sp., gafanhoto. D. *Libellula depressa*, libélula. E. Fotomicrografia do piolho *Pediculus humanus corporis*. (Microscópio eletrônico de varredura; cores artificiais.) F. Larva e fêmea adulta da pulga *Xenopsylla cheopis*.

Sistemas corporais

Sistema muscular

A musculatura dos artrópodes é bem desenvolvida. A parte comestível do camarão, por exemplo, é constituída basicamente por músculos. Estes se fixam na parte interna do exoesqueleto e funcionam em antagonismo, de tal maneira que, enquanto alguns trabalham para movimentar um segmento ou apêndice em um dado sentido, outros trabalham para movimentá-lo em sentido contrário. É a atuação de músculos antagônicos que permite a grande variedade e eficiência dos movimentos dos artrópodes. Os insetos, por exemplo, podem voar porque suas asas se movimentam graças à atuação conjunta do exoesqueleto e dos músculos de voo, localizados dentro do tórax. Este é constituído por uma placa quitinosa dorsal, o **tergo**, duas placas laterais, as **pleuras**, e uma placa ventral, o **esterno**. Além de músculos longitudinais, apresenta também músculos transversais ou **tergoesternais**, que unem a placa dorsal à ventral. **(Fig. 16.56)**

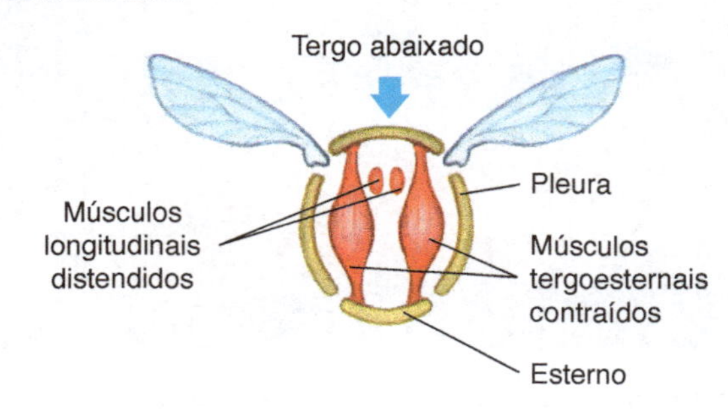

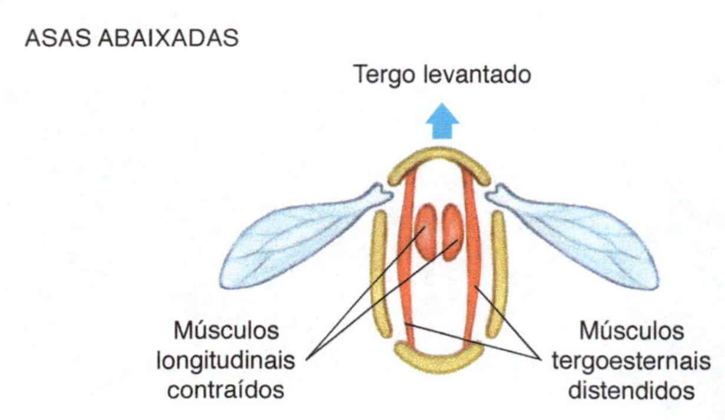

Figura 16.56 Representação esquemática dos músculos de voo dos insetos mostrando como trabalham em antagonismo: a contração de músculos tergoesternais levanta as asas e a contração de músculos longitudinais as abaixa.

Sistema digestivo

Artrópodes têm sistema digestivo completo, com boca situada em posição ventral na cabeça e rodeada por apêndices articulados que auxiliam na alimentação. O tubo digestivo pode apresentar diversos tipos de diferenciação, dependendo do grupo considerado. Por exemplo, aranhas têm um estômago sugador dotado de musculatura poderosa, capaz de sugar fluidos corporais de suas vítimas. Insetos herbívoros como o gafanhoto têm uma região dilatada no tubo digestivo, o papo, onde o alimento é umedecido, o que facilita a digestão.

A digestão nos artrópodes é extracelular, realizada por enzimas secretadas pela parede do tubo digestivo, pelo hepatopâncreas e pelos cecos gástricos. Os nutrientes são absorvidos pelas células da parede intestinal e distribuídos para o resto do corpo pela hemolinfa. Restos não digeridos de alimentos são eliminados pelo ânus, localizado no último segmento abdominal. **(Fig. 16.57)**

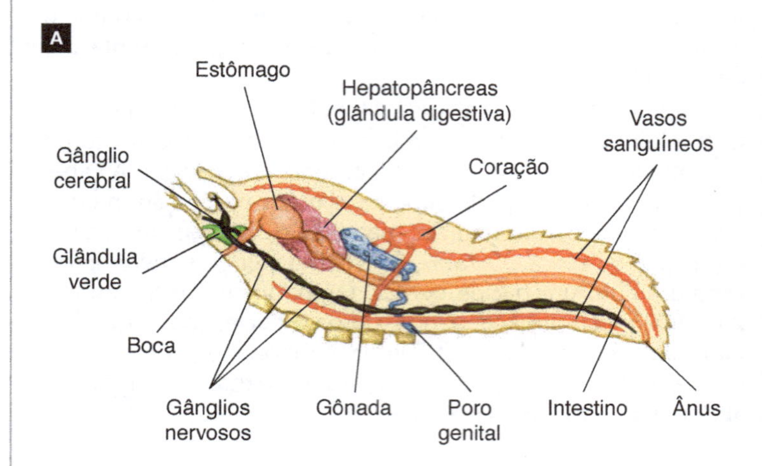

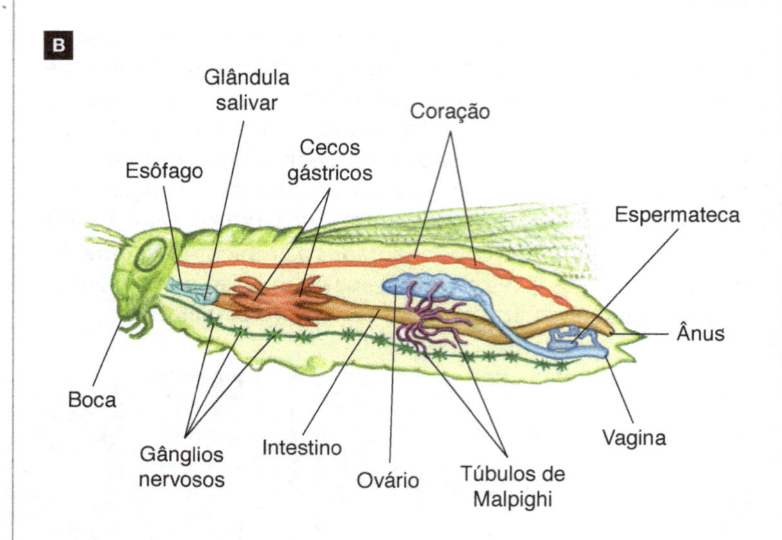

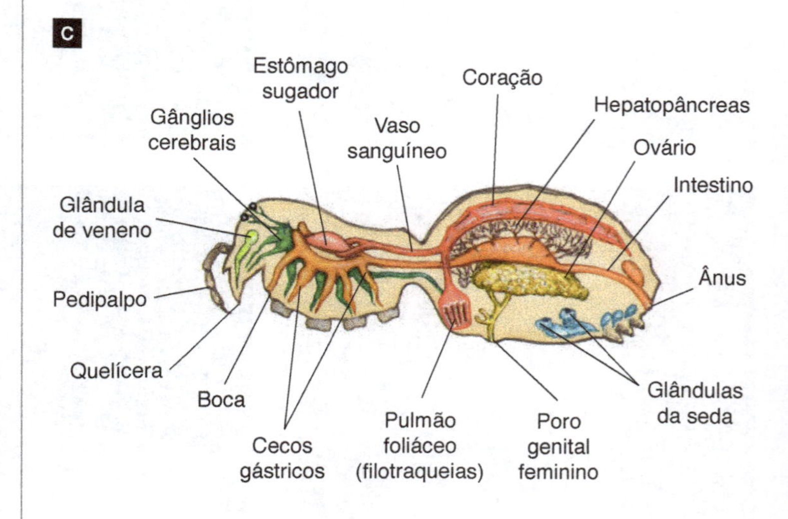

Figura 16.57 Representação esquemática simplificada da anatomia interna de três representantes do filo Arthropoda. **A.** Lagostim (crustáceo). **B.** Gafanhoto (hexápode). **C.** Aranha (quelicerado).

ILUSTRAÇÕES: CECÍLIA IWASHITA

Sistema respiratório

Artrópodes aquáticos como os crustáceos respiram por meio de brânquias situadas geralmente na parte superior dos apêndices torácicos. Em um camarão, por exemplo, é fácil ver as brânquias filamentosas na base das pernas, embaixo da carapaça torácica.

Insetos, miriápodes e certas aranhas apresentam **respiração traqueal**, em que o ar atmosférico é levado diretamente aos tecidos através de tubos ramificados, as traqueias, dotadas de reforços quitinosos nas paredes. As traqueias permitem que o ar se difunda desde orifícios na superfície do corpo até as proximidades de cada célula. Esses orifícios, localizados lateralmente no tórax e no abdômen do animal, são denominados espiráculos. Algumas traqueias modificadas formam bolsas internas ao corpo denominadas sacos aéreos. **(Fig. 16.58)**

Os aracnídeos respiram por meio de **filotraqueias** ou **pulmões foliáceos**, finas placas paralelas localizadas em uma câmara na parte inferior do abdômen. A hemolinfa circula nessas placas, possibilitando as trocas de gases com o ar que penetra na câmara pulmonar por um poro respiratório. Certas aranhas apresentam ainda traqueias semelhantes às dos insetos.

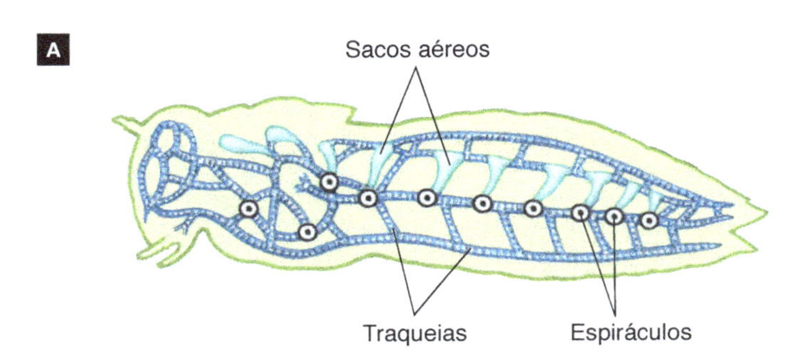

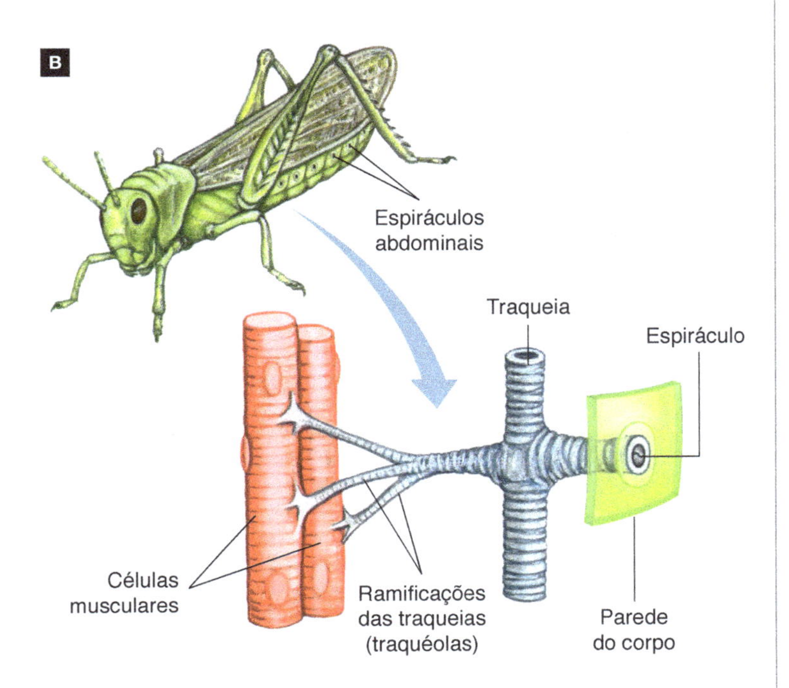

Figura 16.58 Representação esquemática de sistema traqueal de um inseto. **A.** Principais ramos traqueias, espiráculos e sacos aéreos. **B.** Estrutura do sistema traqueal, pelo qual o ar atmosférico penetra pelos espiráculos e atinge diretamente os tecidos.

Sistema circulatório

Artrópodes apresentam **sistema circulatório aberto**, com um coração tubular dorsal que impulsiona a hemolinfa pelas artérias até as hemocelas; destas a hemolinfa retorna diretamente ao coração. Alguns insetos têm corações acessórios que ajudam a bombear a hemolinfa para as extremidades do corpo, particularmente para as asas. O coração dos artrópodes é dividido internamente em câmaras, separadas por orifícios com válvulas, os **óstios**, que obrigam a hemolinfa a fluir da região posterior para a anterior.

A função da hemolinfa varia nos diferentes artrópodes. Em crustáceos, por exemplo, além de transportar nutrientes e excreções celulares, a hemolinfa apresenta pigmentos respiratórios que transportam gás oxigênio; em insetos e miriápodes, com raras exceções, a hemolinfa transporta apenas nutrientes e excreções; as trocas gasosas ocorrem por meio de traqueias. **(Fig. 16.59)**

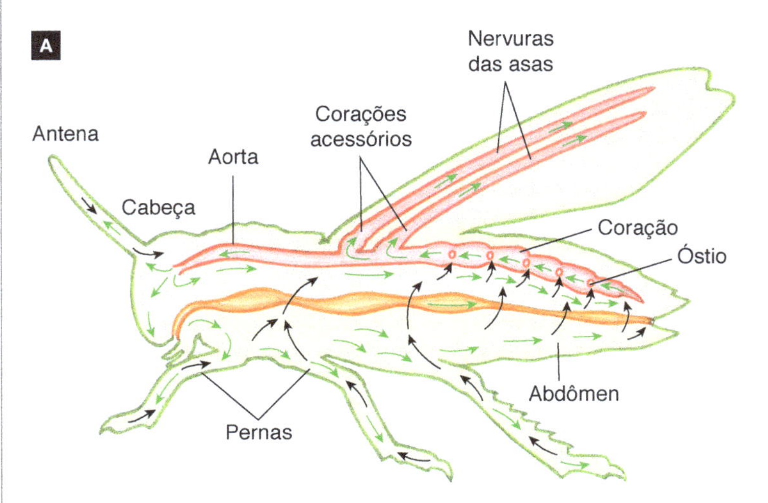

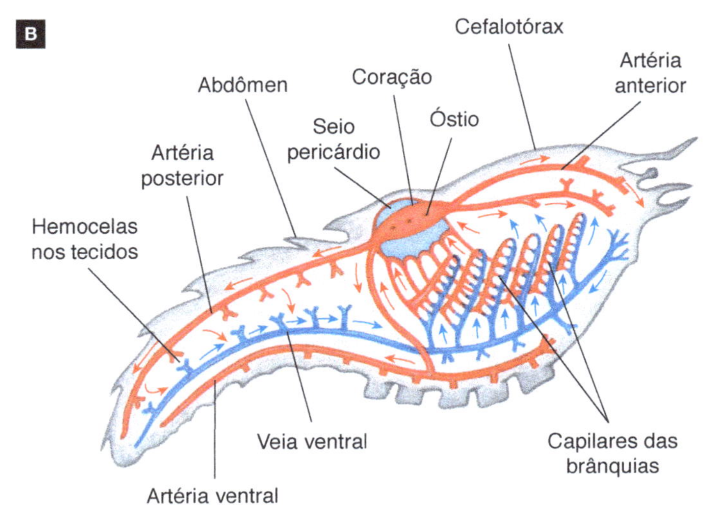

Figura 16.59 **A.** Representação esquemática do sistema circulatório aberto de um inseto. As setas verdes indicam o sentido do fluxo da hemolinfa pelo corpo, impulsionada pelas contrações do coração, que é uma diferenciação do vaso dorsal. As setas pretas indicam o retorno da hemolinfa ao vaso dorsal. **B.** Representação esquemática do sistema circulatório de um crustáceo; as setas vermelhas indicam o caminho da hemolinfa oxigenada nas brânquias e as setas azuis indicam o retorno às brânquias da hemolinfa pobre em gás oxigênio.

ILUSTRAÇÕES: CECÍLIA IWASHITA

Sistema excretor

Insetos eliminam as excreções por meio de **túbulos de Malpighi**, estruturas especializadas em remover excreções da hemolinfa e eliminá-las na cavidade intestinal. (**Fig. 16.60**)

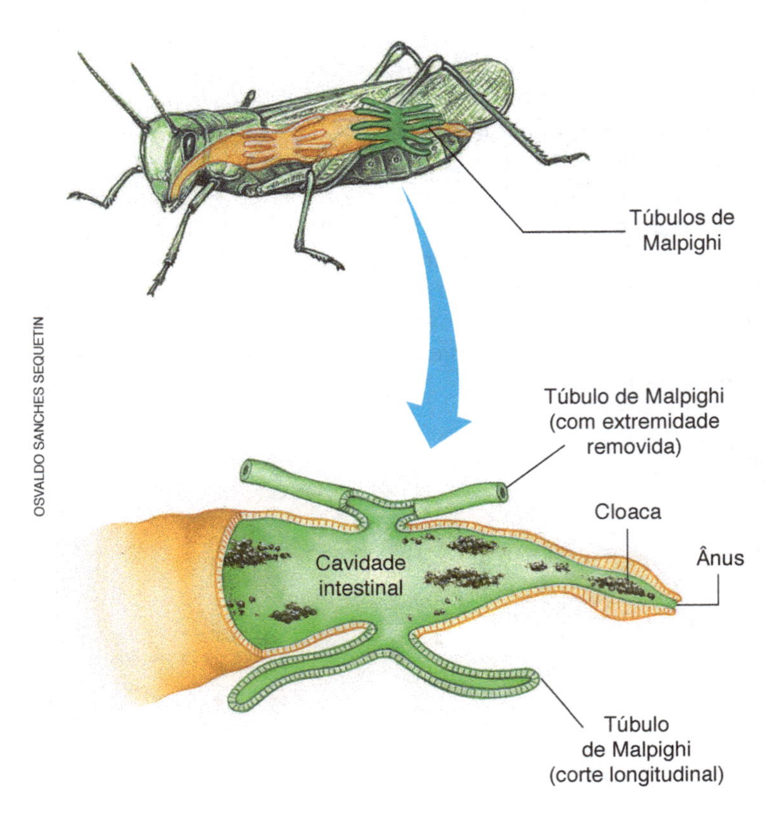

Figura 16.60 Representação esquemática do sistema excretor de um inseto, constituído por túbulos de Malpighi que removem as excreções da hemolinfa e as eliminam na cavidade intestinal.

Nas aranhas a excreção ocorre por meio de **glândulas coxais**, que se abrem na base das pernas, e também por túbulos de Malpighi. Crustáceos têm órgãos excretores conhecidos por **glândulas antenais** (também chamadas de **glândulas verdes**), que se abrem na base das antenas.

Sistema nervoso

O sistema nervoso dos artrópodes consiste em um par de gânglios cerebrais que se conectam por meio de um anel nervoso a um **cordão nervoso ventral**, do qual partem nervos para os diversos órgãos corporais.

Nos artrópodes, dependendo da espécie, o sistema sensorial pode ser constituído desde estruturas relativamente simples, como órgãos de equilíbrio e receptores químicos, até complexos olhos compostos por mais de duas mil lentes independentes, que possibilitam perceber imagens, cores e movimentos. Há também pelos sensoriais que permitem perceber a movimentação do ar e da água.

Crustáceos e insetos têm olfato apurado, com receptores químicos localizados em diferentes órgãos (peças bucais, antenas, pernas etc.). Muitos insetos têm órgãos de percepção sonora e são capazes de se comunicar por meio de sons. (**Fig. 16.61**)

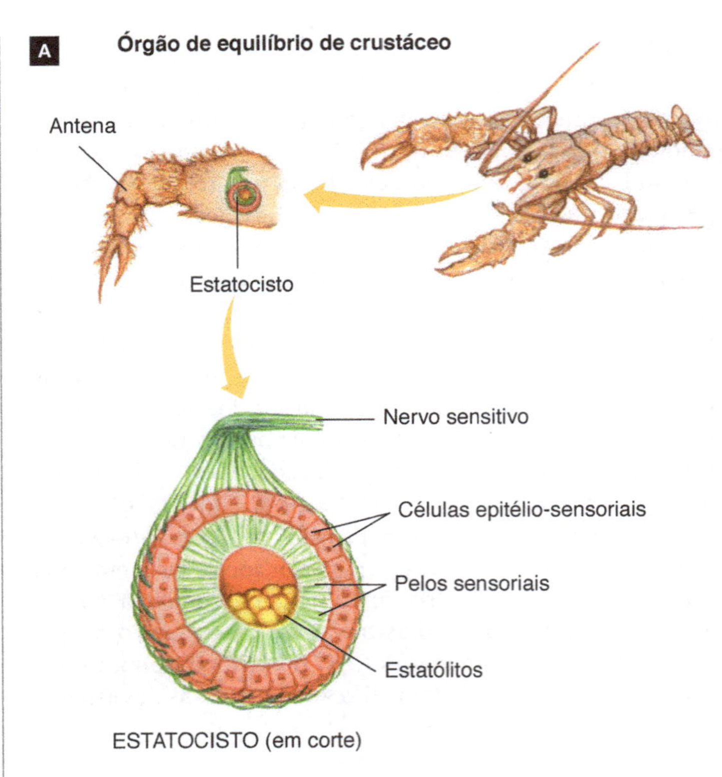

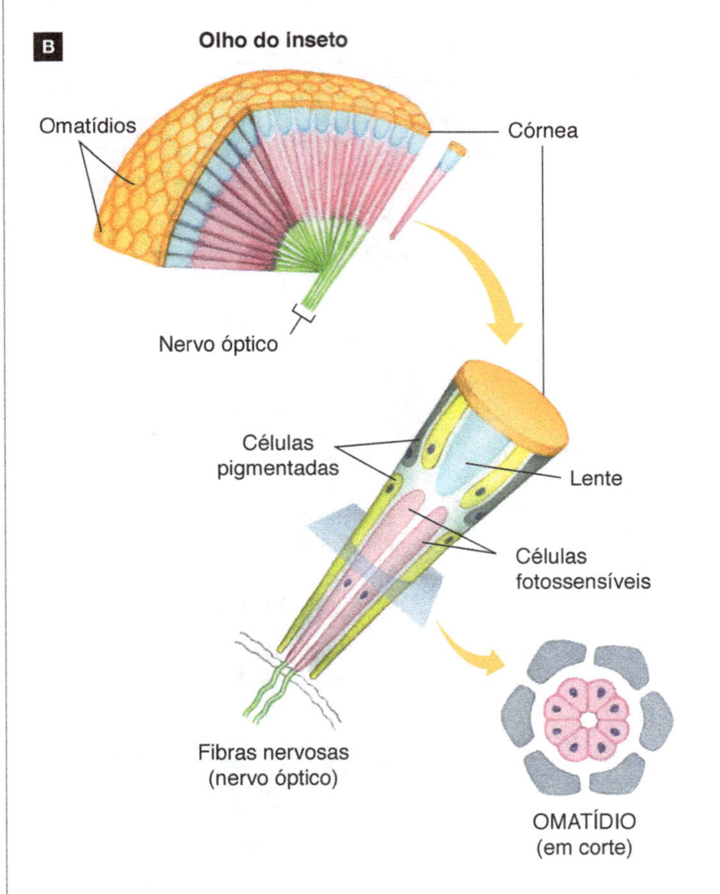

Figura 16.61 Representação esquemática de órgãos sensoriais de artrópodes. **A.** Localização e detalhes de um estatocisto, órgão de equilíbrio de um crustáceo. Quando o animal altera sua posição, células ciliadas em contato com os estatólitos, que são pequenos cristais, informam a mudança aos gânglios cerebrais. **B.** Estrutura do olho composto de um inseto, formado por dezenas de unidades visuais, os omatídios.

Reprodução

Reprodução dos crustáceos

A maioria dos crustáceos é dioica. Os machos transferem os espermatozoides para os receptáculos seminais da fêmea, que os armazenam. Os óvulos eliminados pela fêmea permanecem grudados ao abdômen por meio de uma substância adesiva e são fecundados por espermatozoides liberados dos receptáculos seminais. A fecundação, portanto, é externa.

Algumas espécies de crustáceos apresentam desenvolvimento direto, com formas jovens semelhantes aos adultos. Outras espécies apresentam desenvolvimento indireto, com um ou mais estágios larvais. **(Fig. 16.62)**

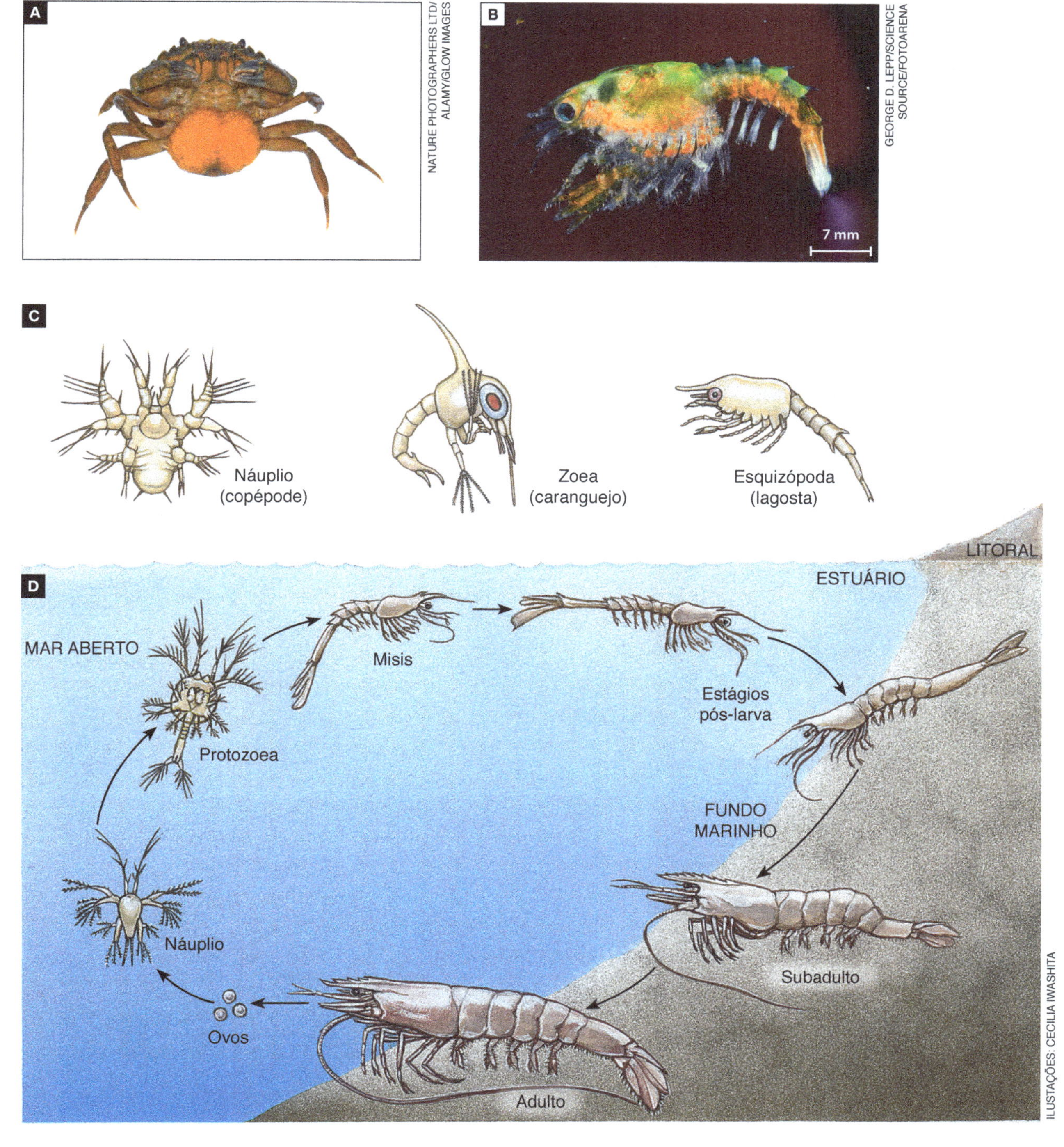

Figura 16.62 A. Foto de caranguejo fêmea *Carcinus maenas* com ovos (de cor alaranjada) presos ao abdômen. B. Fotomicrografia de larva da lagosta americana (*Homarus americanus*) em estágio de esquizópoda. (Microscópio fotônico.) C. Representação de diferentes tipos de larva de crustáceo. D. Representação do ciclo de vida de um camarão mostrando a transição dos diversos tipos de estágios larvais e os locais onde eles se desenvolvem.

Reprodução dos aracnídeos

Aracnídeos são dioicos. Nas aranhas, o macho sexualmente maduro produz um saquinho de seda onde deposita os espermatozoides. Esse saquinho é introduzido no poro genital feminino com o auxílio dos pedipalpos. A fecundação é interna e a fêmea deposita os ovos dentro de um casulo de seda tecido por ela, o **ovissaco**.

Algumas espécies de aranha carregam consigo o ovissaco, enquanto outras o prendem à teia ou a ramos de árvore. Dos ovos eclodem pequenas aranhas semelhantes aos adultos; portanto, o desenvolvimento é direto. Como outros artrópodes, a aranha passa por sucessivas mudas ao longo de sua vida, o que permite o crescimento. **(Fig. 16.63)**

Figura 16.63 A. Aranha *Pisaura mirabilis* com o ovissaco rompido liberando dezenas de jovens aranhas. B. Escorpião imperador (*Pandinus imperator*) com filhotes no dorso.

Reprodução dos insetos

Insetos são **dioicos**. Durante a cópula o macho introduz o pênis na vagina da fêmea, onde elimina os espermatozoides. Da vagina eles passam para a **espermateca**, onde são armazenados. Os óvulos produzidos nos ovários percorrem os ovidutos e ao passar pela espermateca são fecundados (fecundação interna).

Em alguns insetos a porção terminal do abdômen da fêmea forma uma projeção chamada de **ovopositor**, que permite perfurar o solo, frutas ou mesmo o corpo de outros animais para a postura dos ovos. Em umas poucas espécies de inseto, como certos dípteros, a fêmea retém os ovos no interior do corpo até a eclosão das larvas (espécies ovovivíparas). **(Fig. 16.64)**

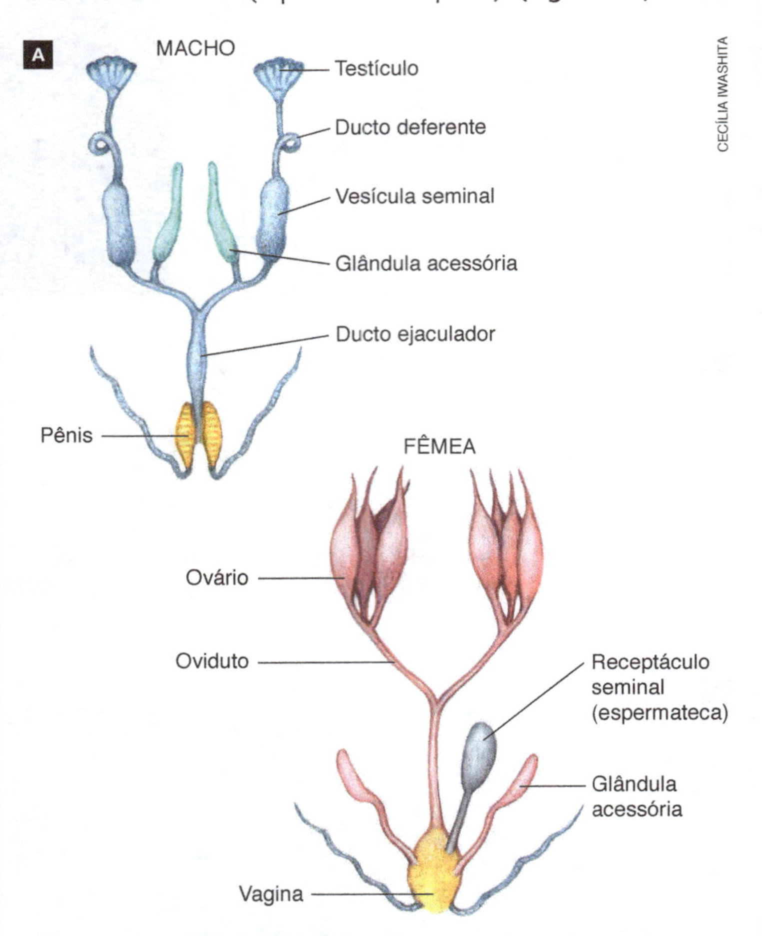

Figura 16.64 A. Representação esquemática do sistema reprodutor masculino e feminino de insetos. B. Foto de besouro (*Lilioceris lilii*) pondo ovos sobre uma folha.

Nos insetos o desenvolvimento pode ser direto ou indireto. Insetos com desenvolvimento direto são denominados **ametábolos** (do grego *a*, negação, e *metabole*, transformar). Insetos com desenvolvimento indireto são denominados **metábolos**. Estes, por sua vez, são classificados em hemimetábolos e holometábolos de acordo com o tipo de transformação por que passam até atingir a fase adulta.

Nos insetos **hemimetábolos** (do grego *hemi*, metade) as formas jovens, denominadas **ninfas**, já têm alguma semelhança com o adulto e essa semelhança torna-se maior a cada muda. Como as mudanças para a fase adulta ocorrem gradualmente o processo é denominado **metamorfose gradual** ou **metamorfose incompleta**.

Nos insetos **holometábolos** (do grego *holos*, total) eclode do ovo um pequeno ser vermiforme, de corpo segmentado, sem olhos compostos nem asas e que pode ou não ter pernas. Essa fase chamada de **larva** passa por um certo número de mudas, variável entre as espécies, até se formar um exoesqueleto relativamente duro, quando a larva transforma-se em uma **pupa**. A pupa passa por mudanças profundas em que os tecidos larvais são destruídos e formam-se tecidos característicos do adulto.

O inseto adulto, ou **imago**, rompe a cutícula pupal e emerge. A partir daí não ocorrerá mais nenhuma muda. A transformação de larva em adulto é a **metamorfose completa**. **(Fig. 16.65)**

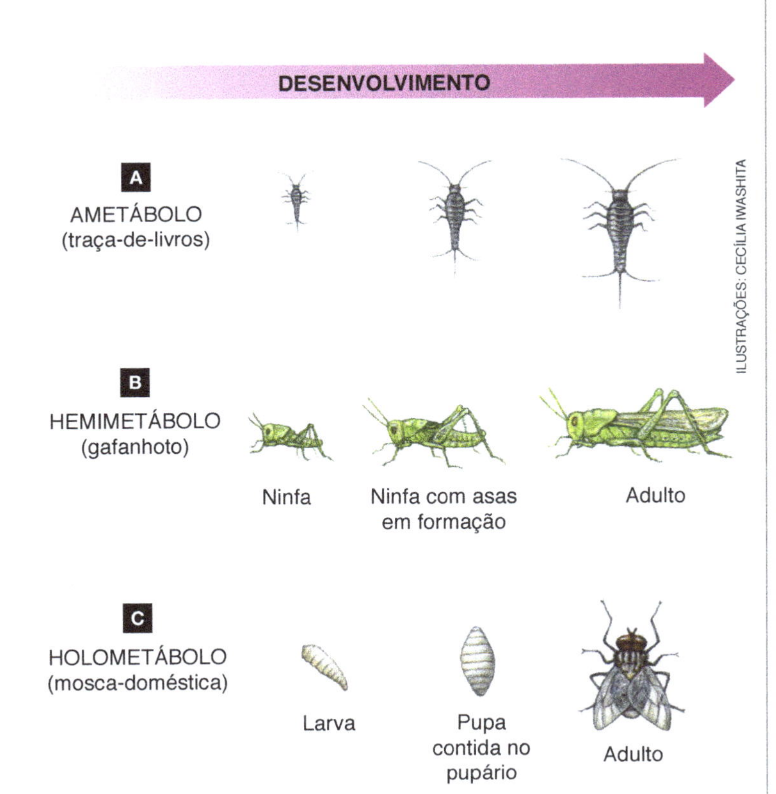

Figura 16.65 Representação esquemática de tipos de desenvolvimento em insetos. **A.** Desenvolvimento direto, sem metamorfose, da traça-de-livro. **B.** Desenvolvimento indireto, com metamorfose incompleta, de um gafanhoto. **C.** Desenvolvimento indireto, com metamorfose completa, de uma mosca.

RESUMO: ARTRÓPODES

Diagnose de um artrópode: animal com pernas articuladas e exoesqueleto quitinoso, corpo metamerizado, triblástico, celomado e com simetria bilateral.

Dados de anatomia e fisiologia:

- sistema digestivo – **completo**; tubo digestivo com regiões diferenciadas e glândulas acessórias; digestão extracelular; peças bucais para manipular e triturar o alimento (mandíbulas, maxilas, maxilípedes etc.);
- sistema circulatório – **aberto**; fluido circulatório (hemolinfa) pode ou não apresentar pigmentos respiratórios (hemoglobina ou hemocianina);
- sistema respiratório – **branquial** (crustáceos), **traqueal** (insetos e alguns aracnídeos) e **filotraqueal** (aracnídeos);
- sistema excretor – **presente**; **glândula antenal** ou **glândula verde** (crustáceos), **túbulos de Malpighi** (insetos e aracnídeos) e **glândulas coxais** (aracnídeos);
- sistema nervoso – **presente**; composto por gânglios cerebrais desenvolvidos (resultado da fusão de vários gânglios nervosos) e por uma cadeia nervosa ventral, com pares de gânglios dispostos em sequência;
- sistema sensorial – **presente**; olhos (simples ou compostos), órgãos de equilíbrio, sensores táteis e químicos.

Reprodução: sexuada; espécies dioicas, fecundação externa ou interna; desenvolvimento direto ou indireto; insetos podem ser ametábolos (desenvolvimento direto) ou metábolos (desenvolvimento indireto), estes últimos com metamorfose incompleta (hemimetábolos) ou completa (holometábolos).

CRUSTÁCEOS

Características gerais: animais dotados de cefalotórax e abdômen, ambos com apêndices locomotores e com dois pares de antenas.

Hábitat: a maioria vive em ambientes aquáticos, de água doce ou marinha; poucas formas terrestres, em ambientes de muita umidade.

Exemplos: camarão (*Penaeus* sp.), lagosta (*Homarus* sp.), siri-azul (*Callinectes* sp.), tatuzinho-de-quintal (*Armadillidium* sp.).

QUELICERADOS

Características gerais: animais dotados de corpo dividido em cefalotórax e abdômen, sem antenas, com quatro pares de pernas locomotoras no cefalotórax e sem apêndices abdominais.

Hábitat: a maioria é terrestre, com poucos representantes aquáticos.

Exemplos: aranhas papa-mosca (*Salticus* sp.) e viúva-negra (*Latrodectus* sp.), escorpião (*Centruroides* sp.) e ácaro-da-sarna (*Sarcoptes scabiei*).

INSETOS

Características gerais: animais dotados de corpo dividido em cabeça, tórax e abdômen, um par de antenas, três pares de pernas locomotoras no tórax e sem apêndices abdominais.

Hábitat: vivem em todos os ambientes, estando ausentes apenas no mar; são os únicos invertebrados capazes de voar.

Exemplos: mosca-doméstica (*Musca domestica*), pernilongo (*Culex* sp.), pulga (*Pullex irritans*).

Agora você pode resolver as atividades 13, 14, de 52 a 67, 78, 81, 86 a 89, 91 e 94.

16.9 Filo Echinodermata (equinodermos)

O filo **Echinodermata** reúne cerca de 7 mil espécies marinhas de equinodermos atuais, distribuídas em cinco grupos: **Asteroidea** (estrelas-do-mar); **Echinoidea** (ouriços-do-mar e bolachas-de-praia); **Holothuroidea** (holotúrias ou pepinos-do-mar); **Ophiuroidea** (serpentes-do-mar); **Crinoidea** (lírios--do-mar). O termo **Echinodermata** (do grego *echinos*, espinho, e *dermatos*, pele) refere-se ao fato de a maioria das espécies apresentar espinhos na superfície do corpo. **(Fig. 16.66)**

ANDREW J. MARTINEZ/SCIENCE SOURCE/FOTOARENA

DOUG SOKELL /VISUALS UNLIMITED, INC./GLOW IMAGES

SCOTT LESLIE/MINDEN PICTURES/FOTOARENA

PETE OXFORD/MINDEN PICTURES/FOTOARENA

STEVE TREWHELLA/MINDEN PICTURES/FOTOARENA

Figura 16.66 Representantes dos cinco grupos de equinodermos. **A.** Bolacha-de-praia da espécie *Mellita sexiesperforata* (Echinoidea).**B.** Estrela-do-mar da espécie *Pisaster ochraceous* (Asteroidea). **C.** Pepino-do-mar, ou holotúria, da espécie *Cucumaria frondosa* (Holothuroidea). **D.** Lírio--do-mar, ou crinoide, da espécie *Oxycomanthus bennetti* (Crinoidea). **E.** Serpente-do-mar da espécie *Ophiocomina nigra* (Ophiuroidea).

Organização corporal

Os equinodermos são animais triblásticos, celomados, deuterostômios, não segmentados, com simetria bilateral nas fases larvais e simetria radial quando adultos. Eles apresentam um **endoesqueleto** (esqueleto interno) de origem mesodérmica, que pode ser formado de placas soldadas entre si como em ouriços-do-mar, apresentar placas articuladas como em estrelas-do-mar, ou ser constituído por ossículos espalhados entre a musculatura da parede do corpo como em pepinos-do-mar.

A presença de endoesqueleto mesodérmico e o fato de serem deuterostômios, entre outras características, fazem dos equinodermos os invertebrados evolutivamente mais próximos dos cordados, filo ao qual pertencemos.

Sistema ambulacral

A característica mais marcante dos equinodermos, exclusiva do filo, é a presença do sistema ambulacral (ou sistema hidrovascular). Esse sistema consiste em tubos e bolsas cheios de água do mar, que se comunicam com formações tubulares musculosas e flexíveis presentes na superfície do corpo, os **pés ambulacrais**.

A água do mar penetra no sistema por meio de uma placa perfurada como crivo de um chuveiro, o **madreporito**, ou placa madrepórica, que leva a um tubo circular, de onde partem geralmente cinco ductos que percorrem o corpo internamente. Cada ducto apresenta centenas de pequenas ampolas musculosas ligadas aos pés ambulacrais, os quais se projetam para fora do corpo do animal.

O sistema funciona graças à pressão que as ampolas e os pés ambulacrais exercem sobre a água. As ampolas, atuando como bombas hidráulicas, pressionam água para dentro de cada um dos pés ambulacrais; estes se distendem e podem aderir a objetos por meio de uma ventosa em sua extremidade. Quando a musculatura do pé ambulacral se contrai, a água é forçada a voltar para a ampola e o pé torna-se flácido, soltando a ventosa. Esse mecanismo permite que os pés ambulacrais se estendam e se contraiam harmoniosamente, sob controle do sistema nervoso, permitindo a locomoção, a fixação e a captura de alimento. **(Fig. 16.67)**

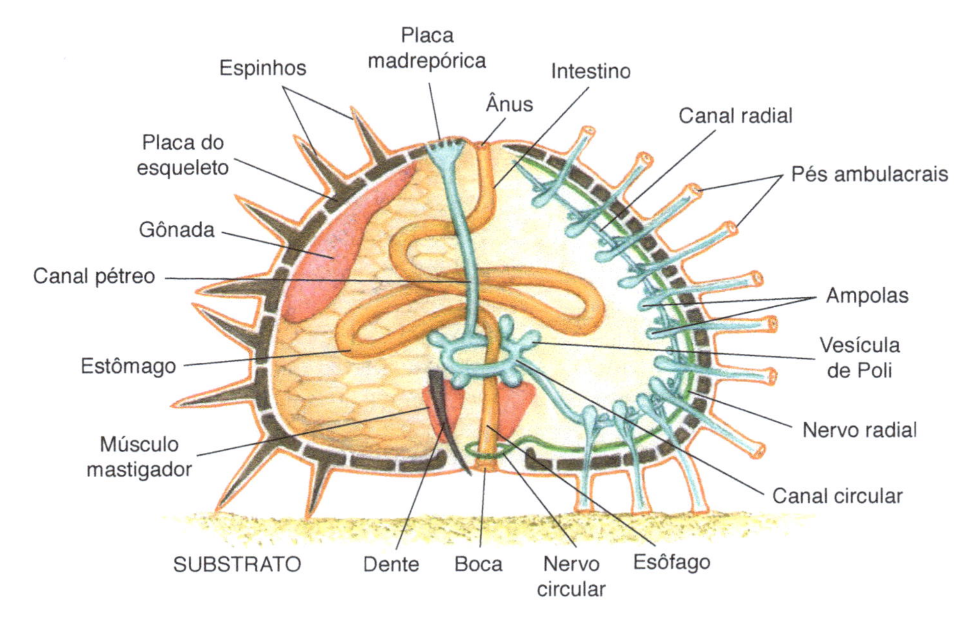

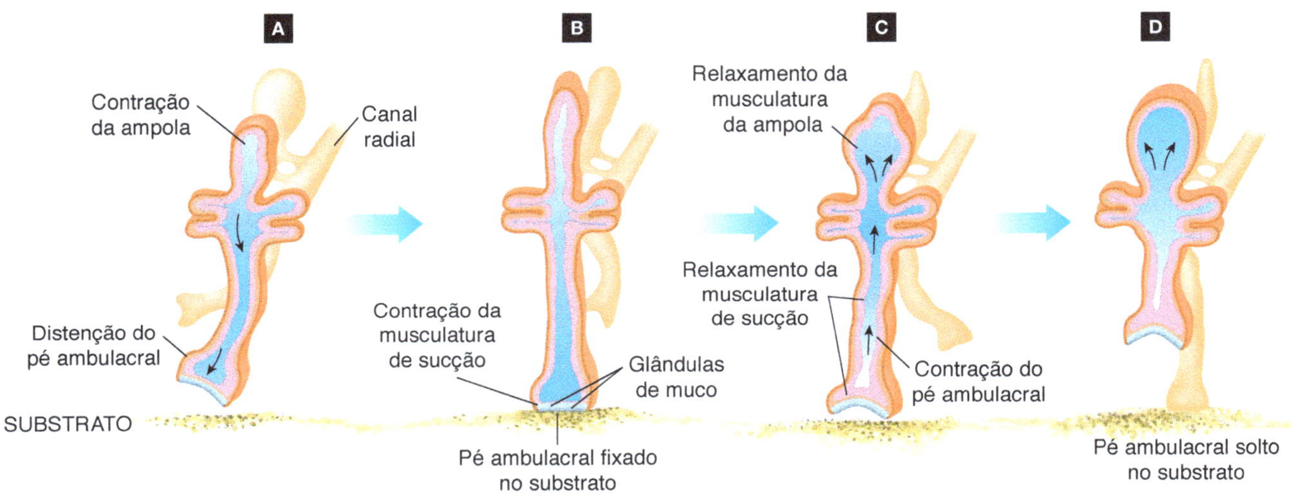

Figura 16.67 Acima, representação esquemática de um corte de ouriço-do-mar, mostrando alguns órgãos internos e o sistema hidrovascular. Abaixo, de **A** a **D**. Representação esquemática que mostra como ocorrem os movimentos dos pés ambulacrais.

Espinhos, pedicelárias e pápulas

A maioria dos equinodermos apresenta **espinhos** articulados ligados ao esqueleto e recobertos por uma epiderme fina. Além de espinhos, a superfície do corpo apresenta pedicelárias e pápulas.

Pedicelárias são estruturas móveis, dotadas de pinças nas extremidades, cuja função é remover detritos e pequenos animais que aderem ao corpo do ouriço, mantendo-o limpo. **Pápulas** são projeções da parede do corpo, revestidas por epiderme e contendo internamente prolongamentos da cavidade celômica, que desempenham funções respiratórias e excretoras.

Sistemas corporais

Sistema digestivo

Os equinodermos têm sistema digestivo completo, com boca, esôfago, estômago, intestino e ânus. A digestão é exclusivamente extracelular e os produtos da digestão são absorvidos pelas células da parede intestinal e distribuídos às demais células corporais pelo líquido celômico.

A boca do ouriço-do-mar, situada no centro da face ventral, é guarnecida por cinco dentes calcários fortes e afiados, ligados a uma estrutura esquelética, a **lanterna-de-Aristóteles**, constituída por ossículos e músculos.

Respiração e excreção

A respiração dos equinodermos ocorre por meio de **brânquias**, de onde o gás oxigênio absorvido se difunde para o líquido celômico e chega a todas as partes do corpo. Além de participar das trocas de gases respiratórios entre a água e o fluido celômico as brânquias também atuam na eliminação das excreções.

Os ouriços-do-mar apresentam dez brânquias, situadas externamente, ao redor da boca. As estrelas-do-mar são dotadas de centenas de pápulas, situadas entre os espinhos. Nas holotúrias há um conjunto de brânquias internas ramificadas que formam a **árvore respiratória**, responsável pela respiração e pela excreção.

Sistema nervoso

O sistema nervoso dos equinodermos consiste em um anel nervoso situado em torno da boca, do qual partem cinco nervos radiais, que se ramificam por todo o corpo.

O sistema sensorial é reduzido, com poucos receptores químicos e táteis situados ao redor da boca e nos pés ambulacrais.

Reprodução

Equinodermos são dioicos. As gônadas, tanto de machos (testículos) quanto de fêmeas (ovários), localizam-se na cavidade celômica e os óvulos e espermatozoides são eliminados na água do mar, ocorrendo fecundação externa. O desenvolvimento é indireto; ouriços-do-mar apresentam apenas uma forma larval, livre-natante e com simetria bilateral, denominada **plúteo**; estrelas-do-mar apresentam duas formas larvais, a **bipinária** e a **braquiolária**.

Os equinodermos possuem elevada capacidade de regeneração; estrelas-do-mar, por exemplo, podem regenerar um ou mais de seus braços perdidos; ouriços-do-mar regeneram espinhos e pedicelárias.

RESUMO: EQUINODERMOS

Diagnose de um equinodermo: animais dotados de simetria radial quando adultos (larvas têm simetria bilateral), triblásticos, celomados, com esqueleto interno e sem metameria.
Hábitat: animais de vida livre, exclusivamente marinhos.
Exemplos: ouriço-do-mar ou pindá (*Arbacia* sp.), estrela-do-mar (*Asterias* sp.), corrupio ou bolacha-de-praia (*Echinarachnius* sp.).
Dados de anatomia e fisiologia:

- sistema digestivo – **completo**; digestão extracelular;
- sistema circulatório – **ausente** ou **reduzido**; distribuição de substâncias pelo fluido celômico;
- sistema respiratório – **reduzido** (branquial) ou **ausente**; trocas gasosas são facilitadas pelo sistema hidrovascular;
- sistema excretor – **ausente**: excreções lançadas diretamente na água que circula no sistema hidrovascular;
- sistema nervoso – **presente**; composto por um anel nervoso em torno da boca, de onde partem nervos radiais;
- sistema ambulacral – exclusivo do filo, desempenha funções de locomoção, fixação e captura de alimento, além de contribuir na respiração e na excreção.

Reprodução: sexuada, espécies dioicas, fecundação externa e desenvolvimento indireto, com um ou mais tipos de larvas (plúteo, bipinária e braquiolária).

Agora você pode resolver as atividades 10, de 68 a 71, 82, 90 e 96.

Recifes de coral e "branqueamento"

1 Uma associação extremamente importante para os recifes de coral é a simbiose* que ocorre entre as espécies de corais e microalgas conhecidas como zooxantelas. Essas algas vivem no interior dos tecidos dos corais construtores dos recifes, realizando fotossíntese e liberando para os corais compostos orgânicos nutritivos. Por sua vez, as zooxantelas sobrevivem e crescem utilizando os produtos gerados pelo metabolismo do coral, como gás carbônico, compostos nitrogenados e fósforo. As necessidades nutricionais dos corais são em grande parte supridas pelas zooxantelas. Elas estão também envolvidas na secreção de cálcio e formação do esqueleto do coral. Apesar de espécies de corais serem encontradas praticamente em todos os oceanos e latitudes, as espécies construtoras de recifes (corais hermatípicos) estão restritas às regiões tropicais e subtropicais.

2 Os recifes necessitam, geralmente, de águas quentes (25 a 30 °C) e claras, longe da influência de água doce. A poluição (esgoto doméstico, vazamento de petróleo etc.) e sedimentação (sedimentos terrígenos levados para o mar devido ao desmatamento e movimentações de terra) põem em risco muitos recifes de corais, incluindo os inúmeros outros organismos que deles dependem (inclusive comunidades humanas que vivem da pesca e coleta de animais marinhos recifais).

* O conceito de simbiose foi elaborado pelo biólogo Heinrich Anton de Bary, em 1879, para designar a relação ecológica próxima e interdependente de certas espécies de uma comunidade, com consequências vantajosas ou desvantajosas para pelo menos uma das partes. São considerados tipos de simbiose as relações de inquilinismo, comensalismo, parasitismo e mutualismo. As zooxantelas e os corais estabelecem uma relação de mutualismo, em que ambos os seres são beneficiados pela associação, embora eles possam sobreviver isoladas.

3 Um fenômeno aparentemente recente – não ainda totalmente compreendido pelos pesquisadores – que tem ocorrido em todas as regiões recifais do globo de forma maciça é o branqueamento (do inglês *bleaching*). Trata-se basicamente da "perda" dos organismos fotossimbiontes (zooxantelas) presentes nos tecidos do coral (zooxantelas ocorrem também em outros cnidários, como anêmonas-do-mar, zooantídeos, medusas, e em outros invertebrados, como ascídias, esponjas, moluscos etc., que também podem branquear). Como a cor da maioria dos hospedeiros advém, em grande parte, da alga simbionte, seus tecidos tornam-se pálidos ou brancos. Nos corais, os tecidos ficam praticamente transparentes, revelando o esqueleto branco subjacente.

4 Geralmente, os tecidos de colônias branqueadas estão vivos e intactos. Entretanto, a ausência das algas simbiontes implica:

1) "jejum" compulsório ao hospedeiro, uma vez que as algas simbiontes suprem a maior parte das necessidades nutricionais do hospedeiro (até mais de 60% do carbono fixado na fotossíntese pode ser translocado da alga para o hospedeiro na forma de glicerol);

2) diminuição das taxas de calcificação. Portanto, as partes moles e o esqueleto de um coral branqueado não crescem, e a colônia fica mais vulnerável a outros possíveis estresses, como poluição, sedimentação excessiva, colonização por macroalgas do esqueleto eventualmente exposto etc. Apesar de tudo, as colônias branqueadas podem recuperar completamente, em poucos dias ou até mais de um ano, a coloração, dependendo da espécie e do grau de branqueamento. Do mesmo modo, dependendo da espécie, intensidade e duração do estresse, a morte de parte, ou de toda, colônia pode ocorrer logo em seguida ao início do branqueamento, ou mesmo algum tempo depois (semanas ou meses). Nestes casos, o esqueleto será rapidamente recoberto por algas e animais sésseis, perdendo a cor branca. [...]

5 Antes de 1980, todos os casos de branqueamento conhecidos eram de extensão geograficamente limitada e causados por estresses claramente locais, geralmente em áreas de circulação restrita ou em recifes atingidos por furacões. Eventos de larga escala são conhecidos apenas após o início da década de 1980, e desde então têm se tornado mais frequentes e intensos. Provavelmente o primeiro evento de ocorrência praticamente cosmopolita ocorreu em 1980, afetando todo o Caribe e regiões vizinhas, e grandes áreas do Pacífico. Eventos de grande amplitude ocorreram em 1982/83, 1987/88 e 1993/94; outros, um pouco menores, em 1981, 1986, 1989 e 1990. No Brasil, o fenômeno só foi registrado no verão de 1994 (São Paulo, Rio de Janeiro, Bahia e Pernambuco) e observado novamente no início de 1996 (São Sebastião), afetando principalmente o coral *Mussismilia hispida* e o zoantídeo *Palythoa caribaeorum*. [...]

6 Estudos recentes indicam que o aumento de temperatura da água do mar seria o causador primário do branqueamento em larga escala, e, secundariamente, o aumento da incidência de radiação UV.

7 Isto levou à hipótese de que os recifes de corais seriam particularmente sensíveis e vulneráveis ao aquecimento global. Há, entretanto, controvérsia se os ecossistemas recifais como um todo têm sofrido estresse climático, porque uma série de outros estresses locais causam potencialmente *bleaching*, podendo atuar sinergicamente com a temperatura (caso do UV, por exemplo). Não se sabe também se o branqueamento é realmente um fenômeno recente, e se em nível subletal é patológico ou um mecanismo adaptativo. De qualquer forma muitos pesquisadores acreditam que os recifes de coral atuariam como indicadores do aquecimento global, através do branqueamento maciço. Mundialmente, os recifes têm sido seriamente ameaçados pela atividade antropogênica: destruição física propriamente dita, sedimentação, poluição, pesca predatória, coleta etc.

[...]

Fonte: MIGOTTO, A. E., do Centro de Biologia Marinha, Cebimar, USP. Disponível em: <http://mod.lk/wc60s>. Acesso em: out. 2016.

GUIA DE LEITURA

No texto que escolhemos para este quadro o biólogo Alvaro Migotto discute um fenômeno observado recentemente em todo o planeta, o branqueamento dos corais. Fácil e agradável de ler, o texto de Migotto comenta algumas hipóteses para explicar esse curioso fenômeno. A seguir apresentamos algumas sugestões para ajudá-lo a se aprofundar na compreensão do tema.

1. A partir da leitura do primeiro parágrafo do texto responda: o que são zooxantelas e qual é sua importância para os cnidários formadores de corais? Faça uma pesquisa sobre o termo zooxantela, que aparece em mais de um capítulo do livro. Com base nessa pesquisa responda: quais os principais filos de algas que formam zooxantelas?

2. Leia o segundo e o terceiro parágrafos do quadro. De acordo com o texto, o que é o branqueamento dos recifes de coral?

3. Ainda de acordo com o terceiro parágrafo, outros organismos, além dos corais, podem apresentar zooxantelas. Quais são eles? Pesquise o termo zooxantela na internet e procure *sites* confiáveis para ampliar seus conhecimentos.

4. De acordo com o quarto parágrafo quais são as consequências do branqueamento para a "saúde" dos corais?

5. Leia o quinto parágrafo. Nele obtenha as seguintes informações: a) a partir de quando o branqueamento atingiu escala mundial? b) onde se verificaram as primeiras ocorrências em larga escala? c) quando o fenômeno do branqueamento foi registrado no Brasil?

6. De acordo com os dois últimos parágrafos do quadro, quais seriam os principais fatores responsáveis pelo branqueamento? Por que, segundo alguns pesquisadores, os recifes de coral atuariam como indicadores do aquecimento global?

Capítulo 16

Mapa de conceitos

Características gerais dos animais

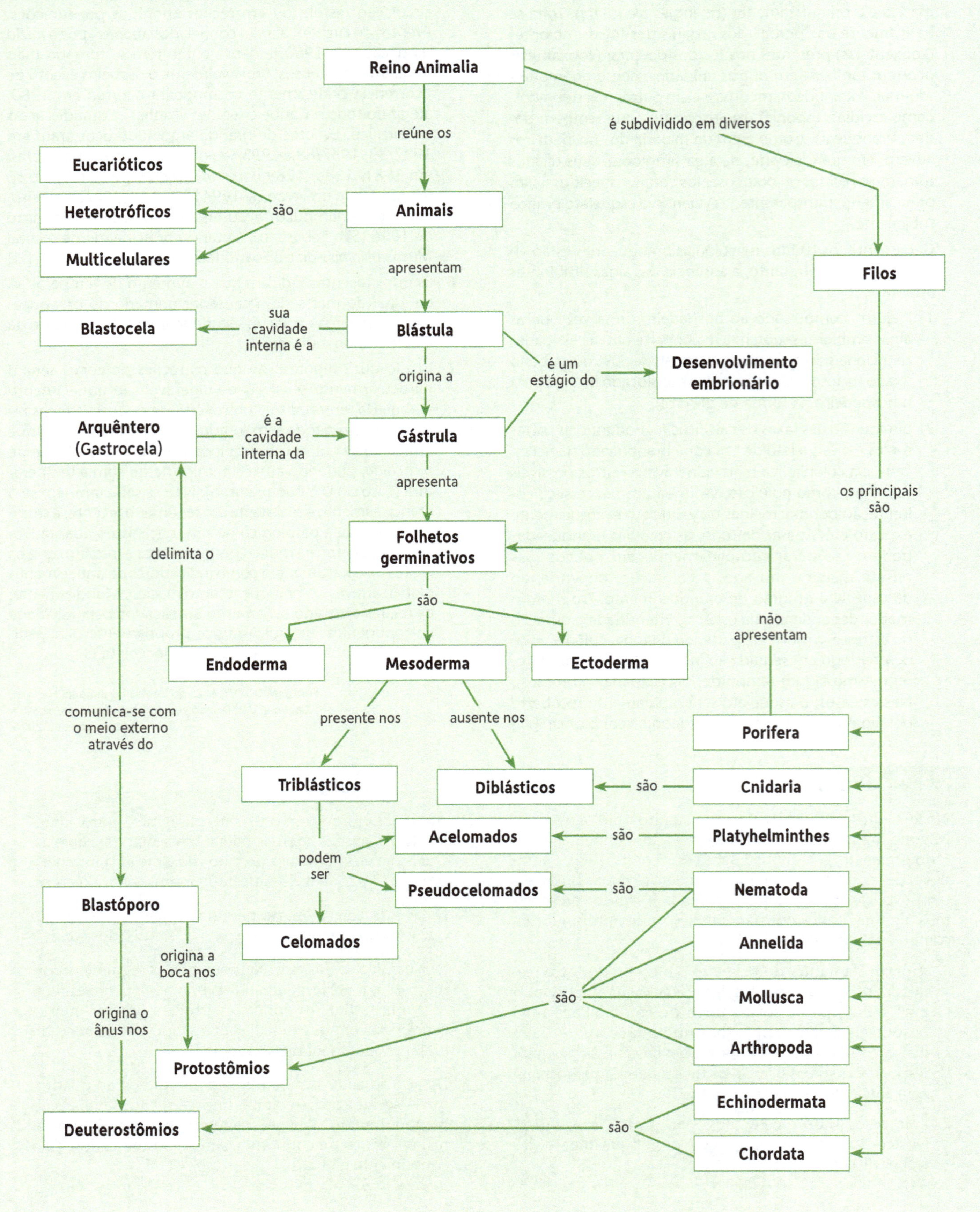

ATIVIDADES

REVENDO CONCEITOS, FATOS E PROCESSOS

16.1 Reino Animalia

1. Animais são os únicos seres vivos
a) heterotróficos.
b) multicelulares.
c) com reprodução sexuada.
d) que apresentam blástula.

2. Um pesquisador descobriu uma nova espécie animal e concluiu corretamente tratar-se de um acelomado porque o animal apresentava
a) cavidade digestiva.
b) cavidade corporal parcialmente revestida por mesoderma.
c) boca originada do blastóporo.
d) corpo maciço, sem cavidades internas.

3. Um animal protostômio sempre
a) é acelomado.
b) tem simetria radial.
c) tem a boca originada do blastóporo.
d) é diblástico.

4. O blastóporo forma-se como resultado da gastrulação e pode originar a boca ou o ânus, dependendo do filo a que pertence o animal. Qual alternativa menciona apenas animais cujo blastóporo dá origem ao ânus?
a) Anelídeos e artrópodes.
b) Moluscos e equinodermos.
c) Artrópodes e cordados.
d) Equinodermos e cordados.

5. Animais que apresentam cavidade corporal parcialmente revestida por mesoderma são
a) celomados.
b) diblásticos.
c) pseudocelomados.
d) triblásticos.

6. O arquêntero é uma cavidade presente no embrião de animais
a) diblásticos e triblásticos.
b) pseudocelomados e celomados, apenas.
c) pseudocelomados, apenas.
d) celomados, apenas.

7. Um estudante escreveu o seguinte texto: "Como os moluscos são animais triblásticos, eles são também celomados, pois todos os animais triblásticos são celomados". Essa afirmação está
a) correta, pois os moluscos são animais triblásticos e todos os triblásticos são celomados.
b) incorreta, pois os moluscos, apesar de serem animais triblásticos, não são celomados.
c) incorreta, pois os moluscos, apesar de serem animais celomados, não são triblásticos.
d) incorreta, pois, apesar de os moluscos serem triblásticos e celomados, nem todo animal triblástico é celomado.

8. O mesmo estudante escreveu outro texto: "Como as planárias são animais segmentados, elas são também celomadas, pois todos os animais segmentados são celomados". Essa afirmação está
a) correta, pois as planárias são animais segmentados e todos os segmentados são celomados.
b) incorreta, pois as planárias, apesar de serem animais celomados, não são segmentados.
c) incorreta, pois as planárias não são animais celomados, apesar de serem segmentados.
d) incorreta, pois as planárias não são animais celomados nem segmentados.

9. Qual das seguintes subdivisões do reino Animalia engloba todas as outras?
a) Celomado.
b) Deuterostômio.
c) Protostômio.
d) Triblástico.

Considere as alternativas a seguir para responder às questões 10 e 11.
a) Cnidários e moluscos.
b) Cnidários e platelmintes.
c) Equinodermos e artrópodes.
d) Platelmintes e nematódeos.

10. Quais são os animais com sistema digestivo completo?

11. Quais são os animais com sistema digestivo incompleto?

12. Qual das alternativas a seguir reúne animais SEM sistema excretor?
a) Cnidários e platelmintes.
b) Nematódeos e moluscos.
c) Platelmintes e nematódeos.
d) Poríferos e cnidários.

13. Um estudante escreveu o seguinte texto: "Os artrópodes têm sistema circulatório aberto e em seus vasos flui um líquido chamado hemolinfa". Essa afirmação está
a) correta, pois o sistema circulatório dos artrópodes é aberto e o líquido circulante é chamado hemolinfa.
b) incorreta, pois, apesar de o sistema circulatório dos artrópodes ser aberto, o líquido circulante nesse tipo de sistema é chamado sangue.
c) incorreta, pois, apesar de o líquido circulante no corpo dos artrópodes ser chamado hemolinfa, o sistema circulatório desses animais é fechado.
d) incorreta, pois o sistema circulatório dos artrópodes é fechado e, nesses casos, o líquido circulante é denominado sangue.

14. Animais típicos de terra firme apresentam geralmente respiração
a) branquial ou pulmonar.
b) cutânea ou branquial.
c) pulmonar ou traqueal.
d) traqueal ou cutânea.

16.2 Filo Porifera (poríferos)

15. Podem-se encontrar poríferos apenas
a) no mar, flutuando ao sabor das ondas.
b) no mar, fixados a objetos submersos.
c) em água doce, fixados a objetos submersos.
d) no mar e em água doce, fixados a objetos submersos.

16. Uma característica que distingue os poríferos de todos os demais animais é o fato de eles NÃO apresentarem
a) cabeça.
b) mesoderma.
c) tecidos verdadeiros.
d) tubo digestivo completo.

17. Animais como os poríferos, que se alimentam de pequenas partículas em suspensão na água, são chamados de
a) carnívoros.
b) filtradores.
c) herbívoros.
d) predadores.

Considere as alternativas a seguir para responder às questões de 18 a 22, relativas aos poríferos.

a) Amebócitos.
b) Coanócitos.
c) Pinacócitos.
d) Porócitos.

18. Que células são responsáveis por gerar o fluxo de água através do corpo de um porífero?

19. Quais células apresentam um poro que permite a entrada de água na cavidade interna dos poríferos?

20. Que células revestem externamente o corpo de um porífero?

21. Que células podem mover-se no meso-hilo, distribuindo nutrientes pelo corpo dos poríferos?

22. Que células são capazes de originar todos os outros tipos celulares dos poríferos?

23. A água que passa através do corpo de um porífero simples segue o seguinte caminho:

a) ósculo ⟶ espongiocela ⟶ porócito.
b) ósculo ⟶ porócito ⟶ espongiocela.
c) porócito ⟶ espongiocela ⟶ ósculo.
d) porócito ⟶ ósculo ⟶ espongiocela.

24. As gêmulas que certos poríferos formam em determinadas condições constituem uma

a) forma de resistência assexuada.
b) forma de resistência com gametas em seu interior.
c) estrutura relacionada com a digestão intracelular.
d) forma larval capaz de originar novas colônias.

16.3 Filo Cnidaria (cnidários)

25. Cnidários podem ser encontrados apenas

a) no mar, fixados a objetos submersos.
b) no mar, fixados a objetos submersos ou livres na água.
c) no mar e em água doce, fixados a objetos submersos ou livres na água.
d) no mar, fixados a objetos submersos, e em brejos de água marinha.

26. O filo Cnidaria inclui, entre outros organismos, as (os)

a) águas-vivas. b) poríferos. c) lombrigas. d) planárias.

27. Cnidários são animais

a) diblásticos e com simetria radial.
b) diblásticos, pseudocelomados e com simetria bilateral.
c) triblásticos, celomados e com simetria radial.
d) triblásticos, acelomados e com simetria bilateral.

28. Cnidários apresentam

a) sistema circulatório aberto.
b) sistema digestivo completo.
c) sistema nervoso difuso.
d) sistema respiratório branquial.

29. Em cnidários, a digestão do alimento começa na cavidade gastrovascular e termina dentro das células. Qual é a alternativa que designa mais apropriadamente esse tipo de processo?

a) Digestão extracelular.
b) Digestão intracelular.
c) Digestão extracelular e intracelular.
d) Digestão intracorporal.

30. A distribuição dos nutrientes no corpo de um cnidário se dá

a) por difusão, pelo líquido pseudocelômico.
b) pelo sangue, que circula em artérias, veias e capilares.
c) pela hemolinfa, que circula em artérias e hemocelas entre os tecidos corporais.
d) pela própria cavidade gastrovascular, que ocupa praticamente todo o corpo, inclusive os tentáculos.

31. "A maioria dos cnidários apresenta metagênese, com alternância de gerações de pólipos assexuados e de medusas sexuadas." Essa afirmação está

a) correta, pois no ciclo de vida da maioria dos cnidários alternam-se gerações de pólipos assexuados e de medusas sexuadas.
b) incorreta, pois, apesar de no ciclo de vida dos cnidários ocorrer alternância de gerações, a fase sexuada é a polipoide e a assexuada é a medusoide.
c) incorreta, pois, apesar de no ciclo de vida dos cnidários ocorrer alternância de gerações, tanto pólipos quanto medusas se reproduzem sexuada e assexuadamente.
d) incorreta, pois no ciclo de vida dos cnidários não ocorre alternância de gerações; algumas espécies só apresentam a forma polipoide e outras apenas a forma medusoide.

16.4 Filo Platyhelminthes (platelmintes)

32. O filo Platyhelminthes inclui, entre outros organismos, as (os)

a) águas-vivas.
b) poríferos.
c) lombrigas.
d) planárias.

33. Um animal com respiração cutânea, como a planária, realiza as trocas gasosas com o ambiente

a) pelos pulmões.
b) pelas brânquias.
c) pelas traqueias.
d) pela superfície corporal.

34. Platelmintes são animais

a) diblásticos, acelomados e com simetria radial.
b) diblásticos, pseudocelomados e com simetria bilateral.
c) triblásticos, acelomados e com simetria bilateral.
d) triblásticos, pseudocelomados e com simetria bilateral.

35. A eliminação do excesso de água e de parte das excreções do corpo de uma planária ocorre por meio de

a) difusão cutânea, apenas.
b) protonefrídios, apenas.
c) difusão cutânea e de protonefrídios.
d) canais excretores, ou renetes.

36. A distribuição dos nutrientes no corpo de uma planária é feita

a) por difusão, pelo líquido do pseudoceloma.
b) pelo sangue, que circula em artérias, veias e capilares.
c) pela hemolinfa, que circula em artérias e em hemocelas entre os tecidos corporais.
d) pela própria cavidade gastrovascular, geralmente muito ramificada.

16.5 Filo Nematoda (nematódeos)

37. O filo Nematoda inclui, entre outros organismos, as (os)

a) águas-vivas.
b) poríferos.
c) lombrigas.
d) planárias.

38. Nematódeos são animais
a) diblásticos, acelomados e com simetria radial.
b) diblásticos, pseudocelomados e com simetria bilateral.
c) triblásticos, acelomados e com simetria bilateral.
d) triblásticos, pseudocelomados e com simetria bilateral.

39. O corpo de um nematódeo pode ser descrito como um tubo – o tubo digestivo – dentro de outro tubo, a parede do corpo. O espaço entre esses dois tubos é chamado
a) cavidade gástrica.
b) celoma.
c) pseudoceloma.
d) arquêntero.

40. A distribuição dos nutrientes pelo corpo de um nematódeo se dá
a) por difusão, pelo líquido do pseudoceloma.
b) pelo sangue, que circula em artérias, veias e capilares.
c) pela hemolinfa, que circula em artérias e em hemocelas entre os tecidos corporais.
d) pela própria cavidade gastrovascular, que é geralmente muito ramificada.

16.6 Filo Mollusca (moluscos)

41. O filo Mollusca inclui, entre outros organismos, as
a) águas-vivas. b) minhocas. c) planárias. d) ostras.

42. Moluscos são animais
a) acelomados, com corpo não segmentado.
b) pseudocelomados, com corpo não segmentado.
c) celomados, com corpo não segmentado.
d) celomados, com corpo segmentado.

43. A eliminação das excreções pelos moluscos é realizada por
a) difusão cutânea, apenas.
b) protonefrídios dotados de células-flamas.
c) metanefrídios.
d) células tubulares gigantes que percorrem as laterais do corpo.

Considere as alternativas a seguir para responder às questões de 44 a 46.
a) Cabeça.
b) Manto.
c) Pé.
d) Massa visceral.

44. Qual parte corporal é reduzida ou ausente em bivalves?

45. Qual das partes é uma membrana epidérmica com glândulas responsáveis pela secreção da concha?

46. Qual das partes origina os tentáculos dos cefalópodes?

16.7 Filo Annelida (anelídeos)

47. O filo Annelida inclui, entre outros organismos, as
a) águas-vivas. b) minhocas. c) planárias. d) ostras.

48. Anelídeos são animais
a) acelomados, com corpo não segmentado.
b) pseudocelomados, com corpo não segmentado.
c) celomados, com corpo não segmentado.
d) celomados, com corpo segmentado.

49. A distribuição dos nutrientes no corpo de um anelídeo é feita
a) por difusão, pelo líquido do pseudoceloma.
b) pelo sistema circulatório, que é sempre do tipo aberto.
c) pelo sistema circulatório, que é sempre do tipo fechado.
d) pelo sistema circulatório, que pode ser aberto ou fechado.

50. O fluido que circula nos vasos sanguíneos da minhoca chama-se (1); o que circula nos vasos sanguíneos de um caracol de jardim chama-se (2). Essa diferença de nomenclatura deve-se à convenção de que o termo (1) deve ser utilizado apenas quando se trata de sistema circulatório (3). Qual das alternativas substitui corretamente os termos (1), (2) e (3)?
a) (1) hemolinfa; (2) sangue; (3) aberto.
b) (1) hemolinfa; (2) sangue; (3) fechado.
c) (1) sangue; (2) hemolinfa; (3) aberto.
d) (1) sangue; (2) hemolinfa; (3) fechado.

16.8 Filo Arthropoda (artrópodes)

51. Artrópodes são animais
a) acelomados, com corpo segmentado.
b) pseudocelomados, com corpo segmentado.
c) celomados, com corpo não segmentado.
d) celomados, com corpo segmentado.

52. Artrópodes diferem de todos os outros animais por apresentarem
a) corpo segmentado.
b) endoesqueleto calcário.
c) exoesqueleto de quitina e apêndices corporais articulados.
d) corpo dividido em cabeça, tórax e membros.

53. Qual das alternativas reúne as características de um crustáceo?
a) Corpo dividido em cefalotórax e abdômen; quatro pares de pernas; sem antenas.
b) Corpo dividido em cefalotórax e abdômen; dois pares de antenas.
c) Corpo dividido em cabeça, tórax e abdômen; três pares de pernas; um par de antenas.
d) Corpo dividido em cabeça, tórax e abdômen; dois pares de pernas por segmento; sem antenas.

54. Crustáceos podem ser encontrados
a) apenas no mar.
b) apenas em água doce.
c) apenas no mar e em água doce.
d) no mar, em água doce e em ambientes de terra firme úmidos.

55. O grupo dos crustáceos inclui, entre outros organismos,
a) escorpiões. b) caramujos. c) lesmas. d) camarões.

56. Órgãos excretores típicos dos crustáceos são
a) protonefrídios.
b) túbulos de Malpighi.
c) metanefrídios.
d) glândulas antenais (glândulas verdes).

57. A distribuição dos nutrientes no corpo de um crustáceo é feita
a) por difusão, pelo líquido do pseudoceloma.
b) pelo sistema circulatório, que é sempre do tipo aberto.
c) pelo sistema circulatório, que é sempre do tipo fechado.
d) pelo sistema circulatório, que pode ser aberto ou fechado.

58. Qual das alternativas reúne as características de um quelicerado?
a) Corpo dividido em cefalotórax e abdômen; quatro pares de pernas; sem antenas.
b) Corpo dividido em cefalotórax e abdômen; dois pares de antenas.
c) Corpo dividido em cabeça, tórax e abdômen; três pares de pernas; um par de antenas.
d) Corpo dividido em cabeça, tórax e abdômen; dois pares de pernas por segmento; sem antenas.

59. Órgãos excretores típicos dos quelicerados são
a) protonefrídios.
b) túbulos de Malpighi.
c) metanefrídios.
d) glândulas coxais.

60. A distribuição dos nutrientes no corpo de um quelicerado é feita
a) por difusão, pelo líquido do pseudoceloma.
b) pelo sistema circulatório, que é sempre do tipo aberto.
c) pelo sistema circulatório, que é sempre do tipo fechado.
d) pelo sistema circulatório, que pode ser aberto ou fechado.

61. O subfilo dos quelicerados inclui, entre outros organismos,
a) escorpiões.
b) lagostas.
c) mariposas.
d) minhocas.

62. Qual das alternativas reúne as características de um inseto?
a) Corpo dividido em cefalotórax e abdômen; quatro pares de pernas; sem antenas.
b) Corpo dividido em cefalotórax e abdômen; dois pares de antenas.
c) Corpo dividido em cabeça, tórax e abdômen; três pares de pernas; um par de antenas.
d) Corpo dividido em cabeça, tórax e abdômen; dois pares de pernas por segmento; sem antenas.

63. Órgãos excretores típicos dos insetos são
a) protonefrídios.
b) túbulos de Malpighi.
c) metanefrídios.
d) glândulas antenais (glândulas verdes).

64. A distribuição dos nutrientes no corpo de um inseto é feita
a) por difusão, pelo líquido do pseudoceloma.
b) pelo sistema circulatório, que é sempre do tipo aberto.
c) pelo sistema circulatório, que é sempre do tipo fechado.
d) pelo sistema circulatório, que pode ser aberto ou fechado.

65. A distribuição de gás oxigênio no corpo de um inseto é feita
a) pelo sistema circulatório, que é sempre do tipo aberto.
b) pelo sistema circulatório, que é sempre do tipo fechado.
c) pelo sistema circulatório, que pode ser aberto ou fechado.
d) pelo sistema traqueal.

66. O subfilo dos hexápodes inclui, entre outros organismos,
a) aranhas.
b) escorpiões.
c) formigas.
d) lesmas.

16.9 Filo Echinodermata (equinodermos)

67. O filo Echinodermata inclui, entre outros organismos, as
a) águas-vivas.
b) minhocas.
c) planárias.
d) estrelas-do-mar.

68. Equinodermos são animais
a) acelomados, com corpo não segmentado.
b) pseudocelomados, com corpo não segmentado.
c) celomados, com corpo não segmentado.
d) celomados, com corpo segmentado.

69. A distribuição dos nutrientes no corpo de um equinodermo é feita
a) por difusão, pelo líquido do pseudoceloma.
b) pelo sistema circulatório, que é sempre do tipo aberto.
c) pelo sistema circulatório, que é sempre do tipo fechado.
d) pelo líquido celômico.

70. Nos equinodermos
a) os adultos têm simetria bilateral e as larvas têm simetria radial.
b) as formas larvais têm simetria bilateral e os adultos têm simetria radial.
c) tanto adultos quanto larvas têm simetria bilateral.
d) tanto formas larvais quanto adultos têm simetria radial.

QUESTÕES PARA EXERCITAR O PENSAMENTO

71. O que difere os poríferos dos outros animais?

72. Por que não tem sentido classificar poríferos e cnidários como acelomados?

73. Suponha que você encontre a seguinte notícia em um jornal: "Cientista descobre primeiro porífero de terra firme". Argumente, com base nas características dos poríferos, a impossibilidade de tal descoberta.

74. Um biólogo realizou uma pesquisa sobre o efeito da temperatura na velocidade de crescimento e no tamanho final do corpo de uma hidra. Os resultados obtidos estão apresentados no gráfico a seguir. Analise-o para responder aos itens **a)** e **b)**.

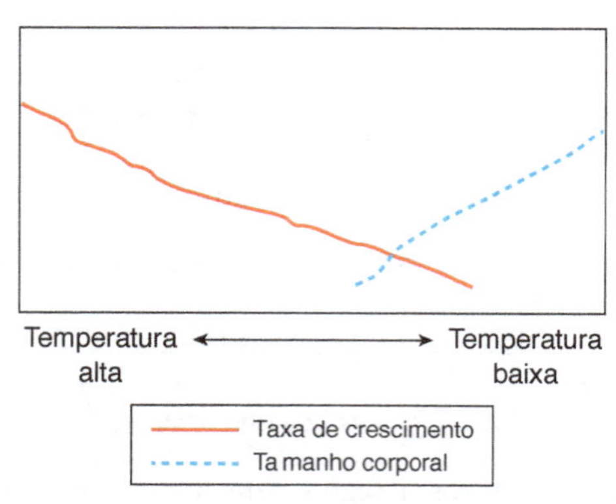

a) Qual é a relação entre a temperatura e a velocidade de crescimento da hidra? Explique.
b) Qual é a relação entre a temperatura e o tamanho final atingido pela hidra?

75. Alguns nomes de cnidários, como hidra e medusa, são também nomes de monstros das lendas gregas. Pesquise como os gregos imaginavam esses monstros e tente estabelecer relações entre eles e os cnidários.

76. Quais as possíveis vantagens de um animal ter corpo segmentado? Em quais filos animais essa característica está presente?

77. Comente possíveis vantagens e desvantagens de um animal ter um exoesqueleto completo. Em quais filos animais essa característica está presente?

78. Faça uma tabela que compare moluscos e anelídeos quanto aos seguintes aspectos:
a) Tipo de digestão.
b) Tipo de desenvolvimento.
c) Tipo de larva.
d) Tipo de sistema circulatório.
e) Tipo de fluido circulatório.
f) Tipo de respiração.
g) Tipo de fecundação.

79. Charles Darwin passou muitos anos estudando as minhocas; leia, a seguir, um texto desse eminente evolucionista sobre esses animais: "É difícil imaginar um organismo que tenha desempenhado papel mais importante na história [da Terra] do que essas modestas criaturas". Que argumentos você utilizaria para defender a afirmação de Darwin?

80. Construa uma tabela que contenha informações sobre crustáceos, aracnídeos e insetos com relação aos seguintes itens: a) hábitat; b) partes do corpo; c) tipos e número de apêndices diagnósticos (que permitem caracterizar o grupo); d) sistema circulatório; e) sistema respiratório; f) sistema excretor; g) tipo de reprodução.

81. Dê argumentos para justificar a seguinte afirmação: "Os equinodermos são o grupo evolutivamente mais aparentado com os cordados".

A BIOLOGIA NO VESTIBULAR

QUESTÕES OBJETIVAS

82. (Uerj)

> "A visão de uma medusa, um delicado domo transparente de cristal pulsando, sugeriu-me de forma irresistível que a vida é água organizada" – Jacques Cousteau.
>
> • *Vida Simples*, out. 2003.

A analogia proposta refere-se à grande proporção de água no corpo das medusas. No entanto, uma característica importante do filo ao qual pertencem é a presença de cnidócitos, células que produzem substâncias urticantes. Dois animais que pertencem ao mesmo filo das medusas estão indicados em:

a) hidra – craca.
b) hidra – esponja.
c) anêmona-do-mar – coral.
d) anêmona-do-mar – esponja.

83. (UEL-PR) Nematódeos são animais vermiformes de vida livre ou parasitária, encontrados em plantas e animais, inclusive no homem. Sobre as características presentes em nematódeos, considere as afirmativas a seguir:

I. Corpo não segmentado coberto por cutícula.
II. Trato digestório completo.
III. Órgãos especializados para circulação.
IV. Pseudoceloma.

Estão corretas apenas as afirmativas:

a) I e III.
b) I e IV.
c) II e III.
d) I, II e IV.
e) II, III e IV.

(*Nota dos autores*: O termo sistema digestório é sinônimo de sistema digestivo.)

84. (PUC-SP) Um biólogo coletou exemplares de uma espécie animal desconhecida, os quais foram criados em laboratório e analisados quanto a diversas características. Concluiu que se tratavam de representantes do filo Annelida, pois eram animais

a) diblásticos, celomados, segmentados e de simetria radial.
b) triblásticos, celomados, não segmentados e de simetria bilateral.
c) triblásticos, acelomados, segmentados e de simetria bilateral.
d) diblásticos, celomados, segmentados e de simetria bilateral.
e) triblásticos, celomados, segmentados e de simetria bilateral.

85. (UFMG) Observe esta figura:

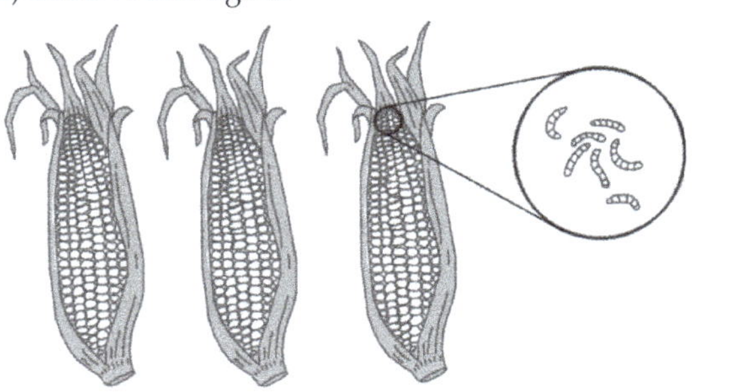

É CORRETO afirmar que a presença de lagartas em espigas de milho se deve

a) ao processo de geração espontânea comum aos invertebrados.
b) à transformação dos grãos em lagartas.
c) ao desenvolvimento de ovos depositados por borboletas.
d) ao apodrecimento do sabugo e dos grãos.

86. (UEL-PR) A respiração e a circulação nos insetos sustentam a alta demanda metabólica desses animais durante o voo. Além disso, a respiração traqueal é uma importante adaptação dos insetos para a vida terrestre. Sobre as relações fisiológicas entre os processos respiratório e circulatório nos insetos, é CORRETO afirmar:

a) O sistema circulatório aberto contém hemocianina, pigmento respiratório que facilita o transporte de oxigênio do sistema traqueal para os tecidos.
b) O sistema traqueal conduz oxigênio diretamente para os tecidos e o dióxido de carbono em direção oposta, o que torna a respiração independente de um sistema circulatório.
c) O sistema circulatório fechado contém hemoglobina e é fundamental para o transporte de oxigênio do sistema traqueal para os tecidos.
d) O sistema traqueal conduz oxigênio da hemolinfa para os tecidos, o que torna a respiração dependente de um sistema circulatório.
e) O sistema circulatório aberto, apesar de não conter pigmentos respiratórios, é fundamental para o transporte de oxigênio do sistema traqueal para os tecidos.

87. (PUC-SP) João deixou seus pais apreensivos, pois resolveu criar alguns animais nada convencionais como tarântulas, escorpiões, piolhos-de-cobra e tatuzinhos de jardim. A partir de seu conhecimento sobre invertebrados, João descreveu aos pais algumas características dos animais que está criando, e fez apenas uma afirmação INCORRETA. Assinale-a.

a) Todos apresentam apêndices articulados.
b) Todos têm corpo revestido de exoesqueleto.
c) Todos pertencem ao filo Arthropoda.
d) Há aracnídeos entre eles.
e) Um deles é inseto.

88. (UFRGS-RS) Em relação a grupos de invertebrados, considere as características citadas abaixo:

1. presença de dois pares de antenas
2. corpo metamerizado
3. hábitat exclusivamente marinho
4. presença de exoesqueleto
5. locomoção através de sistema ambulacrário

Assinale a alternativa que apresenta a correspondência correta entre o grupo animal e suas características:

a) Anelídeos – 2 e 5.
b) Moluscos – 2 e 4.
c) Crustáceos – 3 e 4.
d) Insetos – 1 e 4.
e) Equinodermos – 3 e 5.

89. (UFC-CE) Na história evolutiva dos animais, destaca-se o aparecimento das seguintes características: simetria bilateral, presença de três folhetos germinativos, cavidade digestiva completa com boca e ânus, cavidade corporal e metameria. Com relação à ocorrência destas características entre os diversos grupos animais, qual é a alternativa correta?

a) Todos os animais com metameria apresentam cavidade corporal e simetria bilateral.
b) Todos os animais com simetria bilateral apresentam metameria e três folhetos germinativos.
c) Todos os animais com cavidade corporal apresentam três folhetos germinativos e metameria.
d) Todos os animais com cavidade digestiva completa apresentam simetria bilateral e metameria.
e) Todos os animais com três folhetos germinativos apresentam cavidade digestiva completa e cavidade corporal.

90. (Uesb-BA) Na evolução do sistema digestório dos animais aparecem, sucessivamente, seres sem tubo digestório, organismos com tubo digestório incompleto e seres com tubo digestório completo. Exemplos de animais com essas características são, respectivamente,

a) esponjas, planárias e minhocas.
b) esponjas, medusas e anêmonas.
c) planárias, moluscos e minhocas.
d) planárias, esponjas e minhocas.
e) medusas, anêmonas e moluscos.

(*Nota dos autores*: O termo tubo digestório é sinônimo de tubo digestivo; o termo esponjas é sinônimo de poríferos.)

91. (PUC-PR) Dos animais a seguir, o oxigênio e o dióxido de carbono são transportados pelo sistema circulatório SOMENTE em

a) planárias.
b) gafanhotos.
c) besouros.
d) borboletas.
e) minhocas.

92. (UFPI) Assinale a alternativa que exemplifica animais de corpo formado por metâmeros:

a) Minhoca e abelha.
b) Camarão e polvo.
c) Planária e tênia.
d) Medusa e ouriço-do-mar.
e) Lula e lesma.

93. (Vunesp) As figuras a seguir representam dois animais invertebrados, o nereis, um poliqueto marinho, e a centopeia, um quilópode terrestre:

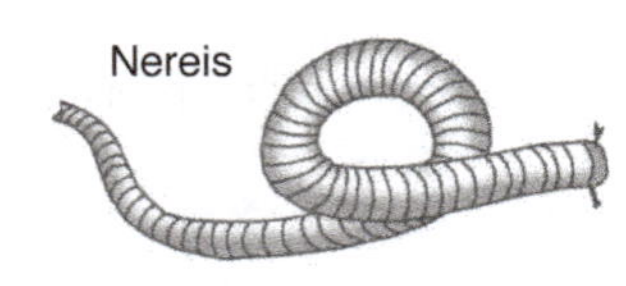

Apesar de apresentarem algumas características comuns, tais como apêndices locomotores e segmentação do corpo, estes animais pertencem a filos diferentes. Assinale a alternativa correta

a) O nereis é um anelídeo, a centopeia é um artrópode e ambos apresentam circulação aberta.
b) O nereis é um artrópode, a centopeia é um anelídeo e ambos apresentam circulação fechada.
c) O nereis é um asquelminto, a centopeia é um platelminto e ambos não apresentam sistema circulatório.
d) O nereis é um anelídeo, a centopeia é um artrópode e ambos apresentam exoesqueleto.
e) O nereis é um anelídeo, a centopeia é um artrópode, mas apenas a centopeia apresenta exoesqueleto.

(*Nota dos autores*: O termo asquelminto designa um antigo filo de animais que reunia diversos grupos classificados atualmente como filos distintos, entre eles os nematódeos.)

94. (Vunesp) Considerando aspectos gerais da biologia de algumas espécies animais, tem-se o grupo A representado por espécies monoicas, como minhocas e caracóis; o grupo B, por espécies que apresentam desenvolvimento indireto, como insetos com metamorfose completa e crustáceos, e o grupo C, com espécies de vida livre, como corais e esponjas.
Pode-se afirmar que as espécies

a) do grupo A são hermafroditas, do grupo B não apresentam estágio larval e do grupo C não são sésseis.
b) do grupo A não são hermafroditas, do grupo B apresentam estágio larval e do grupo C não são sésseis.
c) do grupo A são hermafroditas, do grupo B apresentam estágio larval e do grupo C não são parasitas.
d) do grupo A não são hermafroditas, do grupo B não apresentam estágio larval e do grupo C não são parasitas.
e) do grupo A são hermafroditas, do grupo B apresentam estágio larval e do grupo C não são sésseis.

95. (PUC-MG) Observe as figuras:

Todos os animais da figura são

a) insetos.
b) aracnídeos.
c) hematófagos.
d) artrópodes.

QUESTÃO DISCURSIVA

96. (Vunesp) João e Pedro estão caminhando por um parque e observam, presas ao tronco de uma árvore, "cascas", que João identifica como sendo de cigarras. Especialistas chamam essas cascas de exúvias. João conta a Pedro que a tradição popular diz que "as cigarras estouram de tanto cantar", explica que as cigarras são insetos e descreve o número de apêndices encontrado em um inseto generalizado.

a) Do ponto de vista biológico, é correto afirmar que as exúvias são restos do corpo de cigarras que "estouraram de tanto cantar"? Justifique sua resposta.
b) Qual o número de apêndices encontrados no tórax de um inseto adulto generalizado?

Mais questões: no livro digital, em **Vereda Digital Aprova Enem** e **Vereda Digital Suplemento de revisão e vestibulares**; no *site*, em **AprovaMax**.

CAPÍTULO

17

ANIMAIS CORDADOS: PROTOCORDADOS E CRANIADOS

FABIO COLOMBINI

O porco-do-mato ou cateto (*Tayassu tajacu*), presente em áreas preservadas em todo o território nacional, é um representante do clado Mammalia do filo Chordata.

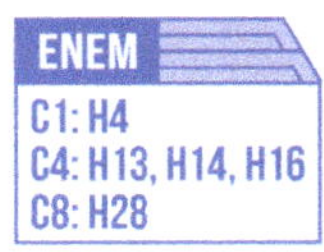

De que trata este capítulo

Pertencemos ao filo Chordata, que reúne animais cujo embrião apresenta notocorda (ou corda dorsal), um bastão celular maciço e semirrígido situado sob o tubo nervoso. A notocorda define o eixo corporal e dá sustentação à musculatura e ao sistema nervoso durante o desenvolvimento embrionário. Nós e os outros cordados – ascídias, anfioxos, agnatos, peixes, anfíbios, répteis e demais mamíferos – tivemos um ancestral em comum no passado do qual herdamos a notocorda e outras características típicas do filo.

Na maioria das espécies atuais de cordados a notocorda embrionária desaparece durante o desenvolvimento; em seu lugar surgem a coluna vertebral e o crânio. Alguns cordados não têm crânio nem vértebras e por isso são considerados cordados primitivos (protocordados).

As pesquisas genômicas têm ajudado os cientistas a elucidar os intrincados caminhos da evolução dos grandes grupos de seres vivos. Um exemplo é o trabalho assinado por mais de 40 pesquisadores de várias nacionalidades, publicado na revista científica *Genome Research* em 2008, que traz de volta à cena um representante do reino Animalia: o anfioxo, um cefalocordado. Embora pouco observados na natureza, os anfioxos são bem conhecidos da maioria dos estudantes de Biologia por apresentarem um padrão bastante didático de desenvolvimento embrionário.

Os cientistas acreditam que os anfioxos e os vertebrados herdaram suas características típicas e exclusivas – notocorda, tubo nervoso dorsal, fendas faríngeas e cauda pós-anal – de um ancestral que viveu entre 580 milhões e 540 milhões de anos atrás.

O anfioxo foi considerado por alguns cientistas, no século passado, um vertebrado "degenerado" que teria perdido o esqueleto craniano e vertebral. Entretanto, na época alguns estudiosos já defendiam que as características dos cefalocordados refletem sua origem remota dentro do grupo que originou todos os cordados.

As análises e comparações dos genomas de tunicados e craniados com o de cefalocordados mostram que estes constituem um grupo basal na linhagem dos cordados, isto é, que foram os primeiros a derivar na árvore filogenética cordada. Somente mais tarde os urocordados e os vertebrados teriam divergido da linhagem ancestral.

No grupo dos cordados, o mais expressivo é o dos craniados, ao qual pertencemos. Neste capítulo apresentamos um resumo da diversidade do grupo dos cordados, desde os peixes-bruxa até os mamíferos.

Apesar de desafiador, devido ao grande número de informações conceituais, conhecer as principais características dos cordados traz um pouco mais de conhecimento sobre nós mesmos.

Objetivos

Objetivos gerais

- Reconhecer semelhanças e diferenças entre nós e outros animais, que possam contribuir para reflexões e análises sobre a posição e o papel de nossa espécie no mundo.
- Valorizar o conhecimento sistematizado sobre os animais com o objetivo de identificar padrões no mundo natural e também adquirir informações úteis a um convívio mais harmonioso com outros seres vivos.

Objetivos didáticos

- Conhecer as características gerais dos cordados (tubo nervoso dorsal, notocorda, fendas faríngeas e cauda pós-anal); caracterizar cordados invertebrados e cordados craniados.
- Conhecer os principais representantes, características anatômicas e fisiológicas básicas, além dos respectivos hábitats de cada um dos principais grupos de cordados.
- Conhecer as principais diferenças reprodutivas das três subclasses de mamíferos (monotremados, marsupiais e placentários).

17.1 Características gerais dos cordados

O filo **Chordata** (do latim *chorda*, corda) compreende cerca de 62 mil espécies, distribuídas em três subfilos: Tunicata (tunicados) ou Urochordata (urocordados), com aproximadamente 3 mil espécies; Cephalochordata (cefalocordados), com cerca de 30 espécies; Craniata (craniados), com aproximadamente 58 mil espécies.

Tunicados e cefalocordados geralmente são reunidos sob a designação de protocordados (do grego *protos*, primeiro, primitivo), por conservarem traços considerados mais primitivos no filo Chordata.

Os cordados, cujos representantes mais conhecidos são peixes, anfíbios, répteis, aves e mamíferos, são animais triblásticos, celomados, deuterostômios, metamerizados, com simetria bilateral e sistema digestivo completo.

A maioria das espécies tem endoesqueleto, sistema circulatório fechado e coração ventral. Além dessas características, muitas delas também presentes em animais de outros filos, os cordados apresentam características exclusivas, as quais são particularmente evidentes durante o desenvolvimento embrionário: tubo nervoso dorsal, notocorda, fendas faríngeas e cauda pós-anal.

Durante o início do desenvolvimento embrionário dos cordados o ectoderma da região dorsal do embrião dobra-se e forma um tubo – o **tubo nervoso**, ou **neural** –, do qual se originará o sistema nervoso. O fato de apresentarem tubo nervoso dorsal diferencia os cordados de todos os outros animais. Nos invertebrados o sistema nervoso é constituído por cordões nervosos maciços localizados na região ventral do corpo.

A **notocorda** é um bastão firme e flexível que se forma no dorso do embrião dos cordados, entre o tubo nervoso e o tubo digestivo. O termo "cordado" refere-se exatamente à presença dessa estrutura, também chamada de **corda dorsal**.

A notocorda origina-se da diferenciação do mesoderma e constitui-se de células grandes, envoltas por uma bainha de tecido conjuntivo. Ela localiza-se embaixo do tubo nervoso e sustenta o corpo do animal, contribuindo para definir o eixo longitudinal. Na maioria dos cordados a notocorda desaparece ao fim da vida embrionária.

Os embriões dos cordados desenvolvem uma série de fendas nos dois lados da faringe, as **fendas faríngeas**, ou **branquiais**. Nos cordados aquáticos o tecido que reveste os arcos delimitadores das fendas faríngeas desenvolve-se e origina as brânquias; nos cordados terrestres as fendas faríngeas se fecham e desaparecem no decorrer do desenvolvimento embrionário.

Os embriões de cordados têm uma região do corpo que se prolonga além do ânus: a **cauda pós-anal**. O desenvolvimento e a função da cauda nos animais adultos variam nos diferentes grupos; ela pode servir para nadar, para apoiar o corpo, para ataque e defesa e para apreender objetos. Em algumas espécies, entre elas a espécie humana, a cauda desaparece completamente durante o desenvolvimento embrionário. **(Fig. 17.1)**

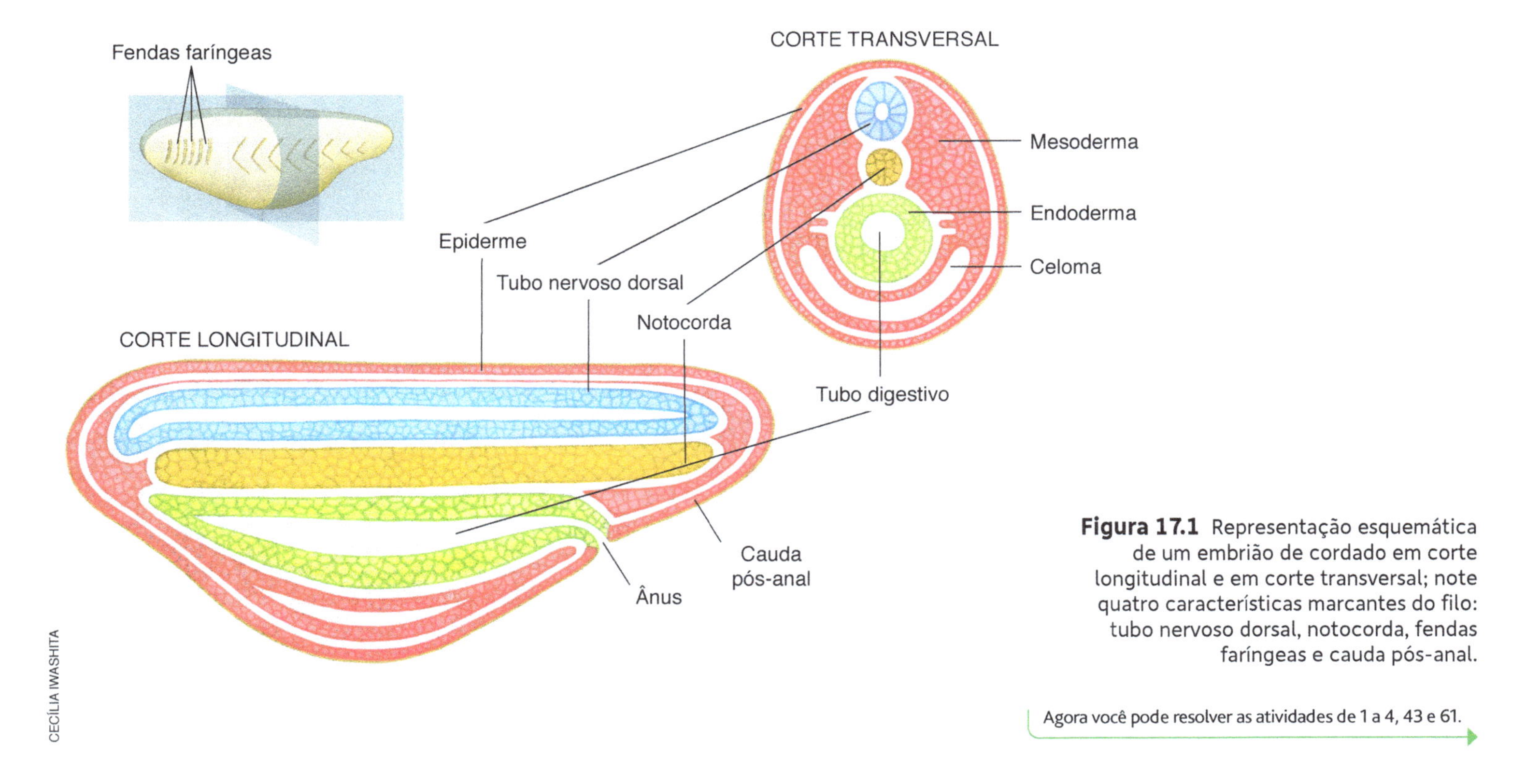

Figura 17.1 Representação esquemática de um embrião de cordado em corte longitudinal e em corte transversal; note quatro características marcantes do filo: tubo nervoso dorsal, notocorda, fendas faríngeas e cauda pós-anal.

Agora você pode resolver as atividades de 1 a 4, 43 e 61.

17.2 Protocordados

Tunicados

Os **tunicados**, ou urocordados, são animais marinhos pertencentes ao subfilo Tunicata, em sua maioria de hábito séssil, vivendo aderidos a substratos submersos. Podem ser encontrados desde regiões polares a regiões equatoriais. Dependendo da espécie esses animais podem ser solitários ou formar colônias. No litoral do Brasil é comum encontrar exemplares de tunicados de coloração escura, denominados ascídias (*Ascidea nigra*), que vivem aderidos a rochas submersas.

O corpo dos tunicados é revestido por um envoltório espesso, a **túnica**, constituída por um polissacarídio muito semelhante à celulose. Os tunicados apresentam duas aberturas corporais: o **sifão inalante**, ou **bucal**, por onde a água do mar penetra no corpo do animal, e o **sifão exalante**, ou **atrial**, por onde a água retorna ao ambiente.

A boca do tunicado, localizada no fundo do sifão inalante, conduz a água inalada para uma grande faringe em forma de cesto, perfurada por muitas fendas e com um sulco revestido por células ciliadas, o **endóstilo**. A água atravessa as fendas faríngeas e segue para uma câmara (átrio) em torno da faringe, de onde sai para o meio externo através do sifão exalante.

Tunicados adultos não apresentam tubo nervoso nem notocorda e sua única característica que lembra um cordado são as fendas faríngeas. A notocorda restringe-se à cauda das larvas, daí o outro nome do subfilo, Urochordata (do grego *oura*, cauda), que significa "notocorda na cauda". Durante a metamorfose para a forma adulta a cauda regride e a notocorda desaparece. Os cientistas acreditam que a larva dos urocordados seja muito parecida com o organismo ancestral do qual descendem todos os cordados.

Sistema digestivo

Os tunicados são animais filtradores. As partículas de alimento presentes na água inalada aderem ao muco produzido pelo endóstilo e são conduzidas ao estômago por meio do batimento dos cílios das células que revestem a faringe.

A digestão ocorre no estômago e no intestino e os nutrientes absorvidos são distribuídos a todas as células do corpo pela hemolinfa. Os restos não aproveitados são eliminados pelo ânus, que se abre no átrio, próximo ao sifão exalante.

Sistema circulatório e trocas gasosas

Os tunicados têm sistema circulatório aberto. Seu coração, localizado na base da faringe, comporta-se de maneira peculiar, bombeando a hemolinfa ora em uma direção, ora em outra. A hemolinfa deixa as artérias e penetra em grandes bolsas localizadas entre os tecidos, os **sinusoides**, onde ocorrem as trocas gasosas.

A água que circula continuamente através das fendas faríngeas oxigena a hemolinfa e remove gás carbônico e excreções eliminados pelas células.

Sistema nervoso e sentidos

O sistema nervoso das larvas dos tunicados é um tubo que se prolonga pela cauda pós-anal e do qual partem nervos para os diversos órgãos corporais. Durante a metamorfose o sistema nervoso modifica-se e, nos adultos, resta apenas um único gânglio sob a faringe, do qual partem nervos para as diversas regiões do corpo. Os órgãos sensoriais restringem-se a receptores táteis situados ao redor da abertura dos sifões.

Reprodução

A maioria das espécies de tunicados é monoica (hermafrodita). Os gametas saem do corpo pelo sifão exalante e a fecundação ocorre na água do mar. O zigoto desenvolve-se em uma larva com uma cauda musculosa sustentada pela notocorda. Após nadar durante algum tempo, a larva fixa-se a um objeto e sofre a **metamorfose**, processo em que a cauda e a notocorda desaparecem e surgem as características típicas dos adultos. **(Fig. 17.2)**

Algumas espécies de tunicados têm reprodução assexuada por brotamento, originando colônias.

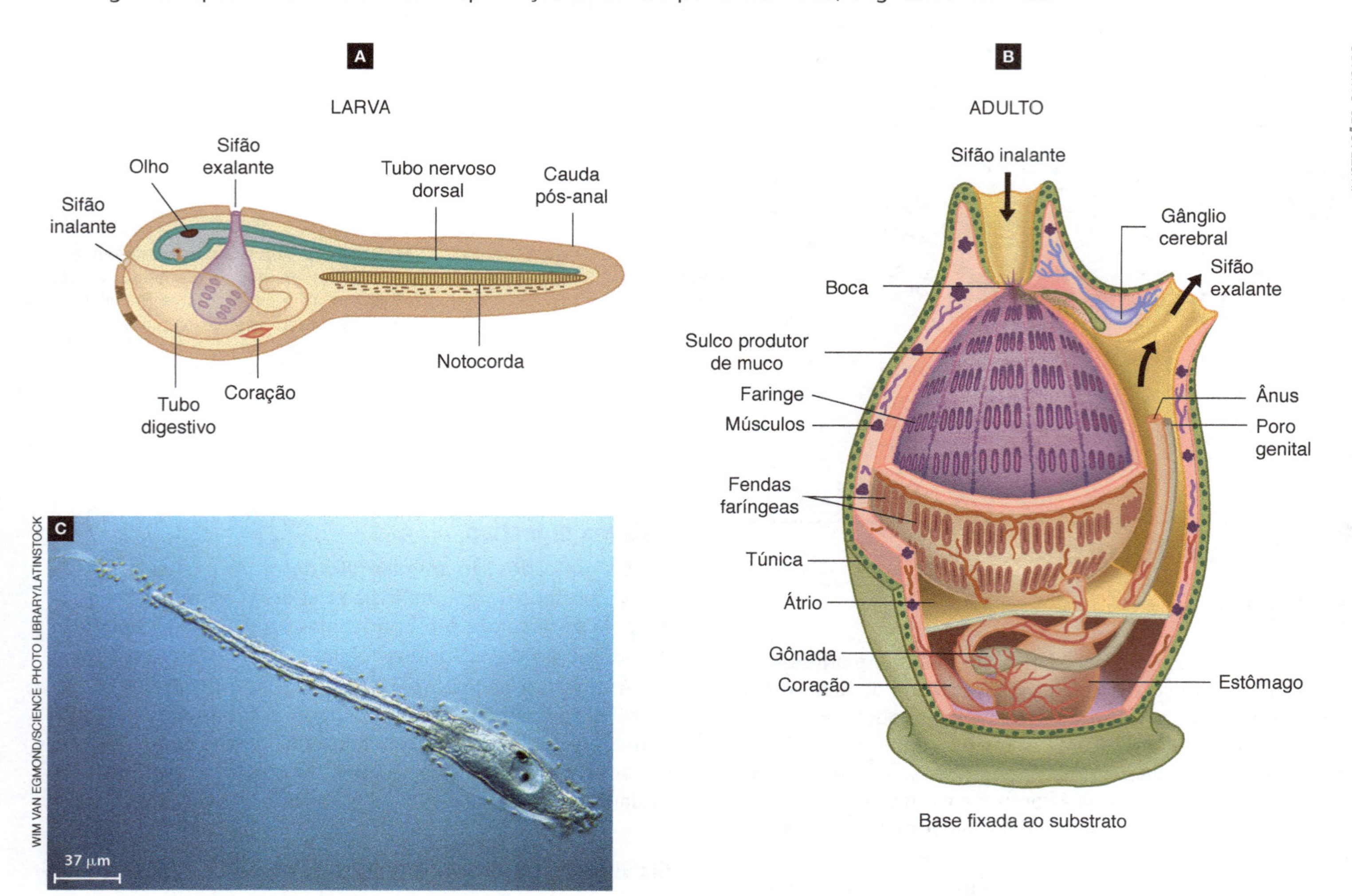

Figura 17.2 Representações esquemáticas do corpo de um tunicado em diferentes estágios de desenvolvimento. As larvas são livre-natantes (A), enquanto os adultos são sésseis (B). Na fotomicrografia (C), larva de ascídia. (Microscópio fotônico.)

Cefalocordados

Os cefalocordados são animais marinhos de corpo achatado lateralmente e afilado nas extremidades. A forma geral do corpo lembra a dos peixes, mas se distinguem deles, entre outras coisas, por não apresentar cabeça diferenciada.

Os principais representantes do subfilo Cephalochordata são os anfioxos, que medem poucos centímetros de comprimento e vivem semienterrados em praias de areia relativamente grossa, em posição quase vertical, com a boca exposta. À noite eles nadam por meio de flexões laterais do corpo. Os anfioxos são atualmente classificados no gênero *Amphioxus* (do latim *amphi*, duas, e *oxus*, ponta, extremidade) em substituição ao antigo gênero *Branchiostoma* (do latim *branchios*, brânquia, e *stoma*, boca), denominação anterior à descoberta de que os filamentos ao redor da boca do anfioxo não são realmente brânquias, mas cirros bucais, que auxiliam na alimentação.

O revestimento corporal do anfioxo é fino e permite visualizar a musculatura metamerizada, organizada em blocos (miótomos) com forma de letra V deitada (<<<<). Podem existir de 50 a 85 miótomos, dependendo da espécie de anfioxo. **(Fig. 17.3)**

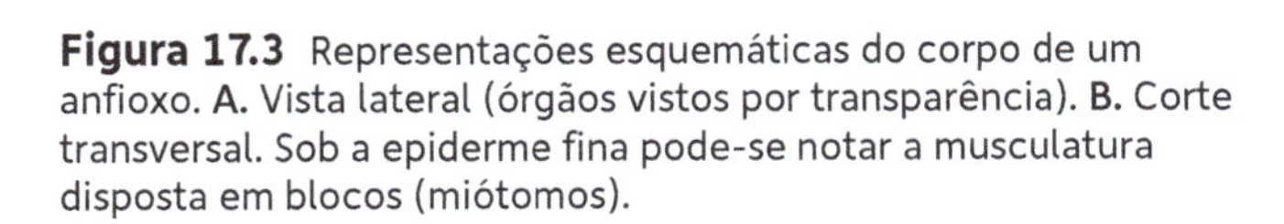

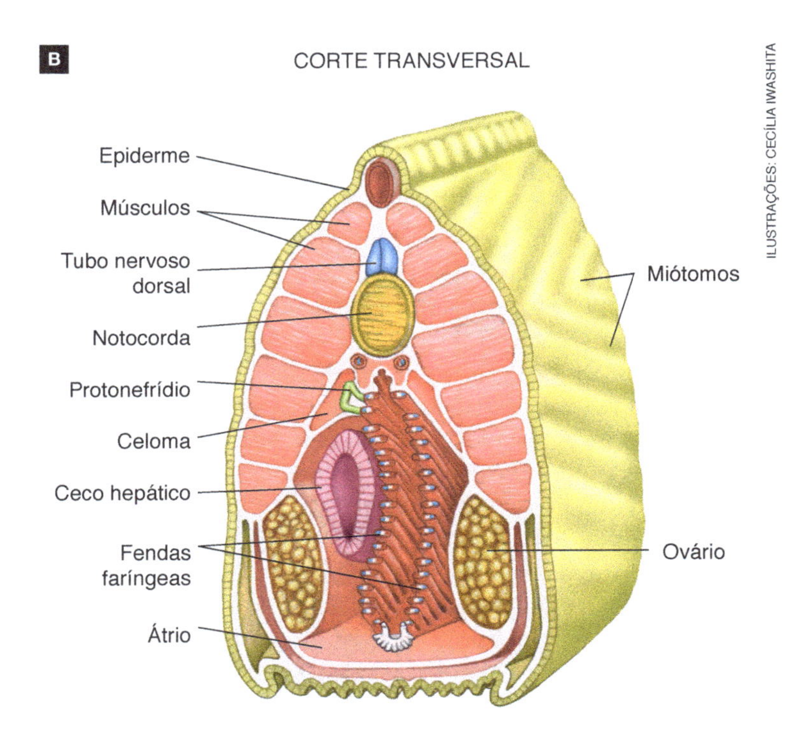

Figura 17.3 Representações esquemáticas do corpo de um anfioxo. **A.** Vista lateral (órgãos vistos por transparência). **B.** Corte transversal. Sob a epiderme fina pode-se notar a musculatura disposta em blocos (miótomos).

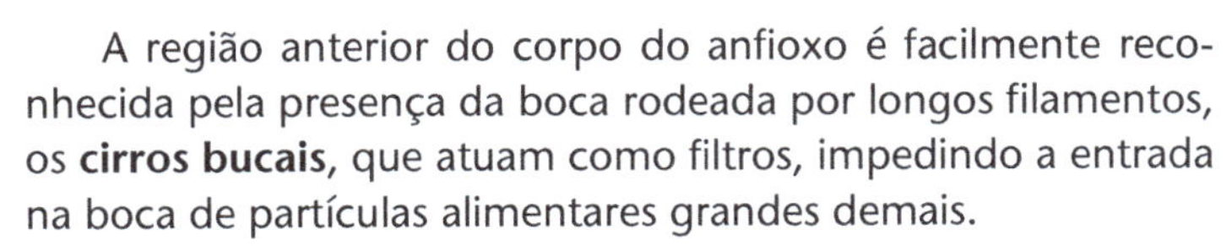

A região anterior do corpo do anfioxo é facilmente reconhecida pela presença da boca rodeada por longos filamentos, os **cirros bucais**, que atuam como filtros, impedindo a entrada na boca de partículas alimentares grandes demais.

A água penetra continuamente pela boca do animal impulsionada pelo batimento dos cílios das células que revestem os arcos entre as fendas faríngeas. O fluxo de água atravessa as fendas faríngeas e segue pelo **átrio**, cavidade localizada entre o tubo digestivo e o revestimento corporal. Do átrio a água sai para o exterior por uma abertura, o **atrióporo**, localizada no terço posterior do corpo.

Sistema digestivo

Partículas de alimento presentes na água inalada aderem ao muco produzido principalmente por células ciliadas presentes em um sulco no assoalho da faringe. O muco e as partículas alimentares aderidas são transportados pelas células ciliadas diretamente para o intestino, pois os anfioxos não têm estômago.

Uma glândula em forma de bolsa, o **ceco hepático**, secreta enzimas digestivas na cavidade intestinal, onde ocorre a maior parte da digestão. As células intestinais fagocitam partículas de alimento e a digestão é intracelular.

Sistema circulatório e trocas gasosas

O sistema circulatório do anfioxo é fechado. O sangue flui para a região posterior do corpo por um vaso dorsal (**aorta dorsal**) e dali para a região anterior por um vaso pulsátil localizado ao longo da região ventral. Não há coração diferenciado.

O vaso ventral contrai-se ritmicamente, impulsionando o sangue incolor e desprovido de pigmentos respiratórios até ramificações que percorrem os arcos branquiais localizados entre as fendas faríngeas, onde ocorrem trocas gasosas com a água. Os vasos que deixam os arcos branquiais juntam-se na região dorsal do corpo do anfioxo formando uma aorta lateral de cada lado do corpo. As aortas se fundem em posição mais posterior para originar a aorta dorsal.

Sistema urinário

O sistema urinário do anfioxo é constituído por protonefrídios arranjados de forma segmentar ao longo da região faringiana. Cada um deles é constituído por uma célula especial, denominada solenócito que retira excretas da cavidade celômica, eliminando-as num túbulo renal que se abre na cavidade atrial.

Sistema nervoso e sentidos

O sistema nervoso dos cefalocordados consiste de um tubo nervoso dorsal com uma dilatação na região anterior, a **vesícula cerebral**. Dele partem nervos para as diversas regiões do corpo.

Graças às células especializadas da vesícula cerebral os anfioxos são capazes de detectar luminosidade. Eles possuem também receptores tácteis, de olfato e de paladar.

Reprodução

Os cefalocordados têm reprodução sexuada e são dioicos. As gônadas não têm ductos para a saída dos gametas; quando maduras, elas se rompem e liberam os óvulos ou os espermatozoides no átrio, de onde saem do corpo pelo atrióporo. A fecundação é externa, na água do mar.

O zigoto desenvolve-se em um embrião que passa por um estágio larval antes de adquirir as características de adulto, o que caracteriza o desenvolvimento indireto.

Agora você pode resolver as atividades de 5 a 11.

17.3 Características gerais dos craniados

Animais e o ambiente

Craniados são os animais cordados do subfilo Craniata que têm **crânio**, um compartimento resistente localizado na cabeça e onde estão contidos o encéfalo e a maioria dos órgãos sensoriais (olfativos, visuais, auditivos e de equilíbrio). Com exceção dos peixes-bruxa todos os craniados apresentam também **coluna vertebral**, sendo classificados no grupo dos vertebrados. A coluna vertebral é constituída por vértebras, peças cartilaginosas ou ósseas alinhadas ao longo do dorso e da cauda do animal, que dão suporte e proteção à medula espinal.

Os primeiros craniados surgiram nos mares há aproximadamente 480 milhões de anos. Supõe-se que tenham se diversificado em duas linhagens, uma que originou os peixes-bruxa atuais e outra que originou os vertebrados. A linhagem dos vertebrados, por sua vez, teria se diversificado em dois ramos, um que originou as lampreias e outro que originou os vertebrados com mandíbula, chamados **gnatostomados** (do grego *gnathos*, mandíbula, e *stoma*, boca). A mandíbula é uma peça óssea ou cartilaginosa que se articula à caixa craniana e permite ao animal abrir e fechar a boca.

Ao longo de sua evolução o grupo dos vertebrados com mandíbula teria se separado em novas linhagens. Uma delas foi a dos condrictes, ou peixes cartilaginosos, cujos representantes atuais são os tubarões, as raias e as quimeras. Outra linhagem teria originado os peixes com nadadeiras radiais, as quais apresentam raios que se dispõem paralelamente – os actinopterígios –, e os peixes com nadadeiras lobadas, as quais apresentam um eixo ósseo central do qual se estendem os raios em diferentes direções – os sarcopterígios. Acredita-se que os ancestrais dos sarcopterígios tenham originado os peixes pulmonados atuais e os tetrápodes, vertebrados dotados de quatro membros (pernas e braços).

Os ancestrais dos tetrápodes diversificaram-se e originaram os anfíbios (cujos representantes atuais são anuros, salamandras e cobras-cegas) e os amniotas, que compreendem répteis, aves e mamíferos. **(Fig. 17.4)**

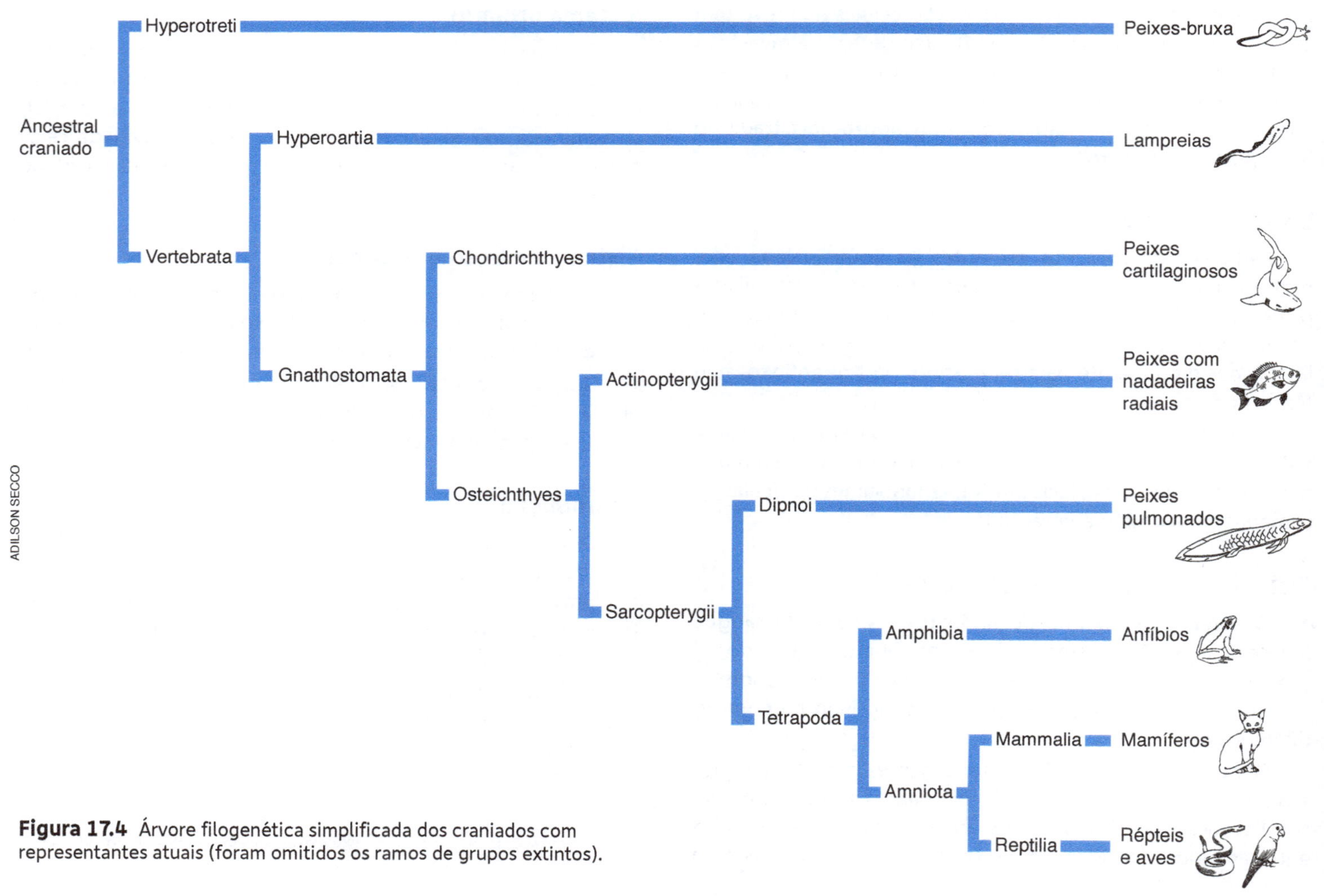

Figura 17.4 Árvore filogenética simplificada dos craniados com representantes atuais (foram omitidos os ramos de grupos extintos).

Organização esquelética

Os craniados apresentam um endoesqueleto que protege total ou parcialmente o sistema nervoso central e desempenha papel relevante na sustentação e na movimentação do corpo. O suporte corporal fornecido pelo endoesqueleto favorece o crescimento contínuo, sem necessidade de muda, o que explica por que os craniados são, em média, maiores que os invertebrados. Além disso, o esqueleto dos craniados está altamente integrado ao sistema muscular, o que garante grande capacidade de movimentação, uma das características mais marcantes do grupo.

Quanto à composição, o esqueleto dos peixes-bruxa, das lampreias e dos peixes cartilaginosos é inteiramente cartilaginoso. Nos demais craniados o esqueleto é formado principalmente por tecido ósseo, com alguns componentes cartilaginosos.

O eixo corporal dos craniados é definido pela coluna vertebral, que apresenta o crânio em sua extremidade anterior. A coluna vertebral e o crânio fazem parte do **esqueleto axial** (do grego *axon*, eixo), que protege o sistema nervoso central, constituído pela medula espinal e pelo encéfalo. Este último se localiza dentro do crânio, enquanto a medula espinal localiza-se no canal formado pelas perfurações existentes nas vértebras da coluna (arcos neurais).

O crânio, localizado na cabeça, compõe-se de três partes: o neurocrânio, ou caixa craniana, o esplancnocrânio, ou crânio visceral, e o dermatocrânio. O **neurocrânio** é constituído por placas ósseas ou cartilaginosas abauladas, intimamente unidas entre si, formando uma estrutura arredondada que contém o encéfalo e os órgãos dos sentidos. O **esplancnocrânio**, por sua vez, compõe-se da mandíbula e de várias estruturas esqueléticas que sustentam a parte anterior do tubo digestivo. O **dermatocrânio** é formado por placas ósseas que recobrem externamente o neurocrânio e o esplancnocrânio. **(Fig. 17.5)**

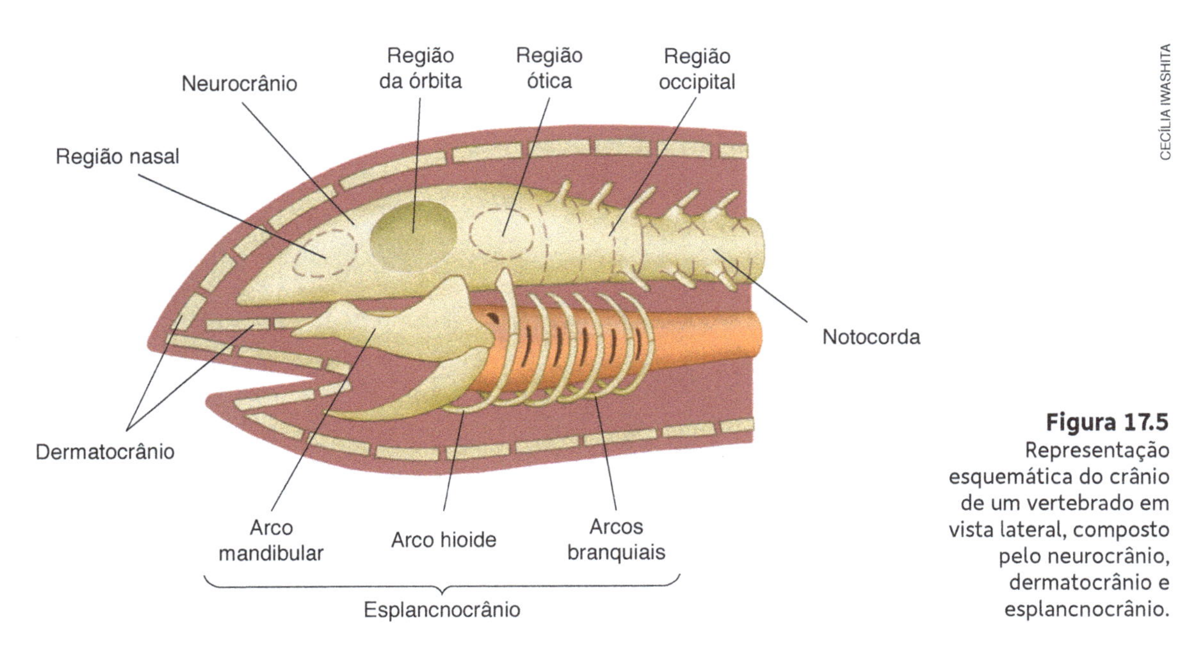

Figura 17.5 Representação esquemática do crânio de um vertebrado em vista lateral, composto pelo neurocrânio, dermatocrânio e esplancnocrânio.

Nos gnatostomados, o dermatocrânio torna-se muito importante por carregar dentes. Existem evidências de que o esplancnocrânio surgiu, durante a evolução dos craniados, a partir da transformação gradual dos primitivos arcos da faringe, os arcos branquiais.

A coluna vertebral, presente em todos os craniados, com exceção dos peixes-bruxa, é composta de peças esqueléticas perfuradas, as **vértebras**, que se articulam entre si formando um eixo de sustentação corporal flexível. O alinhamento das perfurações das vértebras origina um canal dentro da coluna vertebral, onde se aloja a medula espinal.

Além do esqueleto axial, a maioria dos craniados apresenta também um **esqueleto apendicular**, constituído pelas estruturas esqueléticas que dão sustentação aos apêndices corporais (nadadeiras, asas, pernas ou braços). **(Fig. 17.6)**

Figura 17.6 Esqueleto de um bugio (*Alouatta seniculus*). Os ossos indicados pelas setas conectam o esqueleto axial ao esqueleto apendicular.

Agora você pode resolver as atividades de 12 a 14 e 62.

17.4 Peixes

O termo **peixe** é usado popularmente para designar um grupo informal (sem valor taxonômico) que reúne craniados aquáticos que respiram por brânquias. Essa denominação aplica-se aos peixes-bruxa ou enguias-de-muco, às lampreias, aos condrictes, ou peixes cartilaginosos, e aos osteíctes, ou peixes ósseos (actinopterígios e sarcopterígios).

Peixes sem mandíbula

Peixes-bruxa

Os **peixes-bruxa** são animais marinhos de corpo alongado e coloração rosa acinzentada, com até 1 metro de comprimento. Seu esqueleto é constituído pelo crânio, pela notocorda (presente também na fase adulta) e por raios cartilaginosos da nadadeira caudal. Esses animais vivem semienterrados na lama do fundo dos mares e têm o corpo revestido por uma espessa camada de muco, daí serem chamados também enguias-de-muco. Graças à flexibilidade e ao muco escorregadio que recobre seu corpo, os peixes-bruxa são capazes de dar rápidos "nós" em si mesmos, estratégia que lhes permite escapar de predadores. Há cerca de 60 espécies descritas, que vivem geralmente a centenas de metros de profundidade. **(Fig. 17.7)**

GERALD & BUFF CORSI/VISUALS UNLIMITED, INC./GLOW IMAGES

Figura 17.7 Peixe-bruxa da espécie *Eptatretus stoutii*, com aproximadamente 60 cm de comprimento.

Os peixes-bruxa apresentam tentáculos curtos com função sensorial em torno da boca. Não há mandíbula e a boca é guarnecida por duas estruturas horizontais cartilaginosas, móveis e com dentículos, que podem se projetar para fora e capturar o alimento, geralmente poliquetos e peixes, consumidos vivos ou mortos. Peixes-bruxa são monoicos, mas geralmente apenas um sexo é funcional em cada indivíduo. O desenvolvimento é direto, sem estágios larvais.

Lampreias

As **lampreias** são animais de corpo alongado e que chegam a atingir mais de 1 metro de comprimento. Elas têm olhos bem desenvolvidos e sete orifícios branquiais de cada lado do corpo, logo atrás da cabeça. A notocorda perdura por toda a vida do animal e sobre ela formam-se vértebras rudimentares. O crânio é constituído de placas cartilaginosas e tecidos fibrosos.

A boca das lampreias é circular e sem mandíbula. Essas características originaram as denominações do grupo: **ciclostomados** ou ciclóstomos (do grego *kyklos*, circular, e *stoma*, boca) e agnatos (do grego *a*, prefixo de negação, e *gnathos*, mandíbula). A boca é guarnecida por uma língua com dentículos de queratina, utilizados para raspar e perfurar a pele do hospedeiro; uma glândula salivar produz fluido anticoagulante que impede a cicatrização do ferimento e permite ao parasita sugar o sangue do hospedeiro. **(Fig. 17.8)**

BLICKWINKEL/ALAMY/GLOW IMAGES
BLICKWINKEL/ALAMY/GLOW IMAGES

PAULO DE OLIVEIRA/NHPA/AGB PHOTO LIBRARY

Figura 17.8 **A.** Lampreia da espécie *Lampetra fluvialitis*, que pode atingir 50 cm de comprimento, com boca ventral e orifícios branquiais em evidência. **B.** Em destaque, a região anterior da lampreia *Petromyzon marinus*, evidenciando a forma circular da boca e os dentículos de queratina. **C.** Peixe barbo (*Luciobarbus bocagei*) sendo parasitado por uma lampreia da espécie *Lampetra fluvialitis*, que pode atingir 90 cm de comprimento.

Ao atingir a maturidade sexual as lampreias param de se alimentar e migram dos mares para os rios. O macho constrói um ninho onde a fêmea coloca cerca de 200 mil óvulos, sobre os quais são eliminados os espermatozoides. Logo após o acasalamento os adultos morrem.

Dos ovos eclodem larvas bem diferentes dos adultos, conhecidas como **amocetes**. Elas não têm olhos nem dentes e vivem semienterradas no lodo de lagos e rios, alimentando-se de partículas que filtram da água. Esse estágio larval pode durar até 7 anos e termina com a metamorfose para a forma adulta e a migração para o mar.

Peixes cartilaginosos (clado Chondrichthyes)

Os peixes cartilaginosos, ou **condrictes** (do grego *chondros*, cartilagem, e *ichthyes*, peixes), caracterizam-se por apresentar esqueleto totalmente constituído de cartilagem. Eles pertencem ao clado Chondrichthyes, que é subdividido em dois grupos: **elasmobrânquios** (Elasmobranchii, também conhecidos por seláquios) e **holocéfalos** (Holocephali). A maioria dos condrictes vive no mar, mas há algumas espécies de água doce (por exemplo, raias).

Os elasmobrânquios são os condrictes mais conhecidos, reunindo espécies atuais de tubarões, cações e raias (ou arraias). Os holocéfalos são representados pelas quimeras, animais marinhos menos conhecidos que vivem em grandes profundidades. **(Fig. 17.9)**

Figura 17.9 Diversidade de condrictes. **A.** Tubarão-branco (*Carcharodon carcharias*). **B.** Raia-mancha-preta (*Taeniura meyeni*). **C.** Quimera (*Hydrolagus colliei*). O tubarão e a raia são elasmobrânquios; a quimera é um holocéfalo.

Revestimento corporal e sistema esquelético

Os condrictes elasmobrânquios têm um revestimento corporal único entre os animais. Em sua epiderme afloram escamas semelhantes a pequenos dentes, as chamadas escamas placoides, cuja base alargada situa-se sob a epiderme, na derme. Essas escamas são constituídas por tecido conjuntivo calcificado (dentina) e nutridas por vasos sanguíneos que penetram em sua parte interna (polpa), onde também há terminações nervosas. Cada escama placoide tem uma projeção em forma de espinho voltada para a parte posterior, e é recoberta por um esmalte chamado **enameloide**, um dos materiais mais duros do reino animal. Escamas placoides têm origem dermoepidérmica, isto é, são produzidas pela ação conjunta de células da derme e da epiderme. **(Fig. 17.10)**

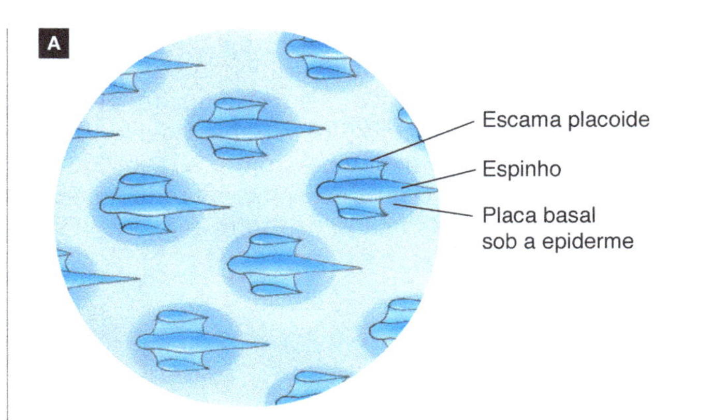

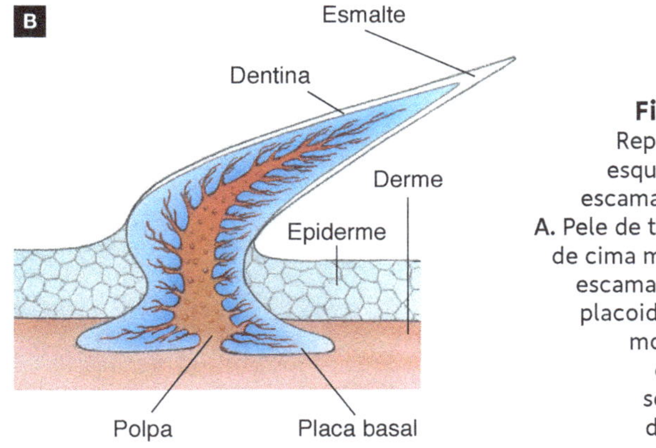

Figura 17.10 Representações esquemáticas de escamas placoides. **A.** Pele de tubarão vista de cima mostrando as escamas. **B.** Escama placoide, em corte, mostrando sua constituição semelhante à de um dente.

O esqueleto dos condrictes é totalmente cartilaginoso e compõe-se de três partes: a) crânio, que forma a caixa craniana e os suportes da mandíbula e dos arcos branquiais; b) coluna vertebral, constituída por vértebras maciças com um arco neural onde se aloja a medula espinal (restos de notocorda persistem nos espaços entre as vértebras); c) elementos de sustentação das nadadeiras.

Tubarões e cações têm duas nadadeiras dorsais e dois pares de nadadeiras ventrais, um par na região anterior do corpo – as nadadeiras peitorais – e outro na região posterior – as nadadeiras pélvicas. Há também uma nadadeira caudal achatada lateralmente e assimétrica, com a parte superior maior que a inferior, sendo por isso denominada **heterocerca**. A presença de nadadeiras pares e de uma nadadeira caudal eficiente é uma importante aquisição evolutiva desses peixes em relação aos seus ancestrais agnatos. Aliadas a uma musculatura poderosa e a uma pele especialmente adaptada para oferecer pequena resistência na água, as nadadeiras dos condrictes permitem que estes animais desloquem-se na água com muita rapidez.

Sistema digestivo

Nos tubarões a boca é guarnecida por fileiras de dentes pontiagudos, de estrutura semelhante à das escamas placoides. Os dentes implantam-se na derme, sobre a estrutura cartilaginosa do arco maxilar e da mandíbula, e são substituídos continuamente.

A boca localiza-se na posição ventral e é seguida pela faringe; desta o alimento passa para um esôfago curto, que leva ao estômago, onde tem início a digestão. A massa alimentar passa para o intestino, onde há uma estrutura denominada **válvula espiral**, cuja função parece ser retardar o trânsito dos alimentos, o que dá mais tempo à digestão; além disso, essa válvula aumenta a área intestinal de absorção de nutrientes.

Há duas glândulas digestivas acessórias – o fígado e o pâncreas – que lançam suas secreções no intestino. A digestão é extracelular e os nutrientes são absorvidos pela parede intestinal, de onde passam para os vasos sanguíneos e são levados ao fígado, glândula que desempenha papel essencial na integração do metabolismo de todos os vertebrados. No fígado os nutrientes são modificados, armazenados e distribuídos a todo o corpo. A porção terminal do intestino desemboca na **cloaca**, onde se abrem também os condutos dos sistemas reprodutor e urinário. A cloaca comunica-se com o exterior pela abertura cloacal, localizada perto da cauda. **(Fig. 17.11)**

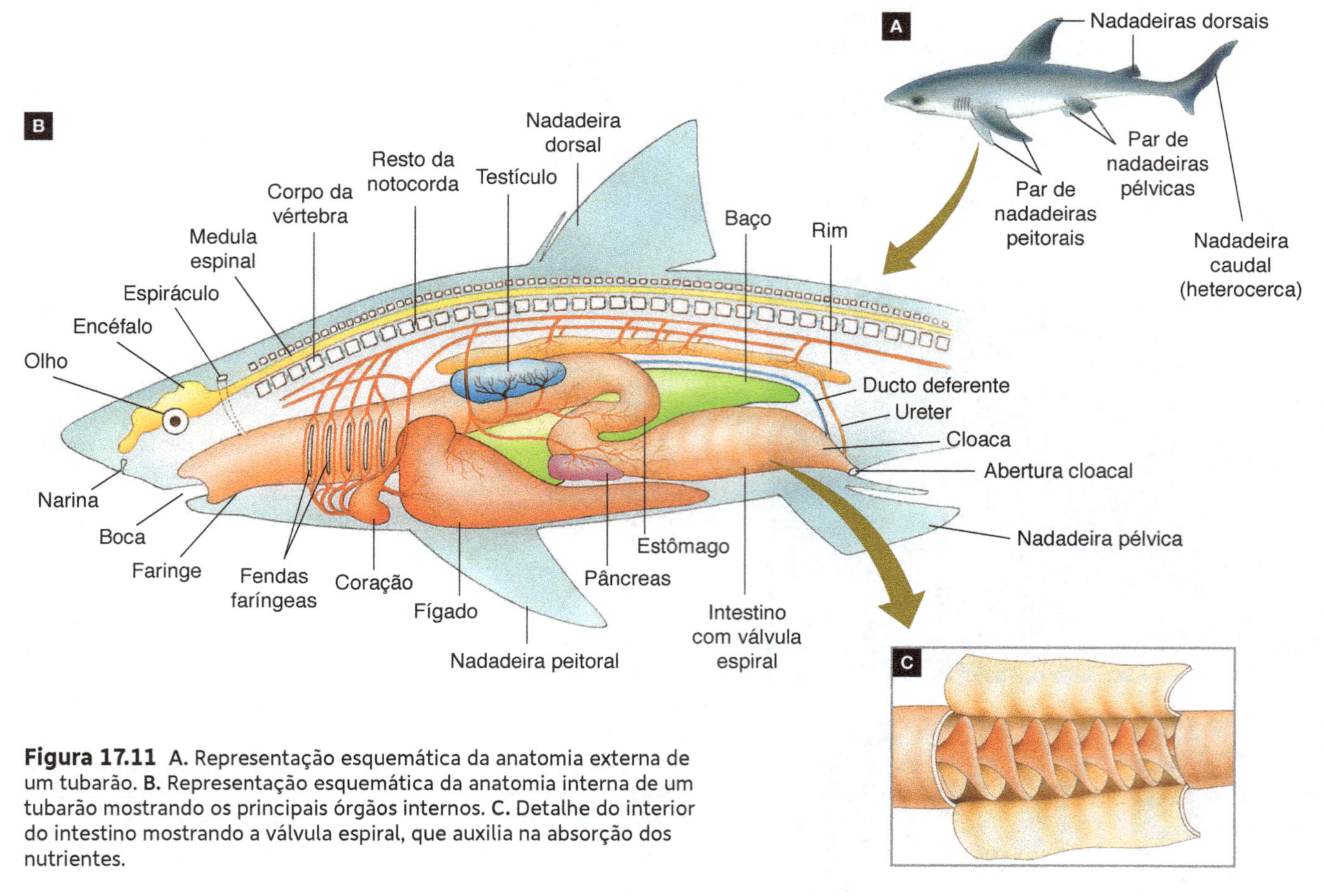

Figura 17.11 A. Representação esquemática da anatomia externa de um tubarão. **B.** Representação esquemática da anatomia interna de um tubarão mostrando os principais órgãos internos. **C.** Detalhe do interior do intestino mostrando a válvula espiral, que auxilia na absorção dos nutrientes.

ILUSTRAÇÕES: CECÍLIA IWASHITA

Sistemas respiratório, circulatório e urinário

A faringe dos condrictes apresenta de 5 a 7 pares de **fendas faríngeas** laterais. O par de fendas faríngeas mais anterior modificou-se no curso do desenvolvimento embrionário formando os espiráculos, canais de comunicação direta entre a faringe e o meio externo.

As **brânquias** são órgãos ricamente vascularizados que se originam do revestimento dos arcos que delimitam as fendas faríngeas do embrião. O animal aspira continuamente água pela boca, forçando-a a passar pelas aberturas branquiais, o que permite a troca de gases entre a água do ambiente e o sangue que circula nas brânquias. O sangue apresenta células vermelhas nucleadas, as hemácias, que contêm a proteína **hemoglobina**, responsável pelo transporte do gás oxigênio até os tecidos corporais. **(Fig. 17.12)**

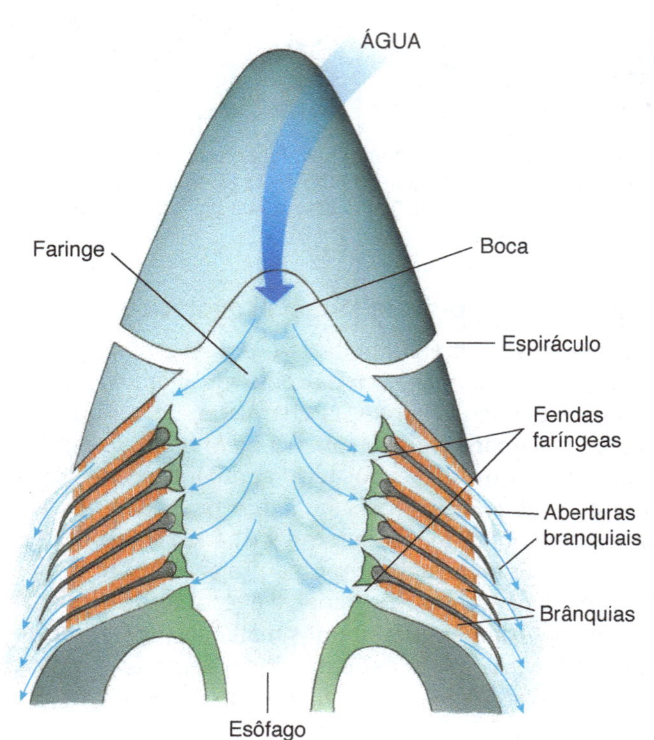

Figura 17.12 Representação esquemática da cabeça de um tubarão cortada para mostrar o trajeto da água, que entra pela boca e sai pelas aberturas branquiais. A água não sai pelos espiráculos devido à ação de válvulas que se fecham quando o tubarão expira a água através das brânquias.

Os condrictes têm sistema circulatório fechado, composto de artérias, veias e capilares sanguíneos ligados a um **coração** ventral. O coração é constituído por um **seio venoso**, um átrio cardíaco (ou aurícula), um ventrículo cardíaco e um **cone arterial**. Quando a parede musculosa do ventrículo se contrai, o sangue é impulsionado para o cone arterial e daí para a aorta. Desta o sangue é conduzido até as brânquias, onde os vasos se ramificam intensamente, formando finíssimos capilares sanguíneos. Nas brânquias, o sangue passa muito próximo da água circundante, o que possibilita ao mesmo tempo o aumento no teor de gás oxigênio nele dissolvido e a eliminação do excesso de gás carbônico. Ao deixar as brânquias o sangue está mais rico em gás oxigênio e mais pobre em gás carbônico.

Das brânquias o sangue rico em gás oxigênio é conduzido por uma aorta dorsal e por artérias até as diversas partes do corpo, onde passa a circular em capilares finíssimos, cuja espessura das paredes possibilita a troca de gases: depois de passar pelos capilares o sangue torna-se mais pobre em gás oxigênio e mais rico em gás carbônico, retornando ao coração por veias que chegam ao seio venoso, que se comunica ao átrio.

Resumindo, nos condrictes (e também nos peixes ósseos, como veremos a seguir), o sangue circula em um único circuito:

ventrículo cardíaco → cone arterial → aorta ventral →
→ brânquias → aorta dorsal → tecidos corporais → veias →
→ seio venoso → átrio cardíaco → ventrículo cardíaco.

Como veremos adiante, nos craniados **tetrápodes** (grupo que reúne anfíbios, répteis, aves e mamíferos, ou seja, animais de quatro membros) a circulação é dupla, isto é, há um duplo circuito, um que leva sangue aos pulmões e outro que leva sangue aos tecidos corporais.

Devido a suas brânquias estarem diretamente expostas à água do mar, os condrictes marinhos, como os demais peixes de água salgada, defrontam-se com o problema da perda de água por osmose; a água do mar tem concentração salina cerca de três vezes maior que a concentração salina do sangue. A adaptação que os peixes cartilaginosos desenvolveram contra a perda de água por osmose foi manter alta a concentração de ureia no sangue, em torno de 2,5% (porcentagem em massa), bem maior que a dos demais craniados, cuja concentração oscila em torno de 0,02%. Essa adaptação permite a esses animais manter um ambiente corporal interno praticamente isotônico em relação à água do mar, de tal forma que não há perda de água para o meio externo devido à osmose. O cheiro típico da carne de cação deve-se exatamente à grande quantidade de ureia presente nesses animais, uma adaptação do grupo ao ambiente marinho.

O sistema urinário dos peixes condrictes é constituído por um par de **rins** alongados e finos localizados na parte superior da cavidade abdominal. Os rins removem do sangue as excreções nitrogenadas e outros produtos residuais do metabolismo, entre eles a **ureia**, eliminando-os na urina; esta é conduzida por canais que desembocam na cloaca e daí para o exterior. Os condrictes também eliminam parte das excreções pelas brânquias.

Sistema nervoso e sentidos

Os condrictes, como os demais craniados, têm sistema nervoso bem desenvolvido, constituído pelo encéfalo e pela medula espinal – o **sistema nervoso central** – e por nervos e gânglios nervosos – o **sistema nervoso periférico**.

O **encéfalo** é complexo, com regiões bem diferenciadas. Nas diversas regiões do encéfalo são processadas as informações captadas pelos órgãos dos sentidos, trazidas diretamente por nervos ou pela medula espinal. Nos condrictes e em outros peixes há grande desenvolvimento dos **lobos olfativos**, áreas encefálicas responsáveis pela percepção dos cheiros. Esses animais apresentam duas **narinas** de fundo cego, com quimiorreceptores que transmitem as sensações aos lobos olfativos cerebrais.

Os condrictes têm dois finos canais ao longo das laterais do corpo, chamados de **linhas laterais**, nos quais há aberturas por onde a água do mar penetra. Dentro dos canais há células sensoriais capazes de detectar variações de pressão, o que permite a esses animais perceber movimentos na água ao redor.

Na região da cabeça há ainda canais sensitivos que terminam nas **ampolas lorenzinianas**, ou ampolas de Lorenzini. Nessas ampolas há células sensoriais que captam as fracas correntes elétricas geradas pela atividade dos músculos de outros animais, o que auxilia os condrictes a localizar suas presas.

Reprodução

Os condrictes são dioicos e têm reprodução sexuada, com fecundação interna. Os machos apresentam um par de **cláspers**, órgãos copuladores formados por diferenciações das nadadeiras pélvicas. Com essas estruturas eles introduzem esperma na cloaca da fêmea. Certas espécies de condrictes são **ovíparas**: as fêmeas eliminam os ovos, que se desenvolvem na água. Geralmente os ovos são protegidos por uma casca grossa e coriácea, com ganchos que os prendem a algas ou a outros substratos submersos. O desenvolvimento é direto, sem estágio larval. **(Fig. 17.13)**

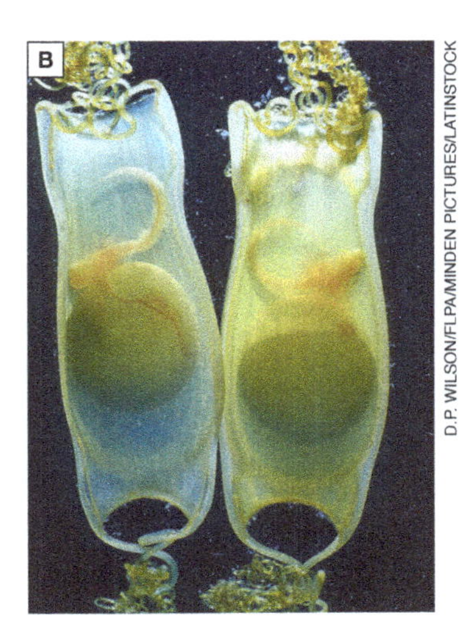

Figura 17.13 A. Cláspers (órgãos copuladores) do tubarão-limão (*Negaprion brevirostris*). B. Ovos do tubarão-pata-roxa (*Scyliorhinus canicula*) com cerca de 6 cm de comprimento, cuja casca é dotada de ganchos para fixação a substratos submersos. Note os embriões dentro do ovo, ligados ao saco vitelínico.

Há espécies de condrictes **ovovivíparas**, em que as fêmeas retêm os ovos no interior do corpo até o final do desenvolvimento embrionário, dando à luz jovens imaturos. Em umas poucas espécies, os embriões desenvolvem-se totalmente dentro do corpo da fêmea, alimentando-se de substâncias que retiram do sangue materno por meio de uma estrutura equivalente a uma placenta; fala-se, nesse caso, em espécies **vivíparas**.

Peixes ósseos (clado Osteichthyes)

Os peixes dotados de esqueleto ósseo estão reunidos no clado Osteichthyes (osteíctes). Trata-se de um grupo bastante diversificado, com espécies vivendo em lagos, córregos, rios e oceanos, desde as regiões polares até os trópicos. Algumas espécies são encontradas em águas tão quentes que poucos organismos conseguiriam suportar; outras habitam mares extremamente frios, graças a substâncias anticongelantes presentes em seu sangue. Os salmões, por exemplo, podem migrar dezenas de milhares de quilômetros pelos mares, enquanto outros osteíctes passam a vida praticamente sem sair de suas tocas.

Os osteíctes são atualmente divididos em dois grupos: **actinopterígios** (Actinopterygii), peixes com nadadeiras radiais, e **sarcopterígios** (Sarcopterygii), peixes com nadadeiras lobadas. Este último grupo é representado por poucas espécies atuais. **(Fig. 17.14)**

Figura 17.14 Diversidade de osteíctes. **A.** Cavalo-marinho (*Hippocampus kuda*). **B.** Pirarara (*Phractocephalus hemioliopterus*). **C.** Peixe-cirurgião ou manini (*Acanthurus chirurgus*). **D.** Peixe-palhaço furão cor-de-rosa (*Amphiprion perideraion*). **E.** Peixe pulmonado africano (*Protopterus annectens*). **F.** Peixe-dragão (*Pterois volitans*).

Sistema esquelético

Os osteíctes diferem dos condrictes principalmente porque seu esqueleto é constituído basicamente por ossos, daí a denominação peixes ósseos. Além disso, as brânquias (guelras) dos actinopterígios não se abrem diretamente no ambiente, como nos agnatos e nos condrictes, mas são recobertas por uma placa móvel chamada de opérculo.

O esqueleto dos osteíctes, como o de outros craniados, é dividido em crânio, coluna vertebral e elementos de sustentação dos apêndices corporais, as nadadeiras. A coluna vertebral é formada por vértebras articuladas, constituídas por uma região central compacta e por um anel dorsal onde se aloja a medula espinal.

As vértebras do tronco têm projeções ventrais pontiagudas, as **costelas**, que envolvem a região abdominal e sustentam a parede do corpo, além de proteger os órgãos internos. A coluna vertebral dos peixes, conhecida como "espinha central" na linguagem popular, e as costelas, conhecidas como "espinhas grandes", fazem parte do esqueleto axial. Os suportes das nadadeiras, as "espinhas menores", fazem parte do esqueleto apendicular. **(Fig. 17.15)**

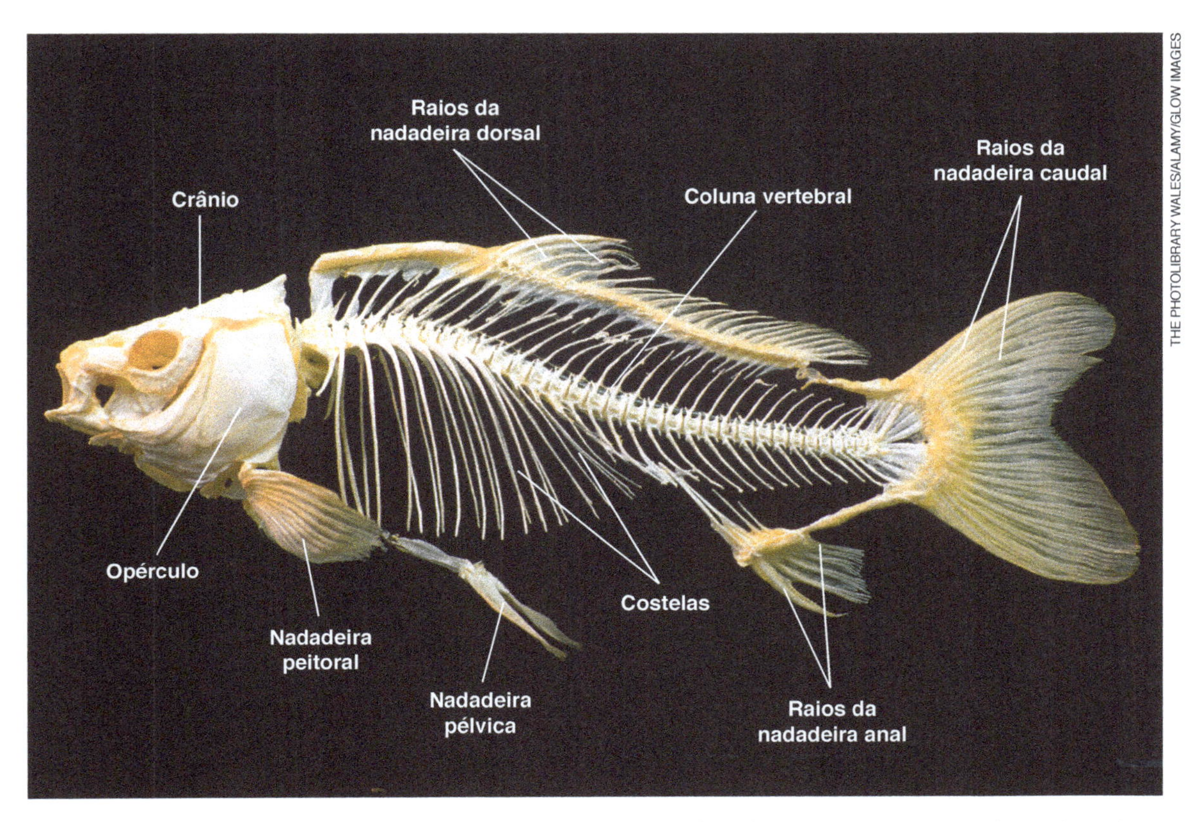

Figura 17.15 Esqueleto de um osteícte. Note os filamentos ósseos (raios) que dão suporte à membrana de cada nadadeira radial.

Os osteíctes, como os condrictes, têm nadadeiras ventrais pares, sendo um par peitoral e outro pélvico. Além dessas há geralmente duas nadadeiras dorsais, uma nadadeira ventral anal (situada após o ânus) e uma nadadeira caudal.

Na maioria dos actinopterígios a nadadeira caudal é achatada lateralmente, com as partes superior e inferior aproximadamente de mesmo tamanho, daí ser chamada de **homocerca**. Actinopterígios considerados mais primitivos, como os esturjões, têm cauda heterocerca semelhante à dos condrictes.

Sistema digestivo

Os osteíctes, como os outros craniados, têm sistema digestivo completo. A boca situa-se na extremidade anterior do corpo, diferentemente dos condrictes, cuja boca situa-se em posição ventral.

A estrutura do tubo digestivo dos osteíctes assemelha-se à dos condrictes, mas não há válvula espiral. Logo após o estômago há projeções em forma de dedos, os cecos pilóricos, que aumentam a área intestinal de contato com os alimentos. O fígado é bem desenvolvido e participa da digestão produzindo bile, um fluido sem enzimas que é armazenado na vesícula biliar e eliminado no intestino, onde auxilia na emulsificação de lipídios.

Sistema respiratório

Os actinopterígios respiram por meio de **brânquias**, projeções filamentosas ricas em vasos sanguíneos localizadas nos arcos que delimitam as fendas faríngeas. Nesses peixes as brânquias são protegidas por uma cobertura óssea móvel denominada opérculo. Uma maneira de verificar se um peixe está adequado ao consumo é levantar o opérculo e observar suas brânquias: quando o peixe está fresco, elas têm aspecto brilhante e coloração vermelha intensa. Por serem filamentosas e delicadas as brânquias deterioram-se antes dos demais órgãos e é exatamente por isso que são utilizadas como marcadores para avaliar o grau de conservação do peixe. **(Fig. 17.16)**

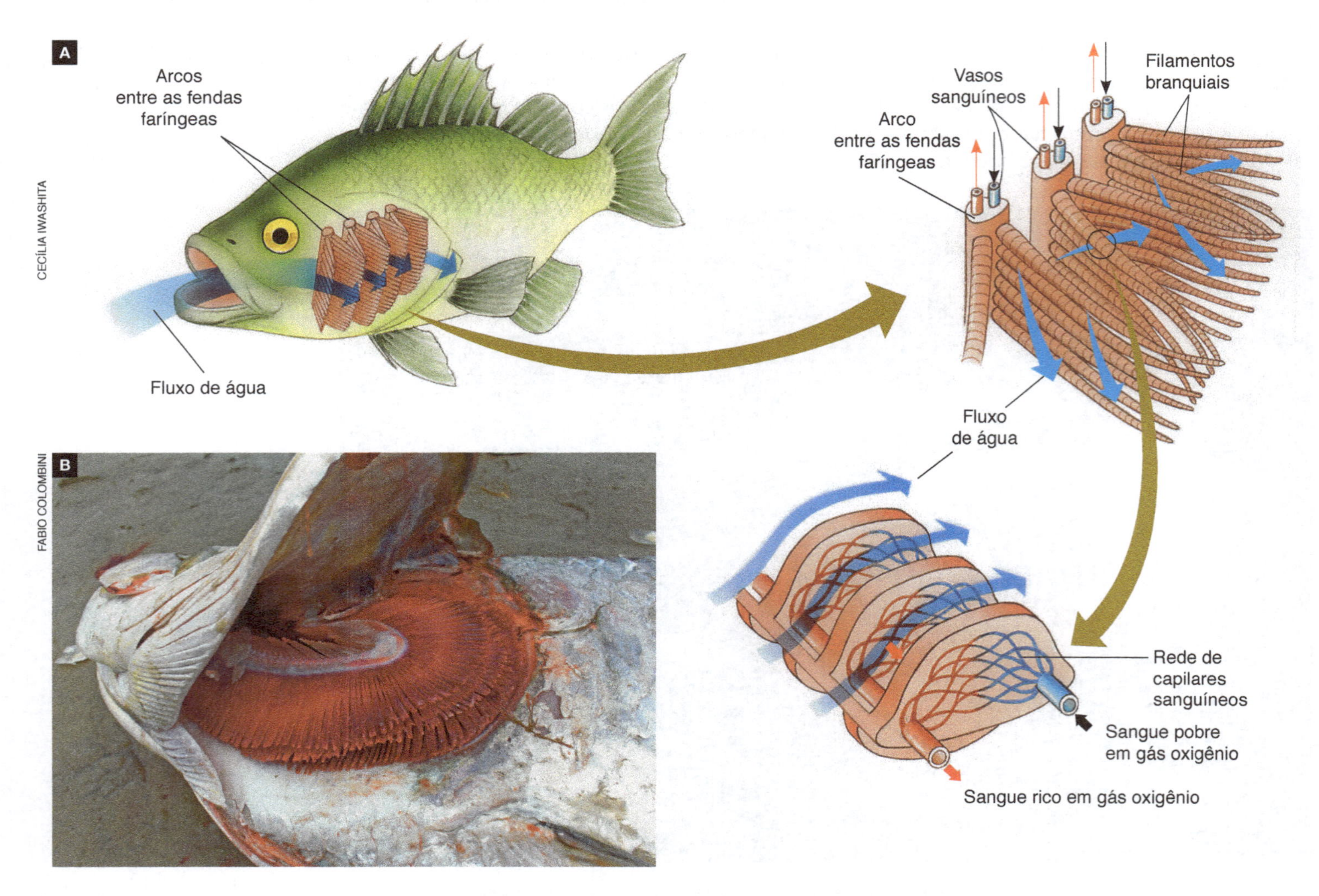

Figura 17.16 A. Representação esquemática da estrutura das brânquias de um peixe actinopterígio mostrando detalhes e o caminho da água entre os filamentos branquiais (setas azuis). Note que a água flui em sentido oposto ao fluxo de sangue (fluxo contracorrente), o que maximiza a eficiência das trocas gasosas. **B.** Camurupim (*Megalops atlanticus*) com o opérculo levantado e as brânquias de coloração avermelhada em evidência.

O suprimento de gás oxigênio e a remoção do gás carbônico do sangue dos peixes ósseos são garantidos pela circulação permanente de água entre os filamentos branquiais. Os actinopterígios apresentam um mecanismo eficiente para fazer a água circular por elas e promover as trocas gasosas. Primeiro eles abaixam o assoalho da cavidade bucal para aspirar água pela boca. Em seguida fecham a boca, abrem os opérculos e elevam o assoalho bucal, forçando a água a passar pelas aberturas branquiais.

Bexiga natatória

Os actinopterígios têm, na porção dorsal da cavidade corporal, uma bolsa interna de parede flexível cheia de gás, a bexiga natatória, ou bexiga de gás. Essa bolsa controla a flutuação do peixe, permitindo que ele se mantenha em diferentes profundidades, subindo ou descendo sem ter de despender muita energia.

A parede da bexiga natatória tem poucos vasos sanguíneos e é revestida, em sua maior parte, por cristais de guanina, uma substância que a torna impermeável a gases.

Quando o peixe mergulha, a água exerce pressão cada vez maior, o que comprime o gás da bexiga natatória. Com isso o corpo do peixe torna-se mais denso e tenderia a afundar. Isso não acontece graças à ação de uma glândula associada à bexiga natatória, a **glândula de gás**, que secreta ácido láctico no sangue. Este circula por um complexo de artérias e veias localizado na bexiga natatória, denominado *"rete mirabile"* (literalmente, rede maravilhosa). O ambiente ácido faz o gás oxigênio dissociar-se da hemoglobina e difundir-se para o interior da bexiga natatória que, apenas na região da *rete mirabile*, é permeável a gases. Com isso a bexiga se dilata e o peixe não afunda.

Quando o peixe nada em direção à superfície ocorre fenômeno inverso: a pressão da água ao redor diminui, a bexiga expande-se e o peixe fica menos denso, tendendo a flutuar até a superfície da água. Isso não acontece porque a bexiga natatória elimina rapidamente gás de seu interior até que a densidade do corpo do animal se iguale à da água ao redor.

Na maioria dos peixes a bexiga natatória é uma bolsa completamente fechada. Entretanto, em algumas espécies, ela liga-se à faringe por meio de um canal, o ducto pneumático. Os peixes que apresentam ducto pneumático são denominados **fisóstomos** (do grego *physos*, ar, e *stoma*, boca) e os que apresentam bexiga natatória totalmente fechada são denominados **fisoclistos** (do grego *physos*, ar, e *kleysto*, fechado). **(Fig. 17.17)**

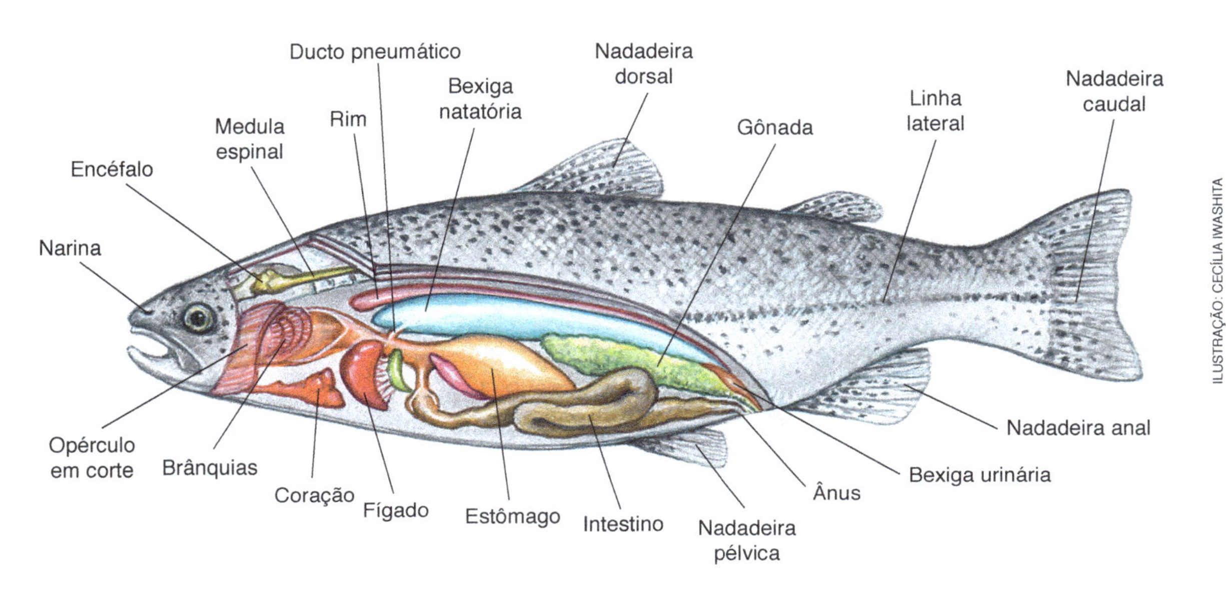

Figura 17.17 Representação esquemática da anatomia de um peixe (truta), mostrando os principais órgãos internos.

Nos peixes fisóstomos a liberação de gás é feita pelo ducto pneumático. Já os peixes fisoclistos possuem uma válvula muscular, onde a bexiga natatória entra em contato com a *rete mirabile* e permite a difusão de gás oxigênio de volta para o sangue.

Em algumas espécies de peixes, principalmente nos de água doce, a bexiga natatória conecta-se ao labirinto da orelha interna, o que permite ao animal ter uma percepção precisa da pressão da água e, consequentemente, da profundidade.

Acredita-se que os ancestrais dos peixes ósseos viviam em ambientes pantanosos, com baixa concentração de gás oxigênio nas águas. Ao longo da evolução teriam surgido animais com bolsas altamente vascularizadas ligadas à faringe, que se enchiam com ar atmosférico e complementavam a respiração branquial. Essas bolsas teriam originado a bexiga natatória dos actinopterígios e os pulmões dos peixes pulmonados atuais (sarcopterígios dipnoicos). Essa hipótese é reforçada por uma evidência embrionária: tanto a bexiga natatória quanto os pulmões formam-se a partir de bolsas ligadas à parede do arquêntero.

Sistemas circulatório e urinário

Os osteíctes têm sistema circulatório fechado, composto de artérias, veias, capilares sanguíneos e coração. Este é dotado de um **seio venoso**, um **átrio** (ou aurícula), um **ventrículo** e um **bulbo arterioso**.

Quando a parede musculosa do ventrículo se contrai, o sangue é impulsionado pelo bulbo arterioso para uma artéria de grande calibre, a **aorta ventral**. Por ela o sangue flui até as brânquias, onde os vasos ramificam-se intensamente, formando finíssimos capilares sanguíneos. Nas brânquias o sangue é oxigenado, ao mesmo tempo que elimina o excesso de gás carbônico. O sangue é então conduzido pela aorta dorsal e por artérias às diversas partes do corpo, onde fornece gás oxigênio aos tecidos e deles remove o gás carbônico.

Dos tecidos o sangue pobre em gás oxigênio e rico em gás carbônico retorna ao coração por veias que se reúnem em uma bolsa de parede fina, o **seio venoso**, de onde o sangue passa para o átrio (aurícula). A contração do átrio força o sangue em direção ao ventrículo, que o bombeia para o bulbo arterioso e aorta ventral, fechando o ciclo. **(Fig. 17.18)**

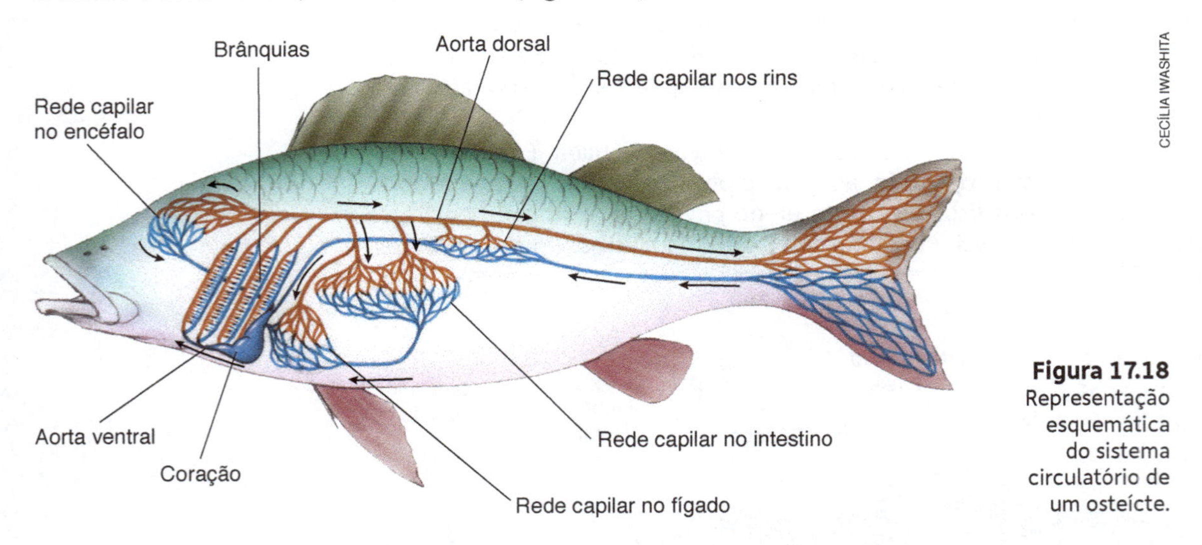

Figura 17.18 Representação esquemática do sistema circulatório de um osteícte.

Os órgãos excretores dos osteíctes são um par de **rins** localizados na parte superior da cavidade abdominal, logo acima da bexiga natatória. Os rins retiram as excreções nitrogenadas e outros resíduos metabólicos do sangue, principalmente a **amônia**, eliminando-as na urina. Esta é conduzida por ureteres até um poro excretor localizado perto do ânus. Grande parte das excreções, principalmente íons, também é eliminada pelas brânquias.

Sistema nervoso e sentidos

Os osteíctes, como os outros craniados, têm sistema nervoso bem desenvolvido. O encéfalo, originado da porção anterior do tubo nervoso, tem regiões diferenciadas cujo tamanho e complexidade variam nos diversos grupos de craniados. As informações captadas pelos órgãos dos sentidos, trazidas por nervos até a medula espinal e o encéfalo, são processadas no encéfalo. **(Fig. 17.19)**

A medula espinal é a porção tubular do tubo nervoso e percorre o dorso dos animais craniados, protegida pela coluna vertebral. A medula recebe informações captadas pelos órgãos dos sentidos e por células sensoriais e transmite instruções de ação aos músculos e a outros efetores, como glândulas.

Na maioria dos peixes ósseos a região do encéfalo relacionada ao olfato é muito desenvolvida. Salmões, por exemplo, podem sentir na água o "cheiro" dos rios onde nasceram e segui-lo por dezenas de quilômetros, muitos anos após terem partido para a vida no mar. Os órgãos responsáveis pelos sentidos do paladar e do olfato (quimiorreceptores) dos peixes ósseos localizam-se nas narinas (de fundo cego, como nos condrictes), na boca e em outras partes do corpo.

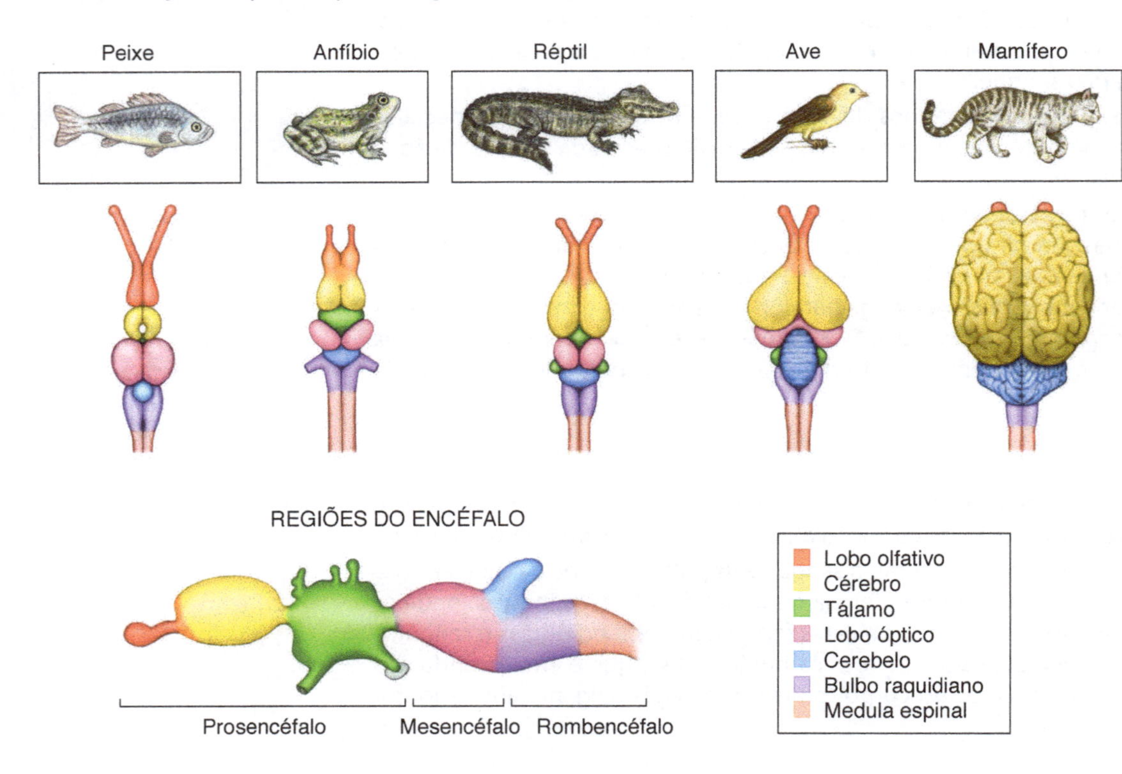

Figura 17.19 Na parte superior, representações esquemáticas de encéfalos dos principais grupos de craniados em vista dorsal, mostrando o tamanho relativo das diversas regiões encefálicas. Os lobos ópticos não são visualizados no encéfalo de mamíferos em vista dorsal. Na parte inferior, em vista lateral, representação esquemática das diferentes regiões do encéfalo de um craniado.

Reprodução

Os osteíctes são dioicos e a maioria tem fecundação externa, geralmente precedida de complexos rituais de corte nupcial. Estimuladas pela dança nupcial as fêmeas eliminam os óvulos e os machos lançam sobre eles os espermatozoides. A maioria das espécies de osteícte é ovípara e algumas colocam os ovos em esconderijos ou em ninhos, muitas vezes vigiados pelos pais.

O desenvolvimento pode ser direto ou indireto. O cuidado com a prole varia entre as espécies; algumas abandonam os ovos logo após a postura, enquanto outras os protegem até que os filhotes nasçam ou durante certo tempo após o nascimento. Os filhotes de actinopterígios, denominados **alevinos**, geralmente apresentam, ao nascer, um grande saco vitelínico ligado ao abdômen. **(Fig. 17.20)**

Figura 17.20 A. Macho de cavalo-marinho (*Hippocampus coronatus*) "grávido"; nesses animais, o macho tem uma bolsa ventral onde carrega os ovos. **B.** Peixe da espécie *Opistognathus macrognathus*, que guarda os ovos na boca. **C.** Alevino de truta (*Thymallus thymallus*), com o grande saco vitelínico ligado ao abdômen.

Agora você pode resolver as atividades de 15 a 19, 39, 44 a 48 e 59.

17.5 Tetrápodes (Tetrapoda)

Anfíbios (clado Amphibia)

O clado Amphibia reúne os anfíbios (do grego *amphi*, dos dois lados, dos dois modos, e *bios*, vida). Essa denominação refere-se ao fato de muitas espécies apresentarem uma fase larval aquática com respiração branquial e uma fase adulta adaptada ao ambiente de terra firme. Os anfíbios mais conhecidos são sapos, rãs e pererecas, que pertencem à ordem **Anura** (**anuros**). O termo *anuro* (do grego *an*, prefixo de negação, e *oura*, cauda) significa "desprovido de cauda".

Outra ordem de anfíbios é **Caudata** (ou Urodela), representada pelas salamandras, animais de corpo alongado, quatro pernas e cauda longa. Anfíbios menos conhecidos são as cecílias, animais de corpo cilíndrico, alongado e sem membros, classificados na ordem **Gymnophiona** (ou Apoda, do grego *a*, prefixo de negação, e *podos*, pés ou pernas). Embora sejam desprovidos de membros, há outras características que permitem classificar as cecílias como animais tetrápodes. Há evidências de que os ancestrais dos ápodes tinham pernas, que desapareceram ao longo da evolução.

O tamanho dos anfíbios varia de cerca de 1 centímetro, em certas rãs, a mais de 1,5 metro, em certas salamandras e cecílias. **(Fig. 17.21)**

Figura 17.21 Diversidade de anfíbios. **A.** Salamandra-de-fogo (*Salamandra salamandra*; ordem Caudata). **B.** Rã-pimenta (*Leptodactylus vastus*; ordem Anura). **C.** Cecília (*Ichthyophis* sp.; ordem Gymnophiona).

Revestimento corporal e sistema esquelético

Sapos são anuros de pele rugosa; rãs assemelham-se aos sapos, mas têm pele lisa; pererecas são anuros de pele lisa, arborícolas e que apresentam ventosas nas pontas dos dedos.

Anfíbios adultos têm na pele glândulas produtoras de muco, o que ajuda a manter a superfície corporal úmida e lubrificada. Isso favorece a troca de gases entre os vasos sanguíneos da pele e o ambiente, processo conhecido como **respiração cutânea**. Muitos anfíbios têm pele colorida, com funções de camuflagem, atrativo sexual ou coloração de alerta. Algumas espécies secretam veneno na pele, fatais para animais predadores e que podem intoxicar pessoas pelo contato.

Os anfíbios, como os demais representantes dos tetrápodes (répteis, aves e mamíferos), têm esqueleto ósseo dividido em **esqueleto axial** – crânio e coluna vertebral – e **esqueleto apendicular** – ossos dos membros e ossos que ligam os membros à coluna vertebral. Estes últimos compõem o **cíngulo dos membros anteriores** (ou cintura escapular) e o **cíngulo dos membros posteriores** (ou cintura pélvica), que articulam, respectivamente, os membros anteriores e os membros posteriores à coluna vertebral. **(Fig. 17.22)**

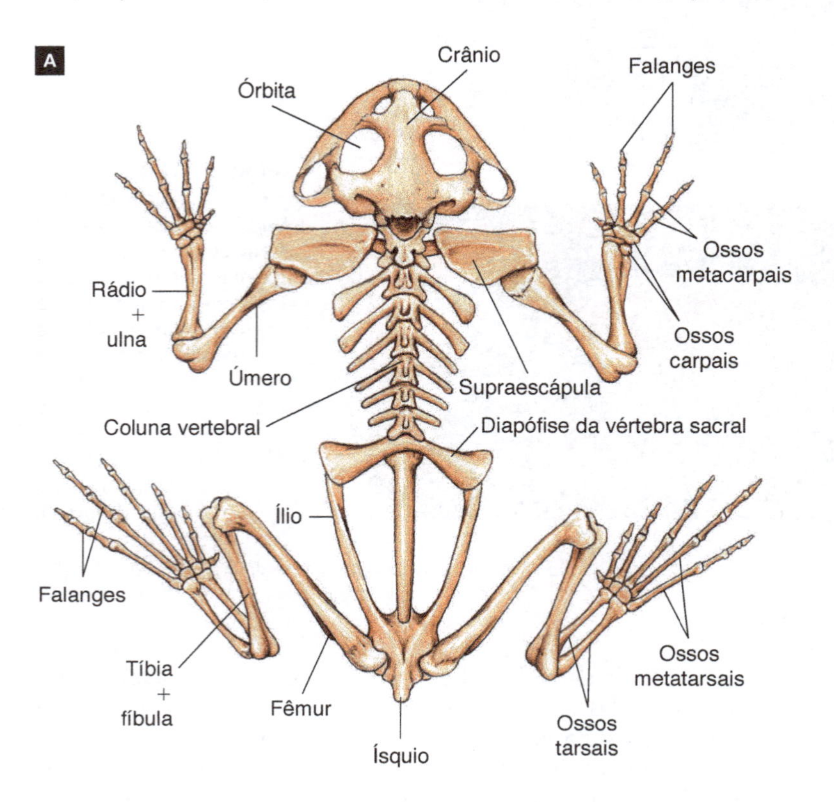

B

Esqueleto apendicular de um tetrápode

MEMBRO ANTERIOR | MEMBRO POSTERIOR

Úmero | Fêmur

Rádio + ulna | Tíbia + fíbula

Ossos carpais { proximais, central, distais | proximais, central, distais } Ossos tarsais

Ossos metacarpais | Ossos metatarsais

Falanges | Falanges

Figura 17.22 **A.** Representação esquemática do esqueleto de um sapo. **B.** Representação esquemática da organização esquelética genérica do membro de um craniado tetrápode.

Sistema digestivo

Anuros e salamandras adultos são carnívoros e alimentam-se de insetos, vermes, pequenos crustáceos, moluscos e outros animais. As larvas aquáticas de rãs e sapos, conhecidas popularmente como **girinos**, alimentam-se de algas e restos de organismos mortos. As cecílias, que vivem enterradas no solo ou no lodo de lagoas, alimentam-se de minhocas, insetos e outros animais pequenos.

O alimento engolido pelo anfíbio percorre o esôfago e chega ao estômago, onde a digestão tem início. Em seguida a massa alimentar passa para o intestino delgado, onde desembocam canais que trazem bile, secreção produzida no fígado e responsável pela emulsificação de lipídios; outros canais levam ao intestino enzimas produzidas no pâncreas. A digestão se completa no intestino delgado, onde também ocorre a absorção de nutrientes. Os resíduos não digeridos seguem para a parte final do intestino, o intestino grosso, onde ocorre absorção do excesso de água e formação das fezes. O intestino grosso abre-se na cloaca, de onde as fezes são expelidas pela abertura cloacal. **(Fig. 17.23)**

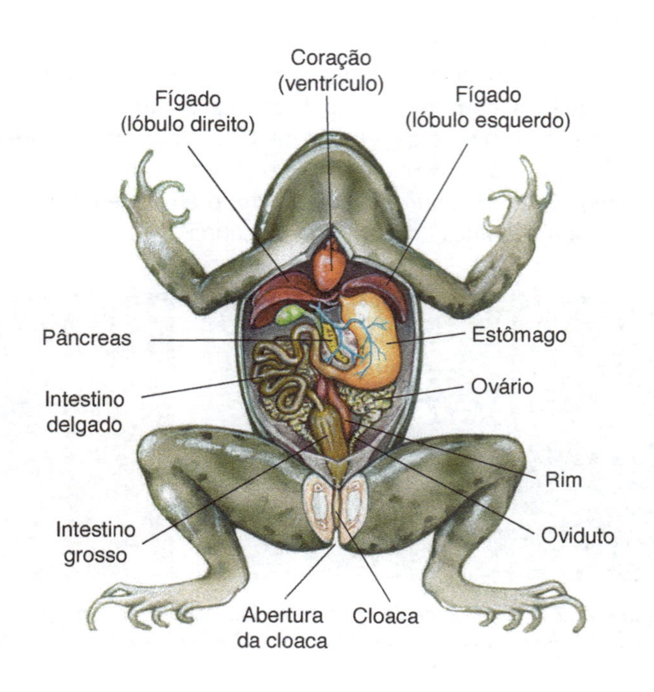

Figura 17.23 Representação esquemática da anatomia interna de um sapo, mostrando a localização dos principais órgãos.

ILUSTRAÇÕES: CECÍLIA IWASHITA

Sistemas respiratório, circulatório e urinário

Larvas de anfíbios respiram por meio de brânquias e pela pele (respiração cutânea); algumas espécies têm larvas que respiram por pulmões; anfíbios adultos respiram por pulmões e também pela pele.

Os pulmões de sapos e de rãs são razoavelmente eficientes nas trocas gasosas, com dobras internas ricamente vascularizadas. As salamandras, porém, têm pulmões rudimentares, com poucas dobras internas, e dependem muito da respiração cutânea para sobreviver.

Os anfíbios e todos os outros tetrápodes têm **circulação dupla**, em que há dois circuitos de circulação do sangue. Em um dos circuitos, chamado de **pequena circulação**, o coração envia sangue pobre em gás oxigênio aos pulmões, onde ele é enriquecido de gás oxigênio e volta ao coração. Em outro circuito, chamado de **grande circulação**, o coração envia sangue rico em gás oxigênio às diversas partes do corpo, onde os tecidos recebem gás oxigênio e eliminam gás carbônico; ao longo do circuito o sangue vai se tornando pobre em gás oxigênio, até retornar ao coração. A circulação nas larvas de anfíbios é semelhante à de peixes.

Nos anfíbios adultos o coração tem fundamentalmente três câmaras: dois átrios e um ventrículo. O sangue rico em gás oxigênio que chega dos pulmões entra no átrio direito, ao mesmo tempo que o sangue pobre em gás oxigênio que chega das diversas partes do corpo entra no seio venoso, de onde passa para o átrio esquerdo. Ao se encherem de sangue os átrios contraem-se simultaneamente e forçam o sangue a entrar no ventrículo em expansão. A mistura entre o sangue vindo do átrio esquerdo e o sangue vindo do átrio direito é minimizada pela existência de trabéculas musculares existentes no interior do ventrículo.

Quando o ventrículo se contrai, o sangue sai pelo tronco arterioso, em cujo interior existe uma estrutura (válvula espiral) que minimiza a mistura de sangues, dirigindo o sangue pobre em gás oxigênio para os arcos pulmocutâneos e o sangue rico em gás oxigênio para os arcos carotídeos e sistêmicos. Em diversos anuros a mistura de sangues proveniente da região mais central do ventrículo é direcionada para o arco sistêmico esquerdo.

Os arcos pulmocutâneos conduzem sangue pouco oxigenado para os pulmões e para a pele, onde ele é oxigenado. O sangue rico em gás oxigênio é conduzido para a cabeça pelos arcos carotídeos, e os arcos sistêmicos conduzem sangue misturado para as diversas partes do corpo. O sangue pouco oxigenado retorna da cabeça e dos órgãos corporais através das veias cavas, que desembocam no seio venoso. Dos pulmões o sangue rico em gás oxigênio retorna ao átrio esquerdo através da veia pulmonar. Já o sangue rico em gás oxigênio proveniente da pele retorna ao seio venoso e posteriormente átrio direito. **(Fig. 17.24)**

A excreção dos anfíbios é realizada por um par de **rins** de cor marrom-escura e com forma ovalada, localizados dentro da cavidade abdominal, junto à parede dorsal. Os rins removem do sangue a **ureia**, o principal produto de excreção de anfíbios adultos. A ureia e outros resíduos metabólicos são excretados na urina, que se desloca por um par de ureteres até a bexiga urinária e daí para a cloaca, de onde é eliminada para o meio externo. Larvas de anfíbios, como a maioria dos peixes ósseos, excretam principalmente **amônia**.

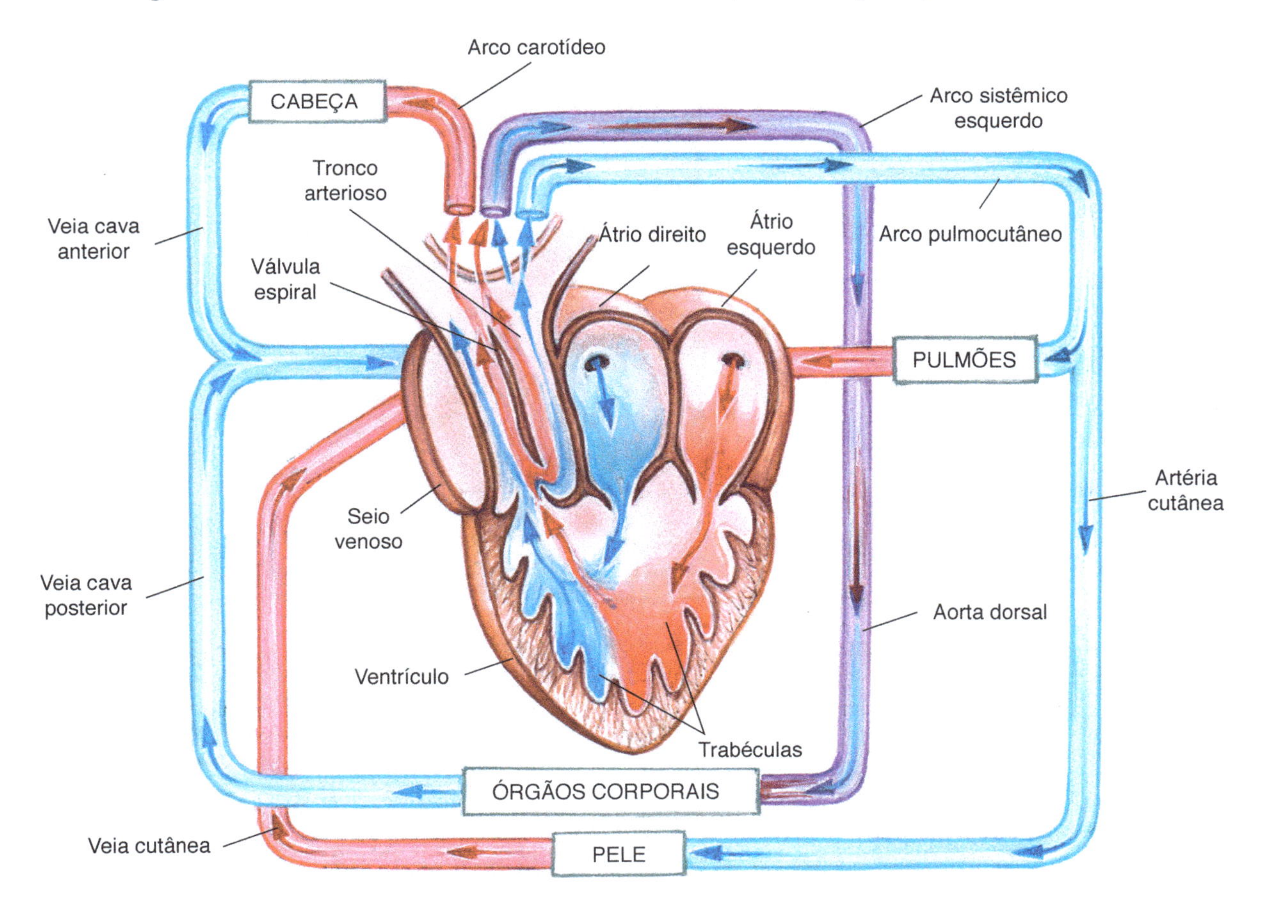

Figura 17.24 Representação esquemática do coração em corte de um anuro mostrando os caminhos dos sangues rico em gás oxigênio (em vermelho) e pobre em gás oxigênio (em azul).

Sistema nervoso e sentidos

A organização do sistema nervoso dos anfíbios é essencialmente semelhante à dos peixes ósseos, com algumas inovações. Os olhos dos anfíbios são bem desenvolvidos, mas só conseguem enxergar objetos em movimento. Essa é a razão pela qual eles, na fase adulta, alimentam-se apenas de animais vivos. Anfíbios têm boa audição e muitas espécies utilizam o canto como sistema de comunicação entre os indivíduos de mesma espécie. Os cantos mais comuns incluem a atração de parceiros reprodutivos, a defesa de território e resposta a um estímulo de perturbação. Larvas de anfíbios têm, como os peixes, linhas laterais que permitem detectar vibrações na água.

Reprodução

Anfíbios são animais dioicos e, em sua maioria, ovíparos. Anuros e urodelos geralmente eliminam os ovos na água, envoltos em um material gelatinoso. Algumas espécies mantêm os ovos no corpo. Em certas espécies as fêmeas retêm os embriões até o final do desenvolvimento, alimentando-os com secreções nutritivas; nesses casos não há estágio larval. Em uma espécie de rã australiana ocorre um fato curioso: a fêmea engole os ovos e guarda-os no estômago até o nascimento, regurgitando então pequenos girinos.

Na época da reprodução os anuros machos cantam para delimitar território e atrair as fêmeas. O canto dos anuros é amplificado por uma bolsa que funciona como caixa de ressonância sonora. A fêmea é atraída pelo chamado do macho de sua espécie e é abraçada por ele. Esse abraço, conhecido como **amplexo nupcial**, estimula a fêmea a liberar os óvulos; enquanto isso ocorre o macho elimina sobre eles os espermatozoides.

Na maioria das salamandras os machos executam uma dança nupcial durante a qual eliminam pequenos pacotes de espermatozoides (espermatóforos); as fêmeas sexualmente estimuladas sugam os espermatóforos com a cloaca e a fecundação ocorre internamente. Os representantes da ordem Gimnophiona têm fecundação interna com cópula, em que o macho introduz parte de sua cloaca na cloaca da fêmea, onde libera os espermatozoides. Cerca de 75% das espécies dessa ordem são vivíparas.

- ***Metamorfose***

Quase todos os anfíbios têm desenvolvimento indireto, com uma fase larval aquática e uma fase adulta terrestre. A larva jovem dos anuros, chamada de girino, não tem pernas e possui cauda bem desenvolvida. O desenvolvimento larval termina com a **metamorfose**, processo em que as brânquias desaparecem e surgem os pulmões.

Outras mudanças que ocorrem na metamorfose das larvas de anuros são a regressão total da cauda e o surgimento das pernas, primeiro as traseiras e depois as dianteiras; as larvas de salamandra apresentam quatro pernas e a cauda não regride na metamorfose, persistindo na fase adulta. **(Fig. 17.25)**

BLICKWINKEL/ALAMY/GLOW IMAGES

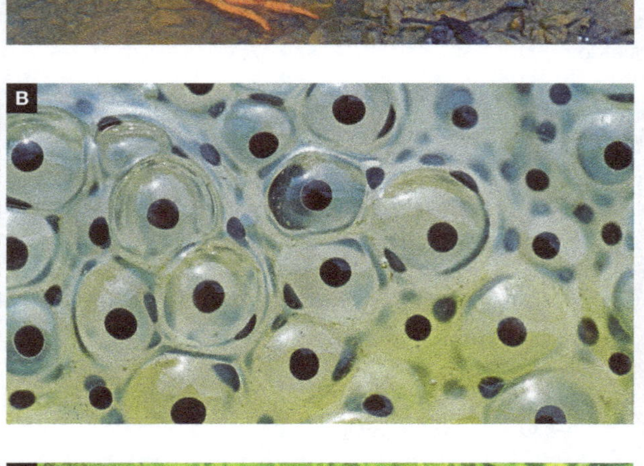
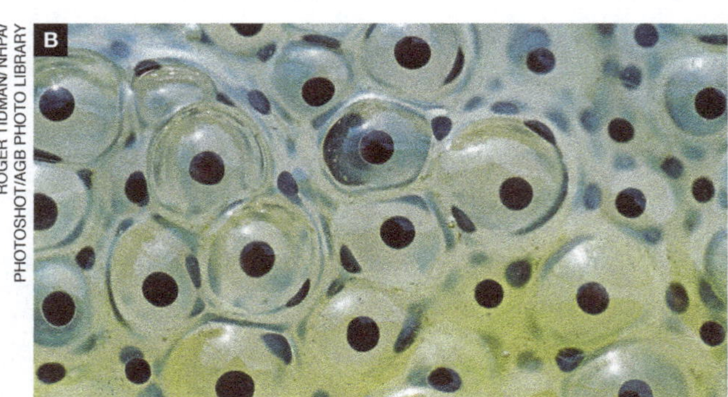

ROGER TIDMAN/ NHPA/ PHOTOSHOT/AGB PHOTO LIBRARY

BILL BEATTY/VISUALS UNLIMITED, INC./GLOW IMAGES

ROBERT PICKETT/VISUALS UNLIMITED, INC./GLOW IMAGES

NATURE PHOTOGRAPHERS LTD/ALAMY/GLOW IMAGES

Figura 17.25 Etapas do ciclo de vida dos anfíbios da espécie *Rana temporaria*, que pode atingir na fase adulta 8 cm. **A.** Rãs acasalando (amplexo nupcial). **B.** Ovos de rã em início de desenvolvimento. **C.** Girino ainda sem pernas. **D.** Girino com pernas e cauda. **E.** Girino com a cauda em regressão, em fase final de metamorfose para adulto.

Em certas espécies de salamandra as larvas podem não passar por metamorfose e mantêm as características larvais durante toda a vida, mesmo após terem se tornado sexualmente maduras e capazes de se reproduzir. Esse fenômeno em que ocorre reprodução na fase larval é chamado **neotenia**, ou pedomorfose, sendo bastante raro entre os animais.

Répteis (clado Reptilia)

Os **répteis** (do latim *reptilis*, que se arrasta), cujos representantes mais conhecidos são serpentes, lagartos, jacarés, crocodilos, jabutis e tartarugas, formam o clado Reptilia. Eles têm o corpo recoberto por uma grossa camada impermeável constituída de queratina e pulmões eficientes nas trocas gasosas com o ambiente aéreo; essas duas características, entre outras, conferem aos répteis grande adaptação à vida em terra firme.

A principal novidade evolutiva que permitiu aos répteis conquistar definitivamente o ambiente de terra firme foi seu tipo de ovo, denominado **ovo amniótico**. Esse ovo é protegido por uma casca membranosa ou calcária e o embrião nele contido desenvolve estruturas extraembrionárias (saco vitelínico, âmnio e alantoide), que permitem o seu desenvolvimento fora da água.

No sistema de classificação de seres vivos que adotamos os répteis são divididos em quatro ordens: Squamata, Crocodilia, Rhynchocephalia e Chelonia. A ordem **Squamata** reúne os répteis mais abundantes e diversificados, representados principalmente por serpentes, lagartos e anfisbenas. A ordem **Chelonia** (quelônios) reúne as tartarugas marinhas e de água doce, os cágados, que vivem em água doce, e os jabutis, que vivem em terra firme. A ordem **Crocodilia** reúne crocodilos e jacarés, répteis que vivem apenas em regiões quentes, em rios e lagos de água doce, e poucas espécies que vivem no mar. A ordem **Rhynchocephalia** reúne apenas duas espécies restritas à Nova Zelândia, conhecidas como tuataras. O tamanho dos répteis atuais varia de poucos centímetros, em alguns lagartos, a quase 10 metros, em algumas serpentes. **(Fig. 17.26)**

Os répteis atuais, como a maioria dos peixes e dos anfíbios, são chamados de "animais de sangue frio", pois não utilizam o calor proveniente das atividades metabólicas para controlar a temperatura corporal; esta é regulada por meio de adaptações comportamentais. Por exemplo, muitas espécies procuram se manter ao sol quando a temperatura é baixa. Quando a temperatura corporal se torna muito elevada, os répteis vão para locais sombreados ou para a água, no caso de jacarés, crocodilos e cágados.

Pelo fato de utilizarem calor externo para se aquecer, os répteis são chamados de **ectotérmicos** (do grego *ektos*, de fora, e *thermos*, temperatura), termo mais apropriado que "animais de sangue frio". Mamíferos, aves, alguns peixes e muitos insetos, por outro lado, são animais **endotérmicos** (do grego *endon*, dentro, e *thermos*, temperatura), pois a manutenção de sua temperatura corporal é feita por meio do calor liberado em seu metabolismo.

Animais endotérmicos despendem grande quantidade de energia para regular a temperatura corporal; isso explica por que um réptil sobrevive com menos de 10% das calorias requeridas por um mamífero de tamanho correspondente. Por exemplo, a uma temperatura ambiente de 20 °C, uma pessoa em repouso despende entre 1.300 kcal e 1.800 kcal por dia. Nas mesmas condições um jacaré com massa corporal equivalente despende apenas 60 kcal por dia. Por outro lado, a vantagem da endotermia é que a manutenção de temperaturas corporais elevadas permite a realização de atividades físicas mais intensas. Esta é uma das razões pelas quais os mamíferos e as aves podem manter-se ativos por períodos bem mais longos que os répteis.

Outros termos empregados em referência à manutenção da temperatura corporal são pecilotérmico (do grego *poikilos*, variado), que significa temperatura variável, e homeotérmico (do grego *homoios*, igual), que significa temperatura constante. Esses termos, entretanto, não são sinônimos de ectotérmico e endotérmico e devem ser evitados se quisermos ser precisos. Muitos peixes e animais marinhos ectotérmicos, por exemplo, vivem em águas com temperatura tão estável que sua temperatura corporal varia menos do que a dos seres humanos e a de outros animais endotérmicos.

Figura 17.26 Diversidade de répteis. **A.** Jabuti leopardo (*Stigmochelys pardalis*; ordem Chelonia). **B.** Jiboia (*Boa* sp.; ordem Squamata). **C.** Camaleão anão sul-africano (*Bradypodion pumilum*; ordem Squamata). **D.** Jacaré-do-pantanal (*Caiman yacare*; ordem Crocodilia). **E.** Tuatara (*Sphenodon* sp.; ordem Rhynchocephalia).

Revestimento corporal e sistema esquelético

A pele que reveste o corpo dos répteis, como a dos demais craniados, é constituída por duas camadas: epiderme e derme. A epiderme dos répteis é espessa e altamente **queratinizada**, isto é, apresenta uma camada bem espessa de células mortas impregnadas de queratina, proteína fibrosa impermeável e resistente. A queratinização da pele dos répteis reflete sua adaptação aos ambientes de terra firme, onde a umidade é baixa e a perda de água por transpiração tem de ser reduzida.

A camada epidérmica queratinizada forma placas denominadas **escamas córneas**. Em jacarés e crocodilos, por exemplo, as escamas que recobrem as pernas e a barriga são retangulares, dispostas em fileiras, intercaladas com epiderme menos queratinizada e mais flexível. Na região dorsal formam-se placas dérmicas de natureza óssea sob as escamas dorsais, dotando o animal de uma armadura que cresce junto com ele, sem ser trocada. Alguns répteis, como serpentes e lagartos, trocam periodicamente a camada epidérmica mais externa.

O sistema esquelético dos répteis é semelhante ao dos outros tetrápodes, apesar de certos grupos apresentarem grandes modificações esqueléticas devido à adaptação a determinados modos de vida. Serpentes, por exemplo, não têm pernas nem apresentam esqueleto apendicular. Entretanto, há evidências de que os ancestrais das serpentes tinham pernas, que desapareceram ao longo da evolução. Outro exemplo de adaptação esquelética é encontrado nos quelônios (tartarugas, cágados e jabutis), cujas costelas são fundidas à carapaça óssea.

Sistemas digestivo e respiratório

O sistema digestivo dos répteis assemelha-se ao dos anfíbios na organização geral. A maioria dos répteis é carnívora e se alimenta de diversos tipos de animais. Algumas espécies de cágado, tartaruga e lagarto são herbívoras.

Os pulmões dos répteis são mais desenvolvidos que os dos anfíbios, com maior número de dobras internas. A presença de músculos ao redor das costelas permite que muitos répteis expandam e contraiam a caixa torácica, forçando o ar a entrar e a sair dos pulmões, promovendo assim a ventilação pulmonar. Certas serpentes apresentam apenas um pulmão, provavelmente uma adaptação à sua forma corporal cilíndrica e alongada.

Sistemas circulatório e urinário

Os répteis, assim como anfíbios, aves e mamíferos, têm dupla circulação sanguínea. O coração apresenta dois átrios e um ventrículo em répteis não crocodilianos e dois átrios e dois ventrículos nos répteis crocodilianos.

O ventrículo cardíaco da maioria dos répteis não crocodilianos (tartarugas, serpentes e alguns lagartos) apresenta dois septos musculares incompletos – um horizontal e outro vertical – que delimitam três compartimentos ventriculares, denominados: **cavidade pulmonar**, **cavidade arteriosa** e **cavidade venosa**.

Nesses répteis o sangue pouco oxigenado proveniente dos tecidos penetra no coração por um pequeno seio venoso que se abre no átrio direito, enquanto o sangue rico em gás oxigênio proveniente dos pulmões chega ao coração pelas veias pulmonares, penetrando no átrio esquerdo. O átrio direito contrai-se pouco antes do átrio esquerdo e lança sangue pobre em gás oxigênio na cavidade ventricular venosa, através da abertura livre acima do septo horizontal. A contração ventricular impulsiona esse sangue para o interior da artéria pulmonar. A contração do átrio esquerdo lança o sangue rico em gás oxigênio nas cavidades ventriculares pulmonar e arteriosa, de onde ele segue para as aortas e artéria braquiocéfala, impulsionado pelo ventrículo em contração. **(Fig. 17.27A)**

Em crocodilos e jacarés (répteis crocodilianos), a separação entre os lados direito e esquerdo do ventrículo é completa e o coração tem quatro câmaras cardíacas. Do ventrículo esquerdo parte a aorta direita, assim chamada por estar voltada para o lado direito do corpo; ela conduz sangue rico em gás oxigênio para a cabeça e para a região posterior do corpo. Do ventrículo direito partem dois grandes vasos: a artéria pulmonar, que leva sangue pobre em gás oxigênio aos pulmões, e a aorta esquerda (voltada para o lado esquerdo do corpo), que pode levar sangue pouco oxigenado para a região posterior do corpo. Um ducto, denominado forâmen de Panizza, comunica as aortas direita e esquerda e permite a passagem de sangue arterial da primeira para a segunda. Essa passagem de sangue acontece somente em situações de apneia, como ocorre durante o mergulho. **(Fig. 17.27B)**

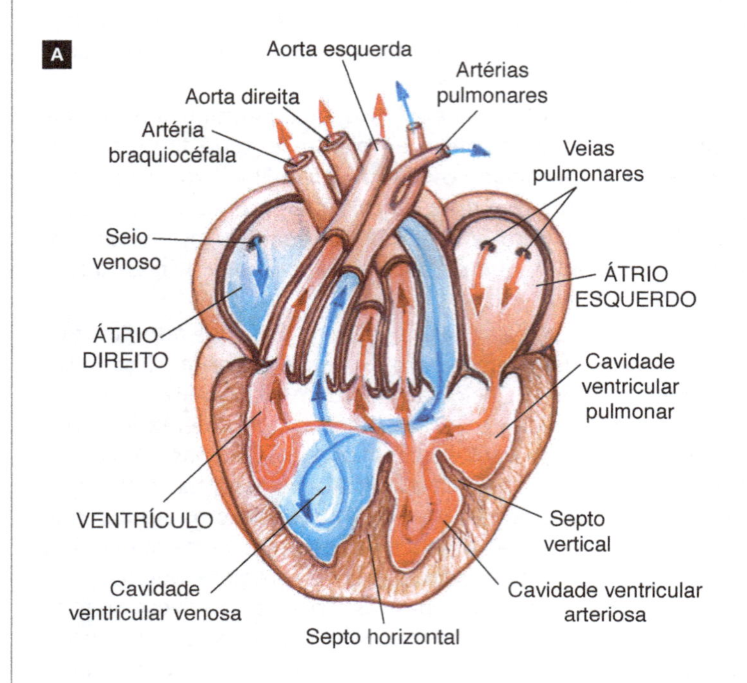

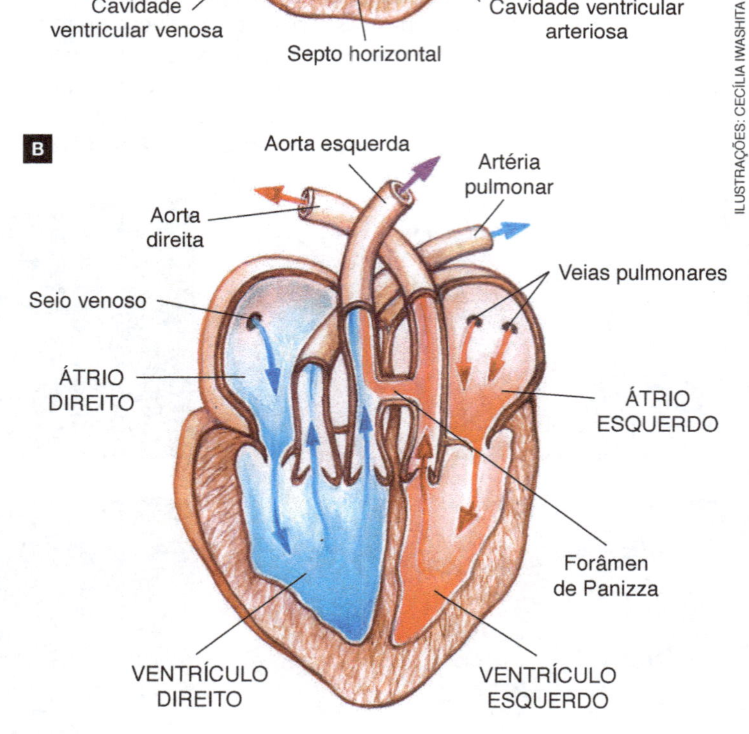

Figura 17.27 Representações esquemáticas de corações em corte de um réptil não crocodiliano (**A**) e de um réptil crocodiliano (**B**), mostrando os caminhos preferenciais dos sangues rico (em vermelho) e pobre em gás oxigênio (em azul).

A excreção dos répteis é realizada por um par de **rins**. Em certas espécies, a urina produzida nos rins é conduzida pelos ureteres diretamente para a cloaca. Em outras espécies, a urina é armazenada em uma bexiga urinária antes de ser lançada na cloaca e eliminada.

A maioria dos répteis excreta seus resíduos nitrogenados na forma de **ácido úrico**; essa substância, além de ser menos tóxica que a amônia, é pouco solúvel em água e pode ser eliminada na urina com grande economia de água pelo organismo. Se a substância excretada é solúvel em água, como é o caso da ureia, é necessária grande quantidade de água para eliminá-la na urina.

A excreção de ácido úrico representa uma adaptação ao ambiente de terra firme, onde a economia de água é importante. Diversos répteis reabsorvem parte da água da urina enquanto ela está armazenada na cloaca. Nesses casos o ácido úrico concentra-se a ponto de formar uma pasta esbranquiçada, semissólida, eliminada com as fezes.

Outra vantagem de excretar ácido úrico é que este pode ser armazenado dentro do ovo (no alantoide) até o nascimento do jovem réptil, devido exatamente à sua baixa solubilidade. Assim, excretar ácido úrico representa também uma adaptação ao desenvolvimento embrionário em terra firme, dentro de um ovo com casca.

Sistema nervoso e sentidos

O sistema nervoso dos répteis é comparável ao dos anfíbios, com algumas inovações. A visão dos répteis é, de modo geral, muito boa. O olfato em alguns grupos é excepcionalmente bem desenvolvido. As serpentes, por exemplo, têm um órgão olfativo especial no teto da boca, o **órgão de Jacobson**, que lhes permite o equivalente a "sentir gosto no ar". O comportamento característico das serpentes, de colocar continuamente sua língua bifurcada para dentro e para fora da boca, permite captar moléculas presentes no ar e levá-las ao órgão de Jacobson, que identifica as substâncias captadas. As serpentes não escutam sons propagados pelo ar, mas conseguem captar vibrações do solo por meio dos ossos do crânio.

Reprodução

Os répteis são animais dioicos e ovíparos, em sua maioria. Os machos são dotados de um órgão copulador, o **pênis**, com o qual introduzem os espermatozoides na cloaca da fêmea durante a cópula. Ocorre fecundação interna e desenvolvimento direto, sem estágio larval.

Em algumas espécies de serpentes, lagartos, tartarugas e cágados, as fêmeas podem armazenar os espermatozoides no corpo por um ano ou mais, até fecundar seus ovos. Umas poucas espécies de lagartos são constituídas apenas por fêmeas que se reproduzem por **partenogênese**, processo em que o óvulo se desenvolve sem que ocorra fecundação.

Os ovos de serpentes, da maioria dos lagartos e de tartarugas são protegidos por uma casca flexível, com consistência de couro. Já os ovos de cágados, crocodilos e alguns lagartos apresentam casca rígida, como os ovos das aves. **(Fig. 17.28)**

Os ovos dos répteis, como os ovos das aves, contêm água e alimento suficientes para todo o desenvolvimento embrionário. As trocas do embrião com o ambiente restringem-se aos gases respiratórios, que se difundem através dos envoltórios do ovo.

A maioria dos répteis é **ovípara**; algumas espécies são ovovivíparas, isto é, as fêmeas retêm os ovos no interior do corpo até a eclosão; umas poucas espécies de serpentes são vivíparas e desenvolvem uma estrutura equivalente a uma placenta, que permite a troca de substâncias entre o embrião e a mãe.

O cuidado com a prole é raro entre os répteis; na maioria das espécies, as fêmeas abandonam os ovos imediatamente depois da postura. Algumas espécies de serpentes e de lagartos protegem a ninhada de ovos durante a incubação, mas não cuidam dos recém-nascidos. Crocodilos e jacarés constroem ninhos com plantas em decomposição, que fornecem calor aos ovos. As fêmeas montam guarda nos arredores dos ninhos até o final do período de incubação, quando transportam os recém-nascidos até a água e os protegem durante algum tempo.

ARIADNE VAN ZANDBERGEN/GETTY IMAGES

IMAGO/KEYSTONE BRASIL

Figura 17.28 A. Tartaruga-de-couro (*Dermochelys coriacea*) desovando na praia, em um buraco que ela mesma escavou.
B. Eclosão de ovo de tartaruga mediterrânea (*Testudo hermanni*).

Aves (clado Aves)

O clado Aves reúne espécies com tamanhos que variam de menos de 6 centímetros de comprimento e 2 gramas de massa corpórea (em uma espécie de beija-flor) a mais de 2,5 metros de altura e 160 quilogramas (no avestruz). As aves distribuem-se por praticamente todas as regiões do planeta e suas características mais marcantes estão relacionadas ao voo, apesar de algumas espécies terem perdido essa capacidade no curso da evolução.

O corpo das aves é aerodinâmico, o que diminui a resistência do ar durante o voo. Além disso, é coberto por penas que constituem um eficiente isolante térmico, contribuindo para a manutenção da temperatura corporal. As aves, como os mamíferos, são animais **endotérmicos**.

No sistema de classificação de seres vivos que adotamos, as aves que não voam e que apresentam características consideradas mais primitivas são agrupadas no grupo **Paleognathae**. São exemplos de aves paleognatas os avestruzes africanos, as emas sul-americanas, os emus e os casuares da Austrália e Nova Guiné e os moas e os quivis da Nova Zelândia.

Aves que possuem quilha, ou carena, estrutura esquelética à qual se prendem os músculos peitorais, estão agrupadas no grupo **Neognathae**. As aves neognatas, exceto o pinguim, são capazes de voar. Algumas ordens de aves desse grupo, de acordo com o sistema de classificação de seres vivos adotado neste livro, são: **Anseriforme** (patos, marrecos, gansos, cisnes etc.); **Apodiforme** (andorinhões, beija-flores etc.); **Ciconiiforme** (garças, socós, jaburus, cabeças-secas, urubus, condores etc.); **Columbiforme** (pombas, rolas, juritis etc.); **Galliforme** (galinhas domésticas, galinhas-d'angola, jacus, jacutingas, mutuns, perus etc.); **Passeriforme** (joões-de-barro, tangarás, arapongas, andorinhas, gralhas, sabiás, cardeais, tizius, tico-ticos, pintassilgos, bicos-de-lacre, canários, bem-te-vis etc.); **Piciforme** (tucanos, pica-paus etc.); **Psittaciforme** (araras, papagaios, periquitos etc.); **Sphenisciforme** (pinguins); **Strigiforme** (corujas etc.) e **Tinamiforme** (macucos, inambus, perdizes, codornas etc.). **(Fig. 17.29)**

Figura 17.29 Diversidade de aves. **A.** Tucano-grande-de-papo--branco (*Ramphastos tucanus*; ordem Piciforme). **B.** Caburé (*Glaucidium brasilianum*; ordem Strigiforme). **C.** Pinguim africano (*Spheniscus demersus*; ordem Sphenisciforme). **D.** Dançador-de-crista (*Ceratopipra cornuta*; ordem Passeriforme).

Revestimento corporal, sistema esquelético e voo

A pele das aves apresenta formações epidérmicas queratinizadas características do grupo: as **penas**. Estas se formam no interior de **folículos**, de maneira similar aos pelos dos mamíferos; nos folículos das penas, porém, não há glândulas sebáceas como nos folículos pilosos. A lubrificação das penas das aves, importante para manter a impermeabilidade do corpo, é feita graças à secreção gordurosa de uma glândula localizada na parte superior da cauda, a **glândula uropigiana**. Aves aquáticas, como patos e cisnes, levam constantemente o bico à glândula uropigiana, colhendo a secreção gordurosa e espalhando-a sobre as penas.

As penas das aves protegem o corpo desses animais contra choques mecânicos, impermeabilizam a pele, auxiliam na manutenção da temperatura corporal (atuando como isolante térmico) e possibilitam o voo.

A pena consiste em um eixo central, a **raque**, do qual partem obliquamente filamentos denominados **barbas**, que são o suporte de filamentos ainda mais finos, as **bárbulas**. Estas prendem-se umas às outras por meio de pequenos ganchos, formando uma superfície contínua que protege o corpo e que, no caso das penas das asas, dá sustentação ao voo. As aves passam boa parte de seu tempo alisando cuidadosamente as penas com o bico, procedimento que realinha as bárbulas e encaixa os ganchos entre elas. **(Fig. 17.30)**

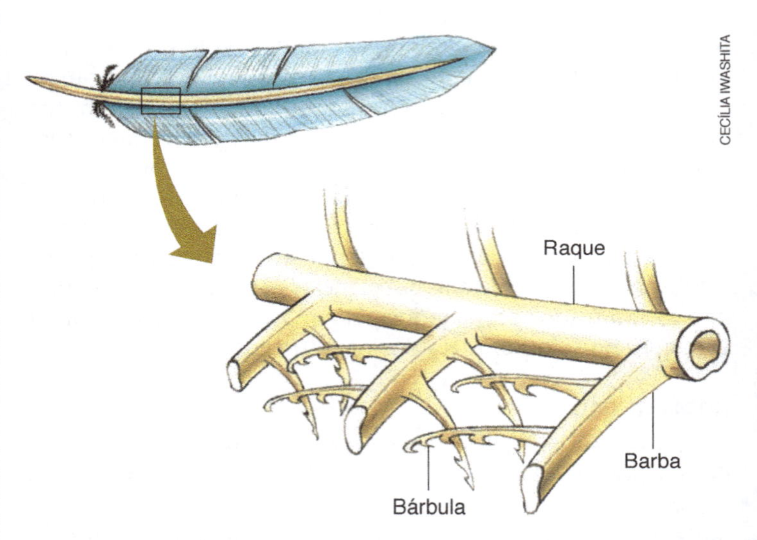

Figura 17.30 Representação esquemática da estrutura de uma pena de voo de uma ave.

As penas estão atualmente presentes apenas nas aves, mas não constituem uma característica exclusiva do grupo, pois também estavam presentes em répteis atualmente extintos. Esse é um dos argumentos utilizados por alguns sistematas para sugerir a colocação de aves e répteis em um mesmo grupo taxonômico.

O esqueleto das aves tem características que refletem sua adaptação ao voo. As aves carenadas têm, na parte anterior da caixa torácica, uma estrutura óssea denominada **quilha**, ou carena, adaptada à ancoragem da forte musculatura peitoral, fundamental ao voo.

Os ossos das aves são mais porosos e menos densos que os dos outros craniados. As espécies atuais não têm dentes. Essas duas características contribuem para reduzir a massa do corpo, facilitando o voo. Entretanto, como já foi mencionado, nem todas as aves voam; certas espécies perderam essa capacidade em função de outras adaptações, por exemplo, a capacidade de correr velozmente, como as emas e as avestruzes, ou a capacidade de nadar, como os pinguins.

Sistema digestivo

Aves podem ser herbívoras (quando se alimentam de vegetais), carnívoras (quando se alimentam da carne de outros animais) ou onívoras (quando a alimentação é variada, como também ocorre com nossa espécie).

A estrutura do tubo digestivo das aves varia de acordo com a dieta alimentar à qual as espécies estão adaptadas. Aves herbívoras, por exemplo, que se alimentam principalmente de grãos e partes vegetais duras, têm uma região bem dilatada do esôfago, o **papo**, especializada em armazenar alimento. Além de ser uma adaptação que permite à ave armazenar rapidamente o alimento para digeri-lo depois, em lugar seguro; o papo também umedece os alimentos, o que os torna mais macios e facilita sua posterior digestão.

O estômago das aves é dividido em duas partes: proventrículo e moela. No **proventrículo** o alimento é misturado a enzimas digestivas, antes de passar para a **moela**. Esta apresenta paredes grossas e musculosas, capazes de triturar os alimentos, facilitando a ação das enzimas. Portanto, enquanto o proventrículo atua como um "estômago químico", a moela atua como um "estômago mecânico".

Muitas aves herbívoras engolem propositadamente pequenas pedras que auxiliam a trituração do alimento na moela. Do ponto de vista funcional, essas pedras seriam equivalentes aos dentes que as aves atuais não têm.

Aves carnívoras não têm papo (ou este é pouco desenvolvido) e sua moela é geralmente pouco musculosa.

O intestino das aves abre-se na cloaca, onde também desembocam os condutos do sistema urinário e do sistema reprodutor. **(Fig. 17.31)**

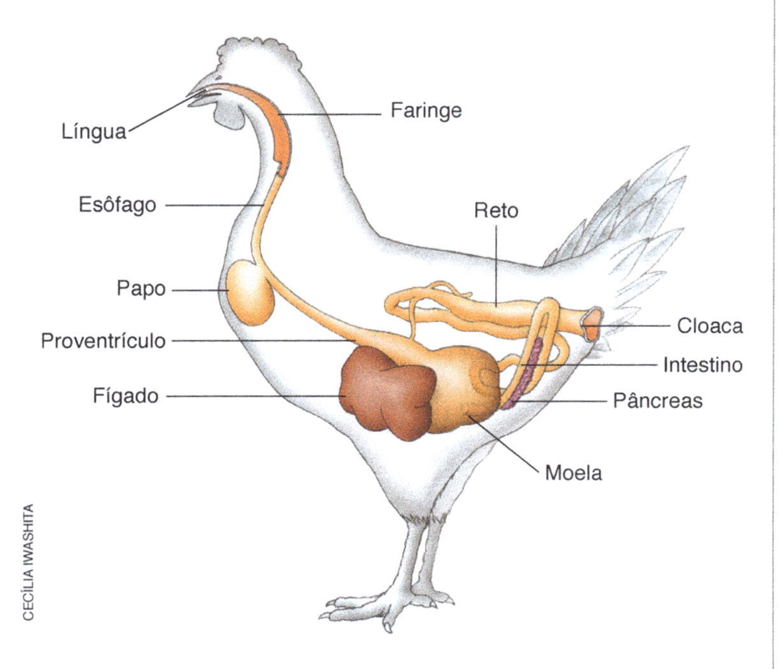

Figura 17.31 Representação esquemática do sistema digestivo de uma ave (galinha).

Sistemas respiratório, circulatório e urinário

As aves respiram por meio de pulmões, cuja estrutura difere da dos outros craniados pulmonados. Os pulmões das aves são compostos por finíssimos tubos, os **parabronquíolos**, que se dispõem paralelamente entre si. A parede desses tubos é irrigada por grande quantidade de capilares sanguíneos, o que possibilita as trocas gasosas entre o sangue e o ar inalado. Os pulmões das aves são estruturas rígidas e deles partem bolsas chamadas de **sacos aéreos**, que ocupam as regiões anterior e posterior do corpo, penetrando inclusive em alguns ossos.

As aves fazem dois ciclos de inspiração e de expiração para que o ar atravesse todo o sistema respiratório. Na primeira inspiração a maior parte do ar vai diretamente para os sacos aéreos posteriores. Na expiração subsequente esse mesmo ar passa para os pulmões e permanece por algum tempo nos parabronquíolos, onde ocorrem as trocas gasosas com o sangue. Na segunda inspiração o ar que estava nos parabronquíolos passa para os sacos aéreos anteriores, de onde é expelido para o exterior na expiração seguinte. **(Fig. 17.32)**

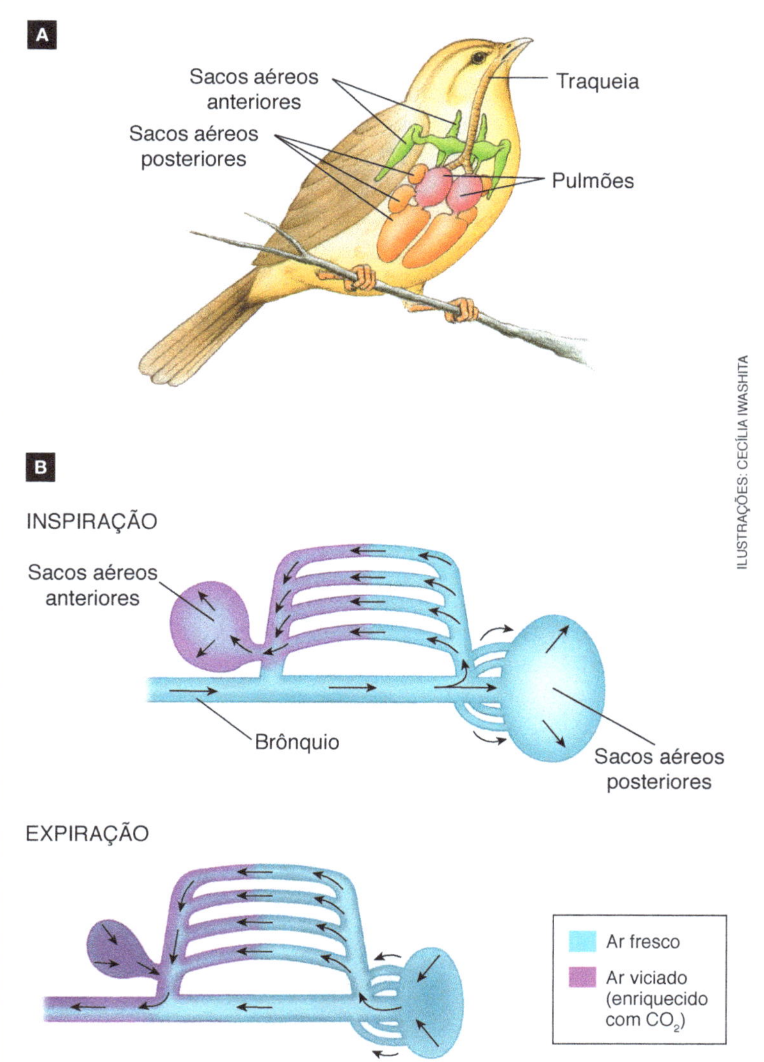

Figura 17.32 A. Representação esquemática do sistema respiratório de uma ave. A traqueia bifurcada dá origem a dois brônquios que atravessam os pulmões e desembocam nos sacos aéreos posteriores. B. Representação esquemática dos ciclos de inspiração e expiração.

O **coração** das aves, como o dos mamíferos, tem quatro câmaras: dois átrios (aurículas) e dois ventrículos completamente separados. A circulação é dupla e não há mistura entre sangue pobre e rico em gás oxigênio.

O sangue pouco oxigenado proveniente dos tecidos chega ao coração pelas veias, penetrando no átrio direito. Ao mesmo tempo o sangue rico em gás oxigênio proveniente dos pulmões penetra no átrio esquerdo. A contração simultânea dos átrios impulsiona o sangue para os ventrículos (o átrio direito para o ventrículo direito e o átrio esquerdo para o ventrículo esquerdo). A contração conjunta dos ventrículos impulsiona o sangue para grandes artérias.

A artéria ligada ao ventrículo direito – a artéria pulmonar – conduz sangue pobre em gás oxigênio aos pulmões. A artéria ligada ao ventrículo esquerdo – a artéria aorta – conduz sangue rico em gás oxigênio aos órgãos corporais. Uma diferença anatômica entre o sistema circulatório de aves e de mamíferos é que nas aves a artéria aorta é voltada para a direita, enquanto nos mamíferos ela é voltada para a esquerda.

A principal substância nitrogenada excretada pelas aves é o **ácido úrico**, removido do sangue pelos **rins** e conduzido à cloaca pelos ureteres. Na cloaca a maior parte da água contida na urina é reabsorvida e o ácido úrico altamente concentrado adquire cor esbranquiçada e consistência pastosa, sendo eliminado com as fezes, como também ocorre nos répteis.

Em aves como as gaivotas, que vivem perto do mar ou em ilhas oceânicas, ingerindo peixes e água do mar, há um par de **glândulas de sal** que se abrem nas proximidades dos olhos. Essas glândulas excretam o excesso de sais ingeridos com o alimento em soluções altamente concentradas. Glândulas semelhantes também estão presentes em tartarugas marinhas, o que gerou a lenda de que esses animais são capazes de chorar.

Sistema nervoso e sentidos

As aves têm comportamentos complexos e elaborados. Isso está relacionado com a estrutura de seu encéfalo, mais desenvolvido que o dos répteis. A visão das aves é muito boa e sua audição é bastante aguçada, o que possibilita a comunicação por meio de sons. Muitas espécies de aves têm grande capacidade de orientação, efetuando migrações de dezenas de milhares de quilômetros sem desviar-se da rota, percorrida todos os anos.

Reprodução

As aves são animais dioicos e ovíparos, com desenvolvimento direto. Em todas as espécies ocorre cópula e fecundação interna, apesar de a maioria delas não possuir órgão copulador. A transferência dos espermatozoides para a fêmea ocorre por justaposição das aberturas das cloacas dos parceiros durante a cópula. Os ovos, protegidos por uma casca calcária, são eliminados pela cloaca. A quase totalidade das aves choca os ovos, mantendo-os aquecidos, condição fundamental para o desenvolvimento do embrião. **(Fig. 17.33)**

A maioria das aves tem **dimorfismo sexual**, com nítida diferença morfológica entre os machos e as fêmeas da espécie. Machos geralmente têm plumagens coloridas e exuberantes; já as fêmeas têm plumagens menos vistosas, que se confundem com o ambiente.

Em diversas espécies, os machos delimitam territórios de procriação, garantindo, assim, o direito de copular com as fêmeas aí presentes. Um macho defende vigorosamente seu território da invasão por outros machos da mesma espécie, geralmente pelo canto ou pela exibição da plumagem; eventualmente, pode haver luta física entre machos pela disputa territorial.

Figura 17.33 A maioria das aves, como este casal de cegonha-branca (*Ciconia ciconia*), constrói ninhos onde chocam os ovos e cuidam da prole. Esses comportamentos são fatores importantes no sucesso adaptativo do grupo. A cegonha-branca pode atingir 1,2 m de altura.

Mamíferos (clado Mammalia)

O clado **Mammalia**, ao qual pertencemos, reúne animais com as seguintes características: a) presença de glândulas mamárias; b) corpo total ou parcialmente recoberto por pelos; c) dentes diferenciados em incisivos, caninos, pré-molares e molares; d) presença de diafragma. Os mamíferos estão presentes em todos os ambientes e apresentam grande variação de tamanho e massa corpórea, de 1,5 grama (em uma espécie de morcego) a até 130 toneladas e 30 metros de comprimento (na baleia-azul). **(Fig. 17.34)**

Figura 17.34 Diversidade dos mamíferos. **A.** Caxinguelê (*Sciurus aestuans*). **B.** Uacari-vermelho (*Cacajao rubicundus*). **C.** Tatu-bola (*Tolypeutes tricinctus*). **D.** Peixe-boi-da-amazônia (*Trichechus inunguis*).

Revestimento corporal e sistema esquelético

Os mamíferos apresentam uma novidade evolutiva típica do grupo: a presença de **pelos** corporais, que são filamentos epidérmicos constituídos de queratina compactada, formados no interior de folículos, de maneira similar às penas das aves. No caso dos mamíferos, em cada **folículo piloso** abre-se uma glândula sebácea que lubrifica a pele e os pelos.

Além da proteção o conjunto de pelos que constitui a pelagem dos mamíferos atua como isolante térmico, contribuindo para a manutenção da temperatura corporal.

Outra característica dos mamíferos relacionada à manutenção da temperatura corporal é a presença, sob a pele, de células que armazenam gorduras (adipócitos), formando o chamado **panículo adiposo**. Além de constituir uma reserva de alimento o panículo adiposo age como isolante térmico, diminuindo a transferência de calor entre o corpo e o meio ambiente.

Os mamíferos compartilham com os outros tetrápodes (anfíbios, répteis e aves) o mesmo padrão básico de organização do esqueleto, o que é um forte indício de nosso parentesco evolutivo com esses animais. Muitas inovações surgiram no decorrer da evolução dos mamíferos, principalmente na estrutura do crânio e dos membros, como a postura ereta com os membros posicionados sob o corpo.

Sistema digestivo

A organização básica do sistema digestivo é semelhante em todos os mamíferos. O tubo digestivo começa na boca, à qual se seguem a faringe, o esôfago, o estômago, o intestino delgado e o intestino grosso, que termina no ânus. A estrutura de cada uma dessas partes varia dependendo do hábito alimentar da espécie.

De modo geral, o tubo digestivo dos mamíferos herbívoros é mais longo e complexo que o dos mamíferos carnívoros.

Os dentes dos mamíferos refletem claramente a adaptação à sua alimentação, de tal maneira que se pode deduzir o tipo básico de dieta de uma espécie pela análise de sua dentição.

Por exemplo, dentes pontiagudos, como os do tigre, revelam uma dieta essencialmente carnívora, enquanto dentes de superfície plana, como os do cavalo, revelam uma dieta herbívora composta predominantemente de gramíneas. **(Fig. 17.35)**

HAMMETT79/SHUTTERSTOCK

BILL BEATTY/VISUALS UNLIMITED, INC./GLOW IMAGES

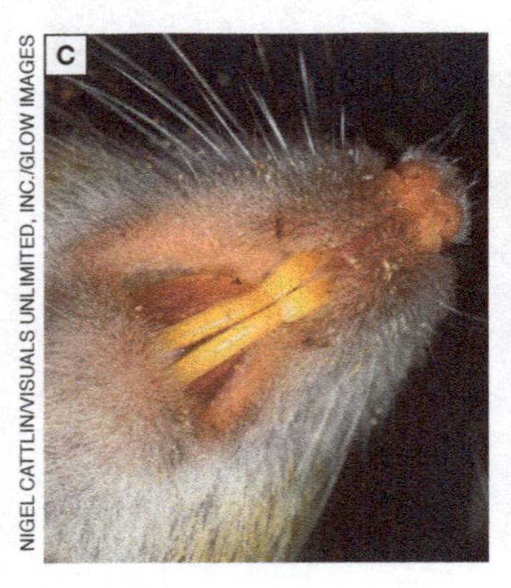

NIGEL CATTLIN/VISUALS UNLIMITED, INC./GLOW IMAGES

ALAIN PONS/PHOTOALTO/AGB PHOTO LIBRARY

Figura 17.35 Os mamíferos têm dentição diversificada, que reflete a adaptação ao tipo de alimentação. **A.** Zebra-da-planície (*Equus quagga*). **B.** Morcego-marrom (*Eptesicus fuscus*). **C.** Rato-castanho (*Rattus norvegicus*). **D.** Leoa (*Panthera leo*).

Sistemas respiratório, circulatório e urinário

Todos os mamíferos, mesmo os aquáticos, como baleias, focas etc., respiram por meio de **pulmões**. Estes são ventilados pela ação dos músculos intercostais (localizados entre as costelas) e do **diafragma** – membrana muscular que separa o tórax do abdômen.

Os pulmões dos mamíferos são constituídos por milhões de minúsculas bolsas, os **alvéolos pulmonares**, sobre os quais há grande quantidade de capilares sanguíneos. É aí que ocorrem as trocas gasosas entre o ar inspirado e o sangue, processo denominado hematose.

Os mamíferos têm coração com quatro câmaras: dois átrios (aurículas) e dois ventrículos completamente separados. A circulação é dupla, basicamente semelhante à das aves.

O sistema urinário dos mamíferos é constituído por um par de **rins**, que removem do sangue a **ureia** e outros produtos residuais do metabolismo. A urina contendo ureia é conduzida por um par de ureteres até a bexiga urinária, onde permanece até sua eliminação pela uretra.

Nos mamíferos mais primitivos (monotremados) os condutos dos sistemas urinário e reprodutor desembocam na cloaca, onde também se abre o intestino. Nos demais mamíferos (marsupiais e placentários) não há cloaca e os sistemas reprodutor e urinário abrem-se para o exterior independentemente do sistema digestivo.

Sistema nervoso e sentidos

O encéfalo dos mamíferos é o mais desenvolvido entre os animais. Sua região anterior, o cérebro, é volumosa e apresenta inúmeras dobras, o que faz com que a área cerebral superficial seja muito grande em relação ao volume. É na camada mais superficial do cérebro que se localiza a maioria dos corpos celulares dos neurônios e onde ocorre o processamento das informações captadas pelos órgãos sensoriais. Estes são também muito desenvolvidos e adaptados aos modos de vida de cada espécie em particular. Outras informações sobre o sistema nervoso dos mamíferos são apresentadas no Capítulo 19.

Reprodução

Os mamíferos, como os demais craniados, são dioicos e podem apresentar dimorfismo sexual. A juba dos leões, os chifres de certas espécies de veados e a barba dos homens são exemplos de características exclusivas do macho. Muitos mamíferos apresentam rituais de corte, em geral menos elaborados que os das aves. A fecundação é interna e o desenvolvimento direto.

O tipo de desenvolvimento embrionário varia entre os mamíferos, sendo esse um dos aspectos que diferenciam os três principais grupos em que se divide a classe Mammalia: Prototheria (monotremados), Metatheria (marsupiais) e Eutheria (eutérios, ou placentários).

Principais grupos

- ***Prototheria (monotremados)***

Os monotremados (grupo Prototheria) são animais encontrados atualmente apenas na Austrália e na Nova Guiné. Os representantes desse grupo são os ornitorrincos e as equidnas, os únicos mamíferos **ovíparos**. Os ovos dos monotremados são semelhantes aos dos répteis. Fêmeas de ornitorrinco constroem um ninho subterrâneo com entrada submersa, onde botam dois ou três ovos, cada um com pouco mais de 1 centímetro de diâmetro. A fêmea choca os ovos até o nascimento dos filhotes e os alimenta com leite produzido pelas **glândulas mamárias. (Fig. 17.36)**

BLICKWINKEL/ALAMY/GLOW IMAGES

GERARD LACZ IMAGES/SUPERSTOCK/GLOW IMAGES

Figura 17.36 Representantes dos monotremados. **A.** Ornitorrinco (*Ornithorhynchus anatinus*). **B.** Equidna (*Tachyglossus aculeatus*).

- ***Metatheria (marsupiais)***

Os marsupiais (grupo Metatheria) mais conhecidos são os cangurus da Austrália e os gambás da América do Sul. As fêmeas desse grupo em geral apresentam uma bolsa de pele no ventre, o **marsúpio**, onde os filhotes completam o seu desenvolvimento.

Diferentemente dos monotremados, cujo desenvolvimento embrionário ocorre fora do corpo da mãe, os marsupiais iniciam o desenvolvimento embrionário no interior do útero materno e são, portanto, **vivíparos**. Os embriões alimentam-se de substâncias armazenadas no ovo e de líquidos nutritivos produzidos pela parede uterina. Após um curto período de gestação, entre 12 e 14 dias no gambá sul-americano e entre 38 e 40 dias nos grandes cangurus, nascem os filhotes ainda imaturos. O recém-nascido agarra-se aos pelos da mãe e desloca-se até o marsúpio, no interior do qual se localizam as glândulas mamárias aí permanecendo até completar o seu desenvolvimento. Nos marsupiais em que as fêmeas não apresentam marsúpio os filhotes ficam agarrados a pregas de pele próximas às glândulas mamárias. **(Fig. 17.37)**

Acredita-se que, no passado, os marsupiais viviam em diversos continentes e eram muito numerosos, mas a competição com os mamíferos placentários determinou a extinção da maioria das espécies. O continente australiano, por estar isolado dos outros continentes, não foi invadido pelos mamíferos placentários e apresenta, atualmente, várias espécies de marsupiais. Na América do Sul também existiu uma fauna diversificada de marsupiais, em grande parte extinta pela competição com os placentários. Um dos poucos sobreviventes foi o gambá, que se expandiu em direção inversa e invadiu a América do Norte.

- ***Eutheria (placentários)***

Os mamíferos placentários (grupo Eutheria) correspondem a 95% das espécies de mamíferos. Cães, gatos, girafas, cavalos, elefantes, baleias, camundongos e nossa própria espécie são exemplos de mamíferos placentários. O que caracteriza os placentários é o fato de os filhotes completarem o desenvolvimento embrionário no interior do **útero** materno, ligados à parede uterina por meio da placenta. A placenta é um órgão formado por tecidos maternos e embrionários e é por ela que o embrião recebe nutrientes e gás oxigênio do sangue da mãe e elimina gás carbônico e as excreções resultantes do seu metabolismo. O embrião liga-se à placenta pelo **cordão umbilical**. Após o parto a placenta se desprende do útero materno e é eliminada. **(Fig. 17.38)**

Figura 17.37 Representantes dos marsupiais. **A.** Gambá (*Didelphis virginiana*), um marsupial norte-americano, com seus filhotes. **B.** Canguru (*Macropus giganteus*) com filhote no marsúpio.

Agora você pode resolver as atividades de 20 a 38, 40 a 42, 49 a 58, 60, 63 a 70.

Figura 17.38 Filhote de cavalo (*Equus caballus*) recém-nascido com os restos da bolsa amniótica aderidos ao corpo, momentos após o nascimento. O adulto pode atingir 2,8 m.

Ciência e cidadania

O celacanto

Latimeria chalumnae Smith, 1939

Uma fantástica descoberta

1 Poucos dias antes do Natal de 1938, o celacanto era apanhado na região do rio Chalumna, na costa leste da África do Sul, em uma rede de tubarões, pelo capitão Goosen e sua tripulação, o que pode não dar ideia da importância da descoberta. Eles pensaram que o aspecto do peixe era bizarro o bastante para alertar o museu local sobre o achado, na pequena cidade de East London, na África do Sul.

2 A diretora do museu era, na época, a Sra. Marjorie Courtney-Latimer. Ela avisou, então, o proeminente ictiologista sul-africano, o Dr. J. L. B. Smith sobre a interessante descoberta. O celacanto foi então denominado *Latimeria chalumnae* em homenagem à Sra. Courtney-Latimer. [...]

3 Este espécime de celacanto capturado em 1938 permitiu a descoberta da primeira população documentada, fora das ilhas Comores, entre a África e Madagascar. Por sessenta anos, pensou-se que esta era a única população de celacanto existente.

[...]

O celacanto de *Sulawesi*

4 Em 30 de julho de 1998, o celacanto foi capturado em uma rede de tubarão, em águas profundas, perto da ilha vulcânica de Manado Tua, no norte de Sulawesi, Indonésia. O local está a cerca de 10 mil quilômetros a leste do primeiro achado. O pescador levou o peixe para a casa do biólogo estadunidense Mark Erdmann, que havia visto, com a esposa, um espécime em exposição no mercado. O povo local conhecia o animal, por eles chamado *raja laut* ou rei do mar. [...]

5 Quando o celacanto de Sulawesi foi documentado, a diferença mais óbvia encontrada em relação ao achado das Ilhas Comores era apenas a cor: enquanto a cor do celacanto de Comores era azul-metálica, a do celacanto de Sulawesi era marrom. Em 1999, o celacanto de Sulawesi foi descrito como uma nova espécie, *Latimeria menadoensis* [...].

6 A descoberta dessa nova espécie de celacanto abriu a possibilidade de esses animais serem mais espalhados e abundantes do que parecia.

Fóssil vivo

7 O celacanto capturado em 1938 ainda é considerado a maior descoberta zoológica do século XX. Esse "fóssil vivo" veio de uma linhagem de peixes que se pensava estarem extintos desde a época dos dinossauros.

8 Os celacantos já eram conhecidos nos registros fósseis datados em mais de 360 milhões de anos; supõe-se que eles teriam sido mais abundantes há cerca de 240 milhões de anos. Antes de 1938, acreditava-se que eles haviam se extinguido há aproximadamente 80 milhões de anos, quando deixaram de aparecer nos registros fósseis.

9 Por que os celacantos teriam desaparecido dos registros durante 80 milhões de anos, reaparecendo, e vivos, no século XX? A resposta parece ser que os celacantos que deixaram fósseis foram os que viveram em locais propícios à fossilização. Os celacantos atuais, tanto os de Comores quanto os de Sulawesi, são encontrados em ambientes desfavoráveis à fossilização. Eles habitam cavernas e tocas em recifes marinhos a mais de 200 metros de profundidade, perto de ilhas vulcânicas.

10 A descoberta do celacanto pela ciência em 1938 causou grande entusiasmo porque se pensava, nessa época, que eles eram os ancestrais dos tetrápodes. Atualmente se questiona essa ideia, e muitos acreditam que os peixes pulmonados são os parentes mais próximos dos tetrápodes. O celacanto pode ainda nos trazer respostas sobre muitas questões evolutivas interessantes. [...]

Fonte: McGROUTHER, M. Australian Museum Fish. Disponível em: http://mod.lk/nPJ3e. Acesso em: out. 2016. (Tradução dos autores.)

PETER SCOONES/SCIENCE PHOTO LIBRARY/LATINSTOCK

Celacanto (*Latimeria chalumnae*) fotografado no Oceano Índico.

GUIA DE LEITURA

Neste interessante artigo o autor conta detalhes da mais sensacional descoberta de um "fóssil vivo": o celacanto. Seres como esse, que mudaram aparentemente pouco em milhões de anos de evolução, são chamados pelos cientistas de relictos. A seguir apresentamos algumas sugestões para orientar sua leitura do texto que selecionamos.

1. Leia os três parágrafos de *Uma fantástica descoberta*. Segundo o autor do artigo, como surgiu a denominação científica *Latimeria chalumnae* dada ao celacanto?
2. Leia os três parágrafos de *O celacanto de Sulawesi*. Onde foi encontrada e como foi denominada a nova espécie de celacanto descoberta em 1998? Qual era sua principal diferença em relação ao celacanto encontrado em 1938?
3. Leia os quatro parágrafos de *Fóssil vivo*. Segundo as informações do texto, responda: a) Em que época teriam vivido os primeiros celacantos? Quando eles desapareceram dos registros fósseis? b) Qual é a explicação do texto para o fato de os celacantos terem ficado 80 milhões de anos sem deixar registrada sua presença como fósseis?
4. Com relação ao último parágrafo do **Ciência e cidadania**, que informações ele traz sobre a possível origem dos tetrápodes? Se necessário, recorde o que são tetrápodes no livro.

Mapa de conceitos

Características gerais dos cordados

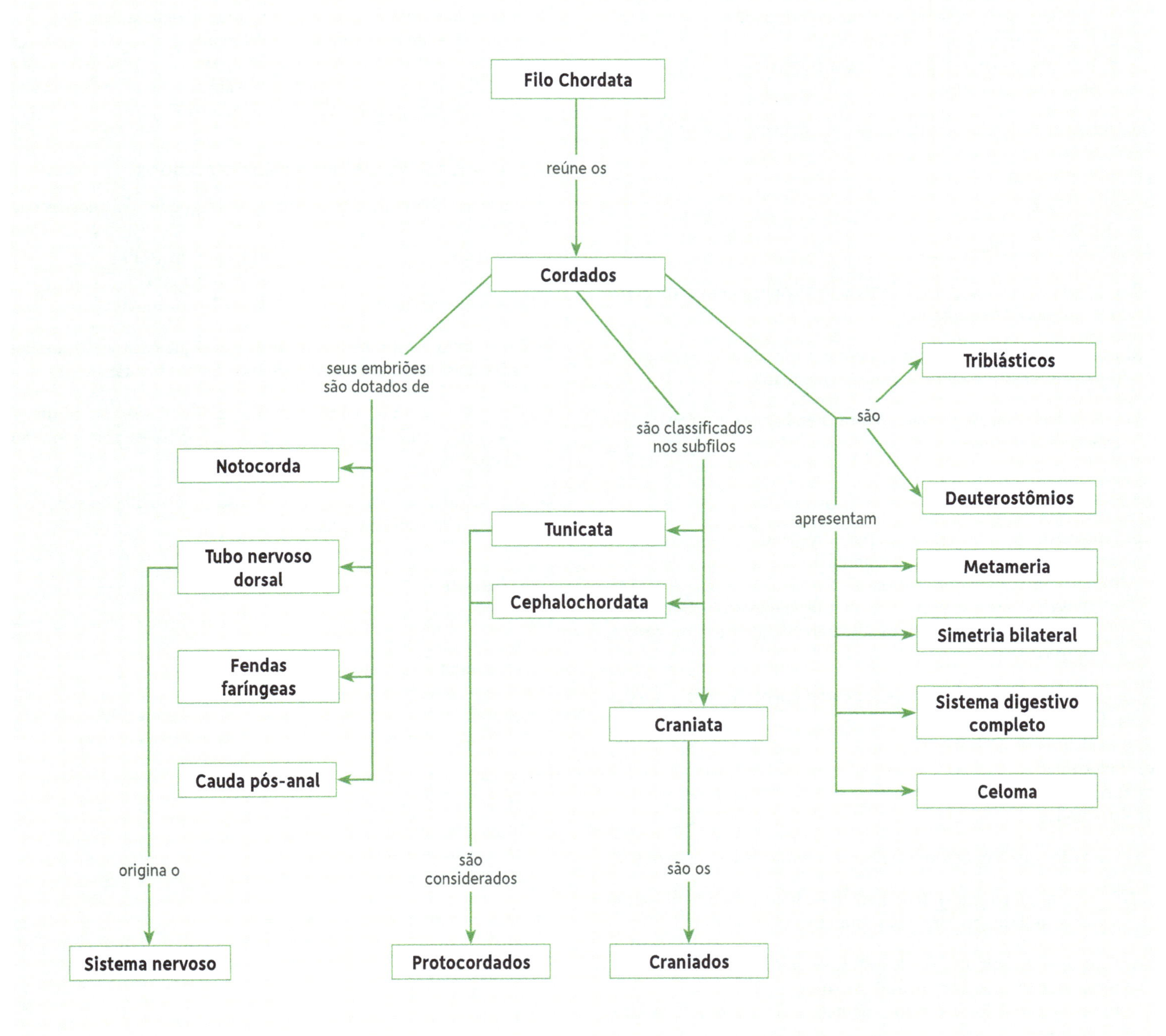

ATIVIDADES

REVENDO CONCEITOS, FATOS E PROCESSOS

17.1 Características gerais dos cordados

1. Animais cordados caracterizam-se por apresentar
a) notocorda e cordão ganglionar ventral durante o desenvolvimento embrionário.
b) notocorda, fendas faríngeas, tubo nervoso dorsal e cauda pós-anal durante o desenvolvimento embrionário.
c) fase larval com respiração branquial.
d) tubo nervoso dorsal protegido por peças ósseas ou cartilaginosas e cauda pré-anal.

Qual termo da relação abaixo preenche corretamente os parênteses das frases de 2 a 4?
a) Cauda pós-anal.
b) Fenda faríngea.
c) Notocorda.
d) Tubo nervoso dorsal.

2. ( ) é um bastão compacto e flexível localizado ao longo do dorso dos embriões de cordados.

3. Um cilindro oco de origem ectodérmica, localizado ao longo do dorso dos embriões dos cordados, é chamado ( ).

4. ( ) é a denominação de cada fissura lateral presente na faringe de embriões cordados.

17.2 Protocordados

5. Protocordados caracterizam-se por apresentar
a) fase larval com respiração branquial.
b) notocorda apenas na fase larval.
c) notocorda na fase embrionária e não ter crânio e coluna vertebral.
d) tubo nervoso dorsal protegido por peças ósseas ou cartilaginosas.

Qual termo da relação abaixo preenche corretamente os parênteses das frases 6 e 7?
a) Cefalocordados.
b) Protocordados.
c) Tunicados.
d) Vertebrados.

6. Cordados que têm notocorda restrita à cauda da larva são os ( ).

7. ( ) são cordados sem vértebras em que a notocorda estende-se até a porção anterior do corpo, perdurando na fase adulta.

8. Podem-se encontrar tunicados adultos como as ascídias
a) no mar, fixados a objetos submersos.
b) no mar, fixados a objetos submersos ou arrastando-se pelo fundo.
c) no mar, enterrados na areia de águas rasas das praias.
d) no mar e em água doce, fixados a objetos submersos ou livres na água.

9. A água que entra pela boca de um tunicado segue o caminho:
a) átrio ⟶ fendas faríngeas ⟶ sifão exalante.
b) átrio ⟶ sifão exalante ⟶ fendas faríngeas.
c) fendas faríngeas ⟶ sifão exalante ⟶ átrio.
d) fendas faríngeas ⟶ átrio ⟶ sifão exalante.

10. Podem-se encontrar cefalocordados como os anfioxos
a) no mar, fixados a objetos submersos.
b) no mar, fixados a objetos submersos ou flutuando ao sabor das correntes.
c) no mar, enterrados na areia das praias.
d) no mar e em água doce, fixados a objetos submersos ou livres na água.

11. A água que entra pela boca de um anfioxo segue o caminho:
a) átrio ⟶ fendas faríngeas ⟶ atrióporo.
b) átrio ⟶ atrióporo ⟶ fendas faríngeas.
c) fendas faríngeas ⟶ atrióporo ⟶ átrio.
d) fendas faríngeas ⟶ átrio ⟶ atrióporo.

17.3 Características gerais dos craniados

Considere as alternativas a seguir para responder às questões de 12 a 14.
a) Mandíbula.
b) Vértebra.
c) Esqueleto apendicular.
d) Esqueleto axial.
e) Neurocrânio.
f) Esplancnocrânio.

12. O conjunto constituído pelas estruturas esqueléticas que dão sustentação a nadadeiras, asas, pernas ou braços é chamado de ( ).

13. O ( ) é o conjunto constituído por placas ósseas ou cartilaginosas intimamente unidas entre si responsáveis pela proteção do encéfalo.

14. A ( ) é uma peça cartilaginosa ou óssea que auxilia no suporte e proteção da medula espinal.

17.4 Peixes

15. Na circulação dos peixes, o sangue que parte do coração faz o seguinte caminho:
a) brânquias ⟶ tecidos corporais ⟶ coração.
b) tecidos corporais ⟶ brânquias ⟶ coração.
c) brânquias ⟶ coração ⟶ tecidos corporais ⟶ coração.
d) tecidos corporais ⟶ coração ⟶ brânquias ⟶ coração.

16. O coração de condrictes e osteictes tem
a) um átrio e um ventrículo.
b) um átrio e dois ventrículos.
c) dois átrios e um ventrículo.
d) dois átrios e dois ventrículos.

17. Bexiga natatória está presente
a) apenas em condrictes.
b) apenas em osteíctes.
c) em condrictes e osteíctes.
d) em todos os peixes.

18. Escamas placoides, de origem dermoepidérmica, são típicas de
a) agnatos.
b) condrictes.
c) actinopterígios (osteíctes).
d) todos os peixes.

19. Brânquias cobertas por opérculo estão presentes em
a) agnatos.
b) condrictes elasmobrânquios.
c) actinopterígios (osteíctes).
d) condrictes elasmobrânquios e actinopterígios.

17.5 Tetrápodes (Tetrapoda)

Considere as alternativas a seguir para responder às questões de 20 a 23.

a) Hermafroditas.
b) Ovíparos.
c) Ovovivíparos.
d) Vivíparos.

20. Como são denominados os animais cujos ovos se desenvolvem fora do corpo da fêmea?

21. Como são denominados os animais cujos embriões se desenvolvem dentro do corpo da fêmea, alimentando-se exclusivamente das reservas nutritivas armazenadas no ovo até o "nascimento"?

22. Como são denominados os animais cujos embriões se desenvolvem no interior do corpo da fêmea, alimentando-se de substâncias fornecidas diretamente pelo organismo materno?

23. Que animais apresentam placenta?

24. Sapos, salamandras e cecílias pertencem, respectivamente, às ordens
a) Anura, Gymnophiona (ou Apoda) e Caudata (ou Urodela).
b) Anura, Caudata (ou Urodela) e Gymnophiona (ou Apoda).
c) Gymnophiona (ou Apoda), Anura e Caudata (ou Urodela).
d) Caudata (ou Urodela), Anura e Gymnophiona (ou Apoda).

25. A alternativa que indica corretamente o tipo de sangue presente nas cavidades do coração de um anfíbio adulto é

	Átrio direito	Átrio esquerdo	Ventrículo
a)	Sangue empobrecido em O_2	Sangue enriquecido em O_2	Mistura de sangue enriquecido e empobrecido em O_2
b)	Sangue enriquecido em O_2	Sangue empobrecido em O_2	Mistura de sangue enriquecido e empobrecido em O_2
c)	Sangue empobrecido em O_2	Sangue empobrecido em O_2	Sangue empobrecido em O_2
d)	Sangue enriquecido em O_2	Sangue enriquecido em O_2	Sangue enriquecido em O_2

26. A fase larval dos anfíbios é chamada
a) anfiblástula.
b) girino.
c) plânula.
d) alevino.

27. Qual das alternativas relaciona corretamente os animais e as ordens a que pertencem?

	Serpentes e lagartos	Tartarugas	Jacarés
a)	Chelonia	Squamata	Crocodilia
b)	Crocodilia	Chelonia	Squamata
c)	Squamata	Crocodilia	Chelonia
d)	Squamata	Chelonia	Crocodilia

Considere as alternativas a seguir para responder às questões 28 e 29.

a) Ectotérmico.
b) Endotérmico.
c) Homeotérmico.
d) Pecilotérmico.

28. Como se denomina o animal que mantém constante sua temperatura corporal por meio da energia liberada em seu metabolismo?

29. Como se denomina o animal que utiliza calor do ambiente para elevar sua temperatura corporal?

30. Na circulação das aves, o sangue percorre que caminho?
a) Lado direito do coração → tecidos corporais → lado esquerdo do coração → pulmões.
b) Lado direito do coração → pulmões → lado esquerdo do coração → tecidos corporais.
c) Lado direito do coração → pulmões → tecidos corporais → → lado esquerdo do coração.
d) Lado direito do coração → lado esquerdo do coração → tecidos corporais → pulmões.

31. O principal produto de excreção das aves é
a) ácido úrico.
b) amônia.
c) guanina.
d) ureia.

32. Animais como as aves, que aquecem seu corpo por meio da energia liberada em reações metabólicas, são chamados
a) ectotérmicos.
b) endotérmicos.
c) neotênicos.
d) partenogenéticos.

33. Que características são exclusivas de mamíferos?
a) Endotermia; pelos; coração com quatro cavidades.
b) Endotermia; glândulas mamárias; pelos.
c) Glândulas mamárias; pelos; diafragma.
d) Coração com quatro cavidades; pelos; diafragma.

34. O principal produto de excreção dos mamíferos é
a) ácido úrico.
b) amônia.
c) guanina.
d) ureia.

35. Qual das alternativas relaciona corretamente os animais ao grupo a que pertencem?

	Gambá e canguru	Ornitorrinco e equidna	Cachorro e baleia
a)	Placentários	Monotremados	Marsupiais
b)	Placentários	Marsupiais	Monotremados
c)	Marsupiais	Monotremados	Placentários
d)	Monotremados	Marsupiais	Placentários

Considere as alternativas a seguir para responder às questões de 36 a 38.

a) No interior do útero materno.
b) Em um ovo, retido no útero materno.
c) Em um ovo, fora do corpo da mãe.
d) No interior de uma prega de pele, na barriga da mãe.

36. Onde ocorre o desenvolvimento embrionário dos monotremados?

37. Onde se completa o desenvolvimento embrionário na maioria dos marsupiais, após o nascimento dos filhotes?

38. Onde ocorre o desenvolvimento embrionário dos placentários?

QUESTÕES PARA EXERCITAR O PENSAMENTO

39. Alguns peixes das profundezas oceânicas explodem quando trazidos rapidamente para a superfície.
Com base no que você conhece sobre a anatomia interna dos peixes, formule uma explicação para esse fato.

40. Durante a metamorfose dos anfíbios, uma das maiores alterações anatômicas acontece no sistema circulatório.
Justifique a necessidade das transformações que ocorrem nesse sistema.

41. No gráfico a seguir, os traços indicam a variação de temperatura corporal que os diversos répteis conseguem suportar sem perecer.

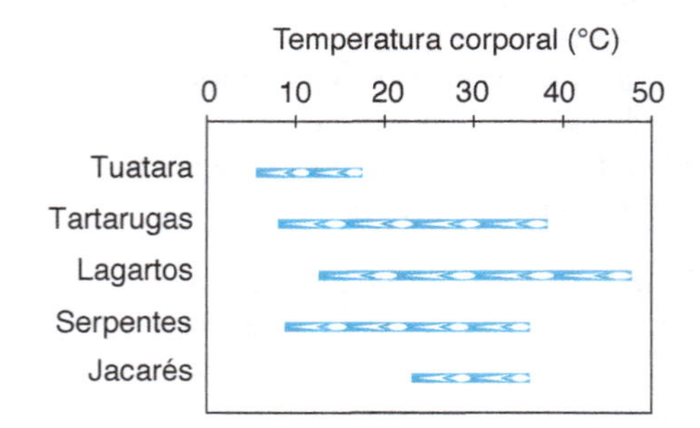

ADILSON SECCO

Obs.: Tuatara (*Sphenodon punctatum*) é um réptil de hábitos noturnos, semelhante a um lagarto, que vive apenas em algumas ilhas da Nova Zelândia. Ele é considerado um fóssil vivo, pouco diferindo de seus parentes que viveram há 200 milhões de anos.

A partir da análise do gráfico anterior, responda às perguntas a seguir.

a) Qual dos répteis mencionados deve ter distribuição geográfica mais restrita? Por quê?

b) Qual dos répteis deve ter distribuição geográfica mais ampla? Por quê?

42. Um pesquisador incubou ovos de jacaré em diferentes temperaturas e analisou o sexo dos recém-nascidos. Os resultados obtidos estão apresentados na tabela a seguir.

Temperatura de incubação	Número de ovos incubados	Número de nascimentos	Número de fêmeas	Número de machos	Porcentagem de machos
28,0 °C	100	82	82	0	?
28,5 °C	110	96	96	0	?
29,0 °C	100	90	90	0	?
29,5 °C	120	98	98	0	?
30,0 °C	100	88	88	0	?
30,5 °C	100	86	86	0	?
31,0 °C	105	94	94	0	?
31,5 °C	105	90	72	18	?
32,0 °C	110	92	56	36	?
32,5 °C	100	84	0	84	?
33,0 °C	120	98	30	68	?

Calcule a porcentagem de machos nascidos em cada uma das temperaturas (pontos de interrogação, na tabela anterior) e expresse o resultado em um gráfico, colocando na abscissa a porcentagem de machos nascidos e na ordenada, a temperatura de incubação dos ovos. Analise o gráfico obtido e responda: qual é a influência da temperatura de incubação dos ovos na determinação do sexo desses répteis?

A BIOLOGIA NO VESTIBULAR

QUESTÕES OBJETIVAS

43. (UFPE) O que caracteriza um animal cordado é a presença de
a) coluna vertebral.
b) endoesqueleto ósseo.
c) coração com quatro cavidades.
d) três folhetos embrionários.
e) notocorda.

44. (UFSM-RS) Dentre os tipos de peixe relacionados a seguir, o que possui uma bolsa cheia de gases acima do estômago, chamada bexiga natatória, com função de auxiliar na flutuação ou no afundamento na água, é o(a)
a) raia.
b) lampreia.
c) traíra.
d) tubarão.
e) peixe-bruxa.

45. (UFPI) Esqueleto cartilaginoso, boca ventral e transversal, corpo coberto por escamas placoides, nadadeira caudal geralmente heterocerca, caracterizam a
a) ordem Crocodiliana.
b) subordem Squamata.
c) classe Actinopterygii.
d) classe Chondrichthyes.
e) classe Sarcopterygii.

46. (UFMS) Quando compramos um peixe ósseo na feira ou no mercado, recomenda-se observar o estado de conservação das brânquias, pois se elas estiverem vermelhas e brilhantes significa que o peixe está em bom estado para ser consumido. Para que as brânquias sejam observadas facilmente pelo comprador é necessário
a) levantar as placas orais do peixe.
b) abrir as fendas branquiais do peixe.
c) remover a bexiga natatória do peixe.
d) levantar o opérculo do peixe.
e) fazer um corte longitudinal no pedúnculo caudal do peixe.

47. (UFG-GO) Os cardumes deslocam-se sincronizadamente na água, sem colisões entre os peixes. Esse fato deve-se à presença de
a) cóclea.
b) glândulas mucosas.
c) opérculo.
d) fosseta loreal.
e) linha lateral.

48. (UFRGS-RS) Em peixes ósseos, o órgão responsável pela manutenção do equilíbrio hidrostático é
a) o fígado.
b) o estômago.
c) a bexiga natatória.
d) o esqueleto.
e) a nadadeira caudal.

49. (UFMG) Analise esta figura, em que está representada a PROVÁVEL filogenia dos vertebrados:

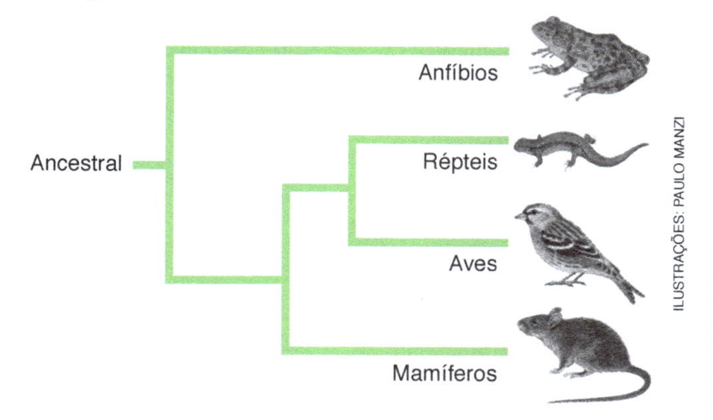

A partir dessa análise, é CORRETO afirmar que o ancestral desses quatro grupos apresentava

a) membros locomotores e pulmões.
b) coração com quatro cavidades e brânquias.
c) pelos no corpo e glândulas mamárias.
d) homeotermia e placenta.

50. (Fuvest-SP) Num exercício prático, um estudante analisou um animal vertebrado para descobrir a que grupo pertencia, usando a seguinte chave de classificação:

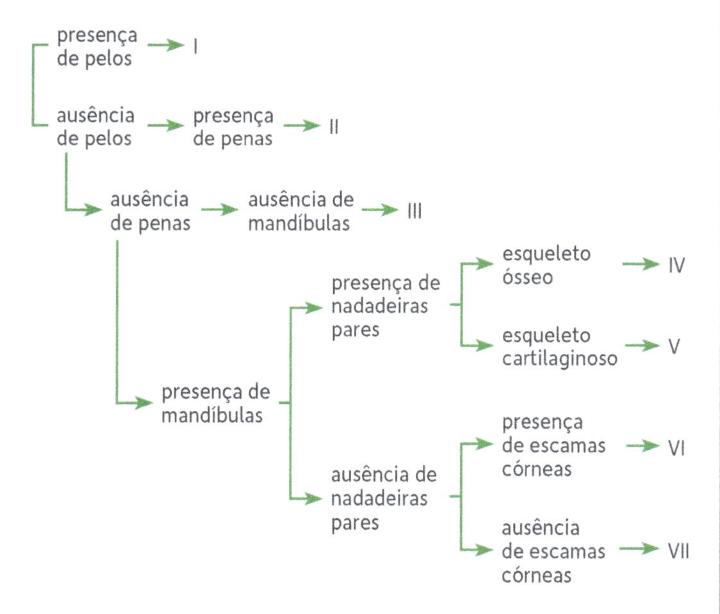

O estudante concluiu que o animal pertencia ao grupo VI. Esse animal pode ser

a) um gambá.
b) uma cobra.
c) um tubarão.
d) uma sardinha.
e) um sapo.

(*Nota dos autores*: Em algumas questões de vestibular, o termo "cobra" é usado como sinônimo para "serpente".)

51. (Fuvest-SP) Um animal de corpo cilíndrico e alongado, dotado de cavidade celômica, apresenta fendas branquiais na faringe durante sua fase embrionária. Esse animal pode ser

a) uma cobra.
b) um poliqueto.
c) uma lombriga.
d) uma minhoca.
e) uma tênia.

52. (PUC-RJ) Segundo especialistas, mais da metade das espécies de anfíbios do mundo está ameaçada de extinção. As principais ameaças são a destruição dos hábitats, a poluição e o aquecimento global. Entre as principais características que tornam os anfíbios particularmente sensíveis a alterações ambientais provocadas pelo ser humano, podemos citar:

a) respiração pulmonar, ovo com casca e pequena diversidade de espécies.
b) respiração cutânea, pele permeável, presença de larvas aquáticas e adultos terrestres.
c) pele impermeável, respiração cutânea, presença de larvas aquáticas e adultos terrestres.
d) dependência de ambientes úmidos, pele impermeável e ovo com casca.
e) respiração cutânea, pele permeável e ovo com casca.

53. (UFC-CE) A respeito do processo de controle da temperatura corpórea nos vertebrados, é **correto** afirmar que

a) os répteis, animais ectotérmicos, mantêm sua temperatura corpórea sempre elevada devido à presença das escamas dérmicas, que funcionam como isolante térmico.
b) os animais ectotérmicos, como as aves, dependem de uma fonte externa de calor, bem como do auxílio de penas para manter a temperatura corpórea constante.
c) a necessidade de ambientes úmidos para a sobrevivência dos anfíbios é consequência principalmente de sua ectotermia.
d) os animais endotérmicos são capazes de manter a temperatura corpórea constante por meio da produção interna de calor.
e) a endotermia e a homeotermia são características compartilhadas por mamíferos e peixes cartilaginosos.

54. (Unigranrio-RJ) São os únicos seres capazes de manter a temperatura do corpo praticamente constante, apesar da influência e alterações da temperatura ambiental

a) aves e mamíferos.
b) anfíbios e répteis.
c) peixes e anfíbios.
d) peixes e répteis.

55. (UFPE) A presença do diafragma muscular, estrutura que separa a cavidade torácica da cavidade abdominal e permite a ocorrência dos movimentos respiratórios de inspiração e de expiração, é característica

a) apenas dos mamíferos.
b) dos répteis e dos mamíferos.
c) dos anfíbios e dos mamíferos.
d) das aves e dos répteis.
e) de todos os animais a partir dos anfíbios.

56. (UEPB) A placenta é uma estrutura materno-fetal, característica dos mamíferos, que permite a passagem de nutrientes, gases respiratórios e excretas entre os dois organismos, durante o período gestacional. Com base na ausência/presença rudimentar/desenvolvimento pleno da placenta, os mamíferos classificam-se em prototheria, metatheria e eutheria. Entre as ordens de mamíferos citados, assinale aquela onde os indivíduos não apresentam desenvolvimento placentário.

a) Chirópteros.
b) Cetáceos.
c) Marsupiais.
d) Monotremados.
e) Artiodáctilos.

57. (UFPR) Considere a tabela abaixo, com informações sobre o sistema circulatório de vertebrados:

Coração	Circulação
I. Dois átrios e dois ventrículos.	Dupla e completa, com aorta curvada para a direita.
II. Um átrio e um ventrículo.	Simples e completa.
III. Dois átrios e dois ventrículos, aorta com forâmen de Panizza.	Dupla e incompleta.
IV. Dois átrios e dois ventrículos.	Dupla e completa, com aorta curvada para a esquerda.
V. Dois átrios e um ventrículo trabeculado.	Dupla e incompleta.

Determine a alternativa com a sequência **correta** de animais a que corresponderiam as características indicadas de I a V.

a) I – bem-te-vi; II – truta; III – crocodilo; IV – homem; V – rã.
b) I – foca; II – sardinha; III – jacaré; IV – pato; V – sapo.
c) I – sabiá; II – salmão; III – rã; IV – boi; V – jabuti.
d) I – pardal; II – baleia; III – tartaruga; IV – onça; V – girino.
e) I – gato; II – atum; III – cascavel; IV – quero-quero; V – enguia.

58. (Fuvest-SP) O ornitorrinco e a equidna são mamíferos primitivos que botam ovos, no interior dos quais ocorre o desenvolvimento embrionário. Sobre esses animais, é correto afirmar que

a) diferentemente dos mamíferos placentários, eles apresentam autofecundação.
b) diferentemente dos mamíferos placentários, eles não produzem leite para a alimentação dos filhotes.
c) diferentemente dos mamíferos placentários, seus embriões realizam trocas gasosas diretamente com o ar.
d) à semelhança dos mamíferos placentários, seus embriões alimentam-se exclusivamente de vitelo acumulado no ovo.
e) à semelhança dos mamíferos placentários, seus embriões livram-se dos excretas nitrogenados através da placenta.

59. (UFMT) Um animal apresenta as seguintes características:

- Notocorda
- Cloaca
- Circulação simples
- Fecundação externa
- Hematose

Pelas características citadas, esse animal pertence ao grupo

a) dos peixes.
b) das aves.
c) dos répteis.
d) dos anfíbios.
e) dos mamíferos.

60. (Fuvest-SP) Durante a gestação, os filhotes de mamíferos placentários retiram alimento do corpo materno. Qual das alternativas indica o caminho percorrido por um aminoácido resultante da digestão de proteínas do alimento, desde o organismo materno até as células do feto?

a) Estômago materno → circulação sanguínea materna → placenta → líquido amniótico → circulação sanguínea fetal → células fetais.
b) Estômago materno → circulação sanguínea materna → placenta → cordão umbilical → estômago fetal → circulação sanguínea fetal → células fetais.
c) Intestino materno → circulação sanguínea materna → placenta → líquido amniótico → circulação sanguínea fetal → células fetais.
d) Intestino materno → circulação sanguínea materna → placenta → circulação sanguínea fetal → células fetais.
e) Intestino materno → estômago fetal → circulação sanguínea fetal → células fetais.

QUESTÕES DISCURSIVAS

61. (UFPA) Os cordados, apesar de totalizarem apenas 5% das espécies do reino Animal, são extremamente familiares a nós. Os peixes, anfíbios, répteis, aves e mamíferos (inclusive a própria espécie humana) pertencem ao filo Chordata. Sobre os animais cordados, cite e caracterize as estruturas exclusivas desses animais, considerando as que estão presentes nos primeiros estágios do seu desenvolvimento.

62. (Vunesp)

> Cientistas ingleses disseram ter descoberto os restos de um dos primeiros tubarões. Os fósseis encontrados datam de 25 milhões de anos antes do que se acreditava. A impressão, a partir dos achados, é que os tubarões dessa época não tinham mandíbulas.
>
> • *O Estado de S. Paulo.*

a) Que grupo de vertebrados não possuía mandíbulas e que, provavelmente, antecedeu aos peixes? Cite um exemplo de um animal desse grupo.
b) Qual é a grande vantagem da aquisição de mandíbula pelos peixes?

63. (Fuvest-SP) Quais foram os primeiros vertebrados que se tornaram independentes do meio aquático para a reprodução? Cite uma característica que permitiu essa adaptação. Justifique.

64. (Unicamp-SP) Na tabela abaixo são apresentados os resultados das análises realizadas para identificar as substâncias excretadas por girinos, sapos e pombos.

Substâncias excretadas / Amostras	Quantidade de água	Amônia	Ureia	Ácido úrico
1	grande	+	–	–
2	pequena	–	–	+
3	grande	–	+	–

a) Identifique, na tabela, qual amostra corresponde às substâncias excretadas por pombos. Explique a vantagem desse tipo de excreção para as aves.
b) Identifique, na tabela, qual amostra corresponde às substâncias excretadas por girinos e qual corresponde às dos sapos. Explique a relação entre o tipo de substância excretada por esses animais e o ambiente em que vivem.

65. (Unicamp-SP) A figura a seguir representa uma árvore filogenética do Filo Chordata. Cada retângulo entre os ramos representa o surgimento de novidades evolutivas compartilhadas por todos os grupos dos ramos acima dele:

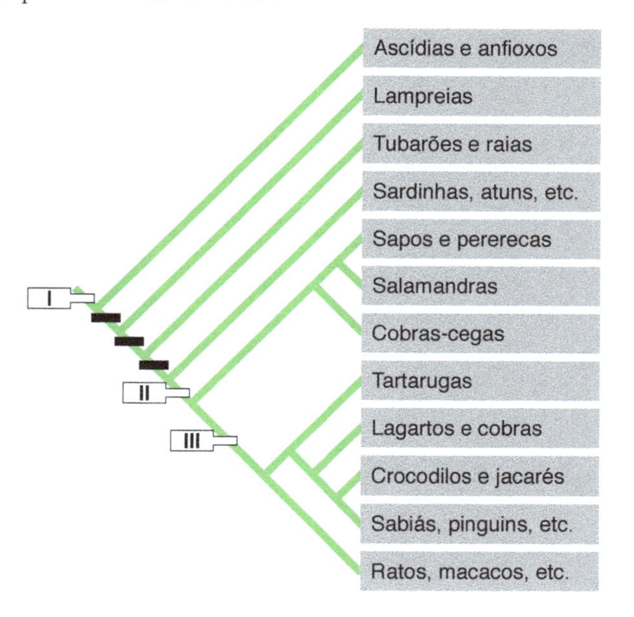

a) O retângulo I indica, portanto, que todos os cordados apresentam caracteres em comum. Cite 2 destes caracteres.
b) Cite uma novidade evolutiva que ocorreu no retângulo II e uma que ocorreu no retângulo III. Explique por que cada uma delas foi importante para a irradiação dos cordados.

66. (UFRJ) No processo evolutivo, centenas de espécies podem ser criadas em um tempo relativamente curto. Esse fenômeno é conhecido como radiação adaptativa. No grupo dos répteis, ocorreu uma grande radiação adaptativa após o aparecimento da fecundação interna e do ovo amniótico; muitas espécies desse grupo surgiram e ocuparam o hábitat terrestre.
Explique por que o ovo amniótico facilitou a ocorrência dessa radiação adaptativa.

67. (Unicamp-SP)

Parques Zoológicos são comuns nas grandes cidades e atraem muitos visitantes. O da cidade de São Paulo é o maior do estado e está localizado em uma área de Mata Atlântica original que abriga animais nativos silvestres vivendo livremente. Existem ainda 444 espécies de animais, entre mamíferos, aves, répteis, anfíbios e invertebrados, nativos e exóticos (de outras regiões), confinados em recintos semelhantes ao seu hábitat natural. Entre os animais livres presentes na mata do Parque Zoológico podem ser citados mamíferos como o bugio (primata) e o gambá (marsupial), aves como o tucano-de-bico-verde e, entre os répteis, o teiú.

• (Adaptado de www.zoologico.sp.gov.br)

a) Como podem ser diferenciados os marsupiais entre os mamíferos?
b) As aves apresentam características em comum com os répteis, dos quais os zoólogos acreditam que elas tenham se originado. Mencione duas dessas características.
c) Entre os animais exóticos desse zoológico estão zebras, girafas, leões e antílopes. Que ambiente deve ter sido criado no zoológico para ser semelhante ao hábitat natural desses animais? Dê duas características desse ambiente.

68. (Unesp) De um modo geral, o período normal de gestação de um mamífero está diretamente relacionado ao tamanho do corpo. O período de gestação do elefante, por exemplo, é de 22 meses, o do rato doméstico apenas 19 dias. O gambá, entretanto, que tem tamanho corporal maior que o do rato doméstico, tem um período de gestação de apenas 13 dias e seus filhotes nascem muito pequenos, se comparados com os filhotes do rato. Considerando estas informações, responda.
a) Por que o gambá, de maior porte que o rato, tem período de gestação menor? Justifique.
b) Qual é o anexo embrionário presente no rato e no elefante, mas ausente, ou muito pouco desenvolvido, nos gambás? Cite uma função atribuída a este anexo embrionário.

ENEM

69. O cladograma representa, de forma simplificada, o processo evolutivo de diferentes grupos de vertebrados. Nesses organismos, o desenvolvimento de ovos protegidos por casca rígida (pergaminácea ou calcárea) possibilitou a conquista do ambiente terrestre.

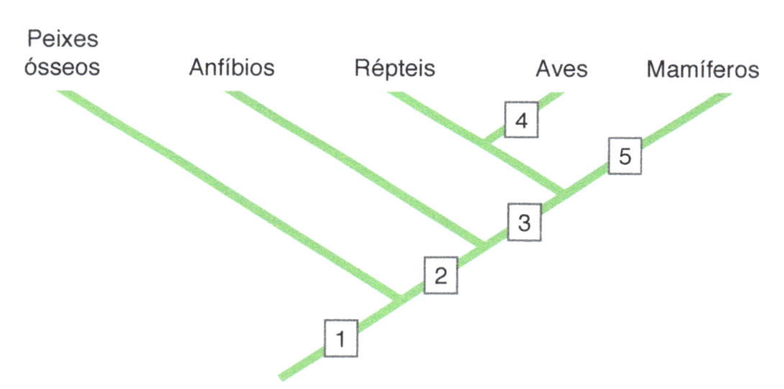

O surgimento da característica mencionada está representado, no cladograma, pelo número
a) 1.
b) 2.
c) 3.
d) 4.
e) 5.

70. Os anfíbios representam o primeiro grupo de vertebrados que, evolutivamente, conquistou o ambiente terrestre. Apesar disso, a sobrevivência do grupo ainda permanece restrita a ambientes úmidos ou aquáticos, devido à manutenção de algumas características fisiológicas relacionadas à água. Uma das características a que o texto se refere é a
a) reprodução por viviparidade.
b) respiração pulmonar nos adultos.
c) regulação térmica por endotermia.
d) cobertura corporal delgada e altamente permeável.
e) locomoção por membros anteriores e posteriores desenvolvidos.

Mais questões: no livro digital, em **Vereda Digital Aprova Enem** e **Vereda Digital Suplemento de revisão e vestibulares**; no *site*, em **AprovaMax**.

RESPOSTAS DA PARTE II

UNIDADE C

Capítulo 10 Sistemática e classificação biológica

Revendo conceitos, fatos e processos

1. a
2. d
3. d
4. d
5. c
6. d
7. a
8. e
9. g
10. c
11. b
12. f
13. a
14. d
15. a
16. b
17. c
18. b
19. a

A Biologia no vestibular

23. b
24. V – F – V – V – F – V
25. a
26. c
27. d
28. c
29. b

Capítulo 11 Vírus e bactérias

Revendo conceitos, fatos e processos

1. d
2. d
3. d
4. a
5. b
6. e
7. c
8. d
9. c
10. b
11. a
12. d
13. c
14. c
15. d
16. a
17. c
18. d
19. b
20. b
21. c

A Biologia no vestibular

24. d
25. b
26. c
27. c
28. e
29. c
30. c
31. b
32. b
33. a
34. c
35. c
36. b
37. d

Enem

42. c
43. c
44. e

Capítulo 12 Algas, protozoários e fungos

Revendo conceitos, fatos e processos

1. b
2. a
3. g
4. b
5. e
6. c
7. a
8. f
9. c
10. b
11. a
12. d
13. d
14. d
15. g
16. d
17. b
18. f
19. a
20. c
21. e

A Biologia no vestibular

25. a
26. e
27. b
28. a
29. b
30. d
31. d
32. a
33. b
34. a
35. c

Enem

40. d

UNIDADE D

Capítulo 13 A diversidade das plantas

Revendo conceitos, fatos e processos

1. a
2. a
3. a
4. a
5. e
6. c
7. b
8. d
9. a
10. a
11. d
12. c
13. a
14. d
15. b
16. c
17. b
18. c
19. b
20. b
21. b
22. a
23. c
24. d
25. f
26. e
27. d
28. a
29. b
30. d
31. b
32. d
33. c
34. a
35. f
36. e
37. c
38. b
39. d
40. b
41. d

A Biologia no vestibular

44. a
45. d
46. c
47. c
48. b
49. b
50. e
51. d
52. d
53. b
54. c
55. e

Capítulo 14 Reprodução e desenvolvimento das angiospermas

Revendo conceitos, fatos e processos

1. c
2. a
3. e
4. f
5. b
6. c
7. d
8. d
9. c
10. b
11. e
12. a
13. c
14. d
15. c
16. e
17. d
18. a
19. g
20. f
21. b
22. e
23. a
24. a
25. c
26. d
27. b
28. c
29. d
30. b
31. a
32. d
33. a
34. c
35. e
36. d
37. b
38. a
39. b
40. g
41. e
42. f
43. d
44. b
45. c
46. a
47. d
48. d
49. b
50. a
51. c
52. d

A Biologia no vestibular

55. a
56. a
57. b
58. b
59. a
60. e
61. e
62. e
63. b
64. d
65. a

Enem

71. d

Capítulo 15 Fisiologia das plantas

Revendo conceitos, fatos e processos

1. a
2. b
3. d
4. c
5. b
6. b
7. b
8. b
9. c
10. c
11. b
12. c
13. d
14. a
15. c
16. d
17. a
18. b
19. d
20. a
21. c
22. a
23. b
24. c
25. a
26. c
27. d
28. a
29. a
30. d
31. b
32. a
33. b
34. d
35. c
36. d
37. a
38. b
39. b
40. a
41. c

A Biologia no vestibular

47. b
48. c
49. a
50. c
51. c
52. c
53. c
54. a
55. e
56. a
57. b
58. c
59. c
60. a
61. b
62. b

Enem

74. e

UNIDADE E

Capítulo 16 Animais invertebrados

Revendo conceitos, fatos e processos

1. d
2. d
3. c
4. d
5. c
6. a
7. d
8. d
9. d
10. c
11. b
12. d
13. a
14. c
15. d
16. c
17. b
18. b
19. d
20. c
21. a
22. a
23. c
24. a
25. c
26. a
27. a
28. c
29. a
30. d
31. a
32. d
33. d
34. c
35. c
36. d
37. c
38. d

39. c
40. a
41. d
42. c
43. c
44. a
45. b
46. c
47. b
48. d
49. c
50. d
51. d
52. c
53. b
54. d
55. d
56. d
57. b
58. a
59. d
60. b
61. a
62. c
63. b
64. b
65. d
66. c
67. d
68. c
69. d
70. b

A Biologia no vestibular

82. c
83. d
84. e
85. c
86. b
87. c
88. e
89. e
90. a
91. e
92. a
93. e
94. c
95. d

Capítulo 17 Animais cordados: protocordados e craniados

Revendo conceitos, fatos e processos

1. b
2. c
3. d
4. b
5. c
6. c
7. a
8. a
9. d
10. c
11. d
12. c
13. e
14. b
15. a
16. a
17. b
18. b
19. c
20. b
21. c
22. d
23. d
24. b
25. b
26. b
27. d
28. b
29. a
30. b
31. a
32. b
33. c
34. d
35. c
36. c
37. d
38. a

A Biologia no vestibular

43. e
44. c
45. d
46. d
47. e
48. c
49. a
50. b
51. a
52. b
53. d
54. a
55. a
56. d
57. a
58. c
59. a
60. d

Enem

69. c
70. d

GLOSSÁRIO DA PARTE II

COMO CONSULTAR ESTE GLOSSÁRIO

Verbete — Os termos são os destacados em azul nos capítulos, apresentados em ordem alfabética.

A

Abscisão Queda de folhas velhas ou danificadas, de flores e de frutos, decorrente da diminuição da produção de auxinas.

Ácido abscísico *Ver* Fitormônio.

Adubo Conjunto de substâncias que, ao serem decompostas pelos microrganismos do solo, liberam nutrientes essenciais ao crescimento das plantas. Os adubos podem ser orgânicos ou inorgânicos, obtidos de restos ou partes de animais e plantas, ou produzidos industrialmente. Estes últimos costumam conter sais minerais de três elementos químicos: nitrogênio (N), fósforo (P) e potássio (K).

Agnato (do grego *a*, prefixo de negação, e *gnathos*, mandíbula) Animal craniado que apresenta boca circular, sem mandíbula, dotada de uma língua com dentículos de queratina, utilizados para raspar e perfurar a pele do hospedeiro. Ex.: lampreias.

Aids (do inglês *acquired immunodeficiency syndrome*) Sigla da expressão síndrome da imunodeficiência adquirida. Deficiência do sistema imunitário provocada por um retrovírus. *Ver também* HIV.

Alga Organismo eucariótico, autotrófico fotossintetizante, com organização corporal simples, que vive no mar, em água doce ou em superfícies úmidas. As algas podem ser uni ou multicelulares, mas não apresentam tecidos nem órgãos diferenciados, como ocorre nas plantas.

Alternância de gerações Revezamento de gerações de indivíduos haploides (n) e de indivíduos diploides ($2n$) que ocorre em muitas algas, nas plantas e em alguns animais.

Androceu (do grego *andros*, homem, e *oikos*, casa) Conjunto de componentes masculinos da flor. É um dos verticilos florais, sendo constituído por folhas modificadas (estames), em cujas extremidades dilatadas (anteras) se formam os grãos de pólen.

Anelídeo Representante do filo Annelida (do latim *annellus*, anel), constituído por animais invertebrados, triblásticos, celomados, com simetria bilateral, corpo alongado, cilíndrico, com metameria e sistema digestivo completo. Vivem em ambientes aquáticos ou terrestres. Ex.: minhocas e sanguessugas.

Anfíbio (do grego *amphi*, dos dois lados, dos dois modos; e *bios*, vida) Animal cordado e craniado. Na maioria das espécies, a fecundação é externa, as larvas são aquáticas e respiram por meio de brânquias, e os adultos são terrestres e respiram por meio de pulmões. Ex.: sapos e salamandras.

Angiosperma (do grego *angion*, vaso, e *sperma*, semente) Divisão do reino Plantae com flores e sementes contidas em frutos. Constitui a maior parte da vegetação atual do planeta e entre seus representantes há desde árvores de grande porte até capins com poucos milímetros de altura. Atualmente, o filo das angiospermas é denominado Magnoliophyta. No sistema de classificação dos seres vivos que adotamos, as angiospermas são divididas em três grupos: monocotiledôneas, eudicotiledôneas e dicotiledôneas basais.

Animalia Reino de seres vivos que reúne organismos eucarióticos, multicelulares, com nutrição heterotrófica e que passam pelo estágio de blástula durante o desenvolvimento embrionário.

Anterozoide (do grego *anthos*, flor, e *zoide*, célula sexual masculina) Gameta masculino dotado de flagelos, originado do anterídio em briófitas e pteridófitas.

Artrópode Representante do filo Arthropoda (do grego *arthros*, articulação, e *podos*, pé, perna), constituído por animais invertebrados, dotados de apêndices articulados e exoesqueleto quitinoso, triblásticos, celomados, com simetria bilateral, sistema digestivo completo e corpo metamerizado. Vivem em ambientes aquáticos ou terrestres. O filo é dividido em quatro grupos principais: crustáceos, quelicerados, hexápodes e miriápodes.

Ascósporo Esporo sexuado formado no interior de hifas especializadas denominadas ascos, presentes nos ascomicetos.

Átrio cardíaco Um dos tipos de câmara do coração, também denominado aurícula, que recebe sangue proveniente das veias e o remete ao ventrículo. Possui paredes mais finas e menos musculosas que o ventrículo.

Auxina *Ver* Fitormônio.

Aves Clado de animais craniados ovíparos, cujos representantes possuem, entre outras características, a pele revestida de penas, membros anteriores transformados em asas e bico córneo.

B

Bactéria Organismo unicelular procariótico, que pode viver isolado ou reunido em agrupamentos com formas típicas, que variam entre as espécies. Pode apresentar nutrição autotrófica ou heterotrófica. As bactérias diferem bastante de outros seres procarióticos, as arqueas.

Bactéria saprofágica *Ver* Saprofágico.

Bacteriófago (ou **fago**) (do grego *phagein*, comer) Vírus que ataca bactérias hospedeiras, aderindo à parede celular delas, perfurando-as e nelas injetando seu DNA.

Basidiósporo Esporo sexuado formado no interior de hifas especializadas, os basídios, presentes em basidiomicetos.

Biorremediação Utilização de microrganismos, principalmente bactérias, para limpar áreas ambientais contaminadas por poluentes.

Biotecnologia Aproveitamento de seres vivos em tecnologias úteis à humanidade, geralmente com finalidades produtivas.

Blastóporo Abertura presente no embrião animal que comunica o arquêntero e o meio externo; nos animais protostômios dá origem à boca e nos animais deuterostômios origina o ânus.

Brânquia Órgão respiratório presente em diversos invertebrados aquáticos, nos peixes e nas larvas dos anfíbios. São dobras externas da superfície epitelial, nas quais há vasos circulatórios em grande quantidade. O sangue (ou hemolinfa), ao passar por esses vasos, fica próximo da água o suficiente para permitir troca de gases com o ambiente aquático. Nos craniados, as brânquias são expansões da faringe, com ampla superfície de contato com a água circundante e grande irrigação sanguínea.

Briófita (do grego *brion*, musgos) Divisão do reino Plantae que reúne vegetais sem vasos condutores de seiva. São plantas pequenas e delicadas que vivem geralmente em ambientes úmidos e sombreados. No sistema de classificação de seres vivos adotado neste livro, as briófitas estão distribuídas em três filos: Bryophyta (musgos), Hepatophyta (hepáticas) e Anthocerophyta (antóceros).

C

Câmbio vascular Meristema presente em plantas com crescimento secundário. As células do câmbio vascular dividem-se continuamente e diferenciam-se em elementos do xilema e do floema.

Capsídio Envoltório presente no vírus, formado por moléculas de proteínas e que protege o ácido nucleico.

Cavidade gastrovascular (do grego *gastrós*, estômago, e do latim *vasculum*, vaso pequeno, relativo à circulação) Cavidade interna do corpo de diversos invertebrados, que tem funções digestivas e de distribuição de alimentos (função circulatória).

Cefalocordado Animal marinho pertencente ao subfilo Cephalochordata. Apresenta corpo achatado lateralmente e afilado nas extremidades. Distinguem-se dos peixes por não apresentar cabeça diferenciada. Ex.: anfioxos.

Celoma Cavidade corporal de certos animais triblásticos, que se caracteriza por ser totalmente revestida por mesoderma.

Chordata (do latim *chorda*, corda) Filo constituído por animais que apresentam, na fase embrionária, tubo nervoso dorsal, notocorda, fendas faríngeas e cauda pós-anal. São triblásticos, celomados, metamerizados, deuterostômios, com simetria bilateral e sistema digestivo completo. Distribuem-se em três subfilos: Tunicata (tunicados), ou Urochordata (urocordados); Cephalochordata (cefalocordados) e Craniata (craniados).

Ciclo lisogênico Conjunto de sucessivas divisões da bactéria lisogênica, em que o profago integrado ao cromossomo se transmite às células-filhas.

Ciclo lítico Ciclo reprodutivo de um vírus, em que a bactéria hospedeira se rompe, liberando novas partículas virais.

Citocinina *Ver* Fitormônio.

Cladística Método de classificação das espécies que procura reunir em um grupo taxonômico apenas organismos descendentes de um mesmo ancestral. A proposta básica da Cladística é que uma novidade evolutiva que passa no teste da adaptação e se fixa em uma espécie será transmitida a todas as espécies que dela surgirem no curso da evolução. Essa nova característica, compartilhada por dois ou mais táxons e por seu ancestral comum mais recente, é denominada pelos biólogos cladistas sinapomorfia.

Cladograma Esquema gráfico semelhante às árvores filogenéticas, porém construído segundo os princípios cladísticos.

Classificação biológica (ou **taxonomia**) Sistema que distribui os seres vivos em agrupamentos genericamente denominados táxons, definidos com base nas semelhanças existentes entre eles.

Cnidário Representante do filo Cnidaria, constituído por animais diblásticos, com sistema digestivo incompleto (cavidade gastrovascular), dotados de células urticantes (cnidoblastos). Os cnidários vivem em ambientes aquáticos. Ex.: águas-vivas, anêmonas-do-mar e corais.

Cnidoblasto (do grego *knide*, urtiga, e *blastos*, aquilo que germina) Célula típica dos cnidários. Alguns apresentam uma bolsa interna, o nematocisto, onde há um filamento longo, oco e às vezes espinhoso, enrolado sobre si mesmo, que ao ser expelido fere a vítima e libera substâncias tóxicas paralisantes. Os cnidoblastos localizam-se principalmente nos tentáculos e ao redor da boca dos cnidários.

Cogumelo Nome popular do corpo de frutificação (basidiocarpo) presente em alguns fungos basidiomicetos.

Coifa (do latim *cofea*, espécie de gorro) Envoltório celular presente na extremidade das raízes, cuja função é proteger o meristema radicular do atrito com o solo.

Colênquima Tecido vegetal de sustentação, formado por células vivas e alongadas, cujas paredes são dotadas de reforços adicionais de celulose.

Coluna vertebral Conjunto de peças ósseas ou cartilaginosas articuladas (vértebras) que formam o eixo de sustentação corporal dos animais craniados. Os orifícios das vértebras constituem um canal no qual se aloja a medula espinal.

Condricte (do grego *chondros*, cartilagem, e *ichthyes*, peixes). Representante do clado Chondrichthyes que apresenta esqueleto constituído totalmente por cartilagem. Ex.: raias, tubarões e quimeras.

Conjugação Tipo de reprodução sexuada dos protozoários ciliados, apesar de não resultar diretamente em aumento do número de indivíduos: dois indivíduos sexualmente compatíveis trocam material genético através de uma ponte citoplasmática estabelecida entre eles. O termo também é usado para denominar um processo de recombinação genética em bactérias (conjugação bacteriana).

Convergência evolutiva Processo evolutivo em que espécies pouco aparentadas desenvolvem estruturas e formas corporais semelhantes.

Coral Cnidário polipoide colonial dotado de substâncias calcárias que dão sustentação esquelética à base de seu corpo. Ao morrer, o pólipo se decompõe, mas o esqueleto calcário permanece intacto, mantendo até mesmo o desenho das dobras e pregas internas da cavidade gastrovascular. Novos pólipos crescem sobre os esqueletos dos que morreram e assim se desenvolve uma estrutura calcária denominada rocha coralínea.

Cotilédone Folha especializada na transferência de nutrientes estocados na semente para o embrião de plantas fanerógamas.

Crânio Parte do esqueleto axial dos vertebrados formada pelo neurocrânio (ou caixa craniana), o dermatocrânio e o esplancnocrânio (crânio visceral). Abriga e protege o encéfalo e os órgãos dos sentidos.

Crustáceo Representante do grupo Crustacea (filo Arthropoda), constituído por animais com dois pares de antenas e que apresentam corpo dividido em cefalotórax e abdômen, ambos dotados de apêndices locomotores. Ex.: camarões, lagostas e siris.

D

Deuterostômio (do grego *deuteros*, segundo, e *stoma*, boca) Grupo de animais triblásticos, nos quais o blastóporo origina o ânus. A boca surge posteriormente. São deuterostômios os equinodermos e os cordados. *Ver também* Protostômio.

Diblástico (ou **diploblástico**) (do grego *diplos*, duplo, dois, e *blastos*, aquilo que germina) Animal que apresenta apenas dois folhetos germinativos: ectoderma e endoderma. São diblásticos os cnidários. Ex.: águas-vivas, anêmonas-do-mar e corais. *Ver também* Triblástico.

Divergência evolutiva Processo evolutivo em que espécies aparentadas possuem estruturas homólogas com formas e funções distintas.

Divisão binária (ou **cissiparidade**) Processo de reprodução de seres unicelulares que consiste na divisão da única célula do indivíduo, originando duas células-filhas, que são dois novos indivíduos.

Dominância apical Efeito inibidor exercido pela gema apical de um ramo caulinar sobre as gemas laterais, impedindo seu desenvolvimento. A inibição é causada pela auxina produzida no meristema apical e distribuída para a parte inferior do caule. *Ver também* Fitormônio.

Dupla fecundação Processo de fecundação que ocorre em angiospermas. Um dos gametas masculinos (n) fecunda a oosfera (n), originando o zigoto ($2n$), enquanto o outro se une aos dois núcleos polares, originando o endosperma secundário, um tecido constituído por células triploides ($3n$).

E

Encéfalo Parte do sistema nervoso central dos animais craniados, situada no interior da caixa craniana, que centraliza e coordena o controle das funções corporais. Origina-se a partir da dilatação da região anterior do tubo nervoso. Divide-se em cinco regiões: telencéfalo, diencéfalo, mesencéfalo, metencéfalo e mielencéfalo.

Endemia Doença que se mantém presente em uma população, atacando número praticamente constante de indivíduos numa determinada região.

Endoderma (do grego *endon*, dentro, e *dermatos*, pele) [1]Folheto germinativo que reveste a cavidade digestiva (arquêntero) do embrião dos animais e originará o revestimento interno do tubo digestivo, as estruturas glandulares associadas à digestão (glândulas salivares, pâncreas, fígado e glândulas gástricas secretoras de ácido clorídrico) e o sistema respiratório, representado pelas brânquias ou pulmões. [2]Camada celular situada entre o córtex e o cilindro vascular das raízes. As paredes das células endodérmicas possuem uma cinta de reforço, constituída de suberina e/ou lignina (estria caspariana), que as conecta a suas vizinhas.

Endosperma (do grego *endon*, dentro, e *sperma*, semente) Tecido de reserva presente na semente de gimnospermas e angiospermas. Sua função é nutrir o embrião nos estágios iniciais de seu desenvolvimento.

Epidemia Aumento súbito no número de casos de uma doença infecciosa em uma população. Se a epidemia atinge grandes proporções e se espalha por diversos países, fala-se em pandemia.

Epiderme (do grego *epi*, superior, e *dermatos*, pele) Tecido de revestimento constituído por diversas camadas de células sobrepostas, bem aderidas umas às outras. Nos animais craniados, a epiderme origina-se do ectoderma. Nas plantas, as células epidérmicas, com exceção das células estomáticas, não têm cloroplastos e geralmente são recobertas pela cutícula, que protege os tecidos internos da perda de água por transpiração.

Equinodermo (do grego *echinos*, espinho, e *dermatos*, pele) Representante do filo Echinodermata, constituído por animais triblásticos, celomados, deuterostômios, dotados de sistema digestivo completo, não segmentados, com simetria bilateral nas fases larvais e simetria radial quando adultos. Apresentam endoesqueleto (esqueleto interno) de origem mesodérmica. Apresentam sistema ambulacral, característica exclusiva do grupo. Vivem em ambientes marinhos. Ex.: estrelas-do-mar e ouriços-do-mar.

Esclerênquima Tecido vegetal de sustentação formado por células mortas cujas paredes são impregnadas de lignina. As células podem ter forma variada, em geral ramificada (esclereídes), ou ser alongadas (fibras esclerenquimáticas).

Especiação Processo de formação de novas espécies de seres vivos.

Esporo Nas algas, briófitas e pteridófitas, célula haploide que originará um gametófito. Nos fungos, célula haploide que originará as hifas.

Esporófito (do grego *spora*, semente, e *phytos*, planta) Indivíduo diploide que forma esporos no ciclo de vida de algas, fungos e plantas. Constitui a geração esporofítica diploide nas espécies com alternância de gerações.

Estame (do latim *stamen*, filete) Folha especializada das angiospermas, que integra o androceu (parte masculina da flor). É constituída por um filete que sustenta a antera, onde se localizam os microsporângios, no interior dos quais se formam os grãos de pólen.

Estômato (do grego *stoma*, boca) Estrutura da epiderme de partes aéreas da planta, presentes principalmente na face inferior das folhas. Através dele ocorrem trocas gasosas entre a planta e o ar atmosférico. O estômato é formado por duas células especializadas, ricas em cloroplastos (células-guarda). Entre elas existe um orifício regulável (ostíolo), através do qual há difusão de gases atmosféricos.

Estrutura análoga Estrutura que aparece de forma independente em diferentes grupos de organismos, constituindo adaptações a modos de vida semelhantes.

Estrutura homóloga Estrutura corporal que se desenvolveu de modo semelhante em embriões de diferentes espécies que tiveram ancestralidade comum.

Etileno (C_2H_4) *Ver* Fitormônio.

F

Feixe liberolenhoso Conjunto formado pela reunião de vasos lenhosos (xilema) e de vasos liberianos (floema), organizados em feixes e presentes nos caules de plantas. O xilema está voltado para o interior da planta, e o floema, para o exterior.

Fenda faríngea (ou **fenda branquial**) Cada uma das aberturas presentes na faringe embrionária dos animais cordados. Em certos cordados aquáticos, o epitélio que recobre os arcos entre as fendas faríngeas origina as brânquias. Nos cordados terrestres, as fendas faríngeas regridem e fecham-se.

Fitocromo Pigmento proteico que participa das respostas fisiológicas da planta à luz. Apresenta-se sob duas formas interconversíveis: fitocromo P_r e fitocromo P_{fr}.

Fitormônio (ou **hormônio vegetal**) (do grego *horman*, estimular) Substância orgânica produzida em determinados locais da planta e transportada para outros locais onde exerce seus efeitos. Em pequeníssimas quantidades, os fitormônios afetam o funcionamento de células específicas, denominadas células-alvo do hormônio, provocando alterações no metabolismo celular. As auxinas, fitormônios produzidos nas extremidades de caules, em folhas jovens, frutos e sementes, estimulam o alongamento das células do caule e atuam no fototropismo, no gravitropismo, na dominância apical e no desenvolvimento dos frutos. Associadas às citocininas, estimulam a divisão celular. As giberelinas, por sua vez, promovem o alongamento celular e a germinação de sementes e o desenvolvimento de brotos em certas espécies. Aplicadas sobre o ovário de certas plantas, induzem o desenvolvimento de frutos partenocárpicos, isto é, sem sementes. O ácido abscísico, por outro lado, inibe o crescimento do caule e atua na dormência de sementes e no fechamento dos estômatos quando falta água à planta. Por fim, o gás etileno (C_2H_4), produzido em diversas partes das plantas, estimula a germinação das sementes, o amadurecimento dos frutos e a abscisão das folhas de certas plantas.

Floema (ou **líber**) (do grego *phloos*, casca) Tecido vascular das plantas traqueófitas (pteridófitas, gimnospermas e angiospermas) responsável pela condução da seiva orgânica das folhas às demais partes da planta. É constituído por elementos de tubo crivado, células crivadas, fibras e células parenquimáticas.

Flor Unidade reprodutiva das angiospermas. É um ramo especializado, com folhas modificadas "férteis" produtoras de esporângios e folhas modificadas "estéreis", que não constituem elementos reprodutivos. Uma flor completa é constituída por quatro verticilos florais: cálice (conjunto de sépalas), corola (conjunto de pétalas), androceu (conjunto de estames) e gineceu (conjunto de carpelos). Quando falta um ou mais verticilos, a flor é chamada incompleta.

Folha Estrutura vegetal geralmente laminar, adaptada à captação de luz e à realização da fotossíntese.

Fotoblastismo (do grego *photos*, luz, e *blástos*, broto) Efeito da luz sobre a germinação das sementes. As sementes da maioria das espécies vegetais são fotoblásticas negativas. Em sementes fotoblásticas positivas, o processo de germinação é induzido pelo fitocromo F_{vd}, que se forma durante o período de exposição à radiação solar.

Fotoperiodismo Alternância entre períodos de claridade e de escuridão que afeta a atividade fisiológica de muitas plantas. Elas reagem a um valor-limite de duração do período iluminado (fotoperíodo crítico), acima ou abaixo do qual ocorre determinada resposta fisiológica. Quanto à influência do fotoperiodismo na floração, as plantas são classificadas em: de dia longo, de dia curto e neutras. Plantas de dia curto só florescem quando submetidas a períodos de iluminação, nos dias, inferiores ao fotoperíodo crítico. Plantas de dia longo são as que só florescem quando submetidas a períodos de iluminação superiores ao fotoperíodo crítico. Plantas neutras são as que florescem independentemente do fotoperíodo. O fotoperiodismo é controlado pelos fitocromos.

Fotossíntese (do grego *photos*, luz, e *syntithenai*, juntar, produzir) Processo realizado por plantas, algas e certas bactérias, que utiliza como reagentes o gás carbônico (CO_2) e a água (H_2O) e produz glicídios e gás oxigênio (O_2). A fonte de energia para a fotossíntese é a luz solar.

Fototropismo Crescimento das plantas em resposta ao estímulo da luz.

Fruto Estrutura reprodutiva de angiospermas que se desenvolve a partir da parede do ovário e no interior do qual se localizam as sementes.

Fungo Organismo eucariótico, heterotrófico, unicelular ou multicelular, cuja parede celular contém quitina. Fungos multicelulares são formados por filamentos microscópicos e ramificados, as hifas.

G

Gametófito (do grego *gamein*, casar, e *phytos*, planta) Indivíduo haploide que forma gametas no ciclo de algas, fungos e plantas. Constitui a geração gametofítica haploide nas espécies com alternância de gerações.

Germinação (do latim *germinare*, brotar) Processo em que um esporo ou um embrião vegetal se desenvolve por sucessivas divisões mitóticas originando um novo gametófito ou um novo esporófito, respectivamente.

Giberelina *Ver* Fitormônio.

Gimnosperma (do grego *gymnos*, nu, e *sperma*, semente) Divisão do reino Plantae que inclui plantas dotadas de sementes não contidas em frutos, expostas externamente no órgão reprodutivo (sementes nuas). No sistema de classificação de seres vivos que adotamos, são distribuídas em 4 filos: Coniferophyta (coníferas), Cycadophyta (cicadófitas), Gnetophyta (gnetófitas) e Ginkgophyta (gincófitas).

Gineceu (do grego *gyne*, mulher, e *oikos*, casa) Conjunto de componentes femininos da flor. É um dos verticilos florais, sendo constituído por folhas modificadas (carpelos ou megasporofilos), que abrigam o ovário, no interior do qual se formam os óvulos.

Grão de pólen (do latim *pollen*, poeira fina) Estrutura reprodutiva masculina de plantas fanerógamas, originada do micrósporo. Os grãos de pólen são geralmente revestidos por paredes ornamentadas, características de cada espécie de planta. Ele corresponde ao gametófito masculino (microprótalo) imaturo. Quando um grão de pólen atinge o gametófito feminino, uma de suas células se desenvolve e forma o tubo polínico que abriga em seu interior as células espermáticas, transformando-se no microgametófito maduro.

Gravitropismo (ou **geotropismo**) Crescimento das plantas em resposta ao estímulo da gravidade.

H

Hematose Processo de oxigenação do sangue que ocorre nos capilares sanguíneos das brânquias, dos pulmões ou da superfície do corpo, dependendo do animal.

Hemocela Cavidade corporal presente em animais com sistema circulatório aberto, como os artrópodes e alguns moluscos. Nesse tipo de sistema circulatório, o líquido circulante (hemolinfa ou sangue) é impulsionado pelo coração e segue pelo interior de vasos, que o conduzem até as hemocelas, onde o líquido entra em contato direto com os tecidos, trocando substâncias.

Hexápode (do grego *hexa*, seis, e *podos*, pé, perna) Representante do grupo Hexapoda, constituído por animais dotados de três pares de pernas e um par de antenas. Ex.: besouros, moscas e pulgas.

Hifa Filamento ramificado de dimensão microscópica e de parede quitinosa no interior do qual se encontra o conteúdo celular do fungo.

Hipótese do fluxo em massa (ou **hipótese do desequilíbrio osmótico**, ou ainda, **hipótese do fluxo por pressão**) Hipótese segundo a qual o deslocamento da seiva orgânica através do floema resulta de um desequilíbrio osmótico entre a fonte e o destino das substâncias orgânicas solúveis, principalmente sacarose, para o interior dos tubos e das células crivadas que compõem o floema. Com isso, a pressão osmótica no interior desses elementos torna-se maior do que nas células vizinhas e eles passam a absorver água. Essa entrada de água nos elementos floemáticos cria uma corrente de líquido que arrasta passivamente as moléculas orgânicas em direção a seus destinos, onde elas são ativamente absorvidas e utilizadas pelas células. A absorção de substâncias orgânicas pelas células consumidoras faz com que a pressão osmótica diminua no interior dos elementos floemáticos e se torne menor do que a das células vizinhas. Com isso, os tubos crivados e as células crivadas perdem água para as células vizinhas, o que contribui para a manutenção da corrente líquida desde as células produtoras e armazenadoras até as regiões de consumo.

HIV (do inglês *human immunodeficiency virus*) Sigla do vírus da imunodeficiência humana, agente causador da aids. O HIV ataca principalmente os linfócitos e os macrófagos. A queda da imunidade favorece a instalação das chamadas infecções oportunistas, capazes de levar a pessoa à morte na maioria dos casos. O vírus é adquirido especialmente por relações sexuais, transfusão de sangue, compartilhamento de agulhas entre usuários de drogas injetáveis e de mãe para filho durante o parto ou a amamentação. Ainda não há cura para a aids e a única forma possível de controle é a prevenção. Medicamentos antirretrovirais têm sido empregados para inibir a replicação do vírus e sua capacidade de infectar novas células.

I

Infecção viral Invasão e subsequente multiplicação de um vírus na célula hospedeira.

Inseto Representante do grupo Insecta (filo Arthropoda), constituído por animais que apresentam um par de antenas e três pares de pernas.

L

Líquen Associação mutualística de certas espécies de fungo e de alga ou entre fungos e cianobactérias.

M

Macronutriente Cada um dos elementos químicos que os seres vivos necessitam absorver em quantidade relativamente grande para sobreviver e se desenvolver. No caso dos vegetais, eles são: hidrogênio (H), carbono (C), oxigênio (O), nitrogênio (N), fósforo (P), cálcio (Ca), magnésio (Mg), potássio (K) e enxofre (S).

Mamífero Animal craniado que se caracteriza por apresentar glândulas mamárias; corpo total ou parcialmente recoberto por pelos; dentes diferenciados de acordo com a alimentação; diafragma, uma membrana muscular que separa o tórax do abdômen e participa da ventilação dos pulmões.

Mandíbula Estrutura óssea ou cartilaginosa, articulada à caixa craniana, que permite ao animal abrir e fechar a boca.

Maré vermelha Proliferação intensa de dinoflagelados (protoctistas fotossintetizantes), decorrente da eutrofização das águas, causando a morte generalizada de peixes e outros organismos aquáticos devido ao esgotamento do gás oxigênio dissolvido e à liberação de substâncias tóxicas.

Marsupial Representante do grupo dos mamíferos, cujos embriões se desenvolvem no útero e nascem imaturos; a maioria termina seu desenvolvimento no interior de uma bolsa de pele no ventre materno (marsúpio). Ex.: cangurus e gambás.

Medula espinal Parte do sistema nervoso central dos animais craniados situada no canal da coluna vertebral. Além de controlar certas atividades corporais reflexas (respostas reflexas medulares), a medula estabelece a comunicação entre diversas partes do corpo e o encéfalo.

Medusa Uma das formas corporais básicas dos cnidários; assemelha-se a um guarda-chuva, com a boca situada na posição correspondente à do cabo. Ex.: águas-vivas. *Ver também* Pólipo.

Megásporo Esporo feminino de pteridófitas heterosporadas, gimnospermas e angiospermas. O megásporo funcional origina o megaprótalo (gametófito feminino), que contém a oosfera (gameta feminino).

Metâmero Cada um dos segmentos mais ou menos idênticos, ou equivalentes, que constituem o corpo de diversos grupos animais que se caracterizam por apresentar metameria. A metameria é bem evidente nos anelídeos e nos artrópodes.

Metanefrídio Tubo excretor presente em anelídeos e moluscos. Compõe-se de um funil ciliado (nefróstoma) e de um tubo enovelado, que removem excreções do celoma e do sangue. Os metanefrídios desembocam em poros excretores (nefridióporos). *Ver também* Protonefrídio.

Micélio Conjunto de hifas que constitui o corpo de um fungo.

Micorriza (do grego *mykos*, fungo, e *rhizos*, raiz) Associação mutualística de certos fungos com raízes de certas plantas.

Micronutriente Cada um dos elementos químicos que os seres vivos necessitam absorver em quantidade relativamente pequena para sobreviver e se desenvolver. No caso dos vegetais, eles são: cloro (Cl), ferro (Fe), boro (B), manganês (Mn), zinco (Zn), cobre (Cu), níquel (Ni), molibdênio (Mo).

Micrósporo Esporo masculino de pteridófitas heterosporadas, gimnospermas e angiospermas. Cada micrósporo origina um microprótalo (gametófito masculino).

Miriápode Representante do grupo Myriapoda, constituído por animais de corpo alongado, dividido em anéis, dotados de muitas pernas e um par de antenas. Ex.: lacraias e piolhos-de-cobra.

Molusco Representante do filo Mollusca (do latim *mollis*, mole), constituído de animais de corpo mole, em muitas espécies protegido por concha calcária, triblásticos, celomados e com sistema digestivo completo. Vivem em ambientes aquáticos ou terrestres. Ex.: mexilhões, lesmas, caracóis e lulas.

Monotremado Representante do grupo dos mamíferos, constituído por animais que põem ovos semelhantes aos dos répteis. Vivem apenas na Austrália e na Nova Guiné. Ex.: ornitorrincos e equidnas.

N

Nematocisto *Ver* Cnidoblasto.

Nematódeo Representante do filo Nematoda, constituído por animais pseudocelomados de corpo cilíndrico, alongado e afilado nas extremidades, triblásticos, com sistema digestivo completo. A maioria das espécies tem vida livre enquanto outras são endoparasitas de animais e plantas. Ex.: lombrigas e ancilóstomos.

Notocorda (ou **corda dorsal**) Bastão de células semirrígido localizado ao longo do eixo ântero-posterior do embrião dos animais cordados, entre o tubo nervoso e o tubo digestivo. Sustenta o tubo nervoso, contribuindo para definir o eixo longitudinal do embrião. Novas descobertas sugerem que a notocorda também participa da diferenciação do tubo nervoso. Nos cordados vertebrados, a notocorda desaparece, sendo substituída pela coluna vertebral.

O

Oosfera (do grego *oión*, ovo) Gameta feminino das plantas, originado no arquegônio de criptógamas e gimnospermas ou no interior do saco embrionário de angiospermas.

Osteícte Representante do clado Osteichthyes. São peixes que apresentam esqueleto constituído totalmente por tecido ósseo. Ex.: trutas, cavalos-marinhos e atuns.

Ovário [1]Nos animais, gônada feminina, na qual são produzidos os óvulos (gametas femininos). [2]Nas plantas, base dilatada do carpelo da flor das angiospermas. Corresponde a um ou mais megasporofilos, responsáveis pela formação dos óvulos.

Óvulo [1]Estrutura reprodutiva das plantas fanerógamas, constituída por tecido diploide originário do megaesporofilo (tegumento) e pelo gametófito feminino (haploide) com a oosfera. [2]Gameta feminino dos animais. Forma-se ao fim do processo de oogênese (ou ovogênese ou ovulogênese). É haploide e armazena substâncias de reserva. Após a fecundação pelo gameta masculino, o espermatozoide, origina o zigoto (ou ovo).

P

Pandemia *Ver* Epidemia.

Parênquima Tecido vegetal constituído por células relativamente pouco especializadas que preenche os espaços entre os tecidos de revestimento e tecidos condutores da planta. Além dessa função de preenchimento, os parênquimas podem apresentar funções específicas. O parênquima clorofiliano, por exemplo, está presente nas folhas e é especializado na realização da fotossíntese; o parênquima amilífero, presente em raízes e caules tuberosos, é especializado no armazenamento de amido. Plantas aquáticas flutuantes apresentam um parênquima especializado na flutuação, o parênquima aerífero, em que há acúmulo de gases entre as células.

Periderme Tecido de revestimento que substitui a epiderme em certas partes de plantas eudicotiledôneas adultas, como caules e raízes, que crescem em diâmetro. É formado por três camadas celulares (da mais interna para a mais externa): feloderma, felogênio e súber.

Pigmento respiratório Substância proteica colorida presente no corpo de diversos animais, capaz de se combinar com moléculas de gás oxigênio, transportando-o até as células do corpo. Ex.: hemoglobina e hemocianina.

Placenta Órgão presente apenas em mamíferos placentários e cuja função é realizar a troca de substâncias (nutrientes, gases e excreções) entre a circulação materna e a circulação do embrião. É formada por tecidos maternos e embrionários. *Ver também* Placentário.

Placentário Representante do grupo dos mamíferos, cujos embriões se desenvolvem no interior do útero materno, obtendo nutrientes através da placenta. *Ver também* Placenta.

Plantae Reino que reúne as plantas, seres eucarióticos, multicelulares e autotróficos fotossintetizantes. Seus representantes formam embriões multicelulares sem cavidades internas que, no início do desenvolvimento, retiram alimento diretamente da planta genitora. Musgos, samambaias, pinheiros e plantas frutíferas são os principais grupos que compõem o reino Plantae.

Plasmídio Pequena molécula circular de DNA presente na célula bacteriana, independente do DNA principal; pode conter genes responsáveis pela destruição de substâncias tóxicas às bactérias (como antibióticos, por exemplo).

Plasmodesmo Filamento citoplasmático que passa através de um poro, estabelecendo comunicação entre células do floema vizinhas.

Platelminte Representante do filo Platyhelminthes (do grego *platys*, plano, achatado, e *helminthes*, verme), constituído por animais acelomados, de corpo achatado dorso ventralmente, triblásticos, com sistema digestivo incompleto. Podem ter vida livre (em ambientes aquáticos ou terrestres) ou ser parasitas. Ex.: planárias e tênias.

Polinização Transferência de grãos de pólen ao estigma da flor. Geralmente é realizada pelo vento (anemofilia) ou por animais (zoofilia) como insetos, morcegos, beija-flores etc.

Pólipo Uma das formas corporais básicas dos cnidários que se assemelha a um cilindro, com uma das bases fixadas ao substrato. Ex.: anêmonas-do-mar. *Ver também* Medusa.

Ponto de compensação fótico (ou **ponto de compensação luminosa**) Intensidade de luz em que as taxas de fotossíntese e de respiração celular se equivalem. Essa intensidade varia entre as espécies vegetais. No ponto de compensação, a quantidade de gás carbônico consumida na fotossíntese é a mesma que a liberada na respiração; consequentemente, a quantidade de gás oxigênio consumida na respiração é a mesma que a liberada na fotossíntese.

Porífero Representante do filo Porifera (do grego *poris*, poro, e *phoros*, portador), constituído por animais com organização corporal simples, destituído de tecidos ou órgãos. Ex.: esponjas.

Profago (ou **provírus**) DNA de certos tipos de bacteriófago que, em vez de se multiplicar imediatamente após penetrar na bactéria, pode incorporar-se ao cromossomo bacteriano sem afetar o metabolismo da bactéria, a qual continua a crescer e a se reproduzir normalmente. O profago duplica-se simultaneamente à duplicação do cromossomo bacteriano, de modo que as células-filhas herdam uma cópia do DNA viral integrada ao cromossomo recebido da célula-mãe.

Prótalo (do grego *protos*, primitivo, primeiro, e *thallos*, corpo vegetativo filamentoso ou laminar) Gametófito hermafrodita (monoico), originado por germinação do esporo, presente no ciclo de vida das plantas pteridófitas. Em certas espécies apresenta formato de um coração achatado (cordiforme).

Protonefrídio Túbulo excretor, ramificado, presente em platelmintes, dotado de células especializadas na absorção de água e excreções. Dependendo da espécie, a célula excretora pode ser um solenócito ou uma célula-flama. *Ver também* Metanefrídio.

Protostômio (do grego *protos*, primitivo, primeiro, e *stoma*, boca) Grupo de animais triblásticos, no quais o blastóporo origina a boca. Os representantes de todos os filos de animais triblásticos, exceto equinodermos e cordados, são protostômios. *Ver também* Deuterostômio.

Protozoário (do grego *protos*, primitivo, primeiro, e *zoon*, animal) Organismo eucariótico, unicelular e heterotrófico, que vive em água doce ou marinha, em ambientes úmidos ou mesmo no interior do corpo de animais, tanto invertebrados quanto vertebrados. Ex: paramécios e amebas.

Pseudoceloma (do grego *pseudo*, falso) Cavidade corporal de certos animais triblásticos revestida em parte por mesoderma e em parte por endoderma.

Pteridófita Divisão do reino Plantae que inclui plantas traqueófitas cujo gametófito se desenvolve independentemente do esporófito e que, portanto, não formam semente. No sistema de classificação de seres vivos que adotamos, as plantas vasculares sem sementes estão distribuídas em dois filos: Pteridophyta (samambaias, avencas, cavalinhas e psilotos), Lycopodiophyta (licopódios e selaginelas).

Pulmão Órgão respiratório interno, com ampla superfície de contato com o ar atmosférico e grande irrigação sanguínea, cuja função é realizar as trocas gasosas. Está presente em alguns animais invertebrados terrestres e em anfíbios adultos, répteis, aves e mamíferos. Na espécie humana, são dois órgãos esponjosos, com aproximadamente 25 centímetros de altura, localizados no interior da caixa torácica.

Q

Quelicerado Representante do grupo Chelicerata (filo Arthropoda), constituído por animais com quatro pares de pernas, sem antenas e que apresentam corpo dividido em cefalotórax e abdômen, e que apresentam um par de quelíceras, estruturas afiadas que participam da captura de alimento, característica típica do grupo. Ex.: aranhas, escorpiões e carrapatos.

R

Réptil (do latim *reptilis*, que se arrasta) Animal craniado com o corpo recoberto por uma grossa camada impermeável, constituída pela proteína queratina, e pulmões eficientes nas trocas gasosas com o ambiente aéreo. Ex.: serpentes, lagartos, jacarés e tartarugas.

Retrovírus Vírus que possui a enzima transcriptase reversa e, por isso, é capaz de produzir moléculas de DNA a partir de moléculas de RNA, exatamente o contrário do que costuma ocorrer nas células, nas quais RNA é produzido a partir de DNA. Um exemplo de retrovírus é o HIV, causador da aids.

Rocha coralínea *Ver* Coral.

S

Saprofágico (do grego *sapros*, podre, e *phagein*, comer) Indivíduo, como os fungos, que se alimenta de organismos mortos, liberando enzimas exógenas (que agem externamente ao corpo) para digeri-los.

Seiva mineral (ou **seiva xilemática**) Solução aquosa de sais minerais, absorvida pelas raízes e transportada até as folhas através dos vasos do xilema.

Seiva orgânica (ou **seiva floemática**) Solução aquosa de substâncias orgânicas, principalmente glicose e sacarose, transportada pelos vasos do floema.

Semente Estrutura reprodutiva presente em plantas fanerógamas (espermatófitas). Desenvolve-se a partir do óvulo fecundado e contém um embrião em repouso (o esporófito) e reservas de alimento oriundas do gametófito.

Sistema ambulacral (ou **sistema hidrovascular**) Conjunto de tubos e bolsas internos presente exclusivamente nos equinodermos, que se comunicam com formações tubulares musculosas e flexíveis presentes na superfície do corpo, os pés ambulacrais. O sistema ambulacral é preenchido por água do mar e atua na locomoção, na fixação e na captura de alimento.

Sistemática Ramo da Biologia que estuda comparativamente todos os aspectos da biodiversidade (ou diversidade biológica), isto é, todos os tipos de variação existentes entre os seres vivos, desde o nível molecular até os ecossistemas.

Sorédio Unidade reprodutiva dos liquens, contendo hifas do fungo e células da alga em associação.

T

Táxon Denominação genérica dada a qualquer agrupamento de seres vivos distribuídos segundo os níveis da classificação biológica, ou taxonomia (espécie, gênero, família, ordem etc.). Os grupos são formados levando-se em conta as características semelhantes dos organismos.

Transpiração Perda de água na forma de vapor que ocorre pela superfície corporal de um ser vivo. Nas plantas, a transpiração ocorre principalmente através dos estômatos.

Traqueia Conduto respiratório de animais (insetos, miriápodes, certas aranhas e craniados) dotado de reforços anelares ou espiralados que o mantêm sempre aberto. Na espécie humana, é um tubo de aproximadamente 1,5 centímetro de diâmetro por 10 centímetros de comprimento, com paredes reforçadas por anéis cartilaginosos. É revestida internamente por um epitélio ciliado, rica em células produtoras de muco.

Triblástico (ou **triploblástico**) (do grego *triplos*, triplo, três, e *blastos*, aquilo que germina) Animal cujo embrião apresenta três folhetos germinativos (ectoderma, mesoderma e endoderma). Com exceção dos poríferos (sem folhetos germinativos) e dos cnidários (diblásticos), todos os outros animais são triblásticos.

Tubo nervoso Tubo originado do ectoderma, situado em posição dorsal nos embriões de cordados. Origina o sistema nervoso central, composto pelo encéfalo e pela medula espinal.

Túbulo de Malpighi Estrutura excretora de insetos e de algumas aranhas. Retira excreções da hemolinfa e as lança no intestino, de onde serão eliminadas com as fezes.

Tunicado (ou **urocordado**) Animal marinho pertencente ao subfilo Tunicata. A maioria das espécies apresenta hábito séssil, vivendo em substratos submersos. Ex.: ascídias.

V

Vacúolo contrátil (ou **vacúolo pulsátil**) Bolsa membranosa intracelular responsável pela eliminação periódica do excesso de água absorvido por osmose.

Ventrículo cardíaco Um dos tipos de câmara do coração, que recebe sangue do átrio e o bombeia, sob alta pressão, para as artérias. O ventrículo tem paredes mais musculosas que as do átrio.

Vértebra Cada uma das peças ósseas ou cartilaginosas alinhadas ao longo do dorso e da cauda do animal, que dão suporte e proteção à medula espinal.

Vírus (do latim *virus*, veneno) Grupo bastante variado de seres, extremamente pequenos e simples, cujo tamanho se situa entre 15 e 300 nanômetros. Distinguem-se de todos os outros seres biológicos porque são acelulares, sendo constituídos basicamente por proteínas e ácidos nucleicos.

X

Xilema (ou **lenho**) Tecido vascular das plantas traqueófitas (pteridófitas, gimnospermas e angiospermas) responsável pela condução de seiva mineral (água e sais minerais) desde as raízes até as folhas. É constituído por traqueídes, elementos de vaso lenhoso, fibras, células parenquimáticas e células secretoras.

Z

Zoonose viral Doença humana causada por alguns tipos de vírus que atacam tanto células humanas quanto células de outros animais.

UNIDADE F

Anatomia e fisiologia humanas

UNIDADE G

Genética

UNIDADE H

Evolução

UNIDADE I

Biologia e saúde

ANATOMIA E FISIOLOGIA HUMANAS

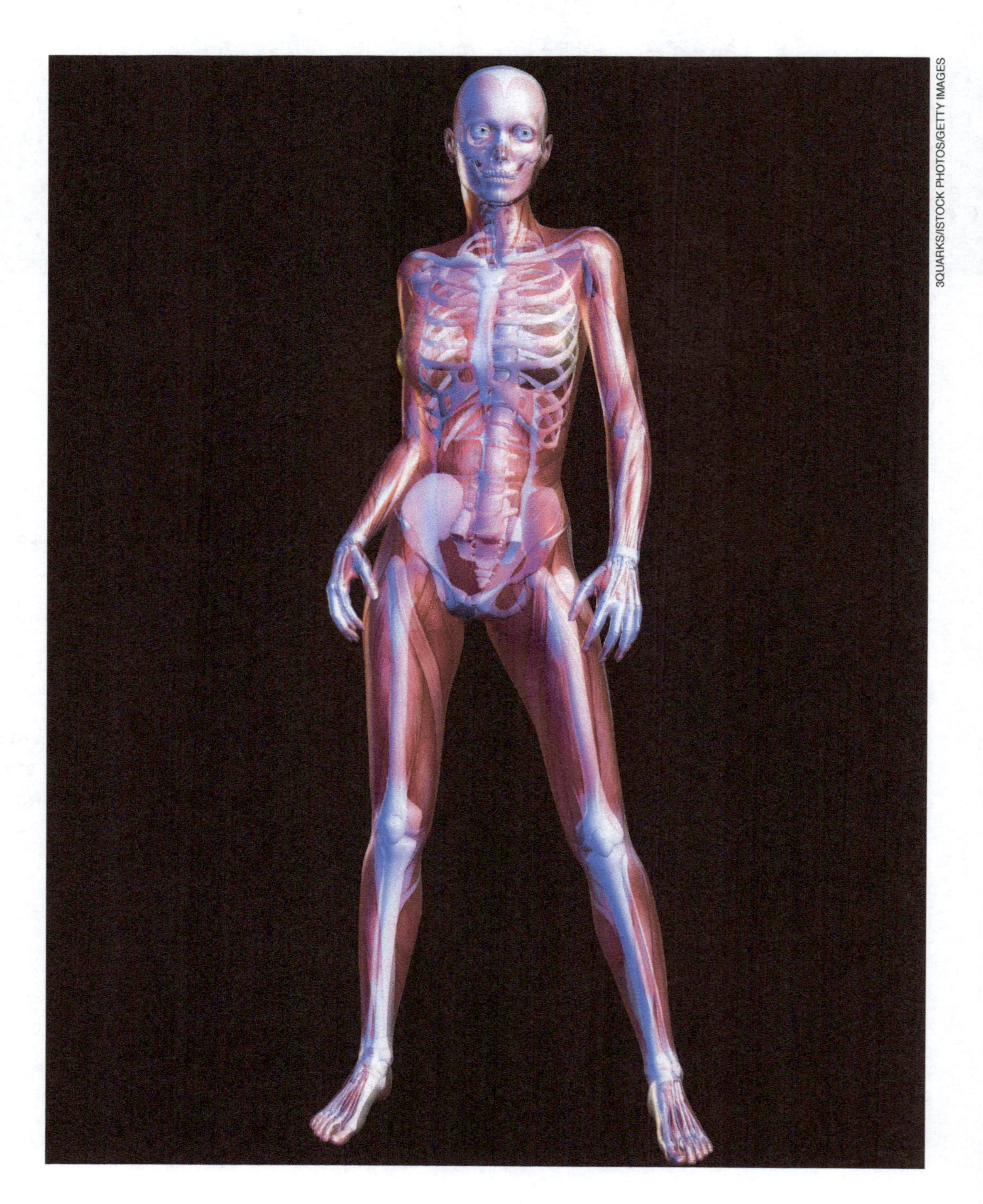

3QUARKS/ISTOCK PHOTOS/GETTY IMAGES

Imagem digital da anatomia humana, destacando músculos e ossos.

CAPÍTULO

18

NUTRIÇÃO, CIRCULAÇÃO, RESPIRAÇÃO E EXCREÇÃO

MONTICELLO/SHUTTERSTOCK

Uma boa alimentação é condição fundamental para uma vida saudável. Frutas, legumes e verduras podem ser consumidos de diversas formas, têm alto valor nutritivo e devem ser ingeridos diariamente.

De que trata este capítulo

Nosso corpo é formado por nada menos que setenta e cinco trilhões de células, de mais de 100 tipos diferentes. Cada célula do corpo precisa receber um suprimento ininterrupto de gás oxigênio, além de água e tipos variados de nutrientes. Atendemos a essas necessidades celulares quando comemos e quando respiramos.

Os nutrientes absorvidos pelo intestino e o gás oxigênio absorvido pelos pulmões são distribuídos a todas as células do corpo pelo sistema cardiovascular, uma vasta rede de tubulações em que circula o sangue bombeado pelo coração.

Nossas células produzem substâncias residuais em suas atividades metabólicas, tais como compostos nitrogenados e gás carbônico, liberados no sangue circulante. O gás carbônico é eliminado do corpo quando o sangue passa pelos pulmões e os compostos nitrogenados são removidos do sangue pelos rins e eliminados na urina.

O funcionamento conjunto e harmonioso de todos os sistemas de órgãos do corpo humano garante que nossas células tenham suas necessidades básicas atendidas. Em contrapartida todas as células desempenham plenamente suas funções, o que resulta na saúde do organismo como um todo.

Neste capítulo estudaremos quatro sistemas corporais humanos: digestório*, respiratório, cardiovascular e urinário. O objetivo principal desse estudo é conhecer os aspectos básicos da anatomia e da fisiologia de nosso corpo, inclusive para que possamos cuidar melhor de nossa saúde. Embora os médicos sejam os profissionais mais capacitados para atuar em situações de doença, cabe a cada um de nós adotar hábitos saudáveis no nosso cotidiano.

* A nova versão da *Nomina anatomica*, publicada em latim com o nome de *Terminologia anatomica*, foi traduzida em 2001 para a língua portuguesa pela Comissão de Terminologia da Sociedade Brasileira de Anatomia. Entre outras sugestões, a *Nomina* propõe que o sistema digestivo humano passe a ser denominado sistema digestório.

Objetivos

Objetivos gerais

- Valorizar os conhecimentos sobre a estrutura e o funcionamento dos sistemas do corpo humano, reconhecendo sua importância para identificar eventuais disfunções orgânicas e cuidar da própria saúde.
- Reconhecer em si mesmo princípios fisiológicos que se aplicam a outros seres vivos, o que contribui para a reflexão sobre as relações de parentesco entre os seres humanos e os outros organismos.

Objetivos didáticos

- Conhecer e justificar os fundamentos de uma dieta balanceada, identificando os tipos de nutrientes e as quantidades necessárias à manutenção de uma boa saúde.
- Conhecer a anatomia do sistema digestório humano, compreendendo o papel de cada um de seus órgãos no processo de digestão e assimilação de nutrientes.
- Conhecer os componentes básicos do sistema cardiovascular (coração, vasos sanguíneos e sangue), compreendendo o papel de cada um deles em nosso organismo.
- Conhecer os componentes básicos do sistema linfático e do sistema imunitário humanos; compreender, em linhas gerais, o papel dos macrófagos, dos linfócitos T e dos linfócitos B na resposta imunitária.
- Conhecer os componentes básicos do sistema respiratório e do sistema urinário humanos, compreendendo o papel de cada um deles em nosso organismo.

18.1 Nutrição

Nutrição é o conjunto de processos que abrange a ingestão do alimento, sua digestão e a absorção das substâncias úteis pelas células do corpo. A espécie humana tem nutrição **onívora** (do latim *omnis*, tudo, e *voros*, comer), ou seja, sua alimentação é variada, constituindo-se tanto de produtos de origem animal como de origem vegetal.

Os tipos e as quantidades de alimento que ingerimos compõem a **dieta**, que precisa conter glicídios, lipídios, proteínas, sais minerais, vitaminas e água. Essas substâncias, chamadas genericamente de nutrientes, constituem as fontes de energia e de matéria-prima para nossas células. O conhecimento das necessidades nutricionais humanas e da composição dos alimentos permite aos nutricionistas compor uma dieta saudável e balanceada.

Para divulgar informações, o Núcleo de Estudos e Pesquisas em Alimentação (Nea) da Universidade Estadual de Campinas (Unicamp) elaborou a Tabela Brasileira de Composição dos Alimentos (TACO), disponível para consulta em: <http://www.unicamp.br/nepa/taco/contar/taco_4_edicao_ampliada_e_revisada>. (Acesso em: jan. 2017.)

Alimentação e nutrientes

Nutrientes essenciais

Nosso organismo consegue sintetizar boa parte das substâncias de que necessita a partir da matéria-prima presente nos alimentos. Entretanto, há substâncias orgânicas de que precisamos, mas não conseguimos produzir, como alguns aminoácidos e as vitaminas, que têm de ser obtidas na dieta.

Dos vinte tipos de aminoácidos que compõem as proteínas, nossas células não produzem oito, que são chamados de aminoácidos essenciais. São eles: isoleucina, leucina, valina, fenilalanina, metionina, treonina, triptofano e lisina. Além desses, outros dois aminoácidos são também considerados essenciais em algumas condições: a histidina, para os recém-nascidos, e a arginina, para indivíduos em fase de crescimento. Os aminoácidos essenciais podem ser obtidos pela ingestão de certos vegetais, mas sua principal fonte são os alimentos de origem animal, como a carne, o leite e os queijos, entre outros.

Crianças desmamadas precocemente, se alimentadas com dietas pobres em aminoácidos essenciais, podem desenvolver um quadro de desnutrição conhecido como **kwashiorkor**, que se caracteriza pelo grande inchaço no abdômen e prejuízos no desenvolvimento do sistema nervoso. Outro problema alimentar é a **subnutrição** decorrente da ingestão insuficiente de nutrientes. Nesse caso a pessoa se torna excessivamente magra, com músculos atrofiados, pele frouxa e aparência envelhecida, quadro sintomático conhecido como **marasmo. (Fig. 18.1)**

IMTSSA/CNRI/SCIENCE PHOTO LIBRARY/LATINSTOCK

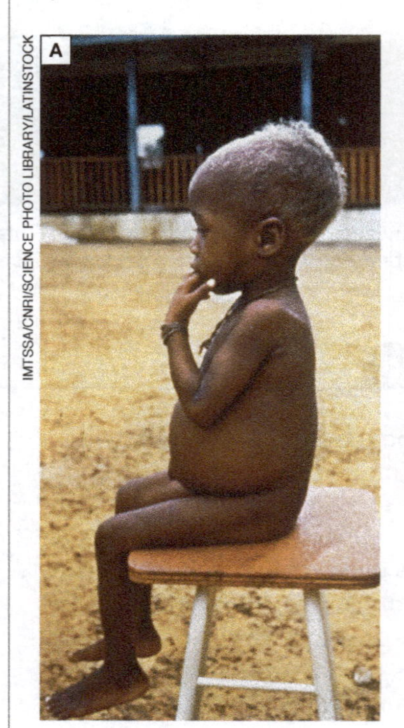

MARKA/ALAMY/GLOW IMAGES

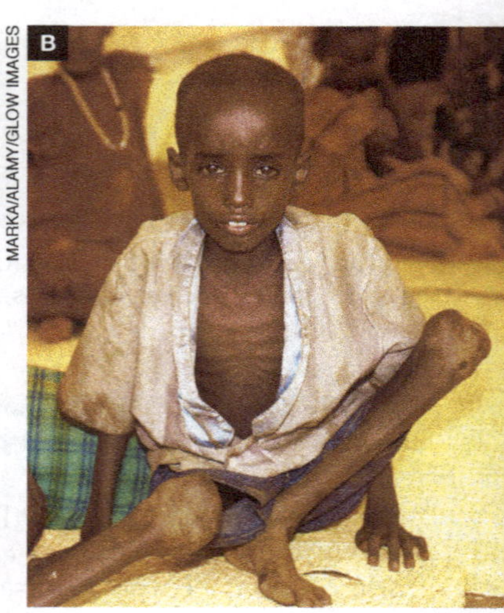

Figura 18.1 A. Criança com abdômen inchado, um dos sintomas de kwashiorkor. B. Criança com desnutrição grave, que leva ao quadro clínico conhecido como marasmo.

Vitaminas, água e sais minerais

Vitaminas são substâncias orgânicas necessitadas em quantidades muito pequenas, mas que são essenciais ao metabolismo. Como nosso organismo não consegue produzi-las, elas têm de ser obtidas da dieta. As vitaminas costumam ser classificadas em hidrossolúveis e lipossolúveis. Essa distinção é importante e está relacionada ao modo como elas devem ser ingeridas.

Vitaminas hidrossolúveis são substâncias polares e dissolvem-se em água; elas são armazenadas em quantidades pequenas no corpo e devem ser ingeridas diariamente. Vitaminas lipossolúveis são substâncias apolares e dissolvem-se em lipídios e em outros solventes orgânicos; elas são armazenadas em maior quantidade no tecido adiposo e não precisam ser ingeridas diariamente.

A maioria das vitaminas atua como fator auxiliar de reações químicas catalisadas por enzimas. Se faltar certa vitamina, a atividade de algumas enzimas fica prejudicada, com consequências negativas para a atividade celular. Doenças resultantes da falta de vitaminas são chamadas **avitaminoses**. Confira as principais avitaminoses e seus sintomas na tabela a seguir. **(Tab. 18.1)**

Tabela 18.1 Vitaminas e avitaminoses

Vitaminas hidrossolúveis			
Vitamina	Principal função no corpo	Sintomas de deficiência	Principais fontes
B_1 (Tiamina)	Auxilia na oxidação dos glicídios. Estimula o apetite. Mantém o tônus muscular e o bom funcionamento do sistema nervoso. Previne o beribéri.	Perda de apetite, fadiga muscular, nervosismo, beribéri.	Cereais integrais e pães, feijão, fígado, carne de porco, ovos, fermento biológico, couve, repolho, espinafre.
B_2 (Riboflavina)	Auxilia na oxidação dos alimentos. Essencial à respiração celular. Mantém a tonalidade saudável da pele. Atua na coordenação motora.	Ruptura da mucosa da boca, dos lábios, da língua e das bochechas.	Couve, repolho, espinafre, carnes magras, ovos, fermento biológico, fígado, leite.
B_3 (Niacina ou ácido nicotínico)	Mantém o tônus nervoso e muscular e o bom funcionamento do sistema digestório. Previne a pelagra.	Inércia e falta de energia, nervosismo extremo, distúrbios digestivos, pelagra.	Levedo de cerveja, carnes magras, ovos, fígado, leite.
B_5 (Ácido pantotênico)	É componente da coenzima A, participante de processos energéticos celulares.	Anemia, fadiga e dormência dos membros.	Carne, leite e seus derivados e cereais integrais.
B_6 (Piridoxina)	Auxilia a oxidação dos alimentos. Mantém a pele saudável.	Doenças da pele, distúrbios nervosos, inércia e extrema apatia.	Levedo de cerveja, cereais integrais, fígado, carnes magras, leite.
B_8 (Biotina)	Atua como coenzima em processos energéticos celulares, na síntese de ácidos graxos e de bases nitrogenadas.	Inflamações na pele e distúrbios neuromusculares.	Carnes e bactérias da flora intestinal.
B_9 (Ácido fólico)	Importante na síntese das bases nitrogenadas e, portanto, na síntese de DNA e multiplicação celular.	Anemia; esterilidade masculina; na gravidez predispõe a uma malformação do feto conhecida como espinha bífida.	Frutas, cereais integrais e bactérias da flora intestinal.
B_{12} (Cobalamina)	É essencial para a maturação das hemácias e para a síntese de nucleotídios.	Anemia perniciosa; distúrbios nervosos.	Carne, ovos, leite e seus derivados.
C (Ácido ascórbico)	Mantém a integridade dos vasos sanguíneos e a saúde dos dentes. Previne infecções e o escorbuto.	Inércia e fadiga em adultos, insônia e nervosismo em crianças, sangramento das gengivas, dores nas juntas, dentes alterados, escorbuto.	Frutos cítricos (limão, lima, laranja), tomate, couve, repolho e pimentão.
Vitaminas lipossolúveis			
A (Retinol)	Necessária para o crescimento normal e para o bom funcionamento dos olhos, do nariz, da boca, das orelhas e dos pulmões. Previne resfriados e várias infecções. Evita a cegueira noturna (xeroftalmia).	Cegueira noturna (xeroftalmia), ressecamento da superfície ocular em crianças, cegueira total.	Cenoura, abóbora, batata-doce, milho, pêssego, nectarina, abricó, gema de ovo, manteiga, fígado.
D* (Calciferol)	Atua no metabolismo do cálcio e do fósforo. Mantém os ossos e os dentes saudáveis. Previne o raquitismo.	Problemas nos dentes, ossos fracos, contribui para os sintomas da artrite, raquitismo.	Óleo de fígado de bacalhau, fígado, gema de ovo.
E (Tocoferol)	Promove a fertilidade. Previne o aborto. Atua no sistema nervoso involuntário, no sistema muscular e nos músculos involuntários.	Esterilidade masculina, aborto.	Óleo de germe de trigo, carnes magras, laticínios, alface, óleo de amendoim.
K (Filoquinona)	Atua na coagulação do sangue. Previne hemorragias.	Hemorragias.	Tomate, castanha.

* A vitamina D não é encontrada pronta na maioria dos alimentos; estes contêm, em geral, um precursor que se transforma em vitamina D quando exposto aos raios ultravioleta da radiação solar.

A ingestão excessiva de certas vitaminas (hipervitaminose) pode ser prejudicial ao organismo. Por exemplo, excesso de vitamina A pode causar pele ressecada, dores articulares e tonturas, entre outros sintomas.

Embora não seja um nutriente, a água é fundamental para a maioria das atividades essenciais à vida. Por suas propriedades como solvente, a água desempenha papel fundamental nos seres vivos ao dissolver grande variedade de substâncias químicas, como sais minerais, gases, glicídios, aminoácidos, proteínas e ácidos nucleicos, além de resíduos que precisam ser eliminados do organismo.

A água participa do transporte de substâncias e oferece um meio adequado para a ocorrência de muitos tipos de reação química, por meio das quais as células obtêm energia e produzem substâncias necessárias à sua vida. Ela também é fundamental para manter estável a temperatura corporal e para lubrificar e proteger os órgãos.

Sais minerais são substâncias inorgânicas formadas por íons, muitos deles são fundamentais para os organismos vivos. A falta de certos minerais pode afetar seriamente o metabolismo e até mesmo causar a morte do indivíduo. O íon cobalto(III) (Co^{3+}), por exemplo, é componente da vitamina B_{12}, essencial para a produção das hemácias. Proteínas como a hemoglobina e a mioglobina, essenciais no transporte de gás oxigênio, apresentam íons ferro(II) (Fe^{2+}) em sua estrutura. Os íons fluoreto (F^-) são componentes dos ossos e dos dentes e atuam na proteção contra as cáries.

Outros íons são importantes porque atuam no controle da acidez nos fluidos biológicos, reagindo reversivelmente com os íons H^+ presentes em excesso. O par de íons $H_2PO_4^-$ (di-hidrogenofosfato) e HPO_4^{2-} (hidrogenofosfato), por exemplo, atua contra as variações de pH no citoplasma de todas as células; já as variações de pH no plasma sanguíneo são, em parte, controladas pela atuação dos íons HCO_3^- (hidrogenocarbonato) e CO_3^{2-} (carbonato). Muitas reações químicas essenciais à vida somente ocorrem se as condições de acidez forem favoráveis.

Organização do sistema digestório

A ingestão dos alimentos, sua digestão e a absorção dos nutrientes resultantes são tarefas realizadas por um conjunto de órgãos que constituem o sistema digestório. Este é composto por um longo tubo, com cerca de 7 metros de comprimento – o **tubo digestório** ou trato gastrointestinal – e por glândulas associadas, entre elas as glândulas salivares, o pâncreas e o fígado. **(Fig. 18.2)**

CECÍLIA IWASHITA

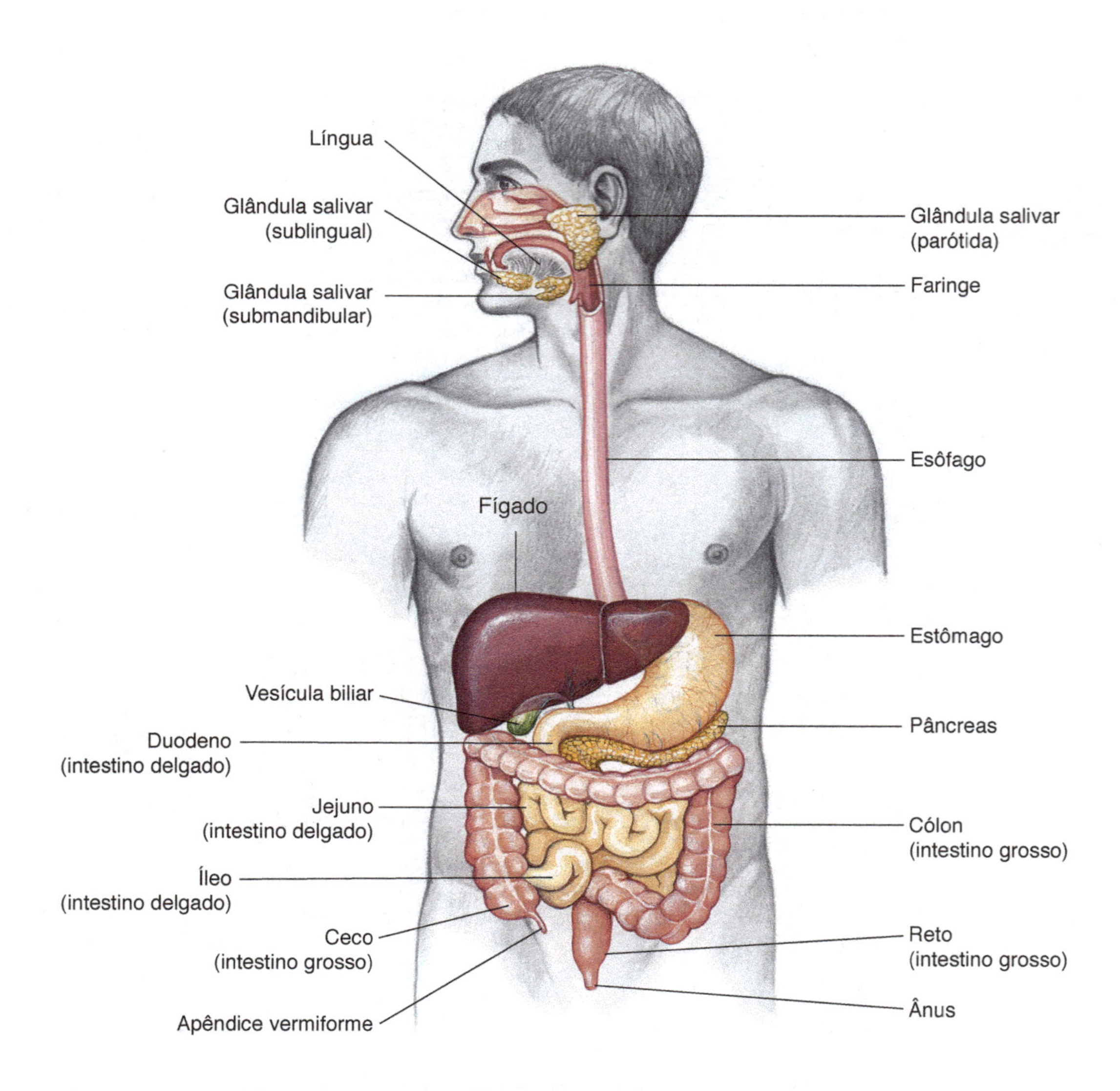

Figura 18.2 Representação esquemática dos componentes do sistema digestório humano.

A abertura de entrada do tubo digestório é a **boca**, rodeada pelos lábios, que auxiliam na obtenção de alimento. No interior da boca localizam-se os **dentes** e a **língua**, que preparam o alimento para a digestão. Na boca abrem-se ductos provenientes de três pares de **glândulas salivares**, que produzem e liberam na cavidade bucal um fluido chamado saliva. **(Fig. 18.3)**

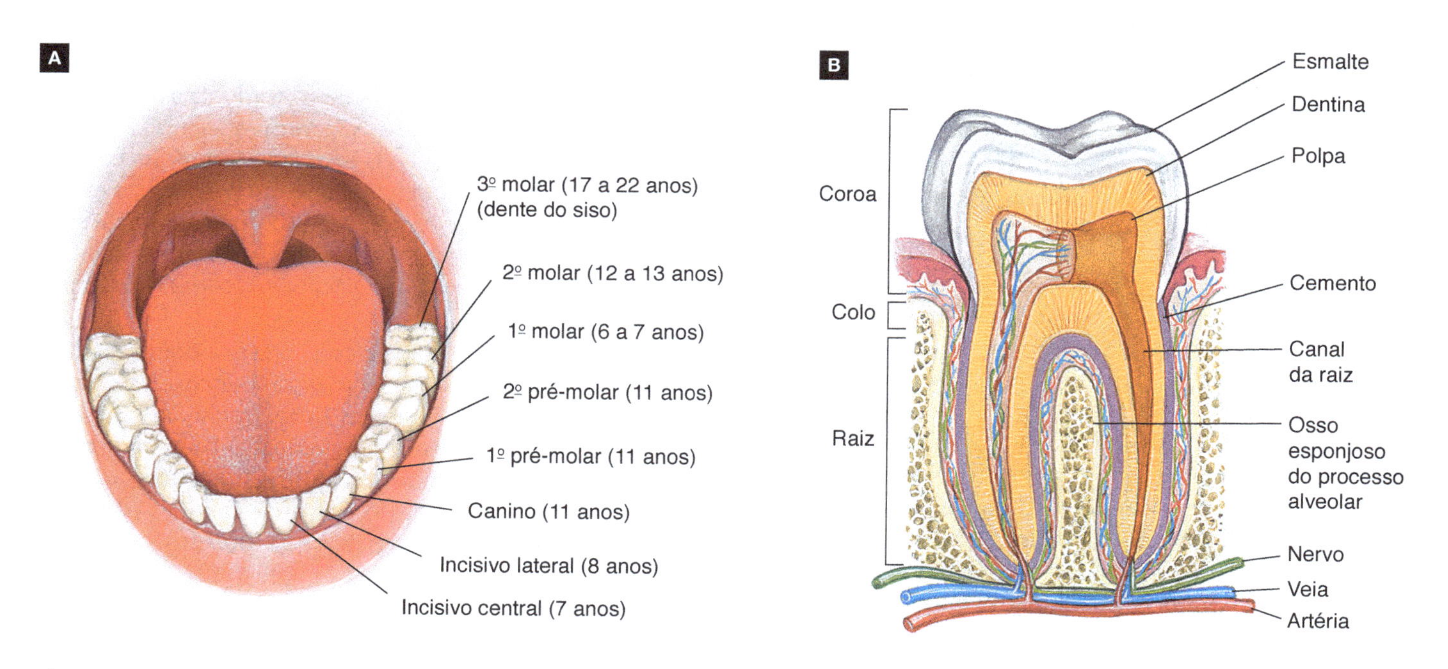

Figura 18.3 **A.** Representação esquemática da boca humana com identificação dos dentes que compõem a dentição permanente (a mesma identificação vale para a metade esquerda e para a arcada superior). Ao lado de cada tipo de dente está indicada a idade aproximada em que ele nasce. **B.** Representação esquemática de um dente molar, em corte, para mostrar sua estrutura interna.

À boca segue-se a **faringe**, situada na região da garganta, que leva ao **esôfago**, um tubo fino e de paredes musculosas que atravessa o diafragma (músculo flexível e resistente que separa o tórax do abdômen) e se comunica com o estômago.

O **estômago** é uma bolsa de paredes musculomembranosas, localizada no lado esquerdo superior do abdômen, logo abaixo das últimas costelas. A capacidade estomacal média é de cerca de 1,5 litro.

A comunicação do esôfago com o estômago é feita por meio de um orifício, o **óstio cárdico**. A abertura desse orifício é controlada por um anel de musculatura lisa que o circunda, denominado esfíncter esofágico inferior. Quando a musculatura desse esfíncter relaxa, o óstio cárdico abre-se e permite a passagem do bolo alimentar para o estômago.

O estômago comunica-se com o intestino delgado por meio de um orifício denominado **óstio pilórico** ou piloro. A abertura e o fechamento do piloro são controlados por um anel de musculatura lisa denominado esfíncter pilórico. O relaxamento da musculatura do esfíncter pilórico permite a passagem do conteúdo estomacal para a porção inicial do intestino delgado, denominada **duodeno**. Anéis musculares como os que controlam o óstio cárdico e o óstio pilórico atuam como válvulas e são genericamente denominados **esfíncteres**, estando presentes também na junção do intestino delgado com o intestino grosso e no ânus.

O **intestino delgado** é um tubo com comprimento médio de 6 metros e diâmetro médio de 4 centímetros, dividido em três regiões: duodeno, com cerca de 25 centímetros de comprimento, jejuno, com cerca de 2,5 metros de comprimento, e íleo, com cerca de 3,5 metros de comprimento. No duodeno desemboca a ampola hepatopancreática, formada pela união do ducto colédoco, que traz secreções do fígado, com o ducto pancreático, que traz secreções do pâncreas.

Numa pessoa adulta o **intestino grosso** tem cerca de 1,5 metro de comprimento e entre 6 e 7 centímetros de diâmetro, sendo dividido em três partes: ceco, cólon e reto.

O **ceco** é uma bolsa de fundo cego (daí seu nome) situada perto da junção com o intestino delgado. Na extremidade fechada do ceco localiza-se o **apêndice vermiforme**, ou apêndice cecal, uma pequena bolsa tubular do tamanho de um dedo mínimo. Embora a função do ceco e do apêndice vermiforme humanos ainda não esteja totalmente esclarecida, esses órgãos abrigam bactérias intestinais benéficas e também auxiliam o sistema imunológico a combater bactérias patogênicas, em razão das células linfoides encontradas em seus tecidos. Por apresentarem tamanho reduzido e função pouco expressiva nos seres humanos, quando comparados aos de um animal herbívoro, o apêndice e o ceco humanos são chamados de **estruturas vestigiais**. Certos animais herbívoros, como os coelhos, têm ceco intestinal bem desenvolvido e funcional, onde vivem microrganismos que digerem celulose, desempenhando papel importante na digestão.

O **cólon**, ou colo, tem forma de letra U invertida e é dividido em quatro regiões: cólon ascendente, cólon transversal, cólon descendente e cólon sigmoide. A última parte do intestino grosso é o **reto**, que termina no **ânus**.

O processo da digestão

Digestão é o conjunto de processos pelos quais os alimentos são quebrados e transformados em substâncias assimiláveis pelas células. Costuma-se distinguir dois tipos de digestão: mecânica, que consiste na trituração dos alimentos, e química, que consiste na quebra de moléculas orgânicas por ação de enzimas hidrolíticas.

Na espécie humana a **digestão mecânica** é realizada pelos dentes, pela língua e pelas contrações da musculatura lisa presente nas paredes do tubo digestório. A **digestão química** é realizada por enzimas secretadas por células glandulares presentes no revestimento interno do tubo digestório e por dois tipos de glândula exócrina anexa: as glândulas salivares e o pâncreas.

Digestão na boca e deglutição

O alimento começa a ser digerido assim que entra na boca. Pela mastigação os dentes reduzem os alimentos sólidos a pequenos pedaços, o que torna possível seu contato mais próximo com as moléculas de enzimas digestivas, facilitando a ação enzimática.

A presença de alimento na cavidade bucal, bem como sua visão e paladar, leva nosso sistema nervoso central a estimular as glândulas salivares a secretar a saliva, fluido de consistência viscosa contendo a enzima amilase salivar, além de água, sais minerais, muco e outras substâncias.

Os sais contidos na saliva reagem com os íons H^+ provenientes de substâncias ácidas eventualmente presentes no alimento, mantendo o grau de acidez próximo da neutralidade (pH em torno de 6,7). Esse grau de acidez é ideal para a ação da amilase salivar.

A **amilase salivar**, também chamada de ptialina, atua sobre as grandes moléculas de amido e de glicogênio do alimento, quebrando-as em fragmentos menores denominados dextrinas. A continuidade da ação enzimática leva as dextrinas a se transformar no dissacarídio maltose. Posteriormente a maltose será quebrada em duas moléculas de glicose pela ação da maltase, uma enzima presente no intestino. Células secretoras da língua produzem uma lipase idêntica à secretada pela mucosa gástrica, que atua na digestão de um tipo de glicerídio.

Durante a mastigação a língua movimenta o alimento no interior da cavidade bucal, misturando-o com a saliva, processo conhecido como **insalivação**. Na superfície da língua há dezenas de papilas gustatórias, cujas células identificam os cinco sabores básicos: doce, azedo, salgado, amargo e *umami*. O termo *umami* (de origem japonesa, significa saboroso e agradável) é empregado para se referir ao sabor realçado de alimentos que contêm glutamatos e certos ribonucleotídios, como o guanilato e o inosinato.

Diversas glândulas do epitélio que reveste a boca secretam muco, que se mistura à saliva, tornando-a viscosa. A viscosidade da saliva protege os epitélios bucal, faringiano e esofágico do atrito com os alimentos engolidos. O **bolo alimentar**, como é chamado o alimento mastigado e misturado à saliva, é empurrado pela língua para o fundo da faringe, passando pelo esôfago e chegando ao estômago, processo conhecido como **deglutição**.

A faringe também se comunica com a laringe, canal que conduz ar aos pulmões. Durante a deglutição, atua um mecanismo que fecha a laringe, evitando que o alimento engolido entre nas vias respiratórias. Se eventualmente esse mecanismo falhar, partículas de alimento podem entrar na laringe, provocando engasgamento e tosse. **(Fig. 18.4)**

No esôfago o bolo alimentar é impulsionado por contrações ritmadas da parede esofágica, chegando ao estômago entre 5 e 10 segundos depois. Esses movimentos rítmicos de contração da musculatura da parede esofágica e de outras partes do tubo digestório constituem o **peristaltismo**, ou ondas peristálticas. Os movimentos peristálticos são os responsáveis pelo deslocamento dos alimentos desde a boca até o ânus.

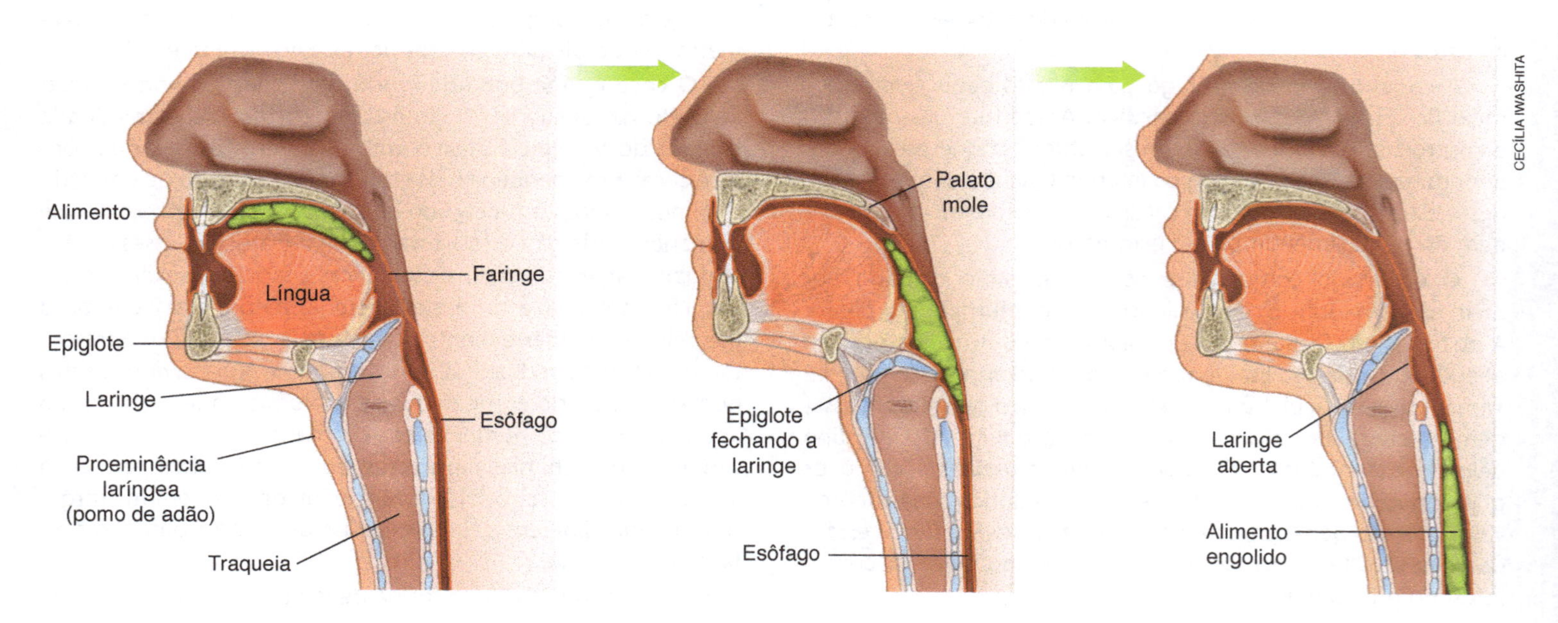

Figura 18.4 Representação esquemática sequencial das duas primeiras etapas do processo da deglutição, conhecidas como fase oral e fase faríngea; a terceira etapa da deglutição é a fase esofágica. Os músculos do pescoço elevam a laringe e a epiglote fecha as vias respiratórias, evitando o engasgamento.

Digestão no estômago

O bolo alimentar penetra no estômago pelo relaxamento do esfíncter esofágico inferior. Na parede estomacal há invaginações da mucosa onde se localizam as **glândulas estomacais**. Nestas há **células parietais**, secretoras de ácido clorídrico, **células principais**, produtoras de enzimas que atuam na digestão de proteínas, e **células mucosas**, secretoras de muco que protege o epitélio estomacal. Em conjunto essas secreções constituem o suco gástrico.

As **pepsinas** são as principais enzimas ativas no suco gástrico; elas hidrolisam proteínas, quebrando as ligações peptídicas entre certos aminoácidos. Os produtos dessa quebra são cadeias de aminoácidos relativamente longas conhecidas como **peptonas**.

As pepsinas são secretadas pelas células principais em uma forma inativa denominada **pepsinogênio**. Ao entrar em contato com o ácido clorídrico produzido pelas células parietais, o pepsinogênio transforma-se na forma enzimática ativa, a pepsina; esta, por sua vez, estimula a transformação de mais pepsinogênio em pepsina.

Outra enzima presente no suco gástrico é a **renina**, produzida em grande quantidade no estômago de recém-nascidos e de crianças e, em pequena quantidade, no estômago de pessoas adultas. A renina provoca a coagulação da caseína, a principal proteína do leite, fazendo com que ela permaneça por mais tempo no estômago e seja mais bem digerida.

O **ácido clorídrico** torna o conteúdo estomacal fortemente ácido, baixando o pH para perto de 2, o que contribui para eliminar microrganismos, amolecer os alimentos e favorecer a ação da pepsina, enzima que só atua em meio muito ácido. Apesar de estarem protegidas por uma densa camada de muco, as células da superfície estomacal também sofrem a ação do suco gástrico e têm de ser continuamente substituídas. **(Fig. 18.5)**

O bolo alimentar permanece no estômago geralmente de uma a quatro horas, transformando-se em uma massa acidificada e semilíquida denominada **quimo**. À medida que a digestão estomacal ocorre, o esfíncter pilórico relaxa e contrai alternadamente, liberando pequenas porções de quimo para o duodeno.

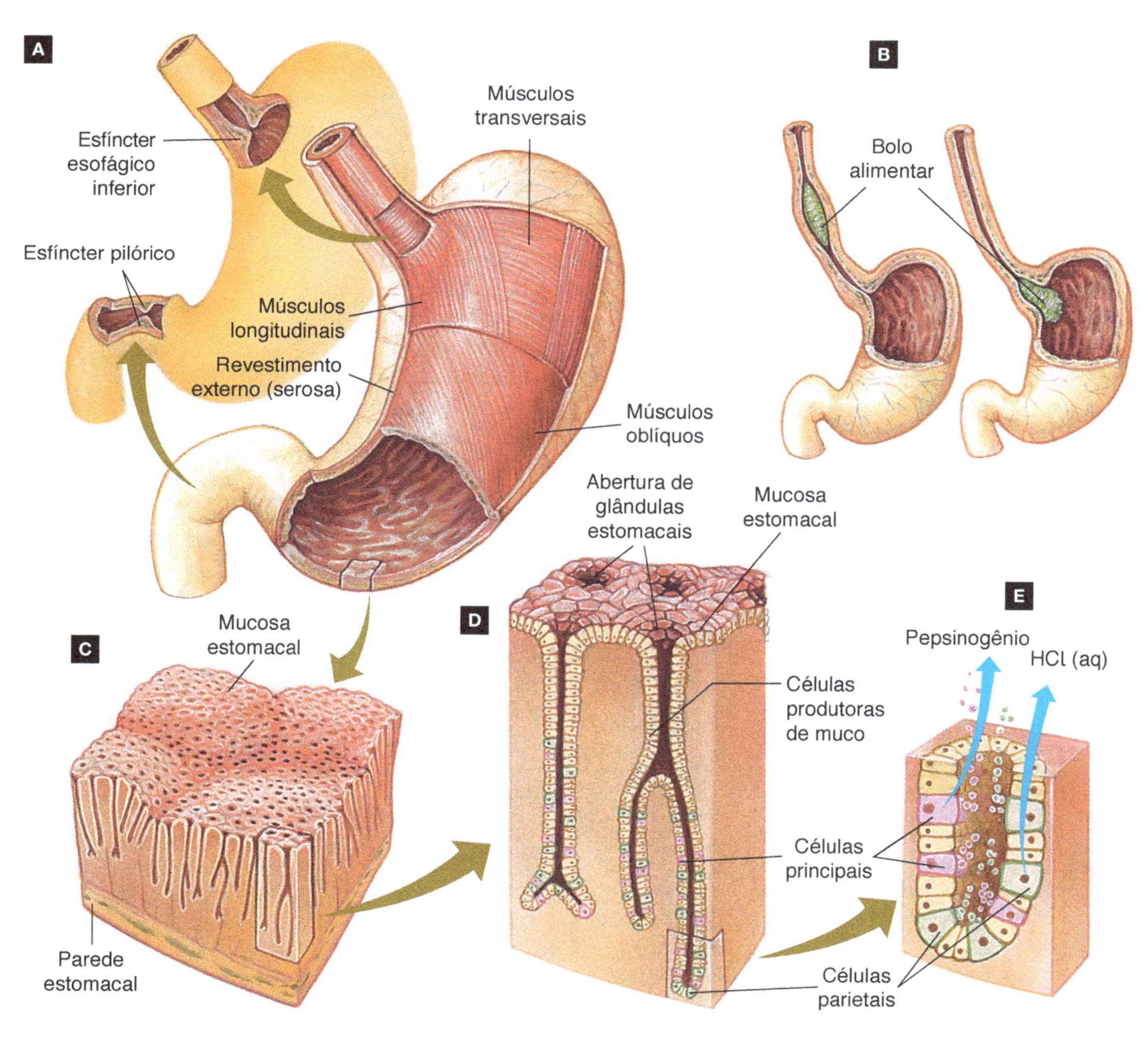

Figura 18.5 Representação esquemática do estômago humano em diferentes ampliações. **A.** Estrutura do estômago parcialmente cortado, mostrando a musculatura e detalhes dos esfíncteres. **B.** Percurso do bolo alimentar no esôfago e chegada ao estômago. **C.** Aspecto da superfície interna do estômago. **D.** Mucosa estomacal, em corte, mostrando algumas glândulas. **E.** Detalhe, em corte, das células secretoras de ácido clorídrico (células parietais) e de pepsinogênio (células principais).

Digestão no intestino delgado

A digestão do quimo ocorre predominantemente no duodeno e nas primeiras porções do jejuno. Milhares de pequenas glândulas presentes na mucosa intestinal produzem uma secreção denominada **suco entérico**, ou suco intestinal, que contém diversas enzimas.

As principais enzimas do suco entérico são a **enteropeptidase**, que transforma tripsinogênio em tripsina, e as **alfa-aminopeptidases**, que completam a digestão de dipeptídios, tripeptídios e oligopeptídios formados por ação de enzimas proteolíticas do suco gástrico e do suco pancreático, decompondo-os em aminoácidos. Há também **glicosidases** (maltase, lactase e sacarase), enzimas que atuam na digestão de dissacarídios, como a maltose, a lactose e a sacarose, e de oligossacarídios.

Além do suco entérico, no duodeno também atua a secreção produzida pelo pâncreas, o suco pancreático, uma solução aquosa alcalina que contém diversas enzimas digestivas. A alcalinidade do suco pancreático deve-se à presença de hidrogenocarbonato de sódio ($NaHCO_3$), que reage reversivelmente com os íons H^+ provenientes de substâncias ácidas do quimo e eleva o pH do conteúdo intestinal a valores em torno de 8 a 8,5, condição ideal para a atuação das enzimas dos sucos entérico e pancreático.

As principais enzimas ativas no suco pancreático são: proteases (tripsina, quimotripsina, aminopeptidase e carboxipeptidase); lipase pancreática; amilase pancreática; endonucleases (ribonuclease e desoxirribonuclease). A **tripsina** e a **quimotripsina** quebram ligações peptídicas internas de cadeias polipeptídicas, transformando proteínas e peptonas em moléculas menores, com poucos peptídios (oligopeptídios). A **aminopeptidase** e a **carboxipeptidase**, genericamente chamadas de exopeptidases, atuam sobre as cadeias proteicas separando os aminoácidos terminais das extremidades amino e carboxila, respectivamente. A **lipase pancreática** hidrolisa lipídios, transformando-os em ácidos graxos e glicerol. A **amilase pancreática**, ou amilopsina, hidrolisa os polissacarídios amido e glicogênio, transformando-os em maltose e malto-oligossacarídios. A **ribonuclease** e a **desoxirribonuclease**, genericamente conhecidas como nucleases, são enzimas nucleolíticas que hidrolisam, respectivamente, RNA e DNA.

Da mesma maneira que a pepsina estomacal, a tripsina, a quimotripsina e as exopeptidases são liberadas pelo pâncreas em suas formas inativas denominadas, respectivamente, tripsinogênio, quimotripsinogênio e proexopeptidases. No duodeno, o tripsinogênio é transformado em tripsina ativa pela ação da enteropeptidase do suco entérico. A tripsina que se forma atua sobre o quimotripsinogênio e sobre as proexopeptidases, transformando-os em quimotripsina e exopeptidases ativas. **(Fig. 18.6)**

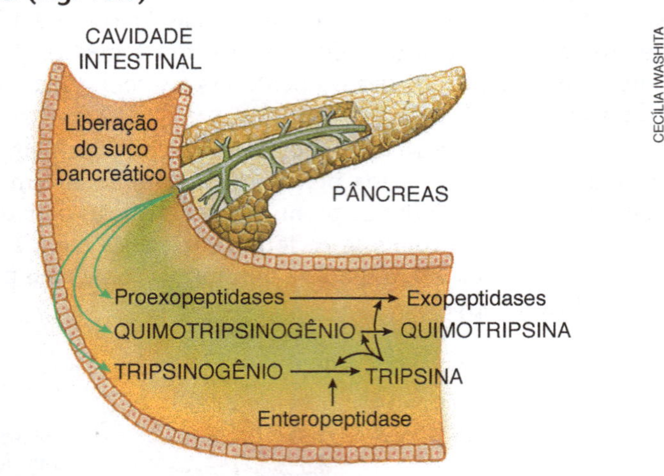

Figura 18.6 Representação esquemática da ativação das enzimas pancreáticas envolvidas na digestão que ocorre na cavidade intestinal.

Outra secreção que atua no duodeno é a bile, produzida pelo fígado e armazenada na vesícula biliar. A bile é uma secreção de cor esverdeada, sem enzimas digestivas, cujos principais componentes são sais biliares que emulsionam lipídios, quebrando gotas de gorduras em gotículas microscópicas, o que facilita a ação da lipase pancreática.

Depois de passar pelas transformações catalisadas pelas enzimas do suco entérico e do suco pancreático, o quimo transforma-se em um líquido esbranquiçado denominado **quilo**. **(Tab. 18.2)**

Tabela 18.2 Principais enzimas digestivas humanas

Suco digestivo	Enzimas	Caráter do meio	Substratos	Produtos
Saliva	Amilase salivar	Neutro	Polissacarídios	Maltose e glicose
Suco gástrico	Pepsina Renina (especialmente em lactentes)	Ácido Ácido	Proteínas Caseína solúvel	Peptonas Caseína insolúvel
Suco pancreático	Quimotripsina Tripsina Amilase pancreática Ribonuclease Desoxirribonuclease Lipase Carboxipeptidase Aminopeptidase	Alcalino Alcalino Alcalino Alcalino Alcalino Alcalino Alcalino Alcalino	Proteínas e peptonas Proteínas e peptonas Polissacarídios RNA DNA Lipídios Oligopeptídios Oligopeptídios	Oligopeptídios Oligopeptídios Maltose e malto-oligossacarídios Nucleotídios Nucleotídios Ácidos graxos e glicerol Aminoácidos Aminoácidos
Suco entérico	Dipeptidase Maltase Sacarase Lactase alfa-aminopeptidase Glicoamilase	Alcalino Alcalino Alcalino Alcalino Alcalino Alcalino	Dipeptídios Maltose Sacarose Lactose Dipeptídios, tripeptídios e oligopeptídios Oligossacarídios	Aminoácidos Glicose Glicose e frutose Glicose e galactose Aminoácidos Monossacarídios

Absorção de nutrientes

Pela digestão as grandes moléculas que constituem as substâncias orgânicas dos alimentos são transformadas em moléculas menores, pequenas o suficiente para atravessar a membrana das células intestinais e passar para o sangue e para a linfa, processo denominado **absorção**.

Algumas substâncias, como o álcool etílico, a água e certos sais minerais, podem ser absorvidas diretamente no estômago. A absoluta maioria dos nutrientes é absorvida pela mucosa do intestino delgado.

Aminoácidos e monossacarídios, que resultam, respectivamente, da digestão de proteínas e polissacarídios, atravessam as células do revestimento intestinal e passam para o sangue que circula nos capilares sanguíneos do intestino. Estes se reúnem na veia porta hepática, que leva até o fígado os nutrientes absorvidos. Após uma refeição rica em glicídios, boa parte da glicose do sangue é absorvida pelas células do fígado e convertida em glicogênio. Nos períodos entre as refeições, quando a taxa de glicose no sangue diminui, as células hepáticas reconvertem glicogênio em glicose, liberando esse glicídio na circulação.

O glicerol e os ácidos graxos resultantes da digestão de lipídios são absorvidos pelas células intestinais e convertidos em triglicerídios, que se agrupam em gotículas microscópicas. Essas gotículas penetram nos vasos linfáticos intestinais e, pela circulação linfática, chegam à veia cava e ao coração, de onde são distribuídas para as demais células do corpo pelo sangue que deixa o coração. Após uma refeição rica em gorduras o sangue chega a ficar com aparência leitosa em virtude do grande número de gotículas de lipídios em circulação.

A superfície interna do intestino delgado é intensamente pregueada, com milhões de pequenas dobras chamadas de **vilosidades intestinais**, que proporcionam ampla área de contato entre as células e os nutrientes, possibilitando assim uma grande capacidade de absorção. Além das vilosidades, as próprias células do epitélio intestinal apresentam dobras microscópicas em sua membrana, denominadas microvilosidades. **(Fig. 18.7)**

Calcula-se que se esticássemos todas as vilosidades e microvilosidades da superfície intestinal a área total teria cerca de 250 m^2, aproximadamente a área de uma quadra de tênis.

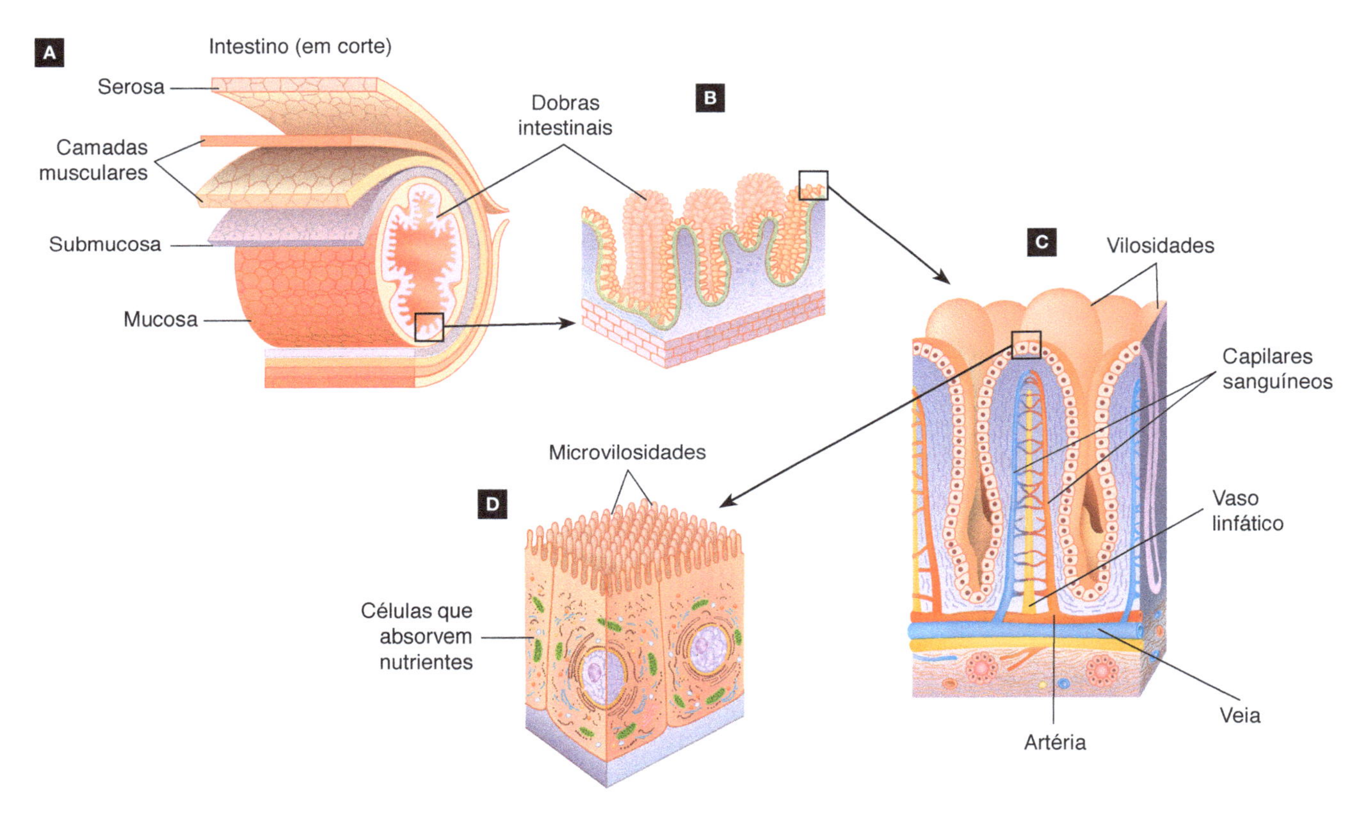

Figura 18.7 Representação esquemática da estrutura da parede do intestino delgado. **A.** Camadas de tecidos que formam a parede intestinal. **B.** Detalhe das dobras da mucosa intestinal. **C.** Detalhes das vilosidades intestinais. **D.** Detalhe de células do epitélio intestinal, mostrando as microvilosidades.

Funções do intestino grosso

No intestino grosso proliferam diversas bactérias, muitas das quais mantêm relações de troca de benefício com seus hospedeiros humanos (relação ecológica do tipo mutualismo). Essas bactérias produzem substâncias úteis ao organismo, como as vitaminas K, B_{12}, tiamina e riboflavina, entre outras. Em contrapartida, nosso intestino proporciona às bactérias hábitat favorável ao seu desenvolvimento.

As bactérias que vivem em nosso intestino sem causar prejuízos à saúde constituem a **flora intestinal**; a presença dessas bactérias ajuda a evitar a proliferação de bactérias patogênicas que poderiam causar doenças.

Os resíduos de uma refeição (isto é, os materiais não aproveitados) levam cerca de nove horas para chegar ao intestino grosso, onde permanecem, em média, por um a três dias. Durante essa permanência há intensa proliferação de bactérias na massa de resíduos; além disso ocorre absorção de água e sais minerais pelas paredes intestinais. Assim, na região final do cólon, os resíduos solidificam-se, constituindo as **fezes**.

As fezes são constituídas por aproximadamente 75% de água e 25% de matéria sólida. Cerca de 30% da parte sólida compõe-se de bactérias vivas e mortas; os 70% restantes são constituídos por sais minerais, fibras de celulose e outros componentes não digeridos. A cor escura das fezes deve-se à presença de pigmentos provenientes da bile.

O reto é a parte final do intestino grosso e fica geralmente vazio, enchendo-se de fezes apenas pouco antes de sua eliminação. A distensão provocada pela presença de fezes no reto estimula terminações nervosas e leva ao relaxamento involuntário do esfíncter mais interno do ânus, constituído por musculatura lisa. O esfíncter anal mais externo, constituído por musculatura estriada, é controlado voluntariamente. A contração da musculatura abdominal, combinada com o relaxamento dos esfíncteres, permite a expulsão das fezes, processo denominado **defecação**. **(Fig. 18.8)**

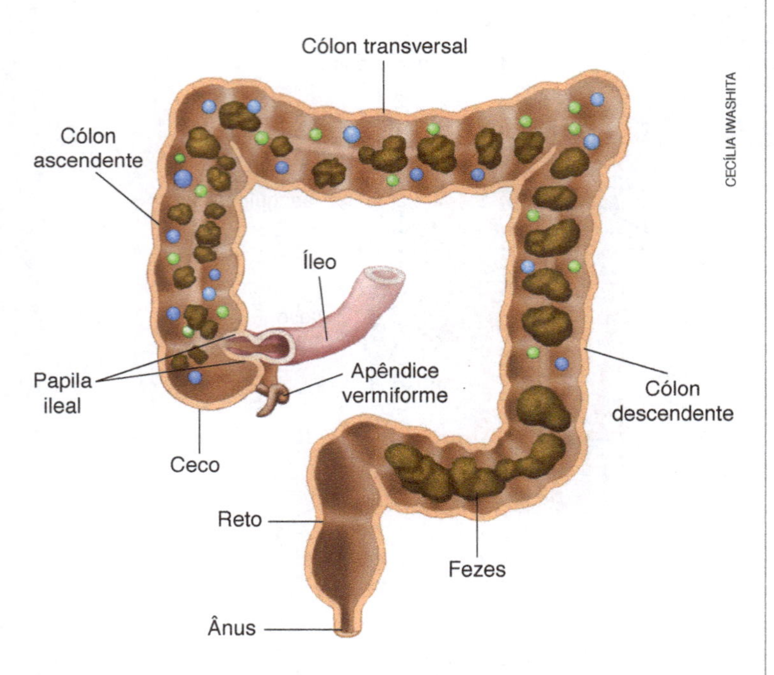

Figura 18.8 Representação esquemática do intestino grosso em corte, mostrando a papila ileal, ou valva ileocecal, que controla a passagem do conteúdo do intestino delgado para o intestino grosso.

Em certas situações, como em uma infecção intestinal, ocorre aumento do peristaltismo do intestino grosso. Consequentemente as fezes não permanecem nele tempo suficiente para que a água seja absorvida; o resultado é a eliminação de fezes líquidas ou semilíquidas, disfunção intestinal conhecida como **diarreia**.

O controle da digestão

O processo da digestão é controlado pelo sistema nervoso autônomo e por hormônios. A visão, o cheiro e o sabor do alimento estimulam o sistema nervoso central, e este, por meio de nervos, estimula as glândulas salivares a secretar saliva e as glândulas estomacais a secretar enzimas digestivas e ácido clorídrico. Além da estimulação nervosa, o estômago também recebe estímulos hormonais.

A presença de alimento rico em proteínas no estômago é o principal estímulo para que certas células da parede estomacal liberem no sangue o hormônio **gastrina**. Esse hormônio circula pelos vasos sanguíneos do estômago e estimula as glândulas da mucosa estomacal a secretar suco gástrico. A gastrina também atua no esfíncter pilórico, relaxando-o, e no esfíncter esofágico inferior, contraindo-o.

O controle das secreções que atuam no intestino resulta de uma sequência de sinais químicos, dos quais participam diversos hormônios. O primeiro sinal é dado pela entrada do quimo no duodeno; sua acidez estimula células da parede intestinal a liberar no sangue o hormônio secretina.

A **secretina** exerce múltiplas funções, tanto inibidoras como estimuladoras. Inibe a secreção gástrica no estômago e reduz a motilidade intestinal; estimula a liberação de secreção pancreática rica em íons hidrogenocarbonato (HCO_3^-), a produção de bile pelo fígado e a secreção de suco entérico pela parede intestinal. A secreção de íons hidrogenocarbonato é importante para reagir reversivelmente com os íons H^+ provenientes de substâncias ácidas do quimo e tornar a massa alimentar ligeiramente alcalina, fator indispensável para a ação das enzimas pancreáticas e intestinais.

Lipídios ou proteínas parcialmente digeridos presentes no quimo estimulam células duodenais a liberar no sangue o hormônio **colecistocinina**. Pela circulação sanguínea, esse hormônio atinge a vesícula biliar, estimulando sua contração e a liberação da bile para o duodeno. A colecistocinina também atua sobre o pâncreas, estimulando-o a liberar as enzimas do suco pancreático. **(Fig. 18.9)**

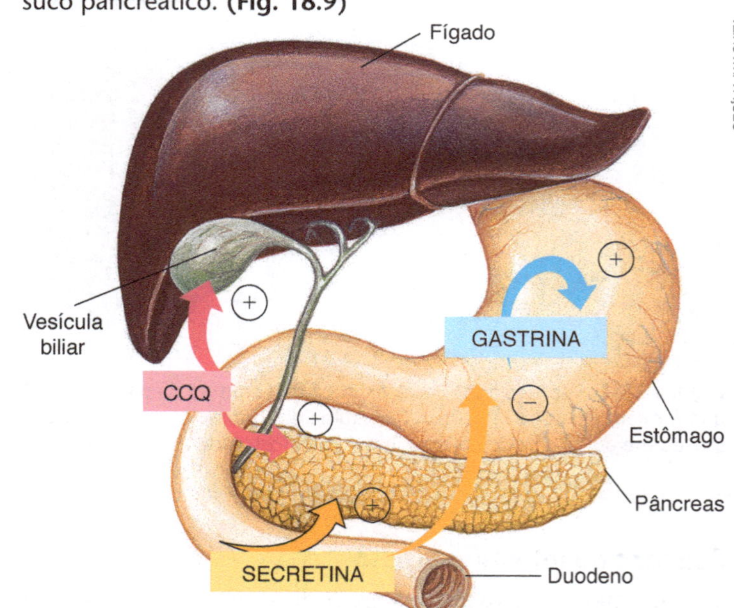

Figura 18.9 Representação esquemática dos principais hormônios relacionados ao controle da digestão. A sigla CCQ refere-se à colecistocinina. Os sinais + e − junto às setas indicam, respectivamente, estimulação e inibição do órgão-alvo.

O quimo estimula o intestino a liberar no sangue um hormônio inibidor da atividade gástrica, cuja principal função é diminuir os movimentos peristálticos estomacais, prolongando o tempo de digestão. A estimulação é proporcional ao teor de lipídios ou de glicídios no quimo. **(Tab. 18.3)**

Tabela 18.3 **Principais hormônios envolvidos no controle da digestão**

Hormônio	Local de produção e agente estimulador	Órgãos-alvos	Efeitos
Gastrina	Estômago; sua secreção é estimulada pela presença de alimentos no interior desse órgão.	Estômago	Estimula a secreção de suco gástrico, relaxa o esfíncter pilórico e contrai o esfíncter esofágico inferior.
Secretina	Intestino delgado; sua secreção é estimulada pela acidez do quimo presente no interior do duodeno.	Estômago	Inibe a secreção de suco gástrico.
		Intestino	Reduz a motilidade intestinal e induz a secreção de suco entérico.
		Pâncreas	Estimula a secreção de suco pancreático rico em íons hidrogenocarbonato.
		Fígado	Estimula a produção de bile.
Colecistocinina	Intestino delgado; sua secreção é estimulada pela presença de peptonas e lipídios no duodeno.	Pâncreas	Estimula a secreção de enzimas do suco pancreático.
		Vesícula biliar	Estimula a liberação de bile.
Inibidor gástrico	Intestino delgado; sua secreção é estimulada pela presença de lipídios e glicídios no duodeno.	Estômago	Diminui as contrações da parede estomacal.

As importantes funções do pâncreas e do fígado

O **pâncreas** é uma glândula com cerca de 15 centímetros de comprimento, formato triangular e alongado, localizada sob o estômago, na alça do duodeno. Além de produzir os íons hidrogenocarbonato (HCO_3^-) e as enzimas que compõem o suco pancreático, o pâncreas também produz dois importantes hormônios, a insulina e o glucagon, apresentando, portanto, função endócrina. Um dos principais efeitos metabólicos da insulina é facilitar a entrada de glicose nas células da maioria dos tecidos, diminuindo a taxa dessa substância no sangue; por sua vez, um dos principais efeitos metabólicos do glucagon é induzir a transformação do glicogênio armazenado no fígado em glicose, elevando a taxa desse glicídio no sangue.

As células pancreáticas que secretam enzimas formam pequenas bolsas denominadas **ácinos pancreáticos**, dos quais partem finos ductos secretores que se reúnem no ducto pancreático. Este se junta ao **ducto colédoco**, proveniente do fígado, formando a ampola hepatopancreática, que desemboca no duodeno.

As células secretoras de hormônios formam pequenos agrupamentos no tecido pancreático, as **ilhotas pancreáticas** (anteriormente denominadas ilhotas de Langerhans), que ficam dispersas entre os ácinos.

O **fígado** é uma das maiores glândulas de nosso corpo com cerca de 1,5 quilograma; tem cor marrom-avermelhada e localiza-se no lado direito do abdômen, na altura das últimas costelas, imediatamente abaixo do diafragma. Ao microscópio o tecido hepático apresenta-se formado por um conjunto de lóbulos de forma sextavada, com 1 a 3 milímetros de diâmetro. Cada lóbulo é constituído por muitas células hepáticas, os hepatócitos.

Uma das principais funções hepáticas é regular o nível de glicose no sangue, armazenando o excesso na forma de glicogênio; este é reconvertido em glicose quando a taxa de glicemia sanguínea (a taxa sanguínea de glicose) diminui. O fígado também converte glicose em lipídios, que são armazenados no próprio fígado ou nos tecidos adiposos. Outra função do fígado é transformar o íon amônio (NH_4^+), produzido nas células pela decomposição de aminoácidos, em ureia, que é excretada na urina. Ele também sintetiza colesterol e proteínas importantes para a coagulação do sangue, como protrombina e fibrinogênio.

O fígado participa da digestão produzindo a bile, que é temporariamente armazenada em uma bolsa de forma oval, a **vesícula biliar**. Da vesícula parte o ducto colédoco que desemboca na ampola hepatopancreática, juntamente com o ducto pancreático.

Agora você pode resolver as atividades de 1 a 14, 50 a 56, 67 a 77, 99, 101 a 103, 112 a 114.

18.2 Sistema cardiovascular

Organização do sistema cardiovascular

O **sistema cardiovascular** (ou sistema circulatório) é constituído pelo coração e por uma rede de vasos que levam o sangue a todas as partes do corpo. **(Fig. 18.10)**

Estrutura e fisiologia do coração

O **coração** humano é um órgão oco, de tamanho comparável ao de um punho fechado, com cerca de 400 gramas; localiza-se sob o osso esterno, um pouco à esquerda do centro do peito. As paredes do coração são constituídas por tecido muscular estriado cardíaco, o **miocárdio** (do grego *myos*, músculo, e *cardio*, coração); internamente, o coração é revestido por uma camada de células achatadas, o **endocárdio**, e, externamente, por uma membrana denominada **pericárdio**, que protege e ancora o coração em seu lugar.

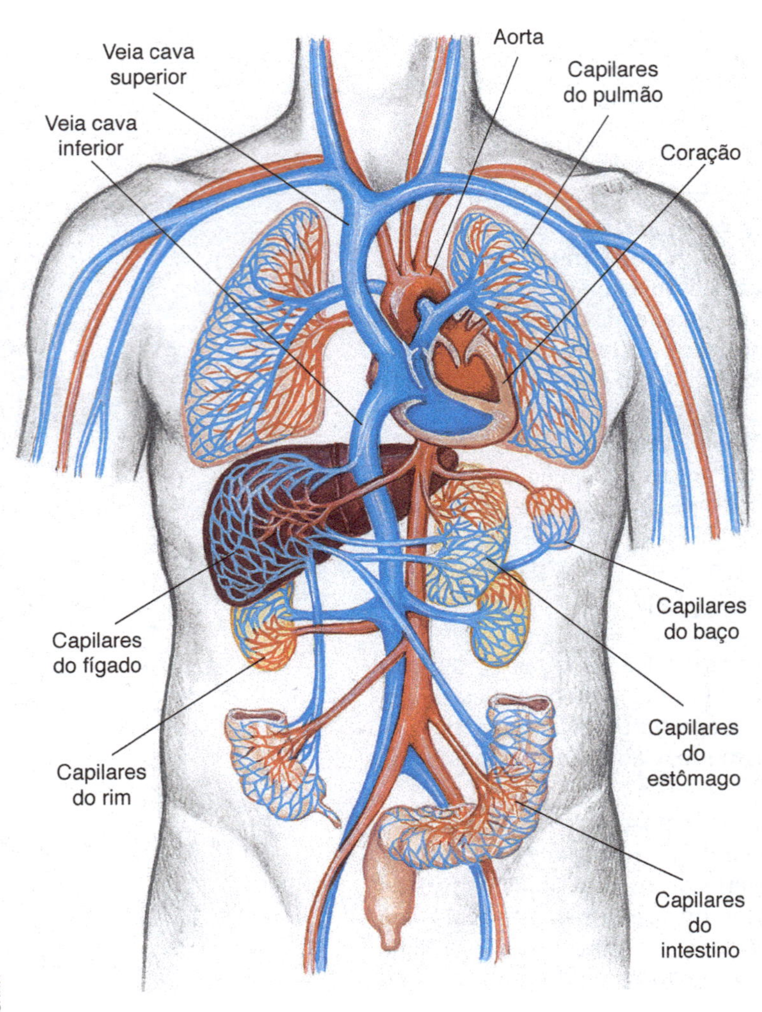

ILUSTRAÇÕES: CECÍLIA IWASHITA

Figura 18.10 Representação esquemática do coração (em corte) e dos principais vasos do sistema cardiovascular humano, em vista frontal. Os vasos em que circula sangue rico em gás oxigênio estão representados em vermelho, e os que conduzem sangue rico em gás carbônico estão representados em azul.

O coração humano tem quatro cavidades: dois **átrios cardíacos**, ou aurículas, e dois **ventrículos cardíacos**. O sangue rico em gás oxigênio proveniente dos pulmões chega ao coração pelo átrio esquerdo. O sangue rico em gás carbônico proveniente das células do corpo chega pelo átrio direito. Cada átrio comunica-se com o ventrículo abaixo dele por um orifício guarnecido por uma **valva atrioventricular**, cuja função é garantir que o sangue flua em um único sentido, do átrio para o ventrículo. O átrio esquerdo comunica-se com o ventrículo esquerdo pela valva atrioventricular esquerda, também chamada valva bicúspide ou mitral. O átrio direito comunica-se com o ventrículo direito pela valva atrioventricular direita ou valva tricúspide. **(Fig. 18.11)**

Durante a contração dos átrios, denominada **sístole atrial**, o sangue passa para os ventrículos, que relaxam, processo chamado **diástole** ventricular. Quando ocorre a contração dos ventrículos, ou **sístole** ventricular, as valvas entre eles e os átrios se fecham e o sangue é forçado a sair do coração por duas grandes artérias: a artéria pulmonar, que parte do ventrículo direito em direção aos pulmões, e a aorta, que parte do ventrículo esquerdo para as demais partes do corpo. As saídas para a aorta e para a artéria pulmonar são guarnecidas pelas **valvas semilunares**, cuja função é impedir o refluxo de sangue para o coração durante a diástole ventricular.

O sangue retorna ao coração pelas veias cavas, que desembocam no átrio direito, e pelas veias pulmonares, que desembocam no átrio esquerdo. Em um ciclo completo, o sangue

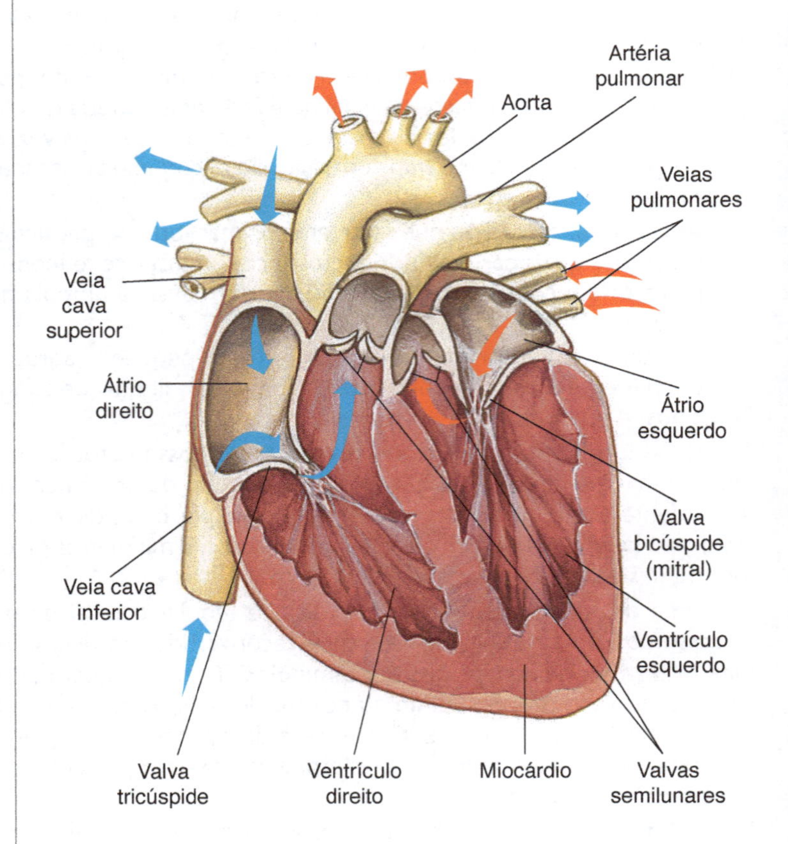

Figura 18.11 Representação esquemática do coração em vista ventral cortado longitudinalmente. As setas em azul indicam o fluxo de sangue rico em gás carbônico, e as setas em vermelho, o fluxo do sangue rico em gás oxigênio.

executa o seguinte trajeto: átrio direito ⟶ ventrículo direito ⟶ pulmões ⟶ átrio esquerdo ⟶ ventrículo esquerdo ⟶ tecidos corporais ⟶ átrio direito. Nossa circulação sanguínea é dupla: o trajeto coração ⟶ pulmões ⟶ coração é denominado **circulação pulmonar**, ou pequena circulação, e o trajeto coração ⟶ sistemas corporais ⟶ coração é chamado **circulação sistêmica**, ou grande circulação. **(Fig. 18.12)**

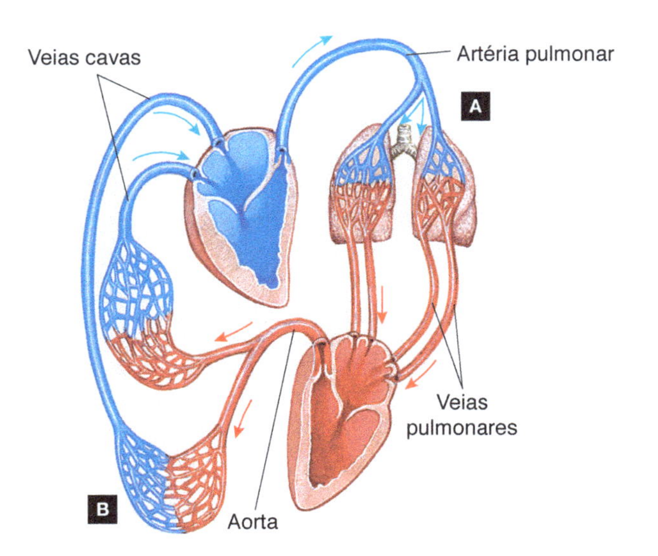

Figura 18.12 Representação esquemática do coração com as metades separadas para facilitar a compreensão de que os lados direito (em posição superior) e esquerdo (em posição inferior) atuam como bombas distintas. **A.** Circulação pulmonar. **B.** Circulação sistêmica. O caminho mostrado em azul indica o fluxo do sangue rico em gás carbônico e, em vermelho, o fluxo do sangue rico em gás oxigênio.

Quando estamos em repouso uma sequência completa de sístoles e diástoles das câmaras do coração – o **ciclo cardíaco** – dura cerca de 0,8 segundo. Com o uso do estetoscópio, instrumento que permite auscultar sons internos do organismo, podem ser identificados dois batimentos subsequentes do coração: o primeiro, um som mais grave e menos audível, marca o início da sístole (contração) ventricular e resulta do impacto do sangue contra as valvas atrioventriculares direita e esquerda, que se fecham fazendo com que o sangue seja impulsionado para fora dos ventrículos pela aorta e pela artéria pulmonar. O segundo batimento, um som mais agudo e alto, marca o início da diástole ventricular e resulta do impacto do sangue contra as valvas semilunares da aorta e da artéria pulmonar, que se fecham impedindo o retorno do sangue para o coração. O número de vezes que o coração se contrai por unidade de tempo é a **frequência cardíaca**, que varia de acordo com a condição de saúde, o condicionamento aeróbico e a situação emocional da pessoa. Em média a frequência cardíaca oscila em torno de 70 a 80 batimentos por minuto; durante o sono o coração pode bater entre 35 e 50 vezes por minuto; durante um exercício físico intenso a frequência cardíaca pode ultrapassar os 180 batimentos por minuto.

A frequência dos batimentos cardíacos é controlada por um grupo de células musculares especiais, o **marca-passo**, ou **nodo sinoatrial**, localizado perto da junção entre o átrio direito e a veia cava superior. Outra região especializada do coração é o **nodo atrioventricular**, que distribui o sinal gerado pelo marca-passo à musculatura dos ventrículos, estimulando-os a entrar em sístole.

Vasos sanguíneos

Artérias são vasos de parede espessa, formada por diversas camadas de musculatura não estriada. As artérias levam sangue do coração para os órgãos e tecidos corporais, inclusive para os tecidos do próprio coração, como fazem as artérias coronárias. As artérias de grosso calibre que partem do coração – aorta e artéria pulmonar – ramificam-se progressivamente em artérias mais finas, atingindo todas as partes do corpo. Nos órgãos e tecidos, os finíssimos ramos terminais das artérias, as arteríolas, prolongam-se formando vasos ainda mais finos, os **capilares sanguíneos**, de diâmetro microscópico e com paredes constituídas por uma única camada de células achatadas e bem encaixadas umas às outras, constituindo o endotélio.

Ao ser bombeado pelos ventrículos, o sangue penetra nas artérias exercendo grande pressão sobre suas paredes, que se relaxam, reduzindo a pressão sanguínea. A pressão que o sangue exerce sobre a parede das artérias é denominada **pressão arterial**. Em uma pessoa jovem e com boa saúde, a pressão nas artérias durante a sístole ventricular, chamada **pressão arterial sistólica**, ou pressão máxima, oscila em torno de 110 mmHg (milímetros de mercúrio) e 120 mmHg. Durante a diástole ventricular a pressão diminui, ficando em torno de 70 mmHg a 80 mmHg; esta é a chamada **pressão arterial diastólica**, ou pressão mínima. **(Fig. 18.13)**

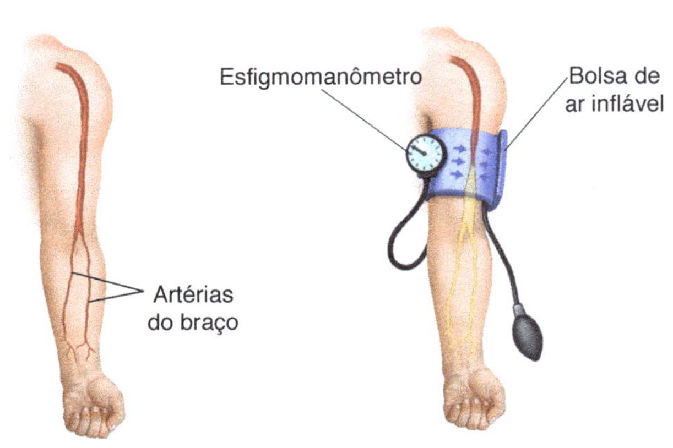

1. Pressão arterial: Sistólica = 120 mmHg Diastólica = 70 mmHg

2. Pressão na bolsa de ar maior do que 120 mmHg interrompe o fluxo sanguíneo para o braço.

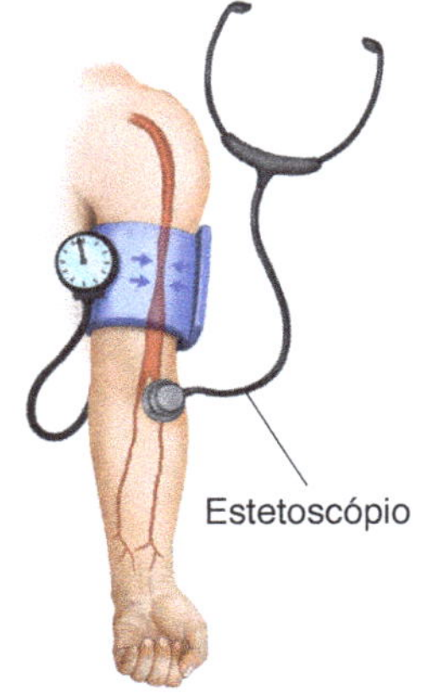

3. Pressão na bolsa de ar entre 80 e 120 mmHg permite fluxo de sangue durante a sístole; o som da passagem do sangue é audível no estetoscópio.

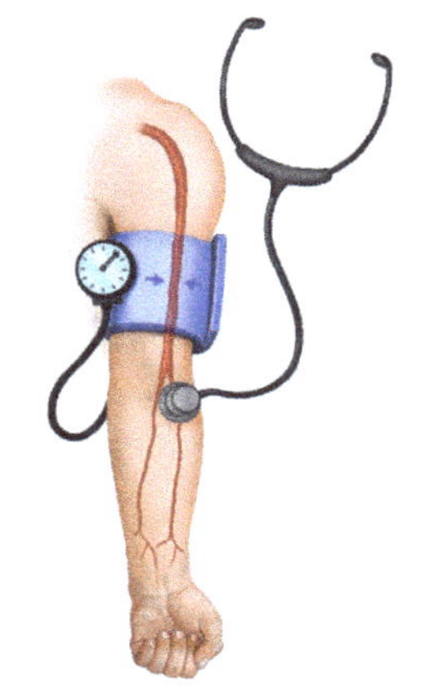

4. Pressão na bolsa de ar menor do que 70 mmHg permite o fluxo de sangue durante a sístole e a diástole; os sons não são mais audíveis no estetoscópio.

ILUSTRAÇÕES: CECÍLIA IWASHITA

Figura 18.13 Representação esquemática do princípio de aferição da pressão arterial pelo método auscultatório.

O sangue é impulsionado nas artérias até as arteríolas e os capilares sanguíneos presentes em praticamente todas as regiões do corpo; nossas células, em geral, não estão a mais de 130 μm de distância de um capilar sanguíneo.

As células endoteliais que formam a parede dos capilares têm pequenos espaços entre si por onde extravasa líquido sanguíneo, que passa a ser chamado então de **líquido tissular** ou intersticial. Esse líquido banha as células próximas, nutrindo-as e oxigenando-as. As células, por sua vez, eliminam no líquido tissular gás carbônico e resíduos produzidos em seu metabolismo.

A maior parte do líquido que sai dos capilares e banha as células é reabsorvida pelos próprios capilares sanguíneos, reincorporando-se ao sangue. O restante é absorvido pelos capilares linfáticos, como veremos adiante. Assim, ao passar pelos capilares dos tecidos, o sangue torna-se pobre em nutrientes e em gás oxigênio e rico em gás carbônico e resíduos produzidos pelas células.

No ponto de conexão entre uma arteríola e um capilar há uma célula muscular lisa enrolada no vaso sanguíneo, a qual constitui o **esfíncter pré-capilar**. Quando esse esfíncter unicelular se contrai, a passagem do sangue para o capilar é diminuída ou bloqueada; desse modo o organismo pode regular o suprimento de sangue que aflui para os tecidos. Os capilares sanguíneos unem-se formando vasos muito finos, as vênulas, que originam vasos progressivamente maiores, as **veias. (Fig. 18.14)**

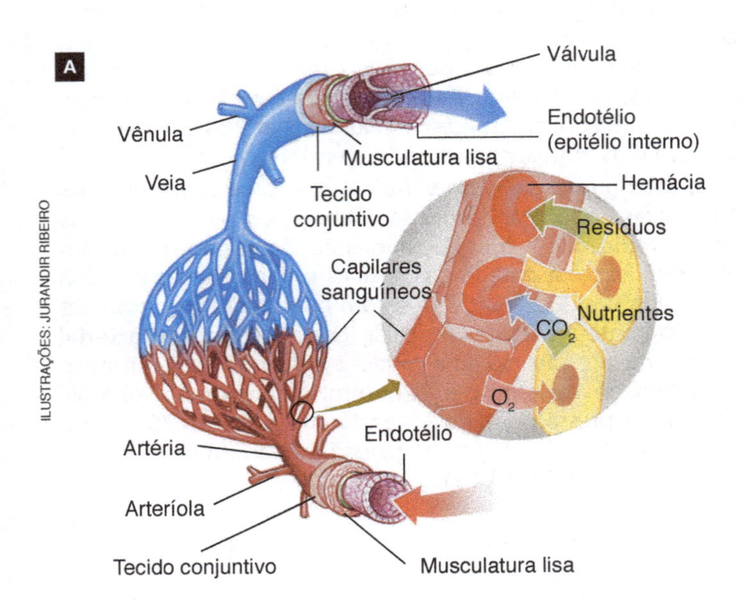

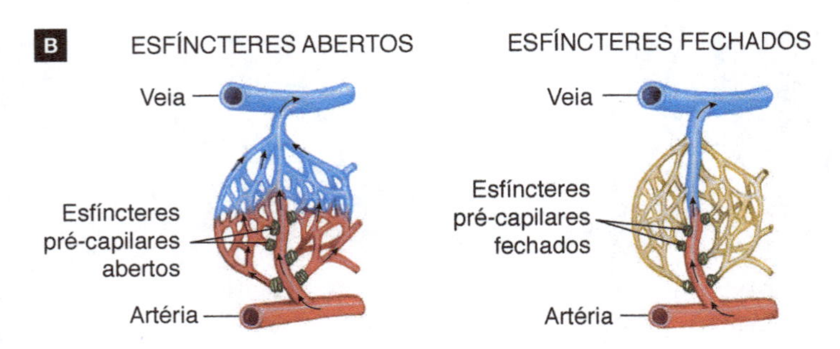

Figura 18.14 **A.** Representação esquemática de artéria, arteríola, capilares sanguíneos, vênula e veia; no detalhe, troca de substâncias entre o sangue do capilar e as células ao redor. **B.** Representações esquemáticas dos esfíncteres pré-capilares (abertos e fechados) que controlam a circulação capilar.

A progressiva fusão de veias dos sistemas corporais para o coração origina dois vasos de grosso calibre, as veias cavas superior e inferior, que desembocam no átrio direito. As veias que trazem o sangue de volta dos pulmões – veias pulmonares – desembocam no átrio esquerdo. A parede das veias é relativamente mais fina que a das artérias, por apresentar menos tecido muscular.

Depois de o sangue passar por milhões de arteríolas e capilares, sua pressão no interior das veias cai a valores muito baixos, embora suficientes para promover o retorno do sangue ao coração. A contração dos músculos esqueléticos, quando nos movimentamos, contribui para o retorno do sangue ao coração pelas veias. Isso ocorre porque, ao contrairmos os músculos, eles comprimem as veias; o sangue pressionado somente pode se deslocar no sentido do coração devido à presença de válvulas nas veias, que impedem o refluxo. **(Fig. 18.15)**

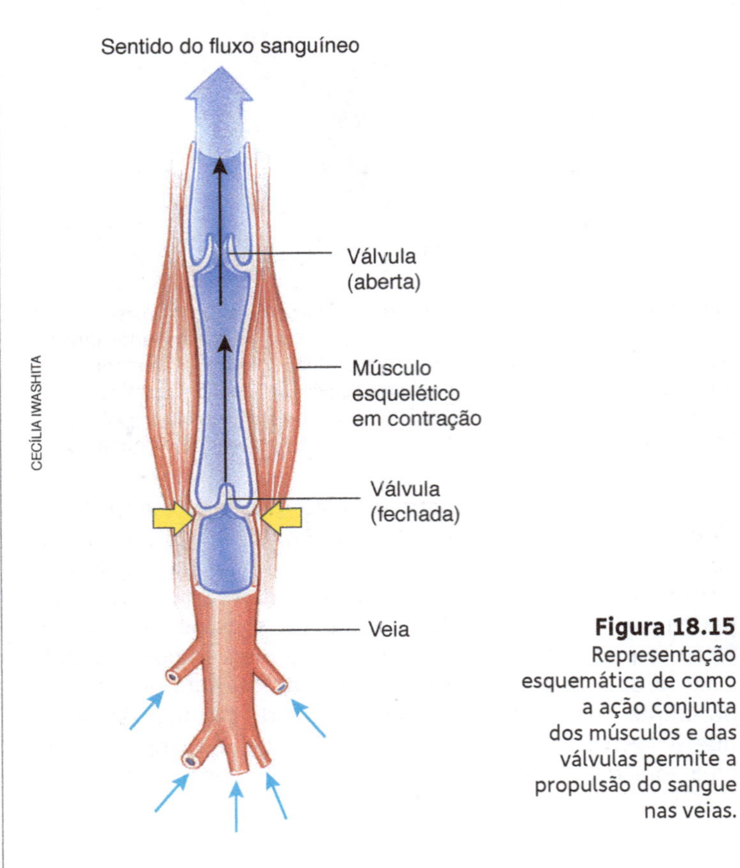

Figura 18.15 Representação esquemática de como a ação conjunta dos músculos e das válvulas permite a propulsão do sangue nas veias.

O sangue

O **sangue** que circula nas artérias, nos capilares sanguíneos e nas veias reúne todas as características de um tecido conjuntivo, por apresentar células sanguíneas, os elementos figurados, separados por grande quantidade de matriz extracelular, o **plasma sanguíneo**. O plasma, um líquido amarelo constituído de água, sais minerais e diversas proteínas, corresponde a cerca de 55% do volume sanguíneo. Os **elementos figurados do sangue** – hemácias e glóbulos brancos – e os fragmentos celulares, denominados plaquetas, correspondem a cerca de 45% do volume total de sangue.

As células presentes no sangue são produzidas ininterruptamente pelo **tecido hematopoiético**, ou hematocitopoiético (do grego *hematos*, sangue, e *poiese*, aqui usado no sentido de formação, origem), localizado no interior de certos ossos, onde constituem a medula óssea vermelha.

Uma pessoa com cerca de 70 quilogramas tem pouco mais de 5,5 litros de sangue, com aproximadamente 30 trilhões de hemácias (glóbulos vermelhos ou eritrócitos), 45 bilhões de glóbulos brancos (leucócitos) e 1,5 trilhão de plaquetas. As **plaquetas** atuam na coagulação do sangue. Quando um vaso sanguíneo é lesado, plaquetas liberam uma enzima denominada tromboplastina, desencadeando uma complexa sequência de reações químicas que leva à formação do **coágulo**. Algumas das enzimas que participam do processo de coagulação precisam estar associadas a íons Ca^{2+} para funcionar. Para que essa associação ocorra é necessária a participação da vitamina K. **(Fig. 18.16)**

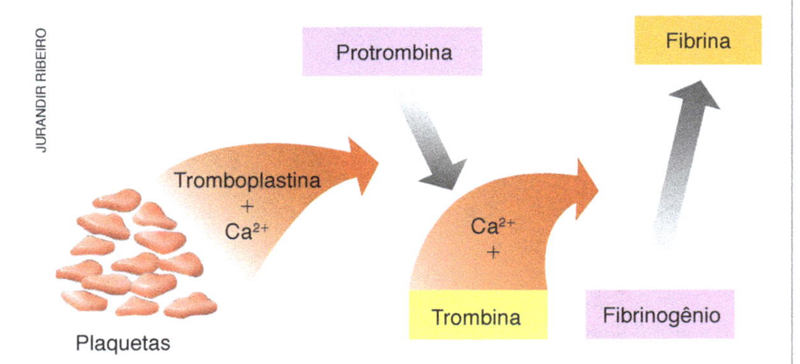

Figura 18.16 Representação esquemática de algumas etapas do processo de coagulação do sangue. A tromboplastina liberada pelas plaquetas, em conjunto com íons cálcio, catalisa a reação de conversão de uma proteína sanguínea, a protrombina, em trombina, que catalisa a conversão de outra proteína sanguínea, o fibrinogênio, em fibrina, cujas moléculas se entrelaçam formando uma rede. As hemácias são aprisionadas na rede de fibrina, acumulando-se no local do ferimento e originando o coágulo, que estanca a hemorragia.

Circulação linfática

Além de vasos sanguíneos os vertebrados apresentam também uma ampla rede de **vasos linfáticos**, responsáveis pela captação do líquido tissular que não foi reabsorvido pelos capilares sanguíneos, reconduzindo-o à circulação. Se, por algum motivo, o **sistema linfático** deixa de cumprir essa função, o líquido tissular tende a se acumular nos tecidos, causando inchaços conhecidos como edemas linfáticos.

Nos tecidos corporais há vasos linfáticos finíssimos, com calibre pouco maior que o dos capilares sanguíneos, que terminam em uma extremidade fechada. A confluência de capilares linfáticos origina vasos de diâmetros progressivamente maiores, que convergem para a região torácica, onde formam dois vasos linfáticos de grande calibre que se juntam a veias provenientes dos braços.

Nos vasos linfáticos circula a **linfa**, um fluido esbranquiçado de constituição semelhante à do sangue, do qual difere principalmente por não conter hemácias. A linfa contém leucócitos (glóbulos brancos), dos quais aproximadamente 99% são linfócitos; no sangue, esse tipo de leucócito representa apenas 50% do total de glóbulos brancos.

Em diversos pontos da rede linfática há **linfonodos**, ou nódulos linfáticos (antigamente denominados gânglios linfáticos), que cumprem o papel de filtrar a linfa que circulou nas extremidades corporais e no abdômen. Embora se distribuam por todo o corpo, os linfonodos estão mais concentrados no pescoço, nas axilas, na virilha e no intestino. Ao passar pelos linfonodos, a linfa circula por finos canais, onde os leucócitos identificam e destroem partículas e substâncias estranhas. **(Fig. 18.17)**

Quando o corpo é invadido por microrganismos, os leucócitos de linfonodos próximos ao local da invasão identificam o invasor e passam a se multiplicar ativamente. Com isso, os linfonodos aumentam de tamanho e formam inchaços conhecidos popularmente como ínguas; o exame tátil dos linfonodos pelo médico permite às vezes detectar um processo infeccioso em andamento.

Adenoides e tonsilas (estas últimas antigamente chamadas amígdalas) são órgãos ricos em linfonodos localizados na entrada das vias respiratórias e do tubo digestório. O **baço**, localizado do lado esquerdo do abdômen, é outro órgão rico em linfonodos que desempenha diversas funções importantes, entre as quais: armazenamento de linfócitos e de monócitos, dois tipos de glóbulos brancos; filtragem do sangue para a remoção de microrganismos, de substâncias estranhas e de resíduos celulares; destruição de hemácias envelhecidas. Além disso o baço é capaz de armazenar hemácias e lançá-las na corrente sanguínea em momentos de necessidade, como em situações de esforço físico intenso, por exemplo.

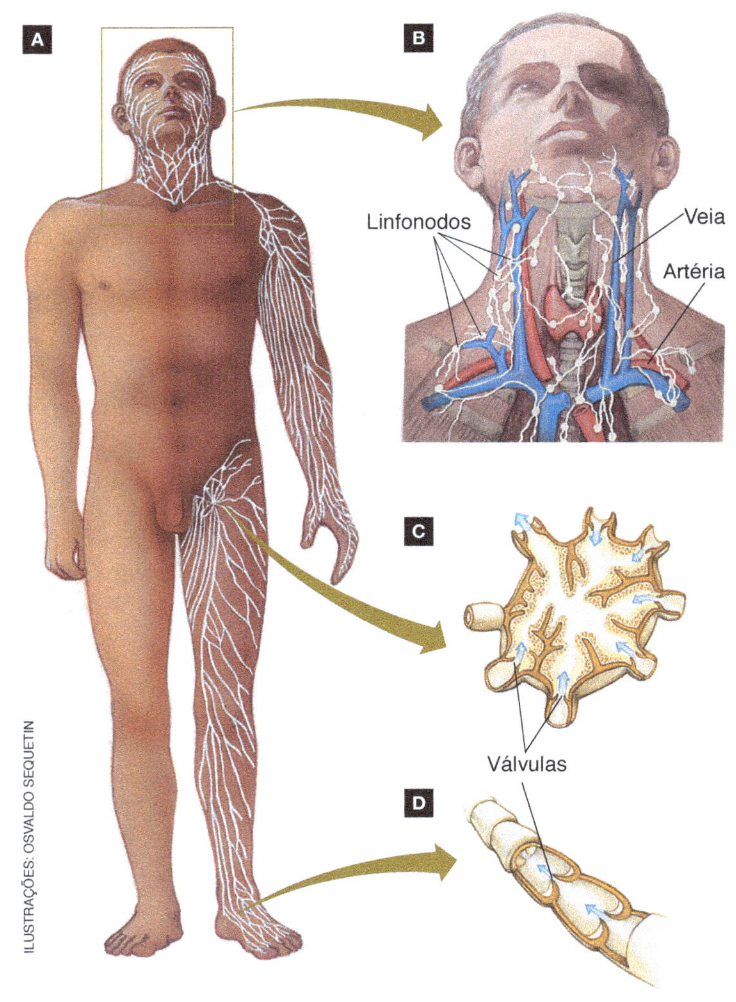

Figura 18.17 Representações esquemáticas do sistema linfático humano. **A.** Rede parcial dos vasos linfáticos de cabeça, braços e pernas. **B.** Rede de vasos e linfonodos da região do pescoço. **C.** Estrutura interna de um linfonodo. **D.** Estrutura interna de um capilar linfático. Em **C** e **D** as setas indicam o sentido do fluxo de linfa.

Sistema imunitário

Apesar de nosso corpo ser bem protegido pela pele e pelas membranas que revestem os órgãos internos, é praticamente impossível evitar a entrada de substâncias estranhas ou de microrganismos invasores, alguns deles perigosos. Felizmente contamos com um eficaz sistema de defesa interno organizado e bem aparelhado: trata-se do **sistema imunitário** (do latim *immunis*, livre, isento – significando, neste caso, livre de doenças). O sistema imunitário, ou sistema imunológico, é constituído por estruturas individualizadas, como baço, timo, nódulos linfáticos, e por células livres, como certos tipos de leucócitos, principalmente macrófagos e linfócitos. Os linfócitos amadurecem na medula óssea (linfócitos B) ou no timo (linfócitos T) a partir de células precursoras dos linfócitos provenientes da medula óssea. A medula óssea e o timo, onde linfócitos amadurecem, são chamados de **órgãos linfáticos primários**. Da medula e do timo, os linfócitos saem para a corrente sanguínea e para a linfa, atingindo os chamados **órgãos linfáticos secundários** como os nódulos linfáticos, as adenoides, as tonsilas, o baço. Nos órgãos linfáticos secundários os linfócitos proliferam e completam sua diferenciação.

Principais células do sistema imunitário

Macrófagos são células fagocitárias que se movimentam continuamente entre os tecidos, ingerindo microrganismos, restos de células mortas, resíduos celulares etc. Quando ainda são jovens e vivem no sangue os macrófagos são chamados de monócitos; ao passar do sangue para os tecidos o monócito transforma-se em macrófago.

As principais células do sistema imunitário são os vários tipos de linfócito, especializados em determinadas funções relacionadas à defesa do organismo.

Os linfócitos T, por exemplo, reconhecem antígenos e ativam a resposta imune. Há dois tipos de linfócito T: auxiliadores e citóxicos. Os **linfócitos T auxiliadores**, também chamados de linfócitos CD4, recebem informações dos macrófagos sobre a presença de invasores do corpo e estimulam imediatamente os linfócitos B e os linfócitos T citotóxicos a combatê-los. Se os linfócitos CD4 deixam de atuar, os linfócitos B e T citotóxicos não são ativados.

A aids é uma doença grave porque o vírus HIV ataca e destrói linfócitos CD4. Consequentemente os outros linfócitos de defesa não são ativados e a pessoa com aids pode contrair infecções que normalmente não afetariam pessoas saudáveis.

Os **linfócitos T citotóxicos**, ou linfócitos CD8, são especializados em reconhecer e matar células corporais alteradas, como as infectadas por vírus, por exemplo. São eles também que atacam células estranhas ao organismo, sendo os principais responsáveis pela rejeição de órgãos transplantados.

Os **linfócitos B** produzem **anticorpos**, proteínas do grupo das imunoglobulinas capazes de se combinar especificamente com substâncias estranhas ao corpo, levando à sua destruição ou inativação. Genericamente toda substância que desencadeia a produção de anticorpos é chamada **antígeno. (Fig. 18.18)**

Sistema imunitário

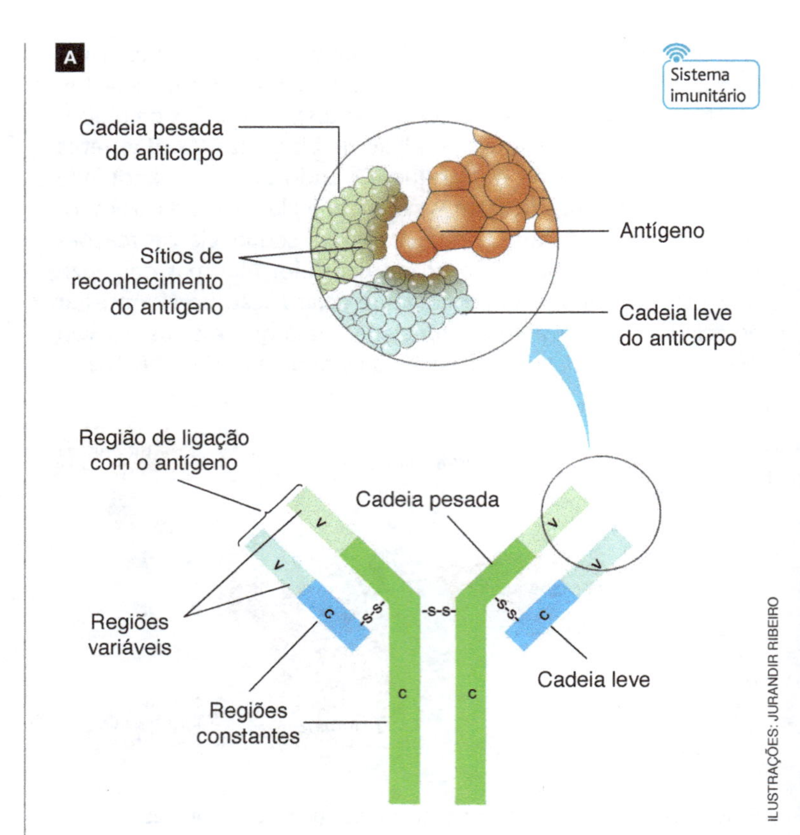

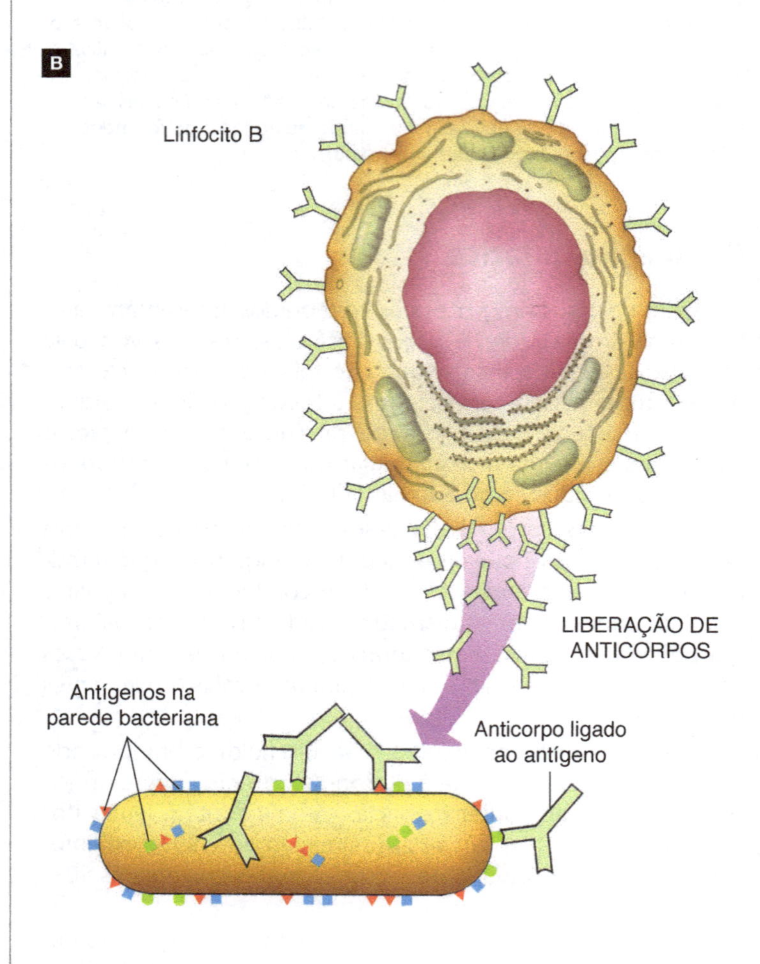

Figura 18.18 A. Representação esquemática da estrutura básica da molécula de anticorpo mostrando detalhe da região de ligação com o antígeno. **B.** Representação esquemática do linfócito B liberando anticorpos contra antígenos bacterianos.

O sistema imunitário em ação

Quando nosso organismo é atacado por um vírus, por exemplo, os macrófagos entram em ação; além de combater diretamente os invasores, eles alertam imediatamente outros componentes do sistema imunitário de que há uma invasão em curso.

Os macrófagos fagocitam substâncias estranhas e expõem partes delas na superfície da sua membrana celular. Em outras palavras, eles apresentam os antígenos ao sistema imunitário.

Linfócitos T auxiliadores (células CD4) reconhecem os antígenos apresentados pelos macrófagos e passam a se multiplicar ativamente, estimulados por proteínas denominadas **interleucinas**, que são liberadas pelos macrófagos. A estimulação de linfócitos T citotóxicos ocorre de modo semelhante.

A intensa divisão dos linfócitos ativados origina um grande número de células capaz de atuar especificamente contra o invasor que estimulou a multiplicação celular. Os linfócitos continuam a se dividir ativamente enquanto houver antígenos capazes de ativá-los. À medida que os invasores são destruídos e vão desaparecendo do corpo, o número de linfócitos especializados em combatê-los vai diminuindo. **(Fig. 18.19)**

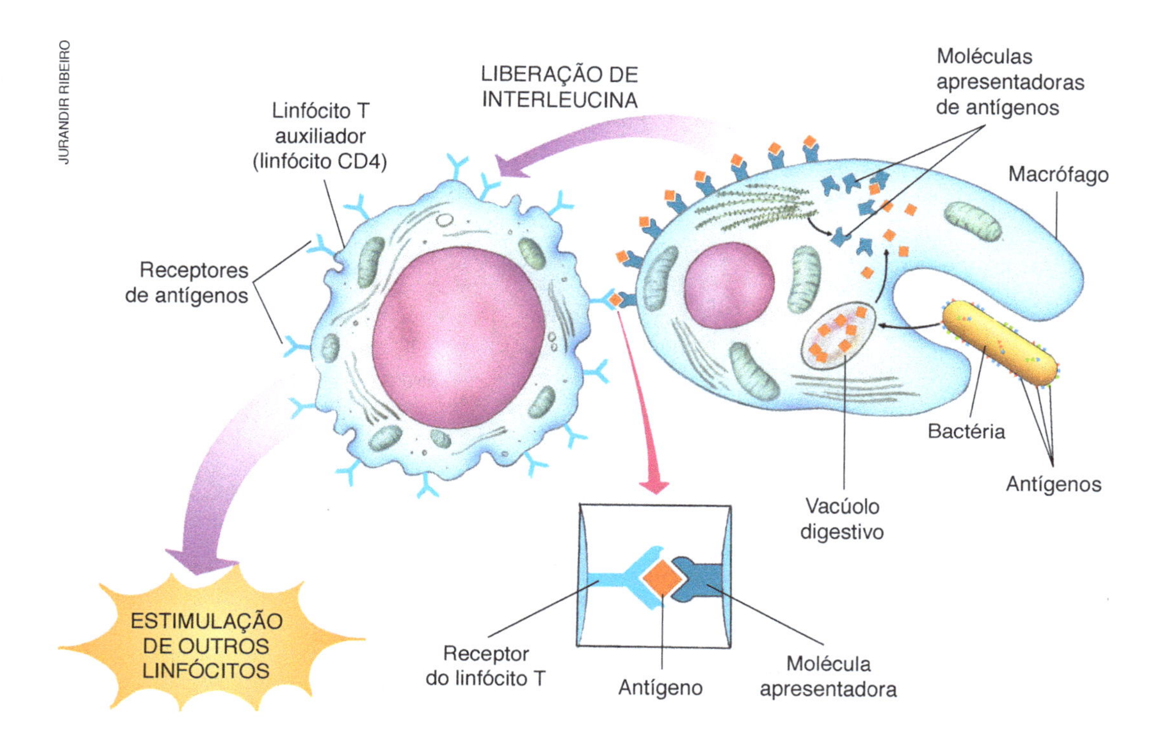

Figura 18.19 Representação esquemática da apresentação de antígenos ao linfócito T pelo macrófago. Os antígenos dos invasores, no caso uma bactéria, combinam-se com proteínas do macrófago e são expostos em sua membrana. Os linfócitos capazes de reconhecer essas substâncias unem-se aos macrófagos e são estimulados a se multiplicar pela interleucina liberada por eles.

Mesmo após uma infecção ter sido debelada resta no organismo certa quantidade de linfócitos, chamados **células de memória imunitária**, que guardam por anos a capacidade de reconhecer agentes infecciosos com os quais o organismo já esteve em contato. Em uma nova infecção essas células de memória são ativadas e se reproduzem, deflagrando a **resposta imunitária secundária**. Em curto intervalo de tempo é produzido um grande número de células defensoras específicas. **(Fig. 18.20)**

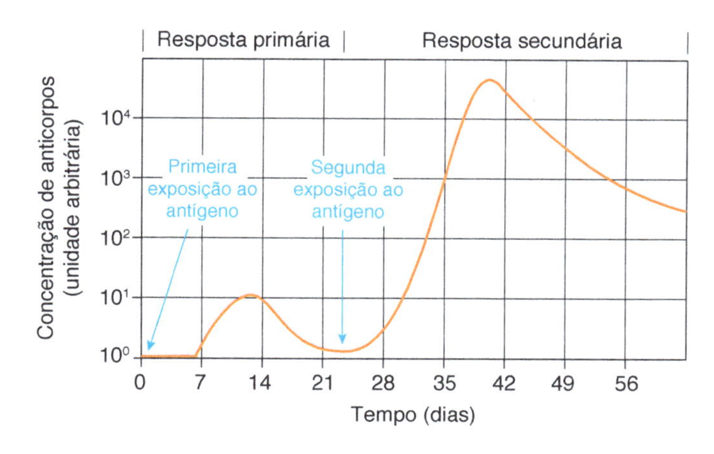

Figura 18.20 O gráfico mostra como a produção de anticorpos G, o tipo mais ativo no combate às infecções, é mais rápida e mais intensa em um segundo contato com o antígeno (resposta secundária), devido às células de memória imunitária. (Elaborado com base em Campbell, N. A. e cols., 2008.)

Imunizações ativa e passiva: vacinas e soros

Quando um organismo tem anticorpos específicos contra determinados invasores, diz-se que ele está imunizado contra esses antígenos. Há duas maneiras de promover a imunização de uma pessoa contra certas doenças ou substâncias prejudiciais: a ativa e a passiva.

A **imunização ativa** é feita por meio da **vacinação**, que consiste em introduzir no corpo da pessoa antígenos provenientes de microrganismos causadores de certa doença ou mesmo microrganismos vivos previamente atenuados; esses antígenos injetados correspondem às vacinas e desencadeiam uma resposta imunitária primária, em que há produção de células de memória. Se mais tarde o organismo for invadido pelo patógeno contra o qual foi imunizado, as células de memória imunitária desencadearão a resposta imunitária secundária, mais rápida e mais intensa que a primária, e os invasores podem ser destruídos antes mesmo de aparecerem sintomas da doença.

A **imunização passiva** consiste em injetar na pessoa uma solução de anticorpos prontos – os soros imunes – que combatem determinado patógeno. Certas substâncias tóxicas, como algumas toxinas bacterianas ou a peçonha de serpentes e de aranhas, têm efeito rápido e intenso no organismo, podendo matar a pessoa antes que ela consiga produzir anticorpos para se proteger. Nessas situações injetam-se soros imunes extraídos de sangue de animais previamente imunizados.

A aplicação do soro não confere imunidade permanente, pois a memória imunitária não é estimulada e os anticorpos injetados desaparecem de circulação em poucos dias. Além disso, geralmente o organismo imunizado com soro reconhece os próprios anticorpos do soro como substâncias estranhas e passa a produzir anticorpos específicos contra eles. Por isso deve-se evitar tomar o mesmo soro duas vezes, pois uma segunda injeção pode desencadear uma reação imunitária contra o próprio soro, com prejuízos à saúde.

Agora você pode resolver as atividades de 15 a 34, 57 a 60, 78 a 89, 104 a 108 e 115 a 118.

18.3 Sistema respiratório

Boa parte dos nutrientes orgânicos que assimilamos é utilizada pelas células para gerar a energia necessária aos processos vitais; isso ocorre principalmente por meio da respiração celular. Esse processo, também chamado **respiração aeróbica**, ocorre nas mitocôndrias presentes no citoplasma das células. No interior das mitocôndrias substâncias orgânicas reagem com gás oxigênio e liberam energia, que é armazenada temporariamente em moléculas de ATP (relembre o Capítulo 6). Os produtos da respiração aeróbica são a água e o gás carbônico, que passa para o sangue.

O gás carbônico que os tecidos corporais liberam para o sangue, ao chegar aos pulmões, é expelido do corpo e passa para o ar atmosférico por difusão. Nos pulmões o sangue se abastece de gás oxigênio, que será levado até as células para suprir a respiração aeróbica. As trocas gasosas entre o ar atmosférico e o sangue nos pulmões constituem a **respiração pulmonar**; o conjunto de órgãos que atuam diretamente nesse processo constitui o sistema respiratório.

Organização do sistema respiratório

O **sistema respiratório humano** compõe-se das cavidades nasais, da boca, da faringe, da laringe, da traqueia, dos brônquios, dos bronquíolos e, na extremidade final destes, dos alvéolos pulmonares. Os bronquíolos e os alvéolos formam os pulmões. **(Fig. 18.21)**

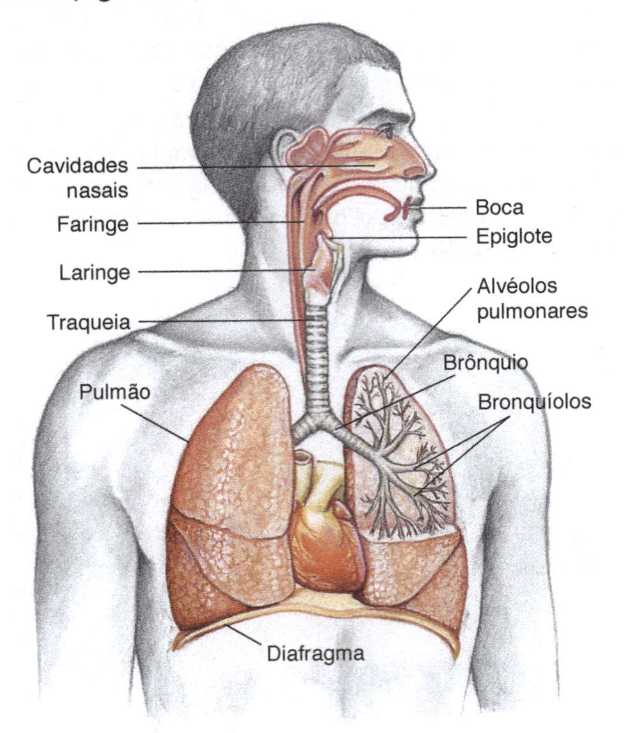

Figura 18.21 Representação esquemática dos principais componentes do sistema respiratório humano. O pulmão direito é ligeiramente maior que o esquerdo e está dividido em três partes, ou três lóbulos; o pulmão esquerdo tem apenas dois lóbulos. Pulmões de pessoas jovens têm cor rosada, que vai aos poucos escurecendo com a idade, devido ao acúmulo de impurezas presentes no ar. Pulmões de fumantes são mais escuros que os de não fumantes devido ao acúmulo de partículas de alcatrão e outras substâncias contidas na fumaça do cigarro.

As **cavidades nasais** são dois condutos paralelos que começam nas narinas e terminam na faringe. Nas cavidades nasais há células sensoriais, responsáveis pelo sentido do olfato, e células produtoras de muco, cuja função é umedecer as vias respiratórias e reter partículas e microrganismos presentes no ar que inspiramos, atuando como um filtro. Células das cavidades nasais produzem diariamente cerca de meio litro de muco, que escorre para o fundo da garganta e é engolido com a saliva.

Nas cavidades nasais o ar inspirado é filtrado, umedecido e aquecido; por isso é importante respirar sempre pelo nariz, principalmente no inverno. Quando respiramos pela boca nossas vias respiratórias ressecam e resfriam, tornando-se mais suscetíveis a infecções e inflamações.

Ao inspirarmos, o ar entra pelas narinas, passa pelas cavidades nasais, pela faringe e chega à laringe, estrutura tubular com reforços cartilaginosos localizada no pescoço. Uma das partes cartilaginosas da laringe é a proeminência laríngea, popularmente conhecida como pomo de adão, que forma uma saliência na parte anterior do pescoço, mais desenvolvida nos homens que nas mulheres.

A entrada da laringe, chamada **glote**, é guarnecida por uma válvula cartilaginosa, a **epiglote**. Quando engolimos a laringe eleva-se e sua entrada é fechada pela epiglote, o que impede o alimento de entrar nas vias respiratórias e causar engasgamento.

O revestimento interno da laringe apresenta **pregas vocais** (anteriormente denominadas cordas vocais), capazes de produzir som durante a passagem do ar. Graças à ação combinada da laringe, da boca, da língua e do nariz, podemos articular palavras e produzir diversos tipos de som. **(Fig. 18.22)**

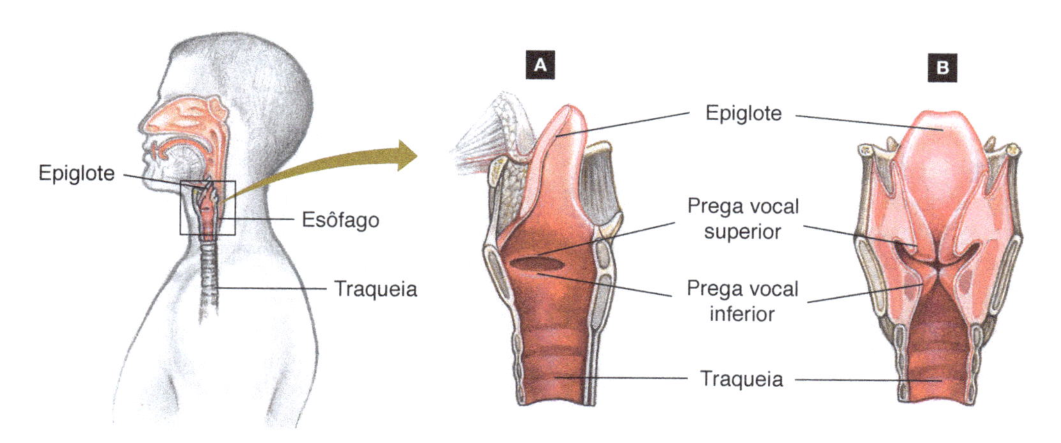

Figura 18.22 Representações esquemáticas da estrutura da laringe em corte. **A.** Vista lateral. **B.** Vista frontal.

À laringe segue-se a **traqueia**, tubo de aproximadamente 1,5 cm de diâmetro por 10 cm de comprimento, com paredes reforçadas por anéis cartilaginosos, perceptíveis na região anterior do pescoço, logo abaixo da proeminência laríngea. Esses reforços cartilaginosos mantêm a traqueia sempre aberta para a passagem de ar.

Na região superior do peito, a traqueia divide-se em dois tubos curtos também reforçados por anéis de cartilagem, os **brônquios**, que se ramificam em tubos cada vez mais finos, os **bronquíolos**. O conjunto altamente ramificado de bronquíolos forma a **árvore respiratória**. Cada bronquíolo apresenta, em sua extremidade, um grupo de pequenas bolsas denominadas alvéolos pulmonares.

Traqueia, brônquios e bronquíolos são revestidos internamente por um epitélio ciliado, rico em células produtoras de muco. Partículas de poeira e microrganismos em suspensão no ar aderem ao muco e são continuamente levados em direção à garganta pelo batimento rítmico dos cílios das células epiteliais. Ao chegar à faringe, o muco e as partículas aderidas são engolidos e vão para o tubo digestório.

Os dois conjuntos de bronquíolos com alvéolos pulmonares, um em cada lado do peito, constituem os **pulmões**, órgãos esponjosos, cada um com aproximadamente 25 cm de comprimento e 700 g de massa, localizados no interior da caixa torácica.

Os pulmões são envoltos por duas membranas, as **pleuras**. A pleura mais interna está aderida à superfície de cada pulmão, enquanto a pleura mais externa está aderida à caixa torácica. Entre as pleuras há um espaço estreito, preenchido por uma fina camada líquida, o líquido interpleural. A tensão superficial desse líquido mantém unidas as duas pleuras, mas permite que elas deslizem suavemente uma sobre a outra nos movimentos respiratórios.

Cada pulmão é constituído por cerca de 150 milhões de **alvéolos pulmonares**, pequenos sacos de paredes finas, formadas por células achatadas. Os alvéolos são recobertos por grande número de capilares sanguíneos, possibilitando o intercâmbio eficiente de gases respiratórios. **(Fig. 18.23)**

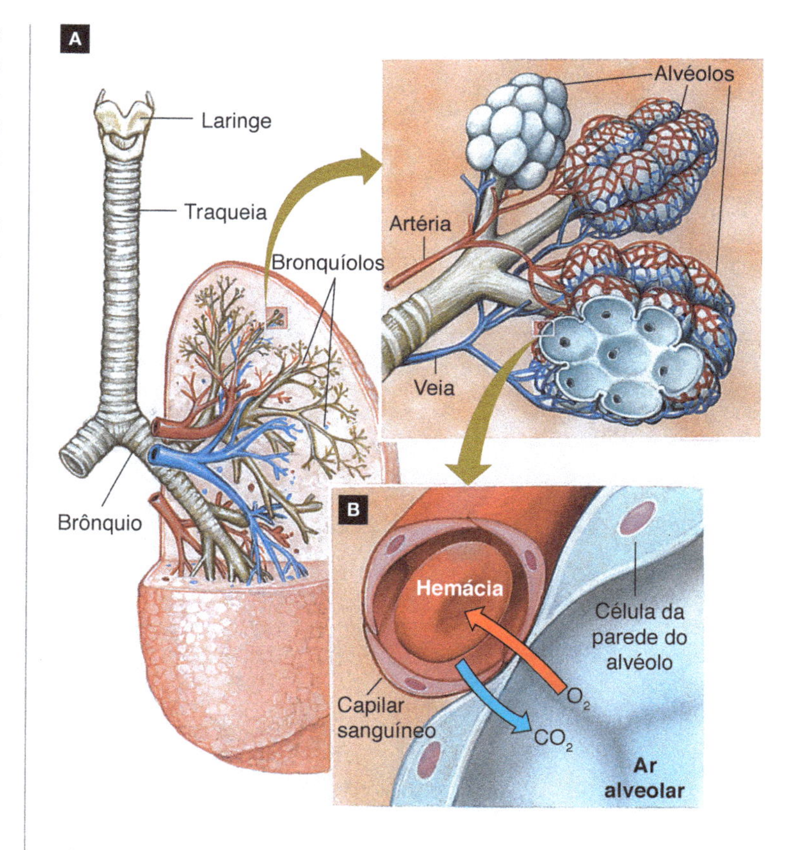

Figura 18.23 **A.** Representação esquemática da relação entre as extremidades dos bronquíolos e os alvéolos pulmonares. No detalhe à direita, um alvéolo em corte transversal. **B.** Representação esquemática da troca de gases respiratórios entre o alvéolo e o capilar sanguíneo.

ILUSTRAÇÕES: CECÍLIA IWASHITA

Calcula-se que se todos os alvéolos dos pulmões de uma pessoa fossem esticados e colocados lado a lado sua superfície ultrapassaria 200 m²; e se todos os capilares que recobrem os alvéolos fossem unidos linearmente atingiriam nada menos que 1.600 km de extensão. Isso nos dá uma ideia da altíssima capacidade dos pulmões de realizar trocas gasosas com o sangue.

Fisiologia da respiração

Ventilação pulmonar

Ventilação pulmonar é a renovação do ar dos pulmões que ocorre a cada movimento respiratório, composto de uma inspiração – entrada de ar nos pulmões – e uma expiração – saída do ar. Calcula-se que mais de 10 mil litros de ar passem diariamente pelos pulmões de uma pessoa.

Nos mamíferos a ventilação pulmonar depende da ação dos músculos que interligam as costelas – os músculos intercostais – e de um músculo flexível e resistente, o diafragma, que separa a cavidade torácica da cavidade abdominal. Na **inspiração** o diafragma desce e as costelas sobem, o que aumenta o volume da caixa torácica e reduz a pressão interna em relação ao exterior, forçando o ar a entrar nos pulmões. Na **expiração** ocorre o oposto: o diafragma sobe e as costelas abaixam, o que diminui o volume da caixa torácica e aumenta a pressão interna em relação ao exterior, o que força a saída de ar dos pulmões. **(Fig. 18.24)**

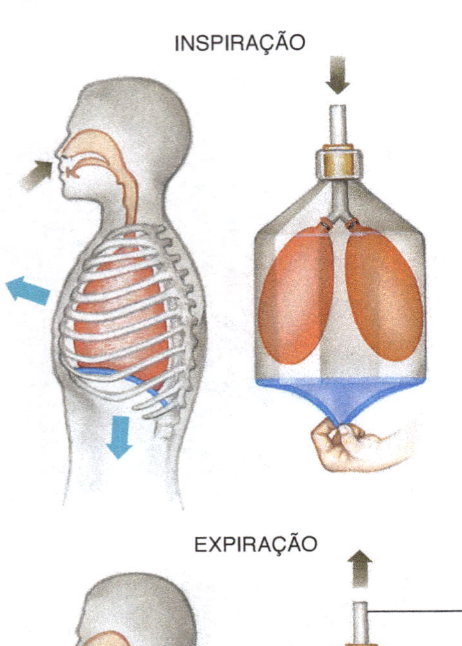

Figura 18.24 Representações esquemáticas do papel do diafragma na inspiração e na expiração. Ao lado das figuras humanas, modelo feito de materiais simples para demonstrar os movimentos respiratórios.

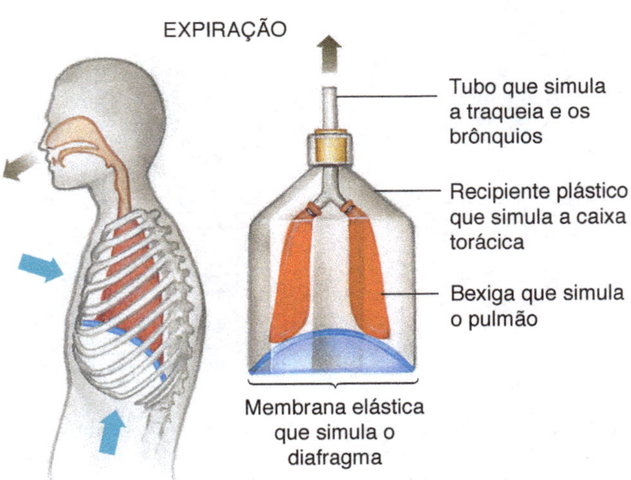

Quando nos exercitamos as células musculares consomem mais ATP. Assim, a respiração celular se intensifica e há liberação de maiores quantidades de gás carbônico. No sangue o gás carbônico reage com água e origina ácido carbônico, que faz aumentar a acidez sanguínea. Essa mudança é rapidamente detectada pelo sistema nervoso (tronco encefálico), que passa a estimular mais os músculos intercostais e o diafragma, aumentando a frequência da ventilação pulmonar.

ILUSTRAÇÕES: CECÍLIA IWASHITA

Hematose

Nos alvéolos pulmonares ocorre o fenômeno-chave da respiração: a **hematose**. Nesse processo o gás oxigênio do ar difunde-se para os capilares sanguíneos e penetra nas hemácias, onde se combina com a **hemoglobina**. Esta é uma proteína constituída por quatro cadeias polipeptídicas e quatro anéis pirrólicos (grupos heme), cada um contendo um íon ferro(II) (Fe^{2+}) ao qual pode se ligar uma molécula de gás oxigênio. O gás oxigênio, combinado à hemoglobina, forma a oxiemoglobina e é transportado aos capilares sanguíneos de todos os tecidos. **(Fig. 18.25)**

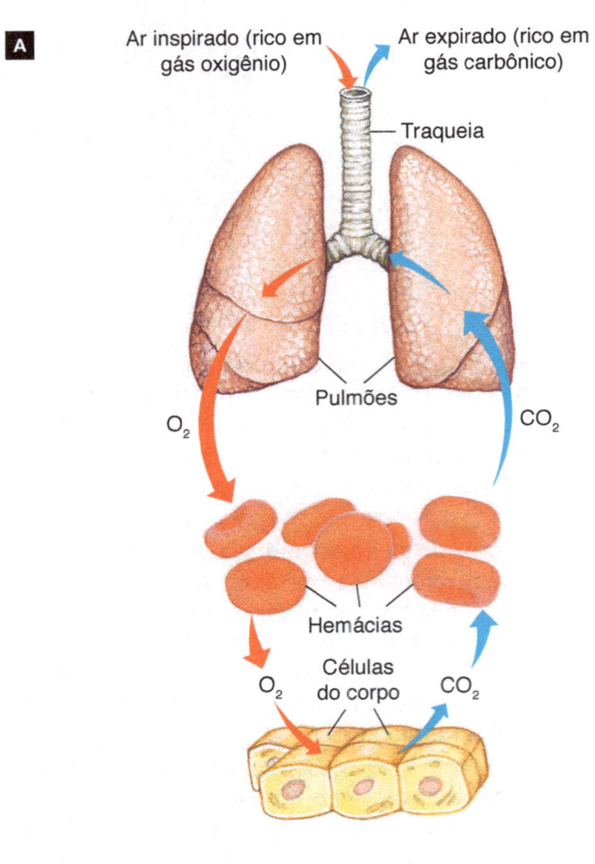

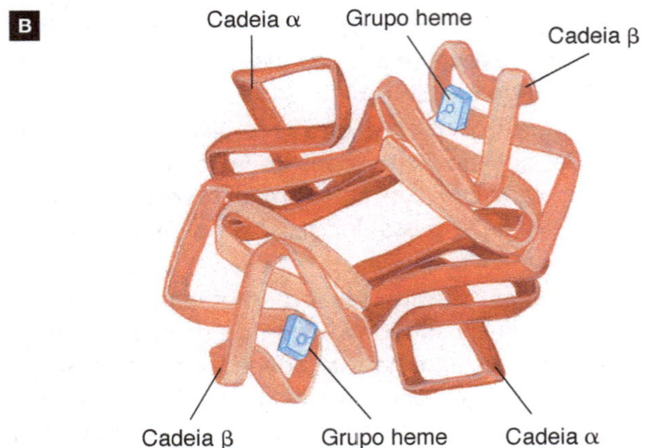

Figura 18.25 **A.** Caminho dos gases respiratórios do ar às células e vice-versa. **B.** Representação esquemática da estrutura tridimensional da molécula de hemoglobina, formada por quatro cadeias polipeptídicas e por quatro grupos heme (dois deles não visíveis, escondidos pelas dobras da molécula), cada um contendo um íon ferro(II) (Fe^{2+}), o qual é responsável pela cor vermelha da hemoglobina. Estima-se que haja cerca de 250 milhões de moléculas de hemoglobina em cada hemácia.

Nos tecidos, o gás oxigênio dissocia-se da hemoglobina, sai das hemácias e difunde-se para as células. Simultaneamente moléculas de gás carbônico originadas na respiração celular difundem-se para o líquido que banha os tecidos e são absorvidas pelos capilares. A maior parte do gás carbônico (cerca de 70%) reage com a água no interior das hemácias formando ácido carbônico (H_2CO_3), que rapidamente se dissocia em íons H^+ e íons hidrogenocarbonato (HCO_3^-). Os íons H^+ associam-se às moléculas de hemoglobina, enquanto os íons HCO_3^- saem das hemácias e vão para o plasma sanguíneo, onde contribuem para controlar o pH do sangue.

Nos alvéolos pulmonares os íons hidrogenocarbonato e H^+ se reassociam originando ácido carbônico, que, na sequência, se transforma em água e em gás carbônico. O gás carbônico difunde-se, então, para o ar alveolar e é eliminado na expiração.

Aproximadamente 98% do gás oxigênio é transportado no interior das hemácias, na forma de oxiemoglobina, enquanto a maior parte do gás carbônico – cerca de 70% – é transportada dissolvida no plasma, na forma de íons HCO_3^-.

Agora você pode resolver as atividades de 35 a 42, 66, 90 a 92, 109 e 110.

18.4 Sistema urinário

O **sistema urinário** (ou sistema excretor) é o conjunto de órgãos e estruturas responsáveis pela filtração do sangue e pela eliminação de substâncias tóxicas, desnecessárias ou que estão em excesso no corpo. O sistema urinário é composto de um par de rins e das vias urinárias (um par de ureteres, bexiga urinária e uretra). **(Fig. 18.26)**

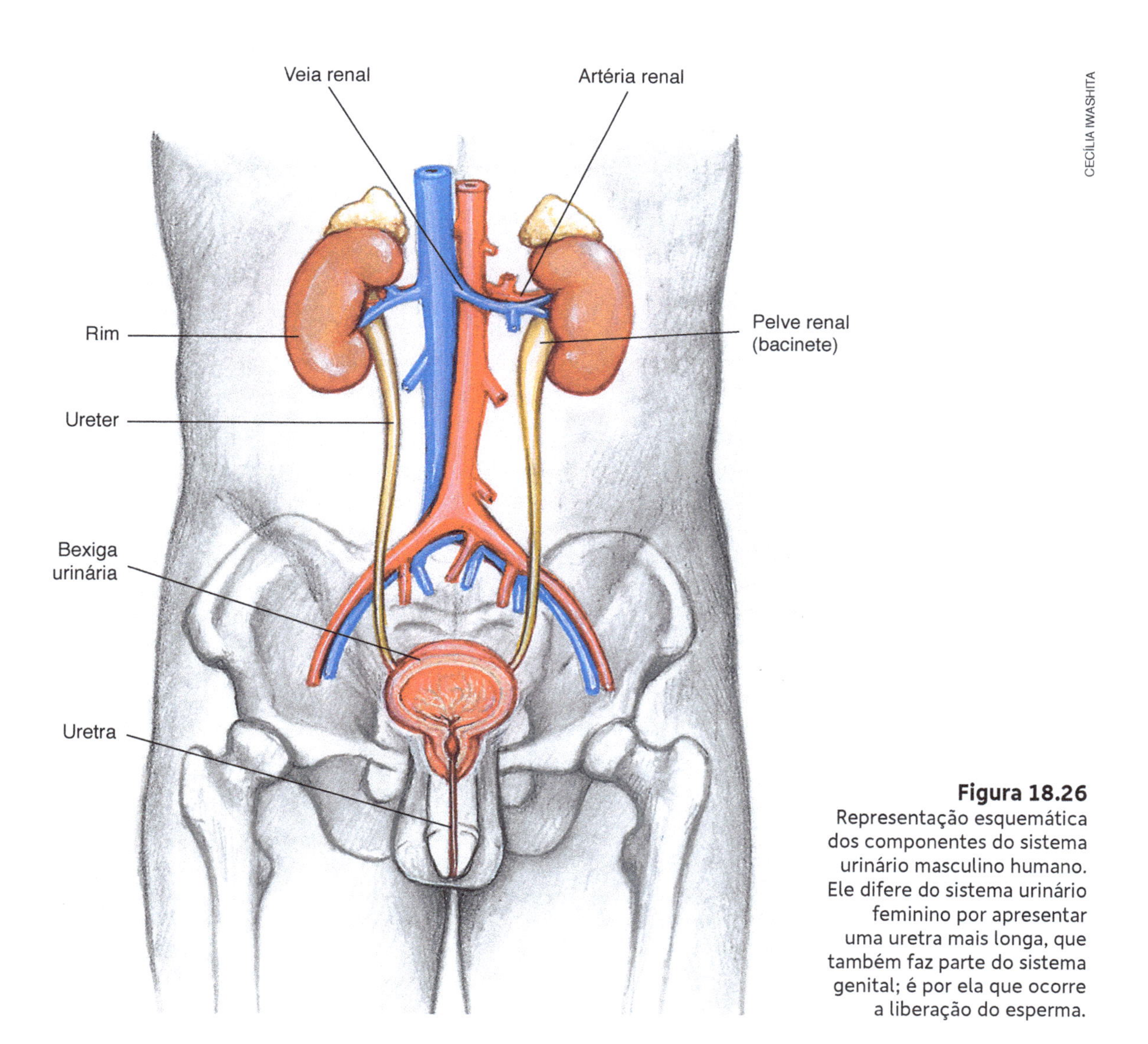

CECÍLIA IWASHITA

Figura 18.26
Representação esquemática dos componentes do sistema urinário masculino humano. Ele difere do sistema urinário feminino por apresentar uma uretra mais longa, que também faz parte do sistema genital; é por ela que ocorre a liberação do esperma.

Organização do sistema urinário

Os **rins** humanos são dois órgãos de cor marrom-avermelhada, com forma de grão de feijão e cerca de 10 cm de comprimento. Eles se localizam na parte posterior da cavidade abdominal, logo abaixo do diafragma, um de cada lado da coluna vertebral. O rim é revestido por uma cápsula fibrosa que envolve o córtex renal, onde se localizam os néfrons, que são as unidades responsáveis pela filtração do sangue.

Um **néfron** é uma longa estrutura tubular, com uma das extremidades em forma de taça, formando a **cápsula renal**, ou cápsula de Bowman. Dentro dela há um pequeno novelo de capilares, o **glomérulo renal** (anteriormente denominado glomérulo de Malpighi), formado pela profusa ramificação de uma arteríola que penetra na cápsula. O conjunto formado pela cápsula renal e pelo glomérulo em seu interior é o **corpúsculo renal**.

A cápsula renal liga-se a um longo tubo, o túbulo néfrico, que apresenta três regiões: o túbulo contorcido proximal, o segmento delgado (antes denominado alça de Henle) e o túbulo contorcido distal, que desemboca no ducto coletor. Os ductos coletores conduzem a urina produzida nos néfrons até a papila renal, de onde ela flui para os cálices menores, destes para os cálices maiores e finalmente para a pelve renal. **(Fig. 18.27)**

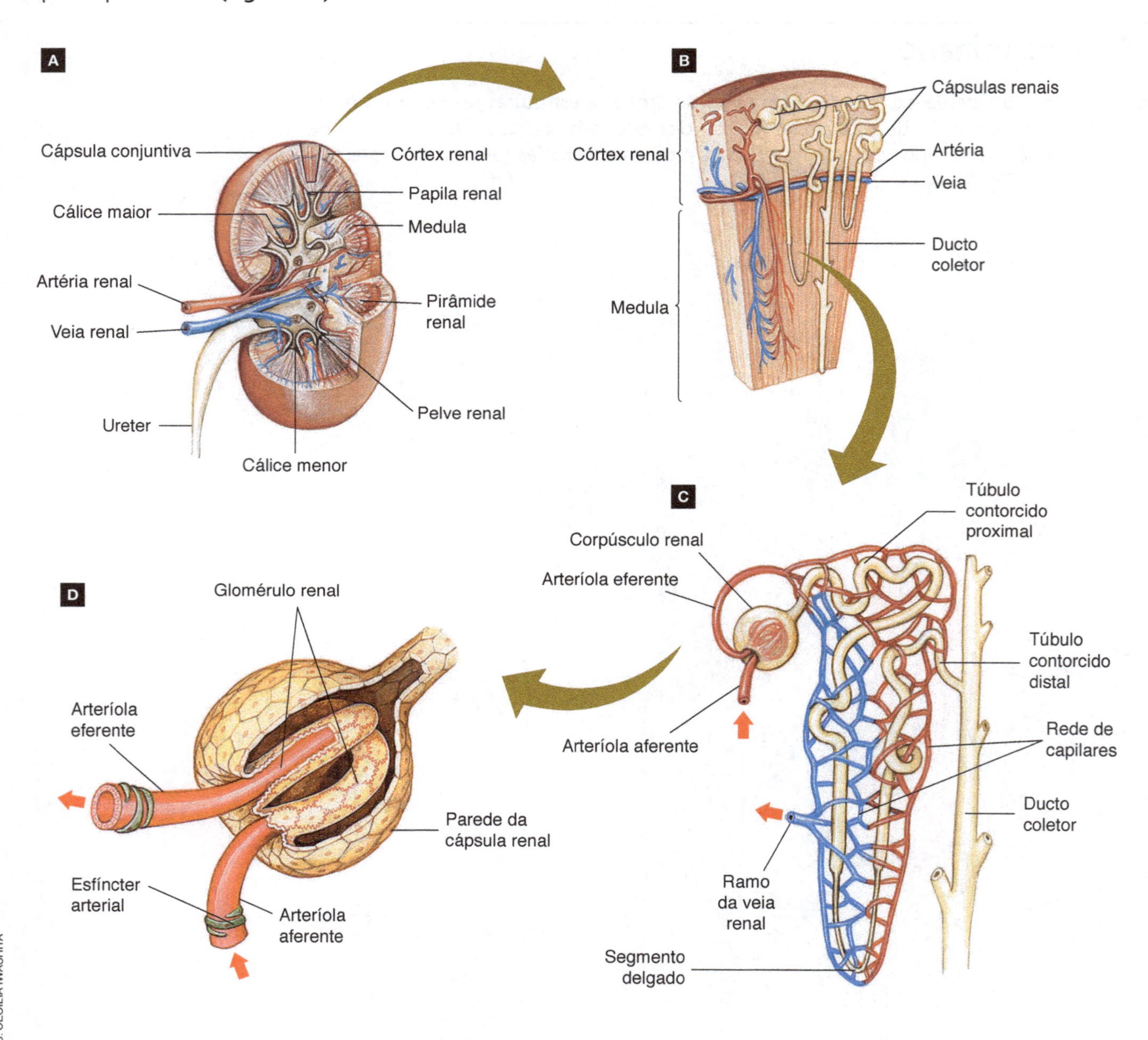

ILUSTRAÇÕES: CECÍLIA IWASHITA

Figura 18.27 Representações esquemáticas da estrutura do rim. **A.** Rim em corte parcial. **B.** Localização dos néfrons. **C.** Organização do néfron. **D.** Cápsula renal em corte, mostrando a organização do glomérulo. As setas vermelhas indicam o sentido do fluxo sanguíneo.

Filtragem do sangue, formação e destino da urina

Os néfrons filtram o sangue removendo ureia, sais minerais, ácido úrico e outras substâncias em excesso no organismo. O sangue a ser filtrado chega ao rim pela artéria renal, que se ramifica muito no interior do órgão, originando grande número de pequenas arteríolas. Cada uma delas penetra em uma cápsula renal, onde se ramifica e origina o glomérulo renal.

A alta pressão sanguínea nos capilares do glomérulo renal força a saída de fluido sanguíneo para a cápsula. Esse fluido, denominado **filtrado glomerular** ou urina inicial, contém diversos tipos de substância: ureia, glicose, aminoácidos, sais minerais etc. Diariamente passam pelos rins de uma pessoa quase 1,6 mil litros de sangue, formando-se cerca de 180 litros de filtrado glomerular.

Em condições normais a glicose, os aminoácidos, as vitaminas e grande parte dos sais minerais do filtrado glomerular são reabsorvidos pelas células da parede do túbulo contorcido proximal e devolvidos ao sangue. No caso de alguma dessas substâncias estar em concentração anormalmente elevada no sangue, ela não é totalmente reabsorvida e parte é eliminada na urina. É isso o que ocorre, por exemplo, com pessoas com **diabetes melito**: a alta concentração de glicose no sangue faz com que parte desse glicídio não seja reabsorvida pelo túbulo renal, sendo eliminada na urina.

Substâncias indesejáveis como ácido úrico e amônia são removidas ativamente do sangue por células do túbulo contorcido distal e lançadas no túbulo do néfron. Ao fim do percurso pelo túbulo o filtrado glomerular transformou-se em **urina**, um fluido aquoso de cor amarelada que contém predominantemente ureia (produzida no fígado, a partir de íons amônio e gás carbônico), além de pequenas quantidades de amônia, ácido úrico e sais minerais. A cor amarela da urina deve-se à presença de urobilina, substância originada principalmente pela degradação do grupo heme de hemácias fora de função. **(Fig. 18.28)**

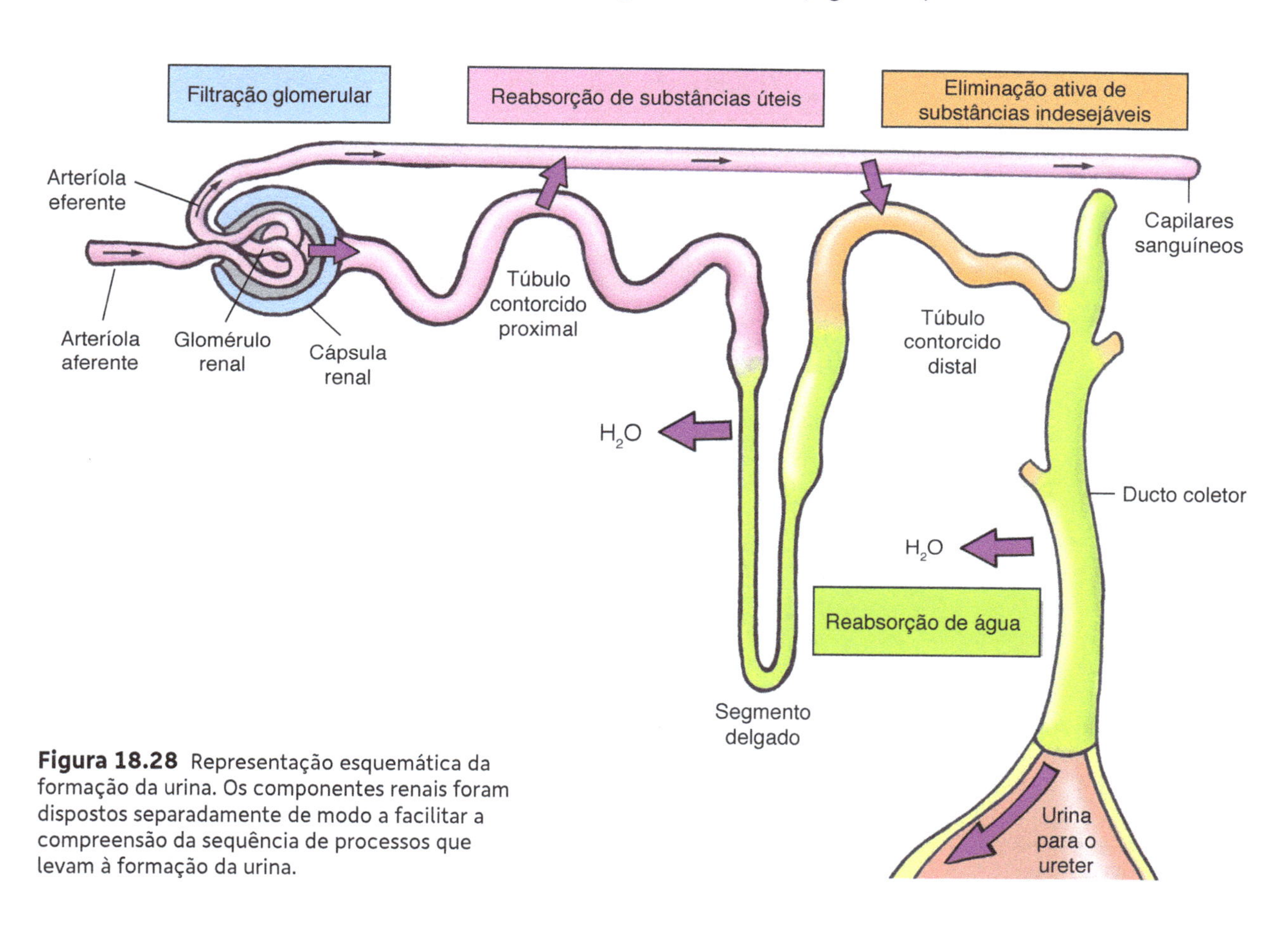

Figura 18.28 Representação esquemática da formação da urina. Os componentes renais foram dispostos separadamente de modo a facilitar a compreensão da sequência de processos que levam à formação da urina.

A partir dos quase 180 litros de filtrado glomerular produzidos diariamente nos rins de uma pessoa forma-se apenas 1,5 litro de urina, que é conduzida dos rins para a bexiga urinária pelos **ureteres**. Estes são dois tubos que partem das pelves renais (ou bacinetes) e descem pela parede posterior do abdômen, desembocando na parte lateral posterior da bexiga urinária, uma bolsa localizada na cavidade pélvica, bem atrás da sínfise púbica, como é chamado o local de união dos ossos púbicos. A função da bexiga urinária é receber a urina que chega continuamente dos ureteres, armazenando-a até o momento de sua eliminação.

Uma pessoa adulta tem capacidade para armazenar cerca de 300 mililitros de urina na bexiga urinária. Quando ela está cheia receptores nervosos em sua parede são estimulados e transmitem a informação ao encéfalo, o que provoca a vontade de urinar. Se a ação puder ser realizada naquele momento o encéfalo emite estímulos nervosos para a contração da musculatura da bexiga urinária e para o relaxamento dos esfíncteres; músculos da região pélvica também participam do processo da **micção**.

A urina é eliminada da bexiga urinária pela **uretra**. A uretra feminina é exclusiva do sistema urinário e se abre para o exterior entre os lábios menores do pudendo feminino (vulva), logo abaixo do clitóris. A uretra masculina faz parte também do sistema genital (ou sistema reprodutor); sua abertura para o exterior situa-se na ponta do pênis.

Controle hormonal da função renal

Os rins exercem rigoroso controle de diferentes substâncias no sangue, mantendo-as em níveis considerados normais. Quando a concentração de alguma substância no sangue aumenta, os rins eliminam os excessos. Se uma pessoa ingere muito líquido, por exemplo, seus rins produzem uma urina diluída e abundante, eliminando assim o excesso de água. Se uma pessoa tem glicose ou sais minerais demais no sangue, ou se a quantidade de hormônios está acima do normal, os excessos dessas substâncias são eliminados na urina.

A reabsorção de água nos rins é controlada pelo **hormônio antidiurético**, conhecido pela sigla **ADH** (do inglês ***a****nti****d****iuretic* ***h****ormone*), também chamado vasopressina. Esse hormônio é sintetizado no hipotálamo (uma região do encéfalo) e armazenado na parte posterior da glândula hipófise, que o libera no sangue (assunto tratado com mais detalhes no Capítulo 19). Ele atua sobre os túbulos contorcidos distais e os ductos coletores, provocando aumento da reabsorção de água do filtrado glomerular. **(Fig. 18.29)**

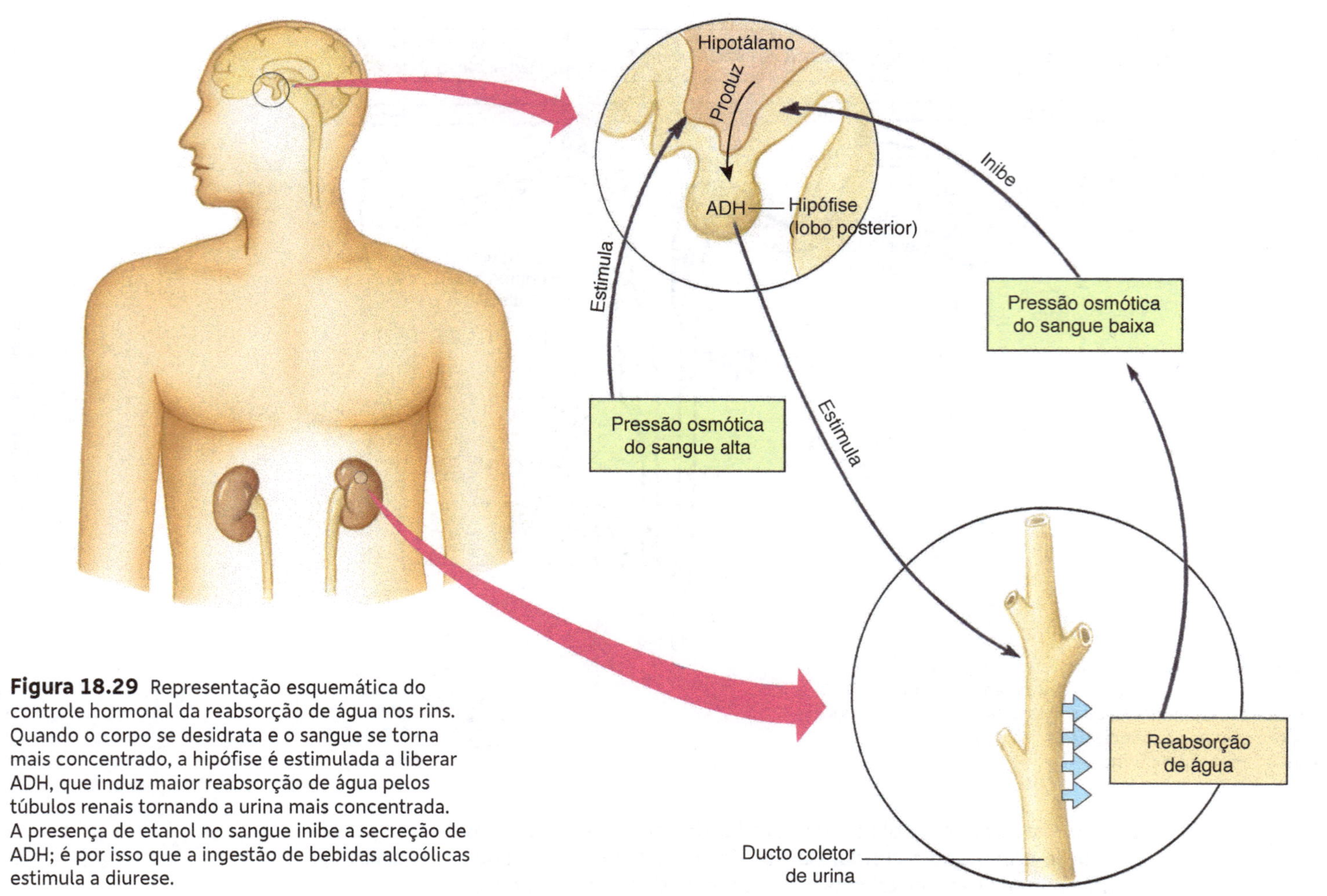

Figura 18.29 Representação esquemática do controle hormonal da reabsorção de água nos rins. Quando o corpo se desidrata e o sangue se torna mais concentrado, a hipófise é estimulada a liberar ADH, que induz maior reabsorção de água pelos túbulos renais tornando a urina mais concentrada. A presença de etanol no sangue inibe a secreção de ADH; é por isso que a ingestão de bebidas alcoólicas estimula a diurese.

A quantidade de íons sódio (Na^+) no sangue é regulada pelo hormônio **aldosterona**, secretado por um par de glândulas endócrinas localizadas sobre os rins, as glândulas adrenais (ou glândulas suprarrenais). Quando ocorre redução da concentração de íons sódio no sangue, aumenta a secreção do hormônio aldosterona, que atua sobre os túbulos contorcidos distais e sobre os ductos coletores, estimulando a reabsorção de sódio do filtrado glomerular.

Agora você pode resolver as atividades de 43 a 49, 61 a 65, 93 a 98, 100, 111 e 119.

Que alimentos precisamos comer para manter a saúde?

1 Ser responsável pela própria dieta; conhecer os alimentos que nos fazem bem e os que devemos consumir com parcimônia; equilibrar a dieta em função de nossas preferências e necessidades. Essas atitudes são, sem dúvida, parte importante do exercício de cidadania, uma vez que permitem ter uma visão mais crítica sobre os alimentos que consumimos.

Nutrição e necessidades energéticas

2 O organismo humano precisa receber um fornecimento constante de energia para manter suas atividades vitais. A energia que supre nossas necessidades metabólicas é obtida por meio da **respiração celular**, processo em que moléculas orgânicas são oxidadas, liberando parte da energia que contêm.

3 A energia contida nos alimentos costuma ser medida em quilocalorias (kcal). Um grama de lipídio, por exemplo, é capaz de liberar, durante a respiração celular, uma quantidade de energia equivalente a 9,5 kcal. Um grama de glicídio ou de proteína, por sua vez, libera bem menos, em torno de 4 kcal.

4 A quantidade de energia que uma pessoa em repouso requer para manter suas atividades vitais é sua **taxa metabólica basal**. A quantidade de energia necessária à realização de todas as atividades do organismo constitui a **taxa metabólica total**. Essas taxas são expressas em calorias consumidas por unidade de tempo.

5 A taxa metabólica basal é semelhante em indivíduos de mesmo sexo e de mesma faixa etária. A taxa metabólica total, entretanto, varia de acordo com as características e o grau de atividade de cada um. A taxa metabólica basal de uma pessoa jovem é cerca de 1.600 kcal por dia. A taxa metabólica total pode estar em torno de 2.000 kcal por dia, se a pessoa tiver vida sedentária, ou em mais de 6.000 kcal por dia, se ela for um atleta ou trabalhador braçal.

Reservas energéticas

6 Parte das moléculas orgânicas que ingerimos é convertida em glicose e, em seguida, em glicogênio, polissacarídio constituído por centenas de moléculas de glicose unidas. O glicogênio, armazenado nas células dos músculos e do fígado, se transforma em glicose para ser consumido de acordo com as necessidades energéticas do indivíduo. Uma pessoa bem alimentada geralmente armazena glicogênio para suprir suas necessidades energéticas de um dia. Excessos na oferta de nutrientes são transformados em gordura e armazenados no tecido adiposo.

7 Uma dieta pobre leva o organismo a consumir suas substâncias de reserva. Em primeiro lugar, utiliza o glicogênio; quando este se esgota, o organismo passa a utilizar a gordura armazenada nas células adiposas. Uma pessoa bem alimentada tem estoque de gorduras suficiente para algumas semanas.

8 Nossa massa corporal se mantém estável se a quantidade de calorias ingeridas for aproximadamente igual à quantidade de calorias despendida no mesmo período. Se a ingestão de calorias for superior às necessidades energéticas, engordaremos. Se ingerirmos menos calorias do que necessitamos, emagreceremos. Um excesso de 10 kcal (cerca de 2 g de glicídio) por dia acima da necessidade energética causa um aumento de massa corporal da ordem de 1 quilograma ao final de um ano.

Dieta protetora e dieta balanceada

9 A quantidade mínima de alimentos necessários a uma pessoa adulta deve fornecer 1.300 kcal/dia, em média. Essa dieta calórica mínima é denominada **dieta protetora**; se a pessoa ingerir menos calorias que esse limite, tenderá a apresentar sintomas de subnutrição.

10 Além do conteúdo energético, a dieta deve fornecer também os diferentes tipos de nutrientes essenciais ao bom funcionamento do organismo. Chama-se **dieta balanceada** a combinação de alimentos que fornecem a uma pessoa adulta a quantidade de energia de que ela necessita distribuída entre 50% e 60% de glicídios, 25% e 35% de lipídios e 15% e 25% de proteínas, segundo a Sociedade Brasileira de Alimentação e Nutrição (SBAN).

11 A dieta balanceada varia em composição e em valor calórico de acordo com a idade e o grau de atividade da pessoa. A boa nutrição consiste em combinar variedade e quantidade adequadas de alimentos à idade e ao grau de atividade física de cada um.

12 Embora os conhecimentos básicos e o bom senso sejam suficientes para que uma pessoa possa alimentar-se bem, nutricionistas e médicos são os profissionais mais capacitados para orientar a dieta de pessoas que estão muito acima ou muito abaixo da massa corporal, com indícios de que a alimentação está inadequada.

Os alimentos e o corpo

GERRYWILSONSTUDIOS/ISTOCK PHOTOS/GETTY IMAGES

SELECTSTOCK/ISTOCK PHOTOS/GETTY IMAGES

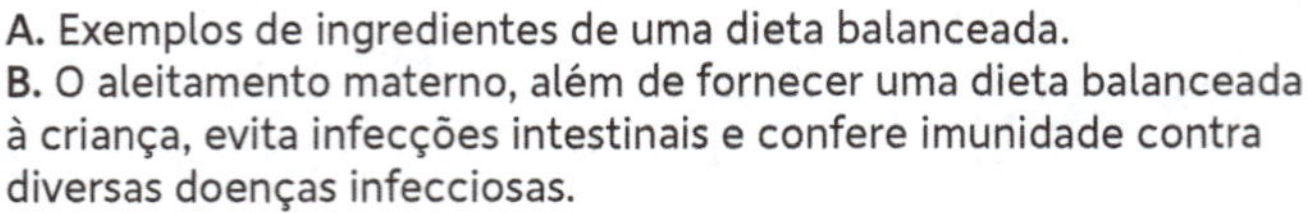

A. Exemplos de ingredientes de uma dieta balanceada.
B. O aleitamento materno, além de fornecer uma dieta balanceada à criança, evita infecções intestinais e confere imunidade contra diversas doenças infecciosas.

GUIA DE LEITURA

O assunto deste quadro é do interesse de todas as pessoas e aborda alguns conceitos importantes sobre nutrição, entre eles os de dieta protetora e dieta balanceada. Em linhas gerais o texto sugere que cada um desenvolva uma dieta adequada às suas necessidades, visando ao equilíbrio pessoal e à saúde. Confira no guia de leitura algumas sugestões para refletir sobre o tema.

1. O primeiro parágrafo menciona algumas atitudes importantes com relação à alimentação. Quais são elas? Exemplifique, se possível, com suas preferências e opiniões.
2. O segundo parágrafo trata da respiração celular. Relembre esse processo, pesquisando sobre ele, se necessário. Em que organela a respiração celular ocorre?
3. No terceiro parágrafo é mencionada a unidade em que se costuma medir a energia dos alimentos. Se tiver oportunidade, consulte seu professor de Física sobre o significado físico dessa e de outras unidades de medida de energia. Informe-se no parágrafo sobre a relação entre a quantidade de energia potencialmente armazenada em lipídios, glicídios e proteínas.
4. O quarto parágrafo aborda os conceitos de taxa metabólica basal e taxa metabólica total. O que significa cada uma delas?
5. Releia o quinto parágrafo e responda: que fatores afetam a taxa metabólica total?
6. No sexto parágrafo é citado um polissacarídio armazenado no fígado e essencial ao metabolismo. Qual é ele?
7. O sétimo parágrafo aborda as consequências da ingestão de uma dieta pobre em calorias. Como as substâncias de reserva do organismo são utilizadas nesse caso?
8. Releia o oitavo parágrafo e resuma, em poucas palavras, sua ideia central.
9. O nono parágrafo apresenta o conceito de dieta protetora. Enuncie-o.
10. No décimo parágrafo é apresentado o conceito de dieta balanceada. Analise a foto **A** e, em seguida, explique o que significa uma dieta balanceada. Você acha que sua alimentação aproxima-se desse conceito?
11. De acordo com o décimo primeiro parágrafo, em que consiste uma boa nutrição? Que fatores precisam ser levados em conta para uma dieta saudável?
12. Informe-se, no décimo segundo parágrafo, sobre os profissionais a serem consultados para se obter orientação específica sobre nutrição em caso de necessidade. Escreva um pequeno texto sobre seu tipo de alimentação, seus alimentos preferidos, seus gastos energéticos nas atividades diárias etc.

Capítulo 18

Mapa de conceitos

Nutrição humana

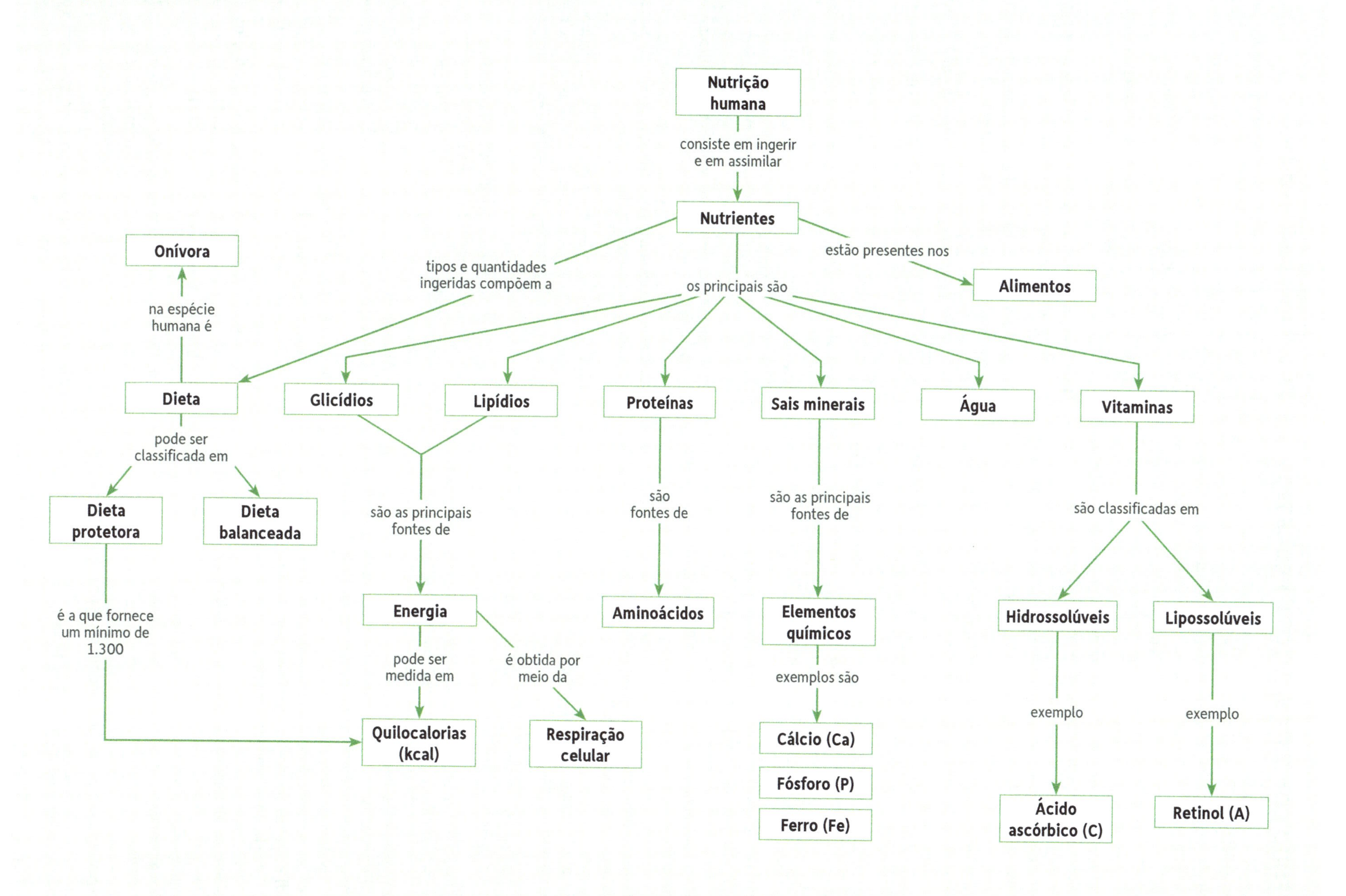

ATIVIDADES

REVENDO CONCEITOS, FATOS E PROCESSOS

18.1 Nutrição

Identifique o termo abaixo que preenche corretamente os parênteses das frases de 1 a 4.

a) dieta
b) digestão
c) onívoro
d) vitamina

1. Um organismo que se alimenta de produtos variados, tanto de origem animal quanto de origem vegetal, é chamado ( ).

2. ( ) é o conjunto de tipos de alimento que ingerimos e suas respectivas quantidades.

3. ( ) é como se denomina o conjunto de processos pelos quais nossas células assimilam substâncias nutritivas.

4. ( ) é uma substância orgânica necessária em pequenas quantidades, mas que o organismo é incapaz de sintetizar.

Considere as alternativas a seguir para responder às questões de 5 a 10.

a) Glicosidase.
b) Colecistocinina.
c) Enteropeptidase.
d) Gastrina.
e) Lipase pancreática.
f) Tripsina.

5. Qual é o hormônio liberado pelo estômago e que estimula as glândulas estomacais a produzirem suco gástrico?

6. Como se denomina a enzima que hidrolisa lipídios no intestino delgado?

7. Como se denomina uma enzima pancreática que hidrolisa proteínas no intestino delgado?

8. Qual é a enzima intestinal responsável pela transformação de tripsinogênio em tripsina?

9. Como se denomina o componente do suco intestinal responsável pela digestão de dissacarídios?

10. Que hormônio produzido pelo intestino estimula a vesícula biliar a secretar bile e o pâncreas a secretar suas enzimas digestivas?

11. O processo de digestão transforma
    a) grandes moléculas de carboidratos em moléculas de aminoácido.
    b) grandes moléculas de nutrientes em moléculas menores, que podem ser absorvidas.
    c) pequenas moléculas de aminoácido em moléculas de proteína.
    d) pequenas moléculas enzimáticas em moléculas de glicogênio, que ficam estocadas no fígado.

Considere as alternativas a seguir para responder às questões de 12 a 14.

a) Amilopsina.
b) Enteropeptidase.
c) Pepsina.
d) Ptialina.
e) Tripsina.

12. Qual enzima atua em meio ácido (valores de pH em torno de 2)?

13. Qual enzima atua em meio aproximadamente neutro (pH 6,7)?

14. Qual enzima atua em meio alcalino (pH >7) e hidrolisa proteínas?

18.2 Sistema cardiovascular

Considere as alternativas a seguir para responder às questões de 15 a 20.

a) Átrio cardíaco.
b) Diástole.
c) Frequência cardíaca.
d) Miocárdio.
e) Sístole.
f) Ventrículo cardíaco.

15. Como se denomina o número de ciclos cardíacos que ocorrem em um dado intervalo de tempo?

16. Como se denomina a câmara localizada na parte superior do coração, que recebe sangue das veias?

17. Qual é o nome da câmara localizada na parte inferior do coração, que bombeia sangue para as artérias?

18. Como se denomina a contração de uma câmara cardíaca?

19. Qual é o nome da ação de relaxamento das câmaras cardíacas?

20. Qual é o nome da musculatura do coração?

Considere as alternativas a seguir para responder às questões de 21 a 23.

a) Artérias.
b) Valvas atrioventriculares.
c) Veias.

21. Como são chamados os vasos que conduzem sangue para o coração?

22. Como são chamados os vasos que conduzem sangue do coração para os órgãos corporais?

23. Como se denominam as estruturas localizadas nos orifícios de comunicação entre as câmaras cardíacas, que evitam o refluxo de sangue das câmaras inferiores para as superiores durante a sístole ventricular?

Para responder às questões de 24 a 28, considere a lista de termos a seguir, identificados por letras maiúsculas.

A. Artéria aorta.
B. Artéria pulmonar.
C. Átrio direito.
D. Átrio esquerdo.
E. Veia cava.
F. Veia pulmonar.
G. Ventrículo direito.
H. Ventrículo esquerdo.

24. Qual é o trajeto do sangue na pequena circulação?
    a) C → G → A → H
    b) E → G → H → A
    c) G → A → D → E
    d) G → B → F → D

25. Qual é o trajeto do sangue na grande circulação?
    a) G → B → F → D
    b) H → A → E → C
    c) H → B → E → C
    d) H → F → A → D

26. Em que locais circula sangue rico em gás oxigênio?
    a) A / B / C / G
    b) A / D / F / H
    c) B / C / F / H
    d) D / E / H / G

27. Em que locais circula sangue rico em gás carbônico?
    a) A / B / C / D
    b) B / C / E / G
    c) B / D / F / H
    d) C / E / F / G

28. "Artérias geralmente transportam sangue rico em gás oxigênio, enquanto veias geralmente transportam sangue rico em gás carbônico". São exceções a essa regra

a) A e B. b) A e E. c) B e E. d) B e F.

29. A maior parte do líquido extravasado dos capilares sanguíneos nos tecidos é reabsorvida pelos próprios capilares sanguíneos. Em condições normais, o restante desse líquido

a) acumula-se, formando linfonodos.
b) acumula-se, formando um edema linfático.
c) é absorvido por artérias e veias.
d) é absorvido por capilares linfáticos.

Considere as alternativas a seguir para responder às questões de 30 a 34.

a) Anticorpo.
b) Antígeno.
c) Linfa.
d) Linfócito B.
e) Linfócito T auxiliador (CD4).

30. Como se denomina o fluido rico em glóbulos brancos que percorre o interior dos vasos linfáticos?

31. Qual é a denominação de qualquer substância estranha ao organismo, capaz de desencadear uma resposta imunitária?

32. Que célula do sistema imunitário recebe as informações sobre a presença de invasores do organismo e desencadeia a resposta de defesa?

33. Como se denomina uma substância proteica capaz de se combinar especificamente a substâncias estranhas ao organismo, inativando-as?

34. Que célula é responsável por produzir e secretar substâncias proteicas específicas, capazes de se combinar a substâncias estranhas ao organismo?

18.3 Sistema respiratório

Considere as alternativas a seguir para responder às questões de 35 a 38.

a) Diafragma.
b) Expiração.
c) Hematose.
d) Inspiração.

35. Como se denomina o processo de entrada de ar nos pulmões?

36. Como se denomina o processo de saída de ar dos pulmões?

37. Qual é o nome do músculo que separa a cavidade torácica da cavidade abdominal?

38. Como se denomina o processo de oxigenação do sangue que ocorre nos alvéolos pulmonares?

39. Uma das peças cartilaginosas da laringe, a glote, apresenta uma válvula, que permite fechar o conduto respiratório durante a deglutição. Se esse mecanismo falhar, a consequência será

a) embolia pulmonar.
b) enfisema.
c) engasgamento.
d) edema de glote.
e) hematose.

40. "Quando os músculos das costelas e do diafragma se contraem, a cavidade torácica amplia-se. Com isso, sua pressão interna (1), o que ocasiona a (2)." Em qual alternativa os termos substituem corretamente (1) e (2)?

a) (1) aumenta; (2) inspiração
b) (1) aumenta; (2) expiração
c) (1) diminui; (2) inspiração
d) (1) diminui; (2) expiração

41. O transporte de gás oxigênio pelo sangue, desde os capilares pulmonares até os capilares dos tecidos, ocorre

a) predominantemente pelo plasma sanguíneo.
b) parcialmente no interior das plaquetas sanguíneas.
c) quase totalmente no interior das hemácias.
d) totalmente no interior dos leucócitos.
e) 50% pelo plasma e 50% no interior das hemácias.

42. O transporte de gás carbônico pelo sangue, dos capilares dos tecidos até os capilares dos alvéolos pulmonares, ocorre

a) totalmente pelo plasma sanguíneo, na forma de ácido carbônico (H_2CO_3).
b) predominantemente no interior das plaquetas sanguíneas.
c) totalmente no interior das hemácias, na forma de oxiemoglobina.
d) predominantemente pelo plasma sanguíneo, na forma de íons hidrogenocarbonato (HCO_3^-).
e) 50% pelo plasma e 50% no interior das hemácias, na forma de oxiemoglobina.

18.4 Sistema urinário

Considere as alternativas a seguir para responder às questões de 43 a 45.

a) Filtrado glomerular. b) Ureia. c) Urina.

43. Qual é a excreta nitrogenada produzida no fígado pela reação entre íons amônio e gás carbônico?

44. Que nome tem o fluido aquoso que extravasa dos capilares para a cápsula do glomérulo renal?

45. Como se denomina o fluido armazenado na bexiga urinária?

46. À medida que o filtrado glomerular percorre o túbulo do néfron, sua composição se altera. Isso ocorre principalmente devido

a) ao extravasamento de fluido no glomérulo, de onde substâncias voltam para o sangue.
b) ao armazenamento de ureia no fígado.
c) ao fenômeno da micção.
d) à reabsorção de substâncias no túbulo, as quais voltam para o sangue.

47. Uma pessoa passará a excretar maior quantidade de ureia se aumentar, em sua dieta, a quantidade de

a) amido. b) glicídios. c) lipídios. d) proteínas.

48. O sangue a ser filtrado chega ao glomérulo pela arteríola aferente. Se esse vaso se dilatar e permitir maior afluxo de sangue ao glomérulo, sem alteração da arteríola eferente, pela qual o sangue deixa o glomérulo, o que podemos esperar?

a) Maior pressão no glomérulo e formação de quantidade maior de filtrado.
b) Menor pressão no glomérulo e formação de quantidade maior de filtrado.
c) Maior pressão no glomérulo e formação de quantidade menor de filtrado.
d) Menor pressão no glomérulo e formação de quantidade menor de filtrado.

49. Em condições normais, a glicose
a) é encontrada tanto no filtrado glomerular quanto na urina.
b) é encontrada no filtrado glomerular, mas não na urina.
c) não é encontrada no filtrado glomerular nem na urina.
d) não é encontrada no filtrado glomerular, mas está presente na urina.

QUESTÕES PARA EXERCITAR O PENSAMENTO

50. Analise a tabela a seguir, que relaciona características de algumas enzimas digestivas. Note que alguns espaços são preenchidos por números. Que informações correspondem aos números na tabela?

Enzima	Local de produção	Local de atuação	Caráter do meio	Substância que hidrolisa
Ptialina	(1)	Boca	Neutro	(2)
(3)	(4)	Intestino delgado	(5)	Lipídio
(6)	Parede estomacal	Estômago	(7)	Proteína
Tripsina	(8)	(9)	Alcalino	(10)

51. Analise o gráfico que mostra os valores de pH em três regiões do tubo digestório (A, B e C). A seguir responda:
a) Quais são essas regiões? Como você chegou a essa conclusão?
b) Cite, para cada região identificada, uma enzima, que substância ela hidrolisa e que produtos se formam nessa reação.

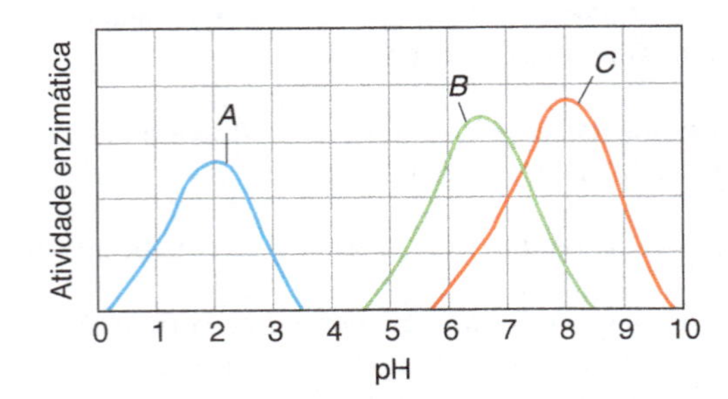

Para responder às questões 52 a 56, analise o esquema a seguir, que representa o sistema digestório humano.

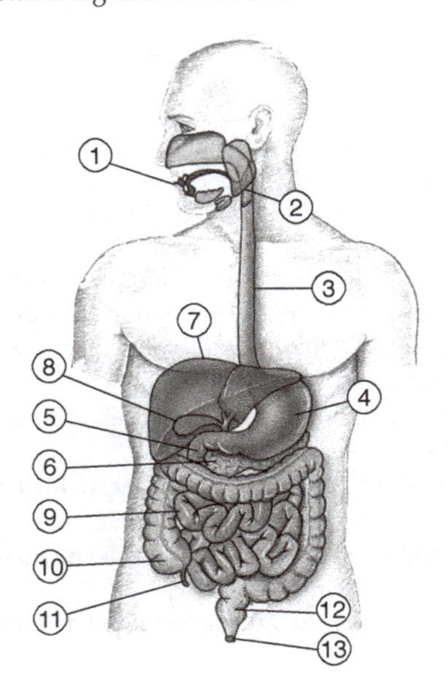

52. O deslocamento do bolo alimentar em (3) não ocorre simplesmente por ação da gravidade. Uma prova disso é que podemos engolir alimentos sólidos mesmo estando de cabeça para baixo. Explique como isso é possível.

53. Com relação ao órgão (4), responda:
a) Que secreção atua nele e onde ela é produzida?
b) Que enzima(s) atua(m) nesse local?
c) Quais são o(s) nutriente(s) digerido(s) e o(s) produto(s) dessa digestão?
d) Que hormônio é produzido nesse órgão e de que maneira ele atua?

54. Com relação ao órgão (5), responda:
a) Que secreções atuam nele e onde elas são produzidas?
b) Quais as principais enzimas atuantes nesse local?
c) Quais nutrientes são digeridos e quais são os respectivos produtos dessas digestões?
d) Que hormônio(s) é (são) produzido(s) nesse órgão e de que maneira ele(s) atua(m)?

55. Comparando o pH das cavidades dos órgãos (4) e (5), percebe-se grande diferença de valor. Quais são, respectivamente, os valores aproximados de pH em cada um desses locais? Explique a importância dessas condições em cada local e os mecanismos responsáveis pela manutenção de tais pH.

56. Explique como o órgão (7) participa da digestão.

57. O gráfico a seguir representa as variações da pressão do sangue em uma artéria do braço de uma pessoa saudável, durante 5 segundos. Com base no gráfico, responda:

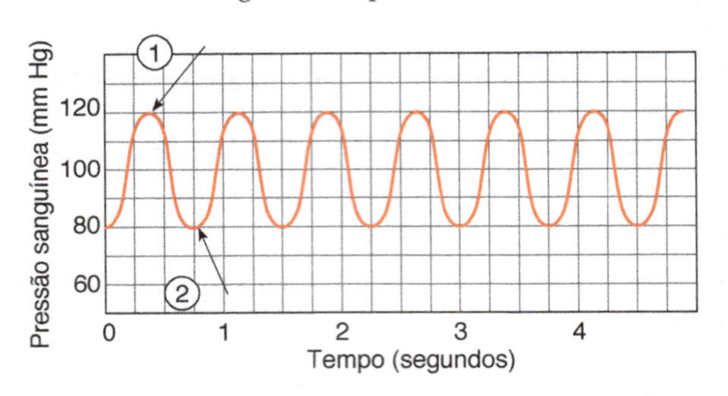

a) A que processos fisiológicos correspondem os pontos 1 e 2?
b) Valendo-se das escalas representadas no gráfico, estime o valor aproximado da frequência cardíaca dessa pessoa, no momento da medição.
c) Se medíssemos a pressão sanguínea em uma arteríola próxima dos capilares, esperaríamos encontrar valores maiores, menores ou iguais aos observados na artéria do braço, considerando que a arteríola e essa artéria estão na mesma altura do corpo da pessoa? Por quê?

58. Um almanaque científico trazia a seguinte curiosidade:

> "O coração bate cerca de 3 bilhões de vezes durante a vida de uma pessoa".

Em sua opinião, que cálculos foram feitos para chegar a tal número? Faça suas contas.

59. Por que o soro é uma forma de imunização passiva, enquanto a vacina é uma forma de imunização ativa?

60. Analise o gráfico a seguir, que mostra as variações na concentração de anticorpos no sangue de uma pessoa após duas injeções do mesmo antígeno; as épocas de aplicação estão mostradas pelas setas pretas. Explique os fenômenos representados no gráfico e relacione as células de memória imunitária com as diferenças na produção de anticorpos apontadas pelas setas A e B.

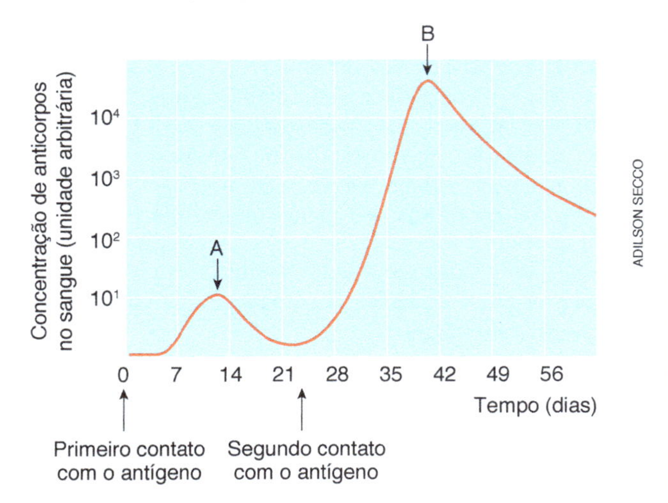

Considere o desenho a seguir, que representa um néfron humano, para responder às questões de 61 a 65.

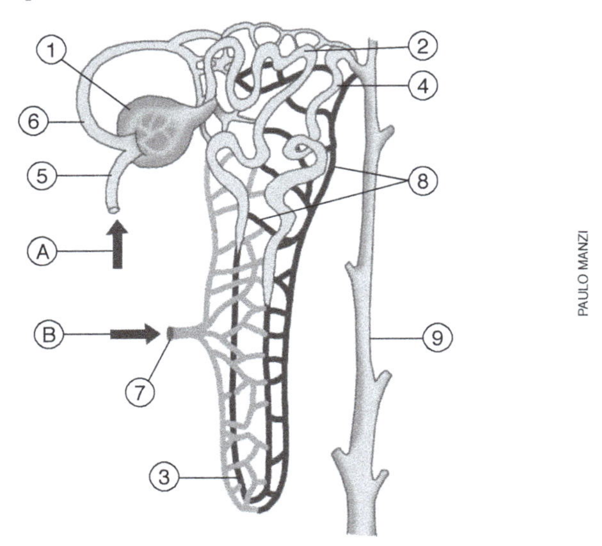

61. Onde se localiza, no rim, a estrutura indicada por (1) no desenho?

62. Que processos importantes para a função renal ocorrem na estrutura indicada por (1)?

63. Qual é a principal diferença, quanto à composição química, entre o sangue que circula em (A) e o sangue que circula em (B)? Explique o porquê da diferença.

64. Qual é a principal diferença, quanto à composição química, entre o fluido contido em (1) e o fluido que circula em (9)? Explique o porquê da diferença e dê os nomes desses fluidos.

65. Um dos efeitos no organismo do hormônio adrenalina é causar a contração e consequente estreitamento de (6). Deduza os possíveis efeitos que uma descarga de adrenalina no sangue de uma pessoa poderia causar, na filtração renal e na quantidade de urina formada.

66. Analise a tabela seguinte, que mostra os efeitos do aumento da taxa de CO_2 no ar inspirado por um ser humano sobre a quantidade média de ar inspirado e a frequência média de inspirações por minuto. (Elaborada com base em J. S. Haldane e J. G. Priestley, 1905.)

Porcentagem de CO_2 no ar inspirado	0,04	0,79	2,02	3,07	5,14	6,02
Volume médio, em cm^3, de ar inspirado	673	739	864	1.216	1.771	2.104
Frequência média de inspirações por minuto	14	14	15	15	19	27

a) Utilizando papel milimetrado ou um programa de computador, construa um gráfico relacionando a porcentagem de CO_2 no ar inspirado (na abscissa) e o volume médio de ar inspirado (na ordenada).

b) Qual é a importância, para um ser humano, dos fenômenos demonstrados pela experiência de Haldane e Priestley? Imagine uma situação em que ocorresse o fenômeno citado na tabela, isto é, em que a porcentagem de CO_2 no ar fosse aumentando. Discuta os efeitos desse fenômeno sobre a quantidade média de ar inspirado, na adaptação do organismo ao meio.

A BIOLOGIA NO VESTIBULAR

QUESTÕES OBJETIVAS

67. (PUC-SP) "Após o processo de digestão, moléculas de glicose são armazenadas no __I__ na forma de glicogênio. Daí, a glicose é encaminhada para o sangue, sendo sua taxa controlada pela insulina, hormônio produzido no __II__".

No trecho apresentado, as lacunas I e II devem ser preenchidas, correta e respectivamente, por:

a) fígado e duodeno.
b) fígado e pâncreas.
c) pâncreas e fígado.
d) pâncreas e duodeno.
e) duodeno e pâncreas.

68. (Fatec-SP) A um pedaço de carne triturada acrescentou-se água, e essa mistura foi igualmente distribuída por seis tubos de ensaio (I a VI). A cada tubo de ensaio, mantido em certo pH, foi adicionada uma enzima digestiva, conforme a lista a seguir:

I. pepsina; pH = 2
II. pepsina; pH = 9
III. ptialina; pH = 2
IV. ptialina; pH = 9
V. tripsina; pH = 2
VI. tripsina; pH = 9

Todos os tubos de ensaio permaneceram durante duas horas em uma estufa a 38 °C.

Assinale a alternativa da tabela que indica corretamente a ocorrência (+) ou não (−) de digestão nos tubos I a VI.

	I	II	III	IV	V	VI
a)	+	−	+	−	+	−
b)	+	−	−	+	−	−
c)	+	−	−	−	−	+
d)	−	+	+	−	−	+
e)	−	+	−	+	+	−

69. (Fatec-SP) O gráfico a seguir registra a integridade química do alimento (sanduíche feito de carne, alface e pão) ingerido, em relação aos órgãos do aparelho digestivo que ele percorrerá:

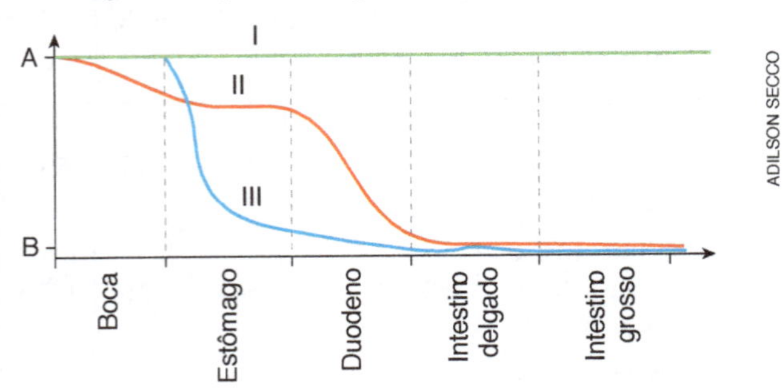

A = ponto no qual o alimento está quimicamente íntegro.
B = ponto no qual o alimento foi degradado em sua maior porcentagem.

(*Nota dos autores*: algumas questões de vestibular tratam o sistema digestório humano como sistema digestivo.)

Analise a alternativa que relaciona o gráfico com o alimento.

a) I – amido do pão; II – celulose da alface; III – proteína da carne.
b) I – proteína da carne; II – celulose da alface; III – amido do pão.
c) I – celulose da alface; II – proteína da carne; III – amido do pão.
d) I – amido do pão; II – proteína da carne; III – celulose da alface.
e) I – celulose da alface; II – amido do pão; III – proteína da carne.

70. (Cesupa – Adaptado) No estômago humano, as glândulas situadas na parede produzem o suco gástrico, constituído de ácido clorídrico (HCl), enzimas e muco. O HCl mantém o interior do estômago com caráter ácido, necessário à atividade enzimática e à eliminação de muitas bactérias existentes nos alimentos ingeridos. Pode-se, então, afirmar que baixos níveis de HCl no estômago

a) prejudicam a ação da pepsina.
b) ativam a formação de proteases e peptonas.
c) aceleram a produção de muco.
d) mantêm inalterada a digestão gástrica de proteínas.

71. (PUC-SP) Na digestão humana, uma série de enzimas atuam quebrando os alimentos em moléculas menores que são absorvidas pelo nosso organismo. O quadro abaixo mostra a relação entre algumas enzimas, seus locais de produção e os substratos sobre os quais atuam.

Enzima	Local de produção	Substrato
I	Estômago	Proteínas
Amilase	II	Amido
Tripsina	Pâncreas	III

Para completar corretamente o quadro, I, II e III devem ser substituídos, respectivamente, por

a) maltase, intestino e proteínas.
b) pepsina, glândula salivar e aminoácidos.
c) peptidase, intestino e aminoácidos.
d) pepsina, glândula salivar e proteínas.
e) peptidase, intestino e proteínas.

72. (Unesp) Considere as seguintes etapas da digestão.

I. Absorção de nutrientes.
II. Adição de ácido clorídrico ao suco digestivo.
III. Início da digestão das proteínas.
IV. Adição da bile e do suco pancreático ao suco digestivo.
V. Início da digestão do amido.

Dentre estes processos, ocorrem no intestino delgado apenas

a) I e IV.
b) I e III.
c) II e III.
d) II e IV.
e) III e V.

73. (Fuvest-SP) Ao passar pelas vilosidades do intestino delgado, o sangue de uma pessoa alimentada

a) perde gás oxigênio e ganha aminoácidos.
b) perde gás oxigênio e perde glicose.
c) ganha gás oxigênio e ganha aminoácidos.
d) ganha gás carbônico e perde glicose.
e) perde gás carbônico e ganha aminoácidos.

74. (UFRGS-RS) Tiago comeu um sanduíche de pão francês com queijo, presunto e manteiga, acompanhado de um copo de suco de laranja sem açúcar.

Relacione cada um dos itens alimentares do lanche de Tiago, listados na coluna da direita, com as principais enzimas que atuarão na sua digestão, indicadas na coluna da esquerda.

1. pepsina	( ) pão francês
2. lipase	( ) manteiga
3. amilase	( ) presunto
4. sacarase	( ) queijo
	( ) suco de laranja

A sequência correta de preenchimento dos parênteses, de cima para baixo, é

a) 3 — 2 — 1 — 1 — 4.
b) 4 — 3 — 2 — 1 — 3.
c) 1 — 4 — 3 — 2 — 2.
d) 1 — 3 — 2 — 4 — 4.
e) 2 — 1 — 4 — 3 — 3.

75. (Fuvest-SP) Qual cirurgia comprometeria mais a função do sistema digestório e por quê: a remoção dos 25 cm iniciais do intestino delgado (duodeno) ou a remoção de igual porção do início do intestino grosso?

a) A remoção do duodeno seria mais drástica, pois nele ocorre a maior parte da digestão intestinal.
b) A remoção do duodeno seria mais drástica, pois nele ocorre a absorção de toda a água de que o organismo necessita para sobreviver.
c) A remoção do intestino grosso seria mais drástica, pois nele ocorre a maior parte da absorção dos produtos do processo digestivo.
d) A remoção do intestino grosso seria mais drástica, pois nele ocorre a absorção de toda a água de que o organismo necessita para sobreviver.
e) As duas remoções seriam igualmente drásticas, pois, tanto no duodeno quanto no intestino grosso, ocorrem digestão e absorção de nutrientes e de água.

76. (Uerj) Artérias são vasos sanguíneos que transportam o sangue do coração para os tecidos, enquanto veias trazem o sangue para o coração.

Admita, no entanto, que as artérias fossem definidas como vasos que transportassem sangue oxigenado e as veias, vasos que transportassem sangue desoxigenado. Neste caso, a artéria e a veia que deveriam inverter suas denominações, no ser humano, seriam, respectivamente, as conhecidas como:

a) renal e renal.
b) aorta e cava.
c) coronária e porta.
d) pulmonar e pulmonar.

77. (Fatec-SP) A contração da musculatura cardíaca determina a pressão no sistema arterial, que é maior na saída dos ventrículos, chegando a zero no sistema venoso. O gráfico adiante registra a variação da pressão do sangue em função dos diferentes tipos de vasos do corpo humano:

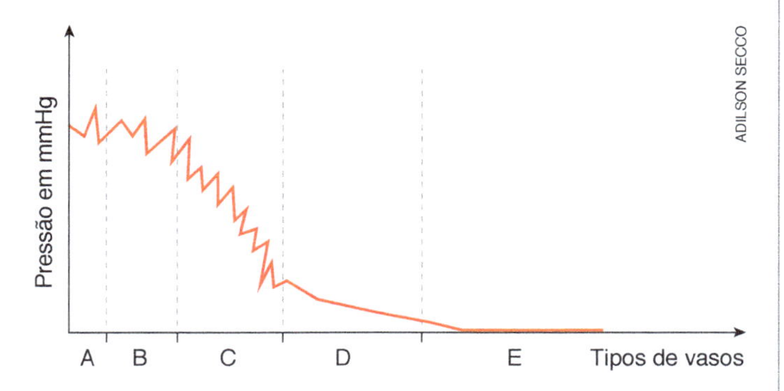

Assinale a alternativa que relaciona corretamente o vaso com a sequência A, B, C, D e E:

a) artérias em geral, aorta, arteríolas, capilares e veias.
b) aorta, artérias em geral, capilares, arteríolas e veias.
c) aorta, arteríolas, artérias em geral, veias e capilares.
d) aorta, artérias em geral, arteríolas, capilares e veias.
e) artérias em geral, aorta, arteríolas, veias e capilares.

78. (UFRRJ) A pressão sanguínea nos capilares é imprescindível para a saída de água para os tecidos. Essa saída leva gases e substâncias para as células adjacentes. No final do capilar, a pressão é baixa, mas a pressão osmótica do sangue é alta, e parte da água retorna aos capilares e à circulação sistêmica.
Sabendo que nem todo o líquido que extravasa para os tecidos retorna ao capilar, podemos afirmar que o acúmulo de líquido nos tecidos é evitado pela:

a) ação de válvulas venosas, que impulsionam o sangue para o coração.
b) drenagem dos líquidos intersticiais pelo sistema linfático.
c) pressão hidrostática dos vasos, que é restabelecida no final do capilar.
d) pressão osmótica dos tecidos, que expulsa a água para o sangue.
e) utilização da água no metabolismo celular.

79. (UFMG) Analise estes gráficos representativos de atividade do sistema cardiovascular durante a realização de exercício físico:

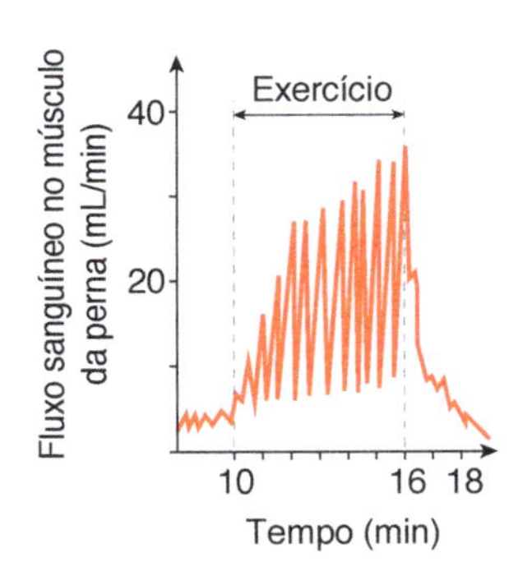

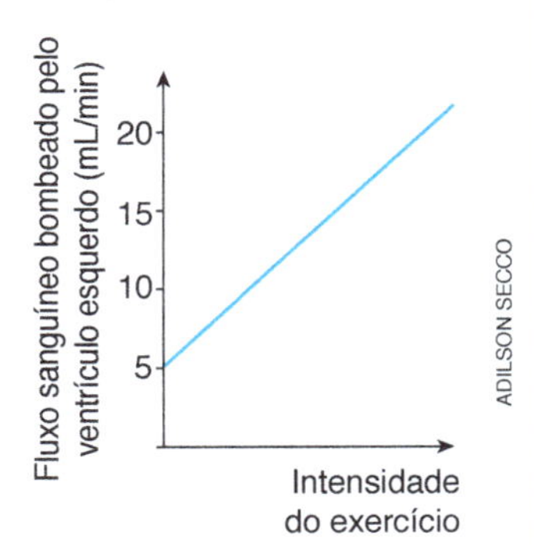

Com base nas informações contidas nesses gráficos e em outros conhecimentos sobre o assunto, é INCORRETO afirmar que, durante o exercício físico,

a) o músculo da perna recebe maior quantidade de oxigênio entre 14 e 16 minutos de atividade.
b) o volume de sangue de um indivíduo pode aumentar até cinco vezes.
c) o volume de sangue que passa pelo coração de um indivíduo, a cada minuto, é maior que no repouso.
d) um fluxo maior de hemácias aumenta a oxigenação do músculo da perna.

80. (Cesmac/Fejal-AL) Na imunização ativa, o antígeno é introduzido num organismo e provoca a fabricação de anticorpos. Na imunização passiva, o anticorpo é fabricado fora do organismo a ser imunizado e introduzido pronto. É exemplo de imunização ativa:

a) aplicação de vacina, como, por exemplo, a vacina tríplice.
b) aplicação de um soro, como, por exemplo, o antiofídico.
c) imunização do bebê através do aleitamento materno.
d) imunização do feto com a passagem de anticorpos pela placenta.

81. (Unesp) O esquema representa uma visão interna do coração de um mamífero.

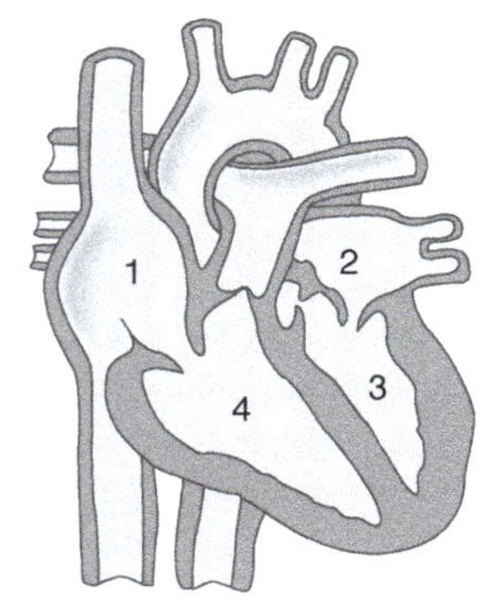

PAULO MANZI

Considerando-se a concentração de gás oxigênio presente no sangue contido nas cavidades 1, 2, 3 e 4, pode-se dizer que

a) $2 = 3 < 1 = 4$.
b) $2 = 3 > 1 = 4$.
c) $2 = 1 > 3 = 4$.
d) $2 > 3 = 1 > 4$.
e) $2 < 3 = 1 < 4$.

82. (UFRN) Uma das principais consequências da doença de Chagas é a insuficiência cardíaca, que ocasiona o crescimento do coração. Em situações normais, o ritmo do coração é assegurado por processos cíclicos de

a) contração atrial esquerda, devido à saída de sangue para a artéria aorta.
b) sístole dos dois átrios e completo preenchimento de sangue nos ventrículos.
c) relaxamento simultâneo das cavidades direitas e saída de sangue para o pulmão.
d) diástole do ventrículo esquerdo, permitindo a entrada de sangue diretamente da veia cava.

83. (PUC-SP) "Por meio de __I__, o sangue __II__ chega ao coração e sai deste para os tecidos por meio da __III__."

No trecho acima, as lacunas I, II e III podem ser preenchidas correta e, respectivamente, por

a) artérias pulmonares, pobre em oxigênio e veia aorta.
b) artérias pulmonares, rico em oxigênio e veia aorta.
c) veias pulmonares, pobre em oxigênio e artéria aorta.
d) veias pulmonares, rico em oxigênio e artéria aorta.
e) artérias e veias, rico em oxigênio e veia aorta.

84. (UFMG) A Campanha Nacional de Vacinação do Idoso, instituída pelo Ministério da Saúde do Brasil, vem-se revelando uma das mais abrangentes dirigidas à população dessa faixa etária. Além da vacina contra a gripe, os postos de saúde estão aplicando, também, a vacina contra pneumonia pneumocócica.
É correto afirmar que essas vacinas protegem porque
a) são constituídas de moléculas recombinantes.
b) contêm anticorpos específicos.
c) induzem resposta imunológica.
d) impedem mutações dos patógenos.

85. (Fuvest-SP) Um camundongo recebeu uma injeção de proteína A e, quatro semanas depois, outra injeção de igual dose da proteína A, juntamente com uma dose da proteína B. No gráfico abaixo, as curvas X, Y e Z mostram as concentrações de anticorpos contra essas proteínas, medidas no plasma sanguíneo, durante oito semanas.

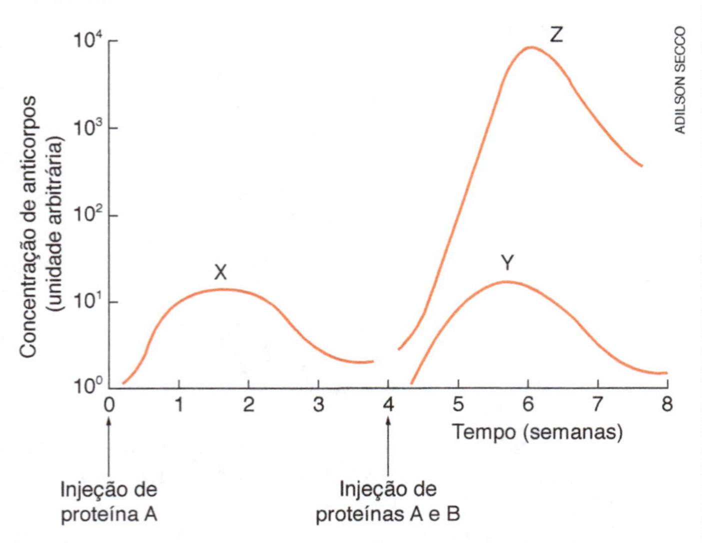

Adaptado de: PURRES, W. K; SADAVA, D.; ORIANS, G. H.; HELLER, H. C. *Life*: the science of biology. 6. ed. Sinauer Associates, Inc. W. H. Freeman & Comp., 2001.

As curvas
a) X e Z representam as concentrações de anticorpos contra a proteína A, produzidos pelos linfócitos, respectivamente, nas respostas imunológicas primária e secundária.
b) X e Y representam as concentrações de anticorpos contra a proteína A, produzidos pelos linfócitos, respectivamente, nas respostas imunológicas primária e secundária.
c) X e Z representam as concentrações de anticorpos contra a proteína A, produzidos pelos macrófagos, respectivamente, nas respostas imunológicas primária e secundária.
d) Y e Z representam as concentrações de anticorpos contra a proteína B, produzidos pelos linfócitos, respectivamente, nas respostas imunológicas primária e secundária.
e) Y e Z representam as concentrações de anticorpos contra a proteína B, produzidos pelos macrófagos, respectivamente, nas respostas imunológicas primária e secundária.

86. (UFPI) Sobre o Sistema Respiratório Humano, determine quais afirmações são verdadeiras e quais são falsas.
a) Os músculos intercostais e o diafragma estão diretamente relacionados com a expansão da caixa torácica, proporcionando a ventilação pulmonar.
b) Os pulmões estão envoltos por duas membranas, uma interna, chamada peritônio, e uma externa, chamada pleura.
c) A frequência respiratória é controlada principalmente pelo cerebelo e medula espinhal.
d) Geralmente quatro moléculas de oxigênio ligam-se a uma única molécula de hemoglobina, formando um complexo instável denominado carboemoglobina.

87. (Mackenzie-SP)

$$(HCO_3)^- + H^+ \longrightarrow H_2CO_3 \longrightarrow H_2O + CO_2$$

As reações acima ocorrem
a) nos capilares dos tecidos.
b) nos capilares da circulação coronária.
c) nos capilares dos pulmões.
d) no ventrículo esquerdo.
e) no átrio direito.

88. (PUC-SP) Considere dois indivíduos adultos, metabolicamente normais, designados por **A** e **B**. O indivíduo **A** tem uma dieta rica em proteínas e pobre em carboidratos. O indivíduo **B**, ao contrário, tem uma dieta pobre em proteínas e rica em carboidratos. Pode-se prever que na urina do indivíduo **A** exista
a) menor concentração de ureia que na urina de **B** e que a concentração de glicose seja a mesma na urina de ambos.
b) maior concentração de ureia que na urina de **B** e que não se encontre glicose na urina de ambos.
c) maior concentração de ureia e maior concentração de glicose que na urina de **B**.
d) menor concentração de ureia e menor concentração de glicose que na urina de **B**.
e) a mesma concentração de ureia e glicose que a encontrada na urina de **B**.

89. (Fuvest-SP) Uma pessoa passará a excretar maior quantidade de ureia se aumentar, em sua dieta alimentar, a quantidade de
a) amido.
b) cloreto de sódio.
c) glicídios.
d) lipídios.
e) proteínas.

90. (UFU-MG) Em condições normais, qual é a substância encontrada no glomérulo de Malpighi, mas não na cápsula de Bowman?
a) Água.
b) Aminoácidos.
c) Sais minerais.
d) Glicose.
e) Proteínas.

91. (Fuvest-SP) Os rins artificiais são aparelhos utilizados por pacientes com distúrbios renais. A função desses aparelhos é:
a) oxigenar o sangue desses pacientes, uma vez que uma menor quantidade de gás oxigênio é liberada em sua corrente sanguínea.
b) nutrir o sangue desses pacientes, uma vez que sua capacidade de absorver nutrientes orgânicos está diminuída.
c) retirar o excesso de gás carbônico que se acumula no sangue desses pacientes.
d) retirar o excesso de glicose, proteínas e lipídios que se acumula no sangue desses pacientes.
e) retirar o excesso de íons e resíduos nitrogenados que se acumula no sangue desses pacientes.

QUESTÕES DISCURSIVAS

92. (UFSCar-SP) Considere os seguintes componentes do sistema digestório humano, em ordem alfabética: ânus, boca, esôfago, estômago, fígado, glândulas salivares, intestino delgado, intestino grosso e pâncreas.

a) Durante seu trajeto pelo sistema digestório, o alimento passa pelo interior de quais desses componentes e em que sequência?

b) De que modo o fígado participa da digestão dos alimentos?

93. (Fuvest-SP) Uma enzima, extraída da secreção de um órgão abdominal de um cão, foi purificada, dissolvida em uma solução fisiológica com pH 8 e distribuída em seis tubos de ensaio. Nos tubos 2, 4 e 6, foi adicionado ácido clorídrico (HCl), de modo a se obter um pH final em torno de 2. Nos tubos 1 e 2 foi adicionado macarrão; nos tubos 3 e 4, foi adicionada carne; nos tubos 5 e 6, foi adicionada manteiga. Os tubos foram mantidos por duas horas à temperatura de 36 °C. Ocorreu digestão apenas no tubo 1.

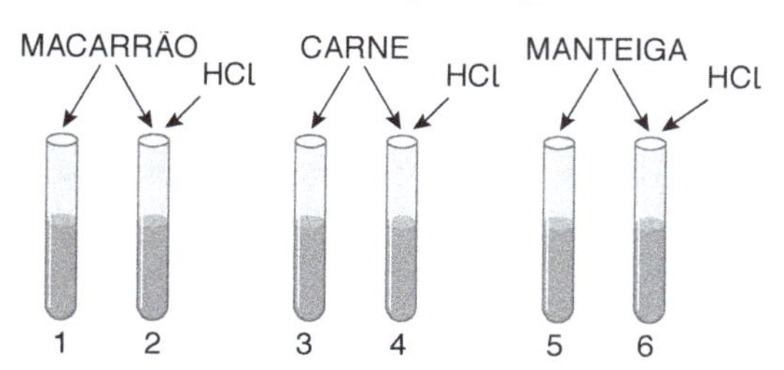

a) Qual foi o órgão do animal utilizado na experiência?

b) Que alteração é esperada na composição química da urina de um cão que teve esse órgão removido cirurgicamente? Por quê?

c) Qual foi a substância que a enzima purificada digeriu?

94. (Fuvest-SP) A figura a seguir esquematiza o coração de um mamífero:

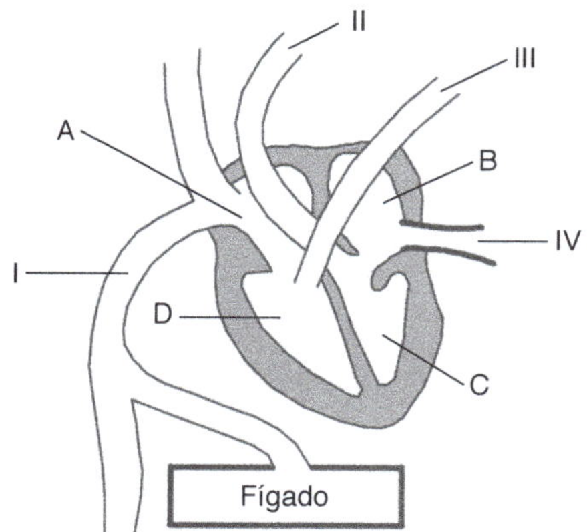

a) Em qual das câmaras do coração, identificadas por A, B, C e D, chega o sangue rico em gás oxigênio?

b) Em qual dessas câmaras chega o sangue rico em gás carbônico?

c) Qual dos vasos, identificados por I, II, III e IV, leva sangue do coração para os pulmões?

d) Qual desses vasos traz sangue dos pulmões?

95. (Unesp) Durante um exame médico para se localizar um coágulo sanguíneo, um indivíduo recebeu, via parenteral, um cateter que percorreu vasos, seguindo o fluxo da corrente sanguínea, passou pelo coração e atingiu um dos pulmões.

a) Cite a trajetória sequencial percorrida pelo cateter, desde sua passagem pelas cavidades cardíacas até atingir o pulmão.

b) Que denominação recebe a contração do músculo cardíaco que, ao bombear o sangue, possibilitou a passagem do cateter ao pulmão? Qual foi o tipo de sangue presente nessa trajetória?

96. (Fuvest-SP) As bactérias podem vencer a barreira da pele, por exemplo num ferimento, e entrar em nosso corpo. O sistema imunitário age para combatê-las.

a) Nesse combate, uma reação inicial inespecífica é efetuada por células do sangue. Indique o processo que leva à destruição do patógeno, bem como as células que o realizam.

b) Indique a reação de combate que é específica para cada agente infeccioso e as células diretamente responsáveis por esse tipo de resposta.

97. (UFG-GO) As respostas imunológicas constituem mecanismos de defesa vitais para os organismos. A esse respeito,

a) explique a diferença entre a resposta ativa e a passiva;

b) apresente um exemplo de imunização ativa artificial e um de imunização passiva natural.

98. (UFRJ)

> O Ministério da Saúde adverte:
> FUMAR PODE CAUSAR CÂNCER DE PULMÃO, BRONQUITE CRÔNICA E ENFISEMA PULMONAR.

Os maços de cigarros fabricados no Brasil exibem advertências como essa. O enfisema é uma condição pulmonar caracterizada pelo aumento permanente e anormal dos espaços aéreos distais do bronquíolo terminal, causando a dilatação dos alvéolos e a destruição da parede entre eles e formando grandes bolsas, como mostram os esquemas a seguir:

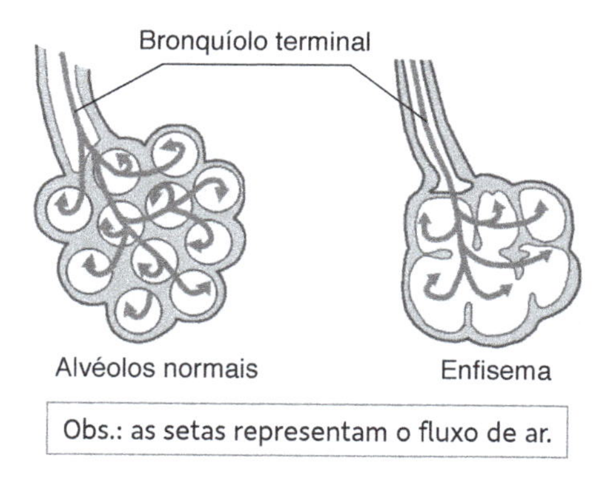

Explique por que as pessoas portadoras de enfisema pulmonar têm sua eficiência respiratória muito diminuída.

99. (UFRN) Em um ser humano, os glomérulos chegam a produzir 180 L de filtrado por dia, mas o volume de urina excretado é de apenas 1,5 L. Além disso, no ser humano, a concentração de substâncias no filtrado pode ser bastante diferente da concentração na urina. A urina de um indivíduo saudável tem concentração de glicose igual a zero, enquanto que a urina de um indivíduo diabético pode apresentar concentrações elevadas de glicose.

a) Explique por que é grande a diferença entre o volume filtrado e o volume excretado, citando as estruturas do néfron responsáveis por essa diferença.

b) Justifique as diferenças existentes entre indivíduos saudáveis e diabéticos quanto às concentrações de glicose na urina.

ILUSTRAÇÕES: PAULO MANZI

100. (Fuvest-SP) Na figura, as curvas mostram a variação da quantidade relativa de gás oxigênio (O_2) ligado à hemoglobina humana em função da pressão parcial de O_2 (PO_2), em pH 7,2 e pH 7,4. Por exemplo, a uma PO_2 de 104 mmHg em pH 7,4, como a encontrada nos pulmões, a hemoglobina está com uma saturação de O_2 de cerca de 98%.

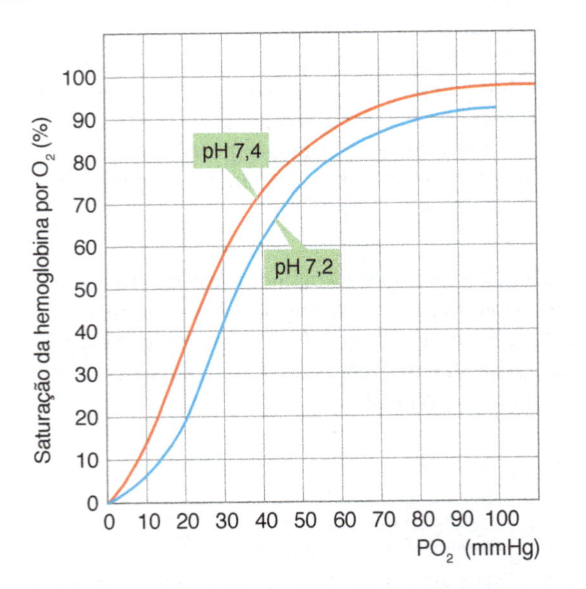

ADILSON SECCO

a) Qual é o efeito do abaixamento do pH, de 7,4 para 7,2, sobre a capacidade de a hemoglobina se ligar ao gás oxigênio?

b) Qual é a porcentagem de saturação da hemoglobina por O_2 em um tecido com alta atividade metabólica, em que a PO_2 do sangue é de 14 mmHg e o pH 7,2, devido à maior concentração de gás carbônico (CO_2)?

c) Que processo celular é o principal responsável pelo abaixamento do pH do sangue nos tecidos com alta atividade metabólica?

d) Que efeito benéfico, para as células, tem o pH mais baixo do sangue que banha os tecidos com alta atividade metabólica?

ENEM

101.

> Na década de 1940, na Região Centro-Oeste, produtores rurais, cujos bois, porcos, aves e cabras estavam morrendo por uma peste desconhecida, fizeram uma promessa, que consistiu em não comer carne e derivados até que a peste fosse debelada. Assim, durante três meses, arroz, feijão, verduras e legumes formaram o prato principal desses produtores.
>
> • *O Hoje*, 15 out. 2011 (adaptado).

Para suprir o déficit nutricional a que os produtores rurais se submeteram durante o período da promessa, foi importante eles terem consumido alimentos ricos em

a) vitaminas A e E.
b) frutose e sacarose.
c) aminoácidos naturais.
d) aminoácidos essenciais.
e) ácidos graxos saturados.

102. Uma enzima foi retirada de um dos órgãos do sistema digestório de um cachorro e, após ser purificada, foi diluída em solução fisiológica e distribuída em três tubos de ensaio com os seguintes conteúdos:

- Tubo 1: carne
- Tubo 2: macarrão
- Tubo 3: banha

Em todos os tubos foi adicionado ácido clorídrico (HCl), e o pH da solução baixou para um valor próximo a 2. Além disso, os tubos foram mantidos por duas horas a uma temperatura de 37 °C. A digestão do alimento ocorreu somente no tubo 1.

De qual órgão do cachorro a enzima foi retirada?

a) Fígado.
b) Pâncreas.
c) Estômago.
d) Vesícula biliar.
e) Intestino delgado.

103. Um pesquisador percebe que o rótulo de um dos vidros em que guarda um concentrado de enzimas digestivas está ilegível. Ele não sabe qual enzima o vidro contém, mas desconfia de que seja uma protease gástrica, que age no estômago digerindo proteínas. Sabendo que a digestão no estômago é ácida e no intestino é básica, ele monta cinco tubos de ensaio com alimentos diferentes, adiciona o concentrado de enzimas em soluções com pH determinado e aguarda para ver se a enzima age em algum deles.

O tubo de ensaio em que a enzima deve agir para indicar que a hipótese do pesquisador está correta é aquele que contém

a) cubo de batata em solução com pH = 9.
b) pedaço de carne em solução com pH = 5.
c) clara de ovo cozida em solução com pH = 9.
d) porção de macarrão em solução com pH = 5.
e) bolinha de manteiga em solução com pH = 9.

104. A imagem representa uma ilustração retirada do livro *De Motu Cordis*, de autoria do médico inglês Willian Harvey, que fez importantes contribuições para o entendimento do processo de circulação do sangue no corpo humano. No experimento ilustrado, Harvey, após aplicar um torniquete (A) no braço de um voluntário e esperar alguns vasos incharem, pressionava-os em um ponto (H). Mantendo o ponto pressionado, deslocava o conteúdo de sangue em direção ao cotovelo, percebendo que um trecho do vaso sanguíneo permanecia vazio após esse processo (H — O).

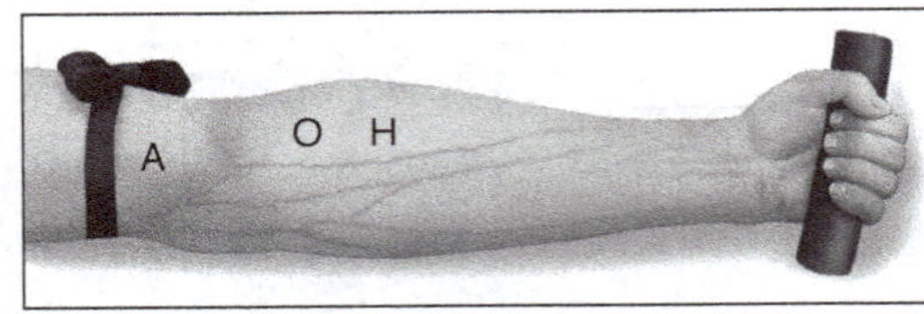

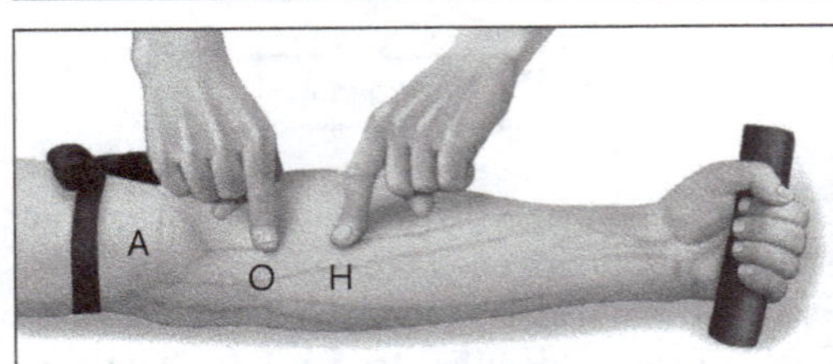

CECÍLIA IWASHITA

Disponível em: www.answers.com.
Acesso em: 18 dez. 2012 (adaptado).

A demonstração de Harvey permite estabelecer a relação entre circulação sanguínea e

a) pressão arterial.
b) válvulas venosas.
c) circulação linfática.
d) contração cardíaca.
e) transporte de gases.

105.

> De acordo com estatísticas do Ministério da Saúde, cerca de 5% das pessoas com dengue hemorrágica morrem. A dengue hemorrágica tem como base fisiopatológica uma resposta imune anômala, causando aumento da permeabilidade de vasos sanguíneos, queda da pressão arterial e manifestações hemorrágicas, podendo ocorrer manchas vermelhas na pele e sangramento pelo nariz, boca e gengivas. O hemograma do paciente pode apresentar como resultado leucopenia (diminuição do número de glóbulos brancos), linfocitose (aumento do número de linfócitos), aumento do hematócrito e trombocitopenia (contagem de plaquetas abaixo de 100.000/mm³).
>
> • Disponível em: www.ciencianews.com.br. Acesso em: 28 fev. 2012 (adaptado).

Relacionando os sintomas apresentados pelo paciente com dengue hemorrágica e os possíveis achados do hemograma, constata-se que

a) as manifestações febris ocorrem em função da diminuição dos glóbulos brancos, uma vez que estes controlam a temperatura do corpo.
b) a queda na pressão arterial é ocasionada pelo aumento do número de linfócitos, que têm como função principal a produção de anticorpos.
c) o sangramento pelo nariz, pela boca e gengiva é ocasionado pela quantidade reduzida de plaquetas, que são responsáveis pelo transporte de oxigênio.
d) as manifestações hemorrágicas estão associadas à trombocitopenia, uma vez que as plaquetas estão envolvidas na cascata de coagulação sanguínea.
e) os sangramentos observados ocorrem em função da linfocitose, uma vez que os linfócitos são responsáveis pela manutenção da integridade dos vasos sanguíneos.

106.

> Milhares de pessoas estavam morrendo de varíola humana no final do século XVIII. Em 1796, o médico Edward Jenner (1749-1823) inoculou em um menino de 8 anos o pus extraído de feridas de vacas contaminadas com o vírus da varíola bovina, que causa uma doença branda em humanos. O garoto contraiu uma infecção benigna e, dez dias depois, estava recuperado. Meses depois, Jenner inoculou, no mesmo menino, o pus varioloso humano, que causava muitas mortes. O menino não adoeceu.
>
> • Disponível em: www.bbc.co.uk. Acesso em: 5 dez. 2012 (adaptado).

Considerando o resultado do experimento, qual a contribuição desse médico para a saúde humana?

a) A prevenção de diversas doenças infectocontagiosas em todo o mundo.
b) A compreensão de que vírus podem se multiplicar em matéria orgânica.
c) O tratamento para muitas enfermidades que acometem milhões de pessoas.
d) O estabelecimento da ética na utilização de crianças em modelos experimentais.
e) A explicação de que alguns vírus de animais podem ser transmitidos para os humanos.

107. **Imunobiológicos:**
Diferentes formas de produção, diferentes aplicações

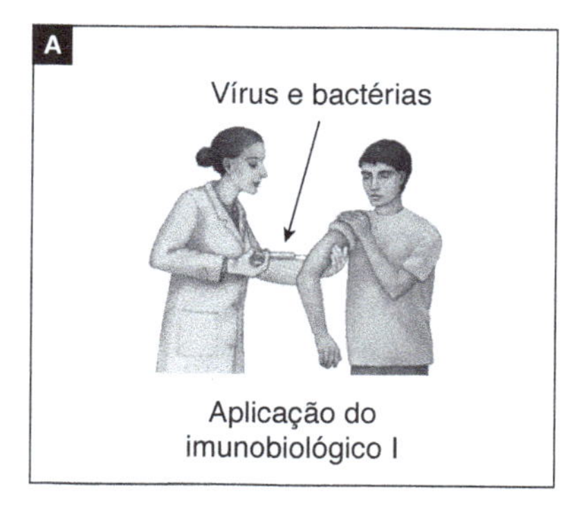

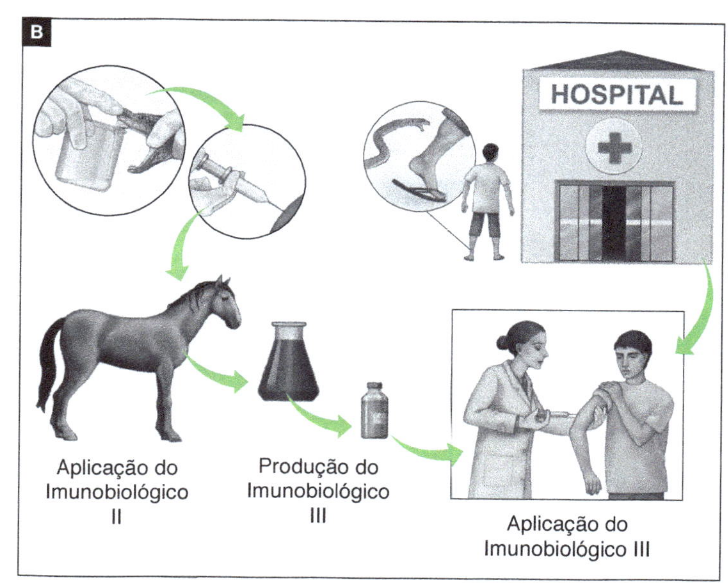

ILUSTRAÇÕES: CECÍLIA IWASHITA

Embora sejam produzidos e utilizados em situações distintas, os imunobiológicos I e II atuam de forma semelhante nos humanos e equinos, pois

a) conferem imunidade passiva.
b) transferem células de defesa.
c) suprimem a resposta imunológica.
d) estimulam a produção de anticorpos.
e) desencadeiam a produção de antígenos.

108. Durante uma expedição, um grupo de estudantes perdeu-se de seu guia. Ao longo do dia em que esse grupo estava perdido, sem água e debaixo de sol, os estudantes passaram a sentir cada vez mais sede. Consequentemente, o sistema excretor desses indivíduos teve um acréscimo em um dos seus processos funcionais. Nessa situação o sistema excretor dos estudantes

a) aumentou a filtração glomerular.
b) produziu maior volume de urina.
c) produziu urina com menos ureia.
d) produziu urina com maior concentração de sais.
e) reduziu a reabsorção de glicose e aminoácidos.

Mais questões: no livro digital, em **Vereda Digital Aprova Enem** e **Vereda Digital Suplemento de revisão e vestibulares**; no *site*, em **AprovaMax**.

CAPÍTULO

19

INTEGRAÇÃO E CONTROLE CORPORAL

RYANKING999/ISTOCK PHOTOS/GETTY IMAGES

No instante registrado na fotografia, a postura de equilíbrio revela a afinação entre o sistema nervoso e os músculos, que permite controle preciso dos movimentos corporais.

De que trata este capítulo

Uma das características mais marcantes da humanidade é a capacidade de comunicação. A todo momento estamos trocando informações com pessoas e com outros elementos do mundo que nos rodeia. A comunicação que estabelecemos com o mundo exterior é, na realidade, uma extensão do que ocorre no interior de nosso corpo. A capacidade de perceber o ambiente, de receber informações e de reagir a cada situação depende da intensa comunicação que ocorre dentro de nosso organismo. Nossas células e órgãos comunicam-se continuamente entre si e com o ambiente, o que é fundamental para nossa sobrevivência.

A comunicação entre os diversos órgãos e células do organismo ocorre graças a dois eficientes sistemas de integração corporal: o sistema nervoso e o sistema endócrino.

O sistema nervoso pode ser comparado a uma rede telefônica altamente informatizada, constituída por uma estação central (o sistema nervoso central), representada pelo encéfalo e pela medula espinal, e por uma vasta rede de cabos transmissores (o sistema nervoso periférico), representados pelos nervos e pelos gânglios nervosos. Os nervos estabelecem a comunicação entre as partes do corpo e o sistema nervoso central, que interpreta as informações obtidas pelos sentidos – paladar, olfato, audição, visão e tato – e elabora as respostas, enviando-as aos órgãos efetuadores das ações, geralmente músculos e glândulas.

Os avanços científicos vêm tornando possível ampliar os conhecimentos sobre o sistema nervoso. Ele é a sede do pensamento, da linguagem, da memória, da aprendizagem, das sensações, dos movimentos, da razão e das emoções. Essa multiplicidade e complexidade de funções explica porque ainda há muito o que descobrir sobre essas capacidades humanas.

Além do sistema nervoso, outro meio de comunicação entre diferentes partes de nosso corpo é o sistema endócrino, que pode ser comparado a um correio, em que os mensageiros são moléculas de substâncias orgânicas denominadas hormônios. Embora a comunicação por via hormonal seja mais lenta que a comunicação por via nervosa, ela também é muito eficiente. Por exemplo, quando estamos em situação de perigo, nossas glândulas suprarrenais, estimuladas pelo sistema nervoso, lançam no sangue o hormônio adrenalina. Em fração de segundos, reações químicas são desencadeadas em diversas partes do organismo, preparando-nos para reagir.

Neste capítulo estudaremos o sistema nervoso e os principais sentidos humanos, com os quais percebemos tanto o ambiente externo como as condições internas de nosso corpo; estudaremos também o sistema endócrino, com destaque para os hormônios encarregados de regular nosso metabolismo.

O estudo deste capítulo representa um passo a mais para compreender nossa condição de seres vivos e de indivíduos históricos e sociais, que interagem consigo mesmos, entre si e com o planeta.

Objetivos

Objetivo geral

- Reconhecer, nos princípios fisiológicos da percepção sensorial e da integração nervosa e endócrina, a complexidade do organismo humano, conscientizando-se da necessidade de cuidar dos vários aspectos da saúde de maneira integrada e assim manter boa qualidade de vida.

Objetivos didáticos

- Conhecer os principais componentes do sistema nervoso e os aspectos básicos de seu funcionamento.
- Conhecer a divisão do sistema nervoso periférico em voluntário e autônomo e a divisão deste último em simpático e parassimpático.
- Conhecer as principais partes da orelha e os mecanismos básicos de percepção dos sons, da posição do corpo e dos movimentos.
- Conhecer as principais partes do bulbo do olho e como elas atuam no processo de visão.
- Conhecer as principais glândulas endócrinas e seus respectivos hormônios.

19.1 Sistema nervoso

Cada um de nós identifica a todo momento dezenas de informações colhidas do ambiente, não apenas pelos órgãos dos sentidos externos – olhos, orelhas, nariz, boca, pele –, mas também por receptores situados no interior de nosso corpo, que detectam, por exemplo, o grau de acidez do sangue, a temperatura corporal e a pressão arterial, entre outros. Nosso sistema nervoso centraliza todas essas informações e define as respostas que daremos a elas; algumas são relativamente simples e automáticas, como as que ajustam a frequência cardíaca ou a temperatura corporal, enquanto outras são ações complexas e muitas vezes planejadas.

O sistema nervoso humano, assim como o de outros craniados, pode ser dividido em **sistema nervoso central** (SNC) e **sistema nervoso periférico** (SNP). O SNC é composto do encéfalo e da medula espinal, nos quais informações são interpretadas e a ação nervosa é coordenada e desencadeada; o SNP é composto de nervos e gânglios nervosos, que estabelecem a comunicação entre os sentidos, o SNC e os órgãos de resposta, principalmente músculos e glândulas. **(Tab. 19.1)**

Tabela 19.1 Organização do sistema nervoso humano

Divisão	Partes	Funções gerais
Sistema nervoso central (SNC)	Encéfalo e medula espinal	Processamento e integração de informações.
Sistema nervoso periférico (SNP)	Nervos e gânglios nervosos	Condução de informações entre órgãos receptores de estímulos, o SNC e órgãos efetuadores (músculos e glândulas).

Natureza e propagação do impulso nervoso

O principal componente do sistema nervoso é o neurônio, um tipo de célula altamente especializada em receber, conduzir e transmitir mensagens a outras células.

Potencial de repouso, potencial de ação e impulso nervoso

Em um neurônio em repouso, isto é, que não recebeu um estímulo, a superfície interna da membrana plasmática mantém-se eletricamente negativa em relação à superfície externa. A diferença de potencial elétrico entre as duas faces da membrana plasmática é da ordem de −70 mV (milivolts), sendo chamada de potencial de repouso.

Quando o neurônio é adequadamente estimulado ocorre uma rápida alteração no gradiente elétrico da membrana plasmática. Essa alteração, chamada de **despolarização**, consiste em uma mudança na distribuição de íons entre as faces da membrana plasmática e, consequentemente, uma inversão brusca das cargas elétricas, de forma que, em uma pequena área da membrana, a superfície interna torna-se momentaneamente positiva em relação à superfície externa; a diferença de potencial entre o exterior e o interior passa de −70 mV (potencial de repouso) para +40 mV. Essa alteração súbita e transitória no gradiente elétrico entre as duas faces da membrana plasmática na despolarização é chamada de potencial de ação.

O potencial de ação dura apenas cerca de 0,0015 segundo na pequena área da membrana estimulada e a situação de repouso logo se restabelece, fenômeno conhecido como **repolarização**. Entretanto, a área que se despolarizou estimula a área imediatamente adjacente a se despolarizar e o fenômeno se repete, propagando-se como uma onda até as extremidades do axônio. Essa propagação do potencial de ação ao longo da membrana plasmática é o impulso nervoso. **(Fig. 19.1)**

O impulso nervoso, de modo geral, propaga-se em um único sentido na neurofibra, seja ela um dendrito ou um axônio. Nos dendritos o impulso propaga-se das extremidades dendríticas para o corpo celular e deste para a extremidade do axônio. Estímulos captados pelos dendritos ou pelo próprio corpo celular (algumas vezes até mesmo pelo axônio) geram um impulso nervoso que percorre todo o axônio, até chegar a suas extremidades.

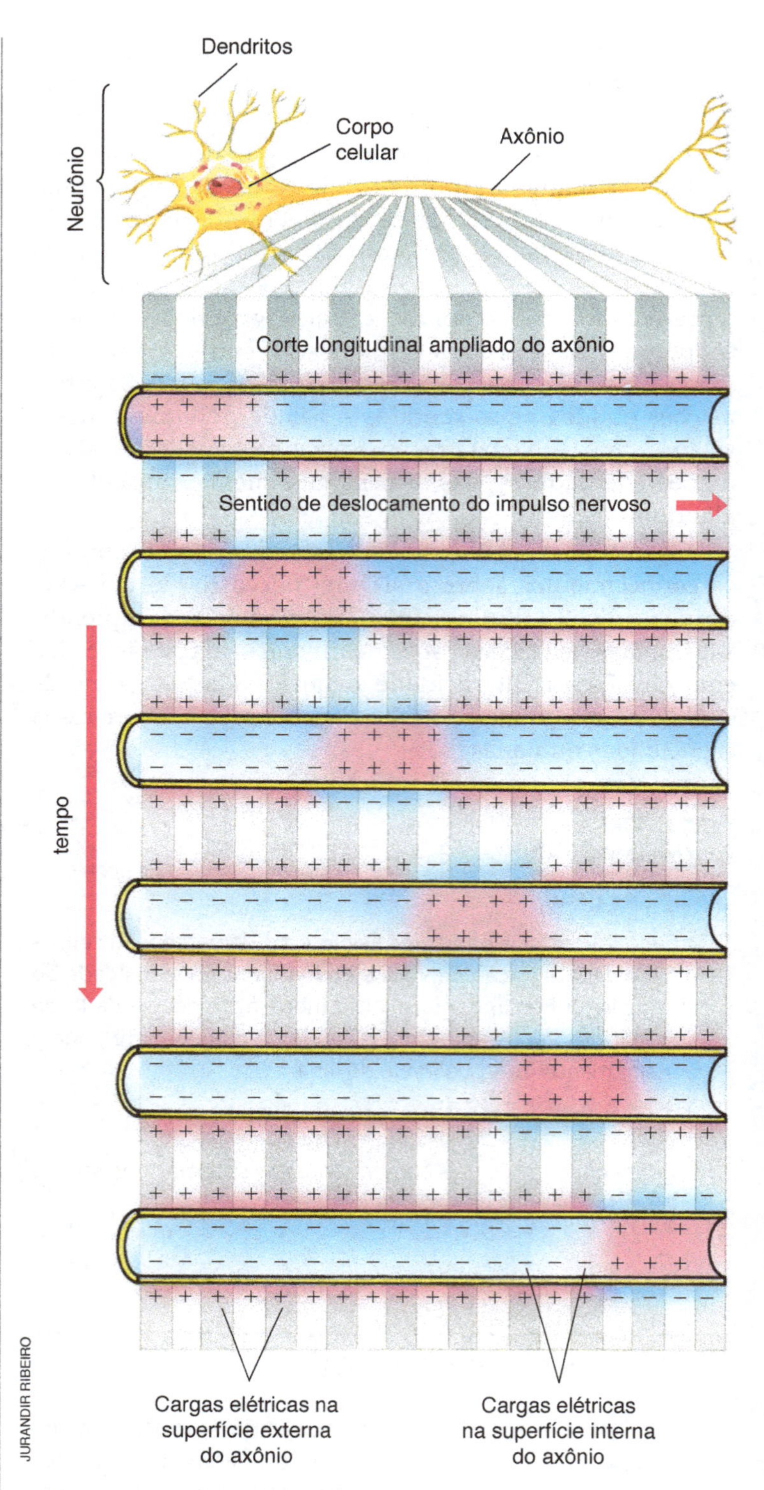

Figura 19.1 Representação esquemática da propagação de um impulso nervoso em um axônio. O impulso nervoso propaga-se como uma onda de alteração das cargas elétricas entre as faces da membrana plasmática.

Sinapse nervosa

Ao atingir a extremidade de um axônio o impulso nervoso é transmitido a outras células, em geral, outros neurônios. A região de proximidade entre a extremidade de um axônio e a célula vizinha, por onde se dá a transmissão do impulso nervoso, é chamada de sinapse nervosa (do grego *synapsis*, ação de juntar).

Em nosso sistema nervoso central um único neurônio faz entre 1.000 e 10.000 sinapses com outros 1.000 neurônios, aproximadamente. As sinapses nervosas geralmente ocorrem entre o axônio de um neurônio e o dendrito de outro, mas também pode haver sinapses entre um axônio e um corpo celular, entre dois axônios, ou entre um axônio e uma célula muscular, nesse caso chamada de **sinapse neuromuscular**.

Na maioria das sinapses as extremidades axônicas são dilatadas e o citoplasma em seu interior apresenta bolsas ou vesículas membranosas repletas de substâncias denominadas neurotransmissores, ou **mediadores químicos**. Quando o impulso nervoso chega a essa região algumas das vesículas fundem-se com a membrana plasmática, liberando os neurotransmissores para fora do axônio, no espaço sináptico. Esse é o espaço que há entre a extremidade do axônio e a célula vizinha, genericamente chamada de célula pós-sináptica.

Os neurotransmissores ligam-se a proteínas receptoras da membrana da célula pós-sináptica. Se esta for outro neurônio, pode ocorrer sua estimulação e a geração de um novo impulso nervoso, que se propagará até a sinapse seguinte. Os neurotransmissores liberados por um neurônio são rapidamente destruídos por enzimas, o que evita que eles continuem a estimular a célula pós-sináptica além do necessário.

Neurônios e impulso nervoso

Os cientistas já identificaram mais de dez substâncias que atuam como neurotransmissores; entre elas destacam-se a **acetilcolina**, a **adrenalina** (ou **epinefrina**), a **noradrenalina** (ou **norepinefrina**), a **dopamina** e a **serotonina**. **(Fig. 19.2)**

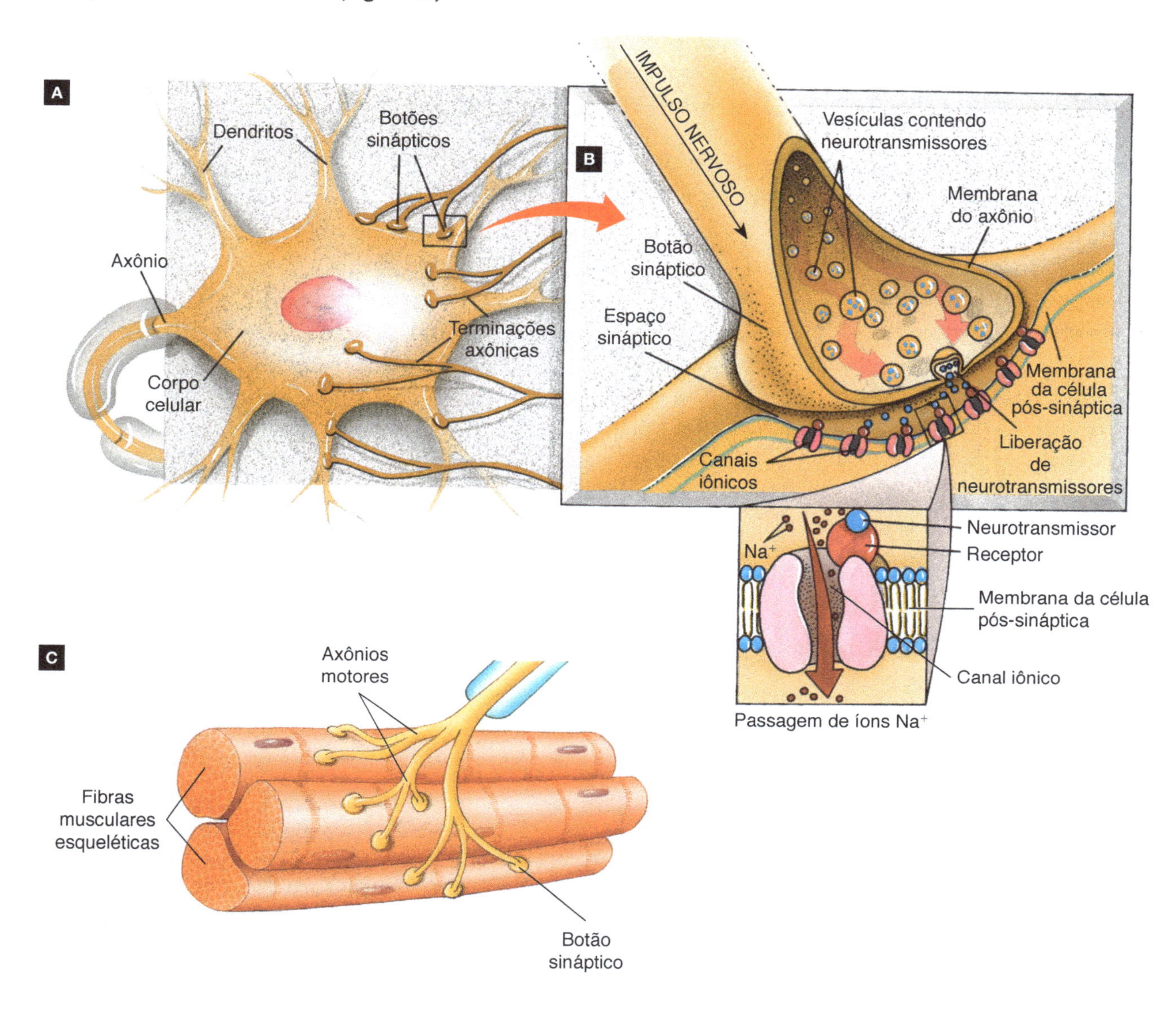

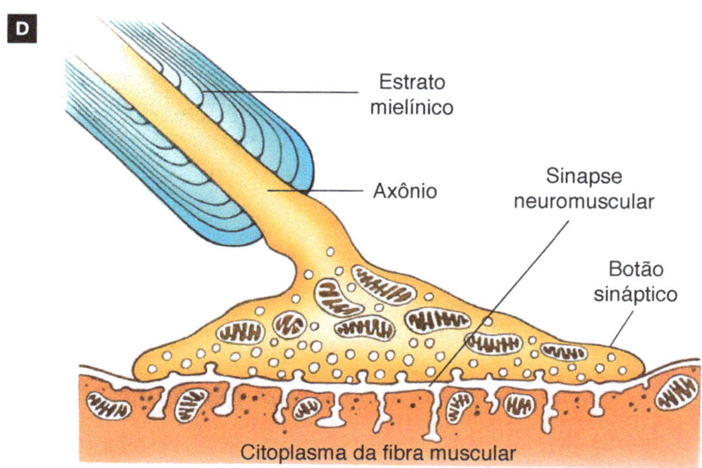

Figura 19.2 **A.** Representação esquemática de sinapses químicas entre as terminações axônicas de um neurônio e o corpo celular de outro. **B.** Extremidade axônica (botão sináptico) em corte; os neurotransmissores ficam armazenados em bolsas membranosas (vesículas). No detalhe, complexo proteico (canal iônico) através do qual íons atravessam a membrana plasmática. **C.** Terminações axônicas de um nervo fazendo sinapse com fibras musculares esqueléticas. **D.** Sinapse neuromuscular, em corte, mostrando o botão sináptico e a superfície da fibra muscular.

ILUSTRAÇÕES: JURANDIR RIBEIRO

Sistema nervoso central (SNC)

Encéfalo e seus componentes

O encéfalo de uma pessoa adulta tem cerca de 1,4 quilograma de massa e preenche a caixa craniana. O encéfalo se forma no início do desenvolvimento embrionário a partir da dilatação da região anterior do tubo nervoso, a qual se diferencia em três regiões, denominadas, da porção anterior para a posterior, **prosencéfalo**, **mesencéfalo** e **rombencéfalo**.

Por volta da quinta semana do desenvolvimento embrionário de um ser humano o prosencéfalo diferencia-se no **telencéfalo** e no **diencéfalo**; o mesencéfalo permanece como tal e o rombencéfalo diferencia-se no **metencéfalo** e no **mielencéfalo**. Todas as partes do encéfalo de um adulto derivam dessas cinco regiões do tubo nervoso embrionário. O restante do tubo nervoso origina a medula espinal.

As principais partes do encéfalo humano plenamente diferenciado são: cérebro (formado pelo telencéfalo e diencéfalo), mesencéfalo, cerebelo, ponte e medula oblonga. **(Fig. 19.3)**

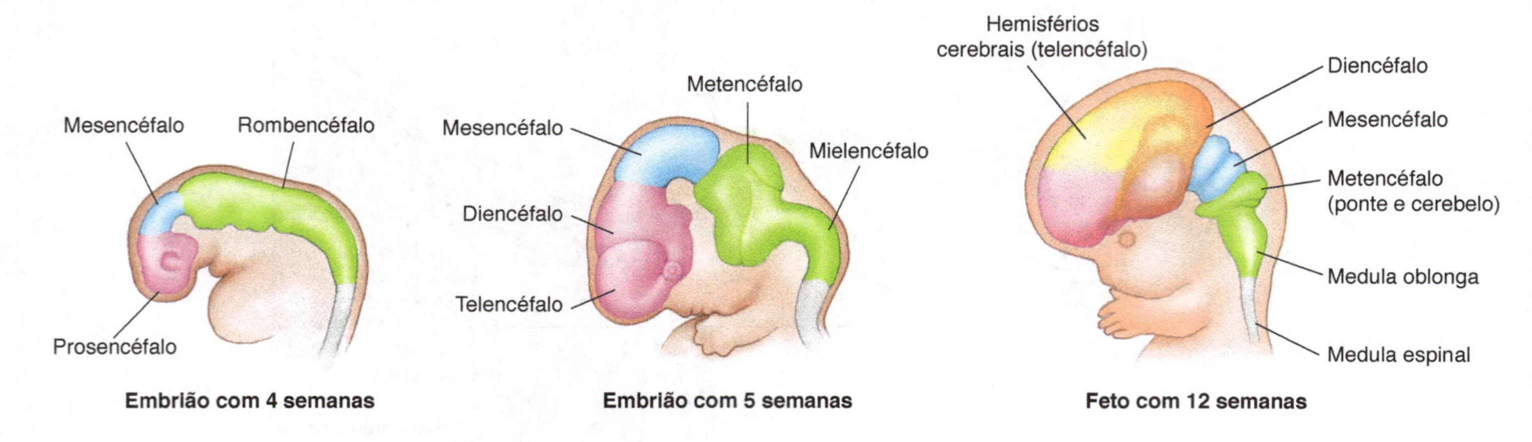

Figura 19.3 Representação esquemática da formação do encéfalo durante o início do desenvolvimento embrionário humano.

O encéfalo e a medula espinal são envolvidas por três membranas de tecido conjuntivo, as **meninges**, sendo a mais interna denominada pia-máter, a mais externa, dura-máter, e a intermediária, aracnoide. O espaço entre as meninges e o sistema nervoso é preenchido por um fluido chamado de **líquido cerebrospinal** (ou líquido cefalorraquidiano), que ajuda a amortecer eventuais choques do encéfalo e da medula espinal contra os ossos que os envolvem.

- ***Cérebro***

O cérebro compõe-se do telencéfalo e do diencéfalo. O telencéfalo é a parte mais desenvolvida do encéfalo humano, constituindo entre 85% e 90% da massa encefálica do crânio. Sua superfície é intensamente pregueada, marcada por sulcos e depressões, que definem os giros (ou circunvoluções) cerebrais.

Um profundo sulco longitudinal divide quase completamente o cérebro pela metade, formando os **hemisférios cerebrais** direito e esquerdo. A conexão entre os dois hemisférios cerebrais é feita, principalmente, pelo **corpo caloso**, constituído por mais de 200 milhões de neurofibras ou fibras nervosas.

A camada mais externa dos hemisférios cerebrais, cuja espessura varia entre 1 centímetro e 2 centímetros, é o córtex cerebral, constituído por mais de 20 bilhões de corpos celulares de neurônios; o córtex, por sua coloração mais escura que a parte cerebral mais interna, recebeu a denominação de **substância cinzenta**.

A região mais interna dos hemisférios cerebrais é constituída por neurofibras (dendritos e axônios) que levam informações ao córtex e trazem dele instruções para o funcionamento corporal; por ter coloração mais clara que a do córtex, devido ao estrato mielínico que envolve os axônios, essa parte cerebral recebeu a denominação de **substância branca**.

Alguns dos sulcos mais profundos dos hemisférios cerebrais delimitam áreas conhecidas como lobos cerebrais, que coordenam funções específicas. A porção anterior de cada hemisfério, conhecida como **lobo cerebral frontal**, por exemplo, controla os músculos estriados esqueléticos do lado oposto do corpo; o pensamento, a fala e o olfato também são relacionados a essa região. Os **lobos cerebrais parietais**, localizados nas laterais superiores da cabeça, estão relacionados a sensações provenientes da pele, dos músculos, das juntas e dos tendões. Os **lobos cerebrais temporais**, situados nas regiões laterais inferiores da cabeça, na altura das têmporas, estão ligados à audição. Os **lobos cerebrais occipitais**, situados na parte posterior da cabeça, estão ligados à visão. **(Fig. 19.4)**

Além das regiões responsáveis pelas sensações (áreas sensoriais) e pelos movimentos (áreas motoras), o córtex cerebral humano também tem áreas associativas, responsáveis pela interpretação das sensações e pela elaboração dos planos de ação.

ILUSTRAÇÕES: CECÍLIA IWASHITA

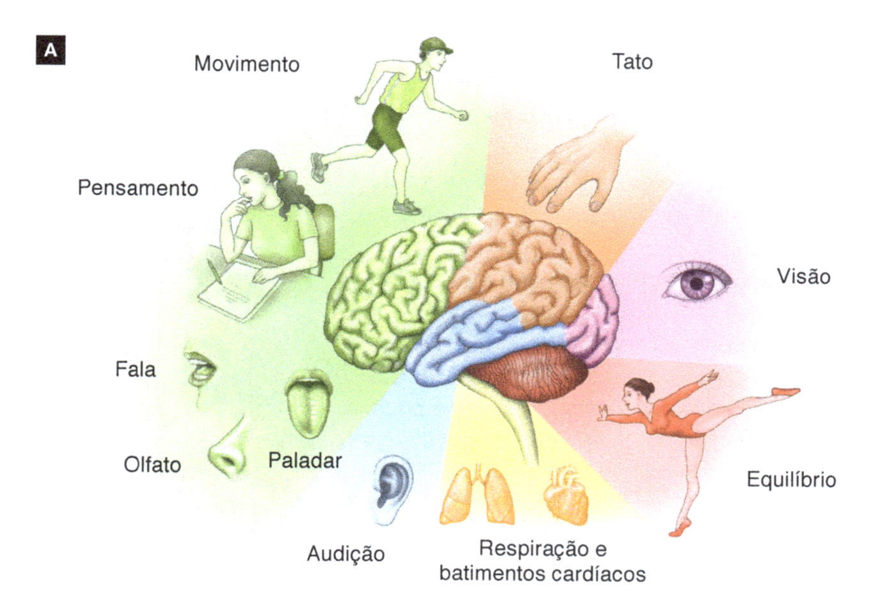

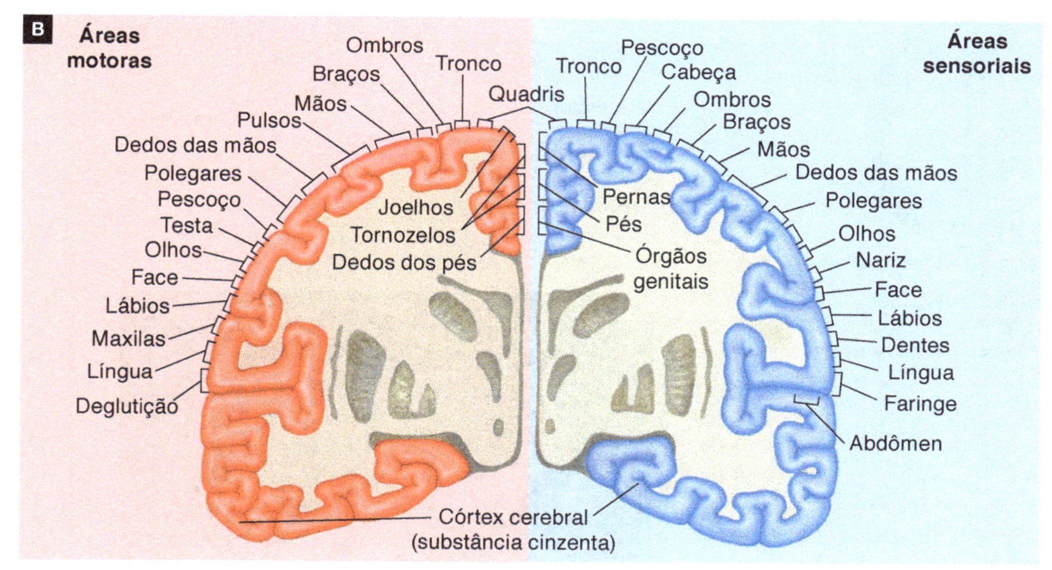

Figura 19.4 A. Representação esquemática do encéfalo mostrando os centros de controle de algumas funções do corpo: o lobo cerebral frontal, em verde, o lobo cerebral parietal, em laranja, o lobo cerebral occipital, em roxo, e o lobo cerebral temporal, em azul. O cerebelo está indicado em vermelho e o tronco encefálico, em amarelo. B. Representação esquemática de corte dos hemisférios cerebrais mostrando, à esquerda, áreas de controle motor e, à direita, áreas sensoriais. As grandes áreas relacionadas ao controle da face e das mãos explicam por que essas partes do corpo têm tanta sensibilidade.

Quando realizamos movimentos voluntários complexos, o plano de ação é elaborado em uma área associativa e transferido para áreas motoras encarregadas de estimular os músculos.

Uma lembrança provocada por um acontecimento qualquer, por exemplo, pode estimular uma área associativa do cérebro, onde o estímulo é confrontado com memórias de experiências passadas, permitindo a formação de um significado. Entretanto, os mecanismos da memória ainda são relativamente pouco conhecidos.

O cérebro humano tem grande número de áreas associativas e por isso é considerado o centro da inteligência e do aprendizado. A atividade cerebral demanda mais de 17% do sangue bombeado pelo coração e utiliza cerca de 20% do gás oxigênio inalado, apesar de corresponder a apenas 2% da massa corporal.

• *Tálamo e hipotálamo*

O tálamo e o hipotálamo são duas regiões encefálicas localizadas embaixo do cérebro e que se originam diretamente do diencéfalo embrionário.

O **tálamo** compõe-se de duas massas ovoides ricas em corpos celulares de neurônios encaixadas na base do cérebro. Todas as mensagens sensoriais, com exceção das provenientes dos receptores de olfato, passam pelo tálamo antes de atingir o córtex cerebral.

Acredita-se que o tálamo atue como uma estação integradora e retransmissora de impulsos nervosos para o córtex cerebral, sendo responsável por seu direcionamento às áreas apropriadas do cérebro, onde devem ser processados. O tálamo também parece exercer um papel importante na regulação do estado de consciência, alerta e atenção.

O **hipotálamo** é uma estrutura do tamanho aproximado de um grão de ervilha, localizado sob o tálamo. Apesar de relativamente pequeno, o hipotálamo é uma região encefálica muito importante na homeostase corporal, ou seja, no ajuste do organismo às variações externas e internas ao corpo. O hipotálamo é o responsável pelo controle da temperatura corporal, do apetite e do equilíbrio hídrico no corpo, além de ser o principal centro da expressão emocional e do comportamento sexual. Ele também participa da ativação de diversas glândulas produtoras de hormônios.

• *Mesencéfalo, ponte e cerebelo*

O **mesencéfalo**, localizado em sequência ao tálamo e hipotálamo, está envolvido na recepção e coordenação de informações sobre o grau de contração dos músculos (tônus muscular) e sobre a postura corporal.

ILUSTRAÇÕES: CECÍLIA IWASHITA

A **ponte**, originada do metencéfalo embrionário, é constituída principalmente por neurofibras que ligam o córtex cerebral ao cerebelo. Nessa região encefálica também há centros coordenadores da movimentação dos olhos, do pescoço e do corpo em geral. Além disso, a ponte participa na manutenção da postura corporal correta, no equilíbrio do corpo e no tônus muscular.

Também originado do metencéfalo embrionário, o **cerebelo** encaixa-se entre a parte posterior do cérebro e a ponte. Ele está conectado ao tálamo, ao tronco encefálico e à medula espinal por inúmeras neurofibras.

O cerebelo recebe informações de diversas partes do encéfalo e da medula espinal sobre a posição das articulações e o grau de estiramento dos músculos; também recebe informações auditivas e visuais. Com base nessas informações ele coordena os movimentos e orienta a postura corporal.

Quando uma parte do corpo se movimenta, o cerebelo coordena a movimentação das outras partes corporais para manter o equilíbrio. É graças a ele que podemos realizar ações altamente coordenadas e complexas como andar de bicicleta, jogar tênis ou tocar violão. **(Fig. 19.5)**

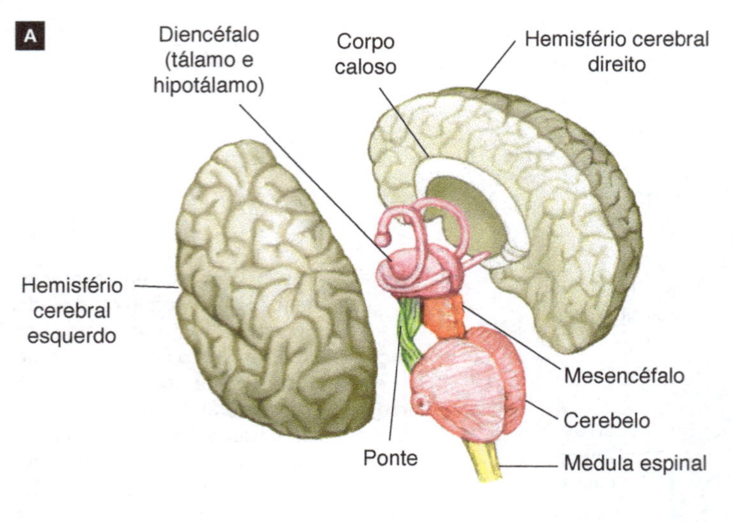

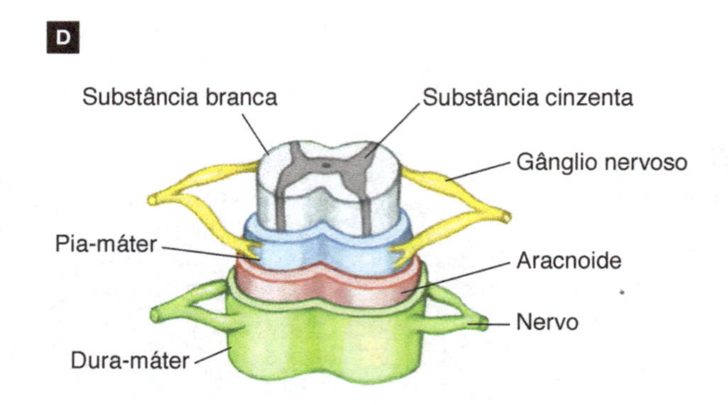

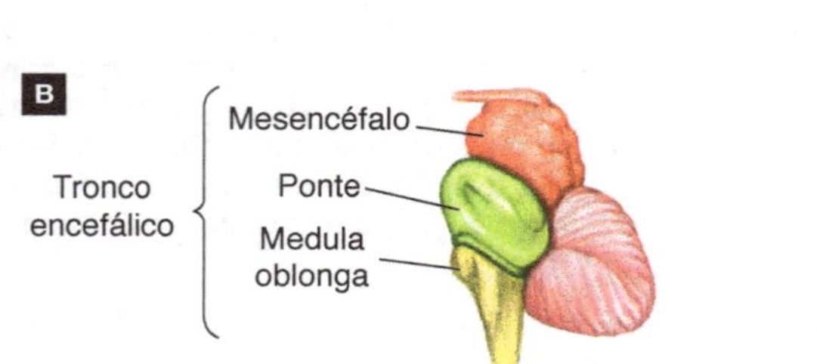

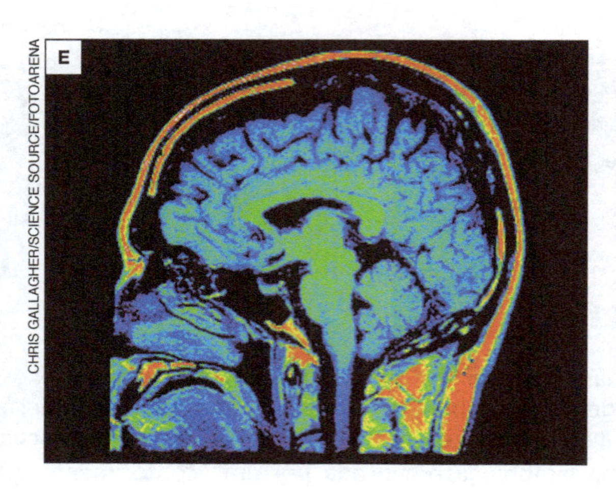

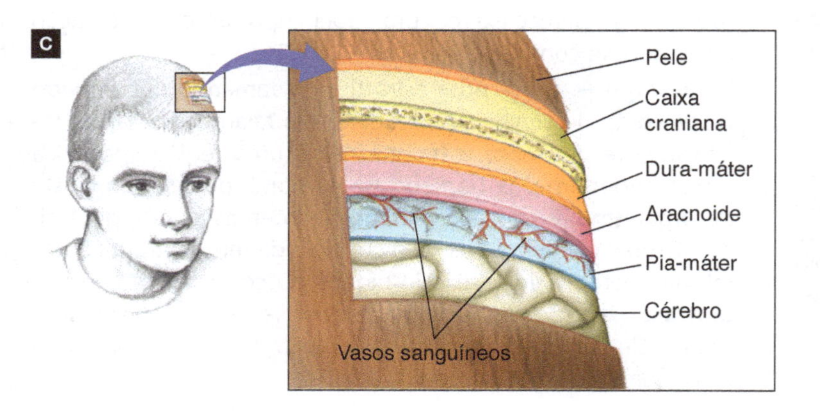

Figura 19.5 **A.** Representação esquemática de encéfalo humano, com os hemisférios cerebrais deslocados para mostrar as partes encefálicas inferiores. **B.** Representação esquemática de detalhe do tronco encefálico, formado pelo mesencéfalo, pela ponte e pela medula oblonga. **C.** Representação esquemática de cabeça humana com parte da caixa craniana removida para mostrar as meninges – pia-máter, aracnoide e dura-máter – que revestem o cérebro. **D.** Representação esquemática de parte da medula espinal mostrando as meninges que a revestem. **E.** Imagem computadorizada de encéfalo humano, obtida por ressonância magnética, evidenciando algumas partes mostradas nas ilustrações. Você consegue identificar algumas delas na ressonância?

ILUSTRAÇÕES: CECÍLIA IWASHITA

- ***Medula oblonga***

O bulbo raquidiano, ou **medula oblonga**, originário do mielencéfalo embrionário, é a última porção do encéfalo e se conecta à medula espinal. Ela contém importantes centros controladores de funções vitais, como os que regulam os batimentos cardíacos e os movimentos respiratórios.

Medula espinal

A medula espinal é um cordão cilíndrico ligado à medula oblonga e que se aloja dentro da coluna vertebral, no canal formado pelas perfurações sequenciais das vértebras. A medula espinal tem cerca de 1 a 1,7 centímetro de diâmetro e é revestida externamente pelas três meninges. O centro da medula é percorrido por um fino canal e preenchido por líquido cerebrospinal (ou líquido cefalorraquidiano), que também preenche o espaço entre as duas meninges mais internas (relembre em *Encéfalo e seus componentes*).

A medula espinal atua como uma estação nervosa retransmissora: informações colhidas nas diversas partes do corpo chegam primeiramente a ela e depois são conduzidas ao encéfalo. A maior parte das ordens elaboradas no encéfalo também passa pela medula antes de chegar aos destinos.

Além de intermediar a comunicação do corpo com o encéfalo, a medula espinal também elabora respostas simples para certos estímulos. Por exemplo, é ela que coordena a resposta de retirar a mão rapidamente ao tocar um objeto muito quente, reflexo que pode evitar ou minimizar uma eventual queimadura. Respostas medulares como essas permitem ao organismo reagir rapidamente em situações de emergência, antes mesmo que a informação chegue ao cérebro e o indivíduo tome consciência do que está ocorrendo.

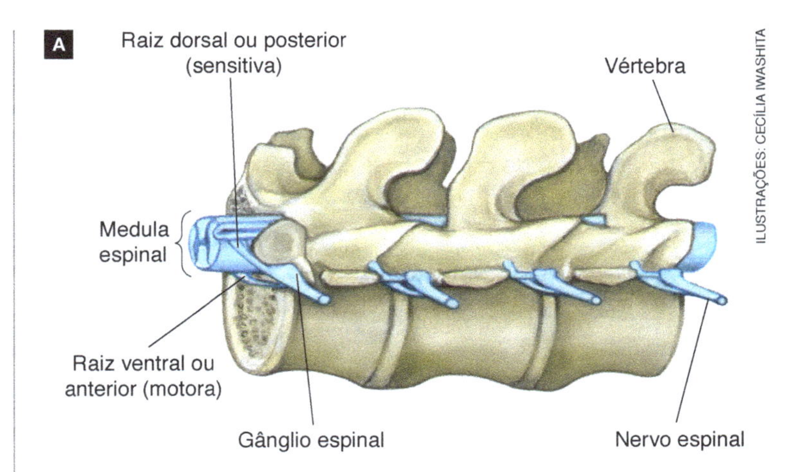

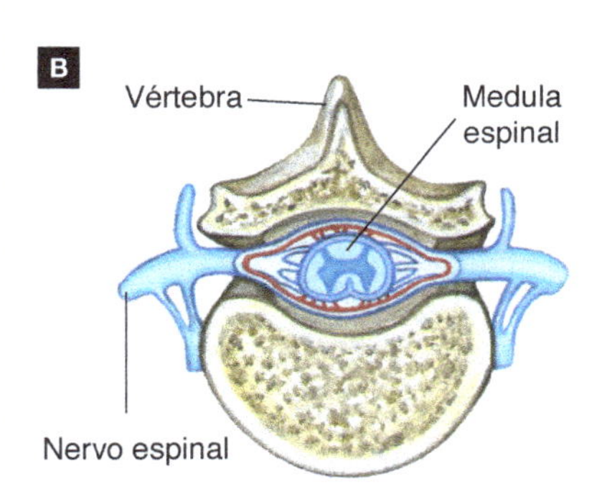

Figura 19.6 Representações esquemáticas de porção da coluna vertebral mostrando vértebras e parte da medula espinal. **A.** Vista lateral. **B.** Vista em corte transversal; em vermelho na ilustração, vasos sanguíneos responsáveis pela oxigenação e nutrição dos tecidos medulares.

Sistema nervoso periférico (SNP)

O **sistema nervoso periférico** é constituído por nervos e gânglios nervosos. Nervos são estruturas filamentosas formadas pela reunião de várias neurofibras que partem do encéfalo e da medula espinal e se ramificam, atingindo todas as partes do corpo. Gânglios nervosos são dilatações presentes em certos nervos, que contêm corpos celulares de neurônios, de onde partem neurofibras.

Classificação dos nervos

Costuma-se classificar os nervos de acordo com a região do sistema nervoso central à qual eles se ligam. Nervos ligados ao encéfalo são chamados de **nervos cranianos** e nervos ligados à medula são chamados de **nervos espinais**, ou nervos raquidianos.

Outra maneira de classificar os nervos é de acordo com os tipos de neurônios que eles apresentam; segundo esse critério, os nervos podem ser classificados em **sensitivos** ou aferentes (contêm apenas neurofibras de neurônios sensitivos), **motores** ou eferentes (contêm apenas neurofibras de neurônios motores) e **mistos** (contêm neurofibras de neurônios sensitivos e de neurônios motores).

Na espécie humana há 12 pares de nervos cranianos e 31 pares de nervos espinais. Os nervos cranianos conectam o encéfalo a órgãos dos sentidos e a músculos, principalmente da região da cabeça; os nervos espinais conectam a medula espinal a células sensoriais e a músculos das diversas partes do corpo.

Os nervos espinais conectam-se à medula espinal passando por espaços entre as vértebras. A cada espaço intervertebral há um par de nervos espinais, um de cada lado da coluna vertebral. Cada nervo liga-se à medula por dois conjuntos de neurofibras, denominadas raízes do nervo. Um conjunto parte da região dorsal da medula espinal (raiz dorsal do nervo espinal) e o outro, da região ventral (raiz ventral do nervo espinal). **(Fig. 19.6)**

A **raiz dorsal** de um nervo espinal é formada somente por neurônios sensitivos, enquanto a **raiz ventral** é formada somente por neurônios motores. Se a raiz dorsal de um nervo espinal for lesada, a parte do corpo que ele inerva perderá a sensibilidade, sem sofrer, porém, paralisia. Por outro lado, se houver lesão na raiz ventral de um nervo espinal, ocorrerá paralisia da parte do corpo inervada, porém sem perda das sensações de pressão, temperatura, dor etc.

O vírus da poliomielite (causador da paralisia infantil), por exemplo, provoca lesões na raiz ventral (motora) dos nervos espinais; sem a devida estimulação nervosa, os músculos atrofiam e a pessoa perde parte da atividade dos membros atingidos.

Na raiz dorsal de cada nervo espinal há um **gânglio nervoso**, no qual se localizam os corpos celulares dos neurônios sensitivos. Os corpos celulares dos neurônios motores ficam dentro da medula espinal, onde constituem a substância cinzenta medular.

Respostas reflexas medulares

A medula espinal é capaz de elaborar respostas rápidas a situações de emergência. Essas respostas elaboradas diretamente pela medula, sem interferência do encéfalo, são chamadas de respostas reflexas medulares ou arcos-reflexos.

Uma resposta reflexa medular bem conhecida é o **reflexo patelar**, teste clássico realizado pelo médico ao bater com um martelinho no joelho do paciente. Nesse reflexo participam apenas dois neurônios, o neurônio sensitivo, que percebe a batida e leva o impulso nervoso até a medula espinal, e o neurônio motor, que conduz o impulso medular até o músculo da coxa, provocando sua contração.

A maioria das respostas reflexas medulares é mais complexa que o reflexo patelar e envolve um terceiro tipo de neurônio, denominado **neurônio associativo**. Este localiza-se no interior da medula espinal e conecta o neurônio sensitivo e o neurônio motor participantes da resposta reflexa.

Nessa via nervosa reflexa de três neurônios, o impulso que atinge a medula pelo neurônio sensitivo é transmitido ao neurônio associativo e deste ao neurônio motor, que conduz a resposta aos músculos. Além de estimular os neurônios motores responsáveis pela ação reflexa, o neurônio associativo também estimula neurônios que conduzem impulsos ao encéfalo, permitindo a tomada de consciência do ocorrido. Esse tipo de resposta reflexa ocorre, por exemplo, quando tocamos o dedo em um objeto pontiagudo. **(Fig. 19.7)**

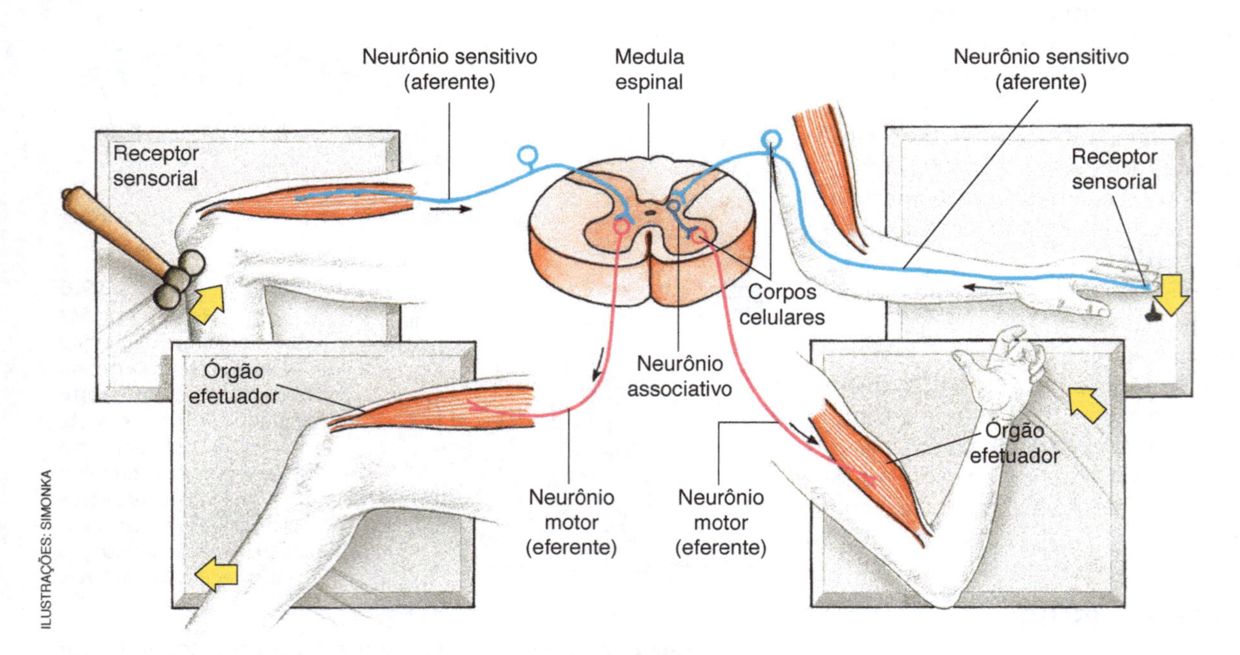

Figura 19.7 Representação esquemática de reflexos medulares. À esquerda, reflexo patelar, um tipo de arco-reflexo simples, em que participam apenas dois neurônios, um sensitivo e um motor. À direita, arco-reflexo composto, em que participa também um neurônio associativo medular.

Divisão funcional do sistema nervoso periférico

Diversas atividades do sistema nervoso humano são conscientes e estão sob o controle da vontade. Pensar, movimentar um braço ou mudar a expressão facial são exemplos de atividades voluntárias. Outras ações, entretanto, são automáticas, ocorrendo independentemente de nossa vontade e por isso denominadas autônomas, ou involuntárias. Exemplos de atividades autônomas são os batimentos do coração e os movimentos intestinais.

As ações voluntárias são executadas pela contração de músculos estriados esqueléticos, que estão sob o controle do sistema nervoso periférico somático (SNP somático). As ações autônomas, por sua vez, são executadas pela contração da musculatura não estriada (lisa) e da musculatura cardíaca, controladas pelo sistema nervoso periférico autônomo (SNP autônomo).

A função do **SNP somático** é conduzir ao sistema nervoso central estímulos vindos do interior e do exterior do corpo e levar aos músculos estriados esqueléticos impulsos nervosos originados no sistema nervoso central.

Os nervos motores do SNP somático são constituídos por neurônios cujos corpos celulares localizam-se dentro do sistema nervoso central e cujos axônios vão diretamente aos músculos.

Os nervos sensoriais do SNP somático são constituídos por neurônios cujos corpos celulares situam-se em gânglios próximos à medula e cujas neurofibras levam impulsos do corpo ao sistema nervoso central.

A função do **SNP autônomo**, também chamado de SNP visceral, é regular o ambiente interno do corpo, controlando a atividade dos sistemas digestório, cardiovascular, respiratório, urinário e endócrino. O SNP autônomo é constituído por neurofibras motoras que conduzem impulsos do sistema nervoso central aos músculos não estriados das vísceras e à musculatura estriada do coração.

No SNP autônomo, as vias nervosas apresentam dois tipos de neurônios: pré-ganglionares e pós-ganglionares. O corpo celular do primeiro neurônio localiza-se dentro do sistema nervoso central e seu axônio vai até um gânglio, onde o impulso nervoso é transmitido ao segundo neurônio da via nervosa. O corpo celular do neurônio pós-ganglionar fica no interior do gânglio nervoso; seu axônio conduz o estímulo nervoso até um órgão, que pode ser um músculo não estriado, o músculo cardíaco ou uma glândula.

- ***SNP autônomo simpático e SNP autônomo parassimpático***

O SNP autônomo (**SNPA**) é dividido em dois ramos – **SNPA simpático** e **SNPA parassimpático** – que se distinguem tanto pela estrutura como pelo funcionamento.

As neurofibras nervosas simpáticas e parassimpáticas controlam os mesmos órgãos, mas trabalham em oposição: enquanto um dos ramos estimula determinado órgão, o outro o inibe.

De modo geral o SNPA simpático estimula ações que mobilizam energia, permitindo ao organismo responder a situações de estresse. Por exemplo, o SNPA simpático é o responsável pela aceleração dos batimentos cardíacos, pelo aumento da pressão sanguínea, pelo aumento da concentração de glicose no sangue e pela ativação do metabolismo geral do corpo. O SNPA parassimpático, por sua vez, estimula principalmente atividades relaxantes e digestórias, como a redução do ritmo cardíaco e da pressão sanguínea e aumento das secreções estomacais e intestinais, entre outras.

O neurotransmissor liberado pelos neurônios pós-ganglionares do SNPA simpático é geralmente a **noradrenalina** e, em alguns casos, a adrenalina ou acetilcolina. No SNPA parassimpático, o neurotransmissor liberado é a **acetilcolina**.

Estruturalmente o SNPA simpático difere do SNPA parassimpático quanto à região do sistema nervoso central de onde partem as neurofibras e quanto à localização dos gânglios na via nervosa. O SNPA simpático é constituído por nervos espinais que partem das regiões torácica e lombar da medula espinal; há um gânglio nervoso localizado perto da medula. O SNPA parassimpático, por sua vez, é constituído por nervos cranianos que partem do encéfalo e por nervos espinais que partem da região final (sacral) da medula espinal; há um gânglio localizado geralmente longe do SNC e próximo ou mesmo dentro do órgão controlado por essa via nervosa. **(Fig. 19.8)**

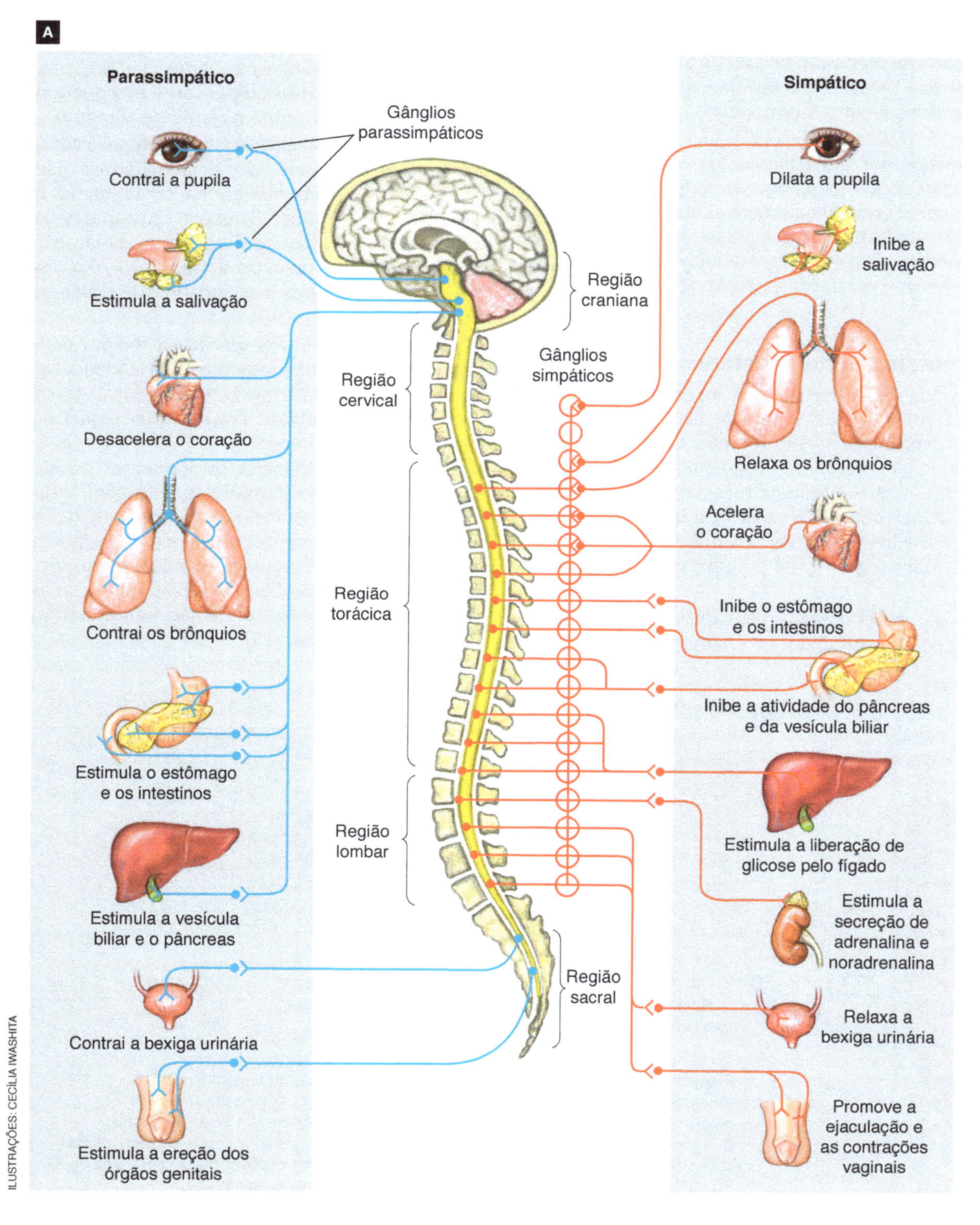

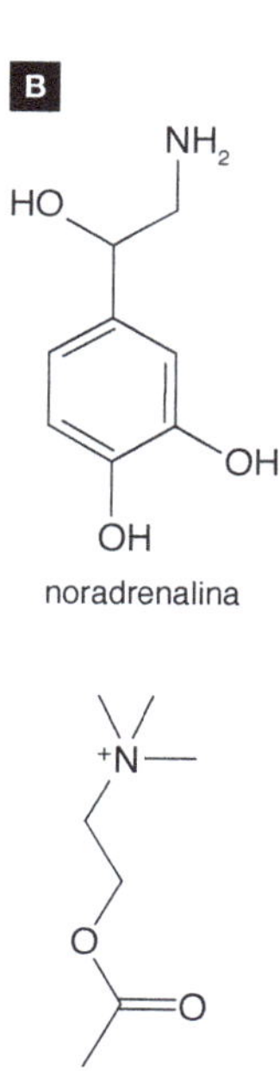

Figura 19.8
A. Representação esquemática do sistema nervoso periférico autônomo. As ações estimuladas pelo SNPA simpático estão mostradas à direita e as estimuladas pelo SNPA parassimpático, à esquerda. **B.** Fórmulas estruturais do principal neurotransmissor do SNPA simpático (noradrenalina) e do neurotransmissor do SNPA parassimpático (acetilcolina).

ILUSTRAÇÕES: CECÍLIA IWASHITA

Agora você pode resolver as atividades de 1 a 14, 43 a 45, 51, 72 e 73.

19.2 Os sentidos

Fisiologia e classificação das células sensoriais

A capacidade de perceber o ambiente depende de células altamente especializadas denominadas genericamente **células sensoriais**. Essas células estão espalhadas pelo corpo e também concentradas nos chamados órgãos sensoriais. As percepções das condições internas e externas ao corpo por essas células e órgãos especializados constituem os **sentidos**.

Apesar de captarem estímulos tão diversos como luz, som, pressão, temperatura, odores etc., os vários tipos de células sensoriais funcionam de maneira muito semelhante. Um estímulo específico altera a permeabilidade da membrana plasmática da célula sensorial, gerando potenciais de ação que são transmitidos a nervos e conduzidos, na forma de impulsos nervosos, até o sistema nervoso central.

Os impulsos nervosos gerados por um feixe de luz que atinge os olhos ou pela vibração do ar que chega às orelhas são basicamente semelhantes; apenas quando atingem as áreas cerebrais responsáveis pela visão e pela audição, é que esses impulsos são interpretados como sensações visuais e auditivas. Assim, quem efetivamente vê e ouve é o cérebro e não os olhos e as orelhas.

Exteroceptores, proprioceptores e interoceptores

Muitos tipos de célula sensorial são especializados em captar estímulos provenientes do ambiente. Essas células, genericamente chamadas de **exteroceptores**, estão presentes nos órgãos responsáveis pelo paladar, olfato, audição, visão e tato.

Certos tipos de exteroceptores são **quimioceptores**, estimulados por moléculas de substâncias químicas específicas que se encaixam em receptores da membrana celular. Os quimioceptores estão presentes em órgãos responsáveis pelo paladar e pelo olfato.

Certas células sensoriais são especializadas na captação de estímulos internos ao corpo, constituindo os chamados proprioceptores e interoceptores. Os **proprioceptores** localizam-se nos músculos, tendões, articulações e órgãos internos; sua função é informar ao sistema nervoso central sobre a posição dos braços, das pernas, do pescoço e da cabeça em relação ao resto do corpo. Os **interoceptores** percebem condições internas do corpo como a composição do sangue, o pH, a osmolaridade, a temperatura etc., o que nos permite sentir sede, fome, frio, náusea e dor, por exemplo.

Paladar e olfato

Papilas gustatórias

O sabor é uma complexa mistura de sensações de paladar e de olfato, além de sensações táteis decorrentes da consistência dos alimentos. As células sensoriais responsáveis pelo paladar estão localizadas na boca, agrupadas em pequenas saliências, chamadas **papilas gustatórias**, distribuídas sobre a língua e o palato mole e facilmente visíveis com uma lente de aumento.

Há quatro tipos básicos de papila sensorial: circunvaladas, fungiformes, foliáceas e filiformes. As papilas filiformes não contêm células receptoras de sabor, relacionando-se apenas a sensações táteis. Os outros três tipos de papila são capazes de detectar os sabores básicos: doce, azedo, salgado, amargo e *umami*. Este último, descoberto no início do século XX, é o responsável por um efeito duradouro e aveludado que realça os demais sabores.

Durante muito tempo se pensou que havia regiões definidas na língua humana, cada qual responsável pela identificação de cada um dos sabores. Atualmente se sabe que os cinco tipos de sabor podem ser percebidos por qualquer região da língua onde haja papilas gustatórias.

Durante a mastigação, substâncias componentes do alimento dissolvem-se na saliva e entram em contato com agrupamentos de quimioceptores, os botões gustatórios, localizados nas papilas. Aí as substâncias presentes no alimento interagem com proteínas das membranas das células quimioceptoras, gerando impulsos nervosos que são transmitidos por neurônios para regiões específicas do cérebro, onde são interpretados, produzindo a sensação de paladar. **(Fig. 19.9)**

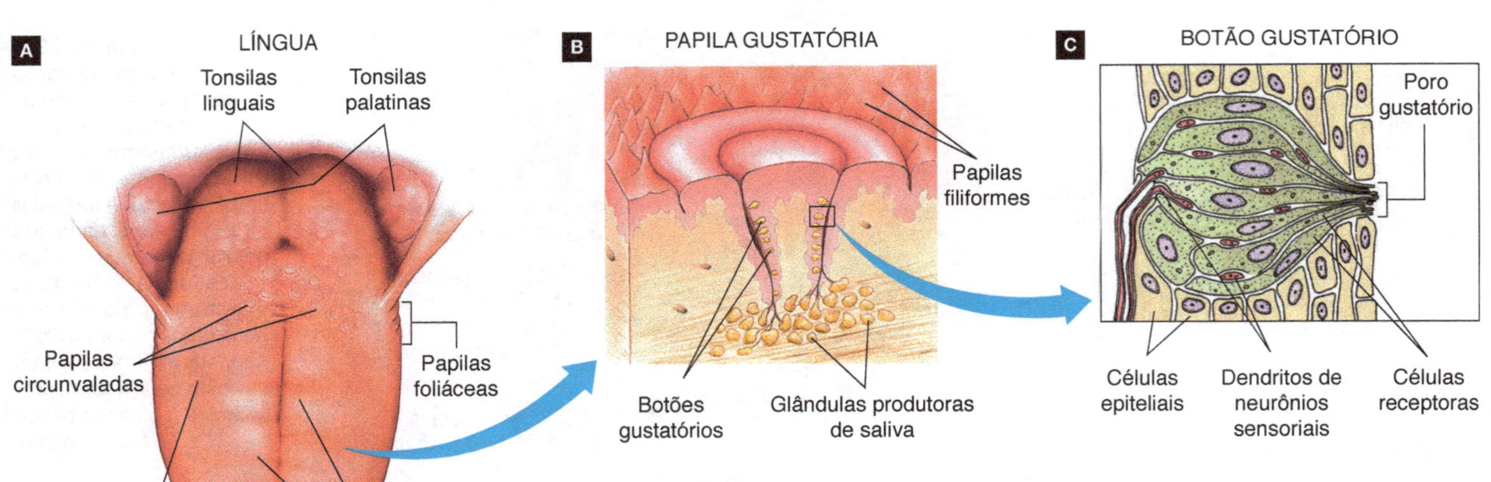

Figura 19.9 A. Representação esquemática da língua humana mostrando a localização dos quatro diferentes tipos de papila, além das tonsilas linguais e palatinas. B. Representação esquemática de uma papila circunvalada, em corte. C. Representação esquemática em corte de um botão gustatório, que contém células receptoras agrupadas como gomos de uma laranja. Uma pessoa adulta tem cerca de 10 mil botões gustatórios na língua, número que diminui com a idade.

ILUSTRAÇÕES: SIMONKA

Epitélio olfatório

O sentido do olfato é produzido pela estimulação do **epitélio olfatório**, localizado no teto das cavidades nasais. Esse epitélio é constituído por células nervosas especializadas (quimioceptores de olfato) que têm prolongamentos sensíveis (cílios olfatórios), mergulhados na camada de muco que recobre as cavidades nasais. Moléculas capazes de estimular o olfato, dispersas no ar, difundem-se no muco e atingem os dendritos da célula quimioceptora olfatória, gerando impulsos nervosos que se propagam pelos axônios; estes levam o sinal nervoso até o SNC.

Acredita-se que os milhares de tipos diferentes de cheiros que uma pessoa consegue perceber resultam da integração de impulsos gerados por uma variedade menor de estímulos básicos. A integração desses estímulos é feita no córtex olfatório do cérebro, no lobo cerebral frontal. **(Fig. 19.10)**

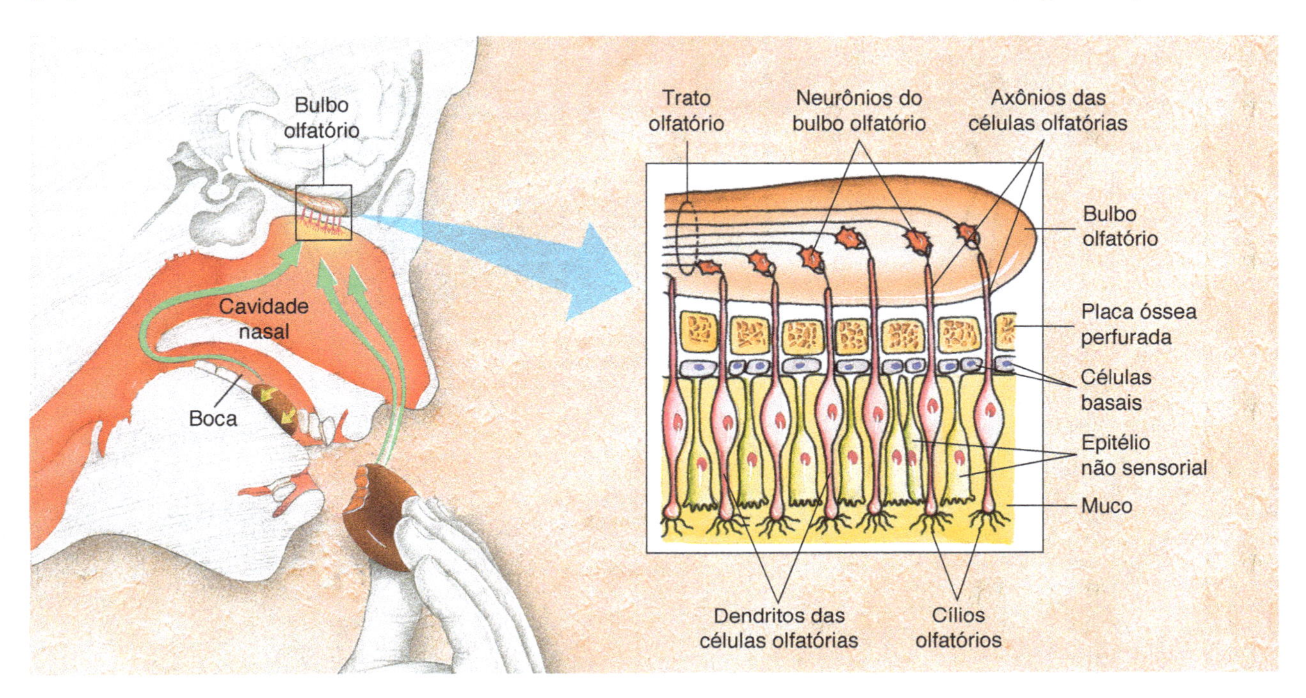

Figura 19.10 Representação esquemática de corte de uma cabeça humana mostrando a localização do epitélio olfatório; as setas verdes indicam a estimulação do bulbo olfatório pelo aroma e pelo sabor dos alimentos. À direita, detalhe do bulbo olfatório.

O sabor dos alimentos é produzido não apenas pela estimulação das células gustatórias, mas também pela estimulação de células olfatórias. Apesar de os receptores de paladar e olfato serem diferentes, e de suas mensagens serem processadas em regiões diversas do cérebro, esses dois sentidos agem em conjunto em uma terceira região do córtex cerebral para produzir a percepção de gosto. Talvez você já tenha notado que, quando o sentido de olfato é prejudicado por um forte resfriado, a capacidade de sentir gosto diminui.

Audição e equilíbrio: as funções da orelha

Estrutura da orelha

A orelha humana, antigamente chamada de ouvido, é o órgão responsável pela audição e pelo equilíbrio do corpo. Ela compõe-se de três partes básicas, denominadas, de fora para dentro: orelha externa, orelha média e orelha interna.

A **orelha externa** compreende o canal auditivo, que se abre para o meio exterior, e o pavilhão auditivo, conhecido popularmente como orelha. O canal auditivo é revestido por um epitélio rico em células secretoras de cera, cuja função é reter partículas de poeira e microrganismos, protegendo assim as partes mais internas.

O pavilhão auditivo funciona como uma concha acústica, que capta os sons e os direciona para o canal auditivo. As ondas sonoras fazem vibrar o ar dentro do canal auditivo e as vibrações são transmitidas à **membrana timpânica**, ou tímpano, a fina película que separa a orelha externa da orelha média.

A **orelha média**, localizada dentro do osso temporal, é um canal estreito e cheio de ar onde há três pequenos ossos denominados **martelo**, **bigorna** e **estribo**. A vibração do ar causada pelas ondas sonoras atinge a membrana timpânica e a faz vibrar, movimentando o martelo, a bigorna e o estribo. Esses ossículos, alinhados em sequência, atuam como amplificadores e transmissores das vibrações à orelha interna.

Um canal flexível, a **tuba auditiva** (anteriormente denominada trompa de Eustáquio), comunica a orelha média à garganta, tendo como função equilibrar a pressão no interior da orelha com a do meio externo.

Quando subimos rapidamente uma montanha íngreme, por exemplo, podemos sentir uma pressão nas orelhas que resulta do desequilíbrio entre a pressão atmosférica e a pressão no interior do canal auditivo; a pressão atmosférica diminui na maior altitude, de modo que a membrana timpânica é empurrada para fora. Quando descemos ocorre o inverso: a pressão atmosférica aumenta em relação à pressão interna na orelha e a membrana timpânica é empurrada para dentro.

ILUSTRAÇÕES: SIMONKA

As tubas auditivas permitem equilibrar as pressões dentro e fora das orelhas. Esses canais têm sua abertura facilitada pela deglutição, de modo que comer, mascar chiclete ou mesmo engolir saliva facilita a ambientação das orelhas à pressão externa.

A **orelha interna**, também localizada dentro do osso temporal, é um labirinto membranoso conhecido como órgão vestibulococlear, onde se localizam **mecanoceptores**, células sensoriais especializadas na captação de estímulos mecânicos. Os principais componentes do órgão vestibulococlear são a cóclea, responsável pela audição, e o sáculo, o utrículo e os canais semicirculares, responsáveis pelo equilíbrio corporal. **(Fig. 19.11)**

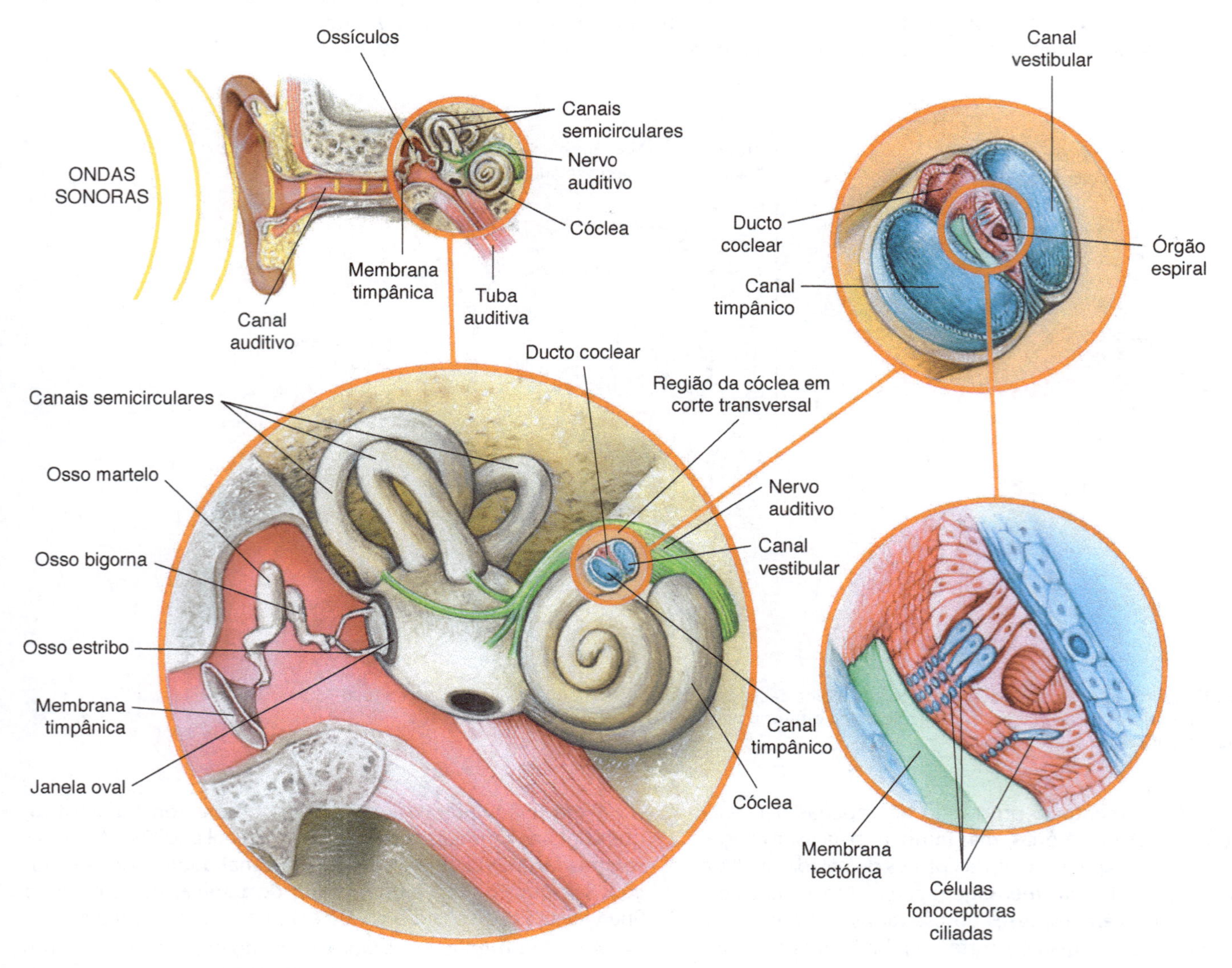

Figura 19.11 Representação esquemática da orelha humana mostrando sua organização interna em ampliações sucessivas.

ILUSTRAÇÕES: CECÍLIA IWASHITA

Como percebemos os sons

A **cóclea** é um longo tubo cônico enrolado como a concha de um caracol, com o interior dividido em três compartimentos cheios de líquido. No compartimento mediano (ducto coclear) localiza-se o **órgão espiral**, ou órgão de Corti, que contém as células sensoriais fonoceptoras. Essas células entram em contato com uma estrutura membranosa chamada de **membrana tectórica**, que se apoia, como se fosse um teto, sobre os cílios das células sensoriais.

A base do osso estribo conecta-se a uma área da cóclea denominada **janela oval**, fazendo-a vibrar e comunicando a vibração ao líquido coclear. Esse líquido transmite as vibrações aos cílios das células sensoriais, fazendo com que toquem a membrana tectórica, gerando impulsos nervosos que são conduzidos pelo nervo auditivo ao centro de audição do córtex cerebral, que os interpreta como sensações auditivas.

O implante coclear é uma prótese eletrônica introduzida cirurgicamente na cóclea, normalmente através da janela oval, com o objetivo de fornecer estimulação elétrica diretamente ao nervo auditivo. Ele foi desenvolvido ao final dos anos 1950 e seu uso é indicado em alguns casos de surdez profunda.

Sentido de equilíbrio

O **sáculo** e o **utrículo** são duas bolsas cheias de líquido localizadas sobre a cóclea. Em suas paredes internas estão presentes diversas **máculas**, estruturas formadas por células sensoriais ciliadas sobre as quais ficam os **otólitos**, pequenos grãos de carbonato de cálcio ($CaCO_3$). **(Fig. 19.12)**

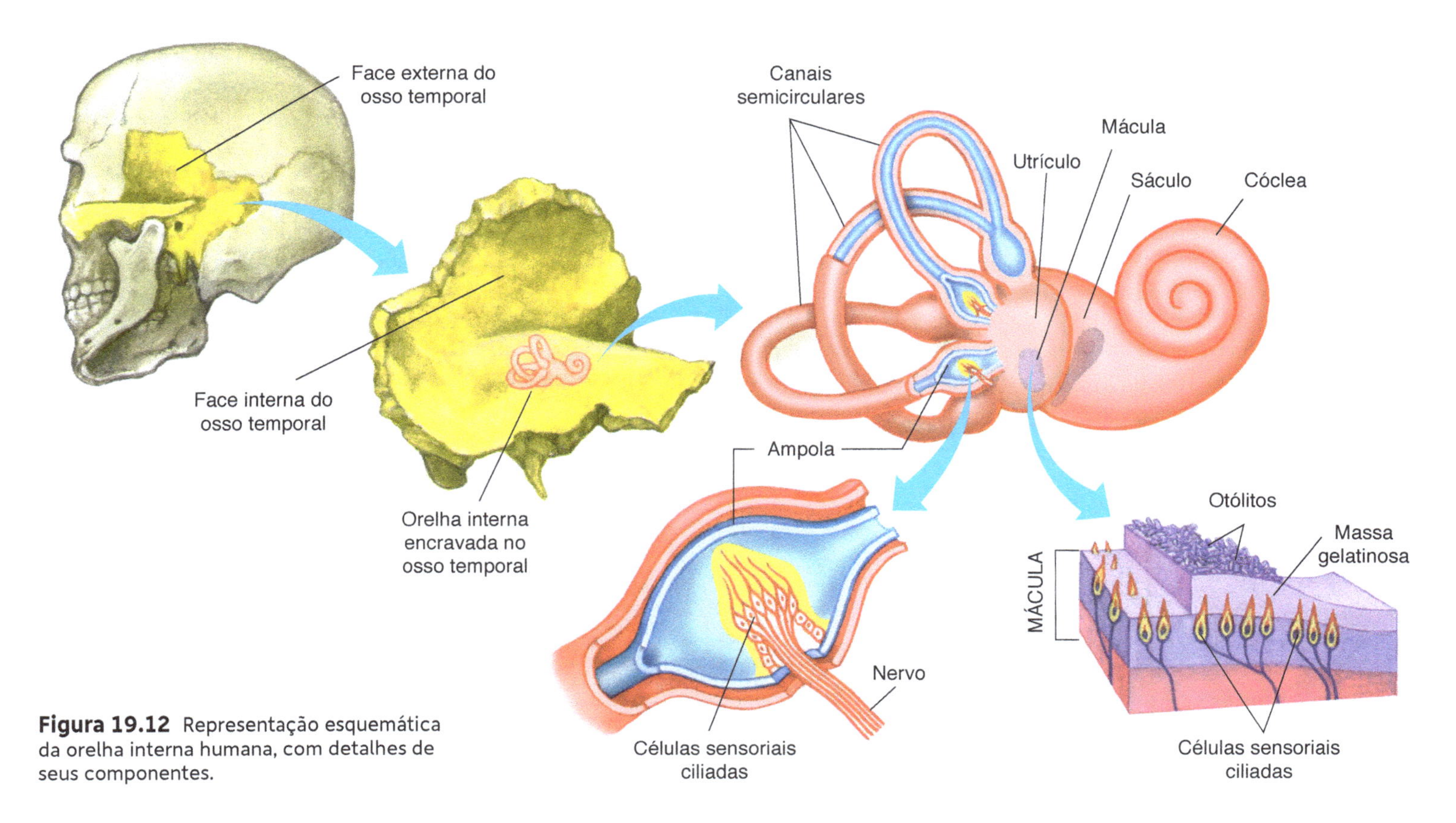

Figura 19.12 Representação esquemática da orelha interna humana, com detalhes de seus componentes.

As várias máculas têm diferentes graus de inclinação em relação ao nosso corpo, de modo que, quando uma delas está em posição horizontal, outras estão em posição vertical ou inclinada. Mudanças na posição da cabeça fazem com que ocorra deslocamento dos otólitos por ação da gravidade, estimulando os cílios das células sensoriais das máculas. No cérebro os impulsos nervosos gerados nas diversas máculas são comparados e permitem determinar a orientação da cabeça em relação à força gravitacional. Assim, podemos perceber nossa posição no espaço e a velocidade em que nos deslocamos.

Os **canais semicirculares** são três tubos curvos e cheios de líquido localizados sobre o utrículo. Na base de cada canal semicircular há uma dilatação, a **ampola**, dentro da qual há um aglomerado de células sensoriais ciliadas revestidas por uma massa gelatinosa. Quando movimentamos a cabeça, o movimento do líquido sobre os cílios das células sensoriais estimula-as, gerando impulsos nervosos que são transmitidos ao encéfalo.

Se girarmos o corpo a uma velocidade constante, o líquido no interior dos canais semicirculares passará a mover-se em consonância com os canais, estimulando as células sensoriais. Se pararmos bruscamente de rodopiar, o líquido dos canais semicirculares continuará a mover-se devido à inércia, estimulando as células sensoriais e causando sensação de tontura. Isso ocorre devido ao conflito de duas percepções: os olhos informam ao sistema nervoso que paramos de rodopiar, mas o movimento inercial do líquido, nos canais semicirculares da orelha interna, informa que a cabeça ainda está em movimento. **(Fig. 19.13)**

A manutenção do equilíbrio do corpo não depende apenas da orelha interna. Além da posição da cabeça, o cérebro calcula também as posições relativas do pescoço, das pernas e dos braços, o que é feito de acordo com informações transmitidas por proprioceptores, localizados nos músculos, nos tendões, nas articulações e em órgãos internos. Os olhos também participam do sentido de equilíbrio, informando ao cérebro a posição do corpo por meio das imagens captadas do ambiente.

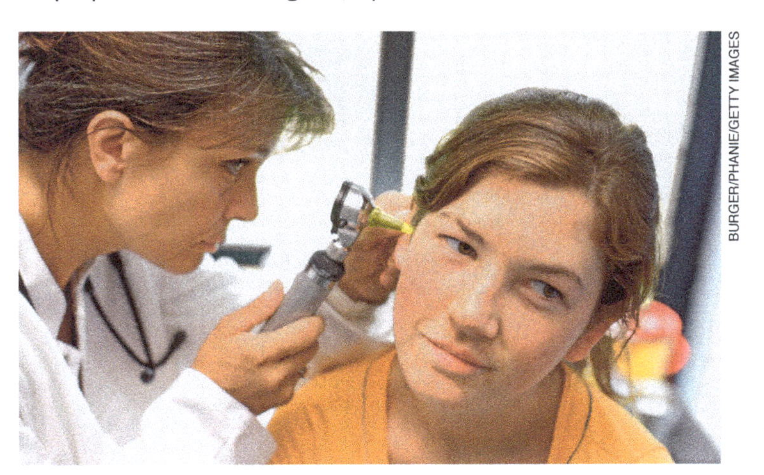

BURGER/PHANIE/GETTY IMAGES

Figura 19.13 Inflamações na orelha interna podem prejudicar o sentido de equilíbrio do corpo, causando tontura, ou vertigem. A consulta a um médico otorrinolaringologista e a realização de exames podem levar ao diagnóstico de labirintites e outras patologias da orelha interna.

ILUSTRAÇÕES: CECÍLIA IWASHITA

Visão

Os órgãos responsáveis pela visão são os **bulbos dos olhos**, ou globos oculares, popularmente chamados de olhos. Eles são duas bolsas membranosas cheias de líquido, embutidas em cavidades ósseas do crânio, as **órbitas oculares**. Nos bulbos dos olhos há células sensoriais especializadas na captação de estímulos luminosos, os **fotoceptores**.

Cada bulbo do olho movimenta-se dentro de sua órbita graças a três pares de músculos em forma de cinta. O movimento do bulbo do olho é limitado pelo nervo óptico, um feixe de neurofibras que parte do interior do bulbo em direção ao encéfalo, passando por uma abertura no osso da órbita ocular. **(Fig. 19.14)**

Os bulbos dos olhos são revestidos por uma membrana transparente dotada de finíssimos vasos sanguíneos, a **conjuntiva**, que se estende pela superfície interna das pálpebras. Sob a conjuntiva há a parede do bulbo do olho, formada por três camadas de tecido, denominadas, de fora para dentro, esclera, corioide e retina.

A **esclera**, camada mais externa do bulbo do olho, é constituída por um tecido conjuntivo resistente, que mantém sua forma esférica e serve de ponto de ligação para os músculos responsáveis por sua movimentação. A esclera tem cor branca, mas na parte anterior do bulbo do olho apresenta uma área transparente à luz e com maior curvatura: a **córnea**. Imediatamente abaixo da córnea há uma câmara preenchida por um líquido transparente, chamado **humor aquoso**.

A **corioide**, camada localizada imediatamente abaixo da esclera, é uma película pigmentada rica em vasos sanguíneos que abastecem com nutrientes e gás oxigênio as células do olho. Sob a córnea, a corioide forma a íris, o disco colorido do bulbo do olho. No centro da íris há um orifício de tamanho regulável, a **pupila**, por onde a luz penetra no interior do olho.

A íris é comparável ao diafragma ajustável das máquinas fotográficas, regulando a quantidade de luz que entra no olho. Procure observar o tamanho da pupila de seus colegas sob uma luz intensa e na penumbra. Em qual situação a pupila é menor?

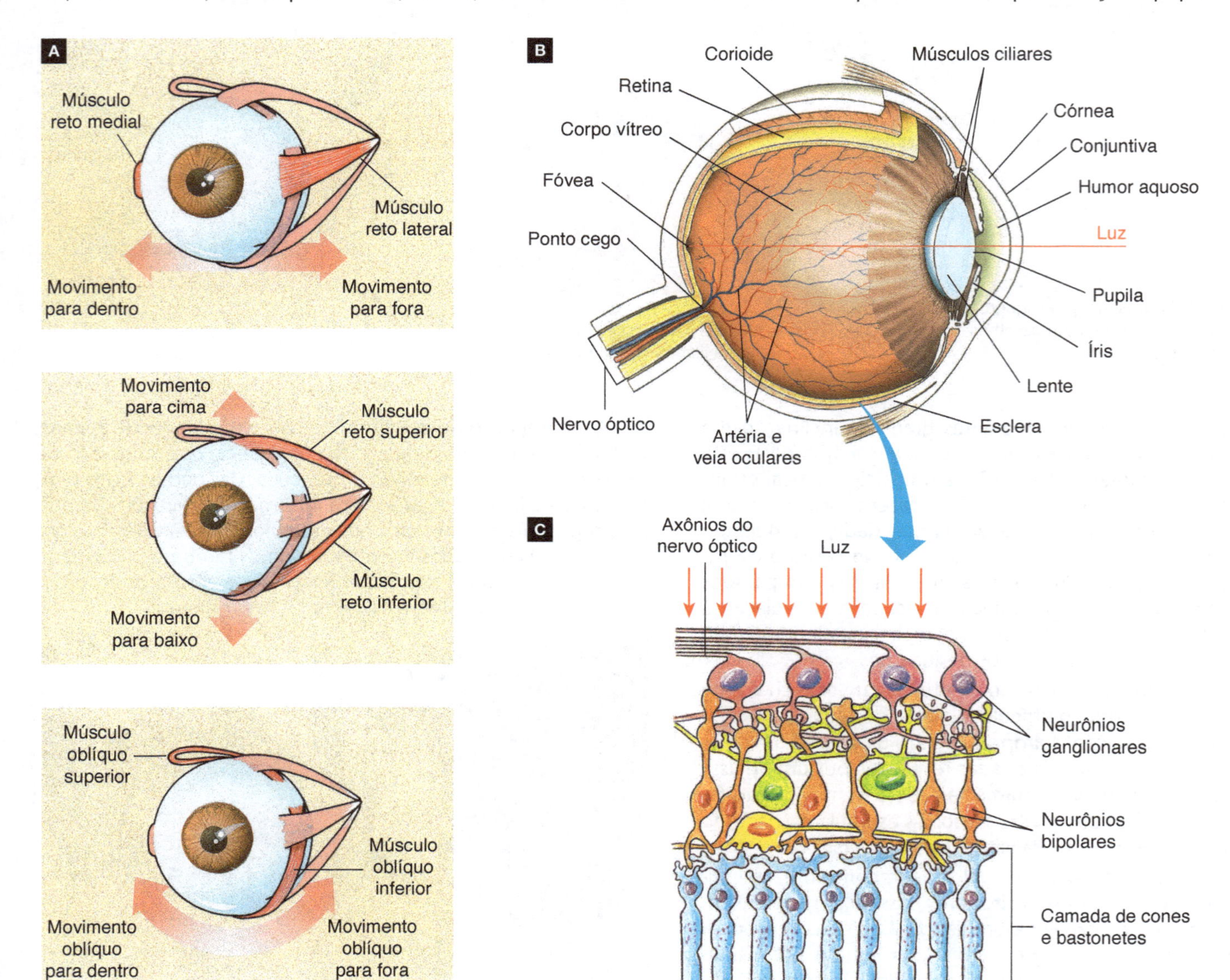

ILUSTRAÇÕES: SIMONKA

Figura 19.14 Representações esquemáticas do bulbo do olho humano e de suas partes. **A.** Músculos responsáveis pela movimentação do bulbo do olho. **B.** Bulbo do olho, em corte, mostrando sua estrutura interna. **C.** Estrutura microscópica da retina. Note a presença de outros tipos de neurônio não diretamente relacionados à visão, cuja função é conectar os fotoceptores (célula amarela) e os neurônios ganglionares (células verdes) entre si.

Os movimentos de abertura e fechamento da íris estão a cargo de delicados músculos ciliares, controlados pelo sistema nervoso autônomo. Esses músculos ajustam automaticamente a abertura da pupila, de acordo com a luminosidade do ambiente. **(Fig. 19.15)**

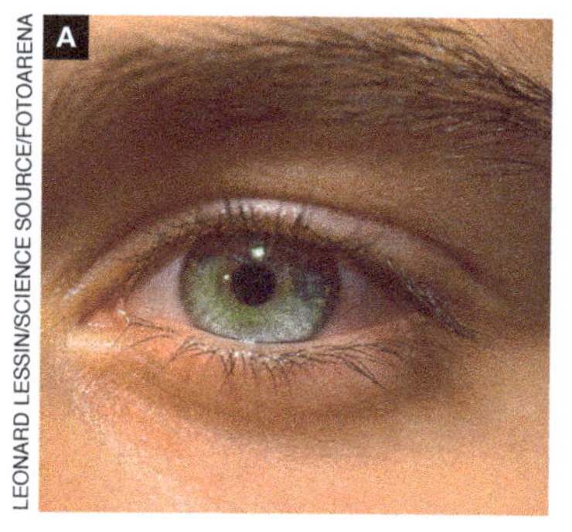

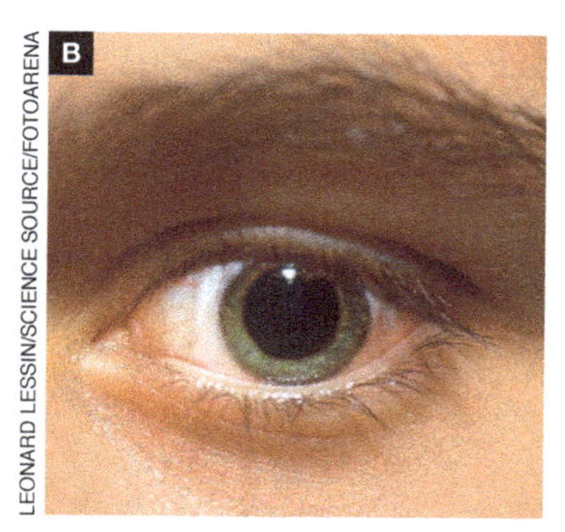

Figura 19.15 Fotografias de olho com a pupila contraída (**A**) e com a pupila dilatada (**B**). O diâmetro da pupila varia de acordo com a luminosidade do ambiente. Em ambientes iluminados, as pupilas se contraem e, na penumbra, elas se dilatam, regulando a quantidade de luz que penetra no bulbo do olho.

Atrás da íris localiza-se a **lente** (antigamente chamada de cristalino), uma estrutura proteica com forma de lente biconvexa. A lente do olho dá nitidez e foco à imagem luminosa formada na córnea, projetando-a na área sensível do fundo do bulbo do olho.

A forma da lente pode ser modificada pela ação dos **músculos ciliares**, de modo a focalizar a imagem corretamente sobre o fundo do olho. Atrás da lente há uma grande câmara preenchida por um líquido viscoso e transparente, o **corpo vítreo**.

A camada que reveste internamente o olho é a retina, na qual há dois tipos de células fotoceptoras: bastonetes e cones.

Os bastonetes são fotoceptores extremamente sensíveis à luz, mas incapazes de distinguir as cores. Neles a substância responsável pela detecção de luz é um pigmento constituído por uma parte proteica denominada opsina e uma parte não proteica chamada de 11-*cis*-retinal, derivada da vitamina A.

Os cones são menos sensíveis à luz que os bastonetes, mas, em conjunto, têm a capacidade de discriminar diferentes comprimentos de onda, o que possibilita a visão em cores. Em um ambiente pouco iluminado, apenas os bastonetes são estimulados. É por isso que, na penumbra, vemos os objetos mas não distinguimos suas cores; à medida que a luminosidade aumenta, os cones são ativados e as cores tornam-se visíveis.

Processo de formação de imagens

A retina de cada olho tem cerca de 6 milhões de cones, a maioria deles concentrada em uma região denominada **fóvea**. Há também cerca de 120 milhões de bastonetes, poucos deles localizados na fóvea. Por isso, a fóvea é relativamente menos sensível à luminosidade fraca do que as regiões laterais do bulbo do olho.

Faça uma experiência: escolha uma estrela de luz fraca, isolada no céu, e verifique a diferença entre olhá-la diretamente e com o canto do olho. Ao olhar a estrela diretamente, a imagem cai sobre a fóvea, onde só há cones, menos sensíveis à luz de baixa intensidade. Mas, se olharmos de lado, a imagem desloca-se para as áreas laterais da retina, onde os bastonetes são mais numerosos e permitem perceber o brilho da estrela com mais intensidade.

Quando uma molécula fotossensível (pigmento) de um cone ou de um bastonete é excitada pela luz, sua estrutura modifica-se, desencadeando uma série de reações químicas. Essas reações alteram a permeabilidade da membrana plasmática do cone ou bastonete, gerando impulsos nervosos que são transmitidos para outras células da retina e conduzidos por neurofibras até o centro visual do córtex cerebral.

As fibras das células nervosas da retina juntam-se em um mesmo ponto do bulbo do olho, o chamado **disco óptico**, onde originam o nervo óptico. No disco óptico não há fotoceptores, de modo que imagens focalizadas nele não são vistas; por isso, a região do disco óptico é um **ponto cego** da retina. **(Fig. 19.16)**

Figura 19.16 A existência do ponto cego pode ser facilmente demonstrada: coloque esta imagem a cerca de 30 centímetros do rosto e feche o olho direito. Com o olho esquerdo, olhe fixamente para a cruz e aproxime lentamente a imagem do rosto. Note que, a partir de certa distância, o círculo deixa de ser visto. Isso acontece porque a imagem do círculo é projetada exatamente sobre o ponto cego de seu olho esquerdo.

O conjunto de neurofibras que compõem o nervo óptico passa pelo tálamo, que conduz os estímulos captados pelos fotoceptores até os centros da visão, localizados na região occipital de cada hemisfério cerebral.

As neurofibras provenientes da porção lateral externa do olho direito vão diretamente ao centro visual do hemisfério cerebral direito. Da mesma forma, as neurofibras que partem da porção lateral externa do olho esquerdo vão diretamente ao centro visual do hemisfério cerebral esquerdo. No entanto, há neurofibras provenientes da porção lateral interna de cada olho que se cruzam antes de atingir os centros cerebrais da visão: neurofibras provenientes do olho direito atingem o hemisfério cerebral esquerdo, e vice-versa.

Devido ao cruzamento de parte das neurofibras de cada retina, cada hemisfério cerebral recebe informação dos dois olhos sobre os objetos no campo visual. Assim, os centros visuais de cada hemisfério cerebral, ao receberem as imagens provenientes de cada olho, analisam as diferenças e estimam a distância a que se encontra o objeto focalizado.

É por isso que percebemos as diferentes posições relativas dos objetos que compõem o campo de visão tridimensional. A sobreposição das imagens vistas de ângulos diferentes por cada um dos olhos permite a **visão binocular**, ou estereoscópica.

Quando os objetos estão muito distantes, como os que vemos em uma paisagem, as diferenças de imagem em relação a cada olho praticamente desaparecem. Entretanto, ainda assim é possível estimar a que distância estamos de um objeto pelo tamanho com que o vemos.

Tato

O sentido do tato, diferentemente do paladar, do olfato, da audição e da visão, não se localiza em uma região específica do corpo. Praticamente todas as regiões da pele apresentam **mecanoceptores**, capazes de perceber variações de pressão e, assim, detectar o toque.

As regiões mais sensíveis do corpo, como as pontas dos dedos, a palma das mãos, os lábios e os mamilos, apresentam grande densidade de corpúsculos de Meissner e discos de Merkel, estruturas especializadas na detecção de toques leves. Há também os corpúsculos de Paccini, que são extremidades de neurofibras envoltas por diversas camadas de células. Eles se localizam nas regiões mais profundas da pele, percebendo pressões fortes e vibrações. Além disso, há terminações de neurônios associadas a folículos de pelos que são estimuladas quando os pelos se dobram.

Além dos diversos receptores responsáveis pelo tato, a pele possui células sensoriais especializadas na detecção de dor e na variação de temperatura. Muitos desses receptores sensoriais são simples terminações nervosas livres na derme. Os cientistas acreditam, por exemplo, que os receptores de dor sejam quimioceptores estimuláveis por substâncias liberadas quando células são lesadas.

Agora você pode resolver as atividades de 15 a 29, 46, 47, 52, 64, 68 e 74.

19.3 Sistema endócrino

Boa parte do funcionamento do corpo humano depende da comunicação intercelular por meio de mensageiros químicos que viajam pelo sangue: os hormônios (do grego *hórmon*, estimular). **Hormônios** são definidos como substâncias produzidas e liberadas por determinadas células, que atuam sobre outras células, modificando seu funcionamento.

As células produtoras de hormônios estão geralmente reunidas em órgãos denominados **glândulas endócrinas** (do grego *endos*, dentro, e *krynos*, secreção). O termo "endócrino" refere-se ao fato de essas glândulas lançarem seus hormônios diretamente no sangue, o que as distingue das glândulas exócrinas (do grego *exos*, fora), que lançam as secreções através de ductos para fora do corpo ou em cavidades de órgãos. O conjunto de glândulas endócrinas do corpo humano constitui o **sistema endócrino**.

Um hormônio liberado no sangue, apesar de atingir praticamente todas as células do corpo, atua somente em algumas delas, que são denominadas células-alvo do hormônio. As células-alvo de determinado hormônio apresentam, em sua membrana plasmática ou em seu citoplasma, proteínas denominadas **receptores hormonais**, capazes de se combinar especificamente às moléculas do hormônio. A estimulação hormonal ocorre apenas quando há combinação correta entre um hormônio e seu receptor na célula-alvo.

A secreção de hormônios é regulada principalmente por dois mecanismos de controle: 1) quando a concentração de um hormônio excede o necessário, sua secreção é interrompida (*feedback* negativo); 2) quando a concentração de um hormônio está baixa, sua secreção é estimulada (*feedback* positivo).

Principais glândulas endócrinas

Na espécie humana há diversas glândulas endócrinas, algumas delas responsáveis pela produção de mais de um tipo de hormônio. As principais glândulas endócrinas são: a hipófise, a glândula tireóidea, as glândulas paratireóideas, o pâncreas, as glândulas suprarrenais (ou adrenais) e as gônadas (testículos e ovários).

A região do encéfalo conhecida como hipotálamo também atua como órgão endócrino, produzindo diversos hormônios que controlam o funcionamento da glândula hipófise.

O tecido gorduroso também tem atividade endócrina: ao acumular certa quantidade de gordura, ele produz um hormônio, a **leptina**, que atua sobre o hipotálamo, diminuindo o apetite.

Além disso, a glândula pineal, uma pequena região do encéfalo, sintetiza o hormônio **melatonina**, envolvido no controle das respostas corpóreas ligadas aos ciclos de claro-escuro. **(Fig. 19.17)**

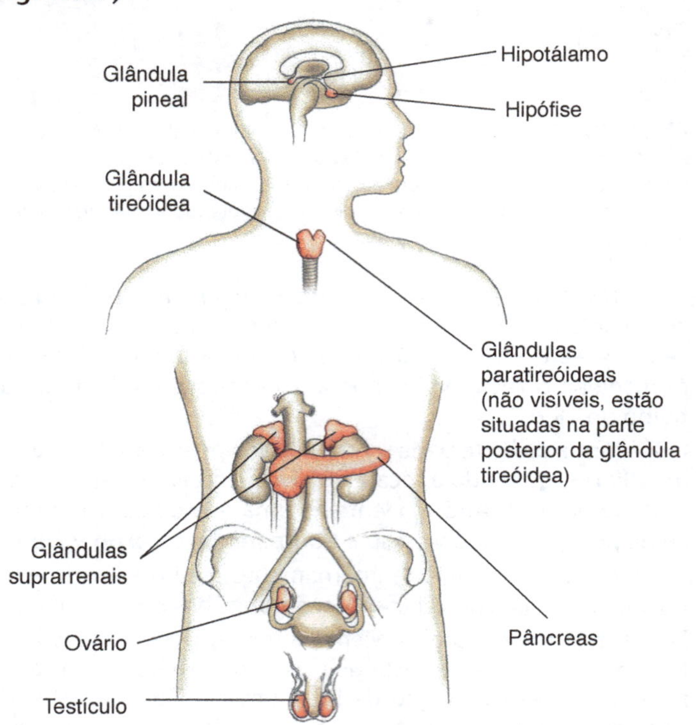

Figura 19.17 Representação esquemática da localização das principais glândulas endócrinas no corpo humano. Nesse esquema, estão indicadas simultaneamente as gônadas masculinas e as femininas.

Hipotálamo

A região do encéfalo conhecida por **hipotálamo** desempenha um importante papel na integração entre os sistemas nervoso e endócrino. Ao receber informações trazidas por nervos provenientes do corpo e de outras partes do encéfalo, o hipotálamo secreta hormônios que atuam sobre a hipófise.

O hipotálamo tem dois grupos de células neurossecretoras endócrinas. Um deles produz hormônios que ficam armazenados na região posterior da hipófise (neuro-hipófise) até serem liberados no sangue. O outro produz hormônios que regulam o funcionamento da parte anterior da hipófise (adeno-hipófise).

Hipófise

A **hipófise**, antigamente conhecida como pituitária, é uma glândula pouco maior que um grão de ervilha localizada na base do encéfalo. Muitos fisiologistas a consideram a glândula mestra do corpo humano, pelo fato de seus hormônios regularem o funcionamento de diversas outras glândulas endócrinas, como veremos a seguir.

A hipófise é constituída por dois tipos distintos de células endócrinas. A porção anterior, denominada **adeno-hipófise** (ou lobo anterior da hipófise), origina-se de um tecido epitelial, como a maioria das outras glândulas endócrinas. A porção posterior, denominada **neuro-hipófise** (ou lobo posterior da hipófise), é um prolongamento do hipotálamo constituído por neurônios modificados, tendo, portanto, origem nervosa. **(Fig. 19.18)**

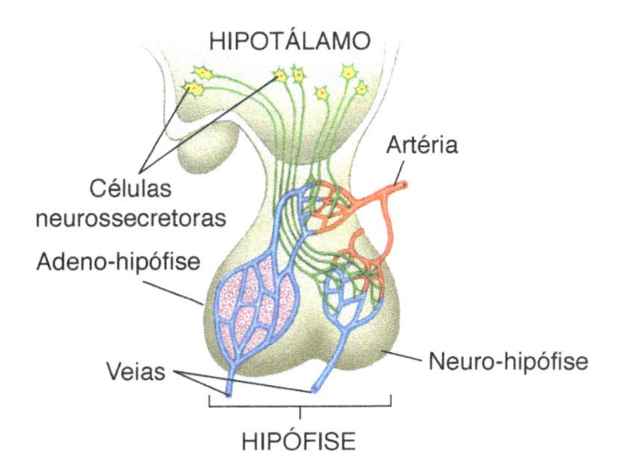

Figura 19.18 Representação esquemática da relação entre o hipotálamo e a hipófise.

• *Hormônios da neuro-hipófise*

A neuro-hipófise armazena e libera dois hormônios principais, ambos produzidos pelo hipotálamo: a oxitocina e o hormônio antidiurético (ADH), também chamado vasopressina.

A **oxitocina** (do grego *okys*, rápido), ou **ocitocina**, é um peptídio com nove aminoácidos cujo efeito mais conhecido é promover a aceleração das contrações uterinas que levam ao parto. Em muitos casos, os médicos aplicam na parturiente um soro contendo oxitocina, para induzir e acelerar o parto.

Outro efeito da oxitocina é causar a contração da musculatura não estriada das glândulas mamárias, o que leva à liberação do leite durante a amamentação. Nesse caso, o estímulo para a liberação do hormônio é a própria sucção do peito pelo bebê. **(Fig. 19.19)**

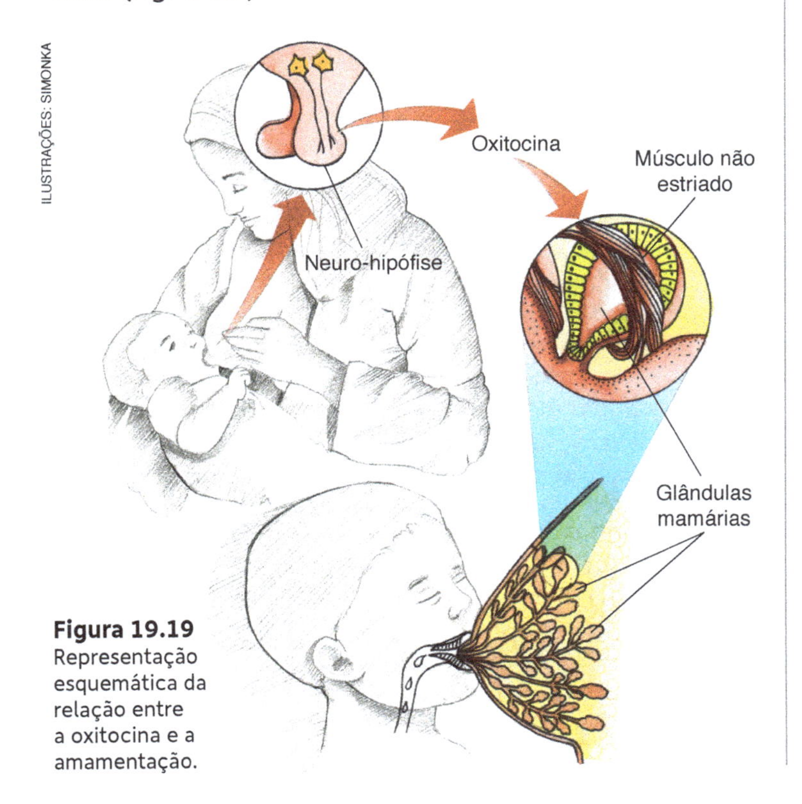

Figura 19.19 Representação esquemática da relação entre a oxitocina e a amamentação.

Estudos recentes têm mostrado que a oxitocina desempenha papel importante também em diversos comportamentos, estando associada à capacidade de a pessoa manter relações interpessoais saudáveis e ligações afetivas estáveis, daí a denominação de hormônio do amor.

O **hormônio antidiurético**, ou **ADH** (sigla, em inglês, de ***a****nti****d****iuretic* ***h****ormone*), é estruturalmente muito semelhante à oxitocina, sendo também um peptídio com nove aminoácidos. Seu principal efeito é a diminuição do volume de urina excretado, tendo efeito antidiurético.

Um dos efeitos fisiológicos do ADH é promover a contração das artérias mais finas do corpo, as arteríolas, o que eleva a pressão arterial. Outro efeito desse hormônio é aumentar a permeabilidade dos túbulos distais e ductos coletores renais à água, promovendo maior reabsorção de água pelos rins (recorde a função dos néfrons no Capítulo 18). Por seu efeito vasoconstritor, o ADH é chamado também de vasopressina.

Se a pessoa produz menos ADH que o normal, ela elimina grande volume de urina, sente muita sede e corre risco de desidratação. Esse quadro clínico caracteriza o **diabetes insípido**, que não deve ser confundido com o diabetes melito, estudado adiante neste capítulo.

• *Hormônios da adeno-hipófise*

A adeno-hipófise produz e libera no sangue diversos hormônios, entre eles, os chamados **hormônios tróficos** (do grego *trofos*, nutrir, alimentar), cujo efeito é estimular o funcionamento de outras glândulas endócrinas. Os principais hormônios tróficos produzidos pela adeno-hipófise são:

a) **hormônio tireotrófico** (**TSH**), que regula a atividade da glândula tireóidea;

b) **hormônio adrenocorticotrófico** (**ACTH**), que regula a atividade da região mais externa (córtex) da glândula suprarrenal;

c) **hormônio estimulante do folículo** (**FSH**), que atua sobre as gônadas masculina e feminina (testículos e ovários);

d) **hormônio luteinizante** (**LH**), que atua sobre as gônadas masculina e feminina (testículos e ovários).

Além dos hormônios tróficos a adeno-hipófise secreta outros dois hormônios importantes: a somatotrofina e a prolactina.

A **somatotrofina**, ou hormônio de crescimento, promove o crescimento das cartilagens e dos ossos, determinando assim o aumento do tamanho corporal. Uma quantidade excessiva desse hormônio na fase jovem da vida provoca o **gigantismo**, enquanto sua deficiência causa o **nanismo**.

A produção do hormônio de crescimento diminui drasticamente após a puberdade. Às vezes, porém, sua produção é retomada na fase adulta, em decorrência de uma disfunção da hipófise. Nesse caso, a pessoa não cresce em altura, mas os ossos das mãos, dos pés e da cabeça aumentam de tamanho; essa condição é conhecida como **acromegalia**.

Crianças com deficiência de hormônio de crescimento têm sido tratadas com sucesso por meio de injeções hormonais. Há algum tempo, o hormônio de crescimento usado nesse tipo de tratamento era extraído de hipófises de cadáveres humanos, pois a somatotrofina de animais não tem atividade em nosso organismo. Hoje, técnicas de Engenharia Genética já permitem obter hormônio de crescimento de bactérias transgênicas que receberam genes humanos.

A **prolactina** atua sobre os ovários, promovendo a secreção de progesterona. Além disso, esse hormônio tem importante papel na estimulação da produção e secreção de leite pelas mulheres; nos homens, sua função ainda é desconhecida.

Glândula tireóidea

A **glândula tireóidea** localiza-se no pescoço, logo abaixo das cartilagens da laringe, sobre a porção inicial da traqueia. Os principais hormônios da tireoide são a **tri-iodotironina** e a **tiroxina**, ambos derivados do aminoácido tirosina e com iodo em sua constituição.

Esses hormônios tireoidianos têm papel fundamental no desenvolvimento e na maturação dos animais vertebrados. Nos anfíbios, por exemplo, eles controlam a metamorfose do girino para a forma adulta. Na espécie humana a deficiência no funcionamento da glândula tireóidea durante a vida fetal e no início da infância resulta em retardo do crescimento dos ossos e em deficiência mental, condição conhecida como **cretinismo**.

A glândula tireóidea desempenha papel fundamental na homeostase do organismo humano. Durante toda a vida, os hormônios tireoidianos nos ajudam a regular a pressão arterial, o ritmo cardíaco, o tônus muscular e as funções sexuais. Além disso a tiroxina e a tri-iodotironina atuam sobre as células do corpo em geral, aumentando sua atividade metabólica. **(Fig. 19.20)**

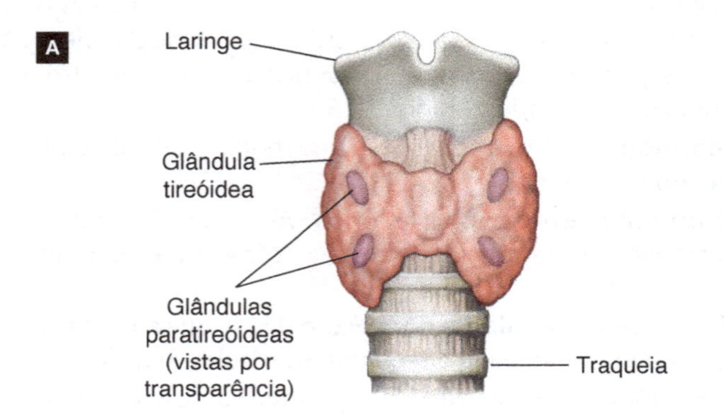

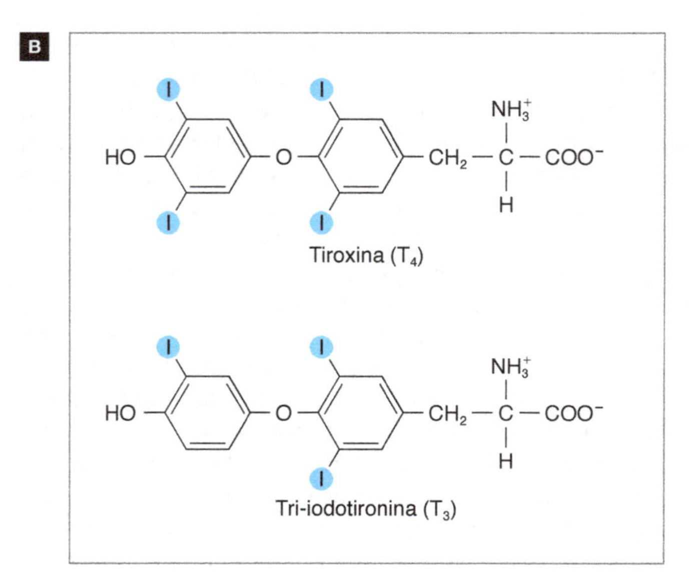

Figura 19.20 **A.** Representação esquemática da glândula tireóidea e das glândulas paratireóideas. **B.** Fórmula estrutural dos dois principais hormônios tireoidianos: a tiroxina (T_4) e a tri-iodotironina (T_3), com destaque para o elemento químico iodo.

- ***Hipertireoidismo e hipotireoidismo***

Se a glândula tireóidea de uma pessoa produz hormônios em excesso, a temperatura corporal se eleva e ocorrem sudorese intensa, perda de massa corporal, irritabilidade e pressão arterial alta. Esse quadro clínico é conhecido por **hipertireoidismo**.

Em casos graves de hipertireoidismo pode ocorrer crescimento anormal da glândula tireóidea, com a formação de um inchaço no pescoço – bócio, ou papeira –; os olhos da pessoa tornam-se arregalados e saltam das órbitas, condição conhecida como **exoftalmia**. Esse quadro clínico é conhecido por **bócio exoftálmico**.

Se a produção de hormônios tireoidianos for mais baixa que o normal, a temperatura corporal diminui, a pele se torna ressecada, a pressão arterial diminui e a pessoa afetada se torna apática e tende a engordar. Esse quadro clínico, resultante de uma queda generalizada na atividade metabólica, é conhecido por **hipotireoidismo**.

A falta de iodo na alimentação humana pode provocar aumento de tamanho da glândula tireóidea, que forma um inchaço no pescoço e caracteriza um quadro denominado **bócio carencial**. O crescimento da glândula é um mecanismo de compensação que permite à pessoa absorver o máximo possível de iodo disponível, já que a dieta é pobre nesse elemento químico.

No Brasil, a adição obrigatória de iodo ao sal de cozinha comercializado fez com que o bócio carencial deixasse de ser uma enfermidade endêmica; antes disso, certas populações do interior do país eram afetadas cronicamente por essa doença. Em diversos países pobres do mundo calcula-se que existam cerca de 200 milhões de pessoas afetadas pela falta de iodo na dieta. Em abril de 2013 o governo brasileiro aprovou a resolução que determina a redução do teor de iodo obrigatoriamente acrescentado ao sal, uma vez que pesquisas apontaram o aumento do nível de iodo no organismo das pessoas. Há, entretanto, os que defendem a manutenção dos índices de iodo acrescidos ao sal de cozinha, argumentando que o aumento da concentração desse elemento químico se deve ao consumo exagerado de sal pela população.

Glândulas paratireóideas

As **glândulas paratireóideas**, em número de quatro, estão aderidas à parte posterior da glândula tireóidea, daí sua denominação. Elas produzem o **paratormônio**, hormônio responsável pelo aumento do nível de cálcio no sangue.

O nível normal de cálcio, em torno de 9 a 11 miligramas por 100 mililitros de sangue, é regulado pela ação conjunta das glândulas tireóidea e paratireóideas, por meio de seus hormônios calcitonina e paratormônio, respectivamente, em um mecanismo conhecido como **retroalimentação** (ou *feedback*) negativa.

A diminuição da concentração de cálcio no sangue estimula as glândulas paratireóideas a secretar paratormônio. Esse hormônio atua em pelo menos dois níveis: a) sobre os ossos, provocando liberação de cálcio; b) sobre os rins, aumentando a reabsorção de cálcio contido na urina inicial. Além disso, o paratormônio estimula a absorção intestinal de cálcio por meio da ativação da vitamina D. Essas ações conjuntas levam ao aumento do nível de cálcio no sangue.

O aumento da concentração de cálcio no sangue, por sua vez, estimula a glândula tireóidea a secretar o hormônio calcitonina, cujos efeitos são inversos aos do paratormônio. A calcitonina:

a) aumenta a deposição de cálcio nos ossos e diminui sua concentração no sangue; b) reduz a absorção de cálcio pelo intestino; c) diminui a reabsorção de cálcio pelos túbulos renais. Essas ações hormonais diminuem o nível de cálcio no sangue. **(Fig. 19.21)**

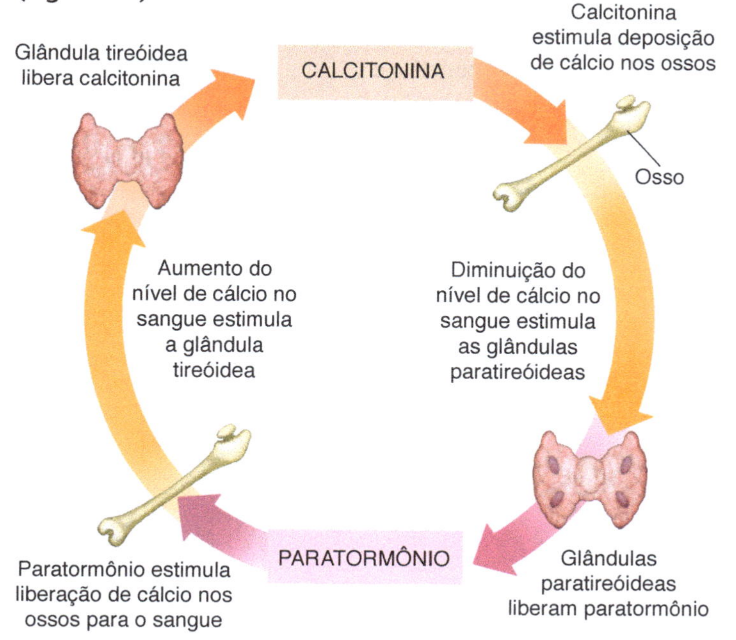

Figura 19.21 Representação esquemática da ação dos hormônios calcitonina e paratormônio na manutenção do nível normal de cálcio no sangue.

Se uma pessoa sofrer disfunção das glândulas paratireóideas, com redução na produção de paratormônio, pode haver severa diminuição de cálcio no sangue, eventualmente levando as células musculares esqueléticas a se contrair convulsivamente. Caso a pessoa não seja tratada com administração de paratormônio ou de cálcio, pode ocorrer contração intermitente dos músculos (tetania muscular) e mesmo a morte.

Pâncreas

O **pâncreas** desempenha tanto funções exócrinas como endócrinas, sendo por isso considerado uma glândula mista, ou anfícrina (do grego *amphi*, dois, e *krynos*, secreção). (Relembre a parte exócrina do pâncreas no Capítulo 18.)

A parte endócrina do pâncreas é constituída por centenas de aglomerados celulares denominados **ilhotas pancreáticas**, ou ilhotas de Langerhans. Estas têm dois tipos celulares: **células-beta**, que constituem cerca de 70% de cada ilhota e produzem o hormônio insulina, e **células-alfa**, responsáveis pela produção do hormônio glucagon.

A **insulina** facilita a absorção de glicose pelos músculos estriados esqueléticos, pelo fígado e pelas células do tecido adiposo, levando à diminuição na concentração da glicose circulante no sangue.

Nas células musculares e do fígado, a insulina promove a união das moléculas de glicose entre si, com formação de glicogênio. Essa substância constitui um estoque de glicose para os momentos de necessidade. Quando realizamos esforço muscular intenso, o glicogênio dos músculos é hidrolisado, originando moléculas de glicose que são usadas na respiração celular para obtenção de energia. Nos intervalos entre as refeições, o glicogênio armazenado no fígado é hidrolisado, liberando glicose no sangue para uso das demais células do corpo.

O **glucagon** tem efeito inverso ao da insulina, levando ao aumento do nível de glicose no sangue. Esse hormônio estimula a transformação de glicogênio em glicose no fígado e também de outros nutrientes em glicose.

• *Controle da concentração de glicose no sangue*

O nível normal de glicose no sangue, chamado de **normoglicemia**, situa-se em torno de 90 miligramas de glicose por 100 mililitros de sangue (0,9 mg/mL). Esse valor é mantido pela ação conjunta da insulina e do glucagon.

Após uma refeição, a concentração de glicose no sangue aumenta como resultado da absorção de glicídios dos alimentos pelas células intestinais. Esse aumento da glicemia estimula as células-beta das ilhotas pancreáticas a secretarem insulina. Sob a ação desse hormônio, as células corporais passam a absorver mais glicose, ocorrendo diminuição da concentração desse glicídio no sangue até atingir os níveis normais.

Se a pessoa passa muitas horas sem se alimentar, a concentração de glicose no sangue diminui e as células-alfa das ilhotas pancreáticas são estimuladas a secretar glucagon. Sob a ação desse hormônio, o fígado passa a converter glicogênio em glicose, liberando esse glicídio na corrente sanguínea. **(Fig. 19.22)**

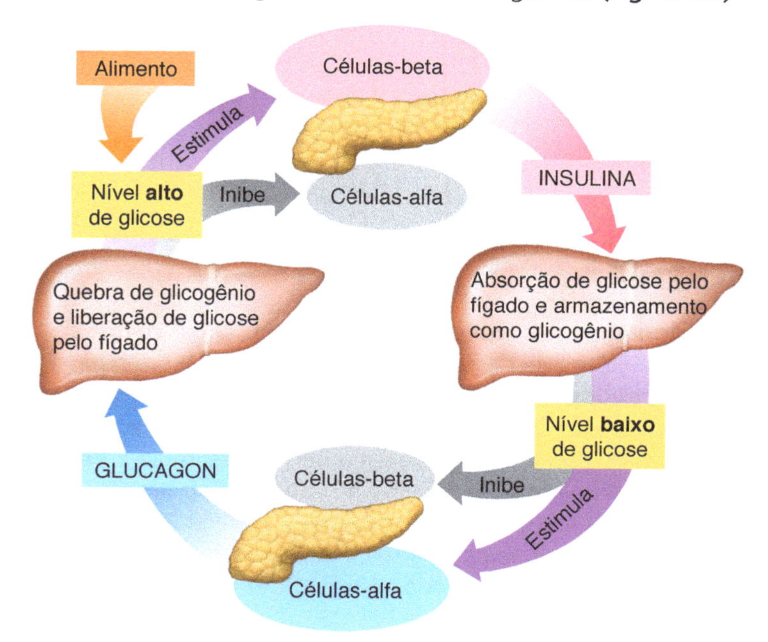

Figura 19.22 Representação esquemática da ação combinada dos hormônios insulina e glucagon na regulação da concentração de glicose no sangue.

A insulina está relacionada ao distúrbio hormonal conhecido como **diabetes melito**, em que a pessoa apresenta elevada concentração de glicose no sangue, a ponto de a substância ser excretada na urina. A pessoa diabética elimina grande volume de urina, uma vez que o alto nível de glicose no filtrado glomerular leva à diminuição na reabsorção de água pelos túbulos renais. Além disso, o diabético degrada muito lipídio e proteína para obter energia, o que pode resultar em emagrecimento e fraqueza.

Há dois tipos de diabetes melito: **tipo I**, ou diabetes juvenil; e **tipo II**, ou diabetes tardio. O diabetes tipo I, ou insulinodependente, desenvolve-se antes dos 40 anos de idade e é causado pela redução acentuada de células-beta do pâncreas, com deficiência na produção de insulina. Esse tipo de diabetes afeta cerca de 10% dos diabéticos, que necessitam receber injeções de insulina diariamente.

ILUSTRAÇÕES: CECÍLIA IWASHITA

No diabetes tipo II, que se desenvolve geralmente após os 30 anos de idade, a pessoa apresenta níveis praticamente normais de insulina no sangue, mas sofre redução do número de receptores de insulina nas membranas de suas células musculares e adiposas. Com isso, diminui a capacidade dessas células de absorver glicose do sangue.

Glândulas suprarrenais

As glândulas suprarrenais localizam-se sobre os rins, daí sua denominação. Elas são constituídas por dois tecidos secretores, um deles localizado na medula (porção mais interna) da glândula, enquanto o outro se localiza no córtex (porção mais externa). **(Fig. 19.23)**

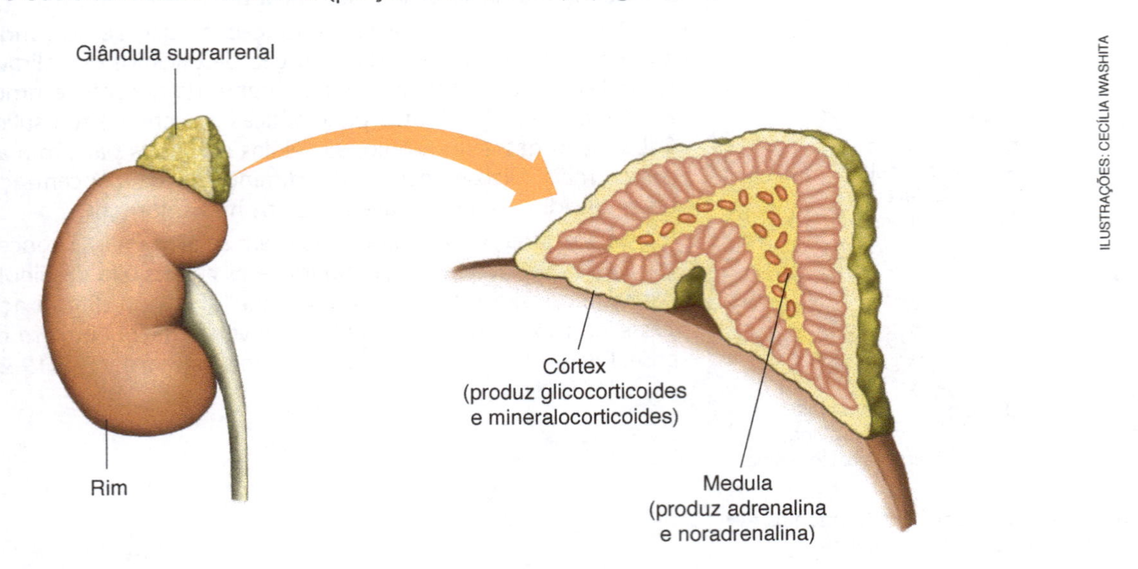

Figura 19.23 Representação esquemática da glândula suprarrenal mostrando sua posição em relação ao rim e detalhe, em corte, evidenciando o córtex e a medula.

A **medula** suprarrenal produz dois hormônios principais: a adrenalina, ou epinefrina, e a **noradrenalina**, ou norepinefrina. Esses hormônios são derivados do aminoácido tirosina.

Durante uma situação de estresse (susto, grande emoção, situação de perigo etc.), o sistema nervoso estimula a medula suprarrenal a liberar adrenalina no sangue. Sob a ação desse hormônio os vasos sanguíneos da pele contraem-se e a pessoa fica pálida; o sangue passa a se concentrar nos músculos e nos órgãos internos, preparando o organismo para uma resposta vigorosa.

A adrenalina também causa taquicardia (aumento do ritmo cardíaco), aumento da pressão arterial e maior excitabilidade do sistema nervoso. Essas alterações metabólicas permitem ao organismo responder rapidamente a uma situação de emergência.

A noradrenalina é liberada em doses mais ou menos constantes pela medula adrenal, independentemente da liberação de adrenalina. Sua principal função é manter a pressão arterial em níveis normais.

Os hormônios produzidos pelo **córtex** da suprarrenal pertencem ao grupo dos esteroides, sendo conhecidos genericamente como **corticosteroides**, ou corticoides.

Um grupo desses hormônios, os glicocorticoides, atua na produção de glicose a partir de proteínas e de glicerol proveniente de lipídios. Esse processo aumenta a quantidade de glicose disponível para ser usada como combustível, em casos de resposta a uma situação estressante.

O principal glicocorticoide é o **cortisol**, também conhecido como hidrocortisona. Além de seus efeitos no metabolismo da glicose, o cortisol diminui a permeabilidade dos capilares sanguíneos. Em razão dessas propriedades, o cortisol é utilizado no tratamento das inflamações, como as provocadas por processos alérgicos. O uso prolongado de hidrocortisona, porém, pode deprimir o sistema de defesa corporal, tornando o organismo mais suscetível a infecções.

Outro grupo de corticosteroides – os mineralocorticoides – regula o balanço de água e de sais minerais no organismo. A **aldosterona**, por exemplo, é um hormônio que aumenta a retenção de íons sódio (Na^+) pelos rins, causando retenção de água no corpo e, consequentemente, aumento da pressão arterial. A liberação de aldosterona é controlada por substâncias produzidas pelo fígado e pelos rins em resposta a variações na concentração de sais minerais no sangue.

Estados de depressão emocional podem afetar as glândulas suprarrenais, como consequência do descontrole da hipófise. Isso propicia aumento da pressão sanguínea e outras alterações metabólicas. A persistência de tal situação pode eventualmente resultar em doenças.

Atualmente, sabe-se que a manutenção prolongada de níveis elevados de cortisol no sangue, como ocorre no estresse crônico, causa depressão do sistema imunitário, tornando o organismo mais suscetível a infecções e contribuindo para doenças como úlcera péptica, hipertensão arterial, arteriosclerose e, possivelmente, diabetes melito. Há também indícios de que a depressão do sistema imunitário contribui para o desenvolvimento de câncer, o que pode explicar a maior incidência dessa doença em pessoas com depressão crônica.

Gônadas

As **gônadas** humanas são os testículos e os ovários. Além de produzirem os gametas, as gônadas também secretam hormônios que afetam o crescimento e o desenvolvimento corporal. Os hormônios gonadais, chamados genericamente de **hormônios sexuais,** controlam o ciclo reprodutivo e o comportamento sexual. Esses hormônios serão estudados no Capítulo 21, relativo à reprodução humana. **(Tab. 19.2)**

Tabela 19.2 Principais glândulas endócrinas humanas e seus hormônios

Glândula	Hormônio	Tipo de substância	Principais efeitos	Regulação
Neuro-hipófise	Oxitocina	Peptídio	Estimula a contração das musculaturas do útero e das glândulas mamárias.	Sistema nervoso
	ADH ou vasopressina	Peptídio	Promove a reabsorção de água pelos rins.	Osmolaridade do sangue; volume de sangue
Adeno-hipófise	Somatotrofina	Proteína	Estimula o crescimento geral do corpo; afeta o metabolismo das células.	Hormônios do hipotálamo
	Prolactina	Proteína	Promove a secreção de progesterona; estimula a produção e a secreção de leite.	Hormônios do hipotálamo
	Estimulante do folículo	Proteína	Estimula os folículos ovarianos, nas mulheres, e a espermatogênese, nos homens.	Estrógenos no sangue; hormônios do hipotálamo
	Luteinizante	Proteína	Estimula a ovulação e o corpo amarelo, nas mulheres, e as células intersticiais, nos homens.	Progesterona ou testosterona; hormônios do hipotálamo
	Tireotrófico	Proteína	Estimula a glândula tireóidea a secretar seus hormônios.	Tiroxina; hormônios do hipotálamo
	Adrenocorticotrófico	Polipeptídio	Estimula a secreção de glicocorticoides pelas glândulas suprarrenais.	Cortisol; hormônios do hipotálamo
Tireóidea	Tri-iodotironina e tiroxina	Aminoácido	Estimula e mantém os processos metabólicos.	Tireotrofina
	Calcitonina	Peptídio	Estimula a deposição de cálcio nos ossos, reduzindo a concentração de cálcio no sangue.	Concentração de cálcio no sangue
Paratireóideas	Paratormônio	Peptídio	Eleva a concentração de cálcio no sangue e estimula a liberação de cálcio dos ossos.	Concentração de cálcio no sangue
Pâncreas	Insulina	Proteína	Estimula o armazenamento de glicose pelas células, reduzindo a concentração de glicose no sangue; estimula a síntese de proteínas.	Concentração de glicose no sangue; somatostatina
	Glucagon	Polipeptídio	Estimula a quebra de glicogênio no fígado.	Concentração de glicose e de aminoácidos no sangue
Medula suprarrenal	Adrenalina	Catecolamina	Aumenta a concentração de glicose no sangue; acelera os batimentos cardíacos.	Sistema nervoso
	Noradrenalina	Catecolamina	Causa vasoconstrição generalizada no corpo.	Sistema nervoso
Córtex suprarrenal	Glicocorticoides	Esteroides	Afeta o metabolismo de glicídios; aumenta a concentração de glicose no sangue.	Adrenocorticotrófico
	Mineralocorticoides	Esteroides	Promove a reabsorção de sódio e a excreção de potássio pelos rins.	Nível de potássio no sangue
Testículos	Andrógenos	Esteroides	Estimula a espermatogênese; desenvolve e mantém as características sexuais secundárias masculinas.	Hormônio estimulante do folículo; hormônio luteinizante
Ovários — Folículo	Estrógenos	Esteroides	Estimula o crescimento da mucosa uterina; desenvolve e mantém as características sexuais secundárias femininas.	Hormônio estimulante do folículo; hormônio luteinizante
Ovários — Corpo amarelo	Progesterona e estrógenos	Esteroides	Promove a continuação de crescimento da mucosa uterina.	Hormônio estimulante do folículo; hormônio luteinizante

Agora você pode resolver as atividades de 30 a 42, 48 a 50, 53 a 63, 65 a 67 e 69 a 71.

Ciência e cidadania

Tudo para o alarme não tocar

Alterações programadas no nível de um hormônio estão por trás da incrível capacidade de acordar segundos antes do despertador

1 "Quem tem o hábito de sempre acordar à mesma hora com um despertador já deve ter notado que muitas vezes acorda espontaneamente uns poucos minutos antes do desagradável escândalo matutino do aparelho, justamente a tempo de evitá-lo. E, quando há uma ocasião especial e nenhum despertador por perto, muitas pessoas conseguem se programar para acordar na hora certa. Como se houvesse um reloginho interno que funciona enquanto estamos dormindo.

2 Um estudo muito simpático, feito em Lübeck, na Alemanha, mostra que a capacidade de antecipar durante o sono o momento de acordar pode estar ligada à liberação no sangue, com hora marcada, de um hormônio. Jan Born e seus colegas sabiam que dois hormônios produzidos em situações de estresse, a adrenocorticotropina e o cortisol, são normalmente liberados em grandes quantidades no sangue no momento em que acordamos de maneira espontânea. Se o aumento do nível desses hormônios no sangue faz parte dos mecanismos que marcam o fim do sono todas as manhãs, talvez ele também possa acontecer com hora marcada. Nesse caso, para ligar o 'despertador interno', bastaria programar a liberação no sangue desses hormônios para a hora desejada! Para determinar se é isso o que acontece no despertar programado, Born pediu a voluntários para dormir no laboratório, e avisou-os de que eles seriam acordados a uma certa hora da manhã. Enquanto eles dormiam, eram colhidas amostras de sangue a cada 15 minutos para a análise do nível dos dois hormônios no sangue. Os pesquisadores descobriram que, quando os voluntários esperavam ser acordados às 6 h, o nível de adrenocorticotropina no sangue de fato começava a subir uma hora antes, às 5 h, como que já preparando o corpo para despertar na hora prevista. Em comparação, quando os mesmos voluntários esperavam pela chamada somente às 9 h, mas eram acordados de surpresa às 6 h, o nível da adrenocorticotropina no sangue ainda não havia subido. Curiosamente, o nível de cortisol não mudou em nada no sangue com a expectativa de acordar no horário marcado.

3 Como o aumento da adrenocorticotropina no sangue parece facilitar o despertar espontâneo, talvez seja o aumento programado desse hormônio uma hora antes do despertar que nos permita ganhar a corrida contra o despertador. Até faz sentido esse 'hormônio-despertador' ser normalmente um hormônio de estresse. É só lembrar da ansiedade que dá naqueles momentos de meio-termo, nem bem sono nem bem vigília, virando na cama com os olhos entreabertos, pensando se já não estará na hora de acordar.

4 E quem programa a liberação da adrenocorticotropina no sangue? Certamente o cérebro, que além de controlar o sono também tem um reloginho embutido que não para de bater, ajustando nossos horários ao dia do lado de fora. Se você pensava que os trabalhos do cérebro não têm nada a ver com os hormônios, pense duas vezes: os dois se entendem até enquanto dormimos!"

Fonte: HERCULANO-HOUZEL, S. *O cérebro nosso de cada dia* – Descobertas da neurociência sobre a vida cotidiana. Rio de Janeiro: Vieira e Lent, 2002. p. 90-91.

GUIA DE LEITURA

Nesse texto de divulgação científica a doutora Suzana Herculano-Houzel comenta o mecanismo hormonal que funciona como um relógio em nosso corpo. Elaboramos um questionário, a seguir, para orientar a leitura e interpretação do texto selecionado.

1. Leia o primeiro parágrafo e explique, com suas palavras, sua ideia central, também expressa no título e subtítulo do *Ciência e cidadania*.
2. O segundo parágrafo é longo, e por isso vamos subdividi-lo em três: o primeiro trecho tem 14 linhas (até "... a hora desejada!"); o segundo trecho tem 7 linhas (até "... hormônios no sangue"); o terceiro trecho vai até o fim do parágrafo. Com relação ao primeiro trecho, responda: Qual era a hipótese de Jan Born e sua equipe?
3. No segundo trecho do segundo paragráfo (inicia-se em "Para determinar..."), os pesquisadores propõem um experimento para testar sua hipótese. Em que consistiu o experimento?
4. O último trecho do segundo paragráfo (inicia-se em "Os pesquisadores descobriram...") descreve os resultados obtidos pelos pesquisadores. Quais foram eles?
5. Leia o penúltimo parágrafo do texto. Segundo o texto, por que "até faz sentido" que o hormônio adrenocorticotropina seja também um hormônio de estresse?
6. Leia os dois últimos parágrafos do *Ciência e cidadania* e redija um breve texto relacionando os sistemas endócrino e nervoso no controle do despertar.

Mapa de conceitos

Controle do nível de glicose no sangue

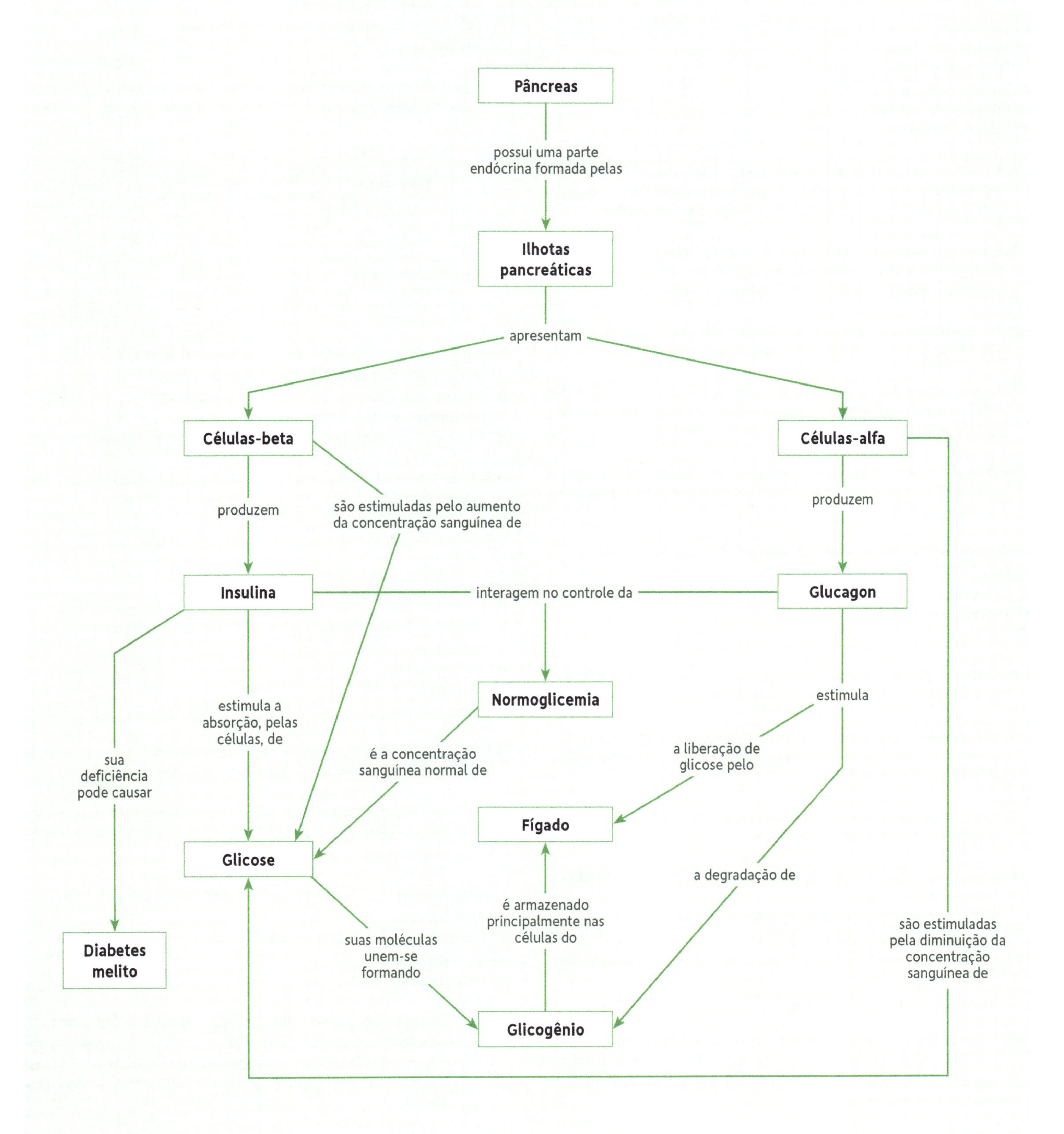

ATIVIDADES

REVENDO CONCEITOS, FATOS E PROCESSOS

19.1 Sistema nervoso

Utilize as alternativas a seguir para responder às questões de 1 a 5.

a) Impulso nervoso.
b) Neurotransmissor.
c) Potencial de ação.
d) Potencial de repouso.
e) Sinapse nervosa.

1. Como se denomina a alteração brusca na polaridade elétrica das superfícies interna e externa da membrana plasmática, causada por um estímulo de natureza e de intensidade adequados?

2. Qual é o nome do espaço entre a terminação de um axônio e a membrana de uma célula vizinha, através do qual o impulso nervoso é transmitido por meio de mediadores químicos?

3. Como é chamada a propagação de uma alteração de cargas elétricas ao longo da membrana plasmática de um neurônio?

4. Como se denomina a situação em que há diferença de cargas elétricas entre as superfícies interna e externa da membrana plasmática de um neurônio que não está sendo estimulado?

5. Qual é o nome de uma substância liberada pela extremidade de um axônio e que pode estimular uma célula nervosa ou uma célula muscular?

Considere os termos a seguir para responder às questões 6 a 8.

a) Cerebelo.
b) Cérebro.
c) Hipotálamo.
d) Tálamo.

6. Qual é a porção do encéfalo responsável pela interpretação dos estímulos sensoriais? E pela elaboração de planos de ação?

7. Que porção do encéfalo é a principal responsável pela coordenação dos movimentos das diversas partes do corpo e pela manutenção do equilíbrio corporal?

8. Qual é a porção do encéfalo responsável pela homeostase corporal e pela integração dos sistemas nervoso e endócrino?

9. A lesão da raiz ventral de um nervo espinal (ou raquidiano) provocará
   a) perda da sensibilidade das regiões inervadas.
   b) paralisia dos músculos inervados.
   c) perda da sensibilidade e paralisia muscular nas regiões inervadas.
   d) perda do sentido do olfato.

10. Quando uma pessoa se assusta, o ritmo cardíaco acelera-se, a pressão sanguínea eleva-se e a concentração de glicose no sangue aumenta, entre outras características. Essas reações são desencadeadas diretamente pelo
   a) encéfalo.
   b) SNP autônomo parassimpático.
   c) SNP autônomo simpático.
   d) SNP voluntário.

11. Um axônio proveniente do encéfalo termina em um músculo estriado. Trata-se do sistema nervoso periférico
   a) autônomo simpático.
   b) autônomo parassimpático.
   c) autônomo, simpático ou parassimpático.
   d) somático.

12. Qual das alternativas indica corretamente os componentes do sistema nervoso central (SNC) e do sistema nervoso periférico (SNP)?

	Encéfalo	Gânglios nervosos	Medula espinal	Nervos
a)	SNC	SNC	SNC	SNP
b)	SNC	SNP	SNC	SNC
c)	SNC	SNP	SNC	SNP
d)	SNP	SNC	SNP	SNC

Considere os termos a seguir para responder às questões 13 e 14.

a) Sempre pela raiz dorsal de um nervo raquidiano.
b) Sempre pela raiz ventral de um nervo raquidiano.
c) Por ambas as raízes de um nervo raquidiano.
d) Pela raiz ventral ou pela raiz dorsal de um nervo raquidiano.

13. Como um estímulo captado pelas células sensoriais chega à medula espinal?

14. Como uma ordem de ação sai da medula espinal?

19.2 Os sentidos

Considere os termos a seguir para responder às questões 15 e 16.

a) Fotoceptor.
b) Mecanoceptor.
c) Proprioceptor.
d) Quimioceptor.

15. A que categoria pertence uma célula sensorial que é estimulada quando os cílios em sua superfície sofrem dobramento?

16. A que categoria pertence uma célula sensorial estimulada por moléculas que se associam especificamente a proteínas receptoras de sua membrana?

Considere os termos a seguir para responder às questões 17 e 18.

a) Exteroceptor.
b) Interoceptor.
c) Mecanoceptor.
d) Proprioceptor.

17. As células sensoriais do epitélio olfatório são estimuladas quando substâncias do ar associam-se a proteínas receptoras presentes em sua membrana plasmática. Considerando de onde provém o fator que as estimula, como podem ser classificadas as células do epitélio olfatório?

18. Nas paredes da artéria aorta e da artéria carótida há células sensoriais que detectam a diminuição da concentração de gás oxigênio no sangue. Como são classificadas essas células?

Considere os termos a seguir para responder às questões 19 e 20.

a) Canais semicirculares, órgão espiral e membrana tectórica.
b) Canais semicirculares, sáculo e utrículo.
c) Cóclea, órgão espiral e membrana tectórica.
d) Sáculo, utrículo e cóclea.

19. Qual das alternativas contém apenas estruturas da orelha interna relacionadas com a audição?

20. Qual das alternativas contém apenas estruturas da orelha interna relacionadas com o equilíbrio?

21. As camadas de tecidos que formam o bulbo do olho são, de fora para dentro,

a) esclera, corioide e retina.
b) esclera, retina e corioide.
c) retina, corioide e esclera.
d) retina, esclera e corioide.

22. Um feixe de luz que penetra no olho passa, na sequência, pelo(a)

a) córnea → humor aquoso → pupila → lente → corpo vítreo.
b) córnea → pupila → humor aquoso → lente → corpo vítreo.
c) pupila → córnea → humor aquoso → lente → corpo vítreo.
d) pupila → humor aquoso → córnea → lente → corpo vítreo.

Considere os termos a seguir para responder às questões 23 e 24.

a) Focalizar as imagens na retina.
b) Focalizar as imagens na córnea.
c) Gerar impulsos nervosos por estimulação luminosa.
d) Gerar impulsos nervosos por estimulação química.

23. Qual é a função da lente do olho?

24. Qual é a função da retina?

25. Se uma pessoa não tivesse cones em sua retina, mas seus bastonetes fossem normais, ela

a) não enxergaria na penumbra.
b) não veria cores.
c) seria cega.
d) teria visão normal.

26. A função dos ossículos da orelha média é transmitir as vibrações

a) da janela oval para a membrana timpânica.
b) da janela oval para o nervo auditivo.
c) da membrana timpânica para a janela oval.
d) da membrana timpânica para o nervo auditivo.

27. A tuba auditiva comunica a

a) orelha externa com a orelha média.
b) orelha externa com a faringe.
c) orelha média com a orelha interna.
d) orelha média com a faringe.

28. A função da tuba auditiva é

a) conduzir as ondas sonoras até a orelha média.
b) conduzir as ondas sonoras até a orelha interna.
c) equilibrar a pressão na orelha média com a pressão do ambiente.
d) equilibrar a pressão na orelha interna com a pressão do ambiente.

29. Qual das alternativas indica a sequência correta das estruturas que vibram na orelha por efeito de uma onda sonora?

a) Janela oval → estribo → bigorna → martelo → membrana timpânica.
b) Janela oval → martelo → bigorna → estribo → membrana timpânica.
c) Membrana timpânica → estribo → bigorna → martelo → janela oval.
d) Membrana timpânica → martelo → bigorna → estribo → janela oval.

19.3 Sistema endócrino

30. Os hormônios tróficos, que regulam o funcionamento de diversas glândulas endócrinas, são produzidos pelo(a)

a) adeno-hipófise.
b) hipotálamo.
c) neuro-hipófise.
d) glândula tireóidea.

Considere os termos a seguir para responder às questões 31 a 34.

a) Insulina.
b) Somatotrofina.
c) Tiroxina.
d) Vasopressina.

31. Qual é o hormônio cuja deficiência causa diabetes insípido?

32. O nanismo é uma enfermidade causada por deficiência de que hormônio?

33. Qual é o hormônio cuja deficiência causa o diabetes melito?

34. O cretinismo é uma enfermidade causada por deficiência, na infância, de que hormônio?

Considere os termos a seguir para responder às questões 35 a 40.

a) Cálcio.
b) Ferro.
c) Glicose.
d) Iodo.

35. Qual elemento químico ou substância faz parte da constituição de dois hormônios importantes da glândula tireóidea?

36. Qual elemento químico ou substância tem sua concentração no sangue regulada pelo hormônio insulina?

37. Qual elemento químico ou substância tem sua concentração no sangue regulada pelo hormônio glucagon?

38. O bócio endêmico, ou carencial, é causado por uma alimentação pobre em que substância ou elemento químico?

39. Qual elemento químico ou substância tem sua concentração no sangue regulada pelo paratormônio?

40. Qual elemento químico ou substância tem sua concentração no sangue regulada pelo hormônio calcitonina?

41. Uma glândula endócrina diretamente relacionada à manutenção da normoglicemia é o(a)

a) glândula suprarrenal.
b) pâncreas.
c) glândulas paratireóideas.
d) glândula tireóidea.

42. As glândulas endócrinas diretamente relacionadas à manutenção da concentração de cálcio no sangue são

a) glândula suprarrenal e glândula tireóidea.
b) glândula suprarrenal e glândula paratireóidea.
c) pâncreas e glândula tireóidea.
d) glândula tireóidea e glândula paratireóidea.

QUESTÕES PARA EXERCITAR O PENSAMENTO

43. Analise a figura abaixo e responda o que se pede:

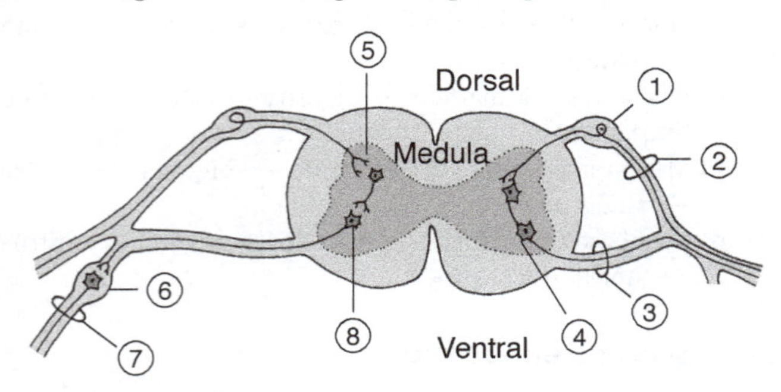

a) Caracterize, usando a terminologia adequada e precisa, as partes apontadas no esquema pelas setas de números 1, 2, 3 e 6.

b) O nervo de número 7 é motor e inervará alguma parte do corpo. Que tipo de parte esse nervo deverá inervar, a julgar pelas informações da figura? Explique e justifique.

c) Admitindo que o neurônio 4 seja motor somático, qual a sua diferença, em termos de via nervosa (tipo de via nervosa) e órgão que inerva, quando comparado a uma via a que pertence o neurônio 8? Explique.

d) Por que as raízes ventrais de um nervo espinal diferem das raízes dorsais? Explique.

44. "No coração existe uma região especializada, denominada nó sinoatrial (ou marca-passo), sobre a qual age a estimulação nervosa do sistema autônomo. A relação entre essa região cardíaca e o sistema nervoso está representada no esquema. O aumento da frequência de impulsos transmitidos por 6 desacelera o ritmo de batimentos cardíacos, enquanto o aumento na frequência de impulsos transmitidos por 5 acelera o ritmo cardíaco." Com base nessas informações e no esquema, responda às questões.

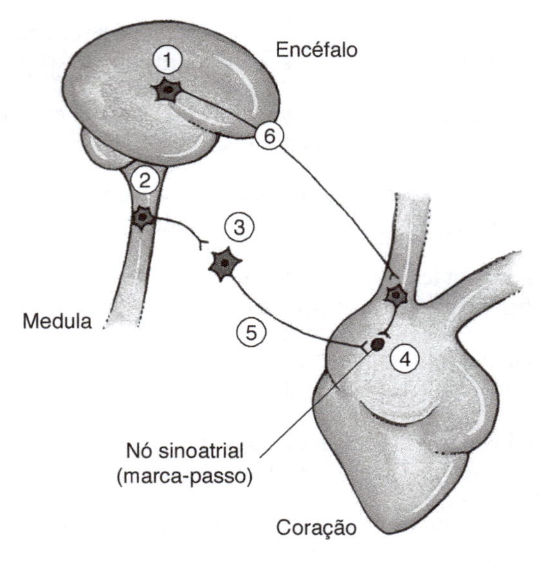

a) Nesse esquema, identifique os números de 1 a 6.

b) Qual é o ramo do sistema nervoso autônomo responsável pelo aumento da frequência de batidas do coração? Justifique sua resposta.

45. A pilocarpina é uma substância que estimula as terminações nervosas dos nervos do sistema nervoso periférico parassimpático. Pesquise os efeitos da pilocarpina sobre: a) o trato digestório; b) a íris; c) o ritmo cardíaco.

ILUSTRAÇÕES: PAULO MANZI

46. Faça um esquema do bulbo do olho humano em corte, identificando suas diversas partes.

47. Faça um esquema das estruturas presentes na orelha humana, identificando as diversas partes e suas respectivas funções.

48. Um hormônio liberado na corrente sanguínea atinge todas as células do corpo, mas afeta apenas alguns tipos celulares conhecidos como células-alvo daquele hormônio. Explique por que certos tipos de célula respondem a um dado hormônio, enquanto outros tipos não são afetados por ele.

49. Em uma situação hipotética, comer uma glândula tireóidea pode eliminar os sintomas do hipotireoidismo, mas comer um pâncreas não tem nenhum efeito sobre os sintomas do diabetes melito. Explique a razão dessa diferença.

A BIOLOGIA NO VESTIBULAR

QUESTÕES OBJETIVAS

50. (UFPE) Diversas atividades humanas estão sob o controle de nossa vontade, enquanto outras ocorrem de forma autônoma. Analise a representação a seguir, considere o neurotransmissor geralmente liberado em cada caso e assinale a alternativa que completa as lacunas 1, 2 e 3, nesta ordem:

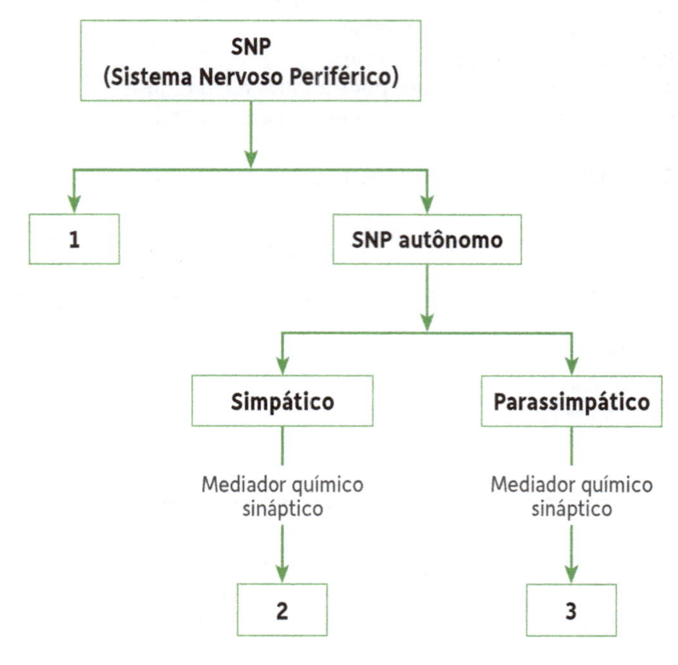

a) (1) SNP somático (2) noradrenalina (3) acetilcolina.
b) (1) SNP voluntário (2) tiroxina (3) adrenalina.
c) (1) SNP visceral (2) adrenalina (3) tiroxina.
d) (1) SNP somático (2) somatotrofina (3) noradrenalina.
e) (1) SNP visceral (2) acetilcolina (3) somatotrofina.

51. (UFG-GO) Um chimpanzé com lesão no cerebelo tem comprometida a sua capacidade de

a) mastigar e engolir os alimentos.
b) equilibrar-se sobre os galhos de árvores.
c) enxergar a fêmea para o acasalamento.
d) ouvir o som dos predadores.
e) sentir o odor dos feromônios.

52. (UFRGS-RS) Os animais possuem estruturas que são capazes de perceber alterações ambientais. Quais estruturas detectam alterações de pressão?

a) Quimiorreceptores.
b) Mecanorreceptores.
c) Fotorreceptores.
d) Termorreceptores.
e) Radiorreceptores.

53. (Ufes) A hipófise produz e secreta uma série de hormônios que têm ação em órgãos distintos, sendo, portanto, considerada a mais importante glândula do sistema endócrino humano.
Sobre os hormônios hipofisários, é CORRETO afirmar que:

a) o FSH, produzido na hipófise anterior, facilita o crescimento dos folículos ovarianos e aumenta a motilidade das trompas uterinas durante a fecundação.
b) a vasopressina, secretada pelo lobo posterior da hipófise, é responsável pela reabsorção de água nos túbulos renais.
c) o hormônio adenocorticotrópico (ACTH) é um esteroide secretado pela adeno-hipófise e exerce efeito inibitório sobre o córtex adrenal.
d) o comportamento maternal e a recomposição do endométrio, após o parto, ocorrem sob a influência do hormônio prolactina.
e) o hormônio luteinizante atua sobre o ovário e determina aumento nos níveis do hormônio folículo-estimulante (FSH) após a ovulação.

54. (UFF-RJ) O diabetes Tipo I, ou "juvenil", geralmente começa na infância ou adolescência, provocado pela destruição autoimune das células β das ilhotas pancreáticas. Recentemente, o transplante de ilhotas pancreáticas tem mostrado resultados favoráveis nesses pacientes.
Assinale o gráfico a seguir que ilustra os níveis sanguíneos de insulina e glicose determinados uma hora após a ingestão de uma solução de glicose, em indivíduos com diabetes Tipo I antes e depois do transplante bem-sucedido de ilhotas pancreáticas. Observe que, nesses gráficos, os dois traços mostrados nas ordenadas representam as variações dos níveis de insulina e glicose esperadas em um indivíduo normal após 12 horas de jejum.

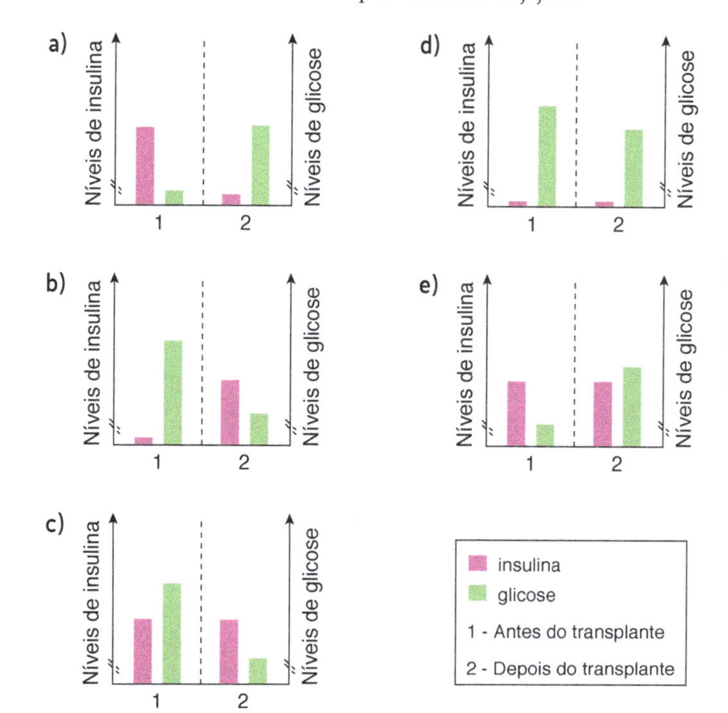

55. (Fuvest-SP)

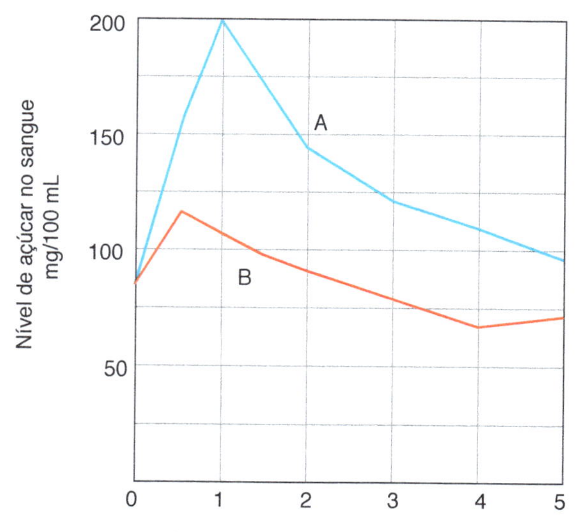

O gráfico mostra os níveis de glicose no sangue de duas pessoas (A e B), nas cinco horas seguintes após elas terem ingerido tipos e quantidades semelhantes de alimento. A pessoa A é portadora de um distúrbio hormonal que se manifesta, em geral, após os 40 anos de idade. A pessoa B é saudável.
Qual das alternativas indica o hormônio alterado e a glândula produtora desse hormônio?

a) Insulina; pâncreas.
b) Insulina; fígado.
c) Insulina; hipófise.
d) Glucagon; fígado.
e) Glucagon; suprarrenal.

56. (UEL-PR)

> Eu amava Capitu! Capitu amava-me! E as minhas pernas andavam, desandavam, estacavam trêmulas e crentes de abarcar o mundo. Esse primeiro palpitar da seiva, essa revelação da consciência a si própria, nunca mais me esqueceu, nem achei que lhe fosse comparável qualquer outra sensação da mesma espécie.
>
> • (ASSIS, Joaquim Maria Machado de. *Dom Casmurro*. São Paulo: Mérito, 1962. p. 41.)

Ao descrever: "E as minhas pernas andavam, desandavam, estacavam trêmulas e crentes de abarcar o mundo", Machado de Assis relatava a sensação de Bentinho ao pensar em Capitu. Com base nos conhecimentos sobre hormônios, é correto afirmar que o comportamento descrito é devido à liberação de:

a) adrenalina pela região medular da adrenal, que promove aceleração no ritmo cardíaco e lividez na pele.
b) aldosterona pela medular da adrenal, que promove a formação de urina hipertônica e aumenta a pressão arterial.
c) acetilcolina pela placa motora, que promove contração muscular e aumento da irrigação da derme.
d) tiroxina pela tireóidea, que reduz a atividade respiratória das células e diminui a sudorese.
e) testosterona pelas células de Leydig do testículo, que aumenta a massa muscular e reduz a frequência respiratória.

ILUSTRAÇÕES: ADILSON SECCO

57. (UFPE) A associação entre adrenalina (epinefrina) e as emoções tornou-se tão popular que este hormônio passou a ser sinônimo de esportes radicais, situações de risco e sentimentos fortes. Identifique abaixo as propriedades da adrenalina.

( ) Mobiliza as reservas energéticas, de sorte a baixar os níveis de glicose na corrente sanguínea.
( ) Aumenta os batimentos cardíacos e diminui os movimentos respiratórios.
( ) É secretado pelo córtex da glândula adrenal e pelas terminações do sistema nervoso simpático.
( ) Reduz o diâmetro dos brônquios pelo relaxamento de sua musculatura.
( ) Aumenta a pressão arterial sistólica.

58. (Uerj) Em um animal, antes de injetar-se um extrato de porção medular de glândula suprarrenal, foram medidos sua pressão arterial e o número de batimentos cardíacos por minuto, representados pelo ponto P no gráfico a seguir; alguns minutos após a injeção, foram repetidas essas mesmas medidas:

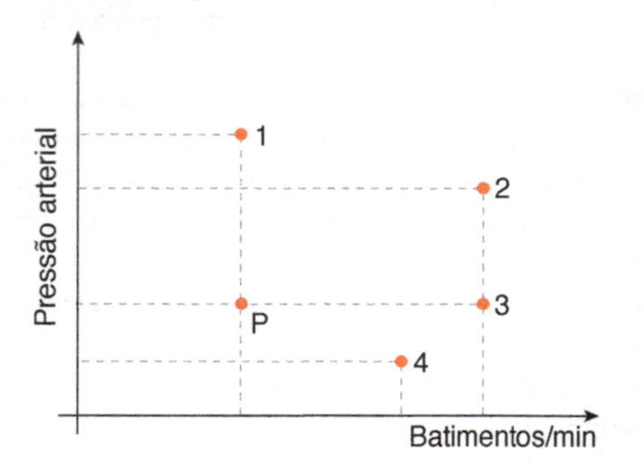

O único ponto do gráfico que pode representar as medidas feitas após a injeção é o de número:
a) 1
b) 2
c) 3
d) 4

59. (UFU-MG) O sistema endócrino é um dos grandes responsáveis pela regulação de atividades orgânicas como condutor de ordens originadas no sistema nervoso central (SNC). Assinale a alternativa que apresenta a relação correta entre o hormônio, o local de sua síntese ou reserva e o resultado de sua carência.

	Hormônio	Local de sua síntese ou reserva	Resultado da sua carência
a)	TSH	Adeno-hipófise	Gigantismo
b)	ADH	Neuro-hipófise	Aumento da diurese
c)	Insulina	Pâncreas	Reduz o nível de glicose no sangue
d)	Calcitonina	Tireóidea	Reduz o nível de cálcio no sangue

60. (UFPE) Determine a alternativa que indica um hormônio muito importante para o equilíbrio hídrico no corpo humano, conhecido como "hormônio poupador de água".
a) A acetilcolina.
b) A timosina.
c) O ADH.
d) A adrenalina.
e) O glucagon.

61. (UFG-GO) O esquema a seguir relaciona o aleitamento materno exclusivo a um benefício para a mãe puérpera no início da lactação.

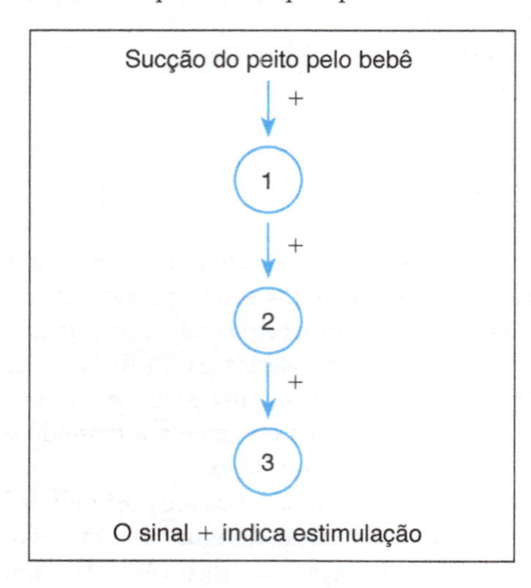

Os números 1, 2 e 3 desse esquema correspondem, respectivamente, à estimulação de uma glândula, à produção de um hormônio e a uma ação fisiológica no organismo da mãe puérpera, sendo

	1	2	3
a)	Hipotálamo	GnRH	Produção de FSH/LH
b)	Adeno-hipófise	FSH	Foliculogênese
c)	Adeno-hipófise	LH	Ovulação
d)	Neuro-hipófise	Prolactina	Ejeção do leite
e)	Neuro-hipófise	Ocitocina	Contração uterina

62. (UEPB) O bócio endêmico é um quadro clínico que decorre da carência de iodo na alimentação. Esta doença ocorre pela hiperplasia da(s) glândula(s)
a) neuro-hipófise.
b) paratireoides.
c) suprarrenais.
d) adeno-hipófise.
e) tireoide.

63. (UFU-MG) Um determinado hormônio, liberado por certa glândula, remove o cálcio da matriz óssea, levando-o ao plasma. O hormônio e a glândula são, respectivamente
a) somatotrófico e hipófise.
b) adrenalina e suprarrenal.
c) paratormônio e paratireoide.
d) insulina e pâncreas.
e) ADH e hipófise.

64. (Fuvest-SP) O esquema mostra algumas estruturas presentes na cabeça humana:

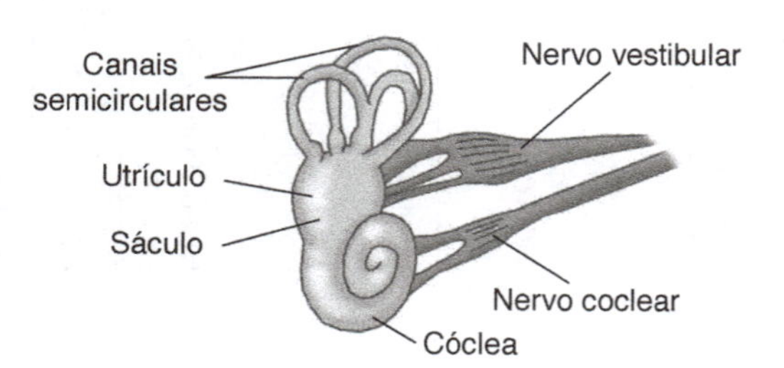

O nervo cócleo-vestibular compõe-se de dois conjuntos de fibras nervosas: o nervo coclear, que conecta a cóclea ao encéfalo, e o nervo vestibular, que conecta o sáculo e o utrículo ao encéfalo. A lesão do nervo vestibular deverá causar perda de:
a) audição.
b) equilíbrio.
c) olfato.
d) paladar.
e) visão.

65. (Unifal-MG)

> **Suíços produzem confiança engarrafada.**
>
> • (Título de reportagem do jornal *Folha de S.Paulo*, 2 jun. 2005.)

Nos experimentos, os pesquisadores suíços mostraram que numa transação financeira, usando um *spray* nasal com oxitocina em um grupo de investidores, estes passaram a confiar mais nos gerentes, ao contrário daqueles que receberam uma substância inócua. Este hormônio está ligado à criação de elos sociais e à regulação da atividade cerebral, dentre outros, mas ninguém sabia que ele participava de forma tão ativa num processo como a confiança.
Em relação à oxitocina, é **incorreto** afirmar que ela:

a) acelera as contrações uterinas que levam ao parto.
b) promove diretamente a maturação do folículo ovariano.
c) é secretada pela neuro-hipófise.
d) atua na contração da musculatura lisa das glândulas mamárias.
e) pode ser liberada pelo estímulo de sucção do peito da mãe pelo bebê.

QUESTÕES DISCURSIVAS

66. (Fuvest-SP) O seguinte texto foi extraído do folheto "VOCÊ TEM DIABETES? COMO IDENTIFICAR", distribuído pela empresa Novo Nordisk:

> A glicemia (glicose ou açúcar no sangue) apresenta variações durante o dia, aumentando logo após a ingestão de alimentos e diminuindo depois de algum tempo sem comer. A elevação constante da glicose no sangue pode ser sinal de diabetes. [...]

a) Por que nos não diabéticos a glicemia aumenta logo após uma refeição e diminui entre as refeições?
b) Explique por que uma pessoa com diabetes melito apresenta glicemia elevada constante.

67. (Unicamp-SP) No futuro, pacientes com deficiência na produção de hormônios poderão se beneficiar de novas técnicas de tratamento, atualmente em fase experimental, como é o caso do implante das células beta das ilhas pancreáticas (ilhotas de Langerhans).

a) Qual a consequência da deficiência do funcionamento das células beta no homem? Explique.
b) Além das secreções de hormônios (endócrinas), o pâncreas apresenta também secreções exócrinas. Dê um exemplo de secreção pancreática exócrina e sua função.
c) Por que neste caso a secreção é chamada exócrina?

68. (UFMG) A língua dos seres humanos apresenta papilas gustativas, cada uma delas constituída por, aproximadamente, 200 botões gustativos, que são responsáveis pelas sensações de doce, salgado, amargo e azedo.

1. Analise estes gráficos, em que está representada a atividade de dois neurônios em um mesmo botão gustativo, na presença de diferentes substâncias:

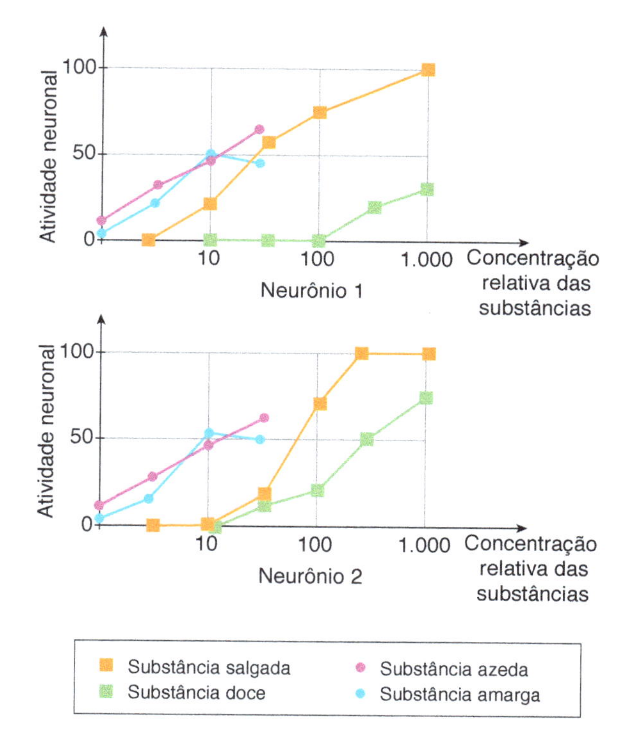

a) Com base nos dados apresentados nesses gráficos, indique se você é a favor de ou contra a teoria da existência de uma região específica da língua responsável pela percepção de determinado sabor – doce, salgado, amargo e azedo. Justifique sua resposta.
b) A sensibilidade a sabores é considerada um fator de proteção contra ingestão de substâncias tóxicas, que são comumente azedas ou amargas. A partir das informações contidas nos dois gráficos, justifique essa afirmação.

2. Considerando a estrutura e função dos neurônios associados às papilas gustativas, cite o processo pelo qual a informação sensorial chega ao cérebro.

69. (Unicamp-SP) O texto a seguir se refere ao relato de um viajante inglês que esteve em Minas Gerais entre 1873 e 1875:

> O bócio é muito comum entre os camponeses mais pobres, mas raramente é visto nos fazendeiros mais prósperos. A presença de cal nas águas dos córregos e uma atmosfera úmida são consideradas as causas primárias do mal, mas hábitos indolentes e uma ausência de toda higiene e limpeza, seja na própria pessoa ou na casa, são sem dúvida grandes promotores da doença. Pode ser, e possivelmente é, hereditária, pois está principalmente confinada àqueles nascidos nas áreas afetadas, e os colonos vindos de outras localidades não são muito sujeitos a ela.
>
> • (Adaptado de WELLS, James W. *Explorando e viajando três mil milhas através do Brasil, do Rio de Janeiro ao Maranhão*. Belo Horizonte: Fundação João Pinheiro, 1995. v. 1.)

a) Das causas mencionadas pelo autor, alguma é realmente responsável pelo aparecimento do bócio? Justifique.
b) Qual a consequência do aparecimento do bócio para o organismo?
c) Que medida foi tomada pelos órgãos de saúde brasileiros para combater o bócio endêmico?

70. (Unicamp-SP) A figura abaixo apresenta os resultados obtidos durante um experimento que visou medir o nível de glicose no sangue de uma pessoa saudável após uma refeição rica em carboidratos. As dosagens de glicose no sangue foram obtidas a intervalos regulares de 30 minutos.

(Adaptado de LUZ, M. R. M. P.; DA POIAN, A. T. *O ensino classificatório do metabolismo humano*. Cienc. cult., v. 57, n. 4, p. 43-45, 2005.)

a) Explique os resultados obtidos nas etapas I e II mostradas na figura.

b) Sabendo-se que a pessoa só foi se alimentar novamente após 7 horas do início do experimento, explique por que na etapa III o nível de glicose no sangue se manteve constante e em dosagens consideradas normais.

71. (Unicamp-SP) O locutor, ao narrar uma partida de futebol, faz com que o torcedor se alegre ou se desaponte com as informações que recebe sobre os gols feitos ou perdidos na partida. As reações que o torcedor apresenta ao ouvir as jogadas são geradas pela integração dos sistemas nervoso e endócrino.

a) A vibração do torcedor ao ouvir um gol é resultado da chegada dessa informação no cérebro através da interação entre os neurônios. Como se transmite a informação através de dois neurônios?

b) A raiva do torcedor, quando o time adversário marca um gol, muitas vezes é acompanhada por uma alteração do sistema cardiovascular resultante de respostas endócrinas e nervosas. Qual é a alteração cardiovascular mais comum nesse caso? Que fator endócrino é o responsável por essa alteração?

72. (Fuvest-SP) O esquema representa dois neurônios contíguos (I e II), no corpo de um animal, e sua posição em relação a duas estruturas corporais identificadas por X e Y.

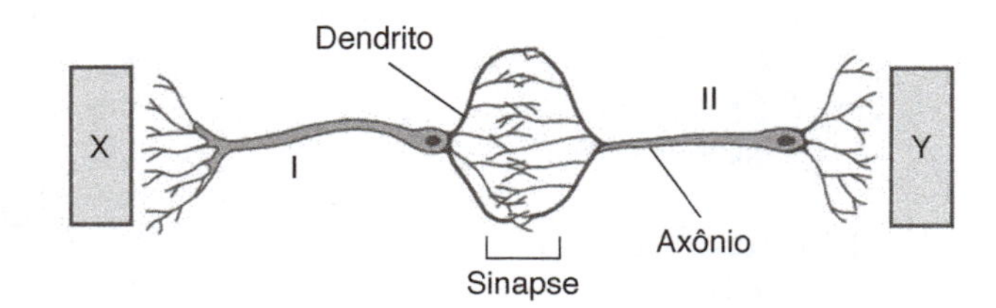

a) Tomando-se as estruturas X e Y como referência, em que sentido se propagam os impulsos nervosos através dos neurônios I e II?

b) Considerando-se que, na sinapse mostrada, não há contato físico entre os dois neurônios, o que permite a transmissão do impulso nervoso entre eles?

c) Explique o mecanismo que garante a transmissão unidirecional do impulso nervoso na sinapse.

73. (UFRRJ)

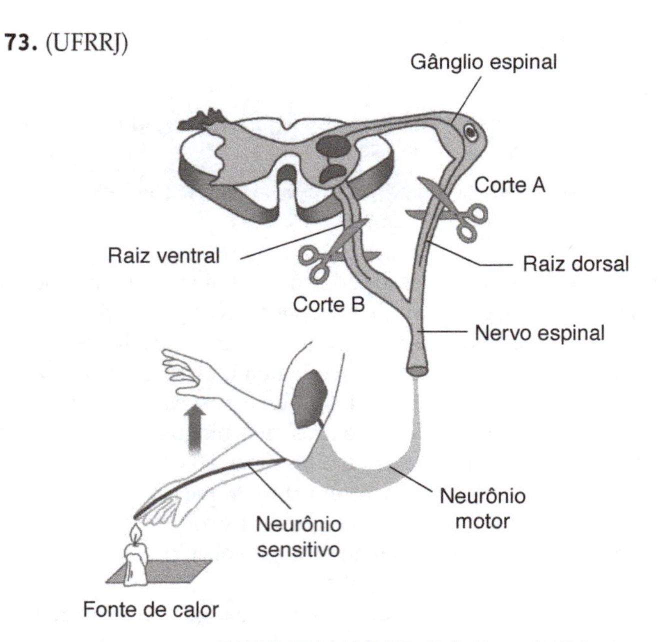

AMABIS, J. M.; MARTHO, G. R. *Curso de Biologia*. São Paulo: Moderna, 1995. v. 2, p. 422.

Para a propagação do impulso nervoso, é necessário um estímulo que gera uma resposta. O esquema acima representa um arco-reflexo, no qual o calor da chama de uma vela provoca a retração do braço e o afastamento da mão da fonte de calor.

Responda:

a) Qual a consequência da secção da raiz dorsal do nervo representada como corte A?

b) Qual a consequência da secção da raiz ventral do nervo representada como corte B?

74. (Unicamp-SP)

"Os ouvidos não têm pálpebras." A frase do poeta e escritor Décio Pignatari mostra que não podemos nos proteger dos sons desconfortáveis fechando os ouvidos, como fazemos naturalmente com os olhos. O ruído excessivo, que atinge o auge em concertos de *rock*, causa problemas auditivos. Nesses concertos, cerca de 120 decibéis são transmitidos durante mais de duas horas seguidas, quando, de acordo com recomendações médicas, deveriam ser limitados a 3 minutos e 45 segundos. Quem ouve música alta, em fones de ouvido, também está sujeito a danos graves e irreversíveis, já que, uma vez lesadas, as células do ouvido não se regeneram.

• (Adaptado de *Época*, 10 de agosto de 1998.)

a) O ouvido é constituído por três partes. Quais são essas partes? Em qual delas estão as células lesadas pelo excesso de ruído?

b) Indique a função de cada uma das três partes na audição.

(*Nota dos autores*: A nova edição da *Nomina Anatomica* recomenda a substituição do termo "ouvido" por "orelha".)

Mais questões: no livro digital, em **Vereda Digital Aprova Enem** e **Vereda Digital Suplemento de revisão e vestibulares**; no *site*, em **AprovaMax**.

CAPÍTULO

20

REVESTIMENTO, SUPORTE E MOVIMENTAÇÃO CORPORAL

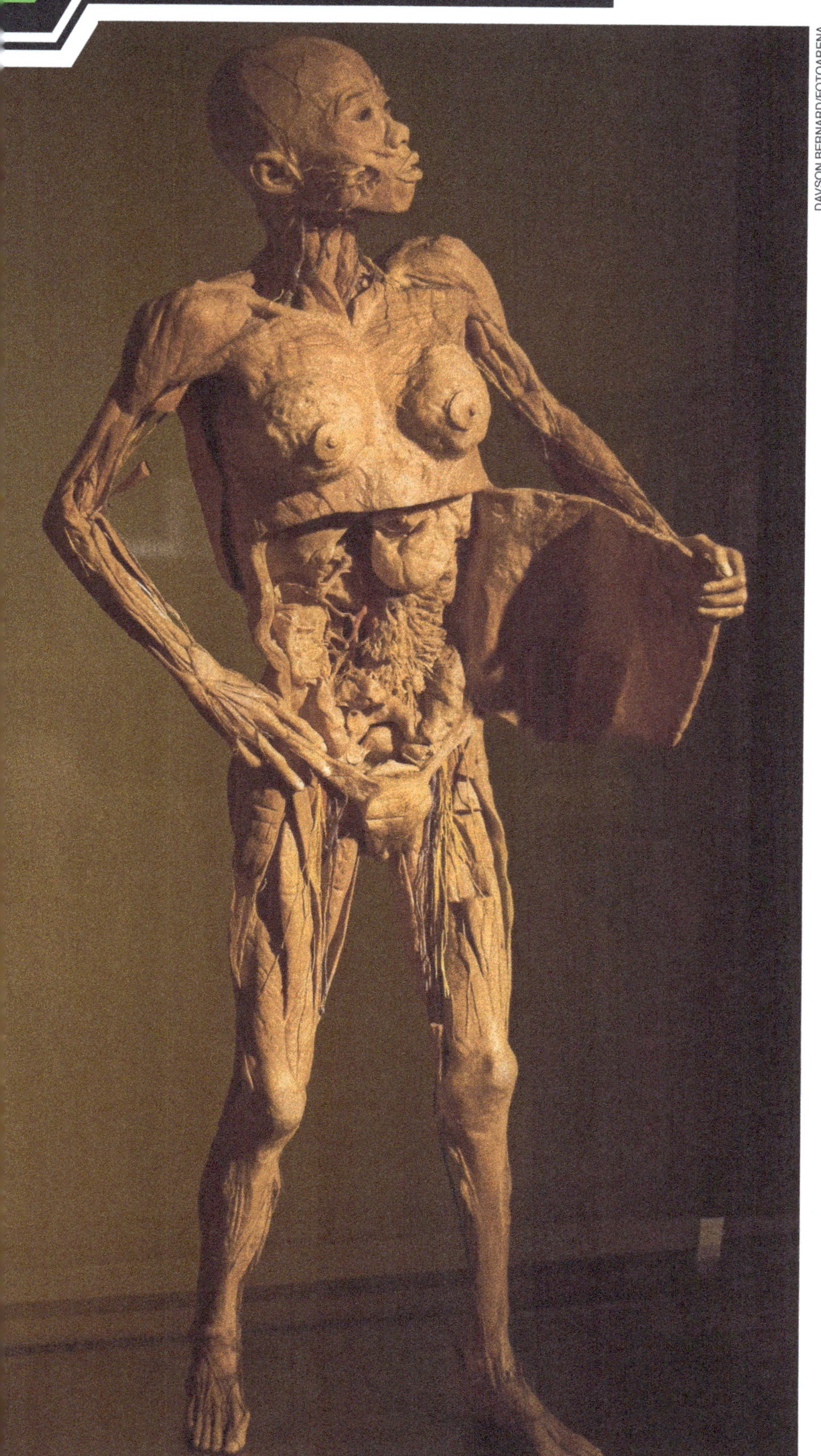

DAVSON BERNARD/FOTOARENA

De que trata este capítulo

A ideia de que a prática regular de atividade física é essencial ao bom funcionamento do organismo vem desde a Grécia Antiga e é comprovada pela ciência. Pesquisas médicas e biológicas sobre o desempenho esportivo do corpo humano têm focalizado sobretudo os músculos. Hoje sabemos, por exemplo, que os músculos de um maratonista têm constituição diferente dos de um corredor de 100 metros rasos. Sabemos também como os diversos tipos de treinamento físico podem afetar os músculos, modificando-os e aumentando sua força e resistência.

As pesquisas também têm levado a compreender melhor o que ocorre com nossos músculos ao longo da vida, tornando possível prolongar a atividade motora e a saúde, mesmo em idades mais avançadas.

Os músculos são fundamentais em nossas atividades diárias, mas não podemos nos esquecer de seu aliado na produção dos movimentos corporais: o esqueleto. É o trabalho conjunto de músculos e ossos, coordenado pelo sistema nervoso, que nos permite realizar desde os movimentos mais simples, necessários às atividades cotidianas, até os movimentos mais precisos e elaborados que as práticas esportivas requerem.

Neste capítulo estudaremos como os músculos e o esqueleto atuam em conjunto, produzindo os mais diversos tipos de movimento corporal. Antes, porém, estudaremos o revestimento corporal – a pele – que garante a proteção e o isolamento necessários ao funcionamento adequado dos sistemas corporais internos.

A maneira como os músculos se relacionam com o esqueleto é bem representada na montagem exibida na exposição internacional do corpo humano, em que a pele foi removida para mostrar o interior do corpo. (Recife, PE, 2016).

Objetivos

Objetivo geral

- Reconhecer em si mesmo as bases estruturais do corpo humano e os princípios fisiológicos que permitem a movimentação corporal, valorizando a necessidade de um cuidado permanente com o corpo para manter boa qualidade de vida.

Objetivos didáticos

- Conhecer a estrutura e as principais funções da pele humana e de seus anexos.
- Compreender os aspectos básicos do funcionamento dos músculos e a importância do antagonismo muscular na realização dos movimentos corporais.
- Conhecer os componentes do sistema esquelético e reconhecer a importância das articulações nos diversos tipos de movimentação corporal.

20.1 A pele humana

A pele humana é um órgão complexo, responsável por diversas funções. Além de auxiliar na manutenção da temperatura corporal e proteger o corpo de agentes físicos, químicos e biológicos, ela contém os receptores responsáveis pela sensibilidade tátil.

A pele é formada por dois tecidos firmemente unidos entre si: o mais externo é a epiderme, que se origina do ectoderma do embrião; o mais interno é a derme, que se origina do mesoderma embrionário.

Epiderme

A epiderme (do grego *epi*, sobre, acima, e *derma*, pele) é um tecido epitelial constituído por camadas de células sobrepostas, bem aderidas umas às outras. A epiderme tem normalmente quatro camadas, ou estratos. Na camada mais interna, denominada **camada germinativa**, ou camada basal, há contínua produção de novas células por mitose. As células recém-formadas empurram as camadas celulares acima delas; assim, durante sua vida, as células epidérmicas vão se deslocando da região mais profunda do tecido, onde se formaram (camada germinativa), para a porção mais externa da pele.

Durante o trajeto, as células epidérmicas passam por diversas transformações: achatam-se e ancoram-se firmemente às vizinhas (**camada espinhosa**), produzem queratina, proteína fibrosa e resistente (**camada granulosa**), e finalmente morrem, transformando-se em estruturas achatadas, com forma de escama, repletas de queratina, constituindo a **camada queratinizada**, ou camada córnea, que se renova aproximadamente a cada três semanas. **(Fig. 20.1)**

Na camada mais profunda da epiderme há células especializadas na produção de melanina, o pigmento de cor marrom-escura que dá cor à pele e aos pelos, protegendo o organismo dos efeitos deletérios da radiação ultravioleta da luz solar. Essas células são os **melanócitos**. Embora a quantidade de melanócitos seja semelhante em todas as pessoas, indivíduos de pele clara têm menor quantidade de melanina nos melanócitos que os de pele escura. A exposição à radiação solar estimula a produção de melanina levando ao bronzeamento da pele.

Entre as células epidérmicas também estão presentes **células dendríticas** (células de Langerhans), que participam do processo de reconhecimento e destruição de agentes estranhos que invadam a pele.

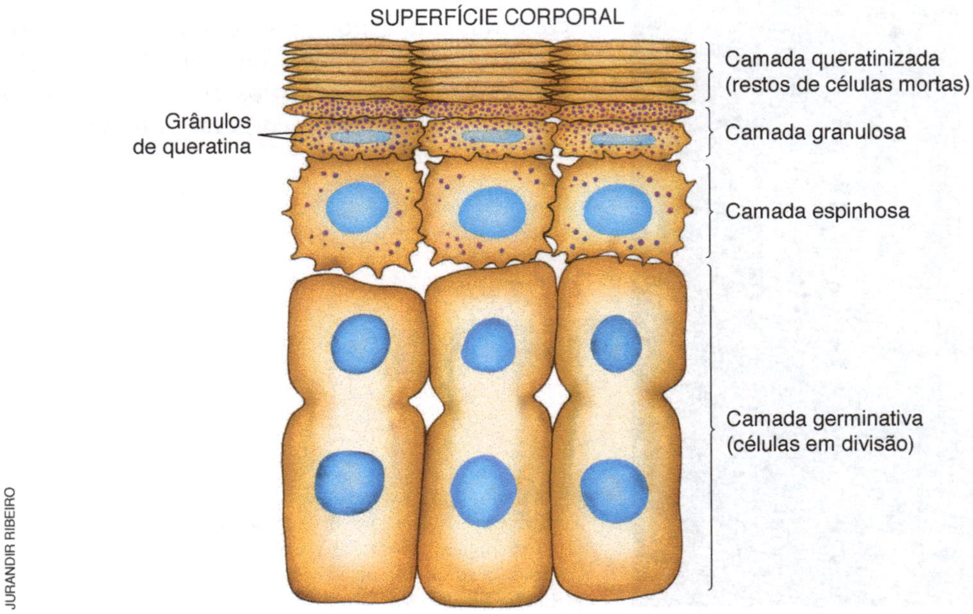

SUPERFÍCIE CORPORAL

Grânulos de queratina

Camada queratinizada (restos de células mortas)

Camada granulosa

Camada espinhosa

Camada germinativa (células em divisão)

JURANDIR RIBEIRO

Figura 20.1 Representação esquemática das quatro camadas celulares da epiderme.

Derme

A derme é o tecido conjuntivo que garante suporte e nutrição às células da epiderme. Como todo tecido conjuntivo, a derme apresenta células separadas por grande quantidade de material intercelular. As principais células dérmicas são os **fibroblastos**, que produzem fibras proteicas e um material de consistência gelatinosa que preenche os espaços intercelulares.

As fibras da derme podem ser de três tipos: **fibras colágenas** (mais espessas e resistentes), **fibras elásticas** (mais finas e elásticas) e **fibras reticulares** (ainda mais finas e entrelaçadas). É o conjunto dessas fibras que confere a resistência e a elasticidade típicas da pele.

Além de abrigar as raízes dos pelos, as glândulas sebáceas e as glândulas sudoríparas, a derme contém vasos sanguíneos, vasos linfáticos e terminações nervosas sensitivas. **(Fig. 20.2)**

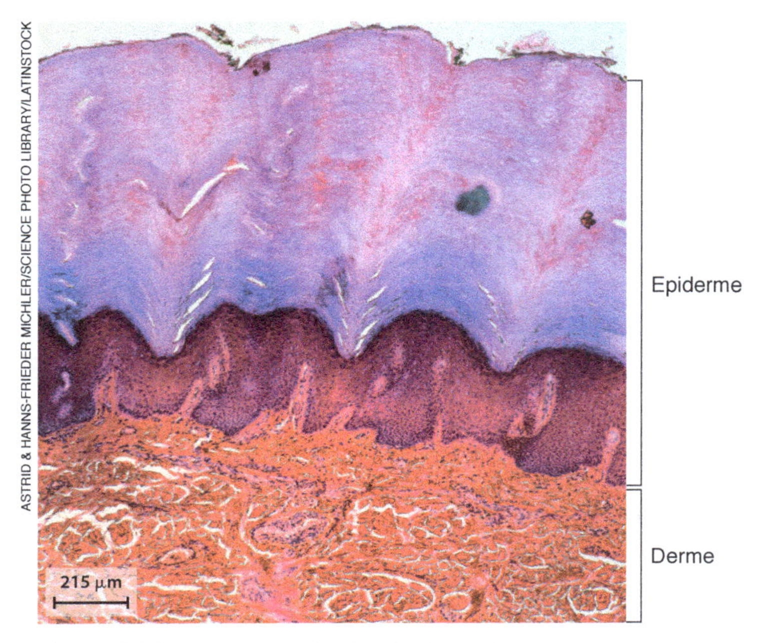

Figura 20.2 Fotomicrografia da pele de um dedo em corte evidenciando a epiderme e a derme. A porção superior da epiderme, corada em roxo, é a camada queratinizada. (Microscópio fotônico; cores artificiais.)

Imediatamente abaixo da derme há um tecido conjuntivo frouxo, denominado **tela subcutânea**, ou hipoderme, rica em fibras e em células que armazenam gordura (células adiposas). Além de constituir reserva de energia, a gordura acumulada age como isolante térmico do corpo. Apesar de estar associada à pele a tela subcutânea não é considerada parte dela.

Anexos da pele

A epiderme, em interação com a derme, é responsável pela formação dos chamados anexos da pele: os pelos, as glândulas sebáceas, as glândulas sudoríparas e as unhas.

Pelos são finos bastões de queratina resultantes da compactação de restos de células epidérmicas mortas. Eles se formam no interior de invaginações epidérmicas denominadas **folículos pilosos**. Cada folículo piloso está ligado a um pequeno músculo eretor, que permite a movimentação do pelo, e a glândulas sebáceas, que o lubrificam.

Glândulas sebáceas são pequenas bolsas constituídas por células epiteliais glandulares, localizadas na derme, junto aos folículos pilosos, nos quais lançam sua secreção oleosa; esta se espalha pela superfície epidérmica, lubrificando-a. Em apenas 1 cm^2 de pele pode haver mais de uma dezena de glândulas sebáceas associadas a pelos.

Glândulas sudoríparas são estruturas tubulares enoveladas, localizadas na derme, que eliminam na superfície corporal o **suor**, solução aquosa que contém íons Na^+, K^+ e Cl^-, além de ureia, amônia, ácido úrico, entre outras substâncias. As glândulas sudoríparas estão presentes em todo o corpo, exceto em determinadas regiões, como na glande do pênis e na margem dos lábios. Em certas regiões do corpo pode haver cerca de 60 glândulas sudoríparas em apenas 1 cm^2 de pele. O suor eliminado na pele, ao evaporar, absorve calor da superfície corpórea, promovendo o resfriamento do corpo.

Unhas são placas de queratina presentes nas pontas dos dedos. Nos pés elas auxiliam no equilíbrio ao caminhar; nas mãos facilitam a apreensão e a manipulação de objetos. A unha cresce pela contínua compactação de restos de células mortas repletas de queratina que se formam no chamado **leito ungueal**, dobra epidérmica perto da ponta do dedo, na base da unha. **(Fig. 20.3)**

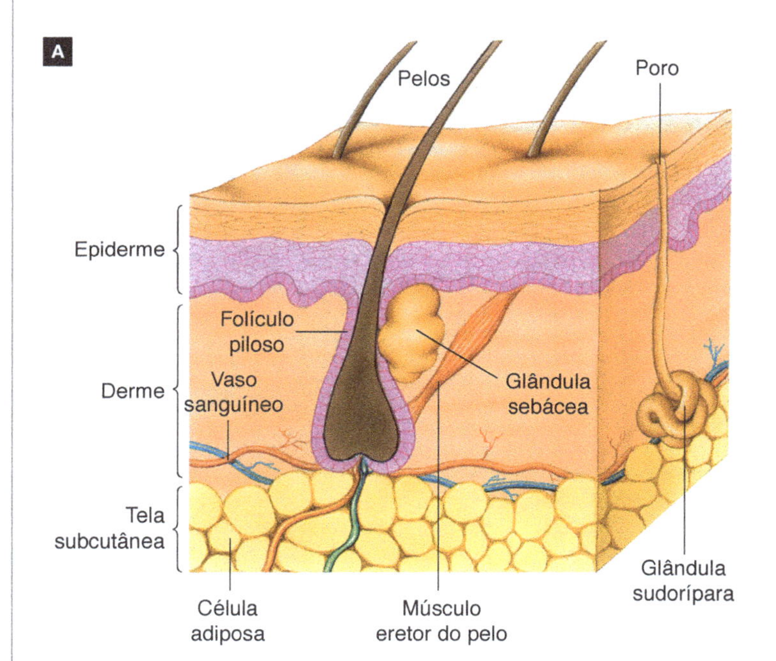

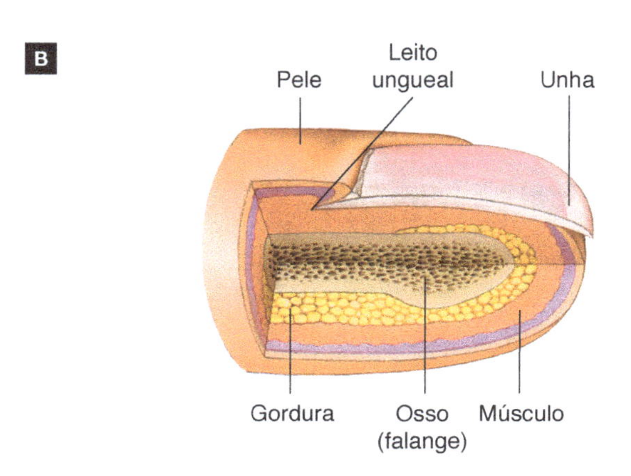

Figura 20.3 **A.** Representação esquemática de pele humana em corte, mostrando pelos, uma glândula sebácea e uma glândula sudorípara. **B.** Representação esquemática da extremidade de um dedo humano em corte.

Funções da pele

A pele humana atua como barreira protetora contra agentes físicos, químicos e biológicos. A camada de células mortas da epiderme, por exemplo, nos protege de atritos e arranhões. As secreções das glândulas sebáceas e das glândulas sudoríparas contêm substâncias que matam diversos tipos de microrganismos. Entretanto, na pele vive uma flora bacteriana normal que não nos causa dano; eventualmente, a proliferação excessiva dessas bactérias pode provocar um odor característico, que pode ser evitado com higiene corporal adequada.

A pele desempenha papel essencial na manutenção da temperatura do corpo. Quando este se aquece, impulsos nervosos causam dilatação de vasos sanguíneos dérmicos, com maior circulação de sangue na pele. Com isso, aumenta a irradiação de calor para o meio e o corpo esfria. Em dias frios os vasos sanguíneos da pele se contraem, com diminuição do sangue circulante na superfície corporal e consequente redução da irradiação de calor.

Além de tantas funções importantes, a pele é sensível a estímulos mecânicos, térmicos ou dolorosos, captados por inúmeras terminações nervosas. **(Fig. 20.4)**

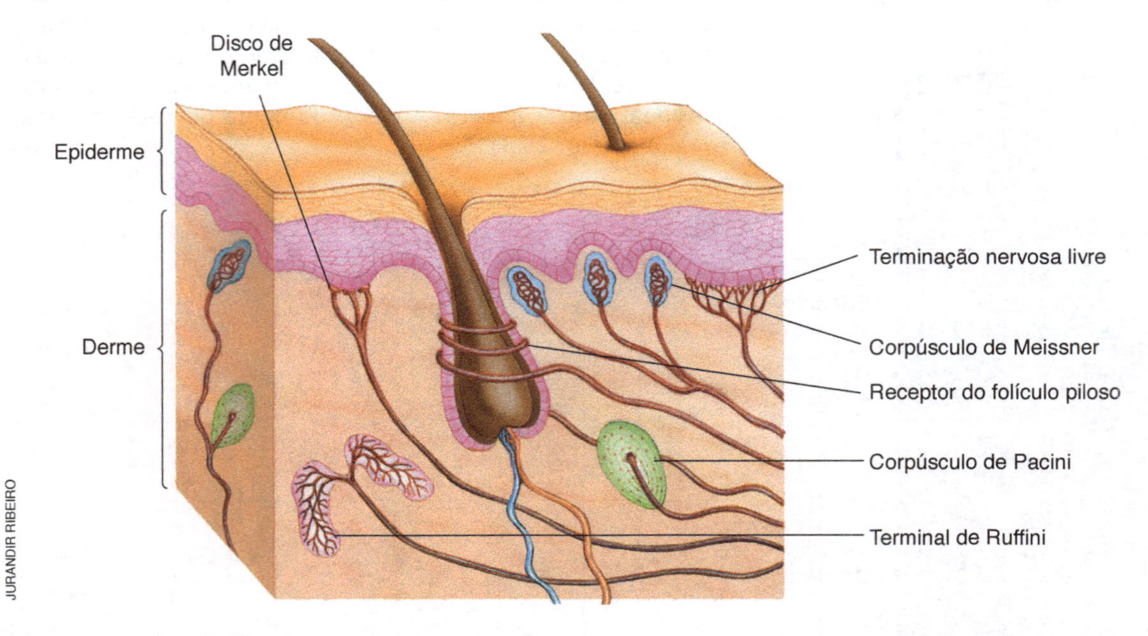

Figura 20.4 Representação esquemática de pele humana em corte, mostrando receptores sensoriais. O disco de Merkel capta estímulos de pressão e tração; o terminal de Ruffini percebe estímulos de estiramento e pressão. O corpúsculo de Pacini capta estímulos táteis e de vibrações; o corpúsculo de Meissner capta estímulos táteis. As terminações nervosas livres percebem estímulos mecânicos, térmicos e dolorosos; o receptor do folículo piloso capta a movimentação do pelo.

Agora você pode resolver as atividades de 1 a 6, 30, 32, 38 e 40.

20.2 Sistema muscular

Músculos do corpo humano

A locomoção e a movimentação de partes do corpo, a circulação do sangue nos vasos sanguíneos, o deslocamento do alimento no tubo digestório, a eliminação de saliva pelas glândulas salivares e a eliminação de urina são alguns exemplos de ações que dependem da atividade muscular. Os músculos são responsáveis por cerca de metade da massa corporal de uma pessoa saudável. De forma análoga, eles podem ser comparados a motores que utilizam a energia dos nutrientes para a movimentação do corpo.

Músculos são órgãos constituídos basicamente por **tecido muscular**, cujas células são especializadas em se contrair. No corpo humano há três tipos de tecido muscular: estriado esquelético, estriado cardíaco e não estriado (ou liso).

O tecido muscular estriado esquelético constitui a maior parte da musculatura de nosso corpo; associados aos ossos, os músculos esqueléticos possibilitam os movimentos e a manutenção da postura corporal. O tecido muscular estriado cardíaco é encontrado apenas no coração, sendo responsável pelos batimentos cardíacos. O tecido muscular não estriado (ou liso) está presente em órgãos viscerais como estômago, intestino etc., em diversas glândulas e nas paredes dos vasos sanguíneos.

Há mais de 650 músculos estriados esqueléticos no corpo humano, com tamanhos e formas variados. Os músculos que movimentam os olhos, por exemplo, são pequenos e delicados, ao passo que os músculos da região glútea (músculos glúteos) são grandes e vigorosos, o que é adequado à sua função de suportar a massa corporal e participar ativamente da locomoção. Exercícios físicos podem ocasionar aumento da massa muscular esquelética; por outro lado, a falta de atividade física pode reduzir em até 20% nossa massa muscular, em apenas duas semanas. **(Fig. 20.5)**

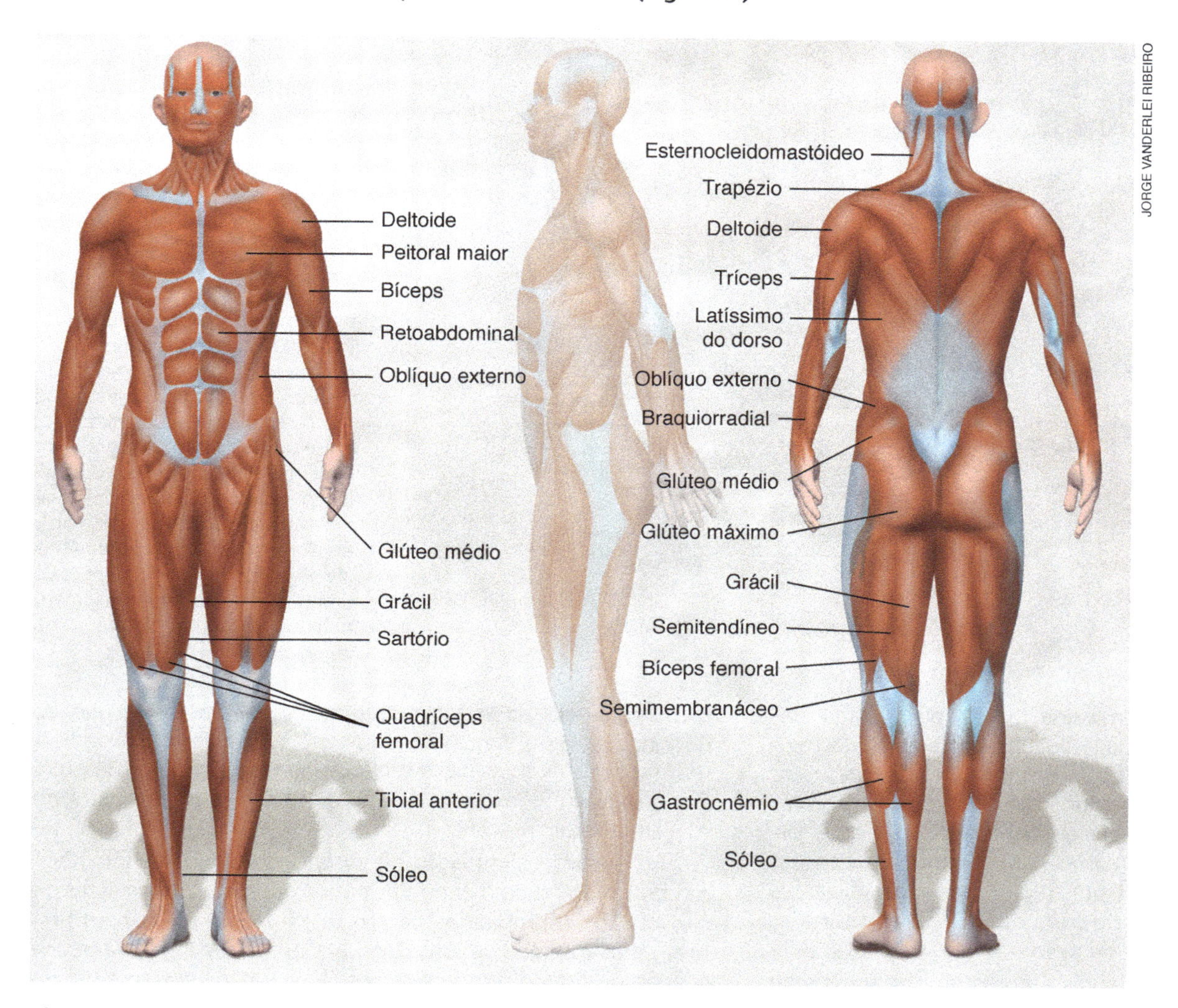

Figura 20.5 Representação esquemática de alguns dos principais músculos estriados esqueléticos do corpo humano, de frente e de costas.

Músculos esqueléticos em ação

Organização do miócito

O constituinte fundamental de um músculo esquelético é o **miócito** (ou fibra muscular), uma célula alongada e multinucleada, dotada de grande capacidade de contração. Um miócito pode atingir entre 10 e 100 micrômetros de diâmetro e de alguns milímetros até cerca de 30 centímetros de comprimento. Internamente ela contém grande quantidade de filamentos – miofibrilas – com cerca de 1 a 2 micrômetros de diâmetro, que percorrem todo o miócito no sentido longitudinal.

As miofibrilas apresentam um padrão de faixas transversais que se repete a cada 2,2 micrômetros e constitui a unidade contrátil do músculo estriado: o **miômero**, ou sarcômero. O padrão de faixas, ou estrias, das miofibrilas dos músculos estriados deve-se à organização dos filamentos das proteínas actina e miosina nos miômeros. Ao microscópio é possível visualizar que cada miômero é delimitado por linhas transversais escuras, as chamadas linhas Z. Dessas linhas partem os filamentos de actina, que formam a banda I, visualizada ao microscópio como uma faixa clara.

Os filamentos de miosina, mais grossos, são os componentes principais da banda A, que ao microscópio é visualizada como uma faixa mais escura. A banda A se localiza entre duas bandas I e é dividida pela zona H, onde são encontrados apenas filamentos de miosina. A contração muscular ocorre pelo deslizamento dos filamentos de actina sobre os filamentos de miosina determinando o encurtamento dos miômeros (o tamanho da banda I e da zona H diminuem). **(Fig. 20.6)**

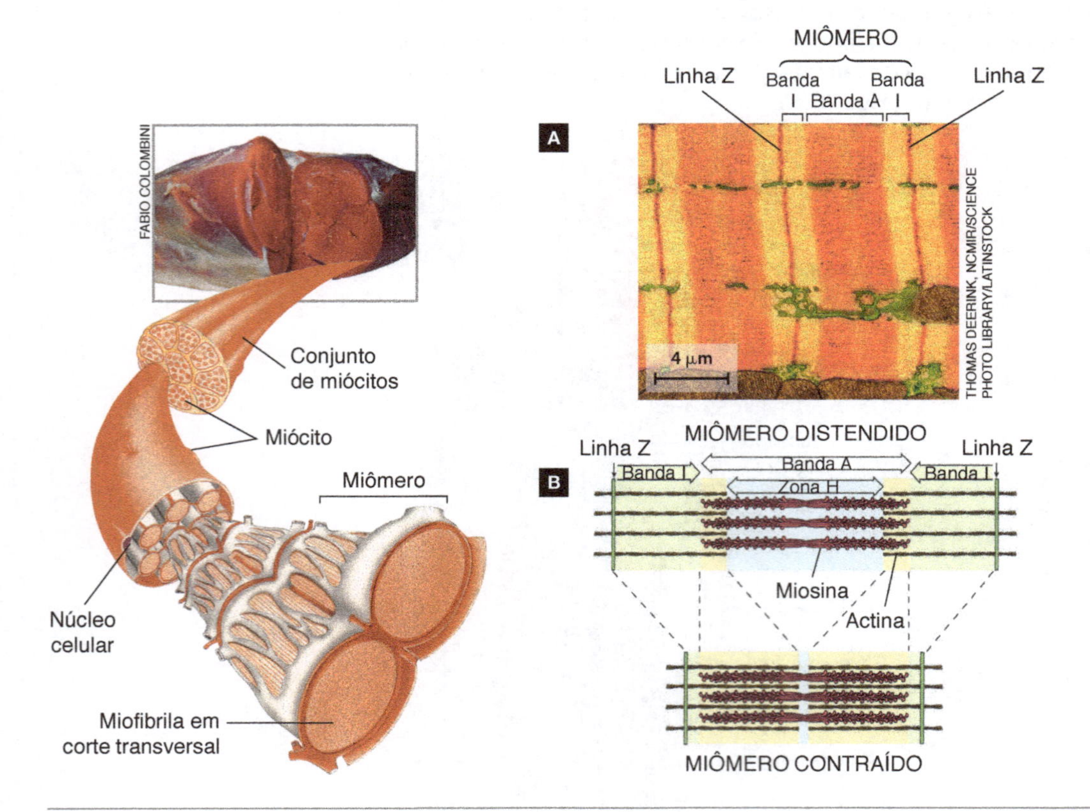

Figura 20.6 À esquerda, fotografia de músculo de vaca cortado, acompanhado de representação esquemática de ampliações sucessivas da organização microscópica até o nível de miômero. À direita, em **A**, fotomicrografia de miômeros em corte longitudinal (microscópio eletrônico de transmissão; cores artificiais); em **B**, representação esquemática da organização dos filamentos de miosina e de actina em miômero distendido (acima) e contraído (abaixo).

Há dois tipos básicos de miosina: tipo I, ou miosina lenta, e tipo II, ou miosina rápida. Miócitos portadores de miosina tipo II (fibras rápidas) contraem-se cerca de dez vezes mais depressa que os miócitos portadores de miosina tipo I (fibras lentas). Fibras lentas são mais eficientes na realização de esforço moderado e prolongado, como o necessário em corridas de longa distância e ciclismo. Fibras rápidas são mais eficientes para realizar esforços intensos de curta duração, como corridas de velocidade e levantamento de peso.

A proporção entre fibras lentas e fibras rápidas é mais ou menos equivalente na maioria dos adultos saudáveis. Algumas pessoas, porém, têm maior porcentagem de fibras de um tipo ou de outro. E é exatamente isso que as qualifica para atividades atléticas como a maratona, que exige maior quantidade de fibras lentas, ou para corridas de 100 metros rasos, que exigem maior quantidade de fibras rápidas. O treinamento é capaz de modificar, até certo ponto, a proporção entre fibras lentas e fibras rápidas nos músculos.

Dinâmica da contração muscular

A contração de um miócito é desencadeada pela terminação nervosa associada a ele. O estímulo nervoso se propaga para o interior do miócito e provoca a liberação de íons Ca^{2+} armazenados no interior de bolsas do retículo endoplasmático. Os íons Ca^{2+} espalham-se pelo citosol e entram em contato direto com as miofibrilas, provocando sua contração.

A presença dos íons Ca^{2+} promove, simultaneamente, a ligação da miosina à actina e a hidrólise de moléculas de ATP, com mudanças na estrutura tridimensional das moléculas de miosina. Essas mudanças fazem as moléculas de actina deslizarem sobre as de miosina, resultando na contração do músculo. Ocorre, assim, conversão da energia química armazenada no ATP em energia mecânica.

Ao cessar a estimulação nervosa, cessa a saída de íons Ca^{2+} das bolsas do retículo endoplasmático; íons Ca^{2+} ainda livres no citosol são rebombeados para o interior das bolsas membranosas. Na ausência de íons Ca^{2+}, a miosina separa-se da actina e os miômeros distendem-se, provocando o relaxamento do miócito.

A energia para a contração muscular provém das moléculas de ATP, produzidas nas mitocôndrias durante a respiração aeróbica ou pela fermentação láctica. O estoque de ATP disponível na célula muscular é suficiente para manter a contração por, no máximo, 1 a 2 segundos. No entanto, os músculos dispõem de um reservatório extra de energia, na forma de **fosfato de creatina**, ou fosfocreatina. Essa substância apresenta uma ligação fosfato de alta energia em suas moléculas e está presente nos miócitos em uma concentração cerca de 5 vezes maior que a de ATP. À medida que o estoque de ATP vai sendo utilizado, as ligações fosfato das moléculas de fosfato de creatina são rompidas e a energia liberada permite a ligação do grupo fosfato ao ADP, reconstituindo o ATP.

Quando a atividade do miócito diminui, grupos fosfato de moléculas de ATP geradas na respiração celular são novamente transferidos para moléculas de creatina, repondo o estoque de fosfato de creatina, que representa a fonte indireta de energia para a contração muscular. (**Fig. 20.7** na página seguinte)

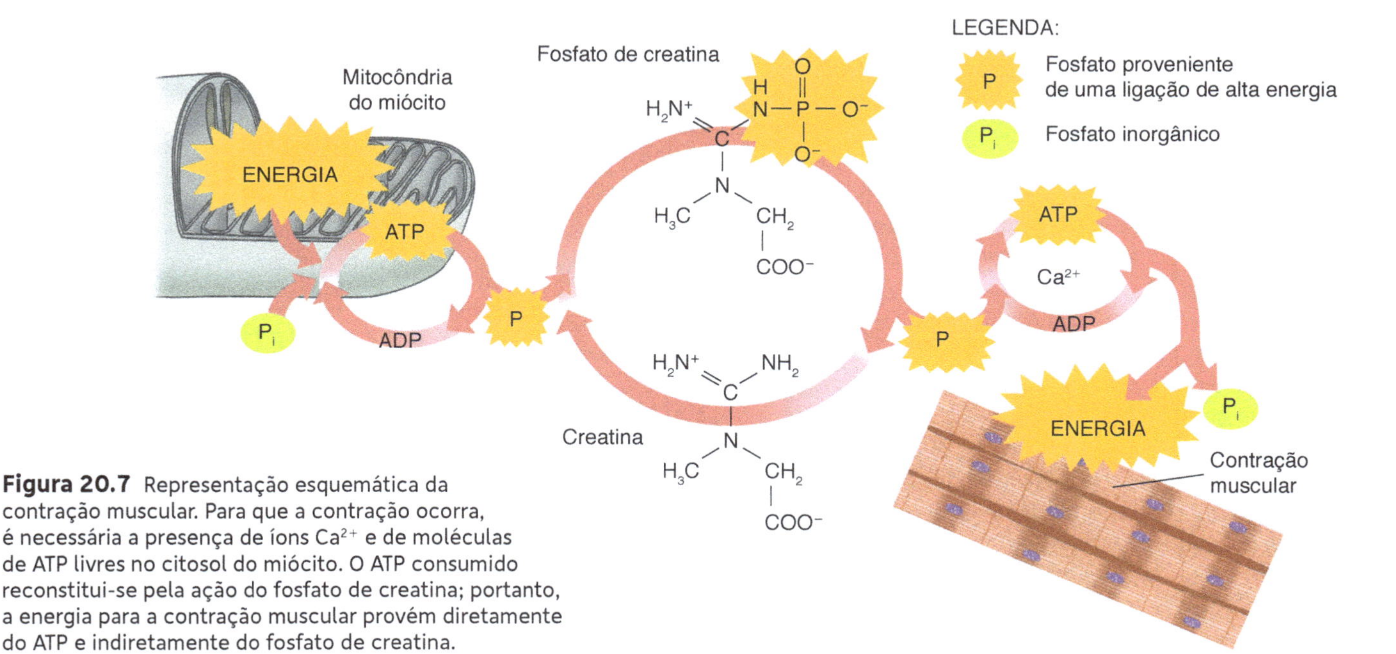

Figura 20.7 Representação esquemática da contração muscular. Para que a contração ocorra, é necessária a presença de íons Ca^{2+} e de moléculas de ATP livres no citosol do miócito. O ATP consumido reconstitui-se pela ação do fosfato de creatina; portanto, a energia para a contração muscular provém diretamente do ATP e indiretamente do fosfato de creatina.

As células musculares esqueléticas armazenam grande quantidade de **glicogênio**, polissacarídio formado por unidades de glicose unidas em cadeia. O glicogênio é um reservatório de energia de médio prazo para as células, pois pode ser transformado em moléculas de glicose, utilizadas na respiração celular para gerar ATP.

Durante um exercício físico muito intenso a quantidade de gás oxigênio que chega aos músculos pode não ser suficiente para suprir as necessidades respiratórias dos miócitos. Nesse caso, após se esgotarem as reservas de gás oxigênio ligado à **mioglobina**, os miócitos passam a produzir ATP por meio da fermentação láctica. Esse processo, embora tenha um rendimento menor que a respiração aeróbica, garante a produção de ATP na situação de emergência. Uma consequência dessa fermentação, porém, é a produção de ácido láctico ($C_3H_6O_3$), cujo acúmulo nos músculos causa dor e intoxicação dos miócitos. O ácido láctico produzido nos músculos é transportado pelo sangue até o fígado e os rins, nos quais é reconvertido em glicose por meio da gliconeogênese.

A **gliconeogênese** (ou neoglicogênese) é um processo metabólico em que glicose é produzida a partir de precursores não glicídicos, como ácido láctico, aminoácidos e glicerol. Cerca de 90% da gliconeogênese ocorrem nas células do fígado; os 10% restantes ocorrem nos rins.

Antagonismo muscular

As extremidades dos músculos estriados esqueléticos são geralmente afiladas e terminam em cordões fibrosos altamente resistentes de tecido conjuntivo, os **tendões**, que ligam os músculos aos ossos.

Ao se contrair um músculo estriado esquelético puxa os ossos aos quais ele está ligado; entretanto, ao relaxar, o músculo não consegue empurrar os ossos. Por isso os músculos esqueléticos atuam geralmente em duplas, com movimentos antagônicos: enquanto a contração de um músculo produz movimento em um sentido, a contração do outro produz movimento em sentido contrário.

Uma dupla de músculos de nosso braço, o bíceps e o tríceps, exemplifica esse antagonismo muscular. O bíceps está ligado aos ossos do ombro e ao osso rádio; ao se contrair, ele puxa o antebraço para cima. O tríceps prende-se aos ossos do ombro e ao osso ulna; sua contração produz a extensão do antebraço. (**Fig. 20.8**)

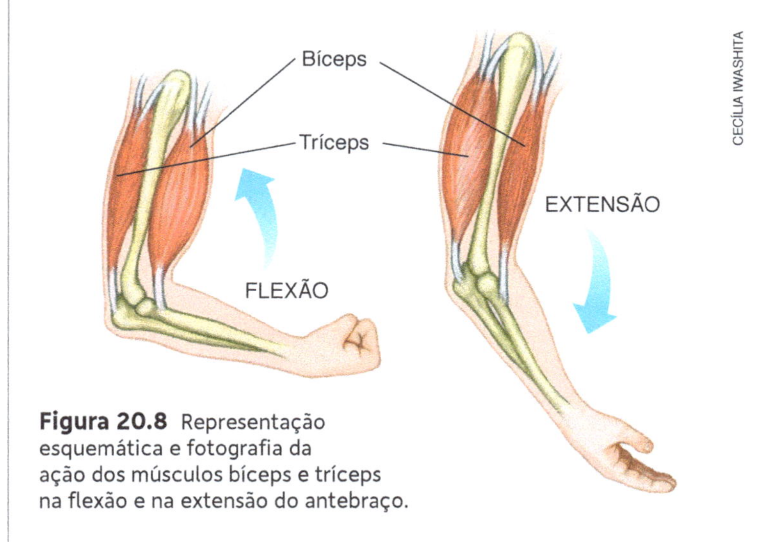

Figura 20.8 Representação esquemática e fotografia da ação dos músculos bíceps e tríceps na flexão e na extensão do antebraço.

Grau de contração muscular

Um músculo esquelético se contrai quando as terminações de um nervo lançam sobre ele a substância neurotransmissora **acetilcolina**. Isso ocorre nas sinapses neuromusculares, estreitos espaços entre as terminações axônicas e as membranas celulares dos miócitos. A acetilcolina liberada pelo axônio liga-se a receptores da membrana do miócito, gerando nela um potencial de ação que desencadeia o processo de contração.

Um miócito se contrai totalmente ou não se contrai. Assim, se o estímulo nervoso for suficientemente intenso para estimular o miócito, ele se contrairá com o máximo de sua capacidade; se o estímulo não for suficientemente forte, o miócito simplesmente não se contrairá.

O grau de contração de um músculo depende da quantidade de miócitos estimulados. Quando o estímulo nervoso é fraco só alguns miócitos são estimulados e o resultado é uma contração fraca do músculo. No caso de uma estimulação forte, muitos miócitos são estimulados simultaneamente e a contração do músculo é intensa.

Quando flexionamos o antebraço, por exemplo, podemos fazê-lo com maior ou menor intensidade, o que pode ser percebido pelo grau de contração do bíceps, que será tanto maior quanto mais miócitos estiverem contraídos.

Um miócito consegue manter-se contraído por pouco tempo, algo em torno de alguns milésimos de segundos. Entretanto, o músculo inteiro pode se manter contraído por longo tempo, o que ocorre, por exemplo, quando seguramos um objeto pesado. Como isso pode ser explicado?

A manutenção de um músculo em estado de contração é possível porque, enquanto durar a estimulação nervosa, haverá alternância entre os miócitos contraídos e os relaxados. Em condições normais os músculos esqueléticos sempre apresentam uns poucos miócitos contraídos. Quando esses miócitos relaxam, outros se contraem em seu lugar, de modo que todo músculo apresenta um estado permanente de atividade ou tensão muscular, conhecido por **tônus muscular**.

O tônus é responsável pela firmeza dos músculos, importante na manutenção da postura do corpo. O tônus muscular depende da inervação por neurônios motores; além de manter os músculos preparados para a contração, é essencial para a manutenção da atividade vital das células musculares.

Contração isotônica e contração isométrica

A força que a contração de um músculo exerce sobre um objeto é chamada de **tensão muscular**; a força que a massa de um objeto exerce sobre um músculo é a **resistência**.

Quando flexionamos o braço para suspender um objeto, por exemplo, o bíceps exerce sobre ele uma tensão muscular e o peso do objeto exerce sobre o músculo uma resistência. Dependendo da massa do objeto, seremos ou não capazes de erguê-lo. Se a resistência não exceder a capacidade do músculo a contração fará o bíceps encurtar e o objeto será suspenso pelo antebraço.

A contração muscular pode ser isotônica ou isométrica. Quando a tensão muscular é constante durante a contração, fala-se em **contração isotônica** (do grego *iso*, igual, semelhante; e *tonus*, tensão). Nesse tipo de contração o comprimento do músculo se altera. Se não ocorre encurtamento ou extensão do músculo durante a contração fala-se em **contração isométrica** (do grego *iso*, igual, semelhante; e *metrikós*, medida).

O movimento dos membros inferiores, por exemplo, requer contração isotônica, enquanto a manutenção da postura envolve contração isométrica.

Agora você pode resolver as atividades de 7 a 15, 28, 31, 33 a 35, 39 e 41 a 44.

20.3 Sistema esquelético

Estrutura do esqueleto

O conjunto de peças ósseas e cartilaginosas que dá sustentação ao corpo humano constitui o **esqueleto**, que protege os órgãos internos e participa da movimentação do corpo, servindo de ponto de apoio para os músculos esqueléticos. Além dessas funções, o esqueleto atua como reserva de cálcio e local de formação de células do sangue, uma vez que no interior de certos ossos há **tecido hematopoiético**.

Além de ossos, o esqueleto humano apresenta estruturas associadas, como cartilagens, tendões e ligamentos.

Articulações ósseas

Articulação óssea é o local onde dois ou mais ossos estabelecem contato. Em certas articulações os ossos podem movimentar-se um em relação ao outro, como ocorre no cotovelo, por exemplo. Essas são as chamadas articulações móveis. Outras articulações são fixas, com os ossos firmemente unidos entre si. É o que ocorre em nosso crânio, cujos ossos formam uma caixa resistente que abriga e protege o encéfalo. **(Fig. 20.9)**

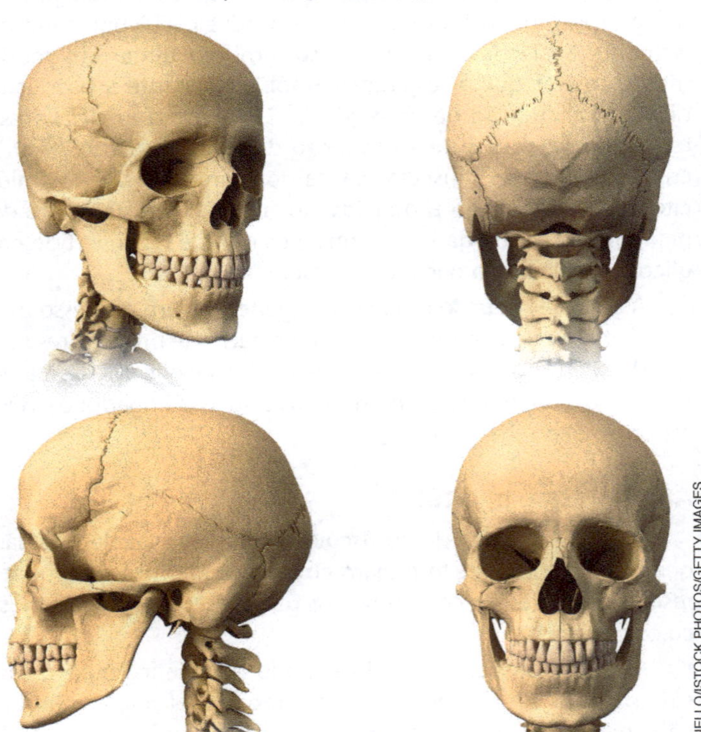

LEONELLO/ISTOCK PHOTOS/GETTY IMAGES

Figura 20.9 Crânio humano em diferentes posições, com as articulações fixas visíveis na forma de linhas irregulares entre os ossos, cujo encaixe fortalece a articulação.

As articulações ósseas móveis podem ser de vários tipos. No ombro, por exemplo, o osso úmero apresenta uma terminação esférica que se encaixa na cavidade da escápula, possibilitando movimentos giratórios dos braços. Já nos joelhos e cotovelos as articulações são como dobradiças, possibilitando movimentos de flexão em um único plano.

Os ossos de uma articulação móvel têm que deslizar suavemente e sem atrito um sobre o outro; caso contrário eles se desgastariam. Isso é garantido pela presença de cartilagens lisas nas extremidades dos ossos e pela lubrificação constante por líquidos viscosos.

Os ossos de uma articulação móvel mantêm-se no lugar correto graças aos ligamentos, cordões resistentes constituídos por tecido conjuntivo fibroso. Os ligamentos estão firmemente aderidos ao **periósteo**, a camada de tecido conjuntivo fibroso que reveste os ossos. **(Fig. 20.10)**

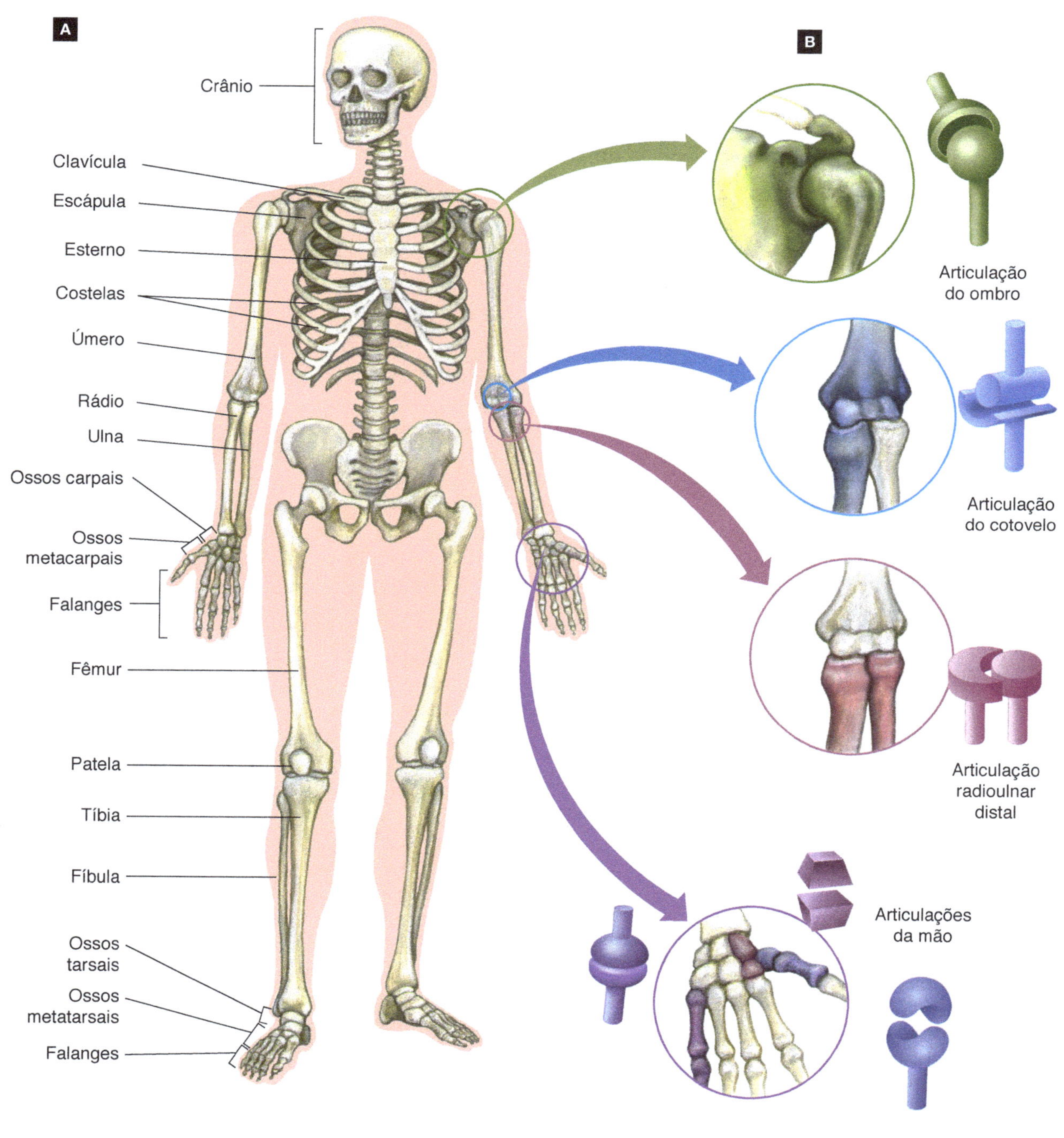

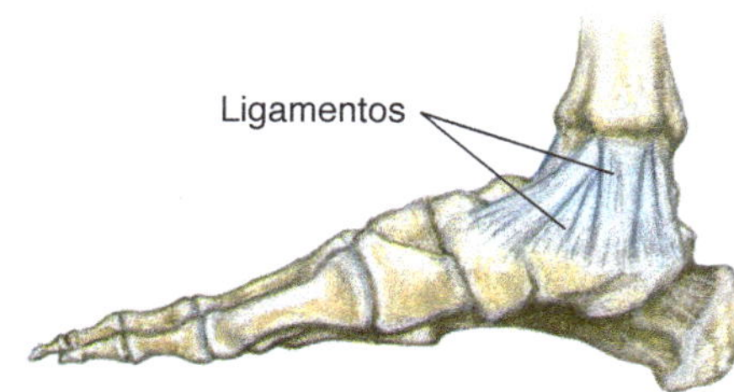

ILUSTRAÇÕES: CECÍLIA IWASHITA

Figura 20.10 A. Representações esquemáticas do esqueleto humano com identificação de alguns ossos e detalhe do esqueleto do pé, mostrando ligamentos unindo os ossos. B. Representação esquemática de alguns tipos de articulações móveis que possibilitam movimentos diversos, como rotação, flexão, extensão e deslizamento.

Uma pessoa adulta tem 206 ossos, responsáveis por cerca de 14% da massa corporal. O maior osso do corpo é o fêmur (o osso da coxa), com cerca de 45 centímetros de comprimento; entre nossos menores ossos estão os presentes na orelha média (bigorna, martelo e estribo), com cerca de 0,25 centímetro cada um.

O esqueleto é dividido em dois grandes conjuntos ósseos: o **esqueleto axial**, constituído pelos ossos da cabeça e da coluna vertebral, incluindo as costelas e o esterno, e o **esqueleto apendicular**, constituído pelos ossos dos **cíngulos dos membros** (superiores e inferiores), dos braços e das pernas (braços e pernas são apêndices corporais, daí a denominação "apendicular"). Os ossos dos cíngulos dos membros, também chamados de cinturas articulares, conectam o esqueleto apendicular ao esqueleto axial.

Esqueleto axial

O **crânio** abriga e protege o encéfalo. Dos 22 ossos do crânio, oito têm forma achatada e abaulada, unindo-se firmemente por articulações fixas. Esses oito ossos constituem o **neurocrânio**, ou caixa craniana. Os outros 14 ossos compõem a **face** (crânio visceral), dos quais o maior é a **mandíbula**, único osso móvel da cabeça e que permite abrir e fechar a boca. **(Fig. 20.11)**

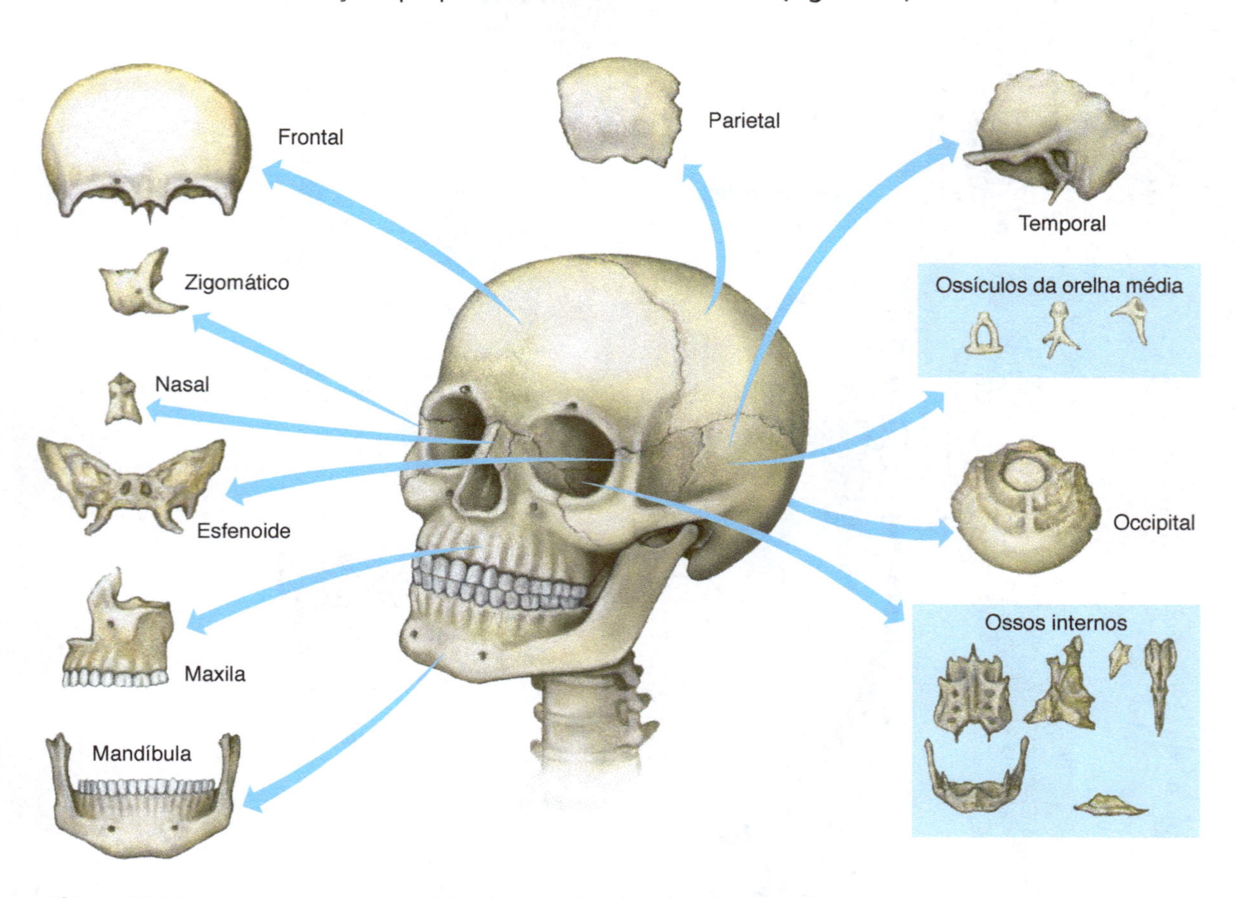

Figura 20.11 Representação esquemática de ossos do esqueleto da cabeça humana.

O tronco forma o eixo corporal, onde se articulam a cabeça e os membros. Ele é formado pela coluna vertebral, pelas costelas e pelo osso esterno.

A **coluna vertebral**, popularmente conhecida como espinha dorsal, é constituída por 33 ossos, as **vértebras**. Nas pessoas adultas algumas vértebras se fundem, reduzindo seu número para 26.

As vértebras articulam-se em sequência e unem-se por meio de ligamentos, formando um eixo ósseo firme e flexível. A sobreposição dos orifícios presentes nas vértebras forma um tubo interno ao longo da coluna vertebral, onde se localiza a medula espinal. Entre as vértebras há discos de cartilagem resistente, que atuam como amortecedores de choques quando a coluna é pressionada.

As sete primeiras vértebras da coluna são chamadas de vértebras **cervicais** e constituem o pescoço, que sustenta a cabeça. Em seguida há doze vértebras ligadas às costelas – as vértebras **torácicas** –, que formam a caixa torácica. Seguem-se as cinco vértebras **lombares**, as maiores da coluna, que sustentam a parte superior do corpo quando estamos em pé. As cinco vértebras seguintes, denominadas

ILUSTRAÇÕES: CECÍLIA IWASHITA

vértebras sacrais, estão fundidas na pessoa adulta formando o osso **sacro**; este, juntamente com o cíngulo dos membros inferiores (ou cintura pélvica), forma a **pelve**, ou bacia. As quatro últimas vértebras da coluna, as vértebras coccígeas, também se fundem com o passar dos anos, originando o osso **cóccix**. A fusão das vértebras do sacro e do cóccix faz a coluna vertebral das pessoas adultas ter sete ossos a menos que a das crianças.

Cada vértebra torácica está ligada a dois ossos em forma de arco, as **costelas**. Ao todo há doze pares de costelas, que formam a caixa torácica, cuja função é proteger o coração, os pulmões e os principais vasos sanguíneos. Na base da caixa torácica, separando-a do abdômen, há uma membrana musculosa denominada diafragma; em conjunto com os músculos intercostais, o diafragma é responsável pelos movimentos respiratórios.

Os sete pares superiores de costelas unem-se por meio de cartilagens a um osso achatado localizado no meio do peito, o **esterno**. As costelas ligadas ao esterno são chamadas de **costelas verdadeiras**. Os cinco pares de costelas seguintes são mais curtos e suas extremidades unem-se por meio de cartilagens às costelas acima delas, sendo chamadas de **costelas falsas**. Os dois últimos pares de costelas têm as extremidades livres, sendo por isso denominadas **costelas flutuantes**. Algumas pessoas podem apresentar uma costela extra, fenômeno três vezes mais comum em homens que em mulheres. (**Fig. 20.12**)

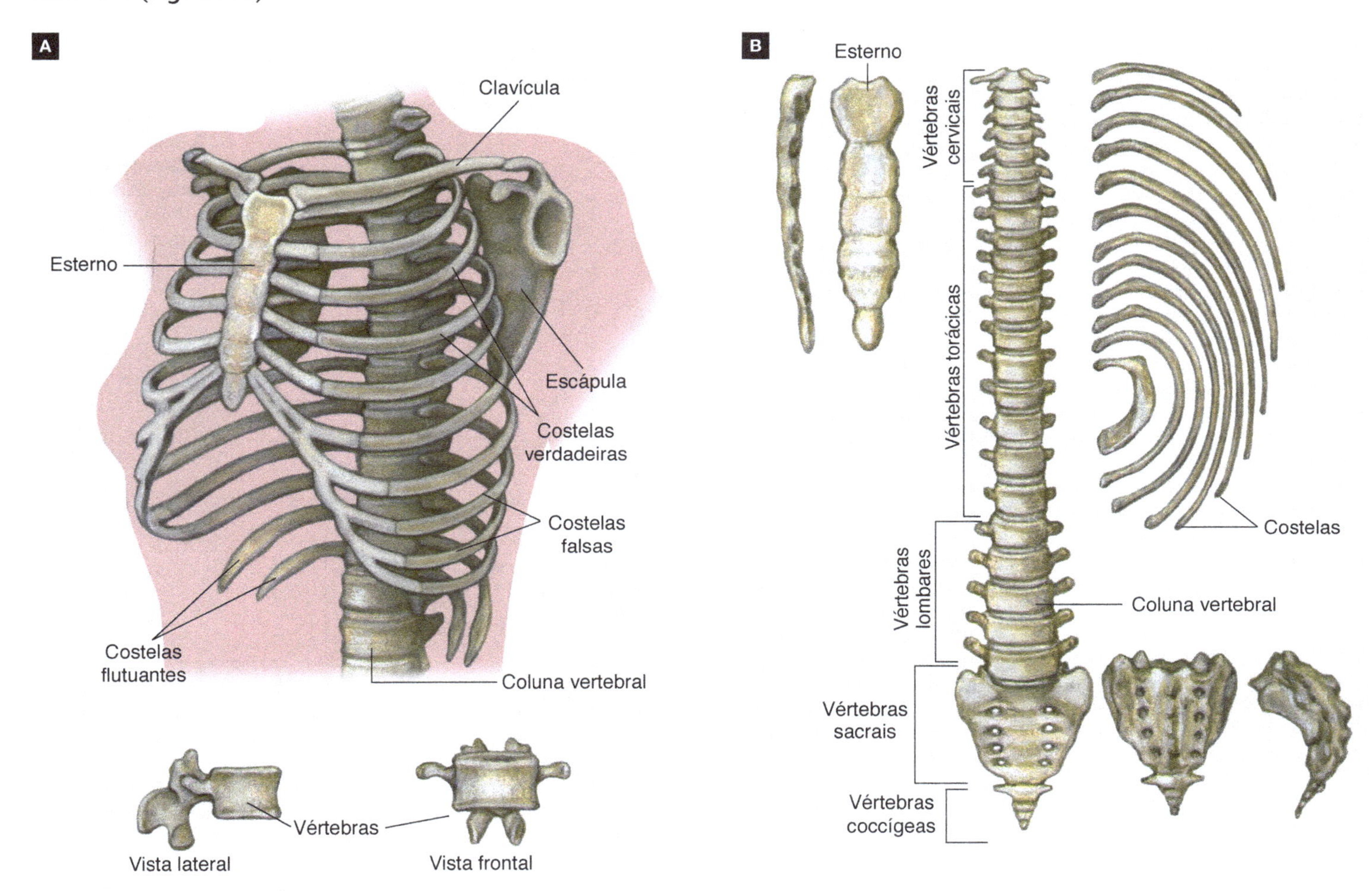

Figura 20.12 **A.** Representação esquemática da caixa torácica humana. **B.** Representação esquemática de detalhe do esterno, da coluna vertebral e das costelas.

ILUSTRAÇÕES: CECÍLIA IWASHITA

Esqueleto apendicular

Cada membro superior é composto de cíngulo, braço, antebraço e mão. A região em que a mão se articula com o antebraço denomina-se **punho**. Cada membro inferior é composto de cíngulo, coxa, perna e pé. A região em que o pé se articula com a perna denomina-se **tornozelo**.

O braço tem um único osso, o **úmero**, que, no cotovelo, se articula com os dois ossos do antebraço, o **rádio** e a **ulna**. No punho o rádio e a ulna se articulam ao carpo, uma região da mão formada por oito ossos, os **carpais**. Ao carpo segue-se o metacarpo, formado por cinco ossos alongados, os **metacarpais**, que se articulam com os ossos dos dedos, as **falanges**.

O esqueleto dos membros superiores prende-se ao esqueleto axial por meio do cíngulo dos membros superiores (ou cintura escapular), constituído pela escápula e pela clavícula. A **escápula** (ou omoplata) é um osso grande e chato, com forma triangular, localizado na parte superior das costas. A **clavícula** é um osso em forma de bastão curvo, situado na parte superior do peito.

A coxa tem um único osso, o **fêmur**, o mais longo osso do corpo. A perna tem dois ossos, a **tíbia** e a **fíbula**. O fêmur articula-se com a tíbia e com a **patela**, um pequeno osso em frente à articulação do joelho, onde também ocorre a articulação da tíbia com a fíbula.

No tornozelo, a tíbia e a fíbula articulam-se com o osso tálus, um dos sete ossos que formam o **tarso** (ossos tarsais), na região posterior do pé. Ao tarso segue-se o **metatarso**, formado por cinco ossos alongados (ossos metatarsais), que se articulam com as **falanges**, os ossos dos artelhos (ou dedos dos pés).

Os membros inferiores ligam-se ao esqueleto axial por meio do cíngulo dos membros inferiores (ou cintura pélvica), formado por um par de ossos, cada um deles resultante da fusão de três outros: o **ílio**, o **ísquio** e o **púbis**. No osso ílio há uma concavidade onde se encaixa a cabeça arredondada do fêmur. **(Fig. 20.13)**

Além de ser a região de ligação dos membros inferiores, o cíngulo dos membros inferiores protege órgãos como a bexiga urinária, parte do intestino grosso e, nas mulheres, o útero. As mulheres têm a pelve mais larga do que os homens, o que é considerado uma adaptação evolutiva ao parto.

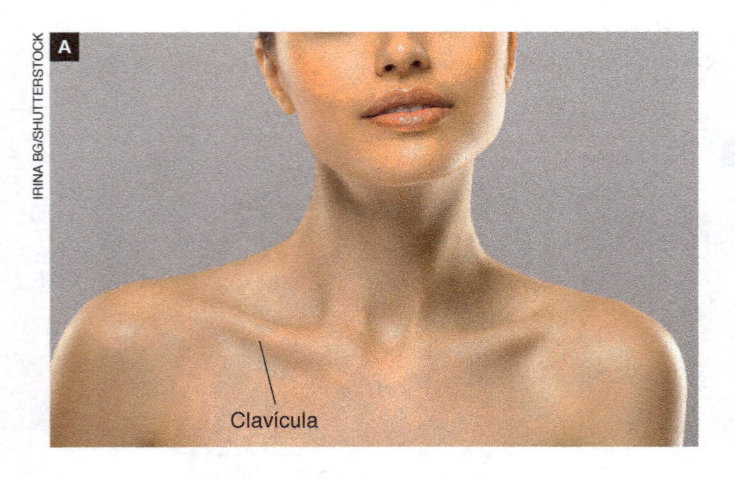

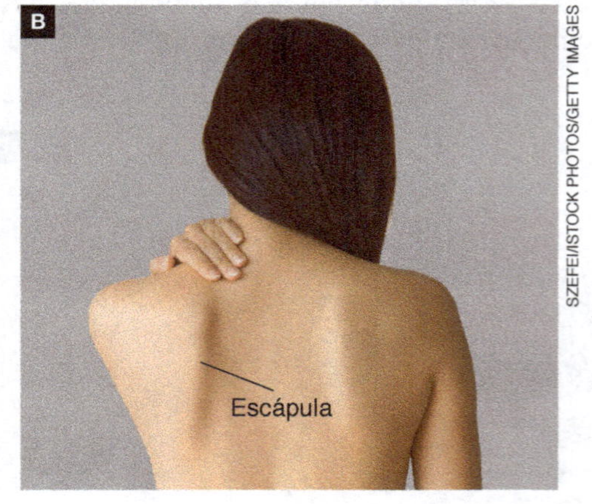

Figura 20.13
A. Clavícula, o osso da "saboneteira". **B.** Escápula, o osso da "asa". **C.** Representação esquemática dos ossos dos membros superiores e inferiores e de seus cíngulos.

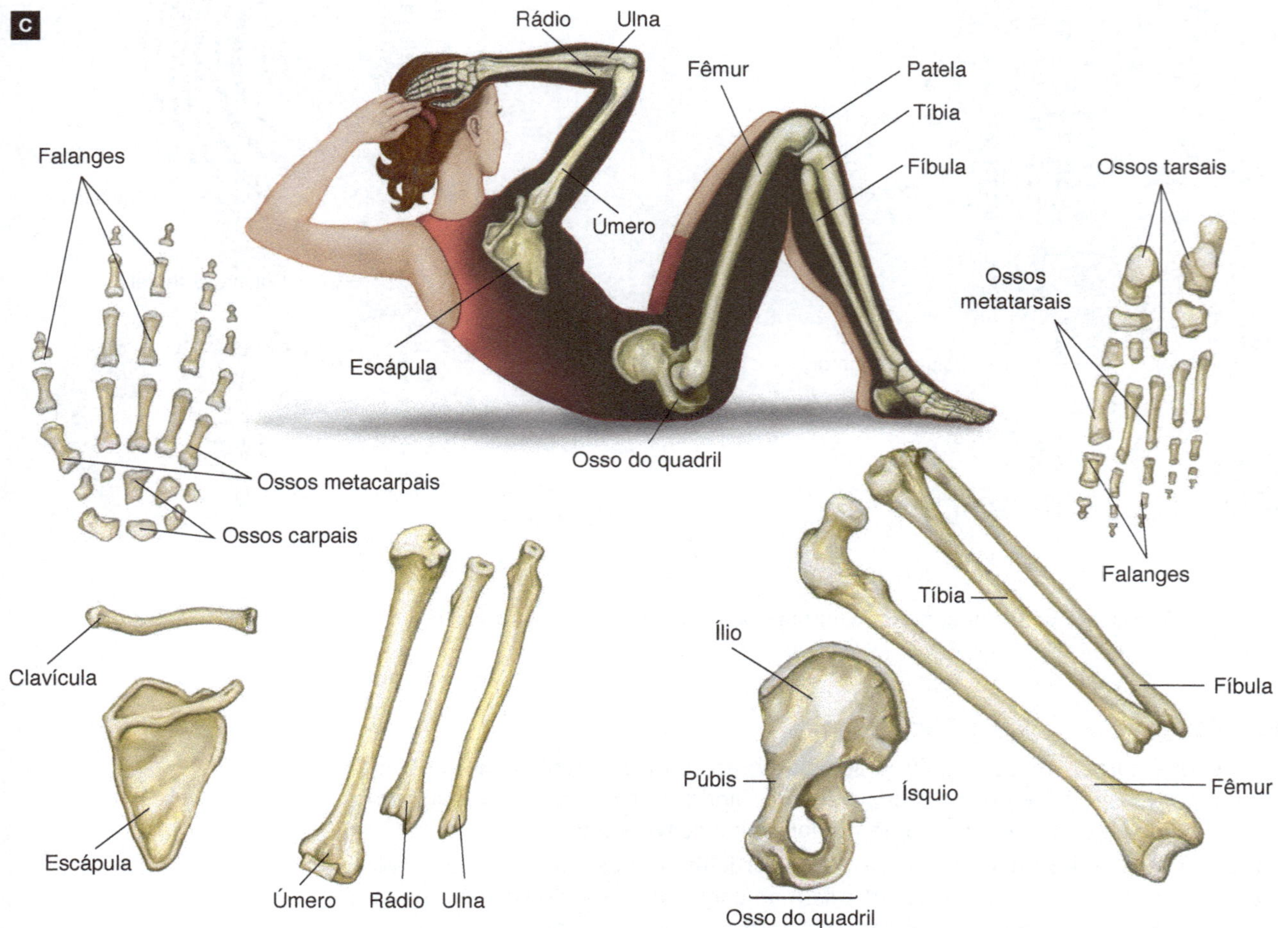

Agora você pode resolver as atividades de 16 a 27, 29, 36 e 37.

Pele adentro

Um novo entendimento sobre a evolução da cor da pele humana

1 Nas diversas partes do mundo, a cor da pele humana evoluiu de modo a se tornar escura o bastante para evitar a destruição do nutriente folato pela luz solar e clara o suficiente para permitir a produção da vitamina D. [...]

2 Geógrafos e antropólogos sabem, há muito tempo, que a distribuição das populações humanas quanto à cor da pele não é casual: povos de pele mais escura vivem nos trópicos, enquanto os de pele mais clara habitam as regiões mais próximas dos polos.

3 Durante anos, dominou a hipótese de que a pele mais escura seria uma adaptação que protege contra o câncer tegumentar. Entretanto, uma série de descobertas levou a um novo entendimento sobre a evolução da cor da pele humana. Evidências epidemiológicas e fisiológicas recentes sugerem que a distribuição da cor da pele no mundo deve-se à adaptação contra os efeitos deletérios da radiação ultravioleta do Sol sobre nutrientes chaves que atuam na reprodução. [...]

4 [...] Em 1978 demonstrou-se que pessoas de pele clara expostas à luz solar intensa tinham níveis anormalmente baixos da vitamina folato em seu sangue. Observou-se também que, em menos de uma hora, o soro sanguíneo humano reduzia em 50% seu teor de folato ao ser submetido à luz ultravioleta. A importância desses achados para a reprodução humana ficou evidente quando se descobriu, no final da década de 1980, que a deficiência de folato em mulheres grávidas estava relacionada ao aumento do risco de ocorrer, no tubo neural do feto, um defeito conhecido por "espinha bífida" (em uma região da coluna vertebral as vértebras não envolvem a medula espinal). Além disso, como o folato é necessário à síntese de DNA, a falta dessa substância pode prejudicar a produção de espermatozoides.

5 Essas observações levaram-nos a formular a hipótese de que a pele escura evoluiu como resposta protetora contra a destruição de folato. Nossa hipótese ganhou força com a publicação, em 1996, de um artigo científico que relatava três casos de crianças com espinha bífida, filhas de mulheres jovens e saudáveis que haviam se submetido a bronzeamento artificial no início da gravidez. [...]

6 Quando as populações humanas começaram a se aventurar para longe dos trópicos, encontraram ambientes com incidência bem menor desse tipo de radiação. Nessas novas condições, o eficiente filtro solar natural não era benéfico. Os raios ultravioleta conseguem penetrar muito pouco na pele escura e, embora o excesso dessa radiação cause danos ao organismo, em pequena quantidade ela é essencial à formação de vitamina D. Nos trópicos, a alta incidência de raios ultravioleta permite que mesmo pessoas de pele escura produzam vitamina D suficiente. Longe dos trópicos, porém, a solução evolutiva foi o embranquecimento da pele.

Fonte: JABLONSKI, N. G.; CHAPLIN, G. Skin Deep. *Scientific American*, New York, v. 287, n. 4, p. 74-81, 2002. (Tradução dos autores)

GUIA DE LEITURA

O texto de Nina Jablonski e George Chaplin, publicado na revista *Scientific American*, trata de uma interpretação moderna da evolução da cor da pele humana. Para facilitar a leitura e a compreensão desse texto elaboramos um questionário de orientação, a seguir.

1. Leia o primeiro parágrafo do texto. Note que ele traz uma conclusão difícil de entender completamente antes de ler o texto até o fim. Você poderá reler esse parágrafo novamente, depois de trabalhar o texto. Por enquanto, responda: quais as duas substâncias mencionadas que são afetadas pela luz solar?
2. Leia o segundo e o terceiro parágrafos do texto. De acordo com eles, qual é o fato constatado "há muito tempo" por geógrafos e antropólogos sobre a cor da pele das populações humanas? Qual era a hipótese para explicar tal fato?
3. Leia o quarto parágrafo do texto. Por que pessoas de pele clara, expostas à luz solar intensa, têm níveis muito baixos da vitamina folato em seu sangue? Qual é a importância do folato para o organismo, de acordo com o texto?
4. Leia o quinto parágrafo do texto. Qual é a hipótese formulada pelos autores do artigo?
5. Leia o último parágrafo do texto. É possível, de acordo com ele, concluir que a humanidade surgiu na região tropical do planeta e devia ter pele escura? Discuta.
6. Volte ao início do texto e leia novamente o primeiro parágrafo. Você acha que o entendimento desse parágrafo se ampliou, depois da leitura do texto? Comente a respeito.

Mapa de conceitos

Sistema esquelético

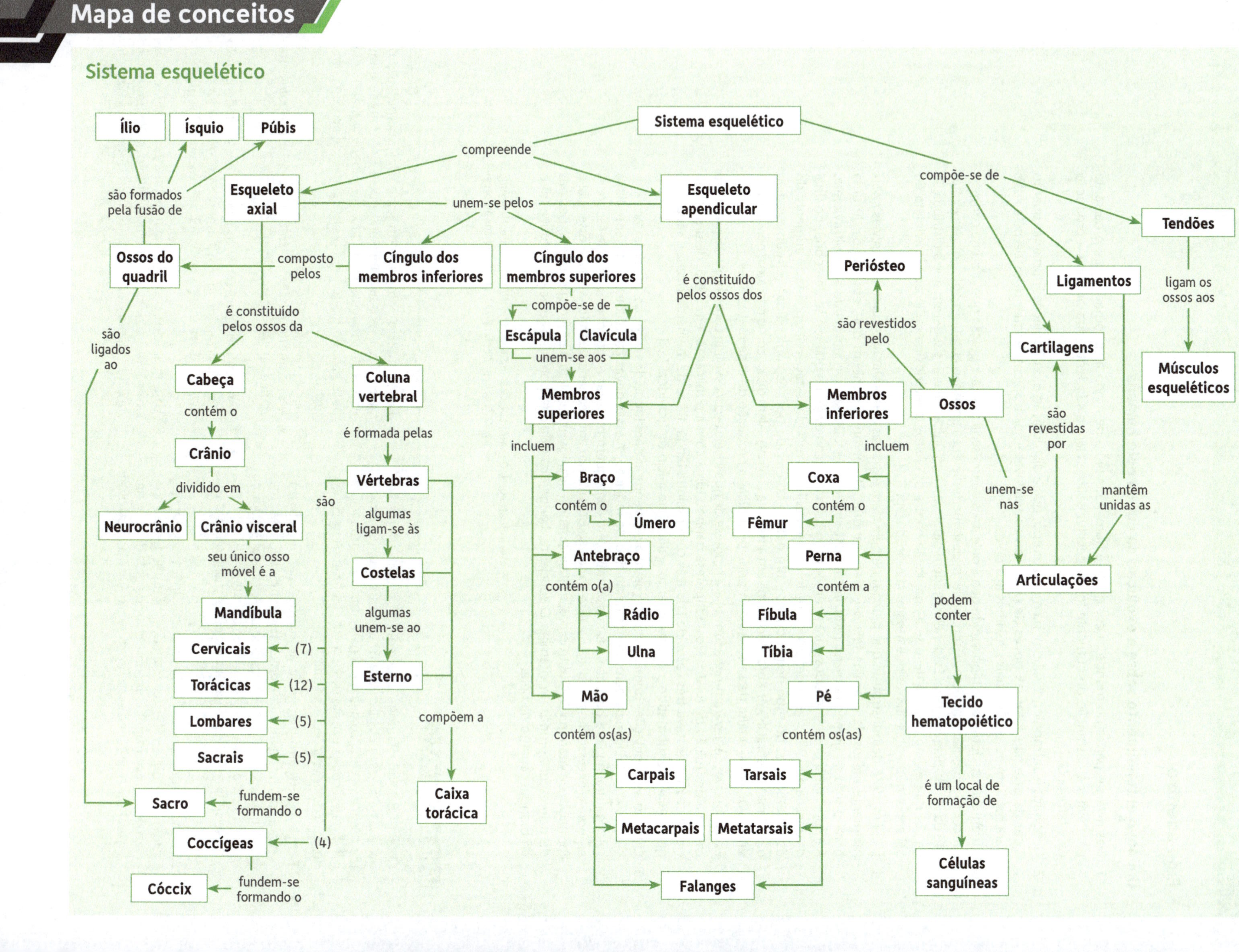

ATIVIDADES

REVENDO CONCEITOS, FATOS E PROCESSOS

20.1 A pele humana

1. Os dois tecidos que formam a pele humana são
a) cartilagem e musculatura lisa.
b) derme e cartilagem.
c) epiderme e derme.
d) epiderme e musculatura lisa.

2. A pele humana é revestida por uma camada impermeável formada pela proteína queratina, que
a) se acumula no interior das células epidérmicas da camada córnea.
b) se acumula no interior dos melanócitos, quando estimulados pela radiação ultravioleta.
c) é secretada pelas glândulas sebáceas e acumulada na camada granulosa.
d) é secretada pelas glândulas sudoríparas e acumulada na camada espinhosa.

3. A cor da pele resulta principalmente do acúmulo de
a) melanina nos fibroblastos e nas células de Langerhans.
b) melanina nos melanócitos e nas células epidérmicas.
c) queratina nos fibroblastos.
d) vitamina D nos melanócitos.

4. Pelos e unhas são formados
a) ambos por melanina.
b) ambos por queratina.
c) por queratina e por melanina, respectivamente.
d) por melanina e por queratina, respectivamente.

5. O suor é secretado pelas glândulas
a) adrenais.
b) endócrinas.
c) sebáceas.
d) sudoríparas.

6. Fatores que contribuem para diminuir a temperatura corporal são a
a) constrição dos vasos sanguíneos da derme e maior eliminação de suor.
b) constrição dos vasos sanguíneos da derme e menor eliminação de suor.
c) dilatação dos vasos sanguíneos da derme e maior eliminação de suor.
d) dilatação dos vasos sanguíneos da derme e menor eliminação de suor.

20.2 Sistema muscular

Utilize as alternativas a seguir para responder às questões de 7 a 10.
a) Fibra muscular esquelética.
b) Miofibrila.
c) Miômero, ou sarcômero.
d) Tônus muscular.

7. Que denominação recebe a célula muscular com estrias transversais, multinucleada e de contração voluntária?

8. Como se denomina o conjunto de filamentos contráteis que percorre uma célula muscular de ponta a ponta?

9. Como se denomina a característica de um músculo esquelético apresentar sempre algumas fibras contraídas?

10. Qual é o nome de cada um dos conjuntos de fibras contráteis que se repetem ao longo das células musculares estriadas, conferindo-lhes seu padrão estriado característico?

Utilize as alternativas a seguir para responder às questões 11 e 12.
a) Actina.
b) Melanina.
c) Miosina.
d) Queratina.

11. Qual é a proteína que forma os filamentos mais finos, presentes nas bordas dos miômeros?

12. Qual é a proteína que forma os filamentos grossos, presentes na região central dos miômeros?

Utilize as alternativas a seguir para responder às questões 13 e 14.
a) Prepara os filamentos de miosina para se ligarem aos de actina.
b) Gera o potencial de ação que provoca a contração da fibra muscular.
c) Libera o neurotransmissor acetilcolina nas sinapses neuromusculares.
d) Fornece energia para o deslizamento dos filamentos de actina sobre os de miosina.

13. Que papel o ATP desempenha na contração muscular?

14. Que papel o cálcio desempenha na contração muscular?

15. A contração muscular isométrica difere da contração isotônica porque naquela
a) ocorre aumento do comprimento do músculo.
b) ocorre diminuição do comprimento do músculo.
c) o músculo se contrai sem alterar o comprimento.
d) o músculo entra em tetania.

20.3 Sistema esquelético

Utilize as alternativas a seguir para responder às questões de 16 a 18.
a) Articulação óssea.
b) Cíngulo dos membros.
c) Ligamento.
d) Tendão.

16. Como se denomina o local de contato, fixo ou móvel, entre dois ossos?

17. Qual é o nome da estrutura constituída por tecido conjuntivo fibroso que une as extremidades de certos músculos ao esqueleto?

18. Como se denomina a estrutura de tecido conjuntivo fibroso que prende dois ossos que se articulam?

Utilize as alternativas a seguir para responder às questões de 19 a 23.
a) Coluna vertebral.
b) Costela.
c) Crânio.
d) Esterno.
e) Vértebra.

19. Qual é o nome do osso achatado localizado no meio do peito?

20. Como se denomina um osso curvo que parte de uma das vértebras torácicas e termina na região anterior do tórax?

21. Qual é o nome do conjunto de peças ósseas, localizado no meio das costas e dentro do qual fica a medula espinal?

22. Qual a denominação da caixa arredondada, formada por ossos abaulados e firmemente unidos, que abriga e protege o encéfalo?

23. Como se denomina cada uma das peças ósseas que, empilhadas, formam o eixo corporal?

24. Qual é a denominação do conjunto de ossos que une o esqueleto axial ao esqueleto apendicular?
a) Mandíbula.
b) Cíngulo dos membros, ou cintura articular.
c) Costela.
d) Vértebra.

25. A estrutura óssea formada por parte da coluna vertebral, pelas costelas e pelo esterno é chamada
a) caixa torácica.
b) cíngulo dos membros inferiores (cintura pélvica).
c) cíngulo dos membros superiores (cintura escapular).
d) esqueleto axial.

Considere as alternativas a seguir para responder às questões 26 e 27.
a) Manter unidas as células de um osso.
b) Manter unidos os ossos de uma articulação.
c) Unir os músculos esqueléticos aos ossos.
d) Unir as cartilagens aos ossos.

26. Qual é a função dos ligamentos?

27. Qual é a função dos tendões?

QUESTÕES PARA EXERCITAR O PENSAMENTO

28. Em um experimento de fisiologia muscular, um grupo de homens de hábitos sedentários submeteu-se a um programa de treinamento físico para desenvolver resistência muscular. De tempos em tempos, foram retiradas, por biópsia, pequenas amostras dos músculos de suas pernas. Os resultados mostraram que durante o treinamento houve redução acentuada de um dos tipos de miosina rápida das fibras musculares. Quando o treinamento foi interrompido, a quantidade de miosina rápida aumentou além da que havia no início do experimento, chegando praticamente a dobrar por volta do terceiro mês de descanso. Utilize essas informações, representadas no gráfico a seguir, para responder à questão proposta.

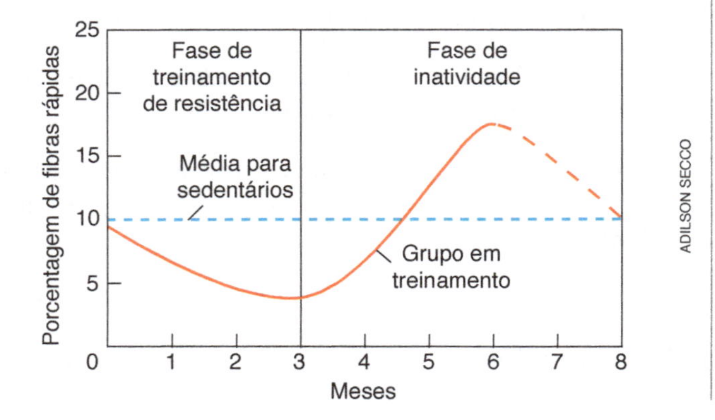

Suponha que você deseje começar um treinamento para um campeonato de atletismo na escola. Você foi escalado para a prova de 100 metros rasos que precisa ter o máximo de "explosão" muscular no curto período (cerca de 10 s) em que dura a corrida. Seus músculos precisariam apresentar maior porcentagem de que tipo de miosina para obter alto desempenho nesse esporte? Como você organizaria um calendário de treinamento de resistência, se a competição estivesse marcada para setembro?

29. As fotos mostram radiografias (colorizadas artificialmente) das mãos de um adulto e de uma criança ampliadas ao mesmo tamanho. Identifique qual pertence ao adulto e qual pertence à criança, justificando sua escolha. Com o auxílio do texto e das ilustrações do capítulo, tente identificar os diversos ossos que aparecem nas radiografias.

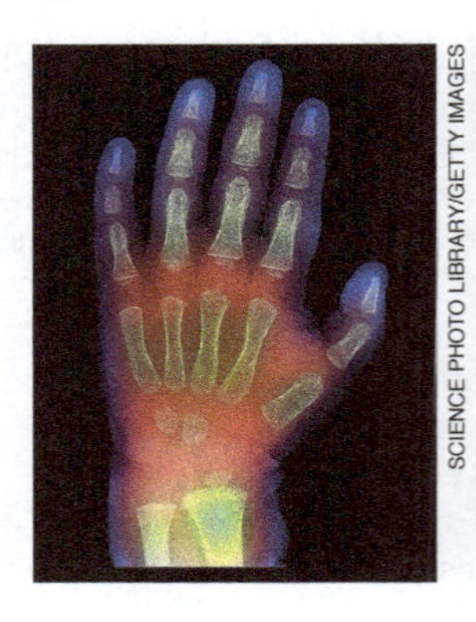

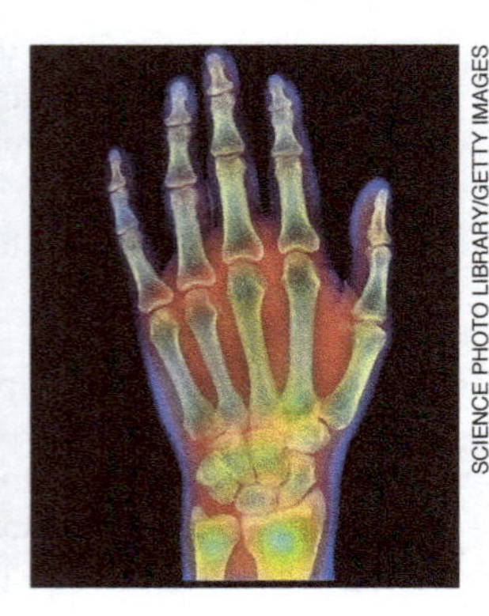

A BIOLOGIA NO VESTIBULAR

QUESTÕES OBJETIVAS

30. (PUC-MG) "A calvície pode estar com os dias contados." Pesquisadores da Universidade de Nova York (EUA) conseguiram produzir tufos de pelos, além de células da pele e glândulas sebáceas, a partir de células-tronco adultas retiradas de folículos capilares. Até o momento, o experimento foi realizado somente em camundongos, mas os cientistas esperam realizar testes com tecidos humanos até o final do ano, na intenção de ajudar indivíduos calvos e aqueles que tiveram a pele danificada, como vítimas de queimaduras de terceiro grau. A esse respeito, é correto afirmar, EXCETO:
a) As células que produzem os pelos têm origem ectodérmica assim como os neurônios.
b) As células-tronco citadas têm origem em um tecido epitelial de revestimento.
c) As glândulas sebáceas acima referidas se originaram da mesoderme da pele.
d) As células que dão origem às unhas são provenientes do mesmo folheto embrionário que dá origem às glândulas sudoríparas e mamárias.

31. (PUC-Campinas-SP) Considere os seguintes músculos:
I. lisos, responsáveis pelo peristaltismo;
II. estriados, responsáveis pelos movimentos do esqueleto;
III. cardíaco, responsável pelos movimentos de sístole e diástole.
Precisam estar dispostos em pares antagônicos para serem eficientes em sua função,
a) I, somente.
b) II, somente.
c) I e III, somente.
d) II e III, somente.
e) I, II e III.

32. (PUC-PR) Analise as afirmações relacionadas à ilustração de uma secção de um tecido humano:

I. As camadas A e B se originam exclusivamente da ectoderme.
II. A camada A pode ser constituída de epitélio estratificado.
III. As estruturas 1 e 2 são glândulas exócrinas.

Está correta ou estão corretas:

a) I, II e III.
b) Apenas I e II.
c) Apenas II e III.
d) Apenas I e III.
e) Apenas II.

33. (Uerj) Mediu-se a concentração do íon cálcio no interior do retículo sarcoplasmático e no sarcoplasma de células de músculo esquelético, adequadamente preparado e submetido a pulsos de estímulo contrátil.

Parte dos resultados obtidos estão mostrados no gráfico a seguir:

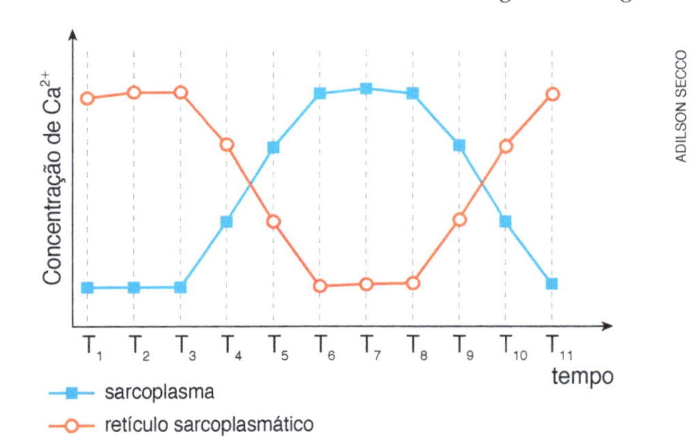

O músculo testado está sob contração máxima no seguinte intervalo de tempo:

a) $T_1 - T_3$
b) $T_3 - T_5$
c) $T_5 - T_8$
d) $T_9 - T_{11}$

(*Nota dos autores*: Sarcoplasma e retículo sarcoplasmático são termos utilizados para designar o citoplasma e o retículo endoplasmático, respectivamente, de miócitos.)

34. (Fuvest-SP) Um atleta, participando de uma corrida de 1.500 m, desmaiou depois de ter percorrido cerca de 800 m, devido à oxigenação deficiente de seu cérebro. Sabendo-se que as células musculares podem obter energia por meio da respiração aeróbica ou da fermentação, nos músculos do atleta desmaiado deve haver acúmulo de

a) glicose.
b) glicogênio.
c) monóxido de carbono.
d) ácido lático.
e) etanol.

35. (UFRRJ) Nos Jogos de Pequim, assistimos a diversas modalidades esportivas. No atletismo, as corridas de longa duração (maratona) exigem do atleta muita resistência, enquanto as de curta duração (100 metros rasos) priorizam a força física. No caso dos maratonistas, as fibras musculares realizam esforço moderado e prolongado. Quanto ao consumo de oxigênio e à organela que participa diretamente desse processo bioquímico nas fibras musculares, teremos, respectivamente

a) maior consumo de oxigênio e mitocôndrias.
b) menor consumo de oxigênio e mitocôndrias.
c) maior consumo de oxigênio e ribossomos.
d) menor consumo de oxigênio e ribossomos.
e) maior consumo de oxigênio e centríolos.

36. (Udesc) Determine a alternativa que indica **corretamente** o nome dos ossos que compõem os membros superiores (braços e antebraços).

a) Ulna, tíbia e fíbula.
b) Úmero, tíbia e fíbula.
c) Rádio, tíbia e ulna.
d) Úmero, rádio e ulna.
e) Clavícula, rádio e fíbula.

37. (PUC-MG) Observando a figura a seguir, assinale a afirmativa INCORRETA:

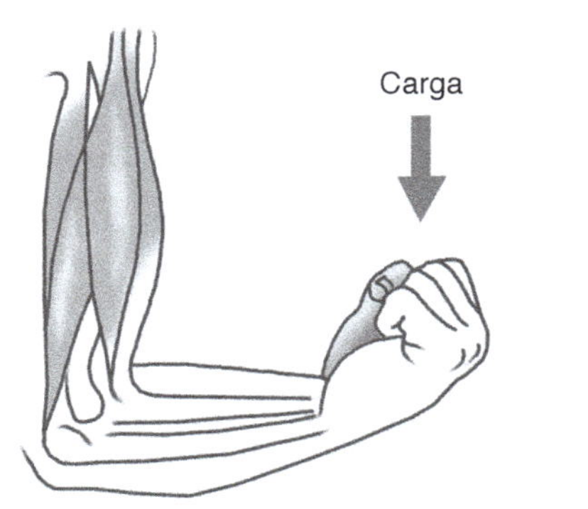

a) Tipicamente, os músculos e elementos do esqueleto formam alavancas mecânicas.
b) O tecido ósseo e o tecido muscular constituem dois tecidos bastante vascularizados e inervados.
c) As articulações do esqueleto apresentam tecido cartilaginoso avascular.
d) Quanto maior a carga exercida, menor será a força de contração exercida pelos músculos.

QUESTÕES DISCURSIVAS

38. (Unifesp) Considere uma área de floresta amazônica e uma área de caatinga de nosso país. Se, num dia de verão, a temperatura for exatamente a mesma nas duas regiões, 37 °C, e estivermos em áreas abertas, não sombreadas, teremos a sensação de sentir muito mais calor e de transpirar muito mais na floresta do que na caatinga. Considerando tais informações, responda.

a) Qual a principal função do suor em nosso corpo?
b) Apesar de a temperatura ser a mesma nas duas áreas, explique por que a sensação de calor e de transpiração é mais intensa na região da floresta amazônica do que na caatinga.

39. (Fuvest-SP) Consideremos o seguinte fato: o aumento do consumo de carboidrato no músculo é acompanhado de um aumento imediato e considerável do consumo de O_2 e de um aumento paralelo da eliminação de CO_2. Qual a explicação para esse fato e por que o músculo é considerado um transformador de energia?

40. (Uerj) A luz solar traz inúmeros benefícios para os seres vivos. Um de seus componentes, a radiação ultravioleta, UV, é responsável, no entanto, por alguns efeitos indesejáveis. A ilustração adiante resume a atuação dos diferentes tipos de radiação UV sobre a pele humana:

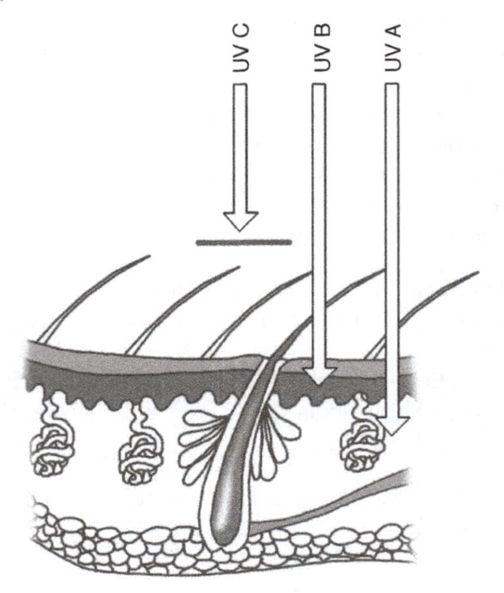

PAULO MANZI

UV A – Corresponde à maior parte do espectro da radiação ultravioleta, atingindo, inclusive, áreas mais profundas da pele e produzindo alterações que podem levar ao fotoenvelhecimento e ao câncer.
UV B – Penetra pouco na pele; responsável pela vermelhidão e por queimaduras após a exposição ao Sol, também pode causar o câncer de pele.
UV C – É normalmente absorvida pela camada de ozônio antes de chegar à Terra.

a) Cite o tipo de radiação UV que tem maior efeito estimulante sobre a pigmentação da pele e justifique sua resposta.
b) Cite o tipo de célula presente em maior quantidade na hipoderme e explique a importância dessa camada para a adaptação de animais ao clima frio.

41. (UFRJ) Os gráficos a seguir representam duas características de fibras musculares de jovens saudáveis, medidas antes e depois de realizarem, por algumas semanas, exercício físico controlado, associado a uma dieta equilibrada. Marcante melhoria no condicionamento físico desses jovens foi observada:

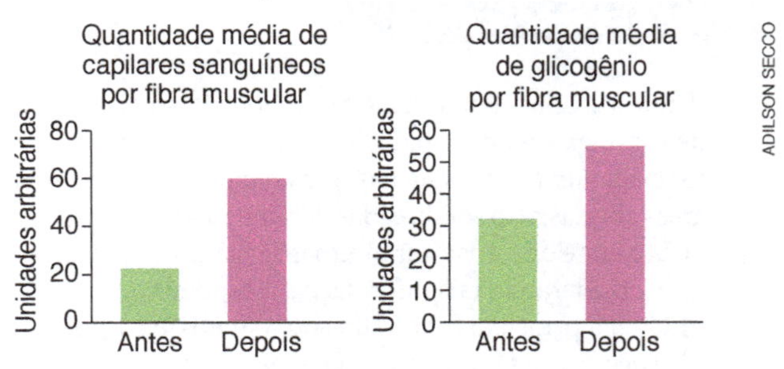

ADILSON SECCO

Explique, com base nos gráficos, a relação entre a melhoria no condicionamento físico dos jovens e as variações dos seguintes fatores:
a) quantidade de capilares sanguíneos por fibra muscular.
b) quantidade de glicogênio por fibra muscular.

42. (Fuvest-SP) A tabela a seguir apresenta algumas características de dois tipos de fibras musculares do corpo humano.

Fibras musculares		
Características	**Tipo I**	**Tipo IIB**
Velocidade de contração	Lenta	Rápida
Concentração de enzimas oxidativas	Alta	Baixa
Concentração de enzimas glicolíticas	Baixa	Alta

a) Em suas respectivas provas, um velocista corre 200 m, com velocidade aproximada de 36 km/h, e um maratonista corre 42 km, com velocidade aproximada de 18 km/h. Que tipo de fibra muscular se espera encontrar, em maior abundância, nos músculos do corpo de cada um desses atletas?
b) Em que tipo de fibra muscular deve ser observado o maior número de mitocôndrias? Justifique.

43. (Unesp) A realização dos jogos pan-americanos no Brasil, em julho de 2007, estimulou muitos jovens e adultos à prática de atividades físicas. Contudo, o exercício físico não orientado pode trazer prejuízos e desconforto ao organismo, tais como as dores musculares que aparecem após exercícios intensos. Uma das possíveis causas dessa dor muscular é a produção e o acúmulo de ácido lático nos tecidos musculares do atleta. Por que se forma ácido lático durante os exercícios e que cuidados um atleta amador poderia tomar para evitar a produção excessiva e o acúmulo desse ácido em seu tecido muscular?

ENEM

44.

A toxina botulínica (produzida pelo bacilo *Clostridium botulinum*) pode ser encontrada em alimentos malconservados, causando até a morte de consumidores. No entanto, essa toxina modificada em laboratório está sendo usada cada vez mais para melhorar a qualidade de vida das pessoas com problemas físicos e/ou estéticos, atenuando problemas como o blefaroespasmo, que provoca contrações involuntárias das pálpebras.

BACHUR, T. P. R. et al. Toxina botulínica: de veneno a tratamento. Revista Eletrônica. *Pesquisa Médica*, n. 1, jan.-mar. 2009 (adaptado).

O alívio dos sintomas do blefaroespasmo é consequência da ação da toxina modificada sobre o tecido
a) glandular, uma vez que ela impede a produção de secreção de substâncias na pele.
b) muscular, uma vez que ela provoca a paralisia das fibras que formam esse tecido.
c) epitelial, uma vez que ela leva ao aumento da camada de queratina que protege a pele.
d) conjuntivo, uma vez que ela aumenta a quantidade de substância intercelular no tecido.
e) adiposo, uma vez que ela reduz a espessura da camada de células de gordura do tecido.

Mais questões: no livro digital, em **Vereda Digital Aprova Enem** e **Vereda Digital Suplemento de revisão e vestibulares**; no *site*, em **AprovaMax**.

CAPÍTULO

21

REPRODUÇÃO

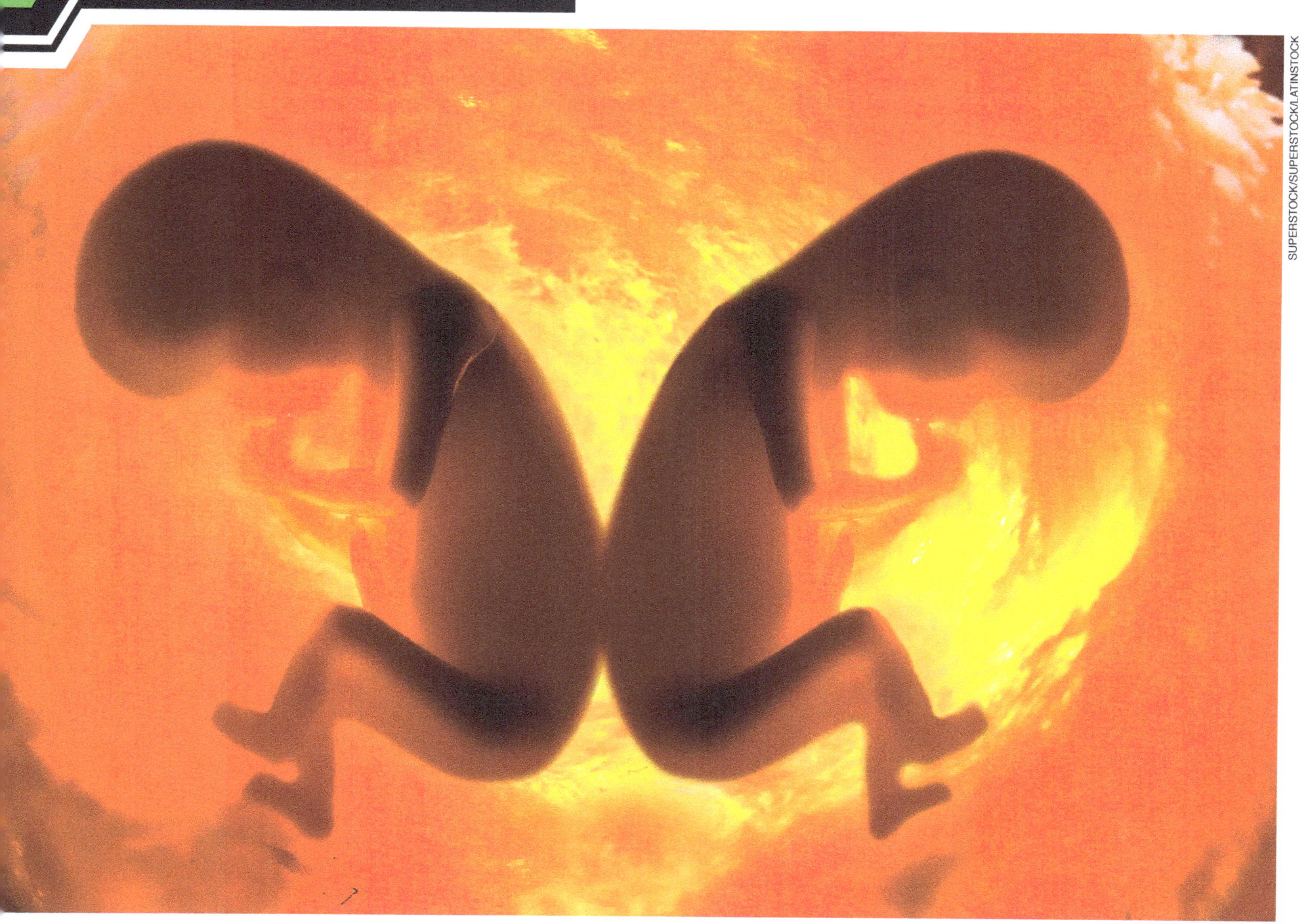
SUPERSTOCK/SUPERSTOCK/LATINSTOCK

Gêmeos monozigóticos que se formam em fase mais avançada do desenvolvimento embrionário, como estes, compartilham a mesma bolsa amniótica.

De que trata este capítulo

A sexualidade e a reprodução da espécie humana são temas apaixonantes e polêmicos. Na adolescência, a concentração dos hormônios sexuais aumenta no sangue das pessoas; o corpo e a mente se modificam e a sexualidade passa a desempenhar um papel importante na vida da maioria das pessoas.

O conhecimento científico sobre a reprodução humana vem garantindo a possibilidade de controlar conscientemente nossa reprodução. Além do método natural de controle, baseado apenas no conhecimento do ciclo reprodutivo, há também vários métodos anticoncepcionais eficazes como a pílula, o preservativo, o diafragma, o DIU (dispositivo intrauterino) etc. Em uma sociedade democrática espera-se que a utilização ou não de métodos anticoncepcionais seja uma livre escolha individual, de acordo com os valores e as crenças de cada um.

Os conhecimentos sobre a reprodução humana também têm permitido que muitos casais solucionem dificuldades biológicas para procriar. Os tratamentos podem variar desde injeções de hormônios e correção cirúrgica de órgãos genitais até a fertilização *in vitro* e implantação dos embriões no útero.

Conhecer os fundamentos da reprodução humana é importante para exercer a cidadania, não apenas por permitir à pessoa maior controle sobre sua reprodução, mas também por possibilitar reflexões mais aprofundadas sobre o crescimento populacional humano, em um mundo já tão intensamente povoado. Este capítulo apresenta a anatomia e a fisiologia dos sistemas genitais feminino e masculino na espécie humana, com ênfase na fecundação. Comentamos também os princípios de funcionamento de alguns métodos destinados a evitar a gravidez (métodos contraceptivos).

Objetivos

Objetivos gerais

- Compreender os fundamentos celulares da reprodução e a estrutura dos sistemas genitais feminino e masculino, de modo a encarar com naturalidade temas como reprodução e sexualidade humanas.
- Aplicar os conhecimentos sobre sistema genital para atuar conscientemente sobre sua reprodução, compreendendo os princípios de funcionamento dos diversos métodos contraceptivos.

Objetivos didáticos

- Conhecer a anatomia geral do sistema genital feminino e do sistema genital masculino humanos.
- Conhecer as especificidades dos processos de espermatogênese e oogênese, e os principais aspectos da fecundação, da nidação e da formação da placenta na espécie humana.
- Conhecer os processos relacionados ao parto: contrações uterinas, ruptura da bolsa amniótica, expulsão do feto e eliminação da placenta.

21.1 Sistema genital feminino

O **sistema genital feminino** compõe-se de órgãos externos (pudendo feminino, ou vulva) e de órgãos internos (vagina, útero, um par de tubas uterinas e um par de ovários). **(Fig. 21.1)**

A

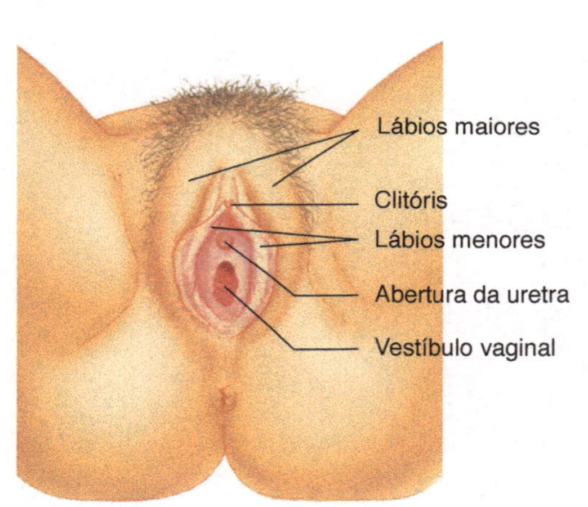

B

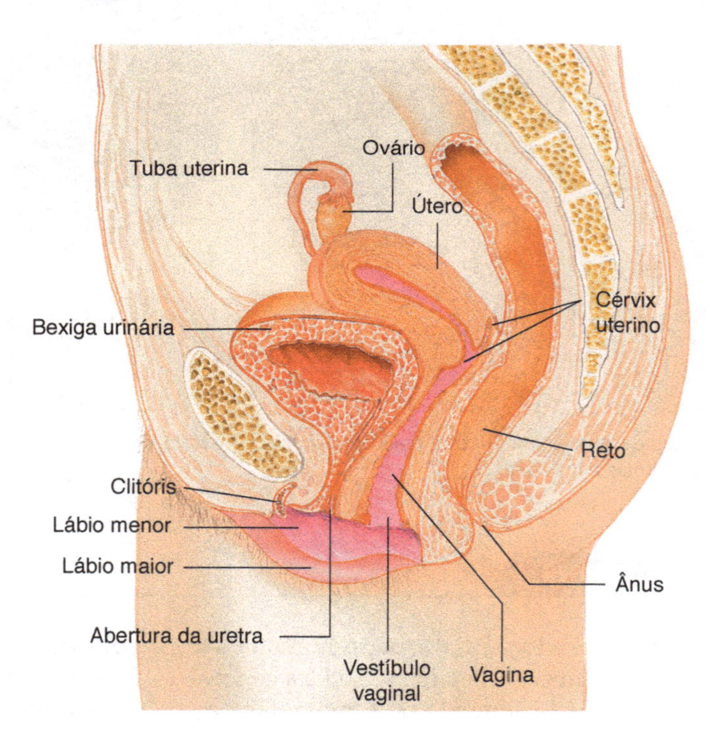

C

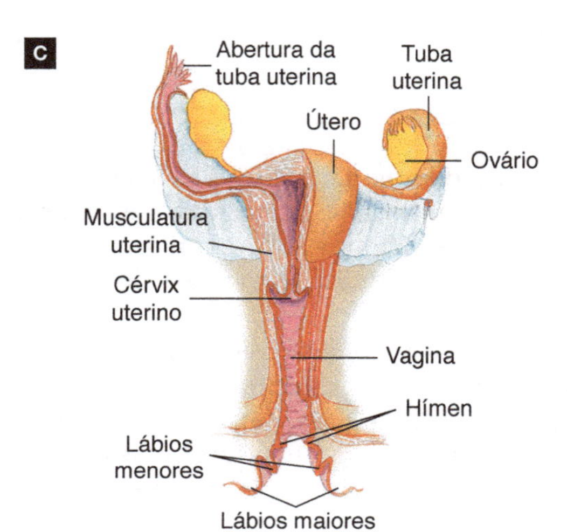

Figura 21.1 Representação do sistema genital feminino. **A.** Pudendo feminino. **B.** Vista lateral e em corte da região pélvica mostrando o sistema genital feminino, a bexiga urinária, o reto e o ânus. **C.** Vista frontal e em corte dos órgãos genitais internos e do pudendo feminino. A tuba uterina direita (à esquerda na ilustração) está representada fora de sua posição normal, para melhor visualização. A bexiga urinária, o reto e o ânus, apesar de indicados nas figuras, não fazem parte do sistema genital.

Pudendo feminino

O **pudendo feminino** (anteriormente chamado de vulva) localiza-se na região baixa do ventre, entre as coxas, sendo constituído pelas estruturas denominadas lábios maiores, lábios menores, clitóris e vestíbulo vaginal. Os **lábios maiores** são duas saliências de pele que se estendem paralelamente desde a região inferior do púbis até as proximidades do ânus. Internamente aos lábios maiores há duas dobras de pele menores e mais delicadas, os **lábios menores**, que delimitam a entrada da vagina, região denominada **vestíbulo vaginal**.

Na região anterior do pudendo feminino, perto da junção dos lábios menores, localiza-se o **clitóris**, órgão com cerca de 1 centímetro de comprimento que, assim como a glande do pênis, é dotado de grande sensibilidade tátil. O clitóris é constituído por tecido erétil: durante a excitação sexual, recebe grande afluxo de sangue e fica intumescido. Ele se origina da mesma estrutura embrionária que o pênis (são órgãos homólogos), mas, diferentemente deste, o clitóris não é percorrido pela uretra.

A uretra das mulheres abre-se como uma pequena fenda no vestíbulo vaginal, entre o clitóris e a abertura da vagina. No vestíbulo, nos lados da abertura vaginal, desembocam os condutos de um par de glândulas (glândulas vestibulares maiores, ou glândulas de Bartholin) produtoras de secreção lubrificante que facilita a penetração do pênis durante o ato sexual.

Em grande parte das mulheres que nunca tiveram relação sexual vaginal o orifício da vagina é parcialmente recoberto pelo **hímen**, uma membrana mucosa de função ainda desconhecida que geralmente se rompe durante os primeiros atos sexuais. Em alguns casos o hímen pode se romper e desaparecer em consequência de atividades físicas praticadas na infância e adolescência, como andar de bicicleta, fazer ginástica etc.

Vagina e útero

A **vagina** é um tubo de paredes fibromusculares, com cerca de 10 centímetros de comprimento, que vai do vestíbulo vaginal à base do útero, com o qual se comunica. Durante a excitação sexual as paredes da vagina dilatam-se e são lubrificadas pela ação das glândulas vestibulares maiores.

O **útero** é um órgão muscular oco, de tamanho e forma parecidos com os de uma pera. Em mulheres que nunca engravidaram ele mede cerca de 7,5 centímetros de comprimento por 5 centímetros de largura.

A porção mais afilada do útero, conhecida como **cérvix uterino**, ou colo uterino, é rica em tecido conjuntivo fibroso e tem consistência mais firme que o restante do órgão. A parede uterina, com cerca de 2,5 centímetros de espessura, é constituída por músculos e expande-se muito durante a gravidez. O cérvix uterino encaixa-se no fundo da vagina, comunicando-se com ela por meio de uma pequena abertura que, durante o parto, dilata-se e permite a saída do bebê.

O interior do útero é revestido pelo **endométrio**, um tecido rico em glândulas, vasos sanguíneos e vasos linfáticos. A partir da puberdade – período de transição entre a infância e a adolescência –, o endométrio torna-se periodicamente (a cada 28 dias, aproximadamente) mais espesso e rico em vasos sanguíneos, preparando o organismo da mulher para uma possível gravidez. Se esta não ocorrer, parte do endométrio que se desenvolveu é eliminada com o sangue resultante da degeneração dos vasos sanguíneos, em um processo chamado de **menstruação**, e um novo ciclo é iniciado.

A porção superior do útero conecta-se a dois canais, as tubas uterinas, anteriormente denominadas trompas de Falópio, cujas extremidades estão próximas dos ovários, as gônadas femininas.

Tubas uterinas e ovários

As **tubas uterinas** (ou **ovidutos**) são dois tubos curvos, com cerca de 10 centímetros de comprimento, ligados à parte superior do útero. A extremidade livre de cada tuba uterina é alargada e franjada, situando-se próximo de um dos ovários. O interior das tubas uterinas é revestido por células dotadas de cílios, cujos batimentos criam uma corrente de líquido em direção ao útero, auxiliando o deslocamento do ovócito liberado pelo ovário.

Os **ovários** são estruturas ovoides com cerca de 3 centímetros de comprimento, localizados na região inferior da cavidade abdominal. Na porção ovariana mais externa, chamada córtex ovariano, localizam-se as células que originam os gametas femininos.

Formação dos óvulos: oogênese

O processo de formação, desenvolvimento e amadurecimento dos gametas femininos é chamado **oogênese** (ou **ovogênese**) e tem início antes do nascimento da mulher, em torno do terceiro mês de sua vida intrauterina.

As células diploides precursoras dos óvulos presentes nos ovários, as **ovogônias**, param de se multiplicar, crescem e iniciam a meiose, passando a ser chamadas **ovócitos primários** (ou ovócitos I). A meiose, entretanto, é interrompida ainda na prófase I, após o emparelhamento dos cromossomos homólogos; os ovócitos primários permanecem estacionados nessa fase até que sejam ativados por um hormônio produzido pela parte anterior da glândula hipófise, o hormônio estimulante do folículo, mais conhecido pela sigla **FSH** (do inglês *follicle-stimulating* ***h****ormone*).

Descobertas recentes sugerem que os óvulos talvez não se formem apenas dessa maneira; alguns cientistas acreditam que gametas femininos podem se originar na vida adulta diretamente de células-tronco presentes no organismo. Como já vimos, as células-tronco são capazes de produzir diversos tipos de célula de nosso corpo, permitindo que ocorram os processos regenerativos.

Cada ovócito primário envolvido por algumas camadas de células, denominadas células foliculares, constitui o **folículo ovariano**. Ao nascer, a mulher tem cerca de 500 mil folículos ovarianos em cada ovário; mais da metade deles, porém, degenera antes da puberdade. Aproximadamente a cada 28 dias, mais ou menos 20 folículos são estimulados a se desenvolver por ação do FSH; em geral apenas um completa o amadurecimento, enquanto os demais folículos regridem. Durante o amadurecimento do folículo as células foliculares se multiplicam e acumula-se líquido dentro dele. Enquanto isso o ovócito primário termina a divisão I da meiose produzindo duas células de tamanhos diferentes: uma grande, o **ovócito secundário** (ou ovócito II), e outra pequena, quase sem citoplasma, denominada **primeiro glóbulo polar** (também chamado glóbulo polar I ou corpúsculo polar I). O ovócito secundário inicia imediatamente a segunda divisão da meiose, mas novamente interrompe o processo, agora em metáfase II; o primeiro glóbulo polar geralmente não se divide, degenerando depois de algum tempo.

Ovulação

O acúmulo de líquido no interior do folículo ovariano maduro acaba por causar sua ruptura e a liberação do ovócito secundário, fenômeno denominado **ovulação**. Quando começa a ovular, o corpo da mulher está pronto para que ela se torne mãe. A primeira menstruação (menarca) é um sinal de que a mulher pode reproduzir. O ovócito liberado é revestido por uma malha de glicoproteínas, a **zona pelúcida**, e por células foliculares. Nos mamíferos, o que se denomina óvulo é, de fato, um ovócito secundário cuja meiose foi interrompida e que somente se completará se houver fecundação.

Se o ovócito secundário não é fecundado ele degenera aproximadamente 24 horas depois de liberado, sem concluir a meiose. Se a fecundação ocorre, porém, o ovócito secundário termina a segunda divisão meiótica, que também origina duas células de tamanho desigual. A célula maior é o óvulo propriamente dito, que logo se transformará em zigoto, e a menor é o **segundo glóbulo polar** (também chamado glóbulo polar II ou corpúsculo polar II), que geralmente degenera logo após se formar. **(Fig. 21.2)**

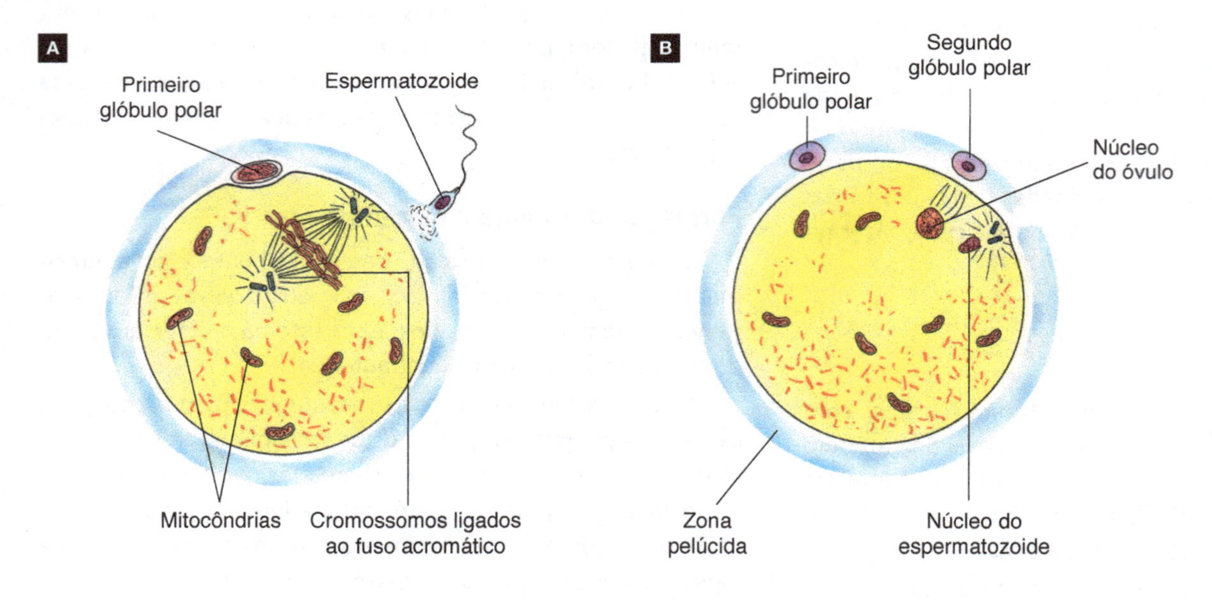

Figura 21.2 A. Representação esquemática de um ovócito secundário prestes a ser fecundado por um espermatozoide. Antes da fecundação o ovócito encontrava-se estacionado na metáfase II da meiose. B. Representação esquemática do óvulo no instante da fecundação. A meiose II encerrou-se e, em breve, o núcleo feminino e o núcleo masculino se unirão, originando o zigoto.

ILUSTRAÇÕES: JURANDIR RIBEIRO

As células da parede do folículo rompido (células foliculares) desenvolvem-se, formando na superfície ovariana o **corpo-amarelo**, ou corpo-lúteo. Este apresenta cor amarelada em virtude do acúmulo de um carotenoide amarelo, a luteína. O corpo-amarelo passa a produzir o hormônio progesterona.

Agora você pode resolver as atividades de 1 a 8 e 39.

21.2 Sistema genital masculino

O sistema genital masculino compõe-se de órgãos externos (o pênis e o escroto) e de órgãos internos (o sistema de ductos responsáveis pelo transporte dos gametas para o exterior – epidídimo, ductos deferentes e ducto ejaculatório – e as glândulas acessórias – glândulas seminais, bulbouretrais e a próstata). (**Fig. 21.3**)

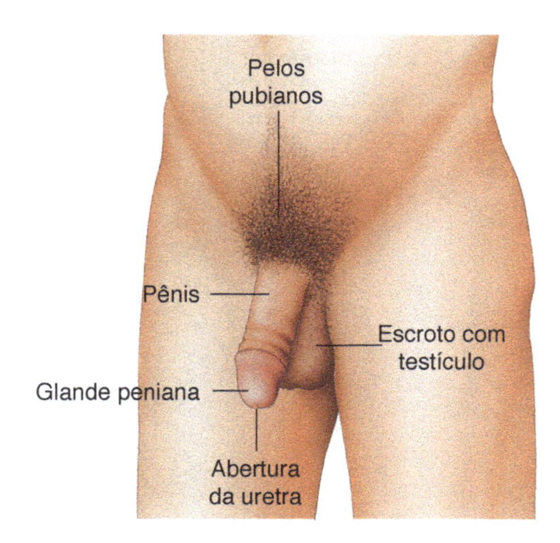

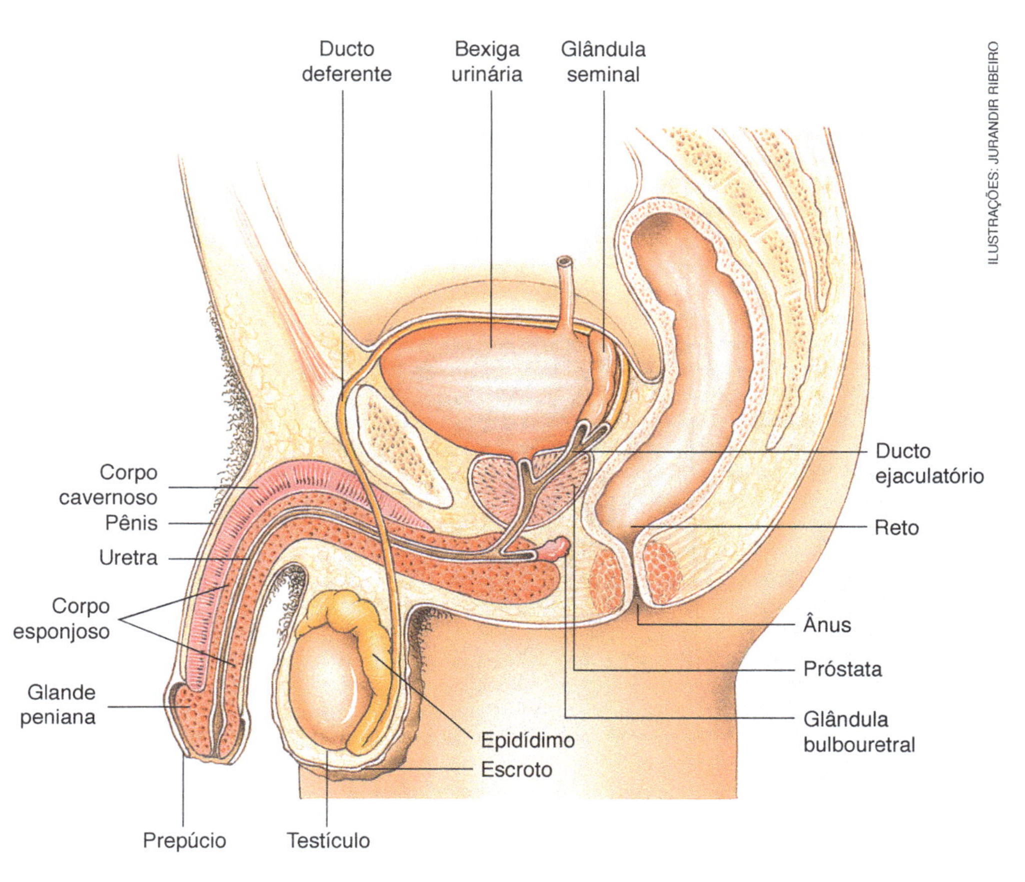

Figura 21.3 Representação do sistema genital masculino. Acima, vista externa. À direita, vista lateral e em corte mostrando órgãos internos. A bexiga urinária, o reto e o ânus, apesar de indicados na figura, não fazem parte do sistema genital.

Pênis, escroto e testículos

O pênis é o órgão copulador masculino. Ao longo de seu comprimento há três corpos de tecido erétil, sendo dois corpos cavernosos laterais e um corpo esponjoso ao redor da uretra. Esses tecidos recebem grande afluxo de sangue durante a excitação sexual, intumescendo-se e levando à ereção do pênis, o que possibilita o ato sexual. Perto da extremidade do pênis o corpo esponjoso expande-se e forma a **glande peniana**, que apresenta grande sensibilidade tátil e é protegida por uma dobra de pele chamada **prepúcio**. Em certos casos, por motivos funcionais ou religiosos, o prepúcio é removido cirurgicamente por meio da circuncisão.

O pênis é percorrido longitudinalmente pela **uretra**, canal que faz parte dos sistemas urinário e genital, e permite tanto a eliminação de urina como a de esperma.

O escroto, ou saco escrotal, é uma bolsa musculocutânea situada entre as coxas, na base do pênis; em seu interior alojam-se os testículos, as gônadas masculinas.

O testículo é constituído por milhares de tubos finos e enovelados, os **túbulos seminíferos**, e por camadas envoltórias de tecido conjuntivo.

No interior dos túbulos seminíferos são produzidos os espermatozoides, os gametas masculinos. Entre os túbulos seminíferos situam-se as **células intersticiais**, responsáveis pela produção de testosterona, o hormônio sexual masculino.

Formação dos espermatozoides: espermatogênese

Espermatogênese é o processo de formação, desenvolvimento e amadurecimento dos gametas masculinos a partir de células precursoras, as **espermatogônias**, localizadas nas paredes dos túbulos seminíferos. As espermatogônias multiplicam-se lentamente até a puberdade. A partir daí passam a se multiplicar com maior intensidade, o que continuará a ocorrer praticamente até o fim da vida do homem, tornando-se menos intenso em idades avançadas. Enquanto algumas espermatogônias multiplicam-se, outras crescem, duplicam os cromossomos e transformam-se em **espermatócitos primários** (ou espermatócitos I). Cada espermatócito primário passa pela primeira divisão meiótica (meiose I) e origina duas células de mesmo tamanho, os **espermatócitos secundários** (ou espermatócitos II). Estes passam pela segunda divisão meiótica (meiose II) e originam, cada um, duas células de mesmo tamanho, as **espermátides**. Cada espermátide passa, então, por um processo de diferenciação denominado **espermiogênese**, no qual se transforma em um espermatozoide. (Reveja a espermatogênese e a oogênese no Capítulo 9.)

Os espermatozoides recém-formados migram para o **epidídimo**, tubo enovelado com 6 a 7 centímetros de comprimento, localizado sobre o testículo. No epidídimo os espermatozoides são armazenados até sua eliminação em uma ejaculação. (**Fig. 21.4**)

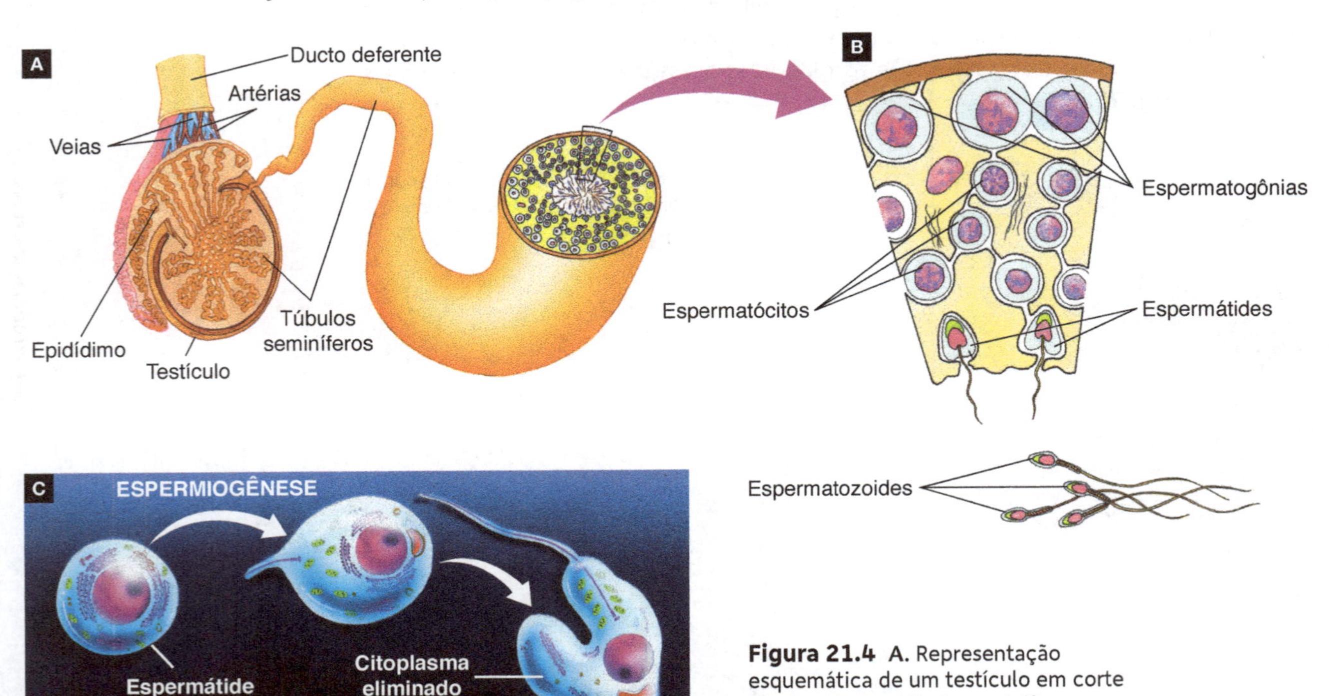

Figura 21.4 A. Representação esquemática de um testículo em corte mostrando um túbulo seminífero em detalhe. **B.** Parede do túbulo seminífero, em corte transversal, mostrando estágios de formação dos espermatozoides. **C.** Representação do processo de espermiogênese, em que espermátides se transformam em espermatozoides.

ILUSTRAÇÕES: OSNI DE OLIVEIRA

Ductos deferentes e glândulas acessórias

Dos epidídimos de cada testículo os espermatozoides passam para os ductos deferentes (antes denominados canais deferentes). Estes são dois tubos musculares (um proveniente de cada testículo) com cerca de 45 centímetros de comprimento que contornam a bexiga urinária e, embaixo dela, fundem-se em um canal único, o **ducto ejaculatório**, que desemboca na uretra.

As **glândulas seminais** (ou vesículas seminais), localizadas atrás da bexiga urinária, produzem uma secreção viscosa que é lançada no ducto ejaculatório no clímax da excitação sexual (orgasmo). Essa secreção constitui até 75% do volume total do esperma, ou sêmen, como é chamado o fluido leitoso formado por espermatozoides e por líquidos nutritivos.

A **próstata**, localizada embaixo da bexiga urinária, é uma glândula com cerca de 4 centímetros de diâmetro que envolve a porção inicial da uretra. A secreção prostática, que constitui entre 25% e 30% do esperma, é lançada na uretra e no ducto ejaculatório por uma série de pequenos canais.

Embaixo da próstata e desembocando na uretra há um par de **glândulas bulbouretrais**. Durante a excitação sexual essas glândulas liberam um líquido que contribui para a limpeza do canal da uretra antes da passagem do esperma.

Eliminação dos espermatozoides: ejaculação

No clímax da excitação sexual masculina ocorre a ejaculação, processo de eliminação do esperma pela uretra. Inicialmente, os espermatozoides vão dos testículos e dos epidídimos até o começo da uretra; nesse trajeto eles são impelidos por contrações rítmicas dos músculos que envolvem os epidídimos e os ductos deferentes. Em um segundo momento, que é a ejaculação propriamente dita, o esperma é impelido até a extremidade da uretra e eliminado. A expulsão do esperma dá-se por contrações espasmódicas dos músculos que envolvem o corpo esponjoso em torno da uretra. O volume de esperma eliminado em cada ejaculação é de aproximadamente 5 mililitros e contém cerca de 350 milhões de espermatozoides.

Agora você pode resolver as atividades de 9 a 15, 38 e 41.

21.3 Hormônios relacionados à reprodução

A puberdade é marcada por rápidas transformações físicas, psicológicas e emocionais. Nessa fase começam a se definir as **características sexuais secundárias**, típicas de indivíduos do sexo feminino e masculino de nossa espécie. Nas meninas os seios desenvolvem-se, as curvas corporais se acentuam e surgem pelos axilares e pubianos. Nos meninos, além dos pelos axilares e pubianos, desenvolve-se barba, a voz engrossa e a musculatura torna-se mais densa. Isso para citar apenas algumas das muitas transformações que ocorrem nessa fase da vida.

As transformações externas que ocorrem na adolescência sinalizam importantes mudanças internas, que tornam o organismo apto para a reprodução.

Todas essas mudanças são desencadeadas pelos **hormônios sexuais**. Essas substâncias são lançadas no sangue em pequenas quantidades por certas glândulas endócrinas. Ainda durante o desenvolvimento embrionário, os hormônios testiculares induzem a formação dos órgãos genitais masculinos, enquanto a ausência destes faz com que se desenvolvam os órgãos genitais femininos. A partir da puberdade, os diferentes hormônios sexuais acentuam as diferenças entre homens e mulheres, reativam os processos de formação dos gametas e promovem o impulso sexual, além de serem os principais responsáveis pelas modificações do organismo feminino durante a gravidez e a amamentação do bebê.

Gonadotrofinas: FSH e LH

As mudanças fisiológicas que ocorrem aproximadamente entre 11 e 14 anos de idade, caracterizando a puberdade, são controladas por dois hormônios produzidos pela adeno-hipófise: o hormônio estimulante do folículo (**FSH**) e o hormônio luteinizante (**LH**). Esses hormônios são chamados **gonadotrofinas** (do grego *trophos*, nutrição, desenvolvimento), pois atuam sobre as gônadas.

Nos meninos, o FSH e o LH agem sobre os testículos, estimulando a produção da testosterona. Nas meninas, o FSH atua sobre os ovários, promovendo o desenvolvimento dos folículos ovarianos, enquanto o LH é responsável pelo rompimento do folículo maduro e pela liberação do ovócito. O LH também atua sobre o folículo ovariano rompido, estimulando sua transformação no corpo-amarelo, que produz o hormônio progesterona, como veremos a seguir.

Estrógeno e progesterona

O estradiol, um estrógeno ou **estrogênio**, é produzido principalmente pelas células do folículo ovariano em desenvolvimento e determina o aparecimento das características sexuais secundárias da mulher, tais como o desenvolvimento das mamas, o alargamento dos quadris e o acúmulo de gordura em determinados locais do corpo, características tipicamente femininas. O estrógeno também induz o amadurecimento dos órgãos genitais e promove o impulso sexual.

A progesterona, produzida principalmente pelo corpo-amarelo ovariano, tem importância fundamental no processo reprodutivo, pois, com o estrógeno, atua na preparação da parede uterina para receber o embrião. **(Tab. 21.1)**

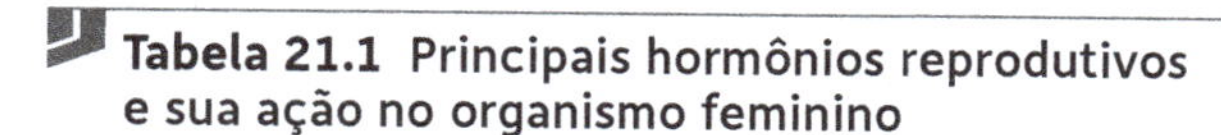
Tabela 21.1 Principais hormônios reprodutivos e sua ação no organismo feminino

Glândula	Hormônio	Órgão-alvo	Principais ações
Hipófise	FSH	Ovário	Estimula o desenvolvimento do folículo ovariano, a secreção de estrógeno e a ovulação.
	LH	Ovário	Estimula a ovulação e o desenvolvimento do corpo-amarelo.
	Prolactina	Mamas	Estimula a produção de leite (após estimulação prévia das glândulas mamárias por estrógeno e progesterona).
Ovário	Estrógeno	Diversos	Atua no crescimento do corpo; estimula o desenvolvimento das características sexuais secundárias.
		Sistema genital	Estimula a maturação dos órgãos genitais e a preparação do útero para a gravidez.
	Progesterona	Útero	Completa a preparação da mucosa uterina, mantendo-a pronta para a gravidez.
		Mamas	Estimula o desenvolvimento das glândulas mamárias.

Testosterona

A testosterona é um hormônio produzido pelas células intersticiais dos testículos, sendo responsável pelo aparecimento das características sexuais secundárias masculinas, tais como barba, espessamento das pregas vocais, que torna a voz mais grave, e maior desenvolvimento da musculatura corporal em relação às mulheres. Além de induzir o amadurecimento dos órgãos genitais masculinos, a testosterona promove o impulso sexual e, juntamente com o FSH e o LH, estimula a produção de espermatozoides.

A testosterona também está presente no organismo das mulheres, porém em concentrações bem mais baixas do que no organismo masculino. Esse hormônio é produzido pelas glândulas suprarrenais, pelos ovários e também é derivado da conversão de outros compostos produzidos pelos ovários.

A testosterona começa a ser produzida ainda na fase embrionária; é sua presença no embrião que determina o desenvolvimento dos órgãos genitais masculinos. A ausência de testosterona ou a falta de receptores para esse hormônio nas células do embrião fazem com que ele desenvolva o sexo feminino. **(Fig. 21.5)**

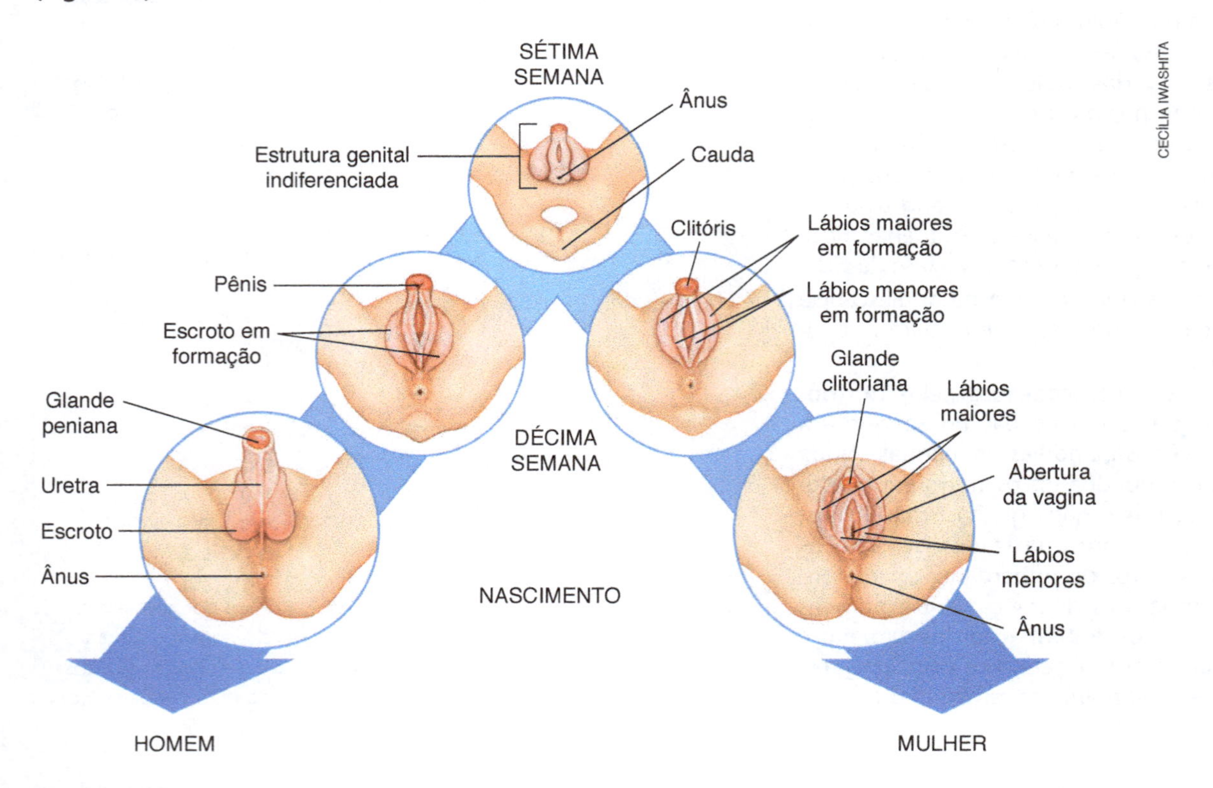

Figura 21.5 Representação da diferenciação dos órgãos genitais. Até a sétima semana de vida intrauterina, a estrutura genital humana externa ainda não se diferenciou em feminina ou masculina. A produção de testosterona pelos testículos embrionários induz a diferenciação do sistema genital em masculino (esquerda); sem a ação desse hormônio o sistema genital desenvolve-se no sexo feminino (direita). Note a correspondência de origem entre os lábios vaginais e o escroto, bem como entre o clitóris e o pênis.

Controle hormonal do ciclo menstrual

Na puberdade a mulher entra na fase reprodutiva, que vai aproximadamente até os 50 anos de idade. Nesse período, a cada 28 dias, em média, o organismo feminino prepara-se para uma possível gravidez, produzindo ovócitos e desenvolvendo o revestimento da parede uterina, o endométrio, para a eventualidade de receber um embrião.

Se a fecundação não ocorre o revestimento da parede uterina sofre uma descamação e é eliminado pela vagina, fenômeno denominado **menstruação**. O período menstrual dura entre 3 e 7 dias e ocorre todo mês, a cada 28 dias, em média, dependendo da mulher e de suas condições fisiológicas. O intervalo entre o início de uma menstruação e o início da seguinte é chamado **ciclo menstrual**.

Durante o ciclo menstrual as concentrações dos hormônios sexuais sofrem variações expressivas. A menstruação ocorre, precisamente, quando as concentrações de todos esses hormônios se tornam baixas no sangue da mulher.

Durante o período de menstruação a adeno-hipófise começa gradativamente a aumentar a produção do hormônio FSH, cuja concentração eleva-se no sangue. O FSH promove o desenvolvimento de alguns folículos ovarianos, que passam a produzir estrógeno. A elevação da concentração de estrógeno na circulação sanguínea induz o espessamento do endométrio, que se torna rico em vasos sanguíneos e em glândulas.

Quando a concentração de estrógeno no sangue atinge determinado nível, a adeno-hipófise é estimulada a liberar LH. A ação desses hormônios induz a ovulação, que ocorre geralmente por volta do décimo quarto dia a partir do início do ciclo menstrual.

O LH, presente em concentrações elevadas na ovulação, induz as células foliculares a formar o corpo-amarelo no interior do ovário, que produz pequena quantidade de estrógeno e grande quantidade de progesterona. O corpo-amarelo atinge seu desenvolvimento máximo cerca de 8 a 10 dias após a ovulação. Caso não ocorra fecundação, o corpo-amarelo regride.

O estrógeno e a progesterona atuam em conjunto no útero, que continua a se preparar para uma eventual gravidez. A concentração elevada desses hormônios passa a exercer um efeito inibidor sobre a adeno-hipófise, que diminui a produção de FSH e LH.

A queda na concentração de LH tem como consequência direta a regressão do corpo-amarelo, que deixa de produzir estrógeno e progesterona. A redução brusca nas concentrações desses dois hormônios ovarianos leva ao desprendimento da mucosa uterina, que é eliminada na menstruação. Caso haja fecundação o corpo-amarelo mantém-se em atividade por ação do hormônio gonadotrofina coriônica, como veremos a seguir.

Por sua vez, a queda nas concentrações de estrógeno e de progesterona faz com que a adeno-hipófise volte a produzir FSH, iniciando-se, assim, um novo ciclo menstrual. **(Fig. 21.6)**

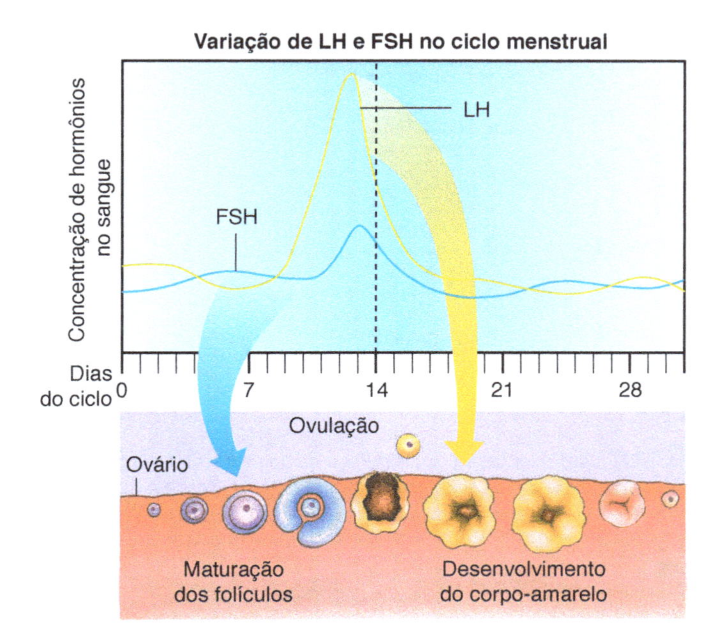

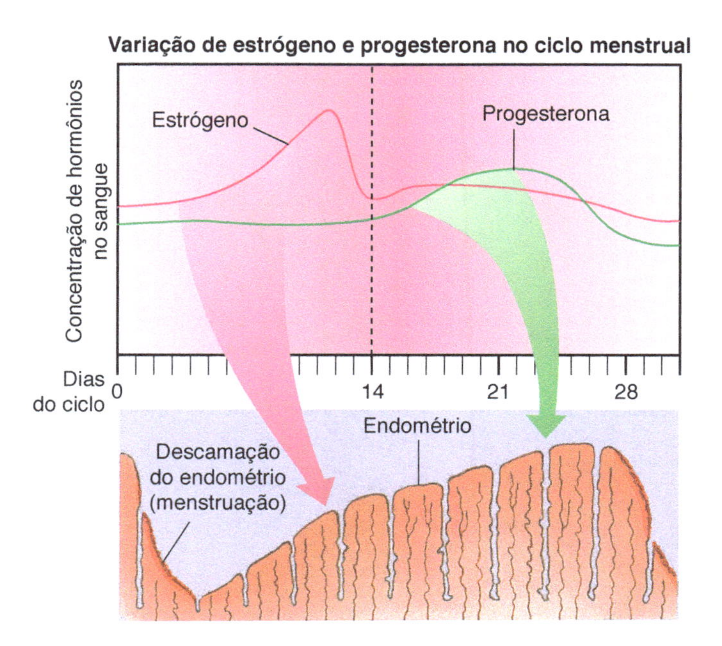

ILUSTRAÇÕES: JURANDIR RIBEIRO

Figura 21.6 Gráficos que mostram a variação das concentrações dos hormônios hipofisários FSH e LH e dos hormônios sexuais estrógeno e progesterona durante o ciclo menstrual. A variação desses hormônios está relacionada com as alterações do folículo ovariano e do endométrio. Analise a figura acompanhando as explicações no texto. (Elaborados com base em Campbell, N. A. e cols., 1999.)

A produção dos hormônios sexuais femininos declina acentuadamente a partir dos 50 anos de idade da mulher, em média. Os ciclos menstruais tornam-se irregulares, até cessarem por completo. Essa fase, que marca o fim da fase reprodutiva feminina, é chamada **climatério**. Embora popularmente empregado para denominar esse período, **menopausa** é o nome dado à última menstruação na vida da mulher.

Agora você pode resolver as atividades de 16 a 25, 36 e 42.

21.4 Gravidez e parto

Fecundação e nidação

A fecundação ocorre na tuba uterina e geralmente nas primeiras 24 horas após a ovulação. Ao se deslocar pelo oviduto, o zigoto passa pelas primeiras clivagens, originando a mórula, que chega ao útero cerca de 3 dias após a fecundação.

As divisões celulares continuam até que, por volta do 7º dia após a fecundação, forma-se uma cavidade no interior da mórula, que passa para o estágio de blástula, uma esfera oca denominada, nos mamíferos, blastocisto. Este se implanta na mucosa uterina, fenômeno que recebe o nome de **nidação**. Com isso inicia-se a **gravidez** ou gestação, que se encerra com o parto, cerca de nove meses mais tarde.

Na fase de blastocisto, a cavidade interna denominada **blastocela** passa a acumular líquido e os blastômeros formam uma camada delgada externa, o **trofoblasto**, que origina o cório e a porção embrionária da placenta. No interior do blastocisto forma-se um aglomerado celular, o **embrioblasto**, que dará origem ao embrião.

As células do trofoblasto aderem à parede uterina e secretam enzimas que hidrolisam moléculas que unem as células do endométrio, permitindo que o embrião nele se infiltre e cresça. O trofoblasto se ramifica e ocupa as cavidades abertas e, como reação à infiltração do trofoblasto, a parede uterina sofre alterações celulares e vasculares, com grande desenvolvimento de vasos sanguíneos na região, originando uma estrutura altamente vascularizada. **(Fig. 21.7)**

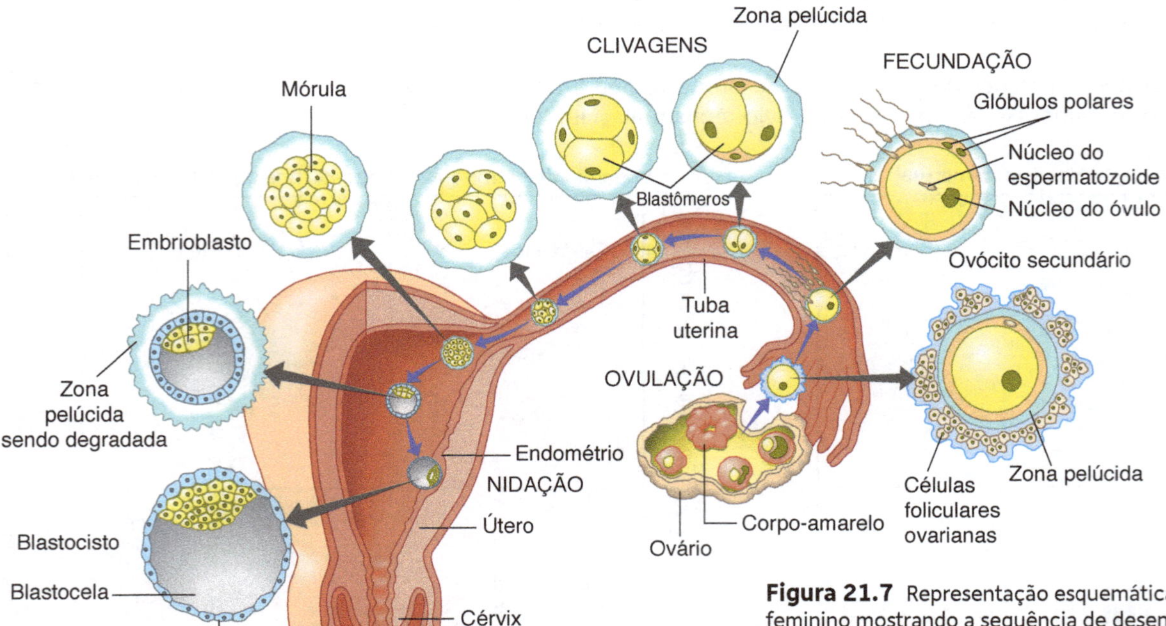

Figura 21.7 Representação esquemática de parte do sistema genital feminino mostrando a sequência de desenvolvimento desde a ovulação até a nidação do blastocisto. As células foliculares que permanecem no ovário formam o corpo-amarelo, enquanto células foliculares ao redor do ovócito secundário desaparecem após a fecundação.

Enzimas secretadas pelo trofoblasto degradam as paredes dos vasos sanguíneos, formando ao seu redor lacunas pelas quais passa a circular sangue materno. Projeções do trofoblasto ramificam-se dentro da parede uterina originando as vilosidades coriônicas.

As vilosidades coriônicas do embrião recém-implantado na parede uterina secretam um hormônio denominado **gonadotrofina coriônica**. Esse hormônio sinaliza ao organismo feminino a presença do embrião e estimula a atividade do corpo-amarelo, mantendo as concentrações de estrógeno e de progesterona elevadas no sangue da mulher. Consequentemente a menstruação não ocorre, o que pode ser um indicativo de gravidez.

No início da gestação a concentração de gonadotrofina coriônica é tão elevada no sangue da mulher que seu excesso é eliminado na urina e pode ser identificada. Diversos testes de gravidez disponíveis em farmácias detectam a presença de gonadotrofina coriônica na urina, o que indica a gravidez.

A partir do quarto mês de gestação o corpo-amarelo começa a regredir. A mucosa uterina, mantida até então pelos hormônios do corpo-amarelo, continua a se desenvolver graças à produção de estrógeno e de progesterona pela placenta.

A placenta

A placenta é um órgão formado pelo desenvolvimento conjunto da parede uterina e das vilosidades coriônicas do embrião. É por meio da placenta que ocorrem trocas de substâncias entre gestante e filho durante a gravidez. Nutrientes e gás oxigênio passam do sangue da mãe para o do filho, enquanto excreções e gás carbônico fazem o caminho inverso. O sangue da mãe e o do embrião não se misturam na placenta. As trocas ocorrem através das paredes dos vasos sanguíneos que separam as circulações embrionária e materna.

A placenta comunica-se com o embrião pelo cordão umbilical, uma estrutura tubular que apresenta em seu interior duas artérias e uma veia, por meio das quais o sangue do embrião vai e volta da placenta. **(Fig. 21.8)**

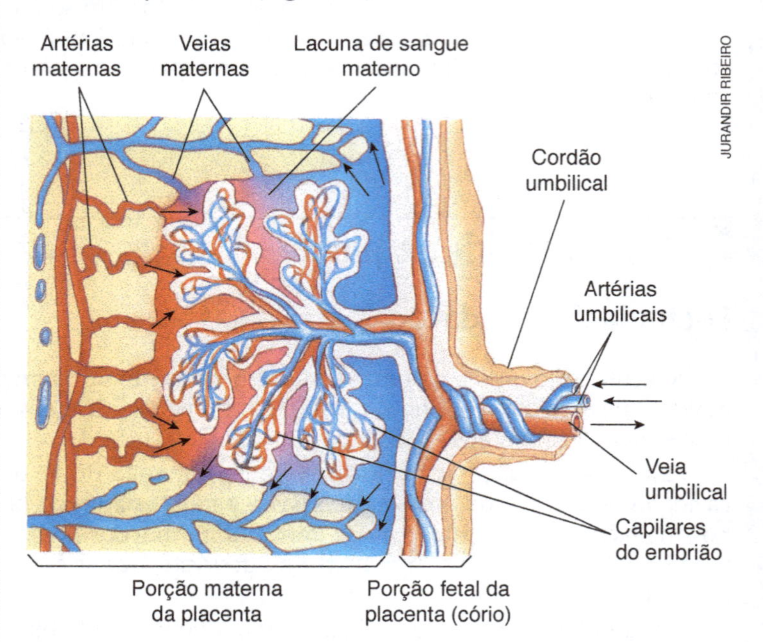

Figura 21.8 Representação esquemática da circulação sanguínea na placenta, órgão compartilhado pela mãe e pelo embrião. As setas indicam o sentido do fluxo sanguíneo.

Fase fetal

Cerca de cinco semanas após a fecundação os braços e as pernas do embrião tornam-se bem definidos e começam a apresentar contrações musculares. Na nona semana de vida (final do segundo mês) o embrião tem cerca de 2,5 centímetros de comprimento e aparência tipicamente humana; nessa fase inicia-se a formação dos ossos e o embrião passa a ser chamado **feto**. **(Fig. 21.9)**

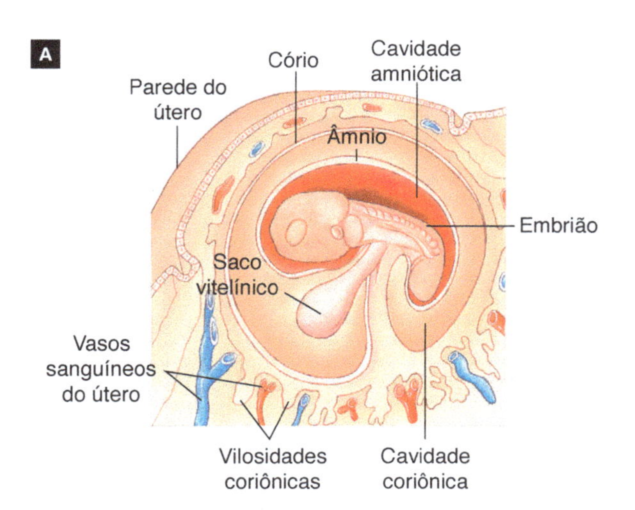

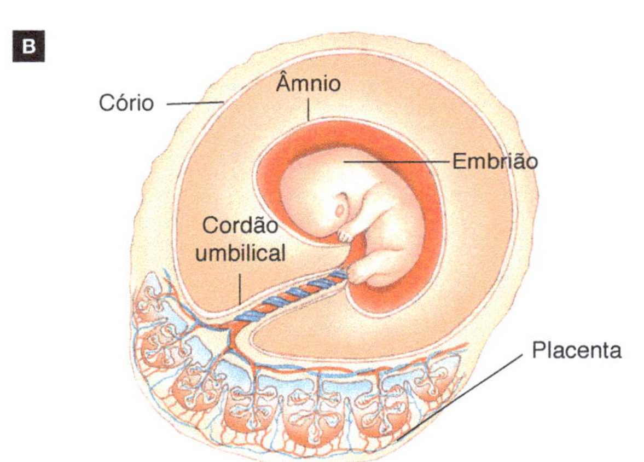

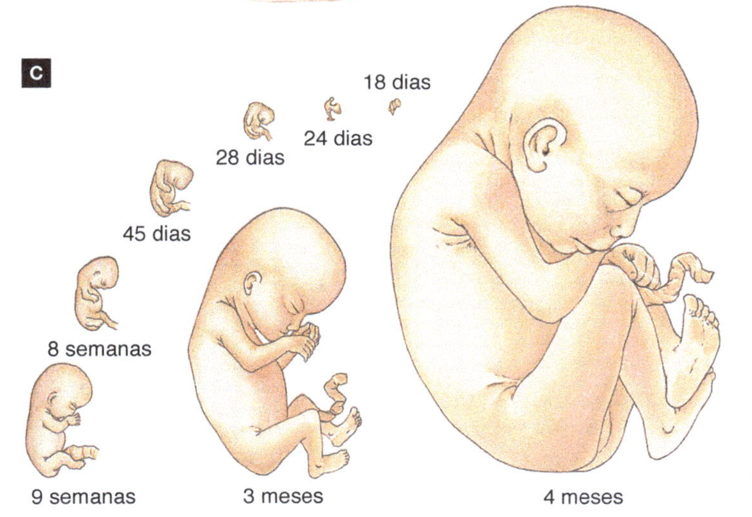

ILUSTRAÇÕES: JURANDIR RIBEIRO

Figura 21.9 **A.** Representação esquemática de corte de um embrião com cerca de 27 dias com os anexos embrionários. **B.** Representação esquemática de um embrião de 45 dias, com a placenta e o cordão umbilical já formados. **C.** Representação esquemática em que se compara o tamanho relativo de embriões humanos de diferentes idades.

Aos cinco meses o feto tem cerca de 20 centímetros de comprimento e aproximadamente 500 gramas de massa corporal. Aos sete meses ele já apresenta boas chances de sobrevivência, se porventura ocorrer o nascimento prematuro. **(Fig. 21.10 e Tab. 21.2)**

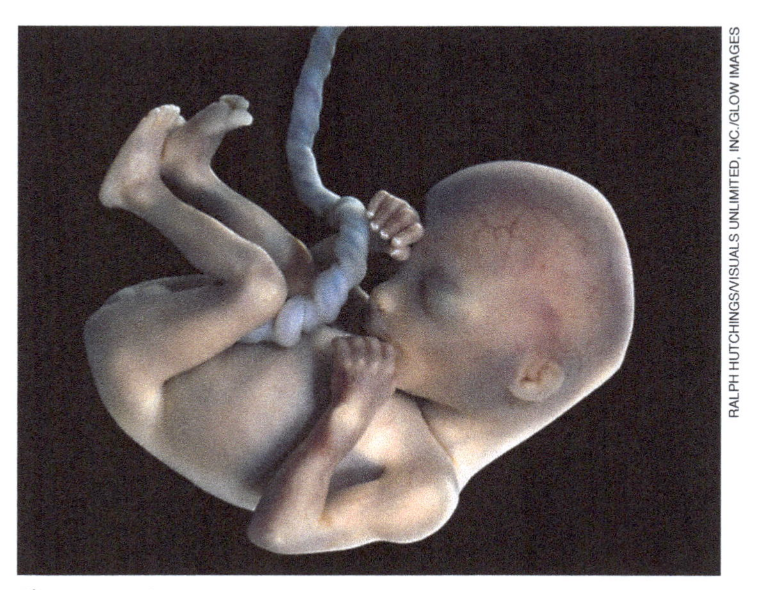

RALPH HUTCHINGS/VISUALS UNLIMITED, INC./GLOW IMAGES

Figura 21.10 Feto com 16 semanas de gestação, com cerca de 11 cm de comprimento. Ele já é capaz de se movimentar em resposta a alguns sons.

Tabela 21.2 Ocorrências marcantes no desenvolvimento embrionário humano

Idade do embrião	Evento
24 horas	Primeira divisão do zigoto, com formação de duas células.
3 dias	Chegada do embrião à cavidade uterina.
7 dias	Implantação do embrião no útero.
2,5 semanas	Organogênese em curso. Início da formação da notocorda e do músculo cardíaco; formação das primeiras células sanguíneas, do saco vitelínico e do cório.
3,5 semanas	Formação do tubo nervoso. Primórdios de olhos e orelhas já são visíveis; diferenciação do tubo digestório, com formação das fendas na faringe e início do desenvolvimento do fígado e do sistema respiratório; o coração começa a bater.
4 semanas	Aparecimento de brotos dos braços e das pernas; formação das três partes básicas do encéfalo.
2 meses	Início dos movimentos. Já é possível identificar a presença de testículos ou ovários; tem início a ossificação; os principais vasos sanguíneos assumem sua posição definitiva.
3 meses	O sexo já pode ser identificado externamente; a notocorda degenera.
4 meses	A face do embrião assume aparência humana.
3º trimestre	Os neurônios tornam-se mielinizados; ocorre grande crescimento do corpo.
266º dia	Nascimento.

Parto

O parto natural consiste na expulsão do feto por contrações rítmicas da musculatura uterina; em geral isso ocorre ao fim do nono mês de gravidez, aproximadamente 266 dias após a fecundação (38 semanas). Nessa época o feto mede aproximadamente 50 centímetros de comprimento e apresenta, em média, entre 3 e 3,5 quilogramas de massa corporal.

No momento do parto o colo do útero se dilata e a musculatura uterina se contrai ritmicamente induzida pelo hormônio **oxitocina**, liberado pela porção posterior da hipófise (neuro-hipófise). A bolsa amniótica se rompe e o líquido nela contido extravasa pela vagina. O feto é gradualmente empurrado para fora do útero por contrações vigorosas da musculatura uterina. A vagina se dilata e permite a saída do bebê.

A placenta desprende-se da parede uterina e é expulsa pela vagina com o sangue proveniente dos vasos sanguíneos maternos rompidos. Nesse momento, no parto assistido, o cordão umbilical, que liga o feto à placenta, é cortado e amarrado. **(Fig. 21.11)**

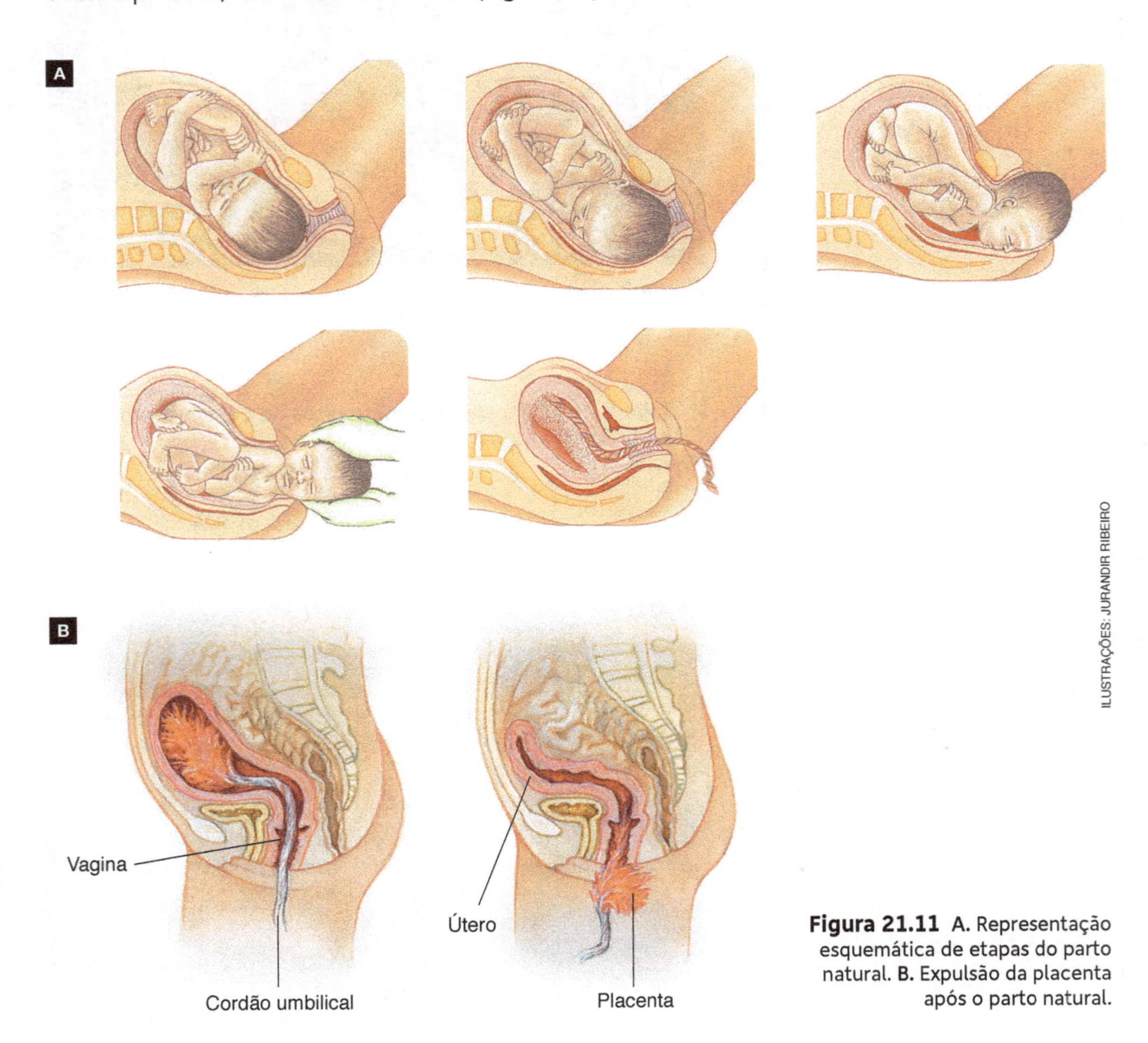

Figura 21.11 **A.** Representação esquemática de etapas do parto natural. **B.** Expulsão da placenta após o parto natural.

Com o desprendimento da placenta começa a se acumular gás carbônico no sangue do recém-nascido, estimulando os centros cerebrais respiratórios e desencadeando o funcionamento dos pulmões.

O parto natural pode ser desaconselhado pelos médicos em certos casos, como gestante soropositiva para HIV ou outras doenças de transmissão vertical, complicações no estado fetal durante o parto normal ou doenças prévias que coloquem em risco a vida da gestante. Nesses casos recorre-se a uma intervenção cirúrgica conhecida como **cesariana**, na qual é feita uma incisão na parte baixa do abdômen da gestante, de modo a expor o útero; este é cortado e a criança é retirada, com o cordão umbilical e a placenta.

Após a expulsão da placenta ocorre a diminuição na concentração de estrogênio, o que estimula a **lactação**. Estrogênio e prolactina atuam de forma sinérgica no crescimento das mamas, porém o estrogênio tem efeito antagônico na produção de leite. As mulheres que não amamentam seus filhos apresentam seu primeiro ciclo menstrual, em geral, 6 semanas após o parto. As que amamentam regularmente podem ter **amenorreia** – ausência de menstruação – por 25 a 30 semanas.

Agora você pode resolver as atividades de 26 a 33, 35, 39 e 46.

21.5 Compartilhando o útero materno: gêmeos

Quando nascem duas ou mais crianças em uma gestação, fala-se em **gêmeos**. Estes podem ser tão diferentes quanto dois irmãos de gestações distintas (gêmeos dizigóticos ou fraternos) ou ser do mesmo sexo e extremamente parecidos fisicamente (monozigóticos). **(Fig. 21.12)**

A

ULTRAMARINFOTO/ISTOCK PHOTOS/GETTY IMAGES

B

GARY PARKER/SCIENCE PHOTO LIBRARY/LATINSTOCK

Figura 21.12 A. Gêmeas monozigóticas, originadas do mesmo zigoto. Apesar de apresentarem genes idênticos em suas células, essas gêmeas podem exibir diferenças em razão da interação entre genes e fatores ambientais, ao longo do desenvolvimento. **B.** Gêmeos dizigóticos são formados de dois zigotos distintos e, portanto, de diferentes pares de gametas.

A gravidez de gêmeos é um evento relativamente raro, ocorrendo em menos de 1% dos nascimentos. Apesar dessa baixa porcentagem, estudos realizados em Campinas, São Paulo, mostraram que, entre os gêmeos, o número de complicações e morte após o nascimento praticamente dobra em relação aos nascimentos de parto único. Estudos realizados na Finlândia mostraram que a fertilização *in vitro* (FIV) eleva significativamente a chance de gestações múltiplas (gêmeos e trigêmeos); ela foi da ordem de 36% no grupo FIV e 2,2% no grupo utilizado como controle.

Gêmeos dizigóticos (ou gêmeos fraternos)

Em geral a mulher libera apenas um ovócito secundário (óvulo) a cada ciclo menstrual. Eventualmente, porém, podem ser liberados dois ovócitos secundários (ou mais); se ambos forem fecundados formam-se dois zigotos; se ambos se desenvolverem, nascerão duas crianças na mesma gravidez, portanto gêmeas, geneticamente diferentes e que podem ou não ser do mesmo sexo. Gêmeos desse tipo, na verdade, são irmãos de mesma idade que compartilharam o útero materno, sendo por isso chamados de gêmeos dizigóticos ou gêmeos fraternos. O termo dizigótico enfatiza a origem desses gêmeos, formados a partir de dois zigotos diferentes.

Gêmeos dizigóticos podem se implantar no útero em locais distantes um do outro, originando cada um sua própria placenta. Em certos casos, porém, a implantação dos blastocistos ocorre em áreas uterinas próximas dando a impressão que eles apresentam apenas uma placenta. O exame microscópico revela, porém, que a placenta tem dois córios distintos, entre os quais há trofoblasto e vilosidades coriônicas atrofiadas, resultado do desenvolvimento de uma placenta junto de outra. Cada embrião desenvolve seu âmnio e o próprio cordão umbilical. **(Fig. 21.13)**

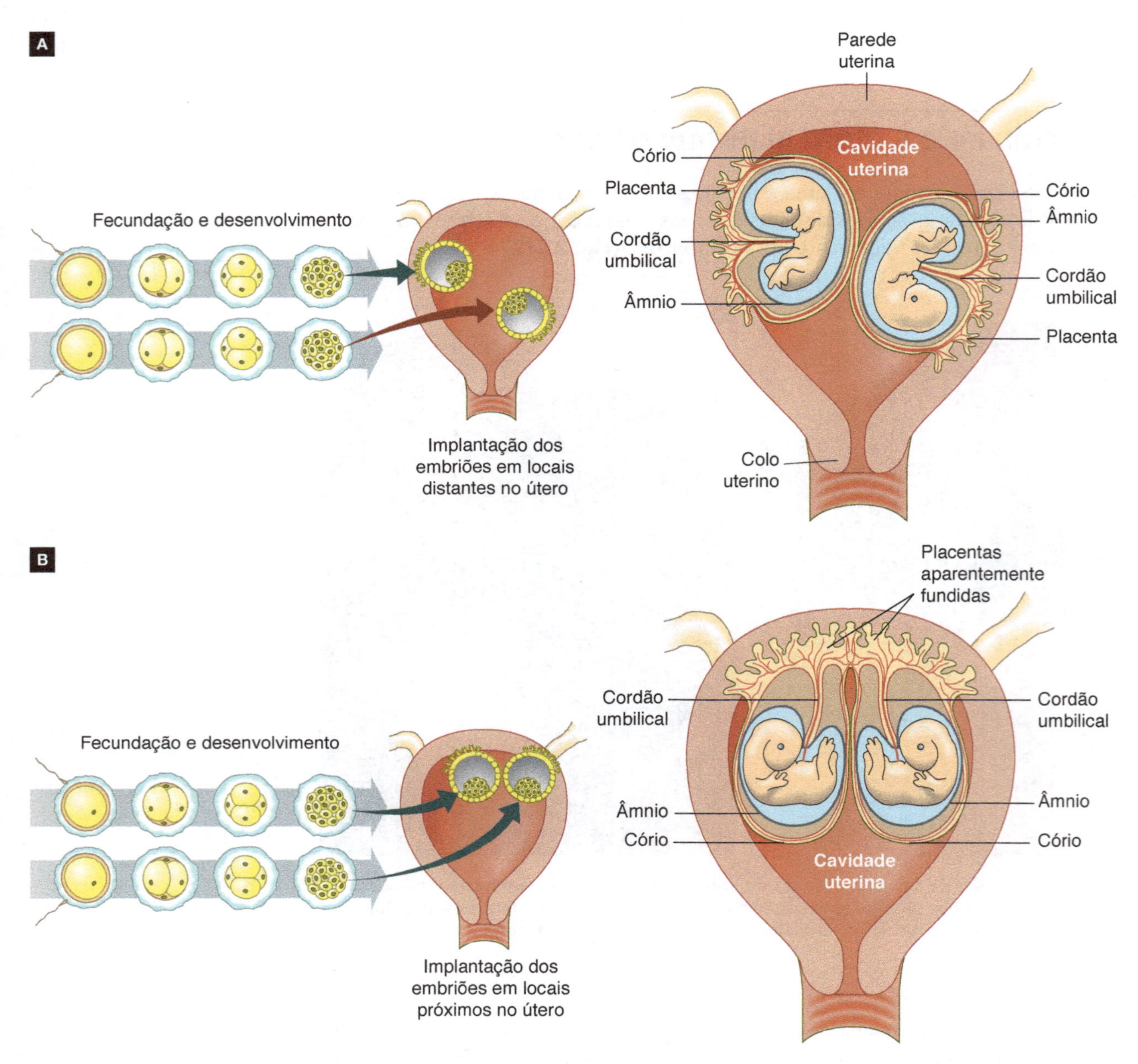

Figura 21.13 Representação esquemática da formação de gêmeos dizigóticos. **A.** Os gêmeos implantam-se em regiões afastadas no útero, desenvolvendo cório, placenta, âmnio e cordão umbilical separados. **B.** Os gêmeos implantam-se muito próximos um do outro no útero e suas placentas aparentemente se fundem; entretanto, a análise microscópica revela que elas estão separadas.

Gêmeos monozigóticos (ou gêmeos univitelinos)

Na espécie humana um único zigoto pode eventualmente originar dois ou mais indivíduos idênticos do ponto de vista genético; consequentemente, eles têm o mesmo sexo e costumam ser muito parecidos fisicamente. Esses são gêmeos monozigóticos, bem menos frequentes que os dizigóticos: de cada quatro pares de gêmeos nascidos, apenas um é monozigótico.

Em aproximadamente 30% dos casos, os gêmeos monozigóticos formam-se até o terceiro dia após a fecundação, quando o embrião ainda está no estágio de mórula. Nesses casos a mórula divide-se em dois grupos de blastômeros, que prosseguem o desenvolvimento independentemente um do outro, originando dois blastocistos com o mesmo patrimônio genético, uma vez que são provenientes do mesmo zigoto.

Cada um desses embriões desenvolve a própria placenta, âmnio e cordão umbilical; se as implantações forem muito próximas, pode ocorrer uma aparente fusão das placentas, como foi mencionado no caso de gêmeos dizigóticos.

Em 70% dos casos, a formação dos gêmeos monozigóticos ocorre entre o quarto e o décimo quarto dias de vida embrionária. Nesses casos a divisão do embrioblasto ocorre de tal maneira que os gêmeos, apesar de desenvolverem âmnios e cordões umbilicais próprios, compartilham um único cório e uma única placenta.

Mais raramente os gêmeos monozigóticos surgem quando o disco embrionário já está presente no embrioblasto, ou seja, quando o hipoblasto (camada de células voltada para a blastocela) e o epiblasto (camada mais espessa de células posicionada sobre o hipoblasto) já se formaram. A divisão do disco embrionário origina dois embriões, cada um com seu cordão umbilical, mas que compartilham a mesma bolsa amniótica, o mesmo cório e a mesma placenta. **(Fig. 21.14)**

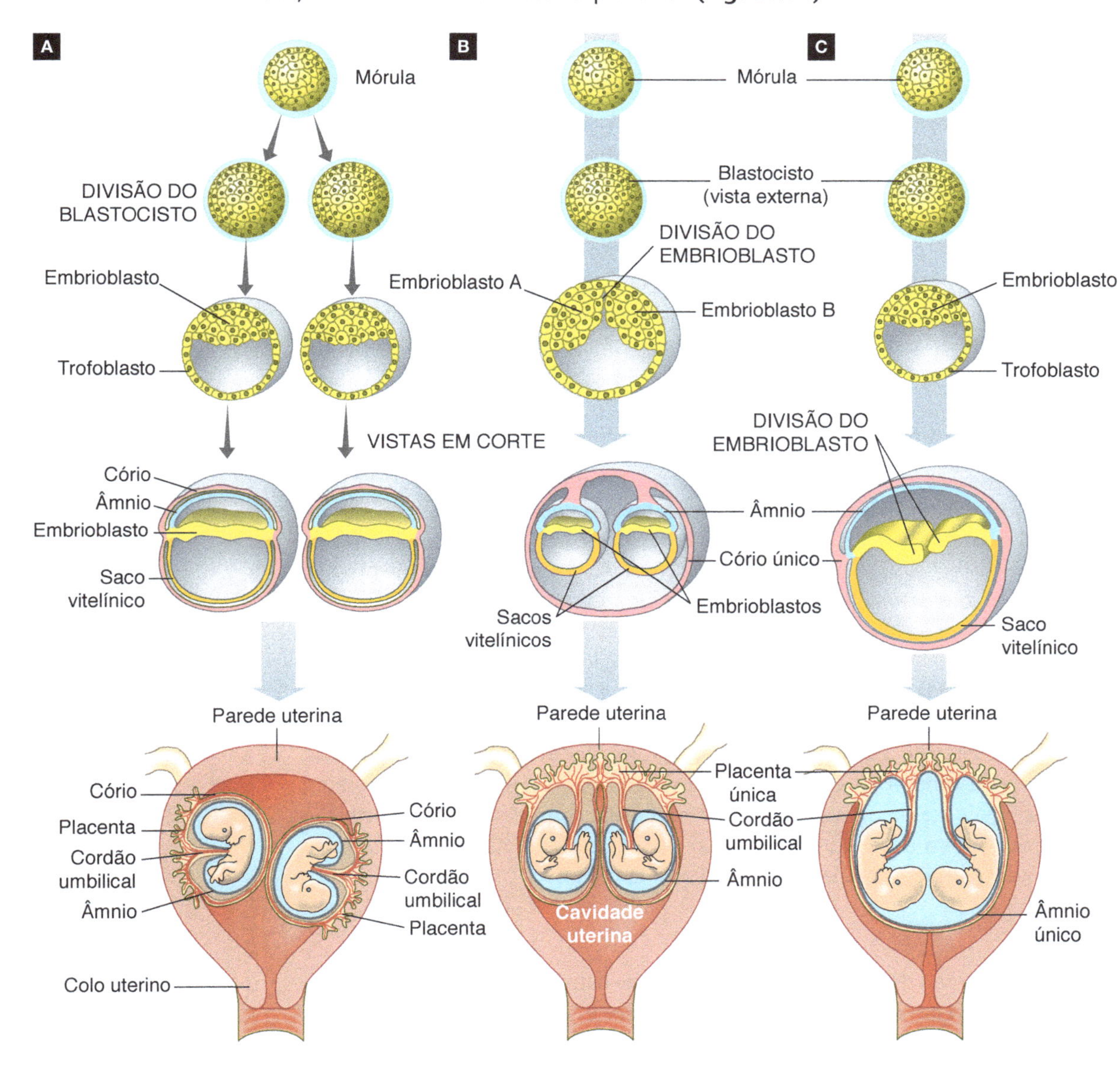

Figura 21.14 Representação esquemática das diferentes maneiras de formação de gêmeos monozigóticos. **A.** Gêmeos formados precocemente pela divisão da mórula em dois blastocistos distintos; eles podem se implantar em regiões distantes do útero ou compartilhar a mesma região uterina da placenta. **B.** Gêmeos formados pela divisão do embrioblasto têm âmnio e cordão umbilical separados, compartilhando o cório e a placenta. **C.** Gêmeos formados tardiamente a partir da divisão do embrioblasto compartilham o cório, o âmnio e a placenta; apenas seus cordões umbilicais são separados.

Gêmeos unidos

Em raros casos, gêmeos monozigóticos podem nascer ligados por uma parte do corpo. Fala-se, nesse caso, em "gêmeos unidos". O primeiro caso bem documentado de gêmeos unidos foi o dos irmãos Chang e Eng Bunker, nascidos em 1811 no Sião (hoje Tailândia), que eram ligados pela região torácica. Eles ficaram conhecidos como "irmãos siameses" e ganharam a vida exibindo-se para plateias nos Estados Unidos, onde moraram e se casaram com duas irmãs, com quem tiveram 21 filhos, segundo algumas fontes biográficas. Ao morrerem, em 1874, a autópsia revelou haver compartilhamento entre seus fígados.

São conhecidos diversos tipos de compartilhamento de tecidos e órgãos entre os gêmeos unidos. Há casos em que é possível separar cirurgicamente os gêmeos e garantir a sobrevivência dos dois. Há outros em que é necessário sacrificar um dos irmãos. Há, ainda, casos impossíveis de separar, pois ambos morreriam. Essa questão tem sido motivo de grande debate entre médicos e religiosos em virtude das questões éticas, religiosas e morais envolvidas.

Agora você pode resolver as atividades 34, 37 e 47.

O controle da reprodução humana

Métodos contraceptivos

1 Contracepção é a prevenção deliberada da gravidez. A maneira mais óbvia e mais segura de prevenir a gravidez é a abstinência de relações sexuais, pelo menos durante o período fértil da mulher, em que existe a possibilidade de haver ovulação.

2 Ao longo da história a humanidade tem desenvolvido diversos métodos para evitar a gravidez, genericamente denominados **métodos contraceptivos** ou **métodos anticoncepcionais**.

3 Os métodos contraceptivos podem atuar em diferentes etapas do processo reprodutivo. Alguns impedem que os gametas masculinos e femininos se encontrem; outros impedem que a mulher produza gametas; outros, ainda, impedem a implantação do embrião recém-formado na mucosa uterina.

Coito interrompido

4 Um método para evitar a gravidez é o **coito interrompido**, que consiste em retirar o pênis da vagina antes que a ejaculação ocorra. Esse método é pouco eficiente, pois as secreções masculinas eliminadas antes da ejaculação podem conter espermatozoides. Outro motivo para o grande índice de falhas do método é a demora na retirada do pênis, que pode resultar na ejaculação parcial ou total ainda dentro da vagina.

Método do ritmo ovulatório ou da tabelinha

5 Pode-se evitar a gravidez abstendo-se de relações sexuais apenas durante o período fértil do ciclo menstrual. Esse método, conhecido como método do **ritmo ovulatório** ou da **tabelinha**, baseia-se no fato de que o gameta feminino estará presente nos ovidutos, em condição de ser fecundado, apenas durante um curto período do ciclo menstrual, chamado **período fértil**. A mulher normalmente produz, a cada 28 dias, um único ovócito, que sobrevive durante, no máximo, dois dias nas tubas uterinas, até degenerar e ser eliminado. O principal problema é justamente determinar qual é o período fértil da pessoa. O dia em que ocorre a ovulação pode variar, dependendo da duração do ciclo e de outros fatores. Pode-se estimar o dia provável da ovulação, com algum grau de acerto, a partir da observação diária na textura do muco cervical e da análise do gráfico de temperatura corporal. Na maioria das mulheres, a temperatura do corpo eleva-se cerca de 0,5 °C logo após a ovulação. O acompanhamento criterioso da temperatura corporal diária pode fornecer evidências de que a ovulação ocorreu. As estatísticas mostram que mulheres que determinam a época da ovulação por meio da tabela, com o auxílio da construção de gráficos de temperatura diária, têm porcentagem de aceitável sucesso na tentativa de evitar uma gravidez indesejada, desde que sigam rigorosamente os princípios do método.

Preservativo ou camisinha

6 Entre as práticas anticoncepcionais mais difundidas destaca-se o uso de barreiras mecânicas que evitam o encontro dos gametas masculinos com o gameta feminino. O **preservativo**, popularmente chamado de **camisinha**, é um protetor de látex ou de outros materiais utilizado para reter o esperma ejaculado, evitando que ele seja depositado na vagina. Tanto o preservativo masculino, que envolve o pênis, como o preservativo feminino, que a mulher introduz na vagina antes da relação sexual, têm a mesma finalidade. Além de atuar como anticoncepcional a camisinha é também eficiente na prevenção da aids e de outras infecções sexualmente transmissíveis (ISTs).

Diafragma

7 O **diafragma** é um dispositivo de borracha que deve ser colocado no fundo da vagina de modo a fechar o cérvix uterino e impedir a entrada de espermatozoides. É comum aplicar no diafragma um gel contendo substâncias espermicidas, que matam os espermatozoides e aumentam o índice de segurança do método.

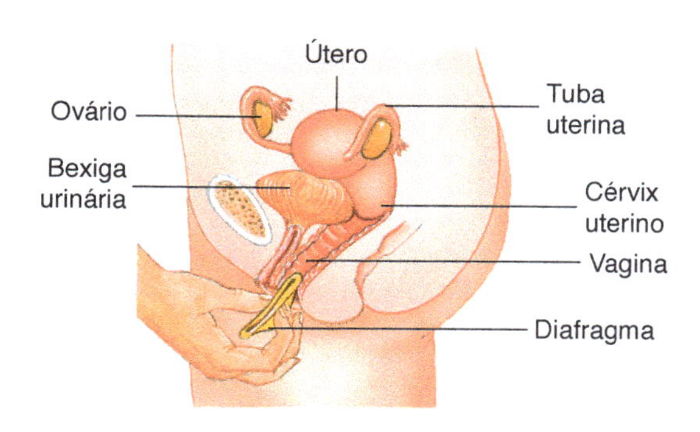

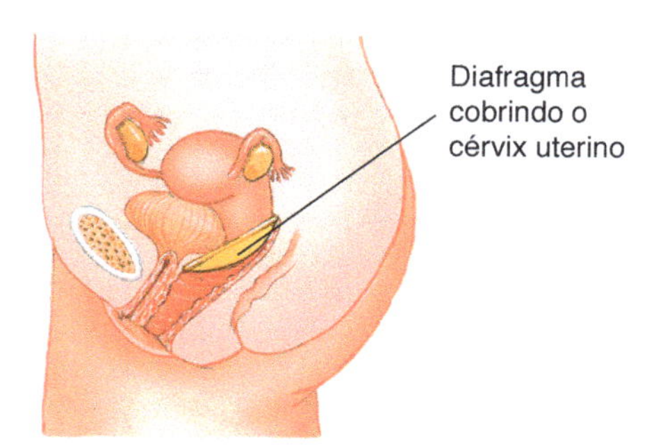

Representação esquemática da colocação correta do diafragma na vagina de modo a cobrir totalmente o cérvix uterino. A bexiga urinária, apesar de indicada nas figuras, não faz parte do sistema genital.

Pílula anticoncepcional

8 A pílula anticoncepcional, um dos métodos contraceptivos mais utilizados no mundo, consiste geralmente em uma mistura de hormônios sintéticos (progesterona e estrógeno) que a mulher deve ingerir todos os dias, entre o 1º e o 5º dia após a menstruação. Depois de 21 dias, suspende-se a pílula por uma semana e inicia-se um novo lote de 21 pílulas. A menstruação costuma ocorrer cerca de três dias após a suspensão da ingestão das pílulas. Os dois hormônios presentes na pílula anticoncepcional inibem a secreção de FSH e de LH pela adeno-hipófise. Na falta desses dois hormônios não ocorre ovulação. A manutenção de níveis altos de estrógeno e de progesterona no sangue induz o crescimento da mucosa uterina, que se descama quando o nível desses hormônios é reduzido, no período de uma semana em que a pílula deixa de ser ingerida.

9 A chamada "pílula do dia seguinte", também conhecida como método contraceptivo de emergência, é um medicamento com alta concentração hormonal utilizado para prevenir uma gravidez indesejada dentro de 72 horas após uma relação desprotegida ou acidental. Os hormônios constituintes dessa pílula atuam basicamente de duas formas: impedem a ovulação (se ainda não ocorreu) e não permitem que o embrião se implante na parede uterina, entre cinco e seis dias depois da fertilização.

10 Pesquisas científicas têm procurado avaliar se a ingestão continuada de hormônios pode ser responsabilizada por problemas à saúde, tais como alterações na coagulação sanguínea, arteriosclerose e infartos. Um estudo verificou que mulheres fumantes e usuárias de pílulas anticoncepcionais apresentavam risco 10 vezes maior de morte por problemas cardiorrespiratórios. É importante que os contraceptivos orais sejam utilizados sob rigoroso acompanhamento médico, a fim de evitar efeitos colaterais prejudiciais decorrentes da ingestão de hormônios. Particularmente, a utilização da pílula do dia seguinte exige cuidados especiais.

Dispositivo intrauterino: DIU

11 DIU é a sigla de **d**ispositivo **i**ntra**u**terino, nome pelo qual são conhecidos os dispositivos de plástico ou de metal introduzidos no útero com o objetivo de evitar a concepção. O DIU deve ser implantado por um médico especialista e, a menos que cause problemas colaterais evidentes ou saia da posição, pode permanecer no útero por 10 anos (dispositivo de cobre) ou 5 anos (dispositivo hormonal).

12 O modo de ação do DIU ainda não é totalmente compreendido. Acredita-se que sua presença no útero interfira na migração e viabilidade dos espermatozoides, na fertilização ou motilidade do ovócito e na nidação do óvulo fecundado. Por isso alguns consideram a utilização do DIU um método abortivo, uma vez que, indiretamente, causa a morte do embrião, por impedir que ele se fixe no útero.

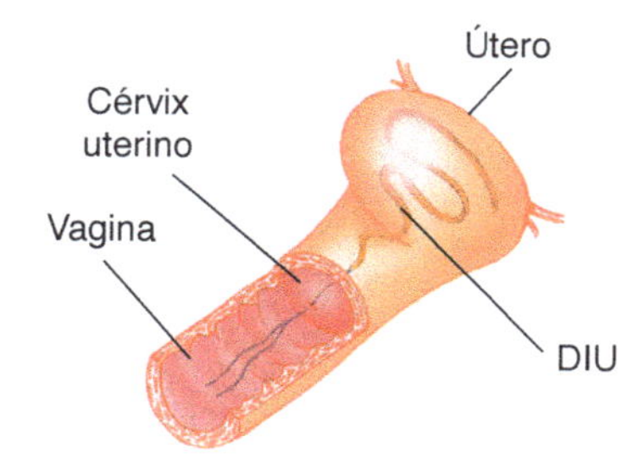

Representação esquemática do DIU na cavidade uterina (mostrado por transparência).

ILUSTRAÇÕES: JURANDIR RIBEIRO

Vasectomia

13 Esterilização é qualquer processo que impede definitivamente a concepção. No caso do homem, o processo utilizado na esterilização é a **vasectomia**, que consiste no seccionamento dos ductos deferentes de modo que os espermatozoides não possam chegar à uretra.

14 Como não afeta a produção de testosterona pelos testículos a vasectomia não tem nenhum efeito negativo sobre a atividade sexual do homem. O homem vasectomizado atinge o orgasmo e ejacula normalmente, com a diferença de que seu esperma não contém espermatozoides, sendo constituído apenas pelas secreções das glândulas sexuais acessórias.

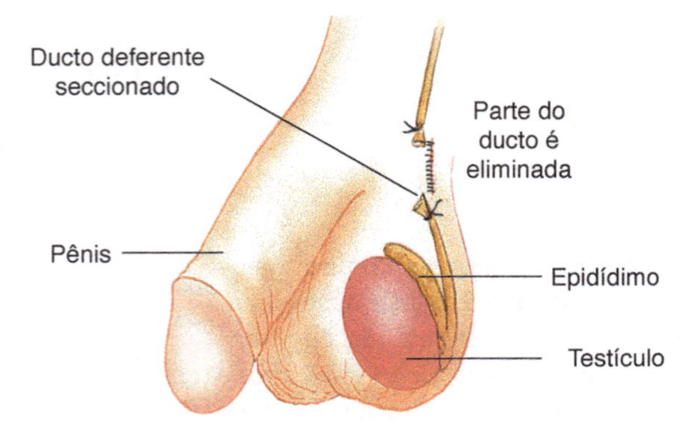

ILUSTRAÇÕES: JURANDIR RIBEIRO

Representação esquemática dos ductos deferentes seccionados, com uma parte eliminada, procedimento típico nas vasectomias. Embora a cirurgia possa ser revertida, nem sempre há sucesso em recuperar a fertilidade. Entretanto, homens vasectomizados que querem ter filhos podem coletar espermatozoides diretamente do testículo e utilizá-los na fertilização *in vitro*.

Laqueadura tubária

15 A esterilização feminina é denominada **laqueadura tubária** e consiste no seccionamento das tubas uterinas. Assim, os espermatozoides são impedidos de chegar até os gametas femininos.

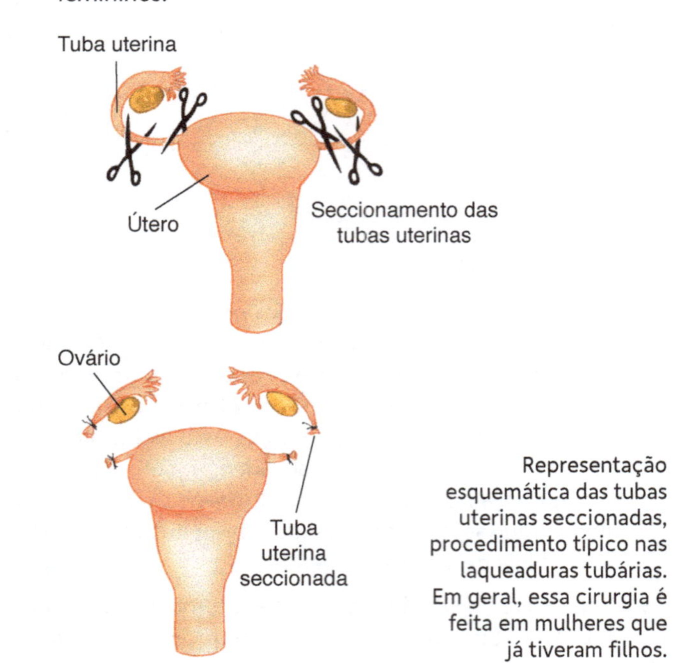

Representação esquemática das tubas uterinas seccionadas, procedimento típico nas laqueaduras tubárias. Em geral, essa cirurgia é feita em mulheres que já tiveram filhos.

Agora você pode resolver as atividades 43 a 45 e 48.

GUIA DE LEITURA

O texto que escolhemos para este quadro traz informações sobre diferentes métodos de evitar uma gravidez indesejada, os métodos contraceptivos. Toda a pessoa bem informada precisa conhecer o processo reprodutivo humano e estar ciente das diversas formas possíveis de controlar o processo de concepção. Acompanhe, no guia de leitura, os princípios em que se baseiam os diferentes métodos contraceptivos.

1. Leia o primeiro, o segundo e o terceiro parágrafos. Responda: **a)** O que é contracepção? **b)** Em quais etapas da reprodução podem atuar os métodos contraceptivos?
2. O quarto parágrafo refere-se ao coito interrompido. Qual é o princípio desse método? Em que ele pode falhar?
3. Leia o parágrafo 5, que apresenta o método do ritmo ovulatório, conhecido popularmente por tabelinha. **a)** Qual é o princípio desse método? **b)** Em que ele pode falhar? **c)** O que pode ser feito para melhorar sua eficácia?
4. Leia o 6º parágrafo, que se refere aos preservativos de látex, feminino e masculino. A camisinha é certamente o mais popular de todos os métodos anticoncepcionais. **a)** Qual é o princípio desse método? **b)** Qual é o outro aspecto importante da utilização da camisinha além do anticoncepcional?
5. No 7º parágrafo é apresentado o diafragma. Acompanhe a leitura do texto com a observação do esquema da colocação correta do diafragma na vagina. **a)** Qual é o princípio desse método? **b)** O que pode ser feito para melhorar sua eficácia?
6. Os parágrafos de 8 a 10 referem-se à pílula anticoncepcional. **a)** Qual é o princípio do método? **b)** Quais são os possíveis efeitos colaterais decorrentes do uso continuado dos hormônios contraceptivos? **c)** O que é a chamada "pílula do dia seguinte"?
7. Nos parágrafos 11 e 12 é apresentado o DIU (dispositivo intrauterino). Acompanhe a leitura do texto com a observação do esquema do DIU na cavidade uterina. **a)** Qual é o princípio desse método? **b)** Por que alguns criticam a utilização desse método contraceptivo?
8. Leia o 13º e o 14º parágrafos, referentes à vasectomia. Acompanhe o texto com a observação do esquema e a leitura atenta da legenda. **a)** Qual é o princípio desse método? **b)** A legenda acrescentou alguma informação sobre a vasectomia? Se sim, qual?
9. Leia o 15º e último parágrafo, sobre a laqueadura tubária. Acompanhe o texto com a observação do esquema e a leitura atenta da legenda. **a)** Qual é o princípio desse método? **b)** A legenda acrescentou alguma informação sobre a laqueadura? Se sim, qual?

Mapa de conceitos

Hormônios relacionados à reprodução

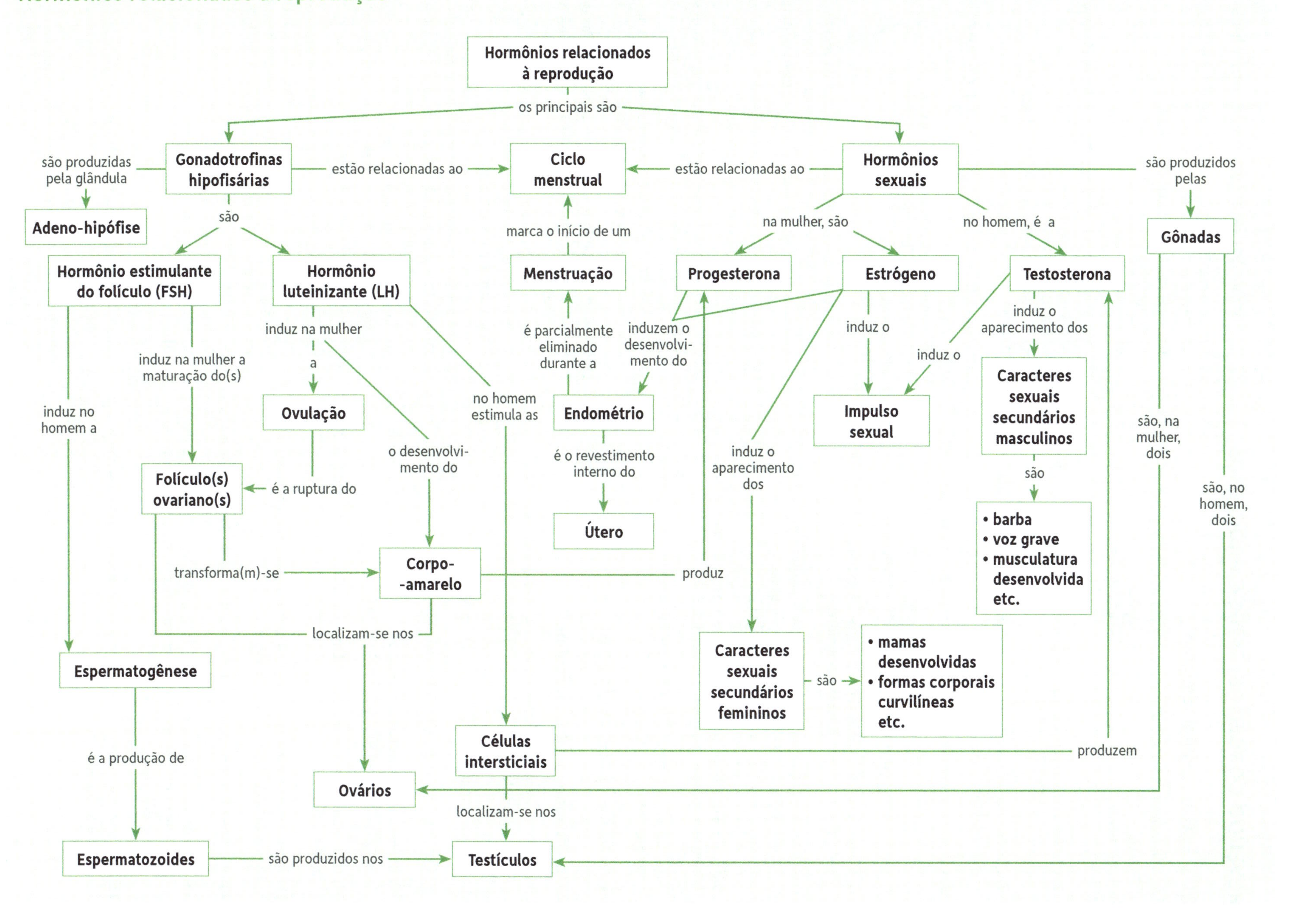

ATIVIDADES

REVENDO CONCEITOS, FATOS E PROCESSOS

21.1 Sistema genital feminino

Considere os termos a seguir para responder às questões de 1 a 5.

a) Clitóris.
b) Tuba uterina.
c) Útero.
d) Vagina.
e) Pudendo feminino.

1. Qual é o conduto percorrido pelo gameta feminino, logo depois da ovulação?

2. Qual é o órgão oco e musculoso, com forma de pera, no interior do qual se desenvolve o embrião?

3. Como se denomina o canal que se abre para o meio externo, entre os lábios menores?

4. Qual é a denominação da genitália externa feminina?

5. Como se chama o órgão erétil, sensível à excitação sexual, localizado pouco à frente dos lábios menores?

Considere os termos a seguir para responder às questões de 6 a 8.

a) Corpo-amarelo.
b) Ovário.
c) Ovulação.
d) Óvulo.

6. Qual é a estrutura que se desenvolve a partir de um folículo ovariano rompido e que produz progesterona?

7. Como se denomina o processo de liberação do gameta feminino pela gônada?

8. Qual é o nome da gônada feminina?

21.2 Sistema genital masculino

Considere os termos a seguir para responder às questões de 9 a 14.

a) Ducto deferente.
b) Escroto.
c) Glândula seminal.
d) Pênis.
e) Próstata.
f) Testículo.

9. Como se denomina a gônada masculina?

10. Qual é o órgão genital externo, dotado de corpos cavernosos, que se torna ereto durante a excitação sexual?

11. Que glândula acessória do sistema genital masculino envolve o início da uretra?

12. Como se denomina cada um dos condutos que levam espermatozoides dos epidídimos até a uretra?

13. No interior de que estrutura ficam alojadas as gônadas masculinas?

14. Qual é o nome de cada uma das duas glândulas localizadas atrás da bexiga urinária que produzem substâncias nutritivas para os espermatozoides?

15. Em cada ejaculação, o número médio de espermatozoides eliminado é da ordem de
   a) 350.
   b) 1.000.
   c) 200.000.
   d) 350.000.000.

21.3 Hormônios relacionados à reprodução

16. Um importante hormônio produzido pelos testículos é o(a)
   a) estrógeno.
   b) hormônio estimulante do folículo.
   c) progesterona.
   d) testosterona.

17. Dois importantes hormônios produzidos pelos ovários são:
   a) estrógeno e oxitocina.
   b) estrógeno e progesterona.
   c) hormônio luteinizante e prolactina.
   d) oxitocina e progesterona.

Considere os termos a seguir para responder às questões de 18 a 21.

a) Estrógeno.
b) FSH (hormônio estimulante do folículo).
c) LH (hormônio luteinizante).
d) Progesterona.
e) Testosterona.

18. A formação do corpo-amarelo tem por consequência a elevação da concentração de dois hormônios que inibem a produção das gonadotrofinas hipofisárias. Quais são esses hormônios?

19. Qual é o hormônio diretamente responsável pela ovulação e subsequente formação do corpo-amarelo?

20. Que hormônio promove o impulso sexual e o desenvolvimento dos caracteres sexuais secundários na mulher?

21. Qual hormônio promove o impulso sexual e o desenvolvimento dos caracteres sexuais secundários no homem?

22. Na mulher, o período em que as gonadotrofinas da adeno-hipófise atingem sua mais baixa concentração no sangue corresponde
   a) à ovulação.
   b) ao desenvolvimento do corpo-amarelo.
   c) ao desenvolvimento do folículo ovariano.
   d) ao início da menstruação.

23. Qual dos fenômenos a seguir tem relação mais direta com a desinibição da adeno-hipófise e início de um novo ciclo menstrual?
   a) Desenvolvimento do corpo-amarelo.
   b) Desenvolvimento do endométrio.
   c) Regressão do corpo-amarelo.
   d) Ruptura do folículo ovariano.

24. Considere a variação dos hormônios gonadotróficos da adeno-hipófise e dos hormônios sexuais durante o ciclo menstrual. Quais são, respectivamente, o primeiro e o último hormônios a terem suas concentrações aumentadas ao longo do ciclo?
   a) Estrógeno; progesterona.
   b) FSH; estrógeno.
   c) FSH; progesterona.
   d) LH; estrógeno.

25. Menopausa é
   a) a pausa temporária na atividade sexual feminina, entre duas menstruações.
   b) o início da vida sexual da mulher.
   c) o término da atividade reprodutiva feminina.
   d) a pausa temporária da atividade sexual do casal, durante a gravidez.

21.4 Gravidez e parto

Considere as alternativas a seguir para responder às questões 26 e 27.

a) Ato sexual.
b) Gravidez.
c) Nidação.
d) Ovulação.

26. Qual dos termos se refere ao desenvolvimento de um novo ser humano no interior do útero materno?

27. Como se denomina o processo de fixação do embrião, em estágio de blastocisto, ao endométrio uterino?

Considere as alternativas a seguir para responder às questões de 28 a 32.

a) Bolsa amniótica.
b) Cordão umbilical.
c) Feto.
d) Parto.
e) Placenta.
f) Vilosidade coriônica.

28. Que denominação recebe o embrião humano a partir da nona semana de vida, quando já tem aspecto humano e se inicia o processo de ossificação?

29. Como se denomina cada uma das projeções da membrana externa que recobre o embrião em estágio de blastocisto, responsáveis por sua fixação ao útero?

30. Qual é o órgão em que as lacunas de sangue estabelecem o intercâmbio de substâncias entre mãe e feto durante a vida intrauterina?

31. Como se denomina a estrutura tubular com duas artérias e uma veia que parte do ventre do embrião conectando-o à circulação da mãe?

32. Como se denomina a expulsão do feto do útero que finaliza a gravidez?

33. Assim que se fixa no útero, o embrião desenvolve vilosidades coriônicas, que penetram no endométrio e passam a secretar um hormônio que impede a menstruação. Esse hormônio é o(a)
a) estrógeno.
b) estimulante do folículo.
c) gonadotrofina coriônica.
d) progesterona.

21.5 Compartilhando o útero materno: gêmeos

34. Os gêmeos podem ser do mesmo sexo ou não. Se não forem do mesmo sexo podemos ter certeza de que eles são
a) geneticamente idênticos.
b) originários de um ovócito que foi fecundado por dois espermatozoides.
c) gêmeos unidos.
d) gêmeos dizigóticos.
e) gêmeos monozigóticos.

QUESTÕES PARA EXERCITAR O PENSAMENTO

35. A sexualidade humana é um assunto polêmico, que envolve tabus e regras de conduta diversas. Lembre-se de que, na área do comportamento sexual, há grande diversidade de práticas e de opiniões. Nossa sugestão é que você tente organizar, com seus colegas, um grupo de pesquisa para verificar a opinião das pessoas sobre as seguintes questões: o sexo pode (ou deve) ser desvinculado da reprodução? Ou, sexo deve ter sempre finalidade reprodutiva? Entreviste diversas pessoas, de diferentes idades e graus de instrução. Não se esqueça de anotar ou gravar suas entrevistas. Discuta o assunto com seus pais, colegas e professores.

36. Observe o esquema e responda aos itens a seguir.

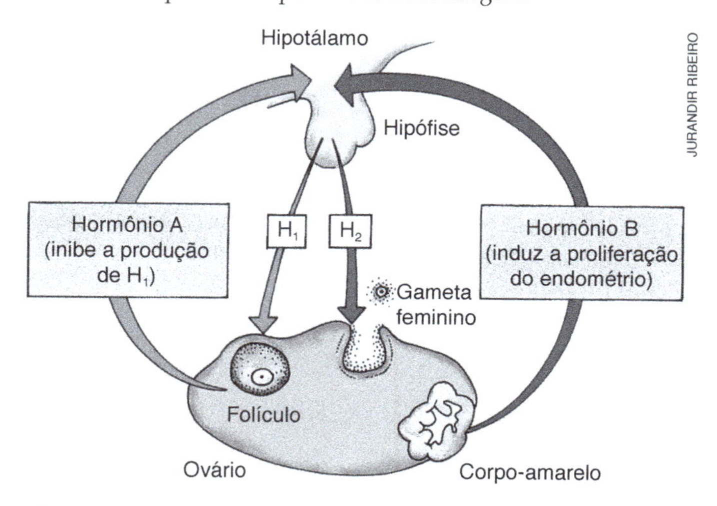

a) Tendo por base as informações do esquema, identifique os hormônios denominados H_1, H_2, A e B.
b) Que efeitos produz o hormônio H_1?
c) Que efeitos produz o hormônio H_2?
d) Além de inibir a produção de H_1, que outros efeitos o hormônio A tem sobre o organismo feminino?
e) Qual é o efeito do aumento da concentração do chamado hormônio B sobre a produção hormonal da adeno-hipófise?
f) Qual é o dia aproximado do ciclo menstrual em que está mais elevada a concentração do hormônio H_2 no sangue?

37. Na fertilização *in vitro*, o médico retira um grupo de 10 a 15 ovócitos do ovário da mulher, os quais são fecundados em laboratório e originam embriões. Alguns deles são implantados e, geralmente, um ou dois se desenvolvem, gerando bebês. Outros embriões, guardados congelados durante anos, podem ser implantados e produzir novos bebês. Crianças nascidas de um mesmo grupo de embriões fecundados *in vitro* serão gêmeas, mesmo que nasçam anos depois?

A BIOLOGIA NO VESTIBULAR

QUESTÕES OBJETIVAS

38. (UniFMU-SP) O caminho dos espermatozoides produzidos nos testículos é
a) próstata, vesícula seminal e uretra.
b) túbulos seminíferos, epidídimo, canal deferente e uretra.
c) túbulos seminíferos, próstata e vesículas seminais.
d) epidídimo, túbulos seminíferos, uretra e canal deferente.
e) canal deferente, túbulos seminíferos e uretra.

39. (Ufam) Na ovulação, o primeiro caminho natural do óvulo, após ser liberado pelo ovário para ser fecundado, é
a) o colo uterino.
b) a vagina.
c) a tuba uterina.
d) o folículo ovariano.
e) a uretra.

40. (Osec-SP) No esquema abaixo, que mostra parte do aparelho genital feminino, em geral os fenômenos de nidação, fertilização e segmentação do ovo ocorrem, respectivamente, nas regiões indicadas por

PAULO MANZI

(*Nota dos autores*: O termo "aparelho" pela terminologia anatômica mais recente recebe o nome de "sistema".)

a) III, I e II.
b) I, II e III.
c) I, III e II.
d) III, II e I.
e) II, I e III.

41. (Unir-RO) Sobre a reprodução humana, todos os itens abaixo estão corretos, exceto:

a) A fecundação ocorre no útero.
b) A espermatogênese ocorre nos testículos.
c) A placenta é responsável pela respiração e nutrição do embrião.
d) Na ovulação, rompe-se a parede do ovário e o ovócito é liberado na trompa de Falópio.
e) A clivagem da célula-ovo origina células denominadas blastômeros.

(*Nota dos autores*: Trompa de Falópio agora é conhecida como tuba uterina.)

42. (Fuvest-SP) Foram feitas medidas diárias das taxas dos hormônios: luteinizante (LH), folículo-estimulante (FSH), estrógeno e progesterona, no sangue de uma mulher adulta, jovem, durante vinte e oito dias consecutivos. Os resultados estão mostrados no gráfico:

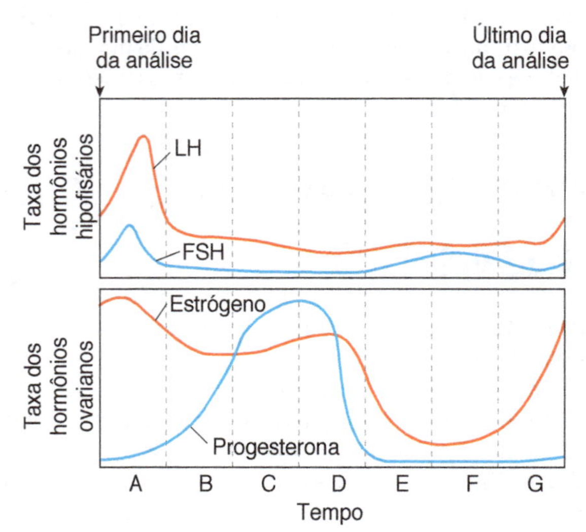

ADILSON SECCO

Os períodos mais prováveis de ocorrência da menstruação e da ovulação, respectivamente, são

a) A e C.
b) A e E.
c) C e A.
d) E e C.
e) E e A.

43. (UFMG) O uso da camisinha é considerado um método eficaz para a prática do sexo seguro.

Entre as finalidades desse método, NÃO se inclui:

a) impedir a formação do zigoto.
b) bloquear a passagem do sêmen.
c) evitar o contágio de doenças sexualmente transmissíveis.
d) dificultar a formação do gameta masculino.

44. (Fuvest-SP) A gravidez em seres humanos pode ser evitada,

I. impedindo a ovulação.
II. impedindo que o óvulo formado se encontre com o espermatozoide.
III. impedindo que o zigoto formado se implante no útero.

Dentre os métodos anticoncepcionais estão:

A) as pílulas, contendo análogos sintéticos de estrógeno e de progesterona.
B) a ligadura (ou laqueadura) das tubas uterinas.

Os métodos A e B atuam, respectivamente, em:

a) I e II.
b) I e III.
c) II e I.
d) II e III.
e) III e I.

QUESTÕES DISCURSIVAS

45. (UFRJ) A vasectomia é um processo de esterilização masculina que consiste no corte ou obstrução dos canais deferentes. Embora cause esterilidade, a vasectomia não afeta a atividade sexual masculina.

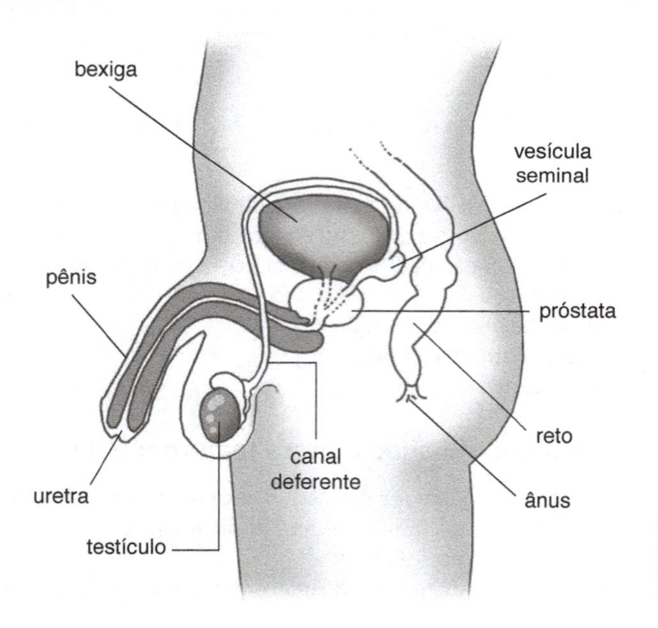

PAULO MANZI

(*Nota dos autores*: Canal deferente agora é conhecido como ducto deferente e vesícula seminal agora é conhecida como glândula seminal.)

Explique por que a vasectomia não afeta a atividade sexual masculina e por que ela impede a reprodução.

46. (Fuvest-SP) Durante o desenvolvimento embrionário das aves, o embrião é nutrido graças à grande quantidade de vitelo presente no ovo. Já nos mamíferos o ovo é pobre em vitelo. Como a grande maioria dos embriões de mamíferos consegue obter os nutrientes necessários para seu desenvolvimento?

47. (UEG-GO) O esquema a seguir resume a sequência do desenvolvimento de irmãos gêmeos:

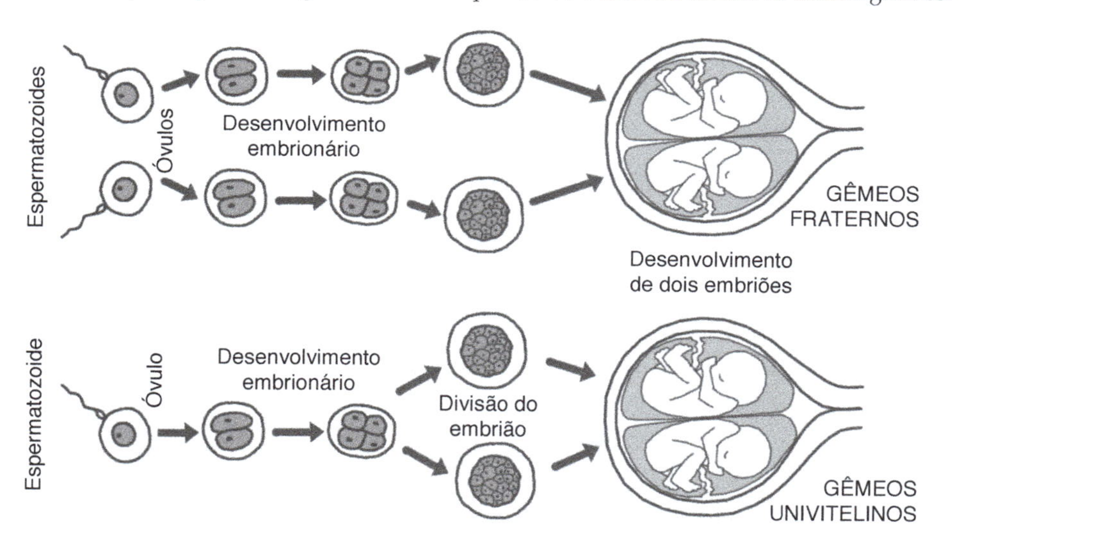

a) Sob o ponto de vista embriológico, o que são gêmeos?
b) Analisando a figura, quais são geneticamente idênticos? Justifique sua resposta.

ENEM

48. A pílula anticoncepcional é um dos métodos contraceptivos de maior segurança, sendo constituída basicamente de dois hormônios sintéticos semelhantes aos hormônios produzidos pelo organismo feminino, o estrogênio (E) e a progesterona (P). Em um experimento médico, foi analisado o sangue de uma mulher que ingeriu ininterruptamente um comprimido desse medicamento por dia durante seis meses.
Qual gráfico representa a concentração sanguínea desses hormônios durante o período do experimento?

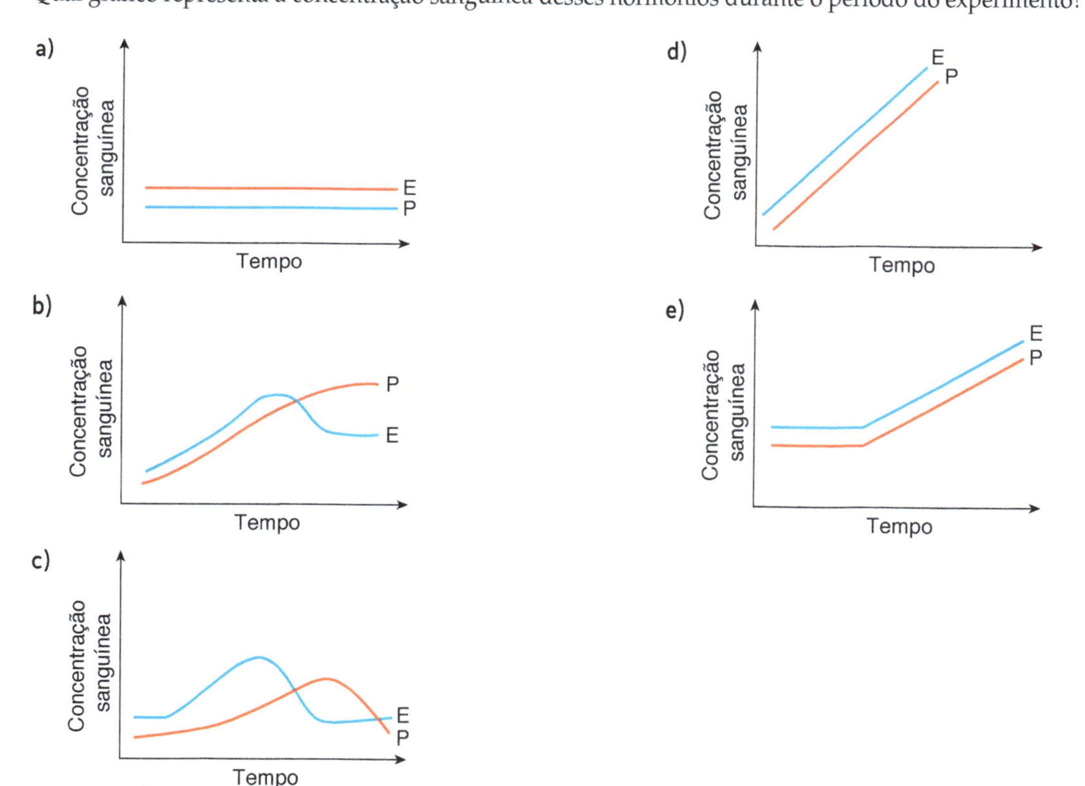

Mais questões: no livro digital, em **Vereda Digital Aprova Enem** e **Vereda Digital Suplemento de revisão e vestibulares**; no *site*, em **AprovaMax**.

GENÉTICA

BURGER/PHANIE/SUPERSTOCK/GLOW IMAGES

Uma das técnicas largamente utilizadas em Genética Molecular é a eletroforese. A fotografia mostra uma placa gelatinosa iluminada com luz ultravioleta para revelar sequências de DNA (em rosa) separadas por eletroforese. Entre as diversas aplicações, essa técnica auxilia pesquisadores no estudo de diversas doenças genéticas.

CAPÍTULO

22 FUNDAMENTOS DA GENÉTICA

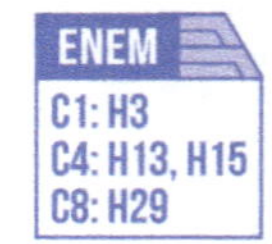

OLIVER LUCANUS/MINDEN PICTURES/FOTOARENA

Cardume de carpas domesticadas (*Cyprinus carpio*) criadas em tanques, mostrando a grande variedade nos padrões de cores. Esses padrões são resultado da ação de diversos genes.

De que trata este capítulo

A humanidade sempre se interessou em saber como os filhos herdam características dos pais, o que se denomina herança biológica. Ao longo da história, diversas culturas promoveram cruzamentos controlados em animais e em plantas, conseguindo desenvolver ou acentuar características de seu interesse, como o tamanho e o sabor de frutos, a produção de leite, a velocidade dos cavalos de corrida, a massa corporal dos suínos etc. Os conhecimentos sobre herança biológica advindos do senso comum são antigos, mas os princípios científicos que explicam a herança das características foram pioneiramente enunciados pelo monge e cientista Gregor Mendel apenas no século XIX, em 1865. O pensamento mendeliano foi inovador porque integrou uma análise matemática aos resultados dos cruzamentos de ervilhas.

A compreensão dos fundamentos da hereditariedade permitiu o surgimento e o desenvolvimento da Genética, o ramo da Biologia que estuda a herança biológica em seus mais variados aspectos.

Nas primeiras décadas do século XX, antes mesmo de se saber que o DNA (ácido desoxirribonucleico) é o material hereditário, os conhecimentos genéticos já influenciavam a vida das pessoas. A seleção genética permitiu obter novas linhagens de animais e linhagens de plantas mais produtivas, mais saborosas, mais ricas em nutrientes, mais pobres em substâncias tóxicas etc. A produção mundial de alimentos vem aumentando e melhorando em qualidade graças à aplicação de novas tecnologias, baseadas em conhecimentos genéticos. O melhoramento, como se denomina a tecnologia de seleção genética voltada à produção de linhagens de interesse para os seres humanos, também foi largamente empregado para obter plantas ornamentais e animais domésticos.

A Genética estuda também como certas doenças são transmitidas ao longo das gerações, estimando a probabilidade de o filho de um casal ser afetado por uma enfermidade genética presente em pessoas da família. Essa é a base do aconselhamento genético, que orienta casais com histórico familiar de doenças genéticas, preparando-os para criar um filho doente ou alertando-os sobre uma gravidez de alto risco. Atualmente é possível descobrir se um embrião com poucas semanas de vida será portador de alguma doença genética presente em sua linhagem familiar.

Neste capítulo vamos iniciar o estudo da Genética, um dos ramos mais promissores da Biologia neste século XXI. Na primeira parte do capítulo apresentamos resumidamente os experimentos que levaram Mendel a deduzir a primeira lei da herança. Na segunda parte mostramos alguns casos em que essa lei se aplica.

A compreensão dos princípios básicos da herança genética contribui para a formação da cidadania, uma vez que hoje esses conhecimentos fazem parte da vida de muitas pessoas e envolvem dilemas éticos, haja vista a popularidade dos exames de DNA e dos organismos transgênicos, além das discussões que cercam os temas da clonagem e das células-tronco.

Objetivos

Objetivos gerais

- Compreender que a herança biológica se baseia na transmissão de informações hereditárias por meio dos genes, o que permite refletir sobre a continuidade da vida ao longo das gerações.
- Compreender alguns princípios teóricos que explicam a hereditariedade e as variações genéticas, e utilizar esses conhecimentos para entender situações reais, como casos que envolvem características genéticas humanas de interesse médico.

Objetivos didáticos

- Aplicar conhecimentos relativos à segregação dos cromossomos homólogos durante a meiose e à teoria das probabilidades na resolução de problemas que envolvem cruzamentos genéticos.
- Estar informado sobre a contribuição de Gregor Mendel à Genética e reconhecer o pioneirismo de seu raciocínio probabilístico aplicado à hereditariedade.
- Compreender os princípios de construção do quadrado de Punnett e dos heredogramas, aplicando-os à resolução de problemas de Genética envolvendo um par de alelos de um gene.
- Conhecer as bases genéticas dos grupos sanguíneos ABO e Rh e compreender por que determinadas transfusões de sangue são incompatíveis ou não recomendadas devido ao risco de problemas imunitários.

22.1 Mendel e as origens da Genética

Genética é a área da Biologia que estuda a herança biológica ou **hereditariedade**, que consiste na transmissão de características de pais para filhos ao longo das gerações. Embora o interesse pela herança biológica provavelmente venha desde a Pré-história, uma nova perspectiva sobre os fenômenos genéticos só se desenvolveu realmente no século XX, a partir do trabalho de três cientistas (De Vries, Correns e Tschermak) que isoladamente em diferentes países reconheceram a importância das regras básicas da hereditariedade propostas originalmente em 1865 pelo monge e cientista Gregor Mendel (1822-1884). Além, é claro, do avanço da microscopia e da compreensão do fenômeno da vida no nível microscópico.

De acordo com alguns historiadores Mendel foi um cientista adiante de seu tempo, pois suas conclusões sobre a herança biológica só foram plenamente compreendidas e reconhecidas pela comunidade científica 35 anos depois de publicadas. Seu trabalho com ervilhas, cujos resultados ajudaram a desvendar as leis fundamentais da herança biológica, é considerado um marco na história da ciência.

A ervilha como material experimental

Quando saiu da cidade de Brno para estudar em Viena, Mendel conheceu as grandes questões a que a Biologia da época tentava responder, entre elas as relacionadas à hereditariedade. Seu conhecimento sobre as técnicas de hibridização em plantas levou-o a considerar a possibilidade de estudar a herança biológica a partir de cruzamentos entre variedades vegetais que diferiam quanto a certas características.

Ao voltar de Viena Mendel escolheu como material de estudo a ervilha *Pisum sativum*, espécie ornamental utilizada por hibridizadores de plantas por apresentar algumas características favoráveis, como facilidade de cultivo, ciclo de vida relativamente curto (que permite a obtenção de várias gerações de plantas em pouco tempo), fertilidade dos descendentes de cruzamentos entre as variedades, reprodução por autofecundação e flor com estrutura que facilita a polinização artificial. Além disso as ervilhas apresentam certas características contrastantes facilmente identificáveis; por exemplo, a característica cor dos cotilédones das sementes pode apresentar-se apenas em dois estados: amarela e verde, dependendo da linhagem que produz a semente. Esses estados da característica cor dos cotilédones não se misturam, e a distinção entre eles é inequívoca.

Ervilhas são plantas da família das leguminosas, com frutos do tipo vagem. A flor da ervilha é hermafrodita, ou seja, apresenta tanto a parte feminina quanto a masculina. As partes reprodutoras masculinas e femininas da flor encontram-se no interior da quilha, uma estrutura fechada, constituída por duas pétalas especiais sobrepostas. A quilha impede a fecundação de uma flor por grãos de pólen provenientes de outras flores; consequentemente, os gametas femininos de uma flor de ervilha são quase sempre fecundados por seus próprios gametas masculinos, processo denominado **autofecundação**.

Para cruzar plantas diferentes é necessário realizar a **fecundação cruzada** por meio da polinização artificial. **(Fig. 22.1)**

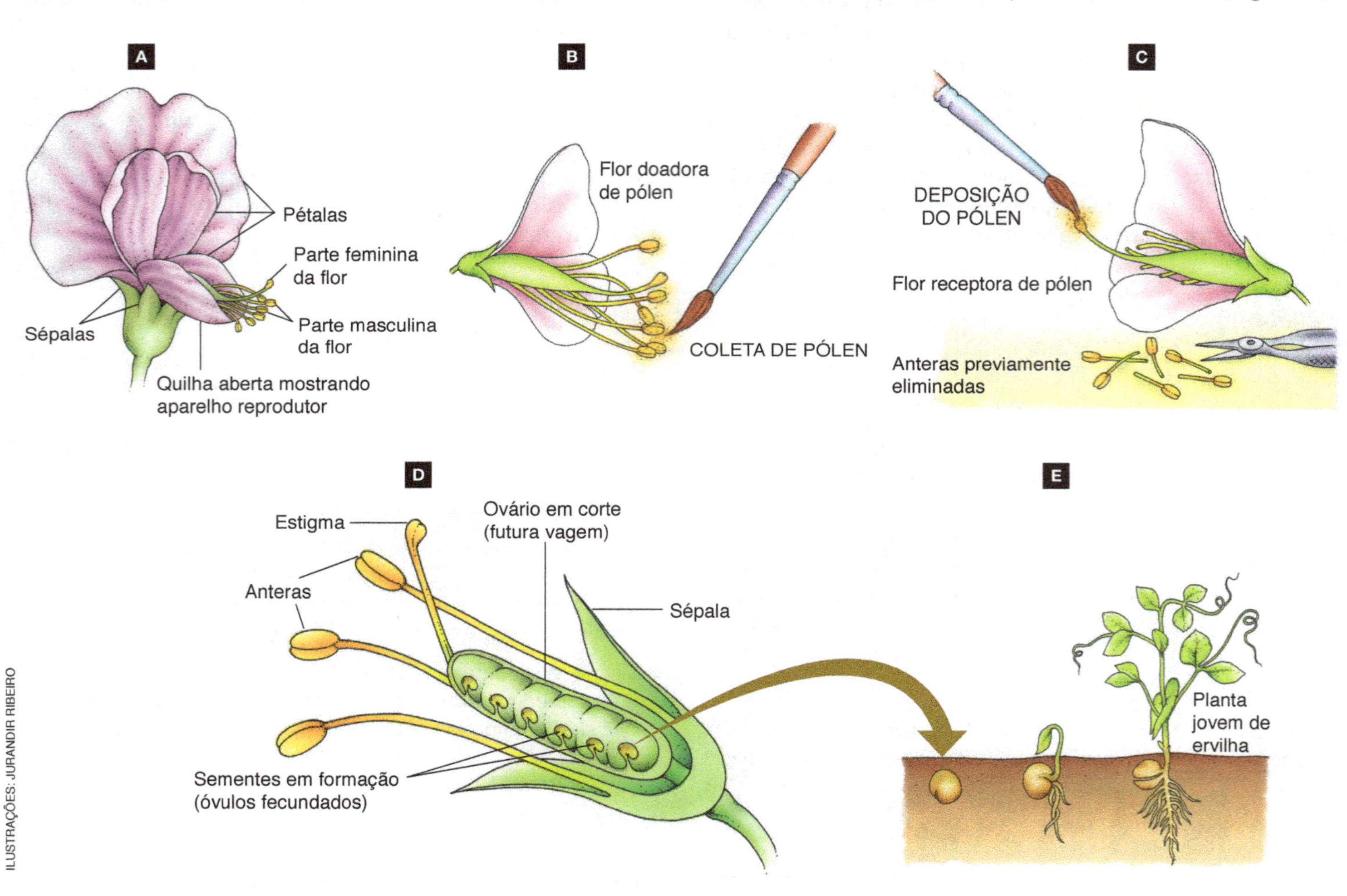

Figura 22.1 Representação esquemática das etapas da polinização artificial em ervilha. **A.** Flor de ervilha; note a parte masculina da flor, em cujas extremidades estão as anteras que contêm os grãos de pólen, portadores dos gametas masculinos, e a parte feminina da flor, em cuja base está o ovário, no qual se formam os óvulos, que contêm os gametas femininos. Durante a reprodução da planta, os óvulos fecundados dão origem às sementes e o ovário desenvolve-se no fruto tipo vagem. **B.** Coleta de pólen da flor doadora com um pincel. **C.** Deposição do pólen sobre o estigma (porção terminal e dilatada do pistilo) da flor receptora, da qual foram removidas as anteras quando ainda imaturas. **D.** Ovário de uma flor cortado longitudinalmente, mostrando os óvulos fecundados transformando-se em sementes (os grãos de ervilha). **E.** Etapas da germinação da semente originando uma nova planta.

Mendel concentrou-se em sete características, cada qual com dois estados bem contrastantes e de fácil distinção. Além da cor dos cotilédones da semente (amarela ou verde), Mendel escolheu características como a forma da vagem (inflada ou sulcada), a forma da semente (lisa ou rugosa), o tamanho da planta (alta ou baixa), a cor do tegumento da semente (cinza ou branca), a cor da vagem (verde ou amarela) e a posição da flor (axilar ou apical).

A análise numérica da descendência

Antes de iniciar um cruzamento Mendel certificava-se de estar lidando apenas com plantas de **linhagens puras** para cada característica estudada. Uma linhagem era considerada pura quando, por autofecundação, produzia apenas plantas iguais a si mesma. Por exemplo, uma linhagem pura com cotilédones amarelos origina, quando autofecundada, apenas plantas produtoras de sementes com cotilédones amarelos.

Mendel realizou cruzamentos entre plantas puras para cada uma das sete características que escolheu. Em um experimento ele cruzou plantas puras com cotilédones amarelos com plantas puras com cotilédones verdes; em outro, plantas puras altas foram cruzadas com plantas puras baixas; em outro, ainda, plantas puras com flores em posição apical foram cruzadas com plantas puras com flores em posição axilar; e assim por diante.

Nesses cruzamentos a geração constituída pelas variedades puras foi denominada geração parental, hoje chamada abreviadamente de **geração P**. A descendência direta da geração P foi chamada de primeira geração híbrida, hoje denominada **geração F_1** (primeira geração de filhos). A descendência resultante da autofecundação da geração F_1 foi denominada segunda geração híbrida, hoje denominada **geração F_2**.

Mendel observou em seus cruzamentos que os descendentes híbridos da geração F_1 eram sempre iguais a um dos pais. Por exemplo, sementes híbridas originadas do cruzamento de plantas puras com cotilédones amarelos com plantas puras com cotilédones verdes eram sempre amarelas, idênticas às sementes amarelas parentais. A cor verde não se expressava na geração F_1.

Entretanto, a autofecundação de plantas híbridas F_1 produzia sementes amarelas e sementes verdes. Isso levou Mendel a concluir que, na geração F_1, a característica verde não desaparecia, mas ficava encoberta, reaparecendo na geração F_2.

Mendel denominou **dominante** o estado da característica que se manifestava nos híbridos e **recessivo** o estado da característica que ficava encoberto. No caso da cor dos cotilédones da semente, por exemplo, amarelo é dominante, e verde, recessivo. **(Tab. 22.1)**

Tabela 22.1 Estados dominantes e recessivos das sete características estudadas por Mendel

Característica	Dominante	Recessivo
Forma da semente	Lisa*	Rugosa*
Cor dos cotilédones da semente	Amarela	Verde
Cor do tegumento da semente	Cinza	Branca
Forma da vagem	Inflada	Sulcada
Cor da vagem	Verde	Amarela
Posição da flor	Axilar	Apical
Tamanho da planta	Alta (entre 182 e 213 cm)	Baixa (entre 23 e 46 cm)

* Por ser consagrado pelo uso, o termo "lisa" será utilizado em substituição ao termo "redonda" utilizado originalmente por Mendel, da mesma forma, o termo "rugosa" será utilizado em substituição ao termo "angulosa".

Outros cientistas, predecessores de Mendel, já haviam observado casos semelhantes. Entretanto, a originalidade de Mendel foi aplicar uma análise matemática aos resultados, comparando o número de indivíduos que apresentavam o estado dominante e o número dos que apresentavam o estado recessivo de diversas características, na geração F_2. Por exemplo, no cruzamento entre plantas puras de sementes com cotilédones amarelos e plantas puras de sementes com cotilédones verdes, Mendel obteve em F_2 (resultante da autofecundação de F_1) um total de 8.023 sementes, das quais 6.022 apresentavam cotilédones amarelos, e 2.001, verdes. Mendel dividiu o número de sementes com cotilédones amarelos pelo número de sementes com cotilédones verdes e obteve a proporção de 3,01 amarelos para 1 verde (3,01 : 1).

Em outro experimento, em que plantas puras de sementes lisas foram cruzadas com plantas puras de sementes rugosas, Mendel obteve, em F_2, 5.474 sementes lisas e 1.850 sementes rugosas, uma proporção de 2,96 : 1. Os números obtidos nos diferentes experimentos eram sempre próximos a 3 : 1, ou $\frac{3}{4}$ (75%) com o estado dominante para $\frac{1}{4}$ (25%) com o estado recessivo.

A semelhança da proporção entre os estados dominante e recessivo em todas as características estudadas foi o que levou Mendel a considerar a existência de uma lei geral aplicável à herança das características nas ervilhas. **(Tab. 22.2)**

Tabela 22.2 Resultados obtidos por Mendel em duas gerações de ervilhas

Tipos de cruzamento entre plantas puras	Características das plantas F_1	Autofecundação de F_1	Plantas F_2	Proporção em F_2
1. Forma das sementes Lisa × Rugosa	Sementes lisas	Lisa × Lisa	5.474 lisas 1.850 rugosas	2,96 : 1
2. Cor dos cotilédones das sementes Amarela × Verde	Sementes amarelas	Amarelo × Amarelo	6.022 amarelas 2.001 verdes	3,01 : 1
3. Cor do tegumento das sementes Cinza × Branca	Sementes de tegumento cinza	Cinza × Cinza	705 cinza 224 brancas	3,15 : 1
4. Forma das vagens Inflada × Sulcada	Vagens infladas	Inflada × Inflada	882 infladas 299 sulcadas	2,95 : 1
5. Cor das vagens Verde × Amarela	Vagens verdes	Verde × Verde	428 verdes 152 amarelas	2,82 : 1
6. Posição das flores Axilar × Apical	Flores axilares	Axilar × Axilar	651 axilares 207 apicais	3,14 : 1
7. Tamanho da planta Alta × Baixa	Planta alta	Alta × Alta	787 altas 277 baixas	2,84 : 1

A dedução da lei da segregação dos fatores

Para explicar por que o estado recessivo de uma característica fica encoberto na geração F_1 e reaparece em F_2, Mendel elaborou uma hipótese baseada nas seguintes premissas: **a)** cada característica hereditária é determinada por dois fatores, um herdado do genitor materno e outro do genitor paterno; **b)** os fatores de cada par separam-se (os geneticistas utilizam o termo "segregam-se") no momento da formação dos gametas.

Segundo a hipótese de Mendel, um indivíduo puro para determinada característica recebe dois fatores idênticos dos pais. Consequentemente, todos os gametas formados por esse indivíduo puro conteriam apenas aquele tipo de fator para a característica em questão.

Um indivíduo híbrido para determinada característica, por sua vez, recebe fatores diferentes dos pais; Mendel considerou que metade dos gametas desse indivíduo híbrido conteria o fator para um dos estados da característica, e a outra metade, o fator para o outro estado da característica.

Vejamos o modelo imaginado por Mendel aplicado a um exemplo. Flores de plantas altas puras recebem pólen de plantas baixas, sempre puras, uma vez que esse estado da característica é recessivo. Cada gameta feminino formado pelas plantas altas contém apenas o fator para maior altura, que representaremos pela letra maiúscula *A*. Gametas masculinos formados pelas plantas baixas contêm apenas o fator para menor altura, representado pela letra minúscula *a*. O encontro dos gametas dessas plantas origina uma descendência F_1 inteiramente constituída de plantas híbridas, com os dois tipos de fator (*Aa*). Sendo o fator para maior altura dominante sobre o fator para menor altura, as plantas híbridas de F_1 serão todas altas.

Quando uma planta alta híbrida forma gametas, os fatores para a característica tamanho separam-se e cada gameta recebe apenas um tipo de fator, nunca os dois juntos. No modelo mendeliano, aproximadamente metade dos gametas femininos produzidos pela planta híbrida conterá o fator para maior altura (*A*), e a outra metade, o fator para menor altura (*a*). O mesmo ocorre com os gametas masculinos.

Na autofecundação das plantas híbridas da geração F_1, são possíveis quatro tipos de encontro de gametas:

a) gameta feminino com fator para maior altura (*A*) é fecundado por gameta masculino com fator para maior altura (*A*);

b) gameta feminino com fator para maior altura (*A*) é fecundado por gameta masculino com fator para menor altura (*a*);

c) gameta feminino com fator para menor altura (*a*) é fecundado por gameta masculino com fator para maior altura (*A*);

d) gameta feminino com fator para menor altura (*a*) é fecundado por gameta masculino com fator para menor altura (*a*).

No caso **a)**, formam-se indivíduos altos puros (*AA*); nos casos **b)** e **c)**, formam-se indivíduos altos híbridos (*Aa*); no caso **d)**, formam-se descendentes baixos (*aa*). Considerando que os quatro tipos de encontro de gametas têm a mesma chance de ocorrer, espera-se que se formem 3 plantas altas (1 pura e 2 híbridas) para cada planta baixa. **(Fig. 22.2)**

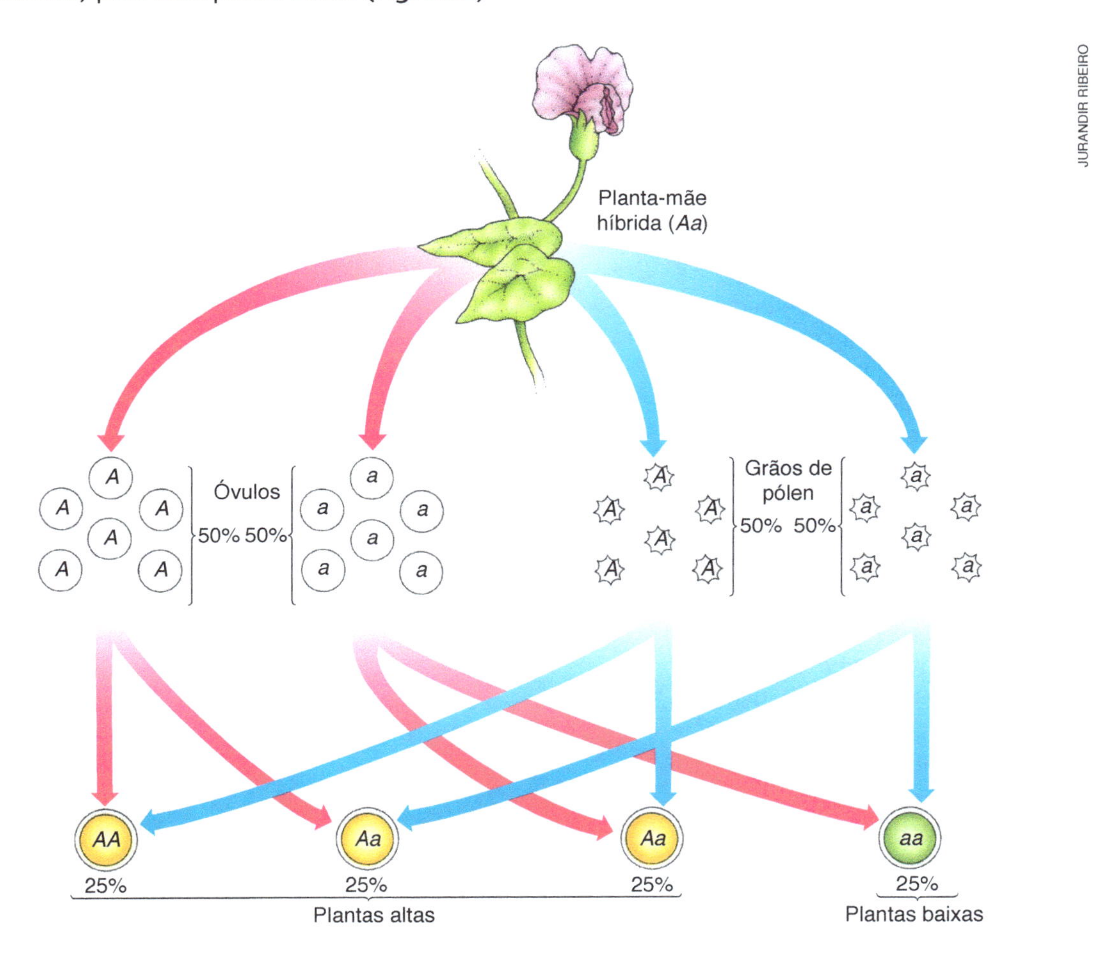

Figura 22.2 Representação esquemática da segregação dos fatores em uma planta híbrida e da combinação aleatória dos gametas na formação da geração seguinte.

O ponto fundamental focalizado por Mendel foi a separação, ou segregação, dos fatores hereditários durante a formação dos gametas. Os resultados dos experimentos planejados por ele confirmaram suas previsões e a hipótese mendeliana foi validada. Essa explicação para a hereditariedade ficou conhecida como **lei da segregação dos fatores**, ou **primeira lei de Mendel**.

Agora você pode resolver as atividades de 1 a 4.

22.2 Conceitos básicos em Genética

A aceitação dos trabalhos de Mendel pelos biólogos, no início do século XX, levou a novas questões. Entre elas: o que são e onde se localizam os fatores hereditários? Que mecanismo biológico é responsável pela separação desses fatores na formação dos gametas?

Em 1902, quando estudava ao microscópio a formação de gametas em gafanhotos, o biólogo estadunidense Walter S. Sutton (1877-1916) observou a similaridade entre o comportamento dos cromossomos homólogos, que se separam durante a meiose, e a separação dos fatores hereditários imaginada por Mendel.

Sutton propôs então a hipótese de que os fatores sugeridos por Mendel localizavam-se em cromossomos homólogos; com a separação dos homólogos na meiose, ocorreria também a separação (ou segregação) dos fatores mendelianos. Mais ou menos na mesma época, o biólogo alemão Theodor Boveri (1862-1915) chegou, utilizando uma outra metodologia, à conclusão de que os fatores mendelianos se localizam nos cromossomos. **(Fig. 22.3)**

Alelo, loco gênico, homozigótico, heterozigótico, fenótipo e genótipo

Os fatores mendelianos, atualmente denominados **alelos**, são versões diferentes de um **gene**, que pode ser definido como uma informação hereditária inscrita no DNA cromossômico. No núcleo de cada uma de nossas células, por exemplo, há 23 tipos de cromossomos, cada um com milhares de genes, totalizando os mais de 20 mil genes presentes em cada célula humana. Cada gene ocupa uma posição definida em um cromossomo, a qual é denominada **loco gênico**.

Exemplificando com uma das características analisadas por Mendel, o fator que faz a planta de ervilha ser alta (*A*) é o alelo dominante desse gene, responsável pelo tamanho da planta. O fator mendeliano que faz a planta ser baixa (*a*) é o alelo recessivo desse mesmo gene. Indivíduos com um par de alelos idênticos (*AA* ou *aa*), que Mendel denominava puros, recebem atualmente a denominação de **homozigóticos**. Indivíduos com um par de alelos diferentes (*Aa*), que Mendel denominava híbridos, são atualmente chamados **heterozigóticos**.

Um dos fatos que chamam atenção no trabalho de Mendel é que ele anteviu conceitos relacionados à meiose muito antes da descoberta dos cromossomos e das divisões celulares.

Os geneticistas utilizam o termo **fenótipo** (do grego *phenos*, evidente, e *typos*, característica) para se referir às características observáveis de um ser vivo, sejam elas físicas, bioquímicas ou comportamentais. O termo **genótipo** (do grego *genos*, origem, e *typos*, característica), por sua vez, designa o conjunto de genes de um indivíduo. Quando falamos da cor das flores de uma planta ou de seu tamanho, da cor da pele ou do tipo sanguíneo de uma pessoa, estamos nos referindo ao fenótipo. Por outro lado, quando aludimos à constituição genética de uma planta para ter flores vermelhas ou aos genes responsáveis pelo tipo sanguíneo de uma pessoa, estamos falando do genótipo.

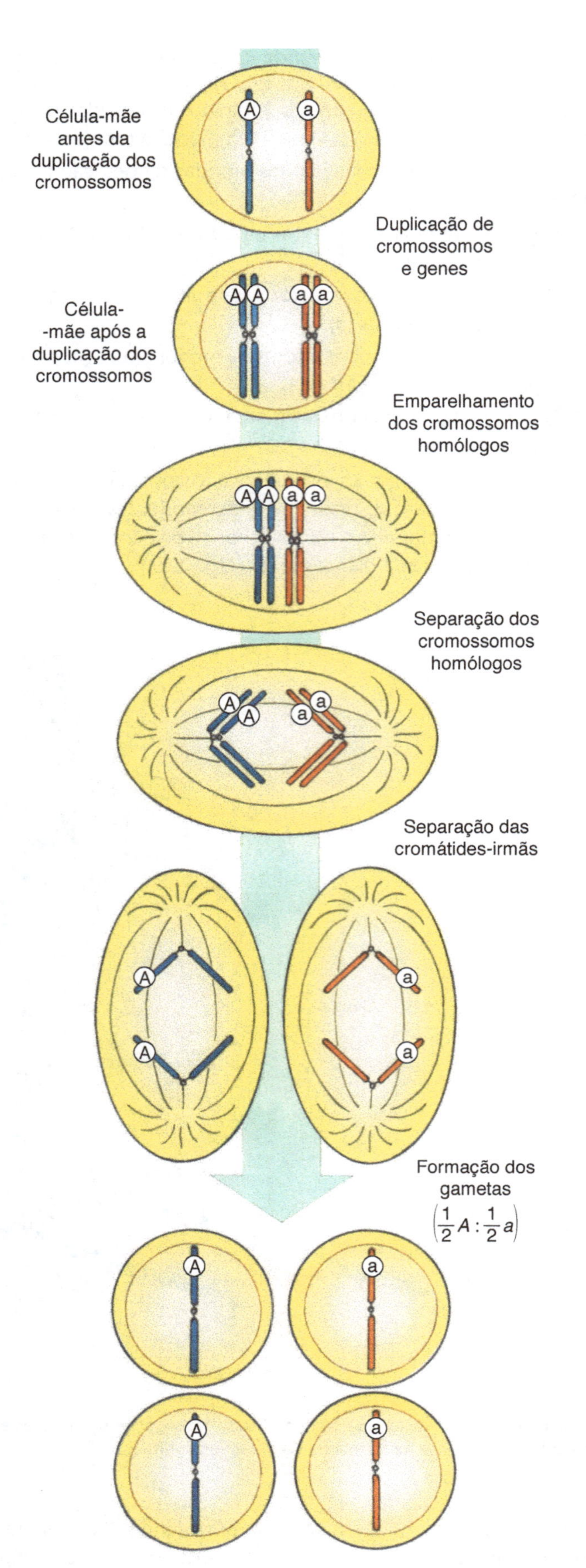

Figura 22.3 Representação esquemática da ideia originalmente proposta por Sutton, em 1902, de que a segregação de um par de alelos resulta da separação dos cromossomos homólogos na meiose (relembre o Capítulo 8). A hipótese de Sutton foi confirmada e passou a constituir um dos fundamentos da Genética.

Dois indivíduos, mesmo que tenham genótipos idênticos, podem apresentar diferenças no fenótipo decorrentes de influências ambientais. Por exemplo, pessoas com genótipos idênticos para cor da pele podem ser mais claras ou mais escuras dependendo do tempo de exposição à radiação solar. O fenótipo de um ser vivo é controlado por genes que apresentam diferentes graus de interação com o ambiente. **(Fig. 22.4)**

RAWPIXEL/ISTOCK PHOTOS/GETTY IMAGES

Figura 22.4 Indivíduos de uma mesma espécie diferem em inúmeras características fenotípicas, muitas das quais refletem suas diferentes constituições genéticas. Na fotografia podem ser vistas diferenças fenotípicas entre indivíduos da espécie humana.

Teoria das probabilidades aplicada à Genética

Os biólogos da época não entenderam as variações em torno da proporção 3 : 1 obtidas nos diversos cruzamentos (reveja a Tabela 22.2), pois acreditavam na mistura ou combinação dos caracteres dos progenitores. Mendel, por sua vez, discordava dessa ideia e supôs que as variações eram explicáveis pela teoria das probabilidades. Realmente, para compreender os resultados obtidos em cruzamentos genéticos é necessário ter conhecimento dos princípios básicos da teoria das probabilidades.

Probabilidade é a chance de determinado evento ocorrer, entre dois ou mais eventos possíveis. Por exemplo, a chance de uma moeda cair com a face "cara" voltada para cima representa um entre dois eventos possíveis, "cara" ou "coroa". Nesse caso, dizemos que a probabilidade de sair "cara" é $\frac{1}{2}$ (uma chance em duas possíveis) ou 50%. Se fizermos um grande número de lançamentos de uma moeda, espera-se que aproximadamente em metade deles seja obtida a face "cara".

Eventos aleatórios

Obter "cara" no lançamento de uma moeda, sortear um "ás de ouros" do baralho ou obter "face 6" no lançamento de um dado são **eventos aleatórios** (do latim *alea*, sorte). Em cada um dos casos, há um conjunto de eventos possíveis, e o evento selecionado ("cara", "ás de ouros" ou "face 6") tem a mesma chance de ocorrer que qualquer outro evento possível naquele conjunto.

Por exemplo, a probabilidade de se obter "cara" no lançamento de uma moeda é $\frac{1}{2}$, pois o conjunto de possibilidades é composto de dois eventos – "cara" ou "coroa" –, com a mesma chance de ocorrer. A probabilidade de se sortear o "ás de ouros" em um baralho é $\frac{1}{52}$, pois o conjunto de possibilidades é formado por 52 cartas, cada uma com igual chance de ser sorteada. A probabilidade de se obter "face 6" ao lançar um dado é $\frac{1}{6}$, que corresponde a um entre seis eventos possíveis.

A probabilidade de um gameta formado por um indivíduo heterozigótico (*Aa*) portar o alelo dominante (*A*) ou o recessivo (*a*) é um evento aleatório. O conjunto de possibilidades é formado por dois tipos de eventos: o gameta ser portador do alelo dominante e o gameta ser portador do alelo recessivo; ambos têm a mesma chance de ocorrer. Portanto, a probabilidade de um gameta de um indivíduo heterozigótico (*Aa*) portar o alelo dominante ou o recessivo é $\frac{1}{2}$ ou 50%.

Eventos independentes

Quando a ocorrência de um evento não afeta a probabilidade de outro evento ocorrer, fala-se em **eventos independentes**. Por exemplo, o fato de se obter "cara" ao lançar uma moeda não aumenta nem diminui a chance de sair "cara" em um novo lançamento da mesma moeda ou de outra moeda qualquer. Assim, o resultado obtido em cada lançamento de moeda é um evento independente. Da mesma maneira, o nascimento de uma criança com determinado genótipo é um evento independente do nascimento de outros filhos de um casal.

Por exemplo, mesmo para um casal que já teve cinco filhas, a probabilidade de uma sexta criança ser também do sexo feminino continua a ser $\frac{1}{2}$ ou 50%.

A teoria das probabilidades diz que a probabilidade de dois ou mais eventos independentes ocorrerem conjuntamente é igual ao produto das probabilidades de cada um ocorrer separadamente. Esse princípio é conhecido popularmente como **regra do "e"**, pois corresponde à pergunta: qual é a probabilidade de ocorrer determinado evento **e** também um outro?

Por exemplo, se jogamos uma moeda duas vezes, qual é a probabilidade de obtermos duas vezes a face "cara", ou seja, sair face "cara" no primeiro lançamento e face "cara" também no segundo? A chance de sair "cara" na primeira jogada é $\frac{1}{2}$, e a chance de sair "cara" na segunda jogada também é $\frac{1}{2}$. A probabilidade conjunta de ocorrência desses dois eventos é $\frac{1}{2} \times \frac{1}{2} = \frac{1}{4}$ ou 25%.

A análise probabilística da segregação dos alelos de um gene em um organismo diploide é comparável à obtenção de "cara" ou "coroa" no lançamento de uma moeda. Suponha que o lançamento de uma moeda dourada represente a formação do gameta feminino, que o lançamento de uma moeda prateada represente a formação do gameta masculino. Suponha também que "cara" e "coroa" sejam os dois alelos de um gene, *A* e *a*. O resultado da fecundação é comparável à combinação das faces obtidas no lançamento simultâneo das duas moedas. **(Fig. 22.5)**

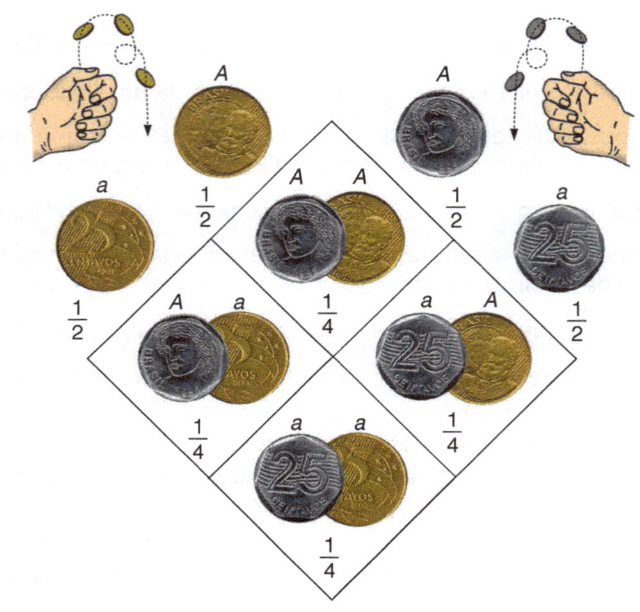

Figura 22.5 Esquema comparando as probabilidades de obtenção de "cara" e "coroa" no lançamento de duas moedas e a formação de diferentes genótipos pela combinação ao acaso de um par de alelos em um cruzamento genético.

Vejamos outro exemplo. Qual é a probabilidade de um casal ter dois filhos do sexo masculino? Uma vez que a probabilidade de uma criança ser do sexo masculino é $\frac{1}{2}$, a probabilidade de o casal ter dois meninos, isto é, de o primeiro filho ser do sexo masculino e o segundo também ser do sexo masculino, é $\frac{1}{2} \times \frac{1}{2}$, ou seja, $\frac{1}{4}$.

Eventos mutuamente exclusivos

Outro princípio da teoria das probabilidades diz que a ocorrência de dois eventos mutuamente exclusivos é igual à soma das probabilidades de cada um dos eventos ocorrer isoladamente. Eventos mutuamente exclusivos são aqueles em que a ocorrência de um exclui a ocorrência do outro. Esse princípio é conhecido popularmente como **regra do "ou"**, pois corresponde à pergunta: qual é a probabilidade de ocorrer um determinado evento **ou** outro?

Por exemplo, a probabilidade de se obter "cara" ou "coroa" no lançamento de uma moeda é igual a 1, ou seja, é a probabilidade de sair "cara" somada à probabilidade de sair "coroa" $\left(\frac{1}{2} + \frac{1}{2} = 1\right)$. Da mesma forma, a probabilidade de obter-se "face 1" ou "face 6" no lançamento de um dado é $\frac{1}{6} + \frac{1}{6} = \frac{1}{3}$.

Considere agora outra questão: qual é a probabilidade de se obterem "cara" e "coroa" no lançamento de duas moedas? Para responder a essa questão, é preciso levar em conta as duas maneiras de se obterem "cara" e "coroa" quando se lançam duas moedas: pode sair "cara" na primeira moeda e "coroa" na segunda, ou "coroa" na primeira moeda e "cara" na segunda.

Como já vimos, a probabilidade de sair "cara" e "coroa" é $\frac{1}{4}\left(\frac{1}{2} \times \frac{1}{2}\right)$; da mesma forma, a probabilidade de sair "coroa" e "cara" é $\frac{1}{4}$. Como esses dois eventos são mutuamente exclusivos, devemos somar suas probabilidades, obtendo a probabilidade final de $\frac{2}{4}$ ou $\frac{1}{2}$ $\left(\frac{1}{4}\right.$ para "cara" e "coroa" $+ \frac{1}{4}$ para "coroa" e "cara"$\left.\right)$.

Raciocínio semelhante é válido para a Genética. Por exemplo, qual é a probabilidade de um casal, tendo dois filhos, um ser menina e o outro menino? Há duas maneiras de um casal ter um menino e uma menina: a primeira criança ser menino, e a segunda, menina $\left(\frac{1}{2} \times \frac{1}{2} = \frac{1}{4}\right)$, ou a primeira ser menina, e a segunda, menino $\left(\frac{1}{2} \times \frac{1}{2} = \frac{1}{4}\right)$. Portanto, a probabilidade de o casal ter uma menina e um menino é $\frac{1}{4} + \frac{1}{4} = \frac{1}{2}$.

Como exercício, tente calcular a chance de um casal ter duas crianças do sexo masculino e uma do sexo feminino. Pense na ordem em que as três crianças podem nascer e faça os cálculos.

Herança genética mendeliana

Diversas características em plantas e animais seguem o modelo de herança genética proposto por Mendel. Vejamos os exemplos a seguir.

Herança de um tipo de pelagem em coelhos

Coelhos da linhagem chinchila apresentam pelagem cinzenta, enquanto os da linhagem albina apresentam pelagem branca. Quando se cruzam coelhos chinchilas puros com coelhos albinos, a geração F_1 é constituída inteiramente por coelhos de pelagem cinzenta, semelhantes a um dos pais.

Quando os coelhos chinchilas heterozigóticos da geração F_1 são cruzados entre si, dão origem a uma geração F_2 constituída por 75% $\left(\text{ou } \frac{3}{4}\right)$ de coelhos chinchilas e 25% $\left(\text{ou } \frac{1}{4}\right)$ de coelhos albinos.

Se admitimos que a cor da pelagem é condicionada por um par de alelos, um deles dominante e responsável por pelagem cinzenta, e outro recessivo, responsável por pelagem branca, percebemos que esses resultados estão de acordo com a primeira lei de Mendel. Acompanhe o diagrama do cruzamento na figura a seguir. **(Fig. 22.6)**

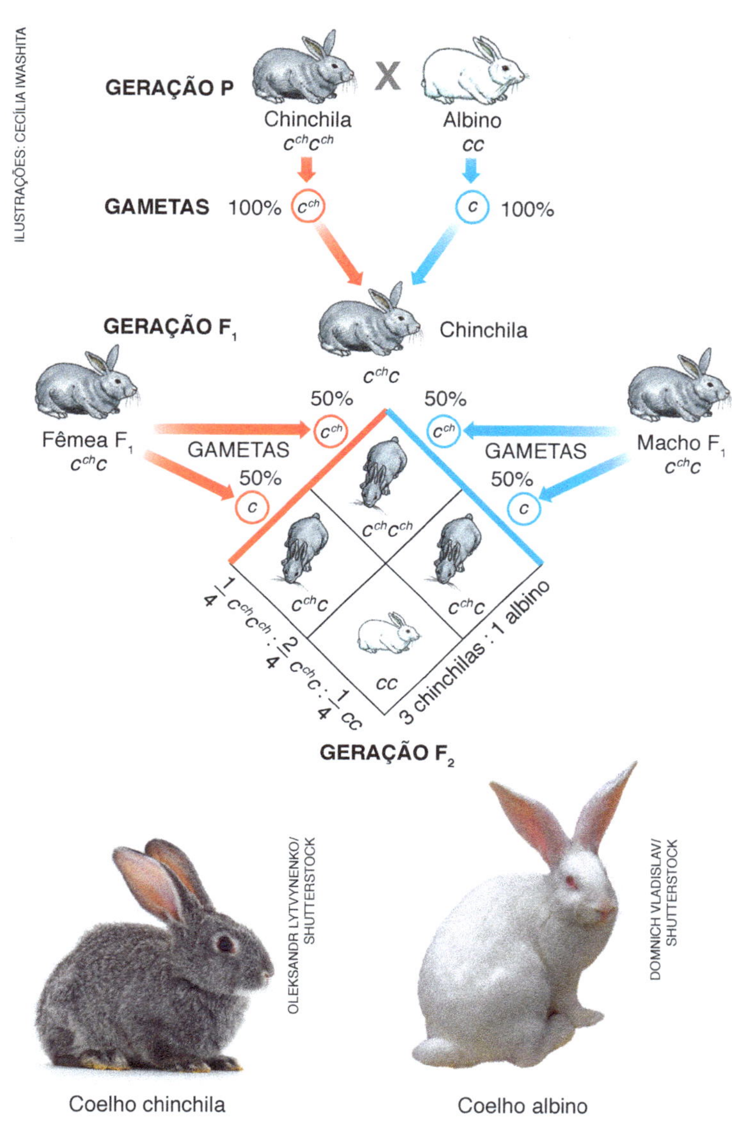

Gametas ♀ / Gametas ♂	$\frac{1}{2}c^{ch}$	$\frac{1}{2}c$
$\frac{1}{2}c^{ch}$	$\frac{1}{4}c^{ch}c^{ch}$	$\frac{1}{4}c^{ch}c$
$\frac{1}{2}c$	$\frac{1}{4}c^{ch}c$	$\frac{1}{4}cc$

Figura 22.6 Representação esquemática do cruzamento entre coelhos albino e chinchila de linhagens puras e formação das gerações F_1 e F_2. As fotografias mostram coelhos de pelagens cinzenta e branca.

O resultado do cruzamento pode ser facilmente visualizado no diagrama.

Quanto ao genótipo, formam-se três tipos de descendentes ($c^{ch}c^{ch}$, $c^{ch}c$ e cc), respectivamente, nas proporções 1 : 2 : 1.

$$25\% \left(\text{ou } \frac{1}{4}\right) c^{ch}c^{ch} : 50\% \left(\text{ou } \frac{2}{4}\right) c^{ch}c : 25\% \left(\text{ou } \frac{1}{4}\right) cc$$

Quanto ao fenótipo, a descendência esperada é de 3 coelhos cinzentos : 1 coelho branco.

Cruzamentos entre dois indivíduos heterozigóticos, como o que acabamos de ver, esquematizados em uma tabela com duas colunas, correspondentes aos gametas de um dos sexos, e com duas linhas, correspondentes aos gametas do sexo oposto é um tipo de representação, muito utilizado em Genética, conhecido como **quadrado de Punnett**, em homenagem a seu inventor, o geneticista inglês Reginald Crundall Punnett (1875-1967).

Como é possível determinar se um coelho chinchila resultante desse cruzamento é homozigótico ou heterozigótico?

Uma maneira amplamente utilizada para determinar o genótipo é o **cruzamento-teste**, que consiste em cruzar o indivíduo de fenótipo dominante (c^{ch}__) com um indivíduo de fenótipo recessivo, que é certamente homozigótico (cc).

Num cruzamento-teste, se houver tanto descendentes com fenótipo dominante quanto com fenótipo recessivo, pode-se concluir que o indivíduo testado é heterozigótico. Entretanto, se a quantidade de descendentes é grande e todos têm fenótipo dominante, esse é um bom indicativo de que o indivíduo testado é homozigótico.

Por exemplo, se cruzarmos um coelho chinchila (que pode ter genótipos $c^{ch}c^{ch}$ ou $c^{ch}c$) com um coelho albino (cc) e surgirem descendentes albinos, teremos certeza de que o parental chinchila é heterozigótico ($c^{ch}c$). Porém, se a descendência é constituída de grande quantidade de coelhos, sendo todos chinchilas, é bem provável que o tipo parental chinchila seja homozigótico ($c^{ch}c^{ch}$).

Herança do tipo de folha em cóleo

As folhas da planta ornamental cóleo (*Coleus blumei*) podem ter bordas levemente onduladas (folhas crenadas) ou ter bordas profundamente recortadas (folhas lobadas). Quando plantas puras dessas duas variedades são cruzadas entre si, a geração F_1 é inteiramente constituída por plantas de folhas lobadas.

O cruzamento entre plantas da geração F_1 produz uma geração F_2 constituída por 75% $\left(\text{ou } \frac{3}{4}\right)$ de plantas com folhas lobadas e 25% $\left(\text{ou } \frac{1}{4}\right)$ com folhas crenadas, o que corresponde à proporção de 3 lobadas : 1 crenada.

Esses resultados seguem a primeira lei de Mendel, admitindo-se que, nessas variedades, a característica borda da folha é condicionada por um gene com duas formas alélicas: o alelo dominante (C) condiciona folha lobada, enquanto o alelo recessivo (c) condiciona folha crenada. **(Fig. 22.7 na página seguinte)**

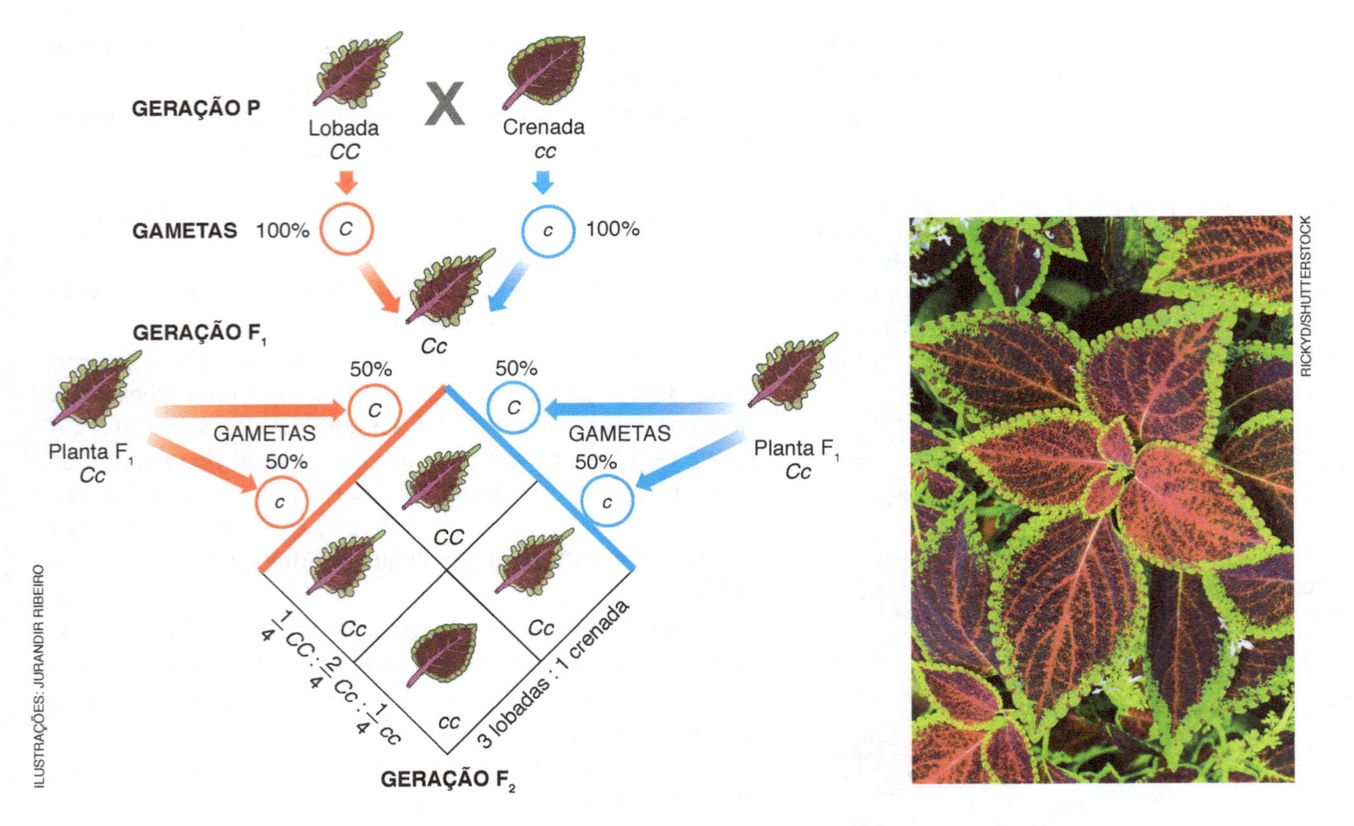

Figura 22.7 Representação esquemática do cruzamento entre plantas de folhas lobadas e plantas de folhas crenadas de linhagens puras de *Coleus blumei* e formação das gerações F_1 e F_2. Na fotografia, plantas da espécie *Coleus blumei* de folhas crenadas. As folhas maiores têm aproximadamente 10 cm de largura.

Herança mendeliana na espécie humana

Na espécie humana os estudos genéticos não utilizam cruzamentos dirigidos, como se faz com outras espécies. O trabalho do geneticista consiste em analisar os membros de uma ou mais famílias nas quais haja portadores do fenótipo em estudo, na tentativa de estabelecer padrões de herança.

As relações de parentesco entre os membros das famílias são representadas por meio de **heredogramas** (do latim *heredium*, herança), ou **árvores genealógicas**, diagramas que facilitam a visualização da transmissão e do comportamento das características hereditárias ao longo das gerações.

Nos heredogramas indivíduos do sexo masculino costumam ser representados por quadrados, e os do sexo feminino, por círculos. Indivíduos cujo sexo não se conhece são representados por losangos. O casamento, no sentido biológico de procriação, é indicado por um traço horizontal que une os dois membros do casal. Filhos são representados por quadrados, círculos ou losangos unidos por traços verticais ao traço horizontal do casal. **(Fig. 22.8)**

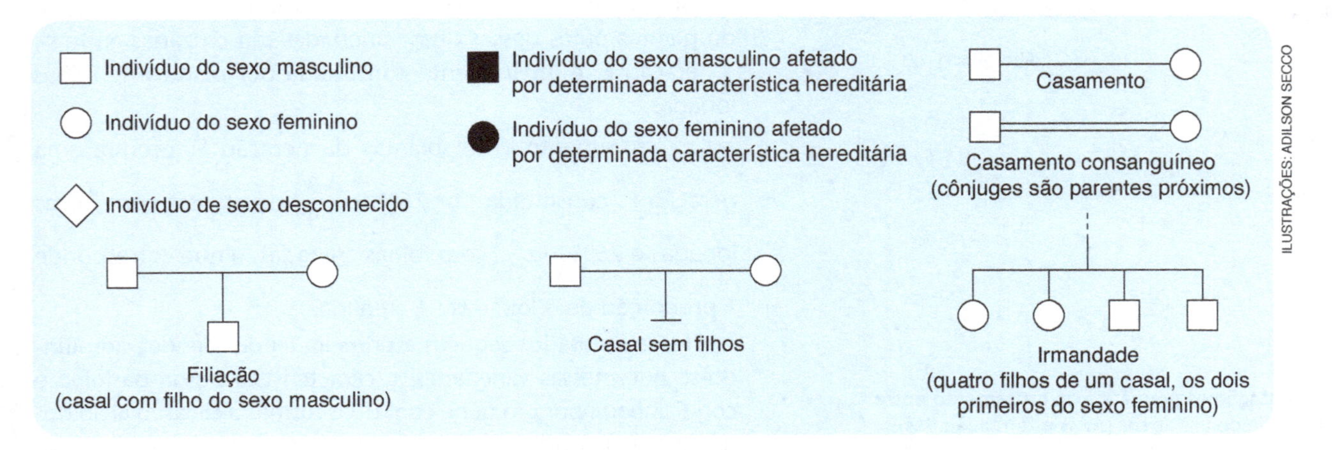

Figura 22.8 Simbologia utilizada na construção de heredogramas.

Resolvendo problemas de Genética

Heredogramas e probabilidades

O problema

O albinismo tipo I na espécie humana é condicionado por um alelo recessivo (*a*); pessoas com genótipo *aa* são albinas, com pele, cabelo e olhos muito claros, em virtude da ausência do pigmento melanina. Pessoas com pelo menos um alelo dominante no genótipo (*AA* e *Aa*) têm pigmentação normal.

Pedro tem pigmentação normal na pele e seus pais também são normais. Sua avó materna e seu avô paterno são albinos.

Maria não é albina e, por parte de mãe, nunca houve, nem na mais remota ancestralidade, algum caso de albinismo. O pai de Maria também é normal, mas seu avô paterno era albino. Pedro e Maria resolvem se casar e procuram um geneticista para pedir aconselhamento genético. O casal tinha as seguintes perguntas:

a) Há alguma chance de um filho nosso ser albino?

b) Se tivermos um filho albino, qual é a probabilidade de um outro também ser albino?

A solução

O primeiro passo é construir um heredograma para representar as relações entre os familiares.

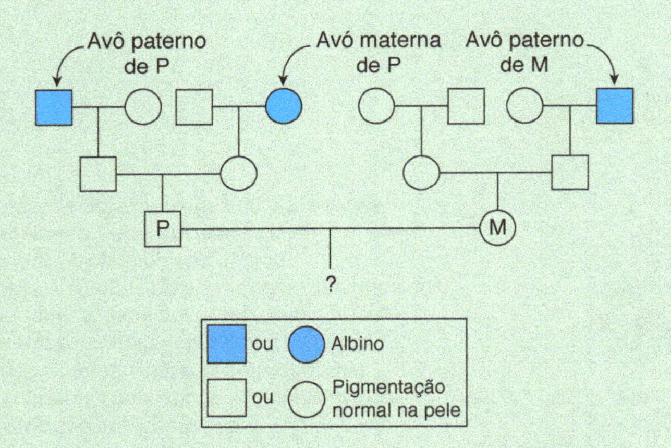

Em seguida, determinamos os genótipos dos indivíduos.

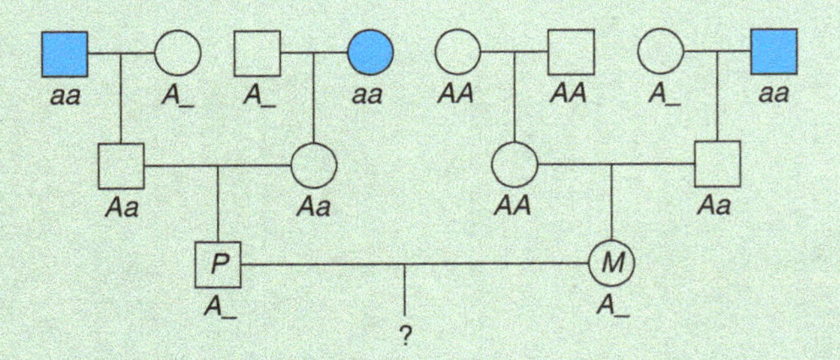

Agora vamos responder à primeira pergunta do problema: há chance de uma criança filha do casal nascer albina? Qual é ela?

A resposta à primeira parte da pergunta é afirmativa, uma vez que Pedro e Maria podem ser heterozigóticos. Passamos, então, a estimar a probabilidade de ambos serem portadores do alelo para albinismo, pois somente nesse caso eles poderiam ter uma criança albina. Como não são albinos, concluímos que eles são portadores de pelo menos um alelo dominante.

A probabilidade de Pedro ser heterozigótico é $\frac{2}{3}$, pois ele pode ter recebido um alelo dominante do pai e um recessivo da mãe, um alelo recessivo do pai e um dominante da mãe ou um alelo dominante do pai e outro da mãe. Lembre-se de que Pedro não é albino e, portanto, não recebeu o alelo recessivo de ambos os pais.

A probabilidade de Maria ser portadora do alelo do albinismo é $\frac{1}{2}$. Isso porque assumimos que o alelo dominante de seu genótipo é proveniente da mãe, supostamente homozigótica (*AA*), pois nunca houve em sua ancestralidade caso de albinismo. De seu pai, heterozigótico (*Aa*), Maria pode ter recebido o alelo recessivo com chance de $\frac{1}{2}$.

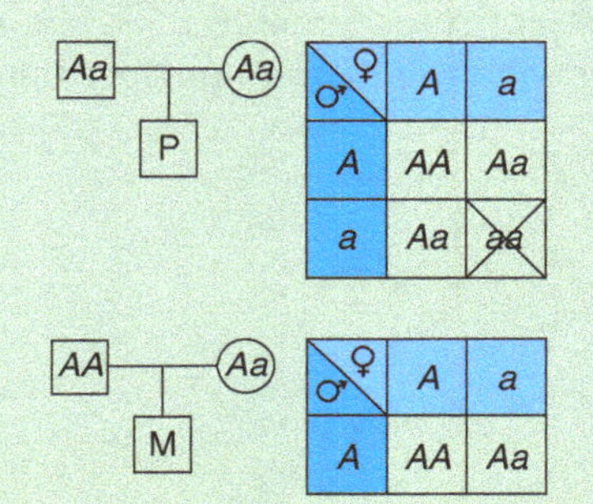

♂ \ ♀	A	a
A	AA	Aa
a	Aa	~~aa~~

♂ \ ♀	A	a
A	AA	Aa

Um futuro filho de Pedro e Maria será albino se ocorrerem, simultaneamente, os seguintes eventos:

Evento 1: Pedro ser heterozigótico $\left(\text{probabilidade} = \frac{2}{3}\right)$;

Evento 2: Maria ser heterozigótica $\left(\text{probabilidade} = \frac{1}{2}\right)$;

Evento 3: Pedro e Maria transmitirem o alelo recessivo ao filho $\left(\text{probabilidade} = \frac{1}{4}\right)$.

A probabilidade de esses eventos ocorrerem simultaneamente é o produto de suas probabilidades:

$$\frac{2}{3} \times \frac{1}{2} \times \frac{1}{4} = \frac{2}{24} = \frac{1}{12}$$

A segunda pergunta do casal acrescenta um dado interessante ao problema. Se Pedro e Maria tiverem efetivamente uma criança albina, as dúvidas sobre seus genótipos deixarão de existir, pois, nesse caso, eles certamente serão heterozigóticos. Assim, a chance de uma próxima criança filha do casal vir a ser albina é $\frac{1}{4}$ ou 25%.

Eventualmente precisamos primeiro determinar se a característica investigada tem herança dominante ou recessiva. Se um casal, ambos sem a característica, tiver descendentes portadores do caráter, trata-se de um caso de herança recessiva.

ILUSTRAÇÕES: ADILSON SECCO

Variações do modelo mendeliano de herança

Nos primeiros anos do século XX estudos genéticos confirmaram que a herança de diversas características seguia a primeira lei de Mendel. Entretanto, em outras características estudadas, as proporções encontradas na descendência pareciam divergir do esperado. Novas interpretações mostraram, porém, que o modelo mendeliano para a segregação dos fatores continuava válido também nesses casos. Veja alguns exemplos a seguir.

Alelos letais

Em 1905, o biólogo francês Lucien Cuénot (1866-1951) observou que o cruzamento de camundongos de pelagem amarela produzia uma descendência constituída por $\frac{2}{3}$ de indivíduos amarelos e $\frac{1}{3}$ de indivíduos cinzentos (proporção 2 : 1). Por sua vez, cruzamentos de camundongos cinzentos geravam apenas descendentes cinzentos.

Cuénot concluiu que a pelagem cinzenta dos camundongos é condicionada por um alelo (A), recessivo em relação ao alelo (A^Y) que condiciona a pelagem amarela. Para explicar a proporção 2 : 1, em vez de 3 : 1, ele propôs a hipótese de que o alelo para pelagem amarela seria letal em condição homozigótica, de modo que camundongos portadores do genótipo A^YA^Y morreriam logo no início do desenvolvimento embrionário. Consequentemente, camundongos de pelagem amarela seriam sempre heterozigóticos (A^YA).

A hipótese levantada por Cuénot foi confirmada anos mais tarde, quando outros pesquisadores demonstraram que aproximadamente 25% dos embriões resultantes do cruzamento entre camundongos de pelagem amarela morrem precocemente no útero das fêmeas. **(Fig. 22.9)**

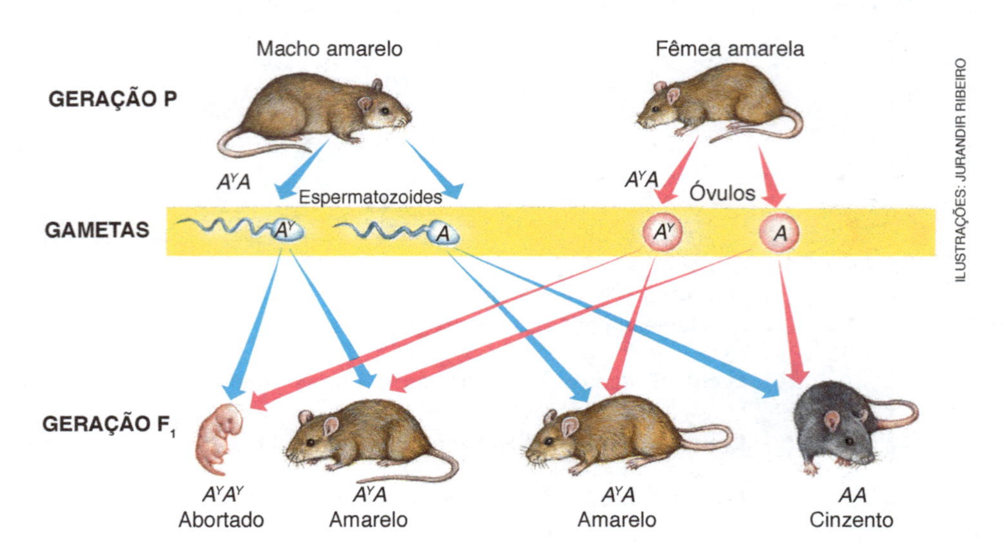

Figura 22.9 Representação esquemática de cruzamentos entre camundongos portadores do alelo A^Y. Indivíduos homozigóticos para esse alelo (A^YA^Y) morrem no início do desenvolvimento embrionário. Assim, a descendência do cruzamento de camundongos amarelos heterozigóticos é constituída por 2 indivíduos amarelos (A^YA) para 1 indivíduo cinzento (AA).

Alelos que causam a morte prematura de seus portadores são denominados **alelos letais** e sua presença já foi identificada em diversos organismos. Na espécie humana, por exemplo, estudos sugerem que a **acondroplasia**, uma forma de nanismo, é condicionada por um alelo (D) que, em condição homozigótica (DD), causa a morte do embrião ainda no início do desenvolvimento. Pessoas com fenótipo acondroplásico são sempre heterozigóticas (Dd), enquanto pessoas normais são homozigóticas recessivas (dd). **(Fig. 22.10)**

Figura 22.10 A acondroplasia na espécie humana é condicionada por um alelo dominante que, na condição homozigótica, parece ser letal aos portadores. Na fotografia, casal com acondroplasia com seus filhos. (Estados Unidos, 2010.)

Alelos múltiplos

Outro conceito desenvolvido nos primórdios da Genética foi o de **alelos múltiplos** de um gene. De acordo com esse conceito, um gene pode ocorrer na população em três ou mais formas alélicas, embora cada indivíduo diploide sempre apresente apenas dois exemplares de cada gene, um proveniente de cada progenitor.

Um dos primeiros casos estudados de alelos múltiplos foi o do gene para cor de certos tipos de pelagem em coelhos. Esse gene apresenta-se em quatro formas alélicas: C, que determina pelagem castanho-acinzentada (selvagem ou aguti); c^{ch}, que determina pelagem cinza (chinchila); c^h, que determina pelagem branca com extremidades escuras (himalaia); c, que condiciona pelagem branca (albina). **(Fig. 22.11)**

FOTOS: CHINCHILA: EASYFOTOSTOCK/EASYPIX BRASIL; HIMALAIA: JIM STRAWSER/GRANT HEILMAN PHOTOGRAPHY/ALAMY/GLOW IMAGES; SELVAGEM: GARY OMBLER/DORLING KINDERSLEY LTD/ALAMY/GLOW IMAGES; ALBINA: NIKOLA SPASENOSKI/ALAMY/GLOW IMAGES

Figura 22.11 Quatro tipos de pelagem em coelhos: chinchila, atrás; himalaia, na frente; selvagem, à esquerda; albina, à direita.

O alelo C comporta-se como dominante sobre os outros três. O alelo c^{ch}, recessivo em relação a C, comporta-se como dominante sobre c^h e sobre c. O alelo c^h, por sua vez, é recessivo em relação a C e a c^{ch} e dominante sobre c. Este, finalmente, é recessivo em relação aos outros três alelos. A relação de dominância entre os quatro alelos pode ser representada por: $C > c^{ch} > c^h > c$.

Como os alelos ocorrem em pares nos indivíduos, há dez tipos possíveis de genótipos em coelhos quanto a esse gene e quatro tipos de fenótipos. **(Tab. 22.3)**

Tabela 22.3 Genótipos e fenótipos na cor da pelagem em coelhos

Genótipos	Fenótipos
CC, Cc^{ch}, Cc^h e Cc	Selvagem
$c^{ch}c^{ch}$, $c^{ch}c^h$ e $c^{ch}c$	Chinchila
c^hc^h e c^hc	Himalaia
cc	Albino

Dominância incompleta

Os estudos mostraram que, em certos casos, o fenótipo dos indivíduos heterozigóticos é intermediário entre os fenótipos dos dois homozigóticos; nesses casos, fala-se em **dominância incompleta** entre os alelos. Por exemplo, na planta boca-de-leão (*Antirrhinum majus*), indivíduos homozigóticos para um dos alelos de determinado gene têm flores vermelhas, os homozigóticos para o outro alelo têm flores brancas e os heterozigóticos têm flores cor-de-rosa.

A explicação é que um dos alelos desse gene para cor da flor funciona normalmente, determinando a síntese de pigmento vermelho, enquanto o outro alelo seria inativo, não determinando a síntese de pigmento. As plantas homozigóticas, que apresentam dois alelos funcionais para a síntese de pigmento vermelho, produzem-no em quantidade tal que as flores têm coloração vermelha intensa. Indivíduos heterozigóticos, em que há apenas um alelo funcional do gene, produzem cerca de metade do pigmento formado pelos homozigóticos, de modo que a cor das pétalas é mais clara, cor-de-rosa. Indivíduos homozigóticos para o alelo não funcional têm flores brancas uma vez que não produzem pigmento.

Na dominância incompleta os geneticistas costumam representar o gene em questão por uma letra maiúscula acompanhada de um índice que diferencia os alelos. Por exemplo, podemos escolher a letra F para representar o gene responsável pela cor da flor na boca-de-leão, e os índices V e B para indicar os alelos para a cor vermelha – F^V – e para a cor branca – F^B. Os genótipos dos três tipos de plantas seriam: F^VF^V (flores vermelhas), F^BF^B (flores brancas) e F^BF^V (flores cor-de-rosa). **(Fig. 22.12)**

Flor vermelha X Flor branca
GERAÇÃO P: F^VF^V × F^BF^B
GAMETAS: F^V; F^B
GERAÇÃO F_1: Flor cor-de-rosa F^VF^B
Planta F_1 F^VF^B — GAMETAS: F^V, F^B
Planta F_1 F^VF^B — GAMETAS: F^V, F^B
F^VF^V; F^VF^B; F^VF^B; F^BF^B
GERAÇÃO F_2
Proporção fenotípica =
= 25% flor vermelha : 50% flor cor-de-rosa : 25% flor branca

ILUSTRAÇÕES: CECÍLIA IWASHITA

CHRIS HOWES/WILD PLACES PHOTOGRAPHY/ALAMY/GLOW IMAGES

Figura 22.12 Representação esquemática do cruzamento entre plantas boca-de-leão (*Antirrhinum majus*). Os indivíduos heterozigóticos têm fenótipo intermediário entre os fenótipos dos parentais homozigóticos. A fotografia mostra diversas cores de flores de boca-de-leão; a cor amarela é condicionada por variação em um gene diferente do mencionado no texto.

Outro exemplo de dominância incompleta é a cor da plumagem das galinhas da variedade andaluza, em que aves homozigóticas com genótipo P^PP^P têm plumagem preta, aves homozigóticas com genótipo P^BP^B têm plumagem branca e aves heterozigóticas (P^PP^B) têm plumagem cinza-azulada. **(Fig. 22.13)**

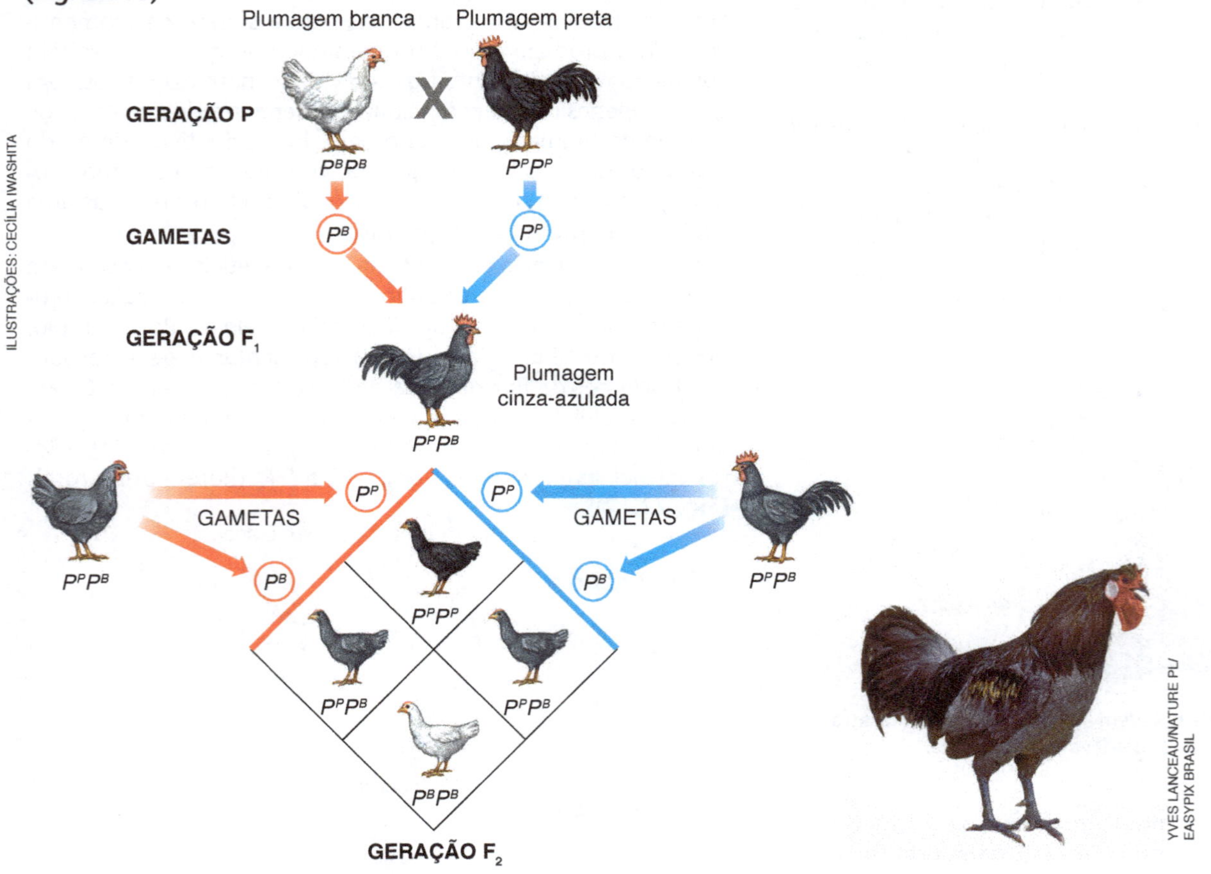

Figura 22.13 Representação esquemática do cruzamento entre galináceos da raça andaluza. Na foto, macho da raça andaluza.

Note que, em casos de dominância incompleta, a proporção genotípica é igual à proporção fenotípica, pois cada genótipo manifesta um fenótipo distinto.

Codominância

Há casos em que indivíduos heterozigóticos para determinado gene expressam simultaneamente os fenótipos dos dois tipos de indivíduos homozigóticos, fenômeno que os geneticistas denominam **codominância**. Isso ocorre porque os dois alelos do gene são funcionais, de modo que o indivíduo heterozigótico, possuindo os produtos de ambos os alelos, apresenta as características dos homozigóticos para cada alelo. **(Tab. 22.4)**

Tabela 22.4 Relação de dominância entre alelos de um gene

Tipo de relação	Características
Dominância completa	Os indivíduos heterozigóticos apresentam o mesmo fenótipo que um dos homozigóticos.
Dominância incompleta	Os indivíduos heterozigóticos apresentam fenótipo intermediário entre o dos homozigóticos.
Codominância	Os indivíduos heterozigóticos apresentam ambos os fenótipos dos homozigóticos.

Na espécie humana, o sistema MN de grupos sanguíneos é um caso de alelos codominantes. Nesse sistema há três fenótipos, denominados M, N e MN, condicionados por dois alelos de um gene (Ag^M e Ag^N). O alelo Ag^M determina a presença de uma substância imunogênica na membrana das hemácias, o aglutinogênio M, enquanto o alelo Ag^N determina a presença do aglutinogênio N.

Substância imunogênica é qualquer substância capaz de induzir a formação de anticorpos contra si em indivíduos que não a possuem. Substâncias imunogênicas de hemácias são denominadas aglutinogênios, pois, ao reagir com anticorpos específicos, denominados aglutininas, provocam a aglutinação das hemácias.

Pessoas homozigóticas com genótipo Ag^MAg^M apresentam apenas o aglutinogênio M nas hemácias, pertencendo ao grupo sanguíneo M. Pessoas homozigóticas com genótipo Ag^NAg^N apresentam apenas o aglutinogênio N nas hemácias, pertencendo ao grupo sanguíneo N. Pessoas heterozigóticas (Ag^MAg^N) têm ambos os aglutinogênios nas hemácias, pertencendo ao grupo sanguíneo MN.

Penetrância e expressividade gênicas

Nos casos que vimos até aqui há uma correspondência total entre genótipo e fenótipo, uma vez que o portador de dado genótipo expressa sempre o fenótipo correspondente. Por exemplo, coelhos com genótipo $c^{ch}c^{ch}$ têm sempre pelagem cinza e os com genótipo *cc* são sempre albinos; plantas boca-de-leão com genótipo F^VF^V produzem sempre flores vermelhas e assim por diante. Existem casos, no entanto, em que certa porcentagem dos portadores de dado genótipo não apresentam o fenótipo correspondente.

Um exemplo de variação fenotípica entre indivíduos com mesmo genótipo é encontrado no feijão-carioca. Essa variedade é homozigótica quanto ao alelo dominante (*L*) de um gene que condiciona a presença de coloração variegada no tegumento da semente, com manchas irregulares claras e escuras. O alelo recessivo desse gene, (*l*), condiciona semente totalmente pigmentada, sem variegação, e está presente na variedade conhecida como feijão-mulatinho (homozigótica *ll*).

Observando uma embalagem do feijão-carioca encontrado em qualquer supermercado, podemos verificar que a grande maioria das sementes é variegada. Entretanto, cerca de 5% dos grãos são totalmente pigmentados, assemelhando-se ao feijão-mulatinho. Assim, apesar de toda semente de feijão-carioca ser homozigótica (*LL*), com dois alelos condicionantes da presença de coloração variegada, cerca de 5% delas não exibem o fenótipo correspondente, isto é, têm coloração homogênea. **(Fig. 22.14)**

ARQUIVO PESSOAL

Figura 22.14 Variação fenotípica em sementes de feijão-carioca (*Phaseolus vulgaris*), portadoras do alelo que condiciona a presença de manchas.

Os geneticistas utilizam o termo **penetrância gênica** para se referir à porcentagem de indivíduos de dado genótipo que apresentam o fenótipo correspondente. Se esse valor é igual a 100%, ou seja, todos os indivíduos possuem o fenótipo esperado, diz-se que a característica apresenta **penetrância completa**; do contrário, fala-se em **penetrância incompleta**.

O caso do alelo *L* do feijão-carioca é um exemplo de penetrância incompleta. Como cerca de 5% dos grãos de feijão-carioca com genótipo *LL* não apresentam variegação, comportando-se como se tivessem genótipo *ll*, diz-se que a penetrância do alelo dominante é de 95%, pois é essa a porcentagem dos indivíduos portadores desse alelo que exibem o fenótipo correspondente – coloração variegada do tegumento.

Na espécie humana a característica conhecida como polidactilia pós-axial (do grego *polys*, muitos, e *daktylos*, dedos), caracterizado pela presença de um dedo extranumerário próximo ao quinto dedo da mão ou do pé, é condicionado por um alelo dominante com penetrância incompleta. Um estudo populacional realizado na África estimou que a penetrância desse alelo é de 64,9%. Isso significa que 35,1% (100 − 64,9) dos portadores do alelo dominante não apresentam a característica polidactilia pós-axial, possuindo número normal de dedos. **(Fig. 22.15)**

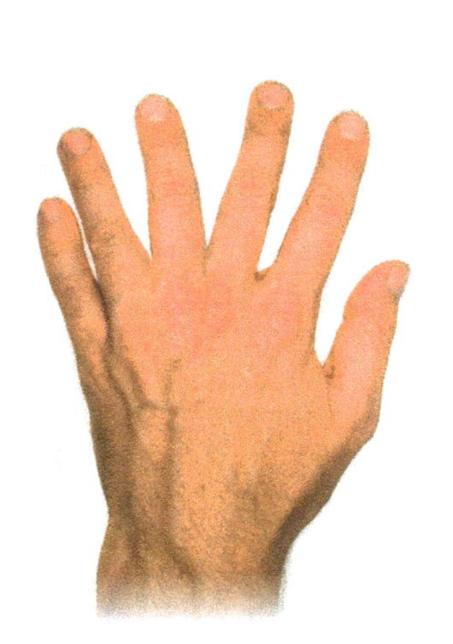

BLICKWINKEL/ALAMY/GLOW IMAGES

Figura 22.15 Mão de homem com polidactilia.

Outro conceito importante em Genética refere-se ao modo como um gene se expressa nos indivíduos portadores. No feijão-carioca, por exemplo, os portadores do alelo dominante com fenótipo variegado (95% das sementes) diferem quanto ao padrão e à quantidade de manchas (veja Figura 22.14). Diz-se, então, que esse alelo tem **expressividade gênica** variável.

O alelo que causa polidactilia pós-axial na espécie humana também tem expressividade variável, pois seus portadores podem apresentar desde apenas um dedo extranumerário em um dos membros até dedos extranumerários em todos os membros.

Outro exemplo de alelo com expressividade gênica variável é o que condiciona a presença de manchas na pelagem de mamíferos. Esse alelo é recessivo (*s*) e, em homozigose (*ss*), produz pelagem variegada, com áreas sem pigmento intercaladas com áreas de pelagem pigmentada. O alelo dominante do gene (*S*) condiciona o padrão pelagem homogênea, sem manchas. **(Fig. 22.16)**

FBGRAPHER/ISTOCK PHOTOS/GETTY IMAGES

CAROL WALKER/NAURE PL/FOTOARENA

Figura 22.16 O padrão malhado de pelagem em diversos mamíferos é condicionado pelo alelo recessivo de um gene com expressividade variável. É o caso dos animais com pelagem variegada mostrados nas fotos: **A.** Cão doméstico (*Canis lupus familiaris*) da raça Akita americano. **B.** Cavalo (*Equus ferus caballus*).

Agora você pode resolver as atividades de 5 a 18, 32 a 42, 44 a 56, 60 a 63 e 67.

22.3 Herança de grupos sanguíneos na espécie humana

Sistema AB0

No início do século XX, o médico austríaco Karl Landsteiner (1868-1943) conduziu um estudo sobre a incompatibilidade sanguínea entre certas pessoas. Quando sangues diferentes eram misturados, em certos casos ocorria aglutinação das hemácias, formando aglomerados. Em 1902, a equipe de Landsteiner, com base nesses estudos, conseguiu classificar o sangue humano em quatro tipos, denominados A, B, AB e 0, que caracterizam o **sistema AB0** (ABzero, popularmente chamado ABO, com a letra "O").

Landsteiner concluiu que a incompatibilidade entre os grupos sanguíneos do sistema AB0 era decorrente de uma reação entre certas substâncias presentes no plasma sanguíneo, denominadas **aglutininas**, e substâncias presentes na membrana das hemácias, denominadas **aglutinogênios**. Atualmente se sabe que as aglutininas são anticorpos capazes de reagir com a parte glicídica dos aglutinogênios.

O sistema AB0 caracteriza-se pela presença de dois tipos de aglutinogênios – A e B – e dois tipos de aglutininas – anti-A e anti-B. **(Tab. 22.5)**

Tabela 22.5 Aglutinogênios e aglutininas do sistema AB0

Grupo sanguíneo	Aglutinogênios (nas hemácias)	Aglutininas (no plasma)
A	A	anti-B
B	B	anti-A
AB	A e B	—
0	—	anti-A e anti-B

Em 1930 Landsteiner recebeu o Prêmio Nobel em Fisiologia ou Medicina por seus trabalhos sobre grupos sanguíneos da espécie humana. Graças à descoberta e ao estudo dos grupos sanguíneos, é possível realizar transfusões de sangue seguras entre pessoas de grupos compatíveis. Transfusões incompatíveis podem trazer graves consequências para a saúde e até levar à morte, pois as hemácias do sangue recebido se aglutinam e formam aglomerados, que entopem os capilares sanguíneos, prejudicando a circulação da pessoa que recebeu sangue de tipo incompatível com o seu.

Genética do sistema AB0

Os quatro fenótipos do sistema sanguíneo AB0 – A, B, AB e 0 – são determinados por um gene que se apresenta em três formas alélicas: I^A, I^B e i. Trata-se, portanto, de um caso de **alelos múltiplos**.

O alelo I^A determina a presença do aglutinogênio A nas hemácias; o alelo I^B determina a presença do aglutinogênio B; o alelo i não determina nenhum aglutinogênio. Consequentemente, pessoas com genótipos I^AI^A ou I^Ai têm apenas aglutinogênio A nas hemácias e, portanto, sangue do tipo A; pessoas com genótipos I^BI^B ou I^Bi têm apenas aglutinogênio B e, portanto, sangue do tipo B; pessoas com genótipo I^AI^B têm os aglutinogênios A e B e seu sangue é do tipo AB; pessoas com genótipo ii não têm nenhum dos dois aglutinogênios e seu sangue é do tipo 0.

Os alelos I^AI^B comportam-se como **codominantes**, uma vez que ambos se expressam na condição heterozigótica, produzindo, respectivamente, os aglutinogênios A e B. O alelo i é recessivo em relação aos outros dois; as relações de dominância entre esses três alelos podem ser representadas por $I^A = I^B > i$. **(Tab. 22.6)**

Tabela 22.6 Relação entre genótipos e fenótipos no sistema AB0

Fenótipos	Genótipos
Grupo A	I^AI^A ou I^Ai
Grupo B	I^BI^B ou I^Bi
Grupo AB	I^AI^B
Grupo 0	*ii*

Hoje se conhece a maneira pela qual esses três alelos determinam os diferentes fenótipos do sistema AB0. O alelo I^A codifica uma enzima que catalisa a transformação da substância precursora H no aglutinogênio A; o alelo I^B codifica uma enzima ligeiramente diferente, que catalisa a transformação do mesmo precursor H no aglutinogênio B; o alelo *i* é inativo e não leva à formação de nenhum aglutinogênio. Cada enzima catalisa a inserção de um glicídio diferente ao precursor H.

Sistema Rh

No final da década de 1930 Landsteiner e sua equipe injetaram hemácias de um macaco reso (*Macaca mulatta*) em coelhos, o que levou à produção do anticorpo denominado anti-Rh (abreviatura do inglês *anti-Rhesus*). Ao testar o anticorpo anti-Rh em sangue humano, os pesquisadores notaram que ele provocava a aglutinação das hemácias em cerca de 85% das pessoas testadas. A conclusão é que nas hemácias dessas pessoas havia um antígeno semelhante ao dos macacos resos, por isso denominado **fator Rh** (do inglês *Rhesus*). As pessoas que reagiram ao anti-Rh foram chamadas Rh positivas, ou Rh^+.

Por outro lado, em cerca de 15% das pessoas testadas não ocorreu aglutinação das hemácias. A conclusão foi que essas pessoas não apresentavam o fator Rh, e por isso foram chamadas Rh negativas, ou Rh^-.

Esse sistema de grupos sanguíneos, em que há dois fenótipos (Rh^+ e Rh^-), foi denominado **sistema Rh**. Para identificar o fenótipo de uma pessoa quanto ao sistema Rh, mistura-se uma gota de seu sangue a uma solução com anticorpos anti-Rh; se as hemácias aglutinarem, a pessoa é Rh^+; se não houver aglutinação, a pessoa é Rh^-. **(Fig. 22.17)**

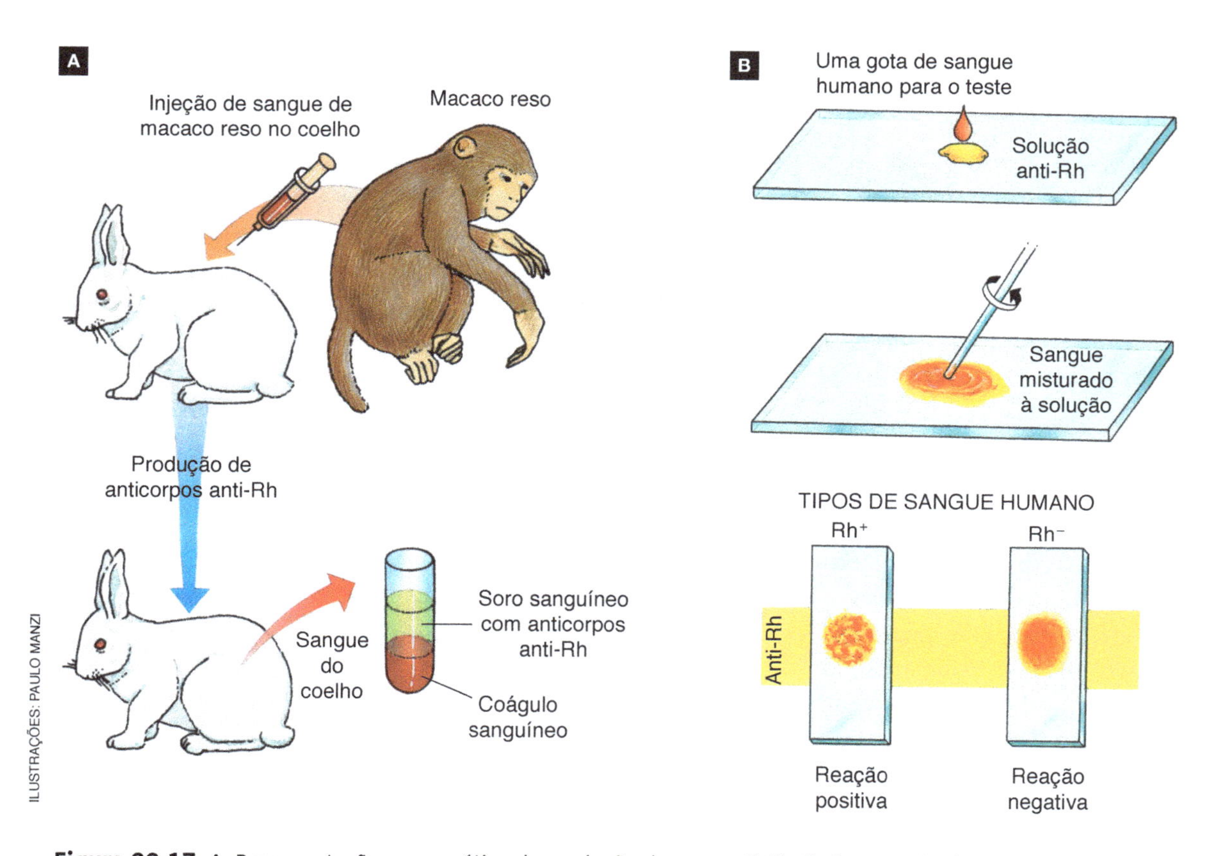

Figura 22.17 **A.** Representação esquemática da produção de soro anti-Rh. **B.** Representação esquemática do método de determinação dos grupos sanguíneos do sistema Rh.

Genética do sistema Rh

Os fenótipos do sistema Rh são condicionados basicamente por dois alelos (*R* e *r*), em que *R* se comporta como dominante sobre *r*. Basta a pessoa ter um alelo dominante no genótipo (ser *RR* ou *Rr*) para ter o fator Rh nas hemácias e, portanto, fenótipo Rh^+; pessoas homozigóticas recessivas (*rr*) não têm o fator Rh, e seu fenótipo é Rh^-.

Incompatibilidade materno-fetal no sistema Rh

Pessoas Rh^+ não produzem anti-Rh. Pessoas Rh^-, em condições normais, também não apresentam anticorpos anti-Rh na circulação sanguínea. Esses anticorpos são produzidos apenas se a pessoa for previamente sensibilizada, isto é, se entrar em contato com sangue Rh^+, recebendo uma transfusão, por exemplo, ou no caso de mulheres Rh^- que geram uma criança Rh^+.

Na primeira gravidez de uma mulher Rh^- quando a criança gerada é Rh^+, o nível de sensibilização é baixo e a quantidade de anticorpos na circulação materna geralmente não chega a afetar a criança. Na hora do parto, com a ruptura da placenta, hemácias do bebê passam para a circulação materna, sensibilizando a mulher e acarretando consequências para gestações posteriores.

Se na próxima gravidez a criança gerada é Rh^+, a mãe, já sensibilizada, passa a produzir rapidamente anticorpos anti-Rh; estes atravessam a placenta e entram na circulação do feto, destruindo suas hemácias, processo que continua a ocorrer no recém-nascido. **(Fig. 22.18)**

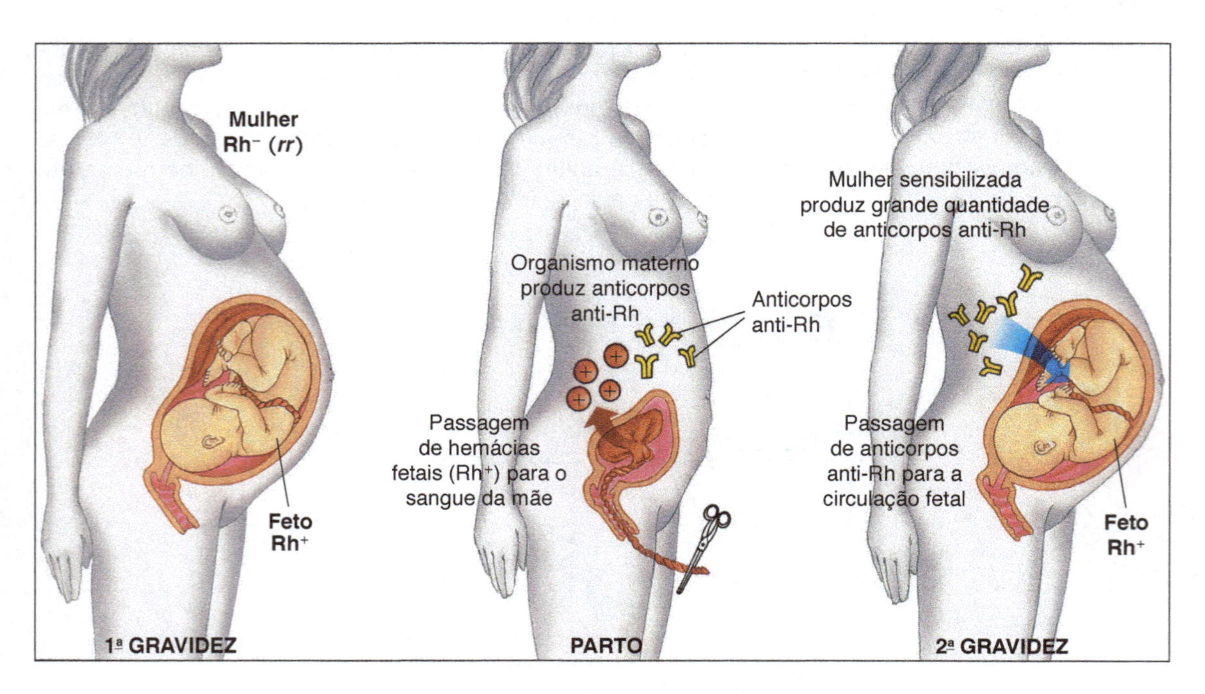

Figura 22.18 Representação esquemática do processo da sensibilização de uma mulher Rh^- quando a criança gerada é Rh^+.

A destruição das hemácias fetais pelos anticorpos maternos causa anemia e icterícia (pele amarelada) no recém-nascido.

Para compensar a diminuição de hemácias, o organismo fetal libera para a circulação hemácias imaturas, chamadas eritroblastos. Esses sintomas caracterizam a **eritroblastose fetal**, ou **doença hemolítica do recém-nascido (DHRN)**. O substantivo "hemólise", do qual deriva o adjetivo "hemolítica", vem do grego *haima*, sangue, e *lysis*, destruição, referindo-se à destruição das hemácias.

Atualmente, graças aos conhecimentos sobre o sistema Rh de grupos sanguíneos, é possível evitar a eritroblastose fetal. Uma mulher Rh^- que vai dar à luz uma criança Rh^+ recebe, no pós-parto, uma injeção intravenosa de anticorpos anti-Rh. Estes se combinam com as hemácias Rh^+, evitando que elas sensibilizem a mulher. **(Fig. 22.19)**

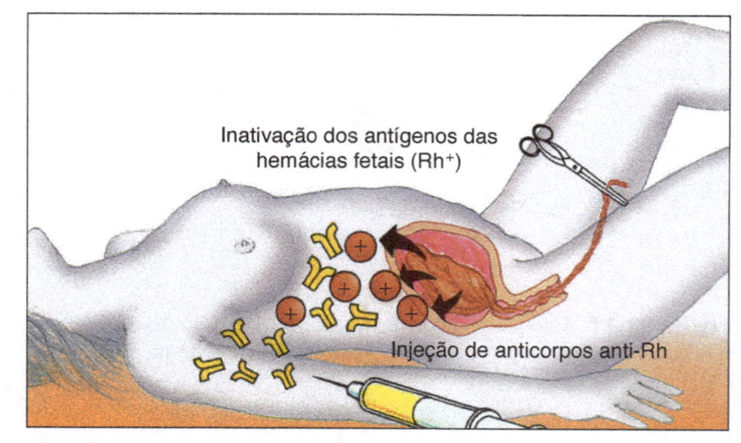

Figura 22.19 Representação esquemática do tratamento pós-parto realizado para evitar a sensibilização de uma mulher Rh^- que deu à luz um primeiro filho Rh^+.

ILUSTRAÇÕES: PAULO MANZI

Agora você pode resolver as atividades de 19 a 31, 43, 57 a 59 e 64 a 66.

Ciência e cidadania

Sistema ABO e transfusões de sangue

1 É importante conhecer nosso tipo sanguíneo e manter essa informação junto com os documentos pessoais. Embora os laboratórios hospitalares realizem exames para determinar qual é o tipo sanguíneo da pessoa, se ela precisar receber uma transfusão, ter essa informação ao alcance pode ser essencial em casos de emergência.

2 Um dos mais conhecidos sistemas de grupos sanguíneos é o sistema AB0. Para determinar o tipo sanguíneo de uma pessoa quanto a esse sistema misturam-se duas gotas de sangue com duas soluções diferentes, uma delas contendo aglutinina anti-A e a outra aglutinina anti-B. Se ocorrer aglutinação do sangue apenas com a solução anti-A, a pessoa é do grupo A; se o sangue se aglutinar apenas com a solução anti-B, ela é do grupo B; se o sangue se aglutinar em ambas as soluções, a pessoa pertence ao grupo AB; se não houver aglutinação do sangue em nenhuma das soluções, a pessoa pertence ao grupo 0 (zero, mais conhecido como O).

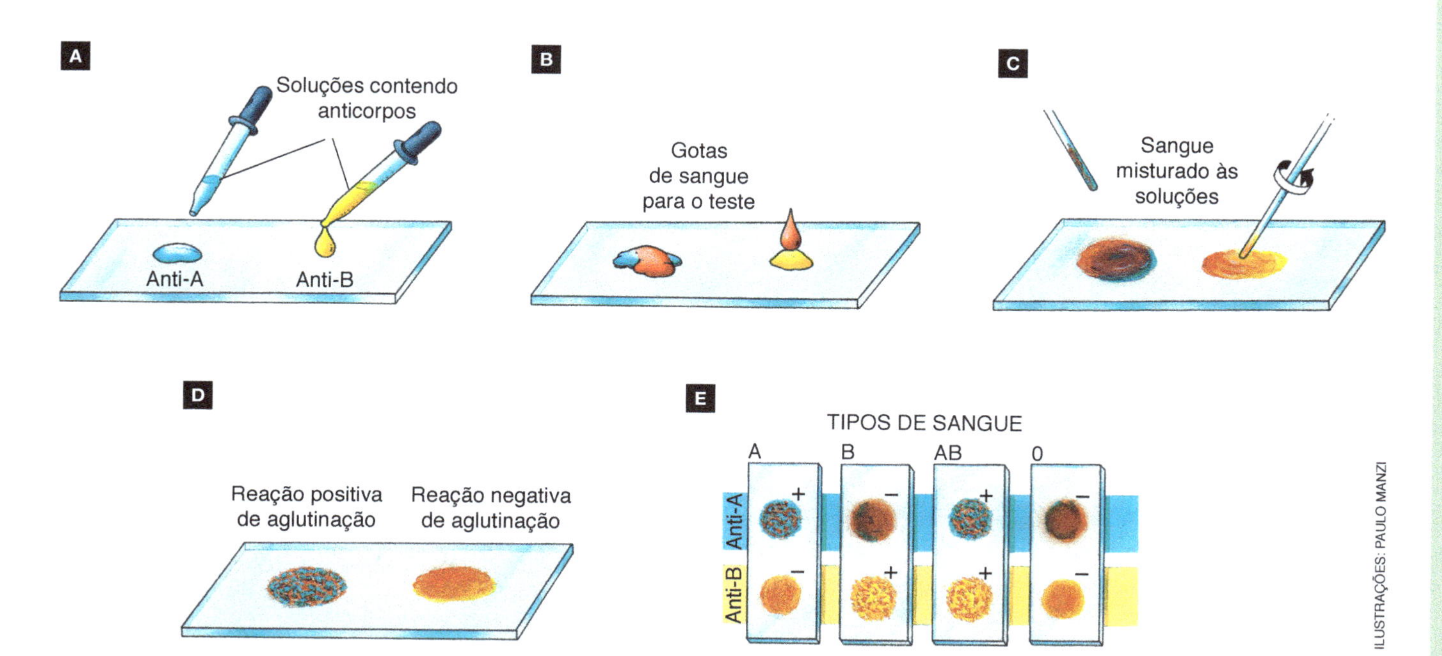

Representação esquemática da técnica empregada na determinação do grupo sanguíneo do sistema AB0.

3 Pessoas que têm apenas o aglutinogênio A na membrana das hemácias pertencem ao tipo A e desenvolvem naturalmente no plasma a aglutinina anti-B, presente mesmo sem que a pessoa tenha recebido previamente sangue do tipo B. Por sua vez, pessoas que têm apenas o aglutinogênio B na membrana das hemácias pertencem ao tipo B e desenvolvem no plasma a aglutinina anti-A.

4 A pessoa com determinada aglutinina no plasma não pode receber, em uma transfusão, sangue cujas hemácias tenham o aglutinogênio correspondente. Se isso ocorrer, as hemácias recebidas serão imediatamente atacadas pelas aglutininas, com a formação de grumos de hemácias aglutinadas. Portanto, pessoas do grupo sanguíneo A, que têm aglutinina anti-B no plasma, não podem receber sangue do tipo B nem do tipo AB, que contêm aglutinogênio B nas hemácias. Da mesma forma, pessoas do grupo sanguíneo B, que têm aglutinina anti-A no plasma, não podem receber sangue do tipo A nem do tipo AB, pois ambos contêm aglutinogênio A nas hemácias.

5 Pessoas do grupo sanguíneo AB, por não apresentar aglutininas no plasma, em princípio poderiam receber qualquer tipo de sangue (A, B, AB ou 0), sendo por isso chamadas **receptores universais** quanto ao sistema AB0. Por outro lado, pessoas do grupo sanguíneo 0, por apresentar os dois tipos de aglutinina no plasma, só podem receber transfusões de sangue de mesmo grupo sanguíneo.

Como as hemácias de pessoas do grupo 0 não apresentam nenhum dos dois aglutinogênios, nem A nem B, em princípio elas podem doar sangue para pessoas de qualquer outro grupo do sistema AB0, sendo por isso chamadas **doadores universais**.

Transfusão sanguínea no sistema AB0		
Grupo sanguíneo da pessoa	Recebe de	Doa para
A	A e 0	A e AB
B	B e 0	B e AB
AB	A, B, AB e 0	AB
0	0	A, B, AB e 0

6 É importante considerar que as hemácias do sangue doado entram imediatamente em contato com o plasma sanguíneo do receptor. Se nele houver aglutininas correspondentes aos aglutinogênios das hemácias que entram, estas serão imediatamente aglutinadas. Por exemplo, se hemácias presentes em um sangue do tipo A, portadoras de aglutinogênio A, forem doadas a uma pessoa de tipo sanguíneo B, serão imediatamente aglutinadas pela aglutinina anti-A do receptor.

7 Uma pergunta que nos fazemos é se as aglutininas eventualmente presentes no plasma do sangue doado também têm efeito relevante na transfusão. Considerando-se que a quantidade de sangue doada geralmente é bem menor que a do sangue da pessoa que o recebe (cerca de meio litro ou pouco mais para 5 ou 6 litros de sangue total), concluiríamos que esse efeito é menos relevante, principalmente para transfusões de pequena quantidade. Isso porque as aglutininas do plasma doador diluem-se no plasma do receptor, causando pouca ou nenhuma aglutinação de suas hemácias. Na prática, o que é mais importante na transfusão são as aglutininas do plasma do receptor e os aglutinogênios das hemácias do doador.

8 Apesar de essas transfusões entre grupos serem possíveis em uma emergência, nos bancos de sangue dá-se preferência a transfusões entre pessoas com o mesmo tipo sanguíneo, considerando-se também a compatibilidade quanto ao sistema Rh. Por essa razão, a doação voluntária de sangue é tão importante. A manutenção de um banco de sangue é um ato de cidadania que contribui para salvar vidas.

GUIA DE LEITURA

O capacete de pilotos de esportes perigosos como motociclismo, automobilismo, esqui etc. geralmente traz a inscrição do tipo sanguíneo do piloto. A ideia é que, no caso de um acidente, a equipe médica disponha imediatamente da informação sobre o tipo de sangue da vítima, sem precisar fazer testes. Isso agiliza o atendimento no caso de o acidentado necessitar de transfusão sanguínea. Por esse mesmo motivo, é interessante a ideia de ter, junto a nossos documentos, a informação sobre nosso tipo sanguíneo. No texto apresentamos as características imunológicas, isto é, da relação entre antígenos e anticorpos em um dos principais grupos sanguíneos humanos: o sistema AB0 (leia-se ABzero). As perguntas do Guia de Leitura vão ajudá-lo a conhecer melhor essas características e compreender os princípios imunológicos das transfusões de sangue.

1. Leia o primeiro parágrafo. Ele menciona a importância de manter junto com nossos documentos o tipo sanguíneo a que pertencemos, para o caso de uma emergência. Comente algo que você conhece sobre o assunto.
2. Leia o segundo parágrafo, que mostra a técnica de identificação do tipo sanguíneo quanto ao sistema AB0, observando a figura. Certifique-se de ter compreendido o princípio da técnica que identifica o tipo de aglutinogênio presente nas hemácias da pessoa testada. Elabore uma tabela que relacione os quatro fenótipos de grupo sanguíneo – A, B, AB e 0 – aos seguintes aspectos: **a)** genótipos possíveis para cada tipo (preencha após reler *Genética do sistema AB0*); **b)** tipo(s) de aglutinogênio nas hemácias. Deixe ainda uma terceira linha ou coluna a ser preenchida com o(s) tipo(s) de aglutinina presente(s) no plasma. Faça isso quando solicitado, a seguir.
3. Leia atentamente o terceiro parágrafo, que se refere à presença ou ausência de aglutininas no plasma. Note que o texto não explica as aglutininas nos casos dos tipos AB e 0. Siga o mesmo raciocínio e identifique as aglutininas encontradas nesses tipos de sangue. Em seguida, complete a tabela iniciada na questão anterior.
4. Leia o quarto parágrafo, que apresenta um importante aspecto de compatibilidade nas transfusões quanto ao sistema AB0. Responda: em uma transfusão, o que é mais importante considerar no sangue doado: os aglutinogênios das hemácias ou as aglutininas do plasma? Explique.
5. No quinto parágrafo e na tabela presente no texto são apresentados os conceitos de doador universal e de receptor universal. Certifique-se de ter compreendido a relação entre as aglutininas do receptor e os aglutinogênios do doador. Com base nesses dados, explique por que o tipo 0 é chamado doador universal e o tipo AB é chamado receptor universal.
6. Leia o sexto parágrafo que explica a dinâmica das transfusões tendo em vista as aglutininas e os aglutinogênios. Esse parágrafo acrescentou algo ao que você já sabia? Resuma as ideias essenciais do parágrafo.
7. No sétimo parágrafo discute-se por que é menos importante levar em conta, nas transfusões, as aglutininas do plasma doador. Explique por quê.
8. No oitavo e último parágrafo menciona-se o procedimento habitual nas transfusões de sangue. Qual é ele e qual sua vantagem?

Capítulo 22

Mapa de conceitos

Fundamentos da Genética

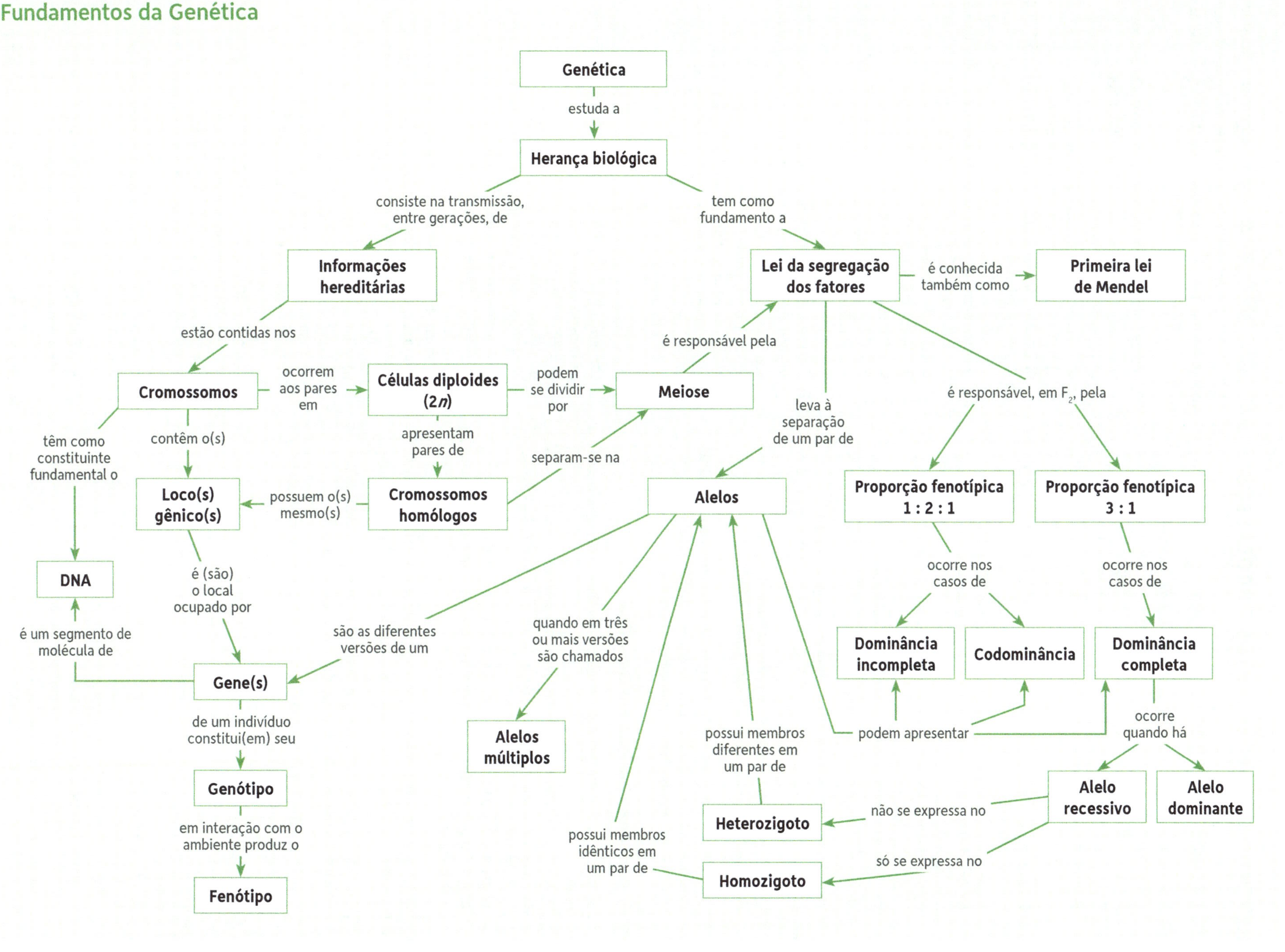

ATIVIDADES

REVENDO CONCEITOS, FATOS E PROCESSOS

22.1 Mendel e as origens da Genética

1. No cruzamento de dois indivíduos híbridos *Aa*, espera-se obter
- a) apenas indivíduos *Aa*.
- b) indivíduos *AA* e *aa*, na proporção de 3 : 1, respectivamente.
- c) indivíduos *AA* e *aa*, na proporção de 1 : 1, respectivamente.
- d) indivíduos *AA*, *Aa* e *aa*, na proporção de 1 : 2 : 1, respectivamente.

2. O cruzamento de dois indivíduos híbridos produzirá descendência constituída por
- a) 100% de indivíduos com a característica dominante.
- b) 75% de indivíduos com a característica dominante e 25% com a característica recessiva.
- c) 50% de indivíduos com a característica dominante e 50% com a característica recessiva.
- d) 25% de indivíduos com a característica dominante, 25% com a característica recessiva e 50% com características intermediáras.

Utilize as alternativas a seguir para responder às questões 3 e 4.

a) 1 : 1. b) 3 : 1. c) 1 : 2 : 1. d) 1 : 1 : 1 : 1.

3. Qual é a proporção de tipos de gametas formados por um indivíduo híbrido quanto a determinada característica?

4. Qual é a proporção de indivíduo com características dominantes e recessivas originada do cruzamento de indivíduos híbridos, em que um dos fatores é dominante sobre o outro?

22.2 Conceitos básicos em Genética

5. Sobre a relação entre genótipo, fenótipo e ambiente é correto dizer que o
- a) fenótipo é determinado exclusivamente pelo genótipo.
- b) fenótipo é determinado pelo genótipo em interação com o ambiente.
- c) genótipo é determinado exclusivamente pelo fenótipo.
- d) genótipo é determinado pelo fenótipo em interação com o ambiente.

Considere as alternativas a seguir para responder às questões de 6 a 8.

a) Diploide. b) Haploide. c) Heterozigótico. d) Homozigótico.

6. Qual dos termos caracteriza um indivíduo originado pela união de gametas portadores de alelos diferentes de um gene?

7. Considerando-se um único par de alelos, qual nome se dá ao indivíduo que forma apenas um tipo de gameta?

8. Considerando-se um único par de alelos, qual nome que se dá ao indivíduo que forma dois tipos de gameta?

9. Um gene com dois alelos, entre os quais não ocorre dominância, determina
- a) três fenótipos, cada um correspondente a um genótipo.
- b) dois fenótipos, um correspondente aos genótipos homozigótico dominante e heterozigótico, e outro correspondente ao genótipo homozigótico recessivo.
- c) dois fenótipos, um correspondente aos genótipos homozigótico recessivo e heterozigótico, e outro correspondente ao genótipo homozigótico dominante.
- d) apenas um fenótipo, correspondente aos três genótipos.

Considere a informação a seguir para responder às questões de 10 a 13.

A relação de dominância entre os alelos múltiplos de um dos genes que condicionam a cor da pelagem de coelhos é: C (aguti) > c^{ch} (chinchila) > c^{h} (himalaia) > c (albino).

10. O cruzamento de coelhos agutis homozigóticos com coelhos albinos produzirá descendência constituída por
- a) 100% de coelhos agutis.
- b) 75% de coelhos agutis e 25% de albinos.
- c) 50% de coelhos agutis, 50% de albinos.
- d) 25% de coelhos agutis, 25% de chinchilas, 25% de himalaias e 25% de albinos.

11. O cruzamento de coelhos agutis, filhos de mães albinas, com coelhos albinos produzirá descendência constituída por
- a) 100% de coelhos agutis.
- b) 75% de coelhos agutis e 25% de albinos.
- c) 50% de coelhos agutis, 50% de albinos.
- d) 25% de coelhos agutis, 25% de chinchilas, 25% de himalaias e 25% de albinos.

12. O cruzamento de coelhos himalaias, filhos de mães albinas, com coelhos chinchilas, filhos de mães himalaias, produzirá descendência constituída por
- a) 100% de coelhos chinchilas.
- b) 50% de coelhos chinchilas e 50% de himalaias.
- c) 50% de coelhos chinchilas, 25% de himalaias e 25% de albinos.
- d) 25% de coelhos agutis, 25% de chinchilas, 25% de himalaias e 25% de albinos.

13. O cruzamento de coelhos himalaias, filhos de mães albinas, com coelhos chinchilas, filhos de mães albinas, produzirá descendência constituída por
- a) 100% de coelhos chinchilas.
- b) 50% de coelhos chinchilas e 50% de himalaias.
- c) 50% de coelhos chinchilas, 25% de himalaias e 25% de albinos.
- d) 25% de coelhos agutis, 25% de chinchilas, 25% de himalaias e 25% de albinos.

14. Quando se deseja determinar o genótipo de um indivíduo portador de uma característica condicionada por um alelo dominante, realiza-se o cruzamento-teste, que consiste em cruzá-lo com um indivíduo
- a) igual a ele, ou seja, de fenótipo dominante.
- b) heterozigótico, de fenótipo recessivo.
- c) homozigótico, de fenótipo dominante.
- d) homozigótico, de fenótipo recessivo.

Considere as alternativas a seguir para responder às questões 15 e 16.

- a) 100% de indivíduos com fenótipo dominante.
- b) 100% de indivíduos com fenótipo recessivo.
- c) 75% de indivíduos com fenótipo dominante e 25% com fenótipo recessivo.
- d) 50% de indivíduos com fenótipo dominante e 50% com fenótipo recessivo.

15. Se o indivíduo com fenótipo dominante for homozigótico, qual será o resultado do cruzamento-teste?

16. Se o indivíduo com fenótipo dominante for heterozigótico, qual será o resultado do cruzamento-teste?

Considere as alternativas a seguir para responder às questões 17 e 18.

a) Duas células, cada uma com os dois alelos: *A* e *a*.
b) Duas células, uma com o alelo *A* e a outra com alelo *a*.
c) Quatro células, cada uma com os dois alelos: *A* e *a*.
d) Quatro células, duas com o alelo *A* e duas com o alelo *a*.

17. Quais são os produtos da meiose de uma célula heterozigótica *Aa*?

18. Quais são os produtos da mitose de uma célula heterozigótica *Aa*?

22.3 Herança de grupos sanguíneos na espécie humana

Considere as alternativas a seguir para responder às questões de 19 a 22.

a) A.
b) B.
c) AB.
d) 0.

19. Qual é o grupo sanguíneo cujas hemácias não se aglutinam com nenhum dos dois tipos de soro, anti-A e anti-B?

20. Hemácias que se aglutinam tanto com soro anti-A como com anti-B pertencem a que grupo sanguíneo?

21. A que grupo sanguíneo pertencem as hemácias que se aglutinam com o soro anti-A, mas não com o soro anti-B?

22. A que grupo sanguíneo pertencem as hemácias que se aglutinam com o soro anti-B, mas não com o soro anti-A?

Considere as alternativas a seguir para responder às questões de 23 a 26.

a) Pode receber de A, B, AB e 0, e doar apenas para AB.
b) Pode receber de A e 0, e doar para A e AB.
c) Pode receber de B e 0, e doar para B e AB.
d) Pode receber apenas de 0, e doar para A, B, AB e 0.

23. Desconsiderando o fator Rh, uma pessoa do grupo sanguíneo B pode receber hemácias de pessoas de que grupos e doar para pessoas de que grupos?

24. Desconsiderando o fator Rh, uma pessoa do grupo sanguíneo AB pode receber hemácias de pessoas de que grupos e doar para pessoas de que grupos?

25. Desconsiderando o fator Rh, uma pessoa do grupo sanguíneo 0 pode receber hemácias de pessoas de que grupos e doar para pessoas de que grupos?

26. Desconsiderando o fator Rh, uma pessoa do grupo sanguíneo A pode receber hemácias de pessoas de que grupos e doar para pessoas de que grupos?

27. Qual das alternativas melhor expressa a relação de dominância entre os alelos que condicionam os grupos sanguíneos A, B, AB e 0?

a) $I^A > I^B > i$.
b) $I^A > I^B = i$.
c) $I^A = I^B > i$.
d) $I^A = I^B = i$.

28. Duas pessoas, uma do grupo sanguíneo AB e outra do grupo 0, podem ter apenas filhos de sangue tipo

a) AB.
b) 0.
c) A e B.
d) A, B e 0.

29. Duas pessoas do grupo sanguíneo AB podem ter apenas filhos de sangue tipo

a) AB.
b) 0.
c) A e B.
d) A, B e AB.

30. Duas pessoas, uma do grupo A e outra do grupo B, ambas com pais do grupo 0, podem ter filhos de sangue tipo

a) AB, apenas.
b) A e B, apenas.
c) A, B e 0, apenas.
d) A, B, AB e 0.

31. Considere as seguintes situações:

I. Mãe Rh positiva e pai Rh negativo.
II. Mãe Rh negativa e pai Rh positivo.
III. Mãe e pai Rh positivos.
IV. Mãe e pai Rh negativos.

Pode acontecer eritroblastose fetal apenas

a) na situação I.
b) na situação II.
c) nas situações I e III.
d) nas situações II e IV.

QUESTÕES PARA EXERCITAR O PENSAMENTO

32. Um macho da mosca drosófila de asa longa, ao ser cruzado com uma fêmea de asa também longa, produziu apenas descendentes de asas longas. O mesmo macho, ao ser cruzado com outra fêmea de asa longa, produziu 75% de descendentes de asas longas e 25% de asas curtas. Quais são os prováveis genótipos do macho e das duas fêmeas?

33. Sabendo-se que o caráter asa longa é dominante sobre o caráter asa vestigial, qual é o procedimento correto para determinarmos se uma mosca de asa longa é homozigótica ou heterozigótica quanto ao par de alelos que condiciona esse caráter?

34. Analise a árvore genealógica abaixo, em que os indivíduos masculinos são representados por quadrados e os femininos por círculos. Os indivíduos coloridos são homozigóticos recessivos.

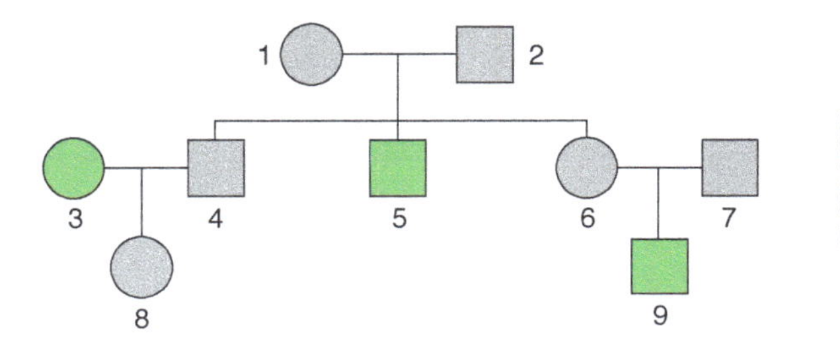

Quais indivíduos são, com certeza, heterozigóticos?

35. Com relação ainda à árvore genealógica da questão anterior, responda: qual é a probabilidade de o indivíduo 4 ser heterozigótico?

36. Com referência ainda à árvore da questão de número 34, qual é a probabilidade de que um filho do casal 3 × 4 venha a ser homozigótico recessivo?

Para os exercícios 37 e 38, considere a árvore genealógica de uma família de cães, abaixo. Nela, os indivíduos com determinada característica hereditária estão assinalados em cor.

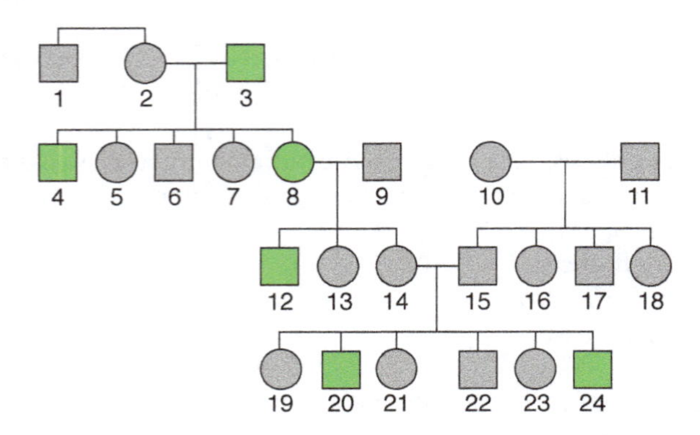

37. Qual é a probabilidade de o indivíduo 19 ser heterozigótico?

38. Qual é a probabilidade de um cão gerado do cruzamento entre os indivíduos 15 × 21 ser homozigótico recessivo?

39. Na raça de gado *Shorthorn*, encontramos indivíduos com pelagem vermelha, indivíduos com pelagem branca e indivíduos com pelagem ruã (uma mistura de vermelho e branco). Cruzamentos entre indivíduos tipo ruão produzem prole na qual $\frac{1}{4}$ dos indivíduos apresentam pelagem vermelha, $\frac{1}{4}$ apresentam pelagem branca e $\frac{1}{2}$ apresentam pelagem ruã.

a) Determine a relação de dominância entre os caracteres em questão.

b) Os resultados estão de acordo com o esperado pela primeira lei de Mendel? Justifique.

40. Em uma manada de gado *Shorthorn*, de pelagem tipo ruã, existem seiscentas vacas prenhes.

a) Que tipos de coloração de pelagem esperamos encontrar entre os bezerros que virão a nascer?

b) Qual é a quantidade esperada de bezerros de cada tipo?

41. Em rabanetes, a forma da raiz pode ser arredondada, ovalada ou alongada. Cruzamentos entre plantas de raiz alongada e plantas de raiz arredondada produziram apenas indivíduos com raiz ovalada. Em cruzamentos desses indivíduos entre si foram obtidos 400 descendentes, dos quais 100 apresentaram raízes alongadas, 195 apresentaram raízes ovaladas e 105 apresentaram raízes arredondadas.

a) Determine a relação de dominância entre os caracteres em questão.

b) Determine a proporção entre os diferentes fenótipos e genótipos da geração F_2.

c) Os resultados obtidos estão de acordo com as leis mendelianas da herança? Explique.

d) Se cruzássemos plantas de raízes ovaladas com plantas de raízes arredondadas, qual seria a proporção fenotípica esperada na descendência?

ILUSTRAÇÕES: ADILSON SECCO

42. Em certa espécie de cobaias, uma série de alelos múltiplos controla o pigmento dos pelos. O alelo G^m produz pelo marrom-escuro, o alelo g^c produz pelo castanho-claro e o alelo g^b produz pelo branco. A relação de dominância entre os três alelos dessa série é $G^m > g^c > g^b$.

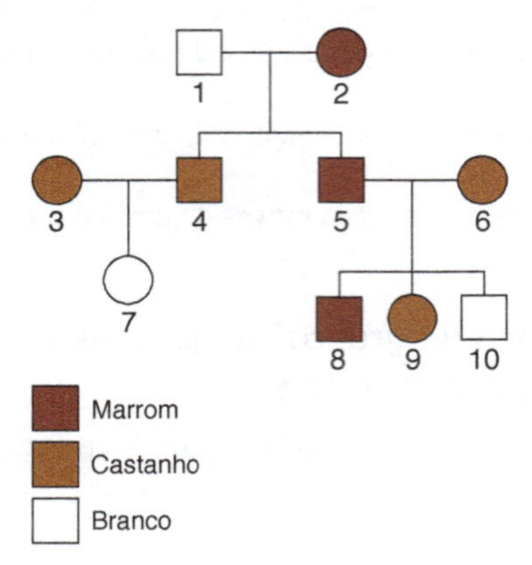

Dada a árvore genealógica mostrada, determine:

a) os genótipos de todos os indivíduos.

b) a probabilidade de 7 × 8, ao se cruzar, produzirem um animal branco.

c) se o indivíduo 7 for cruzado com o 5 e produzirem 12 descendentes, quantos se espera que sejam marrom-escuros heterozigóticos?

43. A árvore genealógica a seguir mostra os tipos sanguíneos dos indivíduos de uma família.

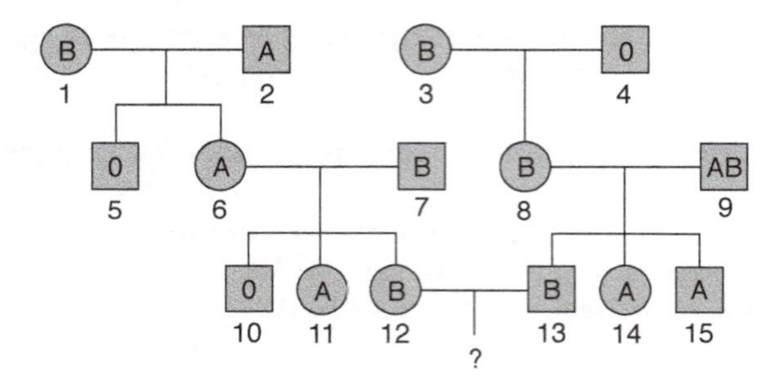

Com base nessas informações:

a) Determine os genótipos dos diversos indivíduos.

b) Calcule a probabilidade de um descendente de 12 × 13 ser do sangue tipo 0.

A BIOLOGIA NO VESTIBULAR

QUESTÕES OBJETIVAS

44. (FGV-SP) Na Genética, uma expressão bastante conhecida diz que fenótipo é o genótipo mais o ambiente. Essa expressão significa que

a) o ambiente altera o genótipo do indivíduo, visando à sua adaptação.

b) o genótipo do indivíduo é o resultado da ação do ambiente sobre seu fenótipo.

c) o fenótipo do indivíduo é o resultado da expressão de seu genótipo em um dado ambiente.

d) o genótipo do indivíduo pode variar como resultado da expressão de seu fenótipo em diferentes ambientes.

e) o fenótipo do indivíduo é invariável e resulta da expressão de seu genótipo, qualquer que seja o ambiente.

45. (UFMG) O mal de Huntington é uma doença autossômica dominante caracterizada por deterioração mental progressiva, convulsões e morte. Os indivíduos afetados são heterozigotos.
Analise este gráfico, em que se mostra o percentual de indivíduos doentes entre aqueles que possuem genótipo favorável:

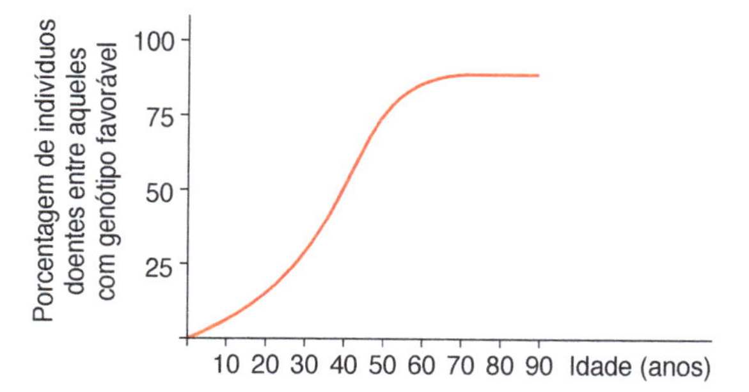

Com base nas informações desse gráfico e em outros conhecimentos sobre o assunto, é INCORRETO afirmar que

a) em torno dos 65 anos, cerca de 85% dos indivíduos heterozigotos já manifestaram a doença.
b) antes de atingirem a idade de 15 anos, indivíduos portadores do alelo mutante podem expressar a doença.
c) aos 30 anos, aproximadamente 75% dos indivíduos *Aa* se apresentam sem os sinais clínicos da doença.
d) aos 40 anos, filhos de casais *Aa* × *aa* têm 50% de probabilidade de manifestar a doença.

(*Nota dos autores*: Autossômico indica que o par de alelos responsáveis pela característica não se encontra nos cromossomos sexuais.)

46. (UFPR) Na genealogia a seguir, os indivíduos assinalados com preto apresentam uma anomalia determinada por um gene dominante:

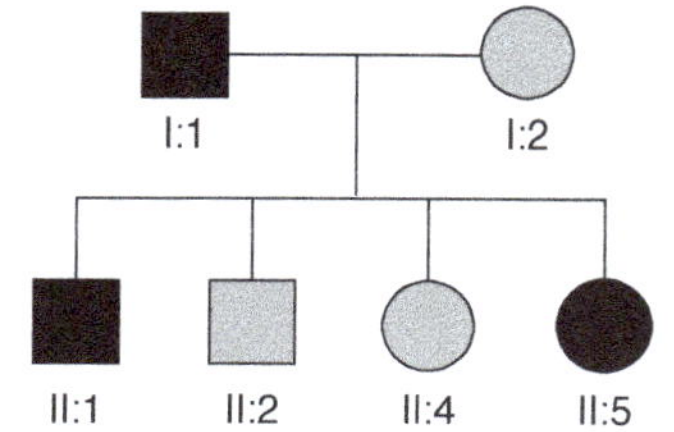

Analisando essa genealogia, é correto afirmar:

a) Todos os indivíduos afetados são homozigotos.
b) Todos os indivíduos não afetados são heterozigotos.
c) Apenas o indivíduo I:1 é heterozigoto.
d) Apenas os indivíduos I:1; II:1 e II:5 são heterozigotos.
e) Apenas os indivíduos I:1 e I:2 são homozigotos.

47. (UFRGS-RS) João e Maria estão pensando em ter um filho. João tem um irmão albino e uma irmã com pigmentação normal. Seus pais não são albinos, porém João tem uma tia paterna albina e um primo, por parte de mãe, com a mesma característica. Já Maria tem um avô materno e uma irmã albinos e um irmão com pigmentação normal. Os pais de Maria também têm pigmentação normal. Que informações permitem avaliar com maior precisão as chances de João e Maria terem um filho albino?

a) O fenótipo da irmã de João e o genótipo do avô de Maria.
b) O genótipo da tia de João e o genótipo do irmão de Maria.
c) O fenótipo do irmão de João e o fenótipo da irmã de Maria.
d) O genótipo do primo de João e o fenótipo da mãe de Maria.
e) O fenótipo do pai de João e o genótipo do pai de Maria.

48. (UFPI) O heredograma adiante representa a herança de um fenótipo anormal na espécie humana. Analise-o e assinale a alternativa correta:

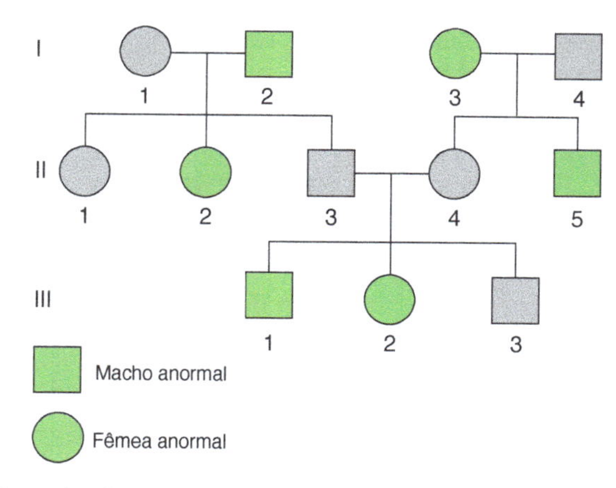

a) Os indivíduos II-3 e II-4 são homozigotos, pois dão origem a indivíduos anormais.
b) O fenótipo anormal é recessivo, pois os indivíduos II-3 e II-4 tiveram crianças anormais.
c) Os indivíduos III-1 e III-2 são heterozigotos, pois são afetados pelo fenótipo anormal.
d) Todos os indivíduos afetados são heterozigotos, pois a característica é dominante.
e) Os indivíduos I-1 e I-4 são homozigotos.

49. (Unifesp) Em um cruzamento de um indivíduo *AA* com outro *aa*, considerando que o alelo *A* é dominante sobre *a*, a proporção fenotípica observada em F_2 significa exatamente que

a) 25% da prole expressam o fenótipo determinado pelo alelo dominante e 75% não o expressam.
b) em 25% da prole, o fenótipo recessivo é mascarado pelo fenótipo dominante.
c) 75% da prole expressam o fenótipo determinado pelo alelo *A* e 25% não o expressam.
d) em 50% da prole, o fenótipo dominante é mascarado pelo fenótipo recessivo.
e) 50% da prole possuem um único tipo de alelo e 50% possuem outro tipo de alelo.

50. (PUC-Campinas-SP) As plantas de amendoim podem apresentar folhas com pecíolo normal ou curto, característica determinada por um gene, com dois alelos. Para determinar qual alelo é dominante, foi feito um cruzamento entre duas linhagens puras, uma com pecíolo normal e outra com pecíolo curto.
Espera-se encontrar, em F_2, plantas com pecíolo normal e com pecíolo curto, respectivamente, na proporção de

a) 1 : 1, se os alelos forem codominantes.
b) 1 : 2 : 1, se o alelo para pecíolo curto for recessivo.
c) 2 : 1, se o alelo para pecíolo normal for recessivo.
d) 3 : 1, se o alelo para pecíolo curto for dominante.
e) 3 : 1, se o alelo para pecíolo normal for dominante.

51. (Fuvest-SP) Em plantas de ervilha ocorre, normalmente, autofecundação. Para estudar os mecanismos de herança, Mendel fez fecundações cruzadas, removendo as anteras da flor de uma planta homozigótica de alta estatura e colocando, sobre seu estigma, pólen recolhido da flor de uma planta homozigótica de baixa estatura. Com esse procedimento, o pesquisador

a) impediu o amadurecimento dos gametas femininos.
b) trouxe gametas femininos com alelos para baixa estatura.
c) trouxe gametas masculinos com alelos para baixa estatura.
d) promoveu o encontro de gametas com os mesmos alelos para estatura.
e) impediu o encontro de gametas com alelos diferentes para estatura.

ILUSTRAÇÕES: ADILSON SECCO

52. (Unesp) Considerando-se que a cor da pelagem de cobaias é determinada por um par de alelos, que pode apresentar dominância ou recessividade, foram realizados cruzamentos entre esses animais, conforme a tabela:

	Cruzamentos	nº de descendentes em uma ninhada	
	♂ × ♀	negros	brancos
I	branco × branco	0	7
II	branco × negro	5	4
III	negro × negro	8	0
IV	branco × branco	2	7
V	negro × branco	0	8

A análise da tabela permite concluir que
a) no cruzamento I, os pais são heterozigotos.
b) no cruzamento II, são observados dois fenótipos e três genótipos entre os descendentes.
c) no cruzamento III, os genótipos dos pais podem ser diferentes.
d) no cruzamento IV, os pais são heterozigotos.
e) no cruzamento V, podem ocorrer três genótipos diferentes entre os descendentes.

53. (Uerj) Em determinado tipo de camundongo, a pelagem branca é condicionada pela presença do gene *A*, letal em homozigose. Seu alelo recessivo *a* condiciona pelagem preta.
Para os filhotes vivos de um cruzamento de um casal de heterozigotos, esperam-se as seguintes proporções de camundongos de pelagem branca e preta, respectivamente:

a) $\frac{1}{2}$ e $\frac{1}{2}$ b) $\frac{1}{4}$ e $\frac{3}{4}$ c) $\frac{2}{3}$ e $\frac{1}{3}$ d) $\frac{3}{4}$ e $\frac{1}{4}$

54. (UFRGS-RS) Em Genética, o cruzamento-teste é utilizado para determinar
a) o número de genes responsável por uma característica.
b) o padrão de herança de uma característica.
c) a recessividade de uma característica.
d) o grau de penetrância de uma característica.
e) a homozigose ou a heterozigose de um gene dominante.

55. (Fuvest-SP) Numa espécie de planta, a cor das flores é determinada por um par de alelos. Plantas de flores vermelhas cruzadas com plantas de flores brancas produzem plantas de flores cor-de-rosa. Do cruzamento entre plantas de flores cor-de-rosa, resultam plantas com flores
a) das três cores, em igual proporção.
b) das três cores, prevalecendo as cor-de-rosa.
c) das três cores, prevalecendo as vermelhas.
d) somente cor-de-rosa.
e) somente vermelhas e brancas, em igual proporção.

56. (UFPR) Os seres vivos são acometidos por várias doenças, que podem ter diversas origens. A exostose múltipla é uma anomalia que se caracteriza por lesões nos ossos e ocorre tanto em seres humanos quanto em cavalos. Segundo os pesquisadores que a estudaram, é determinada por um gene autossômico dominante. Considere um macho afetado, filho de uma fêmea normal, que seja cruzado com uma fêmea também normal. A probabilidade de esse cruzamento produzir um descendente (macho ou fêmea) normal é de

a) 100%. b) 75%. c) 50%. d) 25%. e) 0%.

57. (UFSCar-SP) Em relação ao sistema sanguíneo ABO, um garoto, ao se submeter ao exame sorológico, revelou ausência de aglutininas. Seus pais apresentaram grupos sanguíneos diferentes e cada um apresentou apenas uma aglutinina. Os prováveis genótipos dos pais do menino são:

a) I^Bi — ii.
b) I^Ai — ii.
c) I^AI^B — I^Ai.
d) I^AI^B — I^AI^A.
e) I^Ai — I^Bi.

58. (UFJF-MG) Além do teste de DNA, há exames mais simples que podem ajudar a esclarecer dúvidas sobre paternidade. Por exemplo, o teste de tipagem sanguínea do sistema ABO permite determinar quem não pode ser o pai. Assinale a alternativa que apresenta uma situação em que esse exame assegura a exclusão da paternidade.
a) O filho é do tipo O, a mãe do tipo O e o suposto pai do tipo A.
b) O filho é do tipo AB, a mãe do tipo AB e o suposto pai do tipo O.
c) O filho é do tipo AB, a mãe do tipo A e o suposto pai do tipo B.
d) O filho é do tipo B, a mãe do tipo B e o suposto pai do tipo O.
e) O filho é do tipo A, a mãe do tipo A e o suposto pai do tipo B.

59. (UFSCar-SP) A transfusão de sangue tipo AB para uma pessoa com sangue tipo B
a) pode ser realizada sem problema, porque as hemácias AB não possuem antígenos que possam interagir com anticorpos anti-A presentes no sangue do receptor.
b) pode ser realizada sem problema, porque as hemácias AB não possuem antígenos que possam interagir com anticorpos anti-B presentes no sangue do receptor.
c) pode ser realizada sem problema, porque, apesar de as hemácias AB apresentarem antígeno A e antígeno B, o sangue do receptor não possui anticorpos contra eles.
d) não deve ser realizada, pois os anticorpos anti-B presentes no sangue do receptor podem reagir com os antígenos B presentes nas hemácias AB.
e) não deve ser realizada, pois os anticorpos anti-A presentes no sangue do receptor podem reagir com os antígenos A presentes nas hemácias AB.

QUESTÕES DISCURSIVAS

60. (UFRJ) Alguns centros de pesquisa na Inglaterra estão realizando um programa de triagem populacional para detectar a fibrose cística, uma doença autossômica recessiva grave particularmente comum em caucasianos.
Toda pessoa na qual o alelo recessivo é detectado recebe orientação a respeito dos riscos de vir a ter um descendente com a anomalia. Um inglês heterozigoto para essa característica é casado com uma mulher normal, filha de pais normais, mas cujo irmão morreu na infância, vítima de fibrose cística.
Calcule a probabilidade de que esse casal venha a ter uma criança com fibrose cística. Justifique sua resposta.

61. (Unicamp-SP) Gatos Manx são heterozigotos para uma mutação que resulta na ausência de cauda (ou cauda muito curta), presença de pernas traseiras grandes e um andar diferente dos outros. O cruzamento de dois gatos Manx produziu dois gatinhos Manx para cada gatinho normal de cauda longa (2 : 1), em vez de três para um (3 : 1), como seria esperado pela genética mendeliana.
a) Qual a explicação para esse resultado?
b) Dê os genótipos dos parentais e dos descendentes. (Utilize as letras *B* e *b* para as suas respostas).

62. (UFC-CE) Leia o texto a seguir.

> A Doença de Alzheimer (D.A.) [...] é uma afecção neurodegenerativa progressiva e irreversível, que acarreta perda de memória e diversos distúrbios cognitivos. Em geral, a D.A. de acometimento tardio, de incidência ao redor de 60 anos de idade, ocorre de forma esporádica, enquanto a D.A. de acometimento precoce, de incidência ao redor de 40 anos, mostra recorrência familiar. [...] Cerca de um terço dos casos de D.A. apresentam familiaridade e comportam-se de acordo com um padrão de herança monogênica autossômica dominante. Estes casos, em geral, são de acometimento precoce e famílias extensas têm sido periodicamente estudadas.
>
> • Smith, M.A.C. *Revista Brasileira de Psiquiatria*, 1999.

Considerando o texto e o histórico familiar a seguir, responda ao que se pede:

Histórico familiar:

"Um rapaz cujas duas irmãs mais velhas, o pai e a avó paterna manifestaram Doença de Alzheimer de acometimento precoce."

ADILSON SECCO

Legenda:

○ = indivíduo do sexo feminino

□ = indivíduo do sexo masculino

● = indivíduo afetado do sexo feminino

■ = indivíduo afetado do sexo masculino

I. Montar o heredograma para o histórico familiar apresentado.
II. Qual a probabilidade de o rapaz em questão também ser portador do gene responsável pela forma de acometimento precoce da doença?
III. Quais indivíduos do heredograma são seguramente heterozigotos para esse gene?
IV. Explicar o padrão de herança mencionado no texto.

63. (Unesp) Suponha que você tenha em seu jardim exemplares da mesma espécie de ervilha utilizada por Mendel em seus experimentos. Alguns desses exemplares produzem sementes lisas e outros, sementes rugosas. Sabendo que a característica "lisa" das sementes da ervilha é determinada por um alelo dominante *L*, portanto por genótipos *LL* ou *Ll* e, sabendo ainda, que as flores são hermafroditas e que sementes produzidas por autofecundação são viáveis,

a) planeje um cruzamento experimental entre flores de exemplares diferentes que lhe permita determinar se uma planta que produz sementes lisas é homozigota ou heterozigota para esse caráter.
b) No caso de ocorrer autofecundação em uma planta que produz sementes lisas e é heterozigota, qual seria a proporção esperada de descendentes com sementes rugosas?

64. (Unifesp) Um exemplo clássico de alelos múltiplos é o sistema de grupos sanguíneos humano, em que o alelo I^A, que codifica para o antígeno A, é codominante sobre o alelo I^B, que codifica para o antígeno B. Ambos os alelos são dominantes sobre o alelo *i*, que não codifica para qualquer antígeno. Dois tipos de soros, anti-A e anti-B, são necessários para a identificação dos quatro grupos sanguíneos: A, B, AB e O.

a) Complete o quadro a seguir com os genótipos e as reações antigênicas (represente com os sinais + e −) dos grupos sanguíneos indicados:

Grupos sanguíneos fenótipos	Reação com		Genótipos
	Anti-A	Anti-B	
AB			
O			

b) Embora 3 alelos distintos determinem os grupos sanguíneos ABO humanos, por que cada indivíduo é portador de somente dois alelos?

65. (Unicamp-SP) Os grupos sanguíneos humanos podem ser classificados em 4 tipos: A, AB, B e O, pelo sistema ABO e, de acordo com o sistema Rh, como Rh^+ e Rh^-.

a) Explique como o sangue de uma pessoa pode ser identificado em relação aos sistemas ABO e Rh.
b) Explique por que uma pessoa com sangue tipo O é doadora universal mas só pode receber sangue do tipo O, enquanto uma pessoa com sangue AB é receptora universal mas não pode doar para os outros tipos.

66. (Unicamp-SP) No início do século XX, o austríaco Karl Landsteiner, misturando o sangue de indivíduos diferentes, verificou que apenas algumas combinações eram compatíveis. Descobriu, assim, a existência do chamado sistema ABO em humanos. No quadro abaixo são mostrados os genótipos possíveis e os aglutinogênios correspondentes a cada tipo sanguíneo.

Tipo sanguíneo	Genótipo	Aglutinogênio
A	I^AI^A ou I^Ai	A
B	I^BI^B ou I^Bi	B
AB	I^AI^B	A e B
O	*ii*	Nenhum

a) Que tipo ou tipos sanguíneos poderiam ser utilizados em transfusão de sangue para indivíduos de sangue tipo A? Justifique.
b) Uma mulher com tipo sanguíneo A, casada com um homem com tipo sanguíneo B, tem um filho considerado doador de sangue universal. Qual a probabilidade de esse casal ter um(a) filho(a) com tipo sanguíneo AB? Justifique sua resposta.

ENEM

67. Em um experimento, preparou-se um conjunto de plantas por técnica de clonagem a partir de uma planta original que apresentava folhas verdes. Esse conjunto foi dividido em dois grupos, que foram tratados de maneira idêntica, com exceção das condições de iluminação, sendo um grupo exposto a ciclos de iluminação solar natural e outro mantido no escuro. Após alguns dias, observou-se que o grupo exposto à luz apresentava folhas verdes como a planta original e o grupo cultivado no escuro apresentava folhas amareladas. Ao final do experimento, os dois grupos de plantas apresentaram

a) os genótipos e os fenótipos idênticos.
b) os genótipos idênticos e os fenótipos diferentes.
c) diferenças nos genótipos e fenótipos.
d) o mesmo fenótipo e apenas dois genótipos diferentes.
e) o mesmo fenótipo e grande variedade de genótipos.

Mais questões: no livro digital, em **Vereda Digital Aprova Enem** e **Vereda Digital Suplemento de revisão e vestibulares**; no *site*, em **AprovaMax**.

CAPÍTULO

23 SEGREGAÇÃO INDEPENDENTE, LIGAÇÃO GÊNICA E HERANÇA RELACIONADA AO SEXO

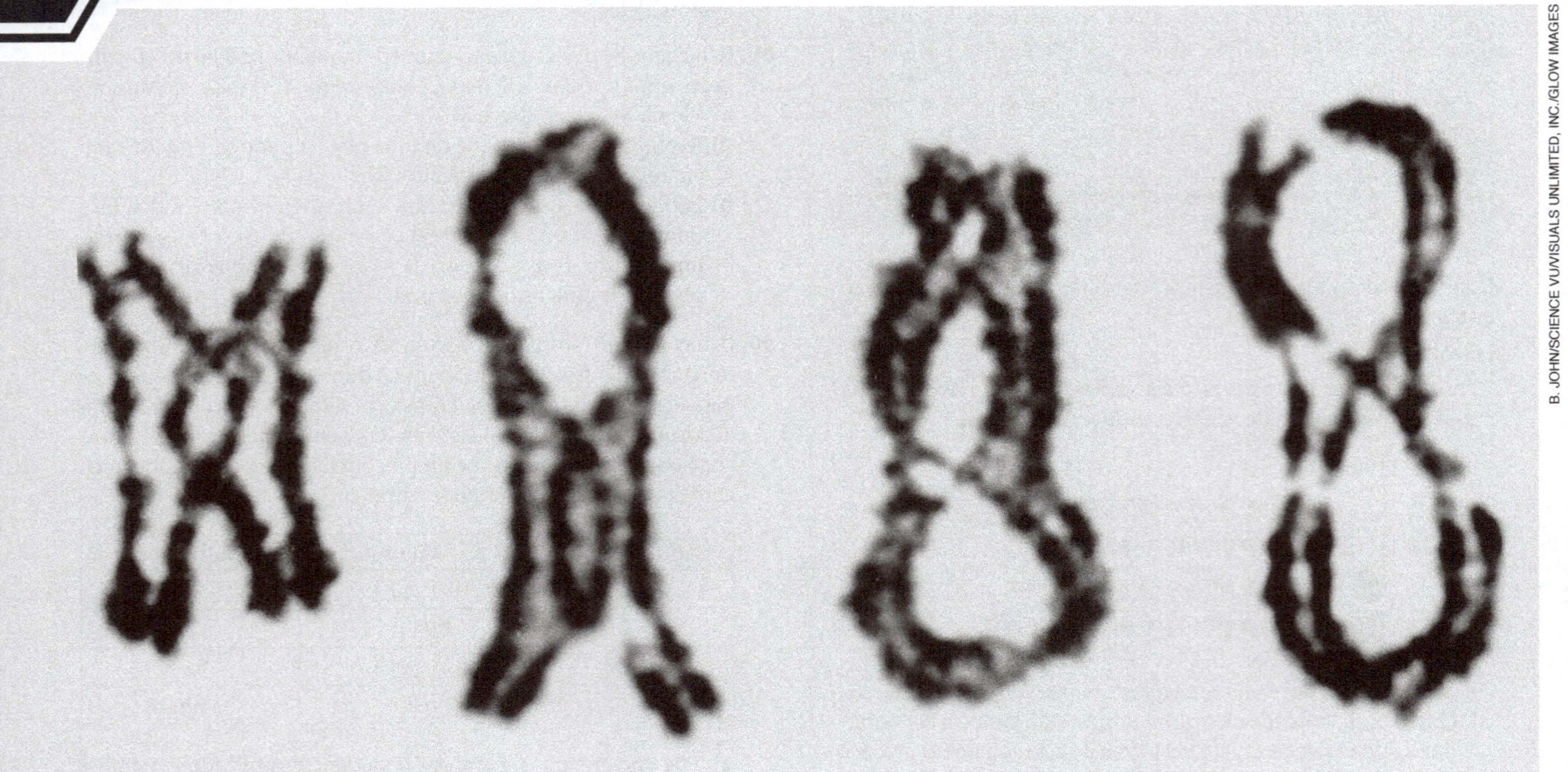

B. JOHN/SCIENCE VU/VISUALS UNLIMITED, INC./GLOW IMAGES

Fotomicrografia de quatro pares de cromossomos em prófase I da meiose. As trocas de pedaços entre cromossomos homólogos são visualizadas no microscópio fotônico como quiasmas, pontos de cruzamento entre as cromátides. (Microscópio fotônico; aumento $\simeq$ 9.900 $\times$; cores artificiais.)

ENEM
C1: H3
C4: H13, H15
C8: H29

De que trata este capítulo

Talvez algum professor de Ciências já lhe tenha proposto o seguinte desafio: descobrir o que há em uma caixa fechada, sugestivamente embrulhada em papel preto. Para isso você pode segurar a caixa, avaliar várias de suas características, como a massa, a textura, o cheiro e os ruídos produzidos. Da posse desses dados você levanta hipóteses sobre o conteúdo da caixa.

Essa analogia se aplica a aspectos do mundo natural que não podemos analisar diretamente com nossos sentidos. O monge e cientista Gregor Mendel, por exemplo, ao fazer cruzamentos de ervilhas, observou quais tipos de descendente surgiram e tentou entender o que se passava nas plantas genitoras. Usando um raciocínio matemático avançado para a Biologia da época, ele deduziu que as "caixas-pretas genitoras" continham fatores hereditários de natureza ainda desconhecida, que se separavam no processo de formação dos gametas.

Mais de 35 anos depois o citologista estadunidense Walter Sutton (1877-1916), estimulado pela redescoberta do trabalho de Mendel e munido de suas próprias observações microscópicas da meiose nos gafanhotos, abriu uma ampla e luminosa janela na caixa-preta em que o monge e cientista havia penetrado. Ao observar que os cromossomos homólogos se separam durante a formação dos gametas, o mesmo que ocorre com os fatores mendelianos, Sutton concluiu acertadamente que os fatores hereditários estavam localizados nos cromossomos. Essa ideia representou um formidável avanço na compreensão dos mecanismos genéticos, inaugurando a chamada teoria cromossômica da herança, desenvolvida nas primeiras décadas do século XX pelo grupo de cientistas liderado pelo geneticista estadunidense Thomas Hunt Morgan.

Ano após ano, novas descobertas e a formulação de novas teorias têm permitido aos cientistas entrar em muitas caixas-pretas e, no interior delas, deparar-se com novas caixas repletas de desafios à nossa compreensão. A história da Genética ilustra como a ciência permite solucionar problemas que não podemos visualizar diretamente, mas que podemos compreender e até prever com base no raciocínio lógico e em testes de hipóteses.

Neste capítulo continuaremos a estudar os princípios que regem a herança biológica e o caminho empreendido por várias gerações de cientistas. Estudaremos como Mendel, ao analisar duas ou mais características hereditárias simultaneamente, ampliou a compreensão sobre os princípios básicos da herança com a lei da segregação independente dos fatores hereditários. Isso será ilustrado em casos como a herança da cor da plumagem em periquitos e a pelagem de cães labradores. O capítulo trata também dos genes localizados no mesmo cromossomo, que não se segregam independentemente.

Finalmente, no último assunto, o estudo da Genética ganha um novo componente: o sexo. A combinação específica de cromossomos e genes é responsável pela determinação do sexo em muitas espécies. A relação entre genes e cromossomos fica mais clara ao apresentar algumas características humanas ligadas ao sexo, como a hemofilia e o daltonismo.

Ao estudar este capítulo, você acrescentará mais um tijolo na construção de sua compreensão da Genética. Exercite-se sempre e não deixe de demolir imediatamente qualquer dúvida que surja.

Objetivos

Objetivos gerais

- Conhecer os experimentos de Mendel que envolviam duas características simultaneamente e compreender a essência da segregação independente dos fatores e como ela se traduz nas proporções fenotípicas da descendência.
- Compreender alguns princípios teóricos que explicam a hereditariedade e as variações genéticas e utilizar esses conhecimentos para entender situações reais.

Objetivos didáticos

- Aplicar conhecimentos sobre segregação independente e probabilidades na resolução de problemas de Genética.
- Representar a segregação independente de genes localizados em cromossomos diferentes por meio de esquemas ou de modelos do processo meiótico.
- Conceituar interação gênica e compreender como ela determina a forma da crista em galináceos e a cor da pelagem em cães labradores, entre outros exemplos.
- Compreender por que genes localizados no mesmo cromossomo não se segregam independentemente e explicar esse fato por meio de esquemas e de modelos da meiose.
- Compreender por que as frequências de recombinação entre genes ligados permitem estimar sua distância relativa e elaborar mapas gênicos.
- Conceituar cromossomo sexual e conhecer os principais sistemas de determinação cromossômica do sexo, com destaque para o sistema XY dos mamíferos.
- Compreender e explicar os processos de determinação genética do daltonismo e da hemofilia.
- Aplicar os conhecimentos relativos à herança de genes localizados em um mesmo par de cromossomos ou em cromossomos sexuais na resolução de problemas que envolvem cruzamentos genéticos.
- Conhecer o mecanismo de compensação de dose gênica em mamíferos.

23.1 A segregação independente de genes

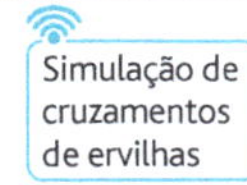
Simulação de cruzamentos de ervilhas

Além de estudar isoladamente cada uma das sete características da ervilha, como vimos no capítulo anterior, Mendel também analisou a transmissão combinada de duas ou mais características. Em um desses experimentos, por exemplo, ele considerou simultaneamente a cor dos cotilédones da semente – amarela ou verde – e sua forma – lisa ou rugosa. **(Fig. 23.1)**

MARTIN SHIELDS/ SCIENCE SOURCE/FOTOARENA

Figura 23.1 Sementes de ervilha com cotilédone de cor verde: à esquerda, semente rugosa e, à direita, semente lisa.

Plantas originadas de sementes lisas puras com cotilédones de cor amarela (homozigóticas) foram cruzadas com plantas originadas de sementes rugosas com cotilédones de cor verde, característica recessiva. Como era de esperar, todas as sementes produzidas na geração F_1 eram lisas com cotilédones de cor amarela.

A geração F_2, obtida por autofecundação das plantas F_1, era composta de quatro tipos de semente distribuídas aproximadamente nas seguintes frações: $\frac{9}{16}$ lisas amarelas; $\frac{3}{16}$ rugosas amarelas; $\frac{3}{16}$ lisas verdes; $\frac{1}{16}$ rugosa verde. Ou seja, a proporção era de 9 : 3 : 3 : 1.

Como Mendel interpretou esses resultados? Aplicando um raciocínio matemático-probabilístico, ele concluiu que a separação do par de fatores para cor do cotilédone da semente em nada interferia na segregação dos fatores para a forma. Em outras palavras, a segregação de um par de fatores ocorria independentemente da segregação de outro par de fatores.

Na formação dos gametas de plantas híbridas da geração F_1, os alelos para a cor da semente (*V* e *v*) separam-se independentemente dos alelos que condicionam a forma da semente (*R* e *r*). Ou seja, os gametas portadores de um alelo dominante (V) podem conter tanto um alelo dominante (R) como um alelo recessivo (r), com iguais chances; o mesmo vale para os gametas portadores do alelo recessivo (v), que podem receber com iguais chances o alelo dominante (R) e o alelo recessivo (r).

Segundo essa explicação, uma planta duplo-heterozigótica (*VvRr*) forma quatro tipos de gameta em igual proporção: 1 *VR* : 1 *Vr* : 1 *vR* : 1 *vr*. A combinação ao acaso desses gametas é o que explica a proporção 9 : 3 : 3 : 1, observada na geração F_2 dos cruzamentos. **(Fig. 23.2)**

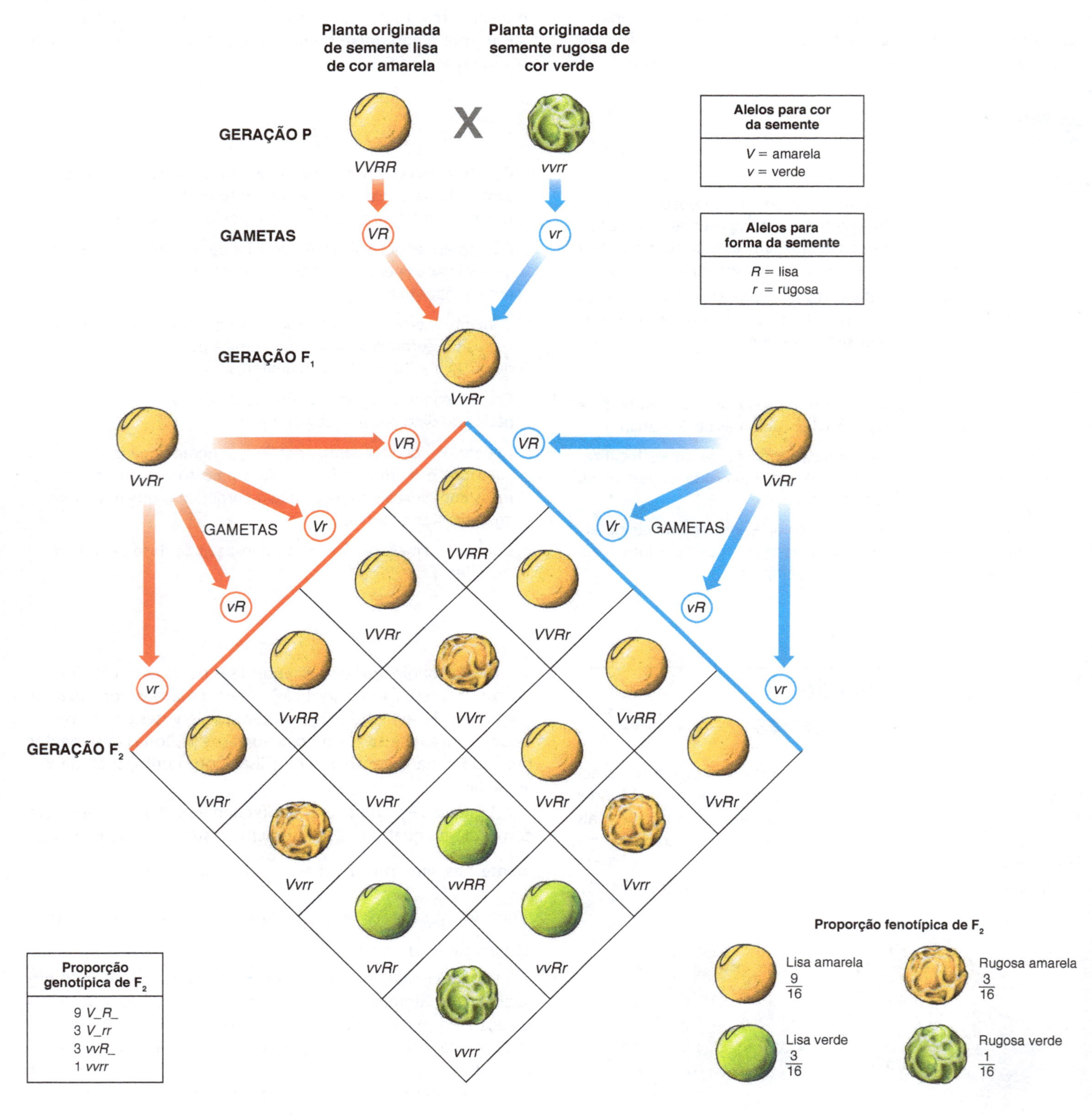

ILUSTRAÇÕES: CECÍLIA IWASHITA

Figura 23.2 Representação esquemática do cruzamento entre linhagens puras de plantas originadas de sementes lisas de cor amarela e de plantas originadas de sementes rugosas de cor verde e do cruzamento entre indivíduos da geração F_1. Os genes que condicionam as características cor dos cotilédones da semente (amarela ou verde) e forma (lisa ou rugosa) das sementes segregam-se independentemente.

Esse princípio que rege a separação dos genes foi chamado por Mendel de **lei da segregação independente**. Posteriormente, em merecida homenagem ao geneticista, ela passou a também ser denominada **segunda lei de Mendel**. Seu enunciado é: "Os fatores para duas ou mais características separam-se no híbrido, distribuindo-se independentemente para os gametas".

No início do século XX, os geneticistas constataram que a segregação independente de genes ocorria em diversas espécies. Por exemplo, nas cobaias, ou porquinhos-da-índia (*Cavia porcellus*), a pelagem preta é dominante sobre a pelagem marrom, e a pelagem curta é dominante sobre a pelagem longa. Os cruzamentos mostram que os genes responsáveis por essas características segregam-se independentemente. Quando cobaias pretas de pelo curto duplo-heterozigóticas se cruzam, os fenótipos da descendência distribuem-se na proporção de 9 : 3 : 3 : 1. **(Fig. 23.3)**

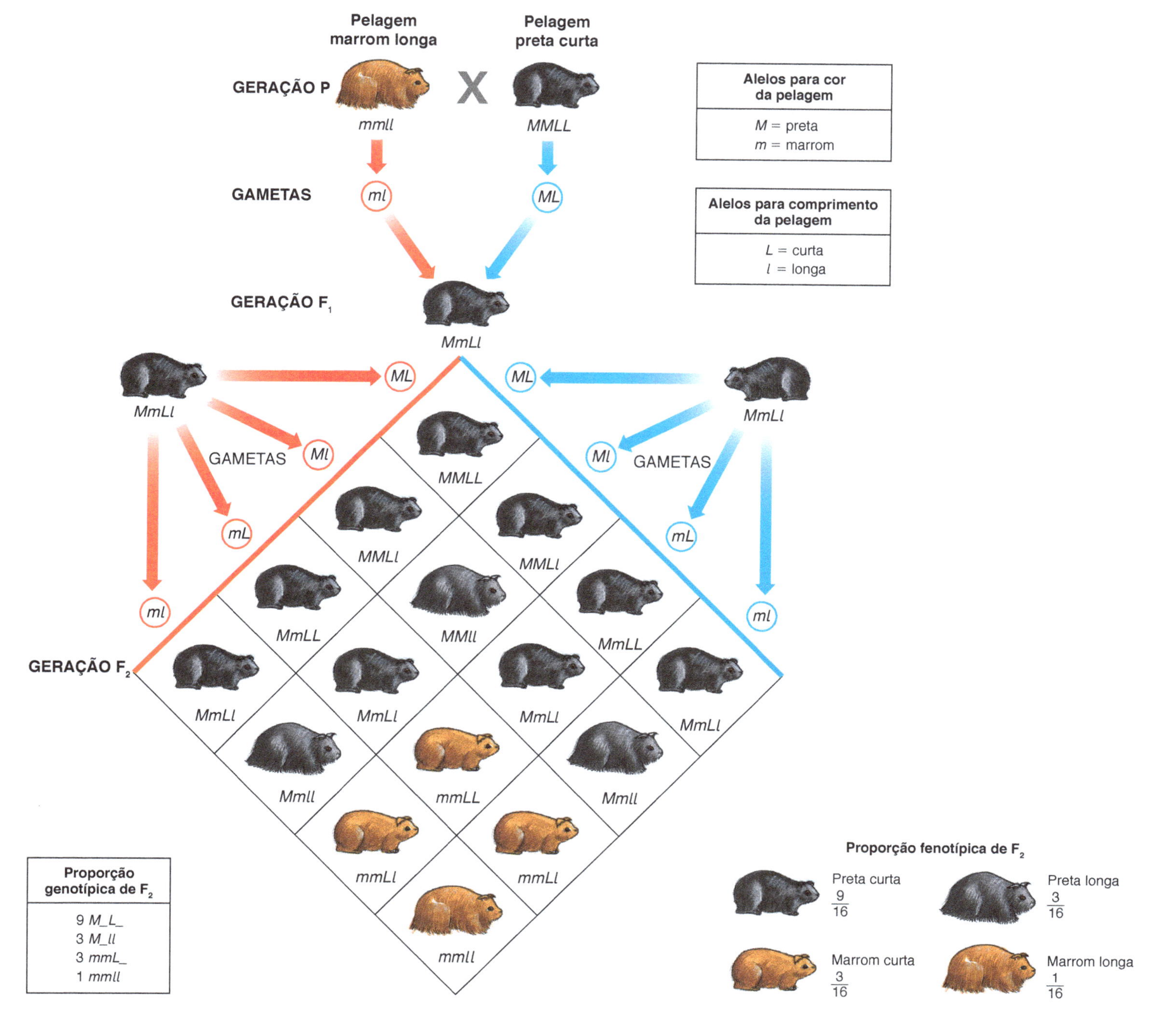

Figura 23.3 Representação esquemática do cruzamento entre cobaias (porquinhos-da-índia) de pelagem marrom longa e de pelagem preta curta e do cruzamento entre indivíduos da geração F_1. Os genes que condicionam as características cor (preta ou marrom) e comprimento (curta ou longa) da pelagem segregam-se independentemente.

ILUSTRAÇÕES: CECÍLIA IWASHITA

Explicando a segregação independente

Como mencionamos na apresentação do capítulo, ao estudar a meiose em gafanhotos, Walter Sutton observou que os cromossomos se segregavam da mesma maneira que o previsto para os fatores mendelianos. Isso o levou a supor que os cromossomos representam a base física da herança.

A segregação independente de dois genes ocorre quando eles se situam em diferentes pares de cromossomos homólogos. Na meiose, que leva à formação dos gametas, os cromossomos homólogos separam-se com total independência uns dos outros. Vejamos como isso acontece (caso seja necessário, relembre a divisão celular no Capítulo 8).

Considere uma célula duplo-heterozigótica (*AaBb*), na qual o par de alelos *Aa* situa-se em um par de homólogos e os alelos *Bb* situam-se em outro par de homólogos. Durante a divisão meiótica, os membros de cada par de cromossomos homólogos emparelham-se e orientam-se em direção a polos opostos da célula. Duas situações podem ocorrer:

1) o cromossomo portador do alelo dominante (*A*) orienta-se para o mesmo polo que o cromossomo portador do alelo dominante (*B*); consequentemente, o cromossomo portador do alelo recessivo (*a*) orienta-se para o mesmo polo que o cromossomo portador do alelo recessivo (*b*);

2) o cromossomo portador do alelo dominante (*A*) orienta-se para o mesmo polo que o cromossomo portador do alelo recessivo (*b*); consequentemente, o cromossomo portador do alelo dominante (*B*) orienta-se para o mesmo polo que o cromossomo portador do alelo recessivo (*a*).

Cada célula em meiose tem uma ou outra situação. Se ocorre a situação **1**, formam-se dois tipos de gameta quanto a esses genes: *AB* e *ab*. Se ocorre a situação **2**, formam-se outros dois tipos de gameta: *Ab* e *aB*.

A chance de ocorrer cada uma dessas situações é a mesma. Espera-se que em aproximadamente metade das células em meiose ocorra a primeira situação, com produção de gametas *AB* e *ab*, e na outra metade ocorra a segunda situação, com produção de gametas *Ab* e *aB*. Assim, um indivíduo heterozigótico para dois genes (*AaBb*), localizados em pares diferentes de cromossomos, produz quatro tipos de gametas haploides, com as quatro combinações gênicas na mesma proporção: 1 *AB* : 1 *Ab* : 1 *aB* : 1 *ab*. **(Fig. 23.4)**

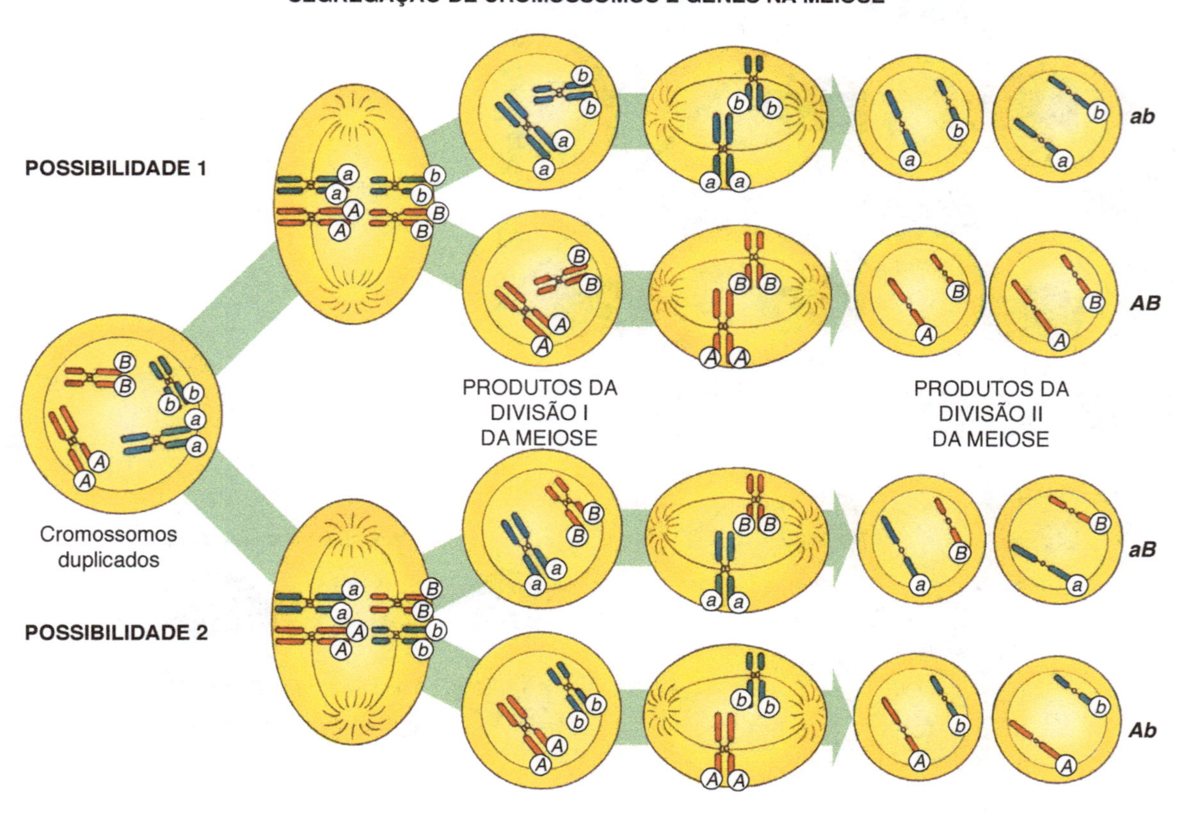

ILUSTRAÇÃO: JURANDIR RIBEIRO

Figura 23.4 Representação esquemática das duas possibilidades de migração de dois pares de cromossomos, que leva à segregação independente dos alelos *A*/*a* e *B*/*b* na meiose. A cor azul indica que os cromossomos são de origem paterna; a cor vermelha indica que os cromossomos são de origem materna.

Resolvendo problemas de Genética

Segregação independente de genes para os grupos sanguíneos AB0 e Rh

O problema

O heredograma a seguir representa uma família estudada quanto aos grupos sanguíneos do sistema AB0 e do sistema Rh. Os símbolos que representam as pessoas – quadrado para homem e círculo para mulher – são divididos por um traço vertical, com o lado esquerdo representando o fenótipo para o sistema AB0 e o lado direito representando o fenótipo para o sistema Rh.

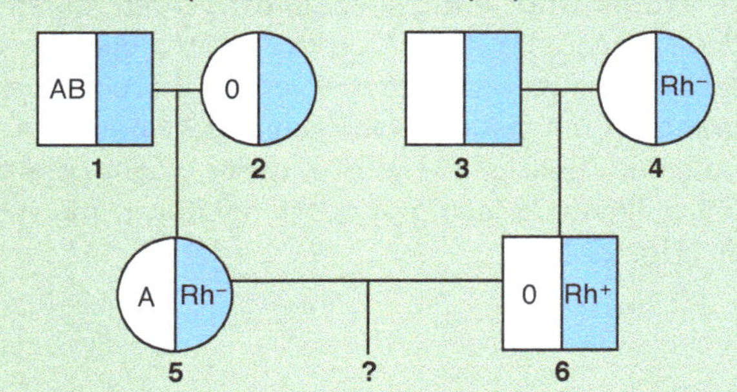

ADILSON SECCO

Sobre essa família, pergunta-se:

a) qual é a probabilidade de um filho do casal 5 × 6 ter sangue dos tipos 0/Rh⁺ ou A/Rh⁻?

b) quando o homem 6 ainda era noivo da mulher 5, um rapaz A/Rh⁻, filho de uma antiga namorada 0/Rh⁺ declarou ser seu filho. Pelo que se conhece sobre herança dos grupos sanguíneos, essa afirmação tem procedência?

A solução

Para responder à pergunta **a**, em primeiro lugar, é preciso determinar os genótipos dos indivíduos 5 e 6 aos quais se refere o problema. A mulher 5 tem sangue Rh⁻ e, portanto, seu genótipo é *rr*. Como ela tem sangue do tipo A, um de seus alelos é I^A. Como a mãe da mulher 5 tem sangue tipo 0 (*ii*), ela só pode ter fornecido à filha um alelo recessivo (*i*). O genótipo da mulher 5 é, portanto, I^Airr.

Para determinar o genótipo do homem 6 o raciocínio é o mesmo: como seu fenótipo é 0/Rh⁺ (*iiR_*) e sua mãe é Rh⁻ (*rr*), concluímos que ele tem genótipo *iiRr*.

Com relação ao sistema AB0, a mulher 5 forma dois tipos de gameta: $\frac{1}{2}\ I^A$ e $\frac{1}{2}\ i$. O homem 6 forma apenas um tipo de gameta, *i*. Desse modo, os filhos desse casal poderão ter sangue do tipo A $\left(\frac{1}{2}\ I^A \times 1i\right)$ ou do tipo 0 $\left(\frac{1}{2}\ i \times 1i\right)$, com 50% $\left(\text{ou } \frac{1}{2}\right)$ de chance para cada tipo.

Quanto ao sistema Rh a mulher 5 forma apenas um tipo de gameta, *r*. O homem 6 forma gametas de dois tipos: $\frac{1}{2}\ R$ e $\frac{1}{2}\ r$. Assim, os filhos do casal poderão ter sangue Rh⁺ $\left(1\ r \times \frac{1}{2}\ R\right)$ ou Rh⁻ $\left(1\ r \times \frac{1}{2}\ r\right)$, com 50% $\left(\text{ou } \frac{1}{2}\right)$ de chance para cada tipo.

Sabendo-se que os alelos que condicionam esses dois grupos sanguíneos segregam-se independentemente, a herança simultânea das duas características pode ser calculada multiplicando-se as probabilidades individuais:

- probabilidade de um filho vir a ser 0/Rh⁺ =
  $= \frac{1}{2}\ (0) \times \frac{1}{2}\ (Rh^+) = \frac{1}{4}$
- probabilidade de um filho vir a ser A/Rh⁻ =
  $= \frac{1}{2}\ (A) \times \frac{1}{2}\ (Rh^-) = \frac{1}{4}$
- probabilidade de um filho vir a ser 0/Rh⁺ ou A/Rh⁻ =
  $= \frac{1}{4} + \frac{1}{4} = \frac{1}{2}$

Pode-se também construir o quadrado de Punnett e estimar a probabilidade procurada:

		Gametas formados por 6 (o pai)	
		iR	*ir*
Gametas formados por 5 (a mãe)	I^Ar	I^AiRr (A/Rh⁺)	I^Airr (A/Rh⁻)
	ir	*iiRr* (0/Rh⁺)	*iirr* (0/Rh⁻)

Podemos agora responder à pergunta **b** do problema: será que o homem 6 pode ser pai de um rapaz A/Rh⁻, filho de sua antiga namorada 0/Rh⁺?

O indivíduo 6 tem genótipo *iiRr*, e a mãe do rapaz tem genótipo *iiR_*, pois seu sangue é tipo 0/Rh⁺. Com essas informações, nem é preciso investigar o lado familiar da mãe: se o rapaz apresenta fenótipo A/Rh⁻, ele tem necessariamente um alelo I^A, que só pode ter vindo de seu verdadeiro pai. Este poderia ter sangue tipo A ou AB, mas nunca poderia pertencer ao grupo 0.

O homem 6 pode, portanto, ser excluído da suspeita de ser o pai do rapaz em questão. Como podemos ver, esse tipo de investigação não determina quem é o verdadeiro pai, mas eventualmente permite excluir os que não podem ser; por isso, é chamado de teste de exclusão de paternidade. Atualmente, os testes de exclusão de paternidade pela análise de grupos sanguíneos têm sido substituídos por exames de análise de DNA, mais precisos e conclusivos.

Agora você pode resolver as atividades de 1 a 5, 32, 33, 41, 42, 45 e 58 a 60.

23.2 Interações entre genes com segregação independente

Ainda nos primórdios da Genética verificou-se que a herança de certas características somente podia ser explicada admitindo-se a atuação conjunta de alelos de dois ou mais genes. Surgiu, então, o conceito de **interação gênica** para designar essas situações. Vejamos alguns exemplos.

Exemplos de genes com segregação independente

Interação gênica na cor da plumagem de periquitos

Periquitos-australianos (*Melopsittacus undulatus*) apresentam grande diversidade de cores, determinadas por dezenas de genes. No entanto, a determinação das cores básicas da plumagem dessas aves – verde, azul, amarela e branca – é controlada por dois genes principais com segregação independente, cada qual com dois alelos (*Aa* e *Bb*). Ou seja, esses dois genes para a cor da plumagem do periquito encontram-se em diferentes pares de cromossomos homólogos.

Periquitos homozigóticos recessivos para os dois genes (*aabb*) são brancos. Periquitos homozigóticos recessivos *aa* que apresentam ao menos um alelo dominante *B* – genótipos *aaBB* ou *aaBb* – são amarelos. Periquitos homozigóticos recessivos *bb* que apresentam ao menos um alelo dominante *A* – genótipos *AAbb* ou *Aabb* – são azuis. Periquitos com ao menos um alelo dominante de cada gene – genótipos *AABB*, *AABb*, *AaBB* ou *AaBb* – são verdes.

O cruzamento entre periquitos verdes duplo-heterozigóticos – genótipo *AaBb* – produz quatro tipos de descendente nas seguintes proporções: 9 verdes : 3 azuis : 3 amarelos : : 1 branco. Com o desenvolvimento da Bioquímica, descobriu-se como os alelos desses dois genes atuam para produzir os quatro diferentes fenótipos dos periquitos, como veremos a seguir. **(Fig. 23.5)**

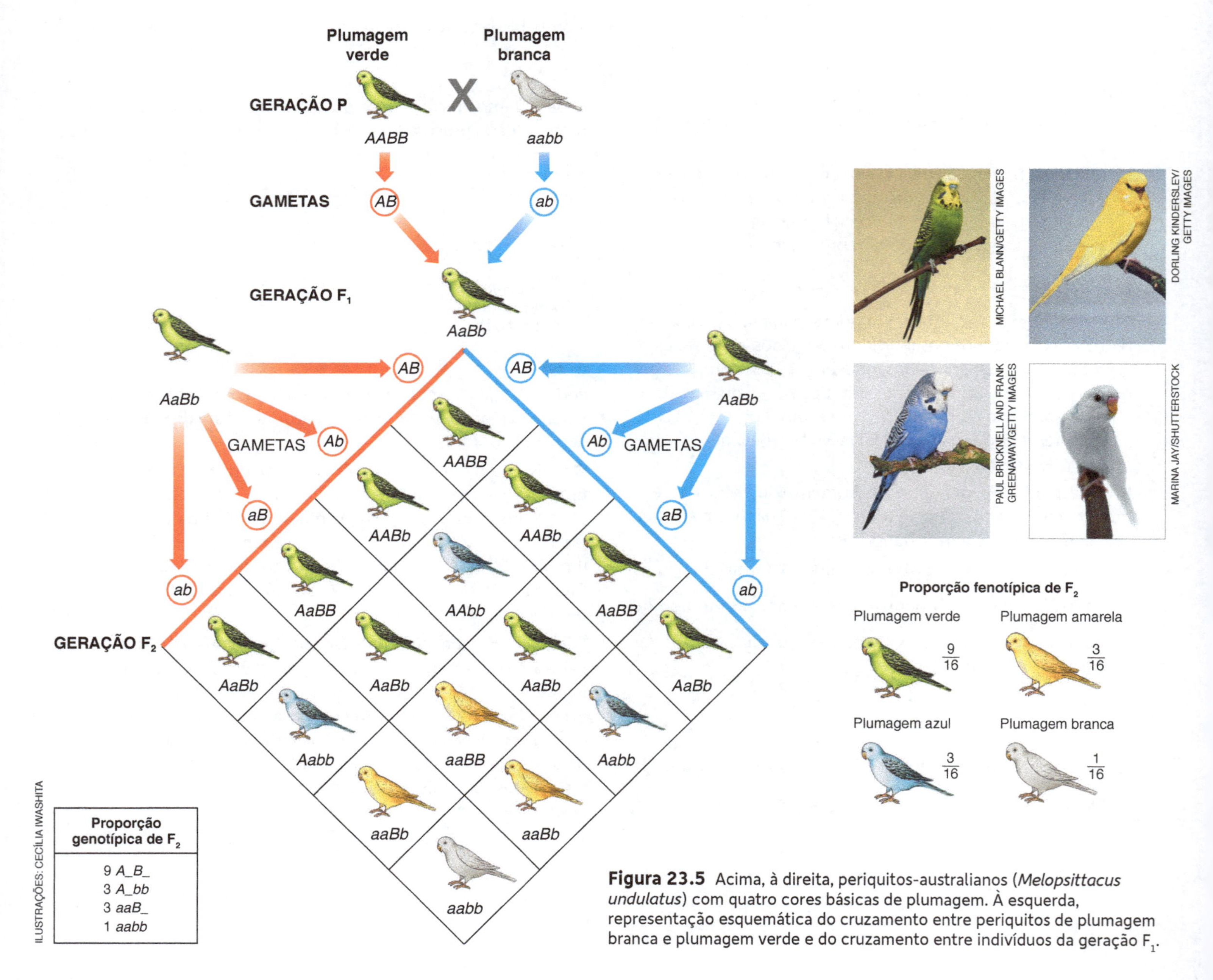

Figura 23.5 Acima, à direita, periquitos-australianos (*Melopsittacus undulatus*) com quatro cores básicas de plumagem. À esquerda, representação esquemática do cruzamento entre periquitos de plumagem branca e plumagem verde e do cruzamento entre indivíduos da geração F$_1$.

O alelo dominante *A* contém informação para a produção de melanina, pigmento proteico de cor escura responsável pela cor azul das penas. O alelo recessivo *a*, uma versão alterada e não funcional do gene, não leva à produção de melanina. A presença de melanina em certas porções das penas dispersa a luz azul com mais eficiência, fazendo com que elas se apresentem azuladas. É a chamada **dispersão de Rayleigh**, fenômeno físico em que a luz se espalha ao passar por partículas muito menores do que seu comprimento de onda; a cor azul do céu, por exemplo, decorre da dispersão de Rayleigh da luz solar na atmosfera.

O alelo dominante *B*, localizado em outro par de cromossomos, condiciona a deposição na pena de um pigmento lipídico de cor amarela, a psitacina. O alelo recessivo *b*, uma versão alterada desse gene, não leva à deposição do pigmento psitacina na pena.

Periquitos com genótipo *aabb* não têm melanina nem psitacina nas penas, por isso são brancos. Periquitos com ao menos uma versão funcional de cada gene – genótipo geral *A_B_* – têm ambos os pigmentos e as penas são verdes. Essa cor resulta da mistura do efeito azulado da melanina com o amarelo do pigmento psitacina.

Periquitos sem melanina nas penas e com ao menos um alelo funcional para a presença de psitacina – genótipo geral *aaB_* – têm cor amarela. Periquitos com ao menos um alelo funcional do gene para a produção de melanina e homozigóticos para a versão não funcional do gene para a deposição de psitacina – genótipo geral *A_bb* – têm cor azul. **(Fig. 23.6)**

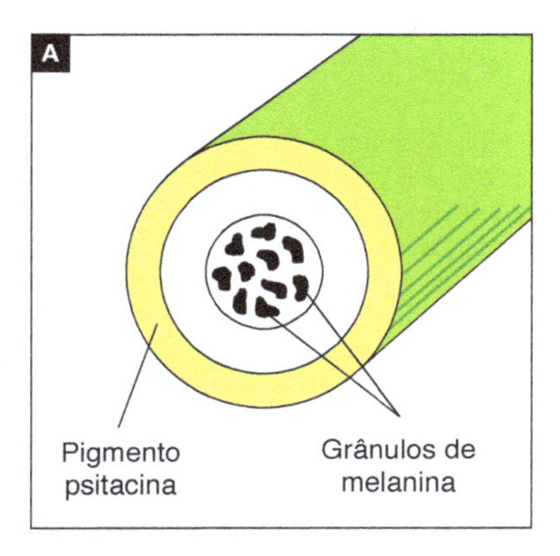

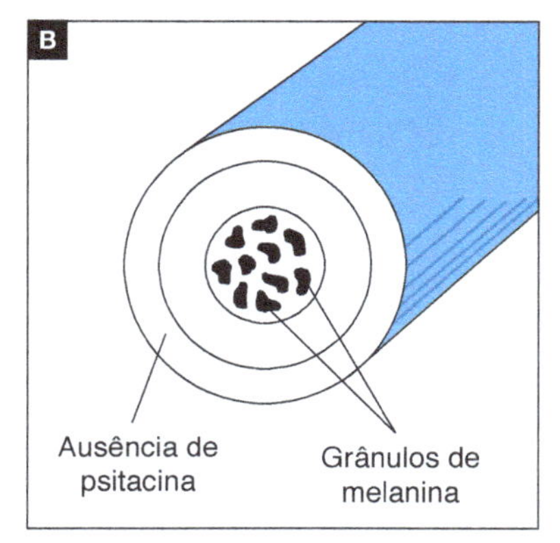

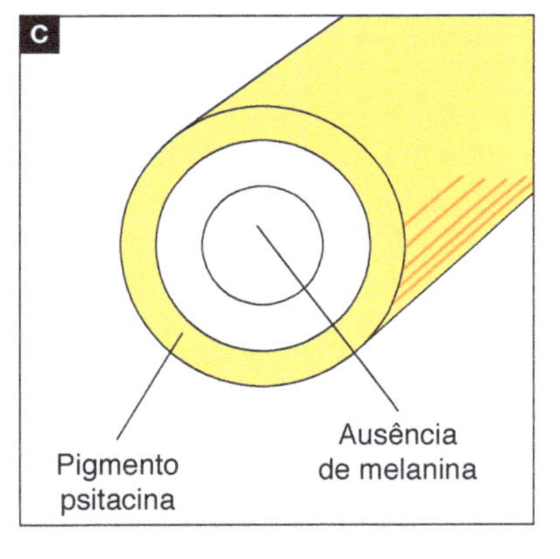

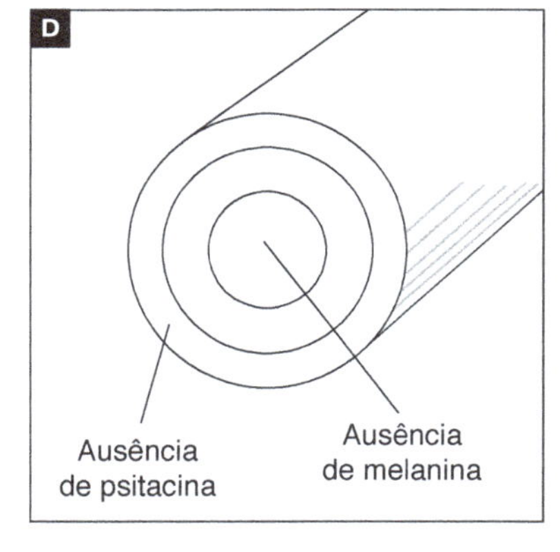

Figura 23.6 Representação esquemática de cortes transversais das penas de periquitos para mostrar como a presença e a distribuição dos pigmentos melanina e psitacina determinam as diferentes cores da plumagem dessas aves: **A.** verde; **B.** azul; **C.** amarela; **D.** branca.

Interação gênica na cor dos olhos de seres humanos

- ***Como surgem as diferentes cores de olhos?***

A cor da íris do olho humano varia do cinza e azul ao quase preto, passando por tonalidades de verde e de castanho-escuro. Não há pigmentos azuis ou verdes na íris; a quantidade de melanina (pigmento de cor escura) na íris e, também, o fenômeno físico conhecido como dispersão de Rayleigh é que determinam a cor dos olhos.

O olho castanho resulta do acúmulo de células pigmentadas ricas em melanina (melanócitos) na camada de tecido da porção anterior da íris. Os melanócitos absorvem a maior parte da luz incidente e refletem uma certa quantidade de luz marrom-amarelada. Quanto mais melanócitos e, consequentemente, mais melanina, mais escuro será o olho.

Nos olhos azuis há poucos melanócitos na camada anterior da íris; por isso pouca luz incidente é refletida pelo pigmento como luz marrom-amarelada. A maior parte da luz incidente atravessa a camada quase despigmentada da íris, onde os comprimentos de onda mais curtos (luz azul) são seletivamente dispersos (dispersão de Rayleigh). Esse fenômeno físico é o responsável pela cor azul do olho. Se a camada anterior da íris contiver uma quantidade intermediária de melanócitos, a luz refletida pelo pigmento de cor escura, combinada à luz azul produzida pelo efeito Rayleigh, resultará na cor verde do olho.

A progressiva diminuição da quantidade de melanina na camada anterior da íris dá origem à diversidade de cores que vão desde o castanho-escuro até o verde e, na quase ausência do pigmento, do azul ao cinza. **(Fig. 23.7)**

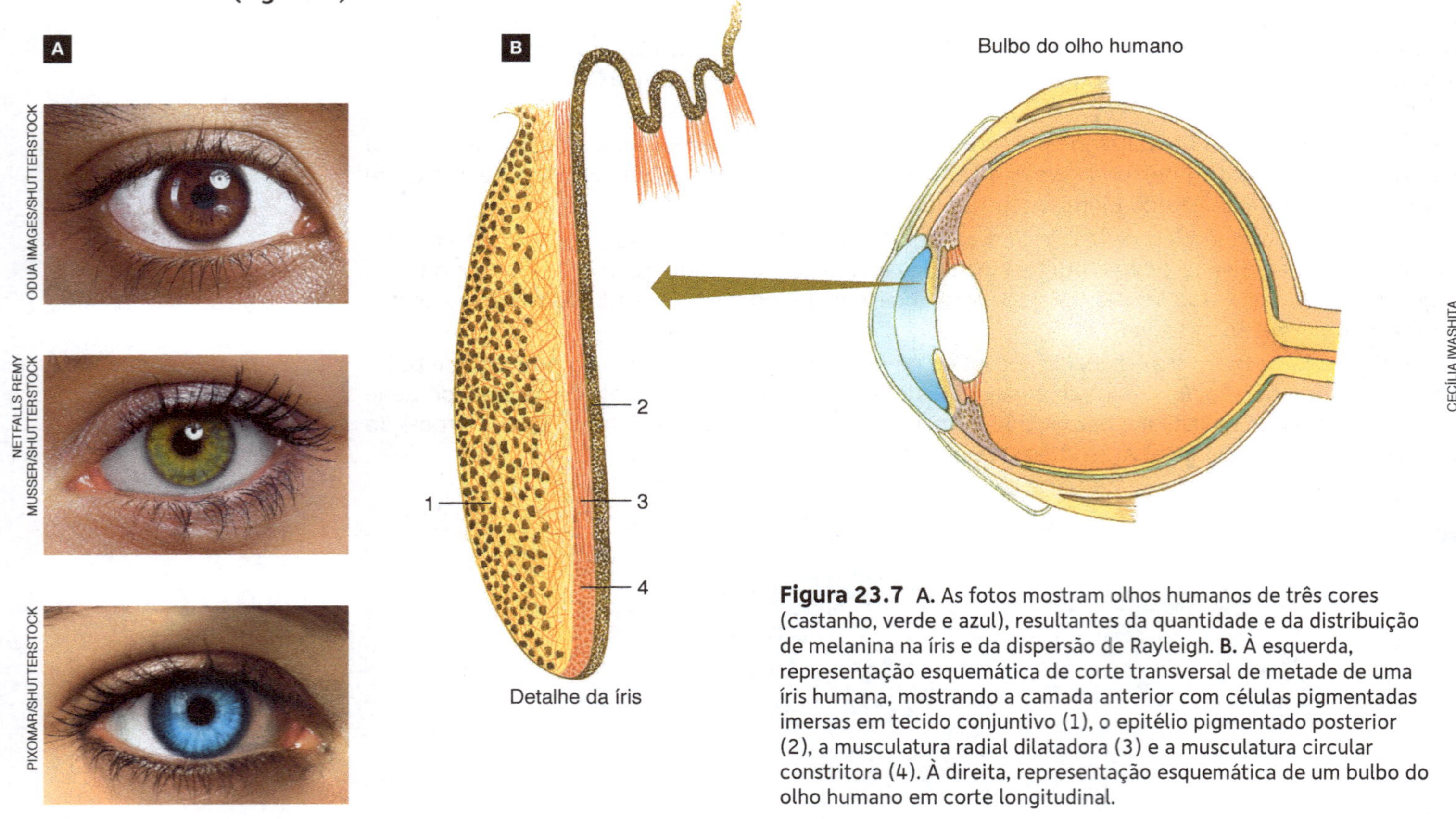

Figura 23.7 **A.** As fotos mostram olhos humanos de três cores (castanho, verde e azul), resultantes da quantidade e da distribuição de melanina na íris e da dispersão de Rayleigh. **B.** À esquerda, representação esquemática de corte transversal de metade de uma íris humana, mostrando a camada anterior com células pigmentadas imersas em tecido conjuntivo (1), o epitélio pigmentado posterior (2), a musculatura radial dilatadora (3) e a musculatura circular constritora (4). À direita, representação esquemática de um bulbo do olho humano em corte longitudinal.

Os recém-nascidos de etnia caucasiana apresentam sempre olhos claros, que podem se tornar progressivamente mais escuros à medida que os melanócitos da íris produzam melanina. Os recém-nascidos de pessoas latinas, africanas e asiáticas já apresentam olhos escuros ao nascer.

A íris não tem estrutura e coloração uniformes; nos olhos claros, a camada anterior é mais fina em certas regiões do que em outras, o que resulta em um padrão radial característico. A melanina também não se distribui homogeneamente, gerando tanto áreas mais pigmentadas quanto áreas menos pigmentadas. Não é de estranhar, portanto, a dificuldade em classificar as cores dos olhos humanos e analisar o padrão de herança dessa característica.

• *Principais genes envolvidos na determinação da cor dos olhos*

Foram identificados dois genes principais que atuam na produção de melanina e que estão envolvidos na determinação da cor dos olhos na espécie humana: o gene *EYCL1*, mais conhecido por *GEY*, localizado no cromossomo 19, e o gene *OCA2*, mais conhecido por *BEY*, localizado no cromossomo 15.

O gene *GEY* tem dois alelos já bem caracterizados (admite-se que possam existir outros), um dominante (G^V), que condiciona cor verde à íris, e outro recessivo (G^A), que condiciona cor azul. A denominação *GEY* deriva do inglês ***g**reen **e**ye color gene*. O gene *BEY* também apresenta dois alelos caracterizados, um dominante (B^M), que condiciona cor castanha (marrom), e outro recessivo (B^A), que condiciona cor azul. A denominação *BEY* deriva do inglês ***b**rown **e**ye color gene*.

Com base na identificação desses genes e no estudo de certos padrões de herança da cor dos olhos em algumas famílias, os pesquisadores concluíram que esses dois genes apresentam interação, sendo que o alelo que condiciona a cor castanha do gene *BEY* (B^M) tem um efeito dominante sobre os alelos do gene *GEY*. De acordo com esse modelo, a pessoa portadora de pelo menos um alelo dominante (B^M) terá olhos castanhos. Para ter olhos azuis, a pessoa precisa ser homozigótica recessiva quanto aos dois genes B^AB^A/G^AG^A. Pessoas homozigóticas recessivas quanto ao gene *BEY* com, pelo menos, um alelo dominante para o gene *GEY* ($B^AB^A/G^V\_$) terão olhos verdes. **(Tab. 23.1)**

Tabela 23.1 Genótipos e fenótipos quanto aos genes *BEY* e *GEY* para cor dos olhos

Genótipos	Fenótipos
B^MB^M/G^VG^V, B^MB^M/G^VG^A, B^MB^M/G^AG^A	Olhos castanhos
B^MB^A/G^VG^V, B^MB^A/G^VG^A, B^MB^A/G^AG^A	
B^AB^A/G^VG^V, B^AB^A/G^VG^A	Olhos verdes
B^AB^A/G^AG^A	Olhos azuis

Acredita-se que possam existir outros genes que contribuem para a cor dos olhos, interferindo na ação dos já identificados. Os avanços da ciência em relação ao genoma humano ainda são insuficientes para explicar a herança da cor dos olhos.

Interação gênica na forma da crista de galináceos

Outro exemplo clássico de interação gênica é a herança da forma da crista em certas raças de galináceos (*Gallus gallus domesticus*), em que a crista pode ser de quatro tipos: ervilha, simples, noz e rosa. **(Fig. 23.8)**

Figura 23.8 A forma da crista de certas raças de galináceos pode ser: **A.** ervilha; **B.** simples; **C.** noz; **D.** rosa. Essa característica é determinada pela interação de dois pares de alelos com segregação independente.

Em 1905, em uma série de cruzamentos bem planejados, o geneticista inglês William Bateson (1861-1926) e seus colaboradores concluíram que os quatro tipos de crista de certas raças de galináceos resultam da interação entre dois pares de alelos com segregação independente, ou seja, localizados em diferentes pares de cromossomos homólogos. Acompanhe os resultados desses experimentos e sua interpretação.

Quando aves puras de crista ervilha são cruzadas com aves puras de crista simples, a geração F_1 é constituída apenas por aves de crista ervilha. No experimento original de Bateson, as aves de crista ervilha obtidas nessa F_1 foram cruzadas entre si, e a descendência foi de 332 aves de crista ervilha e 110 de crista simples, proporção muito próxima a 3 : 1. Concluiu-se que crista ervilha é dominante sobre crista simples.

Em outra série de cruzamentos, aves puras de crista rosa foram cruzadas com aves puras de crista simples; a geração F_1 foi constituída apenas por aves de crista rosa. Quando as aves dessa F_1 foram cruzadas entre si, obteve-se uma geração F_2 constituída por 221 aves de crista rosa e 83 de crista simples, proporção igualmente próxima a 3 : 1. Concluiu-se que crista rosa é dominante sobre crista simples. **(Fig. 23.9)**

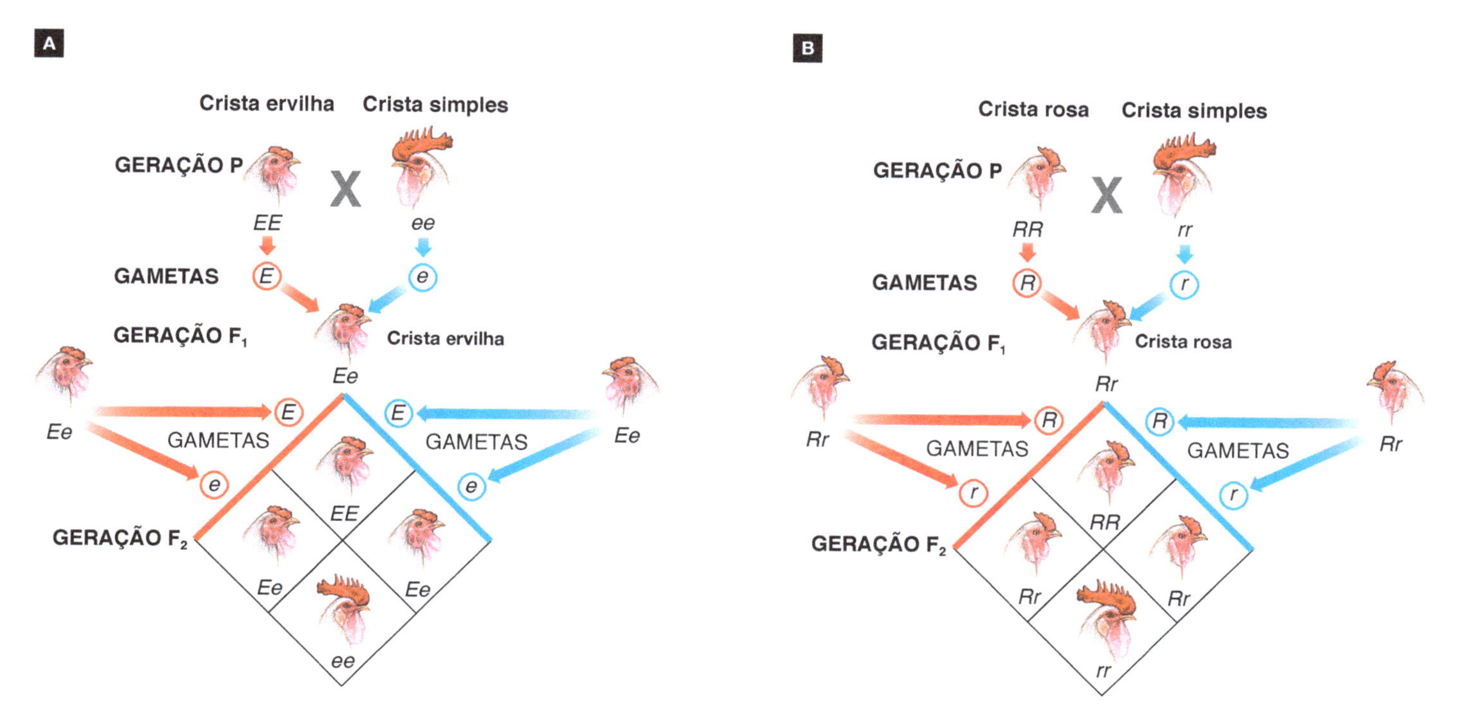

Figura 23.9 Representação esquemática de cruzamentos entre galináceos com diferentes tipos de crista.
A. Cruzamento entre aves de crista ervilha e de crista simples. **B.** Cruzamento entre aves de crista rosa e de crista simples.

Quando aves puras de crista rosa são cruzadas com aves puras de crista ervilha, toda a descendência apresenta um único tipo de crista – noz –, diferente das cristas das aves genitoras. No experimento de Bateson, quando as aves de crista noz dessa F_1 foram cruzadas entre si, a geração F_2 apresentou 99 aves de crista noz, 26 de crista rosa, 38 de crista ervilha e 16 de crista simples, proporção próxima a 9 : 3 : 3 : 1. Como vimos, essa é a proporção esperada no cruzamento de indivíduos duplo-heterozigóticos quanto a dois genes que se segregam independentemente.

Para avaliar melhor os resultados, a equipe de Bateson realizou o que os geneticistas denominam **cruzamento-teste**, já mencionado no capítulo anterior. Esse cruzamento consiste em cruzar indivíduos com fenótipo dominante, cujo genótipo se deseja determinar, com indivíduos com fenótipo recessivo e, portanto, homozigóticos. Pela descendência do cruzamento-teste, podem-se distinguir, com a maior eficiência possível, o genótipo dos indivíduos testados e os tipos de gameta que eles produzem.

Quando aves de crista noz da geração F_1 foram submetidas ao cruzamento-teste, isto é, cruzadas com aves de crista simples, obtiveram-se 139 descendentes de crista noz, 142 de crista rosa, 112 de crista ervilha e 141 de crista simples, proporção próxima a 1 : 1 : 1 : 1. Os resultados mostraram que os indivíduos de crista noz de F_1 produzem quatro tipos de gameta em iguais proporções, como o esperado para a segregação independente dos genes em duplo-heterozigóticos *EeRr*.

Ao final da série experimental, a conclusão de Bateson e sua equipe foi que o tipo de crista nas raças de galináceos estudadas resulta da interação de dois pares de alelos, *Rr* e *Ee*, que se segregam independentemente.

A interação entre os alelos dominantes (*R* e *E*) resulta em crista noz. O alelo dominante *R*, ao interagir com o recessivo *e*, resulta em crista rosa. O alelo recessivo *r*, ao interagir com o dominante *E*, resulta no fenótipo crista ervilha. Os alelos recessivos *r* e *e*, ao interagirem, produzem o fenótipo crista simples. **(Fig. 23.10)**

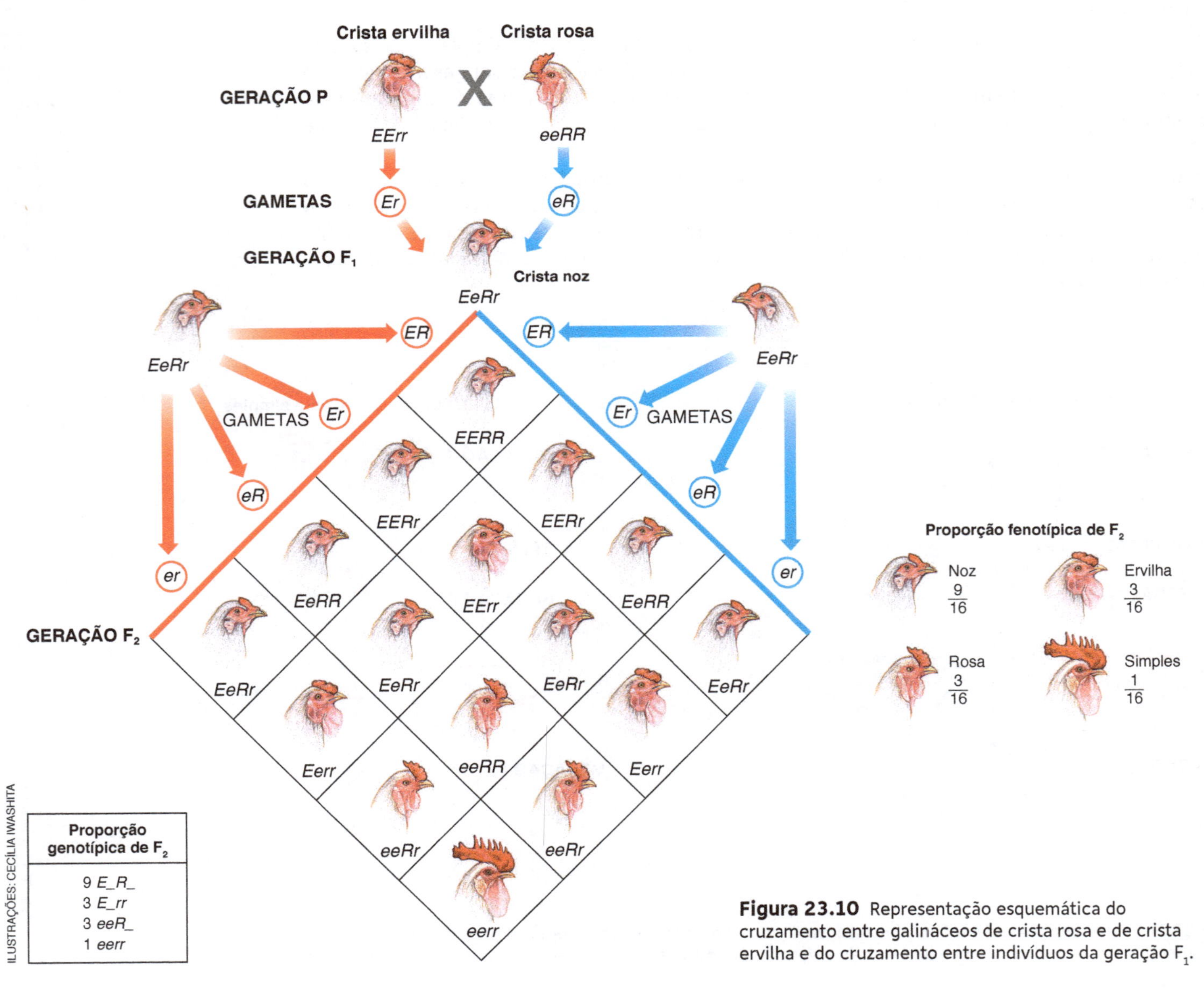

Figura 23.10 Representação esquemática do cruzamento entre galináceos de crista rosa e de crista ervilha e do cruzamento entre indivíduos da geração F_1.

Interação gênica na cor da pelagem de cães labradores

Outro exemplo conhecido de interação gênica é o da cor da pelagem de cães labradores (*Canis lupus familiaris*) – preta, chocolate e dourada –, resultante da interação de dois genes com segregação independente, cada um com dois alelos (*Bb* e *Ee*). **(Fig. 23.11)**

O primeiro gene controla a cor do pigmento formado: o alelo dominante *B* determina a produção de pigmento preto, enquanto o alelo recessivo *b* determina a produção de pigmento chocolate.

O segundo gene controla a deposição de pigmento nos pelos. O alelo dominante *E* condiciona a deposição normal de pigmentos, enquanto o alelo recessivo *e* não atua na deposição. Cães homozigóticos recessivos para esse gene não depositam pigmentos nos pelos e sua pelagem é dourada, sejam quais forem os alelos do outro par (*B_ee* ou *bbee*); na prática é como se o alelo recessivo *e* em homozigose impedisse a ação do gene responsável pela produção dos pigmentos preto ou marrom.

Figura 23.11 Os três tipos de pelagem de cães labradores, da esquerda para a direita: preta, dourada e chocolate.

Cães com ao menos um alelo funcional do gene para a deposição de pigmento terão pelagem preta, no caso de possuírem genótipo *B_E_*, ou chocolate, se o genótipo for *bbE_*. Observe, a seguir, cruzamentos entre duas linhagens de labradores que diferem quanto à cor da pelagem. **(Fig. 23.12)**

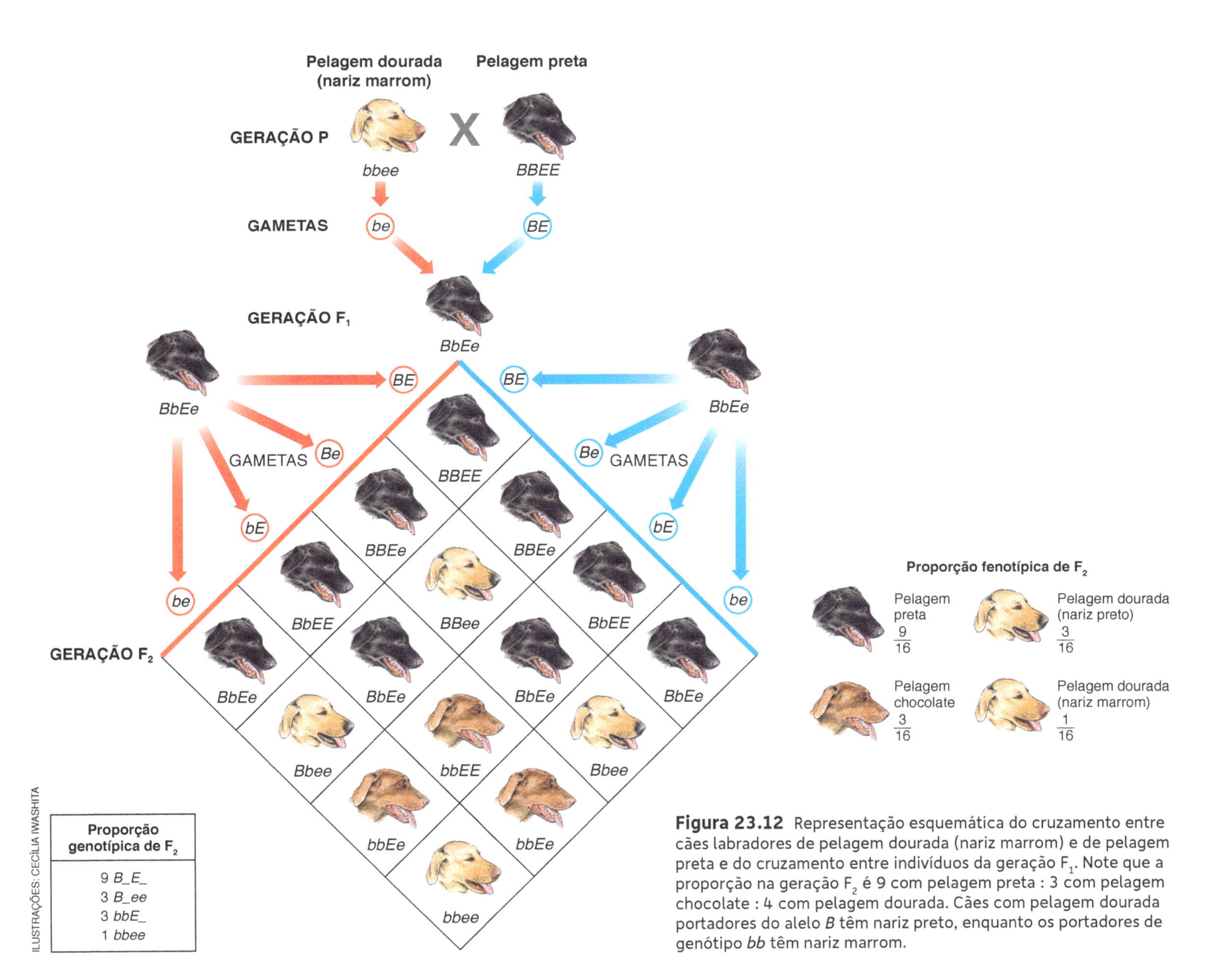

Figura 23.12 Representação esquemática do cruzamento entre cães labradores de pelagem dourada (nariz marrom) e de pelagem preta e do cruzamento entre indivíduos da geração F_1. Note que a proporção na geração F_2 é 9 com pelagem preta : 3 com pelagem chocolate : 4 com pelagem dourada. Cães com pelagem dourada portadores do alelo *B* têm nariz preto, enquanto os portadores de genótipo *bb* têm nariz marrom.

O cruzamento entre cães pretos de genótipo *BBEE* e cães dourados de genótipo *bbee* produz, em F_1, apenas cães pretos (*BbEe*). O cruzamento dos cães pretos duplo-heterozigóticos de F_1 (*BbEe*) produz a seguinte proporção na descendência: 9 pretos (*B_E_*) : 3 chocolate (*bbE_*) e 4 dourados (*_ _ee*).

Note que cães dourados descendentes do cruzamento entre labradores duplo-heterozigóticos podem ter genótipos *BBee* $\left(\frac{1}{4}\right)$, *Bbee* $\left(\frac{2}{4}\right)$ ou *bbee* $\left(\frac{1}{4}\right)$. Destes, os portadores do alelo dominante *B* produzem pigmento preto, que não se deposita no pelo devido ao genótipo *ee*. Assim, a pelagem dos cães com genótipo *B_ee* é dourada, mas o nariz desses cães é preto, pois o alelo recessivo *e* não interfere na pigmentação desse órgão. Cães homozigóticos (*bb*) produzem pigmento marrom em vez de preto, mas este também não se deposita nos pelos devido ao genótipo *ee*. A pelagem desses cães é dourada, mas seu nariz é marrom. Portanto, dos $\frac{4}{16}$ de descendentes com pelagem dourada de F_2, $\frac{3}{16}$ têm nariz preto e $\frac{1}{16}$ tem nariz marrom.

Herança quantitativa

Muitas características dos seres vivos, entre elas a altura, a massa corporal, a cor da pele ou da pelagem etc., resultam do efeito acumulado de vários genes, cada um contribuindo com uma parcela no fenótipo, o que caracteriza um padrão de herança denominado **herança quantitativa**, ou **herança poligênica**.

Em geral, nesse tipo de herança, o ambiente também exerce forte influência na manifestação dos fenótipos. Por exemplo, a estatura na espécie humana segue a herança quantitativa; há pessoas muito altas e outras muito baixas, mas a maioria tem estatura intermediária. Pessoas que acumulam maior número de alelos para maior estatura são mais altas. Entretanto, essa característica também é muito influenciada pelo ambiente; pessoas com mesmo genótipo podem ter estaturas diferentes em consequência, por exemplo, da alimentação, do grau de atividade física ou de doenças que tiveram durante a fase de crescimento. O gráfico de distribuição da estatura das pessoas de uma população hipotética é uma curva em forma de sino, conhecida como **curva de distribuição normal**. **(Fig. 23.13)**

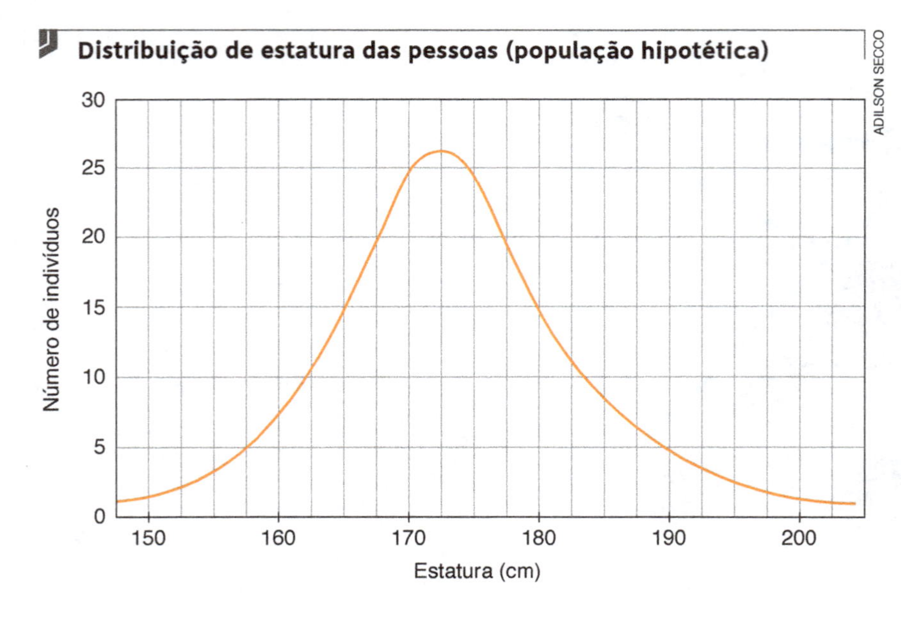

Figura 23.13 Características condicionadas por vários genes com efeito cumulativo, cuja expressão geralmente sofre influência ambiental, distribuem-se em uma curva de distribuição normal em forma de sino. No exemplo citado no texto, a estatura média estaria situada no centro da curva, onde se concentra o maior número de pessoas da população.

Um exemplo de herança quantitativa

No princípio a herança das características quantitativas trouxe muitas dificuldades aos geneticistas; alguns chegaram mesmo a imaginar que as leis de Mendel não se aplicavam nesses casos. Em 1910 o geneticista sueco Herman Nilsson-Ehle (1873-1949), ao estudar a herança da cor do grão de trigo (gênero *Triticum*), estabeleceu os princípios da herança das características quantitativas. Ele mostrou que essa herança segue as leis mendelianas da segregação e que os fenótipos são condicionados por vários genes, cujos alelos têm efeito aditivo.

Em seu experimento, Nilsson-Ehle cruzou linhagens puras de trigo de sementes vermelho-escuras com linhagens puras de sementes brancas. A geração F_1 foi inteiramente constituída por plantas de sementes de um vermelho mais claro que o do tipo parental. A autofecundação das plantas de F_1 produziu uma geração F_2 constituída por sementes classificadas em cinco categorias: vermelho-escura, vermelho-média, vermelha, vermelho-clara e branca. Esses diversos fenótipos ocorreram, respectivamente, nas frações de $\frac{1}{16} : \frac{4}{16} : \frac{6}{16} : \frac{4}{16} : \frac{1}{16}$ (proporção 1 : 4 : 6 : 4 : 1).

Nilsson-Ehle explicou esses resultados admitindo que a característica cor da semente em trigo é condicionada por dois genes, cada um com dois alelos (*Aa* e *Bb*), que se segregam independentemente, ou seja, localizam-se em diferentes pares de cromossomos homólogos. Cada alelo representado pela letra maiúscula contribui para a produção de pigmento vermelho e seus efeitos se somam; por exemplo, uma semente portadora de quatro alelos para vermelho – genótipo *AABB* – tem coloração vermelho-escura.

Alelos representados por letras minúsculas não contribuem para a coloração. Portanto, uma semente com genótipo *aabb* não tem pigmento algum e é branca. Sementes portadoras de um, dois e três alelos para pigmentação têm cores vermelho-clara, vermelha e vermelho-média, respectivamente. **(Fig. 23.14)**

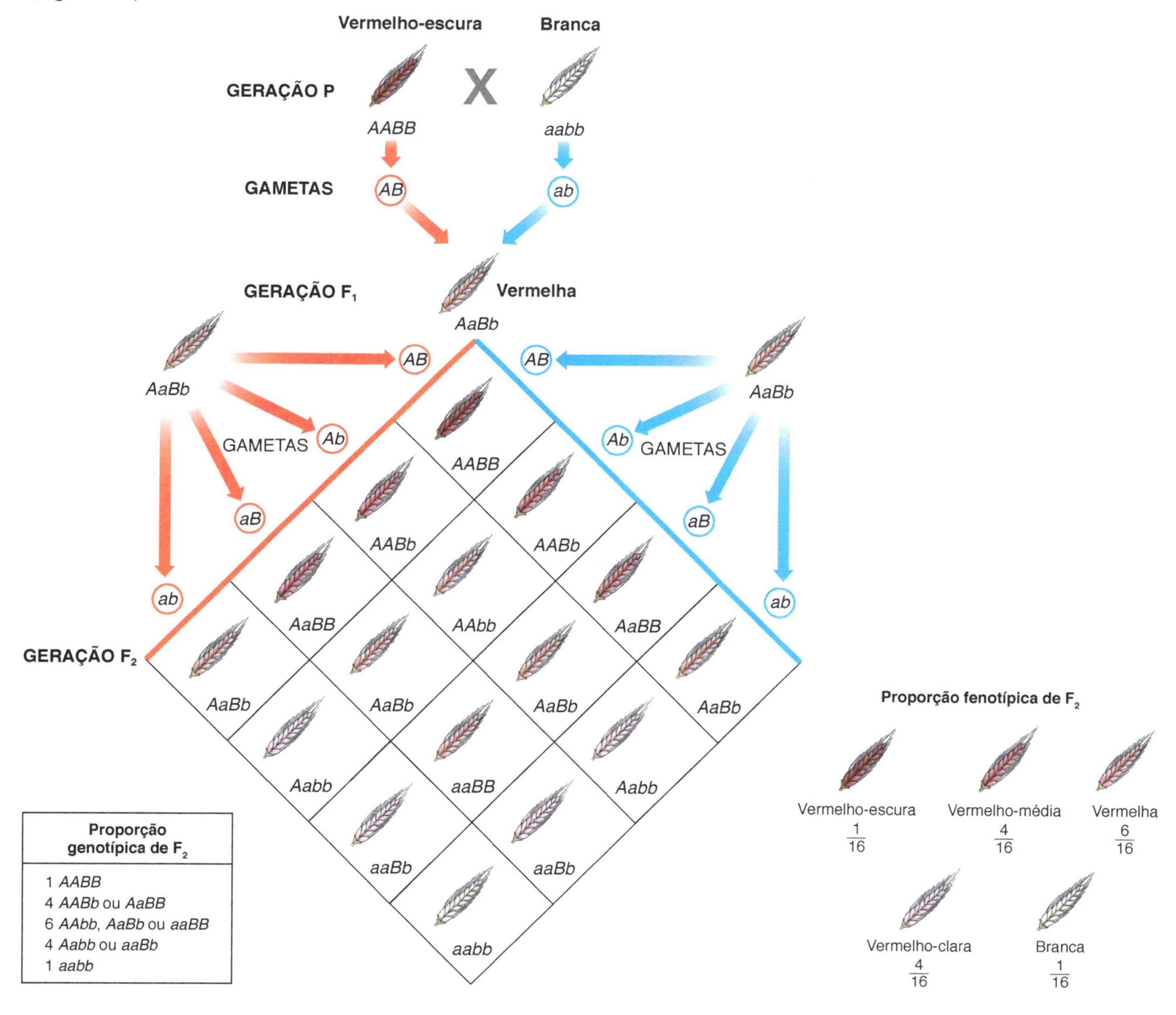

ILUSTRAÇÕES: JURANDIR RIBEIRO

Figura 23.14 Representação esquemática do cruzamento entre plantas de trigo produtoras de sementes vermelho-escuras e plantas de trigo produtoras de sementes brancas e do cruzamento entre plantas da geração F_1. A proporção fenotípica obtida na geração F_2 mostra que se trata de um caso de herança quantitativa.

Agora você pode resolver as atividades 6, 7, 34, 46 e 61.

23.3 Ligação gênica

Genes localizados em pares diferentes de cromossomos homólogos segregam-se independentemente na meiose. Mas isso não ocorre com genes localizados no mesmo cromossomo, pois eles fazem parte da mesma molécula de DNA, ou seja, estão fisicamente ligados no cromossomo. Por isso diz-se que esses genes apresentam **ligação gênica**, termo derivado do inglês *linkage*, ligação. **(Fig. 23.15)**

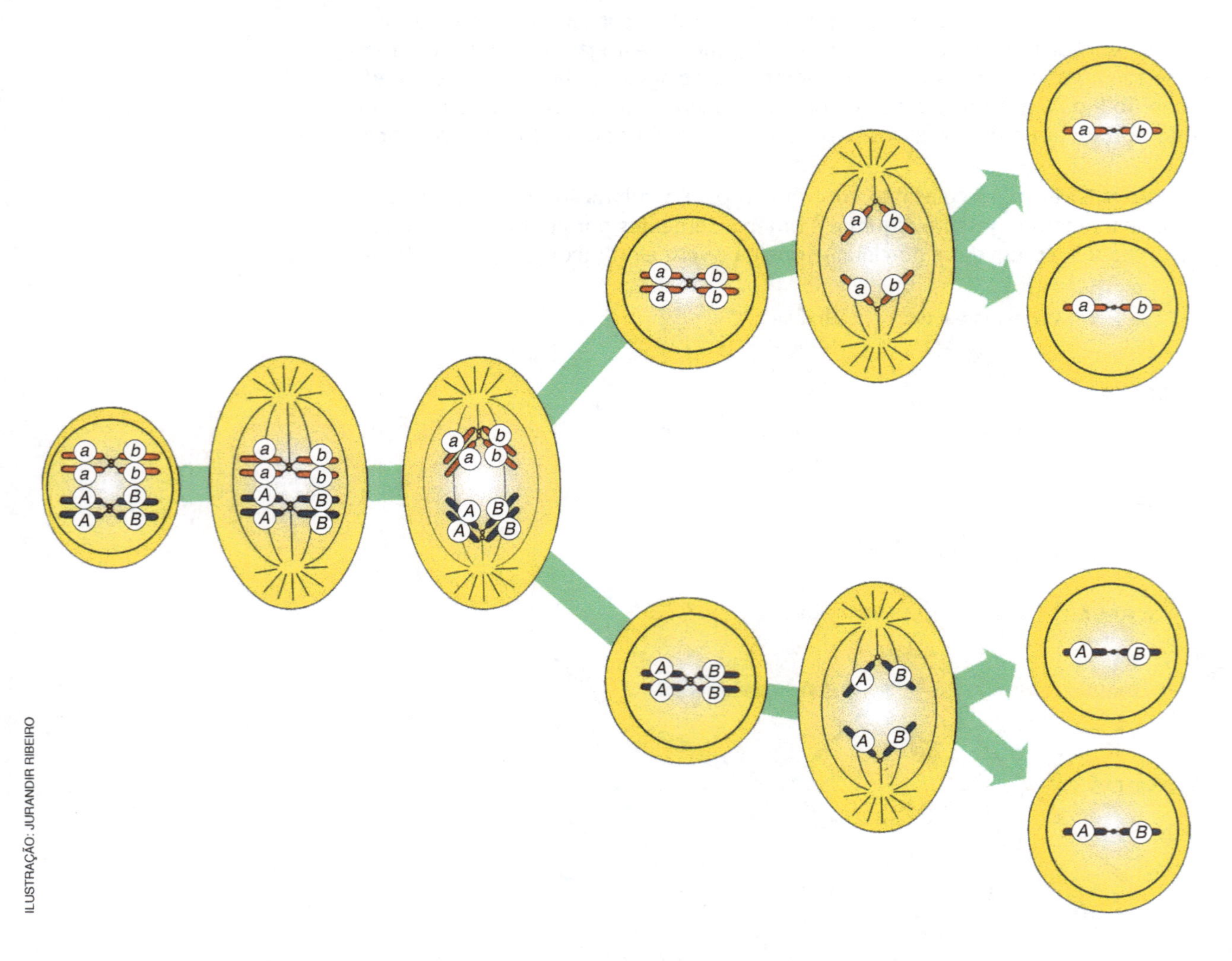

Figura 23.15 Representação esquemática que mostra o comportamento meiótico de dois genes localizados no mesmo cromossomo (*AB*/*ab*). A menos que ocorra o fenômeno da permutação cromossômica, alelos situados no mesmo cromossomo migram juntos para as células-filhas. A cor azul indica que os cromossomos são de origem paterna; a cor vermelha indica que os cromossomos são de origem materna.

Vamos estudar como exemplo dois genes situados no mesmo cromossomo, portanto, em ligação gênica, na mosca drosófila (*Drosophila melanogaster*); um dos genes controla a cor do corpo e o outro, a forma das asas.

A cor do corpo das drosófilas encontradas na natureza, característica denominada **selvagem**, é cinzento-amarelada. A cor do corpo das moscas selvagens é condicionada pelo alelo dominante (*P*) de um gene, localizado no cromossomo II. Uma mutação ocorrida em laboratório originou o alelo recessivo (*p*) do gene, que condiciona ao corpo da mosca a cor preta.

Quanto à forma das asas, drosófilas selvagens têm asas alongadas, característica condicionada pelo alelo dominante (*V*) de um gene, também localizado no cromossomo II. Em consequência, esse gene está fisicamente ligado ao gene para cor do corpo. Uma mutação surgida em laboratório originou o alelo recessivo (*v*), que condiciona asas de tamanho reduzido, característica denominada asa vestigial.

Quando fêmeas selvagens puras, com corpo cinzento-amarelado e asas alongadas – *PPVV* –, são cruzadas com machos de corpo preto e asas vestigiais – *ppvv* –, a geração F_1 é inteiramente constituída por machos e fêmeas com fenótipo selvagem. Fêmeas de F_1, submetidas a cruzamentos-teste com machos de corpo preto e asas vestigiais, produzem quatro tipos de descendente, nas seguintes porcentagens:

- 41,5% de corpo cinzento-amarelado e asas alongadas;
- 41,5% de corpo preto e asas vestigiais;
- 8,5% de corpo cinzento-amarelado e asas vestigiais;
- 8,5% de corpo preto e asas alongadas.

Esses resultados mostram que as fêmeas duplo-heterozigóticas produzem quatro tipos de gameta, nas seguintes porcentagens: 41,5% *PV* : 41,5% *pv* : 8,5% *Pv* : 8,5% *pV*. Os machos, homozigóticos recessivos, produzem um só tipo de gameta, *pv*. **(Fig. 23.16)**

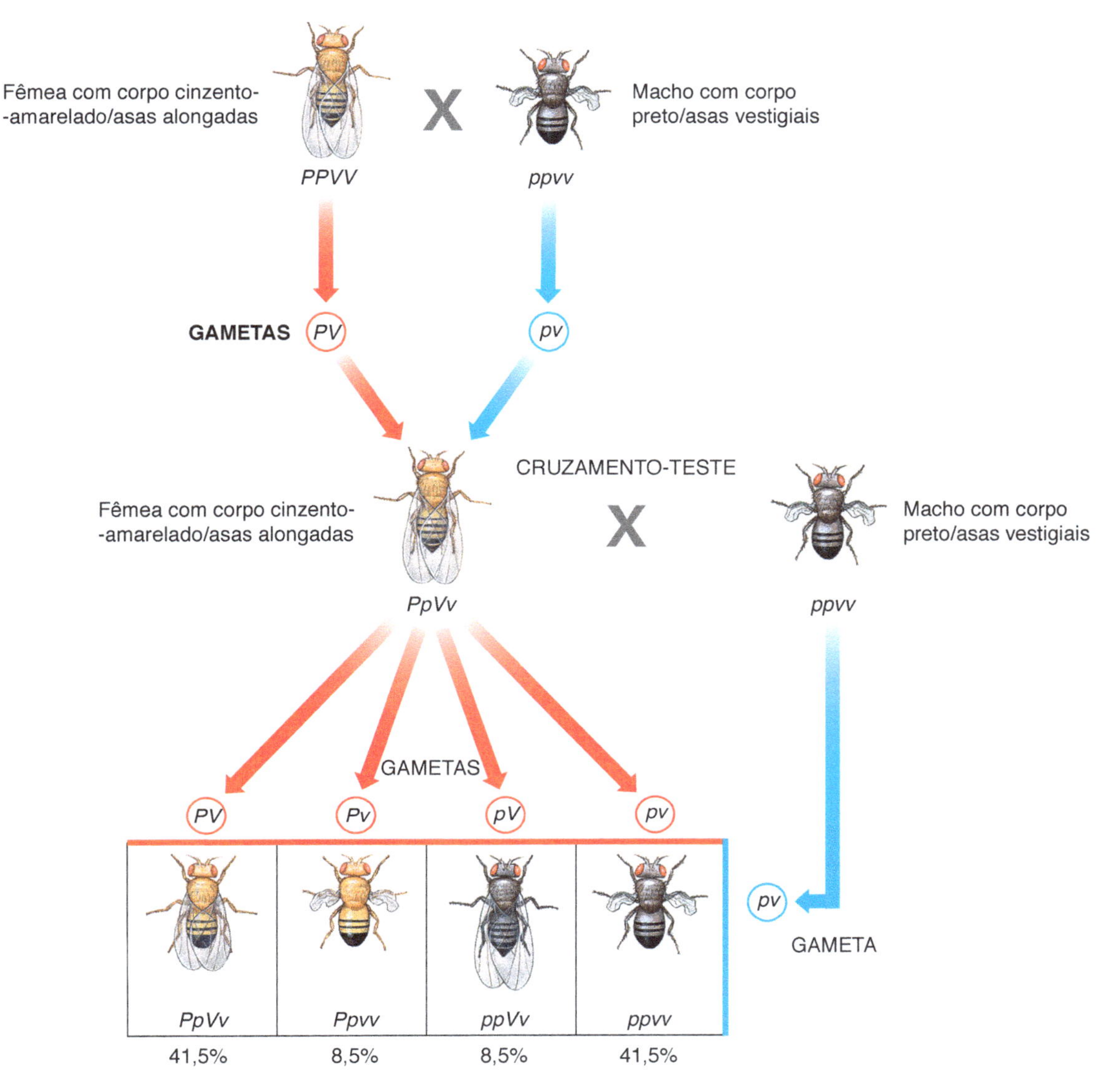

Figura 23.16 Representação esquemática de cruzamentos em drosófilas que mostram a segregação não independente de genes para cor do corpo e forma das asas. O cruzamento-teste de fêmeas duplo-heterozigóticas (com machos duplo-recessivos) mostra que elas formam quatro tipos de gameta, mas em proporções diferentes daquelas esperadas pela lei da segregação independente.

Por que os quatro tipos de gameta da fêmea não foram produzidos em mesma proporção, 25% de cada tipo, como seria esperado pela segunda lei de Mendel? Os resultados indicam que não está havendo segregação independente entre os genes para cor do corpo e forma da asa. Gametas portadores dos alelos *PV* e dos alelos *pv* ocorrem em porcentagens maiores que os gametas portadores dos alelos *Pv* e *pV*. Por que isso acontece?

O geneticista estadunidense Thomas Hunt Morgan (1866-1945) explicou os resultados admitindo que os genes para cor do corpo e forma das asas localizam-se no mesmo par de cromossomos homólogos da drosófila. Por isso, eles não se segregavam independentemente.

Entretanto, a questão que intrigava os geneticistas era: se os genes estavam fisicamente unidos na estrutura do cromossomo, por que sua ligação não era completa? Por que eles não permaneciam totalmente juntos durante a meiose? Como explicar uma certa porcentagem resultante da combinação de alelos de genes fisicamente ligados na mesma molécula de DNA?

Recombinação gênica por meio da permutação cromossômica

Para entender essa questão temos que relembrar os cruzamentos representados na figura 23.16, em que fêmeas de drosófila duplo-heterozigóticas quanto aos genes para cor do corpo e forma das asas foram cruzadas com machos duplo-recessivos. Note que um dos cromossomos da fêmea duplo-heterozigótica apresenta os alelos dominantes (*P* e *V*), recebidos da mãe, enquanto seu homólogo apresenta os alelos recessivos (*p* e *v*), recebidos do pai.

Como os cromossomos homólogos separam-se na meiose, era de esperar que as fêmeas formassem apenas dois tipos de gameta: 50% com o cromossomo materno, portador dos alelos dominantes (*P* e *V*), e 50% com o cromossomo paterno, portador dos alelos recessivos (*p* e *v*). Entretanto, os resultados mostram que, além desses dois tipos de gameta, as fêmeas duplo-heterozigóticas formam também gametas recombinantes, isto é, que combinam genes de origem materna e de origem paterna: 8,5% deles têm os alelos *P* e *v*, e 8,5% têm os alelos *p* e *V*.

Morgan propôs a hipótese de que a ligação entre genes localizados no mesmo cromossomo só não é completa porque, durante a prófase I da meiose, podem ocorrer quebras e trocas de pedaços entre cromátides de cromossomos homólogos. Esse fenômeno, conhecido como **permutação cromossômica** (em inglês, *crossing-over*), leva à formação de certo número de gametas recombinantes, com combinações alélicas diferentes das presentes nos cromossomos herdados dos pais. **(Fig. 23.17)**

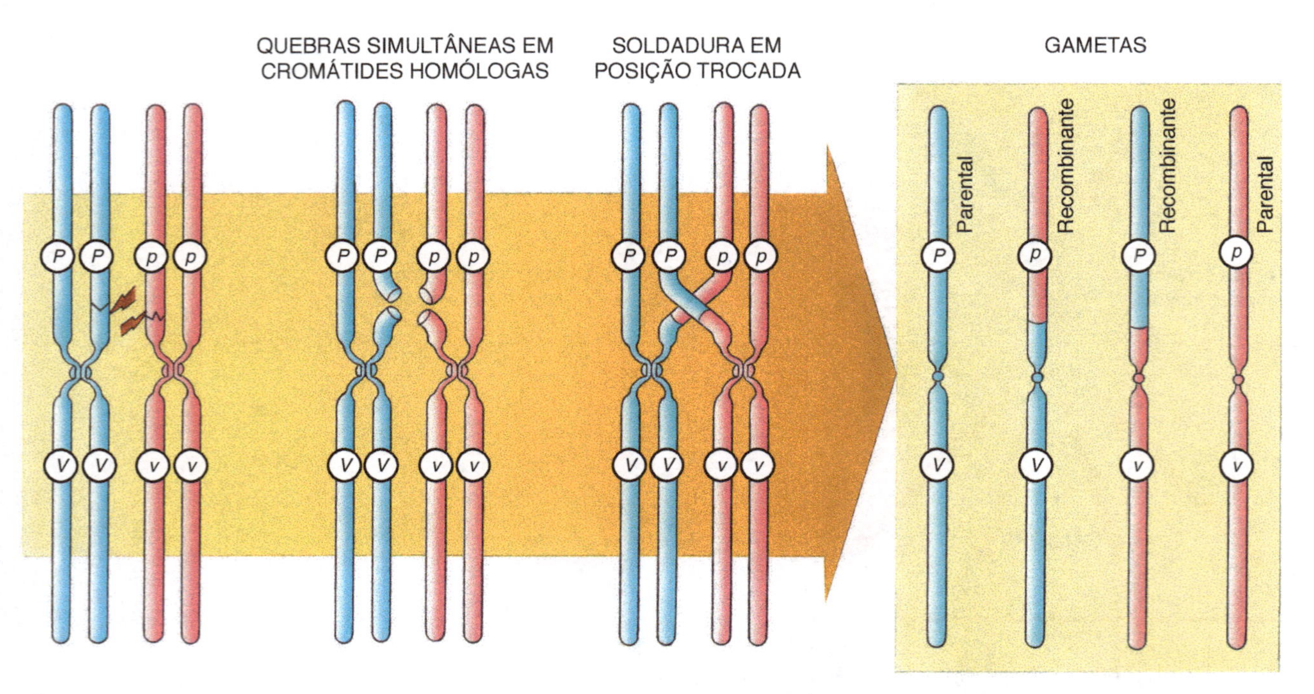

Figura 23.17 Representação esquemática da permutação cromossômica entre genes ligados, mostrando a formação de dois cromossomos com combinações alélicas parentais e de dois cromossomos recombinantes.

Estimando a taxa de recombinação entre dois locos gênicos

A soma das porcentagens dos descendentes com as características recombinantes no cruzamento-teste corresponde à taxa de permutação cromossômica entre os dois locos gênicos considerados. No exemplo da drosófila, a taxa de permutação cromossômica entre o loco do gene para cor do corpo (cinzento-amarelado ou preto) e o loco do gene para forma das asas (alongada ou vestigial) é de 17% (8,5% + 8,5%).

Os pesquisadores do grupo de Morgan se perguntavam: a) Por que a taxa de recombinação entre dois determinados locos gênicos é sempre a mesma? b) Por que a taxa de recombinação varia entre os diferentes locos gênicos?

Eles fizeram o seguinte raciocínio: se a recombinação entre dois genes ligados depende da ocorrência de permutações entre eles, quanto menor for a distância entre dois locos, menor será a chance de haver permutação cromossômica. Em contrapartida, quanto maior for a distância entre dois locos, maior será a probabilidade de ocorrer permutação cromossômica entre eles.

Por exemplo, considere três pares de alelos, *Aa*, *Bb* e *Cc*, situados no mesmo cromossomo, dispostos da seguinte maneira nos filamentos cromossômicos:

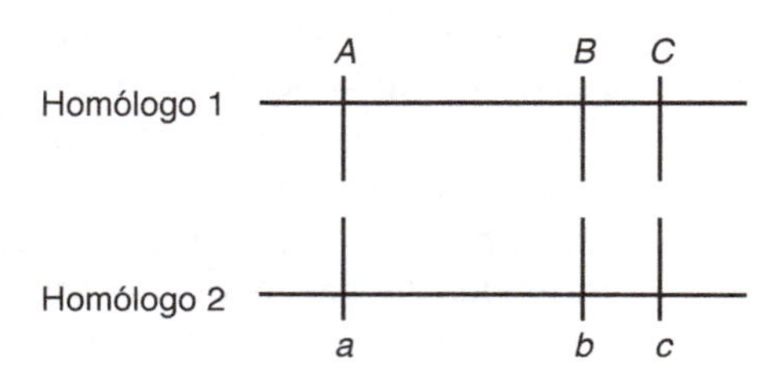

A conclusão é que a frequência de recombinação entre os genes mais distantes – *A*/*a* e *C*/*c* – é maior que a frequência de recombinação entre os genes mais próximos – *A*/*a* e *B*/*b* ou *B*/*b* e *C*/*c*–, pois qualquer permutação cromossômica que se verifique entre os genes mais próximos também ocorre entre os genes mais distantes (*A*/*a* e *C*/*c*).

Esse raciocínio parte do pressuposto de que os genes se distribuem linearmente ao longo dos cromossomos, ocupando posições bem definidas. As experiências confirmaram essa hipótese em todas as espécies de seres vivos, incluindo a espécie humana.

Princípios de construção de mapas gênicos

O geneticista estadunidense Alfred Henry Sturtevant (1891-1970), na época em que estagiava no laboratório de Thomas Hunt Morgan, imaginou a construção de **mapas gênicos**, que mostrariam a distribuição dos genes ao longo do cromossomo e as distâncias relativas entre eles. Ele sugeriu que a distância entre os genes podia ser deduzida pela taxa de recombinação observada nos cruzamentos.

Um dos casos estudados por Sturtevant envolvia três locos gênicos da drosófila: *yellow* (*y*), *vermilion* (*v*) e *miniature* (*m*). Os resultados experimentais obtidos pelo grupo de Morgan indicavam que a taxa de recombinação entre *y* e *v* era de 32,2% e que a taxa de recombinação entre *y* e *m* era de 35,5%. Portanto, segundo a hipótese da equipe de Morgan, *y* estaria mais próximo de *v* do que de *m*. Entretanto, apenas essas duas informações não permitem saber em que ordem esses genes estão, isto é, se *v* está entre *y* e *m*, ou se *y* está entre *v* e *m*. **(Fig. 23.18)**

Figura 23.18 Representação do raciocínio utilizado para determinar a distância entre os locos de três genes (*m*, *v* e *y*) a partir de suas taxas de recombinação. Para localizar *m* no mapa gênico, é preciso saber sua taxa de recombinação em relação a *v*.

Seria mais ou menos como determinar a distância entre as cidades *A* e *B* (300 km) e entre *A* e *C* (200 km) localizadas em uma rodovia. Sabemos que a cidade *A* é mais distante de *B* do que de *C*, mas essa informação não nos permite dizer se *C* se localiza entre *A* e *B*, ou se *A* se localiza entre *B* e *C*. Para determinar a sequência dessas cidades, precisamos conhecer a distância entre *B* e *C*. Se essa distância for de cerca de 100 km, concluímos que *C* se localiza entre *A* e *B*. A outra possibilidade é que a distância entre *B* e *C* seja de cerca de 500 km; nesse caso, *A* localiza-se entre *B* e *C*.

Sturtevant precisava saber a taxa de recombinação entre os locos *v* e *m* para determinar a sequência dos locos *y*, *v* e *m* no cromossomo. Com isso, ele testaria a hipótese de que a taxa de recombinação podia ser usada como medida de distância entre os genes. Segundo sua hipótese, a distância entre os locos *v* e *m* seria de 67,7% (35,5 + 32,2) ou 3,3% (35,5 − 32,2).

A partir de cruzamentos-teste entre fêmeas duplo-heterozigóticas *VvMm* e machos duplo-recessivos *vvmm*, Sturtevant verificou que a porcentagem de recombinação entre os locos *v* e *m* era de cerca de 3%. Esse resultado, realmente muito próximo de uma das possibilidades previstas (3,3%), foi uma forte evidência de que as hipóteses usadas na construção do mapa gênico estavam corretas. Além da drosófila, genes de muitas espécies, inclusive da nossa, vêm sendo mapeados dessa maneira.

A unidade utilizada para estimar a distância entre genes no cromossomo é denominada **unidade de recombinação** (UR), ou **centimorgan**, ou morganídeo. Estas últimas são uma homenagem a Thomas Morgan por suas contribuições à Genética. Uma unidade de recombinação, ou centimorgan, corresponde à taxa de 1% de recombinantes. Assim, quando se diz que a distância entre dois locos gênicos é de 17 UR, ou 17 centimorgans, significa que a taxa de recombinantes entre eles é de 17%. Como vimos na figura 23.16, esse é o caso dos locos dos genes para a cor do corpo (gene *black*) e para a forma da asa (gene *vestigial*) em *Drosophila melanogaster*.

Resolvendo problemas de Genética

Ligação gênica e mapeamento gênico

O problema

Em *Drosophila melanogaster* asas alongadas (*M*) são dominantes sobre asa miniatura (*m*); olhos marrom--avermelhados (*V*) são dominantes sobre olhos vermelhos (*v*). Fêmeas selvagens puras foram cruzadas com machos de asas miniatura e olhos vermelhos. As fêmeas da geração F_1 foram cruzadas com machos recessivos, produzindo a seguinte descendência:

- 48,5% asas alongadas e olhos marrom-avermelhados;
- 48,5% asas miniatura e olhos vermelhos;
- 1,5% asas alongadas e olhos vermelhos;
- 1,5% asas miniatura e olhos marrom-avermelhados.

Pergunta-se:

a) Qual é a evidência de que se trata de ligação gênica?

b) Qual é o arranjo dos alelos nas fêmeas duplo-heterozigóticas de F_1: os alelos dominantes estão em um mesmo cromossomo e os alelos recessivos no cromossomo homólogo (arranjo *cis*) ou um dos alelos dominantes está no mesmo cromossomo que contém o alelo recessivo do outro gene e vice-versa (arranjo *trans*)?

c) Qual é a distância relativa entre os locos gênicos considerados?

A solução

Como se trata de um cruzamento-teste (cruzamento com recessivo), o fenótipo da descendência é determinado pelo genótipo dos gametas produzidos pelo indivíduo com características dominantes. Assim, os tipos de gameta feminino que geraram cada uma das classes de descendentes são:

Fenótipos da descendência	Genótipos dos gametas femininos	Porcentagem
alongadas/marrom-avermelhados	*MV*	48,5%
miniatura/vermelhos	*mv*	48,5%
alongadas/vermelhos	*Mv*	1,5%
miniatura/marrom-avermelhados	*mV*	1,5%

Percebe-se que não se trata de segregação independente porque os gametas femininos não ocorrem na proporção de 1 : 1 : 1 : 1 (25% de cada tipo). Assim, respondendo à pergunta **a** do problema: trata-se de um caso de ligação gênica, pois se formaram quatro classes fenotípicas, duas em maior frequência (classes parentais) e duas em menor frequência (classes recombinantes).

Podemos agora responder à pergunta **b**: o arranjo dos alelos nas fêmeas duplo-heterozigóticas era *cis* (*MV*/*mv*). Isso pôde ser deduzido pelo fato de os gametas *MV* e *mv* terem sido produzidos em maior frequência, 48,5% cada um.

Para responder à pergunta **c**, estimamos a distância relativa entre os dois locos gênicos a partir da porcentagem de permutação cromossômica entre eles. A porcentagem de permutação cromossômica é igual à soma das porcentagens das classes recombinantes, ou seja, 3% (1,5% + 1,5%). Assim, a distância entre esses dois locos gênicos é de 3 UR ou 3 centimorgans.

Agora você pode resolver as atividades de 8 a 15, 35, 43, 44, 57 e 62 a 64.

23.4 Herança de genes localizados em cromossomos sexuais

Os cromossomos e o sexo

Em muitas espécies animais e em algumas plantas a diferença entre machos e fêmeas é definida por um par de cromossomos especiais, os **cromossomos sexuais**. Os outros pares de cromossomos, equivalentes em machos e fêmeas, recebem o nome de **autossomos** (do grego *autos*, próprio). Vejamos, a seguir, algumas das variações do sistema cromossômico de determinação do sexo.

Principais sistemas cromossômicos de determinação do sexo

- ***Sistema XY***

Em muitas espécies dioicas as fêmeas têm um par homólogo de cromossomos sexuais, enquanto os machos têm um cromossomo sexual semelhante ao da fêmea e outro tipicamente masculino, sem correspondente no sexo feminino. O cromossomo sexual presente tanto em fêmeas quanto em machos é denominado cromossomo X, e o cromossomo sexual exclusivo de machos é o cromossomo Y. **(Fig. 23.19)**

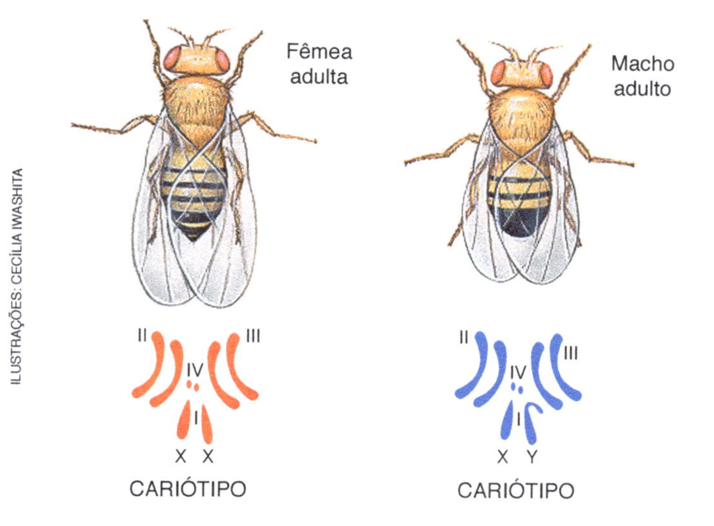

Figura 23.19 Representação esquemática de fêmea e macho adultos de *Drosophila melanogaster* e dos conjuntos cromossômicos (cariótipos) de cada um dos sexos. Nessa espécie, machos e fêmeas têm três pares de autossomos (II, III e IV) e um par de cromossomos sexuais (par I), XX na fêmea e XY no macho.

Esse tipo de determinação cromossômica do sexo, conhecido como **sistema XY**, ocorre em diversos grupos de insetos, nos mamíferos, incluindo a espécie humana, em diversos peixes e em algumas plantas, entre outros organismos. Em resumo, o sistema XY caracteriza-se pelo fato de as fêmeas possuírem dois cromossomos X e os machos, um cromossomo X e um Y.

- ***Sistemas X0, ZW e Z0***

Em alguns insetos, como na maioria das espécies de gafanhotos, as fêmeas têm um par de cromossomos sexuais, enquanto os machos possuem apenas um cromossomo sexual. Consequentemente, no cariótipo dos machos há sempre um número ímpar de cromossomos, um a menos que as fêmeas. Nessas espécies o cromossomo sexual é denominado X, e o sistema de determinação do sexo é conhecido como **sistema X0** (lê-se "xis-zero"), sendo o zero indicativo da ausência de um cromossomo sexual nos machos.

Aves, algumas espécies de répteis, algumas espécies de peixes e algumas espécies de insetos (borboletas e mariposas, por exemplo) apresentam um sistema de determinação do sexo em que são as fêmeas que possuem dois cromossomos sexuais diferentes, ao contrário do que ocorre no sistema XY. Os machos têm um par homólogo de **cromossomos Z**, enquanto as fêmeas têm um cromossomo Z e um **cromossomo W**, exclusivo do sexo feminino. Esse sistema de determinação do sexo é conhecido por **sistema ZW**.

Há ainda algumas espécies de mariposas e de peixes, por exemplo, em que os machos têm sempre um par de cromossomos sexuais ZZ, e as fêmeas, apenas um cromossomo sexual Z. Esse sistema é conhecido como **sistema Z0** (lê-se "zê-zero"), sendo o zero um indicativo da ausência de um cromossomo sexual nas fêmeas.

Cromossomos sexuais e determinação do sexo

Nas espécies com sistemas XY e X0 de determinação do sexo, a meiose de uma célula feminina XX dá origem a um único tipo de gameta, portador de um lote de autossomos e de um cromossomo sexual X. A meiose masculina, por sua vez, origina sempre dois tipos de espermatozoide quanto ao par de cromossomos sexuais. No sistema XY, 50% dos espermatozoides têm um cromossomo X e 50% têm um cromossomo Y; no sistema X0, 50% dos espermatozoides têm um cromossomo X e 50% não têm cromossomo sexual.

Como nos sistemas XY e X0 as fêmeas formam sempre um único tipo de gameta quanto ao cromossomo sexual, elas são o **sexo homogamético** (do grego *homos*, igual). Os machos constituem o **sexo heterogamético** (do grego *heteros*, diferente), pois formam dois tipos de gameta quanto aos cromossomos sexuais.

Note que é o sexo heterogamético que determina o sexo da prole. No sistema XY um espermatozoide portador do cromossomo X, ao fecundar um óvulo (sempre portador do cromossomo X), leva à formação de um zigoto com dois cromossomos X, que se desenvolve em fêmea. E um gameta masculino portador do cromossomo Y, ao fecundar o óvulo, leva à formação de um zigoto com os cromossomos X e Y, que se desenvolve em macho.

No sistema X0 50% dos espermatozoides são portadores de um cromossomo X, que origina fêmeas ao fecundar um óvulo (sempre portador do cromossomo X), e outros 50% não têm nenhum cromossomo sexual ("0"), levando à formação de zigotos com apenas um cromossomo sexual, o X, que se desenvolvem em machos.

Nos sistemas ZW e Z0 o sexo heterogamético é o feminino e são as fêmeas, portanto, que determinam o sexo da prole. Um óvulo portador do cromossomo Z, ao ser fecundado por um espermatozoide (sempre portador de um cromossomo Z), origina um zigoto com dois cromossomos Z, que se desenvolve em macho. Um óvulo portador do cromossomo W, ao ser fecundado por um espermatozoide (Z), origina um zigoto com os cromossomos Z e W, que se desenvolve em fêmea.

Em insetos himenópteros, como abelhas e formigas, machos são haploides (n) e fêmeas são diploides ($2n$). Esse sistema de determinação do sexo é conhecido como **sistema haploide/diploide**.

Nas abelhas melíferas, por exemplo, os machos, denominados zangões, são haploides (n), pois originam-se de óvulos não fecundados que se desenvolvem por partenogênese (desenvolvimento sem fecundação). Os óvulos fecundados, diploides ($2n$), originam fêmeas, que podem se desenvolver em rainhas (férteis) ou em operárias (estéreis), dependendo do tipo de alimentação que receberem durante a fase larval. **(Fig. 23.20)**

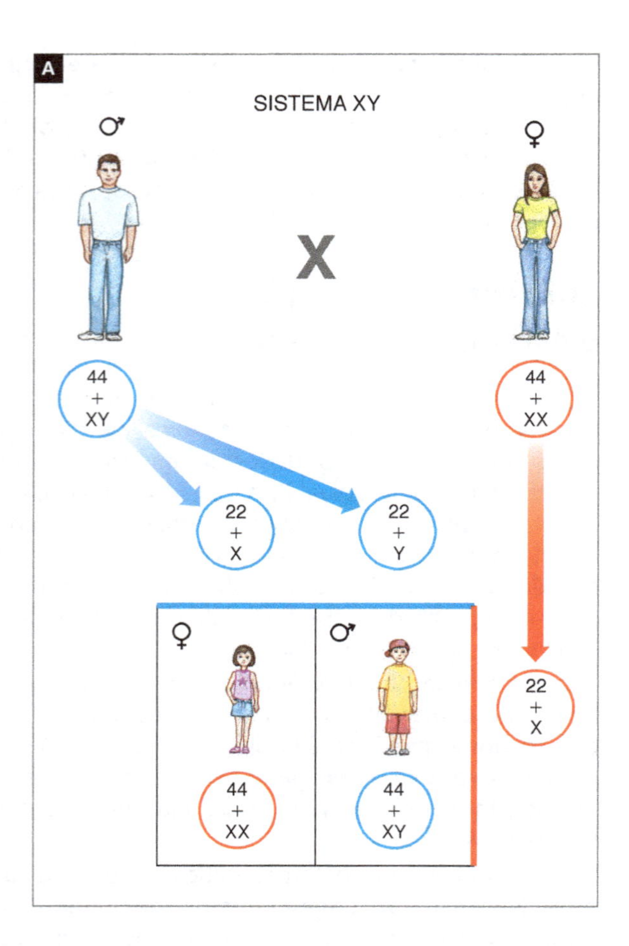

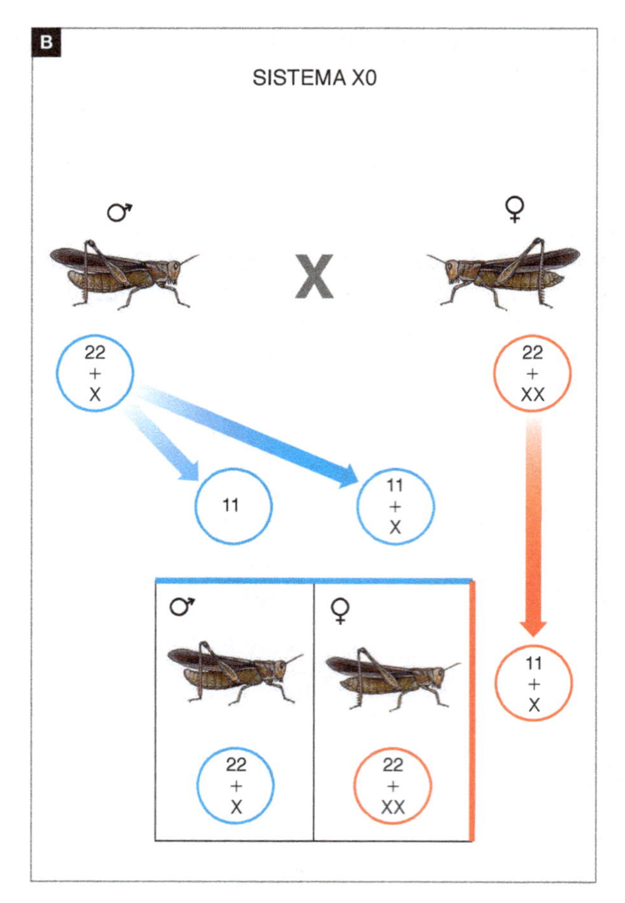

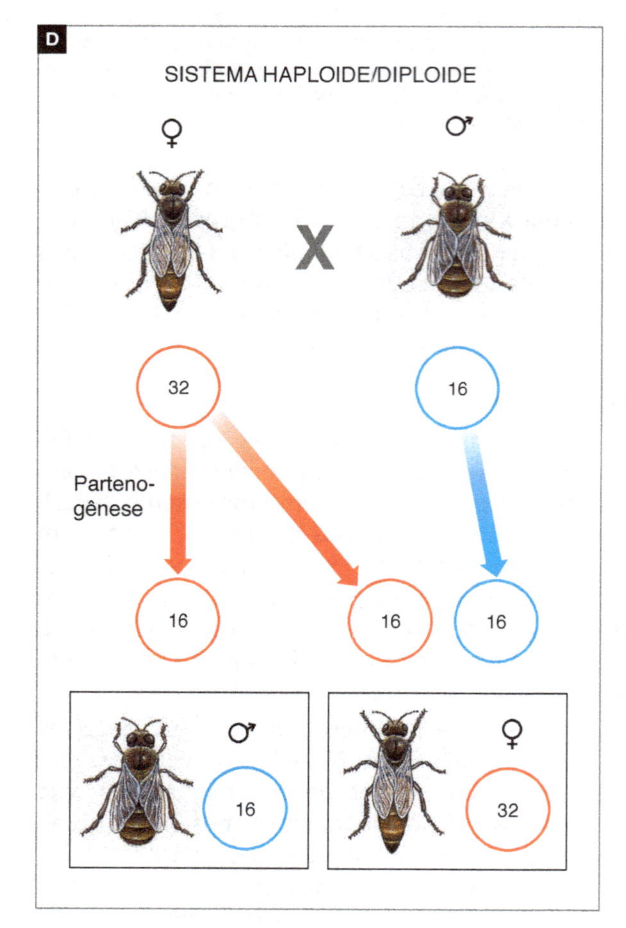

ILUSTRAÇÕES: CECÍLIA IWASHITA

Figura 23.20 Representações esquemáticas de diferentes sistemas de determinação do sexo. **A.** XY (seres humanos). **B.** X0 (gafanhotos). **C.** ZW (galináceos). **D.** Sistema haploide/diploide (abelha melífera).

Os cromossomos sexuais X e Y praticamente não apresentam homologia. Enquanto o cromossomo X possui grande quantidade de genes, envolvidos na determinação de diversas características, o cromossomo Y tem poucos genes. Por isso, indivíduos sem cromossomos X não sobrevivem, ao passo que a ausência de cromossomo Y é compatível com a vida.

Vamos raciocinar sobre o comportamento de um gene localizado no cromossomo X. Suponhamos um gene hipotético com dois alelos (*A* e *a*), localizados no cromossomo X. Fêmeas podem apresentar três tipos de genótipo quanto a esse gene: X^AX^A, X^AX^a e X^aX^a.

Como os machos têm apenas um cromossomo X, eles portam um único alelo do gene: seus genótipos podem ser X^AY ou X^aY. Por ter apenas um alelo dos genes localizados no cromossomo X, metade do que possuem as fêmeas, machos são denominados **hemizigóticos** (do grego *hemi*, metade). Diz-se também que os genes localizados no cromossomo sexual X nos machos estão em **hemizigose** (ou em dose simples).

Genes localizados no cromossomo X (ou Z), que não possuem alelo correspondente no cromossomo Y (ou W), têm a chamada **herança ligada ao cromossomo sexual** (X ou Z). Genes localizados nos autossomos, por sua vez, seguem o que se denomina **herança autossômica**.

Na herança ligada ao cromossomo X, descendentes do sexo masculino herdam os genes presentes no cromossomo X apenas da mãe; filhas herdam metade desses genes da mãe e metade do pai. Por sua vez, o pai transmite genes localizados no cromossomo X apenas às filhas. Vejamos, a seguir, alguns exemplos de herança ligada ao cromossomo X na espécie humana.

Exemplos de herança ligada ao cromossomo X

- ***Daltonismo***

Cerca de 5% a 8% dos homens e 0,04% das mulheres apresentam um tipo de cegueira para cores conhecida como **daltonismo**; essas pessoas são incapazes de distinguir as cores vermelha e verde. O termo daltonismo originou-se do nome do físico e químico inglês John Dalton (1766-1844), que tinha esse distúrbio visual. **(Fig. 23.21)**

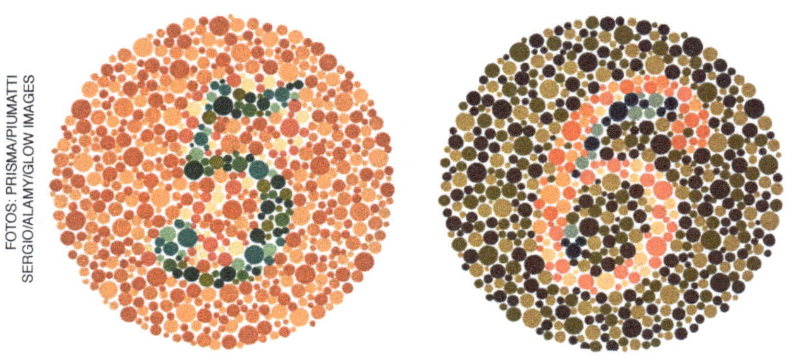
FOTOS: PRISMA/PIUMATTI SERGIO/ALAMY/GLOW IMAGES

Figura 23.21 O teste de cores de Ishihara consiste em diagramas empregados para identificar o tipo mais comum de cegueira para cores (daltonismo). Pessoas de visão normal conseguem distinguir um número escrito dentro dos círculos, o que não ocorre com as daltônicas.

O daltonismo é condicionado por um alelo de um gene localizado no cromossomo X. Um homem hemizigótico para esse alelo (X^dY) ou uma mulher homozigótica (X^dX^d) são daltônicos, ou seja, incapazes de distinguir o verde do vermelho. Mulheres heterozigóticas (X^DX^d) geralmente têm visão normal, pois o alelo para o daltonismo é recessivo. Mulheres filhas de pai não daltônico sempre terão visão normal, pois recebem um alelo normal do pai.

Se uma mulher transmitir o cromossomo X com o alelo mutante (X^d) para um filho, este certamente será daltônico, uma vez que recebeu do pai um cromossomo Y. Assim, cerca de 50% dos filhos homens de uma mulher heterozigótica quanto ao daltonismo herdarão o cromossomo portador do alelo alterado e serão daltônicos. Homens daltônicos só transmitem para as filhas seu cromossomo X portador do alelo alterado. **(Fig. 23.22)**

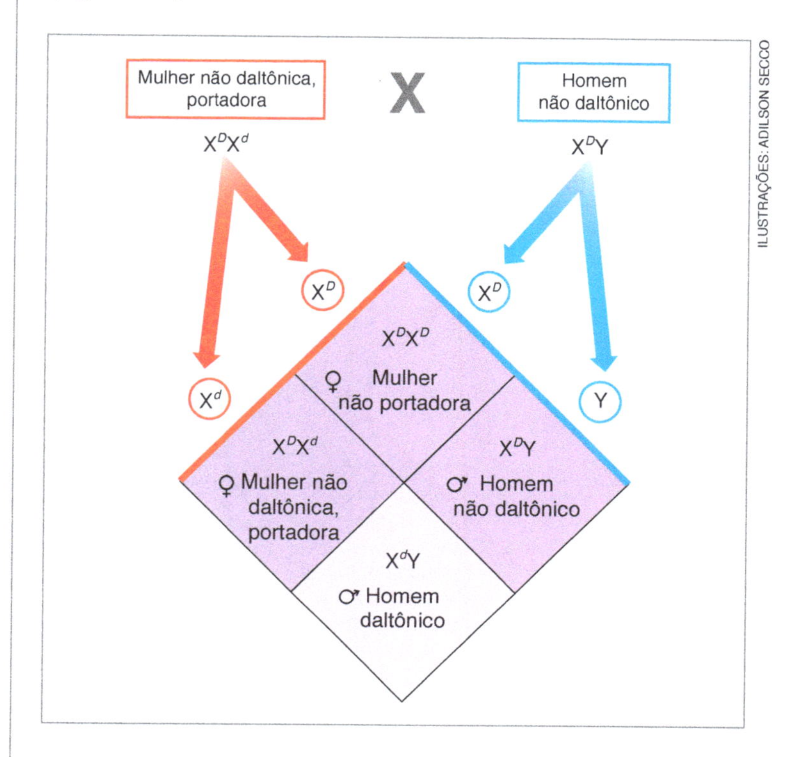

ILUSTRAÇÕES: ADILSON SECCO

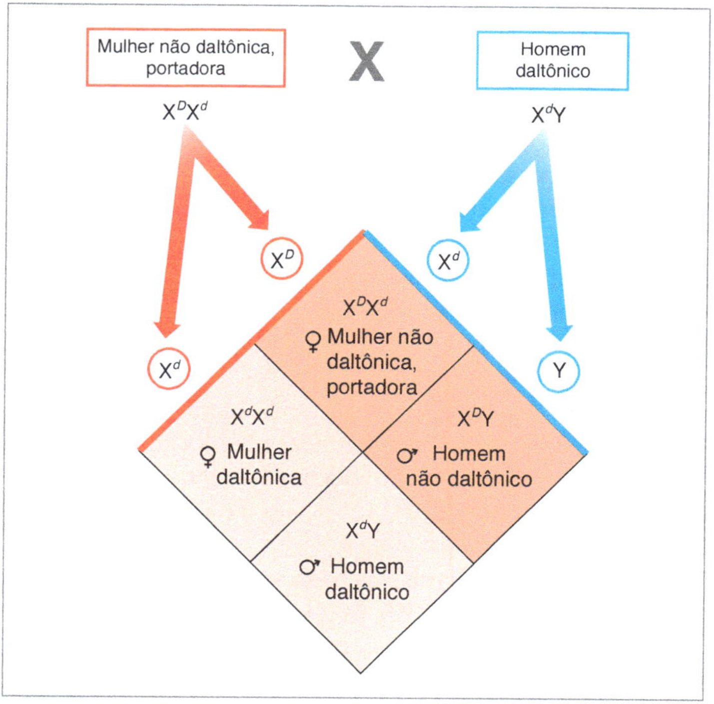

Figura 23.22 Representação esquemática da herança do daltonismo em duas situações: em cima, homem não daltônico com mulher portadora do alelo mutante; embaixo, homem daltônico com mulher portadora do alelo mutante.

- ***Hemofilia***

A **hemofilia** é uma doença hereditária causada por uma falha no sistema de coagulação do sangue; a pessoa hemofílica pode ter hemorragias abundantes, mesmo em pequenos ferimentos ou contusões.

Um dos tipos mais graves de hemofilia, a hemofilia A, é causado pela deficiência do chamado fator VIII de coagulação. O gene responsável por essa característica localiza-se no cromossomo sexual X e apresenta um alelo normal (X^H), que leva à produção de fator VIII funcional, e formas alteradas (alelos X^h), que não levam à produção de fator VIII funcional. Basta a presença de um alelo normal no genótipo para a pessoa apresentar coagulação normal do sangue (não hemofílica).

Pessoas hemofílicas podem ser tratadas com injeções de fator VIII, extraído do sangue de pessoas que não apresentam a hemofilia.

A transmissão hereditária dessa doença segue o padrão típico de herança ligada ao cromossomo X. Mulheres de genótipo X^hX^h e homens de genótipo X^hY são hemofílicos; homens X^HY, mulheres X^HX^H e mulheres X^HX^h não apresentam a doença. **(Fig. 23.23)**

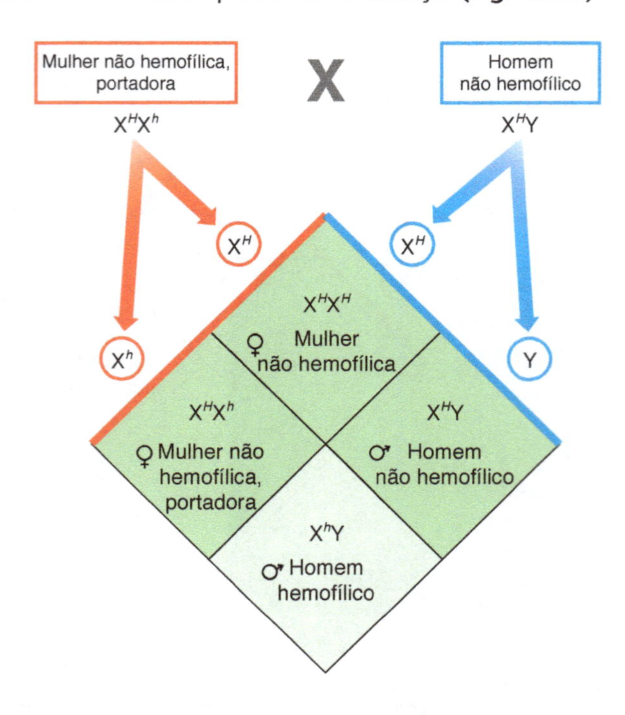

Figura 23.23 Representação esquemática da herança da hemofilia nos descendentes de um homem não hemofílico e uma mulher portadora do alelo condicionante da doença.

Herança ligada ao cromossomo sexual em aves

Os genes localizados no cromossomo Z de aves têm comportamento semelhante ao dos localizados no cromossomo X, porém com padrão de herança inverso, pois nesses animais o sexo heterogamético é o feminino.

Um caso de herança ligada ao cromossomo sexual em galináceos é o da presença ou ausência de listras (ou barras) nas penas. O gene responsável por essa característica localiza-se no cromossomo Z e apresenta dois alelos, um dominante (Z^B), que condiciona plumagem barrada (carijó), e um recessivo (Z^b), que condiciona plumagem não barrada. Os genótipos de machos e fêmeas estão representados na tabela abaixo. **(Tab. 23.2)**

O cruzamento entre um macho não barrado (Z^bZ^b) e uma fêmea barrada (Z^BW) produz machos barrados (Z^BZ^b) e fêmeas não barradas (Z^bW). O cruzamento dos indivíduos de F_1 entre si produz uma geração F_2 em que 25% são machos barrados (Z^BZ^b), 25% são machos não barrados (Z^bZ^b), 25% são fêmeas barradas (Z^BW) e 25% são fêmeas não barradas (Z^bW).

Quando se cruzam machos barrados de linhagem pura (Z^BZ^B) e fêmeas não barradas (Z^bW), os resultados são bem diferentes do cruzamento anterior. Nesse caso 100% dos descendentes, tanto machos (Z^BZ^b) quanto fêmeas (Z^BW), são barrados. O cruzamento dos indivíduos de F_1 entre si produz uma F_2 em que todos os machos são barrados, metade homozigótica (Z^BZ^B) e metade heterozigótica (Z^BZ^b). As fêmeas de F_2 são de dois tipos: barradas (Z^BW) e não barradas (Z^bW), metade de cada tipo. **(Fig. 23.24)**

Tabela 23.2 Genótipos e fenótipos em galináceos em relação à presença ou ausência de listras nas penas

Machos (galos)		Fêmeas (galinhas)	
Genótipo	Fenótipo	Genótipo	Fenótipo
Z^BZ^B	Barrado	Z^BW	Barrada
Z^BZ^b	Barrado	Z^bW	Não barrada
Z^bZ^b	Não barrado		

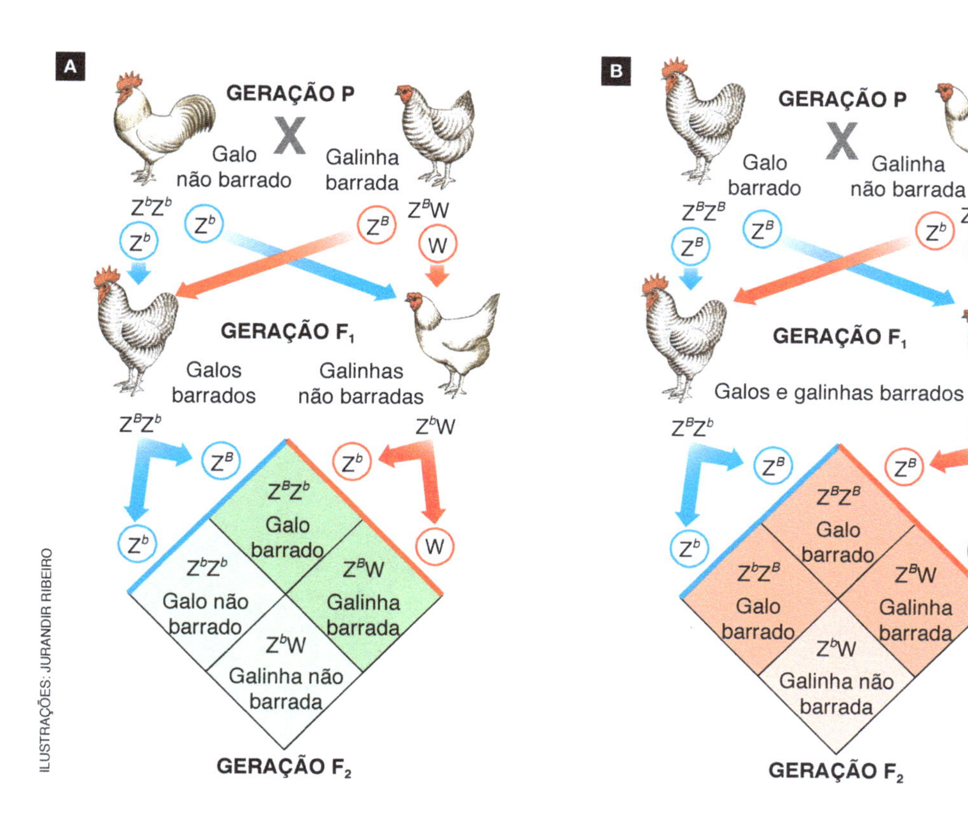

Figura 23.24 Representação esquemática de dois cruzamentos entre galináceos com plumagem barrada (carijó) e não barrada. **A.** Cruzamento de galo não barrado com galinha barrada. **B.** Cruzamento de galo barrado com galinha não barrada.

Resolvendo problemas de Genética

Herança autossômica e herança ligada ao cromossomo X

Genes com herança autossômica segregam-se independentemente de genes com herança ligada ao cromossomo X, uma vez que se localizam em cromossomos diferentes. Para exercitar essa compreensão o problema a seguir considera, simultaneamente, uma característica com herança autossômica e outra com herança ligada ao cromossomo X.

O problema

O albinismo tipo I na espécie humana tem herança autossômica, sendo condicionado por um alelo recessivo. O daltonismo tem herança ligada ao cromossomo X.

No heredograma a seguir os indivíduos de uma família são divididos em duas metades: a da esquerda indica o fenótipo para a pigmentação da pele (pigmentação normal ou albino), e a da direita, o fenótipo para a visão em cores (visão normal ou daltônico).

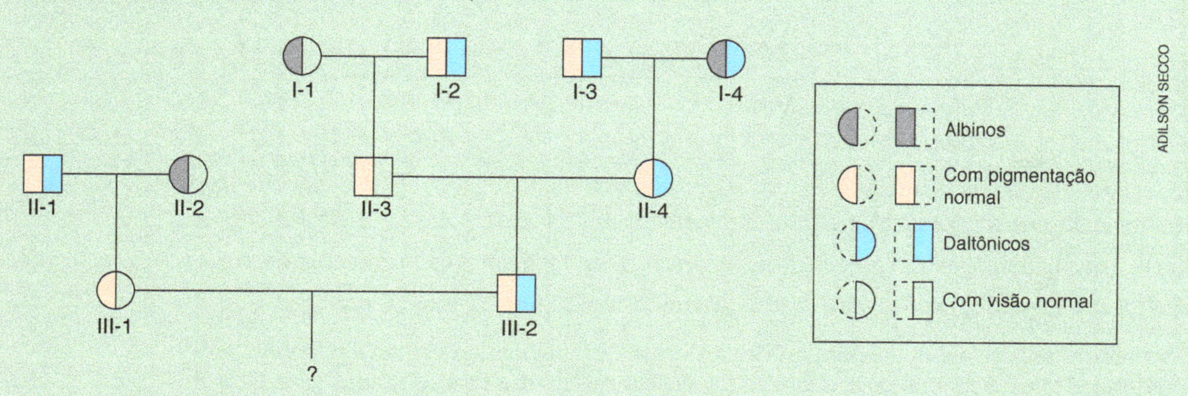

Analise a genealogia e responda:

a) qual é a probabilidade de uma criança filha do casal III-1 × III-2 ser albina e não daltônica?

b) sabendo que o casal III-1 × III-2 já tem um filho do sexo masculino albino que não é daltônico, qual é a probabilidade de um próximo filho do sexo masculino do casal ser albino e daltônico?

A solução

O primeiro passo consiste em determinar os genótipos possíveis dos indivíduos da genealogia. Indivíduos com pigmentação normal têm pelo menos um alelo dominante (*A*), podendo ser homozigóticos (*AA*) ou heterozigóticos (*Aa*). Se um indivíduo com pigmentação normal teve algum descendente albino, ou se um de seus genitores é albino, ele é certamente heterozigótico. Indivíduos albinos são homozigóticos recessivos (*aa*).

Homens com visão normal têm genótipo X^DY, enquanto homens daltônicos são X^dY. Mulheres com visão normal têm pelo menos um alelo normal (X^D), podendo ser homozigóticas X^DX^D ou heterozigóticas X^DX^d. Se uma mulher com visão normal teve um filho daltônico ou se é filha de pai daltônico, será certamente heterozigótica. As mulheres daltônicas são homozigóticas recessivas X^dX^d.

Com base nessas premissas, os genótipos dos diversos indivíduos são:

I-1 = *aa* X^DX- II-1 = *A_* X^dY III-1 = *Aa* X^DX^d
I-2 = *A_* X^dY II-2 = *aa* X^DX- III-2 = *A_* X^dY
I-3 = *A_* X^dY II-3 = *Aa* X^DY
I-4 = *aa* X^dX^d II-4 = *Aa* X^dX^d

A pergunta **a** do problema refere-se à probabilidade de uma criança filha do casal III-1 × III-2 ser albina e não apresentar daltonismo. O genótipo de III-1 foi determinado e é *Aa* X^DX^d. O homem III-2 é X^dY, mas pode ser tanto homozigótico (*AA*) quanto heterozigótico (*Aa*). Assim, uma criança filha desse casal só será albina se III-2 for heterozigótico *Aa*; essa probabilidade é estimada em $\frac{2}{3}$, uma vez que seus pais (II-3 e II-4) são ambos heterozigóticos. No caso de III-2 ser heterozigótico, a chance de uma criança sua filha com III-1 vir a ser albina é $\frac{1}{4}$, como pode ser visto no esquema a seguir.

Pais	*Aa* × *Aa*			
Gametas	$\frac{1}{2}A$:	$\frac{1}{2}a$	$\frac{1}{2}A$:	$\frac{1}{2}a$
Filhos	$\frac{1}{4}AA$:	$\frac{1}{4}Aa$:	$\frac{1}{4}aA$:	$\frac{1}{4}aa$
	3 com pigmentação normal		:	1 albino

A probabilidade de uma criança filha do casal III-1 × III-2 ter visão normal é $\frac{1}{2}$, como pode ser visto no esquema a seguir.

Pais	X^DX^d × X^dY			
Gametas	$\frac{1}{2}X^D$:	$\frac{1}{2}X^d$	$\frac{1}{2}X^d$:	$\frac{1}{2}Y$
Filhos	$\frac{1}{4}X^DX^d$:	$\frac{1}{4}X^dX^d$:	$\frac{1}{4}X^DY$:	$\frac{1}{4}X^dY$
	Mulher com visão normal	Mulher daltônica	Homem com visão normal	Homem daltônico

A probabilidade conjunta de uma criança ser albina e não apresentar daltonismo é de $\frac{1}{4} \times \frac{1}{2} = \frac{1}{8}$, isso assumindo que o indivíduo III-2 seja heterozigótico; como não temos certeza disso, estimamos essa probabilidade em $\frac{2}{3}$ e multiplicamos $\frac{1}{8} \times \frac{2}{3} = \frac{2}{24}$. A probabilidade calculada em resposta à primeira questão é, portanto, $\frac{1}{12}$.

Na pergunta **b**, admite-se que o casal já teve um primeiro filho albino que não apresentava daltonismo; portanto, temos certeza de que o genótipo de III-2 é *Aa* X^dY. Calculamos, então, a probabilidade de um filho do sexo masculino do casal *Aa* X^DX^d × *Aa* X^dY ser albino e daltônico. Como o problema se refere a um filho do sexo masculino, deve-se excluir a descendência feminina do cálculo. Assim, a probabilidade de um filho do referido casal ser albino é $\frac{1}{4}$, e a probabilidade de ser daltônico é $\frac{1}{2}$. A probabilidade conjunta desses dois eventos é $\frac{1}{4} \times \frac{1}{2} = \frac{1}{8}$.

Compensação de dose gênica em mamíferos

Um fenômeno curioso que ocorre no desenvolvimento embrionário das fêmeas de mamíferos é a inativação de um de seus cromossomos X nas células somáticas; o fenômeno não ocorre em células da linhagem germinativa. O cromossomo X inativo torna-se extremamente condensado e assume, em preparações de células em interfase, o aspecto de um pequeno grânulo, denominado **cromatina sexual**. Células femininas apresentam cromatina sexual, ausente nas células masculinas.

A condensação de um dos cromossomos X das fêmeas de mamíferos é uma estratégia para inativar seus genes, igualando, ou compensando, a quantidade de genes ativos em fêmeas e em machos. Essa hipótese, conhecida como **compensação de dose**, foi proposta em 1961 pela pesquisadora inglesa Mary Lyon (1925-2014).

A inativação do cromossomo X ocorre em determinada etapa do desenvolvimento embrionário e persiste daí em diante. Por exemplo, se em uma célula embrionária o cromossomo X de origem paterna foi inativado, todas as descendentes dessa célula terão o mesmo cromossomo inativo.

A inativação pode ocorrer tanto para o cromossomo X materno quanto para o X paterno, com 50% de chance. Assim, o corpo de uma fêmea de mamífero é comparável a um mosaico quanto ao cromossomo X: em certas regiões, as células têm ativo o cromossomo X de origem materna e, em outras, o cromossomo X de origem paterna.

Devido à inativação aleatória do cromossomo X as fêmeas heterozigóticas expressam um dos alelos em certas partes do corpo e o outro alelo nas demais regiões. Isso explica, por exemplo, por que algumas mulheres heterozigóticas para o gene do daltonismo (X^DX^d) têm visão normal em um dos olhos e são daltônicas no outro. Nesse caso o cromossomo X ativo nas células de um dos olhos é portador do alelo que condiciona visão normal (X^D); no outro olho, o cromossomo X ativo é o que apresenta o alelo para daltonismo (X^d); consequentemente, a mulher é daltônica desse olho.

Mulheres heterozigóticas para o gene da hemofilia (X^HX^h) têm, em geral, metade da quantidade do fator VIII para coagulação em relação às mulheres homozigóticas para o alelo normal. Isso ocorre porque, em cerca de metade das células produtoras desse fator, o cromossomo X inativo é o portador do alelo normal (X^H), enquanto na outra metade o inativo é o portador do alelo mutante (X^h).

A inativação aleatória do cromossomo X das fêmeas de mamíferos pode ser notada em certas linhagens de gatos domésticos (*Felis catus*), em que a pelagem preta e a pelagem amarela são condicionadas por alelos de um gene localizado no cromossomo X. Como os machos cromossomicamente normais possuem somente um cromossomo X, eles nunca têm essas duas cores simultaneamente, pois apresentam apenas um ou outro alelo. As fêmeas heterozigóticas geralmente são malhadas, com partes do corpo pretas e partes amarelas. A explicação para esse fato é que, nas regiões pretas, o cromossomo X inativo é o portador do alelo para cor amarela, enquanto nas regiões amarelas o cromossomo X inativo é o portador do alelo para cor preta. **(Fig. 23.25)**

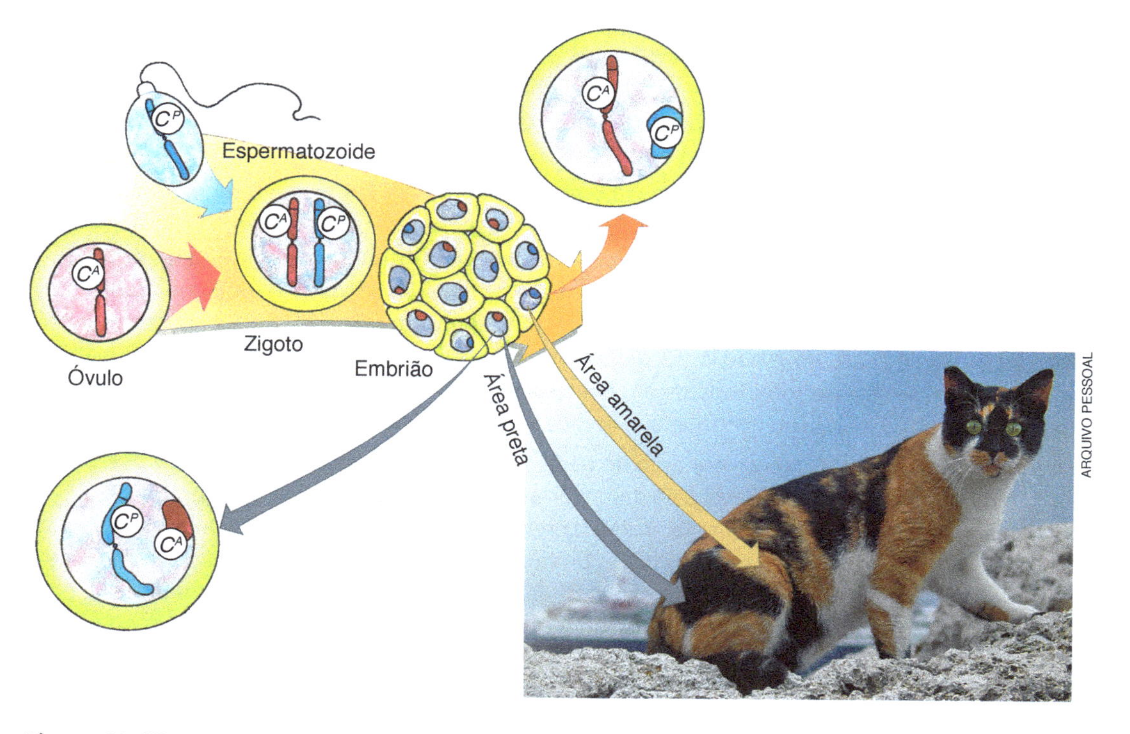

Figura 23.25 Em gatas malhadas de preto e amarelo, o cromossomo X no qual se localiza o alelo para cor preta (C^P) está inativo nas regiões amarelas, enquanto o cromossomo X no qual se localiza o alelo para cor amarela (C^A) está inativo nas regiões pretas. A cor branca é efeito de outro gene, que condiciona variegação da pelagem.

Agora você pode resolver as atividades de 16 a 31, 36 a 40, 47 a 56 e 65 a 69.

Ciência e cidadania

Homens e mulheres: compreender conceitos para vencer preconceitos e estereótipos

O sexo biológico na espécie humana

1 Nos seres humanos, assim como em muitas outras espécies de animais, há diferenças marcantes entre indivíduos dos sexos masculino e feminino. O conjunto dessas diferenças constitui o dimorfismo sexual. Em nossa espécie o sexo biológico pode ser identificado pelo tipo de genitália, pelos tipos de cromossomo e pelos tipos e quantidades de hormônio presentes no sangue da pessoa sexualmente madura.

2 A principal característica que distingue crianças do sexo masculino e do sexo feminino é a genitália externa – presença de pênis e escroto (ou bolsa escrotal), nos meninos, e de pudendo feminino (vulva), nas meninas. Internamente meninos apresentam dois testículos, as gônadas masculinas, localizadas dentro do escroto, além de outros órgãos genitais internos: epidídimos, ductos (ou canais) deferentes, próstata etc. Meninas têm dois ovários, as gônadas femininas, além de outros órgãos genitais internos: tubas uterinas (ou ovidutos), útero, ovário e vagina.

3 Ao longo do desenvolvimento, principalmente a partir da puberdade, as diferenças físicas entre os sexos se acentuam e surgem as características sexuais secundárias. Entre elas podem-se destacar: a) a distribuição de gordura corporal, que torna os corpos femininos geralmente mais arredondados que os masculinos; b) a quantidade das massas muscular e óssea, geralmente maior nos homens; c) a presença de mamas desenvolvidas nas mulheres; d) a quantidade e a distribuição dos pelos corporais, diferente em homens e mulheres; e) o timbre da voz, geralmente mais grave nas pessoas do sexo masculino.

4 Na espécie humana o sexo biológico é determinado no momento da fecundação, quando ocorre a união de um espermatozoide, que contém os cromossomos e genes paternos, e um ovócito, que contém cromossomos e genes maternos. O ovócito apresenta 22 cromossomos semelhantes aos do espermatozoide, os autossomos, e um cromossomo sexual X, enquanto o cromossomo sexual do espermatozoide pode ser um X ou um Y. A fecundação do gameta feminino por um espermatozoide portador de cromossomo X originará um indivíduo do sexo feminino, cujas células apresentarão, além de 22 pares de autossomos, um par de cromossomos sexuais do tipo X (44A + XX). Por outro lado, a fecundação do gameta feminino por um espermatozoide portador do cromossomo Y originará um indivíduo do sexo masculino, cujas células apresentarão, além dos 22 pares de autossomos, um cromossomo X e um cromossomo Y, exclusivo do sexo masculino (44A + XY).

5 No cromossomo Y humano e de outros mamíferos há um gene denominado *SRY* (do inglês *sex regulation on the Y*), responsável pela determinação do sexo. O produto desse gene atua sobre as células das gônadas ainda indiferenciadas do embrião, fazendo com que elas se desenvolvam em testículos. Na ausência do produto desse gene, como ocorre em embriões XX, as gônadas embrionárias diferenciam-se em ovários. Conhecem-se casos de pessoas em que o gene *SRY* sofreu mutação e tornou-se não funcional. Nesses casos, as gônadas indiferenciadas do embrião XY desenvolvem-se em ovários e a pessoa manifesta o sexo feminino, apesar de ser cromossomicamente XY. Em resumo, a presença do gene *SRY* normal leva à condição masculina; sua ausência (ou não funcionamento) leva à condição feminina.

6 Na gônada masculina em desenvolvimento por ação do gene *SRY*, são ativados genes responsáveis pela síntese da testosterona, hormônio responsável pelo desenvolvimento de sistema genital (ou reprodutor) tipicamente masculino a partir de estruturas indiferenciadas presentes no embrião. A partir da puberdade, por estimulação da glândula hipófise, células testiculares produzem grande quantidade de testosterona, o que leva ao desenvolvimento e à acentuação das características sexuais secundárias masculinas. Nessa fase, também tem início a produção de espermatozoides dentro dos túbulos seminíferos presentes nos testículos.

7 Nos embriões femininos, em que o gene *SRY* não está presente, as gônadas indiferenciadas originam ovários, e as estruturas genitais indiferenciadas originam o sistema genital feminino. A partir da puberdade, por estimulação da hipófise, os ovários passam a produzir os hormônios femininos estrógeno e progesterona; o primeiro leva ao desenvolvimento e à acentuação das características sexuais secundárias femininas; o segundo, à preparação do organismo feminino para uma eventual gravidez. Nessa fase, também tem início a liberação cíclica de ovócitos pelos ovários.

Além do sexo biológico

8 Além das características sexuais próprias, homens e mulheres apresentam desenvolvimento cognitivo e emocional particulares. Diversas pesquisas sugerem diferenças cerebrais e comportamentais entre os sexos. Entretanto, uma das grandes dificuldades nesse campo do conhecimento reside na influência que a educação, o treinamento de habilidades específicas, os aspectos sociais e culturais e as características intrínsecas exercem sobre as pessoas.

9 Nos dias atuais discute-se a possibilidade de identificar pessoas pelo gênero, definido como a identidade sexual da pessoa não apenas em função de seus órgãos genitais e características físicas, mas também de acordo com sua estrutura psicológica, seu comportamento na sociedade e seu autorreconhecimento.

10 Há casos em que o sexo biológico não corresponde à identidade de gênero que o indivíduo tem de si mesmo. São pessoas que nasceram homens ou mulheres, mas sentem-se melhor agindo e se comportando como se fossem do outro sexo; são os (as) transgêneros. Além do sexo biológico e da identidade de gênero há também a orientação sexual do indivíduo, que envolve a atratividade sexual-afetiva. Quando a atração ocorre entre pessoas de sexos distintos, as pessoas envolvidas são heterossexuais ou heteroafetivas; quando a atração ocorre entre pessoas de mesmo sexo, as pessoas são homossexuais ou homoafetivas.

11 Aceitar que cada pessoa tem o direito de fazer suas escolhas contribui para o exercício da cidadania. Independentemente do sexo biológico, do gênero e da orientação sexual, cada pessoa faz parte da sociedade e a participação de todos é fundamental para a construção de uma realidade mais justa, equilibrada e sem preconceitos.

GUIA DE LEITURA

Em um mundo multicultural, globalizado e informatizado como o deste século 21, estamos descobrindo novos conceitos e padrões de sexualidade. Conhecer os aspectos biológicos que distinguem o sexo masculino do feminino na espécie humana pode auxiliar as pessoas a compreender que as características pessoais não devem ser motivo para criar rótulos. Após ler o texto do quadro, confira a importância e a modernidade desses temas, respondendo às questões a seguir. Complemente o estudo, pesquisando a respeito e formando sua opinião.

1. Leia o parágrafo 1, que fala sobre dimorfismo sexual. Escreva, com suas palavras, uma definição objetiva desse conceito. O que significa o termo "dimorfismo"?
2. O segundo parágrafo trata das características dos sexos masculino e feminino com relação à genitália. Localize, no Capítulo 21 do livro, as ilustrações referentes aos sistemas genitais masculino e feminino, conferindo suas principais partes.
3. Após a leitura do terceiro parágrafo, elabore uma tabela que relacione os sexos masculino e feminino com os seguintes aspectos: genéticos, cromossômicos, genitais e características sexuais secundárias. Preencha, por enquanto, apenas os aspectos genitais e das características sexuais secundárias. Nas próximas atividades você será convidado a terminar o preenchimento da tabela.
4. Leia o parágrafo 4 do quadro. Seu desafio é elaborar um esquema que represente graficamente a determinação cromossômica do sexo que ocorre na fecundação. Para isso utilize desenhos, setas e legendas, entre outros símbolos gráficos. Aproveite para completar mais uma linha da tabela iniciada na questão anterior, referente às diferenças cromossômicas entre os sexos masculino e feminino.
5. O parágrafo 5 explica por que a presença de cromossomo Y nas células ou sua ausência determinam, respectivamente, os sexos masculino e feminino. Resuma por escrito essa explicação e complete a tabela iniciada anteriormente quanto ao aspecto genético das diferenças entre os sexos.
6. Os parágrafos 6 e 7 apresentam resumidamente a diferenciação entre os sexos masculino e feminino. Acompanhe, no Capítulo 21, a ilustração que representa a diferenciação, ainda no embrião, dos órgãos genitais humanos em homens e mulheres.
7. Leia o oitavo e o nono parágrafos. Qual é sua opinião a respeito das ideias neles apresentadas?
8. Após a leitura do parágrafo 10, pesquise na internet os assuntos tratados. Tente resumir o que encontrou de mais relevante sobre o assunto. Expresse sua opinião.
9. O que você acha da ideia apresentada no último parágrafo? Argumente e dê sua opinião.

Mapa de conceitos

Lei da segregação independente

Lei da segregação independente

é conhecida também como

Segunda lei de Mendel

é responsável, em F_2, pela

leva à

Recombinação gênica

Proporção fenotípica 9 : 3 : 3 : 1

abrange apenas genes localizados em pares diferentes de

pode ocorrer também por

ocorre nos casos de dois pares de alelos com

Cromossomos homólogos

é a troca de pedaços entre

Permutação cromossômica ou *crossing-over*

correspondem à taxa de

Dominância completa

contêm os mesmos

permite estimar a

Unidades de recombinação

Locos gênicos

Distância entre genes

é expressa em

são elaborados com base nas taxas de recombinação entre

Mapas gênicos

é a base de construção de

Herança ligada ao cromossomo sexual

portam os genes que seguem a

mostram a sequência de genes nos

Sistema XO

Cromossomos

determinam o sexo no

Sistema ZO

podem ser

Sistema ZW

Sistema XY

Cromossomos sexuais

Autossomos

ocorrem no

diferem entre os

não diferem entre os

portam os genes que seguem a

são chamados

ocorrem no

Cromossomos X e Y

Sexos

Herança autossômica

Cromossomos Z e W

podem ser classificados como

Sexo homogamético

Sexo heterogamético

ZZ — é → **Macho** ← é — **XY ou apenas X (XO)**

apresenta cromossomos sexuais

apresenta cromossomos sexuais

XX — é → **Fêmea** ← é — **ZW ou apenas Z (ZO)**

ATIVIDADES

REVENDO CONCEITOS, FATOS E PROCESSOS

23.1 A segregação independente de genes

1. Segundo a lei da segregação independente, ou segunda lei de Mendel:

a) dois ou mais genes determinam cada característica de um ser vivo.

b) o fenótipo resulta da interação entre o genótipo e o meio.

c) os organismos diploides possuem duas cópias de cada gene.

d) a separação dos alelos de um gene na meiose não interfere na separação dos alelos de genes localizados em outros pares de cromossomos homólogos.

2. Uma célula duplo-heterozigótica quanto a dois pares de alelos, *Aa* e *Bb*, localizados em diferentes pares de cromossomos homólogos, formará por meiose quatro células, sendo

a) uma portadora do alelo dominante (*A*), outra do alelo recessivo (*a*), do alelo dominante (*B*), e outra do alelo recessivo (*b*).

b) uma portadora dos alelos *AB*, outra dos alelos *Ab*, outra dos alelos *aB* e outra dos alelos *ab*.

c) uma portadora dos alelos *AA*, outra dos alelos *Ab*, outra dos alelos *aB* e outra dos alelos *aa*.

d) duas portadoras dos alelos *AB* e duas portadoras dos alelos *ab*, ou duas portadoras dos alelos *Ab* e duas portadoras dos alelos *aB*.

3. Um indivíduo multicelular duplo-heterozigótico quanto a dois pares de alelos, *Aa* e *Bb*, localizados em diferentes pares de cromossomos homólogos, forma gametas na proporção de

a) $\frac{1}{4}A : \frac{1}{4}a : \frac{1}{4}B : \frac{1}{4}b$.

b) $\frac{1}{4}AB : \frac{1}{4}Ab : \frac{1}{4}aB : \frac{1}{4}ab$.

c) $\frac{1}{4}AA : \frac{1}{4}Ab : \frac{1}{4}aB : \frac{1}{4}aa$.

d) $\frac{1}{2}AB : \frac{1}{2}ab$, ou $\frac{1}{4}Ab : \frac{1}{4}aB$.

4. No cruzamento entre indivíduos duplo-heterozigóticos quanto a dois pares de alelos, *Aa* e *Bb*, localizados em diferentes pares de cromossomos homólogos, espera-se obter

a) apenas indivíduos *AaBb*.

b) indivíduos *AB* e *ab* na proporção de 1 : 1.

c) indivíduos *AA*, *Ab*, *aA* e *bb*, na proporção de 9 : 3 : 3 : 1, respectivamente.

d) indivíduos *A_B_*, *A_bb*, *aaB_* e *aabb*, na proporção de 9 : 3 : 3 : 1, respectivamente.

5. Se um indivíduo duplo-heterozigótico quanto a dois pares de alelos, *Aa* e *Bb*, produz quatro tipos de gametas em proporções iguais, pode-se concluir que

a) os alelos *A* e *B* estavam no mesmo cromossomo e os alelos *a* e *b*, em seu homólogo (*AB*/*ab*).

b) os alelos *A* e *b* estavam no mesmo cromossomo e os alelos *a* e *B*, em seu homólogo (*Ab*/*aB*).

c) os alelos *A* e *a* estavam em um par de cromossomos e os alelos *B* e *b*, em outro par cromossômico.

d) nenhuma das conclusões anteriores é possível com esses dados.

23.2 Interações entre genes com segregação independente

Considere as alternativas a seguir para responder às questões 6 e 7.

a) Codominância.

b) Herança quantitativa, ou poligênica.

c) Interação gênica.

6. Que nome se dá ao fato de dois ou mais genes condicionarem conjuntamente uma determinada característica?

7. Qual é o nome da herança em que diversos genes atuam sobre determinada característica, cada um com um efeito aditivo na composição do fenótipo?

23.3 Ligação gênica

Utilize as alternativas a seguir para responder às questões de 8 a 12.

a) Ligação gênica.

b) Centimorgans, ou unidades de recombinação.

c) Mapa gênico.

d) Permutação cromossômica (*crossing-over*).

e) Recombinação gênica.

8. Que alternativa expressa a unidade de distância entre os locos gênicos no cromossomo?

9. Como se denomina o fenômeno de trocas de pedaços entre cromátides homólogas na meiose?

10. Como se denomina a propriedade de produzir gametas com combinações de alelos diferentes das que foram recebidas dos pais?

11. Como se denomina a representação gráfica das posições relativas dos genes e suas distâncias relativas em um cromossomo?

12. Qual é o termo utilizado para designar os genes localizados em um mesmo cromossomo?

13. Em um cruzamento genético, verificou-se que um indivíduo duplo-heterozigótico (*AaBb*) formou 4 tipos de gameta na proporção de 40% *AB* : 40% *ab* : 10% *Ab* : 10% *aB*.
Trata-se de um caso de

a) interação gênica.

b) herança quantitativa.

c) ligação gênica.

d) segregação independente.

14. No exemplo mencionado no exercício anterior, a distância entre os dois locos gênicos no cromossomo é estimada em

a) 10 centimorgans.

b) 20 centimorgans.

c) 40 centimorgans.

d) 80 centimorgans.

15. As taxas de recombinação entre três genes localizados em um mesmo par de cromossomos homólogos foram as seguintes: entre *t* e *r* = 3%; entre *t* e *s* = 8%; entre *r* e *s* = 11%. Com base nessas informações,

a) conclui-se que a ordem desses genes no cromossomo é *t-r-s*.

b) conclui-se que a ordem desses genes no cromossomo é *t-s-r*.

c) conclui-se que a ordem desses genes no cromossomo é *r-t-s*.

d) nada se pode concluir sobre a ordem desses genes no cromossomo.

23.4 Herança de genes localizados em cromossomos sexuais

Utilize os termos a seguir para responder às questões de 16 a 19.

a) compensação de dose
b) cromatina sexual
c) daltonismo
d) hemofilia A

16. O(A) ( ) é uma condição hereditária ligada ao cromossomo X em que a pessoa não distingue certas cores.

17. O(A) ( ) é um dos cromossomos X das fêmeas de mamíferos condensado durante a interfase.

18. A condição hereditária em que falta o fator VIII, necessário à coagulação normal do sangue, é chamada de ( ).

19. A hipótese do(a) ( ) explica a condensação de um dos cromossomos X em fêmeas de mamíferos.

Considere as alternativas a seguir para responder às questões 20 e 21.

a) Sexo homogamético.
b) Sexo heterogamético.
c) Sexo masculino.
d) Sexo feminino.

20. Como se denomina o sexo que forma dois tipos diferentes de gameta quanto aos cromossomos sexuais?

21. Como se denomina o sexo que forma apenas um tipo de gameta quanto aos cromossomos sexuais?

22. Cromatina sexual refere-se
a) ao cromossomo Y condensado no espermatozoide.
b) ao cromossomo X condensado no óvulo.
c) ao cromossomo X dos machos condensado durante a interfase.
d) a um dos cromossomos X das fêmeas condensado durante a interfase.

Considere as alternativas a seguir para responder às questões de 23 a 26.

a) dois tipos de óvulo e um tipo de espermatozoide.
b) dois tipos de óvulo e dois tipos de espermatozoide.
c) um tipo de óvulo e um tipo de espermatozoide.
d) um tipo de óvulo e dois tipos de espermatozoide.

23. Uma espécie com sistema de determinação do sexo XY produz, com relação aos cromossomos sexuais, ( ).

24. Uma espécie com sistema de determinação do sexo X0 produz, com relação aos cromossomos sexuais, ( ).

25. Uma espécie com sistema de determinação do sexo ZW produz, com relação aos cromossomos sexuais, ( ).

26. Uma espécie com sistema de determinação do sexo Z0 produz, com relação aos cromossomos sexuais, ( ).

27. Em uma espécie de gafanhoto, as fêmeas possuem 20 cromossomos nas células dos gânglios nervosos. Sabendo-se que nessa espécie o sistema de determinação do sexo é do tipo X0, espera-se que
a) 100% dos óvulos tenham 10 cromossomos e que 100% dos espermatozoides tenham 9 cromossomos.
b) 100% dos óvulos e 100% dos espermatozoides tenham 10 cromossomos.
c) 100% dos óvulos e 50% dos espermatozoides tenham 10 cromossomos, e que 50% dos espermatozoides tenham 9 cromossomos.
d) 100% dos espermatozoides e 50% dos óvulos tenham 10 cromossomos, e que 50% dos óvulos tenham 9 cromossomos.

28. Considere duas espécies, uma com sistema de determinação do sexo do tipo XY e outra com sistema do tipo ZW. Quem determina o sexo da prole é
a) a fêmea em ambos os casos.
b) a fêmea no primeiro caso e o macho no segundo.
c) o macho em ambos os casos.
d) o macho no primeiro caso e a fêmea no segundo.

29. Um homem é heterozigótico para um gene autossômico (*Bb*) e portador de um alelo recessivo (*d*) ligado ao cromossomo X. Que proporção de seus espermatozoides será *bd*?

a) Zero.
b) $\frac{1}{2}$.
c) $\frac{1}{4}$.
d) $\frac{1}{8}$.
e) $\frac{1}{16}$.

30. Um homem afetado por certa doença casa-se com uma mulher saudável. Eles têm oito filhos, sendo quatro meninas e quatro meninos. Todas as meninas têm a doença do pai, e todos os meninos são normais. Que tipo de herança genética provavelmente afeta essa família?
a) Dominante autossômica.
b) Ligada ao cromossomo X.
c) Recessiva autossômica.
d) Ligada ao cromossomo Y.

31. Considerando um par de genes autossômicos simultaneamente a um gene localizado no cromossomo X, o que se pode afirmar sobre esses genes?
a) Não têm segregação independente.
b) São ligados.
c) Têm herança poligênica.
d) Têm segregação independente.

QUESTÕES PARA EXERCITAR O PENSAMENTO

32. A característica caule longo em ervilha é condicionada por um alelo dominante (*B*) em relação ao alelo recessivo (*b*) que condiciona caule curto. A cor verde da vagem é condicionada por alelo dominante (*A*) em relação ao alelo recessivo (*a*) que condiciona vagem de cor amarela. Do cruzamento de uma planta homozigótica de caule longo e vagem amarela com uma outra planta também homozigótica de caule curto e vagem verde resultou uma geração F_1. Indivíduos F_1 cruzados com uma planta de caule curto e vagem amarela produziram uma descendência assim constituída: 120 plantas de caule longo e vagem verde; 110 plantas de caule longo e vagem amarela; 119 plantas de caule curto e vagem verde; 111 plantas de caule curto e vagem amarela.
a) Faça um diagrama do último cruzamento, indicando o genótipo dos pais e dos descendentes.
b) Os dois genes têm segregação independente? Justifique.
c) Determine os tipos de gameta com as respectivas proporções de cada um dos tipos de planta descendentes do último cruzamento.

33. Nos esquemas a seguir, estão representadas algumas etapas da meiose de duas células de um indivíduo heterozigótico para dois pares de alelos (*AaBb*), localizados em dois pares de cromossomos homólogos.

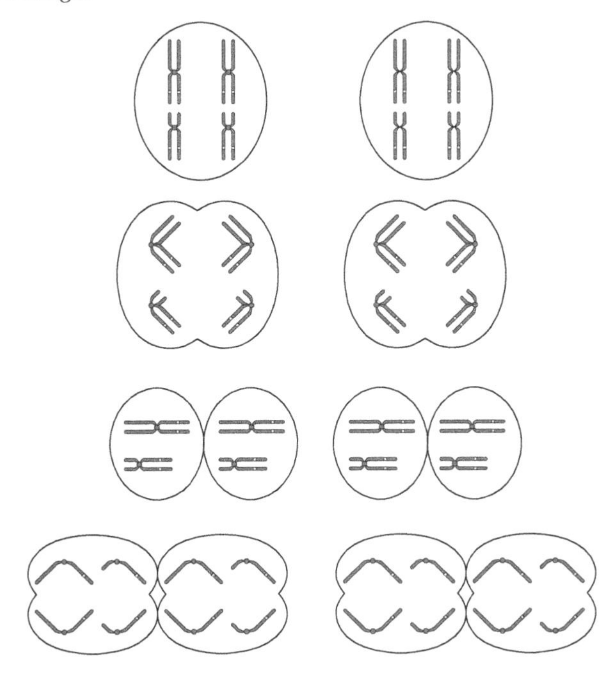

PAULO MANZI

Os alelos *Aa* estão localizados no par de cromossomos metacêntricos e os alelos *Bb* localizam-se no par de cromossomos submetacêntricos.

a) Represente os dois tipos possíveis de segregação desses alelos.

b) Quantos tipos de gameta cada célula forma ao final da meiose?

c) Quantos tipos de gameta o indivíduo duplo-heterozigótico formará?

d) Por que os diversos tipos de gameta formados pelo indivíduo ocorrem na mesma frequência?

34. Em galináceos, o alelo dominante (*R*), que condiciona crista rosa, quando presente juntamente com o alelo dominante (*E*), que condiciona crista ervilha, leva à formação de um terceiro tipo de crista: crista noz. O homozigótico recessivo para ambos os pares de alelos (*rree*) apresenta crista simples. Com base nesses dados, responda:

a) qual será o tipo de crista da descendência nos seguintes cruzamentos: *RrEe* × *RrEe*; *RREe* × *rrEe*; *rrEE* × *RrEe*?

b) um indivíduo de crista rosa cruzado com um de crista ervilha produziu $\frac{1}{4}$ de descendentes com crista noz, $\frac{1}{4}$ com crista rosa, $\frac{1}{4}$ com crista ervilha e $\frac{1}{4}$ com crista simples. Determine os genótipos dos pais.

c) um indivíduo de crista noz cruzado com um de crista simples produziu $\frac{1}{4}$ de descendentes com crista noz, $\frac{1}{4}$ com crista rosa, $\frac{1}{4}$ com crista ervilha e $\frac{1}{4}$ com crista simples. Determine os genótipos dos pais.

d) um indivíduo de crista rosa cruzado com um de crista ervilha produziu seis indivíduos noz e cinco rosa. Determine os genótipos dos pais.

e) dois indivíduos de crista noz quando cruzados produziram: um indivíduo rosa, dois noz e um simples. Determine os genótipos dos pais.

35. Uma fêmea de drosófila com genótipo *AaBb* cruzada com um macho duplo-recessivo (*aabb*) produziu descendentes na seguinte proporção genotípica: 9 *AaBb* : 9 *aabb* : 1 *Aabb* : 1 *aaBb*. Uma outra fêmea duplo-heterozigótica cruzada com o mesmo macho produziu descendentes na seguinte proporção genotípica: 1 *AaBb* : 1 *aabb* : 9 *Aabb* : 9 *aaBb*. Proponha uma hipótese para explicar o resultado do primeiro cruzamento e outra para explicar o resultado obtido no cruzamento com a última fêmea.

36. Considere o sistema XY de determinação do sexo para a espécie humana. Qual é a probabilidade de uma criança do sexo masculino apresentar simultaneamente um cromossomo X de origem da avó materna e um cromossomo Y de origem do avô paterno?

37. A hemofilia A é uma doença que se caracteriza pelo retardo no tempo de coagulação do sangue. Essa doença está presente nos cachorros (e também na espécie humana) e é condicionada por um alelo recessivo (*h*), localizado no cromossomo X.

a) Se um cachorro macho hemofílico for cruzado com uma fêmea homozigótica não hemofílica, qual é a proporção esperada de machos e fêmeas hemofílicos e não hemofílicos, na prole, e quais são os diferentes genótipos apresentados por esses indivíduos?

b) Se uma das fêmeas produzidas nesse cruzamento for cruzada com um cachorro sem essa doença, qual será a proporção esperada de indivíduos hemofílicos e não hemofílicos entre machos e fêmeas da prole e quais serão os diferentes genótipos desses indivíduos?

Observação: A determinação do sexo em cachorro é semelhante à da espécie humana (sistema XY).

38. O daltonismo (um tipo de cegueira para cores) é condicionado por um alelo recessivo ligado ao sexo. Responda às questões a seguir sobre uma mulher com visão normal, cujo pai era daltônico, que se casa com um homem daltônico.

a) Quais são os possíveis genótipos da mãe da mulher? E da mãe do homem?

b) Qual é a probabilidade de que um filho homem do casal seja daltônico?

c) Que porcentagem de mulheres daltônicas se pode prever entre as filhas desse casal?

d) Que porcentagem de filhos (homens e mulheres) com visão normal se pode prever entre os descendentes desse casal?

39. Em galináceos, o sistema de determinação de sexo é ZW. O alelo dominante *B*, localizado no cromossomo sexual (Z^B), produz penas com padrão barrado. O seu alelo recessivo *b* (Z^b) produz penas de cor uniforme, quando em condição homozigótica. O alelo autossômico dominante *R* produz crista com forma rosa, e seu alelo recessivo *r* produz crista com forma simples, quando em condição homozigótica. Uma fêmea de penas barradas, homozigótica para crista com forma rosa, é cruzada com um macho de penas de cor uniforme e crista com forma simples. Qual é a proporção fenotípica esperada na geração F_1?

40. A distrofia muscular de Duchenne é ligada ao cromossomo X e geralmente só afeta os homens.

a) Qual é a probabilidade de uma mulher cujo irmão sofre desta distrofia ter um descendente do sexo masculino afetado?

b) Supondo que um tio materno (irmão da mãe) de uma mulher teve esta distrofia, qual é a probabilidade de a mulher ter recebido o alelo?

A BIOLOGIA NO VESTIBULAR

QUESTÕES OBJETIVAS

41. (Ufal) Em determinada raça animal, a cor preta é determinada pelo alelo dominante *M* e a marrom pelo alelo *m*, o alelo *B* condiciona padrão uniforme, e o *b*, presença de manchas brancas. Esses dois pares de alelos autossômicos segregam-se independentemente. A partir do cruzamento *Mmbb* • *mmBb*, a probabilidade de nascer um filhote marrom com manchas é

a) $\frac{1}{16}$ b) $\frac{3}{16}$ c) $\frac{1}{4}$ d) $\frac{1}{2}$ e) $\frac{3}{4}$

42. (UFSCar-SP) Suponha um organismo diploide, $2n = 4$, e a existência de um gene *A* em um dos pares de cromossomos homólogos e de um gene *B* no outro par de homólogos. Um indivíduo heterozigótico para os dois genes formará

a) 2 tipos de gametas na proporção 1 : 1.
b) 2 tipos de gametas na proporção 3 : 1.
c) 4 tipos de gametas na proporção 9 : 3 : 3 : 1.
d) 4 tipos de gametas na proporção 1 : 1 : 1 : 1.
e) 4 tipos de gametas na proporção 1 : 2 : 1.

43. (Unifal-MG) Basicamente, quanto mais distante um gene está do outro no mesmo cromossomo, maior é a probabilidade de ocorrência de permutação (*crossing-over*) entre eles. Se os genes Z, X e Y apresentam as frequências de permutação XZ (0,34), YZ (0,13) e XY (0,21), a ordem-mapa desses genes no cromossomo é

a) XZY.
b) ZXY.
c) ZYX.
d) YZX.
e) YXZ.

44. (UFRGS-RS) Com relação ao processo conhecido como *crossing-over*, podemos afirmar que ele

a) diminui a variabilidade genética.
b) separa cromátides homólogas.
c) corrige a recombinação gênica.
d) aumenta a variabilidade genética.
e) troca cromossomos entre genes homólogos.

45. (UFPA) Um casal, cujo homem tem sangue tipo A Rh^+ e a mulher 0 Rh^-, teve o primeiro filho com tipo sanguíneo 0 Rh^-. A probabilidade de um segundo filho ter o mesmo genótipo do primeiro é de

a) 0%.
b) 25%.
c) 50%.
d) 75%.
e) 100%.

46. (Ufes) Numa dada espécie de papagaio, existem quatro variedades: verdes, azuis, amarelos e brancos. Os papagaios verdes são os únicos normalmente encontrados na natureza. Os azuis carecem de pigmento amarelo; os amarelos carecem de grânulos de melanina, e os brancos não têm nem melanina nem pigmento amarelo nas penas. Quando se cruzam papagaios verdes silvestres com os de cor branca, geram-se papagaios verdes na primeira geração (F_1). O cruzamento da F_1 gera os quatro tipos de cores na F_2. Considerando-se que os genes para a melanina e o pigmento amarelo se encontram em cromossomos diferentes, a frequência esperada de cada um dos tipos de papagaio é

a) 9 papagaios brancos; 3 verdes; 3 amarelos; 1 azul.
b) 4 papagaios amarelos; 2 verdes; 1 azul; 1 branco.
c) 9 papagaios verdes; 3 amarelos; 3 azuis; 1 branco.
d) 1 papagaio verde; 1 amarelo; 1 azul; 1 branco.
e) 9 papagaios azuis; 4 amarelos; 4 brancos; 1 verde.

47. (FGV-SP) Meios-irmãos é o termo utilizado para designar os indivíduos que são irmãos só por parte de pai ou só por parte de mãe. João e Pedro são meios-irmãos e ambos são daltônicos e hemofílicos. Seus genitores são normais.
Pode-se dizer que, mais provavelmente, João e Pedro sejam

a) filhos do mesmo pai, do qual herdaram os genes para daltonismo e hemofilia.
b) filhos da mesma mãe, da qual herdaram os genes para daltonismo e hemofilia.
c) filhos do mesmo pai, porém herdaram de suas respectivas mães os genes para daltonismo e hemofilia.
d) filhos da mesma mãe, porém herdaram de seus respectivos pais os genes para daltonismo e hemofilia.
e) portadores de novas mutações, ocorridas independentemente da herança materna ou paterna.

48. (UFRGS-RS) Em um caso de disputa da paternidade de um menino hemofílico, estão envolvidos um homem que tem a doença e outro que não a tem (hemofilia: herança recessiva ligada ao X).
Analise as afirmações abaixo a esse respeito:

I. As bases genéticas da hemofilia apoiam a paternidade do homem hemofílico.
II. O homem não hemofílico pode ser o pai do menino.
III. O homem hemofílico não pode ser o pai do menino.

Quais estão corretas?

a) Apenas I.
b) Apenas II.
c) Apenas III.
d) Apenas I e II.
e) Apenas II e III.

49. (Fuvest-SP) No heredograma, os quadrados cheios representam meninos afetados por uma doença genética. Se a doença for condicionada por um par de alelos recessivos localizados em cromossomos autossômicos, as probabilidades de o pai (A) e de a mãe (B) do menino (C) serem portadores desse alelo são, respectivamente, (I) e (II). Caso a anomalia seja condicionada por um alelo recessivo ligado ao cromossomo X, num segmento sem homologia com o cromossomo Y, as probabilidades de o pai e de a mãe serem portadores desse alelo são, respectivamente, (III) e (IV).
Assinale a alternativa que mostra as porcentagens que preenchem corretamente os espaços I, II, III e IV.

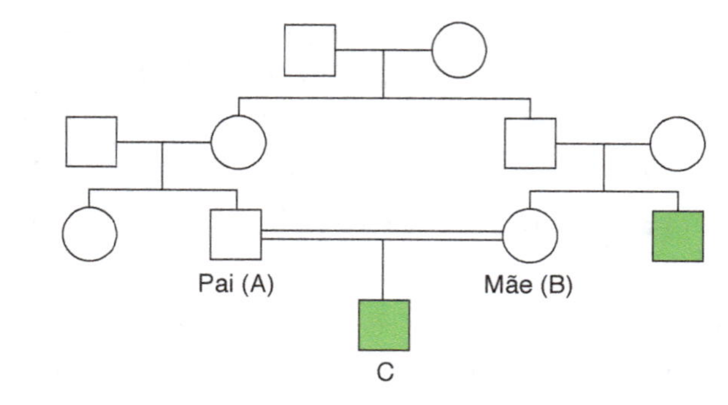

	I	II	III	IV
a)	50%	50%	100%	0%
b)	100%	100%	100%	0%
c)	100%	100%	0%	100%
d)	50%	50%	0%	100%
e)	100%	100%	50%	50%

50. (UFPI) A cegueira da cor verde na espécie humana é uma característica recessiva ligada ao sexo. Em uma família, a filha possui visão normal, enquanto o filho não enxerga a cor verde. É correto afirmar que

a) a mãe obrigatoriamente apresenta a cegueira da cor verde.
b) o pai é heterozigoto para a cegueira da cor verde.
c) o pai é homozigoto para a cegueira da cor verde.
d) a mãe é pelo menos heterozigota para a cegueira da cor verde.
e) o pai obrigatoriamente apresenta a cegueira da cor verde.

51. (UFSCar-SP) Os machos de abelha originam-se de óvulos não fecundados e são haploides. As fêmeas resultam da fusão entre óvulos e espermatozoides, e são diploides.
Em uma linhagem desses insetos, a cor clara dos olhos é condicionada pelo alelo recessivo *a* de um determinado gene, enquanto a cor escura é condicionada pelo alelo dominante *A*. Uma abelha rainha de olhos escuros, heterozigótica *Aa*, foi inseminada artificialmente com espermatozoides de machos de olhos escuros. Espera-se que a prole dessa rainha tenha a seguinte composição:

	Fêmeas (%)		Machos (%)	
	olhos escuros	olhos claros	olhos escuros	olhos claros
a)	50	50	50	50
b)	50	50	75	25
c)	75	25	75	25
d)	100	—	50	50
e)	100	—	100	—

52. (UFSCar-SP) A hemofilia é uma doença recessiva ligada ao sexo, que se caracteriza pela dificuldade de coagulação do sangue. Em um casal em que a mulher é heterozigota para a hemofilia e o marido é normal, a probabilidade de nascimento de uma criança do sexo masculino e hemofílica é

a) $\frac{1}{2}$ b) $\frac{1}{3}$ c) $\frac{1}{4}$ d) $\frac{1}{8}$ e) $\frac{3}{4}$

53. (UFMG) Analise este heredograma, em que está representada a herança do daltonismo, condicionada por gene recessivo localizado no cromossomo X:

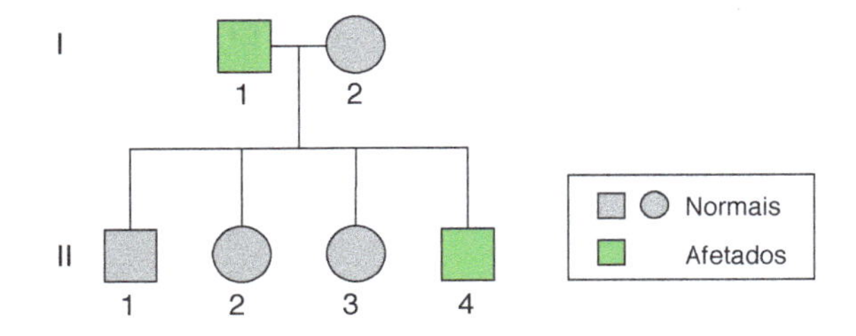

Considerando as informações contidas nesse heredograma e outros conhecimentos sobre o assunto, é correto afirmar que

a) o indivíduo I.2 apresenta o fenótipo normal e é portador do gene do daltonismo.
b) o indivíduo II.4 recebeu o gene do daltonismo de qualquer um de seus genitores.
c) os casais como I.1 e I.2 têm maior probabilidade de ter filhos do sexo masculino daltônicos.
d) os filhos do sexo masculino de II.2 serão daltônicos, independentemente do genótipo do seu pai.

54. (Fuvest-SP) No início do desenvolvimento, todo embrião humano tem estruturas que podem se diferenciar tanto no sistema reprodutor masculino quanto no feminino. Um gene do cromossomo Y, denominado *SRY* (sigla de *sex-determining region Y*), induz a formação dos testículos. Hormônios produzidos pelos testículos atuam no embrião, induzindo a diferenciação das outras estruturas do sistema reprodutor masculino e, portanto, o fenótipo masculino. Suponha que um óvulo tenha sido fecundado por um espermatozoide portador de um cromossomo Y com uma mutação que inativa completamente o gene *SRY*. Com base nas informações contidas acima, pode-se prever que o zigoto

a) será inviável e não se desenvolverá em um novo indivíduo.
b) se desenvolverá em um indivíduo cromossômica (XY) e fenotipicamente do sexo masculino, normal e fértil.
c) se desenvolverá em um indivíduo cromossômica (XY) e fenotipicamente do sexo masculino, mas sem testículos.
d) se desenvolverá em um indivíduo cromossomicamente do sexo masculino (XY), mas com fenótipo feminino.
e) se desenvolverá em um indivíduo cromossômica (XX) e fenotipicamente do sexo feminino.

55. (Fuvest-SP) No heredograma abaixo, o símbolo ■ representa um homem afetado por uma doença genética rara, causada por mutação num gene localizado no cromossomo X. Os demais indivíduos são clinicamente normais.

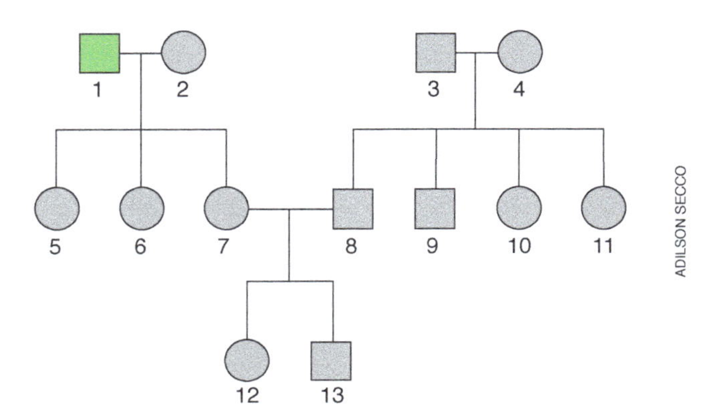

As probabilidades de os indivíduos 7, 12 e 13 serem portadores do alelo mutante são, respectivamente,

a) 0,5; 0,25 e 0,25
b) 0,5; 0,25 e 0
c) 1; 0,5 e 0,5
d) 1; 0,5 e 0
e) 0; 0 e 0

56. (Unifesp) Em gatos, existe uma síndrome caracterizada, entre outras manifestações, por suscetibilidade aumentada a infecções e tendência a sangramentos. Essa síndrome é mais frequente em descendentes de casais aparentados e ocorre em machos e fêmeas em proporção relativamente igual. Ao fazer a genealogia de vários indivíduos, observou-se que a síndrome não se manifesta em algumas gerações e pode ocorrer em indivíduos que aparentemente têm pais normais.
Com base nessas informações, pode-se dizer que o tipo de herança responsável por essa síndrome é:

a) autossômica recessiva.
b) autossômica dominante.
c) ligada ao cromossomo X e dominante.
d) ligada ao cromossomo X e recessiva.
e) ligada ao cromossomo Y e recessiva.

QUESTÕES DISCURSIVAS

57. (UFRJ) Um pesquisador está estudando a genética de uma espécie de moscas, considerando apenas dois locos, cada um com dois genes alelos:

loco 1 – gene *A* (dominante) ou gene *a* (recessivo);
loco 2 – gene *B* (dominante) ou gene *b* (recessivo).

Cruzando indivíduos *AABB* com indivíduos *aabb*, foram obtidos 100% de indivíduos *AaBb* que, quando cruzados entre si, podem formar indivíduos com os genótipos mostrados na Tabela 1.

Sem interação entre os dois locos, as proporções fenotípicas dependem de os referidos locos estarem ou não no mesmo cromossomo.

Na Tabela 2, estão representadas duas proporções fenotípicas (casos 1 e 2) que poderiam resultar do cruzamento de dois indivíduos *AaBb*.

Tabela 1

Gametas	*AB*	*Ab*	*aB*	*ab*
AB	*AABB*	*AABb*	*AaBB*	*AaBb*
Ab	*AAbB*	*AAbb*	*AabB*	*Aabb*
aB	*aABB*	*aABb*	*aaBB*	*aaBb*
ab	*aAbB*	*aAbb*	*aabB*	*aabb*

Tabela 2

Fenótipos	Caso 1	Caso 2
*A_ B_*	9	7
A_ bb	3	7
*aa B_*	3	1
aa bb	1	1
Total	16	16

Identifique qual dos dois casos tem maior probabilidade de representar dois locos no mesmo cromossomo. Justifique sua resposta.

58. (UFSCar-SP) A figura mostra a segregação de dois pares de cromossomos homólogos na anáfase da primeira divisão meiótica de uma célula testicular de um animal heterozigótico quanto a dois genes. As localizações dos alelos desses genes, identificados pelas letras *Aa* e *Bb*, estão indicadas nos cromossomos representados no desenho:

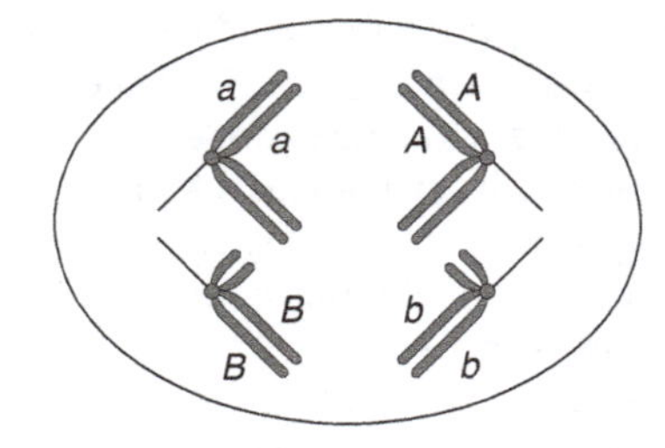

a) Ao final da segunda divisão meiótica dessa célula, quais serão os genótipos das quatro células haploides geradas?

b) Considerando o conjunto total de espermatozoides produzidos por esse animal, quais serão seus genótipos e em que proporção espera-se que eles sejam produzidos?

59. (Unicamp-SP) Considere duas linhagens homozigotas de plantas, uma com caule longo e frutos ovais e outra com caule curto e frutos redondos. Os genes para comprimento do caule e forma do fruto segregam-se independentemente. O alelo que determina caule longo é dominante, assim como o alelo para fruto redondo.

a) De que forma podem ser obtidas plantas com caule curto e frutos ovais a partir das linhagens originais? Explique indicando o(s) cruzamento(s). Utilize as letras *A*, *a* para comprimento do caule e *B*, *b* para forma dos frutos.

b) Em que proporção essas plantas de caule curto e frutos ovais serão obtidas?

60. (Fuvest-SP) Em cobaias, a cor preta é condicionada pelo alelo dominante *D* e a cor marrom, pelo alelo recessivo *d*. Em um outro cromossomo, localiza-se o gene responsável pelo padrão da coloração: o alelo dominante *M* determina padrão uniforme (uma única cor) e o alelo recessivo *m*, padrão malhado (preto/branco ou marrom/branco). O cruzamento de um macho de cor preta uniforme com uma fêmea de cor marrom uniforme produz uma ninhada de oito filhotes: 3 de cor preta uniforme, 3 de cor marrom uniforme, 1 preto e branco e 1 marrom e branco.

a) Quais os genótipos dos pais?

b) Se o filho preto e branco for cruzado com uma fêmea cujo genótipo é igual ao da mãe dele, qual a proporção esperada de descendentes iguais a ele?

61. (Fuvest-SP) As três cores de pelagem de cães labradores (preta, marrom e dourada) são condicionadas pela interação de dois genes autossômicos, cada um deles com dois alelos: *Ee* e *Bb*. Os cães homozigóticos recessivos *ee* não depositam pigmentos nos pelos e apresentam, por isso, pelagem dourada. Já os cães com genótipos *EE* ou *Ee* apresentam pigmento nos pelos, que pode ser preto ou marrom, dependendo do outro gene: os cães homozigóticos recessivos *bb* apresentam pelagem marrom, enquanto os com genótipos *BB* ou *Bb* apresentam pelagem preta.

Um labrador macho, com pelagem dourada, foi cruzado com uma fêmea preta e com uma fêmea marrom. Em ambos os cruzamentos, foram produzidos descendentes dourados, pretos e marrons.

a) Qual é o genótipo do macho dourado, quanto aos dois genes mencionados?

b) Que tipos de gameta e em que proporção esse macho forma?

c) Qual é o genótipo da fêmea preta?

d) Qual é o genótipo da fêmea marrom?

62. (Fuvest-SP) O esquema a seguir representa, numa célula em divisão meiótica, dois pares de cromossomos com três genes em heterozigose: *A*/*a*, *B*/*b* e *D*/*d*. Nesses cromossomos, ocorreram as permutas indicadas pelas setas 1 e 2.

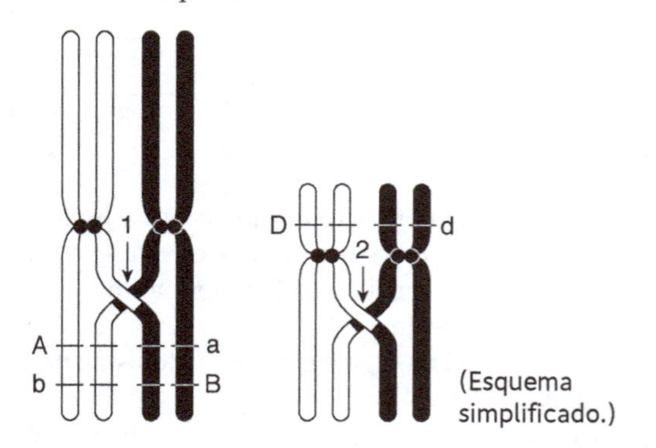

(Esquema simplificado.)

a) Quanto aos pares de alelos mencionados, que tipos de gameta essa célula poderá formar?

b) Que pares de alelos têm segregação independente?

63. (UFRJ) Considere a existência de dois locos em um indivíduo. Cada loco tem dois alelos *A* e *a* e *B* e *b*, sendo que *A* e *B* são dominantes. Um pesquisador cruzou um indivíduo *AaBb* com um indivíduo *aabb*. A prole resultante foi:

- 40% *AaBb*;
- 40% *aabb*;
- 10% *Aabb*;
- 10% *aaBb*.

O pesquisador ficou surpreso, pois esperava obter os quatro genótipos na mesma proporção, 25% para cada um deles. Esses resultados contrariam a segunda lei de Mendel ou lei da segregação independente? Justifique sua resposta.

64. (Fuvest-SP) Foram realizados cruzamentos entre uma linhagem pura de plantas de ervilha com flores púrpuras e grãos de pólen longos e outra linhagem pura, com flores vermelhas e grãos de pólen redondos. Todas as plantas produzidas tinham flores púrpuras e grãos de pólen longos. Cruzando-se essas plantas heterozigóticas com plantas da linhagem pura de flores vermelhas e grãos de pólen redondos, foram obtidas 160 plantas:

62 com flores púrpuras e grãos de pólen longos,
66 com flores vermelhas e grãos de pólen redondos,
17 com flores púrpuras e grãos de pólen redondos,
15 com flores vermelhas e grãos de pólen longos.

Essas frequências fenotípicas obtidas não estão de acordo com o esperado, considerando-se a segunda lei de Mendel (lei da segregação independente).

a) De acordo com a segunda lei de Mendel, quais são as frequências esperadas para os fenótipos?
b) Explique a razão das diferenças entre as frequências esperadas e as observadas.

65. (UFRRJ) Uma pessoa portadora de hemofilia que tenha mãe e pai normais faz a seguinte pergunta a um médico: Doutor, eu herdei esta característica do meu pai? O médico responde: Não, seguramente foi de sua mãe.

a) Identifique qual o sexo da pessoa.
b) Justifique sua resposta.

66. (Unifesp) Um geneticista estudou dois grupos, I e II, portadores de uma doença genética que se manifestava da seguinte maneira:

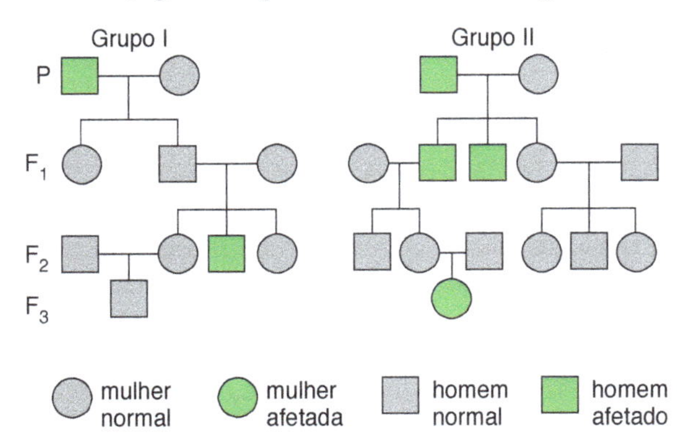

O pesquisador concluiu que não se tratava de uma doença com herança dominante ou recessiva ligada ao sexo, porém teve dúvida se se tratava de herança autossômica recessiva ou autossômica dominante com penetrância incompleta.

a) O que levou o pesquisador a concluir que não se tratava de herança ligada ao sexo?
b) Por que o pesquisador teve dúvida quanto ao tipo de herança autossômica?

67. (UFF-RJ) O padrão de herança de uma doença, que se suspeita ser autossômica recessiva ou ligada ao sexo, foi analisada em três famílias diferentes (I, II e III), como representado nos heredogramas a seguir:

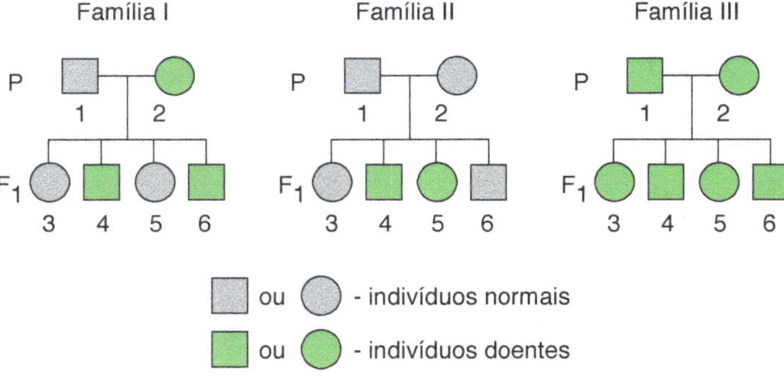

a) Qual o tipo de herança da doença? Justifique sua resposta.
b) Suponha que a mulher 3 da família I case-se com o homem 4 da família III. Qual a probabilidade de nascer uma criança doente? Justifique.

ENEM

68.

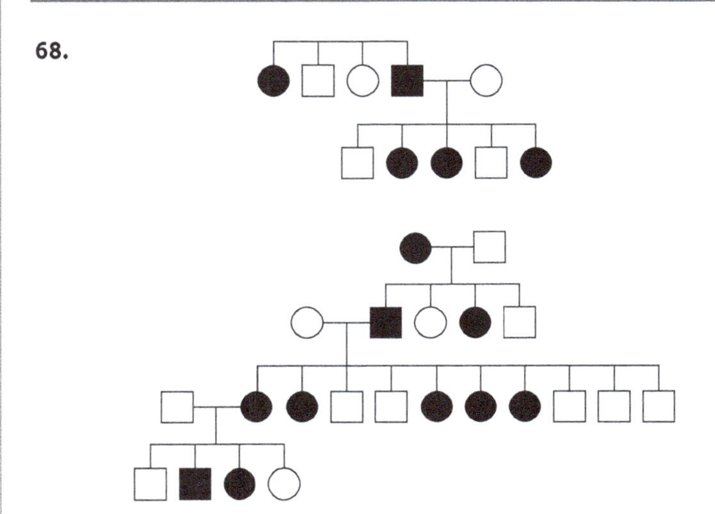

No heredograma, os símbolos preenchidos representam pessoas portadoras de um tipo raro de doença genética. Os homens são representados pelos quadrados e as mulheres, pelos círculos.
Qual é o padrão de herança observado para essa doença?

a) Dominante autossômico, pois a doença aparece em ambos os sexos.
b) Recessivo ligado ao sexo, pois não ocorre a transmissão do pai para os filhos.
c) Recessivo ligado ao Y, pois a doença é transmitida dos pais heterozigóticos para os filhos.
d) Dominante ligado ao sexo, pois todas as filhas de homens afetados também apresentam a doença.
e) Codominante autossômico, pois a doença é herdada pelos filhos de ambos os sexos, tanto do pai quanto da mãe.

Mais questões: no livro digital, em **Vereda Digital Aprova Enem** e **Vereda Digital Suplemento de revisão e vestibulares**; no *site*, em **AprovaMax**.

ILUSTRAÇÕES: ADILSON SECCO

CAPÍTULO

24 GENÉTICA E BIOTECNOLOGIA NA ATUALIDADE

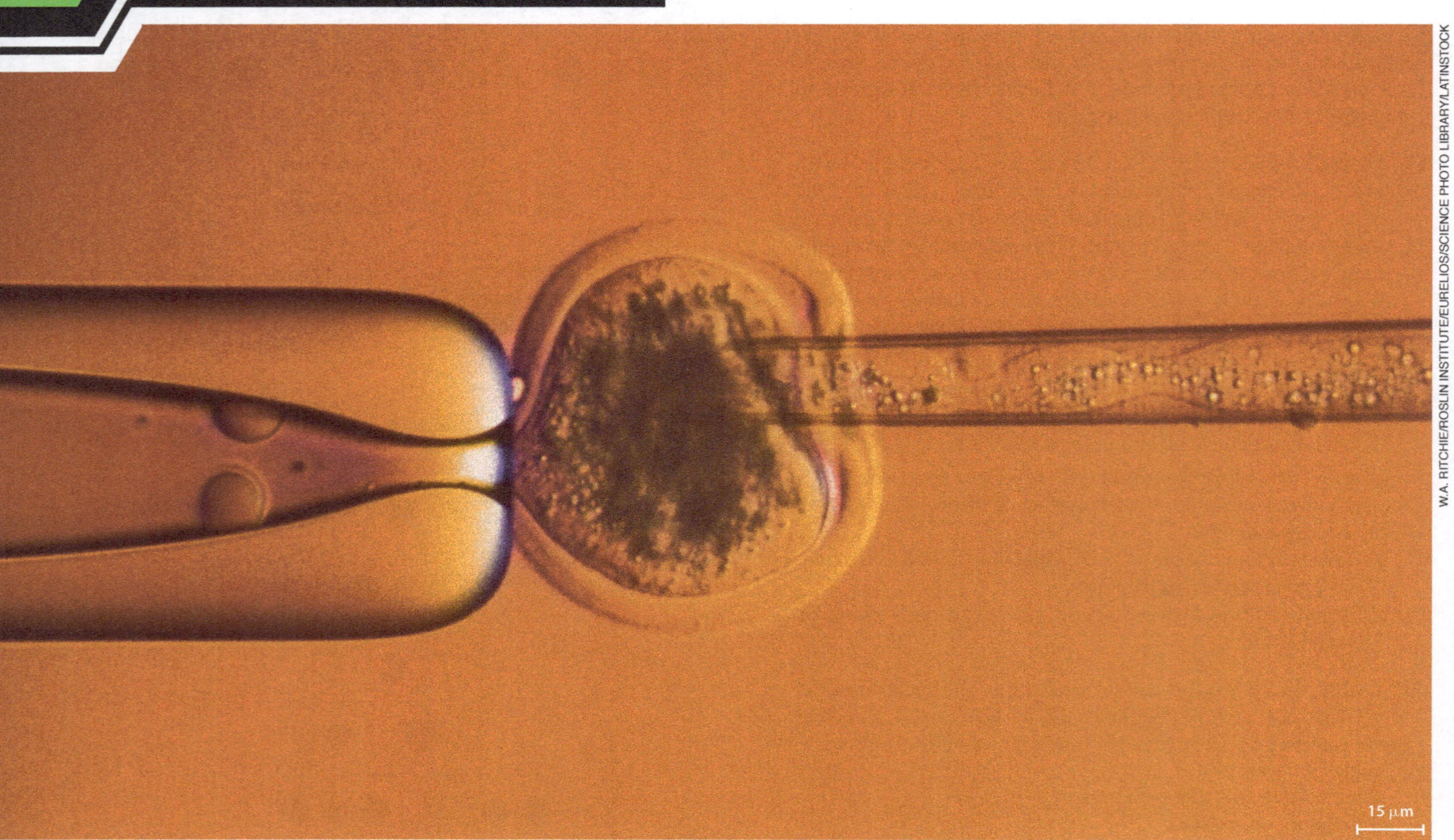

Fotomicrografia de uma das etapas do processo de clonagem. À direita, uma agulha retira o núcleo da célula, que será substituído pelo material genético do organismo a ser clonado.

ENEM
C1: H2
C3: H11
C4: H13, H15
C5: H17
C8: H29

De que trata este capítulo

Nas últimas décadas uma das áreas da Biologia que mais se desenvolveu foi a Genética Molecular. Atualmente é possível, entre outras coisas, transferir genes de seres humanos para plantas, fazendo com que estas passem a produzir proteínas tipicamente humanas. Pode-se também introduzir genes humanos em células de vacas e de ovelhas, fazendo com que esses animais secretem, no leite, proteínas humanas de interesse comercial. Genes introduzidos em bactérias podem transformá-las em verdadeiras fontes de proteínas, utilizadas para compor medicamentos. É por meio da atividade bacteriana que se está produzindo atualmente o hormônio somatotrofina humana, usado no tratamento de distúrbios do crescimento, e a insulina, hormônio utilizado no tratamento de certas formas de diabetes melito.

É cada vez mais comum a solicitação de exames de DNA para teste de paternidade; bastam alguns fios de cabelo para dizer se um homem é ou não o pai de uma criança. Nas investigações criminais, gotas de sangue ou restos de pele encontrados no local de um crime podem ser suficientes para identificar um possível culpado. Antropólogos têm utilizado técnicas da Genética Molecular para estabelecer relações entre populações de diversas partes do planeta. Historiadores têm analisado o DNA de restos mortais humanos encontrados em escavações arqueológicas para descobrir relações de parentesco e a organização social de antigas civilizações. Ecologistas utilizam técnicas de identificação de seres vivos pelo DNA para estabelecer rotas migratórias de aves, baleias e tartarugas.

A Medicina adota técnicas da Genética Molecular no diagnóstico e na determinação dos riscos de se desenvolverem certas doenças. A indústria farmacêutica começa a pesquisar medicamentos personalizados, adequados à constituição genética particular de cada pessoa.

Esses exemplos mostram como os conhecimentos biológicos afetam cada vez mais a vida das pessoas, seja pelas possibilidades de aplicação nas áreas de produção de alimentos e saúde, seja pelos conflitos morais e éticos decorrentes dessa aplicação. Devemos ou não cultivar plantas transgênicas? Por um lado, elas podem aumentar a produtividade agrícola, ajudando a combater a fome no mundo; por outro, poderiam causar impactos ambientais imprevisíveis. Devemos ou não realizar exames pré-natais para detectar doenças genéticas? De que adianta esse exame se a legislação proíbe o aborto terapêutico? Deve ou não ser permitido que companhias de seguro-saúde solicitem exames genéticos para saber se seus segurados têm predisposição a certas doenças? Deve ou não ser permitida a realização de exames de DNA para identificação de paternidade sem consentimento explícito do envolvido ou sem requisição judicial? Deve ou não ser permitido que empregadores solicitem exames genéticos como critério de seleção para contratos de trabalho?

Essas são apenas algumas das questões suscitadas nos últimos anos pelos avanços da Genética, para as quais ainda não há consenso ou decisões de ordem moral, ética ou legal. Neste capítulo, discutiremos alguns desses fascinantes temas científicos da atualidade.

Objetivos

Objetivo geral

- Utilizar conhecimentos de Genética Molecular relativos a técnicas de manipulação dos genes para compreender temas polêmicos da atualidade, como a utilização de organismos transgênicos, a clonagem de seres vivos, o aborto terapêutico, a geneterapia etc.

Objetivos didáticos

- Compreender a maneira pela qual o DNA armazena informação genética.
- Explicar, em termos gerais, como os genes determinam as características estruturais e funcionais dos seres vivos por meio do controle da síntese das proteínas.
- Compreender o papel de cada um dos principais tipos de RNA (RNA mensageiro, RNA transportador e RNA ribossômico) no processo de síntese de proteínas.
- Reconhecer a existência de DNA codificante e de DNA não codificante e compreender a organização descontínua dos genes eucarióticos, distinguindo íntron de éxon.
- Compreender como os conhecimentos genéticos podem ser aplicados à biotecnologia.
- Conhecer os princípios básicos da manipulação genética e algumas de suas principais aplicações, como a identificação de pessoas pelo DNA e a clonagem molecular.
- Explicar, em linhas gerais, o que são organismos transgênicos e compreender as polêmicas que envolvem os possíveis benefícios e prejuízos da manipulação genética.

24.1 A natureza química do material genético

Estrutura do DNA

Há pouco mais de 70 anos os cientistas descobriram que os **genes** – informações hereditárias passadas de geração a geração – são constituídos pelo ácido desoxirribonucleico, abreviadamente chamado DNA (do inglês ***d****esoxyribo****n****ucleic* ***a****cid*). Desde então o DNA vem sendo amplamente estudado e hoje sua sigla é um dos ícones da ciência.

O DNA é constituído por dois longos filamentos (cadeias) enrolados um sobre o outro, formando uma estrutura helicoidal que lembra uma escada de corda torcida. Por isso costuma-se dizer que o DNA é uma dupla-hélice. Cada uma das cadeias do DNA é constituída por milhares ou mesmo milhões de unidades, os **nucleotídios,** ligados em sequência. Os nucleotídios do DNA são chamados de desoxirribonucleotídios pelo fato de apresentarem em sua constituição o glicídio desoxirribose. (Relembre no Capítulo 6.)

As duas cadeias de desoxirribonucleotídios de um DNA mantêm-se unidas por meio de ligações de hidrogênio entre suas bases nitrogenadas. Essas ligações ocorrem entre pares de bases específicos: a adenina liga-se à timina, por meio de duas ligações de hidrogênio (**A** $=$ **T**), e a citosina liga-se à guanina, por meio de três ligações de hidrogênio (**C** $\equiv$ **G**).

Devido a esse tipo peculiar de associação de bases, as duas cadeias de uma molécula de DNA são complementares: um nucleotídio com adenina em uma das cadeias corresponde a um nucleotídio com timina na outra cadeia, e vice-versa. Um nucleotídio com guanina em uma das cadeias corresponde a um nucleotídio com citosina na outra cadeia, e vice-versa. Assim, se a sequência de bases de uma das cadeias de um DNA for ATTGCATGCGCATTACG, por exemplo, a cadeia complementar terá a sequência TAACGTACGCGTAATGC. **(Fig. 24.1)**

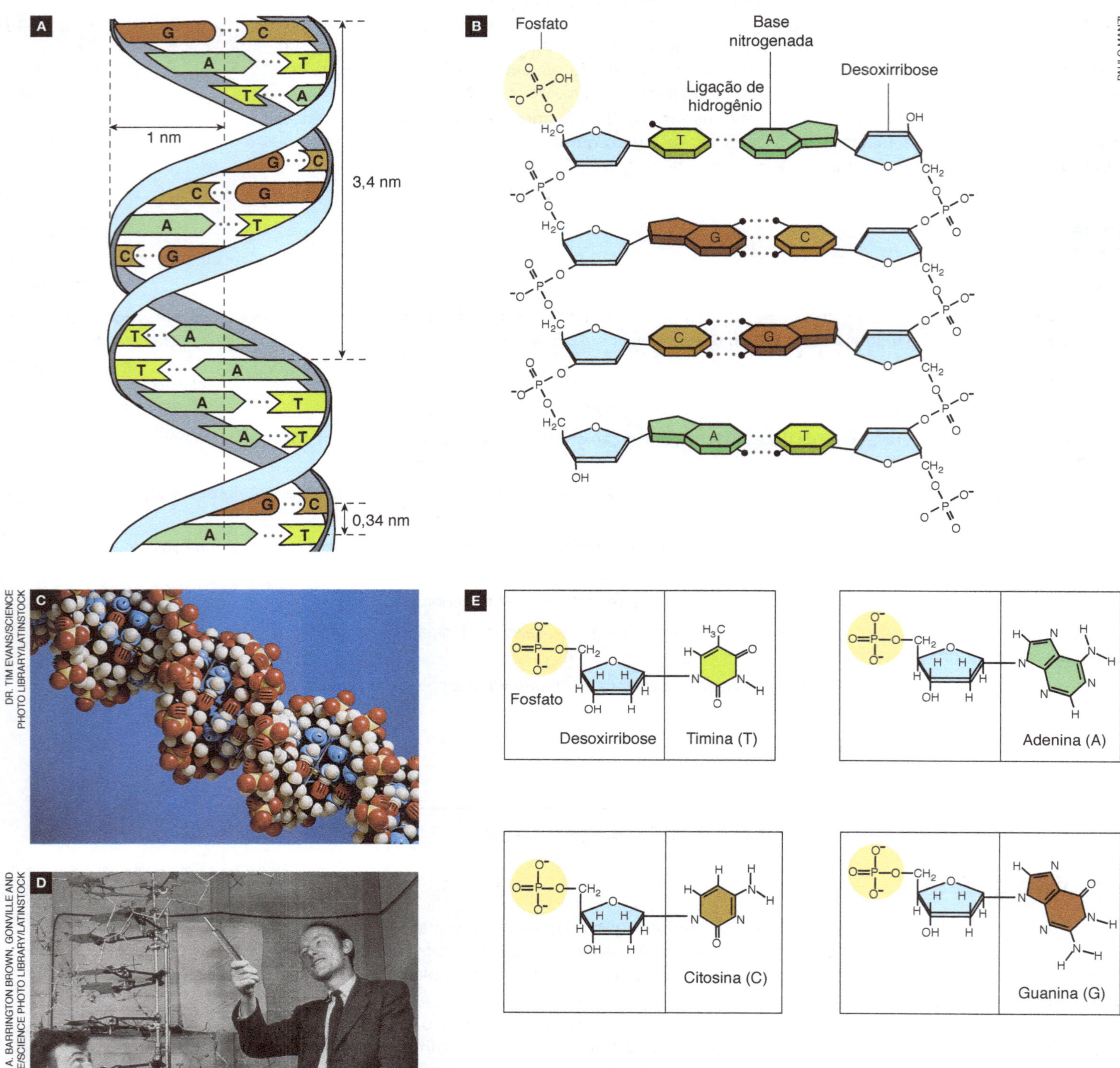

Figura 24.1 **A.** Representação geral da estrutura do DNA. **B.** Representação dos componentes nucleotídicos e das ligações de hidrogênio entre as bases nitrogenadas. **C.** Modelo tridimensional do DNA com os átomos representados por esferas. **D.** James Watson (à esquerda) e Francis Crick (à direita) ao lado do modelo do DNA construído por eles em 1953 e pelo qual ganharam o prêmio Nobel para Medicina ou Fisiologia em 1962. **E.** Fórmulas estruturais dos quatro nucleotídios constituintes do DNA.

Duplicação semiconservativa do DNA

Uma característica essencial do DNA é sua capacidade de duplicação, isto é, de originar duas moléculas idênticas, ambas com a mesma sequência de bases nitrogenadas presente na molécula original. O processo de duplicação envolve dezenas de enzimas celulares, entre elas a polimerase do DNA, que catalisa a união entre os desoxirribonucleotídios que constituem as moléculas duplicadas.

Na duplicação do DNA, as duas cadeias que constituem a dupla-hélice original se separam e cada uma delas orienta a produção da cadeia complementar. O processo é conhecido como **duplicação semiconservativa**, pois cada uma das duas moléculas de DNA recém-formadas conserva uma das cadeias da molécula parental e forma uma cadeia nova, complementar à que lhe serviu de molde. Ao final do processo existirão duas moléculas de DNA idênticas, cada uma formada por uma cadeia proveniente da molécula original e por uma cadeia nova, recém-sintetizada a partir da união de desoxirribonucleotídios livres presentes na célula. **(Fig. 24.2)**

ADILSON SECCO

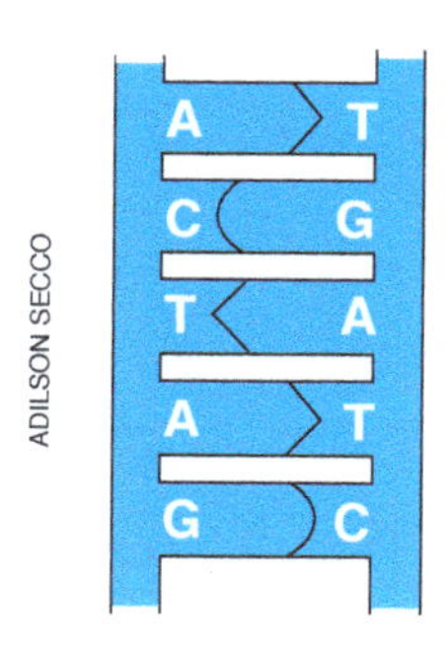

A. A molécula de DNA é constituída por duas cadeias polinucleotídicas unidas por ligações de hidrogênio entre suas bases nitrogenadas.

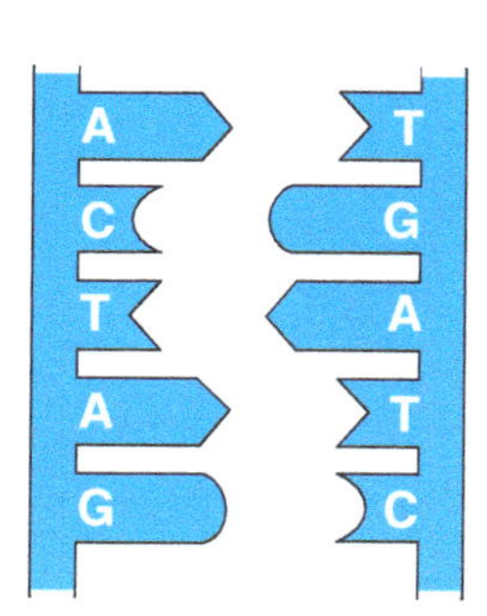

B. A primeira etapa no processo de duplicação do DNA é o rompimento das ligações de hidrogênio e a separação das duas cadeias.

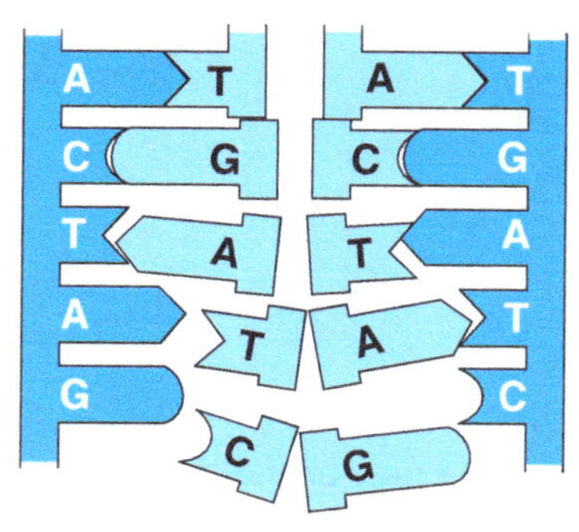

C. Cada cadeia antiga (em azul mais escuro) serve de molde para a construção de uma cadeia nova, determinando a ordem em que devem se encaixar os nucleotídios nela.

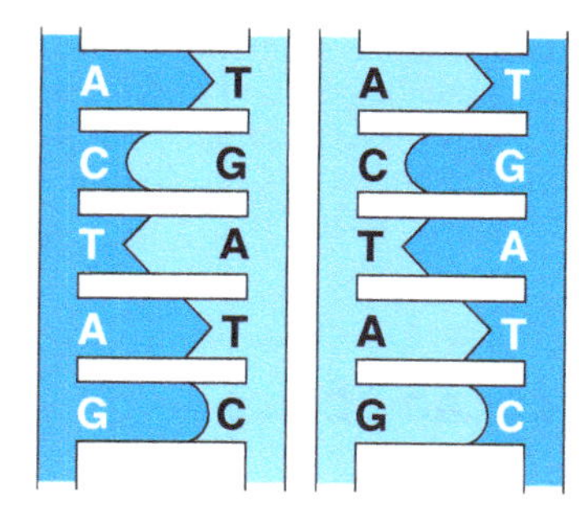

D. Os nucleotídios ordenados sobre a cadeia-molde unem-se entre si formando uma nova cadeia complementar à antiga. Ao final do processo são produzidas duas moléculas de DNA idênticas, cada uma delas constituída por uma cadeia antiga e por uma cadeia nova.

Figura 24.2 Representação esquemática da duplicação semiconservativa do DNA.

Agora você pode resolver as atividades de 1 a 7, 47 e 56.

24.2 Modo de ação dos genes

Relação entre genes, cromossomos e DNA

Cada cromossomo é formado por uma molécula de DNA associada a proteínas. A molécula de DNA pode atingir até 10 centímetros de comprimento e apresentar mais de 150 milhões de pares de nucleotídios (relembre a estrutura do cromossomo no Capítulo 8).

Um gene corresponde a uma região específica da molécula de DNA que pode abranger desde poucas dezenas de pares de nucleotídios até milhões deles, dependendo do tipo de gene. Cada gene determina a produção de uma molécula específica de RNA, para ela transcrevendo sua informação genética. Grande parte das moléculas de RNA, por sua vez, orienta a produção de proteínas, traduzindo a informação do gene em uma sequência de aminoácidos, que caracteriza uma molécula proteica.

Hoje se sabe que apenas uma pequena parcela do DNA dos seres eucarióticos é constituída por genes cuja informação é transcrita para moléculas de RNA. Calcula-se que apenas 3% do DNA que forma os 24 tipos de cromossomos humanos sejam constituintes de genes; os 97% restantes são sequências de nucleotídios que não produzem RNA, constituindo o chamado **DNA não codificante**. Embora sua função ainda não seja bem conhecida, acredita-se que ao menos uma parte dele esteja envolvida com regulação gênica.

Muitos tipos de DNA não codificante desempenham funções importantes na estrutura e no funcionamento dos cromossomos. O centrômero, por exemplo, é formado por um tipo de DNA não codificante fundamental para a distribuição correta dos cromossomos às células-filhas durante as divisões celulares. Alguns cientistas acreditam que parte do DNA não codificante pode ter sido importante antigamente e perdeu sua função ao longo da evolução, permanecendo no núcleo como vestígio do passado.

O genoma – conjunto de moléculas de DNA – de um organismo eucariótico pode ser comparado a uma coleção de livros de "receitas genéticas": cada livro corresponderia à molécula de DNA de um cromossomo; cada receita seria um gene. Os "livros genéticos" (cromossomos) de uma pessoa contêm relativamente poucas receitas, isto é, poucos genes; a maior parte do "texto" é constituída por letras que não formam palavras, isto é, não contêm informação para a produção de RNA, constituindo o DNA não codificante. **(Fig. 24.3** na página seguinte)

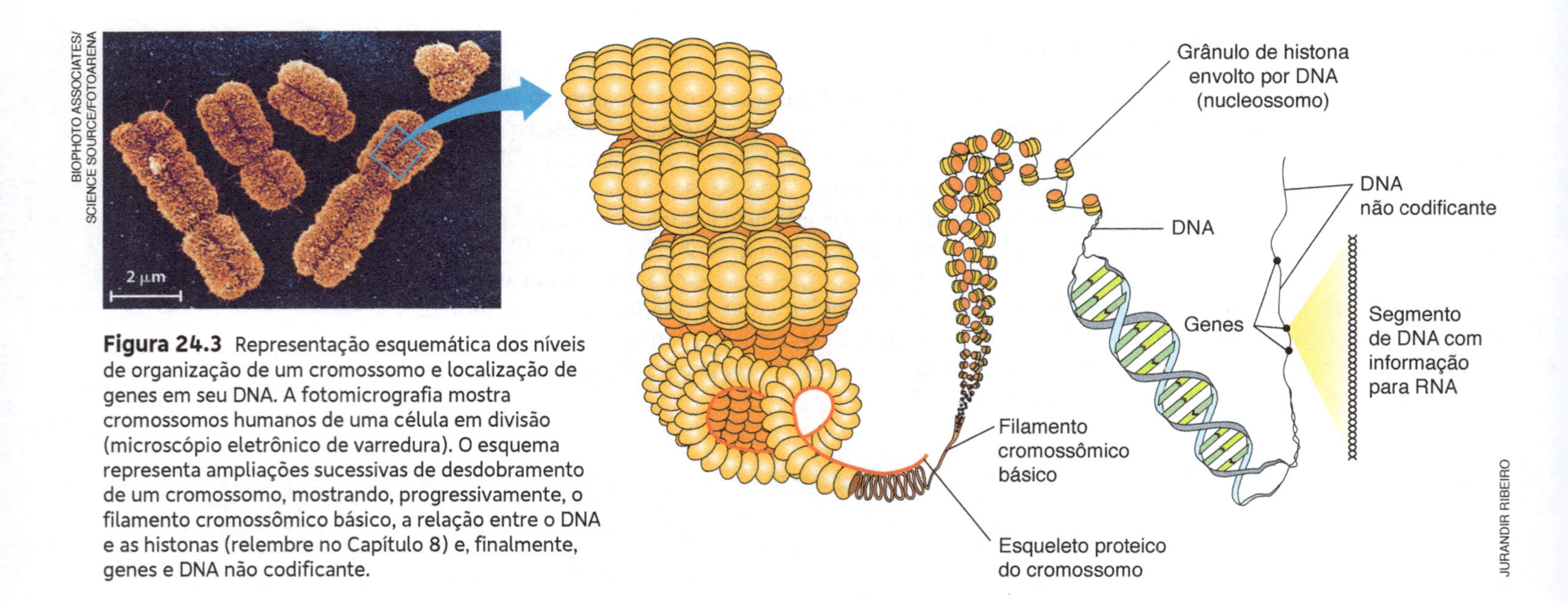

Figura 24.3 Representação esquemática dos níveis de organização de um cromossomo e localização de genes em seu DNA. A fotomicrografia mostra cromossomos humanos de uma célula em divisão (microscópio eletrônico de varredura). O esquema representa ampliações sucessivas de desdobramento de um cromossomo, mostrando, progressivamente, o filamento cromossômico básico, a relação entre o DNA e as histonas (relembre no Capítulo 8) e, finalmente, genes e DNA não codificante.

Transcrição gênica

Todo RNA celular é produzido a partir de uma das cadeias do segmento de DNA que lhe serve de molde. As diferenças entre a duplicação do DNA e a síntese de RNA é que nesta última são utilizados ribonucleotídios, isto é, nucleotídios cujo glicídio é a ribose.

No processo de produção do RNA, denominado **transcrição gênica**, as duas cadeias do DNA se separam e somente uma delas serve de molde para o RNA; a outra cadeia de DNA não participa da síntese. A produção de RNA a partir de DNA é catalisada pela enzima **polimerase do RNA** e requer o consumo de ATP.

A polimerase do RNA liga-se a uma região específica do DNA e começa a separar um pequeno trecho da dupla-hélice, orientando o emparelhamento de ribonucleotídios livres a apenas uma das cadeias. Esse emparelhamento segue as seguintes regras: um ribonucleotídio com a base nitrogenada uracila emparelha-se à adenina da cadeia-molde de DNA (U = A); um ribonucleotídio com adenina emparelha-se à timina do DNA (A = T); um ribonucleotídio com citosina emparelha-se à guanina do DNA (C ≡ G); um ribonucleotídio com guanina emparelha-se à citosina do DNA (G ≡ C). À medida que o emparelhamento vai ocorrendo, os ribonucleotídios são unidos entre si por ação da polimerase do RNA, passando a constituir a molécula de RNA recém-formada. Esta, à medida que é produzida, desprende-se da cadeia-molde de DNA, que volta a se juntar à sua complementar. **(Fig. 24.4)**

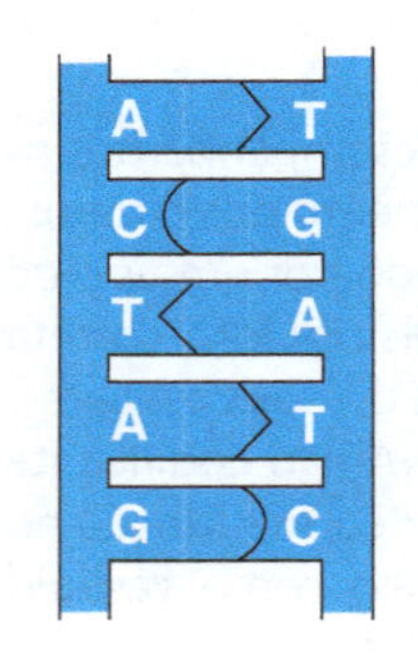

A. A molécula de DNA é constituída por duas cadeias polinucleotídicas unidas por suas bases nitrogenadas.

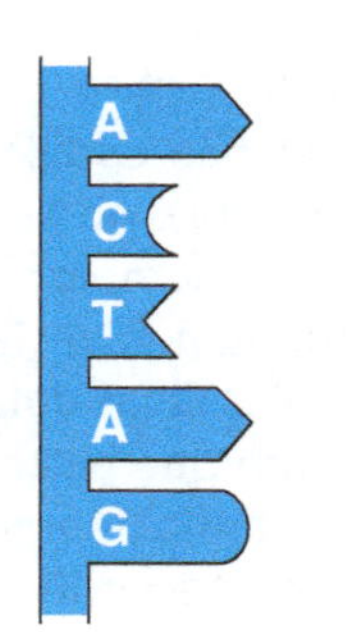

B. A primeira etapa no processo de síntese de RNA é a separação das duas cadeias do DNA que constitui o gene.

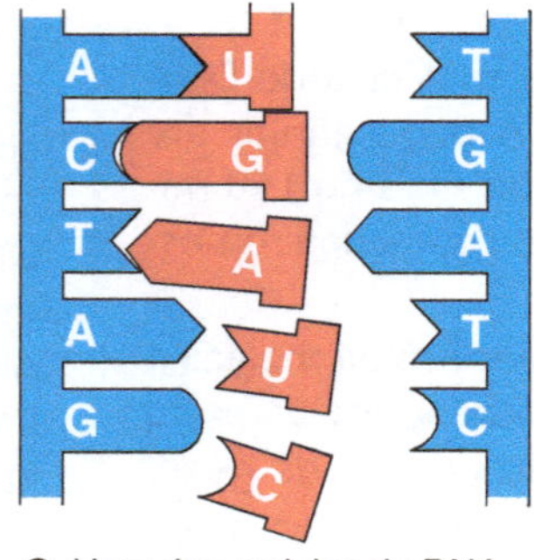

C. Uma das cadeias do DNA serve de molde para a formação do RNA, determinando a ordem em que devem se unir os ribonucleotídios. A outra cadeia do DNA permanece inativa, esperando o final do processo.

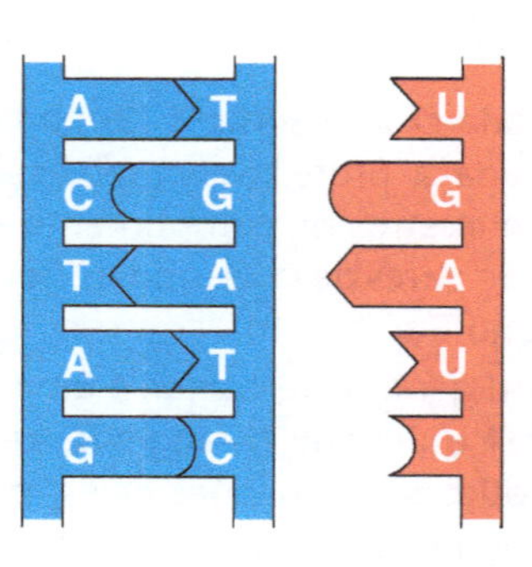

D. Os ribonucleotídios ordenados sobre a cadeia-molde unem-se formando uma molécula de RNA complementar à cadeia do DNA. Ao final do processo, o RNA separa-se da cadeia-molde de DNA e esta volta a se unir à sua complementar, reconstituindo a dupla-hélice de DNA.

Figura 24.4 Representação esquemática da transcrição gênica, como é chamada a síntese de RNA tendo como molde o DNA.

A sequência de bases nitrogenadas de uma molécula de RNA reflete rigorosamente a sequência de bases da cadeia de DNA que serviu de molde. Por exemplo, uma cadeia de DNA com sequência de bases TAGGCTAATGCTCGTA produz um RNA com sequência de bases AUCCGAUUACGAGCAU. Assim, a mensagem em código escrita no DNA é transcrita para o RNA.

Limites de um gene

O que define o início e o fim de um gene na molécula de DNA? Essa pergunta intrigou os cientistas durante muito tempo. Hoje se sabe que o início de um gene é identificado pela polimerase do RNA por meio de uma sequência especial de pares de bases nitrogenadas conhecida como **região promotora** do gene. Essa sequência determina o local do DNA que se encaixa à polimerase do RNA e está localizada antes do ponto de início da transcrição.

Após se encaixar à região promotora do gene, a polimerase do RNA separa a dupla-hélice de DNA e utiliza uma das cadeias como molde para a formação de RNA. O processo prossegue até que a polimerase do RNA transcreva uma sequência específica de bases nitrogenadas, a chamada **sequência de término de transcrição**, que marca o fim do processo. Assim, todo gene tem um início, identificado pela região promotora, e um fim, a sequência de término de transcrição. **(Fig. 24.5)**

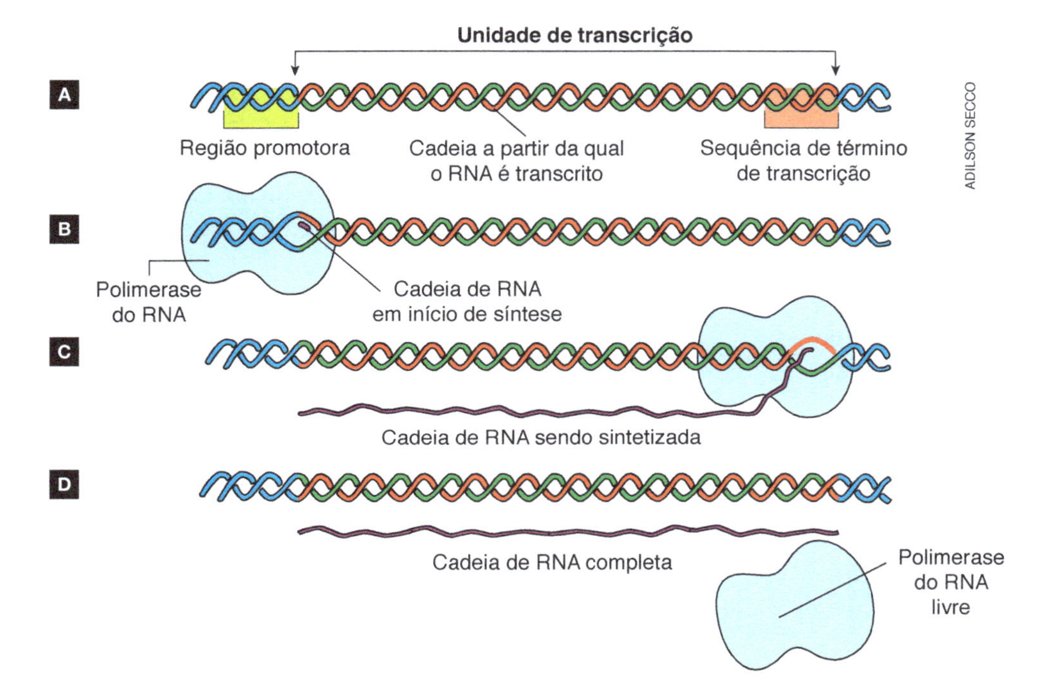

Figura 24.5 Representação esquemática de um gene. Seu início é marcado pela região promotora, uma sequência de bases à qual se liga a polimerase do RNA; o final do gene é marcado por outra sequência de bases, conhecida como sequência de término de transcrição. Ao atingir essa sequência, a polimerase do RNA desprende-se do DNA, finalizando a transcrição gênica.

Principais tipos de RNA

No processo de síntese das proteínas participam três tipos de RNA: RNA ribossômico, RNA transportador e RNA mensageiro.

Moléculas de **RNA ribossômico (RNAr)** fazem parte, junto com certas proteínas, da estrutura dos ribossomos, grânulos citoplasmáticos nos quais ocorre a síntese das proteínas celulares.

As moléculas de **RNA mensageiro** (**RNAm**) têm a informação sobre a ordem em que devem ser unidos os aminoácidos constituintes da proteína. Essa informação encontra-se codificada em uma sequência de trincas de bases nitrogenadas. Cada trinca – denominada códon – define um aminoácido constituinte da proteína.

O **RNA transportador** (**RNAt**) é responsável pelo transporte das moléculas de aminoácidos que constituirão a proteína até os ribossomos. As moléculas de RNAt são relativamente pequenas e apresentam duas partes importantes: em uma das extremidades há um sítio de ligação para um aminoácido específico; na região mediana há uma trinca de bases, denominada anticódon, que permite ao RNAt emparelhar-se temporariamente a uma trinca de bases complementares do RNAm. A ligação entre o RNAt e o aminoácido ocorre com consumo de ATP. **(Fig. 24.6)**

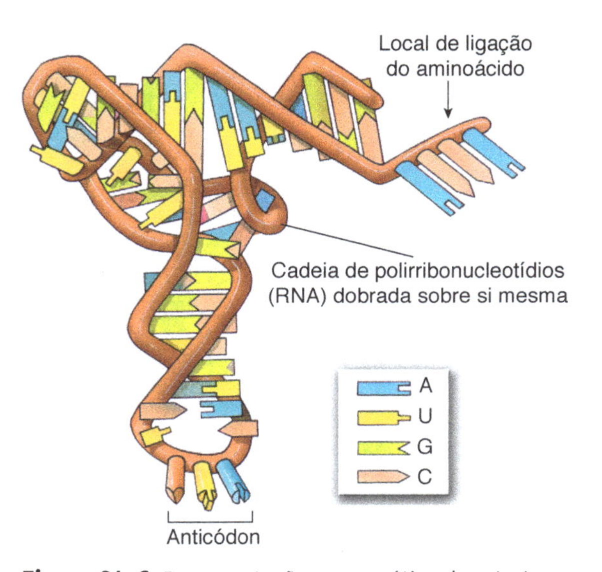

Figura 24.6 Representação esquemática da estrutura tridimensional de um RNAt. Uma trinca de bases especial, o anticódon, permite que o RNAt se encaixe ao códon complementar do RNAm durante a síntese da proteína.

Durante a síntese da proteína, a sequência de códons do RNAm determina a sequência de participação dos RNAt, com seus respectivos anticódons e aminoácidos transportados. Por exemplo, onde houver o códon AUG no RNAm, se encaixará apenas o RNAt com o anticódon UAC, que transporta o aminoácido metionina. Assim, os RNAt atuam na síntese das proteínas como moléculas adaptadoras, encaixando os aminoácidos de acordo com os códons do RNAm. O ribossomo, por sua vez, serve de suporte para o acoplamento do RNAm e dos RNAt e atua como catalisador na formação de ligações peptídicas entre os aminoácidos.

Nas células eucarióticas os três tipos de RNA são transcritos a partir do DNA cromossômico, no interior do núcleo celular. Nos organismos procarióticos, que não apresentam núcleo, a síntese do RNA ocorre no nucleoide, a região da célula onde se localiza o cromossomo desses organismos.

O código genético

A correspondência entre os códons do RNAm e os aminoácidos por eles determinados constitui o **código genético**. As quatro bases nitrogenadas presentes no RNAm (A, U, C e G), reunidas três a três, formam 64 códons distintos.

Dos 64 códons possíveis, 61 correspondem aos vinte tipos de aminoácido que entram na constituição das proteínas. Os três códons restantes (UAA, UAG e UGA) não correspondem a nenhum aminoácido e funcionam como pontuação, indicando o final da informação genética na molécula do RNAm e sinalizando o término da síntese da proteína. **(Fig. 24.7)**

Segunda base do códon

Primeira base do códon	U	C	A	G	Terceira base do códon
U	UUU Phe	UCU Ser	UAU Tyr	UGU Cys	U
	UUC Phe	UCC Ser	UAC Tyr	UGC Cys	C
	UUA Leu	UCA Ser	UAA pare*	UGA pare*	A
	UUG Leu	UCG Ser	UAG pare*	UGG Trp	G
C	CUU Leu	CCU Pro	CAU His	CGU Arg	U
	CUC Leu	CCC Pro	CAC His	CGC Arg	C
	CUA Leu	CCA Pro	CAA Gln	CGA Arg	A
	CUG Leu	CCG Pro	CAG Gln	CGG Arg	G
A	AUU Ile	ACU Thr	AAU Asn	AGU Ser	U
	AUC Ile	ACC Thr	AAC Asn	AGC Ser	C
	AUA Ile	ACA Thr	AAA Lys	AGA Arg	A
	AUG Met	ACG Thr	AAG Lys	AGG Arg	G
G	GUU Val	GCU Ala	GAU Asp	GGU Gly	U
	GUC Val	GCC Ala	GAC Asp	GGC Gly	C
	GUA Val	GCA Ala	GAA Glu	GGA Gly	A
	GUG Val	GCG Ala	GAG Glu	GGG Gly	G

Abreviaturas dos aminoácidos:
Phe = fenilalanina; Leu = leucina; Ile = isoleucina; Met = metionina; Val = valina; Ser = serina; Pro = prolina; Thr = treonina; Ala = alanina; Tyr = tirosina; His = histidina; Gln = glutamina; Asn = aspargina; Lys = lisina; Asp = ácido aspártico; Glu = ácido glutâmico; Cys = cisteína; Trp = triptofano; Arg = arginina; Gly = glicina

* A abreviatura *pare* corresponde aos códons de parada.

Figura 24.7 Tabela do código genético. As letras na coluna azul correspondem às bases que ocupam a primeira posição na trinca. As letras na linha superior, vermelha, correspondem às bases que ocupam a segunda posição na trinca. As letras da coluna em verde correspondem às bases que ocupam a terceira posição na trinca.

O código genético é considerado "degenerado", ou redundante, porque a maioria dos aminoácidos é codificada por mais de um códon. Há apenas dois aminoácidos codificados por uma única trinca: metionina, que é codificado pelo códon AUG, e triptofano, codificado pela trinca UGG.

O sistema de codificação genética é basicamente o mesmo em todos os seres vivos da Terra e, por isso, ele é quase universal. As exceções conhecidas concentram-se no significado de alguns códons em RNA produzido por mitocôndrias de algumas espécies.

Mecanismo de síntese das proteínas: tradução gênica

O processo de síntese de uma cadeia polipeptídica consiste em unir aminoácidos de acordo com a sequência de códons presente em um RNAm. Como essa sequência é determinada pelas bases do DNA (gene) que serviu de molde ao RNAm, a síntese de proteínas representa a tradução da informação do gene, sendo por isso chamada de **tradução gênica**.

O processo de transcrição do gene seguida da tradução do RNAm resultante em proteína é conhecido como **expressão gênica. (Fig. 24.8)**

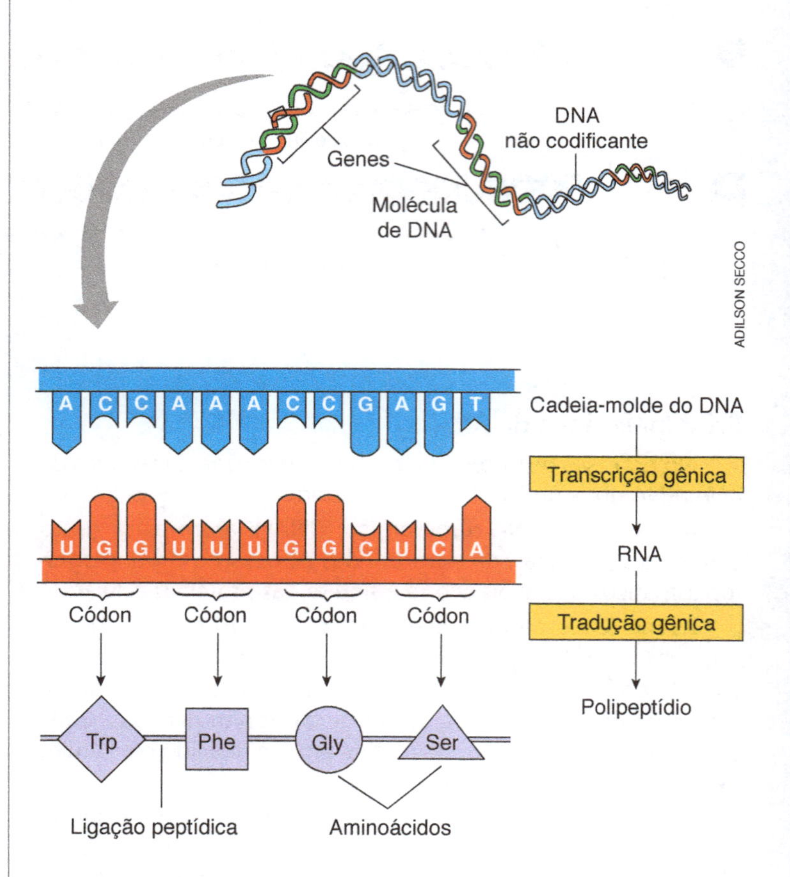

Figura 24.8 Representação esquemática da síntese de proteínas. Em um gene a sequência de bases de uma das cadeias do DNA é transcrita na forma de uma molécula de RNAm, que, por sua vez, será traduzida em uma cadeia polipeptídica. Cada trinca de bases no RNAm (códon) corresponde a um aminoácido na proteína. As abreviaturas indicam os aminoácidos: triptofano (Trp), fenilalanina (Phe), glicina (Gly) e serina (Ser).

Início da síntese da cadeia polipeptídica

A síntese de um polipeptídio tem início com a associação entre um ribossomo, um RNAm e um RNAt especial, que transporta, em organismos eucarióticos, o aminoácido metionina. Esse RNAt, cujo anticódon é UAC, emparelha-se com um códon AUG presente perto da extremidade inicial da molécula do RNAm.

Essa trinca AUG constitui o chamado **códon de início de tradução**, ou códon iniciador, pois é ele que determina o local da molécula do RNAm em que tem início a informação para a cadeia polipeptídica.

Crescimento da cadeia polipeptídica

O RNAt especial que inicia a tradução gênica aloja-se em um local do ribossomo sob o qual se encontra o primeiro códon AUG do RNAm. Esse local do ribossomo é chamado de **sítio P**. Durante o processo da síntese de proteínas, esse sítio é sempre ocupado pelo RNAt que carrega a cadeia polipeptídica em formação; daí a denominação P, de polipeptídio.

Ao lado do sítio P localiza-se o **sítio A**, assim chamado pelo fato de nele se alojar o RNAt que carrega o próximo aminoácido a ser incorporado na cadeia polipeptídica em formação.

Com o primeiro RNAt alojado no sítio P, um segundo RNAt aloja-se no sítio A. O anticódon desse segundo RNAt será complementar ao segundo códon do RNAm, que está sob o sítio A. Por exemplo, se o códon do RNAm no sítio A for UUU, o RNAt que nele se aloja terá anticódon AAA e, portanto, transportará o aminoácido fenilalanina (Phe). **(Fig. 24.9)**

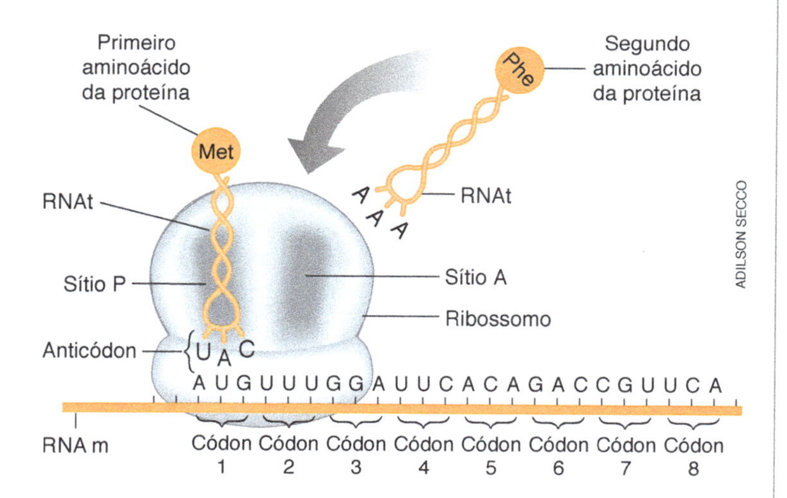

Figura 24.9 Representação esquemática do início da síntese de uma proteína. O ribossomo está associado ao RNAm e o primeiro RNAt, transportando metionina, ocupa o sítio P. O segundo RNAt, transportando fenilalanina, vai ocupar o sítio A e os dois aminoácidos irão se unir pela ligação peptídica. O ribossomo deslocará então uma trinca sobre o RNAm e o processo se repetirá.

Assim que os dois primeiros RNAt se encaixam aos sítios P e A, o ribossomo catalisa a transferência da metionina de seu RNAt ao aminoácido transportado pelo segundo RNAt, que ocupa o sítio A. Em seguida o ribossomo desloca-se sobre a molécula de RNAm, processo que consome energia do ATP. Com isso o RNAt que transportava a metionina desprende-se do RNAm e depois do ribossomo, e o RNAt que originalmente ocupava o sítio A passa a ocupar o sítio P, carregando agora dois aminoácidos unidos por ligação peptídica. O sítio A do ribossomo torna-se disponível para a entrada do próximo RNAt.

Com o deslocamento do ribossomo, o sítio A passa a se localizar sobre o terceiro códon do RNAm. Este orienta a entrada de um RNAt com anticódon complementar. O ribossomo catalisa a separação do RNAt que ocupava o sítio P do dipeptídio que ele transportava. Simultaneamente ocorre a ligação peptídica entre o segundo aminoácido do dipeptídio e o aminoácido recém-chegado, transportado pelo RNAt ocupante do sítio A. Outra vez o ribossomo se desloca de forma que a trinca de bases seguinte seja posicionada no sítio A. Com isso o RNAt sem aminoácidos é liberado e o sítio P passa a ser ocupado pelo terceiro RNAt, que agora transporta um tripeptídio (uma cadeia de três aminoácidos).

O sítio A, agora localizado sobre o quarto códon do RNAm, fica disponível para receber o próximo RNAt com seu respectivo aminoácido. Assim, à medida que o ribossomo se desloca sobre o RNAm, a cadeia polipeptídica cresce.

Transcrição e tradução

Término da síntese da cadeia polipeptídica

O último estágio da síntese de um polipeptídio ocorre quando o ribossomo chega a um **códon de parada**, ou seja, um dos três códons para os quais não há aminoácido correspondente. Quando isso ocorre o sítio A do ribossomo é ocupado por uma proteína denominada **fator de liberação**. Com isso a ligação entre a cadeia polipeptídica e o RNAt é rompida e a cadeia polipeptídica recém-formada sai do ribossomo. Em seguida os outros participantes do processo se dissociam.

Como podemos ver, o processo de síntese das proteínas é rigorosamente ordenado e garante a sequência correta de aminoácidos em uma cadeia polipeptídica, codificada originalmente no gene.

À medida que um ribossomo se desloca sobre um RNAm, traduzindo sua mensagem na forma de uma cadeia polipeptídica, outro ribossomo pode também iniciar a tradução do mesmo RNAm. Assim, vários ribossomos podem se encaixar sucessivamente no início de um RNAm, percorrendo-o e saindo na extremidade oposta, todos sintetizando o mesmo tipo de cadeia polipeptídica.

É comum encontrar de dez a vinte ribossomos traduzindo simultaneamente um mesmo RNAm. Cada ribossomo tem uma cadeia polipeptídica em formação, cujo tamanho depende do trecho já percorrido no RNAm. O conjunto formado por vários ribossomos traduzindo um mesmo RNAm é chamado de **polirribossomo**, ou **polissomo**.

As proteínas, como vimos, além de sua importante função estrutural, também constituem enzimas, que, ao catalisar as reações metabólicas das células (relembre o Capítulo 6), constituem um importante mecanismo de regulação do metabolismo. Portanto, ao controlar a produção das proteínas, os genes determinam, com os fatores ambientais, as características e as atividades das células. **(Fig. 24.10** na página seguinte).

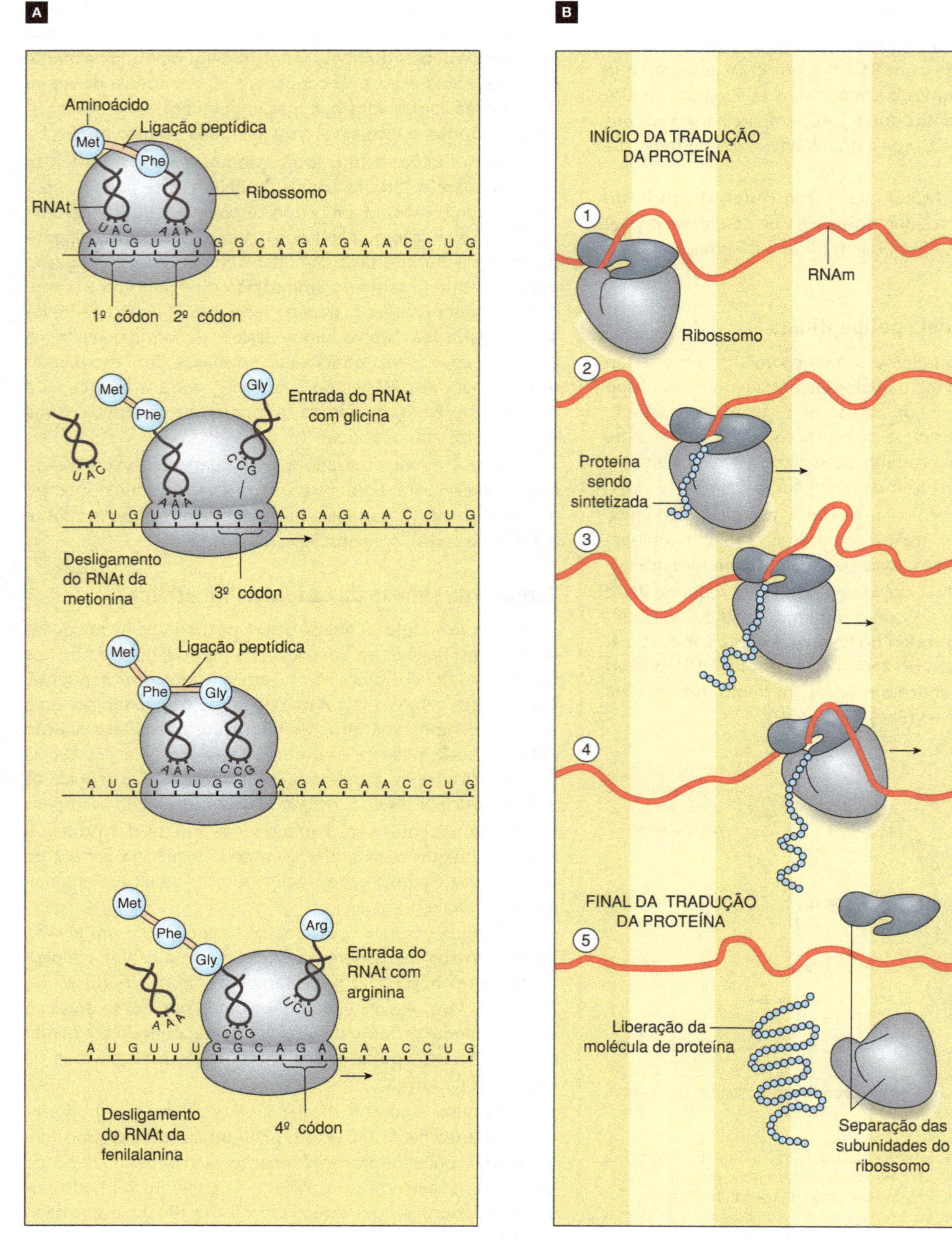

Figura 24.10 **A.** De cima para baixo, representação dos estágios sucessivos do encadeamento dos aminoácidos para formar a cadeia polipeptídica. É a sequência de códons no RNAm que determina a ordem em que os aminoácidos devem se unir. **B.** Visão geral do processo de síntese de proteínas que ocorre no ribossomo, desde que este se une ao RNAm (estágio 1) até que suas subunidades se separam (estágio 5), liberando a cadeia polipeptídica completamente formada.

Agora você pode resolver as atividades de 8 a 24, 39, 40, 45, 46, 50 e 57 a 59.

24.3 Genes procarióticos e eucarióticos

A organização das unidades de transcrição, ou seja, dos segmentos de DNA que são transcritos, difere entre os organismos procarióticos e os eucarióticos. Em bactérias a molécula de RNAm transcrita contém, em geral, instrução para a síntese de mais de uma cadeia polipeptídica, correspondendo, portanto, a mais de um gene. Por exemplo, em *Escherichia coli*, os genes que codificam as enzimas beta-galactosidase, galactosídio permease e tiogalactosídio transacetilase são transcritos em uma única molécula de RNAm.

Os ribossomos traduzem as regiões desse RNAm, correspondentes a cada um dos genes de modo independente e geram três polipeptídios diferentes, que constituem as três enzimas. Nos organismos eucarióticos a regra é cada RNAm conter instrução para um único tipo de polipeptídio, correspondendo, portanto, a um único gene.

Genes interrompidos em organismos eucarióticos

Em bactérias, a sequência de aminoácidos de um polipeptídio quase sempre corresponde exatamente à sequência de bases do segmento de DNA que foi transcrito para o RNAm. Os cientistas costumam dizer, por isso, que em bactérias há **colinearidade** entre as cadeias polipeptídicas e os segmentos de DNA que as codificam.

Nos organismos eucarióticos, a maioria das cadeias polipeptídicas não é perfeitamente colinear à sequência de bases do DNA que as codifica. A razão disso é que a instrução para a síntese de proteínas nos genes eucarióticos é geralmente interrompida por trechos da molécula que não codificam aminoácidos. **(Fig. 24.11)**

Íntrons e éxons

Na unidade de transcrição dos organismos eucarióticos há trechos que serão traduzidos em sequências de aminoácidos e trechos intercalares, que não serão traduzidos. Em 1978 o geneticista estadunidense Walter Gilbert (1932-) propôs o termo éxon (do inglês ***ex**pressed regi**on***, região expressa) para designar as regiões de um gene que são traduzidas em sequências de aminoácidos, e o termo íntron (do inglês ***intr**agenic regi**on***, região intragênica) para designar as regiões não traduzidas, localizadas entre os éxons. **(Fig. 24.12)**

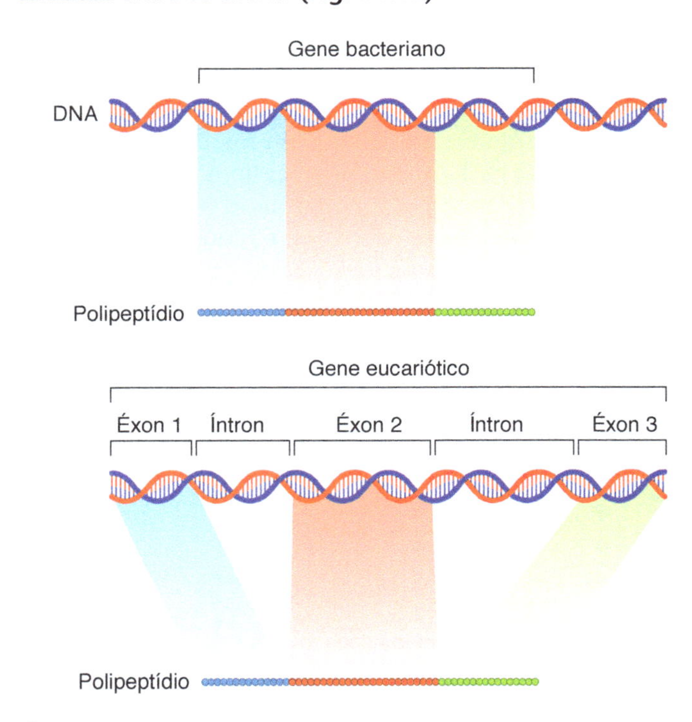

Figura 24.12 Representação esquemática da organização de um gene não interrompido de uma bactéria e de um gene interrompido de organismo eucariótico.

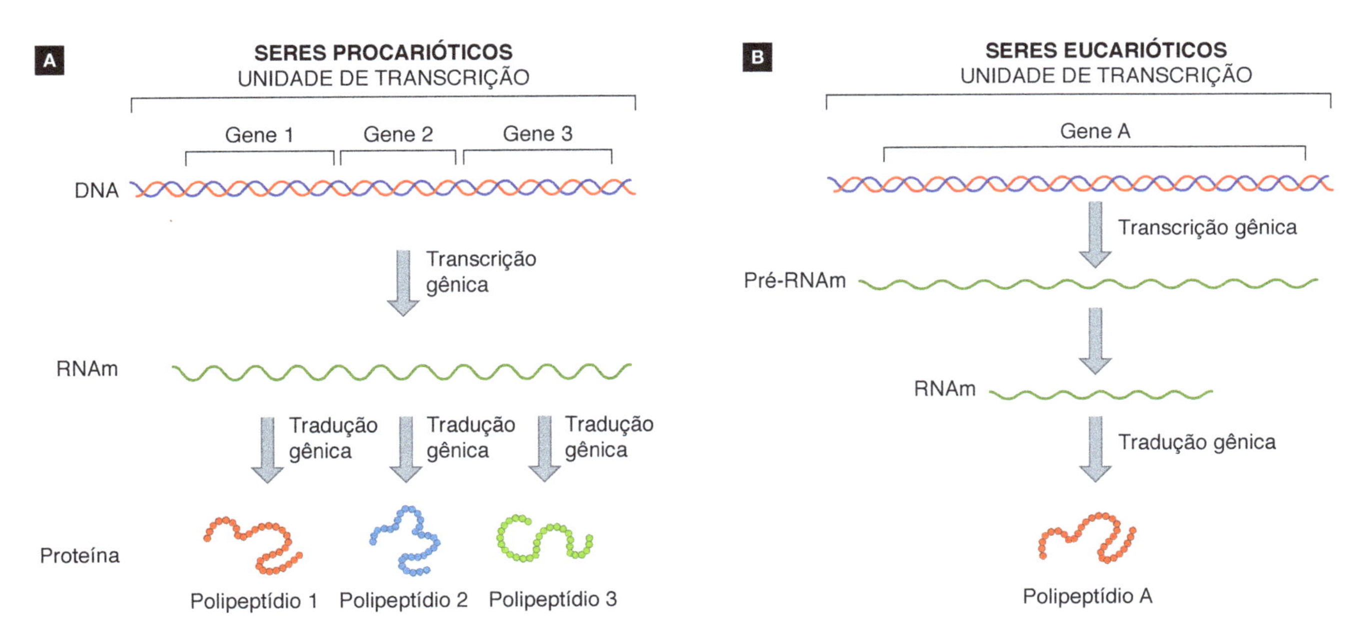

Figura 24.11 Em (A), representação esquemática de uma unidade de transcrição em bactéria, que sintetiza três polipeptídios diferentes. Em (B), representação de uma unidade de transcrição típica de eucariotos, que sintetiza um único polipeptídio.

Processamento do RNA

A polimerase do RNA, ao percorrer uma unidade de transcrição eucariótica, transcreve tanto as regiões dos éxons quanto as dos íntrons, produzindo uma molécula de RNA correspondente a toda unidade de transcrição. Essa molécula de RNA recém-transcrita é chamada de **pré-RNA mensageiro** (pré-RNAm).

Ainda dentro do núcleo, a molécula de RNA recém-sintetizada passa por uma série de modificações químicas até ser transformada no RNAm que irá para o citoplasma, onde participa da síntese de proteínas. Entre as modificações pelas quais passa o pré-RNAm, a mais notável é a remoção dos íntrons, que não codificarão aminoácidos na proteína a ser produzida. O processo de remoção dos íntrons de uma molécula de pré-RNAm recebeu a denominação, em inglês, de *splicing*, termo da língua inglesa que significa "corte e emenda" e que tem sido traduzido por recomposição. O processo de *splicing* do pré-RNAm é realizado por um complexo de partículas e enzimas nucleares conhecido como spliceossomo.

Dependendo do tipo de célula, um mesmo pré-RNA mensageiro pode sofrer tipos variados de *splicing*. Em outras palavras, nos diversos tipos de célula de um organismo pode haver diferentes tipos de segmentos eliminados, de modo que o mesmo pré-RNA mensageiro origina RNA mensageiros com informações genéticas diferentes; é o que os cientistas denominam *splicing* alternativo do RNA. Estima-se que aproximadamente 95% dos genes humanos formados por múltiplos éxons apresentam *splicing* alternativo, o que explica por que o número de tipos de proteínas é muito superior ao número de genes. **(Fig. 24.13)**

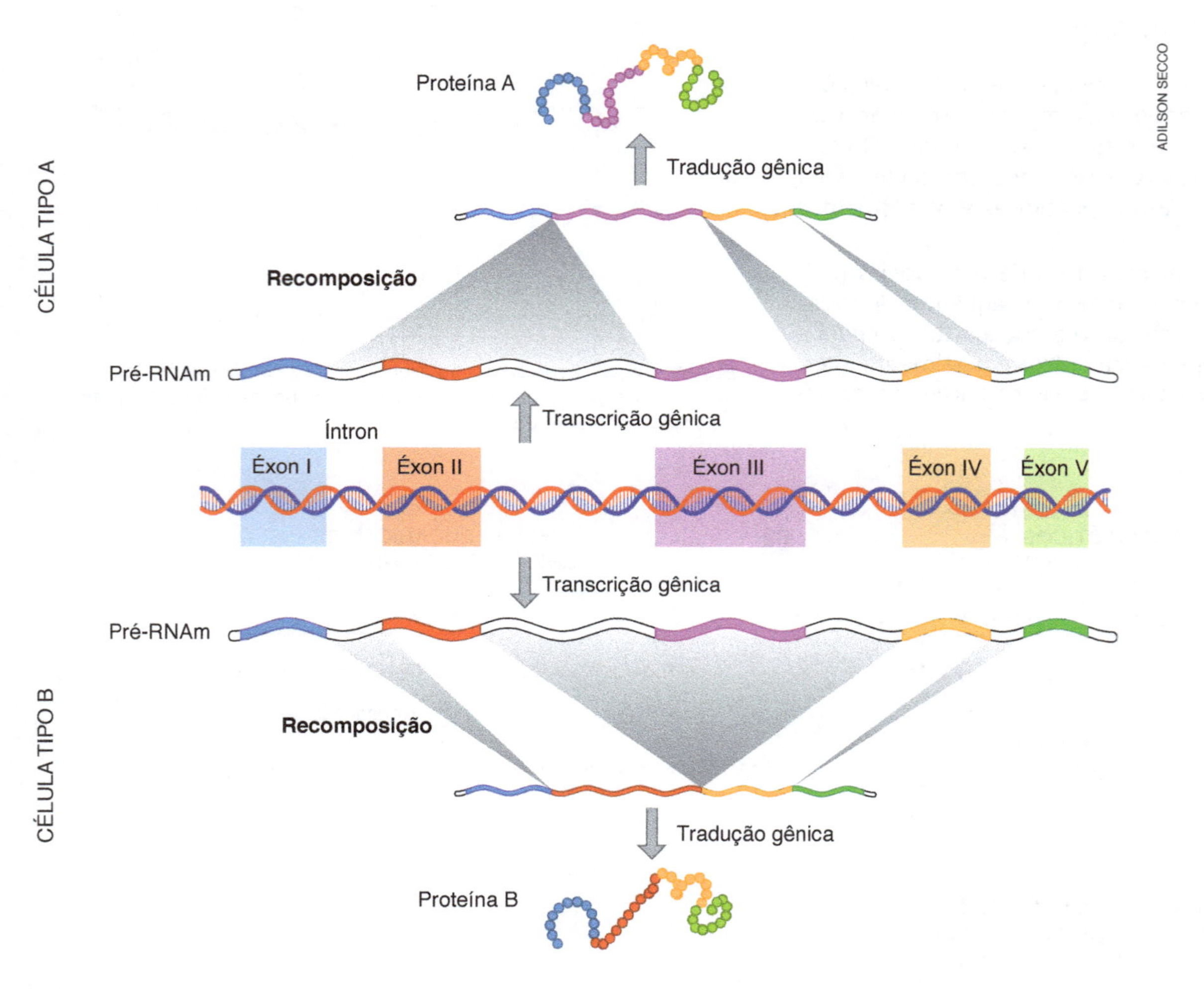

Figura 24.13 Representação esquemática do *splicing* alternativo de um pré-RNA mensageiro em dois tipos de célula, o que resulta em dois tipos diferentes de proteína, A e B. Na célula tipo A, o éxon II foi removido pela recomposição; assim, esse segmento não está presente no RNAm e, portanto, não codifica aminoácidos na proteína. Na célula tipo B, por outro lado, a recomposição removeu o éxon III e o RNAm gerado codifica outra proteína.

Agora você pode resolver as atividades de 25 a 28.

24.4 Engenharia Genética

Façamos uma breve cronologia das principais descobertas no campo da Genética. Em 1865 Mendel publicou seus primeiros trabalhos identificando a existência de fatores hereditários em ervilhas. No começo do século XX os fatores hereditários, já batizados de genes, foram localizados nos cromossomos. Na metade do século XX descobriu-se que os genes eram constituídos de DNA, cuja estrutura molecular foi revelada em detalhes. Pouco mais de uma década, nos anos 1960, o código genético foi decifrado.

No século XXI o grande destaque é o desenvolvimento da **Engenharia Genética**, conjunto de técnicas para manipular o DNA que permite isolar genes de um indivíduo e multiplicá-los em laboratório. Esses genes podem ser transferidos a outros indivíduos, mesmo de espécies diferentes, onde passam a funcionar normalmente. Esse campo de pesquisa é mais apropriadamente chamado de **tecnologia do DNA recombinante**.

O material biológico mais utilizado da tecnologia do DNA recombinante são seres microscópicos – bactérias e vírus. Por sua relativa simplicidade eles se tornaram o material biológico ideal para compreender o mecanismo básico de funcionamento dos genes.

Em condições ideais uma única bactéria é capaz de se duplicar a cada 20 ou 30 minutos. Em um dia poderíamos ter cerca de 48 duplicações. Calcule quantos descendentes haverá no dia seguinte usando a fórmula 2^n, em que n é o número de duplicações. Resultado: 2^{48} novas bactérias. Isso significa mais de 1 quatrilhão de novos microrganismos gerados assexuadamente em apenas um dia! E, se não ocorrerem mutações, todos serão geneticamente idênticos, constituindo o que os cientistas chamam de clone. Esse termo (do grego *klón*, broto) significa o conjunto de indivíduos originados de um único genitor por meio de reprodução assexuada.

Mais recentemente o significado dos termos clone e clonagem foi ampliado. Hoje fala-se em "clonagem" de telefones celulares e de cartões de crédito. Clonar é realizar uma ou várias cópias de genes, de células, de organismos e, por extensão, dos códigos únicos dos celulares ou dos cartões de crédito. Note como a aplicação de conhecimentos e tecnologias faz com que as pessoas se apropriem de conceitos antes restritos aos laboratórios de pesquisa.

Endonucleases de restrição

No final dos anos 1960 e início dos anos 1970, descobriu-se que certas enzimas bacterianas podem fragmentar moléculas de DNA em pontos específicos. Os cientistas acreditam que essas enzimas, denominadas endonucleases de restrição, defendem as bactérias contra vírus bacteriófagos. Quando vírus bacteriófagos injetam seu material genético na bactéria, entram em ação as endonucleases de restrição bacterianas, que fragmentam o DNA viral infectante em pontos específicos, impedindo sua ação.

As endonucleases de restrição são comparáveis a tesouras moleculares, capazes de reconhecer sequências específicas de bases em moléculas de DNA e cortar a ligação química entre nucleotídios em ambas as cadeias da dupla-hélice. Há vários tipos de endonuclease de restrição, todos altamente específicos: cada um reconhece e fragmenta o DNA apenas onde houver determinada sequência de nucleotídios, em geral constituída por 4 ou 6 pares de bases nitrogenadas. **(Fig. 24.14 e Tab. 24.1)**

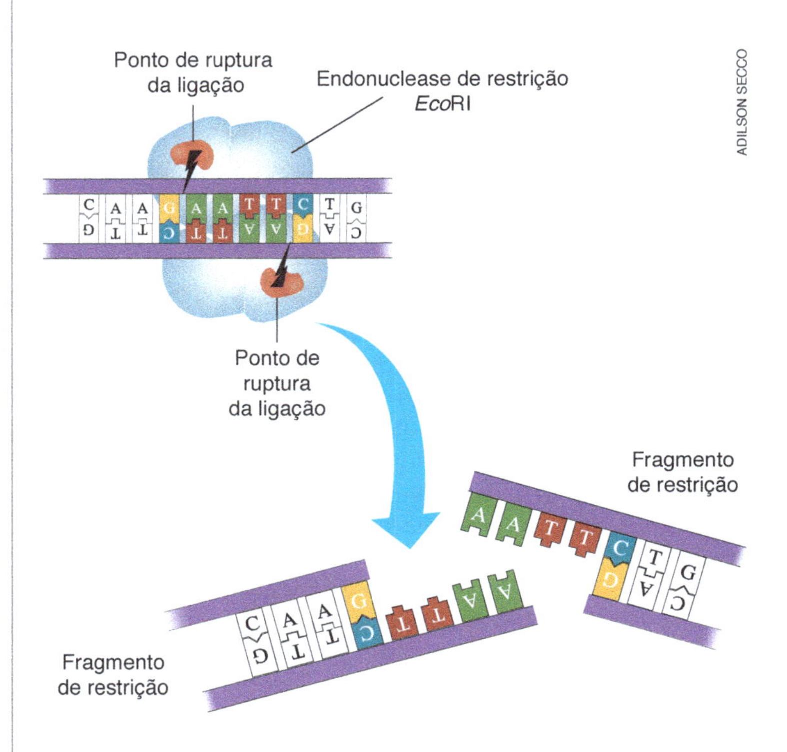

Tabela 24.1 Sítio de ação e bactéria de origem de algumas endonucleases

Nome da endonuclease	Bactéria de origem	Sítio de ação
*Aha*III	*Aphanothece halophytica*	TTTAAA AAATTT
*Bam*HI	*Bacillus amyloliquefaciens H*	GGATCC CCTAGG
*Eco*RI	*Escherichia coli RY 13*	GAATTC CTTAAG
*Hind*III	*Haemophilus influenzae Rd*	AAGCTT TTCGAA
*Taq*I	*Thermus aquaticus YTI*	TCGA AGCT

Figura 24.14 Representação esquemática do modo de ação da endonuclease de restrição *Eco*RI (lê-se "eco erre um"). A tabela mostra os nomes de cinco enzimas endonucleases, as linhagens bacterianas que produzem as enzimas e os locais em que cada endonuclease corta a molécula de DNA (setas vermelhas).

A descoberta das endonucleases de restrição trouxe grandes avanços à Genética. Essas novas "ferramentas" bioquímicas capazes de fragmentar moléculas de DNA de forma controlada e previsível, possibilitou análises do material genético antes inviáveis.

Moléculas idênticas de DNA, ao serem submetidas a determinada endonuclease de restrição, são cortadas exatamente nos mesmos pontos, originando fragmentos de tamanhos iguais.

Em contrapartida, moléculas de DNA com diferentes sequências de nucleotídios, quando tratadas com a mesma endonuclease de restrição, originam fragmentos de DNA de diferentes tamanhos. O mais interessante é que, ao analisar os fragmentos obtidos, pode-se notar um padrão típico para cada DNA analisado. Isso levou os cientistas a pensar na possibilidade de identificar indivíduos pela análise dos fragmentos de DNA, após seu picotamento por endonucleases de restrição. Esse assunto será tratado adiante, neste capítulo.

Separação eletroforética de fragmentos de DNA

A análise dos fragmentos de DNA originados pelo tratamento com determinada endonuclease de restrição é feita pela técnica de **eletroforese** (do grego *elektron*, eletricidade e *phóresis*, ação de transportar, migração). Essa técnica também é capaz de separar outras moléculas orgânicas, como RNA e proteínas.

A análise do DNA por eletroforese é feita colocando-se os fragmentos de DNA em uma matriz de gel imersa em uma solução tampão, que atua na condução da eletricidade e na manutenção do pH do meio; em seguida o gel é submetido a uma corrente elétrica. A extremidade do gel em que o DNA foi colocado é conectada ao polo negativo, e a extremidade oposta, ao polo positivo.

Com a diferença de potencial elétrico gerada entre as extremidades da placa de gel, os fragmentos de DNA, que têm carga elétrica negativa (devido à ionização de seus grupos fosfatos), migram para o polo positivo. O interior do gel funciona como uma peneira fibrosa molecular. Quanto menor o tamanho de um fragmento de DNA, mais facilmente ele passa entre as fibras do gel, deslocando-se com maior rapidez. Nessa corrida eletroforética, portanto, chegam na frente os fragmentos menores de DNA. Atrás vêm os fragmentos um pouco maiores e assim por diante.

Quando o campo elétrico é desligado, os fragmentos de DNA estacionam no gel. Fragmentos de mesmo tamanho, que corriam lado a lado, permanecem juntos em determinada posição, formando uma faixa (banda) na placa de gel. Se houver 12 tipos de fragmentos de DNA de diferentes tamanhos, após a eletroforese haverá 12 faixas separadas, correspondentes aos 12 tamanhos de fragmentos.

Terminada a eletroforese, a placa de gel é tratada com corantes capazes de evidenciar o DNA. Um dos mais utilizados é o brometo de etídio, substância que se insere entre as bases nitrogenadas dos ácidos nucleicos e fluoresce quando submetido à luz ultravioleta. Sob esse tipo de iluminação aparecem nitidamente as faixas formadas pelos fragmentos de DNA de diferentes tamanhos, que revelam o resultado da corrida eletroforética (observe as faixas em um gel de agarose na imagem de abertura deste módulo).

Fotografias do gel sob luz ultravioleta permitem aos pesquisadores registrar a posição e a espessura de cada faixa. O padrão eletroforético de um DNA lembra um código de barras utilizado no comércio para armazenar informações sobre um produto. É possível calcular o tamanho dos fragmentos do DNA gerados por uma endonuclease de restrição, comparando-os aos fragmentos de tamanhos conhecidos que percorreram o mesmo gel (chamados marcadores de massa molecular). **(Fig. 24.15)**

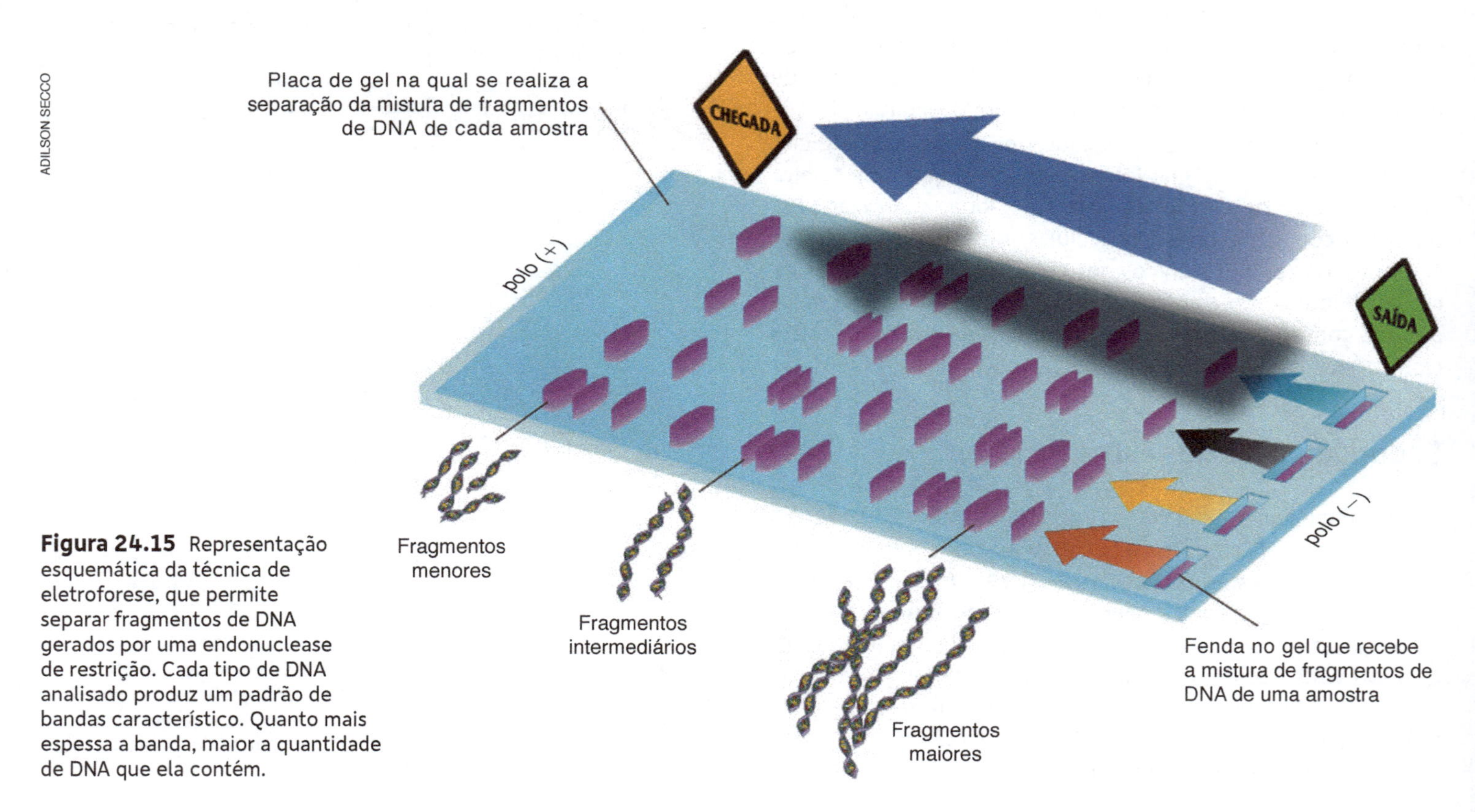

Figura 24.15 Representação esquemática da técnica de eletroforese, que permite separar fragmentos de DNA gerados por uma endonuclease de restrição. Cada tipo de DNA analisado produz um padrão de bandas característico. Quanto mais espessa a banda, maior a quantidade de DNA que ela contém.

A combinação das técnicas de fragmentação por endonucleases e de eletroforese permite identificar, com alto grau de precisão, o DNA de cada pessoa, procedimento que, com o desenvolvimento das pesquisas, passou a ser cada vez mais empregado em investigações criminais, em estudos de vínculos genéticos e na identificação de pessoas.

Genética na atualidade

A identificação de pessoas pelo DNA

Uma técnica para identificar pessoas pelo DNA consiste em fragmentar as moléculas do ácido nucleico com enzimas de restrição e depois identificar o padrão de fragmentos originados por meio de eletroforese em gel. A análise do padrão de bandas obtidos na eletroforese revelou-se um método seguro de identificação de pessoas e hoje é amplamente utilizado em investigações policiais e em processos judiciais.

O princípio da metodologia é o seguinte: como as pessoas diferem entre si quanto ao material genético que possuem (exceto nos gêmeos monozigóticos), a fragmentação do DNA de uma pessoa por uma enzima de restrição produzirá um padrão de fragmentos típico apenas dela, comparável a um código de barras ou a uma impressão digital molecular.

• *Detecção de fragmentos específicos de DNA*

Ao tratar o DNA do genoma de um organismo eucariótico com uma enzima de restrição, são produzidos tantos fragmento, de tantos tamanhos diferentes, que seria impossível visualizar todas as bandas individuais no gel de eletroforese. Por isso é preciso evidenciar apenas determinados tipos de fragmento de DNA que realmente interessem na identificação.

Uma das técnicas consiste em realizar a eletroforese e então tratar o gel com uma substância que abre as cadeias duplas dos fragmentos de DNA. Em seguida coloca-se sobre o gel uma membrana especial para a qual os fragmentos são transferidos na mesma posição em que estavam no gel. Aplica-se sobre essa membrana uma solução contendo sondas moleculares, que são pequenas moléculas de DNA de fita simples com algum tipo de marcação detectável, geralmente radioatividade ou fluorescência. O papel dessas sondas é emparelhar suas sequências com fragmentos de DNA complementares presentes no gel, evidenciando apenas as bandas de interesse.

• *Sequências de DNA utilizadas na identificação de pessoas*

Geralmente os testes de identificação por DNA empregam sondas capazes de detectar regiões não codificantes do genoma humano que variam muito de uma pessoa para outra. Essas regiões, conhecidas pela sigla **VNTR** (do inglês *variable **n**umber of **t**andem **r**epeats*: "número variável de repetições em sequência"), são constituídas por sequências curtas, de até algumas dezenas de nucleotídios, que se repetem ao longo de trechos da molécula de DNA. O número dessas repetições varia entre as pessoas, daí o nome.

Por exemplo, suponha que uma pessoa apresente, em determinada região de um cromossomo, um trecho VNTR com cinco repetições e, na região correspondente do cromossomo homólogo, um trecho com apenas três repetições. O tratamento do DNA dessa pessoa com determinada enzima de restrição produzirá dois tipos de fragmento nessa região: alguns com três repetições, e outros, maiores, com cinco repetições. Muitos outros fragmentos de diversos tamanhos serão produzidos também, pois as sequências sobre as quais age uma enzima de restrição quase sempre estão dispersas por todo o genoma. Em nosso exemplo, uma sonda que identifique as VNTRs em estudo revelará, após a separação por eletroforese, apenas duas bandas: uma correspondente aos fragmentos com três repetições da VNTR e outra, aos fragmentos com cinco repetições.

O DNA de uma segunda pessoa, que apresente três repetições desse trecho VNTR no mesmo par de cromossomos homólogos, produzirá, ao ser testado com o mesmo DNA-sonda, apenas uma banda no gel de eletroforese.

Uma terceira pessoa que apresente cinco repetições em cada um dos cromossomos do par também apresentará uma única banda, que estará em uma posição diferente no gel. **(Fig. 24.16)**

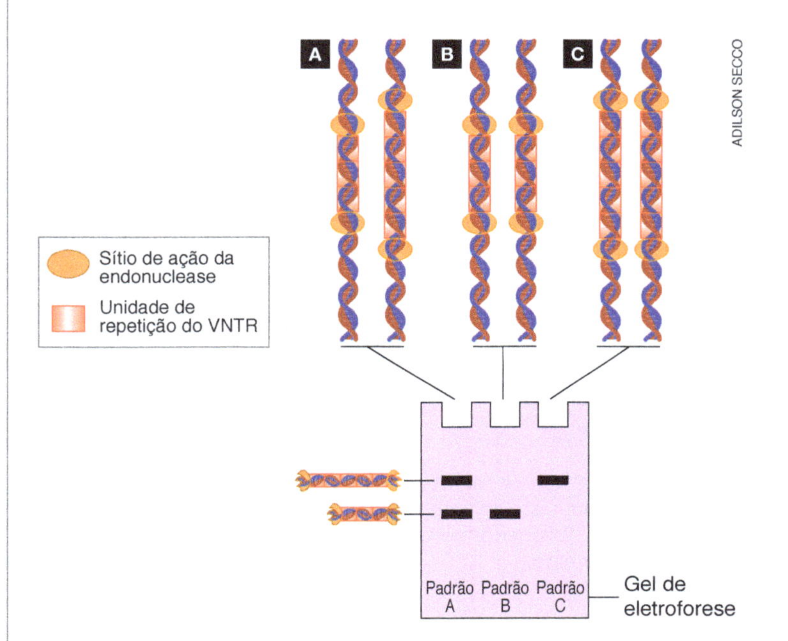

Figura 24.16 Representação esquemática da detecção de VNTRs em três pessoas. A pessoa *A* é heterozigótica quanto ao VNTR, apresentando 3 unidades de repetição em um dos cromossomos e 5 unidades no cromossomo homólogo. A pessoa *B* é homozigótica, apresentando 3 unidades de repetição em ambos os homólogos. A pessoa *C* também é homozigótica, mas apresenta 5 unidades de repetição em cada um dos homólogos. Na parte inferior do desenho, resultado da separação eletroforética dos fragmentos de DNA das três pessoas, gerados pelo tratamento com uma endonuclease de restrição que fragmenta o DNA nos limites dessas VNTRs.

• *Determinação de paternidade pela análise do DNA*

O teste de paternidade foi um dos principais fatores de popularização da sigla DNA, mas hoje se questiona se esse tipo de exame deve ser realizado livremente pelas pessoas. Em alguns países, proíbe-se a realização de tais exames sem solicitação explícita da Justiça, com a argumentação de que os danos psicológicos que os resultados eventualmente podem causar superam, em muitos casos, os benefícios.

Com base na estimativa da frequência de cada tipo de VNTR na população e do número de VNTRs utilizado no diagnóstico, pode-se estimar o grau de confiabilidade do teste de DNA em mais de 99,9%.

A figura 24.17 mostra o resultado de um teste de DNA de uma mulher (M), mãe de uma criança (C) cuja paternidade é disputada por dois homens (P1 e P2). Amostras de DNA dos quatro envolvidos foram tratadas com uma mesma enzima de restrição, submetidas a eletroforese em uma mesma placa de gel e tratadas com certos tipos de DNA-sonda, o que resultou nos padrões de faixas mostrados na fotografia. Note que diversos fragmentos de DNA da criança (assinalados pelas setas à esquerda) não estão presentes no DNA da mãe e, portanto, só podem ter vindo do pai. Apenas um dos homens (P2) apresenta esses fragmentos (assinalados pelos asteriscos à direita), o que indica que ele é o pai da criança. **(Fig. 24.17)**

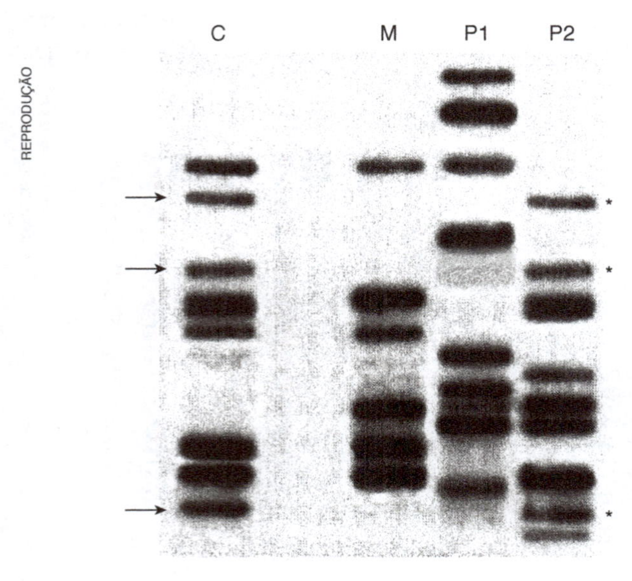

Figura 24.17 Foto dos padrões de eletroforese de quatro pessoas envolvidas em um teste de paternidade: (C) criança; (M) mãe da criança; (P1 e P2) suspeitos de serem o pai. Acompanhe com as informações do texto.

Clonagem do DNA

Plasmídios como vetores de clonagem de DNA

Plasmídios são moléculas circulares de DNA, bem menores que o cromossomo bacteriano e cuja presença não é essencial à vida da bactéria. Apresentar plasmídios, no entanto, pode ser vantajoso para a bactéria, pois o DNA plasmidial pode eventualmente conter genes responsáveis pela inativação de substâncias tóxicas às bactérias, como antibióticos.

Os plasmídios podem estar presentes na bactéria, em uma ou mais cópias; eles têm capacidade de se multiplicar independentemente do cromossomo bacteriano e são transmitidos às bactérias-filhas na divisão celular.

No início da década de 1970, os pesquisadores estadunidenses Stanley Norman Cohen (1935-) e Herbert Boyer (1936-) cortaram plasmídios utilizando endonucleases de restrição e, por meio de enzimas bacterianas denominadas ligases, uniram a esse DNA plasmidial um pedaço de DNA de outro organismo. O resultado dessa engenharia molecular foi um **plasmídio recombinante**, cujo DNA estava unido a um DNA de outra procedência.

Quando o plasmídio recombinante foi incorporado por bactérias vivas, estas multiplicaram-se normalmente, originando cópias idênticas do plasmídio incorporado.

Assim, a partir de uma única célula bacteriana que incorporou o plasmídio recombinante, pode-se obter clones constituídos por bilhões de bactérias portadoras de uma ou mais cópias do DNA recombinante incorporado.

Moléculas do DNA recombinante originadas na multiplicação bacteriana são consideradas pelos cientistas clones moleculares; por isso essa metodologia de multiplicar um DNA de interesse é denominada **clonagem molecular**. **(Fig. 24.18)**

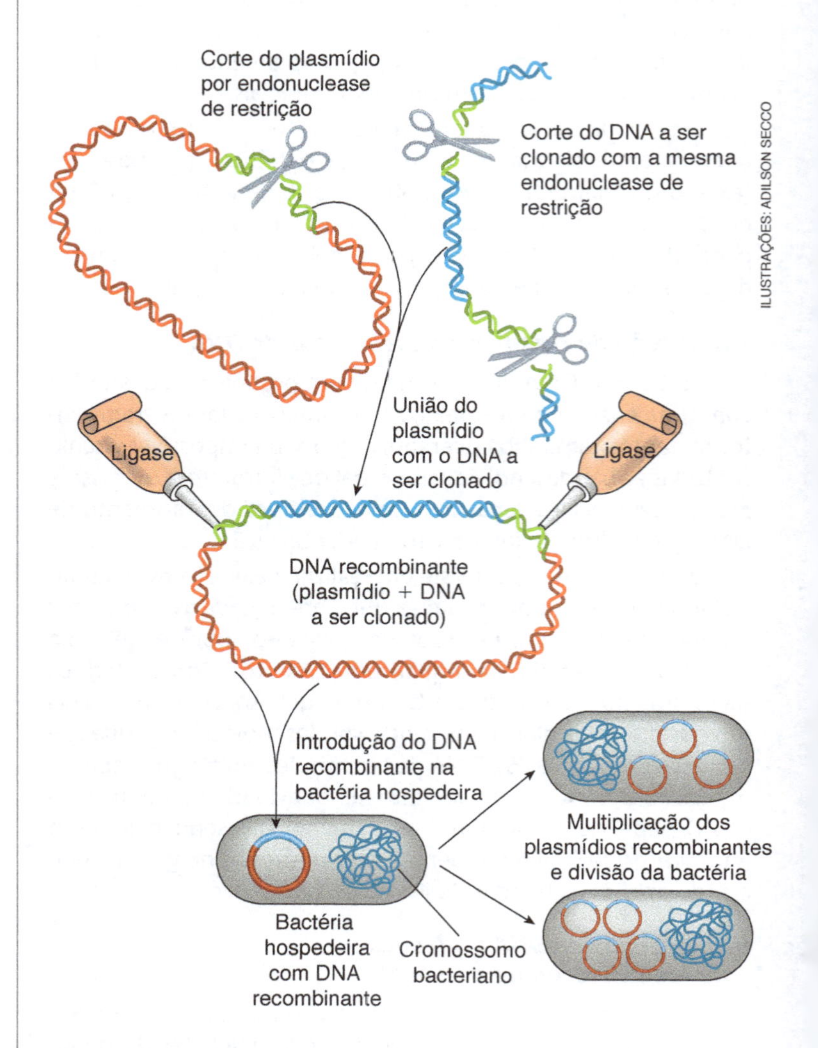

Figura 24.18 Representação esquemática da técnica de clonagem molecular em plasmídio bacteriano. A bactéria hospedeira multiplica-se, originando um clone que apresenta cópias do DNA que foi introduzido.

Bacteriófagos como vetores de clonagem de DNA

A clonagem de DNA pode ser feita também por meio de vírus que se multiplicam em bactérias, os chamados **bacteriófagos**, ou fagos. Comumente um fago apresenta um envoltório de proteína constituído por duas peças principais, a cabeça e a cauda. No interior da cabeça encontra-se uma longa molécula de DNA de cadeia dupla altamente compactada, que corresponde ao cromossomo do fago.

Ao encontrar uma bactéria que sirva de hospedeira, o fago adere à parede bacteriana por meio da cauda. Em seguida perfura a parede e injeta na bactéria seu DNA; o envoltório proteico do fago permanece fora. No interior da célula bacteriana, o DNA do fago inicia sua multiplicação, produzindo dezenas de cópias idênticas. Ao mesmo tempo o DNA invasor comanda a síntese das proteínas virais. Após algum tempo, em certos casos não mais que 20 minutos, a bactéria infectada se rompe liberando dezenas de novos fagos.

O vírus mais utilizado como **vetor de clonagem** é o fago lambda. Todos os genes desse fago estão mapeados em seu cromossomo e se conhece a sequência exata em que cada um deles entra em atividade, assim que entram na bactéria hospedeira.

O fago lambda tem genes essenciais, indispensáveis à sua multiplicação, e genes não essenciais, cuja presença não é necessária para a reprodução. Os genes essenciais estão localizados nas pontas do cromossomo do vírus e controlam a produção das proteínas do envoltório viral, das enzimas que atuam na duplicação do DNA e das enzimas que empacotam o DNA às proteínas importantes. Os genes não essenciais localizam-se na região mediana do cromossomo viral e estão envolvidos em processos de recombinação entre moléculas de DNA, não interferindo na multiplicação do vírus.

Foi esse conhecimento que possibilitou utilizar o fago lambda como vetor de clonagem molecular. A região mediana do cromossomo viral, na qual se localizam os genes não essenciais, é removida e substituída por um segmento de DNA de um organismo de interesse. O DNA recombinante formado é envolvido por proteínas virais, originando uma partícula viral capaz de infectar bactérias hospedeiras. Dessa forma, a partir de uma única partícula viral, é possível obter bilhões de partículas idênticas, cada uma delas contendo uma cópia do fragmento de DNA que foi introduzido no cromossomo do vírus. **(Fig. 24.19)**

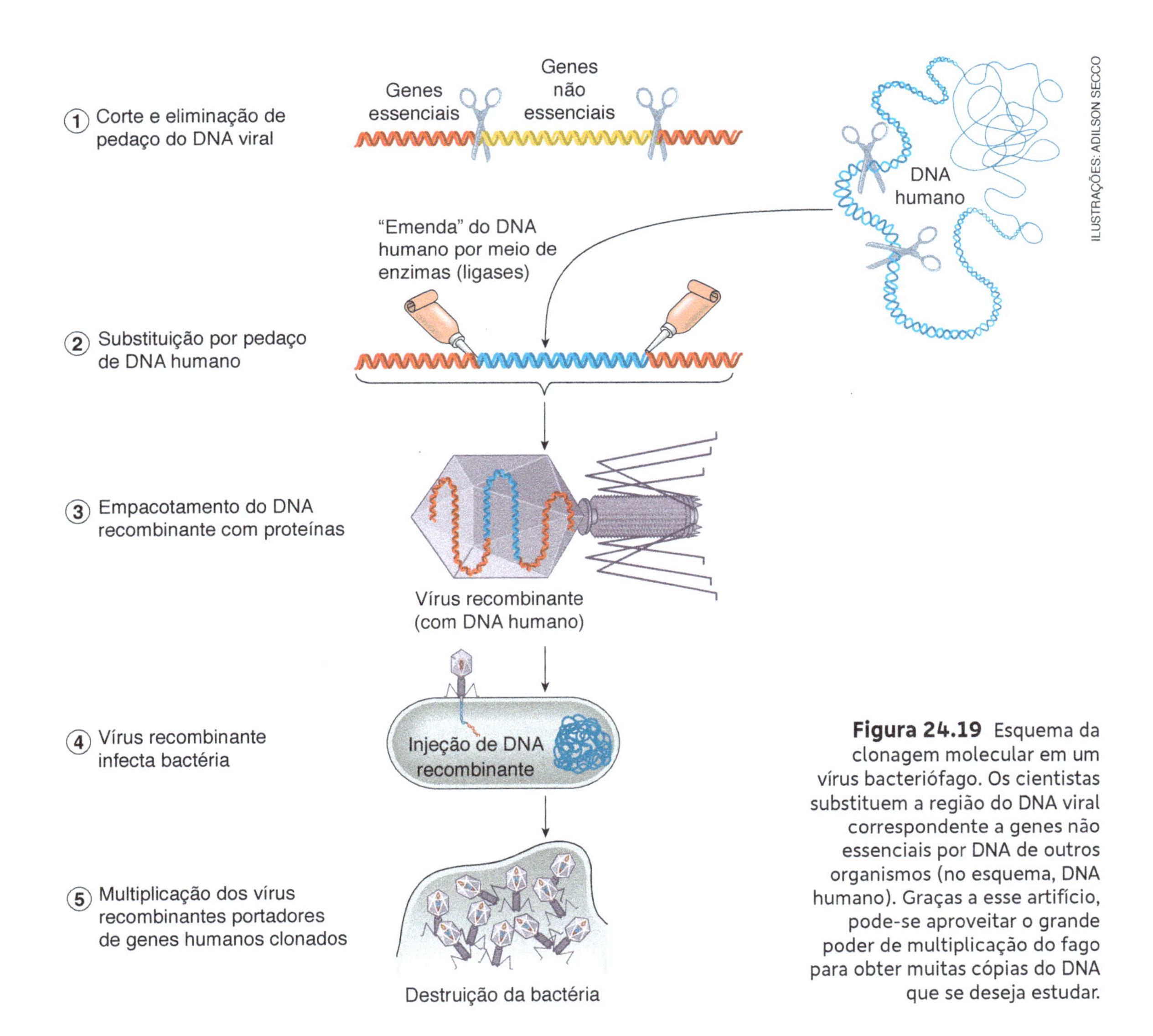

Figura 24.19 Esquema da clonagem molecular em um vírus bacteriófago. Os cientistas substituem a região do DNA viral correspondente a genes não essenciais por DNA de outros organismos (no esquema, DNA humano). Graças a esse artifício, pode-se aproveitar o grande poder de multiplicação do fago para obter muitas cópias do DNA que se deseja estudar.

Produção de proteínas humanas em bactérias

Com o desenvolvimento da clonagem molecular tornou-se possível isolar genes codificadores de proteínas humanas, ligá-los a plasmídios bacterianos e introduzi-los em bactérias, transformando esses microrganismos em verdadeiras fontes de proteínas. Essas proteínas são genuinamente humanas quanto à sequência de aminoácidos, apesar de terem sido sintetizadas no metabolismo bacteriano.

Em meados de 1970 a primeira empresa de biotecnologia criada por Herbert Boyer e pelo empresário Robert Swanson (1947-1999) conseguiu produzir o hormônio humano somatostatina em bactérias. Esse hormônio, um oligopeptídio com 14 aminoácidos, desempenha diversas funções em nosso corpo, como modular a produção de hormônios pancreáticos, inibir a produção de certos hormônios pela hipófise, atuar como anti-hemorrágico etc., despertando, portanto, grande interesse farmacêutico. Nesse experimento pioneiro um segmento de DNA formado por 60 pares de nucleotídios, com a codificação para os 14 aminoácidos constituintes da somatostatina, foi unido a um plasmídio e introduzido em bactérias. A partir delas foram obtidos clones bacterianos que produziam o hormônio.

No ano seguinte foi clonado o gene codificador da insulina humana, hormônio cuja deficiência no organismo está associada ao diabetes melito. Essa foi a segunda proteína humana a ser produzida em bactérias e teve sua comercialização para uso terapêutico nos Estados Unidos aprovada em 1982. Até então o tratamento de diabéticos era feito com hormônio extraído de pâncreas de bois e porcos obtidos em matadouros. Apesar de a insulina desses animais ser muito semelhante à humana, ela às vezes pode desencadear reações alérgicas. Por outro lado, a insulina produzida em bactérias transformadas por plasmídeos é idêntica à humana e não provoca alergia, tendo substituído quase completamente a insulina de origem não humana. Hoje diversas proteínas humanas comercializadas como medicamentos são produzidas a partir de clones bacterianos. **(Fig. 24.20)**

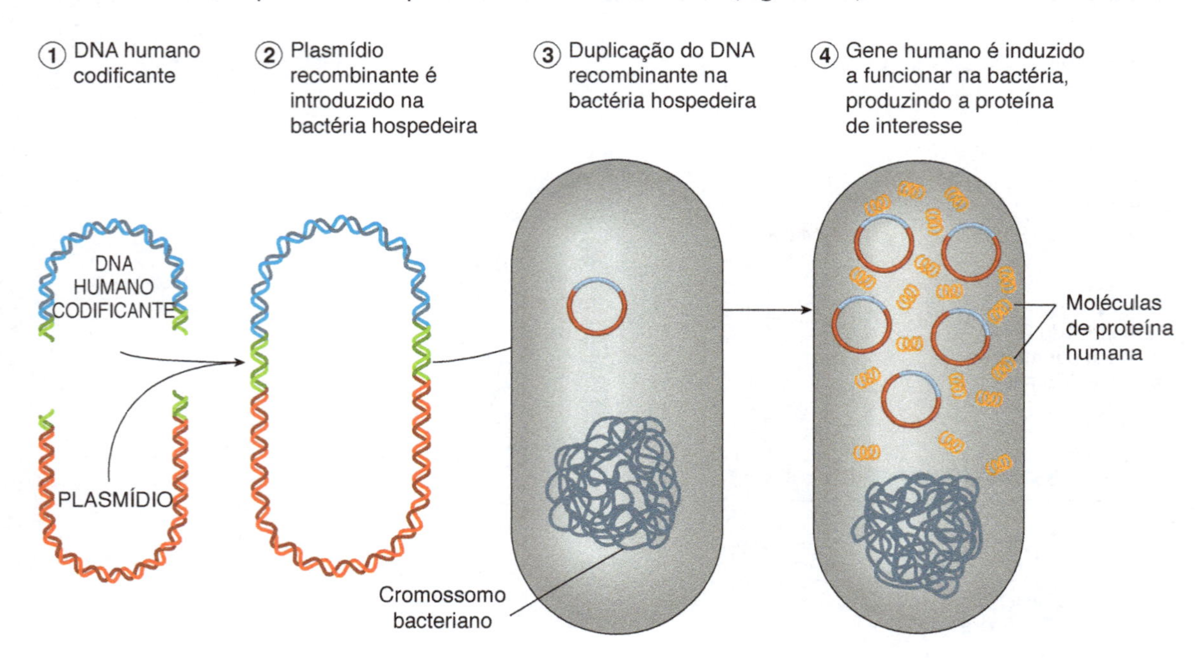

Figura 24.20 Representação esquemática da produção de proteína recombinante. Segmentos de DNA que codificam a proteína de interesse são ligados a moléculas de DNA de plasmídios e introduzidos em bactérias, de modo que estas passam a produzir moléculas de proteína humana.

Misturando genes entre espécies: transgênicos

Organismos portadores de DNA de outras espécies, como as bactérias modificadas utilizadas na produção de proteínas humanas medicamentosas, são chamados transgênicos, pois foram gerados pela transferência de material genético de outra espécie.

As técnicas de manipulação do DNA possibilitaram a transferência de genes também entre organismos eucarióticos, como animais e plantas. Nesse contexto popularizou-se a expressão **organismo geneticamente modificado (OGM)** como sinônimo de transgênico.

Os organismos transgênicos são hoje indispensáveis em estudos direcionados a compreender melhor a estrutura e o funcionamento dos seres vivos. Além disso eles têm sido também importantes na área de melhoramento genético, permitindo a geração de linhagens de animais e de plantas potencialmente mais lucrativas, como a soja resistente a herbicidas e o milho eo algodão resistentes a pragas.

Como são produzidos animais transgênicos?

A primeira transferência bem-sucedida de genes entre animais foi realizada em 1981. Fragmentos de DNA de coelho contendo um gene para a hemoglobina foram injetados em células-ovo de camundongo.

Alguns dos camundongos originados desses zigotos tinham hemoglobina de coelho em suas hemácias. O DNA injetado no ovo incorporou-se a um cromossomo e foi transmitido de uma geração de células para outra durante as mitoses ocorridas no desenvolvimento do animal. Quando os camundongos transgênicos foram cruzados o gene de coelho incorporado ao seu genoma foi transmitido de geração em geração, segundo as leis básicas da herança genética.

Na produção de transgênicos de mamíferos geralmente são utilizadas células-ovo geradas por fecundação *in vitro*, processo em que óvulos retirados das fêmeas são colocados em um líquido apropriado contendo espermatozoides. O processo da fecundação é acompanhado ao microscópio e segmentos do DNA que se deseja incorporar são injetados na célula-ovo recém-formada. A microinjeção é feita com uma finíssima agulha de vidro acoplada a uma aparelhagem de micromanipulação. Os embriões originados são implantados no útero de fêmeas, no qual se desenvolvem.

Em geral uma ou mais moléculas do DNA injetado incorporam-se aos cromossomos da célula-ovo e são transmitidas às células-filhas, quando o zigoto se divide; assim, todas as células do indivíduo conterão o DNA transplantado. Quando o organismo transgênico se reproduzir, os genes incorporados serão transmitidos à descendência como qualquer outro gene. **(Fig. 24.21)**

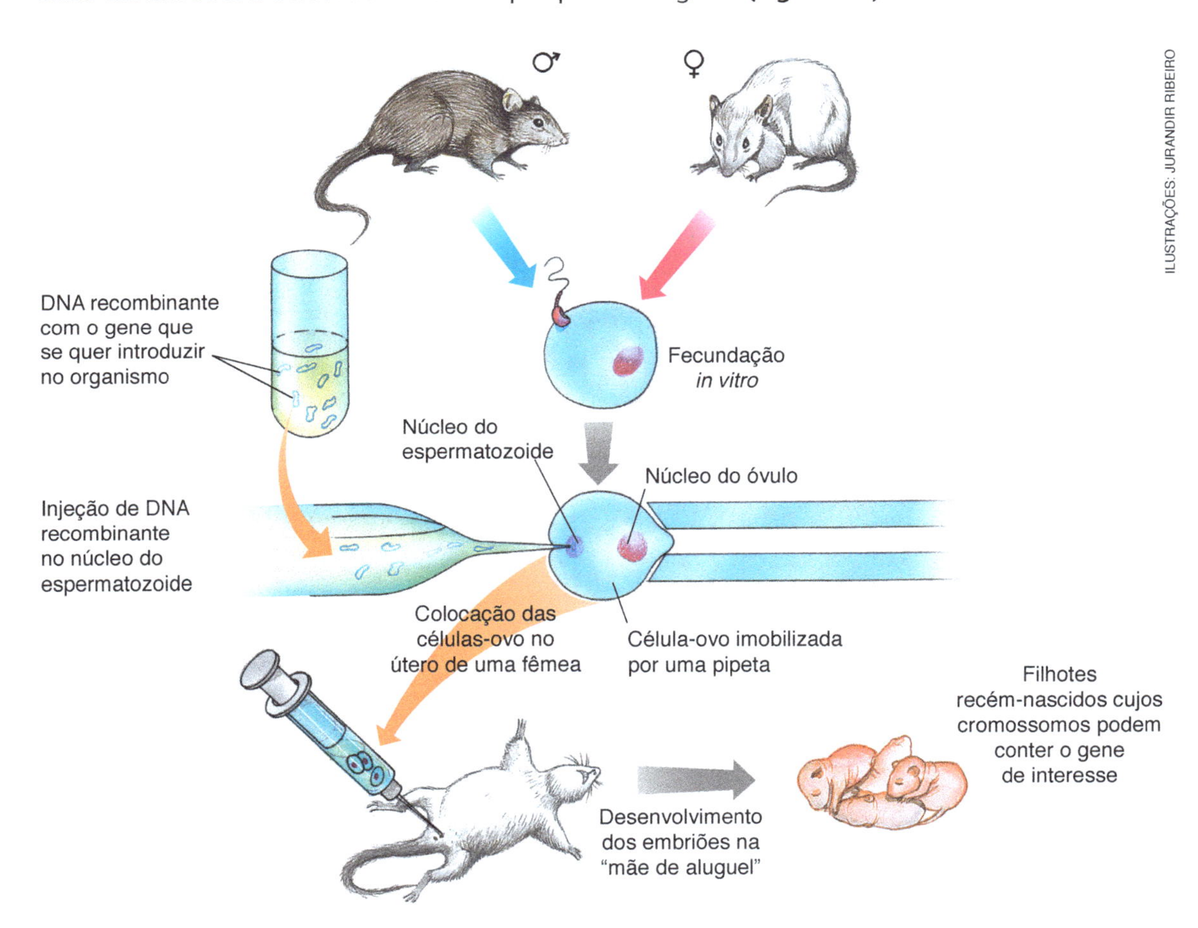

Figura 24.21 Representação esquemática das etapas de produção de ratos transgênicos. O DNA geralmente é injetado no núcleo originado do espermatozoide (pronúcleo masculino) antes de sua fusão com o núcleo do óvulo (pronúcleo feminino).

Transgênicos entre animais e plantas

A manipulação genética de plantas é relativamente mais fácil que a de animais, pois é possível obter uma planta completa a partir de uma única célula vegetal somática geneticamente transformada. O plasmídio da bactéria *Agrobacterium tumefaciens*, capaz de se integrar com facilidade a cromossomos de muitas espécies de plantas, principalmente eudicotiledôneas, tem sido muito utilizado como vetor de clonagem.

Outra técnica empregada para a introdução de DNA exógeno em células vegetais é a biobalística, que consiste no bombardeamento de células de uma planta por micropartículas metálicas (comumente, de ouro ou tungstênio) recobertas de DNA contendo o gene de interesse. As micropartículas penetram na célula vegetal, na qual o DNA se libera e migra para o núcleo celular, incorporando-se aos cromossomos. Pela ação de hormônios as células vegetais são então induzidas a se multiplicar e a originar novas plantas; as que incorporaram o DNA exógeno produzem plantas transgênicas.

Um exemplo emblemático de produção de transgênicos entre animais e plantas foi a introdução de um gene de vaga-lume em uma planta de tabaco. O gene inserido na planta tinha informação para a síntese da luciferase, enzima que catalisa a reação que converte energia química em energia luminosa (bioluminescência), que os vaga-lumes utilizam para atrair parceiros na fase de acasalamento.

O gene da luciferase do vaga-lume foi introduzido em um plasmídio e clonado em bactérias. Desse modo, obteve-se grande quantidade de cópias do gene, que, depois de purificado, foi injetado em células da planta do tabaco. Com a técnica de cultura de tecidos vegetais, bem conhecida dos botânicos, obteve-se uma planta completa a partir de uma única célula transformada. O gene da luciferase do vaga-lume havia se incorporado a um dos cromossomos da planta e foi transmitido a todas as suas células. Ao ser regada com luciferina, substância sobre a qual age a luciferase, a planta de tabaco transgênico passou a emitir uma tênue luz esverdeada. **(Fig. 24.22)**

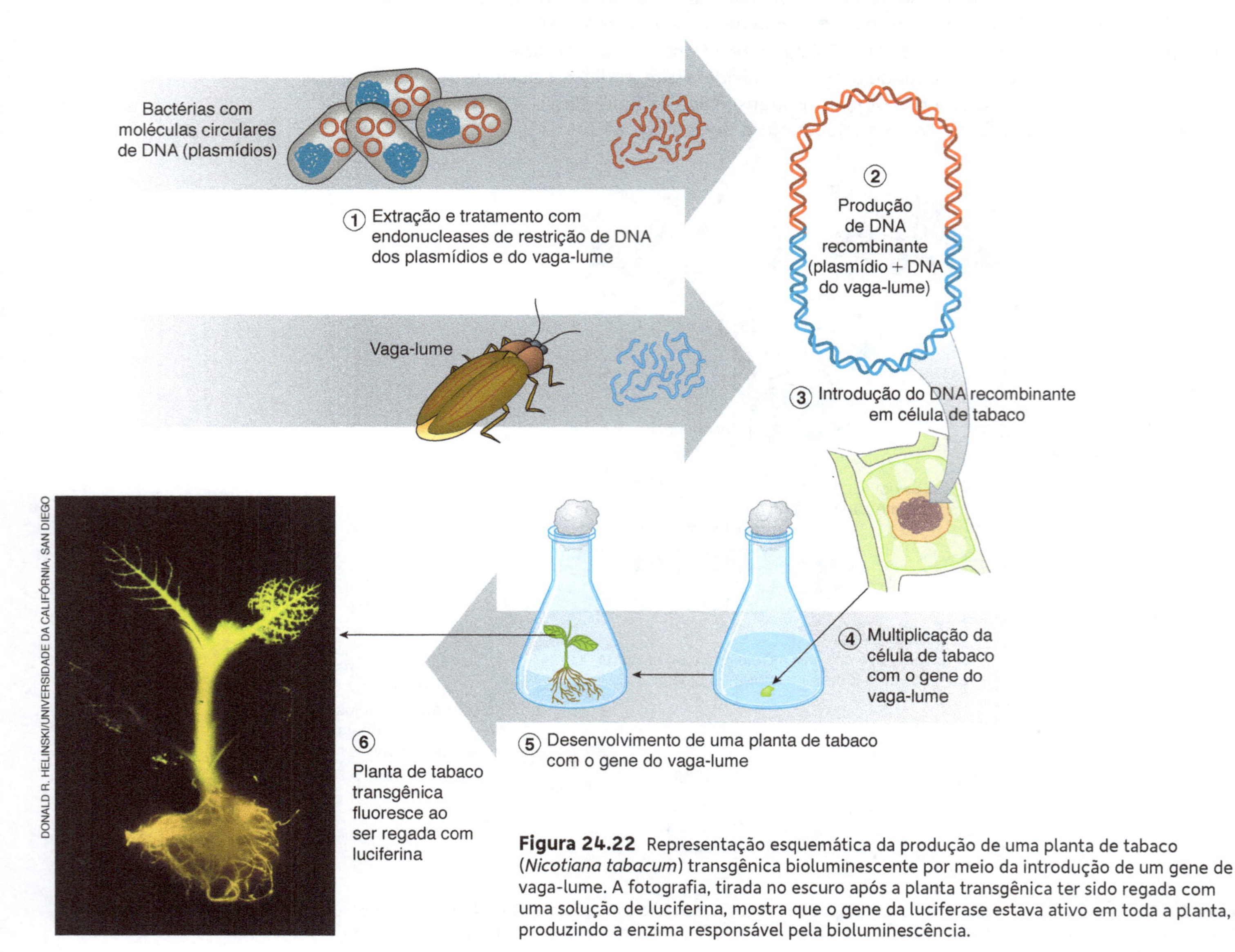

Figura 24.22 Representação esquemática da produção de uma planta de tabaco (*Nicotiana tabacum*) transgênica bioluminescente por meio da introdução de um gene de vaga-lume. A fotografia, tirada no escuro após a planta transgênica ter sido regada com uma solução de luciferina, mostra que o gene da luciferase estava ativo em toda a planta, produzindo a enzima responsável pela bioluminescência.

Nos últimos anos plantas transgênicas tornaram-se amplamente conhecidas por grande parte da população, principalmente em virtude das polêmicas sobre o plantio de certa variedade transgênica de soja. Essa variedade recebeu um gene bacteriano que confere resistência a determinadas substâncias herbicidas, utilizadas para matar ervas daninhas que crescem nos campos de cultivo. Com isso os agricultores podem empregar herbicidas que eliminam todas as outras plantas, menos a soja transgênica, o que diminui o trabalho de limpeza do campo de cultivo; além disso, sem as plantas competidoras, a produtividade da lavoura de soja aumenta.

Outro transgênico muito comercializado atualmente é uma variedade de milho – o milho Bt – que tem incorporado em seu genoma um gene da bactéria *Bacillus thuringiensis*, utilizada na agricultura como pesticida biológico. Com a incorporação desse gene, as células do milho passam a produzir uma substância tóxica para os insetos, porém inofensiva para os vertebrados. O cultivo dessa variedade de milho permite uma drástica redução no uso de defensivos agrícolas para o combate de insetos-praga.

A comercialização de derivados de organismos transgênicos só é liberada após testes para comprovar sua segurança tanto no que se refere à saúde das pessoas e dos animais consumidores quanto ao meio ambiente. No Brasil as atividades e os projetos que envolvem OGM e seus derivados são regulados pela Comissão Técnica Nacional de Biossegurança (CTNBio), criada pela Lei n. 11.105, de 24 de março de 2005.

A CTNBio já aprovou o plantio comercial de diversas plantas transgênicas, entre elas a soja, o milho e o algodão, cujas áreas cultivadas aumentam ano a ano. Em 2011 80% da soja produzida no Brasil já era transgênica.

Desvendando o genoma humano

Atualmente contamos com metodologias que permitem fragmentar moléculas de DNA em pedaços definidos e separá-los uns dos outros. Sabemos como induzir a multiplicação dos fragmentos isolados para obter muitas cópias de cada um deles. Descobrimos como unir pedaços de DNA de origens diferentes, produzindo moléculas-quimeras. Estas podem ser inseridas em células vivas, modificando seu funcionamento e sendo transmitidas para as gerações futuras.

As tecnologias de manipulação do DNA projetam a possibilidade de, no futuro, podermos recorrer à chamada geneterapia para tratar e prevenir doenças hereditárias humanas. Assim, genes poderão ser produzidos em laboratório e injetados em células doentes, que se tornariam sadias.

O desenvolvimento das pesquisas sobre DNA tornou possível o Projeto Genoma Humano, uma ambiciosa empreitada científica para conhecer e caracterizar todos os genes de nossa espécie, mapeando-os nos cromossomos e determinando seu modo de funcionamento. Trata-se de um desafio gigantesco tendo em vista que os primeiros resultados do projeto revelaram que o sistema biológico é bem mais complexo do que se imaginava; serão necessários ainda muitos estudos para compreender os fundamentos moleculares da vida.

O Projeto Genoma Humano

O **Projeto Genoma Humano** começou oficialmente em outubro de 1990, com a publicação de um plano de pesquisa cujo objetivo principal era determinar a sequência de todos os nucleotídios dos 24 tipos de cromossomos constituintes do genoma humano (os 22 autossomos e os cromossomos sexuais X e Y). Outro objetivo do projeto era a identificação de todos os genes humanos.

O projeto foi iniciado por duas agências governamentais estadunidenses, o Departamento de Energia e o Instituto Nacional de Saúde (em inglês, NIH), com a participação de universidades e institutos de pesquisa de diversos países.

Em maio de 1998 uma empresa privada estadunidense entrou na disputa pela pesquisa sobre o sequenciamento do genoma humano, prometendo completá-lo em apenas três anos, quatro anos antes do previsto pelo consórcio público. A principal diferença entre os dois projetos era o método empregado para a determinação das sequências de nucleotídios.

A estratégia do consórcio público era dividir cada cromossomo em grandes fragmentos e determinar a sequência de nucleotídios de fragmentos adjacentes. A empresa privada adotou a estratégia de partir todo o genoma em pequenos fragmentos, sequenciar cada um deles e, em seguida, ordená-los pela sobreposição de suas extremidades, o que demandou o uso de potentes computadores e sofisticados programas de computação. Outra diferença é que a empresa privada não pretendia tornar públicos os dados obtidos, e sim patenteá-los e comercializá-los.

Diante da possibilidade de uma corporação particular tornar-se proprietária exclusiva de um patrimônio da humanidade – o genoma humano –, o consórcio público redobrou os esforços para concluir o projeto em menor tempo.

Finalmente, em 26 de junho de 2000, os pesquisadores estadunidenses Francis Collins (1950-) (líder do consórcio público) e Craig Venter (1946-) (presidente da empresa privada) anunciaram a conclusão de um esboço geral do genoma humano. Os trabalhos foram publicados em fevereiro de 2001 nas revistas científicas *Science* (a parte realizada pela corporação particular) e *Nature* (a parte realizada pelo consórcio público). O projeto foi considerado concluído em 2003, mas as análises dos dados obtidos têm continuado e seguirão por muitos anos.

Graças ao projeto sabemos que o genoma humano é constituído por 3 bilhões e 164,7 milhões de pares de nucleotídios. Para ter ideia do que isso representa, se escrevêssemos em caracteres bem pequenos a sequência de iniciais das bases (A, T, C e G) de uma das cadeias de DNA dos 24 tipos de cromossomos humanos, preencheríamos mais de 200 volumes equivalentes a grossas enciclopédias. Quase toda a sequência de bases do genoma humano, 99,9%, é exatamente a mesma em todas as pessoas, portanto não mais do que 0,1% é responsável por toda a variabilidade genética de nossa espécie.

Dos cerca de 3 bilhões de pares de bases do genoma humano apenas 2% correspondem a genes; cerca de 98% são sequências não codificantes, isto é, que não são transcritas para moléculas de RNA. O número total de genes humanos, estimado em cerca de 20.500, é bem menor do que os 100 mil previstos antes do sequenciamento. O tamanho médio de um gene humano é de 3 mil pares de bases, sendo que o maior gene humano, que codifica a proteína distrofina, tem 2,4 milhões de pares de bases.

No quesito número de genes estamos em pé de igualdade com os camundongos e pouco acima das drosófilas, cujo genoma estima-se que possua cerca de 13 mil genes. Não devemos esquecer, porém, que são as proteínas que desempenham a maioria das funções celulares e definem sua estrutura.

As pesquisas têm revelado que possuímos mais tipos de proteína do que de genes. Uma das razões é que um gene humano, assim como os de outros organismos eucarióticos, pode gerar mais de um tipo de RNA mensageiro, dependendo de como o RNA transcrito é processado antes de sair do núcleo para o citoplasma, no qual será traduzido em proteína (relembre o *splicing* alternativo, visto em *Genes procarióticos e eucarióticos*.

Em 2012 um consórcio mundial de cientistas descobriu que grande parte do DNA não codificante humano (aproximadamente 80% do genoma) exerce função de regulação da síntese de proteínas, por meio de mecanismos ainda não compreendidos completamente. Muitas dessas sequências de nucleotídios, que se pensava não terem função alguma, atuam como "interruptores" nos circuitos genéticos, controlando a ativação ou inativação de genes. Esses segmentos de DNA podem também atuar uns sobre os outros, potencializando ou inibindo sua ação. **(Fig. 24.23)**

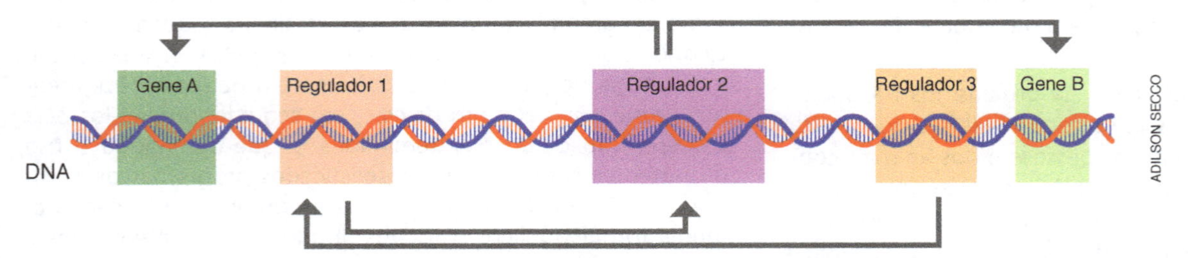

Figura 24.23 Representação esquemática da ação reguladora de regiões não codificantes do genoma. Os genes A e B são sequências de nucleotídios que codificam proteínas (DNA codificante); os reguladores são sequências que não codificam proteínas, mas interagem com os genes ou entre si, afetando a transcrição em outros locais do genoma.

Agora você pode resolver as atividades de 29 a 34, 41 a 44, 48 e 49, 51 a 55 e 60 a 66.

24.5 Melhoramento genético

A maioria das plantas, dos animais e dos demais organismos (como fungos e algas) que constituem nossa alimentação básica foi domesticada e vem sendo melhorada em diferentes regiões do mundo há milhares de anos, muito antes da descoberta dos mecanismos da herança biológica.

O **melhoramento genético** consiste em selecionar e aprimorar as qualidades das espécies, tendo em vista sua utilização pelos seres humanos. Inicialmente, esse melhoramento era feito apenas de forma empírica. Para obter espigas de milho com maior número de grãos, por exemplo, os agricultores selecionavam para o plantio apenas sementes de espigas com grande número de grãos. Para aumentar a massa corporal média das galinhas, empregavam-se como reprodutores os galos e as galinhas de maior massa corporal.

Com o conhecimento de novos conceitos e o desenvolvimento de novas técnicas genéticas, tornou-se possível racionalizar e aperfeiçoar a seleção. O melhoramento das espécies passou a basear-se em métodos científicos.

Ao mostrar que quase todas as qualidades de valor econômico, como a fertilidade de animais e plantas, o tamanho e a quantidade dos grãos, a produção de carne, de leite e de ovos, a resistência a doenças etc., são condicionadas por genes que interagem fortemente com fatores ambientais, a Genética deu uma importante contribuição para a agricultura e para a pecuária. Esse conhecimento tornou possível o desenvolvimento de técnicas mais eficientes de seleção e de melhoramento de características de animais e plantas dotados de importância econômica. **(Fig. 24.24)**

Figura 24.24 Diversas raças de cães foram obtidas por criadores de animais que realizavam cruzamentos seletivos para obter características de interesse específicas.

Heterose ou vigor híbrido

Em 1909 o geneticista estadunidense George H. Shull (1874-1954) percebeu que o cruzamento entre duas determinadas variedades de milho produzia plantas mais vigorosas, mais resistentes a doenças e com espigas maiores e mais uniformes que as variedades parentais. Essas plantas foram denominadas híbridas, termo utilizado também para designar o produto do cruzamento entre linhagens diferentes de uma mesma espécie. Concluiu-se que, no caso do milho, as plantas híbridas apresentavam qualidades superiores às linhagens puras (altamente homozigóticas) por possuírem muitos genes em condição heterozigótica. Esse fenômeno recebeu o nome de **heterose**, ou vigor híbrido.

O conhecimento da base genética do vigor híbrido no milho permitiu a produção de duplos-híbridos, isto é, obtidos a partir de quatro linhagens homozigóticas parentais. Esse tipo de cruzamento fez tanto sucesso que hoje a maior parte de todo o milho consumido no mundo é duplo-híbrido. O fenômeno da heterose não se restringe ao milho, ocorrendo também em outras espécies vegetais, como o morango, o tomate, o algodão e a cebola, e em espécies animais, como a galinha doméstica. **(Fig. 24.25)**

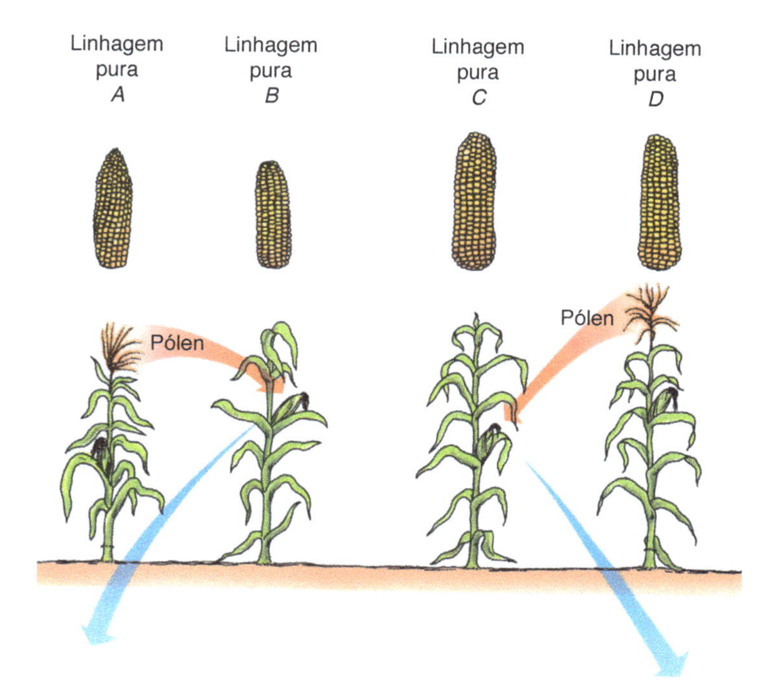

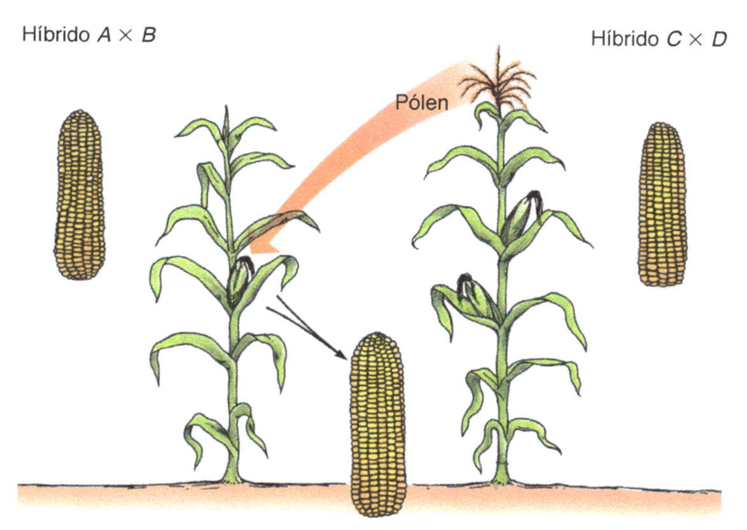

Figura 24.25 Representação esquemática dos cruzamentos utilizados na obtenção do milho duplo-híbrido a partir de quatro linhagens puras parentais.

Problemas decorrentes do melhoramento genético

Um dos problemas decorrentes do melhoramento genético é o surgimento de linhagens com pouca variabilidade, isto é, com pouca diferença genética entre os indivíduos, o que reduz a capacidade da população de se adaptar eficientemente a alterações ambientais. Os antigos agricultores, antes do desenvolvimento da Genética, já lidavam com esse problema. Em campos de cultivo era comum o plantio de diferentes variedades de trigo, o que aumentava a chance de preservar ao menos parte da lavoura em caso de seca, enchente ou pragas.

Essa técnica milenar atualmente tem sido negligenciada. Hoje predominam as lavouras de monocultura, em que grandes áreas são ocupadas com uma única variedade da espécie. Apesar de as monoculturas produzirem lucros maiores em curto prazo, há o risco de uma praga dizimar completamente uma plantação sem encontrar indivíduos resistentes, já que todas as plantas são geneticamente muito semelhantes.

Exemplo histórico de um desastre envolvendo a perda de uma monocultura ocorreu em meados do século XIX na Irlanda, onde a produção de batata, um dos principais alimentos da população na época, baseava-se em uma única variedade. Uma doença causada por microrganismos dizimou, em curtíssimo prazo, praticamente todas as plantações de batata desse país. O resultado foi catastrófico: morte de milhões de pessoas em decorrência da fome.

Em 1970 uma doença provocada por um fungo atacou as culturas de milho híbrido no sul dos Estados Unidos, reduzindo à metade a safra prevista. Estudos realizados pelo governo estadunidense mostraram que suas culturas de milho eram geneticamente uniformes e muito vulneráveis a doenças. Essas culturas foram recuperadas com a introdução de um alelo para resistência ao fungo causador da doença, obtido em uma variedade de milho nativa da Colômbia.

Agora você pode resolver as atividades de 35 a 38.

Ciência e cidadania

Mais difícil do que o imaginado

1 "Em um [...] artigo publicado na revista *Nature* o diretor dos Institutos Nacionais de Saúde dos Estados Unidos, Francis Collins, recorda que no anúncio da conclusão do sequenciamento do genoma humano fez suas próprias previsões para 2010.

2 Ao lado do cientista-empresário Craig Venter – que encabeçava o consórcio privado criado para estudar o mesmo tema –, Collins apresentou ao então presidente Bill Clinton uma série de lâminas de Power Point na qual vaticinava: em uma década testes genéticos para apontar as chances de uma pessoa desenvolver uma ou mais doenças estarão disponíveis para uma dúzia de enfermidades e será possível reduzir o risco de desenvolver algumas delas com intervenções praticadas por médicos por meio da 'Medicina Genética'.

3 Collins foi além. Acrescentou que o diagnóstico pré-implantacional – análise genética do bebê ainda na fase de embrião, antes mesmo de implantá-lo no útero da mãe – estaria disponível em uma escala ampla, e seus limites éticos seriam ferozmente debatidos.

4 O cientista terminava suas previsões dizendo que em 2010 a proibição do preconceito genético – discriminação de uma pessoa por conta de alguma característica genética que ela tenha – seria uma realidade nos Estados Unidos e o acesso à Medicina Genética continuaria a ser desigual, especialmente nos países em desenvolvimento.

5 Como o próprio Collins afirma no artigo, é justo dizer que praticamente todos os itens apresentados na ocasião já são, com algumas ressalvas, realidade. Ainda assim, uma década depois de completa a primeira versão do genoma humano, a ciência avança de forma sôfrega e por vezes errática no desenvolvimento de medicamentos e tratamentos baseados no conhecimento adquirido sobre os genes.

Longe da maioria

6 Embora já se disponha de testes genéticos preditivos para muitas doenças raras, causadas por mutações em um único gene, ainda não existem exames comprovadamente eficazes para apontar com precisão as chances de desenvolvimento das enfermidades crônicas que mais limitam e matam no planeta: doenças cardiovasculares, cânceres, diabetes, Alzheimer e Parkinson. Isso porque, sabe-se hoje, são doenças causadas por alterações em mais de um gene – talvez centenas deles –, e os pesquisadores ainda não entenderam como se dá a interação entre o ambiente e essas sequências de DNA que dizem às células o que fazer.

7 Da mesma forma, a polêmica possibilidade de analisar e selecionar o embrião que seguirá adiante na fertilização *in vitro* ainda é uma realidade muito distante da maior parte da população – a segregação começa pelos altos preços cobrados para se fazer um bebê de proveta – e a discriminação genética, por enquanto, é apenas objeto de divagações.

8 Alguns [...] avanços, entretanto, estão dando novo fôlego à esperança mundial de um planeta mais saudável – e limpo. No mês passado [maio de 2010], Craig Venter e sua turma anunciaram a criação de uma bactéria a partir de um genoma artificial. O ser que vive com um DNA totalmente montado em laboratório poderá, no futuro, dar origem a combustíveis alternativos ou a formas de vida orgânicas passíveis de serem programadas para realizar trabalhos impossíveis de serem feitos por seres humanos.

RUTH FREMSON/AP PHOTO/GLOW IMAGES

Craig Venter, geneticista estadunidense que em 2002 fundou seu próprio instituto, cujo foco é a criação de genomas artificiais.

Reprogramação celular

9 Na Medicina, os avanços mais significativos estão concentrados em identificar genes que causam ou favorecem o surgimento de doenças. A partir desse conhecimento, já foi possível, por exemplo, silenciar a expressão de determinados genes com o intuito de tratar ou até mesmo evitar doenças.

10 Em março deste ano [2010], uma equipe do Instituto de Tecnologia da Califórnia, nos Estados Unidos, conseguiu silenciar genes específicos ligados ao melanoma, a forma mais agressiva e letal de câncer de pele, usando nanopartículas para "entregar" no núcleo da célula sequências genéticas capazes de diminuir ou cessar completamente a expressão de um gene envolvido na doença. [...]

11 [...] Outra área que vem recebendo grandes investimentos em pesquisa é a farmacogenômica, o estudo de como os medicamentos reagem em organismos com perfis genéticos diferentes. Hoje já existem testes capazes de prever como um indivíduo vai reagir à medicação que está recebendo. Com isso, se economizam recursos em saúde e principalmente tempo, um fator do qual a maior parte dos doentes não dispõe.

12 "Isso já foi feito com o câncer de mama. Para metade das mulheres que faziam uso de um remédio, o resultado era excelente. Para a outra, não tinha função nenhuma. Os médicos descobriram que isso acontecia por conta de uma alteração genética", explica o presidente da Sociedade Brasileira de Genética Médica, Salmo Raskin.

13 O teste citado pelo médico brasileiro [...] consegue dizer quais mulheres com câncer de mama irão se beneficiar da quimioterapia e quais precisam de outra abordagem de tratamento. [...]

Fonte: Mais difícil do que o imaginado. *Último segundo*. Disponível em: <http://mod.lk/q0u1F>. Acesso em: dez. 2016.

GUIA DE LEITURA

Na manhã de 26 de junho de 2000, em companhia dos geneticistas Francis Collins e Craig Venter, o presidente norte-americano Bill Clinton comparou o mapa do genoma humano ao mapa do continente americano, celebrado dois séculos antes naquela mesma sala da Casa Branca por Thomas Jefferson. Disse Clinton: "Sem dúvida, esse é o mais prodigioso mapa já produzido pela humanidade.". O presidente americano se referia ao sequenciamento genético realizado pelo Projeto Genoma Humano, cujo ambicioso objetivo é mapear e conhecer totalmente os genes humanos. A expectativa dos cientistas é que isso possa trazer, entre muitos avanços, compreensão e curas para muitas doenças. O quadro apresenta um texto de divulgação científica em que se discute as linhas gerais do Projeto Genoma Humano. O texto exige alguns conhecimentos anteriores, que podem ser conferidos no capítulo ou em fontes confiáveis na internet. O Guia de Leitura ajuda você nessas tarefas.

1. Leia o primeiro e o segundo parágrafos do texto e atente aos conceitos de sequenciamento do genoma humano e Medicina Genética. Lembre-se de que sequenciamento de DNA é uma técnica que permite descobrir a sequência de bases nitrogenadas inscritas em um DNA. O que seria uma "Medicina Genética"? Você pode completar ou alterar sua resposta após a leitura completa do texto. Você também pode pesquisar esse assunto na internet.
2. O parágrafo 3 faz menção ao diagnóstico pré-implantacional. Escreva um texto pessoal e explicativo sobre o que é esse diagnóstico e por que Collins previa que os limites éticos desse procedimento médico seriam motivo de debate pela sociedade.
3. No parágrafo 4 Collins faz referência ao preconceito genético e à desigualdade no acesso à Medicina Genética. Escreva um pequeno texto comentando o parágrafo.
4. Leia mais de uma vez o parágrafo 5, pois seu conteúdo precisa ser desvendado e simplificado, eventualmente auxiliado pelo dicionário (por exemplo: sôfrega, errática). Após analisar o parágrafo tente reescrevê-lo em uma linguagem mais acessível a um estudante do Ensino Médio.
5. O parágrafo 6 traz algumas das dificuldades da aplicação de testes genéticos em doenças como os cânceres, o diabetes, o Alzheimer etc. Que dificuldades são essas? Explique em um texto curto e objetivo.
6. Leia o parágrafo 7 e compare as informações nele tratadas com as do texto que você redigiu sobre o parágrafo 4. De que modo novas informações poderiam ser incorporadas a seu texto?
7. O oitavo parágrafo aborda os novos empreendimentos genéticos do cientista Craig Venter e seus colaboradores. Qual o resultado anunciado pela equipe e seu possível impacto no mundo?
8. Os parágrafos 9 e 10 do texto tratam de uma nova perspectiva no tratamento de doenças genéticas. Qual é ela e em que situação foi empregada com sucesso? Responda em um texto curto e objetivo.
9. Leia o parágrafo 11, que trata da chamada farmacogenômica. Em que consiste essa área de pesquisa e qual é sua possível importância na Medicina?
10. No décimo segundo e no décimo terceiro parágrafos, que encerram o texto, é mencionado um exemplo de emprego da farmacogenômica no tratamento de câncer de mama. Explique por que a descoberta é importante no diagnóstico e no tratamento do câncer de mama.

Mapa de conceitos

RNA e síntese de proteínas

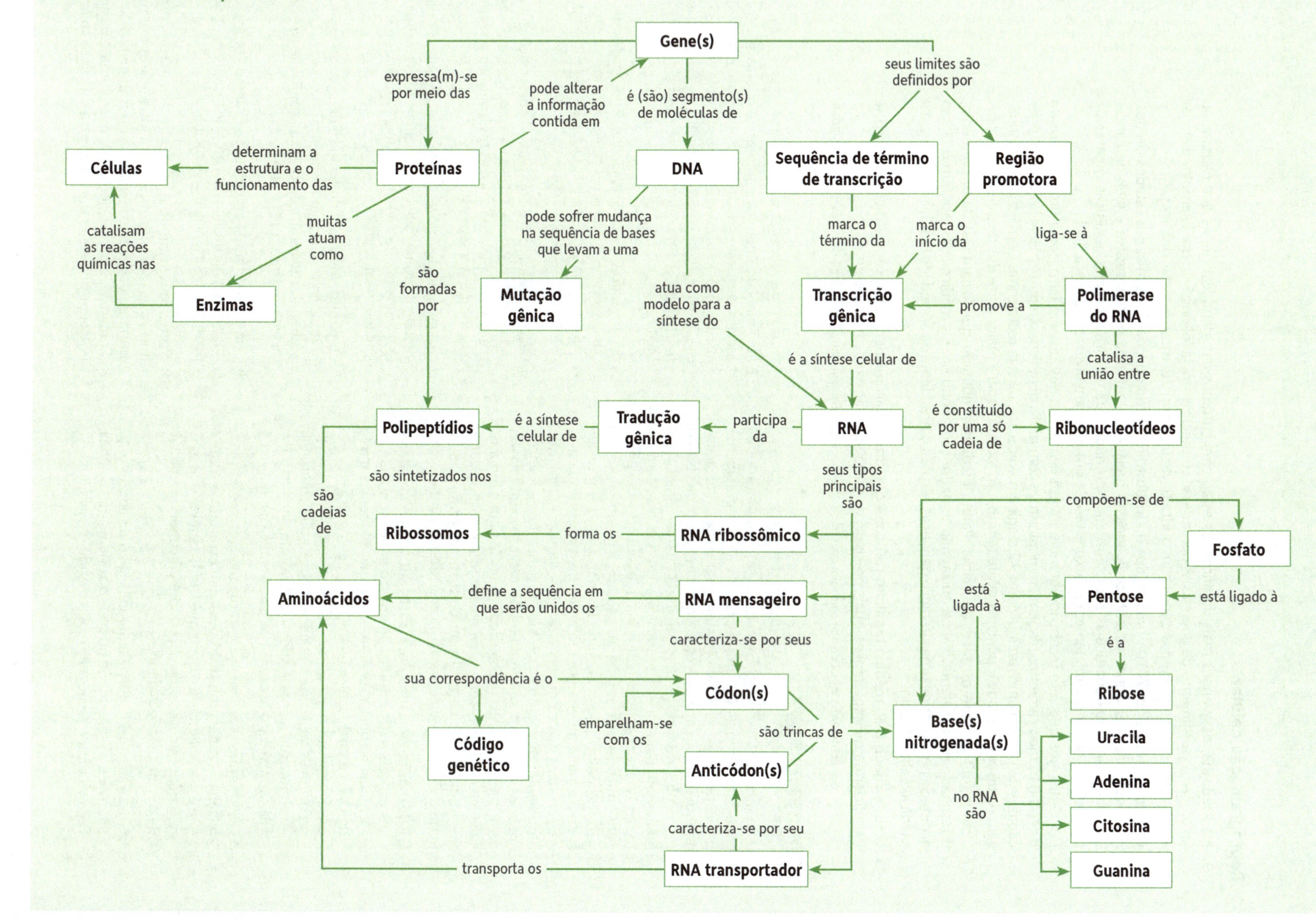

ATIVIDADES

REVENDO CONCEITOS, FATOS E PROCESSOS

24.1 A natureza química do material genético

1. Qual das alternativas melhor define um gene?
a) O mesmo que cromossomo.
b) Qualquer segmento de molécula de DNA.
c) O conjunto de moléculas de DNA de uma espécie.
d) Um segmento de molécula de DNA que transcreve um RNA.

2. O material hereditário das células é
a) a desoxirribose.
b) o ácido desoxirribonucleico (DNA).
c) o ácido ribonucleico (RNA).
d) a base nitrogenada.

3. O modo pelo qual uma molécula de DNA se reproduz é chamado de
a) duplicação conservativa.
b) duplicação semiconservativa.
c) reprodução assexuada.
d) reprodução sexuada.

4. A polimerase do DNA é uma enzima que
a) separa as duas cadeias de um DNA.
b) atua na produção de nucleotídios.
c) sintetiza RNA a partir de um molde de DNA.
d) promove a união entre desoxirribonucleotídios.

5. Dizer que as duas cadeias de uma molécula de DNA são complementares significa que
a) elas têm os mesmos tipos de bases nitrogenadas.
b) uma delas é formada apenas pelas bases A e T, e a outra, por C e G.
c) uma delas é formada apenas pelas bases A e G, e a outra, por T e C.
d) onde houver uma base A em uma delas, haverá um T na outra, e onde houver um C em uma cadeia, haverá um G na outra.

6. Um pesquisador determinou que a sequência de bases de um segmento de molécula de DNA é ATTACGAGGTACATTCG. A sequência de bases do segmento correspondente da cadeia complementar
a) será ATTACGAGGTACATTCG.
b) será GCCGTAGAACGTGCCTA.
c) será TAATGCTCCATGTAAGC.
d) não pode ser determinada.

7. Um cromossomo possui
a) inúmeras moléculas de DNA intercaladas com moléculas de proteína.
b) inúmeras moléculas de DNA intercaladas com moléculas de RNA.
c) inúmeras moléculas de DNA intercaladas com complexos de RNA e proteínas.
d) uma única molécula de DNA que o percorre de ponta a ponta.

24.2 Modo de ação dos genes

8. Ácido ribonucleico é
a) sempre uma molécula com duas cadeias unidas em dupla-hélice.
b) o nome dos monômeros que formam o RNA.
c) um polímero de ribonucleotídios.
d) sinônimo de DNA.

9. A polimerase do RNA é uma enzima que
a) sintetiza a base nitrogenada uracila.
b) atua na síntese dos ribonucleotídios.
c) sintetiza RNA a partir de um DNA.
d) promove a união entre desoxirribonucleotídios.

10. O RNA transportador (RNAt) é sintetizado
a) no cromossomo, tendo como molde o DNA.
b) no cromossomo, tendo como moldes proteínas.
c) no ribossomo, tendo como molde o RNAr.
d) no nucléolo, tendo como molde o RNAm.

11. O RNA mensageiro (RNAm) é sintetizado
a) no cromossomo, tendo como molde o DNA.
b) no cromossomo, tendo como moldes proteínas.
c) no ribossomo, tendo como molde o RNAr.
d) no nucléolo, tendo como molde o RNAm.

Considere as alternativas a seguir para responder às questões de 12 a 15.
a) Ribossomo.
b) RNA mensageiro.
c) RNA ribossômico.
d) RNA transportador.

12. Qual é o polinucleotídio que possui a informação para a proteína a ser produzida na tradução gênica?

13. Como se chama a molécula responsável pela condução dos aminoácidos até o local da tradução gênica?

14. Como se denomina a estrutura constituída por proteína e ácido nucleico, que dá suporte e catalisa a síntese de proteína nas células vivas?

15. Qual é o polinucleotídio que, associado a proteínas, forma as partículas citoplasmáticas onde ocorre a tradução gênica?

Considere as alternativas a seguir para responder às questões de 16 a 18.
a) Anticódon.
b) Código genético.
c) Códon.
d) Fator de liberação.

16. Como se denomina o sistema de correspondência entre trincas de bases nitrogenadas do RNA mensageiro e aminoácidos na proteína?

17. Qual é o nome de cada trinca de bases no RNA mensageiro que determina a incorporação de um aminoácido na cadeia polipeptídica em formação?

18. Qual é o nome da trinca de bases do RNA transportador que corresponde a uma trinca do RNA mensageiro?

Considere as alternativas a seguir para responder às questões 19 e 20.
a) Anticódon.
b) Códon.
c) Região promotora.
d) Sequência de término de transcrição.

19. Como se chama a sequência de bases nitrogenadas do DNA à qual se liga a polimerase do RNA para dar início à síntese do RNA?

20. Qual é a denominação do conjunto de bases nitrogenadas do DNA que indica o fim de um gene?

21. Um segmento de DNA delimitado por uma região promotora e por uma sequência de término de transcrição é sempre
a) um códon.
b) um anticódon.
c) um gene.
d) uma unidade de transcrição.

22. Uma cadeia polipeptídica é sintetizada por
a) apenas um ribossomo, que se desloca sobre o RNA mensageiro desde um códon AUG até um códon de parada.
b) apenas um ribossomo, que se desloca sobre o RNA mensageiro desde a região promotora até um anticódon.
c) inúmeros ribossomos, que se dispõem em sequência sobre o RNA mensageiro, cada um deles associado a um códon.
d) inúmeros ribossomos, que se dispõem em sequência sobre o RNA mensageiro, cada um deles associado a dois códons vizinhos.

23. Um polirribossomo (ou polissomo) é um conjunto de ribossomos
a) associados ao segmento de DNA responsável pela síntese do RNAr.
b) deslocando-se sobre um RNA mensageiro, cada um deles produzindo uma cadeia polipeptídica.
c) dispostos em sequência sobre um RNA mensageiro, todos contribuindo para produzir uma única cadeia polipeptídica.
d) associados a diversas moléculas de RNA mensageiro.

24.3 Genes procarióticos e eucarióticos

24. O genoma de organismos eucarióticos contém relativamente poucos segmentos de DNA codificante (genes) e grande quantidade de DNA não codificante. O que distingue um gene de um segmento de DNA não codificante é o fato de o gene
a) possuir bases nitrogenadas em sua composição.
b) ser constituído por uma cadeia de DNA e outra de RNA.
c) ser constituído por uma cadeia de DNA e por uma cadeia polipeptídica.
d) possuir uma região promotora que indica onde deve ter início a transcrição gênica.

25. Uma unidade de transcrição capaz de codificar duas ou mais cadeias polipeptídicas é típica de
a) célula bacteriana.
b) célula eucariótica.
c) tanto de célula bacteriana quanto de célula eucariótica.
d) de seres com mutações cromossômicas.

26. Um RNA que apresenta em sua estrutura sequências de bases nitrogenadas que serão traduzidas em sequências de aminoácidos, intercaladas com sequências de bases nitrogenadas que não serão traduzidas em proteínas, é típico de células
a) bacterianas.
b) eucarióticas e está presente apenas no citoplasma.
c) eucarióticas e está presente apenas no núcleo.
d) eucarióticas e está presente tanto no núcleo quanto no citoplasma.

27. O spliceossomo é um complexo de RNA e proteínas encontrado
a) em qualquer tipo celular.
b) apenas em bactérias.
c) apenas no núcleo de células eucarióticas.
d) apenas no citoplasma de células eucarióticas.

24.4 Engenharia Genética

28. Engenharia Genética refere-se ao
a) conjunto de procedimentos usados na manipulação do DNA.
b) processo por meio do qual os genes produzem proteínas.
c) ramo da Biologia que estuda os genes humanos.
d) ramo especializado na produção de equipamentos científicos.

29. Para fragmentar moléculas de DNA em pontos específicos utilizam-se
a) endonucleases de restrição.
b) polimerases do DNA.
c) polimerases do RNA.
d) ribonucleotídios ativados.

30. Amostras de DNA podem ser identificadas pelo conjunto de fragmentos obtidos pelo tratamento com enzimas de restrição e sua posterior separação por
a) eletroforese.
b) melhoramento genético.
c) transcrição gênica.
d) origem de replicação.

31. Uma ovelha gerada na Inglaterra, chamada Tracy, possuía incorporado em um de seus cromossomos o gene para antitripsina humana; tratava-se, portanto, de um
a) clone.
b) híbrido.
c) plasmídio.
d) transgênico.

32. A soja transgênica, objeto de grande polêmica em diversas partes do mundo, foi produzida por meio da
a) anatomia vegetal.
b) Engenharia Genética.
c) evolução biológica.
d) eletroforese de proteínas.

33. Um agente que pode carregar um fragmento de DNA para dentro de uma célula hospedeira e se replicar de modo independente dentro da mesma é denominado
a) clone.
b) heterozigótico.
c) homozigótico.
d) vetor de clonagem.

24.5 Melhoramento genético

34. A utilização do conhecimento genético para obter organismos com características úteis à nossa espécie é chamada
a) clonagem.
b) Engenharia Genética.
c) melhoramento genético.
d) vigor híbrido, ou heterose.

35. A qualidade superior da descendência sobre as linhagens parentais, observada em certos tipos de cruzamentos genéticos, é conhecida como
a) clonagem.
b) heterose, ou vigor híbrido.
c) homozigose.
d) recombinação genética.

36. A existência de diferenças genéticas entre os indivíduos de uma população é chamada de
a) heterose, ou vigor híbrido.
b) mutação genética.
c) recombinação genética.
d) variabilidade genética.

37. As diferentes variedades de plantas e de animais que a humanidade utiliza como fonte de alimento foram produzidas por

a) clonagem molecular.
b) Engenharia Genética.
c) melhoramento genético.
d) reprodução assexuada.

QUESTÕES PARA EXERCITAR O PENSAMENTO

38. A sequência a seguir representa uma molécula de RNA mensageiro cuja tradução ocorre da esquerda para a direita.

ACUGACAUGUUACUCACUAUUUGACAGGUAA

Tendo por base a tabela de código genético da figura 24.7, determine:

a) o códon a partir do qual será iniciada a cadeia polipeptídica;
b) o último códon com aminoácido correspondente na cadeia polipeptídica;
c) a sequência de aminoácidos da cadeia polipeptídica codificada por esse RNA.

39. Escreva a sequência de bases das duas cadeias do DNA a partir do qual foi transcrito o RNA mencionado na questão anterior, indicando qual das cadeias foi transcrita pela polimerase do RNA.

40. Leia o trecho de reportagem a seguir e responda às questões propostas.

> [...]
> Para produzir os animais transgênicos, os cientistas injetam em seus embriões pedaços de DNA especialmente montados em laboratório (chamados "construções"), contendo o gene de interesse da pesquisa e uma série de outros códigos genéticos associados ao seu funcionamento.
> Seja qual for o método aplicado, a ideia é que essa construção se integre ao genoma do embrião e passe a funcionar como se fosse parte original dele – algo como embutir um *software* genético no sistema operacional do bicho. Dependendo do que estiver escrito nesse *software*, ele pode executar uma série de funções, como inibir a ação de algum outro gene ou ordenar a superexpressão de uma proteína cuja função os cientistas desejam estudar. [...]
> Manipulações que não podem ser feitas em seres humanos. Mas que, pela semelhança genética entre homens e camundongos, podem dar contribuições diretas para o conhecimento da biologia humana e para a cura de doenças.
> [...]
>
> **Fonte**: ESCOBAR, H. País inicia produção de animais transgênicos. *O Estado de S.Paulo*. Disponível em: <http://mod.lk/BlIQt>. Acesso em: dez. 2016.

a) Nesse trecho da reportagem, fica subentendido que há mais de uma maneira de produzir uma "construção" genética. Confira neste capítulo quais são essas maneiras e escreva um parágrafo que possa ser inserido na reportagem, para complementá-la. Indique onde você inseriria esse parágrafo.
b) O que a matéria quer dizer ao comparar a "construção" introduzida em um organismo a um *software*? Por que essas analogias da informação genética com os sistemas de informática usados em computadores são comuns? Escreva uma dissertação curta a respeito.

41. Informe-se sobre a polêmica que envolve a utilização de organismos transgênicos e redija um breve texto sobre o assunto. Quais são os principais argumentos contra e a favor da utilização desses organismos?

42. O esquema mostra padrões de bandas de um casal e de quatro de seus filhos. Qual é a criança menos provável de ser filha biológica do casal?

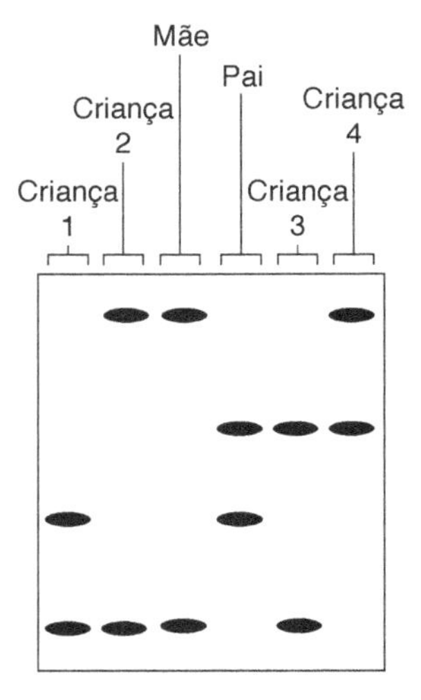

43. O esquema mostra padrões de bandas de pessoas envolvidas em uma investigação policial de um caso de estupro. As amostras de DNA foram aplicadas nas seguintes raias, da esquerda para a direita:

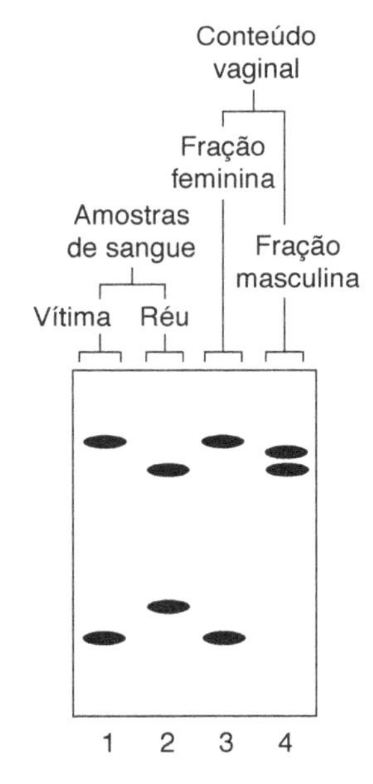

1 – amostra de sangue da vítima;
2 – amostra de sangue do acusado (réu);
3 – fração feminina do esfregaço vaginal da vítima;
4 – fração masculina do esfregaço vaginal da vítima.

Com qual das conclusões os resultados são mais condizentes? Justifique sua resposta.

a) O suspeito é culpado.
b) O suspeito pode ser culpado, porém mais testes devem ser feitos.
c) O esfregaço vaginal é de uma outra vítima.
d) O suspeito é excluído como fonte da fração masculina presente na vítima.

ILUSTRAÇÕES: ADILSON SECCO

A BIOLOGIA NO VESTIBULAR

QUESTÕES OBJETIVAS

44. (UFRGS-RS) Leia o texto abaixo.

> A entrada na era da genômica possibilitou ao norte-americano Eugene V. Koonin investigar qual seria o número mínimo de genes capazes de sustentar o funcionamento de uma célula. Para isso, ele comparou 21 genomas completos de representantes das três linhagens primárias da vida: as eubactérias, as arqueobactérias e os eucariontes. O resultado da pesquisa mostrou que o número de genes deve situar-se em torno de 150. Esse enfoque é interessante, pois permite imaginar os primeiros sistemas genéticos surgidos por ocasião da origem da vida.
>
> • Adaptado de SALZANO, F. M. *Ciência Hoje*, v. 29, n. 173, jul. 2001.

Considere as seguintes afirmações.

I. No código genético, a cada códon deve corresponder mais de um aminoácido.
II. Os genes compartilhados pelos genomas dos diferentes grupos devem ser essenciais.
III. Os genes envolvidos na replicação, transcrição e tradução do material genético devem fazer parte do conjunto mínimo de genes.

Quais delas poderiam ter embasado o raciocínio de Koonin?

a) Apenas I.
b) Apenas II.
c) Apenas III.
d) Apenas II e III.
e) I, II e III.

45. (Unesp) Erros podem ocorrer, embora em baixa frequência, durante os processos de replicação, transcrição e tradução do DNA. Entretanto, as consequências desses erros podem ser mais graves, por serem herdáveis, quando ocorrem:

a) na transcrição, apenas.
b) na replicação, apenas.
c) na replicação e na transcrição, apenas.
d) na transcrição e na tradução, apenas.
e) em qualquer um dos três processos.

46. (UFPE) Considerando que na figura a seguir tem-se uma representação plana de um segmento da molécula de DNA, analise as proposições a seguir:

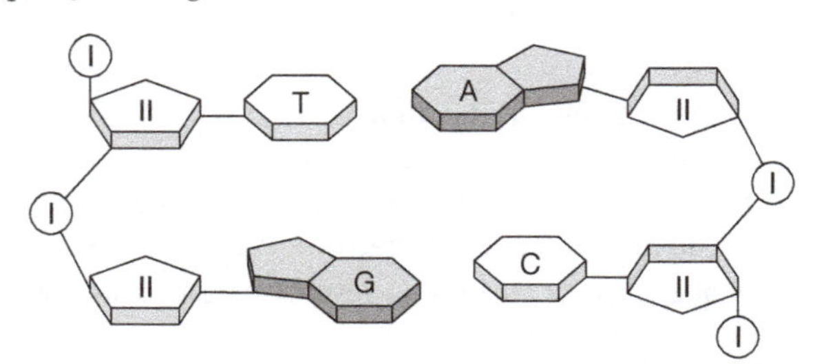

1) Um nucleotídeo é formado por um grupo fosfato (I), uma molécula do açúcar desoxirribose (II) e uma molécula de base nitrogenada.
2) Um nucleotídio com timina (T) em uma cadeia pareia com um nucleotídio com adenina (A) em outra cadeia.
3) Um nucleotídio com guanina (G) em uma cadeia pareia com um nucleotídio com citosina (C) em outra cadeia.
4) Pontes de hidrogênio se estabelecem entre as bases nitrogenadas T e A e entre as bases nitrogenadas C e G.

Está(ão) correta(s):

a) 1 apenas.
b) 2 e 3 apenas.
c) 1, 2 e 3 apenas.
d) 2, 3 e 4 apenas.
e) 1, 2, 3 e 4.

(*Nota dos autores*: O termo ponte de hidrogênio, hoje em desuso, ainda é encontrado em exercícios de vestibular e é sinônimo de ligação de hidrogênio.)

47. (PUC-SP)

> [...] De outro lado, o galardão de química ficou com os inventores de ferramentas para estudar proteínas, os verdadeiros atores do drama molecular da vida.
> É verdade que a Fundação Nobel ainda fala no DNA como o diretor de cena a comandar a ação das proteínas, mas talvez não seja pretensioso supor que foi um lapso, e que o sinal emitido por essas premiações aponta o verdadeiro futuro da pesquisa biológica e médica muito além dos genomas e de seu sequenciamento (uma simples soletração). [...]
>
> • LEITE, Marcelo. De volta ao sequenciamento. *Folha de S. Paulo*, 20 out. 2002.

O autor refere-se às proteínas como "atores do drama molecular" e ao DNA como "diretor de cena". Essa referência deve-se ao fato de:

a) não ocorrer uma correlação funcional entre DNA e proteínas no meio celular.
b) o DNA controlar a produção de proteínas e também atuar como catalisador de reações químicas celulares.
c) o material genético ser constituído por proteínas.
d) as proteínas não terem controle sobre o metabolismo celular.
e) o DNA controlar a produção de proteínas e estas controlarem a atividade celular.

48. (UFRN) As técnicas de Engenharia Genética possibilitaram a produção de grandes quantidades de insulina por bactérias que receberam o gene humano para esse hormônio. Tal feito só foi possível pelo emprego das enzimas de restrição, que agem

a) traduzindo o gene da insulina para o código genético da bactéria.
b) ligando o pedaço do DNA humano no DNA da bactéria.
c) identificando os aminoácidos codificados pelo gene.
d) cortando o DNA da bactéria em pontos específicos.

49. (UFRR) Com relação a organismos transgênicos, a alternativa correta é:

a) Sofrem mudanças nas características fenotípicas ao longo da vida.
b) Animais transgênicos são produzidos a partir de aprimoramento de determinadas qualidades na espécie.
c) Possuem parte da informação genética de outro ser vivo.
d) Organismos transgênicos são aqueles que recebem o DNA da mesma espécie.
e) A alteração genética de animais e plantas não interfere na evolução natural das espécies.

50. (FGV-SP) Uma loja de animais mantinha para venda 4 exemplares de *Ara ararauna* (arara-azul-e-amarela) e alegava aos fiscais que os exemplares haviam nascido em cativeiro, a partir de um casal mantido em um criatório autorizado pelo IBAMA. Contudo, os fiscais do IBAMA suspeitaram se esses exemplares teriam nascido em cativeiro ou se teriam sido capturados na natureza. Para esclarecer a questão, colheu-se uma amostra de sangue de cada um dos animais e fez-se um teste para determinação de paternidade pelo método do DNA-Fingerprint, ou "impressão digital de DNA".
O DNA foi extraído das células por processos químicos, fragmentado com enzimas específicas, colocado sobre um gel suporte e submetido à corrente elétrica. Fragmentos menores migram mais rapidamente em direção a um dos polos da corrente. A migração diferencial dos fragmentos forma bandas (faixas) de DNA no gel, que podem ser visualizadas por tratamentos específicos (coloração, raios X, por exemplo). O padrão de bandas é exclusivo de cada indivíduo.
A ilustração apresenta o resultado do teste:

Exemplar 1 macho | Exemplar 2 fêmea | Exemplar 3 macho | Exemplar 4 fêmea | Casal tido por supostos pais: macho | fêmea

ADILSON SECCO

Os resultados obtidos indicam que podem ser filhos do casal, mantido pelo criador:
a) os 4 exemplares.
b) apenas os exemplares machos.
c) apenas os exemplares fêmeas.
d) apenas os exemplares 1 e 4.
e) apenas os exemplares 2 e 3.

51. (Ufal) A tecnologia do DNA recombinante tem produzido uma série de avanços no setor agropecuário brasileiro. A inserção de um gene da bactéria *Bacillus thuringiensis* em algumas variedades de plantas, por exemplo, as torna resistentes a certas pragas. Sobre essas tecnologias, é correto afirmar:
a) a transferência de qualquer gene de um organismo a outro produz variabilidade genética; daí, os transgênicos serem resistentes a pragas.
b) plasmídios virais são utilizados como vetores de genes de interesse que serão transferidos a um organismo.
c) a resistência de uma planta transgênica a uma praga se deve à ação do produto do gene inserido na planta, e não à presença do gene em si.
d) plantas naturalmente resistentes a pragas não passam necessariamente essa característica à prole; daí, a necessidade das técnicas de Engenharia Genética.
e) a clonagem de plantas com características de resistência a pragas as torna menos suscetíveis à extinção ao longo da evolução, segundo as leis da seleção natural.

52. (UFSM-RS) Bioma é uma região com o mesmo tipo de clima, possui plantas e animais característicos [*Planeta Terra: Ecossistemas*, 2008]. Mas, como a interferência do homem na natureza é constante, os cientistas criaram uma nova espécie de mosquito da malária modificado geneticamente para não transmitir essa doença e o introduziram na Amazônia. Então, é correto afirmar que
a) modificar geneticamente um mosquito não significa alterar o seu DNA.
b) modificar um organismo geneticamente significa cruzar espécies diferentes.
c) a modificação genética dos mosquitos pode ser feita pelo cruzamento dos mosquitos da malária com outros tipos de insetos, gerando novas combinações.
d) os ambientalistas defendem o uso da Engenharia Genética, pois os seus efeitos são totalmente previstos e controlados, não trazendo perigo para a humanidade.
e) transgenia significa a inserção de um gene de uma espécie diferente em outra espécie.

53. (UFG-GO) No que se refere ao desenvolvimento do chamado milho híbrido, sabe-se que o cruzamento de duas linhagens homozigotas selecionadas pode produzir espigas maiores e de melhor qualidade comercial, em consequência da alta
a) interação de genes recessivos.
b) taxa de *crossing-over*.
c) frequência de genes em heterozigose.
d) inativação de alelos codominantes.
e) ocorrência de pleiotropia.

54. (Uerj) A enzima EPSP-sintase, presente em praticamente todos os vegetais, é modificada na soja transgênica, tornando-a resistente à inibição pelo herbicida glifosato. Assim, o tratamento com esse herbicida não prejudica o desenvolvimento de culturas de soja transgênica, mas evita o crescimento de outros vegetais indesejáveis.
Num estudo para a identificação da variedade transgênica de soja, foi medida, nas mesmas condições experimentais, a atividade da EPSP-sintase em extratos de folhas de diferentes tipos desse vegetal, em presença ou ausência de glifosato. As atividades da enzima nesses extratos, na ausência do inibidor, apresentaram o mesmo valor.
Observe o gráfico:

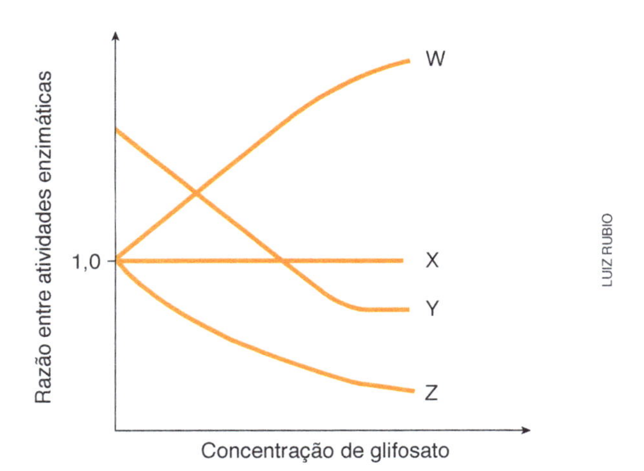

A curva que corresponde à razão entre as atividades de uma enzima da variedade transgênica e as atividades dessa mesma enzima da soja comum é a indicada pela seguinte letra:
a) W.
b) X.
c) Y.
d) Z.

55. (Uece) Um dos assuntos polêmicos da atualidade é a produção de alimentos transgênicos como resultado da interferência humana na natureza. Sobre o referido tema podemos afirmar, **corretamente**, que

a) a modificação de organismos através de técnicas de Engenharia Genética consiste na transferência de genes de uma espécie para outra.
b) através das técnicas de Engenharia Genética os cientistas têm como único objetivo a criação de novas espécies que possam substituir as espécies atualmente comercializadas.
c) organismos geneticamente modificados não podem transmitir os genes incorporados à sua prole.
d) a principal função da Engenharia Genética é a produção de transgênicos através da seleção e aprimoramento das espécies a partir do cruzamento entre organismos modificados.

QUESTÕES DISCURSIVAS

56. (Unicamp-SP) Em 25 de abril de 1953, um estudo de uma única página na revista inglesa *Nature* intitulado "A estrutura molecular dos ácidos nucleicos", quase ignorado de início, revolucionou para sempre todas as ciências da vida sejam elas do homem, rato, planta ou bactéria. James Watson e Francis Crick descobriram a estrutura do DNA, que permitiu posteriormente decifrar o código genético determinante para a síntese proteica.

a) Watson e Crick demonstraram que a estrutura do DNA se assemelha a uma escada retorcida. Explique a que correspondem os "corrimãos" e os "degraus" dessa escada.
b) Que relação existe entre DNA, RNA e síntese de proteínas?
c) Como podemos diferenciar duas proteínas?

57. (Fuvest-SP) A seguir está representada a sequência dos 13 primeiros pares de nucleotídios da região codificadora de um gene.

--- A T G A G T T G G C C T G ---
--- T A C T C A A C C G G A C ---

A primeira trinca de pares de bases nitrogenadas à esquerda, corresponde ao aminoácido metionina.
A tabela a seguir mostra alguns códons do RNA mensageiro e os aminoácidos codificados por cada um deles:

Códon do RNAm	Aminoácido
ACC	treonina
AGU	serina
AUG	metionina
CCU	prolina
CUG	leucina
GAC	ácido aspártico
GGC	glicina
UCA	serina
UGG	triptofano

a) Escreva a sequência de bases nitrogenadas do RNA mensageiro, transcrito a partir desse segmento de DNA.
b) Utilizando a tabela de código genético fornecida, indique a sequência dos três aminoácidos seguintes à metionina, no polipeptídio codificado por esse gene.
c) Qual seria a sequência dos três primeiros aminoácidos de um polipeptídio codificado por um alelo mutante desse gene, originado pela perda do sexto par de nucleotídios (ou seja, a deleção do par de bases T = A)?

58. (Unifesp) O jornal *Folha de S.Paulo* (23.09.2002) noticiou que um cientista espanhol afirmou ter encontrado proteínas no ovo fóssil de um dinossauro que poderiam ajudá-lo a reconstituir o DNA desses animais.

a) Faça um esquema simples, formado por palavras e setas, demonstrando como, a partir de uma sequência de DNA, obtém-se uma proteína.
b) A partir de uma proteína, é possível percorrer o caminho inverso e chegar à sequência de DNA que a gerou? Justifique.

59. (UFG-GO) O exame de paternidade através da comparação de DNA sequenciado vem sendo utilizado para determinar progenitores. É possível determinar o pai de um recém-nascido quando a dúvida sobre a paternidade desse recém-nascido está entre gêmeos univitelinos? Justifique sua resposta.

60. (UFRN) O teste de paternidade usando o DNA tornou-se muito frequente hoje. No entanto, as pessoas têm muitas dúvidas a respeito desse tipo de exame. As frases a seguir constam numa lista de "mitos e verdades sobre o teste de DNA" encontrada na internet (http://www.gene.com.br).

I. "O exame de DNA só pode ser feito com sangue."
II. "Sou primo da mãe e estou com medo do resultado ser positivo, mesmo que eu não seja o verdadeiro pai."
III. "Ele já morreu e não deixou nenhum outro parente vivo. Nunca poderei provar que ele era o pai do meu filho."

Justifique por que cada uma das frases constitui um "mito".

61. (Unesp) Esforços de cientistas criaram a primeira rosa do mundo com pigmento para cor azul. Anteriormente, rosas de coloração azul já eram produzidas através de cruzamento, mas não eram consideradas azuis verdadeiras.
Segundo o jornal *The Japan Times on line*, de 17 jul. 2004, a técnica recentemente utilizada consistiu no seguinte: o gene da enzima que produz o pigmento azul, delfinidina, foi extraído do amor-perfeito e ativado nas rosas.

a) Como se chamam as estruturas mais vistosas e atraentes destas flores, que passaram a ter cor azul? Qual o significado biológico do fato de certas plantas apresentarem flores com cores tão vistosas?
b) Qual é a relação entre esta técnica recente para a produção de flores azuis e aquela empregada para a produção de alimentos transgênicos?

62. (UEG-GO) Durante décadas, o homem vem se utilizando de microrganismos para a obtenção de diversos produtos e processos, inclusive pão, cerveja, vinho e queijo. No entanto, nas últimas décadas, as aplicações práticas dos microrganismos expandiram-se de forma surpreendente com o desenvolvimento de novas técnicas, como a do DNA recombinante.
Sobre esse assunto, responda ao que se pede.

a) Em que consiste o processo do DNA recombinante em bactérias?
b) Cite duas aplicações práticas para essa técnica.

63. (UFU-MG) Dentre as aplicações atuais da Genética Molecular, temos os testes de identificação de pessoas por meio do DNA. Essa técnica, que pode ser usada para identificar suspeitos em investigações policiais, consiste em detectar e comparar sequências repetitivas ao longo de trechos da molécula de DNA, regiões conhecidas como VNTR (número variável de repetições em sequência).

A figura a seguir ilustra os padrões de VNTRs de quatro pessoas envolvidas, uma vítima (V) e 3 suspeitos (S1, S2 e S3), em uma investigação policial e de uma prova (P) coletada no local do crime:

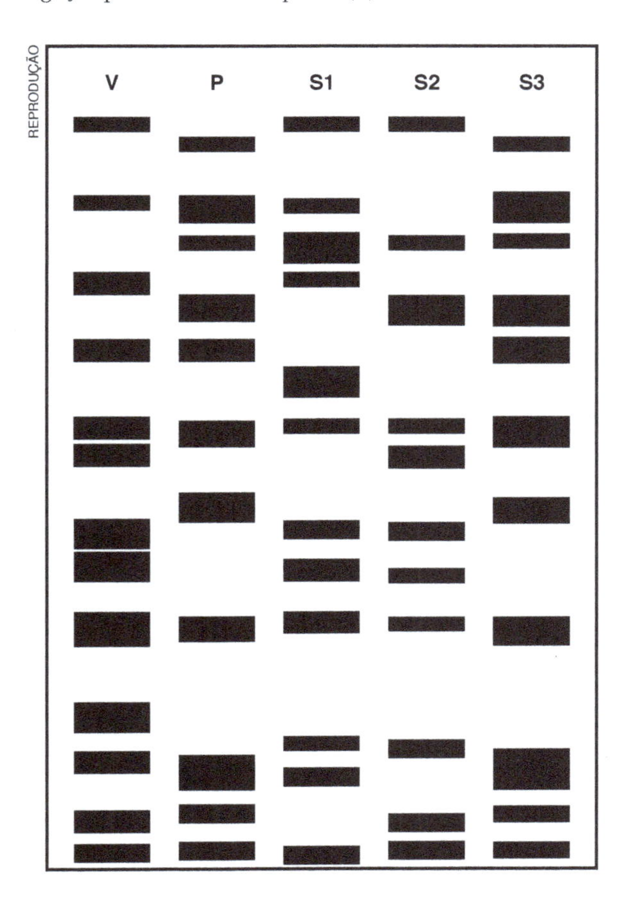

Considerando as afirmações e a figura acima apresentada, responda:

a) A qual dos suspeitos (S1, S2 ou S3) pertence a prova (P)? Justifique a sua resposta.

b) Que tipo de material pode ser coletado e servir de prova em um caso como esse?

c) Por que os resultados desse tipo de análise têm alto grau de confiabilidade?

64. (UFRJ) Em junho de 2001, foi publicada a sequência quase completa do genoma humano. Esse projeto contou com a participação de diversos laboratórios, que individualmente determinaram a sequência de vários trechos diferentes do DNA de todos os cromossomos, a partir da amostra de somente um indivíduo, que permaneceu anônimo. Sabe-se, no entanto, que o DNA era de um indivíduo do sexo masculino. Por que foi importante determinar a sequência do DNA de um homem e não de uma mulher?

65. (Ufes) A partir da década dos 1970, as moléculas de ácidos nucleicos da célula passaram a ser exploradas através da utilização de novas metodologias, conhecidas como tecnologia do DNA recombinante.

Por meio dessa tecnologia, a medicina e a indústria ganharam alternativas eficientes para a produção, em grande escala, de determinadas proteínas, que antes eram disponíveis em quantidades extremamente reduzidas.

a) Qual é a função das endonucleases de restrição e a das ligases na aplicação da tecnologia anteriormente citada?

b) Explique como a tecnologia do DNA recombinante participa no processo de produção de organismos transgênicos.

c) Cite dois produtos, utilizados pelo homem, que foram obtidos a partir da aplicação da tecnologia do DNA recombinante.

ENEM

66. A identificação da estrutura do DNA foi fundamental para compreender seu papel na continuidade da vida. Na década de 1950, um estudo pioneiro determinou a proporção das bases nitrogenadas que compõem moléculas de DNA de várias espécies.

Exemplos de materiais analisados	BASES NITROGENADAS			
	Adenina	Guanina	Citosina	Timina
Espermatozoide humano	30,7%	19,3%	18,8%	31,2%
Fígado humano	30,4%	19,5%	19,9%	30,2%
Medula óssea de rato	28,6%	21,4%	21,5%	28,5%
Espermatozoide de ouriço-do-mar	32,8%	17,7%	18,4%	32,1%
Plântulas de trigo	27,9%	21,8%	22,7%	27,6%
Bactéria *E. coli*	26,1%	24,8%	23,9%	25,1%

A comparação das proporções permitiu concluir que ocorre emparelhamento entre as bases nitrogenadas e que elas formam

a) pares de mesmo tipo em todas as espécies, evidenciando a universalidade da estrutura do DNA.

b) pares diferentes de acordo com a espécie considerada, o que garante a diversidade da vida.

c) pares diferentes em diferentes células de uma espécie, como resultado da diferenciação celular.

d) pares específicos apenas nos gametas, pois essas células são responsáveis pela perpetuação das espécies.

e) pares específicos somente nas bactérias, pois esses organismos são formados por uma única célula.

Mais questões: no livro digital, em **Vereda Digital Aprova Enem** e **Vereda Digital Suplemento de revisão e vestibulares**; no *site*, em **AprovaMax**.

UNIDADE H

EVOLUÇÃO

TUI DE ROY/MINDEN PICTURES/FOTOARENA

Geospiza magnirostris, uma das espécies de pássaros fringilídeos observados por Darwin nas Ilhas Galápagos. O estudo desses pássaros tem fornecido evidências importantes sobre a evolução biológica.

CAPÍTULO

25 FUNDAMENTOS DA EVOLUÇÃO BIOLÓGICA

STAATLICHES DARWIN-MUSEUM – RUSSIA

Pintura que retrata o naturalista Charles Darwin perto do fim da vida, período que foi marcado pelas angústias decorrentes de suas convicções sobre a origem das espécies por meio da evolução biológica. (ESUCHEVSKI, Mikhail Dmitrijevich. *Charles Darwin at work on "The Effects of Cross and Self Fertilisation in the Vegetable Kingdom"*. 1925. Óleo sobre tela, 150 cm × 200 cm.)

ENEM
C1: H3
C4: H13, H14, H15, H16
C8: H28

De que trata este capítulo

A variedade de seres vivos em nosso planeta tem fascinado a humanidade ao longo da história. Mas foi apenas há cerca de dois séculos que começaram a surgir as primeiras explicações científicas para a origem da diversidade biológica. Atualmente todas as evidências disponíveis levam os cientistas a explicar a variedade das espécies como resultado da **evolução biológica**, processo de transformações hereditárias e adaptações que vem ocorrendo desde o surgimento da vida na Terra.

A moderna teoria da evolução dos seres vivos baseia-se nas ideias propostas originalmente pelos naturalistas britânicos Charles Robert Darwin (1809-1882) e Alfred Russel Wallace (1823-1913), em um trabalho conjunto apresentado em julho de 1858. Um ano mais tarde Darwin publicou um dos mais importantes livros da história da humanidade, intitulado *On the origin of species by means of natural selection, or the preservation of favoured races in the struggle for life* (Sobre a origem das espécies por meio da seleção natural, ou a preservação das raças favorecidas na luta pela vida), que ficou conhecido pelo título simplificado de *A origem das espécies*.

A partir da publicação do livro de Darwin, teve início uma nova era na Biologia, em que a reflexão e a discussão a respeito da diversidade dos seres vivos só fazem sentido no contexto evolutivo. Como disse o geneticista ucraniano naturalizado estadunidense Theodosius Dobzhansky (1900-1975): "Nada em Biologia faz sentido senão sob a luz da evolução". Isso porque, explica ele, se todas as espécies surgiram por evolução e diversificação de espécies ancestrais, as características dos seres vivos atuais certamente refletem sua história evolutiva. Portanto, para compreender mais amplamente o fenômeno vida é preciso considerá-la sob o enfoque da evolução.

Neste capítulo e no próximo vamos estudar como a Biologia explica, à luz da teoria evolucionista, a origem dos seres vivos e as mudanças pelas quais eles têm passado ao longo dos bilhões de anos de existência da Terra. Conhecer o que a ciência diz a respeito de nossas origens nos ajuda a refletir sobre a história humana e nossa relação com o Universo do qual fazemos parte.

Objetivos

Objetivo geral

- Conhecer e compreender as principais evidências da evolução biológica e os fundamentos da teoria sintética da evolução, o que fornece subsídios para a reflexão sobre questões polêmicas como as relativas às origens da vida e da espécie humana.

Objetivos didáticos

- Conhecer os princípios da visão evolucionista e compreender os principais aspectos das teorias de Lamarck e de Darwin para a evolução biológica.
- Conhecer e compreender algumas das principais evidências da evolução biológica: documentário fóssil e semelhanças anatômicas, embrionárias, fisiológicas e genéticas entre os organismos.
- Compreender que a teoria sintética da evolução resultou da integração entre os novos conhecimentos genéticos e o darwinismo.
- Reconhecer que a mutação e a recombinação gênicas são os principais fatores responsáveis pela variabilidade dos seres vivos, sobre a qual atua a seleção natural.
- Explicar a adaptação dos seres vivos pela ação da seleção natural usando como exemplos a camuflagem, a coloração de aviso e o mimetismo.
- Conhecer o conceito atual de espécie biológica reconhecendo-a como um grupo de organismos reprodutivamente isolado de outros grupos (outras espécies).
- Explicar, em linhas gerais, o processo de formação de novas espécies e compreender a importância do isolamento reprodutivo no processo de especiação.

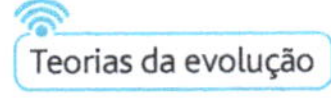

25.1 O pensamento evolucionista

Até o início da primeira metade do século XIX, a maioria dos naturalistas europeus adotava o **fixismo** das espécies, concepção segundo a qual as espécies de seres vivos não se alteram ao longo do tempo. Em outras palavras, de acordo com essa doutrina as espécies atuais de seres vivos seriam as mesmas que existiram no passado, embora pudesse haver pequenas variações entre os membros de uma espécie.

A maior parte dos naturalistas, inclusive o sueco Carolus Linnaeus, ou Lineu (1707-1778), aceitava o **criacionismo**, doutrina que atribui o surgimento das espécies biológicas a um ato divino de criação, como o descrito na Bíblia.

O desenvolvimento da ciência e a descoberta de novos continentes, com faunas e floras tipicamente distintas das europeias, começaram a abalar as antigas explicações religiosas para os fenômenos naturais. No século XVIII já havia naturalistas que admitiam a transformação das espécies. No decorrer do século XIX foram publicadas as primeiras obras que defendiam a possibilidade de os seres vivos se modificarem ao longo do tempo, com espécies originando outras. Estabeleciam-se, assim, as bases da teoria evolucionista, também conhecida por **evolucionismo**.

Embora tanto o criacionismo quanto o evolucionismo busquem explicações para a origem dos seres vivos, há entre eles uma diferença fundamental: o criacionismo invoca o sobrenatural para explicar fenômenos da natureza. Portanto, as explicações criacionistas para a origem do Universo e dos seres vivos situam-se no nível das crenças religiosas, fundamentando-se em dogmas, ideias e pressupostos revelados de forma sobrenatural, geralmente considerados certos e indiscutíveis, verdades absolutas e eternas que não admitem questionamento.

A ciência, por sua vez, parte do princípio de que não existem verdades inquestionáveis, pois sempre há possibilidade de novas explicações para determinado fenômeno natural. A essência do pensamento científico consiste em basear as explicações dos fenômenos naturais em fatos e processos da própria natureza, sem jamais recorrer a explicações sobrenaturais ou dogmáticas. Em ciência a única maneira de validar ou refutar uma explicação para um fenômeno natural é submetê-la a testes científicos rigorosos. As explicações dos fenômenos atualmente aceitas pela ciência vêm sendo continuamente testadas e não foram refutadas. Uma explicação científica nunca é considerada uma verdade absoluta; ela é aceita como verdadeira enquanto não houver razões para duvidar de sua veracidade.

Apoiado por evidências científicas de ordem cosmológica, geológica, arqueológica e antropológica, o evolucionismo tem passado por rigorosos testes e é, por enquanto, do ponto de vista da ciência, a única explicação racional e coerente para o conjunto de fatos sobre a origem e a diversidade dos seres vivos na Terra.

Theodosius Dobzhansky, em artigo publicado em 1973, escreveu (em tradução livre): "Interpretada à luz da evolução, a Biologia é, do ponto de vista intelectual, talvez a mais inspirada e satisfatória das ciências. Sem essa luz a Biologia torna-se uma miscelânea de fatos, alguns deles interessantes ou curiosos, mas desprovidos de significado quando considerados em conjunto". **(Fig. 25.1)**

Figura 25.1 Theodosius Dobzhansky, importante biólogo do século XX, publicou, em 1973, na revista *American Biology Teacher* (35: 125-129), o artigo "Nothing in biology makes sense except in the light of evolution" (Nada em Biologia faz sentido a não ser sob a luz da evolução), desafiando o movimento criacionista que tentava aprovar leis para excluir o ensino da evolução nas escolas públicas estadunidenses. (Fotografia de 1964.)

Ideias evolucionistas de Lamarck

Um nome sempre lembrado na história do pensamento evolucionista é o do naturalista francês Jean-Baptiste Pierre Antoine de Monet (1744-1829), que, por seu título de Cavaleiro de Lamarck, ficou mais conhecido como Jean-Baptiste Lamarck. De 1800 a 1822 ele publicou uma série de versões de sua teoria evolucionista. A mais conhecida delas encontra-se no livro *Philosophie zoologique* (Filosofia zoológica), de 1809. **(Fig. 25.2)**

Figura 25.2 Jean-Baptiste Pierre Antoine de Monet, o Cavaleiro de Lamarck. (Gravura de 1801.)

De acordo com a **teoria de Lamarck**, cada espécie atual de ser vivo surgiu por transformações sucessivas de uma forma primitiva, originada de matéria não viva. Lamarck acreditava que formas primitivas de vida surgiram por **geração espontânea** em diversos momentos da existência da Terra e que elas se modificavam ao longo das gerações em virtude de uma suposta tendência da natureza em aumentar sua complexidade. Muitas das ideias lamarckistas sofreram duras críticas desde sua publicação, principalmente por não se apoiarem em fatos observáveis e testáveis.

Lamarck ficou conhecido, talvez, menos por suas ideias evolucionistas – geração espontânea das formas ancestrais e tendência ao aumento de complexidade – do que por suas explicações para a influência do ambiente nas transformações evolutivas dos seres vivos. Ele afirmava, assim como muitos naturalistas de sua época, que o ambiente pode forçar a mudança de hábitos de um organismo, levando ao desenvolvimento exacerbado de certas estruturas e à atrofia de outras, em função do **uso e desuso** dos órgãos.

Para ilustrar essa ideia Lamarck citou como exemplo a ausência de pernas nas serpentes atuais, atribuindo-a à falta de uso dos membros locomotores pelos ancestrais desses animais. A adaptação a um modo de vida rastejante teria levado os ancestrais das serpentes a usarem cada vez menos os membros locomotores, característica que seria transmitida às descendências ao longo das gerações. Essas explicações para o desaparecimento completo das pernas nas serpentes atuais ilustram a **transmissão das características adquiridas,** ideia aceita por muitos estudiosos desde a Antiguidade. **(Fig. 25.3)**

Figura 25.3 O lagarto *Calyptommatus leiolepis*, da região de dunas de Alagoado (PI), apresenta redução dos membros até sua quase completa ausência (note a pequena perna traseira esquerda). Pela teoria de Lamarck a redução dos membros desse animal seria explicada como uma adaptação ao pouco uso desses membros e da transmissão dessa característica adquirida para as próximas gerações. Para a moderna teoria evolucionista essas características resultam da adaptação ao ambiente por ação da seleção natural.

As ideias centrais do uso e desuso e da transmissão das características adquiridas não foram inventadas por Lamarck, mas já eram aceitas na época e chegaram a ser adotadas até mesmo por Darwin. Hoje sabemos que, na absoluta maioria dos casos, alterações decorrentes do uso ou do desuso dos órgãos corporais não são transmitidas à descendência. Consequentemente, o pressuposto central do **lamarckismo** não tem validade científica.

A principal contribuição de Lamarck ao evolucionismo foi destacar o fenômeno da adaptação dos seres vivos ao ambiente, que resultaria de modificações lentas e graduais ao longo de inúmeras gerações. A importância de Lamarck para o pensamento evolucionista pode ser notada nas próprias palavras de Darwin, registradas em uma das edições do livro *A origem das espécies*. A seu ver, o naturalista francês foi o primeiro a chamar a atenção para a possibilidade de as mudanças, não apenas do mundo orgânico, mas também do mundo inorgânico, serem decorrentes de leis naturais, e não de interferência divina.

Ideias evolucionistas de Darwin

O naturalista britânico Charles Robert Darwin nasceu em 1809, mesmo ano da publicação da *Filosofia zoológica*, de Lamarck. De acordo com o evolucionista alemão naturalizado estadunidense Ernst Mayr (1904-2005), Darwin não se limitou a defender a evolução biológica, mas a explicou com base em fenômenos e processos cotidianos que qualquer pessoa pode observar por si mesma na natureza. Muitas das observações que levaram Charles Darwin a elaborar sua teoria evolucionista ocorreram durante a viagem de quase cinco anos que ele fez pelo mundo como naturalista do navio britânico HMS Beagle, mais conhecido pelo nome Beagle. HMS significa *Her Majesty's Ship*, prefixo utilizado pelos navios da marinha britânica. **(Fig. 25.4)**

A

NATIONAL LIBRARY OF DENMARK

B

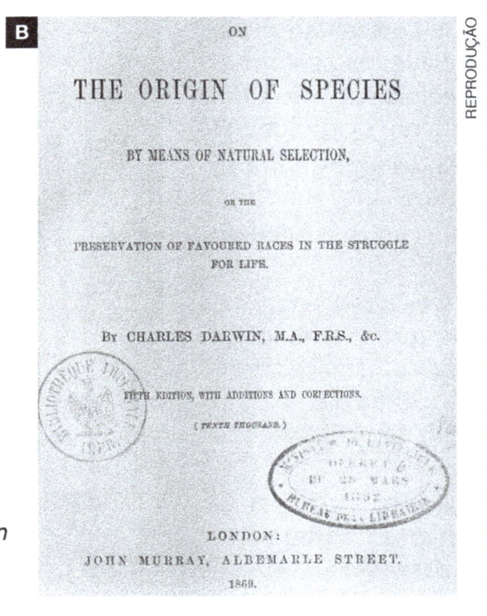
ON

THE ORIGIN OF SPECIES

BY MEANS OF NATURAL SELECTION,

OR THE

PRESERVATION OF FAVOURED RACES IN THE STRUGGLE FOR LIFE.

BY CHARLES DARWIN, M.A., F.R.S., &c.

FIFTH EDITION, WITH ADDITIONS AND CORRECTIONS.

(TENTH THOUSAND.)

LONDON:

JOHN MURRAY, ALBEMARLE STREET.

1869.

REPRODUÇÃO

Figura 25.4 A. Charles Robert Darwin. **B.** Página de rosto da edição de 1859 do livro *On the origin of species by means of natural selection* (*A origem das espécies*), de Darwin.

Ao iniciar a viagem no Beagle Darwin estava mais interessado em Geologia do que em Biologia. O primeiro volume do livro *Princípios de Geologia*, do geólogo britânico Charles Lyell (1797-1875), que ele levou a bordo, trazia uma visão nova e cientificamente detalhada de como eventos geológicos teriam moldado a superfície do planeta. O que mais fascinou Darwin, no entanto, foi a possibilidade de as ideias de Lyell poderem ser testadas no mundo real.

O Beagle chegou à América do Sul no início de 1832 e, durante os três anos em que percorreu a costa do continente, Darwin passou a maior parte do tempo em terra coletando diversos tipos de animal e planta e registrando o que encontrava. Em escavações perto de Punta Alta, na costa da Argentina, ele encontrou inúmeros fósseis de mamíferos extintos; entre eles havia o esqueleto de um animal do tamanho de um pequeno carro e com organização semelhante à dos tatus que vivem hoje na América do Sul.

Após diversas paradas na costa do Chile, o Beagle seguiu para Galápagos, arquipélago do oceano Pacífico cujas ilhas são pequenas e áridas, a cerca de 800 quilômetros da costa do Equador. Ali Darwin encontrou uma fauna e uma flora que variavam ligeiramente de uma ilha para outra e que diferiam bastante da fauna e da flora da América do Sul. A natureza peculiar dos habitantes de Galápagos causou forte impressão no naturalista britânico, mas ele só percebeu sua real importância quase dois anos depois da visita. **(Fig. 25.5)**

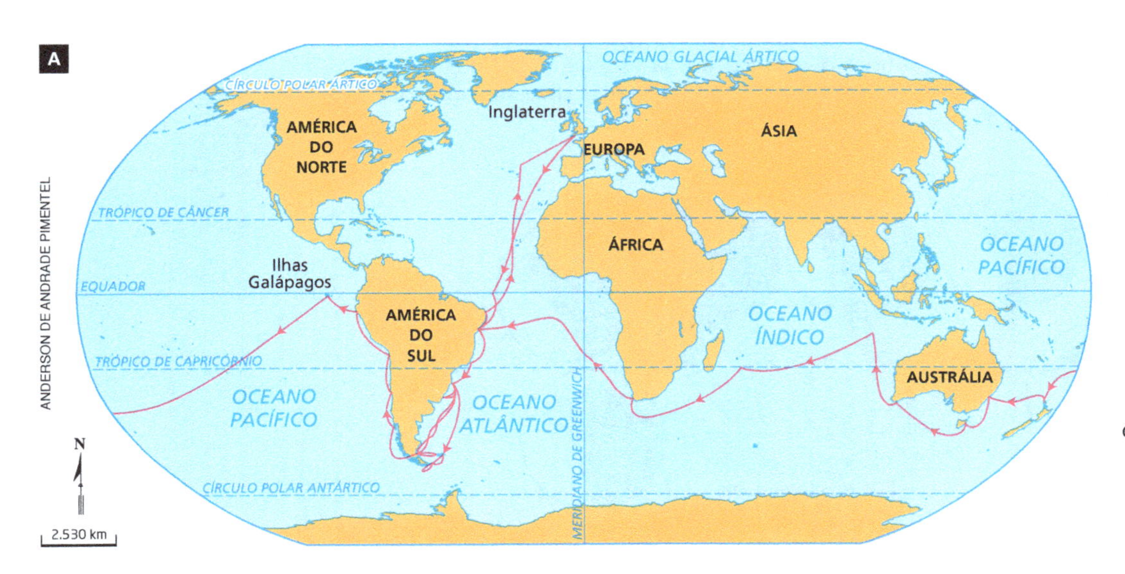

Figura 25.5 A. As linhas rosas no mapa indicam a rota percorrida pelo navio inglês HMS Beagle em sua viagem de quase cinco anos pelo mundo, de 27 de dezembro de 1831 a 2 de outubro de 1836. **B.** Representação esquemática do conjunto de ilhas de Galápagos, localizado próximo à costa oeste da América do Sul, nas águas territoriais do Equador, um dos locais marcantes do roteiro do Beagle. **C.** Jabuti gigante da espécie *Chelonoidis nigra hoodensis*, que pode atingir 300 kg de massa corporal; esse foi um dos animais do arquipélago que mais chamaram a atenção de Darwin nessas ilhas.

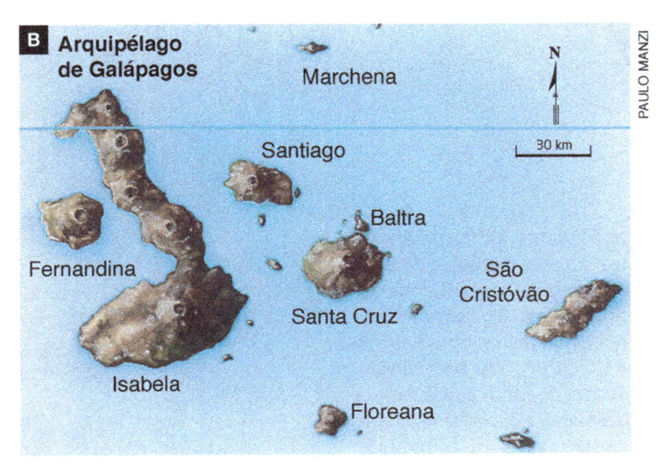

Alguns meses depois de voltar para a Inglaterra, ao rever anotações e submeter o material coletado à análise de diversos especialistas, Darwin compreendeu o significado de suas observações em Galápagos e em outros locais, convencendo-se da evolução biológica. Em 10 de maio de 1837, cerca de sete meses após o retorno, ele começou a escrever o primeiro caderno de anotações sobre a transmutação das espécies, registrando, em um desenho, a ideia de parentesco evolutivo entre as espécies de seres vivos, ponto central de sua teoria.

Figura 25.6 Foto de uma página do primeiro caderno de anotações de Darwin sobre a transmutação das espécies, que traz desenho da primeira árvore filogenética de que se tem notícia.

Ao refletir sobre suas observações durante a viagem que realizou pelo mundo, Darwin se fez algumas perguntas básicas.

a) Se animais e plantas tivessem sido criados exatamente como se apresentam hoje, por que espécies distintas, mas nitidamente semelhantes, como aves passeriformes da família Fringillidae e jabutis gigantes de Galápagos, foram colocadas pelo Criador apenas em ilhas próximas, e não distribuídas homogeneamente pelo mundo?

b) Por que ilhas com clima e condições físicas semelhantes, mas distantes entre si, como Galápagos e Cabo Verde, não tinham espécies semelhantes?

c) Por que animais fossilizados hoje extintos se parecem com espécies que habitam atualmente os locais onde esses fósseis são descobertos?

A resposta encontrada por Darwin, que constituiu a base de sua teoria evolucionista, foi: "descendência com modificação". Ele concluiu, entre outras coisas, que a semelhança entre a flora e a fauna de ilhas vizinhas deve-se ao fato de elas terem se originado das mesmas espécies ancestrais, provenientes de continentes próximos. Em cada uma das ilhas, as populações colonizadoras sofreram adaptações específicas ao longo das gerações, dando origem a diferentes variedades ou espécies.

Estudos que utilizam técnicas de Biologia Molecular têm confirmado as hipóteses de Darwin. Hoje se sabe, por exemplo, que os jabutis gigantes de Galápagos distribuem-se em onze espécies bastante semelhantes entre si; a melhor explicação para essa semelhança é que todas se originaram de uma mesma espécie ancestral proveniente do continente americano.

As diversas espécies de aves passeriformes de Galápagos, da família Fringillidae, também muito semelhantes em termos genéticos, devem ter se originado de uma única espécie ancestral oriunda da América do Sul. Assim como no caso dos jabutis gigantes a diversificação da espécie original resultou da adaptação das aves às condições particulares das diferentes ilhas; teria sido essa diversificação que levou à formação de novas espécies. **(Fig. 25.7)**

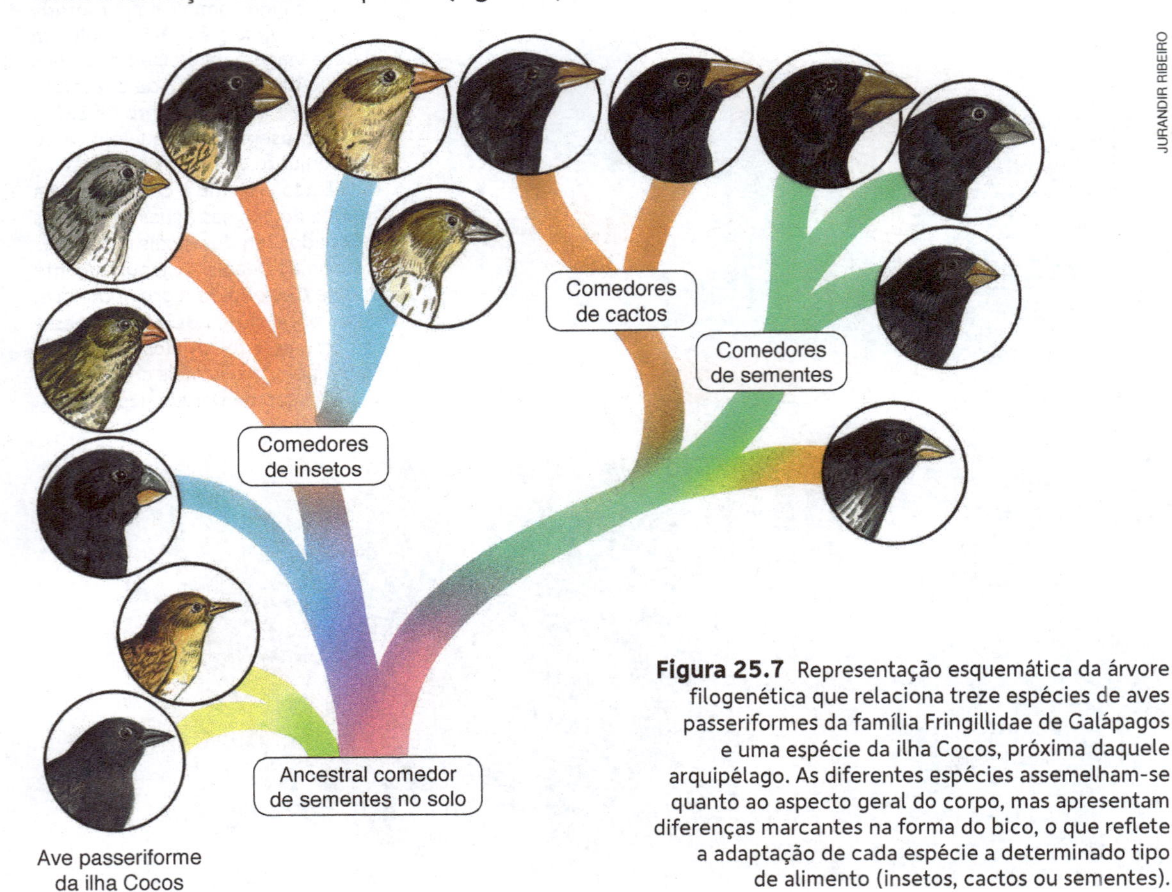

Figura 25.7 Representação esquemática da árvore filogenética que relaciona treze espécies de aves passeriformes da família Fringillidae de Galápagos e uma espécie da ilha Cocos, próxima daquele arquipélago. As diferentes espécies assemelham-se quanto ao aspecto geral do corpo, mas apresentam diferenças marcantes na forma do bico, o que reflete a adaptação de cada espécie a determinado tipo de alimento (insetos, cactos ou sementes).

O conceito darwiniano de seleção natural

Darwin deduziu que a natureza exerce uma forma de seleção sobre as espécies selvagens, comparável à seleção realizada pelos agricultores para obter variedades domésticas.

Sabia-se, na época, que alguns animais domesticados e certos vegetais cultivados pertenciam a espécies com representantes ainda na condição selvagem. Comparando indivíduos resultantes do processo de domesticação com indivíduos selvagens, Darwin chamou a atenção para as grandes diferenças entre eles; em certos casos seria possível até mesmo classificá-los como espécies diferentes. **(Fig. 25.8)**

Figura 25.8 Exemplo dos efeitos da domesticação e da seleção praticadas pelos criadores. **A.** O javali (*Sus scrofa*) é um porco selvagem que atinge entre 1,2 m e 1,8 m de comprimento, 90 cm de altura e tem entre 50 kg e 90 kg de massa corporal. **B.** O porco doméstico (*Sus scrofa domesticus*) pode atingir comprimento e altura semelhantes aos do porco selvagem, mas apresentar entre 200 kg e 300 kg de massa corporal. Foi o porco selvagem que originou o porco doméstico e as diferenças entre eles resultam da ação deliberada dos criadores, que há muito tempo selecionam e cruzam os espécimes que apresentam características comercialmente desejáveis, como maior massa corporal, por exemplo.

A **seleção artificial**, pela qual os agricultores e criadores produzem novas variedades de plantas e de animais, foi o principal argumento de Darwin contra a imutabilidade das espécies. Nesse processo os criadores selecionam reprodutores de uma variedade ou de uma raça determinada de seu interesse, permitindo que apenas os indivíduos dotados das características desejadas se reproduzam.

Uma comparação entre cães das diversas raças existentes ou entre as variedades da espécie de hortaliça *Brassica oleracea*, por exemplo, leva a pensar: se foi possível obter tamanhas diferenças em séculos ou mesmo em anos de seleção, imagine o que poderia ser conseguido em centenas, milhares ou milhões de anos. **(Fig. 25.9)**

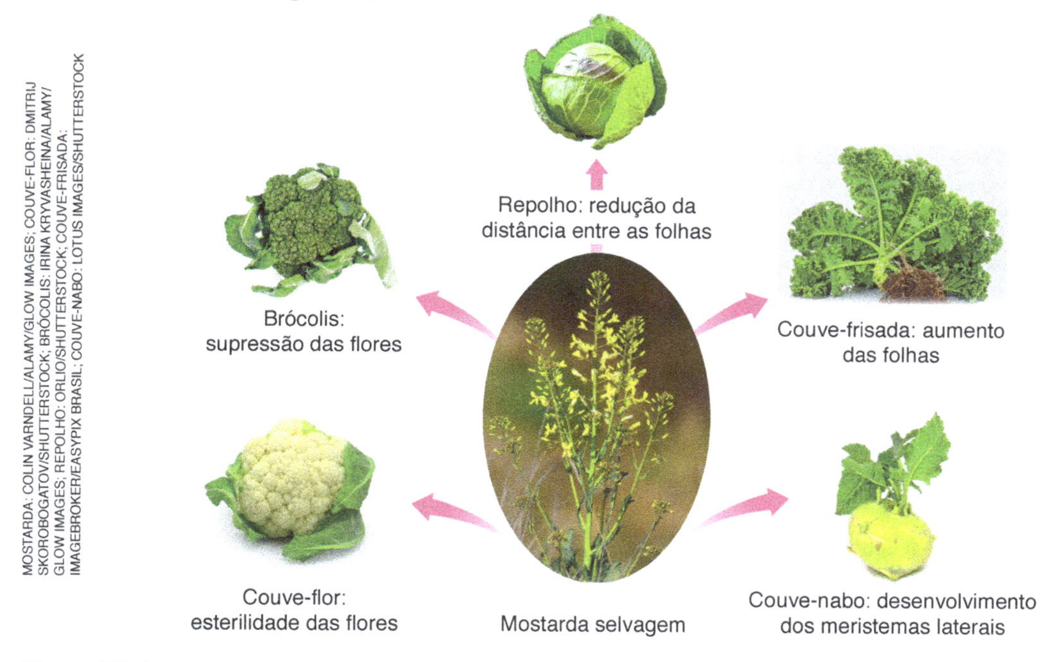

Figura 25.9 A seleção artificial feita por criadores de animais e por agricultores é responsável pelo surgimento de novas raças de animais ou variedades de plantas e serviu de argumento para as ideias de Darwin. Exemplos disso são os variados tipos de vegetal obtidos por seleção artificial de uma variedade de *Brassica oleracea*, a mostarda selvagem.

A principal qualidade dos trabalhos de Darwin foi ter apontado que a natureza podia exercer o papel de agente seletivo análogo ao dos agricultores e criadores de animais. Nas espécies selvagens são "selecionados" indivíduos que apresentam características vantajosas nas condições ambientais reinantes. Eles tendem a deixar proporcionalmente mais descendentes, que contribuem significativamente para a formação da geração seguinte. Em linhas gerais é esse o conceito darwiniano de **seleção natural**.

Em sua obra Darwin menciona o livro *An essay on the principle of population* (*Ensaio sobre o princípio da população*), do economista inglês Thomas Robert Malthus (1766-1834). Nesse livro, de 1798, Malthus sugere que o descompasso entre o crescimento das populações e a produção de alimentos é a principal causa da miséria humana. Para ele o poder da terra em produzir meios de subsistência é muito menor que o poder do crescimento populacional; pois, se uma população não encontra obstáculos, ela cresce em progressão geométrica, embora os meios de subsistência aumentem em progressão aritmética. Malthus tentou imaginar a humanidade submetida às mesmas leis gerais que regem populações de outras espécies de seres vivos.

Alguns historiadores acreditam que a conclusão de Malthus despertou a atenção de Darwin para as ideias de "luta pela vida" e "sobrevivência dos mais aptos", possivelmente contribuindo para a elaboração do conceito de seleção natural. **(Fig. 25.10)**

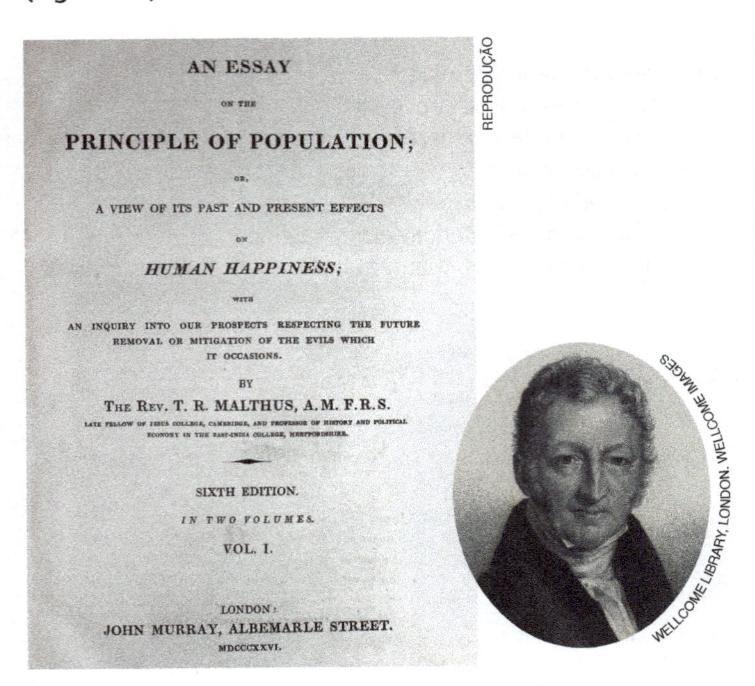
AN ESSAY

ON THE

PRINCIPLE OF POPULATION;

OR,

A VIEW OF ITS PAST AND PRESENT EFFECTS

ON

HUMAN HAPPINESS;

WITH

AN INQUIRY INTO OUR PROSPECTS RESPECTING THE FUTURE REMOVAL OR MITIGATION OF THE EVILS WHICH IT OCCASIONS.

BY

THE REV. T. R. MALTHUS, A.M. F.R.S.

LATE FELLOW OF JESUS COLLEGE, CAMBRIDGE, AND PROFESSOR OF HISTORY AND POLITICAL ECONOMY IN THE EAST-INDIA COLLEGE, HERTFORDSHIRE.

SIXTH EDITION.

IN TWO VOLUMES.

VOL. I.

LONDON:
JOHN MURRAY, ALBEMARLE STREET.
MDCCCXXVI.

Figura 25.10 Página de rosto da edição de 1826 de *An essay on the principle of population* (*Ensaio sobre o princípio da população*), livro do economista inglês Thomas Robert Malthus (no retrato de cerca de 1834).

Acompanhe a seguir como Darwin, a partir de alguns fatos observados na natureza, chegou a três proposições que fundamentam o conceito de seleção natural.

- **Fato 1**. As populações naturais de todas as espécies tendem a crescer rapidamente, uma vez que o potencial reprodutivo dos seres vivos é muito grande. Isso pode ser verificado, por exemplo, quando determinadas espécies são criadas em cativeiro, quando se garantem condições ambientais favoráveis ao desenvolvimento. Nesses casos sempre se observa uma elevada capacidade reprodutiva, inerente a praticamente todas as populações biológicas.
- **Fato 2**. Os tamanhos das populações naturais, a despeito do grande potencial para crescer, mantêm-se relativamente constantes ao longo do tempo. Isso ocorre porque diversos fatores ambientais – disponibilidade de alimento, locais para procriação, presença de inimigos naturais, parasitas etc. – exercem efeito limitador ao crescimento.

  Inferência 1 – Na natureza, a cada geração, morre grande número de indivíduos, muitos dos quais provavelmente sem deixar descendentes.
- **Fato 3**. Os indivíduos de uma população diferem quanto a diversas características, inclusive aquelas que influem na capacidade de explorar com sucesso os recursos naturais e de deixar descendentes.

  Inferência 2 – Os indivíduos que sobrevivem e se reproduzem, a cada geração, são preferencialmente os que possuem determinadas características relacionadas à adaptação às condições ambientais.
- **Fato 4**. Grande parte das características apresentadas por uma geração é herdada dos pais.

  Inferência 3 – Uma vez que, a cada geração, sobrevivem preferencialmente os mais adaptados, eles tendem a transmitir aos descendentes as características relacionadas a essa maior aptidão para sobreviver e se reproduzir.

Assim, ao longo de gerações sucessivas, a seleção natural favorece a permanência e o aprimoramento de características relacionadas à adaptação da espécie a seu ambiente.

A essência do darwinismo

O **darwinismo**, como é conhecida a teoria evolucionista baseada em pressupostos da teoria original de Darwin, defende a ideia da ancestralidade comum, ou seja, que todos os seres vivos, em algum momento no passado, compartilharam um mesmo ancestral. Por exemplo, hoje se acredita que entre 7 e 8 milhões de anos atrás teria vivido uma linhagem de primatas que originou, por um lado, a linhagem dos chimpanzés e, por outro, a linhagem humana.

Outra ideia central do pensamento darwiniano é a seleção natural, segundo a qual os indivíduos de cada espécie mais bem adaptados ao ambiente sobrevivem e têm maior sucesso reprodutivo.

Esses princípios fundamentais da teoria evolucionista de Darwin têm sido confirmados pela ciência contemporânea e ampliados pelas modernas descobertas científicas, servindo de base para a elaboração da teoria evolucionista atualmente aceita, que estudaremos adiante.

Em 1844 Darwin concluiu o seu mais longo trabalho sobre a origem das espécies e a seleção natural. Não o publicou, porém, receoso de que suas ideias não fossem bem aceitas, em virtude do teor um tanto revolucionário. Amigos de Darwin, conhecedores da seriedade de seu trabalho, tentavam convencê-lo a publicar o manuscrito antes que outros divulgassem ideias semelhantes, mas ele resistia. Finalmente, em junho de 1858 Darwin recebeu do naturalista britânico Alfred Russel Wallace uma carta acompanhada de um manuscrito.

Ao estudar a fauna da Amazônia e das Índias Orientais (estas últimas atualmente correspondentes à Índia e a outros países orientais), Wallace havia concluído que as espécies se modificam por seleção natural. **(Fig. 25.11)**

Assombrado com as semelhanças entre seu trabalho e o de Wallace, Darwin se dispôs a escrever um resumo de suas ideias, apresentando-o, juntamente com as ideias de Wallace, em uma reunião da Linnean Society of London em 1º de julho de 1858. Um ano mais tarde Darwin publicou seu trabalho completo no livro que se tornou conhecido como *A origem das espécies*. Anotações confirmam que Darwin concebeu sua teoria da evolução aproximadamente 15 anos antes de receber a carta de Wallace; e este cavalheirescamente admitiu em público o pioneirismo do colega.

A obra *A origem das espécies* gerou grandes debates e consolidou o nome de Charles Darwin como o principal autor da teoria da evolução pela seleção natural.

SCIENCE SOURCE/FOTOARENA

Figura 25.11 Alfred Russel Wallace, naturalista britânico que concebeu, independentemente de Darwin, uma teoria da evolução baseada na seleção natural.

Agora você pode resolver as atividades de 1 a 4, 27, 34 e 36.

25.2 Evidências da evolução biológica

Pesquisas em diferentes áreas da Biologia continuam a fornecer evidências a favor da evolução biológica. Entre as principais destacam-se: o documentário fóssil; as semelhanças embrionárias, anatômicas, fisiológicas e genéticas entre as espécies; a adaptação dos seres vivos a seus ambientes. A seguir acompanhe mais detalhadamente o significado de cada um desses tipos de evidência.

O documentário fóssil

Em condições normais, logo que um organismo morre entram em ação agentes decompositores que degradam a matéria orgânica do cadáver. Entretanto, no passado ocorreram momentos em que as condições ambientais foram extremamente favoráveis à conservação do cadáver ou do vestígio deixado por um organismo. Assim se originam os **fósseis** (do latim *fossilis*, tirado da terra), restos ou vestígios deixados por seres que viveram no passado e que revelam semelhanças e diferenças com os seres atuais.

Os restos e vestígios fósseis podem ser ossos, dentes, pegadas impressas em rochas, fezes petrificadas, animais conservados no gelo, troncos de árvores petrificados etc. O estudo dos fósseis permite deduzir, entre outras coisas, o tamanho e a forma dos organismos que os deixaram, possibilitando a reconstituição de imagens mentais provavelmente bem aproximadas desses organismos quando vivos. Os fósseis constituem a mais forte evidência de que nosso planeta foi habitado, no passado, por seres bem diferentes dos que vivem atualmente. A comparação entre os fósseis e os seres atuais permite estabelecer correlações que fortalecem a teoria da evolução das espécies. **(Fig. 25.12)**

DANIEL SEMYONOV/AFP

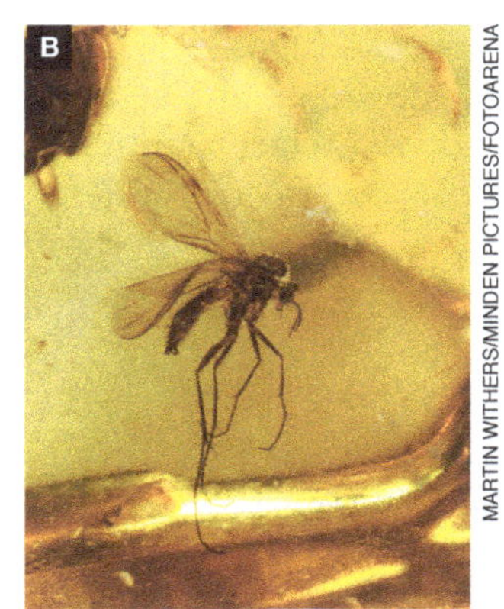

MARTIN WITHERS/MINDEN PICTURES/FOTOARENA

DORLING KINDERSLEY/UIG/SCIENCE PHOTO LIBRARY/LATINSTOCK

FABIO COLOMBINI

Figura 25.12 **A.** Equipe de paleontólogos escava esqueleto de ancestral de mamute conhecido como *Archidiskodon meridionalis*, com aproximadamente 6 m de comprimento e 4 m de altura. (Rússia, 2007). **B.** Pedaço de âmbar com alguns milhões de anos contendo insetos, encontrado na região do Báltico. **C.** Fóssil da pteridófita *Dicroidium* sp. em rocha sedimentar. **D.** Pegadas fossilizadas de dinossauro *Iguanodonte mantelli* em lama petrificada. (Vale dos Dinossauros, Sousa, PB, 2012.) Esse dinossauro media cerca de 9 m de comprimento.

Tipos de fossilização

A fossilização, como se denomina o processo de formação de um fóssil, ocorre apenas em condições extremamente favoráveis; por exemplo, quando o vestígio ou o cadáver de um organismo é rapidamente sepultado por sedimentos como areia, argila etc., geralmente em ambientes alagados. Com o passar do tempo os sedimentos depositados compactam-se e originam o que os geólogos denominam **rocha sedimentar**. Se no sedimento houver vestígios do organismo morto, estes podem ser preservados na rocha, vindo a constituir os diferentes tipos de fóssil. **(Fig. 25.13)**

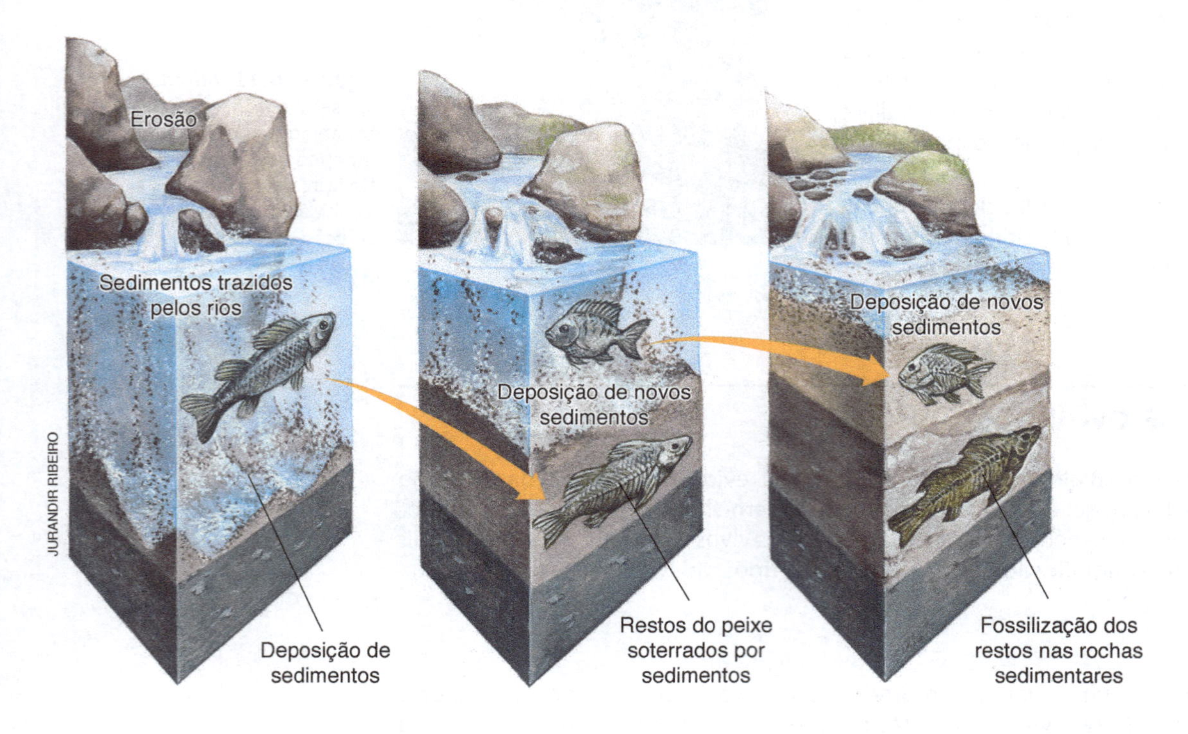

Figura 25.13 Representação esquemática da formação de um fóssil em um estuário de rio. Os sedimentos trazidos depositam-se sobre um animal morto, preservando-o da decomposição. Como as rochas sedimentares se formam em camadas sobrepostas, fósseis encontrados em camadas mais profundas são mais antigos que os das camadas mais superficiais.

Um tipo de fóssil conhecido como **molde** forma-se quando os restos soterrados de organismos, depois de deixarem sua impressão gravada na rocha, desaparecem completamente. Em certos casos o molde deixado por um organismo na rocha pode ser preenchido por outros minerais, que, ao se solidificarem, produzem uma cópia tridimensional em rocha do organismo original. Esse tipo de fóssil é o **contramolde**.

Em certos casos as substâncias orgânicas do cadáver ou de vestígios sepultados são lenta e gradualmente substituídas por minerais trazidos pela água. Aos poucos os minerais ocupam o lugar das substâncias orgânicas; a substituição pode ser tão exata que todos os detalhes do corpo do organismo ficam preservados como rocha, embora nada mais reste do material orgânico original. Esse processo de fossilização, chamado **permineralização**, ou **petrificação**, ocorreu em diversos lugares do planeta, como em certas regiões do Rio Grande do Sul, onde há troncos petrificados de árvores que viveram há dezenas de milhões de anos. Na Chapada do Araripe, na divisa do estado do Ceará com os estados de Pernambuco, Paraíba e Piauí, há depósitos fossilíferos do período Cretáceo, entre 145 e 66 milhões de anos atrás, com peixes e répteis petrificados e moldes de plantas e de insetos. **(Fig. 25.14)**

Figura 25.14 **A.** Tronco fossilizado com mais de 200 milhões de anos encontrado na cidade de São Pedro do Sul (RS, 2016). **B.** Fóssil de peixe extinto do gênero *Ionoscopus*, que viveu há aproximadamente 150 milhões de anos na Alemanha.

Outro tipo de fóssil são pegadas e marcas deixadas por um organismo sobre um terreno mole que posteriormente se transformou em rocha. Esses vestígios, denominados **impressões fósseis**, podem fornecer informações importantes sobre o organismo que as produziu. Por exemplo, em 1978, a cientista britânica Mary Leakey (1913-1996) encontrou, na Tanzânia (África), pegadas de dois hominídeos primitivos, presumivelmente um macho e uma fêmea, caminhando lado a lado. Os estudos mostraram que a rocha onde estava registrado o passeio desses nossos parentes distantes tinha nada menos que 3,5 milhões de anos de idade. Podemos concluir que, naquela época, os possíveis ancestrais da espécie humana já caminhavam eretos, um traço que nos distingue dos outros primatas atuais.

Em alguns casos mais raros ocorreu preservação total do organismo fossilizado. Por exemplo, insetos de dezenas de milhões de anos foram encontrados no interior de resina vegetal fossilizada, chamada de **âmbar fóssil**. Talvez o caso mais espetacular de preservação de organismos fósseis sejam os corpos completos de mamutes descobertos sob as geleiras do Ártico. Esses enormes mamíferos peludos, semelhantes aos elefantes atuais, foram preservados pelo gelo e datados em mais de 30 mil anos de idade. **(Fig. 25.15)**

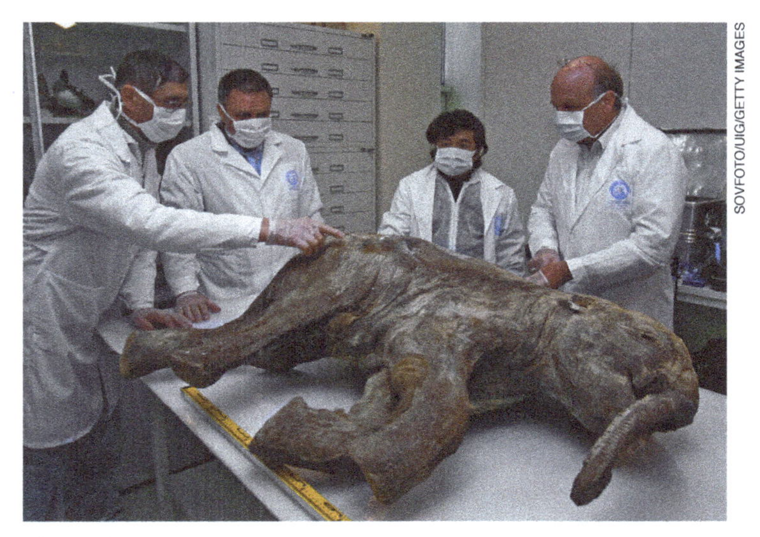
SOVFOTO/UIG/GETTY IMAGES

Figura 25.15 Corpo de filhote de mamute que viveu há aproximadamente 40 mil anos, na Sibéria, e foi preservado pelo gelo (2007).

Determinação da idade dos fósseis

Um dos grandes desafios da ciência foi estabelecer métodos para descobrir há quanto tempo se formou um fóssil ou a rocha que o contém. O primeiro método para datar fósseis foi a **datação relativa**, desenvolvido no século XIX com base nas ideias do geólogo britânico William Smith (1769-1839). Partindo do princípio de que as rochas sedimentares sempre se formam no fundo de mares e de lagos pela deposição sucessiva de camadas de sedimentos, Smith concluiu que as camadas localizadas em posições mais inferiores na pilha sedimentar deviam ter se formado antes das superiores. Com isso, foi possível determinar as idades relativas das camadas de rocha e dos fósseis nelas contidos, sabendo quais delas são mais antigas e quais são mais recentes. Smith também observou que alguns fósseis são como "marcas registradas" das rochas em que ocorrem. Em outras palavras, eles são encontrados apenas (ou quase exclusivamente) naquele tipo de rocha. Fósseis típicos de certas camadas sedimentares foram denominados **fósseis-guias**.

Embora os geólogos contemporâneos de Smith tenham rejeitado seu pioneirismo, algumas décadas depois seus trabalhos revolucionaram a prática da Geologia, permitindo que rochas de diferentes regiões do mundo pudessem ser comparadas com base nos fósseis-guias nelas contidos. Com isso os cientistas conseguiram reunir "fragmentos" do documentário fóssil de diversas regiões do planeta e, com sua datação relativa, estabelecer as divisões do tempo geológico, como veremos no próximo capítulo. **(Fig. 25.16)**

Figura 25.16 Representação esquemática da formação de rochas sedimentares e de fósseis em diferentes períodos. Cada estrato, ou camada, representa uma etapa da história da Terra e é caracterizado por fósseis de certos organismos (fósseis-guias) que viveram na época correspondente.

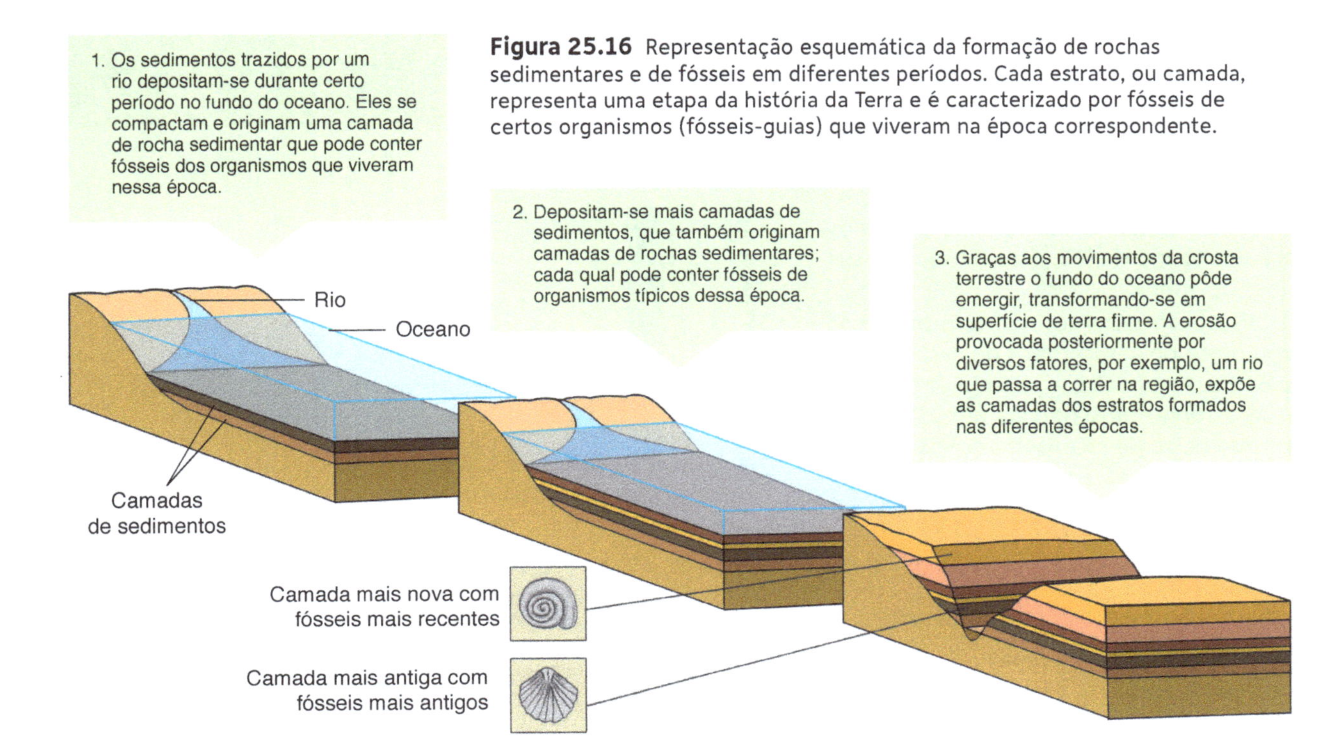

Em meados do século XX a datação dos fósseis e das camadas da Terra avançou com o desenvolvimento de métodos baseados na análise de elementos radioativos. A técnica denominada **datação radiométrica** ou **datação absoluta** permite estabelecer com certa precisão há quanto tempo um fóssil ou uma rocha se formou.

A datação radiométrica baseia-se em conhecimentos científicos sobre os isótopos radioativos de certos elementos químicos. Isótopos são átomos do mesmo elemento químico, com o mesmo número de prótons no núcleo, mas com diferente número de nêutrons, o que lhes confere diferentes números de massa. Alguns isótopos são instáveis e sofrem um fenômeno chamado de **decaimento radioativo**, que é a emissão de fragmentos do núcleo com liberação de energia, transformando o isótopo em outro elemento químico, mais estável que o anterior. Por exemplo, na natureza a maior parte dos átomos de carbono encontra-se na forma do isótopo ^{12}C, que possui 6 prótons e 6 nêutrons no núcleo atômico; esse isótopo apresenta número de massa igual a 12 (6p + 6n). Uma pequena porcentagem dos átomos de carbono existentes, entretanto, encontra-se na forma do isótopo radioativo ^{14}C, que possui 6 prótons e 8 nêutrons, com número de massa igual a 14. Com o tempo, os isótopos ^{14}C sofrem decaimento radioativo e transformam-se em nitrogênio-14 (^{14}N), cujo núcleo possui 7 prótons e 7 nêutrons.

Os físicos mostraram que, a cada período de 5.730 anos, metade dos átomos de ^{14}C de uma amostra decai para ^{14}N. Assim, se partíssemos de uma amostra com 1.000 átomos de ^{14}C, após 5.730 anos teríamos 500 átomos de ^{14}C e 500 de ^{14}N; passados mais 5.730 anos teríamos cerca de 250 átomos de ^{14}C e 750 de ^{14}N; e assim por diante.

O tempo necessário para metade dos isótopos radioativos de um elemento químico se transformar em outro isótopo ou em outro elemento químico é denominado **tempo de meia-vida**. No caso do ^{14}C o tempo de meia-vida é de 5.730 anos, como foi mencionado. Uma vez que o decaimento radioativo ocorre a uma taxa constante (tempo de meia-vida), típica de cada isótopo, ele constitui uma espécie de "relógio geológico" e pode ser utilizado para determinar a idade de rochas e de fósseis.

A datação pelo método do carbono-14 baseia-se na comparação entre as quantidades de ^{14}C e de ^{12}C presentes em uma amostra de matéria orgânica fóssil. O método baseia-se no fato de que a taxa de ^{14}C se mantém relativamente constante na atmosfera, tanto no passado quanto hoje. Isso porque o bombardeamento de átomos de nitrogênio atmosférico por raios cósmicos leva à formação contínua de ^{14}C, situação que se supõe inalterada há milhões de anos.

Como os organismos fotossintetizantes não têm preferência por incorporar um ou outro desses isótopos de carbono, há nas moléculas orgânicas dos seres vivos a mesma proporção entre os dois isótopos de carbono presentes na atmosfera. Ao morrer, porém, o organismo deixa de incorporar novos átomos de carbono e o ^{14}C presente em sua matéria constituinte pouco a pouco se transforma em nitrogênio, em decorrência do decaimento radioativo. Por isso a quantidade residual do ^{14}C nas moléculas orgânicas presentes em um fóssil possibilita sua datação. Por exemplo, se um fóssil apresenta $\frac{1}{16}$ $\left(\text{ou } \frac{1}{2} \text{ elevado a 4}\right)$ do ^{14}C que existia no organismo quando vivo, pode-se concluir que sua morte ocorreu há aproximadamente 23 mil anos ($4 \cdot 5.730 = 22.920$). **(Fig. 25.17)**

Como o tempo de meia-vida do carbono-14 é relativamente curto, a datação por meio desse isótopo é possível apenas para fósseis com idade inferior a 50 mil anos. Para datar fósseis mais antigos, são usados isótopos com tempo de meia-vida mais longo, presentes em rochas nas quais o fóssil se encontra. Nesses casos, em vez de se datar diretamente o fóssil, estima-se a idade das rochas que o contêm. Entre os diversos isótopos utilizados na datação radiométrica de rochas, destacam-se: o potássio-40, com tempo de meia-vida de 1,26 bilhão de anos, que decai para argônio-40; o urânio-235, com tempo de meia-vida de 704 milhões de anos, que decai para chumbo-207; o alumínio-26, com tempo de meia-vida de 740 mil anos, que decai para magnésio-26.

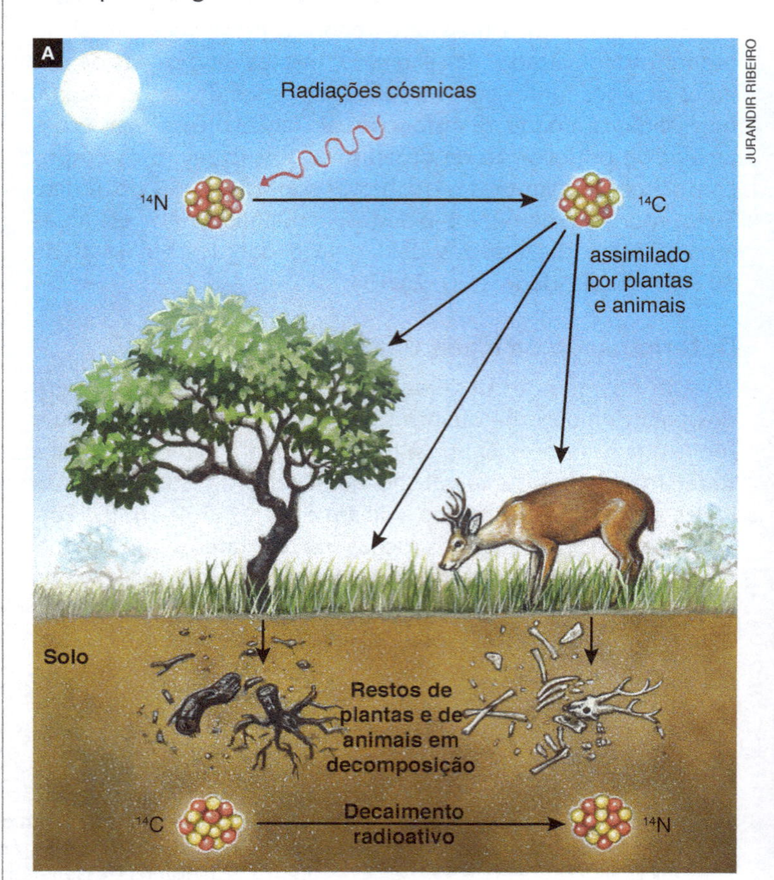

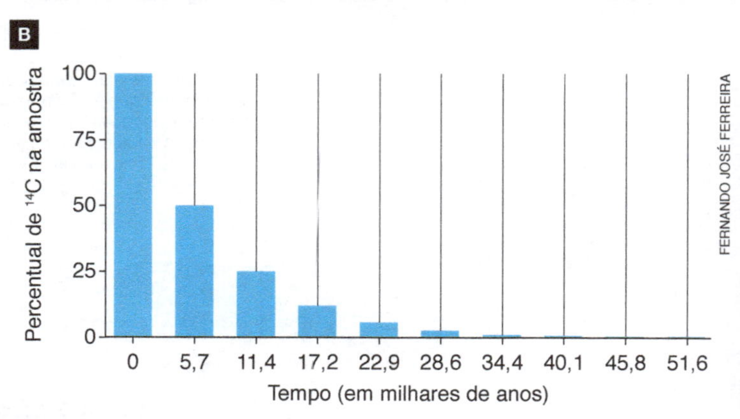

Figura 25.17 A. Representação esquemática da formação de ^{14}C a partir de ^{14}N bombardeado por raios cósmicos. O ^{14}C é assimilado pelos seres vivos. Após a morte o ^{14}C presente nos restos mortais decai a ^{14}N. Medidas do ^{14}C residual permitem estimar há quanto tempo o organismo morreu. B. O gráfico mostra o decaimento do ^{14}C, cujo tempo de meia-vida é de 5.730 anos. (Elaborado com base em Campbell, N. e cols., 1999.)

Semelhanças anatômicas, embrionárias e fisiológicas entre grupos de seres vivos

Observe a figura a seguir, que mostra a organização esquelética dos membros anteriores de quatro animais vertebrados: ser humano, golfinho, cavalo e jabuti. **(Fig. 25.18)**

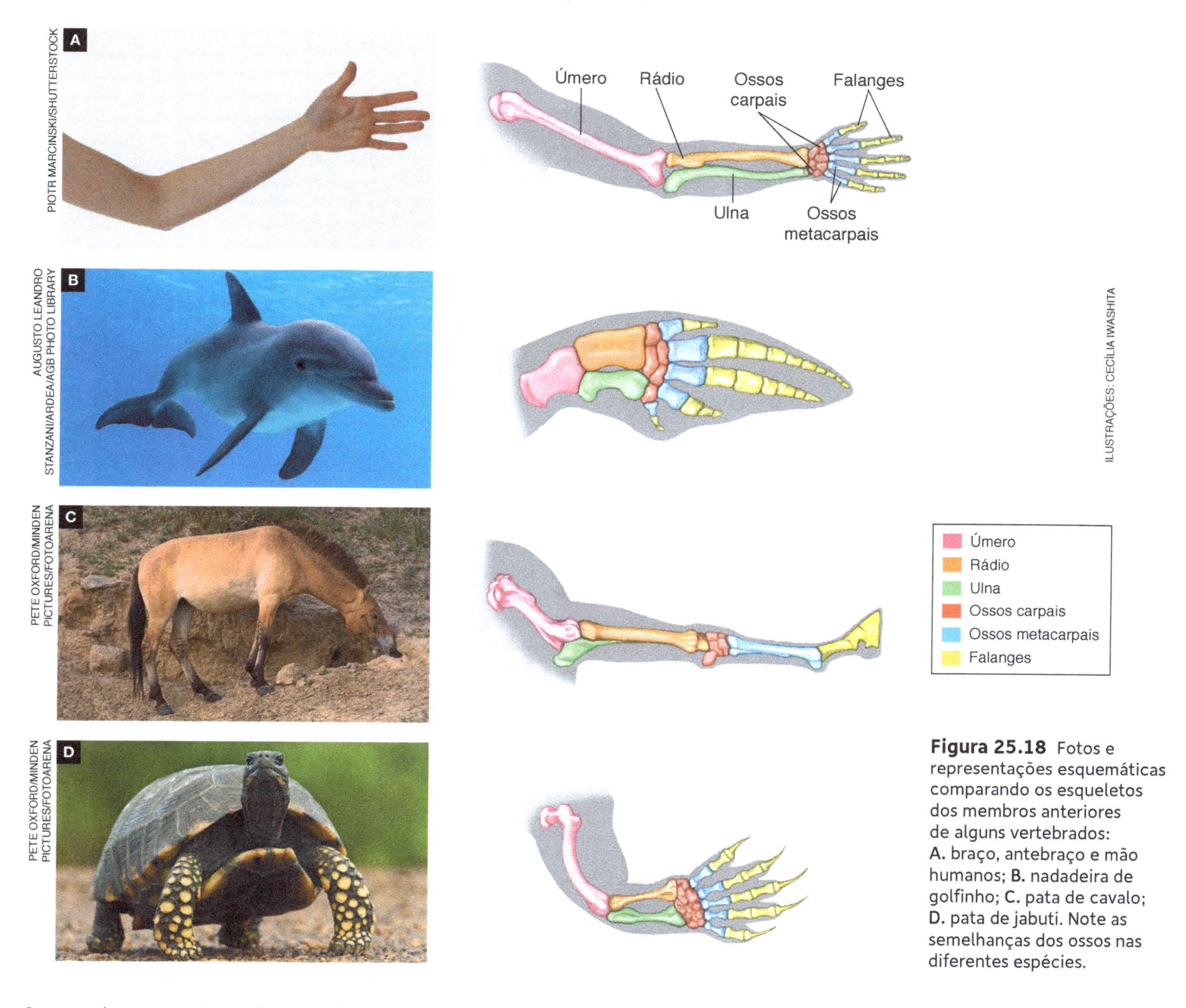

Figura 25.18 Fotos e representações esquemáticas comparando os esqueletos dos membros anteriores de alguns vertebrados: **A.** braço, antebraço e mão humanos; **B.** nadadeira de golfinho; **C.** pata de cavalo; **D.** pata de jabuti. Note as semelhanças dos ossos nas diferentes espécies.

Os membros anteriores desses animais são diferentes e desempenham funções distintas, mas apresentam o mesmo plano de organização esquelética, a ponto de ser possível estabelecer uma correspondência exata entre seus ossos. Além disso, no estudo do desenvolvimento embrionário desses animais, observa-se que os membros anteriores, bem como diversas outras estruturas corporais, desenvolvem-se de modo muito semelhante nas diferentes espécies; a diferenciação acentua-se gradualmente à medida que o desenvolvimento progride. A pergunta-chave sobre essas "coincidências" é: por que partes e órgãos corporais, embora diferentes, desenvolvem-se de modo tão semelhante em espécies distintas de seres vivos?

O evolucionismo explica as semelhanças embrionárias, anatômicas e fisiológicas entre animais pela ascendência comum que eles tiveram no passado remoto. Os três primeiros animais exemplificados na figura 25.18 são mamíferos e descendem do ancestral de todos os mamíferos, o que explica suas semelhanças. Em épocas bem mais antigas os jabutis tiveram um ancestral comum com os mamíferos, do qual todos esses animais herdaram um padrão de estrutura corporal. Durante a evolução de cada grupo, o processo de adaptação por seleção natural levou a mudanças na morfologia e na função do membro, mas o padrão básico herdado do ancestral comum foi conservado.

Estruturas corporais que se desenvolvem de modo semelhante em embriões de diferentes espécies, como os esqueletos dos membros anteriores dos animais que acabamos de mencionar, são denominadas **estruturas homólogas**.

Por outro lado há estruturas corporais presentes em diferentes espécies que desempenham funções semelhantes, mas têm origens evolutivas e embrionárias totalmente distintas; tais estruturas são denominadas **estruturas análogas**. É o caso das asas de aves e de insetos; ambas são adaptadas ao voo, mas têm origens embrionárias completamente diversas: nas aves as asas são estruturas dotadas de ossos e músculos, enquanto nos insetos elas são expansões da epiderme corporal; os músculos de voo dos insetos estão dentro do tórax. **(Fig. 25.19)**

Figura 25.19 As asas dos insetos e as das aves são estruturas análogas: têm a mesma função, mas origens evolutiva e embrionária distintas, além de plano estrutural diferente. **A.** Borboleta *Phocides palemon phanias*. **B.** Gavião-belo (*Busarellus nigricollis*).

De acordo com a teoria evolucionista as funções eventualmente diferentes desempenhadas por estruturas homólogas devem-se à diversificação ocorrida ao longo da evolução; nesse processo cada espécie incorporou e desenvolveu características adaptativas ao seu modo de vida particular. Essa diversificação evolutiva de estruturas homólogas, decorrente da adaptação a modos de vida diferentes, constitui o que os biólogos evolucionistas denominam **divergência evolutiva**.

Estruturas análogas são aquelas que surgiram de maneira independente na evolução de diferentes grupos de organismos, constituindo adaptações a modos de vida semelhantes. A adaptação evolutiva pode levar organismos pouco aparentados a desenvolver estruturas e formas corporais semelhantes devido a pressões adaptativas similares, processo conhecido como **convergência evolutiva**. **(Fig. 25.20)**

Figura 25.20 Exemplo de convergência evolutiva: a forma hidrodinâmica do corpo desenvolveu-se independentemente em diferentes espécies de vertebrados devido à sua adaptação ao modo de vida aquático. **A.** Golfinho, mamífero da espécie *Stenella longirostris*. **B.** Acará-severo, peixe actinopterígio da espécie *Cichlasoma severum*. **C.** Representação artística de ictiossauro do gênero *Brachypterygius*, um réptil extinto. **D.** Pinguins-das--galápagos, aves da espécie *Spheniscus mendiculus* .

Em certos organismos estão presentes estruturas atrofiadas ou sem função evidente – **estruturas vestigiais** –, interpretadas pela teoria evolucionista como evidência do parentesco entre os seres vivos. Um exemplo de estrutura vestigial humana é o apêndice vermiforme ou cecal, pequena bolsa tubular do tamanho de um dedo mínimo localizada perto da junção entre o intestino delgado e o intestino grosso. A presença do apêndice vermiforme na espécie humana é considerada uma evidência da evolução, pois esse órgão teria sido importante em nossos ancestrais remotos, que tinham dieta predominantemente herbívora; neles o ceco (porção inicial do intestino grosso, na qual se abre o intestino delgado) e o apêndice abrigavam microrganismos capazes de digerir celulose. Com o desenvolvimento de outros tipos de dieta, na linhagem que originou nossa espécie, as pressões seletivas que atuavam na manutenção do ceco e do apêndice com tamanhos avantajados deixaram de agir e esses órgãos regrediram a tamanhos compatíveis com suas funções atuais.

Outra estrutura considerada vestigial é a cauda reduzida das aves, popularmente chamada coranchim, composta de alguns pequenos ossos. A explicação evolutiva para a presença de vários ossos em uma cauda tão pequena é que as pressões seletivas que atuam na manutenção da longa cauda de certos répteis deixaram gradativamente de agir nos ancestrais das aves. Assim, o número e o tamanho dos ossos da cauda das aves sofreram redução compatível com a função que ela desempenha atualmente na ancoragem de certos músculos nesses organismos. **(Fig. 25.21)**

LES STOCKER/OXFORD SCIENTIFIC/GETTY IMAGES

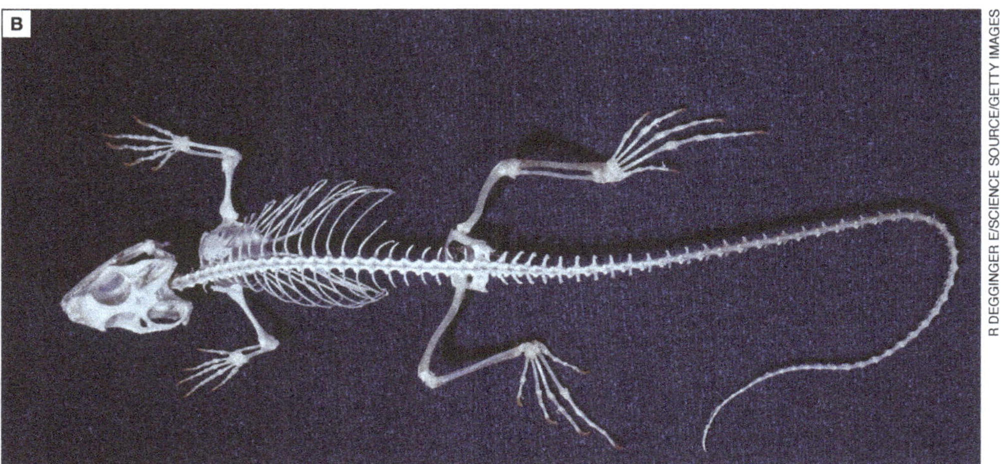

R DEGGINGER E/SCIENCE SOURCE/GETTY IMAGES

Figura 25.21 A. Esqueleto de pombo, no qual é possível observar os ossos que compõem a cauda, considerada uma estrutura vestigial. **B.** Esqueleto de lagarto evidenciando a cauda comprida, homóloga ao coranchim das aves.

Semelhanças genéticas entre grupos de seres vivos

As características típicas de cada espécie de ser vivo são hereditárias. É a atividade de genes específicos, herdados dos pais, que determina o destino das células embrionárias e dirige a formação das diversas estruturas corporais próprias da espécie. Os cientistas estão apenas começando a identificar o modo como os genes atuam na construção do corpo dos animais, mas os resultados já são surpreendentes e constituem, possivelmente, a mais importante evidência do parentesco evolutivo entre as espécies.

Um conjunto de genes descobertos originalmente na mosca drosófila, denominados **genes homeóticos**, determina o padrão e a sequência em que o desenvolvimento embrionário ocorre. Alguns desses genes, conhecidos pela sigla *Hox*, são ativados bem no início do desenvolvimento embrionário. Quando o embrião começa a exibir a segmentação corporal, apesar de todos os segmentos parecerem iguais, cada um deles tem um conjunto particular de genes *Hox* em atividade e já está destinado a se tornar determinada parte do corpo da drosófila. São esses genes que carregam a informação sobre o que as células de cada segmento devem originar: se vão ser asa, perna, antena ou parte do abdômen. Os genes *Hox* desencadeiam ações de outros genes, que juntos determinam a formação de uma parte específica do corpo do animal no processo de desenvolvimento embrionário.

A grande surpresa dos cientistas foi descobrir que há genes *Hox* quase idênticos aos das moscas em outros animais, como camundongos, estrelas-do-mar, crustáceos, seres humanos etc. E o mais surpreendente é que esses genes exercem a mesma função em todos os animais, determinando as diferentes estruturas corporais ao longo do eixo cabeça-cauda.

Assim, tanto no embrião de uma drosófila como em um embrião humano, a cabeça forma-se na região anterior do corpo porque ali atuam genes *Hox* muito parecidos em ambos os animais. **(Fig. 25.22)**

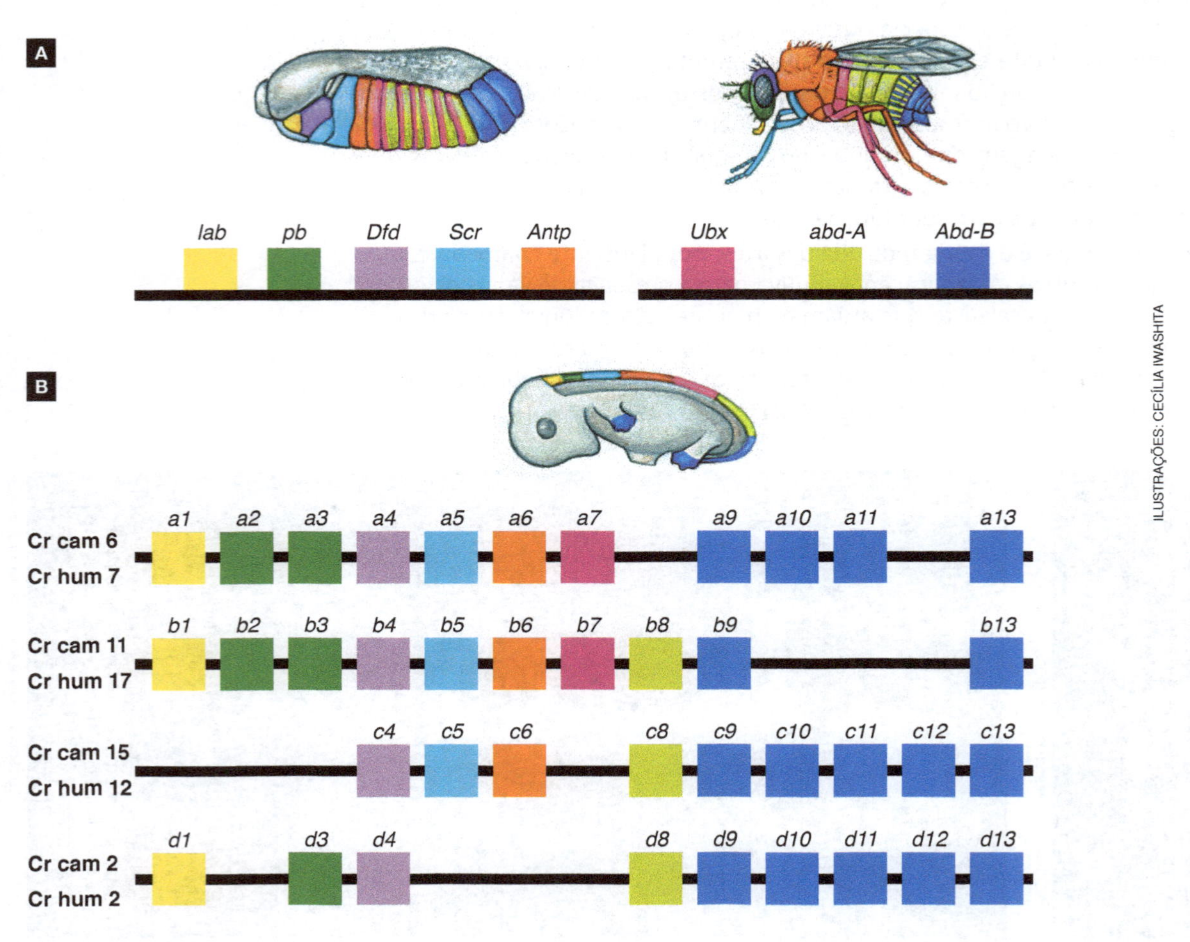

Figura 25.22 **A.** Representação esquemática dos genes *Hox* em drosófila. **B.** Representação esquemática dos genes *Hox* em camundongo. Os genes estão representados por quadrados coloridos; as partes dos embriões da drosófila e do camundongo, assim como da mosca adulta, cujo desenvolvimento é controlado por cada gene, estão representadas pela mesma cor. Note a correspondência linear entre a ordem dos genes no cromossomo e seus padrões de expressão ao longo do eixo cabeça-cauda dos embriões. Em **B** estão indicadas as localizações dos genes *Hox* nos cromossomos humanos (Cr hum) e nos cromossomos do camundongo (Cr cam). Os invertebrados têm um único conjunto desses genes, enquanto os vertebrados têm quatro conjuntos.

Outros genes homeóticos responsáveis pelo desenvolvimento de diversos órgãos já foram descobertos: o gene *Pax*-6, por exemplo, está associado à formação de olhos em todos os grupos animais, desde os ocelos das planárias até os complexos olhos de insetos e vertebrados.

Em um experimento instigante os geneticistas substituíram um gene *Pax*-6 defeituoso de um ovo de drosófila, que normalmente originaria uma mosca sem olhos, pelo gene correspondente não defeituoso de um camundongo: a drosófila nasceu com olhos de mosca perfeitos. Assim, o gene do camundongo foi capaz de exercer sua função nas células da drosófila, desencadeando uma ação "em cascata" de genes responsáveis pela formação do órgão visual. Isso apesar de esses animais terem divergido, no curso da evolução, há centenas de milhões de anos! A similaridade entre os genes homeóticos das drosófilas e os nossos é tal que podemos substituir um gene defeituoso de drosófila pelo correspondente humano e a mosca nascerá normal.

As grandes semelhanças entre genes homeóticos de diferentes espécies, não apenas no que se refere à sequência de bases nitrogenadas, mas principalmente em seu intrincado modo de funcionamento, devem-se, segundo a teoria evolucionista, ao fato de esses genes terem sido herdados de um ancestral comum a todos os animais. Mais tarde, quando surgiram as linhagens que originaram os diversos filos animais, esses genes adaptaram-se e passaram a determinar tipos diferentes de parte corporal.

Agora você pode resolver as atividades de 5 a 11, 39 e 40.

25.3 A teoria sintética da evolução

Durante as décadas de 1930 e 1940 os conhecimentos genéticos foram incorporados ao conceito de seleção natural, ponto central do darwinismo, e ajudaram a compor a chamada teoria sintética da evolução, ou teoria moderna da evolução, que explica a origem da diversidade biológica. Alguns autores costumam dar a essa teoria o nome de **neodarwinismo**.

A teoria sintética da evolução considera três fatores evolutivos principais: a) mutação gênica; b) recombinação gênica; c) seleção natural. As diferenças genéticas entre os indivíduos de uma população, que constituem sua variabilidade genética, ou **diversidade genética**, são geradas e mantidas por dois fatores: as mutações que acontecem ao acaso ao longo da história evolutiva da espécie e a recombinação gênica que ocorre em cada geração. A variabilidade genética não se refere apenas à diversidade em determinado momento, mas à própria capacidade de variar. A seleção natural atua sobre essa variabilidade "selecionando" os indivíduos mais aptos a sobreviver e se reproduzir em cada contexto evolutivo.

Principais fatores evolutivos

Mutação gênica

Mutações gênicas são alterações na sequência de bases nitrogenadas do DNA que originam novas versões – alelos – de um gene. Se a característica produzida por um alelo mutante conferir alguma vantagem ao seu portador, o novo alelo tende a ser preservado pela seleção natural e ter sua frequência aumentada na população.

O conjunto de genes típico de cada espécie é o resultado do acúmulo de mutações vantajosas que vêm ocorrendo e se mantendo por ação da seleção natural durante os bilhões de anos de evolução biológica. Muitas das mutações vantajosas possíveis já foram selecionadas, o que explica por que a maioria das mutações atuais tem efeitos deletérios, isto é, é prejudicial a seus portadores.

As mutações gênicas podem ocorrer espontaneamente pela própria dinâmica das moléculas de DNA, sendo chamadas, nesse caso, **mutações espontâneas**. Uma das causas da mutação espontânea dos genes é a transformação reversível de uma base nitrogenada em outra, fenômeno que os químicos denominam tautomeria e que pode provocar erros na duplicação dos genes. Por exemplo, a citosina (C) de uma cadeia de DNA pode eventualmente perder seu grupo amina, transformando-se em uracila (U). Os organismos possuem enzimas que reconhecem a base incorreta e reparam o DNA nesse caso. No entanto, se isso ocorrer no momento exato da duplicação do DNA, pode não haver tempo hábil para o reparo da cadeia e a uracila orientará o emparelhamento de um desoxirribonucleotídio com adenina (A) na posição complementar, e não com guanina (G), como deveria ser. Consequentemente uma das moléculas de DNA proveniente dessa duplicação ficará com sua sequência de bases alterada, isto é, terá sofrido uma mutação. Ao se duplicar a molécula mutante origina cópias idênticas a si e a mutação se perpetua. **(Fig. 25.23)**

As mutações também podem ser induzidas por agentes físicos e químicos, genericamente chamados **agentes mutagênicos**. Por exemplo, radiações ionizantes como os raios X e os raios gama causam a formação de íons nas células e aumentam as taxas de mutação dos genes de vírus e bactérias e até de animais e plantas. Além das radiações ionizantes, há outros fatores físicos e diversas substâncias capazes de aumentar a taxa de mutação dos genes.

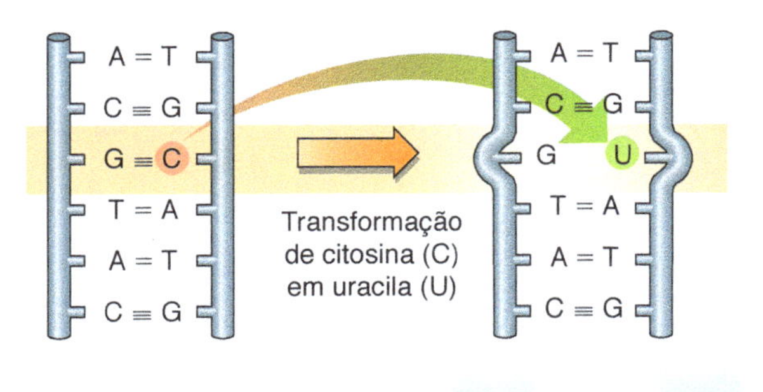

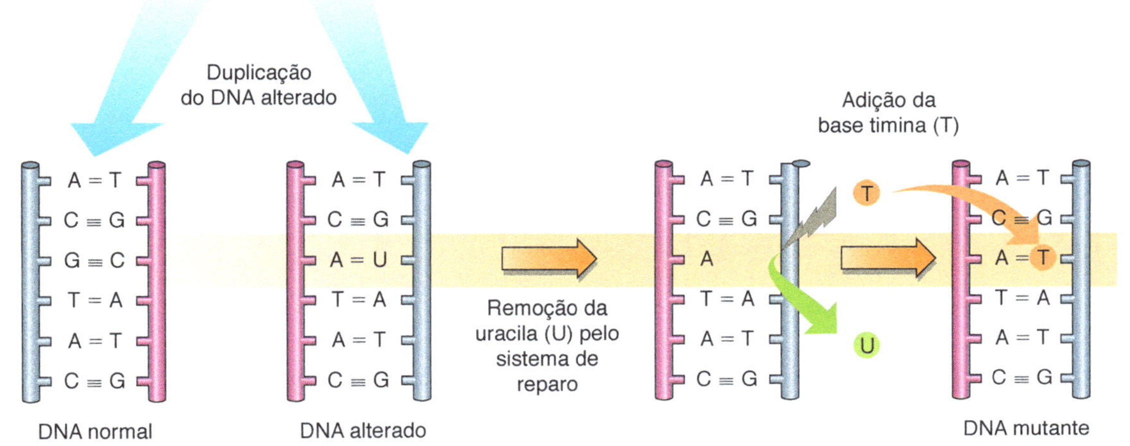

Figura 25.23 Representação esquemática de um tipo de alteração espontânea no DNA. A citosina (C) de uma molécula de DNA perde espontaneamente um grupo amina, transformando-se em uracila (U). Se o reparo do DNA não ocorrer antes da duplicação pode haver uma mutação gênica, como mostrado na figura.

Recombinação gênica

Recombinação gênica é a mistura de genes que ocorre na reprodução sexuada, quando os genes provenientes dos pais se rearranjam. Embora a mutação seja responsável pelo surgimento de novos alelos na população, é pela recombinação gênica que os genes se organizam em novos arranjos em cada indivíduo, sobre o qual a seleção natural atua.

Na meiose dos organismos eucarióticos ocorrem dois processos que promovem recombinação gênica: a) **segregação independente dos cromossomos**; b) **permutação cromossômica**, ou *crossing-over*. No primeiro, cromossomos homólogos originalmente provenientes dos pais combinam-se livremente, de maneira que os gametas formados podem conter desde só cromossomos maternos até só cromossomos paternos, passando por todas as misturas entre esses cromossomos. O número de combinações possíveis entre cromossomos maternos e paternos pode ser calculado pela expressão 2^n, em que n é o número de pares de cromossomos da espécie considerada. **(Fig. 25.24)**

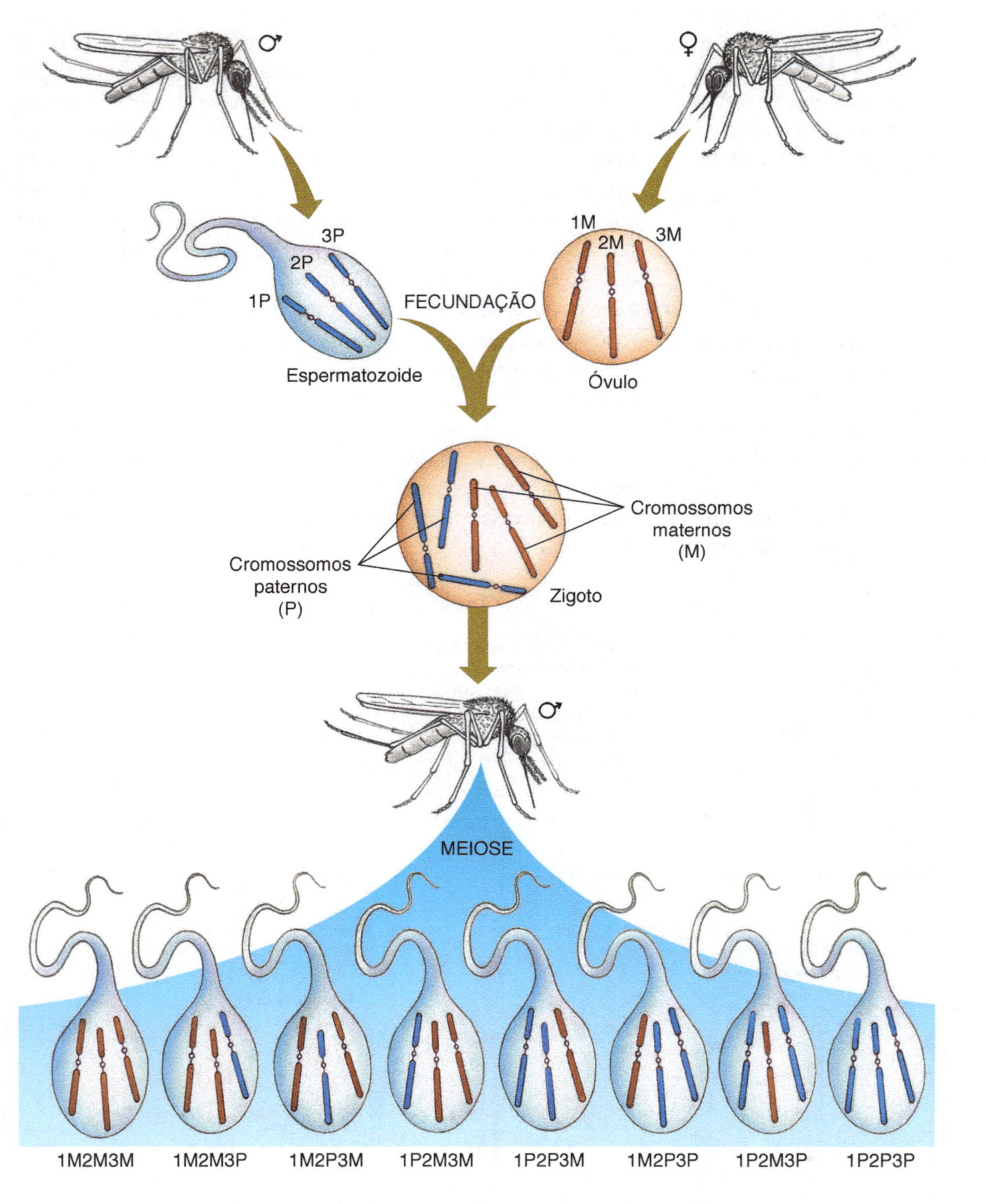

Figura 25.24 Representação esquemática da segregação independente dos cromossomos homólogos de origem materna (em vermelho) e paterna (em azul). Uma espécie como o pernilongo, que possui apenas três pares de cromossomos, produz oito combinações cromossômicas diferentes nos gametas (2^3).

Na espécie humana, em que $n = 23$, uma pessoa pode produzir 2^{23} (8.388.608) tipos de gameta, levando em conta as diferentes combinações entre os cromossomos herdados da mãe e do pai. A probabilidade de um gameta humano conter apenas cromossomos de origem paterna seria igual a 1 em cada 8.388.608 gametas, a mesma que a de possuir apenas cromossomos de origem materna.

A diversidade de gametas produzidos por uma pessoa é, no entanto, muito maior, pois, além da segregação independente dos cromossomos, a variedade de tipos de gameta é aumentada pela permutação cromossômica, fenômeno em que cromossomos homólogos maternos e paternos trocam pedaços entre si durante a meiose.

Seleção natural

Todos os organismos, plantas, fungos, protoctistas, animais, arqueas ou bactérias, lutam pela sobrevivência a todo instante. Os que enfrentam os desafios de seu contexto particular com maior aptidão têm mais chances de sobreviver.

A luta pela vida, expressão utilizada por Darwin para a seleção natural, inspira-se no fato de que, entre os animais, alguns são presas e têm de evitar ser devorados e outros são predadores que têm de capturar animais que lhes sirvam de alimento.

Entretanto, Darwin ressaltou que há formas menos evidentes de lutar pela vida: por exemplo, em diversas espécies animais, os machos disputam entre si a atenção das fêmeas e o direito de acasalar com elas, o que lhes permite perpetuar suas características. Plantas competem umas com as outras pela umidade do solo, por nutrientes e mesmo pela luz solar. De uma forma ou de outra, em última análise, a seleção natural implica a **reprodução diferencial** dos indivíduos de uma população, em que os mais bem adaptados têm maior chance de deixar descendentes.

A seleção decorre das restrições que o meio impõe à sobrevivência dos organismos, como disponibilidade de alimento, disputa por recursos com outros seres vivos, ação de predadores e parasitas, doenças etc. Nessas condições os mais aptos a sobreviver são aqueles que herdaram combinações gênicas mais favoráveis à vida e à reprodução em um ambiente particular. **(Fig. 25.25)**

ANUP SHAH/MINDEN PICTURES/FOTOARENA

Figura 25.25 Um guepardo (*Acinonyx jubatus*), ao atacar uma impala (*Aepyceros melampus*), está desempenhando seu papel no processo de evolução das espécies por seleção natural. O guepardo e a impala medem cerca de 90 cm de comprimento. (Parque Nacional Masai Mara, Quênia.)

Um exemplo bem estudado de seleção natural na espécie humana refere-se ao alelo da **siclemia** ou **anemia falciforme**, uma forma hereditária de anemia. Pessoas homozigóticas para o alelo condicionante da siclemia (*ss*) têm anemia severa e, se não receberem tratamento, morrerão antes de atingir a idade reprodutiva. Pessoas heterozigóticas têm anemia leve. A tendência da seleção natural, atuando sobre esse alelo, seria levar à sua eliminação da população humana. E é isso o que realmente acontece na maior parte do mundo. Entretanto, em locais onde a malária é endêmica, a frequência do alelo mutante *s* é surpreendentemente elevada. Por que isso ocorre?

Descobriu-se que as pessoas heterozigóticas (*Ss*) são mais resistentes à malária que as pessoas homozigóticas sem anemia falciforme (*SS*). Como estas últimas tendem a morrer de malária em maior frequência, e as homozigóticas siclêmicas (*ss*) tendem a morrer de anemia, quem tem maior chance de sobreviver e se reproduzir são as pessoas heterozigóticas (*Ss*), que podem transmitir o alelo *s* à geração seguinte. Isso explica por que o alelo para a siclemia se mantém em frequências relativamente altas nessas populações. **(Fig. 25.26)**

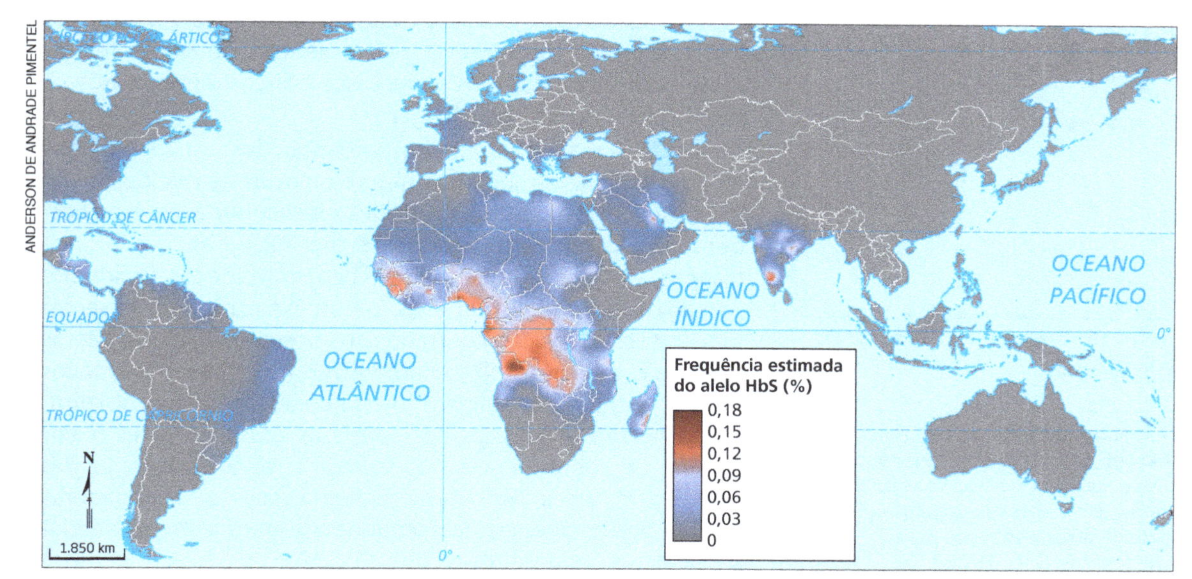

Figura 25.26 Frequência estimada do alelo que condiciona a anemia falciforme (*s*) no mundo em 2010. As populações em que o alelo causador da doença estava presente em frequência alta viviam em regiões em que havia grande incidência de malária. (Elaborado com base em dados disponíveis em: <http://mod.lk/qy5li>. Acesso em: jun. 2017.)

- ***Resistência a drogas e seleção natural***

Você já ouviu dizer que antigamente determinado antibiótico era eficaz no combate às infecções bacterianas, mas hoje parece não funcionar tão bem? Afirma-se o mesmo dos inseticidas, que já não parecem exterminar os insetos como antes. Será que se trata apenas de saudosismo ou há base científica nessas observações?

Os cientistas constataram que nas populações bacterianas sempre estão surgindo, por mutação gênica ou por trocas gênicas, bactérias resistentes a diversas substâncias tóxicas, entre elas certos antibióticos. Se esses antibióticos não estão presentes no meio as bactérias mutantes não levam nenhuma vantagem sobre as bactérias selvagens (não mutantes), sendo eliminadas na competição com estas últimas. Entretanto, se um daqueles antibióticos estiver presente no meio, as bactérias mutantes resistentes levarão grande vantagem em relação às bactérias sensíveis.

Do ponto de vista evolutivo o antibiótico atua como um **agente seletivo**, que mata as bactérias sensíveis e deixa os recursos à disposição das bactérias resistentes. Estas se reproduzem e dão origem a populações inteiras de bactérias resistentes, contra as quais aquele antibiótico exerce pouco efeito.

Desde que os antibióticos começaram a ser empregados em larga escala, logo após a Segunda Guerra Mundial, já foram selecionadas inúmeras linhagens bacterianas altamente resistentes aos mais diversos tipos de antibiótico. O uso indiscriminado de antibióticos deve ser evitado justamente para minimizar o desenvolvimento de linhagens bacterianas resistentes.

Os inseticidas também atuam como agentes seletivos de linhagens de insetos resistentes a essas drogas. Nas populações de insetos estão sempre surgindo, por mutação gênica, indivíduos capazes de resistir a diversas substâncias, entre elas os inseticidas. Caso estes sejam aplicados sobre uma população de insetos em que haja mutantes resistentes à droga, os indivíduos selvagens serão eliminados, ao passo que os resistentes se multiplicarão, passando a constituir a quase totalidade da população. **(Fig. 25.27)**

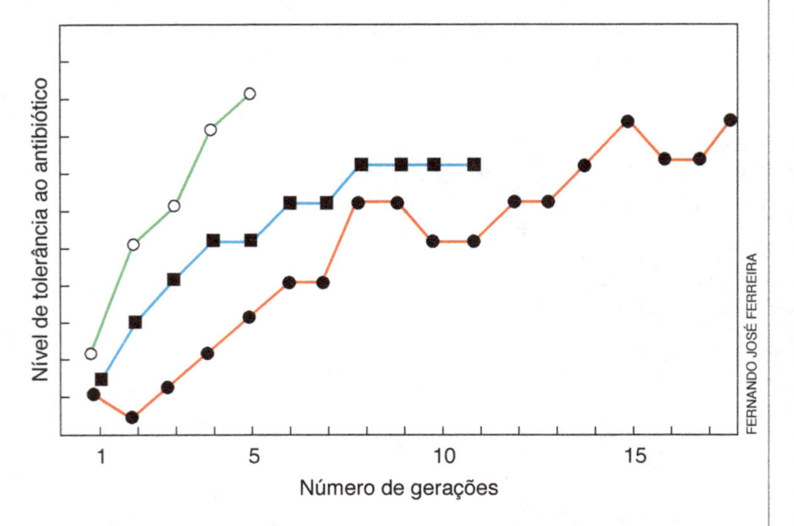

Figura 25.27 Resultados de três experimentos (curvas coloridas) em que linhagens da bactéria *Escherichia coli* desenvolveram resistência ao antibiótico cloranfenicol. Gerações sucessivas de bactérias foram cultivadas em meios com concentrações crescentes desse antibiótico. Os resultados evidenciam a seleção de diversas mutações para resistência. (Elaborado com base em Stebbins, G. L., 1974.)

Conclui-se que, tanto no caso da resistência a antibióticos quanto no da resistência a inseticidas, são as próprias drogas que atuam como agentes seletivos, eliminando os portadores de genótipos sensíveis e favorecendo a proliferação dos portadores de genótipos resistentes.

Agora você pode resolver as atividades de 12 a 15, 26, 28, 29, 35, 37, 38, 41, 42, 46 a 48, 50, 51, 55 e 56.

25.4 Adaptação e evolução

O termo adaptação (do latim *adaptare*, tornar apto) significa, para os biólogos, a capacidade que todo ser vivo tem de se ajustar ao ambiente, isto é, de se adequar em resposta a uma alteração ambiental. A capacidade de adaptação está indissoluvelmente ligada à manutenção da vida.

Podemos focalizar a adaptação em dois níveis: individual e populacional. No primeiro caso a adaptação consiste no ajustamento de um indivíduo a determinada mudança ambiental, sendo denominada **homeostase** (do grego *homoios*, da mesma natureza, igual, e *stasis*, estabilidade). Por exemplo, quando a temperatura ambiental sobe ficamos vermelhos e começamos a suar. A vermelhidão da pele deve-se à dilatação dos vasos sanguíneos periféricos, que passam a irradiar mais calor, resfriando o corpo, processo auxiliado pela sudorese.

Do ponto de vista populacional, **adaptação evolutiva** é o processo em que uma população se ajusta ao ambiente ao longo de sucessivas gerações como resultado da seleção natural.

Melanismo industrial

Um dos estudos que mostram a ação da seleção natural é o da dinâmica de populações da mariposa *Biston betularia*, em áreas industriais da Inglaterra e do norte dos Estados Unidos, ao longo dos últimos 160 anos. A partir de 1850 observou-se que a forma melânica (do grego *mélas*, escuro, negro) dessa mariposa, na época extremamente rara, foi se tornando gradativamente comum nas áreas industrializadas, até suplantar as mariposas claras e passar a ser predominante. O fenômeno foi denominado **melanismo industrial** porque a predominância das mariposas melânicas estaria associada ao aumento da industrialização, responsável pela liberação de poluentes atmosféricos que matam os liquens dos troncos das árvores e os tornam enegrecidos pela fuligem.

Estudos realizados em bosques poluídos e não poluídos mostraram que as mudanças nas frequências de mariposas claras e escuras resultam da predação seletiva por aves. Nos bosques não poluídos as mariposas melânicas, ao pousar nos troncos cobertos de liquens, ficam bem visíveis e são facilmente percebidas e comidas por aves, o que explica o fato de serem raras nesses locais. Ao contrário, nos bosques poluídos, são as mariposas claras que se tornam visíveis ao pousar nos troncos escuros cobertos de fuligem. Nessa condição de industrialização as formas melânicas de mariposas passaram a ter maior chance de sobrevivência por sofrerem menor predação das aves. Assim, a seleção natural realizada pelas aves predadoras levou à predominância da variedade melânica sobre a variedade clara nas áreas poluídas. **(Fig. 25.28)**

Figura 25.28 Variedades clara e melânica da mariposa *Biston betularia*. **A.** Em troncos de árvores cobertos por liquens a forma melânica torna-se bem visível, enquanto a forma clara é quase imperceptível. **B.** Em troncos cobertos por fuligem a situação é inversa: as mariposas melânicas são menos visíveis que as claras.

Há alguns anos a metodologia empregada nos trabalhos pioneiros sobre melanismo industrial foi objeto de críticas, mas experimentos recentes, com métodos mais acurados, confirmaram as conclusões e o melanismo industrial das mariposas continua sendo um exemplo clássico de evolução, observado em tempo real.

Camuflagem, coloração de aviso e mimetismo

Camuflagem é o tipo de adaptação em que uma espécie apresenta características que a confundem com o ambiente e dificultam sua localização. Mariposas *Biston betularia* de cor clara, por exemplo, apresentam camuflagem em relação aos troncos cobertos por liquens; mariposas melânicas ficam camufladas ao pousar sobre troncos escurecidos pela fuligem.

Outro exemplo interessante de camuflagem é o das raposas-do-ártico, que apresentam pelagem branca no inverno, quando o ambiente está coberto pela neve, e pelagem colorida nas outras épocas do ano, quando não há neve. No inverno a pelagem branca permite que as raposas se confundam com o ambiente, tornando-se menos visíveis, o que facilita a aproximação das presas e a ocultação dos predadores. Quando não há neve, é a pelagem colorida que confere maior camuflagem.

É importante ressaltar que a troca de pelagem não ocorre por uma decisão do animal, mas é uma característica adaptativa incorporada à espécie ao longo de sua evolução. **(Fig. 25.29)**

Figura 25.29 Exemplos de camuflagem. **A** e **B.** Raposa-do-ártico (*Alopex lagopus*) com pelagens de inverno e de verão, respectivamente. **C.** Cavalo-marinho da espécie *Hyppocampus denise*, cujo corpo lembra certos corais, entre os quais esse animal vive. **D.** Bicho-folha-seca do gênero *Chorotypus*, inseto cuja forma e coloração assemelham-se a folhas em decomposição.

Algumas espécies têm cores e desenhos marcantes que, em vez de escondê-las, destacam-nas no ambiente. Essa coloração, denominada **coloração de aviso** ou **coloração de advertência**, funciona como proteção por mostrar aos predadores que o animal que a ostenta tem sabor desagradável, é tóxico ou perigoso e deve ser evitado.

Exemplos de organismos que exibem coloração de aviso são sapos e pererecas coloridos, em cuja pele há venenos poderosos, e répteis peçonhentos como as cobras-coral, cujo padrão de cores vivas da pele alerta sobre o perigo que representam. Um predador inexperiente pode atacar presas dotadas de coloração de aviso, mas logo aprende a associar a sensação ruim à cor vistosa. Mesmo que ensinar a "lição" ao predador possa custar a vida de alguns indivíduos da população, esta é beneficiada em termos populacionais e evolutivos. **(Fig. 25.30)**

Figura 25.30 Anfíbio venenoso *Dendrobates tinctorius* com coloração de aviso, um alerta aos possíveis predadores sobre o perigo de tentar comê-lo.

Outro exemplo de adaptação é o mimetismo, em que duas espécies distintas compartilham semelhanças reconhecidas por outras espécies. Essa adaptação confere vantagens para uma ou para ambas as espécies miméticas.

Um exemplo de mimetismo é encontrado nas serpentes popularmente conhecidas como cobras-coral. A espécie *Micrurus altirostris*, uma coral-verdadeira, é altamente peçonhenta, enquanto a *Oxyrhopus guibei*, uma falsa-coral, não apresenta dentes injetores de peçonha e oferece pouco perigo a eventuais atacantes. O padrão de coloração dessas serpentes é bastante semelhante, apesar de elas pertencerem a famílias diferentes. De acordo com a teoria evolucionista a semelhança de coloração é resultante de um processo de adaptação da falsa-coral, cujos ancestrais provavelmente se beneficiavam por serem parecidos com as corais-verdadeiras, com as quais conviviam. Em outras palavras, falsas-corais com padrão de coloração mais semelhante ao das corais-verdadeiras eram beneficiadas pela seleção natural e sua frequência na população tendia a aumentar geração após geração. **(Fig. 25.31)**

Figura 25.31 Um exemplo de mimetismo. **A.** Serpente falsa-coral *Oxyrhopus guibei*. **B.** Cobra-coral-uruguaiana *Micrurus altirostris*. A falsa-coral é uma serpente pouco peçonhenta que mantém afastados possíveis predadores por se parecer com a coral-verdadeira.

Mimetismo batesiano e mimetismo mülleriano

No século XIX o naturalista britânico Henry Walter Bates (1825-1892), ao estudar borboletas na Amazônia, teve sua atenção voltada para a grande semelhança de cor e desenhos das asas em duas famílias bem distintas de borboletas, Nymphalidae e Pieridae. As borboletas da família Nymphalidae são conhecidas por seu sabor extremamente desagradável às aves, que aprendem a evitá-las. As borboletas da família Pieridae têm sabor agradável e são apreciadas por aves insetívoras.

A grande semelhança visual entre essas duas espécies tão distintas foi explicada por Bates como obra da seleção natural: borboletas de sabor agradável teriam vantagens seletivas por serem semelhantes a borboletas de gosto ruim. Aves que aprendem a evitar os espécimes dotados de coloração de aviso são iludidas pela coloração semelhante exibida pelas borboletas de sabor agradável, passando a evitá-las. Ao longo do tempo, os indivíduos da espécie de sabor agradável que são mais parecidos com os modelos tóxicos tendem a ser selecionados positivamente. Desse modo as semelhanças se acentuam. Essa adaptação, em que um modelo tóxico ou perigoso é reproduzido evolutivamente por espécies de sabor agradável ou inofensivas, é o que se denominou **mimetismo batesiano. (Fig. 25.32)**

FOTOS: MILLARD H. SHARP/SCIENCE SOURCE/FOTOARENA

Figura 25.32 Exemplo de mimetismo batesiano. **A.** A borboleta vice-rei (*Limenitis archippus floridensis*) não é tóxica e tem sabor supostamente agradável para seus predadores, mas apresenta grande semelhança com a borboleta-monarca (*Danaus plexippus*) (**B**), que é tóxica e tem sabor desagradável.

Em 1864 o alemão naturalizado brasileiro Fritz Müller (1822-1897) concluiu que a existência de várias espécies parecidas de borboletas tóxicas reforça a proteção de todas elas contra predadores. Isso ocorre porque as aves predadoras lembram-se apenas de uma coloração de aviso a ser evitada. Se elas são parecidas, todas levam vantagem e são selecionadas positivamente. Esse tipo de "imitação evolutiva", em que um modelo tóxico ou perigoso é compartilhado evolutivamente por espécies também tóxicas ou perigosas, foi denominado **mimetismo mülleriano**.

Entre as serpentes corais-verdadeiras, todas elas peçonhentas, ocorre esse tipo de mimetismo. A semelhança entre várias espécies de corais-verdadeiras reforça o aviso de que é melhor evitá-las. A explicação biológica para esse fato é que, entre as variações que naturalmente surgiram nas populações dessas espécies, foi selecionado o modelo provavelmente mais eficiente em afastar predadores.

Agora você pode resolver as atividades de 16 a 19, 49 e 54.

25.5 O processo evolutivo e a diversificação da vida

A árvore filogenética

Ao refletir sobre a origem e a diversificação dos seres vivos, Darwin comparou a história evolutiva da vida a uma árvore: o tronco seria representado pelos primeiros seres vivos, que logo teriam se diversificado e originado ramos, correspondentes às novas linhagens de organismos.

De acordo com a teoria evolucionista o processo de diversificação da vida, que vem acontecendo até hoje em decorrência da adaptação aos diferentes ambientes em constante transformação, originou as muitas espécies de seres vivos, tanto as já extintas como as atuais. Uma **árvore filogenética**, ou **árvore evolutiva**, é um diagrama ramificado que indica relações de parentesco evolutivo entre grupos de seres vivos, ou seja, sua filogenia.

Em uma árvore filogenética as espécies atuais estão representadas na extremidade de um ramo, oposta à raiz da árvore. Os ramos mais curtos, que não alcançam o topo da árvore evolutiva, corresponderiam às espécies que se extinguiram. Ao escolher qualquer espécie atual e percorrer o ramo que a originou, chegamos, depois de muitas bifurcações, ao tronco primitivo ancestral, representado pelos primeiros seres que habitaram a Terra. As bifurcações ao longo do caminho correspondem aos pontos em que novas linhagens se diversificaram (evento de especiação), indicando as relações de parentesco evolutivo entre elas. Por exemplo, ao percorrer o ramo evolutivo de nossa própria espécie, chegamos a uma bifurcação correspondente ao ancestral que originou os chimpanzés, os bonobos e os seres humanos atuais. Acredita-se que essa ramificação da árvore ocorreu entre 8 milhões e 6 milhões de anos atrás. Percorrendo ainda mais para baixo, atingimos a ramificação correspondente a uma espécie semelhante a um pequeno lagarto, que teria originado as aves e os mamíferos. Supõe-se que essa bifurcação da árvore da vida tenha ocorrido há mais de 300 milhões de anos. **(Fig. 25.33)**

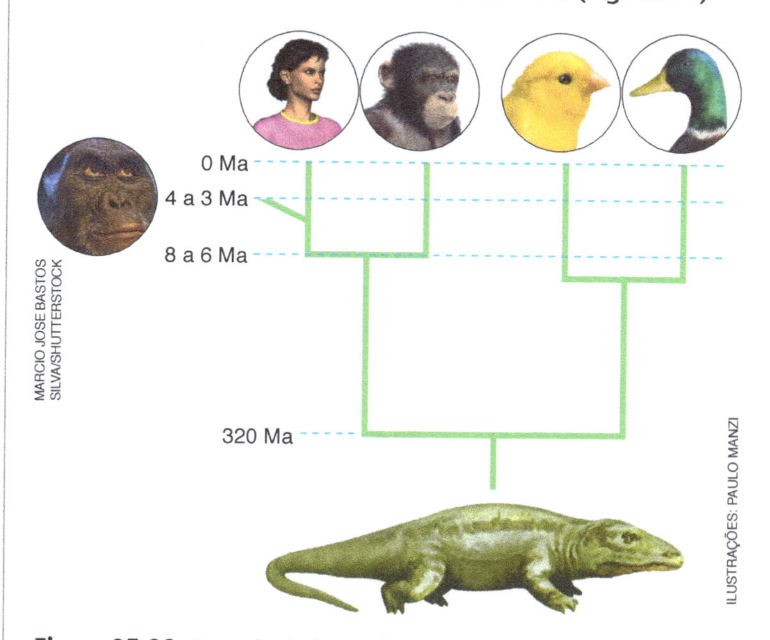

Figura 25.33 Exemplo de árvore filogenética. Há cerca de 320 milhões de anos (abreviadamente Ma) uma espécie semelhante a um pequeno lagarto teria originado as linhagens precursoras das aves e dos mamíferos.

Anagênese e cladogênese

Uma população de seres vivos de qualquer espécie é constituída por um conjunto de indivíduos que explora o ambiente e se reproduz. De acordo com a teoria evolucionista, entre os indivíduos de uma população biológica sempre há diferenças morfológicas, bioquímicas e comportamentais, entre as quais algumas favorecem a adaptação, em determinado contexto e situação ambiental. Por meio da seleção natural indivíduos dotados de características mais adaptativas tendem a aumentar em frequência na população. E esta, como um todo, adapta-se cada vez melhor à situação ambiental vigente.

À medida que a população coloniza o ambiente a seleção natural, atuando sobre as variações genéticas disponíveis, leva ao aparecimento de novas características. Em outras palavras, no processo adaptativo as características dos indivíduos de uma população modificam-se gradativamente no decorrer do tempo, levando-a a tornar-se cada vez mais distinta da original. A transformação evolutiva de uma linhagem de seres vivos ao longo do tempo é o que se denomina **anagênese** (do grego *aná*, movimento de baixo para cima, e *génesis*, origem), ou **modificação filética**.

Em determinados estágios da evolução de uma espécie grupos populacionais podem se isolar uns dos outros e, modificando-se de forma independente, originar novas espécies. O evento evolutivo em que duas populações se separam territorialmente e se diferenciam em duas novas espécies é denominado **cladogênese** (do grego *kládos*, ramo, e *génesis*, origem). **(Fig. 25.34)**

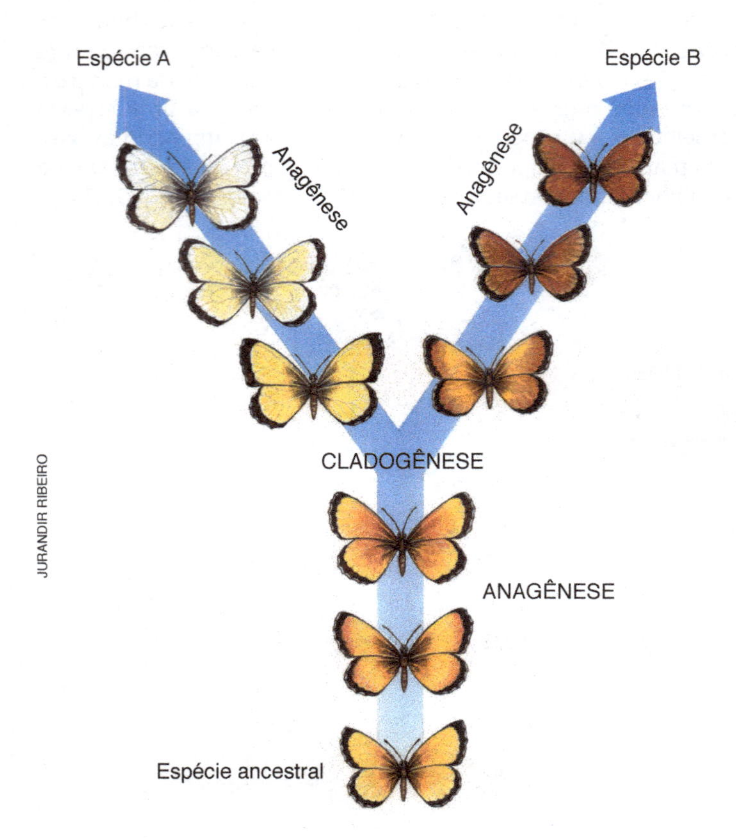

Figura 25.34 Representação esquemática dos processos evolutivos de cladogênese e de anagênese. Cladogênese é o evento evolutivo que resulta na divisão de uma linhagem em duas outras. Anagênese é a evolução adaptativa dentro de uma mesma linhagem.

Conceito de espécie biológica e especiação

O termo "espécie" vem do latim *species* e significa tipo, qualidade. Na linguagem cotidiana espécie designa tanto organismos vivos como coisas não vivas. No século XVIII Lineu empregou pioneiramente o termo "espécie" para indicar um conjunto de seres vivos em que os indivíduos têm grandes semelhanças físicas e um padrão morfológico típico do grupo.

Esse conceito tipológico de espécie apresenta uma grave limitação: qual é o grau mínimo de semelhança entre dois organismos para que eles possam ser considerados de mesma espécie? Por exemplo, será que entre um cão pastor e um lobo há semelhanças suficientemente grandes para classificá-los na mesma espécie?

Em 1942 Mayr propôs uma definição de espécie utilizada até hoje, apesar de também apresentar limitações. Nessa definição "espécie é um grupo de populações cujos indivíduos são capazes de cruzar entre si e produzir descendentes férteis, em condições naturais, estando reprodutivamente isolados de indivíduos de outras espécies".

O aspecto fundamental do conceito de **espécie biológica** de Mayr não é a morfologia, e sim a capacidade de haver cruzamento entre seres de mesma espécie, aliada à sua incapacidade de cruzar com seres de outras espécies. De acordo com essa definição, ainda que pertençam a populações geograficamente isoladas, membros de uma mesma espécie poderão cruzar entre si e produzir descendência fértil se forem reunidos em condições naturais.

Uma das limitações do conceito biológico de espécie é não se aplicar a seres que se reproduzem assexuadamente, como bactérias e vírus, entre outros. Embora esses seres possam apresentar processos de mistura de material genético, eles não têm reprodução sexuada como os organismos eucarióticos.

A formação de novas espécies de seres vivos, fenômeno denominado **especiação**, é uma etapa fundamental do processo evolutivo. De acordo com a linha de pensamento predominante atualmente, as espécies surgem normalmente por cladogênese, que tem início com a diversificação de populações de uma espécie ancestral pelo **isolamento geográfico**.

Atuando em ambientes distintos a seleção natural leva à diferenciação das populações isoladas geograficamente, conduzindo cada uma delas a uma adaptação particular. Depois de algum tempo, os processos de anagênese que atuam sobre cada população podem levá-las a se tornar tão diferentes do ponto de vista genético que a reprodução entre elas não é mais possível, mesmo que o isolamento geográfico deixe de existir. Nesse estágio as populações apresentam o que os biólogos denominam **isolamento reprodutivo**. Elas constituem duas novas espécies, originadas por cladogênese da espécie original.

O modo de especiação que descrevemos admite que o isolamento geográfico é o fator primordial do processo de especiação. Por isso costuma ser denominado **especiação alopátrica** (do grego *állos*, outro, diferente, e do latim *patria*, lugar de nascimento), para distingui-lo de um tipo de especiação que ocorre sem necessidade de isolamento geográfico, denominada **especiação simpátrica** (do grego *syn*, juntos, e do latim *patria*, local de nascimento). **(Fig. 25.35)**

Figura 25.35 Representação esquemática do modelo clássico de especiação alopátrica. O isolamento geográfico bloqueia o fluxo dos genes entre as populações e permite a diferenciação gênica. Pressões seletivas diversificadas sobre cada população isolada acentuam as diferenças. O passo decisivo é o desenvolvimento do isolamento reprodutivo, que bloqueia biologicamente a troca de genes.

• *Espécies em formação: o conceito de subespécie*

Subespécies, ou **raças**, são populações de mesma espécie que diferem entre si quanto a determinadas características. Essas diferenças se mantêm, em condições naturais, porque os membros das subespécies cruzam-se preferencialmente entre si, não se cruzando com outras raças ou fazendo-o em frequência muito baixa. Normalmente a formação de raças resulta de um isolamento geográfico prévio entre as subespécies. Se os membros de uma raça passarem a se cruzar livremente as diferenças raciais tenderão a desaparecer devido à mistura genética.

Entretanto, se estão relativamente isoladas como grupos e adaptadas a ambientes particulares, as subespécies tendem a manter e a acentuar sua identidade. Acredita-se que a formação de subespécies possa representar uma etapa de transição na origem de novas espécies biológicas. **(Fig. 25.36)**

Figura 25.36 Os especialistas reconhecem cerca de 32 subespécies de *Canis lupus* – o lobo – que diferem em diversas características, como tamanho corporal, cor da pelagem, tamanho e forma do crânio, tamanho das orelhas e espessura dos dentes molares. Os cães domésticos são atualmente considerados uma subespécie de lobo denominada *Canis lupus familiaris*. **A.** Cão doméstico da raça pastor-alemão. **B.** *Canis lupus lupus*, conhecido como lobo selvagem da Europa. **C.** *Canis lupus ligoni*, o lobo selvagem do Alasca.

- ***Tipos de isolamento reprodutivo***

Em certos casos os membros de duas espécies não se cruzam simplesmente porque vivem em hábitats diferentes; fala-se, então, em **isolamento de hábitat**. Esse tipo de isolamento ocorre, por exemplo, entre leões e tigres. Em condições de cativeiro esses animais podem se cruzar e produzir descendentes, em alguns casos férteis. Isso não ocorre na natureza porque essas duas espécies vivem em hábitats bem distintos: os leões vivem nas savanas e os tigres, nas florestas. Entretanto, esse não é o único fator de isolamento entre as duas espécies, pois a maioria dos híbridos entre leões e tigres é estéril. Além disso, para que o cruzamento ocorra em cativeiro os animais precisam se adaptar artificialmente à presença um do outro, o que dificilmente ocorreria na natureza. **(Fig. 25.37)**

Figura 25.37 Leões e tigres pertencem ao mesmo gênero, mas a espécies distintas. Apesar disso podem se cruzar em cativeiro. **A.** Leão (*Panthera leo*), no Parque Nacional Masai Mara, Quênia. **B.** Tigresa (*Panthera tigris*), no Parque Nacional Bandhavgarh, Índia. **C.** Ligre, híbrido obtido pelo cruzamento, em um zoológico, entre um leão e uma tigresa.

Em certos casos os membros de duas espécies não se cruzam porque seus períodos de reprodução não coincidem. Fala-se, nesse caso, em **isolamento sazonal**, ou estacional. Por exemplo, há espécies de aves que habitam a mesma região, mas não se acasalam porque seus períodos de reprodução ocorrem em épocas diferentes. O mesmo acontece com certas espécies de planta cujas flores amadurecem em épocas diferentes do ano.

Há casos em que os membros de duas espécies animais não se acasalam porque seus comportamentos de corte nupcial são incompatíveis. Fala-se, nesse caso, em **isolamento etológico**, ou comportamental. A corte nupcial é um fator de fundamental importância na reprodução de diversas espécies animais. A fêmea só aceita o macho depois que este desempenha um comportamento de corte típico da espécie.

Outro tipo de isolamento reprodutivo, denominado **isolamento mecânico**, deve-se à incompatibilidade estrutural entre as espécies. Isso pode ocorrer tanto em animais, quando a diferença entre os órgãos genitais impede a cópula, como em plantas, quando o tubo polínico não consegue se desenvolver na flor de outra espécie.

Há casos em que os membros de duas espécies superam as dificuldades de cópula e o zigoto chega a se formar, mas o embrião morre prematuramente. Fala-se então em **inviabilidade do híbrido**. Por outro lado, certas espécies conseguem originar um híbrido até mais forte e mais vigoroso que os membros das espécies parentais, mas ele é estéril. Fala-se então em **esterilidade do híbrido**. A esterilidade geralmente ocorre porque as gônadas se desenvolvem de forma anormal ou porque a meiose é anormal. **(Fig. 25.38)**

Em geral diversos mecanismos de isolamento atuam simultaneamente. Em princípio, quanto mais tempo se passa desde que ocorreu a diversificação por cladogênese, maiores são as diferenças acumuladas entre as espécies e, consequentemente, mais eficientes costumam ser os mecanismos de isolamento. O isolamento reprodutivo mantém cada espécie em sua trajetória evolutiva particular e permite a diferenciação de seu conjunto gênico típico e original.

Figura 25.38 Um exemplo de isolamento reprodutivo por esterilidade do híbrido ocorre no cruzamento entre a égua (*Equus caballus*) e o jumento (*Equus asinus*), em que é gerada a mula (quando fêmea) ou o burro (quando macho), ambos híbridos estéreis. **A.** *E. caballus*. **B.** *E. asinus*. **C.** Mula.

Agora você pode resolver as atividades de 20 a 25, 30 a 33, 43 a 45, 52 e 53.

Os limites da ciência

1 Incapazes de montar um argumento científico eficiente, os defensores do Projeto Inteligente e das formas mais antigas do criacionismo recorrem à retórica. Eles afirmam, por exemplo, que a evolução é na verdade uma ideologia, nascida de um culto ao naturalismo, que afirma que Deus não tem função no Universo e que os eventos possuem apenas causas naturais. Os darwinistas "aderiram ao mito a partir do interesse próprio e do desejo de eliminar Deus", escreve Phillip Johnson, um professor de Direito e criacionista confesso. Johnson afirma que os biólogos evolutivos se recusam a considerar a possibilidade de que uma intervenção sobrenatural tenha influenciado o Universo e estão cegos diante das fraquezas da evolução. Em uma audiência justa – na qual a intervenção divina pudesse ser considerada uma explicação possível para a história da vida –, Johnson afirma que o criacionismo venceria.

2 No entanto, a ciência, tome ela a forma da Química, da Física ou da Biologia Evolutiva, só pode explicar as regularidades do mundo. Se Deus mudasse a massa do próton a cada manhã, seria impossível para os físicos fazer qualquer previsão sobre como os átomos funcionam. O método científico não afirma que os acontecimentos só podem ter causas naturais, mas que as únicas causas que podemos entender, cientificamente, são as naturais. E por mais poderoso que possa ser o método científico, ele é mudo a respeito de coisas além de sua área. Forças sobrenaturais estão, por definição, acima das leis da natureza e assim estão além do objetivo da ciência.

3 Johnson e outros criacionistas dirigem sua fúria contra a Biologia Evolutiva, mas na verdade estão atacando todos os ramos da ciência. Quando os microbiólogos estudam um surto de tuberculose resistente, eles não pesquisam a possibilidade de que seja um ato de Deus. Quando os astrofísicos tentam determinar a sequência de eventos pela qual uma nuvem primordial condensou-se em nosso Sistema Solar, eles não desenham simplesmente uma caixa-preta entre a nuvem e os planetas formados e escrevem dentro dela: "Aqui aconteceu um milagre." Quando os meteorologistas não conseguem prever o rumo de um furacão, eles não afirmam que Deus tirou a tormenta do seu curso.

4 A ciência não pode simplesmente entregar o desconhecido na natureza ao divino. Se o fizer, não restará ciência alguma. Como diz o geneticista Jerry Coyne, da Universidade de Chicago, "se a história da ciência nos mostra alguma coisa, é que não vamos a parte alguma chamando nossa ignorância de 'Deus'".

5 A "ciência da Criação" não influencia de modo algum a forma como os cientistas praticantes estudam a história da vida. Os paleontólogos continuam a descobrir fósseis importantes para o nosso entendimento de como os humanos, as baleias e outros animais surgiram. Os biólogos desenvolvimentistas continuam a listar a sinfonia de genes construtores de embriões para entender como aconteceu a explosão cambriana. Os geoquímicos continuam a descobrir pistas isotópicas sobre quando a vida apareceu pela primeira vez na Terra. E os virologistas continuam a descobrir estratégias que vírus, como o HIV, usam para vencer seus hospedeiros. Para todos eles a Biologia Evolutiva, e não o criacionismo, permanece sendo a fundação de seu trabalho.

6 No entanto, apesar de seu fracasso como ciência, os criacionistas continuam tentando, tão tenazmente como sempre, obter o controle do modo como as escolas públicas americanas ensinam ciência. [...]

Fonte: ZIMMER, C. *O Livro de Ouro da Evolução*. Trad. Jorge Luis Calife. Rio de Janeiro: Ediouro, 1998. p. 520-522.

Nota dos autores:

Projeto Inteligente, ou *Design* Inteligente, é uma corrente de pensamento contrária às ideias evolucionistas e que admite que a diversidade da vida na Terra deu-se por um projeto arquitetado por uma inteligência superior. O *Design* Inteligente tem sido interpretado pelos cientistas como uma nova "vestimenta" dos criacionistas em seu esforço de substituir o ensino da evolução biológica nas escolas pelas ideias que defendem.

Michael Shermer, criador da revista *Skeptic Magazine* (Revista dos Céticos) e colunista da revista mensal *Scientific American*, além de autor de diversos livros, entre eles *Science Friction* (Fricção Científica), sobre a interseção entre a ciência e a cultura, nos diz o seguinte em entrevista ao Caderno Mais! do jornal *Folha de S.Paulo* (29.5.2005):

"A polêmica entre o evolucionismo e o criacionismo não é nova. Vivemos nos EUA um segundo 'Julgamento do Macaco' [caso de 1925, quando o Estado do Tennessee teve contestada na Justiça uma lei recém-aprovada que proibia os professores de ensinarem que o ser humano descendia de espécies inferiores em escolas que recebiam verbas estaduais]. A sua mais recente encarnação, agora rebatizada de teoria do *Design* Inteligente [DI], é uma tentativa desesperada de grupos instalados no governo de forçar os professores das escolas públicas a ensinar o criacionismo, ou *Design* Inteligente, como ciência. Como o DI não é ciência, é crença, a única maneira de colocá-lo no currículo é por coerção do Estado. E isso é um perigo."

Shermer refere-se à polêmica entre os evolucionistas, que defendem a teoria da evolução biológica das espécies por meio da seleção natural, e os criacionistas, que lutam para que o governo federal dos Estados Unidos libere verbas apenas para escolas que ensinem a ideologia do *Design* Inteligente.

GUIA DE LEITURA

O texto que escolhemos, de Carl Zimmer, na tradução de Jorge Luis Calife, trata de uma das polêmicas entre grupos de criacionistas e de estudiosos da evolução no tocante ao ensino do criacionismo e do evolucionismo nas escolas dos Estados Unidos. Os adeptos do criacionismo consideram-se "injustiçados" por não receberem o mesmo espaço nas escolas que o destinado ao ensino do evolucionismo. De uns tempos para cá um ramo do criacionismo (Projeto Inteligente) vem tentando desqualificar a ciência que embasa os evolucionistas. Para facilitar a leitura e a compreensão desse instigante texto, elaboramos um questionário de orientação, a seguir.

1. Leia o primeiro parágrafo do texto. Quais são os dois grupos citados que tecem críticas ao evolucionismo? Para conhecer um pouco mais sobre o que é o chamado Projeto Inteligente (ou "criacionismo científico"), leia a nota de nossa autoria após o texto de Zimmer. Se quiser obter maiores informações sobre o assunto, pesquise na internet os verbetes "projeto inteligente", "criacionismo científico" ou, ainda, "*intelligent design*". Lembre-se de que as ideias do Projeto Inteligente não têm respaldo científico, motivo pelo qual não foram tratadas nesta obra.

2. Ainda com relação ao primeiro parágrafo responda: quais são as principais críticas feitas ao evolucionismo pelo professor Phillip Johnson, segundo o texto, um criacionista confesso?

3. Leia o segundo parágrafo do texto. Em sua opinião, que argumentos o autor utiliza para estabelecer os limites da ciência no tocante ao conhecimento? Aspectos sobrenaturais como divindades estariam dentro do âmbito da ciência? Esta é uma questão importante e sugerimos que a discuta com seus colegas antes de elaborar sua opinião escrita.

4. Leia o terceiro e o quarto parágrafos do texto. Comente, usando argumentação própria ou extraída do texto, a afirmação do geneticista Jerry Coyne: "Se a história da ciência nos mostra alguma coisa, é que não vamos a parte alguma chamando nossa ignorância de 'Deus'".

5. Leia o penúltimo parágrafo do texto. Note que, quando se refere à "ciência da Criação", o autor do texto está se referindo ao "criacionismo científico" ou Projeto Inteligente. Em sua opinião, como é possível relacionar o segundo parágrafo com a afirmação de que é a Biologia Evolutiva, e não o criacionismo, a fundação do trabalho do cientista?

6. Qual é a crítica ao criacionismo feita por Zimmer no último parágrafo? Se você concorda com ele utilize argumentos próprios para justificar a crítica. Faça o mesmo se não concordar.

Capítulo 25

Mapa de conceitos

Teorias de evolução biológica

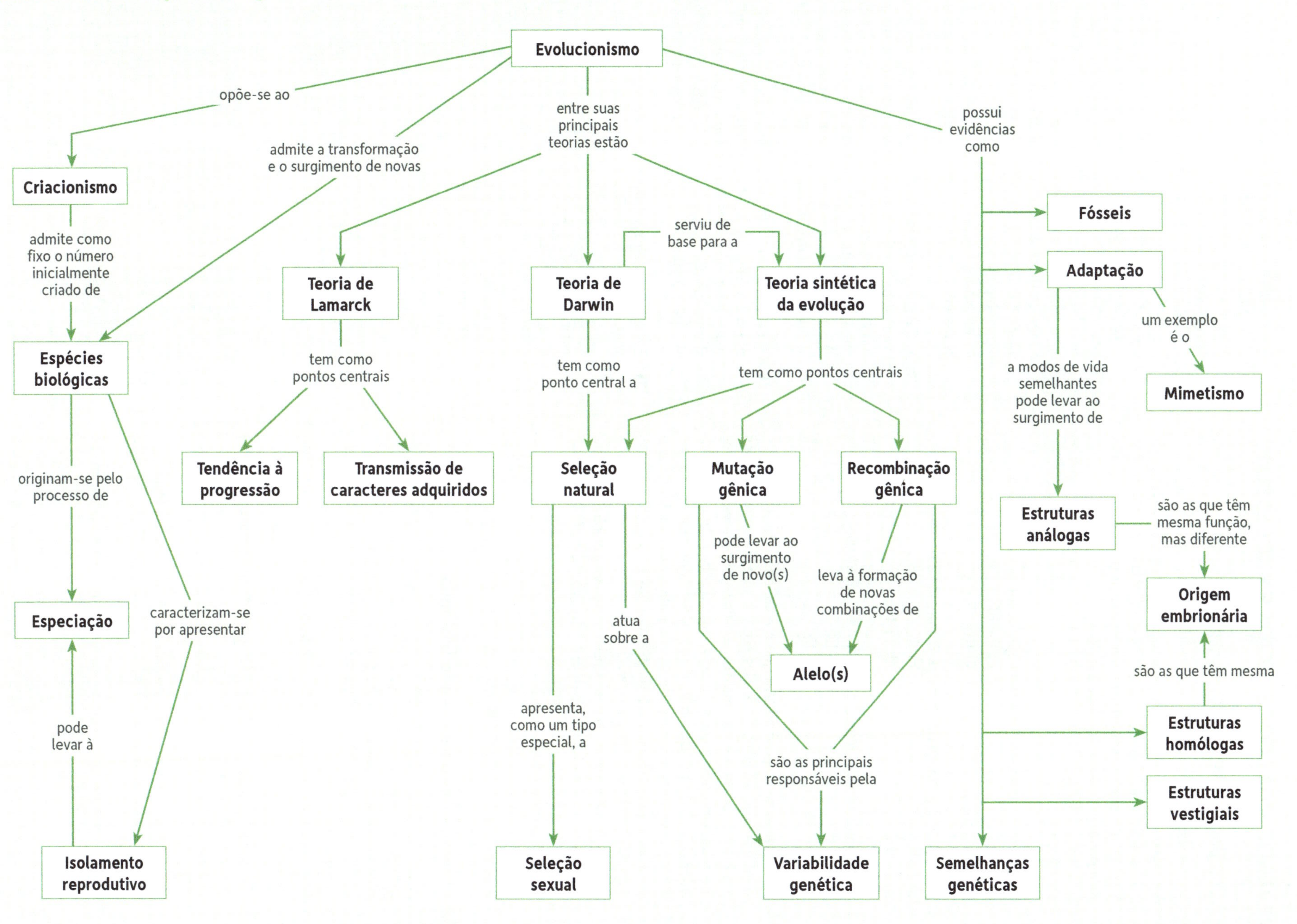

ATIVIDADES

REVENDO CONCEITOS, FATOS E PROCESSOS

25.1 O pensamento evolucionista

As frases a seguir referem-se às questões de 1 a 3.

I. A adaptação evolutiva resulta do sucesso reprodutivo diferencial.
II. A adaptação resulta da interação entre os organismos e o ambiente.
III. A adaptação que resulta do uso intensivo de uma estrutura anatômica pode ser transmitida à descendência.
IV. O documentário fóssil sustenta a ideia de que o número de espécies não mudou.

1. A teoria evolucionista de Darwin admite ideias expressas em
a) I e II.
b) I e III.
c) II e III.
d) III e IV.

2. A teoria evolucionista de Lamarck admite ideias expressas em
a) I e II.
b) I e III.
c) II e III.
d) II e IV.

3. Uma ideia comum às teorias de Darwin e Lamarck está expressa em
a) I.
b) II.
c) III.
d) IV.

4. (I) Algumas pessoas acreditam que o bico longo dos beija-flores surgiu pela necessidade que eles têm de alcançar as glândulas produtoras de néctar no interior de flores tubulares. (II) Outras admitem que o comprimento do bico dos beija-flores variava entre os indivíduos ancestrais e que os nascidos com bicos mais longos tiveram mais facilidade de obter alimento e maior chance de sobreviver e deixar descendentes com bicos cada vez mais aumentados ao longo das gerações.

As interpretações (I) e (II) para a origem dos longos bicos dos beija-flores podem ser tomadas como exemplos, respectivamente, de
a) criacionismo e lamarckismo.
b) criacionismo e darwinismo.
c) darwinismo e lamarckismo.
d) lamarckismo e darwinismo.

25.2 Evidências da evolução biológica

5. A que se refere o termo fóssil?
a) A ossos petrificados, apenas.
b) A todo organismo que viveu em passado remoto.
c) Aos organismos que surgiram pela evolução de ancestrais remotos.
d) A qualquer vestígio de um organismo que viveu em passado remoto.

6. Em que se baseia o princípio da datação radiométrica de fósseis pelo método do carbono-14 (^{14}C)?
a) Em detectar presença ou ausência de ^{14}C em uma amostra fóssil.
b) Em estimar a quantidade residual de ^{14}C na amostra fóssil.
c) Em estimar quanto de ^{12}C se transformou em ^{14}C na amostra fóssil.
d) Nas variações que ocorrem no tempo de meia-vida do ^{14}C da amostra fóssil.

7. Considere as afirmações a seguir.

I. Fósseis são vestígios de seres que viveram no passado.
II. Muitos fósseis são pertencentes a espécies ancestrais das atuais.

Qual teoria aceita essas afirmações?
a) Apenas o criacionismo.
b) Apenas o darwinismo.
c) Apenas o lamarckismo.
d) Tanto o darwinismo quanto o lamarckismo.

8. Um dos mais preciosos e importantes sítios paleontológicos, com cerca de meio bilhão de anos, foi descoberto em 1909, no alto das Montanhas Rochosas canadenses, no interior do Parque Nacional de Yoho, próximo à fronteira oriental da Colúmbia Britânica. São impressões na rocha não só de carapaças, mas também das partes moles de diversos tipos de animal invertebrado, o que permite inferir como era sua organização anatômica. Vestígios como esses são exemplos de
a) adaptação.
b) fósseis.
c) mimetismo.
d) seleção natural.

9. A forma hidrodinâmica dos corpos de um golfinho, de um ictiossauro (réptil extinto), de um atum e de um pinguim desenvolveu-se independentemente nesses animais como adaptação ao ambiente aquático. Trata-se, portanto, de um caso de
a) convergência evolutiva.
b) divergência evolutiva.
c) mimetismo.
d) seleção artificial.

10. Os olhos de um vertebrado e de um polvo funcionam de maneira muito semelhante, apesar de terem origens embrionárias totalmente diferentes. Eles são, portanto, exemplo de
a) mimetismo.
b) órgãos análogos.
c) órgãos homólogos.
d) órgãos vestigiais.

11. Considere o seguinte trecho do livro *A escalada do monte improvável*, de Richard Dawkins:

> Linguados [...] têm histórias tão evidentes que beiram o absurdo. Nenhum projetista sensato, que começasse do zero a projetar um peixe achatado, teria concebido em sua prancheta uma distorção de cabeça tão bizarra a ponto de ser preciso que os dois olhos fossem deslocados para um só lado. Ele certamente iria, desde o início, ater-se ao formato de uma raia, o peixe que fica de barriga para baixo com os olhos simetricamente posicionados no topo da cabeça. Os linguados são inteiramente torcidos por causa de sua história; seus ancestrais ficavam deitados de lado. Raias são elegantemente simétricas porque sua história foi casualmente diferente: quando seus ancestrais resolveram viver no fundo do mar, deitaram de barriga para baixo em vez de se apoiarem de lado.

Veja nas fotos os peixes linguado e raia aos quais se refere a questão.

OLIVER LUCANUS/NIS/MINDEN/ SUPERSTOCK/GLOW IMAGES

MATT HEATH/ALAMY/ GLOW IMAGES

De acordo com a descrição do texto, as semelhanças entre o corpo de uma raia e de um linguado resultam de
a) convergência evolutiva.
b) mimetismo.
c) seleção artificial.
d) seleção sexual.

25.3 A teoria sintética da evolução

12. Como é conhecida a atual teoria da evolução que incorpora os conhecimentos advindos do desenvolvimento da Genética à teoria da seleção natural de Darwin?
a) Darwinismo.
b) Lamarckismo.
c) Teoria da seleção natural.
d) Teoria sintética da evolução.

13. "A diversidade de fenótipos existente em uma população, sobre os quais atua a seleção natural, é mantida basicamente por mutação gênica e por recombinação gênica." Essa frase resume os aspectos fundamentais
a) do criacionismo.
b) do lamarckismo.
c) do darwinismo clássico.
d) da teoria sintética da evolução.

14. "(I) geram variabilidade genética, enquanto (II) é a força responsável pelo direcionamento do processo evolutivo."
A alternativa que completa corretamente a frase é
a) (I) Mutação gênica e seleção natural; (II) recombinação gênica.
b) (I) Mutação gênica e recombinação gênica; (II) seleção natural.
c) (I) Recombinação gênica e convergência evolutiva; (II) seleção natural.
d) (I) Mutação gênica e recombinação gênica; (II) convergência evolutiva.

15. A espécie *Gallus gallus*, ancestral da galinha doméstica, vive nas florestas da Ásia. Fêmeas dessa espécie escolhem para se acasalar, preferencialmente, galos de olhos brilhantes e de cristas grandes e vermelhas, características que denotam boa saúde e resistência a patógenos. Ao longo das gerações, essa escolha pelas fêmeas moldou a aparência dos machos e teve um papel ativo no favorecimento de genótipos que contribuem para a saúde da prole. Trata-se, portanto, de um exemplo de
a) camuflagem.
b) mimetismo.
c) seleção artificial.
d) seleção estabilizadora.
e) seleção sexual.

25.4 Adaptação e evolução

Considere as alternativas a seguir para responder às questões 16 e 17.
a) Adaptação evolutiva.
b) Camuflagem.
c) Mimetismo.
d) Seleção artificial.

16. O panda-gigante tem um sexto dedo, semelhante a um polegar, que evoluiu de um dos ossos do punho; com isso esses animais podem segurar com mais eficiência os ramos de bambu de que se alimentam. Como esse fenômeno pode ser classificado, do ponto de vista do evolucionismo?

17. A hemoglobina das lhamas apresenta uma pequena diferença em relação à de outros mamíferos, o que lhe confere maior afinidade pelo gás oxigênio. Essa característica é útil onde as lhamas vivem, no alto dos Andes, onde o ar é rarefeito. Como esse fenômeno pode ser classificado, do ponto de vista do evolucionismo?

Considere as alternativas a seguir para responder às questões 18 e 19.
a) Camuflagem.
b) Convergência evolutiva.
c) Mimetismo.
d) Seleção artificial.

18. O cuco europeu, como o chupim brasileiro, põe seus ovos no ninho de outras espécies de aves, deixando a elas os cuidados de chocar e criar seus filhotes. Os cucos são geralmente bem maiores que os representantes das espécies que chocam seus ovos. No entanto, os ovos dos cucos são semelhantes aos de seus hospedeiros tanto em tamanho como no padrão de coloração. Como esse fenômeno pode ser classificado do ponto de vista do evolucionismo?

19. Peixes conhecidos como linguados vivem a maior parte do tempo parados sobre a areia do fundo do mar. Sua coloração apresenta o mesmo padrão que a coloração do fundo, e eles passam despercebidos de seus predadores e também de suas presas. Como esse fenômeno pode ser classificado do ponto de vista do evolucionismo?

25.5 O processo evolutivo e a diversificação da vida

Considere as alternativas a seguir para responder às questões de 20 a 22.
a) Anagênese.
b) Cladogênese.

20. Define-se como a transformação progressiva de uma espécie, com mudanças graduais que levam à adaptação evolutiva.

21. É sinônimo de especiação por diversificação.

22. É um processo pelo qual duas populações isoladas diferenciam-se no decorrer do tempo, originando duas novas espécies.

23. Duas populações que apresentam isolamento reprodutivo
a) estão necessariamente isoladas do ponto de vista geográfico.
b) pertencem necessariamente a subespécies distintas de mesma espécie.
c) são incapazes de copular.
d) têm patrimônios gênicos isolados.

24. Sobre os diversos tipos de cão doméstico é correto afirmar que
a) alguns tipos pertencem a espécies diferentes.
b) existe isolamento reprodutivo entre eles.
c) originaram-se por seleção natural.
d) pertencem todos à mesma espécie.

25. Considere as afirmações a seguir sobre algumas ocorrências referentes ao processo de especiação. Qual é a alternativa que as ordena na sequência de formação de duas novas espécies a partir de uma população ancestral?
I. Populações que se cruzam livremente.
II. Acúmulo de diferenças genéticas entre as populações.
III. Estabelecimento de isolamento reprodutivo entre as populações.
IV. Aparecimento de barreira geográfica entre as populações.
a) I → II → III → IV.
b) I → II → IV → III.
c) I → III → II → IV.
d) I → IV → II → III.

QUESTÕES PARA EXERCITAR O PENSAMENTO

26. Leia o trecho a seguir, adaptado do livro de Charles Darwin, *A origem das espécies*:

> Devido a essa luta, as variações, por mais fracas que sejam e seja qual for a causa de onde provenham, tendem a preservar os indivíduos de uma espécie e comumente se transmitem à descendência logo que sejam úteis a esses indivíduos, nas suas relações por demais complexas com os outros seres organizados e com as condições físicas da vida. Os descendentes terão, por si mesmos, em virtude disso, maior probabilidade de sobrevida; porque, dos indivíduos nascidos periodicamente, um pequeno número poderá sobreviver.

Em um trecho do texto, fica evidente que Darwin desconhecia a origem da variabilidade das populações naturais. Que trecho é esse e de que maneira a teoria sintética da evolução responde a essa questão?

27. Algumas ilhas do arquipélago de Galápagos são habitadas por iguanas, um tipo de lagarto de terra firme que aprecia comer flores de cactos. Nas ilhas onde não existem esses animais, os cactos são rasteiros e suas flores ficam próximas ao chão. Nas ilhas onde vivem as iguanas, porém, os cactos são arborescentes e suas flores ficam bem distantes do chão. Como a seleção natural permite explicar o fato de as plantas de cactos serem arborescentes nas ilhas onde existem iguanas e rasteiras nas ilhas onde não existem esses lagartos?

28. Desde que os antibióticos começaram a ser empregados em larga escala, logo após a Segunda Guerra Mundial, já foram selecionadas inúmeras linhagens bacterianas altamente resistentes aos mais diversos tipos de antibiótico. O uso indiscriminado de antibióticos deve ser evitado justamente para minimizar o desenvolvimento de linhagens bacterianas resistentes. Pesquise sobre o assunto e escreva um texto curto explicando como ocorre a seleção natural de linhagens bacterianas resistentes. Imagine que você seja um agente de saúde e tenha que elaborar um folheto informativo, com texto e imagens de fácil compreensão pelo grande público, sobre os riscos populacionais do uso indiscriminado de antibióticos. Aceite esse desafio com um grupo de colegas.

29. Para livrar sua plantação de uma infestação de insetos-praga, um agricultor pulverizou as plantas com determinado inseticida, matando 95% dos insetos. Algumas semanas mais tarde, ocorreu nova infestação e o agricultor fez nova pulverização, com a mesma dose do mesmo inseticida. Dessa vez, conseguiu eliminar apenas metade dos insetos. Baseando-se na seleção natural das formas resistentes, explique por que a pulverização de inseticida não funcionou tão bem como na primeira vez.

30. Os evolucionistas consideram improvável que a espécie humana venha a se diversificar em novas espécies no futuro. Tendo em mente o conceito biológico de espécie e os processos de especiação, qual é o principal argumento a favor dessa ideia?

31. Duas populações oriundas da fragmentação de uma mesma população original ficaram isoladas geograficamente por um longo período. Descreva as diferentes alternativas do que pode acontecer, em relação ao isolamento reprodutivo, se essas populações voltarem a se juntar pelo desaparecimento da barreira geográfica entre elas. Inclua, em sua explicação, o conceito de subespécie.

32. Duas espécies de mosca do gênero *Drosophila* – *D. pseudobscura* e *D. persimilis* – apresentam um complexo ritual de corte, em que os machos estendem uma das asas vibrando-a para produzir um som característico da sua espécie. Uma fêmea somente cruzará com machos que produzam os sinais corretos, típicos da espécie. Entretanto, nas condições pouco naturais e superpovoadas das caixas de laboratório onde são cultivadas essas moscas, surgem híbridos entre as duas espécies, principalmente se as moscas forem mantidas à temperatura de 16 °C.

a) Considerando as explicações anteriores, responda: o que justifica classificar *D. pseudobscura* e *D. persimilis* como espécies diferentes?
b) Que tipo de isolamento reprodutivo ocorre entre essas duas espécies de drosófila?

33. O tigre é um animal de hábitos solitários, adaptado ao ambiente de floresta; o leão tem hábitos gregários e vive em regiões de campos abertos. Quando colocados juntos, em recintos de parques zoológicos, fêmeas de tigre podem eventualmente cruzar com machos de leão, ou machos de tigre podem cruzar com fêmeas de leão, produzindo descendência, em alguns casos, fértil.

a) Com base no que foi dito acima, você acha correto classificar tigres e leões como espécies diferentes? Justifique.
b) Que tipo de isolamento reprodutivo ocorre entre esses animais na natureza?

A BIOLOGIA NO VESTIBULAR

QUESTÕES OBJETIVAS

34. (UFC-CE) A competição por um recurso de disponibilidade limitada é um dos pressupostos do conceito de seleção natural na teoria evolutiva de Darwin. Sobre essa declaração, é correto afirmar que é

a) verdadeira, pois o conceito de seleção natural do organismo mais bem adaptado pressupõe que os predadores mais eficazes levem suas presas à extinção.
b) falsa, pois apenas a competição interespecífica por um recurso de disponibilidade limitada contribui efetivamente para o conceito de seleção natural.
c) verdadeira, pois apenas em decorrência da competição por um recurso de disponibilidade limitada é que há a seleção do organismo mais bem adaptado.
d) verdadeira, pois tanto a competição intraespecífica quanto a interespecífica são comportamentos que apresentam um alto grau de expressividade gênica.
e) falsa, pois apenas a competição intraespecífica por um recurso de disponibilidade limitada contribui efetivamente para o conceito de seleção natural.

35. (UFC-CE) Um problema para a teoria da evolução proposta por Charles Darwin no século XIX dizia respeito ao surgimento da variabilidade sobre a qual a seleção poderia atuar. Segundo a teoria sintética da evolução, proposta no século XX, dois fatores que contribuem para o surgimento da variabilidade genética das populações naturais são

a) mutação e recombinação genética.
b) deriva genética e mutação.
c) seleção natural e especiação.
d) migração e frequência gênica.
e) adaptação e seleção natural.

36. (Fuvest-SP) Uma ideia comum às teorias da evolução propostas por Darwin e por Lamarck é que a adaptação resulta
a) do sucesso reprodutivo diferencial.
b) de uso e desuso de estruturas anatômicas.
c) da interação entre os organismos e seus ambientes.
d) da manutenção das melhores combinações gênicas.
e) de mutações gênicas induzidas pelo ambiente.

37. (UFPR) A seleção natural é um dos principais fatores responsáveis pela evolução, juntamente com a mutação, a deriva genética e a migração genética. Para que a seleção natural ocorra em uma população, é imprescindível que haja
a) diversidade da composição genética dos indivíduos da população.
b) alteração do meio ambiente, propiciando o favorecimento de alguns indivíduos da população.
c) informações genéticas anômalas que produzam doenças quando em homozigose.
d) disputa entre os indivíduos, com a morte dos menos aptos.
e) mutação em taxa compatível com as exigências ambientais.

38. (PUC-MG) Leia atentamente as situações abaixo:
- As asas longas e pontiagudas do falcão-peregrino lhe permitem acelerar rapidamente à medida que mergulha sobre sua presa.
- A ação das asas de um beija-flor lhe permite "flutuar" em frente a uma flor enquanto extrai o néctar.
- Em ambiente muito seco, o *Cactus saguaro* guarda água em seu tronco carnudo. Suas raízes são espalhadas para extrair água imediatamente após a chuva.

Os casos citados, encontrados atualmente nos seres vivos, são exemplos de
a) características adaptativas.
b) analogia entre vegetais e animais.
c) homologia entre as três espécies citadas.
d) mutações dirigidas pelo meio.

39. (UFRGS-RS) Embriões de vertebrados tendem a ser mais similares entre si do que os adultos correspondentes.
Sobre esse fato, são feitas as seguintes afirmações:
I. As analogias observadas indicam uma origem comum.
II. O estudo da embriologia comparada contribui para a compreensão da evolução biológica.
III. Durante o desenvolvimento embrionário, os organismos passam por fases que repetem estágios adultos de seus ancestrais.

Quais estão corretas?
a) Apenas I.
b) Apenas II.
c) Apenas III.
d) Apenas I e III.
e) I, II e III.

40. (UFPI) Ao observarmos o voo de uma ave e o voo de um inseto, podemos deduzir que as asas de cada um funcionam e são utilizadas para um mesmo objetivo. Entretanto, a origem embriológica das asas de aves e insetos é diferente. Essas características constituem exemplo de
a) seleção natural.
b) seleção artificial.
c) convergência evolutiva.
d) seleção sexual.
e) mimetismo.

41. (UFU-MG) O uso de um mesmo antibiótico para tratar repetidas infecções causadas por mesmos tipos de bactérias tem como consequência a ineficácia do tratamento. Tal resultado é devido ao fato de
a) o antibiótico induzir modificações no metabolismo das bactérias.
b) as bactérias se adaptarem individualmente ao antibiótico.
c) o antibiótico selecionar, na população bacteriana, as bactérias que já eram resistentes a ele.
d) o antibiótico induzir, diretamente nas bactérias, uma resistência.

42. (PUC-SP) Certa espécie animal apresenta uma série de mutações que determinam a variedade de fenótipos relativos à coloração. Essa diversidade genética, orientada pela seleção natural, garante a adaptação dos indivíduos dessa espécie a diversos tipos de ambiente.
O trecho acima resume a teoria
a) de Darwin.
b) de Lamarck.
c) de Mendel.
d) moderna ou sintética da evolução.
e) do equilíbrio gênico de uma população.

43. (UFMS) Na sequência mostrada a seguir, estão relacionados determinados eventos referentes ao processo de especiação biológica.
I. População original.
II. Surgimento de barreira geográfica.
III. Populações que já podem ser consideradas raças distintas.
IV. Populações que já podem ser consideradas espécies distintas.
V. Acúmulo de diferenças genéticas entre populações.
VI. Estabelecimento de isolamento reprodutivo.

Determine a sequência correta que ocorreu na formação de duas espécies novas a partir da população ancestral.
a) I, V, VI, II, III, IV.
b) I, VI, V, II, III, IV.
c) I, II, V, III, VI, IV.
d) I, II, IV, III, VI, V.
e) I, VI, V, IV, II, III.

44. (Unesp) Três populações de insetos, X, Y e Z, habitantes de uma mesma região e pertencentes a uma mesma espécie, foram isoladas geograficamente. Após vários anos, com o desaparecimento da barreira geográfica, verificou-se que o cruzamento dos indivíduos da população X com os da população Y produzia híbridos estéreis. O cruzamento dos indivíduos da população X com os da população Z produzia descendentes férteis, e o dos indivíduos da população Y com os da população Z não produzia descendentes. A análise desses resultados permite concluir que
a) X, Y e Z continuaram pertencendo à mesma espécie.
b) X, Y e Z formaram três espécies diferentes.
c) X e Z tornaram-se espécies diferentes e Y continuou a pertencer à mesma espécie.
d) X e Z continuaram a pertencer à mesma espécie e Y tornou-se uma espécie diferente.
e) X e Y continuaram a pertencer à mesma espécie e Z tornou-se uma espécie diferente.

45. (UFRGS-RS) O esquema abaixo refere-se a dois modelos de especiação (A e B).

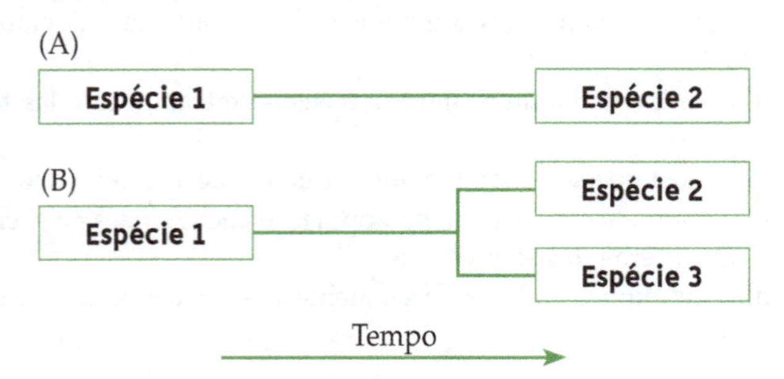

Considere as afirmações abaixo relacionadas ao esquema.

I. O modelo A representa um exemplo de especiação filética, que pressupõe a ocorrência de isolamento geográfico.

II. O modelo A representa especiação por anagênese, que envolve seleção natural e adaptação a modificações graduais nas condições ambientais.

III. O modelo B representa especiação por cladogênese, que envolve isolamento de populações, adaptação a diferentes ambientes e isolamento reprodutivo.

Quais estão corretas?

a) Apenas I.
b) Apenas II.
c) Apenas III.
d) Apenas I e III.
e) Apenas II e III.

46. (UFV-MG) Os processos evolutivos dos seres vivos estão fundamentados em três mecanismos básicos, conforme representados no esquema a seguir. Um deles (I) representa a única fonte de variabilidade nova. Esta variabilidade é aumentada pelo segundo (II) e diminuída pelo terceiro (III).

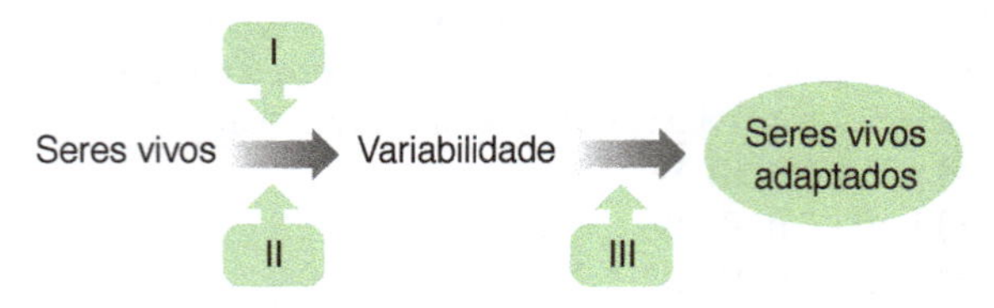

ADILSON SECCO

Assinale a alternativa que corresponde aos números I, II e III, respectivamente:

a) Mutação, seleção natural, recombinação.
b) Recombinação, deriva gênica, migração.
c) Mutação, recombinação, seleção natural.
d) Seleção natural, migração, recombinação.
e) Recombinação, seleção natural, mutação.

47. (Unifesp) Desde que os primeiros animais foram domesticados, o homem vem alterando suas populações a fim de melhorar as características que julga mais importantes, tais como mais carne, mais ovos, mais lã, entre outras. Numa população sem a interferência do homem, o surgimento de indivíduos com essas características "melhoradas" decorre de ____ ou de ____. O homem, nesse contexto, faz o papel de ____.

As lacunas do texto devem ser completadas, respectivamente, por:

a) condições do ambiente ... herança direta dos pais ... agente seletivo.
b) condições do ambiente ... seleção natural ... agente mutagênico.
c) reprodução sexuada ... mutações ... agente seletivo.
d) reprodução sexuada ... seleção natural ... agente mutagênico.
e) mutações ... condições do ambiente ... agente mutagênico.

QUESTÕES DISCURSIVAS

48. (Uerj) Foram introduzidas em dois frascos, que contêm um mesmo meio de cultura, quantidades idênticas de um tipo de bactéria. Após algum tempo de incubação, adicionou-se, a apenas um dos frascos, um antibiótico estável, de uso frequente na clínica e cuja concentração não se modificou durante todo o experimento. O gráfico a seguir representa a variação do número de bactérias vivas no meio de cultura em função do tempo de crescimento bacteriano em cada frasco.

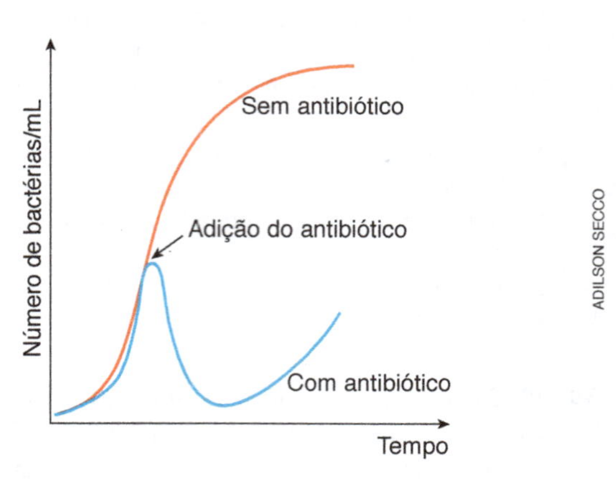

ADILSON SECCO

A observação do gráfico permite concluir que, no frasco em que se adicionou o antibiótico, ocorreu uma grande diminuição no número de bactérias. Utilizando a teoria da seleção natural, explique o fato de essa população ter voltado a crescer após a diminuição observada.

49. (UFRJ) Os tigres-dentes-de-sabre são mamíferos extintos. Esses animais possuíam caninos superiores muito desenvolvidos, em forma de sabre. Um fato menos conhecido é que houve várias espécies de mamíferos placentários com dentes-de-sabre.

O diagrama a seguir mostra a filogenia provável dos tigres-dentes-de-sabre placentários *Barbourofelis* e *Smilodon*:

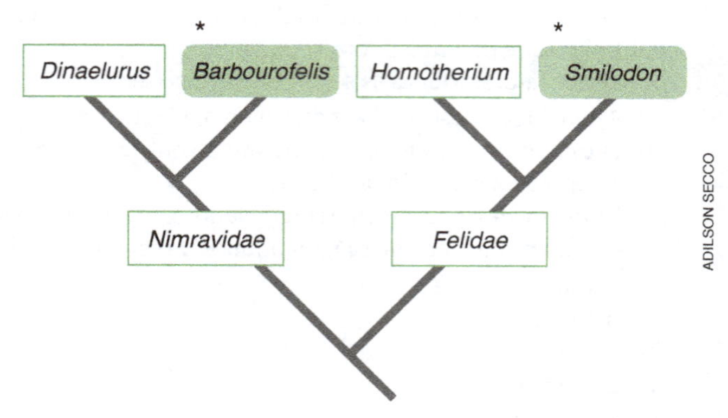

ADILSON SECCO

* Apenas os retângulos sombreados representam tigres-dentes-de-sabre.

A presença da característica dentes-de-sabre em *Barbourofelis* e *Smilodon* representa um caso de homologia ou de analogia? Justifique sua resposta.

50. (UFSCar-SP) A moderna teoria da evolução admite que a fonte primária da variabilidade dos seres vivos é a mutação gênica.

a) Como se pode definir mutação gênica em termos moleculares?
b) Por que mutações em células germinativas são mais importantes para a espécie do que aquelas que ocorrem em outras células do corpo?

51. (UFRJ) Visando a prevenir infecções, a adição de antibióticos na ração de animais domésticos tornou-se prática comum em muitos países. Ao longo dos anos, observou-se um aumento na porcentagem de bactérias que possuem genes que as tornam resistentes aos antibióticos, em detrimento das bactérias sensíveis. A partir de 1998, o governo da Dinamarca proibiu o uso de antibióticos na ração de animais. Os gráficos a seguir mostram a porcentagem de indivíduos resistentes a antibióticos nas bactérias *Enterococcus faecalis* e *Enterococcus faecium* encontradas no trato digestivo de animais dinamarqueses nos anos de 1995 e 2000:

ADILSON SECCO

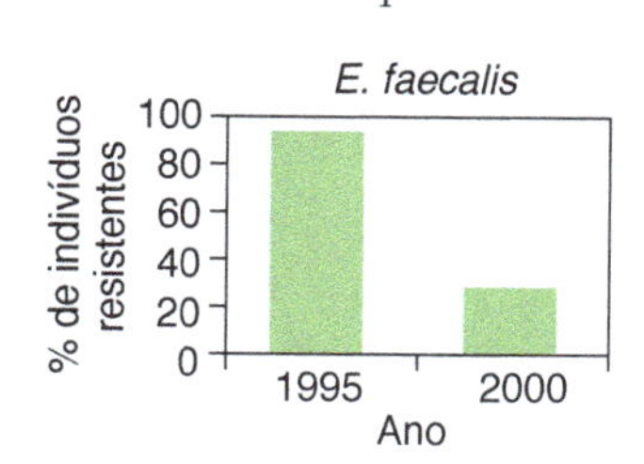

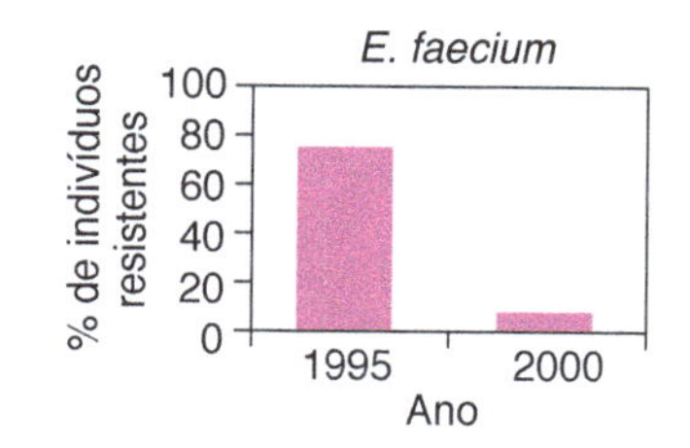

Explique por que ocorre variação na porcentagem de bactérias resistentes a antibióticos entre os anos de 1995 e 2000.

52. (Vunesp) As populações A, B, C e D vivem em quatro regiões geográficas diferentes. Quando os indivíduos dessas populações foram colocados juntos, cruzaram-se e os resultados obtidos foram os seguintes:

Cruzamento	Descendentes
A × B	Férteis
A × D	Férteis
B × C	Estéreis
B × D	Férteis
C × D	Estéreis

a) O que se pode concluir do fato de os cruzamentos A × B, A × D e B × D terem produzido descendentes férteis? Que fator inicial poderia ter dado origem às populações A, B, C e D?

b) Que nome se dá às espécies diferentes que vivem numa mesma região geográfica? Indique um exemplo de animais vertebrados que, quando cruzados entre si, produzem descendentes estéreis.

53. (Fuvest-SP) Os fatos a seguir estão relacionados ao processo de formação de duas espécies a partir de uma ancestral.

I. Acúmulo de diferenças genéticas entre as populações.
II. Estabelecimento de isolamento reprodutivo.
III. Aparecimento de barreira geográfica.

a) Qual é a sequência em que os fatos anteriores acontecem na formação das duas espécies?

b) Que mecanismos são responsáveis pelas diferenças genéticas entre as populações?

c) Qual é a importância do isolamento reprodutivo no processo de especiação?

54. (Unicamp-SP) O melanismo industrial tem sido frequentemente citado como exemplo de seleção natural. Esse fenômeno foi observado em Manchester, na Inglaterra, onde, com a industrialização iniciada em 1850, o ar carregado de fuligem e outros poluentes provocou o desaparecimento dos liquens de cor esbranquiçada que viviam no tronco das árvores. Antes da industrialização, esses liquens permitiam a camuflagem de mariposas da espécie *Biston betularia* de cor clara, que eram predominantes. Com o desaparecimento dos liquens e escurecimento dos troncos pela fuligem, as formas escuras das mariposas passaram a predominar.

a) Por que esse fenômeno pode ser considerado um exemplo de seleção natural?

b) Como a mudança ocorrida na população seria explicada pela teoria de Lamarck?

ENEM

55. As cobras estão entre os animais peçonhentos que mais causam acidentes no Brasil, principalmente na área rural. As cascavéis (*Crotalus*), apesar de extremamente venenosas, são cobras que, em relação a outras espécies, causam poucos acidentes a humanos. Isso se deve ao ruído de seu "chocalho", que faz com que suas vítimas percebam sua presença e as evitem. Esses animais só atacam os seres humanos para sua defesa e se alimentam de pequenos roedores e aves. Apesar disso, elas têm sido caçadas continuamente, por serem facilmente detectadas.
Ultimamente os cientistas observaram que essas cobras têm ficado mais silenciosas, o que passa a ser um problema, pois, se as pessoas não as percebem, aumentam os riscos de acidentes.
A explicação darwinista para o fato de a cascavel estar ficando mais silenciosa é que

a) a necessidade de não ser descoberta e morta mudou seu comportamento.

b) as alterações no seu código genético surgiram para aperfeiçoá-la.

c) as mutações sucessivas foram acontecendo para que ela pudesse adaptar-se.

d) as variedades mais silenciosas foram selecionadas positivamente.

e) as variedades sofreram mutações para se adaptarem à presença de seres humanos.

(*Nota dos autores*: Nessa questão, o termo "cobra" foi usado como sinônimo para "serpente".)

56. O que têm em comum Noel Rosa, Castro Alves, Franz Kafka, Álvares de Azevedo, José de Alencar e Frédéric Chopin?
Todos eles morreram de tuberculose, doença que ao longo dos séculos fez mais de 100 milhões de vítimas. Aparentemente controlada durante algumas décadas, a tuberculose voltou a matar. O principal obstáculo para seu controle é o aumento do número de linhagens de bactérias resistentes aos antibióticos usados para combatê-la. Esse aumento do número de linhagens resistentes se deve a

a) modificações no metabolismo das bactérias, para neutralizar o efeito dos antibióticos e incorporá-los à sua nutrição.

b) mutações selecionadas pelos antibióticos, que eliminam as bactérias sensíveis a eles, mas permitem que as resistentes se multipliquem.

c) mutações causadas pelos antibióticos, para que as bactérias se adaptem e transmitam essa adaptação a seus descendentes.

d) modificações fisiológicas nas bactérias, para torná-las cada vez mais fortes e mais agressivas no desenvolvimento da doença.

e) modificações na sensibilidade das bactérias, ocorridas depois de passarem um longo tempo sem contato com antibióticos.

Mais questões: no livro digital, em **Vereda Digital Aprova Enem** e **Vereda Digital Suplemento de revisão e vestibulares**; no *site*, em **AprovaMax**.

CAPÍTULO

26 A ORIGEM DOS GRANDES GRUPOS DE SERES VIVOS

JAVIER TRUEBA/MSF/SCIENCE PHOTO LIBRARY/LATINSTOCK

Esqueleto de neandertalense (*Homo sapiens neanderthalensis*) com datação aproximada de 60.000 anos, encontrado na Caverna Kebara (Israel, 1982).

ENEM
C4: H13, H14, H15, H16
C8: H28

De que trata este capítulo

Você acredita em ciência? Quer dizer, acredita que os métodos utilizados pelos cientistas levam, em alguma medida, a compreender as causas e as relações entre os fenômenos da natureza? Você concorda que o conhecimento científico tem possibilitado a criação de tecnologias úteis à humanidade? Finalmente, em sua opinião, o modo científico de pensar e proceder permite fazer previsões acertadas sobre ocorrências naturais?

É bem possível que você tenha respondido sim a pelo menos uma dessas questões.

O mundo contemporâneo está repleto de ciência e essa é a melhor comprovação de que o pensamento científico "funciona". Entretanto, muita gente esquece que os mesmos pressupostos que norteiam as pesquisas sobre o câncer, por exemplo, também estão presentes em todos os outros campos da ciência, como nas investigações que levaram à formulação da teoria evolucionista e que continuam a dar sustentação ao evolucionismo como teoria unificadora da Biologia. Em outras palavras, a ciência que embasa o pensamento evolucionista atual é tão confiável quanto a ciência que tem levado à produção de milhares de tecnologias úteis à humanidade.

O conhecimento científico, no entanto, nunca é definitivo, podendo sempre se modificar.

Quando a evidência dos fatos põe em dúvida pressupostos científicos até então considerados válidos, as explicações vigentes tem que ser repensadas e modificadas. Isso vem acontecendo repetidamente na história da ciência. Assim, as explicações científicas que resistem ao tempo e às novas evidências tornam-se cada vez mais confiáveis.

É esse o caso da teoria da evolução. Com base em inúmeras evidências obtidas pela observação da natureza e em experimentos de laboratório, os naturalistas e os biólogos vêm tentando explicar como a vida surgiu, como a evolução ocorre e como teriam surgido os grandes grupos de seres vivos atuais, com milhões de espécies adaptadas aos ambientes em que vivem.

Sucessivas descobertas em diferentes campos da Biologia, entre elas as decorrentes das novas técnicas de investigação do DNA, têm desafiado continuamente a teoria evolucionista. Entretanto, por serem compatíveis com o evolucionismo, as novas descobertas passam a apoiar a teoria evolucionista, ampliando seu campo de abrangência; é assim que as teorias científicas se consolidam.

A maioria dos biólogos admite a teoria evolucionista moderna como a melhor explicação disponível atualmente para a diversidade da vida na Terra. Entretanto, nesse assunto não há unanimidade, uma vez que entram em jogo questões que ultrapassam o âmbito dos fatos naturais e envolvem aspectos da formação religiosa, da moralidade, dos sentimentos, da ética etc.

Para muitos biólogos não há conflito entre Evolução e religião. Isso porque, para eles, o pensamento evolucionista atém-se aos fatos observáveis e tenta buscar na própria natureza as explicações para a origem da vida e da diversidade das espécies de seres vivos. A religião não se atém apenas a aspectos naturais, mas também aos sobrenaturais. Religiões apresentam verdades inquestionáveis, enquanto a ciência duvida o tempo todo de suas teorias, embora não duvide da correção de seus métodos, voltados apenas e tão somente a fatos e fenômenos da natureza.

Neste capítulo estudaremos como teriam surgido as diferentes espécies de seres vivos segundo a abordagem evolucionista.

Devemos ter sempre em mente a escala do tempo passado, quando se fala na formação de uma nova espécie ou de um novo grupo de seres vivos. A escala do tempo geológico, quando comparada ao nosso tempo de vida, é quase incompreensível em termos concretos. E é exatamente nesses longuíssimos intervalos de tempo que a evolução opera; mudanças evolutivas podem parecer repentinas mas nem sempre o são, quando levamos em conta a escala do tempo geológico.

Objetivos

Objetivo geral

- Conhecer as principais evidências da evolução biológica dos grandes grupos de seres vivos e os fundamentos básicos da história da espécie humana de acordo com a teoria evolucionista moderna, desde nossos ancestrais mais remotos até hoje, o que permite reflexões sobre a origem, o presente e o futuro de nossa própria espécie.

Objetivos didáticos

- Conhecer a escala de tempo geológico e suas divisões – éons, eras, períodos, épocas e idades –, compreendendo os critérios empregados nessas divisões.
- Informar-se sobre os principais grupos de organismos que surgiram e prevaleceram nas diferentes eras geológicas.
- Reconhecer as principais evidências que relacionam evolutivamente a espécie humana a seus ancestrais primatas: fósseis; semelhanças anatômicas e moleculares.
- Conhecer a moderna classificação da espécie humana entre os primatas: ordem Primates; família Hominidae; gênero *Homo*.
- Caracterizar e explicar os principais estágios pelos quais teria passado a linhagem humana: estágio pré-humano adaptado à vida arborícola; estágio de adaptação à savana arbórea (australopitecos); estágio de adaptação à savana arbustiva (gênero *Homo*); emergência da espécie humana moderna (*Homo sapiens sapiens*).
- Informar-se da relação intrínseca entre a evolução biológica da espécie humana e o desenvolvimento da cultura.

26.1 O tempo geológico e a história da vida na Terra

O tempo geológico

A evolução da vida na Terra não pode ser separada da história geológica do planeta. Ao longo da existência da Terra, eventos geológicos moldaram os ambientes terrestres ajudando a definir os rumos da evolução biológica. A diversificação e a grande expansão das populações de seres vivos, por sua vez, também causaram profundas alterações nas condições físicas e químicas do planeta. A atmosfera atual da Terra, por exemplo, na qual cerca de 21% do volume corresponde ao gás oxigênio, deve essa composição ao aparecimento e à proliferação dos seres fotossintetizantes, que liberam gás oxigênio para a atmosfera.

O **tempo geológico** pode ser definido como o intervalo que vai desde a origem da Terra até os dias de hoje. Esse intervalo é dividido em unidades temporais hierárquicas, estabelecidas com base em eventos geológicos e biológicos bem conhecidos, ocorridos em diferentes intervalos de tempo. Em ordem hierárquica decrescente essas unidades são denominadas: **éons**, **eras**, **períodos**, **épocas** e **idades**. Éon é o intervalo mais abrangente e idade, o mais restrito.

A tabela a seguir apresenta algumas das principais divisões do tempo geológico, sua duração aproximada e eventos biológicos marcantes de cada uma delas. Os éons mais antigos – Hadeano, Arqueano e Proterozoico – costumam ser agrupados no intervalo pré-cambriano, ou criptozoico (do grego *kryptós*, escondido, e *zoikós*, animal, vida). Essa última denominação deve-se ao fato de as rochas formadas no éon Pré-cambriano conterem apenas microfósseis de difícil detecção. **(Tab. 26.1)**

Tabela 26.1 Principais unidades do tempo geológico

Éon		Era	Período	Duração (milhões de anos atrás – Ma)	Eventos marcantes
Pré-cambriano	Hadeano			4.000 a ~ 4.600	Origem do Sistema Solar e da Terra.
Pré-cambriano	Arqueano	Eoarqueana		3.800 a 4.000	Provável presença das primeiras formas de vida.
Pré-cambriano	Arqueano	Paleoarqueana		3.200 a 3.800	Provável presença de bactérias produtoras de gás oxigênio.
Pré-cambriano	Arqueano	Mesoarqueana		2.800 a 3.200	Primeiros estromatólitos provavelmente produzidos por cianobactérias coloniais.
Pré-cambriano	Arqueano	Neoarqueana		2.500 a 2.800	
Pré-cambriano	Proterozoico	Paleoproterozoica	Sideriano	2.300 a 2.500	Catástrofe produzida pela presença de gás oxigênio na atmosfera, conhecida como holocausto do oxigênio.
Pré-cambriano	Proterozoico	Paleoproterozoica	Riaciano	2.050 a 2.300	
Pré-cambriano	Proterozoico	Paleoproterozoica	Orosiriano	1.800 a 2.050	
Pré-cambriano	Proterozoico	Paleoproterozoica	Estateriano	1.600 a 1.800	Presença das primeiras células eucarióticas.
Pré-cambriano	Proterozoico	Mesoproterozoica	Calimiano	1.400 a 1.600	
Pré-cambriano	Proterozoico	Mesoproterozoica	Ectasiano	1.200 a 1.400	Primeiras colônias de algas verdes nos mares.
Pré-cambriano	Proterozoico	Mesoproterozoica	Esteniano	1.000 a 1.200	
Pré-cambriano	Proterozoico	Neoproterozoica	Toniano	~ 720 a 1.000	Traços de fósseis de seres multicelulares simples.
Pré-cambriano	Proterozoico	Neoproterozoica	Criogeniano	~ 635 a ~ 720	A Terra foi provavelmente quase toda coberta por uma camada de gelo.
Pré-cambriano	Proterozoico	Neoproterozoica	Ediacarano	541 ± 1,0 a ~ 635	Grande diversificação dos seres vivos multicelulares.
Fanerozoico		Paleozoica	Cambriano	485,4 ± 1,9 a 541,0 ± 1,0	Aparecimento da maioria dos filos existentes atualmente ("explosão cambriana"). Desenvolvimento de conchas e esqueletos mineralizados em muitos animais marinhos: moluscos, equinodermos, trilobitas, braquiópodes etc. Grande expansão dos trilobitas ("idade dos trilobitas").
Fanerozoico		Paleozoica	Ordoviciano	443,4 ± 1,5 a 485,4 ± 1,9	Continuidade da diversificação das algas e grande expansão dos invertebrados; aparecimento dos vertebrados, representados por peixes sem mandíbula (agnatos). Aparecimento das primeiras plantas em ambiente de terra firme. Final do período marcado pela primeira grande extinção, com desaparecimento de 60% a 70% das espécies.

Éon	Era	Período	Época	Duração (milhões de anos atrás – Ma)	Eventos marcantes
Fanerozoico	Paleozoica	Siluriano		419,2 ± 3,2 a 443,4 ± 1,5	Aparecimento das primeiras plantas dotadas de vasos condutores de seiva. Surgimento dos primeiros peixes dotados de mandíbula e grande expansão dos corais. Aparecimento dos artrópodes unirremes (insetos e miriápodes) e dos primeiros animais de terra firme.
		Devoniano		358,9 ± 0,4 a 419,2 ± 3,2	Expansão das plantas vasculares com formação de florestas; surgimento dos tetrápodes (anfíbios). Abundância de moluscos, de trilobitas e considerável diversidade de peixes dotados de mandíbula ("idade dos peixes"). Final do período marcado pela segunda grande extinção, com desaparecimento de cerca de 70% das espécies.
		Carbonífero		298,9 ± 0,2 a 358,9 ± 0,4	Diversificação dos anfíbios ("idade dos anfíbios"); aparecimento dos répteis; expansão dos insetos e de florestas de plantas vasculares sem sementes, semelhantes às pteridófitas, que deram origem aos depósitos de carvão mineral. Ocorrência do "colapso das florestas úmidas do Carbonífero".
		Permiano		252,2 ± 0,5 a 298,9 ± 0,2	Declínio dos anfíbios. Diversificação dos répteis pelicossauros e, em seguida, dos terapsidas. Aparecimento das gimnospermas do grupo das coníferas e da maioria das ordens modernas de insetos. Final do período marcado pela terceira e maior de todas as grandes extinções, com desaparecimento de cerca de 90% a 96% das espécies.
	Mesozoica	Triássico		201,3 ± 0,2 a 252,2 ± 0,5	Aparecimento dos répteis arcossauros (dinossauros, pterossauros, ictiossauros e plesiossauros), dos primeiros mamíferos, das tartarugas e crocodilos e de gimnospermas dos grupos das cicas e dos gincos. Final do período marcado pela quarta grande extinção, com desaparecimento de cerca de 70% a 75% das espécies.
		Jurássico		145,0 ± 0,8 a 201,3 ± 0,2	Abundância de répteis arcossauros; abundância de gimnospermas; aparecimento das aves. Surgimento dos mamíferos placentários e marsupiais.
		Cretáceo		66,0 a 145,0 ± 0,8	Abundância de répteis arcossauros. Pequena diversificação de mamíferos placentários e marsupiais. Aparecimento das angiospermas. Final do período marcado pela quinta grande extinção, com desaparecimento de cerca de 75% das espécies, inclusive de todos os dinossauros.
	Cenozoica	Paleógeno	Paleoceno	56,0 a 66,0	Diversificação de mamíferos arcaicos e grande aumento da vegetação; aparecimento de mamíferos de grande porte e dos primeiros primatas (prossímios).
			Eoceno	33,9 a 56,0	Aparecimento das ordens atuais de mamíferos. Expansão das aves e de florestas temperadas de angiospermas decíduas.
			Oligoceno	23,03 a 33,9	Expansão das gramíneas. Aparecimento dos macacos antropoides e de muitas famílias de plantas atuais.

Éon	Era	Período	Época	Duração (milhões de anos atrás – Ma)	Eventos marcantes
Fanerozoico	Cenozoica	Neógeno	Mioceno	5,333 a 23,03	Fauna semelhante à atual. Expansão dos campos e diminuição das florestas.
			Plioceno	2,588 a 5,333	"Grande intercâmbio americano de fauna", determinado pelo aparecimento do Istmo do Panamá. Expansão dos hominídeos.
		Quaternário	Pleistoceno	0,0117 a 2,588	Expansão dos mamíferos de grande porte; aparecimento da espécie humana moderna. Dispersão do *Homo sapiens sapiens* pelo planeta e extinção dos neandertalenses (*Homo sapiens neanderthalensis*).
			Holoceno	0 a 0,0117	Extinção em massa dos grandes mamíferos e de muitas aves há cerca de 10 mil anos. Surgimento da civilização humana. Declínio das grandes florestas e considerável extinção de espécies, sobretudo em decorrência da atividade humana.

A indicação ± refere-se à faixa de variação estimada dos limites da unidade. (Elaborada com base em International Comission of Stratigraphy, 2012. Disponível em: <http://mod.lk/seaxv>. Acesso em: jun. 2017.)

As divisões do tempo geológico são definidas em função de mudanças na composição de estratos de rochas que indicam a ocorrência de eventos geológicos ou paleontológicos marcantes, como a emersão de um continente, o surgimento de novas espécies ou as extinções em massa de seres vivos. Por exemplo, o limite entre os éons proterozoico e fanerozoico, por volta de 541 milhões de anos atrás (Ma), é marcado pelo aparecimento de fósseis de animais com esqueletos mineralizados; por sua vez, o limite entre os períodos cretáceo e paleógeno é marcado por um evento de extinção em massa ocorrido por volta de 66 Ma, quando desapareceram os dinossauros e muitos outros grupos de seres vivos.

Em 1980 um grupo de pesquisadores estadunidenses formado pelo geólogo Walter Alvarez (1940-), por seu pai, Luis Walter Alvarez (1911-1988, prêmio Nobel de Física em 1968), e pelos químicos Frank Asaro (1927-2014) e Helen Vaughn Michel (1932-) descobriu que uma camada rochosa localizada no limite entre os períodos cretáceo e paleógeno continha quantidade anormalmente elevada de irídio, metal muito raro em nosso planeta, mas abundante em asteroides e cometas. Essa e outras descobertas subsequentes passaram a constituir a mais forte evidência de que a extinção em massa de 66 Ma foi decorrente da colisão de um corpo celeste, cuja desintegração liberou o irídio encontrado na camada rochosa. Mais uma vez é importante destacar a contribuição de diferentes ramos da ciência na interpretação de fatos e na construção de teorias científicas. **(Fig. 26.1)**

FABIO COLOMBINI

FRANCOIS GOHIER/ARDEA/AGB PHOTO LIBRARY

Figura 26.1 A. Sucessão de camadas de rochas sedimentares expostas no Parque Nacional da Serra da Capivara (PI, 2015). Os diferentes estratos ali presentes podem ser distinguidos pela cor, textura, composição química, tipos de fósseis e até mesmo pelo odor. **B.** Corte de uma rocha sedimentar em Wyoming (Estados Unidos) evidenciando uma camada clara rica em irídio, cuja origem é atribuída à desintegração do corpo celeste que teria colidido com a Terra há 66 milhões de anos, causando a grande onda de extinção do final do cretáceo.

A vida nos mares primitivos

Precursores da vida

O éon Pré-cambriano é o mais longo do tempo geológico, abrangendo cerca de 88% da existência da Terra, desde sua formação até 541 Ma. Os cientistas acreditam que foi no início do éon Pré-cambriano que surgiram as moléculas precursoras da vida. Após um longo processo de transformações químicas, essas moléculas teriam originado sistemas complexos, capazes de controlar suas próprias reações e de se autoduplicar. Essas seriam as primeiras formas de metabolismo e de reprodução, características fundamentais dos seres vivos.

Os sistemas autoduplicativos provavelmente mantinham-se isolados do ambiente por algum tipo de envoltório membranoso. Eles seriam o verdadeiro início da história da vida na Terra. Acredita-se que esses sistemas tenham surgido há não menos que 3,5 bilhões de anos e que sejam os ancestrais de todos os seres vivos.

Como seriam os primeiros seres vivos? Provavelmente eles eram constituídos por uma única célula de estrutura relativamente simples. Os cientistas imaginam que, entre os seres atuais, os mais parecidos com nossos primitivos ancestrais seriam as arqueas, seres unicelulares procarióticos capazes de viver em ambientes inóspitos, como fontes termais, lagos de alta salinidade e pântanos. Acredita-se também que esses ambientes apresentam alguma semelhança com os existentes na Terra primitiva, nos quais evoluíram as primeiras formas de vida. **(Fig. 26.2)**

ROB CRANDALL/ALAMY/GLOW IMAGES

Figura 26.2 Fonte termal no Parque Nacional de Yellowstone (Estados Unidos, 2007). Nesse ambiente vivem seres denominados arqueas termófilas, provavelmente em condições similares às existentes há bilhões de anos na Terra primitiva, quando surgiu a vida no planeta.

Estima-se que as células eucarióticas tenham surgido por volta de 2 bilhões de anos atrás. Certas evidências sugerem que as mitocôndrias, presentes em praticamente todas as células eucarióticas, e os plastos, presentes em células de algas e de plantas, possam ser descendentes de seres procarióticos que invadiram células eucarióticas primitivas, passando a estabelecer relações benéficas recíprocas, que os biólogos denominam de endossimbiose.

Outro passo importante na história inicial da vida teria sido o aparecimento dos seres multicelulares. Na estratégia multicelular, células resultantes da multiplicação de uma célula inicial passam a viver juntas e a dividir tarefas de sobrevivência. Com o tempo teriam surgido organismos com células cada vez mais especializadas no desempenho de funções diversas, levando ao aparecimento dos tecidos e dos órgãos dos organismos multicelulares.

Os primeiros fósseis de algas filamentosas multicelulares foram encontrados em rochas com cerca de 1 bilhão de anos. Os mais antigos fósseis de animais invertebrados de corpo mole, alguns semelhantes a águas-vivas e a certos vermes marinhos atuais, datam de cerca de 600 Ma. Nessa época havia na Terra um único continente, a Rodínia (do russo *ródina*, terra-mãe), que reunia a maior parte da terra firme do planeta. **(Fig. 26.3)**

ANDERSON DE ANDRADE PIMENTEL

CHASE STUDIO/SCIENCE SOURCE/FOTOARENA

Figura 26.3 A. Mapa-múndi de 650 Ma mostrando o continente Rodínia e sua relação com os continentes atuais. **B.** Representação artística de seres vivos do período ediacarano, final do éon Pré-cambriano.

A explosão de vida no Cambriano

Há evidências de que entre os éons Pré-cambriano e o Fanerozoico, ocorreu aumento da temperatura planetária, tornando o ambiente mais favorável à vida, com grande diversificação dos seres então existentes. A rapidez e a intensidade com que surgiram os principais grupos de animais, por volta de 530 Ma, levaram os estudiosos a falar em **"explosão cambriana"** para designar a grande diversificação da vida nessa época.

O documentário fóssil do período cambriano (541,0 Ma-485,4 Ma) revela que, nessa época, os mares eram habitados por muitas espécies de algas multicelulares e de animais invertebrados, entre eles cordados primitivos, que deram origem aos vertebrados. Alguns animais cambrianos apresentavam semelhanças com animais de hoje, de modo que podem ser associados aos filos atuais. Outros, porém, parecem não se relacionar a nenhum dos filos existentes; possivelmente eles se extinguiram sem deixar descendentes. **(Fig. 26.4)**

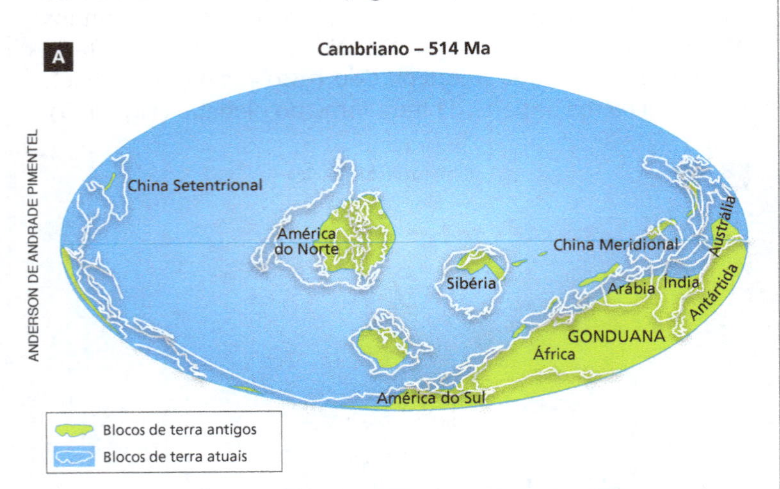

Figura 26.4 A. Mapa-múndi de 514 Ma mostrando os continentes primitivos, originados pela fragmentação de Rodínia, e sua relação com as áreas que formam os continentes atuais. **B.** Representação artística de seres vivos do Cambriano.

O documentário fóssil mostra que os trilobitas, que os cientistas incluem entre os primeiros artrópodes, constituíram o grupo de animais primitivos mais bem-sucedido, colonizando amplamente os oceanos durante mais de 270 milhões de anos. Eles teriam surgido por volta de 541 Ma e atingiram sua densidade populacional máxima no início do Cambriano, denominada a "idade dos trilobitas", extinguindo-se ao final do Permiano. **(Fig. 26.5)**

Figura 26.5 Fóssil de trilobita da espécie *Gabriceraurus dentatus*, encontrado no Canadá. Esses animais tinham tamanhos muito variados, desde espécies milimétricas até aquelas com mais de 70 cm de comprimento.

A conquista do ambiente de terra firme

O documentário fóssil mostra que até o período ordoviciano a vida estava restrita ao ambiente aquático. Antes disso é possível que houvesse bactérias e algas vivendo em barrancos, às margens de lagos e rios. As plantas primitivas, porém, parecem ter surgido apenas por volta de 470 Ma, a partir de um grupo de algas verdes multicelulares dotadas de adaptações que lhes permitiam sobreviver, ao menos parcialmente, fora da água.

Alguns pesquisadores defendem a ideia de que os primeiros habitantes de terra firme foram fungos, que teriam colonizado a Terra há cerca de 1,3 bilhão de anos. Acredita-se que os fungos tenham se associado a algas e/ou bactérias fotossintetizantes e originado os liquens, que se espalharam pelos continentes. As plantas de terra firme, segundo esses mesmos estudos, podem ter surgido bem antes do que nos revelam os fósseis, por volta de 700 Ma.

As primeiras plantas de terra firme só se diversificaram em grande escala após uma onda de extinções em massa que marcou a passagem do período ordoviciano para o siluriano, por volta de 443 Ma. Essa foi a primeira das cinco grandes ondas de extinções na história da Terra, em que desapareceram cerca de 60% a 70% de todas as espécies viventes. Suas causas são ainda desconhecidas, mas sabe-se que durante o evento ocorreram grandes glaciações e formação de extensas geleiras, com drástica redução do nível dos oceanos.

No início do período siluriano a vida voltou a seguir seu curso, com grande diversificação de plantas primitivas de terra firme e de animais aquáticos que sobraram da extinção em massa ordovício-siluriana. **(Fig. 26.6)**

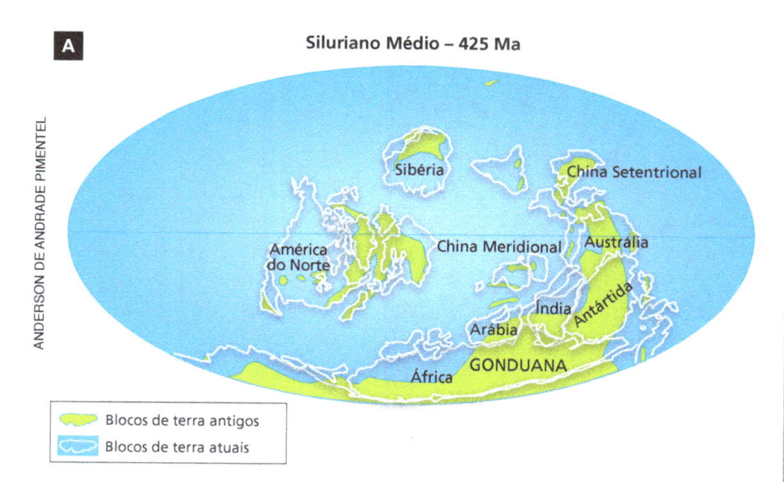

Figura 26.6 **A.** Mapa-múndi de 425 Ma mostrando os continentes da época e sua relação com as áreas que formam os continentes atuais. **B.** Representação artística de plantas primitivas de terra firme do siluriano. **C.** Representação artística de animais de ambiente marinho, sobreviventes da primeira grande extinção em massa. Entre esses destacam-se animais semelhantes aos atuais náutilos, braquiópodes, briozoários, crinoides, peixes etc.

Acredita-se que a colonização da terra firme pelas plantas tenha sido de fundamental importância para que alguns animais pudessem explorar o ambiente seco, que lhes fornecia abrigo e alimento. Tudo indica que os primeiros animais a conquistar o ambiente de terra firme foram primitivos artrópodes. O mais antigo fóssil conhecido de animal de terra firme é *Pneumodesmus newmani*, que viveu por volta de 428 Ma. **(Fig. 26.7)**

Figura 26.7 **A.** Fóssil de *Pneumodesmus newmani*. Esse artrópode primitivo de 1 cm foi descoberto em 2004 pelo caçador de fósseis amador Mike Newman, em Stonehaven, Escócia. **B.** Reconstrução artística do *P. newmani*.

A expansão da vegetação

No período siluriano, entre 443,4 Ma e 419,2 Ma, surgiram as primeiras plantas vasculares, dotadas de vasos condutores de seiva. Devido a essa aquisição evolutiva elas puderam atingir tamanhos maiores, formando primórdios de florestas, possivelmente às margens de regiões alagadas. As primeiras plantas vasculares provavelmente se reproduziam de modo semelhante às pteridófitas atuais, com gametófitos que dependiam de ambientes úmidos para se desenvolver.

Ao longo do período devoniano, entre 419,2 Ma e 358,9 Ma, surgiram espécies vegetais cujos gametófitos se desenvolviam sobre o esporófito adulto. Essa inovação evolutiva – a semente – foi um passo decisivo para a conquista definitiva do ambiente de terra firme pelas plantas. Ao se tornarem independentes da água líquida para a reprodução, as plantas puderam se expandir e ocupar locais distantes de regiões alagadas.

Durante o período carbonífero, entre 358,9 Ma e 298,9 Ma, grandes florestas já cobriam os continentes, criando microambientes úmidos e protegidos, favoráveis à vida de insetos e de anfíbios. A vegetação era então composta de pteridófitas com aspecto semelhante a samambaias, licopódios e cavalinhas, porém muito maiores, com alguns metros de altura.

No período permiano, entre 298,9 Ma e 252,2 Ma, surgiram as primeiras gimnospermas, plantas que apresentavam sementes mas não frutos. Dessa época até o período cretáceo as florestas eram constituídas por pteridófitas gigantes e por gimnospermas. Ainda no período cretáceo apareceram as angiospermas, plantas dotadas de frutos, que abrigam e protegem as sementes. **(Fig. 26.8)**

Figura 26.8 Representação artística de uma floresta do período carbonífero com base nas evidências fósseis.

Origem dos tetrápodes

Fósseis descobertos na China nas últimas décadas têm fornecido informações sobre a origem de diversos grupos, entre eles o dos vertebrados. Em 2003 uma equipe de pesquisadores da China, Reino Unido e Japão publicou, na revista científica *Nature*, a descrição do fóssil de um pequeno peixe sem mandíbula com cerca de 2,5 centímetros de comprimento, possivelmente ancestral dos vertebrados atuais. Segundo o artigo os animais vertebrados teriam surgido por volta de 525 Ma, durante a "explosão cambriana".

No período siluriano (443,4 Ma-419,2 Ma) uma linhagem primitiva de peixes teria desenvolvido uma novidade evolutiva: a mandíbula. Graças à estrutura esquelética mandibular, que se articula ao crânio e permite abrir e fechar a boca, os peixes dotados de mandíbula adquiriram grande eficiência na captura de alimento. Esses animais diversificaram-se no período siluriano e tornaram-se o grupo dominante nos mares do período devoniano (419,2 Ma-358,9 Ma), que ficou conhecido como "idade dos peixes". **(Fig. 26.9)**

Figura 26.9 **A.** Mapa-múndi de 390 Ma mostrando os continentes da época e sua relação com as áreas que formam os continentes atuais. **B.** Fóssil da cabeça de *Dunkleosteus terrelli*, um dos maiores placodermos conhecidos, que podia atingir 10 m de comprimento. Os placodermos receberam esse nome porque tinham a cabeça e o tórax recobertos por placas ósseas articuladas. **C.** Representação artística de *D. terrelli*.

Os peixes ósseos do devoniano, dotados de mandíbula, dividiam-se em dois grupos principais: um com nadadeiras reforçadas por raios cartilaginosos (nadadeiras radiais); outro com nadadeiras carnosas e dotadas de estrutura óssea de sustentação (nadadeiras lobadas). Os peixes com nadadeiras radiais tiveram grande sucesso evolutivo, e a maioria dos peixes ósseos atuais, chamados de actinopterígios, descende deles.

Peixes com nadadeiras lobadas, denominados sarcopterígios, provavelmente originaram os animais com quatro pernas, os tetrápodes (do grego *tetra*, quatro, e *podos*, pés ou pernas), grupo ao qual pertencem os anfíbios, os répteis, as aves e os mamíferos. Um único representante dos sarcopterígios, o celacanto, sobreviveu até os dias de hoje, e os cientistas o consideram um fóssil vivo, por manter características extremamente semelhantes às dos crossopterígios fósseis, grupo de sarcopterígios que viveu há 400 milhões de anos e dos quais teria surgido a linha tetrápoda. **(Fig. 26.10)**

HOBERMAN COLLECTION/UIG/GETTY IMAGES

Figura 26.10 *Latimeria chalumnae*, o celacanto. Esse animal pode chegar a cerca de 2 m de comprimento e 100 kg de massa corporal. Os celacantos eram considerados extintos até a captura, em 1938, na costa leste da África, de um exemplar da espécie mostrada na fotografia.

A base carnosa das nadadeiras peitorais e pélvicas dos peixes sarcopterígios primitivos, sustentada por um esqueleto ósseo interno, permitia que eles se apoiassem no solo com as nadadeiras e "caminhassem" pelo fundo de rios e lagos. Esse modo peculiar de movimentação teria permitido aos peixes sarcopterígios realizar incursões à terra firme, em busca de alimento e de aquecimento solar.

Gradativamente, no processo de evolução, foram selecionados os indivíduos com características mais adaptadas ao meio aéreo; suas nadadeiras evoluíram, dando origem a membros semelhantes a pernas. Teriam surgido, então, os tetrápodes, entre 408 Ma e 360 Ma. Em uma região ao sul da Polônia há pegadas fósseis deixadas por um tetrápode primitivo que teria vivido por volta de 397 Ma. Trata-se da mais antiga evidência de um vertebrado de terra firme, 18 milhões de anos anterior aos mais antigos ossos de tetrápodes fossilizados. **(Fig. 26.11)**

CECÍLIA IWASHITA

Figura 26.11 Representação esquemática comparando os esqueletos das nadadeiras lobadas de um peixe sarcopterígio e as pernas de um anfíbio primitivo.

Breve história dos anfíbios

Acredita-se que os primeiros anfíbios surgiram no período devoniano, provavelmente a partir de uma linhagem de sarcopterígios. Os anfíbios foram os primeiros vertebrados a habitar a terra firme, mas não a conquistaram totalmente, pois sua reprodução continuou dependente do meio aquático. Ainda hoje os óvulos e os espermatozoides da maioria dos anfíbios são eliminados na água e a fecundação ocorre fora do corpo da fêmea; o zigoto desenvolve-se em uma forma larval tipicamente aquática, que apresenta respiração branquial. É somente na metamorfose que esses anfíbios desenvolvem pulmões e outras características que lhes permitem viver em terra firme.

Após o segundo grande evento de extinção em massa, entre 375 Ma e 360 Ma (final do período devoniano), ocorreram grandes mudanças climáticas que contribuíram para a expansão e a diversificação dos anfíbios.

No início do período carbonífero o clima ficou mais quente e mais úmido, o que permitiu o desenvolvimento de grandes florestas, constituídas de musgos e pteridófitas arborescentes. A vegetação propiciou a proliferação de artrópodes de terra firme e a abundância de alimento para os anfíbios. Há evidências de que nessa época havia libélulas gigantes, que podiam atingir até 65 centímetros de envergadura.

Por dezenas de milhões de anos, do final do período carbonífero ao começo do período permiano, os anfíbios foram os animais dominantes em terra firme. Por esse motivo o período carbonífero é conhecido como "idade dos anfíbios". Algumas espécies anfíbias chegavam a atingir 9 metros e eram predadoras vorazes. **(Fig. 26.12)**

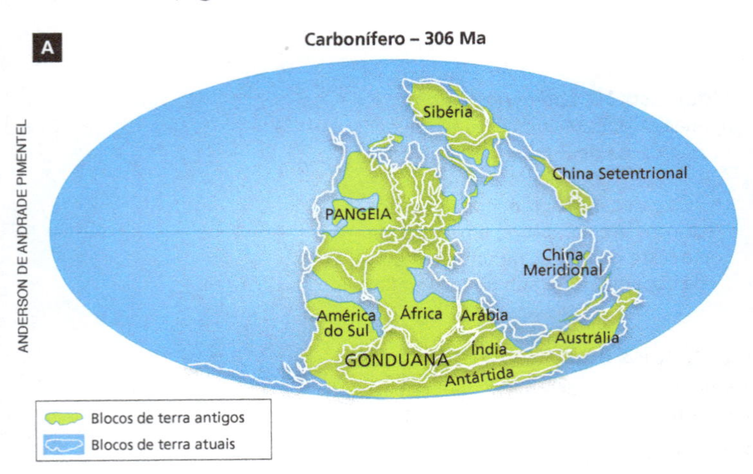

Figura 26.12 A. Mapa-múndi de 306 Ma mostrando os continentes da época e sua relação com as áreas que formam os continentes atuais. B. Representação artística de um cenário típico do período carbonífero, com anfíbios de 2 m de comprimento e 90 kg de massa corporal; a maior espécie conhecida chegava a 9 m de comprimento.

O declínio dos anfíbios ocorreu no período permiano (298,9 Ma-252,2 Ma), sendo atribuído principalmente a mudanças climáticas globais que causaram aridez na maior parte dos ambientes de terra firme. Ocorreu então uma terceira onda de extinção em massa, a maior de todas, que teria aniquilado entre 90% a 96% de todas as espécies viventes, encerrando o sucesso dos anfíbios.

Um único grupo de anfíbios sobreviveu à essa grande extinção e teria originado as três ordens atuais: Anura (rãs, sapos e pererecas), Caudata ou Urodela (salamandras) e Gymnophiona ou Apoda (cobras-cegas ou cecílias). As espécies atuais de anfíbios, cujo tamanho varia entre 7,7 milímetros da rã da Nova Guiné (*Paedophryne amauensis*) e 1,8 metro da salamandra gigante da China (*Andrias davidianus*), têm aspecto bem diferente das espécies pré-históricas, como *Prionosuchus plummeri*, que viveu em terras brasileiras em meados do período permiano. **(Fig. 26.13)**

Figura 26.13 Diversidade de anfíbios. **A.** Representação artística do anfíbio extinto *Prionosuchus plummeri*, que podia atingir cerca de 9 m de comprimento. **B.** Sapo-cururu do gênero *Rhinella*. **C.** Salamandra-de-fogo (*Salamandra salamandra*). **D.** Cecília da espécie *Gymnophis multiplicata*.

Certas evidências atribuem a extinção em massa ocorrida entre os períodos permiano e triássico à queda de um asteroide ou cometa, apesar de não ter sido encontrada nenhuma cratera que testemunhe o impacto. Outra explicação para a extinção é a ocorrência de intensa atividade vulcânica na época, evidenciada por extensas áreas de rochas vulcânicas formadas por volta de 251 Ma em regiões da Sibéria, na Rússia. Alguns cientistas conciliam as duas explicações, admitindo que o impacto de um grande corpo celeste pode ter desencadeado o intenso vulcanismo.

Origem e evolução dos répteis

A conquista definitiva do ambiente de terra firme pelos animais deu-se com o surgimento dos anexos embrionários, estruturas associadas ao embrião e que permitiram o desenvolvimento embrionário fora da água. O **ovo amniótico**, isto é, em que se desenvolvem anexos embrionários, foi uma novidade evolutiva que contribuiu definitivamente para o sucesso dos répteis, das aves e dos mamíferos, animais reunidos sob a denominação de **amniotas**, referente ao âmnio, um dos anexos embrionários e que envolve o embrião e os outros anexos.

Os répteis provavelmente surgiram no período carbonífero a partir de uma linhagem de anfíbios. Uma série de pegadas encontradas na província de Nova Escócia, no Canadá, em rochas com 315 milhões de anos, é atribuída a *Hylonomus lyelli*, o mais antigo réptil conhecido. Era um animal pequeno e provavelmente muito semelhante a um lagarto moderno. **(Fig. 26.14)**

JANE BURTON/WARREN PHOTOGRAPHIC/GETTY IMAGES

Figura 26.14 Representação artística de *Hylonomus lyelli*, réptil extinto que media cerca de 20 cm de comprimento da cabeça à cauda.

Os primeiros répteis tinham tamanho pequeno e importância discreta na fauna, amplamente dominada pelos anfíbios de grande porte. Acredita-se que esse quadro se alterou devido a uma profunda mudança climática, que tornou o clima do planeta extremamente seco, devastando florestas e causando a extinção de muitas plantas e animais. Esse evento, conhecido como "colapso das florestas úmidas do período carbonífero", ocorreu por volta de 305 Ma, quando grande parte da terra firme do planeta se localizava na região equatorial e era coberta por vasta floresta tropical.

A mudança climática levou à fragmentação da antes extensa área de floresta em pequenas "ilhas" de vegetação, separadas por regiões áridas e inóspitas. Populações de répteis isoladas nessas ilhas de floresta evoluíram de modo independente, diversificando-se e aumentando em importância.

Répteis que inicialmente se alimentavam de insetos e de peixes desenvolveram novas estratégias alimentares, diversificando-se em inúmeras espécies, de vários tamanhos e formas corporais. Grande parte do período permiano (cerca de 40 milhões de anos) foi dominada por um grupo de répteis conhecidos como pelicossauros, com espécies que atingiam 3 metros ou mais de comprimento.

Em meados do período permiano surgiu um grupo de répteis da ordem Therapsida, que se diversificou e se expandiu, substituindo os pelicossauros como o grupo dominante em terra firme. Embora boa parte dos terapsidas tenha sido aniquilada na extinção ocorrida entre os períodos permiano e triássico, o grupo persistiu até o início do período cretáceo, quando se extinguiu quase por completo. Entretanto, foi a partir de uma linhagem sobrevivente de terapsidas que teriam surgido os mamíferos.

Os arcossauros, uma linhagem de répteis surgida no final do período permiano ou início do período triássico, rapidamente se tornou o grupo de vertebrados dominante em terra firme. Os arcossauros dividiram-se em quatro grupos principais: os dinossauros (ordens Ornithischia e Saurischia), que ocuparam os ambientes de terra firme; os pterossauros (ordem Pterosauria), que dominaram os ares; os ictiossauros (ordem Ichthyosauria) e os plesiossauros (ordem Plesiosauria), que foram predadores de destaque nos mares da era mesozoica. Pelo predomínio desses répteis, a era mesozoica ficou conhecida como a "idade dos répteis". **(Fig. 26.15)**

O domínio dos répteis terminou por volta de 66 Ma, na última das cinco grandes ondas de extinção em massa, quando desapareceram cerca de 75% das espécies viventes, entre elas todos os dinossauros. Dos répteis restaram apenas tartarugas, crocodilos e lepidossauros, dos quais descendem os lagartos, as serpentes e as tuataras atuais.

LEONELLO CALVETTI/SCIENCE PHOTO LIBRARY/LATINSTOCK

MARK P. WITTON/SCIENCE PHOTO LIBRARY/LATINSTOCK

DIOMEDIA – NATURAL HISTORY MUSEUM LONDON, UK

ROGER HARRIS/SCIENCE PHOTO LIBRARY/LATINSTOCK

Figura 26.15 Representações artísticas de répteis arcossauros. **A.** Dinossauros do gênero *Gallimimus* sendo perseguidos por um *Tyrannosaurus rex* (ordem Saurischia), que chegava a medir 5 m de altura. **B.** *Lacusovagus magnificens*, pterossauro com cerca de 5 m de envergadura, que viveu há 120 milhões de anos; apesar do grande tamanho, tinha porte médio se comparado aos outros pterossauros, que podiam atingir de 10 m a 11 m de envergadura. **C.** Ictiossauro, animal que viveu entre 245 Ma e 90 Ma, cujo tamanho podia variar de 1 m nas menores espécies a 23 m nas maiores. **D.** Plesiossauro, animal que surgiu por volta de 200 Ma e se extinguiu por volta de 65 Ma, cujo tamanho variava de 2 m nas menores espécies a 15 m nas maiores.

Origem das aves

As aves surgiram no período jurássico, entre 201,3 Ma e 145 Ma, a partir de uma linhagem de dinossauros, e são consideradas remanescentes vivos desses animais. Os especialistas ponderam que aves e répteis atuais, apesar das aparentes diferenças, são essencialmente semelhantes e deveriam ser incluídos na mesma categoria taxonômica.

A presença de pena, por exemplo, não é um caráter exclusivo de aves: novas descobertas paleontológicas têm revelado que existiram no passado diversas linhagens de dinossauros dotadas de penas, entre elas a que originou as aves. É o caso de *Archaeopteryx lithographica*, que viveu no final do período jurássico, por volta de 150 Ma. Apesar do impacto causado pela descoberta do primeiro fóssil de arqueópterix no século XIX, ele não é mais considerado um ancestral direto das aves. Nos últimos anos a descoberta de diversos fósseis de dinossauros dotados de penas, principalmente na China, aumentou a controvérsia sobre o grupo ancestral das aves. **(Fig. 26.16)**

No final do período cretáceo as aves apresentavam muitas de suas características atuais. Após a última grande onda de extinção em massa, as aves se diversificaram e passaram a explorar com sucesso os ambientes aéreos, de terra firme e aquáticos.

Origem e evolução dos mamíferos

Como já foi mencionado, acredita-se que os mamíferos tenham surgido por volta de 220 Ma a partir de um grupo de répteis terapsidas. Os primeiros mamíferos eram animais de pequeno porte, a maioria com menos de 5 centímetros de comprimento, que se alimentavam principalmente de insetos. Devido à sua boa sensibilidade olfativa e auditiva, os mamíferos primitivos desenvolveram hábitos noturnos, ficando assim menos expostos à predação por répteis, animais de hábitos diurnos. Os hábitos e o pequeno tamanho dos mamíferos contribuíram para a seleção de inovações no isolamento corporal e na regulação térmica, como o desenvolvimento de pelos e da endotermia, que é a capacidade de manter a temperatura corporal relativamente estável.

Atualmente admite-se que a linhagem ancestral de mamíferos originou, em um primeiro momento, os **monotremados**, mamíferos ovíparos cujos embriões se desenvolvem dentro de um ovo amniótico, fora do corpo da mãe. Em seguida teriam surgido os mamíferos marsupiais e os placentários. Nos **marsupiais** o desenvolvimento embrionário começa no interior do trato reprodutor feminino, mas os embriões abandonam precocemente o corpo da mãe e arrastam-se para uma bolsa externa na pele – o marsúpio – que encobre os mamilos da fêmea. No marsúpio os embriões terminam o desenvolvimento alimentando-se do leite materno. Nos **mamíferos placentários** o embrião completa seu desenvolvimento no interior do útero materno, recebendo alimento e eliminando excreções pela placenta.

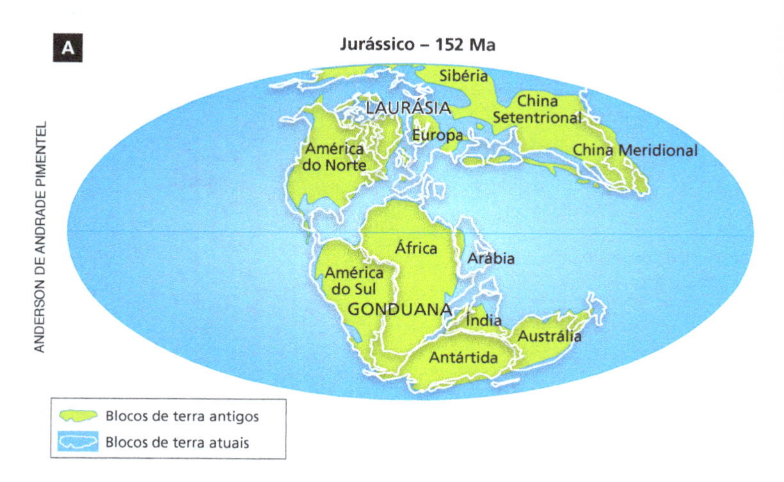

Figura 26.16 **A.** Mapa-múndi de 152 Ma mostrando os continentes da época e sua relação com as áreas que formam os continentes atuais. **B.** Fóssil de *Archaeopteryx lithographica* com 150 milhões de anos, encontrado na Alemanha.
C. Representação artística de *A. lithographica*, que podia atingir 1 m de comprimento e 4 kg de massa corporal. Esse animal difere das aves por não ter ossos com cavidades preenchidas por ar (ossos pneumáticos), por ter membros e pelve tipicamente reptilianos e por apresentar dentes e longa cauda.

Breve história dos mamíferos monotremados e marsupiais

Os especialistas admitem que os monotremados apareceram por volta de 200 Ma, mas o momento em que teriam surgido os marsupiais e os placentários ainda é motivo de grande controvérsia. Até o final do século XX o registro fóssil sugeria que essas duas linhagens de mamíferos tinham se separado por volta de 125 Ma; por outro lado, a comparação entre o material genético de espécies viventes levava a supor que a separação foi bem mais antiga, por volta de 175 Ma. Recentemente, concordando com a estimativa molecular, encontrou-se um fóssil de mamífero placentário datado em 160 milhões de anos de idade. **(Fig. 26.17)**

MARK A. KLINGER/CARNEGIE MUSEUM/DAPD/AP PHOTO/GLOW IMAGES

Figura 26.17 Representação artística do esqueleto e do corpo de *Juramaia sinensis*, mamífero placentário insetívoro que viveu por volta de 160 Ma. Esse animal media cerca de 6 cm de comprimento do focinho ao início da cauda e tinha aproximadamente 15 g de massa corporal. O fóssil, descrito em 2011 na revista *Nature*, foi encontrado na China, em rochas que datam do período jurássico.

Os monotremados, representados atualmente apenas por uma espécie de ornitorrinco e por quatro espécies de equidnas, vivem apenas na Austrália e na Nova Guiné. Entretanto, é possível que o grupo já estivesse amplamente distribuído no início de sua evolução, o que é sugerido por um fóssil de monotremado encontrado na Argentina. A escassez de fósseis desse grupo permite poucas inferências a respeito de sua história evolutiva.

O documentário fóssil de marsupiais, por outro lado, possibilita uma reconstrução histórica bem mais consistente, apesar do local de origem do grupo ainda ser motivo de grandes discussões entre os especialistas. A maioria dos fósseis de marsupiais da era mesozoica tem sido encontrada na América do Norte e na Ásia. O fóssil mais antigo, descoberto na China em 2003, é de um pequeno animal (*Sinodelphys szalayi*) com 15 centímetros de comprimento e cerca de 30 gramas, que viveu por volta de 125 Ma.

Marsupiais e placentários floresceram na América do Norte entre 115 Ma e 66 Ma, quando ocorreu a última das cinco grandes extinções em massa, que marca o limite entre os períodos cretáceo e paleógeno.

A explicação para essa onda de extinção em massa é a queda de um cometa ou asteroide na região de Chicxulub, na península de Yucatán, no México. Acredita-se que a extinção não tenha sido consequência direta do impacto, mas de desdobramentos do evento, como incêndios em escala planetária e meses de escuridão devido à poluição atmosférica, o que exterminou grande parte da vegetação. Com isso a maioria das teias alimentares entrou em colapso. Novas evidências sugerem que o impacto do asteroide provocou erupções vulcânicas onde é atualmente a Índia, com fortes influências sobre o clima de todo o planeta. Teriam sido necessários milhares ou centenas de milhares de anos para o restabelecimento dos ecossistemas, com espécies descendentes das sobreviventes ocupando os ambientes agora desocupados devido à extinção. Grupos de seres vivos até então marginalizados, então livres dos competidores, puderam se diversificar e se expandir, mudando dramaticamente o cenário biológico do planeta. **(Fig. 26.18)**

A

ANDERSON DE ANDRADE PIMENTEL

B

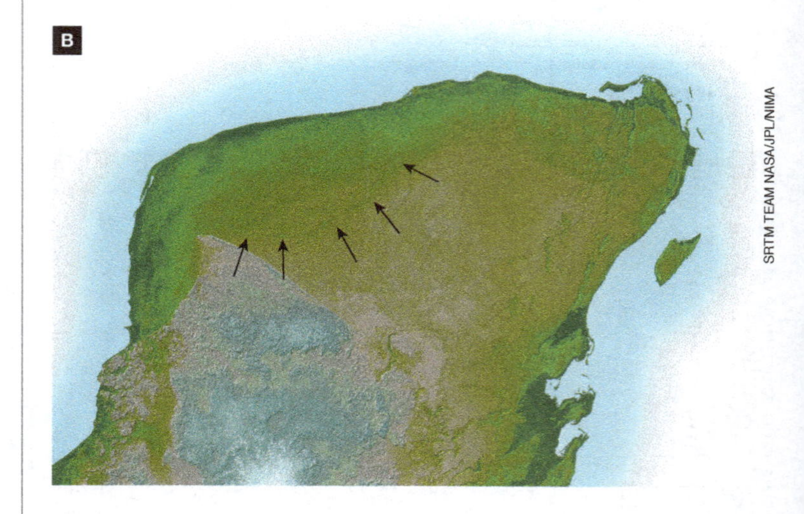

SRTM TEAM NASA/JPL/NIMA

Figura 26.18 A. Mapa-múndi de 66 Ma mostrando a distribuição dos continentes na época e sua relação com as áreas que formam os continentes atuais. A seta indica a região de Chicxulub, na península de Yucatán, no México, onde supostamente ocorreu o impacto com o cometa ou asteroide que teria causado a extinção dos dinossauros. B. Mapa topográfico da península de Yucatán produzido com dados coletados por sistema de radares da Nasa, em 2000. Na parte superior esquerda da imagem há uma linha tênue em verde-escuro (apontada pelas setas), que indica a possível borda da cratera provocada pelo impacto do corpo celeste em Chicxulub.

Há evidências de que no final do período cretáceo os marsupiais se expandiram para a América do Sul. Pouco tempo depois eles praticamente se extinguiriam em toda a América do Norte e a Eurásia.

Na América do Sul os marsupiais se diversificaram, ocupando ambientes ainda não ocupados por placentários. Um exemplo é o *Thylacosmilus atrox*, marsupial carnívoro com dentes caninos superiores muito longos que, do final da época mioceno até sua extinção, por volta de 2 Ma, compartilhou o topo dos níveis tróficos com aves predadoras do grupo denominado phorusrhacídeos. **(Fig. 26.19)**

SCIENCE SOURCE/GETTY IMAGES

Figura 26.19 Crânios fossilizados de marsupiais com dentes caninos longos.

Por volta de 60 Ma os marsupiais atingiram a Antártida, que ainda estava ligada à América do Sul e apresentava clima relativamente quente, com áreas de florestas tropicais. Em seguida pequenos marsupiais vindos da Antártida alcançaram a Austrália, através da ligação que ainda existia entre os dois continentes.

Quando os marsupiais chegaram à Austrália, entre 60 Ma e 55 Ma, as florestas tropicais estavam em expansão, o que permitiu rápida diversificação do grupo marsupial, com ocupação dos ambientes que surgiam em decorrência da expansão florestal. A separação subsequente da Antártida isolou completamente o continente australiano e impediu a entrada de placentários competidores. Assim os marsupiais floresceram, diversificaram-se e ocuparam os mais diversos ambientes em um processo denominado **irradiação adaptativa**.

Breve história dos mamíferos placentários

Após a grande extinção ocorrida entre os períodos cretáceo e paleógeno, em que os animais de grande porte foram dizimados, a superfície terrestre voltou a apresentar condições para a grande expansão e o sucesso evolutivo dos primitivos mamíferos placentários. Estes eram insetívoros de pequeno porte semelhantes a roedores, onívoros de porte médio, bem como herbívoros e carnívoros de porte maior. **(Fig. 26.20)**

CHRISTIAN JEGOU PUBLIPHOTO DIFFUSION/SCIENCE PHOTO LIBRARY/LATINSTOCK

Figura 26.20 Representação artística de cenário do período paleógeno. Nessa época, depois da extinção dos grandes répteis, os mamíferos placentários se diversificaram e se expandiram. Havia animais de diversos tamanhos, mas os maiores não ultrapassavam 3 m de altura.

Na época paleoceno houve grande desenvolvimento da vegetação, com formação de extensas florestas, que possibilitaram e surgimento de mamíferos de grande porte e dos primeiros primatas, os prossímios.

O início da época eoceno foi marcado por um clima quente e úmido, que permitiu o aumento da vegetação, com florestas desenvolvendo-se de polo a polo do planeta; nessa época florestas tropicais provavelmente cobriam o norte da Europa e a América do Norte, com palmeiras crescendo na Groenlândia e no Alasca. Nesse cenário surgiram os primeiros mamíferos placentários modernos, que se espalharam pelo Hemisfério Norte, onde a fauna predominante estava em declínio.

Os oceanos quentes da época eoceno, repletos de peixes, permitiram a evolução de mamíferos aquáticos, como as primeiras baleias (cetáceos) e os primeiros peixes-bois (sirênios).

Por volta da metade da época eoceno o clima tornou-se mais frio e mais seco, com significativa redução das florestas em certas regiões da Terra. No clima mais frio as mudanças estacionais tornaram-se mais marcantes, favorecendo as plantas decíduas, que perdem as folhas no inverno e são, portanto, mais adaptadas às mudanças sazonais. No final da época eoceno o Hemisfério Norte estava coberto por florestas temperadas de árvores decíduas e as florestas tropicais estavam restritas apenas à zona equatorial da América do Sul, da África, da Índia e da Oceania.

Ainda na metade da época eoceno roedores africanos chegaram à América do Sul, provavelmente a bordo de ilhas flutuantes cobertas de vegetação, capazes de cruzar a pequena distância que então separava o Nordeste brasileiro da costa oeste da África. Esses primitivos roedores foram os ancestrais das capivaras, chinchilas, porquinhos-da-índia e porcos-espinho. A mesma rota foi seguida pouco mais tarde pelos primatas, que deram origem aos macacos do Novo Mundo.

Durante a época oligoceno ocorreu grande dispersão das plantas gramíneas tanto no Hemisfério Norte quanto no Hemisfério Sul, abrindo novas oportunidades para os mamíferos herbívoros. Na América do Sul, ainda isolada da América do Norte, desenvolveu-se uma fauna de grandes mamíferos placentários, como o gênero *Pyrotherium*, caracterizado por animais semelhantes a elefantes. Na Ásia vivia o *Indricotherium* sp., o maior mamífero de terra firme que já teria existido. **(Fig. 26.21)**

Figura 26.21 Representação artística de cenário da época oligoceno na América do Norte.

O mioceno foi uma época quente, tanto em relação ao oligoceno, que o precedeu, quanto ao plioceno, que o sucedeu. Áreas com vegetação aberta continuaram em expansão, contribuindo para a diversificação de mamíferos herbívoros corredores e de seus predadores. Acredita-se que nessa época surgiu, na África, a linhagem de primatas que daria origem à espécie humana, como veremos com mais detalhes adiante.

Na época mioceno a fauna de mamíferos placentários era bem semelhante à atual; se pudéssemos nos transportar para aquela época reconheceríamos cavalos, camelos, veados, antílopes, girafas, ursos, hienas, cães, macacos e elefantes, entre diversos outros mamíferos. Exceções eram a Austrália, onde a fauna de mamíferos era composta apenas de monotremados e marsupiais, e a América do Sul, onde, em consequência do isolamento geográfico, continuava a evoluir uma fauna de mamíferos placentários semelhantes a tatus e tamanduás atuais.

Na época seguinte, o plioceno, o clima mundial tornou-se mais frio e mais seco, com estações do ano bem demarcadas. Foi nessa época que se formou o Istmo do Panamá unindo a América do Norte e a América do Sul, o que possibilitou a migração de fauna entre os dois continentes, no chamado "grande intercâmbio americano de fauna". Muitas das espécies da fauna sul-americana se extinguiram com espécies da América do Norte tomando o lugar de algumas delas. Por exemplo, placentários dotados de dentes-de-sabre (grandes caninos) do gênero *Smilodon*, provenientes da América do Norte, substituíram os marsupiais de dentes-de-sabre.

Marsupiais mais especializados, que não competiram com os placentários invasores, sobreviveram e deram origem à atual fauna de marsupiais sul-americanos, como gambás e cuícas. Uma linhagem marsupial retornou à América do Norte e originou a única espécie atual do grupo naquele continente, *Didelphis virginiana*. **(Fig. 26.22)**

TOM MCHUGH/SCIENCE SOURCE/FOTOARENA

Figura 26.22 Representação artística de cenário do plioceno na América do Norte, com destaque para alguns animais típicos dessa época.

Na época pleistoceno o clima foi marcado por repetidos ciclos glaciais, com geleiras expandindo-se a partir dos polos e chegando a cobrir 30% da superfície do planeta. A fauna de mamíferos já era essencialmente semelhante à moderna, porém com animais bem maiores do que seus parentes atuais. Nessa época teria ocorrido a extinção dos homens de Neandertal, que habitavam a Europa. **(Fig. 26.23)**

WALTER MYERS/SCIENCE PHOTO LIBRARY/LATINSTOCK

Figura 26.23 Representação artística de cenário do pleistoceno na América do Norte evidenciando alguns animais dessa época.

Tendo em vista o impacto da espécie humana sobre a vida no planeta, os cientistas propuseram a inclusão de uma nova época na escala geológica, dentro do período quaternário: antropoceno (do grego *anthropos*, humano, e *kainós*, novo). Até 2016 essa proposta ainda não tinha sido referendada pela Comissão Internacional de Estratigrafia. Um aspecto polêmico é sobre sua cronologia. Alguns sugerem que o começo da época antropoceno seja estabelecido por volta de 8 mil anos atrás, quando tiveram início as atividades agrícolas e o estabelecimento de comunidades humanas sedentárias. Outros propõem que seu início seja a Revolução Industrial (século XVIII), cujos desdobramentos são responsáveis por muitas das mudanças ambientais dos últimos dois séculos.

No entanto, o fato é que as atividades humanas têm influenciado o curso da vida na Terra e que são necessárias medidas urgentes para minimizar os efeitos negativos futuros, como o risco de uma nova onda de extinções em massa.

Agora você pode resolver as atividades de 1 a 12, 27, 28, 35 a 37, 40, 41, 43 e 44.

26.2 Nosso parentesco evolutivo com os grandes macacos

Ao voltar para Londres após sua longa viagem ao redor do mundo, Charles Darwin visitou o zoológico para conhecer Jenny, o orangotango, um dos primeiros grandes macacos a ser levado para a Europa. Darwin encantou-se com a inteligência e o humor de Jenny e com a interação amistosa entre o orangotango e seu tratador. O naturalista ficou impressionado com as semelhanças faciais de Jenny às de um ser humano, observando que a jovialidade do macaco lembrava a de uma criança.

Anos mais tarde, em seu livro *The descent of man, and selection in relation to sex* (*A origem do homem e a seleção sexual*), publicado em 1871, Darwin apresentou ideias revolucionárias sobre a origem da espécie humana, destacando nossas semelhanças anatômicas e comportamentais com os grandes macacos. O mesmo já havia sido observado pelo biólogo e anatomista britânico Thomas Henry Huxley (1825-1895).

Darwin e seus seguidores defendiam a ideia de que, num passado relativamente recente, os seres humanos e os grandes macacos tiveram um ancestral comum. Essa ideia não foi bem compreendida na época, levando à interpretação equivocada de que nossa espécie descende diretamente de macacos atuais como gorilas e chimpanzés.

É importante reafirmar que nenhuma espécie atual de macaco foi ancestral da espécie humana. Como vimos no capítulo anterior, a teoria da evolução admite que duas novas espécies surgem por **cladogênese**, ou seja, por diversificação de uma espécie ancestral. Assim, nenhuma espécie moderna descende de outra espécie também moderna. No entanto, o documentário fóssil revela que nossos ancestrais mais antigos tinham feição mais simiesca que humana; se encontrássemos um deles nossa tendência seria considerá-lo um macaco e não um ser humano.

Evidências fósseis, genéticas e moleculares recentes têm reafirmado nossas relações de parentesco evolutivo com os grandes macacos. A classificação e a nomenclatura desses grupos expressam essas relações, como podemos ver a seguir. **(Fig. 26.24** e **Tab. 26.2)**

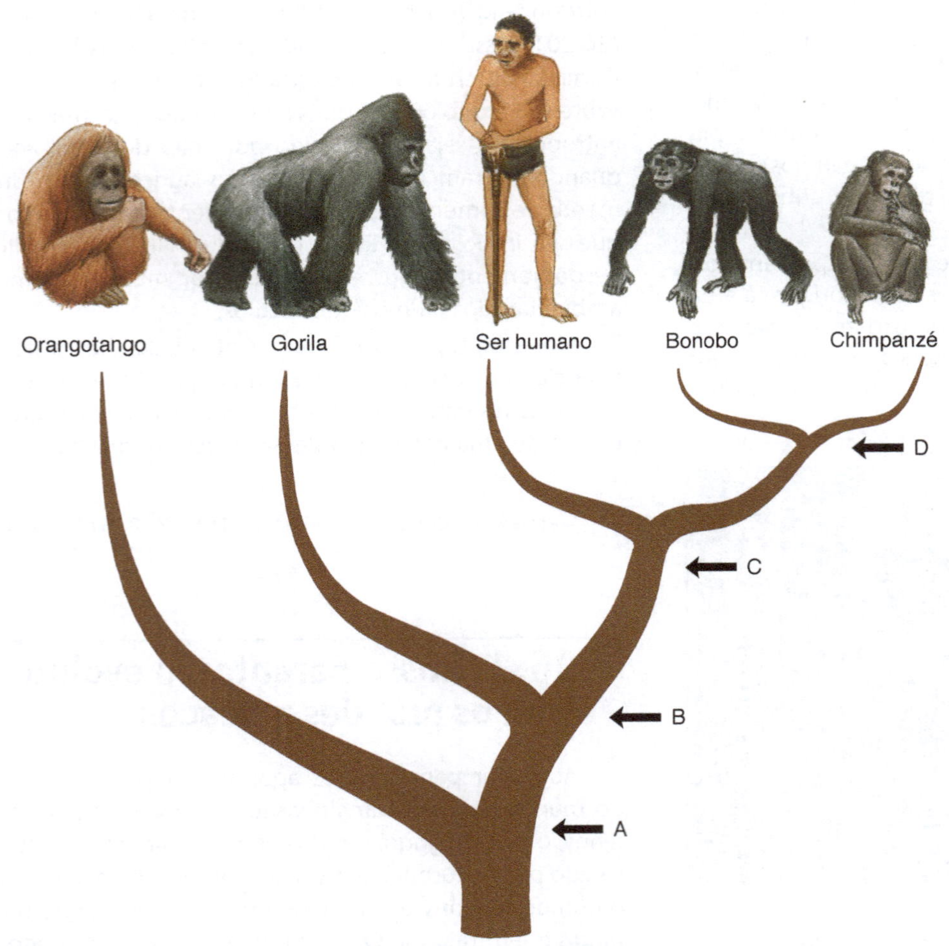

Figura 26.24 Representação da árvore filogenética da espécie humana e das espécies viventes de grandes macacos. As setas identificadas por letras apontam, na árvore, as bifurcações que teriam originado nossa ancestralidade. **A.** Ancestral comum da família Hominidae. **B.** Ancestral comum da subfamília Homininae. **C.** Ancestral comum dos gêneros *Pan* e *Homo*. **D.** Ancestral comum de chimpanzés e bonobos.

Tabela 26.2 Classificação dos primatas

Ordem	Subordem	Infraordem	Superfamília	Família	Subfamília
Ordem Primates	Subordem **Prosimii** ou **Strepshirrini**	Infraordem **Lemuriformes**: lêmures.			
		Infraordem **Lorisiformes**: lóris, gálagos e indris.			
	Subordem **Tarsiiformes**: társios.				
	Subordem **Anthropoidea**	Infraordem **Platyrrhini**: macacos do Novo Mundo (ex.: saguis, macacos-pregos etc.).			
		Infraordem **Catarrhini**			
			Superfamília **Cercopithecoidea**: macacos do Velho Mundo (ex.: babuínos, mandris, colobos etc.).		
			Superfamília **Hominoidea**		
				Famíla **Hylobatidae**: gibão.	
				Famíla **Hominidae**: grandes símios.	
					Subfamília **Ponginae**: orangotangos (gênero *Pongo*).
					Subfamília **Homininae**: gorilas (gênero *Gorilla*), chimpanzés e bonobos (gênero *Pan*) e seres humanos (*Homo sapiens*).

Semelhanças entre seres humanos e grandes macacos

Comparações anatômicas e fisiológicas

Quando comparamos espécies da família hominídea – *Homo sapiens* (espécie humana), *Pan troglodytes* (chimpanzé), *Pan paniscus* (bonobo), *Gorilla gorilla* e *Gorilla beringei* (gorilas), *Pongo abelii* e *Pongo pygmaeus* (orangotangos) –, constatamos muitas semelhanças anatômicas. As principais diferenças referem-se ao tamanho relativo do encéfalo, à capacidade cognitiva, à distribuição de pelos corporais, à dentição e a mudanças anatômicas decorrentes da adaptação de caminhar sobre duas pernas. **(Fig. 26.25)**

Figura 26.25 Uma primatologista utiliza um sistema de símbolos para se comunicar com um bonobo (*Pan paniscus*), no Centro de Pesquisas da Linguagem da Universidade Estadual da Georgia (Estados Unidos, 1998). Os bonobos medem pouco mais de 1 m de altura.

A adaptação tipicamente humana de caminhar de forma ereta sobre as pernas – o **bipedalismo** – levou a diversas mudanças anatômicas no corpo humano em relação ao dos grandes macacos. Estes conseguem agarrar e manipular objetos com os pés, pois têm o primeiro dedo em posição oponível, como em nossas mãos. Em contrapartida os pés humanos são proporcionalmente mais longos e curvos que os dos macacos e, por isso, mais eficientes para suportar o corpo na postura ereta. Nossa coluna vertebral também difere acentuadamente da dos macacos; a coluna do chimpanzé, por exemplo, é um arco simples, enquanto a dos seres humanos apresenta quatro curvaturas, decorrentes da adaptação à postura ereta. **(Fig. 26.26)**

A pelve humana (bacia) é mais curta, mais larga e mais côncava que a dos grandes macacos, adaptações ao modo de caminhar ereto. Nossas pernas, proporcionalmente mais longas, produzem poucos movimentos de "sobe e desce" em uma corrida, o que reduz consideravelmente o gasto energético. Por esse motivo podemos caminhar distâncias maiores com menos dispêndio de energia que um chimpanzé ou um gorila, por exemplo.

Nossa quantidade relativamente pequena de pelos corporais e a abundância de glândulas sudoríparas permitem manter o corpo resfriado durante grandes esforços físicos. É provável que essas características tenham sido selecionadas principalmente devido à competição por alimento entre nossos ancestrais e outros animais caçadores ou comedores de carniça, nas regiões de clima quente onde evoluímos.

As mudanças evolutivas da pelve humana também afetaram o nascimento dos bebês. No parto humano a cabeça e os ombros precisam girar lateralmente para passar pelo estreito canal entre os ossos da pelve. Por isso as mulheres geralmente necessitam de ajuda no parto, enquanto outros primatas dão à luz sem nenhuma assistência.

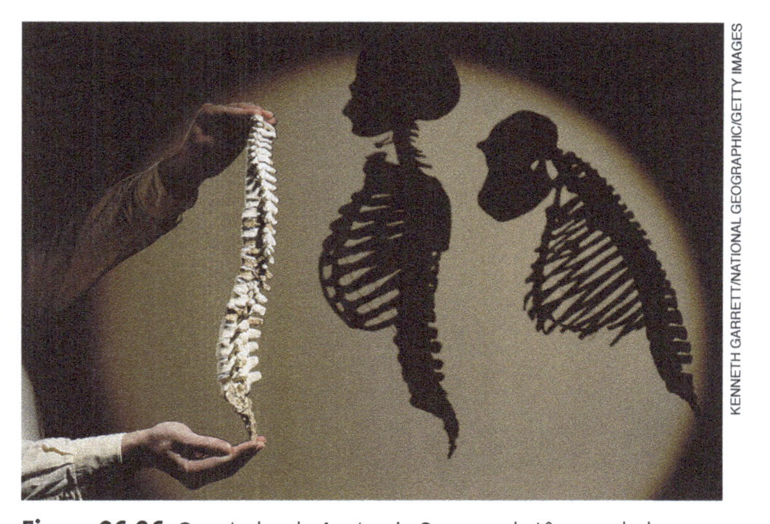

Figura 26.26 Os estudos de Anatomia Comparada têm revelado inúmeras semelhanças entre espécies de hominídeos e grandes macacos, como o chimpanzé. A fotografia mostra, à esquerda, um modelo da coluna vertebral de um australopiteco. As sombras projetadas mostram a coluna vertebral humana (ao centro) e a de um chimpanzé (à direita). Compare as curvaturas de cada uma.

Os recém-nascidos humanos são vulneráveis e necessitam de muitos cuidados dos pais. Chimpanzés recém-nascidos são neurológica e cognitivamente mais desenvolvidos que bebês humanos; entretanto, em menos de seis meses uma criança humana ultrapassa intelectualmente um chimpanzé de mesma idade, pois o desenvolvimento de seu sistema nervoso é mais rápido.

Comparações genéticas

Uma forte evidência do estreito parentesco evolutivo entre a espécie humana e os grandes macacos é a semelhança genética. Embora orangotangos, gorilas e chimpanzés apresentem 48 cromossomos em suas células somáticas ($2n = 48$) enquanto os seres humanos apresentam 46 cromossomos ($2n = 46$), nossos cariótipos são muito parecidos. Uma diferença marcante refere-se a um dos cromossomos metacêntricos humanos (o cromossomo 2), que corresponde a dois cromossomos acrocêntricos dos grandes macacos, fundidos. A explicação é que teria havido uma fusão entre esses dois cromossomos na linhagem que originou a espécie humana, após sua divergência da linhagem dos chimpanzés. **(Fig. 26.27)**

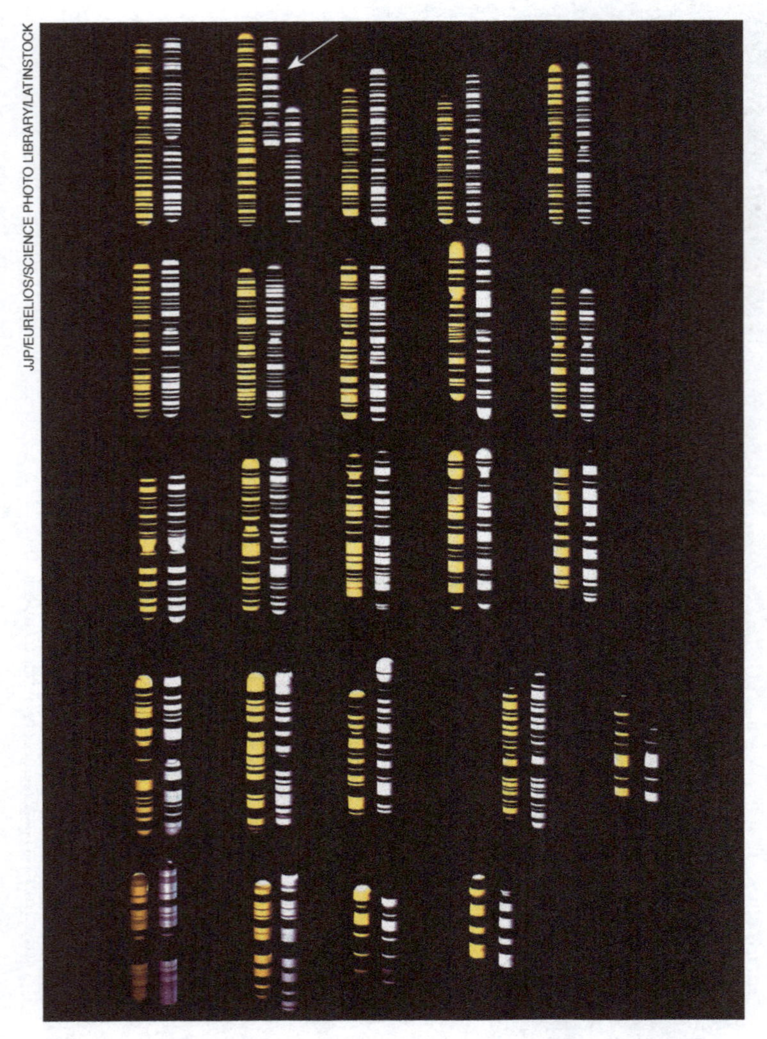

Figura 26.27 Há grande semelhança entre o cariótipo do chimpanzé (cromossomos brancos, à direita em cada par) e o do ser humano (em amarelo, à esquerda), tanto no que se refere aos tipos de genes quanto à sua distribuição ao longo dos filamentos cromossômicos. Uma diferença marcante refere-se ao cromossomo 2 humano, correspondente a dois cromossomos fundidos – 2A e 2B – do chimpanzé (seta).

A revista científica britânica *Nature* de setembro de 2005 apresentou uma comparação genética detalhada entre chimpanzés e seres humanos. Concluiu-se que 96% da sequência de bases nitrogenadas dos genomas das duas espécies é exatamente a mesma; os 4% que diferem nas duas espécies, em sua maioria, referem-se a regiões não codificadoras, isto é, que não contêm genes. Considerando apenas as regiões do DNA que contêm genes, nossa semelhança genética com os chimpanzés chega a 98%. As principais diferenças situam-se em genes relacionados ao controle da fala, da audição, do olfato, das enzimas digestivas e de suscetibilidade a certas doenças.

As diferenças genéticas entre seres humanos e chimpanzés podem ser explicadas pelas diferentes pressões seletivas a que estiveram submetidos nossos ancestrais e os deles, desde sua divergência entre 6 Ma e 8 Ma. Em nossa linhagem essas pressões se traduziram em adaptações à dieta, ao bipedalismo, à fala e ao raciocínio lógico, entre outras.

História evolutiva dos primatas

Classificação, origem e diversificação dos primatas

Os seres humanos fazem parte da classe Mammalia (mamíferos), que compreende animais endotérmicos, dotados de pelos corporais e que se alimentam de leite materno quando filhotes. A espécie humana é classificada, juntamente com prossímios, társios e antropoides, no grupo dos **primatas (ordem Primates)**. A classificação em categorias inferiores à ordem ainda é controversa; aqui, adotamos uma classificação baseada no livro *What Evolution is* (*O que é a Evolução*), de Ernst Walter Mayr, publicado em 2002 (confira novamente na Tabela 26.2 na página 760.).

Estudos genéticos indicam que a linhagem dos primatas divergiu da dos outros mamíferos por volta de 85 Ma. No entanto, os mais antigos fósseis conhecidos de primatas, classificados no gênero *Plesiadapis*, têm entre 55 milhões e 58 milhões de anos de idade. Eram animais que habitavam florestas da Europa e da América do Norte e provavelmente também da África. Na época ocorria grande diversificação das plantas frutíferas – as angiospermas –, e os primeiros primatas logo se adaptaram à vida nas florestas tropicais em expansão, habitando a copa das árvores e suplementando sua dieta insetívora com frutas e folhas. **(Fig. 26.28)**

Figura 26.28 Representação artística de um membro do gênero *Plesiadapis*, considerado o primata mais antigo que se conhece. Esses animais tinham por volta de 60 cm de comprimento e cerca de 2,5 kg de massa corporal, tendo vivido por volta de 60 Ma.

Acredita-se que, no início da época eoceno, entre 50 Ma e 56 Ma, provavelmente em florestas da Europa, surgiram os ancestrais da subordem Prosimii que deram origem aos lêmures (hoje restritos às ilhas de Madagascar e Comores, na costa oriental da África) e aos lóris, gálagos e indris, que vivem atualmente na África e no sul da Ásia. Também nessa época surgiram os ancestrais da subordem Tarsiiformes, à qual pertencem os társios, que atualmente vivem no sudeste da Ásia. As relações de parentesco evolutivo e a classificação desses primatas ainda são muito controversas. **(Fig. 26.29)**

PETE OXFORD/MINDEN PICTURES/FOTOARENA

A

40 cm

Figura 26.29 **A.** Lêmure da espécie *Lemur catta*. **B.** Gálago da espécie *Galago senegalensis*. **C.** Társio da espécie *Tarsius syrichta*. **D.** Lóri da espécie *Loris tardigradus*. Esses animais são primatas, como os macacos e os humanos, mas pertencem a subordens distintas. (Na descrição do tamanho dos animais não foi considerada a cauda.)

Os **antropoides**, ou **macacos**, como são chamados os representantes da subordem Anthropoidea, surgiram há pelo menos 45 Ma. Acredita-se que as primeiras espécies desse grupo tenham vivido no sul da África, em ambiente arbóreo, alimentando-se principalmente de folhas e frutos. Entre o final da época eoceno e o início do oligoceno divergiram duas linhagens de macacos: Platyrrhini e Catarrhini.

Os platirrinos (infraordem Platyrrhini, do grego *platys*, achatado, e *rinós*, nariz) são macacos que habitam atualmente a América do Sul e a América Central, por isso são chamados macacos do Novo Mundo.

Acredita-se que seus ancestrais tenham atravessado o oceano Atlântico em jangadas naturais e invadido o continente sul-americano. Nessa época, além da maior proximidade entre a África e a América do Sul, o nível do mar era bem mais baixo que o atual. Algumas cadeias de montanhas, hoje submersas pelo oceano Atlântico, teriam então ficado expostas como ilhas, facilitando a dispersão dos macacos originários do continente africano.

Os catarrinos (infraordem Catarrhini, do grego *katá*, para baixo, e *rinós*, nariz) compreendem atualmente as superfamílias Cercopithecoidea (babuínos, mandris, colobos etc., também chamados macacos do Velho Mundo) e Hominoidea (os **grandes macacos**). Apesar de alguns fósseis aparentemente catarrinos terem sido descobertos recentemente na Ásia, há pouca dúvida de que o grupo evoluiu e se diversificou no continente africano. **(Fig. 26.30)**

Figura 26.30 Representantes da subordem Anthropoidea da ordem Primates. De **A** a **C**, macacos platirrinos (infraordem Platyrrhini): **A.** Mico-estrela (*Callithrix jacchus*); **B.** Mico-leão-dourado (*Leontopithecus rosalia*); **C.** Macaco-aranha-peruano (*Ateles chamek*). De **D** a **I**, macacos catarrinos (infraordem Catarrhini): **D.** Babuínos da espécie *Papio anubis*; **E.** Colobo da espécie *Colobus guereza*; **F.** Gibão da espécie *Hylobates moloch*; **G.** Orangotango da espécie *Pongo pygmaeus*; **H.** Chimpanzé (*Pan troglodytes*); **I.** Gorila-das-montanhas (*Gorilla beringei*). Orangotangos, gorilas e chimpanzés pertencem à família Hominidae. (Na descrição do tamanho dos animais das fotografias de **A** a **E** não foi considerada a cauda.)

A descoberta, em 2009, do fóssil descrito como *Saadanius hijazensis*, datado entre 28 Ma e 29 Ma, sugere a ancestralidade comum entre as linhagens cercopitecida (macacos do Velho Mundo) e hominoida (grandes macacos), indicando que esses dois grupos teriam divergido na época oligoceno.

Durante a época mioceno a linhagem hominoida teria se diversificado e espalhado pela África e Europa, como atestam diversos fósseis encontrados nesses continentes. No entanto, fósseis indicativos da divergência entre orangotangos, gorilas, chimpanzés e seres humanos são praticamente desconhecidos. Essas linhagens provavelmente divergiram em ambientes de florestas tropicais, onde as condições do solo e do clima não favoreceram a fossilização. As datas de divergência desses grupos têm sido estimadas com base na similaridade genética entre as espécies viventes.

Datações genéticas recentes indicam que a linhagem ancestral dos orangotangos surgiu entre 12 Ma e 16 Ma. A linhagem ancestral dos gorilas teria surgido entre 7 Ma e 9 Ma, pouco antes da separação entre as linhagens ancestrais dos chimpanzés e dos seres humanos, calculada entre 6 Ma e 8 Ma. **(Fig. 26.31)**

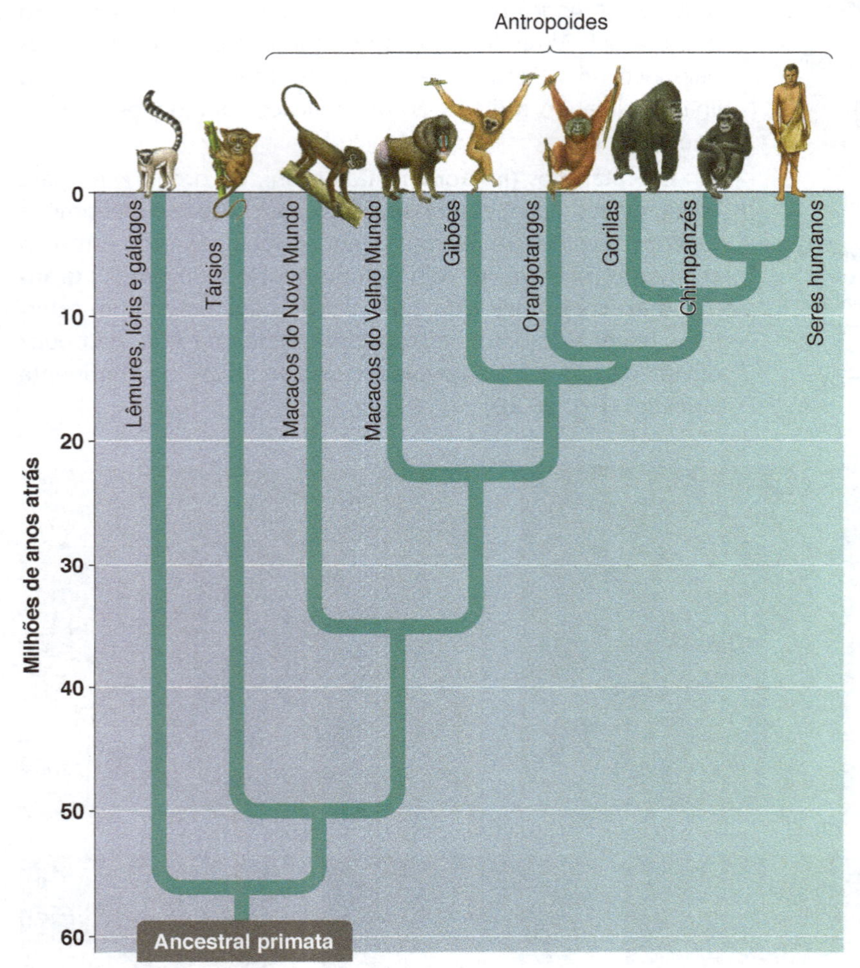

Figura 26.31 Árvore filogenética dos primatas, construída com base em evidências fósseis e genéticas.

Tendências evolutivas entre os primatas

A vida na copa das árvores influenciou fortemente a evolução dos primatas, sobretudo por proporcionar proteção contra os carnívoros predadores que viviam no solo. A vida arborícola, entretanto, exigiu que os primatas se adaptassem a uma dieta essencialmente herbívora, constituída principalmente de folhas, frutos e sementes, e desenvolvessem habilidades de se agarrar eficientemente aos galhos, locomovendo-se com segurança na copa das árvores. Demandou também reduzir o número de filhotes para um ou dois por gestação.

O sucesso adaptativo dos primatas no ambiente arborícola aumentou as chances de sobrevivência do grupo, com aumento da duração do ciclo de vida. Com isso houve mais tempo para cuidar da prole e estabelecer princípios de vida social, características importantes dos antropoides em geral e da espécie humana, em particular.

- ***Primeiro dedo oponível***

Os primatas foram bem-sucedidos em sua estratégia evolutiva por apresentarem, entre outros atributos, membros superiores dotados de ampla rotação e liberdade de movimentos, além de mãos e pés dotados de grande mobilidade e flexibilidade.

As mãos dos primatas conseguem agarrar objetos com força e precisão graças ao **polegar oponível**, assim chamado porque se localiza em posição que lhe permite aproximar-se frontalmente de qualquer outro dedo, atuando como eficientíssima pinça para agarrar. Com essas características nossos ancestrais puderam saltar de galho em galho e explorar ativamente o ambiente arborícola. **(Fig. 26.32)**

TONY CAMACHO/SCIENCE PHOTO LIBRARY/LATINSTOCK

Figura 26.32 O polegar das mãos humanas e o dos bonobos são oponíveis, o que permite pegar objetos com força e precisão.

- ***Visão binocular ou estereoscópica***

Outra aquisição evolutiva dos primatas em sua adaptação à vida nas árvores foi a proximidade entre os olhos, situados na região frontal do crânio, a face. Por estarem nessa posição os dois olhos miram o mesmo objeto com pequena diferença de ângulo visual, permitindo que o cérebro calcule, por triangulação, a distância em que aquele objeto se encontra. Essa capacidade, denominada **visão binocular**, ou estereoscópica, com certeza foi fundamental para a sobrevivência de nossos ancestrais no ambiente arborícola, onde um salto mal calculado poderia ser fatal.

- ***Vida familiar e cuidado com a prole***

Os primatas são, entre os mamíferos, os que dedicam mais tempo em cuidar da prole. A maioria dos primatas tem um único filhote por parto e cuida dele por tempo prolongado. Em relação a todos os outros primatas, a espécie humana é a que alcança a maturidade mais tarde.

Um ser humano leva meses para atingir graus de mobilidade e independência equivalentes aos de um chimpanzé recém-nascido. Assim, os filhos de seres humanos dependem dos pais por um tempo relativamente longo; em contrapartida, durante esse convívio aprendem valores culturais básicos. Essa característica, aliada a um sistema nervoso bem desenvolvido, foi essencial para a evolução cultural da humanidade. **(Fig. 26.33)**

RICHARD DU TOIT/MINDEN PICTURES/FOTOARENA

ANUP SHAH/MINDEN PICTURES/FOTOARENA

JACKF/ISTOCK PHOTO/GETTY IMAGES

Figura 26.33 A vida social desempenha papel importante entre os primatas e é um dos fios condutores de sua evolução. **A.** Babuínos da espécie *Papio ursinus* dedicam muitas horas do dia a atividades sociais, como limpar e alisar o pelo de membros do grupo. **B.** Chimpanzés (*Pan troglodytes*) transmitem ensinamentos aos filhotes. **C.** Na espécie humana, o longo período de juventude e dependência em relação à família possibilita a transmissão cultural dos valores típicos de cada sociedade.

Agora você pode resolver as atividades de 13 a 18, 29 a 32, 42 e 45.

26.3 A ancestralidade humana

Primeiros representantes da linhagem humana

Em seu livro *The descent of man, and selection in relation to sex* (*A origem do homem e a seleção sexual*), publicado em 1871, Charles Darwin previu que seriam encontrados vestígios de ancestrais humanos no continente africano. Ele se baseou no fato de que gorilas e chimpanzés – nossos parentes mais próximos, segundo sua teoria – só estavam presentes na África, onde deviam ter vivido os ancestrais comuns à espécie humana e a esses outros animais.

Na época essas conclusões não foram bem recebidas pelo mundo científico. Além de faltarem evidências para a hipótese de Darwin, havia certa predisposição da cultura europeia em rejeitar a ideia de que o berço da humanidade teria sido o continente africano. Até a década de 1920 fósseis claramente relacionados à ancestralidade humana tinham sido encontrados apenas na Europa e na Ilha de Java, na Indonésia.

Os australopitecos

Foi somente em 1924 que um professor de Anatomia, o australiano Raymond Dart (1893-1988), encontrou na África o crânio fóssil de um hominídeo, classificado como *Australopithecus africanus*. A hipótese de Dart, de que podia se tratar de um ancestral da espécie humana, foi desprezada devido à ampla aceitação do então famoso fóssil do homem de Piltdown que explicaremos a seguir.

Em 1912 o arqueólogo amador britânico Charles Dawson (1864-1916) e o paleontólogo britânico do Museu de História Natural de Londres Arthur S. Woodward (1864-1944) haviam anunciado a descoberta de um fóssil que parecia ser o "elo perdido" da evolução humana, reunindo características dos grandes macacos e dos seres humanos. O achado ocorreu na região de Piltdown, em Sussex, na Grã-Bretanha, e, por isso, ficou conhecido como "homem de Piltdown".

Com a constatação de que o fóssil de Piltdown era uma fraude, as escavações arqueológicas na África adquiriram novo impulso, levando à descoberta de diversas espécies de australopitecos. Hoje se acredita que o gênero *Australopithecus*, surgido por volta de 4 Ma, teve grande dispersão no continente africano, com espécies coexistindo em determinados locais e eventualmente competindo entre si. Os australopitecos extinguiram-se por volta de 2 Ma; uma de suas espécies, porém, parece ter sido a ancestral do gênero *Homo*.

Uma das espécies de australopiteco mais conhecida é *A. afarensis*, que viveu entre 2,8 Ma e 3,9 Ma. Em 1978 o paleoantropólogo estadunidense Donald Johanson (1943-) e sua equipe desenterraram centenas de fósseis dessa espécie na Etiópia. Um dos espécimes, cujo esqueleto estava mais completo, teria pertencido a uma fêmea com cerca de 1,30 metro de altura, que viveu por volta de 3,2 Ma. Esse fóssil foi batizado de Lucy em alusão à canção dos Beatles *Lucy in the sky with diamonds*, que os paleontólogos ouviam em seu acampamento durante os trabalhos de descoberta dos fósseis. A tabela a seguir compara algumas características de *A. afarensis* com as de *A. africanus*. **(Tab. 26.3 e Fig. 26.34)**

Tabela 26.3 Comparação entre duas espécies de australopiteco

Características	*A. afarensis*	*A. africanus*
Altura	1 m a 1,5 m	1 m a 1,4 m
Massa corporal	30 kg a 70 kg	30 kg a 60 kg
Características físicas gerais	Corpo leve e membros flexíveis, provavelmente semelhantes aos de um chimpanzé.	Corpo leve e braços provavelmente longos, talvez com postura mais semelhante à humana.
Forma do crânio	Testa curta e oblíqua; face projetada para a frente; prega óssea sobre os olhos (supraorbital) saliente.	Testa mais larga e alta; face mais curta; prega supraorbital menos saliente.
Volume craniano	400 cm^3 a 500 cm^3	400 cm^3 a 500 cm^3
Dentição	Incisivos e caninos relativamente grandes, separados por um espaço; molares de tamanho moderado.	Caninos pequenos, quase do tamanho dos incisivos; sem espaço entre incisivos e caninos; molares maiores.
Dimorfismo sexual	Machos diferem das fêmeas mais marcadamente.	Machos diferem menos marcadamente das fêmeas.
Distribuição temporal	De 3,9 milhões de anos a 2,8 milhões de anos atrás.	De 2,8 milhões de anos a 2,3 milhões de anos atrás.
Distribuição geográfica	Leste da África	Sul da África

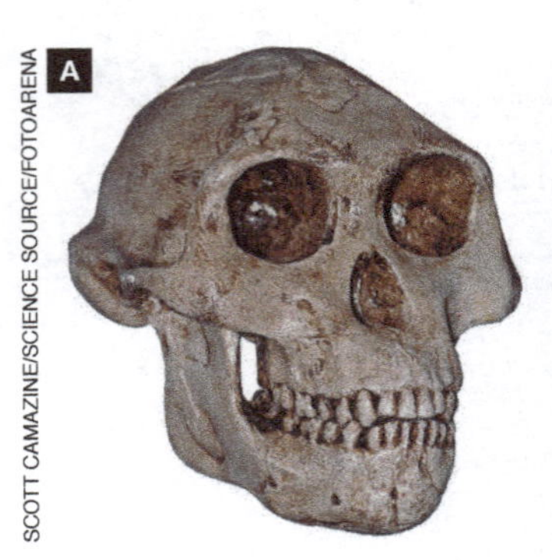

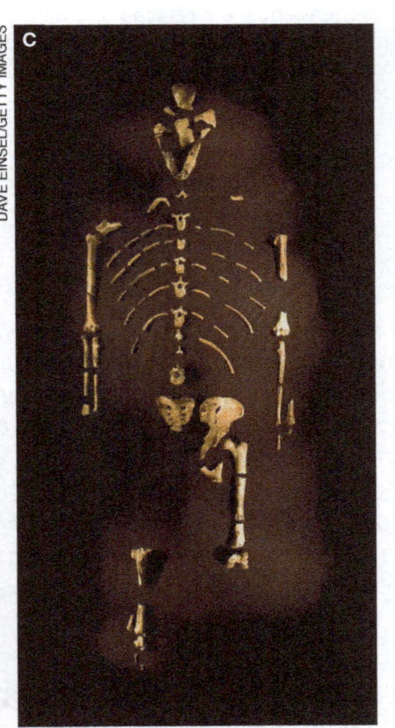

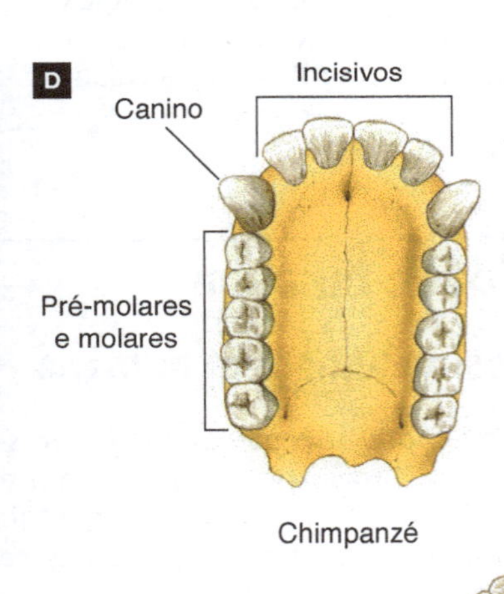

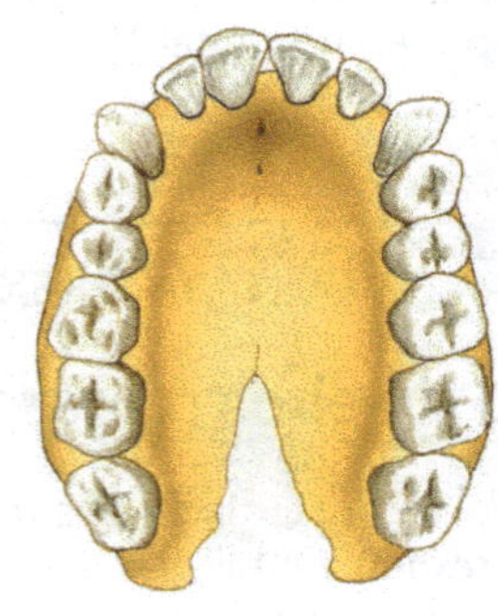

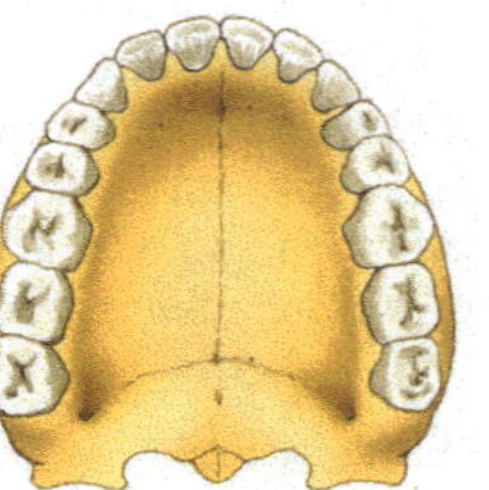

Figura 26.34 A. Modelo do crânio de hominídeo extinto da espécie *Australopithecus afarensis*. B. Representação artística da possível aparência de um casal de australopitecos. C. Esqueleto fossilizado de Lucy, cuja idade foi estimada em 3,2 milhões de anos. D. Representações esquemáticas comparativas das arcadas dentárias superiores de um chimpanzé, de um australopiteco e de um ser humano.

Em 1978, na Tanzânia, a equipe liderada pela arqueóloga e antropóloga britânica Mary Leakey (1913-1996) encontrou um conjunto de pegadas fósseis bem preservadas, deixadas provavelmente por três indivíduos da espécie *A. afarensis* que caminharam sobre cinzas vulcânicas úmidas e fofas, por volta de 3,6 milhões de anos atrás. As pegadas confirmaram o que era sugerido pela forma dos ossos fossilizados da pelve, das pernas e dos pés: *A. afarensis* era bípede e caminhava em posição ereta ou semiereta.

Predecessores dos australopitecos

O documentário fóssil do período inicial da história evolutiva humana, anterior aos australopitecos, era praticamente inexistente até a descoberta, nos desertos do centro e do leste da África, de três espécies de primatas que viveram logo após a divergência das linhagens humana e dos chimpanzés.

Em 1994 foi anunciada a descoberta em Afar Rift, na Etiópia, de fósseis com 4,4 milhões de anos, descritos como *Ardipithecus ramidus*. Esse animal tinha tamanho aproximado ao de um chimpanzé, dentição do tipo humano, crânio pequeno e pernas compatíveis com a postura bípede, apesar de o dedão do pé ser oponível e, portanto, adaptado para agarrar e subir em árvores. **(Fig. 26.35)**

A

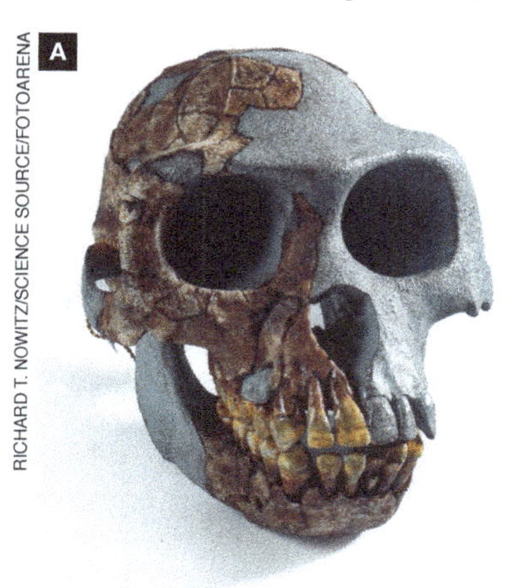

RICHARD T. NOWITZ/SCIENCE SOURCE/FOTOARENA

Figura 26.35 A. Modelo do crânio de *Ardipithecus ramidus*, construído com base em ossos fossilizados encontrados na Etiópia. As partes de cor marrom correspondem aos ossos fossilizados, e as de cor cinza, ao que foi reconstituído. B. Representação artística de uma fêmea de *A. ramidus*.

B

RAUL MARTIN/MSF/SCIENCE PHOTO LIBRARY/LATINSTOCK

Em 2000 foram encontrados alguns dentes e ossos da perna e dos dedos de um fóssil de idade estimada em cerca de 6 milhões de anos, descrito com o nome de *Orrorin tugenensis*. Esses achados sugerem que ele era um animal bípede, mas subia em árvores.

Um crânio fóssil descoberto em 2002, no Chade, pela equipe liderada pelo paleontólogo francês Michel Brunet (1940-) foi descrito como *Sahelanthropus tchadensis*. Segundo seu descobridor esse primata, que viveu entre 6 Ma e 7 Ma, pode ter sido o ponto evolutivo em que nossa ancestralidade divergiu daquela que originou os chimpanzés. Análises detalhadas do fóssil sugerem que *S. tchadensis* era parecido com um chimpanzé, porém com algumas características semelhantes às de humanos, como a face menos projetada para a frente e dentes caninos menores. Supõe-se que, apesar de bem adaptado à vida arborícola, já fazia incursões ao solo.

Tendências adaptativas dos predecessores do gênero *Homo*

Estudos recentes relacionam muitas das características humanas à adaptação de nossos ancestrais aos ambientes arborícolas. Acredita-se que a linhagem que originou os grandes macacos e os seres humanos tenha evoluído nas florestas tropicais africanas, alimentando-se na copa das árvores e raramente descendo ao solo, em um modo de vida semelhante ao dos orangotangos atuais. Ao estágio arborícola sucedeu-se a adaptação da linhagem humana ao ambiente de savana, inicialmente na orla das florestas e, mais tarde, nas savanas abertas.

Evidências geológicas sugerem que, por volta de 8 Ma, ocorreram na África movimentos de placas da crosta terrestre que elevaram as terras planas e fizeram surgir cadeias de montanhas. Com isso o clima no leste do continente africano passou por uma drástica modificação, tornando-se mais quente e seco que o do lado oeste. Na região oeste perduraram florestas exuberantes, onde evoluíram os gorilas e os chimpanzés; enquanto isso, a região leste ficou cada vez mais árida, com expansão de amplas áreas de savana, tipo de campo com vegetação arbórea semelhante à encontrada em certas regiões da África atual.

As árvores da savana, menores que as da floresta e mais distantes entre si, devem ter impossibilitado a movimentação de nossos ancestrais pré-humanos na copa vegetal, como faziam na mata tropical. Acredita-se que nesse ambiente de transição entre florestas e savanas arbóreas tenha evoluído o primeiro grupo de primatas considerados antecessores diretos do gênero humano: os australopitecos. **(Fig. 26.36)**

RAUL MARTIN/MSF/SCIENCE PHOTO LIBRARY/LATINSTOCK

Figura 26.36 Representação artística de cenário de savana arbórea com um grupo de australopitecos.

Os primeiros australopitecos eram capazes de andar eretos ou semieretos nas áreas abertas das savanas, mas provavelmente ainda dependiam do ambiente arborícola para se proteger e se alimentar.

Chimpanzés e bonobos atuais podem caminhar sobre as duas pernas, mas o fazem sem flexionar os joelhos, dobrando o tronco para manter o equilíbrio. Os seres humanos, por sua vez, andam com o corpo completamente ereto e dobram apenas os joelhos ao caminhar. A análise dos esqueletos de australopitecos sugere que eles não andavam de nenhuma dessas maneiras.

Nas savanas mais abertas, os australopitecos tinham ainda menos abrigo que na savana arbórea. As áreas de vegetação mais rala, com amplas pastagens, possibilitaram a colonização por vários tipos de mamíferos herbívoros (gnus, búfalos, girafas, antílopes etc.) e, consequentemente, por seus predadores (leões, leopardos, hienas, cães selvagens etc.); estes provavelmente incluíam nossos ancestrais em sua dieta.

Um grande desafio dos australopitecos era encontrar alimento na savana, mais árida que as florestas tropicais. Isso levou à seleção de um conjunto de adaptações em sua dentição, que passou a permitir a mastigação de alimentos vegetais duros como sementes e raízes. Acredita-se que os australopitecos suplementavam sua dieta básica com carniça, obtida de carcaças abandonadas por leões e guepardos antes de chegarem outros carniceiros, como hienas e abutres.

Origem e evolução do gênero *Homo*

A história da evolução humana foi profundamente marcada pelas mudanças ambientais ocorridas na África, entre o final do plioceno e o começo do pleistoceno. O clima africano tornou-se progressivamente mais seco – semiárido –, o que coincidiu com o início de um período glacial no Hemisfério Norte. As florestas reduziram-se e grande parte das savanas arbóreas transformou-se em savanas abertas, constituídas por árvores e arbustos menores, separados por extensas áreas de gramíneas.

Nesse ambiente desafiador a maioria dos australopitecos se extinguiu, mas em algumas linhagens determinadas características tornaram-se favoráveis à exploração do novo ambiente; foram essas que sobreviveram. Segundo Ernst Mayr, algumas populações de australopitecos devem ter aprimorado mecanismos de defesa para sobreviver, atirando pedras ou transformando outros objetos de madeira em armas. Talvez tenham recorrido a porretes, como fazem os atuais chimpanzés do oeste da África, ou a ramos espinhosos para espantar seus predadores, ou ainda improvisado tambores para assustá-los com o barulho. No entanto, sua melhor defesa foi o fogo.

As pressões seletivas que atuaram sobre os australopitecos nas savanas abertas levaram ao aparecimento de novas linhagens de hominídeos, capazes de fabricar e utilizar ferramentas rudimentares e de se beneficiar do uso do fogo. O grande sucesso dessas linhagens deveu-se, certamente, ao desenvolvimento do sistema nervoso e da inteligência; começavam assim a surgir espécies primatas tipicamente humanas, atualmente classificadas no gênero *Homo*.

No início da década de 1960 os paleoantropólogos britânicos Mary Leakey e seu marido, Louis Leakey (1903-1972) encontraram, na Garganta de Olduvai, no norte da Tanzânia, fósseis de um hominídeo primitivo com características consideradas intermediárias entre os australopitecos e os *Homo erectus* descobertos anteriormente na Ásia. Na região, Louis Leakey já havia encontrado instrumentos de pedra lascada, cuja confecção foi creditada à espécie fóssil recém-descoberta; por essa capacidade artesanal, a espécie foi denominada *Homo habilis*. **(Fig. 26.37)**

BETTMANN/GETTY IMAGES

ALAMY/GLOW IMAGES – THE NATURAL HISTORY MUSEUM, LONDON, UK

Figura 26.37 A. Louis Leakey examinando crânios fossilizados encontrados na Garganta de Olduvai, Tanzânia. Por se supor que essa espécie era capaz de fabricar e usar ferramentas, ela recebeu o nome de *Homo habilis*. **B.** Representação artística de um grupo de *H. habilis* em uma caçada.

Apesar de aparentemente mais inteligentes e dotados de organização social mais sofisticada que australopitecos e chimpanzés, o volume craniano de *H. habilis* – entre 450 centímetros cúbicos e 600 centímetros cúbicos – não era significativamente maior que a deles. Além disso, a suposição de que *H. habilis* tenha sido o primeiro hominídeo a fabricar instrumentos tem sido questionada pela descoberta de objetos de pedra lascada associados a fósseis de *Australopithecus garhi*, datados de 2,6 Ma, cerca de 300 mil anos mais antigos que *H. habilis*, que viveu entre 1,4 Ma e 2,3 Ma. Esses e outros fatos têm levado alguns especialistas a considerar *H. habilis* um australopiteco, defendendo sua reclassificação como *Australopithecus habilis*.

Excluindo *H. habilis*, a mais antiga espécie de nosso gênero seria *Homo rudolfensis*, que viveu na África por volta de 2,5 Ma a 1,8 Ma. Esses hominídeos fabricavam ferramentas e tinham volume craniano entre 700 centímetros cúbicos e 752 centímetros cúbicos, significativamente maior que o dos australopitecos. No entanto, alguns estudiosos sugerem que o próprio *H. rudolfensis* poderia ser considerado um australopiteco, em virtude da aparência simiesca de seu crânio e da provável descendência de antigas linhagens de australopitecos. A tendência mais recente entre os especialistas, contudo, é incluir os rudolfenses no gênero *Kenyanthropus* (*K. rudolfensis*), que alguns paleoantropólogos, como Meave Leakey (1942-), sugerem ter mais parentesco com a linhagem humana do que *A. habilis*.

Emergência e evolução de *Homo erectus*

Há cerca de 2 Ma surgia um novo grupo de hominídeos, classificado como *Homo erectus*. Os primeiros fósseis dessa espécie foram encontrados na Ilha de Java, em 1891, e na China, em 1927. Tudo indica que o *H. erectus*, como todos os hominídeos que o antecederam, tenha surgido na África e depois se expandido para a Ásia e para a Europa. Por acreditarem que havia várias linhagens ou mesmo espécies diferentes desse grupo de hominídeos, alguns cientistas preferem denominá-los "grupo *erectus*". Os fósseis mais antigos do grupo datam de 1,8 Ma, e os mais recentes, de 300 mil anos atrás. Alguns paleontólogos, no entanto, questionam esta última data e afirmam que fósseis mais recentes encontrados na Ásia, com idade entre 80 mil e 100 mil anos, ainda pertencem à espécie *H. erectus*. **(Fig. 26.38)**

VISUALS UNLIMITED, INC./GLOW IMAGES – NATIONAL MUSEUM OF KENYA

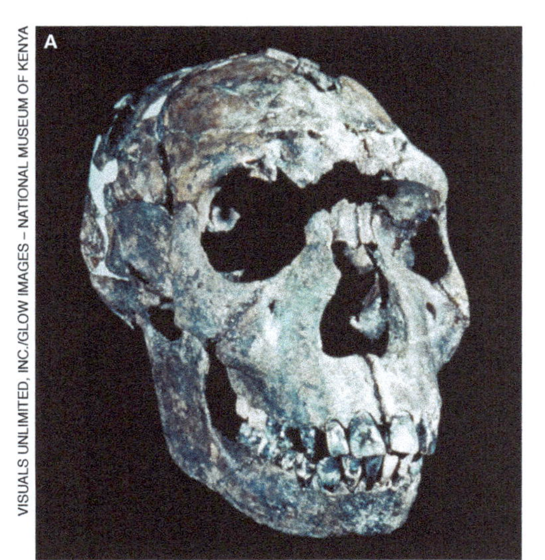

ANDERSON DE ANDRADE PIMENTEL

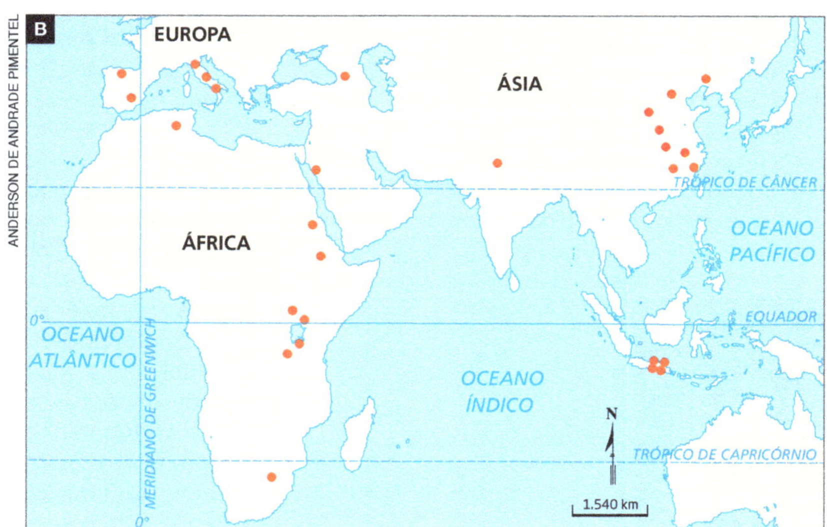

C

CECÍLIA IWASHITA

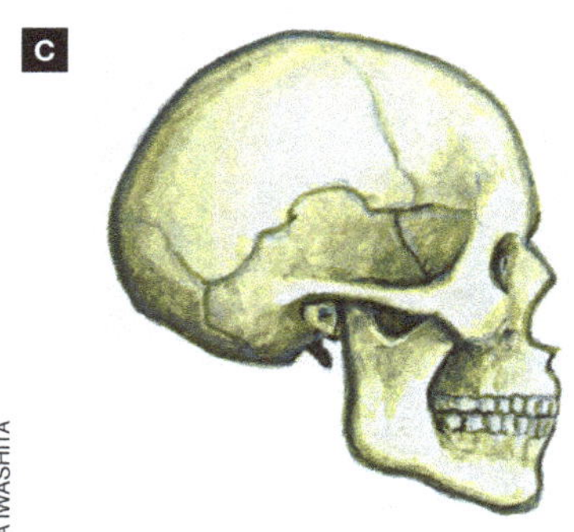

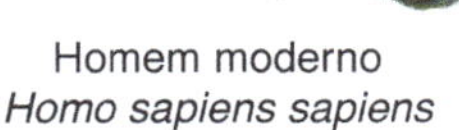

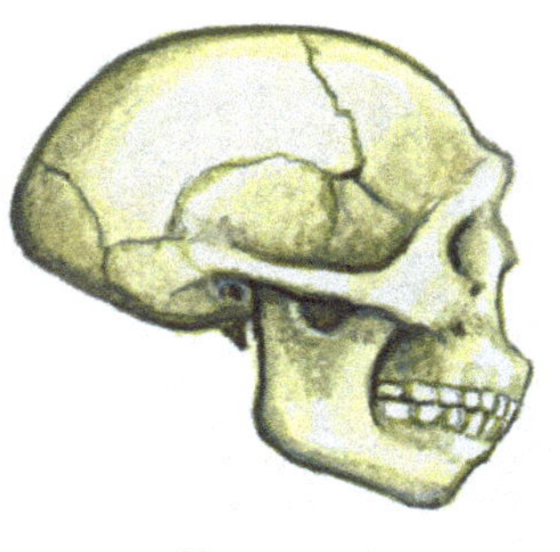

Figura 26.38 **A.** Crânio fossilizado de *Homo erectus*, datado em cerca de 1,6 milhão de anos. **B.** Mapa que mostra a distribuição dos sítios arqueológicos em que foram encontrados fósseis do "grupo *erectus*". **C.** Representação esquemática comparando crânios de *H. erectus* e *H. sapiens sapiens*.

Embora variado, o grupo de populações classificadas como *Homo erectus* tinha por representantes hominídeos de postura ereta e maxilares menos proeminentes que seus antecessores australopitecos. Apresentavam possivelmente entre 1,50 metro e 1,60 metro de estatura e tinham massa corporal entre 55 quilogramas e 85 quilogramas. A testa era baixa, com grandes protuberâncias ósseas em torno das órbitas oculares (pregas supraorbitais), características reveladoras do parentesco com os símios.

Os fósseis mais antigos de *H. erectus* indicam que seu volume craniano era de aproximadamente 850 centímetros cúbicos; fósseis mais recentes têm volume craniano superior a 1.100 centímetros cúbicos, mostrando que, durante o período de existência do grupo *erectus*, houve aumento significativo do tamanho do encéfalo e, provavelmente, da inteligência.

Acredita-se que *H. erectus* tenha sido o primeiro hominídeo a constituir uma sociedade caçadora-coletora semelhante, em termos sociais, à de seres humanos modernos. Para se proteger do frio e dos inimigos, *H. erectus* vestia-se com pele de animais, fazia fogueiras e morava em cavernas. Algumas populações fabricavam ferramentas relativamente avançadas, dotadas de cabos e com diferentes formatos e aplicações variadas. Os *H. erectus* foram provavelmente os primeiros hominídeos a caçar em grupos coordenados, capazes de abater presas de grande porte.

As linhagens do grupo *erectus* que permaneceram na África costumam ser classificadas como *Homo erectus ergaster* ou, simplesmente, *H. ergaster*. Essa dualidade nomenclatural reflete um acirrado debate entre os paleoantropólogos, que ainda não decidiram se *H. erectus* e *H. ergaster* são realmente duas espécies distintas ou se a última é subespécie da primeira. Esse tipo de polêmica é recorrente no estudo da evolução humana, pois não há critérios claros para definir e separar espécies tendo por base o documentário fóssil. A maioria dos fósseis da linhagem humana resume-se apenas a partes de indivíduos, como fragmentos de mandíbula, dentes, pedaços do crânio e dos membros; raramente se encontram fósseis completos. Por isso, reconstituir a estrutura corporal do indivíduo quando vivo exige um estudo exaustivo e rigoroso.

Outra dificuldade dos cientistas é que, mesmo sendo possível reconstituir a aparência de um indivíduo com base em seu fóssil, não se conhece o grau de variação existente naquela espécie, isto é, se o indivíduo fossilizado é representativo ou não de seu grupo. À medida que novos fósseis são encontrados, certas hipóteses são reforçadas e outras têm de ser reformuladas; é assim que o conhecimento científico progride. Com certeza ainda ocorrerão muitas mudanças no quadro da classificação humana que apresentamos neste capítulo.

Voltando à questão do *H. ergaster*, ou *H. erectus* africano, a descoberta de novos fósseis e o aprofundamento dos estudos têm aumentado a aceitação dessa espécie, que teria vivido no leste e no sul da África entre 1,3 Ma e 1,8 Ma. O epíteto específico *ergaster* deriva do grego e significa trabalhador, denotando o fato de esses hominídeos terem fabricado objetos de pedra mais avançados que os produzidos pelas linhagens anteriores. **(Fig. 26.39)**

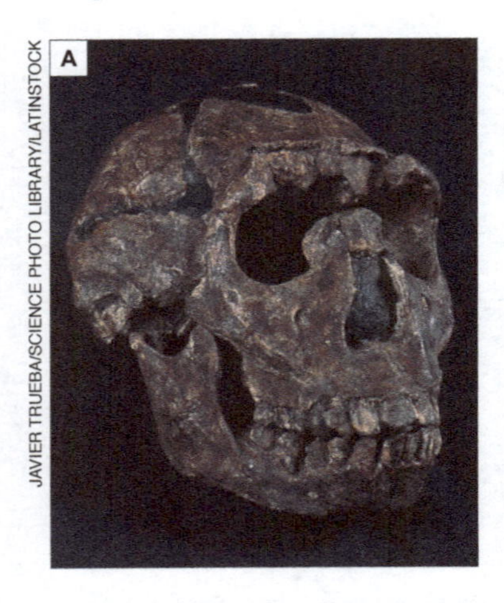

JAVIER TRUEBA/SCIENCE PHOTO LIBRARY/LATINSTOCK

VISUAL&WRITTEN SL/ALAMY/GLOW IMAGES

Figura 26.39 **A.** Crânio fossilizado de *Homo ergaster*, com idade estimada em aproximadamente 1,5 milhão de anos, encontrado no Quênia. **B.** Representação artística da provável aparência facial de *H. ergaster*.

H. ergaster foi possivelmente o ancestral dos hominídeos classificado como *Homo antecessor*. Fósseis dessa primeira linhagem humana da Europa foram encontrados na Espanha em sítios arqueológicos datados entre 0,8 Ma e 1,2 Ma. Calcula-se que os adultos tinham entre 1,60 metro e 1,80 metro de altura, com os machos atingindo cerca de 90 quilogramas de massa corporal. O volume encefálico variava entre 1.000 centímetros cúbicos e 1.150 centímetros cúbicos em média, menor que a média de 1.350 centímetros cúbicos dos seres humanos atuais.

Acredita-se que *H. antecessor* tenha evoluído de uma linhagem de *H. ergaster* que migrou da África para a Europa. Uma hipótese é que essa espécie pode ter se extinguido sem deixar descendentes; outra é que *H. antecessor* e *H. heidelbergensis* constituíam populações de uma única espécie.

Homo heidelbergensis viveu na Europa entre 600 mil e 250 mil anos atrás e seus fósseis indicam que eram um pouco menores que *H. antecessor*, com os machos adultos atingindo em média 1,75 metro de altura e 62 quilogramas de massa corporal. Seu volume encefálico, no entanto, era maior, entre 1.100 centímetros cúbicos e 1.400 centímetros cúbicos em média, mais próximo ao dos seres humanos atuais. **(Fig. 26.40)**

Novas descobertas fósseis podem alterar explicações vigentes para a origem da espécie humana. Por exemplo, na semana em que finalizávamos este capítulo, foi publicado na revista científica *Nature* um artigo com novas descobertas fósseis feitas em uma caverna no Marrocos (continente africano); os achados pertenciam a um espécime do gênero *Homo* datado pelos autores em mais de 300 mil anos. Isso faria recuar em mais de 100 mil anos a última estimativa de surgimento da espécie humana moderna *Homo sapiens sapiens*. Como sempre, há polêmica a respeito da interpretação dos achados. Os autores da descoberta – o franco-algeriano Jean-Jacques Hublin e o marroquino Addelouahed Ben-Ncer – acreditam que os fósseis possam pertencer a um *Homo sapiens*, apesar de apresentarem algumas características arcaicas em seu crânio. Outros, como o paleoantropólogo brasileiro Walter Neves, acreditam que a descoberta possa ser uma forma intermediária entre *Homo heidelbergensis* e *Homo sapiens*. Para ele o achado fóssil preencheria exatamente a lacuna existente na transição entre *H. heidelbergensis* e *H. sapiens* na África.

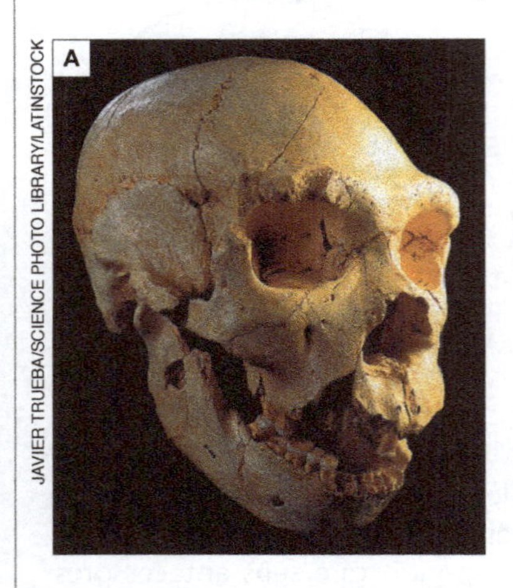

JAVIER TRUEBA/SCIENCE PHOTO LIBRARY/LATINSTOCK

Figura 26.40 **A.** Crânio fossilizado de *Homo heidelbergensis* encontrado em Sierra de Atapuerca, Espanha. **B.** Representação artística da provável aparência facial de *H. heidelbergensis*.

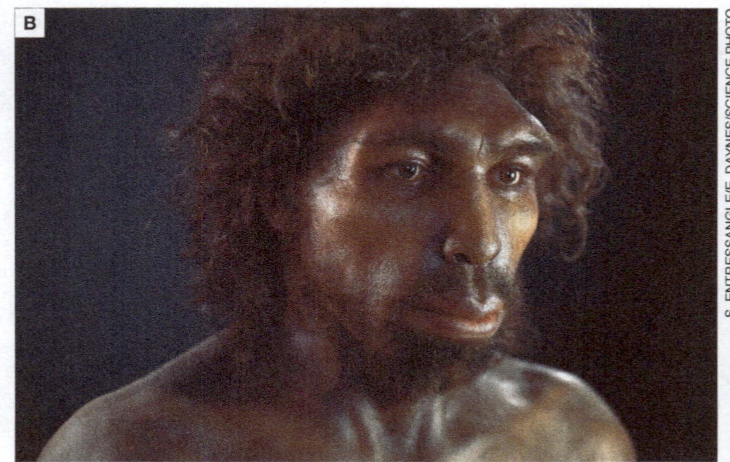

S. ENTRESSANGLE/E. DAYNES/SCIENCE PHOTO LIBRARY/LATINSTOCK – DAYNES STUDIO, PARIS

Os homens de Neandertal

Acredita-se que populações europeias de *H. heidelbergensis* tenham originado, há mais de 400 mil anos, uma linhagem humana cujos fósseis mais conhecidos são os descobertos na Alemanha, no vale de Neander, em 1856. Hoje sabemos que fósseis desses hominídeos já haviam sido descobertos anteriormente, em 1829, em área da atual Bélgica e, em 1848, em Gibraltar.

Na época o significado desses fósseis não foi bem compreendido pelos cientistas; ainda não havia uma teoria que explicasse sua existência e eles foram registrados simplesmente como "seres humanos antigos". Foi apenas após a publicação do livro *A origem das espécies*, de Charles Darwin, que surgiu interesse por aqueles fósseis. Thomas Huxley examinou-os e concluiu que se tratava de uma espécie humana extinta, descrita em 1864 com o nome de *Homo neanderthalensis*. Darwin menciona esse hominídeo em seu livro de 1871, sobre a origem da espécie humana. Atualmente alguns especialistas preferem classificar os neandertalenses como uma subespécie (*H. sapiens neanderthalensis*), embora ainda não haja consenso quanto a isso.

Muitos fósseis descobertos em diferentes regiões da Europa e do Oriente Médio mostram que *H. sapiens neanderthalensis* viveu entre 450 mil e 25 mil anos atrás; nunca foram encontrados fósseis desses hominídeos na África ou na Ásia.

Os neandertalenses tinham corpo atarracado e eram mais fortes que os seres humanos modernos. Os machos tinham entre 1,64 metro e 1,68 metro de altura e cerca de 70 quilogramas de massa corporal; as fêmeas tinham entre 1,52 metro e 1,60 metro de altura e pouco menos de 60 quilogramas. Seu volume craniano – que em alguns fósseis atinge 1.600 centímetros cúbicos – é maior que o dos seres humanos modernos, mas a testa (parte frontal do crânio) é oblíqua, de modo que a maior parte do volume craniano se concentra na região occipital. O rosto dos neandertalenses tinha feições rústicas, com pregas supraorbitais proeminentes e maxilares salientes. As características físicas, como nariz grande, corpo e membros curtos e compactos, indicam adaptação ao clima frio da Europa na época em que viveram. **(Fig. 26.41)**

Os neandertalenses usavam elaboradas ferramentas de pedra, o que sugere que deviam ser bons caçadores, capazes de abater presas de grande tamanho. Matéria vegetal cozida encontrada entre os dentes de um crânio fóssil indica que eles incluíam vegetais cozidos na dieta, contradizendo a hipótese de que eram exclusiva ou predominantemente carnívoros. Certos traços anatômicos indicam que os neandertalenses eram capazes de falar, mas a natureza de sua linguagem não é conhecida. Restos encontrados em um sítio arqueológico no leste da Ucrânia mostram que eles podiam construir abrigos sustentados por ossos de grandes mamíferos que viviam na época.

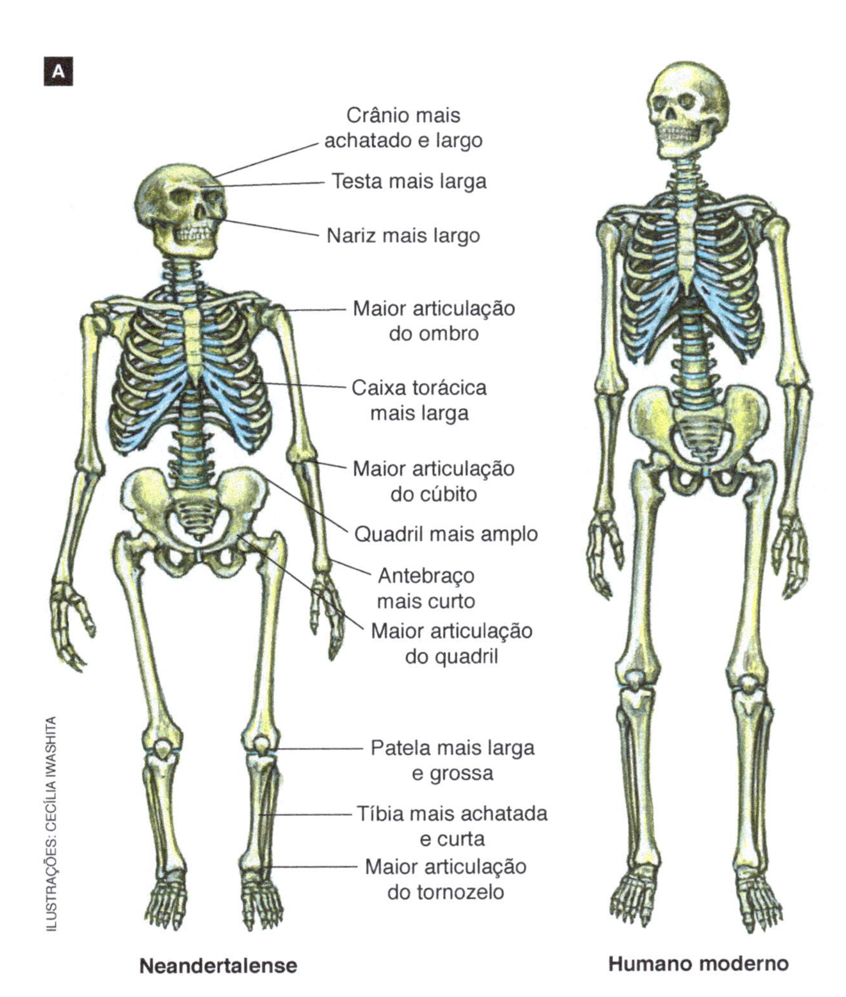

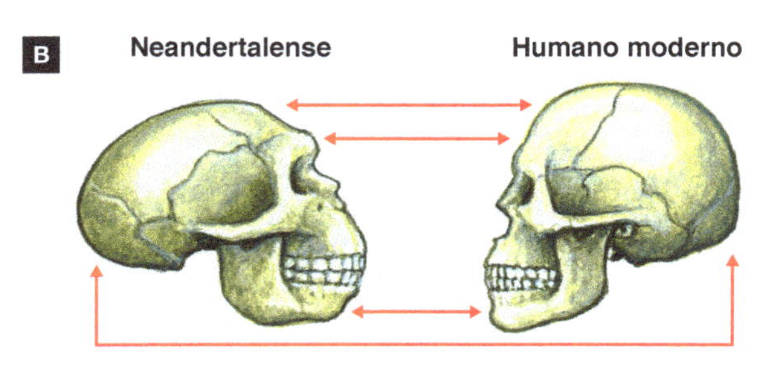

Figura 26.41 A. Representação esquemática das principais diferenças entre os esqueletos de *H. sapiens neanderthalensis* (à esquerda) e *H. sapiens sapiens* (à direita). B. Representação esquemática comparando os crânios de *H. sapiens neanderthalensis* e *H. sapiens sapiens*. As setas indicam, de cima para baixo, a testa mais oblíqua, a prega supraorbital mais desenvolvida, o queixo menos proeminente e a região craniana occipital mais alongada dos neandertalenses em relação ao ser humano moderno. C. Representação artística de um macho de *H. sapiens neanderthalensis*.

A descoberta de esqueletos fósseis de neandertalenses idosos leva a crer que eles tinham uma organização social suficientemente desenvolvida para permitir a sobrevivência até idades relativamente avançadas. Ao menos ocasionalmente eles enterravam os mortos, às vezes com armas, utensílios, comida e enfeites supostamente pertencentes ao falecido. Alguns estudiosos veem nesse fato um indício de que os neandertalenses praticavam rituais fúnebres, talvez relacionados à crença em vida depois da morte; isso, porém, ainda é tema de calorosos debates. **(Fig. 26.42)**

Figura 26.42 **A.** Restos fósseis do esqueleto de um neandertalense em uma câmara de sepultamento, datado de cerca de 50 mil anos, encontrado na França. **B.** Crânio fossilizado de *H. sapiens neanderthalensis*. **C.** Ferramentas de pedra lascada atribuídas a neandertalenses.

O desaparecimento dos neandertalenses do documentário fóssil de 25 mil anos para cá mostra sua completa extinção, que pode ser atribuída tanto a grandes mudanças climáticas quanto à interação com seres humanos modernos – *Homo sapiens sapiens* –, que chegaram ao Oriente Médio e à Europa entre 40 mil e 35 mil anos atrás, provenientes provavelmente da Ásia. Culturalmente mais avançados que os neandertalenses e mais bem adaptados ao clima mais quente da época, competiram com eles levando grande vantagem. **(Fig. 26.43)**

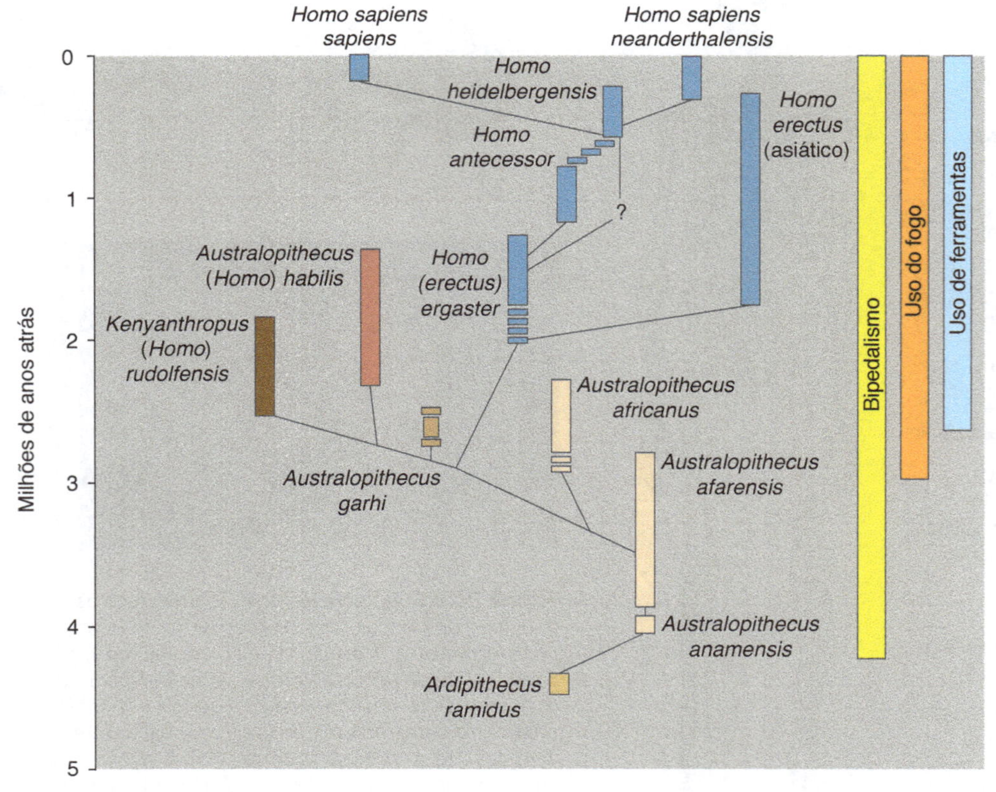

Figura 26.43 Árvore evolutiva relacionando diversos fósseis conhecidos da linhagem humana; os retângulos indicam os períodos aproximados de existência do grupo, e as linhas, possíveis relações de parentesco evolutivo entre eles. Novas descobertas podem alterar essa árvore.

A espécie humana moderna: *Homo sapiens sapiens*

Os primeiros esqueletos fósseis indistinguíveis de um ser humano moderno foram encontrados, em 1868, num abrigo rochoso no sudoeste da França, em Cro-Magnon. Esses fósseis, datados entre 23 mil e 27 mil anos atrás, receberam a denominação informal de povo de Cro-Magnon. Grande número de fósseis descobertos posteriormente em diversas regiões da Europa e da Ásia permitiu concluir que os seres humanos modernos chegaram à Ásia entre 70 mil e 100 mil anos atrás, e ao Oriente Médio e à Europa por volta de 40 mil anos atrás.

Recentemente, em sítio arqueológico no Marrocos (continente africano) datado em mais de 300 mil anos, foram encontrados fósseis considerados como pertencentes à espécie humana atual, apesar de algumas características arcaicas de seus crânios. As descobertas mostram que a espécie humana moderna iniciou sua evolução na África, por volta de 300 mil anos atrás, ou talvez mais, provavelmente a partir de linhagens de *H.* (*erectus*) *heidelbergensis*. Daí teria irradiado para fora da África e colonizado os outros continentes.

Estima-se que humanos modernos oriundos da Ásia chegaram à Austrália entre 60 mil e 50 mil anos atrás, tendo sido os ancestrais dos aborígenes australianos. Quanto à chegada dos seres humanos nas Américas, as polêmicas ainda são grandes; a hipótese mais conservadora admite que grupos humanos provenientes da Ásia atravessaram o Estreito de Bering e chegaram ao continente americano por volta de 14 mil anos atrás. Outras hipóteses admitem diversas migrações, inclusive com etnias diferentes, e que as mais antigas migrações podem ter ocorrido por volta de 40 mil anos atrás. **(Fig. 26.44)**

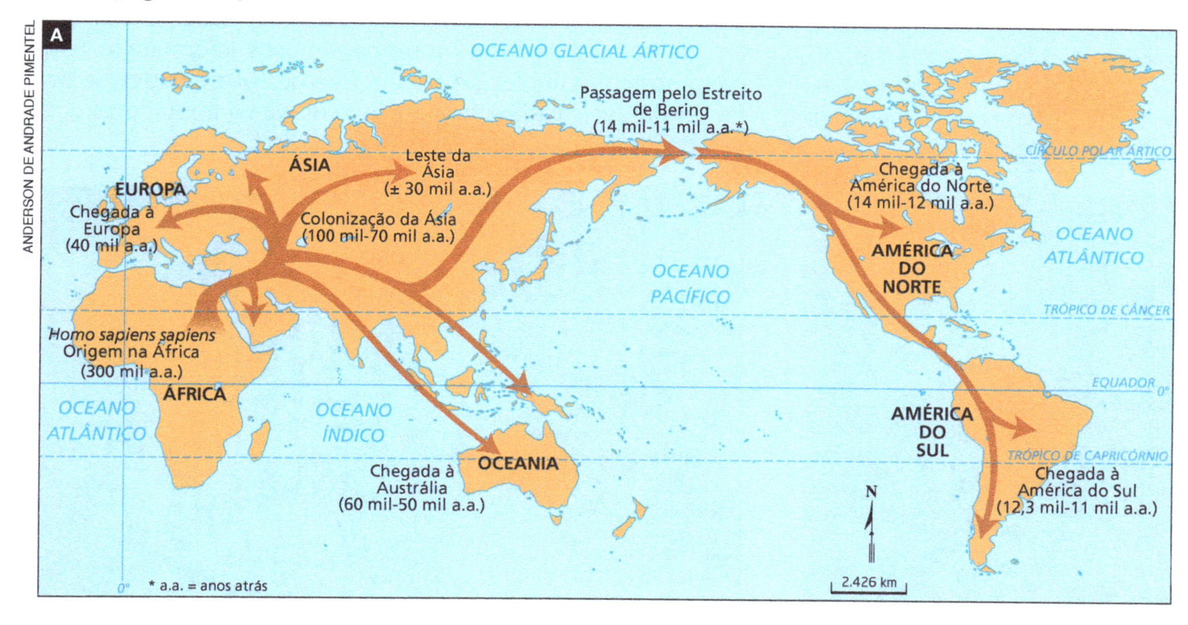

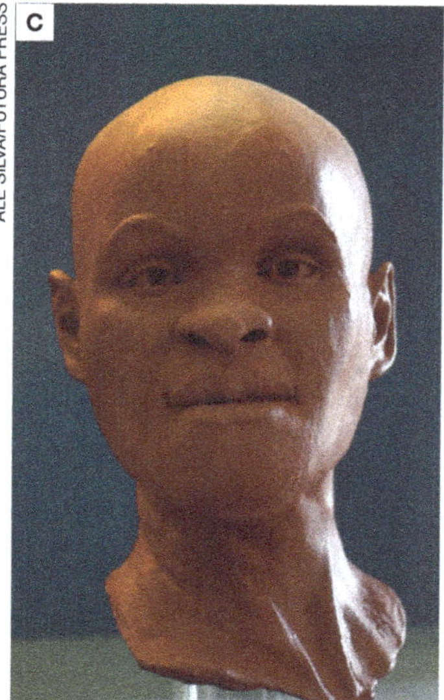

Figura 26.44 **A.** Mapa mostrando as irradiações de *Homo sapiens sapiens*. Segundo a hipótese mais aceita atualmente a espécie humana moderna surgiu na África, possivelmente a partir de *H. heidelbergensis*, de onde se irradiou para as diversas partes do mundo. (Elaborado com base em Neves, W. A. e Hubbe, M., 2003.) **B.** Esqueleto fossilizado de um representante do povo de Cro-Magnon. **C.** Reconstrução artística do rosto de Luzia, considerado o fóssil humano mais antigo da América do Sul, com idade estimada em 11.500 anos. Esse fóssil foi encontrado no sítio arqueológico de Lapa Vermelha, Lagoa Santa, MG.

Evolução e cultura

Na linhagem hominídea, paralelamente à evolução do encéfalo, ocorreu o desenvolvimento da linguagem simbólica. Essa linguagem consiste em associar objetos e eventos do mundo às suas representações mentais – símbolos –, permitindo expressar ideias, experiências e sentimentos.

A linguagem simbólica não é apenas uma forma de expressão, mas está fundamentalmente associada ao próprio processo de pensamento humano. Ela foi a principal inovação evolutiva da linhagem humana e continua a ser a principal fonte de sua criatividade.

O desenvolvimento da linguagem simbólica está intimamente relacionado à evolução do pensamento abstrato, que consiste na representação mental de eventos e objetos sem sua presença concreta. O pensamento abstrato permite relacionar memórias de ocorrências no passado com o presente, possibilitando fazer previsões sobre o futuro. Por exemplo, com base em uma série de memórias sobre os hábitos de um animal, é possível prever como ele poderá reagir em certa situação hipotética. Essa dimensão histórica que o ser humano tem de si mesmo foi e continua a ser fundamental para a evolução de nossa cultura.

Pode-se definir **cultura** como o conjunto de conhecimentos e experiências acumulados pelas populações humanas e transmitidos ao longo das gerações. A cultura também é um processo pelo qual cada pessoa, individualmente, e a humanidade, como um todo, extraem e acumulam conhecimentos a partir das experiências vividas e da reflexão sobre elas.

Talvez o salto mais prodigioso da humanidade rumo ao conhecimento tenha ocorrido com o desenvolvimento da escrita, há cerca de 10 mil anos. Desde então as gerações humanas passaram a deixar para as gerações seguintes informações registradas sobre seu modo de vida e suas realizações. A civilização que hoje conhecemos, com cidades, monumentos, obras artísticas, filosofias, religiões, ciência e tecnologia, só foi possível graças à incrível quantidade de conhecimentos escritos e transmitidos de geração em geração.

O impacto da cultura humana tornou-se mais acentuado a partir da Revolução Industrial, que ocorreu há mais de 200 anos. Desde então o ritmo de evolução cultural e tecnológica acelerou-se, particularmente no Ocidente, levando a humanidade a enfrentar um dos maiores desafios de sua história: conservar o meio ambiente para as gerações vindouras. Embora seja praticamente impossível prever o futuro da humanidade, podemos dizer que a cultura humana dispõe de potencial para resolver seus problemas e para continuar sua história evolutiva no planeta, quem sabe, por muito tempo. **(Fig. 26.45)**

No momento atual estamos vivendo uma revolução sem precedentes na cultura humana, propiciada pelo desenvolvimento da Informática. A tecnologia da informação e a utilização de computadores e outros dispositivos informáticos tem dado acesso, a muitas pessoas, a imensas quantidades de informações, veiculadas pela grande rede de computadores que compõem a Internet.

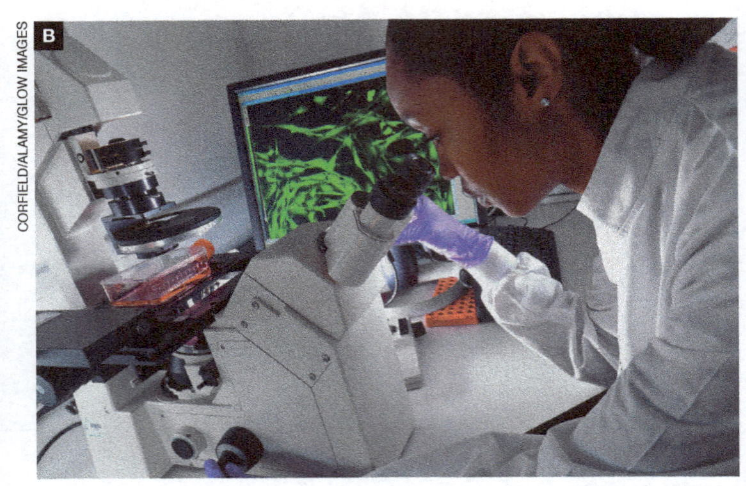

Figura 26.45 A cultura e a tecnologia são características específicas da espécie humana moderna. **A.** Réplica de pintura rupestre da caverna de Lascaux, feitas há aproximadamente 17 mil anos (França, 2010). **B.** Pesquisadora utilizando microscópio fotônico, um exemplo de tecnologia contemporânea. **C.** Visitantes apreciando uma pintura de Wassily Kandinsky (São Paulo, SP, 2015).

Agora você pode resolver as atividades de 19 a 26, 33, 34, 38 e 39.

Ciência e cidadania

Receita para uma humanidade desracializada

"[...]

Diversidade geográfica humana e 'raças'

1 Quando estudamos os seres humanos, também observamos uma grande diversidade morfológica, que pode ser descrita em dois níveis diferentes. O primeiro é o nível interpessoal, a diversidade que distingue uma pessoa da outra na mesma população e que está intimamente ligada à identidade individual. O segundo é o nível interpopulacional, ou seja, a diversidade morfológica que caracteriza populações, especialmente grupos de diferentes continentes.

2 A segunda diversidade é relevante, pois historicamente tem servido de base para a divisão da humanidade em 'raças'. A mais influente proposta neste sentido foi a do antropólogo alemão Johann Friedrich Blumenbach (1752-1840). Em seu livro *De generis humani varietate nativa* (*Das variedades naturais da humanidade*) propôs a existência de cinco principais 'raças' humanas: a caucasoide, a mongoloide, a etiópica, a americana e a malaia.

3 A 'raça' que incluía os nativos da Europa, Oriente Médio, Norte da África e Índia foi chamada 'caucasoide', porque Blumenbach achava que o 'tipo' humano perfeito era o encontrado nos habitantes das montanhas do Cáucaso. Essa classificação persistiu até o século XX, quando foi demonstrado, como veremos a seguir, que é impossível separar a humanidade em categorias raciais biologicamente significativas, independentemente do critério adotado.

Diversidade genômica humana

4 A descrição das variabilidades morfológicas interpessoal e interpopulacional pertence à esfera das aparências, ao mundo fenotípico. Se agora penetrarmos no mundo genômico, o quadro muda consideravelmente. Subjacente à individualidade morfológica das pessoas realmente existe uma individualidade genômica absoluta. Estudos em DNA demonstram que cada ser humano é genomicamente diferente de todos os outros, com exceção de gêmeos idênticos.

5 No entanto, a representação genômica da variabilidade entre os grupos humanos dos diferentes continentes – ou seja, as ditas 'raças' humanas – é muito pequena. As características físicas desses grupos na realidade representam adaptações morfológicas ao meio ambiente, sendo assim produtos da seleção natural agindo sobre um pequeno número de genes.

6 Acredita-se, por exemplo, que dois fatores seletivos servem para adaptar a cor da pele aos níveis de radiação ultravioleta do ambiente geográfico: a destruição do ácido fólico quando é excessiva e a falta de síntese de vitamina D3 na pele quando ela é insuficiente. A cor da pele é determinada pela quantidade e tipo do pigmento melanina na derme, que são controlados por poucos genes (de quatro a seis), dos quais o mais importante parece ser o gene do receptor do hormônio melanotrópico.

7 Da mesma maneira que a cor da pele, outras características físicas externas como o formato da face, da fissura palpebral, dos lábios, do nariz e a cor e a textura do cabelo são traços literalmente superficiais. Embora não conheçamos os fatores geográficos locais responsáveis pela seleção dessas características, é razoável assumir que esses traços morfológicos espelhem adaptações ao clima e outras variáveis ambientais de diferentes partes da Terra.

8 Assim como a cor da pele, essas características físicas das porções expostas do corpo dependem da expressão de poucos genes. Resumo da ópera: as diferenças icônicas das chamadas 'raças' humanas correlacionam-se bem com o continente de origem, mas dependem de uma porção ínfima dos cerca de 25.000 genes estimados do genoma humano.

9 Em outras palavras, pode parecer fácil distinguir fenotipicamente um europeu de um africano ou de um asiático, mas tal facilidade desaparece completamente quando procuramos evidências dessas diferenças 'raciais' no genoma das pessoas. As diferenças entre os grupos humanos continentais – ou seja, o que se costumava chamar 'raças' humanas – estão literalmente à flor da pele!

10 Em uma conferência proferida em 2004 na Universidade de Berkeley (EUA), o brilhante geneticista norte-americano Richard Lewontin (1929-) fez uma importante observação a respeito dos níveis de diversidade humana. Uma marca de preconceito é ver a humanidade em termos apenas interpopulacionais, ou seja, a inabilidade de reconhecer em outros grupos 'raciais' a individualidade de cada pessoa. Isto é frequentemente expresso na frase: '*eles* parecem todos iguais, mas nós somos todos diferentes uns dos outros'. Ao ser negada a individualidade dos membros de outros grupos, eles são objetivados, desumanizados. É igual dizer: 'eu sei a 'raça' a que ele(a) pertence, portanto já sei tudo que é possível saber a respeito dele(a)'.

A inexistência biológica de 'raças' humanas

11 É possível saber qual proporção da variabilidade genômica humana ocorre em nível interpessoal (dentro das populações) e qual proporção é interpopulacional (entre as populações)? A resposta é *sim*. Em 1972, Lewontin compilou da literatura científica as frequências alélicas de 17 polimorfismos genéticos clássicos disponíveis na época (incluindo grupos sanguíneos, proteínas séricas e isoenzimas) de diferentes populações. A partir desses dados, ele agrupou as diferentes populações em 'grupos raciais' definidos de acordo com Blumenbach e calculou a diversidade dentro desses grupos e entre eles.

12 O resultado foi que 85,4% da diversidade alélica ocorria dentro das próprias populações, 8,3% entre as populações de uma mesma 'raça' e apenas 6,3% entre as chamadas 'raças'!!! Recentemente, nosso grupo de pesquisa na Universidade Federal de Minas Gerais (UFMG), trabalhando com 40 polimorfismos de inserção-deleção de DNA em 1.064 indivíduos de todo o globo, confirmou amplamente os resultados de Lewontin (este estudo foi publicado no periódico *Annals of Human Genetics*).

13 A constatação de que uma parte muito pequena da variação genômica humana ocorre entre as supostas 'raças' leva necessariamente à conclusão de que elas não são significativas do ponto de vista genético ou biológico. Duas outras linhas separadas de pesquisa dão suporte científico a essa inexistência de 'raças' humanas. A primeira é a constatação de que a espécie humana é muito jovem e seus padrões migratórios demasiadamente amplos para permitir uma diferenciação e consequentemente separação em diferentes

grupos biológicos que pudessem ser chamados de 'raças'. A segunda é a observação de que uma proporção pequena de todos os alelos de polimorfismos humanos é vista em apenas um continente, ou seja, a vasta maioria da variabilidade genômica é compartilhada entre as chamadas 'raças'.

Por uma humanidade desracializada

14 O fato assim cientificamente comprovado da inexistência das 'raças' deve ser absorvido pela sociedade e incorporado às suas convicções e atitudes morais. Uma postura coerente e desejável seria a construção de uma sociedade desracializada, na qual a singularidade do indivíduo seja valorizada e celebrada. Temos de assimilar a noção de que a única divisão biologicamente coerente da espécie humana é em bilhões de indivíduos e não em um punhado de 'raças'.

15 Há um poema atribuído ao romano Virgílio (70 a.C.-19 a.C.) no qual ele descreve a feitura do *moretum*, uma massa não fermentada, assada, recheada com vinagre e azeite, coberta com fatias de alho e cebola crua (há quem acredite que o *moretum* é um dos precursores da *pizza*). Na receita, Virgílio descreve como as várias cores dos diferentes ingredientes vão se mesclando e se unindo: *It manus in gyrum: paulatim singula vires deperdunt proprias; color est e pluribus unus.* (Minha tradução: Sua mão se move em círculos, até que um por um eles perdem seus próprios poderes, e, entre tantas cores, uma única emerge.)

16 Nesta época atual de conflitos de civilizações e recrudescimento de ódio étnico e racismo, precisamos esquecer as diferenças superficiais de cor entre os grupos continentais (vulgos 'raças') e por trás da enorme diversidade humana distinguir uma espécie única composta de indivíduos igualmente diferentes e irmãos. *Color est e pluribus unus.*"

Fonte: PENA, S. D. Receita para uma humanidade desracializada. *Ciência Hoje*, 2009. Disponível em: <http://mod.lk/2yUzg>. Acesso em: jun. 2017.

GUIA DE LEITURA

Neste quadro reproduzimos parte do artigo de Sergio Danilo Pena, professor titular do Departamento de Bioquímica e Imunologia da Universidade Federal de Minas Gerais, em que ele defende a tese da inexistência das "raças" humanas. Uma vez que a questão racial está por trás de diversas formas de injustiça, que vão desde piadas supostamente inofensivas até perseguições políticas e conflitos violentos entre grupos distintos, a leitura desse artigo fornece informações importantes para refletir sobre o tema e avaliar crenças e comportamentos. O roteiro que apresentamos a seguir traz propostas de reflexão e de atividades para orientar sua leitura e ajudá-lo na assimilação das ideias expostas.

1. Leia o primeiro parágrafo e indique quais são os dois níveis de diversidade morfológica comentados. A seguir liste alguns exemplos que possam tornar mais claros esses conceitos. Para ajudar na sua reflexão, coloque-se tanto como indivíduo (nível interpessoal) como parte do grupo populacional (nível interpopulacional) ao qual pertence.
2. No segundo e no terceiro parágrafos o autor apresenta e comenta a divisão clássica da humanidade em "raças". As "raças" que você conhecia são as mesmas citadas pelo autor? Se você conhece uma ou algumas dessas "raças", escreva um comentário mencionando as características que são geralmente atribuídas a elas. Note que o Prof. Pena sempre escreve o termo "raça" entre aspas, antecipando sua opinião sobre o assunto que é tratado no artigo.
3. Leia o quarto parágrafo do quadro. Em sua opinião, qual é o argumento central que o autor pretende expor nesse trecho do artigo? Resuma-o em uma frase, com suas próprias palavras.
4. No quinto parágrafo o Prof. Pena comenta que a variedade genômica entre as ditas "raças" humanas é muito pequena. O que ele quer dizer com isso no contexto do parágrafo e do texto? Eventualmente você poderá rever essa resposta mais tarde, se encontrar outras informações relevantes a respeito nos parágrafos subsequentes.
5. Informe-se, no sexto parágrafo, sobre a relação adaptativa entre a cor da pele e o ambiente geográfico em que as populações humanas evoluíram e se adaptaram. Analise cuidadosamente o texto do autor. Note que a adaptação que previne a destruição do ácido fólico pelo excesso de radiação UV, em regiões tropicais e subtropicais, consiste na produção de mais melanina na pele, originando pele mais escura. Por outro lado, em regiões temperadas e com menor índice de radiação UV, o fator seletivo é a síntese de vitamina D na pele, processo que requer a participação da radiação ultravioleta. A adaptação às regiões temperadas, segundo o que defende o autor do artigo, consistiu na produção de menor quantidade de melanina, resultando em pele mais clara.
6. Leia o sétimo e o oitavo parágrafos e responda: qual é o argumento central desses trechos? Resuma-o em uma frase.
7. No nono parágrafo o autor afirma que as "diferenças entre os grupos humanos continentais – ou seja, o que se costumava chamar 'raças' humanas – estão literalmente à flor da pele!". O que você acha que ele quer dizer com isso?
8. Leia o décimo parágrafo do artigo, que cita o geneticista Richard Lewontin e comenta como a divisão da humanidade em "raças" pode dar margem a preconceitos. Escreva um pequeno texto sobre o que achou mais interessante no parágrafo.
9. Leia os parágrafos 11 e 12 do quadro. Neles o autor apresenta os trabalhos de Lewontin e de seu grupo de pesquisadores brasileiros sobre o nível em que ocorre a variabilidade das chamadas "raças" humanas de acordo com a divisão de Blumenbach. A que conclusões eles chegaram?
10. Leia o parágrafo 13 e confronte-o com as conclusões a que chegou no item anterior, analisando se a ideia central desse trecho do texto está de acordo com o que você havia pensado. Que outras linhas de argumentação, segundo o trecho, dão suporte à tese da inexistência de "raças" humanas?
11. Leia a seguir o parágrafo 14 do quadro. Qual é o seu argumento central? Resuma-o em uma frase.
12. Nos parágrafos 15 e 16 é citado o poeta romano Virgílio, em uma alegoria sobre a importância de se modificar a divisão da humanidade em "raças", em prol de uma espécie "composta de indivíduos igualmente diferentes e irmãos". Certifique-se de ter compreendido a comparação do autor ao *moretum*. Escreva um pequeno texto que comente e opine sobre as propostas do autor em seu artigo.

Mapa de conceitos

História evolutiva da vida

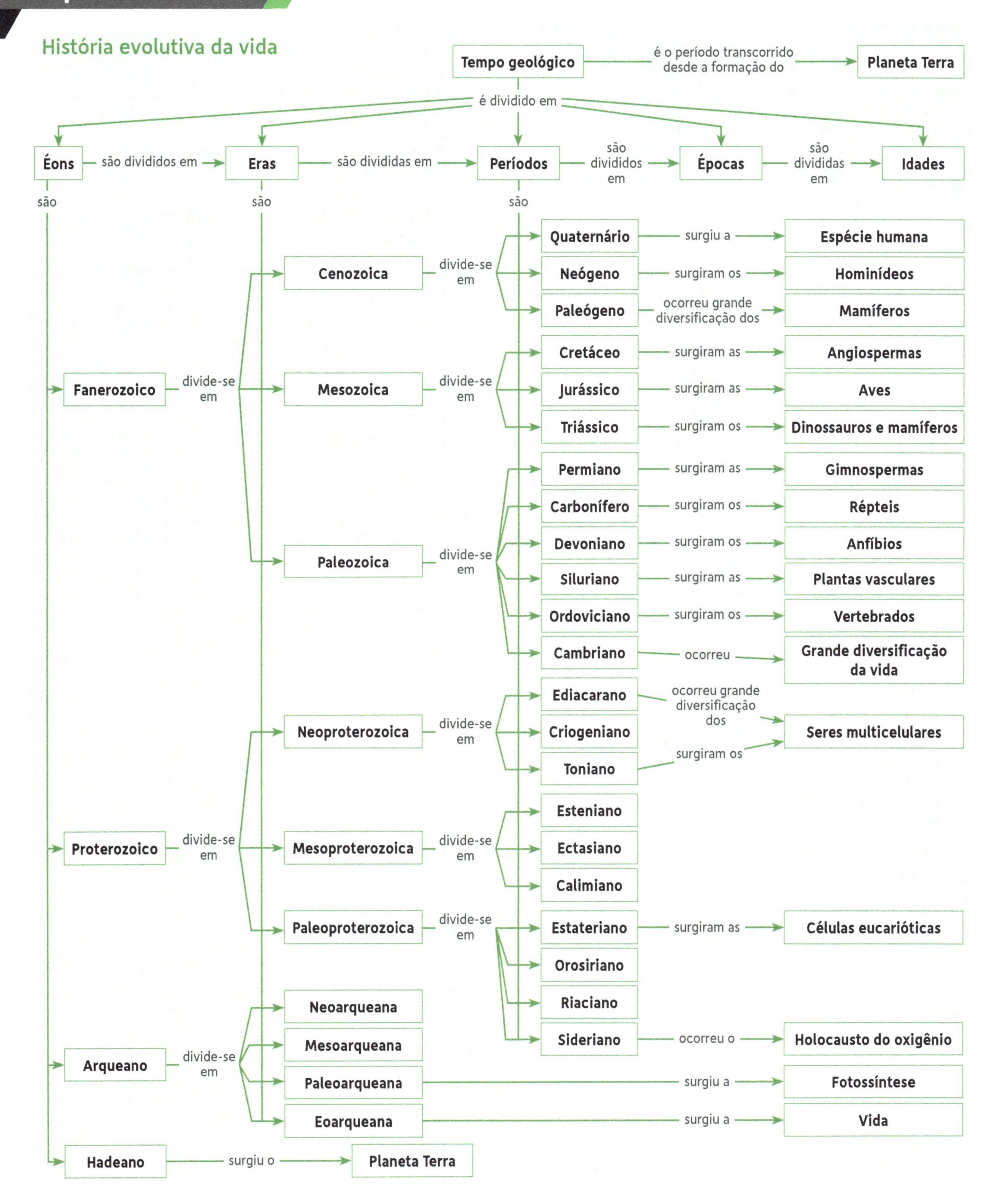

ATIVIDADES

REVENDO CONCEITOS, FATOS E PROCESSOS

26.1 O tempo geológico e a história da vida na Terra

1. O intervalo de tempo que abrange desde a origem da Terra até hoje denomina-se
a) época geológica.
b) era geológica.
c) período geológico.
d) tempo geológico.

2. Da maior para a menor, as subdivisões do tempo geológico são
a) época → era → período.
b) era → época → período.
c) era → período → época.
d) período → era → época.

3. Uma "explosão" de aparecimento de fósseis, indicando o surgimento de muitas novas espécies de seres vivos, marca o início de qual era geológica?
a) Cenozoica.
b) Mesozoica.
c) Paleozoica.
d) Neoproterozoica.

4. Na península de Yucatán, no México, há vestígios da queda de um grande meteorito ocorrida há cerca de 66 milhões de anos, que teria desencadeado mudanças climáticas responsáveis por um grande número de extinções, entre elas a da maioria das espécies de dinossauros. Essas extinções marcam a transição entre as eras
a) Cenozoica → Neoproterozoica.
b) Mesozoica → Cenozoica.
c) Paleozoica → Mesozoica.
d) Neoproterozoica → Paleozoica.

5. Considerando evidências científicas, há quanto tempo, aproximadamente, a vida na Terra teria surgido?
a) Há 10 mil anos.
b) Entre 4,5 e 5 milhões de anos atrás.
c) Há 6 milhões de anos.
d) Entre 3,5 e 4 bilhões de anos atrás.

6. Qual dos seguintes fenômenos pode ser mais diretamente correlacionado ao aparecimento dos seres fotossintetizantes?
a) A "explosão cambriana".
b) A extinção dos grandes répteis.
c) A formação de uma atmosfera rica em gás oxigênio.
d) As glaciações.

Considere as alternativas a seguir para responder às questões de 7 a 10.
a) Cenozoica.
b) Mesozoica.
c) Paleozoica.
d) Neoproterozoica.

7. Em que era geológica surgiu a espécie humana?

8. Em que era geológica ocorreu a chamada "explosão cambriana" de diversificação da vida?

9. Em que era geológica ocorreu a diversificação e expansão dos dinossauros?

10. Em que era geológica ocorreu a conquista da terra firme pelos ancestrais dos anfíbios?

11. Acredita-se que os peixes de nadadeiras lobadas – os sarcopterígios – foram os ancestrais imediatos de quais grupos animais?
a) Anfíbios.
b) Aves e mamíferos.
c) Peixes ósseos.
d) Répteis.

12. Ovos amnióticos, em que os embriões se desenvolvem protegidos da dessecação por anexos embrionários, representaram uma novidade evolutiva que garantiu a independência de água líquida para a reprodução e a conquista do ambiente de terra firme pelos animais. Em que grupo animal essa novidade teria surgido e se estabelecido?
a) Anfíbios.
b) Aves.
c) Mamíferos.
d) Peixes.
e) Répteis.

26.2 Nosso parentesco evolutivo com os grandes macacos

13. Qual é o nome científico dos seres humanos modernos?
a) *Homo erectus*.
b) *Homo habilis*.
c) *Homo sapiens neanderthalensis*.
d) *Homo sapiens sapiens*.

14. Quais são os macacos que apresentam maior semelhança genética com os seres humanos?
a) Babuínos.
b) Chimpanzés.
c) Gorilas.
d) Orangotangos.

15. Na árvore filogenética, considere que A representa seres humanos. Que animais representariam B, C e D, respectivamente?

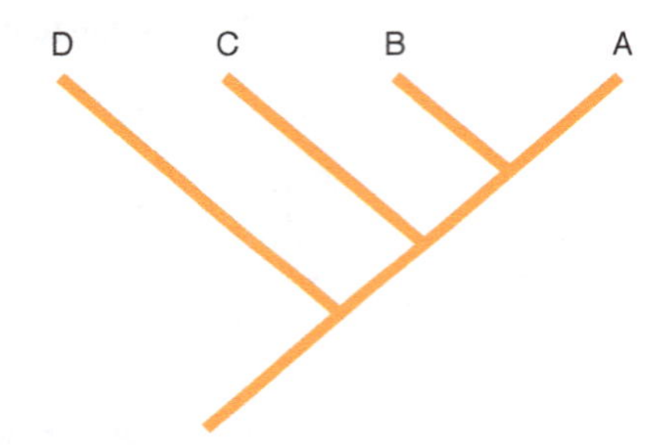

ADILSON SECCO

a) Chimpanzés, gorilas e orangotangos.
b) Chimpanzés, orangotangos e gorilas.
c) Gorilas, chimpanzés e orangotangos.
d) Gorilas, orangotangos e chimpanzés.

Identifique o termo abaixo que preenche corretamente os parênteses das frases 16 e 17.
a) 200 mil anos
b) 2 milhões de anos
c) 8 milhões de anos
d) 45 milhões de anos

16. O ancestral comum a seres humanos e chimpanzés viveu há aproximadamente ( ).

17. O ancestral comum dos macacos viveu há aproximadamente ( ).

18. Os macacos evolutivamente mais aparentados com os seres humanos, reunidos na família Hominidae, são
a) babuínos, bugios e orangotangos.
b) bugios, chimpanzés e gorilas.
c) chimpanzés, gorilas e orangotangos.
d) saguis, bugios e micos-leões-dourados.

26.3 A ancestralidade humana

19. Que grupo reúne seres humanos e seus ancestrais fósseis?
a) Antropoides.
b) Hominídeos.
c) Neandertalenses.
d) Primatas.

Identifique o termo abaixo que preenche corretamente os parênteses das frases 20 e 21.
a) 300 mil anos
b) 2 milhões de anos
c) 8 milhões de anos
d) 45 milhões de anos

20. A espécie humana moderna – *Homo sapiens sapiens* – surgiu há aproximadamente ( ).

21. O surgimento do *Homo erectus* a partir de grupos ancestrais de australopitecos teria ocorrido há cerca de ( ).

Identifique o termo abaixo que preenche corretamente os parênteses das frases de 22 a 25.
a) bipedalismo
b) cuidado com a prole
c) polegar oponível
d) visão estereoscópica

22. A(O) ( ) possibilitou aos hominídeos um aumento significativo da transmissão cultural.

23. A construção de objetos e de ferramentas dependeu, em grande parte, de um caráter adaptativo desenvolvido por nossa ancestralidade em sua vida nas árvores – a(o) ( ) –, que permitiu pegar objetos com força e precisão.

24. A(O) ( ) possibilitou aos hominídeos enxergar mais longe e liberar as mãos para arremessar objetos, por exemplo. Em contrapartida, exigiu grandes adaptações na coluna vertebral e no esqueleto.

25. A capacidade de calcular as distâncias antes de saltar, graças à(ao) ( ), foi importante na vida arborícola e complementou as habilidades da linhagem humana.

QUESTÃO PARA EXERCITAR O PENSAMENTO

26. Faça uma pesquisa, por conta própria ou com um grupo de colegas, sobre o que as pessoas pensam a respeito da origem da espécie humana. Entreviste pessoas com diferentes graus de escolaridade e que exerçam atividades diversas, como médicos, padres ou outros religiosos, empregados domésticos, engenheiros etc. Elabore as perguntas com antecedência; questione o entrevistado, por exemplo, se sabe o que afirma a teoria da evolução e se acredita ou não que ela explica a origem da espécie humana; se tem ideia de há quanto tempo surgiu a espécie humana; se já ouviu sobre fósseis humanos etc. Ao entrevistar cada pessoa, lembre-se de perguntar qual é seu grau de escolaridade, sua profissão, sua religião e sua idade. Grave (com autorização dos entrevistados) ou anote as respostas. Organize os dados da entrevista em uma tabela e discuta-os com os colegas. Calcule as porcentagens dos que responderam afirmativamente e negativamente à ideia da origem evolutiva da espécie humana e compare com dados de pesquisas semelhantes em nível nacional e internacional que podem ser obtidos na internet. Elabore um texto argumentativo confrontando sua opinião pessoal com o resultado da pesquisa.

A BIOLOGIA NO VESTIBULAR

QUESTÕES OBJETIVAS

27. (UFRGS-RS) No ano 2000, pesquisadores da Universidade da Carolina do Norte (EUA) divulgaram, pela primeira vez, a descoberta de um coração fossilizado, com quatro cavidades, pertencente a um dinossauro, "Willo", que viveu há 66 milhões de anos. A preservação dessa rara evidência anatômica veio somar-se às feições osteológicas observadas nos esqueletos fósseis de dinossauros. Isso reforça a hipótese filogenética de que, dos grupos citados nas alternativas, os mais estreitamente relacionados com os dinossauros são
a) os lagartos e os crocodilos.
b) os anfíbios e as aves.
c) os crocodilos e as aves.
d) as tartarugas e os mamíferos.
e) os lagartos e os mamíferos.

28. (Fuvest-SP) Pesquisadores descobriram na Etiópia fósseis que parecem ser do mais antigo ancestral da humanidade. Como a idade desses fósseis foi estimada entre 5,2 milhões e 5,8 milhões de anos, pode-se dizer que esses nossos ancestrais viveram
a) em época anterior ao aparecimento dos anfíbios e dos dinossauros.
b) na mesma época que os dinossauros e antes do aparecimento dos anfíbios.
c) na mesma época que os dinossauros e após o aparecimento dos anfíbios.
d) em época posterior ao desaparecimento dos dinossauros, mas antes do surgimento dos anfíbios.
e) em época posterior ao surgimento dos anfíbios e ao desaparecimento dos dinossauros.

29. (UFS-SE) Considere a árvore filogenética a seguir.

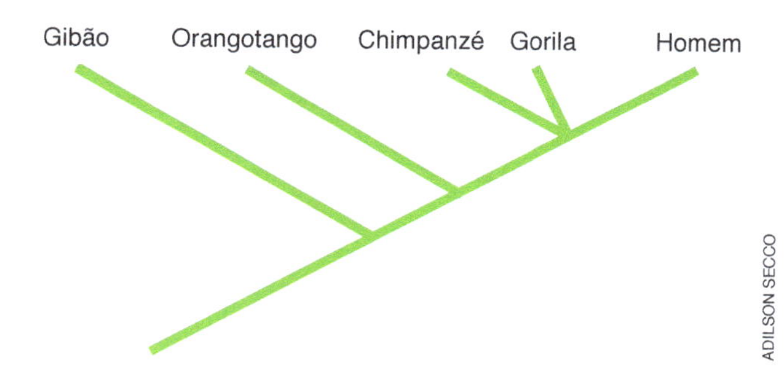

Dos macacos antropoides representados no esquema, os que apresentam maior parentesco com o homem são o
a) chimpanzé e o orangotango.
b) orangotango e o gorila.
c) gorila e o chimpanzé.
d) gibão e o chimpanzé.
e) gorila e o gibão.

30. (PUC-MG) Recentes análises do DNA de chimpanzés permitiram concluir que o homem é mais aparentado com eles do que com qualquer outro primata. Isso permite concluir que
a) o chimpanzé é ancestral do homem.
b) o chimpanzé e o homem têm um ancestral comum.
c) o homem e o chimpanzé são ancestrais dos gorilas.
d) a evolução do homem não foi gradual.
e) os chimpanzés são tão inteligentes quanto o homem.

31. (UFMS) A figura a seguir mostra uma das possíveis hipóteses sobre a filogenia dos primatas com origem no Velho Mundo, um grupo chamado Cercopithecidae.
Baseando-se nessa filogenia, determine a alternativa correta.

ADILSON SECCO

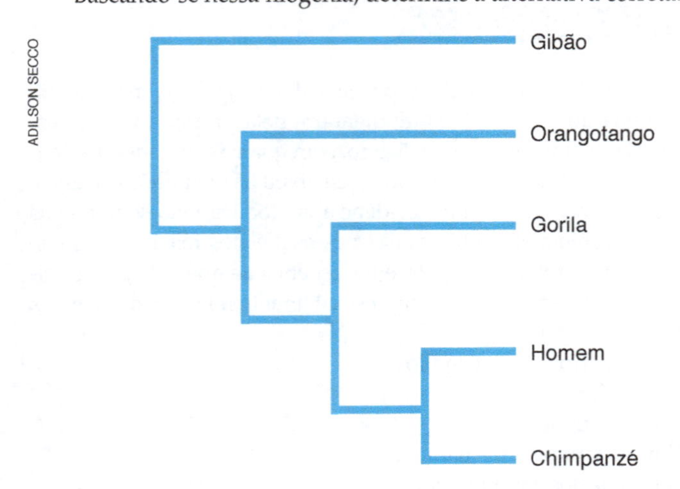

a) O homem surgiu antes dos outros primatas na história evolutiva do grupo.
b) O gorila é mais próximo, filogeneticamente, do homem e do chimpanzé do que do orangotango e do gibão.
c) O chimpanzé é mais próximo, filogeneticamente, do gorila do que do homem.
d) O homem e o gorila deveriam ser incluídos em grupo taxonômico separado dos outros primatas.
e) Não é possível saber se o orangotango é mais próximo filogeneticamente do gibão ou dos outros primatas.

32. (Unesp) Apesar do acúmulo dos estudos sobre evolução dos seres vivos e de uma série de evidências coletadas desde a época de Darwin, observa-se uma onda de posicionamentos contrários às teorias evolucionistas.
Em vários estados dos EUA e em um estado do Brasil, por exemplo, foi incluído o ensino do criacionismo, por decisão governamental. Um dos professores que ensinará o criacionismo em uma destas escolas brasileiras afirmou: Tenho certeza de que minha avó não era macaca (*Ciência Hoje*, outubro de 2004). No entanto, a partir dos estudos de evolução dos primatas, em particular, podemos afirmar que

a) macacos originaram-se tanto na América quanto na África, assim como os humanos, o que reforça a hipótese da existência de um ancestral comum.
b) humanos e macacos têm um mesmo ancestral, uma vez que o tamanho do cérebro dos macacos é muito próximo do tamanho do cérebro dos humanos.
c) geneticamente, alguns macacos são muito próximos dos humanos, o que se considera como uma evidência em termos de ancestralidade comum.
d) humanos e macacos têm um ancestral comum, pois em suas regiões de origem apresentam hábitos alimentares muito semelhantes.
e) o fato de apenas macacos e humanos apresentarem as mãos com cinco dedos é a maior evidência de ancestralidade comum.

33. (PUC-RS) Registros encontrados na África de ossadas fósseis de *Australopithecus* (do latim *australos* = do sul + *pithecus* = macaco) são evidências de que o homem teve sua origem evolutiva nesse continente. A teoria da origem africana propõe que o ser humano moderno (*Homo sapiens*) surgiu há cerca de 130 mil anos na África e dispersou-se por outros continentes há cerca de 100-60 mil anos:

Árvore filogenética da linhagem do homem moderno

ADILSON SECCO

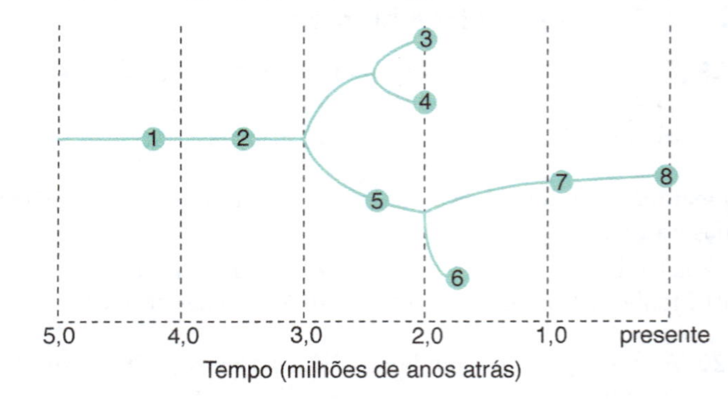

(1) *Australopithecus anamensis*
(2) *Australopithecus afarensis*
(3) *Australopithecus boisei*
(4) *Australopithecus robustus*
(5) *Australopithecus garhi*
(6) *Homo habilis*
(7) ____________
(8) *Homo sapiens*

Evidências científicas indicam atualmente a árvore filogenética da linhagem do homem moderno conforme a representação acima, na qual o número 7 corresponde à espécie

a) *Homo neanderthalensis.*
b) *Australopithecus habilis.*
c) *Australopithecus erectus.*
d) *Australopithecus sapiens.*
e) *Homo erectus.*

34. (FGV-SP) É comum que os livros e meios de comunicação representem a evolução do *Homo sapiens* a partir de uma sucessão progressiva de espécies, como na figura:

PAULO MANZI

Colocam-se na extrema esquerda da figura as espécies mais antigas, indivíduos curvados, com braços longos e face simiesca. Completa-se a figura adicionando, sempre à direita, as espécies mais recentes: os australopitecus quase que totalmente eretos, os neandertais, e finaliza-se com o homem moderno.
Esta representação é

a) adequada. A evolução do homem deu-se ao longo de uma linha contínua e progressiva. Cada uma das espécies fósseis já encontradas é o ancestral direto de espécies mais recentes e modernas.
b) adequada. As espécies representadas na figura demonstram que os homens são descendentes das espécies mais antigas e menos evoluídas da família: gorila e chimpanzé.
c) inadequada. Algumas das espécies representadas na figura estão extintas e não deixaram descendentes. A evolução do homem seria melhor representada inserindo-se lacunas entre uma espécie e outra, mantendo-se na figura apenas as espécies ainda existentes.
d) inadequada. Algumas das espécies representadas na figura podem não ser ancestrais das espécies seguintes. A evolução do homem seria melhor representada como galhos de um ramo, com cada uma das espécies ocupando a extremidade de cada um dos galhos.
e) inadequada. As espécies representadas na figura foram espécies contemporâneas e portanto não deveriam ser representadas em fila. A evolução do homem seria melhor representada com as espécies colocadas lado a lado.

35. (UEM-PR) Com relação à evolução dos seres vivos e os tempos geológicos, assinale a alternativa correta.

a) As primeiras formas de vida surgiram na Terra, na Era Paleozoica.
b) Para a ciência, os fósseis não constituem evidência de evolução biológica.
c) A teoria evolucionista de Charles Robert Darwin não é explicada pela seleção natural.
d) O desenvolvimento da espécie humana moderna ocorreu na Era Cenozoica, Período Quaternário.
e) A moderna teoria da evolução desconsidera a mutação gênica.

36. (UFMA) Associe e enumere a segunda coluna de acordo com a primeira e em seguida assinale a opção que contém a sequência correta da segunda coluna.

Primeira coluna

(1) Carbonífero
(2) Permiano
(3) Triássico
(4) Cretáceo
(5) Quaternário

Segunda coluna

( ) Ocorreu grande diversificação dos répteis e a diversidade dos anfíbios diminuiu. No final deste período, houve uma grande extinção.
( ) Surgiram as primeiras plantas que produzem sementes e os répteis predominando a fauna de anfíbios, por isso ficou conhecida como a "idade dos anfíbios".
( ) Surgiram os dinossauros, os répteis voadores (pterossauros), os répteis marinhos, os crocodilos e alguns outros grupos de répteis.
( ) O clima mudou drasticamente. As regiões polares e subpolares, que tinham climas mais amenos, passaram a sofrer forte resfriamento, formando as calotas polares.
( ) Surgiram as primeiras plantas que produzem flores e frutos (angiospermas), predominando flora terrestre. Houve extinção em massa de espécies.

a) 3, 1, 4, 5, 2
b) 3, 1, 2, 5, 4
c) 2, 1, 3, 5, 4
d) 2, 5, 1, 4, 3
e) 4, 1, 3, 5, 2

37. (UFPE) Os registros fósseis mostram que houve uma grande explosão de biodiversidade no período cambriano, há cerca de 550 milhões de anos, em um curto período de tempo da escala geológica de aproximadamente 5 a 10 milhões de anos. Que fator principal pode ter influenciado tal fenômeno?

a) Resfriamento do planeta.
b) Aumento da temperatura do planeta.
c) Diminuição da atividade de vulcões.
d) Aumento da disponibilidade de água doce.
e) Aumento da disponibilidade de oxigênio atmosférico devido à fotossíntese.

38. (UFV-MG) Observe o gráfico a seguir, que demonstra a evolução da variação do tamanho do crânio em relação à massa corporal entre espécies de três grupos de hominoides.

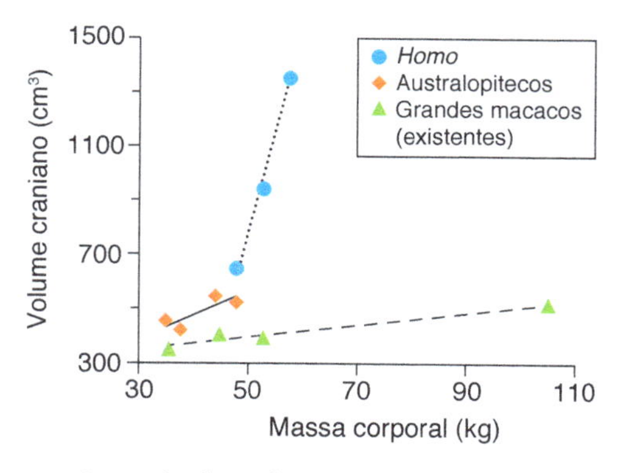

Após observação, assinale a afirmativa incorreta:

a) No *Homo* houve, proporcionalmente, maior aumento percentual do crânio em relação ao do corpo.
b) Os Australopitecos têm crânios menores para o tamanho de seus corpos do que os macacos.
c) No *Homo* ocorreu maior aumento de crânio em relação ao corpo do que em macacos e Australopitecos.
d) Em todos os três grupos, as espécies com crânios relativamente grandes também têm corpos grandes.

39. (Unemat-MT) Os sete milhões de anos de história evolutiva humana são bem documentados. Uma longa série de fósseis conhecidos narra as modificações que se sucederam até o surgimento do homem moderno (*Homo sapiens*), há cerca de 150 mil anos.
Sobre este assunto, assinale a alternativa correta.

a) O *Homo sapiens* surgiu no continente americano.
b) Os humanos pertencem à ordem dos carnívoros, classe dos mamíferos e filo dos artrópodes.
c) São características importantes na evolução humana o polegar opositor e a postura quadrúpede.
d) O parentesco próximo entre homens e chimpanzés fica evidenciado pela grande semelhança do DNA das duas espécies.
e) O cérebro desenvolvido dos humanos não contribuiu para o uso de ferramentas.

QUESTÕES DISCURSIVAS

40. (UFG-GO) Os registros fósseis evidenciam que a conquista do ambiente terrestre pelos seres vivos ocorreu na era Paleozoica, a partir do ambiente aquático.

a) Explique por que a conquista do ambiente terrestre pelos animais foi posterior à dos vegetais.
b) Explique duas características morfofisiológicas que permitiram a ocupação do ambiente terrestre pelos animais.

41. (UFSCar-SP) Os répteis possivelmente surgiram no final do período Carbonífero, a partir de um grupo de anfíbios, e tiveram grande diversificação na era Mesozoica. Com o surgimento da fecundação interna e do ovo adaptado ao ambiente terrestre, os répteis superaram a dependência da água para a reprodução.

a) Por que a fecundação interna e o ovo adaptado ao ambiente terrestre tornaram a reprodução dos répteis independente da água?
b) Quais adaptações ocorreram nos embriões dos répteis com relação à alimentação e excreção?

42. (UFMA) A nível molecular, o DNA humano difere em 1,2% do DNA de chimpanzé. Assim, o chimpanzé é o nosso parente mais próximo. Apesar dessa alta similaridade molecular, temos diversas características distintas. Cite 4 diferenças marcantes entre os seres humanos e os demais primatas.

ENEM

43. Uma expedição de paleontólogos descobre em um determinado extrato geológico marinho uma nova espécie de animal fossilizado. No mesmo extrato, foram encontrados artrópodes xifosuras e trilobitas, braquiópodos e peixes ostracodermos e placodermos. O esquema a seguir representa os períodos geológicos em que esses grupos viveram:

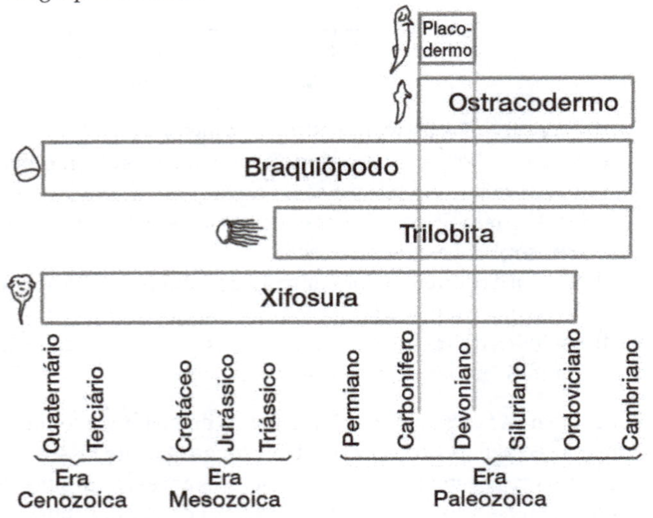

(*Nota dos autores*: Terciário era um antigo período da era Cenozoica, atualmente não reconhecido pela Comissão Internacional de Estratigrafia.)

Observando esse esquema os paleontólogos concluíram que o período geológico em que haviam encontrado essa nova espécie era o Devoniano, tendo ela uma idade estimada entre 405 milhões e 345 milhões de anos.

Destes cinco grupos de animais que estavam associados à nova espécie, aquele que foi determinante para a definição do período geológico em que ela foi encontrada é:

a) xifosura, grupo muito antigo, associado a outros animais.
b) trilobita, grupo típico da era Paleozoica.
c) braquiópodo, grupo de maior distribuição geológica.
d) ostracodermo, grupo de peixes que só aparece até o Devoniano.
e) placodermo, grupo que só existiu no Devoniano.

44. Pesquisas recentes estimam o seguinte perfil da concentração de oxigênio (O_2) atmosférico ao longo da história evolutiva da Terra:

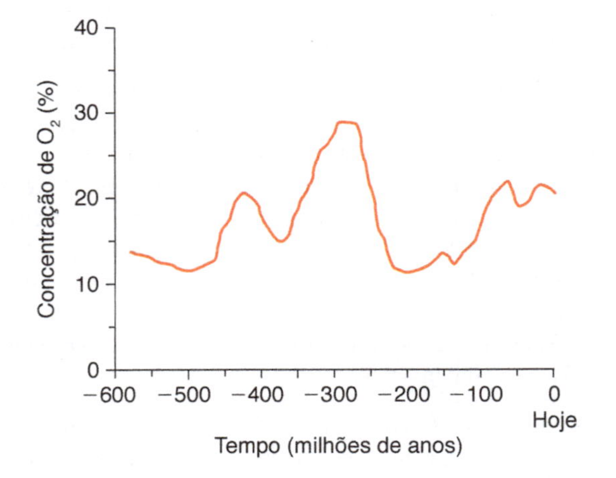

ILUSTRAÇÕES: ADILSON SECCO

No período Carbonífero, entre aproximadamente 350 e 300 milhões de anos, houve uma ampla ocorrência de animais gigantes, como insetos voadores de 45 centímetros e anfíbios de até 2 metros de comprimento. No entanto, grande parte da vida na Terra foi extinta há cerca de 250 milhões de anos, durante o período Permiano. Sabendo-se que o O_2 é um gás extremamente importante para os processos de obtenção de energia em sistemas biológicos, conclui-se que

a) a concentração de nitrogênio atmosférico se manteve constante nos últimos 400 milhões de anos, possibilitando o surgimento de animais gigantes.
b) a produção de energia dos organismos fotossintéticos causou a extinção em massa no período Permiano por aumentar a concentração de oxigênio atmosférico.
c) o surgimento de animais gigantes pode ser explicado pelo aumento de concentração de oxigênio atmosférico, o que possibilitou uma maior absorção de oxigênio por esses animais.
d) o aumento da concentração de gás carbônico (CO_2) atmosférico no período Carbonífero causou mutações que permitiram o aparecimento de animais gigantes.
e) a redução da concentração de oxigênio atmosférico no período Permiano permitiu um aumento da biodiversidade terrestre por meio da indução de processos de obtenção de energia.

45. Foi proposto um novo modelo de evolução dos primatas elaborado por matemáticos e biólogos. Nesse modelo o grupo de primatas pode ter tido origem quando os dinossauros ainda habitavam a Terra, e não há 65 milhões de anos, como é comumente aceito.

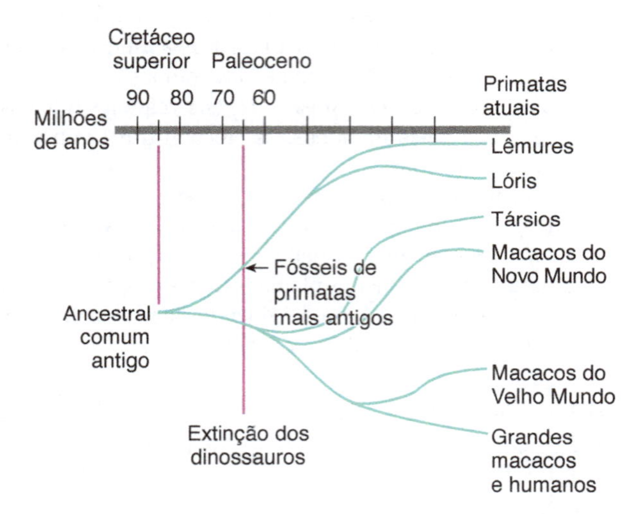

Fonte: Raquel Aguiar. *Ciência Hoje on-line*, 13/5/02.

Examinando esta árvore evolutiva podemos dizer que a divergência entre os macacos do Velho Mundo e o grupo dos grandes macacos e de humanos ocorreu há aproximadamente

a) 10 milhões de anos.
b) 40 milhões de anos.
c) 55 milhões de anos.
d) 65 milhões de anos.
e) 85 milhões de anos.

Mais questões: no livro digital, em **Vereda Digital Aprova Enem** e **Vereda Digital Suplemento de revisão e vestibulares**; no *site*, em **AprovaMax**.

UNIDADE

I

BIOLOGIA E SAÚDE

ROGÉRIO REIS/PULSAR IMAGENS

Laboratório de produção de vacinas na Fundação Oswaldo Cruz (FioCruz), no Rio de Janeiro.

CAPÍTULO

27

ASPECTOS GLOBAIS DE SAÚDE

SKYNESHER/ISTOCK PHOTO/GETTY IMAGES

A atividade física é importante para a saúde em qualquer idade e deve ser praticada regularmente.

De que trata este capítulo

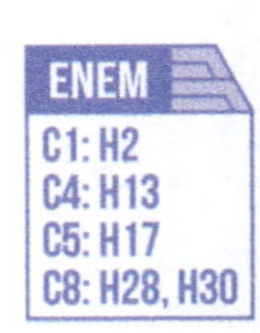

Estudos científicos vêm mostrando que cada pessoa pode cuidar ativamente da manutenção de sua própria saúde, de modo a prevenir inúmeras doenças. Para isso é preciso ter, além de bom senso, alguns conhecimentos básicos sobre a saúde humana e também sobre as doenças mais comuns que afligem a humanidade. Entretanto, mesmo com todos os cuidados, é praticamente impossível evitar por completo alguns distúrbios eventuais, como problemas digestivos e dentários, gripes e várias outras doenças.

Nunca houve, na história da humanidade, tanta preocupação e tantos cuidados com a saúde como nos dias de hoje; isso se deve principalmente ao avanço e à popularização dos conhecimentos científicos e médicos sobre o assunto. Por exemplo, atualmente a maioria das pessoas sabe que praticar regularmente atividades físicas traz benefícios à saúde, que o consumo excessivo de certos tipos de alimento, como as gorduras animais, aumenta o risco de doenças cardiovasculares e que o hábito de fumar aumenta dezenas de vezes a probabilidade de desenvolver doenças pulmonares e cardíacas.

Se, por um lado, o desenvolvimento tecnológico trouxe benefícios à humanidade, por outro trouxe também novos riscos à saúde. A crescente poluição do ar, das águas e do solo, por exemplo, tem causado doenças de vários tipos em grande número de pessoas. O estresse provocado pelo ritmo de vida agitado nas grandes cidades vem aumentando significativamente a incidência de perturbações de origem nervosa e cardiovascular.

Este capítulo trata de alguns conhecimentos que julgamos indispensáveis para ajudar a entender o que é saúde e quais são as doenças humanas mais comuns, com ênfase em sua prevenção, quando isso é possível. Esses conhecimentos, além de ajudar nos cuidados cotidianos com a saúde, também permitem avaliar a eventual gravidade de uma doença, levando-nos a procurar a ajuda de um profissional de saúde adequado ao caso (médico, dentista, nutricionista, fisioterapeuta, psicólogo etc.).

Objetivos

Objetivos gerais

- Compreender a importância de certas práticas e atitudes pessoais (atividades físicas, higiene, alimentação adequada etc.) na manutenção da saúde, com possibilidade de aplicar esses conhecimentos em benefício próprio.
- Compreender as relações entre os cuidados com o planeta Terra e a saúde das populações humanas, o que permite uma visão mais globalizada da relação entre saúde e doença.

Objetivos didáticos

- Estar informado sobre os principais cuidados com os sistemas corporais, em particular no que se refere à alimentação, ao controle do estresse, ao exercício físico, de modo a atuar preventivamente para o bom funcionamento do corpo e, consequentemente, da própria saúde.
- Conhecer as principais doenças parasitárias humanas com ênfase naquelas causadas por protozoários (protozooses) e por vermes platelmintes e nematódeos (verminoses) e suas formas de prevenção e tratamento.

27.1 Aspectos gerais da saúde humana

Em sua constituição, datada de 22 de julho de 1946, a Organização Mundial da Saúde (OMS) apresentou a definição de **saúde** como "um estado de completo bem-estar físico, mental e social e que, portanto, não consiste apenas na ausência de doença ou de enfermidade".

Existem diferentes maneiras de interpretar o que significa "completo bem-estar físico, mental e social". Nos dias de hoje não há dúvidas de que para ter boa saúde a pessoa precisa de uma nutrição adequada, além de viver em condições igualmente apropriadas de habitação e de higiene. Portanto, é fácil concluir que a miséria – situação de extrema pobreza, em que a pessoa não dispõe de condições mínimas de alimentação, moradia, higiene e educação – se contrapõe à boa saúde. Como preconiza a OMS, é dever de todos os governos erradicar a miséria e promover a saúde de seus cidadãos em todos os níveis: físico, mental e social.

O estado de saúde é dinâmico, pois a todo momento nosso organismo se reajusta a uma vasta gama de situações internas e externas. Dentro desse quadro, é natural que de vez em quando a saúde decline e adoeçamos, principalmente se negligenciarmos alguns cuidados mínimos.

Como podemos manter a saúde? Com certeza a principal providência é uma alimentação correta. Cada pessoa deve descobrir qual é a dieta alimentar mais saudável para si, de acordo com sua constituição orgânica, preferências e lugar onde mora. A higiene pessoal, das habitações e dos locais públicos também tem relação direta com a manutenção da saúde. Microrganismos, como fungos e bactérias, entre os quais há aqueles que podem se instalar em nosso corpo e causar doenças, proliferam rapidamente em ambientes sujos. Ritmo de vida extenuante, excesso de trabalho, depressão e tristeza também comprometem a saúde. Fumo, álcool e outras drogas debilitam o organismo. A quantidade e o tipo de droga consumida podem determinar a extensão dos riscos à saúde, podendo chegar à morte em alguns casos.

Ao se falar em saúde, deve-se também considerar os componentes mentais, ou psicológicos, de cada pessoa. A mente humana também necessita de cuidados para se manter saudável. Mente e corpo são indissociáveis, embora na cultura ocidental tenham sido tratados historicamente como coisas separadas. A literatura médica vem mostrando, cada vez mais, que há nítida correlação entre estados de depressão emocional e doenças como o câncer, por exemplo. A tendência atual aponta para uma visão mais abrangente de saúde, segundo a qual a pessoa deve se desenvolver e se cuidar como um todo, considerando diversos pontos de vista físico e mental, individual e social, entre outros.

Não é exagero afirmar que a saúde é mais que mera questão pessoal e social; é também uma questão ecológica. Isso significa que não podemos deixar de cuidar da despoluição e da conservação do ambiente, caso contrário a saúde das pessoas será prejudicada. Como é possível, por exemplo, manter-se saudável respirando ar poluído ou ingerindo água e alimentos contaminados por pesticidas e esgotos? Fica cada vez mais evidente que a humanidade, para conservar a saúde de suas populações, terá de pensar globalmente e agir localmente, expandindo os limites de cada casa até as dimensões do planeta.

Imagine a Terra como um grande ser vivo de dimensões planetárias – um planeta vivo – e a espécie humana como parte integrante desse ser. Essa proposição foi formulada na década de 1960 pelo cientista inglês James Lovelock (1919-), para quem a Terra precisa ser entendida e estudada como um sistema fisiológico fechado, da mesma forma que a Medicina estuda a interdependência das funções orgânicas do corpo humano. As ideias de Lovelock compõem o que ele chamou de **hipótese Gaia**, em homenagem à deusa grega Gaia (*Geo*, em latim), personificação da Terra.

O mérito das ideias de Lovelock é encarar a Terra não apenas como o lugar onde moramos, mas como um grande sistema vivo do qual fazemos parte. Assim, também é preciso cuidar da "saúde" de nosso planeta, minimizando a poluição ambiental e a superexploração dos recursos naturais, o que poderia tornar inviável a vida humana na Terra. **(Fig. 27.1)**

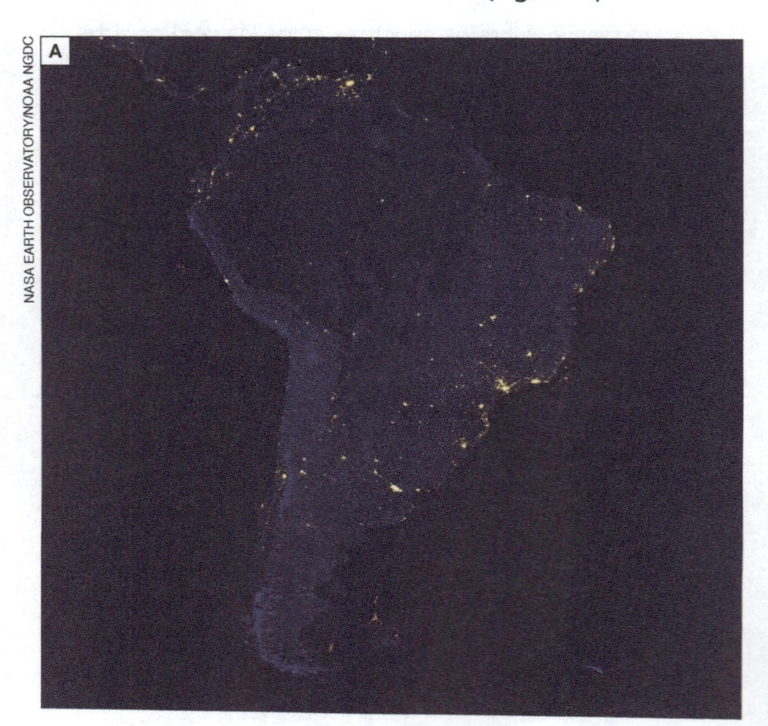

NASA EARTH OBSERVATORY/NOAA NGDC

RICARDO AZOURY/PULSAR IMAGENS

Figura 27.1 A. Fotocomposição da América do Sul à noite, elaborada com imagens de satélite obtidas em abril e outubro de 2012. É possível notar os sinais de ocupação humana: luzes de cidades (em amarelo). B. Queimada de floresta na região amazônica (Rio Branco, AC, 2016).

Vida social, higiene e saúde

Um dos maiores passos dados pela humanidade rumo a uma vida mais saudável foi o desenvolvimento de hábitos de **higiene**, que compreende um conjunto de princípios e de atitudes relativos à limpeza. Após a descoberta dos microrganismos, em meados do século XVII e de seu papel como causadores de muitas doenças, nos séculos XIX e XX, a higiene passou a ser considerada um dos fundamentos para a manutenção da saúde. Em corpos, roupas, utensílios e habitações limpos, o risco de doenças causadas por fungos, bactérias, vírus, protozoários e vermes diminui sensivelmente.

Um dos maiores flagelos da humanidade, a peste bubônica, disseminou-se pela Europa na Idade Média devido, entre outros fatores, às precárias condições de higiene reinantes na época, chegando a matar 50 milhões de pessoas. Essa doença é causada pela bactéria *Yersinia pestis*, transmitida de ratos para humanos por intermédio de pulgas. Como desconheciam as formas de transmissão dessa doença, as pessoas toleravam ratos em suas casas e pulgas em suas roupas. **(Fig. 27.2)**

COLEÇÃO PARTICULAR

Figura 27.2 Gravura de autor desconhecido, executada a partir da descrição de Giovanni Boccaccio na obra *Decameron* (1350), que retrata uma epidemia de peste bubônica (chamada na época de peste negra).

A primeira lei sanitária da Inglaterra foi promulg[...] 1388, e estabelecia que os próprios cidadãos deveria[...] ver, das ruas e vielas das cidades, toda a sujeira que p[...] A legislação não resolveu o problema, e os cidadão[...] ram a aliviar, na calada da noite, seu lixo ("excre[...] tarros", nas palavras da lei) em plena rua.

Com o aumento da organização das cidade[...] blico passou a assumir o papel de manter a hig[...] saúde da população, em troca de impostos[...] cidades modernas, as prefeituras mantêm se[...] lixo e os resíduos orgânicos são recolhidos p[...] sendo tratados e eventualmente aproveita[...] de gás natural (metano) e adubo orgânic[...] mos em casa é submetida a tratamentos

Apesar disso, as aglomerações humanas nas grandes metrópoles geram tantos problemas que chegam a ultrapassar a capacidade de administrá-los. Os problemas de higiene e saúde pública no mundo, principalmente em países pobres, continuam longe de sua solução, por razões sociais, econômicas e políticas. Investimentos em saneamento básico e tratamento de água podem trazer mais benefícios à humanidade que o aumento do número de hospitais, por exemplo.

Agora você pode resolver as atividades 1, 2 e 38 a 40.

27.2 Como cuidar da saúde?

Saúde *versus* doença

Se saúde é "um estado de completo bem-estar físico, mental e social, e não consiste apenas na ausência de doença ou de enfermidade", conforme a definição da Organização Mundial da Saúde, **doença** é um estado em que uma ou mais funções do corpo humano encontram-se alteradas ou prejudicadas.

Algumas doenças não podem ser evitadas. Por exemplo, em geral não se pode evitar que os genes de uma pessoa sofram mutações ou que mutações em células germinativas sejam transmitidas aos filhos, produzindo neles características alteradas. Muitas doenças, entretanto, podem ser prevenidas, principalmente as que resultam da subnutrição ou de dietas mal equilibradas, além das causadas por microrganismos (doenças infecciosas) e por outros organismos parasitas, como protozoários e vermes. Podem-se também prevenir diversas doenças que resultam de acidentes e da exposição das pessoas a agentes físicos ou químicos.

Os cuidados com a alimentação e a prática de exercícios físicos regulares permitem evitar muitas doenças causadas por disfunções de órgãos do sistema digestório, cardiovascular e respiratório. Veremos, a seguir, alguns cuidados que podemos ter em relação à nossa saúde e algumas doenças que afetam esses sistemas corporais.

Cuidados com o sistema digestório e seus principais distúrbios

Escolha da alimentação

Nosso sistema digestório entra em ação várias vezes por dia: a cada refeição que fazemos e mesmo quando não estamos comendo, ele garante a nutrição das células de nosso corpo. Eventualmente ocorrem perturbações e doenças no sistema digestório. Quem nunca teve um episódio de enjoos, dores de estômago, vômitos, diarreia ou prisão de ventre? Além desses incômodos mais comuns, podem ocorrer doenças mais sérias como gastrites, úlceras, colites, tumores etc.

Apesar de a lista de disfunções digestivas ser longa, não é tão difícil cuidar da saúde do sistema digestório e evitar grande parte das doenças relacionadas a ele. Sem dúvida, o mais importante é manter uma alimentação correta e saudável, respeitando as preferências alimentares de cada um.

Como regra geral deve-se preferir alimentos frescos e naturais, deixando em segundo plano alimentos industrializados, como embutidos e enlatados, por exemplo.

Deve-se procurar consumir partes comestíveis de vegetais (raízes, caules, folhas, talos de folhas, brácteas, talos de flores e botões, frutos, sementes e pétalas), que contêm não só nutrientes, mas também fibras que estimulam o movimento do bolo alimentar no tubo digestório. Produtos frescos ficam expostos ao tempo, por isso devem ser lavados cuidadosamente para reduzir a quantidade de resíduos de pesticidas e adubos usados na lavoura e eventuais microrganismos patogênicos.

Outra providência importante é não exagerar na ingestão de alimentos gordurosos, principalmente os de origem animal, como carnes gordas de porco e de boi, toucinhos, torresmos e outros quitutes semelhantes. Apesar de muito saborosos devido às gorduras, esses nutrientes, se consumidos em excesso, podem causar mau funcionamento do estômago e do intestino, obesidade e aumento do risco de doenças cardiovasculares. Devem-se evitar as frituras e reduzir o consumo de lipídios, pois seu excesso no organismo pode acumular-se nas paredes das artérias, provocando doenças sérias, como infartos e derrames.

Deve-se procurar seguir uma **dieta balanceada**, com predominância de alimentos *in natura* ou minimamente processados, como hortaliças, frutas, arroz e feijão. Escolher carnes frescas e magras. Óleos, gorduras, sal e açúcar devem ser utilizados em pequenas quantidades.

Se tiver oportunidade, consulte um nutricionista sobre os princípios de uma alimentação mais saudável. Observe atentamente como seu organismo reage a diferentes tipos de alimento e utilize esses conhecimentos para escolher a dieta mais favorável às suas necessidades. Lembre-se de que o principal responsável pela alimentação é você mesmo. **(Fig. 27.3)**

JOÃO PRUDENTE/PULSAR IMAGENS

Figura 27.3 A principal providência para a saúde do sistema digestório é a alimentação saudável, com abundância de vegetais frescos; deve-se, também, evitar excesso de carne vermelha e de alimentos gordurosos e industrializados.

Além dos hábitos alimentares há outros fatores que afetam o sistema digestório. Doenças como gastrites e úlceras, por exemplo, podem ser fortemente influenciadas pelo sistema nervoso. Estresse emocional, causado por nervosismo, ansiedade e depressão, pode contribuir para originar diversas alterações digestivas. Manter-se tranquilo e calmo, principalmente no momento das refeições, ajuda a conservar as funções normais da digestão.

A seguir são apresentadas algumas perturbações comuns do sistema digestório.

Cáries dentárias

Certas bactérias que vivem na boca humana alimentam-se dos restos de comida que ficam entre os dentes. Na presença de açúcar essas bactérias multiplicam-se rapidamente, aderindo nos dentes e formando as placas bacterianas. As bactérias das placas produzem ácidos que corroem o esmalte dental, causando **cáries dentárias**.

Pode-se prevenir as cáries dentárias evitando o consumo excessivo de alimentos ricos em açúcar e mantendo os dentes sempre limpos por meio da escovação e do uso de fio dental. Deve-se também consultar regularmente um profissional habilitado, o dentista, que pode indicar a melhor forma de cuidar da higiene bucal e de tratar eventuais problemas dentários. O tratamento das cáries é feito pela remoção da parte lesada do dente com instrumentos apropriados, vedando em seguida a cavidade dentária com substâncias inertes, tais como resinas, porcelana ou certos metais.

As bactérias presentes na boca podem entrar na corrente sanguínea e dar origem a muitos problemas de saúde, como inflamações em nervos, articulações e alguns órgãos, como os olhos e o coração.

Infecções intestinais

Os alimentos e a água que ingerimos podem estar contaminados com agentes patogênicos, como vírus, algumas bactérias e alguns protozoários, ou com ovos de parasitas. Apesar de a saliva conter substâncias bactericidas e de o suco gástrico destruir a maior parte dos patógenos ingeridos, alguns podem sobreviver e multiplicar-se no sistema digestório, originando infecções intestinais.

Certos vírus atacam os revestimentos do estômago e do intestino, causando inflamações cujos principais sintomas são dores abdominais, cólicas, diarreia e náuseas (enjoos). Bactérias como as salmonelas, eventualmente encontradas em carnes de frango e em ovos malcozidos, podem instalar-se no intestino e produzir dores abdominais intensas, diarreias e febre. Pessoas saudáveis recuperam-se da salmonelose em poucos dias, mas crianças e idosos correm risco de morte, caso não recebam cuidados médicos adequados.

As infecções intestinais são comuns em locais onde não há saneamento básico, com falta de esgoto e de água tratada. Algumas delas, como a cólera e a febre tifoide, podem causar morte em consequência da desidratação e da perda de sais minerais decorrentes da diarreia. O tratamento dessas infecções é feito com a ingestão de soluções salinas e a administração de antibióticos, no caso de uma infecção bacteriana.

Vômito, diarreia e prisão de ventre

Quando comemos ou bebemos demais, ou quando a comida ingerida está deteriorada, nosso sistema nervoso faz entrar em ação uma operação de emergência: o **vômito**. Contrações violentas da musculatura abdominal e do estômago fazem o conteúdo estomacal subir pelo esôfago e sair pela boca. O gosto ácido, característico do vômito, deve-se ao suco gástrico que está misturado com o alimento.

A **diarreia** é caracterizada por defecações frequentes, causadas pelo aumento dos movimentos peristálticos intestinais. Trata-se de um processo de eliminação rápida do conteúdo intestinal que pode ocorrer por diversas causas, como a ingestão de alimento deteriorado, nervosismo ou alergia a certos tipos de substância alimentar. Com o trânsito intestinal acelerado há menos tempo para a absorção da água, o que resulta em fezes líquidas ou semilíquidas. Apesar de ser um processo de defesa do corpo, a diarreia continuada leva à perda de água e de sais minerais, o que pode provocar desidratação. Em casos de vômito e de diarreia incessantes, recomenda-se procurar orientação médica.

Na **prisão de ventre**, ou **constipação intestinal**, os movimentos peristálticos ficam diminuídos, ao contrário do que ocorre na diarreia. O trânsito intestinal mais lento leva a um ressecamento progressivo da massa fecal, dificultando a defecação. A causa mais frequente da prisão de ventre é a alimentação inadequada, baseada em alimentos secos e com poucas fibras vegetais. Na maioria dos casos a prisão de ventre pode ser aliviada pela ingestão de alimentos ricos em fibras não digeríveis, que aumentam o volume da massa alimentar, estimulando o peristaltismo e a velocidade do trânsito intestinal. Em casos mais sérios os médicos costumam indicar o uso de medicamentos laxantes, que estimulam os movimentos intestinais e a defecação.

Úlceras pépticas

Apesar de serem revestidas por uma camada de muco, as células da superfície interna do estômago e do duodeno são constantemente atacadas pelo suco gástrico. Em certas situações, áreas da parede estomacal e duodenal podem ser atacadas pela ação de sucos digestivos, originando lesões denominadas **úlceras pépticas**.

As úlceras podem ocorrer devido à diminuição da resistência da mucosa do tubo digestório causada, por exemplo, pelo uso excessivo de medicamentos como o ácido acetilsalicílico e ibuprofeno. Em 1982 descobriu-se que um dos principais causadores da úlcera péptica é a bactéria *Helicobacter pylori*.

As úlceras ocorrem principalmente no duodeno, no estômago e, eventualmente, na porção inferior do esôfago. Quando uma úlcera se aprofunda e atinge a camada muscular há lesão de vasos sanguíneos e perda de sangue, ocasionando fadiga e anemia; os casos mais graves poderão apresentar sangue em fezes e vômito. Havendo perfuração da parede do tubo digestório, as bactérias, os alimentos e os sucos gástricos atingem a cavidade abdominal e causam inflamação da membrana que envolve as vísceras, o peritônio, quadro clínico denominado peritonite, de grande gravidade. Nesses casos, a hospitalização é necessária para se avaliar o tratamento mais apropriado, que pode ser cirúrgico.

As úlceras podem ser tratadas com medicamentos que diminuem a acidez estomacal e facilitam a cicatrização. Para combater a bactéria *H. pylori* utilizam-se tratamentos combinados com antibióticos. No caso de áreas ulceradas muito extensas pode ser necessária a remoção cirúrgica da parte lesada.

Apendicite

Ocasionalmente, restos de alimento e bactérias podem ficar retidos na cavidade interna do apêndice vermiforme, levando à sua inflamação. Esse quadro, conhecido por **apendicite**, causa dores abdominais intensas. O apêndice pode eventualmente se romper, originando peritonite. O tratamento da apendicite é feito pela remoção cirúrgica do apêndice inflamado.

Câncer intestinal

O **câncer** de intestino grosso, ou câncer colorretal, é um dos mais comuns em todo o mundo, especialmente nos países mais desenvolvidos. Estudos apontam que essa doença está relacionada a dietas pobres em fibras e vitaminas e ricas em gordura de origem animal, carne vermelha e alimentos industrializados, além de sedentarismo, tabagismo, consumo exagerado de bebidas alcoólicas e também histórico pessoal ou familiar de doenças. Acredita-se que a falta de fibras na dieta, por determinar um peristaltismo mais lento, leva a mucosa intestinal a permanecer mais tempo em contato com eventuais substâncias cancerígenas presentes nos alimentos, o que pode levar ao aparecimento de pequenas lesões que podem originar o câncer.

Pancreatite

O organismo humano tem mecanismos de proteção para evitar que o pâncreas seja atacado por suas próprias enzimas digestivas. Como já foi discutido no Capítulo 18, as enzimas digestivas pancreáticas são produzidas em uma forma inativa, entrando em atividade apenas na cavidade intestinal. O pâncreas também produz uma substância que inibe a ação das enzimas que eventualmente venham a se formar em seu interior. Em situações anormais, porém, o pâncreas retém suco pancreático, cujas enzimas podem ser ativadas, causando lesões e inflamação do órgão, quadro clínico conhecido como **pancreatite**. As pancreatites são doenças potencialmente graves e complexas, classificadas em dois tipos principais: pancreatite crônica, cuja principal causa é o alcoolismo, mas que pode também ser causada por ducto pancreático estreitado ou bloqueado em virtude de traumatismo; e pancreatite aguda, causada principalmente por cálculos da vesícula biliar.

Cálculos vesiculares

Um dos constituintes da bile é o colesterol, substância insolúvel em água mas que, combinada aos sais biliares, forma pequenos agregados solúveis. Em certas condições o colesterol pode tornar-se insolúvel, formando no interior da vesícula biliar pequenos grãos, os **cálculos vesiculares**, ou **cálculos biliares**, popularmente conhecidos como "pedras na vesícula". Os cálculos podem bloquear a saída da bile ou penetrar no ducto biliar, bloqueando-o e causando dor intensa. A concentração de colesterol na bile depende da quantidade de lipídios na dieta. Por isso pessoas que se alimentam de comida muito gordurosa têm chances maiores de desenvolver cálculos na vesícula biliar.

Cuidados com o sistema cardiovascular e seus principais distúrbios

Prevenção de doenças cardiovasculares

Segundo a Organização Mundial da Saúde (OMS), as **doenças cardiovasculares**, como são genericamente chamadas as doenças do coração e dos vasos sanguíneos, são as principais causas de morte no mundo. As doenças cardiovasculares mais graves são provocadas por obstruções de artérias importantes, como as coronárias, que irrigam o coração, ou as que irrigam o encéfalo. A constituição genética predispõe certas pessoas a desenvolver doenças cardiovasculares. Os genes, entretanto, atuam em conjunto com fatores ambientais que comprovadamente desencadeiam doenças. São exatamente esses fatores que podem ser controlados de modo a promover a saúde.

Dieta não balanceada, rica em gorduras e colesterol, sedentarismo, sobrepeso, hipertensão, diabetes e tabagismo: estes são os fatores de risco que predispõem a doenças cardiovasculares. Controlando esses fatores, é possível evitar, em muitos casos, o desenvolvimento de doenças cardíacas. Deve-se, também, medir a pressão arterial e fazer exames médicos periodicamente. **(Fig. 27.4)**

ALDOMURILLO/ISTOCK PHOTO/GETTY IMAGES

Figura 27.4 A maioria das doenças cardiovasculares pode ser prevenida ou controlada por atitudes simples, como fazer atividades físicas regularmente, manter uma dieta equilibrada e evitar o tabagismo.

A seguir apresentamos algumas doenças cardiovasculares mais conhecidas.

Arteriosclerose

Arteriosclerose é um processo de perda gradual da elasticidade da parede das artérias. Quando essa condição é causada pela deposição de placas de gordura ou ateromas na superfície arterial interna, ela é denominada **aterosclerose**.

As placas de gordura provocam diminuição do diâmetro interno das artérias, enrijecendo suas paredes e comprometendo a elasticidade. Uma das consequências da aterosclerose é o aumento da pressão arterial sistólica, uma vez que as artérias endurecidas perdem a capacidade de relaxar durante a sístole do coração. Além disso, os ateromas tornam áspera a superfície interna das artérias, favorecendo a formação de coágulos que podem causar obstruções. Ateromas que se desprendem podem obstruir artérias, com prejuízos à circulação do sangue.

Angina do peito

Angina do peito, ou *angina pectoris*, é uma enfermidade em que a pessoa tem fortes dores no peito ao menor esforço cardíaco. A angina é consequência do estreitamento de uma ou mais artérias coronárias, com redução da circulação de sangue em certas regiões do coração, diminuindo sua nutrição e oxigenação.

Infarto do miocárdio

Infarto do miocárdio, ou **ataque cardíaco**, é causado pela interrupção do fornecimento de sangue ao músculo cardíaco devida à obstrução de uma ou mais artérias coronárias. As células musculares da região sem irrigação morrem em poucos minutos devido à falta de gás oxigênio. Se uma grande região do coração é afetada pelo infarto, a condução do impulso elétrico produzido pelo marca-passo pode ser interrompida e o coração pode deixar de bater. Se apenas uma pequena região do miocárdio é afetada, o coração continua em atividade e a lesão cicatriza, com substituição das células musculares mortas por tecido conjuntivo.

Isquemia cerebral

Isquemia cerebral é o bloqueio da circulação em artérias que fornecem sangue ao encéfalo. A causa mais frequente da isquemia é a formação de coágulos devida a traumatismos ou a placas de gordura que se soltaram das artérias.

Células nervosas localizadas na área isquêmica morrem, com prejuízo da atividade cerebral. Os efeitos da isquemia cerebral, bem como as chances de a pessoa sobreviver, dependem da extensão e da localização da lesão. A isquemia cerebral pode causar paralisia total ou parcial do corpo, perda total ou parcial da fala, perda da coordenação motora e diversas alterações no comportamento.

Hipertensão arterial

Hipertensão arterial é sinônimo de pressão arterial elevada, conhecida popularmente como "pressão alta". A hipertensão aumenta os riscos de ataques cardíacos e derrames de sangue no tecido cerebral. As causas mais comuns da hipertensão são o estresse emocional, a alimentação excessivamente rica em gorduras e em sais e a vida sedentária, isto é, sem atividade física.

Muitas pessoas hipertensas não apresentam inicialmente sintomas da doença; por isso a medição regular da pressão arterial é importante na prevenção. A hipertensão pode ser controlada com medicamentos, dieta, exercícios físicos e relaxamento. Embora a pressão arterial tenda a se elevar com o aumento da idade, deve-se procurar orientação médica caso a pressão diastólica (mínima) atinja mais de 9 mmHg e a sistólica (máxima), mais de 13 mmHg. **(Fig. 27.5)**

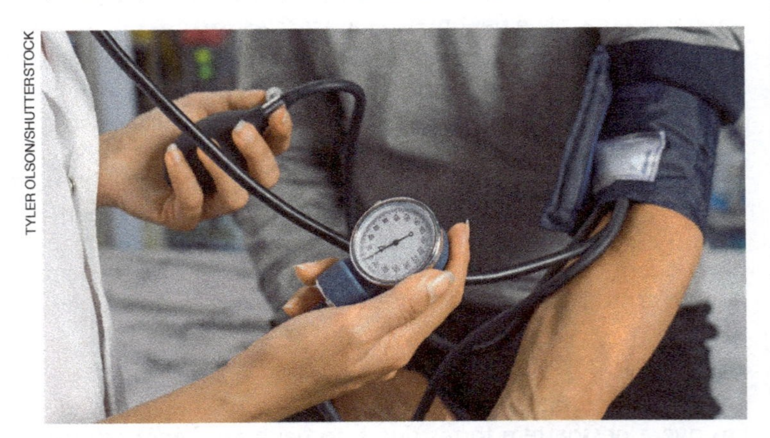

TYLER OLSON/SHUTTERSTOCK

Figura 27.5 Medir regularmente a pressão arterial pode identificar a doença hipertensiva ainda em seus estágios iniciais. A hipertensão é uma doença silenciosa, porque a pessoa não manifesta, no princípio, nenhum sintoma. É por isso que as medidas preventivas são importantes.

Cuidados com o sistema respiratório e seus principais distúrbios

Prevenção de doenças respiratórias

Uma gripe forte, que afeta nossos pulmões, pode nos deixar cansados e desanimados. A eficiência respiratória diminui e, consequentemente, todas as nossas células terão menos gás oxigênio disponível para obter energia. Embora seja impossível evitar as gripes e os resfriados, algumas providências simples podem nos ajudar a manter a saúde do sistema respiratório. Essas providências são respirar sempre pelo nariz e manter o corpo aquecido no inverno, pois as vias respiratórias e os pulmões são facilmente sensibilizados pelo frio, o que facilita infecções por vírus e bactérias.

Os principais prejuízos aos pulmões são provocados pela inalação de fumaça, poeira e outras partículas, que podem acumular-se e causar doenças diversas. O inimigo número 1 dos pulmões sadios é, sem dúvida, o tabagismo. O risco de pessoas que fumam desenvolverem câncer e enfisema pulmonar é cerca de 20 vezes maior que o de não fumantes. A seguir, apresentamos alguns dos problemas respiratórios mais comuns. **(Fig. 27.6)**

REPRODUÇÃO

Figura 27.6 As principais atitudes para manter a saúde do sistema respiratório são não fumar e respirar corretamente, como mencionado no texto.

Sinusite

Sinusite é a inflamação de cavidades existentes nos ossos da face, chamadas de seios da face (em latim, *sinus*). Essas cavidades têm comunicação com as cavidades nasais e podem ser invadidas por bactérias capazes de causar infecção. Entre os sintomas estão dor em diversas regiões da face e corrimento nasal mucoso.

Asma

A **asma** é uma doença pulmonar que se caracteriza pela diminuição do calibre dos bronquíolos. A asma pode ter diversas causas, sendo a mais comum a alérgica. Há um forte componente emocional no desencadeamento da crise asmática, decorrente da contração espasmódica da musculatura lisa dos bronquíolos.

A mucosa que reveste internamente esses condutos respiratórios incha e passa a produzir mais secreção, o que contribui ainda mais para diminuir seu calibre. Essa obstrução causa sufocamento parcial, com aumento do esforço respiratório.

A dificuldade respiratória prejudica a oxigenação do sangue e, em casos muito graves, pode ocorrer cianose (coloração azulada da pele e das mucosas), provocada pelo acúmulo de gás carbônico no sangue.

Doença pulmonar obstrutiva crônica (DPOC)

Bronquite crônica e enfisema pulmonar são doenças causadas por obstrução pulmonar e estão ligadas ao hábito de fumar e à poluição do ar. Mais de 75% dos pacientes com bronquite crônica são ou foram fumantes. O enfisema é raro em pessoas que nunca fumaram.

Na **bronquite crônica** os bronquíolos secretam quantidade excessiva de muco, tornando-se comprimidos e inflamados. Os cílios do epitélio bronquiolar deixam de eliminar o muco e partículas de sujeira vão-se acumulando. Com isso a passagem de ar é dificultada, a respiração torna-se curta e há constantes acessos de tosse. Pessoas com bronquite geralmente acabam por desenvolver enfisema.

Enfisema é a obstrução completa dos bronquíolos, com aumento da resistência à passagem de ar, principalmente durante as expirações. Nessas condições pode ocorrer rompimento das paredes dos alvéolos, com formação de grandes cavidades nos pulmões. Com isso a eficiência dos pulmões em absorver gás oxigênio diminui e ocorre sobrecarga do coração. Esta leva a maioria dos pacientes com enfisema a morrer de insuficiência cardíaca.

Câncer de pulmão

O tabagismo é a principal causa do **câncer de pulmão**. Estima-se que 80% desse tipo de câncer poderia ser evitado se as pessoas deixassem de fumar. Diversas substâncias contidas no cigarro são comprovadamente cancerígenas. Células cancerosas originadas nos pulmões multiplicam-se rápida e descontroladamente, podendo invadir outros tecidos do corpo (metástase), onde originam novos tumores.

Principais distúrbios do sistema urinário

Os distúrbios renais ocupam o quarto lugar entre as doenças que atingem as populações dos países desenvolvidos. Muitas são suas causas: infecções, envenenamento por substâncias químicas (como o mercúrio, por exemplo), lesões, tumores, formação de "pedras" (cálculos renais), paralisia, problemas cardiovasculares etc.

Glomerulonefrite

Uma das doenças renais mais comuns é a **glomerulonefrite**, em que há lesões dos glomérulos renais, com grave prejuízo da função dos rins. A glomerulonefrite pode ter diversas causas, mas a principal é a destruição dos glomérulos pelo próprio sistema de defesa do corpo, o sistema imunitário. Por motivos ainda não totalmente conhecidos alguns glóbulos brancos do sangue passam a produzir anticorpos que atacam os glomérulos renais. Uma vez que o próprio sistema imunitário volta-se contra o organismo, fala-se que esse tipo de glomerulonefrite é uma **doença autoimune**.

Uma glomerulonefrite pode levar à progressiva perda das funções renais, até que o sangue praticamente não seja mais filtrado. As excreções acumulam-se e intoxicam o organismo. Nesses casos, torna-se necessário tratar a pessoa com um aparelho de hemodiálise, que filtra o sangue, ou submetê-la a um transplante renal.

- ***Filtragem artificial***

Atualmente, a **filtragem artificial** do sangue é realizada por uma máquina de hemodiálise, que permite remover as toxinas e o excesso de água do organismo. Esse procedimento consiste em conectar o sistema cardiovascular da pessoa à máquina de hemodiálise, na qual o sangue passa a circular por tubos de paredes semipermeáveis, mergulhados em uma solução constituída por substâncias normalmente presentes no plasma sanguíneo. As excreções difundem-se através dos finíssimos poros das membranas semipermeáveis, abandonando o sangue.

Com a repetida circulação do sangue pela máquina, a maior parte das substâncias tóxicas deixa o sangue, difundindo-se para o líquido do aparelho. Cada sessão de hemodiálise dura entre 3 e 5 horas e deve ser repetida de 2 a 4 vezes por semana. O método é eficiente e remove a ureia e outras substâncias do sangue mais rapidamente que um rim normal. No entanto, além de não realizar todas as funções renais, a hemodiálise é um processo caro, desconfortável para o paciente e pode trazer diversos efeitos colaterais, como pressão arterial baixa durante o procedimento, câimbras e aumento do risco de infecções.

- ***Transplante renal***

Quando os rins sofrem prejuízo irreversível de suas funções, pode-se tentar o **transplante renal**, com a implantação de um rim sadio. Este pode ser obtido de doadores mortos ou vivos. No último caso o doador passa a viver com apenas um rim, o que é perfeitamente compatível com a vida.

É necessária certa compatibilidade entre os sistemas imunitários do doador e do receptor, para evitar a rejeição do rim implantado. Mesmo assim o receptor de um transplante tem de tomar permanentemente medicamentos para reduzir em parte a ação de seu sistema imunitário, evitando a rejeição. O único caso em que a rejeição não ocorre é quando o transplante é feito entre gêmeos univitelinos (idênticos).

Graças ao aprimoramento das técnicas cirúrgicas e principalmente à descoberta de novos medicamentos imunossupressores (isto é, que suprimem ou deprimem as defesas do organismo), os transplantes de rim têm alcançado altos índices de sucesso. A maioria dos pacientes transplantados pode ter vida quase normal durante vários anos.

Um sério obstáculo aos transplantes de rim é a falta de doadores. Inúmeras campanhas de conscientização, em todo o mundo, pedem aos cidadãos que doem seus órgãos aos centros de transplantes, em caso de morte acidental. A doação de órgãos pode salvar muitas vidas. Cada um de nós deve refletir seriamente sobre essa questão, uma vez que nós mesmos e nossos parentes podemos ser beneficiários da atitude corajosa e generosa de quem doa seus órgãos após a morte. Em contrapartida, pesquisadores de uma universidade norte-americana vêm trabalhando para minimizar o problema de um número reduzido de doadores nos próximos anos, graças ao desenvolvimento de um protótipo de rim artificial projetado para ser implantado cirurgicamente em pacientes renais.

Principais distúrbios do sistema nervoso

Acidente vascular cerebral (AVC)

Um distúrbio grave do sistema nervoso é o **acidente vascular cerebral** (AVC), que pode ser causado pela obstrução de uma artéria, com consequente falta de irrigação de uma área do encéfalo, ou por uma ruptura arterial com derrame de sangue. Os neurônios nutridos e oxigenados pela artéria atingida podem morrer, o que leva a uma lesão neurológica irreversível. Os sintomas de um AVC dependem da localização e extensão da área afetada. A porcentagem de morte entre as pessoas atingidas por um AVC é da ordem de 20% a 30%, e muitos dos sobreviventes passam a apresentar problemas na movimentação e na fala.

Alguns dos fatores que predispõem ao AVC e que podem ser controlados são: pressão arterial elevada (hipertensão arterial); taxa elevada de colesterol no sangue; obesidade; diabetes melito; utilização de pílulas anticoncepcionais; tabagismo.

Cefaleias

Cefaleias são dores de cabeça que podem se propagar pela face e atingir os dentes e o pescoço. Sua origem está associada a fatores como tensão emocional, distúrbios visuais e hormonais, hipertensão arterial, infecções, sinusite etc.

Enxaqueca é um tipo de cefaleia que ataca periodicamente a pessoa e caracteriza-se por uma dor latejante, que em geral afeta metade da cabeça. As enxaquecas são frequentemente acompanhadas por fotofobia (aversão à luz), distúrbios visuais, náuseas, vômitos, dificuldade em se concentrar, entre outros efeitos.

Demência

O quadro clínico conhecido genericamente como **demência** resulta de uma deterioração das funções mentais com perda da memória e das habilidades intelectuais. Três tipos bem conhecidos de doença neurológica relacionada com a idade e que levam à demência são: a **doença de Alzheimer**, a **coreia de Huntington** e a **doença de Parkinson**.

A **doença de Alzheimer** é a forma mais comum de demência, sendo responsável por dois terços dos casos de pacientes com mais de 60 anos, afetando duas vezes mais mulheres do que homens. As primeiras manifestações incluem perda de memória temporária e incapacidade de tomar decisões. Esses sintomas agravam-se com a progressão da doença e o paciente torna-se incapaz de reter novas informações e de manter relacionamentos sociais saudáveis; os últimos estágios são caracterizados por completa perda das capacidades de aprender, falar e controlar as diversas funções corporais. Os pacientes perdem neurônios encefálicos e, à medida que a doença progride, o encéfalo torna-se menor e mais leve. Existem diversas formas da doença de Alzheimer, estando algumas delas relacionadas a causas genéticas.

A **coreia de Huntington** é bem mais rara do que a doença de Alzheimer, afetando cinco em cada 100 mil pessoas. Ela atinge igualmente homens e mulheres e começa a se manifestar por volta dos 40 anos de idade. Seus sintomas são demência e movimentos corporais anormais e involuntários; o paciente não sobrevive mais do que 20 anos após o início dos sintomas. A coreia de Huntington é uma doença hereditária, sendo transmitida a 50% da prole das pessoas portadoras da variação genética, o que indica uma mutação gênica autossômica dominante.

A **doença de Parkinson** caracteriza-se por tremores corporais incontroláveis, rigidez corporal, lentidão e dificuldade de locomoção. Essa doença afeta cerca de 187 em cada 100 mil pessoas, sendo ligeiramente mais frequente em homens do que em mulheres. Os sintomas começam a se manifestar mais comumente a partir dos 60 anos de idade, mas ocasionalmente podem surgir em pessoas com até cerca de 30 anos. Os pacientes afetados pela doença de Parkinson apresentam alterações em neurônios de importantes centros motores do cérebro, além de apresentar acentuada redução na quantidade de dopamina, substância neurotransmissora produzida nesses locais.

Doenças genéticas

Muitas doenças humanas têm origem genética, devido à **mutação** de alelos normais. Os alelos mutantes, nesse caso denominados **alelos deletérios**, são geralmente recessivos, de modo que a doença ocorre apenas nas pessoas homozigóticas, que apresentam duas cópias do alelo deletério em questão. Entretanto, há também alelos deletérios dominantes; nesse caso, basta que a pessoa apresente um alelo alterado para manifestar a doença.

Aconselhamento genético

O estudo dos genótipos de um casal e de seus parentes permite, em certos casos, estimar a chance de uma criança ser afetada por uma doença genética já manifestada em alguns membros da família. Pelo estudo dos heredogramas, ou árvores genealógicas, especialistas no campo da Genética Humana podem orientar um casal sobre os riscos de seus filhos virem a ter uma doença hereditária; esse tipo de orientação constitui o **aconselhamento genético**.

As principais indicações para que um casal procure um serviço de aconselhamento genético são: se já teve alguma criança com doença ou síndrome genética ou se tiver parentes próximos afetados. Mulheres com mais de 35 anos que desejam engravidar devem procurar um serviço de aconselhamento genético, pois o risco de gerar filhos com número alterado de cromossomos aumenta significativamente depois dessa idade.

Para calcular o risco de uma doença genética recessiva se manifestar, os geneticistas tentam descobrir se os pais são ou não portadores do alelo para a doença. A maioria das crianças com distúrbios causados por alelos recessivos tem pais que não os apresentam. Todas as pessoas têm pelo menos alguns alelos deletérios, os quais só não se manifestam porque estão em dose simples, isto é, na condição heterozigótica.

Atualmente já é possível, em relação a algumas doenças genéticas, descobrir se uma pessoa é portadora ou não de um alelo deletério recessivo em condição heterozigótica. Por exemplo, um teste bioquímico relativamente simples permite descobrir se uma pessoa é portadora do alelo recessivo que condiciona a doença de Tay-Sachs, uma enfermidade fatal. Pessoas heterozigóticas para anemia falciforme também podem ser identificadas em um exame de sangue simples e barato.

É cada vez maior o número de genes deletérios identificados pelas novas técnicas de análise do DNA, o que vem se constituindo em uma poderosa ferramenta de auxílio ao aconselhamento genético. Nesses casos, a partir de uma única célula de um embrião, pode-se determinar se ele terá ou não uma doença genética grave. Nos casos de fertilização *in vitro*, em que existe chance de os filhos terem herdado determinado alelo deletério, costuma-se realizar exame de DNA de uma célula dos embriões antes da implantação no útero da mãe. Dentre os embriões analisados, o especialista escolhe apenas os geneticamente saudáveis para serem implantados.

Consanguinidade

A probabilidade de alelos deletérios recessivos se encontrarem, originando uma pessoa homozigótica com uma doença genética, é aumentada em casais consanguíneos, ou seja, formados por parentes próximos, tais como primos em primeiro grau. Pessoas aparentadas, por terem herdado seus genes de ancestrais comuns, têm maior chance de possuir um mesmo tipo de alelo "familiar" que pessoas não aparentadas.

Em muitas culturas existem leis que proíbem ou desaconselham o casamento entre parentes próximos. Essas leis surgiram, provavelmente, da observação empírica de que muitas doenças ou deficiências presentes ao nascer são mais comuns nos casamentos entre parentes. Isso também pode ser observado nos animais domésticos e de zoológico, onde há poucos representantes da mesma espécie, e os cruzamentos acabam ocorrendo entre parentes, levando ao nascimento de animais com alterações genéticas.

Diagnóstico pré-natal

Atualmente é possível diagnosticar certas doenças genéticas graves ainda durante a vida intrauterina. Nesses casos, em diversos países, o casal pode optar pelo aborto terapêutico ou preparar-se para criar um filho com a doença. Há dois métodos básicos para diagnosticar possíveis alterações genéticas de um embrião em desenvolvimento: a amniocentese e a amostragem vilo-coriônica.

A **amniocentese** consiste em introduzir uma agulha fina e longa na barriga da mulher grávida até atingir o interior da bolsa amniótica, para retirar alguns mililitros de líquido amniótico. A operação, monitorada por um aparelho de ultrassonografia, é realizada, em geral, entre a décima quinta e a décima oitava semana de gravidez. A análise de substâncias químicas presentes no líquido amniótico e dos cromossomos de células embrionárias pode revelar possíveis alterações genéticas na criança em gestação.

A **amostragem vilo-coriônica** permite diagnosticar doenças genéticas geralmente entre a oitava e a décima primeira semana de gravidez, mais precocemente que a amniocentese. Com o auxílio de um instrumento longo e flexível, introduzido pela vagina até o interior do útero, retira-se uma pequena porção das vilosidades coriônicas, que são pequenas dobras do cório que envolve o embrião. As células dessas vilosidades são submetidas a diversos tipos de teste bioquímico e genético, permitindo o diagnóstico. **(Fig. 27.7)**

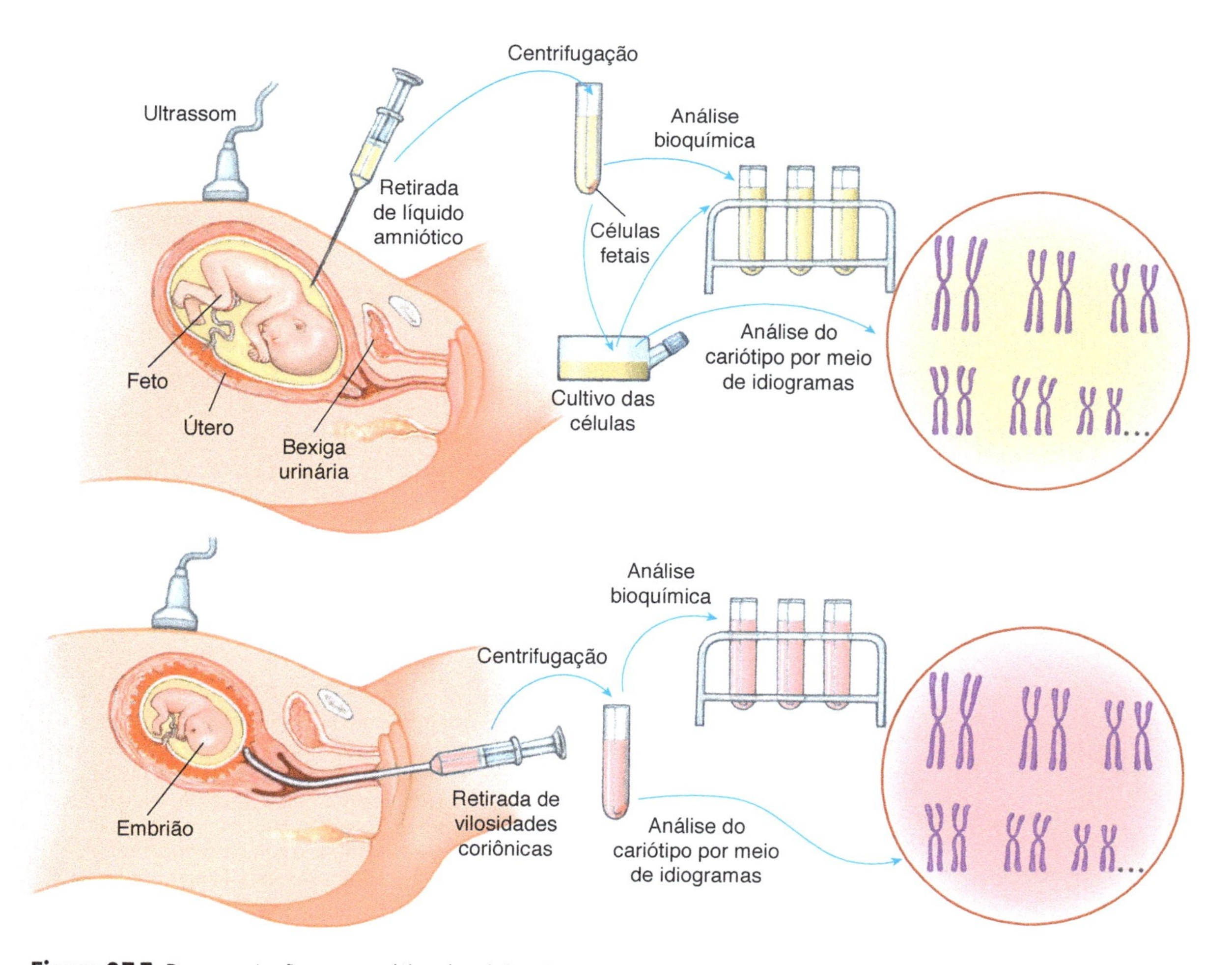

Figura 27.7 Representação esquemática dos dois principais métodos utilizados na coleta de material para o diagnóstico pré-natal, empregados para detectar eventuais doenças genéticas. Acima, amniocentese; abaixo, amostragem vilo-coriônica.

Câncer

Certas alterações genéticas podem danificar o sistema de controle da divisão celular, levando células a crescerem e se multiplicarem descontroladamente. Essa tendência de multiplicação incontrolada transmitida às células-filhas dará origem a um clone de células com propensão a se expandir indefinidamente: um **tumor**.

Se um tumor é constituído por células restritas ao local onde surgiram, geralmente ele não causa maiores problemas ao organismo, sendo por isso denominado **tumor benigno**. Alguns tipos de tumor, no entanto, têm células capazes de migrar e invadir os tecidos vizinhos, podendo atingir, por meio da circulação sanguínea e linfática, diversas regiões do corpo, onde originam novos tumores, processo denominado **metástase**. Esse tipo de tumor, denominado **tumor maligno**, ou **câncer**, é bastante prejudicial ao organismo e, se não é combatido adequadamente, pode provocar a morte do portador.

Os citologistas costumam classificar os tumores malignos em dois grandes grupos: sarcomas e carcinomas. **Sarcomas** são tumores provenientes de células originadas do mesoderma do embrião, enquanto **carcinomas** provêm de células originadas do ectoderma ou do endoderma embrionários. A leucemia é um tipo especial de sarcoma, que atinge os glóbulos brancos do sangue. Com exceção da leucemia, em que as células estão livres no sangue, os tumores são estruturas sólidas.

Um tumor pode crescer até atingir cerca de 1 milhão de células, produzindo uma estrutura mais ou menos esférica com cerca de 2 milímetros de diâmetro. Nesse ponto, as células mais internas do tumor começam a ter um problema de nutrição, pois os nutrientes trazidos pelo sangue não conseguem chegar até elas. O esperado seria que essas células morressem e o tumor deixasse de crescer. A maioria dos tumores tem, no entanto, a capacidade de induzir a angiogênese, que é a formação de novos vasos sanguíneos. A descoberta de substâncias que bloqueiam a angiogênese tem sido motivo de otimismo entre os médicos, pois pode levar ao desenvolvimento de novos agentes terapêuticos para o combate ao câncer.

A transformação de uma célula normal em uma célula tumoral pode ocorrer devido a diversos tipos de alteração genética: mutações gênicas, perdas e duplicações de cromossomos (inteiros ou pedaços), quebras cromossômicas etc. Como diz o pesquisador William C. Hahn (citado por W. Wayt Gibba em *Scientific American*, v. 289, n. 1, 2003, p. 50), "se olharmos a maioria dos tumores sólidos em adultos, parece que alguém fez uma bomba explodir no núcleo das células".

A teoria mais conservadora para a origem do câncer admite que para uma célula se tornar maligna são necessárias de 3 a 20 mutações, dependendo do tipo de câncer, em uma sequência definida. Essas alterações ocorrem em duas classes principais de genes, denominados: **genes supressores de tumor** e **oncogenes**. Os primeiros produzem, em condições normais, proteínas que impedem a progressão do ciclo celular quando há problemas. Os oncogenes controlam as divisões celulares. Mutações nos genes supressores de tumor podem permitir que células alteradas se reproduzam. Modificações nos oncogenes podem fazer com que as células se dividam indefinidamente.

A necessidade de que ocorram diversas alterações para produzir tumores faz com que eles sejam mais frequentes em pessoas idosas. Uma pessoa de 70 anos de idade tem 100 vezes mais risco de ser portadora de um câncer que uma de 19 anos. Algumas vezes a pessoa herda dos pais alterações genéticas, o que a torna mais propensa a desenvolver tumores; nesse caso serão necessárias menos mutações para que a doença se manifeste. Essa é uma das razões de certas famílias apresentarem maior incidência de certos tipos de câncer. **(Fig. 27.8)**

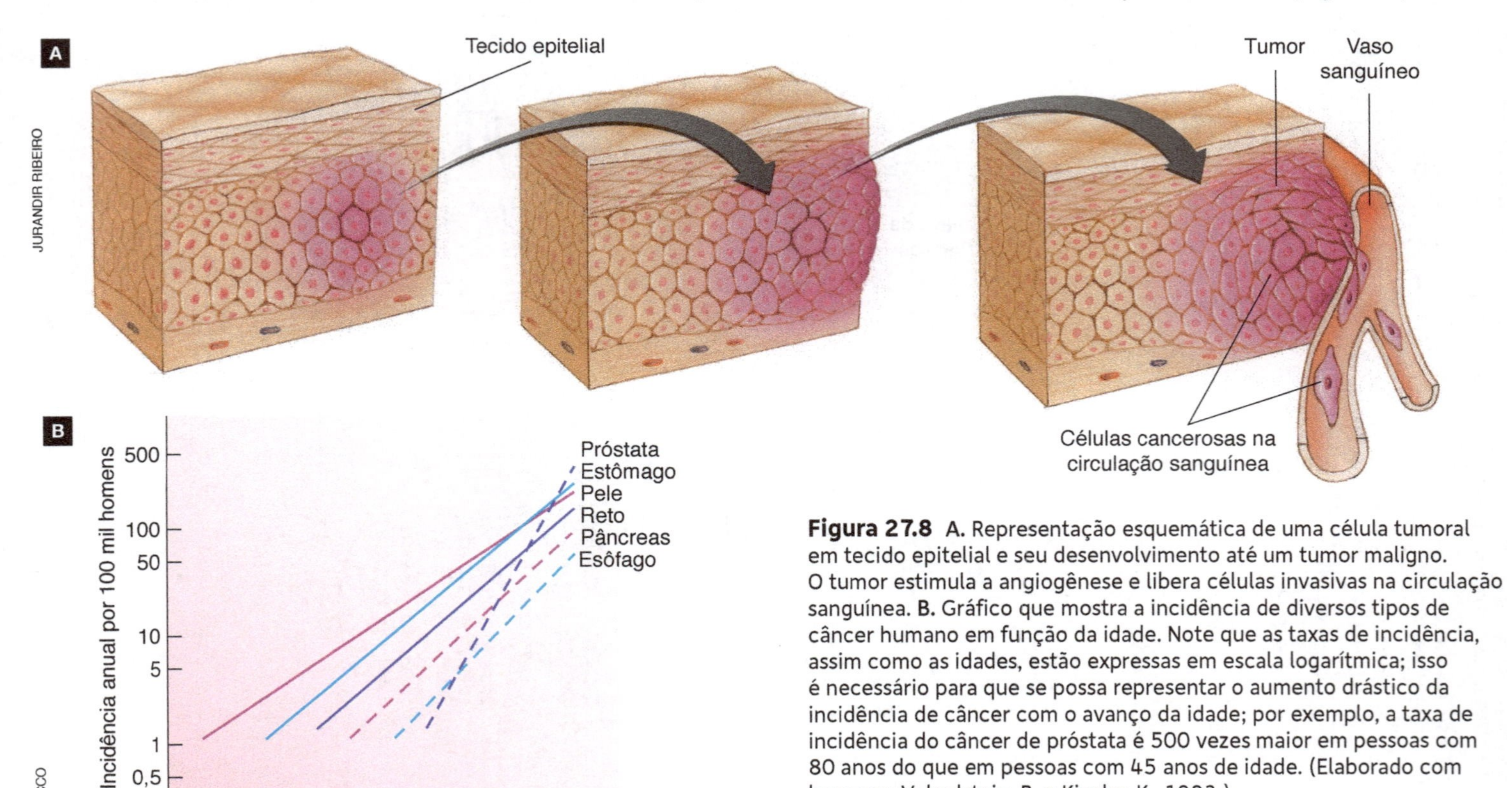

Figura 27.8 A. Representação esquemática de uma célula tumoral em tecido epitelial e seu desenvolvimento até um tumor maligno. O tumor estimula a angiogênese e libera células invasivas na circulação sanguínea. B. Gráfico que mostra a incidência de diversos tipos de câncer humano em função da idade. Note que as taxas de incidência, assim como as idades, estão expressas em escala logarítmica; isso é necessário para que se possa representar o aumento drástico da incidência de câncer com o avanço da idade; por exemplo, a taxa de incidência do câncer de próstata é 500 vezes maior em pessoas com 80 anos do que em pessoas com 45 anos de idade. (Elaborado com base em: Volgelstein, B. e Kinzler, K., 1993.)

Agora você pode resolver as atividades de 3 a 15, 41 a 43, 47 e 63 a 65.

27.3 Algumas doenças parasitárias humanas

Doenças causadas por vírus

Os vírus são causadores de diversas doenças em seres humanos, genericamente chamadas de **viroses**. Algumas informações sobre as principais viroses, como reprodução viral e suas formas de prevenção e tratamento, são abordadas no Capítulo 11 deste livro.

QUADRO DE CONSULTA I
Algumas doenças humanas causadas por vírus

Doenças causadas por bactérias

Calcula-se que metade das doenças humanas seja causada por bactérias patogênicas (do grego *pathos*, sofrimento, doença, e *genesis*, que gera). Ao penetrar no corpo humano, as bactérias instalam-se e multiplicam-se nos tecidos de diversos órgãos, causando as **infecções bacterianas**. A bactéria causadora da tuberculose, por exemplo, instala-se preferencialmente nos pulmões, embora também possa afetar outros órgãos.

Enquanto os vírus sempre penetram nas células, as bactérias geralmente vivem entre as células dos tecidos e nas superfícies e cavidades de órgãos. As exceções são clamídias e rickéttsias, parasitas intracelulares obrigatórios. Embora as salmonelas e as micobactérias também possam invadir células hospedeiras e reproduzir-se em seu interior, elas não são parasitas intracelulares obrigatórios. Muitos dos sintomas das infecções bacterianas são causados por substâncias tóxicas (toxinas) que as bactérias eliminam ou por substâncias presentes em suas paredes celulares.

Certas bactérias só conseguem causar doenças quando o sistema de defesa da pessoa está debilitado, sendo, por isso, denominadas **bactérias oportunistas**. A bactéria *Streptococcus pneumoniae*, por exemplo, não causa problemas na garganta da maioria das pessoas saudáveis, mas pode produzir pneumonia se as defesas corporais estiverem debilitadas. Um dos principais problemas da infecção pelo HIV (agente causador da aids) é fragilizar o sistema imunitário, abrindo caminho para uma ...rie de infecções oportunistas que não afetam pessoas sadias.

...amento e prevenção de doenças bacterianas

... tratamento das infecções bacterianas é feito com **antibióticos**, substâncias capazes de matar ...ias. O primeiro antibiótico foi descoberto em 1929 por Alexander Fleming (1881-1955), que o ... de um fungo do gênero *Penicillium*; por isso, esse antibiótico foi chamado de penicilina. Dez ...pois, a penicilina foi industrializada e passou a ser produzida em grande escala, tendo sido utili... Segunda Guerra Mundial, contribuindo para salvar a vida de milhares de feridos em combate, ...mente teriam morrido de infecções bacterianas. Antibióticos são medicamentos extraídos ...s e de fungos, mas grande parte é modificada por processos químicos que aumentam seu ...e ação, daí serem chamados de antibióticos sintéticos. Alguns medicamentos sintéticos ... ação antimicrobiana e são utilizados no combate a bactérias patogênicas, mas por não ... natural eles não são chamados de antibióticos.

...ão de certas doenças bacterianas é feita pela **vacinação**. Há vacinas eficazes contra o té...uche. Ambas as vacinas estimulam nosso sistema de defesa por mais ou menos 10 anos, ...s ficamos protegidos das bactérias que causam essas doenças. Depois desse tempo, é ...se de reforço para continuar imunizado.

... com certeza, a principal atitude preventiva contra muitas doenças bacterianas. ...cas reduzem substancialmente as taxas de mortalidade infantil e aumentam o tem... ...as pessoas. O conhecimento sobre a forma de transmissão das infecções bacteria... ...de nos ajudar a evitá-las.

QUADRO DE CONSULTA II
Algumas doenças humanas causadas por bactérias

...as por protozoários

...or protozoários são genericamente denominadas **protozooses**. A seguir, apre... ...mais comuns.

...eria amebiana**, é causada pelo rizópode parasita *Entamoeba histolytica* ...e essa parasitose ao ingerir cistos de entameba presentes na água ou em ... fezes de pessoas doentes. Um **cisto** é uma bolsa de parede rígida que ...s jovens capazes de infestar um novo hospedeiro. No intestino a parede do cisto se rompe libertando as amebas, que invadem glândulas da parede intestinal, onde passam a se alimentar de sangue e de células. Esses locais podem se inflamar, liberando sangue, muco e milhares de amebas, muitas já na forma de cistos. Ao serem eliminados nas fezes, os cistos podem contaminar água e alimentos (como vegetais, por exemplo) e ser transmitidos a outras pessoas.

Apenas uma em cada dez pessoas infestadas por *E. histolytica* apresenta sintomas da doença. Estes são geralmente brandos, como diarreias e dor de estômago; em casos mais graves ocorrem diarreias sanguinolentas e a pessoa pode tornar-se anêmica. Atualmente há medicamentos eficazes contra amebíase, que devem ser utilizados após o diagnóstico da parasitose por meio de exame microscópico das fezes do doente. **(Fig. 27.9)**

Para prevenir a disseminação da amebíase, são necessárias atitudes por parte do poder público e das próprias pessoas. Entre as formas de prevenção destaca-se a construção de instalações sanitárias adequadas, tais como privadas, esgotos e fossas sépticas, que impedem a contaminação da água e de alimentos por fezes com cistos de ameba. A água, caso não seja tratada, deve ser fervida antes de ser usada para beber ou para lavar alimentos consumidos crus. Esses e outros cuidados básicos, associados à higiene pessoal, previnem não só a amebíase como inúmeras outras doenças infecciosas.

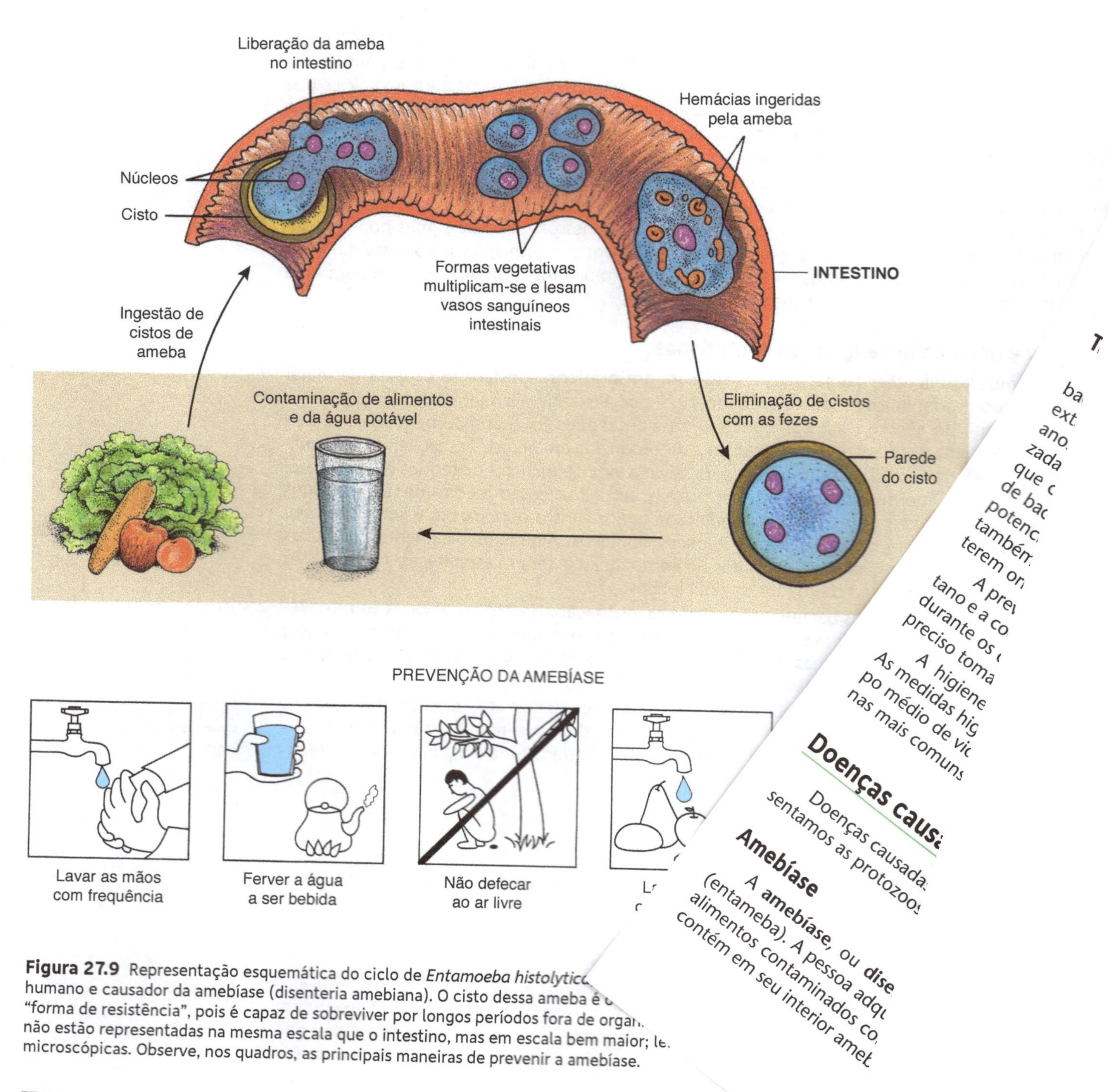

Figura 27.9 Representação esquemática do ciclo de *Entamoeba histolytic*... humano e causador da amebíase (disenteria amebiana). O cisto dessa ameba é ... "forma de resistência", pois é capaz de sobreviver por longos períodos fora de orga... não estão representadas na mesma escala que o intestino, mas em escala bem maior; ... microscópicas. Observe, nos quadros, as principais maneiras de prevenir a amebíase.

Leishmaniose

Leishmaniose é a denominação genérica da infecção causada por protozoários flagelados denominados **leishmanias**. No Brasil estima-se que cerca de 40 mil pessoas por ano adquiram um dos tipos de leishmaniose, visceral ou tegumentar.

A **leishmaniose visceral** (ou **calazar**) é causada pela *Leishmania chagasi*, que ataca o baço e o fígado. Os sintomas da doença são febre contínua, perda de apetite, inchaço do fígado, lesões na pele e anemia; em alguns casos pode causar morte. Os cães também são atacados por esse protozoário. A parasitose é transmitida pela picada do mosquito *Lutzomya longipalpis*, conhecido popularmente como **mosquito-palha** ou *maruim*. O tratamento é feito com a administração prolongada de medicamentos à base de antimônio (Sb) que, devido à toxicidade, não devem ser utilizados por mulheres grávidas e pessoas com problemas cardíacos.

A **leishmaniose tegumentar** (ou **úlcera de bauru**) é uma doença parasitária de pele e mucosas causada pela *Leishmania brasiliensis*. Na pele a doença manifesta-se pela formação de feridas ulcerosas, com bordas elevadas e fundo granuloso. Nas mucosas (cavidade nasal, faringe ou laringe) a leishmaniose destrói tecidos e, em casos graves, pode perfurar o septo nasal e causar lesões deformantes. A transmissão da leishmaniose tegumentar ocorre pela picada de mosquitos do gênero *Lutzomya* (mosquito-palha).

As principais medidas para prevenir a leishmaniose são combater a proliferação do mosquito transmissor e impedir sua picada. O combate ao mosquito pode ser feito pelo aterro de lagoas e poças de água que servem de criadouro para as larvas e também pela aplicação de inseticidas sobre as áreas atingidas pela doença. Esta última providência tem a consequência indesejável de matar indiscriminadamente outras espécies de inseto, muitas das quais úteis ao ser humano e com importância ecológica. Para impedir a picada do mosquito pode-se proteger as portas e as janelas das casas com telas, e cobrir as camas com cortinados de filó. **(Fig. 27.10)**

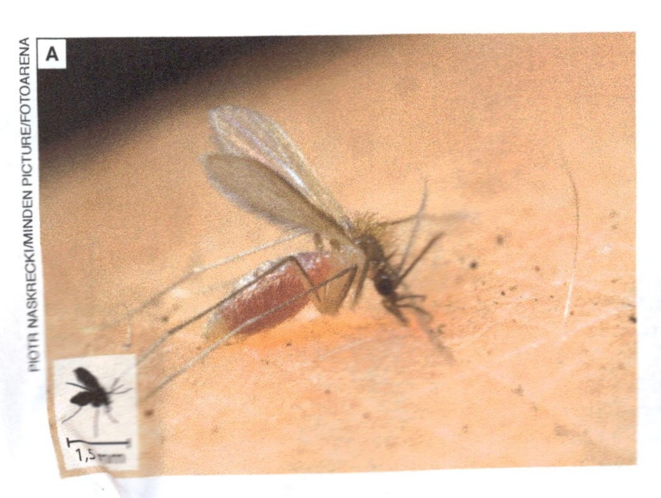

PIOTR NASKRECKI/MINDEN PICTURE/FOTOARENA

DENNIS KUNKEL MICROSCOPY/SCIENCE PHOTO LIBRARY/LATINSTOCK

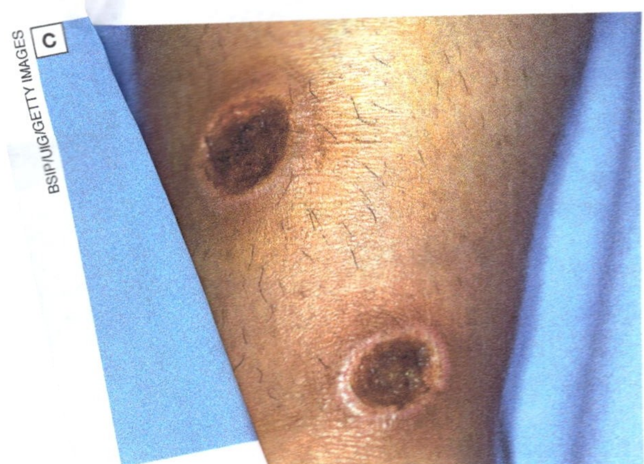

BSIP/UIG/GETTY IMAGES

PREVENÇÃO DA LEISHMANIOSE

Proteger portas e janelas com telas

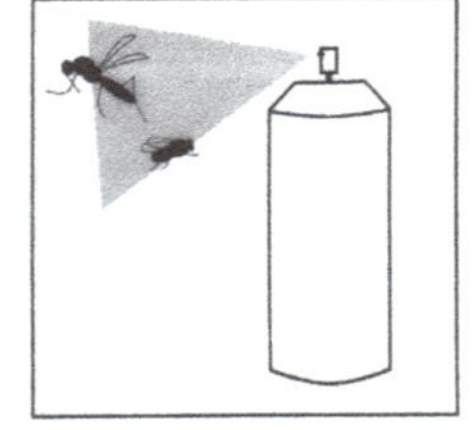

Utilizar inseticidas

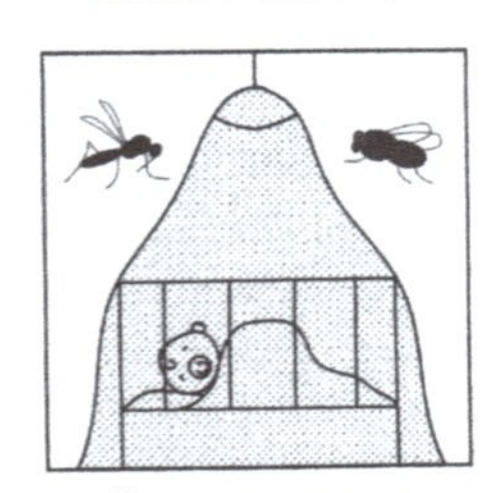

Proteger camas com cortinados

ILUSTRAÇÕES: LEVI CIOBOTARIN

Figura 27.10 A. Mosquito-palha da espécie *Lutzomya* sp. picando uma pessoa; esse inseto é o principal transmissor da leishmaniose visceral. B. Fotomicrografia do protozoário flagelado *Leishmania donovani*, que ataca órgãos internos. (Microscópio fotônico; cores artificiais.) C. Ferida na pele causada pela leishmaniose tegumentar.

Doença de

A **doença** também chamada **tripanossomíase americana**, é causada pelo flagelado *Trypanosoma* ... quem descobr... **ossomo**. Foi o médico sanitarista brasileiro Carlos Chagas (1878-1934) ... causador e descreveu seu ciclo de vida e o modo de transmissão.

Estima-se ... ssoas morram anualmente no mundo em consequência da doença. No Brasil, o con... ental da transmissão da doença de Chagas vem obtendo amplo sucesso e a maioria dos ... os já pode ser declarada livre dessa parasitose; apesar disso, continua sendo uma das ... letais, com cerca de 5 mil óbitos anuais e milhões de portadores crônicos, para os qu... ste tratamento.

O tripanossomo é transmitido por insetos popularmente chamados de "**barbeiros**" ou "**chupanças**", sendo a espécie transmissora mais comum o *Triatoma infestans*. A doença é quase sempre adquirida pelo contato de lesões na pele ou das mucosas (dos olhos, do nariz e da boca) com fezes do inseto infectado pelo parasita. Mulheres infestadas podem transmitir o parasita aos filhos durante a gravidez ou na amamentação. Alimentos contaminados com fezes do inseto infectado pelo parasita, transplantes de órgãos e transfusões de sangue de doadores infestados são outras vias pelas quais se pode contrair a doença de Chagas. **(Fig. 27.11)**

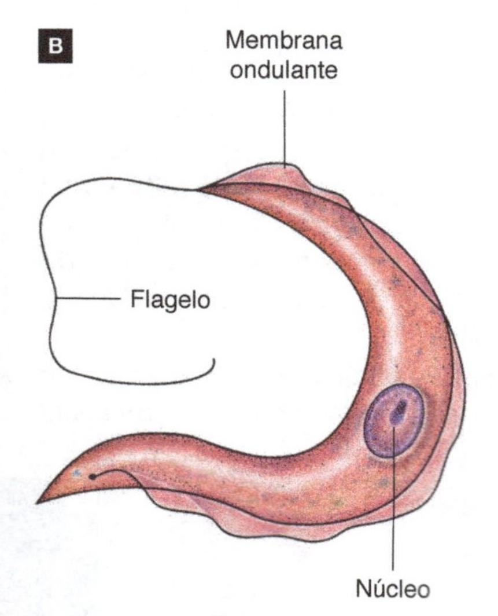

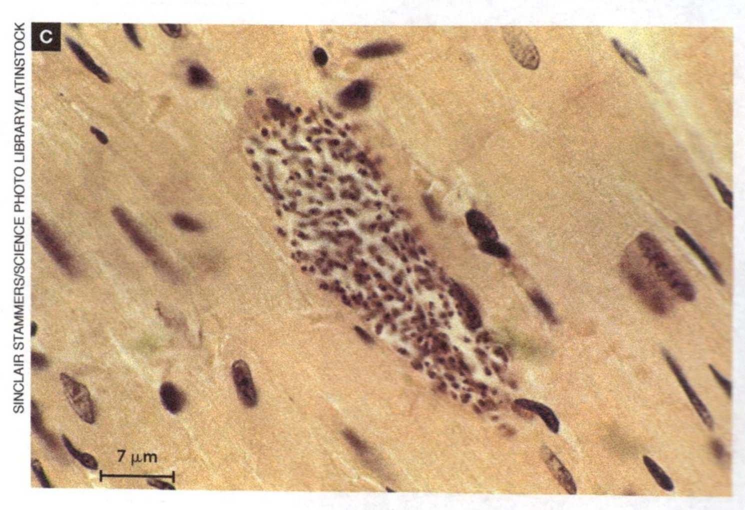

Figura 27.11 **A.** Barbeiro da espécie *Triatoma infestans*, transmissor da doença de Chagas. **B.** Representação esquemática do protozoário *Tripanosoma cruzi*, agente causador da doença de Chagas. **C.** Fotomicrografia de um corte de coração humano, mostrando um local de concentração do protozoário *Tripanosoma cruzi* (área ovoide no centro da foto). Os protozoários são os pontos escuros; nessa fase de seu ciclo de vida, não apresentam flagelos. (Microscópio fotônico; cores artificiais.)

O barbeiro adquire tripanossomos ao sugar sangue de pessoas com doença de Chagas ou de animais contaminados pelo parasita, entre eles cães, gatos, roedores e diversos animais silvestres, que servem de reservatórios naturais do protozoário. Os barbeiros têm hábitos noturnos, escondendo-se durante o dia em frestas, de onde saem, à noite, para se alimentar de sangue.

Depois de picar uma pessoa, geralmente no rosto (daí o nome "barbeiro"), o inseto defeca; se ele estiver contaminado haverá tripanossomos em suas fezes; quando a pessoa se coçar, poderá contaminar o local da picada e mucosas por onde o parasita atinge a circulação sanguínea, via de acesso aos órgãos do corpo.

Nos primeiros estágios da doença os principais sintomas são cansaço, febre, aumento do fígado ou do baço e inchaço dos linfonodos. Depois de 2 a 4 meses esses sintomas desaparecem. Somente 10 a 20 anos após a infecção é que começam a aparecer os sintomas mais graves da doença; os protozoários instalam-se preferencialmente no músculo cardíaco e causam lesões que prejudicam o funcionamento do coração, o que leva à insuficiência cardíaca crônica.

Até a década de 1960 não havia medicamentos eficientes contra o tripanossomo. A partir de então têm sido desenvolvidos medicamentos terapêuticos capazes de matar o *Trypanosoma cruzi* principalmente no período inicial da doença. Entretanto, as lesões do coração e de outros órgãos, como o esôfago e o intestino, são irreversíveis e até o momento não há tratamento eficaz para os estágios avançados da doença de Chagas.

Como sempre a principal maneira de combater a parasitose é adotar medidas preventivas, que impeçam a entrada dos protozoários no organismo humano. A primeira providência é evitar a picada do barbeiro, agente transmissor (ou vetor) da doença. Como esses insetos se escondem nas frestas das casas de barro ou de pau a pique, construir casas de alvenaria, sem esconderijos para o barbeiro, ajuda a combater a doença de Chagas. Outra medida preventiva importante é a instalação de cortinados de filó sobre as camas e de telas de proteção em portas e janelas. **(Fig. 27.12)**

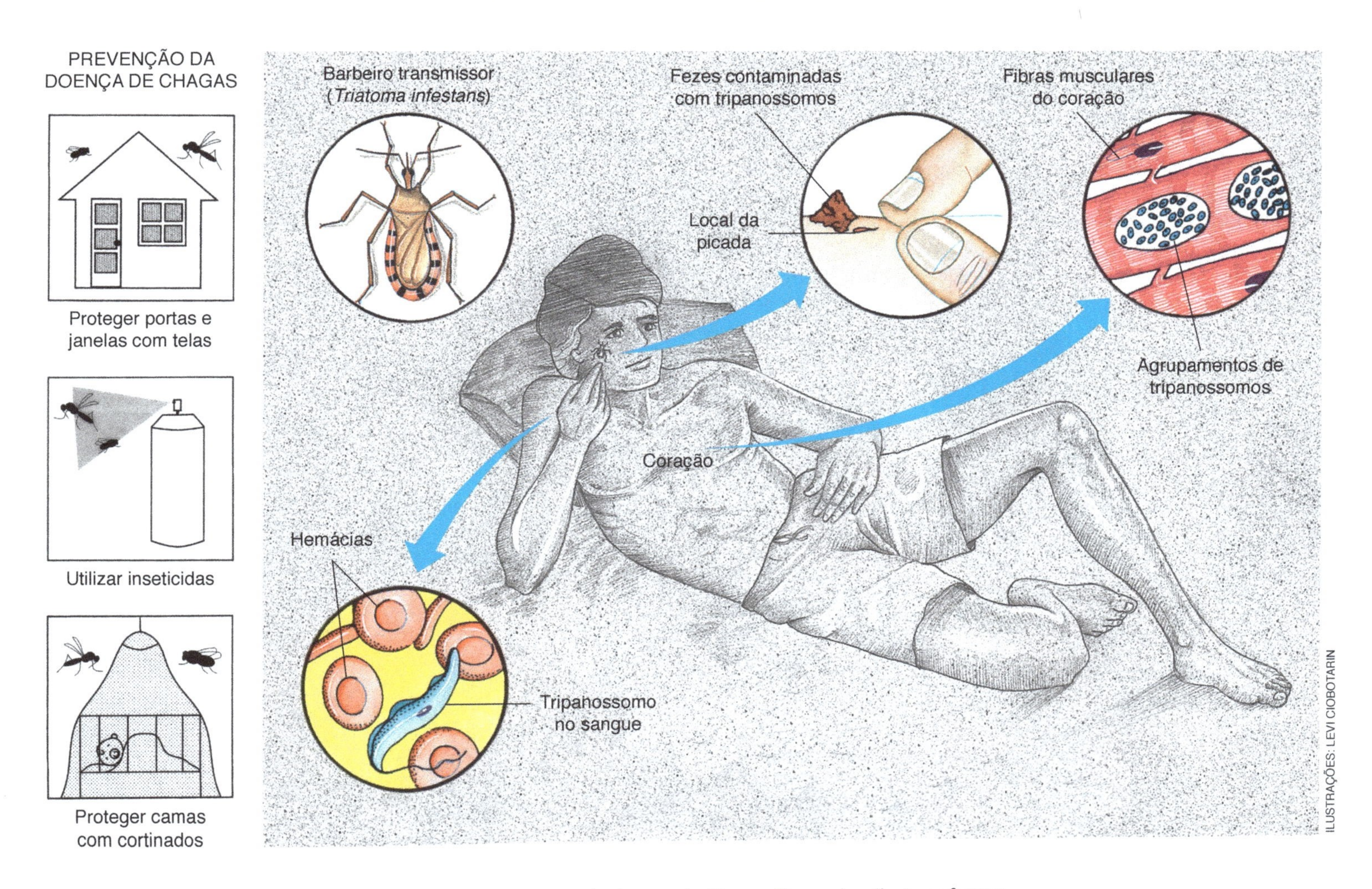

Figura 27.12 Representação esquemática de alguns aspectos da doença de Chagas. Os quadros ilustram formas de prevenção dessa protozoose.

Malária

Entre os protozoários apicomplexos, o gênero *Plasmodium* (**plasmódio**) é um dos mais conhecidos por causar **malária**, doença que já afligia os antigos egípcios há cerca de 5 mil anos e que ainda hoje produz cerca de 250 milhões de novos casos por ano em todo o mundo. Calcula-se que 900 mil pessoas morram anualmente devido a essa doença. No Brasil a cada ano ocorrem cerca de 500 mil casos de malária, quase todos estritos à região amazônica.

Há quatro espécies do gênero *Plasmodium* que causam ma-ia, todas transmitidas pela picada de fêmeas de mosquitos gênero *Anopheles* (anófeles). Os protozoários *Plasmodium ariae* e *Plasmodium ovale* são responsáveis por uma forma da da doença; *Plasmodium falciparum* causa a forma mais e de malária; *Plasmodium vivax* causa uma forma de malária avidade intermediária.

ma pessoa adquire malária ao ser picada por fêmeas de ito do gênero *Anopheles* contaminadas pelo protozoário. tos injetam uma secreção salivar anticoagulante, que onter as formas infestantes do plasmódio, chamadas **oítos**.

Nas infecções por *P. vivax* e por *P. malariae* alguns esporozoítos penetram nas células hepáticas, onde se multiplicam de modo assexuado, enquanto outros penetram nas hemácias. Em cada célula hepática infectada podem originar-se, dependendo da espécie, entre 2 mil e 40 mil novos protozoários. Nas infecções por *P. falciparum* os parasitas não invadem as células do fígado, mas apenas as hemácias.

Entre 6 e 16 dias após a infecção inicial as células hepáticas infestadas liberam no sangue os novos parasitas, agora em um estágio chamado **merozoíto**. Cada merozoíto que penetra em uma hemácia do sangue pode originar assexuadamente entre 8 e 24 novos merozoítos. As hemácias infestadas arrebentam e liberam os novos merozoítos na corrente sanguínea. Estes invadem hemácias sadias e o ciclo se repete. A cada 48 horas, no caso do *P. vivax* e do *P. falciparum*, ou a cada 72 horas, no caso do *P. malariae*, novas gerações de merozoítos são liberadas pela ruptura sincrônica das hemácias infestadas. Milhares de hemácias rompendo-se simultaneamente liberam parasitas e substâncias tóxicas que causam febre e calafrios. Os picos de febre alta, entre 39 °C e 40 °C, coincidem com a ruptura das hemácias infestadas, com liberação dos merozoítos no plasma.

Em algumas hemácias, em vez de os merozoítos se reproduzirem por divisão múltipla, eles crescem e transformam-se em formas sexuadas, os chamados **gametócitos masculinos** e **gametócitos femininos**. Ao sugar o sangue de uma pessoa doente, o mosquito transmissor pode ingerir hemácias contendo gametócitos, que amadurecem no estômago do inseto formando gametas masculinos e femininos. A união dos gametas dá origem a um ou mais zigotos, que se instalam na parede estomacal do mosquito. Cada zigoto origina milhares de esporozoítos; estes são liberados nas cavidades corporais do inseto e migram para suas glândulas salivares, de onde podem ser transmitidos a pessoas sadias.

Atualmente há vários medicamentos capazes de eliminar o plasmódio do sangue. Além do quinino e seus derivados tradicionalmente utilizados, novos medicamentos terapêuticos têm sido usados com sucesso no tratamento da malária. Medicamentos antimaláricos devem ser ingeridos preventivamente, sob rigorosa orientação médica, por pessoas que visitam regiões com alta incidência da doença.

A principal medida para prevenir a malária consiste em combater a proliferação do mosquito transmissor e impedir sua picada. Pode-se combater o mosquito mediante o aterro de lagoas e poças de água que servem de criadouro para as larvas, bem como pela aplicação de inseticidas sobre as áreas atingidas pela doença. Com esta última providência, porém, matam-se indiscriminadamente outras espécies de inseto, muitas delas úteis. Telas em portas e janelas e cortinados de filó sobre as camas também constituem barreiras para a picada do mosquito. **(Fig. 27.13)**

QUADRO DE CONSULTA III
Algumas doenças humanas causadas por protozoários

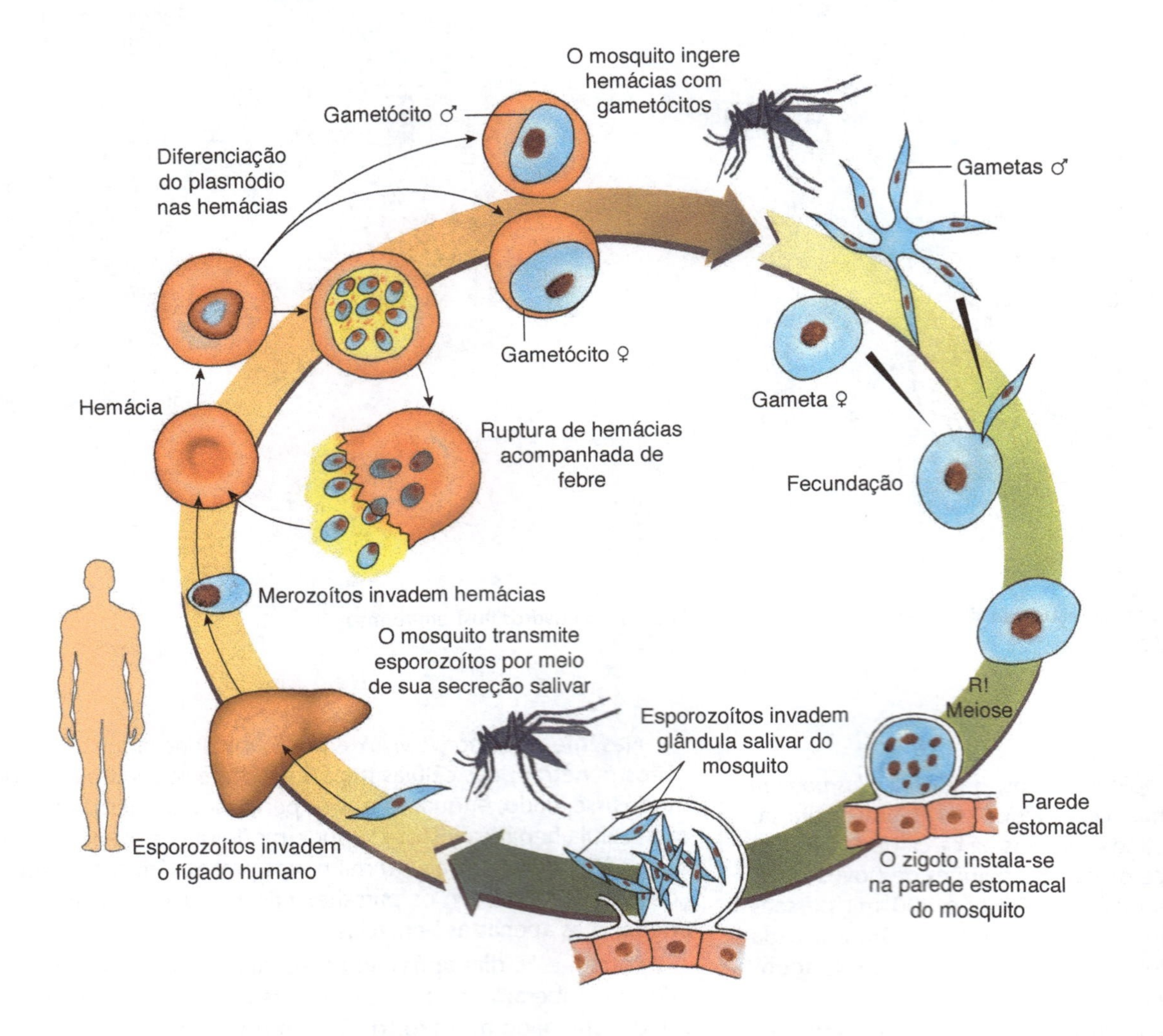

ILUSTRAÇÕES: SIMONKA

PREVENÇÃO DA MALÁRIA

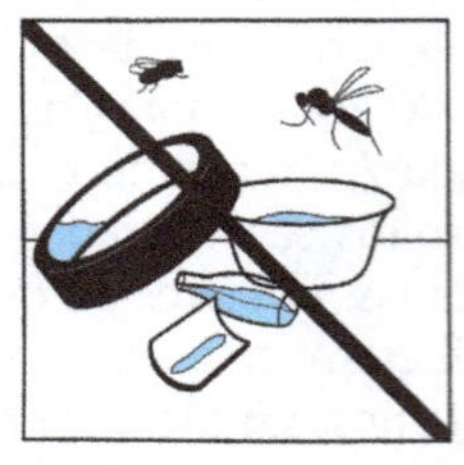
Eliminar criadouros de mosquitos

Proteger portas e janelas com telas

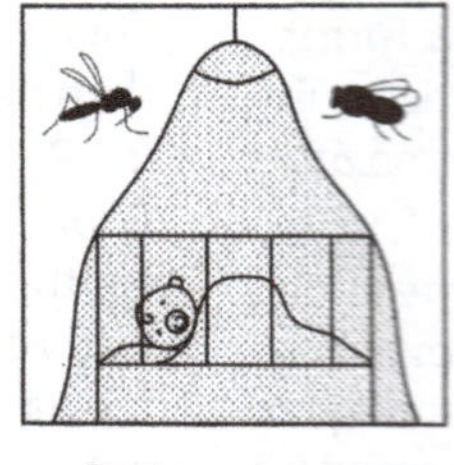
Proteger camas com cortinados

Utilizar inseticidas

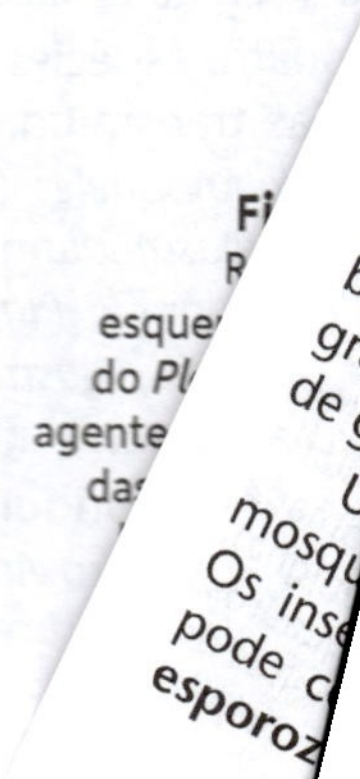

Verminoses

As doenças causadas por vermes são genericamente denominadas **verminoses**. Os principais vermes que infestam o organismo humano pertencem ao filo Platyhelminthes (platelmintes) e ao filo Nematoda (nematódeos).

Esquistossomose

Esquistossomose é uma verminose causada por platelmintes do gênero *Schistosoma*. Dependendo da espécie, o verme aloja-se nos vasos sanguíneos da bexiga (*Schistosoma haematobium*), do intestino (*Schistosoma japonicum*) ou do fígado (*Schistosoma mansoni*). A Organização Mundial da Saúde (OMS) estima que haja, na África, na Índia e na América do Sul, mais de 200 milhões de pessoas afetadas pela esquistossomose.

No Brasil a esquistossomose mais comum é causada pelo platelminte *Schistosoma mansoni*, cujas formas adultas vivem nas veias do fígado e do intestino humanos. Os ovos eliminados pelas fêmeas do esquistossomo penetram nos capilares sanguíneos localizados sob a mucosa intestinal, de onde passam para a cavidade do intestino e são eliminados juntamente com as fezes do hospedeiro.

Quando atingem córregos ou lagoas de águas relativamente limpas, os ovos eclodem e liberam larvas ciliadas, os miracídios. A continuidade do ciclo do esquistossomo depende de haver, na água, certos tipos de caramujo que sirvam de hospedeiros intermediários aos miracídios. No Brasil os principais transmissores da esquistossomose são caramujos do gênero *Biomphalaria*.

Depois de penetrar no caramujo, um miracídio passa por uma série de transformações e se reproduz ativamente, originando dezenas ou centenas de **cercárias**, larvas dotadas de cauda que se libertam do corpo do caramujo. As cercárias nadam ativamente e são capazes de penetrar através da pele de pessoas que entrem em contato com a água contaminada, provocando uma coceira característica. Lagoas infestadas por elas são conhecidas popularmente como lagoas-de-coceira.

As cercárias penetram nos vasos sanguíneos sob a pele, por onde chegam até as veias do intestino e do fígado. Aí se fixam e evoluem para a forma adulta do esquistossomo, completando o ciclo. Nossa espécie, portanto, é o hospedeiro definitivo do esquistossomo. **(Fig. 27.14)**

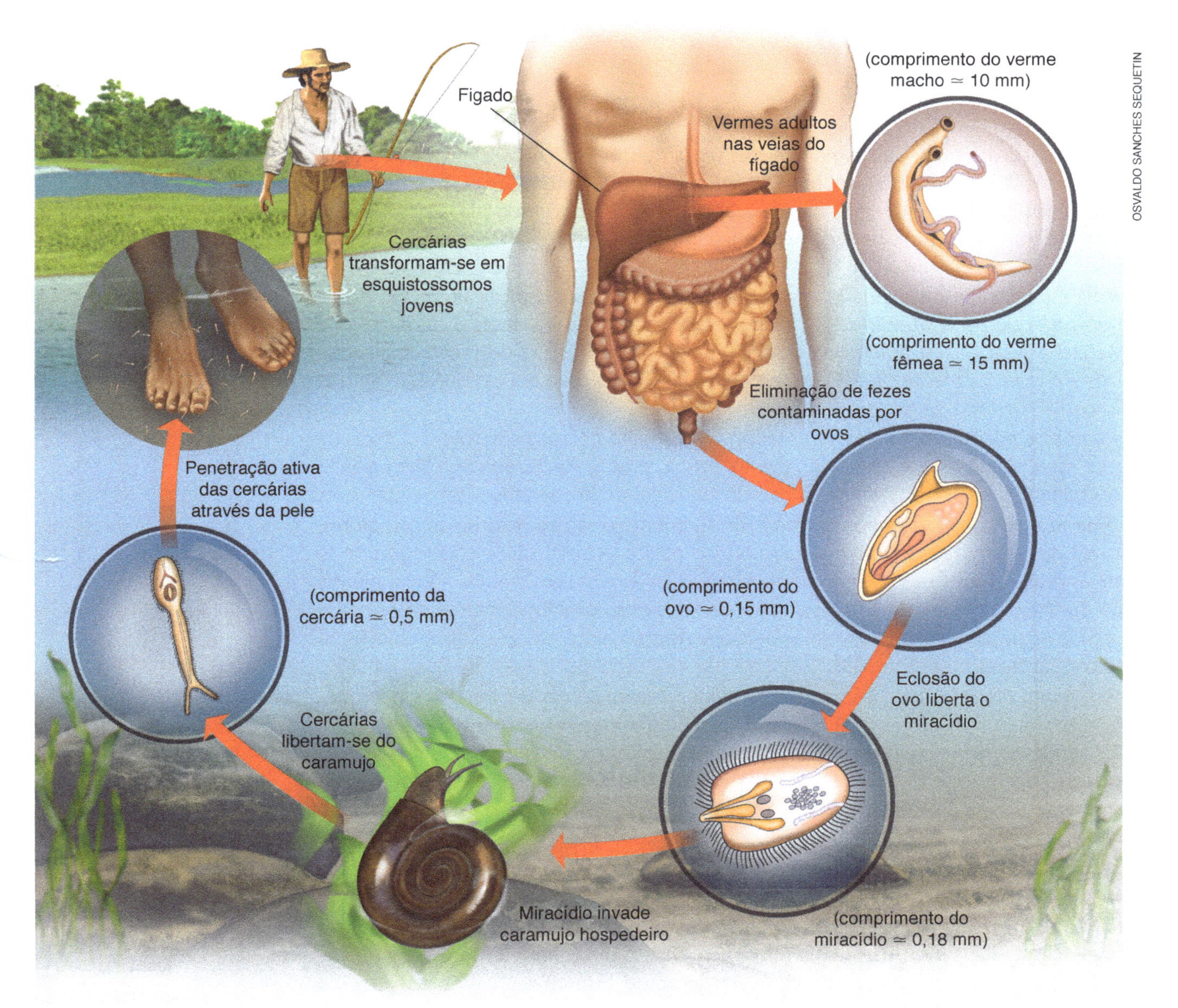

Figura 27.14 Representação esquemática do ciclo de vida do platelminte *Schistosoma mansoni*, causador da esquistossomose. O caramujo da espécie *Biomphalaria glabrata* é o mais conhecido hospedeiro intermediário de *S. mansoni*.

- ***Sintomas, tratamento e prevenção da esquistossomose***

A esquistossomose tem uma fase aguda, em que a pessoa portadora do parasita apresenta manifestações clínicas como coceiras e dermatites, febre, inapetência, tosse, diarreia, enjoos, vômitos e emagrecimento. A fase crônica, geralmente assintomática, pode durar vários anos. Nessa fase podem ocorrer episódios de diarreia alternados com períodos de obstipação (prisão de ventre). Em algumas pessoas, a doença pode evoluir para um quadro mais grave, com aumento do fígado (hepatomegalia) e cirrose, aumento do baço (esplenomegalia), hemorragias provocadas por rompimento de veias do esôfago e ascite, ou barriga-d'água, em que o abdômen fica dilatado e proeminente devido ao acúmulo de plasma nos tecidos.

Há alguns medicamentos terapêuticos capazes de matar o esquistossomo no organismo humano. Entretanto, a melhor maneira de combater a esquistossomose é a prevenção. As medidas preventivas consistem em interromper o ciclo de vida do parasita, o que pode ser feito das seguintes maneiras:

a) impedir que ovos de esquistossomo, presentes nas fezes, contaminem rios, lagos, açudes e outros reservatórios de água; para isso é preciso construir instalações sanitárias adequadas, com fossas sépticas ou sistemas de esgotos, e aterrar locais propícios ao acúmulo de água de chuva;
b) combater os caramujos transmissores que servem de hospedeiros intermediários para o parasita; isso pode ser feito pela aplicação, na água de lagoas, de substâncias tóxicas aos moluscos;
c) evitar a penetração das larvas no corpo; para isso não se deve consumir água de locais onde vivem os caramujos transmissores ou utilizá-la para tomar banho; pode-se também ferver a água antes de utilizá-la. Atualmente têm sido feitas experiências de criar peixes que comem as cercárias, em lagos em que há caramujos.

Teníase e cisticercose

Adquire-se teníase pela ingestão de carne malcozida contendo **cisticercos**. Estes são bolsas ovoides esbranquiçadas e semitransparentes, com tamanho entre 0,5 centímetro e 2 centímetros, conhecidas popularmente por "canjiquinhas" devido a seu aspecto. No intestino dos hospedeiros o cisticerco se expande formando uma pequena estrutura que se fixa à mucosa intestinal, dando origem a uma tênia.

Entre as diversas espécies de tênia, duas são parasitas importantes da espécie humana: *Taenia saginata*, a tênia-do-boi, que pode atingir até 9 metros de comprimento e é mais disseminada na África, Oriente Médio, América Central, Europa e Ásia; *Taenia solium*, a tênia-do-porco, que pode atingir até 5 metros e é mais frequente no México, na América Central e do Sul, na Europa Oriental e na Oceania.

As tênias apresentam, em sua extremidade anterior, uma região chamada **escólex**, dotada de ganchos e ventosas em *T. solium* e sem ganchos, apenas com ventosas, na *T. saginata*. São essas as estruturas que possibilitam a fixação dos vermes à parede intestinal do hospedeiro.

O corpo de uma tênia é constituído por centenas de segmentos, as **proglótides** ou proglotes, cada um dotado de um sistema reprodutor hermafrodita completo. A partir do escólex formam-se continuamente novas proglótides, que crescem e empurram as mais velhas em direção à extremidade posterior do corpo da tênia. À medida que se distanciam do escólex as proglótides amadurecem e se autofecundam, cada uma delas formando centenas de ovos. As mais extremas se soltam e são eliminadas juntamente com as fezes do hospedeiro.

Cada ovo, nesse ponto do ciclo vital, já contém um pequeno embrião em seu interior. Uma única tênia pode liberar diariamente 10 proglótides grávidas, cada uma contendo cerca de 80 mil ovos. Quando o ovo é ingerido por um hospedeiro intermediário adequado, como um boi, um porco ou um peixe, dependendo da espécie de tênia, sua casca rompe-se e libera uma larva, denominada **oncosfera**, que perfura a parede intestinal e chega ao sangue, indo alojar-se na musculatura ou no encéfalo do hospedeiro. A larva transforma-se, então, em cisticerco.

Se uma pessoa comer carne malcozida contaminada com cisticercos pode adquirir teníase, reiniciando o ciclo. **(Fig. 27.15)**

Se uma pessoa ingerir ovos de tênia, ela será hospedeira intermediária do verme. As oncosferas libertam-se dos ovos e podem atingir a musculatura ou o encéfalo da pessoa, transformando-se em cisticercos e causando a doença conhecida como **cisticercose humana**. Quando alojados na musculatura, os cisticercos geralmente causam poucos problemas. Entretanto, ao se alojar no cérebro, os cisticercos podem provocar convulsões semelhantes às da epilepsia.

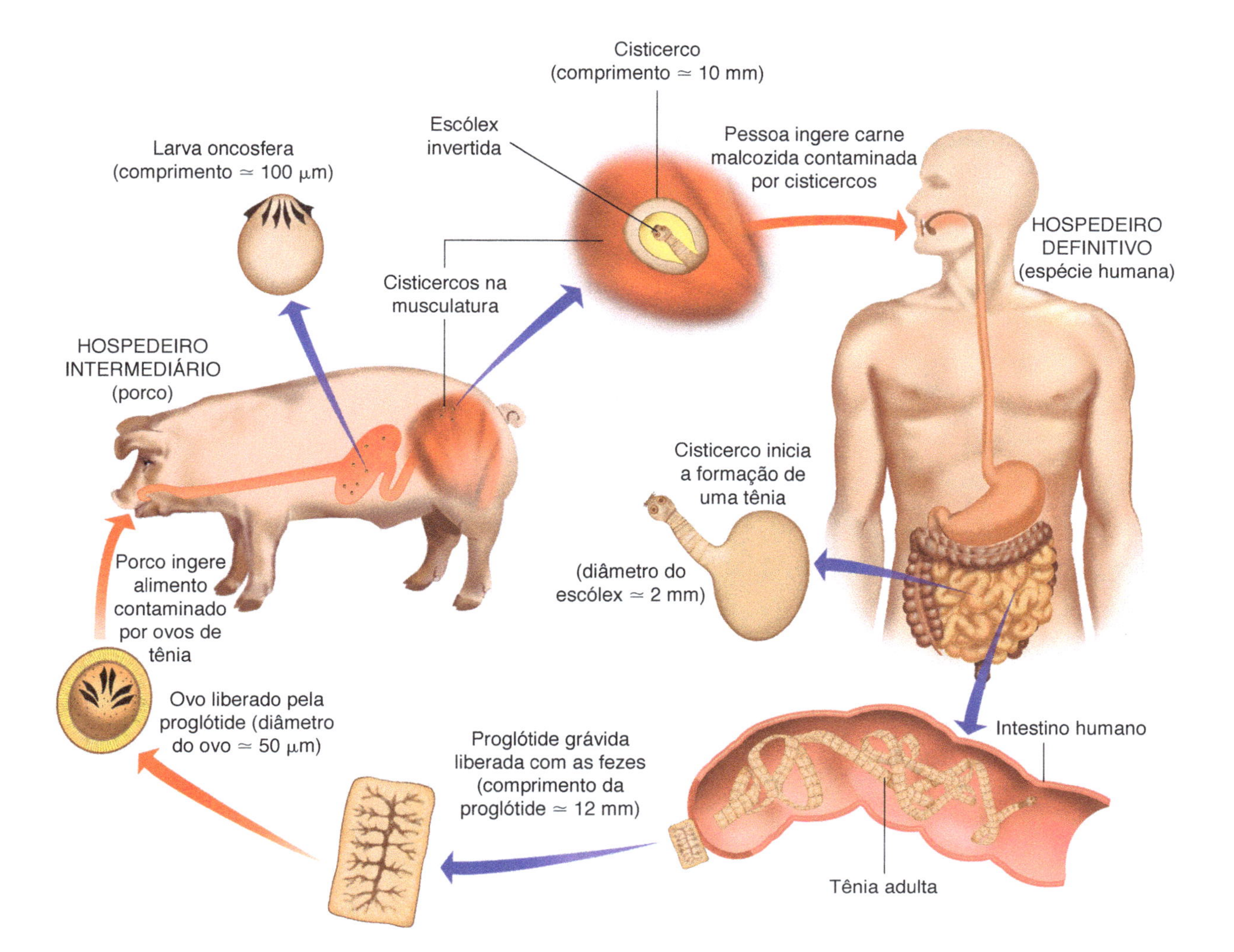

Figura 27.15 Representação esquemática do ciclo da tênia-do-porco (*Taenia solium*). O porco (*Sus scrofa*) é o hospedeiro intermediário, abrigando em sua musculatura formas imaturas do verme (cisticercos). A espécie humana é a hospedeira definitiva, abrigando o verme adulto no intestino delgado.

• ***Sintomas, tratamento e prevenção das teníases***

A infestação por tênia provoca sintomas relativamente brandos no hospedeiro, como diarreias, prisão de ventre, insônia e irritabilidade. A pessoa atacada pela verminose é geralmente magra, pois o parasita compete com ela pelo alimento ingerido. Além disso frequentemente ocorre anemia, acompanhada de indisposição e cansaço, provocados por substâncias tóxicas liberadas pelo parasita.

Substâncias laxantes são pouco eficazes contra as tênias, principalmente no caso de *Taenia solium*. A fixação do escólex no intestino é tão eficiente que, muitas vezes, apesar de o verme ser eliminado quase por inteiro, essa estrutura se mantém aderida à parede intestinal e origina novas proglótides. Atualmente existem tratamentos eficazes para eliminar os vermes do intestino.

Para combater a teníase é preciso adotar medidas preventivas que evitem ou reduzam a infestação. Algumas formas de prevenção são:

a) impedir que os ovos de tênias sejam ingeridos por animais como porcos e vacas, ou que contaminem rios e lagos, no caso de tênias-de-peixe; para isso é preciso construir instalações sanitárias adequadas, com fossas sépticas ou sistemas de esgotos;
b) evitar comer carne crua ou malcozida, principalmente quando não se conhece a procedência desses alimentos. O cozimento mata a tênia dentro do cisticerco.

Atualmente o número de pessoas infestadas por tênias tem diminuído graças à maior fiscalização sanitária de matadouros e frigoríficos. É fácil identificar um animal infestado pela análise da musculatura da mandíbula, da língua, do coração e do diafragma, onde há maior incidência de formação dos cisticercos.

Ascaridíase

A **ascaridíase**, ou **ascaridiose**, é causada por *Ascaris lumbricoides*, nematódeo popularmente conhecido como **lombriga** que vive no intestino humano ou do porco. Estima-se em mais de 1 bilhão o número de pessoas no mundo infestadas por esse parasita.

Machos e fêmeas da lombriga copulam no intestino humano. Uma fêmea pode liberar diariamente mais de 200 mil ovos protegidos por uma casca rígida, que saem do corpo do hospedeiro junto com as fezes. Os ovos podem contaminar lagos, rios e depósitos de água potável. Vegetais regados com essa água também são contaminados e podem ser ingeridos por um hospedeiro como um porco ou uma pessoa.

No intestino do hospedeiro a casca do ovo é digerida e dele sai uma pequena larva filamentosa, com cerca de 0,2 milímetro de comprimento. Embora já estejam no ambiente em que viverão quando adultas, as larvas ainda precisam empreender uma longa migração pelo corpo do hospedeiro até conseguir instalar-se definitivamente no intestino. Nessa migração elas perfuram a parede intestinal e entram na corrente sanguínea do hospedeiro.

Depois de alguns dias as jovens lombrigas, já com 3 milímetros de comprimento, atingem os pulmões, onde perfuram os alvéolos pulmonares e sobem pela traqueia. Isso provoca acessos de tosse, fazendo com que as larvas sejam lançadas na faringe e engolidas. Dessa forma os vermes retornam ao intestino, onde se estabelecem definitivamente, crescem e atingem a maturidade sexual. **(Fig. 27.16)**

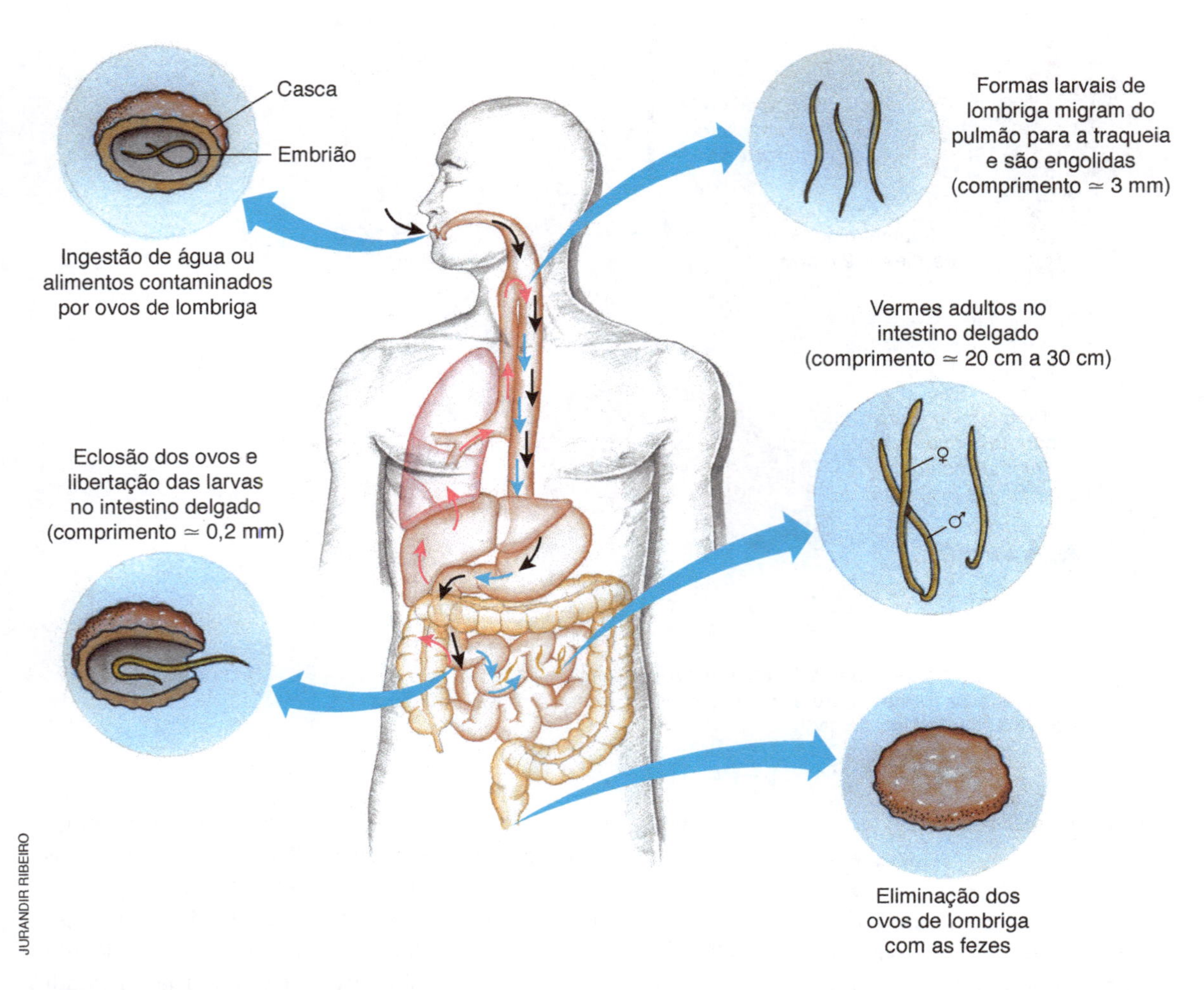

Figura 27.16 Representação esquemática do ciclo de vida do nematódeo *Ascaris lumbricoides*, em que há apenas um hospedeiro, geralmente a espécie humana ou o porco. As setas pretas representam a ingestão dos ovos e a liberação das larvas no intestino. As setas rosas representam a migração pela circulação sanguínea até os pulmões e a subida pela traqueia. As setas azuis representam a chegada do verme ao seu ambiente definitivo.

• *Sintomas, tratamento e prevenção da ascaridíase*

Quando em pequeno número no intestino as lombrigas causam poucos prejuízos ao hospedeiro. Em grande número, porém, podem causar obstrução intestinal. Se muitos ovos forem ingeridos ao mesmo tempo, a migração das larvas pode provocar lesões e infecções pulmonares de relativa gravidade. As lombrigas, embora raramente, podem invadir as veias do fígado, onde causam lesões graves.

O tratamento da ascaridíase e de outras infecções por nematódeos pode ser feito com medicamentos que combatem os parasitas no intestino. É possível prevenir a infestação construindo instalações sanitárias adequadas, que impeçam a contaminação de água potável e de alimentos. Outro cuidado importante na prevenção da ascaridíase e de outras doenças parasitárias é ferver a água não tratada e lavar bem os alimentos consumidos crus, principalmente os vegetais.

Amarelão

O **amarelão** é uma verminose que pode ser causada tanto pelo nematódeo *Ancylostoma duodenale* como pelo *Necator americanus*. O primeiro é mais comum e, por isso, o amarelão é também chamado de **ancilostomose**.

Os ancilóstomos medem entre 1 centímetro e 1,5 centímetro de comprimento e seu ciclo de vida é semelhante ao da lombriga. As formas adultas vivem no intestino delgado da pessoa infestada, onde machos e fêmeas copulam; os ovos são eliminados com as fezes da pessoa doente. Se atingem o solo eles eclodem, liberando pequenas larvas filamentosas. Estas vivem certo tempo no solo, alimentando-se de bactérias, até serem capazes de penetrar ativamente na pele dos hospedeiros.

Pessoas descalças, trabalhadores rurais e crianças que brincam com terra são os que se contaminam mais facilmente. As larvas atravessam a pele e entram na corrente sanguínea, por meio da qual chegam aos pulmões, perfurando os alvéolos pulmonares e subindo pela traqueia. Daí passam à faringe e são engolidas, chegando ao intestino, onde se estabelecem definitivamente e atingem a maturidade sexual, completando-se o ciclo de vida. **(Fig. 27.17)**

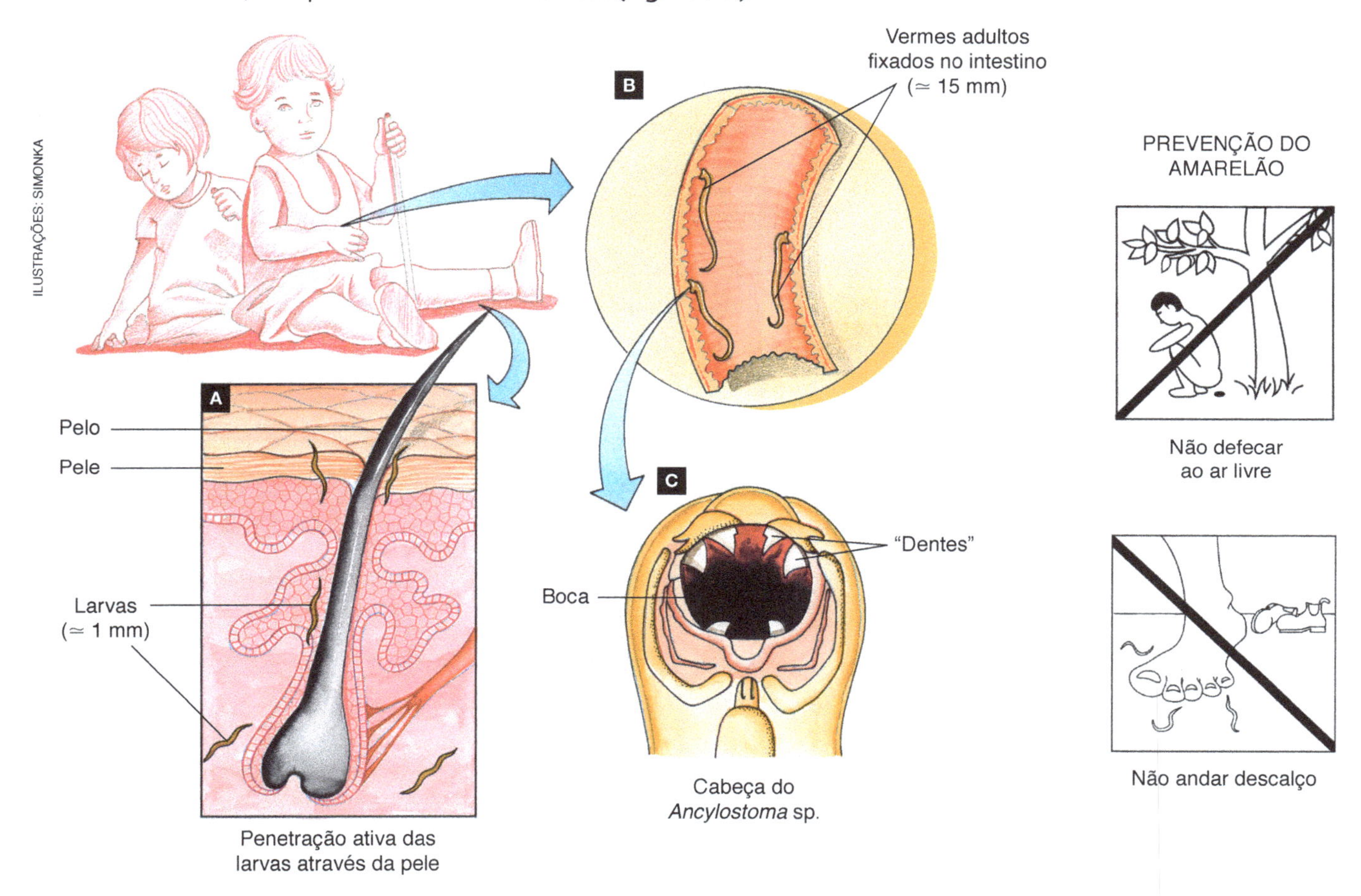

Figura 27.17 A. Representação esquemática de larvas do ancilóstomo penetrando ativamente na pele humana. B. Ancilóstomos fixados à parede do intestino. C. Boca do ancilóstomo, guarnecida por "dentes" pontiagudos que perfuram a parede intestinal, permitindo que o parasita se alimente de sangue do hospedeiro. Observe, nos quadros, cuidados para prevenir o amarelão.

Dinâmica das doenças parasitárias

Epidemia e endemia

Em termos populacionais as doenças infecciosas podem existir na condição de epidemias ou de endemias. Fala-se em **epidemia** quando ocorre um aumento súbito no número de casos de uma doença em uma população. Fala-se em **endemia** quando uma doença se mantém praticamente constante numa determinada região. Costuma-se utilizar o termo **pandemia** para se referir a uma doença que atinge mais de um continente, em uma onda epidêmica que pode se prolongar por vários anos. **Surto** é uma forma particular de epidemia, em que todos os casos estão relacionados entre si. Uma mesma doença pode ser endêmica em uma população, epidêmica em outra e não existir em uma terceira.

Infecções sexualmente transmissíveis (ISTs)

Merecem destaque especial surtos e epidemias das chamadas **infecções sexualmente transmissíveis**, mais conhecidas pela sigla **ISTs**, antes denominadas doenças sexualmente transmissíveis (DSTs), cuja disseminação ocorre por contato sexual. Dentre estas há as causadas por bactérias, como a sífilis e a gonorreia, e as transmitidas por vírus, como o herpes genital, a hepatite B, o condiloma acuminado e a aids.

O esclarecimento público sobre os meios de prevenção e tratamento das ISTs é fundamental ao seu controle. Em alguns países há serviços especializados na detecção dos portadores de ISTs, com o objetivo de tratá-los, evitando assim a disseminação das doenças. **(Fig. 27.18)**

Figura 27.18 Infecções sexualmente transmissíveis podem ser prevenidas com a utilização da camisinha (preservativo de látex) durante as relações sexuais.

Agora você pode resolver as atividades de 16 a 37, 44 a 46, 48 a 62 e 66 a 72.

Ciência e cidadania

Controle de doenças negligenciadas no País elevaria produtividade em R$ 55 bilhões

1 O controle de sete doenças tropicais negligenciadas (DTNs), consideradas endêmicas no País – hanseníase, esquistossomose, leishmaniose visceral, oncocercose, tracoma, filariose linfática e Chagas –, aumentaria a produtividade em R$ 55 bilhões até 2030 no Brasil. A estimativa, feita pela Organização Mundial da Saúde (OMS), leva em conta, por exemplo, o impacto de faltas ao trabalho, aposentadorias precoces e sequelas que reduzem a capacidade laboral dos doentes brasileiros.

2 "A maior parte das doenças não mata, mas afeta de forma significativa a produtividade. Países já entenderam que a criança não tratada vai faltar à escola, tem mais riscos de anemia, seu rendimento escolar será prejudicado e, em consequência, será um adulto com formação pior", diz Márcia de Souza Lima, uma das autoras do relatório da OMS.

3 A professora Nádia dos Santos, da Escola Municipal Araceles Correa, em São Cristóvão, na região metropolitana de Aracaju, confirma as observações. Não raro, diz, alunos desmaiam nas aulas. "Uns dizem que é virose, outros, falta de café da manhã. Não sabemos de fato o que acontece." Uma coisa, porém, é comum: além dos desmaios, estudantes se queixam de dores de barriga e enjoos, sintomas frequentes de esquistossomose e outras verminoses.

4 É em busca de pacientes com esquistossomose, a "doença do caramujo", que o agente de controle de endemias Willamis Carmo percorre diariamente as ruas da empobrecida São Cristóvão. De casa em casa, tenta convencer moradores a fazer exames. Coleta o material, retornando com o resultado, e, em casos positivos, já com o remédio. "Faço isso há 20 anos, mas nada muda. Trato hoje e amanhã a doença retorna."

5 [...] A dificuldade para romper o ciclo de doença e pobreza se repete em outros cantos. As sete DTNs são consideradas endêmicas no País – comuns em áreas pobres, não despertam o interesse da indústria farmacêutica para desenvolvimento de vacinas, medicamentos e testes.

6 Diretora de Programas e Operações da Rede Global para DTNs, Márcia afirma que, embora essas doenças afetem uma em cada seis pessoas no mundo, há desafios para o diagnóstico. "Quando comecei a trabalhar, vi muita gente com tracoma e não mediquei. Não sabia reconhecer a doença. É preciso ensinar a comunidade médica a reconhecer os problemas."

7 O relatório da OMS avalia que, embora seja necessário redobrar os esforços, passos importantes foram dados nos últimos três anos, quando uma parceria público-privada foi formada para tentar reduzir as DTNs no mundo. Hoje, 43% da população em situação de risco recebe tratamento para pelo menos uma das doenças, porcentual maior do que o de 2008 (35%).

8 São Cristóvão – quarta cidade mais antiga do Brasil, que já foi capital de Sergipe – tem altos índices de esquistossomose. Dos exames feitos ali, ao menos 25% são positivos – marca que justifica tratamento em massa. Para Carmo, o porcentual poderia ser maior. "Não testamos todos, não há como fazer análise. Se coleto mais de 50 amostras por semana, sou criticado pelo pessoal do laboratório."

9 Coordenadora de vigilância epidemiológica da cidade, Flávia Moreira sabe das dificuldades. Ela espera ansiosa o início de um programa do Ministério da Saúde para diagnóstico e tratamento em massa entre estudantes de 5 a 14 anos. A promessa é que a cidade receberá verba para campanha de esclarecimento e diagnósticos.

10 O município apresenta ainda altos índices de hanseníase e leishmaniose, doenças negligenciadas endêmicas e alvo de um programa do governo. Neste ano, serão 2.263 municípios atendidos. No relatório, a OMS elogiou o Brasil pela iniciativa de testar e tratar de forma integrada hanseníase, esquistossomose, verminoses e tracoma.

11 [...] Embora entusiasmada com a chegada de recursos extras, Flávia se diz pouco esperançosa. Ela lembra que é preciso adotar medidas para acabar com agentes transmissores da doença: coleta adequada de lixo previne a leishmaniose; água e esgoto tratados são essenciais para evitar a proliferação dos caramujos.

12 Moradores de uma casa encravada entre dois córregos, Maria Nair de Jesus, de 46 anos, e o filho mais velho, de 14, são vítimas de um ciclo que envolve o ambiente. Foram diagnosticados com esquistossomose. Maria resiste a usar todos os medicamentos por causa dos efeitos, como a diarreia. "Se ela tomar o remédio, vai se curar. Mas, em pouco tempo, se contamina novamente", diz Carmo.

Fonte: FORMENTI, L. Controle de doenças negligenciadas no País elevaria produtividade em R$ 55 bilhões. *O Estado de S. Paulo*, São Paulo, 2 ago. 2015. Disponível em: <http://mod.lk/7Kg0c>. Acesso em: maio 2017.

GUIA DE LEITURA

O texto escolhido para este quadro refere-se a doenças agora reunidas sob uma nova sigla – DTNs – Doenças Tropicais Negligenciadas. Quais são essas doenças e qual sua importância para o Brasil? Essas questões e as próximas referem-se aos pontos mais importantes abordados no texto. Acompanhe nossas sugestões para a leitura.

1. Leia o primeiro parágrafo do quadro. Em sua opinião, por que essas doenças tropicais são consideradas negligenciadas?
2. Ainda no primeiro parágrafo são citadas sete DTNs. Pesquise sobre cada uma delas, tanto no livro como em outras fontes confiáveis, reunindo dados para elaborar uma tabela em que cada doença é caracterizada quanto a: a) agente causativo; b) sintomas; c) tratamento e prevenção.
3. O primeiro e o segundo parágrafos tratam do impacto que essas DTNs têm sobre a produtividade. Escreva um pequeno texto sobre isso.
4. Leia o parágrafo 3 do texto e comente-o em um texto curto.
5. No parágrafo 4 fala-se na "doença do caramujo", a esquistossomose. Procure, no livro, o ciclo de vida do esquistossomo e represente-o esquematicamente em seu caderno.
6. Leia o parágrafo 5, que relaciona a negligência no tratamento com a pobreza das regiões onde ocorrem essas DTNs, consideradas endêmicas. O que significa esse termo?
7. No parágrafo 6 a Dra. Márcia de Souza Lima diz que, embora as DTNs estejam disseminadas pelo mundo, ainda há dificuldades para diagnosticá-las. Ela se refere especificamente ao tracoma. Pesquise a respeito e tente descobrir quais as maneiras de diagnosticar o tracoma.
8. Leia os parágrafos 7, 8 e 9. Ao lado da boa notícia de maior enfrentamento das DTNs, o texto comenta que em São Cristóvão, Sergipe, a esquistossomose demandaria um tratamento em massa. Por quê? O que isso significa, de acordo com as informações do texto?
9. Leia os parágrafos 10, 11 e 12. Neles se comenta a necessidade de prevenir cada uma das DTNs, além de tratá-las. Consulte novamente a tabela que você elaborou na atividade 2 deste **Guia de leitura** e complemente-a, se necessário.

Mapa de conceitos

Elabore seus mapas de conceitos

Em cada um dos 26 capítulos anteriores do livro, apresentamos mapas de conceitos. Neste último capítulo, a proposta é que você elabore seus próprios mapas e, para isso, sugerimos alguns passos básicos do procedimento.

Mapas de conceitos são diagramas que relacionam conceitos de uma determinada área de conhecimento. O termo "conceito" tem diversas conotações, dependendo de como é utilizado. Neste contexto, definimos **conceito** como um rótulo (em geral uma palavra ou expressão) utilizado para caracterizar objetos ou eventos.

Objeto é qualquer entidade material (por exemplo, inseto) e **evento** é uma ocorrência qualquer, real ou imaginária (por exemplo, respiração celular). Note que o conceito de "inseto" – animal com três pares de pernas, um par de antenas e corpo constituído por cabeça, tórax e abdômen, entre outras características – implica vários outros conceitos: animal; perna; antena; corpo; cabeça; tórax; abdômen.

Em sua forma mais simples um mapa de conceitos consiste em dois conceitos unidos por uma ou mais palavras de ligação, formando uma **proposição**; esta indica uma relação válida entre os dois conceitos considerados. Por exemplo, os conceitos "SAÚDE" e "BOA NUTRIÇÃO", unidos pelo termo de ligação "está relacionada à", formam a proposição:

SAÚDE → está relacionada à → BOA NUTRIÇÃO

O encadeamento de várias proposições aumenta a complexidade do mapa. Por exemplo, o conceito de BOA NUTRIÇÃO pode ser relacionado ao conceito de DIETA BALANCEADA pelo termo de ligação "constitui-se de uma". Experimente escrever a proposição em seu caderno.

A seguir apresentamos uma lista de conceitos extraídos do capítulo. Sua primeira tarefa é localizar cada um deles e defini-lo de forma sintética. Escreva a definição em seu caderno. Em cada definição sublinhe outros conceitos utilizados. Certifique-se de que conhece claramente o significado de cada um deles.

- SAÚDE
- HIGIENE
- BOA NUTRIÇÃO
- DIETA BALANCEADA
- ATIVIDADES FÍSICAS

Tente encadear os cinco conceitos por meio de proposições, construindo um mapa de conceitos.

Depois disso continue a encadear ao mapa mais alguns conceitos. Por exemplo, inclua no mapa os conceitos DOENÇA e DOENÇAS PARASITÁRIAS. Relacione-os aos conceitos SAÚDE e HIGIENE, já apresentados. Se achar conveniente, inclua outros conceitos que desejar.

Sugerimos a seguir alguns grupos de conceitos do capítulo para que você os relacione em mapas. Um deles, por exemplo, envolve conceitos relativos a DOENÇAS GENÉTICAS.

Tente relacionar, em um mapa, os seguintes conceitos pertinentes ao tema: MUTAÇÃO GÊNICA; ALELOS DELETÉRIOS; ACONSELHAMENTO GENÉTICO; DOENÇA DE TAY-SACHS; CONSANGUINIDADE; DIAGNÓSTICO PRÉ-NATAL; AMNIOCENTESE; AMOSTRAGEM VILO-CORIÔNICA.

Não se esqueça: antes de elaborar o mapa, consulte o texto do capítulo e escreva em seu caderno uma definição clara e sintética de cada um dos conceitos.

Outra sugestão de mapa diz respeito a PROTOZOOSES, com ênfase na MALÁRIA. Tente relacionar os seguintes conceitos pertinentes ao tema: ANÓFELES; ESPOROZOÍTOS; MEROZOÍTOS; GAMETÓCITOS; ZIGOTO; HEMÁCIAS; FÍGADO; MEDIDAS PREVENTIVAS; INSETICIDAS; TELAS DE PROTEÇÃO; AGENTE CAUSADOR; AGENTE TRANSMISSOR; CRIADOURO DE MOSQUITOS. Acrescente também conceitos relacionados a outras protozooses, como: AMEBÍASE; LEISHMANIOSE; TRIPANOSSOMÍASE; BARBEIRO.

Não se preocupe se seus primeiros mapas ficarem assimétricos ou confusos. Geralmente é necessário reconstruir um mapa várias vezes até obter uma representação adequada das proposições, que proporcione uma leitura fluente das relações entre os conceitos. Troque ideias com os colegas e com o professor.

Mapas de conceitos dependem do contexto, ou seja, um mesmo grupo de conceitos pode ser organizado de diferentes maneiras, dependendo das relações conceituais a que se dá prioridade.

ATIVIDADES

REVENDO CONCEITOS, FATOS E PROCESSOS

27.1 Aspectos gerais da saúde humana

Utilize as alternativas a seguir para responder às questões 1 e 2.

a) Doença.
b) Higiene.
c) Hipótese Gaia.
d) Saúde.

1. De acordo com a Organização Mundial da Saúde (OMS), qual conceito pode ser definido como "um estado de completo bem-estar físico, mental e social?

2. Qual termo define um conjunto de atitudes e princípios relativos à limpeza?

27.2 Como cuidar da saúde?

Utilize as alternativas a seguir para responder às questões 3 e 4.

a) Doença.
b) Higiene.
c) Mutação.
d) Saúde.

3. Qual dos termos melhor define um estado de equilíbrio harmonioso decorrente do funcionamento adequado de todos os sistemas corporais?

4. Um estado em que uma ou mais funções normais do corpo humano encontram-se alteradas ou prejudicadas recebe que denominação?

Utilize as alternativas a seguir para responder às questões de 5 a 9.

a) Praticar exercícios físicos.
b) Parar de fumar.
c) Parar de ingerir bebidas alcoólicas.
d) Reduzir a ingestão de alimentos ricos em gordura animal.
e) Reduzir a ingestão de alimentos ricos em sais.

5. Qual(quais) das atitudes listadas teria(m) efeitos mais diretos e eficazes na prevenção da arteriosclerose?

6. Qual(quais) das atitudes listadas teria(m) efeitos mais diretos e eficazes na prevenção do enfisema pulmonar?

7. Qual(quais) das atitudes listadas teria(m) efeitos mais diretos e eficazes na prevenção da pancreatite?

8. Qual(quais) das atitudes listadas teria(m) efeitos mais diretos e eficazes na prevenção da hipertensão arterial?

9. Qual(quais) das atitudes listadas teria(m) efeitos mais diretos e eficazes na prevenção da formação de cálculos vesiculares?

Utilize as alternativas a seguir para responder às questões de 10 a 13.

a) Arteriosclerose.
b) Infarto do miocárdio.
c) Hipertensão arterial.
d) Isquemia cerebral.

10. Qual é a doença caracterizada pela condição em que a pressão do sangue nas artérias é constantemente elevada, maior que a pressão normal: sistólica = 12 mmHg e diastólica = 8 mmHg?

11. Como se denomina o endurecimento das paredes arteriais, causado principalmente pela deposição de placas gordurosas (ateromas) na superfície interna das artérias?

12. Como se denomina o quadro clínico em que há falta de irrigação sanguínea em certas áreas da musculatura do coração, causada principalmente por obstrução em artérias coronárias?

13. Como se denomina o quadro clínico em que uma área do encéfalo é privada de sangue, geralmente devido à obstrução em uma artéria?

14. Duas pessoas que desejam ter filhos e têm casos de doença genética na família devem fazer
    a) aconselhamento genético.
    b) amniocentese.
    c) amostragem vilo-coriônica.
    d) casamentos consanguíneos.
    e) diagnóstico pré-natal.

15. Qual das atitudes a seguir reduz a chance de gerar uma criança com uma doença genética causada por alelos recessivos?
    a) Evitar alimentos que contêm aminoácidos.
    b) Evitar alimentos ricos em açúcares.
    c) Evitar a consanguinidade.
    d) Evitar o tabagismo.
    e) Reduzir a ingestão de alimentos gordurosos.

27.3 Algumas doenças parasitárias humanas

Utilize as alternativas a seguir para responder às questões de 16 a 19.

a) Antibiótico.
b) Patogênico.
c) Protozoose.
d) Vacinação.

16. Como se denomina um organismo parasita, capaz de causar doenças?

17. Como se denomina a técnica de injetar, em uma pessoa, agentes infecciosos mortos ou atenuados, de modo a estimular o organismo a produzir anticorpos específicos?

18. Qual das alternativas definiria a penicilina, uma das primeiras substâncias empregadas no combate às infecções bacterianas?

19. Como se denomina, de acordo com o agente protozoário causador, uma doença como a malária?

Utilize as alternativas a seguir para responder às questões de 20 a 25.

a) Doença de Chagas.
b) Disenteria amebiana.
c) Malária.

20. Qual das doenças apresenta os seguintes sintomas: calafrios seguidos de picos de febre alta e mal-estar que ocorrem, em geral, a intervalos regulares de 48 ou 72 horas?

21. Qual das doenças é transmitida pelo barbeiro ou chupança?

22. O mosquito do gênero *Anopheles* é agente transmissor de qual doença?

23. Em qual das doenças o principal órgão afetado é o coração?

24. A construção de instalações sanitárias adequadas é uma das principais medidas preventivas de qual doença?

25. Que doença tem como principais sintomas diarreias e dores abdominais?

Utilize as alternativas a seguir para responder às questões de 26 a 31.

a) Cercária.
b) Cisticerco.
c) Esquistossomo.
d) Miracídio.
e) Proglótide.
f) Tênia.

26. O boi ou o porco são hospedeiros intermediários do ciclo de qual parasita?

27. Como se denomina um platelminte parasita do intestino humano, cujo corpo é constituído por centenas de segmentos repetidos?

28. Como se denomina um platelminte parasita que vive nas veias do fígado humano, causando a doença chamada de "barriga-d'água"?

29. Qual é o nome da larva ciliada que sai do ovo de *Schistosoma mansoni* e penetra no caramujo, infestando-o?

30. Qual é o nome da forma imatura de um platelminte que se aloja na musculatura do hospedeiro intermediário?

31. Como se denomina a larva de cauda bifurcada do *Schistosoma mansoni*, que penetra ativamente através da pele ou de mucosas das pessoas que têm contato com água contaminada pelo parasita?

Utilize as alternativas a seguir para responder às questões de 32 a 35.

a) Ancilostomose.
b) Cisticercose.
c) Teníase.

32. Qual é a doença adquirida quando a pessoa faz o papel de hospedeiro intermediário do parasita, em vez de ser seu hospedeiro definitivo?

33. Qual é a parasitose causada pela presença, no intestino humano, do platelminte, popularmente conhecido por solitária?

34. Como se denomina a doença em que há formas imaturas de um platelminte, encistadas na musculatura ou em outros órgãos de uma pessoa?

35. Qual é a parasitose causada por um nematódeo parasita cujas larvas penetram ativamente através da pele e cujos adultos vivem no intestino humano?

Utilize as alternativas a seguir para responder às questões 36 e 37.

	Hospedeiro definitivo	Hospedeiro intermediário
a)	Espécie humana	Porco
b)	Espécie humana	Caramujo
c)	Boi	Espécie humana
d)	Caramujo	Espécie humana

36. Qual alternativa indica corretamente os hospedeiros do *Schistosoma mansoni*?

37. Qual alternativa indica corretamente os hospedeiros da *Taenia solium*?

QUESTÕES PARA EXERCITAR O PENSAMENTO

38. Aponte e discuta pelo menos três práticas e/ou cuidados necessários para manter a saúde.

39. Em que consiste a hipótese Gaia proposta originalmente pelo cientista James Lovelock? Que relação poderia ser estabelecida entre essa hipótese e a saúde das pessoas?

40. Qual é o principal motivo pelo qual os bons hábitos de higiene estão relacionados à boa saúde? Comente e exemplifique.

41. Cite e comente três fatores evitáveis que predispõem uma pessoa a apresentar doenças cardiovasculares.

42. Comente, em linhas gerais, o que é úlcera péptica e os possíveis fatores que predispõem a essa doença.

43. Explique, em linhas gerais, em que consistem as técnicas de amniocentese e de amostragem vilo-coriônica. O que essas técnicas permitem?

44. A *Taenia saginata* libera cerca de 100 mil ovos por proglótide. A cada dia, cerca de 7 a 9 proglótides contendo ovos maduros destacam-se da extremidade final do parasita e são liberadas nas fezes do hospedeiro. Assumindo que a produção de ovos e a liberação de proglótides sejam relativamente constantes ao longo do tempo, calcule a quantidade de ovos maduros que uma pessoa infectada libera em um dia, em uma semana, em um mês e em um ano. (Para os cálculos, considere um mês de 30 dias e um ano de 365 dias.)

45. Em 1970, foi concluída uma grande barragem no rio Nilo, que permitiu a construção de canais permanentes de irrigação em suas margens. A barragem também permitiu controlar as enchentes e produzir energia elétrica. Um fato inesperado foi um grande aumento dos casos de esquistossomose na região. Com base em seus conhecimentos sobre o ciclo do esquistossomo e sobre a transmissão da esquistossomose, explique como o avanço tecnológico pode ter contribuído para o crescimento da doença.

46. Nossa sugestão é que você realize uma pesquisa sobre as ISTs. Você pode começar entrevistando pessoas de seu convívio sobre o tema, fazendo a seguinte pergunta: "O(A) sr(a). sabe o que são infecções sexualmente transmissíveis?" Em caso de resposta afirmativa, peça ao entrevistado que dê sua explicação a respeito, citando exemplos. Pergunte, a seguir, que medidas poderiam ser adotadas para prevenir essas infecções. Não se esqueça de anotar ou gravar as entrevistas, identificando os entrevistados quanto a idade, sexo e grau de escolaridade. A complementação de sua pesquisa será o levantamento, em livros, revistas, internet etc., sobre as principais ISTs e sua prevenção. Se for o caso, peça ajuda a seu(sua) professor(a) e discuta os resultados com seus colegas.

A BIOLOGIA NO VESTIBULAR

QUESTÕES OBJETIVAS

47. (Fuvest-SP) Os rins artificiais são aparelhos utilizados por pacientes com distúrbios renais. A função desses aparelhos é

a) oxigenar o sangue desses pacientes, uma vez que uma menor quantidade de gás oxigênio é liberada em sua corrente sanguínea.
b) nutrir o sangue desses pacientes, uma vez que sua capacidade de absorver nutrientes orgânicos está diminuída.
c) retirar o excesso de gás carbônico que se acumula no sangue desses pacientes.
d) retirar o excesso de glicose, proteínas e lipídios que se acumula no sangue desses pacientes.
e) retirar o excesso de íons e resíduos nitrogenados que se acumula no sangue desses pacientes.

(*Nota dos autores*: Nesta atividade, o termo "rins artificiais" foi utilizado como sinônimo de "equipamentos de hemodiálise".)

48. (PUC-SP) Os trechos a seguir, indicados por I e II, foram extraídos da *Folha de S.Paulo*:

I

EPIDEMIOLOGIA — Aves podem trazer gripe do frango para Europa — "É inevitável que aves migratórias tragam a gripe do frango para a Europa", disse ontem um dos principais veterinários do Reino Unido.
Segundo Bob McCracken, da Associação Veterinária Britânica, "os pássaros [asiáticos] que têm rotas migratórias para a Europa vão infectar aves domésticas e selvagens".

• (25 de agosto de 2005)

II

EXTRATO VEGETAL ATACA LEISHMANIOSE — Uma planta utilizada pela medicina popular pode se tornar a mais nova arma contra a leishmaniose tegumentar, uma das doenças parasitárias mais aterrorizantes a afetar o Brasil e outros países pobres do planeta. O extrato do vegetal, conhecido como saião (*Kalanchoe pinnata*), estimula o sistema de defesa do organismo a combater o causador da doença.

• (24 de setembro de 2005)

É correto dizer que em

a) I e II são mencionadas doenças sexualmente transmissíveis.
b) II certas células de defesa são estimuladas e destroem o vírus causador da leishmaniose.
c) I e II são mencionadas doenças causadas por bactérias.
d) I é a doença mencionada causada por vírus e II é causada por um protozoário.
e) I e II são doenças cuja transmissão se dá pelo ar ou por meio de objetos contaminados.

49. (UFPE) Assinale a alternativa que indica apenas doenças causadas por vírus:

a) Aids, meningite e tricomoníase.
b) Poliomielite, rubéola e dengue.
c) Giardíase, toxoplasmose e úlcera de bauru.
d) Pneumonia, tétano e tuberculose.
e) Lepra, tétano e giardíase.

50. (Vunesp) Muitas doenças que acometem o ser humano são causadas por vírus, bactérias ou por protozoários. Dentre elas, pode-se citar: 1) gripe, 2) hanseníase, 3) leptospirose, 4) doença de Chagas, 5) varíola, 6) giardíase, 7) malária, 8) coqueluche, 9) catapora.
É correto afirmar que são causadas por

a) vírus, as doenças 1, 5 e 9; por bactérias, 2, 3 e 8; por protozoários, 4, 6 e 7.
b) vírus, as doenças 1, 5, e 8; por bactérias, 2, 3 e 9; por protozoários, 4, 6 e 7.
c) vírus, as doenças 1, 3 e 5; por bactérias, 6, 8 e 9; por protozoários, 2, 4, e 7.
d) vírus, as doenças 1, 2 e 3; por bactérias, 4, 6 e 7; por protozoários, 5, 8 e 9.
e) vírus, as doenças 1, 3 e 6; por bactérias, 2, 5 e 8; por protozoários, 4, 7 e 9.

51. (UFPI) O texto a seguir, escrito pelo historiador inglês Kennet Maxwell, um dos principais estudiosos do Brasil, foi extraído do caderno Mais! do jornal *Folha de S.Paulo*, 11 de agosto de 2002.

Uma das consequências imprevistas do contato intercontinental e da comunicação marítima iniciada por Colombo em 1492 foi a chegada de doenças do Velho Mundo que atacaram os habitantes nativos do Novo Mundo, que não tinham imunidade [...]. Doenças até então desconhecidas, como malária e febre amarela, dizimaram a população nativa em menos de um século, exigindo ajustes econômicos e sociais que levaram à criação de uma sociedade multiétnica no continente.

A respeito dessas doenças, ainda hoje presentes no nosso país, mesmo passados mais de cinco séculos, podemos afirmar, sob o enfoque biológico, que são

a) causadas por insetos.
b) causadas por bactérias.
c) transmitidas por protistas.
d) transmitidas por insetos.
e) transmitidas por bactérias.

52. (PUC-Minas) Recentemente, foram relatados casos de pessoas que contraíram mal de Chagas a partir da ingestão de caldo de cana. As autoridades sanitárias suspeitaram da presença das fezes de um inseto na cana-de-açúcar.
No caso em questão, o inseto é

a) transmissor de uma bactéria.
b) transmissor de um vírus.
c) transmissor de um protozoário.
d) transmissor de um fungo.
e) causador da doença.

53. (PUC-PR) Os cuidados a serem tomados para prevenção da malária e da esquistossomose são, respectivamente:

a) Eliminar focos de mosquitos e combater os caramujos transmissores.
b) Tratar os doentes com quinino e não andar descalço.
c) Evitar banhar-se em lagoas e melhorar as condições de moradia.
d) Destinar adequadamente as fezes humanas e cozinhar bem as carnes.
e) Não comer verduras e frutas mal lavadas e tomar água tratada.

54. (PUC-PR) Certos artrópodes são de interesse médico por serem vetores em algumas doenças humanas. Estão corretamente relacionados (artrópode vetor; agente; doença causada) na alternativa

a) Mosquito *Culex*; *Wuchereria bancrofti*; úlcera de bauru.
b) Mosquito *Aedes*; vírus; filariose.
c) Percevejo *Triatoma*; *Trypanosoma cruzi*; dengue.
d) Mosca *Glossina*; *Trypanosoma gambiensis*; tricomoníase.
e) Mosquito *Anopheles*; *Plasmodium vivax*; malária.

55. (UFV-MG) A comercialização de carne clandestina tem contribuído para o aumento de parasitoses que acometem o ser humano. Destacam-se entre essas doenças as que são causadas por cestódeos, que poderiam ser evitadas caso medidas preventivas fossem observadas. Entre as diversas medidas que devem ser tomadas, assinale a alternativa CORRETA que apresenta uma medida preventiva, específica para parasitas dessa classe do filo Platyhelminthes:

a) Examinar visualmente se a carne a ser consumida contém cisticercos.
b) Evitar que o boi ou o porco bebam água contaminada com miracídios.
c) Não comprar carne clandestina, que pode conter larvas de ancilóstomo.
d) Verificar se a carne suína ou bovina contém cistos de cercária grávidos.
e) Inspecionar a carne em busca de ovos de *Fasciola hepatica*.

56. (PUC-Campinas-SP) O amarelão é uma verminose que pode ser causada por *Ancylostoma duodenale* ou por *Necator americanus*. A pessoa infectada torna-se fraca e desanimada, com uma palidez típica. O hemograma revela quantidades de hemácias abaixo do normal, devido

a) à destruição de hemácias circulantes pelas enzimas dos vermes.
b) às lesões na parede intestinal que provocam hemorragias.
c) ao excesso de produção de glóbulos brancos.
d) às lesões que os vermes causam no fígado e no baço.
e) ao bloqueio da produção de hemácias pelo sistema imunológico.

57. (Ufes)

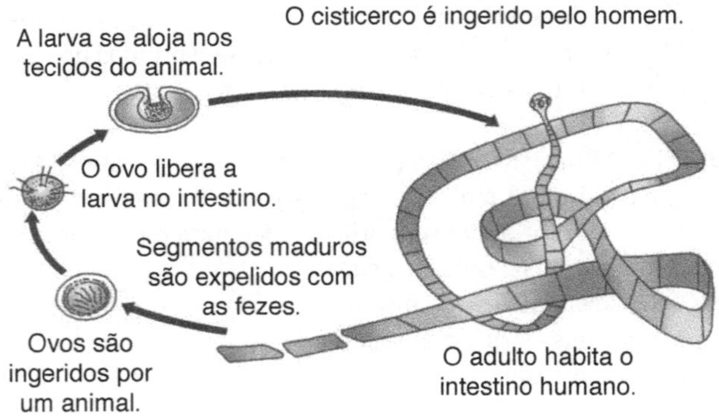

No ciclo de vida do animal ilustrado acima, os humanos podem assumir o papel de hospedeiro intermediário. Essa situação pode ocorrer, se o homem

a) ingerir carne malcozida.
b) nadar em águas contaminadas pelo verme adulto.
c) ingerir os ovos embrionados do verme.
d) andar descalço e a larva penetrar ativamente pela sua pele.
e) beber água contaminada pela larva do animal.

58. (UFG-GO) A incidência de verminoses em geral pode ser reduzida por meio de medidas de saneamento e de orientação às populações carentes, no sentido de evitar o lançamento de seus dejetos diretamente no solo ou nos cursos d'água. No entanto, a eficiência dos métodos de prevenção depende do conhecimento de particularidades no ciclo de cada parasita para que o bloqueio ocorra antes do desenvolvimento de formas infectantes para o homem. No caso da esquistossomose, constitui medida profilática importante:

a) a drenagem de reservatórios de água e a aplicação de substâncias químicas, para evitar o desenvolvimento de cercárias no hospedeiro.
b) a ingestão de alimentos higienizados e bem cozidos, para evitar a contaminação por proglotes, que se alojam no intestino delgado do hospedeiro.
c) os bons hábitos de higiene pessoal, reduzindo a possibilidade de contaminação por embrião hexacanto, que pode alojar-se no músculo do hospedeiro.
d) a ingestão de água tratada, para evitar o desenvolvimento de larvas capazes de migrarem para diversos órgãos, como pulmões, traqueia e faringe.
e) a utilização de calçados, para evitar o desenvolvimento de larvas no intestino delgado do hospedeiro, que podem provocar hemorragias.

59. (UFSM-RS) Considerando que a falta de saneamento básico é responsável pela proliferação de uma série de doenças, assinale verdadeira (V) ou falsa (F) em cada uma das afirmativas a seguir:

( ) A hepatite infecciosa é causada por um vírus presente nas fezes dos indivíduos contaminados.
( ) A disenteria amebiana é causada por uma bactéria cujos cistos são eliminados através de diarreia dos indivíduos contaminados.
( ) A esquistossomose é causada por vermes do gênero *Schistosoma*, cujos ovos presentes nas fezes dos indivíduos doentes são os agentes infecciosos humanos.

A sequência correta é

a) V/F/F.
b) V/V/V.
c) F/F/V.
d) V/F/V.
e) F/V/F.

60. (UFSCar-SP) Uma pessoa vegetariana estrita e que nunca teve contato com água onde vivem caramujos foi diagnosticada como portadora de larvas de tênia encistadas em seu cérebro. Isso é

a) possível, pois se pode adquirir esse parasita pela ingestão de seus ovos e, nesse caso, as larvas originam cisticercos no cérebro.
b) possível, pois as larvas infectantes desse parasita desenvolvem-se no solo e penetram ativamente através da pele.
c) possível, pois esse parasita é transmitido por insetos portadores de larvas infectantes.
d) pouco provável, pois só se adquire esse parasita pela ingestão de carne contendo larvas encistadas (cisticercos).
e) pouco provável, pois as larvas infectantes desse parasita desenvolvem-se em caramujos aquáticos.

61. (UFRRJ) No ciclo evolutivo da *Taenia solium* (tênia) o homem pode atuar tanto como hospedeiro intermediário como hospedeiro definitivo. A forma de infestação nessas duas situações ocorre, respectivamente, ao

a) ingerir-se ovos da tênia e andar descalço.
b) comer-se carne de porco contendo os cisticercos e andar descalço.
c) ser picado pelo mosquito vetor e beber água não tratada.
d) ingerir-se ovos da tênia e comer carne de porco contendo os cisticercos.
e) andar descalço e ser picado pelo mosquito vetor.

62. (Mackenzie-SP)

Possibilidade	Causador	Hosp. interm.	Dioicos (sexos separados	Reprod. sexuada
I	*Ascaris lumbricoides*	–	+	+
II	*Schistosoma mansoni*	+	+	+
III	*Ancylostoma duodenale*	–	–	+
IV	*Taenia solium*	+	+	+

No quadro anterior, sobre os parasitas causadores da ascaridíase, esquistossomose, ancilostomose e teníase, o sinal + indica a presença da característica e o sinal – indica a ausência da característica.

Estão corretas, apenas:

a) I e II.
b) I e III.
c) II e III.
d) I e IV.
e) II e IV.

QUESTÕES DISCURSIVAS

63. (Fuvest-SP) O "kwashiorkor" e o marasmo são doenças infantis por deficiência nutricional encontradas em regiões subdesenvolvidas.

"Kwashiorkor" é uma palavra de origem africana que significa "doença que afeta uma criança quando nasce outra (uma irmã ou um irmão)". A doença caracteriza-se por retardo de crescimento, cabelos e pele descoloridos e inchaço do corpo, principalmente da barriga, devido ao acúmulo de líquido nos tecidos. Esse quadro decorre da falta quase completa de proteínas na dieta, a qual é constituída essencialmente por carboidratos.

O marasmo, fraqueza extrema, caracteriza-se por atrofia dos músculos, ossos salientes e fácies de um velho; é um quadro de subnutrição completa causada por deficiência calórica e proteica.

a) Explique a relação entre a causa do "kwashiorkor" e o significado atribuído a essa palavra africana.
b) Por que alimentos proteicos são fundamentais na composição da dieta das crianças?
c) Explique por que a deficiência calórica faz a criança emagrecer.

64. (UFRJ) A dificuldade dos fumantes em abandonar o consumo de cigarros tem sido associada a diversos fatores relacionados à dependência induzida pela nicotina. A nicotina inalada atravessa facilmente os alvéolos e atinge o cérebro mais rapidamente do que se fosse injetada por via intravenosa. No cérebro ela atua em áreas associadas às sensações de prazer, levando o fumante à busca da repetição deste estímulo. Esta peculiaridade da nicotina torna o fumante altamente dependente de estímulos frequentes e dificulta a superação da crise de abstinência.

Explique por que a nicotina inalada, após atingir a circulação, chega ao cérebro mais rapidamente do que se fosse injetada por via intravenosa.

65. (UFRJ)

O Ministério da Saúde adverte:
FUMAR PODE CAUSAR CÂNCER DE PULMÃO, BRONQUITE CRÔNICA E ENFISEMA PULMONAR.

Os maços de cigarros fabricados no Brasil exibem advertências como essa. O enfisema é uma condição pulmonar caracterizada pelo aumento permanente e anormal dos espaços aéreos distais do bronquíolo terminal, causando a dilatação dos alvéolos e a destruição da parede entre eles e formando grandes bolsas, como mostram os esquemas a seguir:

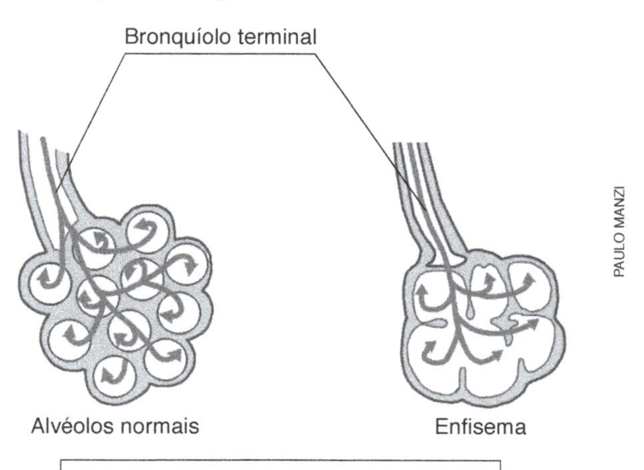

Obs.: as setas representam o fluxo de ar.

Explique por que as pessoas portadoras de enfisema pulmonar têm sua eficiência respiratória muito diminuída.

66. (UFF-RJ) A tabela a seguir apresenta a incidência (número de casos/100.000 habitantes) de três doenças em cinco regiões de um determinado país, no ano de 2001:

Doenças	Regiões				
	I	II	III	IV	V
Hepatite A	5	7	10	1.840	5
Cólera	0	8	11	253	4
Doença de Chagas	15	1.156	25	22	14

a) Quais os agentes etiológicos das três doenças?
b) Qual das cinco regiões possui o sistema de tratamento de águas e esgotos mais precário? Justifique sua resposta.
c) Considerando o mecanismo de transmissão pelo vetor, qual das cinco regiões possui maior extensão de área rural próxima a regiões silvestres? Justifique sua resposta.

67. (Unifesp) Agentes de saúde pretendem fornecer um curso para moradores em áreas com alta ocorrência de tênias (*Taenia solium*) e esquistossomos (*Schistosoma mansoni*). A ideia é prevenir a população das doenças causadas por esses organismos.

a) Em qual das duas situações é necessário alertar a população para o perigo do contágio direto, pessoa a pessoa? Justifique.
b) Cite duas medidas – uma para cada doença – que dependem de infraestrutura criada pelo poder público para preveni-las.

68. (UEG-GO)

> Descrita em 1909 por Carlos Chagas, a doença de Chagas também é conhecida como tripanossomíase por *Trypanosoma cruzi* ou tripanossomíase americana. O *Trypanosoma* geralmente é transmitido de um hospedeiro a outro por insetos — no caso humano, o principal vetor é um percevejo popularmente conhecido como barbeiro ou chupão (insetos das espécies *Triatoma infestans*, *Rhodnius prolixus* e *Panstrongylus megistus*).
>
> • Disponível em: <http://www.fiocruz.br/ccs/glossario/chagas.htm>. Acesso em: 13 maio 2005.

Sobre essa doença, responda ao que se pede:

a) Como ocorre a forma mais usual de transmissão desse parasita?

b) Qual a melhor maneira de prevenção e controle?

69. (Fuvest-SP)

> Os genomas de dois parasitas que causam a esquistossomose foram sequenciados, um passo que pode levar a vacinas para tratar e erradicar a doença. A esquistossomose causa mais enfermidade do que qualquer outra doença parasitária, com exceção da malária.
>
> • (*New Scientist*, 20 set. 2003.)

a) O que significa dizer que os genomas dos dois parasitas foram sequenciados?

b) A que reinos de seres vivos pertencem os agentes causadores da malária e da esquistossomose?

c) Qual é a maneira mais comum de uma pessoa contrair malária?

d) Como uma pessoa contrai esquistossomose?

70. (Unifesp) Em um centro de saúde, localizado em uma região com alta incidência de casos de ascaridíase (lombriga, *Ascaris lumbricoides*), foram encontrados folhetos informativos com medidas de prevenção e combate à doença. Entre as medidas, constavam as seguintes:

I. Lave muito bem frutas e verduras antes de serem ingeridas.

II. Ande sempre calçado.

III. Verifique se os porcos – hospedeiros intermediários da doença – não estão contaminados com larvas do verme.

IV. Ferva e filtre a água antes de tomá-la.

O diretor do centro de saúde, ao ler essas instruções, determinou que todos os folhetos fossem recolhidos, para serem corrigidos.

Responda.

a) Quais medidas devem ser mantidas pelo diretor, por serem corretas e eficientes contra a ascaridíase? Justifique sua resposta.

b) Se nessa região a incidência de amarelão também fosse alta, que medida presente no folheto seria eficaz para combater tal doença? Justifique sua resposta.

71. (UFRJ) O HPV (papiloma vírus humano) é um vírus sexualmente transmitido, causador do aparecimento de verrugas genitais em homens e mulheres.

A infecção pelo HPV em mulheres está diretamente relacionada à incidência de um tipo de câncer que pode ser diagnosticado precocemente por meio de um teste histológico simples e barato, o teste de Papanicolau.

Após a puberdade, esse teste é realizado regularmente pela maioria das mulheres em países ricos, o que não ocorre nos países pobres. Um resultado positivo no teste permite tratamento precoce e é importante para que as mulheres possam evitar a transmissão posterior do HPV.

O gráfico a seguir mostra a incidência de três tipos de câncer em mulheres de países ricos e pobres:

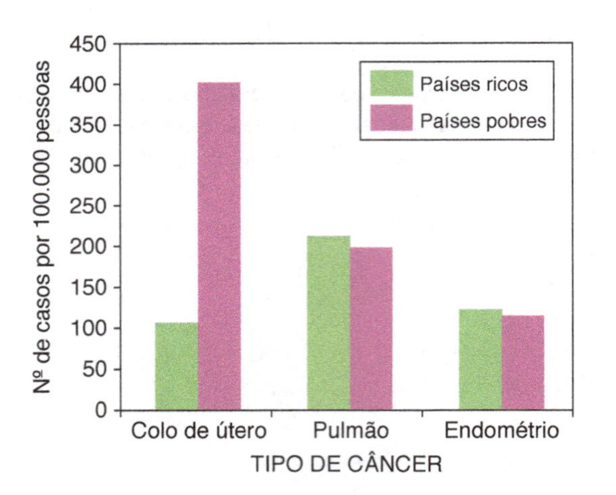

a) Identifique o tipo de câncer causado por infecção pelo HPV. Justifique sua resposta.

b) Indique um método eficaz para evitar a transmissão do HPV por indivíduos sexualmente ativos. Justifique sua resposta.

72. (UFG-GO) Um pequeno município teve sua população aumentada em cinco anos por causa da implantação de um grande empreendimento industrial. A secretaria de saúde desse município observou que, nesse período, ocorreu um aumento da incidência de amebíase, oxiuríase e leptospirose, superior à incidência máxima esperada para essa população. Dentre essas doenças, a amebíase destacou-se devido ao significativo número de indivíduos acometidos.

Com relação a essa doença,

a) explique uma medida profilática que atenderia de modo eficiente toda a população do município;

b) descreva o ciclo biológico do agente etiológico.

Mais questões: no livro digital, em **Vereda Digital Aprova Enem** e **Vereda Digital Suplemento de revisão e vestibulares**; no *site*, em **AprovaMax**.

RESPOSTAS DA PARTE III

UNIDADE F

Capítulo 18 Nutrição, circulação, respiração e excreção

Revendo conceitos, fatos e processos

1. c
2. a
3. b
4. d
5. d
6. e
7. f
8. c
9. a
10. b
11. b
12. c
13. d
14. e
15. c
16. a
17. f
18. e
19. b
20. d
21. c
22. a
23. b
24. d
25. b
26. b
27. b
28. d
29. d
29. d
30. c
31. b
32. e
33. a
34. d
35. d
36. b
37. a
38. c
39. c
40. c
41. c
42. d
43. b
44. a
45. c
46. d
47. d
48. a
49. b

A Biologia no vestibular

67. b
68. c
69. e
70. a
71. d
72. a
73. a
74. a
75. a
76. d
77. d
78. b
79. b
80. a
81. b
82. b
83. d
84. c
85. a
86. V – F – F – F
87. c
88. b
89. e
90. e
91. e

Enem

101. d
102. c
103. b
104. b
105. d
106. a
107. d
108. d

Capítulo 19 Integração e controle corporal

Revendo conceitos, fatos e processos

1. c
2. e
3. a
4. d
5. b
6. d, b
7. a
8. c
9. b
10. c
11. d
12. c
13. a
14. b
15. b
16. d
17. a
18. b
19. c
20. b
21. a
22. a
23. a
24. c
25. b
26. c
27. d
28. c
29. d
30. a
31. d
32. b
33. a
34. c
35. d
36. c
37. c
38. d
39. a
40. a
41. b
42. d

A Biologia no vestibular

50. a
51. b
52. b
53. b
54. b
55. a
56. a
57. F – F – F – F – V
58. b
59. b
60. c
61. e
62. e
63. c
64. b
65. b

Capítulo 20 Revestimento, suporte e movimentação corporal

Revendo conceitos, fatos e processos

1. c
2. a
3. b
4. b
5. d
6. c
7. a
8. b
9. d
10. c
11. a
12. c
13. d
14. a
15. c
16. a
17. d
18. c
19. d
20. b
21. a
22. c
23. e
24. b
25. a
26. b
27. c

A Biologia no vestibular

30. c
31. b
32. e
33. c
34. d
35. a
36. d
37. d

Enem

44. b

Capítulo 21 Reprodução

Revendo conceitos, fatos e processos

1. b
2. c
3. d
4. e
5. a
6. a
7. c
8. b
9. f
10. d
11. e
12. a
13. b
14. c
15. d
16. d
17. b
18. a, d
19. c
20. a
21. e
22. d
23. c
24. c
25. c
26. b
27. c
28. c
29. f
30. e
31. b
32. d
33. c
34. d

A Biologia no vestibular

38. b
39. c
40. a
41. a
42. e
43. d
44. a

Enem

48. a

UNIDADE G

Capítulo 22 Fundamentos da Genética

Revendo conceitos, fatos e processos

1. d
2. b
3. a
4. b
5. b
6. c
7. d
8. c
9. a
10. a
11. c
12. b
13. c
14. d
15. a
16. d
17. d
18. a
19. d
20. c
21. a
22. b
23. c
24. a
25. d
26. b
27. c
28. c
29. d
30. d
31. b

A Biologia no vestibular

44. c
45. d
46. d
47. c
48. b
49. c
50. e
51. c
52. d
53. c
54. e
55. b
56. c
57. e
58. b
59. e

Enem

67. b

Capítulo 23 Segregação independente, ligação gênica e herança relacionada ao sexo

Revendo conceitos, fatos e processos

1. d
2. d
3. b
4. d
5. c
6. c
7. b
8. b
9. d
10. e
11. c
12. a
13. c
14. b
15. c
16. c
17. b
18. d
19. a
20. b
21. a
22. d
23. d
24. d
25. a
26. a
27. c
28. d
29. c
30. b
31. d

A Biologia no vestibular

41. c
42. d
43. c
44. d
45. b
46. c
47. b
48. b
49. c
50. d
51. d
52. c
53. a
54. d
55. d
56. a

Enem

68. d

Capítulo 24 Genética e Biotecnologia na atualidade

Revendo conceitos, fatos e processos

1. d
2. b
3. b
4. d

5. d
6. c
7. d
8. c
9. c
10. a
11. a
12. b
13. d
14. a
15. c
16. b
17. c
18. a
19. c
20. d
21. d
22. a
23. b
24. d
25. a
26. c
27. c
28. a
29. a
30. a
31. d
32. b
33. d
34. c
35. b
36. d
37. c

A Biologia no vestibular

44. d
45. b
46. e
47. e
48. d
49. c
50. e
51. c
52. e
53. c
54. a
55. a

Enem

66. a

UNIDADE H

Capítulo 25 Fundamentos da evolução biológica

Revendo conceitos, fatos e processos

1. a
2. c
3. b
4. d
5. d
6. b
7. d
8. b
9. a
10. b
11. a
12. d
13. d
14. b
15. e
16. a
17. a
18. c
19. a
20. a
21. b
22. b
23. d
24. d
25. d

A Biologia no vestibular

34. c
35. a
36. c
37. a
38. a
39. b
40. c
41. c
42. d
43. c
44. d
45. e
46. c
47. c

Enem

55. d
56. b

Capítulo 26 A origem dos grandes grupos de seres vivos

Revendo conceitos, fatos e processos

1. d
2. c
3. c
4. b
5. d
6. c
7. a
8. c
9. b
10. c
11. a
12. e
13. d
14. b
15. a
16. c
17. d
18. c
19. b
20. a
21. b
22. b
23. c
24. a
25. d

A Biologia no vestibular

27. c
28. e
29. c
30. b
31. b
32. c
33. e
34. d
35. d
36. c
37. b
38. b
39. d

Enem

43. e
44. c
45. b

UNIDADE I

Capítulo 27 Aspectos globais de saúde

Revendo conceitos, fatos e processos

1. d
2. b
3. d
4. a
5. a, b, d
6. a, b
7. c, d
8. a, b, e
9. d
10. c
11. a
12. b
13. d
14. a
15. c
16. b
17. d
18. a
19. c
20. c
21. a
22. c
23. a
24. b
25. b
26. f
27. f
28. c
29. d
30. b
31. a
32. b
33. c
34. b
35. a
36. b
37. a

A Biologia no vestibular

47. e
48. d
49. b
50. a
51. d
52. c
53. a
54. e
55. a
56. b
57. c
58. a
59. a
60. a
61. d
62. a

GLOSSÁRIO DA PARTE III

COMO CONSULTAR ESTE GLOSSÁRIO

Verbete — Os termos são os destacados em azul nos capítulos, apresentados em ordem alfabética.

A

Adaptação (do latim *adaptare*, tornar apto) Capacidade que todo ser vivo tem de se ajustar ao ambiente, isto é, de adequar-se em resposta a uma alteração ambiental. A capacidade de adaptação está indissoluvelmente ligada à manutenção da vida. Pode ser descrita em dois níveis: individual (homeostase) e populacional (processo evolutivo).

Adrenalina (ou **epinefrina**) Hormônio secretado pelas glândulas suprarrenais que atua em situações de estresse, preparando o organismo para reações que demandam grande esforço físico. Aumenta o ritmo cardíaco, eleva a pressão arterial, relaxa certos músculos e contrai outros.

Alelos Diferentes versões de um mesmo gene.

Alelos letais Alelos que afetam a sobrevivência de seus portadores, causando morte prematura.

Alelos múltiplos Três ou mais alelos diferentes para determinado gene.

Alvéolo pulmonar Cada uma das pequenas bolsas de paredes finas formadas por células achatadas situadas na extremidade de um bronquíolo. As paredes dos alvéolos são recobertas de capilares sanguíneos, possibilitando o intercâmbio eficiente de gases respiratórios.

Aminoácido essencial Aminoácido que as células de determinados organismos não conseguem sintetizar e, por isso, precisa ser obtido na dieta. Na espécie humana, são obtidos principalmente pela ingestão de alimentos ricos em proteína, como carne, leite, queijos e outros alimentos de origem animal. São oito os aminoácidos essenciais para a espécie humana: isoleucina, leucina, valina, fenilalanina, metionina, treonina, triptofano e lisina.

Anagênese (do grego *aná*, movimento de baixo para cima, e *génesis*, origem) (ou **modificação filética**) Transformação progressiva dos indivíduos de uma população tornando-a cada vez mais distinta da original.

Ancilostomose Doença parasitária, também conhecida como ancilostomíase ou amarelão, causada por vermes nematódeos (*Necator americanus* ou *Ancylostoma duodenale*). As formas adultas dos vermes vivem fixadas às paredes do intestino delgado, alimentando-se de sangue do hospedeiro e provocando anemia.

Anticódon Trinca de bases nitrogenadas da molécula de RNA transportador (RNAt) que se emparelha a uma trinca de bases (códon) do RNA mensageiro (RNAm), definindo a posição do aminoácido transportado na cadeia polipeptídica.

Anticorpo Proteína do grupo das imunoglobulinas produzida pelos linfócitos B do sangue. Apresentam a capacidade de se combinar especificamente com substâncias estranhas ao corpo, as quais são genericamente chamadas de antígenos, levando a sua destruição ou sua inativação.

Arteriosclerose Processo de perda gradual da elasticidade da parede das artérias.

Árvore filogenética (ou **árvore evolutiva**) Diagrama que indica as relações de parentesco evolutivo entre grupos de seres vivos, ou seja, sua filogenia. As bifurcações correspondem aos pontos em que novas linhagens se diversificaram (evento de especiação). Os ramos que não alcançam o topo correspondem às espécies que se extinguiram.

Autossomo (do grego *autos*, próprio) Cromossomo presente em igual número tanto em machos quanto em fêmeas de uma espécie.

B

Bastonete Fotoceptor extremamente sensível à luz, mas incapaz de distinguir as cores. Nele, a substância responsável pela detecção de luz é um pigmento constituído por uma parte proteica denominada opsina e uma parte não proteica chamada de 11-*cis*-retinal, derivada da vitamina A.

Bile Secreção esverdeada produzida no fígado e armazenada na vesícula biliar. Não possui enzimas digestivas; seus principais componentes são os sais biliares, que participam da digestão emulsionando os lipídios do bolo alimentar e facilitando a ação da lipase pancreática.

Brônquio Conduto do sistema respiratório, presente na espécie humana e em outros mamíferos, dotado de reforços de cartilagem semelhantes aos da traqueia. Há dois brônquios ligados à traqueia que se ramificam profusamente, formando os bronquíolos, na extremidade dos quais se situam os alvéolos pulmonares. Brônquios e bronquíolos são revestidos internamente por um epitélio ciliado, rico em células produtoras de muco.

C

Caixa torácica Conjunto ósseo formado pelas costelas e pelo osso esterno, que protege o coração, os pulmões e os principais vasos sanguíneos dos animais vertebrados.

Camuflagem Adaptação evolutiva em que a espécie apresenta características corporais que a confundem com o ambiente e dificultam sua localização. Ex.: pelagens de verão e de inverno da raposa-do-ártico.

Cérebro Parte do encéfalo constituída pelo telencéfalo e pelo diencéfalo, muito desenvolvida em aves e mamíferos. O telencéfalo é a parte mais desenvolvida do encéfalo humano, constituindo entre 85% e 90% da massa encefálica craniana. É o centro da inteligência e do aprendizado.

Ciclo menstrual Período compreendido entre a data do início de uma menstruação e a data do início da seguinte.

Cíngulo dos membros Denominação atual da cintura pélvica e da cintura escapular, conjunto de ossos do esqueleto humano que une os membros inferiores e superiores ao esqueleto axial.

Cladogênese (do grego *kládos*, ramo, e *génesis*, origem) Evento evolutivo em que duas populações tornam-se isoladas territorialmente (isolamento geográfico) e, no decorrer do tempo, diferenciam-se em duas novas espécies.

Clitóris Órgão do sistema genital feminino, com cerca de 1 centímetro de comprimento, constituído por tecido erétil, que se enche de sangue e fica intumescido durante a excitação sexual.

Clonagem molecular Processo em que se obtém um conjunto de moléculas de DNA idênticas, pela multiplicação de uma célula bacteriana transformada.

Clone (do grego *klón*, broto) Conjunto de células ou organismos geneticamente idênticos originados de uma única célula por sucessivas mitoses. O termo também designa indivíduo produzido por manipulação genética.

Código genético Correspondência entre os códons do RNAm e os aminoácidos por eles determinados.

Codominância Fenômeno em que dois alelos diferentes de um gene se expressam no indivíduo heterozigótico, que apresenta assim, simultaneamente, os fenótipos dos dois tipos de indivíduo homozigótico.

Códon Trinca de bases nitrogenadas da molécula de RNA mensageiro (RNAm) que especifica um aminoácido da cadeia polipeptídica.

Coluna vertebral Conjunto de peças ósseas ou cartilaginosas articuladas (vértebras) que formam o eixo de sustentação corporal dos animais vertebrados. Os orifícios das vértebras constituem um canal no qual se aloja a medula espinal.

Compensação de dose Estratégia que inativa os genes de um dos cromossomos X das fêmeas aleatoriamente durante o desenvolvimento embrionário para igualar a quantidade de genes ativos em fêmeas e em machos.

Cone Fotoceptor menos sensível à luz que o bastonete, mas que, em conjunto, tem a capacidade de discriminar diferentes comprimentos de onda, o que possibilita a visão em cores.

Contracepção Prevenção deliberada da gravidez por meio de procedimentos denominados métodos contraceptivos ou métodos anticoncepcionais.

Convergência evolutiva Processo evolutivo em que espécies pouco aparentadas desenvolvem estruturas análogas, em razão de pressões adaptativas similares.

Cordão umbilical Estrutura tubular originária do mesoderma e do ectoderma extraembrionários que liga o embrião à placenta. Em seu interior há duas artérias que levam o sangue do embrião até a placenta e uma veia que traz de volta ao embrião o sangue que circulou pela placenta.

Córtex Denominação genérica das porções mais externas de um órgão maciço. Nos animais, fala-se em córtex cerebral (região mais externa do cérebro) ou córtex da glândula suprarrenal, por exemplo. Nas plantas, o córtex é constituído por tecido parenquimático, situado logo abaixo da raiz e do caule.

Córtex cerebral Camada mais externa dos hemisférios cerebrais. Sua espessura varia entre 1 centímetro e 2 centímetros, sendo constituído por mais de 20 bilhões de corpos celulares de neurônios. Por sua coloração mais escura que a parte cerebral mais interna, também é denominado substância cinzenta.

Crânio Parte do esqueleto axial dos animais craniados formada, na espécie humana, pelo neurocrânio (ou caixa craniana) e pelos ossos da face (crânio visceral). Abriga e protege o encéfalo e os órgãos do sentido.

Cromatina sexual Cromossomo X inativo, extremamente condensado, que se cora com facilidade e assume aspecto de grânulo nas preparações de células femininas em interfase.

Cromossomo X Cromossomo sexual presente tanto em fêmeas quanto em machos das espécies que apresentam sistema XY de determinação do sexo.

Cromossomo Y Cromossomo sexual presente apenas em machos das espécies que apresentam sistema XY de determinação do sexo.

Cromossomos sexuais Par de cromossomos que difere entre os sexos.

Cruzamento-teste Cruzamento realizado para distinguir, com a maior eficiência possível, o genótipo de um indivíduo com fenótipo dominante. Consiste em cruzar o indivíduo de fenótipo dominante, que pode ser homozigótico ou heterozigótico, com um indivíduo de fenótipo recessivo e, portanto, necessariamente homozigótico.

D

Daltonismo Tipo de cegueira para cores em que a pessoa não distingue vermelho e verde. Essa condição é causada por um alelo mutante de um gene localizado no cromossomo X.

Darwinismo Teoria evolucionista baseada em pressupostos da teoria original de Darwin, publicada em 1859 no livro *A origem das espécies*, que defende a ideia da ancestralidade comum e da seleção natural.

Derme Camada mais interna da pele, firmemente unida à epiderme, constituída por tecido conjuntivo. Contém vasos sanguíneos, vasos linfáticos, terminações nervosas sensitivas, glândulas e folículos pilosos.

Diafragma Músculo flexível e resistente que separa a cavidade torácica da cavidade abdominal e atua na ventilação pulmonar.

Diástole Parte do ciclo cardíaco que consiste no relaxamento das câmaras do coração (diástole atrial e diástole ventricular), que se enchem de sangue.

Dieta balanceada Combinação de alimentos, de modo a prover o organismo humano de todos os nutrientes necessários para se desenvolver satisfatoriamente, com fornecimento de cerca de 3.000 kcal/dia, em média, para uma pessoa adulta, distribuída entre 50% e 60% de glicídios, 25% e 35% de lipídios e 15% e 25% de proteínas.

Dieta protetora Combinação de alimentos que fornece ao organismo humano apenas as quantidades de nutrientes suficientes para impedir a subnutrição (cerca de 1.300 kcal/dia, para um adulto).

Divergência evolutiva Diversificação evolutiva das funções desempenhadas por estruturas homólogas, decorrente da adaptação a modos de vida diferentes.

DNA (do inglês *desoxyribonucleic acid*) Ácido nucleico constituído por desoxirribose, fosfato e bases nitrogenadas (adenina, guanina e timina). A molécula é filamentosa e tem cadeia dupla e arranjo helicoidal (dupla-hélice). No DNA estão os genes com as informações hereditárias.

Doença Estado em que uma ou mais funções do corpo humano encontram-se alteradas ou prejudicadas. Pode ter origem genética, parasitária, acidental etc. O causador da doença é chamado agente patogênico.

Dominância incompleta Situação em que o fenótipo dos indivíduos heterozigóticos é intermediário, ou seja, está entre os fenótipos dos dois homozigóticos.

Dominante Propriedade de um alelo de reproduzir o mesmo fenótipo tanto em condição homozigótica quanto em condição heterozigótica.

Ducto deferente Cada um dos dois condutos do sistema genital masculino que levam para fora do corpo os espermatozoides produzidos no interior dos túbulos seminíferos, no testículo. Na espécie humana, antigamente era chamado de canal deferente.

Duplicação semiconservativa Processo em que cada uma das duas moléculas de DNA recém-formadas conserva uma das cadeias da dupla-hélice original e forma uma cadeia nova, complementar a que lhe serviu de molde. Ao final do processo, existirão duas moléculas de DNA idênticas, cada uma formada por uma cadeia proveniente da molécula original e por uma cadeia nova.

E

Ejaculação Expulsão do esperma, ou sêmen, pela uretra no clímax do ato sexual.

Encéfalo Parte do sistema nervoso central dos animais craniados, situada no interior da caixa craniana, que centraliza e coordena o controle das funções corporais. Origina-se da dilatação da região anterior do tubo nervoso. Divide-se em cinco regiões: telencéfalo, diencéfalo, mesencéfalo, metencéfalo e mielencéfalo.

Endemia Doença que se mantém presente em uma população, atacando número praticamente constante de indivíduos em determinada região.

Endonuclease de restrição Enzimas bacterianas que reconhecem sequências de pares de bases específicas em moléculas de DNA, fragmentando-as nesses pontos.

Epidemia Aumento súbito do número de casos de uma doença infecciosa em uma população. Se a epidemia atinge grandes proporções e se espalha por diversos países, fala-se em pandemia.

Epiderme (do grego *epi*, sobre, acima, e *derma*, pele) Tecido de revestimento constituído por diversas camadas de células sobrepostas, bem aderidas umas às outras. Nos animais, a epiderme origina-se do ectoderma. Nas plantas, as células epidérmicas, com exceção das células estomáticas, não têm cloroplastos e geralmente são recobertas pela cutícula, que protege os tecidos internos da perda de água por transpiração.

Eritroblastose fetal (ou **doença hemolítica do récem-nascido**) Doença que se manifesta em recém-nascidos com sangue do tipo Rh^+, cuja mãe é Rh^- e já foi sensibilizada para produzir anticorpos anti-Rh, seja por filhos anteriores Rh^+, seja por transfusão de sangue Rh^+.

Escroto Parte externa do sistema genital masculino constituída de uma bolsa musculocutânea situada entre as coxas, na base do pênis, no interior da qual se alojam os testículos (as gônadas masculinas).

Esôfago Parte do tubo digestivo de diversos animais que liga a faringe ao estômago. Na espécie humana, é um tubo fino e de paredes musculosas que atravessa o diafragma (músculo que separa o tórax do abdômen).

Especiação Processo evolutivo de formação de novas espécies de seres vivos. De acordo com a linha de pensamento predominante atualmente, as espécies surgem em geral por cladogênese.

Especiação alopátrica (do grego *allós*, outro, diferente, e do latim *patria*, local de nascimento) Processo em que surgem duas novas espécies por meio da separação geográfica de populações da espécie ancestral.

Especiação simpátrica (do grego *syn*, juntos, e do latim *patria*, local de nascimento) Processo em que duas novas espécies surgem sem que haja qualquer isolamento geográfico prévio.

Espécie biológica Grupo de populações cujos indivíduos são capazes de cruzar entre si e produzir descendentes férteis, em condições naturais, estando reprodutivamente isolados de indivíduos de outras espécies.

Espermatogênese Processo de formação, desenvolvimento e amadurecimento dos gametas masculinos.

Espermatozoide Gameta masculino produzido no interior dos túbulos seminíferos.

Esqueleto apendicular Conjunto formado pelos ossos dos membros superiores e dos membros inferiores e pelos cíngulos por meio dos quais se prende ao esqueleto axial.

Esqueleto axial Conjunto formado pelos ossos da cabeça e da coluna vertebral, incluindo as costelas e o esterno.

Esquistossomose Verminose causada por platelmintes do gênero *Schistosoma*. Dependendo da espécie, o verme aloja-se nos vasos sanguíneos da bexiga (*Schistosoma haematobium*), do intestino (*Schistosoma japonicum*) ou do fígado (*Schistosoma mansoni*).

Estômago Órgão oco e de paredes musculomembranosas do sistema digestivo de diversos animais no qual se realiza parte da digestão dos alimentos. Na espécie humana, tem capacidade média de cerca de 1,5 litro. Localiza-se no lado esquerdo superior do abdômen, logo abaixo das últimas costelas, e se comunica com o esôfago e com o intestino delgado.

Estrógeno Hormônio sexual produzido principalmente pelas células do folículo ovariano em desenvolvimento. Determina o aparecimento das características sexuais secundárias da mulher, tais como o desenvolvimento das mamas, o alargamento dos quadris e o acúmulo de gordura em determinados locais do corpo (que arredonda as formas). O estrógeno também induz o amadurecimento dos órgãos genitais e promove o impulso sexual.

Estruturas análogas Estruturas corporais que têm origens evolutivas e embrionárias totalmente distintas, mas desempenham funções similares, constituindo adaptações a modos de vida semelhantes, como as asas de insetos e aves (adaptação ao voo).

Estruturas homólogas Estruturas corporais com mesma origem evolutiva e embrionária, mas que podem apresentar diferentes funções. Ex.: membros anteriores de grande parte dos animais vertebrados.

Estruturas vestigiais Estruturas pouco desenvolvidas e sem função expressiva. Ex.: apêndice vermiforme ou cecal na espécie humana e coranchim das aves.

Éxon (do inglês *expressed region*, região expressa) Em organismos eucarióticos, trechos de um gene que são traduzidos em sequências de aminoácidos.

Expressividade gênica Manifestação de um gene, isto é, o fenótipo que ele expressa.

F

Faringe Parte do tubo digestivo de diversos animais que leva o alimento da boca ao esôfago ou ao estômago. Nos vertebrados, a faringe é um canal comum aos sistemas digestivo e respiratório.

Fenótipo (do grego *phenos*, evidente, e *typos*, característica) Característica ou conjunto de características (físicas, bioquímicas ou comportamentais) de um ser vivo. O fenótipo é determinado pelo genótipo e pelo ambiente.

Fígado Glândula anexa do sistema digestivo de diversos animais que produz substâncias participantes dos processos de digestão e de coagulação. Na espécie humana, localiza-se no lado direito do abdômen, na altura das últimas costelas, imediatamente abaixo do diafragma. Regula o nível de glicose no sangue, participa do metabolismo dos aminoácidos e produz a bile, armazenada na vesícula biliar e liberada no duodeno durante a digestão.

Fóssil (do latim *fossilis*, tirado da terra) Vestígio deixado por seres que viveram no passado. Pode ser osso, dente, pegada impressa em rocha, tronco de árvore petrificado, animal conservado no gelo, fezes petrificadas etc.

Fossilização Processo de formação de fósseis. Ele ocorre apenas em condições extremamente favoráveis; por exemplo, quando o vestígio ou o cadáver de um organismo é rapidamente sepultado por sedimentos como areia, argila etc., geralmente em ambientes alagados.

G

Gânglio nervoso Região dilatada de um nervo onde se concentram corpos celulares de neurônios.

Geneterapia Técnica experimental para o tratamento e a prevenção de doenças hereditárias pela inativação, pela substituição ou pela adição de genes nas células da pessoa afetada.

Genética Área da Biologia que estuda a natureza do gene e os mecanismos de herança biológica ou hereditariedade.

Genótipo (do grego *genos*, origem, e *typos*, característica) Conjunto de genes.

Glândula Estrutura originária de tecido epitelial formada por células especializadas em produzir e em eliminar secreções, isto é, produtos úteis ao organismo. São chamadas de exócrinas (do grego *exos*, fora, e *krynos*, secreção), quando possuem ductos, ou canais, para a saída das secreções (do corpo ou para cavidades de órgãos), ou de endócrinas (do grego *endos*, dentro), quando não possuem ductos para a saída das secreções, neste caso denominadas hormônios, que são eliminadas diretamente no sangue.

Glândula endócrina *Ver* Glândula.

Glândula paratireóidea Cada uma das quatro glândulas endócrinas localizadas na parte posterior da glândula tireóidea. Produz o paratormônio, responsável pelo aumento do nível de cálcio no sangue.

Glândula sebácea Glândula exócrina constituída por células epiteliais localizada na derme de alguns mamíferos, junto aos folículos pilosos, nos quais lança sua secreção oleosa. Sua função é lubrificar a pele e os pelos, evitando seu ressecamento.

Glândula sudorípara Glândula exócrina situada na derme de alguns mamíferos e que elimina sua secreção (suor) na superfície da epiderme, contribuindo para o resfriamento do corpo.

Glândula suprarrenal (ou **glândula adrenal**) Glândula endócrina de mamíferos situada sobre cada um dos rins. Compõe-se de duas porções distintas, secretoras de hormônios: córtex (mais externo), que secreta glicocorticoides e mineralocorticoides, e medula (mais interna), que secreta adrenalina (ou epinefrina) e noradrenalina (ou norepinefrina).

Glândula tireóidea Glândula endócrina localizada no pescoço, logo abaixo das cartilagens da laringe, sobre a porção inicial da traqueia. É responsável pela secreção dos hormônios tiroxina e tri-iodotironina (que estimulam o metabolismo) e do hormônio calcitonina (que diminui a concentração de cálcio no sangue).

Gravidez (ou **gestação**) Período de desenvolvimento do novo indivíduo no útero materno que ocorre nas fêmeas da maioria dos mamíferos. Inicia-se com a nidação e encerra-se com o parto. Na espécie humana, a duração da gravidez é de cerca de nove meses.

H

Hematose Processo de oxigenação do sangue que ocorre nos capilares sanguíneos das brânquias, dos pulmões ou da superfície do corpo, dependendo do animal.

Hemizigose (do grego *hemi*, metade) Condição dos genes localizados no cromossomo sexual X presentes em dose única nos machos.

Hemofilia Doença hereditária em que há falha no sistema de coagulação do sangue. A transmissão segue o padrão de herança ligada ao cromossomo X.

Herança autossômica Tipo de herança apresentada por genes localizados nos autossomos.

Herança biológica (ou **hereditariedade**) Transmissão de características de pais para filhos, ao longo das gerações.

Herança ligada ao cromossomo sexual Tipo de herança apresentada por genes localizados nos cromossomos sexuais.

Herança quantitativa (ou **herança poligênica**) Tipo de herança que resulta do efeito acumulado de diversos genes, com ou sem segregação independente, cada um contribuindo com uma parcela no fenótipo.

Heredograma (do latim *heredium*, herança) (ou **árvore genealógica**) Representação gráfica das relações de parentesco entre os indivíduos de uma família.

Heterose (ou **vigor híbrido**) Fenômeno em que as plantas e os animais híbridos apresentam qualidades superiores às linhagens puras por possuírem muitos genes em condição heterozigótica, em contraste com as linhagens puras altamente homozigóticas.

Heterozigótico Indivíduo que apresenta dois alelos diferentes de um gene.

Higiene Conjunto de princípios e de atitudes relativos à limpeza, tanto no aspecto individual (limpeza corporal e das habitações) como no coletivo (social). É uma das principais maneiras de evitar a transmissão de doenças infecciosas e parasitárias.

Hipófise Glândula endócrina localizada na base do encéfalo. Divide-se em duas partes: neuro-hipófise, que secreta hormônios produzidos por células neurossecretoras do encéfalo, e adeno-hipófise, que produz e secreta hormônios controladores do funcionamento de outras glândulas endócrinas (hormônios tróficos).

Hipotálamo Região do encéfalo (diencéfalo) cuja função é manter a homeostase (ajuste das funções corporais às condições do ambiente), principalmente por meio da coordenação entre o sistema nervoso e o sistema endócrino. Produz hormônios que são secretados pela neuro-hipófise (ADH e oxitocina) e hormônios que regulam a atividade da adeno-hipófise.

Homozigótico Indivíduo portador de dois alelos iguais de um gene.

Hormônio antidiurético (ADH, do inglês *anti**d**iuretic **h**ormone*) Hormônio, também denominado vasopressina, produzido no hipotálamo e secretado pela neuro-hipófise. Atua sobre os rins, aumentando a retenção de água pelo corpo e, consequentemente, elevando a pressão arterial. A deficiência de ADH leva ao quadro clínico chamado diabetes insípido.

Hormônio estimulante do folículo (FSH, do inglês ***f**ollicle **s**timulating **h**ormone*) Hormônio produzido na adeno-hipófise que promove o amadurecimento das gônadas (testículos e ovários) e a produção de gametas. É chamado de gonadotrofina (do grego *trophos*, nutrição, desenvolvimento), pois atua sobre as gônadas.

Hormônio luteinizante (LH) Hormônio produzido na adeno-hipófise. Nas mulheres, atua no rompimento do folículo ovariano maduro (ovulação) e na formação do corpo-amarelo e, nos homens, estimula as células intersticiais testiculares a produzir testosterona. É chamado de gonadotrofina (do grego *trophos*, nutrição, desenvolvimento), pois atua sobre as gônadas.

Hormônio trófico (do grego *trophos*, nutrir, alimentar) Hormônio produzido e secretado pela adeno-hipófise, que tem como função estimular o funcionamento de outras glândulas endócrinas. Os principais hormônios tróficos produzidos pela adeno-hipófise são: o hormônio tireotrófico (TSH), que estimula a glândula tireóidea; o hormônio adrenocorticotrófico (ACTH), que regula a atividade do córtex da glândula suprarrenal; o hormônio estimulante do folículo (FSH) e o hormônio luteinizante (LH), que atuam sobre as gônadas masculina e feminina.

I

Impulso nervoso Onda de despolarizações e repolarizações que se propaga nos neurônios em alta velocidade. A membrana plasmática do neurônio em repouso apresenta uma diferença de potencial elétrico (ddp) negativa entre suas duas faces (potencial de repouso). Durante o impulso, ocorre uma súbita e transitória alteração nesta ddp, tornando-se positiva no local do estímulo (potencial de ação).

Insulina Hormônio proteico produzido pelas células-beta das ilhotas pancreáticas que faz diminuir a concentração de glicose no sangue (glicemia). Sua deficiência, ou a diminuição da sensibilidade das células ao hormônio, causa aumento da concentração de glicose no sangue e sua excreção na urina, doença conhecida como diabetes melito.

Interação gênica Quando alelos de dois ou mais genes, localizados ou não no mesmo cromossomo, agem conjuntamente na determinação de uma característica.

Intestino delgado Órgão tubular presente no sistema digestivo de diversos animais. Na espécie humana, é formado por um tubo de 6 metros de comprimento por 4 centímetros de diâmetro, em média, dividido em três regiões: duodeno, jejuno e íleo. No duodeno desemboca a ampola hepatopancreática, formada pela união do ducto colédoco, que traz secreções do fígado, com o ducto pancreático, que traz secreções do pâncreas.

Intestino grosso Órgão tubular presente no sistema digestivo de diversos animais. Na espécie humana, é formado por um tubo com cerca de 1,5 metro de comprimento e 6,5 centímetros de diâmetro, em média, dividido em três regiões: ceco, cólon e reto. Recebe os resíduos da digestão alimentar terminada no intestino delgado; forma as fezes e absorve o excesso de água.

Íntron (do inglês ***intr**agenic regi**on***, região intragênica) Em organismos eucarióticos, trechos de um gene que não são traduzidos em sequências de aminoácidos, localizados entre os éxons.

Isolamento reprodutivo Incapacidade de indivíduos de espécies diferentes trocarem genes por cruzamento.

Lamarckismo *Ver* Teoria de Lamarck.

Laringe Conduto do sistema respiratório que liga a faringe à traqueia. Sua entrada é chamada de glote, sobre a qual se localiza a epiglote, uma lingueta de cartilagem que funciona como válvula. Seu revestimento interno contém as pregas vocais (anteriormente denominadas cordas vocais), capazes de produzir som durante a passagem do ar.

Lei da segregação dos fatores (ou **primeira lei de Mendel**) Princípio biológico responsável pelas proporções previsíveis nos cruzamentos envolvendo um único gene.

Lei da segregação independente (ou **segunda lei de Mendel**) Princípio que rege a separação independente de genes que se situam em diferentes pares de cromossomos homólogos.

Ligação gênica Característica apresentada por genes localizados em um mesmo cromossomo.

Ligamento Tecido conjuntivo fibroso que mantém no lugar os ossos de uma articulação móvel.

Linfa Líquido esbranquiçado de constituição semelhante à do sangue que circula no interior dos vasos do sistema linfático. Contém apenas leucócitos (glóbulos brancos), dos quais 99% são linfócitos.

Linfócito B Tipo de glóbulo branco do sangue que atua nos processos imunitários. Quando maduro e ativo, é responsável pela produção de anticorpos. Estes linfócitos amadurecem na medula óssea.

Linfócito T auxiliador (ou **linfócito CD4**) Célula do sistema imunitário que recebe informações dos macrófagos sobre a presença de invasores e ativa os linfócitos T citotóxicos (linfócitos CD8) e os linfócitos B (produtores de anticorpos) a combatê-los.

Linfócito T citotóxico (ou **linfócito CD8**) Célula do sistema imunitário que reconhece e ataca células anormais ou infectadas por vírus e também células estranhas ao organismo.

Linfonodo (ou **nódulo linfático**) Estrutura presente ao longo dos vasos linfáticos, embora mais concentrados no pescoço, nas axilas, na virilha e no intestino. Em seu interior, a linfa é concentrada, permitindo que partículas como vírus, bactérias e resíduos celulares sejam fagocitadas pelos linfócitos ali presentes. São órgãos de defesa do organismo.

M

Macrófago Célula presente nos tecidos conjuntivos e no sangue (quando é chamada de monócito), cuja função é fagocitar microrganismos invasores, células mortas e diversos tipos de resíduo. Os macrófagos têm participação importante no processo imunitário.

Mapa gênico Representação gráfica das posições relativas dos genes e das distâncias entre eles em um cromossomo.

Medula espinal Parte do sistema nervoso central dos animais craniados situada no canal da coluna vertebral. Além de controlar certas atividades corporais reflexas (respostas reflexas medulares), a medula estabelece a comunicação entre diversas partes do corpo e o encéfalo.

Melanina Pigmento que colore a pele, os pelos e as penas de animais craniados, protegendo o organismo dos efeitos deletérios da radiação ultravioleta da luz solar.

Menstruação Descamação do endométrio, acompanhada de sangramentos, que marca o início de um ciclo menstrual. Caso não haja gravidez, a menstruação acontece a cada 28 dias, aproximadamente. Em caso de gravidez, o endométrio não descama, e a menstruação não ocorre.

Mimetismo Adaptação evolutiva em que duas espécies distintas compartilham alguma semelhança reconhecida por outras espécies. Essa adaptação confere vantagens para uma ou para ambas as espécies miméticas. Ex.: padrão de coloração das serpentes coral-verdadeira (peçonhenta) e falsa-coral (não apresenta dentes injetores de peçonha).

Miofibrila Estrutura constituída por diversos tipos de proteína, sendo as mais abundantes as proteínas filamentosas actina e miosina. As miofibrilas estão presentes em grande número no interior das células musculares, sendo responsáveis pela contração do músculo.

Músculo Órgão constituído basicamente por tecido muscular que pode ser de três tipos: estriado cardíaco, estriado esquelético e não estriado (ou liso).

Mutação gênica Alteração na sequência de bases nitrogenadas do DNA que originam novas versões – alelos – de um gene. Pode ser espontânea ou induzida por agentes físicos ou químicos, os chamados agentes mutagênicos.

N

Néfron Cada uma das unidades excretoras dos rins dos animais vertebrados. É responsável pela filtração do sangue e pela formação da urina. Na espécie humana, é uma longa estrutura tubular, com uma das extremidades em forma de taça, dentro da qual há um pequeno novelo de capilares, o glomérulo renal.

Nervo Estrutura filamentosa constituída por neurofibras (axônios e dendritos). Os nervos possuem um envoltório protetor conjuntivo e vasos sanguíneos que os nutrem e oxigenam. Quanto à ligação com o sistema nervoso central (SNC), podem ser: cranianos (ligados ao encéfalo) e espinais (ligados à medula espinal). Quanto à função, podem ser: sensitivos (aferentes), motores (eferentes) e mistos (neurofibras sensitivas e motoras).

Neurônio Principal célula do tecido nervoso, responsável pela condução de impulsos nervosos. Suas partes são o corpo celular, os dendritos e o axônio.

Neurotransmissor (ou **mediador químico**) Substância que atua nas sinapses nervosas, responsável pela propagação química do impulso nervoso. Ex.: acetilcolina, adrenalina, dopamina e serotonina.

Nidação Fenômeno em que o embrião, em estágio de blástula, adere à mucosa uterina.

Nutrição Conjunto de processos que abrange a ingestão do alimento, sua digestão e a absorção das substâncias úteis pelas células do corpo.

Nutriente Substância obtida na dieta que constitui fonte de energia (como os glicídios e lipídios) e/ou de matéria-prima (como as proteínas) para as células.

O

Oogênese (ou **ovogênese**, ou **ovulogênese**) Processo de formação, desenvolvimento e amadurecimento dos gametas femininos.

Orelha Órgão responsável pela audição e pelo equilíbrio do corpo. As regiões da orelha, de fora para dentro, são denominadas: orelha externa, orelha média e orelha interna.

Ovário [1]Nos animais, gônada feminina, onde são produzidos os óvulos (gametas femininos). [2]Nas plantas, base dilatada do carpelo da flor das angiospermas. Corresponde a um ou mais megasporofilos, responsáveis pela formação dos óvulos.

Óvulo [1]Gameta feminino dos animais. Forma-se ao fim do processo de oogênese (ou ovogênese, ou ovulogênese). É haploide e armazena substâncias de reserva. Após a fecundação pelo gameta masculino, o espermatozoide, origina o zigoto (ou ovo). [2]Estrutura reprodutiva das plantas fanerógamas, constituída por tecido diploide originário do megaesporofilo (tegumento) e pelo gametófito feminino (haploide) com a oosfera.

Oxitocina (do grego *okys*, rápido) (ou **ocitocina**) Hormônio da neuro-hipófise que acelera as contrações do útero no trabalho de parto e da musculatura não estriada das glândulas mamárias, levando à liberação do leite durante a amamentação.

P

Pâncreas Glândula associada ao sistema digestivo dos animais vertebrados que se liga por um canal à primeira porção do intestino delgado. É uma glândula mista, com funções exócrina (produção de suco pancreático) e endócrina (produção dos hormônios insulina e glucagon). Na espécie humana, possui cerca de 15 centímetros de comprimento e formato triangular e alongado, localizando-se sob o estômago, na alça do duodeno.

Pandemia *Ver* Epidemia.

Paratormônio Hormônio produzido e secretado pelas glândulas paratireóideas, responsável pelo aumento do nível de cálcio no sangue.

Parto Processo de expulsão do feto ao final da gravidez. Na espécie humana, ocorre ao final do nono mês de gravidez, cerca de 266 dias (38 semanas) após a fecundação, e é provocado por contrações rítmicas da musculatura uterina, induzidas pela ação do hormônio oxitocina, produzido pela neuro-hipófise.

Pele Órgão que reveste o corpo dos animais. Nos vertebrados, a pele é constituída por duas camadas firmemente unidas, a epiderme e a derme, apresentando diversos órgãos e estruturas anexas, como: glândulas, pelos, penas, escamas, unhas, garras etc. Além de proteger o corpo, a pele é sensível a diversos estímulos externos (temperatura, pressão etc.) e ajuda a controlar a temperatura corporal.

Pelo Denominação genérica de estruturas filiformes que se projetam de superfícies da epiderme de animais ou de plantas. Nos animais, os pelos são estruturas acelulares formados por aglomerados de queratina e implantados em invaginações da pele denominadas folículos pilosos. Nas plantas, são projeções epidérmicas unicelulares ou multicelulares.

Penetrância gênica Porcentagem de indivíduos com determinado genótipo que expressa o fenótipo correspondente. Se esse valor for igual a 100% a característica apresenta penetrância completa; do contrário, fala-se em penetrância incompleta.

Pênis Órgão copulador masculino. Na espécie humana, apresenta internamente três massas cilíndricas de tecido erétil: dois corpos cavernosos e um corpo esponjoso ao redor da uretra.

Permutação cromossômica (ou ***crossing-over***, em inglês) Fenômeno em que ocorrem quebras e trocas de pedaços entre cromátides de cromossomos homólogos.

Placenta Órgão presente apenas em mamíferos placentários cuja função é realizar a troca de substâncias (nutrientes, gases e excreções) entre a circulação materna e a circulação do feto. É formada pelo endométrio e pelas projeções coriônicas nela mergulhadas.

Plasmídio Molécula circular de DNA, menor que o cromossomo bacteriano, cuja presença não é essencial à vida bacteriana. Pode conter genes responsáveis pela destruição de substâncias tóxicas às bactérias (como antibióticos, por exemplo).

Potencial de ação Inversão súbita e reversível de polaridade elétrica em uma área restrita da membrana plasmática do neurônio, durante a condução do impulso nervoso. A diferença de potencial elétrico se altera de −70 mV para +40 mV (amplitude de 110 mV). Dura cerca de 0,0015 segundo.

Potencial de repouso Diferença de potencial elétrico entre o exterior e o interior da membrana plasmática de um neurônio que não está transmitindo impulsos nervosos. Seu valor é da ordem de −70 mV.

Pressão arterial Pressão que o sangue exerce sobre a parede das artérias. Na espécie humana, em condições normais, a pressão arterial sistólica, ou máxima, oscila em torno de 110 mmHg e 120 mmHg, e a pressão arterial diastólica, ou mínima, fica em torno de 70 mmHg e 80 mmHg.

Probabilidade Chance de determinado evento ocorrer, entre dois ou mais eventos possíveis.

...erona Hormônio sexual produzido principalmente pelo ...orpo-amarelo ovariano, que se origina do folículo rompido durante a ovulação. Tem importância fundamental no processo reprodutivo, pois, com o estrógeno, atua na preparação da parede uterina para receber o embrião.

Pudendo feminino Região em torno da abertura da vagina das fêmeas de mamíferos, formada pelos grandes e pequenos lábios vaginais, pelo clitóris e pelo vestíbulo vaginal. Na espécie humana, antigamente era chamado de vulva.

Pulmão Órgão respiratório interno, com ampla superfície de contato com o ar atmosférico e grande irrigação sanguínea, cuja função é realizar as trocas gasosas. Está presente em alguns animais invertebrados terrestres e em anfíbios adultos, répteis, aves e mamíferos. Na espécie humana, são dois órgãos esponjosos formados por bronquíolos e alvéolos pulmonares, com aproximadamente 25 centímetros de comprimento e 700 gramas de massa, localizados no interior da caixa torácica e envoltos por duas membranas, as pleuras.

Q

Quadrado de Punnett Esquema de uma tabela com duas colunas, correspondentes aos gametas de um dos sexos, e com duas linhas, correspondentes aos gametas do sexo oposto.

R

Recessivo Propriedade de um alelo de só se manifestar fenotipicamente em condição homozigótica.

Recombinação gênica Mistura de genes provenientes de indivíduos diferentes que ocorre na reprodução sexuada. A segregação independente dos cromossomos e a permutação cromossômica são dois processos que promovem a recombinação gênica em organismos eucarióticos durante a meiose.

Retina Camada fotossensível que reveste internamente o olho, onde estão presentes as células fotoceptoras (cones e bastonetes).

Ribossomo Estrutura citoplasmática constituída por RNA ribossômico e proteínas onde ocorre a síntese das proteínas.

Rim Órgão do sistema urinário dos animais vertebrados responsável pela filtração do sangue. Na espécie humana são dois órgãos de cor marrom-avermelhada com forma de grão de feijão e cerca de 10 centímetros de comprimento, revestidos por uma cápsula fibrosa. Localizam-se na parte posterior da cavidade abdominal, logo abaixo do diafragma, um de cada lado da coluna vertebral.

S

Saúde Condição de equilíbrio e harmonia de todas as funções orgânicas (físicas e mentais). De acordo com a Organização Mundial da Saúde (OMS), é um estado de completo bem-estar físico, mental e social. Para ter boa saúde, a pessoa precisa de nutrição adequada, além de viver em condições igualmente adequadas de habitação e de higiene.

Seleção natural Conceito desenvolvido por Charles Darwin para explicar a evolução biológica, segundo o qual nem todos os indivíduos de uma população têm a mesma chance de sobreviver e de se reproduzir: levam vantagem os mais bem adaptados ao ambiente. É um dos pontos principais da teoria evolucionista.

Sinapse nervosa (do grego *synapsis*, ação de juntar) Região de proximidade entre as extremidades de dois neurônios (ou entre um neurônio e um órgão efetuador) onde ocorre a liberação de neurotransmissores (mediadores químicos). O pequeno espaço onde o mediador atua é chamado de espaço sináptico. A sinapse nervosa garante a propagação do impulso nervoso entre os neurônios de uma via nervosa. Na sinapse neuromuscular ocorre a estimulação das células musculares pelas terminações nervosas.

Sinapse neuromuscular *Ver* Sinapse nervosa.

Sistema digestório Longo canal (tubo digestório ou trato gastrointestinal) que vai da boca ao ânus. Em seu trajeto, os alimentos são digeridos e absorvidos. Com exceção dos poríferos, está presente em todos os demais filos animais. O sistema digestório humano é composto de um tubo digestório de aproximadamente 7 metros de comprimento e de algumas glândulas associadas, como as glândulas salivares, o pâncreas e o fígado.

Sistema genital feminino Conjunto de órgãos situados externamente ao corpo da mulher (pudendo feminino) e de órgãos localizados no interior do abdômen (vagina, útero, um par de tubas uterinas e um par de ovários).

Sistema genital masculino Conjunto de órgãos externos, o pênis e o escroto, e de órgãos internos, entre os quais se destacam os ductos deferentes, as glândulas seminais e a próstata.

Sistema imunitário (do latim *immunis*, livre, isento) (ou **sistema imunológico**) Sistema de defesa interno constituído por estruturas individualizadas, como baço, timo e nódulos linfáticos, e por células livres, como certos tipos de leucócito, principalmente macrófagos e linfócitos.

Sistema linfático Conjunto de vasos ramificados, denominados vasos linfáticos, de estrutura semelhante à das veias, que terminam em capilares de fundo cego espalhados entre os tecidos. Sua função é drenar o excesso de líquido que se acumula nos tecidos (líquido tissular), reconduzindo-o à circulação.

Sistema nervoso central (**SNC**) Conjunto formado pelo encéfalo e pela medula espinal. É a parte do sistema nervoso dos animais craniados responsável por processar e integrar as informações recebidas do SNP.

Sistema nervoso periférico (**SNP**) Conjunto formado pelos nervos e pelos gânglios nervosos. É a parte do sistema nervoso dos animais craniados responsável por conduzir informações entre os órgãos receptores de estímulos, o SNC e os órgãos efetuadores (músculos e glândulas). É dividido em: SNP somático, responsável pelas atividades voluntárias; e SNP autônomo, responsável pelas ações involuntárias (ou viscerais).

Sístole Parte do ciclo cardíaco que consiste na contração das câmaras do coração (sístole atrial e sístole ventricular), com expulsão do sangue.

Soro imune Solução de anticorpos, extraídos do sangue de um animal previamente imunizado, contra algum antígeno. Os anticorpos específicos contra o antígeno, presentes no soro, permitem tratar intoxicações causadas por organismos como serpentes, aranhas e bactérias. A aplicação de soro não confere imunidade permanente, pois a memória imunitária não é estimulada.

Spliceossomo Complexo de partículas e enzimas nucleares responsável pela recomposição do pré-RNA mensageiro. As partículas que compõem o spliceossomo são constituídas por proteínas e pequenas moléculas de um tipo especial de RNA, conhecido com snRNA (do inglês *small nuclear* RNA, pequenos RNA nucleares).

Splicing Processo de remoção dos íntrons de uma molécula de pré-RNA mensageiro; ocorre dentro do núcleo. Pode ser traduzido por recomposição.

Subespécies (ou **raças**) Populações de mesma espécie que diferem entre si quanto a determinadas características. Acredita-se que a formação de subespécies representa uma etapa de transição na origem de novas espécies biológicas.

Suco gástrico Secreção ácida que contém enzimas digestivas (como as pepsinas) e muco, produzida por glândulas da parede do estômago. A acidez da secreção deve-se à presença de ácido clorídrico.

Suco pancreático Secreção alcalina que contém enzimas digestivas (como a tripsina), produzida pelo pâncreas e liberada no duodeno. A alcalinidade da secreção deve-se à presença de hidrogenocarbonato de sódio ($NaHCO_3$).

T

Tálamo Região do encéfalo (diencéfalo) composta de duas massas ovoides de substância cinzenta, encaixadas na base do cérebro. Acredita-se que tenha como função integrar e retransmitir os impulsos nervosos ao córtex cerebral, encarregando-se de direcioná-los às áreas apropriadas do cérebro, onde são processados. O tálamo também parece exercer um papel importante na regulação dos estados de consciência, alerta e atenção. Todas as mensagens sensoriais, com exceção das provenientes dos receptores de olfato, passam pelo tálamo antes de atingir o córtex cerebral.

Teníase Verminose causada pela ingestão de carne malcozida contendo cisticercos. No intestino dos hospedeiros, o cisticerco se expande, formando um pequeno escólex, que se fixa à mucosa intestinal, dando origem a uma tênia. Entre as diversas espécies de tênia, duas são parasitas importantes da espécie humana: *Taenia saginata* (tênia-do-boi) e *Taenia solium* (tênia-do-porco).

Teoria de Lamarck Teoria evolucionista proposta por Lamarck, que afirmava que as espécies surgiram por transformações sucessivas a partir de uma forma primitiva de matéria não viva e que as modificações ocorreriam em virtude de uma tendência da natureza de aumentar sua complexidade. Em suas explicações Lamarck citava o desenvolvimento das estruturas dependendo de seu uso e desuso e a transmissão hereditária das características adquiridas. Denomina-se **lamarckismo** uma teoria mais restrita, defendida, após o surgimento da teoria de Darwin, por estudiosos que consideravam que a evolução biológica poderia ser explicada sem a suposição da seleção natural, utilizando-se apenas as concepções do uso-desuso e da herança de caracteres adquiridos.

Teoria sintética da evolução Moderna teoria evolucionista que reúne os conhecimentos atuais sobre o material genético e as variações hereditárias (causadas por mutação e recombinação gênica) com as ideias de seleção natural propostas por Darwin, reestudadas e atualizadas diante dos novos conhecimentos. Alguns autores costumam dar a essa teoria o nome de **neodarwinismo**.

Testículo Cada uma das duas gônadas masculinas onde são produzidos os espermatozoides.

Testosterona Hormônio produzido pelas células intersticiais do testículo, responsável pelo aparecimento das características sexuais secundárias masculinas (na espécie humana são a barba, o espessamento das pregas vocais e maior desenvolvimento da musculatura corporal em comparação ao das mulheres). A testosterona induz o amadurecimento dos órgãos genitais e promove o impulso sexual. Também está presente no organismo das mulheres, mas em concentrações mais baixas.

Tiroxina Hormônio produzido pela glândula tireóidea, derivado do aminoácido tirosina e com iodo em sua constituição, que atua no desenvolvimento e em diversos aspectos da fisiologia corporal, como no controle da pressão arterial, do ritmo cardíaco, do tônus muscular e das funções sexuais.

o gênica Síntese nos ribossomos de uma molécula de oteína cuja sequência de aminoácidos é determinada pela sequência de códons (trincas de bases) do RNA mensageiro.

Transcrição gênica Síntese de uma molécula de RNA tendo por modelo uma das cadeias da molécula de DNA.

Transgênico Organismos que recebem e incorporam genes de outra espécie.

Traqueia Conduto do sistema respiratório de animais (insetos e vertebrados) dotado de reforços anelares ou espiralados que o mantêm sempre aberto. O termo foi usado, no passado, para designar os vasos condutores da seiva mineral das plantas vasculares. Na espécie humana, é um tubo de aproximadamente 1,5 centímetro de diâmetro por 10 centímetros de comprimento, com paredes reforçadas por anéis cartilaginosos. É revestida internamente por um epitélio ciliado, rico em células produtoras de muco.

Tuba uterina (ou **oviduto**) Cada um dos dois condutos do sistema genital feminino por onde são conduzidos os óvulos depois de liberados do ovário. Na espécie humana, antigamente era chamada de trompa de Falópio.

U

Unha Cada uma das placas de queratina presentes nas pontas dos dedos de diversos animais; nos pés, dão mais equilíbrio ao caminhar e, nas mãos, auxiliam na apreensão e na manipulação de objetos.

Unidade de recombinação (ou **centimorgan**, ou **morganídeo**) Distância relativa entre os genes no cromossomo com base na frequência de recombinação observada nos cruzamentos.

Unidade de transcrição Segmento de DNA que é transcrito.

Útero Órgão muscular oco e revestido internamente por uma camada mucosa (endométrio), que se torna mais espessa e vascularizada em preparação para a gravidez.

V

Vacina Suspensão de antígenos isolados de microrganismos causadores de certa doença ou mesmo de microrganismos vivos previamente atenuados, isto é, tratados de modo a não causar a doença. Os antígenos presentes na vacina desencadeiam, no organismo vacinado, uma resposta imunitária primária, na qual há produção de células de memória. Caso o organismo seja invadido pelo patógeno contra o qual foi imunizado, ocorrerá resposta imunitária secundária, mais rápida e intensa que a primária, e os invasores podem ser destruídos antes de aparecerem sintomas da doença.

Vagina Tubo de paredes fibromusculares, com cerca de 10 centímetros de comprimento, que vai do pudendo feminino à base do útero, com o qual se comunica. As paredes da vagina dilatam-se durante a excitação sexual, e as glândulas vestibulares maiores secretam substâncias com função lubrificante, o que facilita a penetração do pênis.

Variabilidade genética (ou **diversidade genética**) Diferenças genéticas entre os indivíduos de uma população. Elas são geradas e mantidas pelas mutações, que geralmente ocorrem ao acaso, e pela recombinação gênica, que ocorre em cada geração.

Vilosidade coriônica Cada uma das projeções do trofoblasto que penetra na mucosa do útero (endométrio) durante a implantação do embrião (nidação). É no local de penetração das vilosidades coriônicas no útero que se forma a placenta.

Vitamina Substância orgânica essencial ao metabolismo, mas necessária em quantidades muito pequenas, que deve ser obtida na dieta. Costumam ser classificadas em hidrossolúveis (polares) e lipossolúveis (apolares). As principais vitaminas para o organismo humano são: A (retinol), B_1 (tiamina), B_2 (riboflavina), B_3 (niacina), B_6 (piridoxina), C (ácido ascórbico), D (calciferol) e E (tocoferol).

REFERÊNCIAS BIBLIOGRÁFICAS

AB'SÁBER, A. N. *Os domínios de natureza no Brasil*: potencialidades paisagísticas. Cotia: Ateliê, 2003.

ALBERTS, B. *Molecular Biology of the Cell*. 3rd ed. New York: Garland, 1994.

ALLGRE, C. J.; SCHNEIDER, S. H. The Evolution of the Earth. *Scientific American*, New York, v. 271, n. 4, p. 44-51, oct. 1994.

ALVES, R. *Filosofia da Ciência*: introdução ao jogo e suas regras. 18. ed. São Paulo: Brasiliense, 1993.

ANDERSEN, J. L.; SCHJERLING, P.; SALTIN, B. Muscle, Genes and Athletic Performance: The cellular biology of muscle helps to explain why a particular athlete wins and suggests what future athletes might do to better their odds. *Scientific American*, New York, v. 283, n. 3, p. 48-55, sept. 2000.

ATTENBOROUGH, D. *The Living Planet*: A portrait of the Earth. London: William Collins, 1984.

BARTLETT, J. G.; MOORE, R. D. Improving HIV Therapy. *Scientific American*, New York, v. 279, n. 1, p. 64-67, jul. 1998.

BERNSTEIN, M. P.; SANDFORD, S. A.; ALLAMANDOLA, L. J. Life's Far-Flung Raw Materials. *Scientific American*, New York, v. 281, n. 1, p. 26-33, jul. 1999.

BRENNAN, R. *Gigantes da Física*: uma história da Física moderna através de oito biografias. Tradução de Maria Luiza X. de A. Borges. Rio de Janeiro: Zahar, 1998.

BUCHSBAUM, R. M. *Animals without Backbones*: An introduction to the invertebrates. Harmondsworth: Penguin, 1964.

CAMPBELL, N. A.; MITCHELL, L. G.; REECE, J. B. *Biology*: Concepts & connections. 2nd ed. Redwood City: Benjamin Cummings, 1994.

CAMPBELL, N. A.; REECE, J. B.; MITCHELL, L. G. *Biology*. 5th ed. Menlo Park: Benjamin Cummings, 1999.

CAMPBELL, N. A. et al. *Biology*. 8th ed. San Francisco, CA: Pearson Benjamin Cummings, 2008.

CARLSON, E. A. *The Gene*: A critical history. Philadelphia & London: W. B. Saunders, 1966.

COOPER, G. M. *The Cell*: A molecular approach. 2nd ed. Sunderland: Sinauer, 2000.

COPLEY, J. Proof of Life. *New Scientist*, v. 177, n. 2.383, p. 28-31, 22 feb. 2003.

CURTIS, H.; BARNES, N. S. *Biology*. 5th ed. New York: Worth, 1989.

DAJOZ, R. *Ecologia geral*. Tradução de Francisco M. Guimarães. 3. ed. Petrópolis: Vozes, 1978.

DARWIN, C. *A origem das espécies*. Tradução de Eugênio Amado. Belo Horizonte: Itatiaia; São Paulo: Edusp, 1985.

DAVIS, B. D. *The Genetic Revolution*. Baltimore: John Hopkins University Press, 1991.

DAWKINS, R. *A escalada do monte improvável*: uma defesa da teoria da evolução. Tradução de Suzana Sturlini Couto. São Paulo: Companhia das Letras, 1998.

DE DUVE, C. Lisossomo. *A célula viva*: textos do *Scientific American*. Tradução de Ana Clara Schemberg Frascino e cols. São Paulo: Polígono/Edusp, 1969.

DOBZHANSKY, T. *Genética do processo evolutivo*. Tradução de Celso Abbade Mourão. São Paulo: Polígono/Edusp, 1973.

DORST, J. *Por uma Ecologia política*: antes que a natureza morra. Tradução de Rita Buongermino. São Paulo: Edgard Blücher/Edusp, 1973.

DULBECCO, R.; CHIABERGE, R. *Engenheiros da vida*: um prémio Nobel fala do nosso futuro. Tradução de Maria Helena V. Picciochi. Lisboa: Presença, 1990. (Limiar do Futuro)

DUNBAR, R. I. M. *The Trouble with Science*. Cambridge: Harvard University Press,1995.

EHRLICH, A. H. The Human Population: Size and dynamics. *American Zoologist*, v. 25, n. 2, p. 395-406, 1985.

EHRLICH, P. R. *The Machinery of Nature*. New York: Simon & Schuster, 1987.

______; EHRLICH, A. H. *População, recursos, ambiente*: problemas de ecologia humana. Tradução de José Tundisi. São Paulo: Polígono/Edusp, 1974.

EL-HANI, C. N.; VIDEIRA, A. A. P. (Org.). *O que é vida?* Para entender a Biologia do século XXI. Rio de Janeiro: Relume Dumará, 2000.

FARREL, J. *A assustadora história das pestes & epidemias*. Tradução de Mauro Silva. Rio de Janeiro: Ediouro,2003.

FOUCAULT, M. *As palavras e as coisas*. São Paulo: Martins Fontes, 1987.

FREIRE-MAIA, N. *A ciência por dentro*. 2. ed. Petrópolis: Vozes, 1992.

FRICKE, H. Coelacanths: The fish that time forgot. *National Geographic*, v. 173, n. 6, p. 824-838, june 1988.

FUTUYMA, D. J. *Biologia evolutiva*. Coordenação da tradução de Mario de Vivo e coordenação da revisão técnica de Fábio de Melo Sene. 2. ed. Ribeirão Preto: Sociedade Brasileira de Genética/CNPq, 1992.

GAMLIN, L.; VINES, G. (Ed.). *The Evolution of Life*. Oxford: Oxford University Press, 1991.

GILBERT, S. F. *Developmental Biology*. 6th ed. Sunderland: Sinauer, 2000.

GOULD, S. J. *Quando as galinhas tiverem dentes*. Tradução de João Palmeiro e João Minhoto Marques. Lisboa: Gradiva, 1989.

______. *Vida maravilhosa*. Tradução de Paulo César de Oliveira. São Paulo: Companhia das Letras, 1990.

______. *Viva o brontossauro!* Tradução de Carlos Afonso Malferrari. São Paulo: Companhia das Letras, 1992.

GRANT, P. R. Natural Selection and Darwin's Finches. *Scientific American*, New York, v. 265, n. 4, p. 60-65, oct. 1991.

GRIFFITHS, A. J. F.; GELBART, W. M.; MILLER, J. H.; LEWONTIN, R. C. *Modern Genetic Analysis*. New York: W. H. Freeman, 1999.

GRIFFITHS, A. J. F.; MILLER, J. H.; LEWONTIN, R. C.; GELBART, W. M. *An Introduction to Genetic Analysis*. 7th ed. New York: W. H. Freeman, 2000.

HALDANE, J. S.; PRIESTLEY, J. G. The Regulation of the Lung--Ventilation. *The Journal of Physiology*, London, v. 32, p. 225-266, may 1905.

HARRIS, H. *The Birth of the Cell*. New Haven/London: Yale University Press, 1999.

HARRISON, G. A. et al. *Human Biology*: An introduction to human evolution, variation, growth and ecology. 2nd ed. Oxford: Oxford University Press, 1977.

HAUSMANN, R. *História da Biologia Molecular*. Tradução de Celma E. Lynch de Araújo Hausmann. Ribeirão Preto: Sociedade Brasileira de Genética, 1997.

HECHT, J. People and Chimps Belong Together on the Family Tree. *New Scientist*, v. 178, n. 2.396, p. 15, 24 may 2003.

HERSHEY, D. R. *Plant Biology Science Projects*. New York: John Wiley, 1995.

ND, M.; DODSON, B. *The Way Life Works*. New York: Times ks/Random House, 1995.

LEY, D. *Animals Alive!* An ecological guide to animal activities. Niwot: Roberts Rinehart, 1994.

HOUILLON, C. *Embriologia*. Tradução de Marcos Guimarães Ferri. São Paulo: Edgard Blücher/Edusp, 1972.

HÜECK, K. *As florestas da América do Sul*: ecologia, composição e importância econômica. Tradução de Hans Reichardt. Brasília: Universidade de Brasília; São Paulo: Polígono, 1972.

HUETTNER, A. F. *Fundamentals of Comparative Embryology of the Vertebrates*. ed. rev. New York: Macmillan, 1949.

JACOB, F. *A lógica da vida*: uma história da hereditariedade. Tradução de Ângela Loureiro de Souza. Rio de Janeiro: Graal, 1983.

JUNQUEIRA, L. C.; CARNEIRO, J. *Citologia básica*. Rio de Janeiro: Guanabara Koogan, 1972.

KOPPEL, T. Learning How Bacteria Swim Could Set New Gears in Motion. *Scientific American*, New York, v. 265, n. 3, p. 168-169, sept. 1991.

KRUIF, P. *Caçadores de micróbios*. Tradução de Maurício de Medeiros. Rio de Janeiro: José Olympio, 1939.

LODISH, H. et al. *Molecular Cell Biology*. 5th ed. New York: W. H. Freeman, 2004.

MADER, S. S. *Biology*. 6th ed. Boston: McGraw-Hill, 1998.

MARGULIS, L.; SAGAN, D. *Microcosmos*: Four billion years of microbial evolution. London: Allen & Unwin, 1987.

MAUSETH, J. D. *Botany*: An introduction to plant biology. Philadelphia: Saunders College, 1991.

MAYNARD SMITH, J. *The Problems of Biology*. Oxford: Oxford University Press, 1986.

MAYR, E. *The Growth of Biological Thought*: Diversity, evolution, and inheritance. Cambridge: Cambridge University Press/The Belknap Press, 1982.

_______. *What Evolution Is*. New York: Basic Books, 2001.

MILLER, K. R.; LEVINE, J. *Biology*. New Jersey: Prentice Hall, 1993.

MOONEY, P. R. *O escândalo das sementes*: o domínio na produção de alimentos. Tradução de Adilson Dias Paschoal. São Paulo: Nobel, 1987.

MOORE, J. A. Science as a Way of Knowing: A conceptual framework for biology. *American Zoologist*, v. 30, p. 723-858, 1990.

_______. _______: Evolutionary Biology. *American Zoologist*, v. 24, n. 2, p. 467-534, 1984.

_______. _______: Genetics. *American Zoologist*, v. 26, n. 3, p. 583-747, 1986.

_______. _______: Human Ecology. *American Zoologist*, v. 25, n. 2, p. 483-637, 1985.

NEVES, W. A.; HUBBE, M. Luzia e a saga dos primeiros americanos. *Scientific American Brasil*, edição especial: Novo olhar sobre a evolução humana, n. 2, p. 74-71, 2003.

OLBY, R. *Origins of Mendelism*. 2nd ed. Chicago: University of Chicago Press, 1985.

OREL, V. *Gregor Mendel*: The first geneticist. Tradução de Stephen Finn. Oxford: Oxford University Press, 1996.

ORGEL, L. E. The Origin of Life on Earth. *Scientific American*, New York, v. 271, n. 4, p. 53-61, oct. 1994.

PARACER, S.; AHMADJIAN, V. *Symbiosis*: An introduction to biological associations. 2nd ed. New York: Oxford University Press, 2000.

PARKER, S. *O ouvido e a audição*. Tradução de Alícia Brandt. São Paulo: Scipione, 1988. (O Corpo Humano)

_______. *O tato, o olfato e o paladar*. Tradução de Alícia Brandt. São Paulo: Scipione, 1988. (O Corpo Humano)

_______. *O olho e a visão*. Tradução de Alícia Brandt. São Paulo: Scipione, 1988. (O Corpo Humano)

PENROSE, L. S.; SMITH G. F. *Down's Anomaly*. Boston: Little Brown, 1966.

PHILLIPSON, J. *Ecologia energética*. Tradução de José Galizia Tundisi. São Paulo: Companhia Editora Nacional/Edusp, 1969.

POND, C. M. *Diversity of Organisms*. London: Hodder & Stoughton/The Open University, 1990.

PORTUGAL, F. H.; COHEN, J. S. *A century of DNA*: A history of the discovery of the structure and function of the genetic substance. Cambridge: MIT Press, 1977.

POSTGATE, J. *Microbes and Man*. 3rd ed. Cambridge: Cambridge University Press, 1992.

RAMALHO, M. A. P.; SANTOS, J. B. dos; PINTO, C. A. B. P. *Genética na agropecuária*. 4. ed. São Paulo: Globo, 1995.

RAVEN, P. H.; EVERT, R. F.; EICHHORN, S. E. *Biology of Plants*. 5th ed. New York: W. H. Freeman & Worth, 1999.

RAW, I.; MENUCCI, L.; KRASILCHIK, M. *A Biologia e o homem*. São Paulo: Edusp, 2001.

RAWITSCHER, F. *Elementos básicos de Botânica*. São Paulo: Companhia Editora Nacional, 1968.

RAWN, J. D. *Biochemistry*. Burlington: Neil Patterson, 1989.

RODRIGUES, S. A. *Zoologia*: espectro e perspectiva do reino animal. São Paulo: Cultrix, 1970.

ROSE, M. *O espectro de Darwin*: a teoria da evolução e suas implicações no mundo moderno. Tradução de Vera Ribeiro. Rio de Janeiro: Jorge Zahar, 1998.

ROSENBERG, E.; COHEN, I. R. *Microbial Biology*. Philadelphia: Saunders College, 1987.

RUSE, M. *Levando Darwin a sério*: uma abordagem naturalística da filosofia. Tradução de Regina Regis Junqueira. Belo Horizonte: Itatiaia, 1995.

RUSSELL-HUNTER, W. D. *Biologia dos invertebrados superiores*. Tradução de Diva Diniz Corrêa et al. São Paulo: Polígono/Edusp, 1969.

_______. *Biologia dos invertebrados inferiores*. Tradução de Diva Diniz Corrêa et al. São Paulo: Polígono/Edusp, 1969.

SALISBURY, F.; ROSS, C. W. *Plant Physiology*. 3rd ed. Belmont: Wadsworth, 1985.

SCOTT, A. *Piratas da célula*. Tradução de Maria Georgina Segurado. Lisboa: Edições 70, 1987. (Universo da Ciência)

SHERMAN, I. W.; SHERMAN, V. G. *The Invertebrates*: Function and form – A laboratory guide. New York: Macmillan, 1970.

SINNOT, E. W., DUNN, L. C.; DOBZHANSKY, T. *Princípios de Genética*. Tradução de Antoni Prevosti. Barcelona: Omega, 1961.

SMITH, D. V.; MARGOLSKEE, R. F. Making Sense of Taste. *Scientific American*, New York, v. 284, n. 3, p. 32-39, mar. 2001.

SOCIEDADE BRASILEIRA DE ANATOMIA. *Terminologia anatômica*: terminologia anatômica internacional. São Paulo: Manole, 2001. 2 v.

STANDRING, S. (Ed.). Gray's Anatomy: The anatomical basis of clinical practice. 39th ed. New York: Elsevier Churchill Livingstone, 2005.

STEBBINS, G. L. *Processos de evolução orgânica*. Tradução de Sérgio de Almeida Rodrigues e Paulo Roberto Rodrigues. 2. ed. São Paulo: Livros Técnicos e Científicos/Edusp, 1974.

STORER, T. I.; USINGER, R. L. *Zoologia geral*. Tradução de Cláudio Gilberto Froehlich et al. 3. ed. São Paulo: Companhia Editora Nacional, 1977.

SUZUKI, D. T.; KNUDTSON, P. *Genethics*: The ethics of engineering life. Sydney: Allen & Unwin, 1992.

TAIZ, L.; ZEIGER, E. *Plant Physiology*. 3rd ed. Sunderland: Sinauer, 2002.

THE OPEN UNIVERSITY. *Ecology*: Energy flow through ecosystems – producers and consumers (unit 1-3). Milton Keynwa: Open University Press, 1974.

_______. _______. – Decomposers; Whole Ecosystems (unit 4-5). Milton Keynwa: Open University Press, 1974.

TIEZZI, E. *Tempos históricos, tempos biológicos* – A Terra ou a morte: os problemas da nova ecologia. Tradução de Frank Roy Cintra Ferreira e Luiz Eduardo de Lima Brandão. São Paulo: Nobel, 1988.

TORTORA, G. J.; FUNKE, B. R.; CASE, C. L. *Microbiology*: An introduction. 5th ed. Menlo Park: Benjamin Cummings, 1995.

VINES, G. Mass Extinctions. *New Scientist*, v. 164, n. 2.216, p. 1-4, 11 dec. 1999.

VOGELSTEIN, B.; KINZLER, K. W. The Multistep Nature of Cancer. *Trends in Genetics*, London, v. 9, n. 4, p. 138-141, 1993.

WALKER, G. Ice Magic. *New Scientist*, v. 178, n. 2.390, p. 30-34, 12 apr. 2003.

WARD, B. R. *Os pulmões e a respiração*. Tradução de Alícia Brandt. São Paulo: Scipione, 1988. (O Corpo Humano)

WHITFIELD, P. *From So Simple a Beginning*: The book of evolution. New York: Macmillan, 1993.

WILLMER, P. *Invertebrate Relationships*: Patterns in animal evolution. Cambridge: Cambridge University Press, 1990.

ZIMAN, J. *Conhecimento público*: a dimensão social da Ciência. Tradução de Regina Regis Junqueira. Belo Horizonte: Itatiaia; São Paulo: Edusp, 1979. (O Homem e a Ciência, 8)

ZIMMER, C. *O livro de ouro da evolução*: o triunfo de uma ideia. Introdução de Stephen Jay Gould. Tradução de Jorge Luis Calife. Rio de Janeiro: Ediouro, 2004. (O Livro de Ouro)